"十一五"国家重点图书出版规划项目

现代化学基础丛书 17

有机合成——策略与控制

Organic Synthesis: Strategy and Control

〔英〕 Paul Wyatt Stuart Warren 著

张 艳 王剑波等 译

科学出版社

北 京

图字：01-2008-2610

内 容 简 介

作为有机合成化学的教材，本书深入浅出地介绍了有机合成化学中的选择性问题，碳-碳单键、双键的构建，立体化学调控以及官能团策略。全书以逆合成分析为主线，以一些典型的合成工作为实例，对现代有机合成中的基本策略和方法进行了讨论。全书大多引用近期具有权威性的文献，分析透彻、到位。此外，作者将内容丰富但也十分繁杂的有机合成化学分成若干类别进行论述，使读者在不知不觉中理解一些复杂的理论，清晰地把握核心问题。

本书可作为有机合成课程的高年级本科生或研究生教材，对于从事有机合成化学研究的科研人员也具有较好的参考价值。

图书在版编目(CIP)数据

有机合成：策略与控制/（英）怀亚特（Wyatt，P.）等著；张艳，王剑波等译．—北京：科学出版社，2009
（现代化学基础丛书，17/朱清时主编）
ISBN 978-7-03-024780-3

Ⅰ．有… Ⅱ．①怀…②王… Ⅲ．有机合成 Ⅳ．O621．3

中国版本图书馆 CIP 数据核字（2009）第 098046 号

责任编辑：周 强 周巧龙 沈晓晶/责任校对：钟 洋
责任印制：吴兆东/封面设计：王 浩

科学出版社 出版
北京东黄城根北街 16 号
邮政编码：100717
http://www.sciencep.com
北京建宏印刷有限公司印刷
科学出版社发行 各地新华书店经销
*
2009 年 6 月第 一 版 开本：720×1000 1/16
2025 年 2 月第十一次印刷 印张：60
字数：1 200 000

定价：150.00 元

（如有印装质量问题，我社负责调换）

《现代化学基础丛书》序

如果把 1687 年牛顿发表“自然哲学的数学原理”的那一天作为近代科学的诞生日，仅 300 多年中，知识以正反馈效应快速增长：知识产生更多的知识，力量导致更大的力量。特别是 20 世纪的科学技术对自然界的改造特别强劲，发展的速度空前迅速。

在科学技术的各个领域中，化学与人类的日常生活关系最为密切，对人类社会的发展产生的影响也特别巨大。从合成 DDT 开始的化学农药和从合成氨开始的化学肥料，把农业生产推到了前所未有的高度，以至人们把 20 世纪称为“化学农业时代”。不断发明出的种类繁多的化学材料极大地改善了人类的生活，使材料科学成为了 20 世纪的一个主流科技领域。化学家们对在分子层次上的物质结构和“态-态化学”、单分子化学等基元化学过程的认识也随着可利用的技术工具的迅速增多而快速深入。

也应看到，化学虽然创造了大量人类需要的新物质，但是在许多场合中却未有效地利用资源，而且产生了大量排放物造成严重的环境污染。以至于目前有不少人把化学化工与环境污染联系在一起。

在 21 世纪开始之时，化学正在两个方向上迅速发展。一是在 20 世纪迅速发展的惯性驱动下继续沿各个有强大生命力的方向发展；二是全方位的“绿色化”，即使整个化学从“粗放型”向“集约型"转变，既满足人们的需求，又维持生态平衡和保护环境。

为了在一定程度上帮助读者熟悉现代化学一些重要领域的现状，科学出版社组织编辑出版了这套《现代化学基础丛书》。丛书以无机化学、分析化学、物理化学、有机化学和高分子化学五个二级学科为主，介绍这些学科领域目前发展的重点和热点，并兼顾学科覆盖的全面性。丛书计划为有关的科技人员、教育工作者和高等院校研究生、高年级学生提供一套较高水平的读物，希望能为化学在新世纪的发展起积极的推动作用。

朱清时

2005 年 2 月

译　　序

有机合成化学是有机化学学科的核心内容，它既是一门科学，又是一门艺术，同时也具有极强的实用性，是化学和制药工业的重要基础。

由英国布里斯托大学的 Paul Wyatt 和剑桥大学的 Stuart Warren 共著的 *Organic Synthesis：Strategy and Control* 是讲述有机合成化学的经典之作，被国内外许多著名大学用作教材或参考书。本书的特点在于将有机合成化学分为若干核心问题，简明地阐述基本的原理和方法，并用大量的实例分析来说明这些原理和方法的实际应用。本书的内容十分全面，引用了大量的原始文献。因此本书不仅可以作为教科书，也可作为从事有机合成化学研究的科研人员的参考书。

参与本书翻译工作的还有北京大学化学与分子工程学院的研究生和本科生，他们是：彭玲玲、陈树峰、李长坤、彭程、莫凡洋、张振华、赵霞、严国兵、肖卿、董宜安、马洁、龚明星、仲真珍、张威、李飞、王衍、马健、张喆和曾毅。他们在课余以及研究工作之余的辛勤劳动是本书翻译工作的基础。本书的翻译出版还得到科学出版社的鼎力支持，特别是责任编辑周强和周巧龙提供了诸多的建议和帮助，使得该项翻译工作得以顺利进行，在此深表谢意。

翻译中的不当之处，敬请读者指正。

译　者

2009 年 3 月于北京

前　言

我们非常感谢布里斯托和剑桥大学的本科生们，他们对本书的形成深有影响。我们还要特别感谢欧嘉依（Oss 研究中心）、阿斯利康（Alderley Park，Avlon Works，Mölndal 和 Macclesfield 研究中心）、礼来（Windlesham 研究中心）、苏威（Weesp 研究中心）和诺华（Basel 研究中心）等公司的有机化学家们。他们对本书的撰写所做的贡献要比他们认为的多得多。他们会发现一些素材来自于《切断法》《高等杂环化学》《新合成方法和不对称合成》等我们过去的讲义。此外，我们还要感谢青年化学家协会组织的化学工业协会教程的参与者们。在我们的课程里，所有来自工业界的化学家协助我们找到最好的方式来解释那些难以诠释的概念。在过去的十年里，写成本书并不断大量改动，同时我们收获了比实际需要更多的东西。本书意欲奉献给以下读者——本科最后一年级学生、研究生和工业界的化学家。

Paul Wyatt

Stuart Warren

2006 年 7 月

目　录

A 部分：导言——选择性

1 有机合成规划：战术、策略和控制
2 化学选择性
3 区域选择性：可控的羟醛缩合反应
4 立体选择性：立体选择羟醛缩合反应
5 烯酮合成的其他策略
6 策略的选择：环戊烯酮的合成

1 有机合成规划：战术、策略和控制

在最近的几十年里，现代有机合成因其合成化合物的数量、分子的大小以及复杂性上的卓越成就而载入荣誉的史册。Woodward 和 Eschenmoser 在 20 世纪 70 年代完成了维生素 B_{12}（vitamin B_{12}）的合成[1]，在当时被认为是巅峰之作。而此后 Kishi[2]合成了更为复杂的水螅毒素（palytoxin）。Still 接着又合成了更小的红霉素（erythromycin）和它的前体 erythronolide（**1**）[3]，并采用非常经济的方法合成了蟑螂信息素（cockroach pheromones，**2**）[4]的可能立体异构体，解决了合成上一个更加集中的难题。

1
erythronolide A

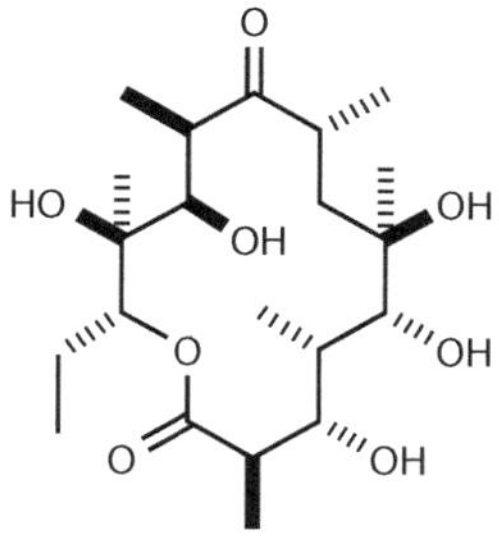

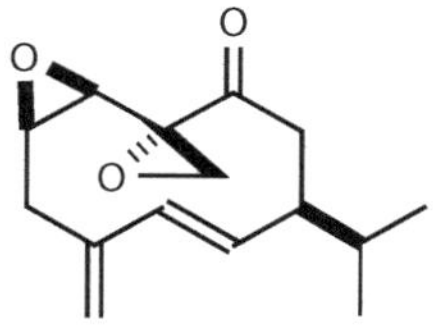

2
periplanone-B

虽然对合成方法以及它们在工业上的应用进行普遍改进不太受人关注，但这却是同等重要的。Astra Zeneca 坦言他们花了将近一个世纪的时间才将格利雅（Grignard，以下简称格氏）方法投入使用。而让人引以为荣的是 Corey 的硫叶立德化学在十年内就实现了应用，这两种方法都可以用来合成粉唑醇（fungicide flutriafol，**3**）[5]。

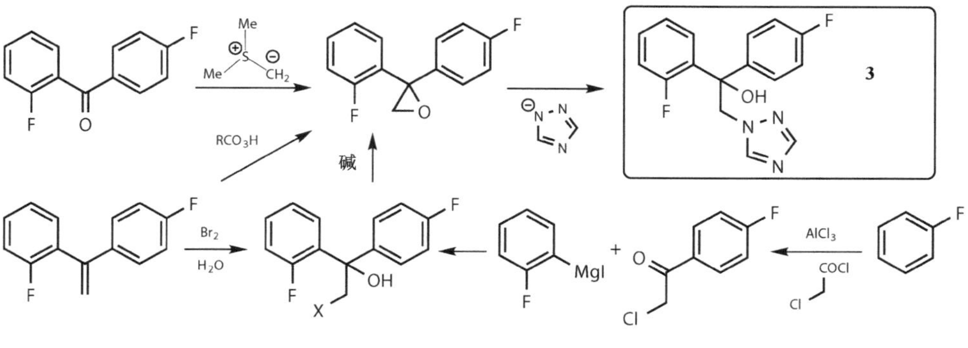

有光学活性且可生物降解的化合物溴氰菊酯（deltamethrin，**4**）[6]占据了杀

虫剂市场的很大一部分，而且不对称氢化也被用于治疗帕金森病[7]的药物多巴（DOPA，**5**）的商业合成中。这些成就的取得都是建立在新方法和战略规划发展基础之上的[8]，这也是本书要谈论的两大主题。

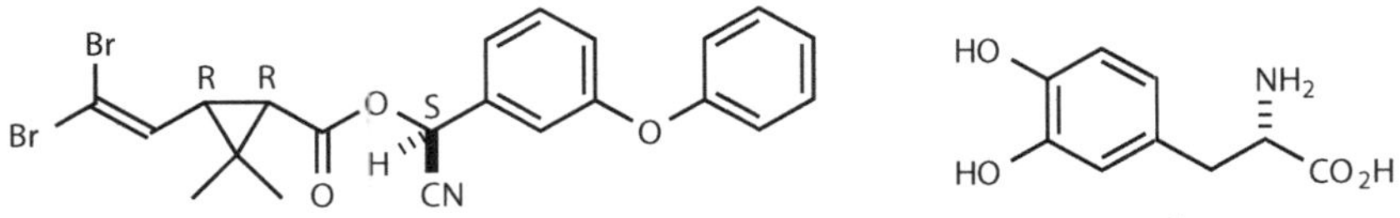

4
deltamethrin

5
(S)-L-(−)-DOPA

要在这样一个前沿领域取得进步，要求你已经通过切断法掌握了有机合成规划的基本规则，我们以前的书里也粗略地涉及这些内容[9]。观察目标分子，识别官能团，列出它们之间的联系通常都能为一个合理的合成提供可靠指引。所有的烯酮化合物都可以通过某些类型的羟醛缩合反应来构建。因此，**6** 需要通过 **7** 的烯醇负离子进攻丙酮来合成。希望你已经有了判断力来辨别这个反应中是要求化学选择性地将 **7** 烯醇化，而不是将丙酮或是 **6** 烯醇化，而且要求**区域选择性**地在 **7** 合适的一侧发生烯醇化。

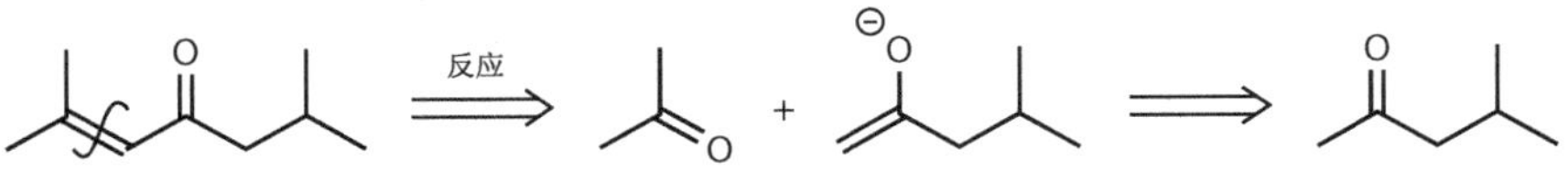

6　　**7**

本书中我们将探讨用两种新的途径来解决这样的问题。我们将看到如何去制备你可能需要的任何烯醇化物的特定烯醇等价物，我们还将看到采用其他的切断方式来解决问题。例如 **6a**，可以看成是由烯基阴离子 **8** 酰化得到的。本书关于策略和控制这两个主题的另外一种表达是：我们可以通过寻找其他的策略或者控制任何已有的策略来解决问题。这需要介绍很多新的方法——整个这一章都将用来介绍产生形如 **8** 的烯基阴离子的试剂，这些试剂意味着对现代金属有机化学的开拓。

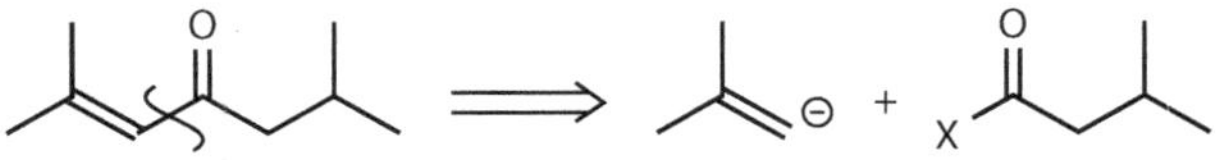

6a　　**8**　　**9**

我们还将扩展这些反应的范围。希望你能看出目标分子 **10** 是通过烯醇缩合切断法合成的，但这里对于立体化学的控制可能会难倒你。本书中前面章节的内容介绍了如何控制羟醛缩合（aldol）反应的各个方面：怎样选择由哪个部分，比如 **11** 或 **12**，来产生烯醇化物（化学选择性）；怎样控制酮 **12** 生成何种烯醇化物（区域选择性）；怎样控制产物 **10** 的立体化学（立体选择性）。我们在发展合成策略的过程中，将重复地审察对这三个方面的控制。

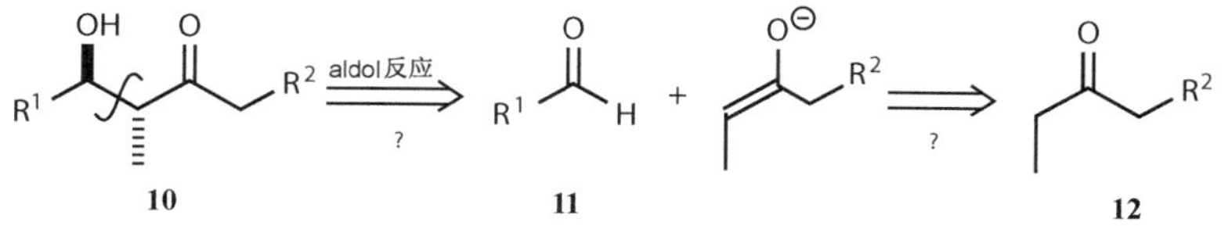

本书中我们将要涉及的目标分子在很多方面将毫无疑问地比 **10** 这个简单的化合物要复杂很多。它们不仅在官能团数量上要复杂，因为同一个目标分子中结合了官能团、环、双键和手性中心等；而且在性质上具有某些特征，可能含有大环、固定构型的双键，或者常规的化学解决不了的官能团之间或手性中心之间的关联。分子 **1** ～ **5** 就是这样的例子。还有一个很不一样的分子是 flexibilene（**13**），它来自印度尼西亚的软珊瑚，含有一个十五元大环，一个二取代的双键以及三个三取代的双键，这些双键都为 *E* 构型但都不共轭，它还含有一个季碳中心。还好这个分子没有什么官能团和手性中心。到底如何来进行这个分子的合成呢？其中一个报道过的合成工作是 McMurry 完成的[10]。

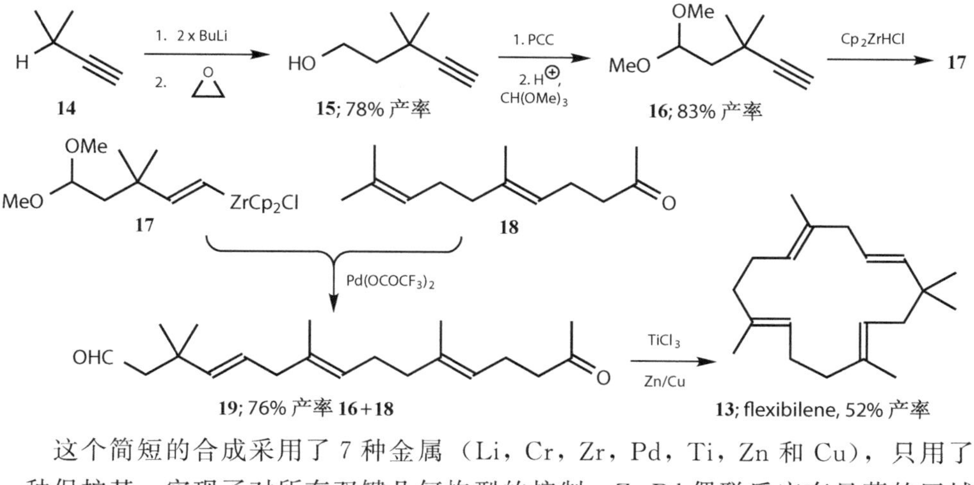

这个简短的合成采用了 7 种金属（Li，Cr，Zr，Pd，Ti，Zn 和 Cu），只用了一种保护基，实现了对所有双键几何构型的控制。Zr-Pd 偶联反应有显著的区域选择性，大环的合成也让人满意。最后一步的产率（52%）可能看起来不太好，但是能够实现这样简短的合成还是值得的。这条合成路线中只有前两步是采用以前的书中介绍的化学方法，其他步骤都是采用在此合成工作开展前的十年还是未知的方法，但在本书中这些方法我们都将涉及。

学习其他策略的另外一个重要原因（不仅仅只是合成出这个化合物！）是我们需要寻找简短的、廉价的以及可以大量制备的合成路线，将实验室的研究方法运用到生产中去。对所有可能的路线都必须进行探讨，至少是在纸面上寻找到最好的合成方法和专利的覆盖范围。每年，很多分子的合成都要经历这样一个彻底的过程，一些成熟的分子，比如 Merck 的 HIV 蛋白酶抑制剂 **20**，是用来对抗 AIDS 的一种很重要的药物。它就是通过这样的过程，找到了很好的合成方法，从而实现了在目前的生产中进行大规模的制备[11]。

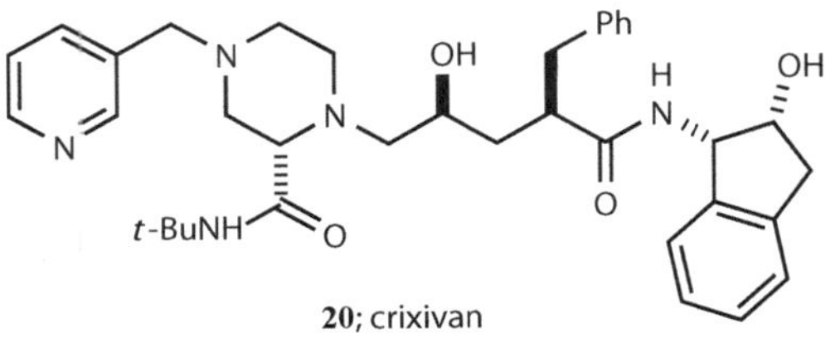

20; crixivan

你可能会认为，金属有机化学中采用的 Zr 或 Pd 永远不会在生产中使用，那你就大错特错了，因为这些方法不仅很多都是催化的，而且为流体体系发展了聚合物负载的试剂。这意味着有机金属试剂或酶与传统的溶液中的有机试剂相比，在解决副产物的处理以及溶剂回收方面存在的所有问题上可能会更好一些。我们将探讨 B，Si，P，S，Se 的化学以及 Fe，Co，Ni，Pd，Cu，Ti，Sn，Ru，Zr 等金属的化学，因为它们中的每一个都在合成方法中有独特的贡献。

在 McMurry 合成了 flexibilene 后的 20 年间，很多重要的进展使得有机合成改头换面。现在的手性药物都必须是光学纯的化合物，不对称催化反应（第 25 章和第 26 章）已经主导了这个领域。这个领域的最高荣誉就是 2001 年颁发给 Sharpless，Noyori 和 Knowles 的诺贝尔化学奖。烯烃复分解（第 15 章）代替了 Wittig 反应。钯催化的芳香环与其他芳香环，烯烃以及杂原子的偶联（第 18 章）使得原来不可能实现的切断变得非常有利。这些方法以及其他很多更重要的新方法给现代合成的战略规划带来了深远的影响，这都是本书中将要涉及的内容。

一个现代合成：Fostriecin（CI-920）

抗癌化合物 fostriecin **21** 是在 1983 年发现的，它的立体化学在 1997 年确定，直到 2001 年才被两个独立的小组分别进行了合成[12]。Fostriecin 与 flexibilene 有很大的区别。它也含有烯的几何构型，但更具挑战的是它还含有三维的手性。它有很多的官能团包括一个易破坏的单磷酸盐。一个成功的合成必须是得到的结构正确、烯的几何构型正确、相对的立体化学正确的单一对映异构体。

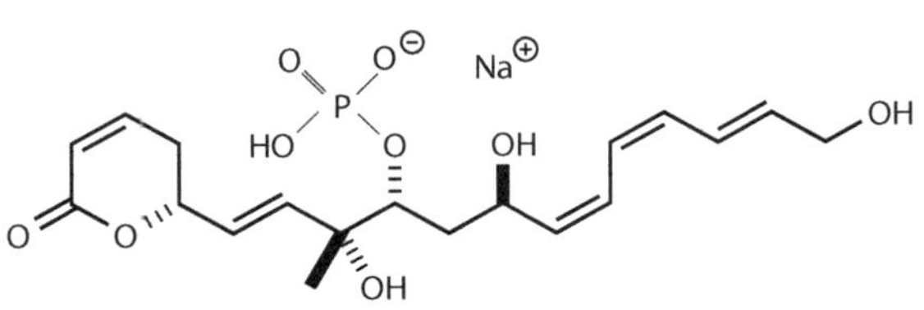

21; fostriecin (CI-920)

Jacobsen 对 fostriecin 的全合成的简短报道是从一个详细的反合成分析开始的。去掉磷酸盐的化合物 **21a** 被分为 4 个片段：不饱和的内酯 **24**（M 为金属）可以由二烯 **22** 和炔醛 **23** 通过一个不对称 oxo-Diels-Alder 反应制备；环氧 **25** 提供了第二个不对称源；其中一个 *cis*-构型的双键来自于炔 **26**，而其他烯键则来自于一个二烯基锡衍生物 **27**。

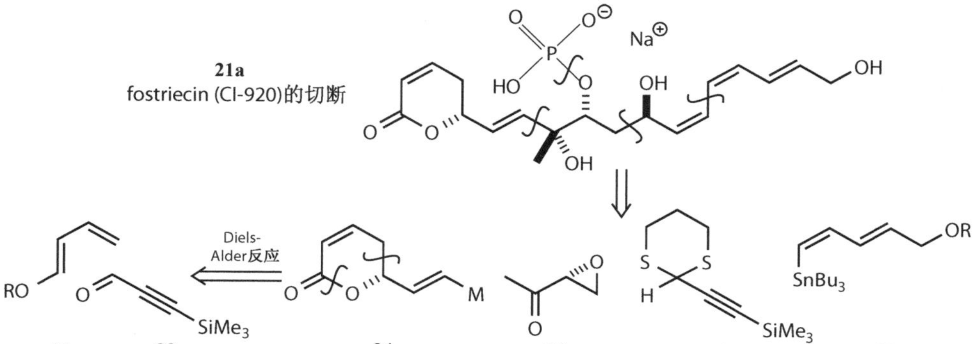

22 **23** **24** **25** **26** **27**

这个合成可以视为现代不对称催化方法的一个目录。环氧 **25** 是通过采用一个不对称的合成钴化合物进行水解动力学拆分来获得的（第 28 章）。不对称的 Diels-Alder 反应是通过制备铬化合物来催化的。乙烯基金属衍生物 **24** 是通过炔的锆氢化反应制得的（这可以说与 flexibilene 的合成是相似的），而其中二级醇的手性中心是通过将缩硫酮 **26** 水解得到酮继而经由一个合成钌化合物对其进行不对称还原得到的（第 18 章）。1983 年，当 flexibilene 合成出来的时候，这些催化方法几乎都还没有被发展起来，但是这些方法却构成了本书的显著特征。当今的有机合成几乎能解决任何问题[13]。

请不要认为我们要抛弃过去教科书上的系统方式或者较简单的试剂。它们比以往任何时候都更基本，因为正是它们的被代替让我们更了解新的策略。无论如何，一个头脑正常的人是不会去选择昂贵、剧毒或是不稳定的试剂，除非是采用更容易使用的试剂不能达到目的。如果采用 NaOH 水溶液能够实现反应，谁还愿意去使用需要严格无水条件下操作的易起火的叔丁基锂呢？在大多数情况下，我们将首先考虑简单的策略，然后再看如何对它加以改进。McMurry 对 flexibilene 的合成方法有些不同寻常，他们在每一步中几乎都使用了特别的试剂。更为普遍的情况是一个合成中采用一个特别的试剂和 6 个常见的试剂。以前书中的逻辑也常常是我们的出发点。

本书的编排

本书包括以下五个部分。

A 部分：导言——选择性

B 部分：碳-碳键的形成

C 部分：碳-碳双键

D 部分：立体化学

E 部分：官能团策略

导言部分我们将通过羟醛缩合化学来更具体地呈现我们的主题，并对三种类型的选择性：化学选择性、区域选择性和立体选择性做出说明。我们将以烯酮作为我们的目标分子探讨其他的策略，以环戊烯酮这个特例来讨论如何选择一条好的合成路线。每一个章节都将对策略、新试剂和控制逐一展开论述。

参考文献

一般性参考文献列于 946 页。

1. R. B. Woodward, *Pure Appl. Chem.*, 1973, **33**, 145; A. Eschenmoser and C. E. Wintner, *Science*, 1977, **196**, 1410; A. Eschenmoser, *Angew. Chem., Int. Ed. Engl.*, 1988, **27**, 5.
2. Y. Kishi, *Tetrahedron*, 2002, **58**, 6239.
3. E. J. Corey, K. C. Nicolaou, and L. S. Melvin, *J. Am. Chem. Soc.*, 1975, **97**, 654; G. Stork and S. D. Rychnovsky, *J. Am. Chem. Soc.*, 1987, **109**, 1565; *Pure Appl. Chem.*, 1987, **59**, 345; A. F. Sviridov, M. S. Ermolenko, D. V. Yashunsky, V. S. Borodkin and N. K. Kochetkov, *Tetrahedron Lett.*, 1987, **28**, 3835, and references therein.
4. W. C. Still, *J. Am. Chem. Soc.*, 1979, **101**, 2493. See also S. L. Schreiber and C. Santini, *J. Am. Chem. Soc.*, 1984, **106**, 4038; T. Takahashi, Y. Kanda, H. Nemoto, K. Kitamura, J. Tsuji and Y. Fukazawa, *J. Org. Chem.*, 1984, **51**, 3393; H. Hauptmann, G. Mühlbauer and N. P. C. Walker, *Tetrahedron Lett.*, 1986, **27**, 1315; T. Kitahara, M. Mori and K. Mori, *Tetrahedron*, 1987, **43**, 2689.
5. P. A. Worthington, ACS Symposium 355, *Synthesis and Chemistry of Agrochemicals*, eds D. R. Baker, J. G. Fenyes, W. K. Moberg, and B. Cross, ACS, Washington, 1987, p 302.
6. M. Elliott, A. W. Farnham, N. F. Janes, P. H. Needham, and D. A. Pullman, *Nature*, 1974, **248**, 710; M. Elliott, *Pestic. Sci.*, 1980, **11**, 119.
7. J. Halpern, H. B. Kagan, and K. E. Koenig, *Morrison*, vol 5, pp 1–101.
8. Corey, *Logic*; Nicolaou and Sorensen.
9. *Designing Syntheses, Disconnection Textbook*, and *Disconnection Workbook*.
10. J. McMurry, *Acc. Chem. Res.*, 1983, **16**, 405.
11. D. Askin, K. K. Eng, K. Rossen, R. M. Purick, K. M. Wells, R. P. Volante and P. J. Reider, *Tetrahedron Lett.*, 1994, **35**, 673; B. D. Dorsey, R. B. Levin, S. L. McDaniel, J. P. Vacca, J. P. Guare, P. L. Darke, J. A. Zugay, E. A. Emini, W. A. Schleif, J. C. Quintero, J. H. Lin, I.-W. Chen, M. K. Holloway, P. M. D. Fitzgerald, M. G. Axel, D. Ostovic, P. S. Anderson and J. R. Huff, *J. Med. Chem.*, 1994, **37**, 3443.
12. D. L. Boger, S. Ichikawa and W. Zhong, *J. Am. Chem. Soc.*, 2001, **123**, 4161; D. E. Chavez and E. N. Jacobsen, *Angew. Chem., Int. Ed.*, 2001, **40**, 3667.
13. D. Seebach, *Angew. Chem. Int. Ed.*, 1990, **29**, 1320; K. C. Nicolaou, E. J. Sorensen and N. Winssinger, *J. Chem. Ed.*, 1998, **75**, 1225.

2 化学选择性

定义

引言：三种控制类型

有机合成中所有重要策略设计的背后一定都存在这样的信念，那就是要求分子都能按我们所要求的方式结合。我们可以将其称为**控制**，根据机理的不同可以把其分为三个部分。这几部分非常重要，我们将在接下来的三章里对这部分内容进行更详尽地阐述。你如果能意识到什么地方可能会出错，那么就能更好地预见这些问题，从而可能完全避免它们。我们所提出的三种控制类型超越过去讨论的化学选择性（不同官能团之间的选择性），区域选择性（同一官能团的不同方面的控制）以及立体选择性（关于立体化学的调控）。*The Disconnection Approach* 一书对这三种选择性都给出了实例：化学选择性在第 5 章，区域选择性在第 14 章，立体选择性在第 12 章和第 38 章。本书将不再对这些方面进行赘述。

化学选择性：简单的例子和规则

化学选择性是这三种类型中最直接的一种，在这样一本高级的教科书中谈这个问题或许看起来显得太基础了，但是如果数一数一个一般的合成中用到的保护基的数目，就会发现这种观点是非常天真的。官能团之间的选择性可能包括：

（a）在反应活性不同的多个官能团中选择一个进行反应，如将酮酸 **2** 按我们所希望的那样还原成产物 **1** 或者产物 **3**。

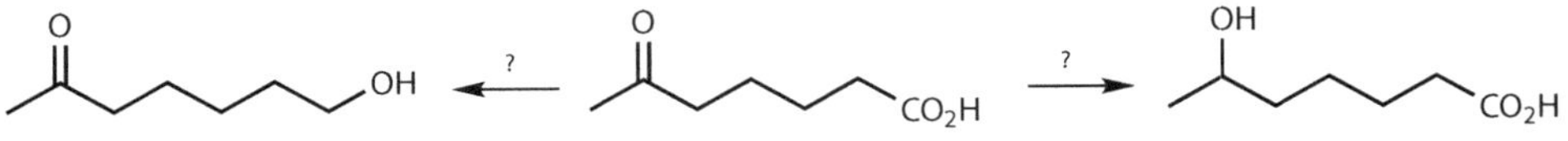

1　　**2**　　**3**

（b）在几个相同的官能团中进行的选择性反应，如将对称的二酸 **5** 转化为一边为酯一边为酰氯的化合物 **4**，或只有一边的酸被还原的内酯 **6**。在本章的最后还有一个更不明显的例子。

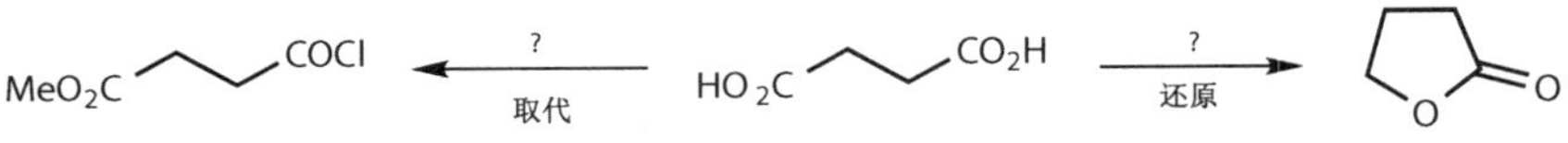

4　　**5**　　**6**

（c）选择性地将一个官能团的反应控制在生成某一产物的阶段，而这个产物还能与同一试剂继续发生反应。这是从羧酸衍生物 **7** 出发合成酮 **8** 而不希望得到醇 **9** 的反应中存在的经典问题。

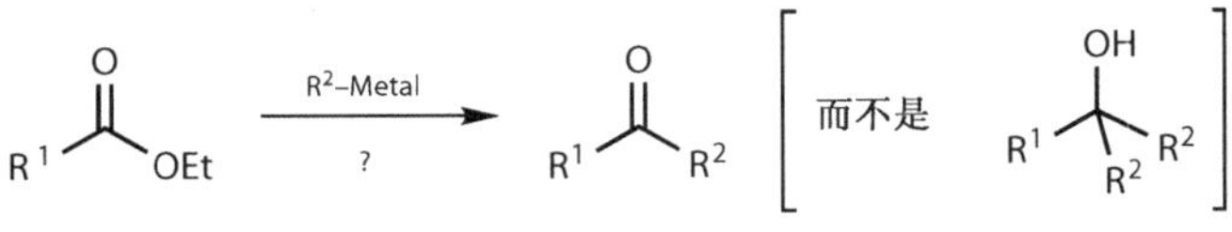

7　　**8**　　**9**

有机化学家发展了很多特殊的试剂来完成这些合成，所设计出来的试剂必须能实现反应而且必须不会：

（i）与它们自身反应。

（ii）与他们所希望作用的官能团之外的其他官能团反应。

（iii）与产物反应。

第（ii）条显而易见，而第（i）条和第（iii）条可能需要一些解释。要使得一个试剂不能和自身反应，看起来似乎一点也不值得声明，其实这只是说起来容易。当你使用一个试剂如 **11** 时，可能意识不到有机金属试剂将作为碱与自身的羟基反应，**12** 因此而自我破坏。这个问题的传统解决方法是将 **10** 中的羟基保护起来，虽然我们想彻底地避免保护但到目前为止这还是不可能的。

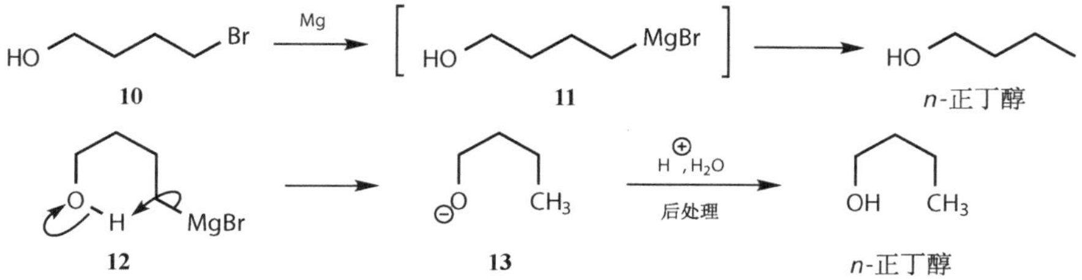

第（iii）条更为明显而且可能是大家更常发现的。但是对于在反应混合物中产物到底是怎样产生的往往并不是那么清楚，虽然通过一个好的机理理解或仔细地思考能够弄明白。简单的醛 **14** 和三氯乙醛（$Cl_3C \cdot CHO$）的反应看起来能直接生成羟醛 **17**，这个反应很可能是经由烯胺 **16** 来进行的。

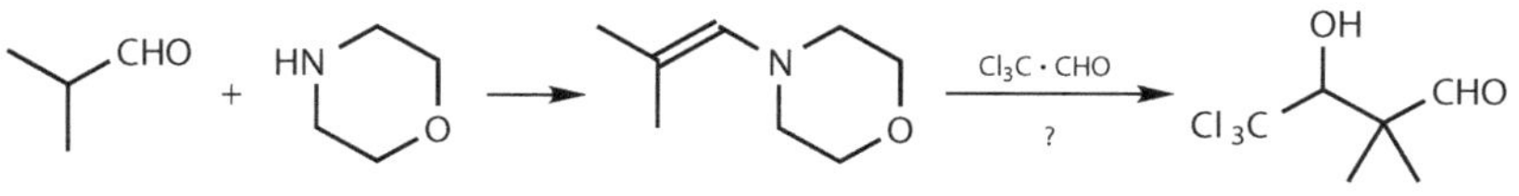

14　**15**　**16**　**17**

然而，将 **16** 和三氯乙醛按任意比例混合，都只能以 83%的产率分离得到 2∶1的加成产物 **20**[1]。很显然，中间产物 **19** 和三氯乙醛反应的速率至少与 **16** 和三氯乙醛的反应是一样快的。幸运的是，**20** 在 HCl 的催化下发生裂解能以很高的产率得到目标分子 **17**，从而解决了这个合成中的问题。

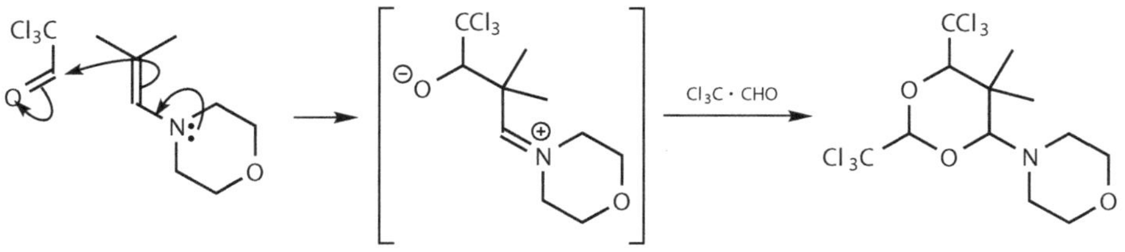

18　**19**　**20**

烯胺能很好地用于 Michael 加成反应，在这里另外一个看似合理的合成也出现了问题——环己酮与丙烯醛的加成反应，反应经由环己酮与吡咯啉生成的烯胺 **21** 来进行。

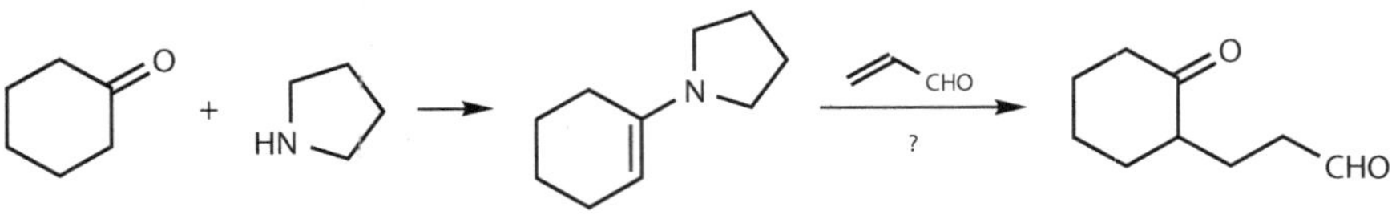

21　　22

如果产物是通过蒸馏分离出来的，将以很好的产率（75%）得到二环酮**23**[2]。一个更详细的研究表明**24**是这个反应的中间产物，**23**是在蒸馏过程中由**24**生成的，仅仅需要将**24**进行水解，就能以很高的产率分离得到Michael加成产物**22**。换言之，就是不能蒸馏！在合成中如果出了问题，也可能会是一件好事，就像这里一样。有很多方法都能控制Michael加成，但却很少有方法能合成像**23**一样的二环酮化合物，现在这个反应已经成为合成二环酮的标准方法[3]。这里的格言是：你要弄清楚在发生什么事，并准备好去迎接有用的意外结果。

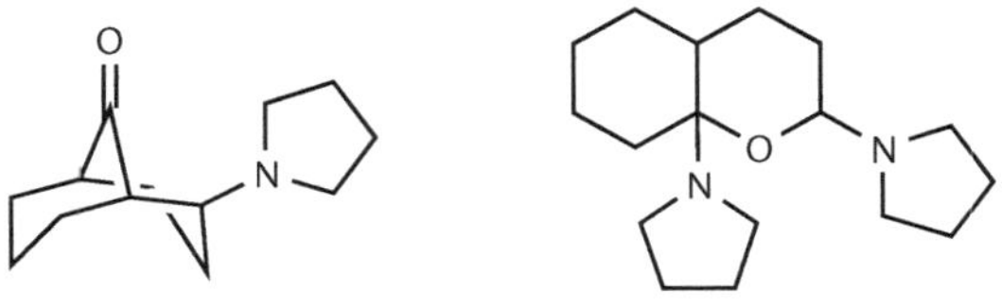

23　　24

通过反应活性和保护来实现的化学选择性：一种抗疟疾药

我们需要在实际运用中来看看这些原则，这里有一个迟来的合成例子。抗疟疾药amopyroquine（**25**）可能是由奎宁衍生来的，因为它含有一个奎宁核。它还含有五个官能团——三个胺（全部都不相同——一个是芳香的，一个是三级的，一个是二级的）、一个苯酚和一个芳基氯。它另含有四个环——三个芳香环和一个饱和的杂环。

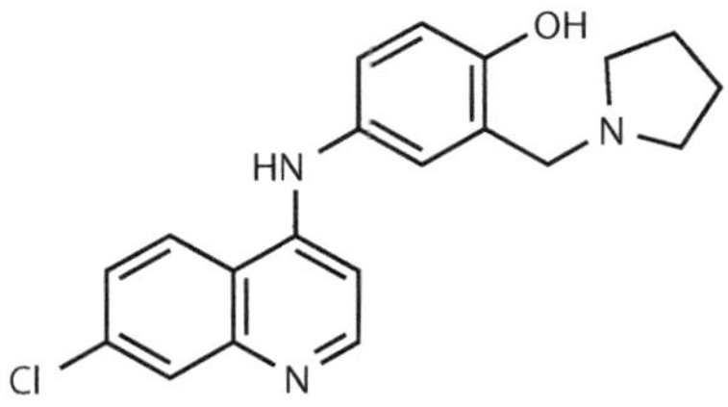

25
amopyroquine

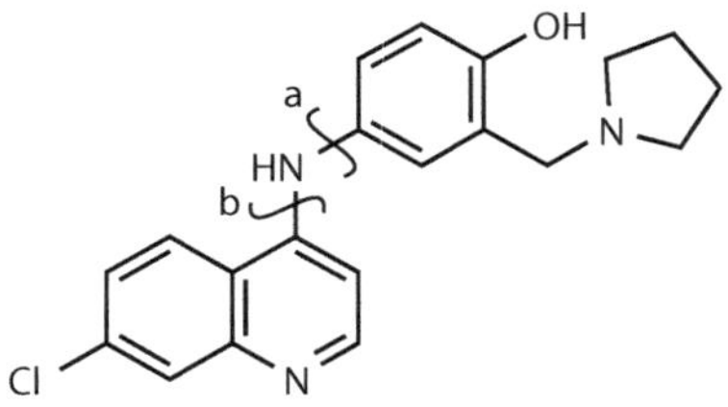

25a,b
amopyroquine 的切断

对于**25**可以有多种可能的切断方式，我们选择从分子的中间开始断开可以得到最大的简化。**25a** 的断键方式需要对非活化的苯环 **27**（X ＝ 离去基团）进行亲核取代。看起来似乎不大可能。**25b** 的断键方式则是对吡啶环的 4-位进行亲核取代。由于环中氮原子的拉电子效应，这个反应是可行的，因而采用 **25b** 的断键方式是一条更好的路线，虽然我们可能会担心这个反应中化学选择性的控制——**26** 中有三个潜在的亲核基团，**28** 中有两个潜在的亲电基团。

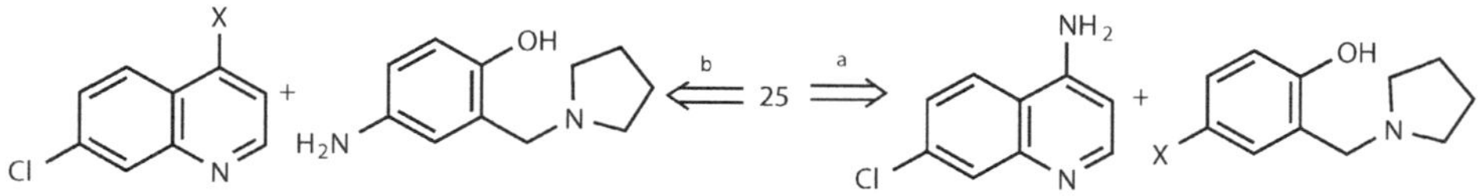

28 **26** **29** **27**

对 **26** 和 **28** 作进一步的断键。**26** 可以通过 Mannich 反应[4]得到，而 **28** 可以从简单的原料出发[5]，采用标准的杂环合成方法得到。

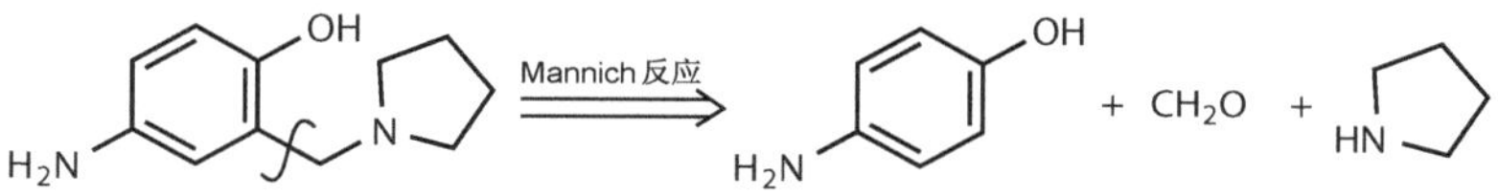

26a **30**

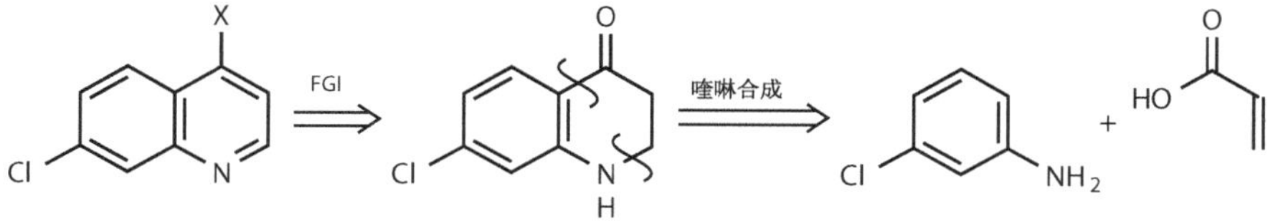

28 **31** **32**

通过保护使活性低的官能团发生反应

氨基苯酚 **30** 如果发生 Mannich 反应将会被亲核性更强的氨基支配，这样就得不到我们所需要的产物。将氨基酰化，通过离域作用可以削弱氨基的亲核性，因而以对氨基苯酚 **33**（一种常用的止疼药），作为这个反应的起始原料是一个很好的选择。现在再进行 Mannich 反应就能选择性地得到 **34**，酰胺通过碱水解得到 **26**。

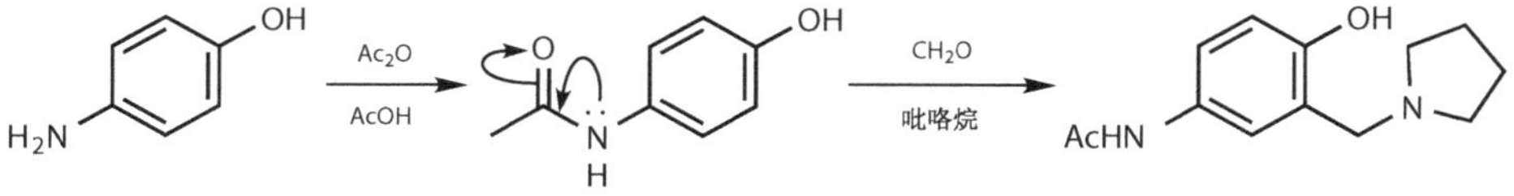

30 **33** **34**

丙烯酸和氯苯胺 **32** 直接发生 Michael 加成反应，生成的 **35** 再发生 Friedel-Crafts 环化能得到单一的产物 **31**，原因可能是因为与氯相邻的位置从位阻和电子效应上都不太利于反应进行。氯化和氧化可以在同一步完成得到 **28**。将得到的两个片段（**26** 和 **28**）连接起来就得到 amopyroquine（**25**）。

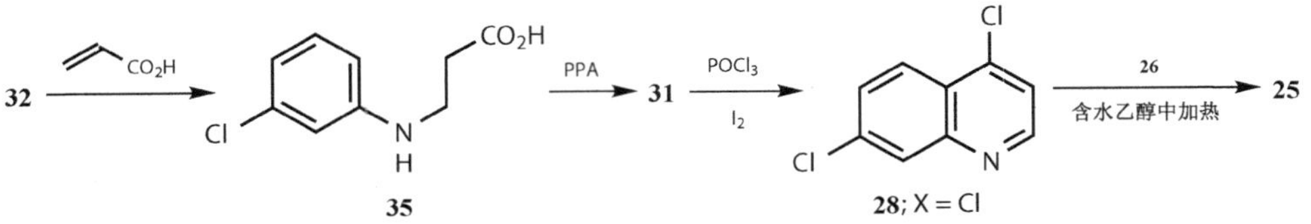

在最后一步中，我们又要回到化学选择性这个最初的问题：**26** 中只有伯胺进行反应，这里是因为氨基的亲核性比 OH 要强，而亲核性更强的三级胺的加成是可逆的——因为它没有氢原子可以脱除。**28** 中只有吡啶的 4-位氯发生反应，可能是因为亲核加成如果发生在别的位置需要破坏掉两个芳香环。尽管这个化合物已经被更好的抗疟疾药所替代，但它的合成诠释了预测化学选择性的所有重要原则都必须建立在对反应机理的合理理解上。如果对反应机理还有不清楚的地方，可以先尝试简单化合物的模板反应，或者采取其他的策略。

不需要保护的情况

双阴离子：通过消耗试剂来实现选择性

在前面的合成中，我们通过将一个过于活泼的氨基保护起来以降低它的反应活性。有时候，如果我们愿意浪费一些试剂来达到目的，保护就没有必要了。一个简单的例子是甲基格氏试剂与酮酸（**36**）的加成反应。我们已经知道羧酸的质子能与格氏试剂反应，如果我们愿意消耗一个当量的格氏试剂与羧酸反应，脱去质子从而实现对羧酸的自动保护，亲核试剂 MeMgI 将会仅仅与底物中的酮发生加成而不会与羧酸阴离子发生加成，猝灭后就得到醇 **37**。

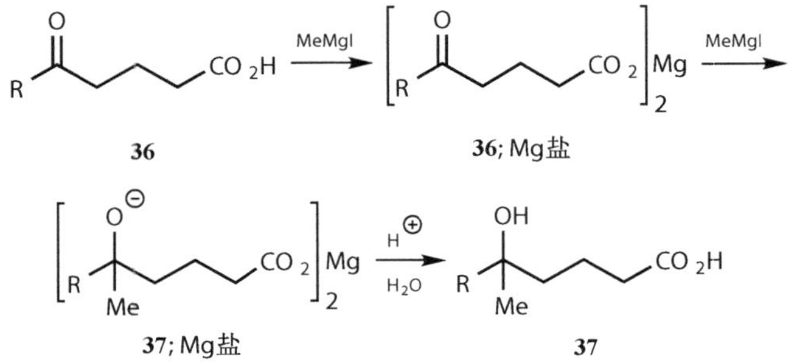

乍一看，通过 Wittig 反应来合成 *Z*-**38** 似乎风险重重。膦盐 **39** 中羧酸

(CO_2H) 的质子酸性比我们要脱去以形成膦叶立德的质子酸性更强，而醛 **40** 不仅含有一个酸性质子 (OH)，而且它主要是以环状的半缩醛 **41** 的形式存在，并不是以羰基形式存在。

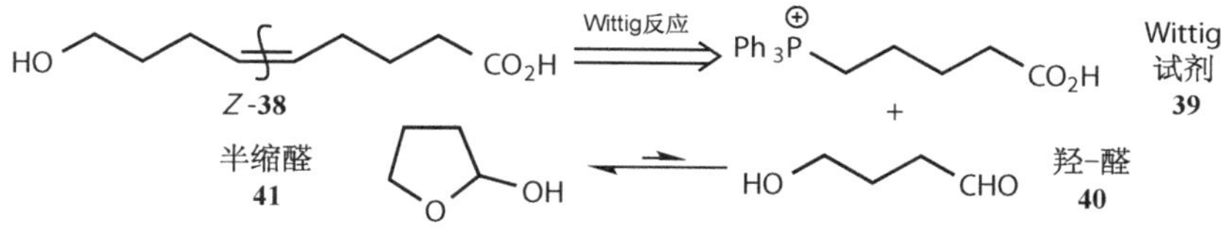

然而，只需要简单地采用大大过量的碱而不需要任何保护就可以实现这个反应。膦盐 **39** 的确是先失去 CO_2H 的质子得到 **42**，**42** 再在第二分子的碱作用下生成叶立德 **43**，两个阴离子相距足够远因而相互间不会有干扰[6]。碱也能催化 **44** 与 **45** 之间的平衡，**43** 和 **45** 反应就能得到目标分子。这个反应的过渡态含有三部分负电荷，由于它们彼此间被很好地隔开，因而反应进行时很显然不会有太大的电荷排斥作用。这个例子与前面介绍的例子正好相反，对机理仔细进行分析就会发现预想中的化学选择性问题并不会发生。

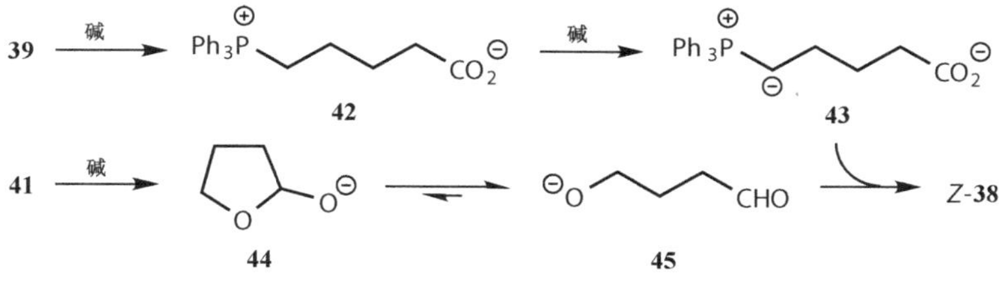

通过试剂实现的化学选择性：频哪醇重排

目前我们已经讨论了不同官能团之间的化学选择性。如果这些官能团类似，甚至相同会使情况变得更加复杂。频哪醇重排是从二醇出发制备羰基化合物的一条有用的途径。经典的例子是 **46** 在酸溶液中重排生成叔烷基酮 (**48**)。这里不存在化学选择性的问题。**46** 中的两个羟基是一样的，无论哪个发生质子化都可以。**47** 发生重排的一步，四个可能发生迁移的基团都是甲基。

通过试剂区别二级醇和三级醇

不对称的二醇给化学选择性的一系列问题提供了巧妙的解决方法[7]。二醇 **49** 在酸的作用下在能形成更为稳定的叔烷基阳离子一侧失去羟基，然后发生氢转移得到酮 **51**。

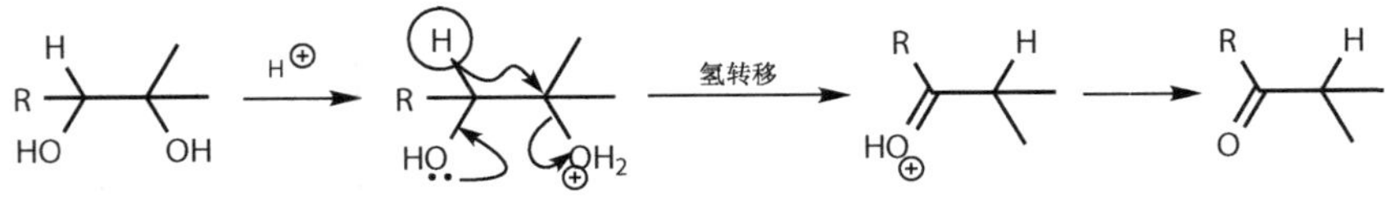

49 **50** **51**

另一种方法，二醇 **49** 在弱碱作用下发生对甲苯磺酰化后能启动更有趣的重排 **52** 得到 **53**。因为三级醇和 TsCl 都很大，在弱碱条件下不可能将一个三级醇对甲苯磺酰基化，因而只有二级醇才被磺酰化进而离去，**53** 是唯一的重排产物。

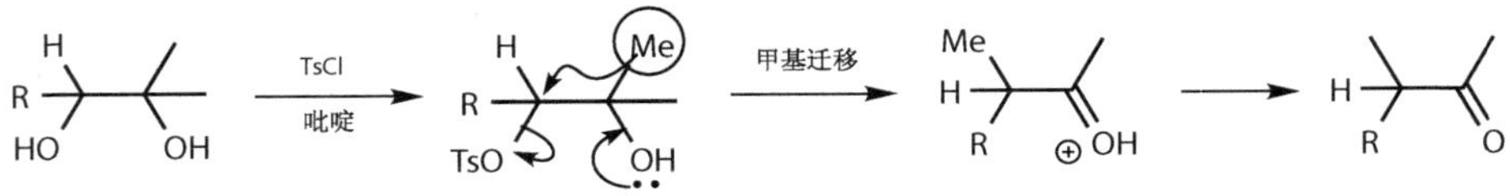

49 **52** **53**

Corey 的长叶烯（longifolene）合成

在一个频哪醇重排中，哪个基团发生迁移也是一个化学选择性的问题，通常含有孤对电子或 π 电子的基团发生迁移。在 Corey 课题组对长叶烯（longifolene）的合成中[8]，6 或 7 稠环烯酮是一个重要的中间体。从方便易得的 Robinson 增环产物 **57** 出发进行合成是很吸引人的，这里需要发生一步扩环反应，如通过 **55** 发生频哪醇重排来进行，但这里的选择性是未知的。1,2-二醇如 **55** 通常是由一个烯烃发生羟基化得到，而这里的二烯 **56** 则可能通过二酮 **57** 发生 Wittig 反应制备。这几步反应中的每一步都存在化学选择性问题。**57** 中的两个酮哪一个的反应性更好呢？**56** 中的两个双键哪一个更容易羟基化呢？**55** 发生频哪醇重排时是环的哪一侧发生迁移呢？

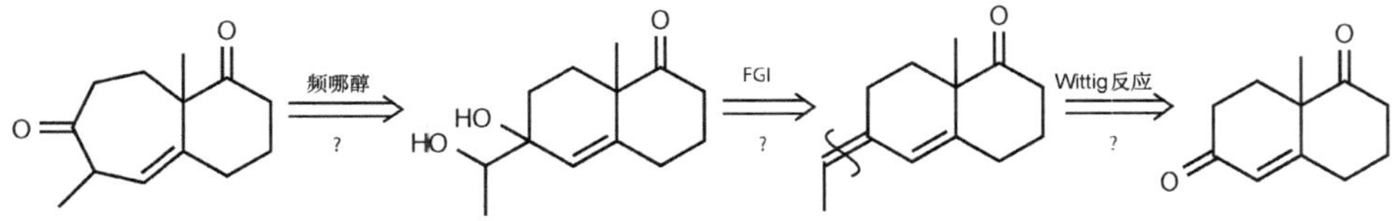

54 **55** **56** **57**

57 中的两个酮一个是共轭的，一个不是。非共轭的酮要不稳定一些，因而我们可以采用**热力学控制**，如果将其保护成乙缩酮将是一个可逆的过程。非共轭的酮发生 Wittig 反应时在动力学上也是更活泼的。对于 **59** 中的两个双键，也是由于动力学以及热力学的原因，环外双键比环内双键更易与亲电试剂反应。采用对甲苯磺酰保护的路线能确保发生频哪醇重排时离去合适的羟基。当 **60** 在弱的路易斯酸催化下发生重排时，π 键的迁移也要优先于简单烷基的迁移。因而采用以下的路线进行合成时，所有的化学选择性问题都得到巧妙解决，缩醛保护在后面的合成中也是很有用的。

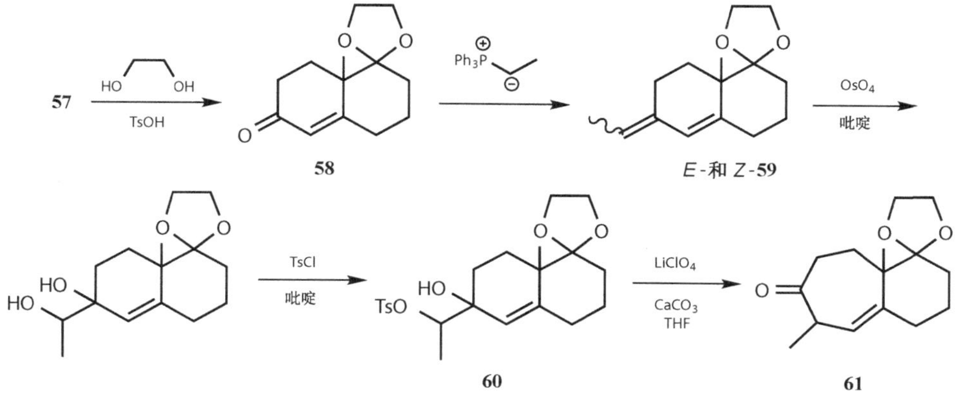

烯醇和烯醇化物生成的化学选择性

烯醇和烯醇化物的一般讨论

目前我们已经着重介绍了同一个分子内有两个官能团的情况。当我们希望两个分子以特定方式进行反应时的，化学选择性问题也同样重要。然而，由于两个分子含有相似的官能团，反应也可以按其他途径进行，或者其中的一个分子只和自身反应而不与另一分子反应。当反应要经历烯醇化时这个问题显得尤为严重。下面的通式中总结了烯醇或烯醇化物的烷基化或酰化反应，一个羰基化合物和另一个羰基化合物的反应、羟醛反应，它们都是烯醇化反应中经典的重要的例子。本章中将着重介绍这些过程中的化学选择性，也就是酯、醛以及类似化合物的烯醇化反应。

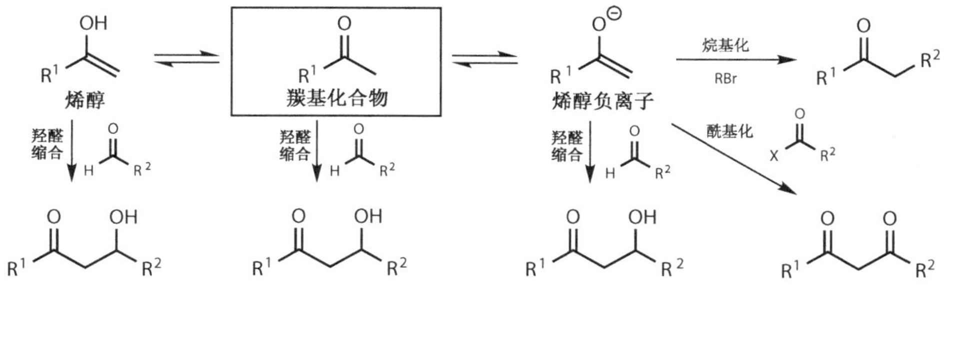

酯 **62** 与对应的烷氧负离子反应可以产生少量的烯醇负离子 **63**，它能与没有发生烯醇化的酯反应得到酮酯 **64**。这个反应，或许有时是有用的，但却阻碍了酯在该条件下发生直接的烷基化反应。

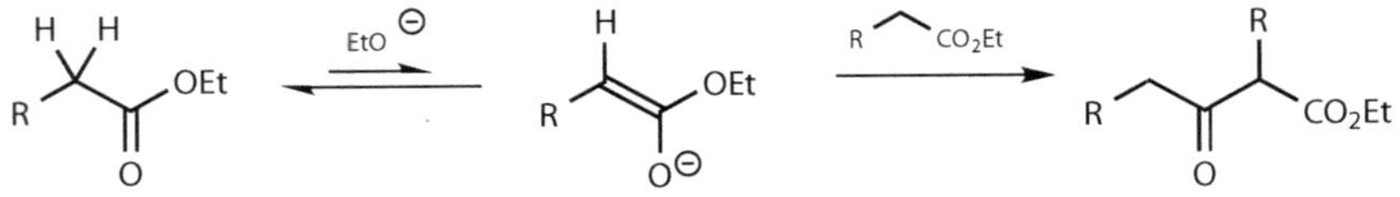

62; 酯　**63**; 烯醇负离子　**64**; *β*-酮酯

特定的烯醇等价物的形成

一个烷基化反应所必需的条件是酯要能快速地转化为合理的稳定的烯醇负离子。事实上，快速的要求是不能存在没有发生烯醇化的酯。换句话说，**去质子的速率应该要比酯与烯醇化物反应的速率更快一些**。在低温下，很多时候是在－78℃下，以氨基锂作碱与酯反应生成烯醇锂就可以满足这样的条件。必须要使用具有位阻的碱，否则它们将会与酯羰基发生亲核取代反应生成酰胺。常用的碱有 LDA（二异丙基氨基锂，**66**）、六甲基二硅基氨基锂（**67**），以及它们当中位阻最大的四甲基哌啶锂（**68**）。这些碱都能很方便地从胺制备得到。例如，LDA 可以由 **65** 与 BuLi 在干燥的 THF 中制备。

65 二异丙基胺　**66**; LDA 二异丙基氨基锂　**67**; LHMDS 六甲基二硅基氨基锂　**68**; LTMP 四甲基哌啶锂

一个简单的酯 **62** 与上述的其中一个碱在－78℃下作用，首先是锂与羰基配位形成 **69**，再通过一个六元环过渡态 **69a** 失去质子就能得到一个稳定的烯醇锂 **70**。

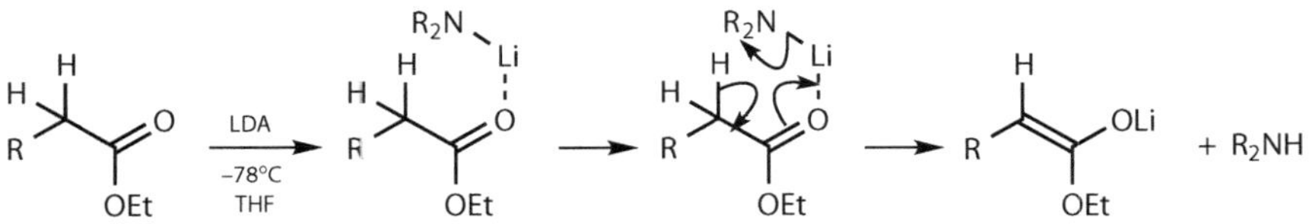

62; 酯　**69**　**69a**　**70**

烯醇锂、烯胺和烯醇硅醚

酯 **62**[9] 和内酯 **73**[10]，经由烯醇锂 **71** 和 **74**，与卤代烷烃发生直接的烷基化通常是很成功的。

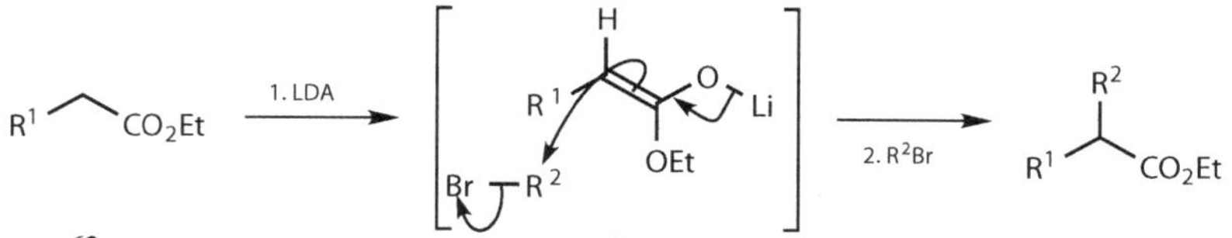

62 71 72

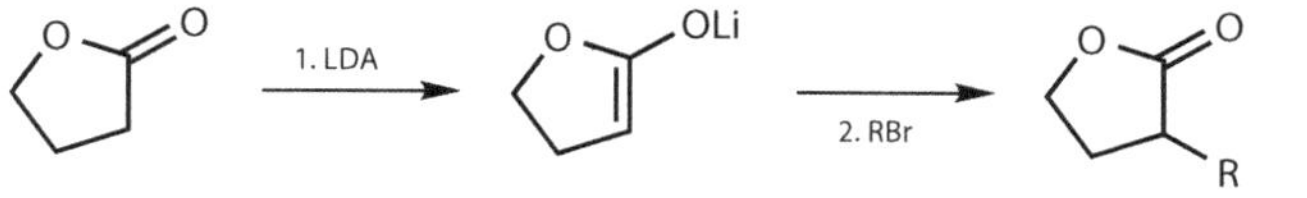

73 74 75

这些烯醇锂在羟醛反应中的应用给人的印象更为深刻也更为重要。酯的烯醇化物很难用于与可发生烯醇化的醛或酮进行反应，因为这样的条件下醛或酮很容易发生自缩合。传统的解决方法是采用丙二酸发生 Knoevenagel 类型反应时的装置[11]。酯的烯醇锂，如 **76** 就能与可烯醇化的醛或酮干净地反应以很高产率得到羟醛产物 **79**[12]，反应是通过一个环状六元环过渡态 **77** 一步完成的。

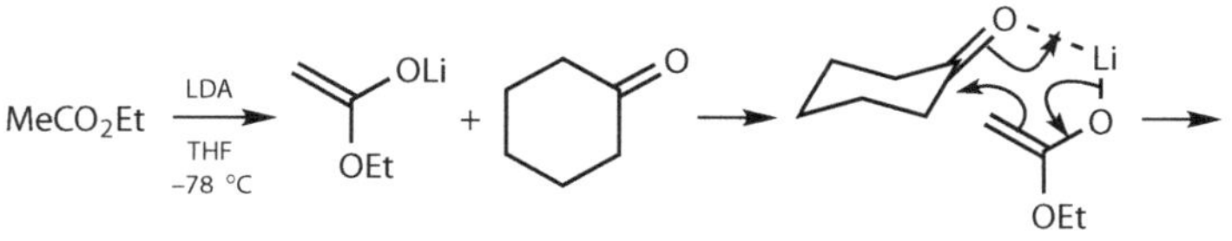

76 77

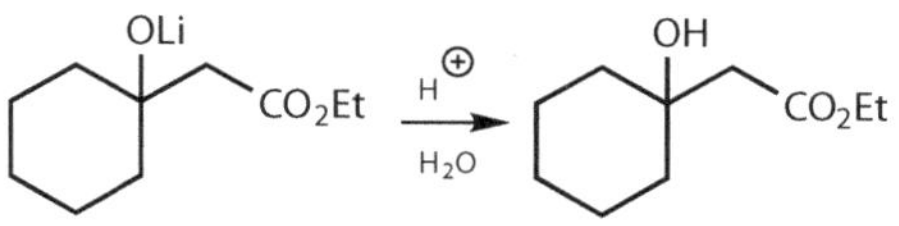

78 79; 79%~90%

酯的烯醇锂甚至能和甲醛干净地反应，因而解决了 Mannich 反应对酯底物不适用的问题。*exo*-亚甲基内酯（**80**）的合成就是采用这种方式来完成的。对烯酮进行断键分析[13]就会发现在这里甲醛将作为交叉羟醛反应中的亲电组分，与烯醇锂 **82** 作用就能实现其合成[14]。甲醛和内酯 **81** 的单加合物 **83** 能分离得到，随后小心地进行脱水反应以避免双键迁移到环内。

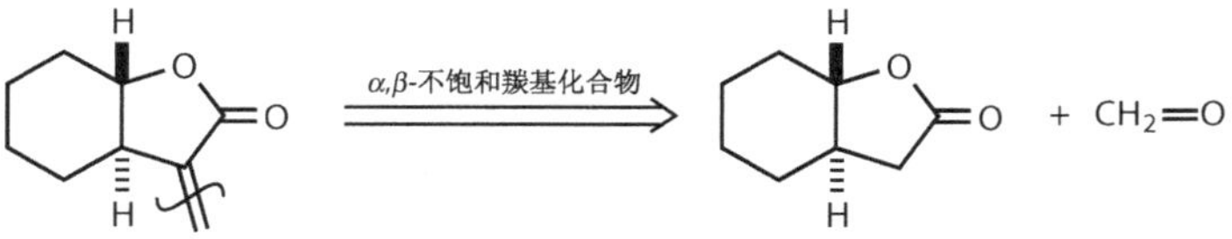

80 81

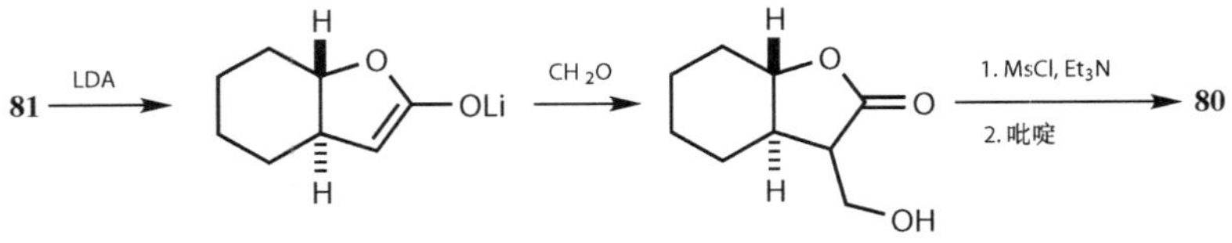

82　　83

同样的方法甚至也能用于羧酸 **84** 的反应，这里需要采用两分子的碱：第一分子碱脱除酸的质子生成锂盐 **85**；第二分子碱作用生成烯醇锂 **86**。

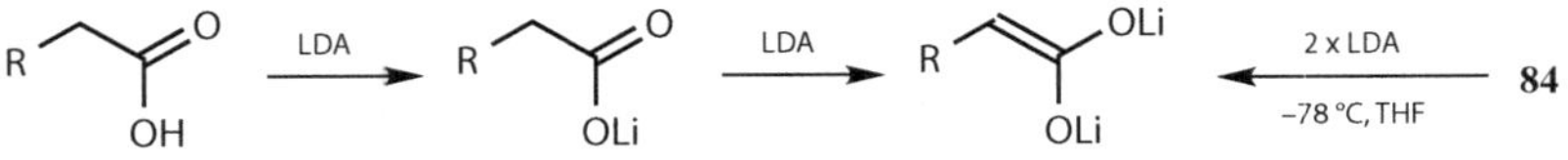

84　　85　　86

这些锂衍生物在烷基化反应和羟醛缩合反应中应用得也很好。Krapcho 在对倍半萜姜黄烯（α-curcumene，**92**）的合成中[15]，就是从酸 **87** 的二锂衍生物与可烯醇化的醛 **89** 的化学选择性缩合开始的。羟醛缩合产物 **90** 转化为 β-内酯 **91**，然后通过加热脱 CO_2 就得到 α-姜黄烯（α-curcumene，**92**）。

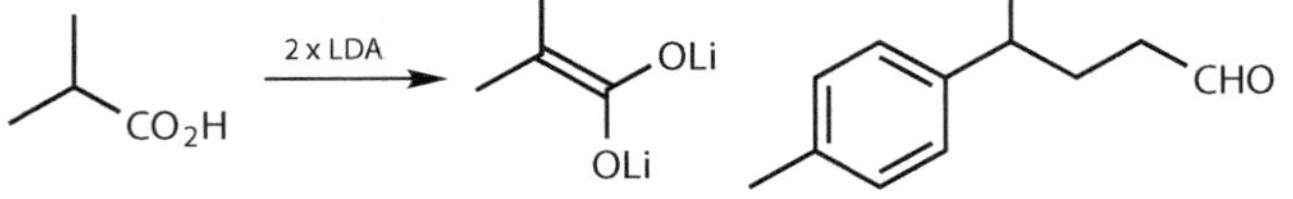

87　　88　　89

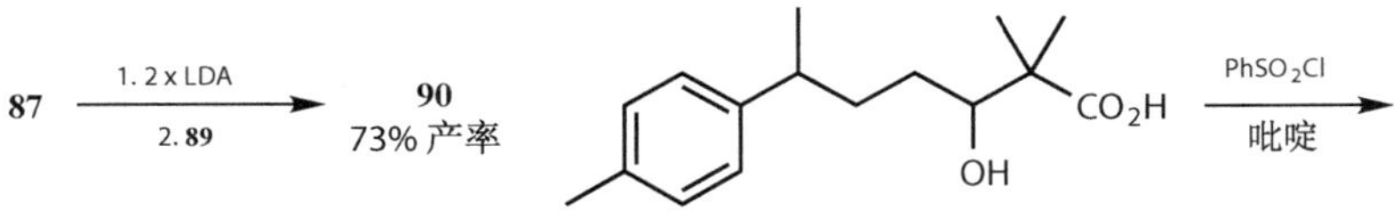

90; 73% 产率

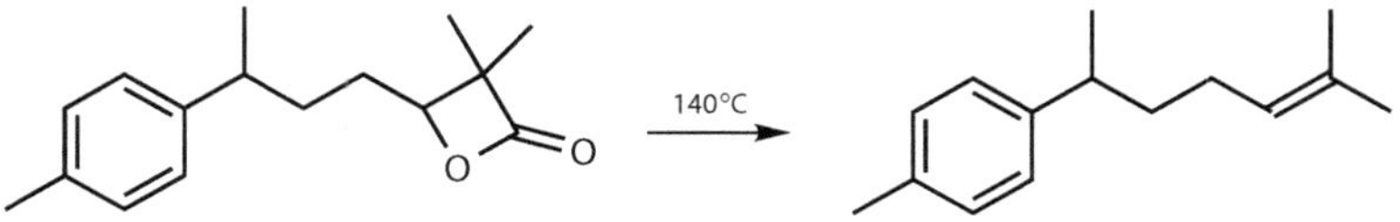

91; 77% 产率　　**92**; α-姜黄烯, 90% 产率

你可能会想既然烯醇锂能轻而易举地解决烯醇阴离子的化学选择性的所有问题，为什么它们并不是经常使用呢？它们应用得非常广泛，但它们需要低温（通常是−78℃，干冰/丙酮浴的温度）下严格无水的条件。如果仅仅将试剂和催化量的 NaOH 室温下混合在乙醇中就能有同样好的结果的话，没有人会在他们的第一念头里想着去用这些条件，因为这些条件才是很多简单的羟醛缩合反应所使用的也是实际过程尤其是工业生产中优先采用的。在 geiparvirin 的合成中需要中间体 **93**，它最好的羟醛缩合解构方式是从中间切断分子得到酮 **94**，**94** 只可能

在一个位置发生烯醇化，然后与一个不发生烯醇化的亲电性更强的醛 **95** 反应。这个反应不存在选择性问题，在 NaOEt 催化下，**94** 和 **95** 在乙醇中发生羟醛缩合反应能以 89%的产率得到 **93**[16]。

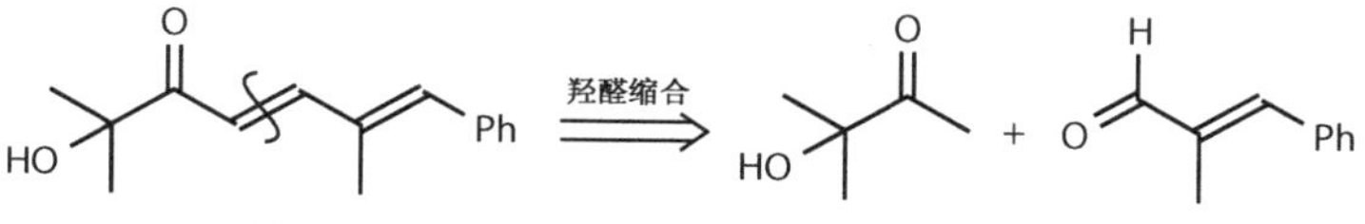

烯胺

烯醇锂也并不能解决所有的化学选择性问题，尤其是在需要使用特定的醛的烯醇化物时非常糟糕。问题在于醛非常容易发生自缩合，羟醛缩合反应的速率与去质子形成烯醇化物的速率是相当的。幸运的是还有其他好的选择。在本章中的前面部分我们展示的例子中提到烯胺有哪些不好的地方，在这里我们却要对醛形成的烯胺 **96** 的特性大为赞扬[17]。它们很容易制备，而且因为活性远远弱于烯醇锂所以不会过多地发生羟醛缩合反应。它们在一些反应中有很好的应用，如 Michael 加成，是制备 1,5-二羰基化合物如 **97** 的一条标准路线[18]。

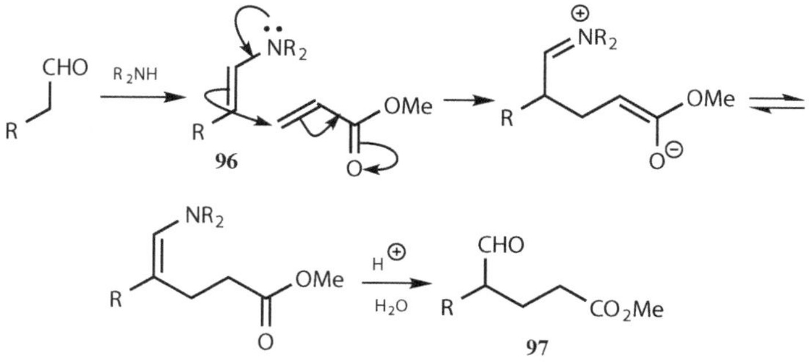

一个让人印象深刻的例子是不饱和醛 **98** 的 Robinson 环化反应[19]。在形成烯胺 **99** 后进行的反应中既不会发生羟醛缩合反应，也不会发生双键的迁移。1,5-二羰基化合物 **100** 自动发生环化生成烯酮 **101**。

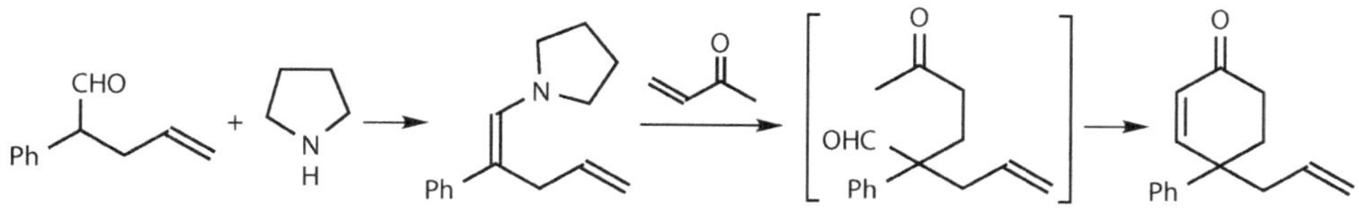

烯醇硅醚

由于烯醇硅醚在各个方面的用途，目前烯胺已经在很大程度上被它们所代替。**102** ～**104** 可以直接由 Me_3SiCl 与酯的烯醇锂作用或与羧酸作用或与醛在三级胺作用下在温和的条件下制备得到。硅原子的亲电性非常强，它选择与电负性强的组分结合。因而它与烯醇化物的氧原子结合的速率非常快，以至于醛都不会发生自缩合反应。

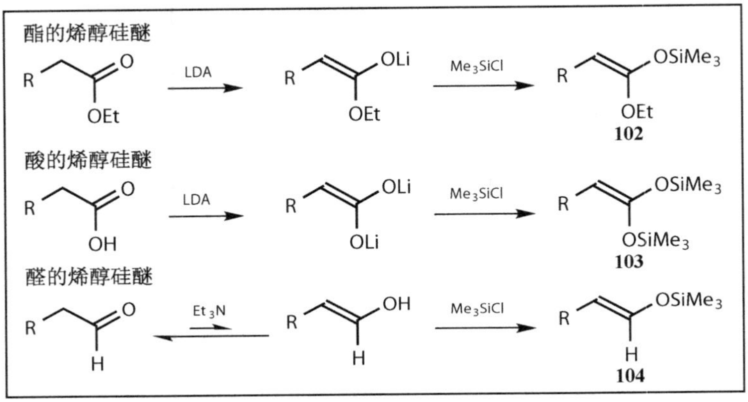

出于方便，烯醇硅醚 **102** 和 **104** 只画出了单一的几何构型。事实上，它们通常是以混合物的形式生成的，虽然这并不会影响到它们后面的反应。它们是热力学稳定的化合物，但很容易被水或甲醇水解，因而通常是需要用时才制备的。它们的活性远远弱于烯醇锂，甚至比烯胺活性还低，在与亲电试剂反应时最好是在路易斯酸（通常是 $TiCl_4$）的催化下进行。醛 **105** 和 **108**，一个有支链一个没有，它们都能很简单地转化为对应的烯醇硅醚 **106** 和 **109**，与两个不同的可烯醇化的醛反应能以很高产率得到羟醛缩合产物 **107** 和 **110**，而不会发生这四种醛中任何一种的自缩合反应或者它们之间错误形式的交叉缩合反应[20]。

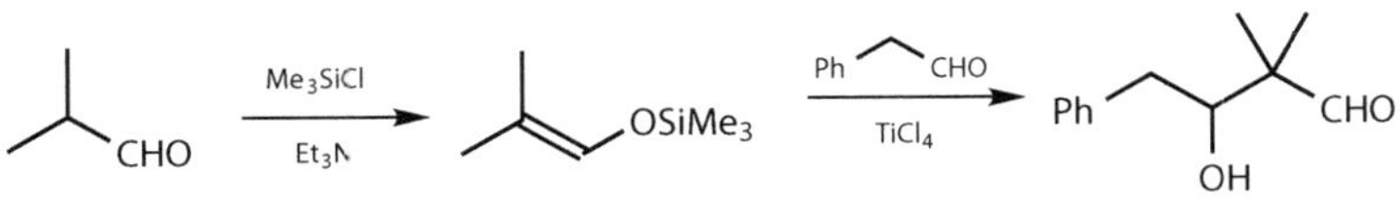

105 **106** **107**; 86% 产率

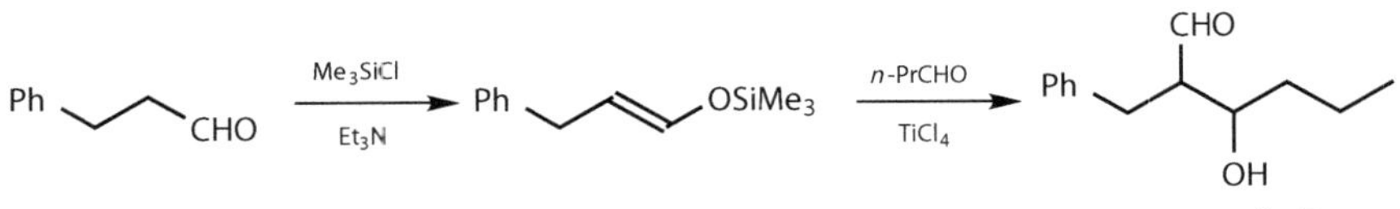

108 **109** **110**; 78% 产率

类似的，酯（如 **111**）和酮（如 **114**）的烯醇硅醚与可烯醇化的醛和酮在路易斯酸的催化下也能有效地发生羟醛缩合反应，同样有着完全的区域选择性。**113** 就是一个尤为显著的结果，因为它是由烯醇硅醚与可烯醇化的酮反应得到的含有两个邻近的四级碳中心的羟醛缩合产物，产率很高[21]。

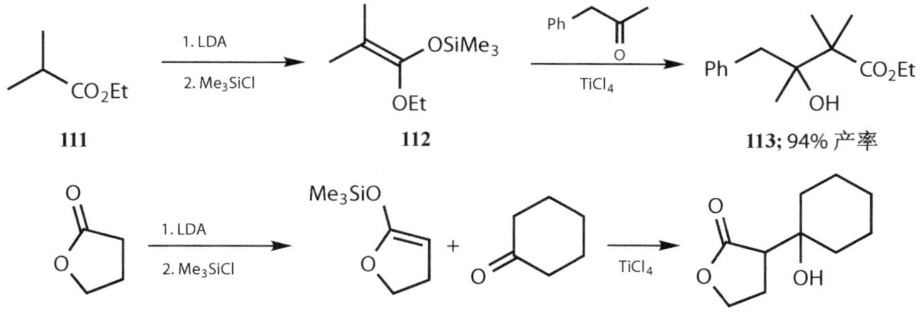

111 **112** **113**; 94% 产率

114 **115** **116**

蚂蚁警戒素 mannicone 的合成

蚂蚁警戒素 mannicone（**117**）的合成是一个很好的例子。对这个烯酮进行断开会发现，我们需要一个对称的酮 **118** 作为烯醇组分与一个可烯醇化的醛 **119** 发生交叉缩合反应。

mannicone: 分析

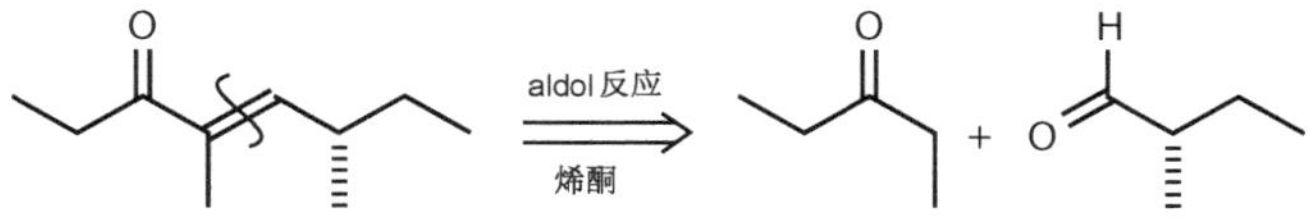

117 **118** **119**

酮生成的烯醇硅醚 **120** 是一个构型异构体的混合物，它与醛 **119** 缩合得到的羟醛缩合产物 **121** 也是一个不对映异构体的混合物，**121** 在酸的作用下脱水得到 mannicone **117**[22]。这里值得一提的是光学活性的醛 **119** 的手性中心在烯醇位置，但是在这条路线中却没有发生消旋反而得到了光学活性的 mannicone。

mannicone: 合成

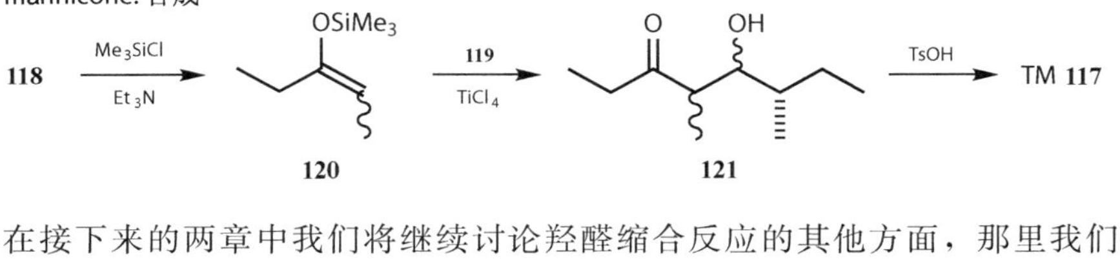

120 **121**

在接下来的两章中我们将继续讨论羟醛缩合反应的其他方面，那里我们将看到如何控制不对称的酮的烯醇化以及如何控制羟醛缩合产物如 **121** 中的立体化学。在第 10 章中我们还会对特定的烯醇等价物作更为全面的概括。本章中我们主要涉及的是通过烯醇锂、烯胺或烯醇硅醚来实现酯、酸、醛和对称的酮的化学选择性的烯醇化反应，在本书中的其他部分我们还将广泛应用这些中间体。

合成中化学选择性反应的例子

Lipstatin（利普司他汀）的合成

Lipstatin（**122**）的合成非常复杂，在此我们不可能详细讨论，但在这个合成的早期阶段采用了一个很巧妙的化学选择性的反应[23]。Kocienski 设计通过一个与烯酮 **124** 发生的环加成反应来合成 *β*-内酯，通过 Mitsunobu 反应装上氨基酸侧链并实现构型的翻转。因此，他们需要得到 *Z*，*Z*-**125** 来将这些片段连接到一起。而 **125** 可以由 **126** 通过 Wittig 反应制备。现在的问题在于 **126** 为一个对称的、不含有立体化学的结构，而且在两端都需要有醛基。

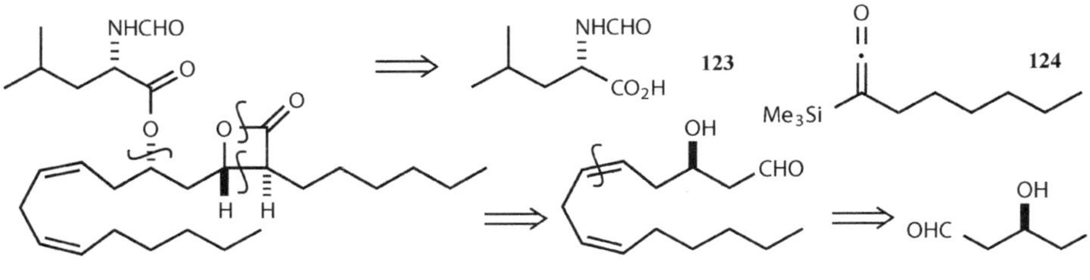

122; lipstatin　　*Z*,*Z*-**125**　　**126**

他们解决这个问题的方式是：(*S*)-(—)-苹果酸能便宜地买到，它的二甲酯 **127** 能被硼烷化学选择性地还原为 **128**。通常硼烷是不会还原酯基的，在这里很显然硼烷是先和 OH 作用再将氢传递到邻近的羰基。一级醇化学选择性的发生对甲苯磺酰化得到 **129**，剩下的二级醇用取代硅基保护得到 **130**（TBDMS 指叔丁基二甲基硅，有时候可以缩写成 TBS）。现在剩下的那个酯可以被还原为醛 **131**，再将醛保护生成 **134**，也就是说二醛 **126** 中两个醛的其中一个是被保护了的。这个化合物被成功地用于 lipstatin 的合成。

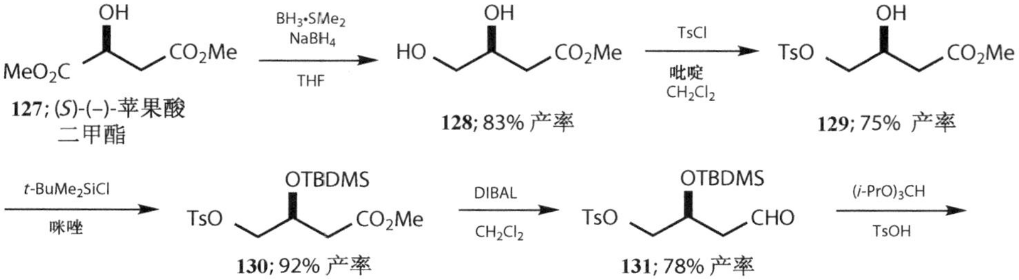

127; (*S*)-(−)-苹果酸二甲酯　　**128**; 83% 产率　　**129**; 75% 产率

130; 92% 产率　　**131**; 78% 产率

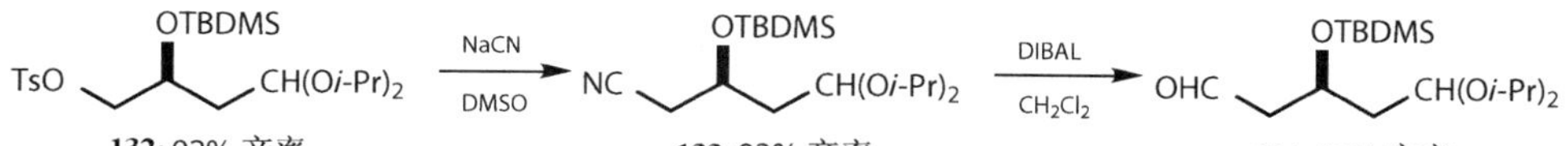

132; 92% 产率　**133**; 83% 产率　**134**; 81% 产率

Rubrynolide 的合成

合成来自巴西的树 *Nectandra rubra* 中的天然产物 rubrynolide 时所遇到的问题很不一样。尝试合成 rubrynolide 时认为它是一个 *trans*-构型的内酯 **135**，而且第三个手性中心的构型是不确定的。通过合成证实了 **135** 的结构是错误的：事实上内酯是一个 *cis*-构型而立体化学为 2*S*，4*R*，2′*S*-**135a**[24]。

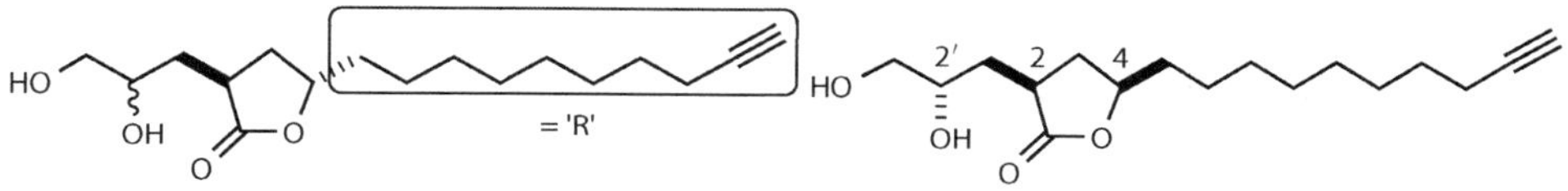

135; 假定的 rubrynolide　**135a**; rubrynolide

这个合成是围绕酯 **136** 的烯醇化物与环氧 **137** 的反应进行设计的。这个反应被认为生成了 *trans*-构型为主的产物 **138** 且是化学选择性的，因为通常的烯醇化物的反应规则以及 **137** 中含有一个端炔。烯醇锂的碱性太强，这里采用烯醇铝来代替。反应得到一个 *trans* 与 *cis* 比例为 85∶15 的混合物 **138**，环化后得到一个 *trans* 与 *cis* 的比例也为 85∶15 的混合物 **139**。锇催化双羟基化后得到二醇的混合物 **140**。得到这样一个混合物是刻意的，因为这样才能确定 C-2′的立体化学。让化学家吃惊的是，与天然的 rubrynolide 完全一样的却是混合物中只含 15%的 *cis*-构型的二醇。通过仔细的 NMR 分析确定了 rubrynolide 的结构为 **135a**。

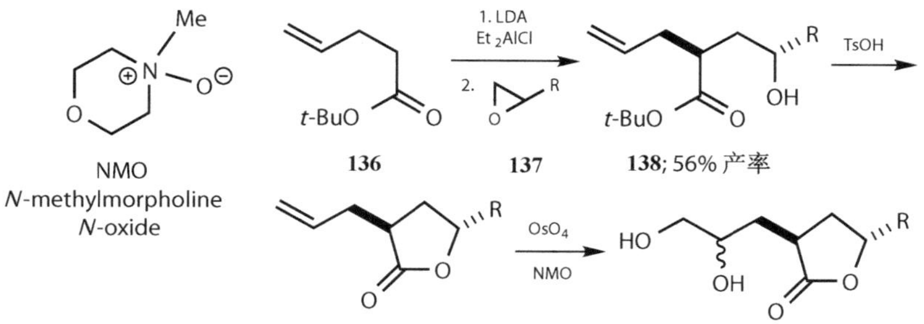

136　**137**　**138**; 56% 产率

139; 95% 产率　**140**; 63% 产率

Hirsutene 的合成

Hirsutene（**141**）是来自中国传统药物钩藤中的一种生物碱，它很可能具有抗流感方面的活性。Tietze 采用了很多化学选择性的反应来合成它。我们将讨论其中的三个——一个在合成的开始，一个在中间，一个在最后[25]。

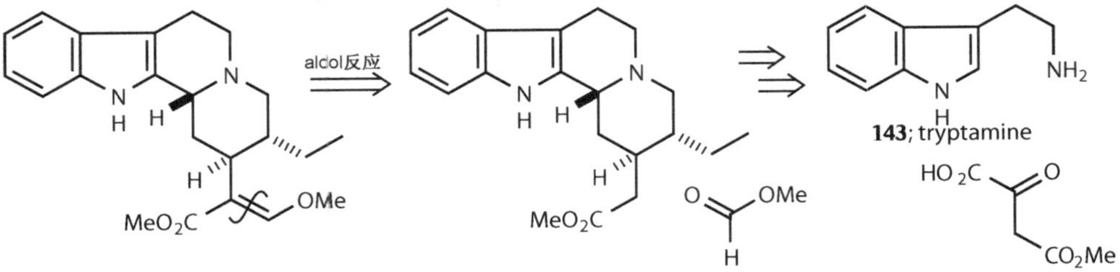

141; hirsutene　　142　　143; tryptamine　　144

第一个反应是简单的二酸衍生物 **144** 与色胺 **143** 的缩合反应。如何制备 **144** 是问题所在。二酸或二酯（生物学家的草酰乙酸酯）很容易获得，他们决定用 NaOH 水溶液对二酯 **145** 的烯醇化物进行水解。采用一个阴离子进攻另一个阴离子，这看起来是一个很奇怪的决定，但由于烯醇化物 **146** 中的负电荷会离域到其中的一个酯基，而另一个酯基不带有负电荷，氢氧根离子会选择性地进攻没有带负电荷的那个酯基。

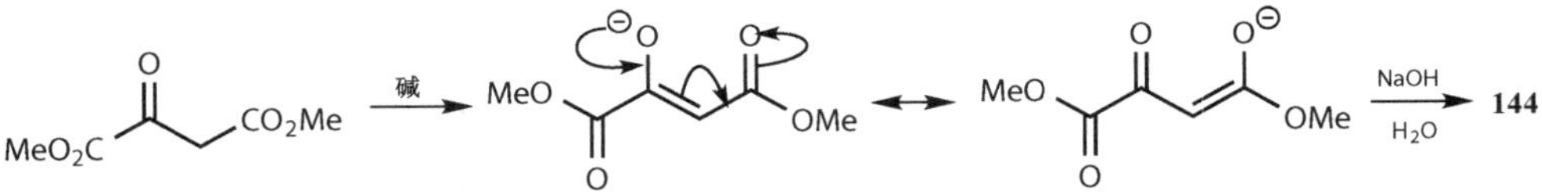

145　　146a　　146b

第二个反应是丙二酸亚异丙酯（**147**）的烯醇化物 **148** 与可烯醇化的醛 **149** 的羟醛缩合反应。由于烯醇化物 **148** 异常的稳定，它可以由 **147** 在弱碱的作用下制备，因而这里的化学选择性（**149** 的烯醇化）不成问题。不饱和酯 **151** 随即用于一个 Diels-Alder 反应中。

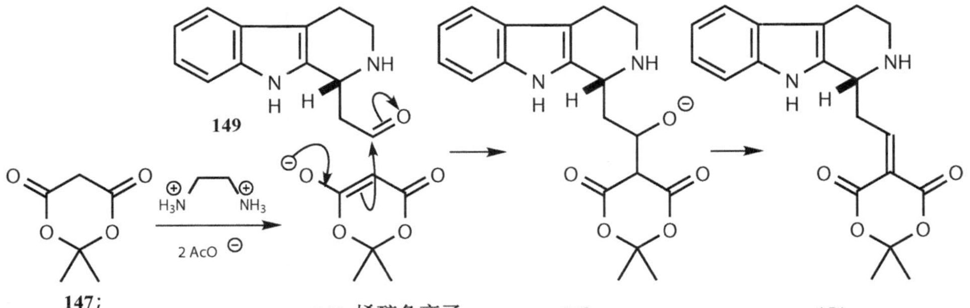

147; 丙二酸亚异丙酯　　148; 烯醇负离子　　150　　151

在这个合成的最后，必须要引入一个奇怪的烯烃，更确切地说是一个烯醇醚。**142** 中的酯基在碱的作用下形成阴离子 **152**，**152** 再与甲酸甲酯缩合。这里要求的化学选择性是酯 **142** 只与甲酸甲酯反应而不会和自身反应。更为复杂的是，第一步的产物 **153** 中含有一个比 **142** 中酸性更强的质子，在反应条件下将形成烯醇化物 **154**。整个体系处于平衡必须通过强碱不可逆的去质子来驱动。采用 LDA 或 $Na^+Ph_3C^-$ 都可以。猝灭后形成稳定共轭的烯醇 **155**。最后采用酸性的甲醇将烯醇转化为烯醇醚得到 hirsutene。

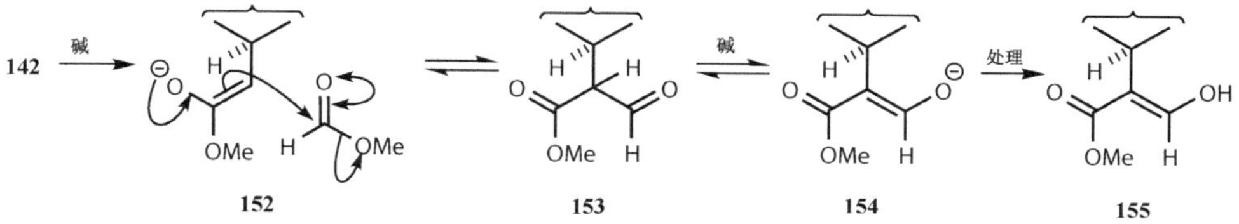

参考文献

一般性参考文献列于 946 页。

1. K. C. Brannock, R. D. Burpitt, H. E. Davis, H. S. Pridgen, and J. G. Thweatt, *J. Org. Chem.*, 1964, **29**, 2579.
2. G. Stork and H. K. Landesman, *J. Am. Chem. Soc.*, 1956, **78**, 5129.
3. A. Z. Britten and J. O'Sullivan, *Tetrahedron*, 1973, **29**, 1331.
4. *Disconnection Approach*, page 158.
5. J. H. Burckhalter, F. H. Tendick, E. M. Jones, P. A. Jones, W. F. Holcomb and A. L. Rawlins, *J. Am. Chem. Soc.*, 1948, **70**, 1363; R. Joly, J. Warnant and B. Goffinet, Roussel-Uclaf, French Patent 1,514,280, *Chem. Abstr.*, 1969, **70**, 68195.
6. H.-J. Bestmann, O. Vostrowsky, H. Paulus, W. Billmann and W. Stransky, *Tetrahedron Lett.*, 1977, 121; H.-J. Bestmann, J. Süss and O. Vostrowsky, *Liebig's Annalen*, 1981, 2117.
7. D. Diederich, *Houben-Weyl*, 1973, 7/2a, page 958.
8. E. J. Corey, M. Ohno, R. B. Mitra, and P. A. Venkatacherry, *J. Am. Chem. Soc.*, 1964, **88**, 478.
9. R. J. Cregge, J. L. Herrmann, C. S. Lee, J. E. Richman and R. H. Schlessinger, *Tetrahedron Lett.*, 1973, 2425.
10. G. Posner and G. L. Loomis, *J. Chem. Soc., Chem. Commun.*, 1972, 892; J. L. Herrmann and R. H. Schlessinger, *J. Chem. Soc., Chem. Commun.*, 1973, 711.
11. *Disconnection Approach*, page 160.
12. M. W. Rathke, *J. Am. Chem. Soc.*, 1970, **92**, 3222; M. W. Rathke and D. F. Sullivan, *J. Am. Chem. Soc.*, 1973, **95**, 3050; M. W. Rathke, *Organic Syntheses*, 1973, **53**, 66.
13. *Disconnection Approach*, page 149, 158.
14. P. Grieco, *J. Chem. Soc., Chem. Commun.*, 1972, 1317.
15. A. P. Krapcho and E. G. E. Jahngen, *J. Org. Chem.*, 1974, **39**, 1322.
16. P. L. Creger, *J. Am. Chem. Soc.*, 1970, **92**, 1397; P. E. Pfeiffer, L. S. Silbert and J. M. Chrinko, *J. Org. Chem.*, 1972, **37**, 451.
17. G. Stork, A. Brizzolara, H. Landesman, J. Szmuszkovicz and R. Terrell, *J. Am. Chem. Soc.*, 1963, **85**, 207.
18. *Disconnection Approach*, chapter 21, page 170.
19. P. Vittorelli, J. Peter-Katalinic, G. Mukherjee-Müller, H.-J. Hansen and H. Schmid, *Helv. Chim. Acta*, 1975, **58**, 1379.
20. T. Mukaiyama, K. Banno, and K. Narasaka, *J. Am. Chem. Soc.*, 1974, **96**, 7503.
21. T. Mukaiyama, *Angew. Chem., Int. Ed.*, 1977, **16**, 817.
22. T. Mukaiyama, *Chem. Lett.*, 1976, 279.
23. A. Pommier, J.-M. Pons and P. J. Kocienski, *J. Org. Chem.*, 1995, **60**, 7334.
24. S. K. Taylor, J. A. Hopkins, K. A. Spangenberg, D. W. McMillen and J. B. Grutzner, *J. Org. Chem.*, 1991, **56**, 5951.
25. L. F. Tietze and Y. Zhou, *Angew. Chem., Int. Ed.*, 1999, **38**, 2045; L. F. Tietze, Y. Zhou and E. Töpken, *Eur. J. Org. Chem.*, 2000, 2247.

3 区域选择性：可控的羟醛缩合反应

定义

引言和定义

区域选择性是指控制相同的官能团的不同方位。经典的例子是对一个不饱和羰基化合物进行的直接（1,2-）加成或共轭（Michael 或 1,4-）加成的控制，这部分内容我们将在第 9 章涉及。或者是对一个不对称烯烃进行亲电取代的控制，这部分内容将在第 17 章涉及。本章中我们将继续烯醇化方面的研究，探讨羟醛缩合反应以及其他相关的反应中的区域选择性。

烯醇和烯醇化物生成的区域选择性

一个羰基化合物的烯醇或烯醇化物（或等价物）与一个亲电的羰基化合物（通常两个都是醛或者酮）的反应都可以泛泛地称为羟醛缩合反应。在第 2 章中我们看到如何采用烯醇锂或其他特定的烯醇等价物来解决醛和酸衍生物烯醇化的化学选择性问题。本章中我们将继续采用相同的中间体来解决交叉羟醛缩合反应中的区域选择性问题，在这里发生烯醇化的组分是不对称的酮。

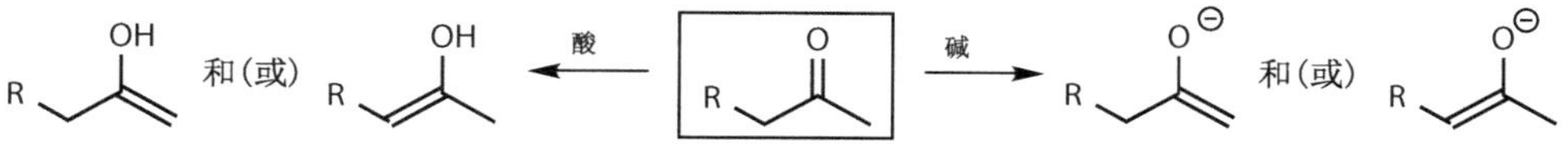

1　2　3　4　5

条件控制的区域选择性：酸或碱

所有方法最根本的不同最终都取决于反应是动力学的烯醇化过程还是热力学的烯醇化过程。酮 **3** 中 R 为一个简单的烷基，取代基少的甲基一侧的质子的酸性稍强一些，这是因为每个烷基取代都会减少剩余的氢的数目，而且由于其弱供电子效应会降低剩余氢的酸性。就好比 *t*-BuLi 的碱性强于 *s*-BuLi，而 *s*-BuLi 的碱性又强于 *n*-BuLi。在 NaOH 催化下，**3** 和一个不可烯醇化的醛（避免化学选择性的问题!）缩合得到的从 **4** 出发的羟醛缩合产物将比从 **5** 出发的羟醛缩合产物要多，然而很多时候这种区别很小使得反应没有实用价值。酮 **3** 中 R = *i*-Pr 时，在 NaOH 的作用下能区域选择性地在甲基一侧与呋喃醛 **6** 发生缩合以 80%的产率得到烯酮 **7**[1]。在动力学控制下有利于在取代基少的一侧形成烯醇化物。

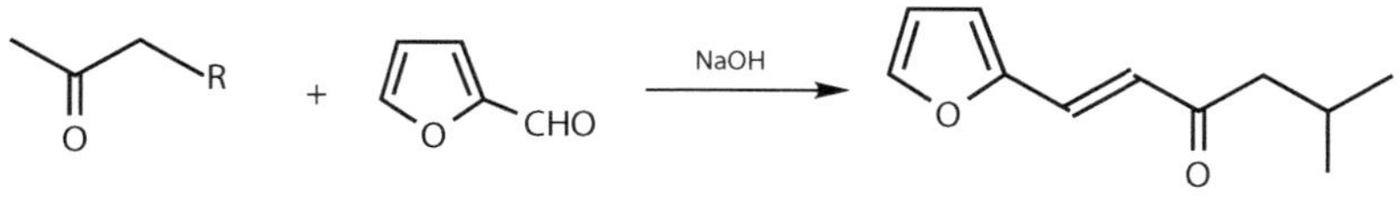

3; R = *i*-Pr　　**6**　　(*E*)-**7**; 80% 产率

相反，对于烯醇以及与一个金属原子相结合的烯醇化物，当其双键连有更多的取代基时要稳定一些。在酸溶液中，酮 **3** 形成的烯醇 **2** 比形成的烯醇 **1** 要多，尤其是当两种烯醇处于平衡时。然而，这种区别很小的话也会使反应没有实用价值。一个成功的例子是酸催化的酮 **8** 与丁烯酮 **10** 的 Robinson 并环反应，反应主要是经由取代基多的烯醇 **9** 进行，产物 **11** 的产率虽然只有 50%，但至少是一个一步完成的过程。在热力学控制下有利于形成取代基多的烯醇[2]。

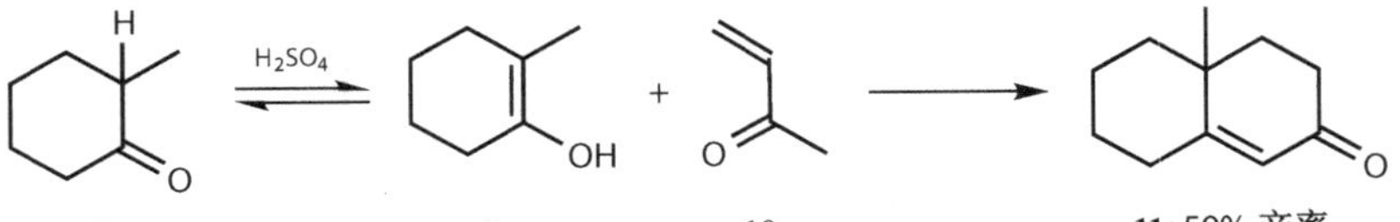

8　**9**　**10**　**11**; 50% 产率

热力学控制的一个重要的应用出现在伟哥（Viagra，**12**）的人工合成过程中[3]。Pfizer 的伟哥（**12**）用于治疗阳痿。这个分子的东北角部分来自于吡唑酸 **13**，拿掉肼部分得到一个连续的碳骨架 **14**。这个 1,3-二羰基化合物可以解构成一个不可烯醇化的二酯（草酸酯）和一个不对称的酮，戊-2-酮 **15**。

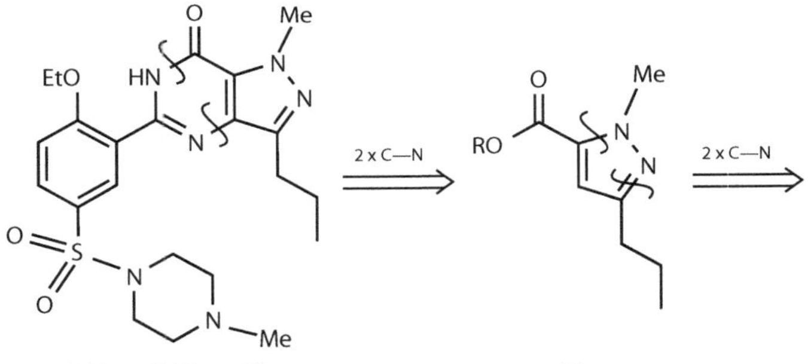

12; Sildenafil (Viagra™)　**13**

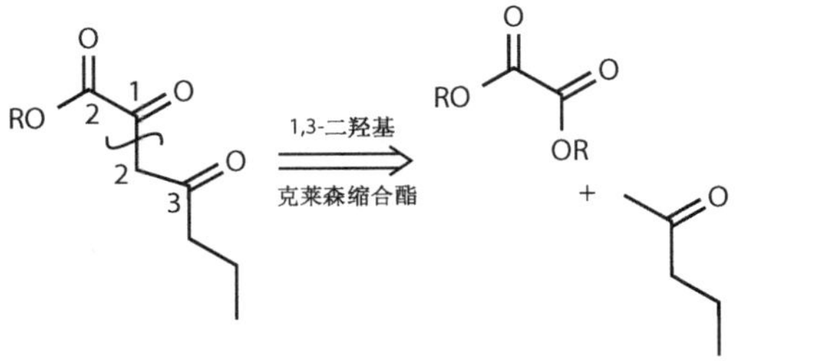

14　**15**

15 与草酸二乙酯在碱的作用下发生缩合，在不需要任何控制的情况下得到的是产物 **14**，因为反应过程中真正的产物是稳定的 **14** 的烯醇化物。由于取代基少的原因，优先生成甲基一侧的烯醇化物 **16**，因而优先得到稳定的 **14** 的烯醇化物。这个产物再与肼缩合首先得到吡唑 **13**，然后转化为伟哥。

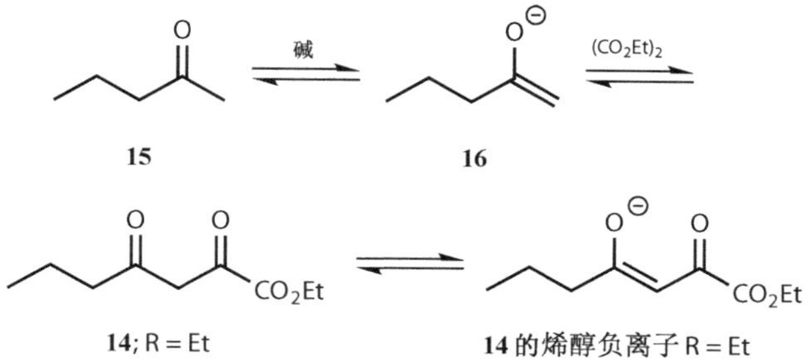

特定的烯醇等价物

在 *Organic Reactions*（《有机化学反应》）卷 16 的后面，纵览成千的传统的羟醛缩合反应的例子，会看到这些效应在很多时候都是很微弱的。在化学选择性的反应中，仅仅采用催化量的酸或碱很难以高的产率生成任何化合物。这种情况与现代的方法有所不同。

烯胺生成的区域选择性

烯胺会更为明显地选择生成低取代的双键：这看起来与我们刚刚讲的是相矛盾的，但这种效应在环状酮，如 **17** 与环状胺作用时是最明显的[4]。这是由于氢原子的交叠（$A^{1,3}$张力）导致的位阻造成的，如多取代的烯胺 **19** 所示。非环状酮的烯胺在弱碱作用下也能通过亚胺盐的平衡仅仅生成取代较少的区域异构体[5]。

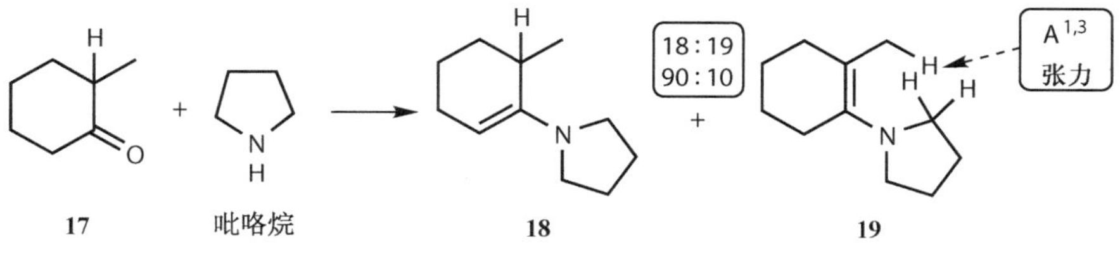

烯醇锂

区域选择性的合成低取代的烯醇化物的最重要方法是采用不可逆的强碱（LDA 等）在动力学控制下形成烯醇化物[6]。由于烯醇锂[7] **20** 可以不经过分离直接转化为烯醇硅醚[8] **21**，从而我们能够合成出这两种最有价值的特定的烯醇等价物的低取代的异构体。对烯醇锂 **20** 进行烷基化 99%以上发生在取代基少的一侧[9]。

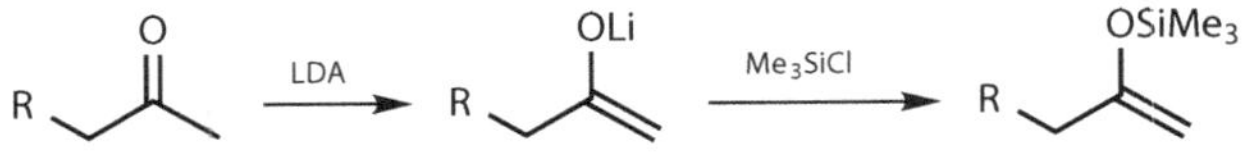

3　　20　　21

烯醇硅醚

还没有足够完美的方法能够在多取代的一侧进行烯醇化。最好的方法是通过热力学控制形成烯醇硅醚[10,11]，从 **23** 出发大概能以 90∶10 的比例生成 **22** 和 **25**。烯醇硅醚在 MeLi 的作用下能转化为烯醇锂（副产物是 Me_4Si，在 NMRs 中有用），因而我们可以实现在取代基多的一侧进行烷基化，如 **26** 可以与溴苄反应得到苄基化产物 **27**，当取代基是苄基时产率高达 84%[12]。

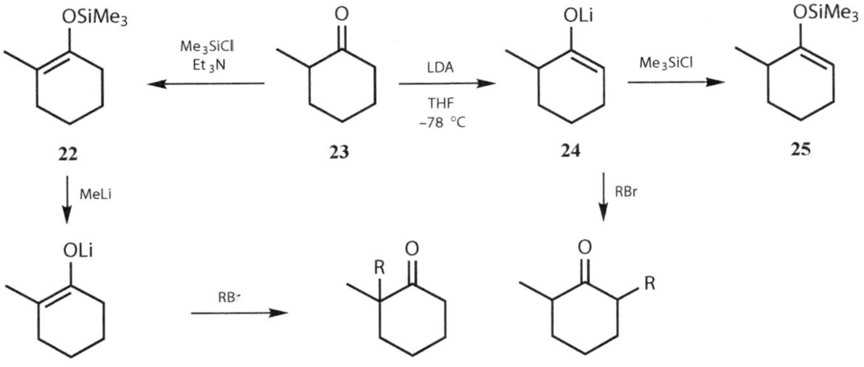

羟醛缩合反应的区域选择性

特定的烯醇等价物的羟醛缩合反应

烯醇锂可以直接用于羟醛缩合反应，它甚至能与可烯醇化的醛反应。一个简单的例子是烯酮 **32** 的合成[6]。酮 **15** 主要形成低取代的烯醇锂 **29**，**29** 与丁醛缩合能以合理的产率得到羟醛缩合产物 **31**。消除通常在酸性溶液中进行。

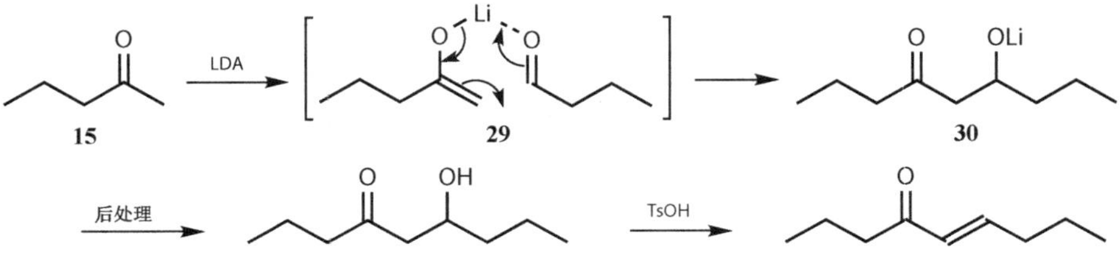

羟醛 **31**　　烯酮 **32**

平衡方法的对比

传统的平衡条件下（比如把化合物 **15**、丁醛和 NaOH 混合）将得到丁醛的自缩合产物烯醛 **33**。由于醛的存在而忽略掉了烯醇化以及亲电性都要差一些的酮。

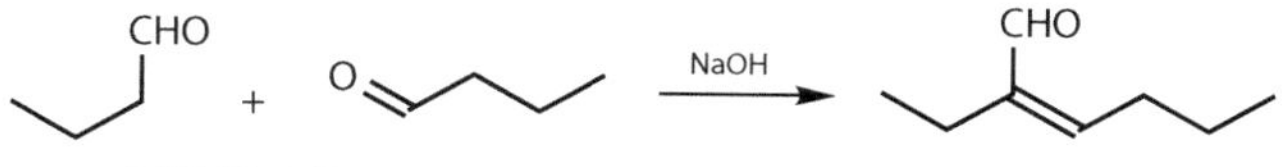

两分子丁醛　　　　烯醛 **33**

路易斯酸催化的羟醛缩合反应：烯醇硅醚

烯醇硅醚在路易斯酸如 $SnCl_4$，$ZnCl_2$，$AlCl_3$ 以及 $TiCl_4$ 的催化下也能与醛和酮作用有效地发生羟醛缩合反应，$TiCl_4$ 是最常用的催化剂[13]。因此从不对称的酮 **23** 出发产生的烯醇硅醚 **25** 和 **22** 能分别和苯甲醛反应得到不同的羟醛缩合产物 **34** 和 **35**[11,14]。

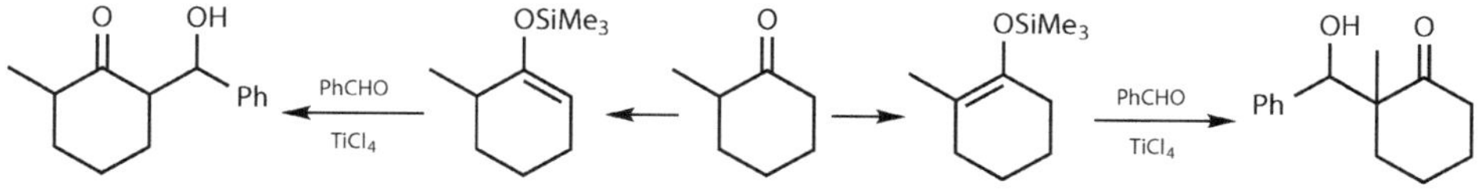

34　**25**　**23**　**22**　**35**

反应机理比我们在第 2 章中见到的六元环过渡态要稍稍复杂一些[13]。钛原子与烯醇化物以及醛上的两个氧原子成键形成中间体 **36**。当新的碳-碳键形成时，一个氯原子从钛上转移到硅上从而生成烷氧钛 **37**。**37** 迅速与 Me_3SiCl 作用得到硅化的羟醛缩合产物 **38**，然后在羟基溶剂的猝灭下得到羟醛缩合产物 **39**。

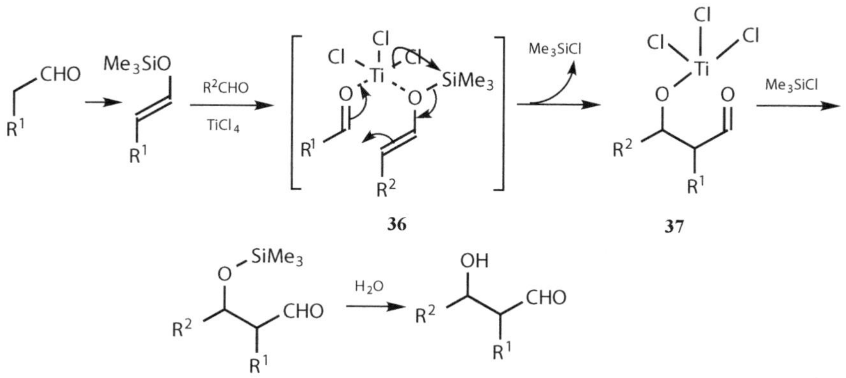

36　**37**

38　**39**

应用于姜酮醇的合成

姜酮醇（gingerol，**40**）是生姜中辛辣气味的组成物质，Mukaiyama 在 gingerol（**40**）的合成[14]中阐述了这些方法[15]。如果通过羟醛缩合断开，很明显看出我们需要不对称酮 **41** 在取代基少的一侧形成的特定的烯醇与一个可烯醇化的醛 **42** 作用。酮可以采用 FGA[16]（官能团增加）的策略通过另外一个羟醛缩合反应制备，这个羟醛缩合反应是由丙酮和不可烯醇化的方便易得的香草醛（vanillin）**44** 进行作用，**44** 是 vanilla（香草）中的气味物质。

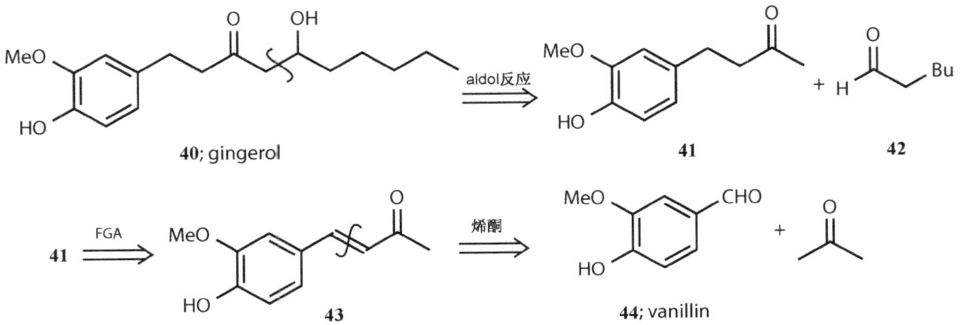

第一个羟醛缩合反应实际上可以采用传统的方法进行：在酸性溶液中，丙酮的两侧都可以发生缩合反应得到 **45**，而在碱性溶液中能以 88%的产率得到 **43**。Mukaiyama 选择采用丙酮的烯醇硅醚 **46**，在路易斯酸 BF_3 的作用下反应也能很好地进行（89%的产率）。

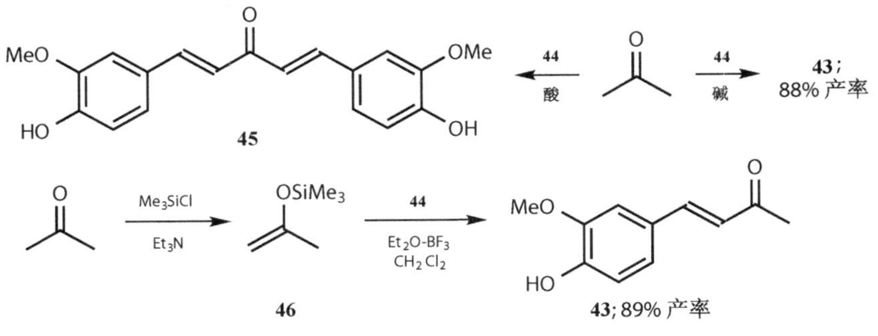

采用 Raney Ni 催化还原去掉双键，然后是区域选择性的羟醛缩合反应——现在烯醇硅醚是必需的——分离出烯醇硅醚 **47**，以 $TiCl_4$ 作为路易斯酸来进行反应得到 gingerol（**40**）的产率能达到 92%。

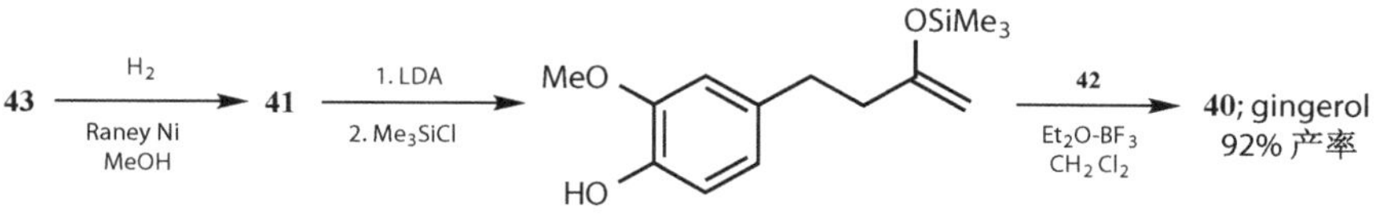

47；69% 产率

氧端还是碳端反应？硅化、酰化和烷基化

现在你已经熟悉了三种主要的区域控制的特定的烯醇等价物（烯醇锂、烯醇硅醚、烯胺），我们应该再去考虑它们在其他需要烯醇的反应中表现如何。在这里我们将面临区域选择性的其他问题：烯醇、烯醇化物以及它们的等价物都有两个亲核反应位置：一个是所需要的碳；一个是杂原子（烯醇锂和烯醇硅醚中的氧，烯胺中的氮）。我们在实例中已经见到过这样的区域选择性——烯醇锂和醛、酮在碳端反应，而和 Me_3SiCl 在氧端反应。我们通常希望在碳端发生反应，从前线轨道理论[17]的角度看这一端的反应更有利，而且在热力学控制下也有利于在碳端的反应；而从电荷（或库仑定律）的角度看或者在动力学控制下则有利于在杂原子端的反应。

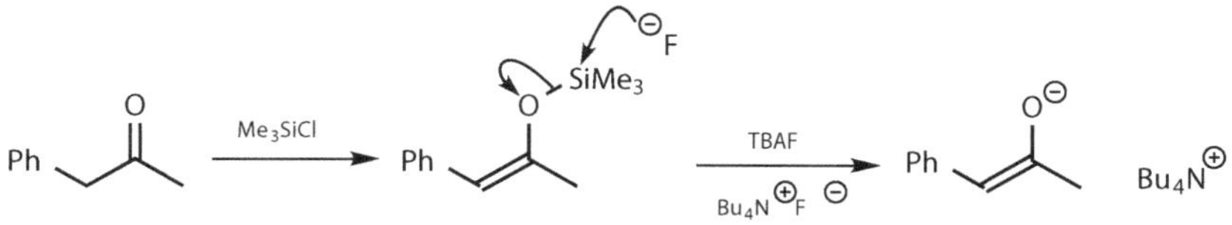

48　　**49**　　**50**

裸露的烯醇化物

"裸露"的不络合任何东西的烯醇化物可以由烯醇硅醚在氟离子和一个非金属阳离子，通常是一个四烷基胺离子的作用下制备，氟离子是硅 **49** 的一个选择性的亲核试剂。最常用的试剂是"TBAF"（四丁基氟化胺，$Bu_4N^+F^-$）。通过这种方式可以制备出"裸露"的烯醇化物 **50**。它被证明能和乙酸酐单一的在氧端发生乙酰化反应得到烯醇乙酸酯 **53** 也能和 MeI 在碳端发生烷基化反应以 84% 的分离产率得到酮 **51**[18]。

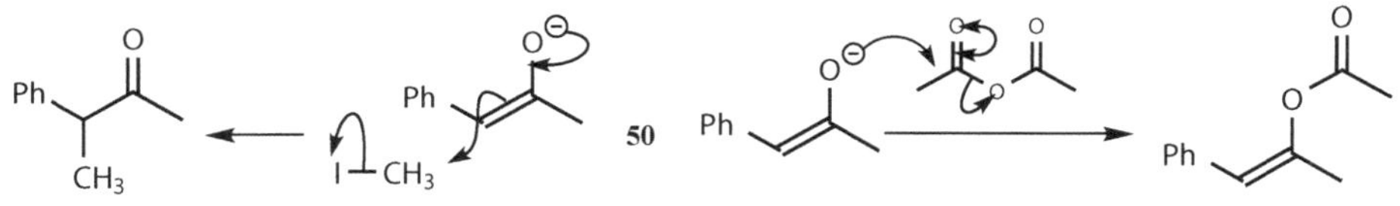

51；烷基化的酮，84% 产率　　**52a**；裸露的烯醇负离子的烷基化（左边）　　**52b**；裸露的烯醇负离子的酰基化（右边）　　**53**；烯醇乙酸酯 86% 产率

碳端的烷基化反应，烯胺的问题

在我们的三种特定的烯醇等价物中，烯醇锂与裸露的烯醇化物是最相似的，最为活泼，碱性也最强。烯胺的活性要差一些，只有弱碱性但具有一定的亲核性，而烯醇硅醚的活性是最差的，完全没有碱性，与烯烃很相像只是由于供电子取代基的影响而增加了一点点亲核性。我们已经看到烯醇硅醚通常要在路易斯酸的作用下才能有效反应，就像烯烃发生 Friedel-Crafts 反应一样。

烯醇锂 **55** 能很好地发生简单的烷基化反应，反应以一个紧密的 S_N2 反应 **56** 的方式进行。与甲基卤化物、一级的烷基卤化物、烯丙基卤化物和苄基卤化物反应的效果是最好的[9]。含有酸性氢原子的卤化物，如 α-卤代羰基化合物可能作为酸而不是亲电试剂与碱性的烯醇化物作用而将其破坏掉。

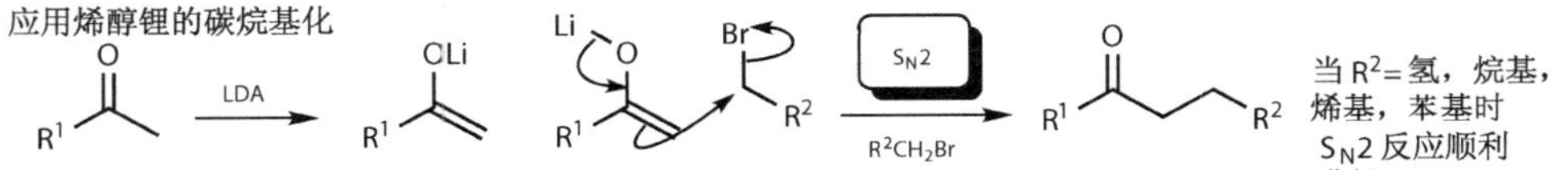

54　**55**　**56**　**57**

烯胺倾向于在氮端与烷基卤化物反应，但与 α-卤代羰基化合物 **58** 能非常好地反应得到 1,4-二羰基产物 **60**；与烯丙基卤化物的反应在氮端进行，再发生一个 [3,3] σ-重排 **61** 得到 γ, δ-不饱和酮 **63**。

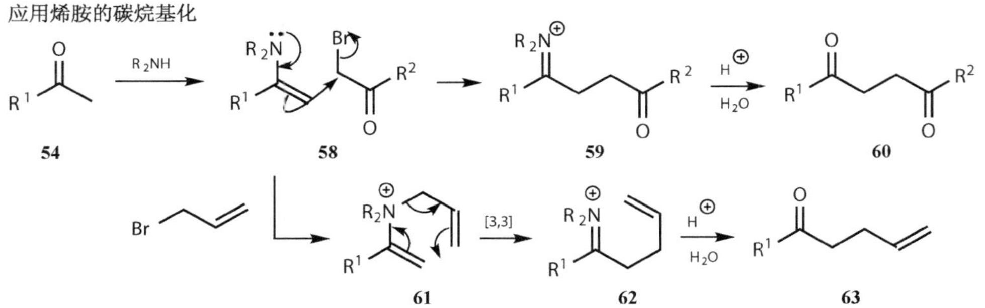

54　**58**　**59**　**60**

61　**62**　**63**

烯醇硅醚 **64** 的反应需要路易斯酸催化剂来使烷基基团产生至少部分的正电荷，因而烯醇硅醚最好是与三级的卤化物、烯丙基卤化物或是苄基卤化物反应，与二级卤化物的反应也不错。通过这种方式所有的烷基卤化物都能区域选择性地加成到羰基化合物上。我们已经看到酮 **23** 的两种烯醇化物的异构体发生烷基化反应得到产物 **27** 和 **28** 的例子，与之反应的可以是苄基卤化物、甲基卤化物、一级的烷基卤化物或烯丙基卤化物。

应用烯醇硅醚的碳烷基化

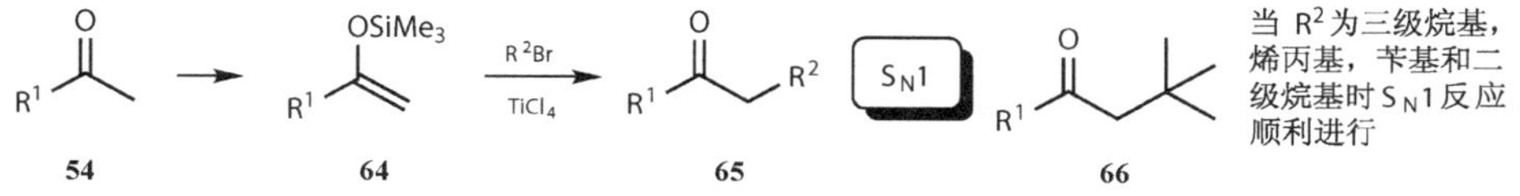

应用于硫辛酸的合成

利用烯胺的一个例子来自于硫辛酸 **67** 的合成[19]，硫辛酸是氧化还原途径的初级代谢物。这是一个早期的合成（1957 年），但是采用了一个简单直接的策略且考虑了化学选择性和区域选择性等各个方面。二硫桥可以通过氧化 **68** 中的两个巯基得到，而这两个巯基可以由二醇 **69** 发生某种类型的取代反应制备。在二醇酸 **69** 中存在 1,3 关联和 1,6 关联，1,6 关联为重接策略[20]提供了可能，可以从内酯 **70** 出发。七元环内酯通常是由环己酮、这里是 **71**，发生 Baeyer-Villiger 反应[21]制备，因而我们最终需要一个作为 a^2 合成子的试剂对环己酮进行烷基化。

硫辛酸:逆合成分析

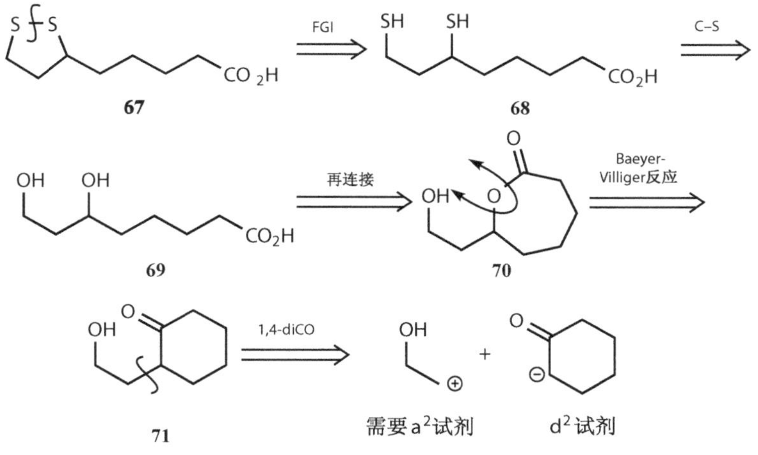

一个环氧反应能给出所需要的氧化状态，但是在这里很显然需要烯胺与 α-卤代羰基化合物发生有效的烷基化反应来进行合成。例如，溴乙酸甲酯和吡咯烷烯胺（**72**）能以很好的转化率发生反应。要化学选择性的还原酯基就不可避免地要保护更为活泼的酮。选择酯基作为离去基团与硫亲核试剂发生最后的取代反应是因为在 Baeyer-Villiger 反应一步也将在另外一个位置产生这样的一个离去基团。

硫辛酸:合成

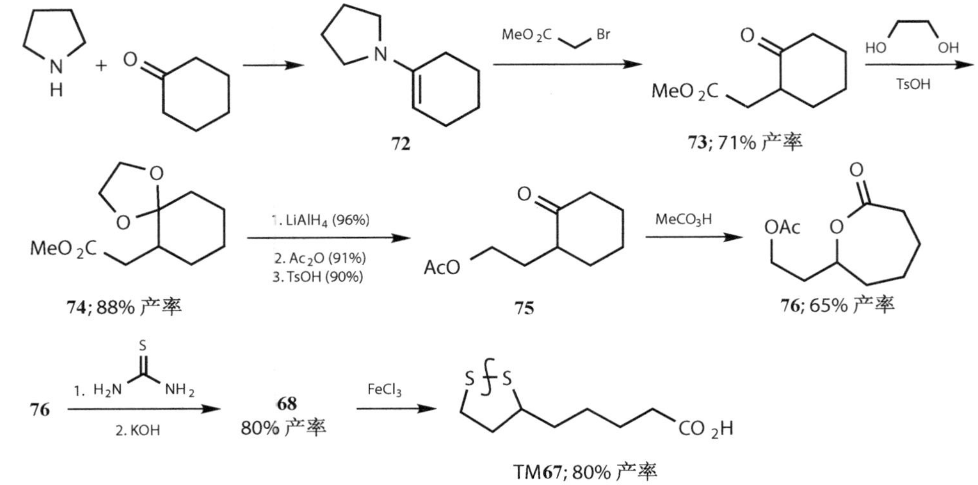

Baeyer-Villiger 重排阐述了区域选择性的一个重要方面：哪个基团将发生迁移？这与第 2 章中讨论的频哪醇重排的化学选择性方面的问题不太一样，因为在这里只有一个离去基团。通常的规则如下：取代基多的基团发生迁移。硫亲核试剂的取代反应是一个经典的化学选择性问题，问题在于要避免同一个硫原子发生两次烷基化，这里采用的是硫脲[22]，最后采用 Fe（III）进行氧化。

与三级烷基进行的烷基化反应

与三级卤化物进行的烷基化反应是烯醇硅醚的专属反应。在路易斯酸催化剂作用下，常见的异构体 **22** 和 **25** 都能以很好的产率发生区域专一的烷基化反应[23]。值得注意的是 **78** 的形成，它产生了两个相邻的四级碳中心。

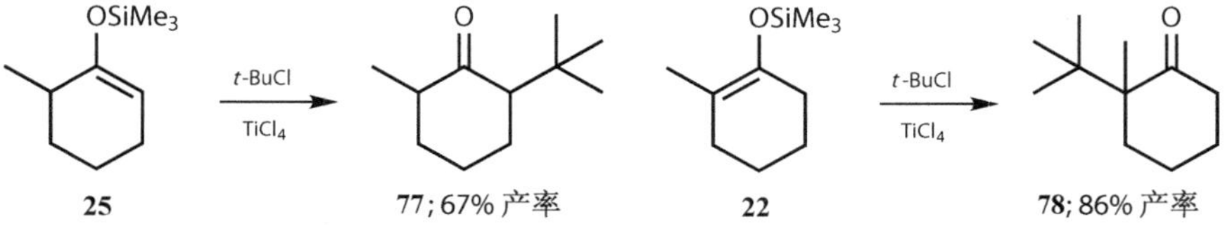

烯醇硅醚也能和烯丙基卤化物，或者半松油精（hemiterpene）的片段异戊烯基乙酸酯 **79**[24]，或者二级的苄基卤化物 **80**[25]，或者三级的苄基卤化物 **81**[26]很好地反应（这些例子中采用 Zn 盐作为催化剂）。无论哪种情况，区域选择性都取决于两个相同的异构体 **22** 和 **25**。

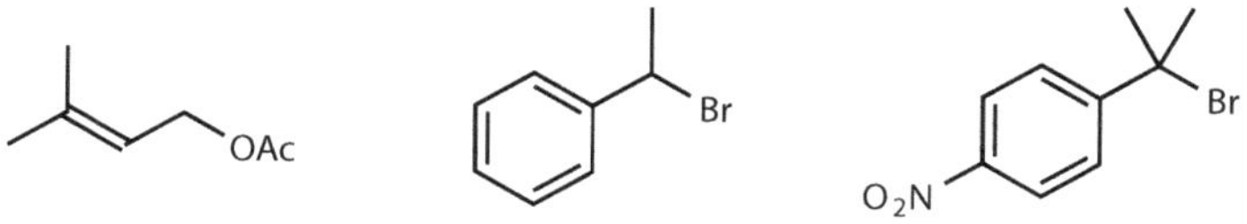

79　　80　　81

碳端的酰化反应

碳端的酰化反应是合成1,3-二羰基化合物[27]的常用路线。在这里区域选择性的问题比较严重，这是因为烯醇化物倾向于和酰化试剂在氧端反应得到烯醇酯。幸运的是，所有三种特定的烯醇化物等价物和酰氯都能很好地反应。酮**82**在多取代一侧形成的烯醇锂**83**必须由烯醇硅醚进行制备。碱性的烯醇化物的酰基化反应只有一般的产率（55%）[28]。问题在于酰基化的产物是一个碳的酸，它常常会以“比酰基化更快的速率将烯醇化物猝灭掉”。**84**中两个羰基之间标记为H的质子非常容易失去而形成一个稳定的烯醇化物。此外，通过氧化对应的羟醛缩合反应的产物也能合成1,3-二羰基化合物[29]。

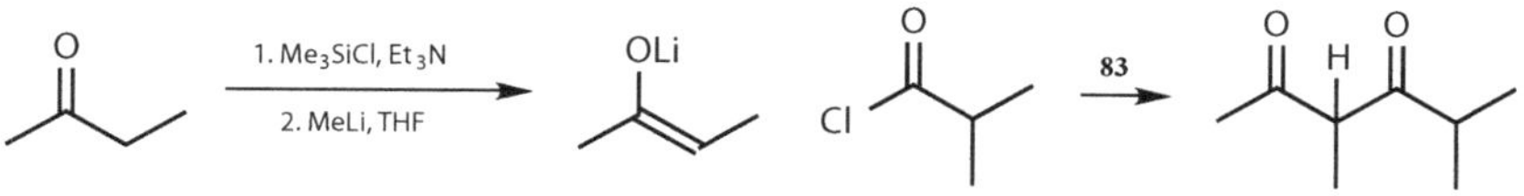

82　　83　　84

羧酸的烯醇锂化物

羧酸**85**的二锂衍生物**86**甚至也能和酰氯在碳端发生酰基化反应[30]。猝灭后产物**87**能通过常用的方式脱去CO_2，使得这个反应成为酮**88**的一个合成方法。有支链的羧酸能很好地以这样的顺序进行反应，从而等价于一个二级的碳负离子的酰基化反应，**88a**的断开方式现在是可以接受的。

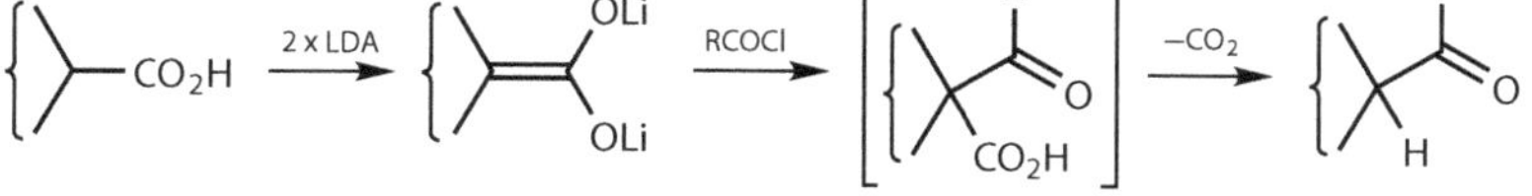

85　　86　　87　　88

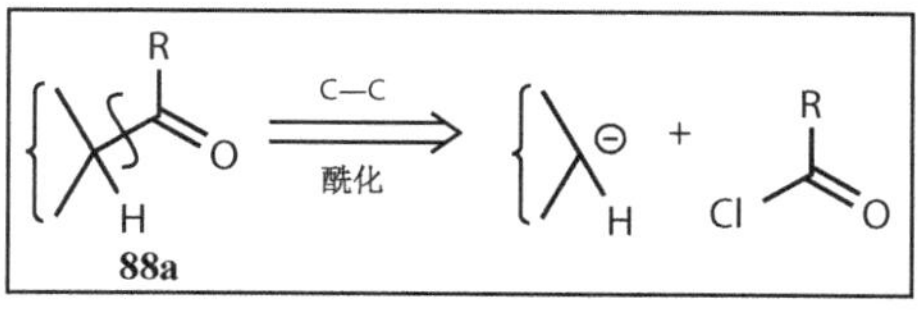

烯胺和烯醇硅醚

与吗啡啉形成的烯胺似乎是进行酰基化反应得最好的烯胺。环己酮（**17**）在取代基少的一侧形成烯胺，它与一个简单的可烯醇化的酰氯以合理的转化率发生酰基化反应[31]。

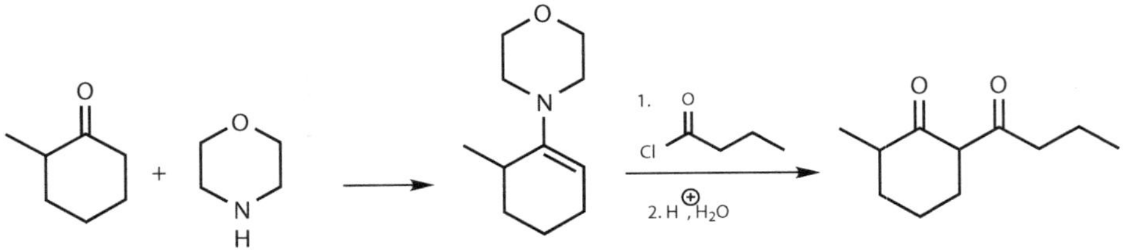

17　吗啉　烯胺　1,3-酮; 65% 产率

事实上，烯醇硅醚和酰氯在路易斯酸存在下的反应是一个 Friedel-Crafts 反应[32]。酮 **23** 形成的烯醇硅醚 **22** 和 **25** 都可以和 MeCOCl 以及 $TiCl_4$ 发生区域专一的酰基化反应，生成两个 1,3-二酮产物 **89** 和 **90**（以不对映异构体混合物的形式生成）的反应产率都很高。

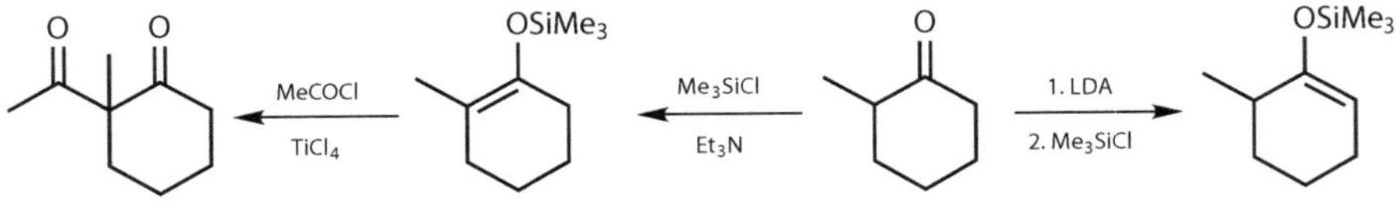

89; 91% 产率　**22**　**23**　**25**

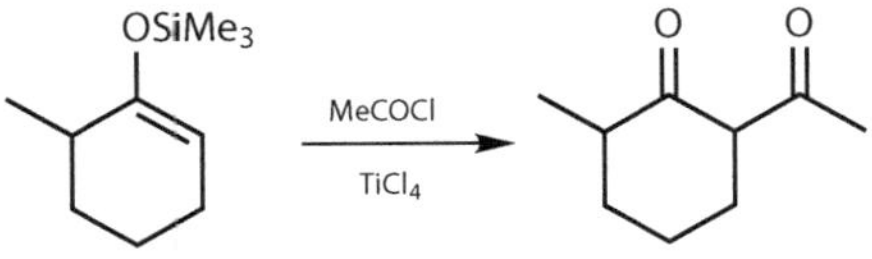

25　**90**; 89% 产率

在一个不对称酮，如 **15** 的甲基端发生的酰基化反应通常都是区域选择性的，即使是采用传统的方法（酯作为酰化试剂，对应的烷氧离子作碱）。我们在第 10 章介绍其他的特定的烯醇等价物时将回到这个话题，不过你已经能够看到几乎任何 1,3-二酮都能采用这些方法中的一个来进行制备。

与其他亲电试剂的反应

α-卤代羰基化合物和环氧化合物

1,4-二羰基化合物能通过烯醇化物制备，可以是烯胺与 α-卤代羰基化合物反应[33]，或是刚刚讨论过的任何一种特定的烯醇等价物与烯丙基卤代物反应后再发生双键的氧化断裂[34]。烯醇化物与环氧反应能得到不同氧化状态的 1,4-二官能团化的化合物[35]，因此在这里我们又应该讨论另外一个有趣的区域选择性问题。不对称环氧化合物 **91** 在强亲核试剂作用下通常是在取代基少的一侧开环 **92** 经由一个紧密的 S_N2 机理 **93** 生成 **94**。

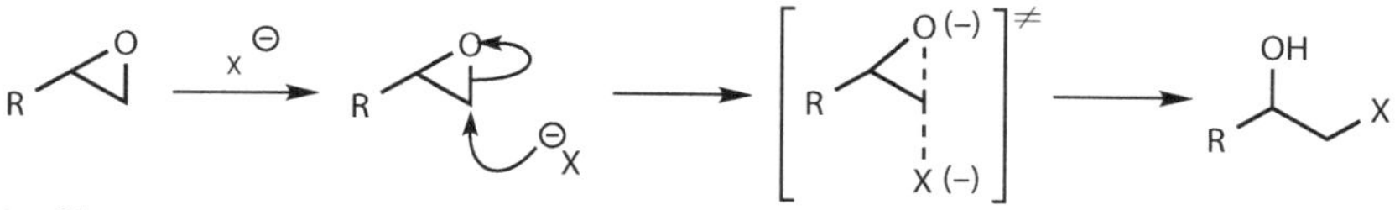

91 **92** **93** **94**

这个领域开展的工作相当少，只有酸的二锂衍生物，如 **96** 的确能与不对称的环氧在位阻小的一侧反应。一个简单的例子是与苯乙烯的氧化物 **97** 的反应，进攻其取代基少的一侧，环化后以 84% 的产率得到内酯 **99**[36]。

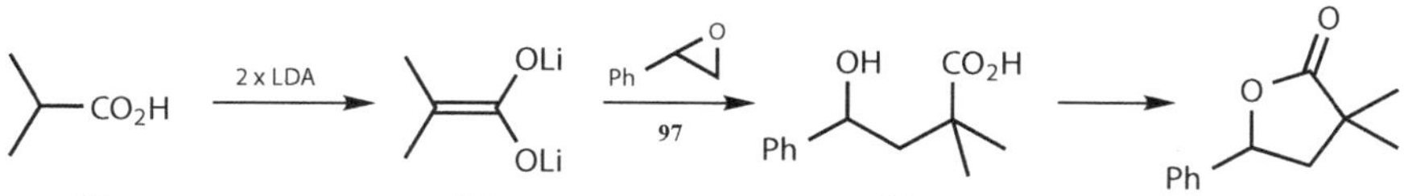

95 **96** **98** **99**

由于其潜在的生物活性，结构如 **100** 那样的螺环内酯是很有趣的，它们可能通过易得的甾体如 oestrone **101** 来制备。

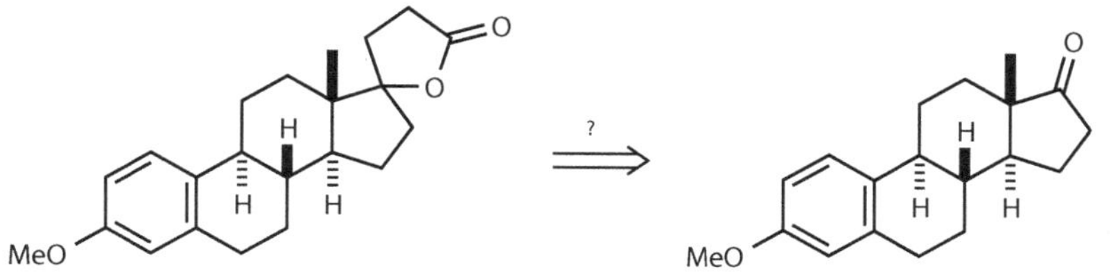

100 **101**

硫叶立德 $Me_2S{=}CH_2$ 能立体选择性地从酮 **101** 的背面进行反应得到环氧化合物 **102**[37]，**102** 又可以和二烯醇锂 **96** 反应得到内酯 **100a**[36]。

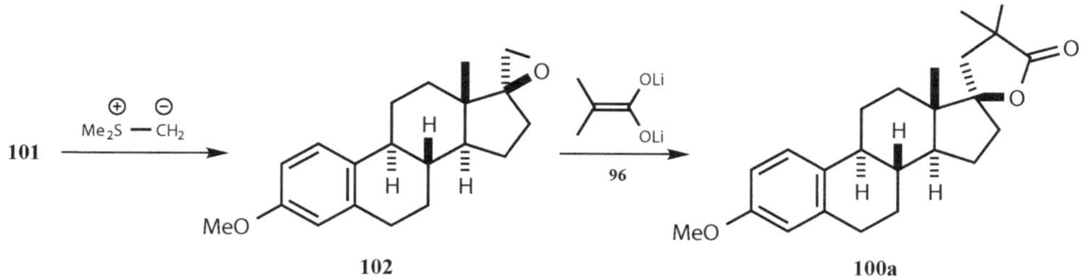

102 **100a**

Michael 反应

1,5-二羰基化合物通常是由烯醇和 α,β-不饱和羰基化合物发生 Michael（共轭）加成来制备的。这里又有了另外一个区域选择性的问题，在本章开始时就提到过的此类亲电试剂是发生直接（1,2）加成还是共轭（1,4 或 Michael）加成。在第 9 章中，我们将对这个问题进行全面的诠释，但在这里，对于我们的三种特定的烯醇等价物，烯胺适用于解决这个区域选择性的问题。一般而言，直接加成是动力学控制的反应，活性高的不可逆的亲核试剂和活性高的亲电试剂(Michael 受体)如 α,β-不饱和醛有利于发生直接加成，而共轭加成是热力学控制的过程，活性低的或可逆的亲核试剂和活性低的 Michael 受体如 α,β-不饱和酸的酯有利于发生共轭加成。在这个分析的基础上，我们就能肯定地想到活性低的烯胺和烯醇硅醚能够很好地发生 Michael 加成。

我们熟悉的不对称酮 **23** 的烯胺 **103** 能在取代基少的一侧与丙烯酸甲酯发生很干净的 Michael 加成反应，得到唯一的酮酯产物 *syn*-**104**，反应是在甲醇中进行的[38]。

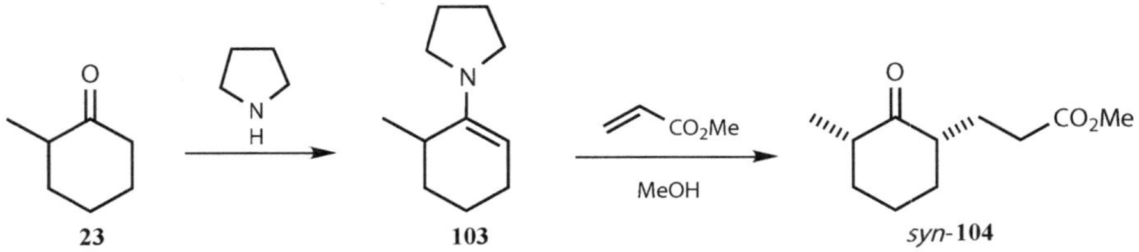

即使什么都分析好了，化学也总是会出现让人意外的结果。在二氢香芹酮(dihydrocarvone，**105**）与吡咯烷烯胺（**106**）发生的非常相似的 Robinson 并环反应中，当采用一分子的烯酮时，反应发生在取代基少的一侧 **107**，当采用过量（5 倍）的烯酮时，反应则发生在取代基多的一侧 **108**[38]。这两个反应都很有用，但对于我们按部就班的本能却是一种冒犯：我们也将看到一些其他的例子，只有通过实验才能放弃掉选择性的基本规则。

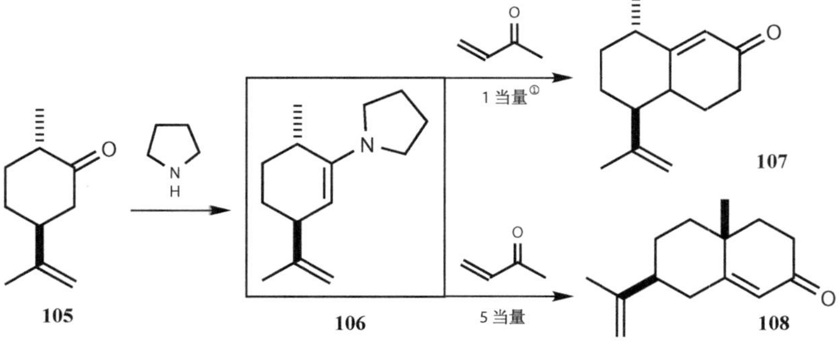

① 原文 equivalent。

烯醇硅醚需要路易斯酸催化剂才能有效地发生 Michael 加成反应。例如，多取代的（而且是共轭的）异构体 **110** 与环己酮反应能以很高的产率得到 1,5-二酮 **111**[39]。产物 **111** 与本章中出现的很多其他产物一样，是一个不对映异构体的混合物。我们也见过一些反应能给出单一的不对映异构体的产物，但是没有解释原因。到了我们阐述立体选择性问题的时候了，第 4 章就将讨论这个主题。

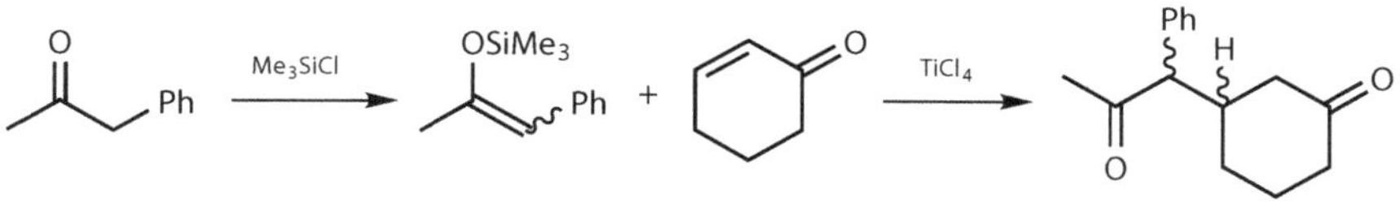

109 **110** **111**

最后一个例子

烯胺的双 Michael 反应

在我们进入第 4 章之前，还要介绍一个特殊的双亲核的烯醇等价物进攻双亲电试剂发生的双区域选择性反应的例子[40]。环己酮的吡咯烷烯胺 **112** 进攻不饱和酯 **113** 能以很好的产率得到双环酮 **114**。

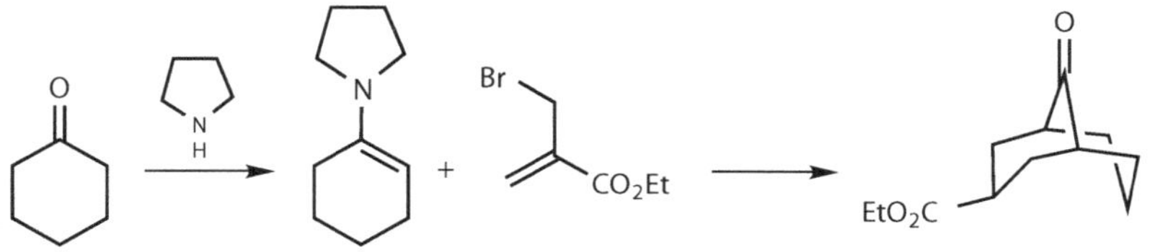

112 **113** **114**

第一步很可能是烯胺 **112** 与不饱和酯 **113** 发生 Michael 加成 **115**。形成的亚胺盐 **116** 失去一个质子重新产生烯胺。反应选择在远离第一步反应的一侧形成烯胺，这样就可以避免侧链与吡咯烷环在同一个平面。**117** 是新生成的烯胺。

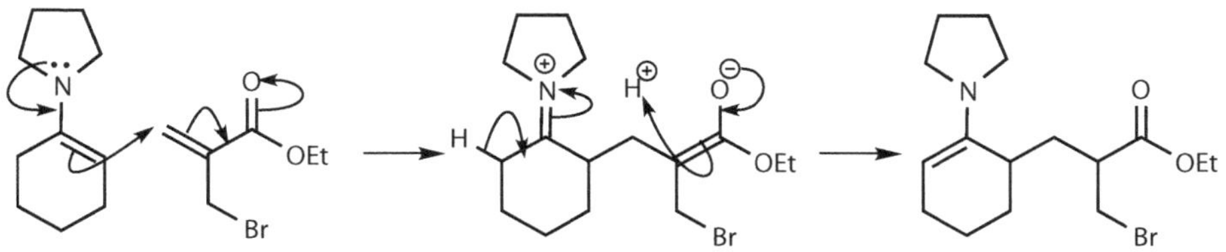

115 **116** **117**

现在，新形成的烯胺 **117** 就能与侧链的溴发生烷基化反应。分子必须将侧链摆在轴向位置才能进行这步反应 **118**。形成的亚胺盐 **119** 在猝灭时水解成桥双环产物 **114**。

117 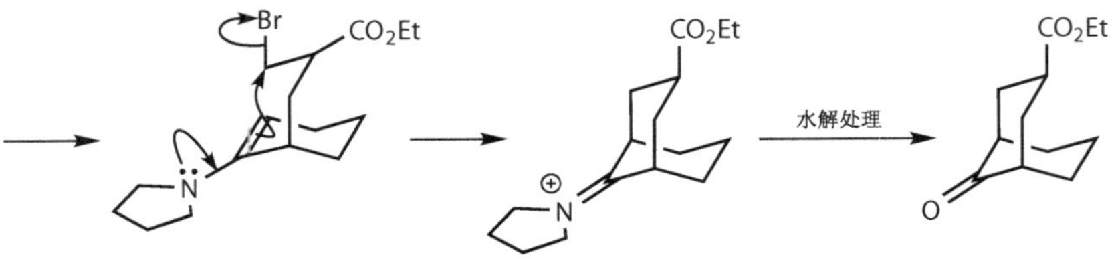

118 119 114

4-甲氧苯酚（**120**）经过先还原再氧化生成的4-甲氧环己酮（**121**）经由相同的反应过程能得到化合物 **123**。

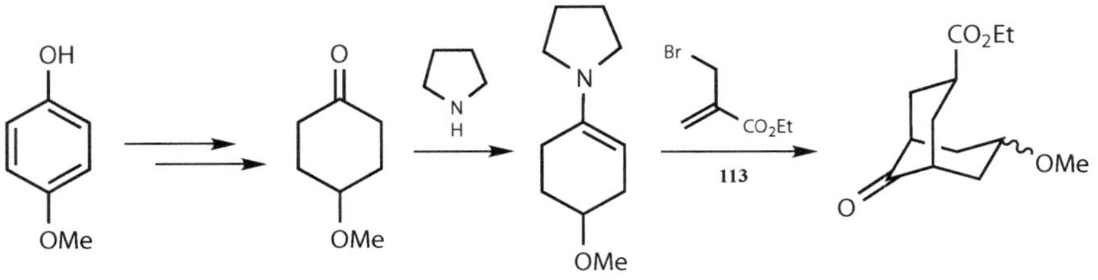

120 121 122 123

123 在回流的 HBr 中能环化生成一个金刚烷的衍生物——二酮 **125**。这个环化反应的机理决非显而易见，不过知道了烯 **124** 是反应的一个中间体而酯的立体化学能在酸催化的烯醇化过程中改变，你可能就知道这个反应是怎么回事了。

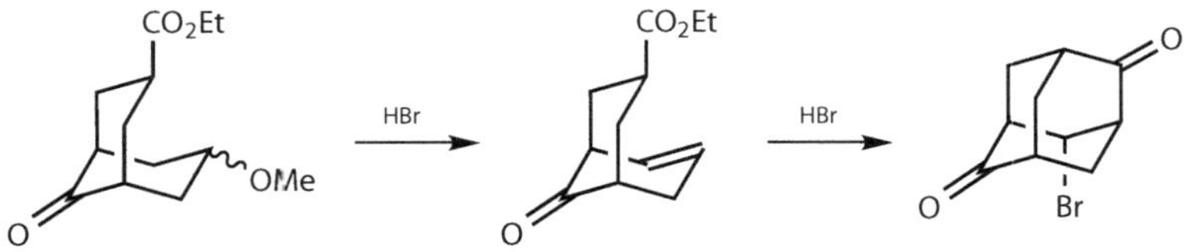

123 124 125

参 考 文 献

一般性参考文献列于 946 页。

1. Y. Terai and T. Tanaka, *Bull. Chem. Soc. Jpn.*, 1956, **29**, 822.
2. C. H. Heathcock, J. E. Ellis, J. E. McMurry and A. Coppolino, *Tetrahedron Lett.*, 1971, 4995.
3. D. J. Dale, P. J. Dunn, C. Golightly, M. L. Hughes, P. C. Levett, A. K. Pearce, P. M. Searle, G. Ward and A. S. Wood, *Org. Proc. Res. Dev.*, 2000, **4**, 17.
4. G. Stork, A. Brizzolara, H. Landesman, J. Szmuszkovicz and R. Terrell, *J. Am. Chem. Soc.*, 1963, **85**, 207.
5. R. Carlson, L. Nilsson, C. Rappe, A. Babadjamian and J. Metzger, *Acta Chem. Scand.*, 1978, **B32**, 85, 335, 646.
6. G. Stork, G. A. Kraus, and G. A. Garcia, J. *Org. Chem.*, 1974, **39**, 3459.
7. G. Stork, *Pure Appl. Chem.*, 1975, **43**, 553; J. d'Angelo, *Tetrahedron*, 1976, **32**, 2979; L. M. Jackman and B. C. Lange, *Tetrahedron*, 1977, **33**, 2737.

8. J. K. Rasmussen, *Synthesis*, 1977, 91; P. Brownbridge, *Synthesis*, 1983, 1.
9. H. O. House, M. Gall and H. D. Olmstead, *J. Org. Chem.*, 1971, **36**, 2361; G. H. Rubottom, R. C. Mott and D. S. Krueger *Synth. Commun.*, 1977, **7**, 327.
10. T. Mukaiyama, K. Banno, and K. Narasaka, *J. Am. Chem. Soc.*, 1974, **96**, 7503.
11. I. Fleming, *Chimia*, 1980. **34**, 265.
12. M. Gall and H. O. House, *Org. Synth.*, 1972, **52**, 39.
13. T. Mukaiyama, *Angew. Chem., Int. Ed.*, 1977, **16**, 817.
14. K. Banno and T. Mukaiyama, *Bull. Chem. Soc. Jpn.*, 1976, **49**, 1453.
15. P. Denniff and D. A. Whiting, *J. Chem. Soc., Chem. Commun.*, 1976, 712.
16. *Disconnection Approach*, page 205.
17. Fleming, *Orbitals.*
18. R. Noyori, I. Nishida and J. Sakata, *Tetrahedron Lett.*, 1980, **21**, 2085; R. Noyori, I. Nishida, J. Sakata and M. Nishizawa, *J. Am. Chem. Soc.*, 1980, **102**, 1223.
19. A. Segre, R. Viterbo, and G. Parisi, *J. Am. Chem. Soc.*, 1957, **79**, 3503.
20. *Disconnection Approach*, chapters 26 and 27, particularly page 223.
21. *Disconnection Approach*, chapters 26 and 27, particularly page 227.
22. *Disconnection Approach*, page 37.
23. T. H. Chan, I. Paterson, and J. Pinsonnault, *Tetrahedron Lett.*, 1977, 4183; M. T. Reetz and W. F. Maier, *Angew. Chem. Int. Ed. Engl.*, 1978, **17**, 48; M. T. Reetz, W. F. Maier, H. Heimbach, A. Giannis and G. Anastassious, *Chem. Ber.*, 1980, **113**, 3734.
24. M. T. Reetz, S. Hüttenhain, and F. Hübner, *Synth. Commun.*, 1981, **11**, 217.
25. I. Paterson, *Tetrahedron Lett.*, 1979, 1519.
26. M. T. Reetz and S. Hüttenhain, *Synthesis*, 1980, 941.
27. *Disconnection Approach*, page 144.
28. A. K. Beck, M. S. Hoekstra and D. Seebach, *Tetrahedron Lett.*, 1977, 1187.
29. A. B. Smith and P. A. Levenberg, *Synthesis*, 1981, 567.
30. A. P. Krapcho, D. S. Kashdan, E. G. E. Jahngen and A. J. Lovey, *J. Org. Chem.*, 1977, **42**, 1189.
31. S. Hünig and M. Salzwedel, *Chem. Ber.*, 1966, **99**, 823.
32. I. Fleming, J. Iqbal and E.-P. Krebs, *Tetrahedron*, 1983, **39**, 841.
33. *Disconnection Approach*, page 209.
34. *Disconnection Approach*, page 217.
35. *Disconnection Approach*, page 209.
36. P. L. Creger, *J. Am. Chem. Soc.*, 1967, **89**, 2500; *J. Org. Chem.*, 1972, **37**, 1907.
37. *Disconnection Approach*, page 253.
38. N. F. Firrell and P. W. Hickmott, *J. Chem. Soc., Chem. Commun.*, 1969, 544; J. W. Huffmann, C. D. Rowe, and F. J. Matthews, *J. Org. Chem.*, 1982, **47**, 1438.
39. K. Narasaka, K. Soai, Y. Aikawa and T. Mukaiyama, *Bull Chem. Soc. Jpn.*, 1976, **49**, 779.
40. F. D. Ayres, S. I. Khan, O. L. Chapman and S. N. Kaganove, *Tetrahedron Lett.*, 1994, **35**, 7151.

4 立体选择性：立体选择羟醛缩合反应

立体选择性初看起来是三种选择性中最容易理解但也是最难实现的一种。立体选择性简单一点说是要控制立体化学，更精确一点说是要控制新的立体化学。在很多反应中，无论是要形成新的碳-碳键还是仅仅是一些官能团发生变化都会产生立体化学的问题。如果是形成一个双键，就会有 E 或 Z 两种几何构型的选择；如果是形成了一个新的立体中心，就会有与分子中其他的立体中心进行关联的不同构型的选择。如果这些方面都能得到控制，我们就实现了立体选择性。

从现在起，你需要掌握立体选择性与立体专一性的不同之处。立体专一性是指立体化学可以实现单一的转换，即在一个反应中由于反应机理的要求必然出现这样的立体化学结果。在 S_N2 反应中，不管分子是怎样的，都会发生构型的翻转，因为 S_N2 反应是立体专一性的。在酮的还原反应中，分子就可能选择新产生的羟基的立体化学，这个反应就不是立体专一性的，虽然它可以是立体选择性的。

从本章起，立体化学问题将时刻伴随着我们，因为它是现代有机化学主要关注的一个问题。我们将从单独的讨论不对映选择性开始，然后在第 15 章我们将介绍如何控制双键的几何构型，再之后，在第 20、21 章我们将从大体上讨论如何实现立体选择性，在第22、29章专门有一部分介绍不对称合成，也就是光学活性的化合物的合成。本章中我们将通过立体选择性的羟醛缩合反应来继续讨论烯醇化物的反应。

羟醛缩合的立体化学

引言和立体化学控制：*syn*，*anti* 和 *E*，*Z*

典型的羟醛缩合反应会在新形成的碳-碳键的两端都产生新的立体中心[1]。可烯醇化的酮 **1** 可以与苯甲醛缩合得到不对映异构体的混合物羟醛 **2**。**2** 中的甲基和羟基可以在碳骨架的同一面（*syn*-**2**）或者在不同面（*anti*-**2**）[2]。如果将羟醛缩合产物脱水形成烯酮 **3** 则又会有新的立体选择性问题，即新形成的双键可以是 *E* 构型或是 *Z* 构型。

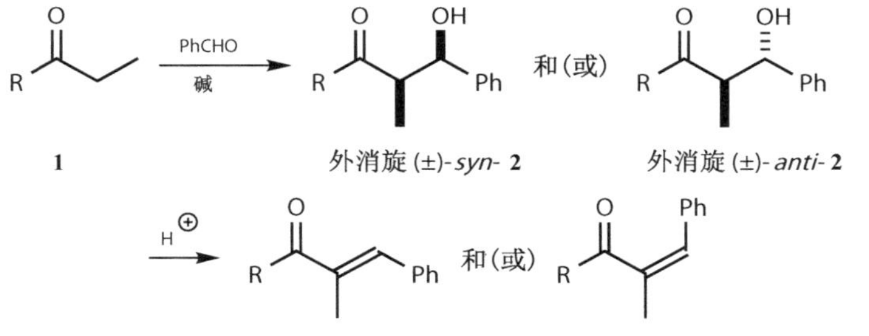

1 外消旋 (±)-*syn*-**2** 外消旋 (±)-*anti*-**2**

E-**3** *Z*-**3**

直到现代羟醛缩合反应的立体化学才成为一个值得研究的课题，或者事实上直到现代化学家才能实现羟醛缩合反应的立体化学控制；过去都是任由底物自己反应。Dubois 开展了环酮与醛在碱中缩合的一些简单的实验[3]。这些实验结果表明，当采用 LiOH（而不是 NaOH）作碱时，能得到 *anti*-构型为主的羟醛缩合产物，虽然在那时这些结果并不受重视。环戊酮与异丁醛反应，能得到大于95%的 *anti*-**5** 产物，而检测不到 *syn*-**5** 产物的生成。后来 Heathcock[4] 在实验中发现开链酮 **6** 的烯醇锂与 PhCHO 缩合能得到 *syn*：*anti* > 98：2 的羟醛缩合产物 **7**。

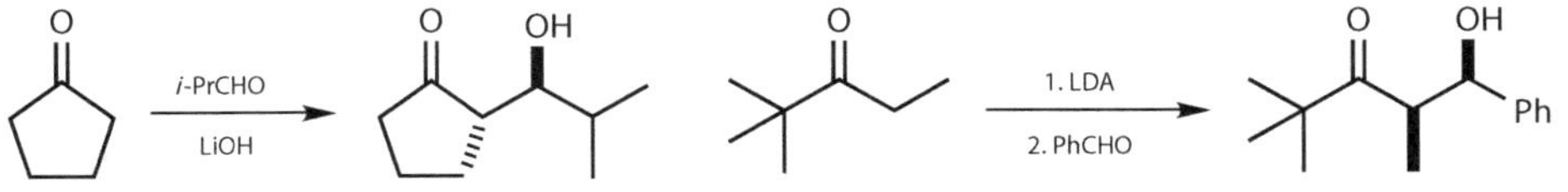

4 *anti*-**5** **6** *syn*-**7**

烯醇化物的几何构型与羟醛缩合的立体化学间的关联

如果烯醇化物的几何构型与羟醛缩合产物的立体化学间存在某种关联，那么这些看似矛盾的结果就显得合理化了。环酮只能生成 *E* 构型的烯醇化物，因此环戊烯酮生成的烯醇化物是 **8**。而酮 **6** 选择生成大的特丁基与甲基处于 *anti* 的 *Z* 构型的烯醇化物 **9**。

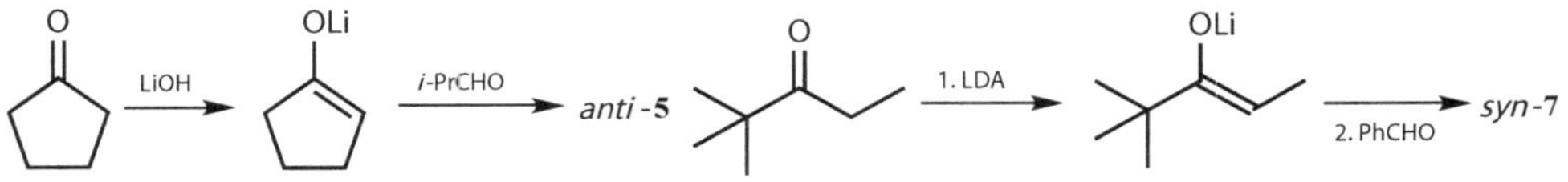

4　　**8**; *E*-烯醇锂盐　　**6**　　**9**; *Z*-烯醇锂盐

Zimmerman-Traxler 过渡态

现在，对于很多羟醛缩合反应都已经很好地建立了烯醇化物的几何构型与羟醛缩合产物的立体化学之间的关联。烯醇锂的几何构型可以通过一个称为 Zimmerman-Traxler[5] 的过渡态来表示，Zimmerman-Traxler 过渡态其实就是第 3 章中我们见到的六元环过渡态。当一个烯醇锂与一个醛反应时，锂原子同时与烯醇以及醛的氧原子配位 **10**，形成的过渡态 **11** 是一个不饱和的六元环。

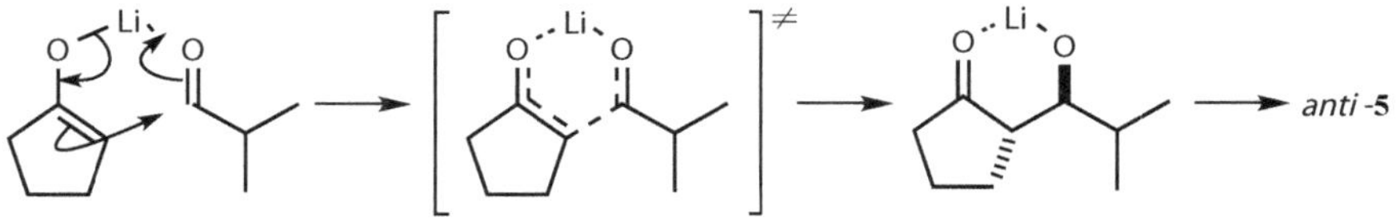

10　　**11** Zimmerman-Traxler 过渡态　　**12**

如果我们假设环状过渡态 **11** 采取的是一个接近椅式的构象就可以解释我们的实验结果了。标记为圆点的碳原子在整个反应过程中保持三角构型，它上面的取代基处于同一平面。其他碳原子带有直立位置或是平伏位置的取代基。烯醇化物的取代基由于烯醇化物的构型必须有一个占据这样的位置。**13** 中的五元环处于平伏位置，因为它与烯醇化物的氧是呈 *anti*-构型的，毫无疑问要选择这样的位置，目前为止我们涉及的是立体专一性。而醛的取代基可以占据直立位置也可以占据平伏位置，它通常会选择平伏位置。你将看到 **13** 中的异丙基是处于平伏位置，这就是立体选择性了。观察标出的氢原子，结果就非常容易看出：在 **13** 中，两个氢原子是呈 *anti*-的，这也是羟醛缩合产物 *anti*-**5** 中的构型。

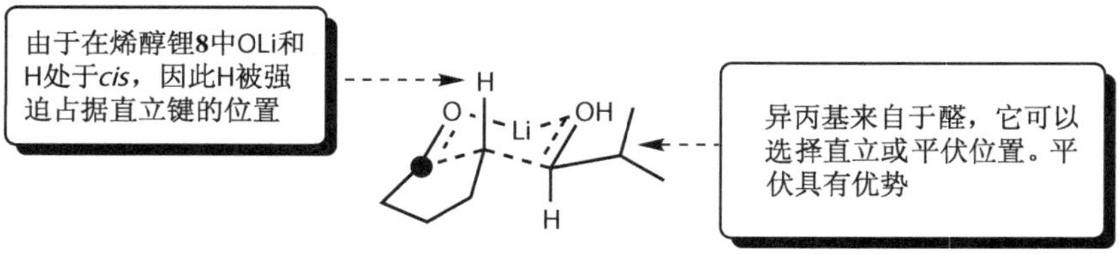

13

当 *Z*-烯醇化物 **9** 与苯甲醛反应时，形成的 Zimmerman-Traxler 过渡态 **14** 的一个地方就很不一样了。**14** 中的特丁基必须处于直立位置，因为它与烯醇化物的氧是呈 *syn*-构型的（虽然它很不愿意呆在那个位置）。除非它不再采取椅式的过渡态，但那样的话就可能需要更高的能量。在 **14** 中，苯基也可以选择处于直立位置或平伏位置，在这里它也是选择平伏位置。我们观察 **14** 中标出的氢原子，可以看到它们是 *syn* 式的，在羟醛缩合产物 *syn*-**7** 中，将保持 *syn* 的构型。

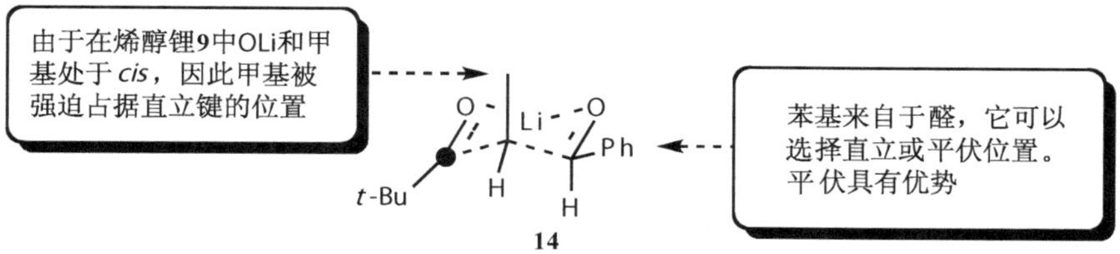

14

这是很多立体选择性的羟醛缩合反应的基础，但一般而言，选择出能完全产生 *E* 构型或是 *Z* 构型的烯醇化物的羰基化合物并不是一件很容易的事。我们将把讨论限制在一个到两个比较可靠的例子上。定义烯醇化物是 *E* 构型还是 *Z* 构型存在一个问题。如果严格地按照规则定义，对于一系列具有相同几何构型的烯醇化物，如下面列出的四种，当我们改变烯醇化物上的金属或是将酮变成酯或硫酯时，它们的 *E*，*Z* 构型就会发生变化。我们在讨论烯醇化物时，将根据 R 取代基和金属氧取代基的关联来命名它们的 *E*，*Z* 构型。这是一个被普遍认同的方法，无须顾及烯醇化物是一个严格定义上的 *E* 型烯烃还是 *Z* 型烯烃。

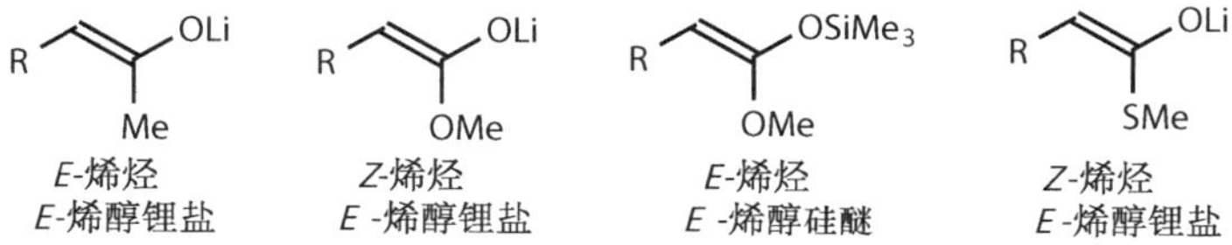

最先提到的两个例子都是酯，它们中的一个生成 *anti*-构型的羟醛缩合产物，另一个生成 *syn*-构型的羟醛缩合产物。简单的酯如 $EtCO_2Me$ 的烯醇锂与醛作用能发生干净的羟醛缩合反应，但得到的产物 **17** 基本上都是 *syn* 和 *anti* 比例为 50∶50的不对映异构体的混合物[1]。事实上，烯醇锂 **16** 就是得到 *E*∶*Z* 为 50∶50 的混合物，这一点也不奇怪，因为 OMe 和 OLi 的大小基本相同。

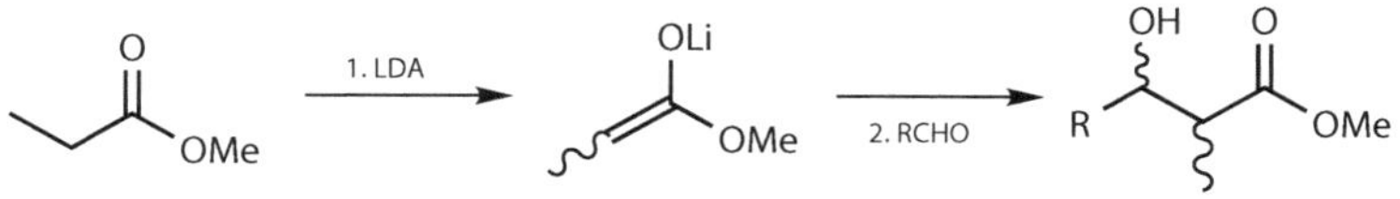

15 *E*-**16**+ *Z*-**16** *syn*-**17**+ *anti* **17**

受阻芳香酯烯醇锂的 *anti*-选择性的羟醛缩合

受阻芳香酯[6]如 **18** 的反应就要好很多。只有 *E* 构型的烯醇化物产生，生成的羟醛缩合产物 **19** 的 *anti* ∶ *syn* 的比例很高，尤其是和带支链的醛如 *i*-PrCHO 反应时[7]。

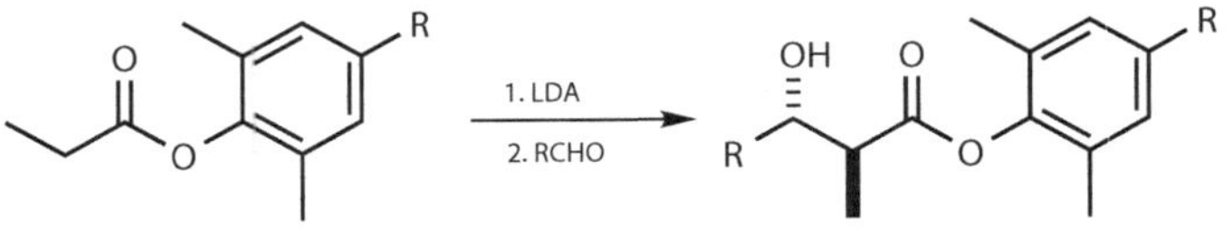

18; R = H, Me, OMe　　　　(±)-*anti*-**19**

端基效应，即酯氧原子上的一对孤对电子和羰基的 σ 键的反键轨道间的键相互作用，以及酯氧原子上的另一对孤对电子与羰基 π 键的共轭作用，使得酯采取芳基与羰基共平面的构象 **20**。这就意味着 LDA 脱质子 **21** 只能发生在甲基与羰基处于 *anti* 时。

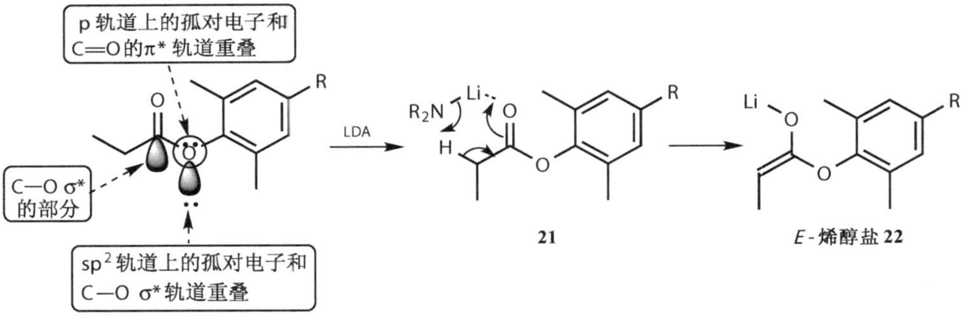

20

此外，也可以通过六元环椅式过渡态 **23** 来进行解释，由于 **23** 中含有大的直立基团（*i*-Pr 和 Li 上的 THF 配体）以及大的芳基使得甲基选择处于平伏键的位置。

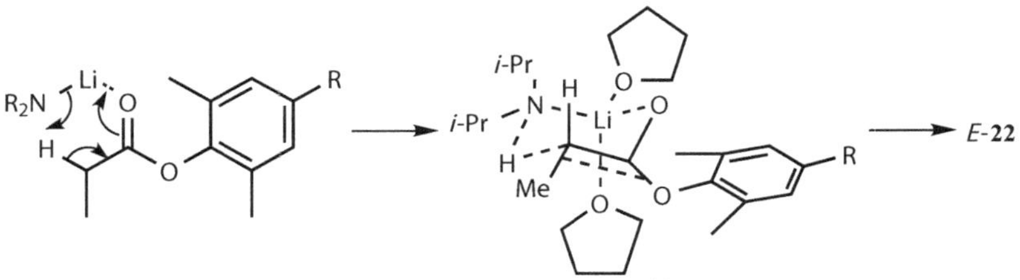

21　　　　**23**

PhS-酯烯醇硼的 *syn*-选择性的羟醛缩合

由于绝大多数酯倾向于形成 *E* 构型的烯醇化物，必须通过变换成一个不同的取代基和一个不同的金属来得到好的 *syn*-选择性。Evans 和 Masamune 发展了苯硫酯 **24** 的烯醇硼来实现这样的目的[8,9]。烯醇硼 **25** 是由二烷基三氟磺酸硼酯和 Hünig 碱 i-Pr_2NEt 制备而成的。硼上的烷基可以是丁基、环戊烯基或者是 9-BBN（9-硼环壬烷，见第 17 章和第 24 章）[10]。三氟磺酸是三氟甲磺酸盐，它是已知的最好的离去基团之一。可能是由于采用的是一个相对弱的碱达到平衡的结果，而且 PhS 酯也不会有 Anomeric 效应，只有 *Z* 构型的烯醇化物 **25** 形成。与 Zimmerman-Traxler 过渡态 **23** 比较，短的 B—O 键[9]使得羟醛缩合反应现在能以很高的产率得到 *syn*-构型的羟醛 **26**。

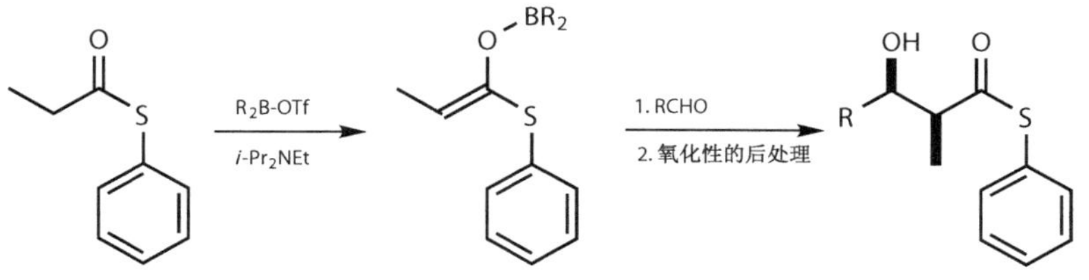

24　　**25** *Z*-烯醇硼　　**26** (±)-*syn* 羟醛

酮的烯醇式与烯醇化物的羟醛缩合的立体化学

除了在本章开始时我们见到的环状酮和特烷基酮的例子，控制酮的羟醛缩合反应要更困难一些。Evans 的烯醇硼在一些例子中的反应性很好，幸运的是它能优先形成 *Z* 构型的烯醇化物再与醛发生立体选择性的反应得到 *syn*-构型的羟醛缩合产物，而 *E* 构型的烯醇化物进行反应的立体选择性很差。因此，对称的酮 **1** 几乎能完全生成 *Z*（＞97∶3）构型的烯醇硼 **27**，再与可烯醇化的丁醛反应得到 *syn*-构型的羟醛 **28**[8]。

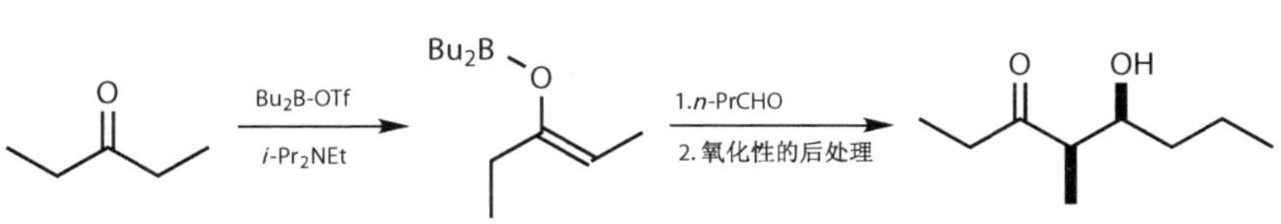

1　　**27** *Z*-烯醇硼　　(±)-*syn* -**28** >97:3 *syn*:*anti*

一些不对称的酮能区域选择性地在位阻小的一侧反应。化合物 **29** 是一个值得注意的例子，在酮的两侧都是一级碳，只是在其中一侧的 β-碳原子上有支链[8]。要打算用一个酮的烯醇化物进行立体选择性合成之前最好先去查阅一下文献。

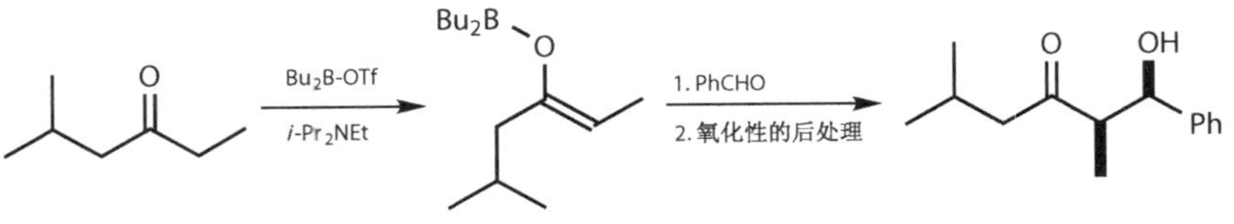

29　　**30** Z-烯醇硼　　(±)-*syn*-**31** >97∶3 *syn*∶*anti*

烯醇硅醚和开放的过渡态

烯醇硅醚的反应表现出第二类立体选择性。由环状酮产生的烯醇硅醚只能是 *E* 式的几何构型，但它常常以立体随机性的方式进行反应，正如 $TiCl_4$ 催化的环戊酮的烯醇硅醚 *E*-**33** 与 $PhCH_2CH_2CHO$ 的反应一样，反应完全是化学选择性的，但得到的是 50∶50 的立体异构体的混合物 **32**[11]。对应的烯醇锂的反应能非常立体选择性地以 *anti* 的方式进行。当采用氟离子代替路易斯酸催化反应时情况则截然不同，现在相同的烯醇硅醚 *E*-**33** 就能立体选择性地发生反应，但是以 *syn* 的方式进行生成产物 *syn*-**5**[12]。

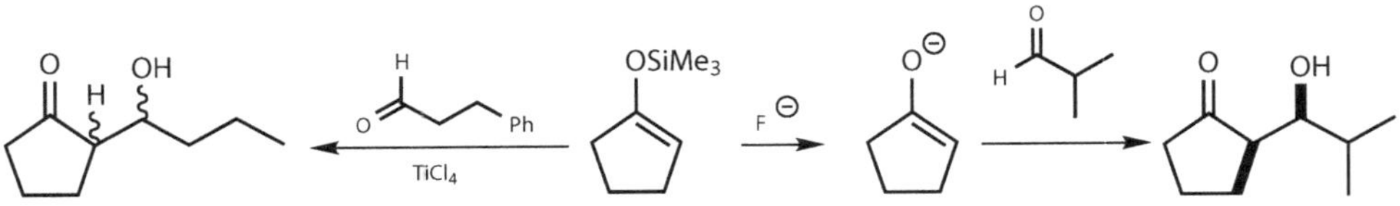

syn 和 *anti*-**32**　　*E*-**33**　　*E*-**34**　　*syn*-**5**

由酮 **6** 生成的 *Z* 构型的烯醇硅醚 **35** 的反应也表现出与烯醇锂相反的立体选择性，以很高的产率得到 *anti*-构型的羟醛缩合产物 **7**[12]。进一步的研究[1]表明，这些反应是以一个开放的（而不是螯合的）过渡态 **37** 进行的，因为它们是可逆的所以是热力学控制的。很多烯醇硅醚的两种构型的异构体发生反应都能优势地得到同一种不对映异构体的羟醛缩合产物。

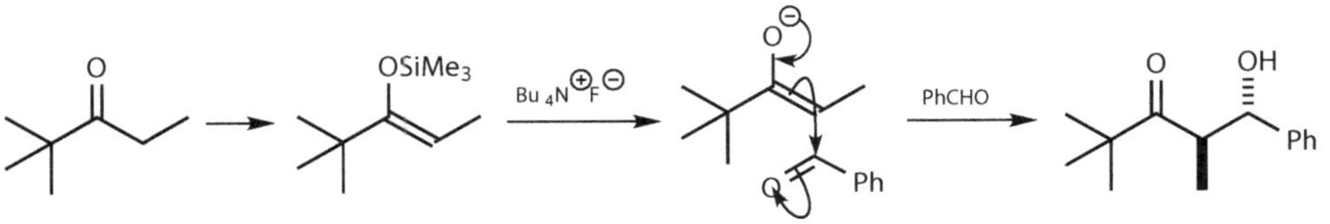

6　　*Z*-**35**　　**36**　　*anti*-**7**

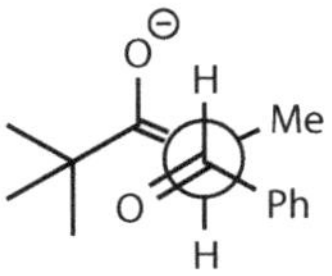

37

烯醇锆的 *syn*-选择性的羟醛缩合

一些金属的烯醇化物也能以同样的方式高立体选择性地发生反应而不管烯醇化物的几何构型是怎样的。乍一看，烯醇锆的反应与烯醇锂很相像。以吡咯烷酰胺 **38** 为例，我们只得到 *Z*-烯醇化物 **39**，它与醛反应生成 *syn*-构型的羟醛产物 **40**[13]。

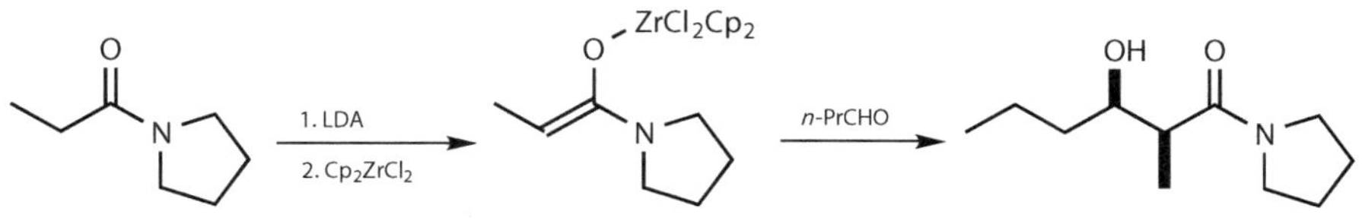

38　　*Z*-**39**; >95∶5 *Z*∶*E*　　*syn*-**40**; 94∶6 *syn*∶*anti*

特丁基硫酯 **41** 主要形成的是 *E*-烯醇化物 **42**，但仍然有利于生成 *syn*-构型的羟醛缩合产物 **43**。环戊酮，当然只能形成 *E* 构型的烯醇化物 **44**，因而也是优势得到 *syn*-构型的羟醛产物 **45**[14]。简而言之，所有的烯醇锆无论原来的几何构型是怎样的都生成 *syn*-构型的羟醛产物。

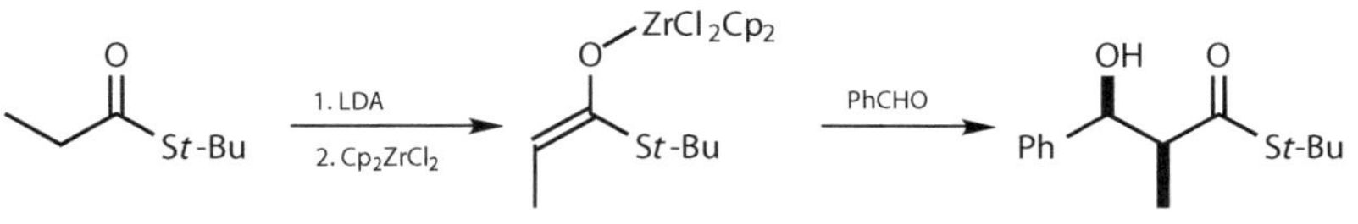

41　　*E*-**42**; 10∶90 *Z*∶*E*　　*syn*-**43**; 93∶7 *syn*∶*anti*

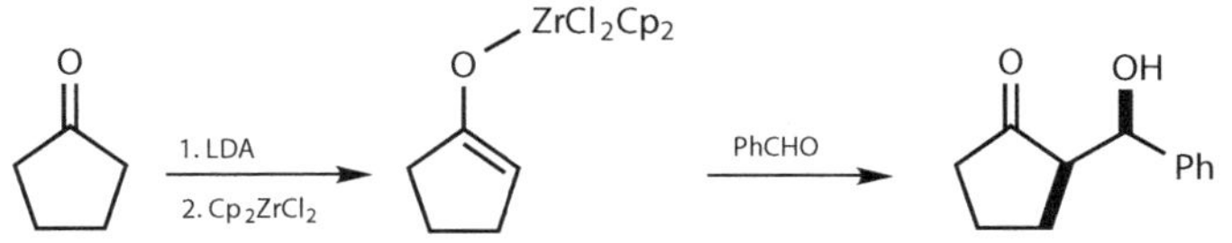

4　　*E*-**44**　　*syn*-**45**; 74∶26 *syn*∶*anti*

这是一个活跃的研究领域，因而现在发展了更多的方法来实现羟醛缩合反应中的立体化学控制，但是希望本章中我们已经研究了足够多的例子，加上第 2 和 3 章中研究的化学选择性和区域选择性的例子，能让你觉得几乎所有类型的羟醛缩合反应都能实现好的控制，你可能会想到将它们用于一个合成中。我们将把更多的化学选择性问题留到第 20～22 章，而如何制备光学活性的羟醛缩合产物将在第 23～30 章中介绍。

烯酮的合成

羟醛缩合反应常用于合成烯酮，由羟醛产物直接脱水就能实现，这一步脱水反应常常可以在平衡的羟醛缩合反应条件下发生，但当采用的是烯醇锂或烯醇硅醚时，就只能是独立的一步反应了。一般而言，我们都得承认不管脱水后得到的烯酮是怎样的几何构型，这个结果都是受热力学控制的，尤其当烯酮的形成是可逆时。简单的烯酮如 **46** 通常都是形成 *E* 构型的异构体，而 *Z* 构型的异构体很难制备。当双键是一个环外双键如 **47** 时，也是优势的生成 *E* 构型的异构体，但其他的三取代的双键就没有这么确定的构型了。

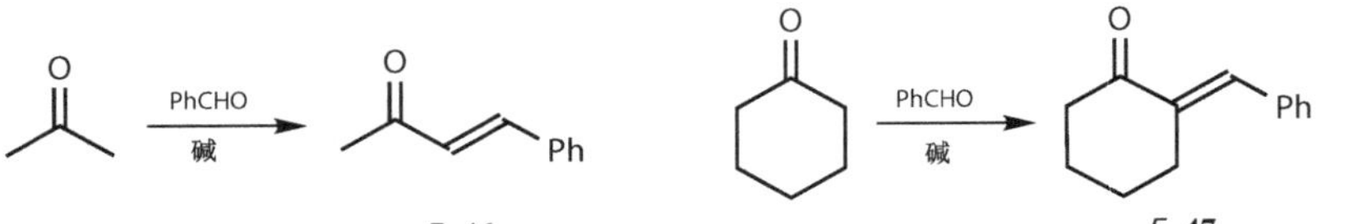

E-**46**　　*E*-**47**

Yoshikoshi 对圆柚酮（nootkatone，被认为是葡萄柚的果香起源）的合成中[15]采用了一个光学活性的烯酮 **52**，**52** 是由 *β*-蒎烯（*β*-pinene，**48**）经臭氧化生成（＋）-诺蒎酮 **49** [（＋）-nopinone]，再经由烯醇硅醚（**50**）发生化学选择性以及区域选择性的羟醛缩合反应制备的。虽然羟醛缩合反应生成了一个不对映异构体的混合物 **51**，在脱水后都是生成同样的烯酮产物 *E*-**52**。

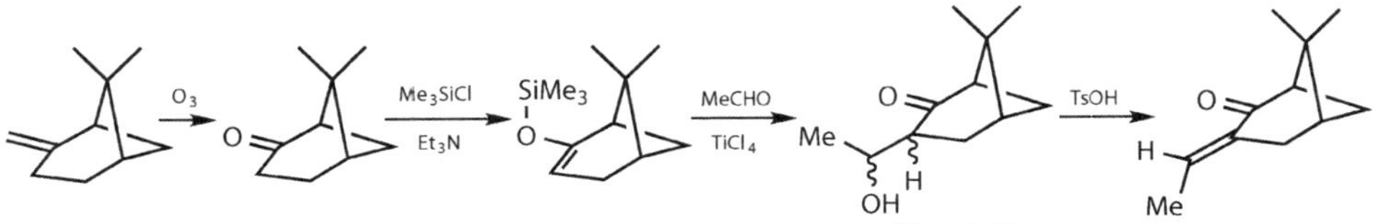

(–)-**48**　(+)-**49**　**50**　*syn* 和 *anti*-**51**　*E*-**52**

Still 在莫能菌素（monensin）的合成中[16]采用了内酯 **55**，它含有的双键只能是 *Z* 构型。**55** 也能通过羟醛缩合反应制备，这次是采用 $EtCO_2Et$ 的烯醇锂和光学活性的醛 **53** 进行反应。反应得到的也是羟醛缩合产物的不对映异构体的混合物 **54**，但在脱水后都能形成 *Z* 构型的不饱和内酯，而原有的立体中心不会发生消旋。环化可能发生在脱水之前，否则生成的 *E* 构型的化合物也能通过平衡反应回去。

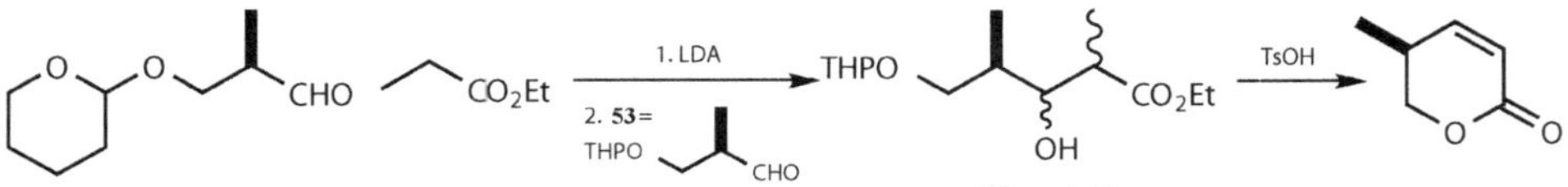

53　*syn* 和 *anti*-**54**　**55**

立体选择性的羟醛缩合反应的进展

立体选择性的羟醛缩合反应的进展似乎集中在不对称合成方面，但实现反应的不对映选择性也是同等重要的。环状的酯 **56** 只能形成 *E* 构型的烯醇化物，当

烯醇硼 *E*-**57** 与醛反应时能以很高的立体选择性（从 4∶1 到＞20∶1）得到 *anti*-构型的羟醛缩合产物 **58**。由 Zimmerman-Traxler 过渡态可以预测出占优势的异构体。两个苄氧键通过氢化断裂，能以很好的产率生成 2，3-二羟基酸 *anti*-**59**[17]。

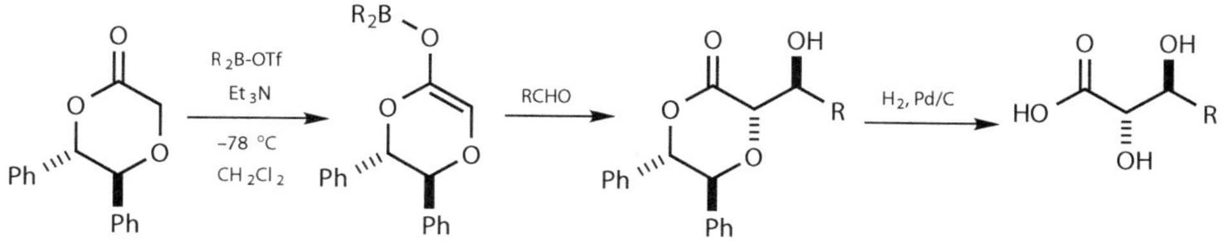

56　　*E*- **57**　　*anti* -**58**　　*anti* -**59**

Denmark 报道的一个非常有趣的例子展现了很多种类型的选择性[18]。以 Me_3Al 为催化剂，天然的（*S*）-乳酸甲酯（**60**）能生成一个 Weinreb 酰胺 **61**。这类酰胺被设计出来是为了能与格氏试剂以及有机锂试剂只反应一次，因而解决了一个经典的化学选择性的问题（第 2 章）。在这里用于羟醛缩合反应的起始原料 **63** 是通过 **61** 与乙基格氏试剂反应，然后再硅基化保护羟基制备出来的。

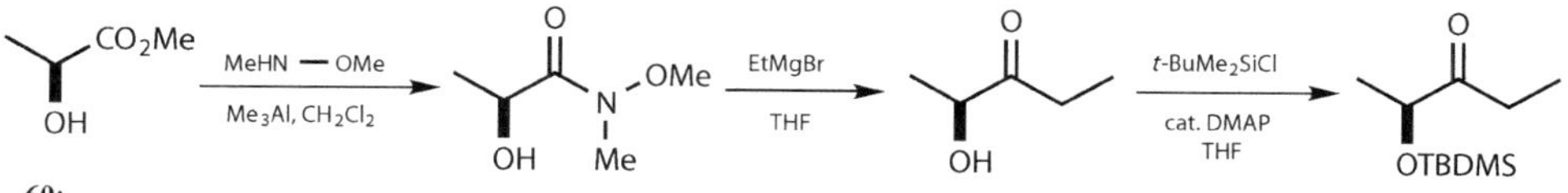

60;
(*S*)-乳酸甲酯　　**61**; 83% 产率　　**62**; 91% 产率　　**63**; 92% 产率

受大的 OTBDMS 保护基的影响，**63** 以 *Z* 构型形成烯醇硅醚 **64**，**64** 与苯甲醛反应只能得到 *syn*-羟醛产物 **65** 的一个不对映异构体。跨越羰基的 1,3-立体化学控制将在第 21 章进行介绍。

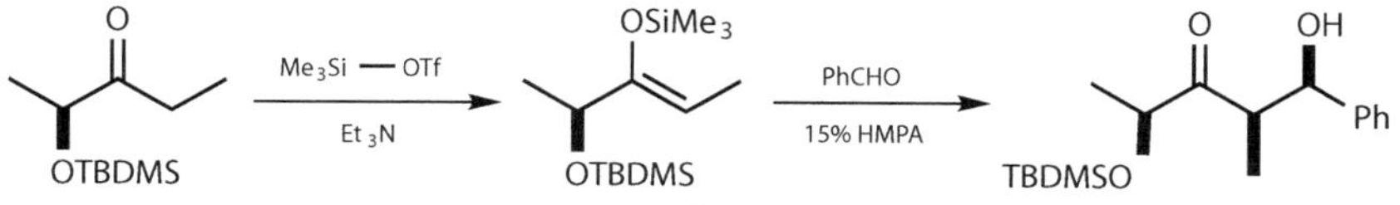

63; 92% 产率　　**64**; 96% 产率
＞20∶1 *Z*∶*E*　　**65**: 79% 产率
30:1 非对映异构体

羟醛缩合关联之外的立体选择性

保幼酮（juvabione）的合成

当然有很多种类的立体选择性没有包含在羟醛缩合反应中，有很多将会出现在本书的其他部分。我们以一个近期合成保幼酮的报道作为例子。保幼酮是控制昆虫生命过程的一种信息素。这个合成阐述了两种类型的周环反应以及一个对烯烃的亲电加成反应。我们希望在进入后面的章节之前先让你有一点点感受[19]。

从巴豆醛出发能形成所需要的 E-选择性的烯醇酯 **66**。现在从这个酯出发，也能形成含有所需要几何构型双键的烯醇硅醚。产物 **67** 含有三个烯，每个烯都至少与一个氧原子共轭。

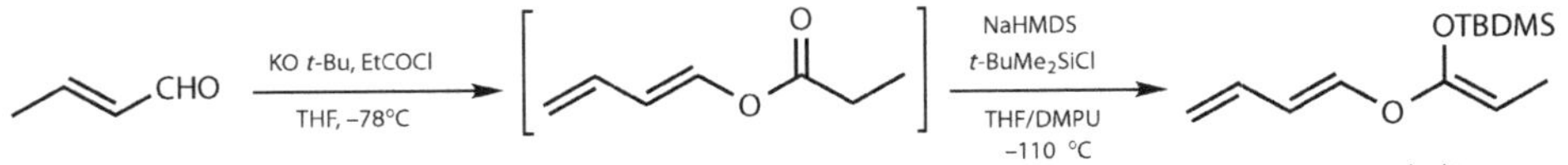

下一步是将三烯 **67** 与丙烯酸甲酯加热进行反应。首先是一个 Diels-Alder 反应 **68**，按照这个著名的反应过程所能预测的定位规则和 *endo*-选择性能得到一个只安置了两个双键的加合物，它再发生一步［3，3］-σ（Claisen-Ireland）重排 **69** 得到只含有一个双键的产物 **70**。

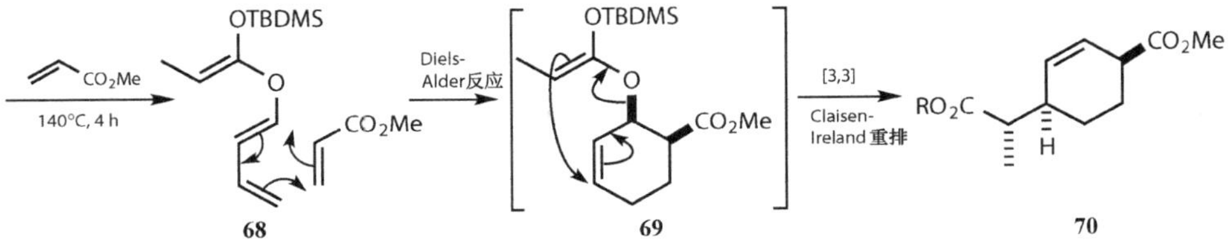

这两步反应几乎都是立体选择性的，得到的基本上是一个非对映异构体 **70**。为了确定这个反应的主要产物的立体化学，硅酯（R ＝ SiMet-Bu）被水解成酸 **71**（注意：化学选择性设计），在 MeCN 中用缓冲的碘处理 **71** 能得到结晶的碘代酮 **72**。这个化合物的 X 射线表明 **71** 是下图中所示的结构，［3，3］-σ 重排反应一定是以一个船式过渡态进行的。

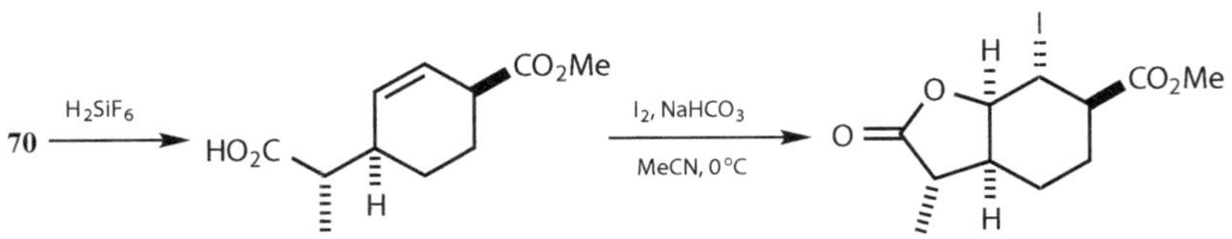

71; 60% 产率　　　　**72**; 71% 产率

非对映异构体比例 47∶29∶24　　　　主要非对映异构体结晶

现在可以从精心制备的中间体 **71** 出发继续合成保幼酮 **76**。**71** 的酰氯与重氮甲烷发生酰化反应得到重氮酮，重氮酮发生重排能得到延伸了侧链的酸 **74**。这个新的酸 **74** 仍然是三个不对映异构体的混合物，它能够异构化成为共轭的酯 **75** 从而将混合物以一个可接受的比例（78 ∶ 22）减少到两个。在 Fe（Ⅲ）的催化下，**75** 的酰氯再与格氏试剂发生酰化反应，就能以很好的立体化学控制完成保幼酮的合成。

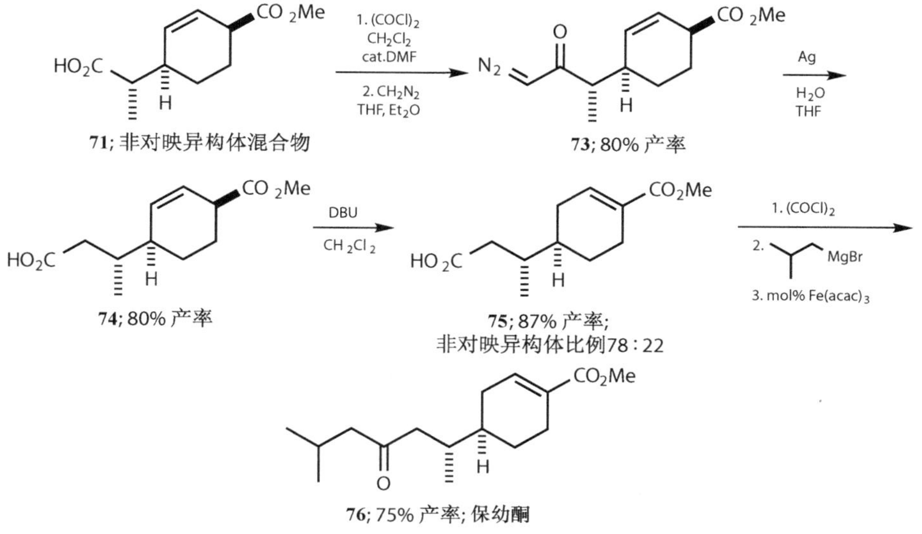

参 考 文 献

一般性参考文献列于 946 页。

1. T. Mukaiyama, Organic Reactions, 1982, 28, 203, C. H. Heathcock in Morrison, Volume 3, 1984, page 111.
2. S. Masamune, S. K. Ali, D. L. Snitman, and D. S. Garvey, *Angew. Chem., Int. Ed.*, 1980, **19**, 557 (see the footnote on page 558).
3. J. E. Dubois and M. Dubois, *Tetrahedron Lett.*, 1967, 4215; *J. Chem. Soc., Chem. Commun.*, 1968, 1567; *Bull Soc. Chim. Fr.*, 1969, 3120 and 3553; P. Fellman and J. E. Dubois, *Tetrahedron* , 1978, **34**, 1349.
4. C. H. Heathcock, *J. Org. Chem.*, 1980, **45**, 1066.
5. H. E. Zimmerman and M. D. Traxler, *J. Am. Chem. Soc.*, 1957, **79**, 1920.
6. C. H. Heathcock, *Tetrahedron*, 1981, **37**, 4087.
7. General Reference for Li Enolates: C. H. Heathcock in *Comp. Org. Synth.* volume 2, chapter 1.6, pages 181–238.
8. D. A. Evans, J. V. Nelson, E. Vogel, and T. R. Taber, *J. Am. Chem. Soc.*, 1981, **103**, 3099.
9. M. Hirama, D. S. Garvey, L. D. Lu and S. Masamune, *Tetrahedron Lett.*, 1979, 3937.
10. General Reference for Boron Enolates: B. M. Kim, S. F. Williams and S. Masamune in *Comp. Org. Synth.*, volume 2, chapter 1.7, pages 239–275.
11. T. Mukaiyama, K. Banno, and K. Narasaka, *J. Am. Chem. Soc.*, 1974, **96**, 7503.
12. W. A. Kleschick, C. T. Buse and C. H. Heathcock, *J. Am. Chem. Soc.*, 1977, **99**, 247, 8109; C. H. Heathcock, C. T. Buse, W. A. Kleschick, M. C. Pirrung, J. E. Sohn and J. Lampe, *J. Org. Chem.*, 1980, **45**, 1066.
13. D. A. Evans and L. R. McGee, *Tetrahedron Lett.*, 1980, **21**, 3975.
14. Y. Yamamoto and K. Maruyama, *Tetrahedron Lett.*, 1980, **21**, 4607.
15. T. Yanami, M. Mayashita and A. Yoshikoshi, *J. Org. Chem.*, 1980, **45**, 607.
16. D. B. Collum, J. H. McDonald and W. C. Still, *J. Am. Chem. Soc.*, 1980, **102**, 2117, 2118, 2120.
17. M. B. Andrus, B. B. V. S. Sekhar, E. L. Meredith and N. K. Dalley, *Org. Lett.*, 2000, **2**, 3035.
18. S. E. Denmark and S. M. Pham, *Org. Lett.*, 2001, **3**, 2201.
19. N. Soldermann, J. Velker, O. Vallat, H. Stoeckli-Evans and R. Neier, *Helv. Chim. Acta*, 2000, **83**, 2266.

立体化学命名规则的注解

我们将采用术语 *syn* 和 *anti*，因为它们的意思很容易理解且因为它们必须对应于一个图示。而像 *erythro* 和 *threo*，或者 R^*R^* 和 R^*S^*，或者它们之中最糟的 *ul* 和 *lk* 这些术语就非常难理解了，我们不会采用它们。大概也是因为这样的原因，*syn* 和 *anti* 当然也是官方团体如 IUPAC 和皇家化学会采用的术语。请注意，我们使用波浪线是表明两种异构体都是存在的，波浪线有时候是指立体化学是不确定的。

如果你对立体化学的命名规则很感兴趣，可以参考下列文献以及阅读 C. H. Heathcock in *Asymmetric Synthesis*, ed. J. D. Morrison, Academic Press, Orlando, Volume 3, 1984, page 112-115。它们可以让你再次感到振奋。

D. Seebach and V. Prelog, *Angew. Chem.*, *Int. Ed. Engl.*, 1982, **21**, 654.

F. A. Carey and M. E. Kuehne, *J. Org. Chem.*, 1982, **47**, 3811.

5　烯酮合成的其他策略

引言

我们已经看到怎样用羟醛缩合反应制备烯酮和其他不饱和羰基化合物。第 2～4 章已经介绍了很多新方法，但没有对策略进行分析。本章我们将把平衡重新调整到用多种不同的途径合成 α,β-不饱和羰基化合物（我们一般泛称为烯酮，学术上则严格地称为 α,β-不饱和酮），之后将选择性的介绍合成一系列特定的烯酮、环戊烯酮的最佳方法。本章的一个特别的目标是让你在策略方面进行思考。我们将用一系列 Seebach[1] 命名法来形容合成子的自然电子性质。

合成子的 Seebach 命名法：d^2，a^3 等

目标分子中的任何官能化的碳原子，最常见的是羰基，被标为 **1** 然后沿着链

依次标记碳原子，这样每一个相对于羰基基团的位置就清楚了。断键就是需要一个特殊类型和极性的合成子，见 **1a**。故 **1a** 需要一个烷基卤化物和在 2 位上具有亲核性的（或者给体）碳合成子 3，因此我们称之为 d^2 合成子。相似的，对 **1b** 的断键可以通过将有机金属衍生物（甲基金属）加到在 3-位上具有亲电性的（或者受体）碳合成子 2 上来实现。这就是 a^3 合成子。当然你会看到，我们可以用烯醇盐作 d^2 合成子，烯酮作为 a^3 合成子。到目前为止我们所讨论的所有的烯醇盐以及其他特殊的烯醇等价物都是用作 d^2 合成子的试剂。并不是每一个人都喜欢这样分类，但它在某些时候很有用，我们会随时使用它。

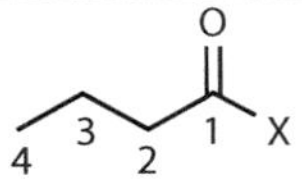

1

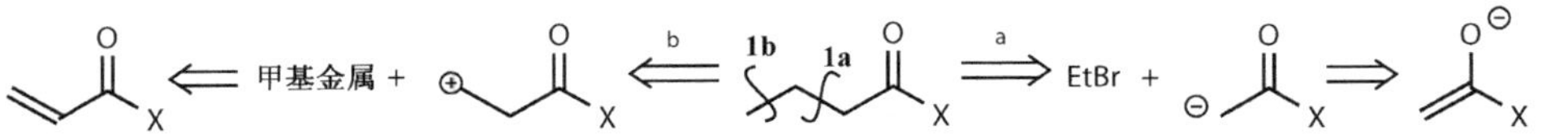

你或许会从这些特殊的例子中，即在现实当中烯醇盐或其等价物代表 d^2 合成子而 α,β-不饱和羰基化合物代表 a^3 合成子，认识到它们都显示出这些碎片的自然极性。实际上，一般来说，偶数的给体合成子（d^2，d^4 等）和奇数的受体合成子（a^1，a^3 等）都有自然的极性，而奇数给体合成子（d^1，d^3 等）和偶数受体合成子（a^2，a^4 等）则没有自然的极性或者**极性反转**。这使得对合成子的编号就成了有用的快速的查验可能所需试剂的类型的方法。

合成烯酮的多种策略

各种策略简介

现在我们以一般的结构 **4** 为例，对合成烯酮的各种可能的断键方式作一系统分析。从重要性及讨论顺序考虑，第一类断键方式是羟醛缩合反应，即断开烯酮的双键 **4a**。在前面的章节中我们已经知道，对于烯醇盐 **6**，当 R^2 和 R^3 是氢或者 $R^2 = R^3$ 时，可以找到一个试剂使得支链位于烯醇盐 **6** 确定的一侧。

4

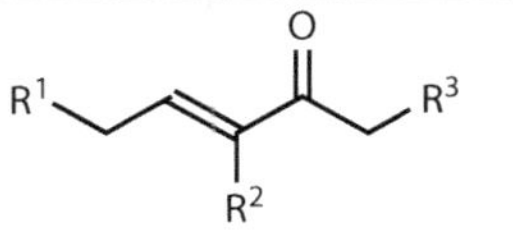

烯酮的一般结构 **4** 的切断策略将被首先介绍

羟醛切断: d ^{2} + a ^{1} 合成子

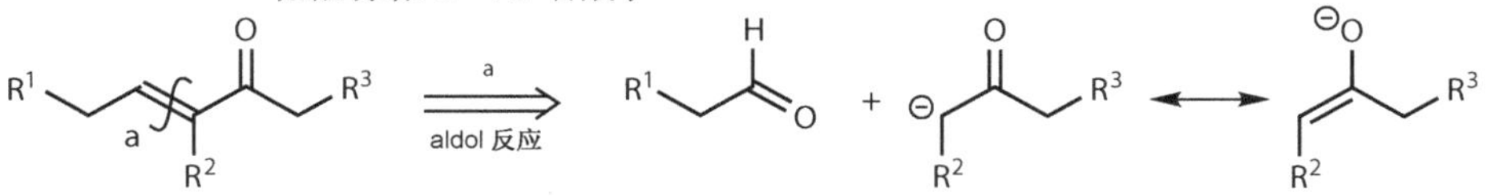

4a　　5　　6　　6

下面，我们来讨论 **4b** 羰基和双键之间的重要的断键方式。很多时候，这是理论上最好的策略，因为它正好位于分子的正中间。这就意味着我们要让烯基金属 **7** 和酰基化试剂 **8**（X 是离去基团，如 Cl 或 OR）进行反应。金属的性质以及烯基基团的立体化学在这里可能尤为重要。

烯基负离子的酰化: 另一个 a^1 合成子

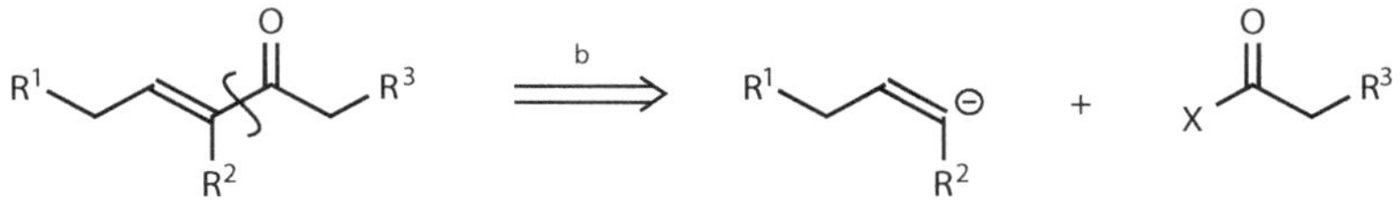

4b　　7　　8

接下来是一类重要的断键方式。以 **4c**(i)，**4c**(ii)和 **4c**(iii)为代表的烷基化属于广义的烯醇化学，你可以将合成子 **9**，**10** 以及 **11** 称为广义的 α'，γ 及 α 烯醇盐。合成子 **9** 和 **11** 在一般的 d^2 位置发生反应，而 **10** 则在 d^4 位点进行反应。这类反应中存在明显的区域选择性问题。关于这一化学，因为它是第 11 章的主题，所以在这里就不再作进一步讨论了。

扩展的烯醇酯类的切断: d ^{2} 和 d^4 合成子

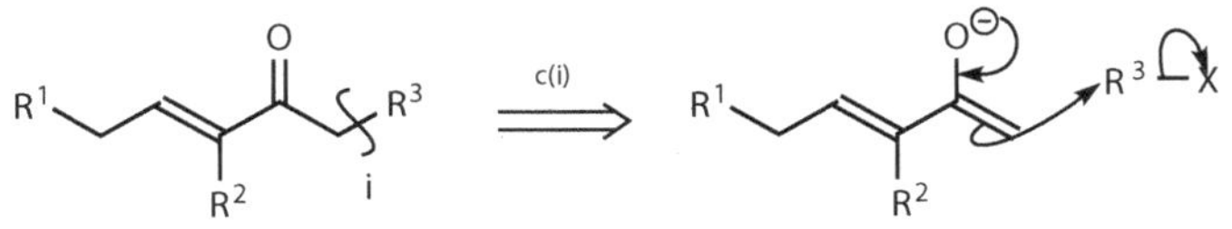

4c(i)　　9

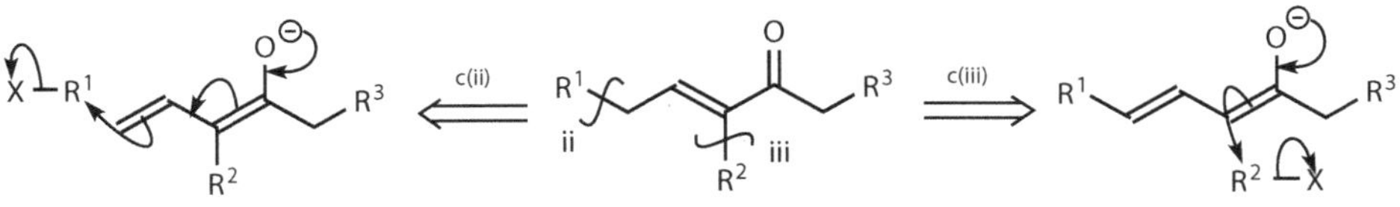

10; d^4 合成子　　4c(ii) 和 4c(iii)　　11; d^2 合成子

以 **4d** 断开法为代表的合成属于另一组，这里烯的烯烃部分与断键几乎是不相关的：它们包括有机金属化合物的酰基化 **4d**(i)或酰基阴离子等价物的烷基化 **4d**(ii)。

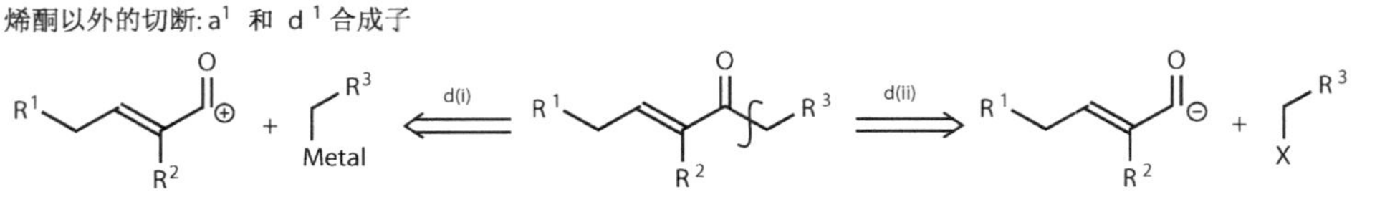

12; a1 合成子　　**4d**　　**13**; d1 合成子

另一个断开烯酮体系外部的方式是 **4e**，第一眼看上去，它就是传统的对于一个 a^3 Michael 受体的共轭加成。然而，在 Michael 加成发生后，我们需要重新得到烯烃。这里 a^3 合成子 **14** 是不饱和的。

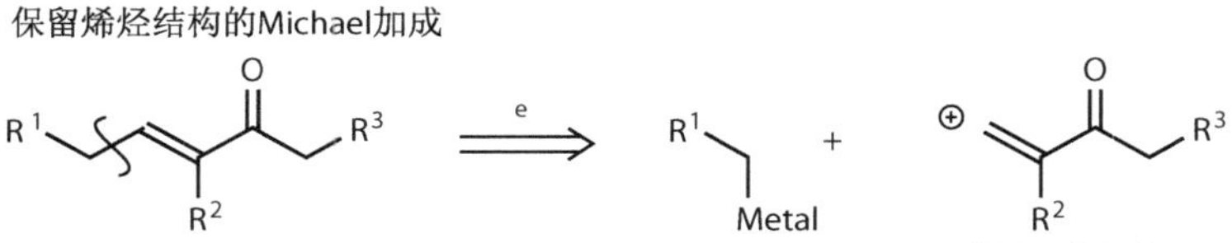

4e　　**14**; 不饱和 a^3 合成子

我们也可以把两种断键方式结合起来，即三组分合成，或者运用基于外加官能团（这里是指双键和羰基）的策略。这一策略性的历程本身是很有价值的，因为它可以给你提供许多有用的方法，但是它的价值同样依赖于你对许多不同合成方法的理解程度，即便是合成像 **4** 这样简单的化合物。在本章以及第 6 章的大部分内容中，当我们面对一个特定的化合物的合成时，都要从这些可能性上考虑选择某一策略或另一策略的原因，而不是漫无目的的排列。

策略 4a：合成烯酮的羟醛缩合路线

我们已经看到许多羟醛缩合反应在烯酮合成中的应用例子[2]。在你试图计划合成某一烯酮时，这是你首选的断键方式。如果仅仅是解决表面问题，当你打算尝试其他断键方式前应先考虑羟醛缩合反应的可能性。现在几乎任何一个烯酮都可以通过羟醛缩合反应来合成，但还是有必要依次考虑其特点，使得该方法更加适合，有些可替代的策略也是可以尝试的。

理想的羟醛缩合策略

成功应用羟醛缩合策略的最明显的指标是看双键是否基本上在分子中间或者分开两个环。这意味着这一断键会迅速得到最简单的起始原料。很明显，我们想通过两个不同的芳香起始原料来合成烯酮 **15**，羟醛缩合断键策略为我们提供了一个不能烯醇化的醛 **16** 和容易烯醇化的甲基酮 **17**，而且没有任何选择性问题。简单地将 **16** 和 **17** 与 KOH 混合，就可以以 87%的产率得到烯酮 **15**[3]。

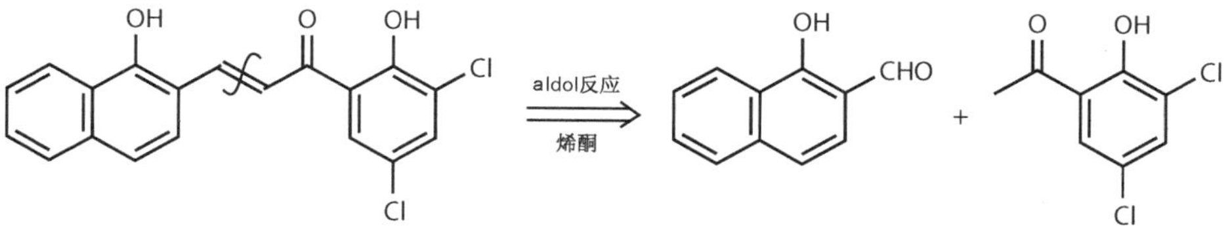

15 **16** **17**

烯酮 **18** 的双键在环外，羟醛缩合断键可以使问题简单化，因为起始原料是一个不能烯醇化的醛 **20** 和可以烯醇化的环酮 **19**。在两个分子中仍然只有一个烯醇化位点。**19** 和 **20** 与 HCl 在 $MeCO_2H$ 中缩合以 75%的产率得到烯酮 **18**[4]。所得烯酮双键的立体化学是热力学控制的（第 4 章）。

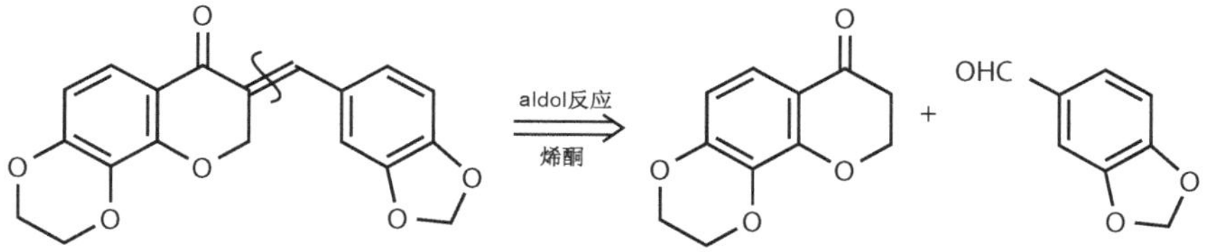

18 **19** **20**

羟醛缩合策略不理想的情况

相反，如果目标分子是乙烯酮，羟醛缩合断键只能去除一个碳原子，这并不简单！即便如此，羟醛缩合反应及其改进的 Mannich 反应也经常用于这类合成。一个极端的例子，来自 Corey 对 antheridic acid[5] 的合成，其中前一个中间体 **21** 的羟醛缩合断键仅仅去掉一个碳原子，但是却使这个复杂分子的剩余部分 **22** 更加容易合成。

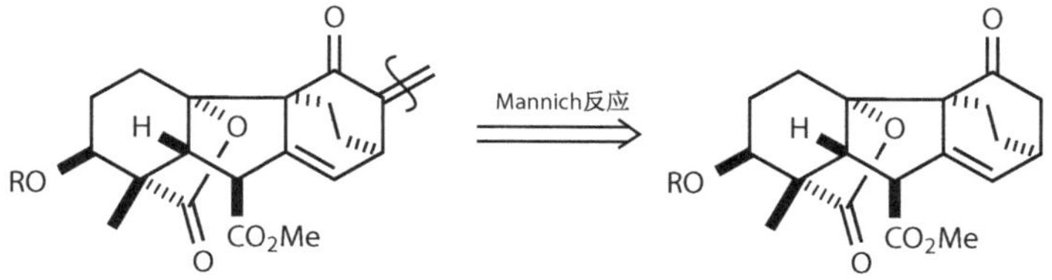

21 **22**

如果双键在被包围在分子中间，或许根本没有简化方法。事实上，假设的起始原料可能要比目标分子更加难合成！简单的双环酮化合物 **23** 断开为二酮 **24**，它是一个更加难合成的不对称的 1,4-环辛二酮，如果在 C-5 位烯醇化并进攻 C-1 位而不是按我们需要的将 C-8 位烯醇化后进攻 C-4 位，则关环得到化合物 **25**。在第 6 章中我们会看到如何合成这种烯酮。

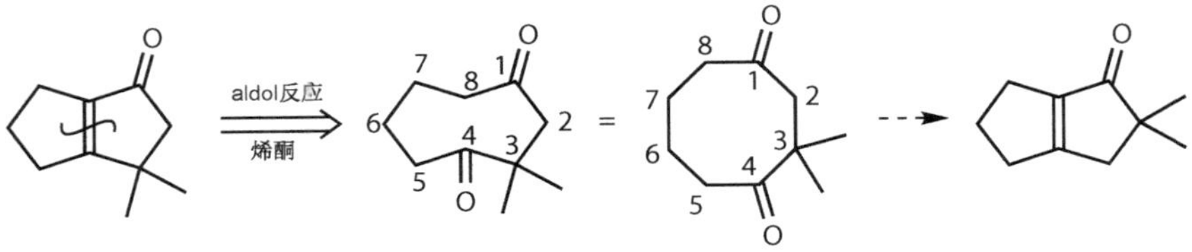

23　24　24a　25

作为向导的对称性

对称性可以给我们以指导。简单的烯酮 **26** 可以断开为两个相同的对称酮分子 **27**，因此可以很容易地合成且没有选择性的问题[2]。酸或碱催化的环戊酮的自身缩合可以高产率地得到烯酮 **26**。

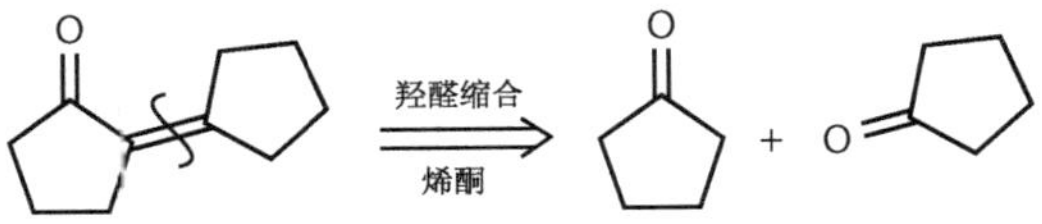

26　27　27

对于羟醛缩合反应来说，双环化合物 **28** 看上去不是一个好的目标分子，但是当我们认识到起始原料 **29** 的对称性以及两个羰基处于 1,6-位置关系时，它就可以通过重接的策略来合成了[6]。该环化反应可以以 96%的产率得到 **28**[2]。这和化合物 **23** 的失败明显相反，化合物 **24** 中的两个酮不相同，因此有三个可能的烯醇化位点。而在 **29** 中，两个酮是相同的，而且四个烯醇化位点也完全相同，这就没有选择性的问题。

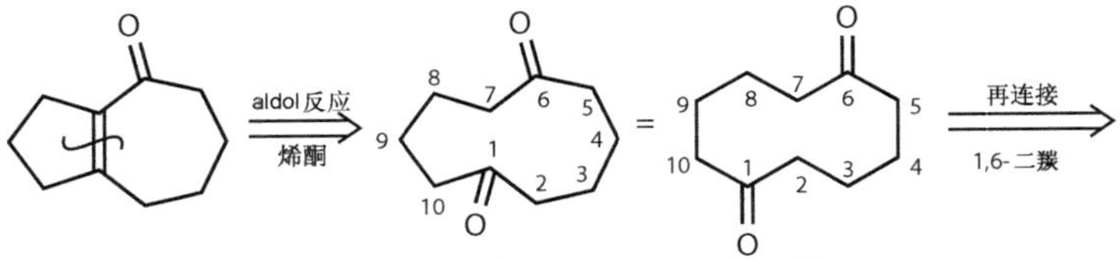

28　29　29a

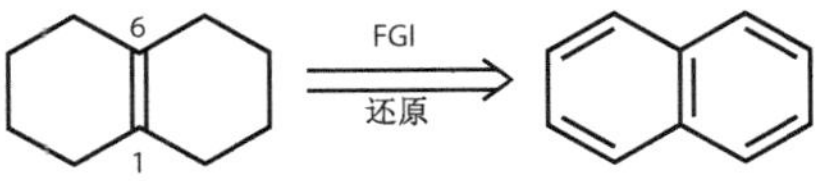

30　31

复杂的杂环化合物相对于垂直方向的平面是对称的，两个羟醛缩合断键给出的是对称的酮 **34** 和两个不能烯醇化的醛 **33**。在 KOH 的条件下缩合，以 93%的产率得到化合物 **32**[7]。

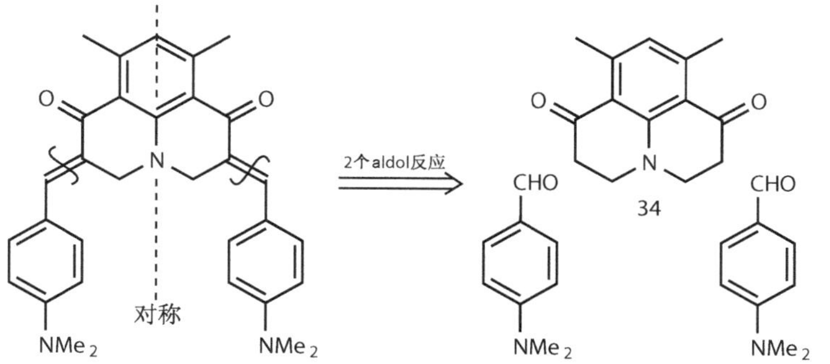

32 33 33

研究机理可以帮助我们。如果所需的烯醇盐非常容易制备或者反应性上特别亲电且不能够烯醇化，这就是优点。如果有我们不能解决的化学或者区域选择性，那么这就是缺点。立体化学也是一个问题。通过羟醛缩合反应合成烯酮，其立体化学你不会有太多的办法，因为你趋向于得到热力学更稳定的异构体（*E* 或 *Z*），如果你想得到另一个，就要尝试不同的策略。

Wittig 类型的羟醛缩合反应

羟醛缩合反应的一个类型尤其适合烯酮，因为它利用 Wittig 化学同时一步构筑烯烃。正如你在第 15 章将要看到的，稳定的叶立德 **36** 或者膦酸酯阴离子 **38**（羟醛缩合类型）与醛反应选择性地得到 *E* 式烯烃。膦酸酯阴离子同样也和酮反应。

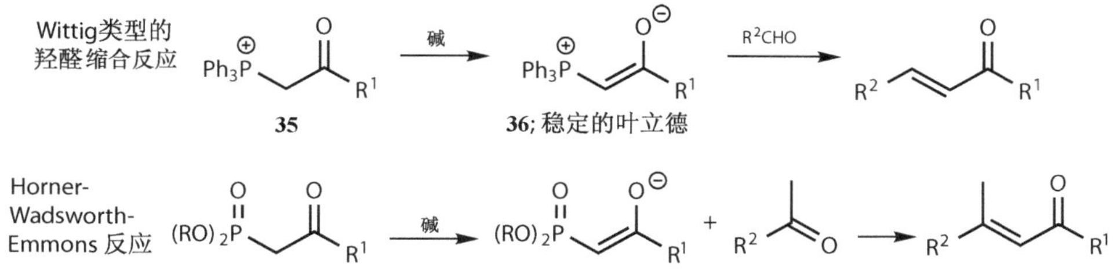

35 37 38 39

一般的，羟醛缩合策略是你的第一选择。如果你觉得羟醛缩合反应的化学和区域选择性可以控制，而且立体化学也可能正确，那么你应该尝试羟醛缩合方法。当然，从合成化学的全方位来讲，通过文献调研寻找先例可以节省大量的时间。就连羟醛缩合反应有时也会失败的。

在最近的一项关于不对称共轭加成的研究中，Simon Woodward 与其合作者[8]需要一系列的烯酮 **43**。其中的一些他们是通过酮或酯 **40** 形成烯醇锂盐 **41** 后与醛加成得到羟醛缩合产物 **42**，然后在浓 HCl 下脱水而制得烯酮 **43**。

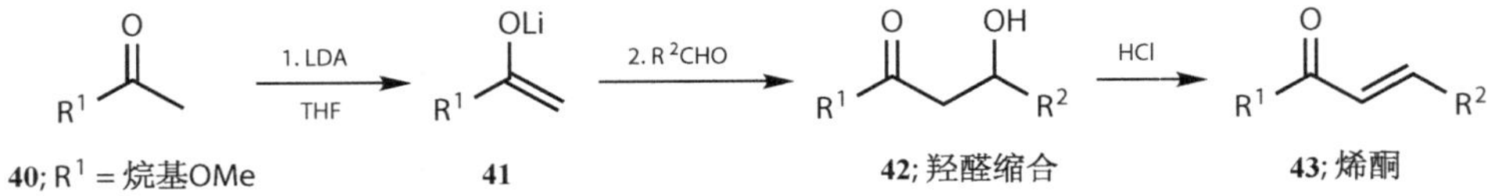

其余的，他们通过 Wittig 或者 Horner-Wadsworth-Emmons 反应制得。例如，甲氧基烯酮 **45** 是通过膦酸酯 **44** 来合成的，以 78%的产率得到纯的 *E*-烯酮 **45**。

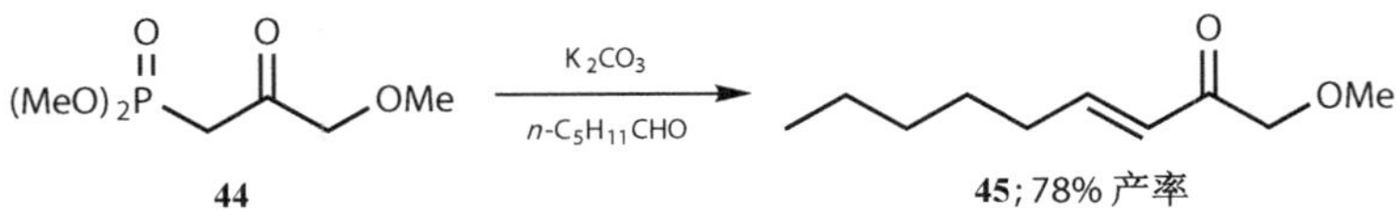

新西兰的工作者[9]在对抗艾滋病病毒药物的研究中，由中间酰胺键被 *trans*-烯烃取代得到潜在的肽的模拟物 **47**。这些化合物含有与天然肽基本相似的构型，可能会抑制 HIV 蛋白酶。为了得到正确的非对映异构体，两个独立的对映异构体膦酸酯 **46** 和右侧的醛通过 Horner-Wadsworth-Emmons 反应连接到一起。稍微奇怪的条件是为了避免醛的消旋化。

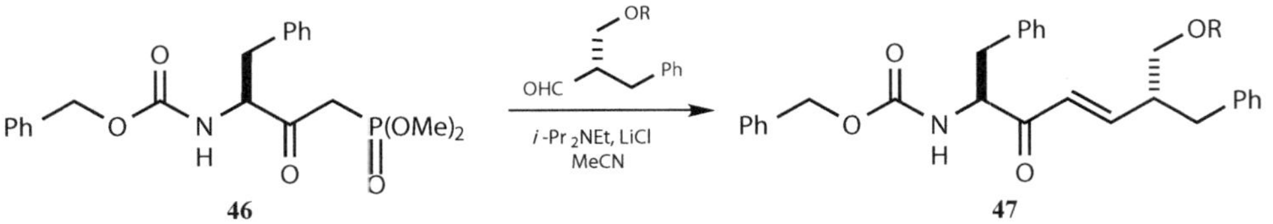

策略 4b：烯基阴离子的酰基化

策略 4b 涉及断开烯酮 **48** 中的双键和羰基之间的键，这就需要烯基阴离子 **49** 或其合成替代物和某一 a^1 试剂 **50**，即酰基化试剂，通常是羧酸衍生物，发生酰基化反应。

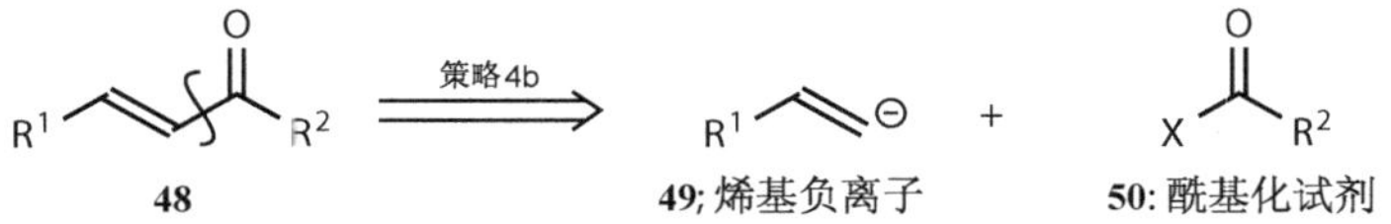

烯基金属试剂

其最基本的实现方法是烯基格氏试剂 **52** 或烯基锂（一般由氯代烃在 THF 中制得）和醛反应，然后再氧化得到烯酮 **48**。Swern 氧化对于将像 **53** 这样的烯丙醇氧化为烯酮尤为有效。

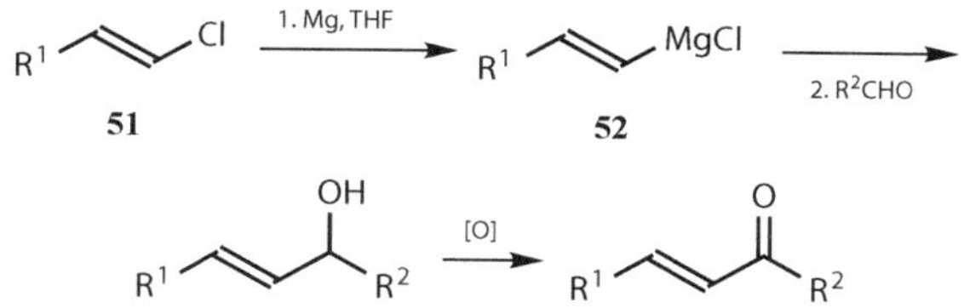

51　52　53　48

更加直接的转化是羧酸与烯基锂作用[10]。烯基锂自身与丙酸在 DME（乙二醇二甲醚）中反应，高产率地得到烯酮 **56** [11]。首先，一分子烯基锂形成锂盐 **54**，然后第二分子烯基锂对其加成得到双锂衍生物 **55**，这个中间体或许会使你想到第 2～4 章讨论过的羧酸的烯醇锂盐，通过一般的水解后处理得到烯酮 **56**。

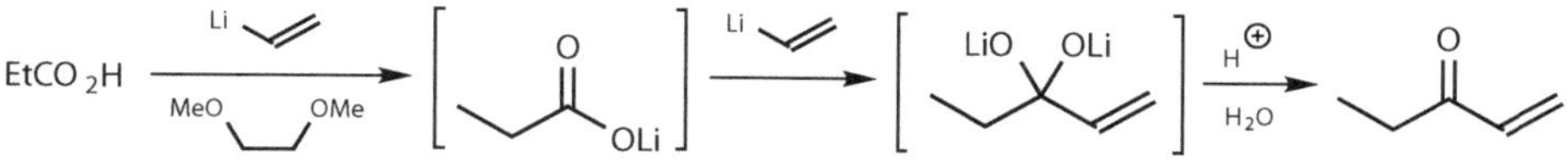

54　55　56; 92% 产率

尽管由氯代烯烃 **57** 制备的环状烯基锂 **58** 通过该反应可以中等产率地得到化合物 **59**[12]，但是这一反应在其他的例子中经常得到更差的产率。

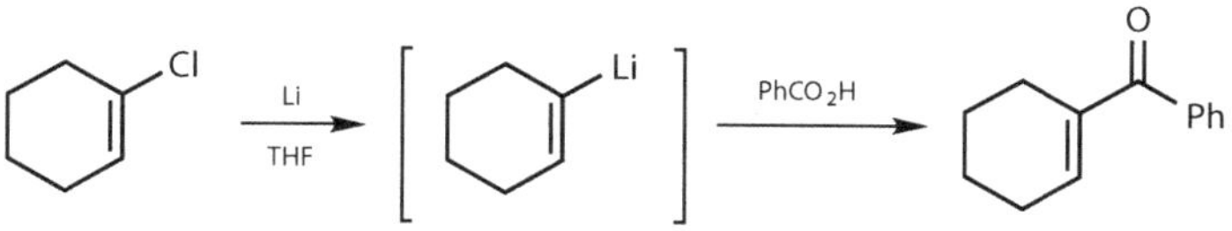

57　58　59; 42% 产率

最近，对于格氏试剂或者有机锂试剂的酰基化更加常用的方法是使用 Weinreb 酰胺（还将在第 8 章讨论）。烯基格氏试剂和复杂中间体 **60** 的酰基化是合成（－）-烟曲霉醇［（－）-fumagillol，**62**］[13]的一部分。

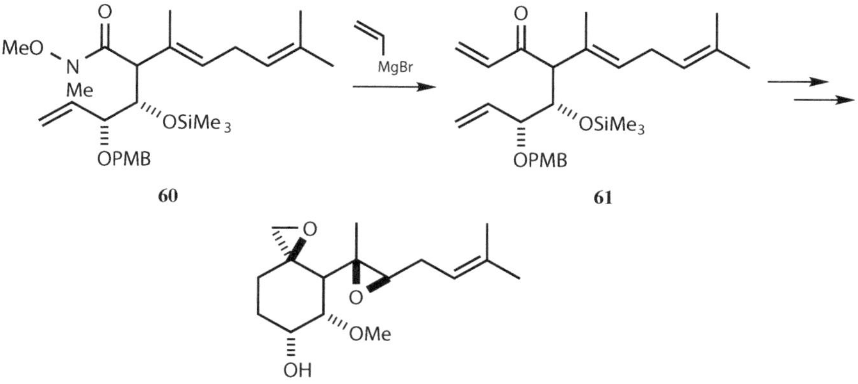

60　61

62; (–)-烟曲霉醇

由 Weinreb 酰胺通过侧链碘锂交换（第 8 章）而制得的烯基锂衍生物 **63** 再进行分子内酰基化，可以得到含五元杂环的 **64**，它是合成（—）-brunsvigine **65**（孟加拉山脉的一种生物碱）的中间体[14]。

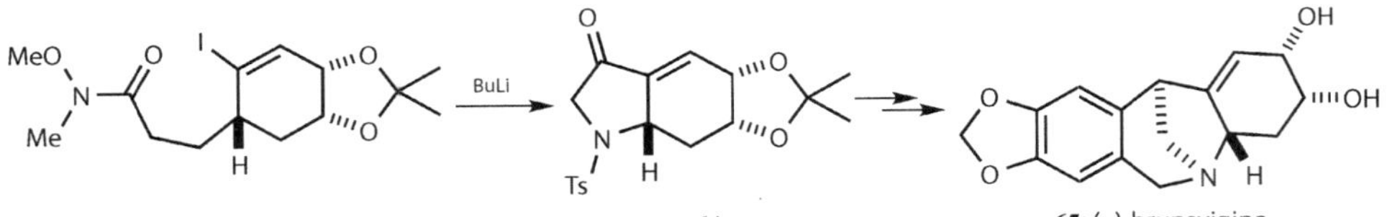

63　**64**

脂肪族的 Friedel-Crafts 反应

在第 16 章我们将看到通过对双键构型的立体化学控制而制得的烯酮试剂可以直接和酰氯酰基化。我们也会认识烯基硅烷，看到它们是如何与酰氯发生酰基化的。在本章我们仅仅考虑烯烃自身和酰氯的酰基化，即脂肪族的 Friedel-Crafts 反应[15]。一般的 Friedel-Crafts 反应，芳基化合物 **66** 和酰氯在路易斯酸作用下得到碳正离子 **67**，接着失去质子得到芳基酮 **68**。

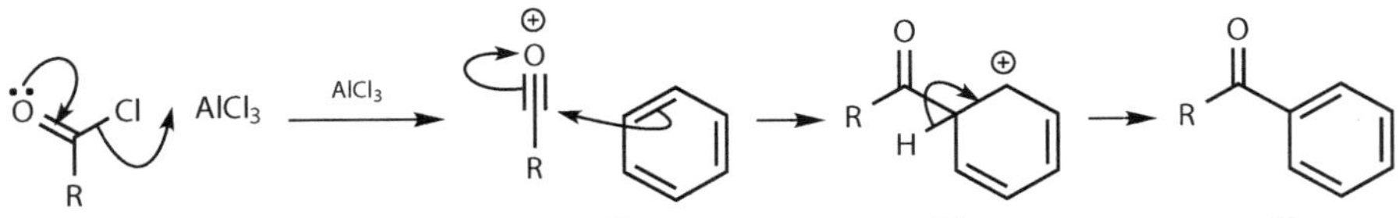

66　**67**　**68**

一个烯烃，如果有足够的反应活性，可以给出同样的一系列中间体 **70**，但它并不急于失去质子，因为这并不会重新产生芳香性，通常氯阴离子对其加成得到 β-氯代酮 **71**。需要加入碱才能得到烯酮 **72**。通过这种方法，在仔细分馏[12]后，可以以 40％的产率得到烯酮 **72**。

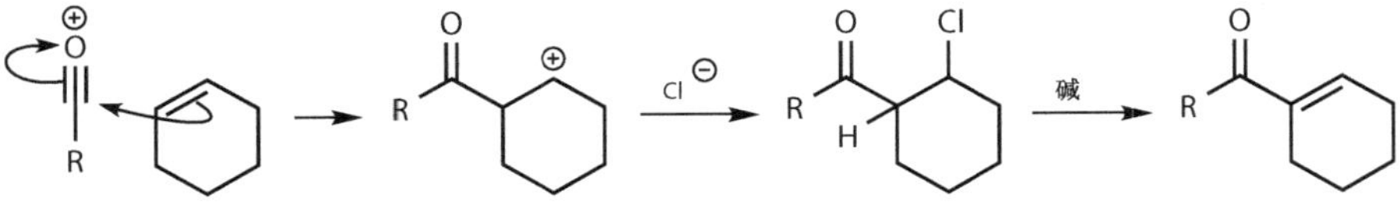

69　**70**　**71**　**72**

在合成 *trans*-菊胺酸 **73**，天然杀虫剂除虫菊酯[16]的成分时，需要简单的烯酮 **74**。通过两个可烯醇化的酮经过羟醛缩合反应交叉缩合即可，其中 **75** 是不对称的，尽管这很容易做，也找到了另一替代法。

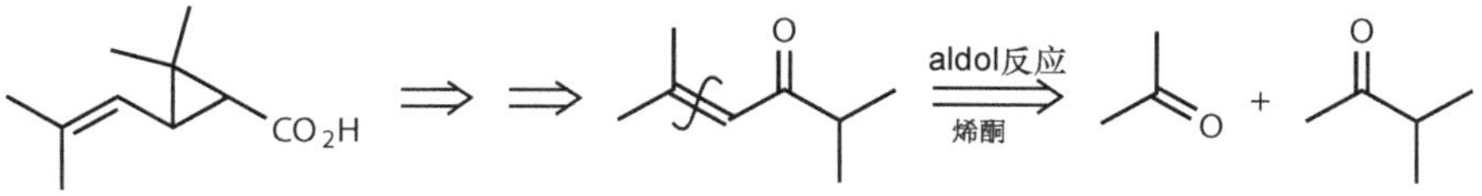

通过脂肪族 Friedel-Crafts 反应在 C ═O 和 C ═C 键间断键，需要不对称烯烃 **76** 和酰氯 **77** 进行酰基化。烯烃 **76** 是理想的酰基化试剂，因为它是三取代的而且相对富电子，会按需要在末端反应（取代基少的位置）。当用 $SnCl_4$ 作路易斯酸时，即可生成 β-氯代酮 **78**；不用分离在碱的作用下能以 60% 的总产率得到烯酮 **74**。氯化锂看上去碱性不强，但在极性的非质子溶剂中，例如 DMF（二甲基甲酰胺，Me_2NCHO），它并不与质子溶剂化，该氯化物是一个好的碱。

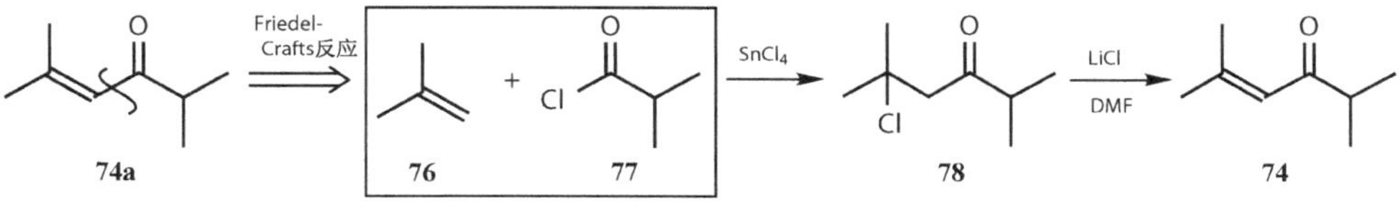

策略 4c：不饱和的酰基阳离子和阴离子

酰基阴离子等价物（d¹ 试剂）

下面的策略 d (ii)（见 4d）从逻辑上涉及一些相似的方法，通过这一策略可以合成同一类烯酮 **74**。对于酰基阴离子等价物（d¹ 试剂）这样的合成子 **79** 来说，可以在羰基碳原子上烷基化来合成 **74**b。

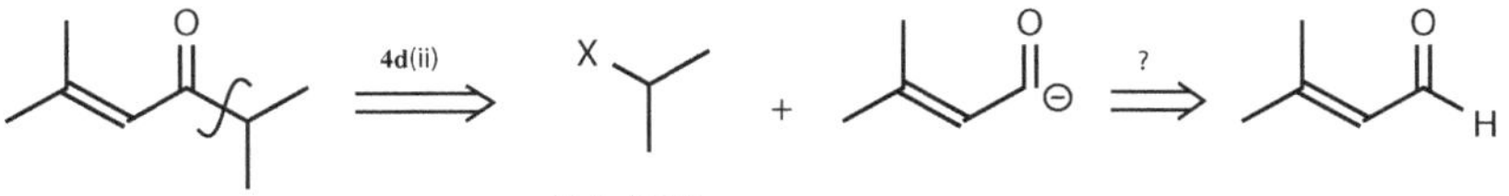

问题的关键是，可能的起始原料 **80** 能够通过简单的 Wittig 反应，由稳定的叶立德 **81**，即乙醛烯醇盐的等价物来制得，因为稳定的叶立德避免了烯醇化过程中的区域选择性问题。氰醇衍生物 **82** 在强碱的条件下能失去质子而发生预期的烷基化反应。产物 **83** 可以被阴离子（氟或者氯）化学选择性地水解脱硅重新生成羰基同时形成烯酮[17] **74**。在第 14 章我们还会遇到更多的关于酰基阴离子（d¹ 试剂）的例子。

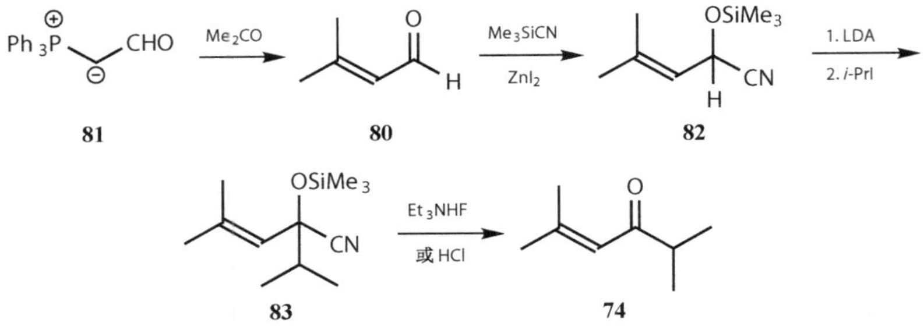

不同的策略合成两个烯酮的例子

双环烯酮 **84** 的制备需要合成萜类杜松烯，与其他合成烯酮的方法策略相同，但是极性相反。羟醛缩合断键为 1,5-二羰基化合物 **85**，这可以通过 Michael 加成来制得[18]。因此我们需要特定的环己酮的烯醇等价物对烯酮 **86** 加成，这需要用 Robinson 环化反应[19]。

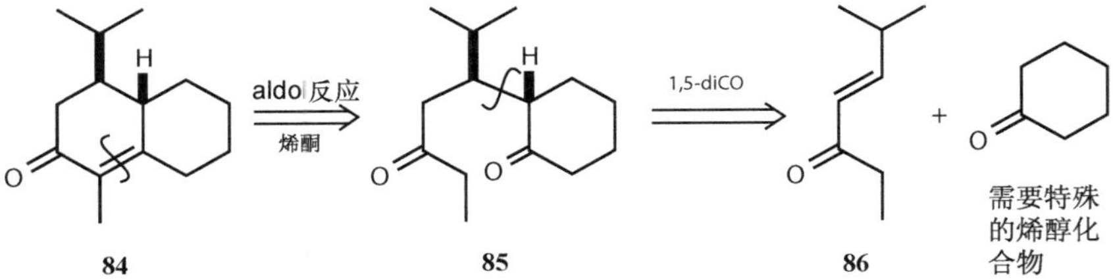

通过我们用于合成 **74** 的策略来断开烯酮 **86**，随着极性翻转，要再一次通过 Wittig 反应和保护了的试剂 **89** 来合成不饱和酸 **87**。我们专注于用烷基锂而不是烯基锂做亲核试剂来合成 **86**。

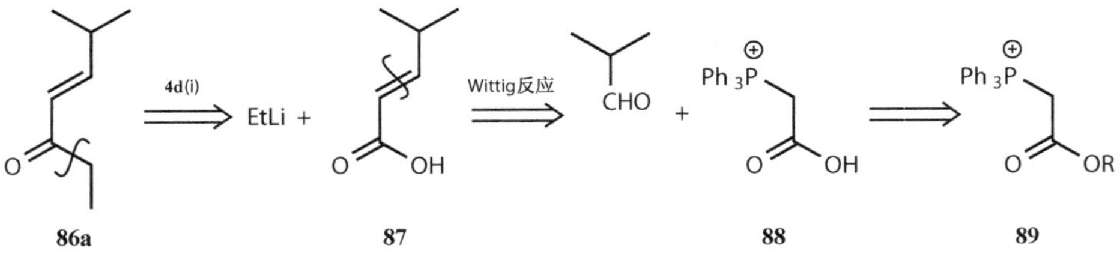

作为 Wittig 反应的改进试剂，膦酸酯 **90** 经常被用于有稳定碳负离子的基团（这里是 CO_2Me）中，得到 65%的纯的 *E*-**91**，它很容易被水解成自由酸 **87**。接下来加入由 EtBr 和金属 Li 制得的 EtLi，就得到 92%的 *E*-**86**，同时回收一些起始原料。最后，通过 Robinson 环化反应以很高的产率（83%）得到所需的双环烯酮 **84**。Robinson 环化反应具有合理的选择性（7∶3，以所需的 *syn*-异构体为主），这可能是经由 **93** 这样的过渡态。纽曼构型是最好的方法来解释同时构建的

两个新的立体中心。值得注意的是，这不是羟醛缩合立体选择性：这与在第 4 章结尾以及第 20～22 章将要讨论的相类似。

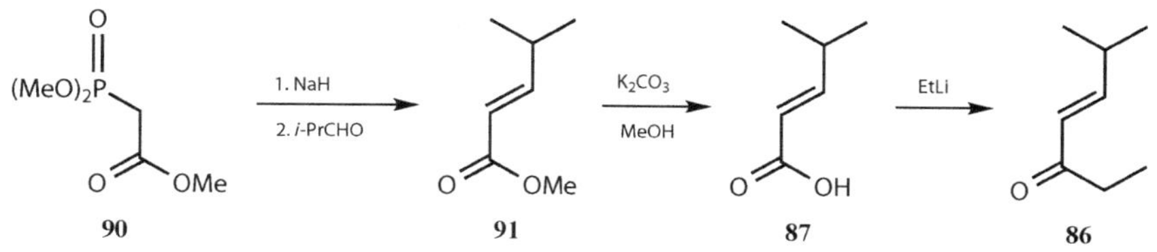

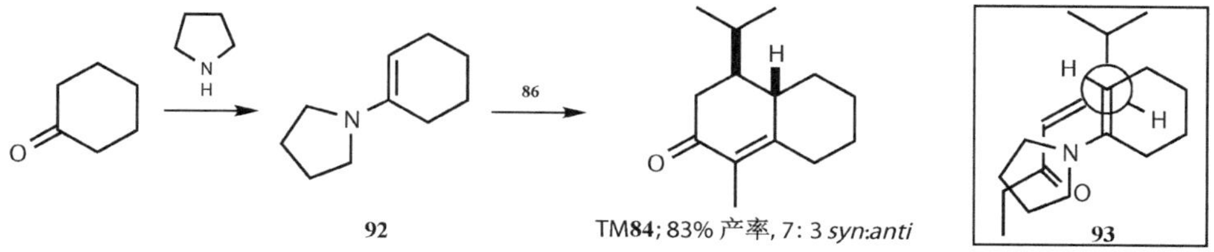

烯酮合成中的策略键

当 Fétizon[20] 试图合成一系列柏木烯和菖蒲烯类的萜类化合物时，他选择尝试二烯酮 **95** 的光化环化[21]，希望得到 **94**。策略上讲，对于 **95** 来说，最好的断键方式是断开两个支链点之间的键。这个键基本上位于分子中间，将环和侧链分开，因此将其断开恰如其分。我们将来可以称这种键为**策略键**。我们也可以尝试有机金属试剂 **96**（M＝金属）以及一些 **97** 这样的合成子。因为烯酮是环状的，我们不能应用“明显的”炔酮 **98**。

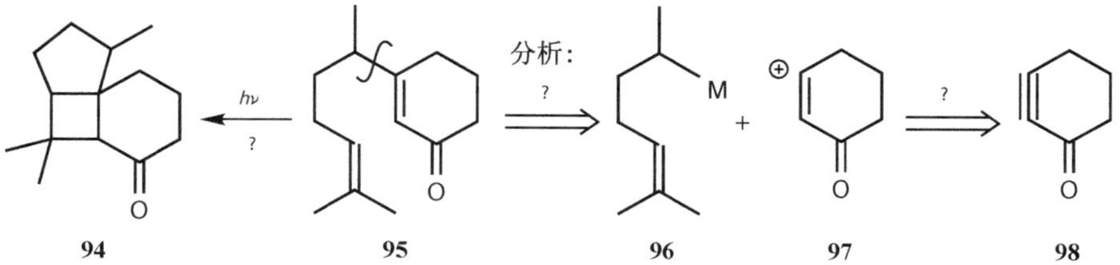

一个更加实用的策略是应用 1,3-二酮化学，1,3-二酮 **99** 可以作为一个含有主要的烯醇形式 **100** 的平衡混合物。其与醇（常用 MeOH 或 *i*-PrOH）反应生成像 **101** 这样的烯醇酯，它可以和有机金属试剂（如 **96**，M＝ Li 或 MgBr）很干净地反应。然而，进攻发生在羰基上得到化合物 **102**，而不是发生在双键上，因此通过该反应分子又转回到之前得到烯酮 **103**。

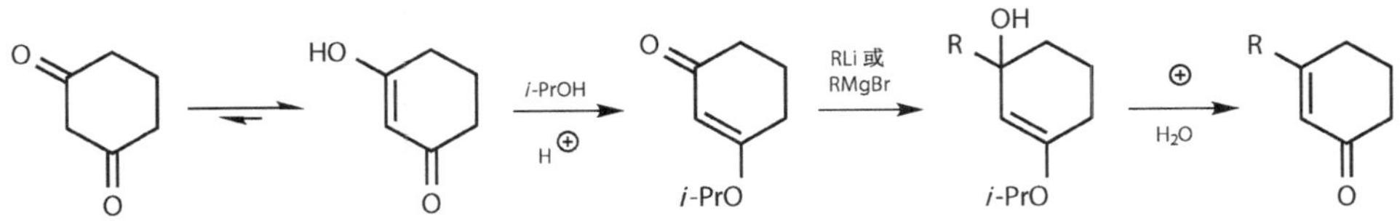

99　100　101　102　103

当你像我们希望的那样认识到，在你合成我们所画的化合物 **101** 时，该烯醇酯可以在 1,3-二酮体系的任何一端随机形成，这也说明只有对称的二酮才适合该反应。再回到起始的问题，由于酮化合物 **104** 很容易制备[22]，因此这条路线适合使用由氯化物 **105** 而来的锂衍生物和乙基烯基醚 **106** 反应合成 **95**。

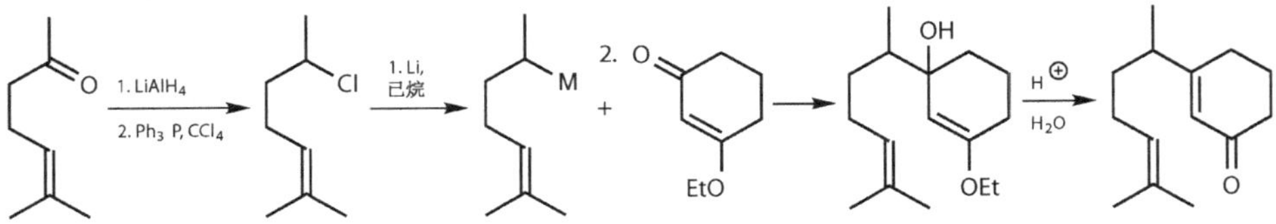

104　105　96; M = Li　106　107　95

烯丙醇在 Cr（VI）作用下的重排

同一策略的区域选择性转化要使用不对称的烯酮[23]，如 Robinson 环化产物 **108**。有机金属化合物再一次直接加到羰基上，但是这次是通过 Cr（VI）的氧化重排来完成的。因为起始原料 **109** 是三级醇，不能被氧化，但是烯丙基重排的产物由于是二级醇 **110**，能够也一定会生成烯酮 **111**。

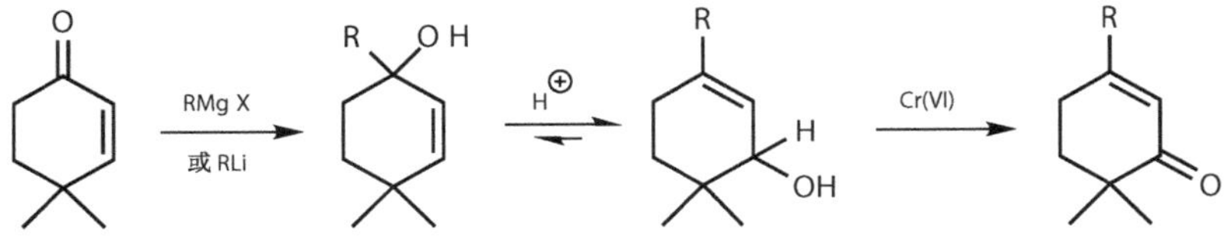

108　109　110　111

或许是由于三级醇铬酸酯 **112** 的［3,3］-σ 重排，**109** 实际上通过铬酸酯 **113** 直接被氧化成 **111** 而并没有形成二级醇 **110**。应用这一策略的一个重要方法出现在第 18 章的 Heck 反应中。

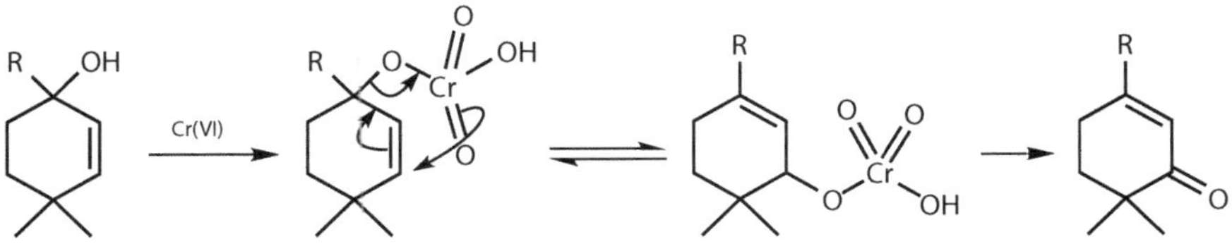

109　112　113　111

这一策略最近被用于合成 scopadulcin[24] **114**。他们已经制得了烯酮 **115**，并希望把它作为起始原料，这就必须把环 A 接到烯酮的左侧底部。由氯化物 **116** 在超声（经常用于非均相反应）辅助下制得的锂衍生物 **117** 加成到烯酮 **115** 上得到烯丙醇 **118** 且正好在 Cr(VI)氧化时重排。

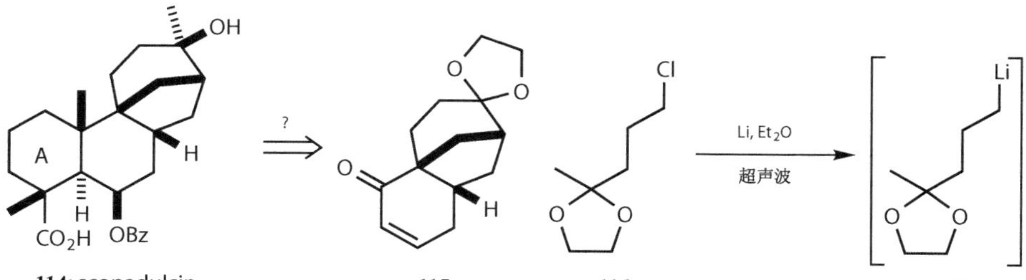

114; scopadulcin　　**115**　　**116**　　**117**

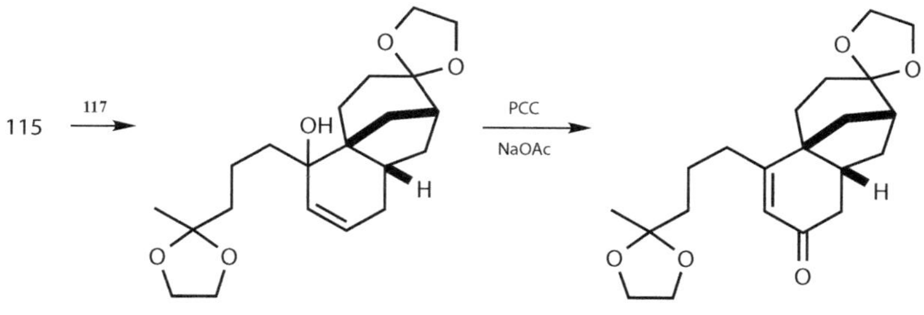

118; 97% 产率　　**119**; 72% 产率

硫和硒化学的展望

现代有机化学，特别是应用硫和硒化合物的特殊反应性，三种合成子 **120**，**121** 及 **122**，已经发展为区域选择性试剂，对于这一策略来说，需要三种相同结构的阴性合成子。关于这一化学的详细讨论，我们要推迟到第 16 和 18 章。对应 **121** 的亲核合成子也会作为延伸的烯醇化学，其断开方式会出现在第 11 章。最后，还有一些我们没有提及的策略，这些策略依赖于后期对羰基或者双键的加成。这些也涉及硫和硒化学，并且会在第 11 章的“FGA 策略”中加以介绍。你会认识到有许许多多合成烯酮的方法。你如何决定哪一种方法适合某个特定的例子是第 6 章的主题内容。

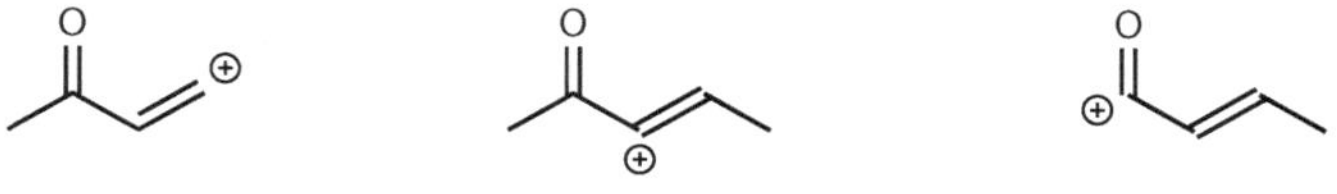

120　　**121**　　**122**

参考文献

一般性参考文献列于 946 页。

1. D. Seebach, *Angew. Chem. Int. Ed.*, 1979, **18**, 238.
2. *Review*: A. T. Nielsen and W. J. Houlihan, *Org. React.*, 1968, **16**, 1.
3. S. S. Tiwari and A. Singh, *J. Indian Chem. Soc.*, 1961, **38**, 931.
4. W. H. Perkin, A. Pollard, and R. Robinson, *J. Chem. Soc.*, 1937, 49.
5. E. J. Corey and A. G. Myers, *J. Am. Chem. Soc.*, 1985, **107**, 5574; E. J. Corey, A. G. Myers, N. Takahashi, H. Yamane and H. Schraudolf, *Tetrahedron Lett.*, 1986, **27**, 5083.
6. *Disconnection Approach*, chapters 26 and 27, pages 217–228; see page 300 for the synthesis of TM **28**.
7. P. I. Ittyerah and F. G. Mann, *J. Chem. Soc.*, 1958, 467.
8. C. Börner, M. R. Dennis, E. Sinn and S. Woodward, *Eur J. Org. Chem.*, 2001, 2435.
9. M. K. Edmonds and A. D. Abell, *J. Org. Chem.*, 2001, **66**, 3747.
10. M. J. Jorgenson, *Org. React.*, 1970, **80**, 1.
11. J. C. Floyd, *Tetrahedron Lett.*, 1974, 2877.
12. H. E. Zimmermann, *J. Org. Chem.*, 1955, **20**, 549.
13. J. Boiteau, P. Van de Weghe and J. Eustache, *Org. Lett.*, 2001, **3**, 2737.
14. C.-K. Sha, A.-W. Hong and C.-M. Huang, *Org. Lett.*, 2001, **3**, 2177.
15. R. E. Christ and R. C. Fuson, *J. Am. Chem. Soc.*, 1937, **59**, 893.
16. J. Ficini and J. d'Angelo, *Tetrahedron Lett.*, 1976, 2441.
17. U. Hertenstein, S. Hünig, and M. Öller, *Synthesis*, 1976, 416.
18. *The Disconnection Approach*, chapter 21, page 170.
19. E. Piers and W. M. Phillips-Johnson, *Can. J. Chem.*, 1975, **53**, 1281.
20. M. Fétizon, S. Lazare, C. Pascard, and T. Prange, *J. Chem. Soc., Perkin Trans, 1*, 1979, 1407; D. D. K. Manh, J. Ecoto, M. Fétizon, H. Colin, and J.-C. Diez-Masa, *J. Chem. Soc., Chem. Commun.*, 1981, 953.
21. *Disconnection Approach*, chapter 32, page 268.
22. *Disconnection Approach*, page 1.
23. W. G. Dauben and D. M. Michno, *J. Org. Chem.*, 1977, **42**, 682.
24. S. M. A. Rahman, H. Ohno, T. Murata, H. Yoshino, N. Satoh, K. Murakami, D. Patra, C. Iwata, N. Maezaki and T. Tanaka, *J. Org. Chem.*, 2001, **66**, 4831.

6 策略的选择：环戊烯酮的合成

基于羟醛缩合反应的策略

五元环结构存在于天然以及人造的许多有趣的分子中。香料的组成部分 *cis*-茉莉酮（*cis*-jasmone，**1**）可以通过许多不同的方法来合成。控制人类生理的前列腺素分子以及一些诸如 PGA_2 **2** 的环戊烯酮都含有五元环结构。十二面烷 **3**，高度对称的 $(CH)_{20}$碳氢化合物，除了共含有 12 个五元环外没有其他的，是通过各种环戊烯酮合成而来的。

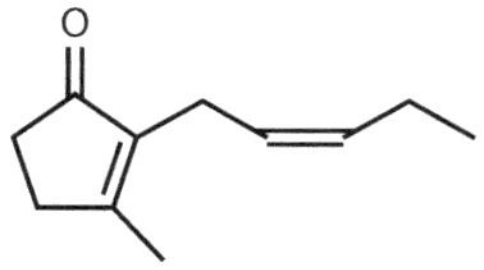

1;*cis*-茉莉酮

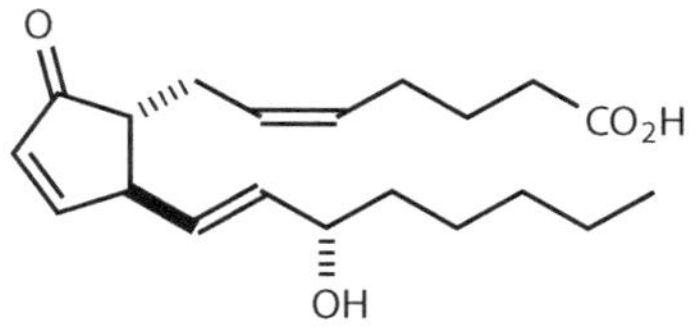

2; PGA_2

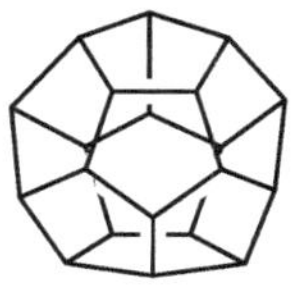

3; $C_{20}H_{20}$
十二面烷

我们应该注意到用于合成环戊烯酮的许多不同策略：有一些和在第 7 章将要用到的方法相类似，又有一些则完全不同。有些方法将介绍本书后面将要遇到的高等化学，但是本章的重点则集中于策略上：在每一个例子中我们都希望你要问自己为什么要选这条特殊的路径。

在 Stork[1] 希望合成 *cis*-茉莉酮（**1**）时，他考虑到如果有一个能发生 Robinson 环化反应[2] 的等价物将如何实现其目的，其会形成五元环而不是六元环。以相同的方式（见第 5 章）对 **1a** 进行分析，但是用于环化的起始原料 **4** 是 1,4-二酮而不是 1,5-二酮。

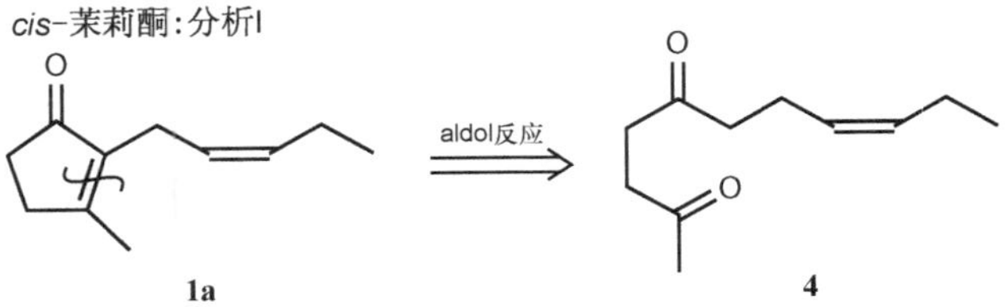

1a　　4

将 **4a** 断开为烯酮 **5** 仍然是可能的，但是我们不得不加入一个 d^1 试剂或者酰基阴离子的等价物 **6** 而不是一个烯醇盐。在 Stork 工作的时代没有可靠的 Michael加成式的 d^1 试剂，因此他创造了一个。很明显，在合成 **6** 时，如果 d^1 试剂同时也可以作为烷基化试剂，这是非常方便的，也就是说它能否作为双亲核合成子 **7** 起作用。

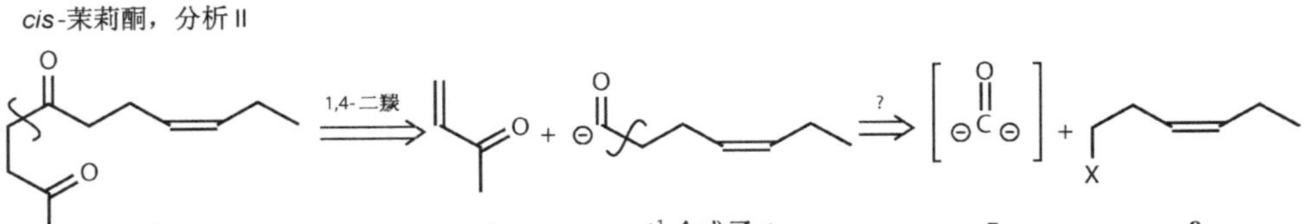

4a　　5　　d^1 合成子 6　　7　　8

氨基腈 **9** 可以完全满足上述愿望。它的制备简单，而且容易烷基化得到化合物 **10**，接下来除去第二个质子得到的碳负离子可以进行干净的 Michael 加成形成 **11**。最后，氨基腈官能团很容易在室温、中性 pH（不像许多其他此类化合物：见第 14 章）条件下用 Cu（II）催化水解得到烯-二酮 **4**，再在弱碱条件下[1]通过热力学控制的环化得到 *cis*-茉莉酮（**1**）。这种增加一个五元环的过程，不一定生成环戊烯酮，一般被称为环戊环化，而且现在已经有很多这样的方法了[3]。

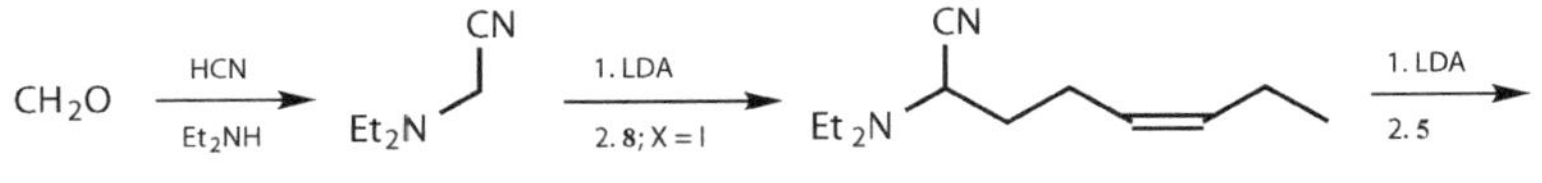

9　　10

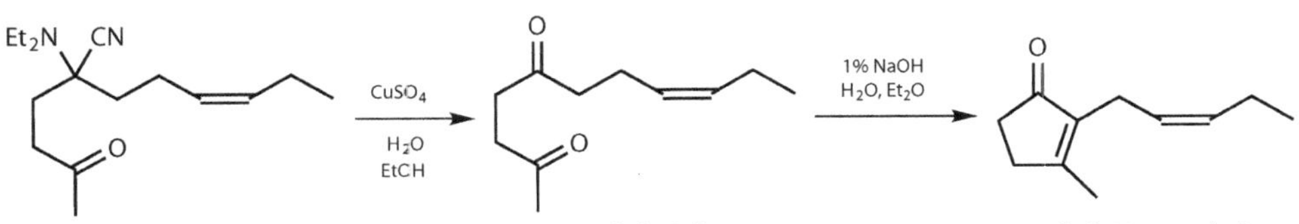

11　　4; 72% 产率来自 9　　1; *cis* -茉莉酮, 91% 产率

这种方法含有 Robinson 环化的 Michael 受体 **5**。另一种替代方法是通过 a^2 合成子来取代 Michael 受体而含有一个烯醇盐部分。Yoshikoshi[4]报道的环戊烯酮 **12** 的合成就是一个代表性的例子。像以前一样，羟醛缩合断键得到 1,4-二酮 **13**，但是这次有一个用来断开的策略键，逻辑上会产生一个区域选择性的烯醇盐

14 以及一个区域选择性的 a^2 合成子 **15**。从第 3 章我们知道，对于多取代的烯醇来说，烯醇硅醚是最好的选择。很明显，很少选择不饱和的硝基化合物 **16** 作为一个 a^2 合成子，但是你还要注意到脂肪族的硝基化合物能够转化为酮，硝基对碳负离子的强稳定性使得合成不饱和硝基化合物变得很简单[5]。把这两个想法结合在一起就变成了一个很好的策略，尤其因为相同的稳定的碳负离子能使Michael加成成为好的反应。

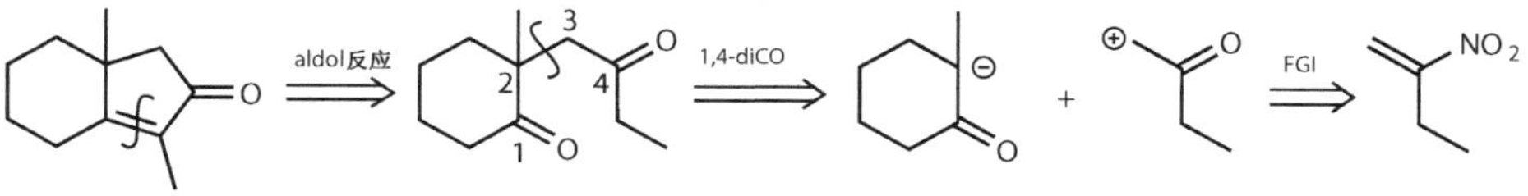

12　**13**　**14**; 区域选择性的烯醇负离子　**15**; a^2 合成子　**16**; a^2 试剂

硝基丙烷 **17** 可以直接和 CH_2O 缩合得到醇 **18**，化合物 **18** 在邻苯二甲酸酐作用下脱水得到硝基烯烃 **16**。烯醇硅醚 **20** 可以直接由不对称的酮 **19** 在平衡条件下制得，接着在路易斯酸（通常为 $TiCl_4$）催化下与硝基烯烃反应得到加成产物 **21**。一般情况下，需要非常苛刻的条件才能将硝基烷烃转化为酮，而在这个例子中所使用的非常温和的水解条件表明 **21** 的水解是不同寻常的容易。这一结果是经由不同策略的又一个高效的环戊烯环化法[4]。

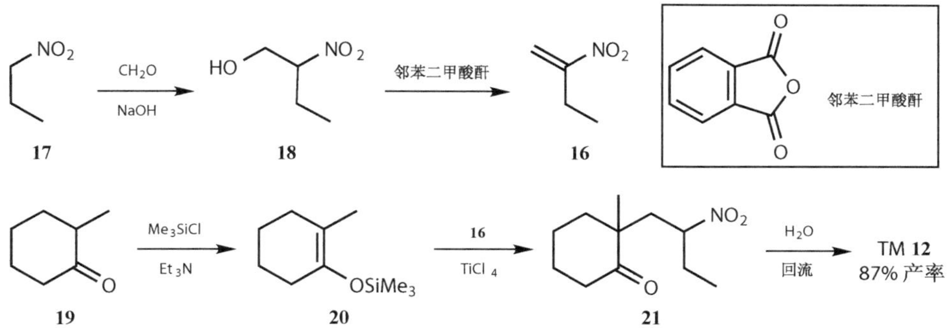

人们通常所考虑的首选策略是文献上已有的方法。例如，被广泛用于天然产物全合成中的环戊烯酮 **22**[6]，接近的对称性导致了经由酮醇产物 **23** 的不同寻常的策略，因此使用对称的二酯 **24** 作为起始原料[7]。

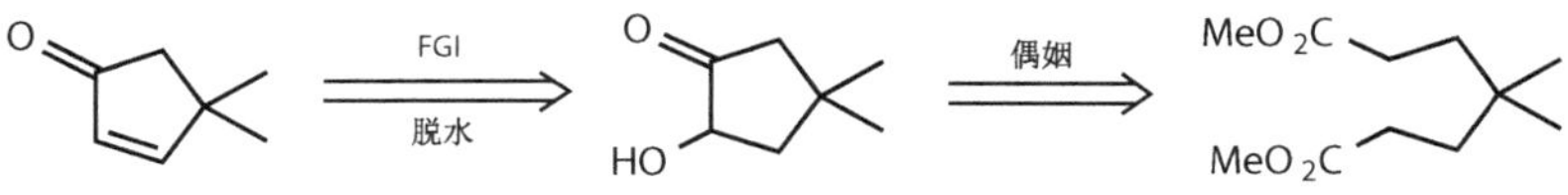

22　**23**　**24**

应用酮醇反应所得的硅基修饰的 **25**，使得这一合成进行得很顺利，但是接下来的水解则得到烯酮 **22** 和重排的烯酮 **26** 的混合物。直到化学家[8]开始应用这一已发表的过程[9]，人们才认识到这一问题，这对所有的合成化学家都是一个警告，要通过 NMR 仔细检查中间体的结构。

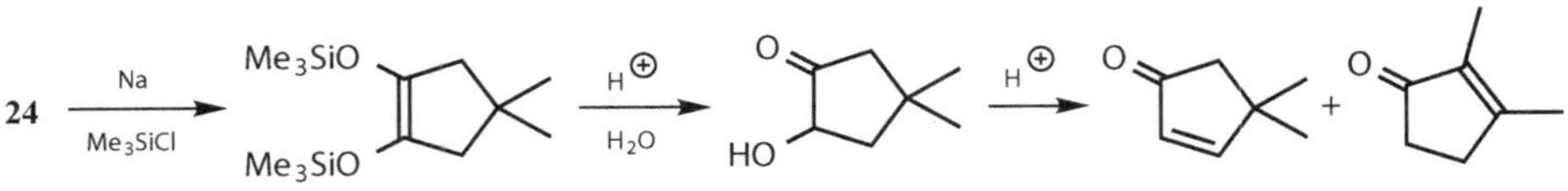

25 **23** **22** **26**

一个更加常规的分析，应用羟醛缩合断开 **22a**，导致了和 **12** 所用的相类似的策略，而且我们必须决定 1,4-酮醛 **27** 的哪半部分具有正常的极性，哪半部分具有相反的极性。两个甲基基团很有帮助，因为它们不能阻碍由 Me_2CHCHO 所形成的烯醇的化学选择性，但是能使 a^2 试剂从空阻较小的方向发生 S_N2 反应。

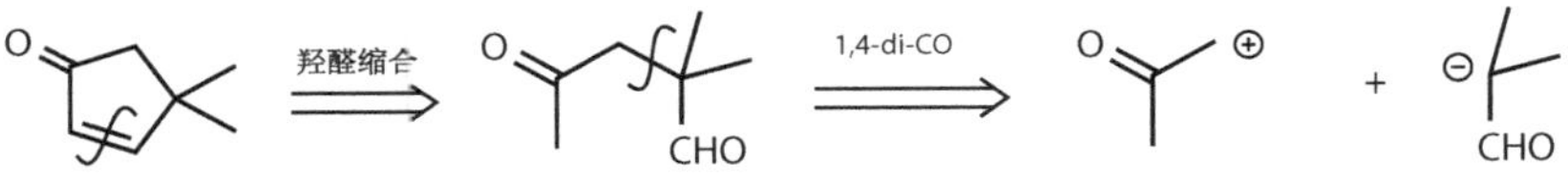

22a **27** **28**; a^2 合成子 **29**

选择合成一个特殊的烯醇等价物很容易：在第 3 章，我们将醛亚胺用于该类反应中。也许你会奇怪为什么不选择一个简单的 α-卤代酮作 a^2 试剂呢。这是一个个人喜好的问题，取决于制备大量的 **22**。Stevens[10] 和他的小组喜欢使用炔丙基卤化物 **31**，尽管这意味着要使用 Hg（II）盐来催化三键水合得到 **27**[11]。最后羟醛缩合环化完成了这一合成。

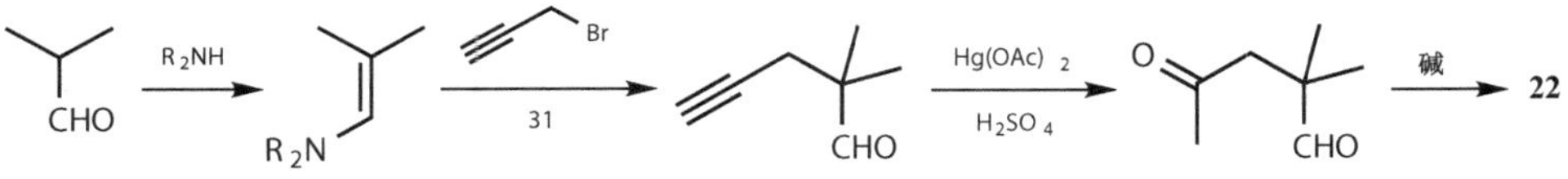

30 **32** **27**

即使有时羟醛缩合反应并不像平常所依赖的那样有效，我们必须帮助促进。双环烯酮 **33** 延续了与 Robinson 环化反应的对比，因为它像 Wieland-Miescher 酮，被用作类固醇合成的起始原料[12]，但是两个五元环取代了两个六元环。羟醛缩合断键得到 1,4-二酮 **34**，但是结果证明用这种方法关闭第二个五元环效果很不好。

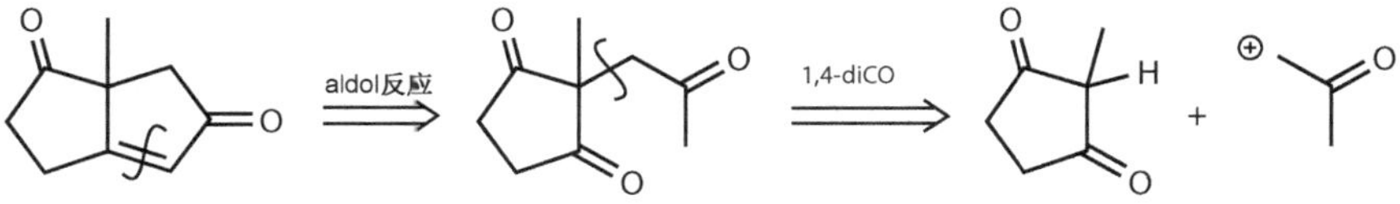

33 **34** **35** **36**

解决的办法是将分子内的羟醛缩合加入到 Wittig 反应中。有很多方法可以这样做，用诸如 **38** 这样的试剂和稳定的烯醇盐 **37** 反应。注意，试剂 **38** 是一个叶立德而不是膦盐，因此没有酸性质子来破坏二酮 **37** 的烯醇盐。这是这类试剂[3]中的一个例子，即首先扮演亲核试剂然后作为烯醇盐等价物。该双环烯酮 **33** 已经被用于革盖菌素[13]的合成中。

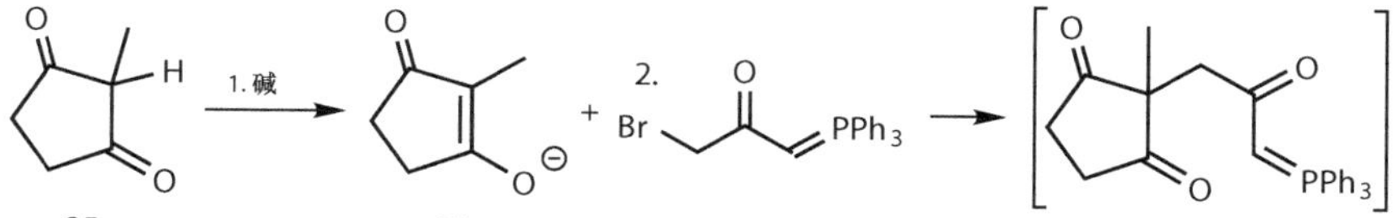

35 **37** **38** **39**

在 Robertson[14]对玫红奎宁 **40** 的杂环核的合成中，需要将这些策略做一时髦的修改。他决定用环戊烯酮 **41** 或 **42** 作起始原料。

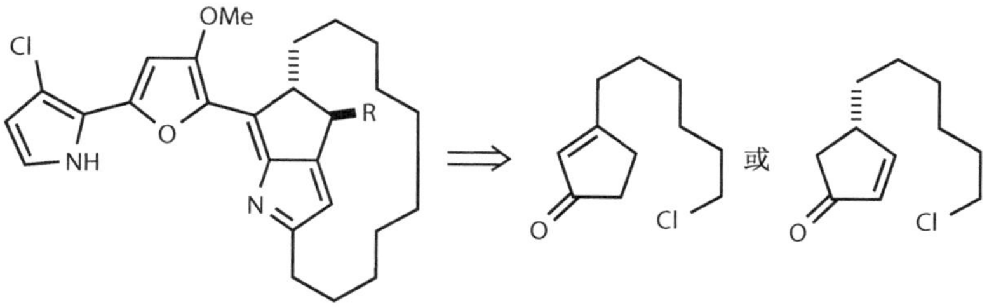

40; R = *i*-Pr
roseophilin

41 **42**

对于烯酮 **42a** 的标准的羟醛缩合断键得到酮醛 **43**，对其最好是在支链处断开得到简单的醛 **44** 和来自丙酮的 a^2 试剂。

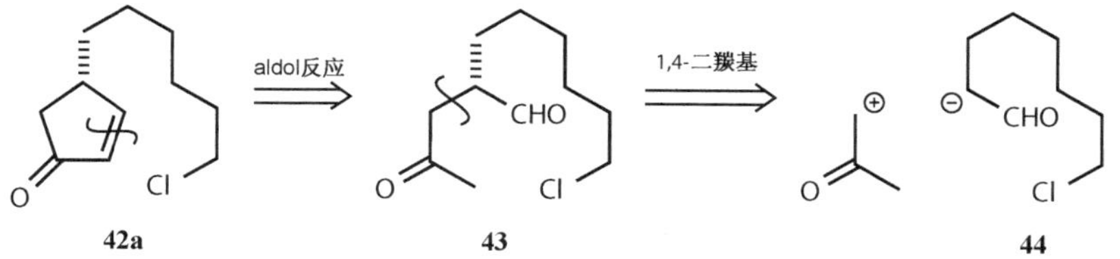

42a **43** **44**

该合成包含由醛 **45** 形成烯胺 **46** 以及氯丙酮烷基化得到酮醛 **43**。接着事情发生了扭转，羟醛缩合反应在相应条件下（KOH，THF，H_2O）得到了 **41** 而不是 **42**。

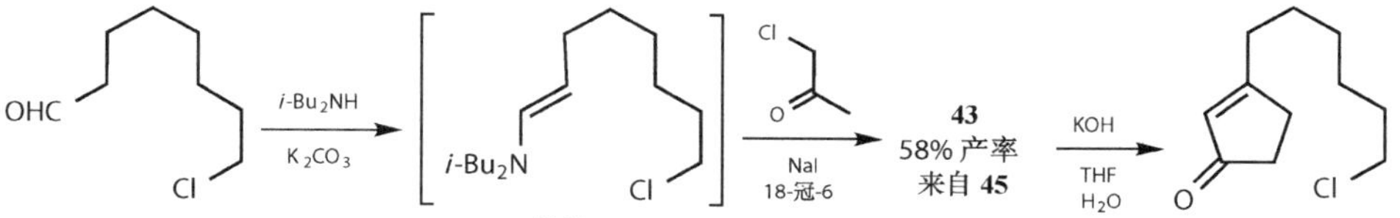

45 **46**; 烯胺 **41**; 100% 产率

尽管温和的条件下能得到86%的产物**42**，但是它是消旋的。将酒石酸**47**转化为烯酮**48**，与铜锂试剂共轭加成以很好的*anti*-选择性得到**49**，接着在DBU下消除[14]即可得到单一的对映异构体。

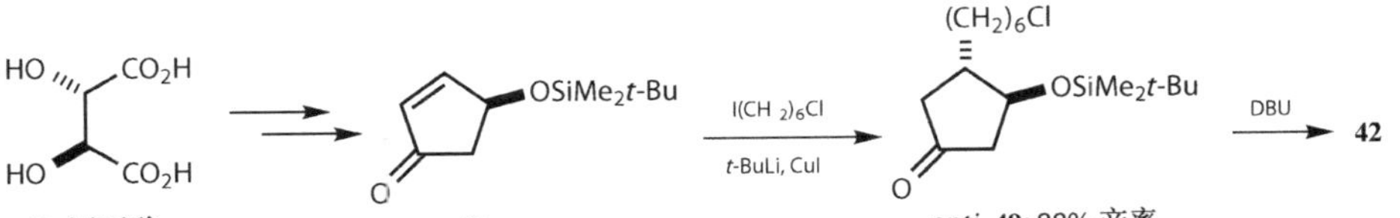

47；酒石酸　**48**　*anti*-**49**；88%产率

脂肪族 Friedel-Crafts 反应的应用

第5章中的策略B，在**50**的双键和羰基之间断开，第一眼看上去几乎没有用，因为需要在中等大小的化合物上进行分子内的Friedel-Crafts烷基化反应。这很有价值，因为起始原料**51**来自于可以由烯醇盐烯丙基化而制得的某些酸衍生物**52**。Friedel-Crafts反应应该具有区域选择性，因为在烯烃的另一端进行环化将得到四元环。

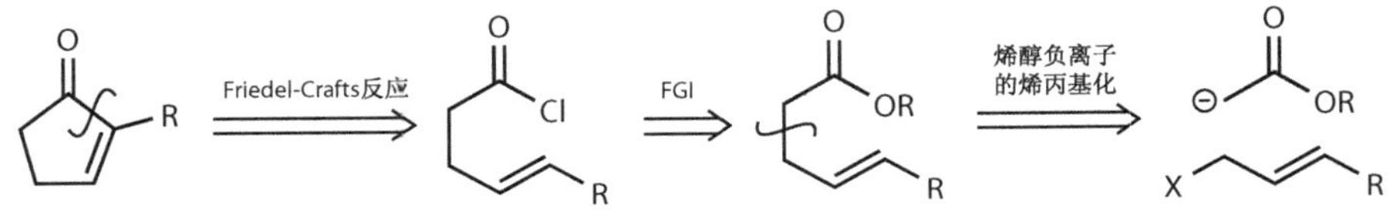

50　**51**　**52**

这一策略已经被用于由不饱和羧酸**53**制备简单的环戊烯酮**54**，主要通过**56**的分子内Friedel-Crafts烷基化反应生成阳离子**55**后失去一个质子而得到的。应用这一策略是因为**53**可以通过丁二烯的调聚反应而得到，但是通过其他方法合成这种不饱和酸可能也比较简单。

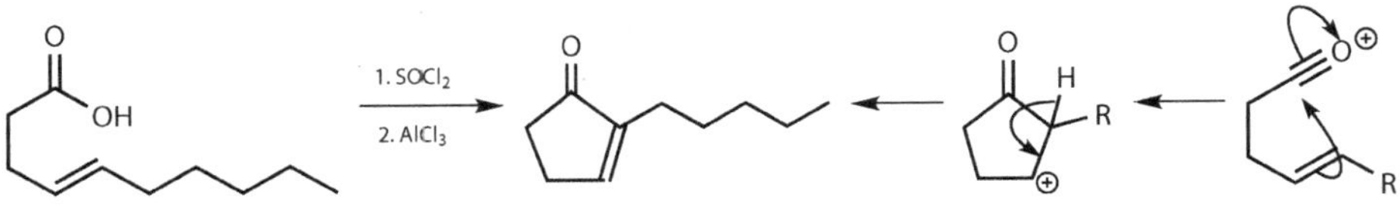

53　**54**　**55**　**56**

一个更加令人兴奋的转化[15]是将三个碳的单元（d^3 合成试剂**57**）分两次加到对称的二酮**58**上，将生成的四醇**59**氧化得到二酸并同时环化得到双内酯**60**，在酸催化下脱水产生Friedel-Crafts反应所需的酰基化试剂和双键。生成的一排弯曲的环戊烯环**61**明显的是合成十二烷**3**的可能起始点。

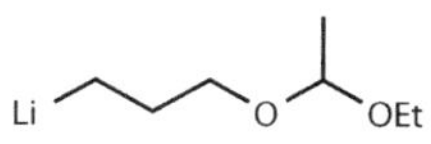

57; d³ 试剂

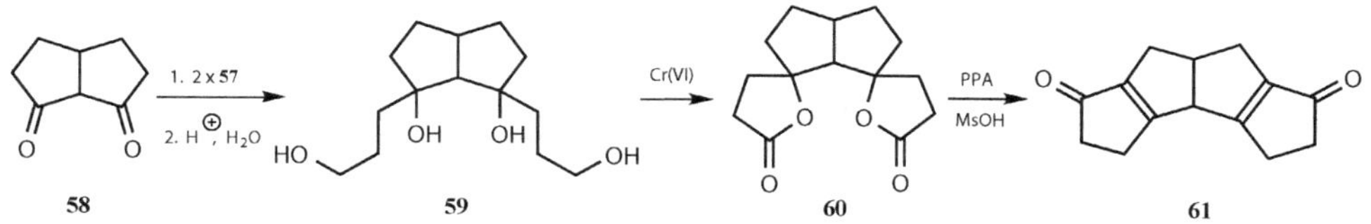

58 **59** **60** **61**

对 **52** 或 **62** 的最初断键和上面的方法相同，在每个例子中都以不饱和酸作为中间体。对于开链的例子 **52**，我们可以通过 Wittig 反应断开双键或者通过烯丙基卤化物的简单的烷基化来进行。对于环状的例子（使用一个六元环作为第二个环）**63** 来说，这些方法并不是很有吸引力。连接环和侧链的键是一个策略键，我们可以在对醇 **64** 官能团转换（FGI）之后对其进行断键，这就使得我们需要一个 d^3 试剂或者高烯醇盐。关于这个试剂的更多例子将出现在第 13 章。

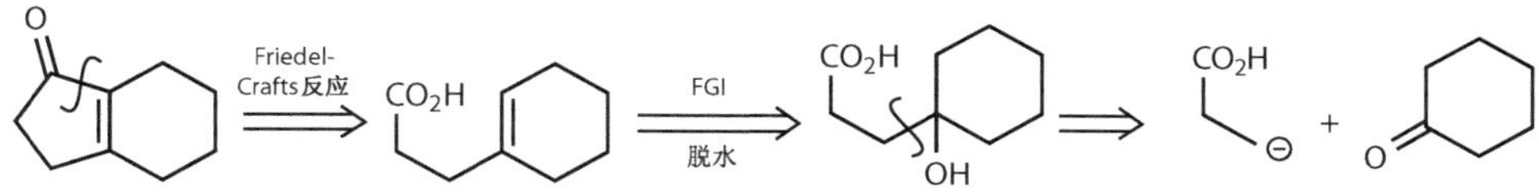

62 **63** **64** d³ 试剂

Nazarov 反应

除了应用已知的和已经建立的策略外，根据每一个目标分子的结构特点都有可能发展出一个特殊的方法，其中环戊烯酮就是这样一个特殊的例子。Nazarov 反应从历史上讲是少数几个没有得到解释的反应之一，这使得 Woodward 根据周环反应的 Woodward-Hoffmann 规则向这方面努力[16]。在酸或路易斯酸作用下，最简单的交叉共轭二烯基酮 **65** 可以发生环化，两个亲电原子相互反应得到环戊烯酮 **69**。从离子反应角度考虑它是没有意义的，但作为一个 $4n$ 顺旋电环化反应[17]，它是完全合理的。质子化得到戊二烯基阳离子 **66**，其环化得到戊烯基阳离子 **67**，形成一个新 σ 键的驱动力足以抵消失去一个共轭的驱动力。失去一个质子并且烯醇和酮互变异构完成该反应。

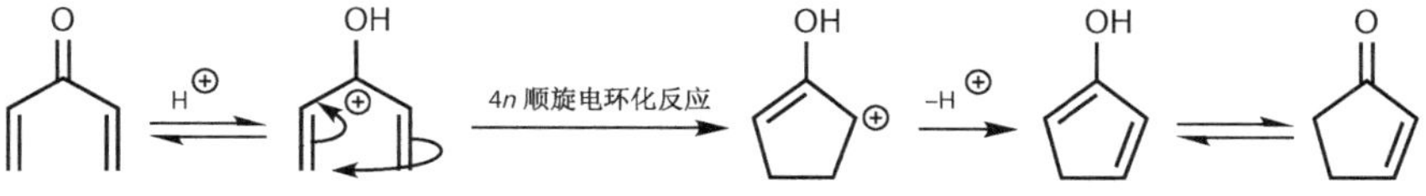

65 **66** **67** **68** **69**

对起始原料和产物的考察表明，要断开环上的正对着羰基的键。将这个应用到我们第 5 章所讨论的分子 **70** 中，并且不使用羟醛缩合策略，这就需要二烯基酮 **71**。关于 Friedel-Crafts 反应，在我们即将讨论的一个吸引人的断开法的例子中，使用环戊烯和不饱和酰氯 **72**。

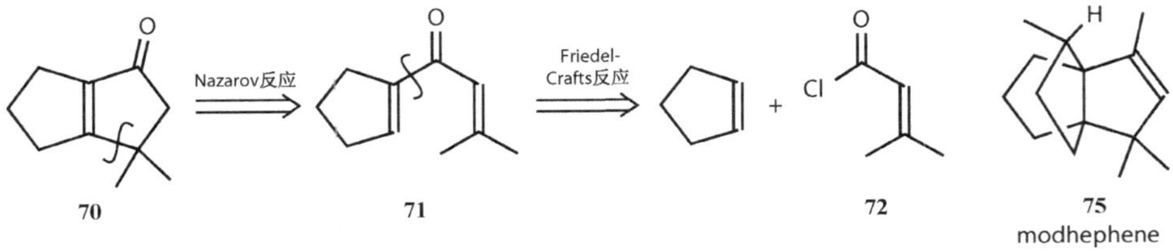

Oppolzer[18]在合成 modhephene **75** 时，需要按照这一策略合成环戊烯酮，发现用 $AlCl_3$ 作催化剂时 Friedel-Crafts 反应进行得很好，而且用另一个路易斯酸 $SnCl_4$ 时，Nazarov 反应也很好。你会注意到最终产物中的双键的位置：在阳离子 **73** 的一侧没有质子，因此必须失去另一侧的一个质子。像这里一样，在许多例子中，有选择的话，一般生成取代基较多的烯烃。产物可以按照设想进行官能化进一步发展为 modhephene **75**。

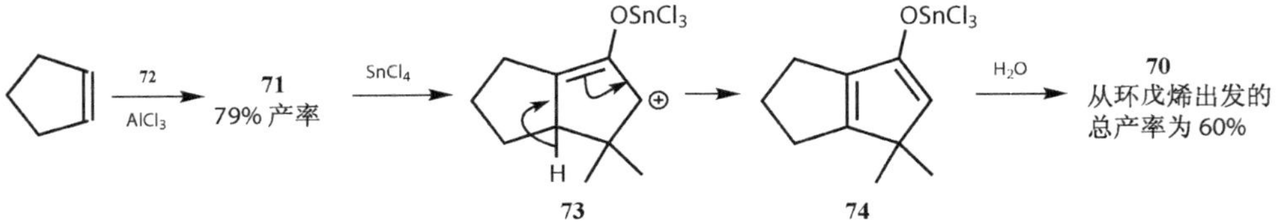

在第 16 章我们会看到如何使用烯基硅烷来解决一些 Nazarov 反应中所固有的区域选择性问题[19]。同时，我们也关注一些该反应中的取代基效应的最新进展。向有机分子中引入氟对于新药的合成是非常重要的。三氟甲基二烯基酮 **78** 的合成大致展示了我们之后将要涉及的 Sn 和 Pd 的方法。暂时接受这样一种方法来产生潜在的 Nazarov 环化底物[20]。

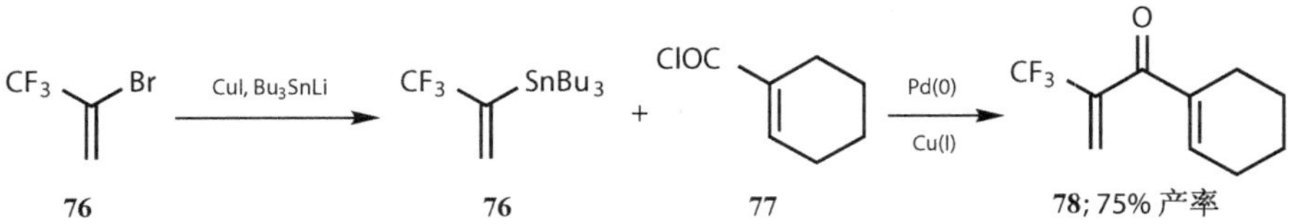

Nazarov 反应是以 Me_3SiOTf 作为路易斯酸通过中间体 **79** 和 **80** 进行的。消除完全发生在远离三氟甲基一边以很高的产率得到 **81**。

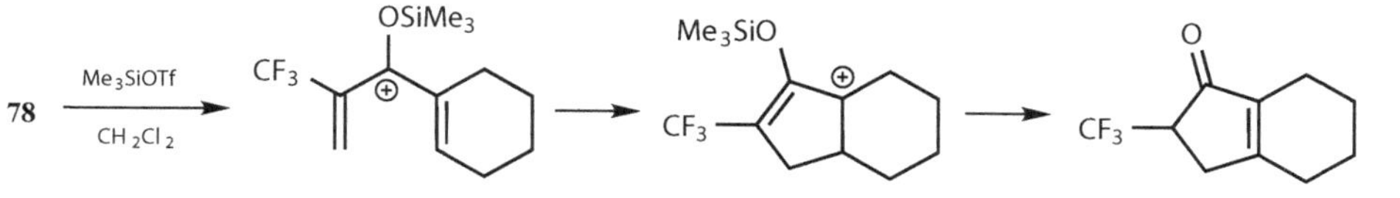

79 80 81; 95% 产率

另外，产物的硅基基团对烯烃有吸引力。二烯基酮 **82** 在酸作用下很容易环化以较高产率得到取代较少的环戊烯酮 **84**[21]。我们将在第 12 章讨论像 **83** 这样的阳离子的稳定性以及诸如 **84** 这样的烯丙基硅烷化合物。

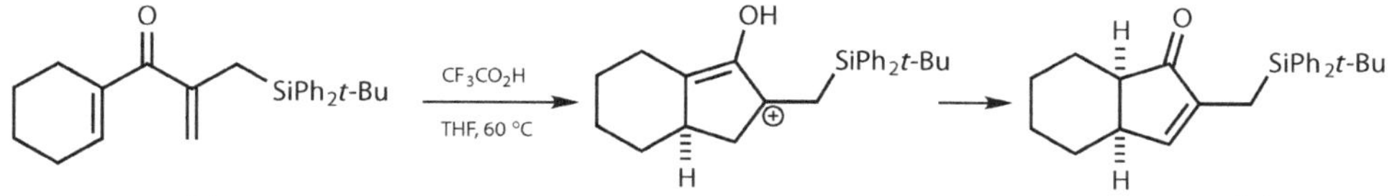

82 83 84; 85% 产率

氧代烯丙基阳离子的 $Fe(CO)_4$ 络合物的环加成反应

Nazarov 方法是将三个额外的碳原子（一般为 CH_2CH_2CO）加到酮上形成五元环。另外，将三个碳原子 CH_2COCH_2 加到烯烃上形成不同结构的环戊烯酮也是可能的。通过金属（通常为 Zn）与 α,α'-二溴酮作用生成的氧代烯丙基阳离子 **87** 可以提供三个碳原子。不幸的是，它是一个双电子体系，因此要加到双烯 **88** 上而不是单烯上，以很好的产率得到环庚烯酮 **89**[22]。

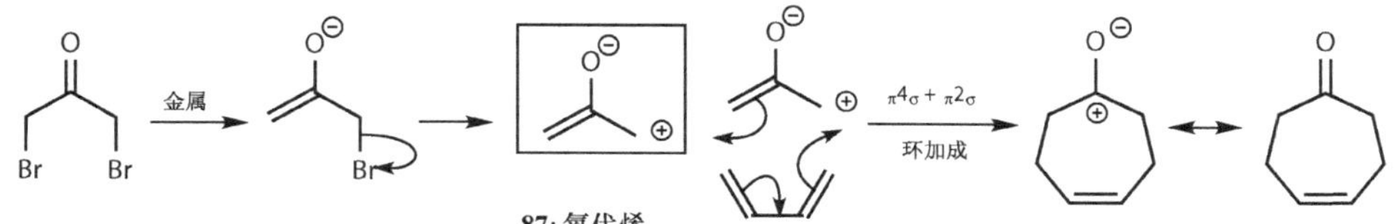

85 86 87; 氧代烯丙基阳离子 88 89a 89b

如果用羰基铁来产生氧代烯丙基阳离子，络合物 **90** 中铁可以提供两个额外的电子，它就可以和单烯加成[23]得到环戊酮 **91**。在本章的后面我们还会遇到许多过渡金属络合物改变选择性的例子。为了得到环戊烯酮 **92**，我们需要额外的不饱和度，用一个酮的烯胺代替简单的烯烃是一个最好的办法。

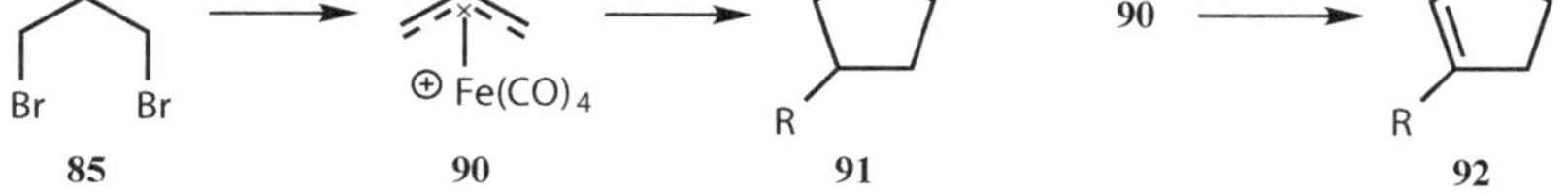

85 90 91 92

取代的氧代烯丙基阳离子的环加成反应进行得很好，如从二溴酮 **93** 而来的氧代烯丙基阳离子和环己酮 **95** 的吗啡啉烯胺反应以很高的产率得到环戊烯酮 **96**[24]。你应该标记由电环化反应生成的 Nazarov 产物如 **70**，和这些环加成产物如 **96**，它们在结构上的不同之处。每一个策略都扮演着它自己的角色，必须根据目标分子的结构来选择。

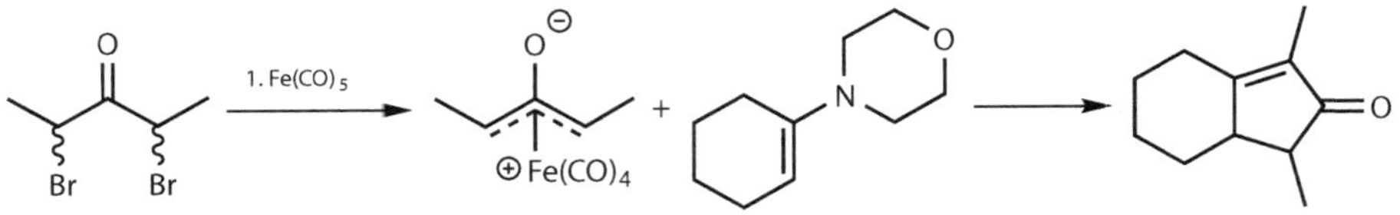

93　**94**　**95**　**96**

Pauson-Khand 反应

伴随 **53** 的典型的 Nazarov 策略 **51** 将完整的环从双键断开，但是你又不是很有把握把环中的双键在哪结束。另一个特别的方法，即 Pauson-Khand 反应[24,25]，两方面都有所区别。它可以将环的烯酮部分加入完整的分子中，而且你对新的双键的位置也很有把握。该反应是烯烃（如环戊烯 **97**），炔烃和 $Co_2(CO)_8$ 之间一步反应形成环戊烯酮 **98**[26]。炔和钴原子首先形成络合物 **99**，两个 π 电子取代了两个 CO 分子（都是双电子供体）。可以把该络合物画成 **99a**，但实际上它是一个由三元环和 Co—Co 键组成的三环“四面体”结构 **99b**。

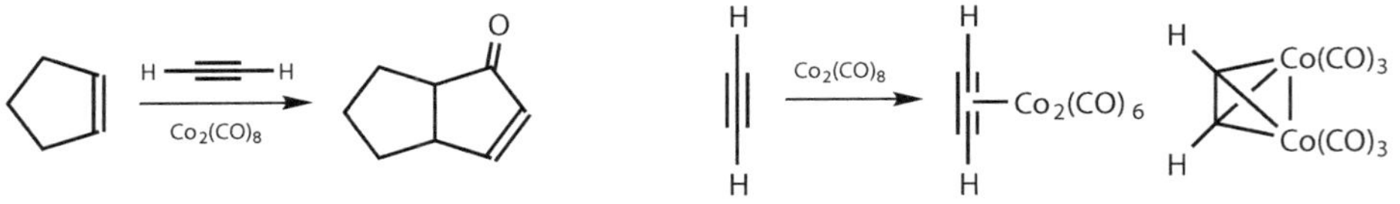

97　**98**　**99a**　**99b**

接下来烯烃的 π 键取代了另一个 Co 原子上的 CO（希望你能区分 Co 和 CO 之间的不同!）得到 π-络合物 **100**。重新回来的 CO 分子取代了 π-络合物的烯烃，迫使它生成第一个新的 σ 键，在烯烃的一端和炔烃的一端贡献了一个 C—Co 键得到 σ-络合物 **101**。返回到 Co 原子的另一分子 CO 迫使一个其他的 CO 分子插入到 Co—C 键得到酰基 σ-络合物 **102**。这是有机金属化合物的一个标准反应，后面我们还会遇到。

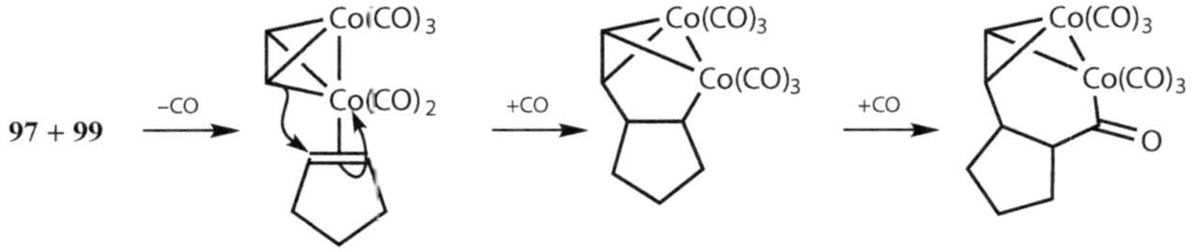

100; π-络合物　**101**; σ-络合物　**102**; 酰基 σ-络合物

钴-酰基 σ-络合物 **102** 不稳定，通过 C—Co 键的碳端（用圆点标记）加到羰基 **102a** 上并伴随着产物 **103** 分解失去另一个 Co—C 键，形成第三个也是最后一个 C—C σ 键。产物 **104** 是一个不稳定的烯烃钴络合物，因此钴原子完全退出，留下了由原来的炔所形成的 π 键 **98**。炔烃的钴羰基络合物很稳定，而烯烃的则不稳定。从 **102a** 到 **103** 再到 **104** 的机理是有机化学家的观点，无机化学家对其可能有很大的怀疑。

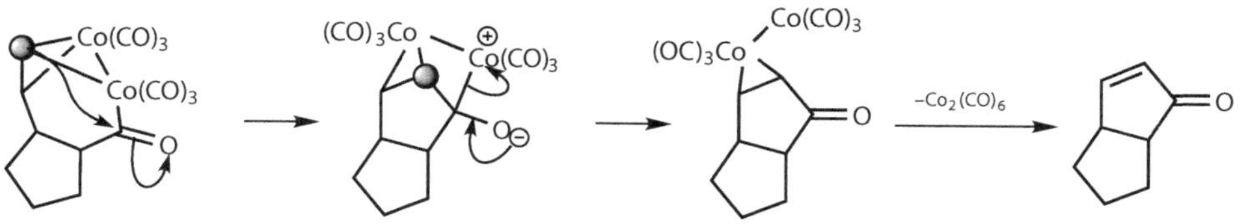

102a **103** **104** **98**

对于不对称的炔烃来说有很好的区域选择性，如 1-庚炔 **105**：R＝正戊基，以很好的产率[26]得到 2-取代的环戊烯酮 **106**，但是不对称的烯烃却得到很差的选择性，如 1-辛烯只能得到 21％的环戊烯酮 **108** 和 **109**（R^1＝正戊基，R^2＝正己基）[27]。必须承认，这个合并的 40％～50％的产率要比 **106** 的 80％～85％的产率更典型，但是对三组分反应来说，得到这样的结果是可以理解的。在形成第一个 σ 键时，炔烃上的取代基明显地倾向于 **102** 中的圆圈位置，而烯烃上的取代基则对剩下的连接在钴上的原子并不感兴趣。

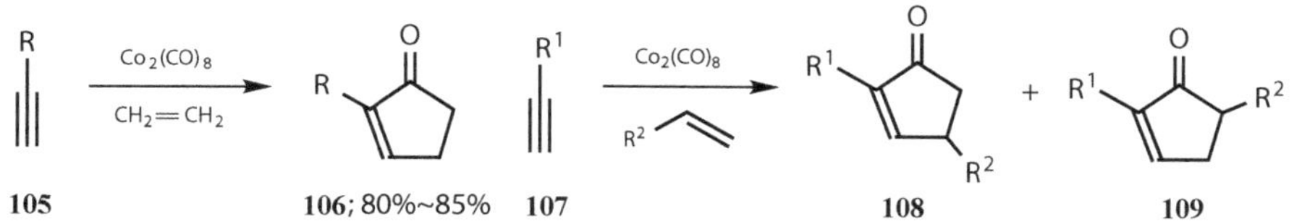

105 **106**; 80%~85% **107** **108** **109**

对 **110** 的断键很简单，但是必须寻找一个对称的烯烃并且确保炔烃上的取代基和酮相毗邻。

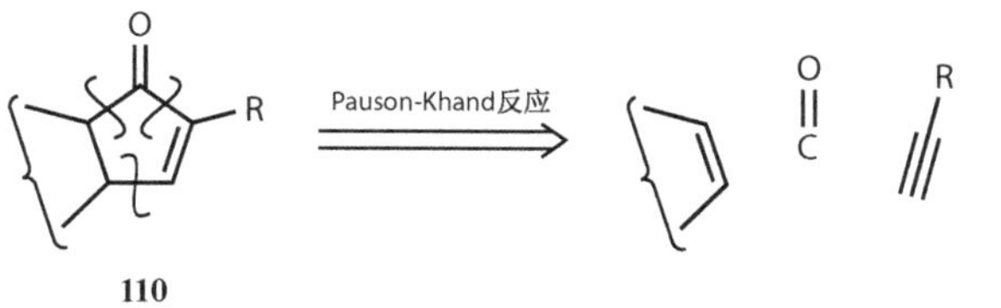

110

分子内 Pauson-Khand 反应一般是区域选择性的，因为从规则上来说分子不可能以其他的路径来环化。对双环 **111** 进行 Pauson-Khand 断键得到醇 **113** 的烯丙基醚 **112**，而醇 **113** 很容易从环己酮和乙炔制得。在钴催化的环化反应中，只有一个可能的位置异构体，因此以很好的产率 80％得到了目标分子 **111**[28]。

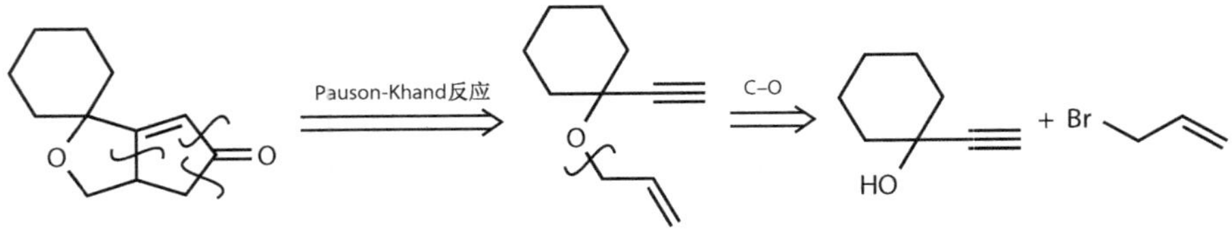

111　112　113

抗生素次甲霉素（methylenomycin A，**114**）的合成为选择传统方法和现代方法提供了有益的参考。几个小组已经将关键的中间体 **116** 转化为 methylenomycin A，他们的策略不同之处仅仅在于 **116** 的合成上。Pauson-Khand 断键本身很简单，需要对称的不饱和醚 **117** 和对称的丁炔。

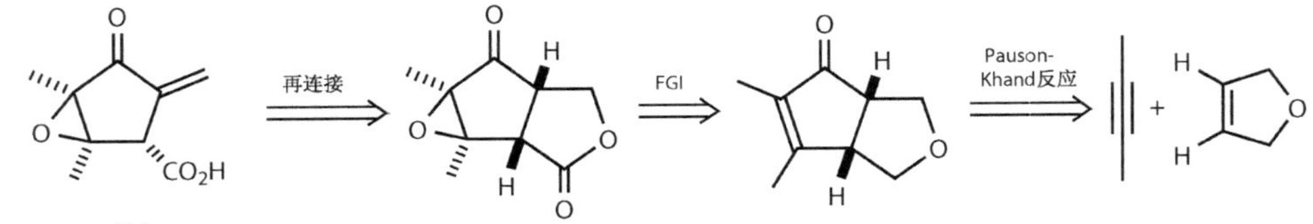

114
methylenomycin A　**115**　**116**　**117**

传统的羟醛缩合分析需要一个 1,4-二酮 **117**，其立体化学表明也需要 **117** 进行 2+2 光化环加成[29]，并且将加成产物 **118** 氧化断裂。

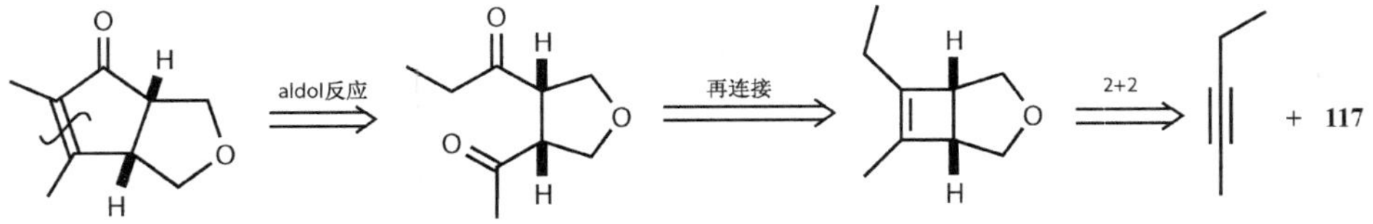

116　**117**　**118**

Amos Smith[30]以马来酸酐为起始原料通过该方法进行了高效的光化学反应。每一步的产率都非常好而且可以大量制备，但是有五个单独的步骤，总产率只有 42%。

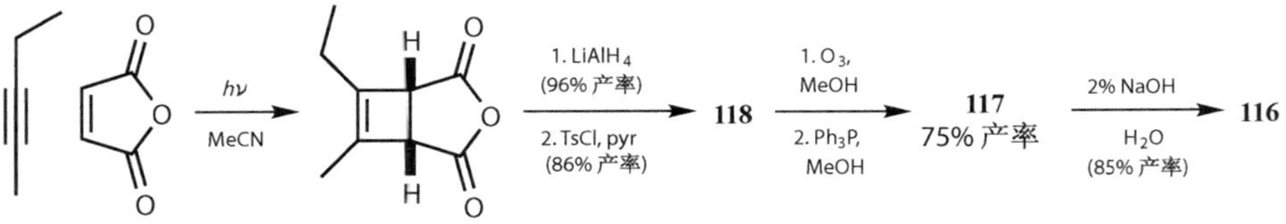

相反，Billington[31]所使用的 Pauson-Khand 方法只有一步，但是最初尝试时只有不到 20%的产率。该产率逐渐得到提高，最终的报道产率是 70%，但是有大量原料回收转化率很低。你必须做出自己的选择。

使用硅胶支持[28]、超声[26,32]以及氧化 N-甲基吗啡啉[33]（NMO，**119**）存在时，对 Pauson-Khand 操作进行改进，大大提高了反应的产率。如果使用最后一种方法，或许目前为止所引用的产率都能得到提高。

Pauson-Khand 反应的最新进展

不对称反应的发展以及对操作的改进是最近的重点。从天然脯氨酸 **120** 制得的杂环烯炔 **122** 最初只能得到 6％的三环胺化物 **123**。NMO 的加入使产率提高到 72％，但是 DMSO（$Me_2S{=}O$）是最好的促进剂，能以几乎当量的产率得到单一的异构体 **123**[34]。

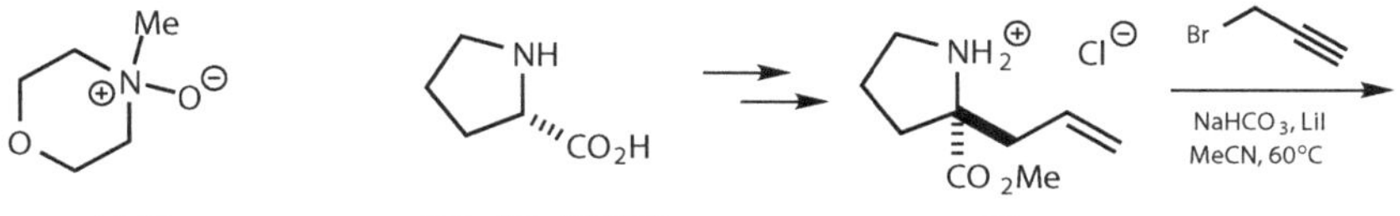

119; NMO　**120**; (*S*)-脯氨酸　**121**

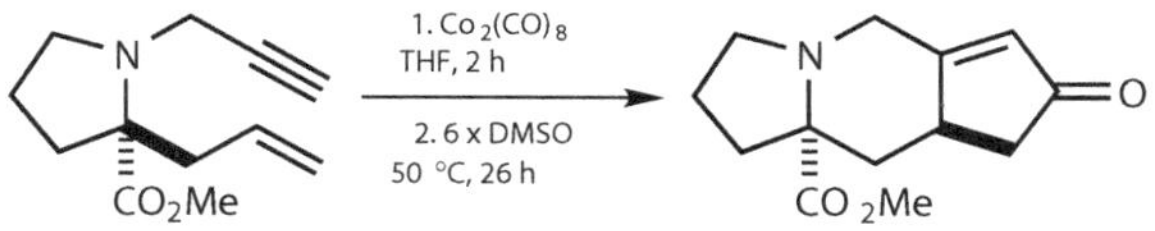

122; 96% 产率　**123**; 94% 产率

因为分子内的反应很好，人们就通过一个弱键将烯和炔连接起来，而这个弱键之后又能被除去。这是“链接”策略，在第 36 章你会遇到。N—O 键很理想，除了连有炔基还接有硅基基团 **124**，即使用氧化的胺作促进剂时，也能以很好的产率得到 Pauson-Khand 产物 **125** 和氨基醇 **126**。SmI_2 用作还原试剂[35]。

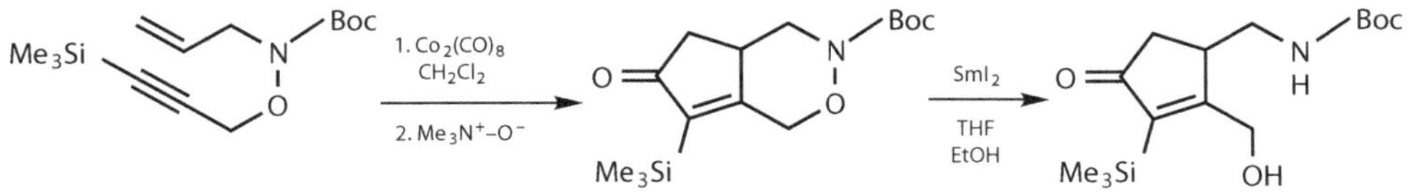

124　**125**; 76% 产率　**126**; 83% 产率

其他的最新进展包括一个高产率并且完全区域选择性的不对称炔 **127** 和丙烯的分子间反应。钴络合物 **128** 被分离得到，其与丙烯在以水和 NMO 作促进剂时反应，以高产率得到了环戊烯酮 **129**。像预期的一样，来自丙烯的甲基紧挨着酮，但由于是共轭酯基，炔烃的区域选择性是显著的[36]。

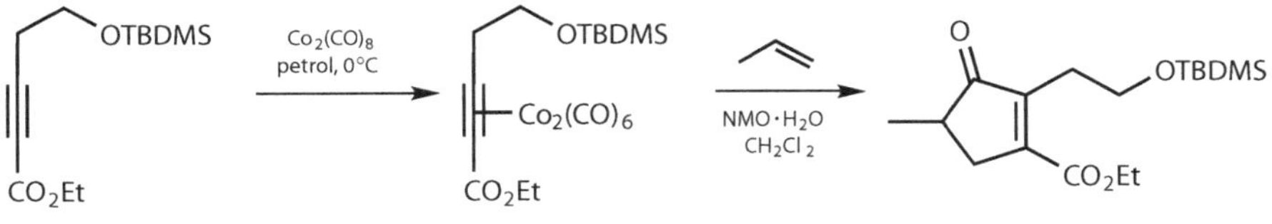

127　**128**; 100% 产率　**129**; 92% 产率

其他的一些催化剂也得到了发展。钴沉积到木炭上对一系列区域选择性的分子内反应很有效，尽管必须使用 20 atm①CO[37]。

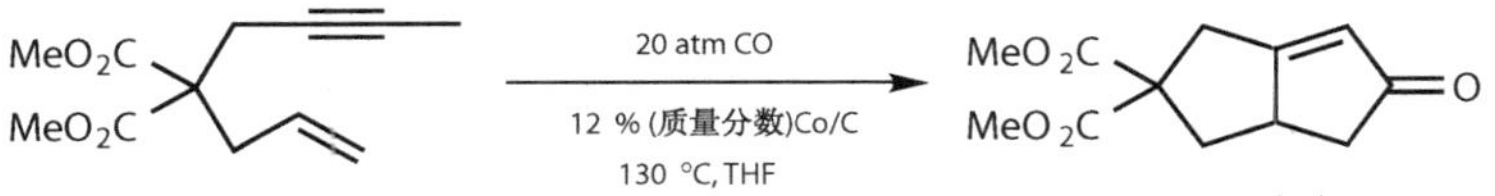

130　　131; 98% 产率

在第 19 章你会遇到烯丙基钯阳离子作为有用的试剂，Evans 和 Robinson[38] 使用铑催化剂作为 Pd 和 Co 的折中办法，将 Pauson-Khand 反应和烯丙基阳离子络合物结合起来。烯醇盐 **132** 和来自烯丙基碳酸酯 **133** 的 Rh（I）阳离子络合物混合得到烯炔 **134**，使用相同的催化剂在较高温度下 **134** 以 87% 的产率得到 Pauson-Khand 产物。

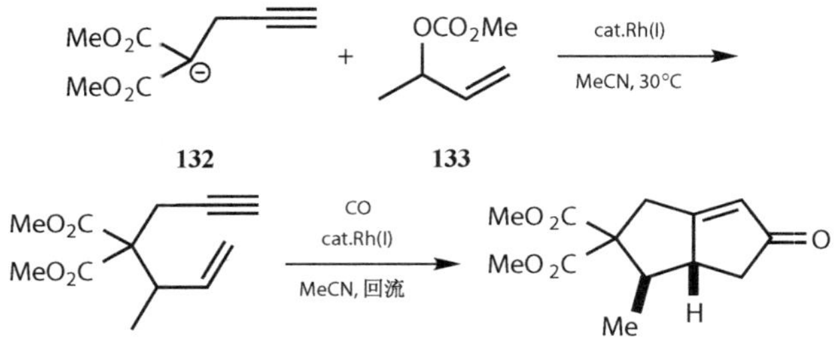

134; 88% 产率　　135; 87% 产率

三级烯丙醇的氧化重排

氧化重排途径（第 5 章）已经被用在许多环戊烯酮的合成上。Buchi[39] 合成 *cis*-茉莉酮（**1**）的途径简单涉及环戊烯酮 **136** 和 MeLi 反应，接下来将产物 **137** 氧化重排直接得到 *cis*-茉莉酮（**1**）。

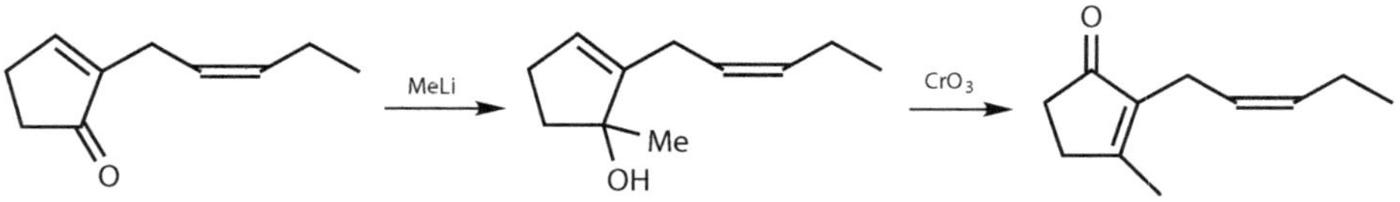

136　　137　　1; *cis*-茉莉酮

天然前列腺素，诸如 PGA_2（**2**），通常是通过烯丙醇的氧化制得的[40]。应用这一看上去不重要的策略是因为五元环上的立体化学很容易通过双环烯酮 **138** 的 Baeyer-Villiger 重排而得到[41]。在形成 **139** 和合成起始原料 **138** 时，都涉及化学选择性氧化的有趣规律。

① 1atm＝1.013 25×10^{5}Pa，下同。

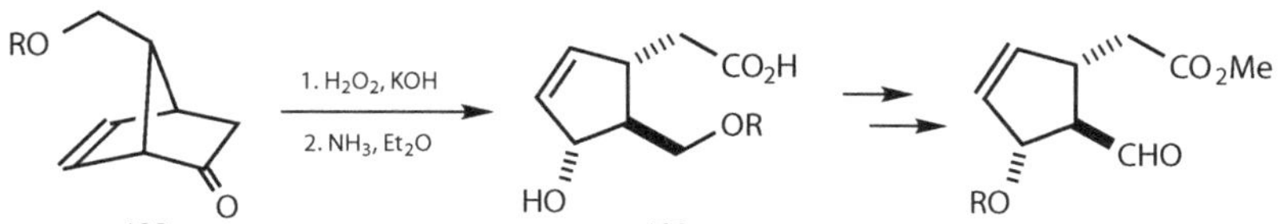

138　　**139**　　**140**

在合成 PGA 时，通过一个类似 Wittig 型反应加入一个侧链得到 **142**，其进行了双键和 OH 的反向重排。这次由于是二级醇，不能使用氧化来进行重排，因此取而代之的是 **143**。这是立体专一的，因为要进入的 CO_2H 基团位置很难从下面接近得到 *cis*-连接的内酯 **144**。还原和另一个 Wittig 反应完成了该合成。由于 PGA 制备容易，因此它们现在被用于合成其他的 PGA 的大剂量的中间体[42]。

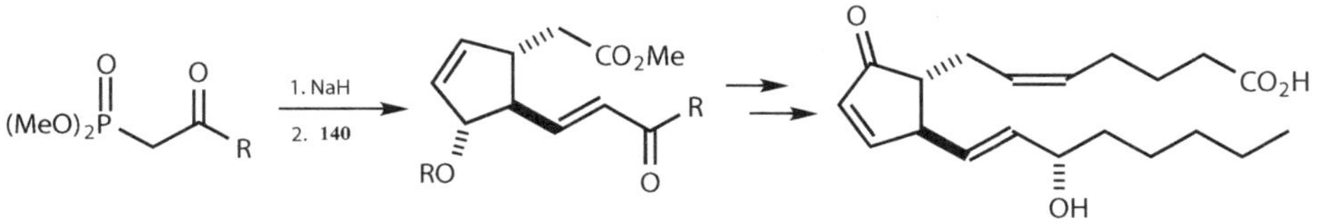

141; R = *n*-pentyl　　**142**　　**2**; PGA_2

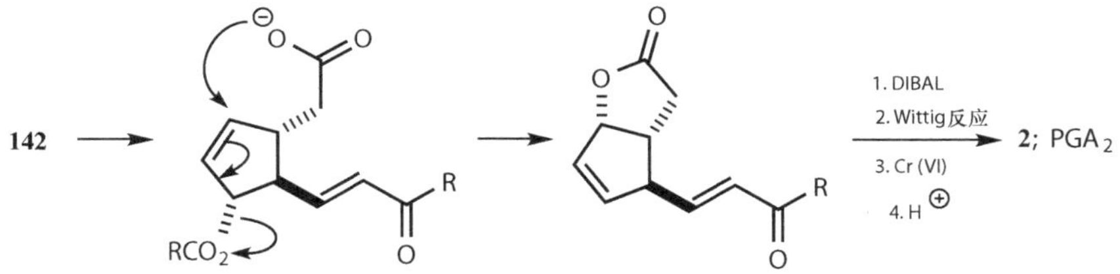

143　　**144**

其他方法

最近发现，含有两个芳环的不饱和五元羰基化合物，如 Merck 的 MK-0966 **145**，是新一代的消炎化合物，这使得药物化学家[43]合成了一些像 **146** 这样的类似物。理想的断开方式是去掉两个芳环，而且它们还能作为有机金属化合物加到 **147** 的两个亲电位点上。类似的想法被用在第 5 章中的化合物 **95** 环己烯酮的合成上。

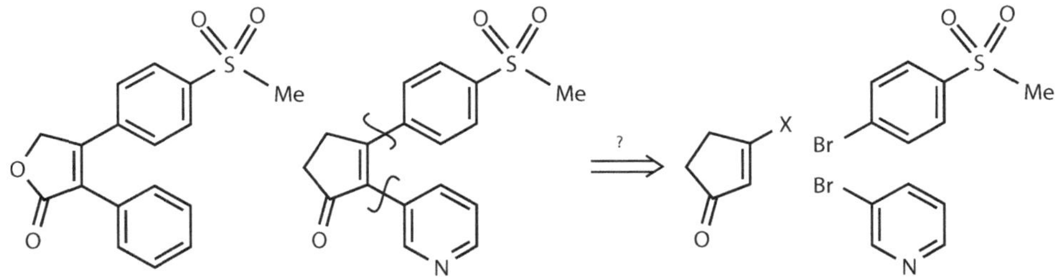

145; MK-0966　　**146**　　**147**　　**148**

烯醇醚 **150** 和硫醚 **149** 的锂衍生物反应氧化之后得到中间体 **151**。Suzuki 偶联反应，你会学会这样称呼它，将吡啶的硼酸衍生物和溴代烯酮连接到一起，只用两步就得到环戊烯酮 **146**。

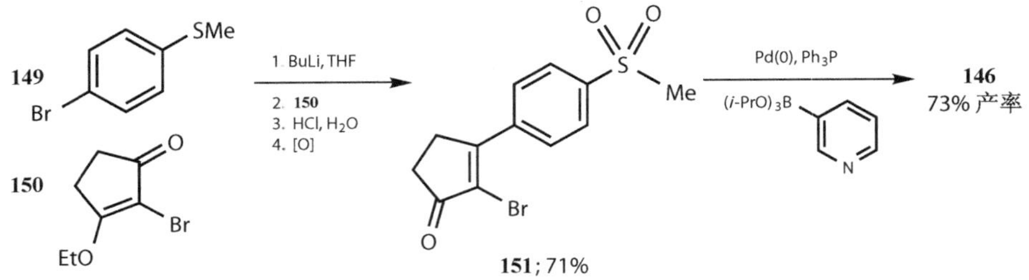

在许多新方法中，有一个是值得注意的，因为它操作简单而且终究会包括在这些奇特的反应中[44]。炔醇盐 **152** 与酮反应得到四元环烯醇醚 **153**，它可以与相邻的酯基环化得到双环酮内酯 **154**，**154** 很容易失去 CO_2 得到环戊烯酮 **155**。**152** 的生成以及每一步的机理解释都被写入教科书中了。

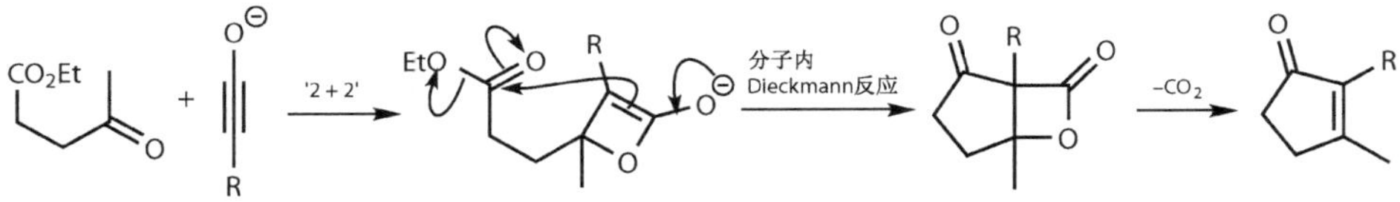

最后是另一个使用有趣的化学来合成含氮的环戊烯酮的非凡路线。de Meijere[45]使用的铬羰基络合物 **160**，它是从端炔 **156** 通过与 $Cr(CO)_6$ 加成，将炔插入到其中的一个羰基配体上得到卡宾络合物 **158**，在氧上烷基化得到 **159** 并最后和二级胺进行共轭加成而来。

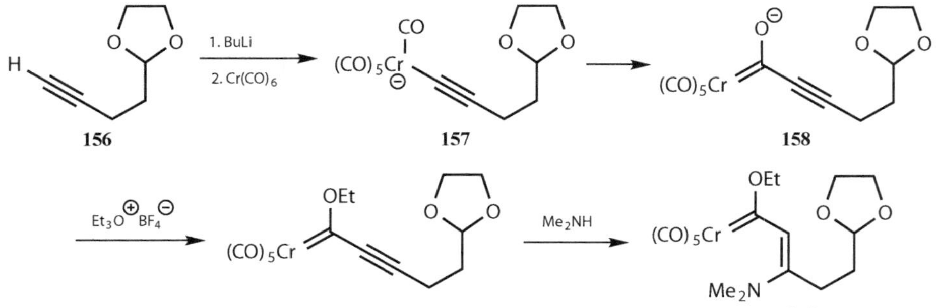

这些络合物和第二分子炔 **161** 反应不发生羰基插入而是得到环戊二烯 **161**。这个中间体也是一个环戊烯酮的烯醇醚，在强酸水溶液中水解得到双环化合物 **162**。

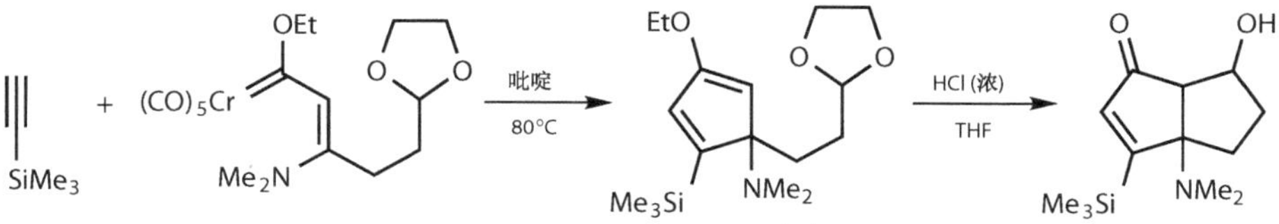

161 160 161; 40% 产率 162

老的和新的方法为环戊烯酮的合成提供了许多途径。本章仅仅暗示了现代有机化学的丰富多彩。随着本书的进展，其中大多数方法都会得到进一步解释。

参考文献

一般性参考文献列于 946 页。

1. G. Stork, A. A. Ozorio, and A. Y. W. Leong, *Tetrahedron Lett.*, 1978, 5175.
2. *Disconnection Approach*, page 170.
3. M. Ramaiah, *Synthesis*, 1984, 529.
4. A. Yoshikoshi and group, *J. Am. Chem. Soc.*, 1976, **98**, 4679.
5. *Disconnection Approach*, chapter 22, page 179.
6. S. Danishefsky, K. Vaughan, R. C. Gadwood and K. Tsuzuki, *J. Am. Chem. Soc.*, 1980, **102**, 4262; 1981, **103**, 4136. T. Hudlicky, T. M. Kutchan, S. R. Wilson and D. T. Mao, *J. Am. Chem. Soc.*, 1980, **102**, 6351; W. K. Bornack, S. S. Bhagwat, J. Ponton and P. Helquist, *J. Am. Chem. Soc.*, 1981, **103**, 4647.
7. *Disconnection Approach*, page 202.
8. S. Wolff, W. L. Schreiber, A. B. Smith and W. C. Agosta, *J. Am. Chem. Soc.*, 1972, **94**, 7797.
9. A. J. Bellamy, *J. Chem. Soc. (B)*, 1969, 449.
10. R. V. Stevens, R. E. Cherpeck, B. L. Harrison, J. Lai and R. Lapalme, *J. Am. Chem. Soc.*, 1976, **98**, 6317.
11. *Disconnection Approach*, chapter 16, page 126.
12. *Disconnection Approach*, page 175.
13. B. M. Trost and D. P. Curran, *J. Am. Chem. Soc.*, 1980, **102**, 5699; 1981, **103**, 7380.
14. J. Robertson, R. J. D. Hatley, and D. J. Watkin, *J. Chem. Soc., Perkin Trans. 1*, 2000, 3389; K. Ogura, M. Yamashita and G. Tsuchihashi, *Tetrahedron Lett.*, 1976, 759; A. G. Myers, M. Hammond and Y. Wu, *Tetrahedron Lett.*, 1996, **37**, 3083.
15. P. E. Eaton and R. H. Mueller, *J. Am. Chem. Soc.*, 1972, **94**, 1014.
16. R. B. Woodward and R. Hoffmann, *Angew. Chem., Int. Edn.*, 1969, **8**, 781.
17. I. Fleming, *Orbitals*, page 103.
18. W. Oppolzer and K. Bättig, *Helv. Chim. Acta*, 1981, **64**, 2489.
19. J. Mulzer, H.-J. Altenbach, M. Braun, K. Krohn, and H.-U. Reissig, *Organic Synthesis Highlights*, VCH, Weinheim, 1990, page 137.
20. J. Ichikawa, M. Fujiwara, T. Okauchi and T. Minami, *Synlett.*, 1998, 927.
21. A. Barbero, P. Castreño, C. Garcia and F. J. Pulido, *J. Org. Chem.*, 2001, **66**, 7723.
22. H. M. R. Hoffman, *Angew. Chem., Int. Ed.*, 1973, **12**, 819.
23. Y. Hayakawa, K. Yokoyama and R. Noyori, *J. Am. Chem. Soc.*, 1978, **100**, 1799.
24. N. E. Schore, *Org. React.*, 1991, **40**, 1.
25. P. L. Pauson, *Tetrahedron*, 1985, **41**, 5855.
26. D. C. Billington, I. M. Helps, P. L. Pauson, W. Thompson and D. Willison, *J. Organomet. Chem.*, 1988, **354**, 233.
27. M. E. Kraft, *Tetrahedron Lett.*, 1988, **29**, 999.
28. W. A. Smit, A. S. Gybin, A. S. Shashkov, Y. T. Strychkov, L. G. Kyz'mina, G. S. Mikaelian, R. Caple and E. D. Swanson, *Tetrahedron Lett.*, 1986, **27**, 1241.

29. *Disconnection Approach*, chapter 32, page 268.
30. R. M. Scarborough, B. H. Toder and A. B. Smith, *J. Am. Chem. Soc.*, 1980, **102**, 3904.
31. D. C. Billington, *Tetrahedron Lett.*, 1983, **24**, 2905.
32. P. Blaydon, P. L. Pauson, H. Brunner and R. Eder, *J. Organomet. Chem.*, 1988, **355**, 449.
33. S. Shambayati, W. E. Crowe and S. L. Schreiber, *Tetrahedron Lett.*, 1990, **31**, 5289.
34. S. Tanimori, K. Fukubayashi and M. Kirihata, *Tetrahedron Lett.*, 2001, **42**, 4013.
35. S. G. Koenig, K. A. Leonard, R. S. Löwe and D. J. Austin, *Tetrahedron Lett.*, 2000, **41**, 9393.
36. M. E. Krafft, Y. Y. Cheung and K. A. Abboud, *J. Org. Chem.*, 2001, **66**, 7443.
37. S. U. Son, S. I. Lee and Y. K. Chung, *Angew. Chem., Int. Ed.*, 2000, **39**, 4158.
38. P. A. Evans and J. E. Robinson, *J. Am. Chem. Soc.*, 2001, **123**, 4609.
39. G. Büchi and B. Egger, *J. Org. Chem.*, 1971, **36**, 2021.
40. E. J. Corey and G. Moinet, *J. Am. Chem. Soc.*, 1973, **95**, 6831.
41. *Disconnection Approach*, page 226.
42. E. J. Corey and X-M. Cheng, *The Logic of Chemical Synthesis*, chapter 11, page 250.
43. W. C. Black, C. Brideau, C.-C. Chan, S. Charleson, N. Chauret, D. Claveau, D. Ethier, R. Gordon, G. Greig, J. Guay, G. Hughes, P. Jolicoeur, Y. Leblanc, D. Nicoll-Griffith, N. Ouimet, D. Riendeau, D. Visco, Z. Wang, L. Xu and P. Prasit, *J. Med. Chem.*, 1999, **42**, 1274.
44. M. Shindo, Y. Sato and K. Shishido, *J. Org. Chem.*, 2001, **66**, 7818.
45. H. Schirmer, F. J. Funke, S. Müller, M. Noltemeyer, B. L. Flynn and A. de Meijere, *Eur. J. Org. Chem.*, 1999, 2025.

B 部分：碳-碳键的形成

7 芳香化合物的邻位策略

本章的大部分都致力于邻位锂化——一个强有力的合成技术。
第一部分讲述了许多传统的方法，并不包含锂化。

引言

通过使用邻位和对位或者间位定位效应的亲电取代来构筑芳香化合物是所有有机化学家早期训练的一部分。像 Friedel-Crafts 酰基化这样的反应，众所周知是芳环和脂肪侧链之间构建碳-碳键的有效手段，而且已经在本书中呈现出来了。一般来说，当该反应被用在活性的芳香环上时会产生邻位和对位的混合物，但是它们可以大量操作且分离简单，因此是可以接受的。事实上，对于简单的化合物来说也经常得到不想要的异构体，但是现代有机化学家需要一些方法来控制或者将混合物以高产率转化为单一的化合物。制备对位取代的化合物一般并不困难，因为大的取代基可以导向对位。不考虑取代基的大小和电性以高产率来制备邻位化合物并不是一件容易的事，本章将要讨论这个问题。

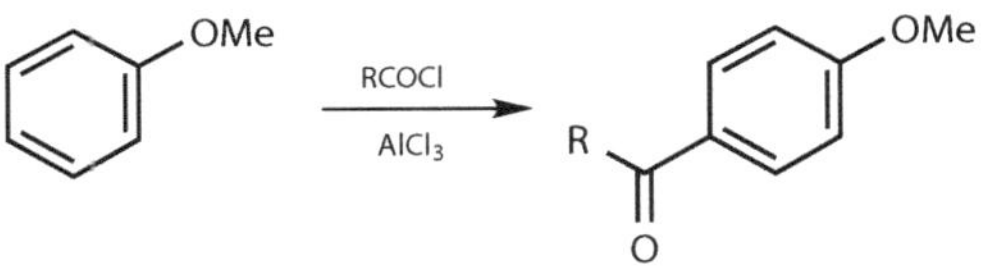

1 **2**

第一部分——传统方法

Friedel-Crafts 反应和 Fries 重排

对于简单的酰基醚，如苯甲醚 PhOMe **1** 的 Friedel-Crafts 酰基化反应[1]，经常能几乎当量地得到对位的酮 **2**。如果酰氯通过短的碳链接到氧原子上 **3**，就会导致分子内反应得到邻位产物 **4**，而且该反应也能以很好的产率进行[2]。

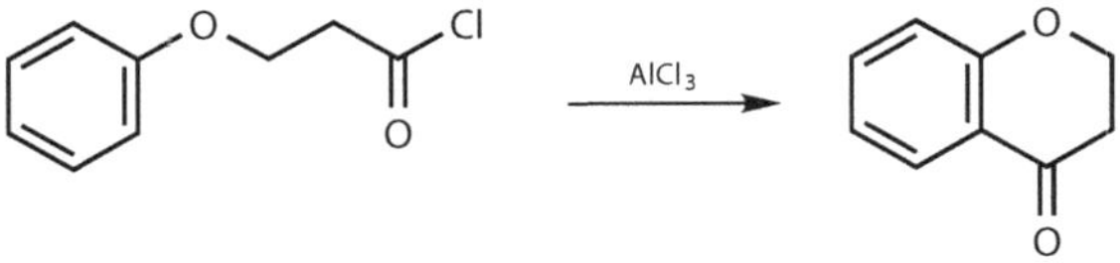

3 **4**

如果酰基基团直接和氧相连成为酯 **6**，其进行 Fries 重排，并且可以控制其得到邻位或对位产物。在硝基苯这样的极性溶剂中，以较高的产率得到对位产物，如 R＝Me 时，产率为 75%；在非极性溶剂或无溶剂时，则以相似的产率得到邻位产物 **7**，如 R＝Me 时，产率为 70%。

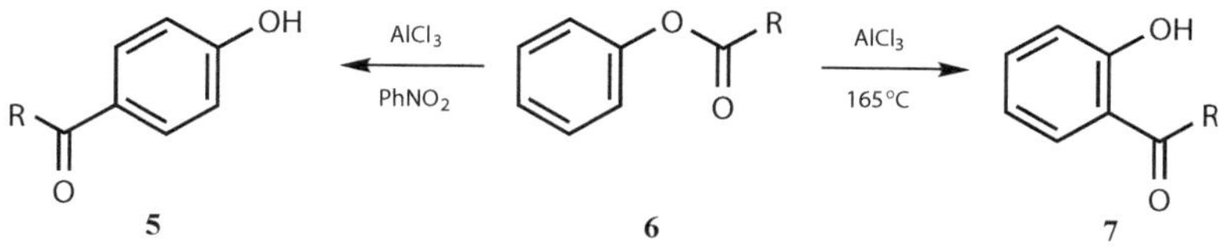

5 6 7

这并不是一般的像频哪醇那样的阳离子类型的协同重排机理（第 2 章），而是一个正常的离子反应。路易斯酸催化将酯 **8** 切断一个酰基离子和一个苯酚的金属络合物**9**，在非极性溶剂中它们仍然以离子对的形式连在一起。这自然就趋向于得到邻位产物，因为酰基离子通过静电作用被拉到邻位。在极性溶剂中，该离子对被分成两个独立的离子，其表现为正常的 Friedel-Crafts 反应选择性，即主要倾向于得到对位产物。

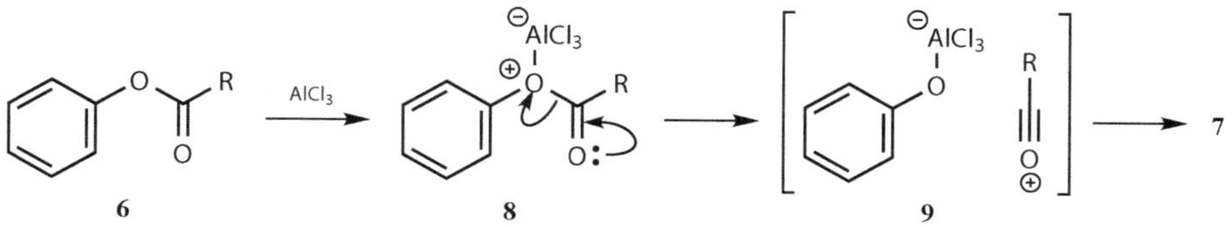

6 8 9

间甲苯酚（**10**）则更加复杂。三个不同的位点被活化（**10** 中的箭头），但是醚 **11** 的 Friedel-Crafts 酰基化则几乎完全倾向于在对位进行，乙酸酐是最好的酰基化试剂[3]。

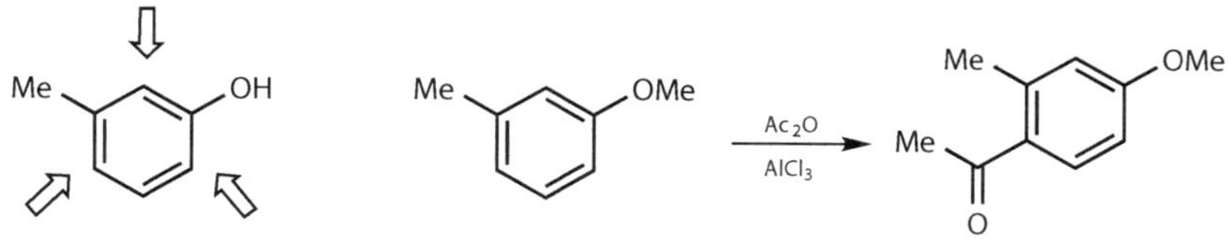

10 11 12; 87% 产率

简单的酯 **13** 的 Fries 重排，通过完全相等的邻位优先位置，在无溶剂时以很高的产率得到酮 **14**[3,4]；在硝基苯中，则得到 28%的 **14** 和 64%的 **15**[5]。

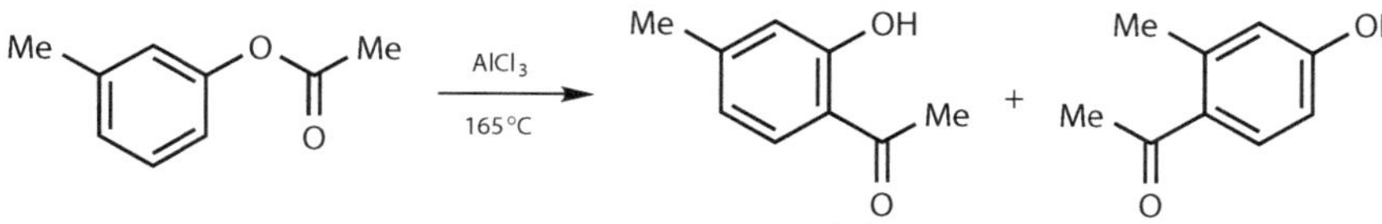

13 14; 95% 产率 15

当 Rao[6] 试图合成 sydowic 酸（**16**，来自于 *Aspergillus sydowi* 的倍半萜烯）时，他选择首先断开醚键，通过将三个甲基加成到酮酯 **18** 上来制备三醇**17**。这明显是一个 Friedel-Crafts 产物，但是我们如何才能得到芳环上正确的位置呢？

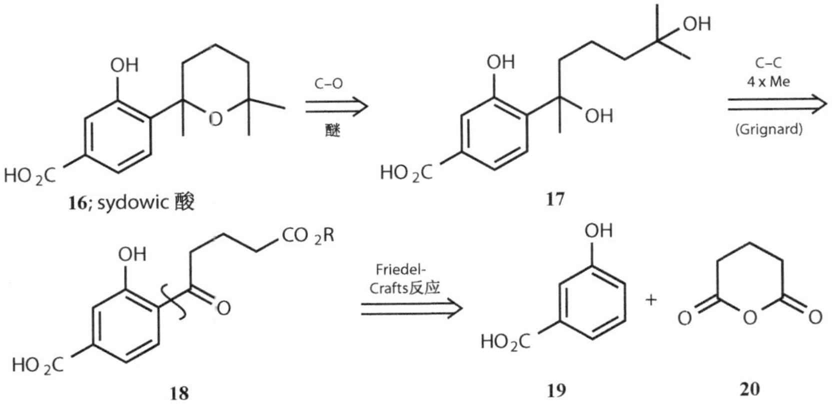

因为对间甲苯酚 **10** 的行为的了解要比同样取代的羟基羧酸更多，Rao 决定通过使用环状酸酐 **20** 作为酰基试剂，在“错误的”氧化条件下进行反应，这样得到了正确的异构体 **21**，而且通过加入四分子甲基格氏试剂（一分子被用在自由的 OH 上），在酸催化下环化得到中间体 **23**。遗憾的是，直接氧化破坏了酚，因此必须将它以醚的形式保护起来。这个短的合成涉及两次区域选择性：明显的邻位 Fries 选择性以及另一次是在 **22** 的环化时形成六元环而不是四元或八元环。

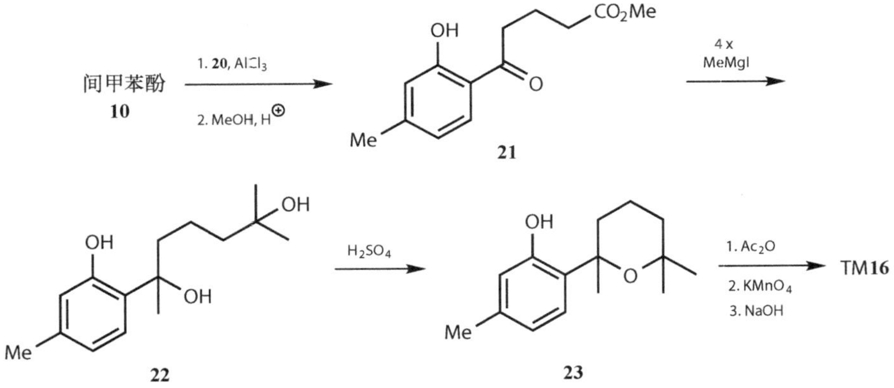

间甲苯酚 **10** 剩余的位置，即 OH 和 Me 之间，很难进入，当人们在两个已经存在的基团之间插入一个相当大的取代剂时这也是一个普遍情况。一个比较好的策略是先将两个基团相互紧邻，然后再加入一个外部取代基。在 Wiesner[7] 计划合成一些翠雀宁生物碱时，它需要大量的（150g 级）茚酮 **25** 作为起始原料。对 **25** 进行 Friedel-Crafts 断键则需要在 **24** 的两个取代基之间进行酰基化但也不会得到 **25**。

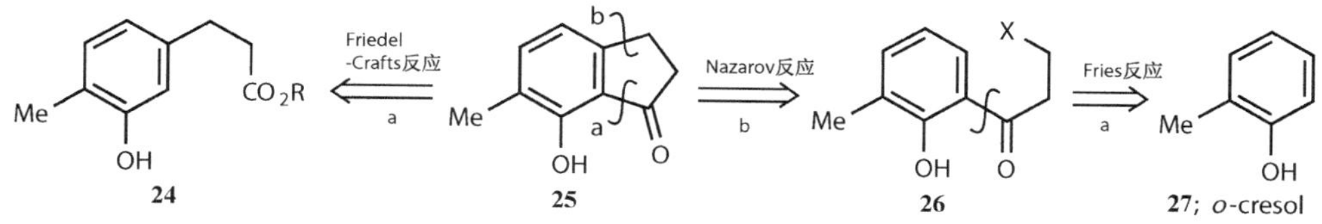

茚酮是我们在第6章所讲到的环戊烯酮的一种，Nazarov策略看上去很吸引人，因为它即是丙烯酸酰氯和邻甲苯酚的Friedel-Crafts反应。问题是如何使反应得到恰当的异构体，即得到含有四个邻位取代基的异构体。Fries反应正合适，因为它将酰基转移到和环上碳原子相邻的位置，而且烷基化这一步不得不依次发生在下一个邻位原子上。不饱和酰氯活性太强，但是使用卤化物**28**或者**31**就能获得成功[7,8]。

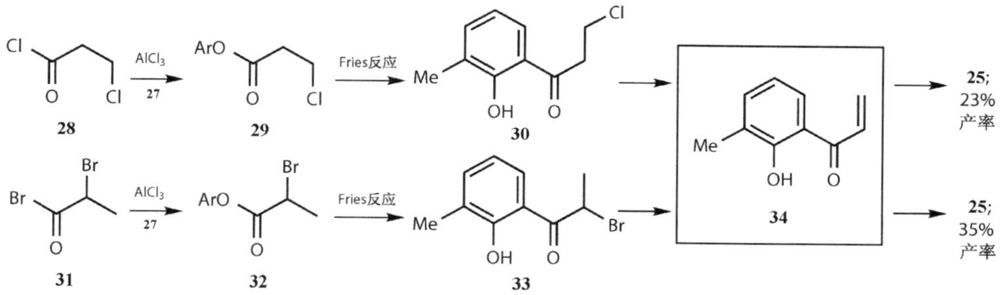

产率并不是很好，但是这是第一步而且是在一个反应中完成的。可能是因为随它们而来的卤代酮**30**或**33**在反应条件下能够形成双键，所以形成了Nazarov中间体**34**并在相同的路易斯酸下进行环化。

Claisen 重排

一个较为常用的产生邻位关系的反应是Claisen重排[9]。来源于苯酚和卤化物**35**的烯丙基醚**36**进行3,3-重排得到中间体**37**，是一个新的酚**38**的"酮形式"，烯丙基现在位于邻位上。

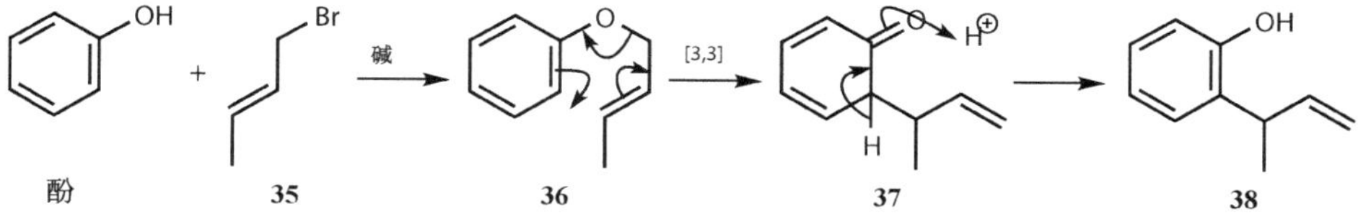

关于烯丙基部分，重排是区域专一性的，起始和氧原子相临近的取代基**39**最终在双键的远端位置**40**。这个例子对那些随着反应的进行，要形成多取代双键的反应更加有利。

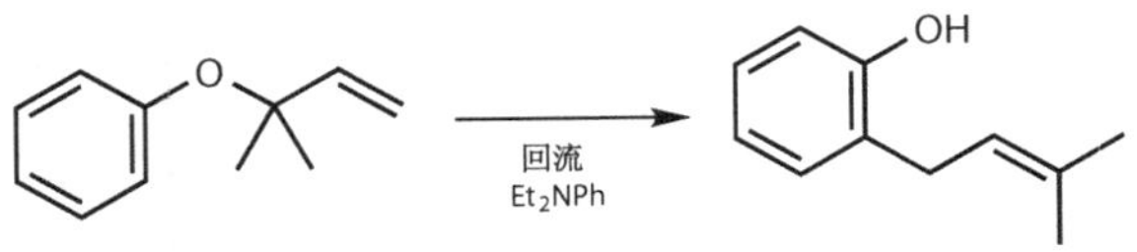

39　　　　40

取代基位于烯丙基体系的中间 **41** 则没有区域选择性的问题，但是产物 **42** 通过双键质子化很倾向于环化成醚 **43** [10]。

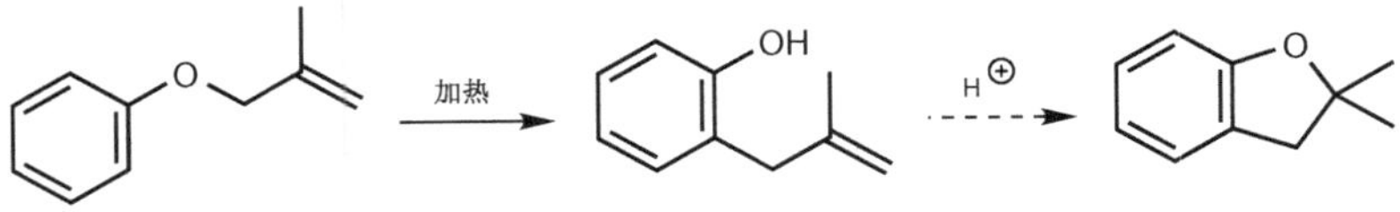

41　　　　42　　　　43

开始在双键一端的取代基最终会和环相邻：**45** 的形成是一个很有说服力的例子，双键移出了共轭体系。这是 Claisen 重排最具吸引力的形式，如果不仔细控制条件则其他产物也能生成[9]。

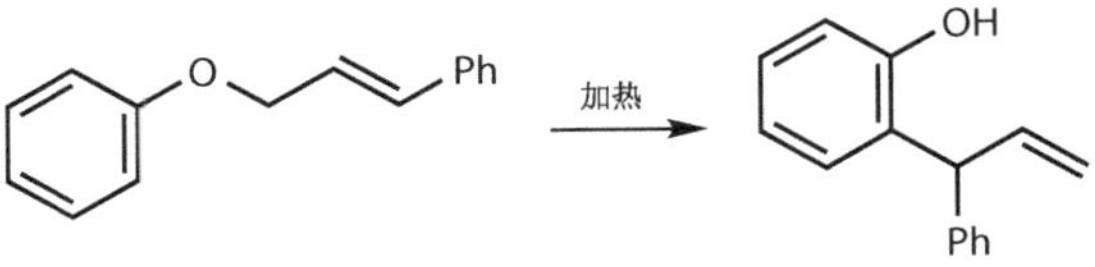

44　　　　45

如果有两个不同的邻位，也会有区域选择性问题。这通常归咎于萘环 **46** 上的“双键固定”，所画的结构不仅代表了 Kekulé 形式。标有双键的键要比单键短，产物以 9∶1 的优势迁移得到 **47** 上的“好的”环双键。

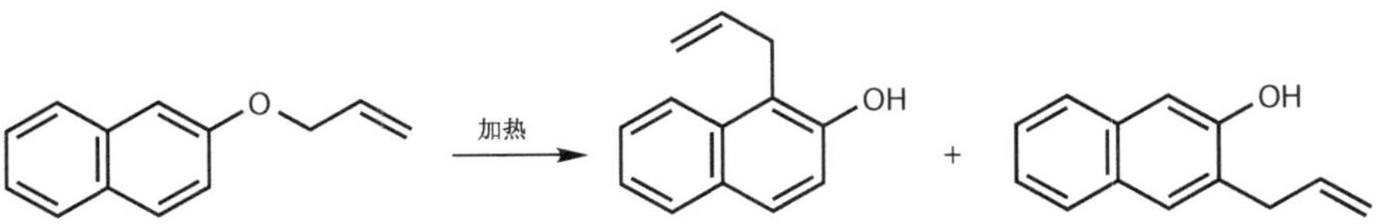

46　　　　47　　　　9:1　　　　48

通过 Claisen 重排产生的侧链含有一个有用的烯烃，如其可以通过环氧化而被利用，该反应要比乍一看上去更加通用。

第二部分——锂的运用

到目前为止，我们所见到的可以帮助生成芳香化合物的唯一金属是铝。现在，我们要着眼于一个以完全不同的方法活化芳香化的金属——锂。把锂引入到已经存在的芳环 **50** 的取代基的邻位，这一过程本身称为邻位或者导向锂化。

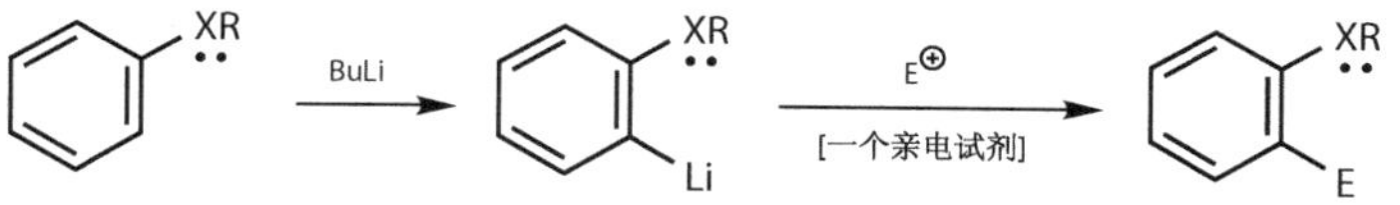

49 50 51

邻位锂化

在我们进一步深入之前，我们首先要明确邻位锂化是一个质子——锂交换反应，也不要把它与锂卤交换混淆。例如，将 **52** 上的溴用锂交换，它就发生在和另一个取代基相邻的位置上。但是如果称其为邻位锂化一定会使人误解，因为我们不想暗示甲硫基在这里对它有什么作用——不管硫醚是否在那里，溴都会被交换的。

苯甲醚

我们已经看到苯甲醚 **1** 是如何通过 Friedel-Crafts 反应来官能化的。苯甲醚是一个简单的，也许是最简单的可以通过邻位锂化来进行锂化的官能化的苯环。这里我们用它来介绍反应。

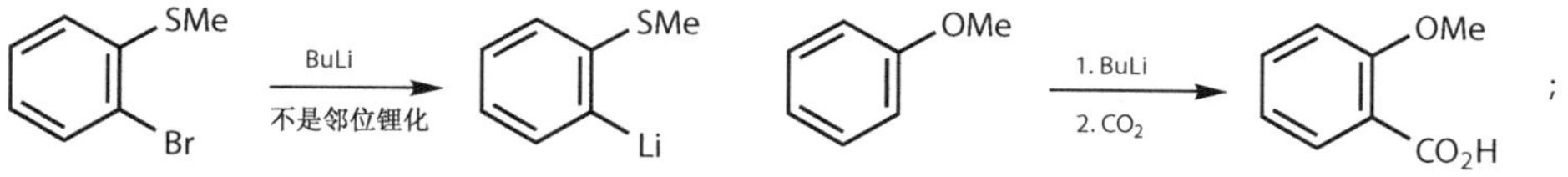

52 53 1 54; 50% 产率

首先，我们来考虑新引入锂的邻位取代基。这里邻位定位基团是甲氧基，而且其实是它上面的氧原子在起作用。在这一层面，我们本身不考虑太多反应的机理，氧原子上的孤对电子和有机锂试剂相配合。注意，氧直接和环相连——苯甲醚是一个苯基醚。后面我们还会看到一些杂原子在更远处的例子。定位锂化的基团我们喜欢称之为“邻位定位基”，尽管不同的作者也将其称为不同的名字（例如，导向金属化基团 DMG）[11]。

区域选择性 I——邻位与对位的问题

即使没有锂，芳环的反应性也是亲核的。但是当锂原子存在时，亲核性的根源就不尽相同了。锂原子确实能大大提高苯环的反应性，它完全改变了它的特点。

当苯与一个亲电试剂如 NO_2^+ 反应时，是环上的 π 电子进攻亲电试剂，同时苯环的芳香性也一定被破坏。六个碳原子中的任何一个都可能会进攻 NO_2^+，没有区别。对于含有取代基的苯环，我们知道由于取代基的影响，某些位置要比其他位置更具反应性——通常是邻位和对位。但是对于锂化的苯环来说情况就不同了，这时进攻的电子不是 π 电子而是 σ 电子。它们固定在那里，别无选择从哪一个碳去进攻。这没有关系，如果取代基增加了这个或那个碳原子的电子密度，因为它不会和来自 C—Li 键的整个负电荷竞争。"整个负电荷"就意味着我们有一个阴离子。情况并不是这样，但是有机锂试剂是碳负离子 σ-络合物（第 8 章）。一旦锂原子存在，与亲核试剂的反应就是立体专一性的。

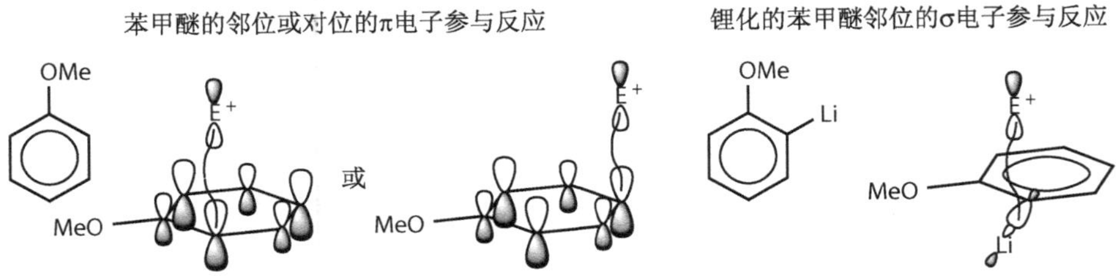

但是在第一个位置时锂原子会去哪？正如常见的情况一样，如果定位取代基和锂试剂配合，然后反应被定在邻位，锂的引入就是立体专一的。有机锂试剂不能到达环周围更远处。后面我们要处理两个竞争的邻位以及更加特殊的例子，但是现在邻位锂化就是它字面所说的意思。

定位基团

Fries 和 Claisen 重排需要一个氧原子和新生成的键相邻。从战略的角度考虑，从氧原子在适当的位置的化合物开始比较好，因为它很难被引入[12]。邻位锂化策略也能使用氧取代基，但是当用其他定位基团时效果也格外得好。这些定位基团的性质和多样性使得邻位锂化范围相当广，使其成为强有力的反应。毕竟，并不是所有的芳香目标分子都含有任何形式的 C—O 键，就让单独的 Ar—O 键和另一个取代位置相连。

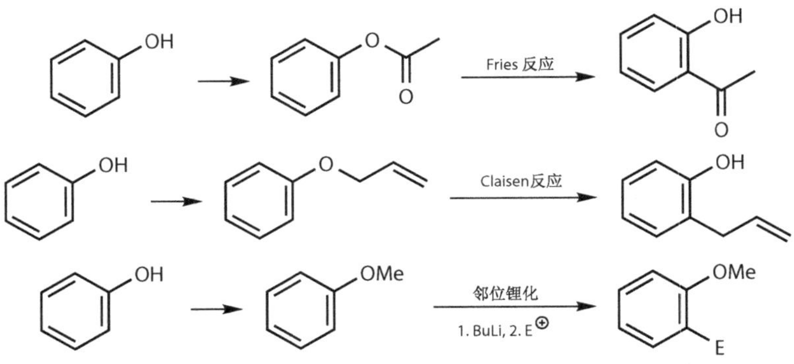

现在在我们讨论这些其他的定位基团时，也是紧密地讨论反应机理的时候了。那样我们就会理解为什么某些基团要比其他的作用好，而且也能够预测哪些

会使合成更加成功。

对于任何定位基团来说都有两方面的基本功能：①和锂试剂配合；②增强其邻位氢原子的酸性。

例如，对于苯甲醚来说两个方面可能都有效，但它们并不需要同时出现在定位基团上。和锂并不配位的定位基团如果要起作用的话，就必须使它相邻的位置变酸。我们会看到氟就是这样的一个取代基。相反，如果氢原子并没有以任何形式被定位基团所活化，那么它必须作为一个有效的给体来补偿锂。

含有两个不同定位基团的结果会在之后的**区域选择性 II** 中讨论，其中一个导向基团主要用于配位，另一个主要用来增加酸性。

含氧的定位基团

我们已经看到苯甲醚 **1** 中的氧非常有效地定位锂化。这里还有两个关于含有氧取代基的芳香化合物 **55** 和 **56** 在标记的原子上被锂化的例子。但是如果氧稍微离环远一点的话，它就是一个很**差的**锂化定位基（不伴随其他任何杂原子）。例如，尝试对 **57** 的苄甲醚进行锂化，结果失败了。相反，发生了苄位去质子并发生了 Wittig 重排反应。**单独**使用苄位氧原子是一个糟糕的策略——如果使用，就必须和另一个定位基团相结合。

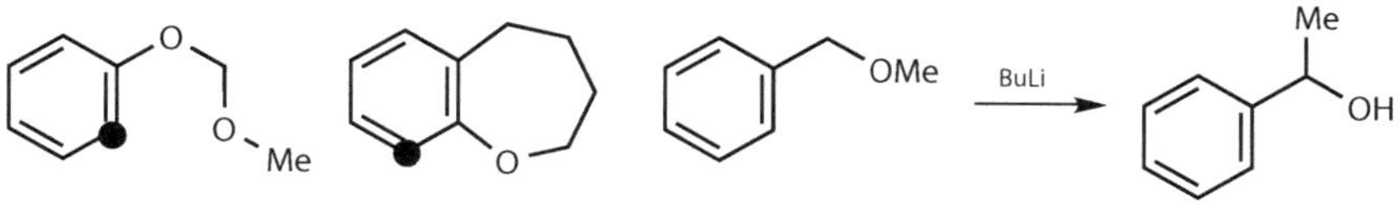

55　**56**　**57**　**58**; 26% 产率

还有许多其他的基团是已经知道的邻位定位基。卤素可以作为邻位定位基，其中氟可能是最好的（这就是为什么把它放在图中的方框中）。可是，当你想用溴或者碘作为邻位定位基时，你最好当心。更关键的是不能使用丁基锂作为锂化试剂——相反，它们更容易进行锂卤交换。砜 **64** 和磷酸酯 **65** 也是已知的邻位定位基，但是任何一个酸化质子或者和烷基锂试剂键连到邻位的质子上都至少是邻位定位基的潜在行为。

卤素，砜和磷酸酯

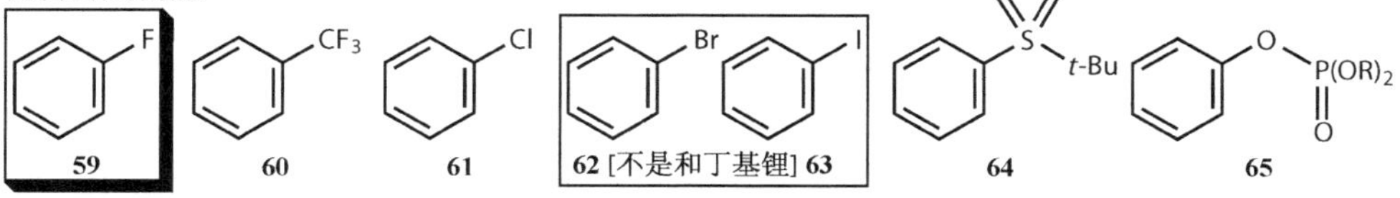

59　**60**　**61**　**62** [不是和丁基锂] **63**　**64**　**65**

含氮的定位基团

嘧唑啉（**66**）、酰胺（**67**）和氨基甲酸酯（**68**）是三类邻位定位基。它们是应用最广的，也是最好的邻位定位基。最好意味着它们不但能给出很好的产率，而且它们的效果也是可靠的。我们会看到它们通常在接下来的反应中很容易被引入而且通用。要小心地注意酰胺和氨基甲酸酯的区别——当它们的结构没有被完全画出来时（$CONR_2$ 对比 $OCONR_2$），它们看上去很像。尽管由于 Wittig 重排，苄醚在邻位锂化反应中经常失败，但苄胺 **69** 却很好。然而，它们并不接近“三王”的一般性。

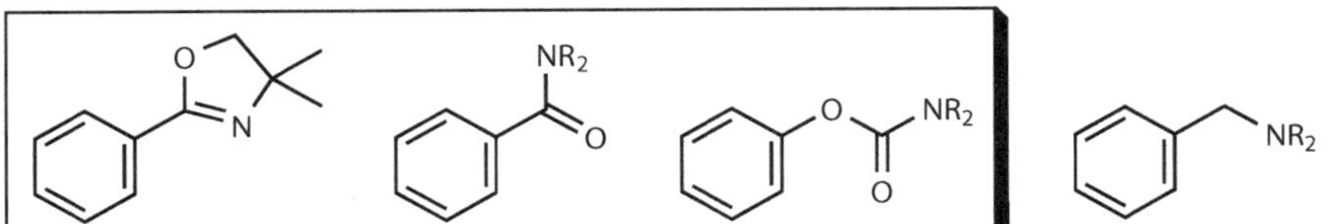

66; 噁唑啉　**67**; 酰胺　**68**; 氨基甲酸酯　**69**

噁唑啉（**71**）是合成氮杂环丙烯（**70**）的中间体，**70** 又被用于研究环加成反应[13]。让我们仔细考虑如何来制备噁唑啉。很明显，我们可以断开芳环和侧链之间的键推导出 **72**，即噁唑啉（**75**）的锂衍生物，它可以和亲电的侧链偶联[14]。

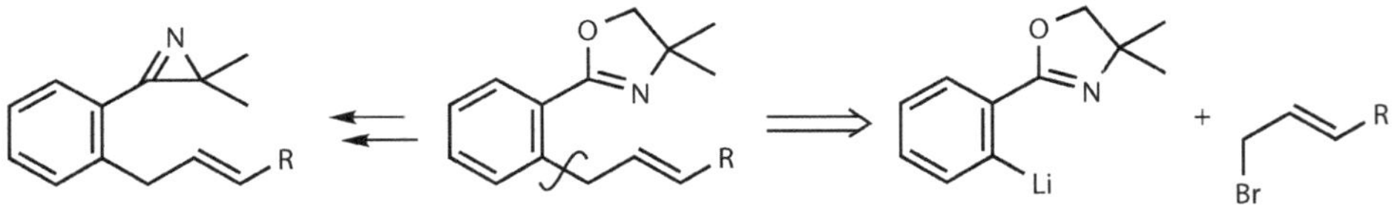

70　**71**　**72**　**73**

合成则是直截了当的。噁唑啉（**66**）定位了邻位锂化，然后锂衍生物和烯丙基溴反应。在分析中我们没有考虑的一件事就是合成噁唑啉本身，或许我们需要考虑。制备噁唑啉的一个方法（有很多方法）是酰氯和氨基醇 **74** 反应接着再和二氯亚砜作用。

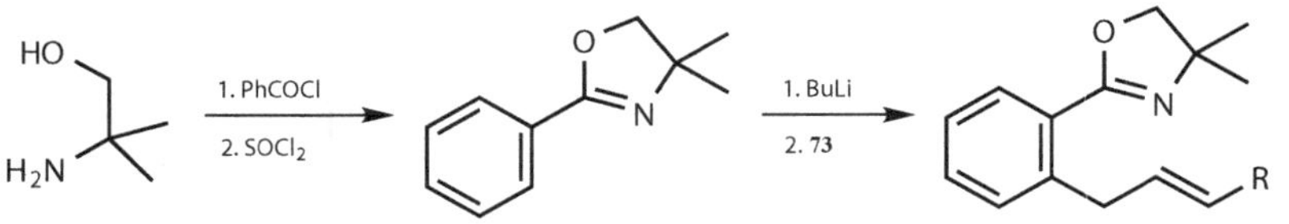

74　**66**　**71**

噁唑啉是一个多用途的官能团。对于一个邻位定位基来说完全可能引入一个新的基团，这个基团本身又是一个邻位定位基。这就导致了各种有趣的可能性，将在**几个锂化**的方法中进行讨论。

区域选择性 II——邻位与邻位

当同一个环上存在不止一个定位基团时又会发生什么呢？这当然有两个基本的可能性：要么相互竞争，要么一起起作用。有三个基本的取代模式，因为第二个定位基团相对第一个来说可以是邻位、间位或者对位。

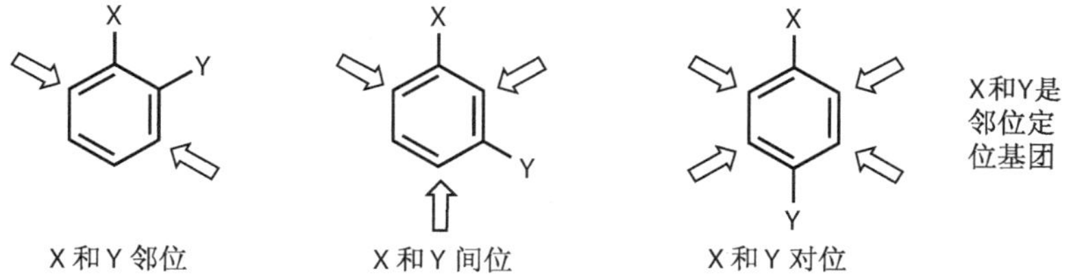

在第一个例子中有两个“邻位”，第二个例子中有三个，第三个中有四个邻位。当然，我们注意到尽管在对位四个位点都能反应，但由于平面对称性仅有两个不同类型的质子，对位取代方式是我们首先要着眼的例子。噁唑啉（**75**）含有两个和邻位定位基有关的对位，而且环上有两个可能的锂化位点。从结果中我们可以清楚地看到噁唑啉环是更有效的定位基，因为产物 **76** 的甲基在它的邻位而不在甲氧基的邻位。

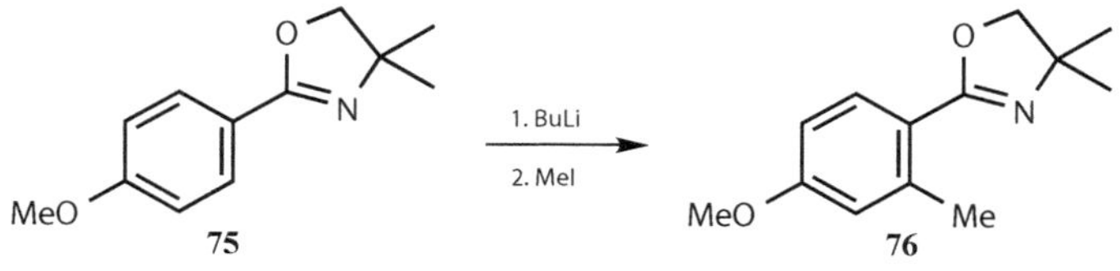

一般来说，如果一个定位基团比其他的更有效，我们就指望着该定位基团帮助在它的邻位锂化。事实上，我们所看到的情况要比这个更加复杂，因为在某些情况下我们要选择在哪个定位基团旁边锂化。这个问题之后会讨论。对酰胺和其他的如化合物 **77** ～**80** 中的邻位定位基的直接比较表明，仅仅氨基甲酸酯比酰胺的定位性强，而噁唑啉、磺酰胺和苄胺等则更差[11,15]。

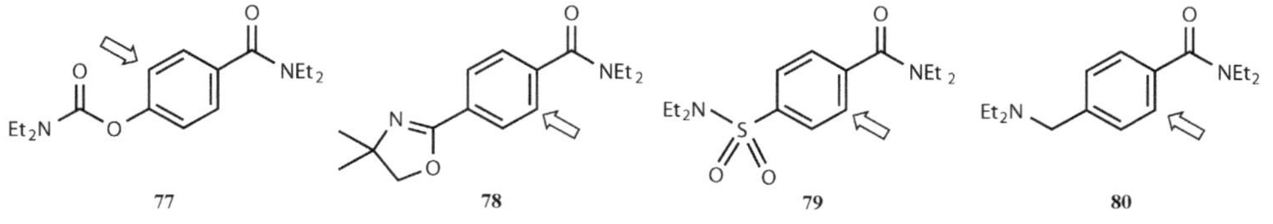

同样的方法，和其他基团的直接比较[15]表明，简单的甲氧定位基要比磺酰胺 **81** 或者苄胺 **82** 差，但是要比 F，CF_3，NR_2 或者 $(CH_2)_2NR_2$ 强。

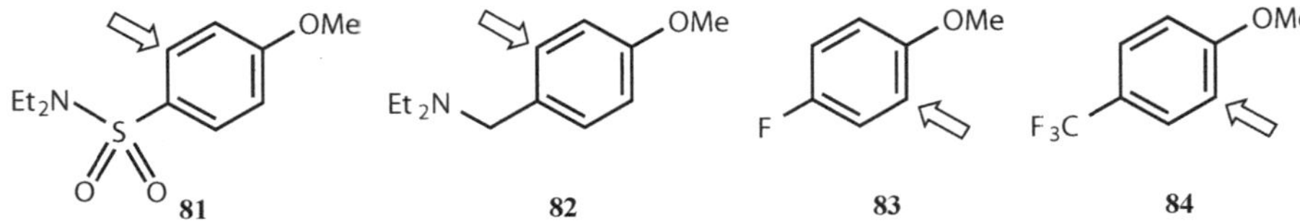

多重定位锂化

让我们来考虑如何制备化合物 **85**。首先芳核上的四个基团中的三个都是好的邻位定位基。我们已经知道酰胺是比甲氧基更加强的定位基，因此可以按照我们的知识安全地断开 **85a** 中的甲基，**86** 的锂化会发生在我们想要的位置。合成真的非常容易，**86** 和 *s*-BuLi 及 TMEDA 反应，接着与碘甲烷作用就得到我们想要的化合物。

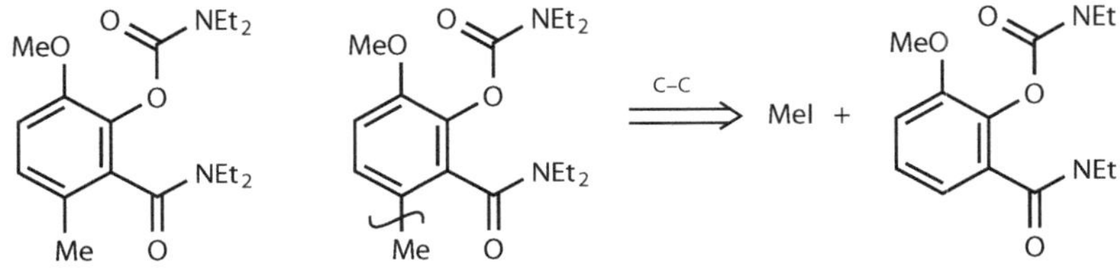

此外，氨基碳酸酯——三个邻位定位基中最有效的一个——位于其他两个之间，我们可以利用这一点。在第 8 章中我们将返回来再看一下该化合物并对其进一步断键，但是是应用另一概念对其进行分析，即多重邻位锂化。现在我们要把自己限制在一个断键上。

酰胺 **87** 含有两个邻位定位基：酰胺和氟。可以通过锂衍生物和碘甲烷反应来引入甲基。然而，这就是我们遇到麻烦的地方，因为锂原子并不会引入到我们想要的地方。因为氟和酰胺都是邻位定位基而且它们是间位取代关系，因此它们可以相互协作。这点将以苯甲醛的反应来阐述。

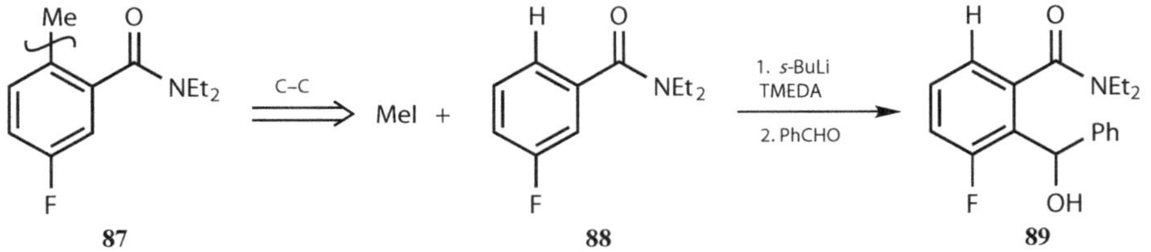

当然，我们可以用一个保护基来占住两个邻位定位基之间的位置。现在只有一件事需要考虑，即剩下的两个邻位位置中的哪一个将被锂化。酰胺相对氟而言是一个好的定位基，因此就没有问题了——锂化按照我们的想法进行[16]。我们

所使用的保护基是三甲基硅基。接下来使用 *s*-BuLi 及 TMEDA 实现锂化，得到的锂衍生物和碘甲烷反应。使用氟源来除去硅基保护基，在这里所使用的是 CsF。

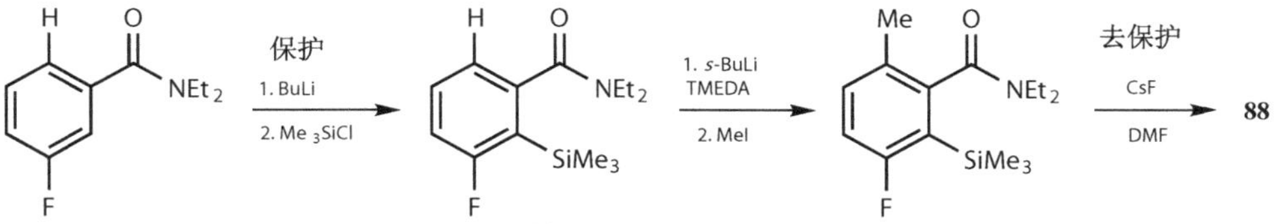

88 **90** **91**

两个基团相互协作的事实需要强调一下。根据我们的化学经验，可以预料到另两个基团之间的质子很难到达。对于邻位锂化来说并不是这样，你可以用间位取代的模式来期待协作配位。

像 **92** 这样的喹啉被广泛用于生物碱的合成中。我们可以想象 **92** 中的几乎任何一个位置都能被锂化，但是两个 MeO 之间的位置是最优先的。当亲电试剂是 $Me_2C{=}CHCH_2Br$ 时，产物是 **94**；而当它是 R_2NCHO 时，则产生醛 **93**。从 **94** 出发用臭氧分解[17]，以及从 **93** 出发通过 Wittig 反应[18]，都能将这两个化合物发展为 *γ*-花椒碱。

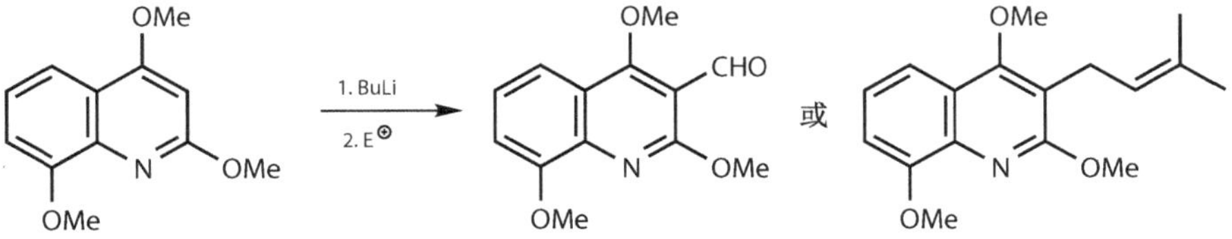

92 **93** **94**

邻位锂化选择

某些情况下我们可以选择在哪个基团旁边进行锂化。该选择来自于两个机理，即定位基团的使用以及定位锂化更加敏感的一个方面。或许对于这些不同机理的最好证据就是在含有竞争的导向基团时，改变反应条件区域选择性也发生变化。

氟代苯甲醚的反应

氟代苯甲醚 **95** 和 **97** 各自都含有两个可以被锂化的不同位点[19]。在每个例子中，如果配位机理有效的话邻近氧的位置就可以被锂化，而如果酸碱机理起作用的话就会在邻近氟的位置上发生锂化。如果邻氟苯甲醚 **97** 与 BuLi 反应，接着与干冰作用，产物则完全是羧酸 **98**。然而，如果它与 BuLi 和叔丁醇钾的混合物反应，接着与干冰作用，那么产物则完全是异构体 **96**。

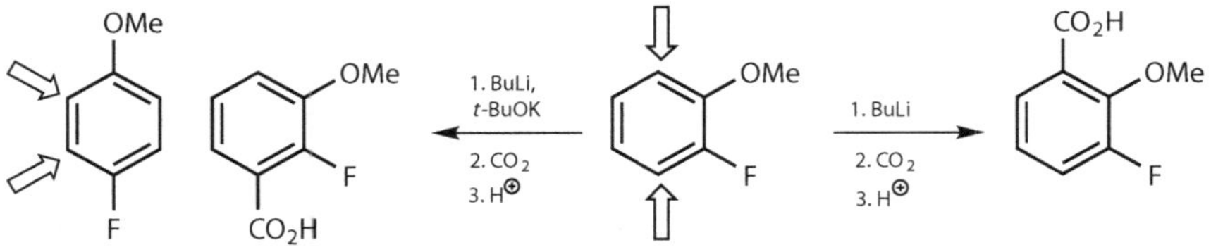

95　**96**　**97**　**98**

然而，实际情况要比这个更加微妙。不仅有可能应用酸碱机理和配位机理之间的差异，也可能在一个配位定位基和另一个配位定位基之间选择[20]。**100** 就是这样的一个例子。氮和氧都有和锂螯合的可能。在 BuLi 和 KO*t*-Bu“超碱”的混合物中，锂化在更亲电的原子氧旁边进行，得到 **99**。试剂并不干扰螯合，而是仅仅除去酸性更强的质子——与电负性更强的原子相邻的质子。当只用 BuLi 本身，锂化就在氮原子旁边进行 **101**。氮对锂的螯合要比氧强，因此这个例子中反应是通过螯合配位的机理进行的[20]。

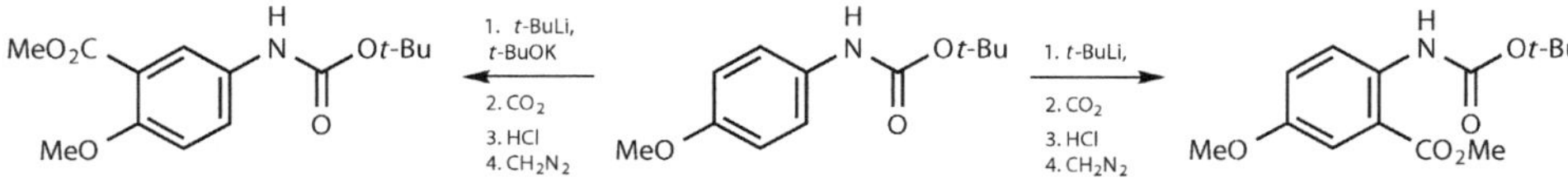

99　**100**　**101**

几种锂化的方法

邻位锂化策略的一个强有力的方面在于其能在同一个环上进行不止一个的锂化。具体怎么做则各不相同。你可以想象这样一种情况：①通过邻位锂化引入新基团得到 **103**，它本身又能进一步定位邻位锂化；②可能会有两个定位基团首先位于**105** 的环上，它们可能定位两个锂化生成双锂化的环；③锂衍生物和它自己的定位基团在分子内反应生成含有**不同**定位基团的产物 **108**，新的官能化发生在原来定位基团的位置（W）。如果最后一个例子听起来有点复杂，那么含有这三种类型的所有例子就会很清楚了。

情况 (i): R^1 和 R^2 是定位基团

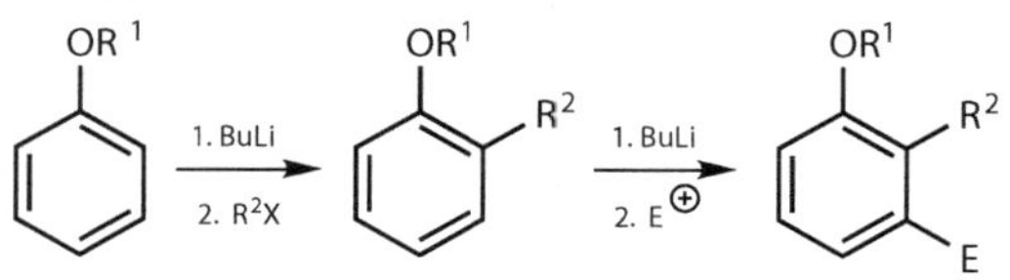

102　**103**　**104**

情况 (ii): R 是一个定位基团

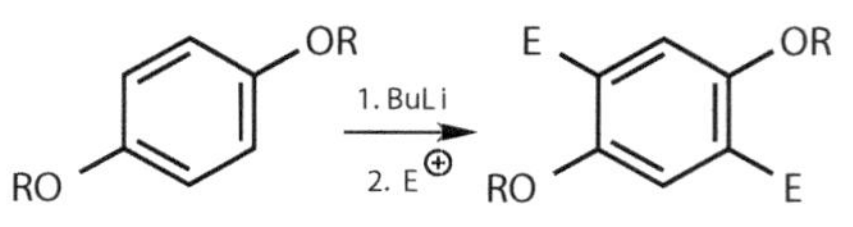

105　**106**

情况 (iii): R^1 和 R^2 是定位基团

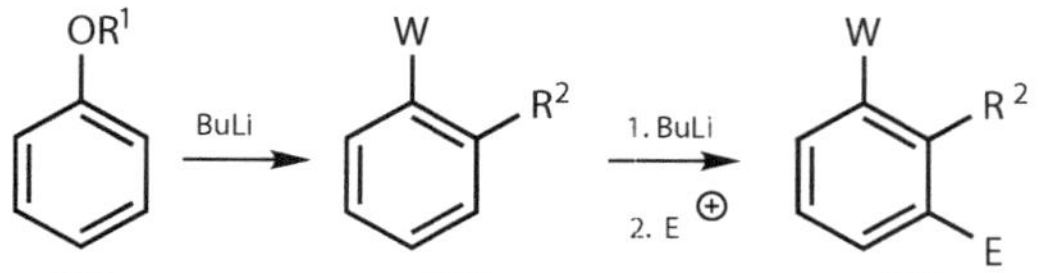

107　**108**　**109**

示例 (i) 一个邻位定位基引出另一个

氨基甲酸酯 **110** 和 *s*-BuLi 反应接着与 Et_2NCOCl 作用生成新的酰胺 **86**。它再与 *s*-BuLi 和碘甲烷反应得到四取代的芳香化合物[21] **85**。

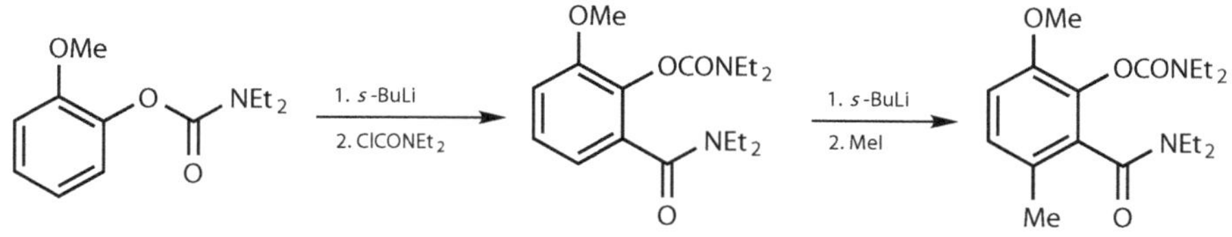

110 **86** **85**

四取代的苯 **112** 是通过多重邻位锂化来合成的。四个取代基中的三个本身都是邻位定位基。这个例子中，根据已有的必须通过相邻的邻位定位基来引入基团的知识来确定首先断开哪一个基团并不简单，因为至少所有的基团都和其他的相邻。让我们来考虑断键 a。从 **111** 开始的反应不会产生区域选择性的问题，因为两个邻位定位基都定位于这个位点进行锂化。问题是我们接下来断开哪一个邻位定位基？我们没有两个相邻的定位基团，因此我们不能通过一个来引入另一个。这迫使我们选择另一个策略，有时指"在环的周围漫步"。

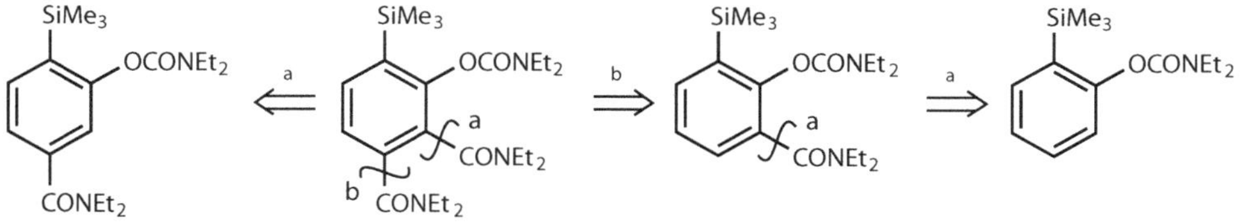

111 **112** **113** **114**

我们按照 b 在三个邻位定位基的末端开始对其进行成功断键。经过两次断键之后只剩下了氨基甲酸酯 **114**。硅基也可以通过邻位锂化的方法引入。硅基的引入阻止了邻位锂化按照逆时针的方式进行，因此阻止了由酰胺和氨基甲酸酯在接下来的邻位锂化中所产生的其他方面的可能的竞争。

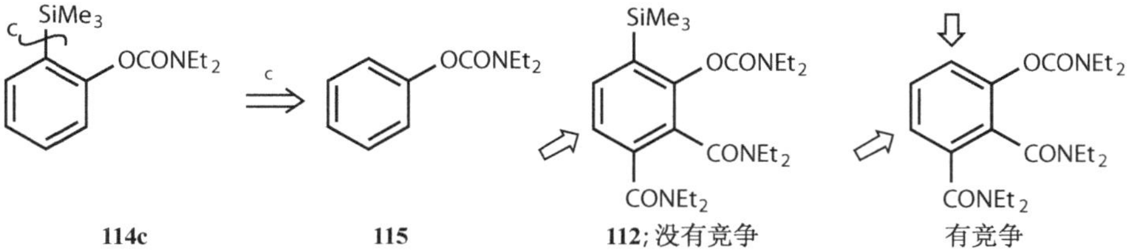

114c **115** **112**；没有竞争 有竞争

使用 *s*-BuLi 和 TMEDA 进行三个锂化反应，三甲基氯硅烷是第一个亲电试剂，接着使用两次二乙基氨基甲酰氯得到目标材料 **112**。

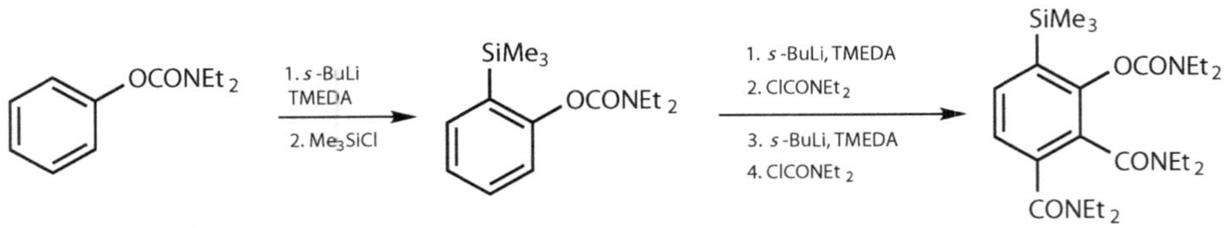

115 **114** **112**

示例（ii） 二锂化

通过邻位锂化而产生的在同一个环上含有两个锂原子的真实的双锂化物种类非常稀有（通过锂卤交换产生的二锂化物种类比较常见）。这并不奇怪，在某些例子中二锂物种类确实存在[22]，通常锂原子互相位于对位 **117**。

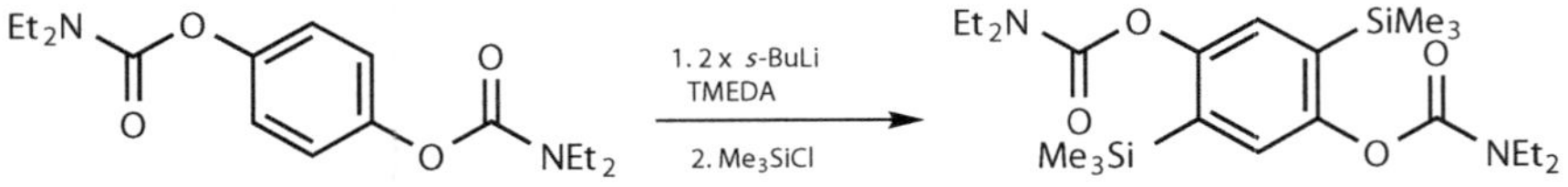

116 **117**; 67% 产率

把两个锂原子靠到一起非常困难，而 2,6-二锂衍生物 **118** 可以被制备，但它不能通过 **67** 的双重邻位锂化来合成；R＝Et。相反，它必须从二溴化合物 **119** 和 *t*-BuLi 来制备。

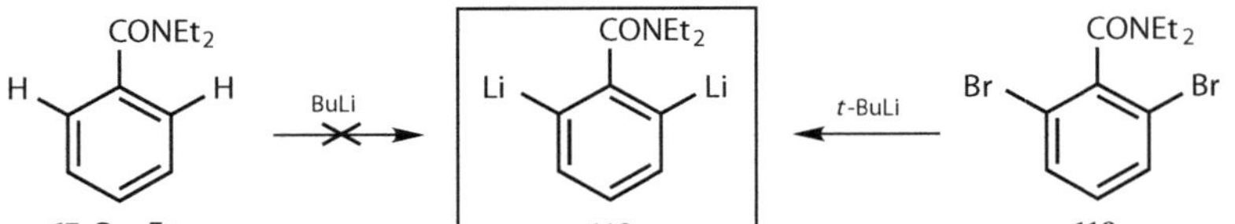

67; R = Et **118** **119**

示例（iii） 一个邻位定位基重排成另一个——阴离子的 Fries 反应

在本章进入锂这部分之前，我们已经遇到了 Fries 重排。在邻位锂化的领域中相似的重排反应也能发生，有时称其为阴离子的 Fries 重排反应。比较下面两个：

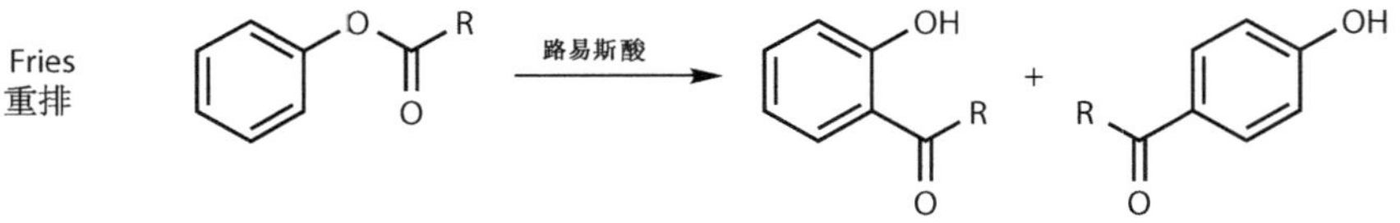

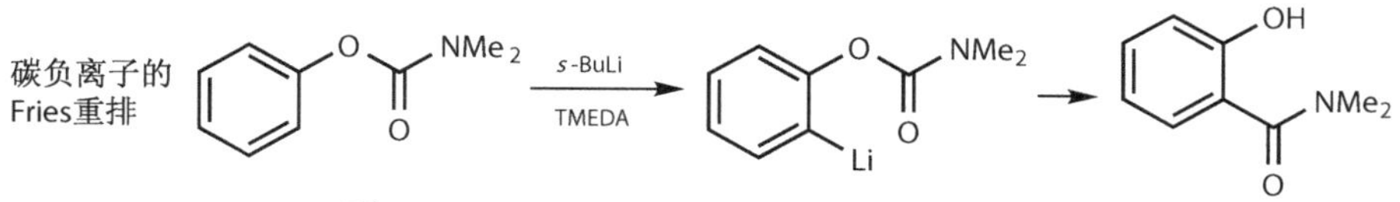

120　121　122

氨基甲酸酯（**120**）用 *s*-BuLi 进行锂化形成中间体 **121**，其进一步反应形成酰胺 **122**。从邻位锂化的观点看，分子中有一个不同的邻位定位基，如果我们将酚基保护，还能继续在环周围锂化。这一化学被用在抗肿瘤化合物 pancratistatin（**123**）[23] 所需的二烯 **124** 的合成中。

通过对 **124** 的靠近环的双键的断键得到醛 **125**。这个醛可以通过邻位锂化与甲醛化试剂作用而引入（因为 **126** 中的二烷基酰胺是一个好的邻位定位基）。

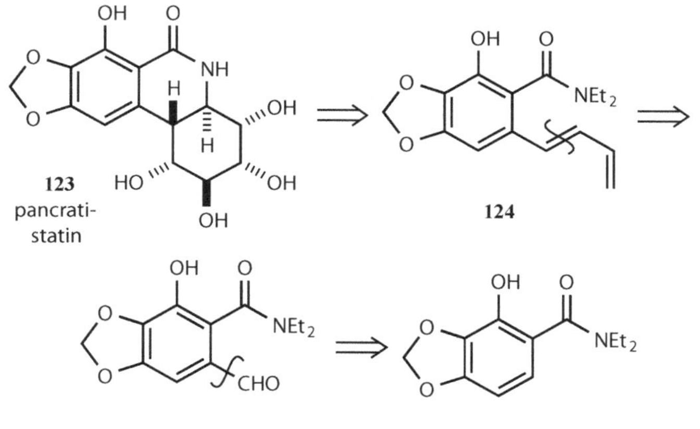

125　126

酰胺是一个好的邻位定位基，但是乙缩醛官能团也是。锂化反应的区域选择性（事实上，这里也存在化学选择性的问题）依赖于这两个中的哪一个更有效。酰胺是邻位定位基的“三王”中的一个，因此比乙缩醛更有力。现在是阴离子的 Fries 重排反应（在逆合成方向）来给出起始原料 **127** 的时候了。

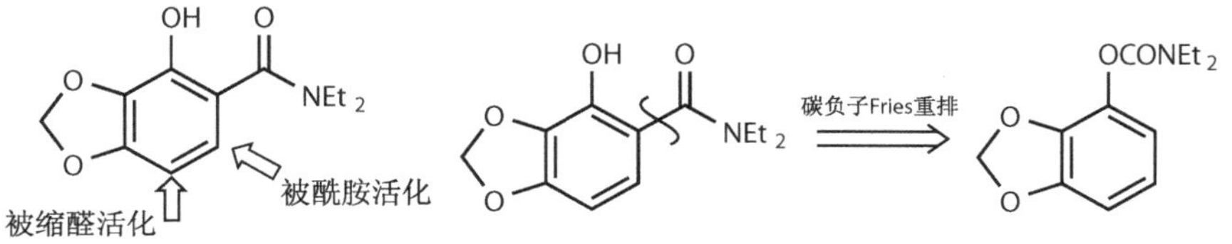

126　126a　127

我们用 *s*-BuLi 和 TMEDA 来对 **127** 进行邻位锂化。锂化发生在我们想要的地方，即氨基甲酸酯的邻位而不是乙缩醛的邻位。接着对锂化中间体加热——一会我们会返回到这——生成酚 **126**。它再与 TBDMSCl 和咪唑反应得到保护的酚

128。在第二次锂化中乙缩醛作为定位基再一次失败，酰胺则成为了定位基，继而使用 DMF 完成甲酰化反应。

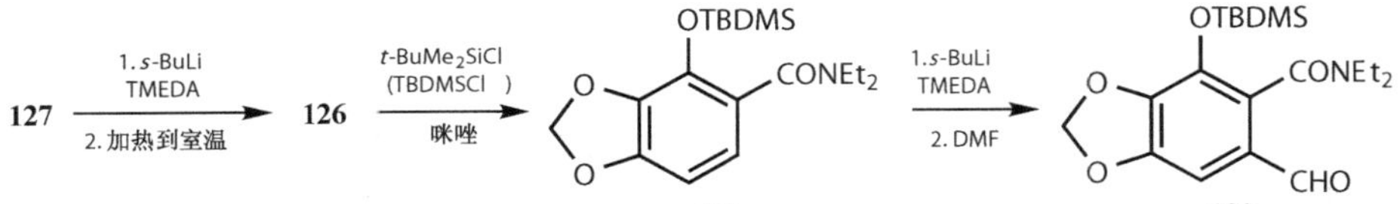

128　　　**129**

醛 **129** 被烯丙基格氏试剂进攻。醇 **130** 被转化为甲磺酸酯，然后在 DBU 作碱时发生消除反应得到二烯 **131**。保护的硅基很容易被除掉得到 **124**，事实上在剩下的合成中它作为保护基被保留了下来。

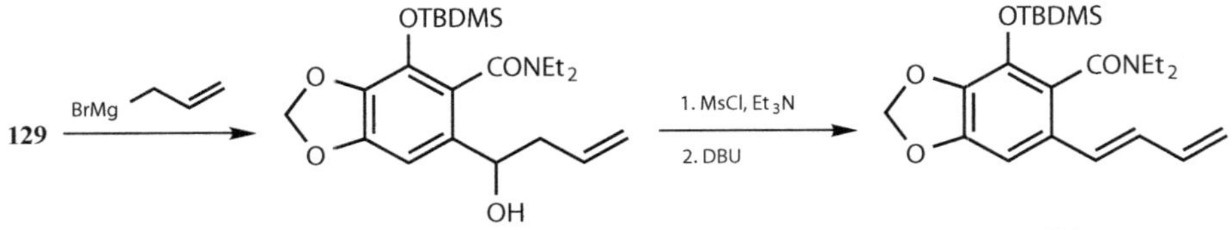

130　　　**131**

认识存在于阴离子的 Fries 重排中的选择要素非常重要。在 **127** 开始锂化后，我们可以让它升温进行重排，或者，如果我们细心一些，可以让它保持低温以便重排不会发生；相反，我们可以引入另一个亲电试剂和锂化合物中间体反应[11]。

卤素

氟作为邻位定位基

氟是一个好的邻位定位基[24]。在没有其他定位基团帮助的情况下，它可以引导氟代联苯锂化，而且效率很高。

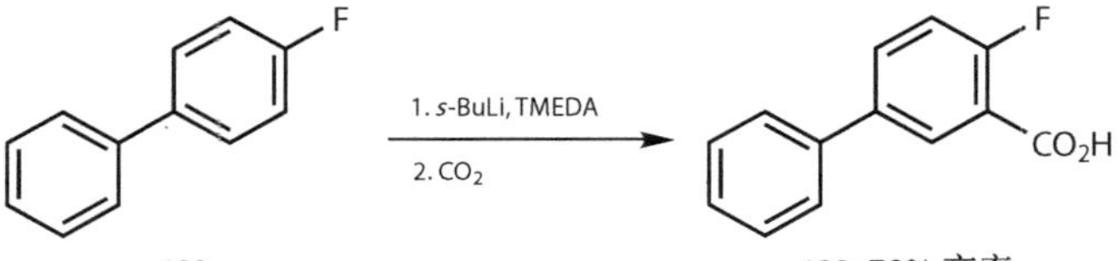

132　　　**133**; 79% 产率

氟作为离去基团

氟也可以作为芳环的离去基团[25]，C—F 键很强，这可能会误导你理解氟是一个**好的**离去基团（尽管在许多反应中它的离去性都很好）。亲核试剂对其进攻，

因为 *ipso* 碳在强电负性的氟的作用下是亲电的。化合物 **134** 中有四个氟原子在苯环上，其中一个被亲核试剂取代生成喹啉抗生素[25] **135**。

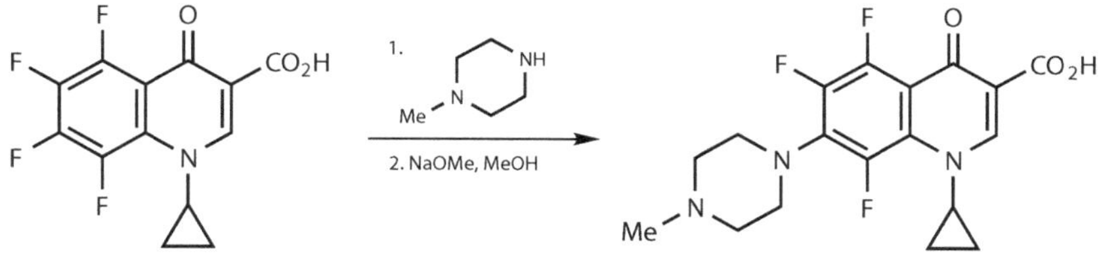

134 **135**

芳香环上的拉电子基团很重要。因为在 sp^2 中心上的直接 S_N2 取代反应不会发生，拉电子基团在氟离去之前的中间体中为电子提供了去处。当亲核试剂和酰氯反应时也会经历同样的过程。

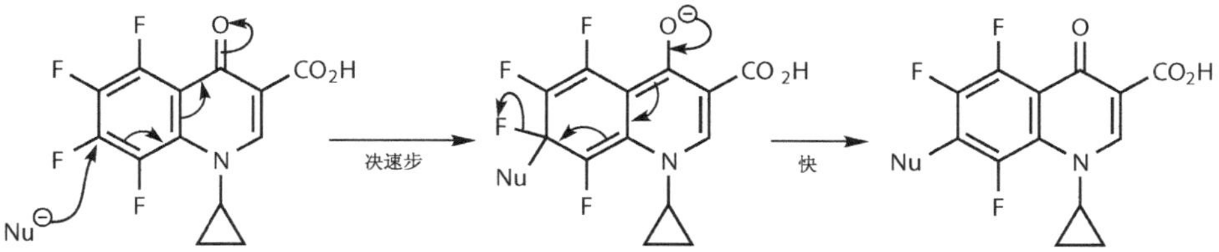

136 **137** **138**

氟作为邻位定位基和离去基团

Bridges[24] 发展的把氟作为邻位定位基和离去基团相结合的方法能够合成苯并噻吩（**139**）和其他相似的衍生物。对缩醛的断键并不能使我们走得更远，但是噻吩环上的双键也能形成一个 α,β-不饱和酯。这里简单的羟醛缩合断键得到醛 **140**，下面的断键依赖于我们所了解的氟可以作为离去基团从芳环上离去。醛是必需的拉电子基团。现在 **141** 的环上含有三个取代基。缩醛尽管本身是一个差的邻位定位基，但它会在锂化中帮助氟。记住，我们可以用邻位锂化来除去甲酰基。

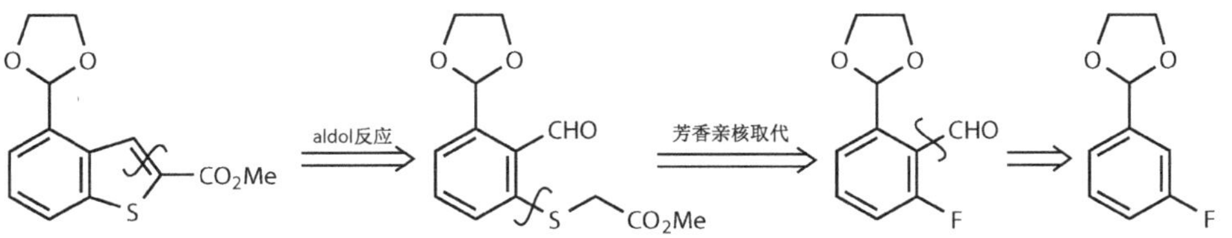

139 **140** **141** **142**

缩醛 **142** 用 *s*-BuLi 和 TMDEA 锂化再用 DMF 甲酰化，后处理得到醛 **141**。接下来的两个反应在同一个反应条件下在一锅中进行。硫醇和 NaH 反应，阴离

子加到醛 **141** 的溶液中，后处理之后所得产物就是目标材料[24]。

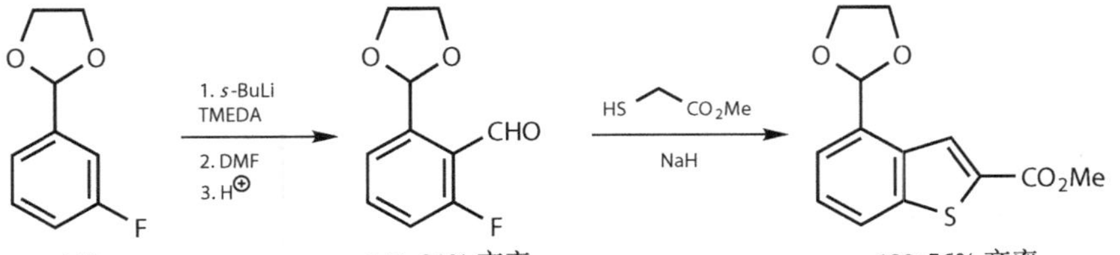

142　　**141**; 91% 产率　　**139**; 56% 产率

下面的三部分：苯炔的形成、α-锂化和支线的锂化在合成有机化学家能够得到的其他一些锂化反应中作简单介绍。它们也是一些警告词语，表明在芳香底物锂化范围内可以发生其他什么反应，也打算为你预先准备好了潜在的陷阱。

苯炔的形成——一个不同的芳香策略

当锂原子邻位有一个离去基团时，苯炔很容易形成。因此，当邻溴氟苯 **143** 和丁基锂反应时，形成了中间体邻锂氟苯 **144**。氟化锂能够从它上面消除得到苯炔 **145**。苯炔是活性物种不能中止。这里邻溴氟苯和丁基锂在呋喃存在下作用，当形成苯炔后，它迅速和呋喃发生环加成反应以 68%的产率得到加成产物 **146**。

143　　**144**　　**145**; 苯炔　　**146**

注意，苯环上的锂和氟原子之间的邻位关系。我们之前看到锂和氟相邻并没有苯炔形成，而这里相同的物种却形成了苯炔！两个例子中的关键差异在于温度，邻氟芳基锂在−78℃下是稳定的，直到温度达到−50～−40℃时才能形成苯炔。含有锂并相邻其他卤素（如溴）的芳环更不稳定，在更低的温度下就能形成苯炔。

三氟磺酸盐和硅基的邻位关系是另一个产生苯炔的方法[26]。当用氟离子 **148** 除去硅基时[11,27]就形成了苯炔 **149**。

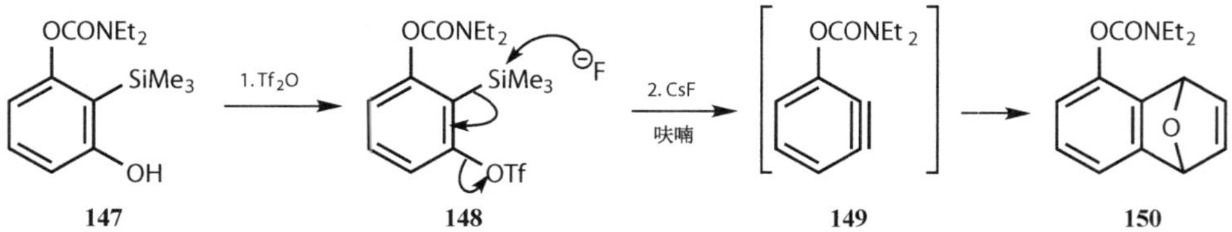

147　　**148**　　**149**　　**150**

α-锂化

α-锂化反应的特征是在 sp^2 中心发生锂化，并且是在杂原子[28] **152** 的 α-位。

用 BuLi 对呋喃锂化再与苯甲醛反应以 98%的产率得到醇 **154**。

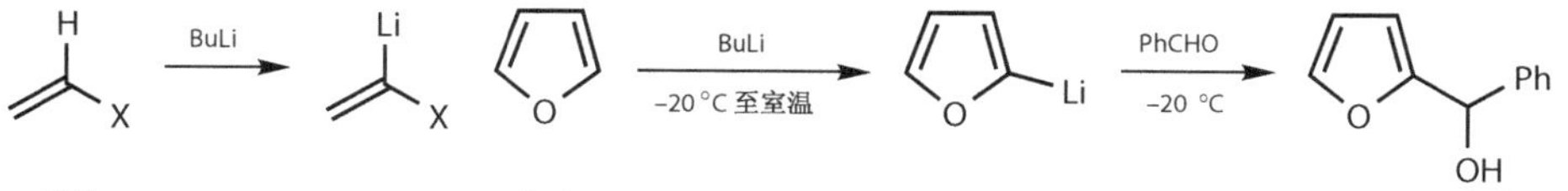

151 **152** 呋喃 **153** **154**; 98% 产率

我们也期待 **155** 中的磺酰胺基团会帮助在噻吩环的邻位位点进行锂化，但事实并不是这样，相反，发生了 α-锂化得到 **156**。

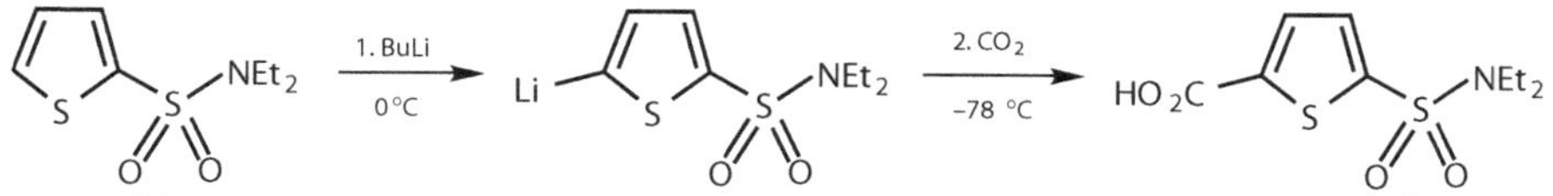

155 **156** **157**; 82% 产率

关于 α-锂化的最后一个警告。苯并呋喃（**158**）的苯环上有一个甲氧基，我们指望它协助邻位锂化。人们很容易忽略掉呋喃环的 α-锂化，但事实上却发生了。

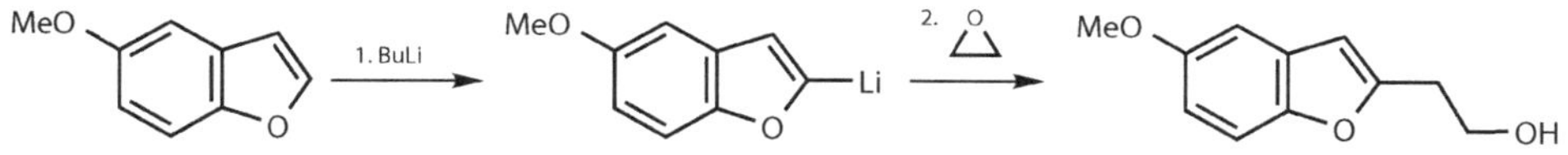

158 **159** **160**; 62%产率

支线的锂化

支线的锂化发生在苄位[29]（**161** 反应成 **162**）而不发生在苯环上。这些反应很常见，因此我们在这必须简要地讨论，因为对于下面的酰胺 **161** 来说，同一官能团既是邻位定位基又是支线锂化定位基。锂化物种可以以烯醇锂盐 **163** 或者螯合的 **164** 为代表。这对于邻位锂化来说是不可能的，因为电荷位于 C—Li σ 键上。

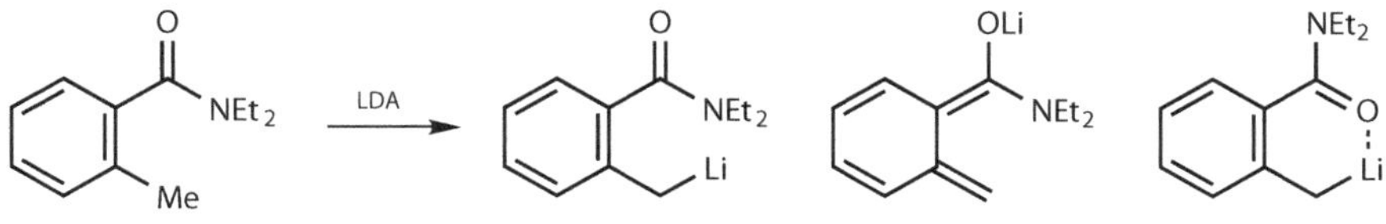

161 **162** **163** **164**

化学选择性

支线锂化不一定需要邻位导向基。因此在 0℃下于 THF 中 LDA 很容易就除去了酰胺 **166** 的对位甲基的质子。电荷可以再次离域到拉电子基团上。但是当用更强的碱在低温下反应时，*s*-BuLi 于－78℃下，就得到我们原来所期待的邻位锂化产物 **165**。支线锂化得到热力学更加稳定的锂化产物而邻位产物 **165** 是动力学产物，随着烷基锂试剂和酰胺络合加速了锂化[30]。

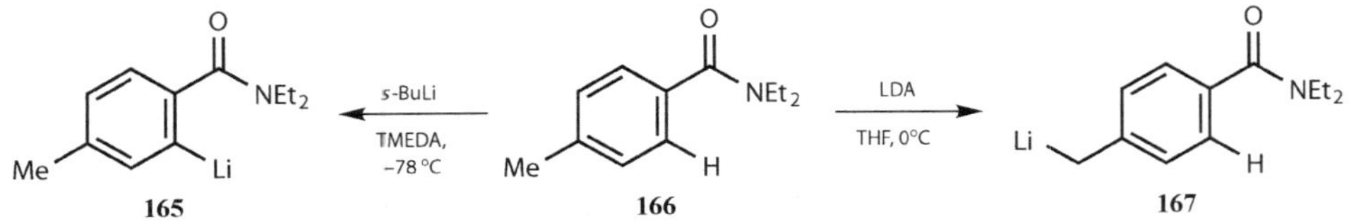

这里有一个 **168** 反应的例子，其中涉及了苯炔的形成和支线的锂化。这是怎么进行的呢？在你阅读解释之前尝试着画出机理。你有你所需要的线索，即反应涉及苯炔的形成和支线的锂化[31]。

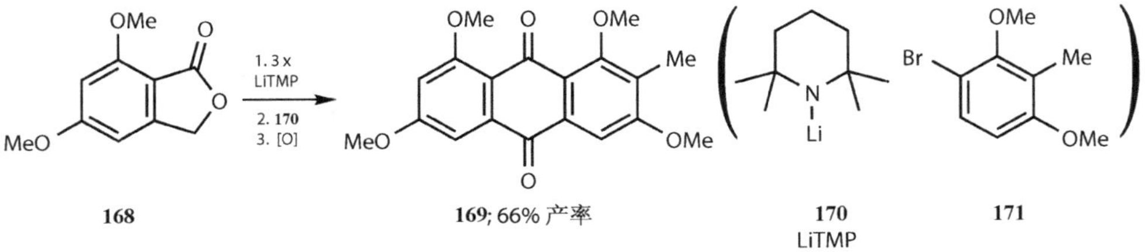

内酯 **168** 通过六甲基哌啶锂（LiTMP，**170**）在苄位锂化得到 **172**。注意，这个电荷可以离域到羰基上，两个甲氧基之间的邻位锂化并不会发生。一个反应活性物种是 **172**。芳基溴化物 **171** 在溴的邻位锂化 **174**，消除溴化锂生成苯炔 **173**。然后这两个物种（**172** 和 **173**）结合在一起。

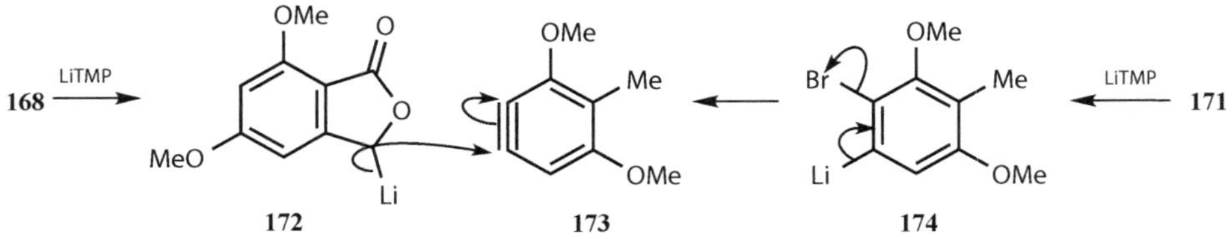

苯炔 **173** 被区域选择性地进攻。通过进攻甲氧基的间位，锂原子中止于和甲氧基相邻的位置（**175**）。然后 C—Li 键可以进攻内酯触发其打开得到 **176**。现在我们已经非常接近目标分子了，稍许氧化会使 **176** 转化为蒽醌[31] **169**。

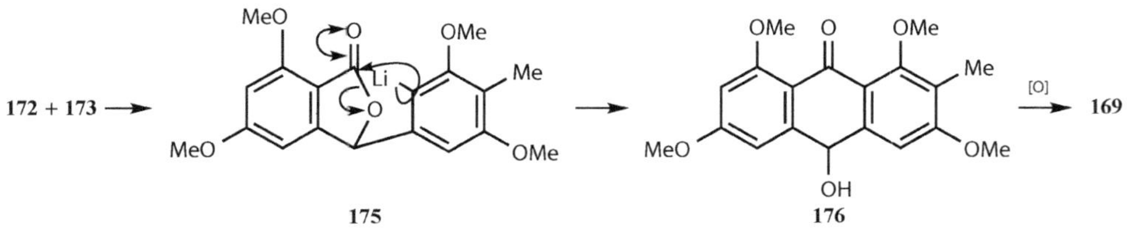

总结

本章我们介绍了许多强有力的反应。我们已经学到：

- 邻位锂化把芳香化合物转化为更加强有力的亲核试剂。
- 协助锂化的基团范围很广，尽管有些要比另一些好。
- 不止一个邻位定位基导致竞争或者螯合。有些情况下需要对邻位锂化的位点做出选择。
- 我们也看到邻位锂化可以和其他反应共同使用。例如，取代氟或者阴离子的 Fries 重排。这使得邻位锂化成为独特的万能策略。

试剂摘要

BuLi	BuLi 本身有足够的活性来进行邻位锂化。在它除去邻位质子之前它和电负性基团配位。与 *t*-BuOK 一起形成“超碱”。然而，卤素经常和 BuLi 发生锂卤交换。在这种情况下含氮的碱（如 LDA）是最合适的。
s-BuLi	*s*-BuLi 是比 BuLi 更强的碱。在邻位锂化中它经常和 TMEDA 共同使用。
LDA	LDA 倾向于除去质子而不是和卤素反应。当芳基溴化物和 BuLi 反应时，副产物是 BuBr（一个 C—Br 键）。如果 LDA 对芳基溴化物锂化，副产物包括一个弱的 N—Br 键，因此反应不能发生。
LiTMP	六甲基哌啶锂比 LDA 更强，位阻更大，但价格也更昂贵。

- 注意，邻位锂化一般用 BuLi 或者 *s*-BuLi，但支线的锂化则用 LDA 和 LiTMP。这不是无关紧要的。

参 考 文 献

一般性参考文献列于 946 页。

1. P. H. Gore in *Friedel-Crafts and Related Reactions*, Interscience, New York, 1964, Vol III, Part I, page 1.
2. F. Arndt and G. Källner, *Chem. Ber.*, 1924, **57**, 202; J. D. Loudon and R. K. Razdan, *J. Chem. Soc.*, 1954, 4299.
3. A. H. Blatt, *Chem. Rev.*, 1940, **27**, 413; *Org. React.*, 1942, **1**, 342.
4. K. W. Rosenmund and W. Schnurr, *Liebig's Ann.*, 1928, **460**, 56.
5. R. Baltzly, W. S. Ide and A. P. Phillips, *J. Am. Chem. Soc.*, 1955, **77**, 2523.
6. P. R. Vijayasarathy, R. B. Mane and G. S. Krishna Rao, *J. Chem. Soc., Perkin Trans. 1*, 1977, 34.
7. T. Y. R. Tsai, K. P. Nambiar, D. Krikorjan, M. Botta, R. Martini-Bettolo and K. Wiesner, *Can. J. Chem.*, 1979, **57**, 2124; K. Wiesner, *Pure Appl. Chem.*, 1979, **51**, 689.
8. R. E. Dean, A. Midgley, E. N. White and D. McNiel, *J. Chem. Soc.*, 1961, 2773.
9. S. J. Rhoads and N. R. Raulins, *Org. React.*, 1975, **22**, 1.
10. A. T. Shulgin and A. W. Baker, *J. Org. Chem.*, 1963, **28**, 2468.
11. V. Snieckus, *Chem. Rev.*, 1990, **90**, 879.
12. *Disconnection Approach*, p.21; but see Chapter 33 below.

13. A. Padwa and H. Ku, *J. Am. Chem. Soc.*, 1978, **100**, 2181.
14. H. Reuman and A. I. Meyers, *Tetrahedron*, 1985, **41**, 837: see page 853 in particular.
15. Clayden, *Lithium*, pages 28–72 and 90–96.
16. R. J. Mills, N. J. Taylor and V. Snieckus, *J. Org. Chem.*, 1989, **54**, 4372,
17. N. S. Narasimhan and R. S. Mali, *Tetrahedron*, 1974, **30**, 4153.
18. J. F. Collins, G. A. Gray, M. F. Grundon, D. M. Harrison and C. G. Spyropoulos, *J. Chem. Soc., Perkin Trans. 1*, 1973, 94.
19. G. Katsoulos, S. Takagishi and M. Schlosser, *Synlett*, 1991, 731; M. Schlosser, F. Faigl, L. Franzini, H. Geneste, G. Katsoulos and G-F. Zhong, *Pure Appl. Chem.*, 1994, **66**, 1439.
20. R. Maggi and M. Schlosser, *J. Org. Chem.*, 1996, **61**, 5430.
21. P. Beak, A. Tse, J. Hawkins, C.-W. Chen and S. Mills, *Tetrahedron*, 1983, **39**, 1983; Ref 11, page 895, table 12, entry 33.
22. R. J. Mills, R. F. Horvath, M. P. Sibi and V. Snieckus, *Tetrahedron Lett.*, 1985, **24**, 1145.
23. S. Danishefsky and J. Y. Lee, *J. Am. Chem. Soc.*, 1989, **111**, 4829.
24. A. J. Bridges, A. Lee, E. C. Maduakor and C. E. Schwartz, *Tetrahedron Lett.*, 1992, **33**, 7495; 7499.
25. T. Miyamoto, J. Matsumoto, K. Chiba, H. Egawa, K. Shibamori, A. Minamida, Y. Nishimura, H. Okada, M. Kataoka, M. Fujita, T. Hirose and J. Nakano, *J. Med. Chem.*, 1990, **33**, 1645.
26. Y. Himeshima, T. Sonoda and H. Kobayashi, *Chem. Lett.*, 1983, 1211.
27. K. Shankaran and V. Snieckus, *Tetrahedron Lett.*, 1984, **25**, 2827.
28. H. W. Gschwend and H. R. Rodriguez, *Org. React.*, 1979, **26**, 1.
29. R. D. Clark and A. Jahangir, *Org. React.*, 1995, **47**, 1; Clayden, *Lithium*, pp 73–83.
30. P. Beak and R. A. Brown, *J. Org. Chem.*, 1982, **47**, 34.
31. C. A. Townsend, S. G. Davis, S. B. Christensen, J. C. Link and C. P. Lewis, *J. Am. Chem. Soc.*, 1981, **103**, 6885.

8 金属 σ-络合物

引言

有机锂化合物的结构

本书的每一个读者对格氏试剂都很熟悉，因为它是第一个实用的金属试剂，而且我们在第 1～7 章中花了相当长的篇幅讨论了它们。现在我们要把这个话题扩展到所有含有直接的碳金属键的化合物，并称这些化合物为 σ-络合物，用于与后边要讲的 η-和 π-络合物相区分。一个饱和的碳原子没有孤对电子和空轨道，我们可以把这些金属-碳键当成硼-碳键或者硅-碳键来处理，不考虑反键作用和 d 轨道。

我们也认识到，简单的甲基锂实际上是以三聚或者四聚的形式存在的[1]，如 **1**。在这一章中我们将关注金属 σ-络合物的合成，如锂、镁、铜和锆等金属试剂。我们将看到从简单的有机锂试剂可以拓展到这些无疑是非常复杂的配合结构，而且总体上我们不用担心这些多聚的本质，因为在溶液中它们一般作为单体反应[2]，如 **1b**。

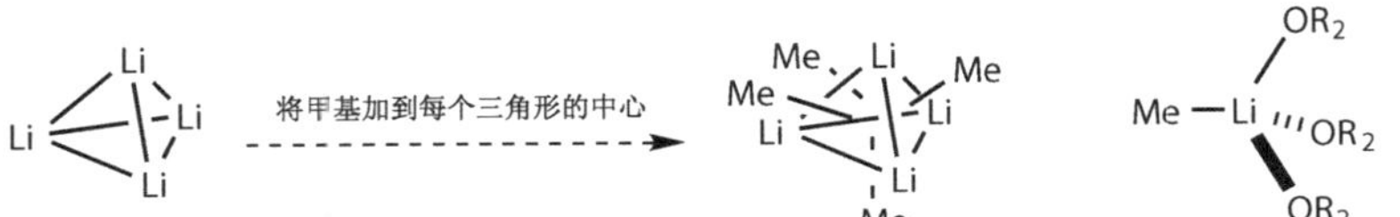

1a
MLi 中的锂原子　　1; MeLi　　1b; 溶液中的MLi

我们一直在考虑用烷基锂，如丁基锂，用去质子的方法制备芳基锂化合物，而且很多分子中的质子都可以被除去形成锂试剂。在本章中我们不深入讨论这个，而是集中在其他三种方法：氧化加成（插入）、转金属和氢金属化。

锂和镁络合物

氧化插入的方法制备有机金属 σ-络合物

大家对制备格氏试剂的一般方法都很熟悉：一个卤代烷 **2** 与金属镁在醚中反应，形成通常写成 RMgBr 的东西。但它其实只是含有一个四面体的镁原子，剩余的位点被醚分子所占据，如 **4a**。它是这个溶液中至少存在的一种形式。在形成新键的时候，镁原子已经接收了醚配体的电子。在这样的一个简单结构中，我们可以像 **4c** 一样，把电荷放在原子上，或者像 **4b** 一样，以箭头的形式画配位键。结构 **4c** 是最不合理的，因为这个金属最终是带两个负电荷的。最好的折中，就是把所有的键都画成线，不带电荷，像 **4d**。

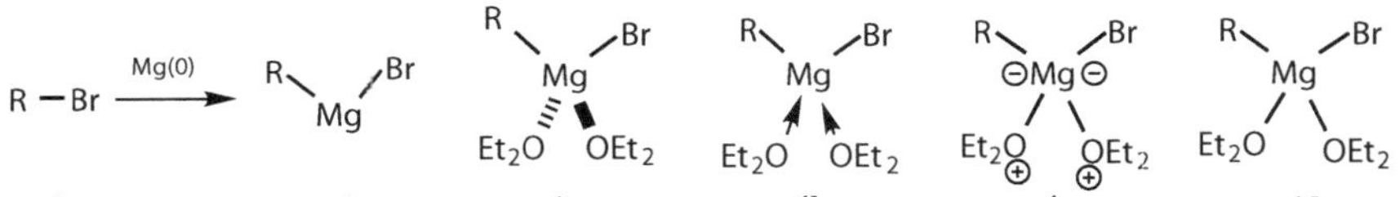

2　3　4a　4b　4c　4d

我们称这个反应为氧化插入（或者氧化加成），因为金属原子把自己插入到碳和卤素原子之间，同时自己经历氧化过程，从 Mg（0）变为 Mg（II）。如果你不太喜欢对络合物中心原子定化合价，那么最快捷的方法就是从金属中除去配体。首先除去的是真实的分子，这里是两个醚分子，因为你可以明显地做到而不改变金属的氧化态。然后把剩余的配体以阴离子的形式除去，如 **3a**（这里是 2 个），在电正性的金属上留下两个同样数量的正电荷。正电荷的数量就是这个金属的氧化态。所以，我们把 **4** 表述为一个碳负离子和 Mg(II)的 σ-络合物。

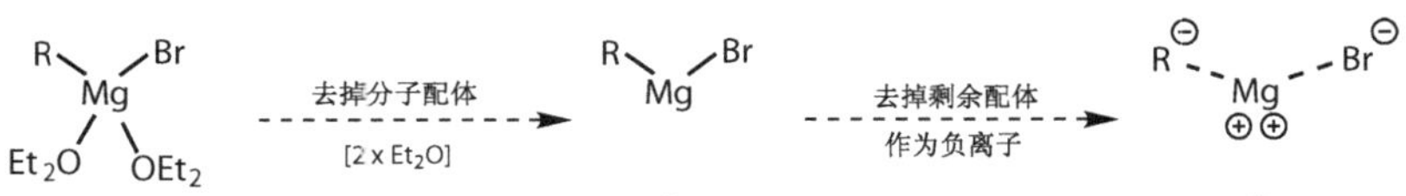

4d　3　3a

具体地说，氧化插入可能开始于富电子的卤原子与缺电子的金属间的相互作用，如 **5**。金属的反键作用同样可以构筑中间体 **6** 而削弱碳卤键。而 C—Br 键的电子则放弃溴而与金属形成一个新键 **6c**。碳原子本身经历了亲电取代，而金属则形成两个新键，用空轨道形成一个，用孤对电子形成另一个。你也许会质疑，如果金属被氧化了就必然有东西被还原了。那么这个碳原子，从 RBr 中的 R^+ 变成了络合物中的 R^-，就是被还原了。**“可能”**、**“也许”** 这样的词经常在这个领域中使用，而问题就集中在中间体的结构和反应途径上。尽管机理的细节还不清楚，但是我们还是可以用来试图理解反应。

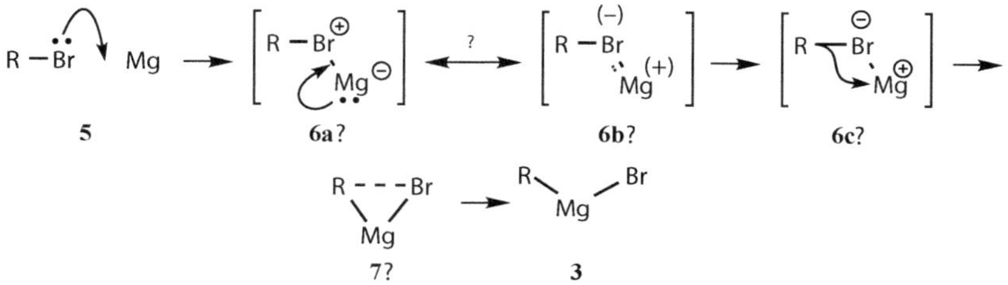

镁可能比我们用的其他金属更容易发生氧化插入反应，但锂作为线、片或者屑[3]，可以相当容易地插入到烷基或者芳基卤化物中去，尤其是在 THF 溶液中[4]。像锂这样只提供一个电子的金属也可以与镁走同样的途径，但是要用单箭头。钯可以用同样的途径形成 Pd(II)衍生物[5]，但是钯必须用一种溶解性更好的络合物形式，如 $Pd(Ph_3P)_4$，其他金属则远没有这么成功。

有机锂和有机镁试剂的结构

我们可以把这些物质描述为碳负离子与金属离子形成的 σ-络合物，但它们不是碳负离子。通常卤代烷与 Mg(0)或 Li(0)在醚（Et_2O 或 THF）溶液中反应，它们在有机溶液中是溶解成四面体而不是盐。化学家更愿意画成单体物质 RLi 或者 RMgX，而且有可能这些单体就是很多反应中的活性物质。

有机锂试剂和有机镁试剂的反应

大家知道，格氏试剂和烷基锂试剂这样的带有电正性金属的有机金属试剂有很强的亲氧性。它们是非常活泼的碱性亲核试剂，与硬亲电试剂如羰基化合物反应得很好，而与较软的亲电试剂如卤代烷则不容易反应。一个简单的考察就会解释，为什么还需要其他类型的有机金属 σ-络合物。当 Cram[6] 研究对手性醛的立体选择性加成时，他对比了异丙基格氏试剂和异丙基锂在对醛 **8** 进攻时的反应性区别。他对产物 **9** 的非对映选择性比较感兴趣，但是我们也可以看出，两种试剂反应的产率是几乎相同的。

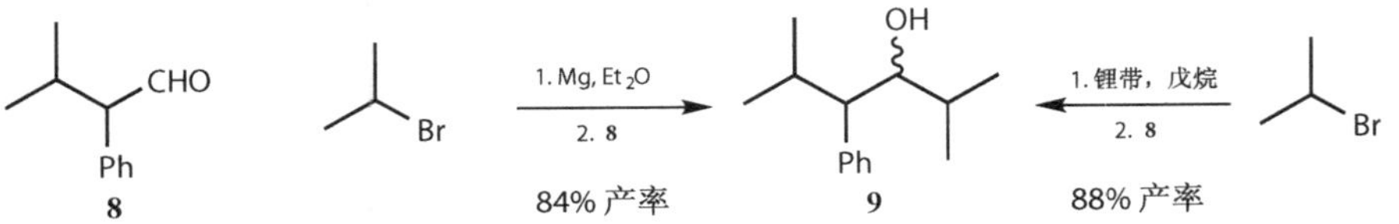

无论是有机锂试剂还是格氏试剂，对醛和酮的加成都有较好的产率，这有很多例子[7,8]。而问题在于烷基锂会引起烯醇化，而格氏试剂会引起还原。格氏试剂的还原问题更严重一些，尤其是支状的格氏试剂 **10**[8]。非常不活泼的二苯酮与特丁基氯化镁反应[9]，大部分得到加成产物 **13**，而与异丁基格氏试剂 **12** 反应，则仅得到还原产物 **11**，这与我们预想的正好相反。

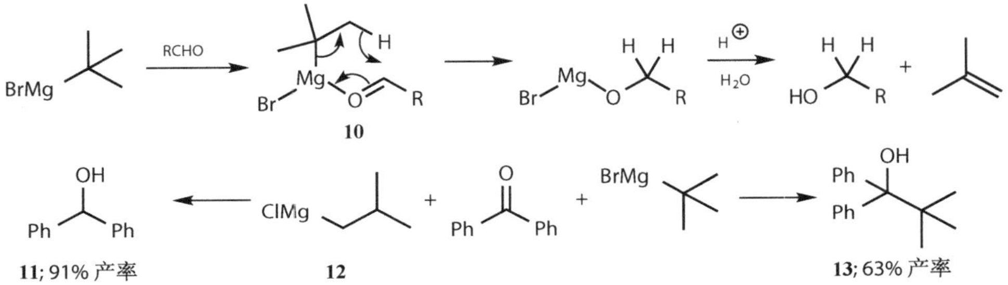

有机锂试剂与环氧化合物的反应非常好，但是去质子引起的重排反应也是一个问题[10]。格氏试剂仅与环氧乙烷反应得很好，与其他二价环氧化合物，Mg(II) 的路易斯酸性则会引起重排反应。环氧环己烯（**14**）与有机锂试剂反应得到正常的产物 **15**，而与格氏试剂反应，则在加成之前重排成醛 **17**，给出出人意料的产物 **16**。一个著名的例子就是 Robinson 报道的 **15** 的合成。起初报道的是得到 92%的 **15**（R=$PhCH_2CH_2$—），后来则更正为化合物 **16**，而 **16** 在甾体合成中没有用处[11]。

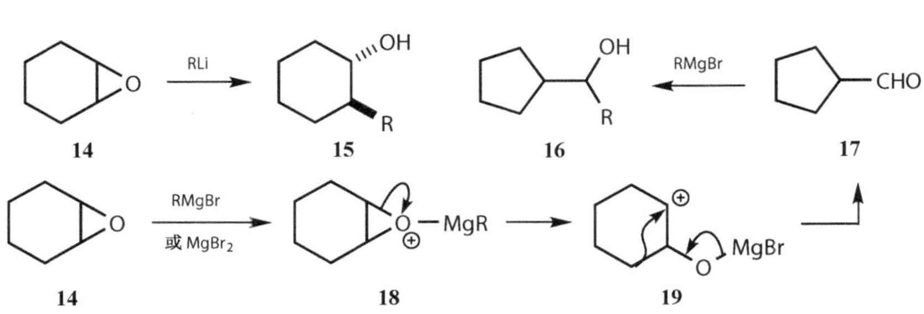

有机锂试剂或者格氏试剂与卤代烷反应得不好，主要是锂或者镁在卤代烷之间的快速交换。如果生成的有机锂试剂比原来的稳定，这个反应就有用了，就像用芳基卤化物与丁基锂反应制备芳基锂化合物。直接的去氢锂化通常发生在杂原

子的邻位（第 7 章），但是卤原子，如溴化嘧啶则发生在卤素位置，生成 **21**。这个 **21** 加成到不活泼的二氯二芳基酮上得到有杀真菌活性的氯苯嘧啶醇（fenarimol，**23**）[12]。

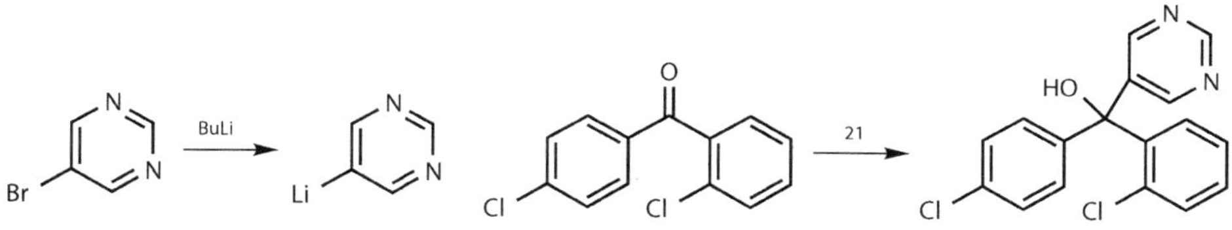

20 **21** **22** **23**

很多炔基、烯基、芳基和官能化的烷基锂试剂则在烷基化反应中表现得很好，因为它们比从简单的卤代烷制成的锂试剂更稳定一些。像 **24**，**25** 和 **26** 这样的例子将在格氏试剂与烯丙基卤化物之间的反应的章节中介绍。

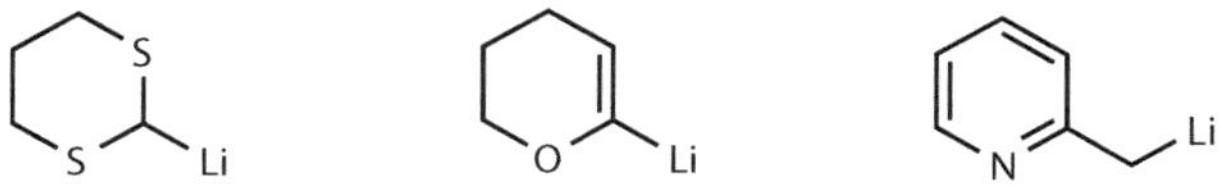

24 **25** **26**

手性格氏试剂

一直以来大家都认为光学纯的格氏试剂做不出来。当然，光学纯的格氏试剂不能从光学纯的二级卤代烷与镁反应直接得到[13]，因为电子转移过程和自由基过程改变了立体化学的信息。但是 Hoffmann 在这个困难领域的最新的成功[13,14]展现了简单格氏试剂乙基溴化镁的反应性。

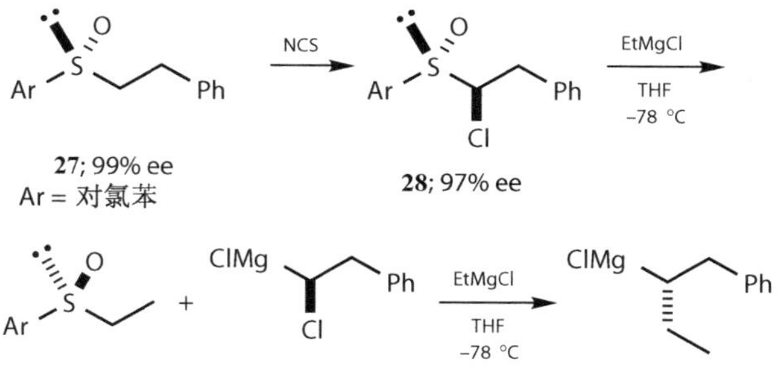

27; 99% ee
Ar = 对氯苯

28; 97% ee

29; 99% 产率
96% ee

30; 稳定
−78 °C

31; 稳定
−78 °C

光学纯的亚砜 **27** 用 NCS（*N*-氯代丁二酰亚胺）氯化可以很容易地得到光学纯的 **28**，并可以很容易地与它的非对映异构体分开。与乙基氯化镁的反应则在两步反应中都发生了。对手性亚砜的亲核进攻造成了手性翻转得到 **29**，同时得到单一手性的含氯格氏试剂 **30**。仍然在低温下，过量的乙基氯化镁通过翻转反应取代了氯而得到简单的二级格氏试剂 **31**，而这个化合物可以在低温下维持它的立体化学不变。如果这个格氏试剂 **31** 在制备后马上与在这个条件下相容的亲电试剂反应，则可以以高产率和高立体选择性得到产物 **33**。这说明 **31** 的立体化学在反应中得到了保持。

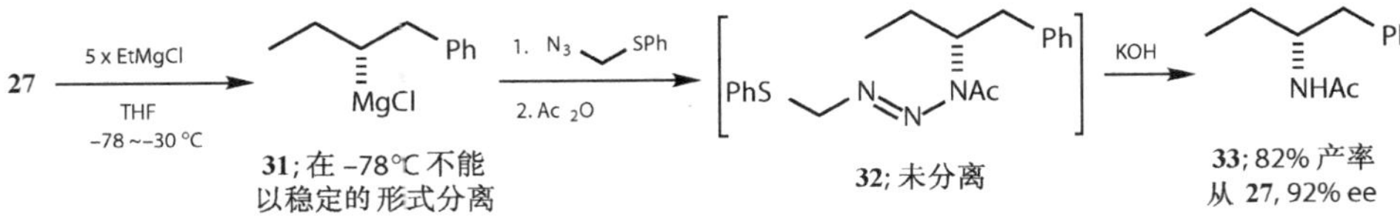

格氏试剂和有机锂试剂在碳原子上的酰化反应

碳原子上的酰化反应通常有些困难，因为产物是一个醛或者酮，可能比酰化试剂更活泼：它们的羰基更亲电，而且因为烯醇化的原因酸性更强。腈通常在有机锂试剂或者格氏试剂的酰化反应中表现得很好。此外，有机锂与酸的锂盐反应是在第 2 章中讨论过的策略。这两个方法都是依靠产物是在有机锂被猝灭之后才能得到。一个例子是 Masamune 在合成 amphotericin 时用到的中间体环丙基酮 **34**[15]。把 **34** 切断成羧酸 **36** 是一个很好的路线，因为光学纯的羟酸 **36** 是容易得到的。环丙基锂试剂 **35** 实际上比二级烷基锂试剂更容易制备，因为三元环稳定了 σ-络合物中的阴离子[16]。用 **36** 来酰化需要三当量的 **35**，其中的两当量被酸性的羟酸所消耗，但是这个反应是一个高效的酰化反应。

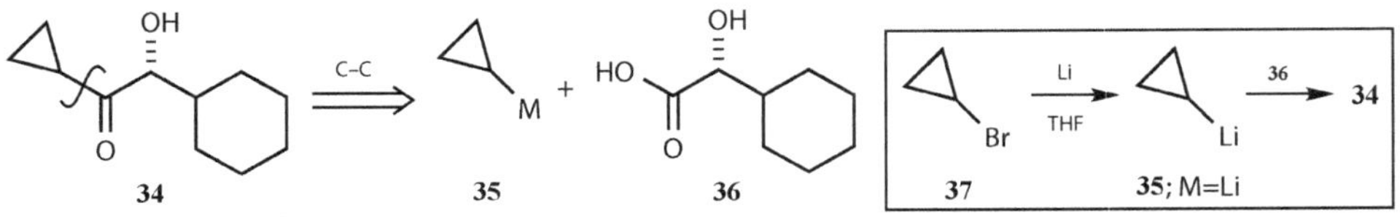

更普遍的是基于三级酰胺的酰化试剂，因为它们比酮要惰性得多，或者与内酯的活性差不多。这种情况出现因为三级酰胺 $RCONMe_2$ 与丁基锂反应生成的四面体中间体不会与多余的丁基锂反应，所以从 **26** 可以得到较好产率的酮 **39**[17]。

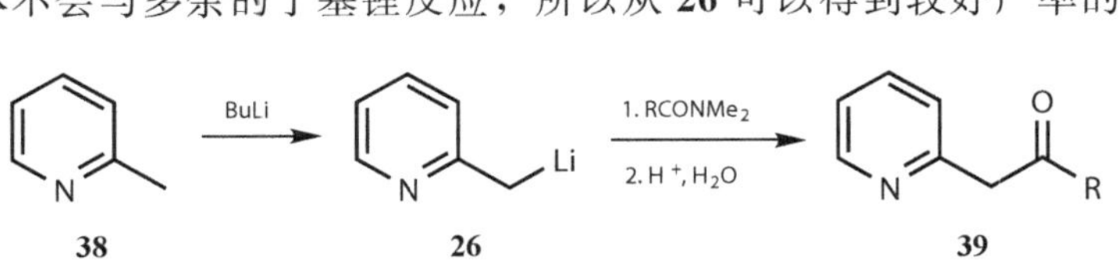

Weinreb 酰胺（**40**）在酰化活泼碳亲核试剂中是十分有效的[18]。一个烷基锂试剂加成到 Weinreb 酰胺上形成一个螯合的锂化合物 **41**。这个锂的衍生物 **41** 可以被猝灭分解成酮 **42**。第 5 章中的化合物 **60**、**63** 就是 Weinreb 酰胺的例子。

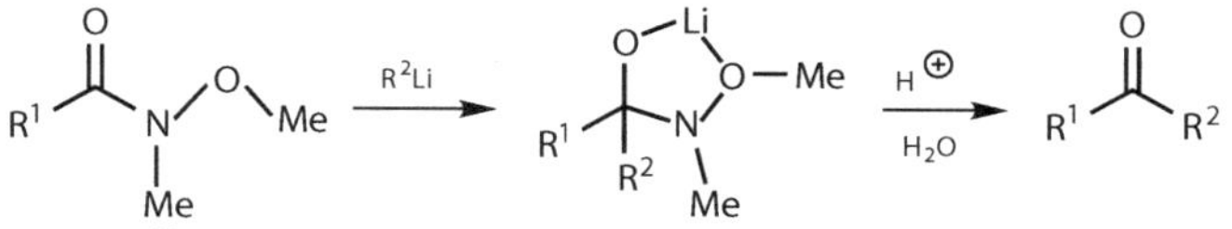

40 **41** **42**

内酯与酮有相似的活性，在低温条件下，一分子的烷基锂试剂可以得到较好产率的酮，在 Magnusson 合成松树屑苍蝇性引诱剂 **43** 时[19]，选择用一个双键取代几乎在中间的甲基，所以可以断键成酮 **45**。

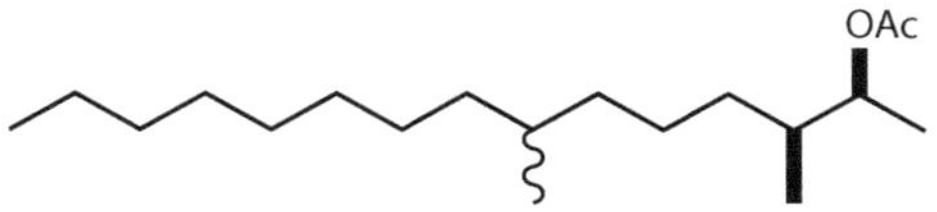

43

回到内酯 **46** 的立体选择性，可以利用环己酮 **47** 的 Baeyer-Villiger 重排控制。用正辛基锂在低温下与内酯 **46** 反应则可以以约 70%的产率得到羟酮 **48**，再经过几步转化得到信息激素 **43**。

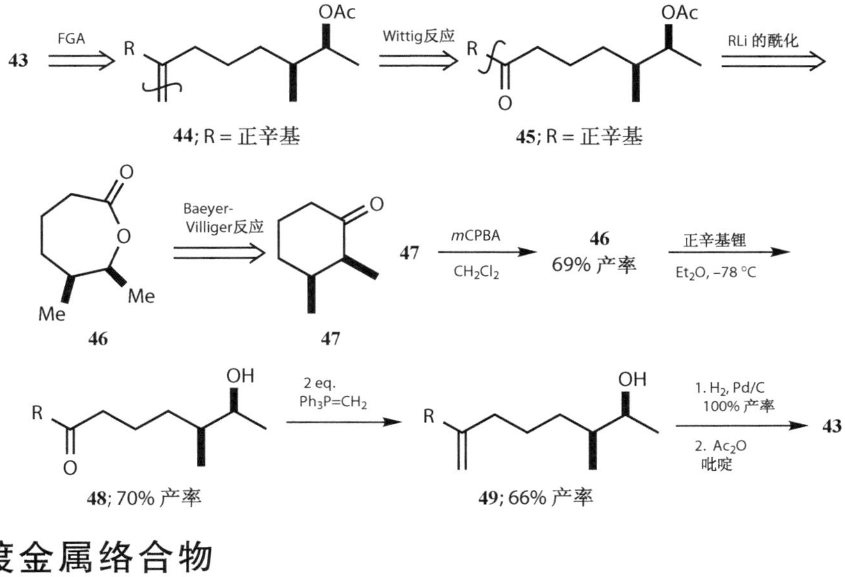

过渡金属络合物

用酰氯酰化

这些酰化方法可以用来解决酰氯与有机锂试剂或者格氏试剂搭配不好的问题。为了实现用酰氯酰化和用卤代烷烷基化，我们需要转到其他可以提供较软碳负离子络合物，较低碱性和较低亲氧性的金属上。其中最重要的就是铜。

除了锂和镁，其他金属很难直接发生对卤代烷的氧化插入反应，而这类金属σ-络合物通常需要由有机锂试剂或格氏试剂通过金属交换得到。这些反应中，在金属中心发生取代反应而不发生金属氧化态的变化，所以最后要用什么氧化态这时要用这个氧化态的金属。甲基锂对卤化亚铜进攻生成甲基亚铜 **50**，这是一个 Me^- 与 Cu(Ⅰ)的 σ-络合物。如果过量的甲基锂存在，就会形成一个“酸根型”配合物二甲基铜锂（**51**）。这个化合物就是一个形式上的铜负离子 **51a**，就像 BF_4^- 中的硼。“酸根型”配合物指的是那些形式上的阴离子络合物中，其中金属含有一个多余的配体。它的真实结构是二聚体 **51b**，在溶液中它与 **52** 存在一个平衡[20]。

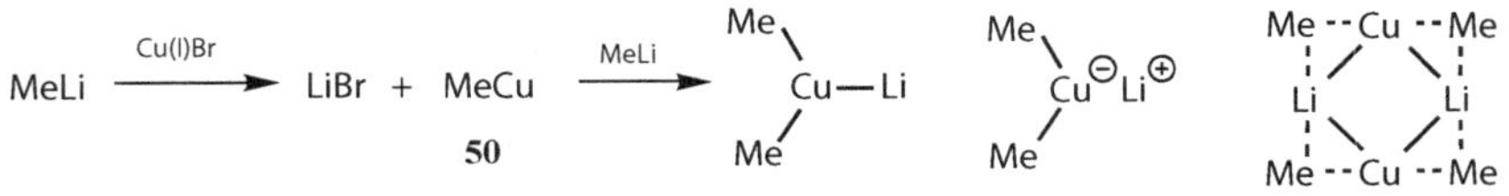

50 **51** **51a** **51b** **52**

铜锂试剂与卤代烷的反应非常迅速，比如正十一烷的合成[21]就使用了由丁基锂得到的丁基铜锂试剂。当格氏试剂参与反应时，通常只需要催化量的 Cu(Ⅰ)就可以实现与卤代烷的反应。

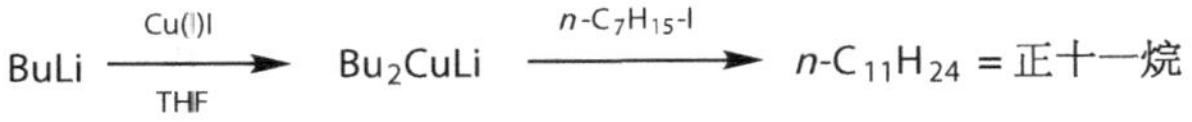

带有乙酰基的醛 **53**，两个官能团之间是 1,7 的关系，而对这种 1,7 的关系没有很好的方法去构建。可以将这个分子断键成卤代烷 **55**，因为 **55** 可以由 THF 一步制得，它可以与保护的格氏试剂 **54** 通过镁铜交换发生偶联反应。

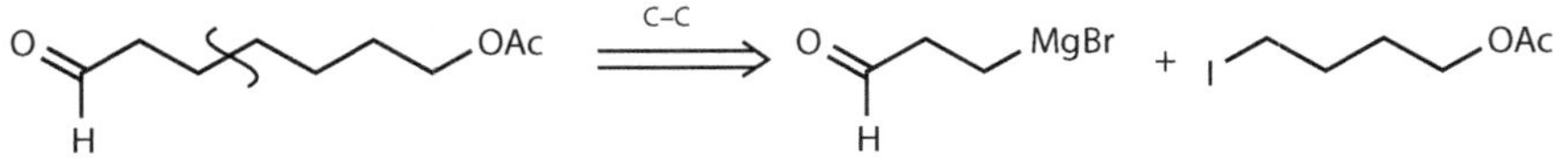

53 **54** **55**

而这个偶联反应实际上只需要 0.06mol 的 Cu（Ⅰ）催化，经过两步简单的反应而得到产物[22]。铜锂试剂通常会进一步与二甲硫醚、腈化物或者三烷基硼络合，这时就可以和对甲苯磺酸酯，卤代烷等顺利反应[23]。

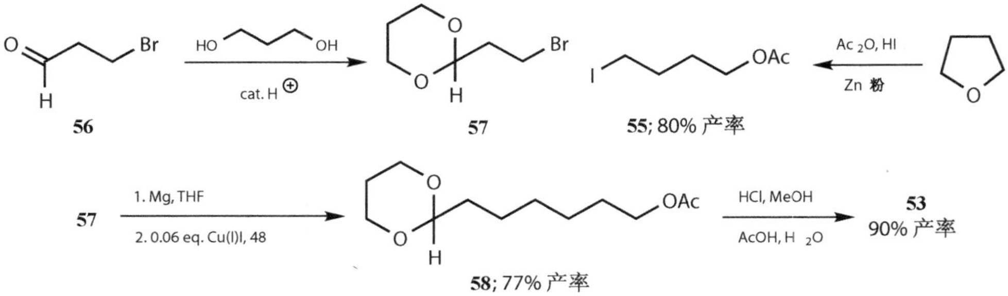

铜试剂与酰氯同样可以很好地反应，但是不能与自由的羧酸反应，这一点与碱性更强的烷基锂不同。二丁基铜锂与羧酸 **59** 和酰氯 **61** 的反应可以说明这种化学选择性。与羧酸 **59** 反应发生在碘处，得到的是链增长的羧酸，而与酰氯 **61** 作用时，则生成酮 **62**[24]。酰化反应也可以用其他金属实现，比如铝和锆等，但是制备这一类金属试剂需要氢金属化反应，这也是下一部分的内容。

59 **60**; n-$C_{14}H_{29}CO_2H$, 60% 产率

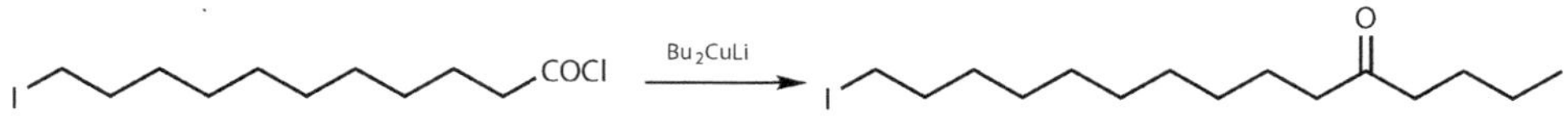

61 **62**

氢金属化

氢金属化是指金属氢化物加成到叁键或者双键上，这一点与硼氢化（见第 17 章）或者硅氢化类似，但是它们的金属性质不强。这里我们将关注氢锆化反应。锆是一个储量丰富的金属，像与它同族的有用的钛（见第 2～5 章）一样，通常表现为稳定的＋2 和＋4 价。它在有机合成中通常用做**二茂基络合物**，如 **63** 和 **64**。在第 4 章中我们曾经遇到过这样的络合物，锆的烯醇盐在羟醛缩合反应中有 *syn*-式的选择性。**64** 与一个烯烃的氢金属化反应涉及一个 18 电子的不稳定的络合物 **65** 的形成，双键的 π 电子与金属配位造成电子重排，重新回到 16 电子的 σ-络合物，同时氢由锆转移到碳上，而形成一个负离子与二价锆的 σ-络合物 **67**。

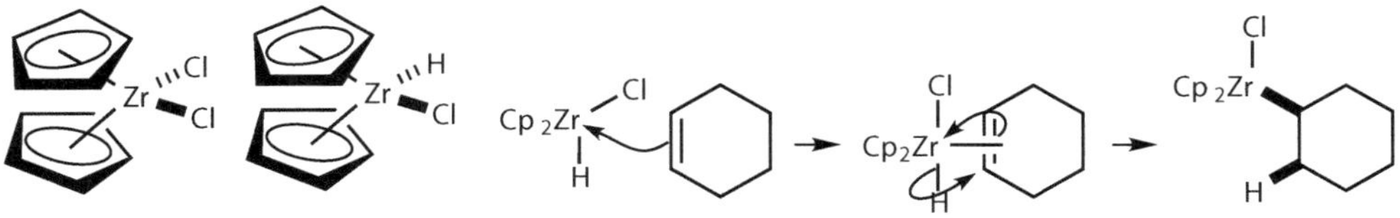

63; $ZrCp_2Cl_2$ 16 电子　**64**; $ZrCp_2HCl$ 16 电子　**65**　**66**; π-络合物　**67**; σ-络合物

下面是说明 σ-络合物的一个很麻烦的问题的时候了：它们倾向于通过 β-氢消除而得到金属氢化物。实际上比较拥挤的格氏试剂已经体现出这种趋势，它们提供一个 β-氢原子 **10**，并作为一个还原剂。烷基锆化合物则倾向于失去这个氢原子，通过 β-消除把这个氢原子转移到金属上去。E-3-己烯（**68**）氢锆化之后的 σ-络合物 **69** 可以回到起始原料，或者通过络合物 **70** 得到一个 π-络合物 2-己烯（**71**），再经过 **72**，最后得到端基的 σ-络合物 **73**。

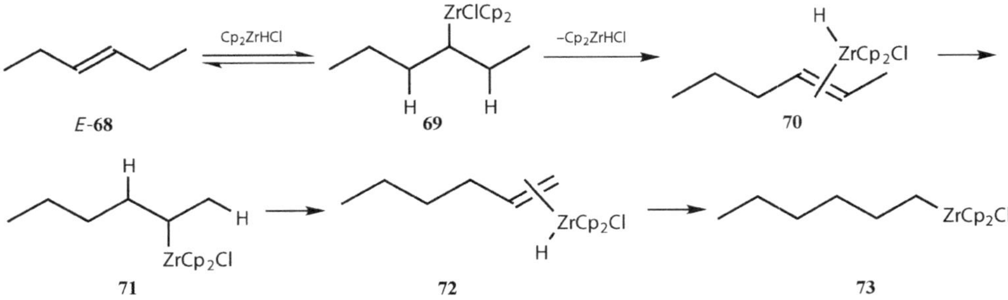

这意味着任何位置的异构体 **74**、*Z*-**68**，或者是通过脱水和 Wittig 反应得到的混合物，都能得到同一个端基 Zr 的 σ-络合物 **73**。

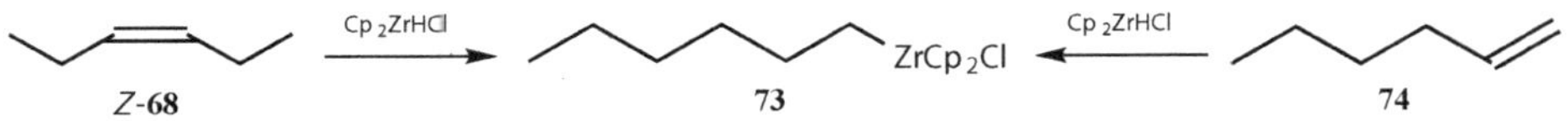

这些有机锆衍生物可以与简单的酰氯反应顺利地得到酰化产物[25]（如果用 $AlCl_3$ 处理产率更高）。所以，任何直线构型的己烯都会通过氢锆化和酰化反应得到 2-辛酮（**75**），甚至带支链的烯烃，如 **76**，都可以用这种方法实现末端酰化得到 **78**。

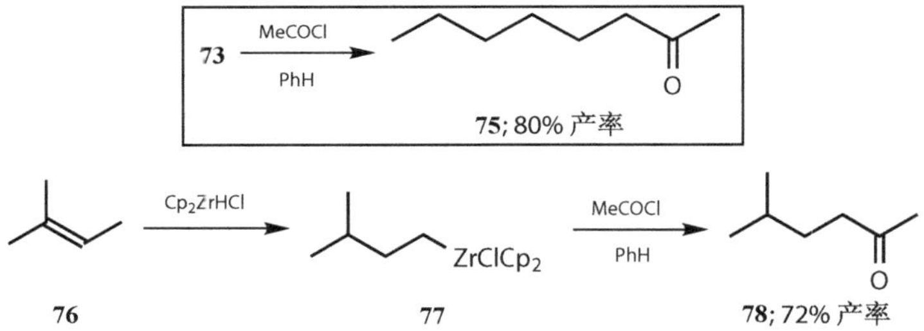

有机金属络合物的羰基化反应

甲酰化反应（加上一个亲电的 CHO 基团）通常是一个困难的反应。它不能用甲酰氯来实现，因为甲酰氯会分解成 HCl 和 CO。一些金属络合物可以与 CO 反应从而提供一条在碳上酰化的方法。过渡金属 σ-络合物通过 β-消除失去氢原子的倾向只是烷基配体的一种不良表现。一个简单的 σ 键不会给出类似可以同时提供和接收电子的配体那样稳定的效果。特别好的配体，常见的就是三苯基膦和一氧化碳。膦配体给出孤对电子，但是它空的 d 轨道又可以从金属得到电子，总体上它是提供电子的。一氧化碳也给出孤对电子 **79**，同时接收电子到 π^* 轨道 **80**。总体上一氧化碳是一个电子受体，尽管形成的络合物可以写成金属碳双键的形式，如 **81**，但其中的两个电子是来自金属的。一氧化碳是一个两个电子供体和两个电子受体。

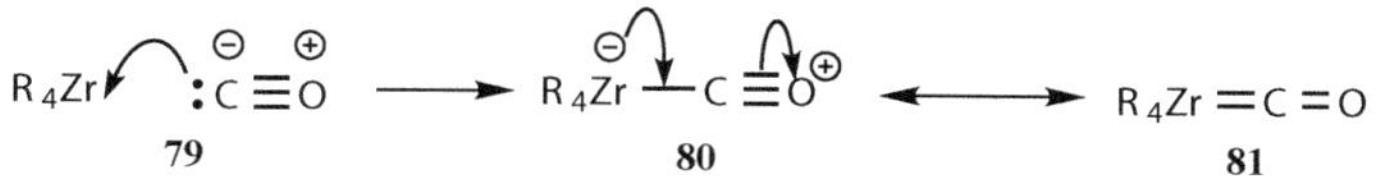

烷基锆络合物如**67**与CO反应生成一个不稳定的18电子络合物**82**，这个络合物可以把烷基从金属上迁移到一氧化碳的反键轨道上从而形成金属酰化络合物**83**。这个含有一个酰基负离子的Zr（IV）络合物可以被质子化，高效地生成醛。这些锆化合物通常由烯烃制备，所以任何己烯或者己烯的混合物都可以以很好的产率生成**85**[26]。

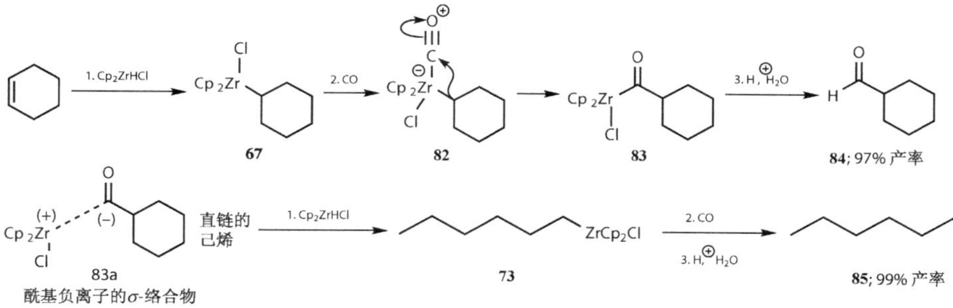

钯σ-络合物

用来进行羰基化或者其他特别反应的金属就是钯。你可能知道这种金属在氢化反应中的优异表现，通常以非常细的颗粒分散在碳粉上，所以你知道Pd(0)是稳定的。Pd(II)同样是稳定的，在稳定性和重要性上它们几乎没有区别。可溶性的试剂如$Pd(PPh_3)_4$，$PdCl_2$和$Pd(OAc)_2$是最常用的。钯比较昂贵，最好用来做催化反应。在格氏试剂中Mg（II）比Mg（0）稳定2.4eV，而Pd(II)只比Pd(0)稳定0.2eV。一旦Mg被氧化成+2价，在没有强还原剂的条件下，很难回到0价。而钯则不同，Pd(II)可以在同一个反应中很容易地回到0价，所以钯可以被用作催化反应而镁则不行。

氢化反应在溶液中进行，因为钯会和烯烃**86**形成稳定的π-络合物**87**。这个络合物可以很容易地插入到氢分子中得到**88**，从而转移一个氢原子到烯烃上去形成σ-络合物**89**，最终生成烷烃**90**。

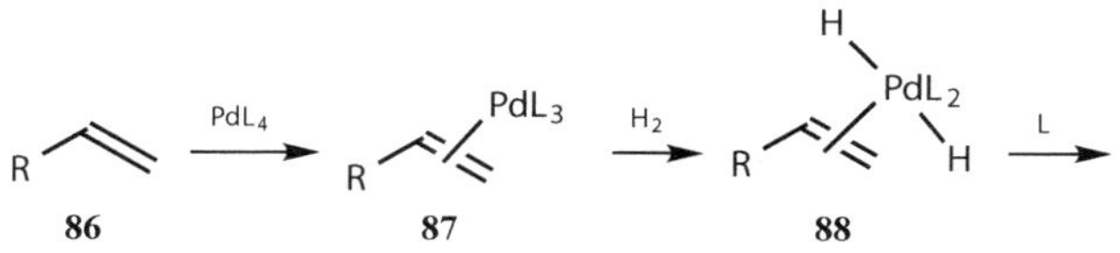

89 90

这个大家熟知的反应可以让我们认为这个 σ-络合物是稳定的，但它们不是。**86** ～**89** 的这几步反应都是可逆的，在没有氢气时反应会逆向进行。钯可以很容易地氧化插入到卤代烷中形成 σ-络合物 **92**，**92** 也是一个 Pd（II）的碳负离子络合物，但是它会立即通过 β-氢消除失去氢，并随着 PdHBr 络合物的形成而放出烯烃 **86**。注意，这个 Pd(II)络合物很快又会回到 Pd(0)**93**。

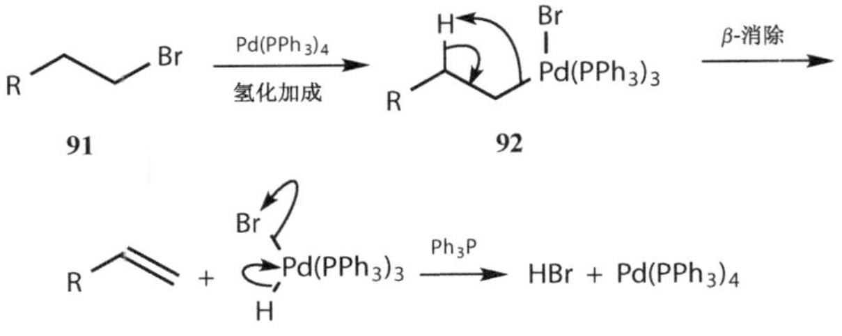

91 92

86 93

钯在有机合成中的应用非常广[27]，而且之后我们会遇到 η^2-烯烃和 η^3-烯丙基络合物。这一章将会以钯 σ-配合物的简单描述结束。稳定的钯 σ-络合物可以从芳香卤化物、甲基卤化物和大位阻的不能发生 β-氢消除的卤代烷获得。它们可以与卤代烃、酰卤很好地反应，但是它的一个主要的应用就是羰基化反应[28]。

一个简单的例子就是 Pd（0）氧化插入的碘苯中，进而与一氧化碳反应生成络合物 **96**。尽管这个反应在合成上没有什么新意，但是它说明了重要的几点：首先，可溶性的钯通常会被非常奇异的包裹起来，这里是双膦络合物 **94**，手性的双膦络合物将在第 25 和 26 章中讲述。其次，酰基钯络合物的分解是由亲核试剂的进攻而不是酸解来完成的，金属本身也作为一个离去基团离去变成 Pd(0)**97**。在锆参与的反应中，锆是以＋4 价离去的，而不是变成 Zr(II)或者 Zr(0)。最后，这个反应中的需要 0.2eq.（20 mol%）的钯来催化反应。

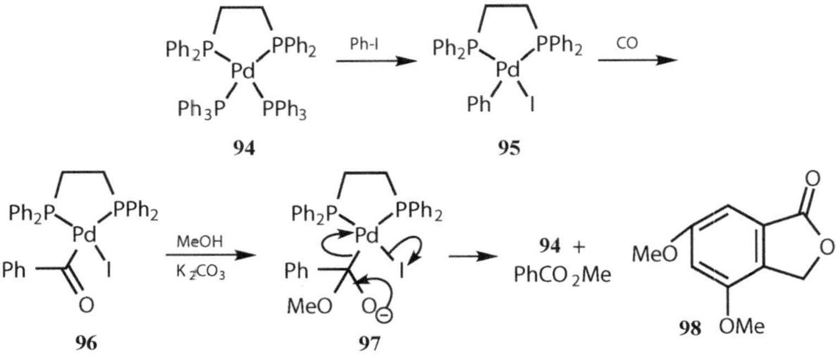

94 95

96 97 98

印象更深的例子是亲核试剂（一般是羟基或者胺基）在起始原料内的分子内羰基化反应。在这些例子中，钯通常是为了方便而以 $PdCl_2$ 或者 $Pd(OAc)_2$ 的形式加入，再在体系中原位还原成 Pd(0)（可能是 Ph_3P）。而醇 **99** 可以通过络合物 **100** 和 **101**，高产率地得到内酯 **102**[29]。当酯的环系扩大时，产率明显降低：六元环产率 70%而七元环产率只有 42%。天然产物 pseudomeconin **98** 就是用这一方法合成的[30]。

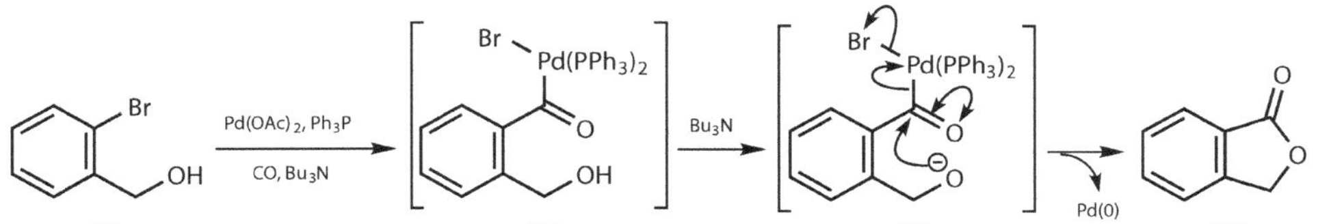

99 **100** **101** **102**

把这一方法应用到生物碱如 **103** 的合成，需要把断键放在除去羰基上！这是一个好的策略，因为在环上断键就意味着再一次断键（Mannich 或 Pictet-Spengler 反应[31]），就能成为两个简单的原料 **105** 和 **106**。钯催化的羰基化反应需要 5%的钯，并用一个氮亲核试剂来分解中间体酰基钯络合物。

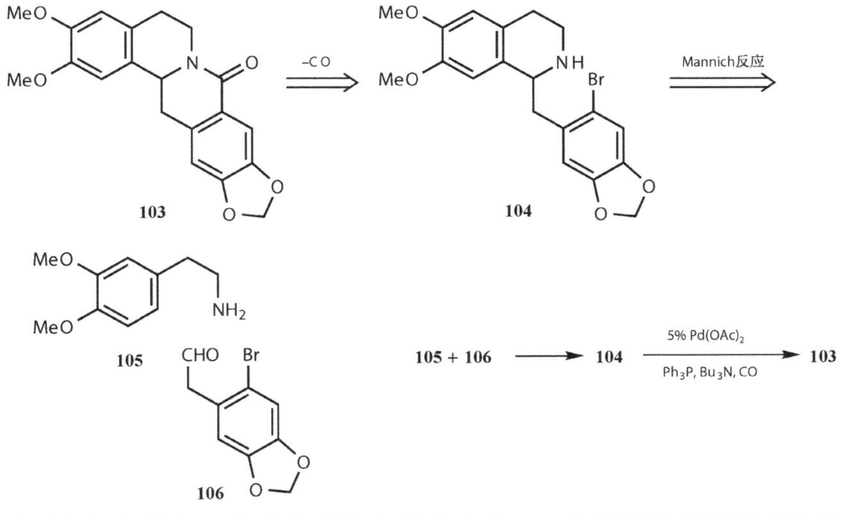

103 **104** **105** **106**

有时候钯与烷基σ-络合物反应也是成功的。一个情况是从环氧苯乙烯 **107** 用 1.6%的钯催化剂以 63%的产率合成四元环内酯 **109**[30]。原因可能是 **108** 中羟基与β-氢在一个碳上从而抑制了β-氢的消除。

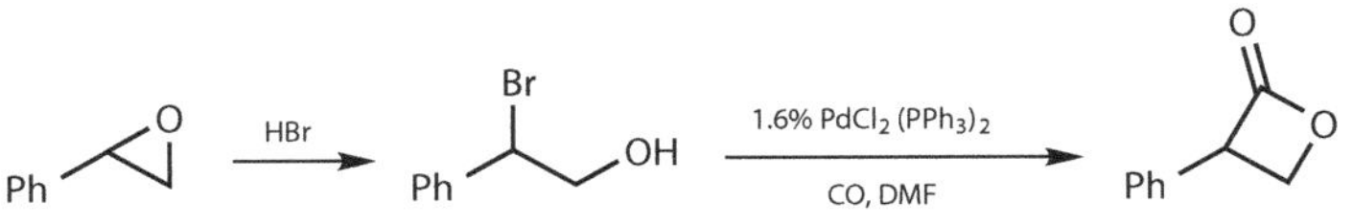

107 **108** **109**

一价铜和钯 σ-络合物的最新进展

苯环卤素被亲核试剂所取代，传统上需要在邻位或者对位有强拉电子基团，比如硝基。一个重要的最新进展就是 Pd(0) 和 Cu(I) 可以催化非活化的芳香卤代烷与亲核试剂如胺的反应。甚至带有供电子基团的氯代芳烃和简单的胺都可以在极少量的钯催化下高产率地得到 **111**[32]。

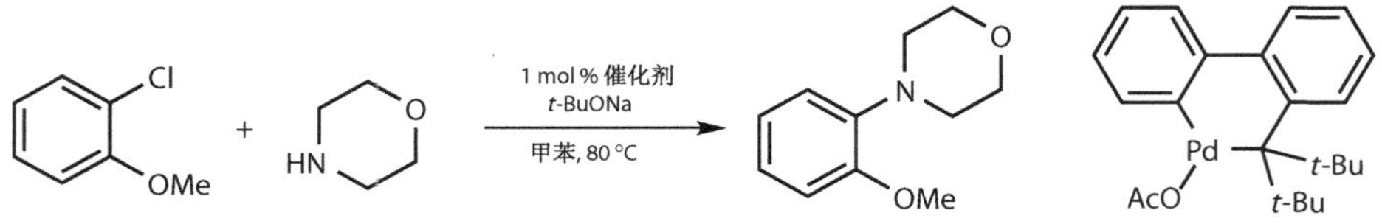

110　吗啉　**111**; 95% 产率　**112**; 催化剂

铜催化的反应则发展得没有那么好，但是溴代芳烃和一级胺可以在水杨酰胺（**115**）为配体的 Cu（I）催化下发生反应，两个底物中的自由羟基在反应中都得以保存[33]。

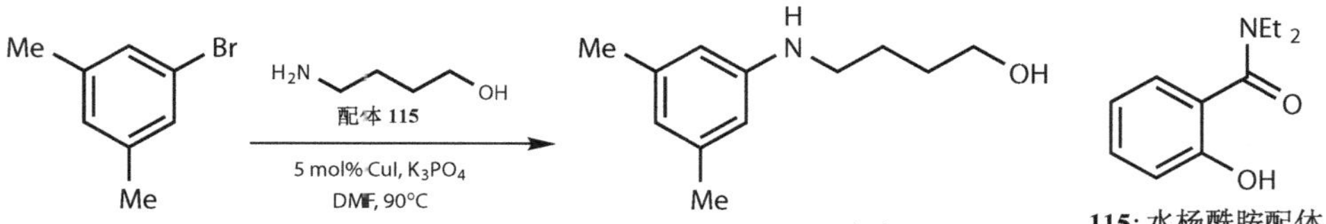

113　**114**; 91% 产率　**115**; 水杨酰胺配体

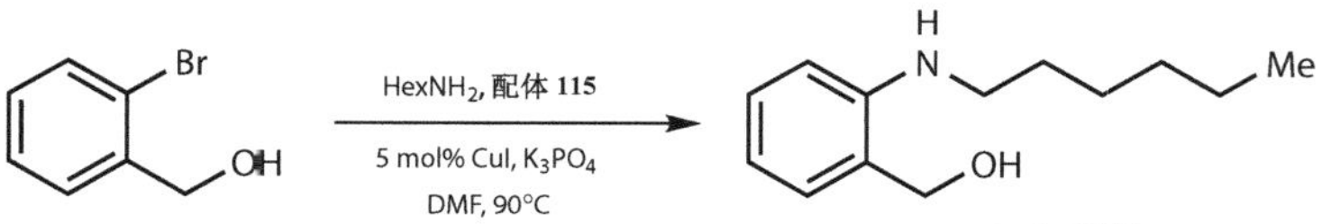

116　**117**; 81% 产率

参 考 文 献

一般性参考文献列于 946 页。

1. T. L. Brown, *Adv. Organomet. Chem.*, 1966, **3**, 365.
2. P. G. Willard in *Comp. Org. Synth.*, Vol 1, Chapter 1.1, page 1; W. Setzer and P. von R. Schleyer, *Adv. Inorg. Chem.*, 1985, **24**, 353.
3. M. J. Pearce, D. H. Richards and N. F. Scilly, *J. Chem. Soc., Perkin Trans. 1*, 1972, 1655.
4. Clayden, *Lithium*.
5. L. S. Hegedus, *Organopalladium Chemistry* in *Organometallics in Synthesis II: A Manual*, ed. M. Schlosser, Wiley, Chichester, 2002, pages 1125–1217; V. Farina, *Transition Metal Alkyl Complexes: Oxidative Addition and Transmetallation* in *Comprehensive Organometallic Chemistry II*, eds E. W. Abel, F. G. A. Stone and G. Wilkinson, Pergamon, Oxford, 1995, volume 12, pages 162–241.
6. D. J. Cram, F. A. A. Elhafez and H. L. Nyquist, *J. Am. Chem. Soc.*, 1954, **76**, 22.
7. H. Kropf in *Houben-Weyl*, VI/1a, volume 2, *Alkohole II*, pp 928-1304; Patai, ed, *Organo-Metallic*, vols

2 and 4; B. J. Wakefield in *Comprehensive Organo-Metallic Chemistry*, ed G. Wilkinson, Pergamon, Oxford, vol 7, 1982, chapter 44, pages 1-110; B. J. Wakefield, *The Chemistry of Organolithium Compounds,* Pergamon, Oxford, 1974.
8. M. S. Kharasch and O. Reinmuth, *Grignard Reactions of Non-metallic Substances*, Prentice-Hall, New York, 1954, pp 147-166.
9. M. S. Kharasch and S. Weinhouse, *J. Org. Chem.*, 1936, **1**, 209.
10. J. K. Crandall and M. Apparu, *Organic React.*, 1983, **29**, 345.
11. J. D. Fulton and R. Robinson, *J. Chem. Soc.*, 1933, 1463; 1936, 71, and note on page 80.
12. H. Bredereck, F. Effenberger and E. H. Schweizer, *Chem. Ber.*, 1962, **95**, 804; J. D. Davenport, R. E. Hackler and H. M. Taylor, Eli Lilley, 1969, French Patent 1,569,940, *Chem. Abstr.*, 1970, **72**, 100745.
13. R. W. Hoffmann, B. Hälzer, O. Knopff and K. Harms, *Angew Chem., Int. Ed.*, 2000, **39**, 3072.
14. R. W. Hoffmann and P. G. Nell, *Angew Chem., Int. Ed.*, 1999, **38**, 338; R. W. Hoffmann, B. Hälzer and O. Knopff, *Org. Lett.*, 2001, **3**, 1945.
15. S. Masamune, T. Kaiho and D. S. Garvey, *J. Am. Chem. Soc.*, 1982, **104**, 5521.
16. D. Seyferth and H. M. Cohen, *J. Organomet. Chem.*, 1963, **1**, 15.
17. R. P. Cassity, L. T. Taylor and J. F. Wolfe, *J. Org. Chem.*, 1978, **43**, 2286.
18. S. Nahm and S. M. Weinreb, *Tetrahedron Lett.*, 1981, **22**, 3815.
19. G. Magnusson, *Tetrahedron Lett.*, 1977, 2713.
20. R. G. Pearson and C. D. Gregory, *J. Am. Chem. Soc.*, 1976, **98**, 4098; B. H. Lipshutz, J. A. Kozlowski and C. M. Breneman, *J. Am. Chem. Soc.*, 1985, **107**, 3197.
21. *Vogel*, page 480.
22. J. C. Stowell and B. T. King, *Synthesis*, 1984, 278.
23. B. H. Lipshutz, R. S. Wilhelm and J. A. Kozlowski, *Tetrahedron*, 1984, **40**, 5005.
24. G. H. Posner and C. E. Whitten, *Tetrahedron Lett.*, 1970, 4647; G. H. Posner, C. E. Whitten and P. E. McFarland, *J. Am. Chem. Soc.*, 1972, **94**, 5106.
25. For reviews, see D. J. Cardin, M. F. Lappert, C. L. Raston, and P. I. Riley in *Comprehensive Organometallic Chemistry,* eds G. Wilkinson, F. G. A. Stone, and E. W. Abel, Pergamon, Oxford, 1982, vol 3, pp 549-646; E-i Negishi, and T. Takahashi, *Aldrichimica Acta*, 1995, **18**, 31-47.
26. C. A. Bertelo and J. Schwartz, *J. Am. Chem. Soc.*, 1975, **97**, 228.
27. A. D. Ryabov, *Synthesis*, 1985, 233.
28. B. M. Trost, *Comprehensive Organo-Metallic Chemistry*, ed G. Wilkinson, Pergamon, Oxford, vol 8, chapter 57, page 800.
29. M. Mori, K. Chiba, N. Inotsume and Y. Ban, *Heterocycles*, 1979, **12**, 921.
30. A. Cowell and J. K. Stille, *J. Am. Chem. Soc.*, 1980, **102**, 4193.
31. *Disconnection Approach* p. 337.
32. D. Zim and S. L. Buchwald, *Org. Lett.*, 2002, **5**, 2413.
33. F. Y. Kwong and S. L. Buchwald, *Org. Lett.*, 2002, **5**, 793.

9 Michael 反应的控制

引言

共轭，1,4-或 Michael 加成与直接或 1,2-加成

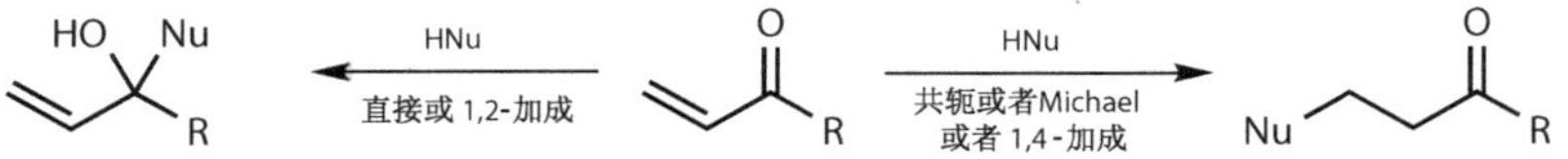

1; 烯丙醇　　**2**; 烯酮　　**3**; 酮

Michael 反应（也称共轭加成或者 1,4-加成）是一个亲核试剂对亲电性烯烃，通常是不饱和羰基化合物 **2** 的最简单加成，生成 1,4-加成产物 **3**，而不是直接与羰基加成的产物 **1**。这是一个在合成中非常有用的反应，因为亲核试剂可以是各种杂原子（如氧、氮、硫等）或者各种碳亲核试剂（有机金属化合物、烯醇化物、芳环等）。这个反应已经被广泛综述[1]，它的基本规则[2]如下：

- 直接地面对羰基的 1,2-加成是由静电相互作用控制的，产生的烯丙醇（**1**）是一个动力学控制的产物。
- 共轭，Michael 或者 1,4-加成，是受前线轨道作用控制的，饱和的羰基化

合物**3**是一个热力学控制的产物。

- 活泼的Michael受体倾向于发生1,2-加成；而不活泼的则倾向于发生1,4-加成（大概的顺序是：醛 > 烷基酮 > 芳基酮 > 酯 > 腈）。
- 活泼，碱性强，硬的亲核试剂易发生1,2-加成；不活泼，碱性弱的软亲核试剂易发生1,4-加成。
- 位阻影响。靠近羰基的大基团，会把加成推向另一侧。

硫叶立德和膦叶立德

硫和膦叶立德是以上规则的很好例子。简单的硫叶立德**5**与醛或者酮反应生成环氧化合物[3]。但是如果亲电试剂是一个共轭的醛或者酮会怎么样呢？两个反应都有可能发生：直接与**6**加成生成环氧化合物**8**，或者与**11**发生1,4-加成生成环丙基酮**13**[4]。受体的结构不大可能改变，因此叶立德部分需要改变。最不稳定、最不可逆、最硬的叶立德，是从**4**那样的锍盐得到的**5**，而这些叶立德会生成环氧化合物；而有稳定阴离子能力的亚砜叶立德**10**则更软一些、更可逆一些，生成环丙基酮。

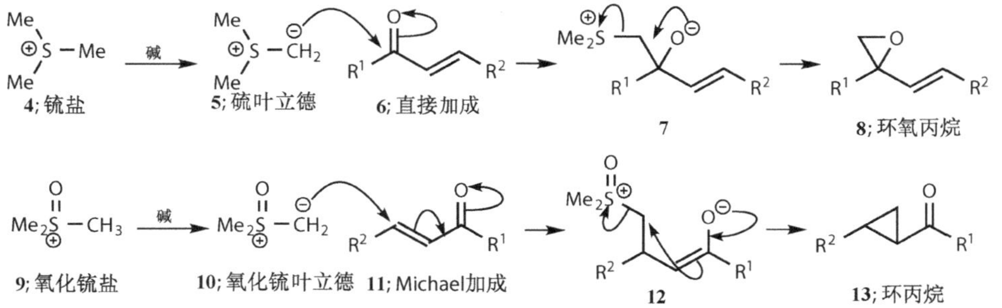

一个很好的例子就是Corey[5]对天然产物eucarvone（**16**）的合成。用简单的叶立德**5**，以93%的产率得到1,2-加成产物环氧**16**；而用亚砜叶立德**10**，则共轭加成到最近的烯烃上，以88%的产率得到环丙烷产物**14**。在一个连续的共轭体系中，离羰基最近的烯烃通常是最亲电的。

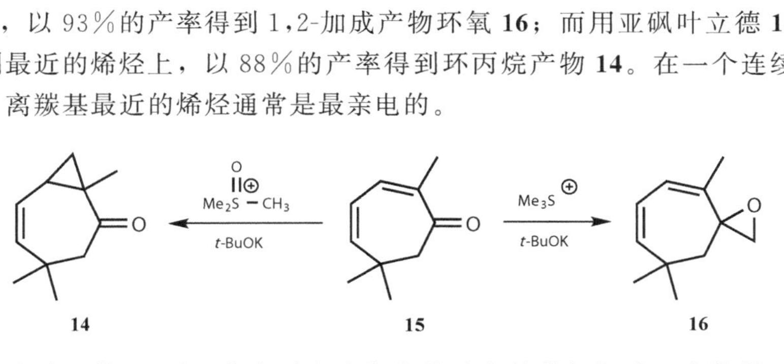

简单硫叶立德**17**可以非常干净地发生分子内的共轭加成。直接的1,2-加成会形成不协调的七元环，而共轭加成则会形成五元环中间体，且生成的两个新键

都在叶立德的 *cis*-位[6]，这就是区域选择性和立体选择性。

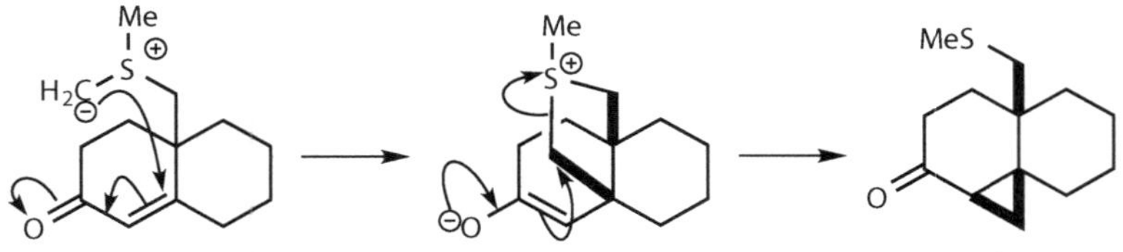

17　　18

在什么情况下需要直接的（1,2-）加成

对于有些反应，1,2-加成更重要。用还原烯醛、烯酮或烯酯的方法来合成烯丙醇就需要一个硬的还原剂，而氢化铝锂比较常用（见第 19 章）。Wittig 反应[7]同样需要 1,2-加成，否则四元环消除掉一个氧化膦就不可能了。实际上，硬的不稳定的叶立德通常会发生 1,2-加成，而如果叶立德被稳定了，那么 Michael 加成就变成可逆的了。在 α-桐酸（α-eleosteric acid，**19**）的合成[8]中，可以断开任意一个双键，而 *cis*-双键通常被采用，因为不稳定叶立德通常生成 *Z*-烯烃，而且起始原料二烯酮 **20** 和叶立德 **21** 都很容易制备。

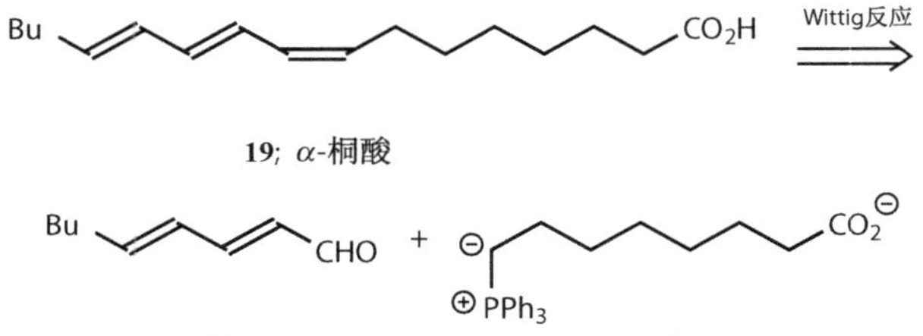

19; α-桐酸

20　　**21**

你可能会想，格氏试剂和有机锂试剂也可能发生 1,2-加成，尤其是对醛。一个经典的例子就是甲基格氏试剂对巴豆醛（**22**）的加成，以较高的产率得到烯丙醇（**23**）[9]。

22
巴豆醛

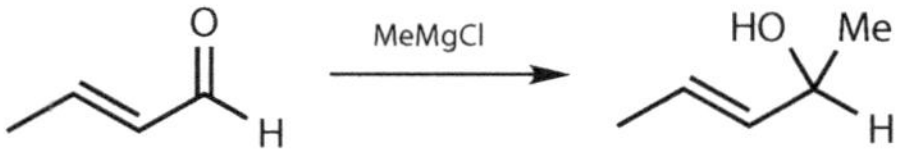

23; 3-烯-2-戊醇
81%~86% 产率

用一价铜实现的 Michael 加成

这是一个合成烯丙醇的有效方法，但需求更广的是实现硬或软的亲核试剂与活泼或者不活泼的 Michael 受体间的可靠的 1,4-加成。第 8 章介绍的有机铜 σ-络合物就是一个办法。对于有机铜试剂与烯酮的 1,4-加成的确切机理还有一些争论[10]，但是我们只介绍最简单的一种。有机铜试剂靠与烯烃形成 η^2-络合物从而实现对烯酮的加成。配体从金属铜转移到烯酮，形成 η^3-烯丙基（烯醇式）络合物 **25**，进一步质子化可以得到 Michael 加成产物 **26**。

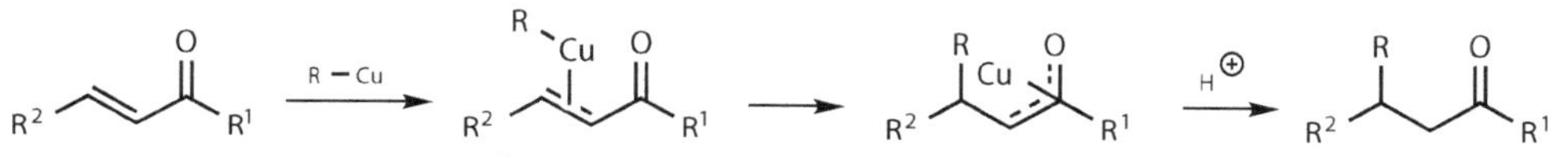

24; η^2-烯基络合物　　25; η^3-烯醇络合物　　26

这个加成[11]也可以用 Cu(I)催化的格式反应来实现，这个 RCu 物质可以是有或者没有配体，比如二甲硫醚，或者是第 8 章介绍的烷基铜锂络合物。一个典型的而且非常早的结果[12]就是甲基格氏试剂对烯酮 **27** 加成，主要是经由 1,2-加成形成烯丙醇 **28**，同样的试剂在使用 Cu_2Cl_2 催化时，则区域选择性发生相当程度的变化。

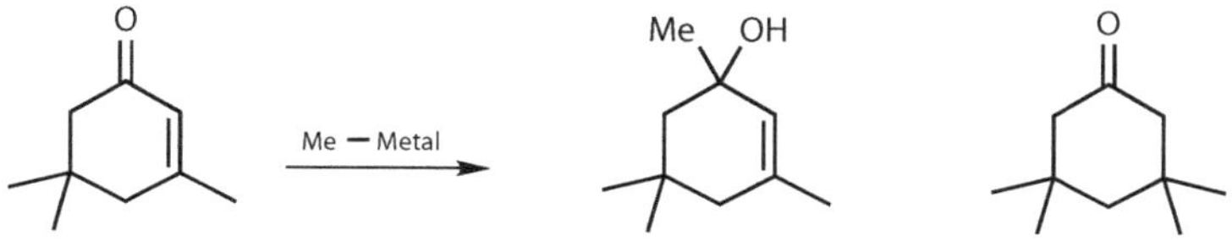

	27	**28**; 烯丙醇	**29**; 饱和酮
Me-Metal = MeMgBr		98.5:	:1.5
Me-Metal = MeMgBr + cat. Cu_2Cl_2		17.5:	:82.5

有机铜（I）化合物对 Michael 加成的立体选择性

用计算量的铜试剂，比如 RCu（带或者不带二甲硫醚、三丁基膦、亚磷酸三甲酯等配体）或者烷基铜锂试剂都可以得到极好的结果。甲基铜锂试剂可以单一[13]的 1,4-加成到比较难加成的烯酮 **30** 上，而铜催化的格氏反应则主要生成烯丙醇 **31**。1,4-加成产物 **32** 的 *syn*-式立体化学，则是一个热力学控制的结果，在酸性条件下猝灭时，质子化形成更稳定的 *cis*-环接方式。

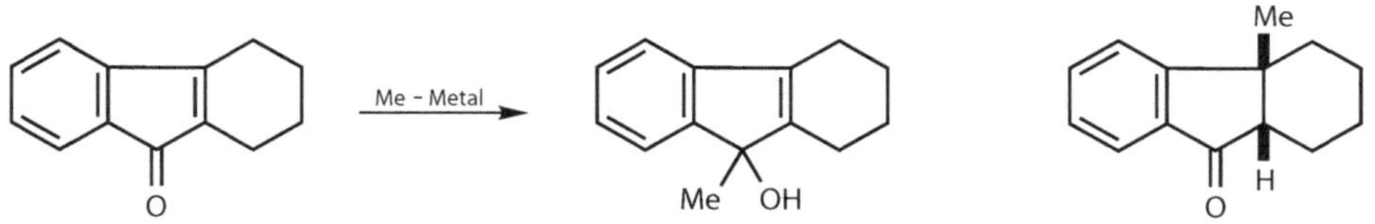

	30	**31**; 烯丙醇	**32**; 饱和酮
Me-Metal = MeMgI, $Cu_2(OAc)_2$		56%	34%
Me-Metal = Me_2CuLi		0%	100%

其他情况下，反应更倾向于 *anti*-的立体化学。*trans*-二叔丁基环丁酮 **34** 的合成，就应用了对烯烃 **33** 的 Michael 加成。这里，一个铜催化的格氏反应得到完美的区域和立体选择性以及几乎当量的产率[14]。立体化学同样来源于后处理时的质子化过程，但是这一次，在一个比较僵硬的四元环上，让两个较大的基团处于 *anti*-位更有利一些。

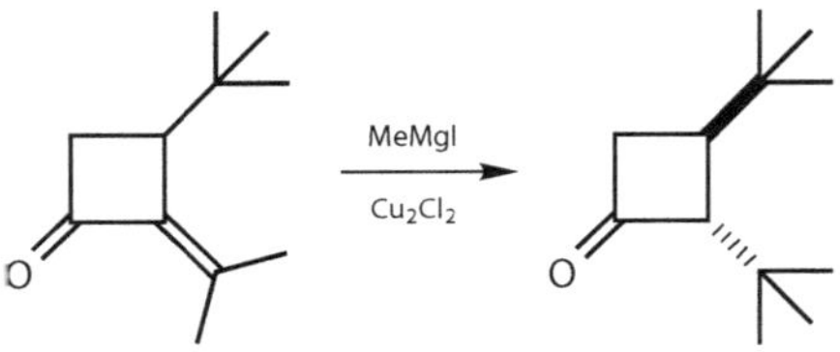

33　**34**

当加成反应本身产生新的立体化学时，类似的立体化学选择性也可以见到，但是当量的试剂通常给出更好的效果。所以相比铜催化的格氏反应，苯基铜对烯酮 **35** 加成得到产物 *anti*-**36**，不论在选择性还是产率上都更好一些[15]。而甲基铜锂对烯酮 **37** 的加成也有非常好的 1,3-选择性[16]，这个结果主要是由于轴向加成而不是 *anti*-加成。这些构想方面的立体选择性问题将在第 20 和第 21 章讨论。

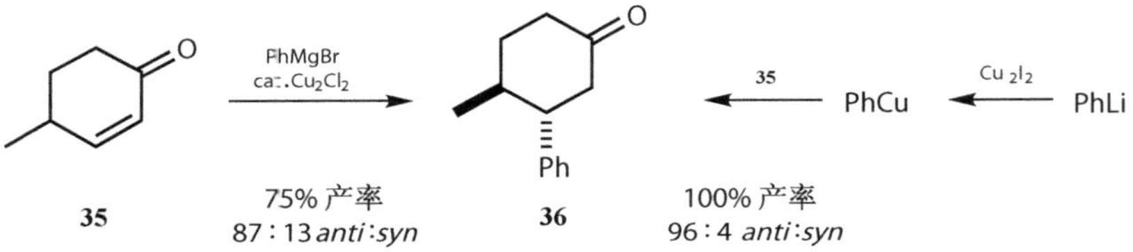

35　**36**

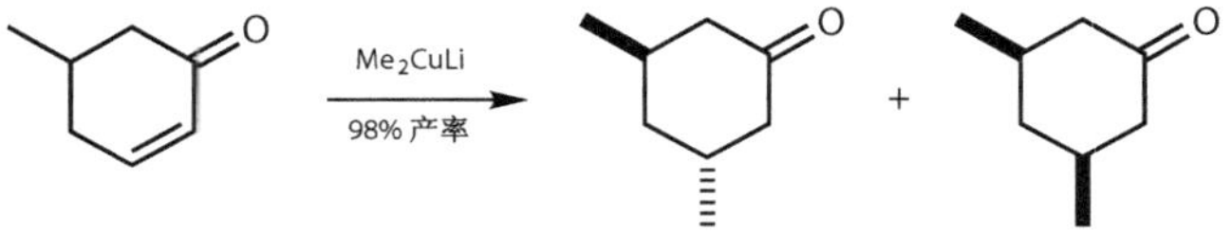

37　*anti*-**38**;　98 : 2　*syn*-38

开链化合物通常也可以得到好的区域选择性[11]。简单的烯酮 **39** 可以与很多的有机铜试剂发生反应[17]，以高达 95%的产率得到 1,4-加成产物 **40**。不饱和的内酯通常也能得到好的结果。

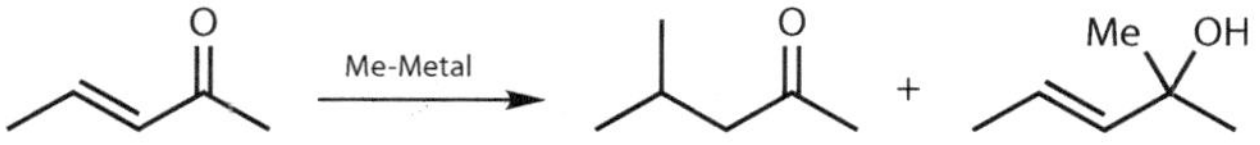

39　**40**　**41**

带有大的 β-取代基的不饱和醛或烯酮，无论与 1,2-加成反应竞争还是与羟醛缩合反应竞争，通常得到较差的结果。烯酮[18] **42** 和大部分醛得到的主要都是 1,2-加成的产物 **44**，即便是用甲基铜锂也是这样。但是如果是在三甲基氯硅烷的存在下，这些问题就可以解决。

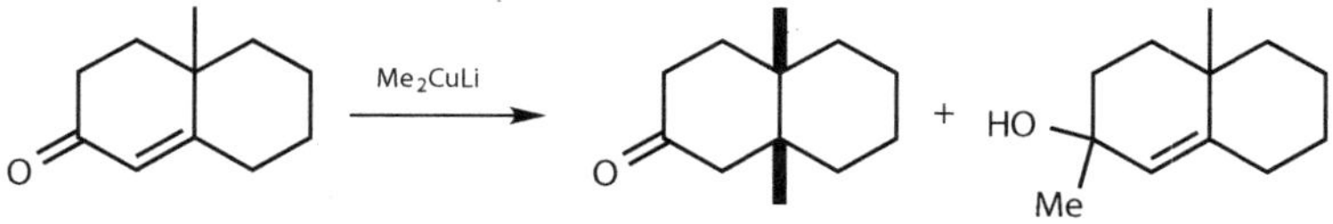

42　**43**　**44**

肉桂醛 **45** 与甲基铜锂反应，主要生成醇 **47**，但是如果三甲基氯硅烷在铜锂试剂之前加入，而且使用不太活泼的腈基铜锂，则可以 98% 的产率得到 1,4-加成产物 **46**。

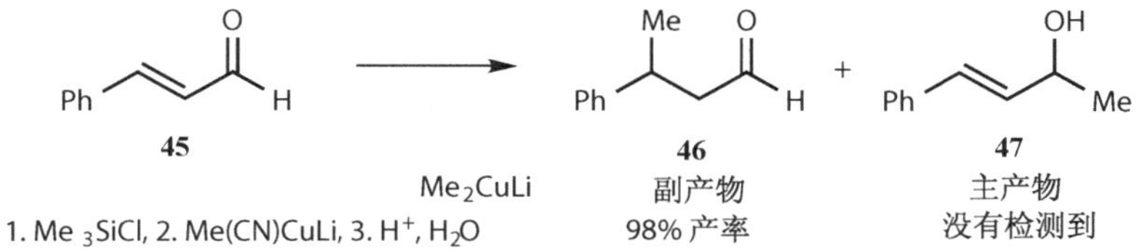

通过硅烷化作用来捕获烯醇离子中间体

铜锂试剂与三甲基氯硅烷只能缓慢地反应，所以可以加入在 Michael 加成反应中，增加反应的速率，增加 1,4-加成的比例，并捕获生成的烯醇化物得到烯醇硅醚[18~22]。这样棘手的烯酮 **42** 在一系列条件下，可以较高的产率得到 **48**。1,4-加成产物 **43** 可以用酸或者氟离子催化水解得到。

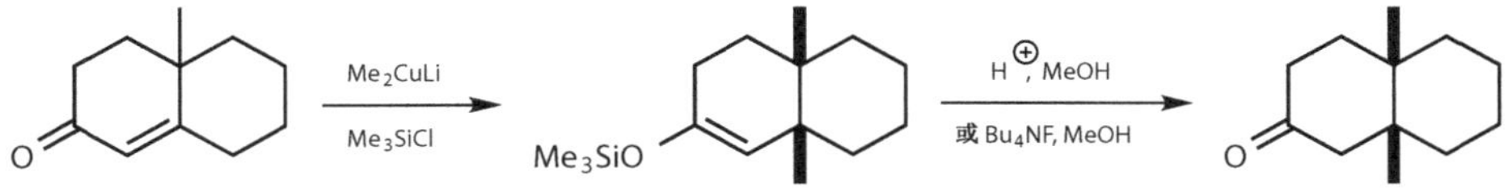

对醛的加成，铜锂试剂通常比铜试剂表现得更好一些。与丁基铜锂反应，丙烯醛本身就可以得到 88%产率的 1,4-加成产物 **50**。甚至 β-位阻较大的烯基醛 **51** 都不能阻止苯基铜锂的 1,4-加成，以 99%的产率得到 **52**[20]。

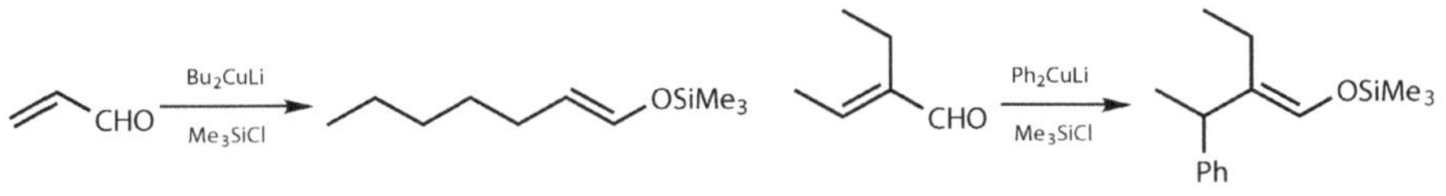

Michael 加成之后与亲电试剂的反应

烯醇硅醚 **50** 和 **52** 都可以水解得到饱和的醛，但是这些中间体有较高的活性，可以用于羟醛缩合反应或其他的反应，这些在第 2～6 章已经讨论过了。更有意义的是把生成的烯醇硅醚与一个亲电试剂反应，发展两步连续反应，三组分合成[23]。这种方法已经成为现代有机合成的基础，因为它把目标分子的合成加快了很多。这一部分将在第 37 章串联反应中介绍。当铜锂试剂与酮反应时，没有必要用三甲基氯硅烷去捕获烯醇化物，因为烯醇锂盐就是 1,4-加成的产物。

你可以根据下一步反应的需要选择是用烯醇锂盐还是用烯醇硅醚。

丁基铜锂与环己烯酮反应生成烯醇锂盐 **54**，被碘甲烷捕获生成 *anti*-二取代的酮 **55**[24]。这个化合物可以从酮 **56** 制备，但是无论与 LDA 反应是什么样的选择性都不会比 **54** 好。

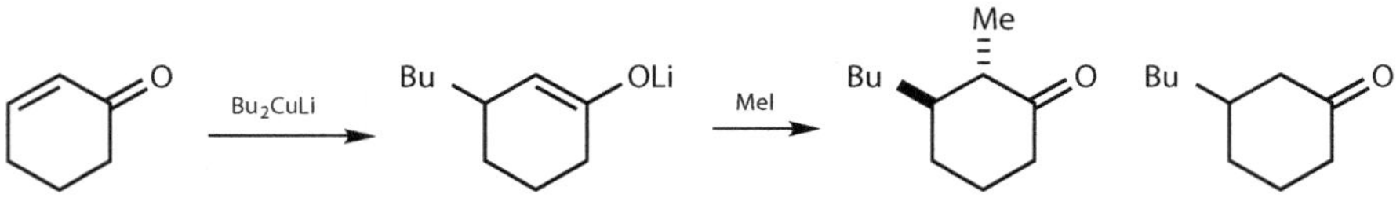

53　**54**　**55**　**56**

串联的 Michael/羟醛缩合反应

用二价锌，或者烯醇硅醚时，烯醇锂盐的羟醛缩合反应表现要好很多，四氯化钛也有一样的作用。文献［23］中大部分烯酮都是环状烯酮，而我们想找一个非环状的例子，因此我们选择甲基铜锂与烯酮 **57** 的加成为例子，可以以 96％的产率得到羟酮 **59**（两个非对映异构体的混合物）[25]。

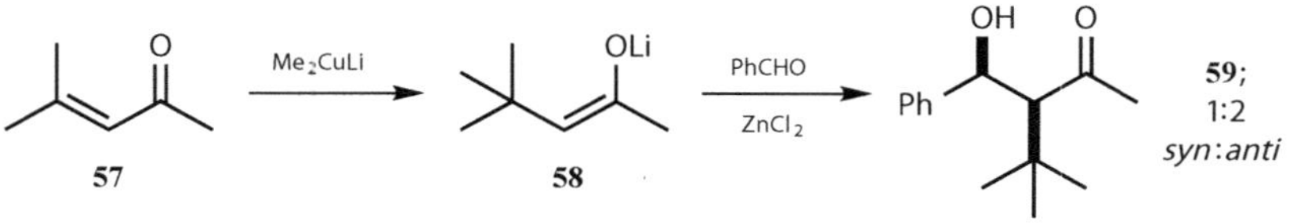

57　**58**

在使用这个策略进行其他合成之前，我们来处理铜锂试剂的一个令人讨厌的问题。两个烷基中只有一个从铜上被转移到了烯酮上，另一个则在后处理中丢掉了。如果这是一个简单的甲基、丁基、苯基都没有问题，这也是为什么所有的例子都选择这样的底物的原因。如果连在铜上的是自己合成的基团，或许还有一些立体化学性质，那么浪费一半就不能接受了。铜更倾向于保留复杂的基团，也就是带有更多的 π 电子的基团，更稳定的阴离子基团[26]，对于炔基和烷基有非常好的选择性，炔基保留而烷基转移。所以像 **62** 这样的铜试剂给出烷基到烯酮，而炔铜可以被回收。1-戊炔 **60** 通常被用在这里，因为它是最小的液态端炔（沸点 40℃）。

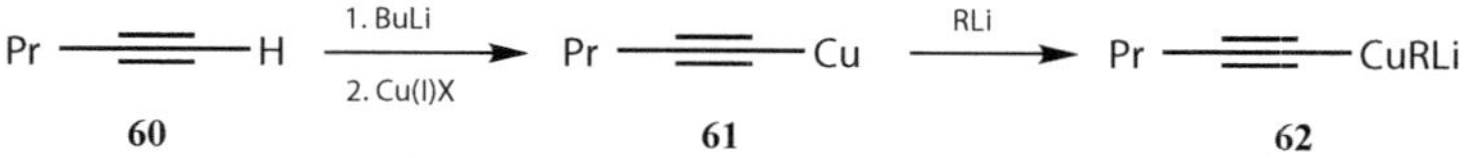

60　**61**　**62**

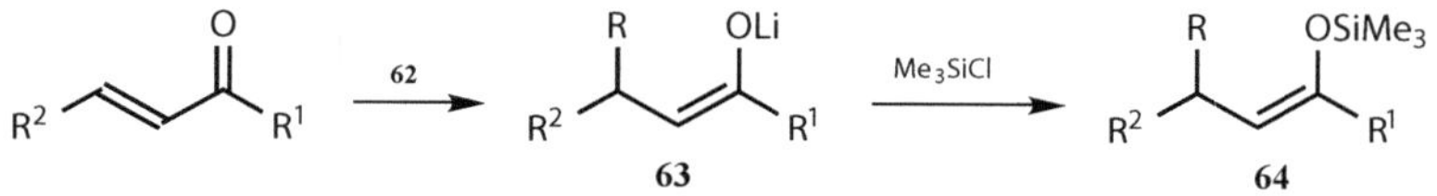

63　**64**

三组分合成的断键方法就是除去 α- 和 β- 位的 *trans*-取代基。所以，酮 **65** 可以断开为烯酮 **66**、乙烯基铜试剂和亲电的溴乙酸酯。碘化亚铜催化的格氏试剂加成生成的烯醇镁盐串联上烷基化反应，以 95%的产率得到化合物 *trans*-**65**[27]。

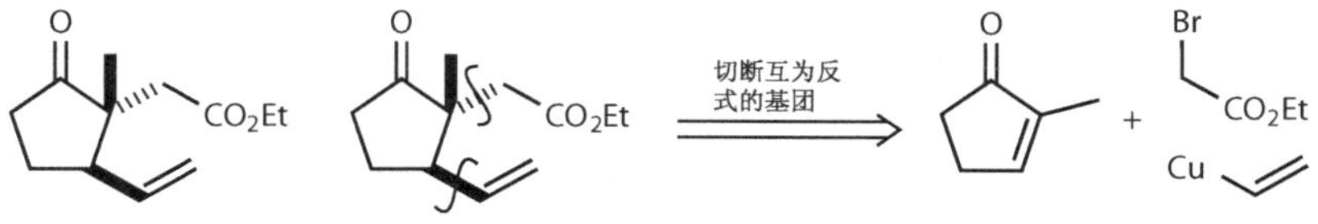

65 **65a** **66**

官能化的亲核试剂通常需要保护，就像在合成二环烯酮 **67** 时，需要一个 d^3 试剂对环庚烯酮 **69** 加成。从化合物 **70** 衍生而来的 Cu(I)试剂与二甲硫醚配合后，也可以起到这个作用，而去保护和环化可以在酸性条件下实现[28]。这个合成也说明，串联的 Michael-aldol 反应，对于分子内的羟醛缩合反应很适用。

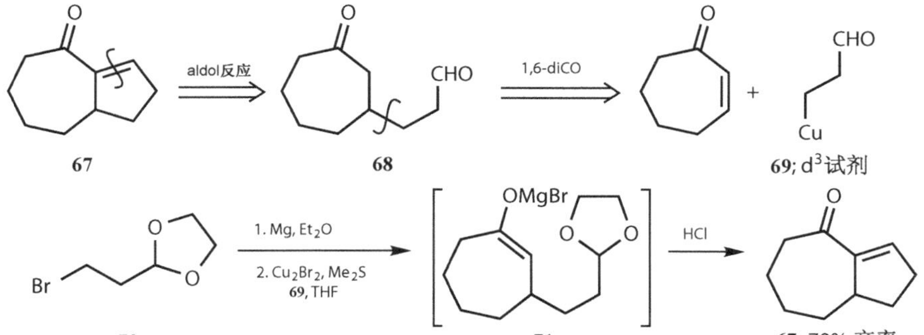

67 **68** **69**; d^3试剂

70 **71** **67**; 70% 产率

一个双亲核试剂：不需要铜的中间情况

刺酮属生物碱 dihydroerythramine（**72**）中有一个非常棘手的问题——三个环连在同一个碳上，断开环中的酰胺键是最好的方式，但是剩下的四级碳原子 **74** 也不容易合成。

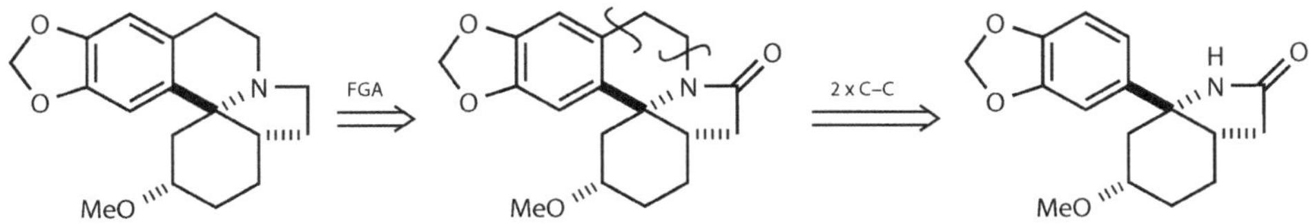

72 **73** **74**

一个成功的方法就是将那个四级碳的两个碳-碳键断开，这里用到了硝基来稳定阴离子 **76**，而另一个试剂则用到了一边带 Michael 受体、另一边带环氧的双亲电试剂 **77**[29]。

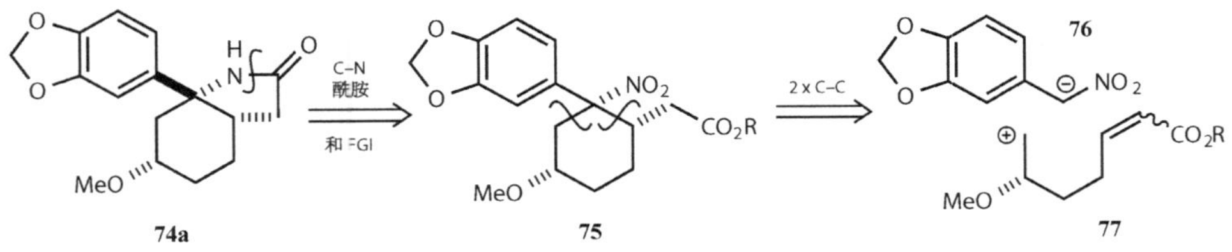

最终，一个钯催化的烯丙基乙酸酯的反应被用来形成第一个碳-碳键，而未分离的中间体 **79** 被用来构建第二个碳-碳键。化合物 **80** 的构象式可以帮助你理解为什么是这种非对映异构体占优势。

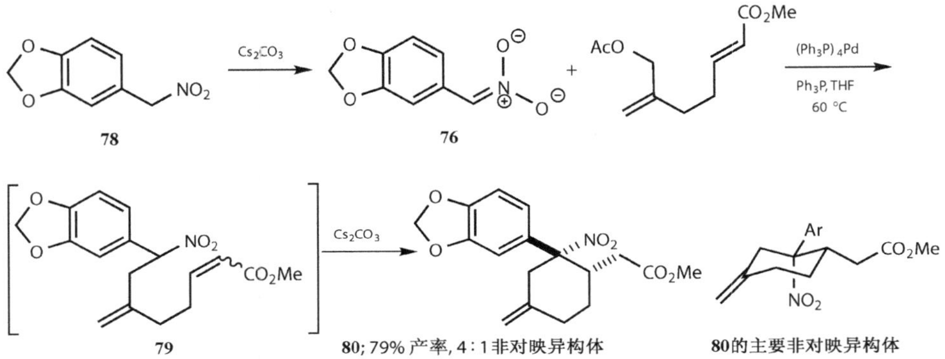

串联的 Michael 加成和光化学环化：再次用到铜

一个分子间的三组分反应可以与后边的分子内反应串联，用在人参油的主要成分[30] β-panasinene（**81**）的合成中。Wittig 断键后，是明显的二烯基酮 **83** 的 2＋2光化学环加成反应[31]。**83** 的 β-位的两个基团都可以切断，但是切断大一些的 **84** 更有意义。

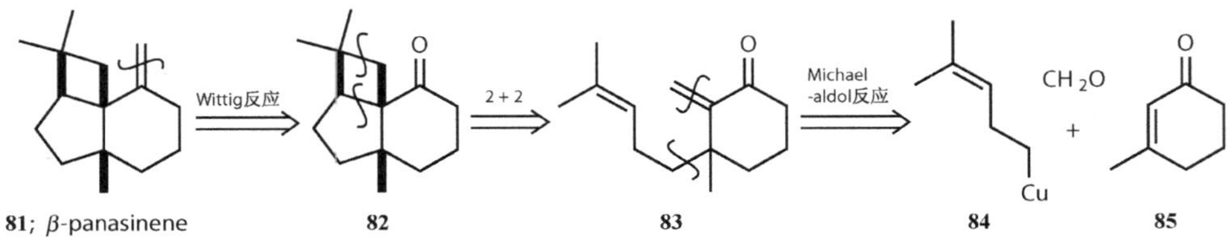

铜催化的 Michael 加成，紧接着对甲醛的羟醛缩合反应，得到羟醛产物 **86** 的非对映异构体的 1：1 的混合物，它可以进一步消除得到烯酮 **83**。再经过高效的光化学环加成反应，单一选择性地生成酮 **82**，这可能是分子内反应的缘故。

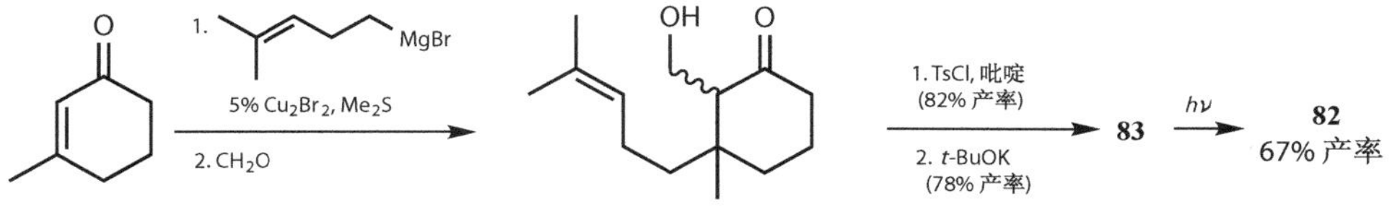

85 **86**; 90% 产率, 1 : 1 *syn*:*anti*

然后是一个糟糕的意外。酮 **82** 太拥挤了，以至于不能与亚甲基 Wittig 试剂发生反应，但是 Johnson 恰恰利用了这一点，用不对称试剂 **87**，用一步完成了拆分和亚甲基化，以 42%的产率得到光学纯的 **88**，进而得到天然产物（—）-panasinene **81**。

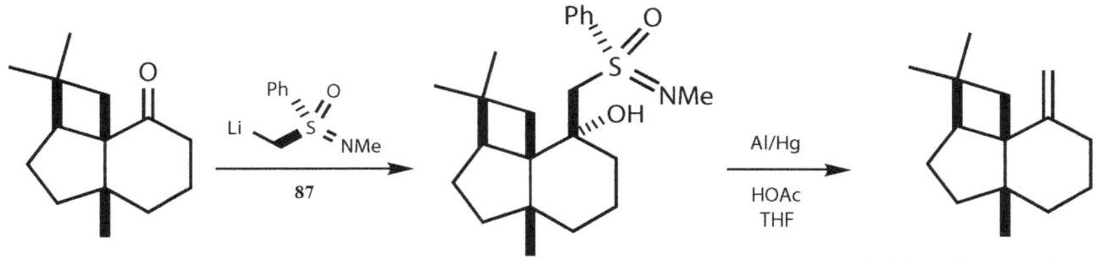

82 (+)-**88**; 42% 产率 (–)-**81**; *β*-panasinene 92% 产率

杂原子亲核试剂的 Michael 加成反应

杂原子，比如氮、氧、硫等的 Michael 加成反应，在现代化学中已经发展到高区域和高立体选择性的程度。分子内的反应尤其流行，并在 Mulzer 的抗体 kendomycin[32]（**89**）的合成中起到了关键作用。中间体 **90** 中含有 kendomycin 左侧片段的所有立体化学因素，而棘手的甲基醌环则被一个苯环替代，更重要的是酮的引进，使得 C—O 键的 Michael 断开方式成为可能。

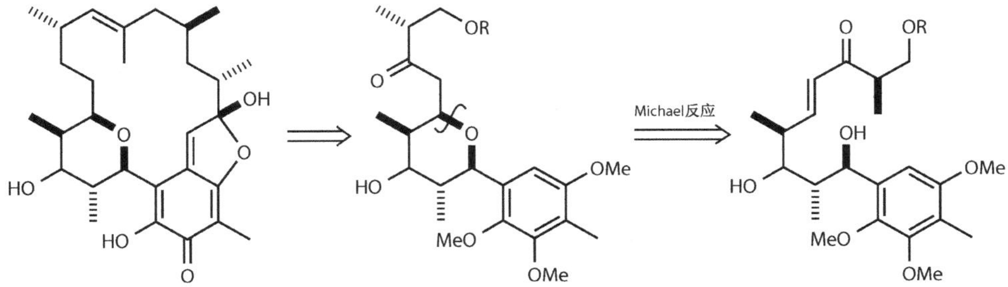

89; kendomycin **90** **91**

烯酮 **91** 是通过 Horner-Wadsworth-Emmons 反应制备的（第 15 章），并且是 *E*-构型的。然后在甲醇酸溶液中以 92%的产率环化得到 **90**，反应的选择性很好。两个自由的羟基只有一个参与反应，也只发生共轭加成，并且以 97∶3 的非对映选择性得到所需要的构型。

杂原子的 Michael 加成可以和一些特定的烯醇化物的合成串联起来。碳核优化了的（−）-neplanocin A（**92**）的合成需要先制备环戊烷以便接上嘌呤。选择用羟醛缩合反应关环合成戊烷，这要求 **94** 中的醛和酯区域和立体选择性反应，同时所有手性中心都不会异构化。但一个严重的问题是醛也是可以烯醇化的[33]。

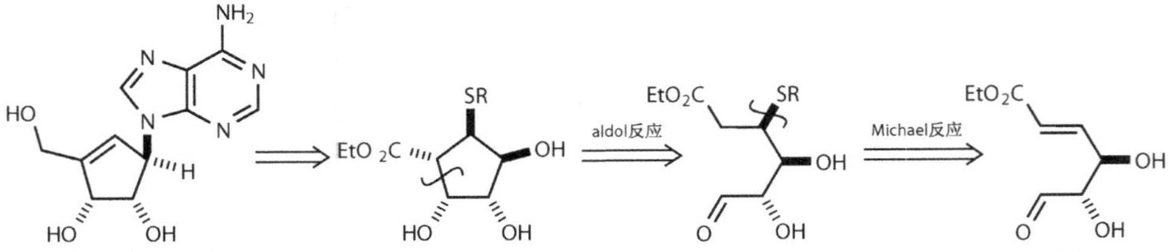

92; (−)-neplanocin A　**93**　**94**　**95**

一个硫原子被引入对反应进行控制。硫酚（实际使用的是 $PhCH_2SH$）对不饱和酯 **95** 的 Michael 加成得到一个特殊的烯醇化物，这个负离子迅速发生羟醛缩合反应从而避免了烯醇的交换。在实际操作中羟基需要保护，硫酚的锂盐对 **96** 加成得到特定的烯醇化物 **97**，然后以好的立体选择性环化得到 **98**。SBn 基通过氧化消除后（第 15 章）得到用于进一步反应的 **99**。

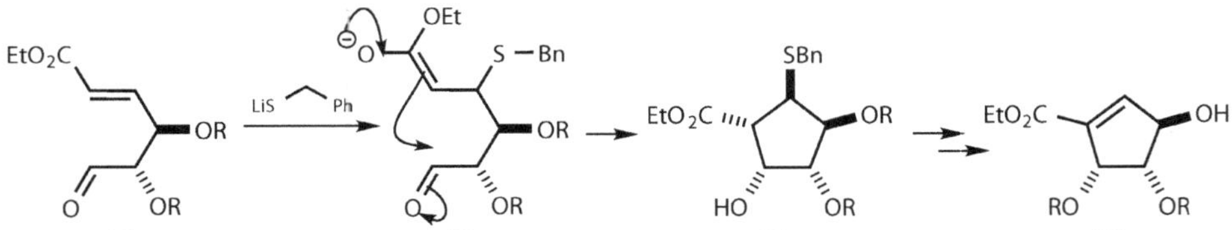

96　**97**　**98**　**99**

需要或者不需要铜的 Michael 加成：官能化的 Michael 供体

铜催化的 Michael 反应的最大缺点可能是官能团需要保护。杂原子亲核试剂或者官能团化的碳亲核试剂的 Michael 加成一般不需要铜。很多这样的亲核试剂，特别是烯醇等价物，在 Michael 加成中的表现很优秀，经常被用于反应。烯醇硅醚、烯胺和稳定的烯醇化物都可以进行 Michael 反应。第 10 章我们将对特定的烯醇等价物作更详细的介绍并指出哪些更适用于 Michael 加成。

不要认为区域选择性的问题是微不足道的。在针对不对称反应的研究中，Braun[34]展示了 1,2-和 1,4-加成之间微小的区别，能很容易地从光学纯的酯 **100** 制备烯醇硅醚 **101**，在通常的 Michael 加成条件下（$TiCl_4$ 催化），对一个简单的烯酮加成以大于 95∶5 的比例得到直接的 1,2-加成产物。

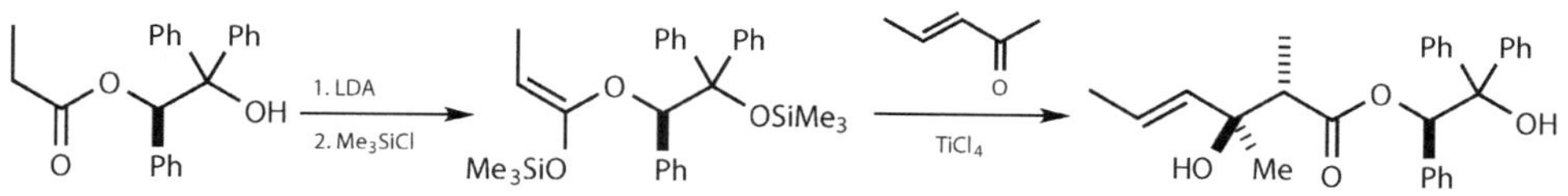

100 **101** **102**

对烯酮的结构做微小的改变，加上一个甲基得到 **103**，就会有几乎完全相反的区域选择性：以 95∶5 的比例得到 Michael 加成的产物 **104**。唯一的微小位阻的增加就让一个加成反应变成了另一个加成反应，这警告我们不要自满于我们对选择性的理解。

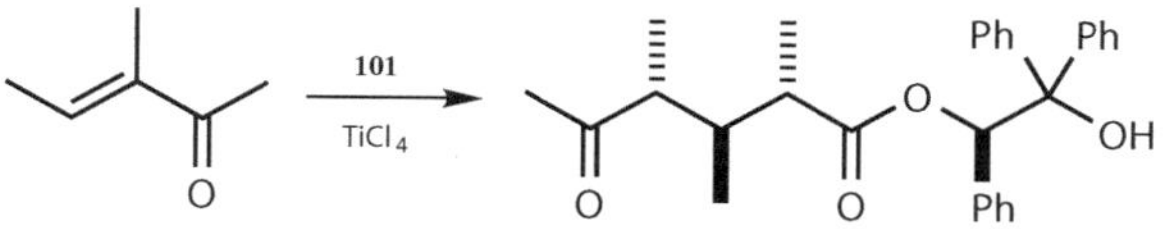

103 **104**

参考文献

一般性参考文献列于 946 页。

1. E. D. Bergmann, D. Ginsburg, and R. Pappo, *Org. React.*, 1959, **10**, 179; J. P. Schaffer and J. J. Bloomfield, *Org. React.*, 1967, **15**, 1; the Dieckmann reaction, see table 5; G. Jones, *Org. React.*, 1967, **15**, 204; the Knoevenagel reaction, unsaturated carbonyl compounds scattered throughout the tables; G. H. Posner, *Org. React.*, 1972, **19**, 1; organo-copper reagents; E. Erdik, *Tetrahedron*, 1984, **40**, 641; Copper (I) catalysed reactions or organolithiums and Grignard reagents; A. G. Cook, *Enamines*, Marcel Dekker, New York, second edition, 1988, pages 190-194 and 353-380; I. Fleming, J. Dunogues, and R. Smithers, *Org. React.*, 1989, **37**, 1; M. J. Chapdelaine and M. Hulce, *Org. React.*, 1989, **38**, 225 "tandem vicinal difunctionalisation"; D. Duval and S. Géribaldi in *The Chemistry of Enones*, ed S. Patai and Z. Rappoport, Wiley, Chichester, 1989, chapter 10, pages 355–469.
2. Fleming, *Orbitals*, pages 70-73; *Disconnection Approach*, page 116.
3. *Disconnection Approach*, page 252.
4. B. M. Trost and L. S. Melvin, *Sulfur Ylids: Emerging Synthetic Intermediates*, Academic Press, London, 1975.
5. E. J. Corey and M. Chaykovsky, *J. Am. Chem. Soc.*, 1962, **84**, 3782; 1965, **87**, 1353.
6. R. S. Matthews and T. E. Meteyer, *Chem. Comm.*, 1971, 1576.
7. *Disconnection Approach*, page 120.
8. L. D. Bergelson and M. M. Shemyakin, *Angew. Chem., Int. Ed.*, 1964, **3**, 250 (see p. 255).
9. E. R. Coburn, *Org. Synth. Coll.*, 1955, **III**, 676.
10. S. Woodward, *Chem. Soc. Rev.*, 2000, **29**, 393; see also E. J. Corey and N. W. Boaz, *Tetrahedron Lett.*, 1985, **26**, 6015; S. R. Kraus and S. G. Smith, *J. Am. Chem. Soc.*, 1981, **103**, 141; G. Hallnemo, T. Olsson and C. Ullenius, *J. Organomet. Chem.*, 1985, **282**, 133; H. O. House, *Acc. Chem. Res.*, 1976, **9**, 59.
11. G. H. Posner, *Org. React.*, 1972, **19**, 1.
12. M. S. Kharasch and P. O. Tawney, *J. Am. Chem. Soc.*, 1941, **63**, 2308.
13. W. E. Parham and L. J. Czuba, *J. Org. Chem.*, 1969, **34**, 1899.
14. J. Salaün and J. M. Conia, *Bull. Soc. Chim. France*, 1968, 3730.
15. N. T. Luong-Thi and H. Riviere, *Compt. Rend.*, 1968, **267**, 776.
16. H. O. House and W. F. Fischer, *J. Org. Chem.*, 1968, **33**, 949.

17. see reference 11, table I, pages 67–68.
18. E. J. Corey and N. W. Boaz, *Tetrahedron Lett.*, 1985, **26**, 6019.
19. A. Alexakis, J. Berlan, and Y. Besace, *Tetrahedron Lett.*, 1986, **27**, 1047.
20. E. Nakamura, S. Matsuzawa, Y. Horiguchi, and I. Kuwajima, *Tetrahedron Lett.*, 1986, **27**, 4029.
21. M. Bergdahl, E.-L. Lindstedt, M. Nilsson, and T. Olsson, *Tetrahedron*, 1988, **44**, 2055.
22. S. H. Bertz and R. A. J. Smith, *Tetrahedron Lett.*, 1990, **31**, 4091.
23. M. J. Chapdelaine and M. Hulce, *Org. React.*, 1989, **38**, 225; R. J. K. Taylor, *Synthesis*, 1985, 364.
24. G. H. Posner, *J. Am. Chem. Soc.*, 1975, **97**, 101.
25. K. K. Heng and R. A. J. Smith, *J. Org. Chem.*, 1981, **46**, 2932.
26. The details are more complicated: see P. A. Bartlett, J. D. Meadows and E. Ottow, *J. Am. Chem. Soc.*, 1984, **106**, 5304.
27. K. C. Nicolaou and W. E. Barnette, *J. Chem. Soc., Chem. Commun.*, 1979, 1119.
28. A. Marfat and P. Helquist, *Tetrahedron Lett.*, 1978, 4217.
29. C. Jousse-Karinthi, C. Riche, A. Chiaroni and D. Desmaële, *Eur. J. Org. Chem.*, 2001, 3631.
30. C. R. Johnson and N. A. Meanwell, *J. Am. Chem. Soc.*, 1981, **103**, 7667.
31. *Disconnection Approach,* page 268.
32. H. J. Martin, M. Drescher, H. Kählig, S. Schneider and J. Mulzer, *Angew. Chem., Int. Ed.*, 2001, **40**, 3186.
33. M. Ono, K. Nishimura, H. Tsubouchi, Y. Nagaoka and K. Tomioka, *J. Org. Chem.*, 2001, **66**, 8199.
34. M. Braun, B. Mai, and D. Ridder, *Eur. J. Org. Chem.*, 2001, 3155.

10 特殊的烯醇等价物

引言

平衡和特殊的烯醇化物

到现在为止，几乎本书的每一章都会提到一种或几种形式的烯醇化物，烯醇离子的化学处在有机合成的中心。现在是时候来仔细研究一下各种 d^2 试剂，来展现烯醇化物所起到的作用了。来看看它们特别适用于什么样的反应，它们展现出什么样的化学、区域和立体选择性，以及一些在全合成中应用的例子。

这仅是一个对简单的烯醇化物非常简要的概括。*The Disconnection Approach* 一书（第 18～28 章，140～243 页）对烯醇化物做了更详尽的介绍。最开始，烯醇离子是由弱碱和羰基化合物作用产生的，但是这个弱碱不能将所有的羰基化合物转化为它的烯醇离子形式。在这种条件下，与未烯醇化的羰基化合物的自缩合反应通常就是一个副反应。对于醛来说，这是不可避免的。用烷氧负离子处理醛 **1** 产生少量的烯醇化物 **2**，而 **2** 会非常迅速地与未烯醇化的醛 **1** 反应生成羟醛**3**、烯醛 **4** 和进一步缩合的产物。

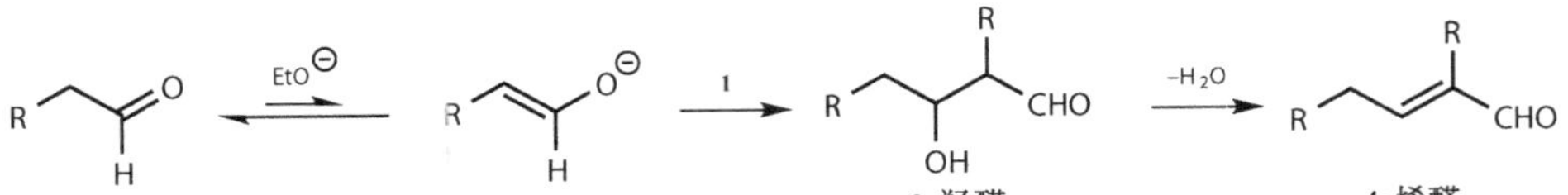

1　**2**　**3**; 羟醛　**4**; 烯醛

对于不太活泼的酮可以与其他的、通常是不可烯醇化的羰基化合物反应。比如环己酮 **5** 与碳酸二乙酯反应生成 β-酮酯 **7**。这个反应是一个热力学控制的反应，反应更倾向于产物 **7** 和它的稳定的烯醇离子 **8** 之间的平衡，而不是 **5** 和它的不稳定的烯醇化物 **6** 之间的平衡。这个稳定的烯醇离子 **8** 是一个特别的烯醇化物。

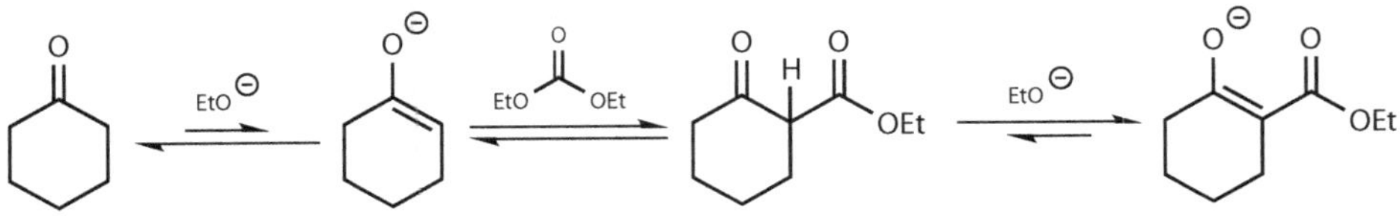

5　**6**　**7**　**8**

这个产物可以用来在比较剧烈的条件下甲基化 **7a** 中所有可以烯醇化的氢来制备 2,2,6-三甲基环己酮 **10**。在这个反应中稳定的烯醇化物 **8** 和羰基另一边的不稳定的烯醇化物都被甲基化了。反应最后可以由水解和脱羰基除去酯基来完成，总产率可以达到 41%[1]。

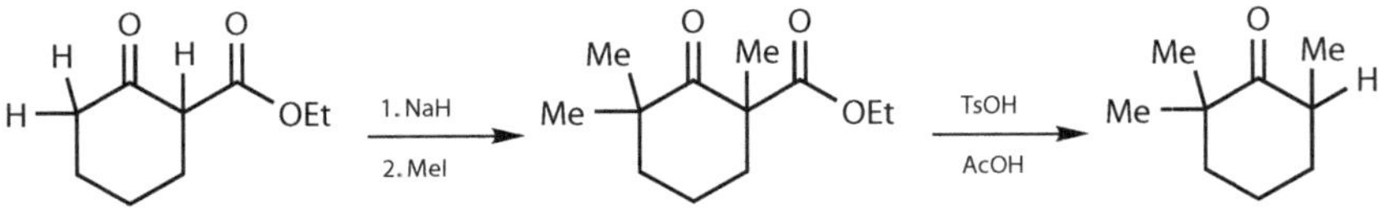

7a　**9**　**10**

来自 1,3-二羰基化合物的烯醇化物

一个简单的例子[2]可以提醒你这些有用的试剂。来自 1,3-二酮 **11** 的稳定的烯醇化物 **12** 与烯酮 **13** 反应得到 Michael 加成产物 **14**。进一步地消除产生一个新的烯酮 **15**。

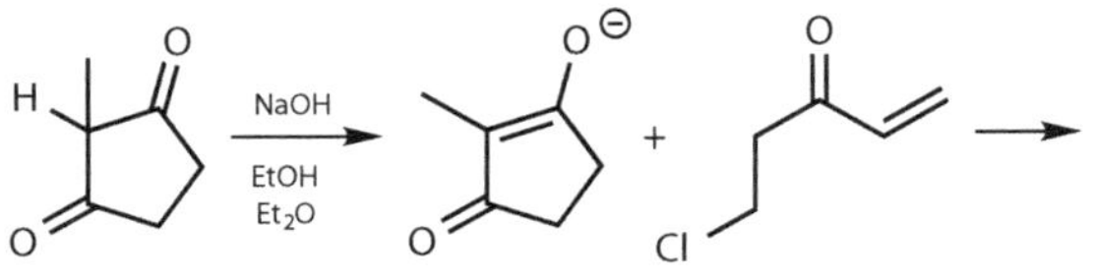

11　**12**　**13**

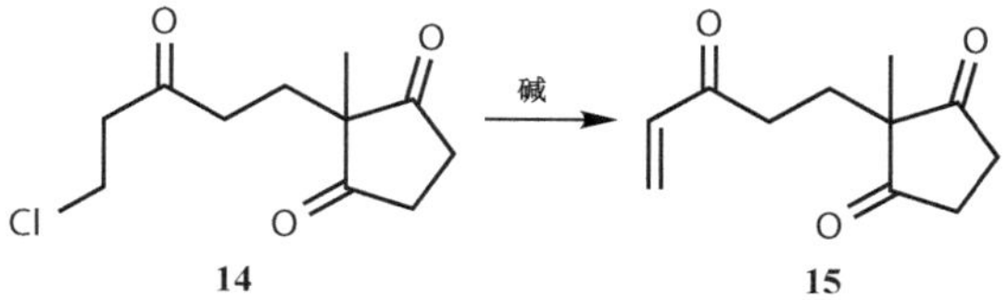

14 **15**

这个新的烯酮回过来在第二个 Michael 加成中与酮酯 **16** 缩合，在平衡条件下形成中间体 **17a** 或 **17b**，然后不分离直接水解脱羰基得到甾类中间体 **18**。

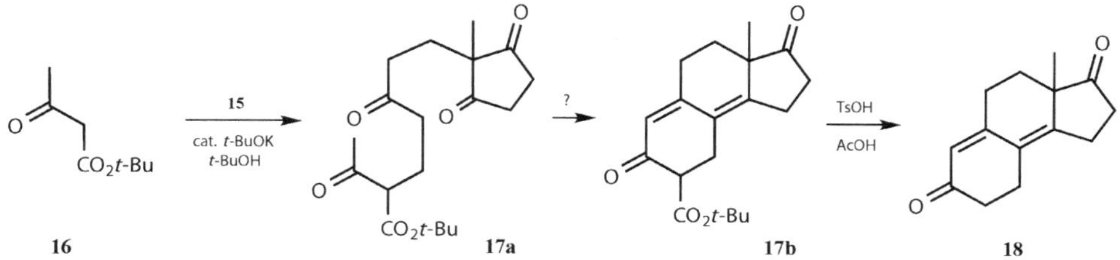

16 **17a** **17b** **18**

这一系列反应说明了来自 1,3-二羰基化合物的烯醇化物质可以用在 Michael 加成反应中。同样，它们也可以用在烷基化、羟醛缩合（Knoevenagel 反应），以及与环氧化合物的反应中，比如化合物 **20** 的合成[3]。到现在为止，只要是易得到的，或者断键方式显示需要用到的烯醇化物，往往都能被应用，比如由 **11** 构建 **18** 的例子。这些例子包括在类固醇合成中用到的二酮化合物 **11** 和六元等价体，乙酰乙酸酯 **16** 和 **19**，酮内酯 **20**，丙二酸 **21** 和它的酯，一个非常容易烯醇化的丙二酸衍生物丙二酸亚异丙酯 **22**[4]，以及二酯 **23** 环化后经由稳定的烯醇化物 **24** 形成的酮酯 **25** 二酯 **23** 是生产尼龙的中间体。化合物 **11**，**16**，**19**，**20**（R＝H），**21**，**22** 和 **25** 都是商品可得的。

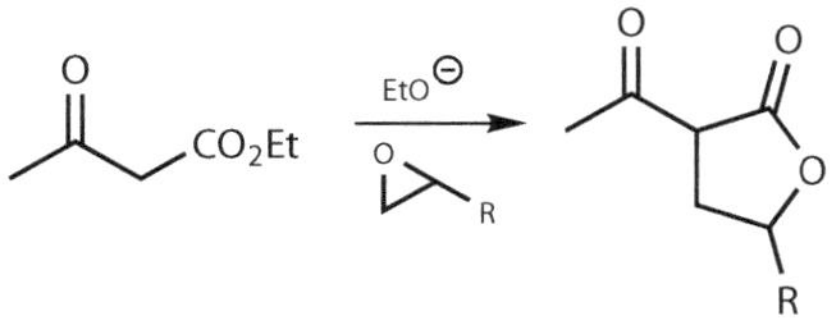

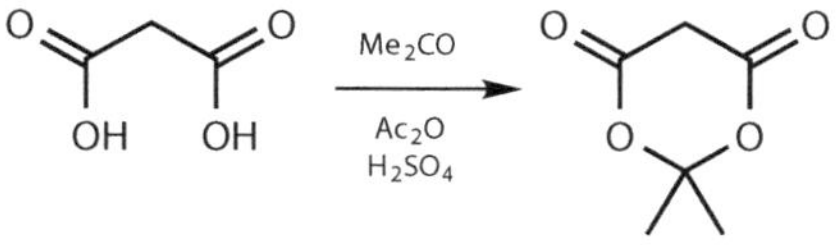

19 **20** **21** **22**

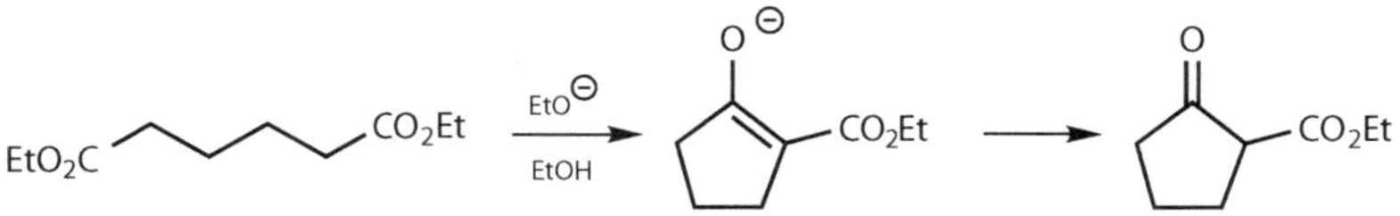

23 **24** **25**

1,3-二羰基化合物的方法不适用于醛，因为最后处理 1,3-二羰基时，醛本身也会被除去，就像 **26** ～**30** 的酮的烷基化的系列反应[5]。

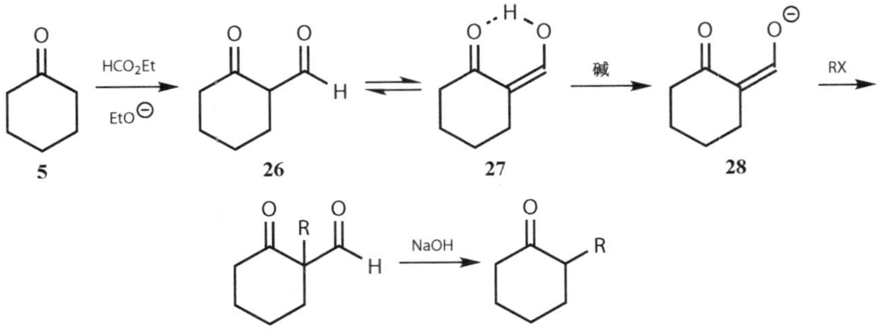

5　26　27　28　29　30

当 1,3-二羰基的中间位置被占据时，亲核试剂进攻 **31** 的两个羰基中更亲电的一个（如果其中一个是醛就进攻醛），从而破坏了 **32** 的 1,3-二羰基结构。

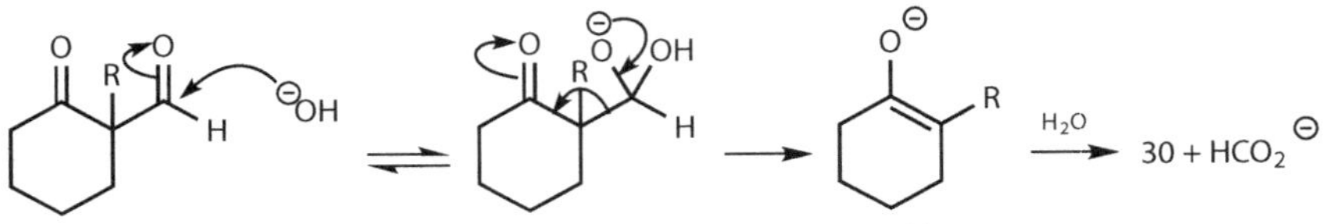

31　32　33

烯胺和氮杂烯醇化物

对于醛来说一个反应特别好的特殊的烯醇等价物就是烯胺。二级胺，比如二甲胺、二乙胺、四氢吡咯、六氢吡啶，或者吗啉 **34**，可以与醛缩合形成烯胺 **36**。这个相对稳定的烯醇的氮类似物在与活化的卤化物的反应中及 Michael 加成反应中都表现得很好。由于这些内容在第 2 章中已经提及，这里只给出几个其他的例子。

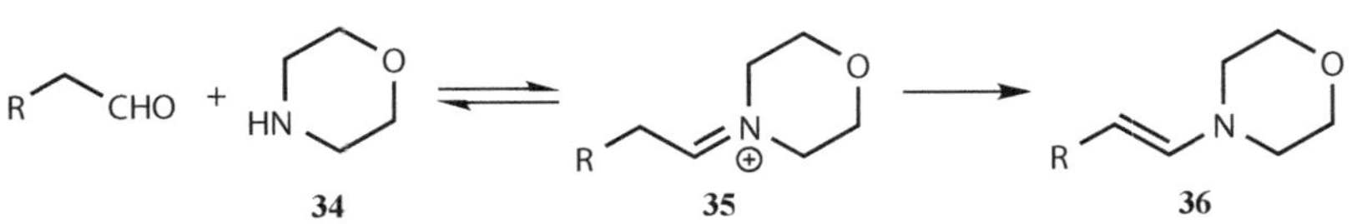

34　35　36

二酮醛 **37** 具有 4 个亲电的碳原子（A-D）和三个烯醇化的位点。这个分子的环化可以以 12 种不同的方式进行。其中的三种环化可以用不同的条件选择性地实现[6]。以吗啉作为催化剂，形成的醛烯胺对烯酮（B）进行 Michael 加成得到 **39**。由氮甲基苯胺形成的烯胺与简单的酮（D）发生羟醛缩合形成 **38**。

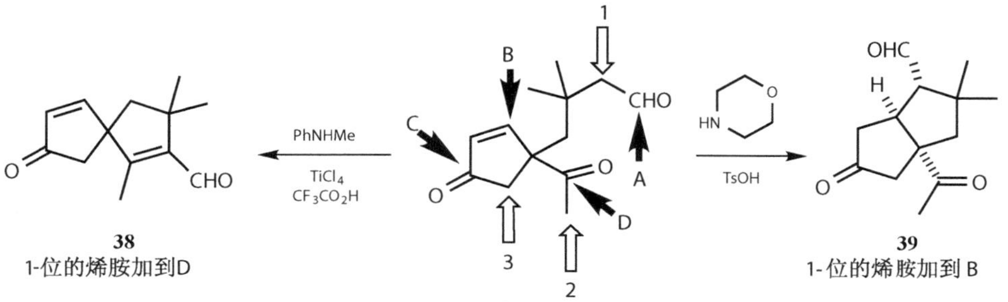

38
1-位的烯胺加到D

39
1-位的烯胺加到B

37; a 二酮醛

最后，在酸性条件下，反应给出热力学控制的产物 **40**。所有的三种产物都涉及了醛：烯胺选择了醛的 d^2 反应性，而酸性催化剂则把醛变成了一个亲电试剂（a^1）。你不能期待在所有的反应中都能实现这样的选择性，但是烯胺通常可以作为醛的一个烯醇等价体。

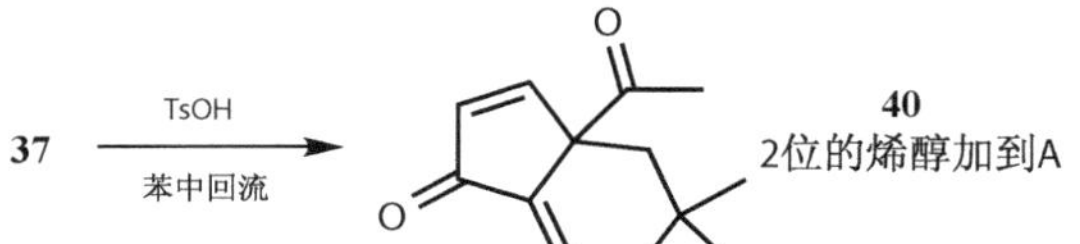

40
2位的烯醇加到A

烯胺与简单的烷基卤化物反应的效果通常很差，烷基化经常发生在氮原子而不是碳原子。Stork 等[7]已经发展出一个氮杂烯醇化物的方法来弥补这个缺陷。一级胺，通常是环己胺，与醛缩合形成亚胺 **42**。把这个亚胺用 LDA 处理得到锂的衍生物，就是烯醇锂盐的类似物，被称为氮杂烯醇化物 **44**。这个中间体可以可靠地与大部分一级甚至是二级的烷基卤化物在碳上 **45** 发生烷基化反应。水解亚胺 **46** 后得到烷基化的醛 **47**。

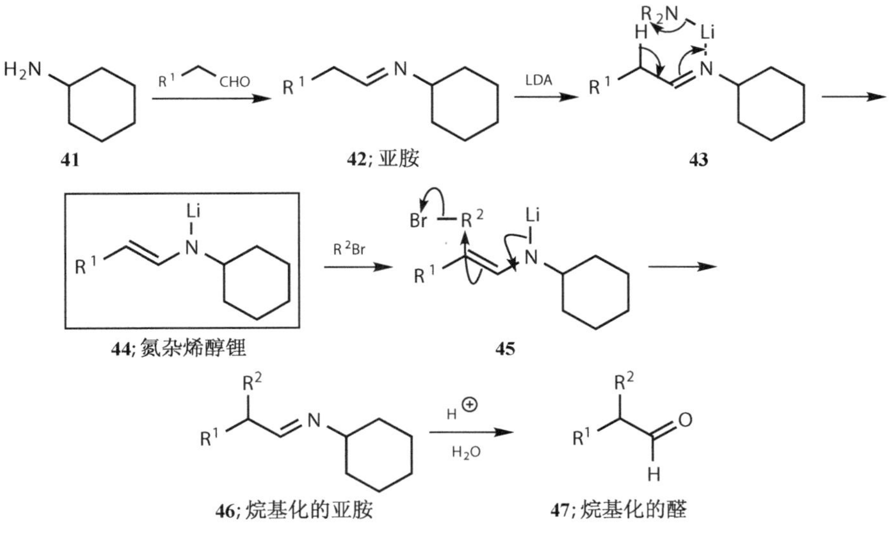

41

42; 亚胺

43

44; 氮杂烯醇锂

45

46; 烷基化的亚胺

47; 烷基化的醛

Multistriatin 的合成

荷兰榆树病是一种被榆小蠹携带的真菌疾病，在 20 世纪 70 年代，破坏了世界上很多地方的榆树林。这些甲虫受到榆树产生的一种信息激素 multistriatin**48** 的召唤，而聚集在一棵合适的榆树上。由于分离得到的天然产物的量非常有限，直到很多异构体被化学合成出来之后这个化合物的立体化学才被证明[8]。我们将用三个异构体的合成来说明氮杂烯醇化物在烷基化反应中的应用。

Multistriatin **48** 是一个可以从酮二醇 **49** 得到的缩醛。把 **49a** 在一个支点断键可以归为对称的戊酮的烷基化反应。这一路线一定要有烷基化试剂 **50**，**50** 的二醇则可以从烯烃 **51** 得到。这个 **51** 则可以从 **52** 出发由已知的化学得到。

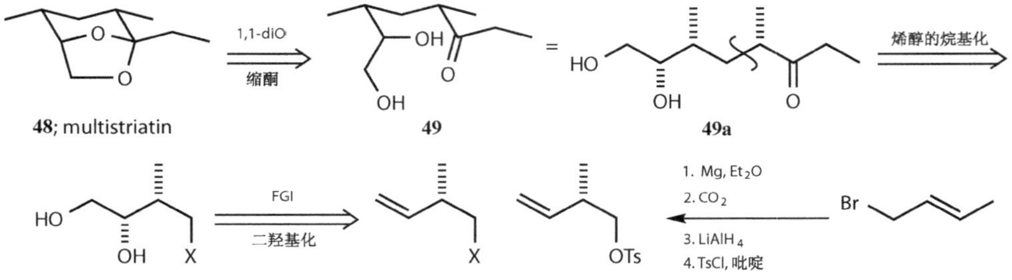

对于烷基化的这一步，Silverstein[9] 选择了酮 **53** 与环己胺 **41** 反应生成的氮杂烯醇镁盐 **55** 与对甲苯磺酸酯 **51** 反应，不可避免地形成了非对映异构的烯酮 **56** 的混合物。结果表明，不必制备二醇是因为环氧化合物 **57** 可以在路易斯酸的催化下直接转化成 multistriatin **48**。这个方法可以得到所有的 4 个非对映异构体，而全平伏键的化合物 **48** 与天然的 multistriatin 相一致。

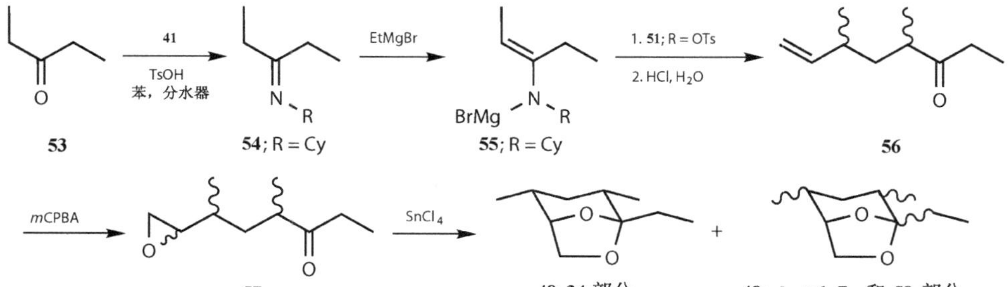

人工合成的光学纯的化合物被用来检查天然产物的绝对构型。把中间体 **56a** 断开成醛 **58** 的策略被人使用，因为醛 **59** 可以从天然产物（+）-citronellol 制得。

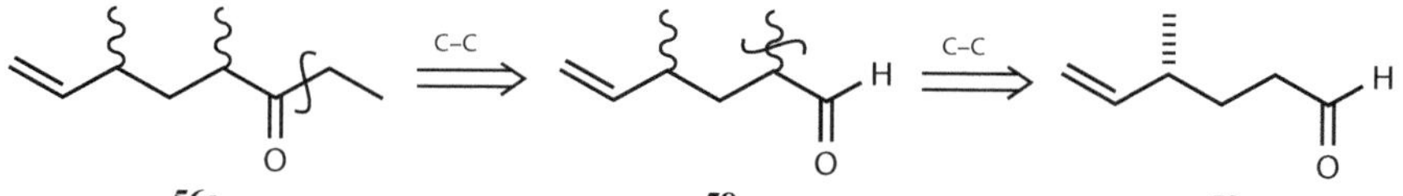

56a **58** **59**

对于烷基化这一步，从叔丁基亚胺 **60** 锂化可以得到较高产率的烷基化产物，但是得到的是非对映异构体的混合物。后边的合成[10]很直接地得到一个混合物，这其中可以分离到 53%的结构正确的 multistriatin。从这个合成可以看出，在酸催化的最后中间体的环化反应中，酮旁边的手性中心可以差相异构化到正确的构型。

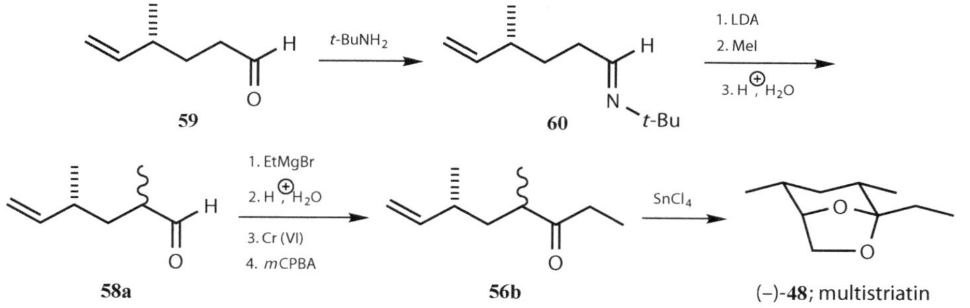

对另外两个手性中心的更精确的控制是下一步的内容，而这可以从能得到的 *cis*-丁烯二醇 **61** 开始。将二醇保护成缩酮 **63**，氧化成环氧化合物 **64**，甲基铜锂试剂的环氧开环（第 8 章）得到正确的非对映异构体 **65**。这个中间体经过酸催化的缩酮重排，从不太稳定的七元环得到稳定的五元环 **66**，合适的离去基团（碘）被引入生成 **67**。每一步的产率都很高。

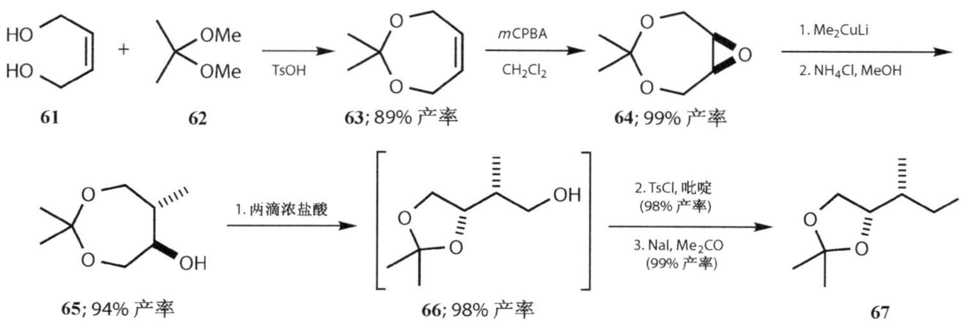

这时，酮 **53** 的烯醇锂盐 **68** 在酮旁边碳原子平衡之后，被用来立体选择性合成消旋的 multistriatin[11]。最后一步可以以 98%的产率，85 : 15 的比例得到化合物 **48** 和 **70** 的混合物，而这两个化合物可以通过色谱分离。

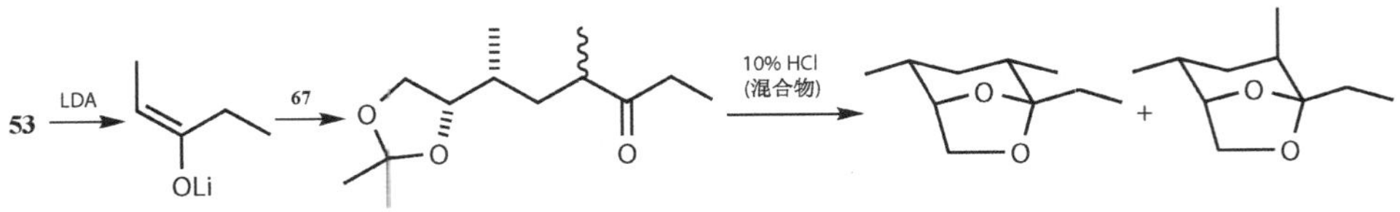

68　69; 84% 产率, 85:15 混合物　48; multistriatin　70; *epi*-multistriatin

现在总结一下，对于亲核的烷基化反应，酮或者酯的烯醇锂盐比氮杂的烯醇化物更常用一些，但是环己基或叔丁基亚胺锂盐被用于醛的亲核烷基化反应。我们一会儿再看烯醇锂盐和同样常用的烯醇硅醚，现在看另外一个氮的衍生物。

金属化的腙

为了分离和表征，很多醛或者酮的衍生物被转化为稳定的晶体化合物。主要是肟和取代的腙，自然的它们应该当为 d^2 试剂来处理，只有 *N*，*N*-二甲基腙是一个重要的试剂。由二甲基肼和不对称的酮可以生成 *E*-腙，比如从非对称的 **71** 而来的 **72**，这其中，二甲基氮基团和甲基处于 *cis*-位[12]。用 LDA 或者丁基锂锂化的中间体 **73**，可以与亲电试剂反应在原来甲基的地方形成新键 **74**。新形成的化合物是一个稳定的腙，需要在氧化的条件或者烷基化后水解回复到羰基得到化合物 **75**。

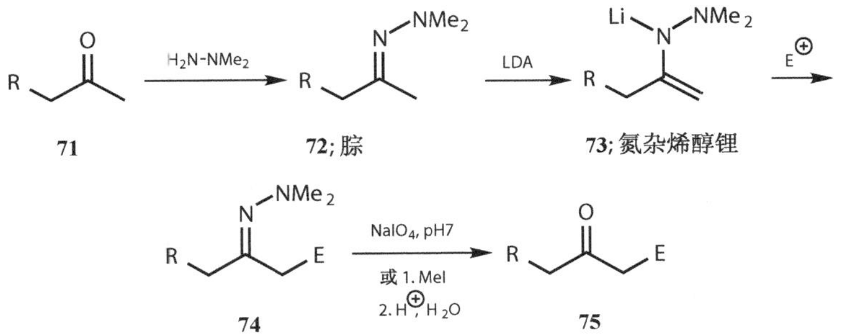

71　**72**; 腙　**73**; 氮杂烯醇锂　**74**　**75**

与容易烯醇化的醛或者酮反应会很干净地生成羟醛缩合产物，如 **76**，而与环氧化合物反应则可以生成官能团间具有 1,4-关系的产物 **77**。氧化条件下的后处理也不会影响产物中的二级醇。当然，如果需要得到二酮的话可以用 Cr(VI) 氧化生成 **78**。

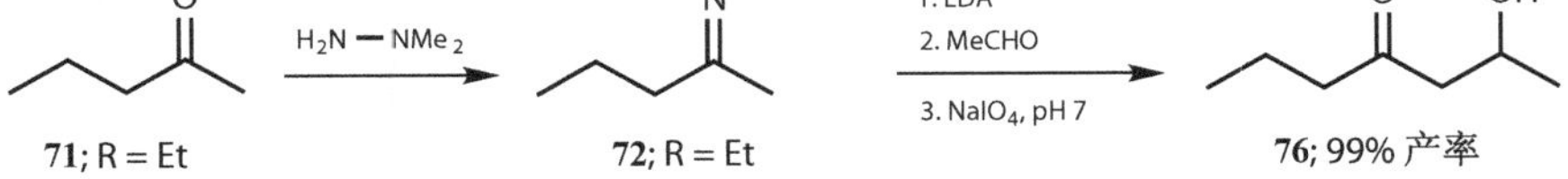

71; R = Et　**72**; R = Et　**76**; 99% 产率

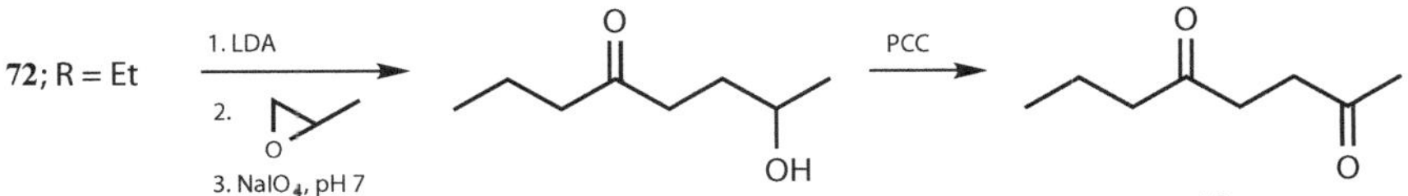

77　**78**

烷基化和 Michael 加成反应同样可以发生，它们均被 Heathcock 应用在 lycodine中间体合成上。丙酮二甲基腙 **79** 可以被烷基化得到 **80**。又一次的锂化之后，这个腙可以被保留。尽管新生成的腙最开始是 *Z*-构型，锂化之后的化合物 **81** 则可以转成 *E*-构型。锂化物可以金属交换成铜试剂，与烯酮 **82** 发生 Michael 加成反应。加成产物 **83** 因为 1,3-直立键相互排斥得到的是 *anti*-1,3-的产物，但是酮旁边的质子则没有立体选择性[13]。

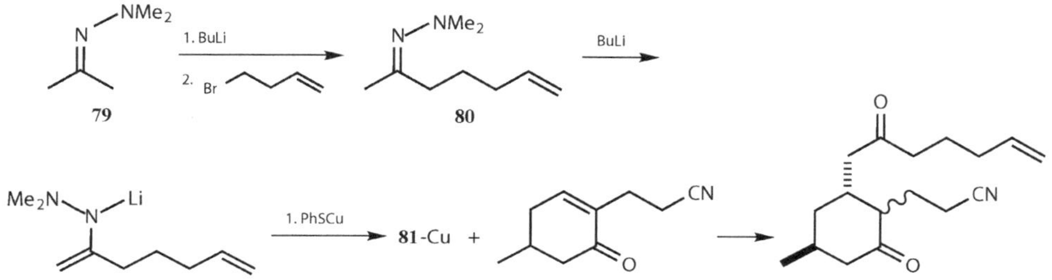

烯醇锂盐和烯醇硅醚

烯醇锂盐 **85** 和烯醇硅醚 **86** 可能在现代有机合成应用最广。基本的选择性规律在第 2～4 章中已经用例子说明。我们将简要总结一下现状和加入一些和前几章相比更多的变化。这两种方法必须在一起讨论，因为两者之间很容易相互变化，这意味着同一个方法可以制备两者。而且在没有金属阳离子存在时，用氟离子除硅的时候，烯醇硅醚 **86** 就变成一个裸露的烯醇化物 **87**。四烷基氟化铵，比如 TBAF，是最常用的。

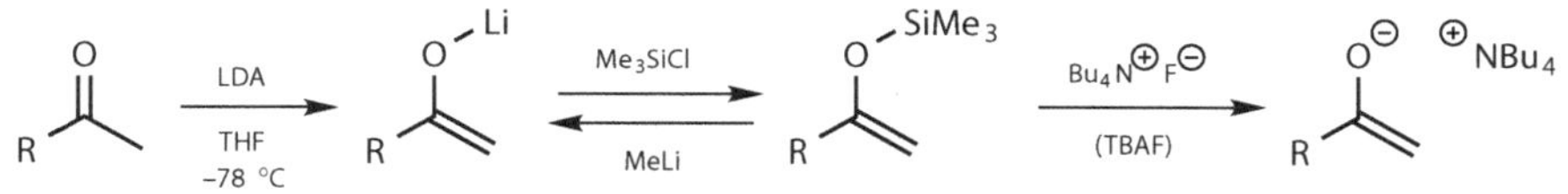

醛 **88** 不会形成稳定的烯醇锂盐，因为羟醛缩合反应得太快了。但是，在平衡条件下，它们可以形成稳定的烯醇硅醚 **89**。酸 **90** 可以被变成两种衍生物：二锂烯醇锂盐 **91** 或者硅缩烯酮 **92**。而酯则生成以 *E*-式为主的烯醇锂盐和烯醇硅醚。比如当 R 为甲基时，生成 *E*∶*Z* 比例为 65∶15 的化合物 **95**。酰胺则很少能够生成烯醇锂盐。

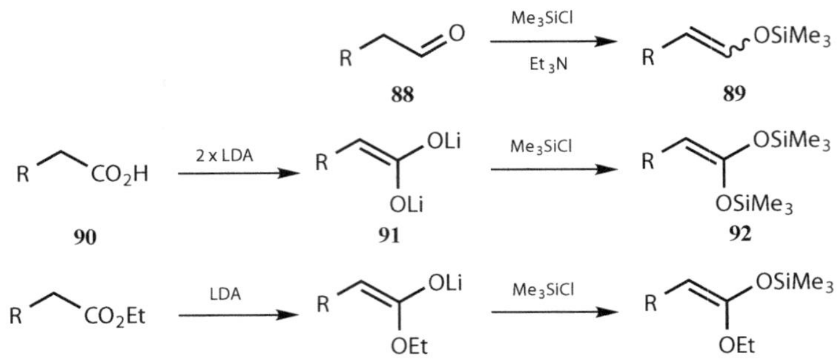

88　89　90　91　92　93　*E*-94　*E*-95

对于酮来说，我们就会遇到区域选择性的问题。像在第 3 章中遇到的情况，甲基酮 **98**，或者一边为一级另一边为二级烷烃的酮，尤其是环状酮如 **103**，在动力学控制的 LDA 去质子条件下，会生成取代较少的烯醇锂盐 **97** 和 **102**。而在平衡条件下，则会生成更多取代的烯醇硅醚 **99** 和 **104**。这两种衍生物，烯醇锂盐或烯醇硅醚，可以用来相互制备，比如 **96** 和 **100**。

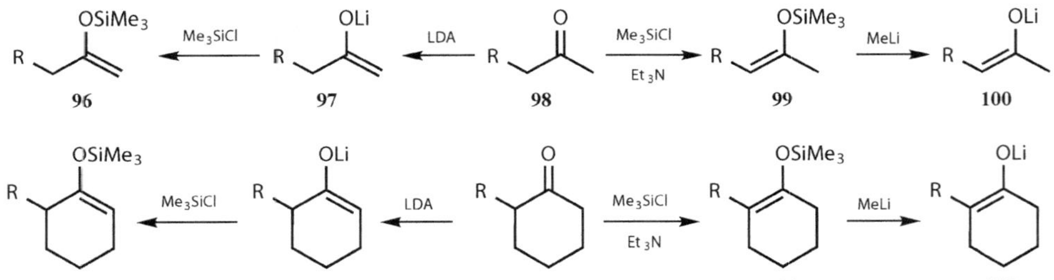

96　97　98　99　100　101　102　103　104　105

来自共轭加成（Michael）的特殊烯醇锂盐

在第 9 章中讲到铜锂试剂对烯酮的 Michael 加成之后，支化点是 β-位而不是 α-位的原子，比如 3-烷基环己酮 **107**，我们也可以制备特殊的烯醇化物 **106** 和 **108**。这是假设我们不从酮本身制备相应的烯醇化物。

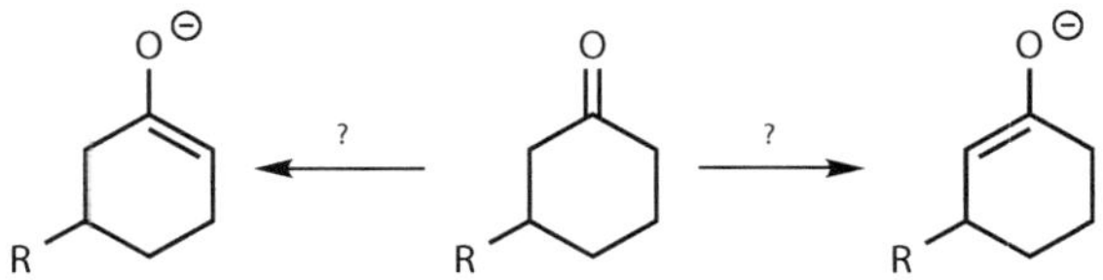

106　107　108

烷基铜锂试剂对环己烯酮 **109** 加成之后生成烯醇锂盐 **110** 和进一步的烯醇硅

醚**111**[14]。而另外一边的烯醇锂盐的制备方法则不是那么明显，可以用锂在液氨中或者在简单的胺如二乙胺中还原烯酮，生成形式上氢作为亲核试剂Michael加成的烯醇锂盐[15]。两个电子加成到烯酮上形成并不稳定的二锂化合物**114**。一分子弱酸（通常是特丁醇或者水），可以猝灭那个较不稳定的阴离子生成烯醇锂盐**115**。也就是说，烯酮**112**是**110**和**111**的另外一个来源。

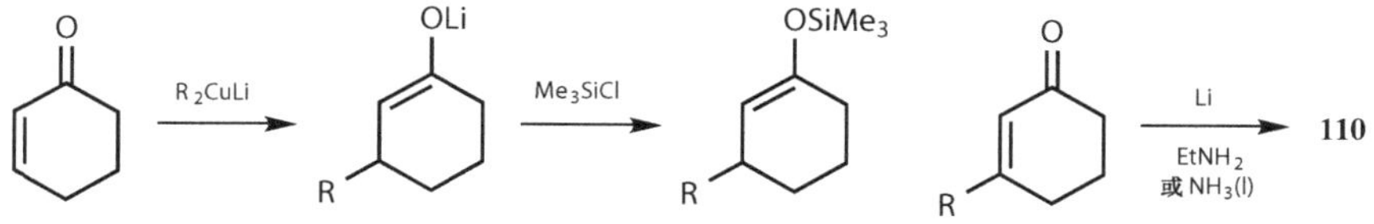

109 **110** **111** **112**

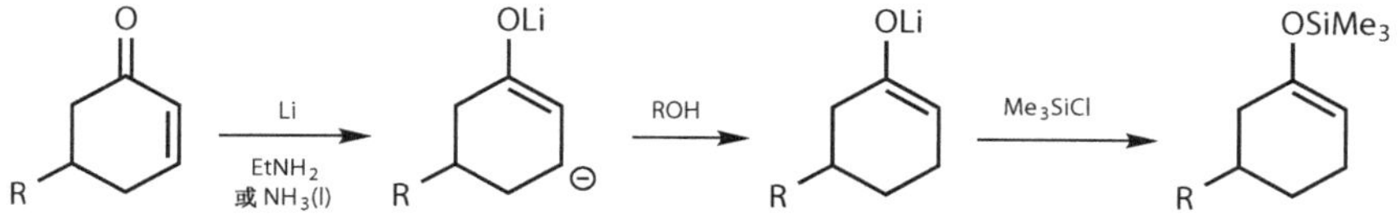

113 **114** **115** **116**

因为我们知道很多区域选择性制备烯酮的方法（第5章），我们就可以制备任何不对称酮的两种烯醇化物，而不必从酮自身出发。在制备特殊的烯醇化物的同时又形成了碳-碳键的方法，具有策略上的优势，因为这样的方法更通用且似乎更有收敛性[16]。

Corey 合成银杏内酯（ginkgolide）的一个中间体

一些例子可以使这些现代的方法更简单。Corey合成银杏内酯（ginkgolide）时需要中间体**117**，而且决定用两个烯基衍生物偶联的方法来制备（见第11章和第12章）。问题最后归结到一个叁键**118**和一个环酮的烯醇衍生物**119**。

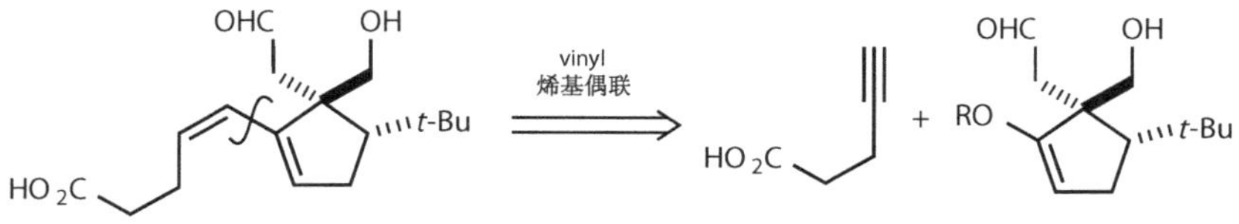

117 **118** **119**

第一个化合物**118**可以用传统的丙二酸酯烷基化再水解脱羰基来制备。没有区域或者立体化学的问题，这个化合物可以大量制备。

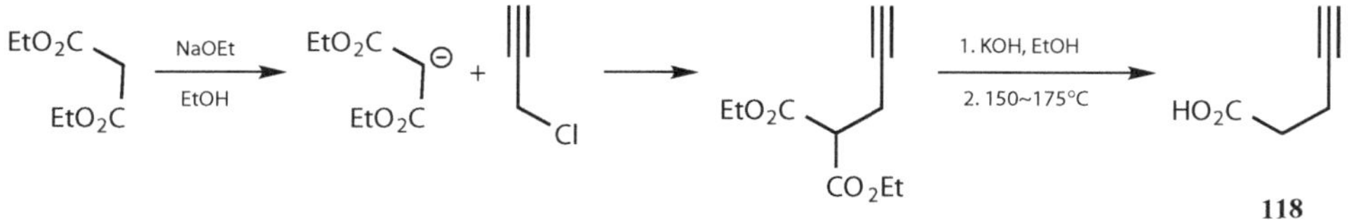

118

第二个化合物**119**则明显地来自酮**120**。**120**看起来是酮**121**的烯醇离子与甲醛的羟醛缩合反应产物。这个酮只是在酮的 α-位有取代，所以选择性的烯醇化是有可能的。但是由于另外一个醛基的存在，可能会出现化学选择性和立体选择性的问题，因此一个对烯酮 **122** Michael 加成的方法看起来更可靠。**122** 可以由一个非常对称的中间体 **123** 羟醛缩合环化得到单一产物。

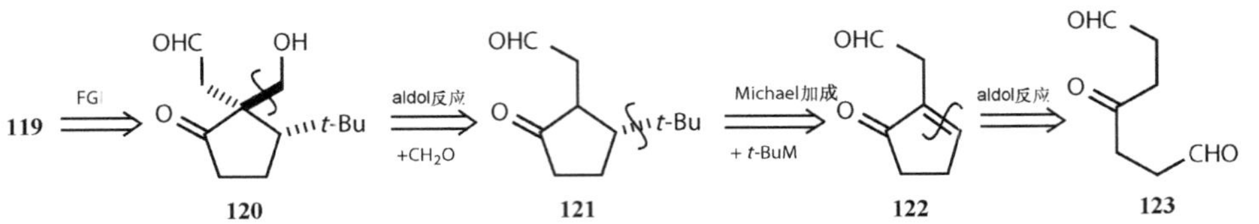

Corey 显然不太喜欢用这个酮二醛 **123** 来反应，而更倾向于考虑另外一个烯酮 **124** 的羟醛断键（双键会很容易地移到环内）。这就需要一个对称二醛 **125**，但是它太活泼了，所以 Corey 选择了一个半保护的化合物 **126**。

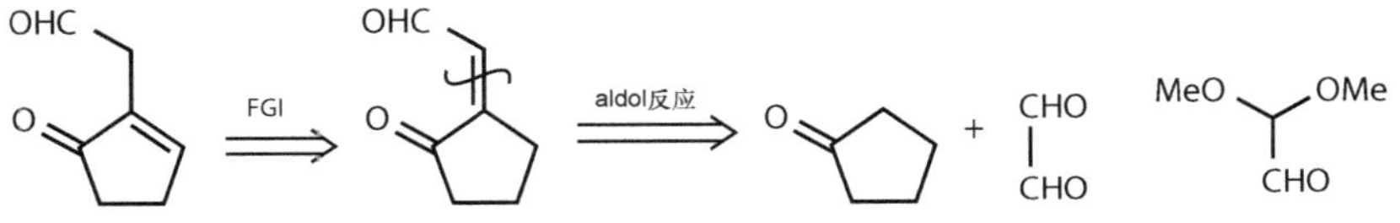

环戊酮的吗啉烯胺 **127** 经过一个非常干净的羟醛缩合反应，经过强酸处理得到具有环内双键的 **128**。铜锂试剂加成和用硅试剂捕获得到烯醇硅醚 **129**，该化合物可以在路易斯酸的催化下与聚甲醛反应生成化合物 **130**，实际上就是保护的 **120** 的内缩醛形式。由于叔丁基的存在，亲电试剂多聚甲醛从该基团的反面进攻烯醇[17]。

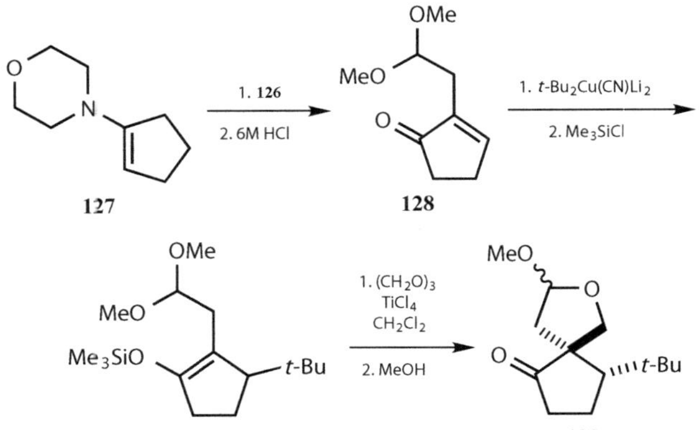

茉莉酮内酯环（jasmine ketolactone）的合成

在茉莉花中发现的大环内酯 **131** 的合成说明了裸露的烯醇化物的应用。内酯

断键到 **132**，常见的 Michael 式的三组分切断得到环戊烯酮，一个乙酸酯烯醇化物等价物和一个羟基保护的 *Z*-烯丙基卤化物 **133**。

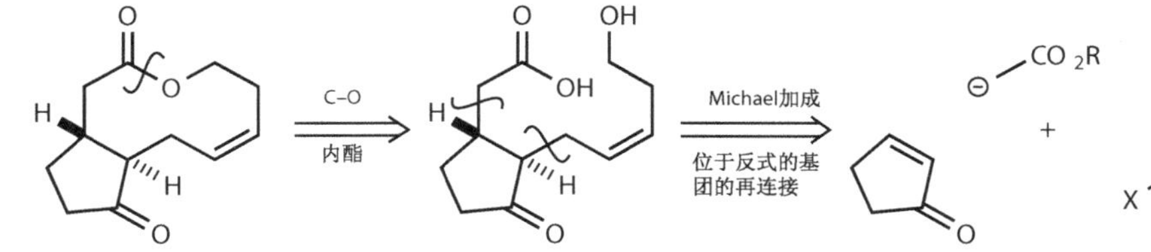

131; 茉莉酮内酯 **132** **133**

由叔丁基硫酯 **134** 生成的烯醇硅醚 **135**，可以作为乙酸烯醇化物等价物，在氟离子的催化下，加成到环戊烯酮上，得到烯醇硅醚 **136**。释放出来的裸露的烯醇化物与炔烃 **137** 发生烷基化反应得到 *anti*-立体化学的产物 **138**，这个化合物经过进一步转化可以得到羟酸[18]。最后的环化反应所用到的特别的方法将在第 43 章中介绍。

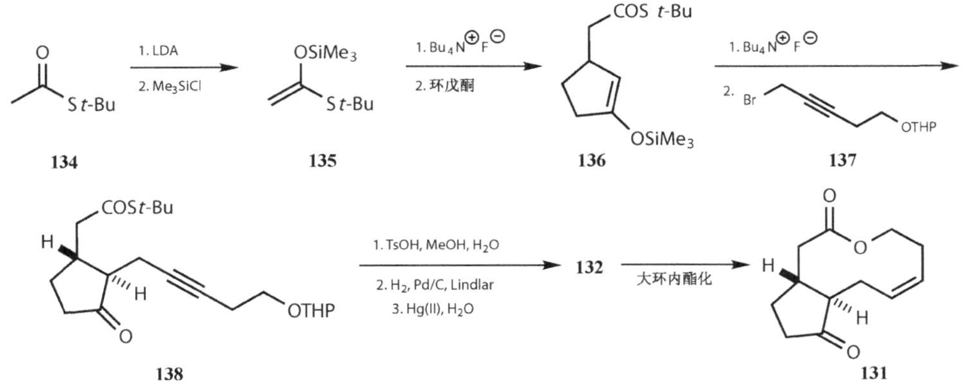

134 **135** **136** **137** **138** **131**

当用烯酮还原的方法得到烯醇离子时，第一个手性中心是靠质子化来建立的，而且通常是热力学控制的反应，所以甾体化合物 **139** 被还原成 *trans*-十氢萘 **140**。进一步与亲电试剂甲醛反应则发生在质子的同一侧，因为原来就存在的基团（**140** 中的另一个环）要比新加上的质子大。**141a** 的构象式说明 CH_2OH 处于平伏键的位置，也有可能经过烯醇化达到平衡[15]。

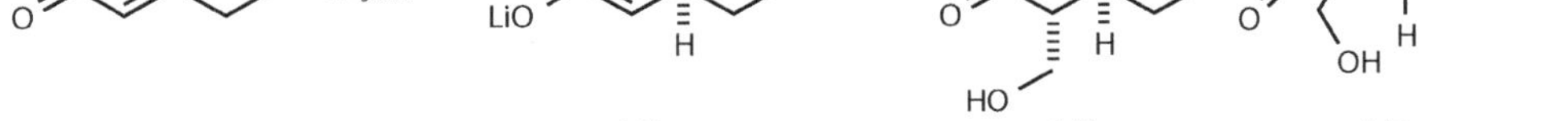

139 **140** **141** **141a**

烯醇等价物和特殊烯醇化物列表

下表中列出了最简单的烯化物。越往左的烯醇化合物越不活泼，越往右的越活泼。标题展示了这些，但你要知道表中的简单烯醇和烯醇化物是不能被制备和分离的，它们通常在羰基化合物的平衡中使用。

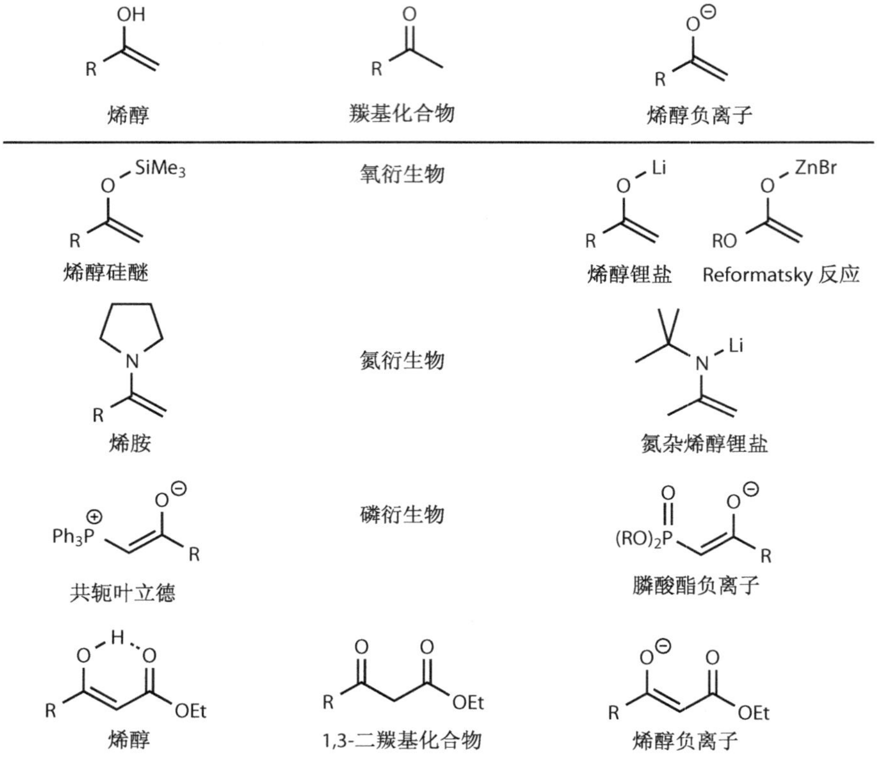

总的来说，左边的化合物更容易发生共轭加成，而右边的活性足够发生烷基化反应。所有的都可以与简单的羰基发生羟醛缩合或者 Claisen 酯缩合。

特殊烯醇等价物的现代应用

那么，哪一个烯醇化物现在最常用？答案很简单，所有的都常用！我们要用一些例子来结束这一章，说明这一点。

丙二酸、烯醇锂盐和烯醇硅醚在同一合成中的应用

在 Shibasaki[19] 用关环复分解（第 15 章）的方法研究从环酮制备烯醇等价物的时候，他决定用丙二酸烯醇化物来快速制备各种原料。比如用烷基化和共轭加

成两步得到起始原料 **143**。

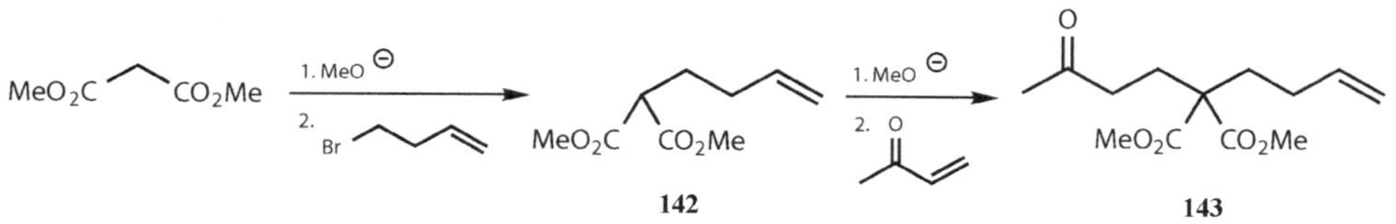

这个化合物被转化成动力学的烯醇化物，然后变成烯醇硅醚 **144**。用 Grubbs 催化剂复分解（将在第 15 章介绍）反应可以 99%的产率得到环状烯醇硅醚 **145**。

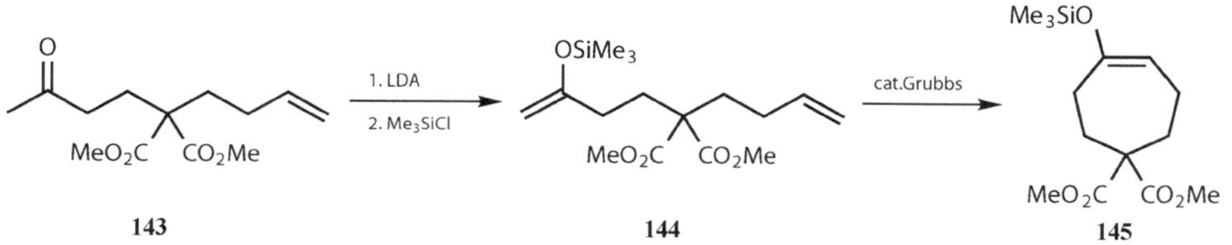

如果不对称的环酮 **146** 用 LDA 和 Me_3SiCl 处理，相同的烯醇硅醚 **145** 仅以 30%的产率得到，但与异构体 **147** 形成混合物。这个化合物同样可以用不饱和化合物 **148** 通过相似的烯烃复分解制备。尽管并不是从环酮出发，但这是制备环酮的特殊烯醇化物最好的方法。这个研究说明了怎样把一个很老的方法（丙二酸），现代的方法（烯醇锂盐和烯醇硅醚）和最新的方法（复分解）应用到一起，产生最好的效果。

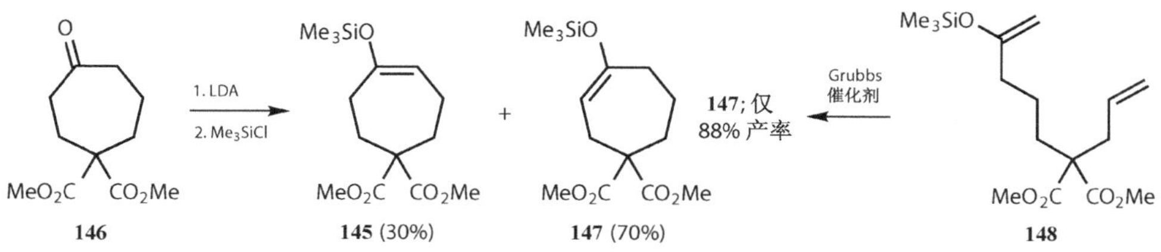

其他的金属烯醇盐

在本书的后边，在处理不对称的烯醇反应的时候，烯醇硼将会非常重要。由酯 **149** 和三氟甲磺酸硼在胺作碱的条件下可以制备烯醇硼，而它所发生的羟醛缩合反应的例子[20]可以证明这一点。用弱碱制备的烯醇硼 **150** 在没有催化剂的条件下与醛反应，以很好的产率得到单一的羟醛缩合非对映异构体产物 **151**。如果以烯醇钛（由 $TiCl_4$ 和碱制备）去反应，产率和立体选择性都不好。在其他的条件下，钛和其他金属的烯醇盐很成功。

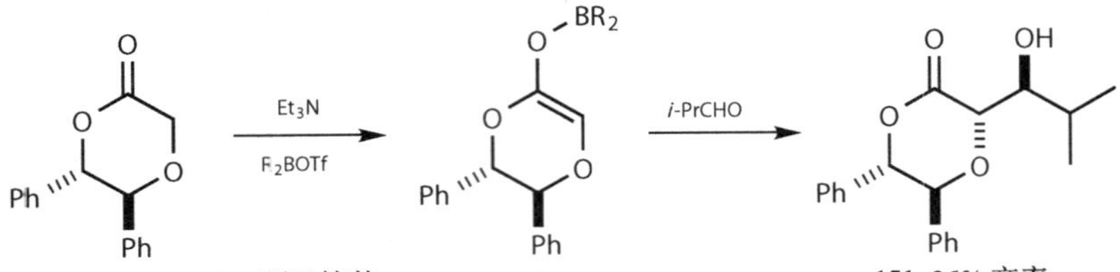

149　**150**　**151**; 86% 产率

烯醇盐与大片段的连接

活泼的烯醇锂盐可以用来与带有很多官能团和立体化学的复杂片段连接。Mulzer 在制备埃博霉素（epothilones）[21]时，将烯醇锂盐和酮 **152** 以及醛反应，以 70%的产率得到羟醛缩合产物 epothilone 的类似物 **153**。

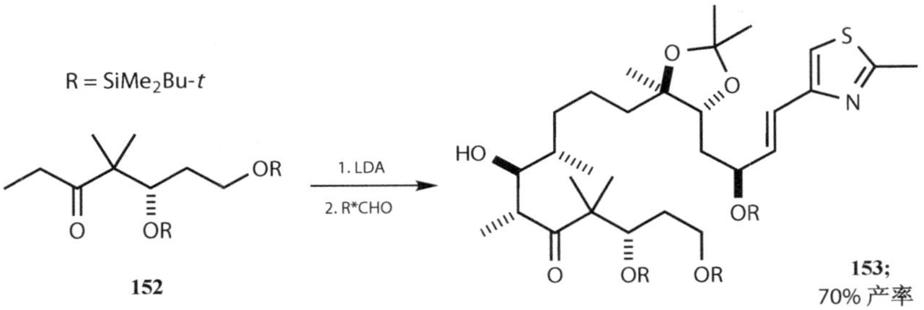

152　**153**; 70% 产率

由醛得到的产物 **153** 有好的产率和立体选择性，醛的结构很容易就可以从 **153** 中逆推得到，它有一个可烯醇化的手性中心、许多其他的官能团和潜手性中心。特殊的烯醇化物是 21 世纪一个重要的试剂。

参考文献

一般性参考文献列于 946 页。

1. C. L. Stevens and A. J. Weinheimer, *J. Am. Chem. Soc.*, 1958, **80**, 4072; H. R. Snyder, L. A. Brooks and S. H. Shapiro, *Org. Synth. Coll.*, 1943, **2**, 531.
2. S. Danishefsky and B. H. Migdalof, *J. Am. Chem. Soc.*, 1969, **91**, 2806.
3. W. L. Johnson, U. S. Patent 2,443,827 (1948); *Chem. Abstr.*, 1949, **43**, 677; G. W. Cannon, R. C. Ellis and J. R. Leal, *Org. Synth. Coll.*, 19, **4**, 597.
4. K. Pihlaja and M. Seilo, *Acta Chem. Scand.*, 1968, **22**, 3053; 1969, **23**, 3003.
5. House, *Modern Synthetic Reactions*, chapter 9, page 492.
6. S. D. Burke, C. W. Murtiashaw and M. S. Dike, *J. Org. Chem.*, 1982, **47**, 1349.
7. G. Stork and S. R. Dowd, *J. Am. Chem. Soc.*, 1963, **85**, 2178; G. Wittig and H. Reiff, *Angew. Chem. Int. Ed*, 1968, **7**, 7; J. K. Whitesell and M. A. Whitesell, *Synthesis*, 1983, 517; D. Caine in *Comp. Org. Synth.*, vol 3, chapter 1.1.
8. W. E. Gore, G. T. Pearce and R. M. Silverstein, *J. Org. Chem.*, 1975, **40**, 1705.
9. W. E. Gore, G. T. Pearce and R. M. Silverstein, *J. Org. Chem.*, 1976, **41**, 2797.
10. G. J. Cernigliaro and P. J. Kocienski, *J. Org. Chem.*, 1977, **42**, 3622; multistriatin has also been made

from glucose, K. Mori, *Tetrahedron*, 1976, **32**, 1979; 1977, **33**, 289.
11. W. J. Elliott and J. Fried, *J. Org. Chem.*, 1976, **41**, 2475.
12. E. J. Corey and D. Enders, *Tetrahedron Lett.*, 1976, 3, 11; E. J. Corey, D. Enders and M. G. Bock, *Tetrahedron Lett.*, 1976, 7; E. J. Corey and D. L. Boger, *Tetrahedron Lett.*, 1978, 4597; D. Enders and P. Wenster, *Tetrahedron Lett.*, 1978, 2853.
13. E. Kleinman and C. H. Heathcock, *Tetrahedron Lett.*, 1979, 4125.
14. G. Posner, J. J. Sterling, C. E. Whitten, C. M. Lenz and D. J. Brunelle, *J. Am. Chem. Soc.*, 1975, **97**, 107.
15. G. Stork and J. d'Angelo, *J. Am. Chem. Soc.*, 1974, **96**, 7114.
16. *Disconnection Approach*, page 346.
17. E. J. Corey, M. Kang, M. C. Desai, A. K. Ghosh and I. N. Houpis, *J. Am. Chem. Soc.*, 1988, **110**, 649.
18. K. Gerlach and P. Kunzler, *Helv. Chim. Acta*, 1978, **61**, 2505.
19. A. Okada, T. Ohshima and M. Shibasaki, *Tetrahedron Lett.*, 2001, **42**, 8023.
20. M. B. Andrus, B. B. V. S. Sekhar, E. L. Meredith and N. K. Dalley, *Org. Lett.*, 2000, **2**, 3035.
21. J. Mulzer, G. Karig and P. Pojarliev, *Tetrahedron Lett.*, 2000, **41**, 7635.

11 扩展的烯醇化物

引言

扩展的烯醇化物问题

扩展的烯醇化物问题[1]很容易描述，但是不容易解决。如果不饱和酯 **1** 用碱处理，则形成一个共轭的烯醇盐 **2**。而共轭酯 **3** 失去一个质子，也可以形成同样的烯醇化物 **2**，这个烯醇化物 **2** 就是一个**扩展的烯醇化物**，被共轭扩展到了一个双键上。更有意思的是新的空间上的多样性出现在反应中。烯醇化物通常只考虑在氧还是在碳上反应，而被扩展之后，还要考虑在哪个碳原子上反应的问题，本章将要讨论的就是选择的原理。

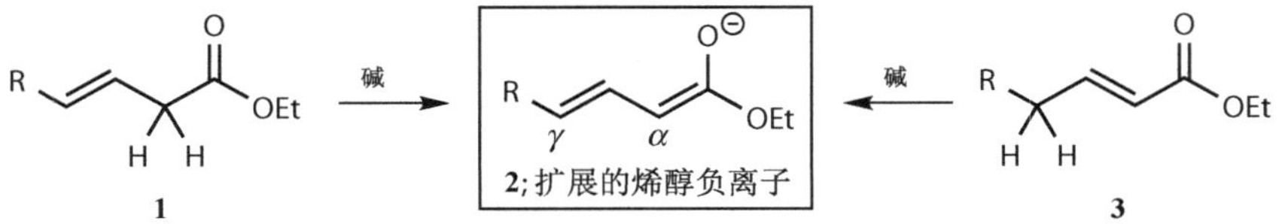

1 **3**

传统上有两种可能的选择性，α-和 γ-。在化合物 **4** 的 α-位反应，作为一个 d^2 试剂，形成一个非共轭酯 **5**，这个酯也可以通过 α-到 γ-位质子的迁移变成新的扩展的烯醇化物 **6**。而像 **9** 一样作为一个 d^4 试剂在 γ-位反应，则直接生成共轭酯 **10**。而剩下的可能性——在氧上反应，则可能用硅来实现，生成一个扩展的烯醇硅醚 **8**。

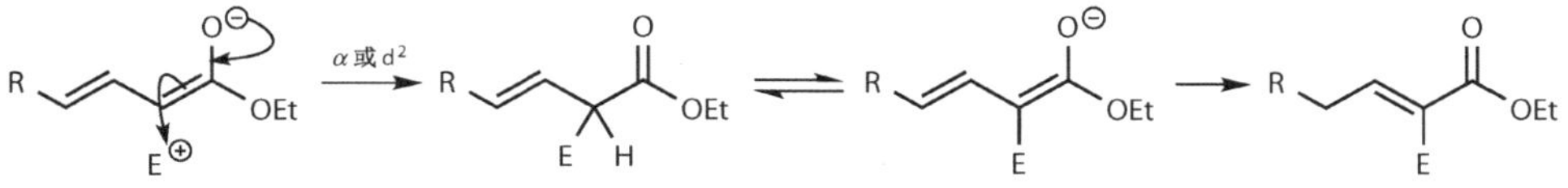

4　**5**　**6**　**7**

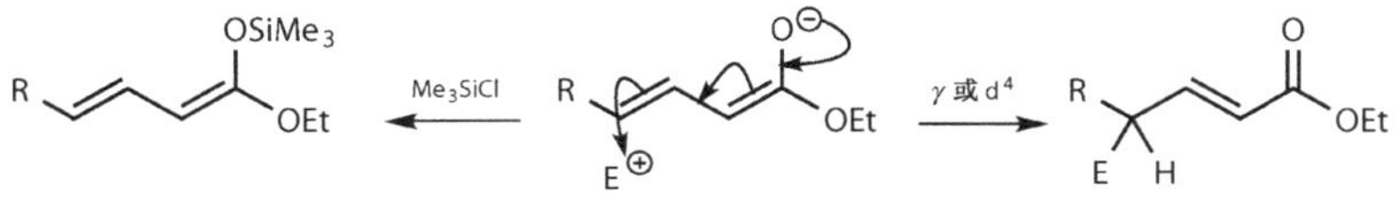

8　**9**　**10**

动力学和热力学控制

动力学控制的位点在 α-位，那里的 HOMO 轨道系数更大一些[2,3]，但在 γ-位反应则生成更稳定的共轭产物。酯 **5** 是动力学控制的产物，而 **7**，**10** 则是热力学控制的产物。早期的反应[4]表明，活泼的烯醇化物，如 **12**，受动力学控制，专一地在 α-位烷基化，使得用双烷基化方法制备 **14** 成为可能[5]。

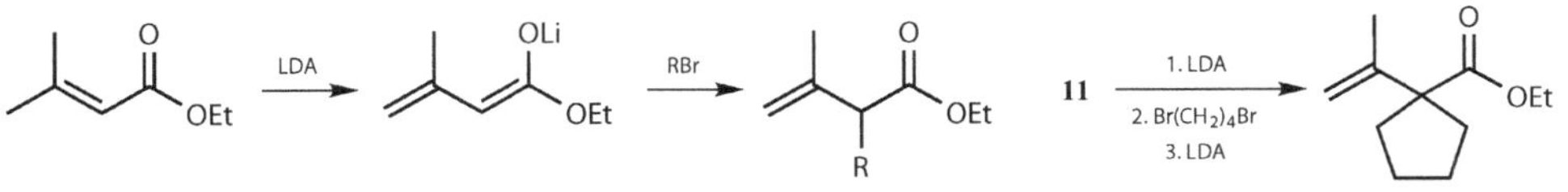

11　**12**　**13**　**14**

甚至 Michael 加成反应都发生在 α-位，而得到的特殊烯醇化物 **15** 可以立体选择性地烷基化，就像第 9 章提到的三组分反应。产物 **16** 被 Oppolzer 用在了 khusimone 的合成中[6]。

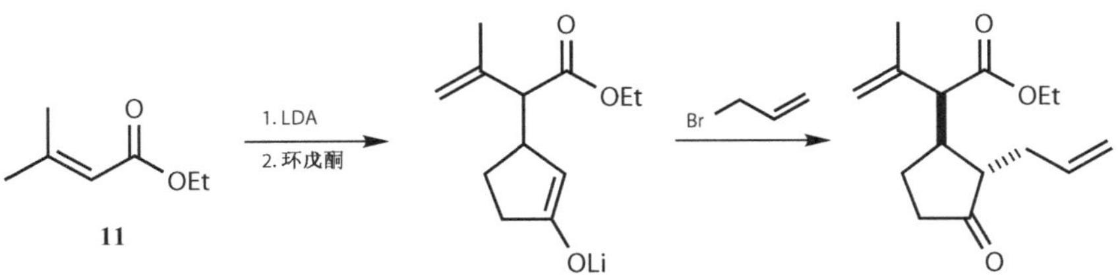

11　**15**　**16**

羧酸 **17** 的二锂衍生物 **19**，更倾向于在 γ-位[7]发生烷基化反应生成 **20**，尽管

在 α-位烷基化也很常见[8]。而酰胺 **21** 扩展的烯醇化物 **22** 则有折中的结果，当 R 基团不同时，**23** 与 **24** 的比例从 67：33 变为 98：2。最后两个例子中的金属可以与铜发生交换，提升 γ-选择性。不论是亲核试剂还是亲电试剂，似乎铜更喜欢共轭加成[9]。

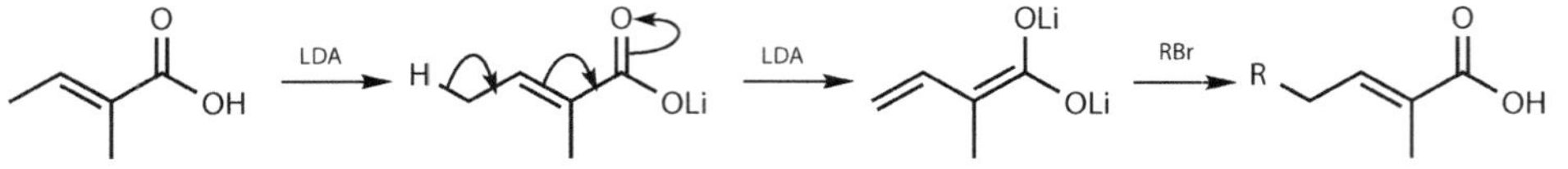

17　　**18**　　**19**　　**20**

21　　**22**　　**23**　　**24**

烷基化反应是不可逆的，所以热力学的产物很难制备。但是羟醛缩合反应是可逆的，在酯 **11** 和酸 **17** 的 γ-位羟醛缩合反应的产物比例都会随着温度和时间的增加而增加。所以，α-位缩合产物 **27** 是酯 **11** 的扩展的烯醇化物在低温下处理的产物。而在较高一些的温度下猝灭反应，γ-羟醛缩合产物 **25** 和 *E*-**26** 是唯一的产物[10]。内酯 **25** 是从 *Z*-**26** 环化得到的。

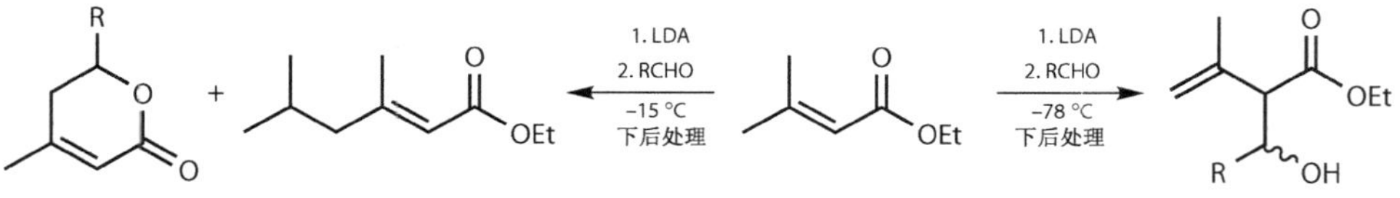

Z-**25**　　*E*-**26**　　**11**　　**27**

Wittig 和 Horner-Wadsworth-Emmons 反应

为了得到酯的扩展的烯醇化物，在 γ-位与醛酮反应，用 Wittig 反应是个好办法。溴酯 **28** 可以买到，用它与三烷基亚磷酸酯反应得到膦酸酯 **29**，再与醛反应则生成二烯 **30**[11]。用膦盐也可以发生这个反应[12]。

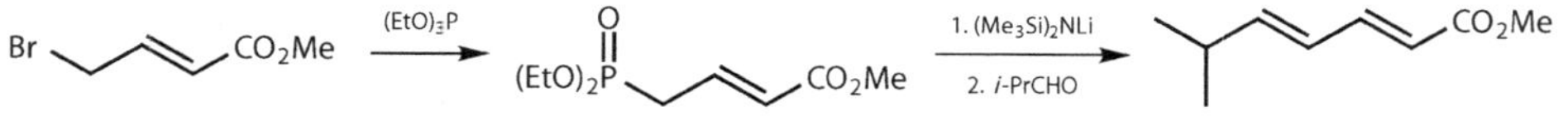

28　　**29**　　**30**; 97 : 3 *E,E* : *Z,E*

其他的 γ-溴酯如 **31**，也可以用 NBS 自由基溴化[13]的方法得到（这也是一个 γ-位的反应），然后用于 Horner-Wadsworth-Emmons 反应。如果在 **29** 或者 **33** 的 γ-位发生了一些反应，那没有关系，因为 Wittig 消除反应不会发生在那样的中间体，而会回到原来。这些羟醛缩合反应的产物是通常用于 Diels-Alder 反应的二烯 **30** 或 **34**。在本章的后边，我们将回到这个话题。

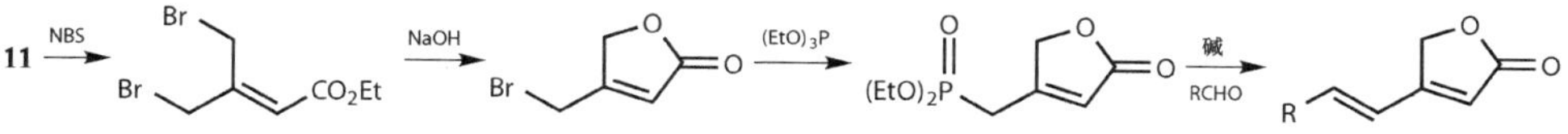

31　**32**　**33**　**34**

扩展的氮杂烯醇化物

醛通常会出现特殊的问题。在 α-位烷基化，在第 10 章的讨论中氮杂烯醇化物是最好的办法。环己亚胺 **37** 可以从巴豆醛以 88％的产率制备[14]，而它的锂化物 **38** 可以非常干净地在 α-位与卤代烷反应[15]，生成非共轭的亚胺 **39**。

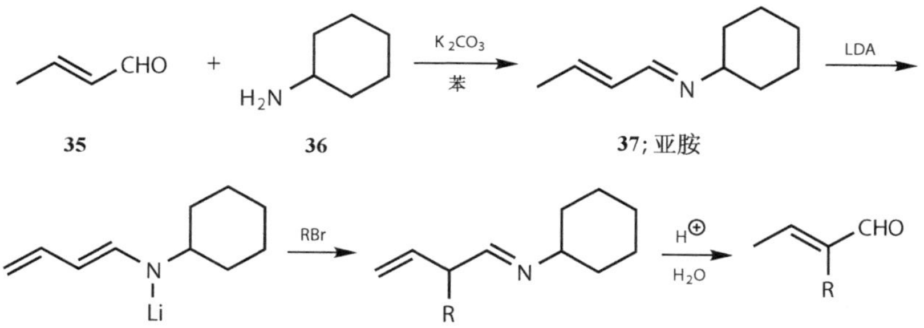

35　**36**　**37**; 亚胺

38; 氮杂烯醇锂　**39**　**40**

水解 **39** 时自然存在的一个问题是，非共轭的醛的双键会移位到共轭醛 **40**，除非像 **42** 那样 α-位被两个基团占据[15]。

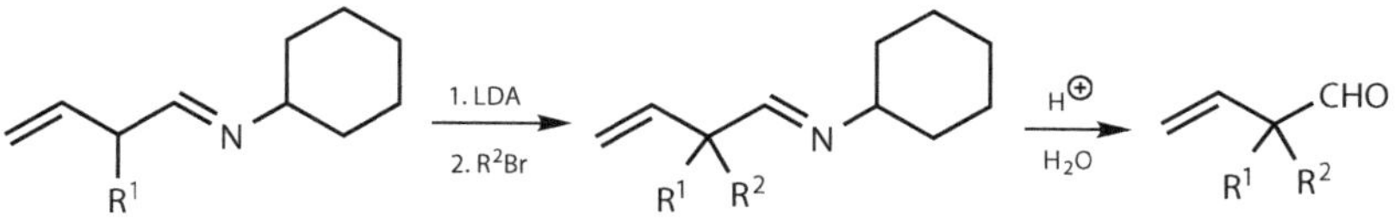

39　**41**　**42**

中间体 **38** 也会发生羟醛缩合反应，但产物通常是 α-，γ-的混合物[16]。叔丁基亚胺的硅化则可靠地发生在 γ-位，这也是控制扩展的烯醇化物羟醛缩合反应的最好办法[17]。

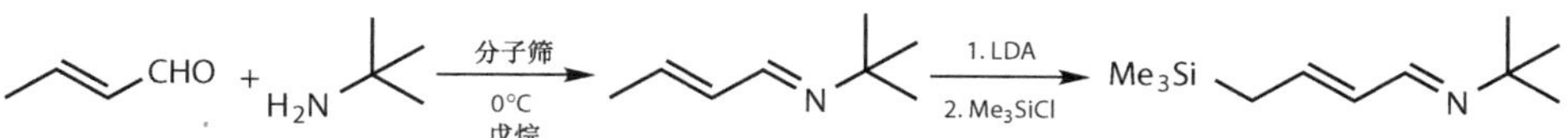

35　**43**　**44**; 亚胺　**45**; γ-硅取代的亚胺

室温下用醛来处理 **45**，在 CsF 的催化下释放出低浓度的自由扩展的烯醇化物，可以在 γ-位与新的醛反应生成亚胺 **46**，水解和脱硅后得到真正的 γ-羟醛缩合产物 **48**。

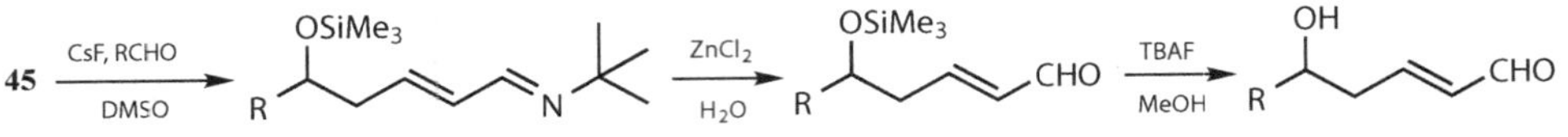

46　**47**　**48**

在更剧烈一些的条件下（如 100℃），可以较好产率得到二烯醛，甚至可以把两个烯醛连起来，区域选择性地得到三烯醛 **50**。

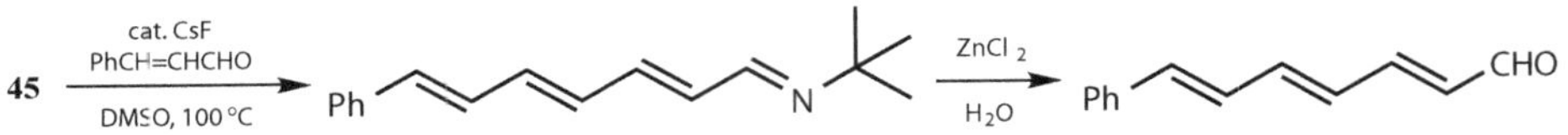

49　**50**; 92% 产率

扩展的醛的烯醇锂盐

扩展的共轭醛的烯醇锂盐比简单不共轭醛的烯醇锂盐更稳定，这在醛的 α-位有支链时尤其有用，比如 vernolepin 中间体 **53** 就可以由锂化物 **52** 烷基化得到[18]。酮 **51** 需要保护，很明显是防止烯醇化，更令人印象深刻的是这个烯醇化物中的缩酮不会分解。

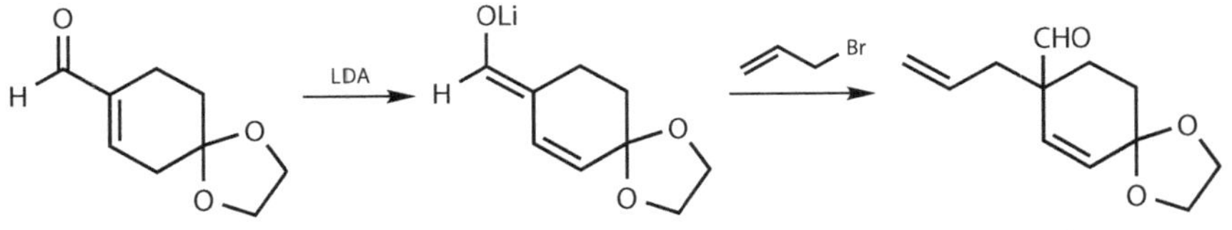

51　**52**　**53**

总结：扩展的烯醇化物的 α-位烷基化反应

总结一下，要共轭的酯、酸、醛的扩展的烯醇化物与卤代烷发生 α-位烷基化反应或者 Michael 加成反应，动力学控制是一个可靠的方法。这些反应尤其适用于在羰基和双键之间构建季碳中心。羟醛缩合反应不是十分可靠，但在一些情况下可以用温度控制，或者用 Wittig 反应控制。下面我们来看一看怎样在 γ-位反应。

γ-位的反应

最明显的活化 γ-位的方法就是引入烯胺[19]或者烯醇硅醚[20]。这些是各种烯醇等价物中最稳定的（见第 10 章），因此可以用于热力学控制。扩展的烯胺 **55**

是很容易制备的，它是一个用于 Diels-Alder 反应的优秀的电负性的二烯。但是在 α-位则大多数与卤代烷反应。

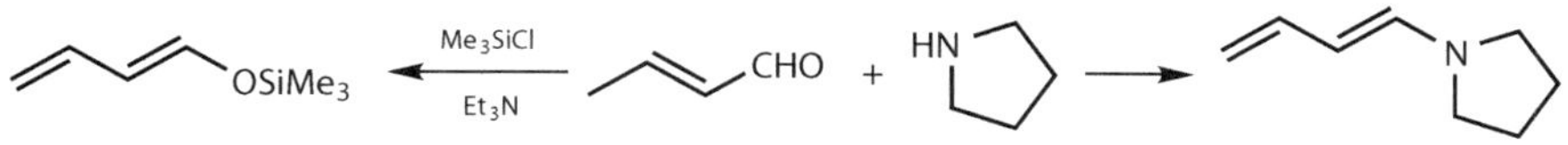

54 35 55

从醛 **54** 和酯 **57** 得到的烯醇硅醚可以与一系列的亲电试剂 **58** 在 γ-位发生反应。酰基化反应在 Friedel-Crafts 条件下发生，而 **59** 中拥挤的酯基团 (i-Pr)$_2$CH 让反应全部发生在 γ-位。产物则是一个双键位置异构的混合物 **61**，其中双键分别与不同的羰基共轭。

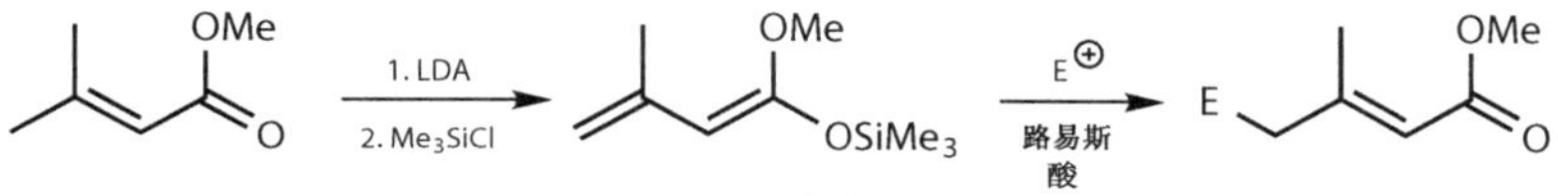

56 (cf. 11) 57; 93% 产率 58

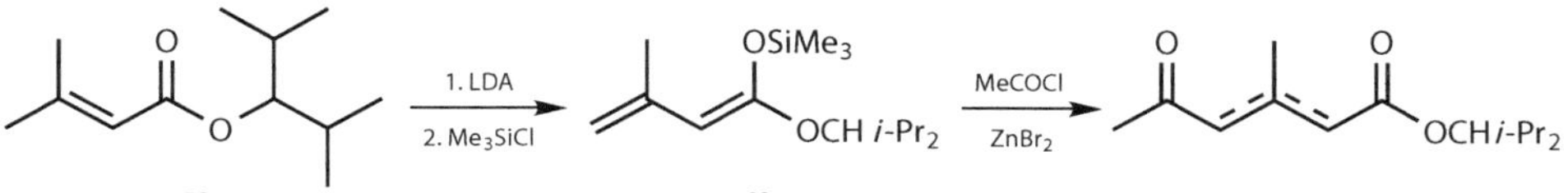

59 60 61

烷基化反应更加困难，但是 Fleming 和 Paterson 用苯硫基去稳定一个碳正离子，实现了这个目标[21]。卤代烷被转化成硫醚 **62**，然后用 NCS 在 Pummerer 条件下转化成氯化硫醚 **63**。这个氯化硫醚 **63** 与路易斯酸反应，生成硫稳定的碳正离子，与烯醇硅醚 **65** 在 γ-位反应，生成 **66**。

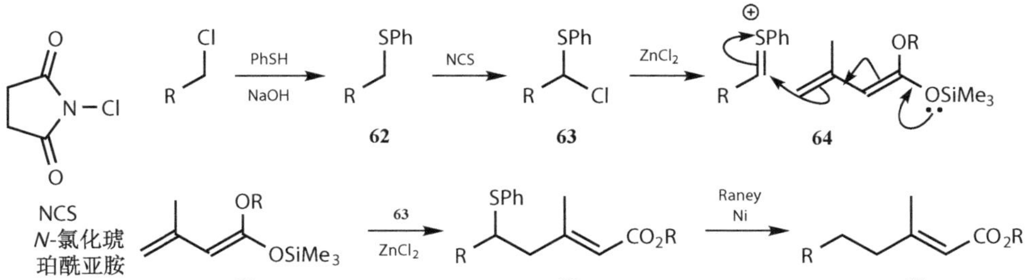

65 66 67

这个苯硫基可以用两种方法除去：在 Raney Ni 的条件下还原得到 **67**，也就是在 γ-位与卤代烃发生烷基化的产物；或者氧化成亚砜 **68**（见第 32 章），然后热分解生成新的双键 **69**，也就是扩展的羟醛缩合反应，就像酯 **30** 一样。

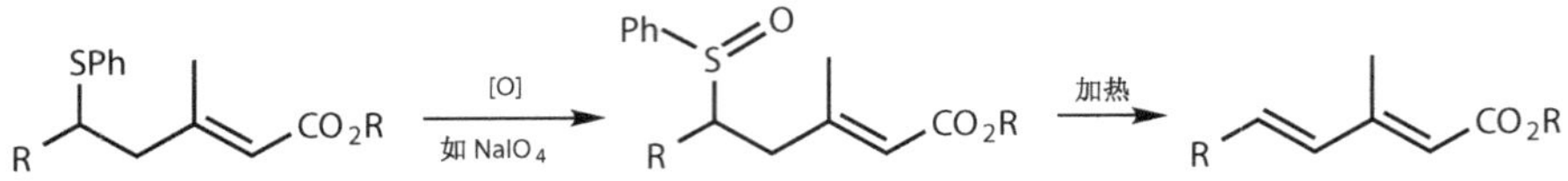

66　　68　　69

真正的扩展的羟醛缩合反应，也就是扩展的烯醇化物在 γ-位与醛或者酮反应，最好的方法就是用烯醇硅醚与缩醛 **70** 在路易斯酸催化下实现[20]。路易斯酸通常使用的是 $TiCl_4$，可以催化氧鎓离子 **71** 的形成，**71** 进一步与烯醇硅醚在 γ-位反应（对比 **64**）生成产物 **72**，剩余的一个甲氧基可以用碱除去而生成扩展的羟醛缩合产物，二烯醛 **73**。

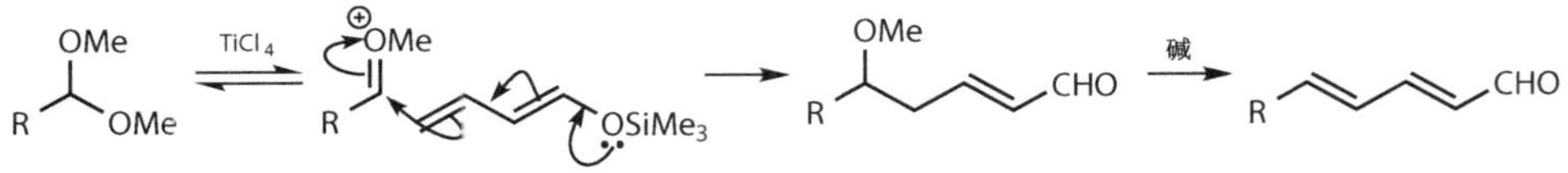

70　　71　　54　　72　　73

一个非常好的例子就是可见色素视黄醛（visual pigment retinal）**74** 的合成。**74** 可以按照羟醛缩合反应断键，但是这需要四个连续的羟醛缩合反应。而按照扩展的羟醛缩合反应断键，则只需要两步反应 **74**b 和 **75**，且最终需要的是同一个扩展的烯醇化物 **77**[22]。

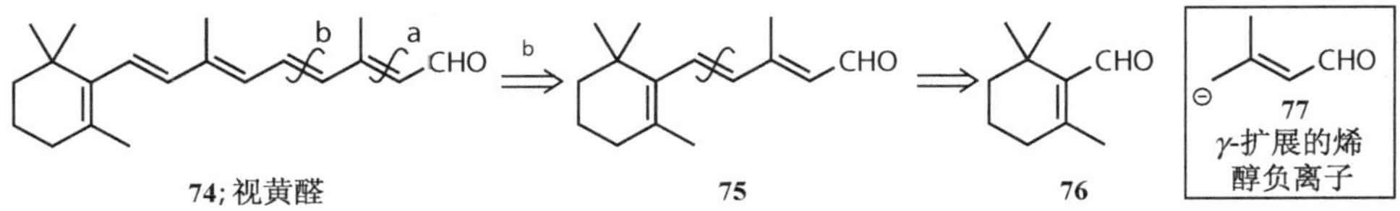

74; 视黄醛　　**75**　　**76**

起始原料是天然产物 β-环柠檬醛（**76**），可以转化成它的甲缩醛 **78**。扩展的烯醇化物 **77** 最好可以从烯醇硅醚 **79** 制备。**79** 与 **78** 反应紧接着用碱处理，生成三烯醛 **75**。将这三个步骤重复一次就可以得到全 E-式的 **74**。这两个扩展的羟醛缩合反应以非常高的产率和完全的区域选择性进行，只是碱 DBU 促进的消除反应不够理想。

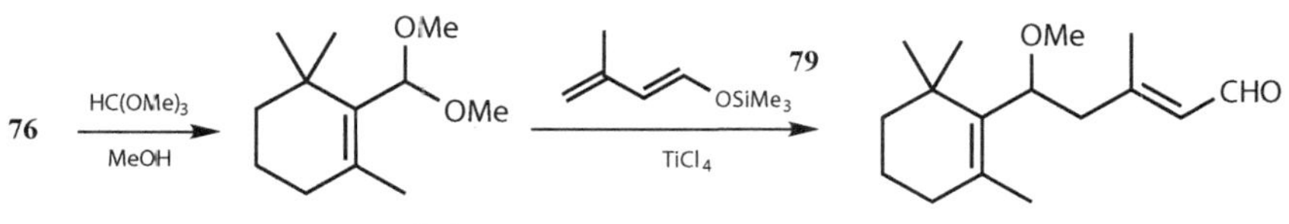

78; 100% 产率　　**80**

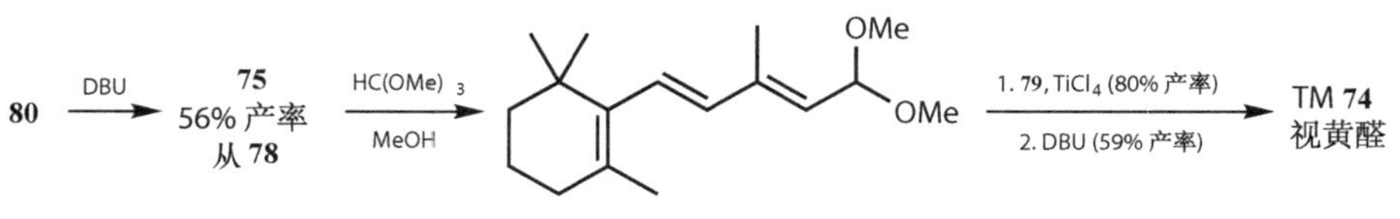

81; 95% 产率

最新的进展是 γ-位的不对称羟醛缩合反应。从巴豆醛乙酯而来的烯醇硅醚 **82** 在路易斯酸四氯化硅和手性催化剂催化下与酸反应，以高产率生成羟醛缩合产物 **83**，γ-与 α-位的比例大于 99∶1，产物 **83** 是完全光学纯的[23]。

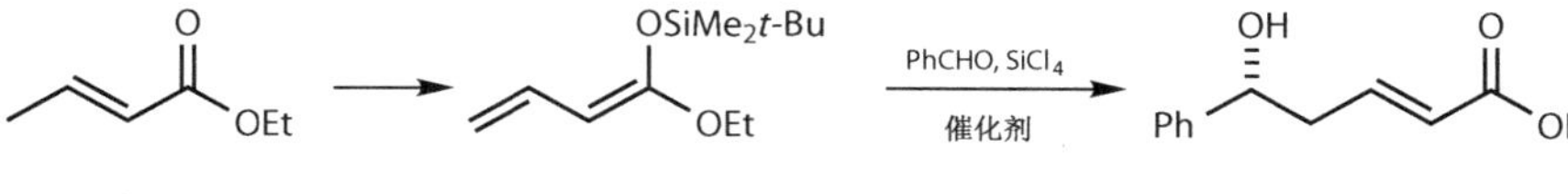

巴豆酸乙酯　**82**　**83**; 89% 产率

从不饱和酮得到的扩展烯醇化物

对于酮 **82** 来说，存在更多的是区域选择性问题。失去 γ-位的质子得到扩展的烯醇 **83**，它可以在 α-位或者 γ-位反应，生成共轭的 **87** 或者 **88**，或者不共轭的 **84**。而酮也可以在羰基的另一侧发生烯醇化反应，通常称为 α'-位，生成一个新的烯醇 **85**，在 α'-位进行反应生成另外一个共轭产物 **86**。这样总共有 4 个可能的产物。控制扩展烯醇化物反应区域选择性的动力学和热力学因素，与前边介绍的一样，而烯醇化本身也受这些因素影响。在 α'-位的质子酸性比 γ-位的质子的酸性强，所以 **85** 是动力学烯醇化物，而线性的扩展的烯醇化物 **83** 则是热力学烯醇化物。因为不是交叉共轭的，所以 **85** 较不稳定。

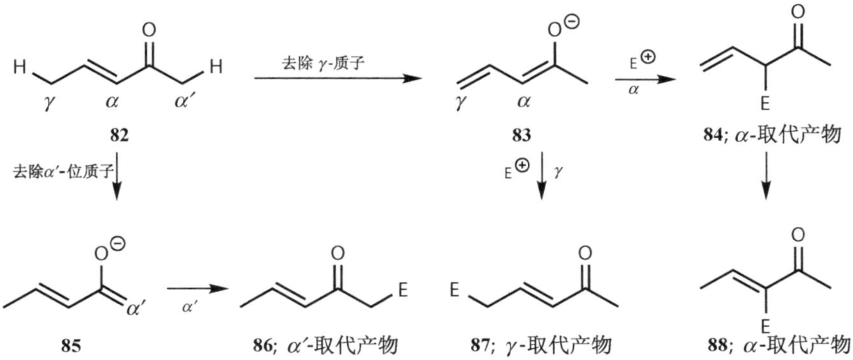

82　**83**　**84**; α-取代产物　**85**　**86**; α'-取代产物　**87**; γ-取代产物　**88**; α-取代产物

在 α'-位的动力学烯醇化和反应比较容易用烯醇化物的形式控制，因此环己烯酮与 LDA 反应生成的烯醇化物 **90**，可以在 α'-位发生烷基化反应生成 **91**，但是在氧上硅化[24]则得到烯醇硅醚 **92**，与简单的烯醇锂盐一致（见第 2 章）。

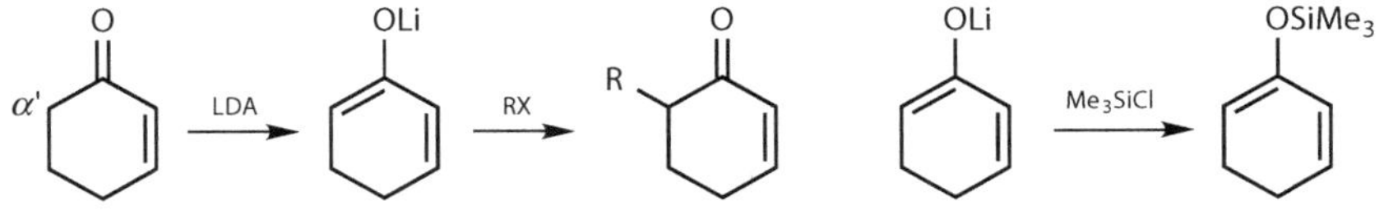

89　**90**　**91**　**90**　**92**

一个非常好的例子是双环酮酯 **93** 的合成。两个连续的 Michael 反应断键后，就到扩展的环己烯酮 α'-烯醇化物 **95** 和丙烯酸甲酯。合成则更容易：用 LDA 把环己烯酮动力学烯醇化，与丙烯酸甲酯反应，以 90%的产率直接得到笼状酮 **93**[25]。交叉共轭的二烯醇化物如 **95**，与 Michael 受体反应生成 Diels-Alder 反应的产物，也可能就是这个加成反应的机理。

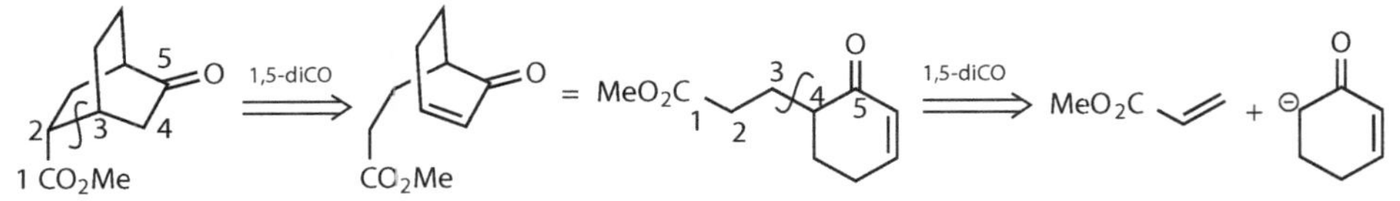

93　**94**　**94a**　**95**

在合成开链化合物 **96** 时，还需要另外的选择性。这很明显可以用羟醛缩合反应，但逆合成分析需要 α'位烯醇化物 **97** 以 1,2-加成的方式加到共轭醛 **35** 上。幸运的是，醛更倾向于 1,2-加成而不是 1,4-加成（见第 9 章），尤其对于硬的亲核试剂，比如烯醇锂盐。因此这个合成就像设想的一样进行了[26]。

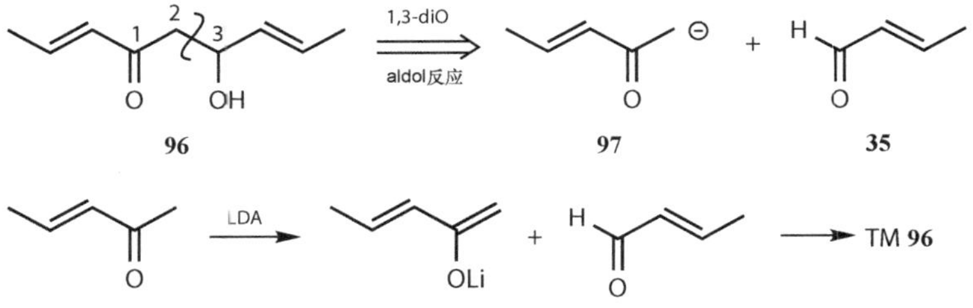

96　**97**　**35**

98　**99**　**35**

在平衡条件下，比如在醇中用烷氧基碱，或者在液氨中用氨基碱，则发生烯醇化生成扩展的烯醇化物 **83**，它可以与卤代烷在 α-位发生烷基化。起初，这看起来是一个很难实现的组合：热力学烯醇化之后，再动力学控制地加到亲电试剂上去。但是应用很多种碱都给出同样的结果。例子中就包含了一个止咳药 pentethylclyclanone（**100**）的合成。它主要通过环戊酮二聚生成的烯酮 **103** 的烷基化反应得到。在支点部分断键成可以得到的卤代烷 **102**；当 X 基团是氯的时候要求在 **101** 的 α-位发生烷基化反应，**101** 是环戊酮羟醛缩合的二聚体 **103** 的扩展的烯醇化物[27]。在甲苯中用氨基钠反应就可以很容易地实现这个反应[28]。

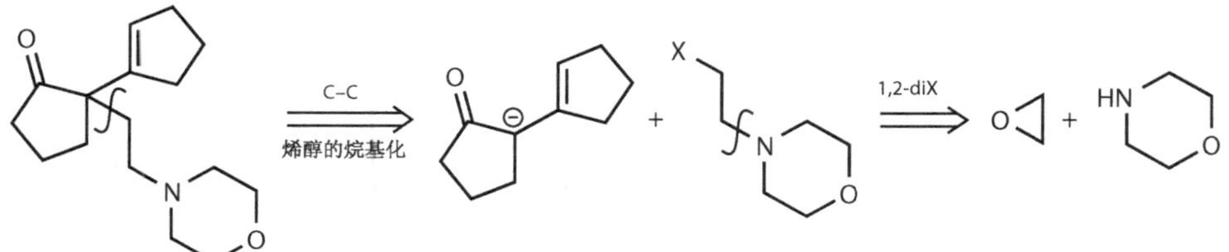

100　**101**　**102**

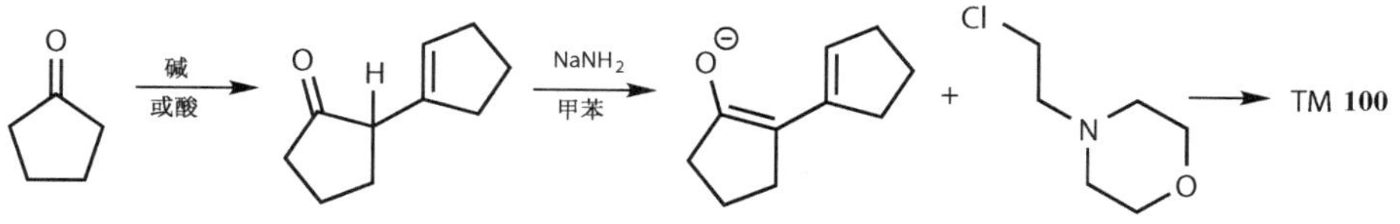

103　　101　　102; X = Cl

反应在 α-位还是在 γ-位进行，同样可以用烯胺或者烯醇硅醚控制，而这两种试剂都是在平衡条件下形成的[20,29]。像 **104** 这样的烯酮可以生成烯胺 **105** 和烯醇硅醚 **107**，其中 **107** 也可以从烯醇锂盐 **108** 制得。这两个中间体分别进行 α-位烷基化得到产物 **106** 和 **109**。而 **104** 与 LDA 反应必然生成 α′-位的烯醇化物。

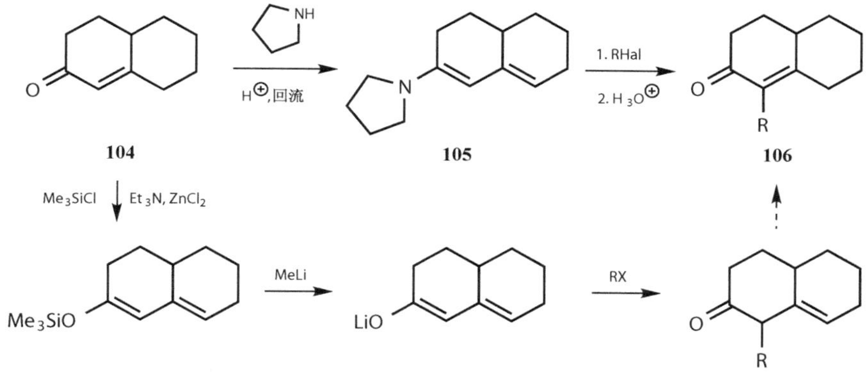

104　105　106　107　108　109

烯醇锂盐 **108** 烷基化发生在 α-位生成 **109**，但是并不共轭。但是下一个例子 **113** 则变成共轭的了[30]。氮杂烯醇化物和腙也可以实现 α-位的烷基化[31]，而烯醇硅醚在 γ-位的反应则需要与醛或酯同样的条件。

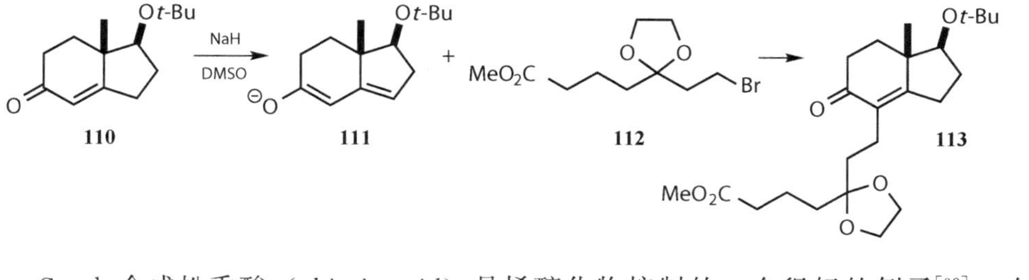

110　111　112　113

Stork 合成松香酸（abietic acid）是烯醇化物控制的一个很好的例子[32]。在形成 **115** 和 **117** 的前两步反应中，都涉及了烯醇化物的区域选择性问题。

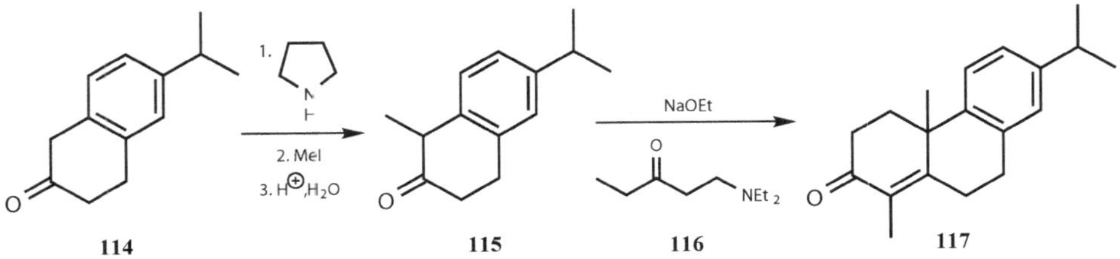

114　　115　　116　　117

下一步反应则需要形成扩展的烯醇化物 **118**，用来与溴乙酸乙酯反应。而烯醇化物与溴乙酸乙酯的反应是不被推荐的，因为碱性的烯醇化物可能去掉溴与酯之间酸性更强的质子。而扩展的烯醇化物多出来的共轭性使得它的碱性明显降低，所以这个 α-位的反应非常干净且与处于轴向的甲基反面。这个合成的剩余部分在 Fleming 的 *Selected Organic Syntheses* 中有详细的介绍[33]。

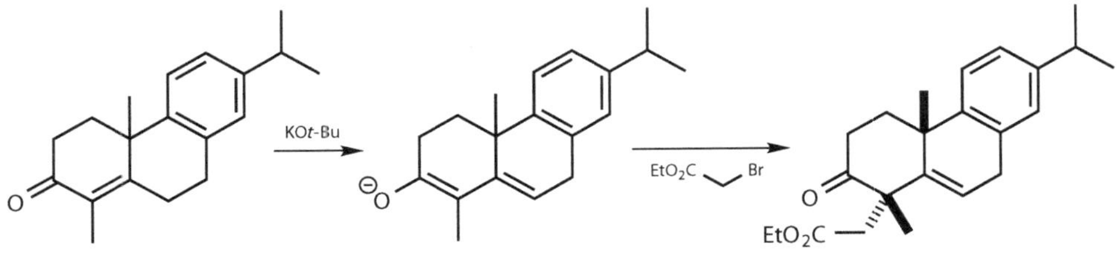

117　　118　　119

Diels-Alder 反应

扩展的烯醇化物本身和从它们衍生而来的烯胺或烯醇硅醚都是很好的 Diels-Alder 反应的富电子的双烯体。它们在与缺电子的亲双烯体反应时，都表现出非常好的区域选择性。扩展的烯醇硅醚，如 **54**、**60** 和 **92**，也都是 1-位取代的丁二烯[34]。一个典型的反应就是 **120** 与炔 **121** 的环加成反应高产率地生成单一选择性的加成产物 **122**。这个化合物被 Schlessinger[35] 用到 senepoxide **123** 的合成中。

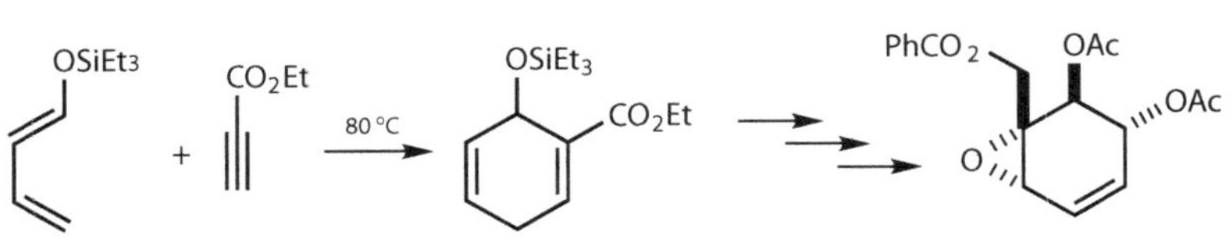

120 (cf. 54)　　**121**　　**122**; 87% 产率　　**123**; senepoxide

形如 **55** 的烯胺甚至更活泼[19]。**124** 与不饱和酯 **125** 区域选择性的反应生成单一的区域和立体异构体 **126**，没有 1-RO 的丁二烯也同样这样反应。

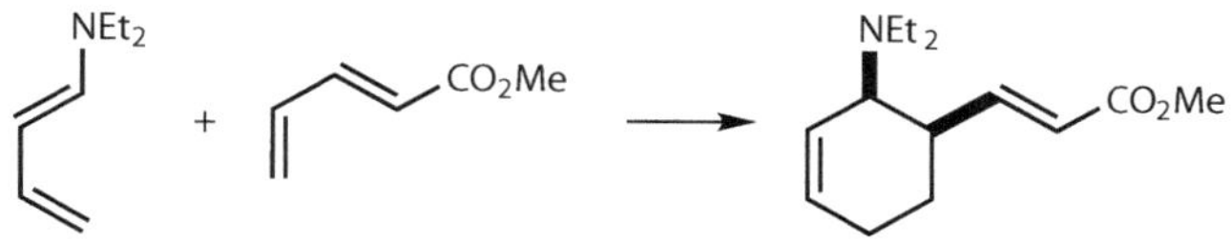

124 125 126

来自 α′-位烯醇化物的 2-硅氧基-1,3-丁二烯，如 **127**，在某些反应中更有意思[20]。它们带着所需要的对位的区域选择性，平等的加成到亲双烯体 **128** 上，而产物则是环酮的特殊烯醇等价物。从 **130** 用其他方法制备 **129** 是很困难的。

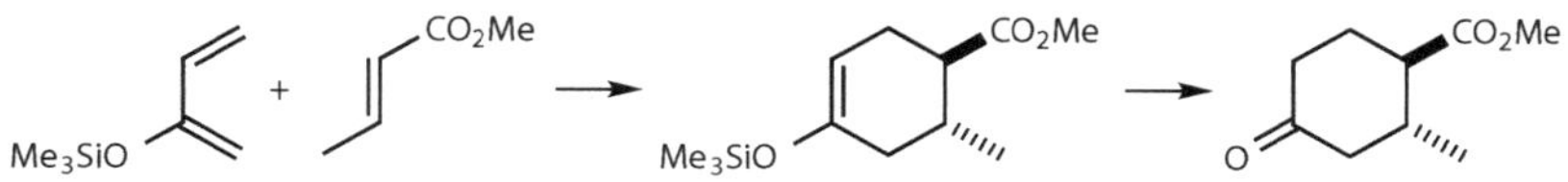

127 128 129 130

从 Birch 还原得到的扩展的烯醇化物

苯甲酸 **131** 进行简单的 Birch 还原，起初生成的中间体 **132** 是一个双阴离子。质子从羧基转移到不太稳定的阴离子上，生成烯醇化物 **133**，你可以把这个中间体认为是带着一个 α-位和两个 γ-位的扩展的烯醇化物。烷基化反应发生在 α-位则生成 **134**，这是一个在六元环中构建四级碳的有用的方法。剩余的两个烯烃还可以进行下一步的操作[36]。

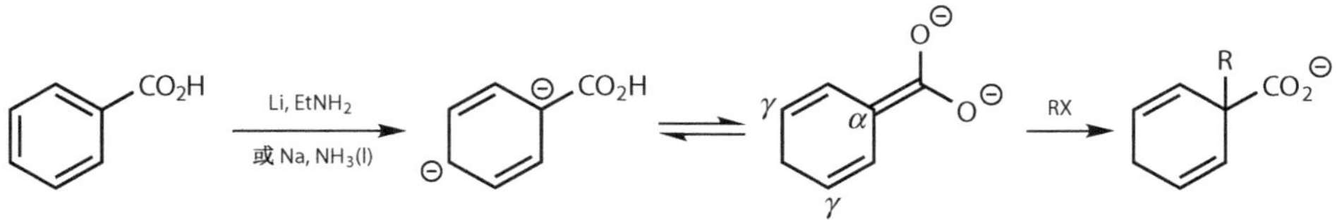

131 132 133 134

官能化的卤代烷和取代的苯环也都可以被运用。下面的两个例子分别以高产率生成保护的酮 **136** 和二酸 **137**[37]。

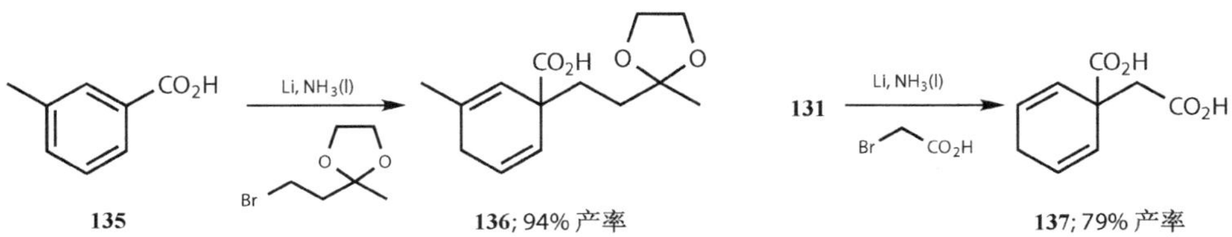

135 **136**; 94% 产率 **137**; 79% 产率

虽然具有挑战性的机理，芳杂环的 Birch 还原也是同样吸引人的。吡啶二酯 **138** 被还原成可以表示为形如 **139** 的中间体。两个阴离子都是扩展的烯醇化物，但是其中的一个电荷离域到氮原子上了，所以这个比另一个要惰性一些。烷基化

反应则发生在 α-位[38]生成 **140**。

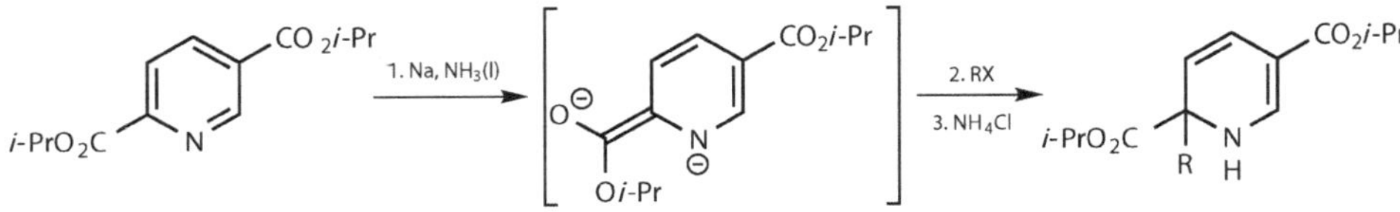

138　**139**　**140**; 90%~99% 产率

不对称的 Birch 还原现在也出现了（见第 28 章）。带有一个 C_2 对称辅基的呋喃甲酸 **141** 发生 Birch 还原，而后在氧原子与羰基中间发生烷基化反应，再水解得到光学纯的酸 **144**[39]。

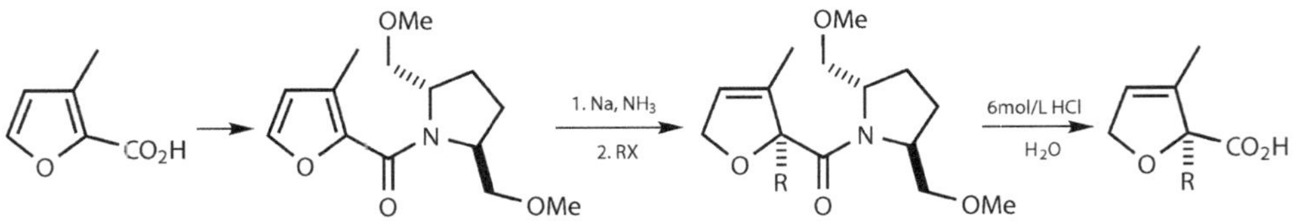

141　**142**　**143**; 57%~98% 产率　**144**; >96% ee

Baylis-Hillman 反应

在一个扩展的烯醇的 α-位以羟醛缩合的形式断键，也可以想象成这样：首先将共轭的烯烃 **145** 转变成不共轭的 **146**，这样就可以断键成来自环己烯酮 **89** 的扩展的烯醇 **147**。这个化学要求烯酮 **89** 的 γ-位至少有一个氢，用来制成扩展的烯醇化物。当 **146** 转化为共轭产物 **145** 时，这个氢就被取代了。

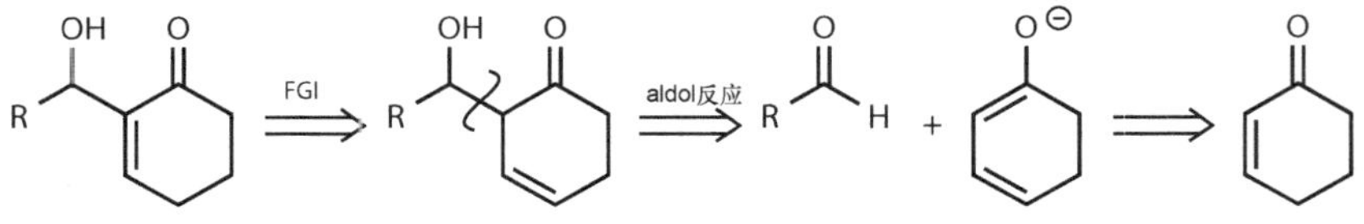

145　**146**　**147**　**89**

我们可能喜欢更简单地将 **145a** 直接断键成起始原料。但是如果羟醛缩合产物 **148** 没有 γ-氢怎么办？**149** 不能转化成扩展的烯醇，这个反应就不能进行了，而这样的切断也就没有意义了。

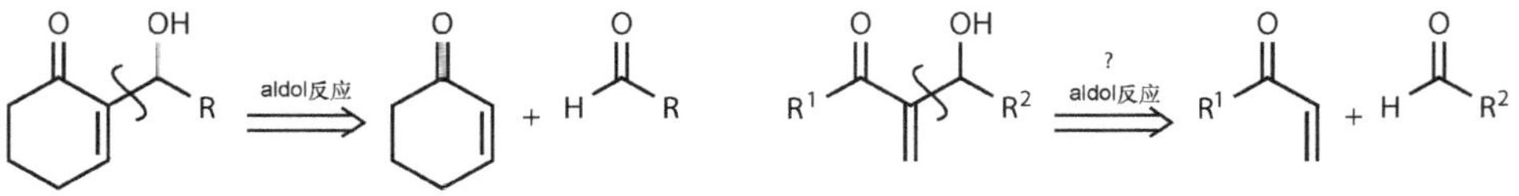

145a　**89**　**148**　**149**

幸运的是情况并非如此。Baylis-Hillman 反应[40]可以解决这个问题。把烯酮与醛混合在一起，加上催化剂（通常是三级胺或者是膦）。催化剂不需要是碱性的，因为它的作用就是可逆的共轭加成到 **150** 上，生成烯醇化物，就像我们在第 10 章中看到的一样。这个烯醇化物进行羟醛缩合加成 **151**，产物 **152** 转化成一个新的烯醇化物，消除掉催化剂 **153**（E1cB）生成产物 **148**。

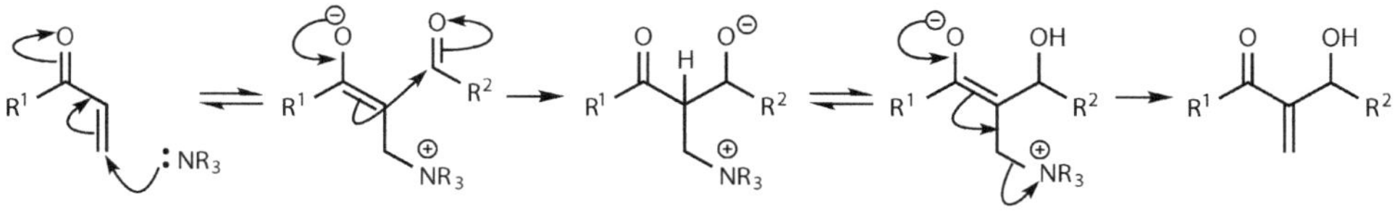

150　**151**　**152**　**153**　**148**

最好的催化剂通常是 DABCO 或者是羟基奎宁 **155** 和三环己基膦 **156**，寻找不对称催化剂的努力也一直在进行着[41]。例如，丙烯酸甲酯在胺的催化下与可烯醇化的醛反应生成 **158** 和 **159**。

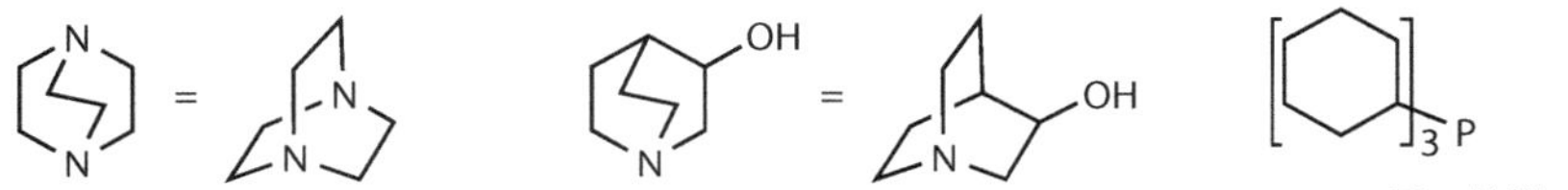

154; DABCO　**155**; 3-羟基-1-氮杂双环[2.2.2]辛烷　**156**; 三环己基膦

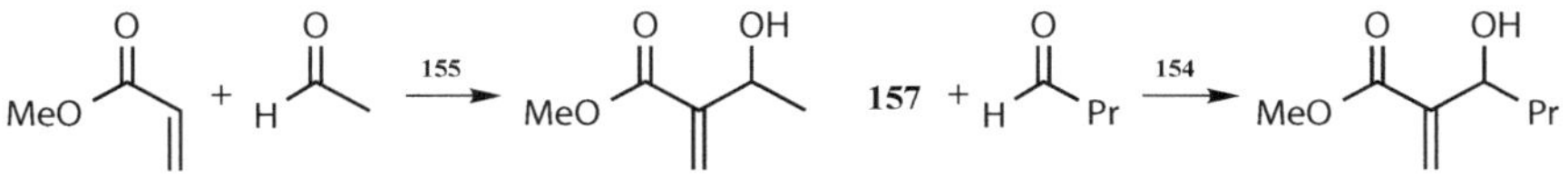

157　**158**; 90% 产率　**159**; 87% 产率

最近发展的让这个反应更高效的方法就是在有机溶剂和水的混合溶剂中使用当量的胺。一个重要的例子就是在温和条件下 **157** 与芳香醛反应高产率地得到 **161** 和与可烯醇化的醛反应高产率地得到 **162**[42]。

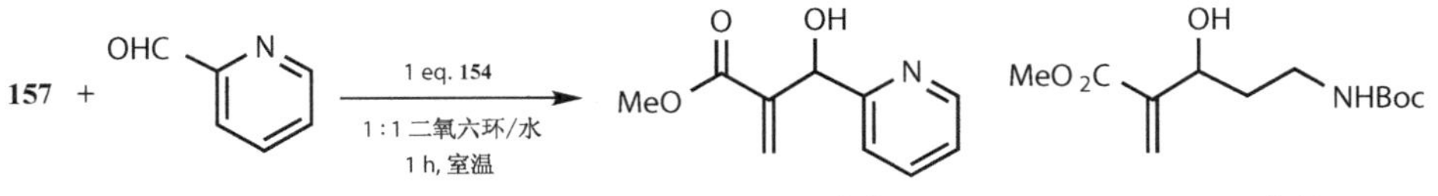

160　**161**; 100% 产率　**162**; 99% 产率

尽管这些反应使用可以烯醇化的醛，但是没有使用可烯醇化的 Michael 受体的，所以扩展的烯醇的 α'-位竞争的问题就没有出现。一个替代的方法就是进行以铟为媒介的 γ-溴酯 **163** 与醛的反应，生成非共轭的 **165** 或者共轭的 α'-产物 **166**[43]。

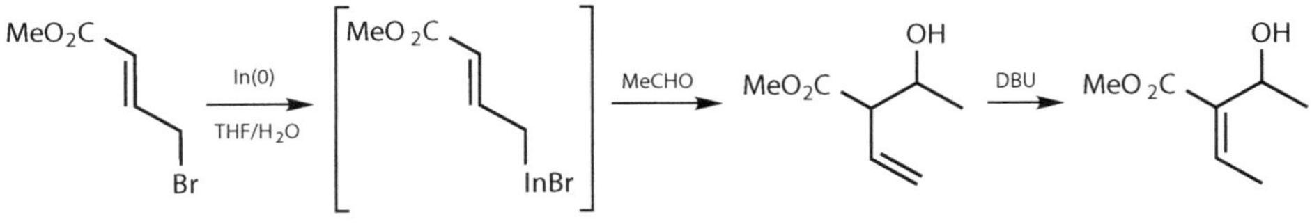

163　**164**　**165**　**166**

一个有意思的例子就是环己烯酮 **89**，它既可以产生正常的 α'-烯醇，又可以产生扩展的烯醇化物。最近的结果表明，在水溶液或者甲酰胺作溶剂时，$Yb(OTf)_3$催化的这个系统的 Baylis-Hillman 反应会有较好的产率。醛可以是芳香醛 **167a**、脂肪醛 **167b**，甚至甲醛的水溶液 **167c**。在这个条件下，使用当量的 **155**，反应很高效[44]。

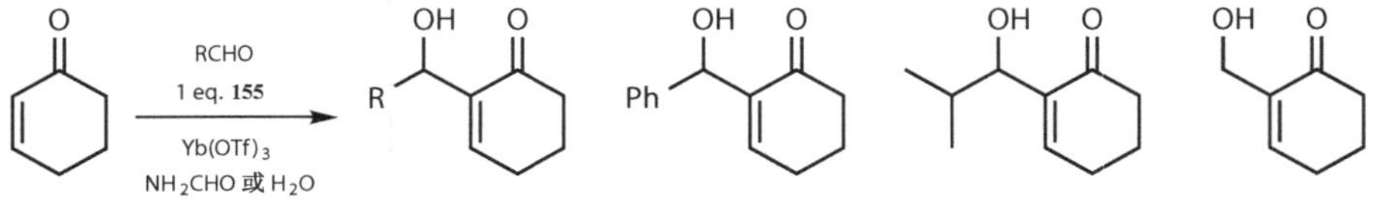

89　**167**　**167a**; 82% 产率　**167b**; 59% 产率　**167c**; 99% 产率

Mniopetal F 的合成

我们用两个包含 γ-与 α'-选择性的扩展的烯醇化物的例子来总结这部分化学[45]。第一个是 mniopetal F 的合成。由一个扩展的烯醇 γ-溴化转化而来的 **168**，与合适的醛发生 Horner-Wadsworth-Emmons 反应，以较好的 $E:Z$ 选择性和完全的 γ-选择性生成三烯 **169**。**169** 可以最终转化成 **170**。

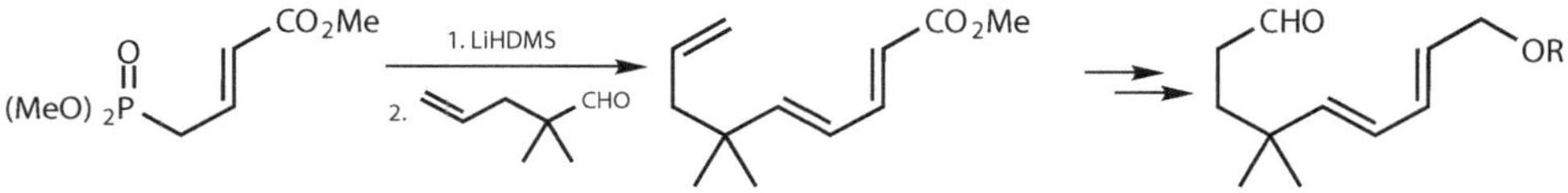

168　**169**; 85% 产率　**170**; R = SiPh$_2$*t*-Bu

手性的丁烯内酯 **171** 用硫酚锂作催化剂进行 Baylis-Hillman 反应，产率非常高，立体选择性也非常好。硫在共轭加成上很成功。产物 **172** 是明显为 Diels-Alder 反应而设计的，**173** 可以顺利地转化成 mniopetal F **174**。

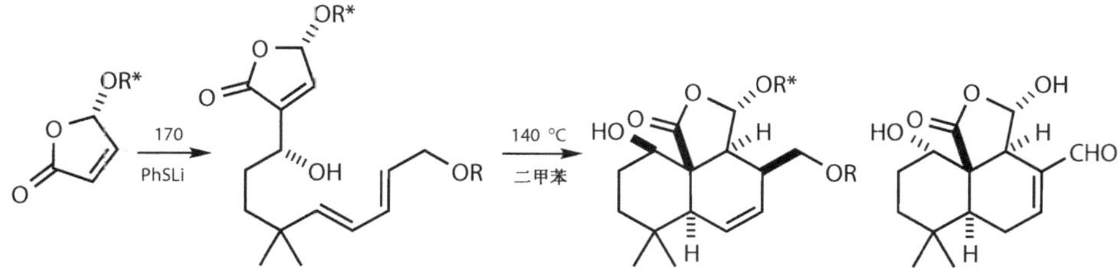

171; R* = (+)-薄荷基　**172**; 88% 产率　**173**; 68% 产率　**174**; mniopetal F

用 α'-和 γ-扩展的烯醇化物方法合成 vertinolide

一个最新的天然 4-羟乙酰乙酸内酯 vertinolide **175** 的合成，展示了扩展的烯醇化学的几个方面。一个烯酮断键成甲基酮 **176** 和巴豆醛 **35**，酮 **176** 可以由 γ-扩展的烯醇化物 **178** 对丁基酮 **177**[46] 的共轭加成得到。

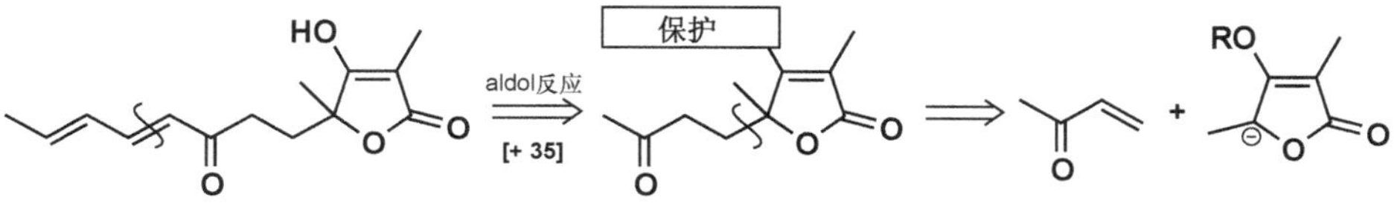

175; vertinolide　　176　　177　　178; d^4合成子 γ-高烯醇负离子

4-羟乙酰乙酸内酯 **181** 很容易用酮酯 **179** 溴化得到 **180** 然后用氢氧化钾处理，继而用 MOM 基（$MeOCH_2$—）保护得到 **182**，**182** 可以用来制备扩展的烯醇化物。

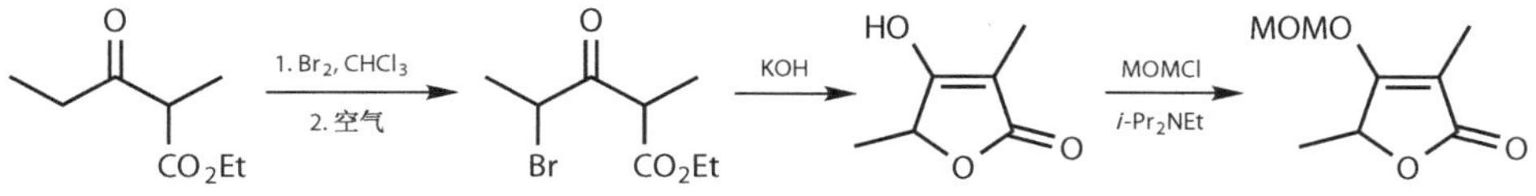

179　　180　　181; 67% 从179开始　　182; 99% 产率

用 LDA 处理 **182** 得到烯醇锂盐 **183**，这是一个特别有意思的扩展的烯醇化物。显然，它的 α-位在 C2，但是我们想在 γ-位发生反应，这个复杂性是由其他的两个氧原子引起的。环上的氧使得 C2，C3 都有亲核性，而 MOMO 基团使 C4 有亲核性，因为所有的连接方式都是烯醇醚。最终这个环是一个呋喃。这个烯醇化物最后非常稳定，使得热力学控制成为可能。在合成中，与丁烯酮 **177** 的共轭加成发生在 C4 处，这与期望的一致，可以高产率地生成 **184**。

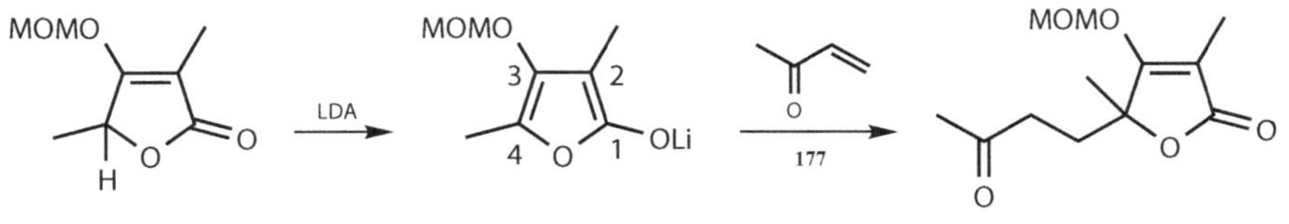

182　　183　　184; 75% 产率

184 与巴豆醛 **35** 发生羟醛缩合反应，结果非常令人失望，产物是羟酮 **185** 和烯酮 **186** 的混合物。用碱性氧化铝可以把羟酮转化成烯酮，但是产率只有 63%。需要一个替代的方法。

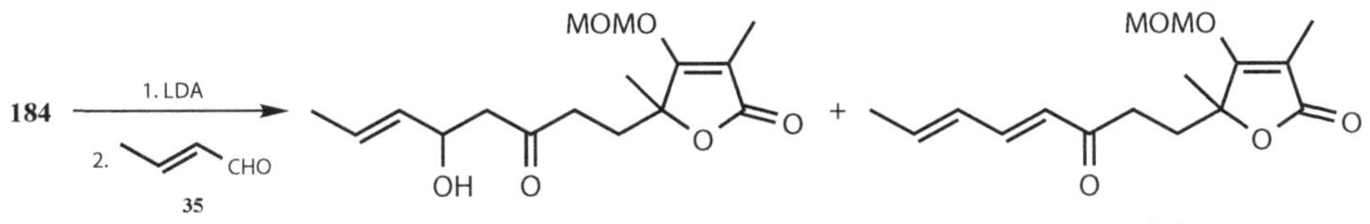

185; 63% 产率　　186; 24% 产率

因为扩展的烯醇化物 **183** 的共轭加成反应得很好，所以一个很有吸引力的替代的方法就是切断整个侧链，尝试 **183** 对三烯酮 **187** 的共轭加成。这自然存在 **187** 的区域选择性问题。

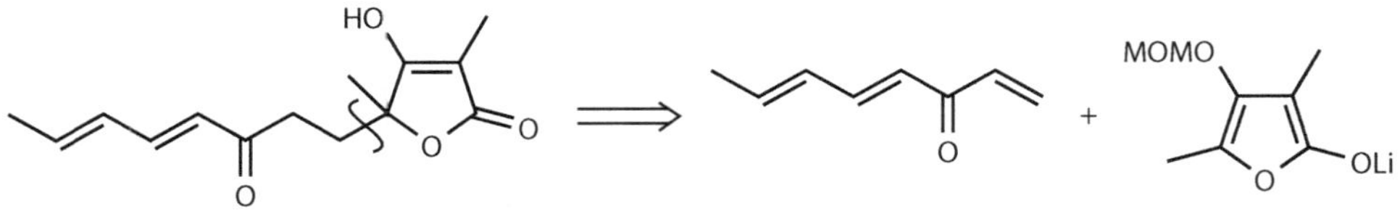

175a; vertinolide　　**187**　　**183**

三烯酮 **187** 可以由路易斯酸催化的 α'-烯醇硅醚 **188** 对巴豆缩乙醛 **117** 加成再经过碱性氧化铝的消除得到。

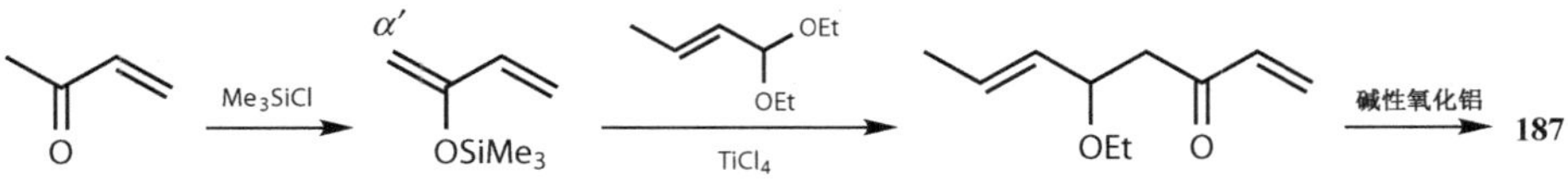

177　　**188**　　**189**

γ-扩展的烯醇化物 **183** 对三烯酮 **187** 的共轭加成产率非常好，而且一步给出了 vertinolide 整个骨架，去保护后得到天然产物，这是一个简短而高效的合成方法。

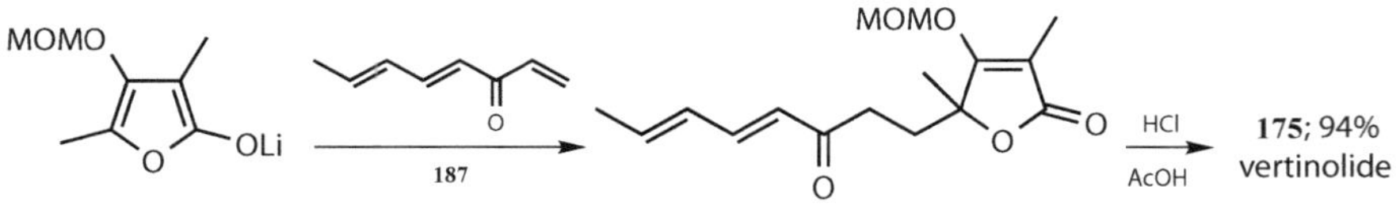

183　　**186**; 97% 产率

总结：扩展的烯醇化物还是烯丙基阴离子?

在本章中，我们把一系列的相关中间体认为是烯醇离子 **191** 的扩展形式或者二烯。另一个合理的看待它们的方式就是一个酰化的烯丙基阴离子 **191c**，这把我们引入到第 12 章，那里我们将考虑如何运用烯丙基阴离子。

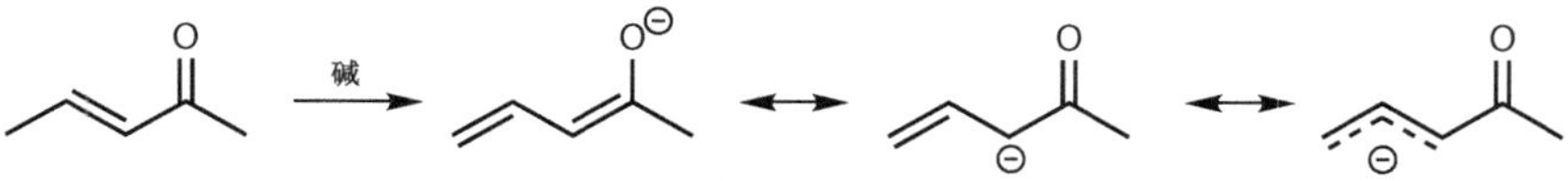

190　　**191a**　　**191b**　　**191c**

参考文献

一般性参考文献列于 946 页。

1. M. Julia, *Rec. Chem. Progr.*, 1963, **24**, 43; House, chapter 9.
2. Fleming; *Orbitals.*
3. R. Gompper and H.-U. Wagner, *Angew. Chem., Int. Edn. Engl.*, 1976, **15**, 321.
4. M. W. Rathke and D. Sullivan, *Tetrahedron Lett.*, 1972, 4249; J. L. Herrmann, G. R. Kieczykowski, and R. H. Schlessinger, *Tetrahedron Lett.*, 1973, 2433; A. Kajikawa, M. Morisaki, and N. Ikegawa, *Tetrahedron Lett.*, 1975, 4135.
5. A. B. Smith, S. J. Branca, and B. H. Toder, *Tetrahedron Lett.*, 1975, 4225; T. J. Brocksom, M.. Constantino, and H. M. G. Ferraz, *Tetrahedron Lett.*, 1977, 483.
6. W. Oppolzer and R. Pitteloud, *J. Am. Chem. Soc.*, 1982, **104**, 6478.
7. P. M. Savu and J. A. Katzenellenbogen, *J. Org. Chem.*, 1981, **46**, 239; W. Oppolzer, *Tetrahedron Lett.*, 1982, **23**, 4673.
8. S. Johnson and L. A. Bunes, *J. Am. Chem. Soc.*, 1976, **98**, 5597; M. B. Gravestock, W. S. Johnson, R. F. Myers, T. A. Bryson, D. H. Miles and B. E. Ratcliffe, *J. Am. Chem. Soc.*, 1978, **100**, 4268, W. S. Johnson, B. E. McCarry, R. L. Markezich and S. G. Boots, *J. Am. Chem. Soc.*, 1980, **102**, 352; E. J. Corey and T. Hase, *Tetrahedron Lett.*, 1979, 335.
9. M. Majewski, G. B. Mpango, M. T. Thomas, A. Wu and V. Snieckus, *J. Org. Chem.*, 1981, **46**, 2029.
10. R. W. Dugger and C. H. Heathcock, *J. Org. Chem.*, 1980, **45**, 1181; G. Cainelli, G. Cardillo, and M. Orena, *J. Chem. Soc., Perkin Trans.1*, 1979, 1597; G. Cardillo, M. Orena, G. Porzi and S. Sandri, *J. Org. Chem.*, 1981, **46**, 2439.
11. W. R. Roush, *J. Am. Chem. Soc.*, 1978, **100**, 3599; W. Gärtner, D. Oesterhelt, P. Towner, H. Hopf and L. Ernst, *J. Am. Chem. Soc.*, 1987, **103**, 7642; P. J. Reider, P. Davis, D. L. Hughes and E. J. J. Grabowski, *Tetrahedron Lett.*, 1976, 955; W. R. Roush, H. R. Gillis and S. E. Hall, *Tetrahedron Lett.*, 1980, **21**, 1023.
12. E. J. Corey and B. W. Ericson, *J. Org. Chem.*, 1974, **39**, 821.
13. R. K. Boeckmann and S. S. Ko, *J. Am. Chem. Soc.*, 1982, **104**, 1033.
14. J. K. Whitesell and M. A. Whitesell, *Synthesis*, 1983, 517 (see page 528).
15. G. R. Kieczykowshi, R. H. Schlessinger and R. B. Sulsky, *Tetrahedron Lett.*, 1976, 597.
16. E. Vedejs and D. M. Gapinski, *Tetrahedron Lett.*, 1981, **22**, 4913.
17. M. Bellasoued and M. Salemkour, *Tetrahedron*, 1996, **52**, 4607.
18. H. Ido, M. Isobe, T. Kawai and T. Goto, *Tetrahedron*, 1979, **35**, 941.
19. P. W. Hickmott, *Tetrahedron*, 1984, **40**, 2989.
20. P. Brownbridge, *Synthesis*, 1983, 85.
21. I. Fleming, J. Goldhill, and I. Paterson, *Tetrahedron Lett.*, 1979, 3209; I. Paterson and L. G. Price, *Tetrahedron Lett.*, 1981, **22**, 2829, 2833.
22. T. Mukaiyama and A. Ishida, *Chem. Lett.*, 1975, 1201.
23. S. E. Denmark and G. L. Beutner, *J. Am. Chem. Soc.*, 2003, **125**, 7800.
24. K. B. White and W. Reusch, *Tetrahedron* , 1978, **34**, 2439.
25. R. A. Lee, *Tetrahedron Lett.*, 1973, 3333.
26. G. Stork, G. A. Kraus and G. A. Garcia, *J. Org. Chem.*, 1974, **39**, 3459.
27. A. T. Nielsen and W. J. Houlihan, *Org. React.*, 1968, **16**, 1: see table on page 114.
28. H. Ueberwasser, CIBA, Ger. Pat., 1,059,901, (1959), *Chem. Abstr.*, 1962, **56**, 355f.
29. G. Stork, A. Brizzolara, H. Landesman and J. Szmuszkovicz, *J. Am. Chem. Soc.*, 1963, **85**, 207.
30. Z. J. Hajos, R. A. Micheli, D. R. Parrish and E. P. Oliveto, *J. Org. Chem.*, 1967, **32**, 3008; W. Nagata, T. Terasawa and T. Aoki, *Tetrahedron Lett.*, 1963, 865; W. G. Dauben, G. Ahlgren, T. J. Leitreg, W. C. Schwatzel and M. Yoshioko, *J. Am. Chem. Soc.*, 1972, **94**, 8593; W. Oppolzer, *Helv. Chim. Acta*, 1979, **62**, 1493.
31. G. Stork and J. Benaim, *J. Am. Chem. Soc.*, 1971, **93**, 5939.
32. G. Stork and W. Schlulenberg, *J. Am. Chem. Soc.*, 1962, **84**, 284.

33. Ian Fleming, *Syntheses*, pp 76–79.
34. R. H. Schlessinger and A. Lopes, *J. Org. Chem.*, 1981, **46**, 5252.
35. G. A. Berchtold, J. Ciabattoni and A. A. Tunick, *J. Org. Chem.*, 1965, **30**, 3679.
36. P. W. Rabideau and Z. Marcinow, *Org. React.*, 1992, **42**, 1.
37. C. P. Chuang and D. J. Hart, *J. Org. Chem.*, 1983, **48**, 1782.
38. T. J. Donohoe, A. J. McRiner and P. Sheldrake, *Org. Lett.*, 2000, **2**, 3861.
39. T. J. Donohoe, A. A. Calabrese, C. A. Stevenson and T. Ladduwahetty, *J. Chem. Soc., Perkin Trans. 1*, 2000, 3724.
40. E. Ciganek, *Org. React.*, 1997, **51**, 201.
41. P. Langer, *Angew. Chem., Int. Ed.*, 2000, **39**, 3049.
42. C. Yu, B. Liu and L. Hu, *J. Org. Chem.*, 2001, **66**, 5413.
43. J. H. Cha, A. N. Pae, K. I. I. Choi, Y. S. Choi, H. Y. Koh and E. Lee, *J. Chem. Soc., Perkin Trans. 1*, 2001, 2079.
44. V. K. Aggarwal, D. K. Dean, A. Mereu and R. Williams, *J. Org. Chem.*, 2002, **67**, 510.
45. J. Jauch, *Eur. J. Org. Chem.*, 2001, 473.
46. K. Takabi, N. Mase, M. Nomoto, M. Daicho, T. Tauchi and H. Yoda, *J. Chem. Soc., Perkin Trans. 1*, 2002, 500.

12 烯丙基阴离子

引言：烯丙基格氏试剂

由烯丙基溴 **1** 合成的格氏试剂 **2** 能与亲电试剂如 CO_2 等反应生成非共轭酸 **4**。同样，烯基卤，如丙烯基溴 **5**，也能发生类似的反应生成共轭酸 **8**。但重要的是要知道这两种反应之间的区别。当卤素直接与双键相连 **5**，即反应活性很差的烯基卤，可以得到性质较好的格氏试剂 **6**。这些中间体在第 5 章中已经用过，在第 16 章我们还会详细讨论。当卤素不直接与双键相连，而是连在烯丙位的碳原子上，即反应活性很好的烯丙基卤 **1**，得到的是性质较差的格氏试剂 **2**。控制烯丙基阴离子和金属衍生物的性质是本章的重点。

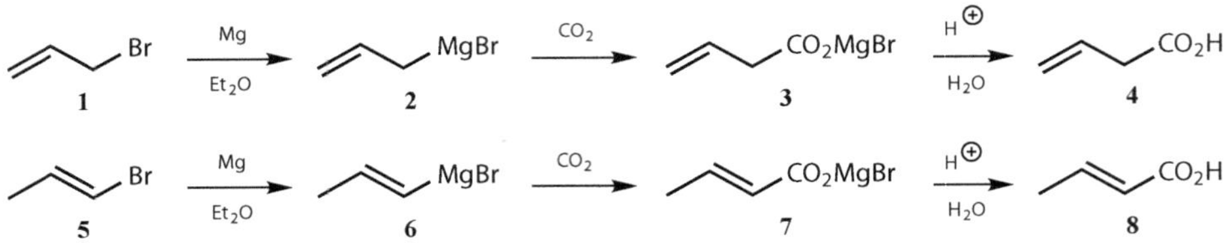

那么，烯丙基格氏试剂到底有什么不好呢？即使它们是对称的 **2**，产率也偏低。因为烯丙基金属键很容易断开，形成相对稳定的烯丙基自由基，继而形成二聚物或聚合物。当烯丙基是不对称的 **9**，反应常发生在烯丙基的“错误”端，生成酸 **10**，最后反应生成对甲苯磺酸磺化的产物 **11**，这种化合物最终在第 10 章 multistriatin 的合成中用到。

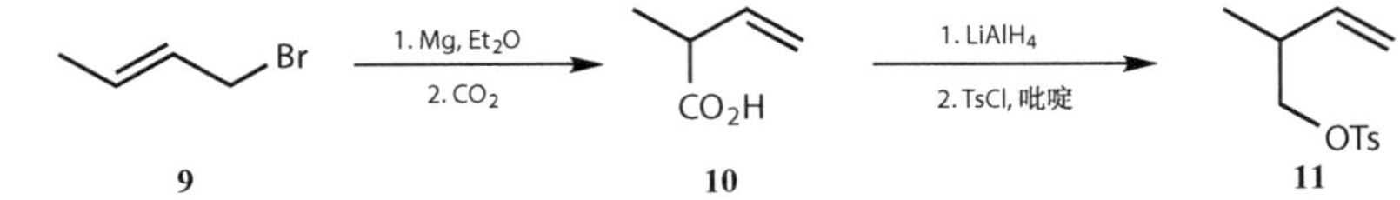

这个反应可能是通过一个六元环过渡态 **12**，**12** 中亲电试剂靠近烯丙基的另一端。这已经很不理想了，更糟糕的还在后面。

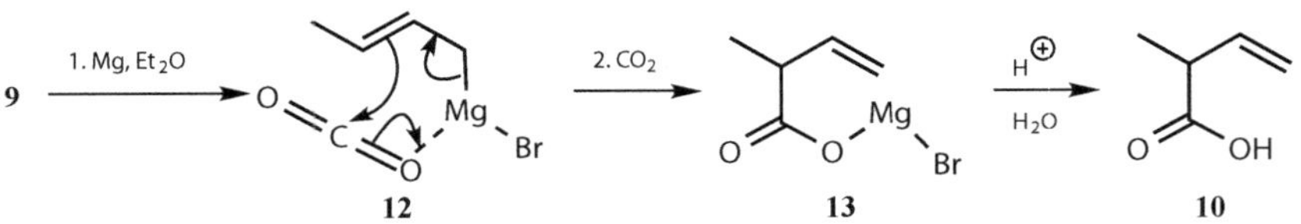

[1,3]-烯丙基迁移

烯丙基衍生物很少是稳定的：在 [1,3] -迁移中，只有 H，C，O，N，Si 和 F 是不变的。卤原子可以通过离子化经由离域的烯丙基阳离子 **15** 或通过自由基路径经由二溴烷基自由基 **19** 从一端迁移到另一端。这些都是平衡反应，主产物是双键上多取代的 **16** 或 **20**。

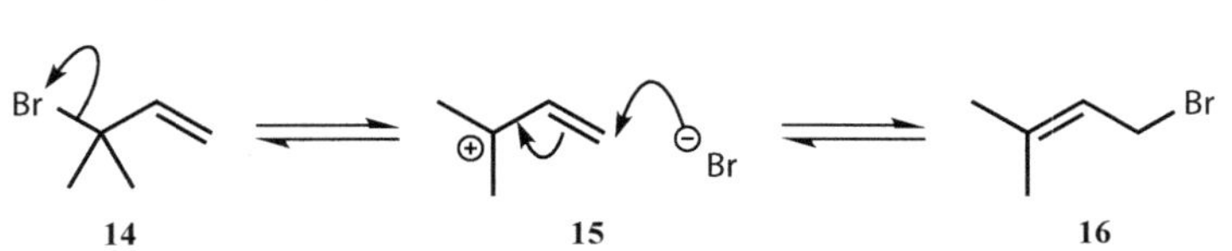

金属如 Li 或 Mg 通常通过 η^3-烯丙基络合物 **22** 从烯丙基体系的一端 **21** 移到

另一端**23**。在 η^3-烯丙基络合物中，金属位于烯丙基三个碳原子形成的三角中间，和它们构成合适的角度，所以金属原子轨道能够和烯丙基 **24** 的 3 个 p 轨道重叠。当 M 为过渡金属时，η^3-烯丙基络合物是一个稳定的化合物，而不是中间体。

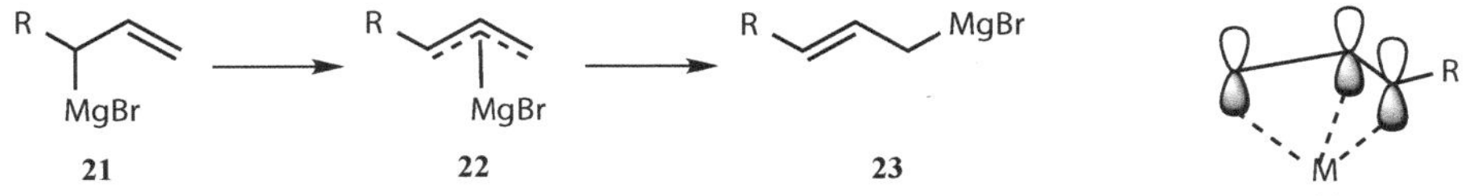

21 **22** **23** **24**

如果卤化物和它们的金属衍生物都没有稳定结构，我们如何去控制它们的反应呢？情况并没有那么糟糕。在没有路易斯酸催化剂或自由基引发剂的时候，溴化物和氯化物在低温下是稳定的。格氏试剂反应通常生成取代基很少的双键异构体，可能的反应过程如 **12**。我们要想办法控制烯丙基过渡金属和烯丙基硅烷，使它们在合成过程中成为更有价值的中间体。在学习本章的过程中，应该带着自信的心情，不用害怕易变的烯丙基化合物。

烯丙基锂和格氏试剂

在寻求其他方法之前，我们先了解烯丙基格氏试剂和烯丙基锂的情况。烯丙基格氏试剂 **2** 的碱性比丙基格氏试剂要弱，能很好地与芳香酮反应生成叔醇 **26**，并没有烯醇化[1]。与共轭烯醛和烯酮发生反应是通过 1,2-加成而不是 Michael (1,4) -加成，如与丙烯醛反应生成 **25**[2]。烯丙基锂 **28** 也能够与烯醇化的酮反应，得到合理的产率，加成产物为 **31**[3]。烯丙基锂与环氧化物 **29** 反应生成 *anti*-加成产物 **27**，说明该反应具有很好的区域选择性和立体专一性[4]。环氧化物开环反应发生在烯丙基端是因为 S_N2 反应中烯丙基亲电试剂具有很好的反应活性。

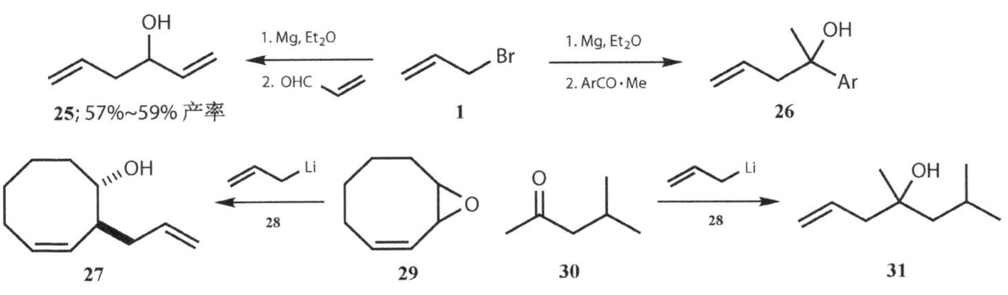

对于不对称的烯丙基衍生物，卤化物 **9** 和 **32** 通常是 80∶20 的混合物。它们生成相同的格氏试剂与 CO_2 反应得到 **10**，与醛和酮的反应具有相同的区域选择性，比如生成醇 **33**[5]。另一个不对称的烯丙基卤化物 **35**，只能以六元环上双键三取代的结构存在，与环氧乙烷反应时，反应发生在多取代的一端生成醇 **36**。

可能不对称的烯丙基格氏试剂更趋向于在多取代的双键上通过一个六元环的过渡态反应，如 **12**。在某些情况下，用 Cu 代替 Li 或 Mg，反应区域选择性会完全相反。在环氧化物之前加入 Cu（I）盐，**35** 衍生得到的烯丙基格氏试剂只能生成另一种醇 **34**[6]。

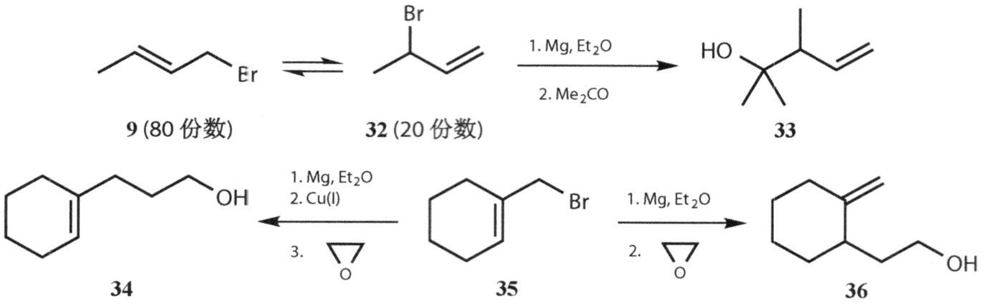

由异戊烯基卤化物 **38** 和 **39**（萜烯的基础构筑单元）制备烯丙基铜，能在取代基少的一端烷基化得到未重排的 **37**[7]。然而，制备相应的格氏试剂则得到混合物。由异戊烯基溴 **39** 生成的锂衍生物与醛反应，区域选择性刚好相反[8]。可能铜的衍生物是 η^3-烯丙基化合物，反应发生在位阻小的一端，正如将要讨论的烯丙基镍。

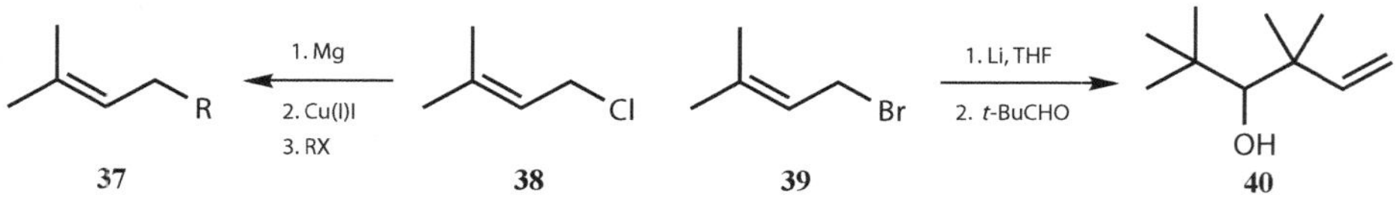

烯丙基阴离子额外的离域作用可能诱导烯烃失去一个质子生成烯丙基锂，但这种方法通常不是很成功。在 *t*-BuLi 或锂螯合剂 TMEDA($Me_2NCH_2CH_2NMe_2$)的存在下，*E*-或 *Z*-2-丁烯 **41** 就能够去质子。虽然烯丙基锂趋向于 *Z*-构型 **42**，但是烷基化后生成的是区域和立体异构体 **43** 和 **44** 的混合物[9]。通过加成得到烯丙基锂是不可能的，BuLi 和丁二烯 **45** 反应生成的烯丙基锂 **46** 会与另一分子丁二烯继续反应生成另一个烯丙基锂 **47**，最后得到聚合物[10]。

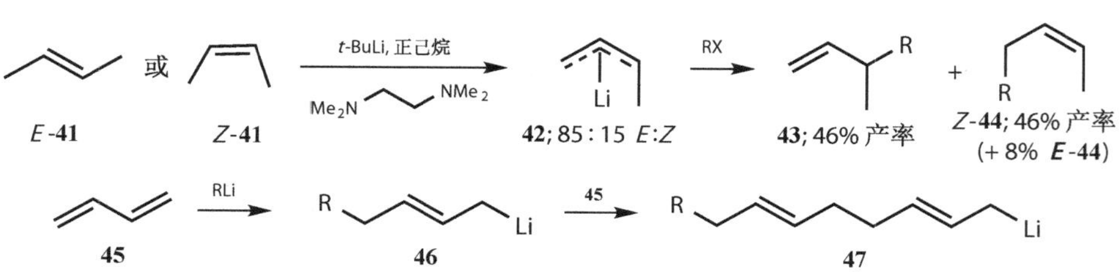

C-2 取代的烯丙基锂

也可以直接去质子化得到烯丙基锂，但要求烯丙基体系有一个取代基不是在端基碳原而是在中间碳上，这种取代基在第 7 章中用于直接芳香锂化反应。最简单的例子就是酰胺如 **48** 与两分子 BuLi 反应生成二锂衍生物[11]，虽然可能是 σ-锂配位化合物 **50a**，但一般认为是烯丙基络合物 **50b**。酰胺衍生物与醛和酮反应经由中间体 **52**，生成内酯 **53**[12]。

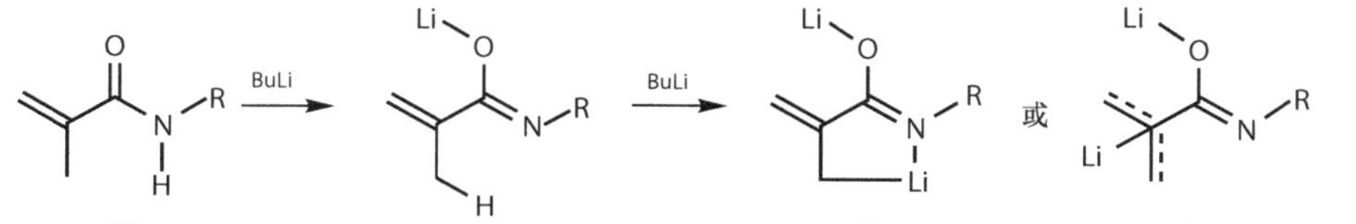

48 **49** **50a** **50b**

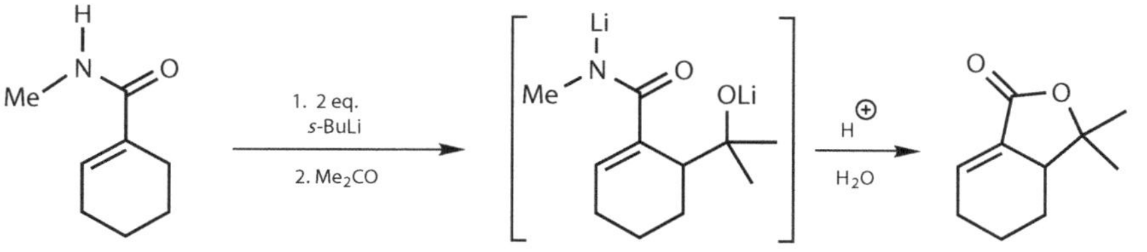

51 **52** **53**

类似的化合物 **56** 可以由溴酯 **54** 的锌衍生物合成[13]，甚至简单的醇 **57**[14]可以转化成二醇 **59**，再通过氧化生成外型的亚甲基内酯 **60**。

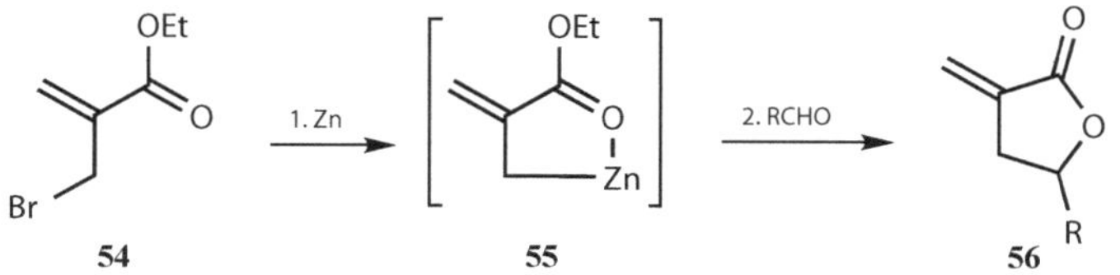

54 **55** **56**

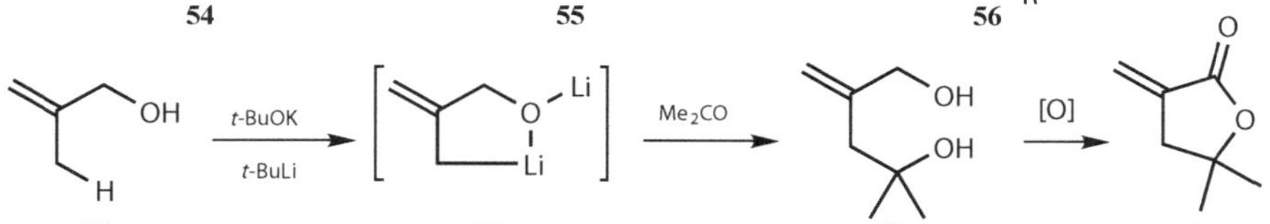

57 **58** **59** **60**

烯丙基镍络合物

也许 η^3-烯丙基络合物（比较 **24**）中最有用的是 π-烯丙基镍。最简单的类型 **61** 很不稳定，用 HBr 处理后会形成溴桥络合物 **62**。这些稳定化合物通常认为是 Ni(Ⅰ)络合物，但我们认为是 η^3-烯丙基阴离子和 Ni(Ⅱ)的二聚物，正如烯丙基格氏试剂 **2** 被认为是烯丙基阴离子和 Mg(Ⅱ)的 σ-络合物一样。直接用 Ni(Ⅱ)来替代 Mg(Ⅱ)会生成不稳定的络合物 **61**，但是稳定的二聚物 **62** 可以由 Ni(0)，一般是 1，5-环辛二烯（COD）的络合物，对烯丙基溴 **1** 氧化插入制得。

2　**61**　**62**　**1**

虽然 π-烯丙基镍易于生成烯丙基二聚物，但是这种更稳定的络合物 **62** 能有效地用于烷基卤的偶联反应，**62** 中烯丙基相当于烯丙基阴离子，这不是 S_N2 反应，而是在镍原子上的偶联反应，因为芳香卤也能与之反应。几乎所有发表的例子都是取代的烯丙基，特别是在 2-位的取代。例如，2-甲基烯丙基络合物 **64** 与烷基碘或碘苯偶联高产率地生成 **65**。碘化物相对其他卤化物具有更好的选择性。例如，由 **54** 合成的络合物 **66** 与化合物 **67** 反应，高产率地得到碘代产物 **68**[15]。

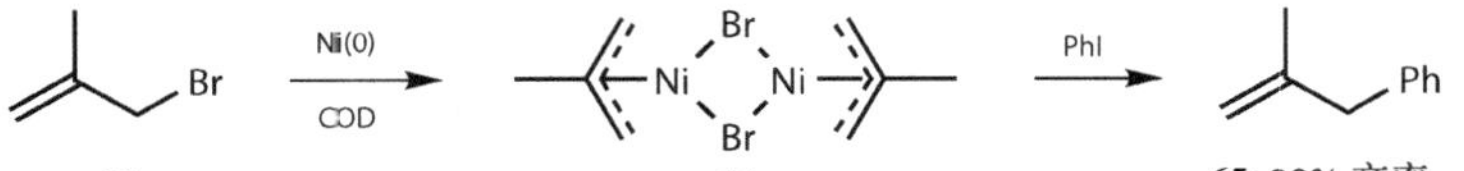

63　**64**　**65**; 98% 产率

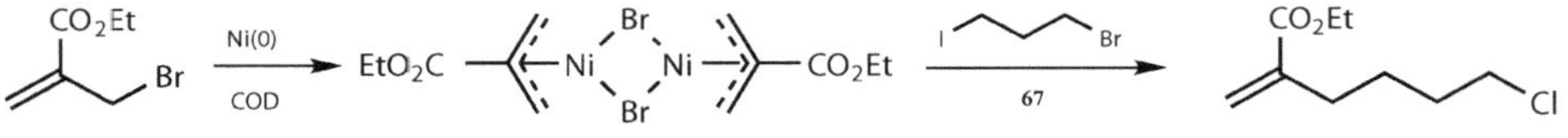

54　**66**　**68**; 96% 产率

不对称的烯丙基络合物几乎都是在取代基少的一端发生反应。檀香萜 **71** 可以通过两种方法由 **69** 或 **16** 合成。与格氏试剂 **70** 偶联，MX ＝ $MgBr_2$ 与 **16** 反应得到 20％的产物[16]；而烯丙基镍络合物 **70**，MX ＝ NiI 与 **16** 反应得到 95％的产物[17]。这主要是 Mg 和 Li 的烯丙基衍生物趋向于在烯丙基体系取代基多的一端发生反应，而且无论如何都没有镍络合物好。

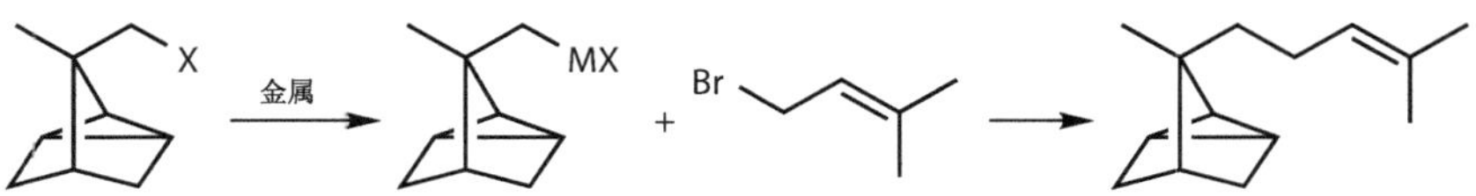

69　**70**　**16**　**71**

烷基化和环戊烯酮的合成

现在的发展包括烯丙基末端的官能团化，特别是烯醛的硅化，如 **72**。其应用表明，由烯丙基镍 **73** 与炔和 CO 反应能生成环戊烯酮 **74**，相当于 Pauson-Khand 反应（第 6 章）[18]。

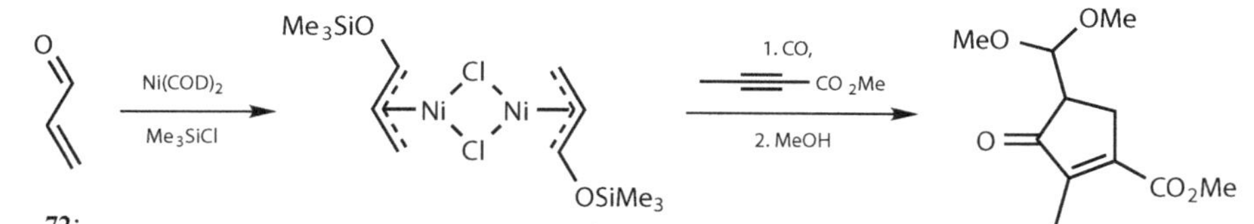

这个反应能顺利进行的部分原因是在第二步反应中镍催化的三种试剂的组合。烯丙基镍和硼酸锌 **76** 的反应也是如此，烯丙基来自于不对称烯丙基乙酸酯 **75**，反应发生在远离苯基的末端（R^1 是烯丙基，R^2 是芳基或烷基）[19]。

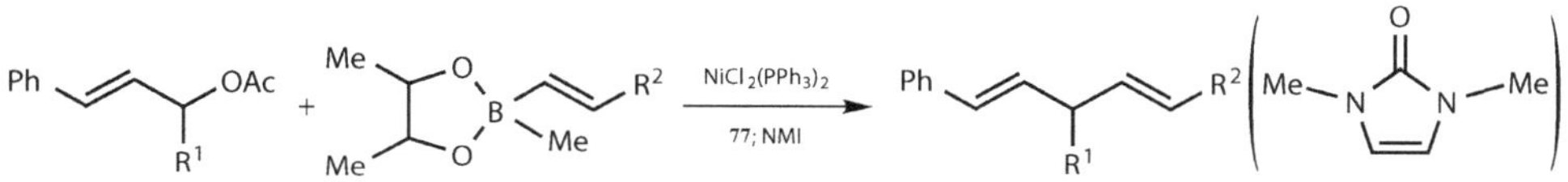

烯丙基硅烷

最有用的烯丙基阴离子类似物是烯丙基硅烷[20]。这是因为很容易确定它们的区域选择性，它们不会进行烯丙基重排（硅不会发生［1,3］-迁移），而且它们与亲电试剂的反应也易于控制：加成反应一般发生在与硅相反的一端。对称的烯丙基硅烷可以由烯丙基锂或格氏试剂经硅取代氯制得。一种有效的变化是将卤化物与金属混合，如 Na 和 Me_3SiCl 在同一反应中，相当于是缩醛 **80** 合成中的硅偶姻反应[21]。

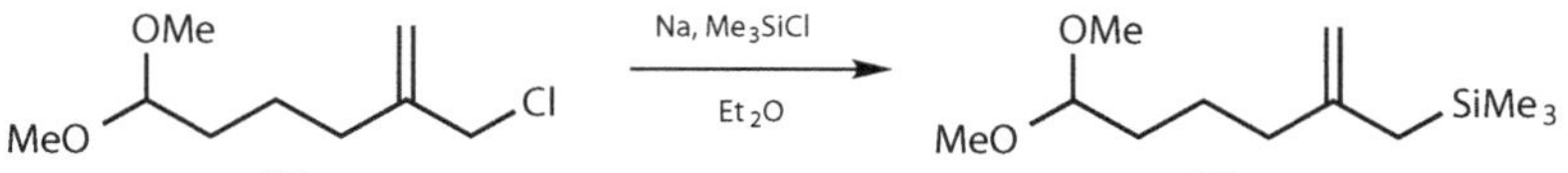

合成：硅基化、Wittig 和环化加成反应

格氏试剂合成不对称的烯丙基硅烷受到区域选择性的限制。卤化物 **81** 和 **82** 的混合物可制得格氏试剂 **21** 和 **23** 的混合物，进一步可制得烯丙基硅烷 **83** 和 **84** 的混合物[22]。然而，在 100℃，TBAF（Bu_4NF）存在下，氟离子作为亲核催化剂，具有良好化学选择性地去进攻硅原子，混合物能转变为热力学产物 **83**（*E* 和 *Z* 异构体的混合物）[23]。多取代的烯丙基卤如 **38** 只能生成取代基少的烯丙基硅烷 **85**[24]。虽然这可能不好，但这只是你看到的反面。

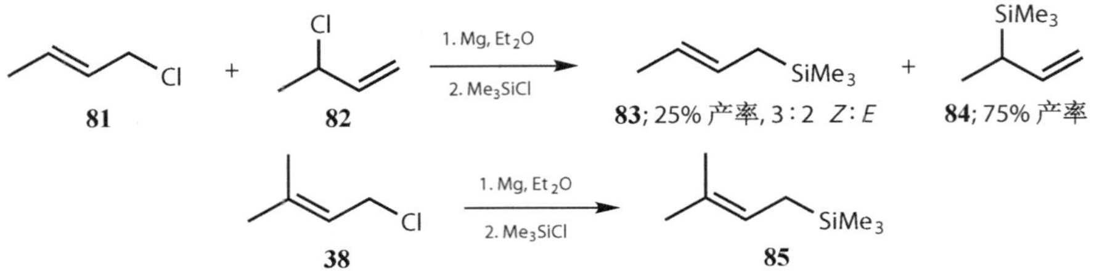

在烯丙基取代基少的一端上硅的可靠方法就是 Wittig 的 Seyferth 方法[25]。没有取代的试剂 **86** 能与酮反应生成烯丙基硅烷 **87**。另外一种方法是环加成反应：1-三甲基丁二烯（**88**）与 *cis*-丁烯二酸酐发生 Diels-Alder 反应生成 **89**。环戊二烯基阴离子 **91** 通过直接硅化可得 **92**。这种少取代的环戊二烯在环加成中非常有用。二氯乙烯酮[26]通过［2＋2］-环加成可制得环丁酮 **93**，紧接着用锌脱氯。**93** 和 **94** 都是烯丙基硅烷[27]。

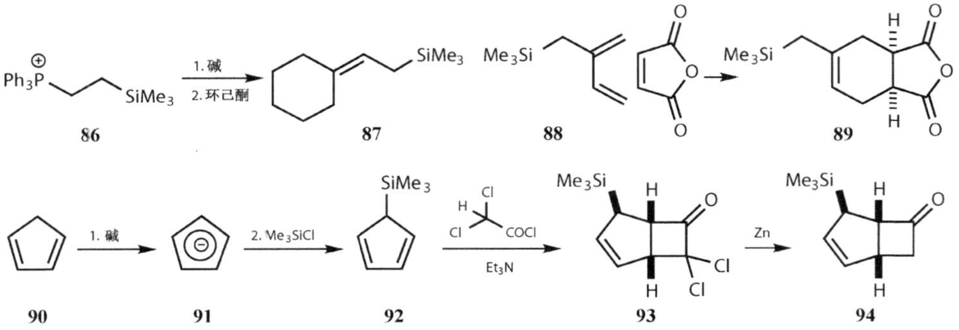

硅对阳离子的稳定作用

即使硅化学对你来说很陌生，但你现在应该知道具有 C—Si 键的稳定化合物能选择性地与氟化物反应。你可能对烯醇硅醚作为亲核烯醇化合物很熟悉，其实烯丙基硅烷在很多方面与之类似，那就是 β-硅效应。通过密集的、相对较高能量的 C—Si σ 轨道与阳离子的空 p 轨道重叠，硅原子能够稳定 β-位置上的阳离子。在烯丙基硅烷 **95** 的优势构象 **95a** 中存在这种重叠，因为在 **95b** 中 C—Si σ 轨道和双键的 π 轨道存在反键相互作用。**95c** 中的分子轨道（新的 HOMO）增强了 γ-位置上碳原子的亲核反应性。

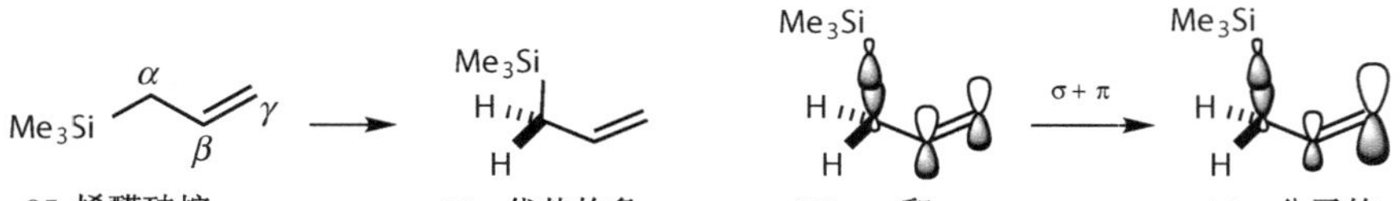

95; 烯醛硅烷　**95a**; 优势构象　**95b**; σ 和 π 键最高占有轨道　**95c**; 分子的最高占有轨道

因此，亲电进攻发生在烯丙基硅烷 **96** 远离硅的一端，生成稳定的阳离子。亲核试剂，尤其是氧或卤素的亲核试剂，如 MeOH 或 Cl^-，选择性地进攻硅原子 **97**，将硅原子除去，生成烯丙基化合物 **98**。结果是亲电试剂区域专一性地加成在远离硅的烯丙基硅烷的末端。通过填满的 C—Si σ 轨道和阳离子空的 p 轨道键重叠稳定了阳离子 **97a**，这是 σ 共轭或超共轭效应。

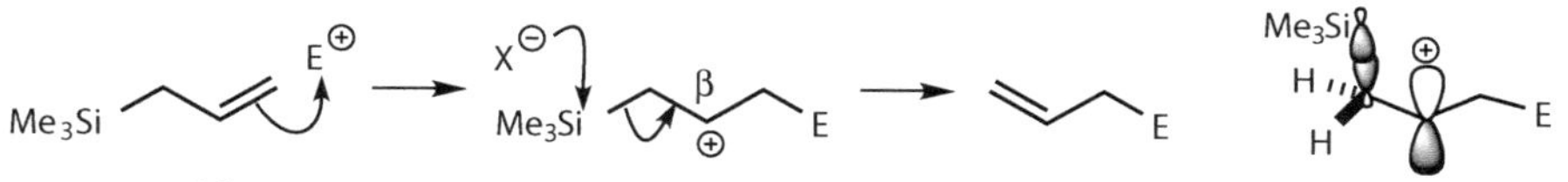

96 **97** **98** **97a**

反应：烷基化，与环氧化物和醛的反应，共轭加成

亲电试剂的范围很广[20]。在路易斯酸催化剂下，**87** 能与叔烷基卤 **99** 发生烷基化反应生成含两个相邻的季碳中心分子的 **100**[28]。

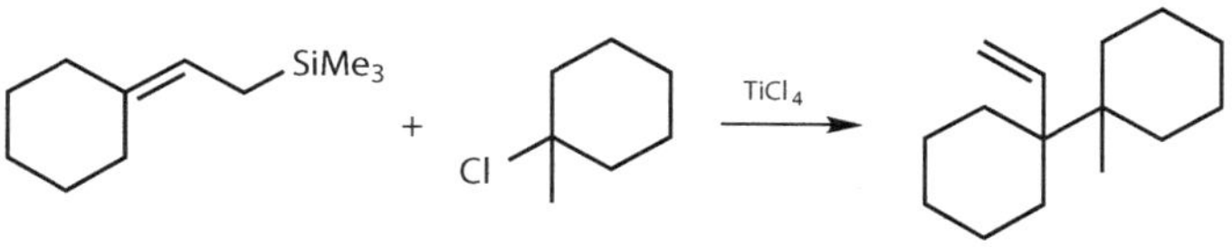

87 **99** **100**; 98% 产率

最好的烷基化剂是那些能提供最稳定阳离子的试剂：在 **101** 中只有卤素在氧的邻位，通过 **101a** 能生成𬭩离子 **102**，与烯丙基硅烷[29]反应生成 **103**。𬭩离子 **105** 与 **93** 的反应表明区域专一性地进攻烯丙基体是远离硅的一端，而且在折叠的二环结构的外边立体选择性地反应[30]。

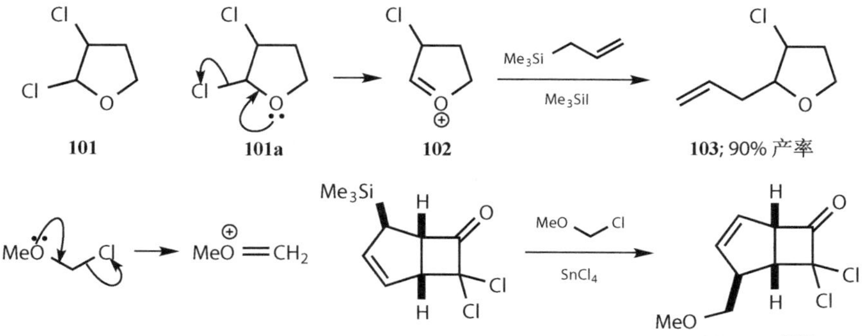

101 **101a** **102** **103**; 90% 产率

104 **105** **93** **106**; 78% 产率

环氧化物一般在多取代的一端反应，甚至是在分子内内型的反应，如 **107** 的环化，因为这能生成更稳定的阳离子[31]。在 **107** 环氧开环时，烯丙基硅烷必须及时捕获，而且在相同条件下（BF_3），这要比环氧化物的重排快。

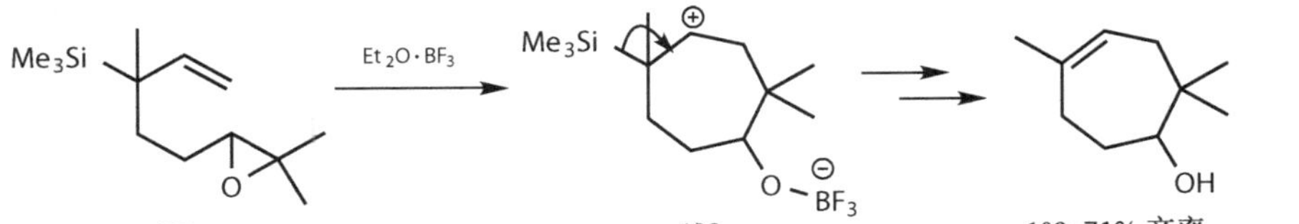

107　　108　　109; 71% 产率

烯丙基硅烷与醛、酮的区域专一性反应有很多，如四元环 **110** 和醛 **111** 的加成反应很像烯醇硅醚的羟醛缩合反应（用相同的催化剂，$TiCl_4$），生成不饱和的醇[32] **112**，其中的关键步骤可能是 **113**。

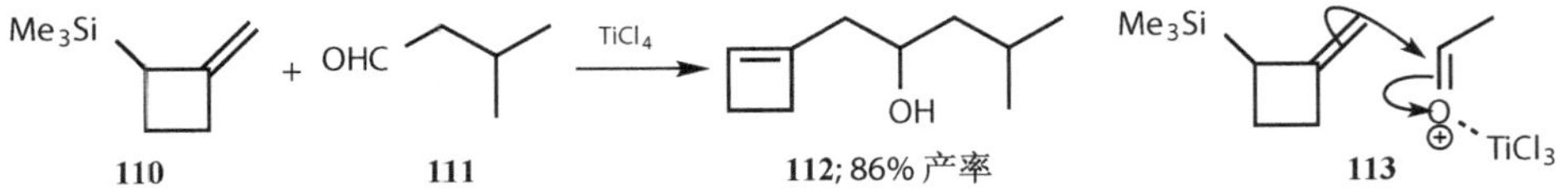

110　　111　　112; 86% 产率　　113

烯酮 **115** 的加成反应通常会发生的是 Michael 加成，生成 δ,ε-不饱和烯酮[33] **116**。乙缩醛 **118** 替代醛与烯丙基硅烷反位[34]加成生成 **119**。它也能与酸式氯化物发生酰化，如萜蒿酮 **122** 的合成是从两个相似的 C_5 单元到不规则萜的生物合成[20, 35]。

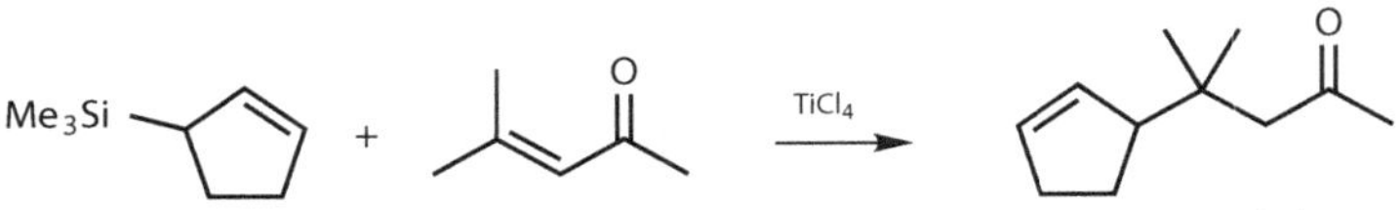

114　　115　　116; 78% 产率

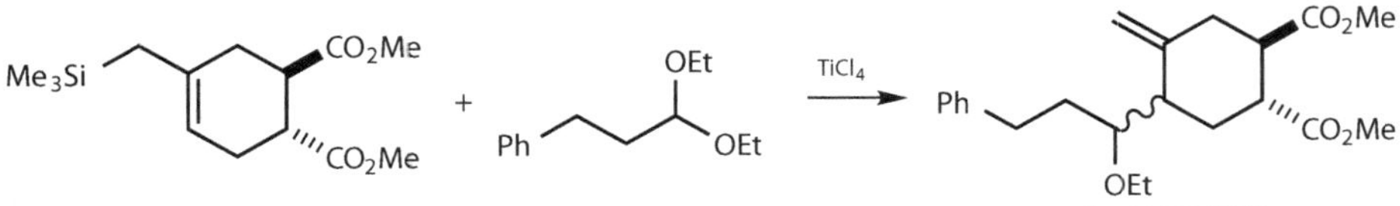

117　　118　　119; 100% 产率

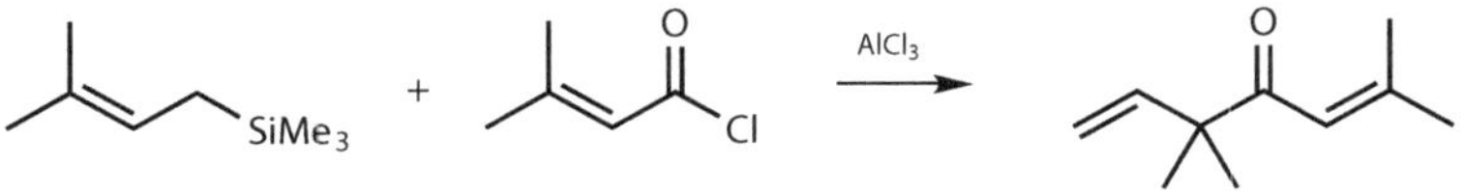

120　　121　　122; 90% 产率

烯丙基硅烷的杂环合成

Gramaim 和 Remuson 运用烯丙基阴离子化学的两个方面来合成二环内酰胺[36]。用 BuLi 处理不饱和醇 **123**，最初生成醇锂 **124**，紧接着生成烯丙基锂 **125**，也可能结构为 **125a**，失去的质子是甲基上的而不是内部的亚甲基上的。**125** 在酸性条件下与 Me_3SiCl 反应生成烯丙基硅烷 **126**。

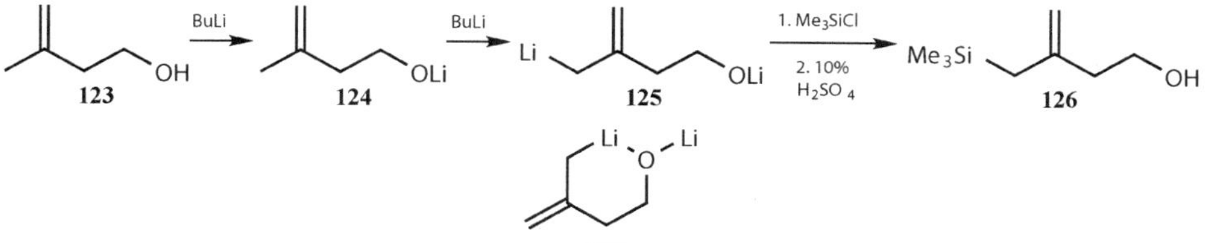

123 124 125 126

125a

通过 Mitsunobu 方法把烯丙基硅烷 **126** 和酰亚胺 **127** 偶联，还原一个羰基生成醇 **129**，再用 CF_3COOH 处理，烯丙基硅烷环化生成新的杂环 **130**。

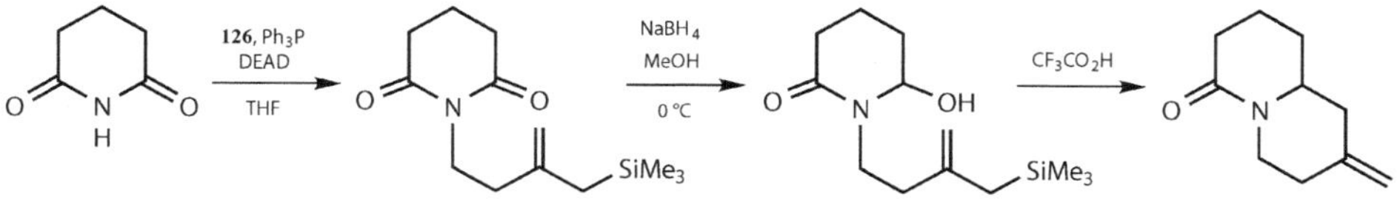

127 128 129 130; 94% 产率

烯丙基硅烷最近的发展包括单个对映异构体的应用，如（*R*）-**133** 通过曼尼希式反应生成 95% ee 的（S）-**134**[37]。

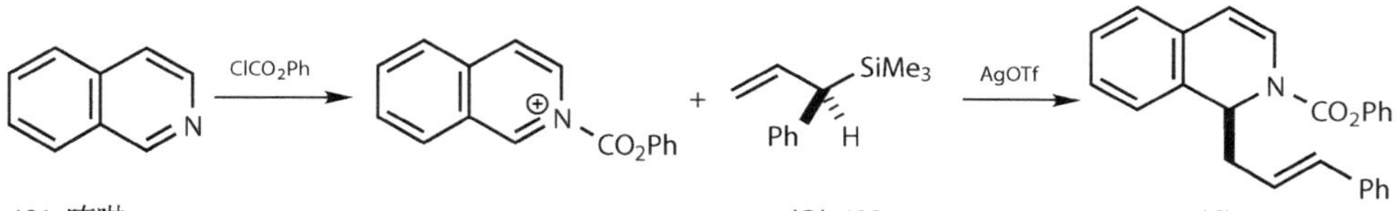

131; 喹啉 132 (*R*)-133 (*S*)-134

与 Co 稳定的阳离子反应

有很多奇异的亲电试剂，如钴稳定的阳离子，即通过一系列反应制得的醇(S)-**138** 的衍生物，这表明烯丙基硅烷对碱是稳定的。由 *Z*-**135** 生成的铜酸盐能与环氧化物(S)-**136** 加成，磺化的产物(S)-**137** 能被 Co(Ⅱ)阴离子取代生成稳定的橘黄色固体中间体(S)-**138**[38]。

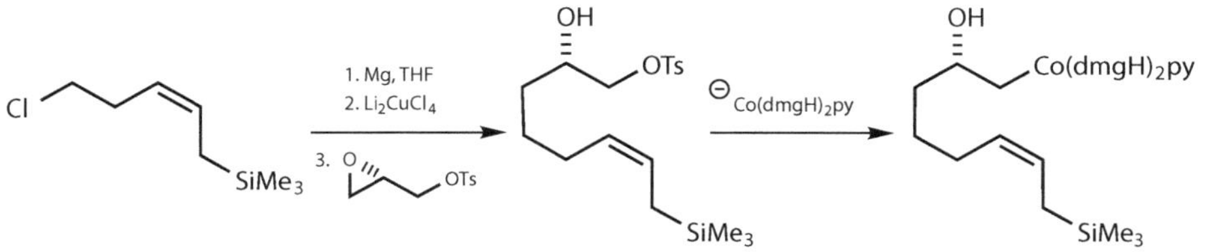

Z-135 (*S*)-136 (*S*)-137 (*S*)-138

在酸性溶液中，钴在羟基位置形成了一个 π 稳定阳离子，这使烯丙基硅烷的环化能有预期的区域选择性和良好的对映选择性。阳离子稳定化和钴的除去在其他书本上都有讨论，基团 Co(dmgH)$_2$py 也有解释。

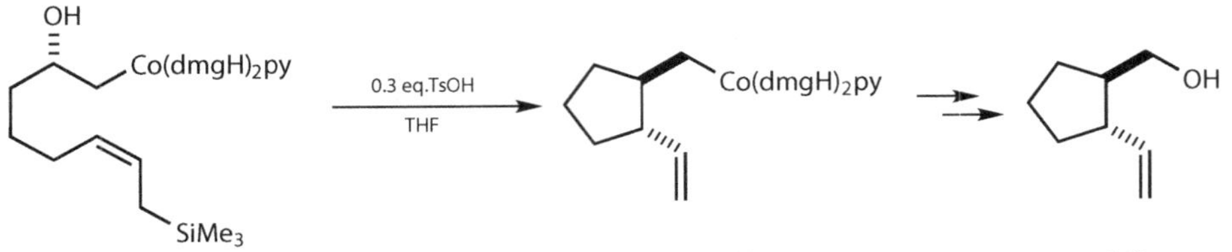

(S)-**138** **139** **140**

烯丙基二价阴离子？锡在阴离子形成中的作用

发展一种试剂合成二价阴离子合成子 **141** 的前景看起来很遥远，但是试剂 **142** 是可行的[39]，它既是烯丙基硅烷又是烯丙基锡烷。与醛反应首先发生在锡的一端，再使用不同的路易斯酸，反应发生在硅的一端，产物是平伏的 *syn*-2,6-取代四氢吡喃 **144**。

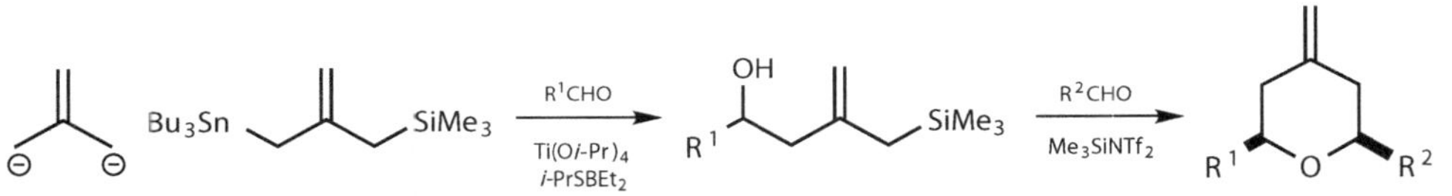

141 **142** **143** **144**

锡的作用就是与 BuLi 反应生成烯丙基阴离子（或烯丙基锂），烯丙基（在主链上有一个 N 原子，严格地讲是氮杂烯丙基）锡 **145** 与 BuLi 反应生成 Bu_4Sn 和烯丙基阴离子 **146**，然后与苯乙烯 **147** 通过 1,3-偶极环加成得到胺离子 **148**，再消除吡咯烷生成亚胺 **149**。**149** 是 10∶1 的位置异构体的混合物[40]。

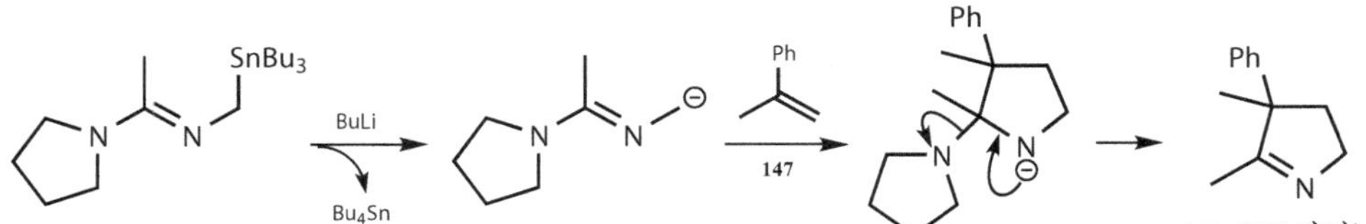

145 **146** **148** **149**; 88% 产率 10:1 异构体

卤素的配体交换：烯丙基铟

通过零价金属和卤离子交换形成烯丙基金属衍生物的问题在于由于［1,3］-迁移，我们不能确定卤离子和金属的所在位置（见化合物 **21**，**23**）。如果烯丙基体系只有一个取代基与金属螯合，就只能形成一种衍生物。我们需要一个卤素在烯丙基的一端，在另一端要有一个能络合的取代基，只有这样的化合物在 $ZnCl_2$ 存在的条件下，可以通过丙烯醛 **72** 酰化。当二取代的烯烃与氧共轭 **151**，而不

是非共轭的端烯 **152** 时，Br 不会发生［1,3］-迁移。

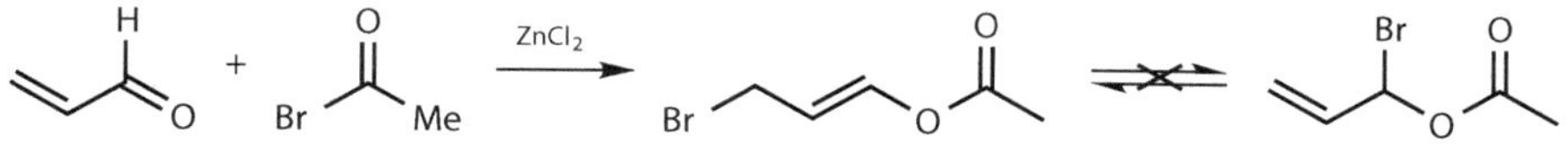

72 **150** **151** **152**

无论哪个烯丙基铟异构体（位置或几何的）先生成（如 **153**）都不重要，因为平衡会生成稳定的络合物 **154**，再与醛反应。正如预期的一样，反应发生在烯丙基体系金属的另一端[41]。产物 **155** 是 *syn*/*anti* 的混合物，但是 *syn*-异构体以 90∶10 占多数。你可能不明白，为什么用铟？原因是铟的有机衍生物在水中很稳定，但是最重要的是烯丙基铟的反应活性低。

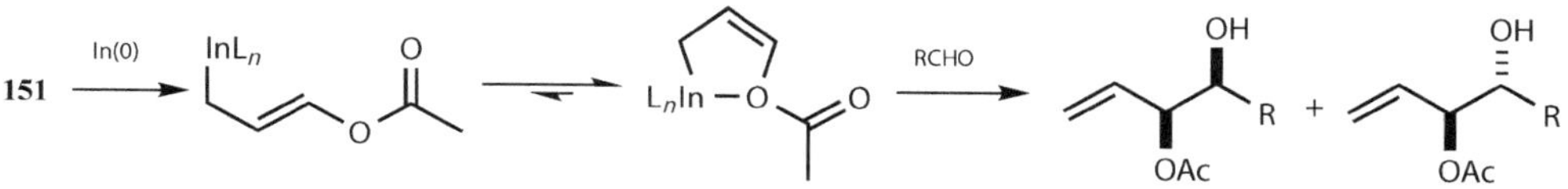

153 **154** *syn*-**155** *anti*-**155**

去质子化形成烯丙基阴离子

第 13 章我们会看到由烯丙基硅烷 **95** 去质子得到的烯丙基阴离子在 γ-位发生反应 **156**，但是硅基保留着并以乙烯基硅烷的形式存在 **157**，它是 d^3 合成子，即高烯醇化的离子试剂。尽管 Me_3Si 是供电子基团，但它也能够稳定阴离子。其他富电子、能稳定阴离子的基团，如胺 **158** 也能形成阴离子，这种阴离子反应也发生在 γ-位置。

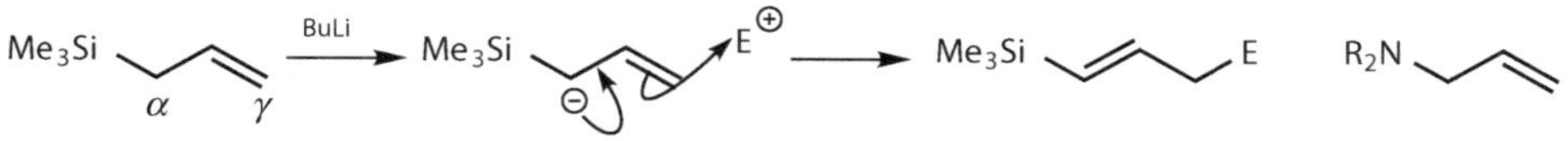

95; 烯丙基硅烷 **156**; 在 γ-位碳上反应 **157**; 烯基硅烷 **158**; 烯醛胺

带有吸电子并能稳定阴离子的官能团的烯丙基阴离子更容易形成阴离子，大部分反应发生在 α-位。这类取代基的例子很多，包括扩展的烯醇化物（见第 11 章），烯丙基离子靠磷盐 **159**、膦酸酯 **160**、砜 **161** 和氰化物 **162** 官能团来稳定。所有这些都在 α-位发生反应（至少是动力学的），我们会学习一部分。

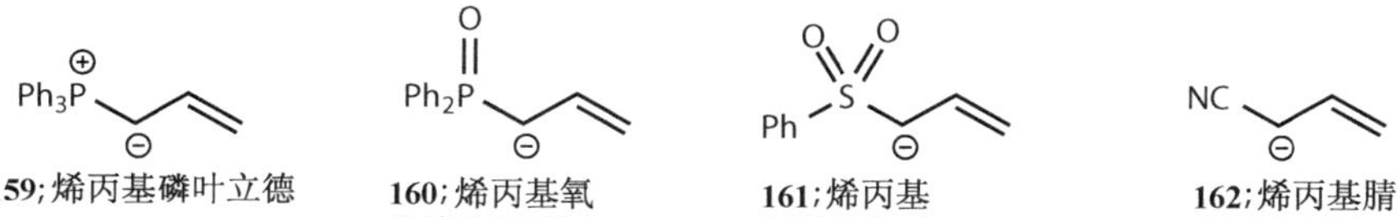

159; 烯丙基磷叶立德 **160**; 烯丙基氧化膦碳负离子 **161**; 烯丙基砜碳负离子 **162**; 烯丙基腈基碳负离子

全 *trans*-双烯的合成

结束本章前，我们考虑用两种方法来通过烯丙基阴离子和醛（或酮）缩合合成二烯 **163**。试剂 **165** 是通过杂原子（Z）稳定的烯丙基阴离子，它与 R^1CHO 加成后，会失去 Z 和羟基。

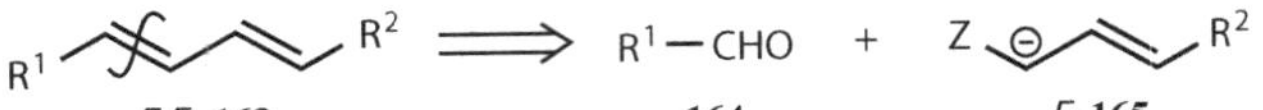

E,E-**163**　　**164**　　*E*-**165**

最好的试剂是 Wittig 反应中的磷盐（Z = Ph_3P^+）**167** 和 Julia 反应[42]中的砜（Z = $PhSO_2$）**168**（我们在第 15 章会学到）。Wittig 试剂易由烯丙基卤化物得到，取代反应通常发生在位阻小的一端，与醛的反应发生在 Ph_3P^+ 邻近的位置，因为只有存在这种区域选择性的时候 Ph_3PO 才会发生消除（见第 11 章，关于 γ-扩展的烯醇化物问题的类似的解决方法）。

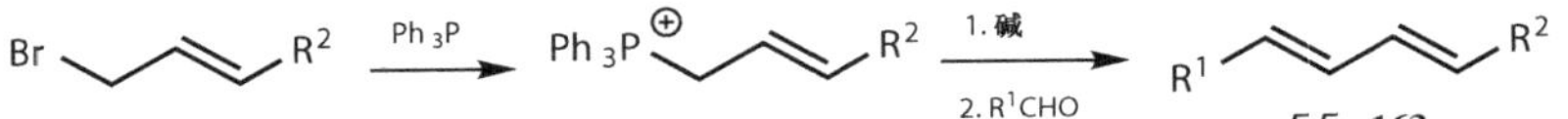

166　　**167**　　*E,E* -**163**

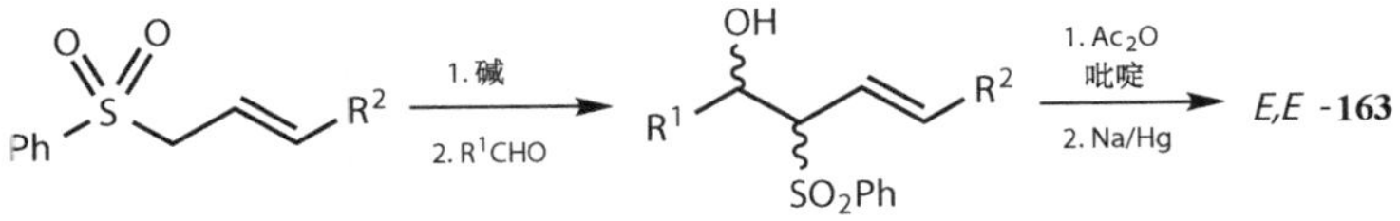

168　　**169**

这些内鎓盐按半稳定或中间体反应性分类，它们的立体选择性很差[43]。如果在内鎓盐（**167**）中双键的立体化学是 *E*-构型，产物中一般保留，但是如果是 *Z*-构型，如由 **170** 衍生化的内鎓盐，在低温下烯丙基内鎓盐可以停止转动。在 −25℃下，在维生素 D 代谢物的合成中仅能生成少于 5％的 *E*-**171**[44]。新双键的立体化学不好控制，*E*∶*Z* 为 1∶1 是常见的，但是 Vedejs 发现磷盐，如具有两个苯基和两个烯丙基的 **172**，能得到很好的 *E*-二烯产物[45]，如 **173**。

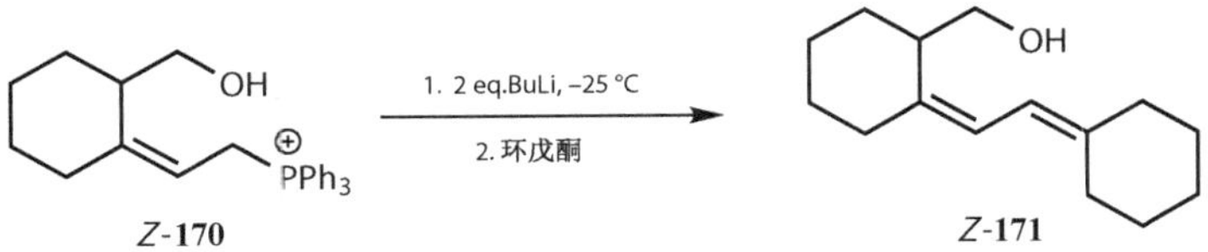

Z-**170**　　*Z*-**171**

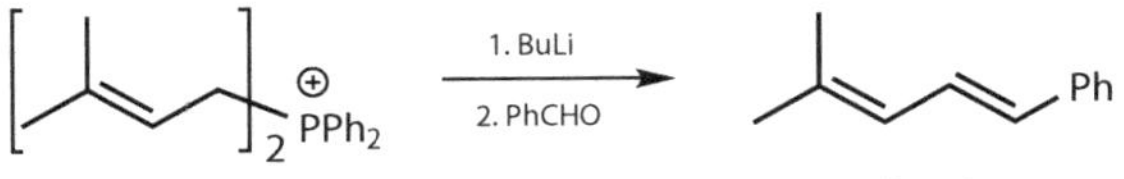

172　　*E*-**173**

全 *trans*-维生素 A 的合成

如果想得到 *E*，*E*-二烯，如 **163**，那么 Wittig 反应是很理想的，因为混合的产物与在少量自由基引发剂如 I 或 PhSH 存在下会平衡移动得到 *E*，*E*-二烯。商业上（BASF）合成的维生素 A 包括全 *trans*-（*E*）维生素 A（**174**）。**174** 可由两种不同的烯丙基内鎓盐 **175** 和 **178** 与合适的醛 **176** 和 **177** 反应得到。两种情况得到的都是 *E*-和 *Z*-的混合物，但是由碘平衡化得到的 **174** 侧链全是 *E*-式的[46]。另一种不同的合成这些化合物的方法见第 11 章。

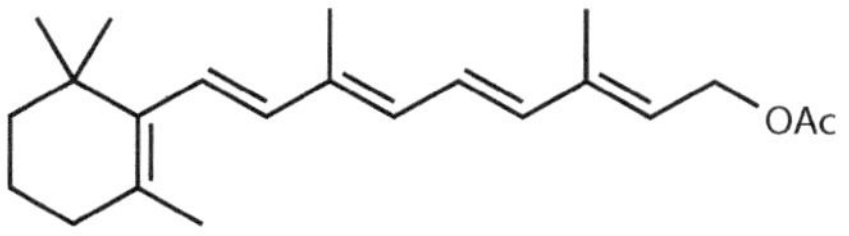

174; 全*trans*-(*E*)-维生素A

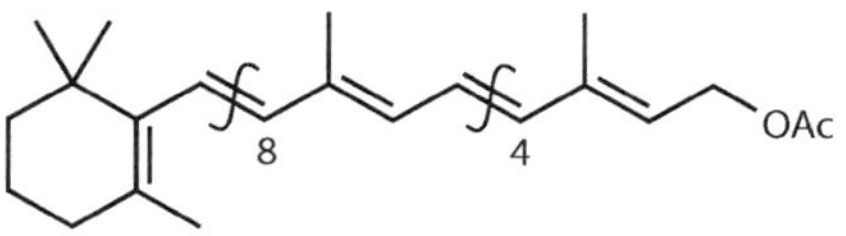

174a; Wittig 断裂

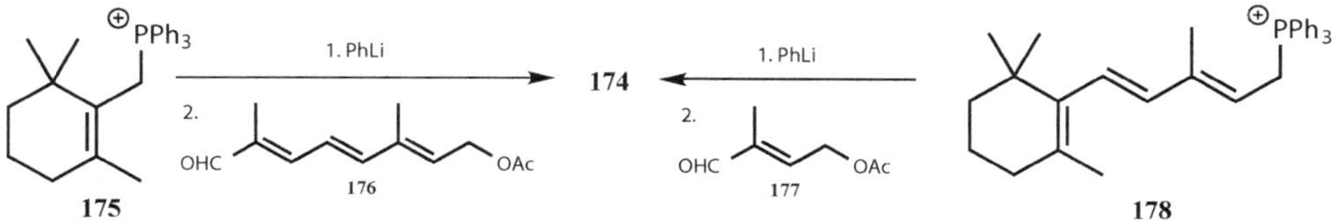

175 **178**

由烯丙基砜阴离子 **179** 直接 α-烷基化得到的产物 **180**，通过弱碱（MeONa）消去 $PhSO_2^-$ 可以得到 *E*-二烯 **181**。而更为普通的砜和醛的缩合反应是不必要的，因为它们的加成产物 **169** 可能发生消除反应生成烯基砜，而不是烯烃[47]。

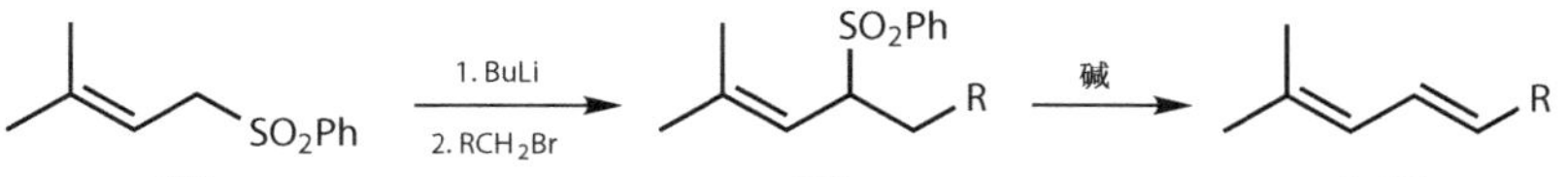

179 **180** *E*-**181**

作为倍半萜烯合成的一部分，砜 **182** 和烯丙基卤 **183** 偶联（烯丙基亲电试剂也是烯丙基亲核试剂）生成 **184** 的非对映异构体的混合物，消除后生成三烯 **185**[48]。注意，新合成的双键是 *E*-构型。

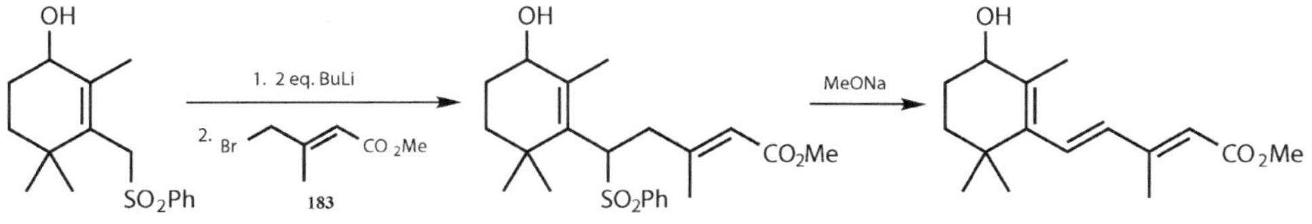

182 **184** *E*-**185**

参考文献

一般性参考文献列于 946 页。

1. M. S. Kharasch and O. Reinmuth, *Grignard Reactions of Non-Metallic Substances*, Prentice-Hall, New York, 1954, Table VI-XVIII; J. Mazurewitsch, *J. Russ. Phys. Chem. Soc.*, 1911, **43**, 973.
2. A. J. Sisti, *Org. Synth. Coll.*, 1973, V, 46.
3. D. Seyferth and M. A. Weiner, *Org. Synth. Coll.*, 1973, V, 452.
4. M. Apparu and M. Barrelle, *Bull. Soc. Chim. Fr.*, 1977, 947.
5. J. F. Lane, J. D. Roberts and W. G. Young, *J. Am. Chem. Soc.*, 1944, **66**, 543; J. D. Roberts and W. G. Young, *J. Am. Chem. Soc.*, 1945, **67**, 148.
6. G. Linstrumelle, R. Lorne and H. P. Dang, *Tetrahedron Lett.*, 1978, 4069.
7. F. Derguini-Boumechal, R. Lorne and G. Linstrumelle, *Tetrahedron Lett.*, 1977, 1181.
8. T. E. Stanberry, M. J. Darmon, H. A. Fry and R. S. Lenox, *J. Org. Chem.*, 1976, **41**, 2052.
9. R. B. Bates and W. A. Beavers, *J. Am. Chem. Soc.*, 1974, **96**, 5001.
10. B. J. Wakefield in *Comprehensive Organometallic Chemistry*, chapter 44, vol VII, page 1 (see page 8).
11. J. J. Fitt and H. W. Gschwend, *J. Org. Chem.*, 1980, **45**, 4257.
12. P. Beak and D. J. Kempf, *J. Am. Chem. Soc.*, 1980, **102**, 4550.
13. H. Mattes and C. Benezra, *Tetrahedron Lett.*, 1985, **26**, 5697.
14. R. M. Carlson, *Tetrahedron Lett.*, 1978, 111.
15. M. F. Semmelhack, *Org. React.*, 1972, **19**, 115.
16. E. J. Corey, S. W. Chow, and R. A. Scherrer, *J. Am. Chem. Soc.*, 1957, **79**, 5773.
17. E. J. Corey and M. F. Semmelhack, *J. Am. Chem. Soc.*, 1967, **89**, 2755.
18. G. García-Gómez and J. M. Moretó, *J. Am. Chem. Soc.*, 1999, **121**, 878; *Eur J. Org. Chem.*, 2001, 1359.
19. Y. Kobayashi, Y. Tokoro and K. Watatani., *Eur J. Org. Chem.*, 2000, 3825.
20. I. Fleming, *Comp. Org. Chem.* vol 3, chapter 13, page 542; P. D. Magnus, T. Sarkar, and S. Djuric, *Comprehensive Organometallic Chemistry*, vol 7, chapter 48, page 515; E. Colvin, chapter 9, page 97; T. Chan and I. Fleming, *Synthesis*, 1978, 761; I. Fleming, J. Dunogues, and R. Smithers, *Org. React.*, 1989, **37**, 60.
21. I. Fleming, R. Snowden and A. Pearce, *J. Chem. Soc., Chem. Commun*,, 1976, 182; *Disconnection Approach* page 202.
22. J. Slutsky and H Kwart, *J. Am. Chem. Soc.*, 1973, **95**, 8678.
23. A. Hosomi, A. Shirahata and H. Sakurai, *Chem. Lett.*, 1978, 901.
24. J.-P. Pillot, J. Dunogues, and R. Calas, *Tetrahedron Lett.*, 1976, 1871.
25. D. Seyferth, K. R. Wursthorn and R. E. Mammarella, *J. Org. Chem.*, 1977, **42**, 3104.
26. *Disconnection Approach*, chapter 33, page 274.
27. B.-W. Au-Yeung and I. Fleming, *J. Chem. Soc., Chem. Commun.*, 1977, 79.
28. I. Fleming and I. Paterson, *Synthesis*, 1979, 446.
29. H. Sakurai, Y. Sakata, and A. Hosomi, *Chem. Lett.*, 1983, 409.
30. I. Fleming and B.-W. Au-Yeung, *Tetrahedron*, 1981, **37**, supplement no 1, 13.
31. D. Wang and T.-H. Chan, *J. Chem. Soc., Chem. Commun.*, 1984, 1273.
32. S. R. Wilson, L. R. Phillips, and K. J. Natalie, *J. Am. Chem. Soc.*, 1979, **101**, 3340.
33. I. Ojima, M. Kumagai, and Y. Miyazawa, *Tetrahedron Lett.*, 1977, 1385.
34. A. Hosomi, M. Saito, and H. Sakurai, *Tetrahedron Lett.*, 1980, **21**, 355.
35. G. Déléris, J.-P. Pilot, and J.-C. Rayez, *Tetrahedron*, 1980, **36**, 2215.
36. J.-C. Gramain and R. Remuson, *Tetrahedron Lett.*, 1985, **26**, 327.
37. R. Yamaguchi, M. Tanaka, T. Matsuda and K. Fujita, *Chem. Commun.*, 1999, 2213.
38. G. Kettschau and G. Pattenden, *Tetrahedron Lett.*, 1998, **39**, 2027.
39. C.-M. Yu, J.-Y. Lee, B. So and J. Hong, *Angew. Chem., Int. Ed.*, 2002, **41**, 161.
40. W. H. Pearson, E. P. Stevens and A. Aponick, *Tetrahedron Lett.*, 2001, **42**, 7361.
41. M. Lombardo, R. Girotti, S. Morganti and C. Trombini, *Org. Lett.*, 2001, **3**, 2981.
42. M. Julia, *Pure Appl. Chem.*, 1985, **57**, 763.

43. B. Maryanoff and Reitz, *Chem. Rev.*, 1989, **89**, 863; I. Gosney and A. G. Rowley in *Organophosphorus Reagents in Organic Synthesis*, ed J. I. G. Cadogan, Academic Press, London, 1979, pages 63–77.
44. I. T. Harrison and B. Lythgoe, *J. Chem. Soc.*, 1958, 843.
45. E. Vedejs and H. W. Fang, *J. Org. Chem.*, 1984, **49**, 210.
46. H. Pommer, *Angew. Chem.*, 1960, **72**, 811.
47. J.-L. Fabre and M. Julia, *Tetrahedron Lett.*, 1983, **24**, 4311; T. Cuvigny, C. Hervé de Penhoat and M. Julia, *Tetrahedron Lett.*, 1983, **24**, 4315; T. Cuvigny, J. L. Fabre, C. Hervé de Penhoat and M. Julia, *Tetrahedron Lett.*, 1983, **24**, 4319.
48. K. Uneyama and S. Torii, *Tetrahedron Lett.*, 1976, 443.

13 高烯醇化合物

引言

高烯醇化和高烯醇化合物

烯醇化是羰基化合物 **1** 去除 α-质子形成烯醇离子 **2a**。高烯醇化是 **3** 去除 β-质子形成高烯醇离子 **4** 或 **5**。烯醇和高烯醇都被认为是碳负离子，烯醇共振式 **2b**

是一种不同的表示单电子离域结构的方法，高烯醇 **5** 与环丙烷 **4** 是不同的化合物。高烯醇 **5** 的具体实例并不知道，因此，在许多其他的可能性情况下，由环丙醇 **4** 衍生的试剂可以表示高烯醇 **5** 形式的合成子[1]。

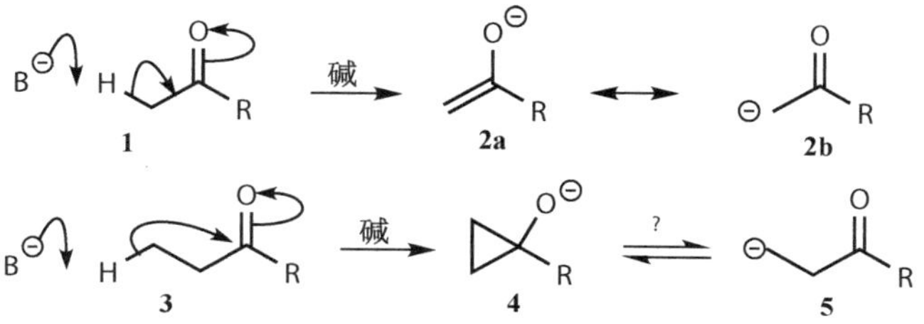

在碱的作用下，羰基化合物的直接高烯醇化是不会发生的。α-位被封锁的酮在碱的作用下与氘发生交换，但是在 t-BuOD/t-BuOK 体系中，温度为 185℃条件下，5 周后樟脑 **6** 只有 3.18 的氘原子发生交换。高烯醇化的两个位点上分别只有 0.65 和 0.45 的氘原子；相反，α-位和 γ-位的碳上分别有 1.27 和 0.81 的氘原子[2]。

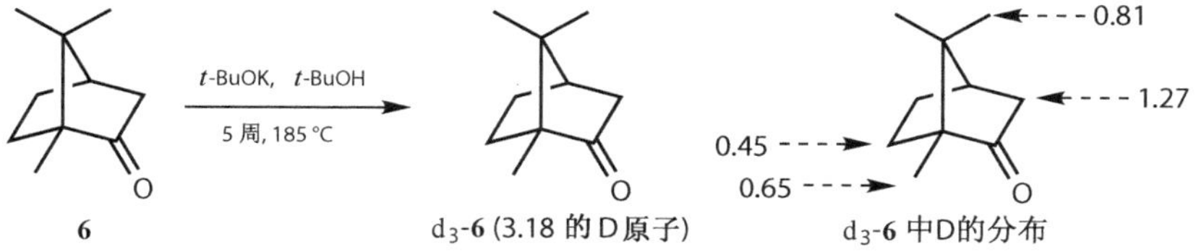

策略总结

有用的合成方法是依靠在反应中能够代表 d^3 合成子或高烯醇 **5** 的试剂，这些试剂可以分为三个重要的类别。环丙烷或直接使用的试剂如 **4**；Hoppe 的“保护策略”是使用一种羰基被保护的亲核试剂，C3 位既没有被保护的羰基稳定化，也没有被去稳定化，如格氏试剂 **8**；Hoppe 的“进攻战略”是烯丙基阴离子的末端有个杂原子（**9** 中的 X）[1]。这种战略有“许多问题”或者许多条件必须补充。杂原子必须起到稳定阴离子的作用，阴离子 **10** 反应时必须发生在 γ-位，而且产物 **11** 能够水解形成羰基化合物。

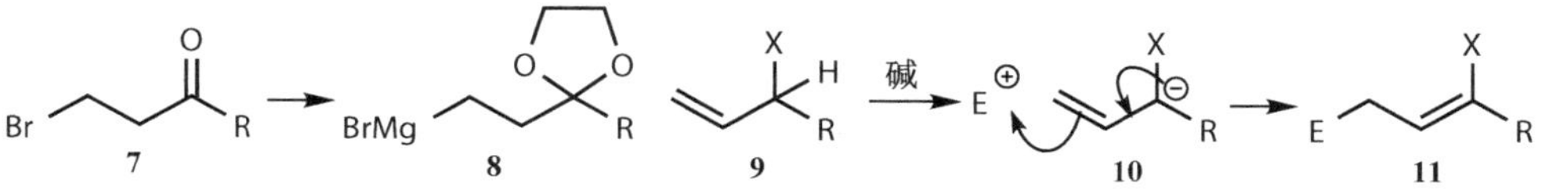

三元环高烯醇等价物（“直接”的策略）

也许在合成中唯一真正使用过的高烯醇是由 3-卤代羧酸的衍生物金属化而

来的。酸 **12** 在 BuLi 的作用下形成 3-卤代羧酸锂（**13**），进一步反应后得金属化的高烯醇 **15**，类似于羧酸的二锂烯醇化合物（见第 2 章）。**16** 与醛或酮反应得到 γ-内酯 **19**，该反应是通过“homoaldol”反应先得 γ-羟基酸 **18**，这种通常的产物也可由酸的高烯醇化合物对羰基化合物加成制得[3]。

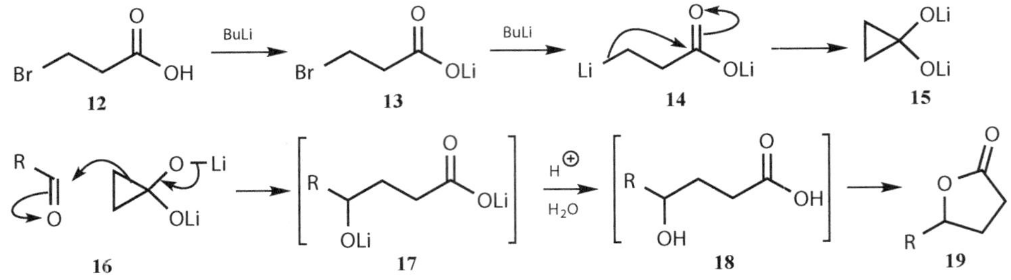

高烯醇酯可以由 3-卤代酯 **20** 与钠反应制得，三甲基氯硅烷捕获形成环丙烷硅醚 **21**[4]，类似于烯醇硅醚[5]，再与醛酮反应生成 γ-内酯 **19**。Kuwajima 证实了该反应中高烯醇钛 **22** 是真正的中间体[6]。

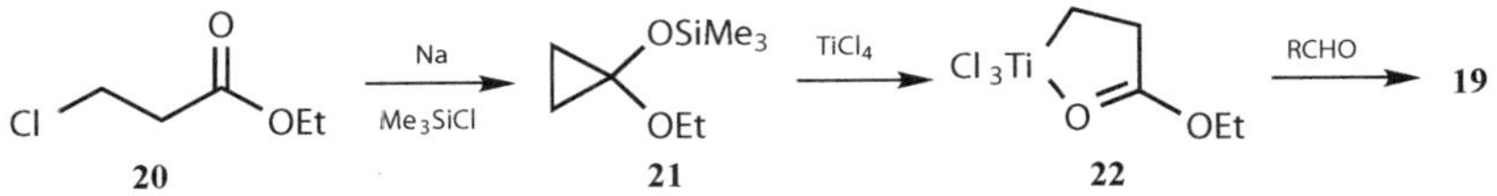

这个高烯醇对酮 **23**（由脯氨酸衍生的一个单一的对映体）的加成得到的是具有高立体选择性的四级醇 **24**[7]。在除去苄氧基羰基保护基的同时发生环化得 **25**，它是合成 pumiliotoxin 251D（神经青素，**26**）的中间体。

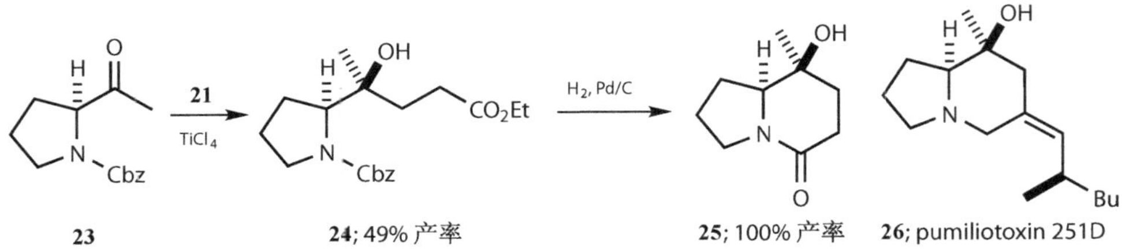

不对称环丙烷的高烯醇化合物

如果环丙烷的环是不对称取代的，那是十分困难的，最好的方法是运用 Favorskii反应的最后一步，如 **27**～**31** 的反应[8]。环丙氧化物离子质子化 **30** 时能够得到更好的阴离子，通常质子化发生在取代基少的碳上。

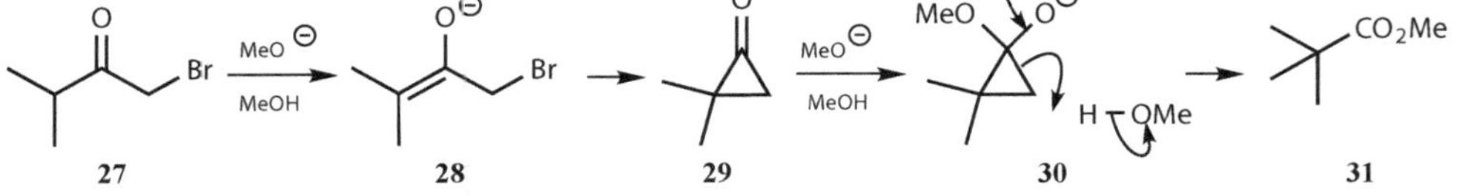

在 $TiCl_4$ 的作用下，相应的硅醚 **32** 的开环通常也发生在取代较少的原子上，生成高烯醇[6] **33**，再与醛反应形成内酯 **34**。这种区域选择性意味着在通过高烯醇锌[9]烷基化形成酯 **37** 时，羰基旁边的手性中心保持不变，很可能是经由 **36** 这种结构。

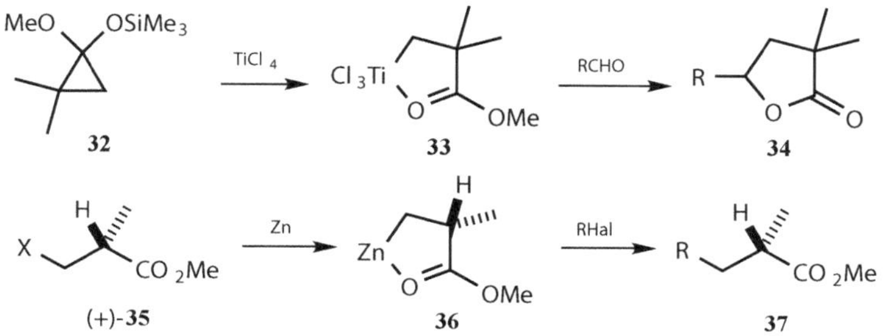

高烯醇锌化合物的共轭加成

由 **21** 与氯化锌在超声条件下反应生成简单的高烯醇锌 **39**，在亚铜离子的催化作用下与炔酯共轭加成得到环戊烯酮 **40**，这是合成银杏精 B（gingkolide B）的中间体[10]。**38** 的立体结构是不受试剂影响的。

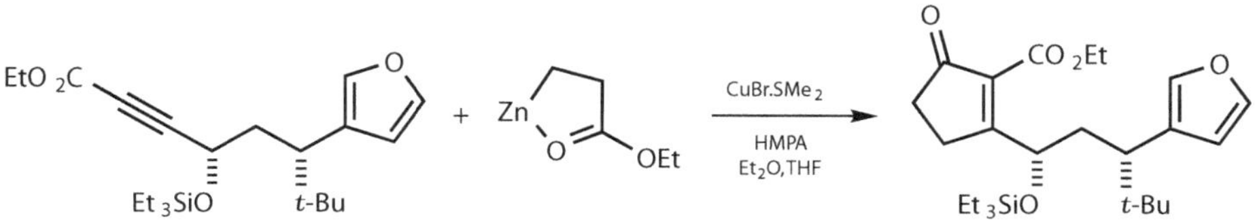

高烯醇锆化合物

由正丙烯酸三乙酯 **42** 与 **41**（Cp 是环戊二烯）反应可以制得高烯醇锆酯 **43** 或 **44**。它们像一直讨论过的锌和钛物种，但不是来自于环丙烷[11]。

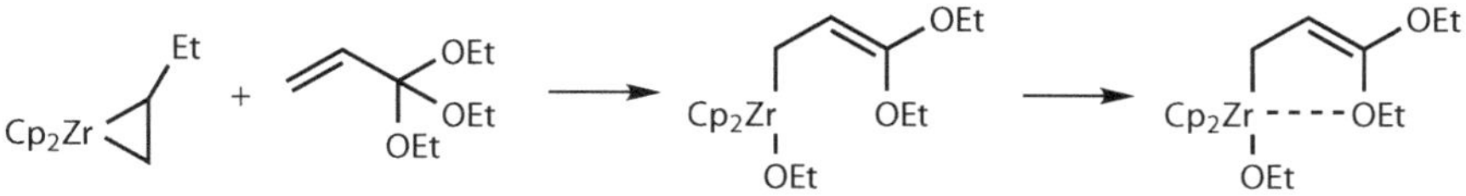

在 CuCN 存在下，高烯醇与酰氯反应生成 γ-酮酯，但它们更容易与烯丙基膦酸酯反应，与异戊烯膦酸二乙酯反应能以较好的产率生成 **45**，以及几乎定量地生成更多取代的 **46**。令人印象深刻的结果是，两种试剂都是通过 γ-碳反应的，在高烯醇化合物 **43** 中锆在 γ-位，而烯丙基膦酸酯中膦酸不在 γ-位。

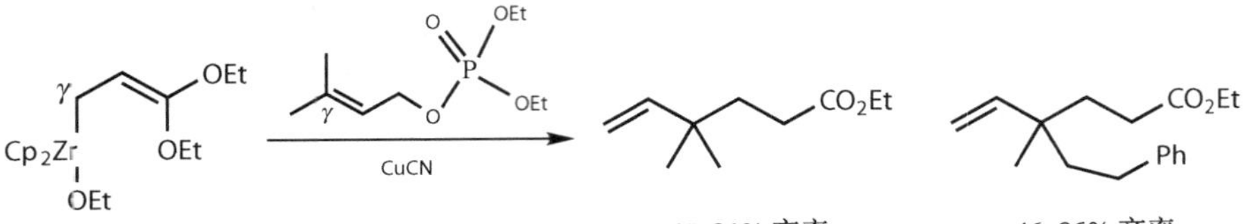

43　　45; 81% 产率　　46; 96% 产率

环丙烷的高烯醇化合物的对映选择性

经由环丙烷化制备高烯醇的最近的发展特别强调对映选择性[12]。硅烯酮乙缩醛通过 Simmons-Simth 环丙烷化可以得到消旋的环丙酮乙缩醛。硅促进的格式试剂与丙烯酸乙酯 **47** 共轭加成，生成了 *E*/*Z* 异构的硅烯酮乙缩醛 **48**，通过环丙烷化以及硅基与乙酰基的交换，得到的 *syn*-和 *anti*-大概比例为 1：1 的环丙烷 **49** 和 **50** 的混合物。它们很容易通过色谱分离。

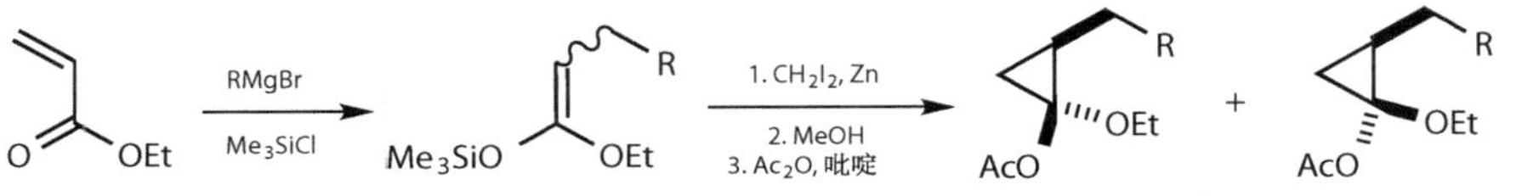

47　　**48**　　(±)-**49**　约1:1　(±)-**50**

每个非对映异构体的脂肪酶动力学拆分（见第 28 章）可得半缩醛 **51** 的单一的对映异构体，接着得到高烯醇锌化合物 **52**。用不同的亲电试剂（化合物 **53** 中的 E 为 H，烯丙基或亚胺）都可以得到对映纯（>99% ee）的加成产物[13]。

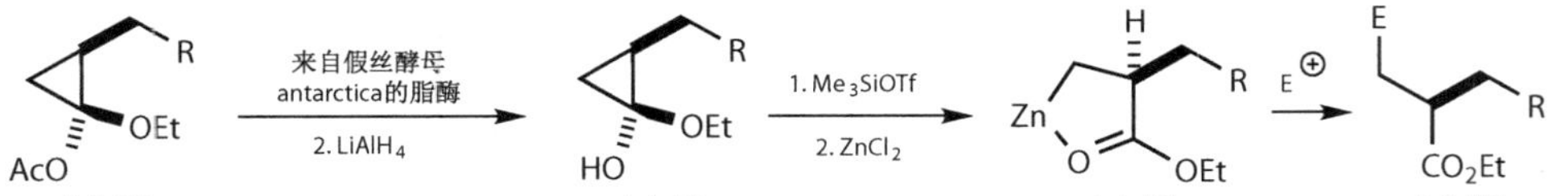

(±)-**50**　(−)-**51**　(−)-**52**　(−)-**53**

氨基酸的高烯醇化合物的对映选择性

对映纯的高烯醇等价物的一个重要用途是通过丝氨酸合成其他 α-氨基酸。天然的（*S*）-（+）-丝氨酸 **54** 的氨基和羰基可以保护起来，而羟基可以转化成离去基团 **55**，碘取代后得到的起始原料 **56** 保持了光学活性[14]。

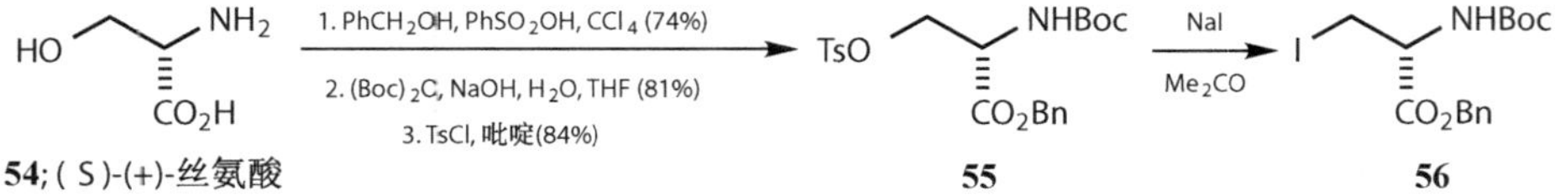

54; (*S*)-(+)-丝氨酸　**55**　**56**

在超声波活化下，**56** 与 Zn/Cu 合金在二甲基乙酰胺中反应可以转化成高烯醇锌化合物 **57**，酯或者氨基甲酸酯与它配位，起到稳定化的作用。然后在 Pd

(0) 催化下与酰氯酰化得到对映纯的 γ-羰基氨基酸（**58**）。

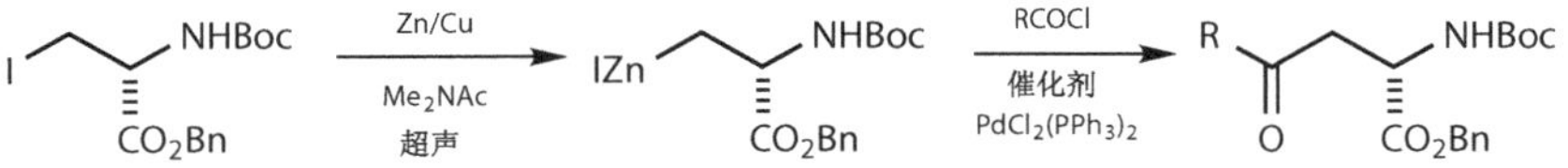

56　**57**　**58**

在钯的催化作用下与芳基碘偶联是有可能的，也是不对称的合成抗生素 azatyrosine（重氮酪氨酸）的关键步骤[15]。这种抗生素可能具有抗癌药性。**57** 与吡啶 **59** 偶联得到 **60**，除去甲基保护基得到重氮酪氨酸 **61**。

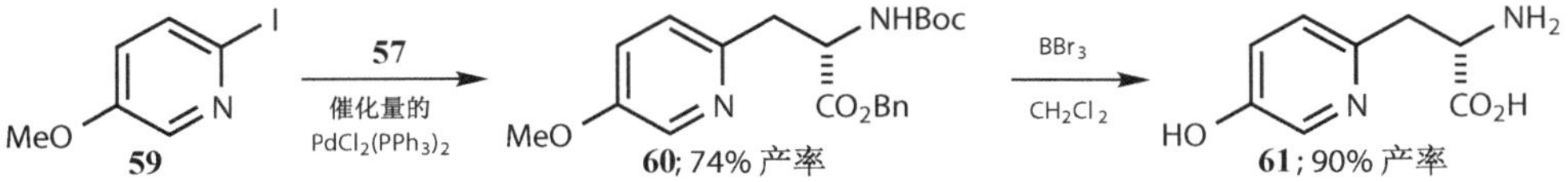

59　**60**; 74% 产率　**61**; 90% 产率

由三元环合成的高烯醇等价物

其他的三元环化合物也已经用于获得与高烯醇化合物进攻酮相同的结果，其中最重要的是 Trost 环丙基硫和 Corey 的环丙基酯。硫叶立德 **63**[16] 进攻酮得到通常的环氧化合物[17]，但它是氧杂螺环戊烷 **64**，在酸性条件下发生重排得到环丁酮 **65**。然后在 RCO_3H 作用下，会发生 Baeyer-Villiger 重排，有更多取代基的碳原子[18]发生迁移形成内酯 **66**[19]，结果如同高烯醇酯对酮 R_2CO 的加成。

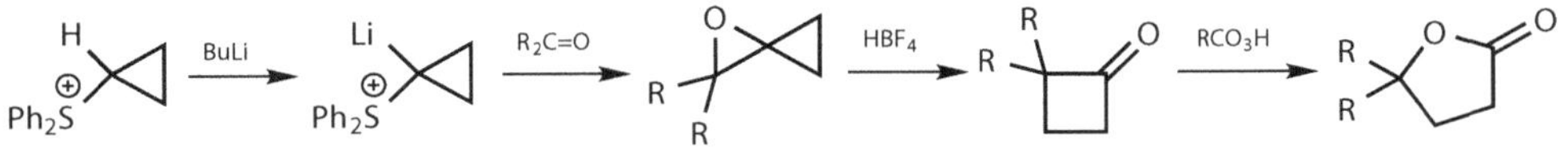

62　**63**　**64**　**65**　**66**

Corey 的方法[20]依赖于金属与溴代环丙烷 **69** 的交换。**69** 可由卡宾加成制得。环丙基阴离子额外的稳定作用（见第 8 章）使得这个锂化物和硫叶立德 **63** 更容易处理，与醛或酮加成得到混合物 **70**（**69** 和 **70** 在立体化学上没有关联），它在路易斯酸的催化下开环生成硫乙缩醛 **71**，水解后得 E-3-烯醛（**72**），即醛的高烯醇化合物与醛的 homoaldol 反应产物。这个化合物很难制备因为共轭会促使双键移动。

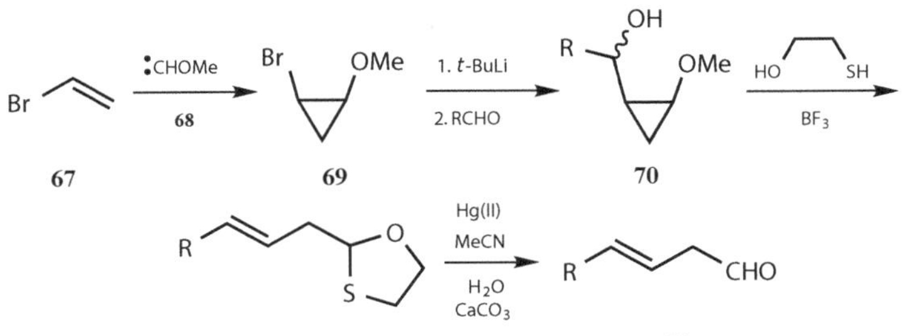

67　**69**　**70**

71　**72**

这种 homoaldol 断键不明显。正如由羟醛缩合反应得到共轭（α，β-不饱和）烯醛，我们认为这个非共轭（β，γ-不饱和）烯醛是由羟基醛得来的。我们最初希望 FGI 到 **73**，因为 1，3-关系更容易形成，但是 **73** 会脱水形成共轭（α，β-不饱和）烯醛，我们必须设置 1，4-二氧相关 **74**，以便能够将它断键成一个醛 RCHO 和丙醛的高烯醇 **75**。

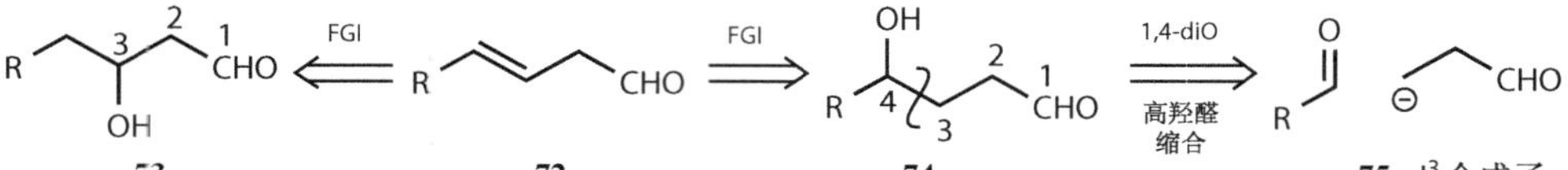

73 **72** **74** **75**; d^3 合成子

防御策略：羰基保护的 d^3 试剂

缩醛

从概念上讲，所有的高烯醇等价物中最简单的金属有机试剂，如格氏试剂 **8**，就可以避免这个问题。但这是不公平的，看待它们的一种更好的方式是认为不饱和羰基化合物发生了极性翻转，不饱和醛或酮可以转化为形如 **77** 的溴乙缩醛。Büchi 和 Wuest[21] 使用由 **77** 衍生化而来的格氏试剂，可能是 **78** 这样的螯合结构，这种结构早在 1969 年 nuciferal 的合成中就已经提到了。

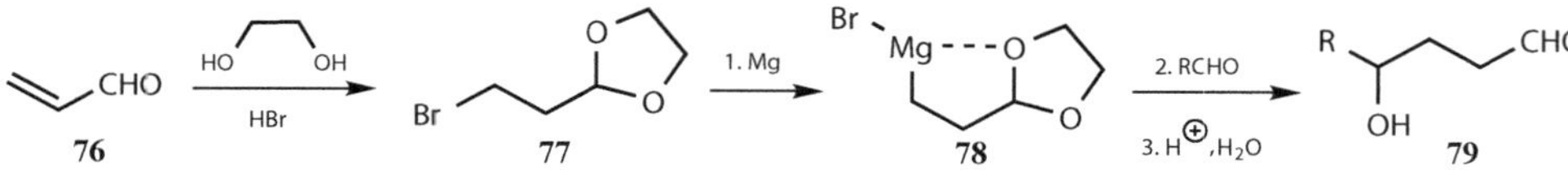

76 **77** **78** **79**

Roush 在石斛碱[22] 的合成中使用过这种试剂，合成需要不饱和羟基醛 **80**。在羟基的邻位断键得到二烯醛 **81** 和高烯醇合成子 **75**。这个二烯醛可以由连续的羟醛缩合反应或者扩展的烯醇化物反应得到（见第 11 章）。由 **77** 得到格式试剂与醛 **81** 在 THF 溶剂中反应生成 **80**，产率大于 95%。类似的试剂在酮的氧化过程中也可以得到[23]。

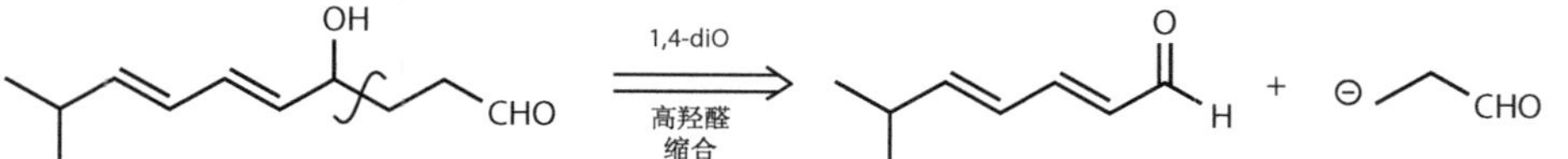

80 **81** **75**

对醇和羧酸的氧化，最好的有机试剂是 Eaton[24] 提出的最简单保护的锂化物 **84**，缩醛 **83** 可以很容易地由溴丙醇 **82** 制得，再通过氧化插入转化为稳定（因为可以和缩醛的一个或两个氧原子配位）的锂化物 **84**。

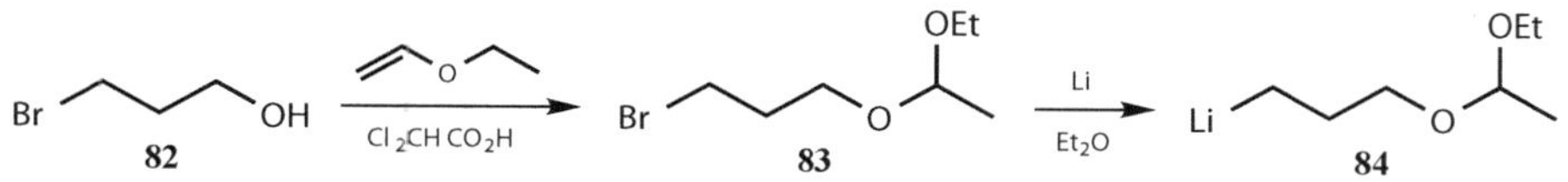

82 **83** **84**

与醛、酮及烯酮的加成很干净地只发生在羰基上生成**86**，但是铜试剂对烯酮的加成是 Michael 加成，氧化后得到的是 1，6-二羰基化合物**88**，环化形成双环戊酮化合物**89**（见第 6 章）。

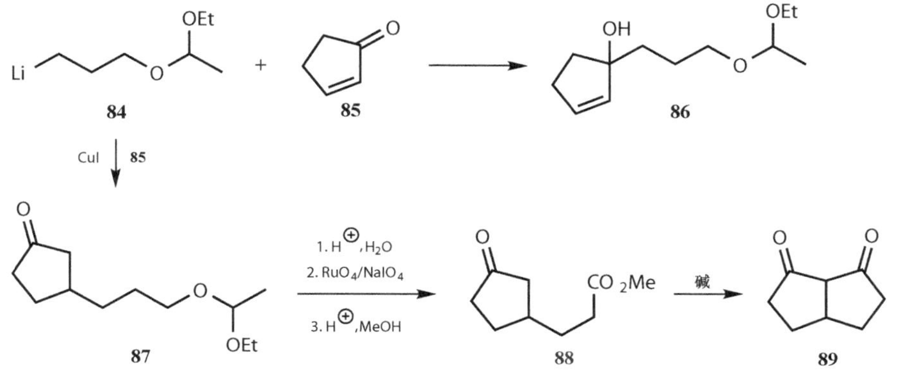

砜

可能更常见的是保护的砜[25,26]如**94**，它可以很容易地通过对硫化物或砜[27]的氧化态的 Michael 加成得到，因为硫亲核试剂是非常好的 Michael 供体。

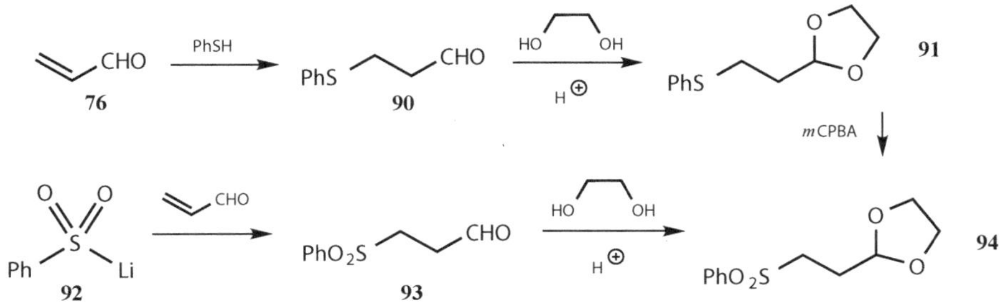

这些砜的锂衍生物与烷基卤代物或环氧化物发生烷基化[28]，再与酯酰化得到酮**95**。在铝汞齐作用下，**95**失去砜基，去保护和环化后得环戊烯酮**98**（见第 6 章)[26]。

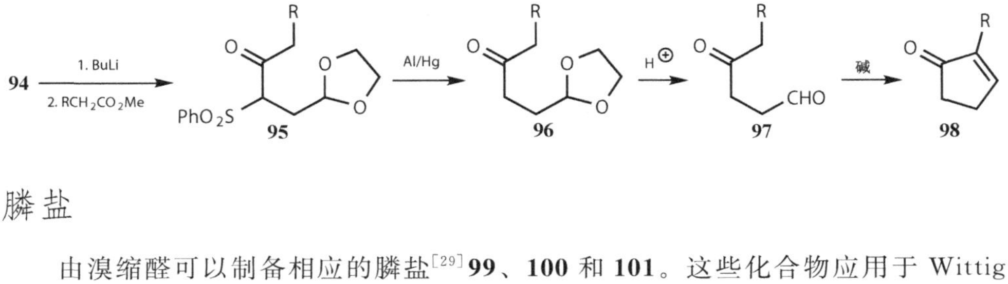

膦盐

由溴缩醛可以制备相应的膦盐[29]**99**、**100**和**101**。这些化合物应用于 Wittig

反应中能生成 *Z*-缩醛，如 **102**。要让缩醛水解时双键不发生几何异构或位置异构是非常困难的，但是非环状缩醛如 **101** 就能很好地生成 *Z*-烷基-3-烯醛 **103**[30]。

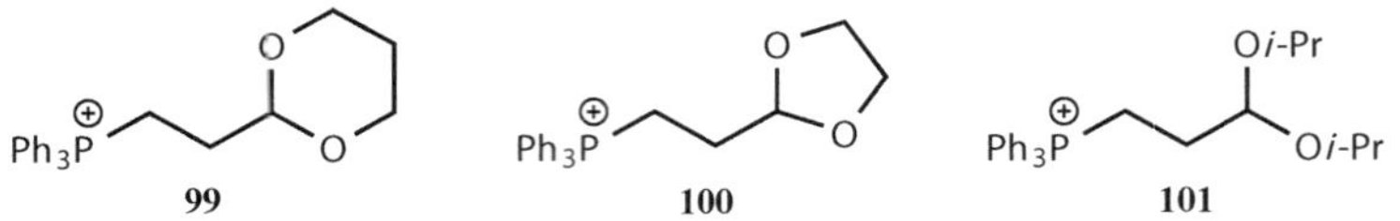

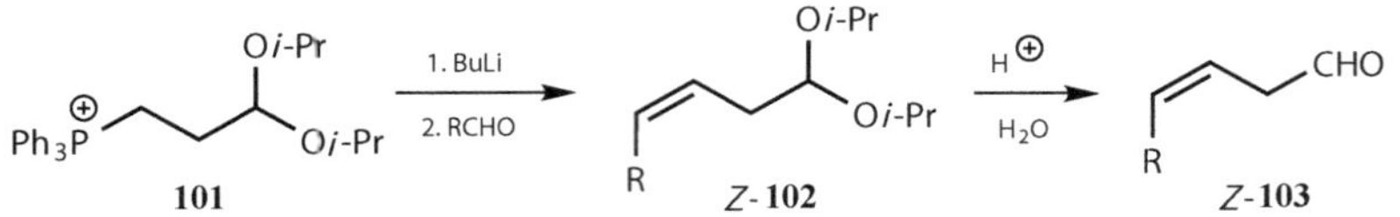

进攻策略：杂原子取代的烯丙基阴离子

区域选择性

烯丙基阴离子 **106** 末端连有杂原子：Z＝OR，NR_2 等，在满足一定的条件时可以当成高烯醇化合物。这些阴离子很容易由 **104** 或 **105** 制得，与许多亲电试剂 E^+ 反应时反应发生在 γ-位，只得到烯基衍生物 **107**，而且烯基衍生物必须很容易水解成羰基化合物。当 Z＝NR_2、SiR_3，OR 或者 SR 时，是满足这些条件的，当然取代基 R 也要符合条件。如果 M 是过渡金属，π-烯丙基络合物 **106c** 可能是烯丙基阴离子的最好代表。

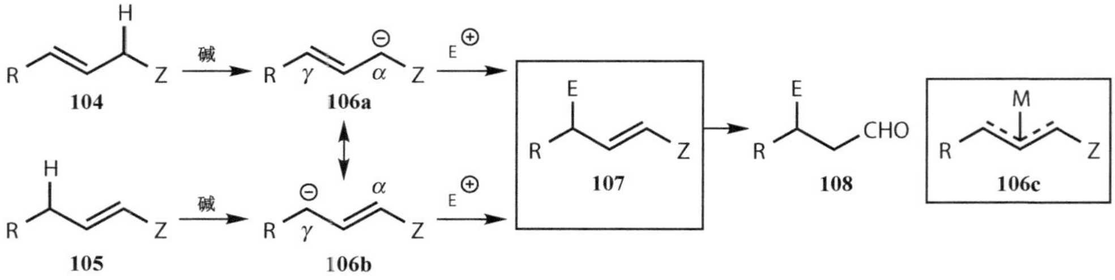

烯丙基硅阴离子

烯丙基硅烷的锂的衍生物与烷基卤化物、环氧化合物、羰基化合物等的反应发生在 γ-位上。烯丙基硅烷 **109** 的锂的衍生物 **110** 与酮反应只生成 γ-加成产物 **111**[31]。烯基硅烷 **111** 通常能转化为羰基化合物，如在路易斯酸的催化下经由环氧化重排，脱硅，转化成保护的醛或酮 **112**。

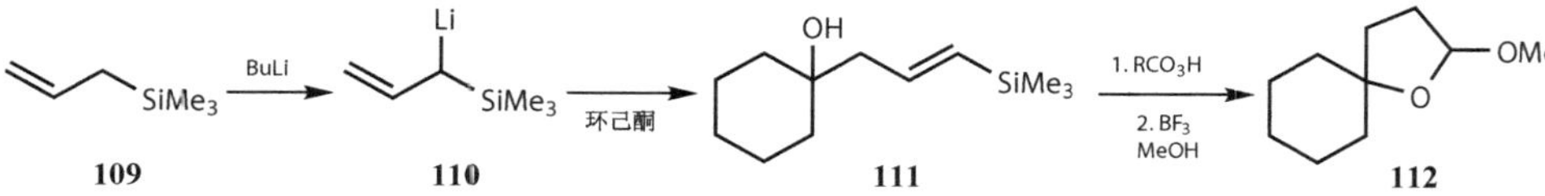

这个反应可能涉及 β-硅阳离子 **114** 的形成（见第 12 章）或者羟基参与了反应。无论哪种情况，最终产物如 3-羟基醛 **116** 是保护的形式 **112**。

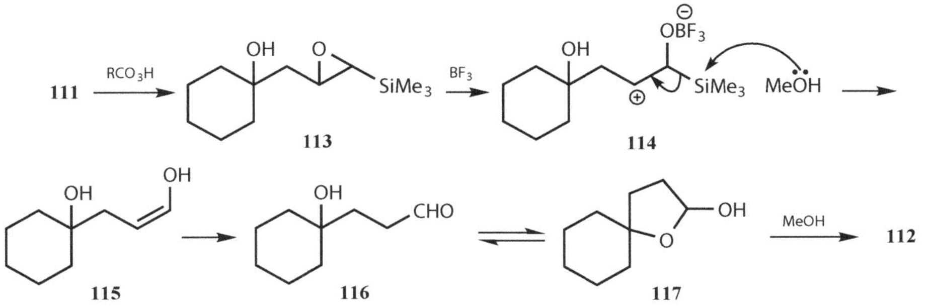

烯丙基硫阴离子

烯丙基硫化物阴离子的应用十分广泛，但它们的区域选择性难以预测。例如，γ-位加成产物烯基硫化物 **107**，Z＝SR，很难水解[32]，烯丙基酯更难制备，但总的来说，它的反应更好[33]。研究表明，具有强稳定阴离子取代基 Z＝COR（**118**），SO_2Ph（**119**），$^+PPh_3$（**120**）等的烯丙基阴离子与所有的亲电试剂的反应发生在 α-位上。具有中等稳定阴离子取代基的烯丙基阴离子与卤代烷的反应发生在 α-位置上（或者金属键连的位置），但是与羰基化合物的反应则发生在 γ-位置上（γ-位上没有金属）。不能稳定阴离子的取代基 Z＝OR（**121**），NR_2（**122**），SiR_3（**123**）时与所有的亲电试剂的反应发生在 γ-位上[34]。在 Hoppe 的综述中总结了对这些阴离子的选择[1]。

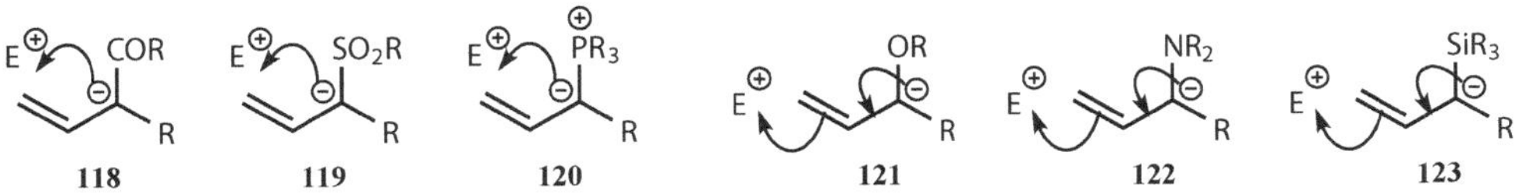

烯丙基酯阴离子

很明显烯丙基酯 **124** 属于最后一类。它们的锂的衍生物 **125** 与卤代烷反应生成 **126**，与羰基化合物反应生成 **128**，都有正确的区域选择性，能够作为高烯醇等价物。在产物 **126** 和 **128** 中 *Z*-构型的烯烃表明烯丙基锂具有螯合的结构 **125**。在酸性下水解羰基的加成物 **128** 形成半缩醛 **127a**，羰基化合物 **127b**。这些烯丙基酯 **124** 需要强碱除去非酸性质子，而且必须在低温下锂化以避免 Wittig 重排[33]。

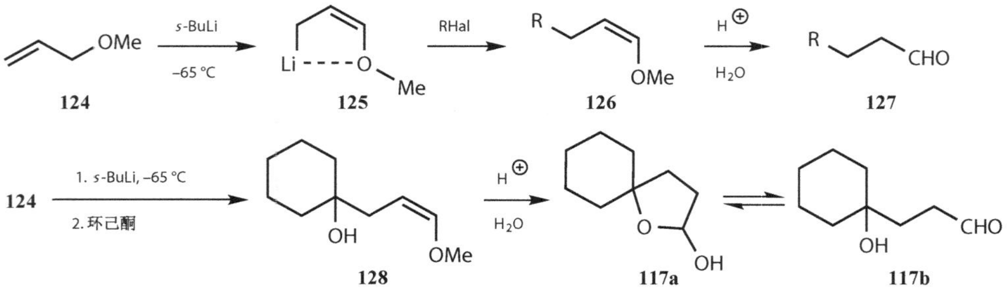

烯丙基胺阴离子

烯胺或烯丙基胺阴离子已经被广泛研究，它们是最好的高烯醇等价物。由 PhNHMe 与醛[35]或芳酮[36]**129** 反应生成的烯胺 **130** 在丁基锂的作用下去质子得到烯丙基锂化合物 **131**，也就是相应的烯丙基胺[37]。咔唑与烯丙基卤的反应发生在氮原子上，生成的产物 **133** 在 TMEDA 及丁基锂的作用下可转化为锂的衍生物 **134**。**131a**，**131b** 和 **134** 是具有代表性的例子[38]。

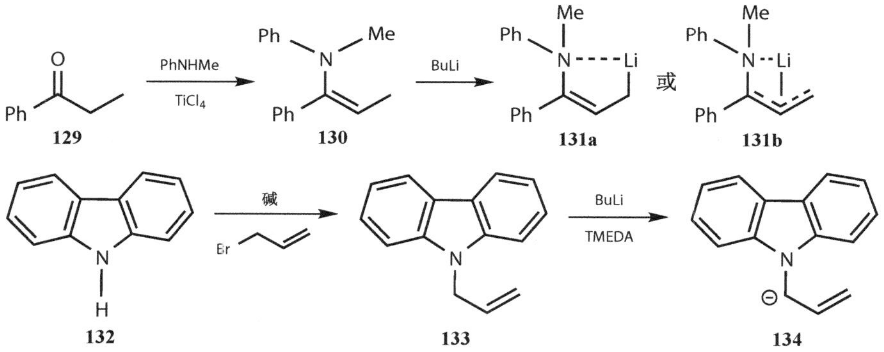

在 Strecker 反应的第一步中由不饱和醛可以直接制备氨基腈 **136**[39]，再用 LDA 去质子。相同的烯丙基锂衍生物 **137** 也可由饱和氨基化合物 **139**[40]经由烯基异构体 **140** 和 **136** 制得。在所有这些烯丙基锂中，**138** 是最好的代表，可以作为高烯醇反应。

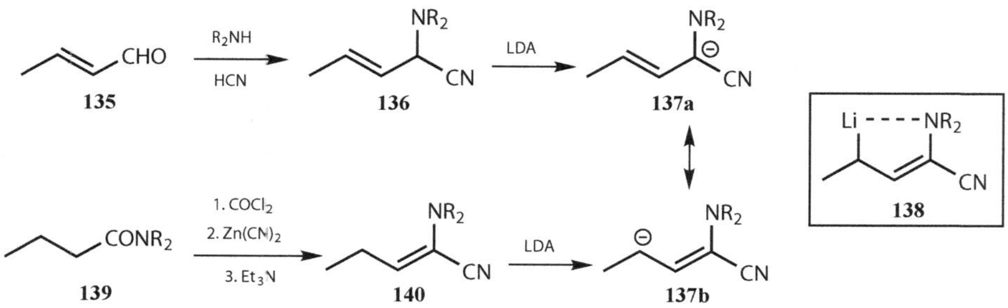

不对称烯丙基咔唑 **141** 的锂的衍生物与不对称烯丙基氯 **142** 反应得到 **143**。起始原料由咔唑 **132** 和 **142** 反应制得，因此烯丙基亲电试剂在取代基少的一侧反应，而亲核的高烯醇 **141** 在取代基多的一侧反应，因为这是氮原子 γ-位上的加成[38,39]。烯胺 *E*-**143** 水解得醛 **144**。

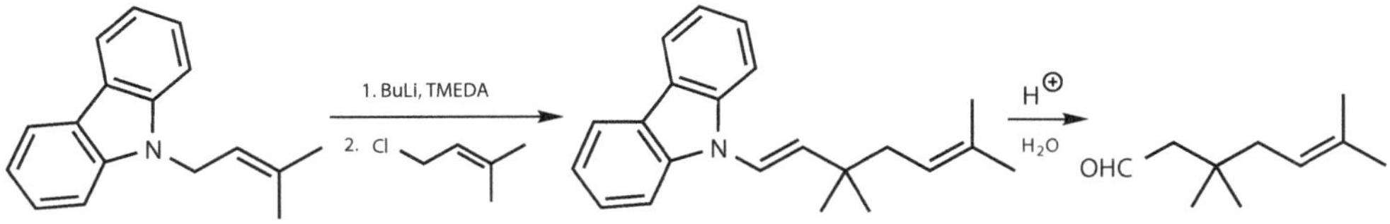

141 **142** **143** **144**

在第 14 章中，我们将会看到饱和的氨基腈是很好的 d^1 试剂，不饱和的 **140** 是很好的 d^3 试剂，在 Michael 加成中特别有效。**140** 锂的衍生物与环己烯酮共轭加成得到 6-酮酸 **146**。这种重联的策略[41]不适合这种化合物，因为两个羰基之间放一个双键是不可能的。烯丙基胺的锂的衍生物是醛或酮的高烯醇化合物，而不饱和氨基腈的锂的衍生物是酸的高烯醇化合物。

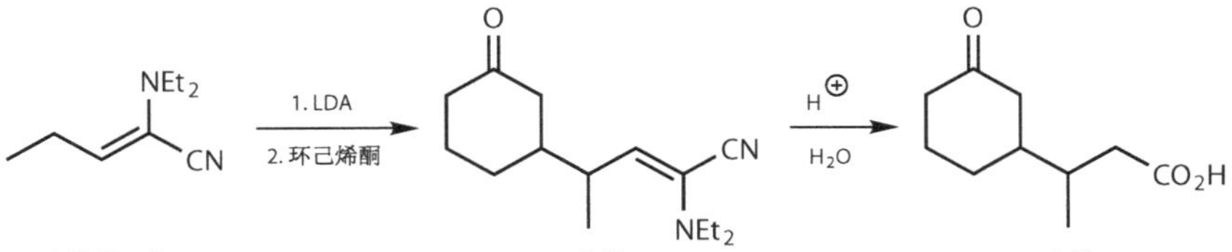

140; R = Et **145** **146**

不对称的烯丙基胺

在这方面，不对称也已经受到大家关注[42]。由天然去甲基麻黄素制得的不对称高烯醇 **147** 在碱（LiTMP）的作用下立体选择性地发生烷基化反应。这种产物可以水解得到二环酰胺化合物[43] **149**。

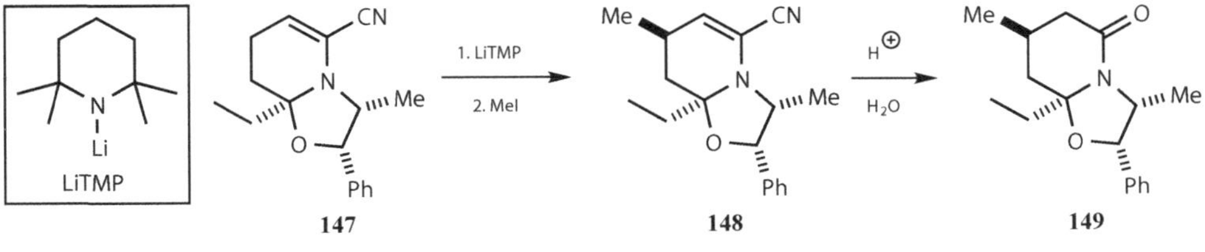

147 **148** **149**

另一个开链的烯丙基胺的手性高烯醇化物 **153**[44] 可以由脯氨酸 **152** 和 β-锡酮 **151** 反应制得。β-锡酮 **151** 可以通过 Bu_3SnLi 对烯酮 **150** 的共轭加成得到。

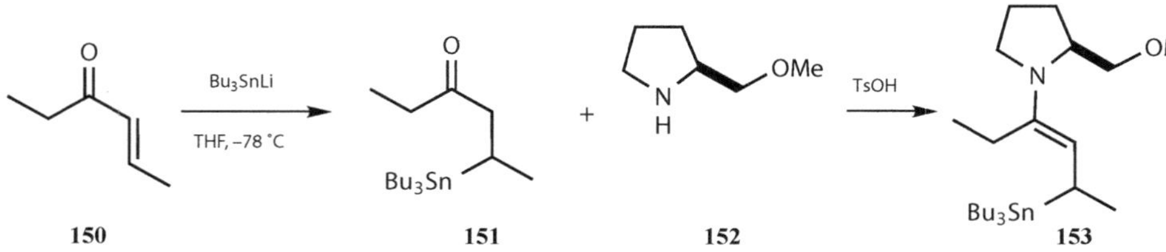

153 的锂的衍生物可以和它的异构体 *Z*-**154** 处于平衡，它与烷基和烯丙基卤化物的反应发生在 *γ*-位，得到烯胺 **155**，然后水解得到好的 ee 值的酮 **156**。结构 *Z*-**154a** 很好地显示了锂化中间体中的螯合作用。

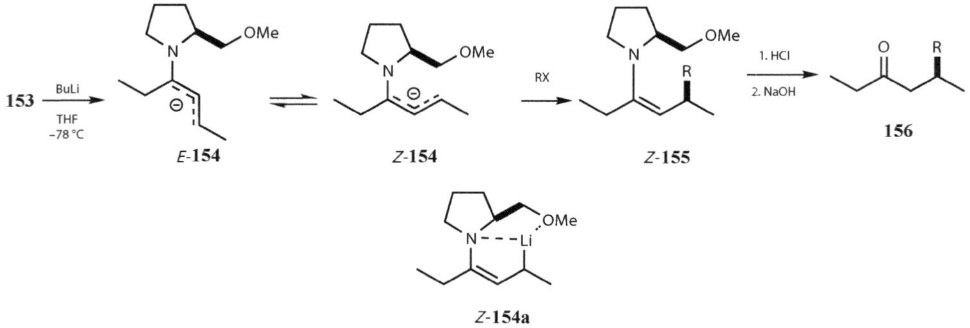

氨基甲酸烯丙酯

最复杂的、也是第一个可以进行立体化学控制的高烯醇等价物是 Hoppe 介绍的甲酸烯丙酯 **159** 的锂的衍生物 **160**[1]。它们与醛酮的 homoaldol 反应特别有价值。

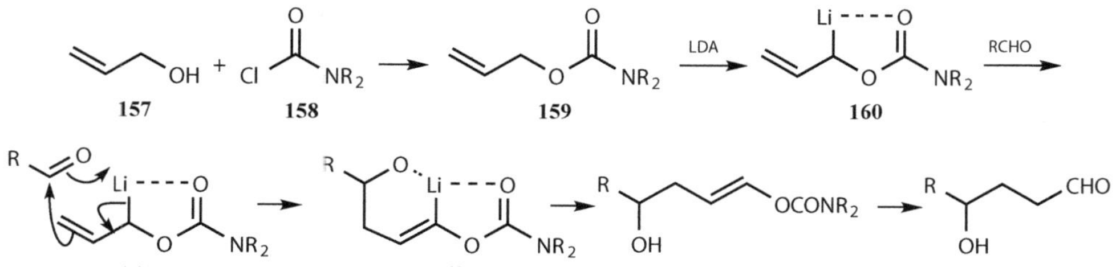

但是烯丙基醚阴离子的额外功能使其区域专一性的杂原子通过第 7 章的方式定向锂化 **160**，因此 **160** 与醛反应经历了一个六元环过渡态 **161** 得到烯醇衍生物 **163**，最后形成 *γ*-羟基醛 **164**。

我们描述了一些烯丙基氨阴离子，如 **131a** 和 **154** 的反应发生在 *γ*-位。**160** 中锂化发生在 *α*-位，但是即使 *γ*-位是双取代的且醛是支链型的，反应都会优先

发生在 γ-位。**167** 的产率及选择性都非常好[40]。

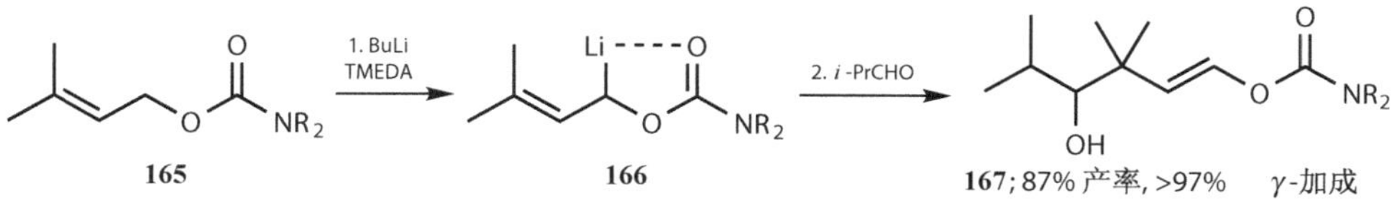

Homoaldol 反应的立体化学

由于是环状过渡态，羟醛缩合反应是有立体选择性的（见第 4 章）。如果反应中锂被钛或铝代替，**168** 双键的几何构型将决定 homoaldol 产物 **169** 的立体化学。*E*-**168** 得到 *anti*-**169**，*Z*-**168** 得到 *syn*-**169** 并不让人惊讶，但让人惊讶的是最后烯醇衍生物的几何构型。幸运的是这与最终产物无关。

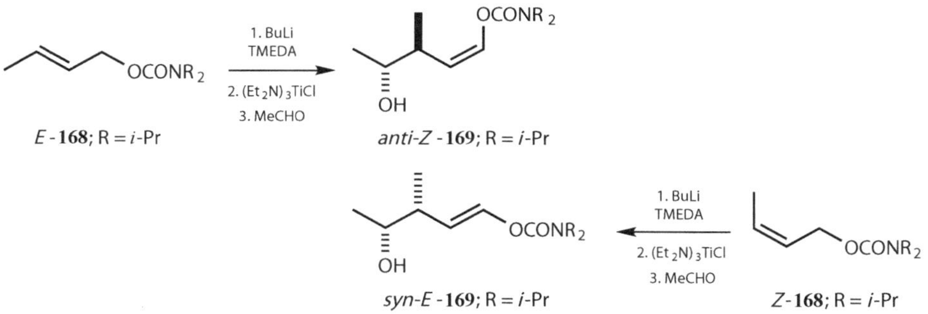

最后的水解很重要：在生成缩醛 **170** 的过程中 Hg（Ⅱ）催化剂是必要的，**170** 再氧化成内酯 **171**。通过这种方式可以分别立体选择性的得到 *syn*-和 *anti*-的 **172**，产率分别为 87% 和 90%。这种 quercus 内酯也可以从橡树皮中提取得到[45]。

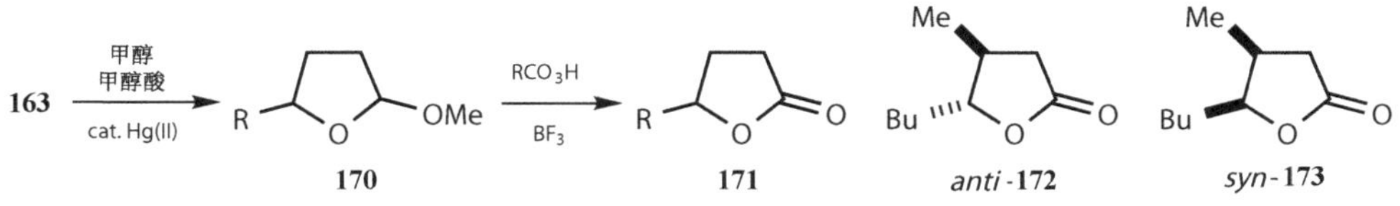

参考文献

一般性参考文献都列于 946 页。

1. N. H. Werstiuk, *Tetrahedron*, 1983, **39**, 205; D. Hoppe, *Angew. Chem., Int. Edn.*, 1984, **23**, 932.
2. A. Nickon, J. L. Lambert, J. E. Oliver, D. F. Covey and J. Morgan, *J. Am. Chem. Soc.*, 1978, **98**, 2593.
3. D. Caine and A. S. Frobese, *Tetrahedron Lett.*, 1978, 883.
4. K. Rühlmann, *Synthesis*, 1971, 236.

5. *Disconnection Approach,* page 202.
6. E. Nakamura and I. Kuwajima, *J. Am. Chem. Soc.*, 1977, **99**, 7360; 1983, **105**, 651; 1984, **106**, 3368.
7. A. G. M. Barrett and F. Damiani, *J. Org. Chem.*, 1999, **64**, 1410.
8. Clayden, *Organic Chemistry*, p. 990.
9. E. Nakamura, K. Sekiya and I. Kuwajima, *Tetrahedron Lett.*, 1987, **28**, 337.
10. M. T. Crimmins, J. M. Pace, P. G. Nantermet, A. S. Kim-Meade, J. B. Thomas, S. H. Watterson and A. S. Wagman, *J. Am. Chem. Soc.*, 2000, **122**, 8453.
11. A. Sato, H. Ito, Y. Yamaguchi and T. Taguchi, *Tetrahedron Lett.*, 2000, **41**, 10239.
12. H. Ahlbrecht and U. Beyer, *Synthesis*, 1999, 365.
13. B. Westermann and B. Krebs, *Org. Lett.*, 2001, **3**, 189.
14. R. F. W. Jackson, N. Wishart, A. Wood, K. James and M. J. Wythes, *J. Org. Chem.*, 1992, **57**, 3397; R. F. W. Jackson and M. Perez-Gonzalez, *Org. Synth.*, 2005, **81**, 77.
15. B. Ye and T. R. Burke, *J. Org. Chem.*, 1995, **60**, 2640.
16. B. M. Trost, *Acc. Chem. Res.*, 1974, **7**, 85.
17. *Disconnection Approach,* page 253.
18. *Disconnection Approach,* page 227.
19. B. M. Trost and M. J. Bogdanowicz, *J. Am. Chem. Soc.*, 1972, **94**, 4777; 1973, **95**, 5321.
20. E. J. Corey and P. Ulrich, *Tetrahedron Lett.*, 1975, 3685.
21. G. Büchi and H. Wuest, *J. Org. Chem.*, 1969, **34**, 1122.
22. W. R. Roush, *J. Am. Chem. Soc.*, 1980, **102**, 1390.
23. A. A. Ponaras, *Tetrahedron Lett.*, 1976, 3105; S. A. Monti and Y.-L. Yang, *J. Org. Chem.*, 1979, **44**, 897.
24. P. E. Eaton, G. F. Cooper, R. C. Johnson and R. H. Mueller, *J. Org. Chem.*, 1972, **37**, 1947.
25. M. Julia and B. Badet, *Bull. Soc. Chim. Fr.*, 1975, 1363.
26. K. Kondo and D. Tunemoto, *Tetrahedron Lett.*, 1975, 1007; 1397.
27. H. W. Pinnick and M. A. Reynolds, *J. Org. Chem.*, 1979, **44**, 160.
28. K. Kondo, D. Tunemoto, and E. Saito, *Tetrahedron Lett.*, 1975, 2275.
29. J. C. Stowell and J. R. Keith, *Synthesis*, 1979, 132; S. W. Baldwin and M. T. Crimmins, *J. Am. Chem. Soc.*, 1982, **104**, 1132.
30. A. R. Battersby, D. G. Buckley, J. Staunton and P. J. Williams, *J. Chem. Soc., Perkin Trans. 1*, 1979, 2550.
31. R. Corriu and J. Masse, *J. Organomet. Chem.*, 1973, **57**, C5; D. Ayalon-Chass, E. Ehlinger and P. Magnus, *J. Chem. Soc., Chem. Commun.*, 1977, 772; E. Ehlinger and P. Magnus, *J. Am. Chem. Soc.*, 1980, **102**, 5004; *Tetrahedron Lett.*, 1980, **21**, 11.
32. J. F. Biellmann and J. B. Ducep, *Org. React.*, 1982, **27**, 1.
33. D. A. Evans, G. C. Andrews, and B. Buckwalter, *J. Am. Chem. Soc.*, 1974, **96**, 5560.
34. W. C. Still and T. L. Macdonald, *J. Am. Chem. Soc.*, 1974, **96**, 5561; *J. Org. Chem.*, 1976, **41**, 3620.
35. G. Rauchschwalbe and H. Ahlbrecht, *Synthesis*, 1974, 663.
36. H. Ahlbrecht and G. Rauchschwalbe, *Synthesis*, 1973, 417.
37. H. Ahlbrecht and J. Eichler, *Synthesis*, 1974, 672.
38. M. Julia, A. Schouteeten and M. Baillage *Tetrahedron Lett.*, 1974, 3433; M. Julia, F. Le Goffié, and L. de Matos, *Compt. Rend.*, 1970, **270C**, 954.
39. H. Ahlbrecht and C. Vonderheid, *Synthesis*, 1975, 512.
40. B. Lesur, J. Toye, M. Chantrenne and L. Ghosez, *Tetrahedron Lett.*, 1979, 2835; D. S. Grierson, M. Harris, and H.-P. Husson, *J. Am. Chem. Soc.*, 1980, **102**, 1064; B. Costisella and H. Gross, *Tetrahedron*, 1982, **38**, 139.
41. *Disconnection Approach,* chapters 26 and 27, page 217.
42. H. Ahlbrecht and U. Beyer, *Synthesis*, 1999, 365.
43. J. B. Schwarz and A. I. Meyers, *J. Org. Chem.*, 1998, **63**, 1732; A. G. Waterson and A. I. Meyers, *J. Org. Chem.*, 2000, **65**, 7240.
44. H. Ahlbrecht, R. Schmidt, and U. Beyer, *Eur. J. Org. Chem.*, 1998, 1371.
45. D. Hoppe and F. Lichtenberg, *Angew. Chem., Int. Edn.*, 1984, **23**, 239; D. Hoppe and A. Brönneke, *Tetrahedron Lett.*, 1983, **24**, 1687.

14 酰基阴离子的等价物

引言

什么是酰基阴离子？

在 Friedel-Crafts 反应中酰基阳离子 **2a** 或 **2b** 是一个大家熟悉的中间体。它很容易制得（酰氯和路易斯酸反应 **1**），而且由于酰基化合物具有天然的反应活性，通过 NMR 能检测到。相反，酰基阴离子是极性翻转的中间体[1]。可以想象它是由乙醛去质子 **3**，形成三角形的 **4a** 或者氧杂卡宾 **4b**。这些物种（可能）是未知的、很少见的，由于其在合成上的潜力人们合成了很多这种难以捉摸的合成子的类似物。酰基阴离子，d^1 合成子，是所有极性反转的合成子的鼻祖[2]，可能在前面的高烯醇化合物之前的章节就介绍过了。

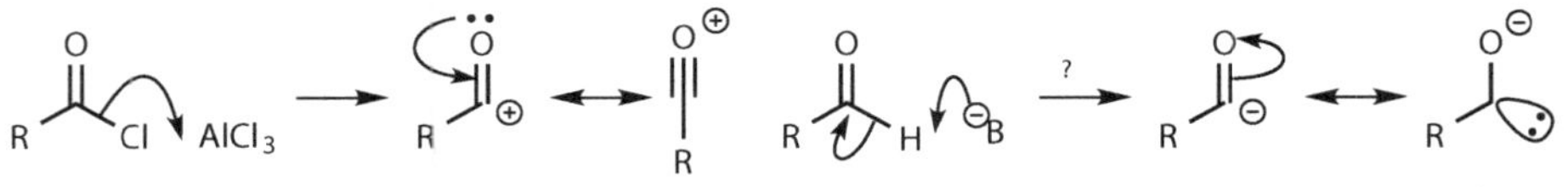

1　**2a**　**2b**　**3**　**4a**　**4b**

在强碱的作用下从羰基化合物的 CHO 上去质子的例子很少，然而它们并不是醛。在叔丁基锂的作用下，叔酰胺 **5** 形成锂的衍生物，也许可以表达为 **6**，再对醛加成得 **7**，其结果是酰基阴离子对醛的加成[3]。

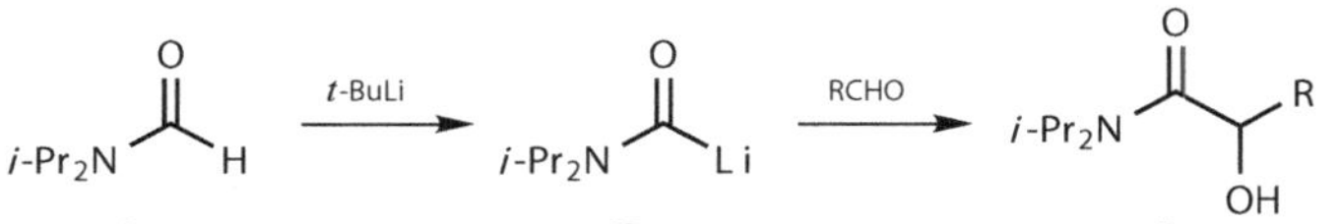

5　**6?**　**7**

有两种方法可以得到醛的锂的衍生物，但都不是从醛开始合成的。由伯烷基锂羰基化得到可能的中间体[4] **8**，再对醛或酮 **9** 加成，得到羟基酮 **10**，然后经过硅烷基化得到酰基硅烷 **11**。

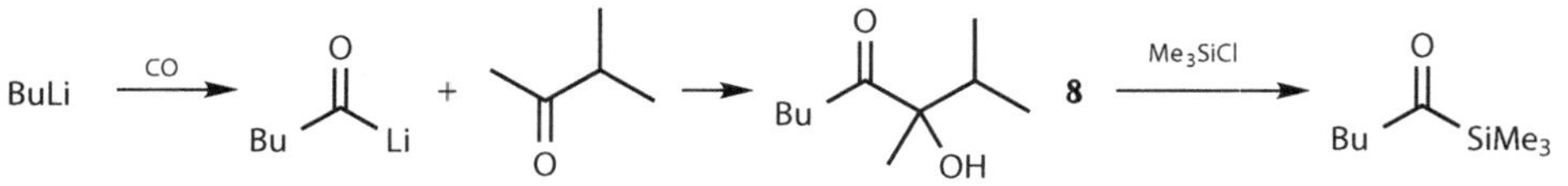

8　**9**　**10**　**11**

另外，在 CsF 作用下，酰基硅烷 **11**，**12** 或 **14** 可以顺序脱去 Me_3Si 基团产生酰基阴离子，然后通过同样方式对醛或酮加成[5]，甚至发生 Michael 反应得到化合物 **15**。

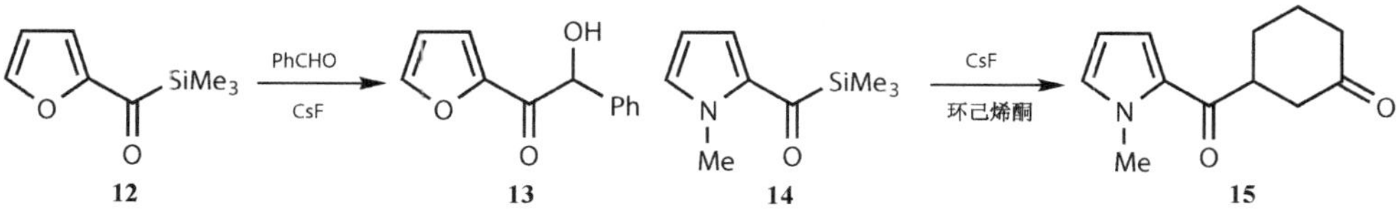

12　**13**　**14**　**15**

酰基阴离子的等价物：d^1 试剂

这些反应的产率不是很好，设计好的酰基阴离子或者 d^1 合成子的大多数反应都已经实现了，包括我们将要讨论的酰基锂的衍生物。在对这些活性中间体的理解过程中有些东西可能会发生改变。有三种主要的酰基阴离子等价物，可以认为它们是修饰的缩醛，即保护的醛，潜羰基化合物如硝基烷烃，以及取代的乙烯基锂。接下来将要讨论这些试剂。

改进的缩醛作为酰基阴离子的等价物

任何缩醛类衍生物 **16** 都可以作为酰基阴离子的等价物，只要原子 X 和 Y 能够稳定阴离子，以便锂的衍生物 **17**（甚至阴离子）能够形成，而且对亲电试剂的加成产物 **18** 能够水解成羰基化合物。要满足这两个要求就会有一个矛盾：缩醛 **16**，X＝Y＝O 时很容易水解，一般不会完全转化为锂的衍生物。通常一个取代基（S，CN 等）用来稳定阴离子，另一个帮助水解（O，N 等）。

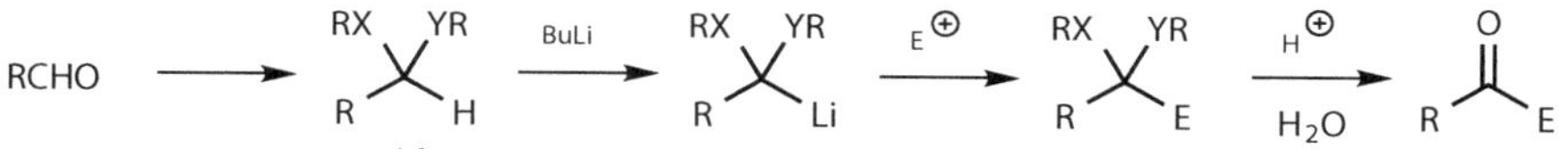

16 **17** **18** **19**

二噻烷 **20** 说明了这种方法，它们在解决问题的应用中是相当流行的。它们可由醛与 1，3-丙二硫醇在路易斯酸的催化下合成。在丁基锂作用下去质子再与烷基卤代物、环氧化物或者羰基化合物（E^+）发生反应生成 **22**，水解后得到 **19**。这种水解并不容易：虽然有很多方法，但值得警醒的是没有一种足够好[6]。

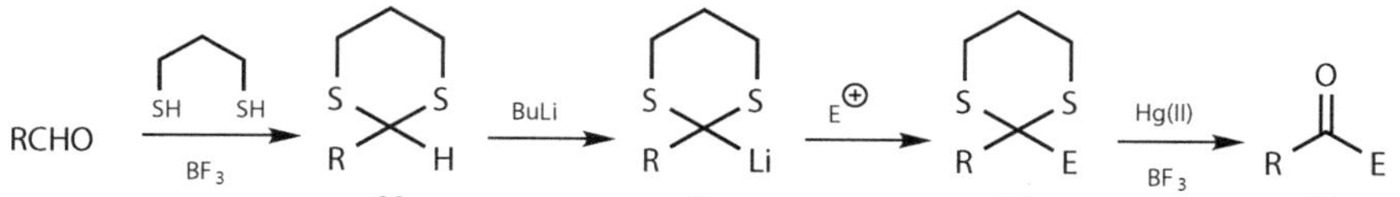

20 **21** **22** **19**

核球壳菌素（pyrenophorin）的不对称合成

通过二噻烷合成核球壳菌素来说明它是怎样反应的。目标产物 **23** 是一类大环（十六元环）的内二酯化合物，在酯的连接处断键可以分解成两个相同的部分 **24**：核球壳菌素是 C2 对称的[7]。

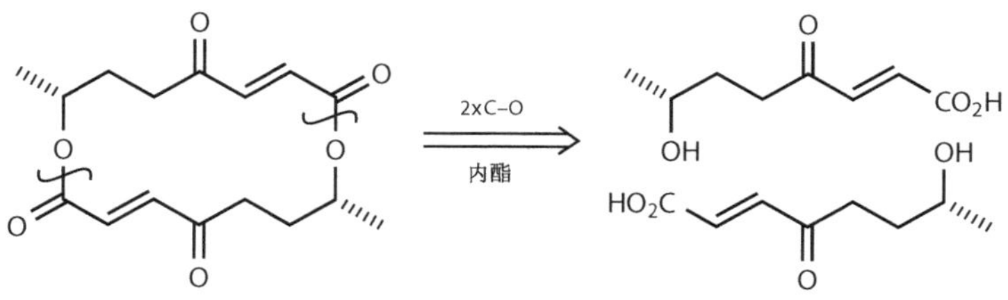

23; 核球壳菌素 **24**

烯酮 **24** 可以由 **25** 通过羟醛缩合或者 Wittig 反应合成。这里包括没有帮助的 1，2-和 1，4-关系，这种方法忽略了这些，断开的是酮的另一侧。可以想象 d^1 试剂将被使用两次。亲电试剂可能是烷基化试剂 **26** 的一个对映体，可能羟基被保护的，另一个试剂是甲酰基阳离子 **28**。

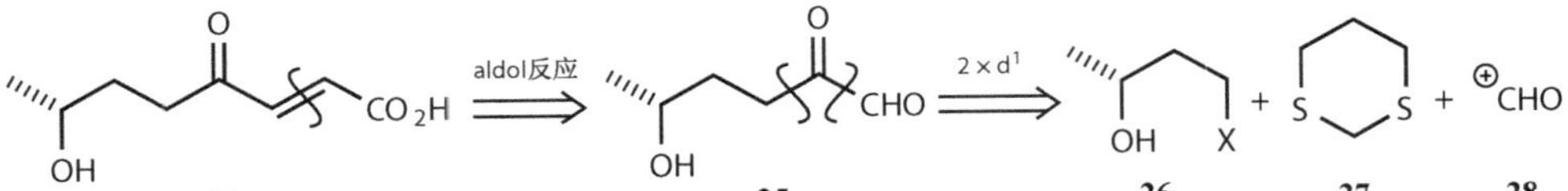

24a　**25**　**26**　**27**　**28**

光活性试剂 **32** 的左边片段可以通过普通的面包酵母（见第 29 章）对乙酰乙酸乙酯的不对称还原反应得到，再保护羟基得到混合的缩醛 **31**，还原酯，再把新形成的羟基转化为碘化物 **32**。

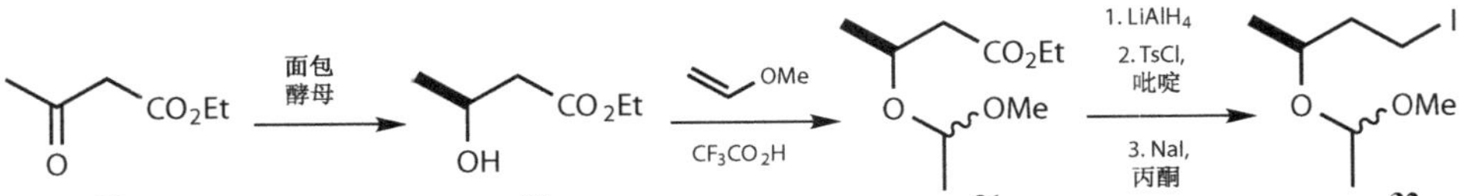

29　**30**　**31**　**32**

二噻烷 **27** 自身和碘化物 **32** 发生烷基化反应，形成 1，4-二氧相关的 **34**，这个新的二噻烷可以在 DMF 的条件下酰化。最后半个核球壳菌素 **35** 的碳骨架可以通过稳定产率的叶立德 *E*-选择性的 Wittig 反应完成。

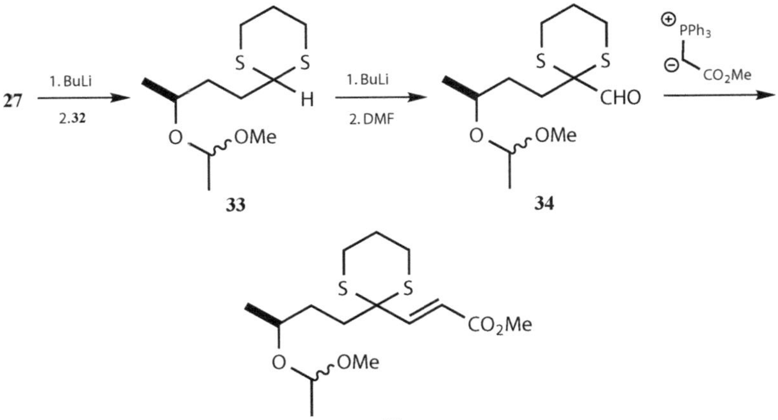

33　**34**　**35**

脱去两个保护基团，二噻烷部分不变，大环的关环可以通过 Mitsunobu 反应完成。注意，酯化时发生了构型翻转，只有这时才是正确的立体化学。最后在 Hg(II) 和 BF_3 的作用下二噻烷水解。

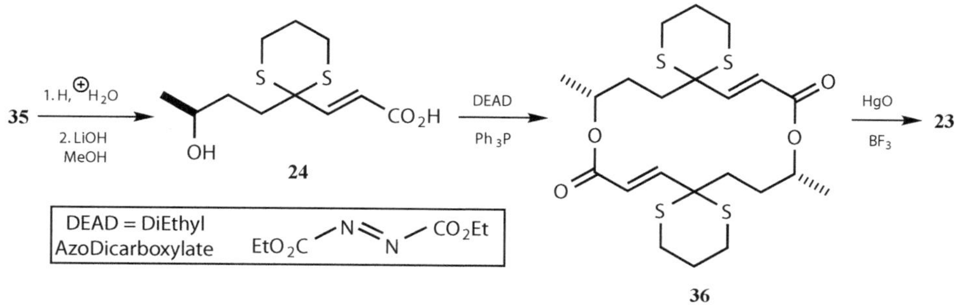

使用二噻烷作为酰基阴离子的等价物进行药物合成

抗高脂蛋白血症药阿昔呋喃（acifran，**37**）是一个简单的杂环，在烯醇醚处断键后，它的结构最好理解[8]。碳骨架 **38** 包含了相当多的相关，结构 **38a** 表示两个 1，2-和一个 1，3-二羰，以及两个 1，4-和一个 1，5-二羰相关。

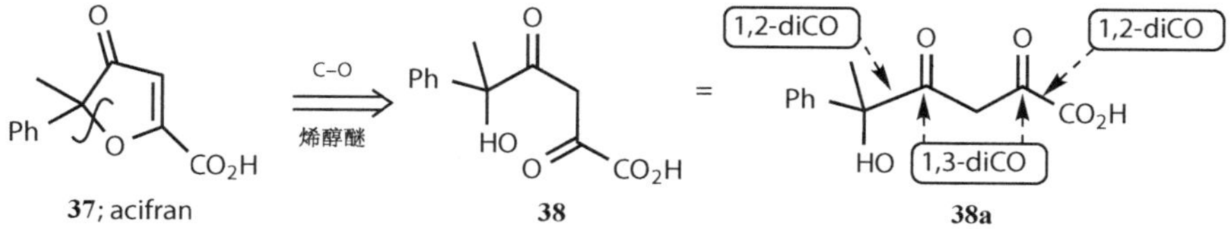

我们希望断键后成偶数，而不是成奇数。**38b** 中两个可能的 1，3-二羰相关更好，因为断键后是烯醇化的酮 **39** 及不可以烯醇化的、对称的、非常亲电的草酸二乙酯 **41**。

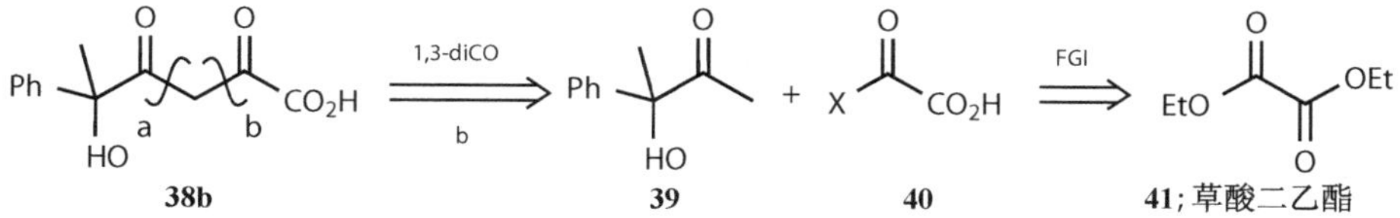

α-羟基酮 **39** 可以由 d[1] 试剂进攻可烯醇化的酮 **42** 得到。合成 d[1] 合成子的试剂 **43** 还是二噻烷 **44**。

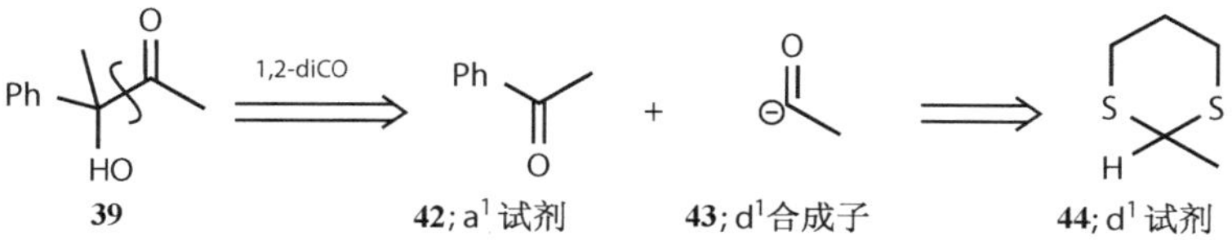

开始是由 **44** 的锂的衍生物与 **39** 偶合反应，但接下来用丙酮酸与二噻烷发生交换从 **45** 中除去二噻烷。丙酮酸中酮基与另一个羰基邻位，因而是不稳定的，但在 **39** 中则是稳定的。二噻烷的交换是通过形成丙酮酸衍生物 **46** 来消除这种不稳定性的。

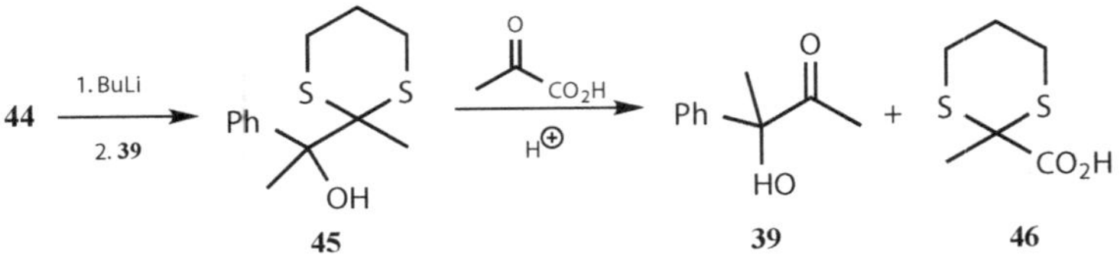

接下来的合成过程是简单的，顺利的 Claisen 酯缩合不需要保护即可以得到 **47**，与酸在加热的条件下发生分子内的反应形成烯醇醚。最后的处理也是把尚在的酯基水解。

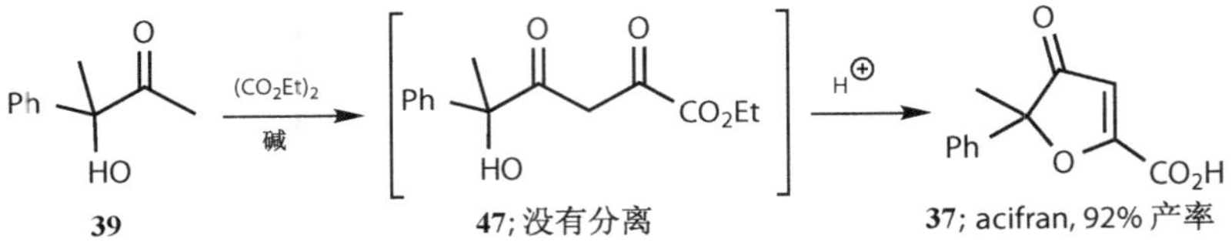

二硫代缩醛一氧化物

最近的发展是尽力弥补二噻烷难水解的问题。二硫缩醛的单亚砜能更好地稳定阴离子和更容易水解，它们可由化合物 **50** 和合适的烷基卤化物的烷基化制得，如 **51**[9]。

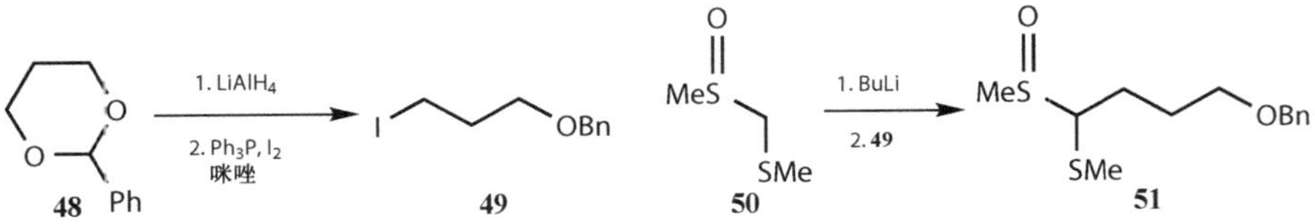

用 LDA 处理得到锂的衍生物，再加入到大量的亲电试剂中。对于敏感的 *Z*-烯醛 **52** 只发生加成反应生成非对映异构的混合物 **53**，在温和条件下，二噻烷很容易被除去得到酮 **54**，**54** 进一步转化为对称的三醚[10] **55**。

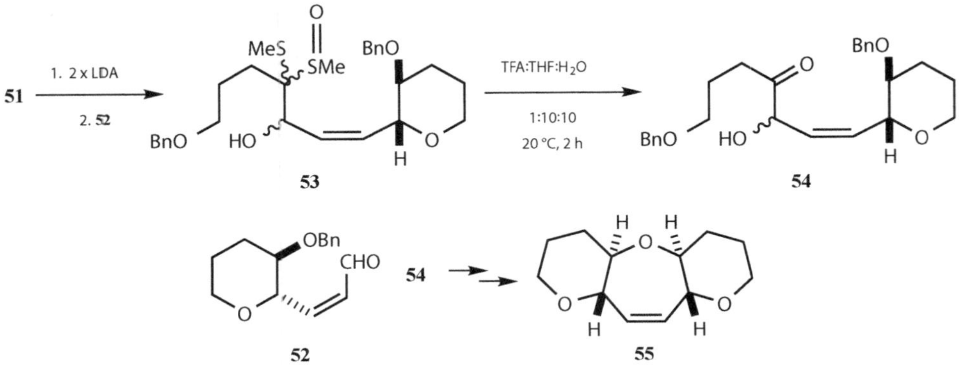

保护的腈醇

这类不对称 d¹ 试剂，如 **16**，X≠Y，不同的腈醇衍生物是最好的代表。腈醇化合物本身在羟基上有一个酸性 H，但在路易斯酸[12]或者冠醚催化剂的作用下形成硅化的腈醇化合物[11]**57**，再用 LDA 处理，失去质子得到锂的衍生物 **58**。

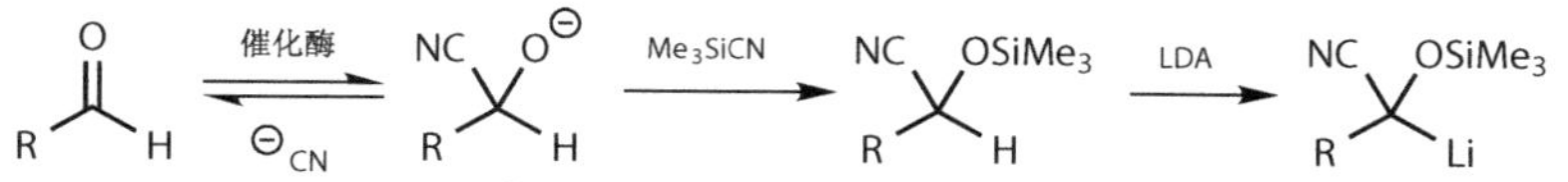

56 **57** **58**

这些锂的衍生物 **58** 可以和许多亲电试剂发生反应，尤其适合与醛和酮反应，因为生成的氧阴离子将会捕获三甲基硅基 **59**，同时失去腈基，这使得它比二硫缩醛更容易水解。用氟化物处理得羟基酮 **61**。其中一个例子是来自苯甲醛的 d¹ 试剂 **62** 与环戊酮偶联反应得到的 α-羟基酮 **64**，产率为 78%。

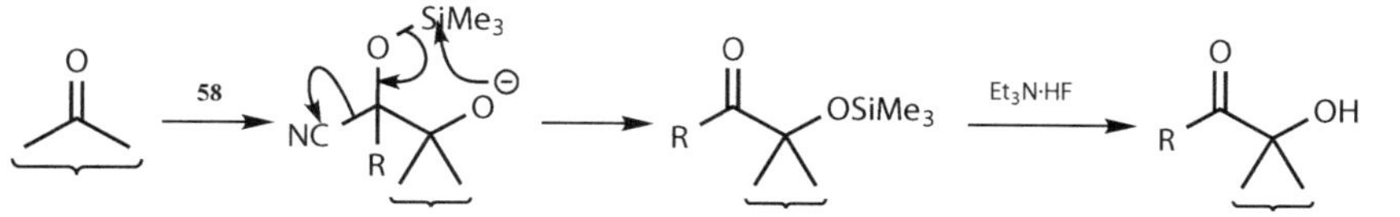

59 **60** **61**

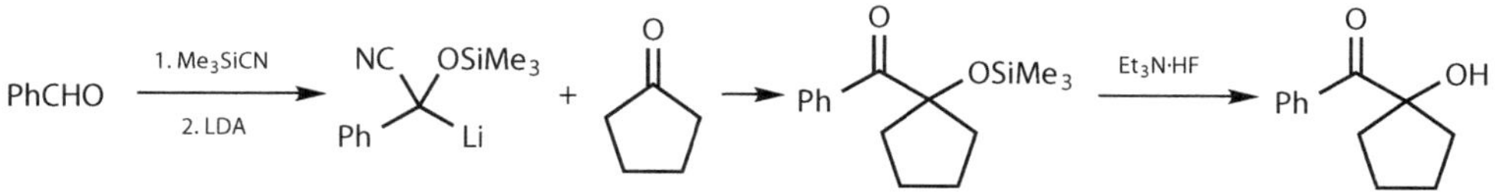

62 **63** **64**; 78% 产率

氨基腈化物有利于共轭加成

d¹ 试剂与任何不饱和碳的化合物发生 Michael 加成反应，其中氨基腈化物是最好的。这种试剂就是 Stork[13]为了这个特别的目的发现的，并运用于 *cis*-茉莉酮 **65** 的合成。尽管它的结构简单，明显的烯酮断键得 **66**，使得它是一个相当不令人鼓舞的选择，但是这个目标产物可能比其他任何化合物进行更多的后续合成。在热力学控制下，1，4-二酮 **66** 的确环化为 **65**，但是 **66** 两次断键（参照核球壳菌素 **23** 的断开法）需要一个能与烯酮 **67** 发生 Michael 加成反应以及能与烷基卤 **69** 发生反应的 d¹ 试剂。

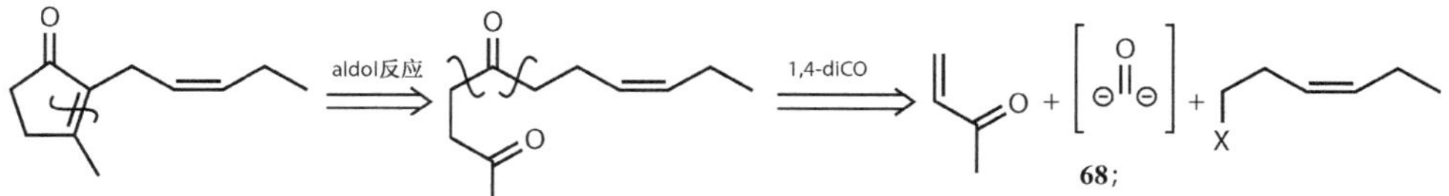

65; *cis*-茉莉酮 **66** **67** **68**; d¹ 双合成子 **69**

可以简单而廉价地生产氨基腈化物 **70**，产率为 90%，并能与烷基卤化物[14]发生反应。**71** 和草酸反应很容易生成醛。在第二次烷基化或者 Michael 加成反应之后将发生一个温和的水解反应，在接近中性的 Cu(Ⅱ) 盐的作用下产生二酮 **66**，碱性条件下环化形成 *cis*-茉莉酮[13] **65**。

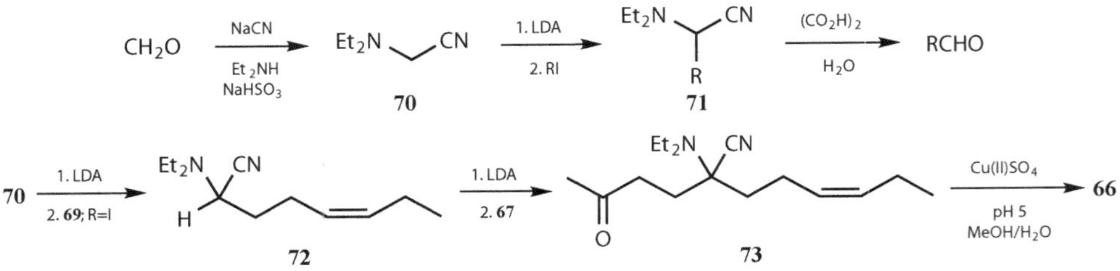

d^1 合成子酯的酰基阴离子等价物—CO_2R

在酯的氧化阶段，最好的 d^1 试剂可能是 Yamamoto 的 $ROCH(CN)_2$，这个试剂 **74**（EE=乙氧基乙氧基）容易合成并能在碳酸钾的作用下与烷基卤化物发生反应。保护基水解及二级胺取代得酰胺[15] **77**，与对甲苯磺酰胺反应生成得到氨基酸。

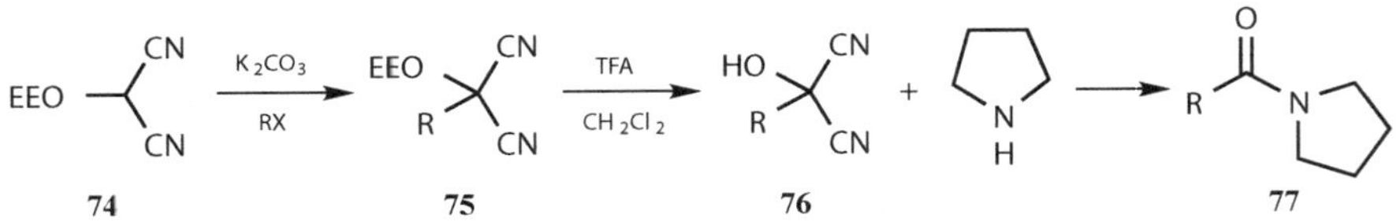

由于这个阴离子是稳定的，它肯定会发生共轭加成反应，为 γ-酮酸衍生物[16]的合成提供了一条简单的路线。初始加成物 **78** 与醇或胺反应得到 γ-酮脂 **79** 或者 γ-酮酰胺 **80**。

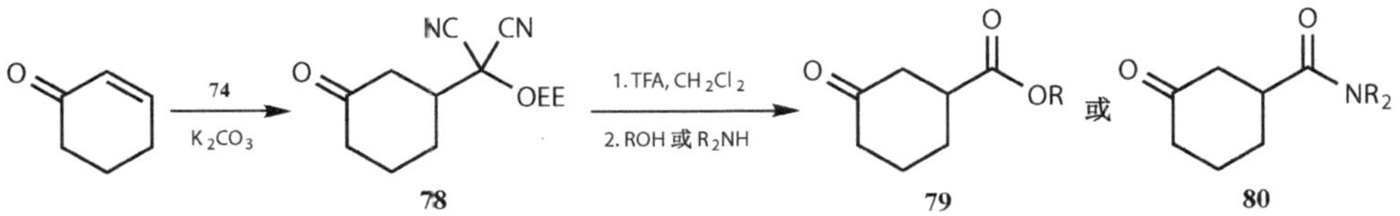

基于乙烯基（烯醇）醚和烯胺的合成方法

正如烯丙基衍生物阴离子可以作为高烯醇化物的等价物，乙烯基衍生物阴离子也可以作为酰基阴离子的等价物。乙烯基（烯醇）醚很容易被锂化，尤其是它不可能产生烯丙基衍生物，如最简单的化合物 **81**。大多数酸质子是非常明显的，乙烯基锂衍生物 **82** 能与亲电试剂发生反应生成烯醇醚 **84**[17]，但是，需要使用叔丁基锂并且化合物的 γ-CHs 通常在末端，如螯合的烯丙基锂 **85**。这些烯基锂化合物直接加入共轭体系，但铜酸盐将会进行共轭加成[18]。

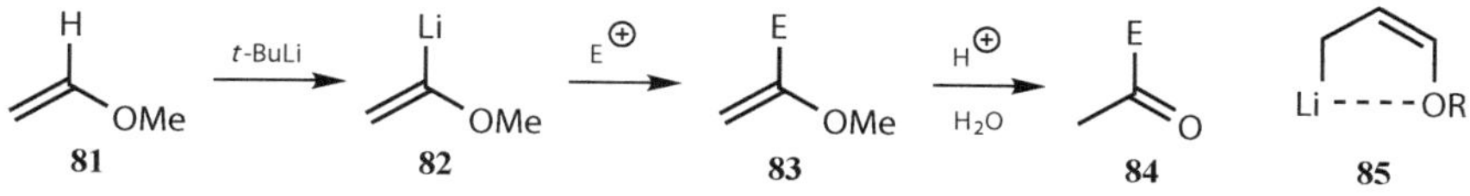

环乙烯基醚的锂的衍生物

环乙烯基醚如二氢吡喃 **86** 可以形成稳定的锂的衍生物 **87**，可能是因为异构化为类似 **85** 的结构是不可能的。与亲电试剂如烷基卤化物反应可以得到加成产物 **88**，在温和的条件下水解得羰基化合物 **89**[19]。

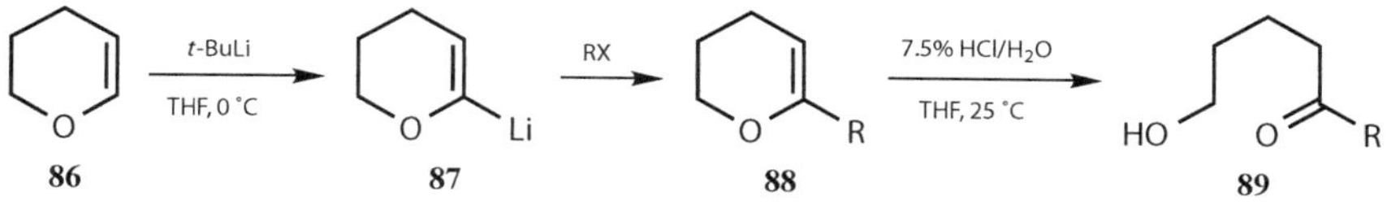

这种试剂通常还可以再官能团化，已经被广泛应用了。Smith 运用 **90** 的锂的衍生物与醛 **92** 的偶联以及酮羰基的脱保护合成了 phyllanthoside（**93**），这个化合物包括两个裸露的酮和一个隐蔽的烯醇醚[20]。

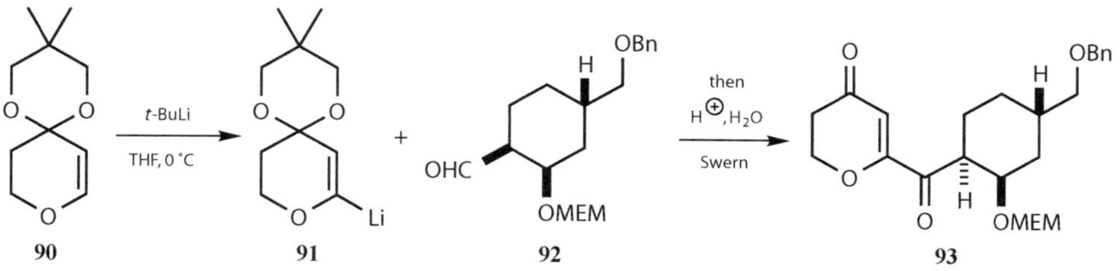

MEM 保护基团脱除 **94** 后，隐蔽的羰基更明显，在酸性条件下形成缩醛 **95**。一个螺环化合物的非对映异构体 **95** 的产率为 71%。

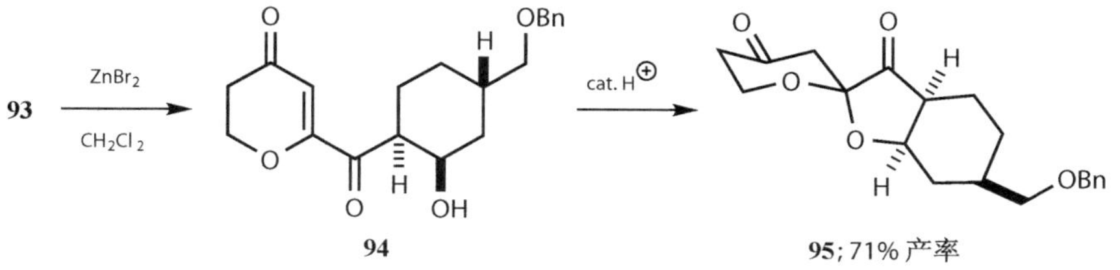

隐翅虫素及相关的抗肿瘤药物的合成

与隐翅虫素（pederin）相关的抗肿瘤药物的基团有一个共同的结构特征 **96**，

功能化的四氢吡喃上通过酰胺连接到不同的复杂的氨基化合物。在 Kocienski[21] 成功的合成实验中，他选择断开环的邻位以及使用试剂 **99**，即 d¹ 合成子 **97**，它可以被乙二酰衍生物 **98** 酰化。

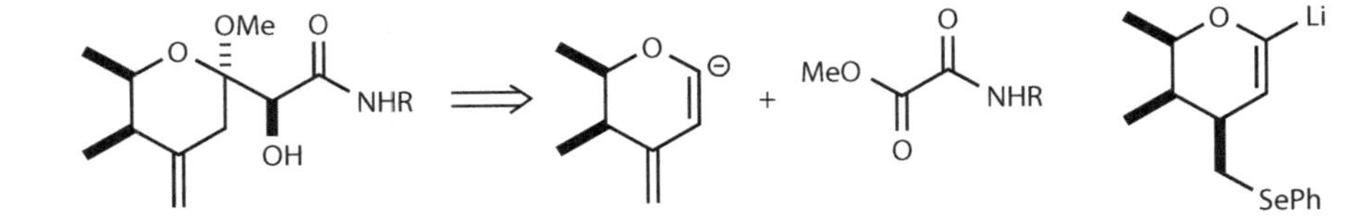

96; 隐翅虫素抗肿瘤药　　**97**　　**98**　　**99**

锂试剂 **99** 可以由锡烷 **100** 制备，优点是正丁基锂就可以完成这个工作。加入醚 **98** 得到酮 **101**，再还原，形成缩醛，最后得到完整的结构 **102**。烯烃 **96** 可由 **102** 氧化和硒氧化消除制得（见第 33 章）。这个合成看起来容易，但这个复杂的氨基化合物“RNH_2”的制备是非常困难的。

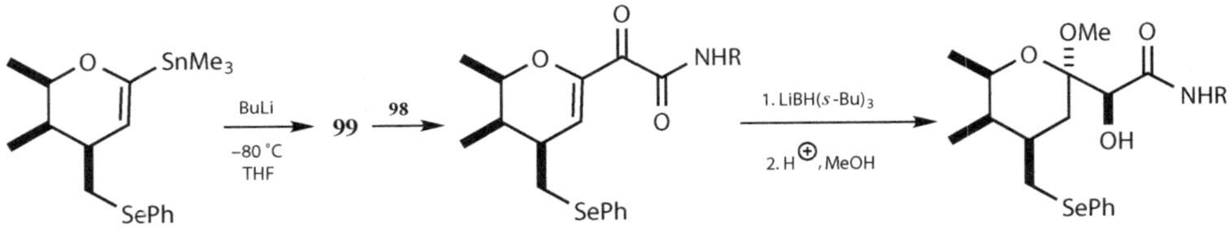

100　　**101**　　**102**

联烯酯的锂的衍生物

联烯酯没有 γ-质子，因此烯丙基阴离子不能形成。联烯酯 **104** 很容易由炔丙酯 **103** 制得，在氧的邻位锂化得到 **105**，与内酯反应得加成产物 **106**，在酸性条件下分解得到 1，2-二酮 **107b** 的半缩醛 **107a**。这种共轭的烯烃有 Z-构象，因为烯醇醚 **106** 优先在远离基团 R 的一侧质子化。联烯锂 **105** 是合成子 **108**[22] 的一个试剂。

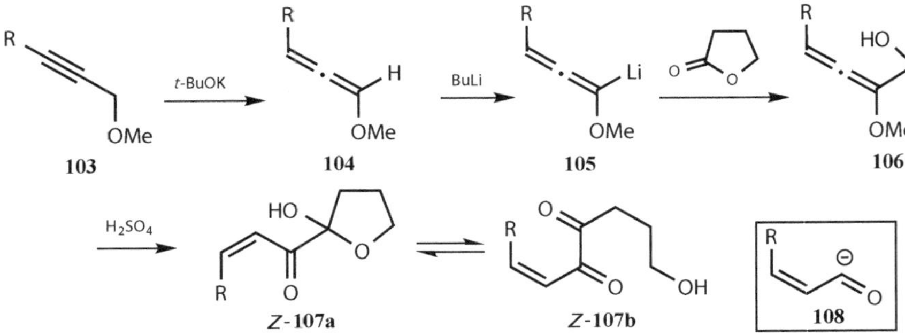

103　　**104**　　**105**　　**106**

Z-**107a**　　*Z*-**107b**

联烯的氧化断裂

另一种方法可以用联烯制备酰基阴离子等价物。首先由路易斯酸催化炔丙基硅烷对亲电试剂 **109** 的加成，接着通过联烯的氧化裂解得到酰基阴离子等价物。中间体烯基阳离子 **110** 被硅的 β-效应稳定，再失去三甲基硅基得到联烯 **111**。这个敏感的联烯的氧化断解表明它可以作为甲酰基阴离子试剂。

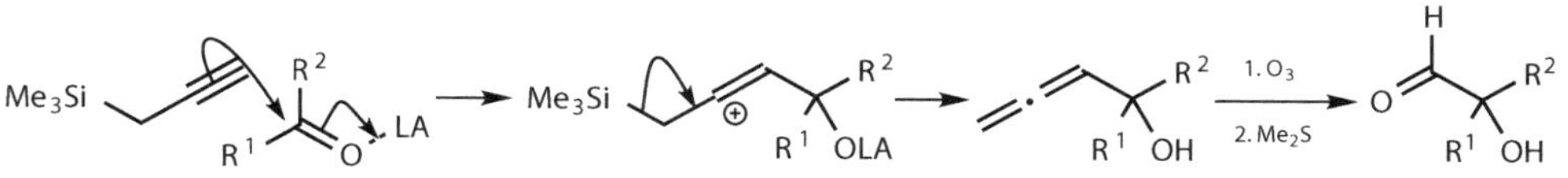

109 **110** **111** **112**

在 hemibrevetoxin 的合成中，Nelson[23]通过这种方法将中心对称的缩醛 **113** 转化为二醛 **115**，得到二联烯 **114** 以及最终产物的产率都是极好的。注意到缩醛 **113** 是作为合适的亲电试剂的，因为路易斯酸（Me_3SiOTf）可以脱去甲氧基得氧鎓离子中间体。

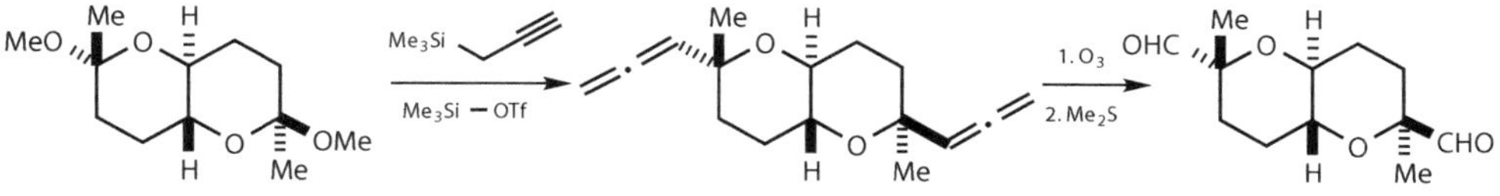

113 **114**; 92% 产率 **115**; 98% 产率

由 Wittig 型的反应制备烯基醚和烯胺

烯基醚

更为普遍的方法是使用具有官能团化叶立德的 Wittig 反应。叶立德 **116**[24] 和锂的衍生物 **117**～**120** 都能与醛和酮反应得到烯醇醚，水解后生成链延长的醛。从 **116** 出发得到叶立德的产率不总是很好，而具有一个螯合的取代基的膦酸酯 **120a** 则更好[25]。在位阻非常大的例子中，膦 **118** 的锂的衍生物反应活性最好[26]，尽管它必须由 *s*-BuLi 合成。

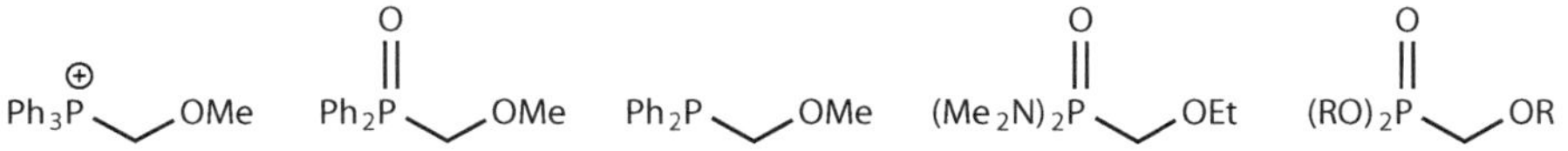

116 **117** **118** **119** **120**

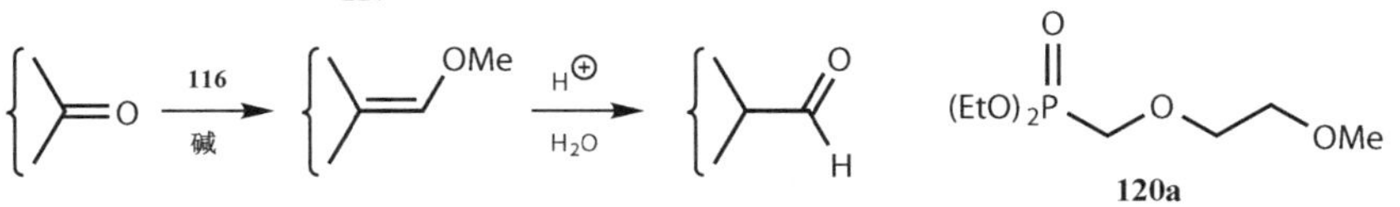

120a

烯胺

氨基取代的膦氧化物的锂衍生物，如吗啉 **121**，与醛反应得加成产物 **122**。在氢化钾的作用下发生消除得 **123**，这有极好的产率，R＝Ar 时产率为 90%～99%，R＝烷基时产率为 63%～83%。它们很容易水解生成相应的醛 **124**[27]。

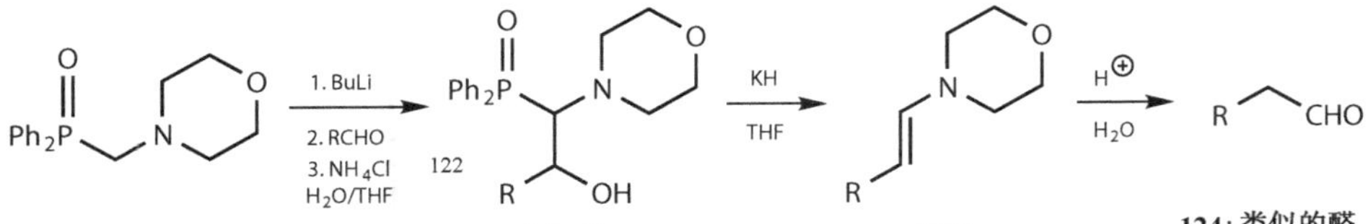

121　**122**; 中间体　**123**; 烯胺　**124**; 类似的醛

吡咯烷膦酸酯（**125**）仅一步就可以发生相同的反应，但是这些方法的真正优点是烯胺 **123** 和 **126** 有足够的反应活性能与不同的亲电试剂反应，尤其是烯丙基卤化物，α-卤代羰基化合物及 Michael 受体（见第 10 章），生成取代的相应的醛或酮 **127**[28]。

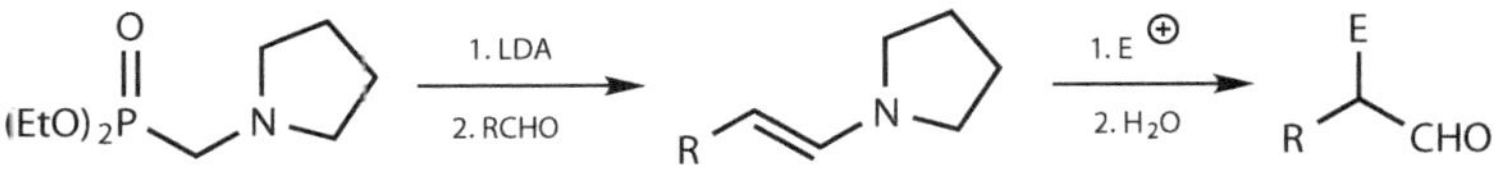

125　**126**; 烯胺　**127**

O-methyljoubertiamine 的合成

这种方法应用于生物碱 *O*-methyljoubertiamine 的合成。**125** 的锂的衍生物与部分保护的二酮 **128** 反应生成烯胺 **129**，直接烯丙基化产生醛 **130** 中的季碳中心，去保护和环化得到环己烯酮 **131**[28]。

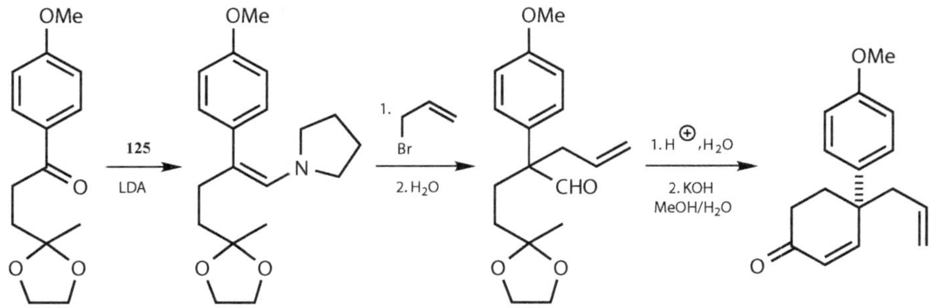

128　**129**　**130**　**131**

由官能团化的 Wittig 试剂合成烯醛

如果起始原料 **132** 羰基的 β-位有离去基团，在与甲氧基甲基试剂 **116** 或 **117** 反应确认后，生成的烯醇醚 **133** 水解会脱掉离去基团形成烯醛 **134**。

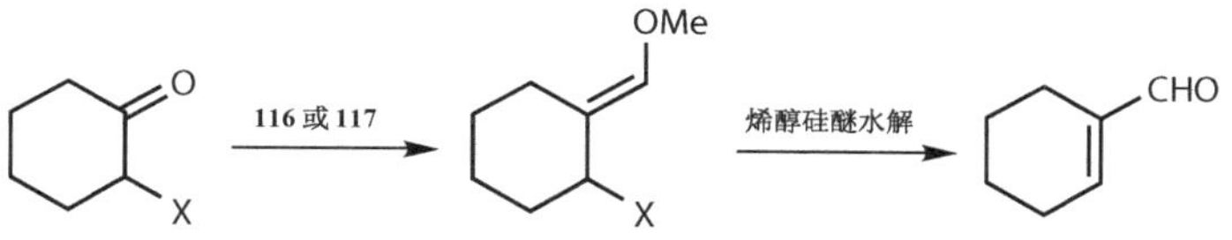

132　**133**　**134**

离去基团 X 可能只是一个羟基，由烯醇硅醚 **136**（见第 33 章）羟基化插入制得。硅的铜酸盐（见第 9 和第 10 章）对烯酮 **135** 共轭加成可得 **136**。通过强硅基（TBDMS）保护得到 **137**，然后再与 **117** 的锂的衍生物反应。

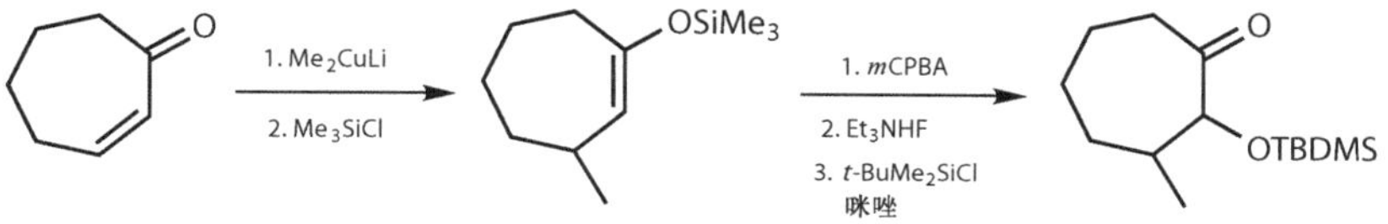

135　**136**　**137**

由 **117** 的锂的衍生物得到的加成产物可用氢化钠除去亚膦酸酯。烯醇醚 **138** 在乙腈中用 HF 水解得烯醛 **139**，反应的总产率为 50%[29]。总的思路是亲核的烷基共轭加成，接着是亲核的 CHO 直接加成。另一种方法是使用硫离去基团（**132** 中的 X=SPh）和从 **116** 而来的叶立德反应可以达到同样的效果，最后用 Hg（Ⅱ）水解脱去硫[30]。

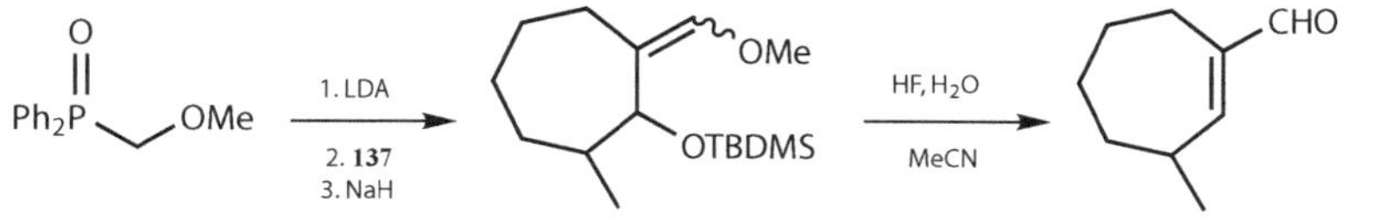

117　**138**　**139**

硝基烷烃

许多缩醛类 d^1 试剂的问题一般是对负离子来说还不够稳定。用硝基很容易解决这个问题，因为它本身有足够稳定负离子的能力，事实上大概和双羰基的作用一样。仅使用弱碱如叔胺（Hünig 碱），硝基烷烃形成 **141**，它能与许多亲电试剂反应，如烷基卤化物、醛、酮和不饱和羰基化合物，比如得到 **142**，**144**，**145** 或 **147**。在很长一段时间，都是用硝基最后转化为羰基的，如 **142** 转化为 **143**，但是现在有许多试剂可以转化成醛、酮和酸[31]，例子如下：

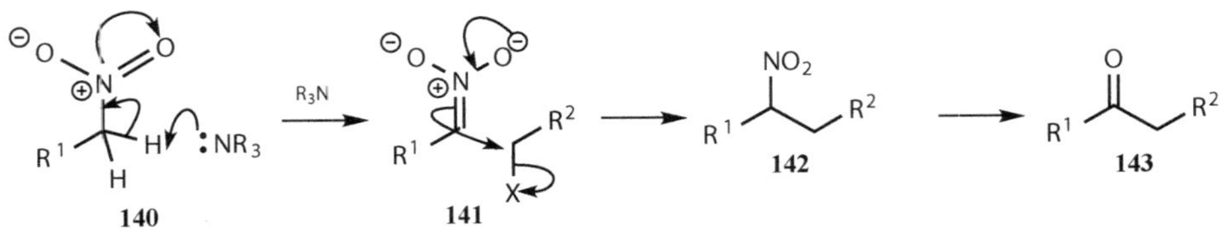

140　**141**　**142**　**143**

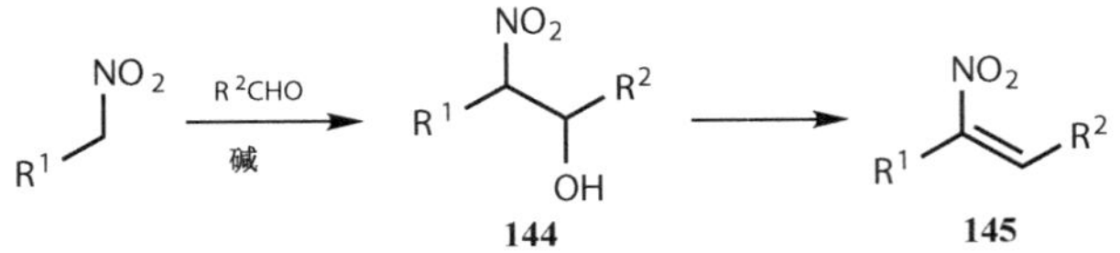

144　**145**

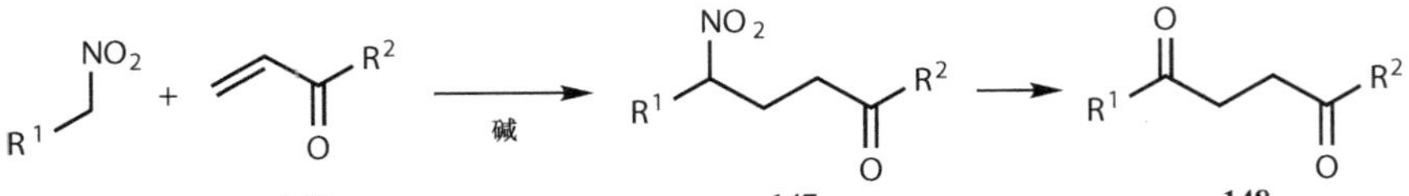

146　**147**　**148**

硝基烷烃的烷基化解决了如何制备 **151** 模式的芳香酮的难题，难题的原因在于 Friedel-Crafts 反应对这种取代模式不起作用。硝基烷烃与苄基卤代物 **149** 的烷基化反应很好，产物 **150** 可以氧化成酮 **151**[32]。与醛的反应甚至与潜在的醛反应[33]，如二氢吡喃，得到 **154**，水解后得到 1，2-取代的酮 **155**[34]。在更多苛刻的条件下，由醛得到硝基烯烃 **145**，作为 a^2 试剂是非常有用的。

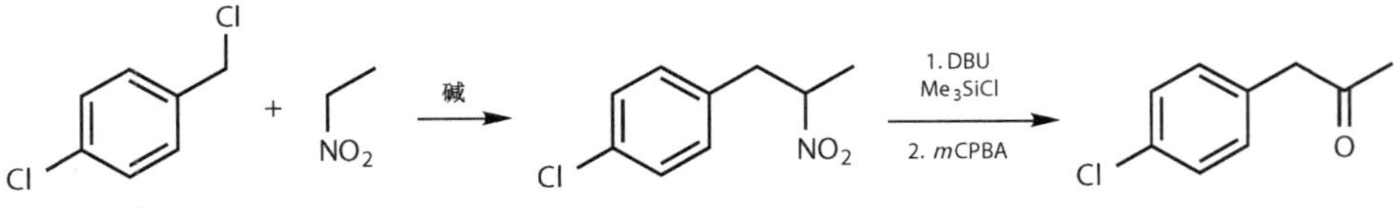

149　**150**　**151**

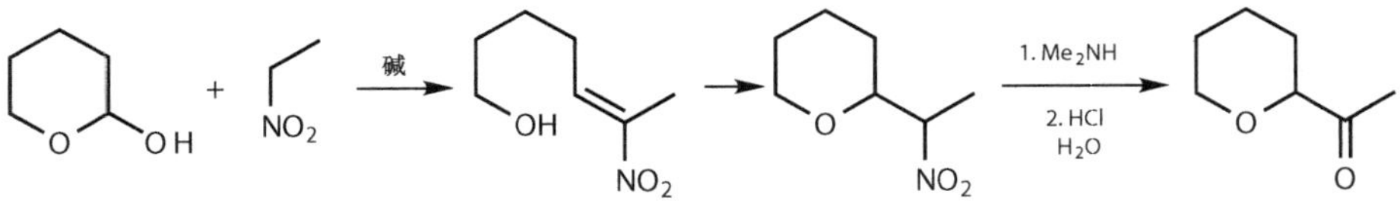

152　**153**　**154**　**155**

用催化的碱，硝基烷烃能很好地发生 Michael 加成反应，因为首先形成的烯醇化物比硝基烷烃的碱性更强。二酮 **159**、酮-醛和酮-酸都可以由这个路线得到，使用铝催化的 Michael 加成反应可以使两步反应合并为一步，氧化后得到酮[34]。

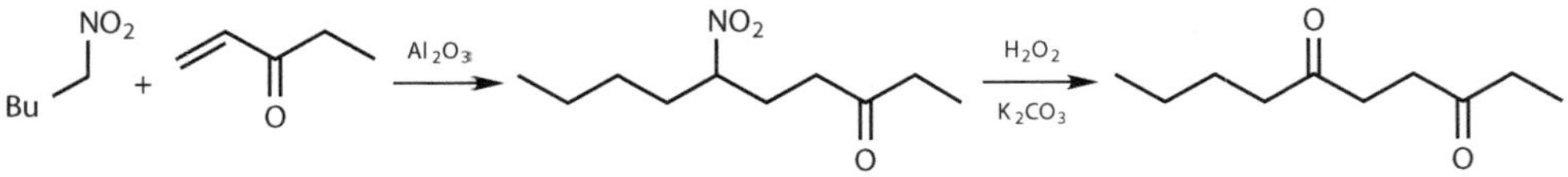

156　**157**　**158**　**159**; 90% 产率

由硝基烷烃合成巫婆醇

当 Raphael 想通用这个关键的中间体 **162** 合成巫婆醇（strigol，**160**）时，对 **162a** 羟醛缩合断键表明需要合成二酮 **163**，接着再进行一个非常有策略的断键，得到 d^1 合成子 **164**。

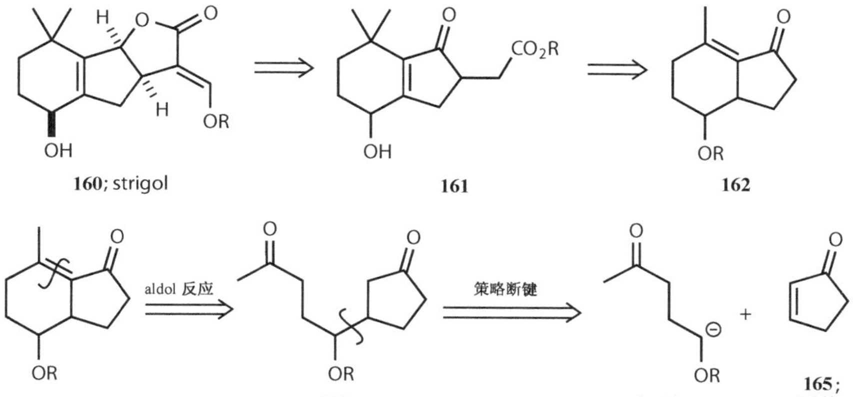

160; strigol　**161**　**162**
162a　**163**　**164**; d^1 试剂?　**165**; 天然 a^3 试剂

尽管在错误的氧化阶段，为此目的硝基酮 **166** 还是一种理想的试剂，因为在 Michael 加成时没有必要保护酮。在 $TiCl_3$ 作用下，硝基化合物 **168** 转化为酮 **169** 说明这个反应具有更好的普适性[35]。

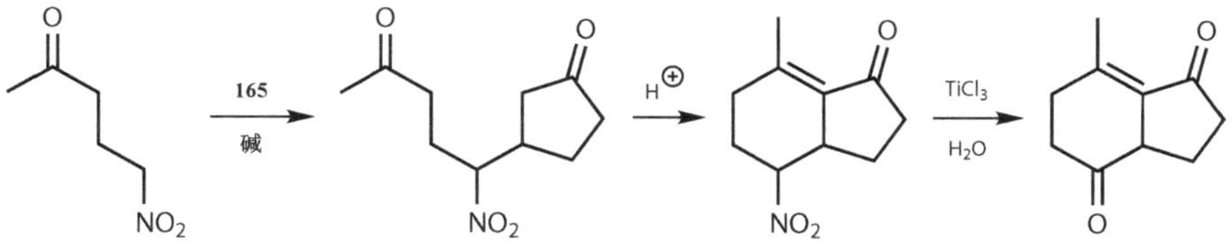

166　**167**　**168**　**169**

单保护二酮的合成

硝基可以解决这样一个问题：使二酮中的一个酮被保护起来。Hewson 希望通过关键中间体 **170** 来合成一系列的天然产物。他利用试剂 **171** 和二酮酯 **172** 合成中间体 **170** 。一个策略性的断键说明了这种可能性，是一个 d^1 试剂对不饱和酮脂 **174** 的加成[36]。

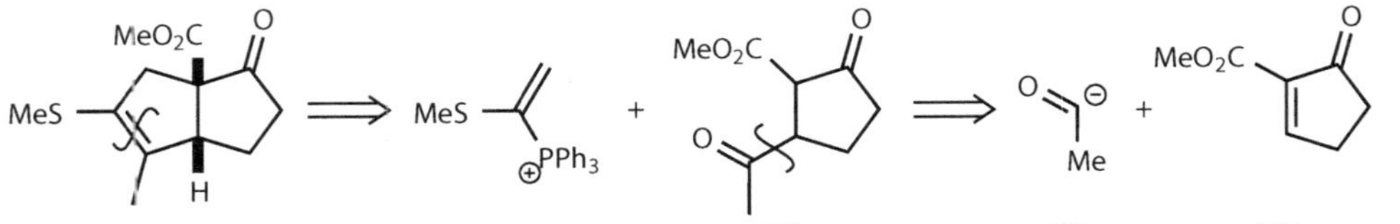

尝试各种试剂表明，酮酯倾向于聚合，除非它作为缩醛 **176**。这类缩醛试剂作为 d^1 合成子 **173**，如 **175**，得到的结果比较差。解决办法是使用硝基乙烷得到 **177**，每个酮以不同的形式隐藏起来。用 $TiCl_3$ 处理将硝基转化为酮比用其他试剂更好。用试剂 **171** 得到的二酮酯以一个单（*trans-*）异构体 **170** 的形式存在，并有极好的产率。

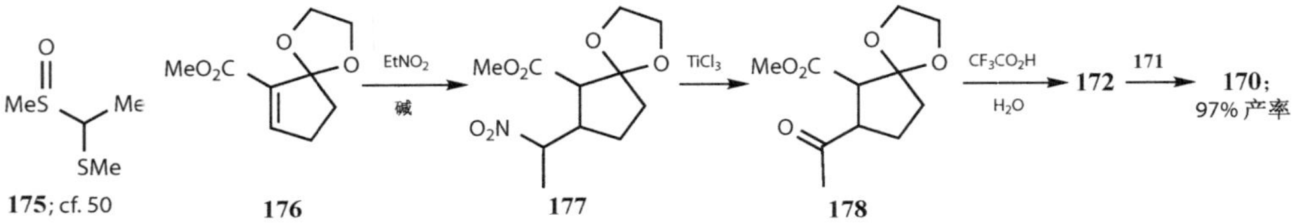

其他的及更普遍的部分保护二酮的方法：Michael 加成、保护、Michael 加成，从 **179** 至 **182**；以及 Michael 加成，还原，从 **183** 至 **186**。分子 **182** 有三个酮：一个未保护的、一个以缩醛形式保护的及一个用硝基隐藏的。在稀酸中缩醛可以被除去但硝基不会水解，用 H_2O_2 和 K_2CO_3 处理，硝基能转化为酮但不会影响缩醛[31,34]。

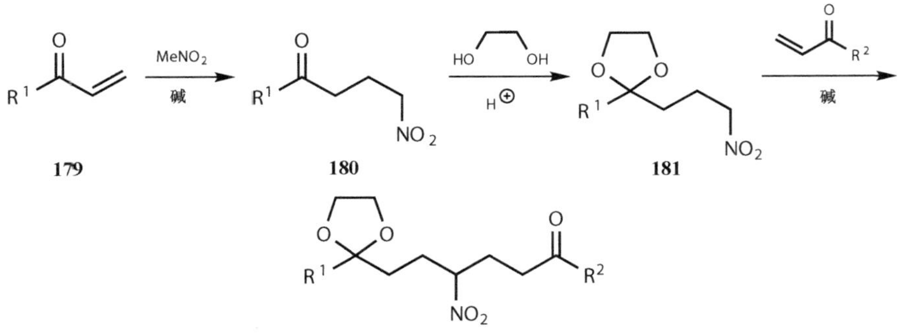

第二种方法已经应用于由中间体醛 **186** 制备前列腺素。注意立体化学：在 Michael 加成后 **184** 中的两个取代基是明显的 *trans-*结构。体积大的还原剂 Li(*s*-Bu_3BH)从反面靠近比较近的且较大的取代基，最后，用臭氧氧化硝基成酮后，用 Me_2S 进行还原是必要的[37]。

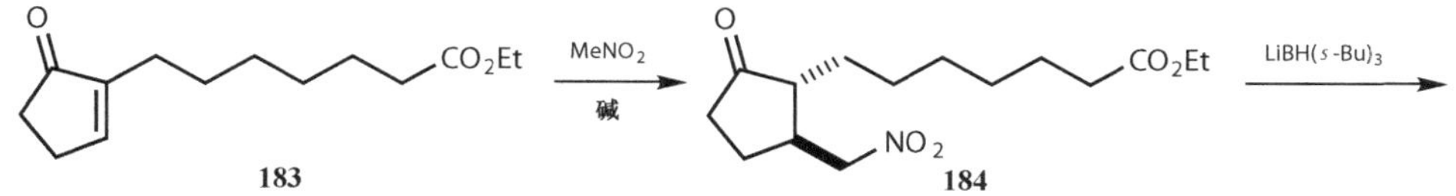

183　　　　　184

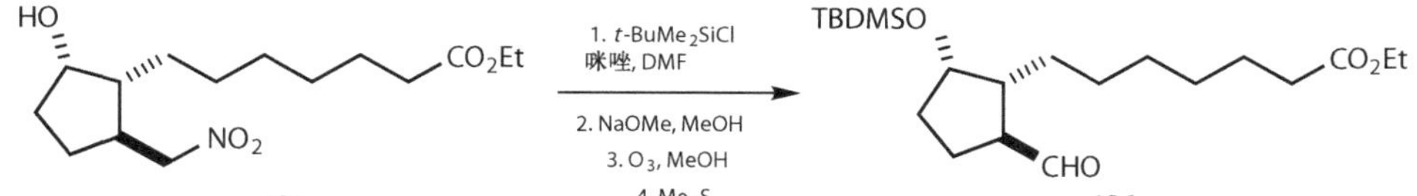

185　　　　　186

催化的方法：Stetter 反应

有用的 Stetter 反应[38]是仿生的，想法和试剂来自辅酶维生素 B_1 焦膦酸盐（coenzyme thiamine pyrophosphate，**187**）。除去不必要的取代基，留下核心部分 **188**，通常 R 是苄基（催化剂 a），但也可能是其他一级烷基。

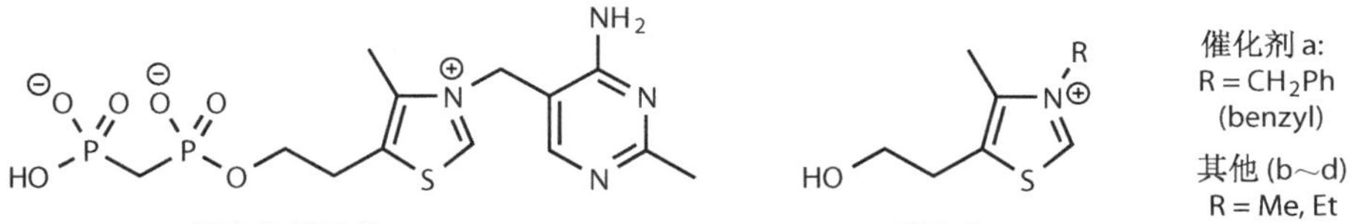

187; 硫胺焦膦酸盐　　　　**188**; Stetter 噻唑盐

在弱碱（通常是三级胺）的作用下去质子，得到叶立德 **189**，再与醛反应，负电荷可以通过和硫原子的静电相互作用（叶立德）而部分稳定。亲核试剂进攻醛得到 **190**，质子由碳原子转移到氧原子上得到中性的 **191**。

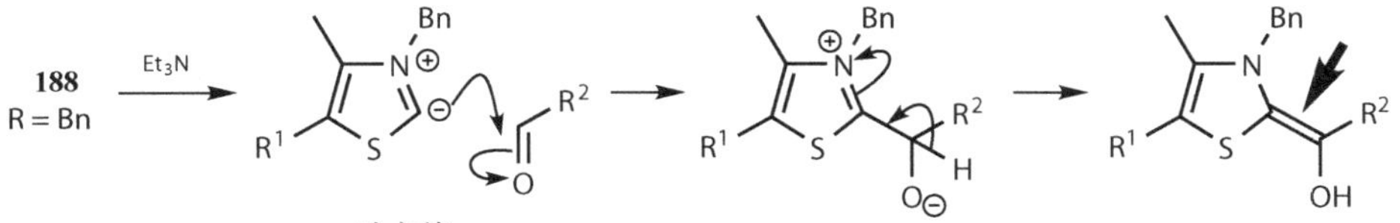

189; 叶立德　　　　**190**　　　　**191**

这是一种奇怪的化合物。箭头所标的环外烯烃是一个末端烯醇，另一端是烯胺和烯基硫化物。三个原子，氧、氮、硫都有孤对电子，从而是富电子的烯烃。氮原子占主导作用，因此 **192** 对烯酮的共轭加成反应很好。产物 **194** 失去催化剂 **189** 得到 1，4-二酮 **195**。这个反应本身是非常简单的：将醛、烯酮、催化剂和弱碱（通常是胺或乙酸钠）在乙醇中加热即可。

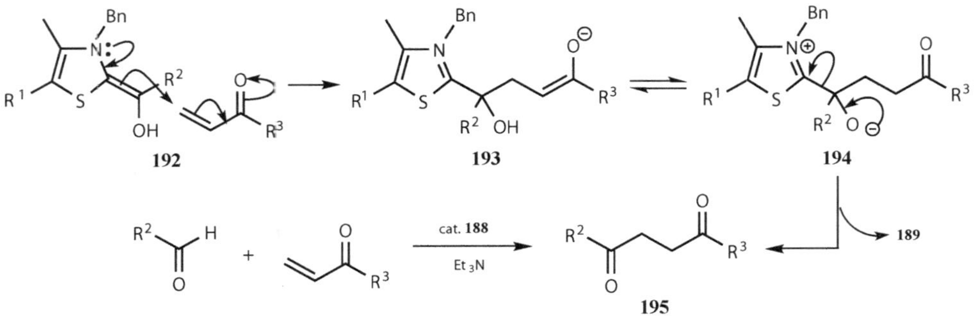

还有些例子是可烯醇化的醛与可烯醇化的烯酮的加成，如 **197** 的生成。令人关注的是芳香或杂环化合物可以作为其中一个组分参与反应。如果用氰化钠作为催化剂合成吡啶 **200**，它的产率只有 12%[38]。

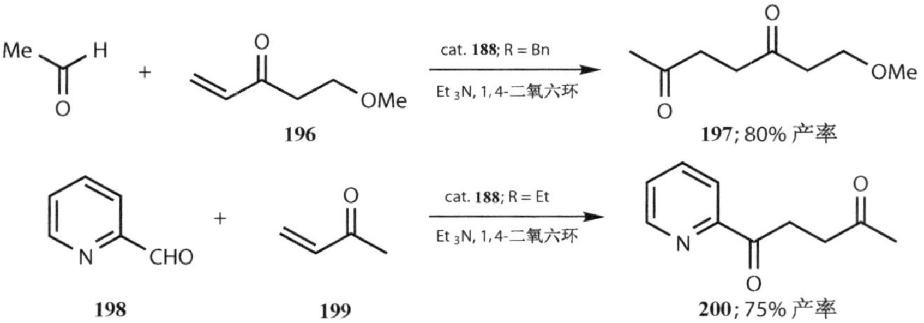

参考文献

一般性参考文献列于 946 页。

1. O. W. Lever, *Tetrahedron*, 1976, **32**, 1943.
2. T. A. Hase, *Umpoled Synthons*, Wiley, New York, 1987.
3. A. S. Fletcher, K. Smith and K. Swaminathan, *J. Chem. Soc., Perkin Trans. 1,* 1977, 1881.
4. D. Seyferth and R. M. Weinstein, *J. Am. Chem. Soc.*, 1982, **104**, 5534; D. Seyferth, R. M. Weinstein and W.-L. Wang, *J. Org. Chem.*, 1983, **48**, 1144.
5. A. Ricci, M. Fiorenza, A. Degl'Innocenti, G. Seconi, P. Dembech, K. Witzgall and H.-J. Bestmann, *Angew. Chem., Int. Ed.*, 1985, **24**, 1068; A. Ricci, A. Degl'Innocenti, S. Chimichi, M. Fiorenza, G. Rossini and H.-J. Bestmann, *J. Org. Chem.*, 1988, **50**, 130.
6. P. C. B. Page, N. B. van Niel, and J. C. Prodger, *Tetrahedron*, 1989, **45**, 7643.
7. D. Seebach, B. Seuring, H.-O. Kalinowski, W. Lubosch and B. Renger, *Angew. Chem., Int. Ed.*, 1977, **16**, 264; B. Seuring and D. Seebach, *Helv. Chim. Acta*, 1977, **60**, 1175.
8. I. Jirkovsky and M. N. Cayen, *J. Med. Chem.*, 1982, **25**, 1154.
9. K. Fujiwara, K. Saka, D. Takaoka and A. Murai, *Synlett.*, 1999, 1037.

10. K. Fujiwara, D. Takaoka, K. Kusumi, K. Kawai and A. Murai, *Synlett.*, 2001, 691.
11. S. Hünig and G. Wehner, *Synthesis*, 1975, 391.
12. D. A. Evans, L. K. Truesdale and G. L. Carroll, *J. Chem. Soc., Chem. Commun.*, 1973, 55.
13. G. Stork, A. A. Ozorio and A. Y. W. Leong, *Tetrahedron Lett.*, 1978, 5175.
14. G. Büchi, P. H. Liang and H. Wüest, *Tetrahedron Lett.*, 1978, 2763.
15. H. Nemoto, Y. Kubota and Y. Yamamoto, *J. Org. Chem.*, 1990, **55**, 4515.
16. Y. Kubota, H. Nemoto and Y. Yamamoto, *J. Org. Chem.*, 1991, **56**, 7195.
17. J. E. Baldwin, G. A. Höfle and O. W. Lever, *J. Am. Chem. Soc.*, 1974, **96**, 7125.
18. R. K. Boeckman, K. J. Bruza, J. E. Baldwin and O. W. Lever, *J. Chem. Soc., Chem. Commun.*, 1975, 519; C. G. Chavdarian and C. H. Heathcock, *J. Am. Chem. Soc.*, 1975, 97, 3822.
19. R. K. Boeckman and K. J. Bruza, *Tetrahedron Lett.*, 1977, 4187.
20. A. B. Smith and R. A. Rivero, *J. Am. Chem. Soc.*, 1978, **109**, 1272.
21. P. Kocienski, R. Narquizian, P. Raubo, C. Smith, L. J. Farrugia, K. Muir and F. T. Boyle, *J. Chem. Soc., Perkin Trans.* 1, 2000, 2357.
22. P. Kocienski, R. C. D. Brown, A. Pommier, M. Procter and B. Schmidt, *J. Chem. Soc., Perkin Trans. 1*, 1998, 9.
23. J. M. Holland, M. Lewis and A. Nelson, *Angew. Chem., Int. Ed.*, 2001, **40**, 4082.
24. S. G. Levine, *J. Am. Chem. Soc.*, 1958, 80, 6150; G. Wittig and M. Schlosser, *Chem. Ber.*, 1961, **94**, 1373; G. Wittig, W. Böll and K.-H. Krück, *Chem. Ber.*, 1962, **95**, 2514.
25. A. F. Kluge and I. S. Cloudsdale, *J. Org. Chem.*, 1979, **44**, 4847.
26. E. J. Corey and M. A. Tius, *Tetrahedron Lett.*, 1980, **21**, 3535.
27. N. L. J. M. Broekhof, F. L. Jonkers and A. van der Gen, *Tetrahedron Lett.*, 1978, 2433.
28. S. F. Martin and T. A. Puckette, *Tetrahedron Lett.*, 1978, 4229; S. F. Martin, G. W. Phillips, T. A. Puckette and J. A. Colapret, *J. Am. Chem. Soc.*, 1980, **102**, 5866.
29. T. K. Jones and S. E. Denmark, *J. Org. Chem.*, 1985, **50**, 4037.
30. J. W. Huffman, M.-J. Wu and H. H. Joyner, *J. Org. Chem.*, 1991, **56**, 5224.
31. H. W. Pinnick, *Org. React.*, 1990, **38**, 655.
32. J. M. Aizpurua, M. Oiarbide and C. Palomo, *Tetrahedron Lett.*, 1987, **28**, 5361.
33. M. Lagrenée, *Compt. Rend.*, 1977, **284C**, 153.
34. R. Ballini, M. Petrini, E. Marcantoni and G. Rosini, *Synthesis*, 1988, 231.
35. G. MacAlpine, R. A. Raphael, A. Shaw, A. W. Taylor, and H.-J. Wild, *J. Chem. Soc., Chem. Commun.*, 1974, 834; *J. Chem. Soc., Perkin Trans.* 1, 1976, 410.
36. A. T. Hewson and D. T. MacPherson, *J. Chem. Soc., Perkin Trans. 1*, 1985, 2625.
37. B. P. Cho, V. K. Chadha, G. C. LeBreton, and D. L. Venton, *J. Org. Chem.*, 1986, **51**, 4279.
38. H. Stetter and H. Kuhlmann, *Org. React.*, 1991, **40**, 407.

C 部分：碳-碳双键

15 定向立体化学的双键合成

引言

烯烃：骨架或者官能团？

碳-碳双键是化合物骨架和官能团中的一种常见结构。和化合物 **1** 中的羧酸不同，它在分子的环骨架中，且除了碳和氢不连接其他原子。它也没有极性，因此它可以在同一反应中在两个碳原子上同时引入极性官能团。例如，从 **1** 可以进行碘化和内脂化从而生成 **2**。

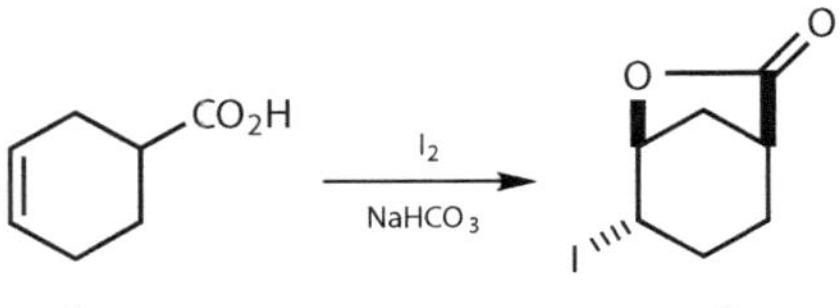

1 **2**

在类似的双官能团化反应过程中可以引入立体化学，如在对 **3** 中双键的环氧化过程中产生了两个新的手性中心。这两个反应的立体选择性取决于两个因素：反应的内在选择性（碘化和内脂化会选择 *anti*-构型，而环氧化选择 *syn*-构型）和碳-碳双键的构型。**1** 中的环内双键显然是 *cis* 或者说 *Z*-式的，而开链状的烯丙醇 **3** 的顺反构型则取决于合成方法。本章主要是介绍如何控制双键反应中的立体化学。此章仅是第 25 章中关于控制化学反应的立体选择性的基础，在第 25 章中将介绍如何从 *E*-和 *Z*-**3** 出发合成单一的对映体 **4**。

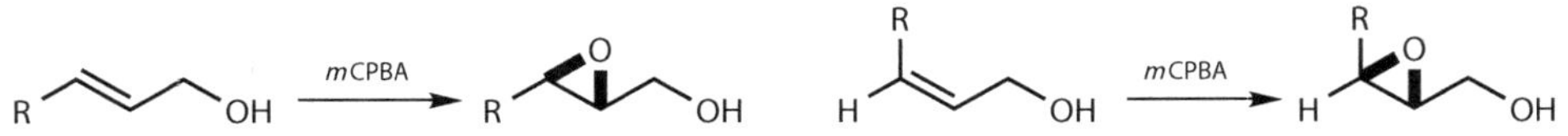

E-**3** *anti*-**4** *Z*-**3** *syn*-**4**

通过平衡的方法控制双键的构型

在许多反应中，存在着反应物和产物之间的平衡，因此两种构型的烯烃中，只生成更加稳定的一个。在环己酮 **8** 和甲酸乙酯的 Claisen 酯缩合反应中，真正的产物是稳定的烯醇化产物 **9**，再经过可逆的质子化后生成更加稳定的含有氢键的烯醇 *Z*-**10**。而在环己酮 **8** 和苯甲醛的羟醛缩合反应中，由 **7** 得到烯醇化物 **6**，这一步是可逆的脱水反应，最后只生成空间上更有利的 *E*-产物 **5**。需要注意的是，**7** 虽然是对映体的混合物，但由于生成 **6** 时所有的立体化学都消失，因此不会

影响到产物 **5** 的构型。在后面的部分，将详细地介绍 3D 和 2D 立体化学间的关系。

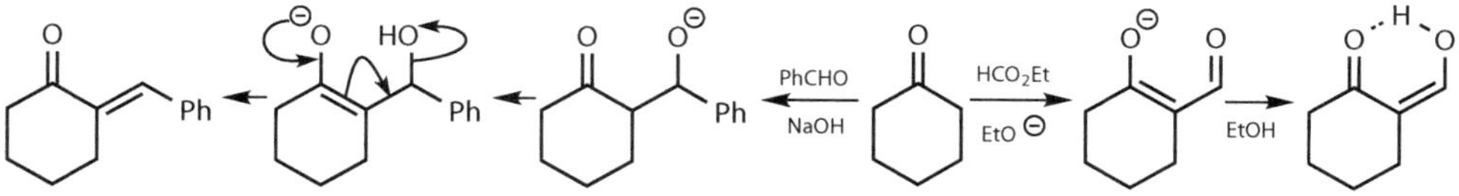

E-**5**　**6**　**7**　**8**　**9**　*Z*-**10**

其他章节中的一些例子

许多反应都是生成更加稳定的 *E*-烯烃。你将逐渐了解到更多这类反应的例子，本书其他章节中也有许多这样的例子。这里仅列举部分例子以及其他例子的相关参考书目。

(1) 羟醛缩合反应后的脱水反应，如烯基酮 *E*-**11** 和 *E*,*E*-**12**。在后面会遇到 Ar＝Ph 的 *E*,*E*-**12** 作为钯的一个有用的配体[1]。

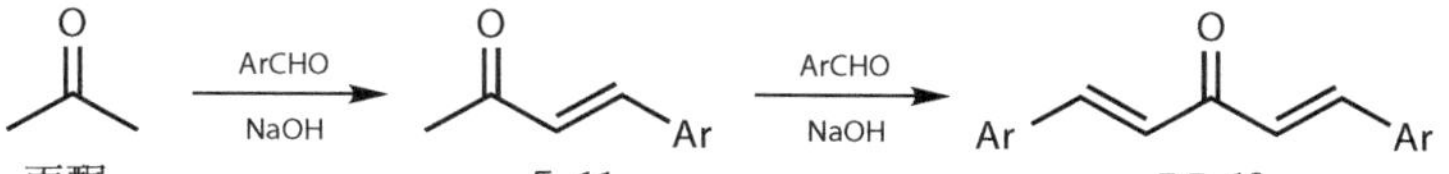

丙酮　*E*-**11**　*E*,*E*-**12**

(2) 碱催化的硝基甲烷和醛的缩合，生成硝基取代的烯烃 *E*-**13** 的反应 (Henry 反应)。其中 *E*-**14** 被 Corey 用于前列腺素 (prostaglandin) 的全合成[2]。

硝基甲烷　*E*-**13**　*E*-**14**

(3) 由有机金属试剂对酮 **15** 的加成生成三级醇 **16** 的脱水反应。一个例子是 Corey 将 **18** 脱水后生成的单一的 *E*-烯炔 **19** 用在对红霉内酯 (erythronolide) 的全合成中[3]。

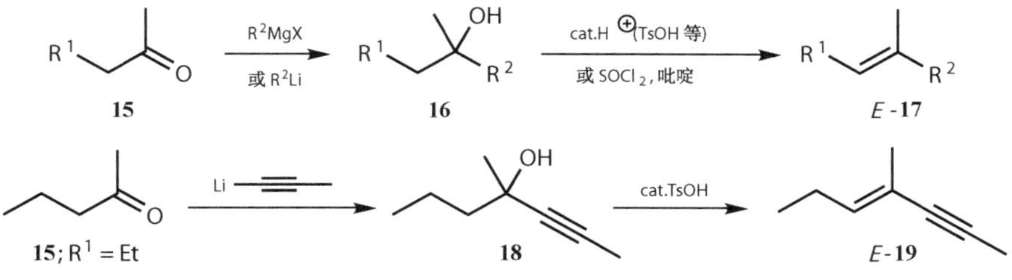

15　**16**　*E*-**17**

15; R^1 = Et　**18**　*E*-**19**

(4) 不饱和羰基化合物的 Heck 反应。中间体 Pd(Ⅱ) σ-络合物 **20** 以顺式消去 PdHI 后，优先生成 *E*-式烯烃 **21**。

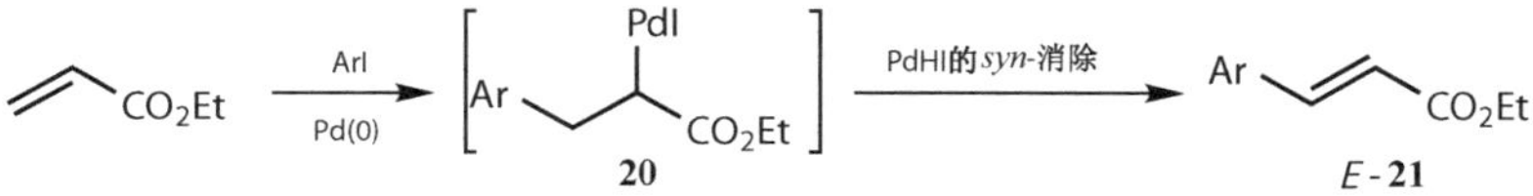

20　*E*-**21**

（5）在平衡条件下对不饱和炔的亲核加成反应。这是来自于 *Organic Synthesis* 的一个方法，可以以较高的产率得到晶体 *E*-**22**[4]。

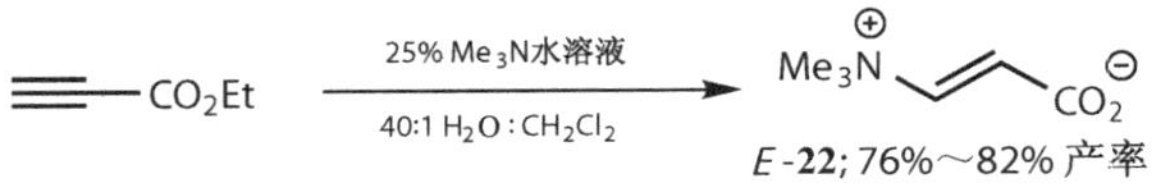

（6）烯丙醇和烯丙基卤化物等经由烯丙基正离子的平衡。无论是醇 **23** 或 **26** 都可作为起始反应物与 HBr 反应得到同样均衡的 *E*-**24** 和 **25** 的混合物。即使产生 *Z*-**24**，也会自动经过平衡移动转化为 *E*-**24**。

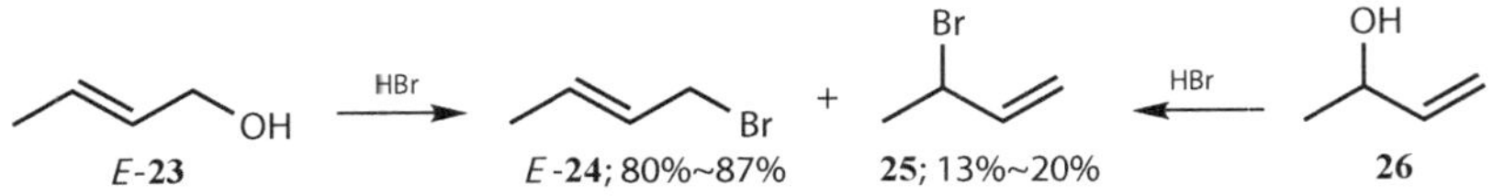

（7）烯丙基金属衍生物的生成和平衡，如来自于我们刚刚制备的烯丙基溴 **24** 和 **25**。格式试剂与 CO_2 的反应仅生成 **27**，而腈基取代溴的反应则以较高的产率生成异构的酸 *E*-**28**[5]。

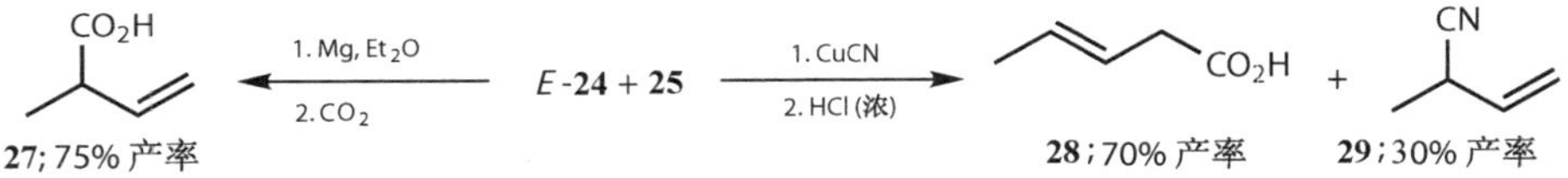

对上述规则更详细的探讨

以上简单的刻画隐含了我们本章需要继续探讨的一些规则。我们可以归纳为以下几条：

（1）只可能生成一种双键，一般是环内的 *cis*-双键。

（2）两种双键处于平衡，生成 *trans*-双键。

（3）立体选择性地生成 *cis*-双键。

（4）立体选择性地生成 *trans*-双键。

（5）如果反应是立体专一的，那么双键的构型取决于反应的机理以及起始原料的立体化学。

例 1：只可能生成一种双键，一般是环内的 *cis*-双键

我们将分析以下几例并解释它们背后的规则。例 1 并不需要时间来理解。三至七元环中的双键一定都是 *cis*-构型，因为 *trans*-构型不可能生成。八元环以上的中环可以生成 *trans*-烯烃但不稳定。只有十二元（大概）以上的大环才会生成更稳定的 *trans*-烯烃。

简单的 Robinson 扩环产生一个 *cis*-环己烯 **33**，因为单独一个是可能的。**32**

经过 E1cB 消除后产生双键。烯醇化合物 **32** 中，构型图所示的双键总是有一个 p 轨道与待离去的羟基在空间上相匹配，并促使羟基离去生成 *cis*-烯烃。

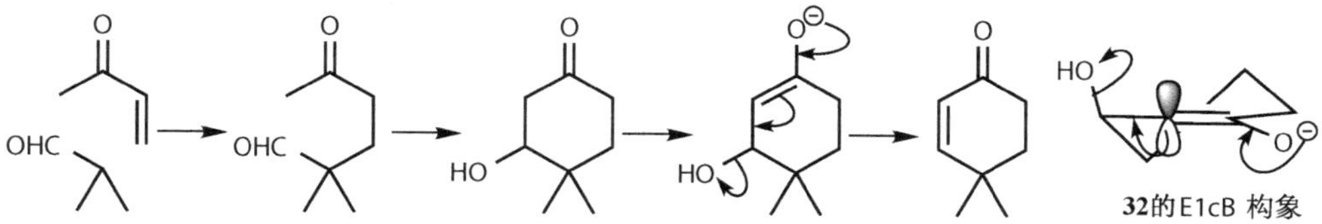

30 **31** **32** **33**

下面的几个反应均是专一地生成 *cis*-烯烃 **35**，**36** 和 **38**，原因都是 *trans*-烯烃不能够存在于四元、五元和七元环中。这些例子都来自于本书中其他章节。

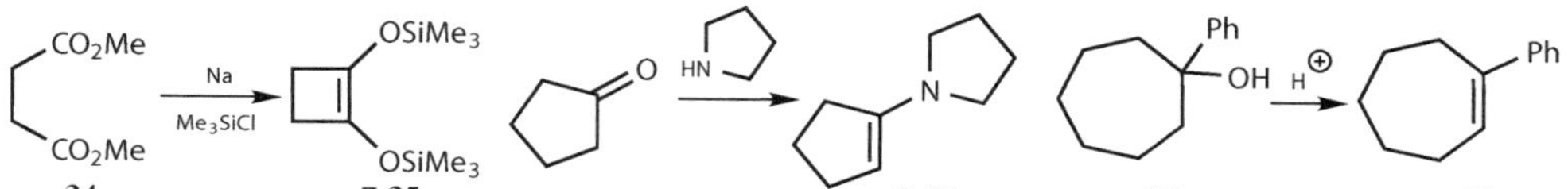

34 *Z*-**35** *E*-**36** **37** *E*-**38**

第一个反应是硅引导的偶姻缩合反应，第二个是第 2 章提到的形成烯胺的反应，第三个则是 E1 消除反应。下面的关于烯烃的平衡反应也是从 E1 消除反应开始的。

例 2：两种双键处于平衡，生成 *trans*-双键

让我们回顾一下 Cram 的著名工作，正是这些研究工作让他推导出了著名的 Cram 规则[6]。消旋的三级醇 **39** 遇酸后产生三级碳正离子，再经过 E1 消除生成烯烃，其中以 *trans*-烯烃 *E*-**40** 为主（50∶1）。

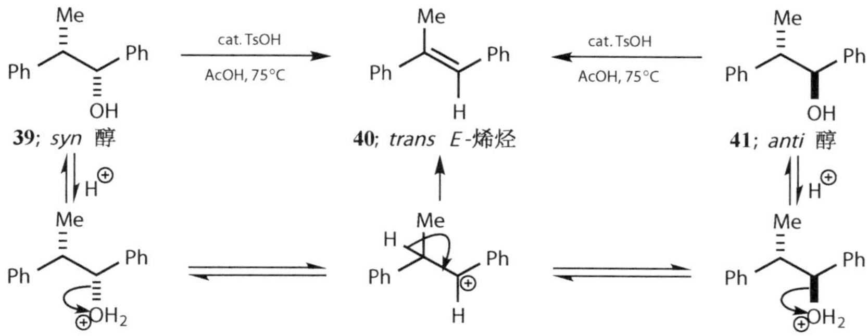

42 **43** **44**

每个烯烃都能被立体专一地合成（*Z*-**45** 的合成会在本章后面提到）。*cis*-烯烃 **45** 在相同的酸性条件下得到的也是 *trans*-烯烃 **40**。**45** 和 **40** 经过稳定的三级碳正离子处于平衡状态。碳正离子具有两种构型 **43a** 和 **43b**，都可以消除生成 *E*-

40。相关长寿命中间体 **43** 的 σ 单键的自由旋转保证了从任一种起始物出发都可以产生 **43a** 或 **43b**。

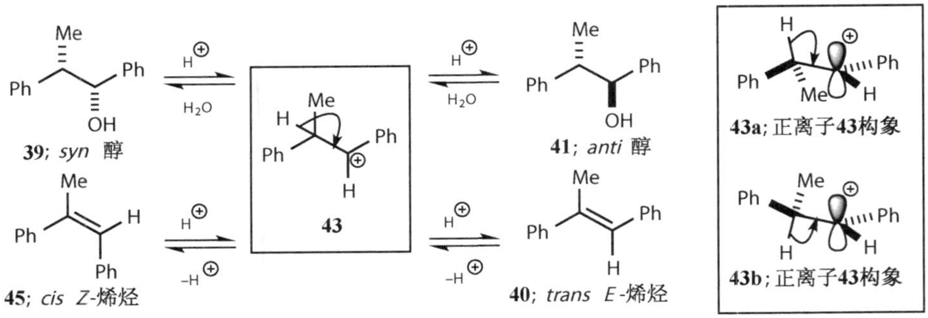

在现实中，平衡如此完美的例子是很少见的。另一个重要的例子是对共轭烯烃的 Michael 加成。例如，从（*Z*-式）马来酸酐 **46** 出发制备马来酸酯 **47** 和富马酸酯 **48**。酸性溶剂中，加入甲醇就可得到液态马来酸酯 **47**。*cis*-和 *trans*-的名称不同是由于在确定它们之间的关系前，就已经被命名了。

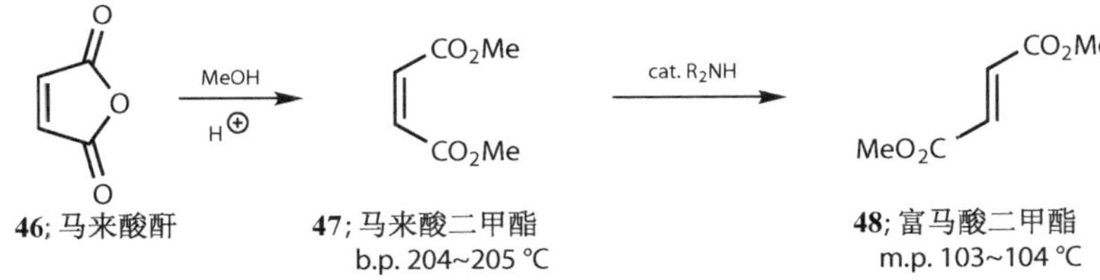

富马酸酯在溶液中会缓慢地形成更加稳定的晶体，加入微量的胺可以促进这一过程，并且以通过加入少量的胺、醇，或其他亲核试剂，经过可逆的 Michael 加成可以实现构型翻转[7]。

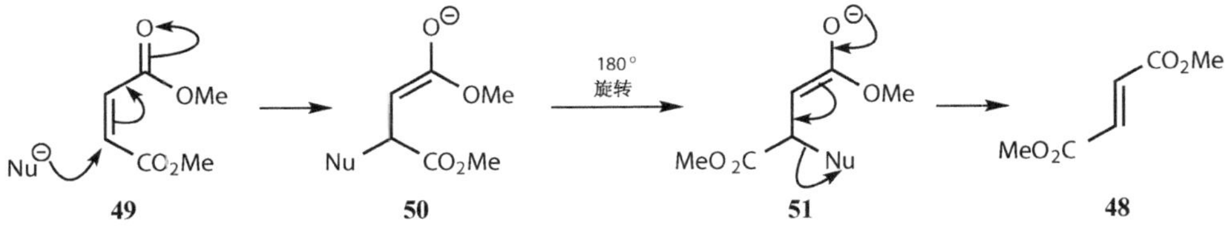

长寿命中间体——烯醇离子 **50** 中心的 σ 键可以自由旋转，再通过优势构型 **51** 消去催化剂就可以得到 *E*-烯烃 **48**。羟醛缩合反应后的脱水反应也是经过类似的过程，即通过类似的中间体经过 E1cB 机理得到产物烯烃（如 *E*-**5**，*E*-**11** 和 *E*，*E*-**12**）。这样的过程是如此得简单，以至于很难制备与更加亲电的官能团如醛基共轭的 *cis*-烯烃。

例 3：立体选择性地生成 *cis*-双键

你可能会觉得这样的反应会比较少。怎么会有这样的反应选择生成相对不稳定的 *cis*-烯烃呢？实际上这样的反应还是有的，尽管很少。其中有一个非常重要的例子，几乎是大家合成烯烃的第一选择。让我们先来看看简单的 *Z*-式选择性的反应。

我们可以从 Michael 加成反应谈起，这个听起来似乎有点疯狂，毕竟我们刚刚讨论了 Michael 加成的平衡移动是非常迅速的。但是，对叁键的 Michael 加成并不是这样的。一个显著的例子是 LiBr 在弱酸性条件下对与酯基共轭的叁键 **52** 的加成反应。

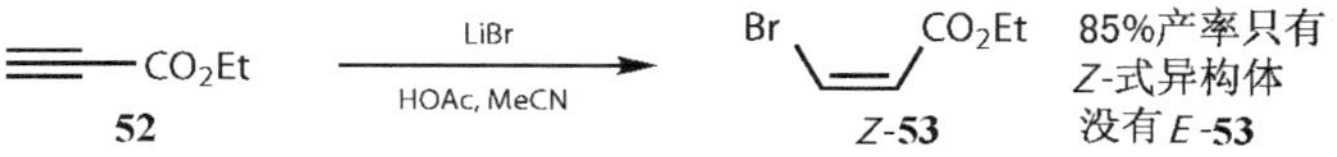

Z-烯烃 **53** 是唯一的产物。与之前不同的是烯醇中间体 **55** 的结构，它不会发生自由的旋转，原因是因为联烯两个累积双键互相垂直的刚性结构。质子会从远离溴的双键一端 **55** 与一个 p 轨道结合，从而生成 *Z*-**53**。这是一个动力学控制的过程[8]。

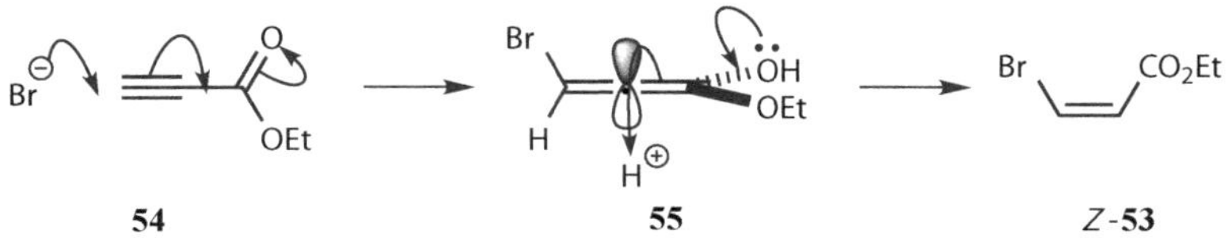

另一个显著的例子是碱促进的炔丙基溴的二聚反应，得到的产物以 *Z*-式烯二炔 **57** 为主。这个反应的重要性在于抗生素含有这样的烯二炔的结构，并且 *Z*-式结构是具有生物活性的[9]。

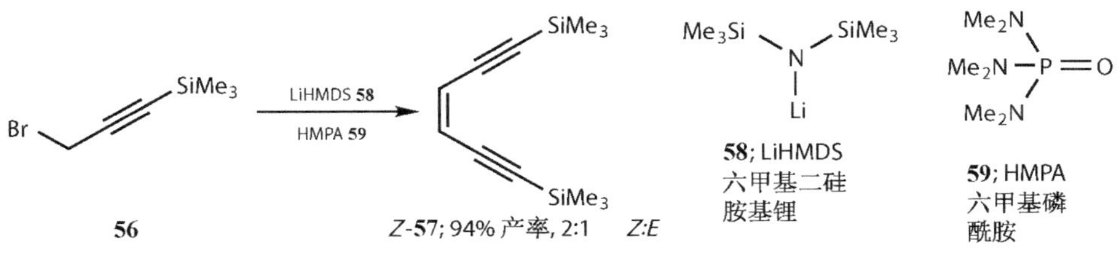

你可能会说选择性“只有”2∶1，但实际上也可以称为 *Z*-式选择。实际上，经过柱层析分离可以以 60％的产率得到 *Z*-**57**。反应的机理是经过生成锂盐 **60** 后，S_N2 进攻，最后化合物 **62** 的碱催化 E2 消除得到产物。

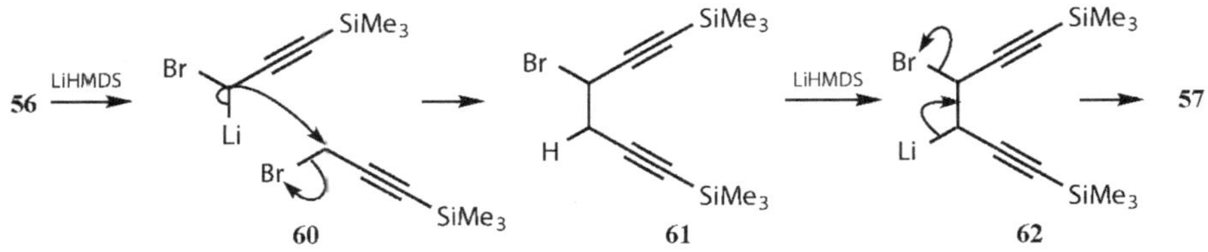

从机理上看生成 *Z*-**57** 的中间体应该是 **62**。尽管看上去不太可能，但是反应确实主要生成了 *Z*-**57** 构象（或者说构型?）。可能两个细长的炔基在空间上是互相吸引而不是排斥的。原文献的作者给出了不同的解释（类卡宾），但并不能令人信服。

以上的两个例子都是关于叁键的，但请不要以为所有叁键的反应都是 *Z*-式选择性的。在 *Organic Syntheses* 的一章中有一个有用的例子是关于 **52** 的亲核加成，在极性的亲水条件下会发生可逆的质子化平衡[10]。

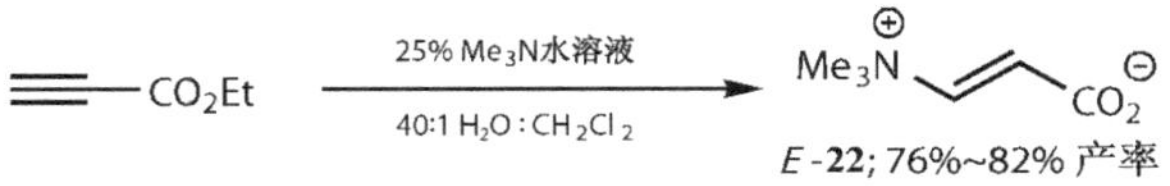

Wittig 反应

现在介绍具有较高 *Z*-式选择性的烯烃合成 Wittig 反应。与 Diels-Alder 反应以及羟醛缩合反应一样，Wittig 反应也是最重要的反应之一。您可能对这个基本反应有所了解：

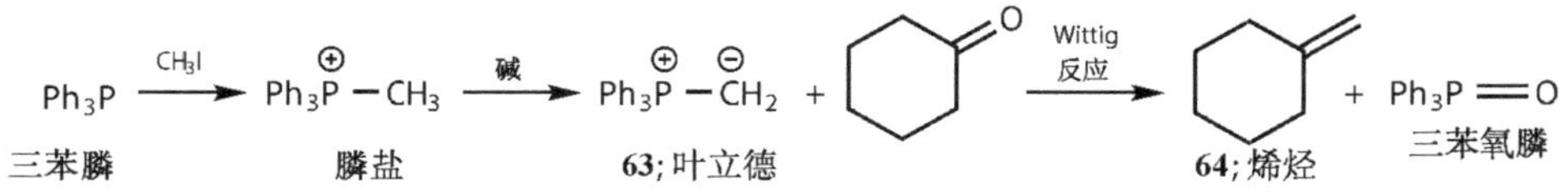

我们选下例来介绍 Wittig 反应的第一个优点：你可以知道在生成的产物 **64** 中烯烃的具体位置，即使这样的结构不如其他可能的结构稳定（如三级醇 **67** 经脱水后只会生成环内烯烃 **66** 而不是 **64**），生成的烯烃肯定是位于膦叶立德中的碳和羰基碳之间，这是因为反应的最后一步是四元环 **65**（氧膦烷）的区域专一的分解反应。

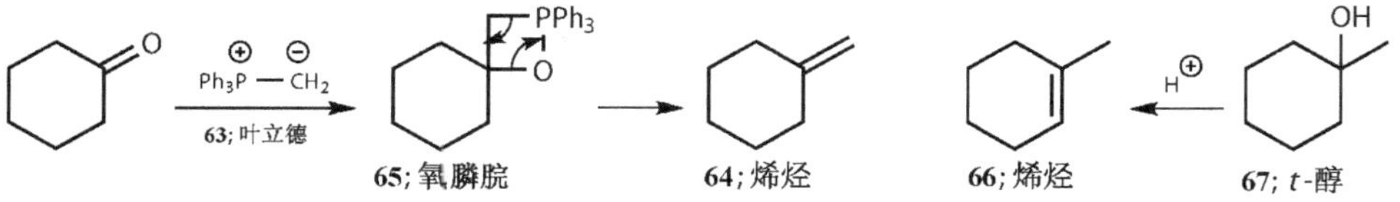

Wittig 反应的最后一步是立体专一性的

这种区域专一性也会影响接下来的立体化学。烯烃产物 **70** 的几何构型并不是由从氧膦烷 **69** 消除 $Ph_3P=O$ 这一步决定的。如果消除这一步是协同的 *cis*-消除的话，那么氧膦烷的立体构型会如实地反映在烯烃产物的构型中。例如：

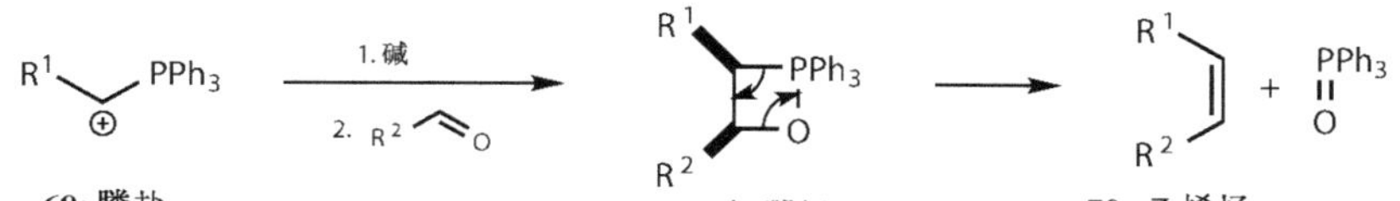

68; 膦盐　**69**; 氧膦烃　**70**; *Z*-烯烃

经由简单叶立德生成 Z-烯烃的 Wittig 反应

如果生成 *syn*-氧膦烷 **69** 是有利的，那么就会最终生成 *Z*-烯烃 **70**。确实如此，氧膦烷 **69** 的生成是 *syn*-选择性的，消除这一步也是立体选择性的。该反应的选择性经常变化，但只要 R 基团是烷基，那么选择性一般都很好。下面是一例关于舞毒蛾性诱剂 **75** 的合成。它的结构是一个具有长链的环氧化合物，*Z*-烯烃 **74** 可以很容易地通过 Wittig 反应来获得，并且具有较高的 *Z*-式选择性[11]。

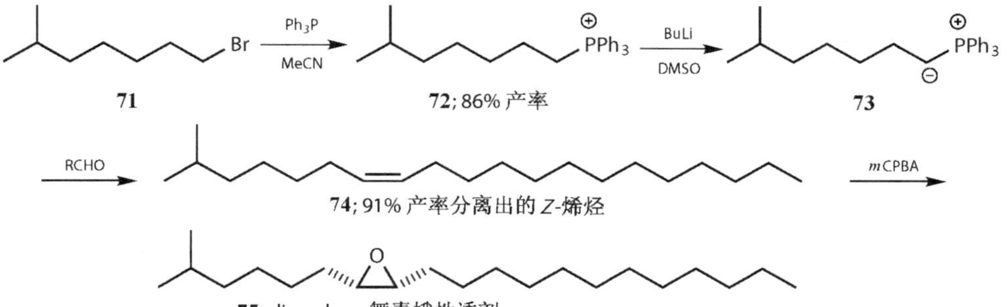

71　**72**; 86% 产率　**73**

74; 91% 产率分离出的 *Z*-烯烃

75; disparlure: 舞毒蛾性诱剂

这样的反应很明显在有机合成中非常重要。关于反应机理中的氧膦烷的生成还有些争议。之前也没有这样的中间体被分离处来。一个可能的机理是一步生成 **76**。这个机理可以很好地解释反应的立体选择性。另一个可能机理是 2+2 环加成，这样的反应具有异面环加成的成分，即$_{\pi}2_s+_{\pi}2_a$ 的反应 **76a**。

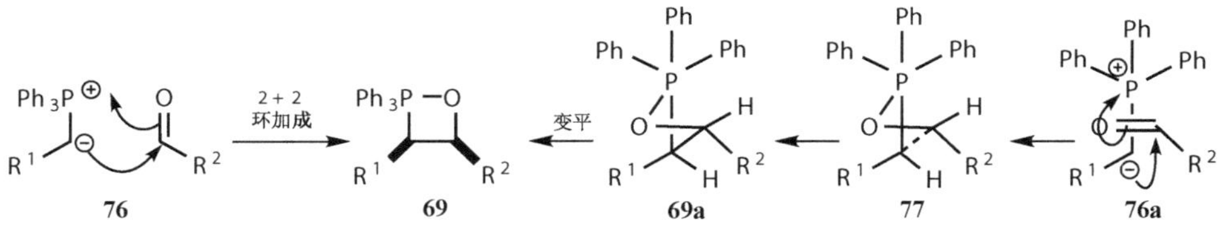

76　**69**　**69a**　**77**　**76a**

在 **76a** 中，两个反应物以 90°角互相靠近，取代基在空间上都互相远离，形成过渡态 **77**，当把四元环 **69a** 扳平后就可得到取代基在同一侧的 **69**，不含盐的叶立德可以得到最高的 *Z*-式选择性，这也可以作为该机理的一个证据[12]。正常的制备叶立德的方法是向膦盐的溴化物中加入 *n*-BuLi，那么不可避免地会产生锂盐（这里是 LiBr），但下面的制备方法则不会：

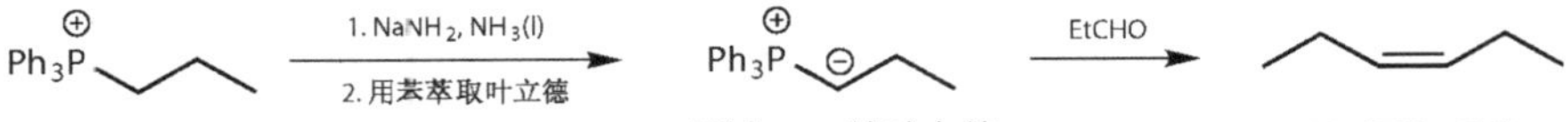

78 **79**; 不含NaBr纯叶立德 **80**; 97:3 *E*:*Z*

这样的方法也被用来合成 prostaglandin（**82**）的上支链（见第 6 章），生成的双键构型与其生物活性有关[13]。在起始原料 **81** 中，醛基以半缩醛的形式存在（见化学选择性第 2 章），而不含盐的叶立德是通过 DMSO 的钠盐制备的羧酸负离子。在下一部分，你可以看到不是所有的 Wittig 反应都是 *cis*-选择性的，稳定的叶立德是 *trans*-选择性的。

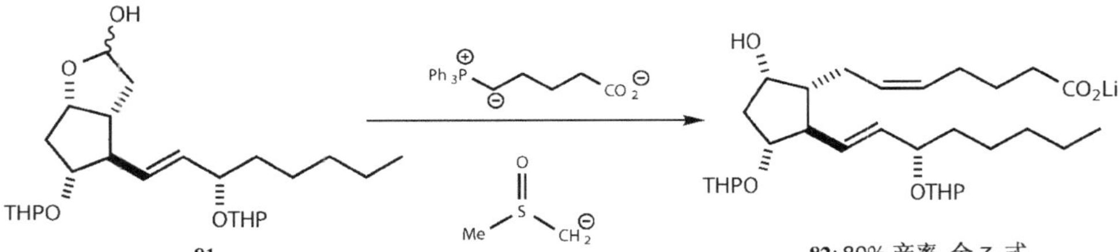

81 **82**; 80% 产率, 全*Z*-式

例 4：立体选择性地生成 *trans*-双键

许多的 E2 消除反应可以归到这一类，如碱促进的烷基溴化物的消除反应就生成 *E*-烯烃，这是因为在两个非对映的氢中，能够生成 *E*-烯烃的氢由于经过的过渡态能量低而更容易离去。这是一个动力学控制的反应，从过渡态就可推断出产物。

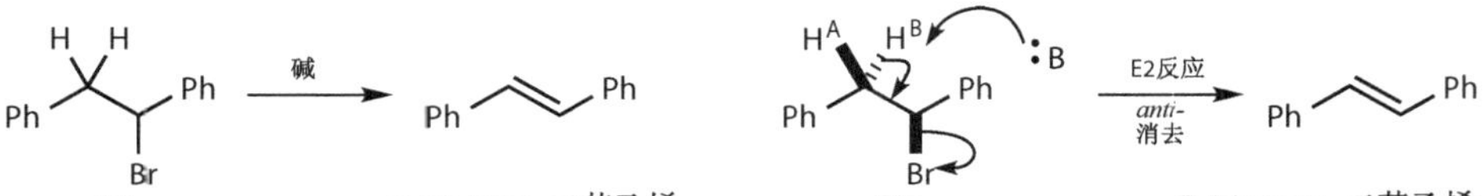

83 *E*-**84**; *trans*-二苯乙烯 **83a** *E*-**84**; *trans*-二苯乙烯

同样也可经过 E1cB 消除机理进行（见 **32**），这时就会有两种中间体构象：一个生成 *Z*-烯烃；另一个生成 *E*-烯烃。非环化合物中，生成 *E*-烯烃的过渡态更稳定，因此优先生成。

Trans-选择性的 Wittig 反应

一般简单的膦叶立德生成 *Z*-烯烃。如果叶立德中的碳负离子同时被 P^+ 和一个共轭基团，特别是羰基所稳定，生成 *E*-烯烃。羰基的稳定作用是由于可生成离域的烯醇化合物 **85b**。**85** 就是一个醛稳定的叶立德，可以从水中结晶出来，也可从 Aldrich 买到。它会和醛及酮反应生成 *E*-烯烃 **86**[14]。

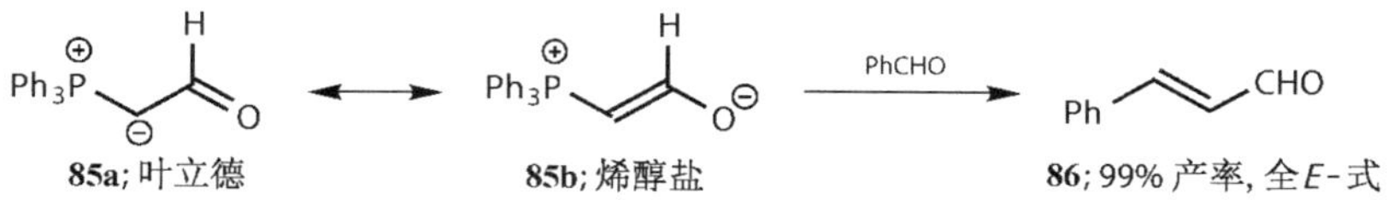

如果先使用反应物 **85** 再接着用一个不稳定的叶立德发生两步 Wittig 反应，则可以得到 *E*，*Z*-二烯，这样的结构在昆虫信息素中很常见。例如，该反应可以被用来合成 bombykol（**90**），它是蚕蛾 *Bombyx mori* 的信息素[15]。第一步 Wittig 反应生成的烯烃中，只有小于 5%的 *Z*-烯烃 **88**，第二步使用不含盐的叶立德，总共得到的 *E*,*E*-**89** 小于 3.5%。

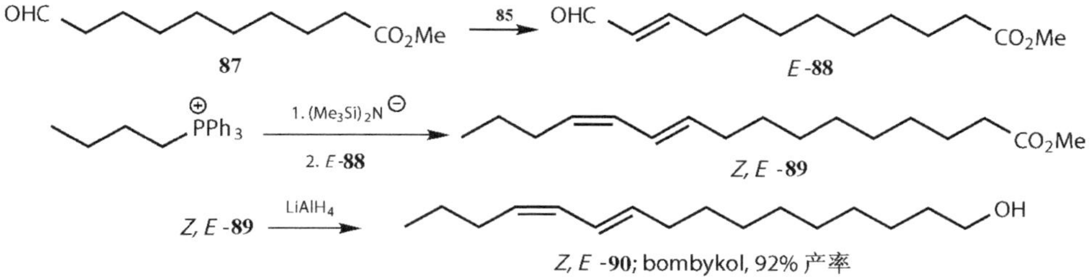

额外的稳定作用使叶立德的反应性降低。膦酸酯 **91** 被用来代替膦盐进行 Wittig 反应。**91** 加碱（常使用 NaH，RO^-，而不是 BuLi）处理后，可得到反应活性高的烯醇离子 **92** 而不是叶立德。Horner-Wadsworth-Emmons 试剂（尽管还有其他名字，我们称之为 HWE 试剂）可与酮和醛反应一般生成 *E*-烯烃 **93**[16]。

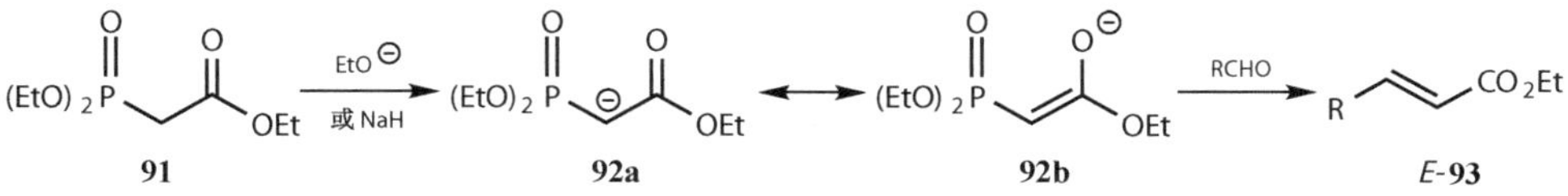

下面介绍两例：一个是叶立德和醛反应；另一个是膦酸酯和酮反应，得到的产物都是 *E*-构型的共轭不饱和酯。第一例以较高产率和选择性（15∶1）得到 *E*-**95**，即使生成三取代的烯烃。这步反应被用来合成萜类化合物佛木酮（eremophilone）[17]。

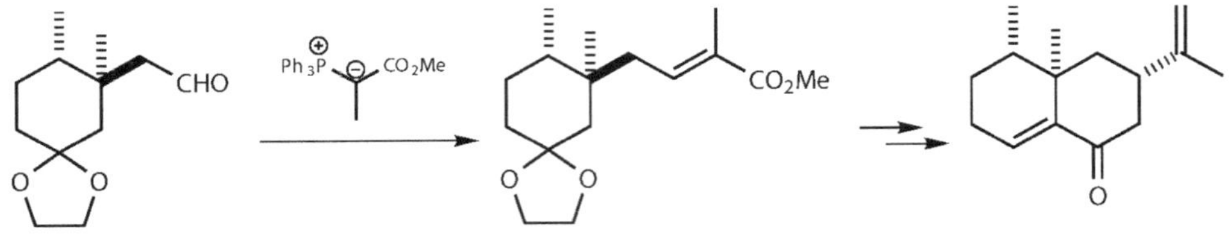

94　　*E*-95; 91% 产率 (15:1 *E*:*Z*)　　eremophilone

第二例得到三取代的 *E*-烯烃 **98**。该反应被用来合成 polyzonimine[18]。

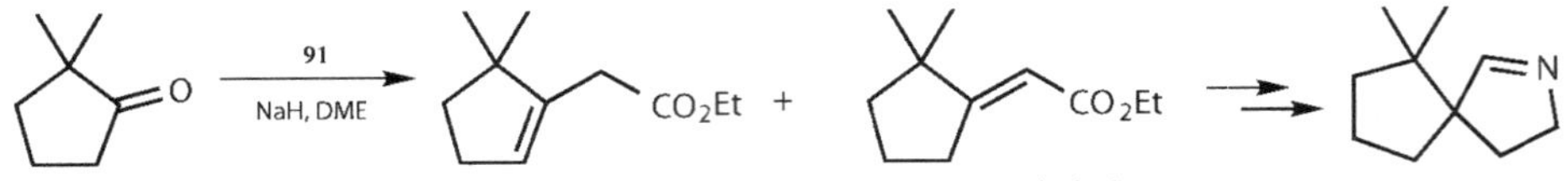

96　　97　　*E*-98 (9% *Z*-98 也生成)　　polyzonimine

那么，是什么原因导致了这些反应以及这些不稳定的叶立德之间如此大的区别？目前这也没有定论，但我们可以给出可能的解释。假设反应仍然是立体选择性地生成 *syn*-构型的氧膦烷 **101**，但这时反应可以逆向进行，因为其实叶立德（碳负离子）更加稳定，*syn*-**100** 关环生成 *syn*-**101** 比 *anti*-**100** 生成 *anti*-**101** 慢，并且 *anti*-**101** 比 *syn*-**101** 更快地发生消除反应。

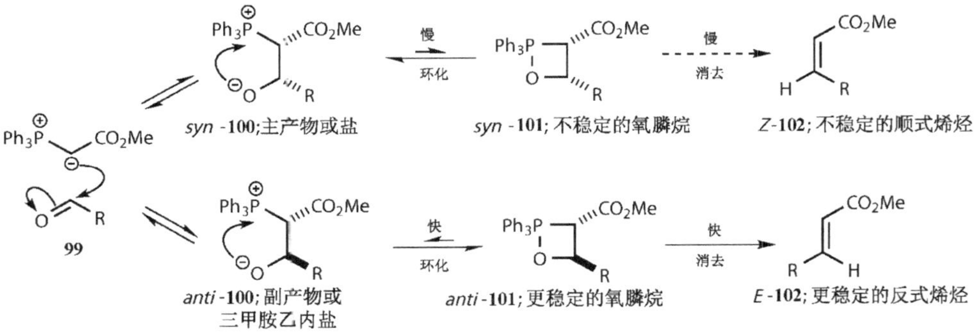

这个不仅解释了为什么是 *trans* 选择性的问题，也可说是 Wittig 反应的另一个机理（敬请指正!）。我不讨论是否存在中间体 **100**，但无疑问的是 **101** 是真实的中间体。这样的机理更令人信服，我们在下一部分还将提到。

Wittig 反应中立体化学分布的交换

Schlosser 改进

Wittig 反应功能如此强大，我们或许可以接触“禁区”，即从不稳定的叶立德出发得到 *E*-烯烃，而从稳定的叶立德出发得到 *Z*-烯烃。两种氧膦烷的稳定性给了我们一些启示解决第一个问题。Schlosser 认为，如果能够使两种构型的氧膦烷互相转化，而又不会逆向反应回到起始原料，则能够使优势构型 *syn*-**104** 或氧膦烷转变为 *anti*-构型。他在低温下进行 Wittig 反应，并在消除之前加入另一分子的碱，含氧化叶立德 **107** 就可从两个非对映体 **105** 或者 **104** 产生，再次质子化后就可得到更加稳定的 *anti*-**104** 或者 **105**，加热后会生成 *E*-烯烃。

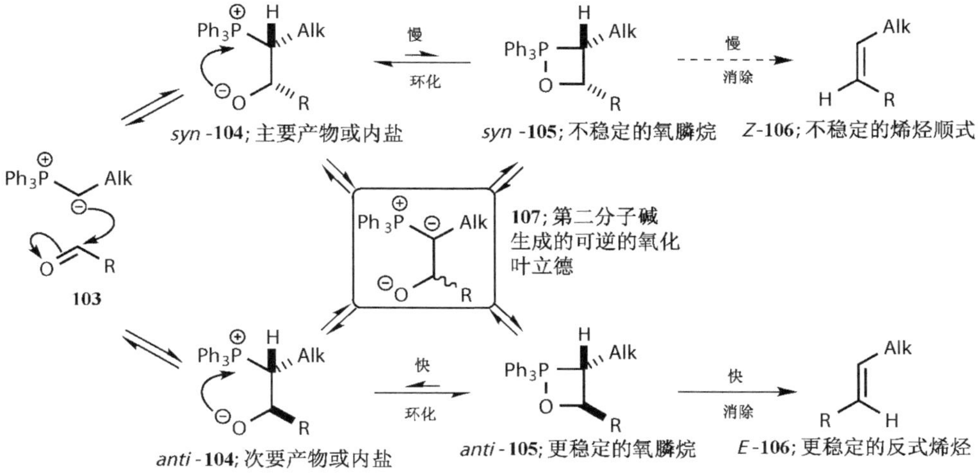

例如，利用一般的 Wittig 反应来合成 2-辛烯，得到的 *Z* : *E* 产物的比例为 80 : 20。而使用 Schlosser 改进的方法，则可以以较高的产率一步得到几乎纯的 (99 : 1) *E*-2-辛烯。需要注意的是，醛的加入要在低温下进行，这样可以抑制 Wittig 的完成。在加入另一分子的 PhLi 后，发生构型的翻转，含氧叶立德 **107** 经过酸化后生成醇 *syn*-**109**，加入钾碱后消除生成产物[19]。

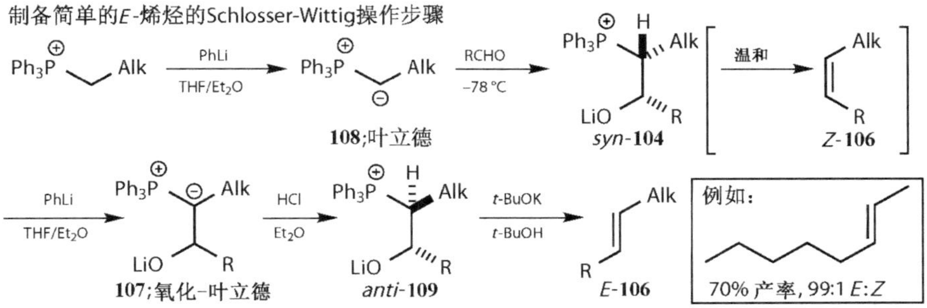

另一个重要的例子是 Johnson 用仿生法进行多烯的环化。他希望合成多环化合物 **110** 的前体多烯 **111**，**110** 是一个类似于类固醇的 5-6-6-5 环系化合物。而 **111** 则容易由 **112** 经过羟醛缩合反应得到，**112** 中的 *trans*-烯烃可经过两个中等分子经过 Wittig 反应生成。

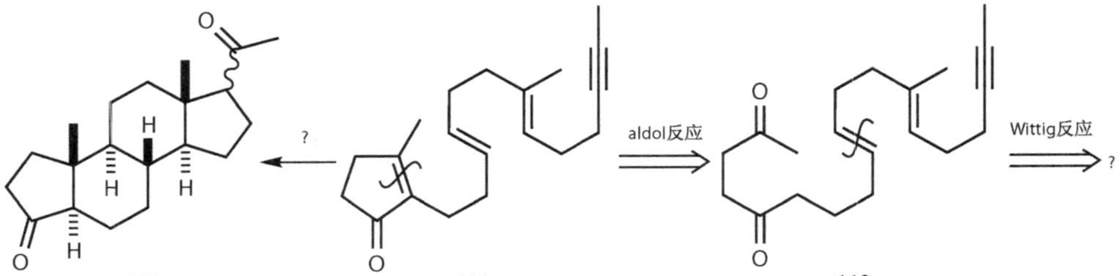

110　　111　　112

这需要利用 Schlosser 改进的方法合成，从理论上说，CHO 和 PPH_3 基团可以在两个片段中互换，但我们可以迅速发现三取代的 *Z*-烯烃可由我们将要提到的［3，3］-迁移重排得到烷基-4-烯醛，分析如下：

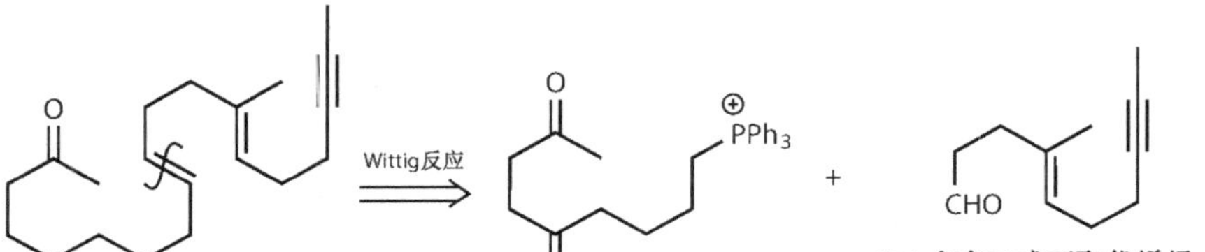

112　　113；保护的酮　　114；含有*E*-式可取代烯烃的γ-δ-不饱和醛

用 Schlosser 方法进行 Wittig 反应：利用 PhLi 产生叶立德后，在低温（－78℃）下加入醛。之后加入第二分子的 PhLi，反应体系升温至－30℃，并使之平衡，最后在这个条件下消去 $Ph_3P{=}O$ 后生成 *E*-烯烃 **116**。经过去保护和羟醛缩合后，以五步 46％的总产率由最初的醛得到环己烯酮。

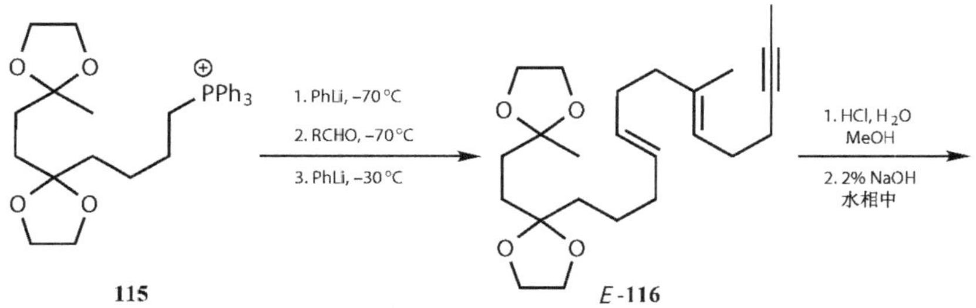

111；从RCHO的产率为46%

115　　*E*-116

需要注意的是，羟醛环缩合反应中的选择性。四个可能的烯醇盐之一进攻两个羰基化合物中的一个，这是在弱碱性条件下由热力学控制的（见第 5 章），生成的是更多取代的（四取代）烯烃以及最稳定的环（例如五元环而非三元或者四元环），当然，烯烃的构型是由环控制的[20]。

共轭的 *Z*-烯烃

典型的 Horner-Wadsworth-Emmons 合成共轭烯烃法需要膦酸酯 **92** 和醛，生成 *E*-选择性的 **93**。反应的选择性取决于生成 **100** 的反应是否能够逆转。如果我们希望能够得到 *Z*-选择性的烯烃，就必须加快 **100** 的关环速率，即黑点标注那一步。一旦 *syn*-氧膦烷 **101** 成为主要中间体后，就可立体选择性地消除 $Ph_3P=O$ 生成 *Z*-烯烃 **102**。

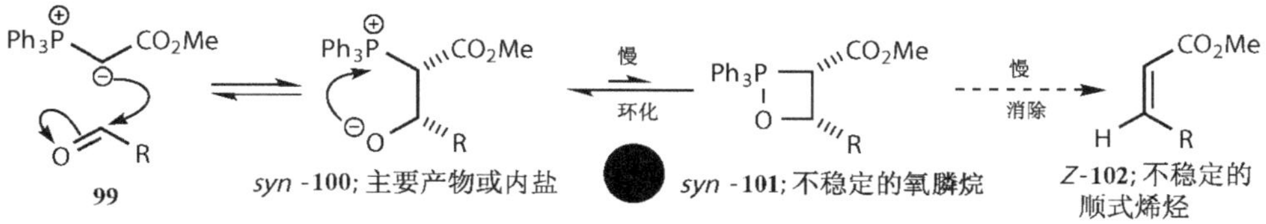

Still 和 Gennari 将强拉电子基团（CF_3CH_2O—）接到磷原子上，成功地实现了这样的假设。对磷原子的进攻被加速，反应具有 *Z*-选择性。因此选择好合适的条件，我们就可以实现最高的 *Z*-选择性，并且从同样的醛出发得到顺反不同的烯烃[21]。

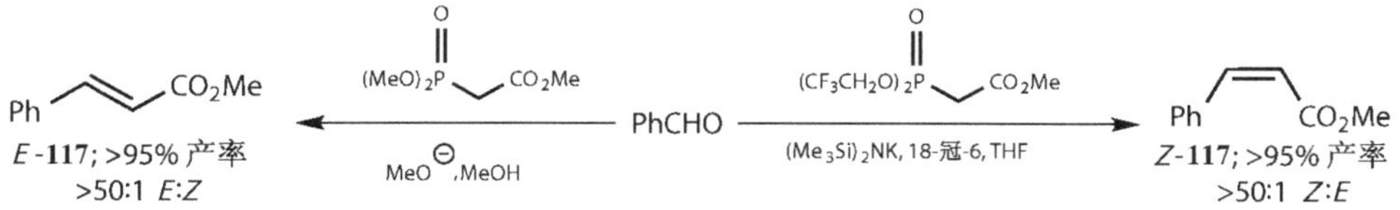

令人惊讶的是，这样的条件也可被用来合成三取代的烯烃，尽管这样的例子很少。概括如下：

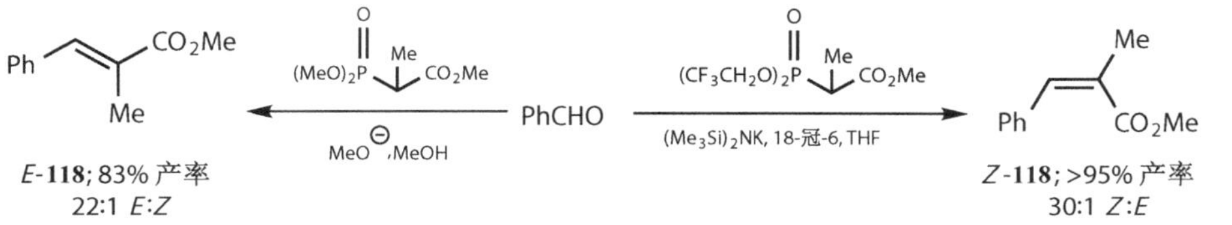

立体控制的反应

HWE 的两种方法与立体控制比较接近：可以从同一原料出发选择性的生成异构体之一（*Z* 或者 *E*）。下面的两个例子就可达到这样的目的。通过分离得到 Wittig 式的中间产物，再立体专一地消除生成单一的烯烃。

与膦氧化物进行的 Horner-Wittig 反应

在 Wittig 反应中，将膦盐 **68** 以碱的水溶液而不是无水碱处理后可得到稳定的膦氧化物**119**。具有 C—Li 键的锂盐 **120** 可以立体选择性地与醛反应，生成稳定的加成产物 **121**，质子化后可得到高结晶的 *syn*-**122**，*syn*-**122** 经过重结晶可以很容易地纯化，如果需要还可以用色谱柱纯化[22]。

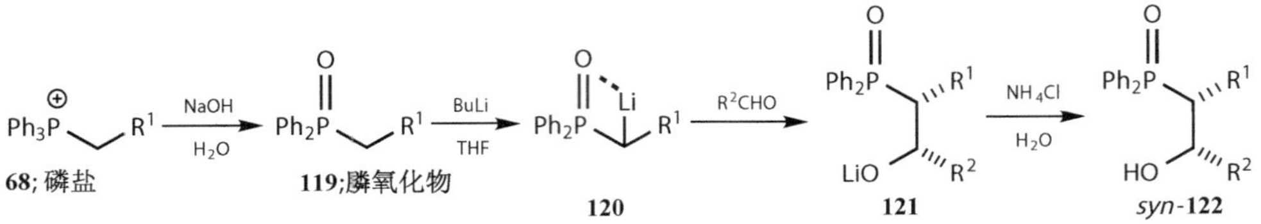

当 **122** 的一个纯的非对映体用钠或钾的碱处理后，阴离子 **123** 经过一个四元环中间体 **124**，发生 Wittig 式的消除后可得到烯烃产物。由于 **122** 的立体化学在反应过程中不受影响，因此生成 *Z*-烯烃。反应的副产物是可溶于水的 Ph_2PO_2 盐，而不是 Wittig 反应中难分离的 $Ph_3P=O$。

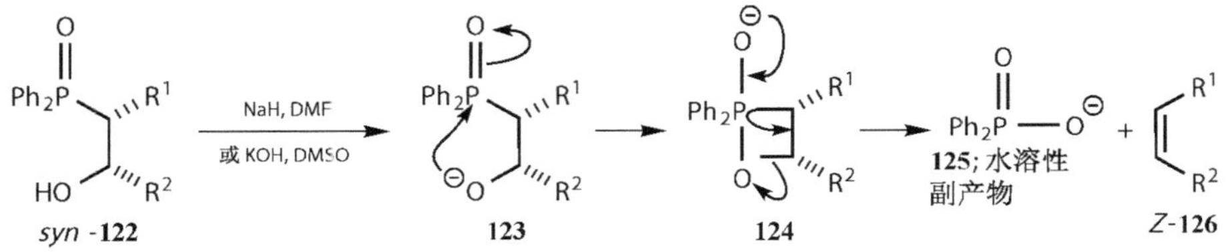

如果需要得到 *E*-烯烃，则可将 **119** 酰基化，或者将 **122** 的异构体混合物氧化，都可得到酮 **127**，**127** 与 $NaBH_4$ 在醇溶液中反应，可立体选择性地生成 *anti*-**122**，再经碱处理后可立体专一性地得到 *E*-**126**。还原反应的立体选择性是由 Felkin-Anh 规则控制的（见第 21 章）。

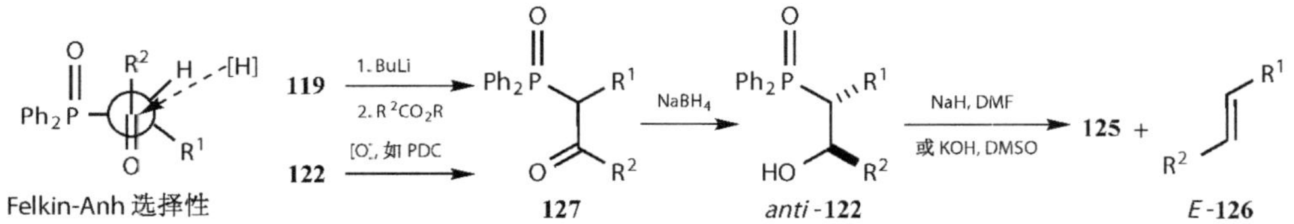

一个简单的例子是从膦氧化物 **128** 出发，立体选择性地合成 isosaffrole (**130**) 的两个异构体。经过两步可以以 64％的产率得到 *Z*-**130**，而经过三步也可以以 70％的产率得到 *E*-**130**。需要考虑是否值得用两步或者三步反应以损失产率的方法得到单一的异构体，而不是用一步的 Wittig 或 HWE 反应来生成混合物[23]。利用 Horner-Wittig 反应合成的更复杂的化合物还包括 brevetoxin A[24]和免疫抑制剂 FK506[25]。

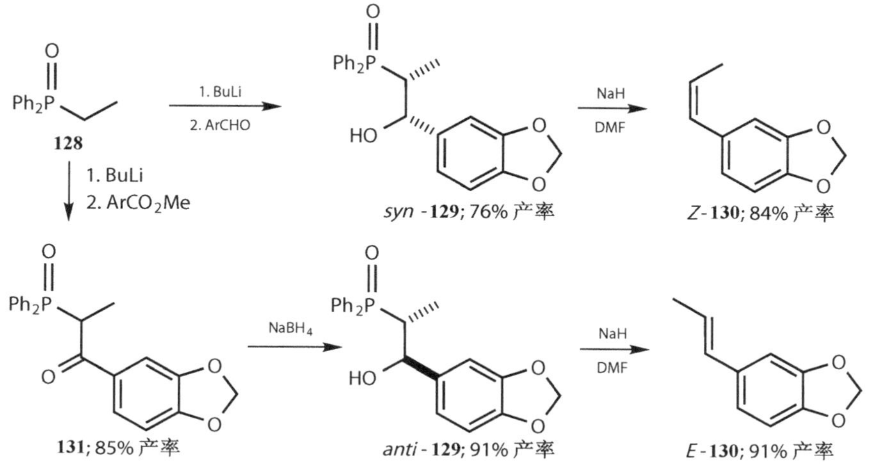

中间体 **122** 是一个稳定的化合物，可通过其他的生成简单醇的化学反应来合成。例如，**128** 与内酯酰基化后，生成含有羟基的酮 **32**，经过还原后生成 *anti*-二醇 **133**，再消除可得纯的 *E*-**134**，这是地中海果蝇的一种信息素。

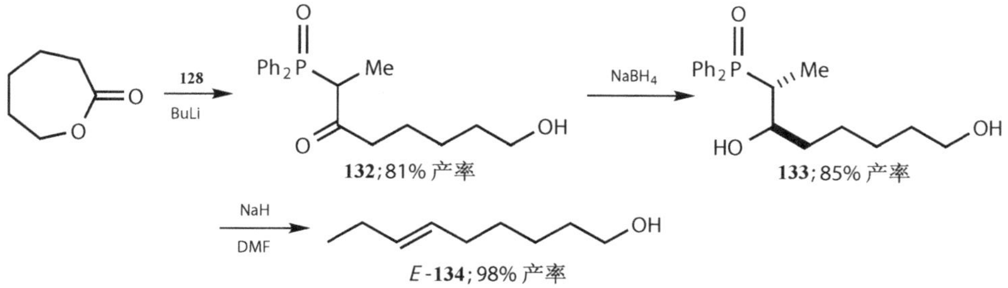

γ-内酯 **135** 可由 **128** 与环己烯的氧化物反应后再氧化制得，与过氧酸发生 Baeyer-Villiger 反应后，主要得到内酯 **136**（24∶1），经过碱水解生成的醇发生消除后只生成 *Z*-**137**[26]。

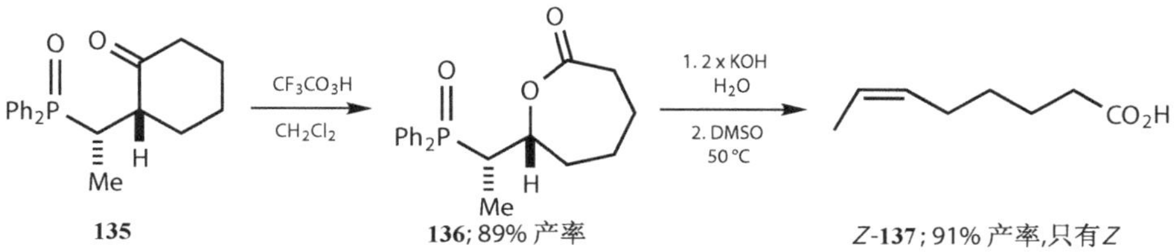

Peterson 反应

与 Wittig 反应类似，硅试剂也可立体选择地控制两种烯烃的生成[27]。假设你能得到立体单一的含硅的醇（这是问题所在!），你就可以分别得到 *E*-和 *Z*-烯烃。这方面最好的例子就是 Barrett 关于三烯的合成[28]。**138** 经几步转化后可得到酮 **141**，再与 MeLi 反应，可立体专一性地得到硅基和羟基处于 *syn*-构型的醇 **142**（见 Felkin-Anh 模型）。

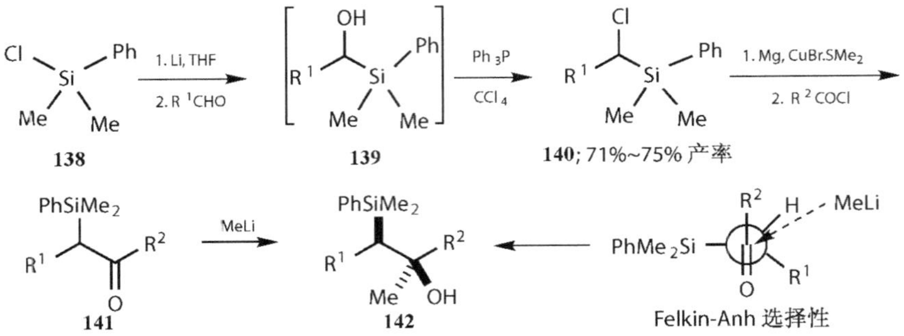

消除反应是通过 Wittig 式的中间体 **143** 和 **144**，立体专一地生成 *E*-**145**。然而如果在酸性条件下消除，则由于硅基和羟基需处于 *anti* 位而生成 *Z*-**145**。

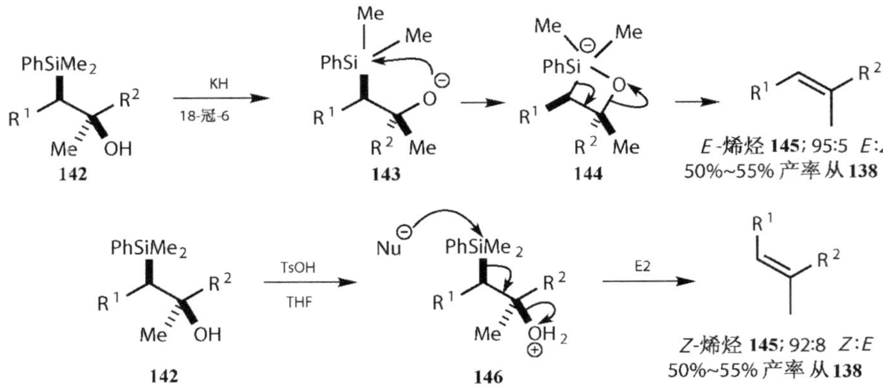

立体选择性生成 *E*-烯烃的方法：Julia 反应

Julia 烯烃合成法与 Wittig 反应比较类似，只是用砜取代了膦盐，但有一个重要的区别：Julia 反应的消除过程是立体选择性的，中间体的两个异构体会生成同样的一种烯烃。砜 **147** 经强碱处理后生成阴离子 **148**（或金属化合物），进攻醛后得到 **149** 的一对异构体的混合物，再经过各种方法消除后，如果是开链化合物则主要生成 *E*-**150**，而如果是环状化合物，则主要生成 *Z*-烯烃[29]。

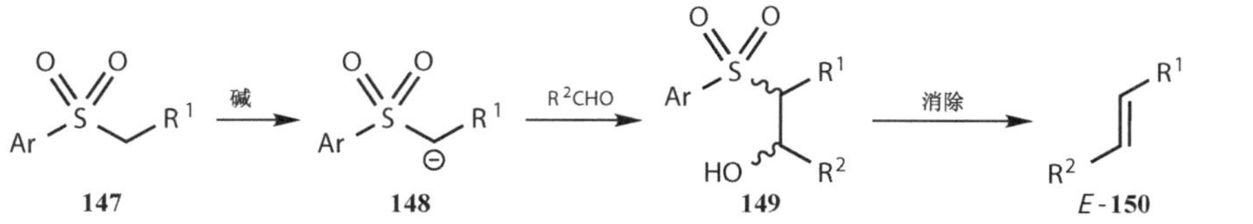

从 **147** 出发，如果 Ar＝Ph，经与醛加成后，再与酰氯发生酰基化，然后与钠汞齐反应，可通过电子传递发生还原消除反应。传递两个电子给 **151** 后得到双阴离子 **152**，断裂碳-硫键后生成碳负离子 **153** 或者其他类似物（这几步并不需要考虑立体化学），再经消去可得烯烃产物。

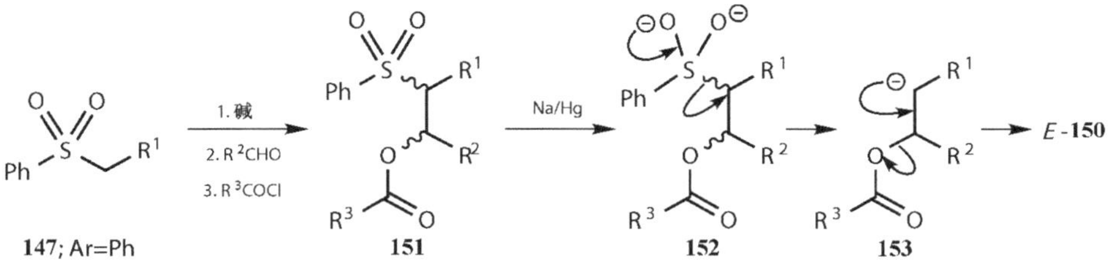

这个反应一个出色的应用是 Danishefsky 关于抗生素 indolizomycin 的合成[30]。这个例子也表明了 Julia 反应可以与许多敏感的官能团兼容。烯醇 **154** 与烯丙基砜的锂化物反应后的产物经酰基化可得到 **155** 的异构体的混合物，用钠汞齐进行消除反应后可以以较好的产率得到 *E*,*E*,*E*-三烯 **156**（R 为保护基）。

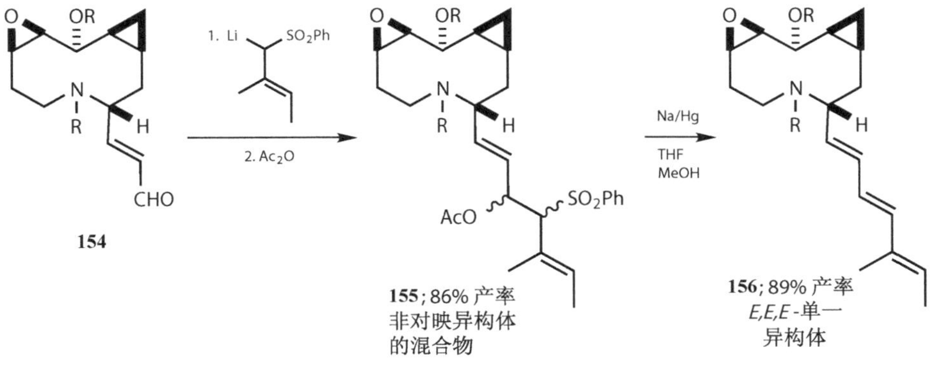

改进的 Julia 反应

最近的发展都集中在将三步的 Julia 反应改为方便的一步反应，如将试剂 **147** 中的 Ar 改为杂环。**157** 使用了苯并噻唑环。它与醛的加成产物 **158** 不需要任何其他试剂经过螺环 **159** 分解产生 SO_2，烯烃 **150** 以及苯并噻唑 **161**，而不需要其他试剂的协助（**158** ～**160** 中的苯环为方便在表示时被省略了）[31]。

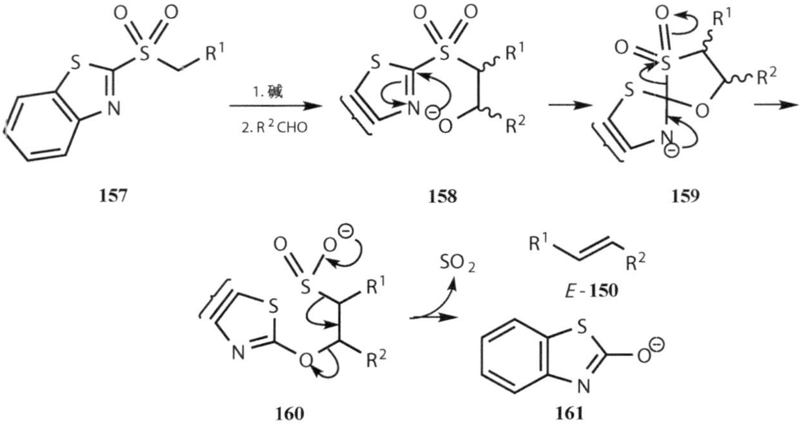

这个方法被 Charette 大大改进了。Charette 发现六甲基二硅胺碱（Li，Na，K）以及合适的溶剂可以选择性地生成 *E*-或 *Z*-烯烃而不会有最初方法中地副反应[32]。从苯并噻唑 **164** 出发，可以通过溶剂的选择高产率以及高选择性地得到 *E*-或 *Z*-**162**。该改进的方法中的两个反应物都是对映纯的环丙烷，三元环以及它们的立体化学在反应中并不会被破坏。这个方法被用来合成具有六个环丙烷结构的天然产物的单一对映体。

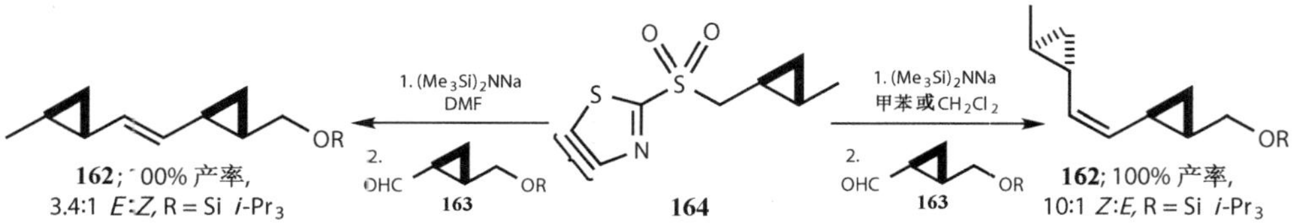

Julia 反应的 Kocienski 改进

将 Julia 反应改进的最好的恐怕是 Kocienski[33]了。所使用的 *N*-苯基四唑基砜 **167** 可以从可得的硫醇 **165** 与一个简单醇经 Mitsunobu 反应后再氧化得到。

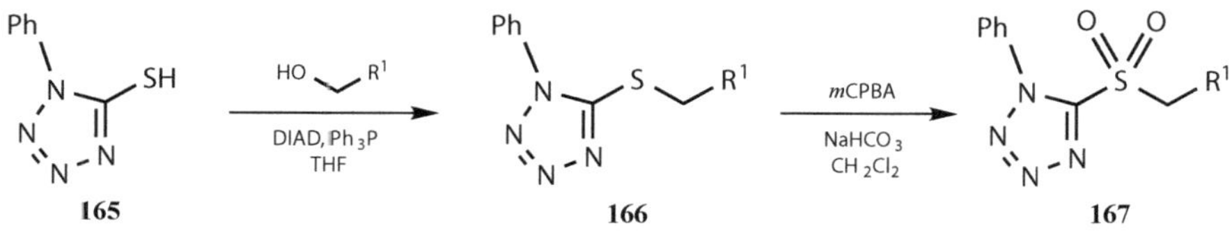

反应也使用六甲基二硅胺碱，并对溶剂敏感。极性溶剂（乙二醇二甲醚即 DME，效果最好）和 $(Me_3Si)_2NK$ 导致高的 *E*-选择性（通常＞95∶5，*E*∶*Z*），而非极性溶剂（甲苯最好）和 $(Me_3Si)_2NLi$ 则给出中等的 *Z*-选择性。

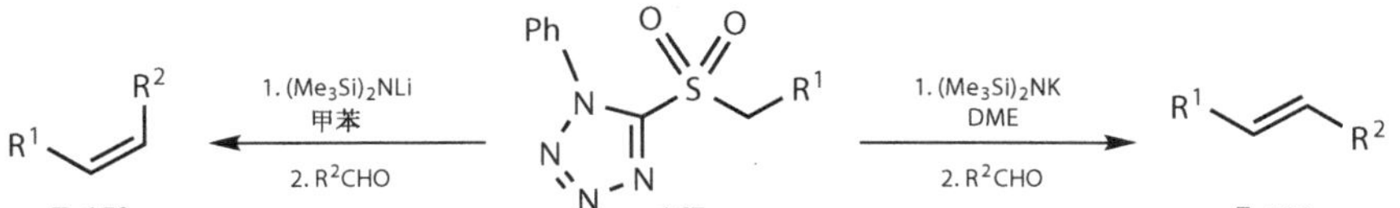

Z-**150** **167** *E*-**150**

该方法最近的应用是 Omura 组关于抗寄生虫药 nafuredin**168** 的合成[34]。Nafuredin**168** 在侧链上有四个烯基，但在中间双键处切断是最合适的。利用 Julia 反应，需要将砜和醛基分别引入到两个片段中。砜可以很容易地从烯丙醇制备。毫无疑问，**169** 中的某些官能团需要提前保护。

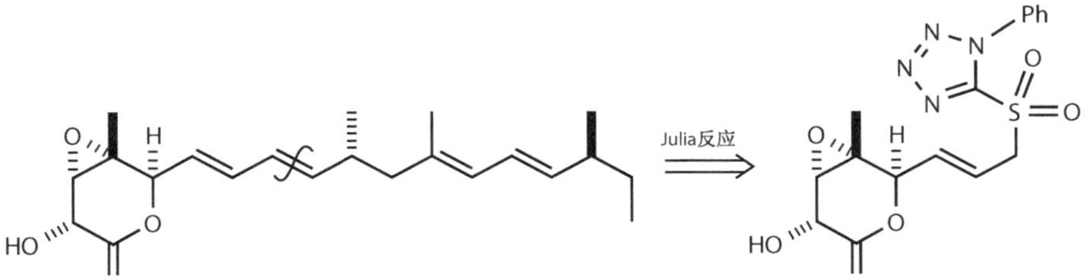

168; nafuredin **169**

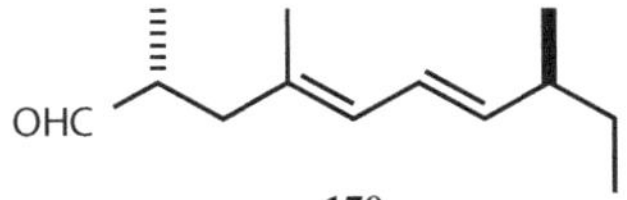

170

168 中的其他三个双键可通过 *E*-选择的 Wittig 反应或者 HWE 反应合成。用来进行 Julia 反应的砜 **172** 可以从来自于葡萄糖的 **171** 制备，再经与 **170** 反应后高产率和高选择性地得到 *E*-烯烃。

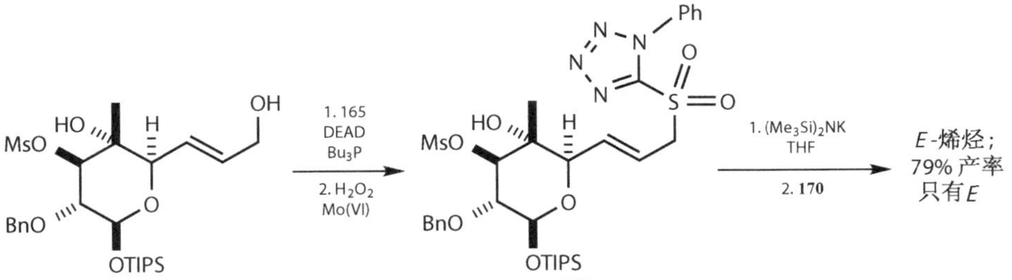

171 **172**

羰基化合物和烯烃的直接偶联

羰基化合物：McMurry 反应

Wittig，HWE，Julia 反应中的双键都是由羰基化合物与 P 或 S 官能化的烷基化合物反应而产生的。因此就存在在哪一个组分中引入哪一个官能团的问题。

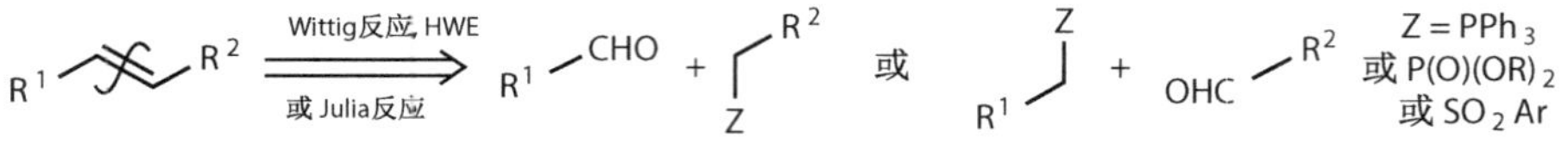

让我们看看这两个反应：McMurry 反应和复分解反应。双键均是由两个片段构成的，但两种反应的片段含有相同的官能团：McMurry 反应中的羰基和复分解中的烯基。这两个反应比较简单，但很明显地存在选择性的问题。

McMurry[35] 利用低价的钛使两个羰基偶联，当两个反应底物相同时效果较好：用 3-氟苯甲醛 **173** 反应可以以 95%的高产率和几乎单一（99.92∶0.04，*E*∶*Z*）的 *E*-选择性地得到 1，2-二苯乙烯 **174**。反应中低价钛是通过金属锂把 Ti（III）还原得到的[36]。

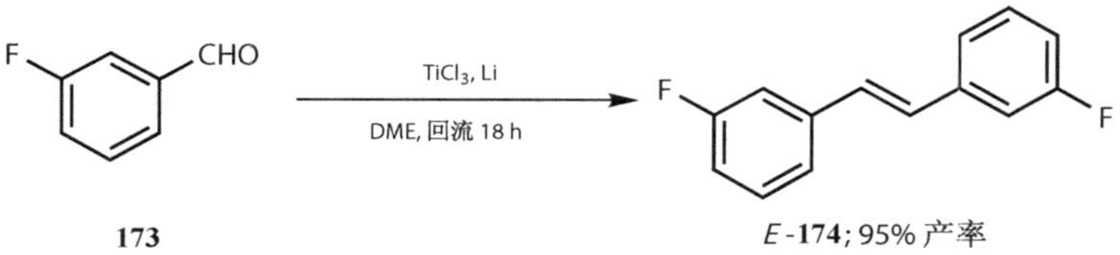

如果该反应是分子内的反应，则两个不同的羰基化合物就可以偶联，下面两例是利用酯 **175**[37] 和酰胺 **177**[38] 来合成苯并呋喃 **176** 和吲哚 **178**。

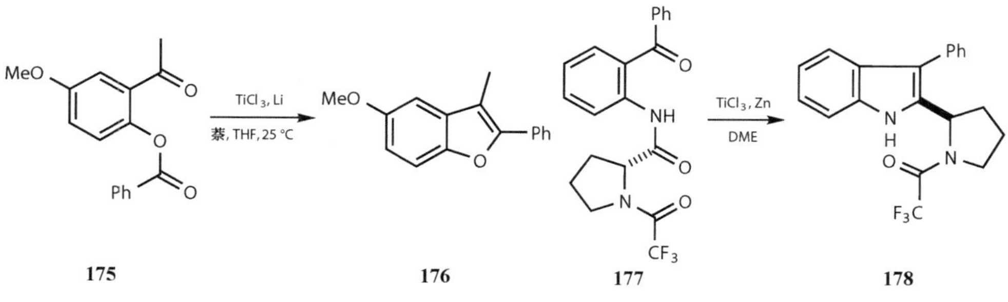

烯烃：烯烃复分解

烯烃复分解反应是现在合成烯烃最重要的方法之一。直到 20 世纪 90 年代，该反应可实用的催化剂才被发展起来[39]。烯烃复分解反应主要用来合成环状合物，如 **180**。尽管已经有许多的复分解反应的催化剂，目前最重要的还是两个 Grubbs 钌卡宾络合物 **181** 和 **182**。它们并不是最活泼的，但是却比较稳定，容易使用，可以容忍许多官能团。**181** 就是一个卡宾络合物，被称为“Grubbs”催化剂。活性更高的 **182**（第二代“Grubbs”催化剂）是将 **181** 中的一个三环己基膦换成一个杂环。下图中的虚线代表环中可能是单键也可能是双键。图中 **182a**～**c** 表示同一物质三种不同的画法。第一个 **182a** 比较简单，但会让人误解与钌相连的碳上有一个氢。其他两个 **182b**，**c** 比较清楚地显示出杂环是一个卡宾配体。

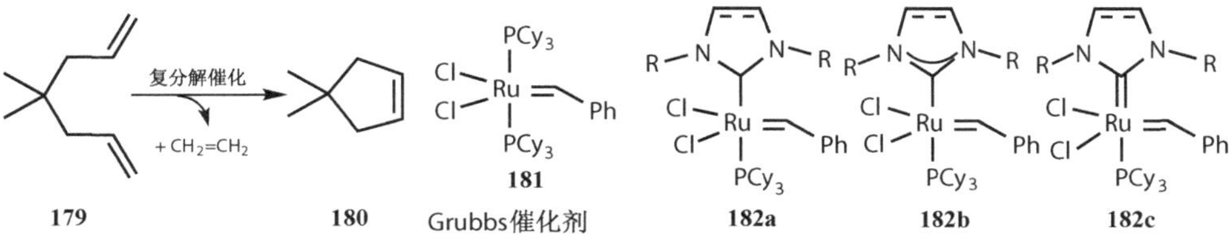

反应的机理包括连续的［2+2］环加成（**183** 和 **185**）和开环（**184** 和 **186**）。第一个四元环（从 **183** 到 **185**）与主要反应不同，它生成的是苯乙烯。之后再经过复分解，可以得到反应中的真实催化剂亚甲基络合物 **187**。反应能顺利进行的一个驱动力是生成可离去的乙烯气体。

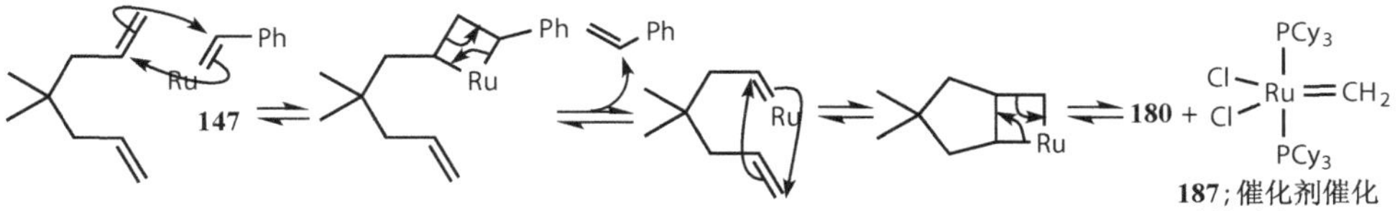

该反应的一个应用是 Corey 对抗生素和抗真菌剂 streptazolin 类似物的合成[40]。利用手性源制备的光学纯的二烯氨基甲酸酯 **188**（见第 23 章），在 Grubbs 试剂催化下生成含六元环的 **189**，它是合成（－）-4,5-dihydrostreptazolin（**190**）的前体。烯烃复分解的产物显然是一个 *Z*-烯烃。

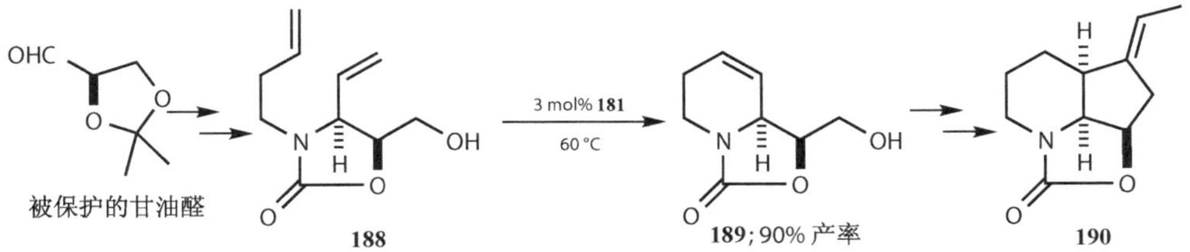

烯烃复分解非常适合用来合成中环和大环，在合成 epothilones 中，Nicolaou[41] 用 Grubbs 催化剂在温和的条件下，高产率地将开链的酯 **191** 关环成为十六元环的内酯 **192**。合成 **192** 的最明显路径是利用开链的羟基酸进行分子内的酯化，关环成内酯，但烯烃复分解关环效果更好。

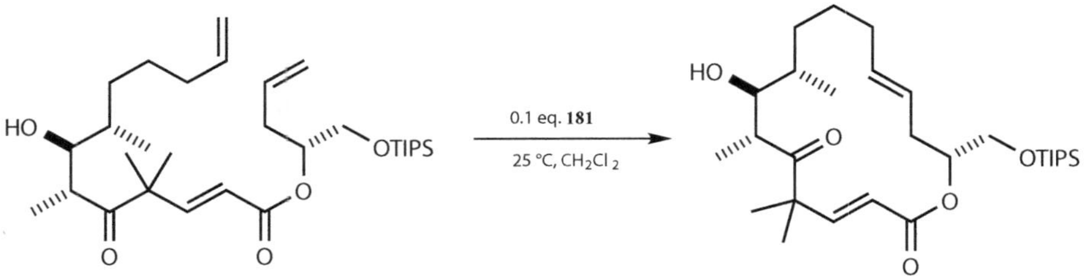

191　　192; 80% 产率

非常复杂的天然产物 ircinal A（*Z*-**196**）在八元环和分子腰部各有一个难合成的 *Z*-双键。这两个双键都是利用烯烃复分解得到的，并且具有较好的 *Z*-选择性[42]。起始原料 **193** 中有三个双键，但只有两个发生复分解反应生成含有十三元环的产物 **194**。最后一步环合成八元环比较困难，产率比较低。

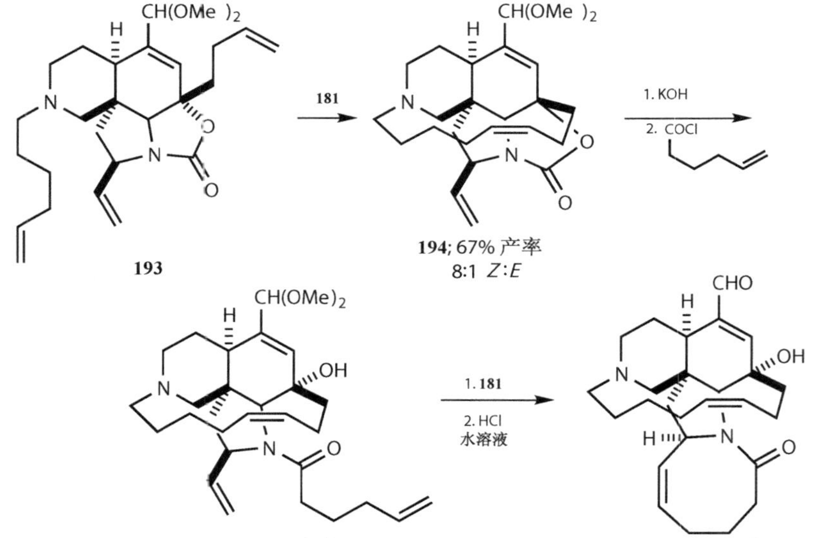

193　　194; 67% 产率 8:1 *Z*:*E*

195; 75% 产率　　*Z*-196; 26% 产率

比较简单的八元杂环[43]（**198**）可以用第二代 Grubbs 催化剂（**182**）（R＝2,4,6-三甲苯基）以 95％的产率关环得到。这个例子表明三取代的烯烃也可以通过烯烃复分解得到。

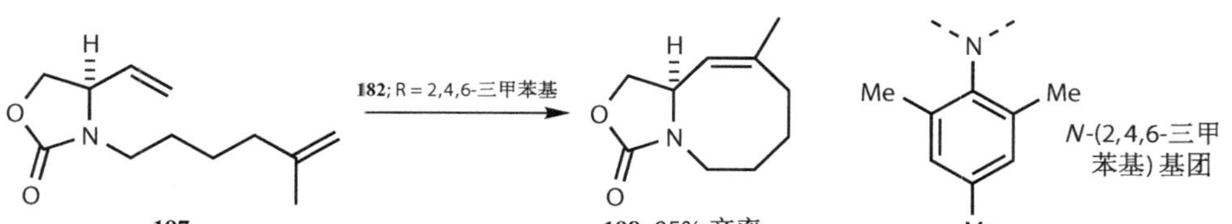

197　　198; 95% 产率

立体选择性的合成 *E*-烯烃的方法

[3，3]-σ 迁移重排

之前我们提到可用［3，3］-σ 迁移重排来合成三取代 *E*-γ，δ-不饱和羰基化合物 **111**。现在我们可以很仔细地了解这一反应。γ，δ-不饱和羰基化合物 **199** 可以在 α，β 键处切断。

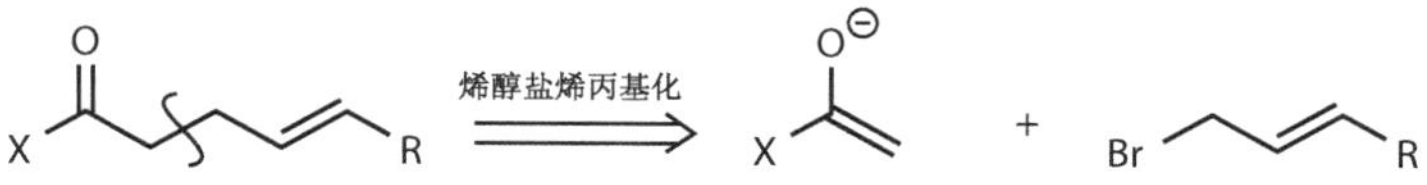

199

这样的方法我们称为“烯醇的烯丙基化”，因为我们想用烯丙基卤化物对烯醇化物烯丙基化。我们已经讨论过（见第 19 章）烯丙基衍生物反应的内在的区域选择性问题。现在我们需要在烯丙基的某端（取代基少的一端）反应，并且获得 *E*-烯烃，解决的方法就是利用［3，3］-σ 迁移重排反应。下面是反应过程：

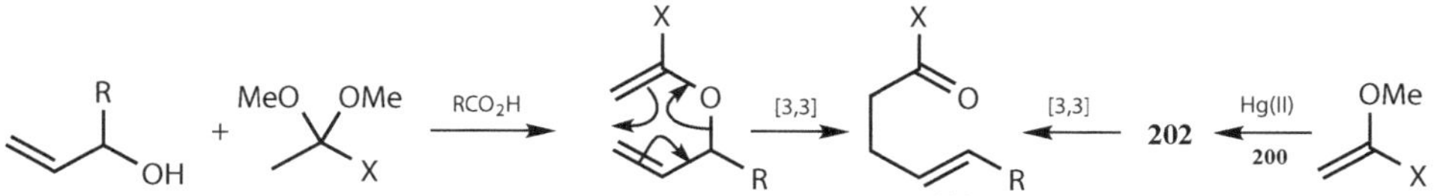

200　**201**　**202**　**199**　**203**

使用区域化学稳定的烯丙醇 **200** 代替烯丙基卤化物作为反应物，在质子酸的催化下与缩醛 **201** 反应或在 Hg（Ⅱ）的催化下与烯基醚反应，都可以得到关键的烯基烯丙基醚 **202**。**202** 在加热后经过重排生成 *E*-γ，δ-不饱和羰基化合物 **199**。反应后，一个 C—C 单键取代了 C—O 单键。这个反应的驱动力在于更加稳定的羰基取代了C═C双键。选好正确的起始物，这个反应可以用来制备醛（X＝H）、酮（X＝R）、酯（X＝OR）和酰胺（X＝NR_2）。

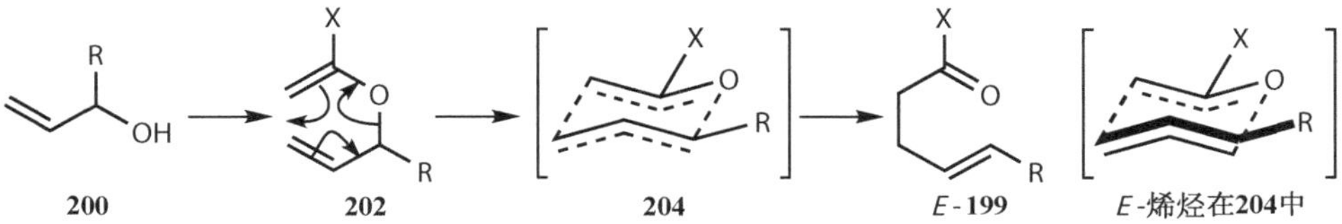

200　**202**　**204**　*E*-**199**　*E*-烯烃在204中

因为［3，3］-σ 迁移重排会使烯丙基的双键移位，因此需要使用“错误”的烯丙醇 **200**（双键在另一端）来制备 **199**。反应的 *E*-选择性是由椅式过渡态决定的，过渡态中 R 基团倾向于位于平伏键，从而使过渡态中黑线标注的叁键位于 *trans*-构型[44]，这是已知最好的 *E*-选择性反应。即使 **207** 中的基团 R 比较大也会选择平伏键，从而也能较好选择性地生成三取代的烯烃 *E*-**208**。

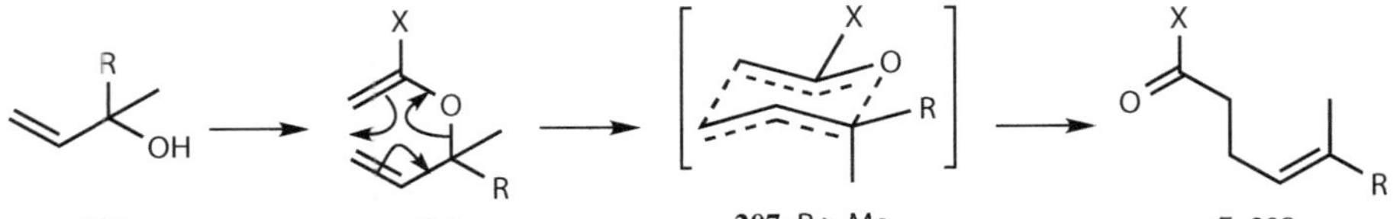

205　　206　　207; R > Me　　*E*-208

一个漂亮的应用是 Johnson 通过一系列的［3，3］-σ 迁移重排来合成角鲨烯（squalene）[45]。二醛 **209** 与丙烯基锂 **210** 反应生成双烯丙醇 **211**，再与原乙酸酯［MeC(OEt)$_3$］反应后的产物经双键迁移重排后得到二酯 *E*，*E*-**212**。

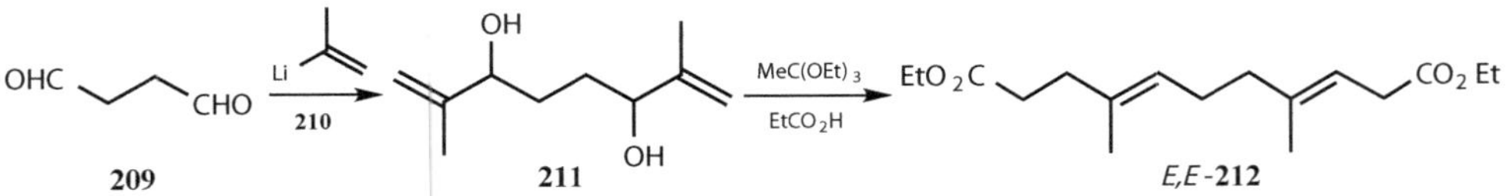

209　　211　　*E,E*-212

将酯 **212** 还原成醛后，重复两次上面的过程，就可得到完整的含有四个双键的骨架 **214**，并且其中 90%以上是 *E*，*E*，*E*，*E*-型的异构体。

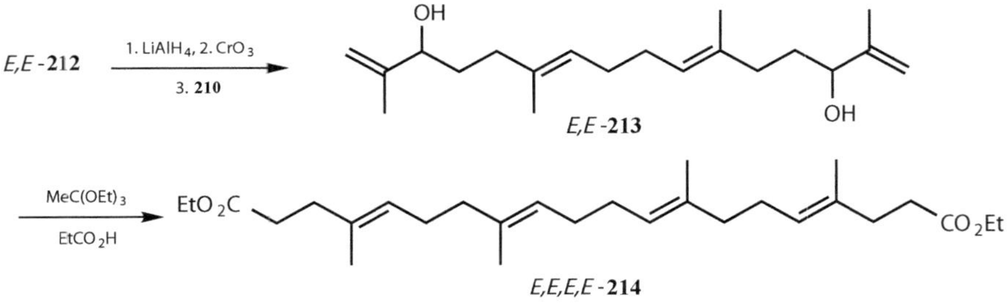

如果产物是一个环，则生成的烯烃是 *Z*-式的。β-内酰胺可经 Wittig 反应转化为 *E*-**216**，再经过［3，3］-σ 迁移重排后生成含有两个新生成 *Z*-烯基的八元环内酰胺 **217**[46]。细心的读者可能注意到这和之前的反应不同。前面的反应是 oxy-Cope（或者 Claisen-Cope）反应，反应的驱动力是生成了更加稳定的羰基。而该例则是全碳的 Cope 重排，反应的驱动力是消除四元环的张力。

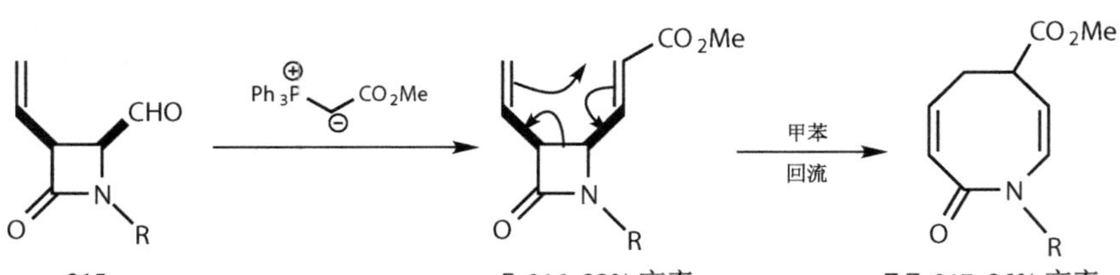

215　　*E*-**216**; 82% 产率　　*Z,Z*-**217**; 86% 产率

［2，3］-σ迁移重排：Wittig重排

烯丙醇的衍生物 **219** 可以在碱的存在下重排成具有一个新的双键的高烯丙基醇 **222**。这个反应是阴离子 **220** 的［2，3］-σ迁移重排，如果Z是能够稳定负离子的基团，则反应结果最好，否则会存在Wittig重排的竞争反应由 **218** 出发生成醇。由于这些产物都是氧负离子，会比碳负离子 **220** 更加稳定。从 **220** 生成 **221** 的反应称为［2，3］-Wittig重排，由于R基团在半椅式过渡态中倾向于（假）平伏键，因此产物是 *E*-选择性的[47]。

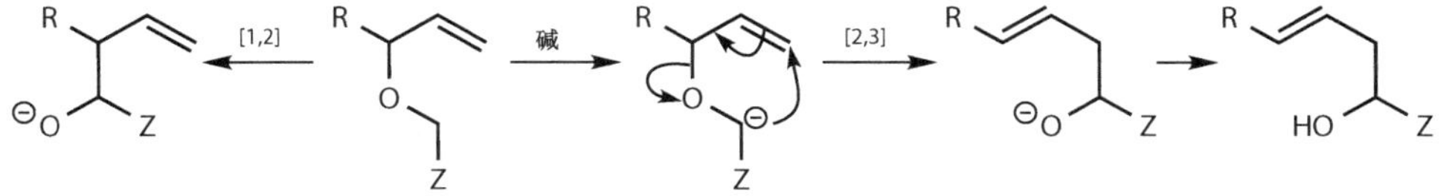

218　**219**　**220**　**221**　*E*-**222**

如果阴离子稳定基团Z是不需要的，那该怎么办呢？一个解决的办法是采用 R_3Sn 取代基团Z，失去 R_3Sn 直接生成负离子。将烯丙醇烷基化并用BuLi处理后，可引发 **225** 的重排，进而生成 *E*-高烯丙醇。这样的例子还有很多[48]。

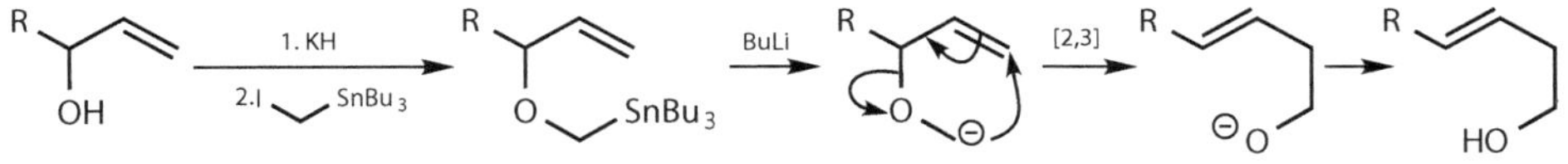

223　**224**　**225**　**226**　*E*-**227**

本章中的大部分例子都是生成二取代的烯烃，也有一些三取代的烯烃，但没有关于四取代烯烃的合成（除了环烯），这是它们因为很难被合成，也有一个解决的办法[49]。从乳酸乙酯出发，合成光学纯的膦酸酯后，经HWE反应可高选择性地得到 *E*-烯酮。螯合作用控制的格氏试剂进攻反应可得到立体单一的烯丙醇 **231**。螯合控制在第21章会着重解释。

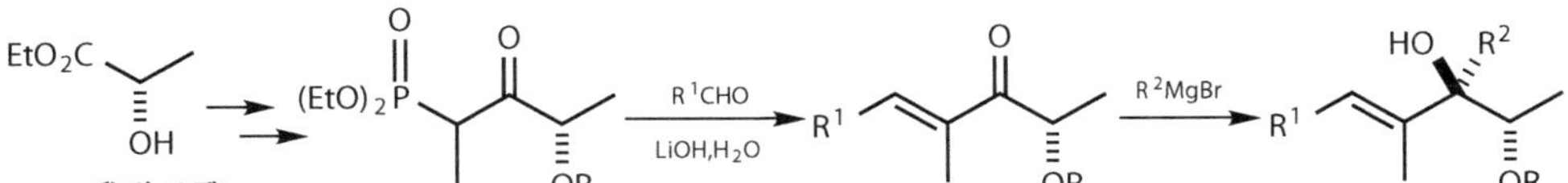

228；乳酸乙酯　**229**；R = BnOCH₂　*E*-**230**；>95:5 *E*:*Z*　*E*-**231**

再将裸露的羟基烷基化后，生成Wittig-Still重排反应的前体 **232**，经过重排，新生成的四取代烯烃几乎全是 *E*-式的（大部分例子是大于95∶5），迁移基团 CH_2O 是从烯丙基平面的上面迁移的，因为［2，3］-σ迁移重排是同面迁移。

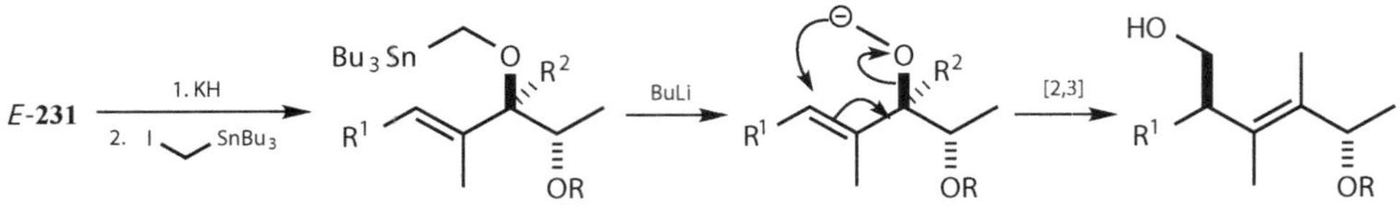

E-**232** *E*-**233** *E*-*anti*-**234**

σ 迁移重排反应有许多，并且在开链化合物中都是 *E*-选择性的，但如果化合物的结构特殊，也可能生成 *Z*-烯烃。在这方面，这些重排反应与 McMurry 反应和烯烃复分解反应比较类似。许多这样的反应是为了传递三维立体化学，而不是为了控制 *E*/*Z* 构型。

炔的还原反应

读者必然知道 *cis*-烯烃可以通过对炔的催化氢化获得。下例介绍了如何利用炔（双端亲核试剂）来构建 *Z*-烯丙基硅烷 **235** 的骨架。这次断键 **236** 切断的是"双键"(现在是叁键）旁边的键。

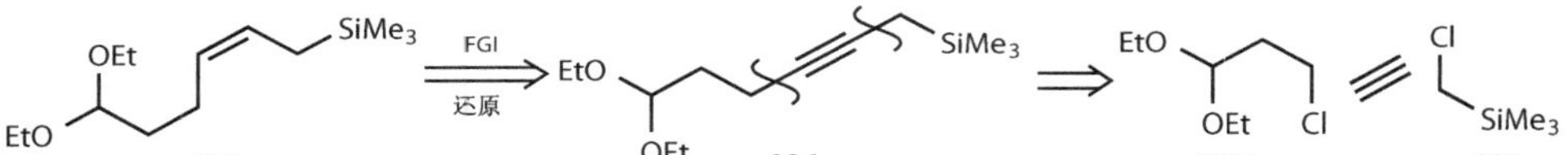

235 **236** **237** **238**

这个合成还是很简单的，只是不使用普通的 Lindlar 催化剂，而是使用 Raney 镍作催化剂较好[50]。

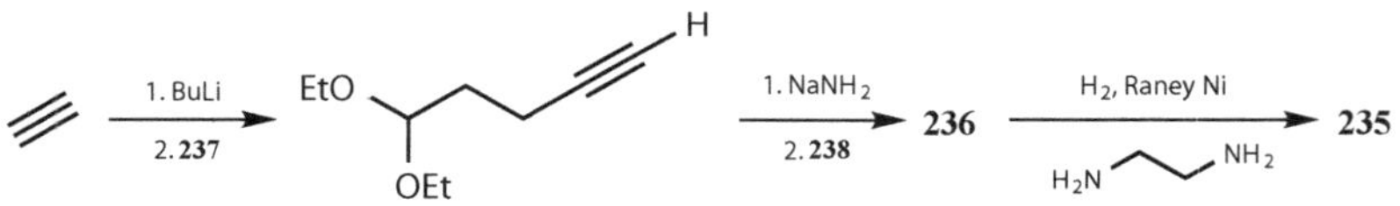

读者应该知道钠的液氨溶液可以将炔还原成 *E*-烯烃，而用 $LiAlH_4$ 还原带有官能团的炔如今变得更常见。下面是这两种方法的简单例子，$LiAlH_4$ 还原将在第 16 章讨论。

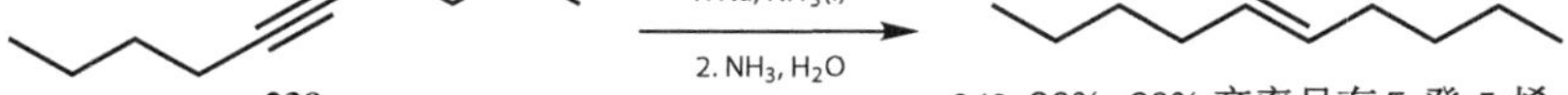

239 **240**; 80%~90% 产率只有 *E*-癸-5-烯

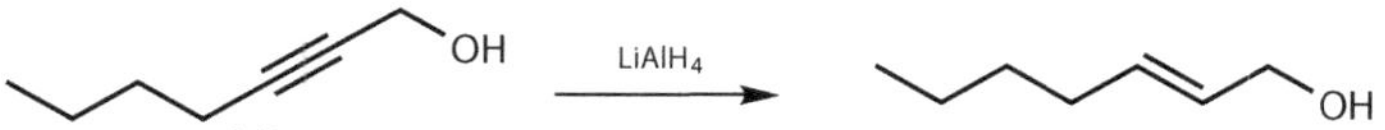

241 *E*-**242**

在一篇利用 1，3-偶极环加成制备高光学异构胺的重要文章中，Denmark[51] 利用炔 **244** 分别得到烯基醚 **243** 的两种异构体。Lindlar 还原可以得到纯的 *Z*-**243**，而 $LiAlH_4$ 还原则生成纯的 *E*-**243**。

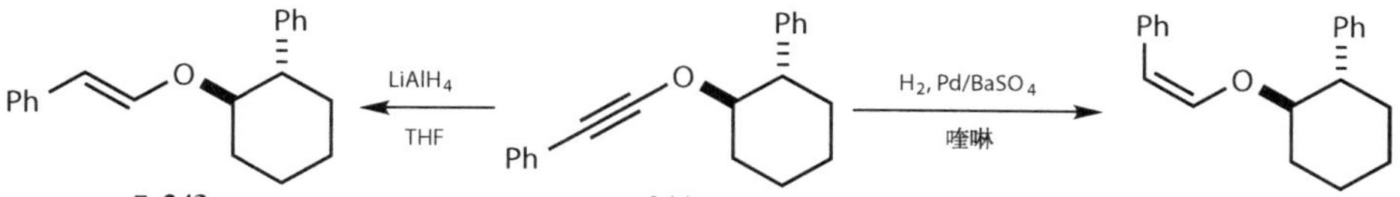

E-**243** **244** *Z*-**243**

合成 Z-烯烃的立体专一方法

利用环状化合物

在小环中（小于八元环）烯烃必然是 *Z*-式的。打断环中的其他键也不会影响烯烃的构型。让我们看看三个例子：氧化 Birch 还原的产物、氮杂环的消除和内酯的水解。芳基醚 **245** 经 Birch 还原生成具有两个不共轭烯烃的环 **246**：烯醇醚的亲核性更强，因此更容易被臭氧氧化断裂。Corey[52] 用这样的方法合成了三取代的烯烃 *Z*-**247**。

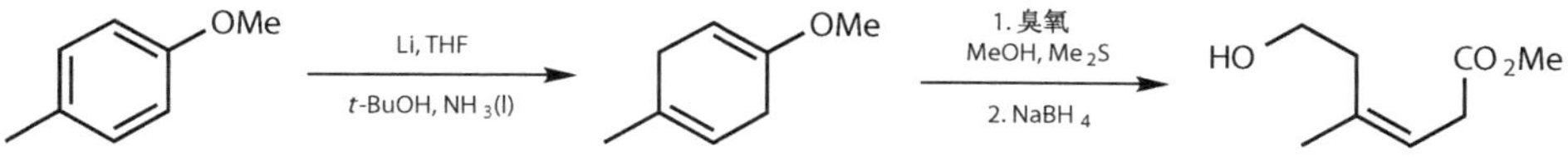

245 **246** *Z*-**247**

简单的吡啶，如 2-甲基吡啶（**248**），可以在烷基化后被还原，生成只有一个与氮原子不共轭的 *Z*-烯烃的化合物 **251**。

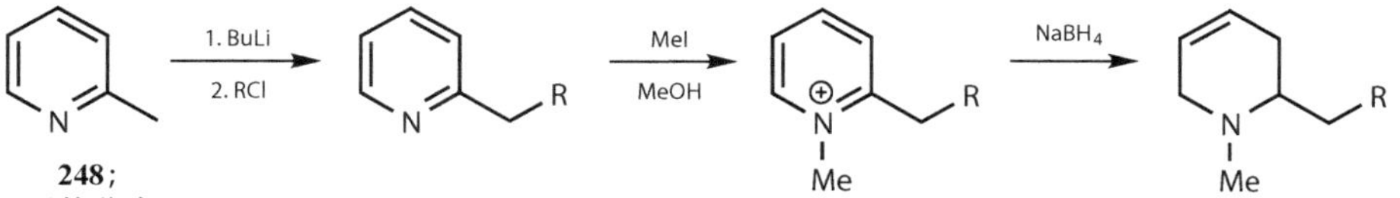

248；2-甲基吡啶 **249** **250** *Z*-**251**

经 **252** 得到 **253** 后再进一步烷基化和消除后，生成开链化合物 **254**，其中第二个生成的烯烃是立体选择性的 *E*-式的[53]。

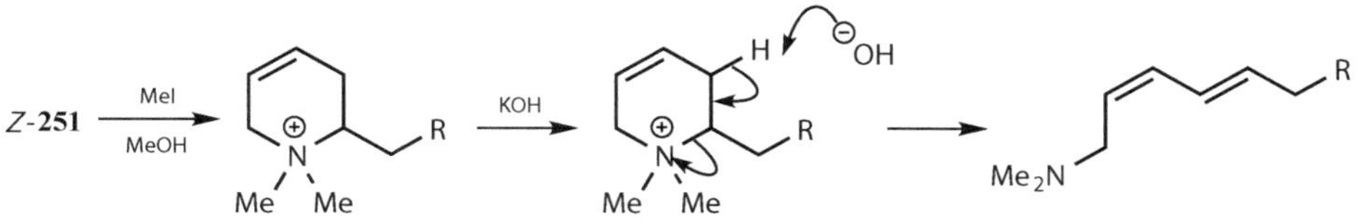

Z-**252** *Z*-**253** *Z,E*-**254**; 57% 产率

White 需要二酸酯 *Z*，*E*，*Z*-**255** 来合成抗白血病的化合物 verrucarin[54]。经逆合成分析，**255** 可由 *Z*-**256** 和 *E*，*Z*-**257** 两个片段合成，尽管很明显会存在立体选择性的问题。

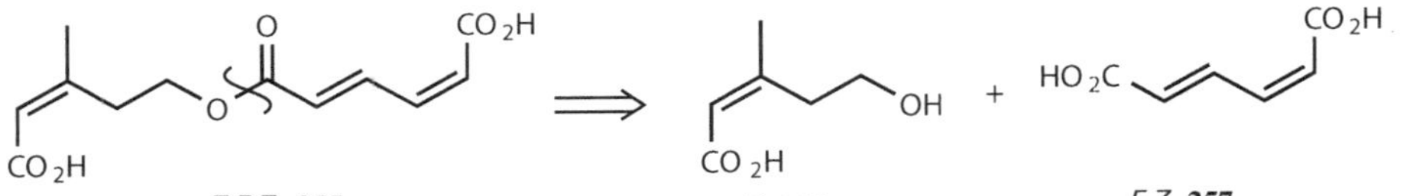

Z,E,Z-**255**　　Z-**256**　　E,Z-**257**

Z-**256** 可从内酯制得。如果三级醇 **258** 直接脱水，则生成 Z-式双键。但如果先经关环得到内酯 **259**，再用多聚磷酸（PPA）脱水，则生成 Z-**260**。经过小心的水解和甲基化后，就可得到 Z-**256** 的甲基酯 Z-**261**。

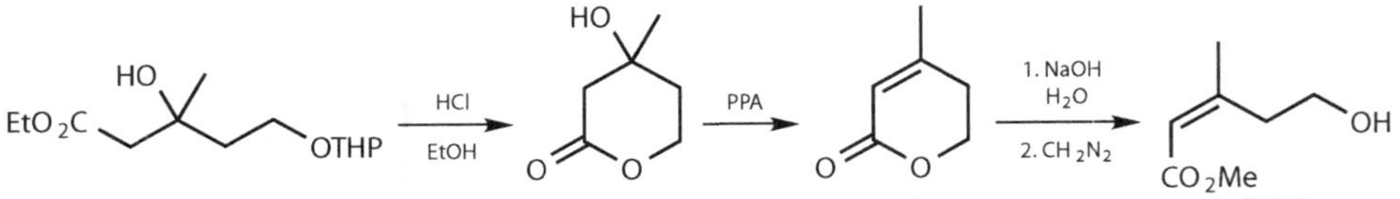

258　　**259**　　**260**　　Z-**261**

另一个片段 **257** 中的 Z-烯烃可通过呋喃 **262** 制备。在与单线态氧环加成后［孟加拉玫瑰红（rose bengal）是一种染料，可以强化正常的三线态氧向单线态氧的转化］仅仅生成含有 Z-烯烃的五元环 **264**。环加成产物 **263** 的脱羧机理可能如 **265** 中的箭头所示。

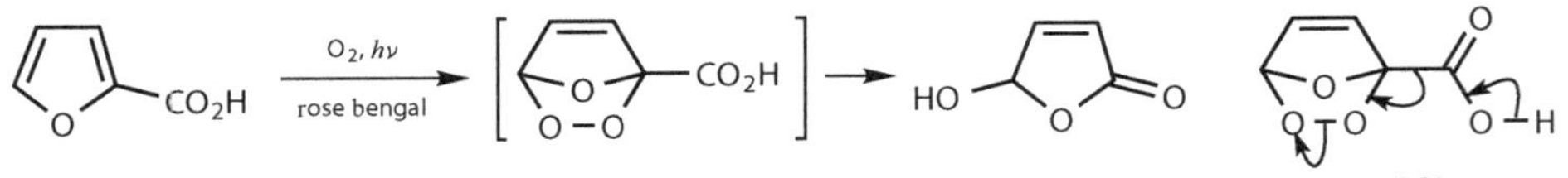

262　　**263**　　**264**　　**265**

合成的两个片段经 HWE 反应得到共轭的 E-烯烃。首先是醇 **261** 转变为酯 Z-**266**，然后在两倍量碱的存在下直接与半缩醛 **264** 反应以 84％的产率生成酯 Z，E，Z-**255**。注意，该反应明显保留了羧酸基团。

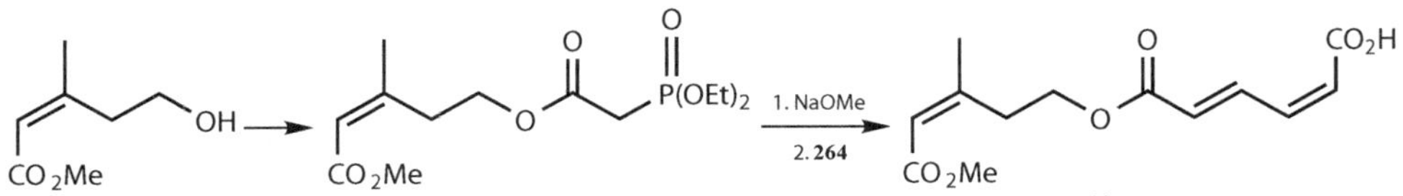

Z-**261**　　Z-**266**　　Z,E,Z-**255** (单甲酸)

E-和 Z-烯烃的互相转化

光化学导致的异构为 Z-烯烃的反应

合成复杂烯烃的一个简单方法是先用最简单的方法合成烯烃，而不去考虑产物是否是混合物，然后再改变反应立体选择性得到一个异构体。或者如果可以更简单地全部转化为另一个异构体，则可以在转化后再考虑改变构型。一个简单的例子是关于羟醛缩合的产物 *E*-**5**。很容易解释为什么 *E*-式是热力学的产物：在 *Z*-式构型中，存在着羰基氧和苯环邻位氢的空间排斥作用。

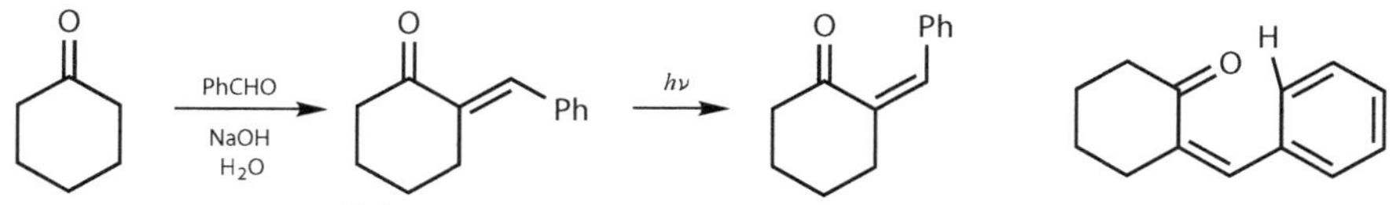

只有 *E*-**5**　　*Z*-**5**; 85% 产率　　*Z*-**5**; 空间上抵触

光照射纯的 *E*-**5** 后使之完全转变为 *Z*-**5**[55]。这是因为烯酮 **5** 的激发态中有一个电子跑到 π* 轨道上，从而使双键可以旋转。但为什么是倾向于不稳定的 *Z*-**5** 呢？因为决定光化学反应的不是热力学的稳定性，而是光吸收能力。更稳定的 *E*-**5** 由于是平面且共轭的，在长波区更容易吸收光，而 *Z*-**5** 不是平面的，在短波区更容易吸收光，因此用长波光照射能使 *E*-**5** 全部转化为 *Z*-**5**。

Methoxatin 的合成

Methoxatin 是一个可以将甲烷氧化为其他单碳化合物的细菌辅酶。中间环上的 1，2-二酮是整个分子的能量来源，可以通过较简单的芳基化合物 **268** 氧化得到。而将 *Z*-**269** 氧化则可得到 **268**。

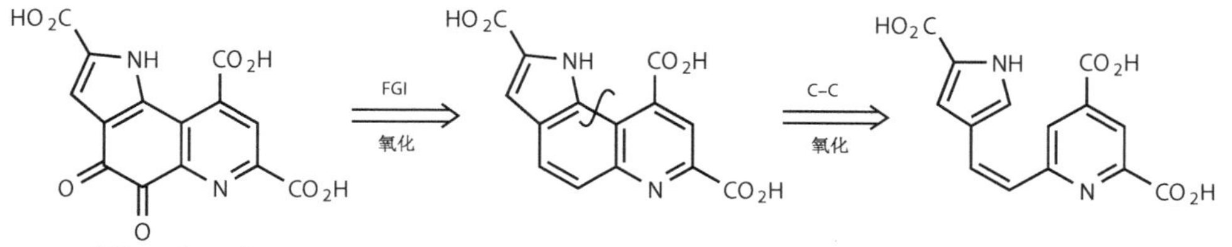

267; methoxatin　　**268**　　*Z*-**269**

将醛 **270** 和羧酸保护为甲基酯的叶立德 **271** 反应可得到 **272**，但是只能得到 *E*-**272**，可能是由于叶立德被其他官能团稳定。但很明显，这样的结构不能发生氧化关环，因此需要先将烯烃异构化[56]。

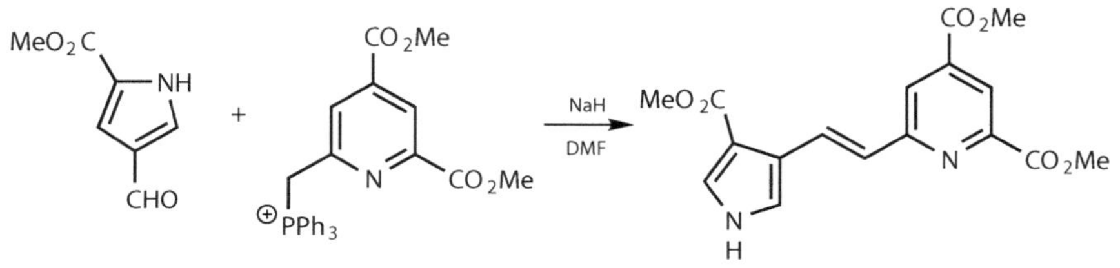

270　　**271**　　*E*-**272**; 84% 产率, >95% *E*

在二苯联硒（PhSe-SePh）的存在下，用紫外灯通过一个 Pyrex 过滤片（过滤掉短波光）短暂的照射后，可将 *E*-**272** 异构化为 *Z*-**272**，再直接氧化关环

为 **273**。

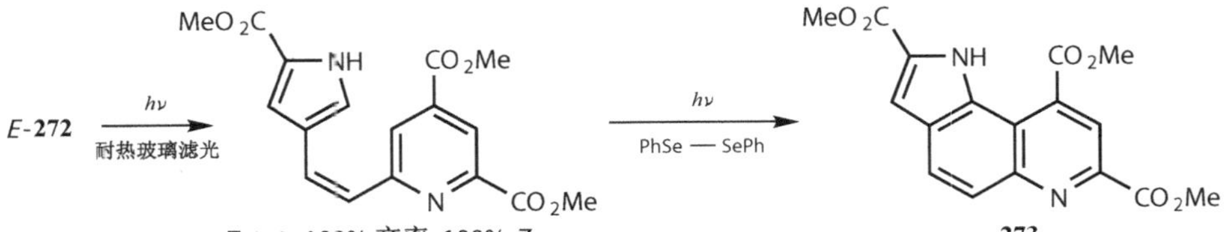

通过自由基异构化为 *E*-烯烃

相对稳定的自由基如 I˙，PhS˙，Bu_3Sn˙ 可以对烯烃 **274** 加成后再掉下来。PhS˙ 通过混合 AIBN 和苯硫酚产生或者直接回流烯烃和 PhSH 的混合物，而不需要提前除氧。如果中间体 **275** 有足够的存在时间，它可以旋转达到热力学平衡生成 *E*-烯烃 **277**。

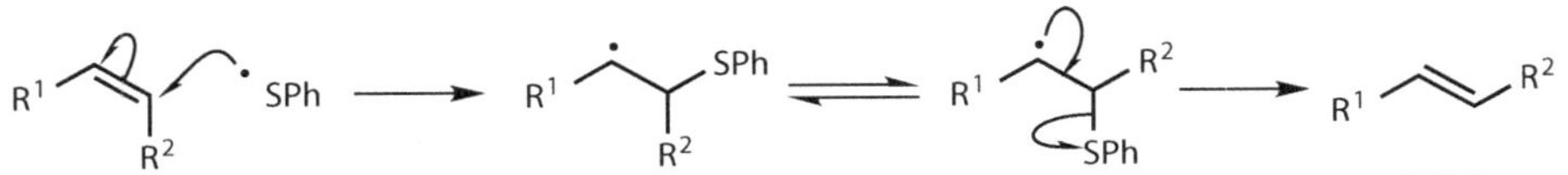

通过 Wittig 反应制备的 1，2-二苯乙烯通常是 *E*-和 *Z*-**280** 的混合物（7∶3，*Z*∶*E*)。对含有微量碘的 **280** 的庚烷溶液日光照射后，可将混合物全部异构化为 *E*-**280**，并且以 68%的产率得到从溶液中结晶析出[57]。

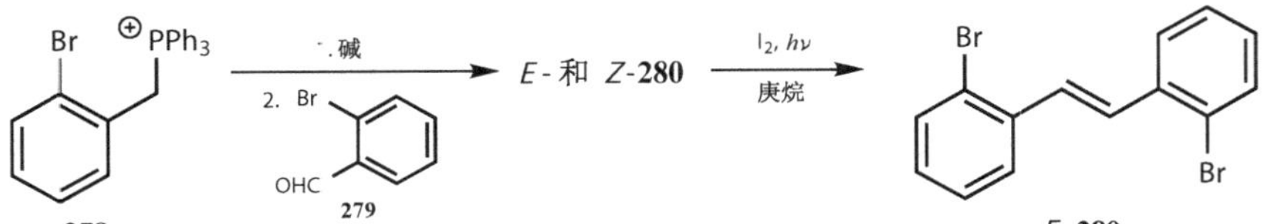

机理和上面的一样：碘经光照后生产碘自由基（溶液是紫色的)，然后对烯烃 **281** 加成后，生成长寿命的自由基 **282**，它可以在脱碘之前发生键的旋转。第 16 章有一个关于 Bu_3Sn˙ 应用的例子。

E-和 *Z*-异构体之间的立体专一的转化

有些烯烃的异构体比较难合成，需要一个立体专一的反应来制备。幸运的是，正有这样的例子。*cis*-环辛烯可以很容易消除生成并且是商品化的化合物。环氧化后生成 **285** 不影响立体构型，强亲核试剂 Ph_2PLi 进攻后环氧开环，确保在形成膦烷 **286** 时与磷相连的碳的构型发生翻转。

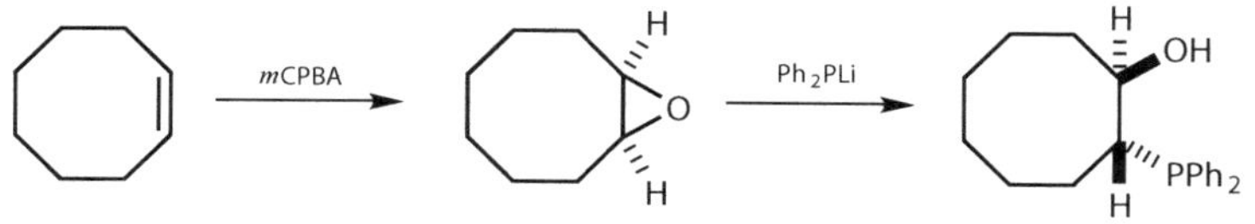

Z-**284** **285** **286**

膦烷 **286** 简单的烷基化后得到 Wittig 反应的中间体 **287**，在生成氧膦烷 **288** 后，必然立体专一地消除膦氧化物生成扭转的 *trans*-环辛烯 *E*-**284**（最小的 *trans*-环烯），同时它还是手性的[58]。

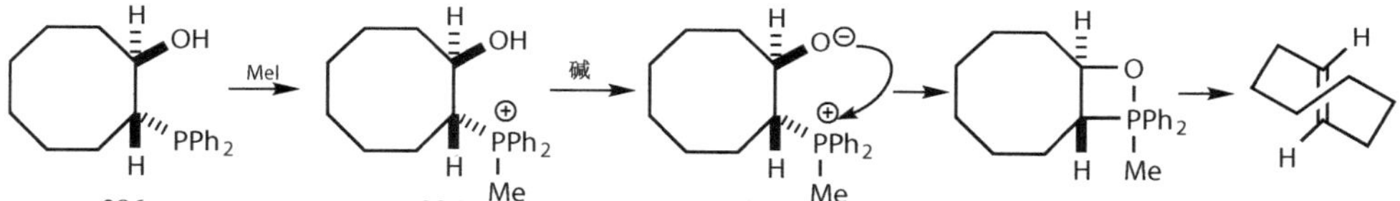

286 **287** **288** **289** *E*-**284**

参考文献

一般性参考文献列于 946 页。

1. *Vogel*, page 1033.
2. E. J. Corey, N. H. Andersen, R. M. Carlson, J. Paust, E. Vedejs, I. Vlattas and R. E. K. Winter, *J. Am. Chem. Soc.*, 1968, **90**, 3245.
3. E. J. Corey, P. B. Hopkins, S. Kim, S. Yoo, K. P. Nambiar and J. R. Falck, *J. Am. Chem. Soc.*, 1979, **101**, 7131.
4. D. E. Vogel and G. H. Büchi, *Org. Synth.*, 1988, **66**, 29.
5. J. F. Lane, J. D. Roberts and W. G. Young, *J. Am. Chem. Soc.*, 1944, **66**, 543, J. F. Lane, J. Fentress and L. T. Sherwood, *J. Am. Chem. Soc.*, 1944, **66**, 545.
6. F. A. Abd Elhafez and D. J. Cram, *J. Am. Chem. Soc.*, 1952, **74**, 5846; D. J. Cram, F. D. Greene and C. H. Depuy, *J. Am. Chem. Soc.*, 1956, **78**, 790.
7. A. Ault and R. Kopet, *J. Chem. Ed.*, 1969, **46**, 612; D. B. Ledlie, T. J. Wenzel and S. M. Hendrickson, *J. Chem. Ed.*, 1989, **66**, 781; C. B. Fryhle, C. M. Ryback and K. Pulley, *J. Chem. Ed.*, 1991, **68**, 1050.
8. S. Ma and X. Lu, *Org. Synth.*, 1995, **72**, 112.
9. R. Huber and G. B. Jones, *Tetrahedron Lett.*, 1994, **35**, 2655; K. Bowden and M. J. Price, *J. Chem. Soc. (B)*, 1970, 1466, 1472.
10. D. E. Vogel and G. H. Büchi, *Org. Synth.*, 1988, **66**, 29.
11. C. A. Henrick, *Tetrahedron*, 1977, **33**, 1845; B. A. Bierl, M. Beroza and C. W. Collier, *Science*, 1970, **170**, 87; for a leading reference to possible detailed mechanisms, see R. Robiette, J. Richardson, V. K. Aggarwal and J. N. Harvey, *J. Am. Chem. Soc.*, 2006, **128**, 2394.
12. M. Schlosser, *Topics in Stereochem.*, 1970, **5**, 1.
13. E. J. Corey, N. M. Weinshenker, T. K. Schaaf and W. Huber *J. Am. Chem. Soc.*, 1969, **91**, 5675.
14. S. Trippett and M. Walker, *J. Chem. Soc.*, 1961, 1266.
15. H.-J. Bestmann, O. Vostrowsky, H. Paulus, W. Billmann and W. Stransky, *Tetrahedron Lett.*, 1977, 121.
16. W. S. Wadsworth and W. D. Emmons, *J. Am. Chem. Soc.*, 1961, **83**, 1733; W. S. Wadsworth, *Org. React.*,

1977, **25**, 73.
17. F. E. Ziegler, G. R. Reid, W. L. Studt and P. A. Wender, *J. Org. Chem.* 1977, **42**, 1991.
18. T. Sugahara, Y. Komatsu, and S. Takano, *J. Chem. Soc., Chem. Commun.*, 1984, 214.
19. M. Schlosser and K. F. Christmann, *Angew. Chem., Int. Ed.*, 1966, **5**, 126.
20. M. B. Gravestock, W. S. Johnson, B. E. McCarry, R. J. Parry and B. E. Ratcliffe, *J. Am. Chem. Soc.*, 1987, **100**, 4274.
21. W. C. Still and C. Gennari, *Tetrahedron Lett.*, 1983, **24**, 4405.
22. J. Clayden and S. Warren, *Angew. Chem., Int. Ed.*, 1996, **35**, 241.
23. A. D. Buss and S. Warren, *J. Chem. Soc., Perkin Trans 1*, 1985, 2307.
24. K. C. Nicolaou, J. L. Gunzer, G. Shi, K. A. Agrios, P. Gärtner and Z. Yang, *Chem Eur. J.*, 1999, **5**, 646.
25. T. K. Jones, S. G. Mills, R. A. Reamer, D. Askin, R. Desmond, R. P. Volante and I. Shinkai, *J. Amer. Chem. Soc.*, 1989, **111**, 1157.
26. D. Levin and S. Warren, *J. Chem. Soc., Perkin Trans. 1*, 1988, 1799.
27. L. F. van Standen, D. Gravestock and D. J. Ager, *Chem. Soc. Rev.*, 2002, **31**, 195.
28. A. G. M. Barrett, J. A. Flygare, J. M. Hill and E. M. Wallace, *Org. Synth.*, 1996, **73**, 50.
29. M. Julia and J.-M. Paris, *Tetrahedron Lett.*, 1973, 4833.
30. G. Kim, M. Y. Chu-Moyer, S. J. Danishefsky and G. K. Schulte, *J. Am. Chem. Soc.*, 1993, **115**, 30.
31. J. B. Baudin, G. Hareau, S. A. Julia and O. Ruel, *Tetrahedron Lett.*, 1991, **32**, 1175.
32. A. B. Charette and H. Lebel, *J. Am. Chem. Soc.*, 1996, **118**, 10327.
33. P. R. Blakemore, W. J. Cole, P. J. Kocienski and A. Morley, *Synlett*, 1998, 26.
34. D. Takano, T. Nagamitsu, H. Ui, K. Shiomi, Y. Yamaguchi, R. Masuma, I. Kuwajima and S. Omura, *Org. Lett.*, 2001, **3**, 2289.
35. J. E. McMurry, *Chem. Rev.*, 1989, **89**, 1513.
36. P. Wyatt, S. Warren, M. McPartlin and T. Woodroffe, *J. Chem. Soc., Perkin Trans 1*, 2001, 279.
37. S. Talukdar, S. K. Nayak and A. Banerji, *J. Org. Chem.*, 1998, **63**, 4925; S. Rele, S. Talukdar, A. Banerji and S. Chattopadhyay, *J. Org. Chem.*, 2001, **66**, 2990.
38. A. Fürstner, A. Hupperts and G. Seidel, *Org. Synth.*, 1999, **76**, 142.
39. A Fürstner, *Angew. Chem., Int. Ed.*, 2000, **39**, 3012.
40. J. Cossy, I. Pévet and C. Meyer, *Synlett.*, 2000, 122.
41. K. C. Nicolaou, Y. He, D. Vorloumis, H. Vallberg, F. Roschangar, F. Sarabia, S. Ninkovic, Z. Yang anc J. I. Trujillo, *J. Am. Chem. Soc.*, 1997, **119**, 7960.
42. S. F. Martin, J. M. Humphrey, A. Ali and M. C. Hillier, *J. Am. Chem. Soc.*, 1999, **121**, 866.
43. A. Fürstner, O. R. Thiel, L. Ackermann, H.-J. Schanz and S. P. Nolan, *J. Org. Chem.*, 2000, **65**, 2204.
44. S. J. Rhoads and N. R. Raulins, *Org. React.*, 1975, **22**, 1.
45. W. S. Johnson, L. Werthemann, W. R. Bartlett, T. J. Brocksom, T. Li, D. J. Faulkner and M. R. Petersen *J. Am. Chem. Soc.*, 1970, **92**, 741.
46. B. Alcaide, C. Rodríguez-Ranera and A. Rodríguez-Vicente, *Tetrahedron Lett.*, 2001, **42**, 3081.
47. J. A. Marshall, *Comp. Org. Synth.*, **3**, chapter 3.11, page 975; T. Nakai and K. Mikami, *Chem. Rev.*, 1986 **86**, 885.
48. W. C. Still, *J. Am. Chem. Soc.*, 1978, **100**, 1481; W. C. Still and A. Mitra, *J. Am. Chem. Soc.*, 1978, **100** 1927; M. Mikami and T. Nakai, *Synthesis*, 1991, 594.
49. J. Mulzer and B. List, *Tetrahedron Lett.*, 1994, **35**, 9021.
50. W. S. Johnson, Y-Q. Chen and M. S. Kellogg, *J. Am. Chem. Soc.*, 1983, **105**, 6653.
51. S. E. Denmark and L. R. Marcin, *J. Org. Chem.*, 1995, **60** 3221.
52. E. J. Corey and H. Yamamoto, *J. Am. Chem. Soc.*, 1970, **92**, 226, 3523, 6636 and 6637; E. J. Corey, H Yamamoto, D. K. Herron and K. Achiwa *J. Am. Chem. Soc.*, 1970, **92**, 6635.
53. G. Dressaire and Y. Langlois, *Tetrahedron Lett.*, 1980, **21**, 67.
54. J. D. White, J. P. Carter and H. S. Kezar, *J. Org. Chem.*, 1982, **47**, 929.
55. F. Bourielle-Wargnier, A. Feigenbaum and J. Mozart, *J. Chem. Ed.*, 1978, **55**, 339.
56. J. B. Hendrickson and J. G. de Vries, *J. Org. Chem.*, 1982, **47**, 1148.
57. A. Terfort and H. Brunner, *J. Chem. Soc., Perkin Trans. 1*, 1996, 1467.
58. A. J. Bridges and G. H. Whitham, *J. Chem. Soc., Chem. Commun.*, 1974, 142; K. T. Burgoyne, S. G. Davies, M. J. Peagram and G. H. Whitham, *J. Chem. Soc., Perkin Trans. 1*, 1974, 2629.

16 立体控制的烯基阴离子的等价物

引言：产生烯基阴离子合成子的试剂

读者有没有注意到，在第 15 章关于立体控制的合成烯烃的讨论中，我们完全避免了一种可能的断键方式？我们从来没有考虑到用乙烯基阴离子 **2** 与碳亲电试剂反应。本章将着重介绍生成乙烯基阴离子的试剂，特别是那些能够控制产物中双键立体化学的。请注意，从现在开始我们设定亲核的乙烯基阴离子是在烯烃 **3** 的平面中的。这意味着我们将主要讨论乙烯基金属，如乙烯基锂化物，它们都是金属在烯基平面中的金属 σ-络合物 **4**。

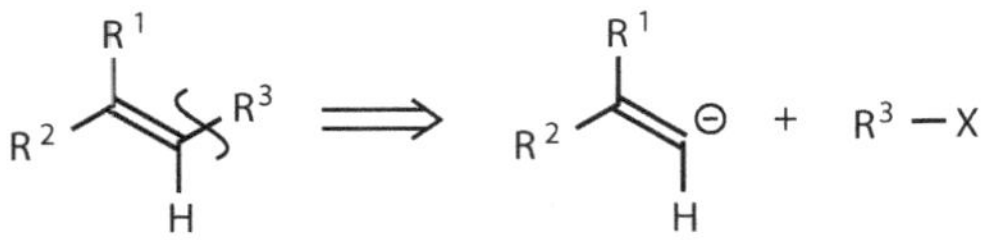

1　**2**

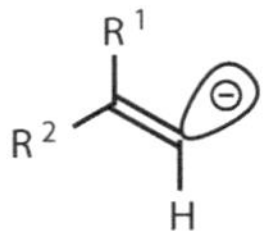

3

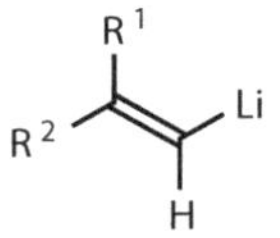

4

我们不会使用 **5** 这样的 π-络合物，它的金属与烯烃平面垂直 **6**。它们都是很重要的合成子且会在合成中有重要的应用，但是没有作为阴离子合成子试剂所需要的性质。我们也不会使用类似烯胺 **8** 这样 π-供体在同一个原子上的有机试剂。这些试剂遇到的问题是一样的，虽然亲电进攻发生在正确的原子上，但因为在与烯烃平面垂直的方向反应立体化学很难控制。我们将使用 **7** 这样的乙烯基金属 σ-络合物。

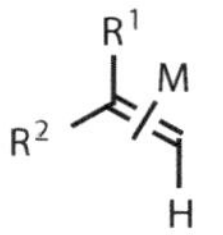

5; M = 金属

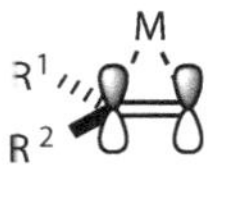

6; 金属 π-络合物

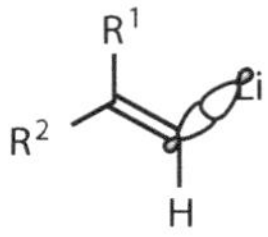

7; 金属 σ-络合物

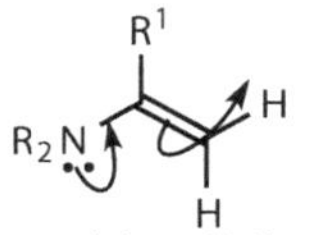

8; 有机 π-供体

立体化学的信息已经存在于反应物 **9** 中，其有一个亲核性的碳金属键在烯烃平面中，而这个键立体化学是确定的：它与 R^1 处于 *cis*，而与 R^2 处于 *trans*。如果与亲电试剂的反应是立体专一的，这样的立体化学信息则可以传递到产物中。在本章的大部分反应中，乙烯基金属 **9**；M＝Li，Mg，Cu，Sn，Al，Zr 或者类似物如烯基硼烷 **10**，烯基硅烷 **11**，都和亲电试剂 $E^{\oplus}$ 反应得到构型保持的产物 **12**。

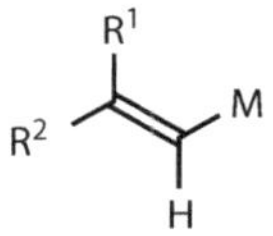

9

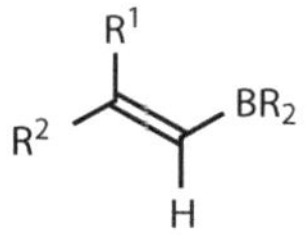

10

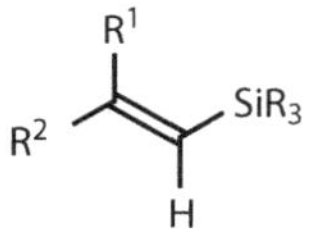

11

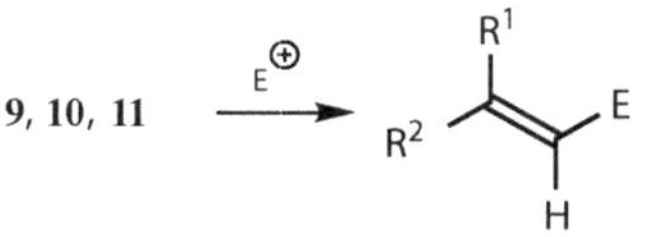

12

如果能够先制备构型确定（*E* 或 *Z*）的乙烯基亲核试剂，那这样的反应是非常有用的。本章的第一部分将介绍简单的乙烯基金属化物的制备和反应，然后再讨论立体化学。

乙烯基锂化合物

非取代的乙烯基锂和乙烯基格氏试剂 **14** 可以用卤代乙烯与 Li(0) 和 Mg(0) 的氧化插入制备。可以从 Alfa 购得乙烯基锂的 2mol/L THF 溶液，乙烯基格氏试剂也可从 Aldrich 购得其 THF 溶液。这些都是稳定的 σ-络合物，因为烯基阴离子比饱和的烷基阴离子稳定。它们可亲核进攻羰基，如进攻环丁酮生成 **15**，也可对烯酮共轭加成生成 **13**。我们已经在烯酮的合成中提到过了（见第 5 章）。

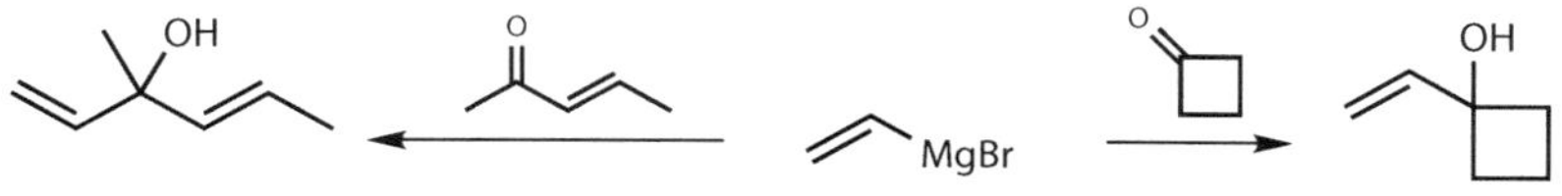

13　　14　　15

乙烯基锂和乙烯基格氏试剂 **14** 都可通过铜卤交换转换为乙烯基铜试剂。铜催化的乙烯基格氏试剂对烯酮的共轭加成被 Corey 用在对赤霉素（gibberellin）的合成中[1]。如果没有铜，格氏试剂 **14** 直接进攻 **17** 和 **20** 中的羰基。

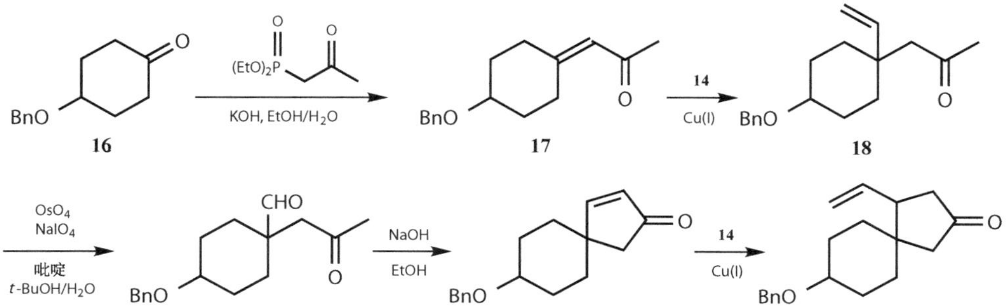

19　　20　　21

乙烯基格氏试剂的稳定性在 Knochel 通过与 i-Pr_2Mg 交换制备 **22** 中也反映出来了。需要注意的是，**22** 中是烯基而不是烷基进攻苯甲醛，而且在金属化及后面与醛的反应中，烯烃的构型没有发生变化[2]。

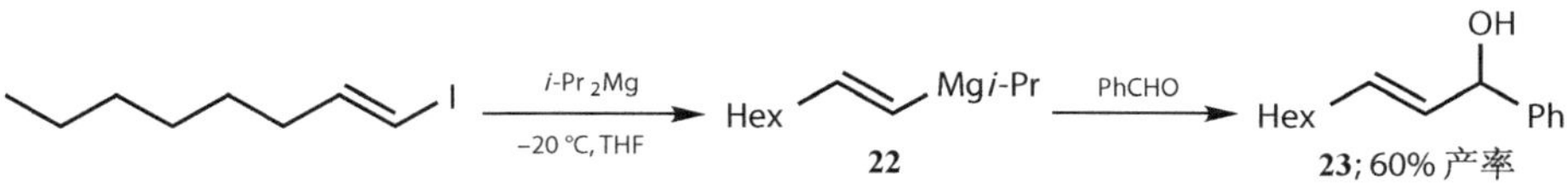

22　　23; 60% 产率

一些取代的乙烯基卤化物可以购买，如 E-和 Z-1-溴丙烯，一些也可立体选择性地合成。E-和 Z-1-溴苯丙烯都可在 Cr（Ⅱ）和催化量的 Ni（Ⅱ）存在下，立体选择性进攻苯甲醛[3]。

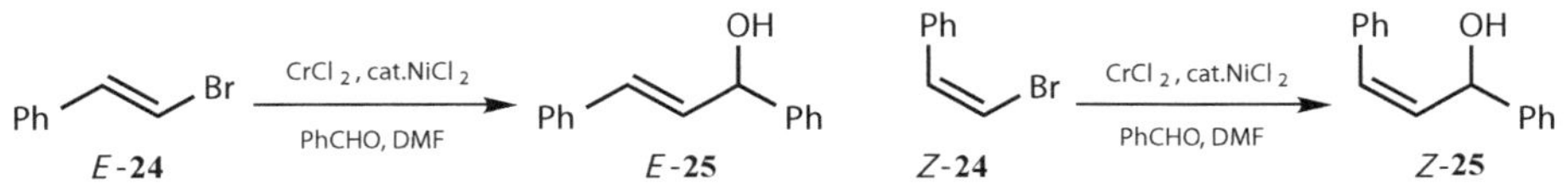

E-**24**　　*E*-**25**　　*Z*-**24**　　*Z*-**25**

还有一些乙烯基卤化物可通过立体专一的卤化后，再经碱的消除得到。例如，烯基溴化物 E-**28** 可由巴豆醇 **26** 经立体专一地 *trans*-溴化后，再立体专一地消除 HBr 得到[4]。消除反应可以有好几种区域选择性，因此 E-**28** 的生成比立体专一性更令人惊讶。也许是因为溴原子增加了旁边 H（*anti*-**27** 中的 H-2 和 H-3）的酸性，因此只能消除两个 H 中的一个，从而可能只得到两种烯基溴化物。一种解释是因为反应是以一个类椅式的 *anti-* 近平面形式的过渡态进行的分子内的消除，**29** 中的 OLi 又作为了一个内碱，它可以通过排成五元环来触及 H-3。

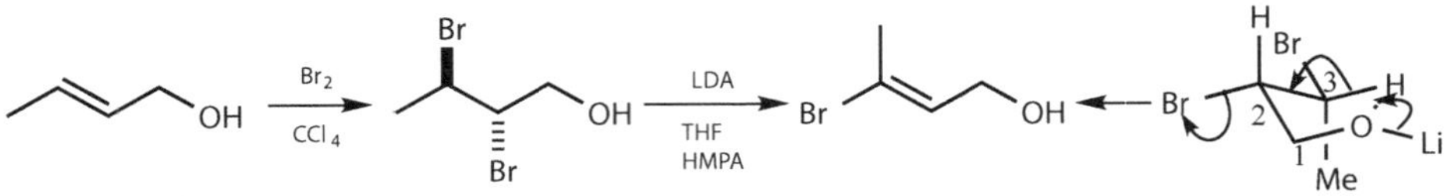

26; 巴豆醇　　*anti*-**27**　　*E*-**28**　　**29**

这种方法不可避免地具有局限性。我们需要更为普遍的方法来合成烯基锂化物，这样可以用它来合成其他我们需要的试剂。

来自于酮的乙烯基锂化合物：Shapiro 反应

这个特别的方法可以将酮转化为乙烯基锂化物 **32**。将芳基磺酰肼 **30** 与酮缩合后可生成芳基磺酰腙 **31**，再以两当量的丁基锂与之反应则可生成乙烯基锂化物[5]。

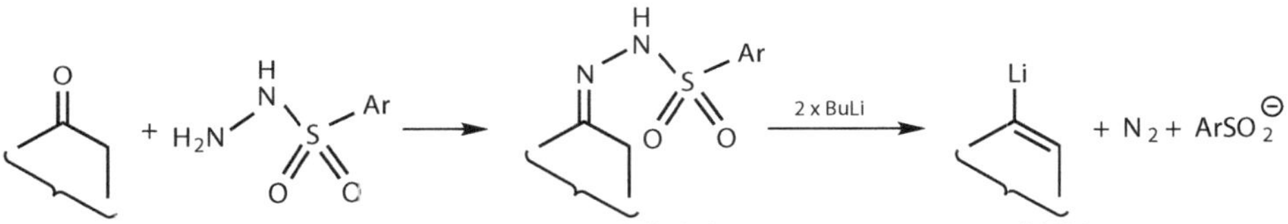

30　　**31**; 芳基磺酰腙　　**32**; 烯基锂

第一当量的 BuLi 可以拔去 NH 上的酸性较强的质子生成 **33**，第二当量的 BuLi 再生成氮杂-烯醇盐 **34**。两个氮上都带有负电荷看上去似乎比较困难，但可以由强拉电子的磺酰基部分稳定。接下来发生两个 *β*-消除。反应活性更高的氮杂-烯醇盐中的 N-Li 键促使芳基亚磺酸负离子的离去，并生成 N＝N 双键 **35**。注意，这不是通常的含硫（Ⅵ）的磺酸盐（$ArSO_3^-$），而是含硫（Ⅳ）的低价的亚磺酸盐（$ArSO_2^-$）。尽管亚磺酸根不如磺酸根的离去性好，但在该反应中也能离去。由于没有了稳定 N—Li 键的基团，因此它很容易发生第二个 *β*-消除。反应的驱动力是生成氮气，锂从氮上迁移到碳上进而生成乙烯基锂化物 **32**。

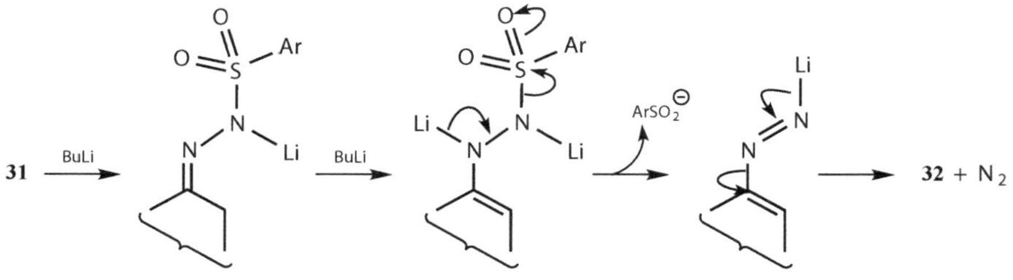

33　　**34**　　**35**

实际上，芳基也是很重要的，它的邻位不能有氢，否则会发生邻位的 Li 化，从而干扰反应。比较好的芳基基团可以是 2,4,6-三异丙基苯基或称“trisyl”，如腙 **36** 所示。用己烷作为溶剂，并且加入 TMEDA 作为锂的配体，可得到最好的结果。

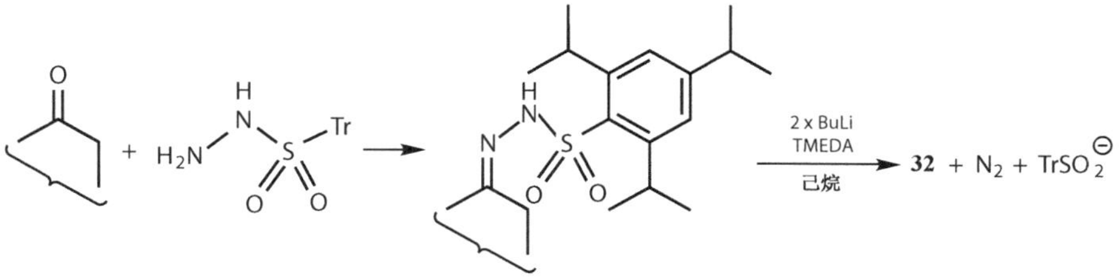

36;2,4,6-三异丙基苯磺酰腙

生成乙烯基锂化物可直接与一些亲电试剂如卤代烷烃、羰基化合物等反应，或者也可转化为别的乙烯基衍生物如硅烷，留待后用。许多反应都是用环酮。环己烯酮生成 *Z*-乙烯基锂化物 **38**[6]（锂不如碳优先），再与 TMSCl 反应后（硅比碳优先），可得到 *E*-烯基硅烷 **39**。

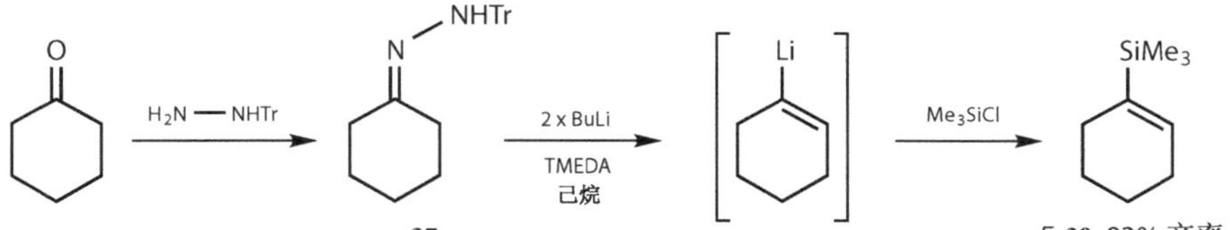

37　*Z*-**38**　*E*-**39**; 83% 产率

下面的例子勉强说是立体化学反应，但是得不到另外一个异构体。如果酮不是对称的，则反应倾向于从甲基处生成双键，生成氮杂-烯醇盐（见第 3 章）**49**，这是动力学控制的，因此接下来就不会有立体化学的问题。如果是对称的开链酮，Li 原子一般位于链的 *trans*-位，生成 *Z*-乙烯基锂化物 **41**[6]。**41** 与亲电试剂，如 DMF，生成烯基构型保持的产物 *E*-**42**（通常都是 *E*-式，因为亲电试剂的比饱和碳优先!）。

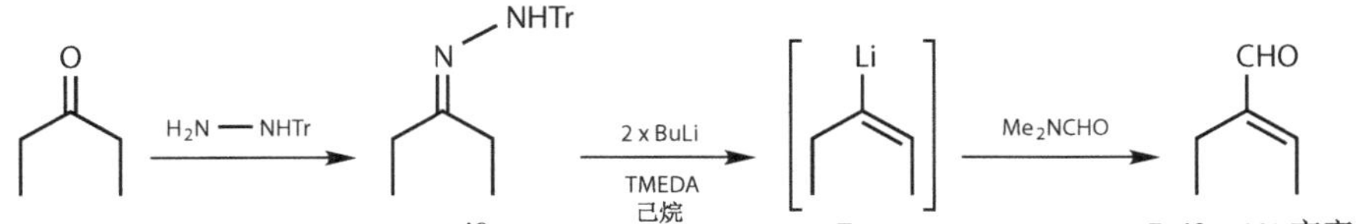

40　*Z*-**41**　*E*-**42**; 70% 产率

这样的过程显然是有限制的，必须使用对称的酮，且产物中的两条链中就一个碳原子不同。有一个方法可以绕过这个困难。如果丙酮生成的 2,4,6-三异丙基苯基腙 **43** 转化为二锂化物 **44** 后，在低温下烷基化，就可得到稳定的单锂化物

45（R＝Li）。你可能注意到每次画 NTr 时，它都是与双键在一侧。这不是一个巧合。当烷基化发生时，C＝N 双键的构型不变。

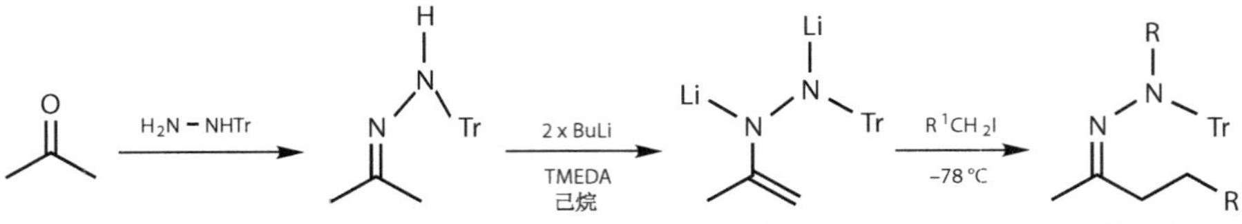

锂化的位置是由 C＝N 双键的几何构型决定的。当引入第二个（或者说第三个?）锂时，它与第一个锂位于同一侧，即 **46** 中比较拥挤的一侧。反应的区域选择性是由 C＝N 双键决定的，但立体化学仍和以前一样，还是 *Z*-式。当升温至 0℃后，就生成了不对称的 *Z*-烯基锂化物 **47**。这样的异构体不能通过甲基酮 **48** 利用 Shapiro 反应获得。

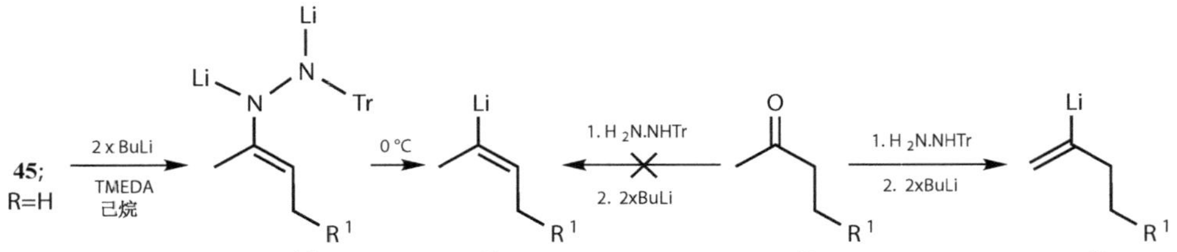

反应可以通过加入亲电试剂猝灭。在该例中，异戊烯基溴作为第一个亲电试剂与 **43** 反应，生成稳定的腙 **50**。经 Shapiro 反应后生成 *Z*-**51**，再被 Bu_3SnCl 捕获生成乙烯基锡化物 *E*-**52**[7]。后面我们可以看到生成的乙烯基硅烷 **39** 和锡烷 **52** 可以用来合成其他的烯烃，并且可以较好地控制几何构型。

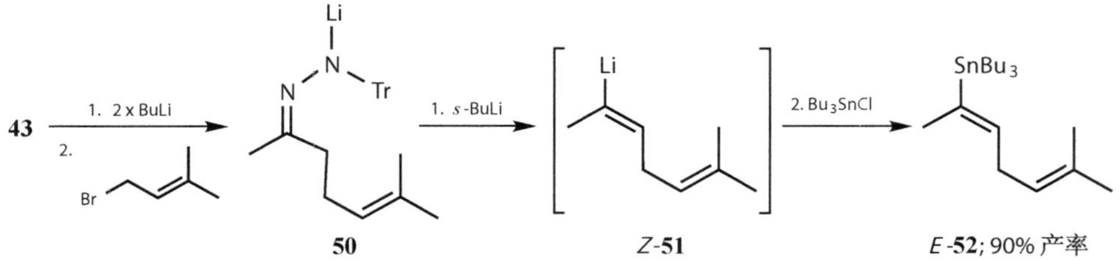

一个最近的应用（后面部分还会介绍）是用碘捕获烯基锂化物 *Z*-**54**，生成的碘代乙烯烃 *E*-**55** 可以与乙烯基硼烷发生 Suzuki 偶联（见第 18 章）[8]，烯基硼烷是由乙炔硼氢化制得的[9]。

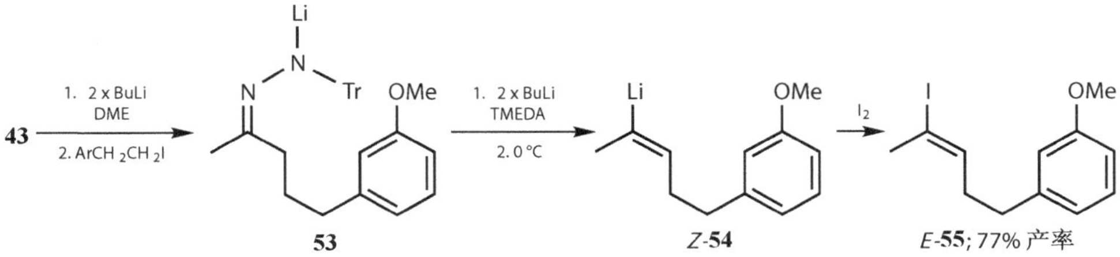

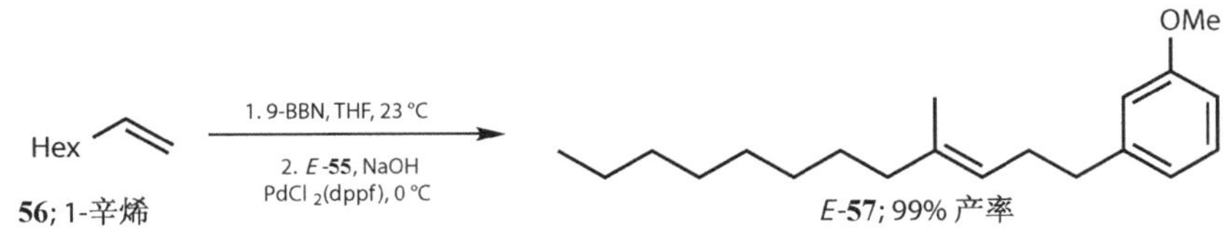

最近的一个应用是棉铃象鼻虫信息素 grandisol 合成过程中的动力学拆分（见第 28 章）。光促进的乙烯与环戊烯酮的环加成生成消旋的酮 **59**。接下来的 Shapiro 反应可以使用简单的 $TsNHNH_2$，也可以区域选择性地生成双键。烯基锂盐用 DMF 捕获后，Luche 还原，生成烯丙醇 **61**。如果用其他的方法合成 **61** 则产率很差[10]。

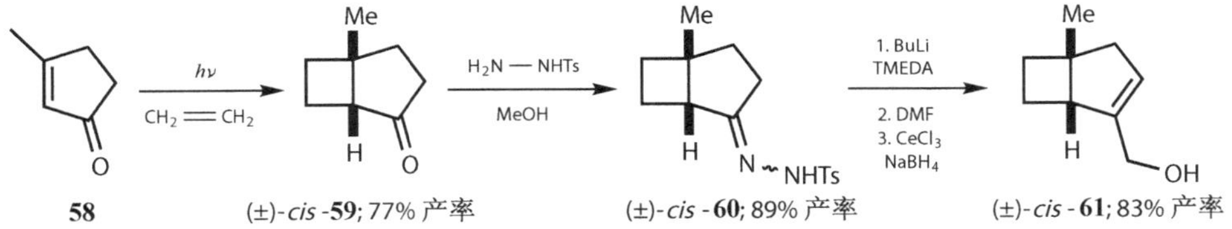

借助 Sharpless 不对称环氧化对 L-（＋）-DIPT（见第 25 章）的动力学拆分（见第 28 章）除去不需要的一个异构体 **62**，从而得到需要的异构体（－）-**61** 用来合成（＋）-grandisol（**63**）。

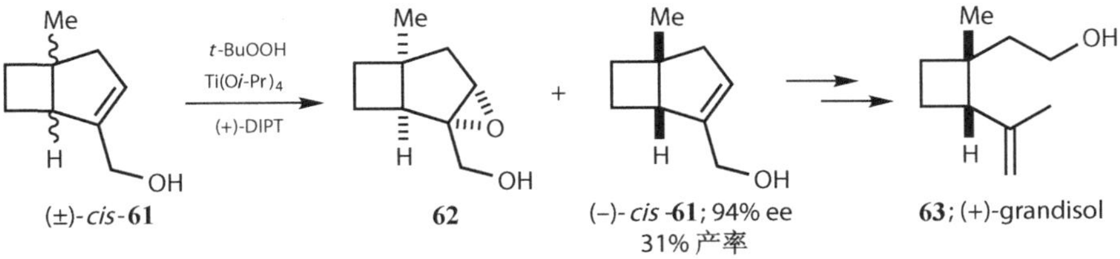

Shapiro 反应尽管很重要而且很有用，但有其限制性。下面我们要介绍一个应用更为广泛的方法：从炔制备乙烯基金属化物。这个反应的窍门就是在炔的同一侧引入两个试剂：一个是金属；另一个是氢原子或者是其他有机片段，如烷基。

脂肪族的 Friedel-Crafts 反应

脂肪族的 Friedel-Crafts 反应（见第 5 章）也是一种可以立体选择性合成烯基锂化物的方法，我们将通过这个方法从 Shapiro 反应过渡到下一部分的氢金属化反应中去。酰氯 **64** 在路易斯酸的催化下与炔反应，立体选择性地生成 *E*-*β*-氯代烯酮。氯还可以被碘通过共轭加成的办法取代[11]。

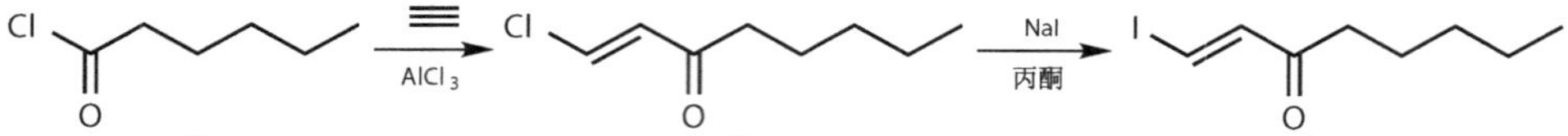

64　　*E*-**65**　　*E*-**66**

这两个反应都是立体选择性的。氯优先从线形烯基正离子中间体 **67** 中酮的 *anti* 位置进攻。碘共轭加成后，烯醇盐 **69** 中的 σ 键旋转，再消除氯氟离子，生成 *E*- 或者 *Z*-烯烃碘化物 **66**。

67　　**68**　　**69**

E-**66** 可直接进行锂化，但是生成的产物会和另一分子 *E*-**66** 反应，因此需要经还原和保护后先生成硅醚 *E*-**70**。乙烯基碘化物 *E*-**70** 可生成乙烯基锂化物 *E*-**71**，再转化为乙烯基铜化物 *E*-**72** 用来进行共轭加成。下面关于这些反应还有很多要说，现在仅提示在这些转化过程中，烯烃的构型保持不变。

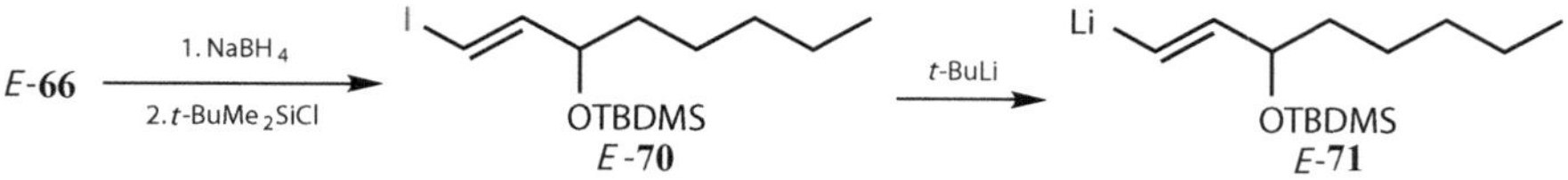

E-**70**　　*E*-**71**

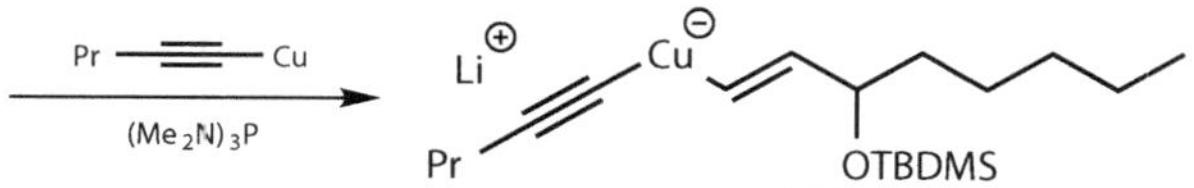

E-**72**

E-**72** 对环己烯酮共轭加成后，能够以 80％的产率得到 *E*-**73**。产物可以看成整个分子是由烯烃的两头的负碳对亲电试剂的进攻后连接起来的[12]。

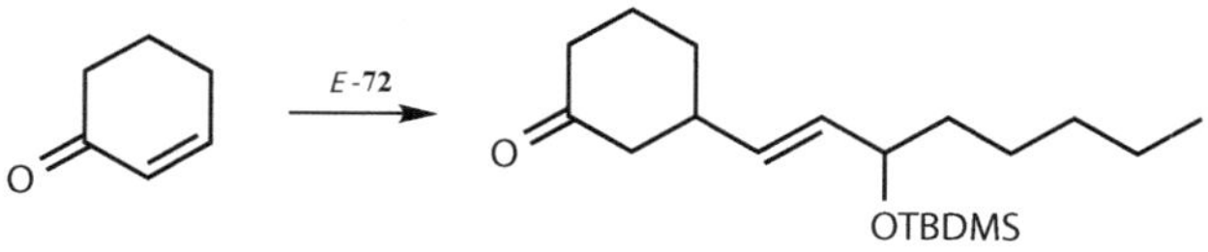

E-**73**

炔的氢金属化

主要有三组金属发生这样的反应。氢化锡通过自由基机理进行氢金属化，硼和硅通过类似硼氢化的过程，而过渡金属如锆则通过 π-络合物的形式进行。我们也将按照这样的顺序介绍。

末端炔的氢锡化

氢化锡容易形成自由基。一般 Bu_3SnH 在 AIBN 的引发下生成锡自由基，然后加成到炔的未取代一端，生成取代基多的乙烯基自由基。乙烯基自由基再捕获另一分子 Bu_3SnH 中的一个氢，重新生成锡自由基且完成链反应。产物是乙烯基锡烷 *Z*-**75**。机理图如下：

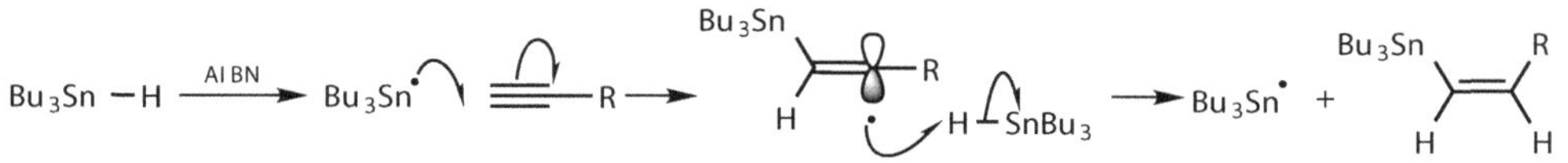

74 *Z*-**75**

这个反应的立体选择性比较好，生成动力学的产物烯基锡烷 *Z*-**75**。这个很容易解释，和我们在第 15 章的讨论类似。乙烯基自由基的碳链是线性的（sp 杂化），在与大位阻的 Bu_3SnH 反应时，优先在位阻小的一端反应如 **74** 所示，从而生成 *Z*-**75**。如果反应在高温下进行，或者使用过量的 Bu_3SnH，则生成的产物变为 *E*-**75**。这很明显是热力学的产物，反应中存在 $Bu_3Sn^{\cdot}$ 反复进攻 **76** 然后再从 *Z*-**75** 中消除生成 *E*-**75** 的平衡。

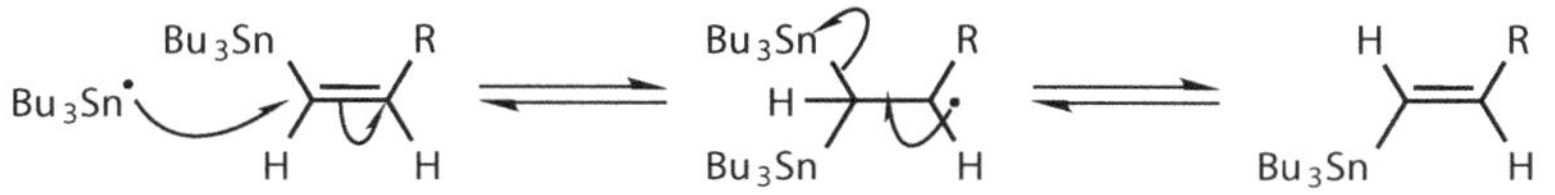

76 **77** *E*-**75**

这个热力学控制的反应也被 Corey 用在 prostaglandins 的合成中[13]。

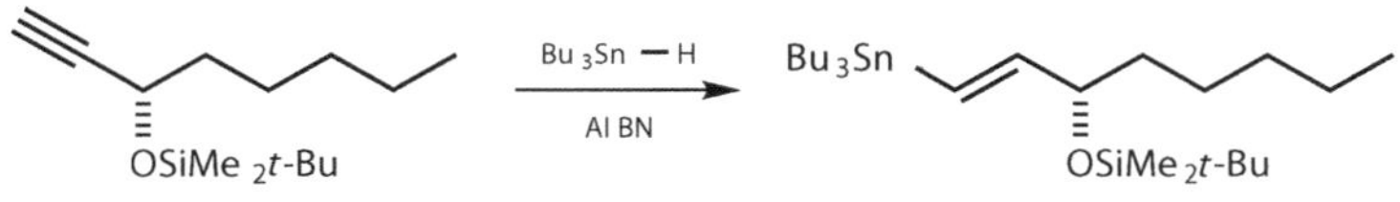

78 *E*-**79**

炔的硼氢化和铝氢化

硼和铝都是Ⅲ族的元素，它们的氢化物 R_2BH 和 R_2AlH 都是通过氢桥连接的二聚体，比如 **81**。两个常用的化合物是 9-BBN（9-硼二环［3，3，1］壬烷，**80**）和 DIBAL（二异丁基氢化铝，也可称为 DIBAH，**82**）。因为它们含有大位阻的烷基，所以都比较稳定，可以买到。在溶液中，单体和二聚体处于平衡，其中单体是对叁键活泼的氢硼化和氢铝化试剂。单体 **80** 和 **82** 都是三角形的，B 和

Al 原子上还有一个空的 p 轨道。

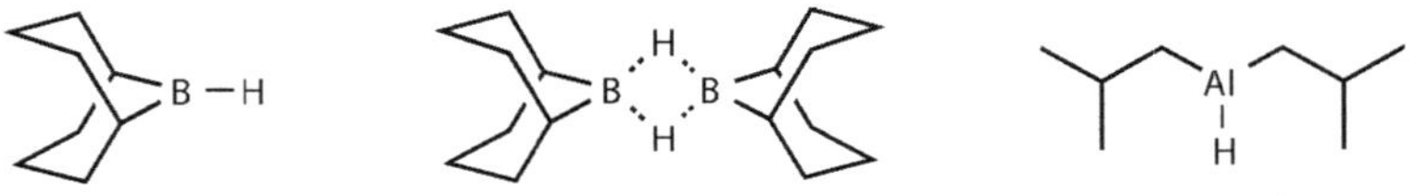

80; 9-BBN 单体　**81**; 9-BBN 二聚物　**82**; DIBAL 单体

炔的硼氢化

这个反应是硼烷通过空的 p 轨道对炔 **83** 的末端的亲电加成来进行的。中间体是具有较多取代基的乙烯基正离子 **84**。在下图中，用 R_2BH 简化表示来描述反应机理比画出整个 9-BBN 结构来得简单。在氢转移之前，碳正离子 **84** 并没有完全形成，因此该反应是一个半协同的过程，过渡态类似 **86** 所示。结果显示反应是区域选择性的，并且通过对叁键的 *cis*-氢硼化生成 *E*-烯基硼烷。中间体 **84** 和氢锡化中的自由基中间体比较类似，但区别是氢硼化中氢的转移是分子内的并且氢化是立体专一的。

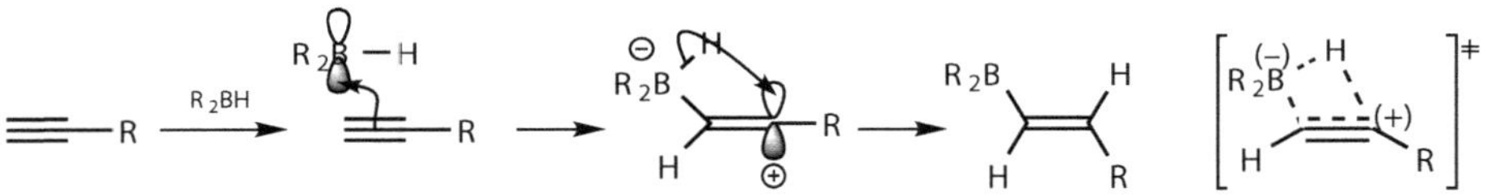

83　**84**　**85**　**86**

下面是该反应在 prostaglandins 合成中的应用，利用 9-BBN 与保护的具有光学活性的炔丙醇 **78** 反应[12]。起始物就是上面提到的与 Bu_3SnH 反应的炔 **78**，结果也一样，得到金属在末端的 *cis*-氢金属化的产物。但是，氢锡化是热力学控制的有立体选择性的自由基链式反应，而硼氢化则是动力学控制的立体专一的亲电加成反应，最终得到乙烯基硼烷 *E*-**87**。

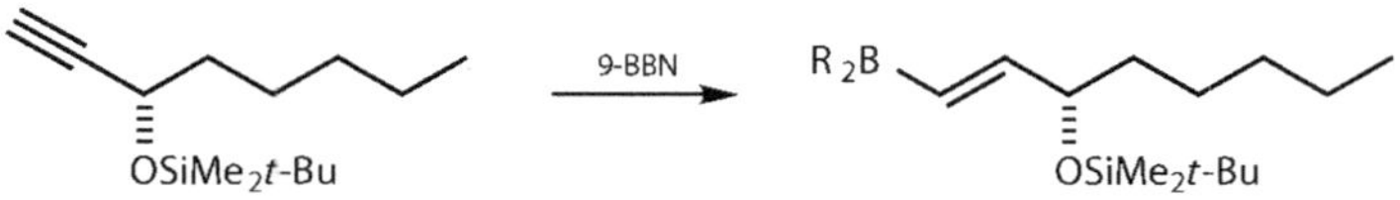

78　*E*-**87**

近年来，硼酸 $R(OH)_2$ 在 Suzuki 反应中变得越来越重要（见第 18 章），它也可以通过对炔的硼氢化制备。邻苯二酚硼烷 **89**[14] 可以通过邻苯二酚 **88** 和硼烷反应得到，利用的是硼烷与酸性的 OH 生成稳定的 B—O 键，其 THF 溶液是商品化的产品。儿茶酚硼烷对炔硼氢化后，区域选择性和立体专一地生成 *E*-乙烯基硼酸酯 **90**[15]，在温和条件下（室温，不需要酸或碱）水解酯可生成硼酸 **91**[16]。读者可能会问这些化合物是否可以看成是乙烯基负离子的等价物，这将在后面着重介绍，现在我们只谈制备。

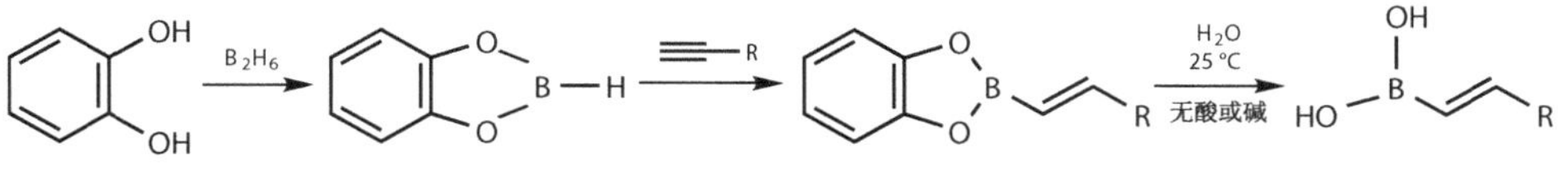

88;儿茶酚　**89**;儿茶酚硼烷　*E*-**90**　*E*-**91**;硼酸

将 *E*-**91** 用碘处理后，几乎以定量的产率得到立体专一的 *E*-乙烯基碘化物 **93**。毫无疑问，如果将碘再转换为金属的话，那就可以将 **93** 看成烯基负离子的等价物。*E*-**91** 用溴的甲醇溶液处理后，可以以较高的产率得到保护的 2-溴代醛 **92**[16]。

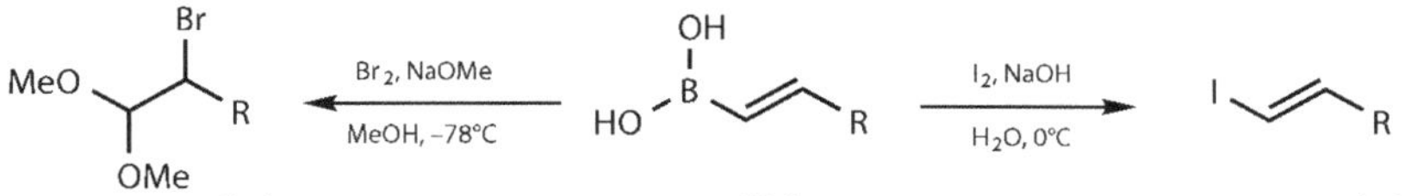

92; 90%~94% 产率　*E*-**91**; 硼酸　*E*-**93**; 100% 产率

一个生动的例子是 Heathcock 在 myxalamide 合成中的最后一步。儿茶酚硼烷对炔 **94** 氢硼化后生成 *E*-烯基硼烷，再在钯的催化下与 *Z*-碘代烯烃发生 Suzuki 偶联反应，得到每个双键构型都正确的天然产物 **96**[17]。

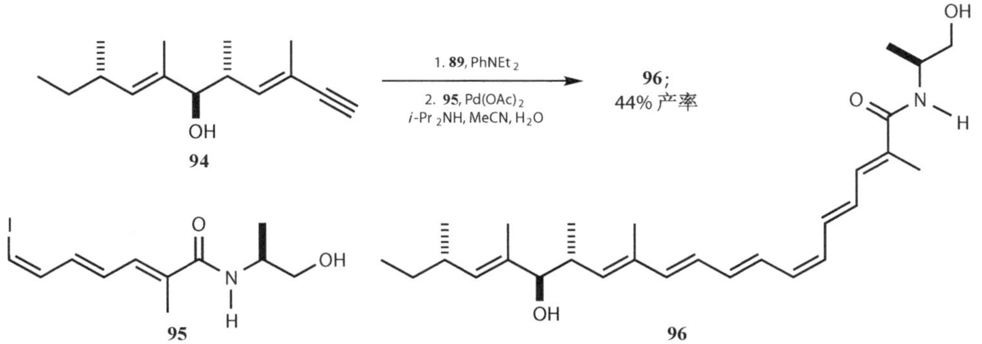

94　**95**　**96**

炔的铝氢化

端炔与 DIBAL 的反应和前面比较类似，*syn*-加成后生成 *E*-乙烯基铝烷，再通过与碘或者溴的交换，生成 *E*-卤代烯烃[18]。

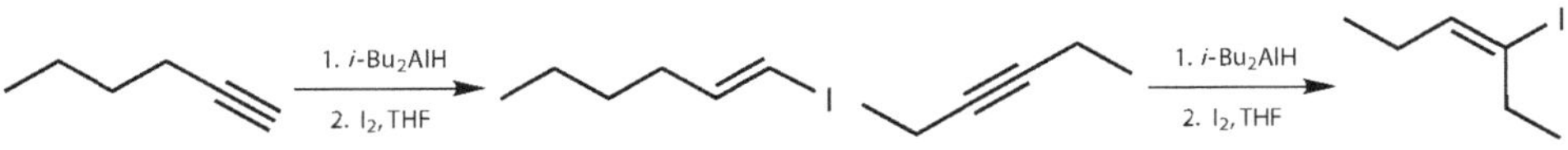

97　*E*-**98**; 94% 产率　**99**　*E*-**100**; 72% 产率

炔丙醇的铝氢化

炔一般不能被 $LiAlH_4$ 还原，但炔丙醇 **101** 却可通过环状的 σ-络合物 **103** 被 $LiAlH_4$ 还原，且可以较好地控制立体化学。如果 σ-络合物 **104** 被亲电试剂如卤素或 Bu_3SnOTf 捕获，则可生成 *Z*-乙烯基化合物，如生成 **105**，其中还含有一个可以继续转换的 OH 基团[19]。前面介绍的氢锡化生成 *Z*-烯基锡烷的反应是自由基反应，较难控制立体化学。而该反应则可以通过非自由基的反应较好地合成 *Z*-乙烯基锡烷。

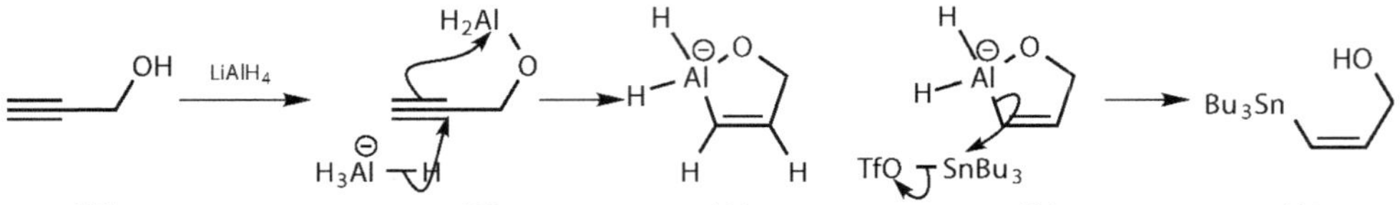

101　　**102**　　**103**　　**104**　　**105**

格氏试剂也能发生类似的反应[20]。这是一个碳金属化的反应，我们后面也会介绍，它的机理和 $LiAlH_4$ 参与的反应一样。一个镁原子指引了第二个格氏试剂进攻炔 **106** 生成环金属 **108**，再与亲电试剂反应，生成 R^1 和 R^2 位于 *cis* 的产物（*E* 和 *Z* 取决于基团的优先次序）。这两个反应都需要两当量的 $LiAlH_4$ 和格氏试剂，生成的中间体 **103** 和 **108** 都是乙烯基阴离子等价物。

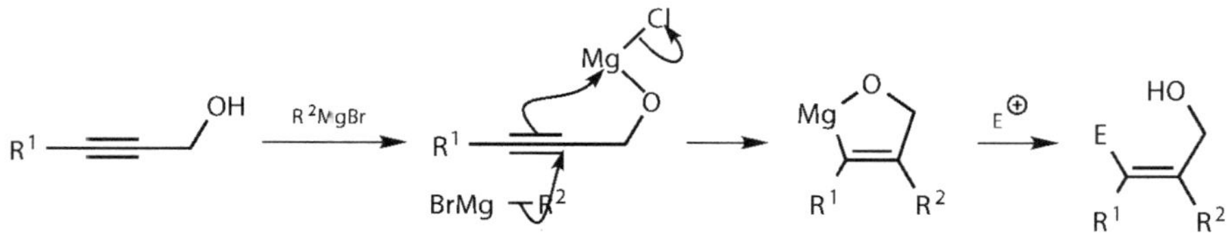

106　　**107**　　**108**　　**109**

硅氢化

炔和 R_3SiH 的反应可以有三个机理：自由基、路易酸催化的离子和过渡金属催化的离子[21]。自由基机理最合适的底物是三（三甲基硅基）硅烷，近来被用来取代有毒的锡参与的自由基反应。Et_3B 在氧气的存在下可诱导稳定的自由基 **110** 的生成，它可加成到炔上生成线形自由基 **111**，再从另一分子的三（三甲基硅基）硅烷中攫取一个氢原子来完成反应。与乙烯基锡烷 **75** 的生成一样，大位阻的试剂传递的氢也位于 Si（$SiMe_3$）$_3$ 的 *anti*-位[22]。一般 *Z*∶*E* 的比例大于 20∶1。产物 **112** 可以于 25℃在 CH_2Cl_2 中与溴反应生成 *Z*-溴代烯烃。

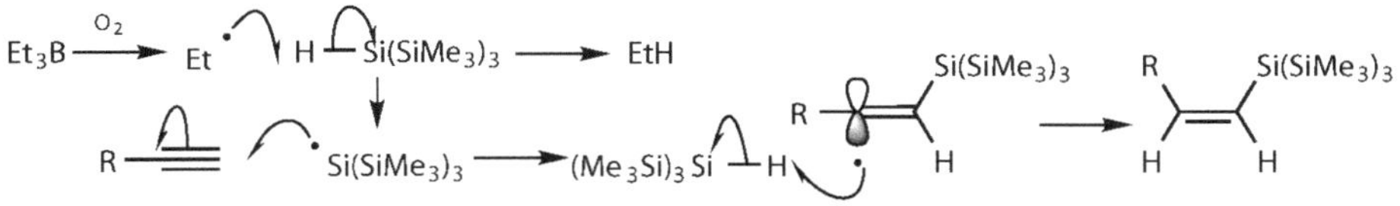

110 111 *Z*-112

路易斯酸催化的炔的硅氢化

路易斯酸催化的 Et_3SiH（Me_3SiH 由于不稳定不能使用）的加成也得到 *Z*-烯基硅烷 **115**。这是一个对炔的 *anti*-加成。H^- 进攻 π-络合物 **113** 后，发生酸根络合物 **114** 对亲电试剂的反应得到构型保留的产物。取代基 R 可以是烷基、芳基，也可是烷氧基[23]。

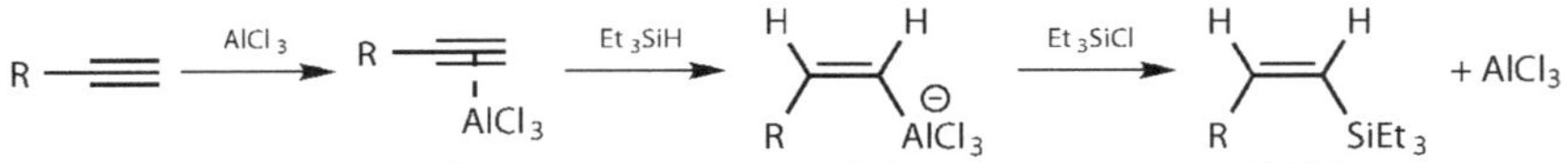

113 114 *Z*-115

过渡金属催化的炔的硅氢化

最常见的组合是三氯硅烷和催化剂 H_2PtCl_6。反应倾向于硅烷的 *cis*-加成，可能是经过金属络合物 **116** 后生成 *E*-乙烯基硅烷 **117**。$SiCl_3$ 基团不容易被取代，但可与 KF 反应生成双阴离子 **118**。**118** 很容易与 NBS 反应生成双键构型保持的 *E*-溴代烯烃 **119**[24]。

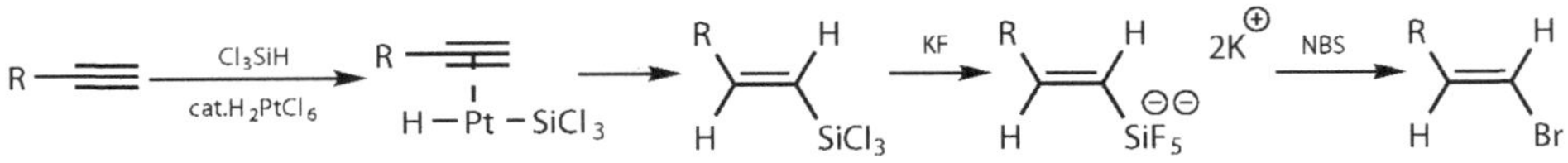

116 *E*-117 *E*-118 *E*-119

119 中的 R 可以是烷基或芳基，或者其他的官能团，如 **120** 中的酯基。*E*-**121** 可以以 68%的产率得到，并且 *E*∶*Z*＞95∶5。如果选用其他的过渡金属，则可能得到构型相反的烯烃，如使用 Ir（I）[25]和 Ru（I）[26]催化剂。建议大家使用可信赖的科学家已经确定的反应条件。

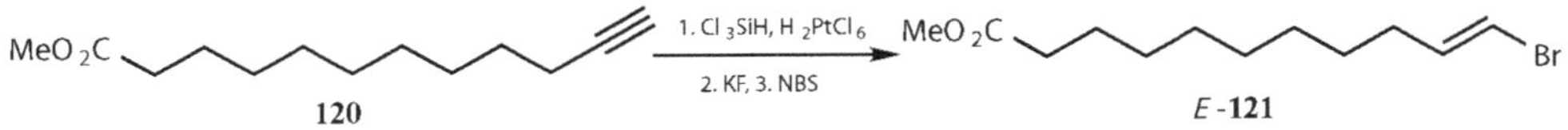

120 *E*-121

氢锆化

在过渡金属中，锆是炔的氢金属化中最重要的一个金属。可购买的 16 电子

络合物 Cp_2ZrHCl（Cp＝环戊二烯基）**122** 立体选择性地 *syn*-加成到炔上进而生成 *E*-烯基锆化物 **126**。反应由炔对 **122** 的配位启动，生成稳定的 18 电子 π-络合物（或 η^2-络合物）**124**。之后一个配体从金属中心转移到炔的一端，而金属则在另一端生成 16 电子的 σ-络合物 **126**。转移的基团应该是 Zr 配体中最不稳定的，而显然 Cl^- 比 H^- 要稳定，因此转移的是氢原子。由于氢的转移是分子内的，因此金属和氢都在叁键的同一侧。Zr 倾向于位于末端是由于取代基少的碳负离子与之结合后生成空间排斥较小即更稳定的 σ-络合物[27]。

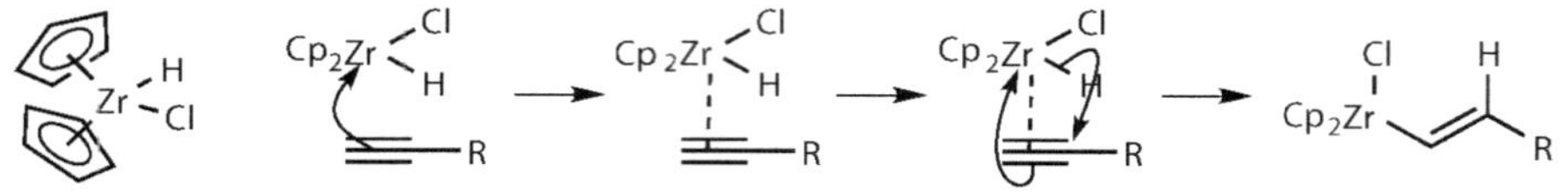

122; Cp_2ZrHCl 16 电子　**123**　**124**; π-络合物 18 电子　**125**; 氢锆化　**126**; σ-络合物 16 电子

这一例在第 1 章已经引用过，是 McMurry 对 Flexibilene 的合成。醛保护的炔 **127** 与 Cp_2ZrHCl 生成乙烯基锆化物 **128**，下一步它可与烯丙基-钯的络合物发生偶联反应。生成的 *E*-式构型在最终产物中仍然保留着，如 **129** 中箭头所示[28]。

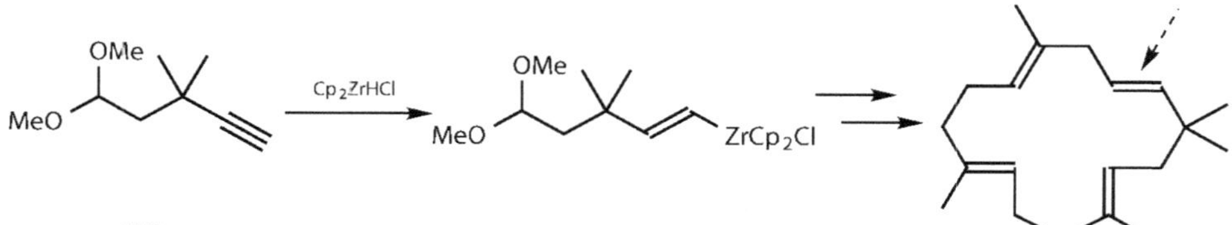

127　**128**　**129**

将 Zr 换成 Zn 后可对羰基化物加成。醇 **130** 经羟基保护后与 Zr 试剂反应生成 **132**，再把 Zr 转换为 Zn 后与醛反应可得到烯丙醇 **134**。反应中双键构型仍保持不变[29]。

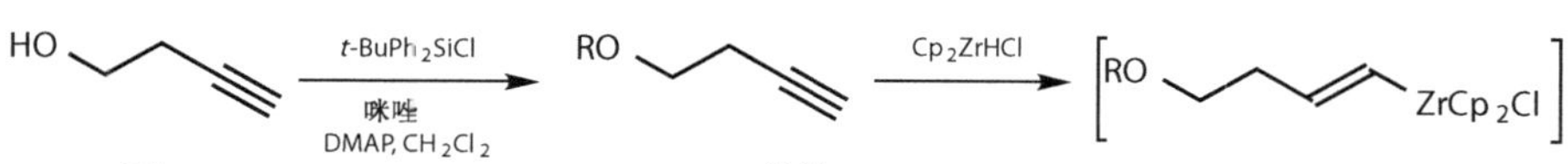

130　**131**; 96% 产率　**132**

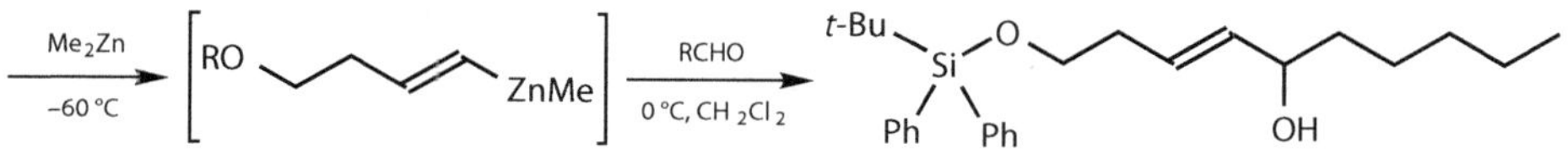

133　*E*-**134**; 66% 产率

碳金属化

我们讨论过的金属也可以进行烷基或芳基以及金属对炔的同步 *cis*-加成[30]。这样的过程称为碳金属化，金属包括有 Li，Mg，Al，Cu 和 Zn。

碳铝化

三烷基铝本身不能直接加成到炔上，但某些催化剂特别是 Cp_2ZrCl_2 可以催化这样的加成反应。在 Me_3Al 与炔的加成中，甲基和 $AlMe_2$ 加成到炔的同一侧生成不稳定的烯基铝 *E*-**136**，它可立刻与亲电试剂反应生成双键构型保持的 *E*-**137**[31]。反应的机理还不确定，但肯定包括 π-络合物如 **135** 中的一个甲基从 Zr 迁移到叁键上。**135** 中可能有一些氯配位到一个或两个金属上，或者位于两者之间[32]。

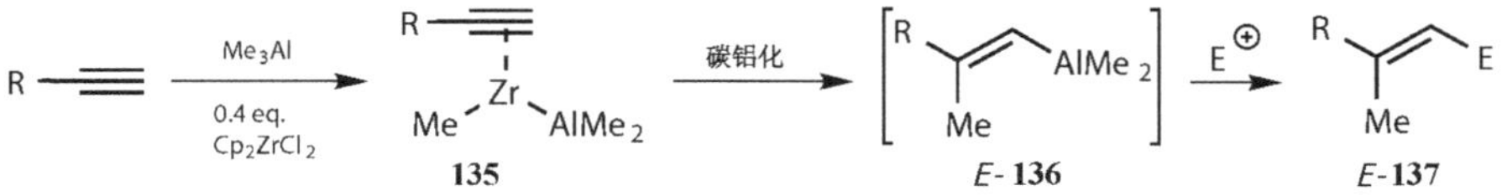

钯催化的中间体 *E*-**139** 与苄氯的偶联反应以较高的产率得到单一产物三取代的 *E*-烯烃 **140**[33]。

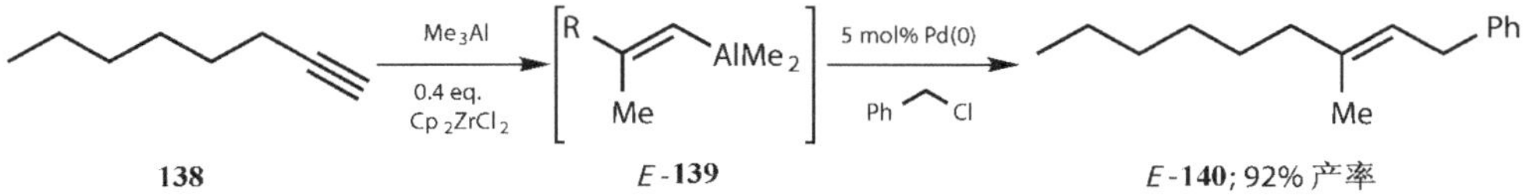

最近的一个例子是大环内酯抗生素 concanamycin 的合成。首先对炔 **141** 碳金属化会生成 *E*-**142**，接下来发生钯催化的与同样来自于炔的乙烯基锡烷的偶联反应，生成二烯 *E*,*E*-**143**[34]。

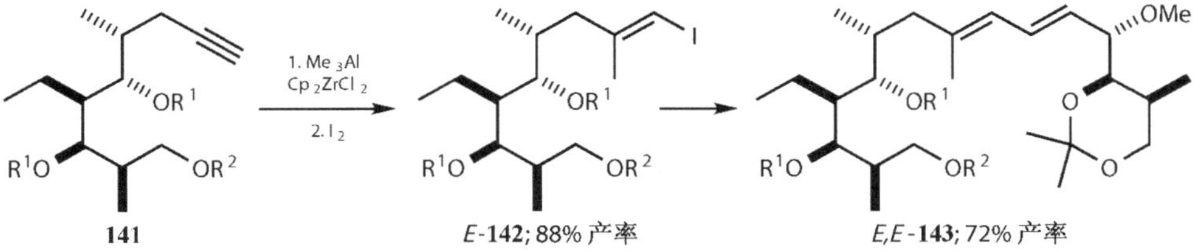

碳铜化

许多有机铜试剂都可以发生对炔的碳铜化反应而不需要额外的催化剂。这些试剂可能是 RCu（通常含有一些配体，如 Me_2S），格氏试剂与 Cu（I）的混合物，或者一些更复杂的铜试剂也被用于共轭加成（见第 9 章）。碳铜化也是 *cis*-加成，且铜位于末端碳上，与亲电试剂反应后生成 *E*-**145**[35]。

亲电试剂（**146** 中的 *E*）可以是卤代烷烃、酰氯、共轭羰基化合物等。下面的例子阐明了官能化的卤代烷烃的应用，生成的是 *Z*-烯烃 **148**，因为大基团是由碳铜化引入的[36]。如果碳铜化引入的是小基团，则生成 *E*-**148**。

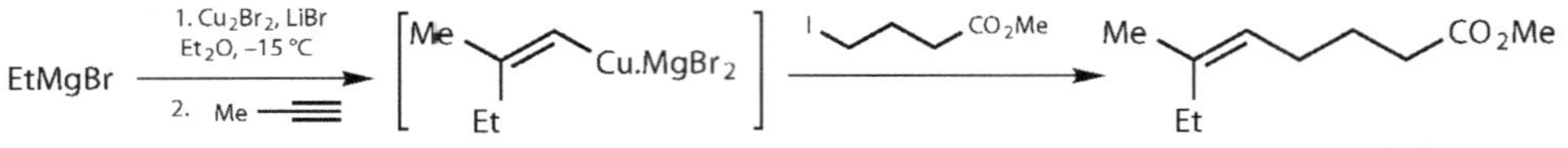

147 *Z*-**148**; 56% 产率

我们期待乙烯基铜试剂能较好地进行共轭加成，但遗憾的是，只有少量的烯酮能得到满意的结果。丙炔与 *n*-己基铜经碳铜化后生成中间体 **149**，它可加成到环己烯酮上而得到 *Z*-构型保持的产物 **150**[37]。但如果与开链烯酮反应，则结果不好。

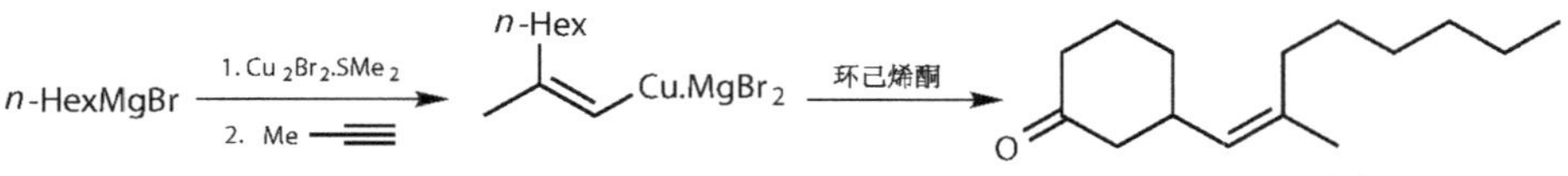

149 *Z*-**150**; 73% 产率

乙烯基 Sn，B，Al，Si 和 Zr 试剂与亲电试剂的反应

到目前为止，我们已经对可作为乙烯基阴离子等价物的乙烯基金属进行了分类，现在是详细讨论它们反应的时候了。它们扮演乙烯基阴离子最普遍的路径或者路径之一就是转化为乙烯基锂试剂。这个目标可直接达到或者通过卤化达到。在碳铜化，与碘交换，以及锂化后生成的乙烯基锂化物对可烯醇化的醛或酮加成，生成构型保持的烯丙醇，如 *E*-**152**[38]。

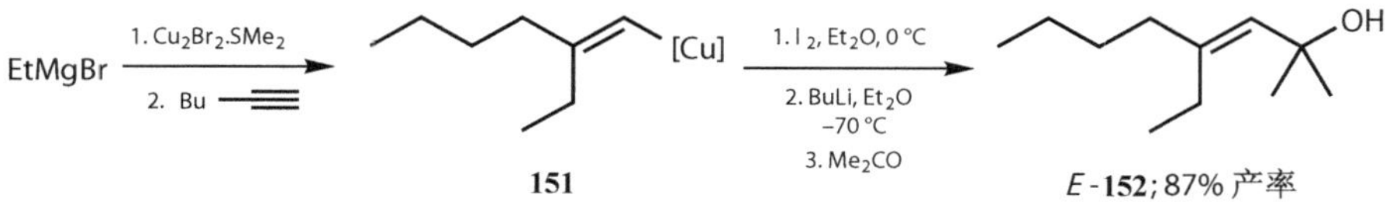

151 *E*-**152**; 87% 产率

将乙烯基 Sn，B 或 Al 化物用 BuLi 处理后，可得到 Bu-对金属的加成产物高价阴离子，如 **154**。这些通常可称为酸根型络合物。这就和硫酸盐或者碳酸盐的阴离子的名称一样，后面你将会习惯将铜的类似物称为铜酸盐。锂接下来取代 **155** 中乙烯基上的锡从而生成乙烯基锂化物 *E*-**156**。这个反应实际上就是一个碳上的亲电取代反应：锂原子直接进攻 C—Sn 键从而不影响双键的构型。

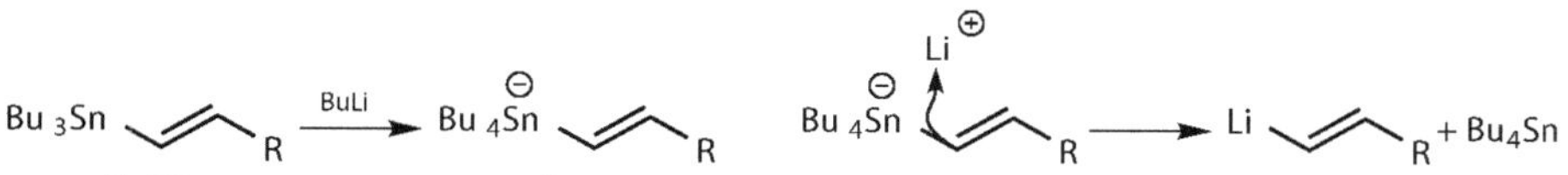

E-**153** *E*-**154** **155** *E*-**156**

乙烯基铜衍生物如 **157** 并不与环氧乙烷反应，但如果通过先与戊炔基锂反应生成烯基铜酸盐 **158**，则可以将乙烯基（更不稳定的基团优先迁移）转移到环氧乙烷中，生成高烯丙基醇 *E*-**159**[39]。注意，**157** 中的烯基构型与 **149** 中的相反。

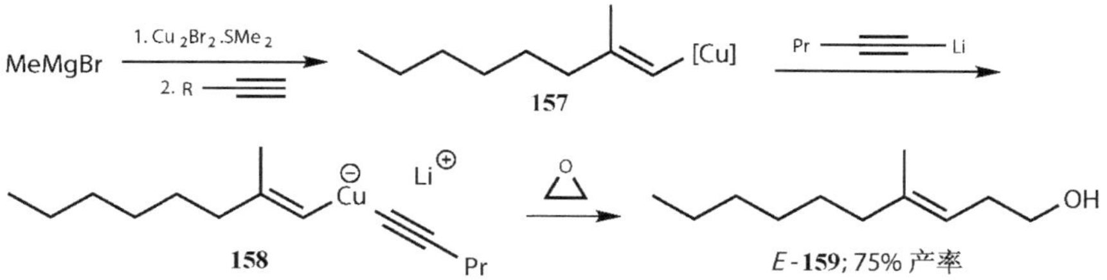

锂原子也可被铜取代生成铜酸盐 **161**。由于使用了过量的戊炔基铜，保证了不造成乙烯基的浪费。这样的铜酸盐在与烯酮的共轭加成中效果比一般的铜试剂要好。这些反应过程中，烯烃中的碳-碳双键构型保持不变。

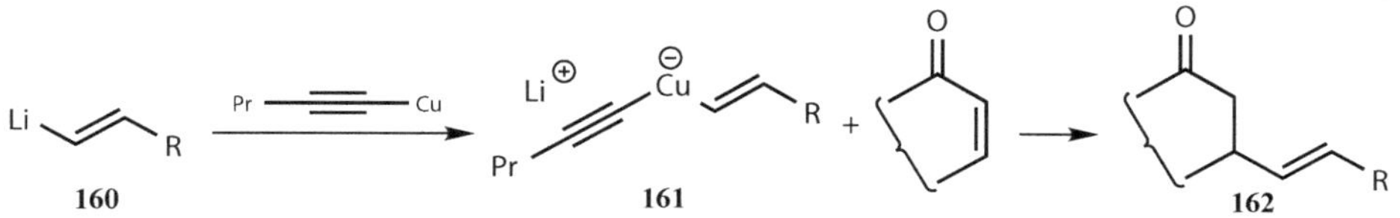

Corey 和 Wollenberg 在抗生素 brefeldin A（**163**）的合成[40]中对这些乙烯基阴离子等价物的应用可以说是这些试剂一个出色的表现。这个有趣的分子有两个 *E*-双键。一个与羟基碳相连，形成一个烯丙醇片段，可以通过乙烯基锂 **165** 对醛的进攻获得，另一个双键与一个羟基处于 1,3-位，可以通过乙烯基铜（或铜酸盐）**166** 对双亲电试剂 **164** 的共轭加成得到。两个羟基都需要保护。

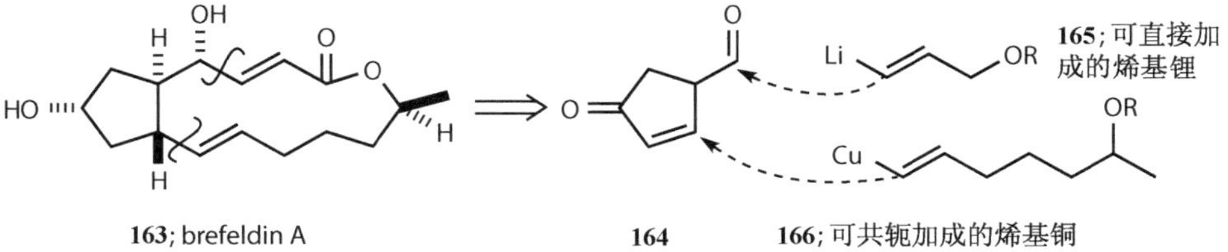

乙烯基金属试剂都是通过热力学控制的对相应炔的氢锡化得到的[41,42]。锂化物 **165** 来自于保护的炔丙醇 **167**。

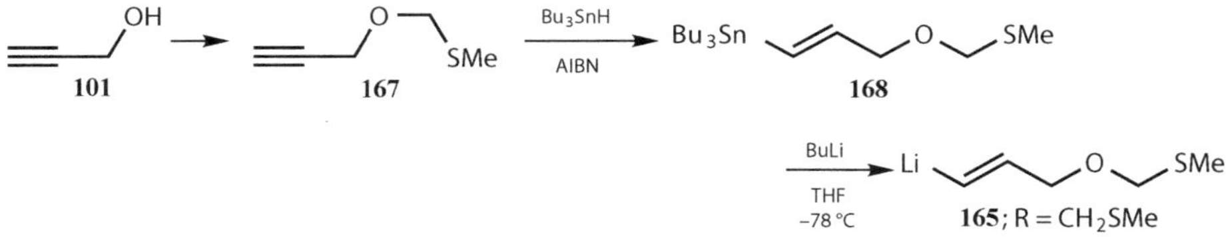

用来制备酮衍生物的乙烯基锡烷 **170** 则是通过另一个经保护的醇 **169** 经过类似的过程获得的，保护基不同是为了能有选择性的脱去。

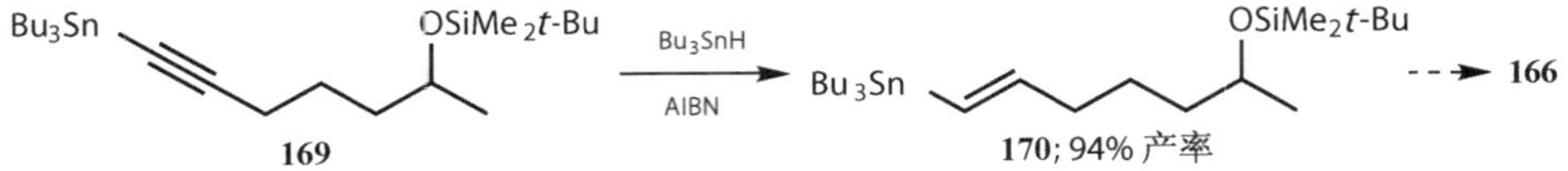

乙烯基锡烷 **170** 被转换为烯基锂后，再经过类似生成 **161** 的过程可生成乙烯基铜酸盐，它可共轭加成到烯醇化物 **171** 上。注意通过 NaH 拔氢可起到保护 **171** 中丙二酸酯的目的。产物中的五元环的取代基是 *anti*-构型，双键是 *E*-构型，但是无法控制侧链上的远程手性中心。

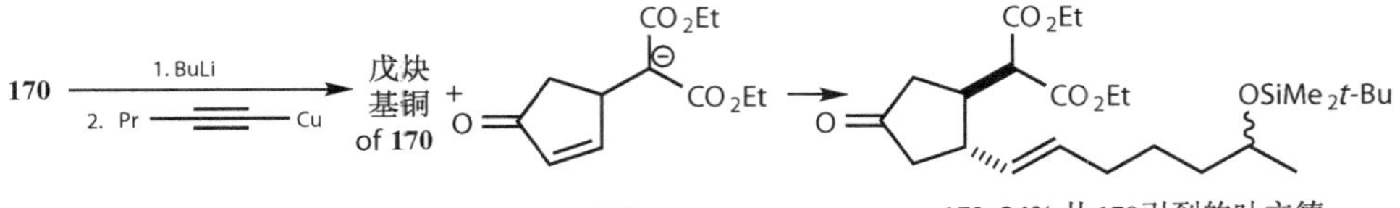

经过官能团的转化生成的醛 **173** 可与乙烯基锂化物 **165** 反应。反应经淬灭后可以较高的产率得到 MEM（甲氧基-乙氧基-甲基-）的衍生物 **174**，但加成反应没有任何立体选择性。幸运的是，Corey 通过将两个羟基氧化为酮羰基后，再立体选择性的还原可得到目标手性产物。

乙烯基铝烷的反应

乙烯基铝烷也可进行共轭加成，并且和酸根络合物有不同的反应性。如果乙烯酮采取 s-*cis* 构型，如 **175**，加成可能采取环状机理，铝不仅转移乙烯基还同时作为路易斯酸活化羰基。*E*-乙烯基铝烷也是通过烯基碳的 S_E2 反应生成了 *E*-γ，δ-不饱和酮 **178**[32]。

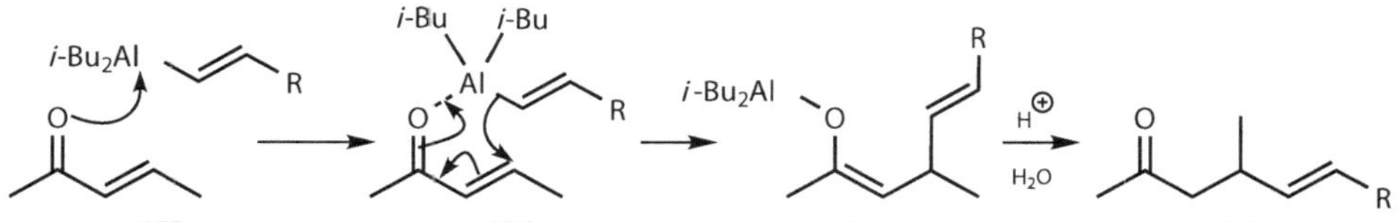

如果烯酮不能采取 s-*cis* 构型，则需要在共轭加成之前先将乙烯基铝烷转化为酸根络合物 **179**。对 s-*trans* 的烯酮的共轭加成，例如环己烯酮，生成 *E*-γ，δ-不饱和酮 **180**。这次转移是最稳定的基团优先发生，即 Me，*i*-Bu 和烯基中的最稳定基团。铝不是过渡金属，一般释放最稳定的阴离子。

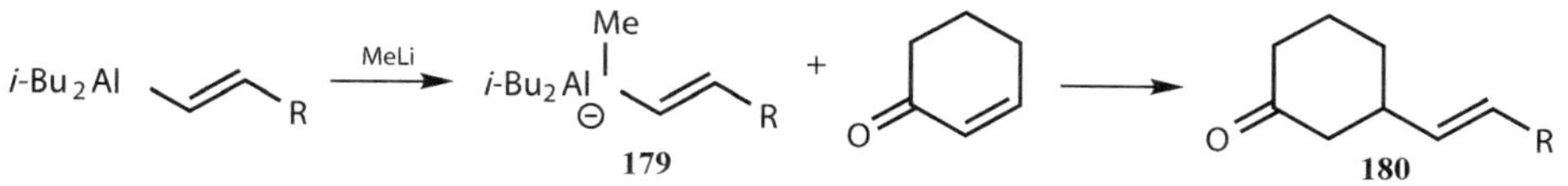

179　180

前面我们介绍了一些铜酸盐对环戊烯酮的立体选择的共轭加成的例子，由炔的铝氢化产生的乙烯基铝酸盐 **179**（R＝己基）也能得到类似的结果，生成 *anti*-*E*-产物 **182**[43]。

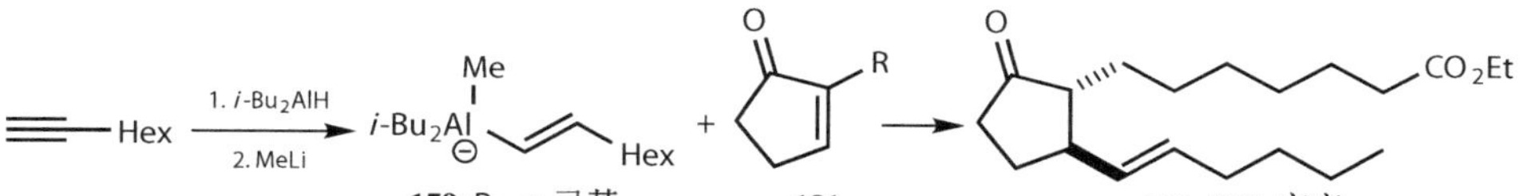

179; R = *n*-己基　181　182; 76% 产率

乙烯基硅烷的制备

我们已经看到乙烯基硅烷可以通过对炔的三种机理不同的硅氢化反应得到，并且产物中硅都在末端碳上。不像我们已经见过的乙烯基金属化合物，乙烯基硅烷是稳定且可以分离的。而用其他方法也可以或多或少地控制单取代或三取代化合物的合成，并且具有较好的选择性。其中就有 Peterson 反应，即利用二硅基取代的甲烷 **183** 为底物与醛的反应，与之类似，也可用乙烯基锂化物与氯代硅烷反应[44]。

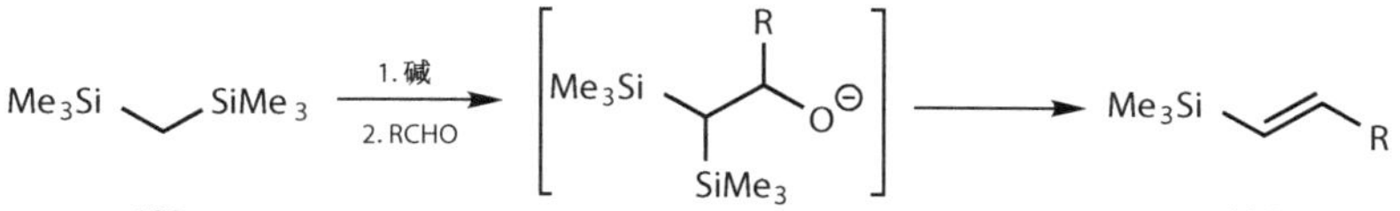

183　184　185

由于硅的存在炔基硅烷 **186** 的氢金属化或者碳金属化变得更容易，且金属更倾向于位于与硅相连的碳上。生成的 **187** 与亲电试剂反应后，可立体化学控制地生成各种乙烯基硅烷 **188**。金属可以是 Li，Mg，Al 或者 Cu，生成的 **187** 和 **188** 都是单一的几何异构体（是 *Z* 或 *E* 取决于取代基的优先次序以及不同的取代基）[30]。

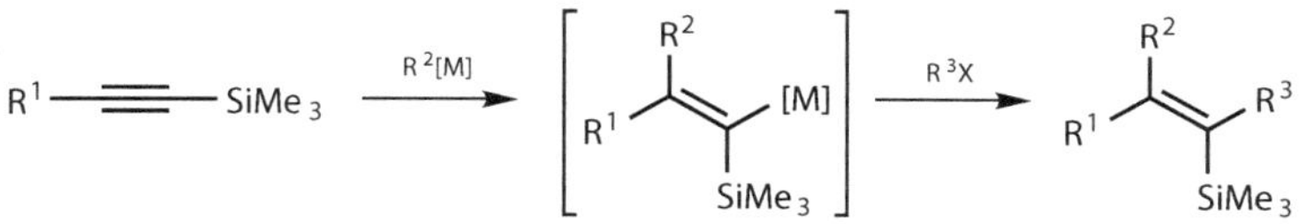

186　187　188

乙烯基硅烷的反应

乙烯基硅烷 **189** 与烯烃的反应性比较类似：它们与反应活性亲电试剂如溴的亲电反应不需要催化剂，但与碳亲电试剂的反应则需要路易斯酸催化。反应通常发生在含硅的一端，从而使生成的中间体碳正离子 **190** 可以被 β-硅稳定。硅基团可以被亲核试剂如卤素离子取代生成烯烃 **191**[45]。

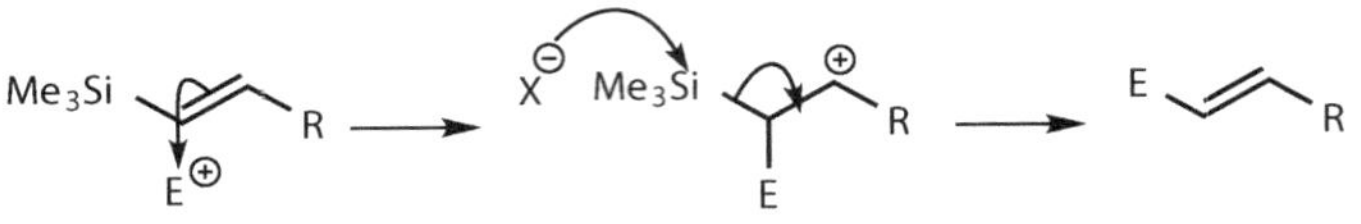

189　　**190**　　**191**

如果亲电试剂能被路易斯酸活化，如在脂肪族的 Friedel-Crafts 反应中，则可以较高的产率得到产物。烯丙基膦酸酯 **192** 的阴离子可以经硅基化来生成乙烯基硅烷 **193**，它与乙酰氯在 $AlCl_3$ 的活化下发生反应，生成烯酮 *E*-**194**。**194** 可经 HWE 反应来合成二烯基酮（见第 15 章）[46]。

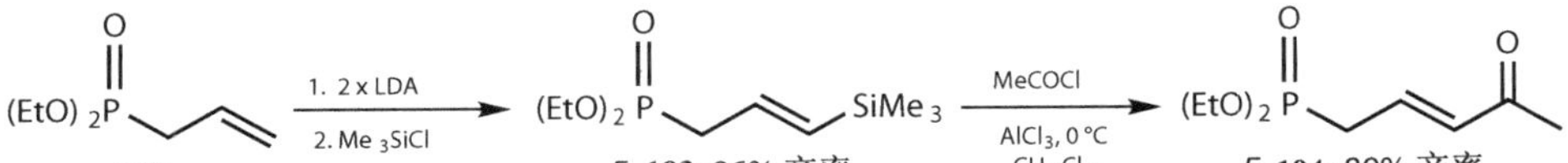

192　　*E*-**193**; 96% 产率　　*E*-**194**; 89% 产率

193 向 **194** 的转换也是构型保持的。许多这样的反应取决于 β-硅基正离子的存活时间。在有利的环境下，反应都是得到构型保持的产物。其实反应是亲电试剂从 π 键的一侧进攻。新的 C—E 键形成后，因为 C 原子变为四面体，Me_3Si 开始旋转并远离亲电试剂，直至 C—Si 键与空的 p 轨道平行，且此时基团 E 位于远离 R 基团的位置，接着 Me_3Si 离去生成烯的几何构型保持的产物。

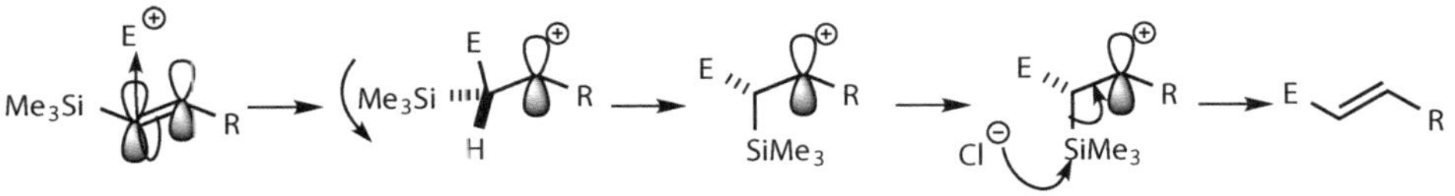

亲电进攻　　Me_3Si 朝下转　　Me_3Si 旋转完成　　Me_3Si 离去　　生成构型保持的产物

当然，如果硅基稳定的 β-正离子存活的时间足够长，使得 C—C 键可以自由的旋转，则会失去选择性。构型保持的反应通常是分子内的，且是生成环外烯烃的反应。一个比较著名的例子是两个缩醛 *E*- 和 *Z*-**195** 的关环反应。在路易斯酸 $SnCl_4$ 的促进下，两个缩醛都以较高的产率得到构型保持的环外烯烃 oxepane[47]。

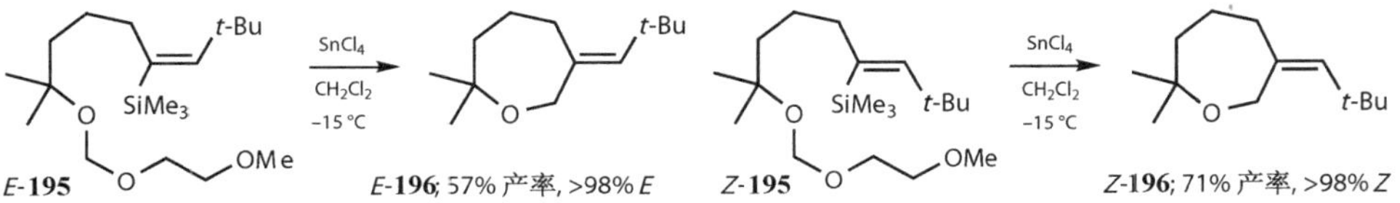

E-**195**　　*E*-**196**; 57% 产率, >98% *E*　　*Z*-**195**　　*Z*-**196**; 71% 产率, >98% *Z*

有时可以通过合适的路易斯酸来控制阳离子中间体的存活时间。铜催化的乙烯基格氏试剂 **198** 对烯酮 **197** 的共轭加成可以得到 *anti*-**199**。接下来发生分子内的与酰氯的 Friedel-Crafts 反应，如果用 $AgBF_4$ 作为路易斯酸，得到的是不太稳定的 Z-烯酮 **200**，但其他金属如 $TiCl_4$ 则得到 E/Z 的混合物[48]。

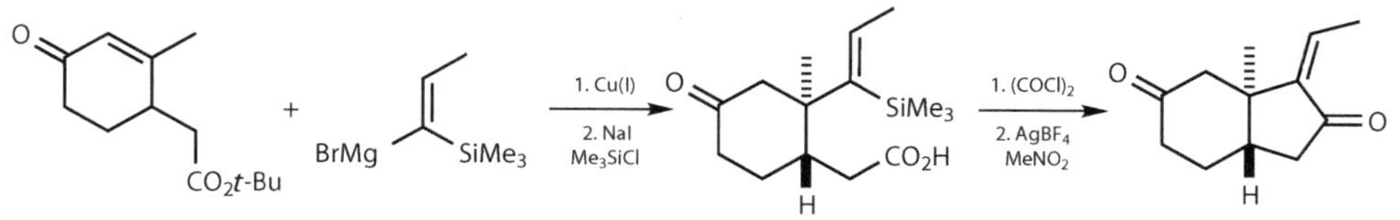

197 **198** **199** *Z*-**200**; 71% 产率

将硅转换为卤素的反应在合成上也是非常重要的。Epothilone A（**201**），一个可能的抗癌物，对它的逆合成分析如下：**201** 可经 **202** 化学选择性环氧化得到。Shibasaki 接着在显而易见的大环酯基和不容易注意到的双键旁的 C—C 处断键，希望能够利用两个烯烃 **203** 和 **204** 立体选择性的反应得到。

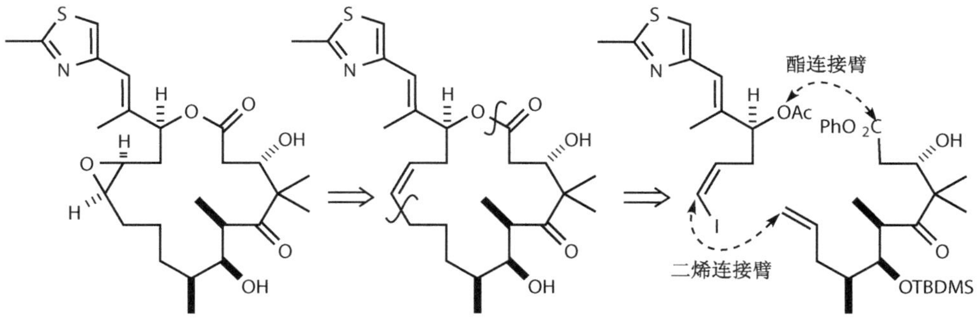

201; epothilone A **202** **203** **204**

每一个片段都可通过催化的不对称方法得到单一的异构体。我们更关心乙烯基碘化物[49] **203** 的合成。实验发现，DIBAL 不能还原 **205**，而发生氢钛化后生成 Z-烯基硅烷 **206**。区域选择以及立体专一地将硅转化为碘后，可以以 59% 的产率得到 Z-乙烯基碘化物。

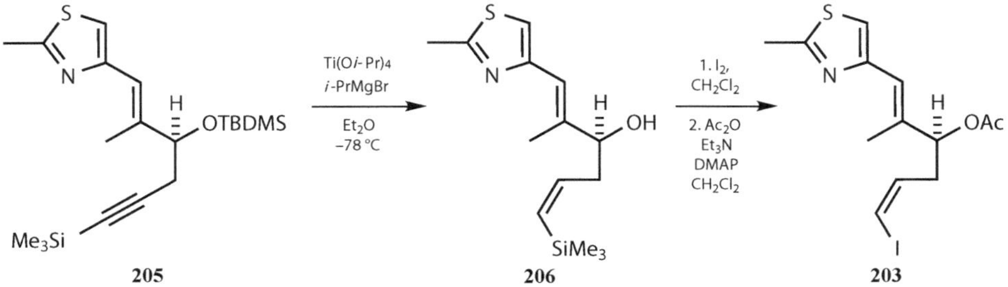

205 **206** **203**

乙烯基硅烷的酸根型络合物

通过 *E*-**118**，我们可以看出硅上带有两个负电荷的酸根型络合物是可能的，因此如果一个氟离子进攻硅生成带有一个负电荷的酸根型络合物也就不惊奇了。这类化合物中的 C—Si 键比普通的 π 键的亲核性要强，也能发生本章中酸根类似物的一些反应。醇 **207** 与氯代硅烷反应后的产物中含有一个 Si—H 键，因此可以发生 Pt 催化的分子内的氢硅化从而生成单一的 *E*-烯基硅烷 **209**[50]。

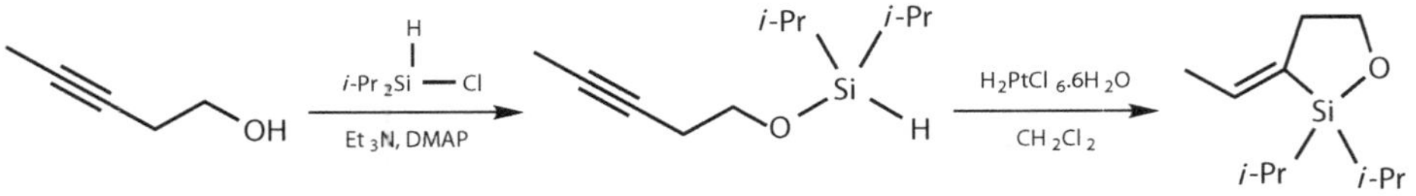

207　　**208**　　**209**

209 与氟离子（如 Bu_4NF，简写为 TBAF）反应后生成酸根型络合物 **210**，它可与芳基或烯基卤化物生成单一的构型保持的三取代醇，如 **211**。

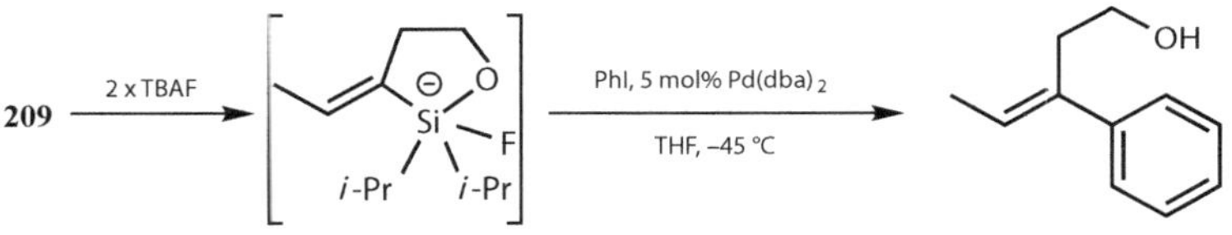

210　　*E*-**211**; 88% 产率

乙烯基金属化合物作为乙烯基亲核试剂的用途是非常广泛的，与之反应的亲电试剂可以是卤素、卤代烷烃、酰卤、醛和酮、不饱和羰基化合物以及环氧化合物。乙烯基金属化合物还可在钯的催化下发生与芳基和烯基卤化物的偶联反应。立体化学表明反应通常能保持乙烯键的构型。首先要确定乙烯基金属化合物是否有足够的反应活性或者是否需要将它们转化为酸根型络合物。既然大多数乙烯基金属化合物之间可以互相转换并且构型保持，因此可以说它们是一类难得的通用反应试剂。

参 考 文 献

一般性参考文献列于 946 页。

1. E. J. Corey and J. G. Smith, *J. Am. Chem. Soc.,* 1979, **101**, 1038; *Vogel* p 539.
2. M. Rottländer, L. Boymond, G. Cahiez and P. Knochel, *J. Org. Chem.,* 1999, **64**, 1080; A. Boudier, L. O. Bromm, M. Lotz and P. Knochel, *Angew. Chem.,* Int. Ed., 2000, **39**, 4415.
3. K. Takai, K. Sakogawa, Y. Kataoka, K. Oshima and K. Utimoto, *Org. Synth.,* 1995, **72**, 180.
4. E. J. Corey, H. F. Wetter, A. P. Kozikowski and A. V. Rama Rao, *Tetrahedron Lett.,* 1977, 777; M. G. Bock, A. P. Kozikowski, A. V. Rama Rao, D. Floyd and B. Lipshutz, *Tetrahedron Lett.,* 1978, 1051.
5. A. R. Chamberlin and S. H. Bloom, *Org. React.,* 1990, **39**, 1.
6. A. R. Chamberlin, J. E. Stemke and F. T. Bond, *J. Org. Chem.,* 1978, **43**, 147.

7. E. J. Corey and J. P. Dittami, *J. Am. Chem.* Soc., 1985, **107**, 256.
8. N. Miyaura and A. Suzuki, *Chem. Rev.,* 1995, **95**, 2457.
9. E. J. Corey and B. E. Roberts, *Tetrahedron Lett.,* 1997, **38**, 8919.
10. D. P. G. Hamon and K. L. Tuck, *J. Org. Chem.,* 2000, **65**, 7839.
11. C. C. Price and J. A. Pappalardo, *Org. Syn. Coll.,* 1963, **IV**, 186.
12. E. J. Corey and D. J. Beames, *J. Am. Chem. Soc.,* 1972, **94**, 7210.
13. E. J. Corey and N. Raju, *Tetrahedron Lett.,* 1983, **24**, 5571; E. J. Corey, L. K. Niimura, Y. Konishi, S. Hashimoto and Y. Hamada, *Tetrahedron Lett.,* 1986, **27**, 2199, and see correction on page 3556.
14. H. C. Brown and S. K. Gupta, *J. Am. Chem. Soc.,* 1972, **94**, 4370; R. C. Larock, S. K. Gupta and H. C. Brown, *J. Am. Chem. Soc.,* 1972, **94**, 4371.
15. N. Miyaura and A. Suzuki, *Org. Synth.,* 1989, **68**, 130; T. Ishiyama, M. Murata and N. Miyaura, *J. Org. Chem.,* 1995, **60**, 7508.
16. T. Hamaoka and H. C. Brown, *J. Org. Chem.,* 1975, **40**, 1189.
17. A. K. Mapp and C. H. Heathcock, *J. Org. Chem.,* 1999, **64**, 23.
18. G. Zweifel and J. A. Miller, *Org. React.,* 1984, **32**, 375.
19. E. J. Corey and T. M. Eckrich, *Tetrahedron Lett.,* 1984, **25**, 2415, 2419.
20. J. G. Duboudin and B. Jusseaume, *J. Organomet. Chem.,* 1979, **168**, 1.
21. The Science of Synthesis (Houben-Weyl) Vol 4 page 740, Thieme, 2000, ed Ian Fleming.
22. K. Miura, K. Oshima and K. Utimoto, *Bull. Chem. Soc. Japan,* 1993, **66**, 2356.
23. N. Asao, T. Sudo and Y. Yamamoto, *J. Org. Chem.,* 1996, **61**, 7654.
24. K. Tamao, J. Yoshida, H. Yamamoto, T. Kakui, H. Matsumoto, M. Takahashi, A. Kurita, M. Murata and M. Kumada, *Organometallics,* 1982, **1**, 355.
25. R. S. Tanke and R. H. Crabtree, *J. Am. Chem. Soc.,* 1990, **112**, 7984.
26. B. M. Trost and Z. T. Ball, *J. Am. Chem. Soc.,* 2001, **123**, 12726.
27. J. A. Labinger, Comp. *Org. Synth.,* **8**, 667.
28. J. McMurry, *Acc. Chem. Res.,* 1983, **16**, 405.
29. P. Wipf and W. Xu, *Org. Synth.,* 1997, **74**, 205.
30. J. F. Normant and A. Alexakis, *Synthesis,* 1981, 841.
31. D. E. Van Horn and E. Negishi, *J. Am. Chem. Soc.,* 1978, **100**, 2252.
32. E. Negishi and D. Y. Kondakov, *Chem. Soc. Rev.,* 1996, **25**, 417.
33. E. Negishi, H. Matsushita and N. Okukado, *Tetrahedron Lett.,* 1981, **22**, 2715.
34. T. Jyojima, N. Miyamoto, M. Katohno, M. Nakata, S. Matsumura and K. Toshima, *Tetrahedron Lett.,* 1998, **39**, 6003; 6007.
35. B. H. Lipshutz and S. Sengupta, *Org. React.,* 1992, **41**, 135.
36. J. F. Normant, G. Cahiez, C. Chuit and J. Villeras, *J. Organomet. Chem.,* 1974, **77**, 269; J. F. Normant, C. Chuit, G. Cahiez and J. Villeras, *Synthesis,* 1974, 803.
37. A. Marfat, P. R. McGuirk and P. Helquist, *J. Org. Chem.,* 1979, **44**, 3888.
38. G. Cahiez, D. Bernard and J. F. Normant, *Synthesis,* 1976, 245.
39. Y. Horiguchi, S. Matsuzawa, E. Nakamura and I. Kuwajima, *Tetrahedron Lett.,* 1986, **27**, 4025.
40. E. J. Corey and R. H. Wollenberg, *Tetrahedron Lett.,* 1976, 4705.
41. E. J. Corey and R. H. Wollenberg, *J. Org. Chem.,* 1975, **40**, 2265.
42. E. J. Corey and M. G. Bock, *Tetrahedron Lett.,* 1975, 3269.
43. K. F. Bernady and M. J. Weiss, *Tetrahedron Lett.,* 1972, 4083.
44. P. F. Hudrlik, A. K. Kulkarni, S. Jain and A. M. Hudrlik, *Tetrahedron,* 1983, **39**, 877; L. E. Overman, M. J. Brown and S. F. McCann, *Org. Synth.,* 1989, **68**, 182.
45. I. Fleming, J. Dunoguès and R. Smithers, *Org. React.,* 1989, **37**, 57; T. A. Blumenkopf and L. E. Overman, *Chem. Rev.,* 1989, **89**, 857.
46. B. S. Lee, S. Y. Lee and D. Y. Oh, *J. Org. Chem.,* 2000, **65**, 4175.
47. L. E. Overman, A. Castañeda and T. A. Blumenkopf, *J. Am. Chem. Soc.,* 1986, **108**, 1303.
48. K. Fukuzawa, E. Nakamura and I. Kuwajima, *Tetrahedron Lett.,* 1984, **25**, 3591.
49. D. Sawada, M. Kanai and M. Shibasaki, *J. Am. Chem. Soc.,* 2000, **122**, 10521.
50. S. E. Denmark and W. Pan, *Org. Lett.,* 2001, **3**, 61.

17 烯烃上的亲电进攻反应

引言

化学–区域–和立体选择性

第 15 和 16 章介绍了如何合成已知立体化学的烯烃。这样做的一个重要原因是烯烃具有非比寻常的潜质可以作为起始原料合成多官能化合物，并且能够控制所有的选择性。

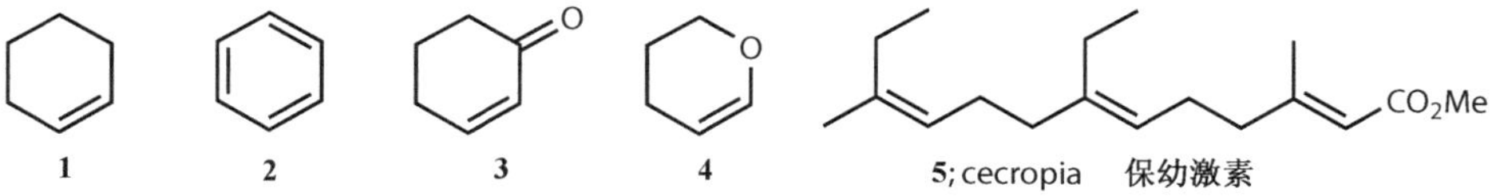

1 2 3 4 5; cecropia

化学选择性 烯烃的化学选择性很容易控制，因为烯烃是一个“弱的”官能团。烯烃可以与亲电试剂如溴反应，但当拉电子或者供电子基团与烯烃共轭时，烯烃的反应性被这些官能团所控制。烯烃化合物 **2** ～**4** 通常被描述为苯、烯基酮和烯醇醚。读者可以看到在很多反应中，一种烯烃反应，而另一种则不反应。三烯化合物 **5** 具有三个双键，而我们只想其中的一个双键反应。这就是化学选择性。

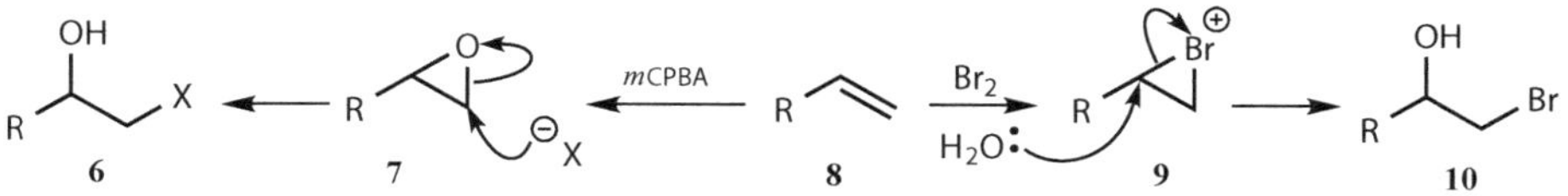

6 7 8 9 10

区域选择性 通常在不对称的亲电试剂进攻不对称的烯烃时出现。常见的例子可以如溴水或过氧酸与端烯 **8** 的反应。水会进攻溴𬭩离子 **9** 中多取代的碳，而亲核试剂则会进攻环氧烷 **7** 中取代基少的碳。

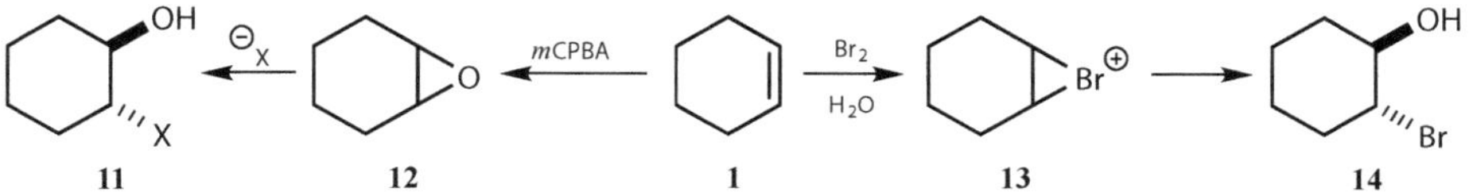

11 12 1 13 14

立体选择性 来自于对已知构型的烯烃的 *syn*-或 *anti*-加成。溴水与环己烯的反应，可以得到 *anti*-构型的溴醇，而烯烃的环氧化得到的是立体专一的 *syn*-式。亲核试剂进攻环氧化物 **12** 或溴𬭩离子 **13** 的哪个碳都没有影响：因为根据 S_N2 反应的机理，必然会得到 *anti*-构型的产物。在开链的烯基化合物中，*E*-式异构体的 *syn*-加成反应可得到与 *Z*-式异构体 *anti*-加成反应一样的非对映异构体。本章中，我们会讨论几种选择性同时出现的反应，并说明如何在合成中利用它们。

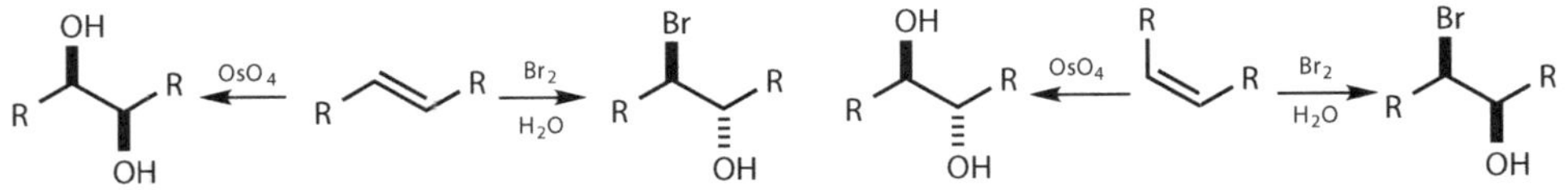

syn-**15**　*E*-**16**　*anti*-**17**　*anti*-**15**　*Z*-**16**　*syn*-**17**

化学选择性

化学选择性最普遍的形式之一是优先对富电子烯烃的亲电进攻。例如，Birch 还原产物 **19** 的臭氧化反应会生成 *Z*-烯烃 **209**（R＝Me），**209** 被用于保幼激素 cecropia（**5**）的合成。

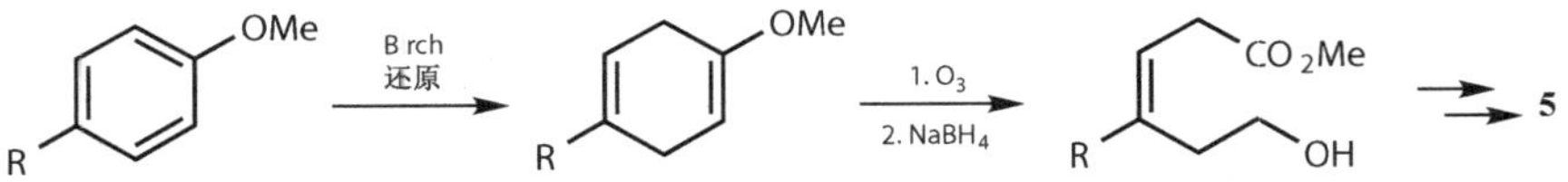

18　**19**　**20**

烯醇醚比其他简单的烯烃具有更强的亲核性。而与亲电试剂共轭的烯烃则会被类似的亲核试剂进攻。下面的选择性的环氧化看上去会比较直观。过酸的环氧化是立体专一的：**22** 中的烯烃是 *E*-式的，所以环氧化物是 *trans*-（或 *anti*-）。而另一个双键的环氧化则是立体选择性的，因为这是分步的过程，出于选择会生成更加稳定的 *trans*-（或 *anti*-）环氧化物 **21**。后面还将有一个合成斑鸠菊苦素（vernolepin）的例子。

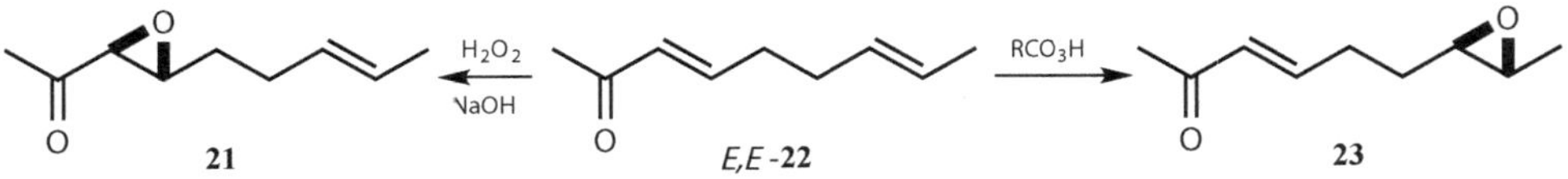

21　*E,E*-**22**　**23**

分子中是否有两个相同或共轭的双键不会给反应的选择性带来什么困难，因为许多反应都会在第一个烯烃反应后停下来。共轭二烯（具有较高的 HOMO）比简单的烯烃具有更强的亲核性，所以产物 **25** 比起始原料的亲核性要弱。对环戊二烯 **24** 的环氧化能得到单环氧化的产物 **25**，这个反应需要在 Na_2CO_3 的缓冲溶液中进行以防生成的酸分解 **25**。1，5-环辛二烯也可干净地得到单环氧化产物 **27**。这个反应中反应活性差别较小：原料中有两个双键而环氧化物中只有一个双键，因此这个方法不太可靠[1]。

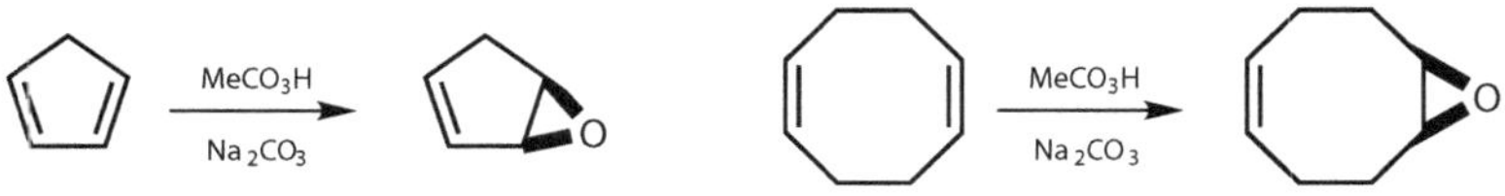

24　**25**　**26**　**27**

即使两个烯烃的差别仅仅在于取代基的个数，这对某些反应来说也已经足够了。如果双键上的取代基是简单的烷烃或芳基，则取代基多的双键亲核性更强。这种差别可以实现 citronellene 中三取代的双键的环氧化[2]，而其中的单取代双键保持不变。经过后续反应生成的光学活性的酸 **31** 被 Nicolaou 用于雷帕霉素（rapamycin）的合成[3]。

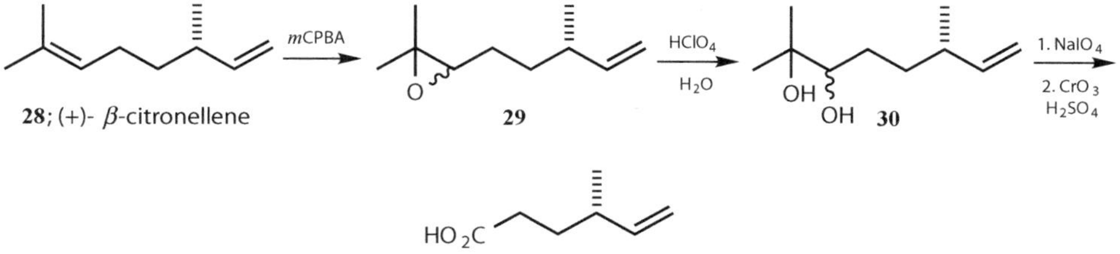

28; (+)-β-citronellene　**29**　**30**

31; 75% 产率来自于**28**

葡糖苷配基（不包括糖的部分）**44** 的合成很好地展示了这一化学。环己二烯 **32** 在缓冲溶液中进行选择性环氧化以高产率得到单环氧化物 **33**。然后亲核试剂比如 $MeNH_2$ 以 S_N2 机理亲核进攻处于烯丙位的环氧得到 *anti*-氨基醇 **34**。氨基进行酰化，醇羟基进行甲基化，为后续的步骤做准备。

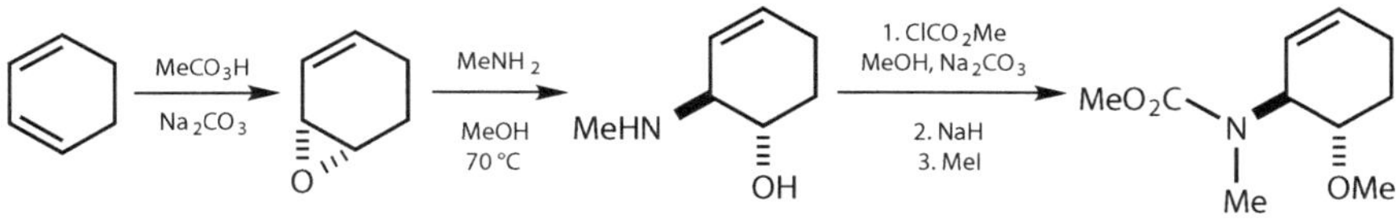

32　**33**; 84% 产率　**34**; 99% 产率　**35**; 88% 产率

我们将在本章的后面部分讨论如何把 **35** 转化成 **36**。**36** 在折叠的烯烃面外进行消除和环氧化，立体选择性地得到 **37**。与 $PhSe^-$ 亲核反应开环得到 *trans*-双轴产物（见第 21 章）。

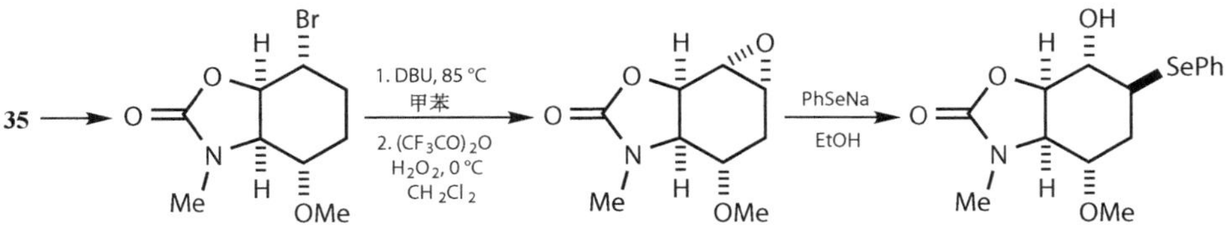

36; 86% 产率　**37**; 89% 产率　**38**

接着氧化得到硒氧化物 **39**，然后热消除（见第 32 章）得到一个新的烯烃 **40**，再一次环外氧化得到 **41**。至此，六元环上每一个碳都进行了官能团化，即五个含氧的，一个含氮的，这些都是从一个对称的环己二烯衍生得到的。每一个官能团都是从一个烯烃选择性引入的。

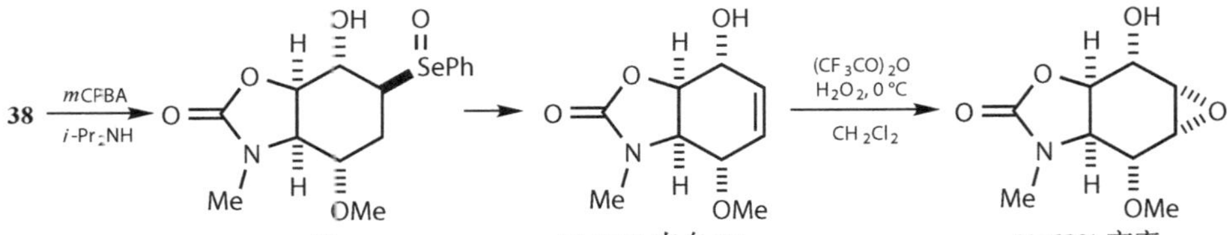

39　　40; 94% 来自 37　　41; 62% 产率

环氧化物 **41** 被叠氮离子区域选择性和立体选择性地开环得到 *trans*-双轴化合物 **42**，接着叠氮基被还原成胺。最后去除氨基甲酸酯保护基，完成了对 fortamine（**44**）的合成[4]。

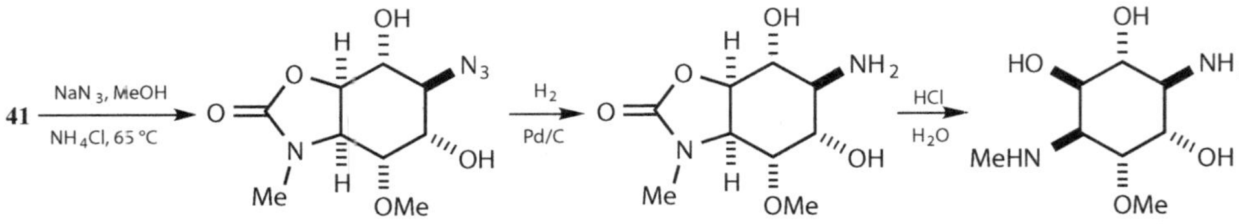

42　　43; 92% 产率　　44; 99% 产率

化学选择性的控制

在最近的一个例子中，非共轭双烯 **45** 中取代多（三取代）的双键和 *m*CPBA 反应以较高的产率得到环氧化物 **46**[5]。

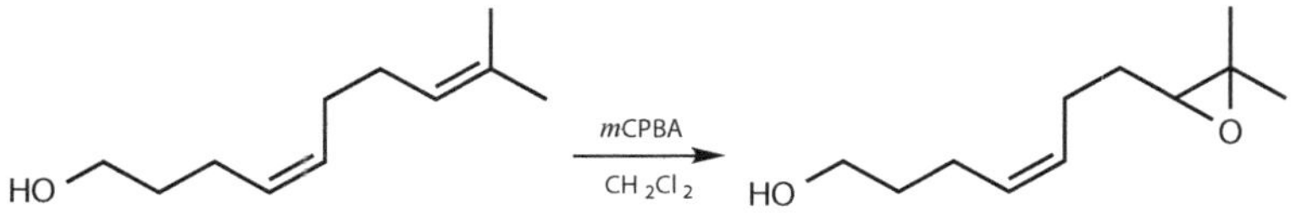

45　　46; 75% 产率

cis-二取代烯烃反应的化学选择性控制是比较困难的。一条途径是把试剂通过优势构象的五元或六元环连入分子内。把醇 **45** 转化为醛 **47**，**47** 与丁基胺反应得到胺，接着用商业试剂 Oxone®（$KHSO_5$. $KHSO_4$. K_2SO_4）氧化衍生的胺得到氧杂环丙烷 **48**。在氮上甲基化使得噁嗪中的氧变得亲电，从而发生分子内的环氧化。

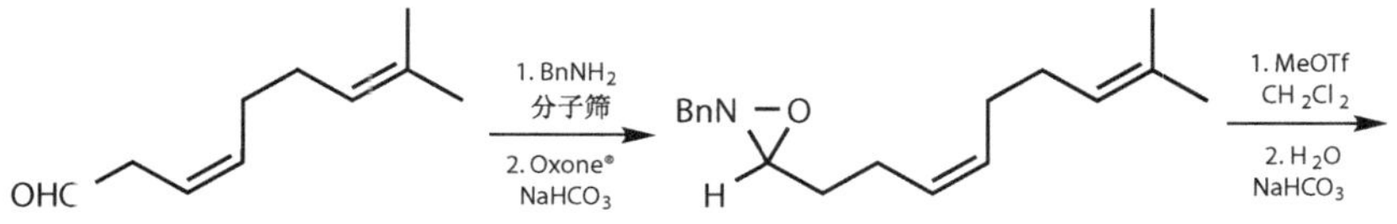

47　　48; 47% 产率

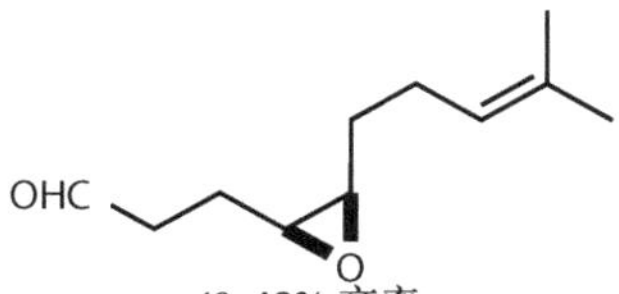

49; 48% 产率

没有必要一定把试剂和待氧化的底物通过共价键连接起来。过氧酸或过氧化氢的氢键常常和 $VO(acac)_2$ 这样的金属配位，使试剂很好地固定在烯烃底物上[6]。这个策略实现了化学-和立体双重选择性。用 *m*CPBA 环氧化二烯醇 **50** 以较高产率得到环氧化物 **51**，同时仅仅有 15% 的双环氧化产物。他们最开始还用了 $VO(acac)_2$/*t*-BuOOH 体系氧化，但得到的是以烯基酮为主的产物[7]。

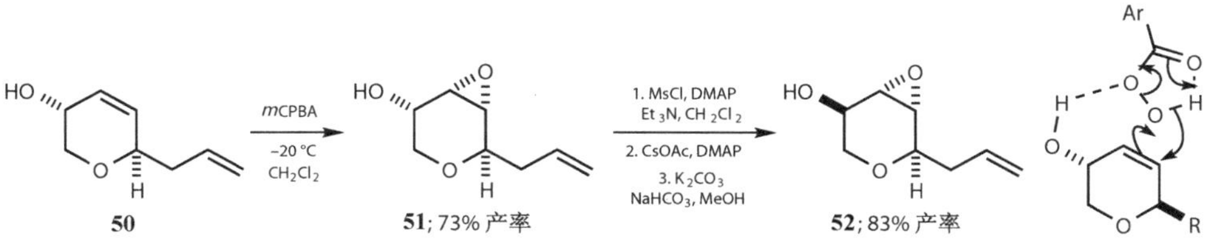

50　**51**; 73% 产率　**52**; 83% 产率　**53**

比如加注释的唯一的羟基和环氧基为 *syn* 关系的产物 **53**，证实了分子内的试剂传递可以通过一些分子内的机理进行。羟基和过氧酸之间的氢键一方面增强了 *m*CPBA 上氧原子的亲电性，另一方面引导它从整个分子的底面去氧化双键。环氧化其他双键需要经过构象上不利的中元环过渡态。事实上正是因为 **53** 需要 *tran*-构型才引入了羟基。

区域选择性地对环氧进行开环也可以通过把亲核试剂连到分子内来实现。把醇 **52** 转化为反应中间体甲基异氰酸酯 **53**，然后关环就只能发生在环氧的近端碳上得到产物 **54**。这一过程立体化学也是专一的。产物 **54** 不经分离可以直接通过甲磺酸酯化使羟基变成一个很好的离去基团。

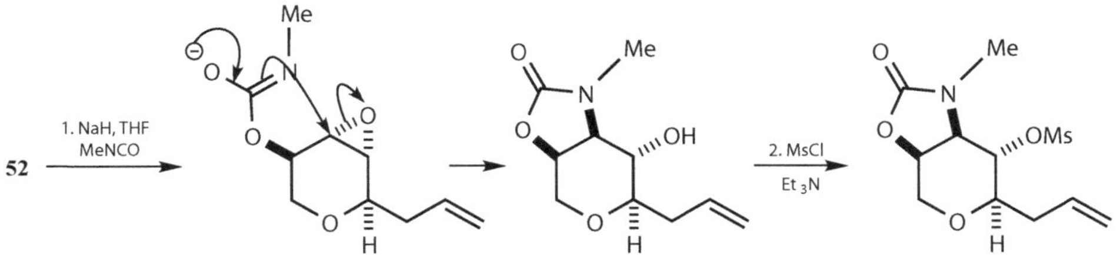

53　**54**　**55**; 67% 产率

最后，OsO_4 作催化剂，NMO 作为氧化剂对 **55** 中的烯烃进行双羟基化得到产物 **56**，然后立体选择性地关环得到四氢呋喃环衍生物 **57**，醛 **58** 用来合成 (−)-dysiherbane。

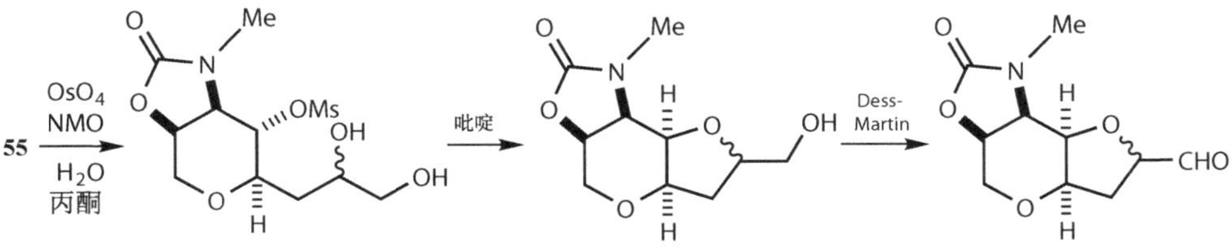

56　**57**　**58**; 78% 产率

区域选择性

不对称环氧化和双羟化变得越来越重要，已经被广泛地研究和应用。但是它们没有内在的区域选择性，这些都将在第 27 章讨论。在这一部分，我们将讨论烯烃的水合，以及怎样通过硼氢化来改变正常的区域选择性。这个反应是一个亲电加成反应-碘化内酯化，是存在区域选择性的。烯烃 **8** 的水合可能会给出一级醇 **59** 或二级醇 **62**。如果是一个简单的酸催化的加成反应，那么，由于二级碳正离子 **60** 的稳定性，醇 **62** 是优先生成的产物，被称为 Markovnikov 加成产物。但实际上，烯烃用酸性的水处理并不能保证反应就一定能发生，而且对于这一反应，需要发展一些特殊的方法来实现区域选择性。

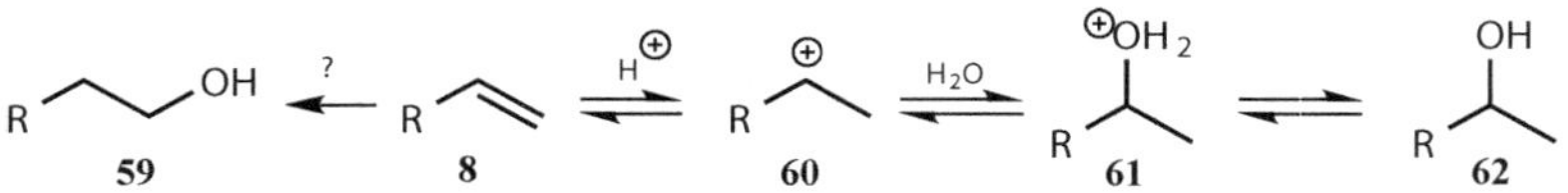

59 **8** **60** **61** **62**

"Markovnikov"水化

汞化反应-还原反应

质子对于双键来讲并不是一个很好的亲电试剂，因为它太"硬"了。而一些金属离子却是非常好的亲电试剂，比如 Hg(Ⅱ)。烯烃 **8** 用汞盐（通常是乙酸汞，也有用氧化汞或硫酸汞的）处理，可以区域选择性地得到阳离子 **63**，此时汞加成到烯烃取代基少的一端，然后形成 **64**，这一步被称为氧化汞化。然后在碱性溶液中还原脱汞，水解酯得到二级醇 **62**。这种烯烃水合的方法被称为 Brown 汞化还原[8]（Vogel，第 545 页，也称其为汞羟化-去汞化反应）。脱汞的一步被认为经历的是一个自由基的机理。

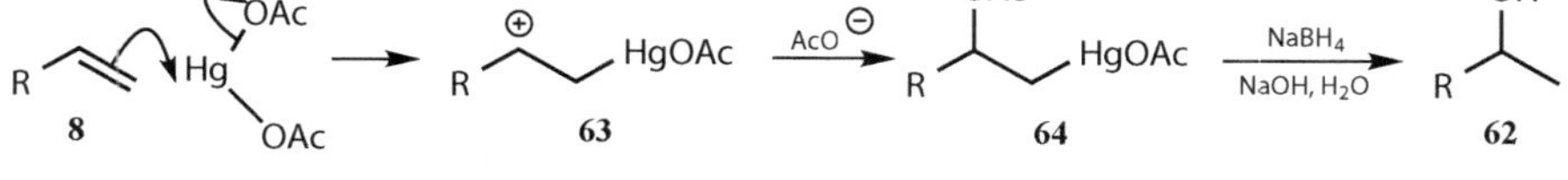

8 **63** **64** **62**

这一反应对其他官能团具有很好的耐受性。用这种方法[9]，以 5g 的量可以 100% 产率制备三级醇 **66**。在 **67** 中，具有拉电子效应的三嗪环使二级烷基碳正离子非常稳定[10]。尽管有许多优点，但是这种方法也有一个非常大的缺点，就是要使用毒性较大的当量的汞。

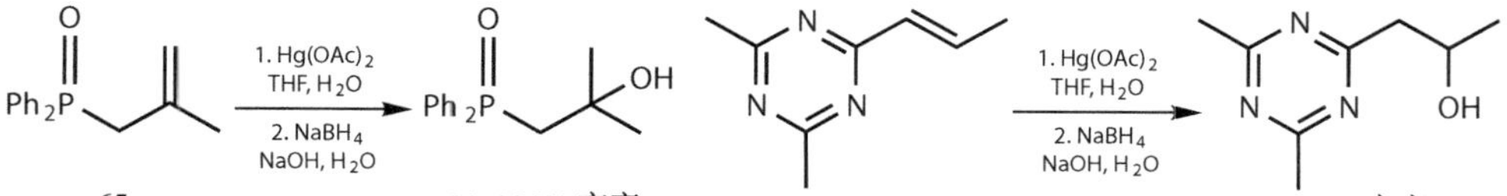

65 **66**; 100% 产率 **67** **68**; 78% 产率

Wacker 氧化

Wacker 氧化[11]提供了一种方法，在二价钯的催化下，把水加到烯烃上，并且氧化所得的产物一步直接得到酮。这两种方法从表面上看非常相像，但最大的不同在于在钯催化下，中间体 **70** 有非常强的 β-氢消除趋势。氧钯化 **69** 得到一个不稳定的烷基钯 σ-络合物，然后立即分解重新得到双键。

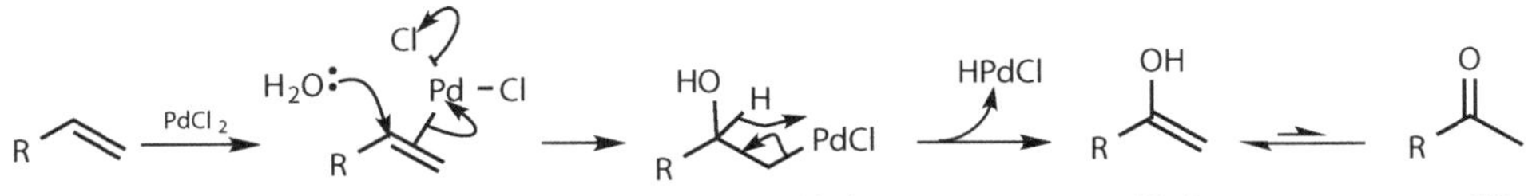

8 **69**; 氧钯化 **70**; β-消除 **71**; 烯醇 **72**; 酮

钯以 HPdCl 的形式被释放出来，此时钯是二价的，HPdCl 物种立即还原消除得到 Pd(0)，完成催化循环。Pd(0) 被催化量的 Cu(Ⅱ) 重新氧化成 Pd(Ⅱ)。Cu(Ⅰ) 被氧气氧化重新得到 Cu(Ⅱ)。Wacker 氧化在工业上被用来大量制备简单的羰基化合物，在实验室中，也有一定的应用。很显然，这一反应没有立体选择性，但是却有区域选择性，水是加成到双键上取代基多的一端的。

这一反应也是环戊烷化过程的一部分。首先烯丙基化酮羰基的 α-位，然后相继进行 Wacker 氧化和碱催化的 aldol 反应进行环化，得到一个新的五元环 **76**。这是第 6 章讨论的 α-乙酰阳离子策略。

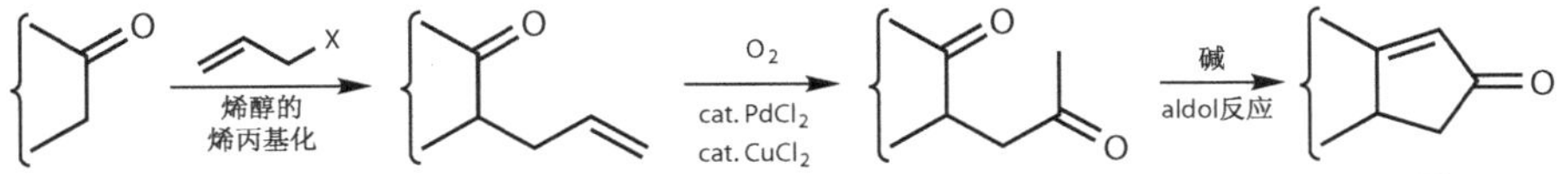

73 **74** **75** **76**

Ikegama 对于革盖菌素（coriolin）的合成展示了这一反应的立体选择性[12]。烯丙基化环戊酮 **77** 的烯醇钠离子得到一个非对映异构体 **78**，然后 Wacker 氧化、碱催化环化得到三环中间体 **79**。

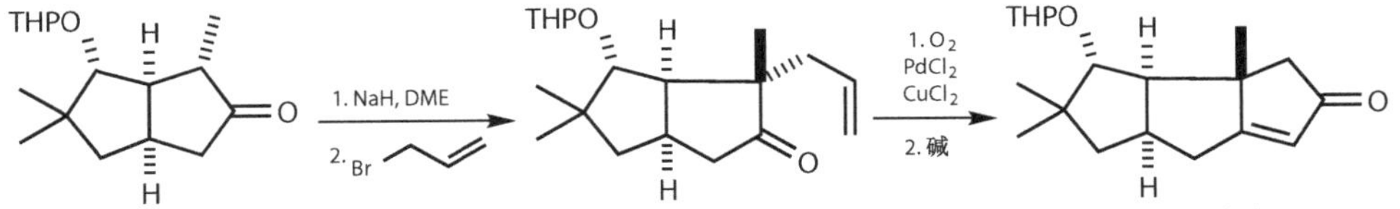

77 **78**; 94% 产率 **79**; 77% 产率

硼氢化：烯烃的“反 Markovnikov”水化

硼氢化的机理，区域-和立体选择性

改变 Markovnikov 区域选择性需要使用硼氢化的方法[13]。在第 16 章我们讨论了烯烃的硼氢化，许多相同的原理也可应用到这里。反应是 R_2B-H *syn*-式加成到烯烃上，硼和双键上取代基少的碳成键。关键的相互作用发生在烯烃的满电子的 π 轨道（HOMO）和硼上空的 p 轨道（LUMO）之间，但是相反的作用也发生在 B—H 的 σ 键和烯烃的 π 轨道之间。反应的结果就是经由部分正电荷在碳上和部分负电荷在硼上的过渡态 **81**，硼烷 *syn*-加成到烯烃上。

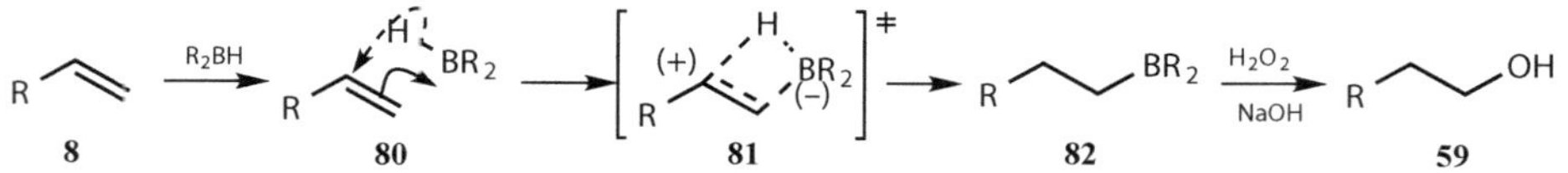

8 **80** **81** **82** **59**

生成的硼烷通常并不用作制备烷基锂的前体，而是在碱性的双氧水中氧化，得到醇 **59**。这一反应经历 HO—O⁻ 阴离子对硼的亲核进攻 **83**，接着烷基从硼原子迁移到氧原子上得到 **85**。

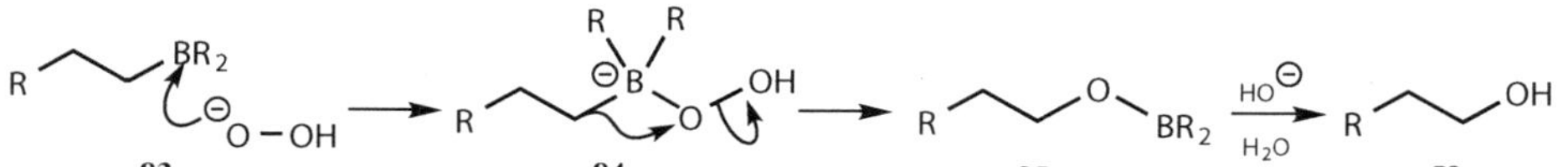

83 **84** **85** **59**

所有这些步骤中的立体化学都是非常重要的。硼氢化是 *cis*-加成，这一点非常清晰地从原料 **86** 得到产物 **87** 中可以看出。而 HOO⁻ 对于硼的亲核进攻不改变相应碳的立体化学。迁移过程中，碳的构型保持不变，最后一步 HO⁻ 对硼的亲核进攻依旧不改变碳的立体化学。总的结果就是构型保持的得到氧化产物 **89**。

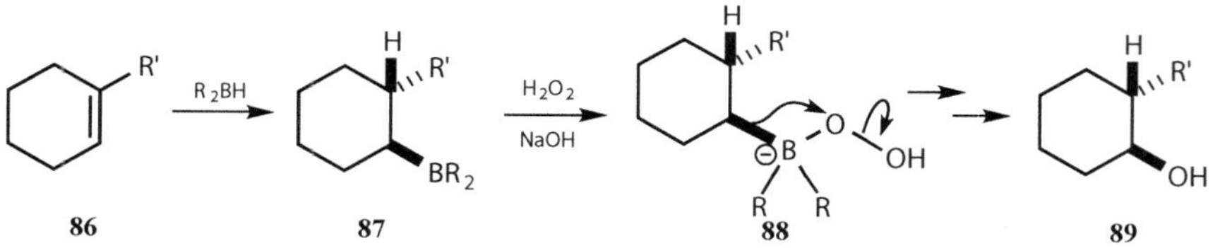

86 **87** **88** **89**

在 Evans 合成 cytovaricin 的过程中，对一个烯烃进行氧化得到羧酸 **93**。通过烯丙基化引入烯烃，然后对这个光学活性的不饱和的醇首先进行保护，得到化合物 **91**，接下来进行硼氢化和氧化。在第二个醇被引入之前对第一个醇进行了保护避免了可能的化学选择性问题[14]。

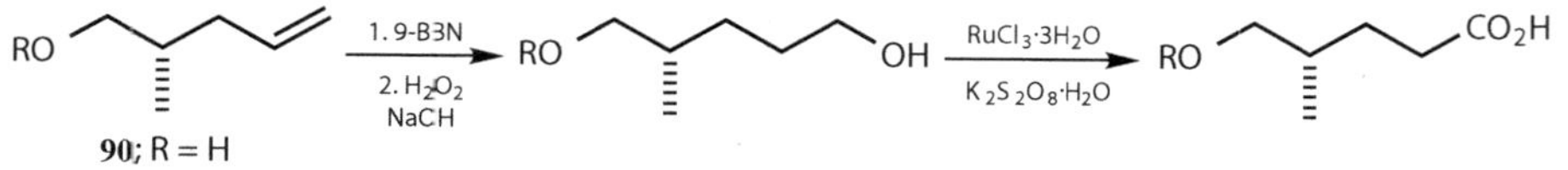

90; R = H
91; R = *t*-BuMe$_2$Si
92; R = *t*-BuMe$_2$Si
93; R = *t*-BuMe$_2$Si

如果烯烃存在非对映异构面，正常情况硼会从位阻小的一侧进攻。最近 Grieco 在合成的一个生物碱 ibogamine 中，烯烃 **94** 是一个三取代的环己烯，在环上有两个手性中心。硼氢化按预期的区域选择性发生在烯烃的上侧，酯基 CO_2Me 也在同一侧，而位阻更大一些的吲哚环是在相反的一侧。醇 **95** 作为唯一的产物以 68％的产率得到。再经几步简单的转化，就可以得到 ibogamine[15]。

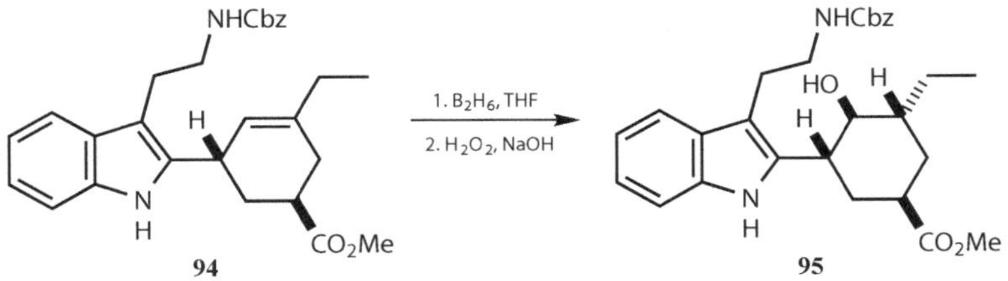

94　　**95**

一个立体化学比较复杂的例子来自 Schreiber 对星形曲霉毒素（asteltoxin）的全合成[16]。硼氢化二环乙缩醛 **96** 在双环体系的下面发生，得到化合物 **97**，但这还没有结束，最终得到的是四氢呋喃衍生物 **98**。

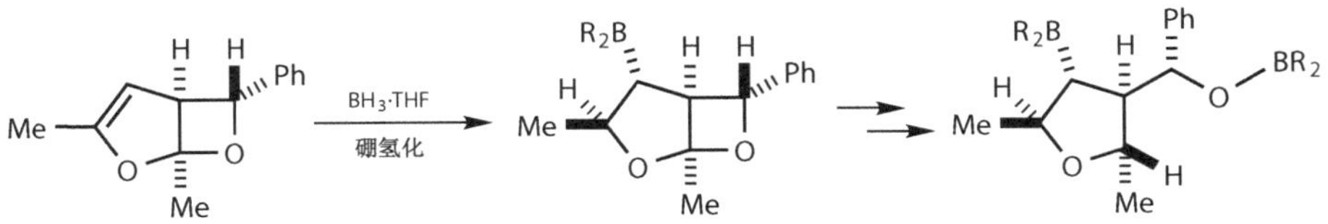

96　　**97**　　**98**

硼烷被用来对乙缩醛进行一个非常巧妙的还原，首先打开 **99** 中的四元环，然后经由一个分子内的负氢转移，就得到单一的非对映异构体 **98**。接下来在碱性双氧水的氧化下，得到预期的构型保持的醇 **101**。这个过程中，构建了三个新的手性中心（乙缩醛上原来的手性中心不能算作其中）。我们还将要在后面的叙述中再次讨论硼氢化反应作为一种构筑碳-碳键的方法。

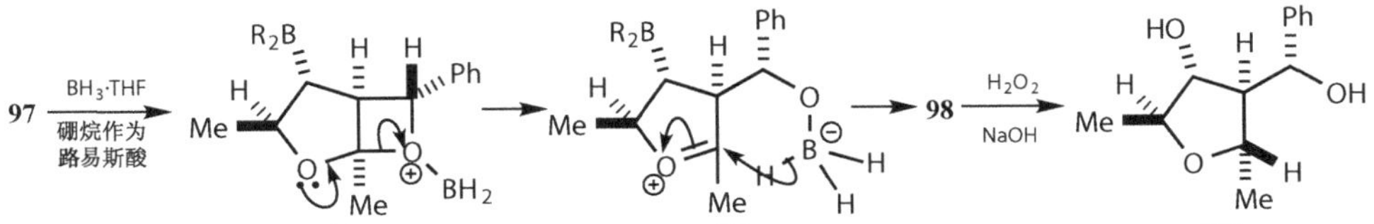

99　　**100**　　**101**

通过其他方法从烯烃合成醇

区域选择性的还原环氧化物

考虑到所有这些方法固有的困难，从环氧化物出发，进行分子内的试剂转移的制备醇的方法被发展出来了。这些方法与之前我们讨论的一些方法相比不普遍，我们仅举两例。通过硫叶立德方便制备的不对称的二芳基环氧化物 **103** 与亲核试剂的反应发生在苯环的苄基位置而不是吡啶的苄基位置。用 $LiAlH_4$ 还原得到醇 **104**，若和 $MgBr_2$ 反应，则以定量的产率得到单一产物 **102**。金属镁、铝或者锂有可能会螯合吡啶的氮原子和环氧的氧原子[17]。

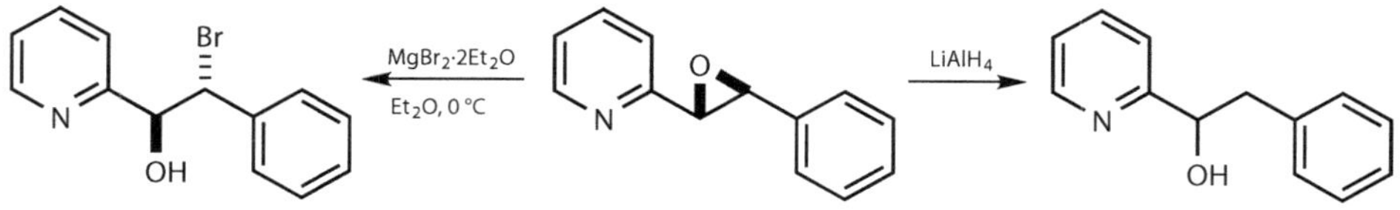

102; 100% 产率　　**103**　　**104**; 100% 产率

分子内的硅氢化

在化合物 **106** 中，发生于分子内的硅氢化是区域选择性的[18]。在 H_2PtCl_6 的高效催化下，得到杂环 **107**，接着氧化碳-硅键，得到单一的区域异构体二醇 **108**。

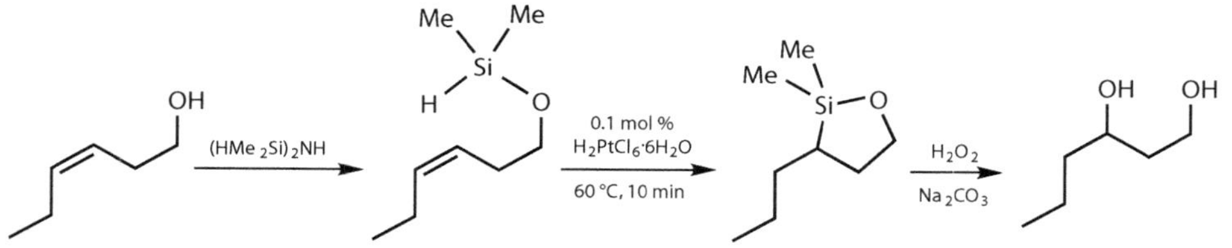

105　　**106**　　**107**　　**108**; 69% 来自 **105**

对于环状的手性醇，如 **109**，这一反应具有非常好的立体选择性；而对于易弯曲的非手性化合物，如 **111**，情况就不是那么好。在两个例子中，羟基都是在其同侧引入硅氢键，而 **111** 由于单键的转动可以有另一个构象[19]。

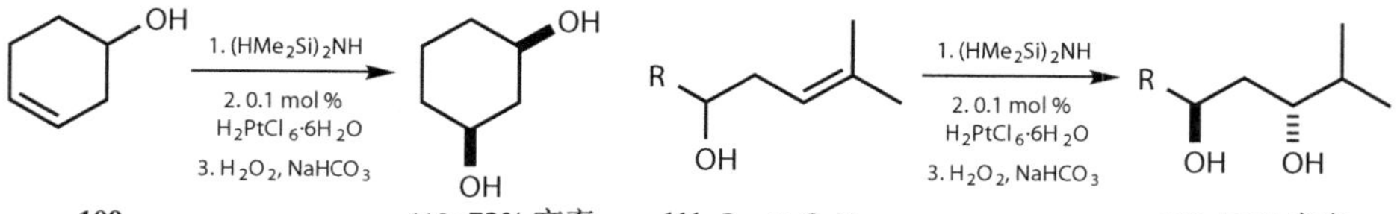

109　　**110**; 73% 产率　　**111**; R = n-C_5H_{11}　　**112**; 72% 产率

立体选择性

对烯烃的亲电进攻正常情况下是立体专一的，*syn*-（如硼氢化）或者 *anti*-（如溴化）。在这一部分中，我们将讨论这些反应的立体选择性。最简单的情况就是，烯烃的两个面的立体环境是不一样的，因为分子中某些地方会存在立体异构中心。反应就会在位阻较小的一侧发生。在理想的情况下，取代基位阻越大，离烯烃越近，立体选择性就越好。

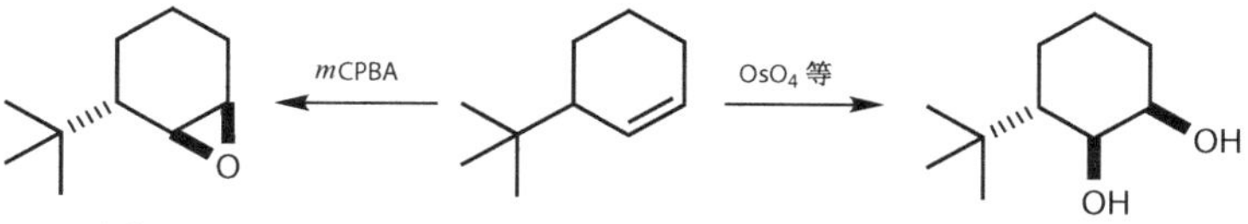

113 114 115

Corey 利用不同的方法对烯烃进行立体专一的 *syn*-加成或者 *cis*-加成，来构筑可能的两种非对映异构体。每种情况下，亲电试剂首先都是在叔丁基的另一侧进攻双键，然后第二个试剂——亲核试剂，从另一侧进攻。因而，试剂的加入顺序取决于想要得到怎样的产物[20]。

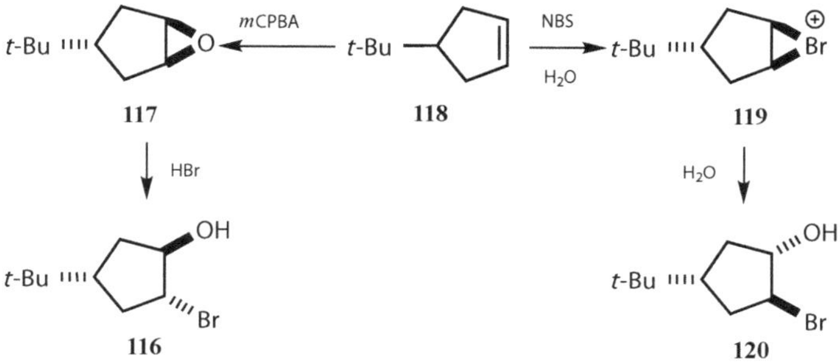

Whitesell 对于阿根廷蚁素（iridomyrmecin，**121**）的合成，是相对复杂的一个例子。iridomyrmecin（**121**）来自阿根廷蚂蚁[21]。这个化合物是一个双环内酯，有四个手性中心。打开内酯导向基本骨架 **122**。这个骨架含有一个 1，5-二氧结构，但是 Whitesell 注意到一些更基本的东西。如果两个官能化的原子再次接合，骨架 **123** 就有一些对称性了。两个甲基在两个五元环上的取代的位置和方式是相同的，虽然立体化学是不相同的，而且其中一个环需要一个可氧化的双键。因此，可以通过一个对称的环辛二烯 **124** 来构筑。

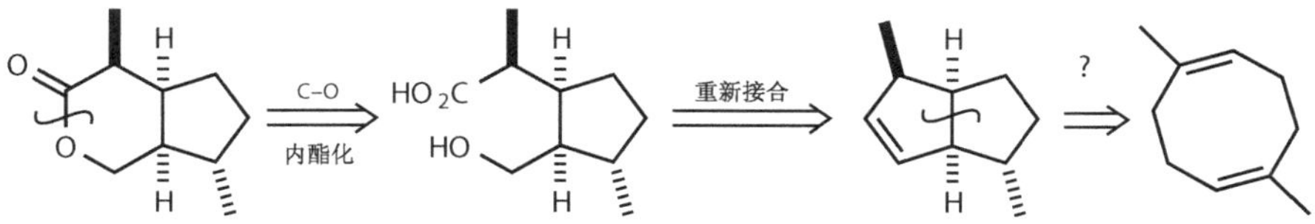

121; iridomyrmecin **122** **123** **124**

对于八元环的合成，这里用到了镍催化的 2-甲基丁二烯的二聚。区域选择性和立体专一性的硼氢化对称的 **124** 发生在一个三取代的烯烃上。然后把醇 **125** 转化为易于离去的基团 **126**，从而使其有足够的反应性来亲电加成到另一个烯烃上。最后，在含水溶剂中，水作为亲核试剂，得到非对映异构的混合物四级醇 **127**。

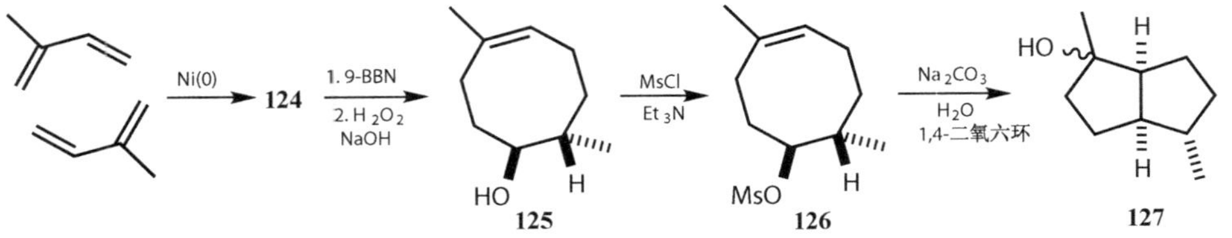

至于跨环反应的发生，分子必须向内折叠。实际上，中环分子一般都会像这样折叠。烯烃的亲电环化的区域选择性通常给出多取代的碳正离子。亲电反应发生在甲磺酸酯所在的碳上，得到 *cis*-的五并五环系，如果是 *trans*-的话，那么张力就太大了。第三个手性中心并没有什么影响。通过 TsCl 和吡啶消除三级醇得到区域选择性的烯烃 **128**，这主要是由于要避免破坏稳定的折叠状的并五元环系。另外，三取代烯烃 **128** 也比四取代烯烃 **130** 更容易形成。然后硼氢化氧化区域选择性地得到需要的羟基。至于立体选择性，9-BBN 是在位阻较小的底面一侧加成到双键上的。这主要是由于折叠的并环体系，两个五元环向上翘，连接处的两个氢是朝下的，所以底面的位阻要小。对于这样一个折叠的分子，像 9-BBN 这样大的试剂很难在折叠面内去进攻而发生反应。

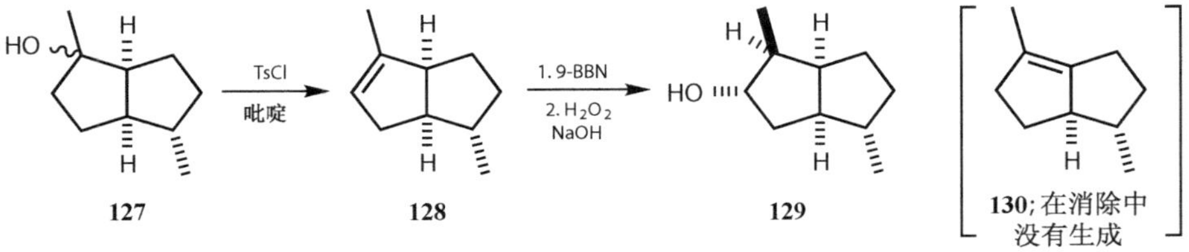

左边的环需要被断裂开，所以醇羟基首先被转化为酮，得到产物 **131**。直接进行 Baeyer-Villigar 氧化将得到不想要的产物 **133**，因为在这样一个重排中，取代多的基团要发生迁移。立体专一性是对的，但是区域选择性是错误的。通过对烯醇衍生物的臭氧化解决了这一问题。动力学烯醇化得到稳定的烯醇硅醚 **132**，烯醇硅醚当然也是一个烯烃，也能够被臭氧氧化。然后进行还原后处理，不仅仅是要阻止副产物 H_2O_2 对醛进一步氧化，也是要还原醛到相应的醇。最后在酸的催化下，**122** 内酯化得到最终产物 iridomyrmecin（**121**）。

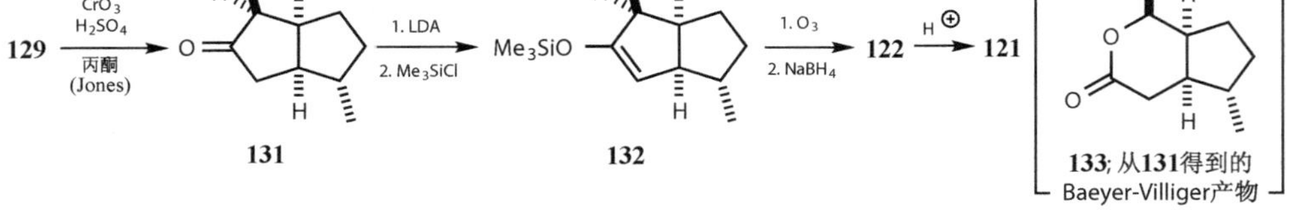

这一全合成涉及 4 个对烯烃的亲电进攻：两个硼氢化、一个通过甲磺酸酯进

行的烷基化和一个臭氧化。起始底物只有两个烯烃，不过在转化的过程中有一个烯烃被重新构筑了三次。你可能已经注意到每次烯烃被重新构筑的时候，双键在环上移动，使得对双键的亲电进攻能够构筑新的碳-碳键和新的官能团。

现在我们已经介绍了三种选择性的亲电进攻双键的方法，下面我们将关注一下几种控制选择性的途径。在下面的例子中，习惯上把这三种控制选择性的方法一起看，因为它们经常是相互关联的。

分子内作用控制的立体选择性

卤内酯化反应

我们已经见过很多通过分子内传递试剂的方法来实现区域选择性和立体选择性控制的例子。当试剂与烯烃通过共价键连接起来后，这种方法尤为有效。这些反应中最重要的就是碘内酯化，或称卤内酯化[22]。不饱和的酸 **134** 在 $NaHCO_3$ 水溶液中以羧酸根离子形式存在，然后和碘反应得到碘代内酯 **137**。单质碘进攻双键，接着亲核试剂，羧酸根离子进攻碘鎓离子 **136** 取代多的一边，得到区域选择性的产物。

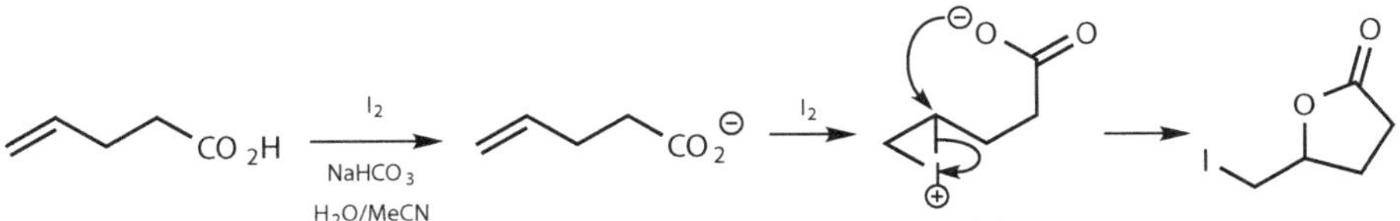

134 **135** **136** **137**

但是如果烯烃是对称取代的，亲核试剂将进攻碘鎓离子中较近的一端，因为这样容易满足 S_N2 进攻时对角度为 180°的要求。这些同样也引导了立体选择性的控制。也许最著名的例子来自 Diels-Alder 产物 **139**。羧酸根阴离子只能到六元环的同面（具有该种桥环的 *trans*-环是不可能存在的），也就是说，只有 *anti*-碘鎓离子 **140** 才能环化，而处于 *syn*-碘鎓离子 **138** 只能重新回到起始物。碘代内酯 **141** 含有一个 1，3-二轴向桥 **141a**。

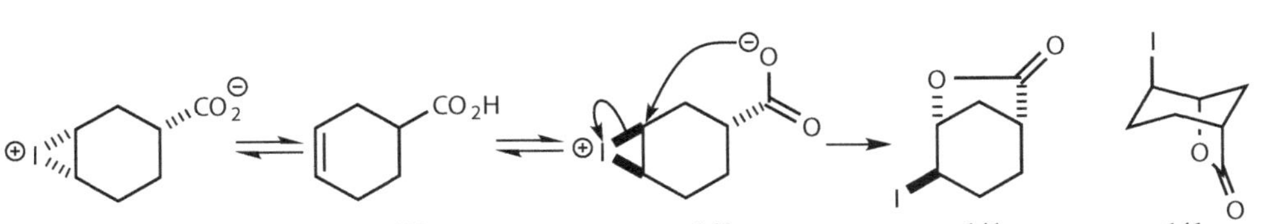

138 **139** **140** **141** **141a**

这一结果有进一步的应用。用 DBU 进行消除只能发生在碘原子的一侧，因为 E2 消除要求两个原子处于反式共平面。另一个氢原子则处于平伏键上。内酯桥环的一侧位阻较大，因此对新生成的烯烃 **143** 进行亲电进攻只能发生在内酯桥环的反侧。环氧化 **144** 提供了一个好的说明。

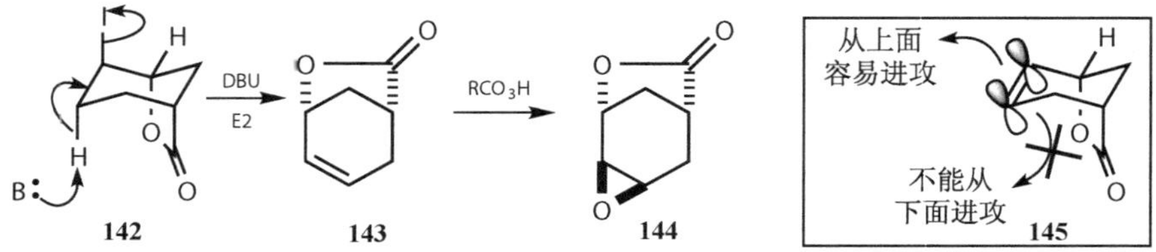

如果生成的内酯可以是四元环或者五元环的，那么热力学控制下通常更容易得到五元环[23]。用 KI 和氧化剂作为碘源，可以制备一系列的芳基内酯。对烯烃 *E*-**146** 任意一个面进攻得到碘鎓离子，然后如机理 **147** 那样环化就得到五元内酯 **148**。注意，烯烃的立体化学会影响产物的相对构型。

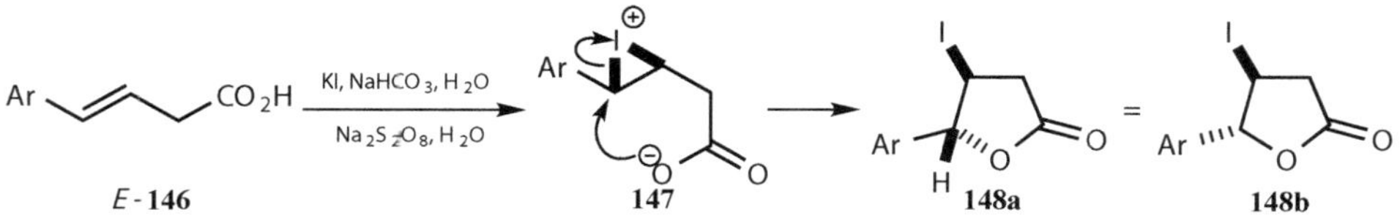

如果生成的内酯环系在七元或八元环之间选择的话，根据最近一些实验结果表明[24]，七元环更易生成，这里氧化剂用的是六氟化磷三甲基吡啶溴 **150**。

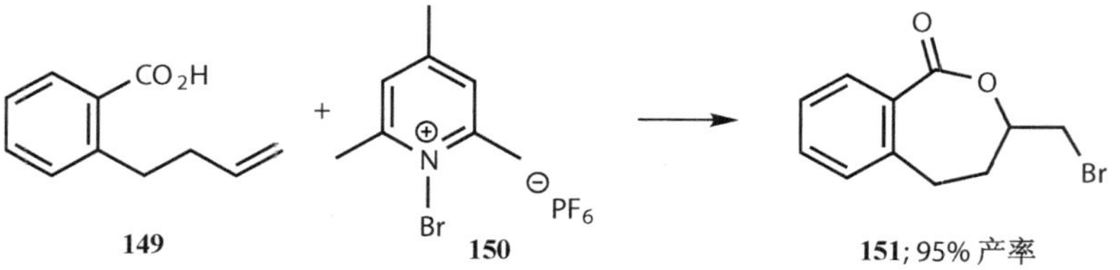

现在我们讨论 **35** 到 **36** 的转化。这是一个溴内酯化反应，用酰胺酯代替较不稳定的羧酸，试剂基本上和 **150** 差不多，只是碱性溶液中换用高氯酸。酯基部分进攻溴鎓离子 **152** 得到氧鎓离子 **153**，然后水解得到产物[4]。

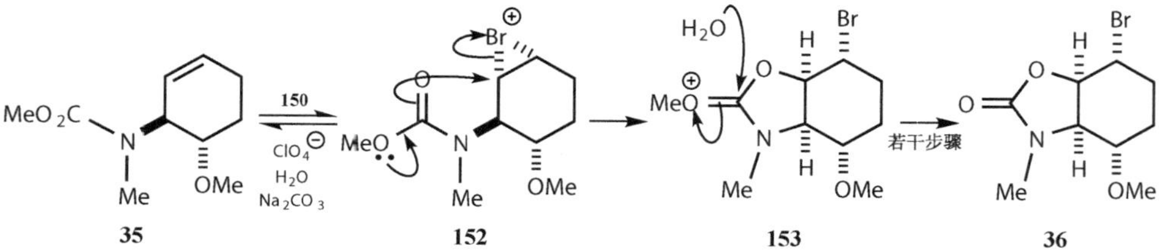

Vernolepin 的合成

Danishefsky 对抗癌化合物斑鸠菊苦素（vernolepin）的合成中高效地使用了

这一方法[25]。Vernolepin（**154**）仅含有一个碳环和两个内酯环。为了控制立体化学，合成设计时引出了一个双碳环中间体 **155**。你可以看出三个手性中心都是正确的。**156** 中 A 环的双键可以被断开，B 环的双键可以用来引入第三个环。

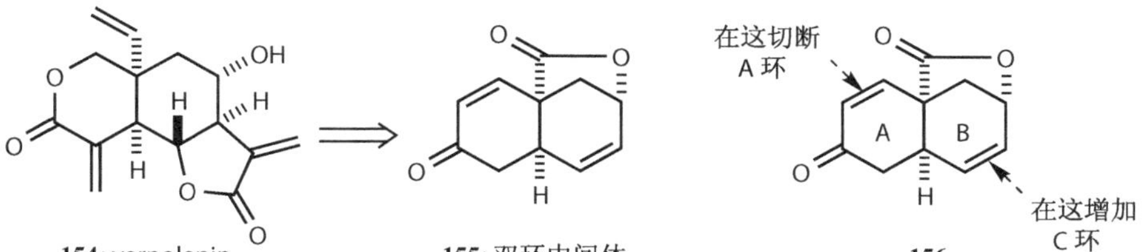

154; vernolepin　　**155**; 双环中间体　　**156**

我们将讨论中间体 **155** 的合成。化合物 **155** 的 B 环有一个双键和一个内酯，可以使我们想到它来自碘内酯化和消除。进行这些断键后得到一个可能的起始物 **158**。

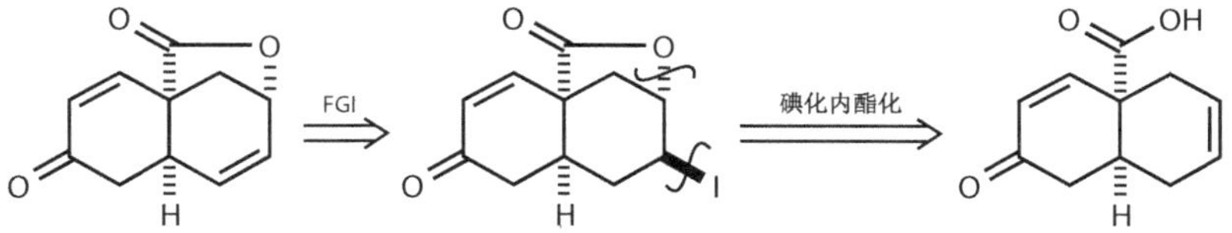

155　　**157**　　**158**

这个不饱和羧酸可以通过 Diels-Alder 反应得到，但是你会发现没有正常 Diels-Alder 反应所适合的双烯体和亲双烯体。Danishefsky 发展了一个特殊的双烯体——Danishefsky-双烯体 **159**，用在 Diels-Alder 反应中来引入烯基酮。Diels-Alder 加成产物 **161** 是一个烯醇硅醚，且 β-位有一个离去基团，它一水解就得到了烯基酮 **162**。

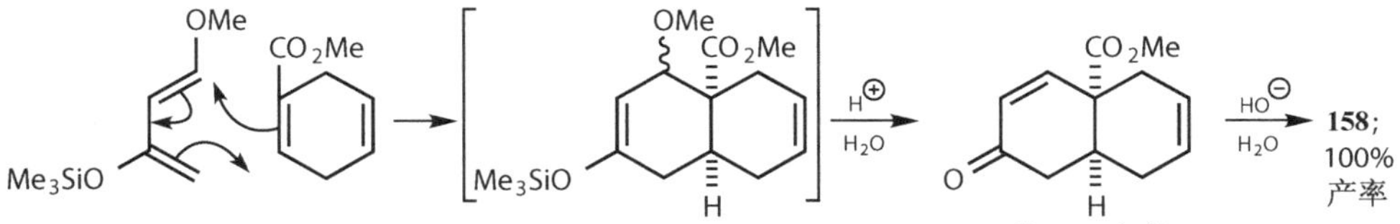

159　　**160**　　**161**　　**162**; 约60% 产率

注意，环己烯 **160** 的两个双键参与反应的化学选择性，这正是 Danishefsky-双烯体想要的选择性。两个给电子基团显然使双烯富电子，那么就易于和缺电子的烯烃反应。下面的两步就是碘内酯化和消除反应。同样现在又出现了一个化学选择性的问题，碘会进攻亲电性更强一些的双键。然后羧酸根离子区域选择性地进攻碘**鎓**离子的近端，并且立体选择性地从底面进攻。

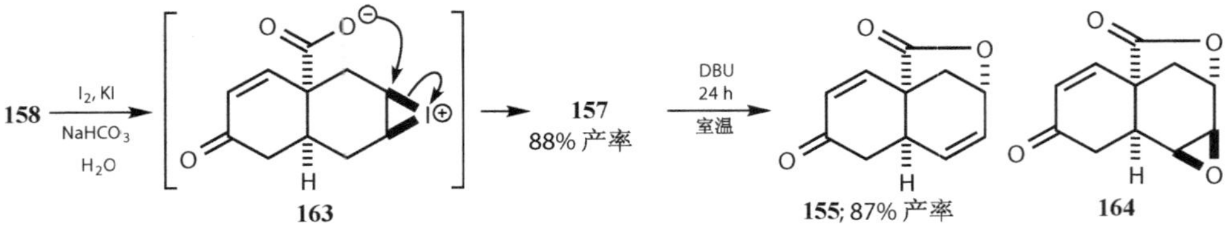

对于化合物 **155**，现在要考虑如何使一个烯烃反应而不是另一个。非共轭富电子的烯烃可以被 *m*CPBA 环氧化，这样内酯 **135** 被转化为环氧化物 **164**。这一反应化学选择性是正确的，但是立体选择性并不是所期待的。内酯桥环使过氧酸从上面进攻双键。

但是如果内酯先进行水解，就有一个羟基（以及 CO_2H）处于纸面里，它能使过氧酸从底面去进攻双键。这是个很好的例证，证明立体选择性有时可以从更加拥挤的一侧发生反应来实现。最后一步再重新关上内酯环。

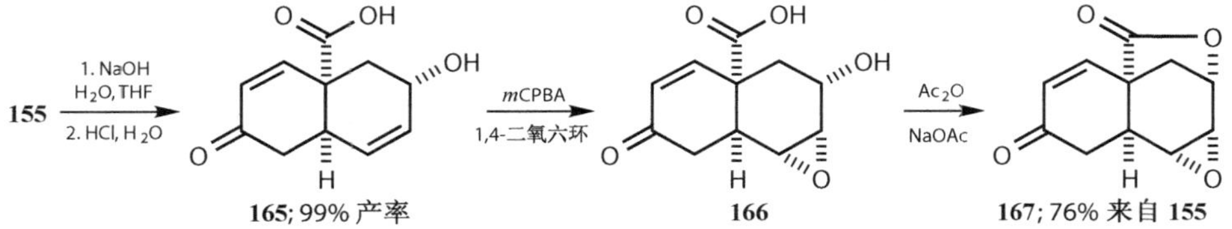

现在，分子中已没有亲电性的烯烃了，亲核性的烯烃此时可以不受干扰地被氧化。然后环 A 转化成内酯 **169**，剩下的合成步骤同样有趣，但是超越了本章讨论的范围。

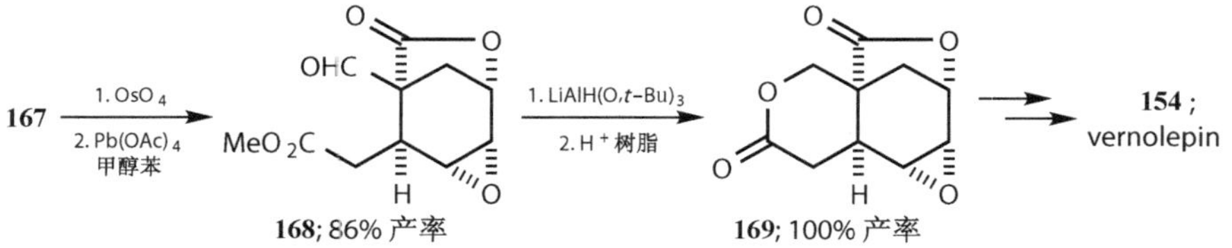

Erythronolides 合成中的卤内酯化反应

在 Corey 的全合成 erythronolide B 中[26]，化合物 **170** 是一个非常重要的中间体，它在一个六元环上集中了五个手性中心，而对于它的合成，则涉及一个非常巧妙的硼氢化及卤化内酯化的过程。环的两侧都可以用同一个羧酸来进行卤化内酯化，用两次，每次一个链烯。

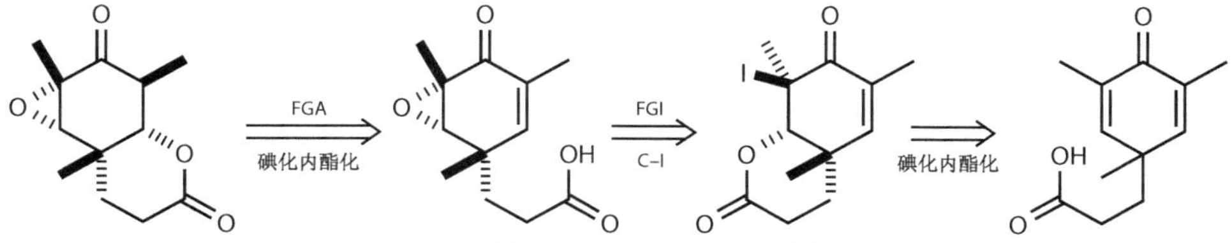

170 171 172 173

起始物 **173** 不需要画出立体化学，因为它不是一个手性化合物。二烯酮的对称意味着哪个烯烃先反应都不要紧，因为它们完全相同。你可能已经注意到双键上甲基的立体化学在两个反应中并不相同。但是，这也并不要紧。起始物可以通过一个简单的酚 **174** 进行烯丙基化然后硼氢化得到。硼氢化当然是区域选择性地发生在富电子烯烃上，生成的醇不经分离进一步用 Jones 试剂氧化得到羧酸。下面我们就可以进行溴内酯化了。

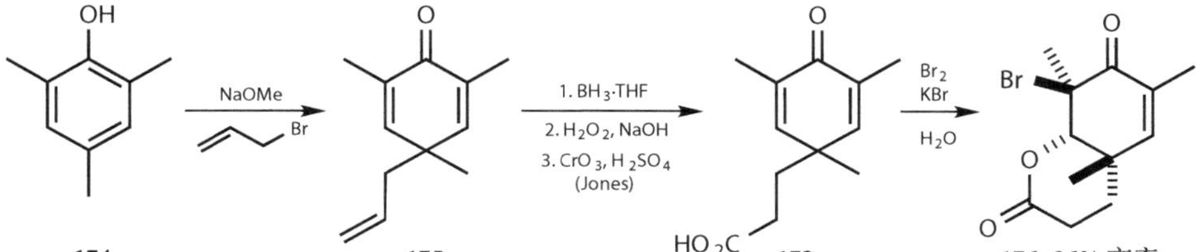

174 175 173 176; 96% 产率

虽然烯基酮的反应性较差，但是这一反应的产率却相当高，也许这就是为什么更具反应性的溴要比碘好。羧酸因其朝下，只能从环的底面进攻，而溴则必须要从上面进攻。下一步要在碱性条件下水解内酯，释放出的酚负离子马上又进攻邻位取代掉溴，得到环氧化产物 **178**，同时构型翻转。构型翻转后的立体化学是所预期的，这一卤内酯化，水解然后再关环得到环氧化物的过程经常在很多合成中被用来得到一个特定的非对映异构体。现在分子是不对称的了，并有一个游离的羧酸。下一步就是在另一边溴内酯化得到 **170**。

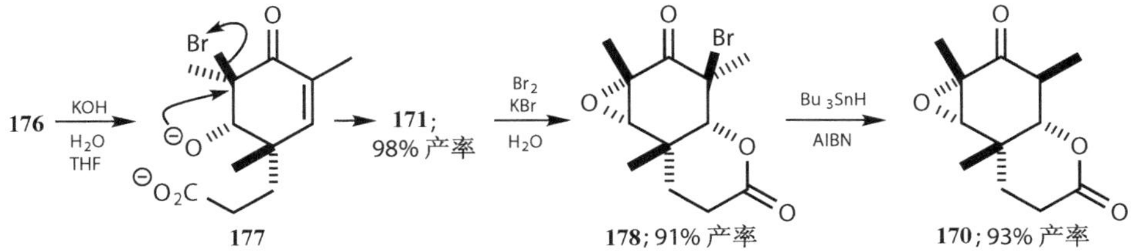

177 178; 91% 产率 170; 93% 产率

这些过程中各种选择性都没有什么问题。溴被三丁基锡烷产生的氢自由基取代得到预期的非对映异构体。我们将不继续往下分析，更为详细的讨论见 *Classics in Total Synthesis* 的第 173 页。

硫-和硒-内酯化反应

卤内酯化反应得以实现，是因为其溴或碘进攻烯烃形成三元环中间体。二价硫或二价硒亲电体也可以形成这种中间体，然后经历相似的环化反应。这些过程中的选择性也都是可以控制的[27]。一个简单的例子是双环内酯 **181** 的形成。连接在五元环上的羧酸，只能从化合物 S（e）中间体 **180** 的另一面进攻，机理及立体化学和溴化内酯化很相似。得到的产物在三丁基锡烷去苯硒基后生成一个自由基，可以氧化消除得到一个新的烯烃（见第 33 章）。

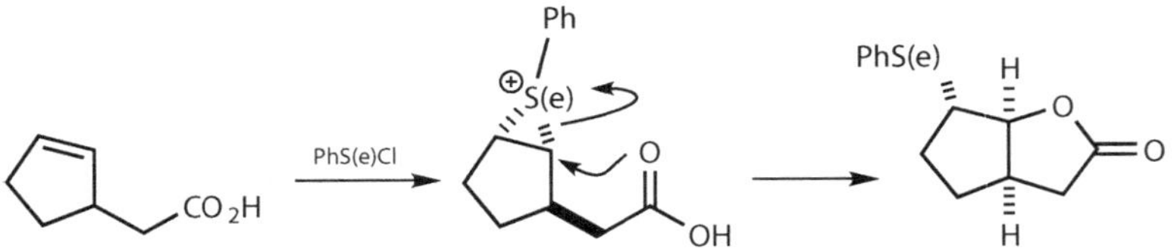

179　　**180**　　**181**

我们可以用硫内酯化来说明当烯烃在几何构型方面不同的时候，这一过程的立体专一性。Rokach[28]展示了通过把 Cl 和 R′S *anti*-加成到互为几何异构体的不饱和羧酸 *E*-**182** 和 *Z*-**182** 上，给出一对非对映异构内酯。

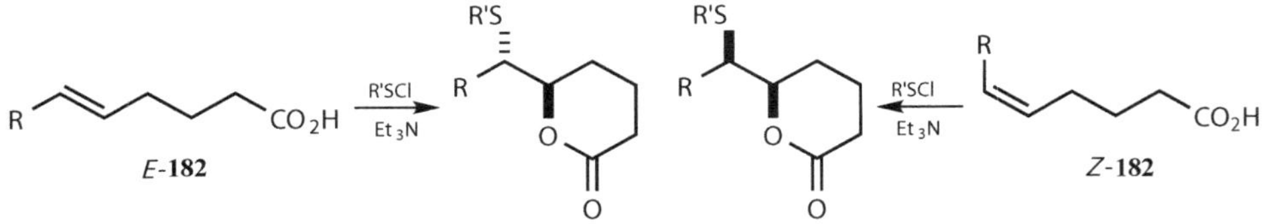

E-**182**　　*anti*-**183**　　*syn*-**183**　　*Z*-**182**

回到本章最开始我们遇到的一个反应，它说明对于烯烃的不同亲电反应，区域选择性和立体选择性可以通过分子内引入亲核试剂来控制。汞化 *cis*-烯烃 *Z*-**184** 接着和分子内羟基反应，得到 6∶1 的非对映异构环醚 **185**。

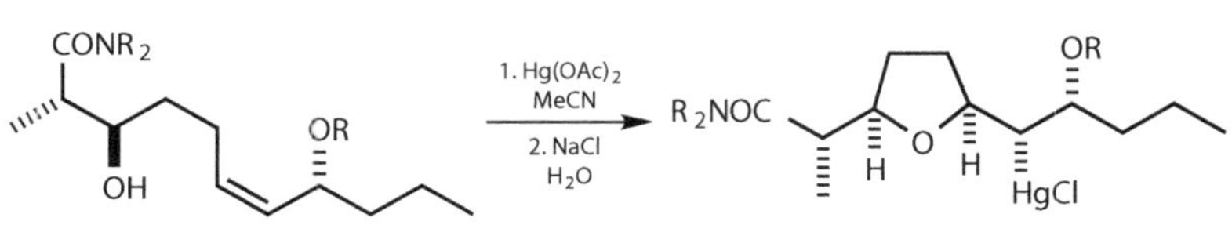

Z-**184**　　**185**

对 *cis*-烯烃 **186** 的进攻只能发生在底面才能得到产物 **185**，但是这一侧有烯丙位烷氧基团阻碍。注意，区域选择性取决于羟基基团进攻烯烃的哪一端，而烯烃的立体化学信息则在产物中得到保留（构型翻转）。还原去除 HgCl 再进一步转化得到合成大环内酯 pammamycins 的片段 **187**[29]。

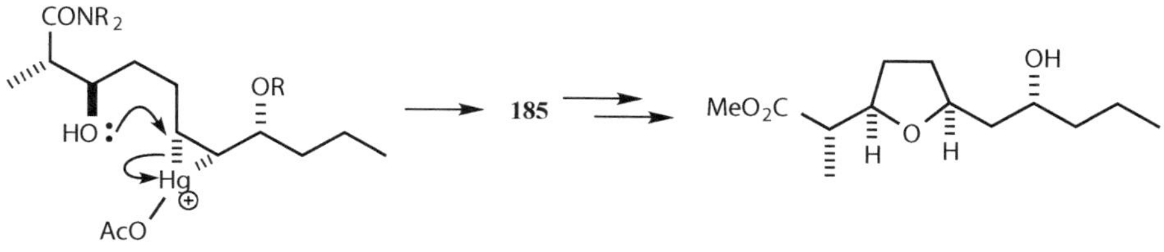

186 187

我们将以三种通过亲电进攻烯烃来构筑碳-碳键的方法来结束本章。虽然这些方法很有用，但是不如我们之前所讨论的官能化反应重要，不过它们都各有特点。首先的两个：Prins 反应和硼氢化反应，用的都是一个碳的亲电体。

Prins 反应

最初的 Prins 反应

Prins 反应的范畴很广，有时可以给出用其他任何方法都较难得到的分子[30]。反应中亲电体是一个甲醛（有时是其他醛），在酸性溶液中，第一步是正常的 Markovnikov 加成，得到较稳定的碳正离子 **189**，它是 Prins 反应的关键中间体。

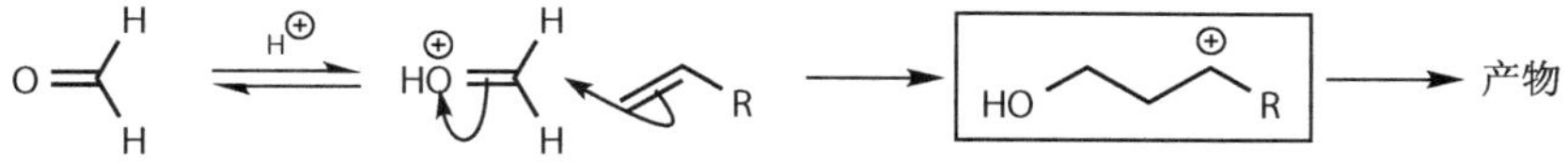

188 189

中间体 **189** 可以发生很多反应，这取决于原来烯烃的结构和酸根离子。直接环化并不常见，因为它给出不太稳定的四元环醚。所用的甲醛通常是 37%的水溶液，因此反应体系中有大量水存在。

一个很好的例子是苯乙烯和两分子甲醛反应[31]，在一个固相酸性树脂的催化下，以 100%的产率得到缩醛 **190**。考察机理可能是一分子水和碳正离子中间体反应得到二醇 **191**，然后 **191** 和另一分子醛缩合得到目标产物。

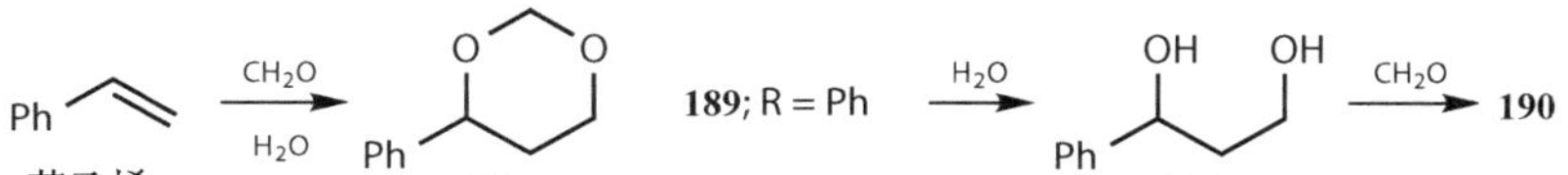

苯乙烯 190 191

上一反应中，我们得到了 1,3-二醇 **191**，它和甲醛反应得到缩醛 **190**。我们可以对比用羟醛缩合反应来制备 **191**，比较麻烦。

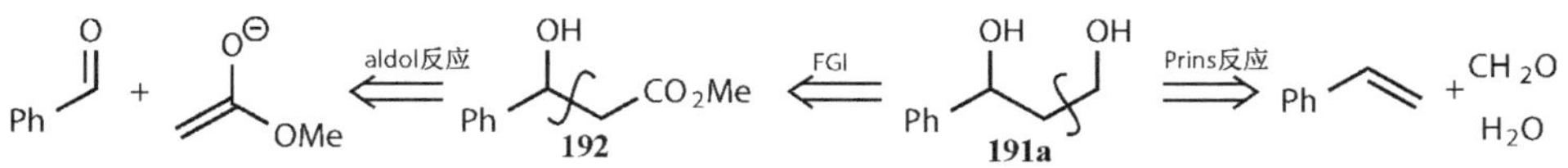

192 191a

通过 Prins 反应合成四氢吡喃

脂肪族烯烃同样可以发生 Prins 反应。丙烯与甲醛还有 HCl 反应就是一个很好的例子。这一反应以较高产率得到 4-氯-四氢吡喃[32]。这一产物可由二醇 **194** 环化得到，而 **194** 显然是来自一分子的丙烯和两分子的甲醛。和上一个例子不同的是两个甲醛必须加在丙烯的两端。

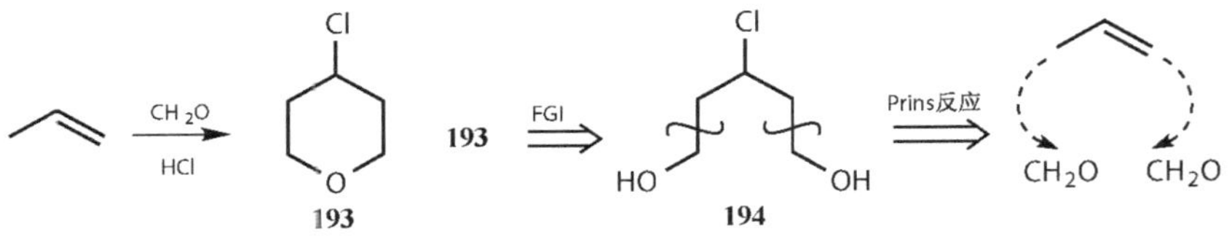

现在我们看一下这一反应的机理。和前面一样首先得到碳正离子 **189**（R＝Me），但在没有水的条件下，消除质子重新得到烯烃 **195**，这样第二个甲醛又加到分子的另一端，HCl 提供一个氯离子，和 **196** 的第二个阳离子反应得到 **194**。

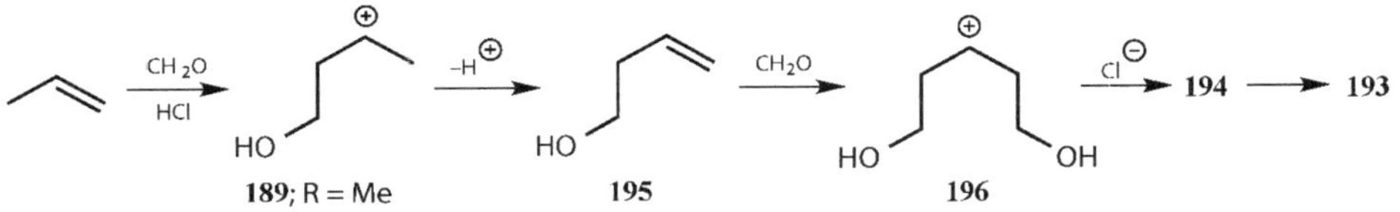

产物 **193** 也许看起来不是很有用，但是有氯原子存在，可以使其转化为格氏试剂或者可以应用在 Friedel-Crafts 烷基化反应中得到 **197**，然后打开醚环得到双亲电单元 **198**，可以用来合成 4-苯基哌啶——它是许多药物分子的结构单元。

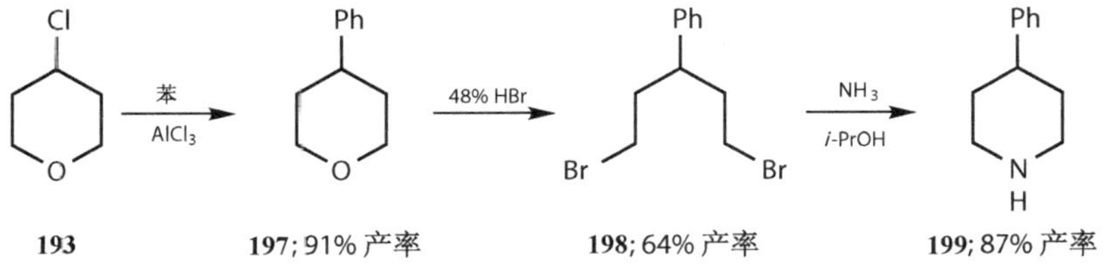

这一化学非常有用，可以从简单的底物出发，经过几步构建复杂的分子，在这一应用中，化合物 **193** 相当于是一个 1，3，5-三碳正离子合成子。

一个最近的例子是用路易斯酸（TiX_4）和已制备好的缩醛 **200** 来得到类似产物[33]。不对称还原乙酰乙酸乙酯以单一异构体得到起始的羟基醚，然后经过保护以较高的产率得到化合物 **200**。

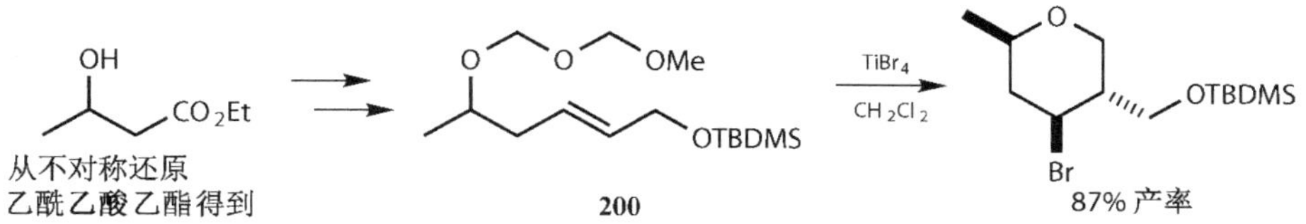

Oxo-ene 机理

回到形成 **193** 的机理，碳正离子 **189** 失去一个质子而得到端烯。为什么一定就是这样呢？为什么不能失掉另一端的质子而得到更为稳定的烯烃 **201** 呢？对于这个棘手的问题，我们可以这样理解，也即像机理 **202** 那样，丙烯失掉一个质子然后和甲醛加成，一个协同的机理。

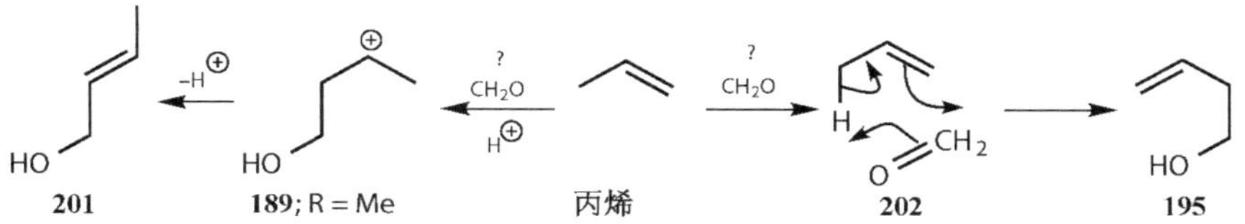

第一步 **202** 是一个周环化反应。它看起来像一个环加成，不过它涉及一个质子的转移。事实上，它是一个羰基（也称为 oxo-ene）ene 反应，就像 Diels-Alder 环加成，只不过 C—H 键代替了双烯中的一个双键，而C═O双键作为亲双烯体。很多 Prins 反应都可能是羰基 ene 反应。Sinder 在他的一篇综述[30]中认为，羰基 ene 反应和 Prins 反应在机理上没有什么区别。过渡态 **203** 毫无疑问地含有电荷分离形式，因此质子酸和路易斯酸都可以用来加速该反应。

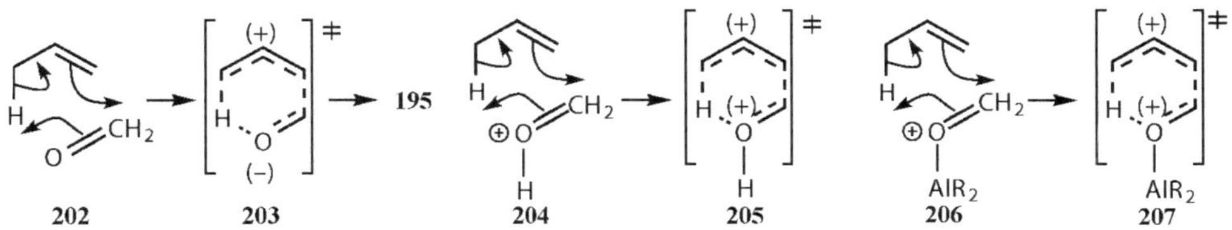

Sinder 发现二烷基卤铝对于这一反应是一个很好的催化剂，而且可以把反应停止在第一阶段。这是 Prins 反应的一大优势，否则多个醛加成或其他亲核试剂的干扰，产物势必非常复杂。一个简单的例子是在 BF_3 催化下，甲醛加成到萜烯 limonene（**208**）上，以较好的产率得到单加成产物 **210**[34]。这是一个路易斯酸催化的环外双键的羰基 ene 反应。这一反应化学选择性和区域选择性都很好，环内双键不干扰反应。

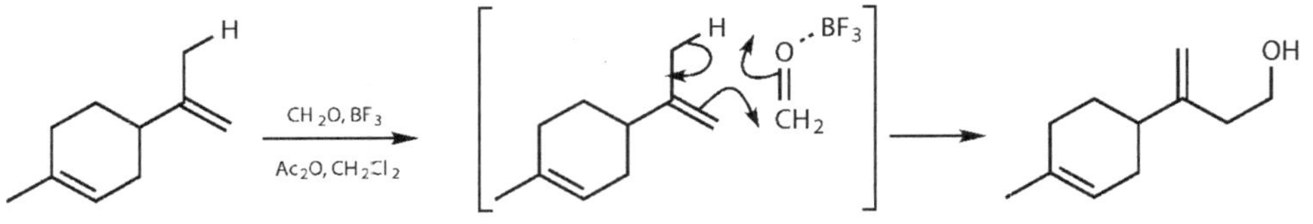

Prins 反应中的立体选择性

涉及立体化学的例子可以举 Sinder 对于芳基 Lignan 骨架的合成[35]。无论是 *E*-构型还是 *Z*-构型的起始烯烃（1，4-二苯基 2-丁烯）在 $MeAlCl_2$ 和 Me_2AlCl 混合催化剂催化下，都可以 40%～50%的产率得到全反式环化产物 **214**。首先第一步是羰基 ene 反应 **212**。我们如何画这个结构都没有关系，因为分子是对称的，不涉及立体化学。

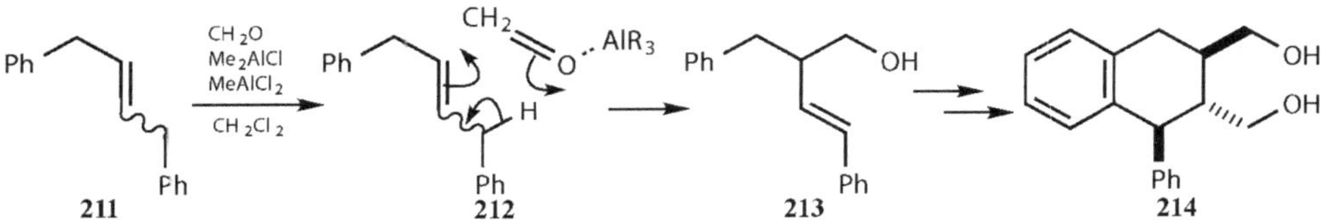

下一步是另一分子甲醛对新得到的烯烃的亲电进攻，也即 Prins 反应 **215**。区域选择性如我们预期的一样，得到二级苄基碳正离子 **216**。第二分子的甲醛加成到和第一个相反的方向上，得到的碳正离子中间体 **216** 发生一个分子内 Friedel-Crafts 烷基化反应，立体选择性地得到更加稳定的反式非对映异构体 **214**。这一过程涉及三次连续的碳-碳成键，立体化学方面则是生成了更加稳定的 *anti*-产物。

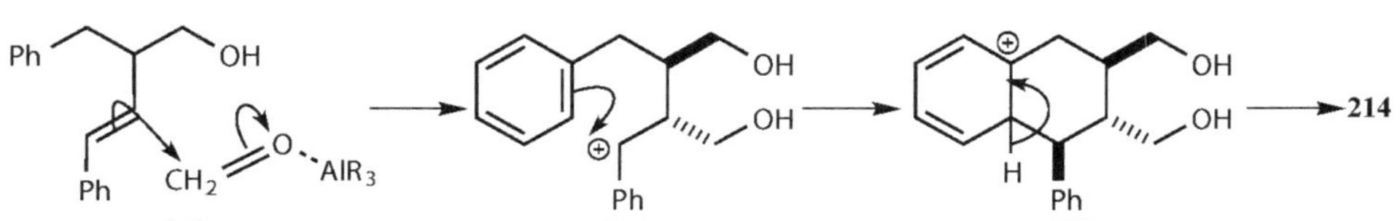

双 Prins 反应：利用 Sn 和 Si 来控制阳离子的形成

最初的 Prins 反应有一个问题，就是阳离子 **189** 反应性的不确定性。最近的进展引入了烯丙基锡和硅烷。例如，在手性催化剂 BINOL 和 Ti(O*i*-Pr)$_4$ 的催化下醛和试剂 **218** 反应得到烯丙基硅烷，它随即又和第二个醛反应得到四氢吡喃产物 **220**。产率较高，ee 值也较好（90%～96%）。许多芳香的、脂肪的、还有官能化的醛都能很好反应。中间体 **219** 能够被分离得到意味着前后两个醛可以不一样[36]。

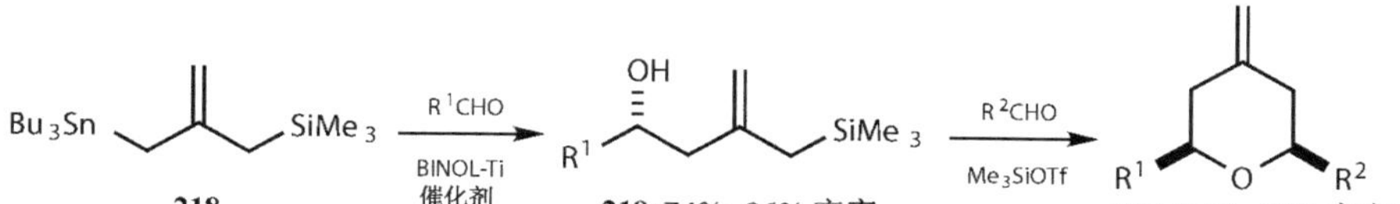

218 **219**; 74%~96% 产率 **220**; 95%~98% 产率

第一步生成 **221**，不管你是否称之为 Prins 反应，总之它给出被硅和锡稳定的碳正离子 **222**。对锡亲核进攻更容易进行（锡在周期表中更靠下的位置），这样就得到了产物。这里不需引入 oxo-ene 机理。反应的绝对立体化学取决于手性催化剂，你暂时不用理解这一过程。

218 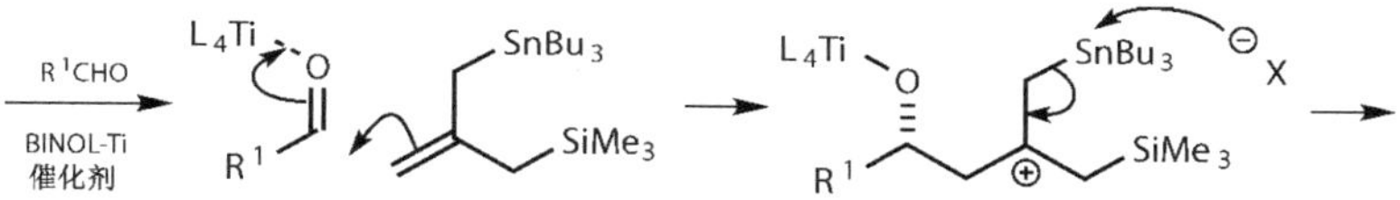

221 **222** → **219**

第二个 Prins 反应通过氧鎓离子 **223** 得到产物。同样，烯丙基硅作为亲核试剂，生成第二个碳正离子受硅的 β-位稳定效应。相对立体化学取决于第二步反应，产物 **220** 具有优越的二赤式构型。

219 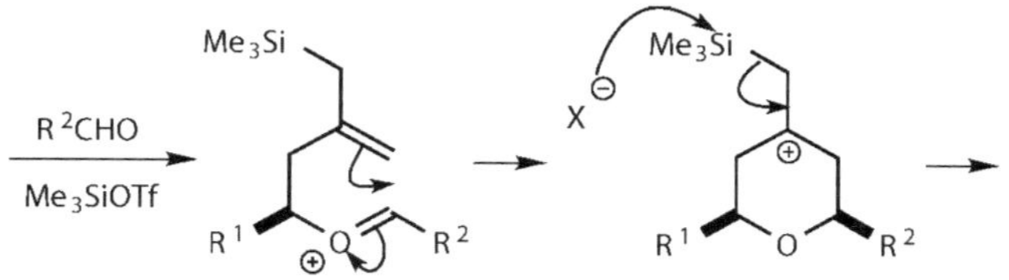

223 **224** → **220**

硼氢化可以作为构筑碳-碳键的方法

烷基硼烷的羰基化反应

本章的开始我们讨论过用过氧化氢氧化硼烷。当用硼烷时，反应是非常确定的。首先生成三烷基硼 **225**，接下来被氧化时，任何一个烷基都可以首先迁移到氧原子上。最终，三个烷基都迁移得到三分子的醇。

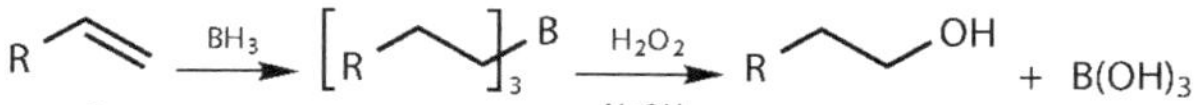

8 **225** **59**

硼烷可以以它和 THF，R_3N 或者 Me_2S 的络合物的形式保存，也可以由

BF_3 和 $NaBH_4$ 原位制得。但是取代的硼烷必须即制即用。我们见过 9-BBN，一个非常常见的硼烷，在第 9 章和本章早期用到过。而最常用到的单烷基硼是特己基硼烷。最常见的单烷基硼烷是特己基硼烷，特己基通常用一个大写的“H”表示。它们显然都是体积较大的烷基硼，用来增强和单取代烯烃 **8** 反应的位阻来获得区域选择性。它们都用来制备醇 **59**。这些反应都很成功，是由于新引入的烷基比 **228** 中原有的特己基或 9-BBN 中的笼状加成物更易迁移到氧上。

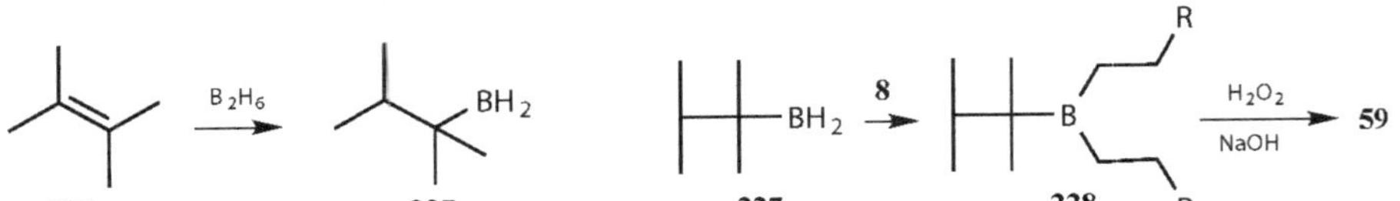

226　227　227　228

大多数人都明白这一规则，越能稳定一个带正电荷的基团越易迁移。这一规则可应用在像 Baeyer-Villiger 氧化反应这一阳离子重排中，发生迁移的过渡态含有一个正电荷。而在硼络合物的重排反应中，过渡态含有一个负电荷，因而这条规则就要颠倒了[37]。可以夸大地说，越能稳定负电荷的基团越易迁移。但是烷基不能稳定负电荷，因此迁移次序应该是一级＞二级＞三级。也就是说，对负电荷的干扰作用越小的基团，越易迁移。对于 9-BBN，其他二级烷基基团比双环烷基基团容易迁移，因为桥头原子不如普通的易迁移。如果桥头原子迁移，就会破坏笼状基团。

一氧化碳

带着这些基本的结论，我们看一下碳-碳键的形成过程。用一氧化碳形成酮是一个很好的例子[38]。第一步是 CO 加到 **229** 上，然后一级烷基从硼迁移到碳上。至于第二次迁移，必须重新得到络合物 **231**（如 **231a**）。然后亲核试剂，通常是氧，进攻非常不稳定的羰基硼烷，然后第二个烷基迁移得到较为稳定的羰基硼烷 **232**。

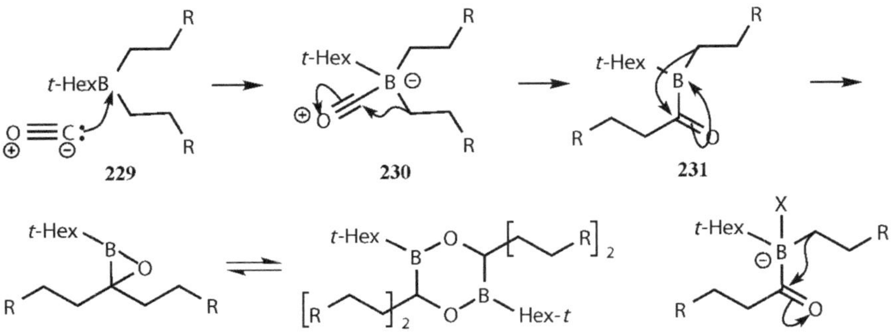

229　230　231

232　232a　231a

最后一步是在碱性溶液中用双氧水进行氧化。硼上的两个基团现在都是三级烷基，因此需要过量的氧化剂。产物为特己基醇和酮 **234** 的水合物。特己基醇仅是一个副产物，并不影响酮的合成。

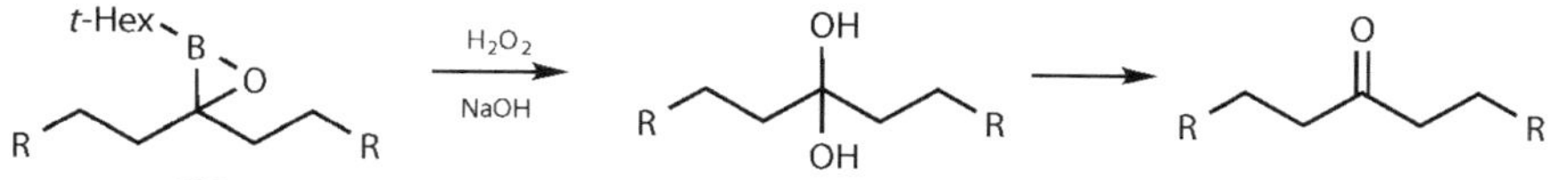

233 **234**

在三烷基硼中，如果硼上的三个基团都可以迁移，那么将得到三级醇。三次从硼到碳的迁移经历不稳定的酮 **236** 和环氧化合物 **238**，到相对稳定的特烷基硼衍生物 **239**。因为没有其他选择，特烷基必须迁移，这样 **239** 被氧化为三级醇 **240**。

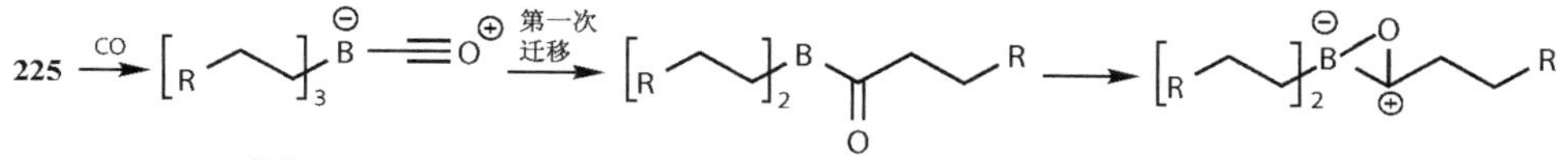

235 **236** **237**

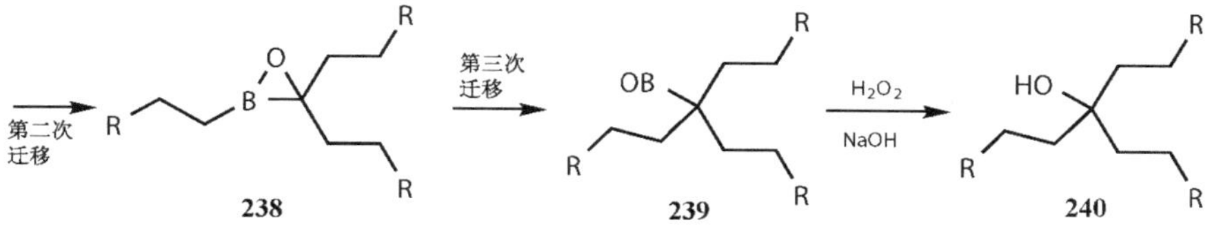

238 **239** **240**

一个非常有趣的例子是通过插入 CO 到三烯 **241** 中，合成醇 **244**。硼氢化后，以 200℃的高温持续 6h 加热 **242**，以平衡所有位置和立体化学的异构体，可以看出这个三级硼烷非常稳定。加入乙二醇作为亲核试剂，这样相当于 **239** 的杂环 **243** 作为一个结晶化合物被纯化分离。所有硼到碳的迁移构型都得到保持[38]。

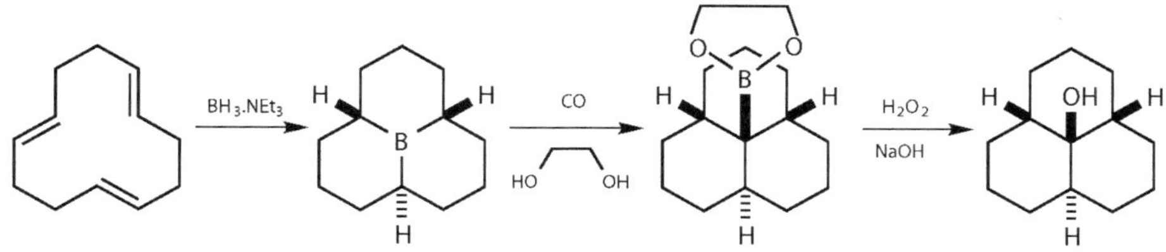

241 **242** **243** **244**; 72% 产率

通过氰负离子合成酮

不是每个人都想用一氧化碳来制备酮，氰基离子也是一个选择。用氰基离子不需要像用 CO 那样的高压来促使反应发生[39]。氰基离子和硼烷可以形成稳定的络合物 **247**。我们将用两个不同的烯烃来说明其可能的反应。特己基硼烷（**227**）原则上可以和两个不同的烯烃反应，而且应该先用位阻大的烯烃反应。这样能让第一个反应的选择性更好。

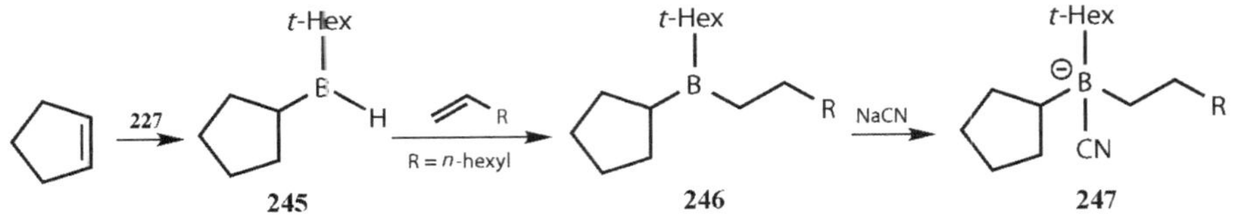

酸根络合物 **247** 和 CO 络合物 **230** 类同，但是氮原子由于缺少正电荷，拉电子能力不如氧原子，所以氰基络合物不容易发生重排。用三氟乙酸酐乙酰化后，一级烷基发生迁移。这个新生成的硼烷 **249** 看起来较稳定，但是酰胺基团可以和硼发生环化重新得到一个络合物 **250**。这样引发了第二个烷基迁移。氧化这个非常稳定的杂环 **251** 促使烷基迁移，使所有的 B—C 键被 B—O 键取代。酮 **252** 是最后的产物。要注意首先形成的硼烷有伯、仲和叔烷基基团，因此接下来的序列很好地说明了重排的顺序。

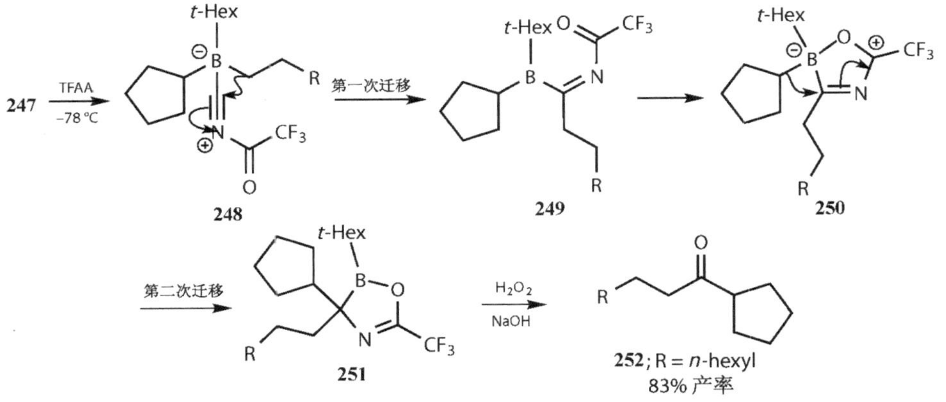

和 α-卤素羰基化合物的反应

任何在 α-位含有离去基团的亲核试剂原则上都可以用来引发烷基硼的重排。一个简单的构筑碳-碳键的方法是使用 α-卤代烯醇[40]。9-BBN 是理想的硼试剂。一级或二级烷基要优先于那个笼状烷基迁移。形成烯醇最好的碱是位阻较大的 2，6-二叔丁基酚钠。之后硼烷迁移，溴随之离去，得到络合物 **254**。简单地用乙醇可以除去产物上的 9-BBN。

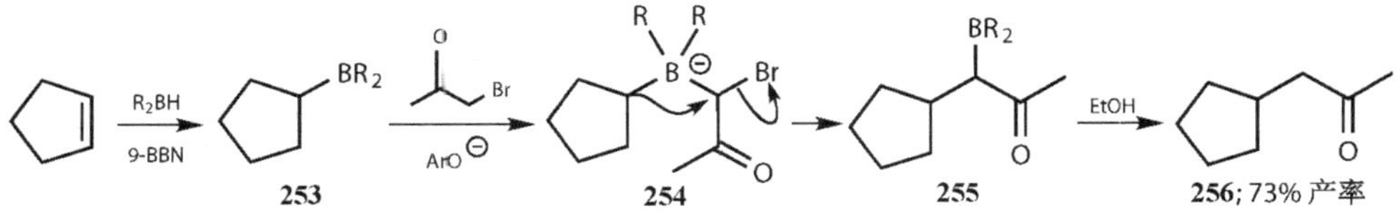

多烯的环化反应

在多烯的环化反应中，像 **257** 这样含有许多烯烃的底物可以被一个亲电试剂引发发生一连串的亲电进攻。这一过程同时实现了化学、区域和立体选择性。Johnson[41]发现了这一反应，灵感来自大自然类固醇的合成经历了类似的过程。这一反应的主要问题在于区域选择性地终止反应，这里烯丙基硅起到了非常有效的作用。

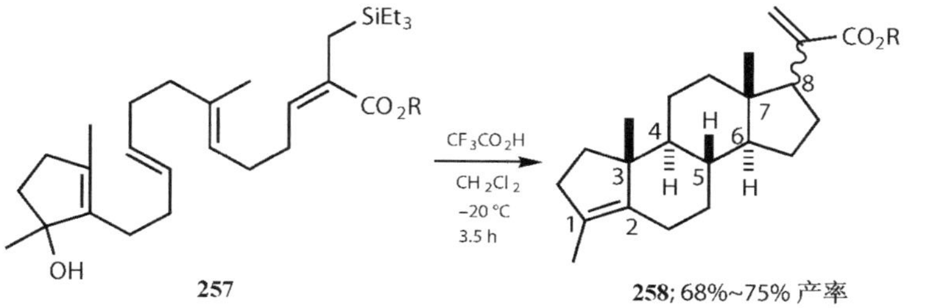

257 **258**; 68%~75% 产率

机理涉及从三级醇 **257** 形成烯丙基阳离子 **259** 的过程，还有在每个烯烃上发生亲电进攻，直到失去 Et_3Si 阳离子。化学选择性简单地取决于和哪个烯烃更接近；区域选择性来自分子的折叠，使生成的每一个新环都为椅式构象；立体专一性，也即 4 和 5，6 和 7 之间的相对构型的获得，来自两个中间烯烃反应时得到稳定的 *trans*-产物的要求；立体选择性，也即 3 和 4，5 和 6 之间的相对构型的获得，也是取决于反应时分子的折叠方式。

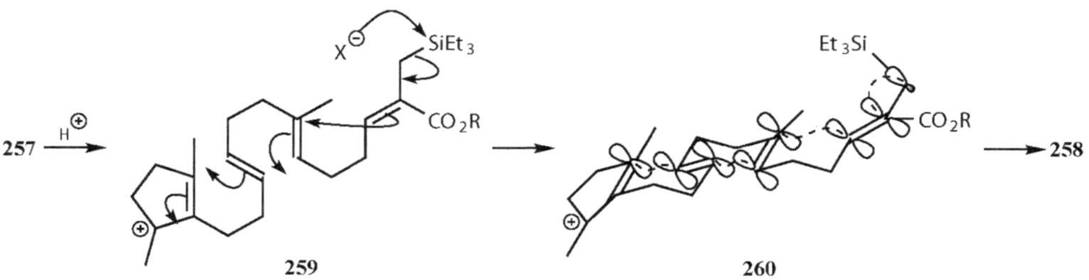

259 **260**

看起来这一方法非常特殊，但也可应用在较为简单的化合物的合成中。Taxodione（**261**）是从沼泽地柏科植物 *Taxodium distichum* 中提取出来的具有抗癌活性的化合物。它含有一个类苯醌的烯酮结构和两个反相连接的六元环。Livinghouse 指出 **261** 可以通过氧化一个较简单的芳香化合物 **262** 得到[42]。**262** 中 X 为可氧化的基团，这样逆推到 **263**，它可发生多烯环化反应，最后由芳香环终止。

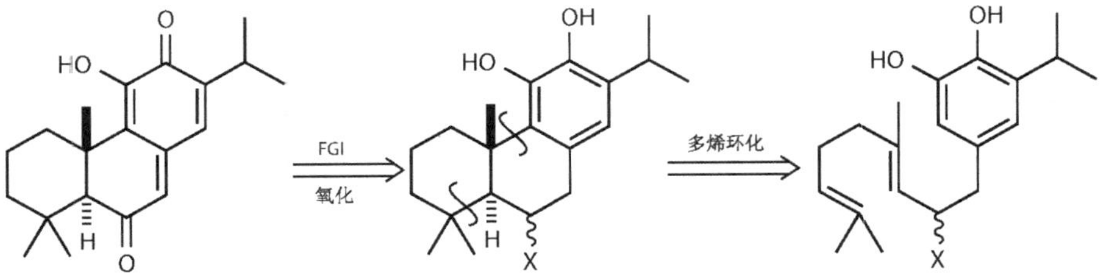

261; taxodione　　**262**　　**263**

这个未知的 X 基团扮演一个特别的角色。如果它既能被氧化又能稳定阳离子，则可用简单的烷基化构建分子，这样目标分子就被分成两个差不多大的原料 **264** 和 **265**。这样 X 被选定为氰基。酚羟基可以用甲基保护。在乙腈中以 BF_3 为催化剂，环化以较高的产率得到 **267**，同时包括氰基在内的立体化学也得到了控制。

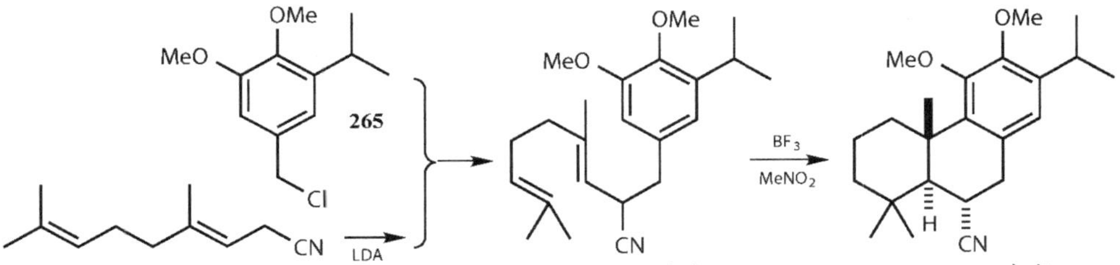

264　　**266**; 88% 产率　　**267**; 83% 产率

剩下的步骤都是很简单的，除了氰基转化为酮的一步。这步转化是通过氧化氰基的“烯醇”锂盐实现的。酚羟基上的甲基用 BBr_3 去除，最后通过硅胶上吸附的氧来氧化这个类苯醌。整个全合成经过 7 步，总产率 21%。

最近的进展包括不对称多烯环化和引入新方法来引发环化。三羰基铁能稳定戊二烯正离子，并且其络合物为手性。在手性络合物 **269** 中加入非手性锂试剂得到多烯前体 **270**，然后在路易斯酸的催化下环化得到单一的非对映异构的双环化合物[43]。

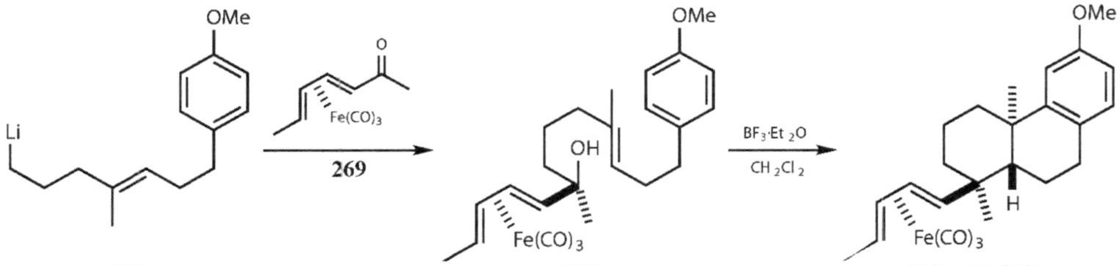

268　　**270**　　**271**; 79% 产率

路易斯酸脱去醇 **270** 中的羟基，得到三羰基铁稳定的戊二烯正离子 **272**，接着发生环化最终得到铁双烯络合物在平伏键上的产物。

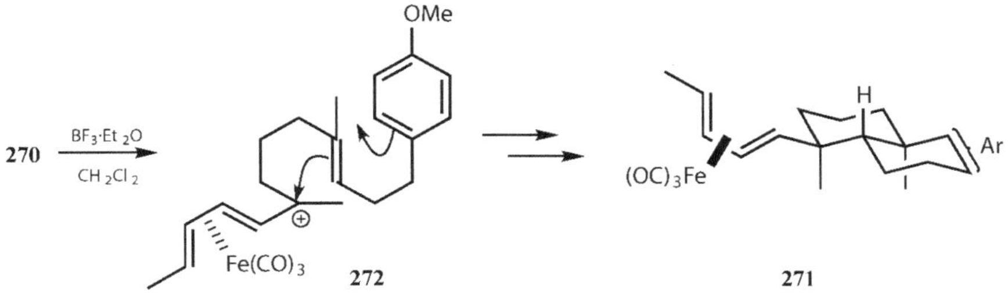

272 271

展望

在本章中我们花了一些时间考察了一些非常重要的反应的非对映选择性，我们将在第 25 章中通过讨论 21 世纪最重要的两个反应——不对称环氧化和锇催化双羟化，再次回顾到这些重要的知识。这些进展可能是建立在本章所介绍的关于选择性的工作基础上的。我们所讨论的选择性在很多合成中都非常重要。

参考文献

一般性参考文献列于 946 页。

1. J. K. Crandall, D. B. Banks, R. A. Colyer, R. J. Watkins and J. P. Arrington., *J. Org. Chem.*, 1968, **33**, 423.
2. D. R. Williams, B. A. Barner, K. Nishitani and J. G. Phillips, *J. Am. Chem. Soc.*, 1982, **104**, 4708.
3. Nicolaou and Sorensen, chapter 31.
4. S. Knapp, M. J. Sebastian and H. Ramanathan, *J. Org. Chem.*, 1983, **48**, 4786; S. Knapp, M. J. Sebastian, H. Ramanathan, P. Bharadwaj and J. A. Potenza, *Tetrahedron*, 1986, **42**, 3405; S. Knapp, *Chem. Soc. Rev.*, 1999, **28**, 61.
5. A. Armstrong and A. G. Draffan, *J. Chem. Soc., Perkin Trans. 1*, 2001, 2861.
6. H. B. Henbest and R. A. L. Wilson, *J. Chem. Soc.*, 1957, 1958, A. H. Hoveyda. D. A. Evans and G. C. Fu, *Chem. Rev.*, 1993, **93**, 1307.
7. B. B. Snider and N. A. Hawryluk, *Org. Lett.*, 2000, **2**, 635.
8. H. C. Brown and G. J. Lynch, *J. Org. Chem.*, 1981, **46**, 531, 930.
9. P. F. Cann, D. Howells and S. Warren, *J. Chem. Soc., Perkin Trans. 2*, 1972, 304.
10. H. L. Nyquist, E. A. Beeloo, L. S. Hurlbut, R. Watson-Clark and D. E. Harwell, *J. Org. Chem.*, 2002, **67**, 3202.
11. J. Tsuji, *Synthesis*, 1984, 369; *Comp. Org. Synth.*, **7**, 449.
12. M. Shibasaki, K. Iseki and S. Ikegami, *Tetrahedron Lett.*, 1980, **21**, 3587; K. Iseki, M. Yamazaki, M. Shibasaki and S. Ikegami, *Tetrahedron*, 1981, **37**, 4411.
13. G. Zweifel and H. C. Brown, *Org React.*, 1963, **13**, 1; K. Smith and A. Pelter, *Comp. Org. Synth.*, **8**, chapter 3.10, page 703.
14. Nicolaou and Sorensen, page 491.
15. K. J. Henry, P. A. Grieco and W. J. DuBay, *Tetrahedron Lett.*, 1996, **37**, 8289.
16. Nicolaou and Sorensen, page 317; G. Zweifel and J. Plamoden, *J. Org. Chem.*, 1970, **35**, 898; S. L. Schreiber and K. Satake, *J. Am. Chem. Soc.*, 1983, **105**, 6723; 1984, **106**, 4186.
17. A. Solladié-Cavallo, P. Lupatelli, C. Marsol, T. Isarno, C. Bonini, L. Caruso and A. Maiorella, *Eur. J. Org. Chem.*, 2002, 1439.
18. K. Tamao, T. Tanaka, T. Nakajima, R. Sumiya, H. Arai and Y. Ito, *Tetrahedron Lett.*, 1986, **27**, 3377.

19. K. Tamao, T. Nakajima, R. Sumiya, H. Arai, N. Higuchi and Y. Ito, *J. Am. Chem. Soc.*, 1986, **108**, 6090.
20. E. J. Corey and J. Das, *Tetrahedron Lett.*, 1982, **23**, 4217.
21. R. S. Matthews and J. K. Whitesell, *J. Org. Chem.,* 1975, **40**, 3312.
22. M. D. Dowle and D. Davies, *Chem. Soc. Rev.*, 1979, **8**, 171.
23. J. Thibonnet, M. Abarbri, J-L. Parrain and A. Duchêne, *Tetrahedron Lett.*, 1996, **37**, 7507.
24. M.-C. Roux, R. Paugam and G. Rousseau, *J. Org. Chem.*, 2001, **66**, 4304.
25. S. Danishefsky, P. F. Schuda, T. Kitahara and S. J. Etheredge, *J. Am., Chem. Soc.*, 1977, **99**, 6066.
26. Nicolaou and Sorensen, page 173.
27. S. D. Burke, W. F. Fobare and D. M. Armistead, *J. Org. Chem.*, 1982, **47**, 3348.
28. R. N. Young, W. Coombs, Y. Guindon and J. Rokach, *Tetrahedron Lett.*, 1981, **22**, 4933.
29. I. Mavropoulos and P. Perlmutter, *Tetrahedron Lett.*, 1996, **37**, 3751.
30. B. J. Snider, *Comp. Org. Synth.*, vol 2, p. 527.
31. M. Delmas and A. Gaset, *Synthesis*, 1980, 871; R. El Gharbi, M. Delmas and A. Gaset, *Synthesis,* 1981, 361.
32. P. R. Stapp and C. A. Drake, *J. Org. Chem.*, 1971, **36**, 522; P. R. Stapp, *J. Org. Chem.*, 1971, **36**, 2505.
33. K. Al Mutairi, S. R. Crosby, J. Darzi, J. R. Harding, R. A. Hughes, C. D. King, T. J. Simpson, R. W. Smith and C. L. Willis, *Chem. Commun.*, 2001, 835; S. R. Crosby, J. R. Harding, C. D. King, G. D. Parker and C. L. Willis, *Org. Lett.*, 2002, **4**, 577.
34. A. T. Blomquist and R. J. Himics, *J. Org. Chem.*, 1968, **33**, 1156.
35. B. B. Snider and A. C. Jackson, *J. Org. Chem*, 1983, **48**, 1471.
36. G. E. Keck, J. A. Covel, T. Schiff and T. Yu, *Org. Lett.*, 2002, **4**, 1189.
37. A. Pelter, K. Smith and H. C. Brown, *Borane Reagents*, Academic Press, London, 1988.
38. H. C. Brown, *Acc. Chem. Res.*, 1969, **2**, 65; H. C. Brown and M. W. Rathke, *J. Am. Chem. Soc.*, 1967, **89**, 4528; E. Negishi and H. C. Brown, *Org. Synth. Coll*, 1990, **VII**, 427.
39. A. Pelter, K. Smith, M. G. Hutchings and K. Rowe, *J. Chem. Soc., Perkin Trans. 1*, 1975, 129, 138; A. Pelter, M. G. Hutchings and K. Smith, *J. Chem. Soc., Perkin Trans. 1*, 1975, 142; A. Pelter, M. G. Hutchings, K. Smith and D. J. Williams, *J. Chem. Soc., Perkin Trans. 1*, 1975, 145.
40. H. C. Brown, H. Nambu and M. R. Rogic *J. Am. Chem. Soc.*, 1969, **91**, 6852, 6854, 6855.
41. W. S. Johnson, Y-Q. Chen and M. S. Kellogg, *J. Am. Chem. Soc.*, 1983, **105**, 6653; R. Schmid, P. L. Huesmann and W. S. Johnson, *J. Am. Chem. Soc.*, 1980, **102**, 5122, *Tetrahedron Lett.,* 1986, **27**, 6027.
42. S. R. Harring and T. Livinghouse, *J. Chem. Soc., Chem. Commun.*, 1992, 502.
43. M. Franck-Neumann, P. Geoffroy and D. Hanss, *Tetrahedron Lett.*, 2002, **43**, 2277.

18　烯基阳离子：钯催化的碳-碳键偶联

引言：sp^2 碳的亲核取代反应不能发生

如果你想合成一个双烯 **1**，显然可以从双烯的中间分开。这样很对称，一边

是烯基阳离子 **2**，一边是乙烯基阴离子 **3**。我们已经见过乙烯基阴离子的合成子，如乙烯基金属试剂（第 16 章）。那么我们需要的就是一个好的乙烯基阳离子试剂，这就是本章的主题。首先我们需要知道为什么不能简单地用乙烯基卤化物，并使卤离子被取代来得到烯基阳离子。

1　**2**；烯基阳离子　**3**；烯基阴离子　**4**；烯基金属化物

亲核取代未被活化的乙烯基卤代物是非常少见的[1]。在 sp^2 碳上发生的亲核取代反应一般认为还未被发现。至于为什么不可能还是比较疑惑的，是否是含有共平面结构的过渡态 **6** 在能量上很高？最近的工作[2]表明 PhI 可以从烯基碘盐 **8** 上被亲核试剂取代下来，并且烯烃的构型发生变化（*E*-**8** 得到 *Z*-**9**）。但这一反应在合成上是否有用有待进一步考察。

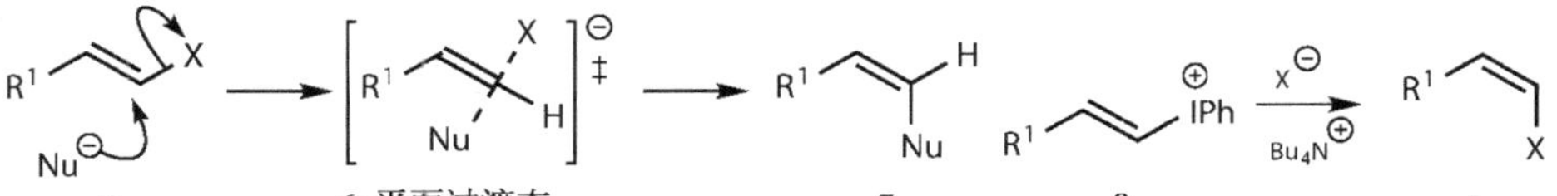

5　**6**；平面过渡态　**7**　**8**　**9**

在平面三角形碳上发生亲核取代是已知的反应，它涉及加成-消除机理。过程中形成了烯醇中间体 **11**，负电荷转移到电负性大的原子上，如氧。这是一个共轭取代反应，你也将看到类似的在芳香环上的取代反应。

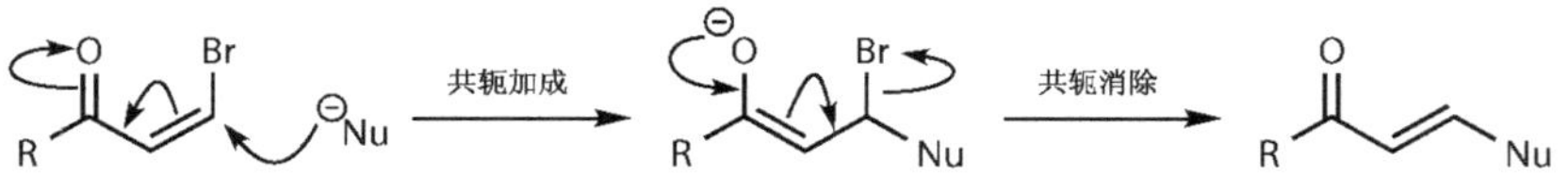

10　**11**　**12**

第三种可能性是通过一个乙烯基阳离子中间体的 S_N1 反应。从乙烯基溴 **13** 来得到乙烯基阳离子 **14** 不太可能，乙烯基正离子应为含有一个空 p 轨道的直线型基团。当被一个共轭基团稳定，并且有一个非常好的离去基团，如 TfO^- 时，这样一个阳离子才能得到。但是这样的 S_N1 反应在合成中很少用到。

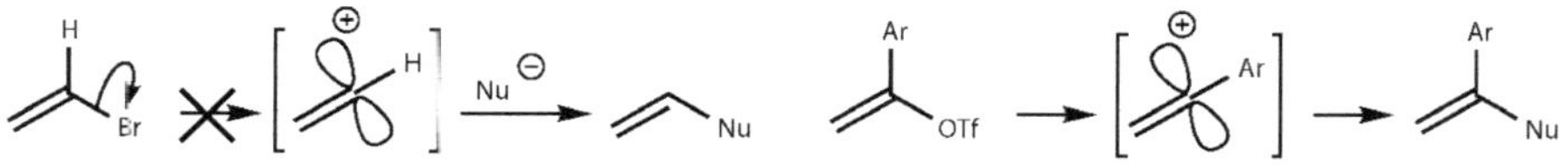

13　**14**；烯基阳离子　**15**　**16**　**17**　**18**

加成-消除机理中的立体专一性

目前这些机理中，最重要的一个就是加成-消除机理。碳负离子中间体必须要由 Z 基团来稳定，如 Ar，COR，CN，RSO 或者 RSO_2。可以预见，如果中间

体 **11** 的寿命比单键的旋转的时间还要长，那么应该得到更加稳定的 *E*-式产物。但是在一些情况下，第一步是决速步，中间体的寿命非常短，这些反应中构型将保持，如硫亲核试剂[3]取代 2-溴苯乙烯 **19**。

这里的解释与乙烯基硅和亲电试剂的反应中立体化学的保持有些相似。为了清楚地说明，我们的画法尽可能和 16 章一致。只要溴原子能够朝一个方向旋转，那么烯烃的哪个面受到进攻并不要紧。一旦溴转到垂直的位置，就被碳负离子消除，所以结果是构型保持（另一个异构体小于 5%）。

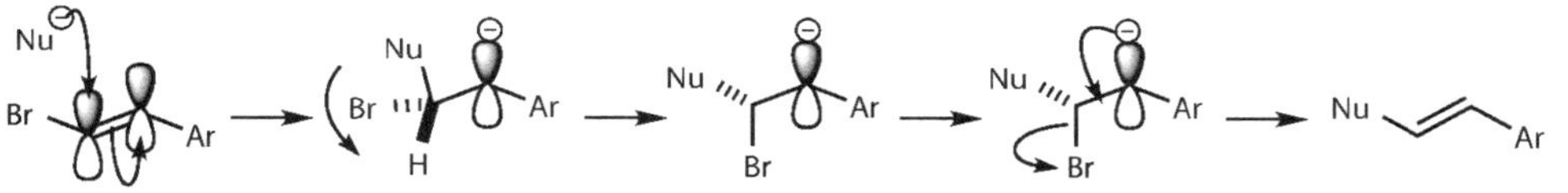

如果有两个离去基团，反应可以进行两次。产物 **23** 可以被氧化为更加稳定的砜 **24**。

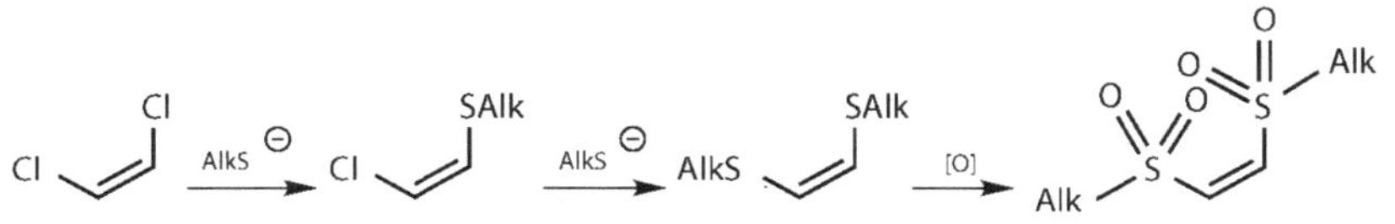

还有一些保持构型的立体专一的取代包括酯活化的氯被胺取代（**25** ～**26**）和砜活化的氯被叠氮取代（**27** ～**28**）。*Z*-式,*E*-式的选择相当好，构型保持达 98%以上[1]。目前，这些反应不包括碳作为亲核试剂。

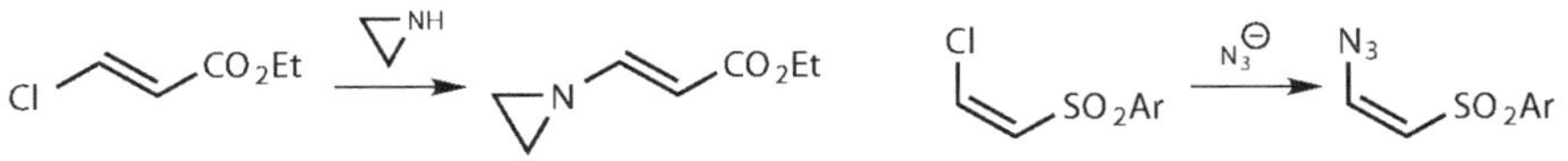

碳亲核试剂和乙烯基阳离子等价物

本章的主题是讨论怎样设计完成亲核试剂和乙烯基亲电试剂（如烯基卤化物）的反应。我们不可能简单地期待在 sp^2 碳上发生 S_N1 或 S_N2 反应。我们打算用碳亲核试剂，并期待能控制反应的立体化学。简单来讲，我们就是期望能像 **29** 那样去切断碳键。

你可能在想通过共轭或 Michael 加成，其中 Z 是可以稳定阴离子的基团，我们已经能做到这一反应了。这些反应确实是使亲核试剂加成到双键上，但是中间体是一个烯醇，而且双键在产物中消失了，这样切断应该是像 **31** 那样，而烯烃 **32** 就是一个试剂而不是合成子了。如果双键保留在产物中那么共轭加成就是一个好的解决办法。我们首先要考虑用一些简单的办法来解决问题。例如，共轭取代或者保留双键的共轭加成，然后再转向基于钯的现代有机化学。

乙烯基阳离子等价物

让我们从一个药物分子——Wyeth 止痛剂 meptazinol (**33**)[4]——开始。这个化合物有一个七元环胺，通过一个四级碳连接在一个苯酚的间位。最简单的断键法就是从连接两个环的地方切断。但是接下来官能化却出现了问题。苯环上的羟基是邻对位定位基，而七元环上氮原子也不能帮助活化所需要的碳。把胺变成酰胺解决了不少问题，可以稳定羰基 α-位的碳负离子，而酰胺也很容易被还原成胺。这样亲核试剂就为烯醇 **34**，对应的我们就需要芳基正离子 **35**。

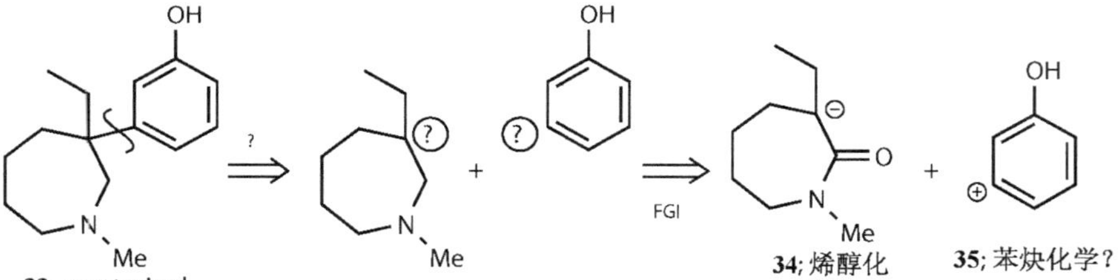

33; meptazinol　**34**; 烯醇化酰胺　**35**; 苯炔化学？

共轭取代

本章涉及的是乙烯基阳离子策略，这是得到化合物 **33** 的另一种方法。为适应苯环的氧化态，引入可能的烯基酮 **37**，对应的合成子为烯基阳离子 **38**。

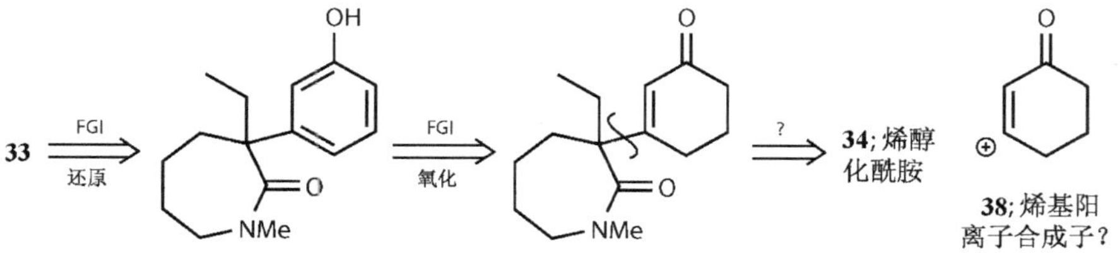

36　**37**　**38**; 烯基阳离子合成子？

设计一个烯基阳离子 **38** 试剂的最好途径就是在乙烯烃上加一个离去基团。烯醇醚 **40** 就是一个理想的试剂，它可以很容易的从 1，3-二酮 **39** 制得。这样我们就可以设想通过烯醇酰胺 **34** 来进行共轭取代反应了。

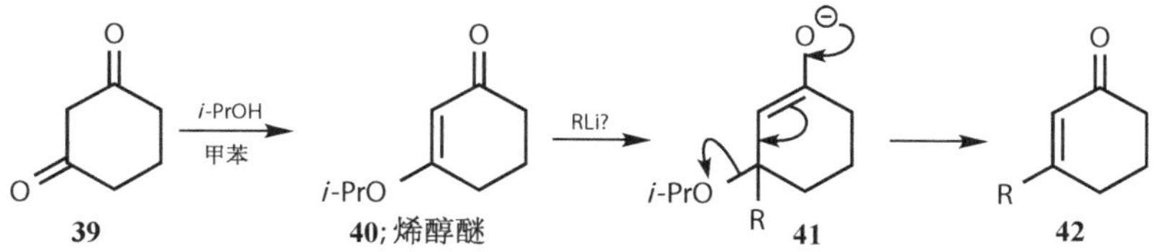

加入酰胺的烯醇镁盐，接着酸化后处理，一步得到氨基烯基酮，而且双键还保留在环上。注意，实际发生的是烯醇直接加成到羰基上得到 **44**，并没有进行预期的共轭加成。这并不要紧，因为烯醇醚 **40** 有一个对称的碳骨架。接着用溴氧化烯酮环得到苯环 **36**，最后还原酰胺得到最终产物。

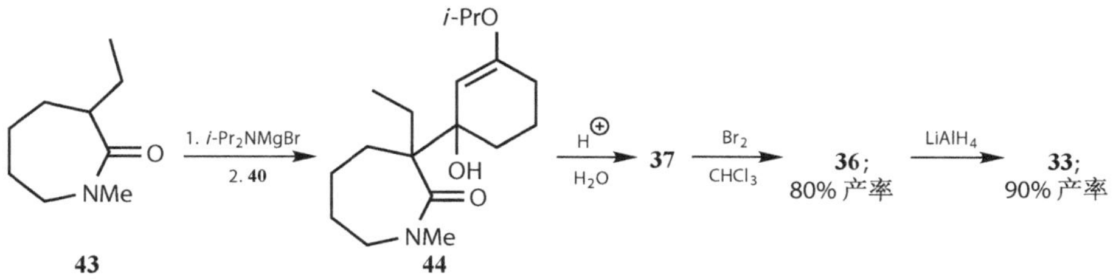

亲核试剂不一定非得是烯醇：邻位锂化的芳香环也能很好地反应，并被用在倍半萜烯内酯的合成中[5]。邻位锂化 2-甲基呋喃 **45** 得到 **46**，然后加成到化合物 **47** 上，以近乎定量的产率得到烯基酮 **48**。

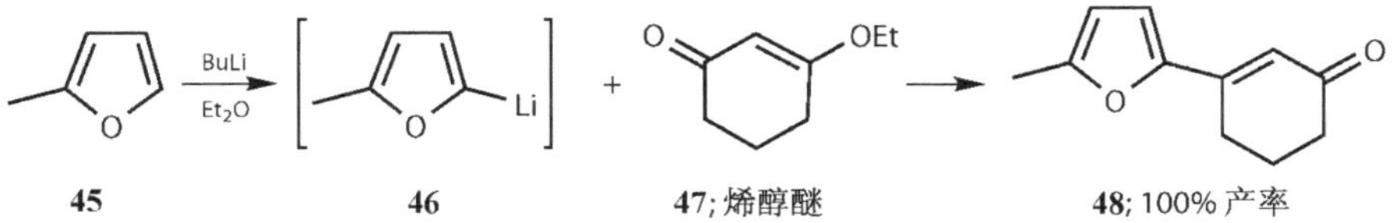

下面将对 **48** 进一步衍生化。Me_2CuLi 对其进行共轭加成得到一个含有四级碳中心的 **49**，接下来在酸性条件下水解得到三羰基化合物 **50**，它被用来合成倍半萜烯内酯。这几步的产率都相当好！

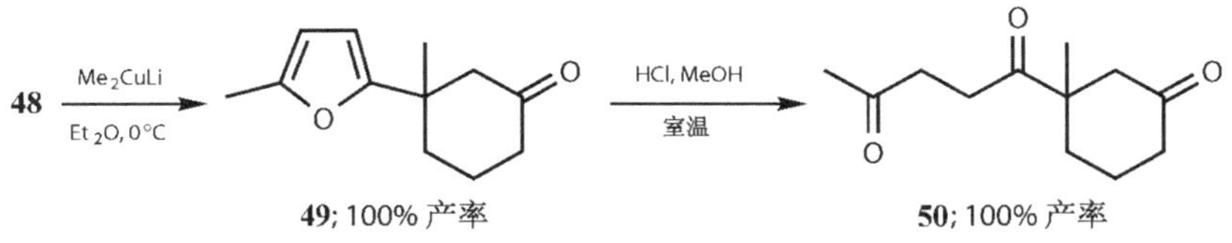

带有取代基的这种试剂保留了和 **40**、**47** 的对称性。其中一个就是由二酮 **51**

和三聚甲醛进行 Prins 反应得到的[6]。用同样的方法也能很容易地制备六元环 **54** 和七元环 **55**。

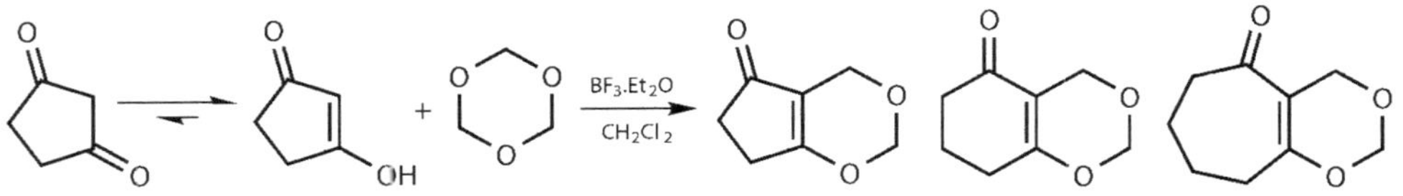

51　**51a**　**52**　**53**; 72% 产率　**54**; 84% 产率　**55**; 72% 产率

这三个试剂和有机锂化合物都能很好地反应。化合物 **53** 分别和乙烯基、苯基和丁基锂反应，分别得到产物 **56**，**57** 和 **58**，它们都失去一分子甲醛，而保留了 CH_2OH 基团。这一化学被用来合成 bertyodionol[7]。

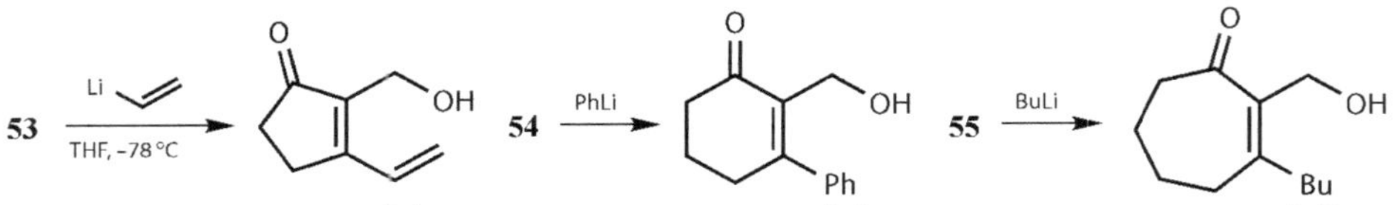

56; 94% 产率　**57**; 93% 产率　**58**; 89% 产率

不对称 1，3-二羰基衍生物

对于不对称的反应底物的合成，就不能从二酮起始物出发了。一个方法是从单酮出发，和胺基缩醛（类似第 15 章 Claisen 重排中用到的）反应得到烯胺酮 **59**。**59** 和丁基锂反应得到烯基酮 **60**。毫无疑问，这一加成是共轭加成[8]。

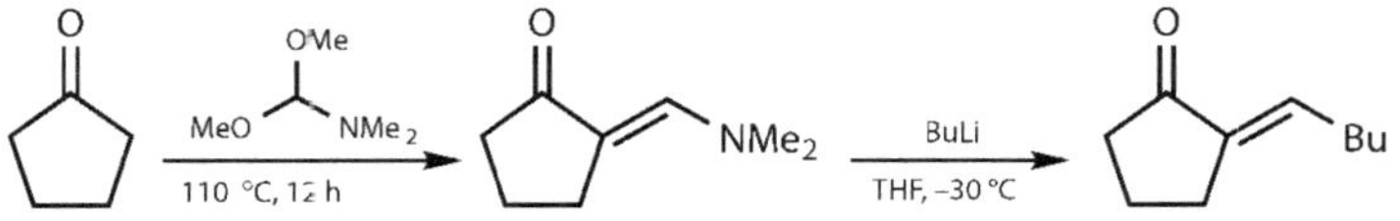

59; 68% 产率　**60**; 75% 产率

相同的中间体 **62** 可以由二酮和胺，特别是吡咯反应得到，然后与有机锂化合物反应。在己烷溶剂中，RLi 很好地取代了吡咯，以较高产率得到了二烯酮 **63**[9]。

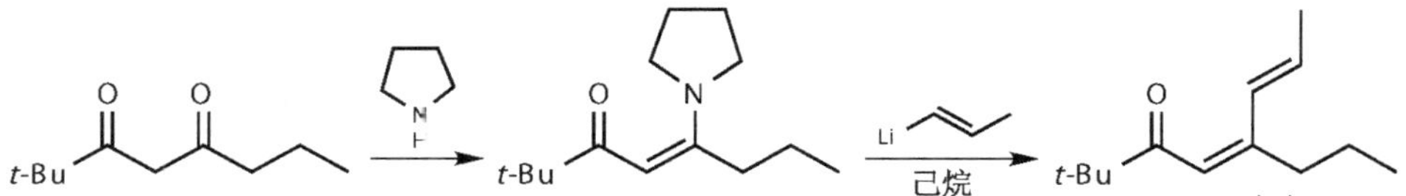

61　**62**　**63**; 84% 产率

不对称烯胺酮

用这种方法很容易制备对称的烯胺酮，如化合物 **64**。它先进行烯醇烷基化得到“失对称”的 **65**，再进行共轭取代得到最终产物 **66**。三步的产率都在接受范围之内，中间一步是广义烯醇的 γ-位烷基化（见第 11 章）。

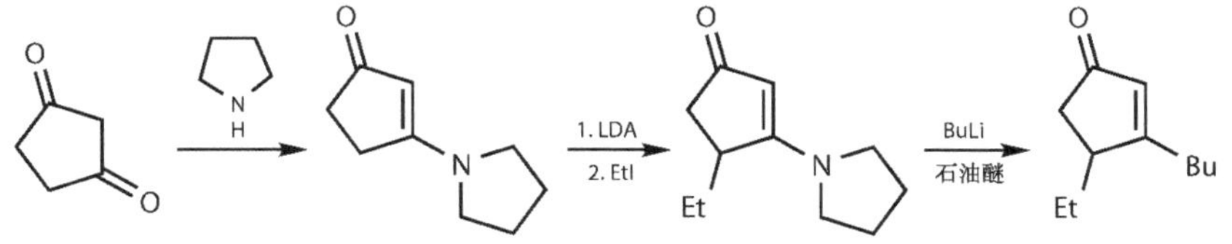

51　64　65　66; 56% 产率

铈催化的格氏试剂对烯胺酮 **68** 的加成实现了相反的区域选择性[10]。产物的结构表明加成直接发生在羰基上：铈可能通过和氮原子配位来转移丁基。反应中立体化学也得到了控制，新引入的基团和羰基处于反式。

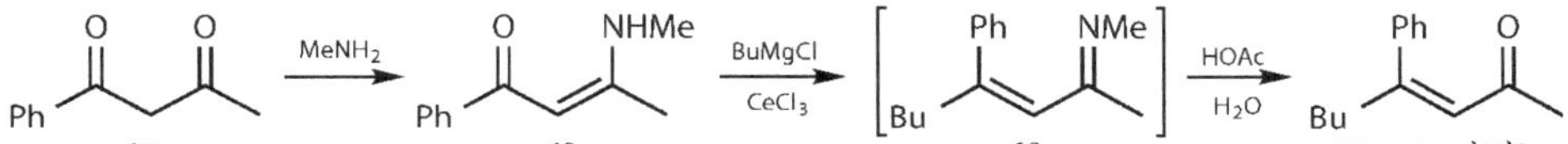

67　68　69　70; 65% 产率

对炔烃的共轭加成

如果亲电试剂是一个炔烃的话，那么共轭加成仅能给出乙烯基衍生物。我们已经在第 15 章见过这个例子。卤化物和硫醇亲核试剂和 **72** 反应分别以 E-构型得到 **71** 和 **73**。溴酯 **73** 很容易从丙炔酸 **72b** 通过一步反应再酯化得到[11]。这些化合物可以很好地作为乙烯基阳离子的等价物，因为对 **71**、**73** 比对 **72** 进行共轭加成更容易成功，至少对于碳亲核试剂是这样。这里我们并没有考虑第 16 章所讲的炔的金属化，产物是乙烯基阴离子等价物。不过，就像本章后面所要看到的，在钯催化反应中这些区别并不明显。

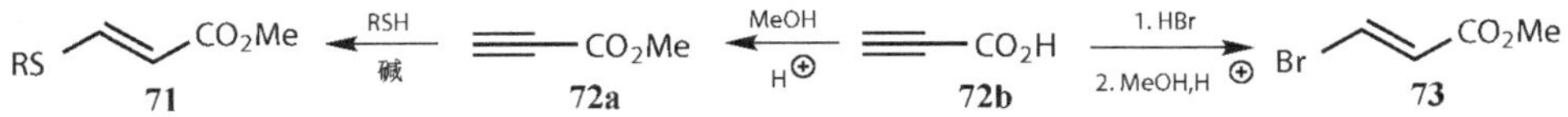

71　72a　72b　73

烯醇锂盐和卤化物 **73** 发生共轭取代反应。光学纯杂环 **74** 可从天然的丙氨酸制备，它的烯醇锂盐和 **73** 反应以较好的产率得到一个单一的非对映异构体 E-**75**。经过进一步转化，水解这个杂环得到环丙烷化合物，这是谷氨酸拮抗剂[12]。

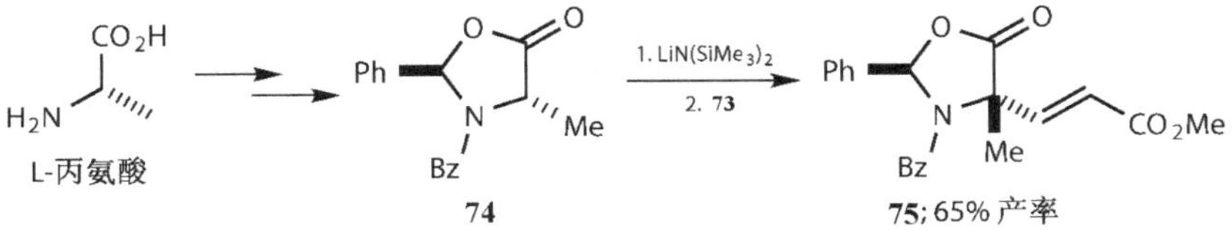

74　75; 65% 产率

酮 **76** 可以由酰氯和乙炔在 $AlCl_3$ 的催化下进行脂肪族的 Friedel-Crafts 烷基化反应得到。在这一条件下，氯化氢进一步加成到炔基酮上得到 β-氯烯酮 **77**。

通过共轭取代 **77** 转化为硫化物 **78**[13]，它们将在下面的部分用作乙烯基阳离子等价物。

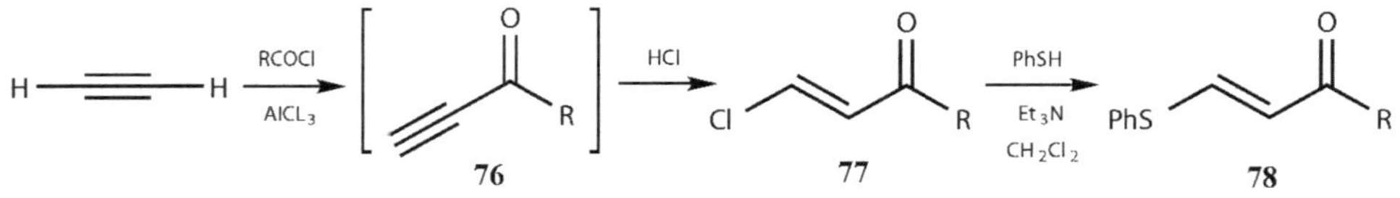

基于硫的离去基团

像 **71** 这样的硫化物的合成，不仅可以通过共轭加成烯烃得到，也可以是加成烯基酮如 **79** 得到。用 NCS 对 **80** 进行 Pummerer 氧化得到 *β*-硫醚烯基酮 **81**，它不能通过共轭加成烯烃得到。

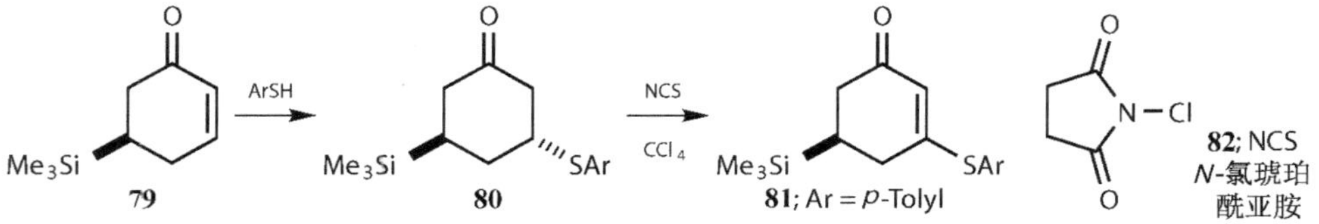

铜试剂对 **81** 进行共轭加成，而有机锂则会直接加到羰基上。接着共轭加成得到酮 **85**。必须要用到 Cu（I）催化和硅基猝灭（见第 9 章），反应才能发生并产率较好。芳基（这里是对甲基苯基）加成到和环另一侧三甲基硅基相反的方向上[14]。

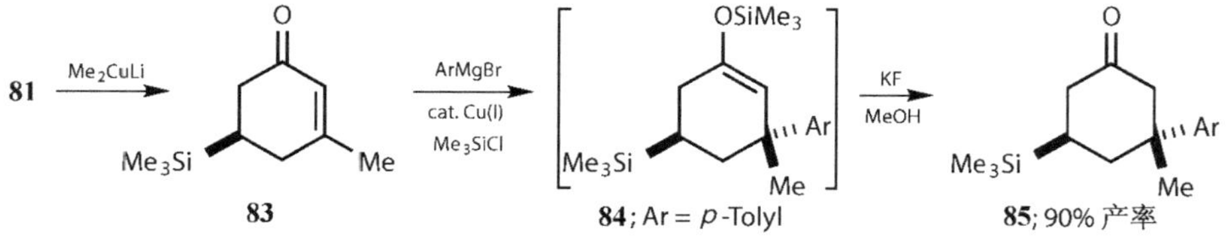

亚砜和砜

硫化学的一个优点在于一个硫试剂可以有三种氧化态：硫化物 **80**，亚砜和砜。连有更高氧化态的硫的烯酮亲电性更强，对应的亲核试剂的亲核性可以相对较弱。亚砜 **87** 和未活化的吡咯或呋喃如 **86**，在有无酸的催化下都可以反应[15]。

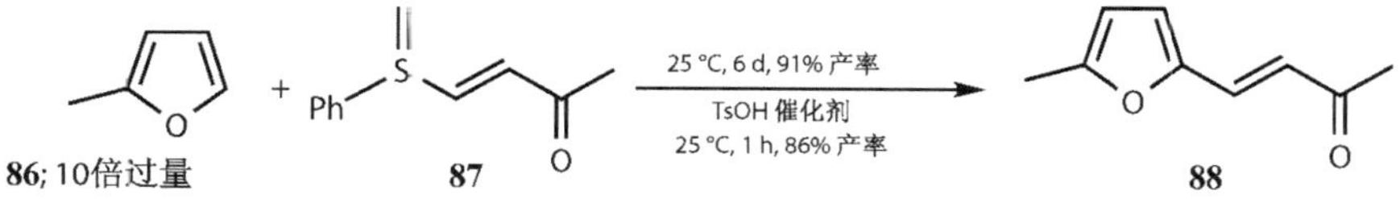

亲核试剂 **89**，Z═O 或者 NR，发生正常的亲电芳环取代反应。对于 **89** 的加成和离去基团的离去，都是含有 PhSO 基团的底物要比含有 PhS 基团的底物要发生得快。在酸催化的反应中，中间体 **90** 和 **91** 应为烯醇而不是烯醇化物。

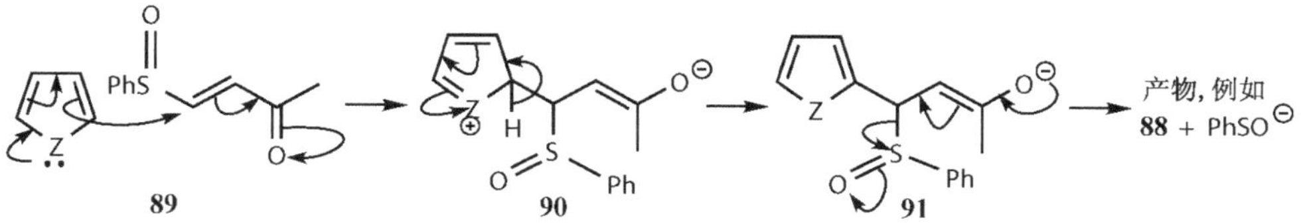

吡咯 **92** 由于具有更强的反应性，反应时间缩短。而咪唑或吡唑 **94** 则反应时间更短，不过是在氮原子上发生反应。这些反应产率都很高。

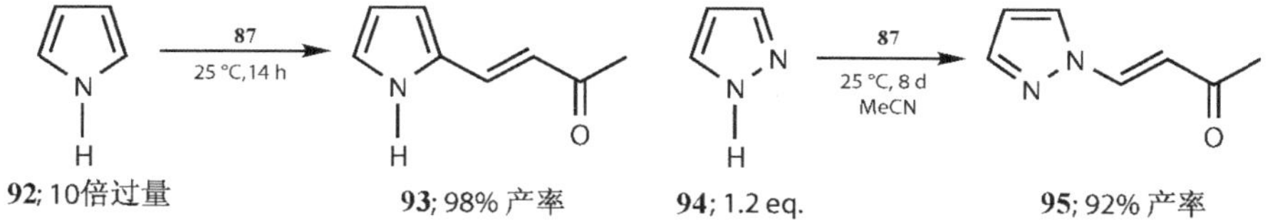

砜 **98** 可以高选择性地发生一系列串联反应。烯丙基膦氧化物 **96** 的锂衍生物（见第 12 章）加成到烯基酮 **97** 上得到烯醇锂盐 **99**，然后和砜 **98** 反应以 96%的产率得到更为复杂的产物 **100**。由于立体化学的控制，仅得到 3%*Z*-式的烯基膦氧化物[16]。

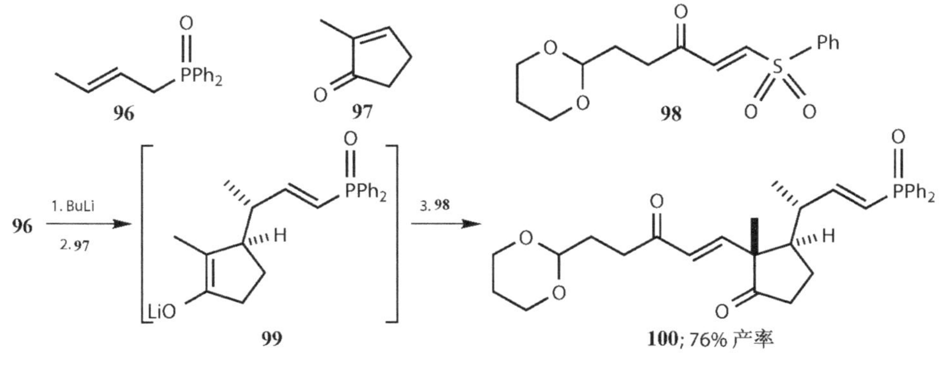

β-溴和 *β*-磺酰基炔烃的 Diels-Alder 反应

另一种对炔烃进行共轭加成的反应是 Diels-Alder 反应，它给出 *β*-取代的烯烃。吡咯衍生物 **101** 能很好地和活化的卤代炔烃酯 **102** 反应得到双环化合物 **103**，接着和烷基酮试剂反应以较高的产率得到 **104**，它被用于 Epibatidine 的合成[17]。

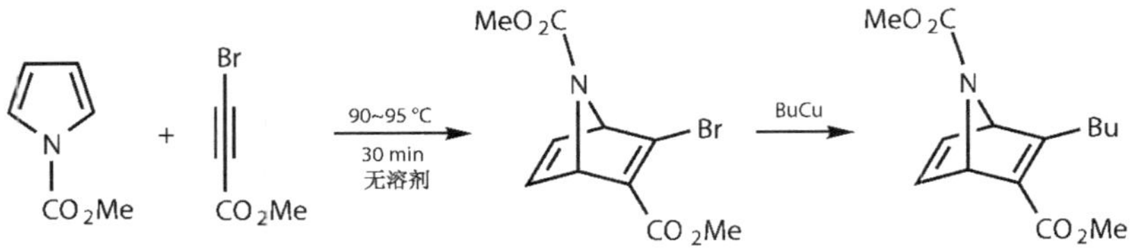

101　**102**　**103**; 56% 产率　**104**; 78% 产率

通过对酮的不对称还原，得到双烯 **105**，它和 β-苯甲磺酰基炔酸 **106** 反应以较好的产率得到区域和立体选择性的内酯 **107**，化合物 **107** 在合适位置有一个被亲核试剂进攻时容易离去的基团 Tsyl，引入试剂 Me_2CuLi 对底物的亲核取代可以合成 Forskolin[18]。

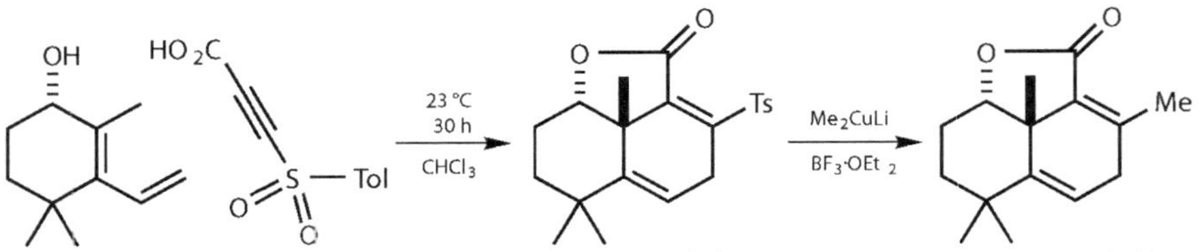

105　**106**　**107**; 72% 产率　**108**; >95% 产率

离去基团的选择

你可能注意到在共轭取代反应中，用到了有机锂和有机铜试剂，还有烯醇锂盐。如果离去基团是卤素的话，用 RLi 试剂（不包括烯醇锂盐）进行转金属比较不确定，而有机铜试剂则好很多。对于离去基团是 NR_2，OR 或者各种氧化态的硫化物时，氧化加成到很强的 C—N 键、C—O 键以及 C—S 键中不太容易发生，因此可以用 RLi。

改进的共轭加成

对亲电性烯烃进行共轭加成后得到的烯醇中间体 **110** 被硅基稳定形成烯醇硅醚 **111**，双键得到了保留，然后烯醇硅醚 **111** 和硫或者硒的亲电试剂反应，再消除就得到目标产物。在这个过程中，有机铜被证明是理想的亲核试剂，因为中间体烯醇化物能够被捕获形成硅基烯醇醚然后直接与 PhSCl 或 PhSeCl 反应。

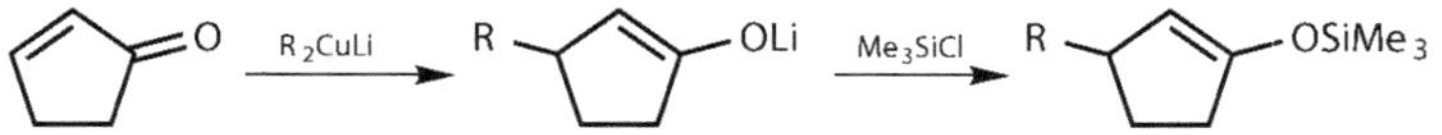

109　**110**　**111**

这种制备特殊的烯醇化物等价物的方法我们在第 9 章遇到过。活泼的亲电试剂如 PhSCl 和 PhSeCl 与烯醇硅醚 **111** 反应得到 2-苯硫（硒）基酮 **114**。C-2 上的烷基没有阻碍对烯基酮的加成。

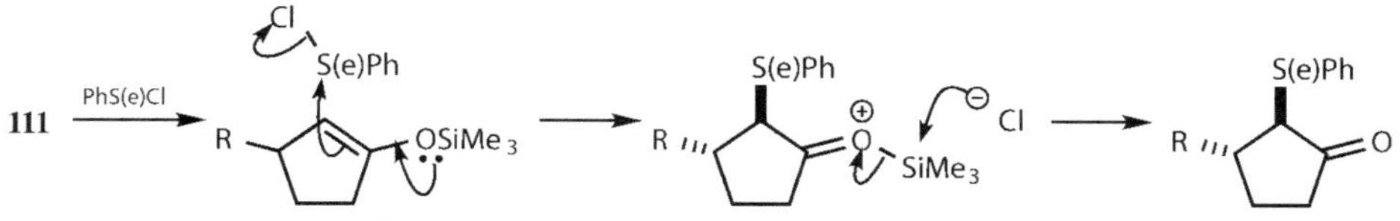

112 113 114

当硫或者硒原子被氧化为亚砜或者硒代亚砜时，热力学消除通过环形机理 **115** 发生。因为苯硫（硒）基在烷基的 *trans*-位，因而和 C-2 上的氢为顺式，这样顺式消除成为可能。硒代亚砜很不稳定，生成的同时就发生消除，而亚砜通常需要加热才能消除。双键在原有的位置 **116** 上重新生成。总的过程就是把一个烷基阴离子加成到 *β*-烯基酮阳离子的合成子 **117** 上。这一内容我们将在第 33 章关于烯醇化物的氧化中再详细讨论。

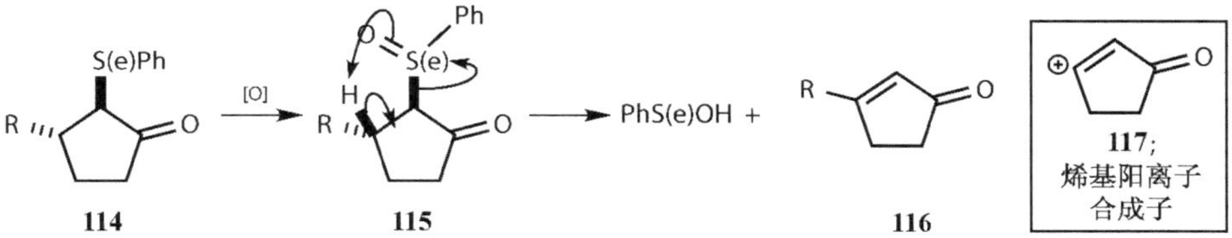

114 115 116 **117**; 烯基阳离子合成子

更普遍的解决方法是把亲核试剂从有机锂和有机铜扩展到有机钯化合物上，就引出了 Heck 反应。

Heck 反应

概要

我们在第 8 章中讨论过有机钯化学，简单的叙述过钯的 *σ*-络合物。在本章中，我们讨论钯 *σ*-络合物对不饱和羰基化合物的加成反应。发生 Michael 加成后，钯从中间体脱去，这样原始的双键得到保留[19]。我们首先看一下碘苯对丙烯酸甲酯的加成。

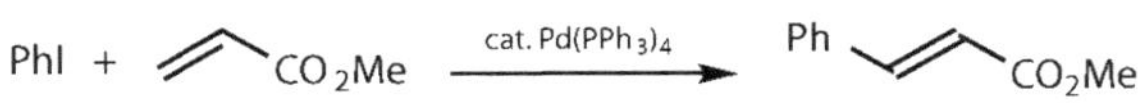

118 119

第一步是 Pd(0) 物种对碘苯氧化加成。这步称为氧化加成是因为钯原子插入到苯环和碘原子中间，钯从零价变到二价 **120**。机理在第 8 章有所描述。接下来，烯烃和钯原子配位形成 *π*-络合物 **121**。π 键是一个双电子配体，这样它就取代掉一个同为双电子给体的膦配体。我们应该强调一下，在这些反应中，我们不用非常精确地知道钯上还有哪些其他配体。接着亲核进攻发生了，钯转移苯基到双键的一端，而自己连到双键的另一端形成 σ-络合物 **122**。这就好像是一个苯基阴离子 Michael 加成到由于和二价钯的配位而更加缺电子的烯烃上。区域选择性方面，苯基阴离子是加成到烯烃更加缺电的一端，而 Pd(Ⅱ) 则是连接在烯醇碳负的位置上。然而，你也可以把其看成是在金属表面进行的偶联反应。

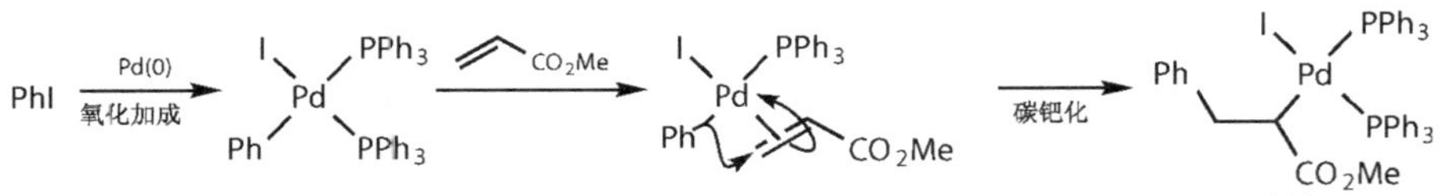

120 **121** **122**

烷基钯物种由于 β-消除而不稳定，这在第 8 章我们讨论氢化时提及过。钯带走酯 **123** 的 C-3 位的氢，从而 σ-络合物 **122** 转化成 π-络合物 **124**。再经过配体的交换，就得到产物 **119** 和钯物种 **125**。**125** 可以失去一分子 HI 而重新得到 Pd(0)。在整个反应过程中，钯以二价的形式存在于各种络合物中，而以 Pd(0) 的形式进入或离开催化循环。

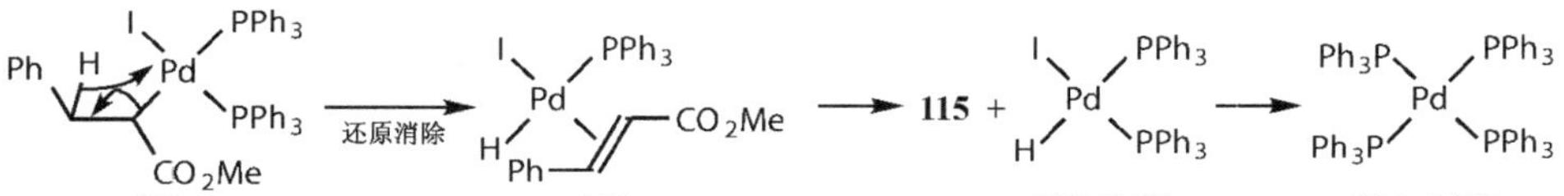

123 **124** **125**; Pd(II) **126**; Pd(0)

产物中双键的立体化学的控制是在钯进行 β-消除时实现的。反应既可以得到 *E*-构型也可以得到 *Z*-构型的肉桂酸酯，由于反应是可逆的，因此得到更加稳定的 *E*-构型产物。

这类 Heck 反应通常以一种更方便的方式进行。虽然催化循环是从 Pd (0) 开始的，但是 Pd(Ⅱ) 参与反应，像 $Pd(OAc)_2$ 或者 $(Ph_3P)_2Pd(OAc)_2$ 是比 $Pd(Ph_3P)_4$ 更有效的催化剂。在没有膦配体的存在下，也可以较高的产率得到同样的产物[20]。反应开始时，Pd(Ⅱ) 必须先还原成 Pd(0)。

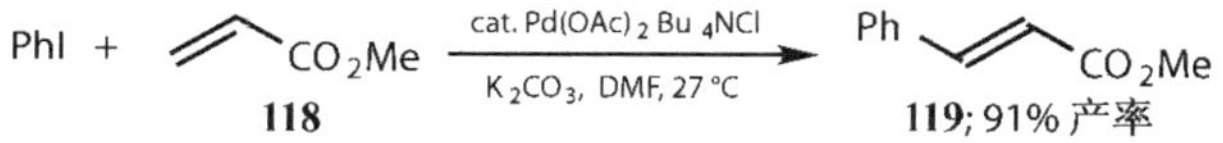

118 **119**; 91% 产率

Heck 反应的范围和局限性：二烯的合成

由于钯的 β-消除，这一反应不能用于大部分烷基卤化物。然而由于烯基卤化物钯的 σ-络合物不能进行 β-消除生成炔，它们可以很好地进行反应，从而得到双烯产物。下面是一个简单的例子。

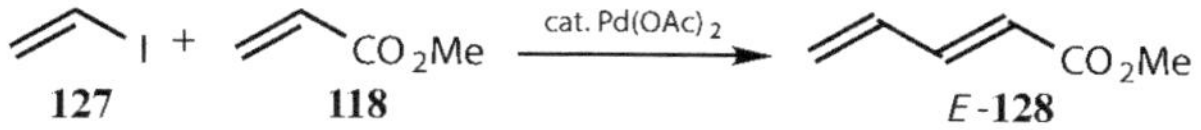

127　118　E-128

机理如前述一样，乙烯基 PdI 取代了 PhPdI。在热力学控制下，得到了 E-式的烯烃。但是，如果乙烯基碘化物存在立体化学，将会怎样影响反应？这样产物烯烃的形成就具有立体专一性：Z-式的乙烯基碘化物 **129** 将会得到 Z-式的烯烃，而 E-式的乙烯基碘化物将得到 E-式的烯烃。在第 16 章，我们讨论过这类反应，在一个平面三角形的碳上，用金属来替换卤素，或者进行金属互换，构型都将得到保持。这一反应能给出 E，E-或 Z，E-双烯，但不能给出 E，Z-或 Z，Z-双烯[20]。

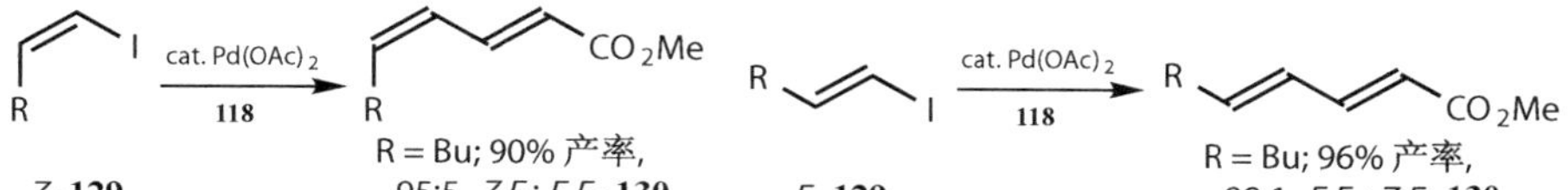

Z-129　E-129

观察我们得到的产物，右边的双键是由热力学控制立体选择得到的，只能是 E-式。而左边的双键是立体专一性形成，保持了原来乙烯基卤化物的构型，可以是 E-也可以是 Z-式。

富电子烯烃的 Heck 反应

目前，这一反应的最大局限就在于亲电试剂：亲电的烯基酮是芳基或烯基钯 σ-络合物理想的反应对象。事实上，和钯配位以后，所有的烯烃都变得亲电，当亲核试剂和烯烃都连在钯原子上时，就可以进行亲核进攻了。芳基卤代物可以发生这样的反应。甚至是乙烯也满足 Heck 反应条件，它可以很好地和溴代吡啶 **132** 发生 Heck 反应，并用于大规模制备药物[21]。

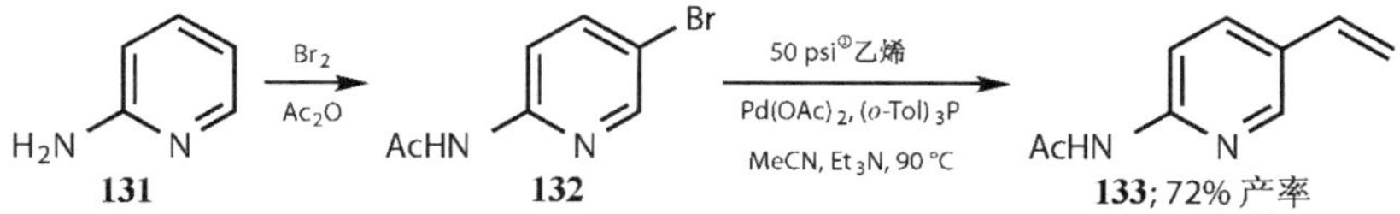

131　132

在实际应用中，对于乙烯基卤代物存在三个区域选择性的问题：哪一个烯烃作为亲电试剂？烯烃的哪一端受亲核试剂进攻？β-消除怎么进行？

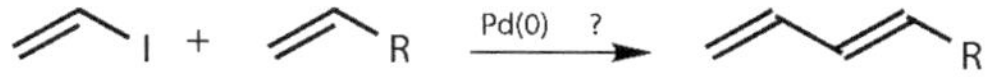

这些问题可以这样解决：先把要形成钯 σ-络合物的卤代物制成其有机金属化物［通常是 Cu(Ⅰ) 或 Mg(Ⅱ) 化合物］，另一个卤代物则作为亲电试剂。在 β-

① 1psi＝6.894 76×10³Pa，下同。

消除中，钯更倾向于拿掉卤素而不是氢原子，因此三个问题都解决了。在合成这个 E，Z-二烯 **134** 的过程中，我们优先考虑使用 Z-**136** 来得到钯 σ-络合物，而乙烯基碘 E-**135** 作为亲电试剂的。

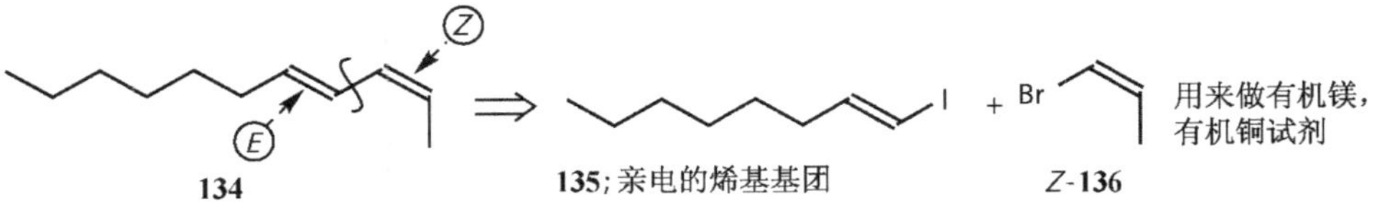

从 Z-1-溴丙烯制得的格氏试剂和 E-1-碘-辛烯在 $Pd(PPh_3)_4$ 的催化下，以 87%的产率得到 E，Z-二烯 **134**。由于镁和氧有更强的成键趋势，促使镁和钯进行金属转移[22]。

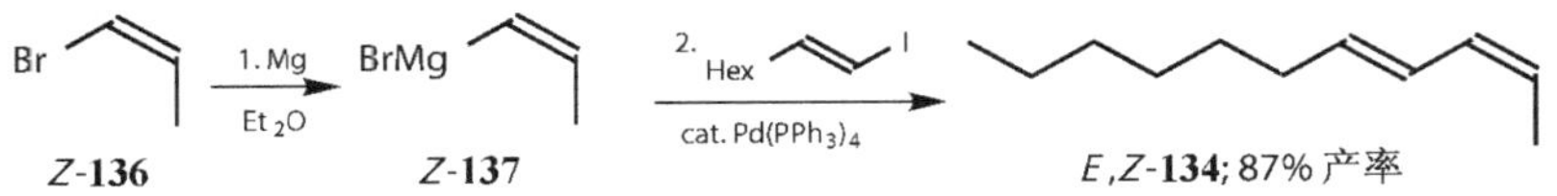

使用烯基三氟甲磺酸酯也是一种解决办法，虽然这超出了 Heck 反应的范畴。烯基甲磺酸酯可以用来形成钯 σ-络合物，但是它们不能作为亲电试剂，因为 β-消除钯和三氟甲磺酸根离子不易进行。溶液中生成的少量钯 σ-络合物既能和烯烃反应，也能和剩下的烯基三氟甲磺酸酯反应，但是 β-H 消除更快一些，释放出 Pd(0) 进入下一次循环。

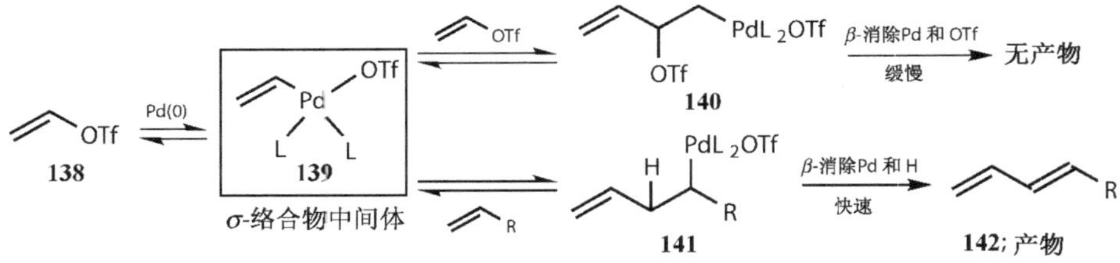

烯基三氟甲磺酸酯当然也是一个烯醇三氟甲磺酸酯。例如，**144** 和 **147**，可以直接从酮 **143** 和 **146** 制备得到。它们与共轭缺电烯烃和富电烯烃反应分别以较高产率得到产物 **145** 和 **148**。

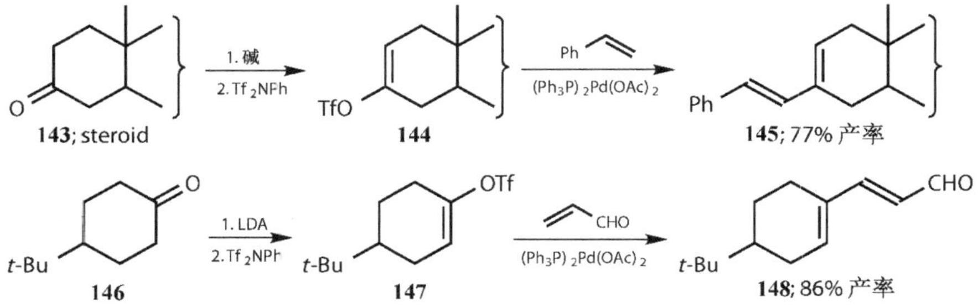

Strychnine 的合成

Heck 反应的快速发展使其成为现代有机合成中一个非常重要的方法。由 Nakanishi 和 Mori[23]最近完成的番木鳖碱（strychnine）的合成就是一个很好的例子。这一合成特别地展示了分子内 Heck 反应，还有区域选择性地进攻烯烃和新烯烃的形成。合成开始于光学纯 **149** 的 Heck 反应。亲电进攻发生在烯烃的近端得到中间体 **150**，它进行 β-消除时不能在原来位置上得到双键，因为那个碳上已没有 H，而只能得到 **151**。立体化学是通过小范围内连接溴代芳烃和烯烃控制的。

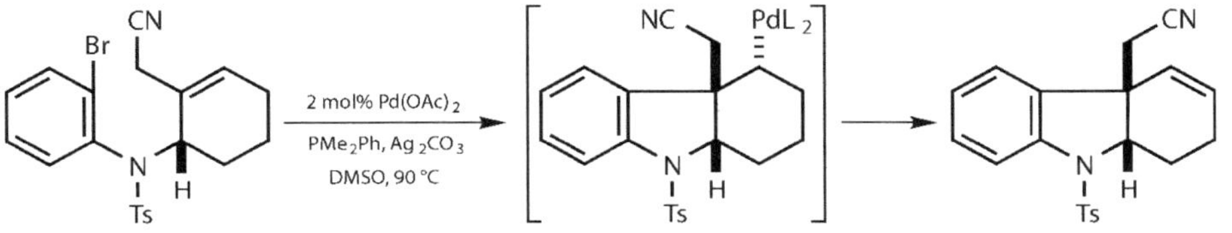

149 **150** **151**; 87% 产率

第二个环通过胺-钯化反应成环。还原 **151** 中的氰基得到氨基，然后用 Boc 基团保护。在钯的催化下，胺对烯烃的近端亲核进攻，再经过 β-消除得到 **153**。这次的选择性 β-消除是由于中间体 **154** 被加成一侧没有和钯处于 *syn*-的氢。钯以 Pd(0) 的形式被释放出来。但是反应的启动需要 Pd（Ⅱ），因此需要苯醌和 MnO_2 氧化。

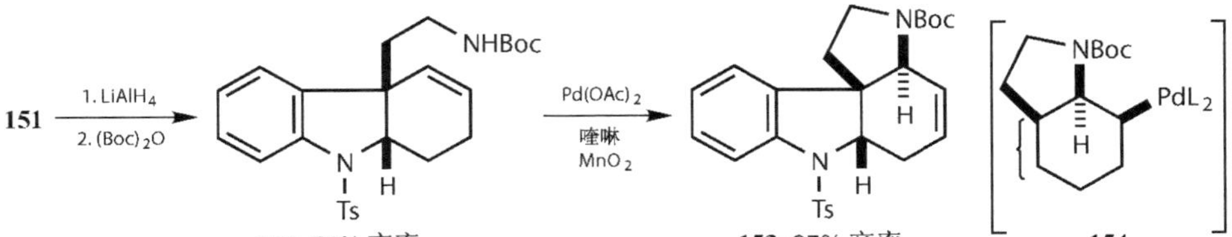

152; 74% 产率 **153**; 87% 产率 **154**

为了进行下一个分子内 Heck 反应，烯烃必须再一次从环上去除。由于 *N*-Boc 基团大的空间位阻，硼氢化氧化 **153** 区域选择性的发生，再经过 Swern 氧化得到酮 **155**。再经转化得到三氟甲磺酸酯 **157**，然后在钯的催化下进行转移氢化，氢原子来自甲酸。

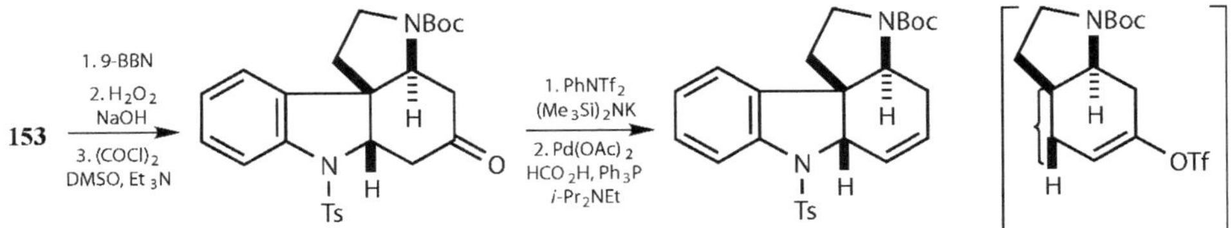

155; 70% 产率 **156**; 64% 产率 **157**

下面还原去除 N 上的 Ts 基团，再用 *Z*-3-溴丙烯酰氯进行酰化，得到 **158**。接下来进行分子内 Heck 反应以预期的区域选择性和中等的产率构筑了第三个环

得到 **159**。新形成的手性中心的立体化学可以不予考虑，因为通过双键的迁移它又将消失。在这一反应中我们可以看出 β-溴不饱和羧酸衍生物是作为 Heck 反应中的亲核试剂，而不是接受共轭加成的亲电试剂。

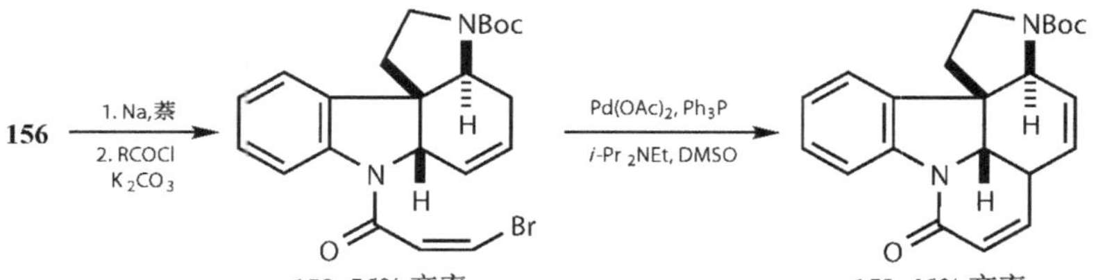

158; 56% 产率　　**159**; 46% 产率

在碱的协助下，双键迁移形成共轭体系 **160**。脱 Boc 基团，再用烯丙基溴烷基化得到 **161**。注意这一反应没有用钯催化，因此是烯丙基溴发生反应而不是乙烯基碘。

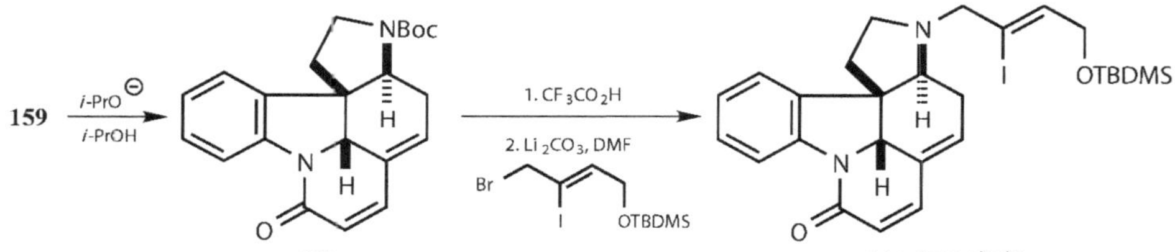

160　　**161**; 53% 产率

现在可以再次引入分子内 Heck 反应关环得到 **162**。这里，乙烯基碘形成钯 σ-络合物，并且由于空间上离得近而区域选择性地进攻二烯酮的 δ-位。通过关上最后一个环，完成了 strychnine（**164**）的合成。这一合成用到了三次 Heck 反应和其他两个钯催化的反应。

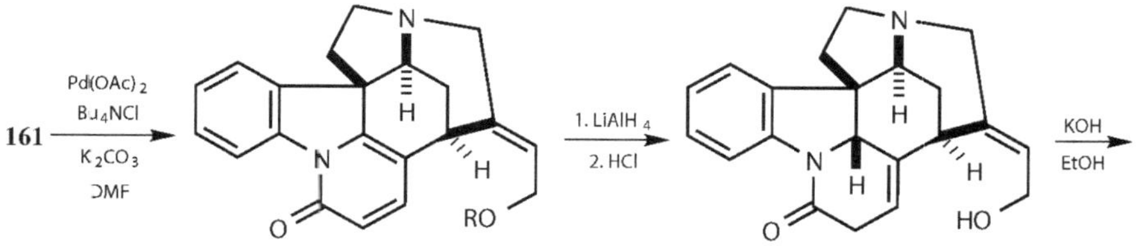

162; R = TBDMS, 48% 产率　　**163**; 44% 产率

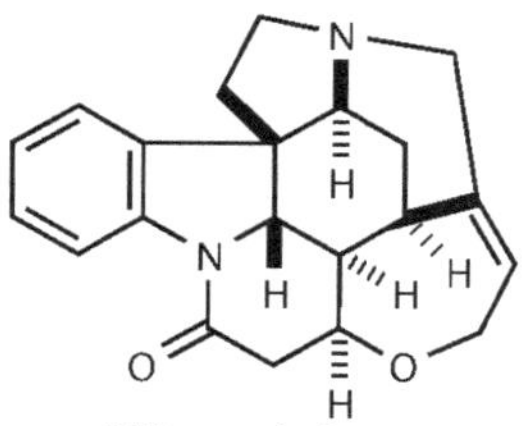

164; strychnine

Heck 反应的最新进展

Heck 反应和其他将在下一节讲述的偶联反应最大的不同在于，仅有一个烯烃官能化（卤代或者三氟甲磺酸酯代），而另一个是普通烯烃，它在 Heck 过程中失去一个氢原子。这看起来对于区域选择性来说是一个缺点，但是最近的一些例子表明 Heck 反应仍然是一个十分重要的反应。通过 Heck 反应，在钯的催化下芳基卤代物 **165** 邻位烷基化得到 **166**，即使在环上有一个未保护的酰胺，产率也相当好[24]。

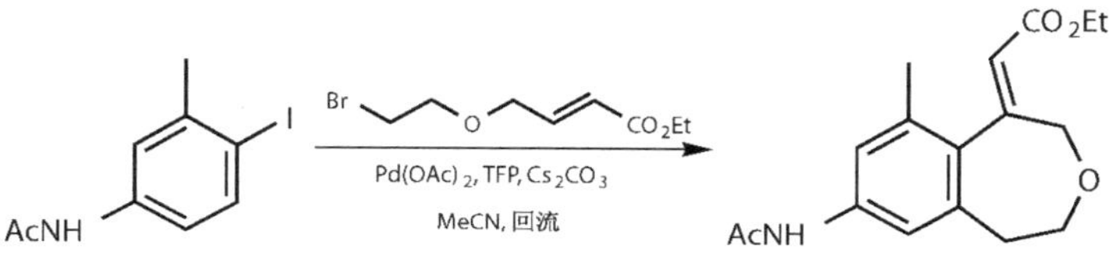

165 **166**

Tietze[25]使用 Heck 反应合成了 Cephalostatin 类似物。对醛 **167** 进行 Corey-Fuchs 反应得到烯烃 **168**，它用钯催化的锡氢化物还原，立体选择性地得到 Z-式的烯基溴 **169**。这一反应将在下面的 Stille 偶联中讨论。

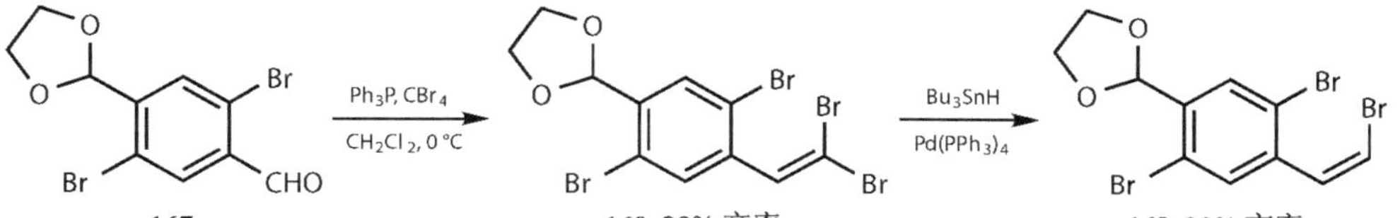

167 **168**; 80% 产率 **169**; 98% 产率

接下来和光学纯的双环烯烃 **170** 发生 Heck 反应得到双键构型保持的产物 **171**，并且立体选择性的引入两个手性中心。对另一个醛去保护，再重复上面的两步反应，就又得到进行下一个 Heck 反应的底物 **172**。

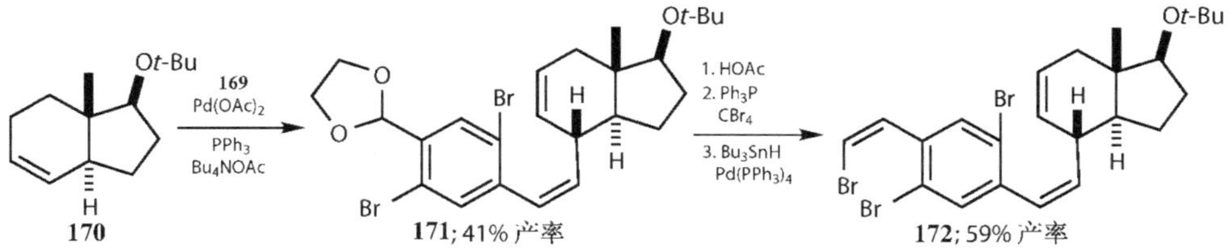

170 **171**; 41% 产率 **172**; 59% 产率

这样新得到的烯基溴 **172** 和同样的烯烃 **170** 发生 Heck 反应，以相同的选择性得到 C_2 轴对称的产物 **173**。注意乙烯基溴反应活性要高于芳基溴，不过当没有乙烯基溴存在时，两个芳基溴就参与到分子内 Heck 反应中来，这一过程又立体选择性地引入了两个手性中心。这一反应需要一个特别的催化剂 **175**，以获得较好的产率。

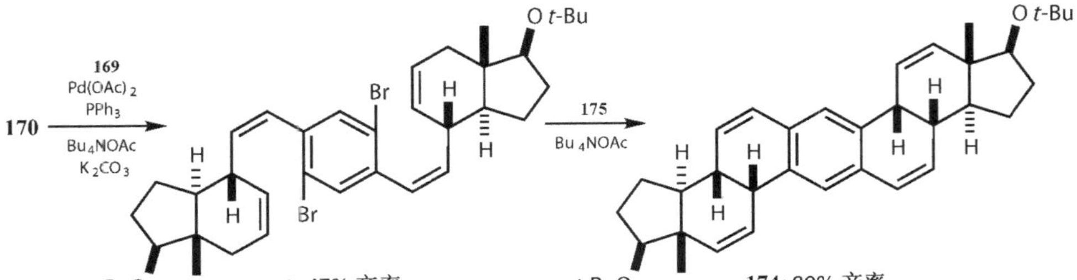

173; 47% 产率　　174; 80% 产率

这一合成涉及两个钯催化的还原反应和四个 Heck 反应。产率并不总是那么好，但是反应路线简短并且通过重复的 Heck 反应条件实现选择性。

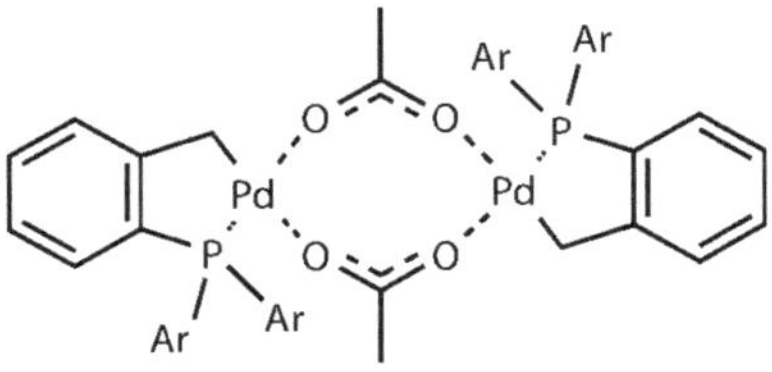

175; Ar = *o*-Tolyl

通过转移金属实现的 sp^2-sp^2 碳的偶联反应

卤素和三氟甲磺酸根离去基团被引入钯催化的大多数和乙烯基亲核试剂的反应中。这些反应一般用到主族元素而非过渡金属，如硼或锡。它们被当量的用来形成亲核试剂然后通过转金属转移基团到钯上，然后与芳基/乙烯卤化物或者三氟甲基磺酸酯反应完成偶联反应。

我们可以把这一反应分成四步：

(1) 从预期的亲核试剂出发通过各种方法制备有机金属试剂（如硼试剂 **176** 和锡试剂 **177**）。

176　　**177**

(2) Pd(0) 对芳基、烯基卤化物或三氟甲磺酸酯进行氧化加成。

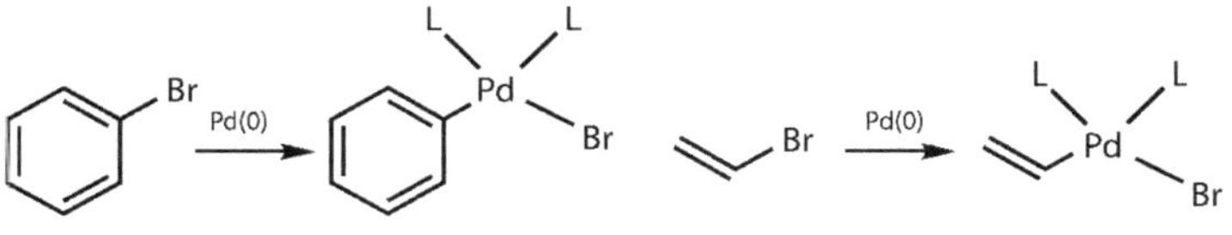

178; Pd(II)　　**179**; Pd(II)

（3）转移金属得到 Pd—C 键 **180** 和 B—或（Sn—）卤键（图中芳基作为亲核试剂，烯基作为亲电试剂）。

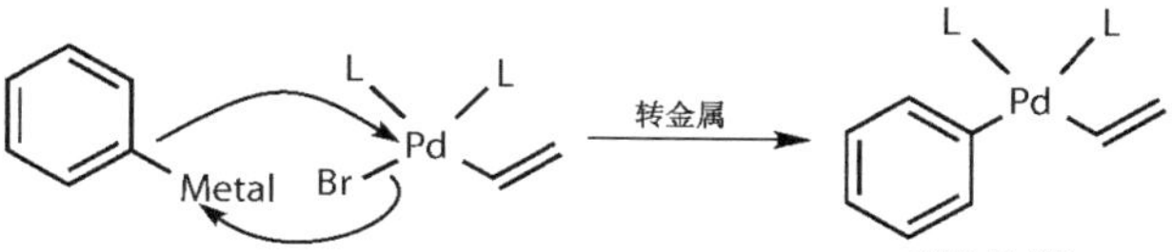

180; Pd(II)

转移金属这步的箭头表示哪个基团去和哪个基团连接，而并非机理。我们曾见过其他金属转移反应，如 Li 被 Cu 或 B 或 Sn 交换（第 16 章）。它们可能经过了一个四元过渡态，芳基和卤素均与金属原子成键（如例子所示）。对金属有机化学机理的理解并不总是那么清楚。

（4）和 Pd 偶联得到新的碳-碳键，并重新释放出零价钯进入下一个循环。

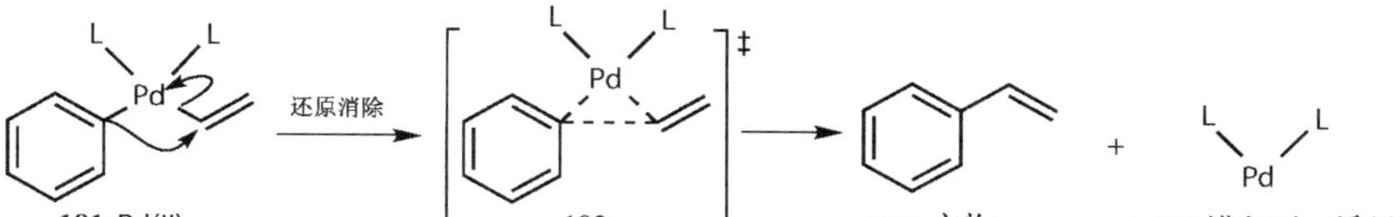

181; Pd(II)　**182**　**183**; 产物　Pd(0) 进入下一循环

对于参与偶联的两个部分，我们描述其为“亲核试剂”和“亲电试剂”。之所以这样描述，是想帮助你理解反应。当然，当这两个基团，如芳基、烯基或者其他什么基团，都连在钯上，哪个也不是亲核试剂或亲电试剂（除非它们之中有一个是不饱和羰基化合物），它们的结合是一个偶联的过程。偶联经过三元环过渡态 **182**，这里碳可以通过 p 轨道连接在钯上。

“像是亲核试剂”的描述对于如何选取两个偶联片段是很有帮助的。当对 sp^2-sp^2 交叉偶联做切断时，必定要选择一个分子用来形成钯 σ-络合物，另一个用作“亲电试剂”。如果这种分法对你没有帮助，可以忽略。

Stille 偶联

当亲核试剂是有机锡化合物时的偶联被称作 Stille 偶联，它是由美国科罗拉多大学的 Stille 发现的[26]。在第 15 章，我们知道有机锡化合物可以作为自由基的来源，但在钯的催化下，就有了变化。我们先看一个看似微不足道，但是对本章却非常重要的例子。在 Pd（0）的催化下，1，1-二溴烯烃 **184** 和三丁基锡烷反应，以高立体选择性得到 *Z*-1-溴烯烃 **185**[27]。

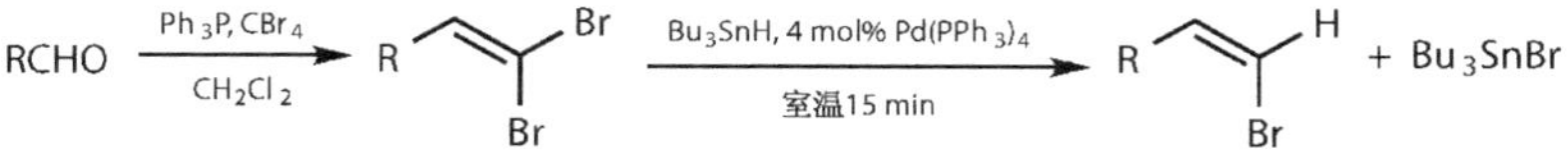

184　*Z*-**185**

反应从第二阶段开始（由于我们直接用三丁基锡烷，第一阶段实际已经完成）。Pd(0) 氧化加成到二溴烯烃中位阻较小的 C—Br 键中，得到 Pd(Ⅱ) σ-络合物 **186**。要注意到空间位阻对钯有强烈的影响。第三阶段是金属转移：钯得到氢原子而锡得到溴原子如 **187**。三丁基锡烷的许多反应都是终止在锡交换较弱的 Sn—H 键（约 310kJ/mol）到较强的 Sn—Br 键（约 380kJ/mol）。第四阶段是构型保持的乙烯基和 H 原子的偶联。

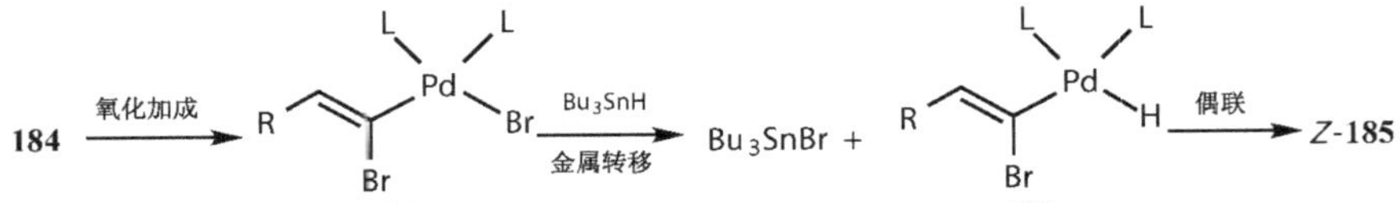

186 187

Pd（0）被释放出来进入下一次循环。这一反应和本章的主题的关联，就是我们已经使用并且还将不断使用 Z-构型的溴代烯烃来立体专一的合成二烯。这是得到它们的一种方法。

C—C 键可以通过钯催化的烯基溴、烯基碘及烯基三氟甲磺酸酯和任何经过金属转移后不发生 β-H 消除的有机金属试剂反应来构建，这包括烯基、甲基、烯丙基和芳基。现在问题是锡上哪一个基团将转移？对于四甲基锡烷，没有其他选择，甲基将被转移，得到 **190**。但是芳基优先于烷基迁移，得到 **188**。

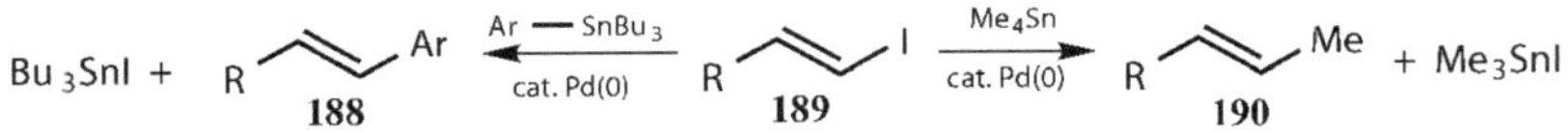

188 189 190

当我们想从锡上转移一个基团的同时，并不想浪费其他三个基团。规则是锡会转移一个最好的阴离子到钯上（强调有机锡化合物是一个亲核试剂）。炔基最容易转移，其他基团次序如下。

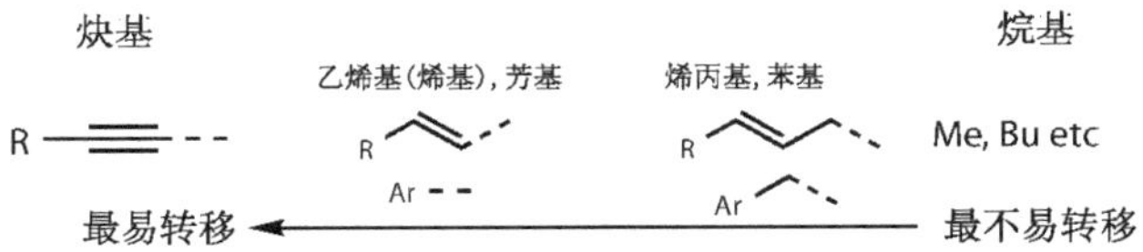

上述精确的次序并不特别重要，重要的是芳基、烯基和烯丙基的转移要比丁基和甲基容易得多。如果我们用 Bu_3Sn—或者 Me_3Sn—时，我们非常确定丁基和甲基不会发生转移。一个非常好的例子是从芳香卤化物通过偶联来制备芳基锡 **192**。这是怎么发生的呢？如果一个锡转移到碳上，那么另一个锡必须与卤素结合，所以我们需要两个锡结合在一起——使用试剂六甲基二锡 **191**。

$$\text{Ar—Br} + \text{Me}_3\text{Sn—SnMe}_3 \xrightarrow{\text{cat. Pd(0)}} \text{Ar—SnMe}_3 + \text{Me}_3\text{Sn—Br}$$

191 **192**

如果亲电试剂是乙烯基三氟甲磺酸酯，那么一定要在反应中加入 LiCl，这样在钯的 σ-络合物中，Cl 就可以取代 TfO，Cl—Pd 可以发生转金属而 TfO—Pd 则不能。下面例子中，和第 3 章讨论的烯醇硅醚的形成相似，区域选择性地得到了烯醇三氟甲磺酸酯。动力学条件下，得到双键取代少的产物 **198**，而热力学条件下得到双键取代多的产物 **195**。

热力学控制

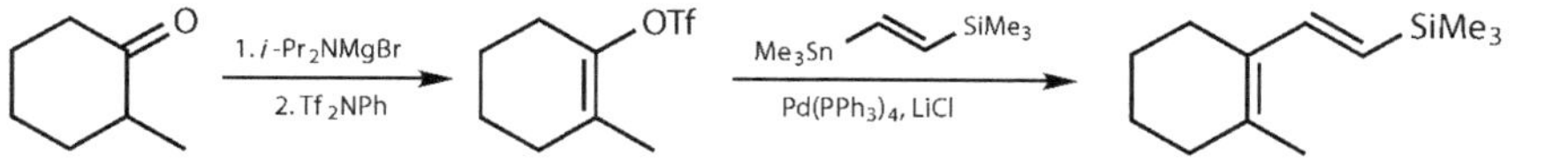

193 **194** **195**; 90% 产率; 98:2 区域选择

动力学控制

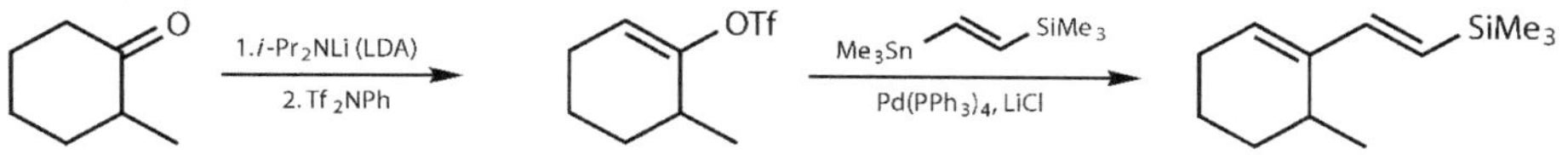

196 **197** **198**; 100% 产率; 95:5 区域选择

下面让我们看一个完整的合成[28]。天然产物 pleraplysillin-1（**119**）发现于一种水生海绵和吃这种生物的裸鳃亚目动物（一种显然无保护的软体动物）中。它具有防御功效——裸鳃亚目动物马上就不为肉食性的鱼所攻击[29]。Pleraplysillin-1 有一个双烯连接在呋喃被衍生化较为困难的 3 位上。从两个烯烃中间切断得到烯基三氟甲磺酸酯 **201**（它可以区域选择性地从对应的酮得到）和烯基锡化合物 **200**。

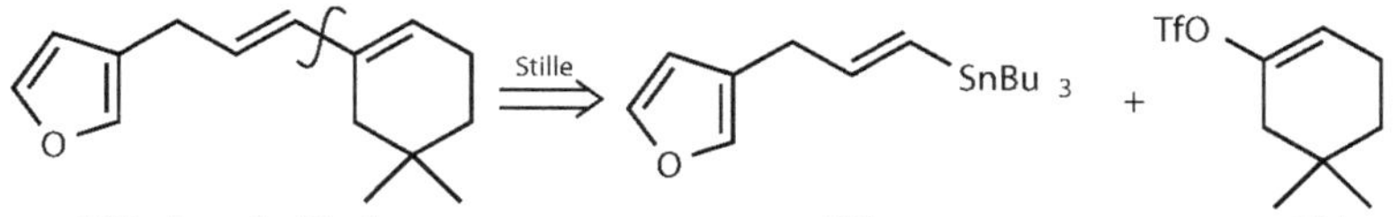

199; pleraplysillin-1 **200** **201**

烯醇三氟甲磺酸酯可以通过区域专一性地还原烯基酮得到（第 3 章）。烯基酮来自对应底物的 Robinson 增环反应。

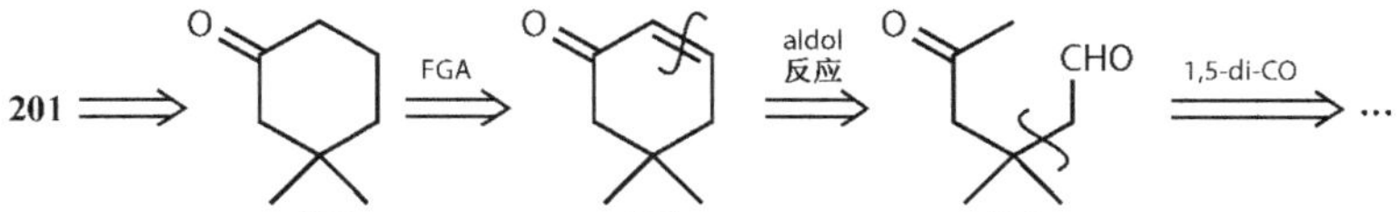

202 **203** **204**

3 位取代的呋喃难于制备，但是 3-羟甲基呋喃 **207** 是商业可得的原料。它在 PBr_3 和吡啶的作用下，得到对应的溴化物 **205**。这里用到了烯基溴对乙烯基铜化合物的烷基化反应。

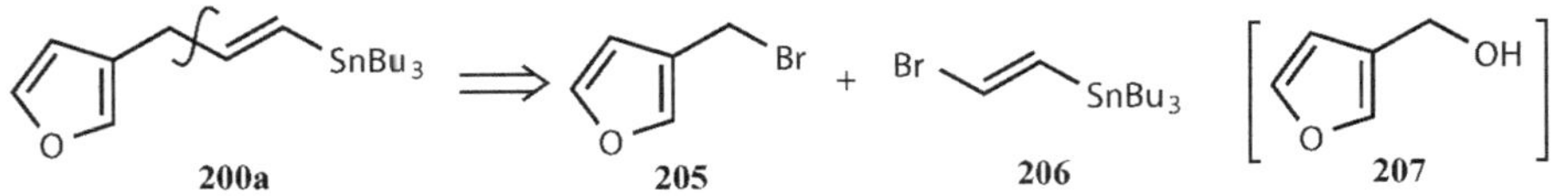

200a **205** **206** **207**

具体合成步骤如下。注意到所使用的己炔基铜化合物 **208**，铜化物与锡化物规则正好相反——较为不稳定的阴离子先转移。偶联反应需要加入 LiCl，并且反应困难。

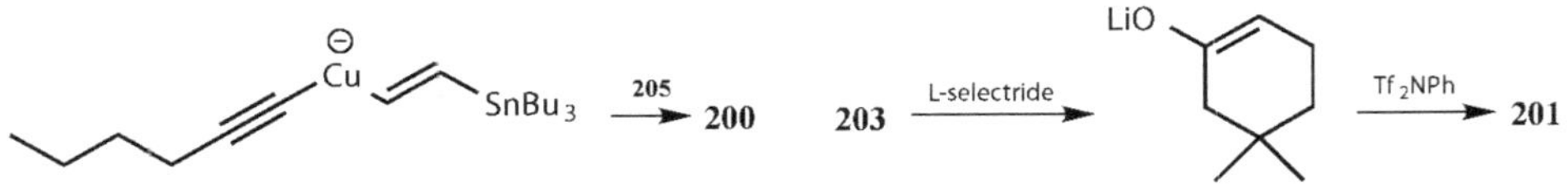

208 **209**

200 + **201** $\xrightarrow{Pd(PPh_3)_4,\ LiCl}$ **199**; peraplysillin, 75% 产率

这一合成是汇聚式的，步骤短，而且给出单一区域和几何构型的双烯。

Stille 偶联的最新进展

因为 Stille 偶联用当量的锡来控制区域选择性，锡的毒性和对环境所造成的危害限制了这一反应的广泛应用。但在实验室，这一反应还是非常常见的。两个最近的 crocacins 的合成都用到了这一反应来构筑双烯。Crocacin C（**210**）是一个一级酰胺，而 crocacin D 有一个非常复杂的侧链。

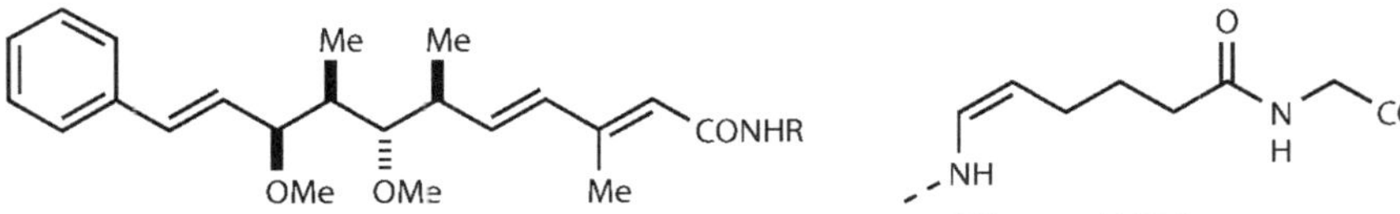

210;crocacin C: R = H　　**211**; NHR 基团 for crocacin D

两个合成都用到 Stille 偶联来构建连接两个烯烃的碳-碳键。通过 Cu(Ⅰ)催化的 Bu_3SnLi 对炔基酯的共轭加成，在酰胺部分上引入了锡基。这个烯基锡和分子余部的光学纯的碘化物偶联以较高产率得到 crocacin C。碘化物的合成使用到一个不对称的羟醛缩合反应[30]。

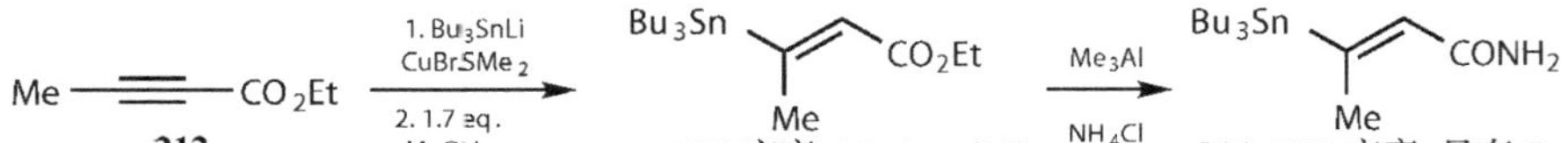

212　　**213**; 70% 产率, 87:13 *E*:*Z*　　**214**; 72% 产率, 只有 *E*

另一个合成[31]是在分子较大片段的一侧引入锡基 **215**。起始物仍然通过不对称羟醛缩合反应得到。这可能是偶联亲电性的卤代物和乙烯基锡化物的比较直接

的方法，这些合成表明 Stille 偶联是通用的方法。

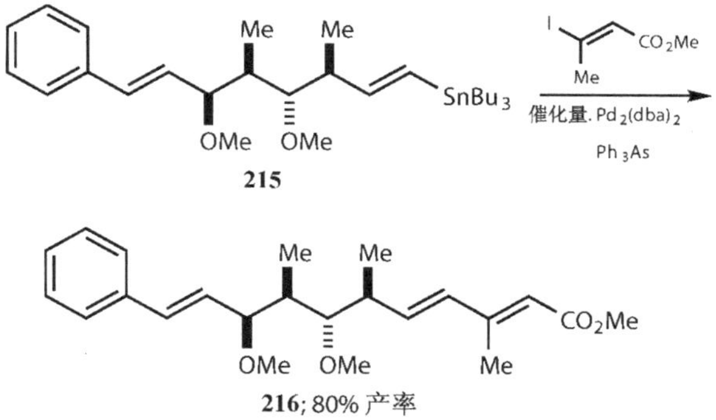

Stille 偶联的变化

Stille 偶联不断受到关注的原因之一，就是这一反应具有广泛的官能团容忍性。各种各样的结构都可以引入任何一个反应组分中。烯丙基噁唑啉 **218** 既可以通过乙烯基锡试剂和 **217** 偶联，也可以通过烯丙基锡试剂和 **219** 偶联得到。结果是烯基化 **217** 得到更好的产率[32]。

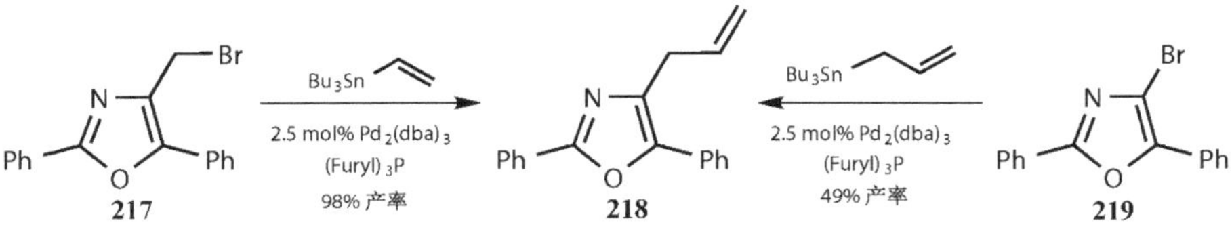

亲电试剂可以包括酰氯。乙酰化 **220** 得 **221**，再环化得到吡喃酮 **222**[33]。或者溴代苯醌与相似的 **220** 反应得到苯并吡喃[34]。

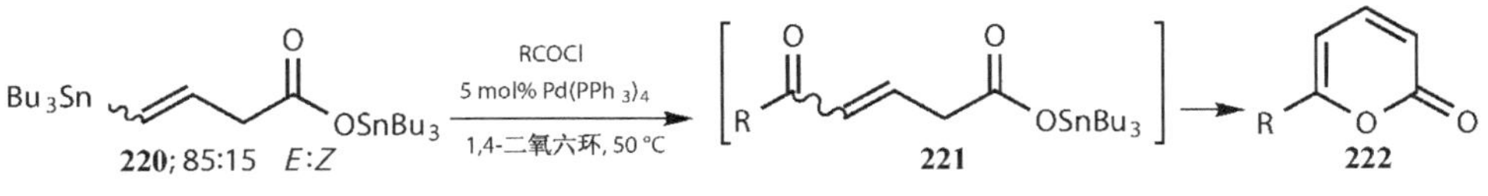

双 Stille 偶联可以用于合成对称的化合物，如 *β*-胡萝卜素 **226**。对称的双丁基锡五烯 **224** 可以在 **225** 的催化下与碘代三烯 **223** 在两端偶联以高产率、*E*/*Z* 立体化学完全控制的产物 *β*-胡萝卜素 **226**[35]。

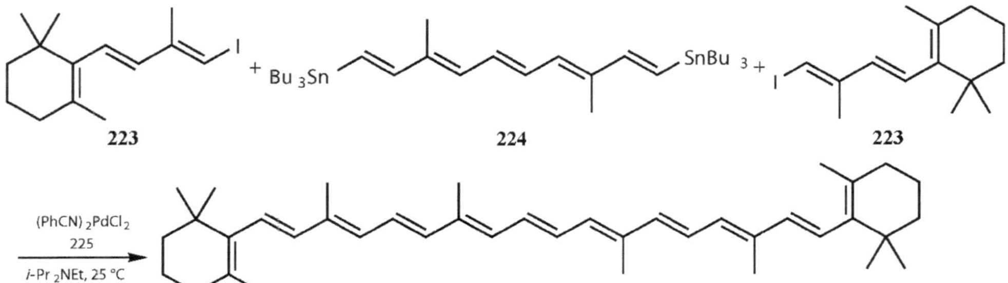

223 224 223

226; *β*-胡萝卜素, 73% 产率

对于复杂的抗白血病化合物 asperazine（**231**）的合成，用到了一系列钯催化的反应，包括一个 Stille 反应，一个 Heck 反应和一个钯催化的锡氢化反应。这是一个不对称合成，因为起始物是从丝氨酸和色氨酸得到的。我们仅选取了几个关键步骤，详细的过程也很值得学习[36]。

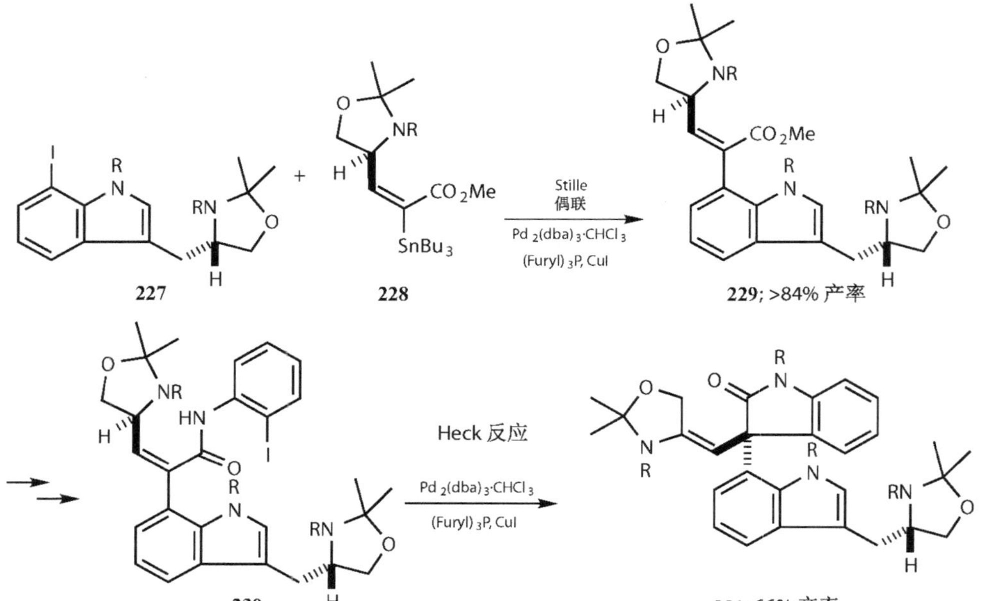

227 228 229; >84% 产率

230 231; 66% 产率

Suzuki 偶联

在 Suzuki 偶联[37]中，作为亲核试剂的部分由硼酸 **234** 取代了烷基锡化物。这些稳定的化合物可以从简单的有机金属化合物制得。硼酯 **233** 水解得到硼酸 **234**。

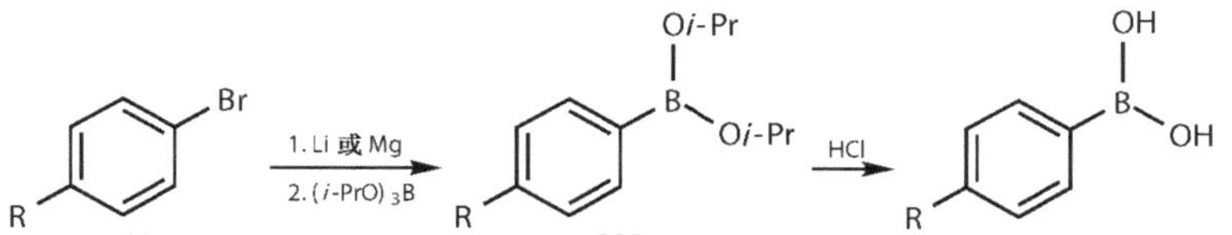

制备乙烯基硼酸一个标准的方法是用邻苯二酚硼烷[38]硼氢化炔，然后水解硼酯 **236**。硼原子上的空轨道亲电进攻具有较大 HOMO 的 π 键的炔端头碳。一个详细的例子[39]是对 *Z*-式苯乙烯基溴进行 Suzuki 偶联。另一个从频哪醇衍生的二酯也常用在 Suzuki 偶联中。

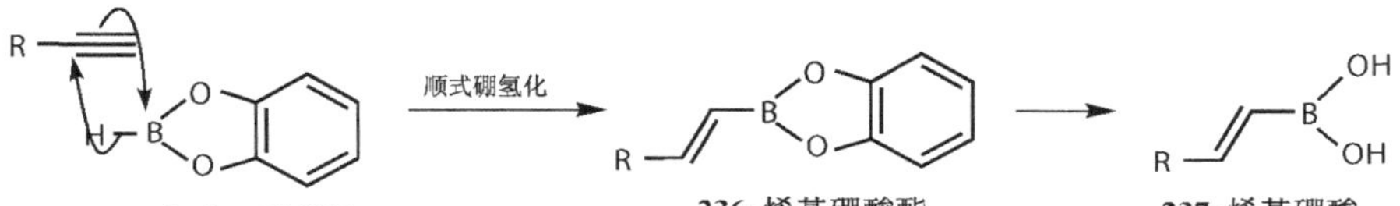

还有许多方法制备硼酸，你可以参考 Suzuki 的一篇综述[37]。在 Pd（0）和氧负离子的存在下，这些硼化物 **236** 和芳基、乙烯基卤化物或者三氟甲磺酰物在 Pd(0) 和氧负离子存在下将发生 Suzuki 偶联。

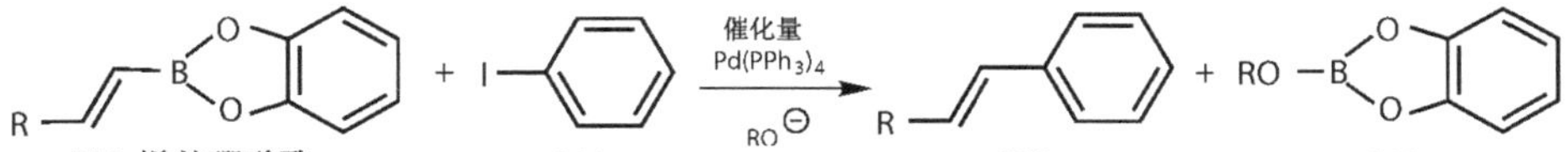

Suzuki 偶联第一步是乙烯基或芳基硼衍生物的形成，这个我们已经讨论过。第二步 Pd(0) 氧化加成到参与偶联的另一组分，这里是碘苯 **238**，这个 σ-络合物 **241** 中没有氧负离子。第三步金属转移 **243** 中，氧负离子就是必须的。硼几乎不能称之为金属，硼和氧结合成很强的 B—O 键，当它得到氧后，就不会再和钯发生交换了。

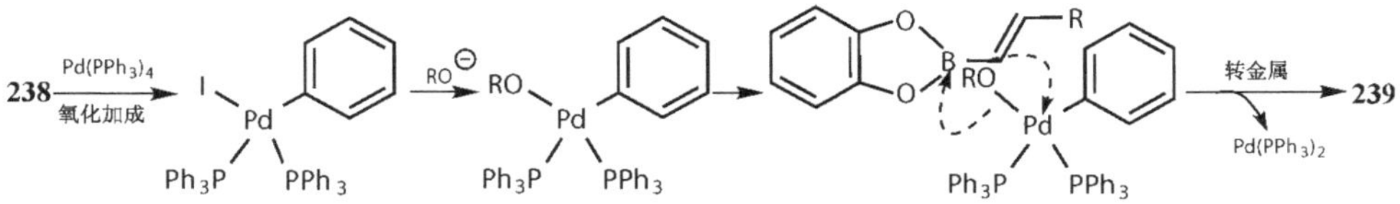

在金属转移步骤 **243** 中，虚线箭头表示谁和谁结合而不是严格的机理表述。确切的机理中，在金属转移之前，RO^- 就加到硼上。这一过程可以偶联芳基和芳基，烯基和烯基或者芳基和烯基。因为硼试剂的毒性比锡试剂小得多，工业上大多使用 Suzuki 偶联，而且参与偶联的两个组分差别很大（一个是硼试剂，一

个是卤代物)，这样我们就非常确信只能发生它们之间的交叉偶联了。

当两个 sp^2 中心之间的键处于分子中部时，切断这样的键就非常有策略。Markós 对于 milbemycin 的合成[40]很好地说明了这一点。Milbemycins 属于抗寄生制剂家族，Milbemycin *β*3（**244**）是其中最简单的一个。在 **a** 处切断这个大环内酯导向一个芳环和二烯共轭的结构，同时这一结构还含有一个独立的烯烃。接下来，Markós 又对这一独立的烯烃切断，通过 Wittig 反应断键推导出 **246** 和酮 **245**。下面我们详细地分析酮 **245**。

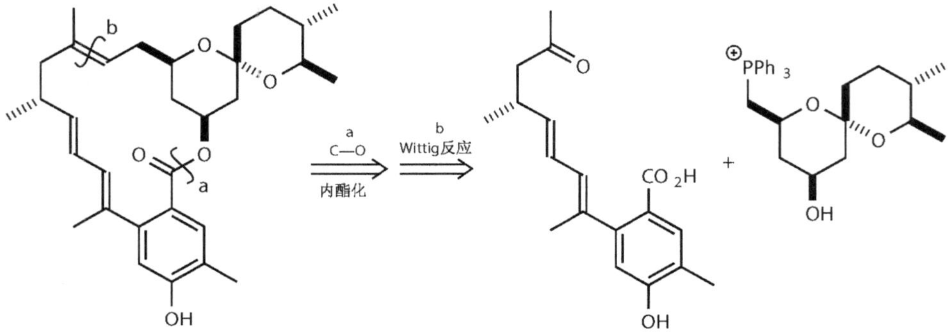

244; milbemycin *β*3　　**245**　　**246**

因为我们已经了解 Suzuki 偶联反应，因而很容易地在二烯和芳环中间切断。现在就有一个选择，我们是把硼试剂安排在二烯一侧，还是芳基一侧。Markós 把硼酸放在了双烯一侧，他计划通过硼氢化 **249** 来得到烯基硼酯 **248**。注意要把酚和羧酸分别保护成其甲醚和酯的形式。

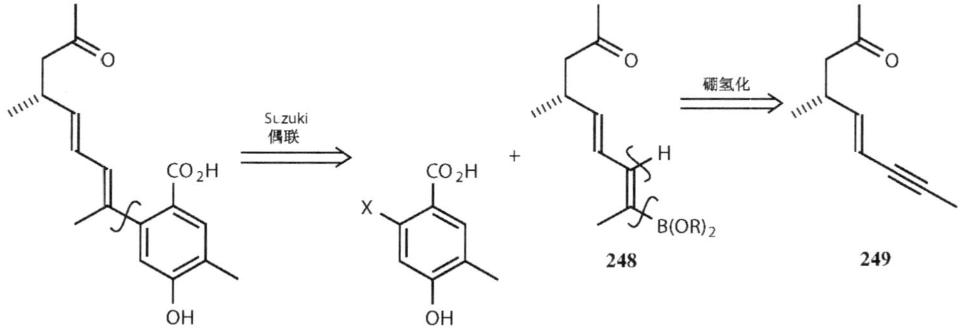

245a　　**247**　　**248**　　**249**

毫无疑问，将烯烃和烯烃连接可以用偶联来完成，但是另一种选择可以将醇 **251** 脱水。这样就导向一个已知的内酯 **250**。通过 DIBAL 部分还原和两个羟基分别用位阻大小不同的硅试剂保护得到炔 **252**。

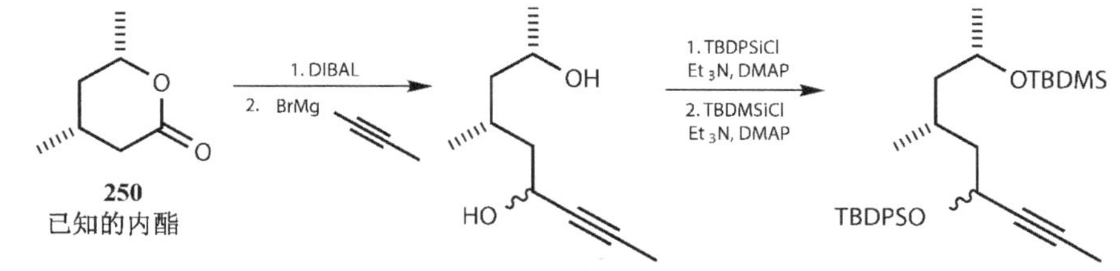

250
已知的内酯

251; 85% 产率

252; 70% 产率

由于位阻的原因，邻苯二酚硼烷 **235** 对炔 **252** 的硼氢化是区域选择性的。产物 *E*-式的烯基硼酯 **253** 在钯的催化下和碘苯 **254** 偶联，偶联后不经分离，直接一步 Jones 氧化得到保护的羟基酮。这样 milbemycin *β*3 分子的一半就经由 Suzuki 偶联被高立体选择性地合成出来了。

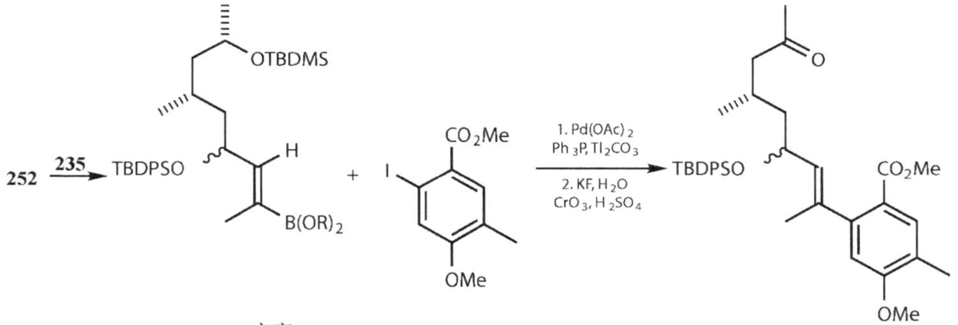

253; 100% 产率　　**254**　　从 **253** 到 **255**, 产率68%

之前我们选取的例子涉及的都是在金属转移后不能发生 *β*-消除的芳基或乙烯基亲核试剂，而在 Suzuki 偶联中是可以使用饱和烷基硼和乙烯基卤化物反应，并且高产率地得到偶联产物的。Exo-brevicomin **256** 的合成[41]就是一个很好的例子。**256** 是西部松树甲虫 *Dendroctonus brevicomis* 的集合信息素。所有的合成分析，包括这个，都是从拆开缩酮到二醇 **257** 开始的。1，2-二醇可以非对映选择性地从相同构型的烯烃进行 *cis*-双羟基化得到，如 *E*-**258**。这一反应中用到的试剂是 OsO_4 和多种催化剂。在第 25 章你将看到这一反应可以制得光学纯的 *syn* 二醇。

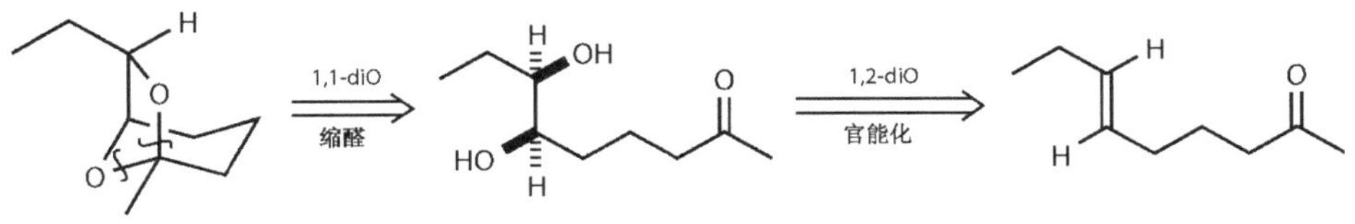

256; (+)-brevicomin　　**257**　　*E*-**258**

通过导向的 Suzuki 偶联的切断，我们就得到了 *E*-构型的烯基溴 **259**（从 1-丁炔得来）和烷基硼酸。这个硼酸将从一个简单的烯烃 **261** 硼氢化而不是从炔烃得到。

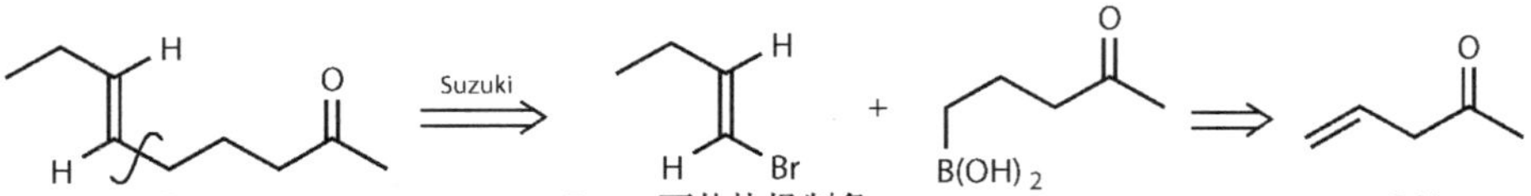

E-**258a**　*E*-**259** 可从炔烃制备　**260**　**261**

这一合成的每一步都用到了非常有趣的反应。不饱和酮是通过 d[1] 等价物——一个甲氧基烯基铜（从 **263** 得来）的烷基化制备的。在余下的反应中要把酮保护为缩酮形式 **265**。

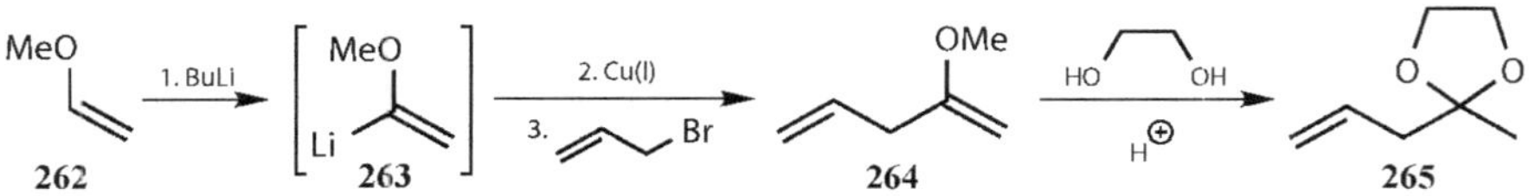

262　**263**　**264**　**265**

E-丁烯溴 **259** 由 1-丁炔 **266** 通过铝氢化和溴化得到。立体专一的 *cis*-铝氢化（第 16 章）得到 *E*-**267**，然后经过一步构型保持的溴对铝的亲电取代反应得到产物 *E*-**259**[42]。

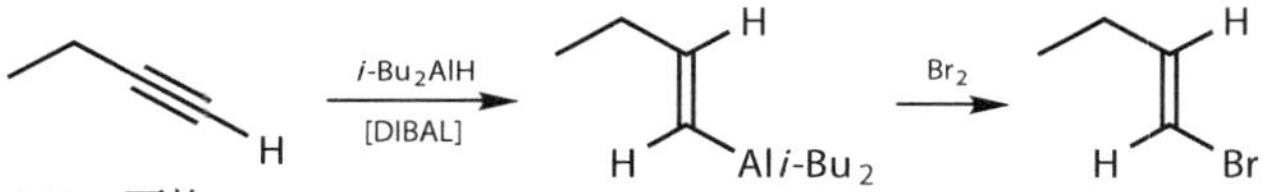

266; 1-丁炔　*E*-**267**　*E*-**259**

用空阻较大的 9-BBN 对不饱和酮进行硼氢化得到 **268**，然后不经分离直接在 Pd(0) 的催化下与烯基溴 **259** 进行偶联。NaOH 促使烷基基团从硼上转移到钯上。

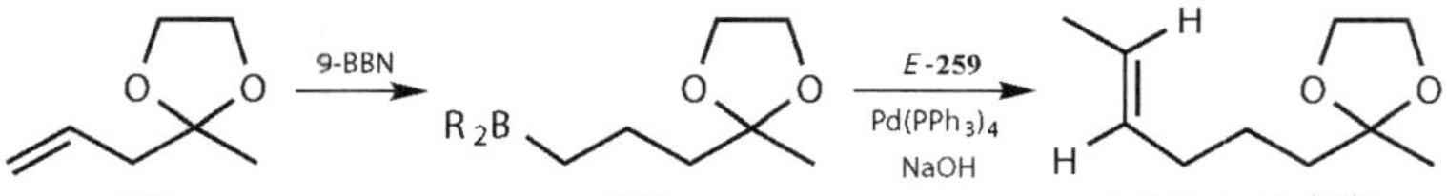

265　**268**　*E*-**269**; 85% 产率

OsO_4 作用下不对称双羟化得到 *syn*-二醇 **270**，然后在 TsOH 催化下，去保护并关环，完成了这一短而有趣的立体化学控制的合成并以超过 90% 的产率得到 exo-brevicomin **256**。如果从烯丙基溴算起，合成总产率 65%。

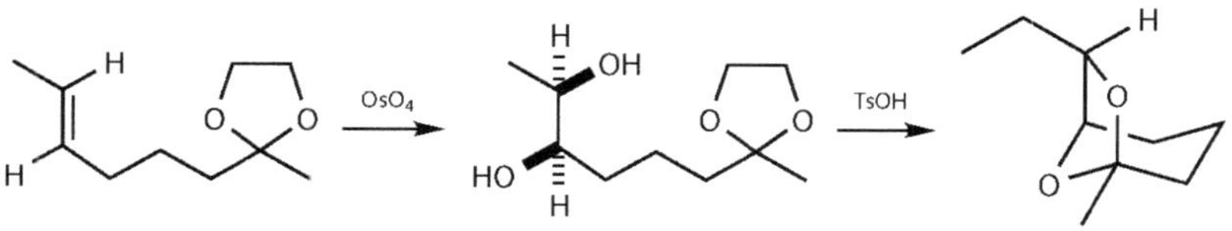

E-**269**　*syn*-**270**　**256**; (+)-brevicomin

Suzuki 偶联的最新进展

你可能会感觉到 Suzuki 偶联是我们提到过的这类反应中最好的一个。它区域专一，偶联的两个部分，即一个来自硼酸，一个来自卤化物，它不用有毒的锡试剂；它可以用在所有的芳基、杂芳基、烯基和其他 Heck 反应和 Stille 偶联用到的基团。另外，它还可以应用含有 β-H 的饱和硼酸并且不发生 β-消除。它用途广泛，下面我们给出一些具有代表性的例子。

带有邻氯或邻甲氧基的苯硼酸和异喹啉衍生物及香豆素衍生物都能很好地发生 Suzuki 偶联。在第一个例子 **271** 中，异喹啉上的卤原子必须是溴（不能是氯），以确保化学选择性，因为在苯硼酸上也有一个氯原子[43]。在第二个例子中，氯原子是没有问题的，这是一个较为容易共轭取代反应[44]。

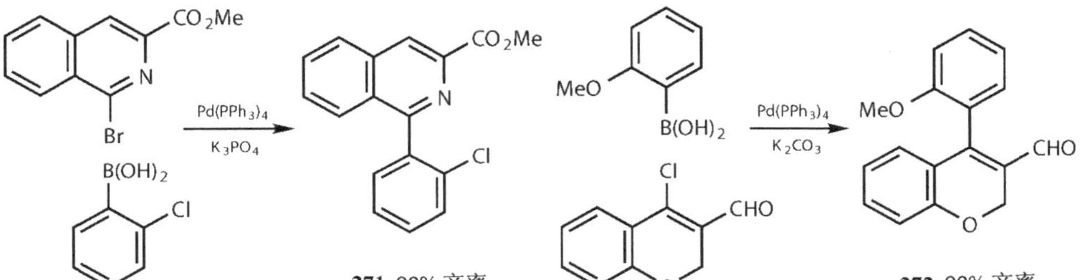

271; 90% 产率　　**272**; 98% 产率

杂环也能和乙烯基硼酸偶联，乙烯基硼酸可以由炔的硼氢化制备。下面这一反应说明了 Suzuki 偶联对于化合物 **273** 中的 NHBoc 基团具有容忍性[45]。

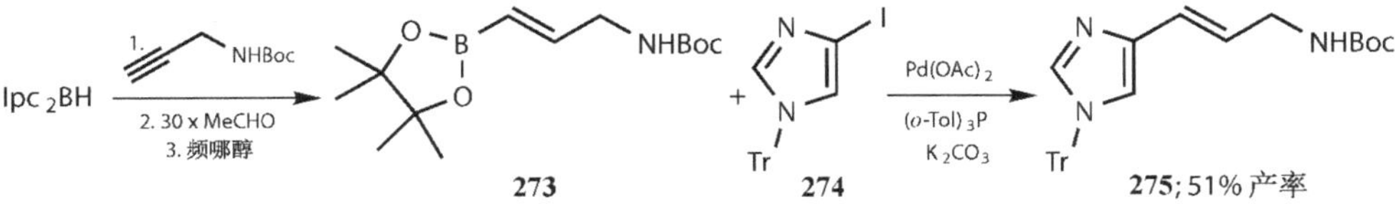

273　**274**　**275**; 51% 产率

直接偶联两个烯烃也是 Suzuki 偶联的一个重要方面。在 Reddy 和 Falck[46] 对于抗生素（+）-Fostriecin 的合成中，把乙烯基溴 *Z*-**276** 和 *Z*-硼酸酯 **277** 偶联起来得到三烯 *Z*，*Z*，*E*-**278**。未保护羟基显然对反应没有影响。

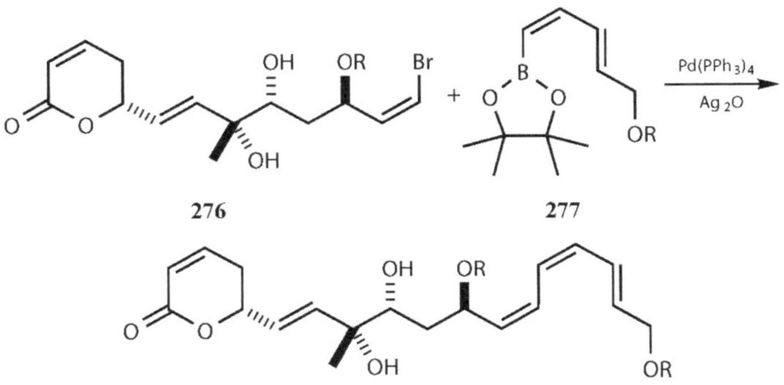

276　**277**

278; 74% 产率

Suzuki 偶联对现代有机合成方法学的一个重大贡献就是偶联烷基硼酸（通过烯烃的硼氢化）与烯基或芳基卤化物[47]。简单的单取代烯烃 **279** 与 9-BBN 反应，接着和芳基碘化物进行 Suzuki 偶联，以较高产率得到产物 **281**，和取代基的性质与位置没有什么关联[48]。

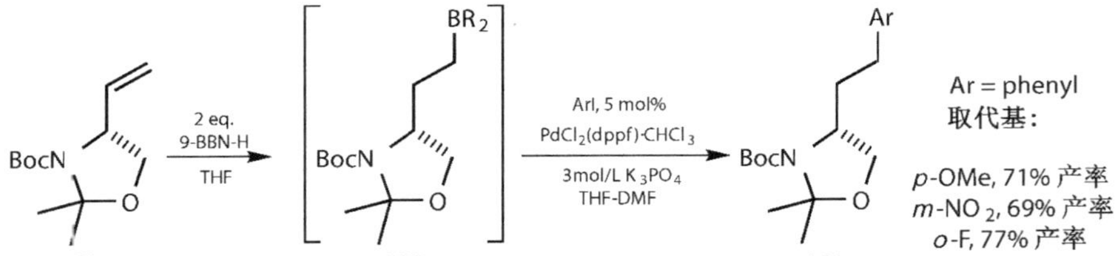

279　　**280**　　**281**

Danishefsky 在合成 xestocyclamine A 的过程中[49]，用底物 **282** 进行分子内 Suzuki 偶联，用 *Z*-构型的烯基碘化物和一个饱和的烷基链构建了一个十一元环 **283**。形成这样一个十分难于构筑的中环体系以及反应中对各种官能团的容忍性都是这一合成的亮点。

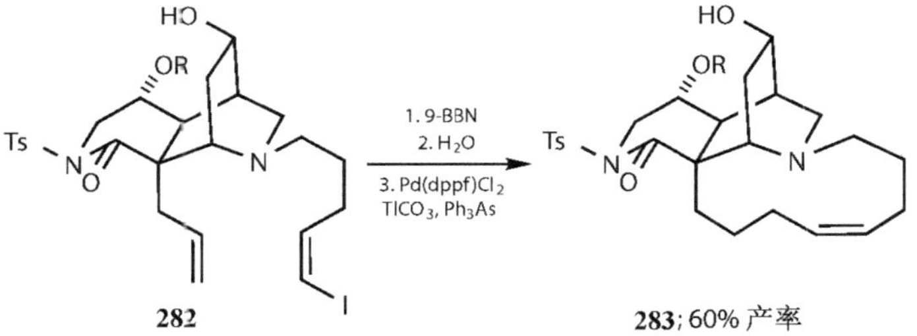

282　　**283**; 60% 产率

偶联两个光学纯的片段来在 elelactone 中心形成一个几何构型确定的烯烃是一个完美的合成的实例[50]。其中一个片段分子，烯基碘 **285**，是由炔烃 **284** 先和硅基铜化物作用后经碘化得到的。

284　　**285**; 90% 产率

另一个片段分子，烯烃 **286**，来自 Evans 的羟醛缩合反应（第 27 章），它先进行硼氢化，再与 **285** 偶联，产率较高，并且立体选择性地控制了邻近缩酮的新的手性中心。

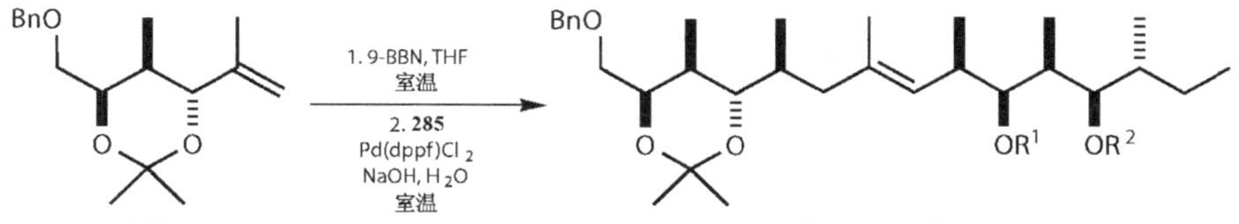

286

287; 70% 产率

总结

钯催化的烯基、芳基、杂芳基卤化物或三氟甲磺酸酯作为一个组分（亲电试剂）与烯烃（Heck 反应），芳基或乙烯基锡试剂（Stille 偶联）或者芳基、乙烯基甚至烷基硼酸（Suzuki 偶联）作为另一组分（亲核试剂），进行偶联反应，提供了一个强大而多样的合成方法。这些反应还将被不断的开发以期获得更大的进步。

参考文献

一般性参考文献列于 946 页。

1. Z. Rappoport, *Acc. Chem. Res.,* 1981, **14**, 7.
2. M. Ochiai, S. Yamamoto and K. Sato, *Chem. Commun*., 1999, 1363.
3. M. Tiecco, L. Testaferri, M. Tingoli, D. Chiantelli and M. Montanucci, *J. Org. Chem*., 1983, **48**, 4785.
4. G. Bradley, J. F. Cavalla, T. Edington, R. G. Shepherd, A. C. White, B. J. Bushell, J. R. Johnson and G. O. Weston, *Eur. J. Med. Chem*., 1980, **15**, 375.
5. F. J. Moreno-Dorado, F. M. Guerra, F. J. Aladro, J. M. Bustamante, Z. D. Jorge and G. M. Massanet, *Tetrahedron*, 1999, **55**, 6997.
6. K. Chen, C. S. Brook and A. B. Smith, *Org. Synth*., 1998, **75**, 189; A. B. Smith, B. D. Dorsey, M. Ohba, A. T. Lupo and M. S. Malamas, *J. Org. Chem*., 1988, **53**, 4314.
7. A. B. Smith, B. D. Dorsey, M. Visnick, T. Maeda and M. S. Malamas, *J. Am. Chem. Soc.,* 1986, **108**, 3110.
8. R. F. Abdulla and K. H. Fuhr, *J. Org. Chem*., 1978, **43**, 4248.
9. T. Mukaiyama and T. Ohsumi, *Chem. Lett*., 1983, 875.
10. G. Bartoli, C. Cimarelli, E. Marcantoni, G. Palmieri and M. Petrini, *J. Chem. Soc., Chem. Commun.,* 1994, 715.
11. J. R. Weir, B. A. Patel and R. F. Heck, *J. Org. Chem*., 1980, **45**, 4926.
12. D. Ma, Z. Ma, J. Jiang and C. Zheng, *Tetrahedron: Asymmetry*, 1997, **8**, 889.
13. R. K. Haynes, S. C. Vonwiller, J. P. Stokes and L. M. Merlino, *Austr. J. Chem*., 1988, **41**, 881.
14. M. Asaoka, K. Takenouchi and H. Takei, *Tetrahedron Lett*., 1988, **29**, 325.
15. K. Hayakawa, M. Yodo, S. Ohsuki and K. Kanematsu, *J. Am. Chem. Soc*., 1984, **106**, 6735.
16. R. K. Haynes, S. C. Vonwiller and T. W. Hambley, *J. Org. Chem*., 1989, **54**, 5162.
17. C. Zhang and M. L. Trudell, *Tetrahedron*, 1998, **54**, 8349.
18. E. J. Corey, P. D. S. Jardine and J. C. Rohloff, *J. Am. Chem. Soc*., 1988, **110**, 3672; E. J. Corey and P. D. S. Jardine, *Tetrahedron Lett*., 1989, **30**, 7297.
19. R. F. Heck, *Org. React*., 1982, **27**, 345; R. F. Heck, *Palladium Reagents in Organic Syntheses*, Academic Press, London, 1985; J. T. Link, *Org. React*., 2002, **60**, 157.
20. T. Jeffery, *Tetrahedron Lett*., 1985, **26**, 2667.
21. J. W. Raggon and W. M. Snyder, *Org. Process Res. Dev*., 2002, **6**, 67.
22. H. P. Dang and G. Linstrumelle, *Tetrahedron Lett*., 1978, 191; D. Michelot, *Synthesis*, 1983, 130.

23. M. Nakanishi and M. Mori, *Angew. Chem., Int. Ed.*, 2002, **41**, 1934.
24. M. Lautens, J.-F. Paquin and S. Piguel, *J. Org. Chem.*, 2002, **67**, 3972.
25. L. F. Tietze and W.-R. Krahnert, *Chem. Eur. J.*, 2002, **8**, 2116.
26. J. K. Stille, *Angew. Chem., Int. Ed.*, 1986, **25**, 508; V. Farina, V. Krishnamurthy and W. J. Scott, Org. React., 1997, **50**, 1.
27. J. Uenishi, R. Kawahama, Y. Shiga and O. Yonemitsu, *Tetrahedron Lett.*, 1996, **37**, 6759.
28. W. J. Scott, G. T. Crisp and J. K. Stille, *J. Am. Chem. Soc.*, 1984, **106**, 4630.
29. J. E. Thompson, R. P. Walker, S. J. Wratten and D. J. Faulkner, *Tetrahedron*, 1982, **38**, 1865.
30. L. C. Dias and L. G. de Oliveira, *Org. Lett.*, 2001, 3, 3951.
31. J. T. Feutrill, M. J. Lilly and M. A. Rizzacasa, *Org. Lett.*, 2002, **4**, 525.
32. B. Clapham and A. J. Sutherland, *J. Org. Chem.*, 2001, **66**, 9033.
33. J. Thibonnet, M. Abarbri, J.-L. Parrain and A. Duchêne, *J. Org. Chem.*, 2002, **67**, 3941.
34. K. A. Parker and T. L. Mindt, *Org. Lett.*, 2001, **3**, 3875.
35. B. Vaz, R. Alvarez and A. R. de Lera, *J. Org. Chem.*, 2002, **67**, 5040.
36. S. P. Govek and L. E. Overman, *J. Am. Chem. Soc.*, 2001, **123**, 9468.
37. N. Miyaura and A. Suzuki, *Chem. Rev.*, 1995, **95**, 2457.
38. H. C. Brown and S. K. Gupta, *J. Am. Chem. Soc.*, 1972, **94**, 4370.
39. N. Miyaura and A. Suzuki, *Org. Synth.*, 1989, **68**, 130.
40. I. E. Markó, F. Murphy and S. Dolan, *Tetrahedron Lett.*, 1996, **37**, 2507.
41. J. A. Soderquist and A. M. Rane, *Tetrahedron Lett.*, 1993, **34**, 5031.
42. G. Zweifel and W. Lewis, *J. Org. Chem.*, 1978, **43**, 2739.
43. Y. L. Janin, E. Roulland, A. Beurdeley-Thomas, D. Decaudin, C. Monneret and M.-F. Poupon, *J. Chem. Soc., Perkin Trans. 1*, 2002, 529.
44. S. Hesse and G. Kirsch, *Tetrahedron Lett.*, 2002, **43**, 1213.
45. F. Berrée, P. Girard-LeBleis and B. Carboni, *Tetrahedron Lett.*, 2002, **43**, 4935.
46. Y. K. Reddy and J. R. Falck, *Org. Lett.*, 2002, **4**, 969.
47. S. R. Chemler, D. Trauner and S. J. Danishefsky, *Angew. Chem., Int. Ed.*, 2001, **40**, 4544.
48. P. N. Collier, A. D. Campbell, I. Patel, T. M. Raynham and R. J. K. Taylor, *J. Org. Chem.*, 2002, **67**, 1802.
49. A. Gagnon and S. J. Danishefsky, *Angew. Chem., Int. Ed.*, 2002, **41**, 1581.
50. A. K. Mandal, *Org. Lett.*, 2002, **4**, 2043.

19　烯丙醇：烯丙基阳离子的等价物（及其他）

本章分析了烯丙基亲电试剂，烯丙醇在溶液中的独特作用，以及烯丙醇的制备及其他相关的化学知识。

第一部分：引言

[1，3]-迁移的问题

对烯丙基卤代物的不对称亲核进攻

从第 12 章（烯丙基阴离子）开始，我们就简单地讨论了烯丙基衍生物在合成方面碰到的一些普遍问题。考虑到［1，3］-迁移和烯丙基重排，大多数烯丙基衍生物并不稳定。在大多数情况下，溴化物 **1** 和 **3** 处于平衡当中：在极性溶剂中，两者通过烯丙基阳离子 **2** 互变生成更高取代的烯 **3**[1]。

1; 13%~20%　　**2**　　**3**; 80%~87%

但是这并不妨碍烯丙基溴在合成中的应用。因为亲核试剂可以从烯丙基体系的任一侧进攻，所以更有可能得到高度取代的双键化合物。大家可能都知道亲核试剂的异戊烯基化，特别是烯醇化物能够压倒性地产生异戊烯基衍生物 **5**。主要的烯丙基卤代物 **6**（异戊烯溴）通过 S_N2 机理反应，而三级卤代物 **4** 则通过 S_N2' 机理反应。

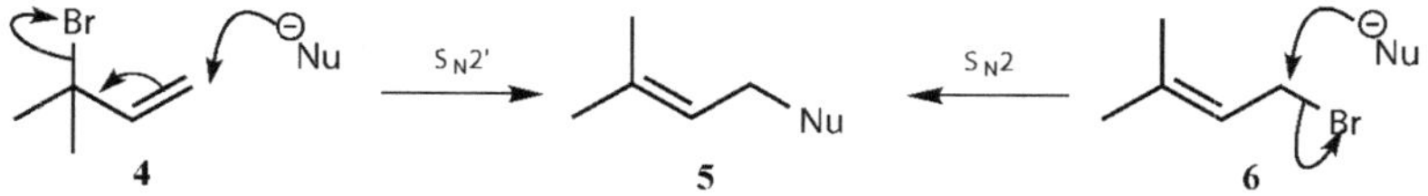

4　　**5**　　**6**

本章是关于怎样更好地控制以上的过程。它涉及怎样使得反应发生在多取代的末端而生成较不稳定的产物；还有当生成的两种烯的取代数量相等时，如何控制烯丙基取代以及立体化学问题。这一章用到的试剂主要是烯丙醇。尽管烯丙醇在酸性溶剂中存在平衡，但是在其他条件下它们是稳定的，并且通过多种途径可以很容易地得到区域和立体专一的烯丙醇化合物。严格地讲“烯丙基”是指 2-丙烯基 CH_2═CH—CH_2—，现在它通常是指与双键相邻但是不直接相连的任何基团。我们用“烯丙基的”而不是“烯丙基”表示这个意思，尽管这种区别正在消失。

烯丙醇的重排和稳定性

混合物 **1** 和 **3** 可以通过醇 **7** 或 **8** 与 HBr 反应得到。在强酸性条件下，醇也会和烯丙基溴一样通过烯丙基阳离子 **2** 发生平衡移动。

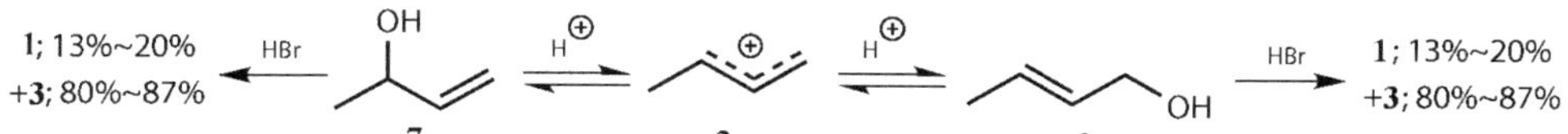

7 **2** **8**

这对于在酸性条件下氧化平衡态的醇是有用的，如用 Cr(Ⅵ) 试剂氧化。首先形成的醇 **10** 不能被氧化，相反，重排的醇 **11** 能够被氧化。这样重排的醇可能通过烯丙基的阳离子或者如 **13** 铬酸盐酯的 [3，3]-σ-迁移重排形成。

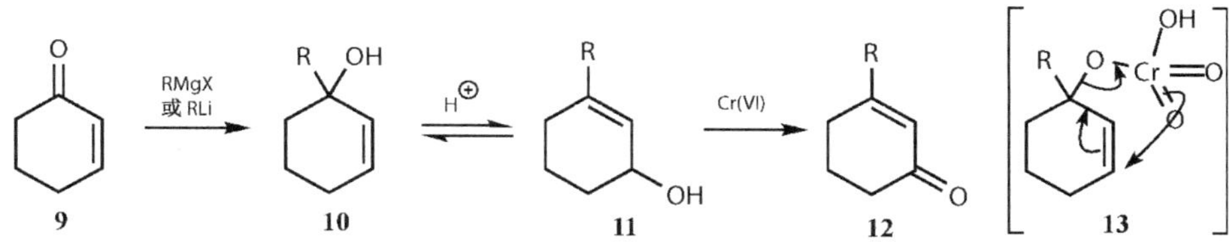

9 **10** **11** **12** **13**

在碱、离子溶剂或者自由基等其他条件下，醇本身或者像羧酸酯样的简单衍生物都不会发生 [1，3]-迁移。因此烯丙醇是理想的烯丙基亲电试剂。唯一不足的是 OH^- 是一个易离去基团，在烯丙醇上可能会发生一些未知的简单的亲核取代反应，这个还需要特别注意。

第二部分：烯丙醇的制备

传统方法

通过 aldol 或 Wittig 反应得到的烯基酮的还原

我们在书中遇到的反应类型包括对通过 aldol 或 Wittig 反应制得的 α，β-不饱和羰基化合物的还原。通过 Robinson 增环反应制得的环烯酮 **14** 被 $LiAlH_4$ 区域和立体选择性地还原成烯丙醇 **15**[2]。金属炔试剂对醛加成得到炔醇 **16**，而 **16** 被 $LiAlH_4$ 还原生成烯丙醇 *E*-**17**[3]（第 15 章）。

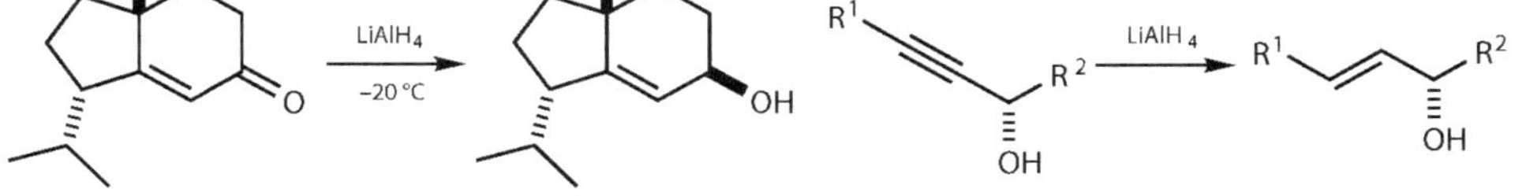

14 **15** **16** *E*-**17**

碘内酯化产物的消除或还原

稍微不常见的是碘内酯化产物 **19** 的消除、水解或者还原。还原得到仍有双键但位置改变的 **20**，甲醇分解内酯桥断开[4]得到 **21** 或者还原得到 **22**。当我们理解了烯丙醇的反应时，你将明白怎样用这些方法或者其他方法得到所要的化合物。

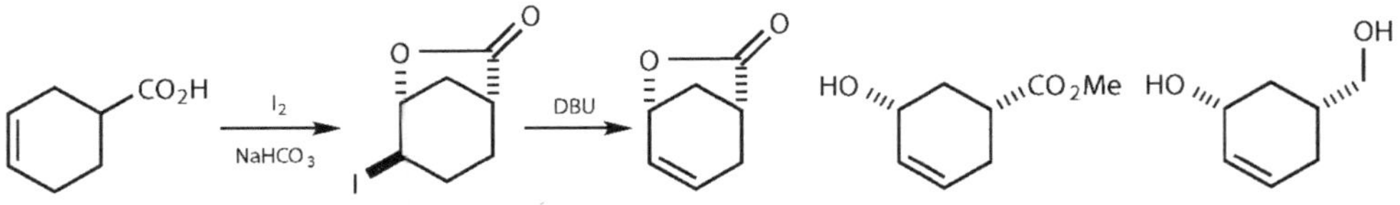

18 **19** **20** **21** **22**

乙烯基金属化物对醛和酮的加成

乙烯基金属化物对醛和酮的加成（第 16 章）也可以控制立体化学。在第 16 章中立体专一的乙烯基阴离子等价物 **24** 是通过 Shapiro 反应制得的。我们重复这个反应是因为它用腙的氮杂烯醇化物的异戊烯基化来制得烯基锡 **25** 的起始原料。

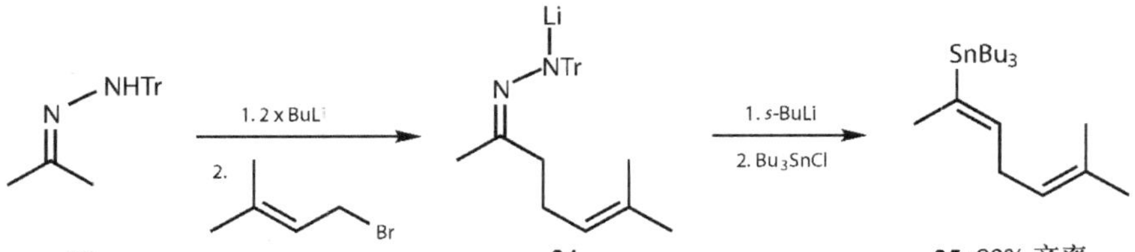

23 **24** **25**; 90% 产率

乙烯基锡 **25** 转变为烯基锂 **26**，然后和酮-环氧化合物 **27** 偶联得到烯丙醇 **28**（17 : 1）的非对映异构体。产物 **28** 可以用来合成 Ovalicin[5]。注意乙烯基锂化合物 **26** 是一个几何异构体，它从环氧的氧原子的同一面进攻 **27** 的羰基。这看起来像是配位作用控制。

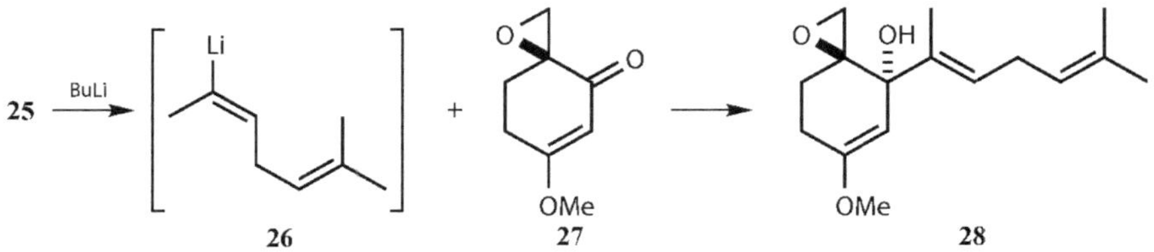

26 **27** **28**

通过炔对醛和酮加成得到的炔醇的还原

炔酮 **29** 不对称还原（第 26 章）生成醇 **30**，硅醚保护羟基生成 **31**。然后硼氢化-碘化，得到的烯丙醇的片段 **32**。锂化并与已炔基铜反应生成混合的铜酸盐 **33**，其不稳定的负离子会选择性地转移到烯基酮上，最终完成对环己烯酮烯丙醇的共轭加成[3]。这种方法被广泛地应用于在前列腺素的合成中。

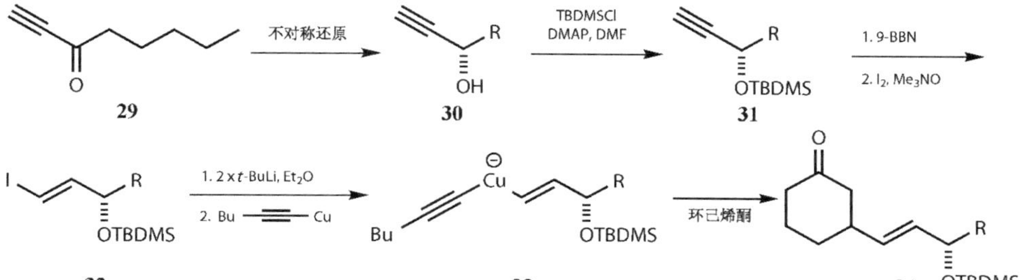

29　30　31　32　33　34

Wittig 的例子

第 15 章通过两个简单的例子介绍了通过对 *E*-选择性的 Wittig 反应产物的还原得到完全构型控制的 *E*-烯丙醇。接着介绍的 *Z*-选择性的 Wittig 反应阐述了如何通过 Wittig 反应和还原反应得到 *Z*-式的烯丙醇。第 2～4 章用到的制备烯基酮的方法以及第 5 和 6 章总结的方法都是通过负离子的还原试剂（如 $NaBH_4$ 或者 $LiAlH_4$）还原得到烯丙醇的，并且都是区域选择性的。

关于不稳定的 Wittig 反应的一个特别的例子是与 THP 保护的 *α*-羟基酮 **37** 的 *Z*-选择性的反应[6]。它们是已知最好的 *Z*-选择性的 Wittig 反应，*α*-OTHP 基团是最关键的因素。产物 **38** 是一个被保护的烯丙醇。在第 33 章我们将看到如何立体和区域专一性地制备这些 *α*-羟基酮。

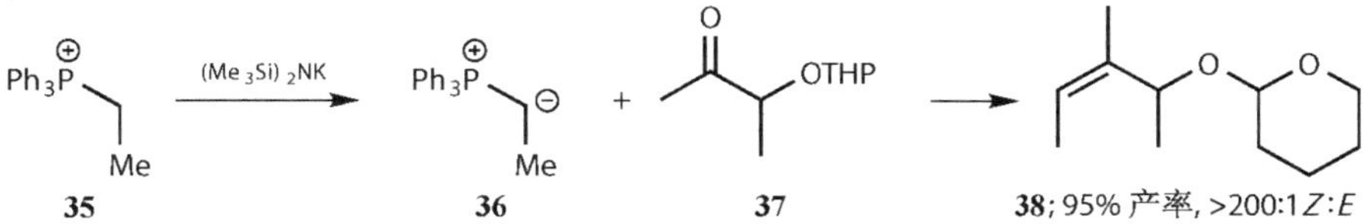

35　**36**　**37**　**38**; 95% 产率, >200:1 *Z*:*E*

所有的这些方法都能生成区域专一的烯丙醇，即含有—OH 并且双键在可预知的位置。对于双键，它们大多是立体选择性的，在后面我们还将看到它们也可能是对映选择性的。只要烯丙醇化合物不是在强酸体系，那么它的结构比其他的大多数烯丙基化合物都要稳定。

通过［2，3］-*σ* 迁移得到烯丙醇

亚砜和硫叶立德：区域和立体化学的控制

我们在烯丙醇的反应中会使用［2，3］-*σ* 迁移，所以这部分是介绍用最可靠

的方法制备烯丙醇化合物的。烯丙基硫化物 **40** 很容易被高碘酸钠盐这类的试剂化学选择性的氧化成相应的亚砜 **41**，用更强的氧化剂甚至会得到砜 **42**。

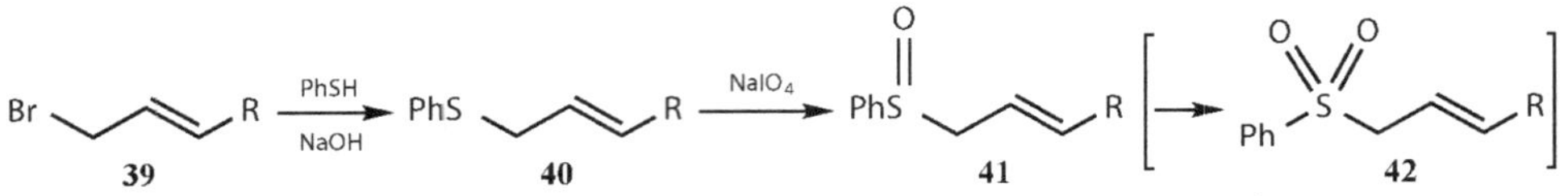

这些烯丙基亚砜 **41** 通过［2，3］-σ 迁移重排 **41a** 可逆的生成亚硫酯 **43**。通常不太可能通过 NMR 探测到亚硫酯，所以它的含量应该少于 3%，但是它容易被进攻硫的亲核试剂捕获。这些“亲硫试剂”包括二级胺，硫醇负离子，以及最重要的亚磷酸酯。这个反应在质子溶剂（通常是在亚磷酸酯中存在的醇）中发生，得到重排的烯丙醇 **45**。

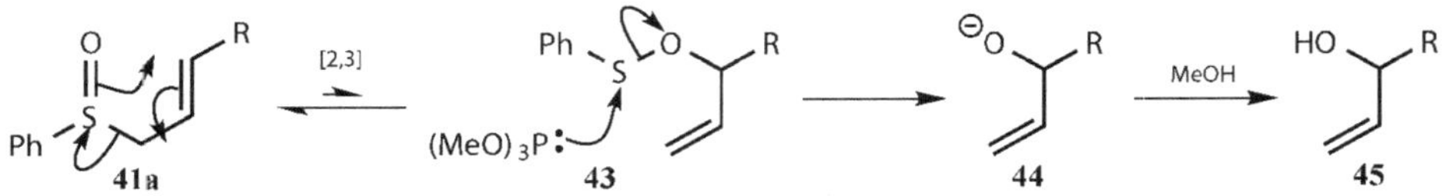

最初制备烯丙基硫化物是通过对烯丙基卤代物的亲核进攻，生成具有高度取代的更加稳定的烯丙基硫化物，而烯丙基硫化物又可以不可逆的转变为较不稳定的烯丙醇 **45**。这个反应至今都很有用，因为中间产物烯丙基亚砜 **41** 在重排之前可以被烷基化，从而生成不对称取代的 *E*-烯丙醇 **47**。这些反应无一例外是 *E*-选择性的。我们将在本章稍后谈到烯丙醇的［3，3］-σ 迁移重排时，讨论它的立体选择性。

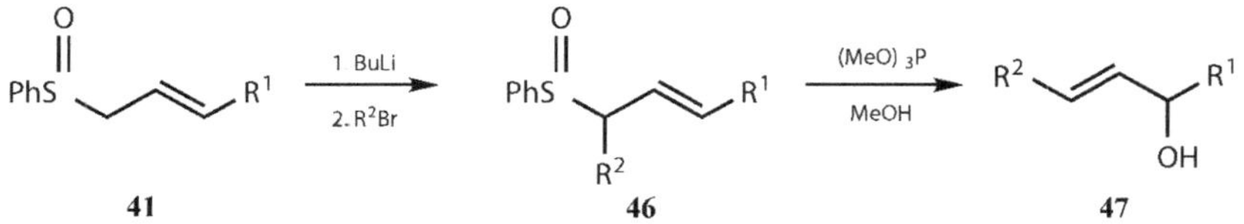

一个例子是 David Evansy 研究组的 nuciferal 的合成[7]。对称的烯丙基溴化物 **48** 与亲核试剂反应只生成一种产物。用大的烷基碘对亚砜烷基化生成烯丙基亚砜 **49**。［2，3］-σ 重排得到烯丙醇单一的异构 **50**：用 MnO_2 氧化 **50** 以 99%的产率得到对应的醛即是天然产物 nuciferal。它的区域和立体化学控制都是完美的。

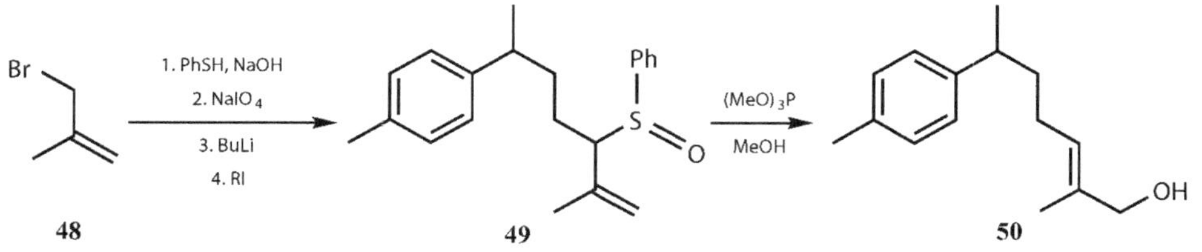

这些关于硫化物的［2，3]-σ 迁移重排并不只限于亚砜，硫叶立德同样可以发生。一个表现两者的例子是一种不规则的单萜艾醇（yomogi alcohol）**51** 的合成。逆合成分析［2，3]-亚砜重排得到烯丙基硫醚 **52**。化合物 **52** 我们希望可以通过烯丙基卤化物 **53** 与异戊烯基硫化物 **54** 的烷基化合成。然而，我们并不知道这是否可行：烷基化会发生在烯丙基卤化物位阻较小的一侧。

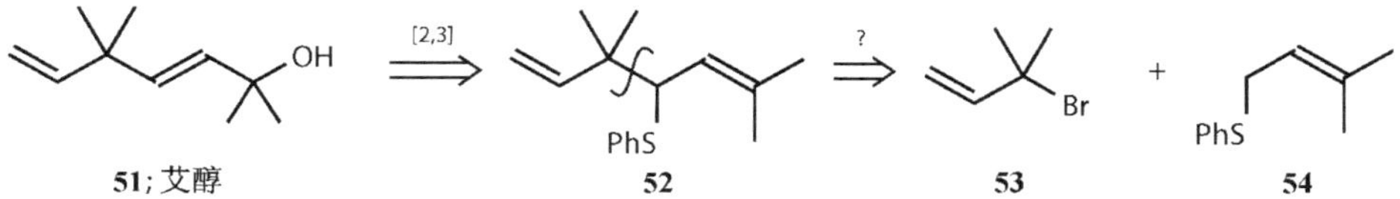

解决的方法让人惊奇。Evans 故意合成了一个错误的双烯丙基硫醚 **25**，然后重排两次得到 yomogi alcohol。首先硫原子必须烯丙基化（因此加一个苯基并不合适，用了甲基代替）。然后第一个［2，3]-重排（在硫叶立德上）**56** 生成合适的骨架，第二个［2，3]-重排（在亚砜 **58** 上）生成目标分子。在这个反应中，用到了亲硫的 $EtNH_2$[8]。

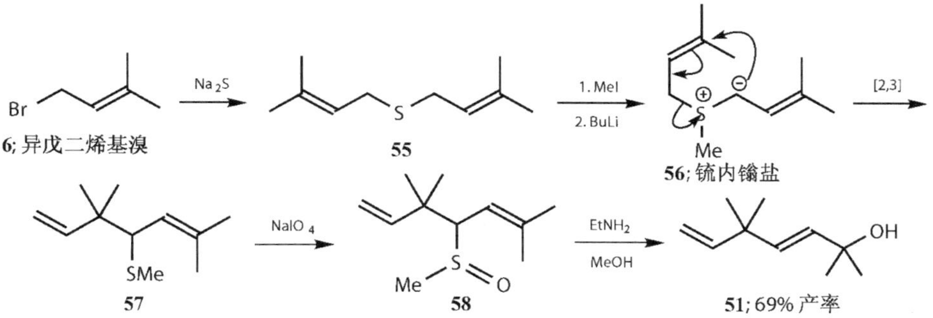

酮的烯丙基化中的［2，3]-σ 重排

酮的烯丙基化是一个简单的反应。在第 2～6 章中描述的大多数烯醇等价物和烯丙基卤代物都反应得很好。γ，δ-不饱和酮 **59** 的断键得到烯醇离子 **61** 和烯丙基卤代物 **60** 是没什么价值的。例如，烯胺在位阻比较小的伯位反应得到 **59**。然而，假设目标分子是异构体酮 **63**。同样的断键得到同分异构的烯丙基溴 **62**，而用 **62** 反应在烯烃位阻小的一端发生，得到的差不多可以肯定是产物 **59**。

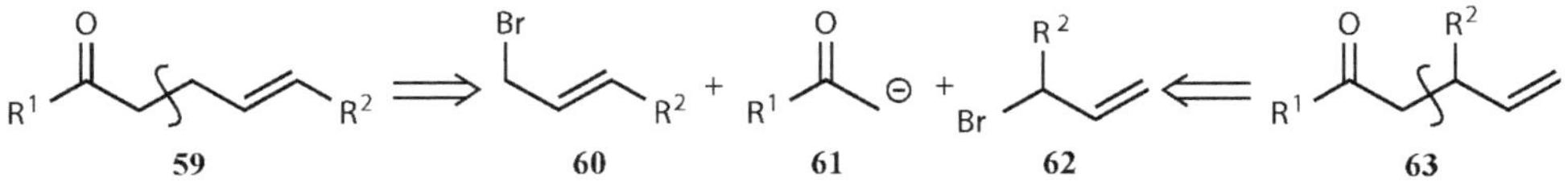

解决这个问题的一个方法是硫叶立德的［2，3]-σ 重排。稳定的烯丙基硫醇

与 α-卤代酮 **64** 反应生成硫醚，然后乙基化变成硫叶立德。形成硫叶立德 **65** 仅需要弱碱，因为它本身也是一个烯醇阴离子。注意这里的区域选择性：硫叶立德能够但是仅能够被烯固定。[2，3]-迁移把烯丙基片断连接到酮的烯醇化合物上，同时把它翻转过来。用 Raney 镍试剂直接脱硫后自动生成更加难合成的产物 **63**。我们将在本章的后面介绍其他的解决方法[9]。

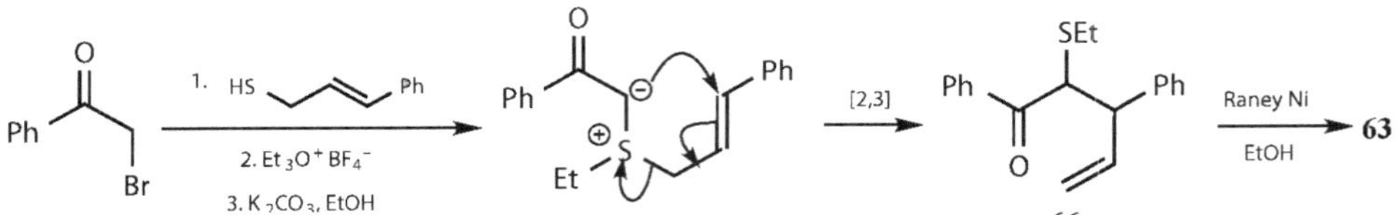

64　　**65**　　**66**

最近的应用

通过 Horner-Wadsworth-Emmons 反应和后续的还原反应制得烯丙醇表明这种方法对各种官能团和立体化学是相容的。

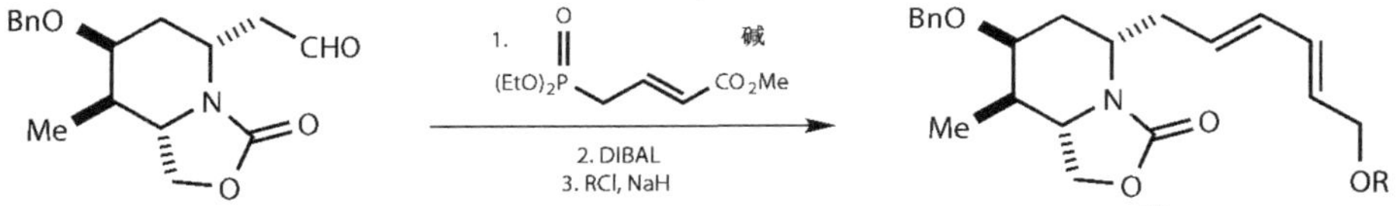

67　　**68**

二烯醇衍生物 **68** 通过一个分子内的杂原子 Diels-Alder 反应制得杂环 **70**。而 **70** 可以和苯基格氏试剂反应得到亚砜 **71**。**71** 进一步转化为新的烯丙醇 **72**。注意亚砜的立体化学，可以看到 2D 和 3D 具有完全控制的立体化学。Weinreb 将烯丙醇 **72** 用于合成淡水里蓝绿色藻类产生的毒素[10]。

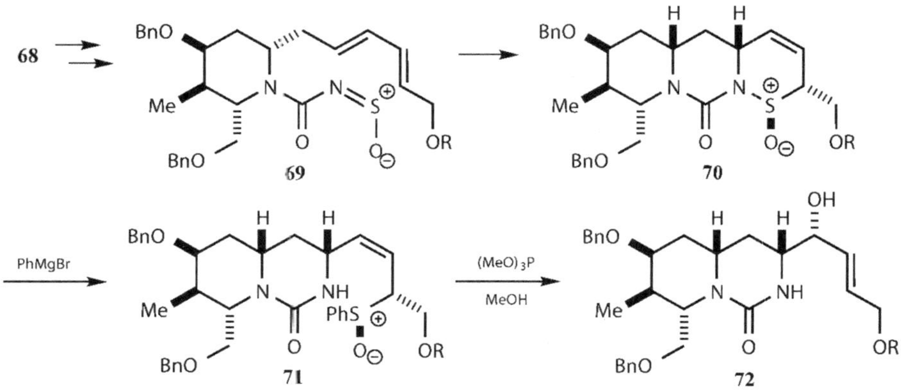

69　　**70**

71　　**72**

第三部分：烯丙醇的反应

[2，3]-σ 迁移重排

转化为烯丙基亚砜的启示

在第二部分，你看到通过取代的方法制备烯丙基硫醚。也就是说，不管使用什么烯丙基卤化物，在烯丙基体系中都能够得到更加稳定的烯丙基硫，相应的烯丙基亚砜通过硫的氧化得到。这对于在第 15 章中用到的制备固定结构的二烯的膦氧化物 **73** 同样适用。如果 R＝OR，**73** 是用于 Horner-Wadsworth-Emmons 反应的膦酸酯，但当 R ＝Ph，**73** 则是 Wittig-Horner 反应中的膦氧化物。

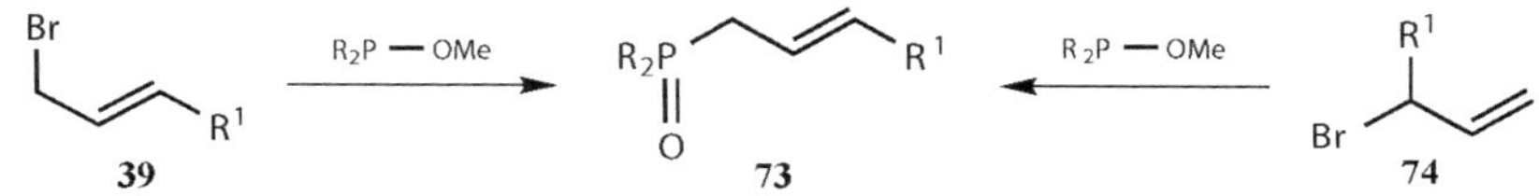

39 73 74

不管膦氧化物 **73** 还是 **80** 都可以通过合适的烯丙醇很容易的制得。这个反应就像我们看到的通过烯丙基亚砜制得烯丙醇的反应一样，但是 **76** 和 **78** 的［2，3］-σ 迁移重排仅发生在磷的方向上[11]。这也是硫偏好的方向，因为烯丙醇 **75** 和 **78** 对烯丙基的重排很稳定，每个醇专一地产生一个烯丙基膦氧化物 **73** 或者 **80** 或者烯丙基亚砜 **41** 或 **77**。这是我们这章剩余大部分的主题。

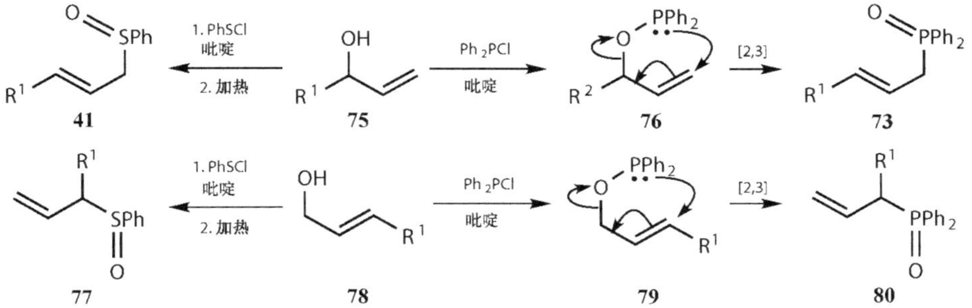

41 75 76 73

77 78 79 80

［2，3］-Wittig 重排

烯丙醇的醚也可以进行［2，3］-σ 迁移重排。驱动力是不稳定的 C—Li 化合物转变为稳定的 O—Li 化合物。这些中间体常被看成阴离子，在某些情况下确实如此。并且按照阴离子中间体，很容易画出［2，3］-迁移的机理。最常用到的醚是苯烯基醚 **81** 和 **85**，所以被去掉的质子带一点酸性。再次从烯丙醇的异构体 **75** 或 **78** 得到专一性的产物 **84** 或 **88**。最初的烯丙醇转变为对应的另一个烯丙醇。这个 **82** 和 **86** 的重排称为［2，3］-Wittig 重排[12]。

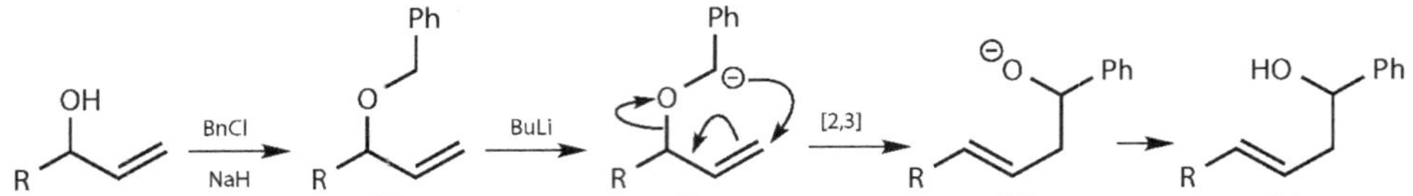

75　81　82　83　84

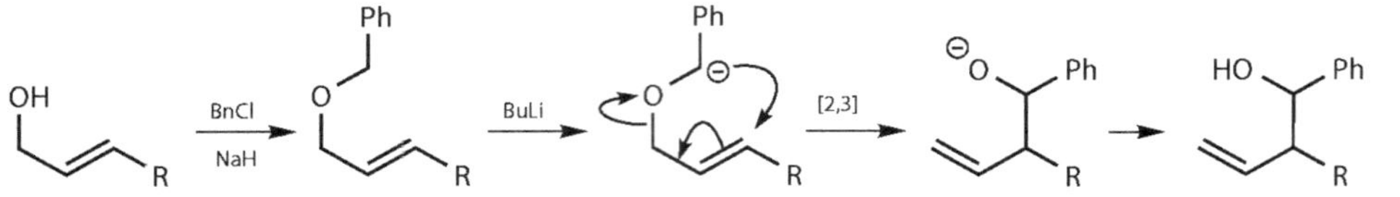

78　85　86　87　88

虽然有些依赖底物，但当在初始原料的烯的末端有取代时会有很好的立体选择性。*E*-醚 **90** 几乎完全（98%）转化为有立体化学的产物[13]。过渡态是“半椅式”的结构[14]。

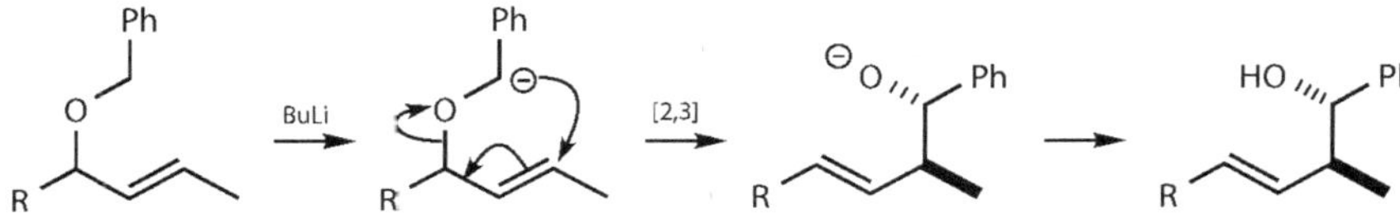

89　90　91　92

在这种形式中，反应仅限于像苯基这样的阴离子导向的取代基，并且取代基团存在于结构当中。一个更加普遍的方法是使用 R_3Sn 基团 **93**。它可以被锂取代即使在碳原子上没有任何其他取代基。这种转化通常被称为 Wittig-Still 重排[15]。

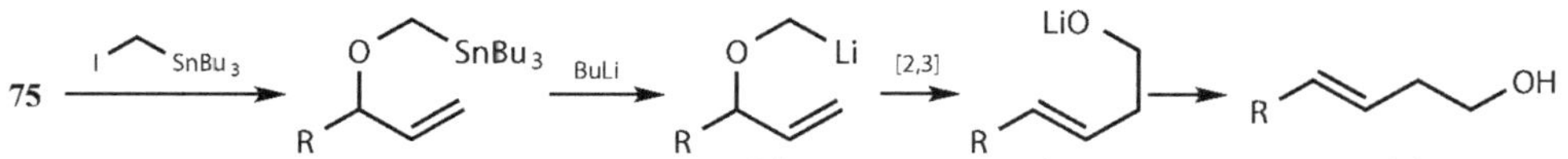

93　94　95　96

这种方法被用于缩氨酸等电体的合成。缩氨酸等电体和缩氨酸形状相同但是缺少胺键。在这种情况下，**99** 被 *E*-式烯烃替代。初始原料 **97** 由亮氨酸制得。**98** 的 Wittig-Still［2，3］-迁移重排得到两侧面连接手性中心的 *E*-式烯烃 **99**。

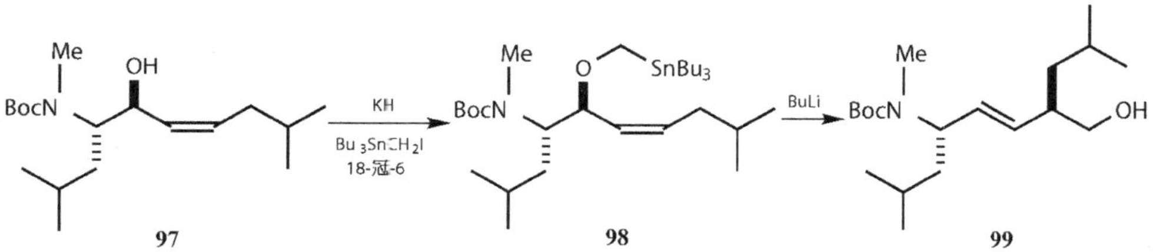

97　98　99

迁移基团从 *Z*-式烯烃同面穿过，但是因为骨架必须画成 *E*-式烯烃，迁移基团看上去有翻转。这是一种从 1，2 立体化学转化为更远的 1，4 立体化学的相对容易的好方法[16]。在这一章的末尾还有另一个从 1，2-转为 1，4-立体化学的例子。不是所有的人都喜欢使用当量的有毒的锡，一种替代的化合物是像 **101** 这样的硅化合物。

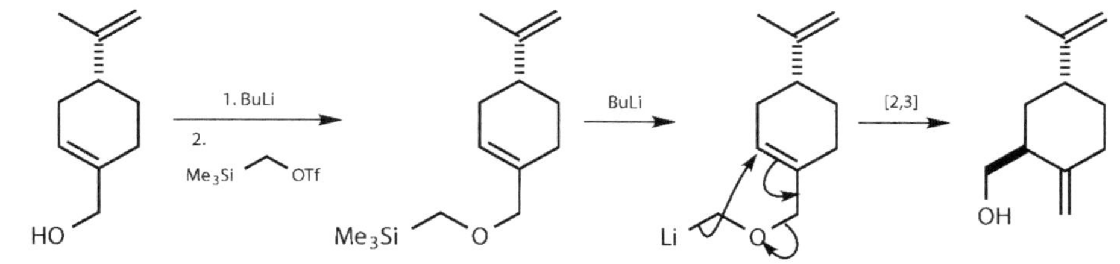

100; 天然的 (*R*)-(+)-紫苏醇 **101** **102** **103**

用硅烷基三氟乙酸酯对烯丙醇 **100** 烷基化得到醚 **101**，其中的三甲基硅基可以被 BuLi 取代。**103** 中新的取代基（CH_2OH）必须是轴向的，因为当它移动时，它必须与烯的 p 轨道重叠[17]。

和亲电试剂的反应

这一部分主要是关于羟基在导向试剂（主要是亲电试剂）对烯烃的其中一面反应时所扮演的角色。严格来说这与题目并不相符，但是这些反应很重要并且放在这里讨论这看起来也是合乎逻辑的。

Simmons-Smith 环丙烷化反应

通常形式的 Simmons-Smith 反应[18]是卡宾对烯加成形成环丙烷。反应物是金属有机化合物，它是由偕二卤化物和锌（通常会掺杂一些更活泼的金属催化剂如铜或银）制得，可能是 ICH_2ZnI 这样的结构。大家最熟悉的是烯丙醇的羟基对产物区域和立体化学的导向。在简单的二烯 *Z*，*Z*-**104** 中，无论试剂是否过量只有烯丙醇形成一个三元环，并且具有立体专一性[19]。

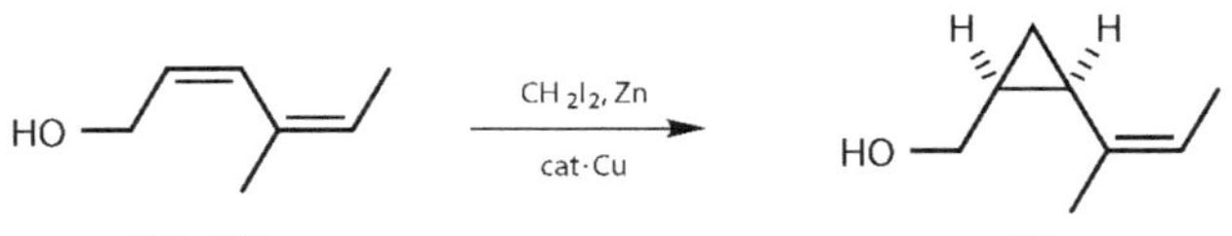

Z,*Z*-**104** **105**

当羟基在一个手性中心，烯烃的两个面是非对应异构的并且羟基的 *syn*-面更容易受进攻。不管苯环的位置，非对映异构体 *anti*-**106** 和 *syn*-**108** 的环丙环都在羟基的同一侧形成，表明这是螯合作用而不仅仅是空间位阻效应控制的[20]。

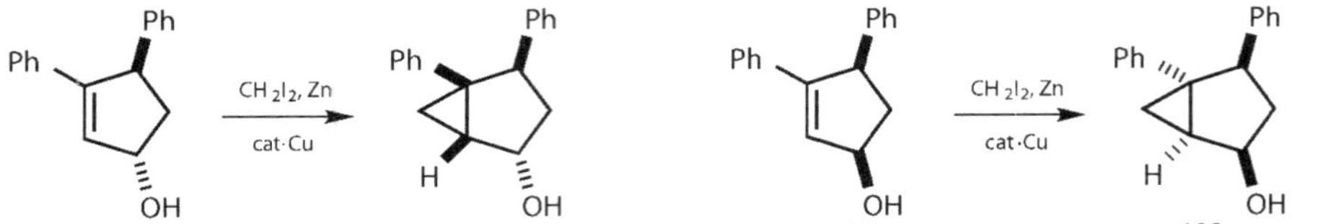

anti-**106**　**107**　*syn*-**108**　**109**

锌原子可能与羟基配位，并通过如下 **111** 的机理转移亚甲基。看上去碘原子也同时转移到金属上因此形成 **112** 这样的过渡态。不管怎样，形成的新环在 **113** 羟基的 *syn*-面。为了清晰的表达，这些图像里都省去了苯环。

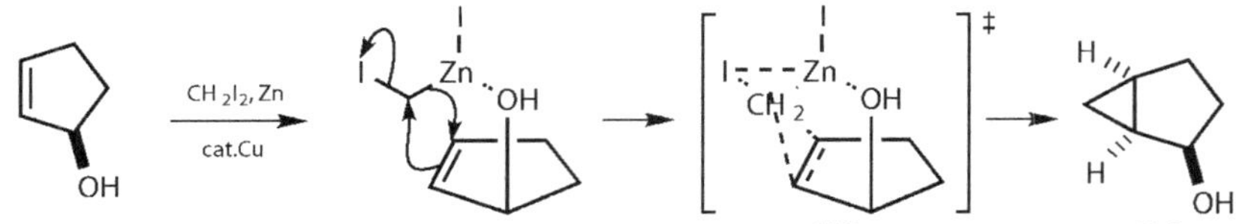

110　**111**　**112**　**113**

许多最新的文献肯定了这种反应在现代合成中的重要性。Tanaka 和 Takemoto 合成海洋天然产物 halicholactone，通过亚砜的途径得到烯丙醇 **115**。注意同面的［2，3］-σ 重排以及形成的羟基处于二烯的中间。**115** 的环丙烷化得到的是产率很低的混合物[21]。

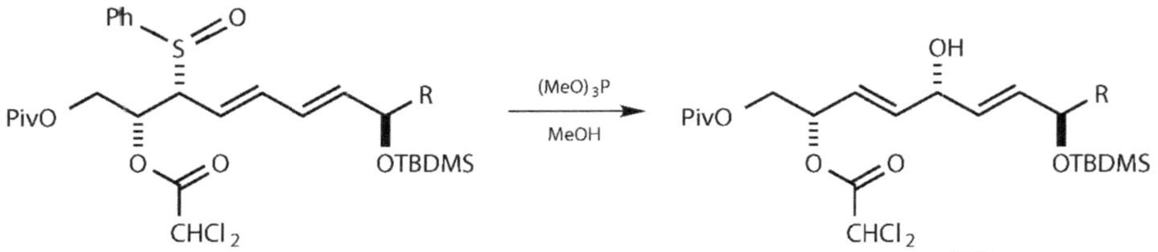

114　**115**; 88% 产率

需要改变保护基从而仅得到一个烯丙醇 **116**，然后用 Et_2Zn 和 CH_2I_2 参与的优化 Simmons-Smith 反应以较好的产率得到非对映异构体环丙烷 **117**。

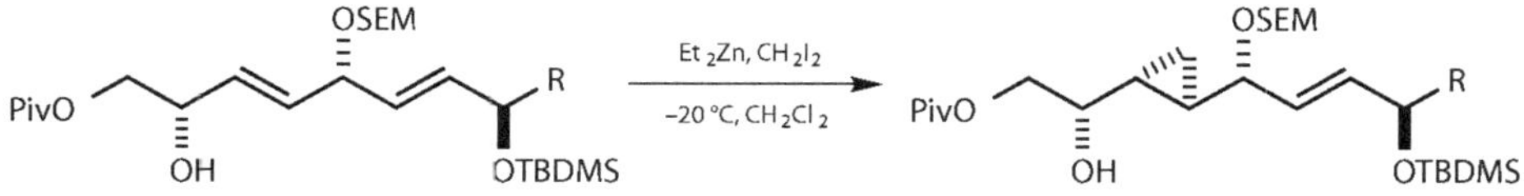

116　**117**; 69% 产率

进一步转化得到前体 **118**，用第 15 章描述的 Grubbs 催化剂进行烯烃复分解关环得到不饱和的九元环内酯，去保护后得到 **119**。解决三个羟基的环丙烷的立体选择性问题和在 **119** 骨架中嵌入三个双键的方法是很巧妙的。

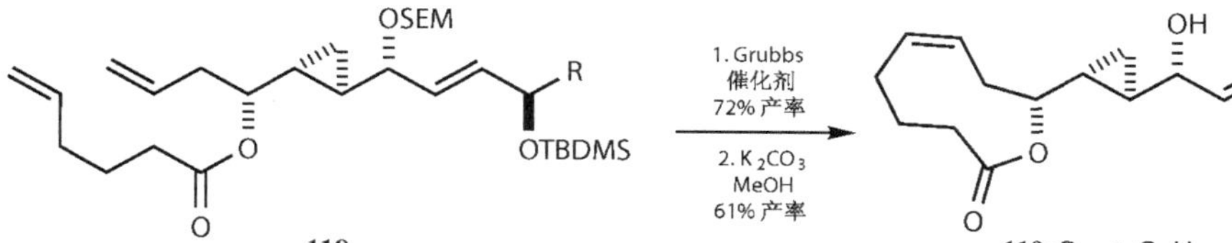

118　**119**; R = n-C_5H_{11}

立体化学控制的环氧化

许多环氧化试剂，特别是 *m*CPBA 和 *t*-BuOOH/VO（acac）$_2$ 能够与烯丙醇的羟基成键，因此环氧化更容易发生在烯丙醇并且在羟基的同一侧，而不是通过 Simmons-Smith 反应的形式。立体化学控制的结果最容易在环状烯丙醇中看出来。环已烯醇 **120** 使用 *m*CPBA 经过 **122** 构象得到 *syn*-面环氧化的 **121**。在 **122** 中，轴向的羟基引导试剂到烯的同一面。

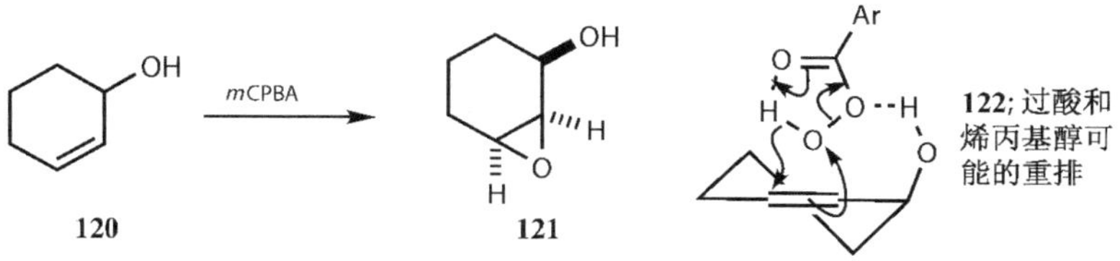

120　**121**

一个这方面的例子是 Koeeda 的莽草酸（shikimic acid）的合成[22]。硅基二烯 **123** 与甲基丙烯酸酯加成得到一个异构体 **124**（9∶1）。催化量的 OsO_4 和当量的氧化剂 NMO（*N*-甲基-*N*-氧化吗啉）作用下，双羟基化在三个取代基的反面发生。**124** 是烯丙基乙酸酯，但是这些基团并不会和试剂发生作用。

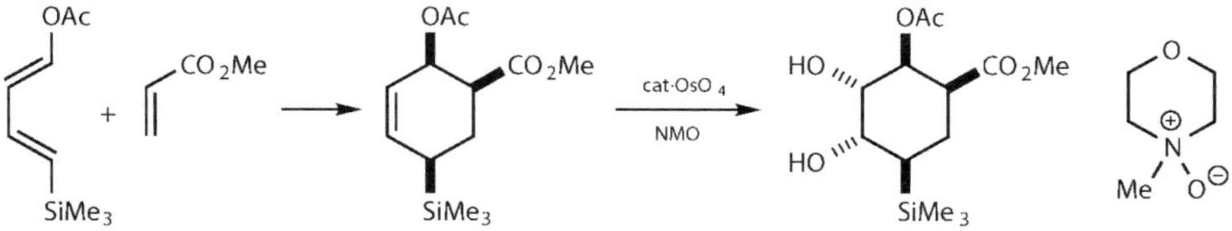

123　**124**; 72% 产率　**125**; 96% 产率　NMO

在酸性溶剂中，因为羟基和硅甲基处于 *anti*-位（见第 15 章），Peterson 消除得到新的烯烃 **126**，双键和剩下的羟基构成烯丙醇。用 *m*CPBA 在羟基的同面环氧化得到 **127**。

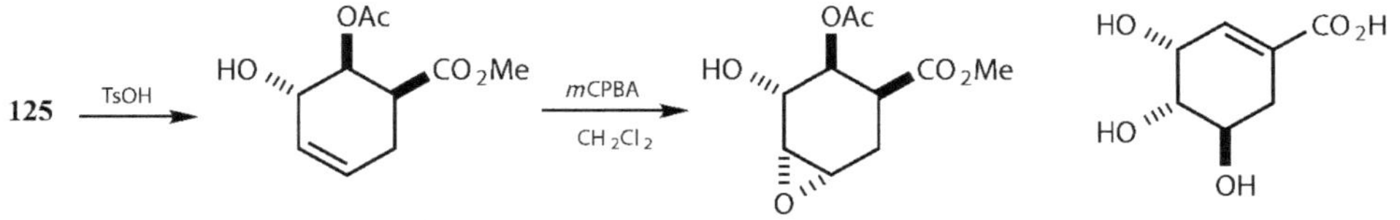

126; 98% 产率　**127**; 91% 产率　莽草酸

一个说明区域和立体选择性的好的例子是 Ogawa 的 pipoxide 的合成[23]。没有裸露羟基的二烯 **128** 的环氧化得到的是低产率、区域和立体选择性较差的环氧化混合物。

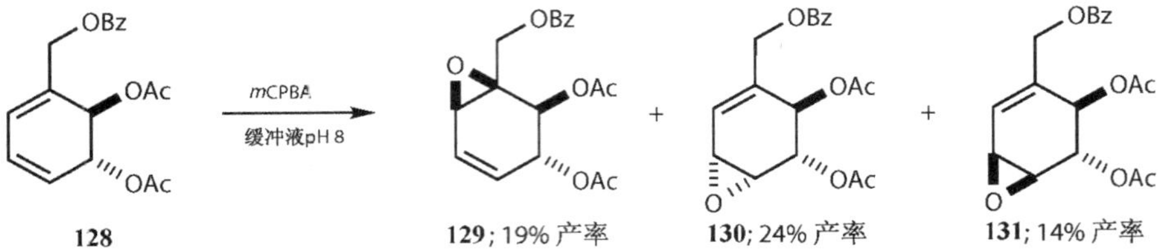

相反，有一个裸露羟基的二烯 **132** 以很高的产率得到唯一的环氧化物。环氧化仅在烯丙醇并且仅在羟基的同侧发生，而不管烯烃的空间效应。**133** 就是植物代谢物 pipoxide。

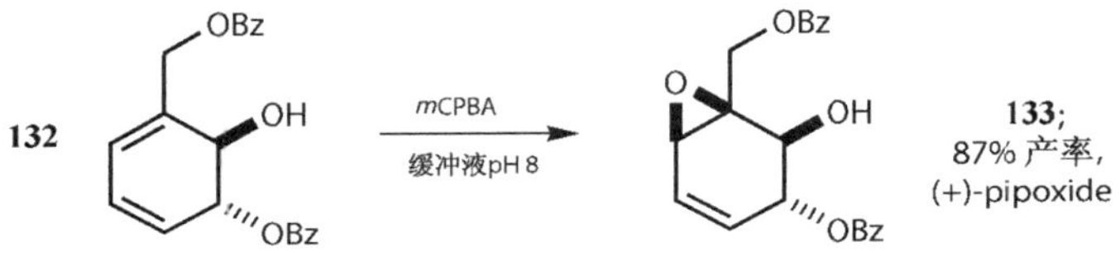

非环状的烯丙醇的立体选择性更加复杂。这些分子倾向于采用一个氢原子在烯烃平面上而羟基在平面上或下面的 Houk 构型（第 21 章）。如果反应试剂被羟基引导，则发生 *syn*-面的环氧化。三取代的烯丙醇或者 *cis*-二取代的烯烃 **134** 属于这种情况，它倾向于 **134b** 的 Houk 构型。因此不管哪个基团连在烯烃平面的手性中心上都必须是 *cis*-取代的[24]。

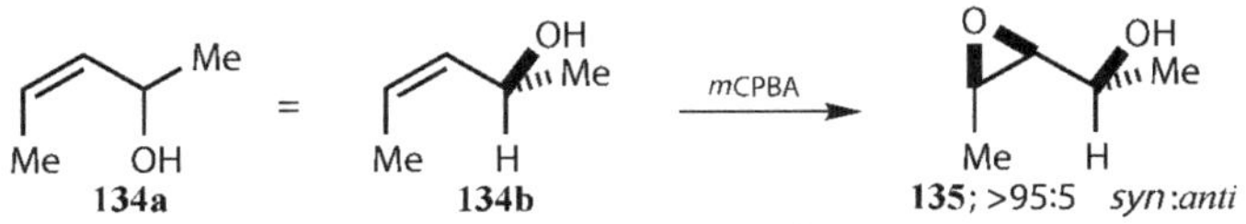

然而，一般来讲，*trans*-二取代烯烃环氧化的选择性不会那么好。最简单的例子是 **136** 带两个甲基，选择性大概是 *syn*∶*anti*＝2∶1，**136a**，**136b**，**136c** 都容易形成，因为不管手性中心连着哪个基团在烯烃平面只会与氢原子处于 *cis*-位。

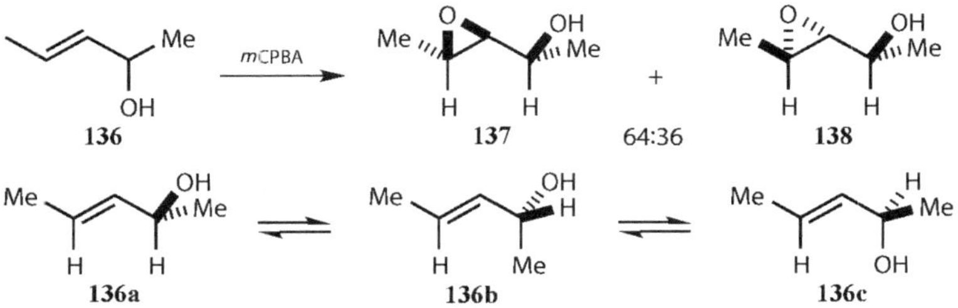

甚至一般非对映选择性都比较差的单取代烯丙醇 **139** 如果在三甲基硅基的作用下 **143** 也可以得到好的结果。Me_3Si 使得苯基和羟基离开烯烃平面从而倾向于 Houk 构型，这样得到完全立体选择性的 **142**[25]。Me_3Si 在构型保持的情况下通过氟负离子被脱去。这些复杂的例子更适合在第 21 章讲述，在那一章你将看到其他 Houk 构型的例子[26]。

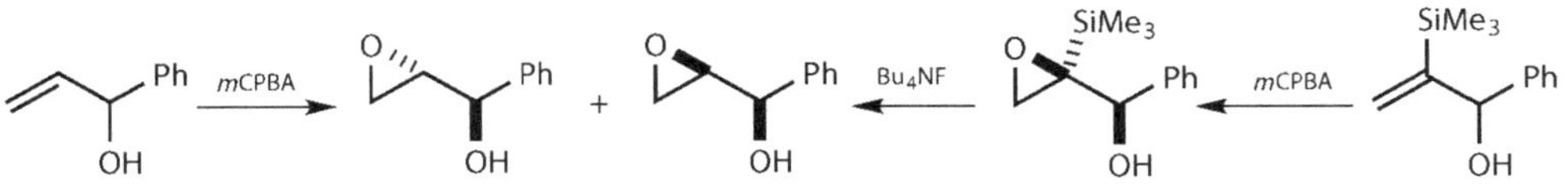

139 **140** 35:65 **141** **142**; 100% 产率 **143**

幸运的是，合成复杂的分子通常都包含空间位阻较大的烯丙醇的环氧化。最近比较突出的一个例子是 Isobe 的 11-deoxytetrodotoxin **146** 的合成[27]。**146** 是臭名昭著的有毒的日本河豚（puffer fish）的代谢产物之一。环氧化烯丙醇 **144** 得到一个几乎 100%产率的区域和立体异构体 **145**。*m*CPBA 试剂用磷酸盐做缓冲，这解释了乙缩醛的存在：未被环氧化的双键在酸性更强的 NH 基团的烯丙位。

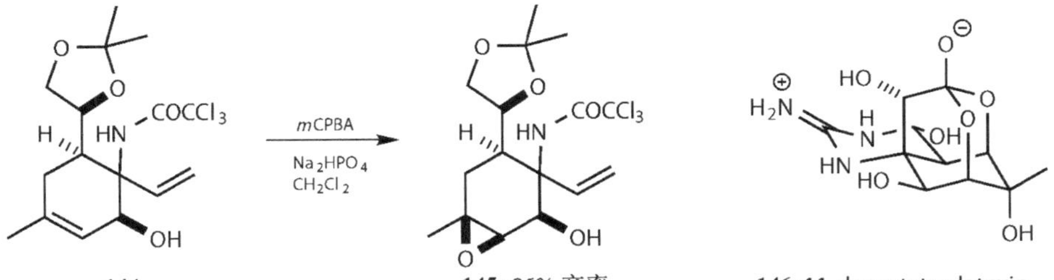

144 **145**; 96% 产率 **146**; 11-deoxytetrodotoxin

与亲核试剂的区域和立体化学控制的反应

我们现在终于回到这一章开始的主题：怎样能够在把烯丙基亲电试剂加成到其他分子的同时控制所考虑到的烯丙基体系的方方面面？我们需要控制：

- 烯丙基体系的哪一端受到攻击（区域选择性）。
- 烯丙基的哪一个面受到攻击（立体选择性）。
- 产物中烯烃的几何构型（立体选择性）。

在这些反应可用到的方法中，有两种比较突出：用于烯醇化物的选择性烯丙基化的 Claisen 型的［3，3］-σ 迁移重排以及更多钯的烯丙基阳离子化合物参与的反应。

Claisen-Cope 重排

Cope 重排是一个 1，5-二烯到另一个 1，5-二烯的［3，3］-σ 迁移重排反应。这个反应可能是可逆的或者因为一些原因如链张力的减小或者共轭程度的增加使得朝向一个方向或另一个方向进行。Claisen 型的 Cope 重排有一个固定的方向。在碳链中的氧原子在产物中成为羰基，显然碳-氧双键比碳-碳双键更稳定[28]。

Corey 在赤霉酸（gibberellic acid）的合成中采用了 Cope 重排 **147**[29]。这个反应发生的动力是链的张力的减小（并二环产物 **148** 比桥式二环原料的张力小）以及共轭程度的增加。但是 Cope 重排很难应用并且没有一个通用的方法制备合适的起始原料。

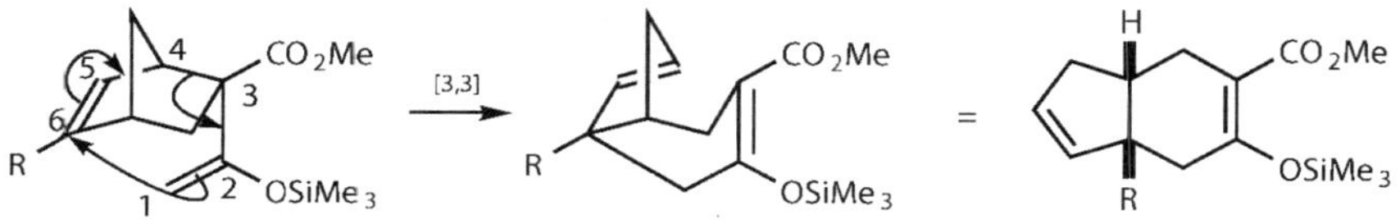

147　　**148**　　**148**

Claison-Cope 非常容易应用。原料是可以通过烯丙醇制得的烯丙基乙烯基醚 **149**。产物尽管可以通过烯醇（化物）的烯丙基化得到，但是 **150** 的断键也可以得到两个合成子。在这个简单的例子中，产物同样可以通过乙醛中的烯胺与烯丙基溴反应制得，但必须了解到更复杂的例子需要更多的控制。

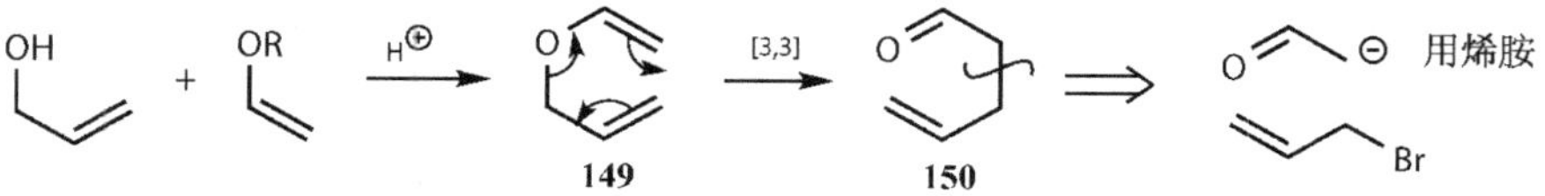

149　　**150**

原料由烯丙醇 **75** 与乙缩醛 **151** 或者乙烯基醚的醚交换制得。虽然这个反应需要酸性催化剂，但是它一定不能强到使得烯丙醇异构化，所以羧酸如丙酸就足够了。醛 **152** 的衍生物、酮、酸和酰胺 **155** 都可以使用。以下是醛 **153** 和酰胺 **156** 的例子。

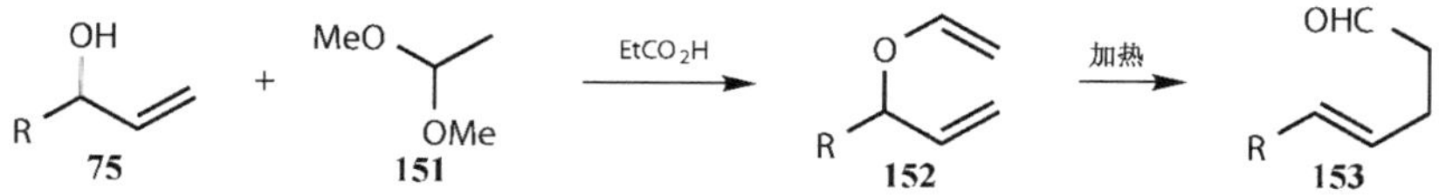

75　　**151**　　**152**　　**153**

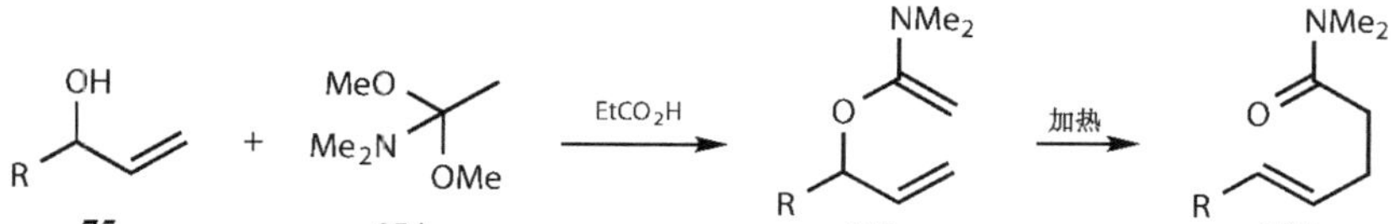

75　　**154**　　**155**　　**156**

区域控制很容易解释：分子的烯丙基部分被由内翻出（你也可以说是由后到前）从而在烯烃的羟基的另一侧形成新的碳-碳键。因为较高度取代的烯烃（如香叶醇 **157**）更易形成烯丙醇，所以事实上较“困难”的烯丙基化的产物更容易得到[30]。

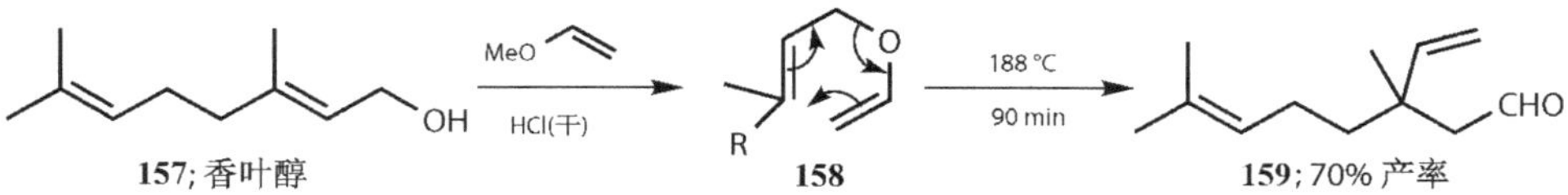

157; 香叶醇 **158** **159**; 70% 产率

烯烃的立体化学需要稍微解释一下。过渡态是个椅式构象的六元环，R 基处在 **161** 六元环的平伏键位置。这样得到 *E*-式的烯烃产物。这些反应和我们看到的［2，3］-迁移一样都是 *E*-选择性的。过渡态 **161** 黑体键表示正在形成的烯烃的 *trans*-重排。

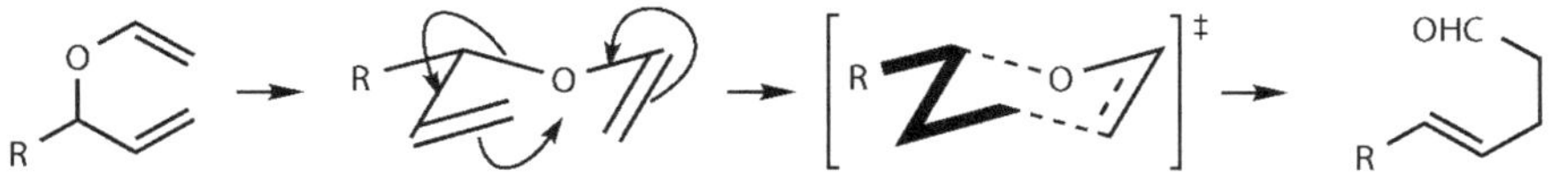

152 **160** **161** **153**

一个例子是 Ficini 和她的研究小组在菊酸（chrysanthemic acid）合成中的酯 **164** 的制备[31]。还原 **162** 得到烯丙醇 **163**，然后和原乙酸三乙酯发生［2，3］-Claisen 重排一步反应得到产物 **164**。

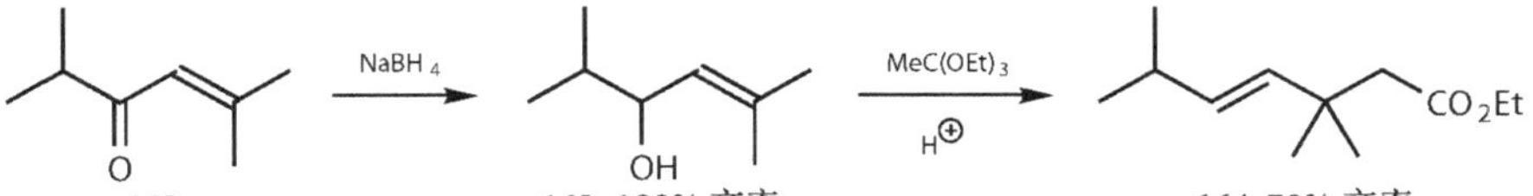

162 **163**; 100% 产率 **164**; 70% 产率

Claisen-Cope 重排的立体化学

只要使用合适的烯丙醇，控制原料的烯丙基醚部分的几何构型是很容易的。因为烯烃在醚交换反应中形成，所以控制乙烯基醚相对更加困难一点。如果乙烯基醚是环状的，那么这个问题就不存在了。由环戊酮与烯丙醇丁二烯-1-醇 **8** 制得的烯丙基乙烯基醚 **165** 与催化剂 2，6-二甲基苯酚重排得到烯丙基化的非对映异构体产物 **168**[32]。它的立体选择性很容易通过 **167** 的椅式过渡态预测。

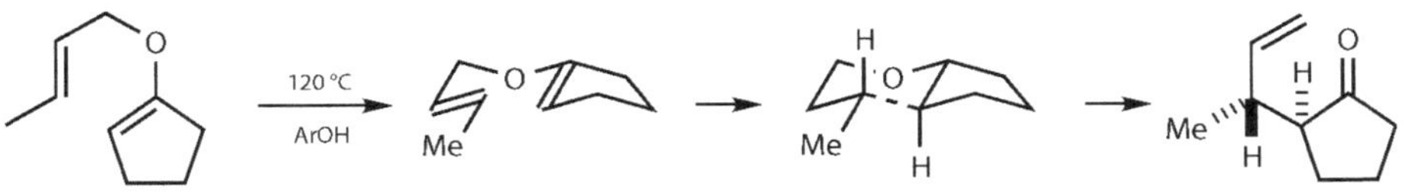

165 **166** **167** **168**

如果使用 Pd(Ⅱ) 催化剂，则得到非对映异构体 **170**。可能是 Pd 与两个双键都配位从而在反应中得到一个船式构象 **169**。在这两种情况下，较困难的区域化学是立体化学控制的额外品。

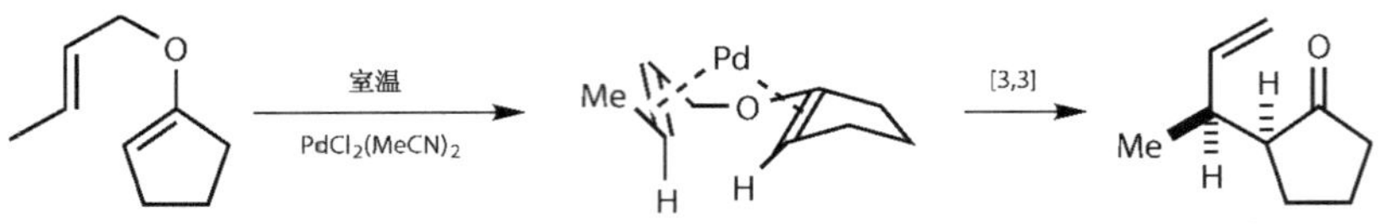

最容易发现 Claisen-Cope 重排断键的是逆向反应。首先你必须认识到这是很值得做的并且最简单的线索是找到两个终端的 π 键（双键或者羰基），使 1，6-位相连接。这里有一个困难的例子，制备一个八元环 **171**。同时这个例子也表明了制得烯醇醚的不同方法[33]。从 **173a** 逆向看，［3，3］反应比较困难，但是重绘一下结构得到 **173** 则要简单得多。

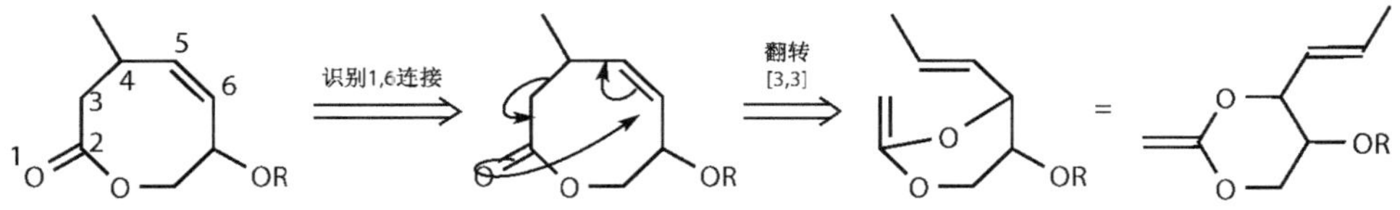

这个特别的烯醇醚也是乙缩醛（乙烯酮缩二乙醇），所以我们应该能够从二醇 **174** 得到它。它有 1，2 和 1，3-二氧关系，我们更倾向于断开 1,3，因为我们将可以使用某种羟醛缩合反应。

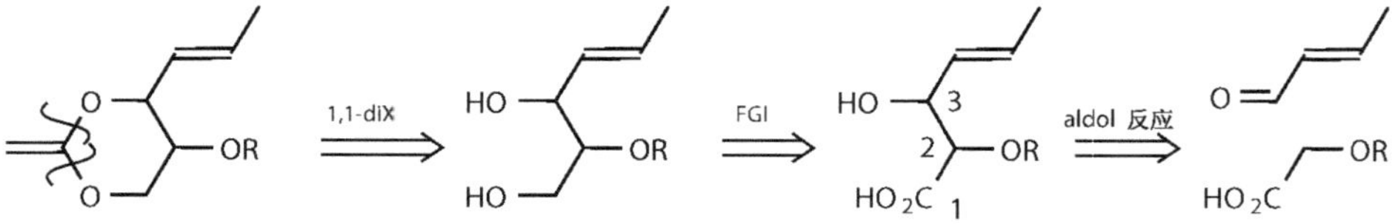

这里同样需考虑立体化学。Holmes 用 Evans 不对称 aldol 反应（第 27 章）得到初始原料 **174**；R＝Bn。任何的烯丙基乙烯基醚试剂的形成都不涉及烯丙醇立体化学的改变——这是在烯丙基醚或者乙缩醛中心的乙缩醛交换。因为硒氧化物在室温下容易消除，烯醇醚被硒试剂加成得到锡化合物 **175**（第 32 章）。当发生［3，3］-迁移时，立体化学与 **177** 保持一致。

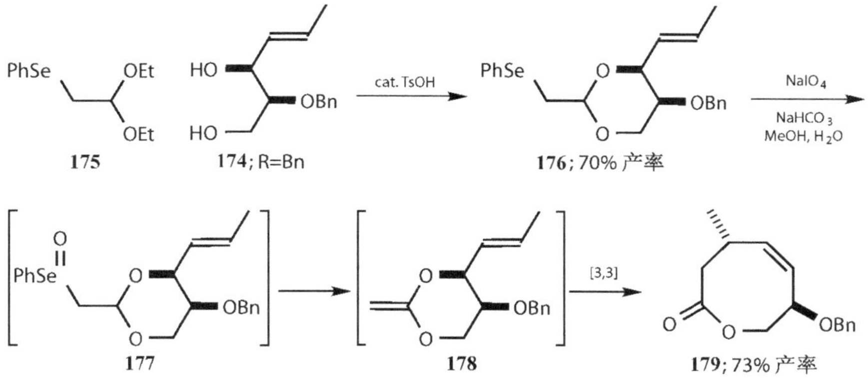

Claisen-Ireland 重排

一个特别的应用是由烯丙基酯的硅基烯醇醚作为原料：这就是我们所知道的 Claisen-Ireland 反应。在低温下，酯在 LDA 的作用下通常形成 *E*-式的烯醇化物。因为 *E*/*Z* 取决于取代基的等级，但当应用于烯醇的衍生酯时则非常地荒谬。锂的烯醇化物（Li<C）会与硅基烯醇醚（Si>C）有相反的立体化学，所以统一的规则是任何金属-氧键均比其他的键优先。**180** 的机理可能提示你这样做的理由——详情见第 4 章。

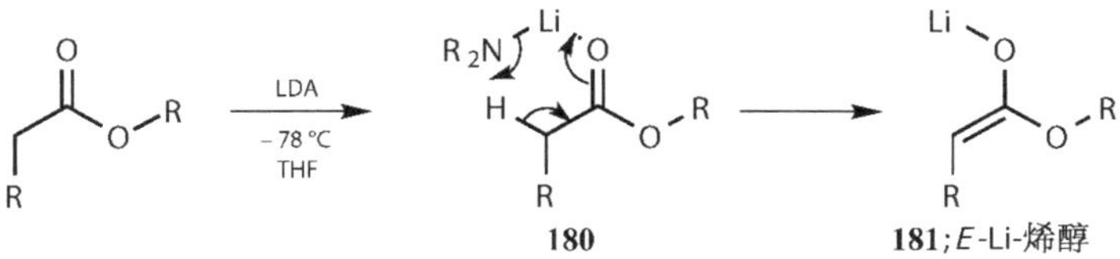

对于烯丙基酯 **182** 这也是符合的，所以如果烯醇锂被硅基化得到 **183**，在 Claisen-Cope 重排中两个双键的几何构型都能被控制。画出 **183a** 到 **184** 的重排的椅式构型可以得到预测的非对映异构体产物 **185**。

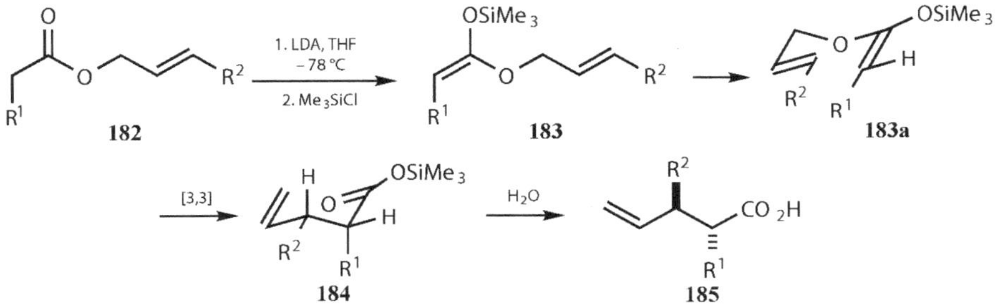

Ireland 也发现了一个高效的生成 *Z*-式烯醇的方法[34]。需要的只是在制备烯

醇锂的过程中在溶剂中添加 HMPA（六甲基磷酰胺 **189**）。这个锂的极好的配体（尽管它具有致癌性）改变了立体化学使得形成更加稳定的 *Z*-硅基烯醇醚 **186**，最终得到相反立体化学的产物 **188**。

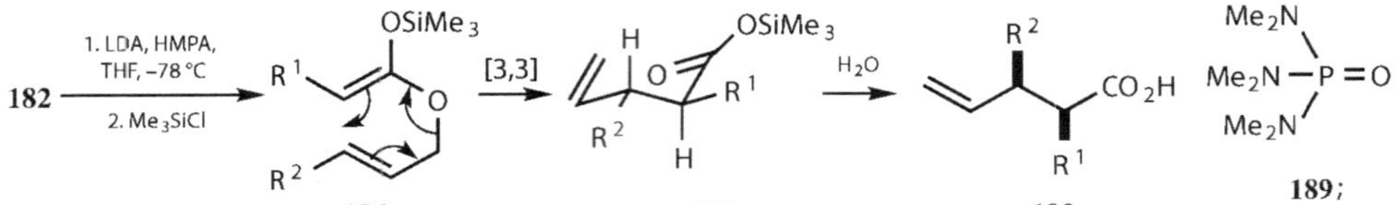

事实上，这个反应制得的大多数复杂的聚醚抗生素用的是环状的烯丙醇，并且在 Claisen-Ireland 重排中更倾向于形成船式构象。一个简单的例子是四氢呋喃 **190**，从糖制备得到简单的对映体（在第 21 章我们称之为“手性源”策略）。**190** 经酰基化得到 *E*-选择性的硅基烯醇醚 **191**，进一步经 Claisen-Ireland 重排得到一个非对映异构体产物 **192**[35]。

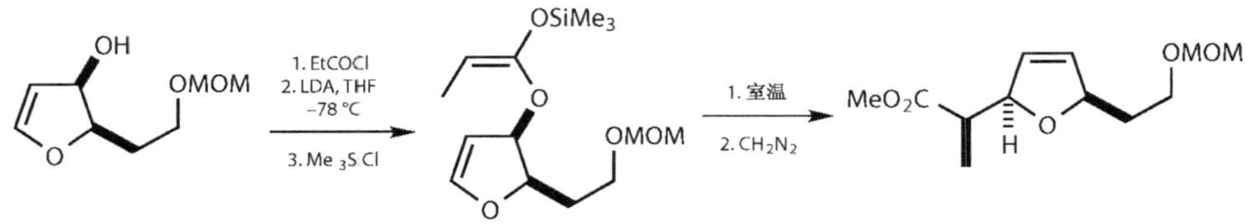

观察到的立体化学需要烯醇醚跨越五元环 **193**（这个固定了环的新的中心的立体化学）的顶面同侧转移，而侧链远离环形成一个船式构象。侧链中心的立体化学由烯醇的几何结构决定：*E*-式的烯醇醚的甲基处于杂环的上方 **194**。

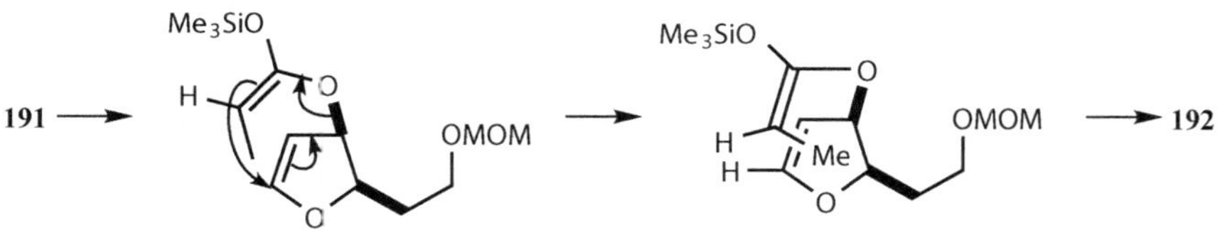

这个结果警示我们在椅式和船式过渡态之间的选择是非常狭窄的。通常来说，开链的倾向于椅式而环链则船式较多，但并非绝对。尽管有些明显的缺点，Ireland 版的 Claisen 重排是合成复杂分子的非常普遍的方法。Ireland 自己用这种方法合成了一系列的聚醚抗生素。这些合成超出了本书的范围，但是值得一读[36]。

当两个双键（烯丙基和乙烯基醚）都在环内，立体化学的问题则要简单得多。这个反应不可避免地导致环的收缩。一个简单的例子就是 Funk[37] 从七元酮

195 合成菊酸（chrysanthemic acid）**197**。硅基烯醇醚 **196** 重排高产率的得到 *cis*-菊酸。在这个有限的分子中椅式过渡态是不可能的。

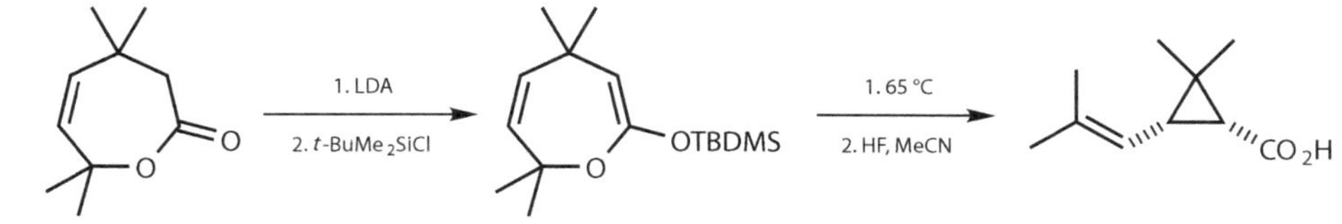

195 **196**; 97% 产率 **197**; 94% 产率

Knight 合成（—）-*α*-红藻氨酸提供了一个杂环的例子[38]。天然天冬氨酸与三烯丙基氯 **198** 偶联得到保护了的烯丙醇 **200**。去保护和内酯化得到 Claisen 重排的原料，九元环的含氮的内酯 **201**。

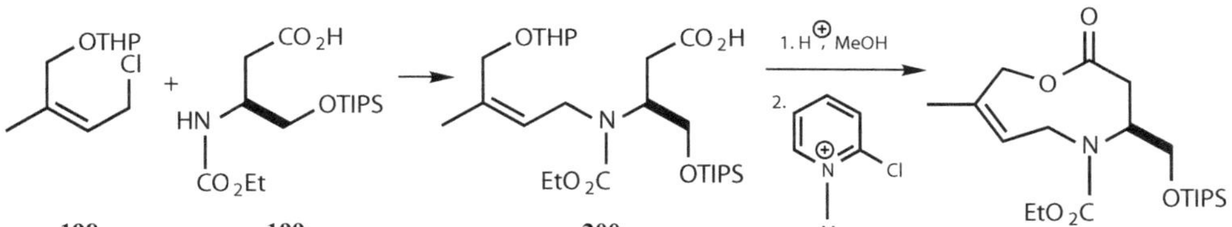

198 **199** **200** **201**

烯醇锂化物的形成和捕获仅产生 *E*-式的硅基烯醇醚 **202**（在环中是一个 *cis*-烯烃）。因为是一个环烯醇醚，容易形成船式过渡态，非对映异构体 **203** 的形成则肯定了它的正确性。**204** 和 **205** 阐明了反应分子的构象、机理以及产物的立体化学。产物经过几步转化得到红藻氨酸 **206**。

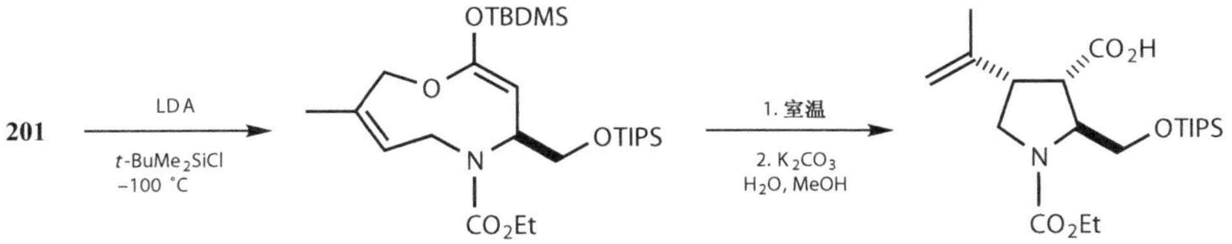

202 **203**

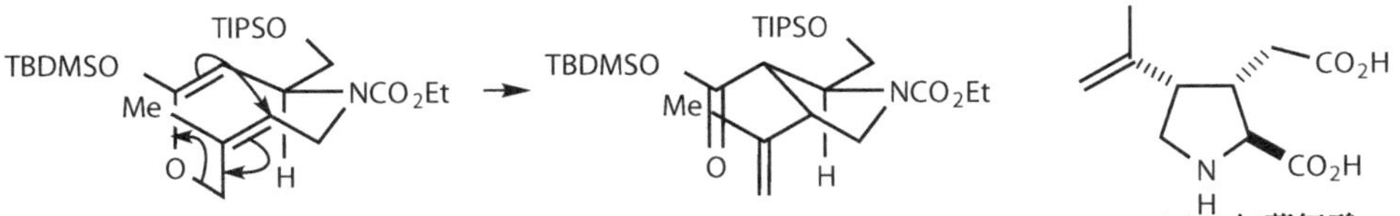

204 **205** **206**; (−)-a-红藻氨酸

这个重要反应最近的一些发展帮助揭示了 2D 和 3D 立体化学之间的关系。磷脂酶抑制剂 cinatrin B 的合成表明了一个重要的立体化学问题[39]。Cinatrin 具有螺环内酯结构。每一个环都有手性中心并且螺原子也是手性的。很难把立体化学与这些直角的环联系起来。第二个内酯可能需要使用对双键环加成的方法，如

208 可由烯醇化合物 **209** 烯丙基化得到。显然，一些保护是需要的。

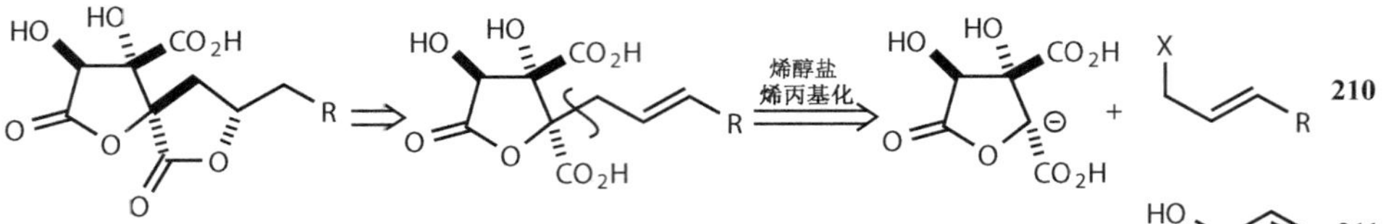

207; R = *n*-C_9H_{19} (–)-cinatrin B　**208**　**209**　**210**　**211**

选用 **212** 为起始原料，因为它可以从天然的树胶醛醣得到并且含有足够的官能团。**212** 与外消旋的醇 **211** 酯化反应得到混合的酯 **213**。但是这并不要紧，因为在 Claisen-Ireland 重排中手性中心被破坏产生 **214**，但是得到的是非对映异构体的混合物（43 ∶ 57）。

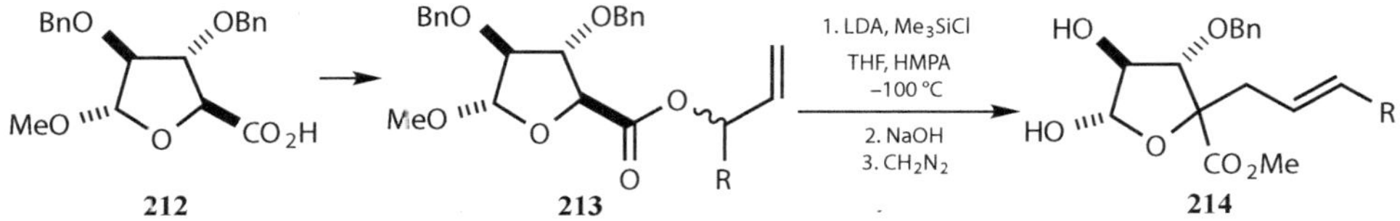

212　**213**　**214**

使用光学纯的 **211** 显示了非常惊人的立体专一性。一个对映异构体 **215** 产生需要的非对映异构体 **216**，因此碘代内酯 **217** 在螺中心和新环的内酯中心都有正确的立体化学。脱碘，选择性氧化再加成一个 d^1 试剂得到（－)-cinatrin B。

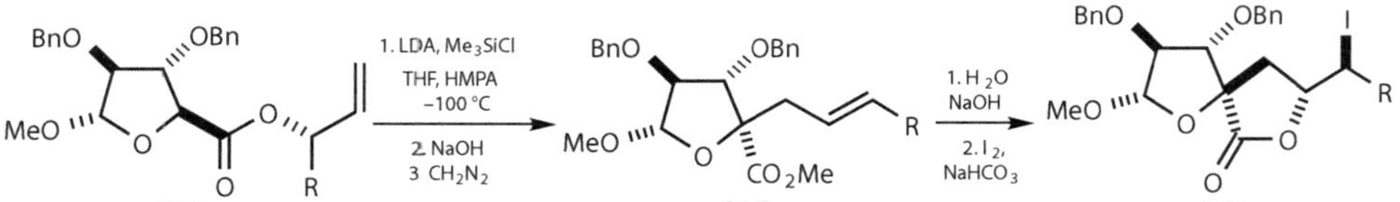

215　**216**　**217**

Claisen-Cope 重排的范围非常广，但是除少数最难的问题之外你已经有了足够关于机理的和立体化学的细节的知识去解释。断键非常简单，与这个反应相应的是烯醇化合物的烯丙基化。倘若你记得翻查烯丙基体系，你就能找到初始的原料。剩下的只是选择用什么方法以及如何控制立体化学。当然，你必须自己合成原料。

钯催化的烯丙醇的反应

在第 18 章我们介绍了 Heck 反应是一种亲核试剂对亲电烯烃加成的方法。在那里我们讨论了机理的细节。对于烯丙醇 **218** 这个反应同样可以发生，这也是制备羰基化合物特别是醛的好方法。**219** 作为金属有机化合物对烯醛的另一种共轭加成表现出比较差的区域选择性（第 9 章）。

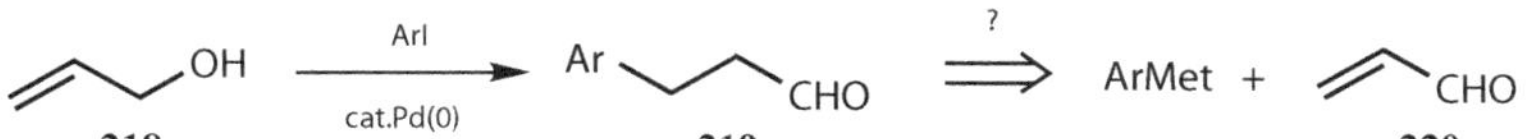

218 219 220

氧化插入形成芳基钯（Ⅱ）化合物 ArPdI，接着形成 π-络合物，芳基从 Pd 转移到烯烃上 **221**，然后 β-消除 **222** 得到产物 **223**。Pd 上的其他配体在这里都忽略了。

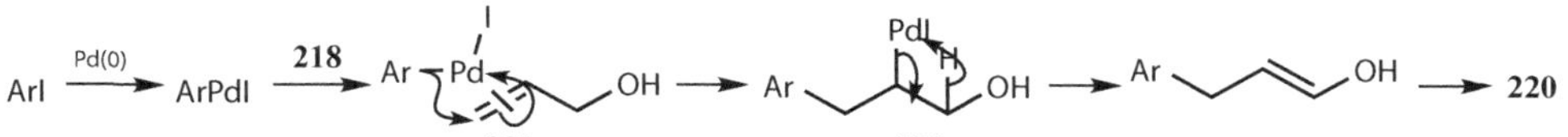

221 222 223

它的区域选择性并没有烯丙醇与不饱和羰基化合物的反应那样好，因为只有一个空间因素影响芳基转移到双键。**224** 和 **226** 的例子表明如何通过其他的取代提高区域选择性[40]。

218；**224**；71% 产率，84:16 区域选择性；**225**；**226**；96% 产率，95:5 区域选择性

钯的乙酸烯丙酯络合物

烯丙醇 **218** 通过标准的方法可以转化为乙酸酯 **227**，如加入 Ac_2O/吡啶或者 DMAP，而不需要烯丙基重排。与 Pd（0）反应最初得到 π-络合物 **228**，但是当 Pd 原子贡献一对电子，失去乙酸酯形成 Pd（Ⅱ）的 η^3-烯丙基阳离子 **229** 络合物。

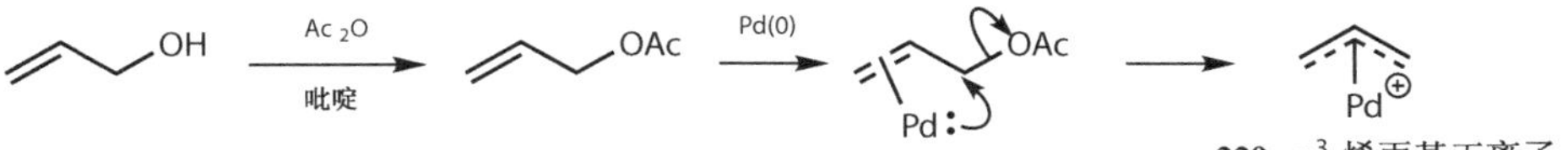

218 烯丙基醇；**227** 烯丙基酯；**228** π-络合物；**229**；η^3-烯丙基正离子 Pd(II) 络合物

这些烯丙基阳离子络合物 **229** 是亲电的，能和很多亲核试剂反应。最显著的是和稳定化的 β-二羰基化合物的烯醇化物反应，如丙二酸。中间体也是 Pd（0）的 π-络合物 **230**，但是没有其他离去基团，所以 Pd（0）脱下来重新参与第二循环的反应。尽管这个反应严格需要 Pd（0），更加方便的是 Pd（Ⅱ）通常和膦配体一起使用，还原得到 Pd（0）因为膦配体是还原试剂或者通过氧钯化和 β-消除。

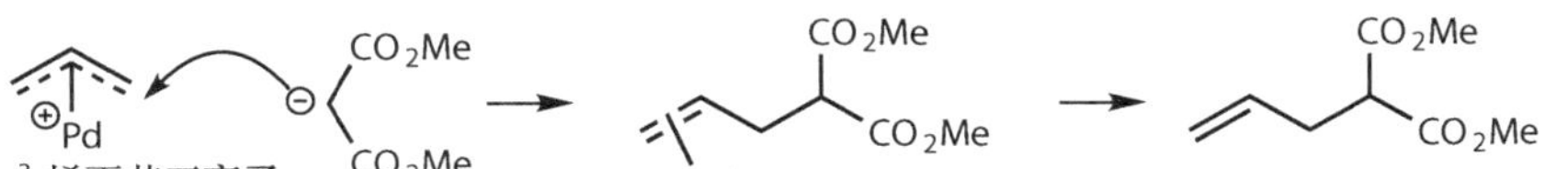

229；η^3-烯丙苯正离子 Pd(II) 络合物；**230**；π-Pd(0) 的下络合物；**231** + Pd(0)

烯丙基阳离子中 Pd（Ⅱ）与烯丙基平面处在合适的角度并且差不多在三角形的中间。它没有了区域化学选择性是因为通过其他区域异构体也可以得到相同的络合物。这个反应的一些简单的形式还是很有用的——香叶乙酸酯 **232** 仅在烯

丙基乙酸酯部分的双键反应，从而主要得到从位阻较小侧进攻烯丙基阳离子的产物[41]。当丙二酸是亲核的，区域选择性是 9∶1，倾向于进攻端基的碳。得到砜 **233** 时，这个反应是完全区域选择性的。

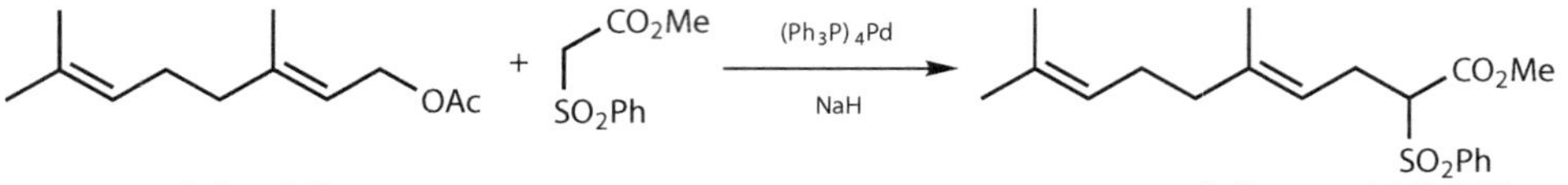

232; 香叶乙酸酯　　**233**　　**234**; 84% 产率 (>97:3 区域选择)

你会很高兴这些产物的酯基可以通过水解或者脱羧除去。砜可以通过还原去除，如通过乙醇和钠的混合物——这是“溶解金属”还原，机理是类似 Birch 还原的电子转移。

烯丙基钯阳离子络合物的立体化学

这方面化学最重要的就是立体选择性。原料中双键的立体化学将被完整地保留。这对于刚刚描述过的香叶乙酸酯并不奇怪，对于 *Z*-式的橙花醇乙酸酯 **235** 也是这样的。区域选择性比较差（90∶10，更倾向于进攻端基），但是主要产品都保留了 *Z*-式，在反应过程中没有发生扭转。

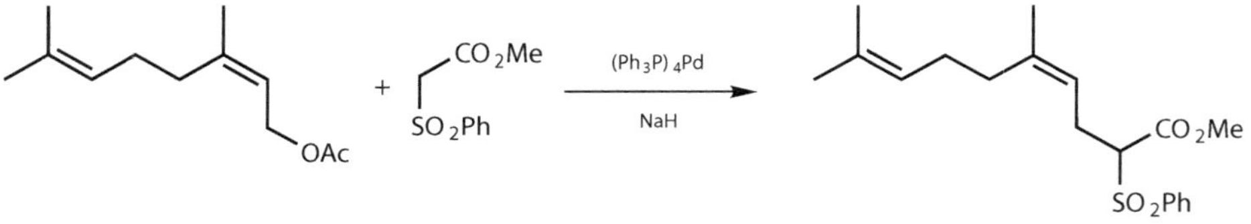

235; 橙花醇乙酸酯　　**233**　　**236**; 74% 产率 (90:10 区域选择)

在三维上，这个反应通过两次翻转保留了立体专一性。Pd 从离去基团的对面靠近烯烃，而亲核试剂也从相反面靠近 Pd。这在两个非对映异构体 **237** 和 **240** 与丙二酸的反应中可以很清楚地看出来（注意：如果这些化合物是外消旋的，那么不管从哪侧进攻 η^3-烯丙基阳离子 **238** 和 **241** 都将得到外消旋的产物）。

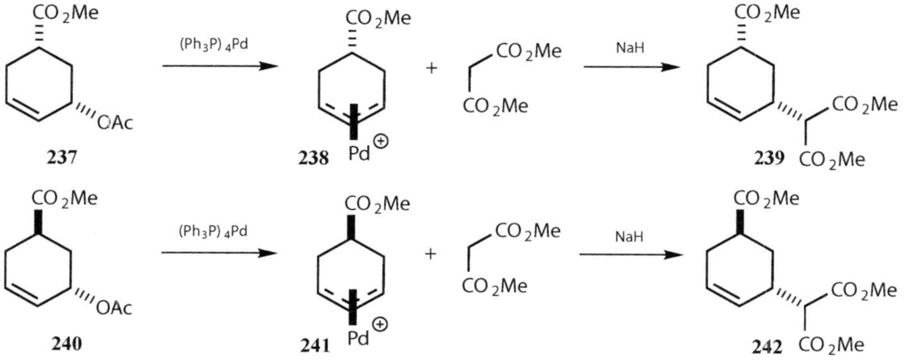

立体和区域化学结合在一起会非常强有力。内酯 **243** 与丙二酸酯反应得到一个区域和立体异构体三酯产物 **244**[41]。

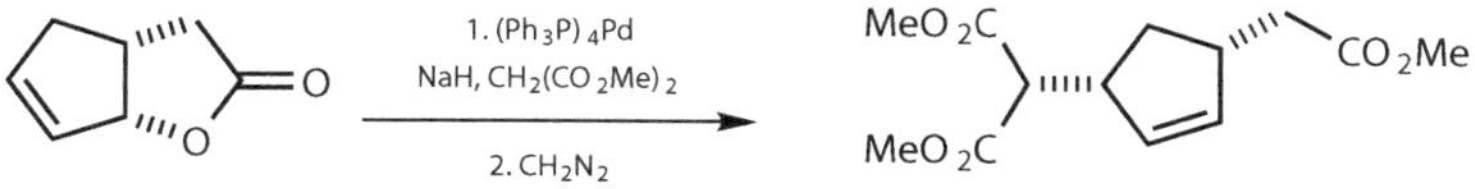

243　　**244**; 84% 产率

在烯烃的顶面，羧酸酯离去基团相反的面，Pd 形成了 π-络合物 **245**。亲核试剂从相反的面进攻 Pd。η^3-烯丙基阳离子是不对称的并且亲核试剂从位阻较小的一侧加成。选择性非常显著因为原料是折叠的分子并且 Pd 倾向于加成到双键的 *exo*-面。因为 CH_2CO_2—侧链的位阻效应，亲核试剂倾向于在远离这个侧链的位置加成（如 **246**）。

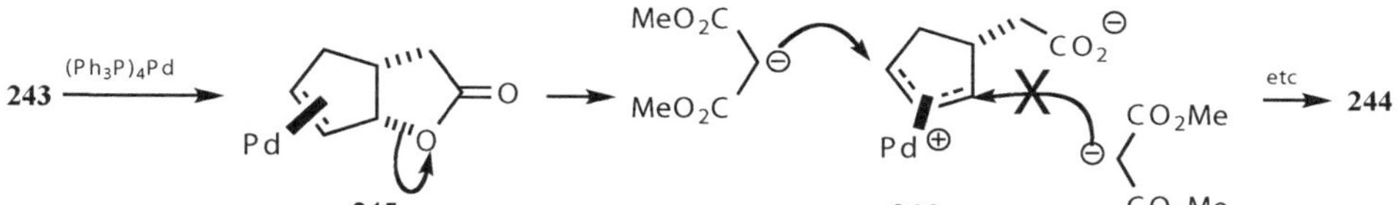

245　　**246**

当这个反应是分子内的反应，那么环的大小将同时影响烯烃的区域选择性和立体选择性。通常来讲，相比较中环（八元至十三元），我们更希望是小一点或者大一点的环。例如，七元环不可能形成 *E*-式的双键。所以进攻 **247** 的烯丙基体系的端头得到完全 *E*-选择性的十六元大环 **248** 并不奇怪。这是一个合成大环内酯化合物的好方法[42]。

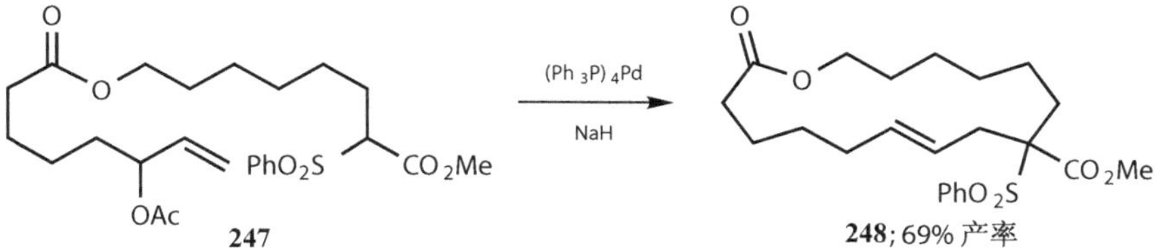

247　　**248**; 69% 产率

然而，*E*-烯丙基乙酸酯 **249** 形成 *Z*-式双键的八元环 **253**，只生成 6％的六元环副产物 **250**，Trost[42]称之为“令人震惊的偏好八元环”。显然 η^3-烯丙基阳离子化合物的几何结构在反应中会改变，并且看上去这似乎是分子内反应的特例。最初形成的 η^3-烯丙基阳离子 **251** 可以环化形成六元环或者非常不稳定的 *E*-式八元环异构体。旋转成其他 η^3-烯丙基阳离子络合物 **252** 比环化的速率快，于是新形成的化合物可以环化成任何一种产物。

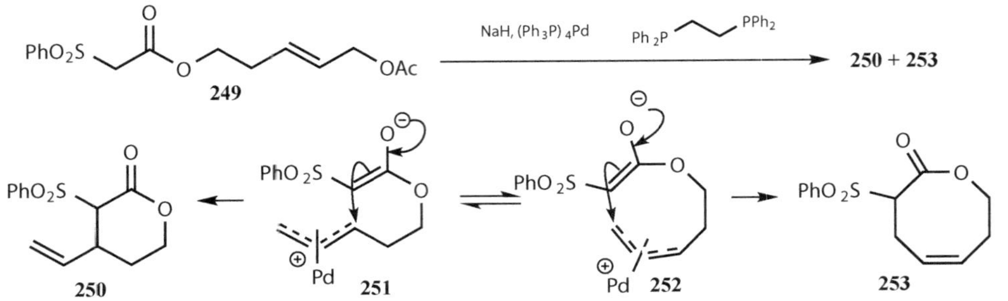

加成反应的区域选择性受到官能团的影响。在菊酸的另一个合成中，Ficini[43]把 *cis*-(*Z*)-烯基二醇 **254** 和丙二酸只得到产率为 80%的 *trans*-加成产物 **255**。

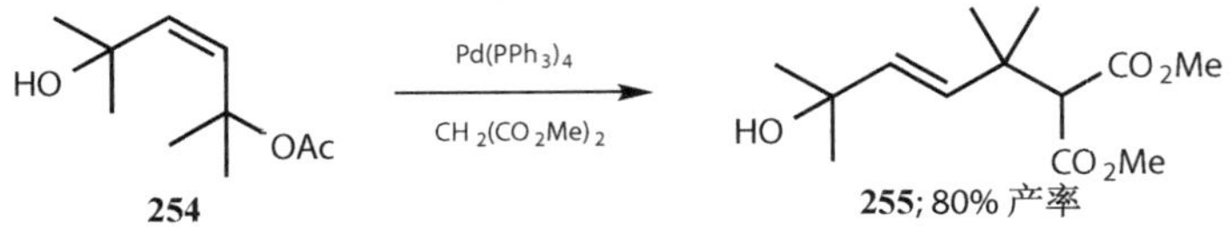

显然 η^3-烯丙基阳离子 *cis*/*trans* 的转化比加成快。区域选择性是很显著的。可能是靠近烯烃的 Me_2COH 空间阻力比三级碳中心大或者羟基电子排斥亲核试剂的进攻，所以发生简单的 S_N2 反应。在接下来部分我们将看到二烯的单氧化物在反应中相关的区域选择性。

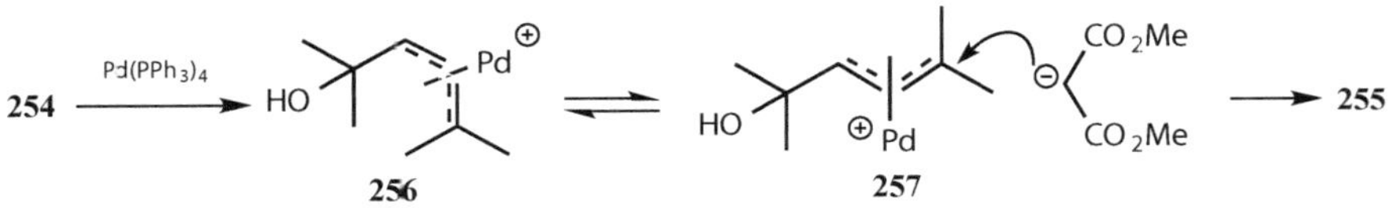

共轭和拉电子的基团如 CN 和 CO_2R 使得烯丙基阳离子化合物的末端更加亲电。CN 取代的化合物 **259** 很容易通过烯醛 **258** 的氰醇化得到[44]。表面上看，这像 Heck 反应但是亲核试剂是从不同的位置加成上去的。这些络合物是有极性翻转的 a^4 合成子的反应试剂 **262**，而 Heck 反应通过天然的共轭加成得到产物（a^3 **263**）。产物 **261** 是 *E*/*Z* 混合物：如果酯基（CO_2Me）是活性基团，则只有 *E*-式异构体产生。

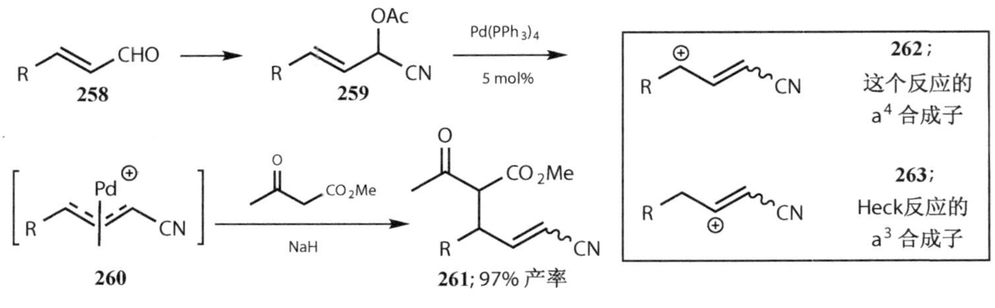

钯和二烯的单环氧化物

烯丙基乙酸酯反应比较灵巧的变化是 Pd 催化的二烯单环氧化物与亲核试剂的反应。这些单环氧化物可以由两条主要途径得到。如果二烯是对称的 **264**，环氧化一个烯键比环氧化单环氧化物快，因为二烯的 HOMO（$\psi 2$）的能量更高，所以比烯烃的 HOMO（π）更加亲核。只不过需要缓冲单环氧化试剂，因为这些单环氧化物 **265** 对酸敏感（第 17 章）。

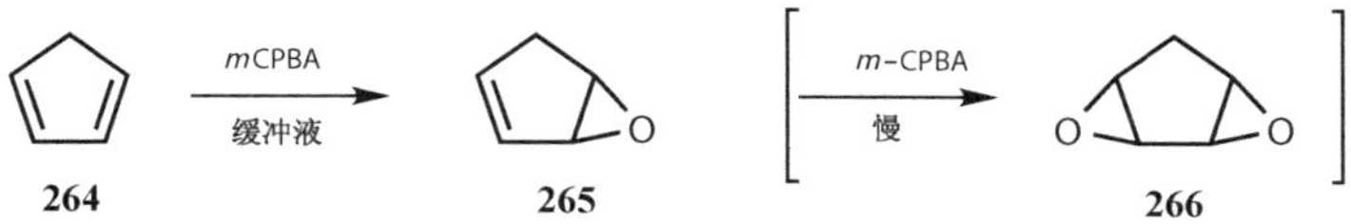

264 **265** **266**

如果二烯是不对称的，特别是想要得到较少取代因而亲核性较差的双键的单环氧化物时，需要其他替代的方法。烯基酮 **269** 反应产生环氧化物 **270** 和 **267**。经由硫叶立德直接把烯基酮转化为环氧化物，而碱催化的环氧化，随后进行 Wittig 反应得到 **267**。

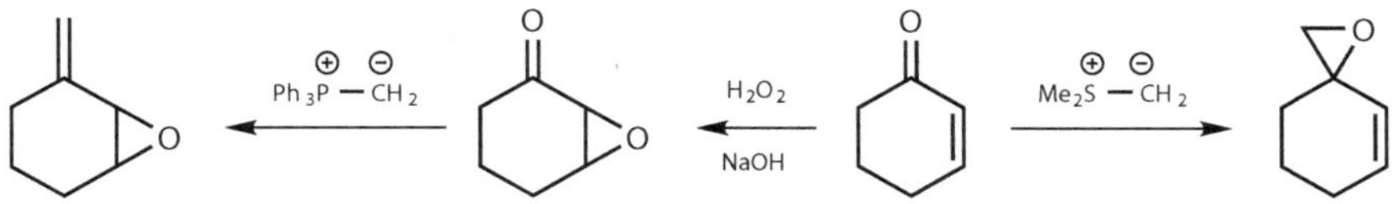

267 **268** **269** **270**

Pd(0) 的环氧化反应遵循烯丙基乙酸酯反应的模式。环氧化物的氧原子是个离去基团，但是醇盐中间体有足够强的碱性去除亲核试剂的质子，像丙二酸就不需要再加碱。用环戊二烯一氧化物 **265** 得到一个区域和立体异构体 **275**[45]。Pd 从环的另一侧进攻环氧化物而亲核试剂在烯丙基阳离子远离羟基取代的一侧从 Pd 的反面进攻 **274**。

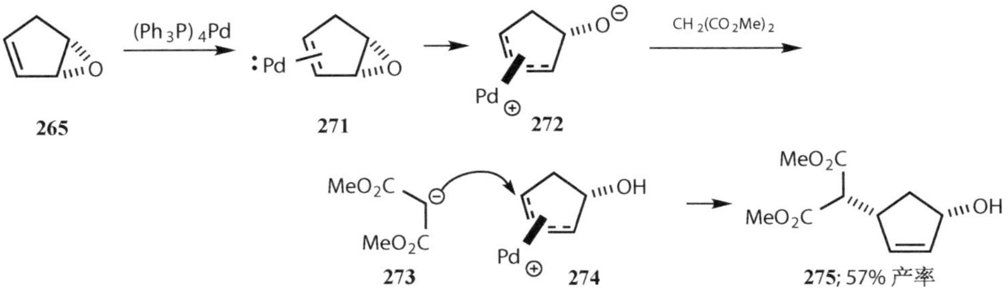

265 **271** **272** **273** **274** **275**; 57% 产率

一般来讲，取代发生在烯丙基阳离子空间位阻较小的一侧。不像烯丙基乙酸酯形成的阳离子，这些阳离子从来不是对称的——一端附近总是有成为环氧化氧原子的羟基。尽管在这里没有立体化学，两个异构体环氧化物 **267** 和 **270** 也生成异构体产物。

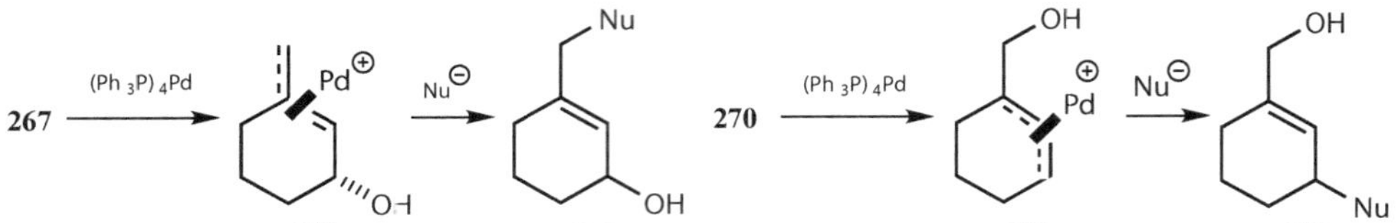

276　277　278　279

在最简单的端烯的开链环氧化的例子中[46]，反应主要在链的末端发生，产物绝大多数是 *E*-式异构体。

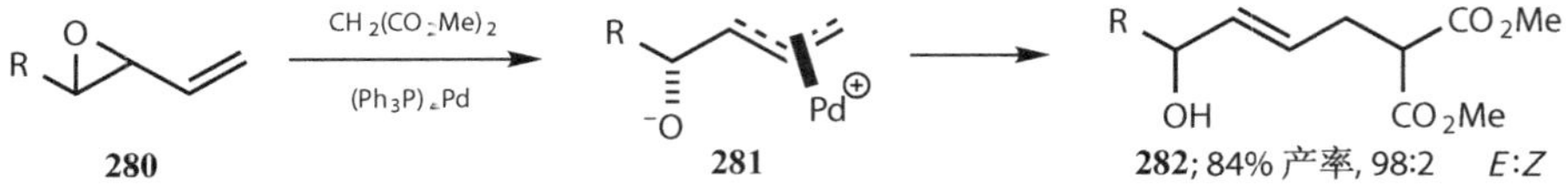

280　281　282; 84% 产率, 98:2　*E*:*Z*

远程手性的控制

烯丙基羧酸酯和环氧化物控制不但是紧靠着的潜立体中心，甚至远到 *trans*-烯烃的1，4位。这里有个例子是关于这一章早些时候通过［2，3］-σ 迁移重排解决的类似问题。特别地，像 **283** 这样的乙烯基内酯有特别的用途。Trost[47] 首先是用内酯 **283** 来检测区域化学，形成的 η^3-烯丙基阳离子 **284** 与烯醇化合物在远离羧酸酯的一端反应。双键沿着结构位移形成与内酯构象相对应的 *E*-式的 **285**。

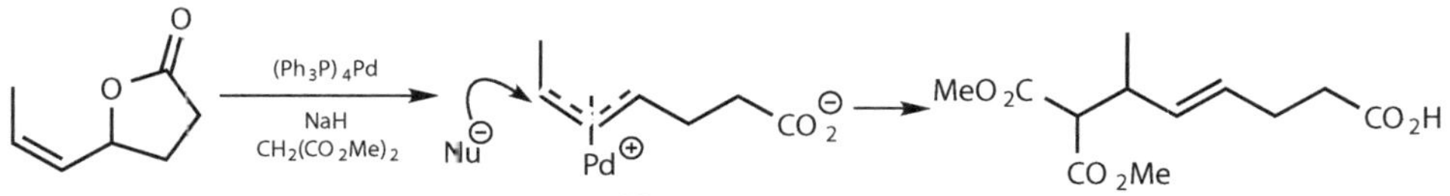

283　284　285; >95% 产率, >98% 区域选择性

再谈谈立体化学。如果单一的甲基化的内酯 **286** 的非对映异构体和同样的亲核试剂在同样的条件下反应，生成的单一的非对映异构体 **288** 的产率非常高。因为潜立体中心离得很远，所以很难区别两种非对映异构体，Trost 详细地解释了这个过程。

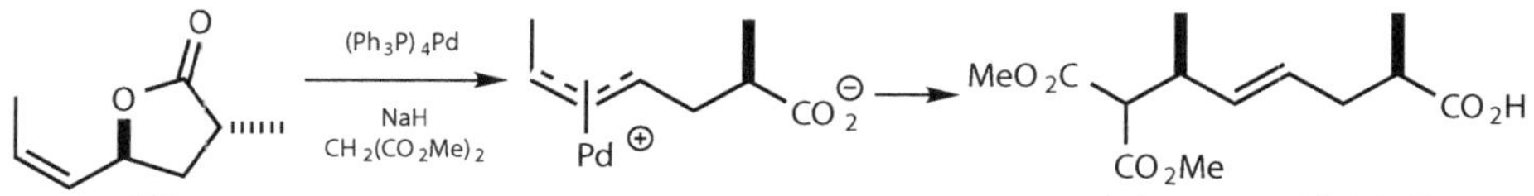

286　287　288; 90% 产率 >98% 区域选择性

这些反应同样应用于工业当中。日本 Teijin 公司用稳定的卡宾和烯丙基碳酸

盐反应制得稳定的 prostacyclin（PGI_2）的类似物 **290**。它被用于治疗一些循环系统疾病。环前列腺素 **289** 本身是个烯醇醚，用在医学上很不稳定[48]。

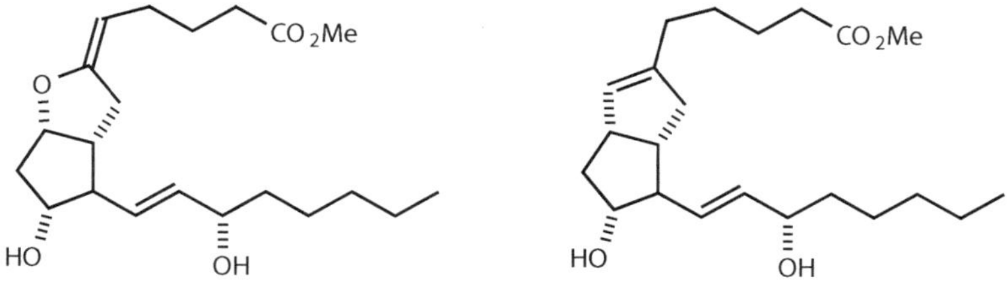

289; PGI_2 或 prostacyclin　　**290**; Teijin 异碳周环

这个反应用烯丙基碳酸盐 **291** 做原料形成常见的 Pd(0) 的 η^3-烯丙基阳离子络合物 **294**，尽管使用的是不常见的配位作用不强的配体二膦化物 **292**（$Ph_2PCH_2CH_2PPh_2$）。离去基团是碳酸盐阴离子 **293**。

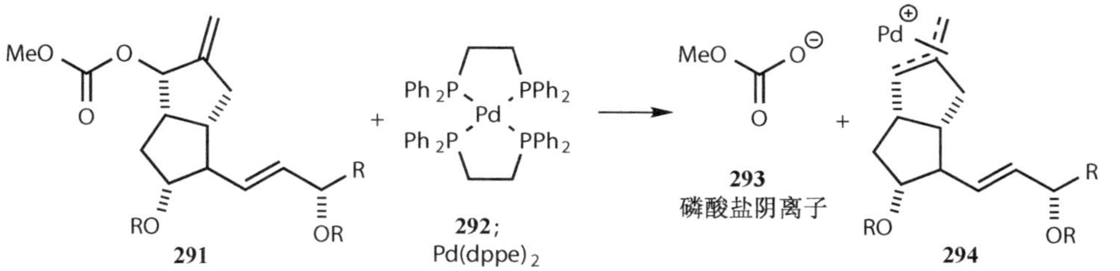

291　　**292**; Pd(dppe)$_2$　　**293** 磷酸盐阴离子　　**294**

碳酸盐阴离子失去 CO_2 生成甲氧基阴离子。与二烯单环氧化释放的阴离子一样，它有足够的碱性使亲核试剂二亚砜 **294** 发生去质子化。产物 **297** 有着 prostacyclin（环前列腺素）类似的骨架，只需要通过还原去掉亚砜。

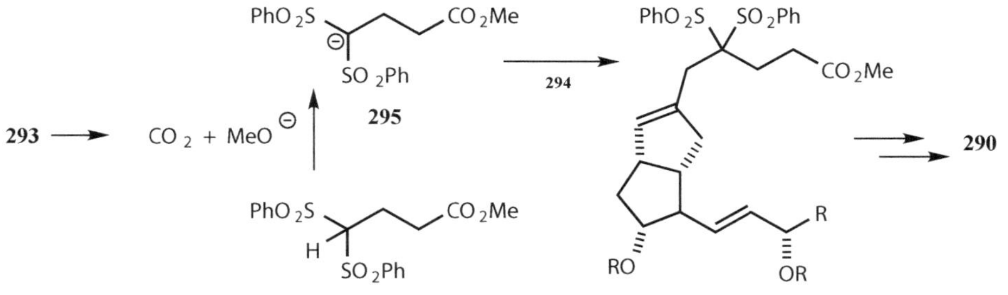

最新进展

Pd 催化的烯丙基酯和碳负离子的偶联已经推广到其他的反应。烯丙基碳酸盐 **299** 和硝基化合物 **300** 反应以不错的产率得到预期的产物 **301**。

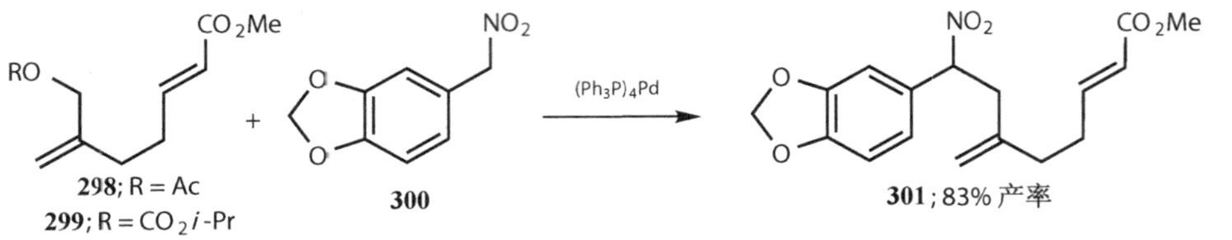

如果乙酸酯 **298** 用碱（这里是 Cs_2CO_3）催化，就接着进行一个由硝基稳定的负离子对不饱和酯的分子内的共轭加成形成六元环 **302**，反应的立体选择性很好。这个化合物被转化为生物碱 erythrina（**303**）[49]。

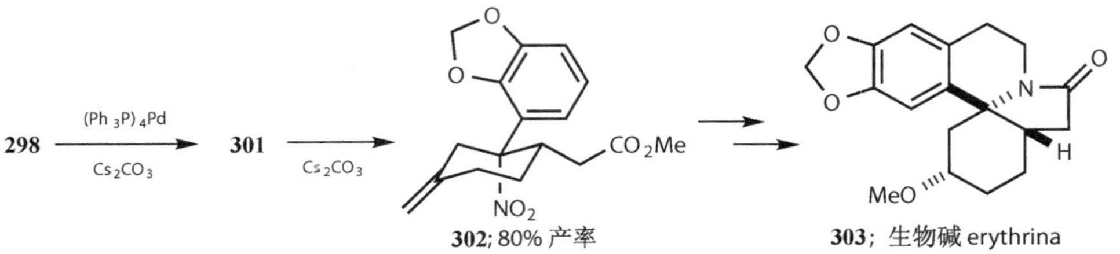

因为乙烯基锡烷（第 18 章）在 Pd（0）催化下与亲电试剂偶联，所以在相同条件下通过 Pd 催化的与烯丙基乙酸酯的反应制得亲电试剂就很有意义[50]。乙烯基锡烷 **304** 与较复杂的烯丙基乙酸 **305** 在 20% 的 Pd（0）催化下反应以较好的产率得到三烯 **306**[51]。

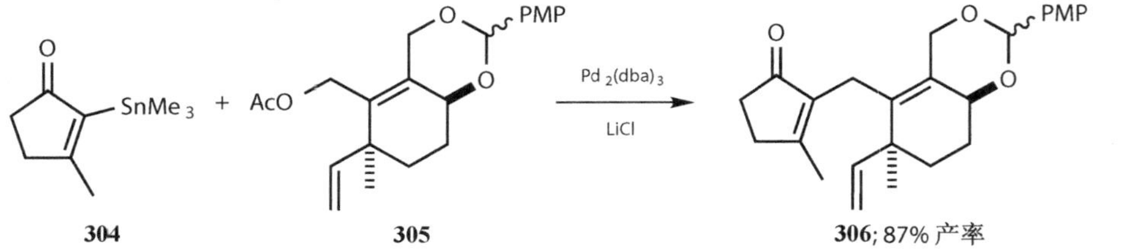

总结

烯丙醇和它们的衍生物的化学性质是非常丰富的。它们可以把烯丙基加成到别的分子上，反应有很好的区域和立体化学控制。这章介绍的方法，特别是 Pd 催化的反应和 σ-迁移重排，可能让我们合成其他复杂的目标分子。

参考文献

一般性参考文献列于 946 页。

1. J. F. Lane, J. D. Roberts, and W. G. Young, *J. Am. Chem. Soc.*, 1944, **66**, 543, J. F. Lane, J. Fentress and L. T. Sherwood, *J. Am. Chem. Soc.*, 1944, **66**, 545.
2. E. J. Corey, M. C. Desai and T. A. Engler, *J. Am. Chem. Soc.*, 1985, **107**, 4339.

3. E. J. Corey and D. J. Beames, *J. Am. Chem. Soc.*, 1972, **94**, 7210.
4. B. M. Trost and T. R. Verhoeven, *J. Org. Chem.*, 1976, **41**, 3215.
5. E. J. Corey and J. P. Dittami, *J. Am. Chem. Soc.*, 1985, **107**, 256.
6. C. Sreekumar, K. P. Darst, and W. C. Still, *J. Org. Chem.*, 1980, **45**, 4260.
7. D. A. Evans, G. C. Andrews, T. T. Fujimoto, and D. Wells, *Tetrahedron Lett.*, 1973, 1389.
8. D. A. Evans and G. C. Andrews, *Acc. Chem. Res.*, 1974, **7**, 147.
9. R. W. C. Cose, A. M. Davies, W. D. Ollis, C. Smith and I. O. Sutherland, *Chem. Comm.*, 1969, 293.
10. G. R. Heintzelman, W.-K. Fang, S. P. Keen, G. A. Wallace and S. M. Weinreb, *J. Am. Chem. Soc.*, 2002, **124**, 3939.
11. M. P. Savage and S. Trippett, *J. Chem. Soc.*, 1966, 1841; S. Demay, K. Harms and P. Knochel, *Tetrahedron Lett.*, 1999, **40**, 4981; F. Liron and P. Knochel, *Chem. Commun.*, 2004, 304.
12. K. Mikami and T. Nakai, *Synthesis*, 1991, 594.
13. K. Mikami, Y. Kimura, N. Kishi and T. Nakai, *J. Org. Chem.*, 1983, **48**, 279.
14. Clayden, *Organic Chemistry*, page 943.
15. W. C. Still and A. Mitra, *J. Am. Chem. Soc.*, 1978, **100**, 1927.
16. A. C. Bohnstedt, J. V. N. Prasad and D. H. Rich, *Tetrahedron Lett.*, 1993, **34**, 5217.
17. J. Mulzer and B. List, *Tetrahedron Lett.*, 1996, **37**, 2403.
18. H. E. Simmons, T. L. Cairns, S. A. Vladuchick and C. M. Hoiness, *Org. React.*, 1973, **20**, 1.
19. E. J. Corey, H. Yamamoto, D. K. Herron and K. Achiwa, *J. Am. Chem. Soc.*, 1970, **92**, 6635.
20. J. S. Swenton, A. R. Crumrine and T. J. Walker, *J. Am. Chem. Soc.*, 1970, **92**, 1406.
21. Y. Baba, G. Saha, S. Nakao, C. Iwata, T. Tanaka, T. Ibuka, H. Ohishi and Y. Takemoto, *J. Org. Chem.*, 2001, **66**, 81.
22. M. Koreeda and M. A. Ciufolini, *J. Am. Chem. Soc.*, 1982, **104**, 2308.
23. S. Ogawa and T. Takagaki, *J. Org. Chem.*, 1985, **50**, 2356.
24. A. S. Narula, *Tetrahedron Lett.*, 1981, **22**, 2017.
25. P. Chamberlain, M. L. Roberts and G. H. Whitham, *J. Chem. Soc. (B)*, 1970, 1374.
26. B. E. Rossiter, T. R. Verhoeven and K. B. Sharpless, *Tetrahedron Lett.*, 1979, 4733.
27. T. Nishikawa, M. Asai and M. Isobe, *J. Am. Chem. Soc.*, 2002, **124**, 7847.
28. S. J. Rhoads and R. N. Rawlins, *Org. React.*, 1975, **22**, 1.
29. E. J. Corey and J. E. Munroe, *J. Am. Chem. Soc.*, 1982, **104**, 6129.
30. S. Julia, M. Julia, H. Linarès and J.-C. Blondel, *Bull. Soc. Chim. Fr.*, 1962, 1947.
31. J. Ficini and J. d'Angelo, *Tetrahedron Lett.*, 1976, 2441.
32. K. Takai, I. Mori, K. Oshima and H. Nozaki, *Bull. Chem. Soc. Jap.*, 1984, **57**, 446; J. L. van der Baan and F. Bickelhaupt, *Tetrahedron Lett.*, 1986, **27**, 6267; K. Mikami, K. Takahashi and T. Nakai, *Tetrahedron Lett.*, 1987, **28**, 5879.
33. M. A. M. Fuhry, A. B. Holmes and D. R. Marshall, *J. Chem. Soc., Perkin Trans. 1*, 1993, 2743.
34. R. E. Ireland, R. H. Mueller and A. K. Willard, *J. Am. Chem. Soc.*, 1976, **98**, 2868.
35. R. E. Ireland and J.-P. Vervet, *J. Org. Chem.*, 1980, **45**, 4259.
36. R. E. Ireland, R. S. Meissner and M. A. Rizzacasa, *J. Am. Chem. Soc.*, 1993, **115**, 7166.
37. R. L. Funk and J. D. Munger, *J. Org. Chem.*, 1985, **50**, 707.
38. J. Cooper, D. W. Knight and P. T. Gallagher, *J. Chem. Soc., Perkin Trans. 1*, 1992, 553.
39. A. N. Cuzzupe, R. Di Florio and M. A. Rizzacasa, *J. Org. Chem.*, 2002, **67**, 4392.
40. J. B. Melpolder and R. F. Heck, *J. Org. Chem.*, 1976, **41**, 265; A. J. Chalk and A. Magennis, *J. Org. Chem.*, 1976, **41**, 273; *Review*: B. M. Trost, *J. Org. Chem.*, 2004, **69**, 5813.
41. B. M. Trost and T. R. Verhoeven, *J. Am. Chem. Soc.*, 1980, **102**, 4730.
42. B. M. Trost and T. R. Verhoeven, *J. Am. Chem. Soc.*, 1980, **102**, 4743.
43. J. P. Genêt, F. Piau and J. Ficini, *Tetrahedron Lett.*, 1980, **21**, 3183.
44. J. Tsuji, H. Ueno, Y. Kobayashi and H. Okumoto, *Tetrahedron Lett.*, 1981, **22**, 2573.
45. B. M. Trost and G. A. Molander, *J. Am. Chem. Soc.*, 1981, **103**, 5969.
46. J. C. Fiaud and J. L. Malleron, *Tetrahedron Lett.*, 1980, **21**, 4437.
47. B. M. Trost and T. P. Klun, *J. Am. Chem. Soc.*, 1979, **101**, 6756.
48. P. W. Collins and S. W. Djuric, *Chem. Rev.*, 1993, **93**, 1533; K. Bannai, T. Tanaka, N. Okamura, A. Hazato, S. Sugiura, K. Manabe, K. Tomimoro and S. Kurozumi, *Tetrahedron Lett.*, 1986, **27**, 6353.
49. C. Jousse-Karinthi, C. Riche, A. Chiarioni and D. Desmaële, *Eur. J. Org. Chem.*, 2001, 3631.
50. V. Farina, V. Krishnamurthi and W. J. Scott, *Org. React.*, 1997, **50**, 1.
51. W. D. Shipe and E. J. Sorensen, *Org. Lett.*, 2002, **4**, 2063.

D 部分：立体化学

20 立体化学控制——入门

引言

拒绝立体化学

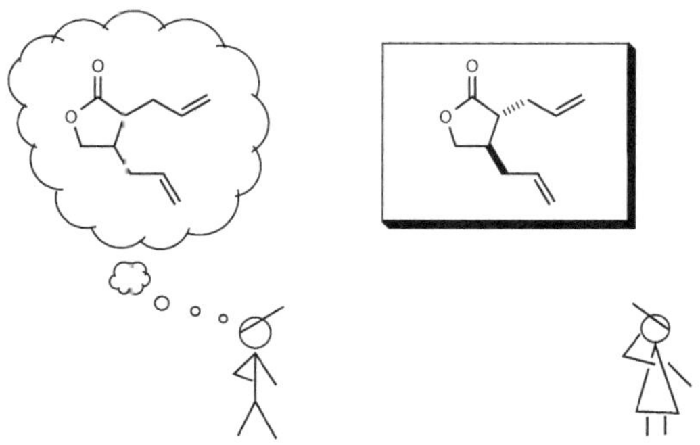

本章以及后面十章都是关于立体化学的。今天没有人会质疑立体化学的重要性，但是没有经验的本科生甚至是一些有实践经验的有机化学家，当面临一些立体化学的合成时，都会**忽略**立体化学，而只关注成键方面的东西。不难看出为什么一些人会“拒绝立体化学”。立体化学并不容易：它使事情变得复杂，对大多数化学家它可能是有机化学最困难的部分。我们只要看一下 20 世纪初期的文献就会发现合成的化合物都是非对映异构体混合物，那时的作者考虑不到这一点，产物最后的相对立体化学也不知道，在那个年代也不可能知道。但那只是发生在那时，现在就不一样了。

在本章我们将介绍立体化学的一些术语以及在后面章节用到的一些概念。如果你不熟悉其中的一些立体化学观点，那么本章将成为很好的“初次的考验”。别拖延——看完这部分其他章节（第 21～31 章）之后再回到这章的难点部分。

在开始第一部分之前，值得一提的是我们假定你知道：什么是对映异构体，什么是消旋体，什么是相对手性，什么是绝对手性[1]。我们同样假定你知道对映异构体过量这个概念[2]。

我们用到的词

四个酮

考虑以下四个酮 **1**～**4**。前三个是非手性的，最后一个是手性的并且是外消旋的。

1 非手性的

2 非手性的

3 非手性的

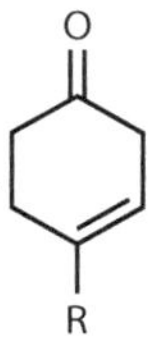

4 手性的

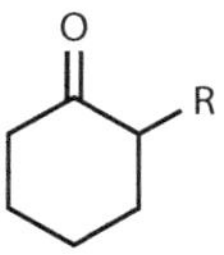

暂时假设这个六元环是平的（当然它们不是但这没关系），那么第一个分子有两个镜面穿过它——一个在纸面另一个是与纸面垂直的平面 **1a**。接下来的两个分子，**2** 和 **3**，每一个都有一个镜面。最后一个酮 **4** 没有镜面，只有一个潜手性中心。

1a 两个镜面

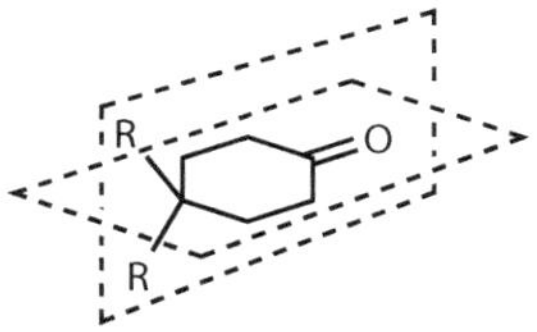

现在我们考虑这些酮分别与亲核试剂（Nu^-）的反应。在每一个例子中，sp^2 中心被 sp^3 中心替代得到醇 **5** ～**10**。

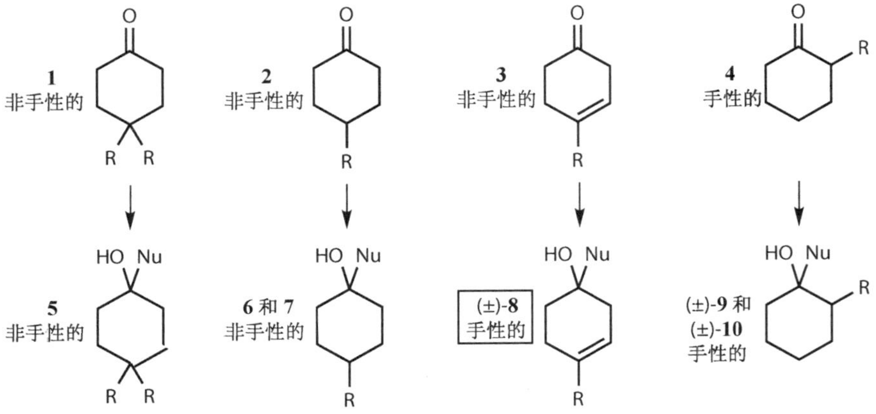

非对映异构体和非对映异构的

我们回到酮 **1**。对于酮 **2**，有两种可能的产物 **6** 和 **7**。亲核试剂可以从一面或另一面 **2a** 进攻酮。只有顶面和 R 基团在同一侧。这个反应的两种可能产物是非对映异构体，所以酮的这两个面是非对映异构的。

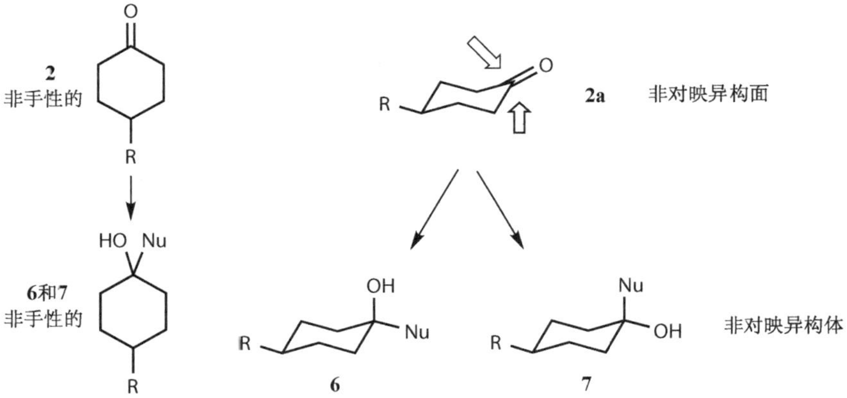

酮 **4** 也有类似的情况。在一面进攻羰基产生一个非对映异构体而攻击另一侧产生另一个。因此这些面是非对映异构的。酮 **4** 是手性的且是外消旋的，所以这两个非对映异构体 **9** 和 **10** 也是外消旋的。

对映异构体和对映异构的

像酮 **2**、酮 **3** 可以给出两种可能的产物并且亲核试剂可以从一侧或另一侧进攻酮。然而，这次进攻的两条线路在穿过酮 **3a** 的镜面的两侧。这两种产物是对映异构体，这个分子的两面则是光学异构的。这个反应是唯一一个以非手性原料开始但是得到手性产物的。因为酮 **3** 通过反应得到手性产物，我们也可以描述酮

3 为潜手性的。

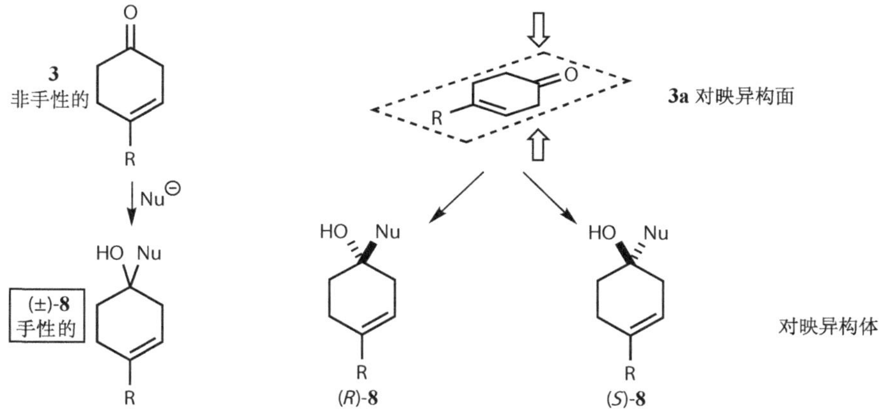

等位的

对酮 **1**，从哪一面进攻都无所谓，得到的都是一样的化合物 **5**，既没有对映异构也没有非对映异构。两个产物是可重叠的，分子的两个面是等位的。

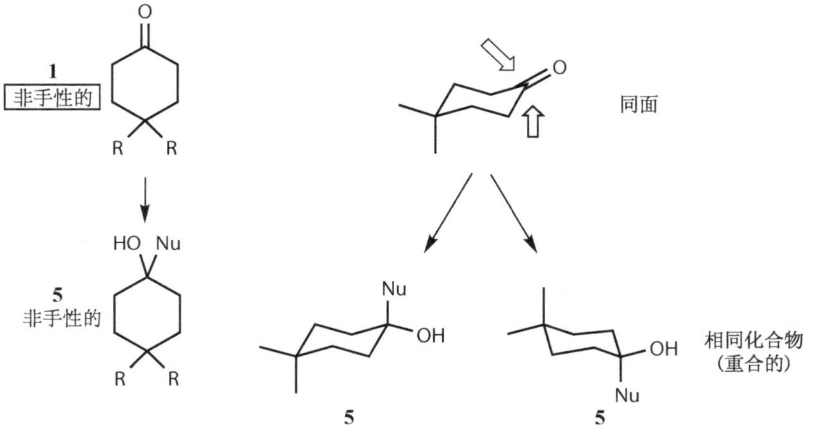

怎样判断两个基团是等位的，对应异构的或者非对映异构的

这里有个方法可以判断，它非常有效。首先，用其他东西取代你感兴趣的基团，我们称之为 **X**，得到一个新的分子 **A**。然后相反的，用 **X** 取代另一个你感兴趣的基团得到第二个分子 **B**。现在判断这两个新分子 **A** 和 **B** 之间的关系。如果它们互为对映异构体，则这两基团是对映异构的。如果它们互为非对映异构体，那么这两基团就是非对映异构的。如果这两个分子是一样的，意思是说他们两个是可重叠的，那么这两基团是等位的。

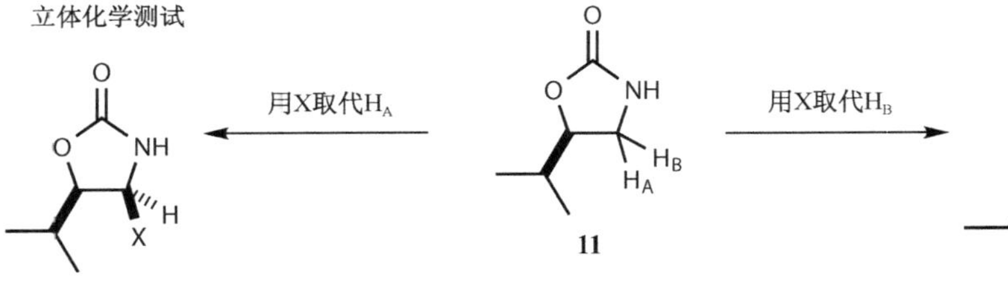

12A　　**11**　　**12B**

在上面的例子中，两个唑酮的质子 H_A 和 H_B 被取代得到两个新分子 **12A** 和 **12B**。这一取代得到的是非对映异构体，因此唑酮中的质子（H_A 和 H_B）是非对映异构的。在 NMR 谱图中，我们将看到 H_A 和 H_B 有不同的化学位移。我们应该注意唑酮 **11** 的其他方面，如两个甲基之间的立体化学关系。

立体选择性和立体专一性

立体专一性　我们首先要声明立体专一性不是完美的立体选择性。这是一个非常常见的误解。100%的立体选择性与立体专一性是有区别的。反应 **13** 到 **14** 经历 S_N2 机理。亲核试剂，PhS^-，从离去基团的后面进攻，因此反应物经历了翻转。这个是由反应本身决定的。反应的机理推动从专一的初始原料产生一个专一的产物。立体专一性的反应传递这样的思想，即其他的非对映异构体将产生相反的结果：**15** 必须得到 **16**。

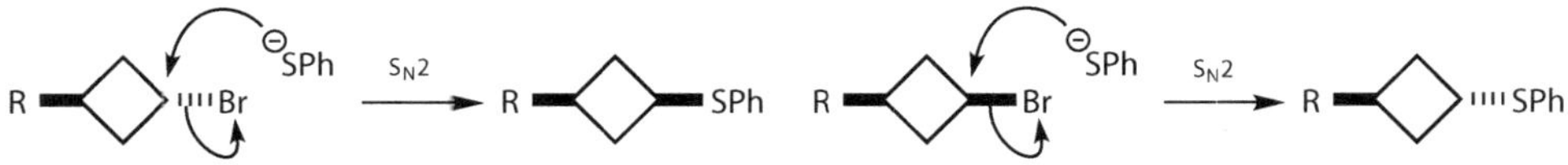

13　　**14**　　**15**　　**16**

立体选择性　继续类似的例子：在一个立体选择性的反应中，因为某些原因分子选择特定的反应路径。这些原因可能包括空间位阻，动力学的或者热力学的，但是这个分子不是因为机理只能从这一个方向反应。在 **17** 的反应中，经过 S_N1 而不是 S_N2，中间体阳离子 **18** 可能从任意面受到亲核试剂的进攻（不再是我们在 S_N2 反应看到的翻转）。进攻选择从阳离子 **18** 的位阻小的那一面发生。

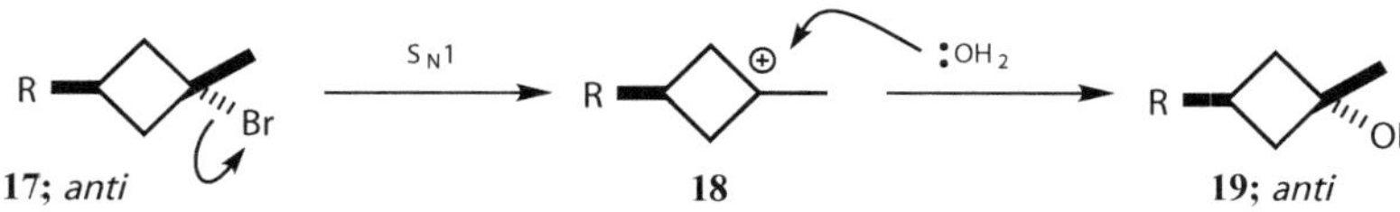

17; *anti*　　**18**　　**19**; *anti*

对于立体选择性，很可能不同的异构体得到相同的产物。不管起始原料是 *syn*-**17** 还是 *anti*-**17**，中间体阳离子都是一样的，并都得到同样的产物 **19**。

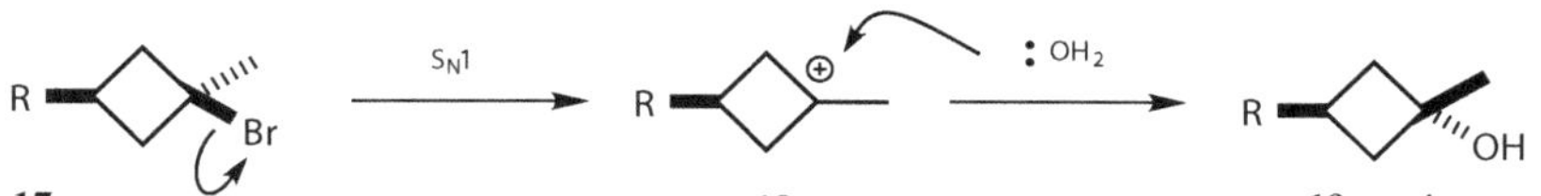

17; *syn* **18** **19**; *anti*

有许多反应既包含立体选择性也包含立体专一性的成分。一个反应可能是区域选择性的甚至是化学选择性的。把一个反应区分为不同的选择性成分很重要。我们来看看 **20** 和 **22** 的两个环氧化反应的例子。

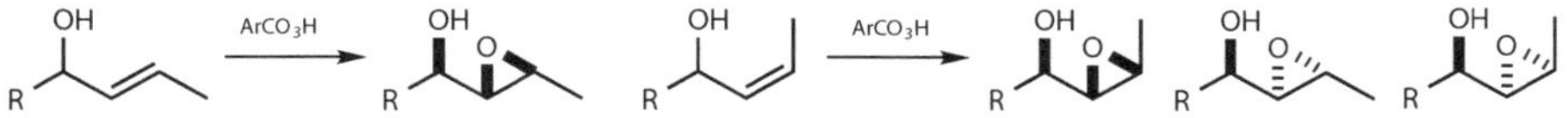

20 **21** **22** **23** **24**; *anti* **25**; *anti*

这些反应包含立体选择性和立体专一性的成分。初始原料 **20** 和 **22** 是潜手性且消旋的，双键的两个面是非对映异构的。环氧化是立体专一的，因为在环氧化中只有一个外来的原子，如果反应是协同的，它必须在同一侧和两个碳原子反应。但是，对于烯丙醇这个反应也是立体选择性的，因为羟基将与过酸形成一个氢键，因此将把氧从 *syn*-面传递到醇。原则上，它可以得到 *anti*-产物但是通过这种方法不可能得到（作为主要产物）*anti*-异构体 **24** 和 **25**。另一个兼具立体选择性和立体专一性成分的例子将在第 21 章 pumiliotoxin 的合成中出现。

我们画的结构

有一个手性中心的外消旋体

如果化合物 **26** 是只有一个手性中心的外消旋体，那么键最好画作普通的直线，没有必要画波浪线。这代表外消旋物——即对映异构体（*S*）-**26** 和（*R*）-**26** 的量是一样的。

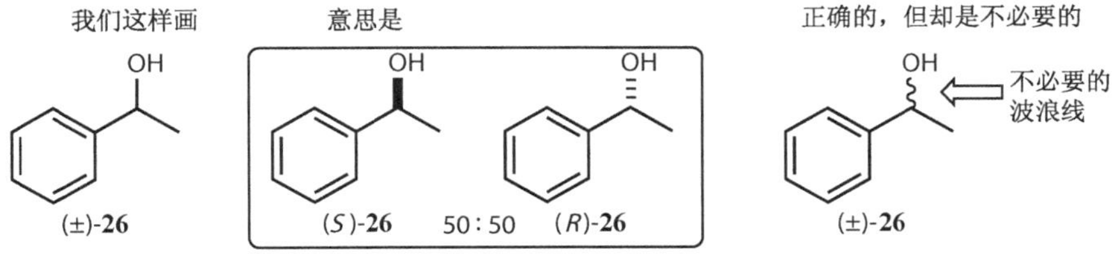

有两个手性中心的外消旋体

现在事情变得更加复杂了。这是因为，无论是否外消旋体，我们都需要详细说明相对的立体化学。*Syn*-二醇 **27** 包含两个手性中心。我们必须符合立体化学去画图，因为我们需要定义出哪个非对映异构体是我们关心的。然而，它是外消旋的。同样，我们以 *anti* 方式画的二醇是 *anti*-**27**。

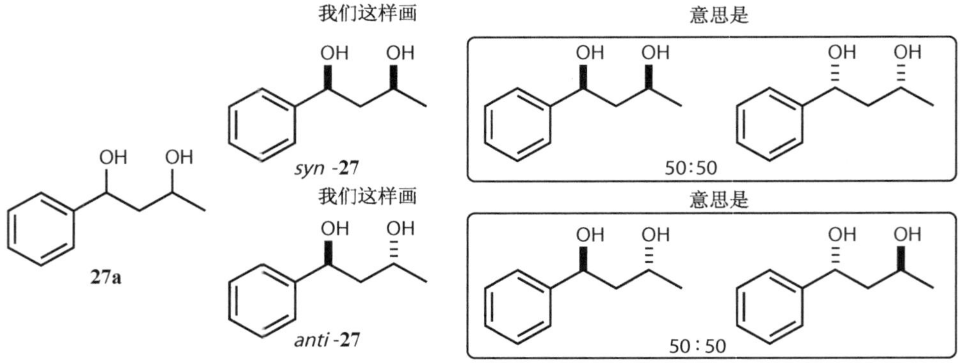

有趣的是，正是这点让许多化学家跳出立体化学。不知何故，即使想起相对立体化学都觉得多余（有点像卡通里的角色很难在现实中看到）。描绘二醇 **27a** 对某个人可能意味着什么，确实非常值得花时间去想想什么是立体化学以及怎么去画。

光学纯的有一个手性中心的化合物

我们可以按照我们的意思，画出化合物 **26**。这没有什么歧义。

光学纯的有两个手性中心的化合物

现在如果我们画 *syn*-**27**，我们仅想它表示的是独一的对映异构体。但是问题来了，我们怎么样把它和外消旋化合物的图像区分开呢？它们看上去都是一样的。不幸的是，这个问题没有简单的答案，对于两个手性中心这是很模糊的。但是一个开始如果是外消旋的我们就可以用（±）-*syn*-**27** 表示。建议在图上清楚地说明。在外消旋化合物的下面写（±），在光学纯的下面写“光学纯”，或者标上（*S*，*S*）-**27** 或者（+），或者任何正确的标示。

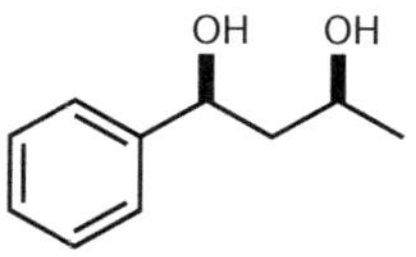

syn -**27**

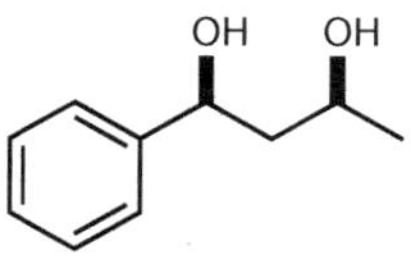

(±)-*syn* -**27**

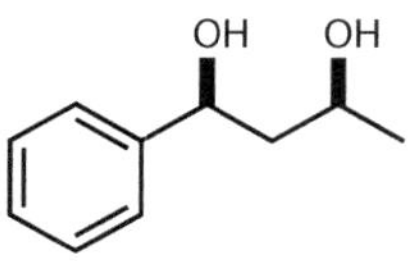

光学纯 *syn* -**27**

复杂图表

一个试图解决这个含糊不清的问题的办法是用“粗实线”表示相对的立体化学（±）-*syn*-**27**，而“楔形线”表示绝对的（*S*，*S*）-*syn*-**27**。如果每个人都这样做，这确实是不错的系统。不幸的是，到目前为止，这个额外的复杂标准并不被人们广泛接受和使用。

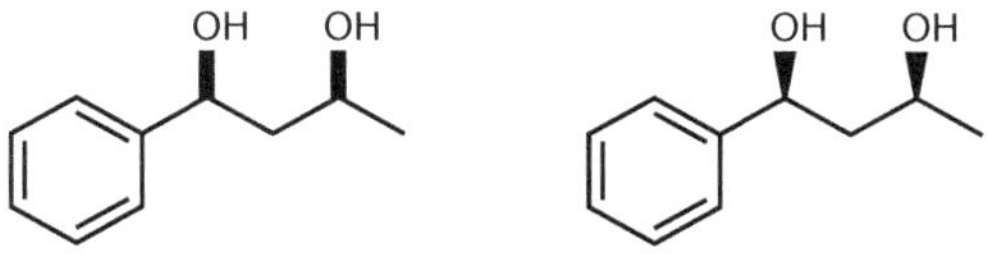

(±)-*syn*-**27**　　光学纯 *syn*-**27**

波浪线和两个手性中心

一条波浪线可以有几个含义，这可以简单地认为两种构型都存在，尽管像我们前面所看到的，它并不一定用于外消旋的混合物。假设仅仅在胺 **28** 的在苄位是 *S*-构型。

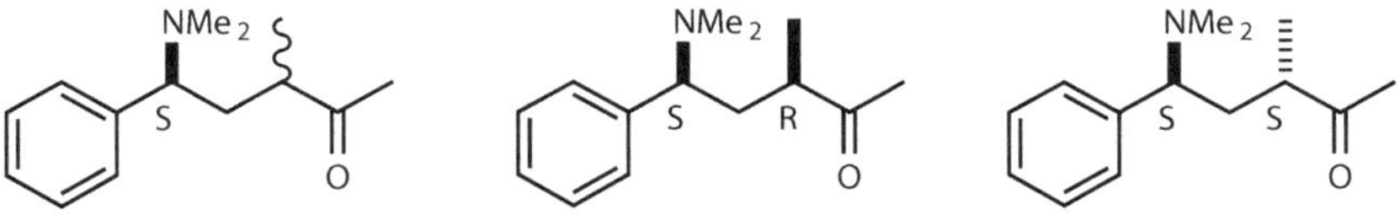

28　　(*S*,*R*)-**28**　　(*S*,*S*)-**28**

28 可能表示几件事情：

（1）非对映异构体（*S*，*R*）-**28** 和（*S*，*S*）-**28** 都存在（尽管它们不一定等量）。

（2）只有一种非对映异构体但是我们不知道是哪一个。

它甚至可以表示——

（3）我们并不关心（比方说，因为接下来的反应使它变得不重要了）。

含一个手性中心的外消旋体反应得到含两个手性中心的外消旋体

考虑含有一个手性中心的外消旋体 **29**。我们不定义立体化学因为只有一个手性中心。注意键既不是粗实线，也不是楔形甚至是波浪线。如果在立体选择性反应中还原得到 *anti*-**27**，那时我们就需要画出相对的立体化学，尽管产物是外消旋的，我们加“±”以避免混淆，我们必须定义相对立体化学。当然，我们可以把另一个光学异构体 **27a** 也画出来。

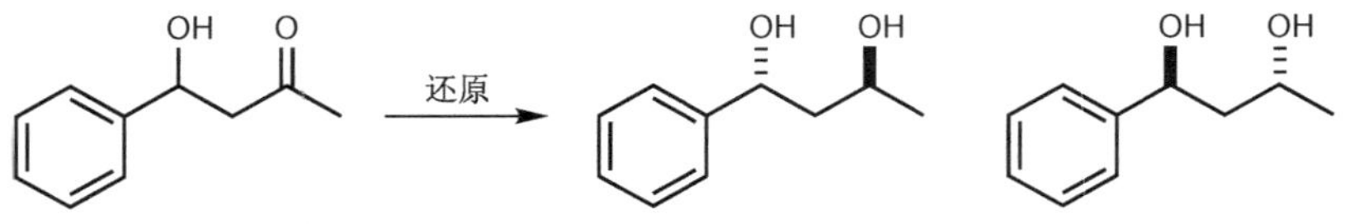

(±)-**29**　　　(±)-*anti*-**27**　　　(±)-*anti*-**27a**

非手性的非对映异构体

手性在立体化学的定义中不是必需的。如果有两个可能的非对映异构体，立体化学需要详细说明。非手性酮 **30** 被还原成非手性醇 **31** 就是这样的例子。尽管原料和产物都是非手性的，但立体化学必须说清楚，如形成的是 *anti*-**31**，而不是 *syn*-**31**。

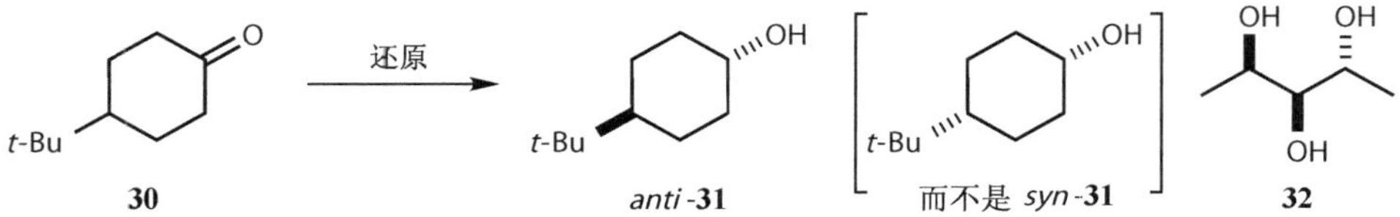

30　　　*anti*-**31**　　　而不是 *syn*-**31**　　　**32**

我们已经谈了很多关于立体化学的画法是多么重要，但我们还将讲最后一点——小心加入了太多的立体化学信息。在本章后面的一小部分是在普遍误解的无用的画法。三醇 **32** 就是一个画了太多立体化学信息的例子。

立体化学画法的基础

画四面体

画立体化学时，我们时不时地会遇到一些麻烦。当我们站在一群人面前时，它经常发生。一些简单的、可能是非常明显的方法将起到帮助，尽量使两根键在纸平面内离得远。你不可能在同一个平面内一次使用超过两根四面体的键，当然可以用较少的键画出结构，但这种制图很快会变得非常混乱。如果你只需要画三根键，那么使它们互相成 120°角。

好：120°角，平面上两根键

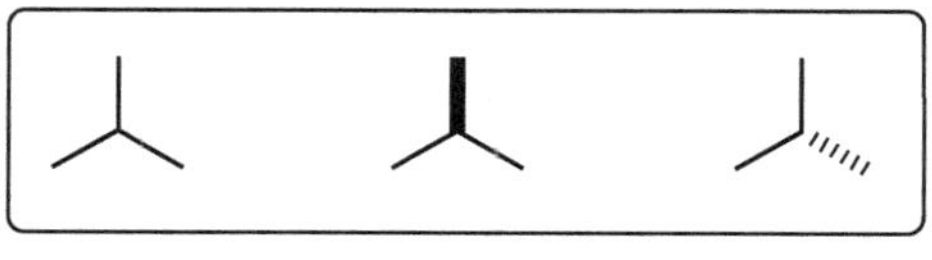

差：差的角度

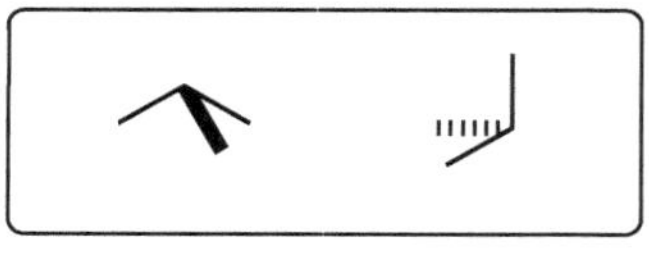

如果你需要画所有的四根键，然后第三根和第四根使它们之间有个小角。如果你需要表达立体化学，使这个小角处于粗线键和虚线键之间。其他两根键在纸面上。

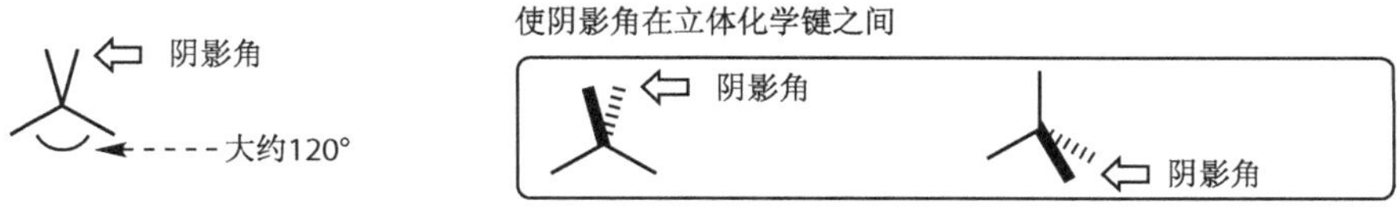

应避免的画法

应避免的画法有许多。最容易混淆的方法之一是在两个手性中心用一根立体化学键（虚线键或者粗线键）。例如，胺 **33** 和醇 **34** 可以画成如下好几种形式而不产生混淆。

33　**33a**　**34**　**34a**

当两个手性中心相邻时，这种混淆就可能出现。第一个描绘的氨基醇 **35** 表达得很正确，重画以后产生混淆。粗线到底指的是哪个手性中心？

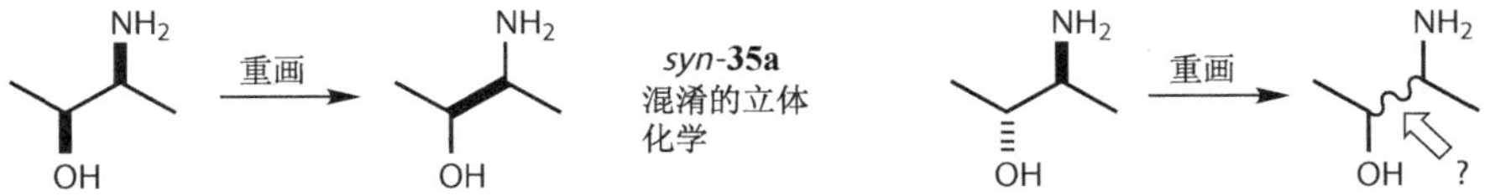

syn-**35**　*syn*-**35a**　*anti*-**35**　*anti*-**35a**

事实上，在 **35** 的第二种画法中我们可以区分它的立体化学。如果我们分开来看，把粗线键理解为两个都适用。但这比较少，在这里起作用是因为正好碰巧是 *syn*-**35**。我们怎样以类似的方式画 *anti*-**35** 呢？我们是用粗实线还是虚线呢？这没有好的答案。最好是遵循以下几点：

（1）使分子的主链在纸平面上。这意味着立体化学键不会出现在分子的主链上。

（2）不要在两个手性中心之间使用立体化学键，这将保证一致性。

聪明地处理四面体

在接下来的几章中，很有必要用不同的方法重画四面体，你需要熟练掌握。我们介绍两种操作方法，这将极大地帮助你们。在开始之前，我们先回顾一下我们对胺 **33** 的操作。这里没有什么新东西，但是我们发明了两个术语 CBP 和 GSR 来帮助你们。想象胺 **33** 的一个简单的对映异构体。正常情况下我们不会画出氢原子，但是为了提醒你我们还是在方框图里画了出来。我们知道对于四面体任何时候只有两根键在纸平面内。第一种操作手段即简单地改变那些在平面内的键。

这是我们在反应图解中经常做的事。我们把这种操作称作“平面内的键的改变”(change of bonds in the plane)，简称 **CBP**。

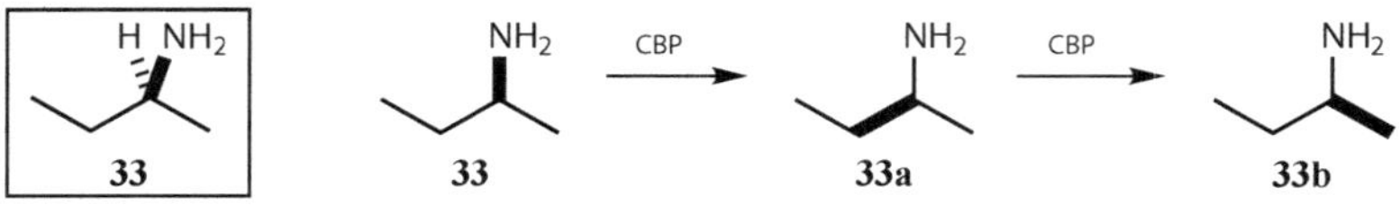

注意，如果一开始的时候一根键是在纸面外的，那么始终会有根键在纸面外(但是记住，你不允许交换键)。如果你们不信这个，做一个四面体模型然后让最后一个氢朝里。这个结果像个静态的锥形顶斜靠在它的边上，如果你固定平面上的两根键，那么另一个将突出来。当然翻转也是对的——如果翻转使一个基团远离我们，那么肯定有另一个将远离我们。当我们做 CBP 时，看下面醇 **36** 的变化。

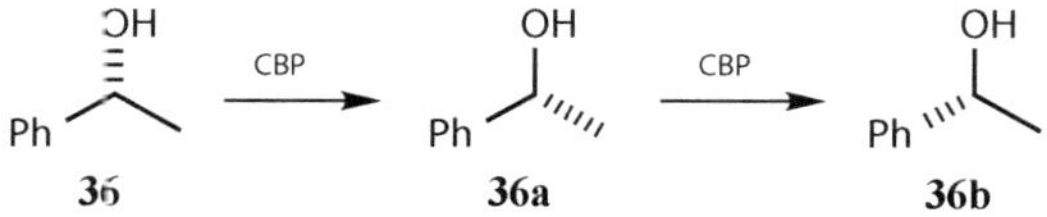

当我们做 CBP 时，没有基团交换位置。现在我们来看第二种操作。我们称之为“用旋转的方法交换基团”(group swap by rotation)，简称 **GSR**。如果我们交换两个基团的位置，那么我们必须以某根键做旋转操作 **33c**，结果，我们将粗实线变为虚线 **33d**(或者将虚线到粗实线)。

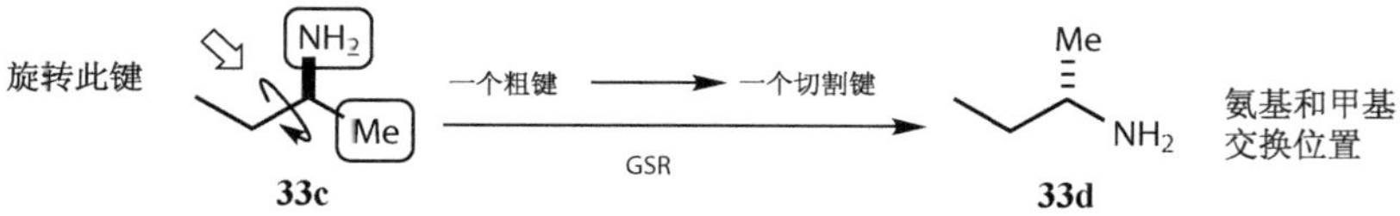

在你不了解这些方法的原理时，不要去用它们。如果有必要，用一些模型来检验一下自己是否明白。你会惊讶它是多么容易。如果到现在为止你还是一个立体化学拒绝者并且和一帮拒绝者一起工作，学习这些基本的技巧能够让你在画图时马上得到敬畏和尊重!

想象一下 *cis*-1,2-二苯乙烯环氧化物 **37** 在 S_N2 反应中和胺发生开环反应，产物是胺醇 **38**。应用 **GSR** 对分子的右手部分重新画得到 **38a** 使得在主链是 Z 字形的。注意到我们在两个手性中心之间没有用虚线或者粗实线。在这个例子中，绝对立体化学并不存在，因为 *cis*-1,2-二苯乙烯环氧化物 **37** 有一个对称面，所以是非手性的。

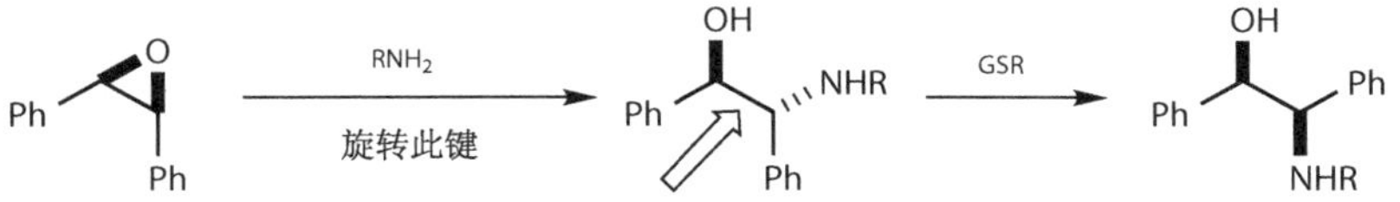

37　　38　　38a

立体化学符号

这是一个很小的部分，用来描述各种立体化学符号的意义。有些通常的用法，我们假定你知道 *R* 和 *S* 的意义。比较旧的术语包括 *d*，*l* 和 D，L。尽管很古老，但是它们仍然常用，你需要，或者至少应该知道它们是什么意思。

d，*l*

它们曾经被用来表示旋光度。所以，*d* 表示右旋性的，*l* 表示左旋性的。它们分别被（+）和（−）代替。

D，L

这些主要用于碳水化合物和氨基酸。这些术语是过时的，并且来自许多手性化合物相对构型已知而绝对构型未知的时候。D-(+)-甘油醛被作为标准。对映异构纯的化合物通过一系列的反应或者是降解与 D-(+)-甘油醛相关，则表示为 D［与 L-(+)-甘油醛相关则为 L］。不探究细节，羧酸酯在 Fischer 投影式的顶端时，如果氨基在左侧则为 L。它们比正常的大写字母小。

R^*，S^*

有一种描述外消旋化合物的相对立体化学的比较明智的方法。假设我们一个有三个不对称中心的化合物 **39**，我们知道只有一个非对映异构体。画出的对映异构体被称为（1*R*，2*S*，3*S*)-1,3-二羟基-2-氨基丁基苯。但是，对映异构体（1*S*，2*R*，3*R*)-1,3-二羟基-二胺丁基苯也将会出现。为了表示两个异构体，我们要么称为（1*RS*，2*SR*，3*SR*)-1,3-二羟基-2-氨基丁基苯或者（1R^*，2S^*，3S^*)-1,3-二羟基-2-氨基丁基苯。

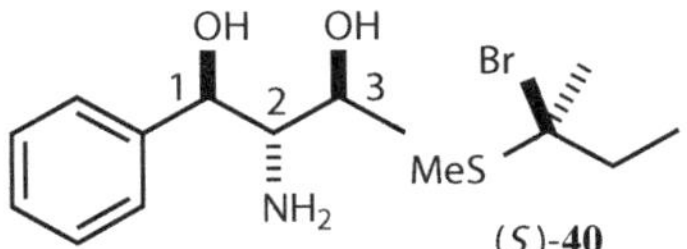

39　　(*S*)-**40**

r，*s*

这更加复杂一点，但它们是重要的术语，将在下面的“假不对称中心”里讨论。

Re，*Si*

这两个术语属于常见用法，与水平的官能团如羰基的哪个面有关。这些面要么是对映异构的要么是非对映异构的。它们是非常常见的术语并且很容易理解，前提是你已经理解了 *R* 和 *S*。如果基团由高到低的优先性呈顺时针，则这个面是 *Re* 面。类似的，逆时针则表示是 *Si* 面。这里需要记住不管是 *Re* 面还是 *Si* 面都与作为结果的化合物的 *R* 或 *S* 无关。假设有关，那么 *Re* 和 *Si* 还得取决于引入基团的优先性。

re，*si*

这些通常会被误用为 *Re* 和 *Si*，但是在某种程度上它们的 *Re* 和 *Si* 就像 *r* 和 *s* 的 *R* 和 *S*。换句话说，它们关注的是从 sp^2 中心形成假不对称中心。我们暂时把它们搁下，因为它们不常出现。如果你想了解更多，可以参照 Eliel 关于立体化学的书。

(＋)，(－)

它们仅涉及偏正光的偏转方向。不像 *R* 和 *S* 是由构型决定的，它们的决定是完全实验性的。换句话说，假定尽管我们知道的化合物 **40** 是 *S*-构型，我们也不知道它到底是（＋）还是（－），只有当我们把它们放进旋光计才知道。

lk，*ul*

它们可能被称为“衍生物”因为它们与立体化学信息 *R* 和 *S* 相去甚远。它们用处较小，需要通过“解密”还原为真实的结构。它们用于有相邻手性中心的化合物。它们很容易懂——有两个 *R* 手性中心（或者有两个 *S* 手性中心）的是 *lk* 化合物，而化合物有一个 *R* 和一个 *S* 中心的是 *ul*。尽管它的好处是比较明确，但它并没有传递图示的画面。因为有机化学家通过结构思考，*ul* 和 *lk* 被许多人认为是没有用的。更为清晰的符号可看下面的 *syn* 和 *anti*。

l，*u*

它们和 *lk* 与 *ul* 相关，但是不是为了描述两个手性中心的关系，它们描述的是潜手性中心和作为结果的手性中心的关系。一种情况 *Re* 面反应得到 *R* 中心是

l（或者 *Si* 面得到 *S* 中心），而 *Re* 面得到 *S* 中心是 *u*（*Si* 面得到 *R* 中心）[3]。它们并不经常用。

syn，*anti*

在本书中我们经常用。一个分子按最长的主链的标准画法画 **41**，如果两个基团在分子的同一侧则为 *syn*，在异侧则为 *anti*。在下面的羟醇产物 *syn*-和 *anti*-**42** 中阐释。

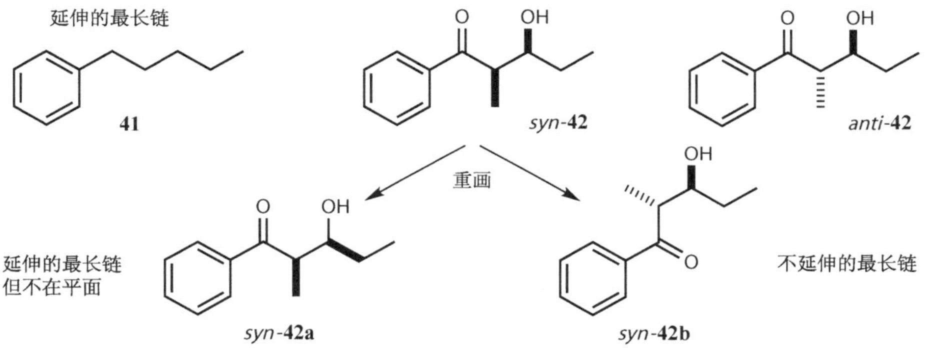

syn 和 *anti* 的好处（坏处取决于你自己的观点）是它们总是和一种画法相关联。化合物 **41** 是 **42** 带有最长的 Z 字形长链的骨架。羟醛缩合产物 *syn*-**42a** 表示 *syn*-**42** 的另一个画法但是 Z 字链不在平面内而 *syn*-**42b** 则是带有最长的支链。这两种都没有 *syn*-**42** 好，但是有可能有必要这样画一些化合物（如果是大环的话，我们则没得选择）。以 **42b** 画出的东西更像 *syn* 而不是 *anti*。这里没有诸如原子优先性的规则——图就是最重要的。名称到图也很快，而不需要"解密"。

你从这部分将学到任何名称或者立体化学的描述都必须和所建议的线条画成的清晰的立体化学图像紧密联系起来。

接下来的十章

接下来的十章都是和立体化学相关的。下一章和第 30 章是关于相对立体化学和控制的。其他章是有关不对称合成以及用到的不同策略。这些不同的策略可以广义地分为三种。它们是拆分、手性源和不对称诱导。

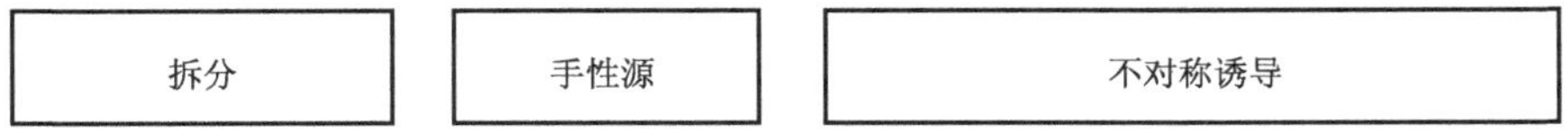

这些部分可以细分为以下内容。下面的图不仅描绘了不对称合成的框架而且

表示了它们在书中是怎么安排的。拆分，分为“传统的”、“动力学的”以及我们所说的“奇特的动力学的”，就是动态的动力学拆分和其他复杂的拆分。所有拆分都涉及对映异构体的分离。传统的拆分包括非对映异构体盐的形成方法，而在动力学拆分中对映异构体因为一个比另一个反应更快而被分离。

一些小类还可以进一步细分，因此基于试剂的不对称诱导分为催化量和当量的方法，甚至这些还可以细分。一些细分的类别是非常重要的，以至于我们需要用整章来论述，甚至有的需要好几章。例如，关于催化量的不对称诱导我们有两章（算上酶的话有三章）：一章是 C—O 键和 C—N 键形成的反应；另一章是 C—H 键和 C—C 键形成的反应。尽管看上去在主题上有明显的区别，但在不同的章节都会相互提及。最后，D 部分集合了不对称合成策略。其他章节将到时再说明。

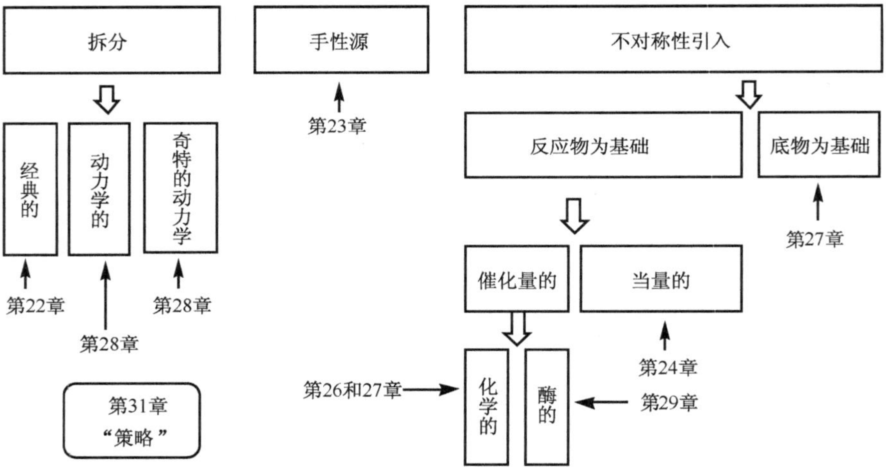

D部分的内容分类和章节

许多光学纯的化合物可以通过很多种策略来合成。下面是对苯二酚酮抗生素 ofloxacin **45** 的几种可能的合成策略。这个分子仅有一个手性中心，可以通过片段 **47** 引入手性源，或者通过拆分关键中间产物 **44**，又或者拆分最后的产物[4]。由外消旋的胺醇（±）-**47** 合成外消旋的 ofloxacin[5] 的方法原则上可以改进为不对称合成[6]，非手性中间体 **43** 可以进行不对称还原，或者在 **46** 引入手性辅基诱导不对称还原[7]。不同策略的应用意味着一些化合物在不止一章中出现。

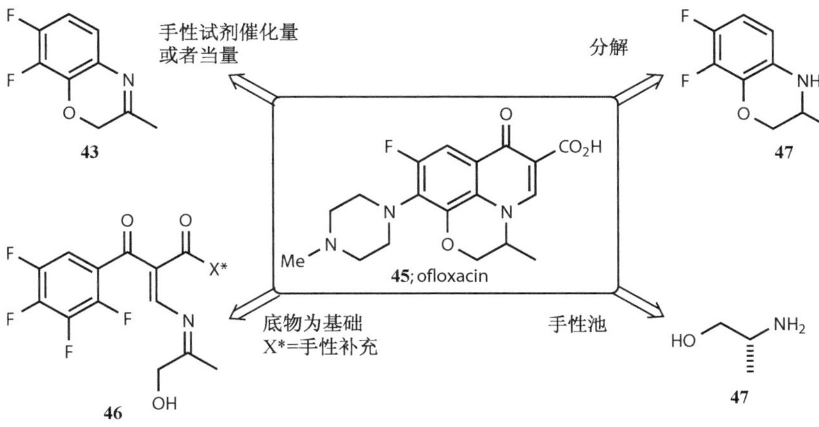

立体化学分析

立体化学分析是分子和反应的立体化学方面的正规描述。在许多情况下它只是化学家的形式主义，和逆合成分析类似。但清晰是最关键的，只有通过我们碰到过的立体化学语言表达才能清晰。

立体化学分析用立体化学的语言来描述分子和反应的性质。它用匀称的词语并且避免模糊的词语。“相同”这个词对不同的人意思也不同，这取决于上下文。一个化学家可能认为两个对映异构体是“相同”的因为它们有相同的结构而其他的关心不对称合成的化学家可能认为它们是“不同”的。“不同”说法不太好，但如果我们用“对映异构体”那么我们就清楚问题所在了。我们把这种分析分为9个部分，但是正如你将看到的，我们经常感觉不需要了解全部9个部分。

立体化学词汇	分子性质		反应性质
	·非对映异构体的	非对映异构体	·立体选择性
	·对映异构体	对映异构体	·对映选择性
	·等位的	等位体	·立体专一性
	·手性	非手性	
	·外消旋的		

第 1 步

寻找原料中的对称性。分清轴对称，平面对称或者（比较少见）中心对称。例如，二醇 **48** 有一个对称轴，而二醇 **49** 有一个对称面。二醇 **48** 是 C_2 对称的而且是手性的；**49** 是非手性的。

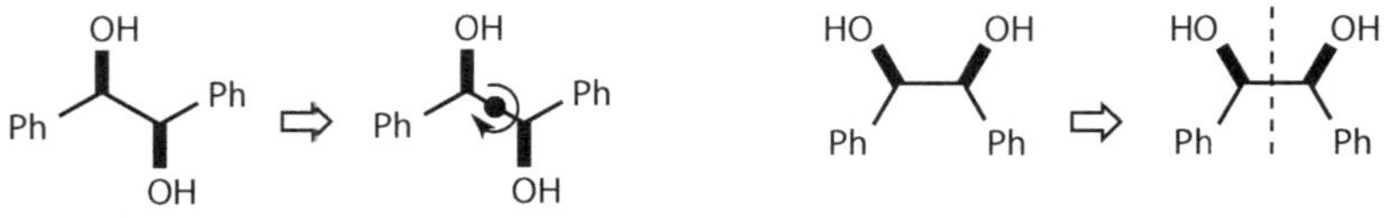

48　48a; 对称轴指向我们　49　49a; 对称面

注意这个分子的画法（特别如果你以前是一位立体化学的拒绝者）。重画这个表面的 *syn*-二醇 **49** 表明 **49b** 的两个羟基是 *anti* 关系。对称面不再明显。事实上，这个分子在这种构型中有对称中心。不管我们怎么画，二醇 **49** 都是非手性的。一般来说，在考虑中心对称前我们先要考虑平面对称和轴对称。

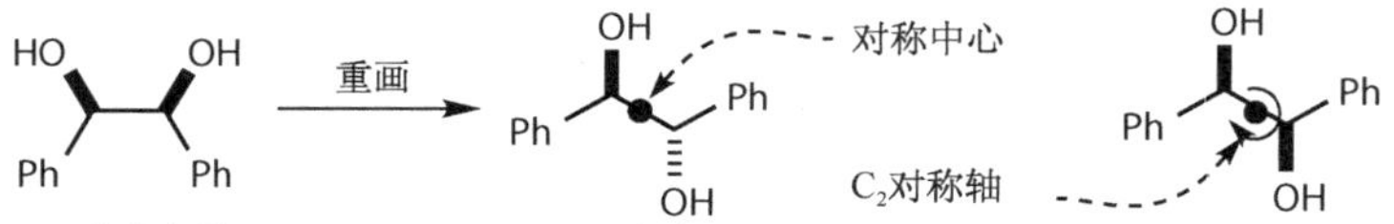

"*syn*" diol **49**　*anti*-diol **49b**　*syn*-diol **48**

第 2 步

认清分子内的关系。例如，一旦你发现了分子中的一个对称面，你可能会判断两个酯基是对映异构的。"对映异构的"就是关系。有必要的话，务必返回去看看对映异构体和对映异构的。为什么 **50** 的酯基是对映异构的而 **51** 却是等位的？假设在一个宴会里没有揭示任何关系——你不知道谁是谁的兄弟姐妹、丈夫或者妻子。如果你有点八卦的话，没有那点信息是很不幸的。不能仅仅因为一个女孩有个姐姐（或妹妹）就表明她不能有个哥哥（或弟弟）。所以，当你查明一种关系的时候不要停下来——刨根问底。我们已经知道 **50** 中的酯基是对映异构的，但是我们也注意到在 α-位的两个质子是非对映异构的 **50a**，一个在苯基的同一侧，而另一个在另一侧。

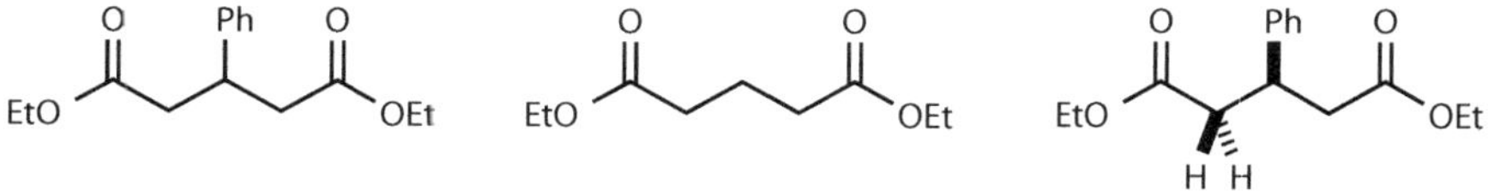

50　**51**　非对映异构体质子

我们现在通过双烯丙醇 **52** 来展示如何通过第一步和第二步来了解反应产物可能的立体化学。我们假设单环氧化是可能的，五元环是平面的，环氧化的两个键必须在环的同一侧。

第一步，寻找原料的对称性，发现了一个对称性元素——通过羟基的镜面 **52a**。这个分子是非手性的。

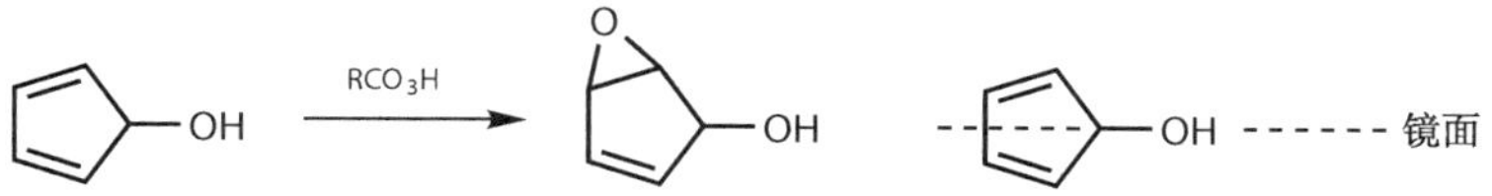

52　　53　　52a

第二步，认清原料分子的内在关系，这更加有启示作用。二烯在镜面内，所以它们是对映异构的。但是环的顶面和底面是非对映异构的——一个在羟基的一侧，另一个不在，所以使得环氧化试剂因为位阻效应或者与 OH 成键从而选择从顶面或者底面进攻。

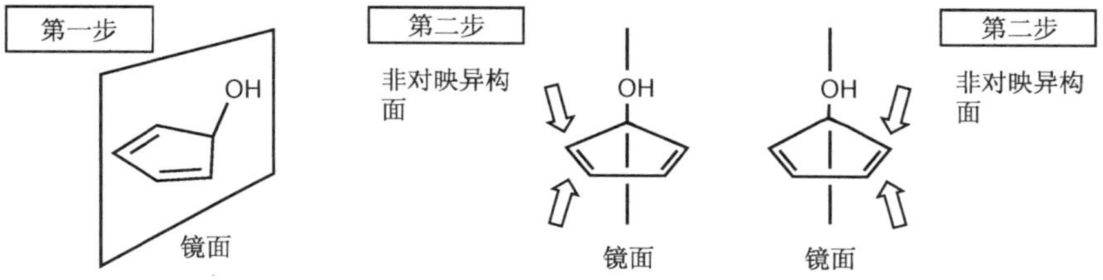

但是在两个对映异构的顶面或者两个对映异构的底面之间的选择可能产生一个对映异构体，它可能需要从反应试剂引入不对称性。

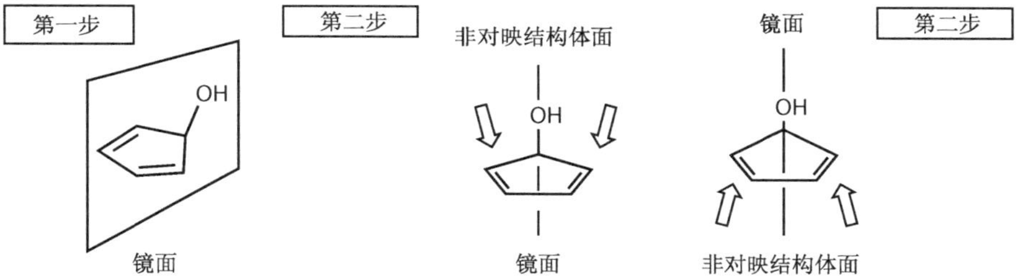

第 3 步

判断这个分子是否是手性的（不要和第 4 步混淆）。氨基酸 **54** 很明显是手性的（不管是不是外消旋的）。粗略地看一下化合物 **55** 可能会错误地判断它是手性的。化合物 **55** 事实上含有一个对称中心（认出来相当难）但是重新画 **55** 得到 **55a** 就能看出一个镜面。不管什么方式，它不可能是手性的。

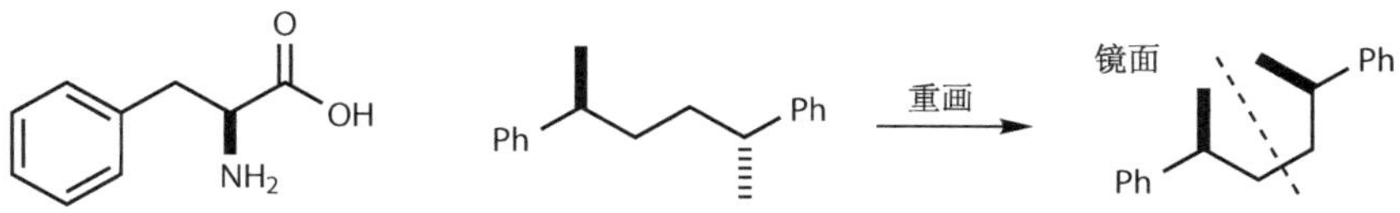

54　　55　　55a

第 4 步

如果这个分子**是**手性的，判断它是否是对映异构纯的。通常你需要比图示中知道得更多。例如，*trans*-1,2-二苯乙烯环氧化物 **56** 总是手性的，但也可能是外消旋的。在图示中这并不明显，也不容易判断，这完全取决于它是怎样合成的。如果只有非手性的原料和试剂，环氧化物 **56** 是外消旋的。如果某个环节有不对称因素，它可能是一个对映异构体。但是只有当我们把光学纯的 1,2-二苯乙烯环氧化物 **56** 放到反应中，我们才能期望在最后得到一个光学纯的产物 **57**。氨基酸 **54** 可能是光学纯的（其他由这个手性源得到的化合物也一样），它被画成一个单一的对映异构体。在其他情况下我们需要知道更多的信息。

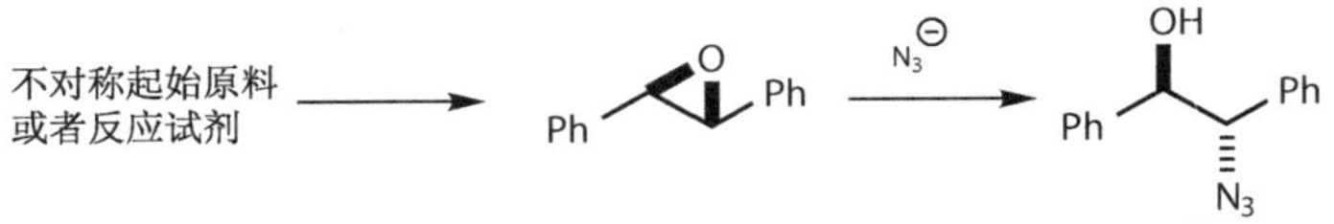

56 **57**

这起初的四步是最重要的。但它们并不是全部，有必要再看看下面的五步。经验可以帮助你们，足够的经验能使你们摆脱这种形式的分析。

第 5 步

认清手性的来源，标明手性中心或者对称轴。你可能会觉得这没有必要，但是在手性中心画个圈或者用不同颜色的笔标出对称平面并没什么。

第 6 步

寻找更微妙的对称关系。这些可能是分子暂时缺乏对称性或者分子的小小变化就会增加对称性。例如，我们可以通过水解得到二醇 **59** 或者对剩余的羟基酯化得到二酯 **60** 提高酯 **58** 的对称性。作为一个警示，这是很有指导意义的。

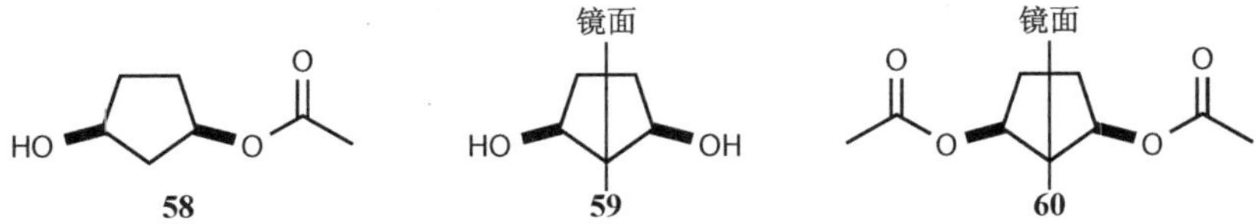

58 **59** **60**

另一个完全不同的缺乏对称性的例子是假-C_2轴。二醇 **62** 有一个假-C_2轴（ψ-C_2）——移去苯基将得到清晰的 **61** 和 **61a**。注意，这适用于分裂元素在轴上的化合物，因为只有那里的取代基才是没有潜手性的。因此，我们称 **62** 为假-C_2轴对称的，但是不这么称 **63** 和 **64**。假-C_2轴现象非常形象，但是有些人不喜欢这个名字。有把它称为潜-C_2轴的。我希望这个名称能更加普及，它是一个更好的描述，没有负面的假的内涵。

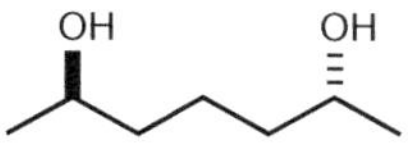

61

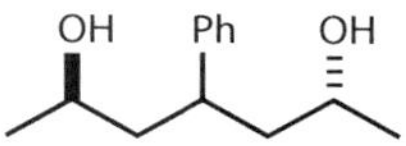

62

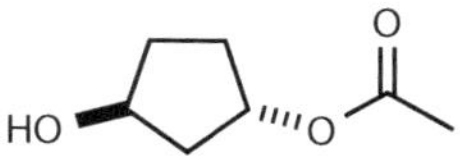

63

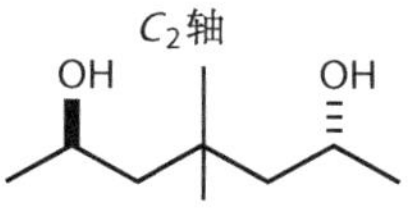

61a

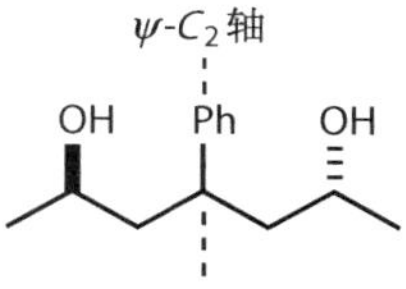

62a

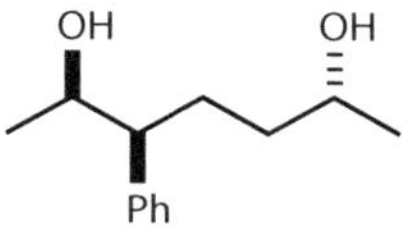

64

第 7 步

判断反应怎样影响对称性。对称性是否被创造，破坏，或者是未变？例如，如果一个分子含有一个镜面，新的键在镜面内形成，那么手性因素可以被保留。然而，从镜面的一侧或另一侧进攻无疑会破坏它。酮 **65** 有个贯穿环的镜面 **65a**。这个镜面包含羰基和叔丁基的中心原子。如果我们用亲核试剂进攻羰基，这个亲核试剂在镜面内有个进攻方向，生成的醇 **67** 将保留这个镜面。如果我们合成烯醇 **66**，则不是这个情况。质子必须从一侧或另一侧移去，这将破坏镜面。注意，当这种情况发生时手性中心在叔丁基与环连接的部位形成。

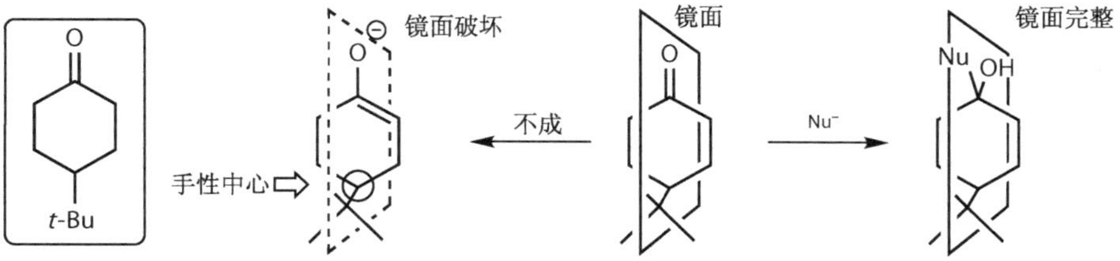

65 **66** **65a** **67**

第 8 步

反应是否有不对称的因素？例如，我们是否选择性的进攻两个对映异构基团的一个？

第 9 步

产物和原料怎么不同？如果有必要，把步骤 1～6 也应用于产物。我们清楚地知道在亲核试剂对肉桂酸乙酯 **68** 的简单亲核加成中，原料是非手性的，但是产物 **69** 是手性的并且是外消旋的。

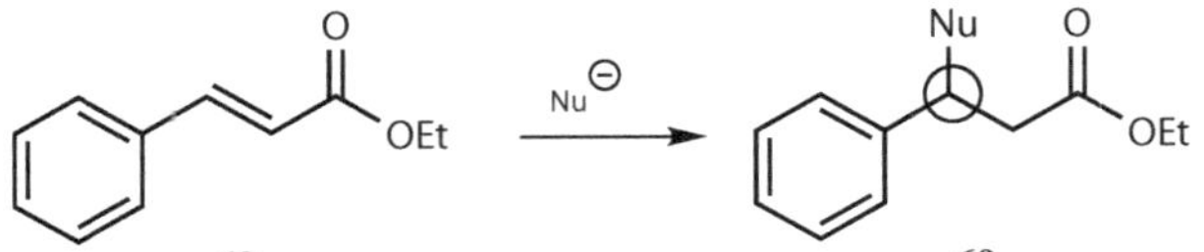

总结

至此总结一下，这里有手性化学分析的九个步骤：

(1) 寻找原料中的对称性；

(2) 认清分子的内在关系；

(3) 判断分子是否是手性的；

(4) 判断是否是对映异构纯的；

(5) 认清手性的来源并标明手性中心或者对称轴；

(6) 寻找更微妙的对称关系；

(7) 判断反应怎样影响手性；

(8) 认清反应非手性的方面；

(9) 考虑产物和原料有怎样的不同。重新应用步骤 1～6。

在亲核试剂对肉桂酸乙酯 **68** 的简单亲核加成中运用这九步，我们可以总结以下发现。

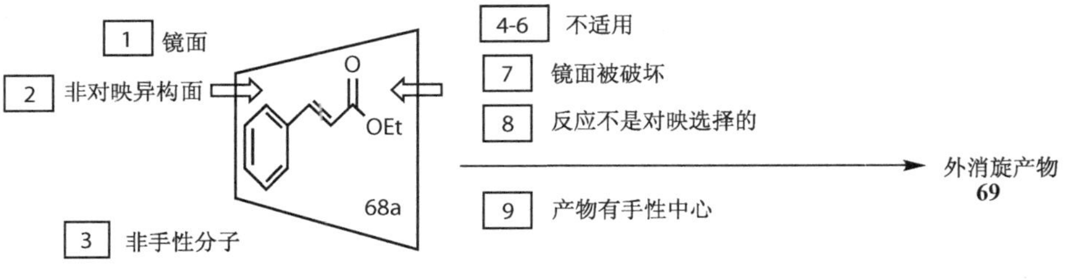

一些原则

这一部分我们将看看对反应有影响的一些因素。

手性助剂

在第 27 章（基于底物的策略）我们将介绍手性助剂的应用。如果你问某人一个好的手性助剂应该有哪些性质，一般你将得到的答案是——便宜，两个对映异构体都可以得到，很容易结合也很容易离去，引入很有效率等。然而，有一点很少受人关注，反应之后，非对映异构体应该可以分离的。假设手性助剂 **70** 的 ee 是 96%，反应得到的产物 **71** 的 de 是 74%，那么产物 **71** 的 ee 是多少？如果产物在没有将两种非对映异构体分离的情况下水解，酸 **72** 的 ee 将是多少？在看答案之前，你可以自己先想一想。

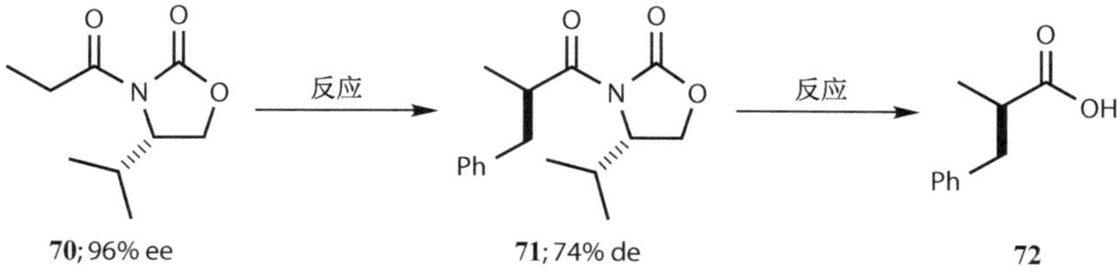

第一个问题的答案很简单。产物 **71** 的 ee 是 96％。“错误”的非对映异构体（就是 **73**）的 ee 也是 96％。第二问题的答案有点让人惊讶，ee 是 71％。解释的最好办法是把四种可能情况都画出来。96％ ee 意味着我们将得到 98％的一个对映异构体 **71a** 和 2％的另一个对映异构体 **71b**。74％ de 则意味着我们将得到 87％的 **71** 和 13％的 **73**。**71a** 与 **71b** 的比是 98：2，这和 **73a** 比 **73b** 一样（注意环的立体化学——反应不在环上进行时它不会改变）。

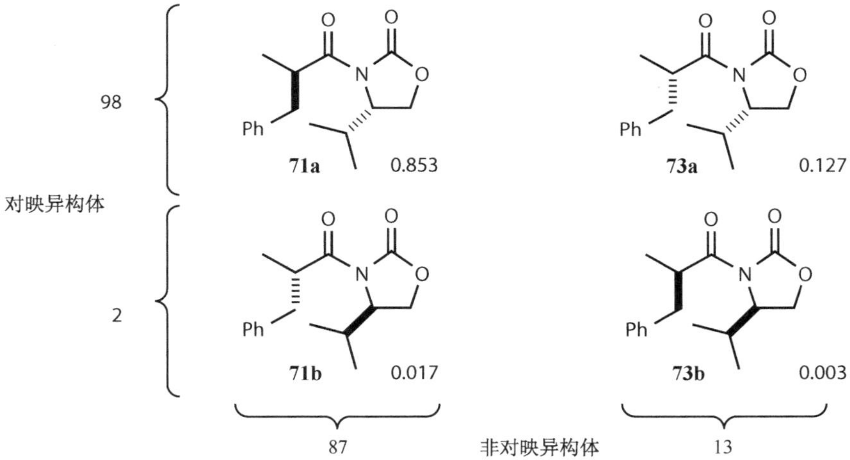

71a 与 **73a** 的比例是 87：13，对于反应中其他的对映异构体也是一样的，所以 **71b** 对 **73b** 也是 87：13。这四种结构的相对含量可以确定了。例如，**71a** 的比例是 0.98×0.87＝0.853。如果这些化合物在水解之前没有被分离，那么所有的东西都包括在内。酸 **72** 的一个对映异构体 **72** 来自 **71a** 和 **73b**（0.853＋0.003＝0.856），另一个来自 **73a** 和 **73b**（0.127＋0.017＝0.144）。ee 等于（0.853－0.144）/（0.856＋0.144）＝71％。它可能使你惊讶，因为它比反应的 de 和 ee 都小！

如果非对映异构体事先被分离则是不同的一个结果。在这种情况下 **73a** 和 **73b** 都将被抛弃。那么 ee 是（0.853－0.017）/（0.853＋0.017）＝96％。这是很重要的一课。它表明分离非对映异构体是多么的重要。只要你可以做到这个，即使你的 de 是 0%（这也意味着你的助剂是个拆分试剂），你仍然可以得到 ee 96%的产物，也就是说，这只和助剂的 ee 有关。这使得我们想到另外一点，只要助剂的 ee 足够好，再加上你做得够好的话，可以得到 100% ee 的产物。

Horeau 原则

在上面我们看到了降低产物质量的两种情况。在接下来的章节，我们将介绍如何提高产品的 ee。我们想提高 **36** 的 ee。假定我们有醇 **36a** 和它的对映异构体 **36b**，比例是 85∶15，ee 是 70%，如下图所示。

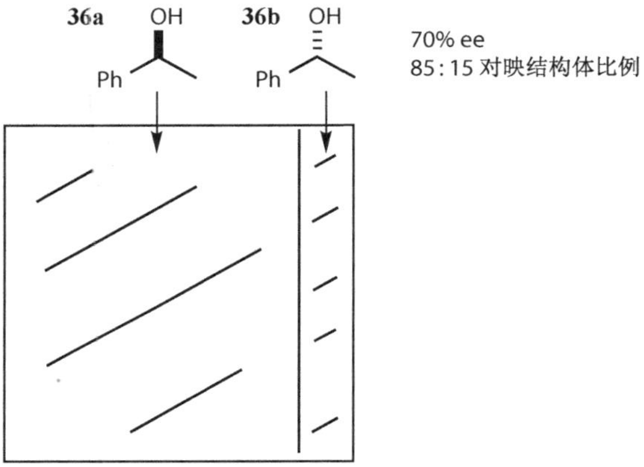

如果醇与乙二酰氯反应，那么两分子的醇与一分子的乙二酰氯反应得到两个非对映异构体。一个有对映异构体 **75a** 和 **75b**，另一个得到的是非手性的 **74**。假定分子是随机反应的（没有手性识别），那么 **75a** 的比例是 0.85×0.85＝72.25%。这种的方法原理是——大多数不要的对映异构体合并为另一个非对映异构体 **74**（2×0.85×0.15＝25.5%）。只有一小部分的对映异构体 **75b** 产生（0.15×0.15＝2.25%）。

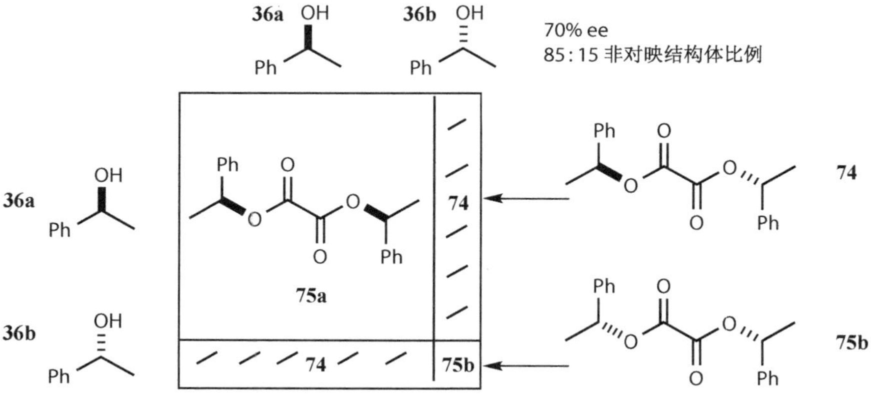

非对映异构体 **74** 被分离除去只留下 **75a** 和少量的 **75b**，比例为 97∶3。如果这些酯水解我们得到 ee 为 94%的醇 **36**。这是一个非常大的提高。这是以牺牲产率为代价的，因为我们要的一些醇在非对映异构体 **74** 中被抛弃了。

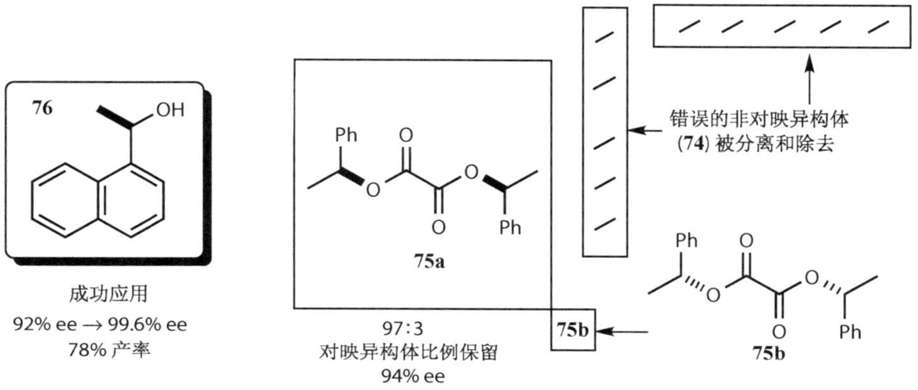

这种方法[8]成功地用来提高醇 **76** 的 ee，从 92%到 99.6%。已经有很好的 ee 底物的组合去产生更好 ee 的产物是并非不常见，有时候这被称为 Horeau 原则[9]。

一种合成抗生素 FR-900848 的途径需要四个相邻的环丙烷中间体 **80**[10]。合成环丙烷 **77** 的 ee 是 80%～90%。由于上面强调的一些原因，**77** 二聚得到的产物的 ee 为 98%。如果一种化合物的正确的对映异构体和另一种化合物错误的对映异构体结合会产生一个不同的非对映异构体，然后就可以分离除去错误的对映异构体。只有很少的情况两种错误的对映异构体结合才会形成 **78** 的对映异构体。然后到下一轮，**79** 的二聚体的 ee 又提高了，这次达到大于 99.9%。

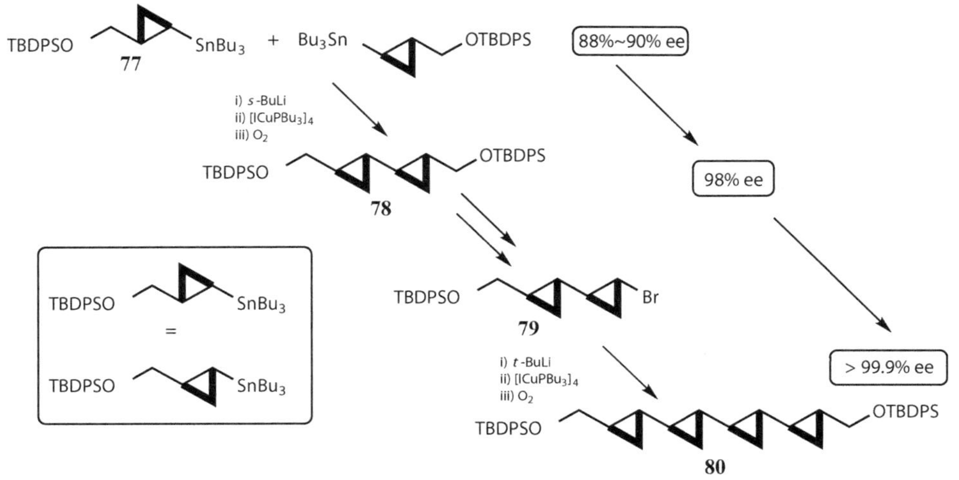

以上工作的作者特别提到 Horeau 原则，但是它的操作还不是很清晰。以酸 **84** 的产生为例，**84** 可以通过光学纯的二酯 **83** 产生，ee 为 90%～92%，而 **83** 由二苯基乙二醇 **81** 经过 Diels-Alder 反应得到[11]。因为进行的是两个不对称的反应，产物的 ee 会被提高（只要 **83** 的非对映异构体是可以分离的。被除去的助剂犯一次错误能被容许，犯两次错误才会得到错误的对映异构体）。酸来自二苯基乙二醇，二苯基乙二醇是可循环的。酸 **84** 在 FK-506 的部分合成中是需要的。事实上，作者称 ee 90%～92%的原料是通过环加成的粗产物 **83** 的还原得到的。在这种情况下不能用上面所说的 Horeau 原则，除非作者在未意识到的情况下不小心的纯化了环加合物，如通过硅胶分离。

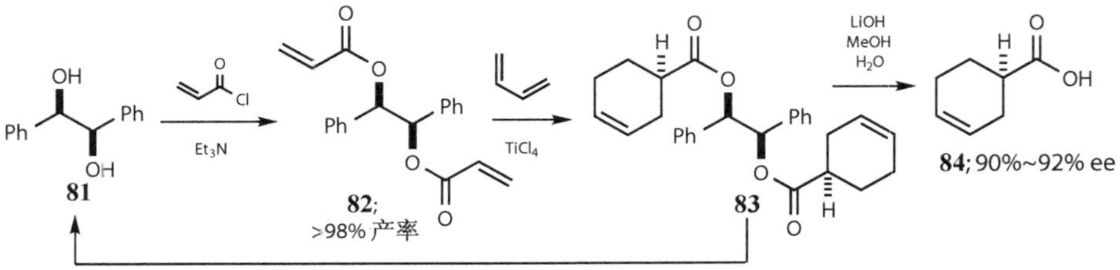

你可能想探究每一个环加成反应的选择性。给你一个线索，回去看看二酯 **82/83** 的图示，然后用平方根想一想。我们在第 28 章也会看到用两个反应提高选择性。一个反应是动力学拆分反应，试剂反应了两次。在第二次中它分离除去了一小部分在第一次反应中生成的错误的化合物。

常见的误解

词语的误用

“手性”。对于纯化论者，这是一个特别令人恼火的误用。一个已经习惯使用外消旋的 1,2-二苯乙烯氧化物的工作人员准备使用光学纯的 1,2-二苯乙烯氧化物。他把光学纯的 1,2-二苯乙烯氧化物描述为“手性的 1,2-二苯乙烯氧化物”或者更可能，在实验室简称为“我的手性化合物”。外消旋的 1,2-二苯乙烯氧化物一点也不比光学纯的 1,2-二苯乙烯氧化物的手性少，所以“手性的 1,2-二苯乙烯氧化物”和“1,2-二苯乙烯氧化物”是一样的。即使是有经验的和有名的化学家也会这样误用“手性”。

“手性合成”。和上面的原因一样，一个使用外消旋原料的反应不比一个使用光学纯原料的手性少。因此它不应该被认为是“手性合成”；“不对称合成”是个更好的词。

“外消旋合成”。我们听到很多人反对这个词，但是我们不清楚为什么。如果你有一个不对称合成，为什么就不能有一个外消旋合成呢？反对的理由是——

"这些化合物是外消旋的而不是这个合成反应，所以它不应该被叫做外消旋合成"。我们假设它是对的，但是对于不对称合成这也一样啊，难道不是吗？假定我们不应该有个"舒适的椅子"，因为是坐在椅子上的人舒服而不是这椅子本身，但是我们却可以有个"温暖的房子"，因为这房子确实温暖。对"外消旋合成"的反对是教条主义的，因为他们否认了转移的称号（如舒服的椅子），而这是语言中的常见特征。

"同手性的"。有时候被用来表示"光学纯"，很多作者也这么用。但是这种用法应该避免，因为"同手性的"有其他的含义：如果两个分子有相同的绝对立体化学，它们可以称为同手性的。因此如果我们说"那两个氨基酸是同手性的"，那么依据怎么使用"同手性的"，我们可能会有两种解释。"对映异构纯的"就非常清晰明了了。

手性中心和立构中心

在描述"手性中心"时，有些分歧。争论的是一个中心或者一个点，不能是手性的；相反，应该叫做潜手性中心。如果你用"立构中心"替代"手性中心"，你很安全但是你必须清楚它们不一定是同样的一件事。就像所有的大象都是哺乳动物，而不是所有的哺乳动物都是大象，所以所有的手性中心都是立构中心，但不是所有的立构中心都是手性中心。二甲基环己烷 **85** 和 **86** 是个简单的例子。两个化合物都不是手性的，因为它们都有一个镜面，没有手性中心。但是，改变一下 **85** 中甲基连接环的碳原子的构型得到一个不同的（非手性的）非对映异构体 **86**。这些中心因此是立体异构的（因为他们产生其他立体异构体），尽管它们不是手性中心。

85

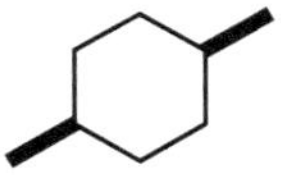

86

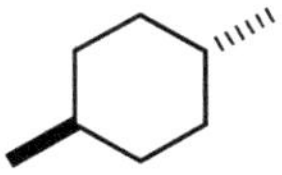

假不对称中心

我们继续上面的话题，但是事情变得有点复杂了。考察三醇 **87**，它不是手性的，但可能被许多人描述为内消旋化合物。我们等一下再回到这个化合物，现在看一下中心的碳原子。它不是手性中心也不是一个不对称中心。你可以试试它是否有 *R*-或者 *S*-构型。你马上感到困惑，因为两边的两个基团是一样的（对映异构的）。这意味着我们不能用我们常用的优先级去排序。

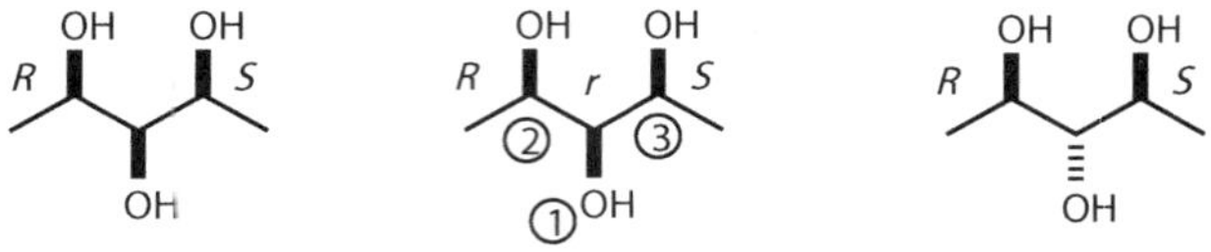

87　　**87a**; (*R*,*r*,*S*)　　**88**; (*R*,*s*,*S*)

事实上，它是 *r*（表示低一级的意思）。在这种情况下，*R*-构型的基团比 *S*-构型的基团的优先级高。在 **87a** 这些优先级意味着一个 *R*-构型，如果它是一个真的手性中心，但是因为它不是所以我们称之为 *r*。如果我们改变它的构型（变为 *s*）我们得到一个不同的**内消旋**的非对映异构体 **88**。换句话说，我们得到另一个非手性化合物。不管我们对这种中心做什么，我们都能得到非手性的非对映异构体，所以它几乎不能是非对称的——它不是一个不对称中心。然而，当我们改变构型，我们得到不同的非对映异构体，所以它一定是立体异构的（产生了立体化学）。我们看出，一些有立构中心的化合物可以没有一个不对称中心或者手性中心。这些中心有时候被称之为假不对称中心。在一个具体的和高引用的文章中，Mislow 指出手性（一些手性是在一个手性环境中才有的）和立构手性是不同的概念。上面的中心被认为是非手性的（因为分子既不是手性也不是在一个手性的环境中）而只是一个立构中心[12]。

没有帮助的画法

让我们看一下刚才遇到的三醇 **87** 的一个非对映异构体 **89**。我们再次把焦点放到中心碳原子上。想象试图通过改变中心碳原子（**89** 变到 **89a**）得到 **89** 的非对映异构体。我们现在把 **89a** 旋转 180°，发现 **89b** 和 **89** 一样。不管我们对中心的羟基怎么处理（我们让它往前或者往后）都没有任何的不同。换句话说，没有立体化学信息。三醇 **89** 应该被画成 **89c**，即中心的羟基是根普通的键。

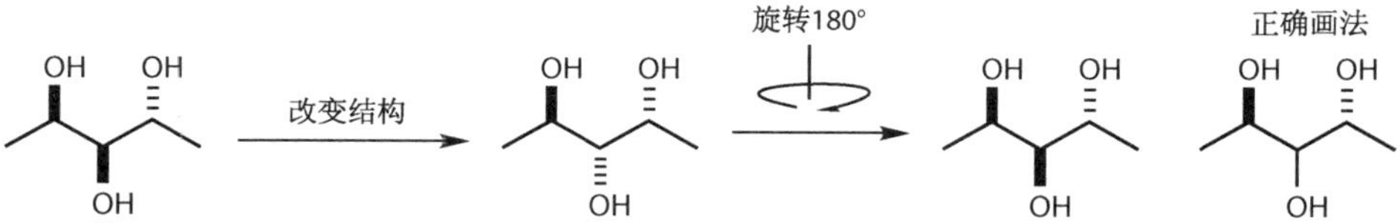

89　　**89a**　　**89b**　　**89c**

这种立体化学的缺乏对于处在假-C_2轴的取代基是很典型的。化合物 **60** 被正确的画为中心苯基没有立体化学。然而，中心取代破坏了 C_2 轴，否则就会有 C_2 轴的存在。考虑两个在分子左边和右边的羟基。一个和分子中心的羟基在同一侧，一个在另一侧。在分子左边和右边的羟基是非对映异构的，如果中心的羟基不在那里的话它们将是对映异构的（因为它们通过 C_2 轴连接）。

键的旋转

这个误解是如果键旋转得足够快，质子通过旋转交换位置就一样了。例如，我们已经讨论过的分子 **90** 中的非对映异构的质子。质子 H_A和 H_B的非对映异构的本质非常明显因为一个与苯基一样处在五元环的同一侧而另一个在另一侧。

90

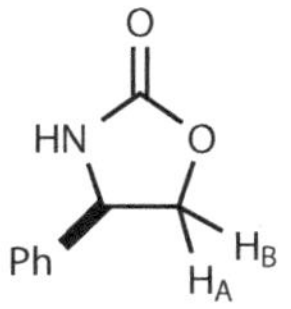

91

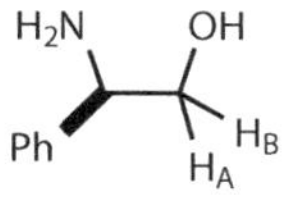

91 中的质子也是非对映异构的。和以前讨论过的非对映异构性的判断方法相联系我们可以更容易地判断。然而，有时候有些误解是因为我们现在有键的旋转，它们是等价的。毕竟 **91**（不像 **90**）我们可以旋转 H_B使得其代替 H_A占据的位置。但是旋转本身也改变了环境，把 H_B放到 H_A位置的同时也改变了 OH 的位置，所以 H_B并没有经历 H_A的环境。快速地旋转键并不能起到作用，因为环境也会以同样的速率改变。就像一只狗永远抓不住它自己的尾巴，我们也不能摆脱非对映异构性。

立体专一性回顾

如果你发现自己待在一群有机化学家里面，而谈话似乎很无趣，抛出个“立体专一性”，你将发现自己身处在对这个词是什么意思的热烈的讨论中。在之前的部分我们已经建立了这样一个概念：立体专一性不是100%的立体选择性，我们不再回到那里。然而仍然有许多其他的事情值得化学家们去争论。Schwartz 反应试剂 [$Cp_2Zr(H)Cl$] **93** 很好地阐释了这种情况。烯烃氢锆化得到碳-锆键的化合物 **94**。这种键可以通过加入水断裂（反应是加一个质子到碳原子上，但我们期待是加到有机金属键上）或者亲电试剂如卤化物，它是一个非常有用的反应。

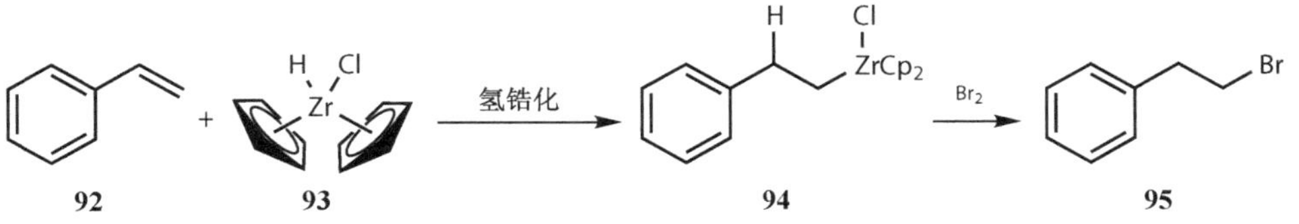

92 **93** **94** **95**

在一个例子中，炔 **96** 被氢锆化活化。锆在末端位置 **99**。两个 Cp 环非常大，所以通常锆倾向于从叁键（或者双键）位阻较小的地方加成。这就是反应的区域选择性，但这并不是我们在这里所关心的。有机锂和 Cu(I)发生金属转移得到有机铜试剂，这个有机铜试剂对烯基酮双键进行共轭加成，这看起来有点像Robinson环化反应[13]。我们继续之前，注意双键是*trans*-结构的——我们以后将回到这一点。

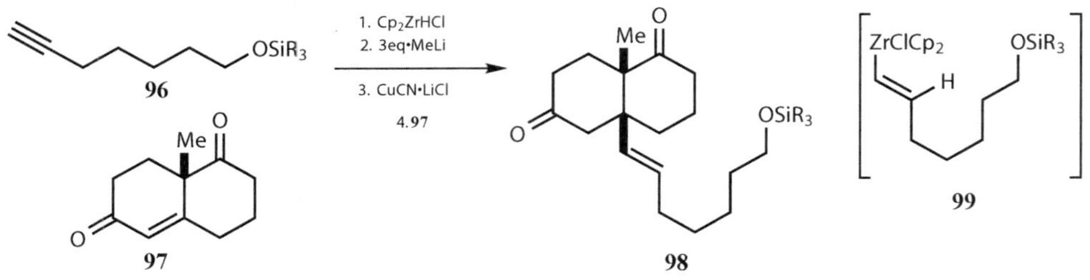

那么现在，氢和锆同时从分子的同一面加成。如果用氘代的苯乙烯分子，我们可以检测出来。如果以*cis*-二氘代的苯乙烯**100**作为原料，我们得到一个非对映异构体**101**。但如果我们以*trans*-二氘代的苯乙烯**102**作为原料，就得到另一个非对映异构体**103**。对于底物是叁键的，也有类似的情况。对于苯乙炔**104**，氢和锆从同一侧加成。因此在有机锆反应之后，我们得到如**98**和**99**的*trans*-双键。

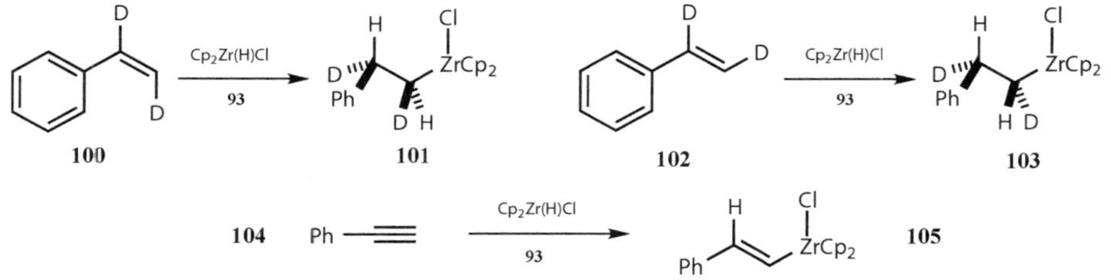

一些化学家会说双键反应是立体专一的，但是叁键不是。他们的意思是对于立体专一的反应，从原料的一个特定非对映异构体只会得到产物的一个相对的非对映异构体，这表示原料的另一个非对映异构体也只能得到产物的另一个非对映异构体。但是，因为乙炔基没有非对映异构体，它不可能是立体专一的。

另一些化学家则认为这是一堆垃圾，两者都是立体专一性的例子，我们应该关心的是反应的机理。我们想知道锆化合物是怎样反应的，而这与立体专一性相关；把氢和锆加到不饱和键的同一侧。第一类的化学家可能继续之前的论调：为了探明机理，首先应该需要原料有两个非对映异构体，否则我们怎么能确定与叁键的反应是按照相同的机理进行的……或许我们应该提一下Schwartz自己也认为对叁键的加成是立体专一的[14]。

Eliel[15]用的定义是：当"仅构型不同的原料被转化为立体异构的不同产物"，则是立体专一的。他继续谈到改变催化剂而不是底物，并且摒弃"高度的立体选择性"。这个定义赞同双键中的立体化学专一性，但是它并没有扩展到叁键。这否认了“立体专一”的机理精神。回到一个普通的 S_N2 反应，一个烷基卤化物与非专一的亲核试剂。我们知道 S_N2 反应总是涉及翻转，S_N2 反应是立体专一的。反应翻转是因为在反应进行时反键轨道被占据，没有其他的选择。它是立体专一的，是因为反键轨道被占据，抑或是我们有其他的对应异构的烷基化卤化物，或者仅仅是因为反键轨道控制了反应的进程？

这很让人迷惑，但是我们建议使用后一个定义更有意义。因此，从原料的不同异构体得到的不同的立体专一性的产物是反应立体专一性的结果，而不管其他的。

可能在下个例子中，为了明显说明反应是立体专一的而需要另一个非对映异构体原料是愚蠢的。庚烯 **106** 可能经过二羟基化立体专一的得到 **107**。但是环庚烯 **108** 的反应不是立体专一的，因为没有像 *trans*-环庚烯这样东西。很明显，这有点疯狂——两种反应都是立体专一的。不过这要看你的朋友是怎么想的了。

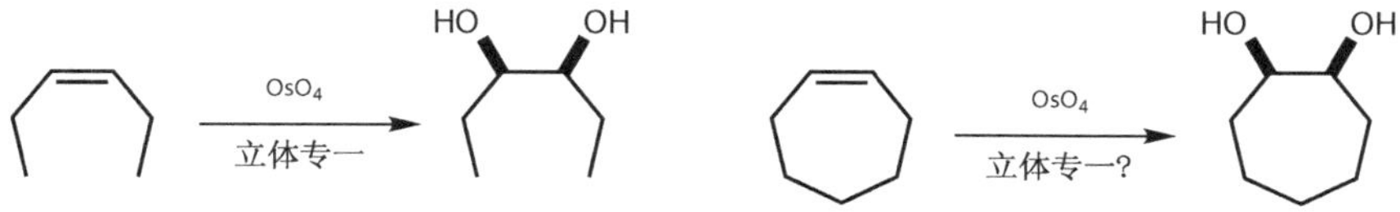

106　**107**　**108**　**109**

参考文献

一般性参考文献列于 946 页。

1. *Clayden*, Chapter 16.
2. *Clayden*, page 1230.
3. *Eliel*, page 119.
4. S. Atarashi, S. Yokohama, K. I. Yamazaki, K. I. Sakano, M. Imamura and I. Hayakawa, *Chem. Pharm. Bull.*, 1987, **35**, 1896.
5. H. Egawa, T. Miyamoto and J. Matsumoto, *Chem. Pharm. Bull.*, 1986, **34**, 4098.
6. L. A. Mitscher, P. N. Sharma, D. T. W. Chu, L. L. Shen and A. G. Pernet, *J. Med. Chem.*, 1987, **30**, 2283.
7. S. Atarashi, H. Tsurumi, T. Fujiwara and I. Hayakawa, *J. Heterocycl. Chem.*, 1991, **28**, 329.
8. I. Fleming and S. K. Ghosh, *Chem. Commun.*, 1994, 99.
9. J. P. Vigneron, M. Dhaenens and A. Horeau, *Tetrahedron*, 1973, **29**, 1055.
10. J. R. Falck, B. Mekonnen, J. R. Yu and J. Y. Lai, *J. Am. Chem. Soc.*, 1996, **118**, 6096.
11. J. A. Marshall and S. Xie, *J. Org. Chem.*, 1995, **60**, 7230.
12. *Eliel* p. 53 and 123; K. Mislow and J. Siegel, *J. Am. Chem. Soc.*, 1984, **106**, 3319.
13. B. H. Lipshutz and E. L. Ellsworth, *J. Am. Chem. Soc.*, 1990, **112**, 7440.
14. D. W. Hart, T. F. Blackburn and J. Schwartz, *J. Am. Chem. Soc.*, 1975, **97**, 679.
15. *Eliel*, page 1008.

21 相对立体化学的控制

提示

我们假设你已经了解：可以利用构象控制新手性中心的生成且一些折叠分子更趋向于在外凸的面和 *exo*-面进行反应。你可以查阅 *Clayden* 第 33 章和第 34 章作为这一章的基础。

引言

在本章中的大部分化合物都将以外消旋的形式出现。我们关心的仅仅是控制相对立体化学而不是控制绝对立体化学。然而很多反应可以不对称地进行，并且其中很多反应可以用于不对称的合成中，这种不对称是由其他因素引起的，这个概念将会在第 30 章里讲解。由于我们仅简单地关心相对立体化学，即立体化学之间的关系，所以至少有两个手性中心。如果底物中没有手性中心则意味着在一个反应中要产生两个手性中心，如果反应过程只产生一个手性中心那么某一底物中要存在一个手性中心。

形成环状化合物通常可以进行很好的立体控制。这是指形成了一个环状过渡态或者形成了一个真实的环状化合物。但任何一种情况，在得到较好控制的同时都意味着少了一些自由或者方便。形成环状化合物这方面可以粗略的分为以下几个系列：

- 通过环状过渡态生成环状化合物；
- 环状化合物的反应；
- 环状过渡态；
- 通过环状化合物生成非环状化合物；
- 开链的立体选择性。

以上的每个部分又可以分为底物没有手性中心或者其中一个底物存在一个手性中心。

第一部分：起始原料中没有手性中心

通过环状过渡态形成环状化合物

环加成反应

环加成反应对于立体控制形成几个立体中心是非常有用的。产物的立体化学是许多不同立体因素共同作用的结果。虽然准确的例子在本章中没有出现（因为没有产生相对立体化学），但还是有意义的。

1　　2　　3

这是一个直接的 Diels-Alder 反应，产物是外消旋的酸 **3**。亲双烯体 **2** 的面是有互变性的——如果双烯体从一个面进攻 **4a** 可以得到一个对映异构体（*R*)-**3**，如果从另一个面进攻 **4b** 则得到另一个对映体异构体（*S*)-**3**。然而，在二烯 **1** 的哪一面反应都没有关系，因为这两个面是等位的。

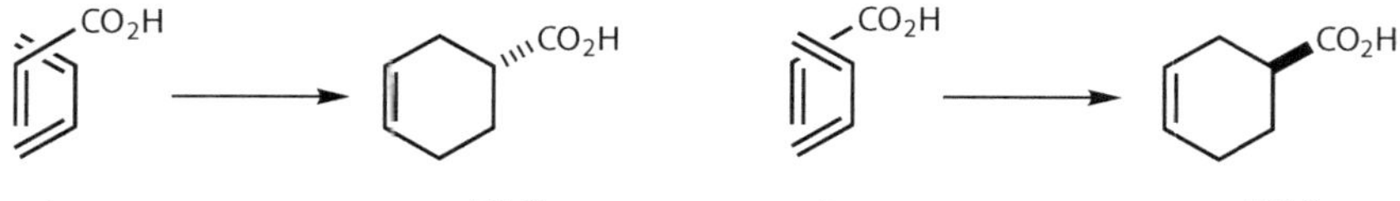

4a　　(*R*)-**3**　　**4b**　　(*S*)-**3**

Diels-Alder 反应是同时引入几个手性中心的非常好的方法。*E*，*E*-二烯 **5** 和不饱和的酸 **6** 可以生成加成产物 **7**。值得注意的是，这个反应从没有手性中心的底物一次生成了 4 个手性中心。由于没有对映选择控制，得到消旋的（±)-**7**。

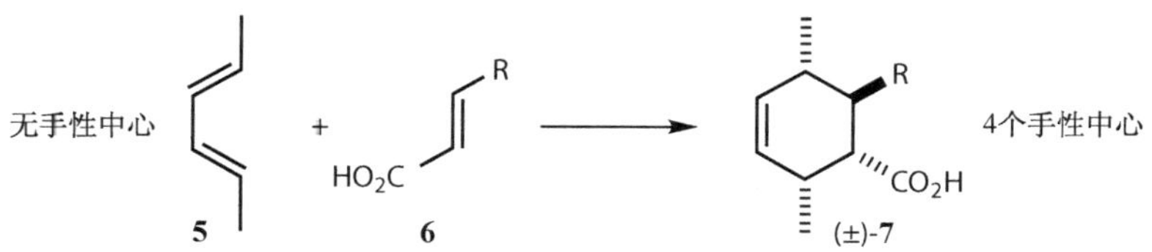

5　　**6**　　(±)-7

上面反应的选择性来自两个方面。一方面是立体专一性，就是底物的立体化学体现在产物中，即不饱和酸 **6** 的 R 和 CO_2H 的 *tran*-关系体现在产物中，这两个基团也是 *tran*-关系。同样，立体专一性控制保证了双烯 **5** 的两个甲基最终停留在产物的同一边。如果我们利用 *E*，*Z*-二烯代替 *E*，*E*-二烯，那么我们将会得到甲基处于 *tran*-位的产物。另一方面是反应具有立体选择性——在本章中通常指 *endo*-选择性。这里我们不会详细讨论产生这种选择性的原因[1]，通常 *endo*-选择性是由于亲双烯体的拉电子基团更容易接近富电子的双烯体造成的。当 **5** 与 **8** 进行反应时两个甲基会在分子的同面，两个 CO_2Me 也会在分子的同面。**9** 和 **10** 代表了这种选择性，会生成哪个呢？

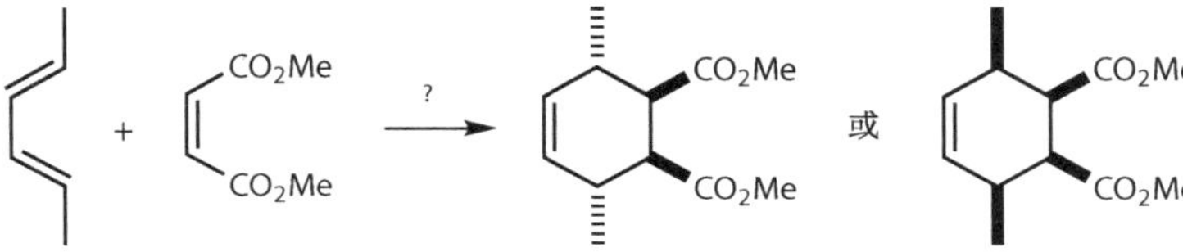

5　　**8**　　**9**　　**10**

如果知道可能的过渡态，那么很容易预测 Diels-Alder 反应的立体化学。窍门是确定在六元环同一边的所有基团。下图展示了其中一种方法，右半部分的键被表示出来，这些基团将在形成的六元环的同一面。在下图所示的情况下所有的氢原子在六元环的同面：产物是 **10**。

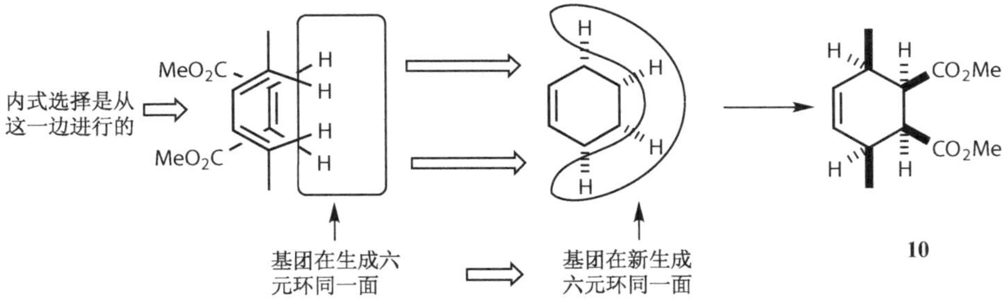

10

许多 Diels-Alder 反应都具有立体专一性和立体选择性。不要混淆立体专一性和立体选择性，让我们看一个真实的例子。Pumiliotoxin C **11**（来自热带青蛙的毒素）含有 4 个手性中心，在下面讨论的合成方法中，其 4 个手性中心其中的 3 个由 Diels-Alder 反应控制[2]。反合成分析是十分有意义的。

切断 **11b** 的第一步（还原胺化）完全没有考虑手性的问题（这一点我们稍后讨论）。我们得到了具有全部手性中心的六元环。利用 FGA 引入双键在这个逆合成分析中用得很多。在反合成分析中第一个生成的烯烃 **13** 可以通过 aldol 断键去掉双键，一方面去掉碳链，另一方面在形成的六元环 **14** 中显露出拉电子基团。当然这是 Diels-Alder 反应的重要因素。再次利用 FGA 引入双键，从而 **15** 可以通过 Diels-Alder 反应进行合成。

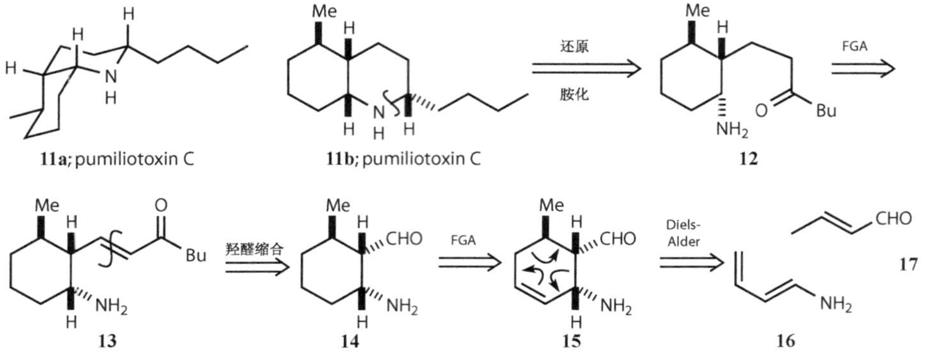

15 中甲基和醛基的 *tran*-关系已经由不饱和的亲双烯体的立体构型所决定。很明显另一个组分（一级胺 **16**）是不稳定的化合物，在前面的步骤中需要做一些处理将其保护起来。代替胺 **16** 的化合物是氨基甲酸盐 **22**，它是由不饱和酸 **18** 制得的[3]。

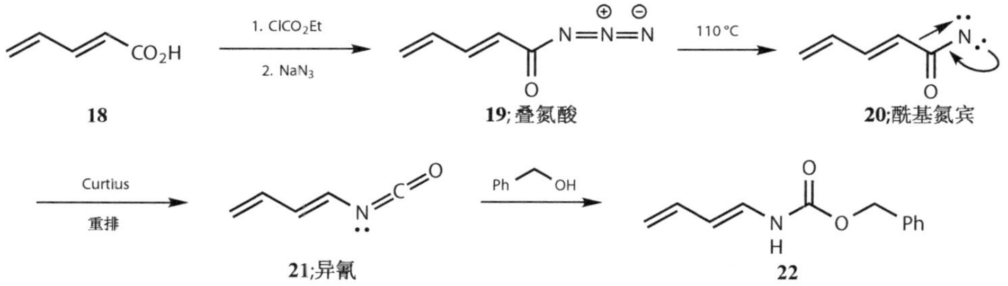

那么现在就可以进行关键反应了，即氨基甲酸盐 **22** 和不饱和醛 **17** 发生 Diels-Alder 反应，得到加成产物 **23**。

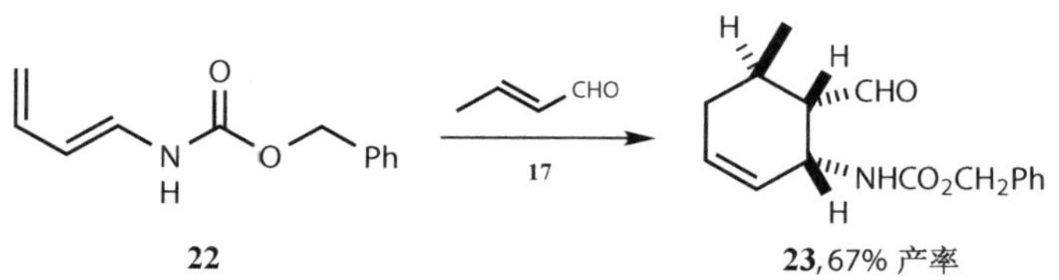

加成产物 **23** 具有 4 个手性中心中的 3 个，我们应该更加关注这个反应。两个分子 **22** 和 **17** 有两种方式接近，即 *endo* 和 *exo* 的方式。以 *endo* 的方式进行反应，即左图，甲基和甲酰基的 *anti*-关系是由于巴豆醛的 *tran*-构型决定的，这是立体专一性的。甲酰基和氨基甲酸盐基团的 *syn*-关系是由于过渡态 *endo*-选择性决定的，这是立体选择性的。如果环加成的两个底物以 *exo* 的形式进行反应（右

图）那么两基团则会形成 *anti* 的关系，即生成 **24**。

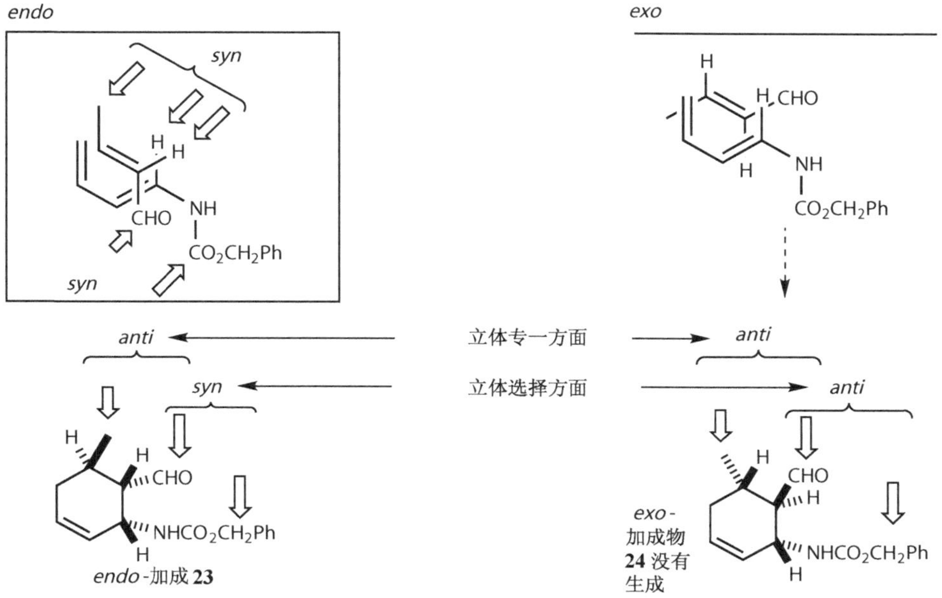

刚刚已经讨论了最感兴趣的一个反应，但是我们也要完成整个合成的讨论。醛 **23** 和膦酸酯反应生成不饱和化合物 **25**，这是 Horner-Wadsworth-Emmons 反应，在第 15 章介绍过。注意，这个化合物存在两个双键，这在真实的分子中是不需要的，但是它们可以协助分子的合成，现在它们正在起作用。

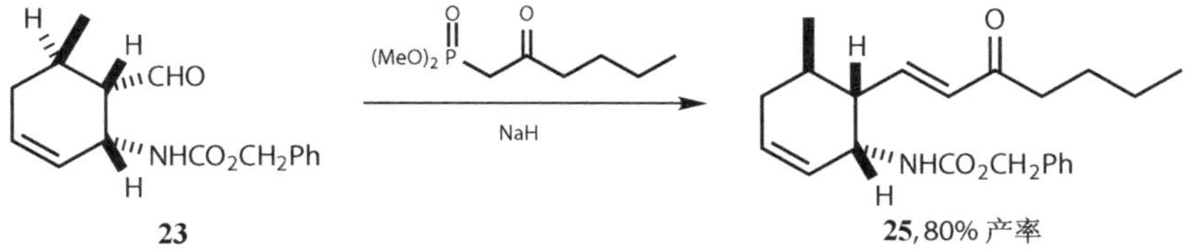

最后的步骤是氢化去掉两个不需要的双键。但是氢化的作用远远大于这点。首先，氨基被脱去保护基生成 **27** 增加了其亲核性。其次，由于 α，β-不饱和酮的双键被还原从而增加了碳链的柔性使氨基可以接触到反应位点。结果生成亚胺 **28**，随后也被氢化还原，引入最后一个立体中心。亚胺 **28** 从位阻较小的一面被氢化。这是折叠的分子在外凸面反应的一个例子。在第 17 章有一些折叠分子非对应选择反应的例子。

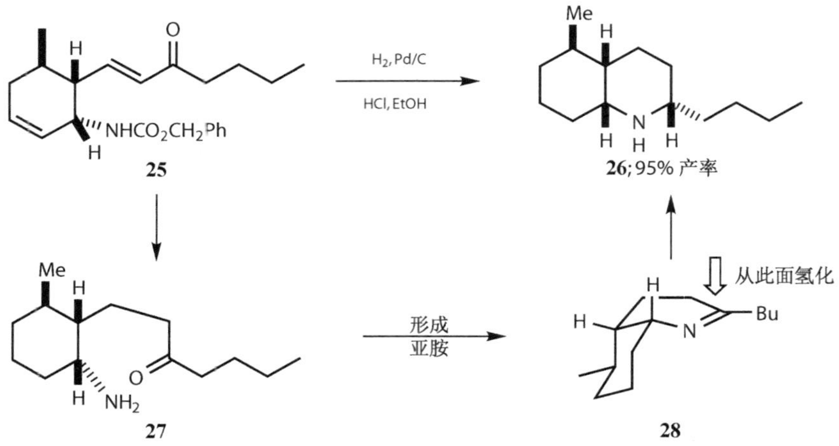

通过环状过渡态生成非环状化合物

立体选择性的 aldol 反应

从立体化学的角度考虑，aldol 反应是另一个产生手性中心的方法。对于 Diels-Alder 反应立体化学来源于两个方面：一方面是原料的构型；另一方面是过渡态的选择性（很大程度上是 Diels-Alder 的本质）。让我们注意原料——烯醇阴离子是 *cis*-还是 *trans*-构型。

命名法

在进一步讨论之前我们来了解一下命名法。观察下图，酯的烯醇锂盐 **29** 和烯醇钛盐 **30**。定义烯醇锂盐 **29** 具有 *Z*-式双键（锂比碳轻），而烯醇钛盐 **30** 具有 *E*-式双键（钛比碳重）。将一个称为 *E*-式，另一个称为 *Z*-式非常混乱。我们关心的最重要的是取代基 R 与活性的氧处于 *tran*-关系。为了避免混乱，无论何种金属我们都将其称为 *tran*-烯醇盐 **31**。这种命名方式并没有得到广泛接受（一些化学家不喜欢这种简单的方式），而在本书中我们采取这种方式。

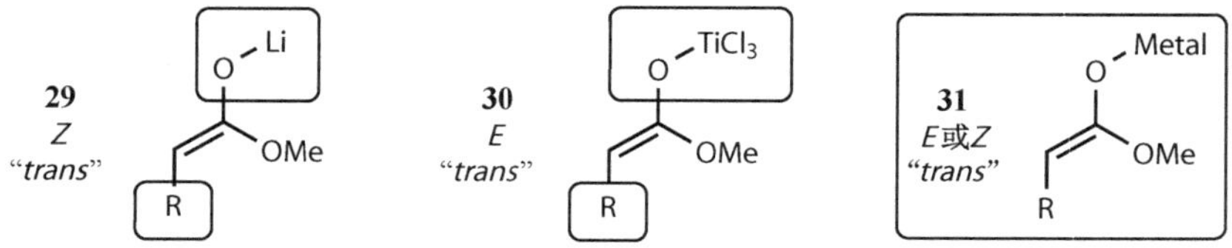

早期的工作

Dubois[4]的开创性工作表明环戊酮的 *trans*-烯醇盐 **32** 选择性的反应生成 *trans*-aldol 产物 **33**。由于取代基在环上所以烯醇盐一定是 *trans* 的。Heathcock 表明酮 **34**（特别注意左边的叔丁基）形成 *cis*-烯醇盐 **35** 从而几乎全部生成 *syn*-产物[5] **36**。

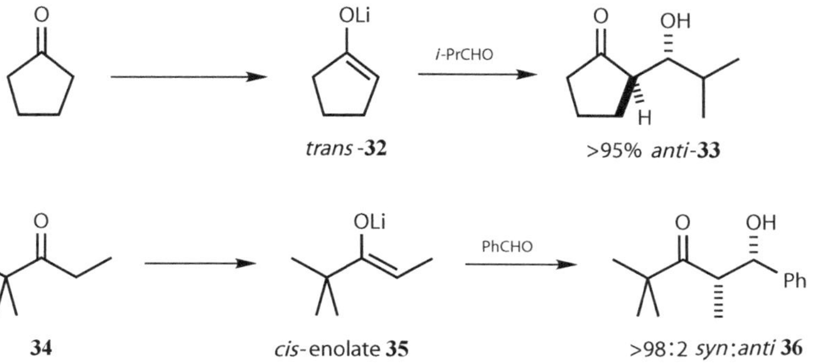

过渡态模型

因此，*trans*-烯醇盐生成 *anti*-aldol 产物，而 *cis*-烯醇盐生成 *syn*-aldol 产物。这是为什么呢？在过渡态中烯醇盐和亲电试剂在过渡态中契合形成六元环。化学家喜欢称这种模型为“Zimmerman-Traxler”过渡态[6]。六元环是椅式构象。考虑到一些醛和 *trans*-烯醇锂盐的反应中，锂、氧原子，邻近的碳原子和烯醇盐中亲核的碳原子通过六元环状过渡态 **37** 反应。甲基在过渡态中处于平伏键，这是由于其在烯醇盐中与氧原子处于 *trans*-位形成的。最后，sp^2 中心（ArOC）将一直保持 sp^2 的形式。

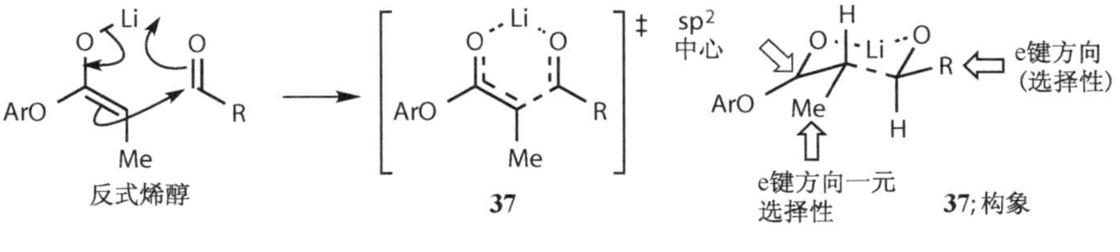

然而，醛基的取代基 R 可以选择占据的平伏键位置 **37**，也可以翻转占据直立键的位置 **40**。通过有利的构象 **37** 生成 *anti*-aldol 产物 **39**，不利的构象 **40** 生成 *syn*-产物 **42**。

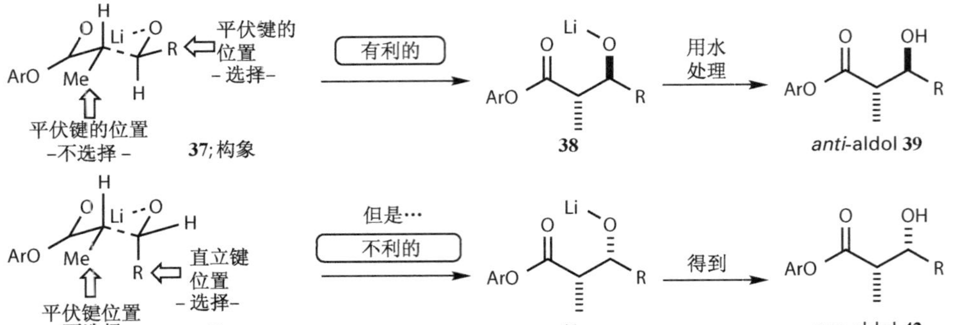

37；构象　　38　　*anti*-aldol 39

40　　41　　*syn*-aldol 42

那么 *cis*-烯醇盐又如何呢？现在考虑硼酸的烯醇盐。这时上面所讨论的锂原子在六元环状过渡态中的位置由硼原子取代。那么烯醇盐的甲基将采取直立键的位置 **43**，醛的 R 基团仍然选择处于平伏键的位置，结果生成 *syn*-aldol 产物 **44**。

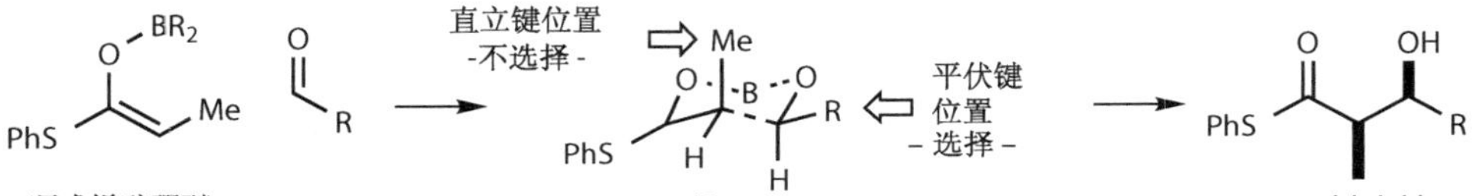

顺式烯醇硼醚　　43　　*syn*-aldol 44

如果你还是不清楚在 aldol 反应中六元环过渡态是如何导致产物的立体选择性，那么请继续读下面的内容。关键是确定六元化过渡态中碳键的弯曲形式，从而决定了开链化合物的构型。画出椅式构象有助于考虑清楚立体化学。首先，构象 **37** 立体中心上的氢原子被标示出重新画为 **37a**，它可以生成化合物 **38**。注意，六元环的面前部分“之”字的形式被黑体标出。非常清楚地是氢原子相互处于 *anti*-位，并且在最终的分子 **39a** 的“之”字形骨架中也处于 *anti*-位。在这个分子中向前的键用锲形键标示出。在过渡态中表明的绝对立体化学与最终的产物立体化学一致（如果这样就可以满意了）。但是“之”字形的弯曲是相反的方向——我们还需要动动脑筋去做这种转化。

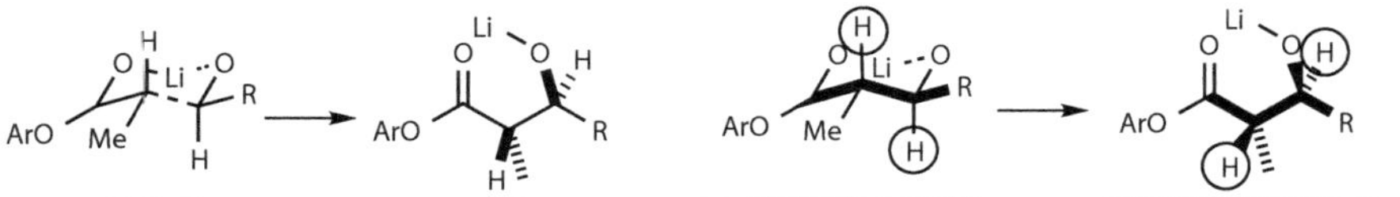

37 构象　　38a　　37a 显示H原子在反位　　39显示H原子在反位

对酮的控制

众所周知，烯醇可以生成 aldol 产物，但是这并不常用，除非我们可以选择生成烯醇的构型。很明显，环戊酮一定会生成 *tran*-烯醇，但是我们需要更加关心非环状的酮。硼的烯醇醚给出了答案。两个用得较广泛的硼试剂是 9-BBN 氯化物 **46**（来源于 9-BBN **45**）和双环己基硼氯 **47**，其他的试剂包括相应的三氟甲磺酸酯。下一章我们将介绍一些手性的硼试剂。

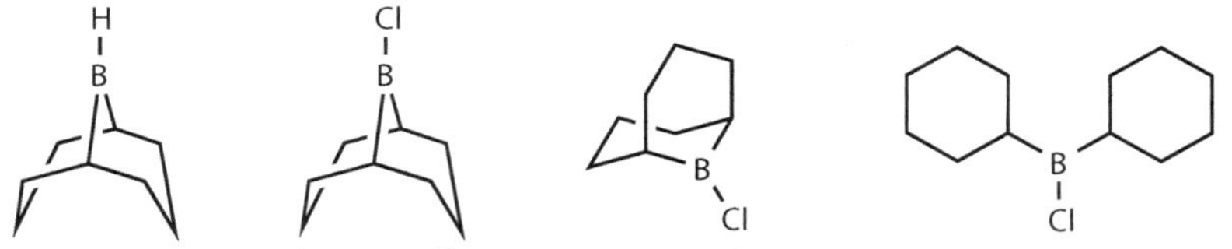

45; 9-BBN　**46**; 9-BBN-Cl　**46**; 9-BBN-Cl　**47**; *c*-Hex$_2$B-Cl

有意思的是对于不同的碱，硼上的不同烷基和离去基团会产生不同的烯醇盐的构型。总的来说，硼上带有小一些的烷基基团（如丁基），好的离去基团（如三氟甲磺基）和位阻更大的偏中性的碱会生成 *cis*-烯醇盐 **49**。相反，如果硼带有位阻大的烷基基团（如环己基），不太好的离去基团（氯）和位阻小一些的偏中性碱（三乙胺）会生成 *tran*-烯醇盐 **48**[7]。等一下将会讲述选择性地获得 *tran*-烯醇盐的方法[8]。我们不去解释为什么这些组合会产生这样的效果，但是这些经验是有用的[9,10]。

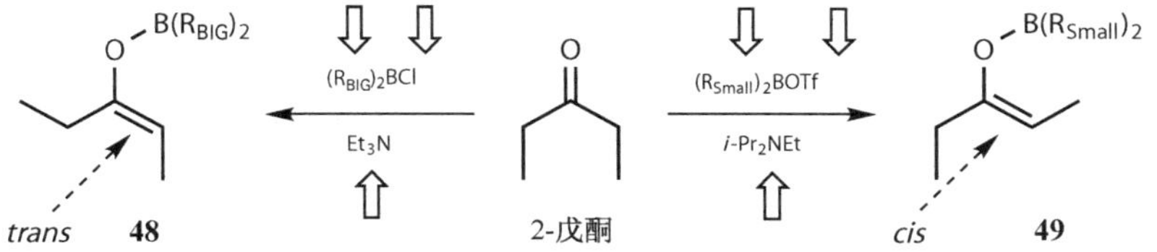

有趣的是，虽然 9-BBN 看起来是一个大的基团（如二丁基），但是它可以作为二环己基硼的补充。在硼上的基团是“束在后面的”，所以很有可能它的立体效应比想象的小并且 9-BBN 的烯醇盐存在平衡[11]。虽然离去基团很重要[12]，但是即使硼上的离去基团保持相同，变化烷基也会起到非常大的影响。例如，苯丙酮在不同的条件下可生成 aldol 产物 *anti*-**54** 或者 *syn*-**52**。

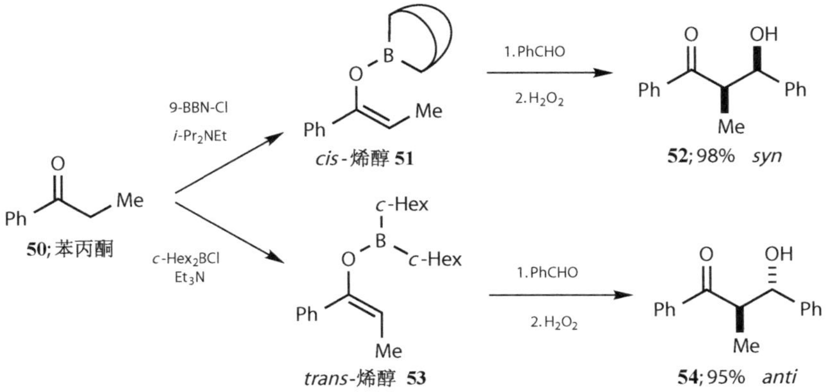

但这并不是那么简单的。烯醇化的立体化学同样取决于羰基另一边的基团（上例中是苯基）。所以，戊二酮大多生成硼的 *cis*-烯醇盐 **55**，支链的酮 **56** 大多数生成 *tran*-产物[13]。Aldol 反应如此复杂是由于存在很多变量。然而，所有的基础知识从 *cis*-和 *tran*-烯醇盐到双重立体区别都可以在 Heathcock 的综述中找到[14]。

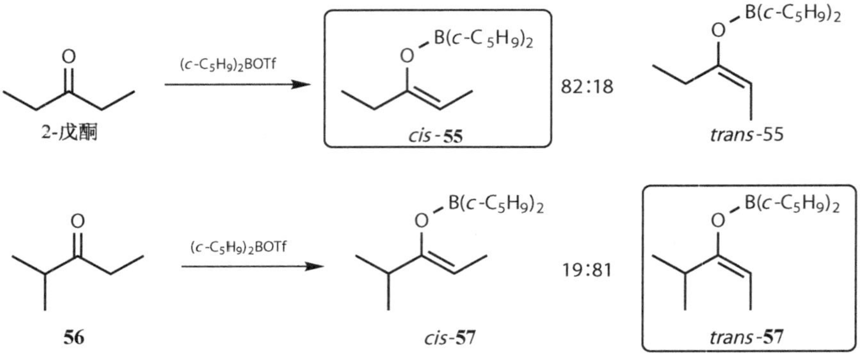

酯 **58** 是合成 swinholide A 的关键中间体[15]。可以看到通过 *syn*-选择性的 aldol 反应可以控制两个立体中心。

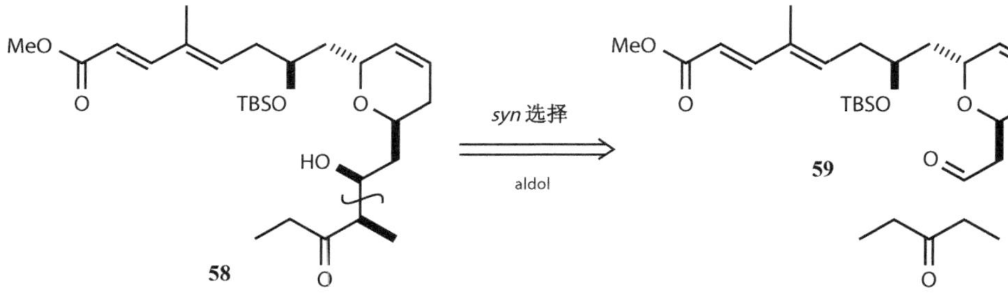

实际上，这个反应要用三氟甲磺酸的硼试剂和大位阻的碱得到 *cis*-硼烯醇盐，才可以得到精确的立体控制。当然，这个反应中可能生成两种 *syn*-aldol 产物 **58** 和 **60**，由于醛片段上原有的立体中心的控制，以 16∶84 的比例得到了两种产物。尝试去获得一种 *syn*-非对映异构体，避免另一种 *syn*-非对应异构体的生成，虽然这也是相对立体控制但超出了本章的内容。这是很复杂的，因为存在光学纯的试剂和光学纯醛的匹配和不匹配的问题，这将在第 30 章详细讨论，例子中包括手性/非手性的硼试剂和醛之间的作用。

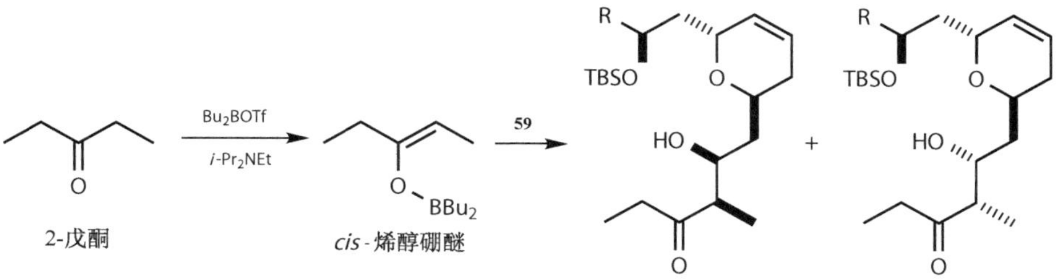

2-戊酮　cis-烯醇硼醚　syn-**58**　16:84　syn-**60**

对酯的控制

对于酯来讲，存在另外一个变量——被酯化的醇的性质。在本章前面讨论过渡态的部分时我们看到酯 **61** 和 **64** 烯醇化的结果。酯可以存在一个有位阻的芳基基团[16] **61** 或者也可用硫酯 **64** 代替酯。

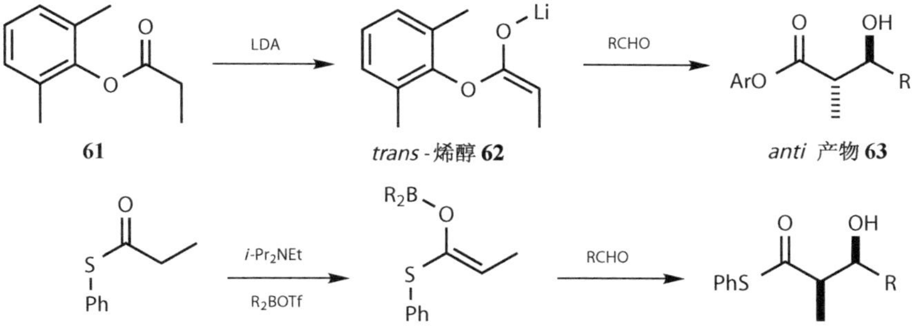

61　*trans*-烯醇 **62**　*anti* 产物 **63**

64　*cis*-烯醇 **65**　*syn* 产物 **66**

Corey 使用酯和硫酯与光学纯的硼试剂作用控制 aldol 反应相对和绝对的立体选择性[10]。光学纯的硼试剂主要用于绝对立体选择性的控制（细节在第 27 章，由于手性硼试剂 **69** 具有 94%的 ee，**71** 具有 97%的 ee）。

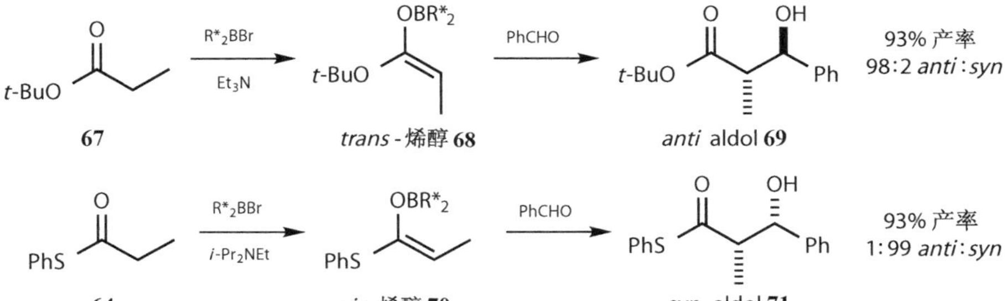

67　*trans*-烯醇 **68**　*anti* aldol **69**

64　*cis*-烯醇 **70**　*syn* aldol **71**

酯的优点是一旦完成立体控制，醇或者硫醇酯的部分可以被其他基团取代。我们将看到在下面例子中没有杂原子存在。Serricornine**72** 是烟草甲虫的信息素，合成 serricornine 可以用于这种甲虫的控制。

在这个例子中我们感兴趣的是对 γ-和 δ-位的立体控制。利用 aldol 反应一般要求在 β-位存在羰基。这个例子显著之处在于不存在这个基团，我们不得不提到它。切断 serricornine **72** 并且 FGI 推导出更加像我们需要的 aldol 反应底物的 **74**。

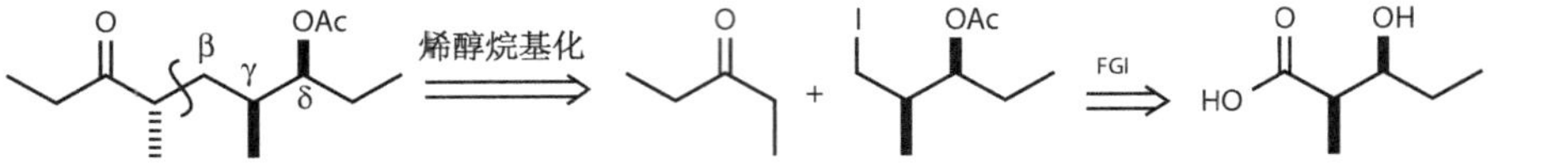

72; serricornin　2-戊酮　**73**　**74**;需要*syn*-式的羟醛缩合

以硫酯 **64** 为合成起始原料得到 *cis*-硼烯醇硼盐从而可以合成 *syn*-产物。得到 **76** 以后，硫的作用已经完成就可以去掉了。将硫酯通过 MeOH 和 $HgCl_2$ 作用转变为酯然后一步转变为碘化物 **78**。碘化物与戊酮的烯醇盐反应则没有 aldol 反应需要的羰基的痕迹了。

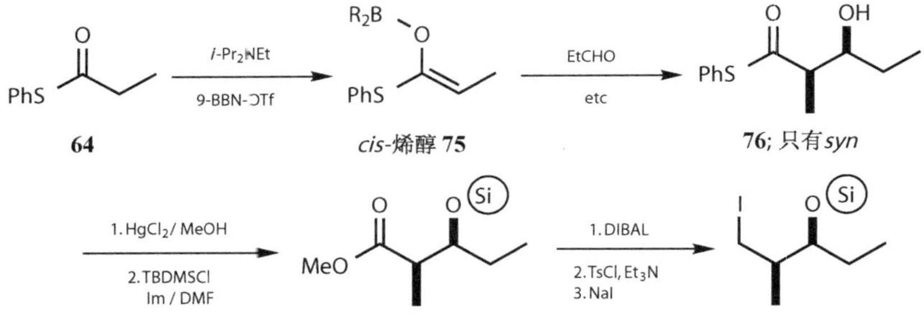

64　*cis*-烯醇 **75**　**76**; 只有 *syn*

77　**78**

值得关注的一步是控制最后的手性中心。你可能已经注意到我们并没有关心 α-位的手性中心。天然分子 serricornine 在这个位置是会自身差向异构化的，所以合成这个分子的作者将这个位置留给自然去异构化。**79** 脱去保护基后，混合物将差向异构化为 serricornine **72**。Baker 和 Devlin 合成这种化合物的方法是他们对映选择性的合成 serricornine 的基础。考一下你，除去苯硫基外的其他可取代的基团或者手性辅基在这类反应中如何应用的问题？[17]

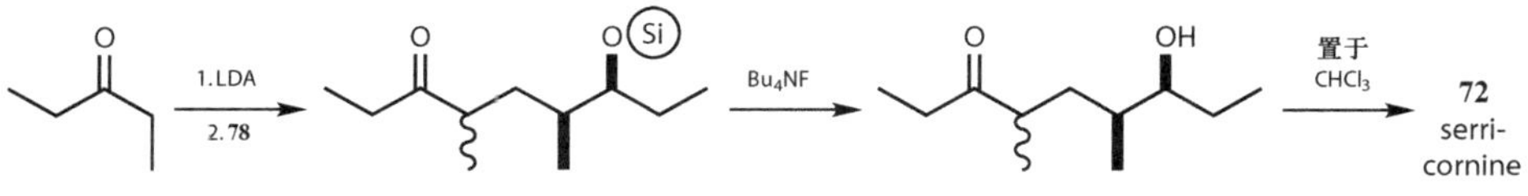

79　**72**;差向异构体混合物

环状化合物的反应

六元环状化合物的构象控制

环状酮的亲核加成

环状化合物比非环状化合物的自由度要小，这就意味着不仅仅立体控制更好而且立体化学的结果可以很好的预测。那么还原酮 **80** 可以生成 *syn*-醇 **81** 或者 *anti*-醇 **82**。问题是我们将得到哪种产物，为什么？

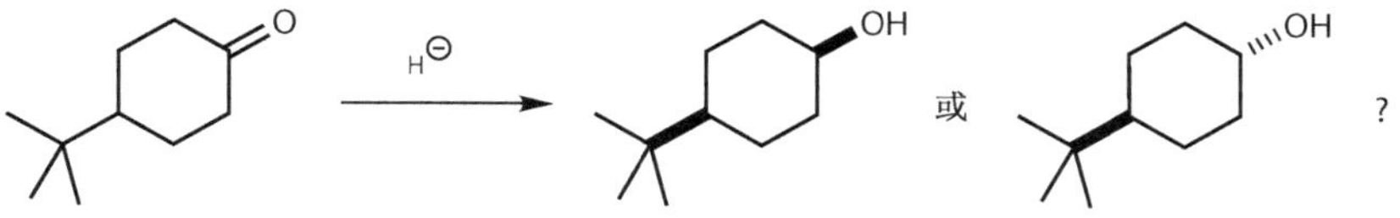

80 **81**; *syn* **82**; *anti*

实际上，使用不同的还原试剂可以得到不同的产物[18]，但是还是让我们先考虑构象的问题。进攻 **80a** 的羰基可以以直立键的形式也可以以平伏键的形式生成醇 **81** 和 **82**。要注意 **81** 和 **82** 都是非手性分子——是非手性分子的立体化学。

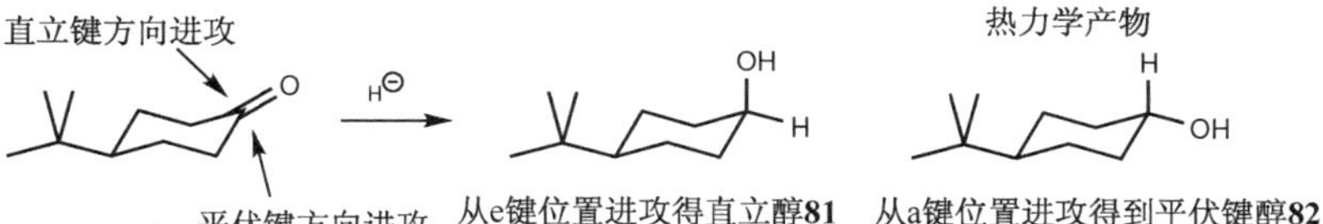

80a

还原剂			
Li, NH_3, ROH	1	:	99
$NaBH_4$	7	:	93
L-Selectride	96.5	:	3.5

羟基在平伏键位置上的产物 **82**，由于两个取代基都在平伏键位置上所以一定是热力学控制的产物。让我们看看哪种试剂产生哪种产物。锂置于液氨中会生成溶剂化的电子。还原剂是一个电子。我们一会儿再考虑这个将酮高选择性的还原为双平伏键取代的产物的方法。相反，L-selectride，LiBH（*s*-Bu)$_3$ 会高选择性的生成另一种异构体[19]。在更低的温度或者更大的还原剂，将以大于 98.5% 的比例生成 **81**。

这个反应的立体控制我们需要清楚一件事情——叔丁基并不是简单的起到立体位阻的作用，因为它离反应位点太远了。它的作用是锁定环的构象，环本身提供了立体位阻。结构 **80b** 表明环上的直立键的质子会产生立体位阻。可以从另外的角度看酮的面 **80c/d**。一些人认为 **80c** 中“左和右”的区别更容易掌握，另一些人认为 **80d** 中“上和下”的区别更容易掌握。无论哪种方式你将会发现一面是剩下的环，另一面仅仅是两个质子。

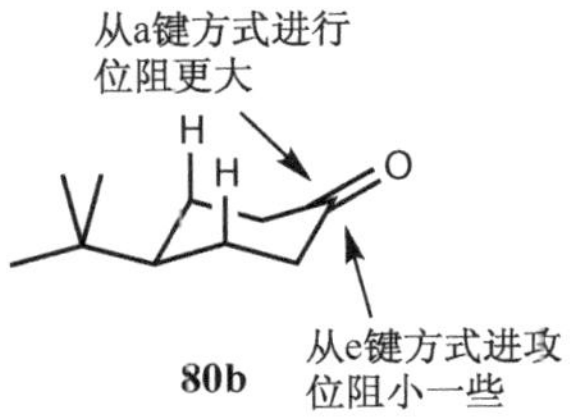

80b

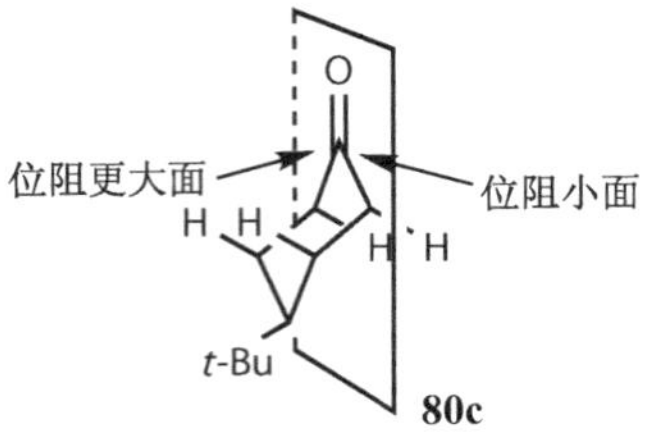

80c

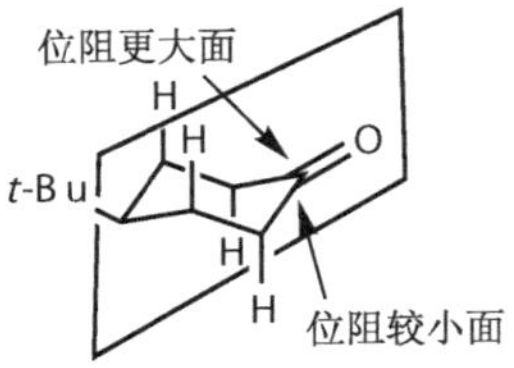

80d

我们可以很容易解释 L-selectride 的结果。它是一个很大的试剂，所以从位阻小一点的面进攻得到羟基在直立键上的化合物。锂在液氨中的试剂需要稍微仔细一点解释。小的基团比起大的基团受位阻的影响要小一些。我们有这样的经验，关起门窗是阻止猫进入房间的有效方法，但老鼠还是会从最小的洞进来。试图封住洞就是浪费时间，它们会找另外的方式进来。相似地，大的还原试剂会受到位阻的影响，但是要对小的试剂起到完全的影响还需要另找他法。

基于这个道理，我们回头看看电子还原的结果（锂在液氨中）。这是最小的还原试剂！虽然它会受到其他因素的影响但是位阻因素不会影响它。如果在过渡态中可以显示出热力学产物额外的稳定性则反应会以这种方式进行。这是电子还原会产生这种结果的原因。看起来这种解释是完整的，但是它是过于简单的解释，因为在很大程度上过渡态更像起始物质而不是产物，还有其他因素在起作用[20]。

总结（无论是何种解释）：倘若加成的基团比存在的基团小，大的试剂会在平伏键位置进攻，小的试剂将从直立键位置进攻。

环外的烯醇化反应

以上考虑的是六元环中有一个亲电中心。相反，六元环中可以存在一个亲核中心。如果有什么区别就是该反应更加直接，不会受到亲电试剂大小的影响。环外的烯醇 **83** 更有利于平伏键的进攻[21]。但是如果烯醇太活泼，那么选择性会很小。

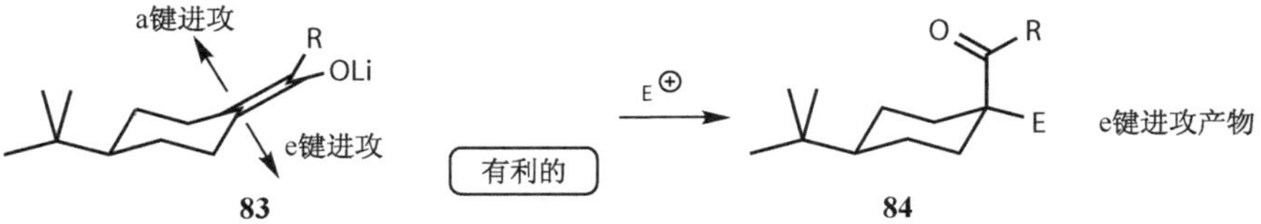

83　　84

在这一部分中我们不涉及反应前就存在手性的情况，不过还是要提醒一下：即使分子中已经有一个手性中心，这个手性中心也不会影响手性控制。看下图的两个酮，**85** 是手性的，**86** 是没有手性的。

85
手性的

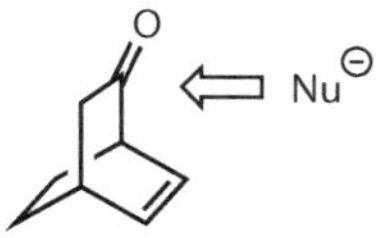

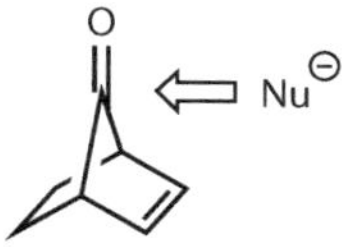

86
非手性的

两种条件下，亲核试剂都会从分子的不饱和面进攻。手性分子 **85** 在桥头存在两个手性中心不会对反应产生影响。手性中心唯一的影响是产物将是光学纯的非对映异构体，然而非手性的酮将生成非手性的非对映异构体。

第二部分：起始原料中存在手性中心

利用一个手性中心控制另一个

环状化合物的反应：构象控制

半椅式

第一个需要引入的概念是半椅式。猜想你知道如何画环己基的椅式构象，半椅式就是描述环己烯的方法。普通椅式构象的一半被放平了就称为“半椅式”。

通常画半椅式构象的方法是将双键放在六元环的前面 **87**。远离双键的两个碳比在椅式构象中更加舒展，并且其取代基可以分为在直立键和平伏键位置。在双键旁的碳上没有真正意义上的直立键和平伏键取代基，而是占据了“直立键”和“平伏键”的位置。“假”用“ψ”来表示。下一章我们会看到半椅式构象如何转化为椅式构象。

87
半椅式构象环己烯的取代基

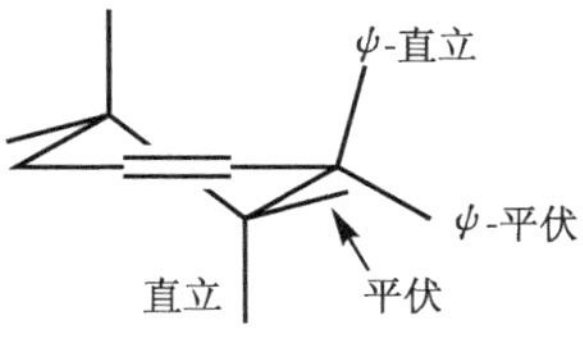

环内烯醇的反应

酮 **88** 和 Me_3SiCl 及碱反应可以得到更多取代的烯醇硅醚 **89**。分子中只有一个手性中心，在手性中心上存在叔丁基。烯醇硅醚 **89** 与 MeLi 反应得到更加活泼的烯醇锂盐。烯醇与甲基丙烯酸酯反应得到 **90**，并且显示出其立体化学[22]。需要解释的是，如果叔丁基要在平伏键位置，那么新取代基就要在直立键位置上。这是需要解释的。

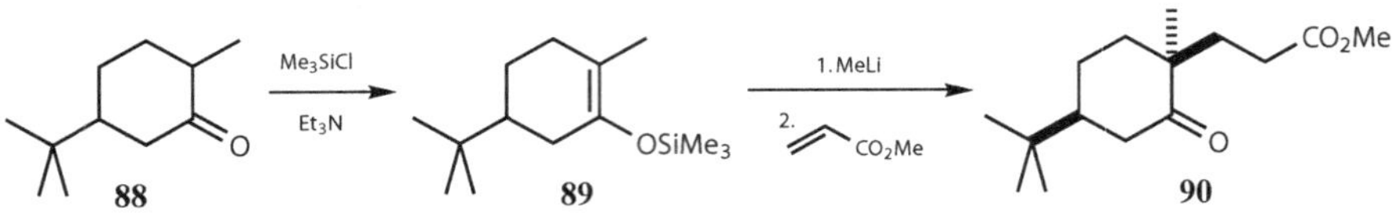

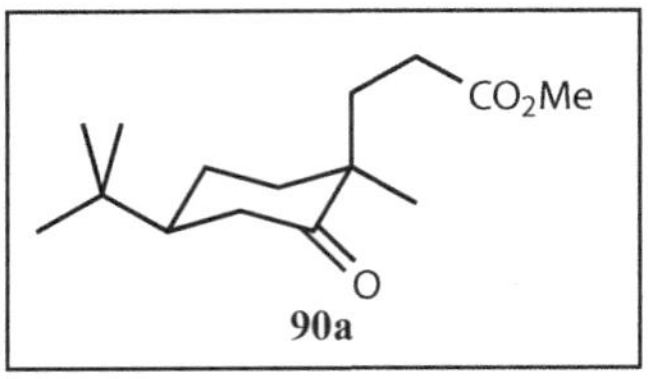

我们需要考虑在反应过程中半椅式构象是如何变化的。烯醇 **91** 被画为半椅式构象，叔丁基在分子后面的平伏键位置上。如果亲电试剂从面上进攻，那么与亲电试剂相连的碳就会从 sp^2 杂化态转变为 sp^3 杂化态，可以得到椅式构型的 **92**（要说明的是我们忽略了构象式中羰基的双键）。可以看到亲电试剂占据了直立键的位置。然而，如果亲电试剂从下面进攻，那么会生成扭船式 **93**。如果船式翻转为椅式，新的亲电试剂应该在平伏键位置[22]。

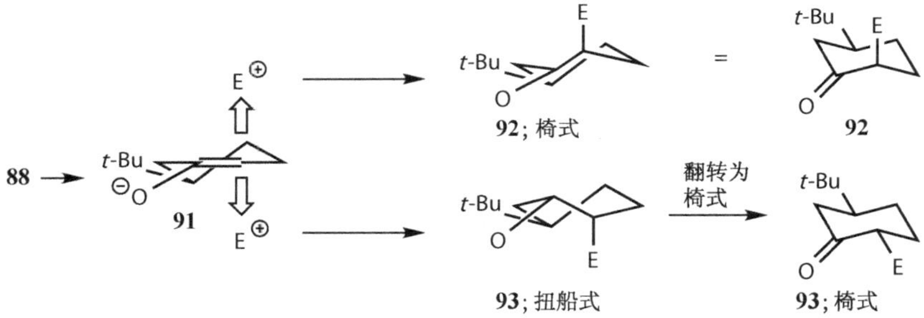

所以进攻一面将得到直立键取代基，进攻另一面得到平伏键取代基（环翻转后）。当然，船式没有椅式有利，所以反应通常是通过椅式进行直立键加成，而不以最后的构型定。我们以后会提到这是通常的半椅式的反应过程。

总结： 如果开始时化合物不是椅式构象（可能是半椅式），最重要的事情是得到一个椅式构象。基团在平伏键或者直立键上的影响并不大。另外，如果开始时化合物已经是一个椅式构象（如酮 **80**），那么基团或者试剂在平伏键或直立键位置上的影响就是最重要的了。

环氧开环的反应

我们可以看到环氧以相似的方式开环。由于三元环的张力使六元环变平 **95a**

与双键引起的六元环变平 **94** 是相似的。进攻环氧 **95** 的一端得到了椅式的 **98** 而不是进攻产生扭船式的另一端（一般的亲核试剂）。**96** 是 *trans*-双直立键产物，亲核基团和羟基都在直立键位置。

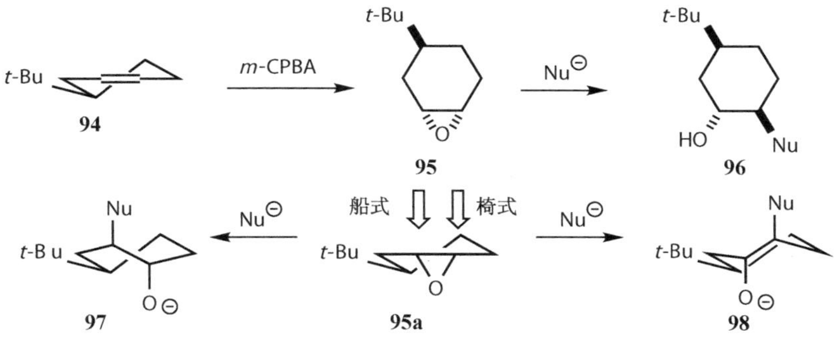

成键时原子的相互靠近

当考虑将半椅式转变为椅式时，要记住原子是相互靠近的。这听起来并不需要明确说明但却有细微的心理因素在作祟——虽然化学家很少犯这种错误。当半椅式构象作为亲核部分，这看起来太简单了而不用仔细想就认为半椅式构象中亲电的碳原子会远离进攻的亲核试剂，但并不是这样的，原子会相互靠近。

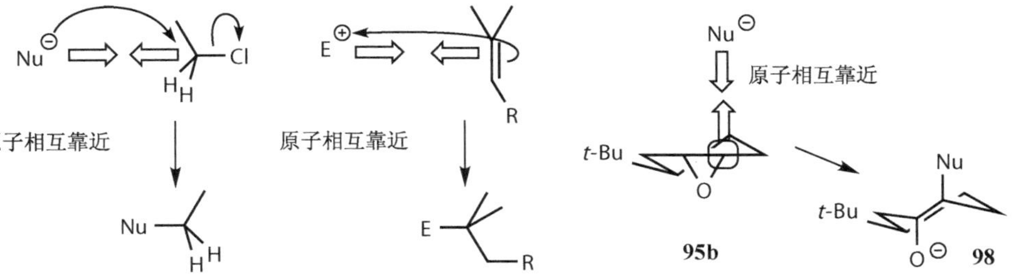

微观可逆性

利用微观可逆性从另一个角度看环氧开环。微观可逆性就是考虑一个反应就像收看一段倒叙的影片。你可以想象到影片的倒叙就是与影片正放完全相反。一个小丑在左边脸被黏了一个奶油派，那么它就会从左边将奶油派移走，相反，它就会从右边移走奶油派，虽然我们不期待这件事发生。反应也是这样的，如果正向这样进行，那么逆向就会以同样的方式进行。每一步的方式都是相同的（一步一步地）。

理由是反应将以最低的能量路线进行。因此反应逆向进行也会以相同的方式进行。如果反应以较低的能量路线逆向进行，那么正向进行的反应也会以同样路线进行！在两个能谷之中最低的能量路线是相同的，反应将通过这条路线进行。我们为什么要关心这件事？简单的原因是，有时候从相反的方向考虑一个反应更加容易——更加容易理解所关注的轨道问题，立体化学和构象问题以及其他问题。

我们仍然关注一下上面利用半椅式构象分析环氧化合物 **95** 与锂试剂反应的问题。亲核试剂是有机金属化合物，所以反应是不可逆的。我们应该清楚一点——微观可逆原理不一定意味着反应是可逆的。有两种可能的产物 **101** 和 **102**（假设是 S_N2 反应）。

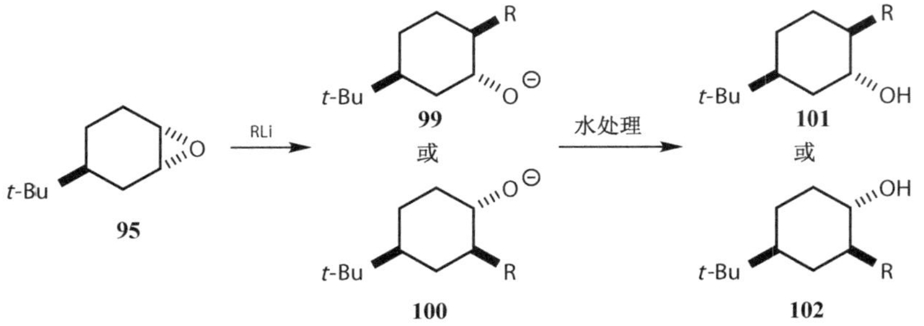

我们画出中间体 **99a** 和 **100a** 的构象图，考虑逆反应可生成同样的环氧化合物 **95**。在逆反应中，烷氧基要从 R 基团反面进攻并取代它。

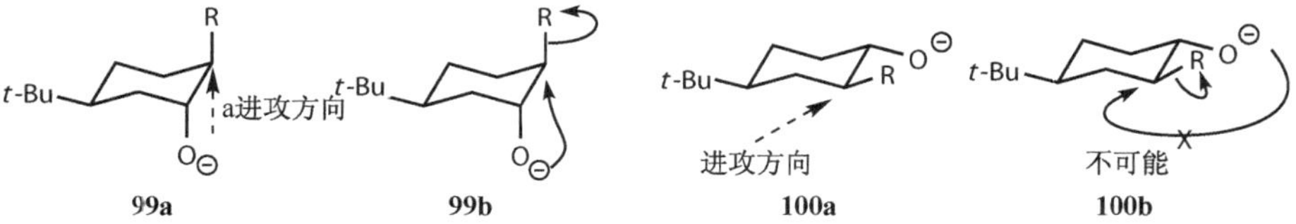

有可能生成 **99** 而不可能生成 **100**。如果 R^- 不能被 O^- 进攻那么正向反应也不能进行，所以说是生成两个取代基都在直立键上的产物。很显然，这里并不需要考虑过多轨道的问题（忽略它）。如果需要我们也可以从轨道的角度考虑，当环氧开环时 C—O 键的 σ^* 轨道转变为氧的孤对电子和 C—R 的 σ 键。逆反应中轨道也需要重排为以前的形式。

总结：亲核试剂进攻环己烯的环氧化合物得到 *tran*-双直立键产物。

生成环状中间体

碘内酯化

稳定的环状中间体是控制立体化学的好方法。引入立体化学的思想经常是先生成一个环，立体化学成功引入后再断开环。酸 **103** 和碘单质反应生成碘化内酯

化产物 **104**。刚刚讨论的反应也可能被分子内的形式代替 **105**[23]。这个反应已经在第 17 章中讨论了。

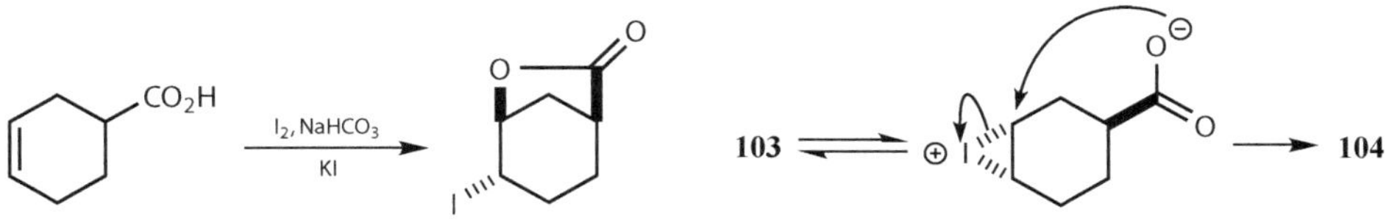

103 **104** **105**

这个反应值得进一步仔细考虑。反应生成了一个碘鎓离子中间体。同时也会生成另一种碘鎓离子 **106**，但是 **106** 中的碳酸根离子不能够进攻碘鎓离子，所以它不能够进行环化。由于反应是可逆的所以又生成了不饱和酸 **103**，继而进行反应。如果羰基阴离子在平伏键上，那么两种碘鎓离子的构型都不能进行环化，除非羰基阴离子翻转到直立键上。

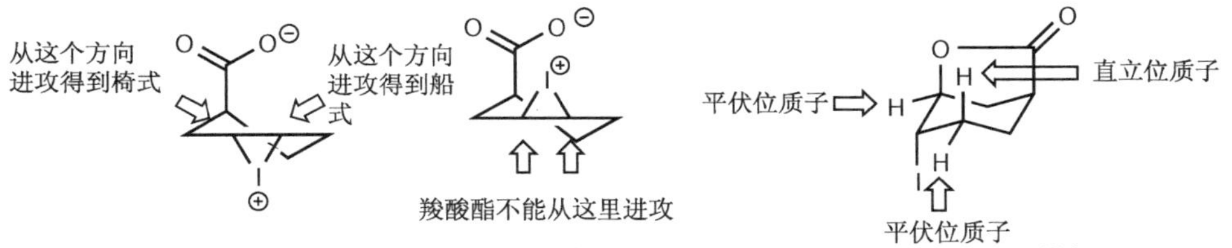

105a **106** **104a**

碘鎓离子中间体 **105** 可以环化生成椅式构象产物 **104a**，而不会生成船式产物。1,3-内酯桥一定在两个直立键上，这是进行环化反应 CO_2^- 必须在直立键上的另一个原因。我们可以看到产物 **104** 中碘基团和 CO_2^- 基团在 *tran*-双直立键的位置与我们熟知的环氧开环一致。

碘内酯化合物 **104** 可以被仔细讨论。我们再从构象的观点看看这个化合物 **104a**。仅仅有一个质子在这个化合物中与在直立键的碘处于垂直的位置，所以这个质子将发生消除反应 **107**。当 **108** 中的双键进行反应时内酯桥控制立体化学，它会阻挡试剂的进攻。所以环氧化的氧将从面下进攻生成环氧化合物 **109**。另一方面如果内酯桥先被打开，那么会生成另一种化合物 **110**。

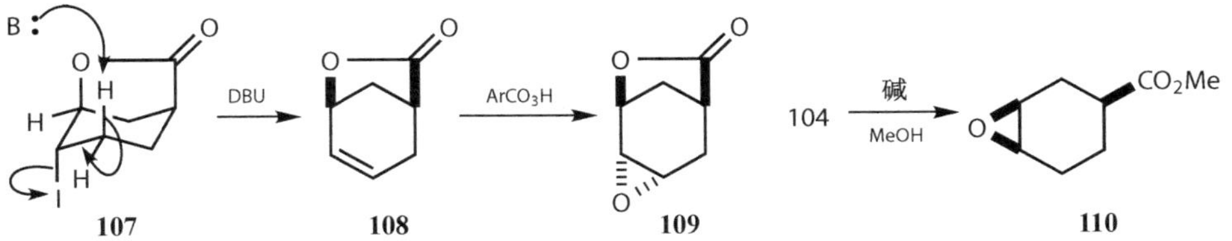

107 **108** **109** **110**

在继续之前让我们先看一看生成碘内酯化合物的试剂。除了弱碱 $NaHCO_3$ 外，明显还需要碘，这是要去掉酸的质子增加其亲核性使反应更快。**103** 只会生成一个产物但是在一些条件下存在或不存在碱会生成不同的产物。由于在一个环的基础上生成另一个环，**103** 的例子是最直接的。如果从开环化合物合成碘代内酯化合物会更加复杂。己烯酸可以生成两种不同的碘内酯[24] **111** 和 **113**。

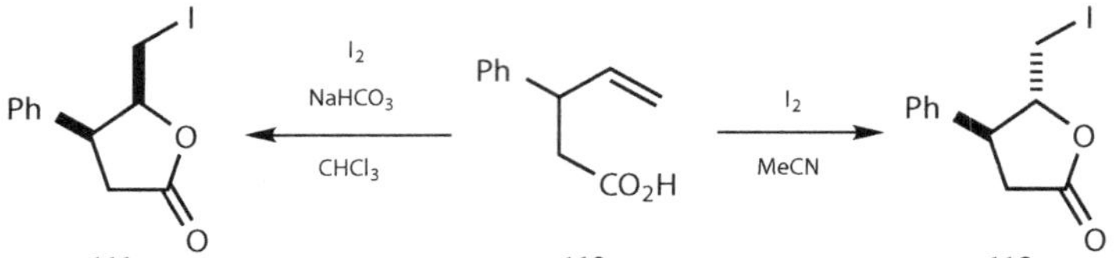

111　　**112**　　**113**

一个反应中加入了碱，另一个反应中没有加入。不加入碱产物是热力学控制的 *tran*-酮 **113**，加入碱生成动力学控制的 *cis*-碱。起初碘进攻双键就决定了立体化学，但这并没有结束，我们要知道碘的加成是可逆的（这就意味着立体化学不是不可改变的），所以选择性归结于碘鎓离子 **114** 和 **115** 的环化。碱会改变反应的决速步。存在更加有效的亲核试剂（羰基阴离子而不是酸），我们可以想象碘鎓离子 **114** 在亲核进攻之前没有时间进行平衡。

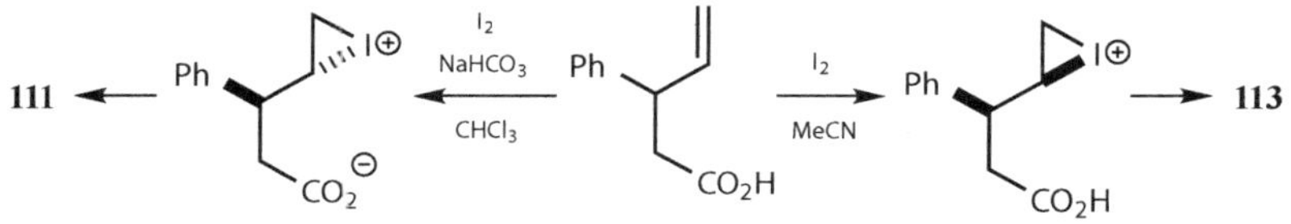

114　　**112**　　**115**

立体化学的预测

热力学控制的产物更加容易预测，通常热力学-动力学控制可以给出好的非对映选择性。在六元环中较大的取代基如果在 1,2 的相对位置，那么就是 *trans* 的；如果在 1,3 位，那么则是 *cis*（这是建立在必然会有选择性的基础上的）。在五元环中如果存在非对映选择性，那么取代基将在 1,2 位，它们最终是 *trans* 的[25]。

碘内酯化反应的应用

利用碘内酯化的策略合成莽草酸甲酯［（±）- methyl shikimate］**116** 的核心部分[26]，注意莽草酸有三个手性中心。有趣的是在合成中一个手性中心控制这三个手性中心的产生，最后这个手性中心完全消失了。第一步是 **103** 的碘内酯化，随后就像上面描述的一样是消除反应和环氧化生成 **109**。

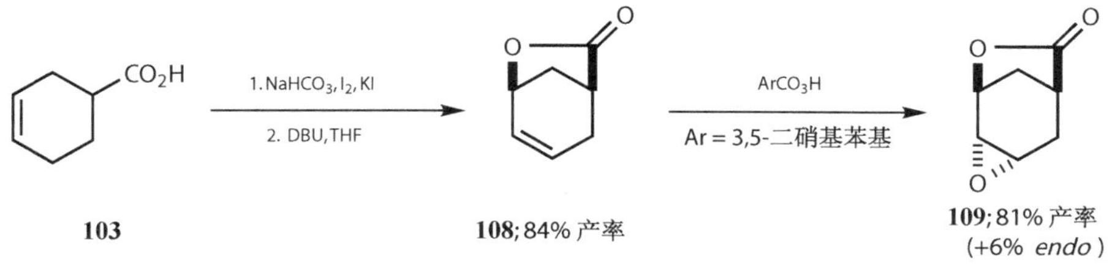

环氧化合物 **109** 被 Me_3SiBr 开环（Ph_3P 催化），然后在 DBU 条件下消除生成烯丙基醇 **117**。接下来的环氧化通过几种方式控制。轴向的醇可以引导试剂（和生成 **109** 一样的过氧酸）从六元环的底部也是位阻小的一面（内酯桥的反面）进攻。碱催化甲醇分解内酯 **118** 生成了内消旋的甲基莽酸酯 **116**。

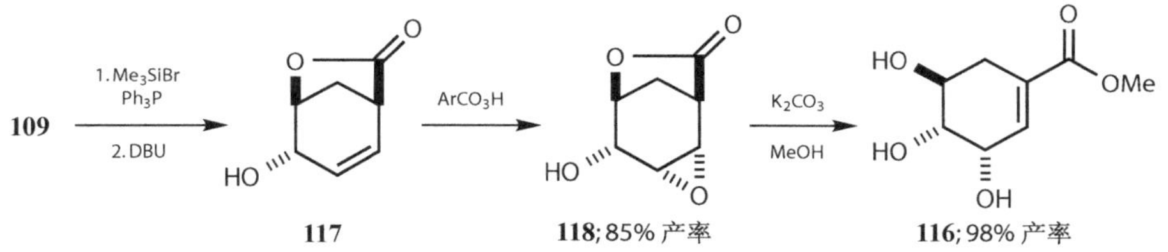

反应的最后一步（甲醇分解作用）需要进一步讨论，这一步中包括了许多内容——环氧消失了，双键形成了。开始仅仅是甲醇分解生成了酯 **119**，在碱性条件下脱质子形成了烯醇 **120**，随后引发环氧开环生成我们的目标产物。注意到在 α-位的立体中心（起始物质 **103** 中唯一的手性中心）随着去质子化消失了，而且再也没出现。

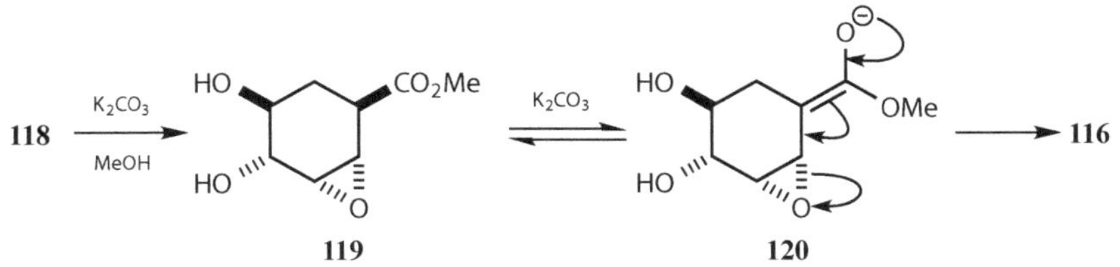

其他

有几个反应与碘内酯化很相似[27]。例如，亲核试剂对双键的亲电位点进行分子内进攻。最相似的反应是溴内酯化反应。酸 **121** 的溴内酯化是合成信息素的第一步[28]。对于更加复杂的底物，溴内酯化反应曾被 Corey[29] 应用于合成 erythronolide B。二烯基酮 **122** 与溴和溴化钾反应以 96％的产率生成溴内酯 **123**。实际上，几步后进行了又一次溴内酯化反应，修饰了另外的双键。

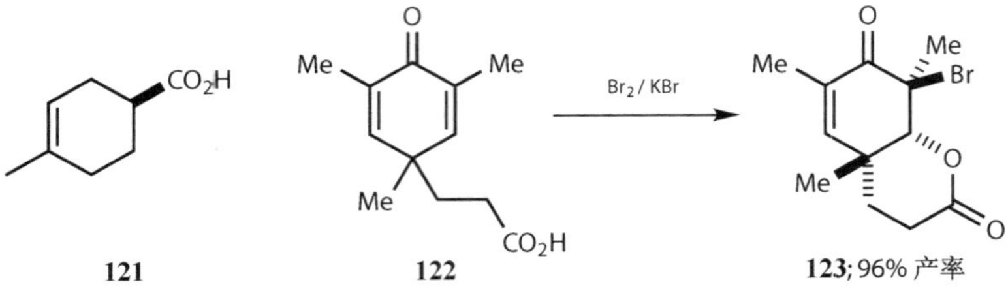

其他的类似反应还包括溴醚酯化（亲核的部分是醇而不是酸）。Kishi[30] 在 monensin 的合成中利用这个反应将 **124** 转变为 **125** 合成其中一个四氢呋喃环，但是他用 NBS 代替溴作为亲电的溴源[31]。

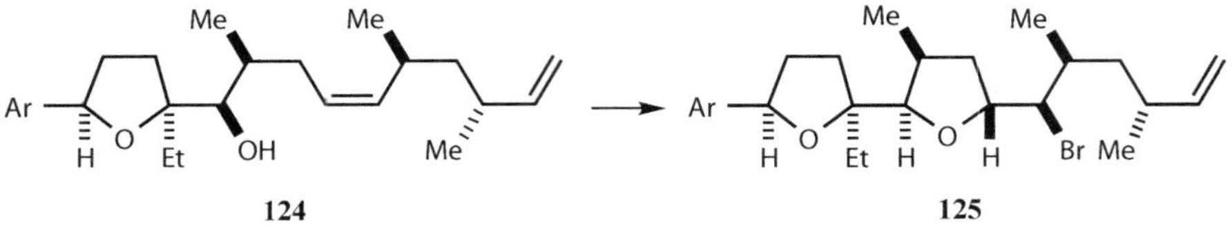

通过环状过渡态生成非环状化合物

Claisen 重排

Claisen 重排[32]就是将烯丙基乙烯醚 **126** 转化为 γ,δ-不饱和羰基化合物 **128**。这个反应很有用，因为这是合成 γ,δ-不饱和羰基化合物的好方法，但是我们感兴趣的是另外一个方面，即这个反应的立体选择性，**127** 的 [3，3]-σ 迁移重排反应。

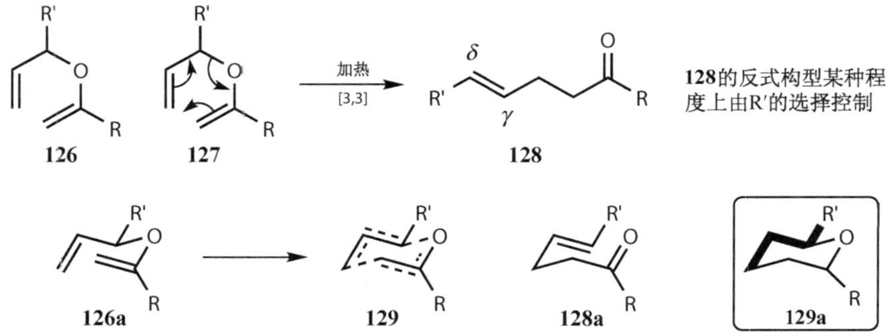

乍一看这类反应对控制立体化学并不太有效。例如，上述的反应中起初有一个手性中心反应完成后却没有手性中心了。在我们系统讨论这个反应之前我们要注意双键的 *trans*-构型是由于过渡态中 R′基团的位置决定的。理解这种选择性我们可以回忆 aldol 反应，在 aldol 反应中亲电的醛基会选择将它的 R 基团处于平

伏键位置。这个反应中 R′基团也处于平伏键位置上。环己烯的平伏键位置总是平行于环己烯中已存在的双键 **129a**。在 **126a** 以前双键就处于取代基 R′的 *trans*-位，并且反应经过 **129**。所以会生成 *trans*-双键。这个反应已经在第 15 章讨论过了。

由于取代基可以被引入任意一个双键 **130**，所以情况可能更加复杂。在 R′和 a～b 的所有的取代基中，只有 R′可以有选择性，其他基团没有选择性。

烯丙醇 **131** 和烯醇醚 **132** 反应可以生成烯丙基烯基醚 **133**，这个产物可以进行重排。恰好 **133** 是光学活性的且含有一个 *trans*-双键。

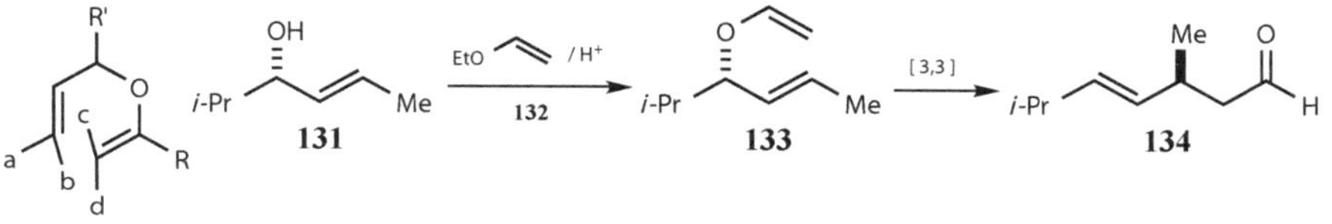

130 131 133 134

重排的两种选择性是由于异丙基可以在过渡态中选择处于直立键位置 **135b** 或者平伏键位置 **135a**[33]。甲基由于在反应中连在 *trans*-双键上，完全没有选择，将处在平伏键位置。由 **135a** 得到的产物将生成一个 *trans*-双键和一个 *S*-构型的碳。而从 **135b** 出发则可以生成 *cis*-双键和 *R* 构型的碳。

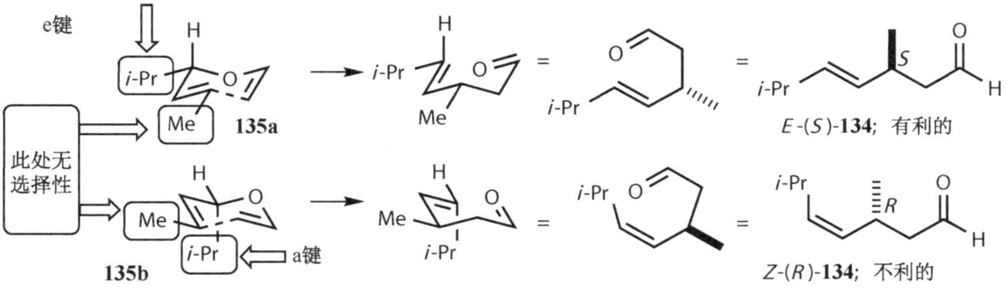

异丙基处于平伏键位置，将得到产物 *E*-**134**，这是有利的过程。起初的手性中心消失了，新的手性中心产生了。这个过程有时称为“手性转移”。有趣的是，如果原料的碳和双键都采取另外的构型 **136**，那么结果是一样的[34]，即化合物 *cis*-**137** 也生成醛 **134**。

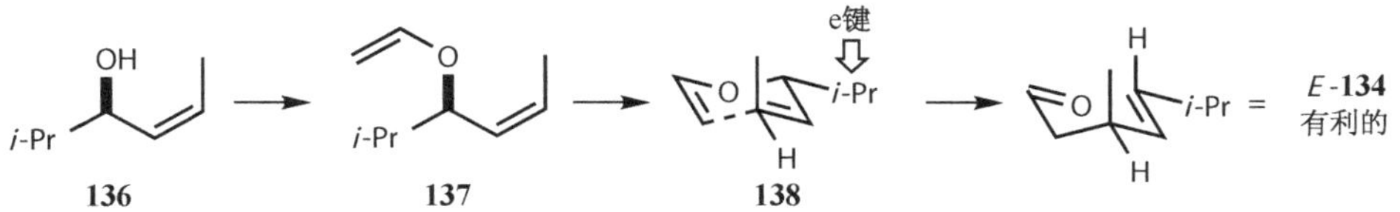

136 137 138

从拆分的角度讲，这是一个好方法，由于它可以通过两种不同的对映异构体生成相同的对映异构体产物。

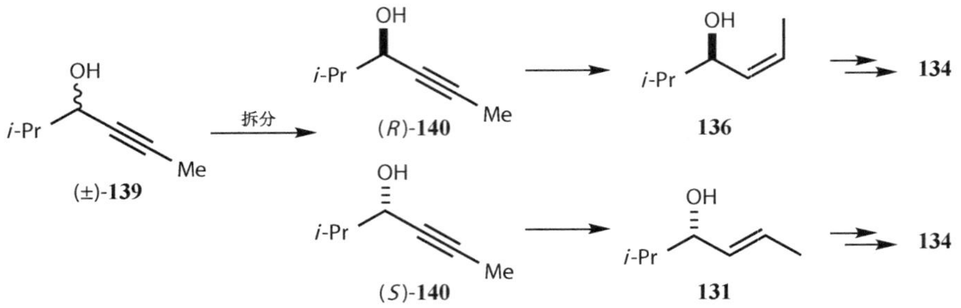

Ireland-Claisen 重排

关于 Claisen 重排反应有很多变化。以 Ireland-Claisen 为例[35]，就是用烯醇硅醚酯 **143** 代替经典的 Claisen 重排中的简单烯基基团。在这个例子中重排前体 **143** 具有一个手性中心和两个双键，同样 R 基团具有选择性而双键上的取代基没有选择性。

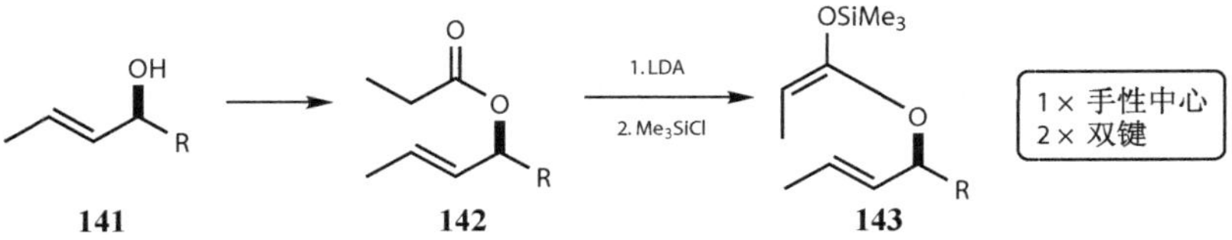

反应后我们得到两个手性中心和一个立体构型确定的双键。值得注意的是起初的手性中心消失了但是它的影响还在——在 **145** 中生成了两个手性中心。

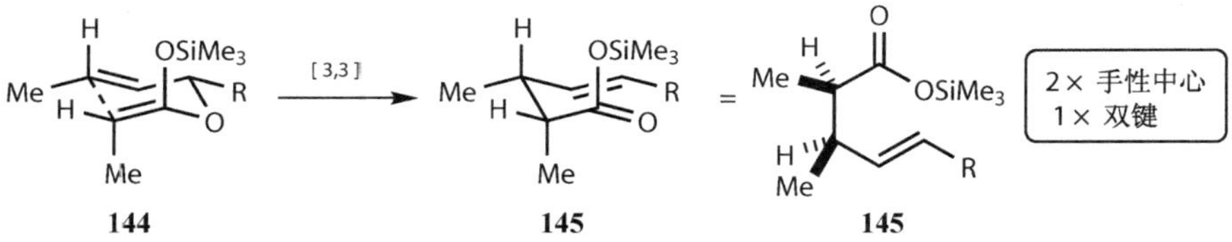

Ireland-Claisen 反应被 Hulme 和 Paterson 应用于 ebelactone 的合成中[36]。有趣的是他们的合成方法以不保护的酮 **146** 为特点。化学选择性很大程度上依赖于烯醇化的条件和酮周围的拥挤状况。烯醇化反应应用原位捕获方法，即将 Me_3SiCl和 Et_3N 混合然后加入 LDA。结果生成 *cis*-烯醇硅醚 **147**，然后重排、水解，以 83%的产率和 96∶4 的非对映选择性分离得到 *E*-式的酯 **149**。

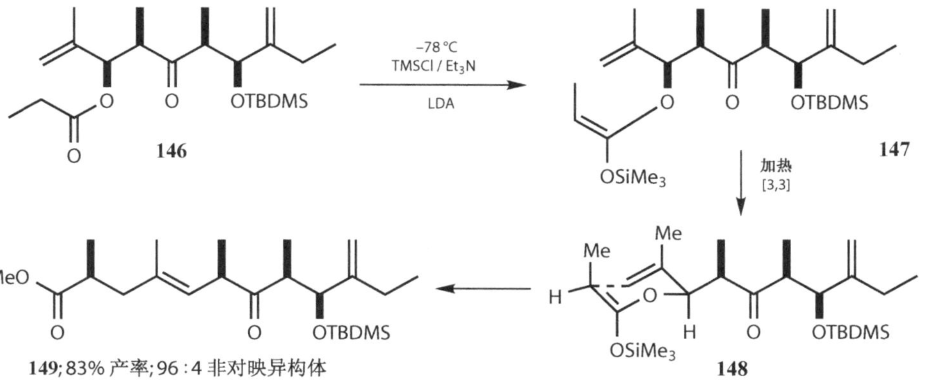

146　147　148

149; 83% 产率; 96 : 4 非对映异构体

在讨论椅式过渡态后可以很容易预测 Claisen 重排和类似的反应。但是如果一些取代基使椅式构象过于不利，也会通过船式过渡态反应。

另一个相关的反应是［2，3］-Wittig 重排[33,37]。它形成一个五元环过渡态（我们不会详细讨论这个问题），但是这是合成烯丙醇的好方法并且在反应中可以进行立体控制。烯丙基醚 **150**[38] 生成非对映异构体醇 **152**。**151** 进行［2，3］-σ 迁移重排形成 *E*-式双键和两个立体中心，*Z*-式双键和一个手性中心消失了。［2，3］-σ 迁移的中间体是氧负离子不是碳负离子。

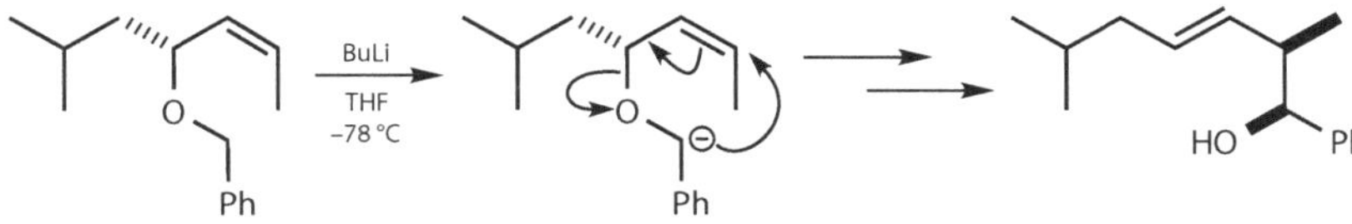

150　**151**　**152**

β-羟基酮的立体选择性还原

这一部分我们将讨论用两种方法还原 β-羟基酮 **154**：一种生成 *anti*-产物 **153**；另一种生成 *syn*-产物 **155**。两种情况下，都是与羟基相连的碳的立体选择性诱导了试剂的行为。

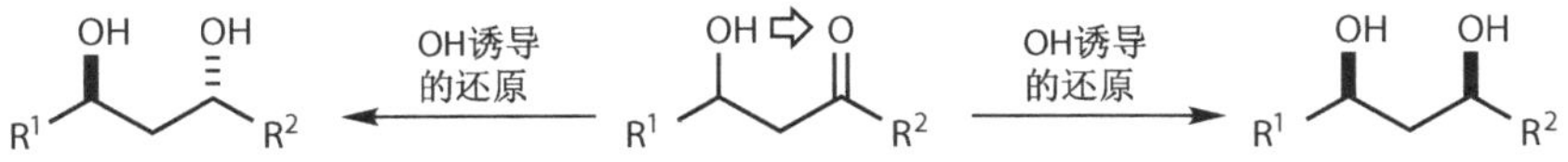

153 (*anti*)　**154**　**155** (*syn*)

syn-选择性的还原

这个过程需要当量的还原试剂，是常用的 $NaBH_4$ 和另一种硼试剂 Et_2BOMe。下面我们将会看到在还原过程中第二分子硼试剂将把 β-羟基酮 **156** 络合在一个环中[39]。

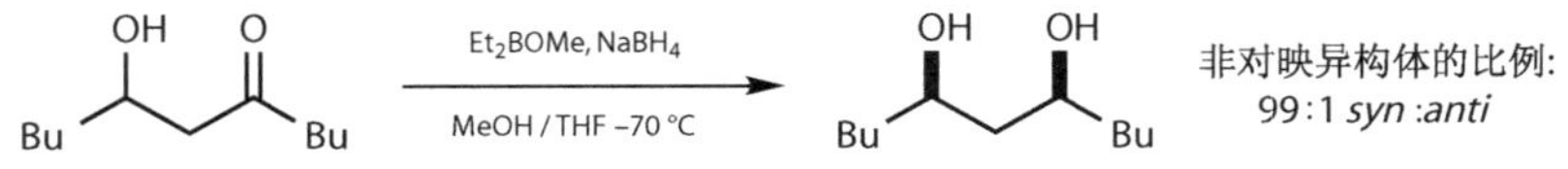

156　　**157**; 99% 产率

首先反应的产率是 99%，并且非对映选择性是 99∶1。如果你自己在实验室里工作，你可以想象你做的反应有多少可以达到这样的产率和选择性。这确实是一个好反应，那么，反应是如何进行的呢？在反应的条件下生成了环状中间体 **158**。Et_2BOMe 的甲氧基被其中一个羰基的孤对电子替换并络合住硼原子。还原 **158** 生成另一种硼的络合物 **159**。

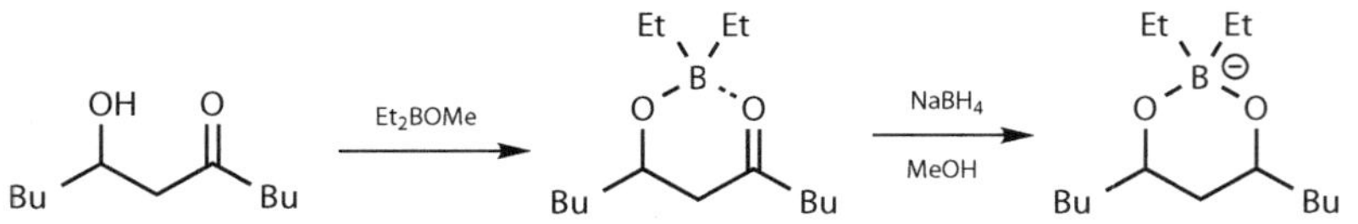

156　　**158**　　**159**

由于环中有两个 sp^2 中心，所以将是半椅式构象 **158a**。从本章我们知道了半椅式构象从直立键进攻会生成椅式构象。$NaBH_4$ 的氢负离子从直立键位置进攻生成 **159a**。请注意生成的椅式构象 **159a** 中的两个氢原子。观察“之”字形的碳链从叔丁基到另一端显示了两个氢原子在链的一面，两个氧原子在另一面，展示了它的立体化学。剩下的事情是将硼原子从 *syn*-二醇 **157** 脱去，即用乙酸水解。

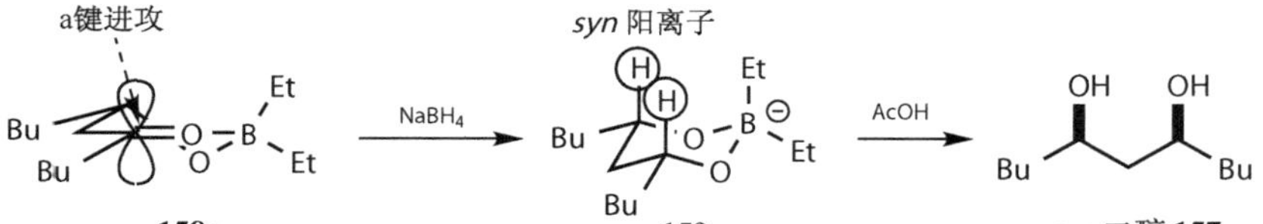

158a　　**159a**　　*syn* 二醇 **157**

anti-选择性的还原

硼试剂也可以进行 *anti*-还原但是这次只用一种试剂。同样的，整体的看一下这个反应表明它是一致的[40]。

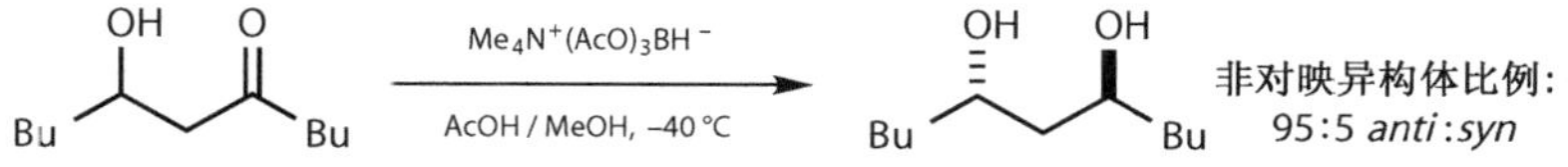

156　　**160**; >90% 产率

起初也是羟基将硼试剂的基团取代得到硼 **161**。但是这次硼试剂通过椅式构象 **162** 分子内的进攻羰基。丁基在平伏键位置，羰基氧处于直立键位置，氢原子构成环的一部分。然后想象 **163** 的取代基在碳链上的位置，这次两个氢原子（和两个氧原子）在链的反面。

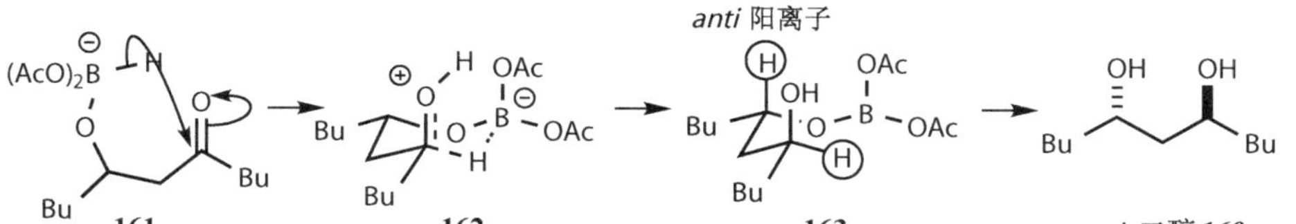

161 162 163 anti-二醇 160

Evans-Tishchenko 还原

这是将 β-羟基酮 *anti*-选择性还原为 1,3-二醇的另一种方式。反应由碘化钐催化，但是当量的还原剂是乙醛，结果是生成了酯 **165**。

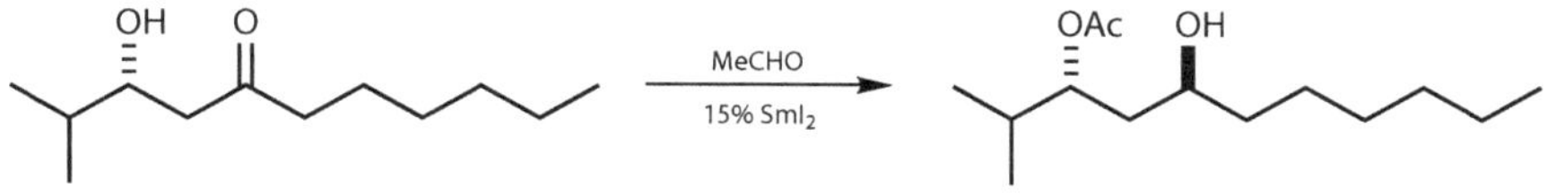

164 **165**; 96% 产率 > 99 : 1 *anti* : *syn*

反应生成酯 **165** 而不是所预想的二醇或者缩醛。醇 **164** 和乙醛反应生成半缩醛 **166**。半缩醛上氢原子作为负氢经过还原的羰基随后被钐络合生成 **167**。过渡态 **167** 与 **162** 相比，**162** 中三乙氧基硼氢提供了负氢。他们是相似的都是通过六元环状过渡态转移了负氢。在 **162** 中是硼络合了两个氧，而 **167** 中是钐[41]。

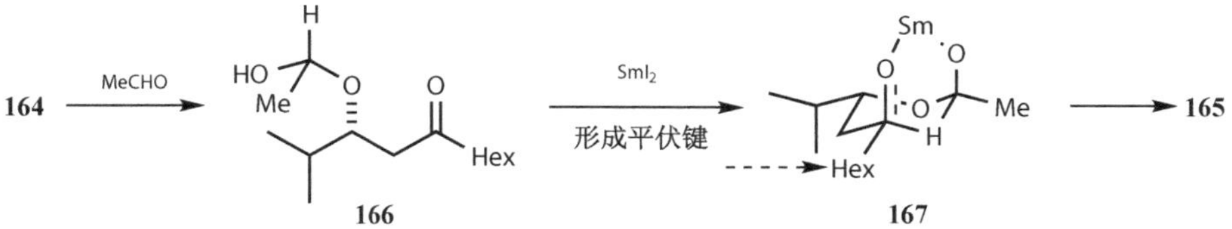

166 **167**

选择性非常的好（>99∶1），更加令人兴奋的是当底物中存在一个手性中心时也会有很好的选择性。所以无论 *syn*-还是 *anti*-β-羟基酮都会得到很好的 *anti*-非对映选择性。但是这个反应还是变幻无常的常常不能很好的预测，化合物 **172** 在这样的条件下完全不反应，而化合物 **173** 则可以如期待的顺利的被还原。

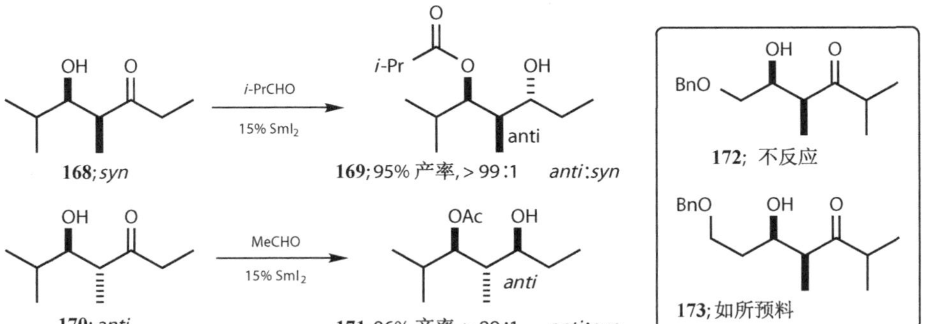

168; *syn* **169**; 95% 产率, > 99 : 1 *anti* : *syn*
170; *anti* **171**; 86% 产率, > 99 : 1 *anti* : *syn*
172; 不反应
173; 如所预料

1,3-二醇的动力学非对映选择性

我们正在讨论 *anti*-和 *syn*-1,3 二醇的问题，如果通过反应而不是色谱柱将它们分离是很有用的。反应是动力学非对映选择性的。动力学拆分是底物的一个对映异构体的反应速率快于另一个。动力学非对映选择是底物的一个非对映异构体反应速率快于另一个。对于动力学拆分要求其中一种物质当反应已经几乎完成时，它还大量剩余。缩醛 **174** 可以从相应的 *anti*-和 *syn*-二醇合成，然后缩醛被稀酸水解加入碱后反应提前终止。*anti*-非对映异构体的水解更加快一些，生成 *anti*-二醇 **175** 而 *syn*-缩醛 **176** 的反应远远的落在后面还没结束[42]。

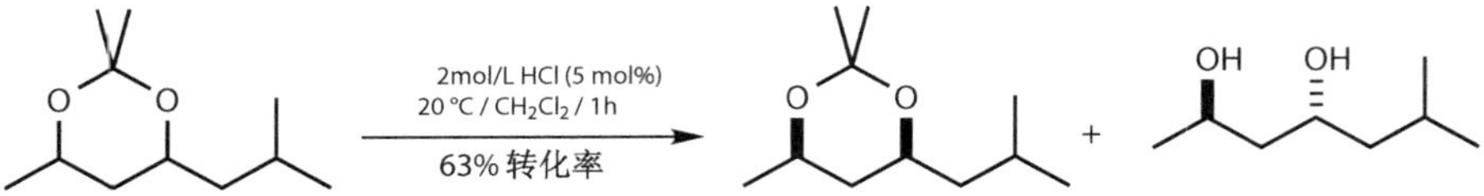

174; *syn*:*anti*, 1.2:1 **175**; *syn*:*anti*, 30:1 **176**; *syn*:*anti*, 1:2

Aldol 反应回顾

最后让我们快速看一下如何组合这些可用的方法。到目前为止，在 aldol 反应中我们研究的是没有手性中心的底物。非手性的醛和烯醇立体选择性的反应生成非对映选择性的产物。Aldol 反应有很多机会引入手性中心。醛和烯醇都可以是手性的。除此之外，反应也可以用手性催化剂催化。虽然在不对称的反应中常常应用手性烯醇（第 27 章中 Evans 的著名的方法），重要的是记住反应物可以是手性的也可以是消旋的。Evans 化学的非对映选择性允许光学活性的物质参与反应，并且辅基可以是光学纯的也可以不是。

下面的例子中，手性酮是光学纯的但它仍然是相对立体控制。在第 30 章中我们将会看到更多的利用光学活性的物质进行相对立体控制的例子。在 Diels-Alder 反应中我们看到不同的活性特征对不同方面的立体化学的产生都会有影响，即起始物质的构型、反应的立体专一性和 *endo*-选择性都会有影响。酮 **177** 和氯化硼试剂反应生成硼的烯醇盐 **178**。重要的是这个 *trans*-烯醇意味着我们可以预测 aldol 反应的 *anti*-关系，在 **179** 中我们可以看到这个关系。

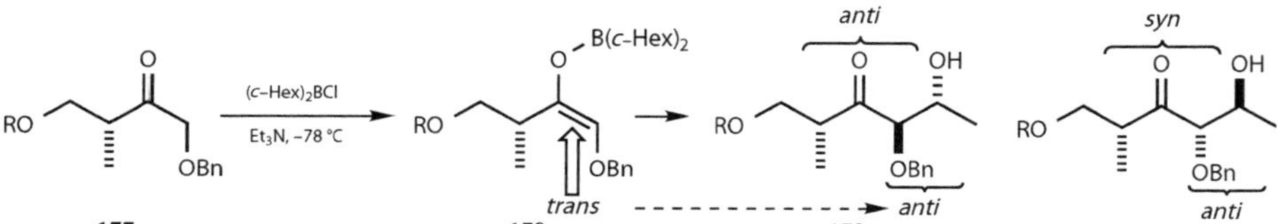

177 **178** **179** **180**

然而，在产物中出现了另外一个 *anti*-关系。这是手性中心导致的而不是

trans-烯醇引起的。可以看到 *trans*-烯醇硼盐会生成两种可能的非对映异构体 *anti*，*anti*-**179** 和 *syn*-，*anti*-**180**。一个椅式过渡态生成了一个异构体，另一个椅式过渡态生成了另一个异构体。

如果你想更多地知道手性中心是如何起作用，那么就参考文献[43]并理解这样的过渡态[44]，以大于 97％的非对映选择性得到 **179**。现在让我们继续，在 aldol 反应中新生成的羟基可以用刚刚看到的方法诱导立体选择性的还原酮，所以 β-羟基酮 **179** 可以还原为二醇 **181**。

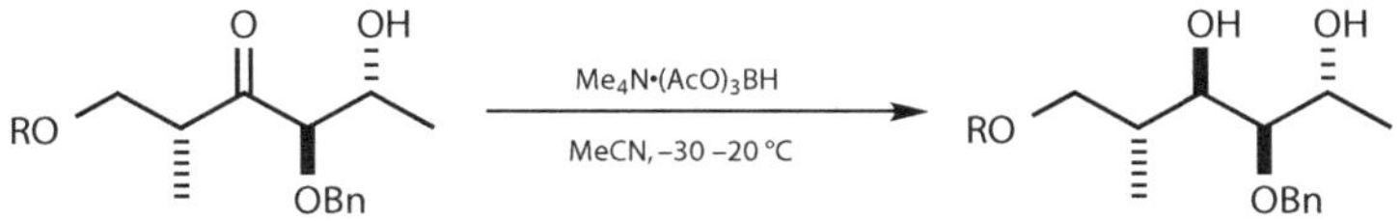

179 **181**

现在有四个手性中心，其中三个是新的并固定在原来手性中心相对的位置上。由于原料是光学纯的所以我们得到了光学纯的产物。二醇 **181** 是合成 spongistatin 1 的中间体——链的增长，不对称双羟基化和立体选择性的分子内 Michael 加成都出现在合成这个分子中。

开链化学——螯合控制

格氏反应

当学生刚刚开始接触立体化学时，判断立体化学时往往倾向于根据化合物是如何画的。当问到为什么酮 **93** 和 BuMgBr 反应会生成非对映异构体 **94**，答案是简单的：因为丁基进攻 **182a** 的羰基时将从 R 基团的反面即位阻小的一面进行。

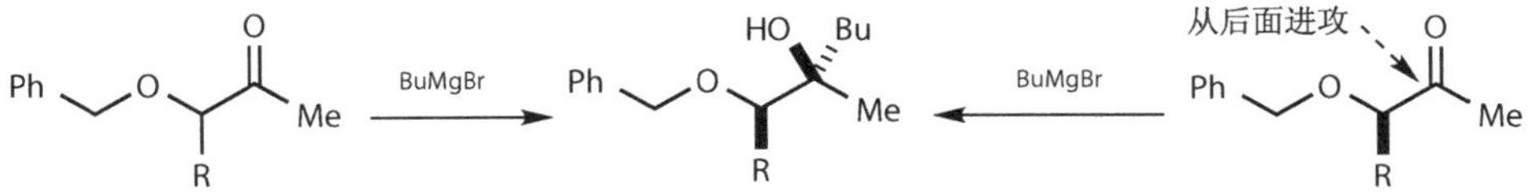

182 **183** **182a**

但是必然的，如果将结构仅仅画为另一种构象 **182b** 和 **183a**，可以问一样的问题。同样的对映异构体我们发现即使与 R 基团处在一面，丁基也将从后面进攻。

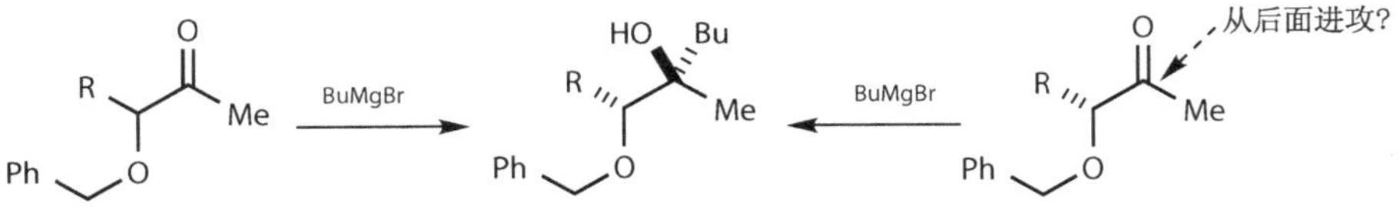

182b **183a** **182c**

在有些时候或场合，需要通过控制构象控制立体化学，通过画出分子这种简单的方式来正确的预测立体化学是凭运气的。螯合是正确的答案。在例子中我们可以看到在格氏反应中镁起到这样的作用。两个氧原子与镁螯合并锁定了分子**184**的构象。丁基确实会从位阻小的一面进攻（R基团的反面），这才是答案。

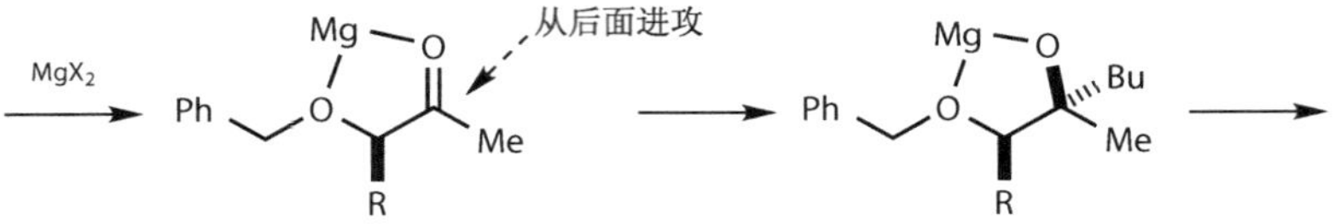

184　　**185**

锌硼氢化

这种螯合控制通常应用于还原中并且最好的试剂是锌的硼氢化试剂[45] [$Zn(BH_4)_2$]。与格氏试剂一样需要第二个氧原子去络合。它可以与 β-羟基酮 **186** 很好的反应。通常来讲，*anti*-非对映异构体更加的有利。我们画出了这个构象，氧原子在分子的同一面与锌络合。负氢在分子位阻较小的一面进攻。如果 R^1 = Ph 和 R^2 = Me，**188** 的 *anti*∶*syn*=98∶2。

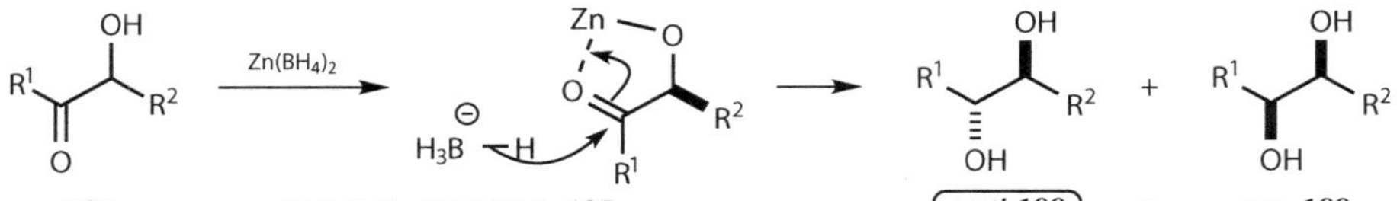

186　　氢化物从R^2反向进攻 **187**　　*anti*-**188**　:　*syn*-**188**

anti:*syn* = 98:2, R^1=Ph ; R^2=Me

下面的例子我们可以看到另一种从 β-羟基酮合成 *syn*-二醇的方法。有趣的是通常用 $Zn(BH_4)_2$ 还原 β-羟基酮并不好。但是我们可以看到仍有其他好的方法进行类似转化。α-酮酯和 β-羟基酮的还原都被用于合成消旋的 blastmycinone[46] **190**——这是合成 blastmycin **189** 的关键片段。

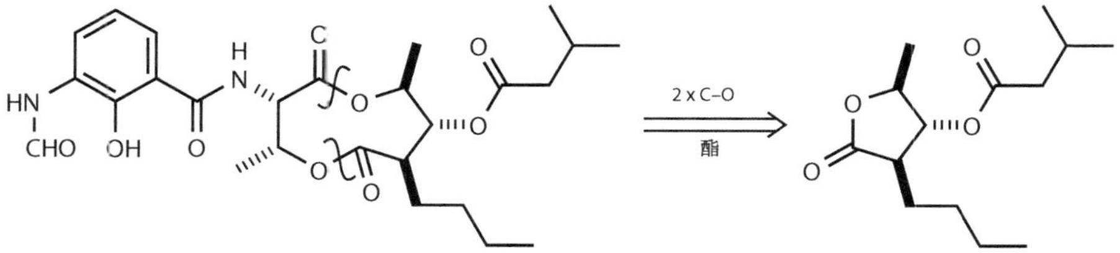

189; (±)-blastmycin　　**190**; (±)-blastmycinone

Blastmycinone 的合成由 Reformatsky 反应开始。虽然生成的烯丙醇 **192** 是必要的中间体，但是在这个反应中没有任何立体控制。醇 **192** 又被 Swern 氧化为烯基酮 **193**，下个反应又被立体控制的还原回来。

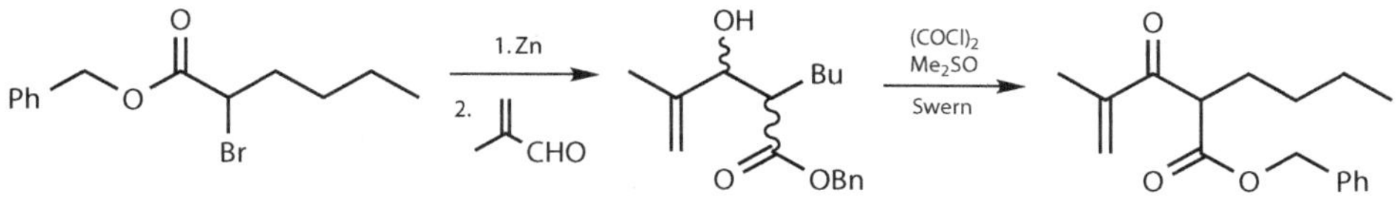

191 192 193

酮 **193** 通过螯合的过渡态 **194** 被 $Zn(BH_4)_2$ 还原。画出一个对映异构体，负氢将从丁基的反面进攻分子。水解锌络合的分子 **195** 生成 **196**，由于被锌螯合，**194** 中的两个氧处于一个平面。

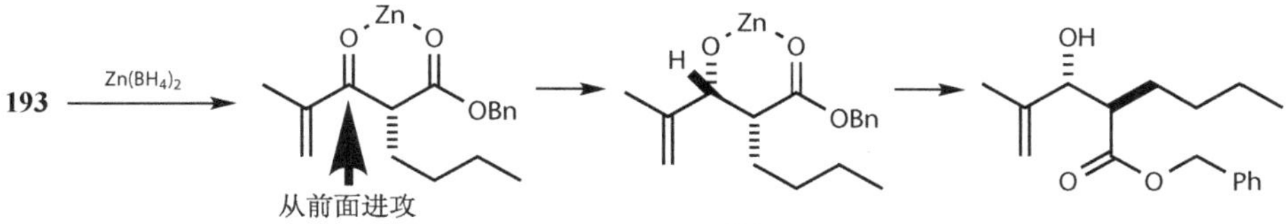

194 195 196

第一个立体中心就这样产生了，**197** 中的第二个羰基是双键水解得到的。我们现在用刚才的方法引入第二个立体中心！

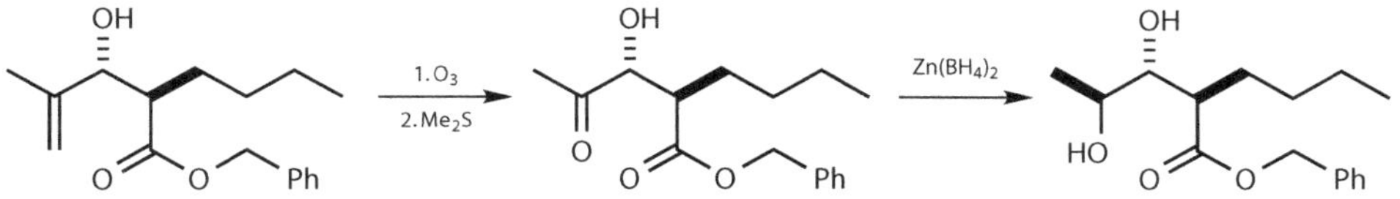

196 197 198

这次是 **199** 中羰基和羟基与锌的络合。为了简单，络合物 **199** 中没有标出酯基，再次注意由于锌的螯合作用两个氧在一个平面上且负氢将从链的背面进攻。

197a 199 198a

通过氢化去掉苄基同时关环，并导致关环得到内酯 **200**。然后酯化剩下的羟基完成合成。

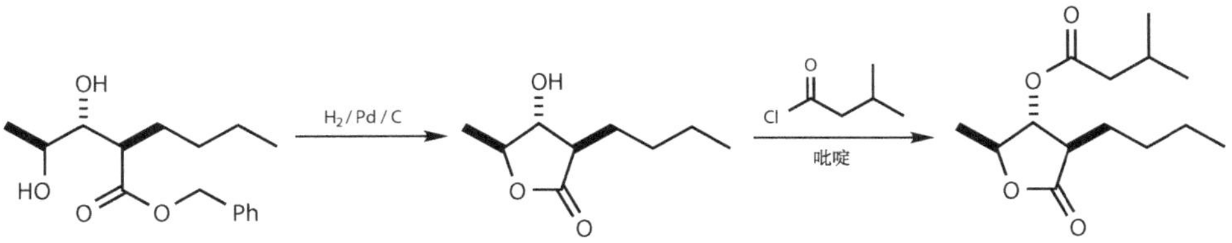

198 200 190

开链化学——绝大多数真实的形式

大多数真正的开链化学并没有络合到一个环中。虽然有些情况下是没有选择性的，但是另一些情况下可以进行一定程度上的立体控制。我们看两个例子，链状酮的亲核加成和烯烃的亲电加成。

Felkin 规则控制的羰基化合物的亲核加成反应

我们首先要考虑亲核试剂进攻羰基的路线。亲核试剂会以四面体的角度109°靠近羰基而不是恰好 90°。我们看看这点的重要性。这个路径常被称为Burgi-Dunitz轨迹，这是因为 Burgi 和 Dunitz 在晶体结构中发现氮原子接近羰基的角度是 107°[47]。理论值与之相比区别不大[48]。可以想象亲核试剂进攻 **201** 立体中心旁边的羰基。我们用 L 表示大基团，M 表示中等基团。因为氢原子小，所以用 S 表示。已存在的手性中心如果控制新的手性中心呢？

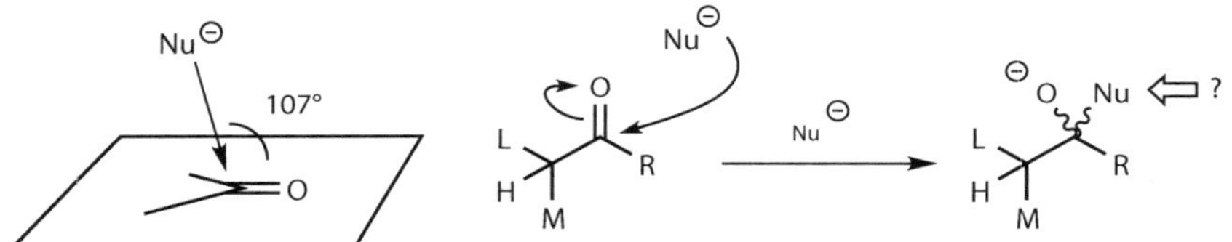

201 **202**

我们从羰基向手性中心方向观察分子，这是一个有用的分子投影（Newman 投影式）。分子最有利的构象是大的基团与羰基成 90°。符合这种构象的异构体是 **203** 和 **204**。

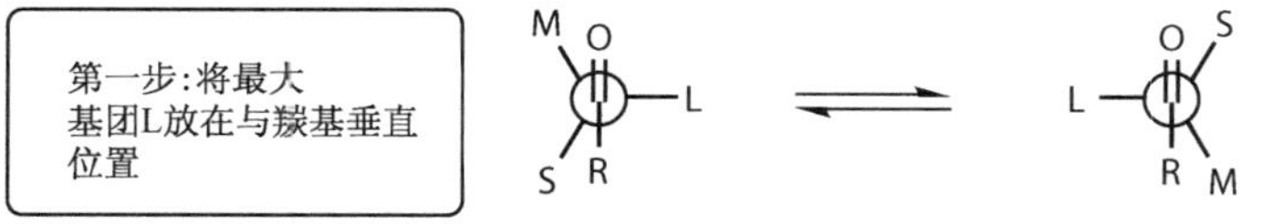

203 **204**

亲核试剂将从大基团的反面和小基团（通常是氢原子）的同向进攻羰基 **203a** 而不是从中等基团的一面进攻 **204a**。这就是为什么 107°是重要的了。如果以 90°进攻羰基那么将会从 M 和 S 基团的中间靠近，两个构象异构体就没有区别了。

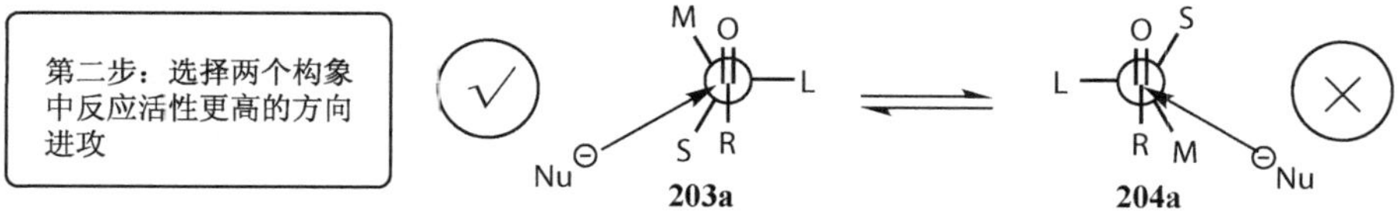

203a **204a**

然后考虑用 $LiAlH_4$ 还原酮 **205**。不像在本章中的其他反应，在分子中没有其他的络合位点。结果是完全立体控制的还原成醇 **206**。

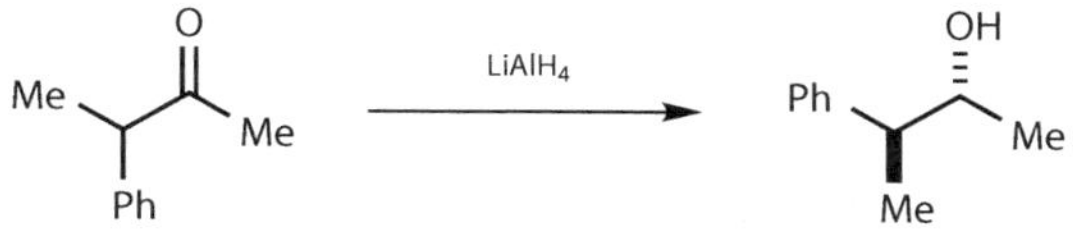

205　**206**

现在解释这个反应。苯基是最大的基团，和羰基处于 90°。亲核试剂顺着 **207** 中 H 的方向进攻。在考虑立体化学问题时先画出分子的 Newman 投影式是有帮助的。在画出分子时我们将用 GSR（第 20 章）的方式展示 *anti*-**206**。

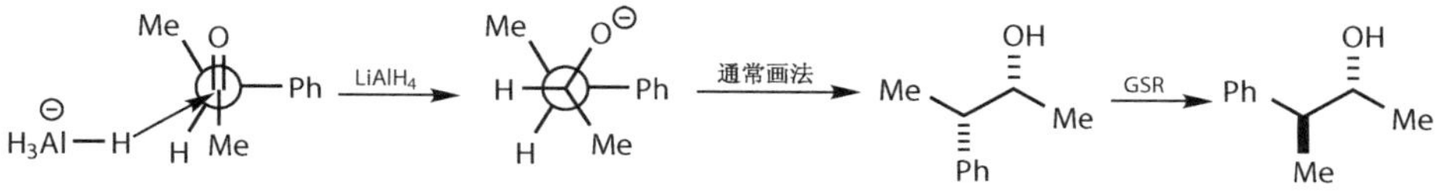

207　**208;产物的纽曼投影**　**206a**　*anti*-**206**

如果增大羰基相连基团的体积将增加反应的选择性[49]。降低温度可以进一步增加非对映选择性。如果 R＝ *t*-Bu，将温度从 35℃降到－78℃，那么选择性将从 98%上升到 99.8%。

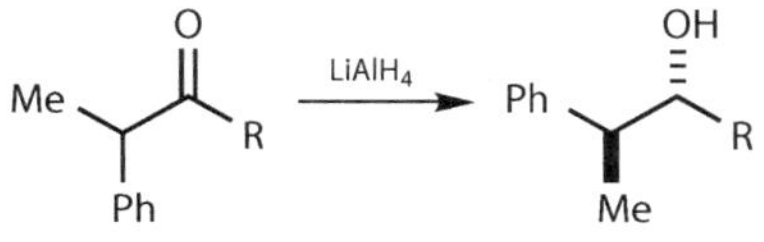

209　*anti*-**210**

	R	Me	Et	*i*-Pr	*t*-Bu
anti:*syn*	比值	2.8:1	3.2:1	5:1	49:1

电负性取代基的作用

另一件需要考虑的事情是电负性取代基的作用。它可以通过电子的方式影响羰基（与立体作用相对）。它们有与羰基处于 90°的趋势。所以氯代酮 **211** 与亲核试剂 **212** 反应生成产物 **213**，导致醇 **214** 中的亲核试剂处于羟基的 *anti*-位。

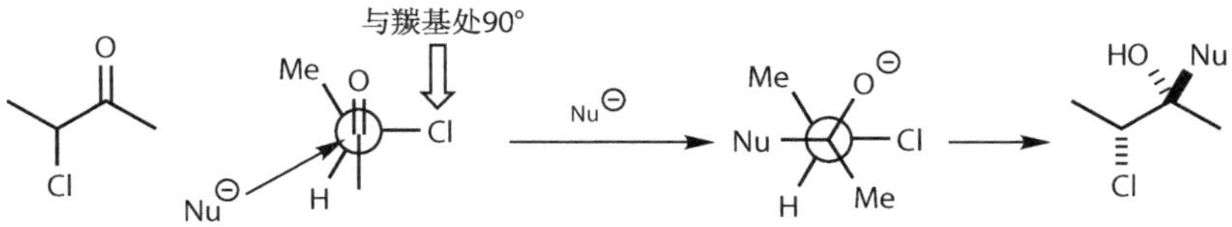

211　**212**　**213**　**214**

这个现象可以用轨道相互作用解释并且可以有几种方式看待这个问题。一种方式是想象 π^*_{CO} 轨道和 σ^*_{CX} 轨道相互作用形成能量相当低的反键轨道[50] **216**。如果

轨道在一条线上 **215** 才有可能发生这样的重叠，即取代基是成 90°的 **211a**。当然这个轨道中是没有电子的，所以轨道重叠产生的能量优势只有亲核试剂的电子填充到轨道中时才能体现。

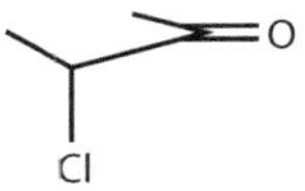

211a

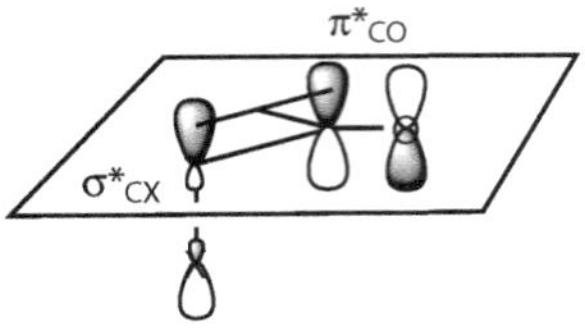

215

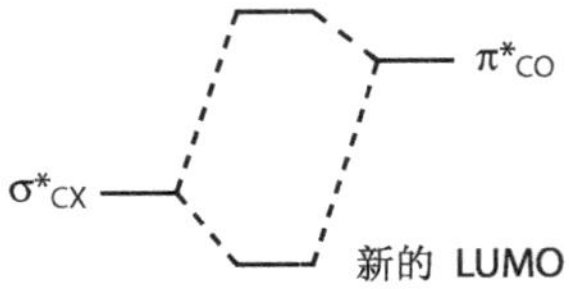

216

亲核试剂对 **212a** 的进攻也可以通过另一种方式解释（从另一个角度解释同一个问题）。亲核试剂和羰基碳之间的 σ 键部分形成（σ^*_{C-Nu}）。同样，由于轨道重叠 **217** 中的 σ^*_{CX} 的能量进一步下降[51]。开始进攻后轨道的角度稍微偏离。

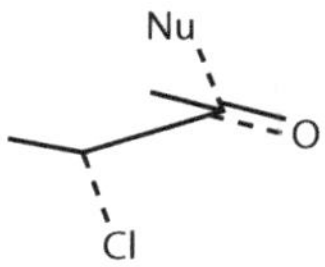

212a

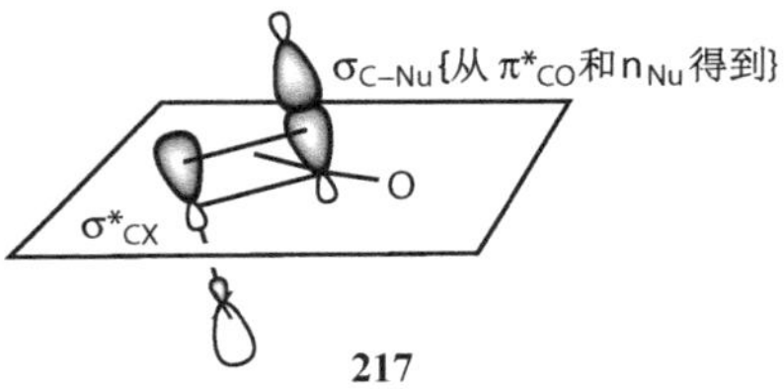

217

这些电负性原子位置的解释仅仅限于反应恰好发生或正在发生（这是所关心的基态和过渡态的问题）。真正关心的是反应真正发生时原子的位置，电负性的原子基态时的状态我们不关心也许是 90°，也许不是。

烯烃与亲电试剂反应的 Houk 构象

Houk 构象是基于烯丙基的 1,3-张力的，我们先看一看烯丙基的 1,3-张力[52]。我们关心的是双键上和烯丙位上取代基的张力。它们在同一个平面内所以会产生张力 **218**。如果双键上的取代基仅仅是一个质子，那么质子和较大基团之间的烯丙基的 1,3-张力并不太大。大约有 25%采取质子与取代基在同一个平面内 **218b** 的构象，剩下的是两个氢原子在一个平面内 **218a**。

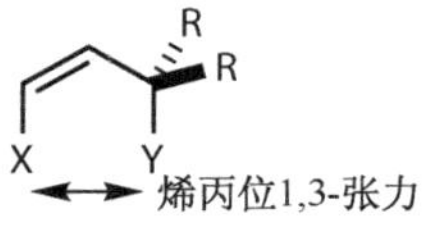

218

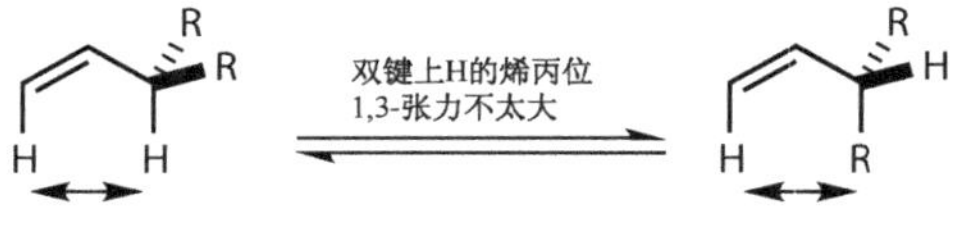

218a; 75%　　**218b**;25%

如果双键上的取代基被更大的基团取代那么会产生很大的变化。如果将质子换为甲基那么仅仅会得到构象 **219b**，即甲基与质子在一个平面内。甲基不会在两个大基团中间 **219a**，这是因为在分子另一面烯丙基的 1,2-张力的结果。烯丙基的 1,2-张力即使在两个质子间也很大，比烯丙基的 1,3-张力还大。构象 **219b** 和 **219c** 没有 1,2-张力，但是 **219c** 的 1,3-张力大于 **219b**。因此我们仅仅得到一个主要的构象，是反应中仅仅需要考虑的构象。它称为 Houk 构象。

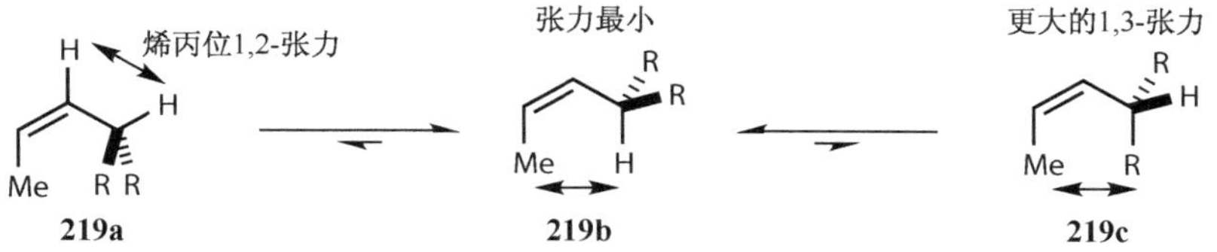

在 **220** 中如果 R 比 X 大，那么亲电试剂将从 R 的反面进攻双键。如果亲电试剂是过氧酸，那么产物是环氧化合物 **222**。

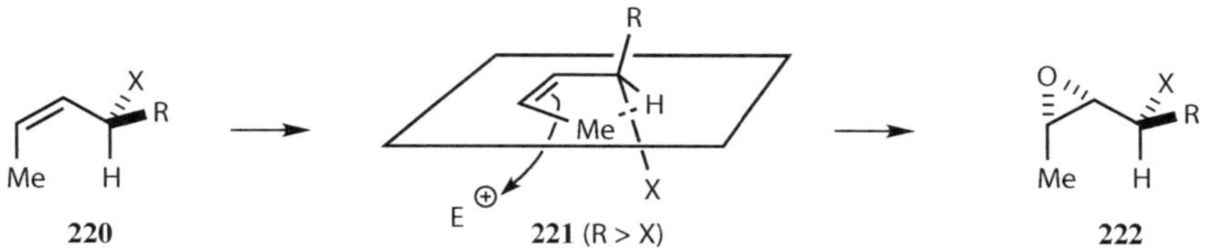

环氧化 *cis*-烯丙基砜 *Z*-**224** 可以由 Houk 构象预测立体化学[53]。*trans*-化合物 *E*-**224** 的选择性虽然也可预测但是略差。事情当然不会那么简单，相同底物的双羟基化不但选择性降低了而且有相反的立体选择性 **226**。

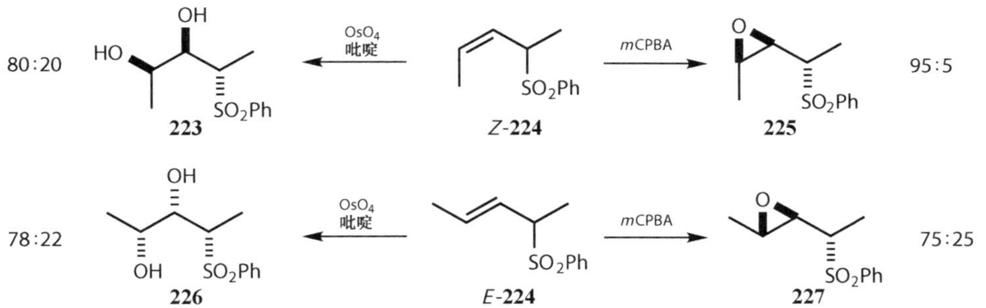

烯丙基硅烷

烯丙基硅烷（或者其他的 σ-给体代替硅烷）的电子效应可以加强控制 Houk 构象的立体相互作用[54]。硅的取代基大且是给电子基团。我们知道硅基可以稳定 β-阴离子。利用 Houk 的观点，我们可以预测亲电试剂将以 **228** 的方式反应。小的基团（S）在双键的平面，大的基团（L）通常是硅基。所以，通过 Houk 构象 **230**，**291** 可以在 Me_3Si-的反面接受亲电进攻（t-Bu^+）生成 **231**（手性转移的例子），并且通常会以 β-阳离子的形式失去硅基。

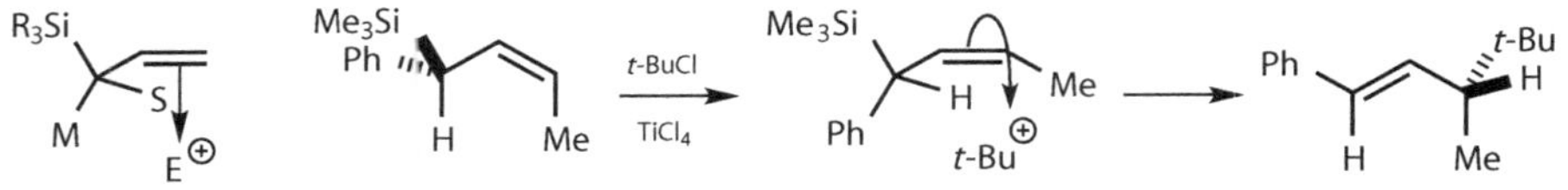

228　229　230　231

如上个例子，亲电试剂参与的反应可以是 S_E2' 反应 **232**。但是如果双键的另一端的一部分是烯醇 **233**，也可以反应。**234** 是这样的例子并且有高的立体选择性。

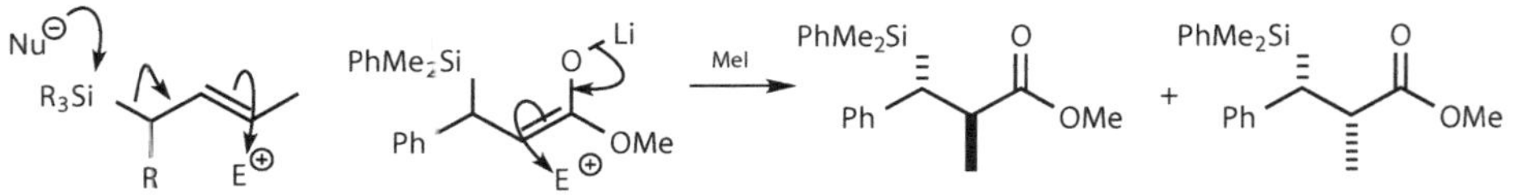

232; S_E2' 反应　**233**　**234**　97:3　**235**

如果双键上仅仅是一个质子 **236**，那么只要中等的基团足够小（典型的是甲基），甲基就有可能移到双键的平面上 **237**。虽然 **237** 不是主要构象，但是它可以使亲电试剂从位阻小的面进攻。

236

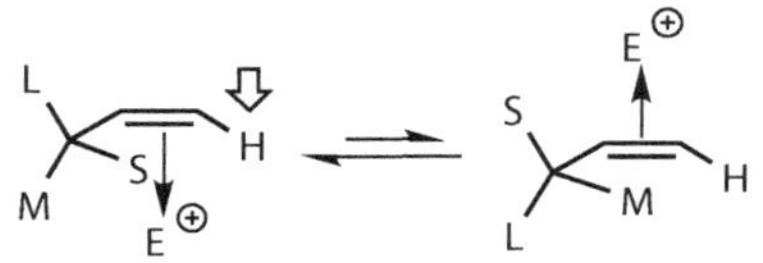

237

较大的亲电试剂由于较难从中等大小的取代基一面进攻双键，所以将采取这样的选择性，可以通过 **238** 与 OsO_4（大）的反应为例，这个反应主要生成了 **240**。然而，一旦中等基团大一点（Ph 取代 Me），那么选择性又变回到可以用 **236** 预测[53]。如果双键与手性中心 *cis*-位的基团为比氢原子大的任意基团，由于烯丙基张力太大，不会生成 **237** 所描述的过渡态。

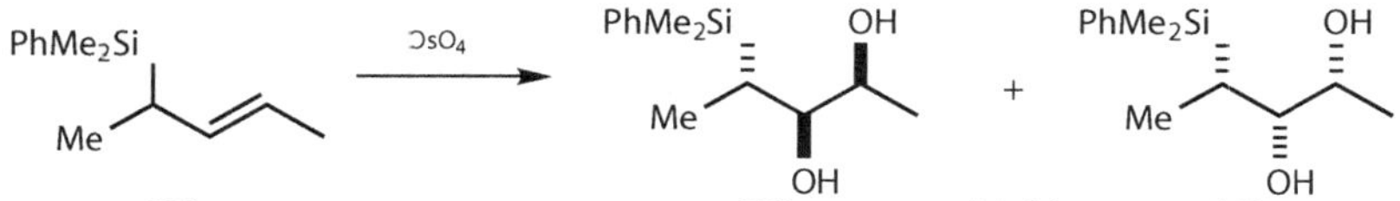

238　**239**　34:66　**240**

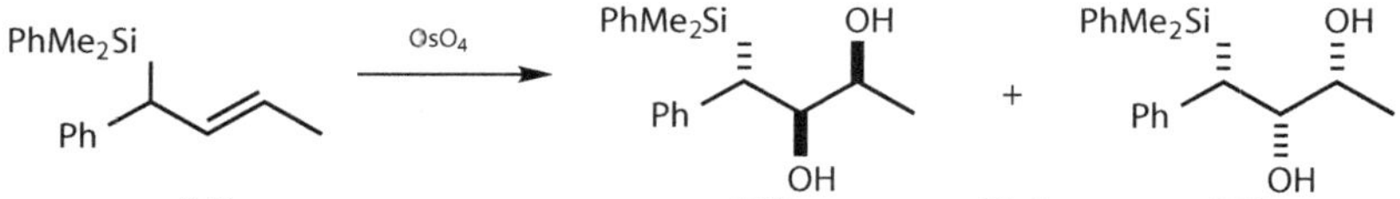

241　**242**　92:8　**243**

参考文献

一般性参考文献列于 946 页。

1. See Clayden, *Organic Chemistry* chapter 35 or *Fleming, Orbitals* for an explanation.
2. L. E. Overman and P. J. Jessup, *Tetrahedron Lett*, 1977, 1253.
3. L. E. Overman, G. F. Taylor, C. B. Petty and P. J. Jessup, *J. Org. Chem*, 1978, **43**, 2164.
4. J. E. Dubois and M. Dubois, *Chem. Commun.*, 1968, 1567.
5. C. H. Heathcock, C. T. Buse, W. A. Kleschick, M. C. Pirrung, J. E. Sohn and J. Lampe, *J. Org. Chem*, 1980, **45**, 1066.
6. H. E. Zimmerman and M. D. Traxler, *J. Am. Chem. Soc.*, 1957, **79**, 1920.
7. C. J. Cowden and I. Paterson, *Org. React.*, 1997, **51**, 1.
8. H. C. Brown, R. K. Dhar, R. K. Bakshi, P. K. Pandiarajan and B. Singaram, *J. Am. Chem. Soc.*, 1989, **111**, 3441.
9. J. M. Goodman and I. Paterson, *Tetrahedron Lett.*, 1992, **33**, 7223.
10. E. J. Corey and S. S. Kim, *J. Am. Chem. Soc.*, 1990, **112**, 4976.
11. T. Inoue and T. Mukaiyama, *Bull. Chem. Soc. Jpn.*, 1980, **53**, 174; This reference details equilibration leading to regioisomers rather than stereoisomers.
12. H. C. Brown, K. Ganesan and R. K. Dhar, *J. Org. Chem.*, 1993, **58**, 147.
13. D. A. Evans, J. V. Nelson, E. Vogel and T. R. Taber, *J. Am. Chem. Soc.*, 1981, **103**, 3099.
14. C. H. Heathcock, in *Asymmetric Synthesis*, vol. 3, pp. 111–212.
15. I. Paterson, J. G. Cumming, J. D. Smith and R. A. Ward, *Tetrahedron Lett.*, 1994, **35**, 441.
16. C. H. Heathcock, M. C. Pirrung, S. H. Montgomery and J. Lampe, *Tetrahedron*, 1981, **37**, 4087.
17. R. Baker and J. A. Devlin, *J. Chem. Soc., Chem. Commun.*, 1983, 147.
18. N. Greeves in *Comp. Org. Synth.*, vol. 8, page 14.
19. H. C. Brown and S. Krishnamurthy, *J. Am. Chem. Soc.*, 1972, **94**, 7159.
20. Eliel, pages 736 and 881.
21. D. A. Evans in *Morrison*, vol3, p 29–37; L. Mander in *Eliel*, pages 901–2; R. E. Ireland and L. N. Mander, *J. Org. Chem.*, 1967, **32**, 689 (the year and volume number of this reference are wrong in *Eliel*); H. O. House and T. M. Bare, *J. Org. Chem.*, 1968, **33**, 943.
22. Clayden, *Organic Chemistry*, pages 858–859.
23. M. D. Dowle and D. I. Davies, *Chem. Soc. Rev.*, 1979, **8**, 171; B. N. French, S. Bissmire and T. Wirth, *Chem. Soc. Rev.*, 2004, **33**, 354.
24. F. B. Gonzalez and P. A. Bartlett, *Org. Syn. Coll.*, 1990, **VII**, 164.
25. Eliel p. 909.
26. P. A. Bartlett and L. A. McQuaid, *J. Am. Chem. Soc.*, 1984, **106**, 7854.
27. P. A. Bartlett, in *Asymmetric Synthesis*, vol. 3, pp. 411.
28. S. Kuwahara, D. Itoh, W. S. Leal and O. Kodama, *Tetrahedron Lett.*, 1998, **39**, 1183.
29. For a full discussion of Corey's synthesis of Erythronolide B, see *Nicolaou and Sorenson* p. 167.
30. T. Fukuyama, C.-L. J. Wang and Y. Kishi, *J. Am. Chem. Soc.*, 1979, **101**, 260.
31. For a full discussion of Kishi's synthesis of Monensin see *Nicolaou and Sorenson* p. 185.
32. P. Wipf in *Comp. Org. Synth.*, vol 5, chapter 7.2, pages 827–873; A. M. M. Castro, *Chem. Rev.*, 2004, **104**, 2939.
33. R. K. Hill in *Morrison*, vol 3, pages 503–572.
34. K.-K. Chan, N. Cohen, J. P. De Noble, A. C. Specian and G. Saucy, *J. Org. Chem.*, 1976, **41**, 3497.
35. R. E. Ireland and D. W. Norbeck, *J. Am. Chem. Soc.*, 1985, **107**, 3279; R. E. Ireland, D. W. Norbeck, G. S. Mandel and N. S. Mandel, *J. Am. Chem. Soc.*, 1985, **107**, 3285.
36. I. Paterson and A. N. Hulme, *J. Org. Chem.*, 1995, **60**, 3288.
37. T. Nakai and K. Mikami, *Org. React.*, 1994, **46**, 105.
38. N. Sayo, E. Kitahara and T. Nakai, *Chem. Lett.*, 1984, 259; D. J.-S. Tsai and M. M. Midland, *J. Org. Chem.*, 1984, **49**, 1842.
39. K.-M. Chen, G. E. Hardtmann, K. Prasad, O. Repic and M. J. Shapiro, *Tetrahedron Lett.*, 1987, **28**, 155.

40. D. A. Evans, K. T. Chapman and E. M. Carreira, *J. Am. Chem. Soc.*, 1988, **110**, 3560.
41. D. A. Evans and A. H. Hoveyda, *J. Am. Chem. Soc.*, 1990, **112**, 6447.
42. S. E. Bode, M. Müller and M. Wolberg, *Org. Lett.*, 2002, **4**, 619.
43. I. Paterson and L. E. Keown, *Tetrahedron Lett.*, 1997, **38**, 5727.
44. I. Paterson and R. D. Tillyer, *J. Org. Chem.*, 1993, **58**, 4182.
45. L. A. Paquette, Ed., *Encyclopedia of Reagents for Organic Synthesis*, vol. 8 (John Wiley & Sons, Chichester, 1995).
46. T. Nakata, M. Fukui and T. Oishi, *Tetrahedron Lett.*, 1983, **24**, 2657.
47. H. B. Bürgi, J. D. Dunitz and E. Shefter, *J. Am. Chem. Soc.*, 1973, **95**, 5065.
48. H. B. Bürgi, J. M. Lehn and G. Wipff, *J. Am. Chem. Soc.*, 1974, **96**, 1956.
49. M. Chérest, H. Felkin and N. Prudent, *Tetrahedron Lett.*, 1968, 2199.
50. Eliel p. 877.
51. A. J. Kirby, *Stereoelectronic Effects* (Oxford University Press, Oxford, 1996) p. 51.
52. I. Fleming and J. J. Lewis, *J. Chem. Soc., Perkin Trans. 1*, 1992, 3257; L. Mander in *Eliel*, p 894–897; K. N. Houk, N. G. Rondan, Y.-D. Wu, J. T. Metz and M. N. Paddon-Row, *Tetrahedron*, 1984, **40**, 2257.
53. E. Vedejs and C. K. McClure, *J. Am. Chem. Soc.*, 1986, **108**, 1094.
54. I. Fleming, *J. Chem. Soc., Perkin Trans. 1*, 1992, 3363.

22 拆　　分

拆分

简介和一个例子（1-苯基乙基胺）

拆分就是将外消旋化合分离成其右手和左手的形式。现实中大多数情况下，

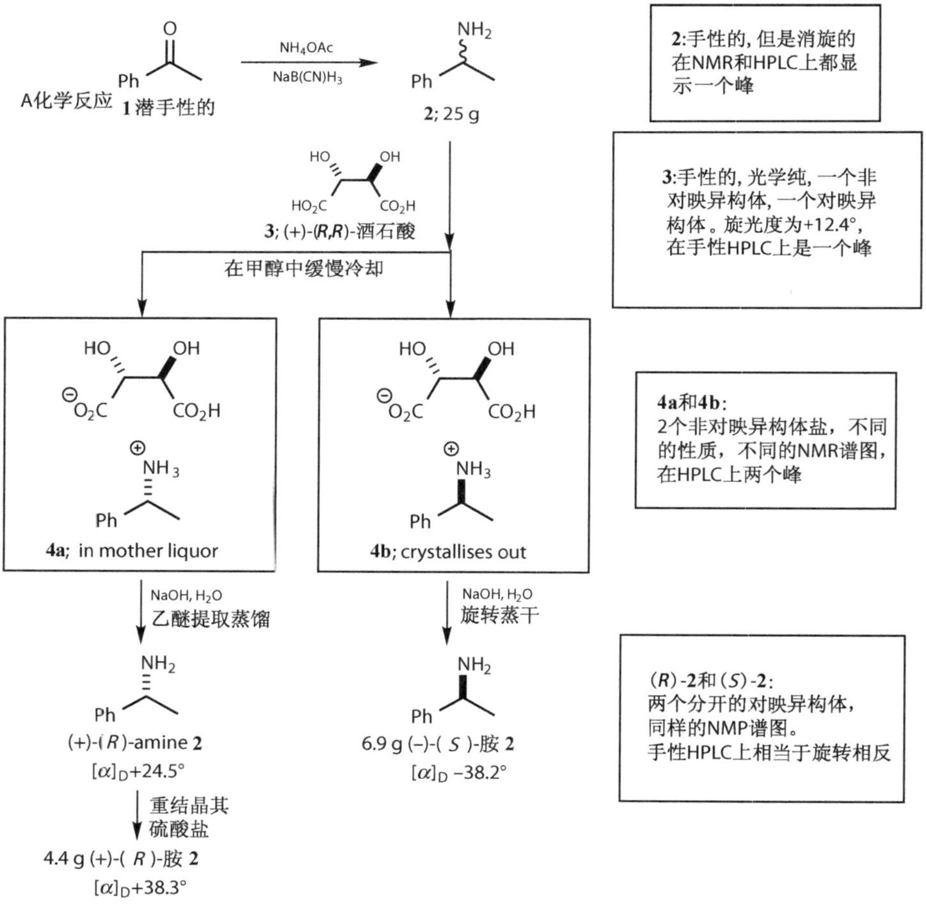

我们可以分出手性物质，如手套和鞋。将右脚放到鞋里可以很快区分出是左脚的鞋还是右脚的鞋，因为右脚和右脚的鞋组合（合适）与右脚和左脚的鞋组合（疼）具有不同的感受。拆分也需要一个“右脚”，即拆分试剂，一个对映异构体将外消旋化合物转变为1∶1的非对映异构体混合物。它们可能有不同的物理性质所以可以采用一般的方法进行分离（通常是结晶和色谱分离法），然后脱除拆分试剂则可以得到光学活性的目标分子。我们首先看看经典的拆分方法[1]。

由酮**1**的还原氨化可以得到胺**2**。由于原料**1**和试剂都是非手性的，所以虽然**2**有手性中心但却是外消旋的混合物。光学活性的酒石酸**3**与**2**反应生成胺盐**4**，或者说是**4a**和**4b**。认真观察它们的结构。两个盐中酒石酸**3**的立体化学是相同的，但是胺**2**的立体化学是不同的，所以盐**4a**和**4b**是非对映异构体。它们具有不同的物理性质：反复试验可以发现这种有用的区别，在甲醇中**4b**的结晶速率大于**4a**。用NaOH中和**4b**可以得到不溶于水的光学纯的胺(*S*)-**2**。

结晶不能去掉母液中的所有**4b**，所以其含有少量的**4b**和大量的**4a**。很清楚溶液被中和后自由的胺**2**通过蒸馏分离。旋光值与(*S*)-2相反但是略小。将其硫酸盐重结晶，于是得到(*R*)-2的旋光值与(*S*)-2的大小相等，符号相反。你可能认为我们花了太多的文字在这个简单的拆分问题上，但是理解这个过程不但有助于这章后面的学习而且有助于第22～31章的学习。

选择和制备拆分试剂

大量地拆分羟基酸

Parke-Davis的化学家在发展HIV的蛋白酶抑制剂时，合成了通式为**5**的羟基酸，并且他们找到了拆分的方法可以得到两种对映异构体[2]。很明显，拆分试剂需要是某种胺的对映异构体之一，从而拆分试剂可以与羧酸**5**生成盐。这与我们刚刚看到的方法相反。他们尝试了包括**2**在内的许多胺，在目前最好的是**6**。**5**和**6**生成的盐很容易结晶，直接分离非对映异构体，再次得到**5**，ee和产率都很好。

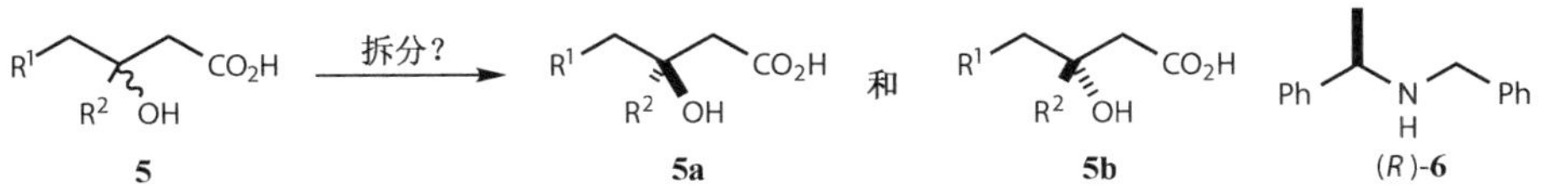

困难的是他们想大量拆分对映异构体，但是纯**6**很贵。解决方法是从已经拆分好的**2**制备**6**。明显合成路线是苯甲醛还原胺化，唯一担心的是中间体亚胺**7**的消旋化。我们发现亚胺**7**在甲苯中制备不会消旋化，但是如果用$NaB(CN)H_3$还原则会发生部分消旋化。用催化氢化的方法可以以98%的产率一次制备53kg光学纯的**6**用于羟基酸**5**的拆分。

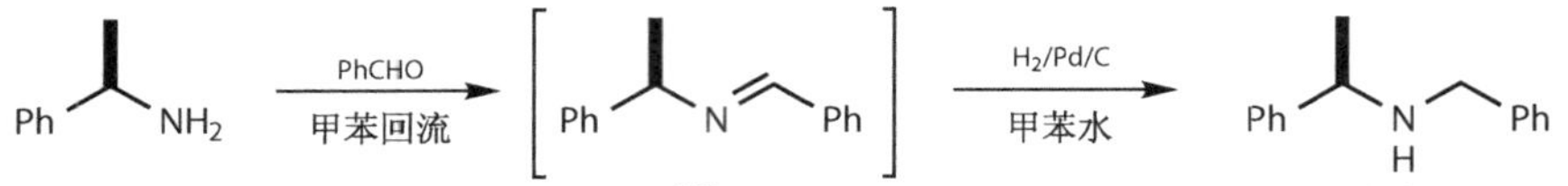

6 不是用拆分的方法制备的，而原料 **2** 是用拆分的方法制得的，并且光学纯的异构体 **6** 用于拆分。实施标准是先确定最好的拆分试剂，然后通过已拆分的原料制备它。在第 26 章你将看到化合物 **6** 的锂盐衍生物。以前很多外消旋的酸用有毒的生物碱拆分，如番木鳖碱。现在更喜欢简单的胺，如 **2** 和 **6**。技巧：如果拆分酸，那么先试试胺 **2** 或它的衍生物，如 **6**。

大量地拆分羟胺

Bristol-Meyers Squibb 公司想通过简单的杂环 **8** 制备类胰蛋白酶抑制剂。由于 **8** 是胺，酒石酸是拆分试剂最好的选择。再次证明第一个选择中修饰的拆分试剂是最好的。酒石酸是一个好的拆分试剂，它的类似物，如 **9** 效果也很好。

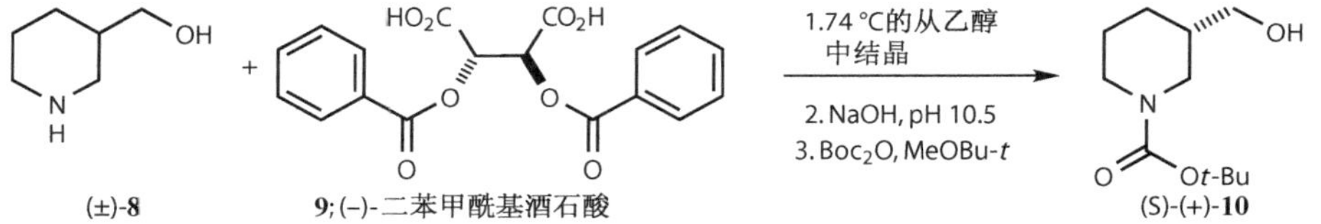

在这个例子中，**8** 和拆分试剂的比例、结晶溶剂的纯度对结果有很大的影响[3]。一次结晶后，盐的 ee 大约为 50%；再次结晶后，ee 可以增加 10%～15%；五次结晶后 ee 可达到大于 99%。那样产率会从理论的最大值 50%降到 30%。在下一步合成中，需要其 Boc 的衍生物（S)-(＋)-**10**，所以盐以 50g 的量，大于 99%的 ee，直接被转化为 **10**。在这章的后面你会看到，酶也可以做到这一点。

在这两个例子中，**5** 和 **8** 都具有两个官能团，可以很容易的区分出哪一个基团会成盐（COOH 和 R^2NH）而不是 OH 基团，因为羟基必须要生成共价化合物。

大量地拆分氨基酸

其他公司（Cilag AG 和 R. W. Johnson）需要含有吡啶的 β-氨基酸 **11**，更加精确地说是它的两分子盐酸盐的酯[4] **12**。酸碱官能团的组合可以为拆分试剂提供多种选择。

11　　12

合成消旋化合物是有趣的而且是与合成旋光化合物相关的。简单的醛 **13** 与醋酸铵和丙二酸反应一步合成外消旋化合物 **11**。其中之一的官能团要被保护从而可以使另一个官能团用于拆分，所以胺被 Boc 保护生成 **14**。

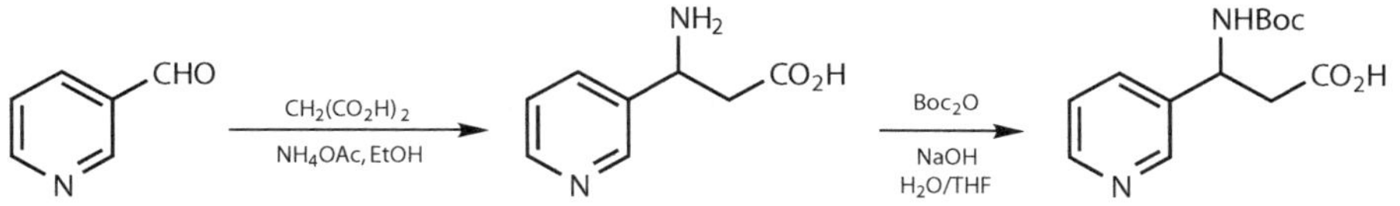

13　　(±)-11　　14

最好的拆分试剂也是双官能团化合物，中性的氨基醇麻黄碱 **15**。将 **14** 与麻黄碱混合于温热的乙酸乙酯中很快生成形如盐 **16** 的沉淀。粗盐的 ee 可以达到 90%，在乙酸乙酯中重结晶后产率可以达到 42%，ee>98%。转变为所需的 **12** 仅需要中和（NaOH），然后在甲醇中用 HCl 去掉 Boc 基团并甲酯化。产物 **12** 以 82%的产率和大于 98%的 ee 大量分离出来。这是一个很成功的拆分。

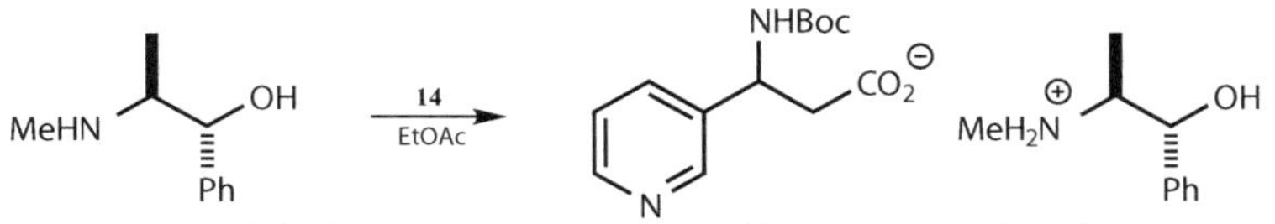

15;(1*R*,2*S*)-(−)-麻黄碱　　**16**;**14** 的盐和(1*R*,2*S*)-(-)-麻黄碱

通过共价化合物拆分

阻挡钙通道的药物二氢吡啶 **17** 可用于治疗心脏病，并且可以通过 Hantszch 吡啶合成法制备，这个分子是手性的，但是“仅此而已”。这个分子没有对称面是由于分子一边是甲酯一边是乙酯，并且 R 不一定是 Me。重要的例子是氨氯地平（amlodipine，**18**），它是 Pfizer 公司的畅销品，且比起其他例子更加不对称。然而，拆分这个化合物是困难的。

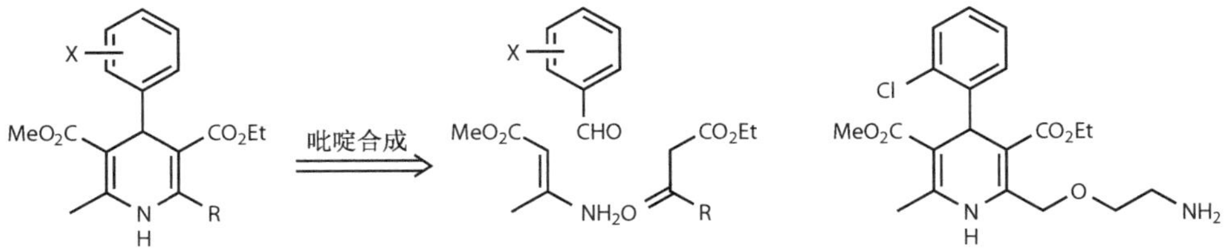

17　　**18**;氨氯地平

Pfizer 公司发表的方法[5]是：利用羧酸 **19** 和醇 **20** 反应生成酯 **21**，然后通过色谱柱而非结晶分离非对映异构体，其中醇 **20** 可以从苦杏仁酸合成。我们可以猜测经典的结晶分离非对映异构体盐的方法没有成功。通过酯交换简单的去掉酯基。CDI 是羰基二咪唑。

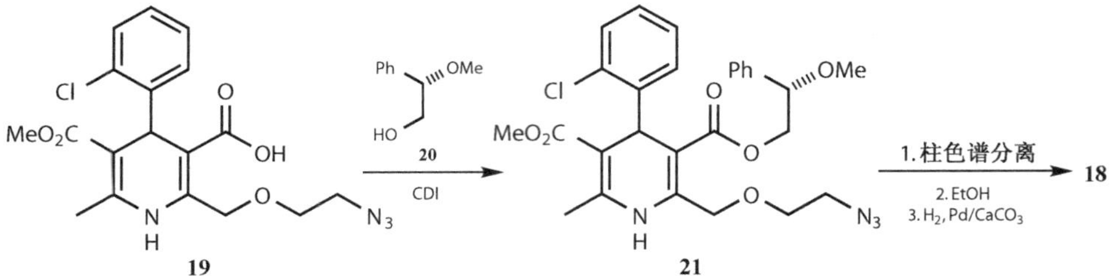

利用共价键化合物拆分的第二个例子引入了什么时候拆分的问题。酮 **22** 是南部玉米根虫的信息素。它的一个官能团和手性中心在 1，9 的位置上。由于酮和手性中心之间的距离太长，链被切断且由可购得的十一烯酸制备 **25**[6]。酮变为烯并且 10 位的甲基变为 CO_2H，从而可以断键成为原料 **25**。

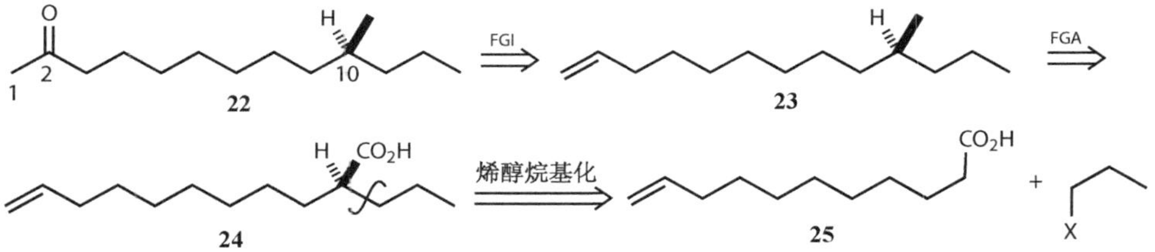

我们将丙基接到二锂衍生物 **26** 上（第 2 章），将羧基还原为甲基，然后将烯烃通过汞化还原为酮，这在第 17 章中描述过。

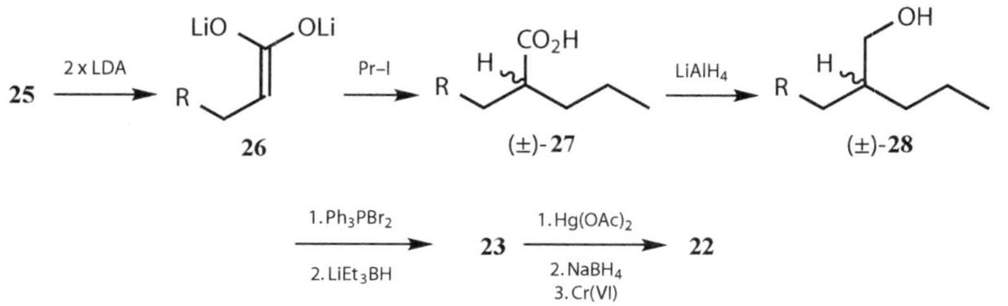

羧基可以帮助拆分。胺（*S*)-(-)-**2** 与底物生成酰胺 **30**——一种易于结晶的衍生物。当然，不可能去预测哪种化合物肯定会结晶，尤其不能预测哪个非对映异构体会结晶。结果是（*R*，*S*)-**30** 都结晶出来，（*S*，*S*)-**30** 留在溶液中。重结晶纯化这种非对映异构体，直到没有另一种异构体。

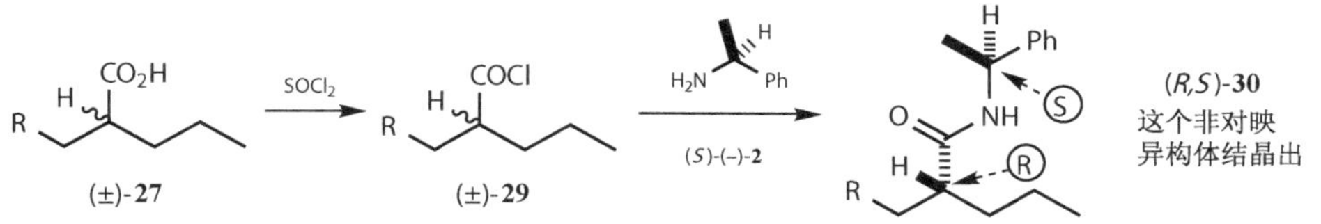

现在拆分试剂必须通过酰胺的水解去掉。烯醇化所以很可能生成的手性中心发生消旋，巧妙的方法是将酰胺 **30** 的酰胺键转变为更加容易水解的酯基。合成的余下部分就像刚才所说的一样。通过这种方法可以得到几乎光学纯的醇 **28**，另一个对映异构体的含量小于 0.4%。新生成的立体中心不再参与反应，所以 **22** 的绝对手性已经表现出来了。

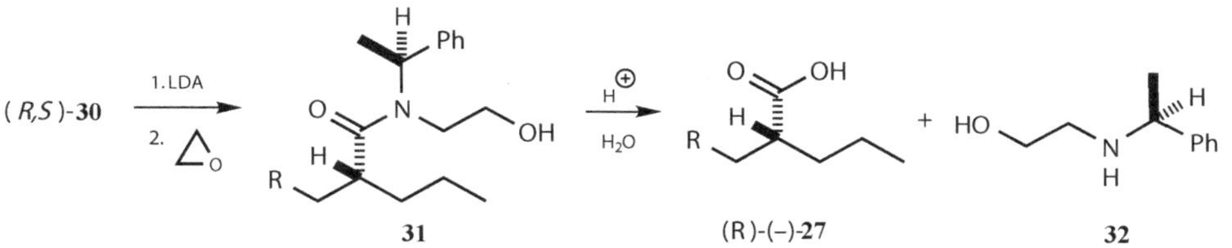

拆分策略的优点和缺点

这些例子中暴露出拆分方法的主要缺点是最高产率是 50%，如 **2**，**6**，**8**，**11**，**19** 或 **24**，其另一半是不需要的对映异构体。另外，需要增加添加和去掉拆分试剂的步骤，在去掉拆分试剂的过程中有消旋化的危险。优点是理论上可以得到两种对映异构体，制备手性辅基或者不知道天然产物的构型或者研究立体化学和生物活性之间的关系，这些情况下得到两种异构体是非常有利的，拆分是最好的策略。尽早拆分可以将拆分不利的方面降到最低：这样可以最少的浪费时间和原料。我们将会看到，在最好的情况下可以消除一条或所有主要不利方面。如果不需要的对映异构体可以循环使用，那么最高产率将是 100%。如果没有共价化合物形成，额外的步骤可以避免。

然而，事实是即使在 21 世纪，大多数出售的单一异构体的药物都是通过拆分的方法制造的。如果看到一篇关于合成一个对映异构体的文章标题中出现“实用的”、“有利的”、“有效的”，那么你可以猜测他用了拆分的策略。这种情况将会改变。在第 26～28 章将看到不对称合成的方法，尤其是催化的方法越来越有效、容易操作，很有可能这些方法将变得更加重要。

什么时候拆分

通常的原则：拆分越早越好

维拉帕米（verapamil，**33**）用于治疗心血管病。先合成消旋化合物，然后通过拆分的策略进行不对称合成是通常的方法。重要的决定是什么时候去拆分？

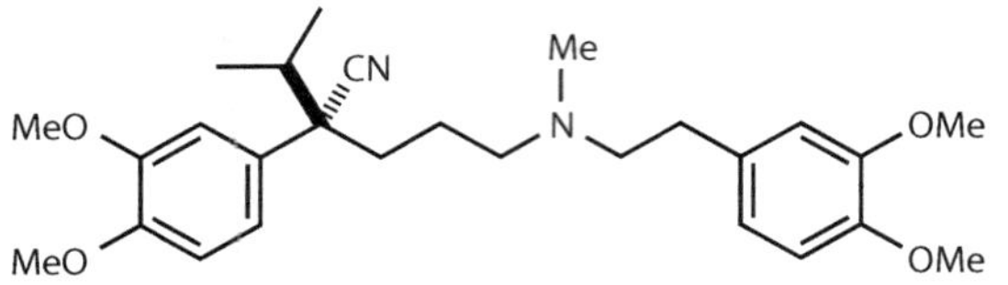

33
维拉帕米

最好的答案是"越早越好"。如果原料可以拆分，那么就不会浪费任何东西。如果最后的产物被拆分，那么一半的原料，试剂，精力，时间等都浪费了，并且可能会浪费超过一半，因为很少有拆分的方法可以得到接近 50%想要的对映异构体。这是消旋化合成维拉帕米的概要（没有考虑细节）——你将会从哪一步拆分？

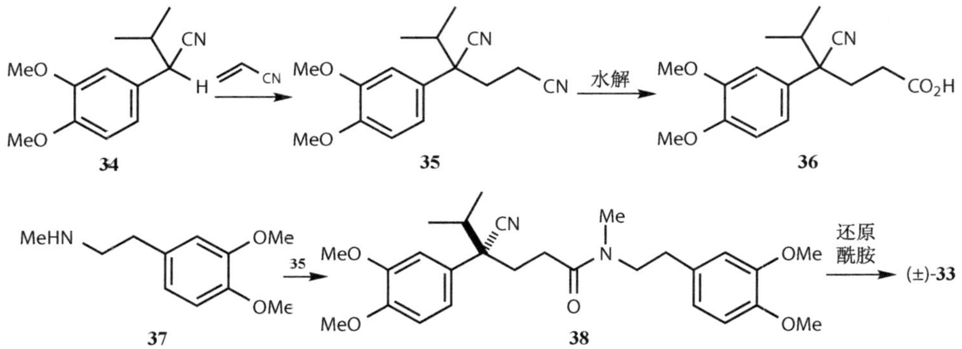

这些是你将要问的问题和答案。

1. 哪个是第一个手性中间化合物？

答案： 原料 **34**。

2. 它是适合拆分的化合物吗？

答案： 虽然氰基不特别有利，但毫无疑问它是可以被拆分的。但是在下一个反应中手性中心立刻被破坏，所以不是适合拆分的化合物。

3. 哪一个是第一个有利并可安全拆分的中间化合物？

答案： 羧酸 **36**，它有一个很利于拆分的官能团，并且手性中心是季碳，不会发生消旋化。

4. 在后面的合成步骤中有没有哪个反应会使分子消旋？

答案： 没有。在剩下的步骤中这个手性中心没有改变。

我们已经知道拆分羧酸的好办法是与光学活性的胺反应生成盐。在这种情况下，你可能想得到一级胺——苯基乙基胺 **2** 是很好的选择。在 Celltech 公司以 50～100g 的规模进行不对称合成[7]。化学选择性的水解双氰基化合物 **35** 生成中

间化合物 **39**。与 **2** 生成的盐以很好的产率（39%，最高 50%）和 ee 结晶。

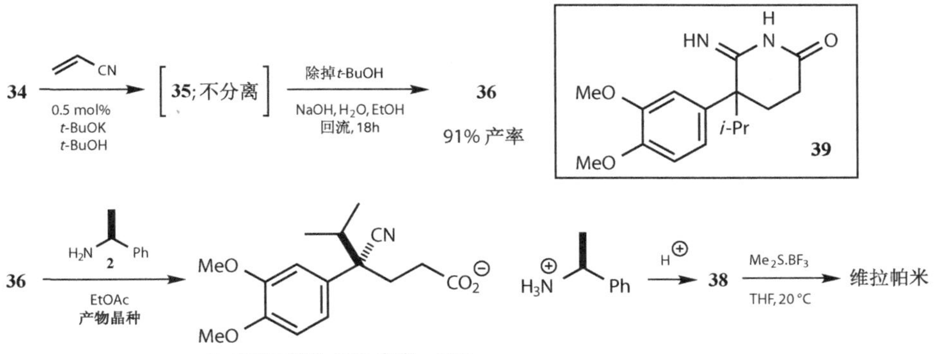

40; **39**和**2**的盐, 39% 产率, >95% ee

非对映异构体的拆分

如果化合物本身有多个手性中心，那么非对映异构体的问题优先于对映异构体的问题。拆分通常应用于需要的非对映异构体而不是混合物。例如，舍曲林（sertraline，**45**）是一种抗抑郁剂，可以影响脑中 5-羟色胺的含量，当通过非选择性方式得到两种非对映异构体时，我们不知道有活性的异构体是哪种[8]。原料 **41** 通过 Friedel-Crafts 反应由 1,2-二氯苯和丁二酸酐制备。

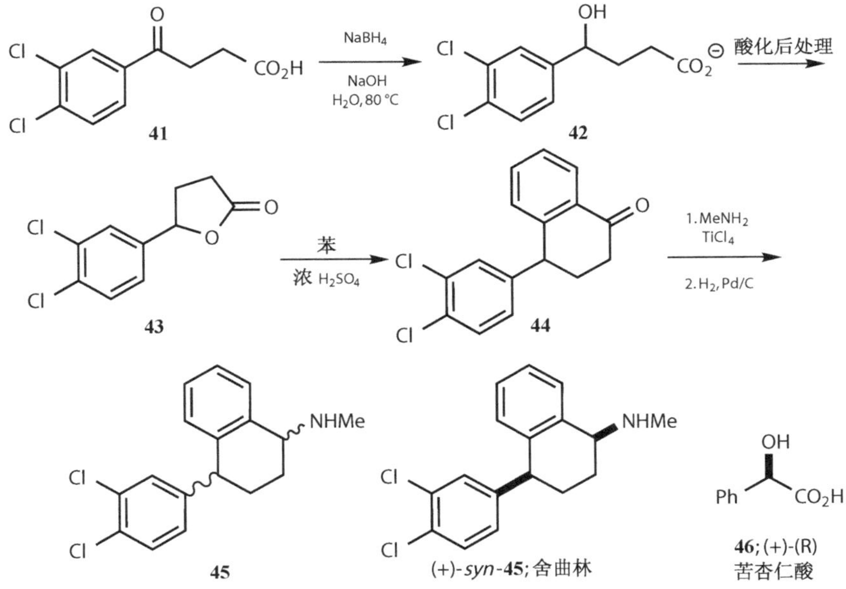

通过盐酸盐结晶分离 *syn* 和 *anti* 非对映异构体证明 *syn* 异构体具有活性，并且还原胺化 **44** 可以选择性地以 70％产率得到 *syn*-**45**。**45** 的非对映异构体在拆分之前就分离了。在合成中的前期阶段没有适当的地方可以进行拆分，所以即使还原胺化这步中浪费很多原料没有办法。天然产物（-）-（*R*）-扁桃酸 **46** 是 **45** 最好的拆分试剂，以 **44** 为原料，（＋）-*syn*-（1*S*，4*S*）-**45** 可以以 50％的产率分离得到。

非对映异构混合物的拆分

假设大家已经知道了可以通过选择性的合成制备所需的非对映异构体，则可以避免上述问题。*anti*-氨基醇异构体 **48** 可以通过环己烯的环氧化合物高产率的制备，*syn*-异构体很少（＞3％）[9]。

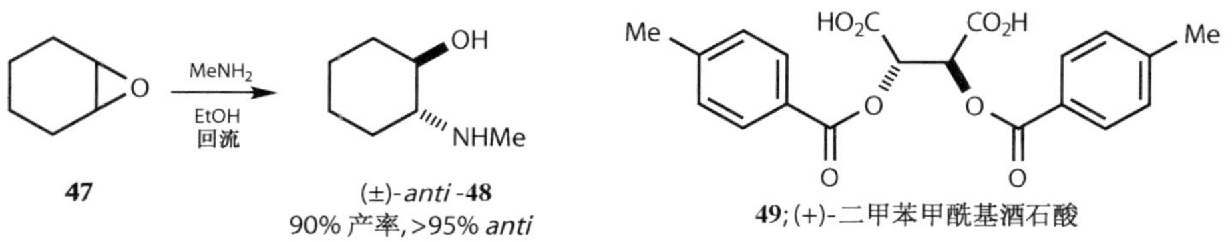

用酒石酸拆分要经过 7 次重结晶才能得到纯的物质，那样产率只有 8％。如果加入适当量的二对苯甲酸酒石酸 **49**（参见前面用过的 **9**）（4∶1 **48**∶**49**）可以得到更好的效果。1 分子（＋）-**49** 与 2 分子（＋）-**48** 形成的盐的溶解性远远小于 1 分子（＋）-**49** 与 2 分子（－）-**48** 形成的盐的溶解性，所以只要以适当的比例混合 **48** 和（＋）-**49** 于 60℃ 甲醇中，20min 后冷却、过滤则可以以 45％的产率，大于 99％ ee 得到需要的非对映异构体。用 NaOH 中和，*t*-BuOMe 提取得到纯的（＋）-**48**。

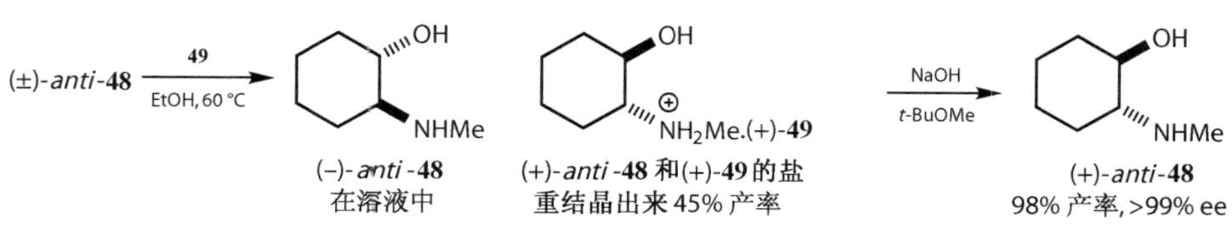

通过拆分合成 Jacobsen 的 Mn(Ⅲ) 环氧化催化剂

有可能已知的最早的拆分实例就是关于 *trans*-双胺基环己烷 **50** 的拆分。这是合成 Jacobsen 不对称环氧化催化剂的原料（第 25 章）。起初不需要分离非对映异构体这是一个很有利的方面，由于购买 40∶60 *cis*-和 *trans*-**50** 的费用大概是纯 *trans*-消旋体的 1/10，是拆分过的 *trans*-异构体的 1/100。你可以通过两个对映异构体的价格是否一样去分辨一个商品是否是通过拆分制备的。

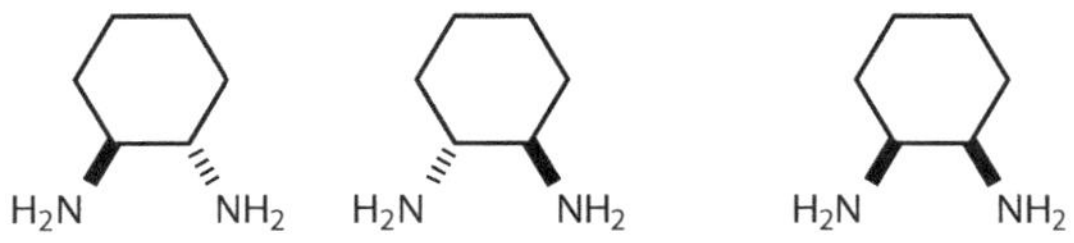

trans-**50**光学异构体　　非手性*cis*-**50**

拆分试剂是酒石酸：150g 酒石酸在 1L 的烧杯中溶于水。然后，240mL 异构体混合物 **50** 加入 70℃的体系中，接着 90℃时往体系中加入 100mL 乙酸，随后将体系冷却到 5℃。纯净盐 **51** 以 99%的产率（这个异构体起初含量的 99%），大于 99% ee 分离得到，这相当好。虽然从这个盐中可以分离得到 *trans*-二胺，但是这个二胺是空气敏感的，所以最好直接从这个盐合成手性催化剂 **52**。产率大于 95%并且催化剂 **52** 可以通过这种方法千克级的制备[10]。

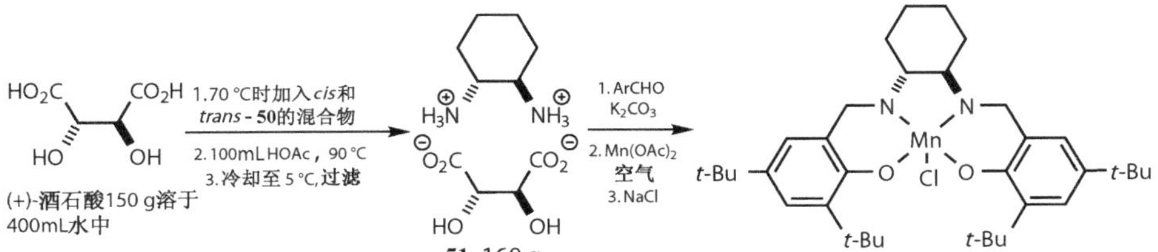

51; 160 g
99% 产率, >99% ee　　**52**

用一半当量的拆分试剂拆分

只有一半的化合物被结晶出来（每个异构体的最大量），所以用一个当量的拆分试剂看起来有些浪费，如 **48**，而且在一些情况下加入恰好足够结晶出一个异构体的量效果更好。这样的例子是派甲酯[11] **53**。*syn*-消旋体 **53** 的盐酸盐被称为利他林（ritalin），用于治疗儿童注意缺陷多动障碍（ADHD）。这个拆分试剂与我们目前已经看到的不一样：轴手性的环状磷酸 BINOL 衍生物 **55**。如果向 **54** 溶液中加入适当量的拆分试剂，对映异构体其中之一的盐可以以 50g 的级别，高产率（38%，最高 50%）的分离得到。由于一个对映异构体是盐的形式另一个是中性化合物所以分离更加容易：只需要简单地萃取。活性对映异构体，（*R*，*R*)-**53**，能够以 32%的产率分离并得到。

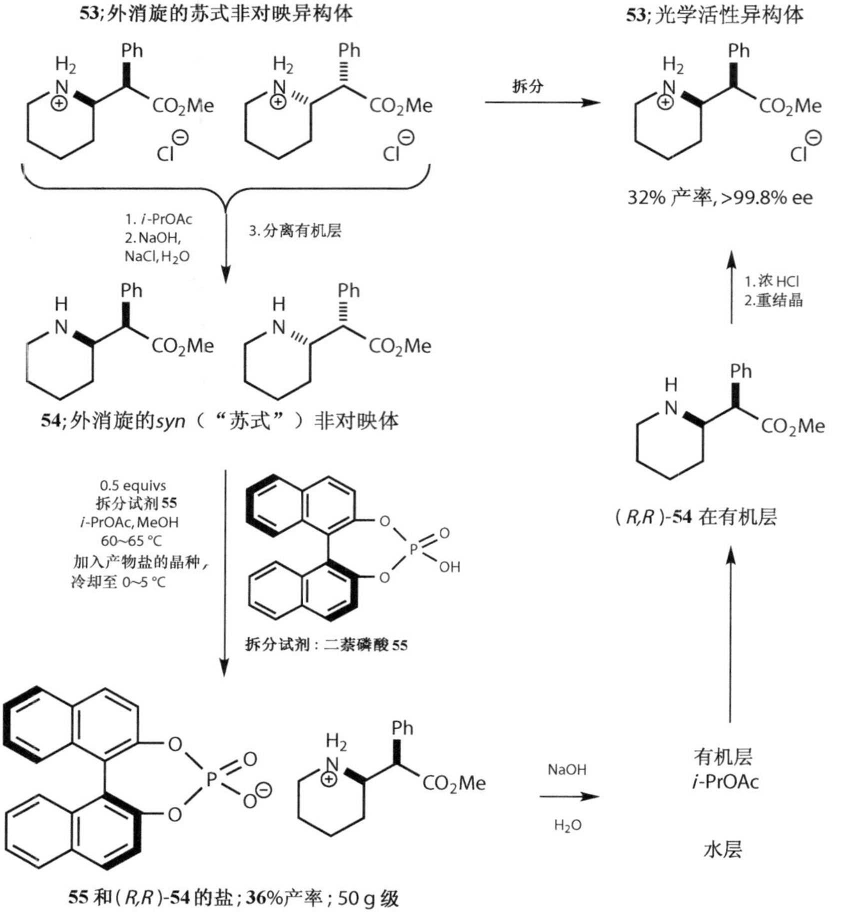

对于拆分这种经典的本质上的实践技术，这本书中不可能给出一个详细的规则。你可以查阅我们引的文献或者 Eliel 和 Wilen 中的第 7 章，第 297～441 页，有更加详细的论述。我们现在必须讲解其他的拆分类型，但不包括特定的用于某一个非对映异构体的制备方法。

对映异构体的物理分离

手性柱分离

用物理方法分离对映异构体的一个好的方式是用手性色谱柱分离。有很多可以购买的手性色谱柱[12]，通常含有硅官能化的链。例如，3-硫基或者 3-胺丙基硅基基团 **56**，连接着光学纯的基团如共价键连接的蒽基醇 **57**。适合的外消旋化合物在含有 10% *i*-PrOH 的正己烷的冲刷下，在柱子上得到分离。这是得到光学纯化合物的其中一个最好方法，并可以用手性柱对 ee 进行严格测定。

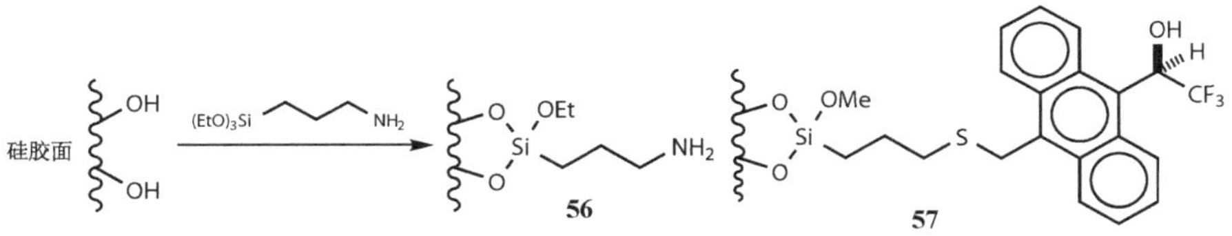

柱子上负载酰胺 **58** 就是利用氢键或者静电作用将其固定在柱子上，这种手性柱可以拆分重要的轴手性联萘酚[13] **59**。你将会在第 24～26 章中看到这种类型的化合物可以作为手性催化中的试剂或配体。

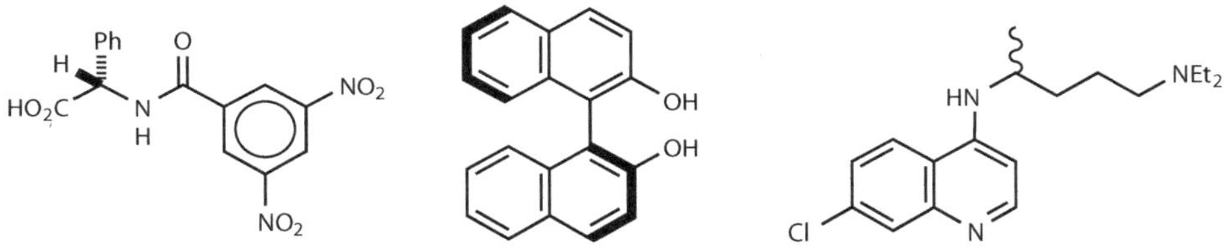

58　**59**;联萘酚　**60**;氯喹

抗疟疾化合物氯喹 **60** 是一个有用的例子。很多年前人们认为两种对映异构体都具有抗寄生虫和疟疾传播的活性，这是因为买到的光学活性的样品（旋光值 +12.3°和 −13.2°）纯度低，它们是通过传统的拆分方法得到的，拆分试剂为溴代樟脑磺酸 **61**。

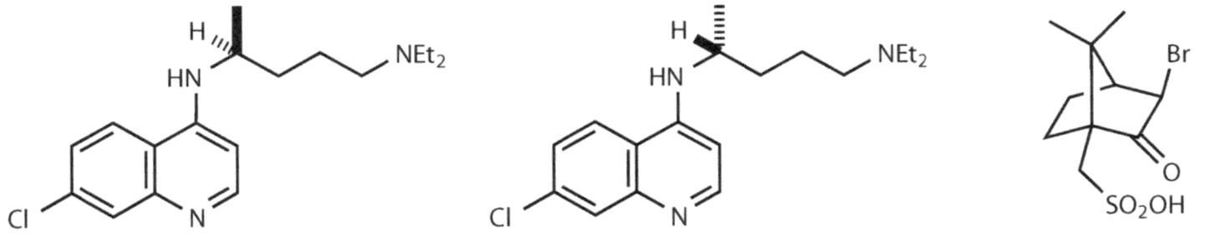

(+)-(*S*)-氯喹 **60**　$[\alpha]_D$ +12.6°　(−)-(*R*)-氯喹 **60**　$[\alpha]_D$ −13.2°　**61**;溴代樟脑磺酸

这种外消旋的化合物在聚-*N*-丙氨酰基丙烯酰胺（poly-*N*-alanylacrylamide）柱子上拆分，样品的旋光值是 +86.9°和 −86.9°。显示不仅异构体（+）-**60** 具有更高的抗疟疾活性，而且毒副反应少。具有活性的异构体现在可以从二氯喹啉 **63** 制备，并且光学纯的二胺 **62** 可以通过传统的拆分方法制备。

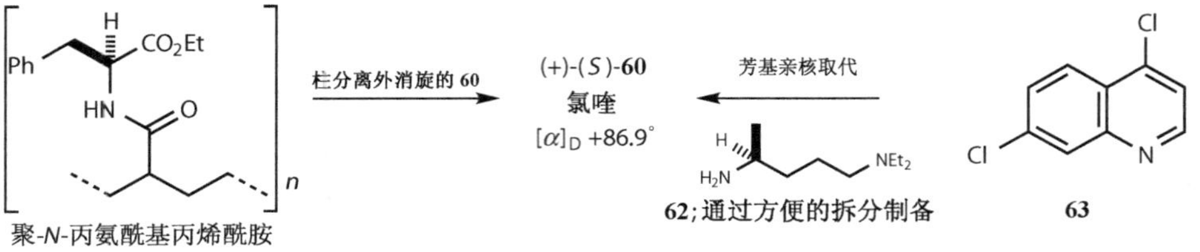

由 HPLC 分离三唑杀菌剂

三唑杀菌剂通常的结构是 **64**，如已唑醇，菲克利（hexaconazole，**65**）和粉唑醇（flutriafol，**66**），它们是人类和植物药物具有相似结构的罕见例子。起初使用它们的消旋体，但是很快发现了其中的活性异构体。通常用于拆分非对映异构体结晶的方法对于拆分这类化合物是困难的。

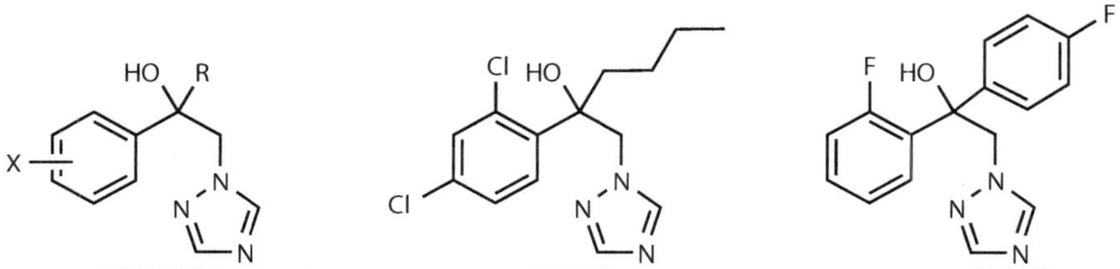

64;三唑杀菌剂　　**65**;已唑醇　　**66**;粉唑醇

解决方案是将这类非对映异构体被 ω-莰烷酰氯酰基化，然后用 Dupont 公司的"Zorbax"柱对它们进行标准 HPLC 分离（非手性）。虽然每次只能分离得到 60 mg 物质，但是已经足够多次积累为克级物质。用这种工艺很好的分离 **65** 最重要的是溶剂的组成。必须是 918∶80∶2 的 $F_3C—CCl_3$，MeCN 和 Et_3N。(-)-异构体具有生物活性[14]。

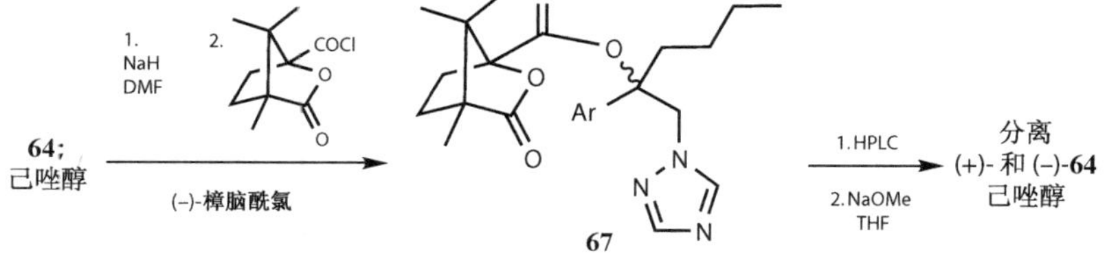

如果需要更多的说服力，可以像前面的化合物一样由粉唑醇 **66** 生成 ω-莰烷酯，但是现在即使用 HPLC 也不能分离它们。不同酸 **68** 的酯 **69** 可以在相同的柱子上以 1∶1 的 CH_2Cl_2/EtOAc 为洗脱剂得到分离。不要惊讶氟康唑（flucon-azole，**70**）在这类化合物中具有最好的杀菌效果，它不是手性的。

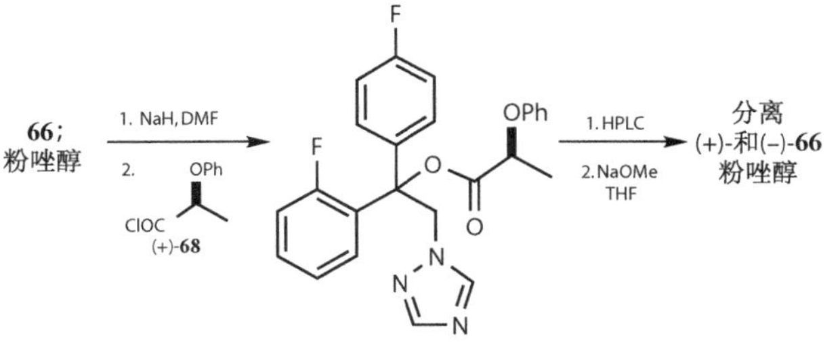

69

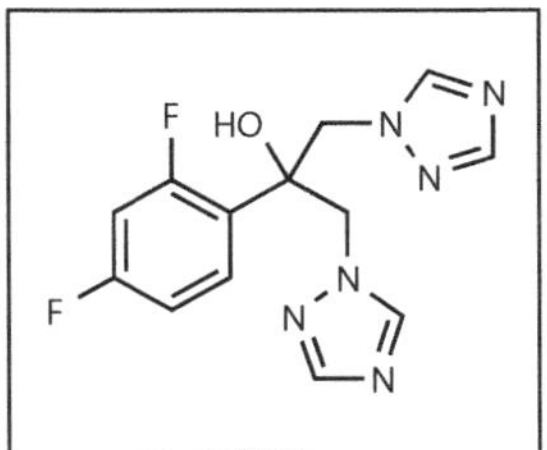

70;氟康唑

通过手性 HPLC 分离药物

Cetirizine **71** 的盐酸盐是 Zyrtec 公司生产的抗组胺药物。它有一个“低级的”手性中心（箭头方向）——这个分子具有手性仅仅因为其中有一个苯环的对位有一个氯取代基。拆分或者不对称的合成西替利嗪（cetirizine）是困难的。一家专门合成一个对映异构体的公司，Sepracor 公司发现相似的化合物酰胺 **72** 可以使用手性 HPLC，通过应用手性技术“Chiralpak AD”柱进行分离：两个对映异构体在柱子上具有不同的保留时间（4.8min 和 8.8min）。他们可以一次分离大约 40g 的外消旋化合物，不断的重复可以分离得到 ee 为 99.8%，1.6kg 的（—）-（*R*)-**72**。分离出的光学纯化合物可以经过两步转化为西替利嗪，并且（+）-（*R*)-**73** 异构体具有生物活性[15]。

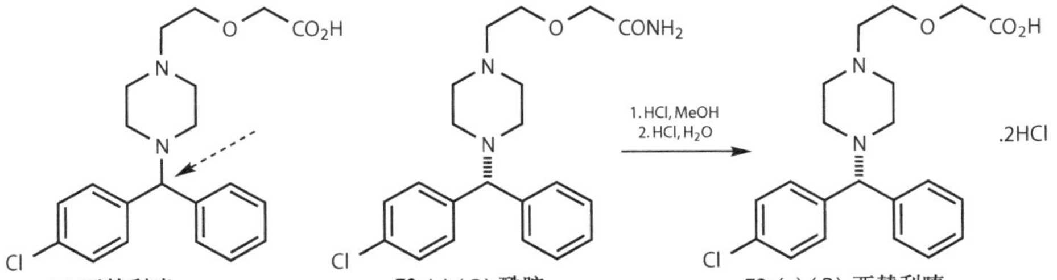

71;西替利嗪　　**72**;(–)-(*R*)-酰胺　　**73**;(+)-(*R*)- 西替利嗪

手性 HPLC 是分析对映异构体和确定 ee 的方法，它可用于制备。无论哪种应用都要咨询专家选择哪种柱子和溶剂。

外消旋物的微分结晶与夹带

聚集的和外消旋的化合物

大多数具有手性中心的晶体结晶时都是外消旋的晶体，每一个晶胞中含有等量的左旋和右旋分子，不能通过结晶的方法分离。一些外消旋体，仅占 15%，以聚集态或外消旋态结晶，即每个晶胞中含有一种旋光体，尽管左旋右旋晶胞的数量一样[16]。可以回忆 Pasteur[17]用肉眼第一次对酒石酸的旋光异构体进行了拆分。如果在饱和溶剂中用其中一个旋光异构体的晶体作为晶种（需要整体质量的5%～25%），那么这种异构体的会先结晶出来，称为微分结晶（有时也称夹带）。

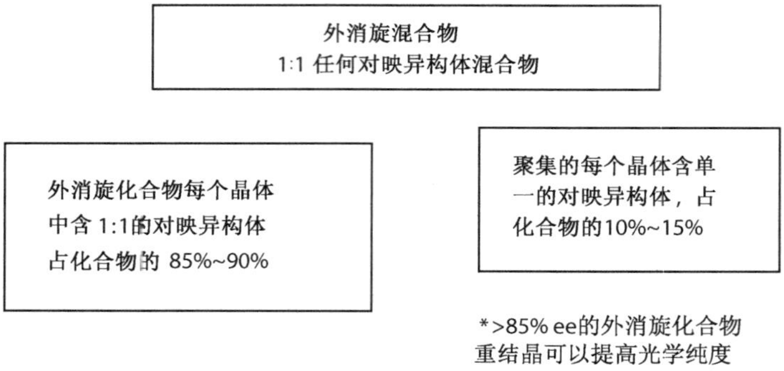

综合一下具有以下几个特点：

（1）外消旋体的熔点与单个光学纯异构体的一样。

（2）固体外消旋体的红外光谱与单个光学纯异构体的一样。

（3）在选择的溶剂中外消旋体的溶解性比任何一个对映纯异构体好。

不能保证某一类分子或者其衍生物可以进行聚集分离，但是有一些著名的例子，如 *α*-氨基酸的衍生物，乙酰的衍生物，通常可以通过聚集分离。我们将举一些例子说明这种方法。

微分结晶的典型过程（夹带）

cis-联苯二醇形成聚集态。11g *cis*-联苯二醇 **74** 的外消旋体和小量的（大概5%～10%，这个例子是 0.37g）（－）-**74** 溶于热乙醇中，冷却，用 10mg（－）-**74** 作晶种。20min 后，0.87g 纯的（－）-**74** 结晶出来。过量的一种异构体比外消旋体更加难溶，但是产量仅仅是起初加入的纯光学异构体的两倍。

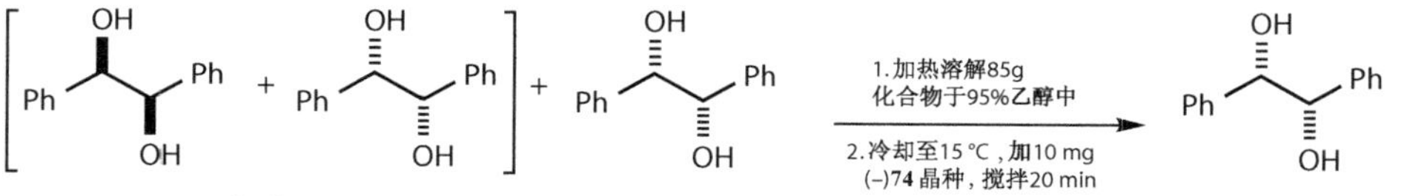

74;11 g *syn* 外消旋　　0.37 g (*S,S*)-(–)-74　　0.87 g (*S,S*)-(–)-74 光学纯

这时溶液中富集了另外一个对映异构体，所以补充原料我们再加入 0.87g 外消旋体，如刚刚的步骤一样加热、冷却，但是加入的晶种是另一个对映异构体（＋）-**74**。我们大约结晶出 8.7g（＋）-**74**。就这样重复操作，15 个循环，分别以97%的 ee 分离得到 6.5 g（－）-**74** 和 5.7g（＋）-**74**。这个化合物通过不对称双羟

基化制备更加有效（第 25 章）。

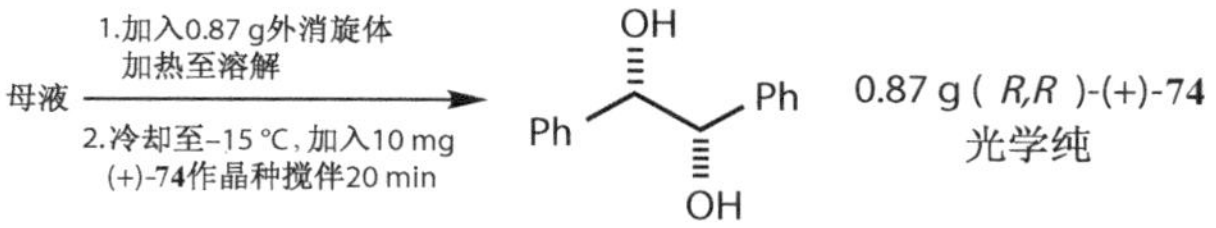

l-甲基 DOPA 的常规拆分

芳香基氨基酸 *l*-甲基 DOPA（双羟基苯基氨基酸）**80** 是抗高血压的化合物。用 Strecker 方法合成需要芳香酮 **77**，合成路线如下[18]。中间化合物和产物用了多种拆分方法。

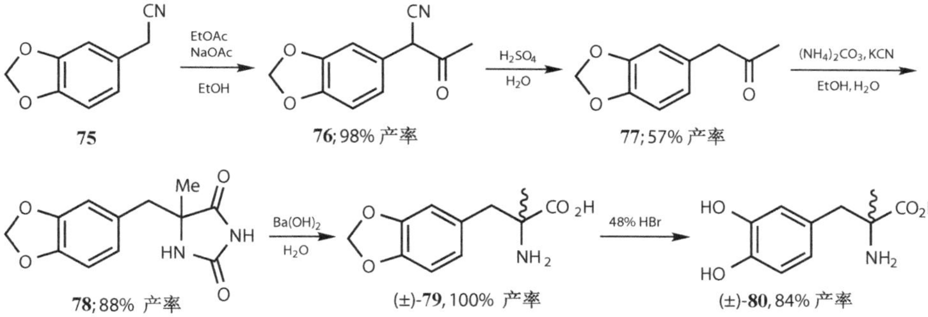

用 Strecker 方法合成 *l*-甲基 DOPA 很直接，当然得到的是外消旋物质。用传统结晶的方法在已烷溶液中拆分薄荷酯 **83**，然后在 48% 的 HBr 溶液中水解缩醛，酯和酰胺给出了好的产率（注意没有因为烯醇化而消旋）[19]。

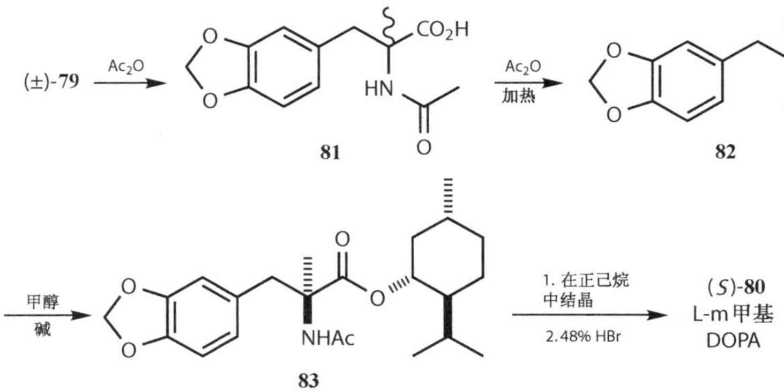

通过微分结晶拆分 *l*-甲基 DOPA

仔细研究熔点/组成图和红外光谱显示芳基氨基酸的磺酸盐可能可以形成聚集态。确实 **79** 可以通过分步结晶的方式拆分。大量的外消旋体可以用质量含量 20%的纯 L-**79** 作为晶种。得到大约 40%的纯 L-**79**，也是原来加入的纯物质的大约两倍。母液中 D-**79** 过量，用另一个异构体作晶种得到相同产率的纯 D-**79**，这个过程可以重复[20]。

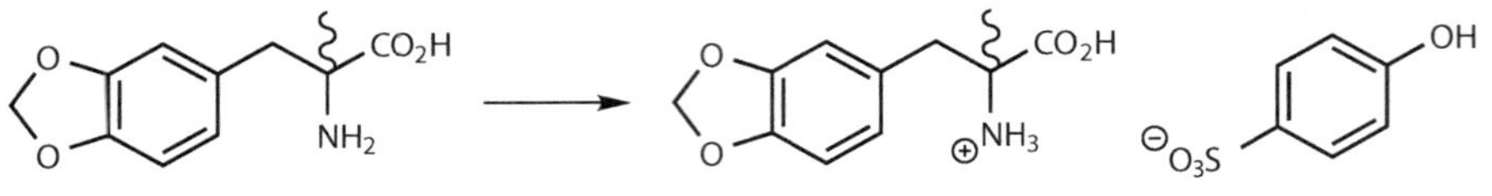

(±)-**79**　　磺酸盐 **79**

用微分结晶法生成氟苯丙胺

治疗厌食的药氟苯丙胺（fenfluramine，**85**）可以通过较简单的氨 **84** 的烷基化制备。两种化合物都可以进行拆分，氟苯丙胺的樟脑酸盐可以通过经典的拆分方法分离，在 Rouen 的化学家决定用分步结晶法得到更好的结果[21]。

84　　**85**；氟苯丙胺

现在你将看到这种方法。他们发现两种胺与 50 种非手性酸成盐，其中八个可以成聚集态。三种是 **84** 的盐，五种是 **85** 的盐（这正是所预料的大约 10%）。这八个之中有两个不能通过结晶的方法分离，因为其中一个的盐 **86** 的晶面是另一种异构体的晶种，另一个 **87** 的聚集态不稳定很容易转变为消旋化合物。

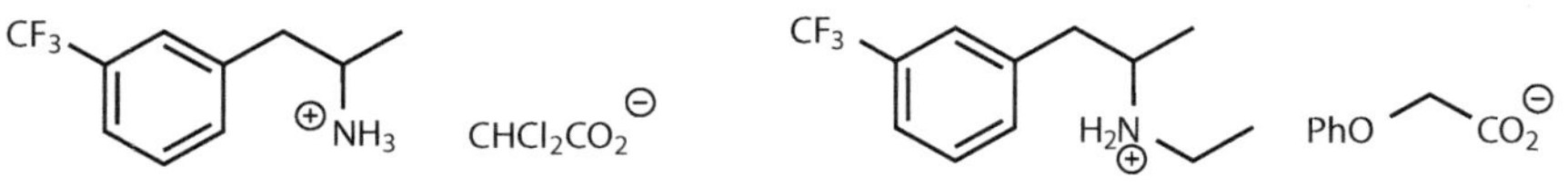

86；**84**的氯乙酸盐　　**87**；**85**的苯酚乙酸盐

剩下六个化合物：两个 **84** 的盐，四个 **85** 的盐。这六种化合物都可以像我们描述的那样经过结晶的方式分离，交替的生成纯的对映异构体。最好的盐是 **85** 的两个芳基乙酸盐。你可能感觉到这个工作很宏伟，并且是成功的，但是有些令人气馁。

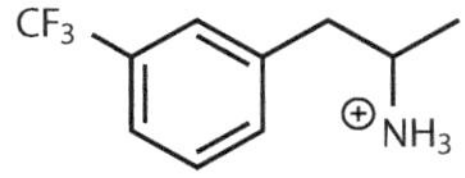

84的盐和各种酸:

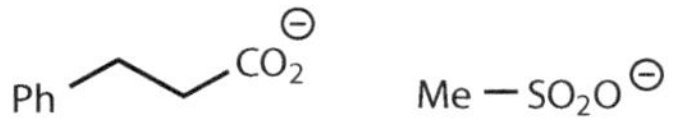

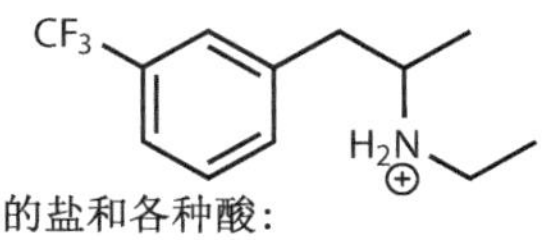

85的盐和各种酸:

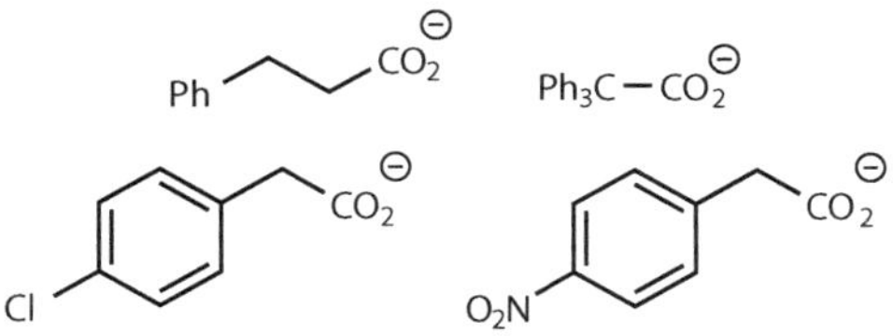

消旋化与拆分

通过微分结晶法与消旋化拆分氨基酸

大多数氨基酸的对映异构体可以由它们的 N-乙酰衍生物的微分结晶法分离，如亮氨酸。外消旋的 N-乙酰基化合物 **88** 溶解在适当的溶剂中冷却，然后以质量 4%的天然（S）-**88** 为晶种。纯（S）-**88** 以好的产率结晶出来[22]。

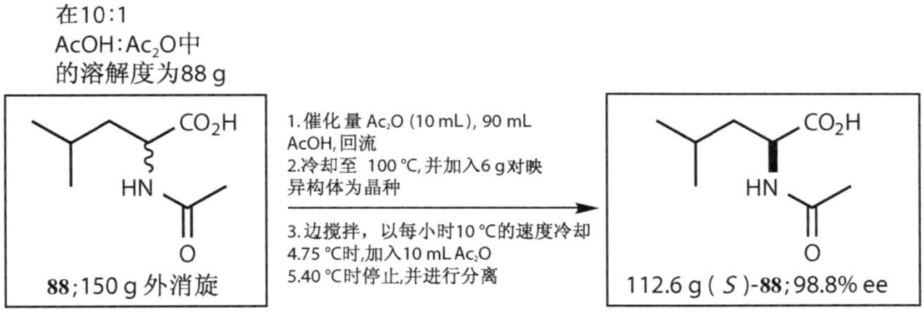

事实上，你可能怀疑加入物质的质量。我们开始加入 150g 消旋体 **88**，每种异构体 75g，加入 6g（S）-**88** 作晶种，总共加入 81g（S）-**88**。生成纯的（S）-**88** 112.6g——太多了！很清楚：另一种异构体某些转化为结晶的光学纯的异构体。线索是在第 4 步加入了过量的乙酸酐。形成了混合酸酐 **89** 消旋化了，这是由于 **90** 的烯醇化并且结晶在不断进行。

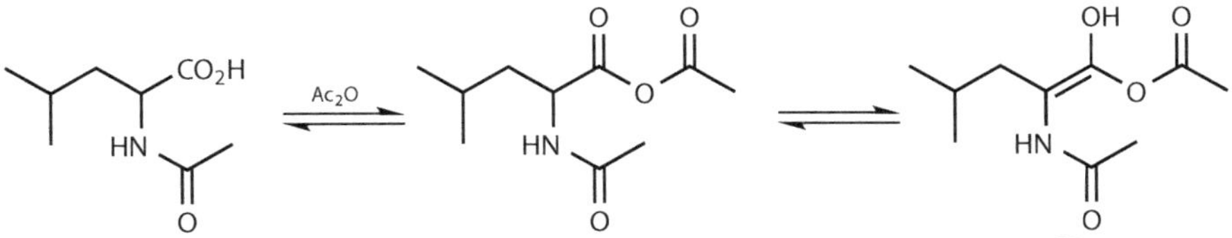

88　　**89**　　**90**

有些时候分步结晶消旋体很容易做到。消旋的 N-丁酰基脯氨酸 **91** 仅仅在催化量的乙酸酐存在下熔化，然后加入一种对映异构体作晶种则可以以中等 ee 得到高产率的产物。再次结晶可以提高 ee。10.5g 原料得到 6.3g 产物将近是总量的 60%。这个过程是简单微分结晶的很大进步，既简化了操作又不需要轮流分离异构体。

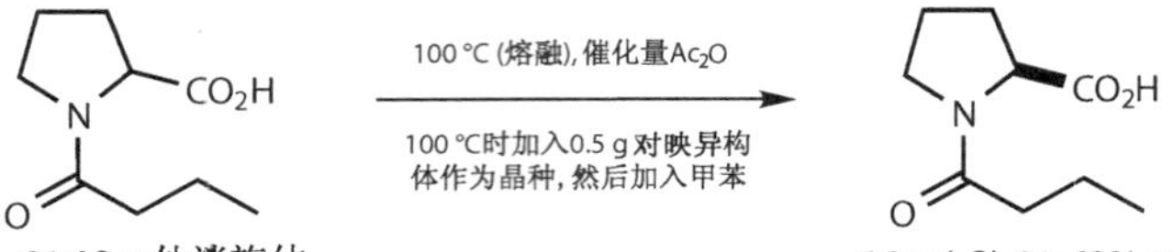

91;10 g 外消旋体　　6.3 g (*S*)-**91**;62% ee

当不能烯醇化时的消旋化与微分结晶

回头再看不对称合成 L-DOPA，它是一个氨基酸，但是由于在 NH_2 和 CO_2H 之间没有质子，所以不会通过烯醇化发生消旋。我们再次使用 Strecker 反应，唯一的变化是改变了酚的取代基。Strecker 反应以高产率合成了氨基腈 **93**，其可以与浓 HCl 作用生成 L-DOPA **80**。遗憾的是，没有 **93** 的衍生物可以通过微分结晶法分离。

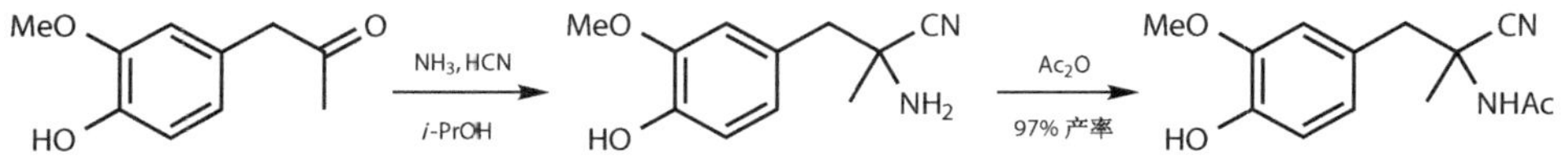

92　　**93**;93.5% 产率 400 g 级　　**94**;25 g 外消旋体

加入晶种，中间物 **94** 的 *N*-乙酰基衍生物可以从异丙醇中结晶出来，以较好的产率得到纯的 L-DOPA。母液中的剩余物质用 NaCN 在 DMSO 中处理可以导致完全的外消旋化，从而可以反复微分结晶[23]。

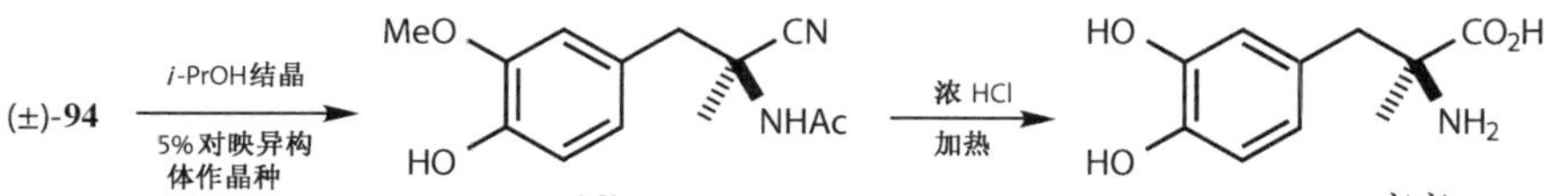

(*S*)-**94**　　(*S*)-**80**;100% 产率

消旋化与结晶过程分离是一个独立的化学反应，一个循环可以以 100% 的 ee、63% 的产率得到 L-DOPA。很明显 **94** 由于消除去掉了氰基，再次加成得到外消旋的 **94**。

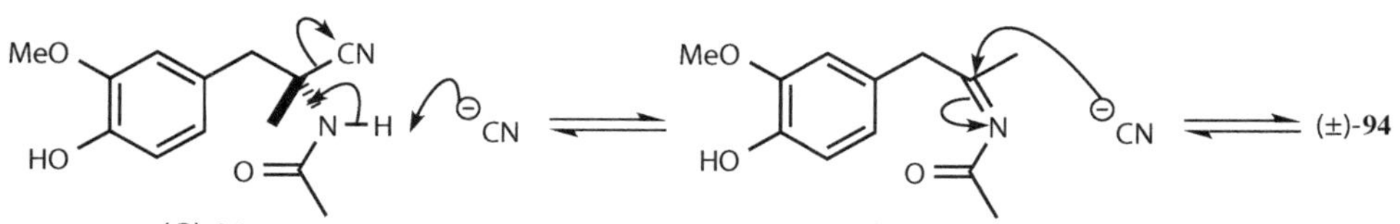

(*R*)-**94**　　**95**

消旋作用与拆分

胺 (*S*)-(+)-**97** 是合成肠胃激素阻断剂的中间体，Merck 公司的胆囊收缩阻断剂 **96** 的中间体。胺与吲哚 2-乙酸酰基化可以合成 **96**。

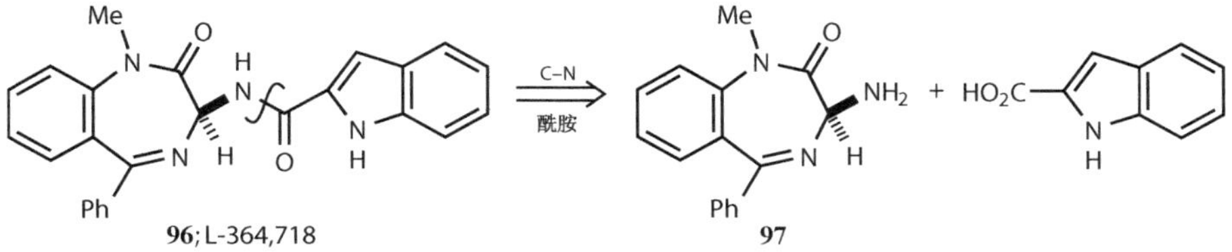

96; L-364,718　　**97**

这种消旋的化合物可以由类似合成苯二氮类化合物的方法合成（*Disconnection Textbook*，第 250 页），苯二氮类化合物包括治疗抑郁症的安定。与一级胺相连的是一个手性中心，并且这个化合物与樟脑酸 **98** 形成可结晶的盐（与 **61** 相似），最高产率是 50%。但是胺 (*S*)-**97** 可以通过简单的中和得到[24]，这是非对映异构体的经典结晶拆分方式。

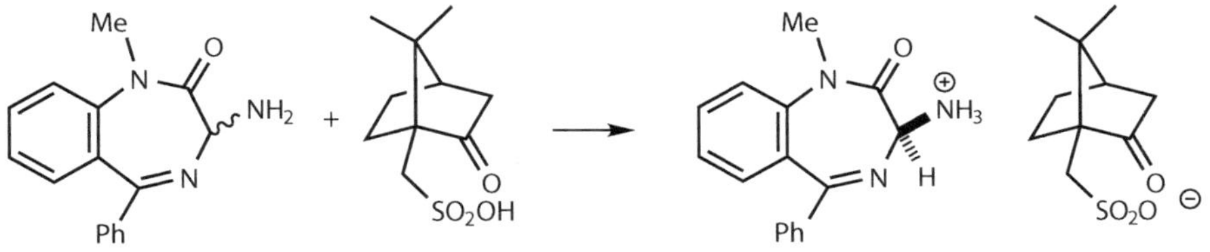

外消旋体**97**　　**98**; (+)-樟脑磺酸　　(+)-**97** 盐结晶，40%~42% 产率

如果盐在存在 3,5-二氯苯甲醛 **99** 时结晶，那么可以有显著的进步：90%光学纯的盐结晶出来。很清楚未结晶的异构体通过手性亚胺 **100** 和非手性亚胺 **101** 的互变消旋化了。

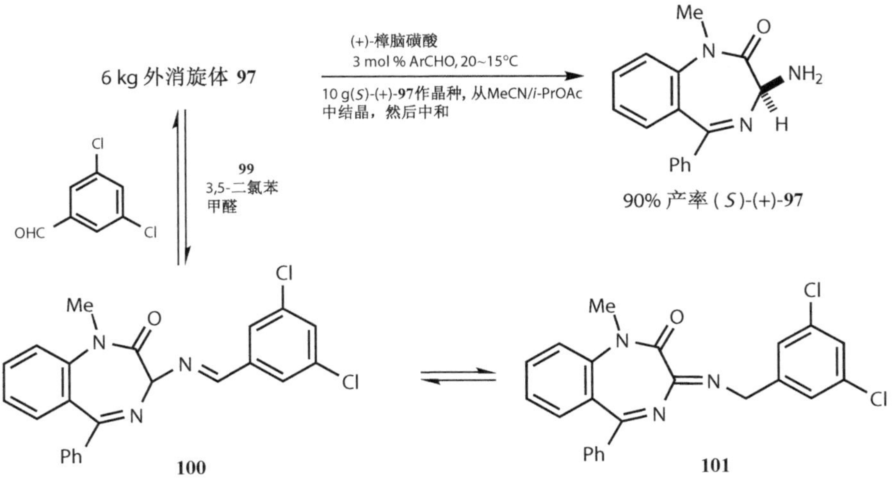

100　　**101**

在拆分中的其他消旋化方法

更为复杂的反应也可以用于拆分过程中的消旋化。氨基酮 **102** 是合成镇痛药和有用的不对称试剂（第 24 章）DARVON 的中间体。用二苯酰基酒石酸经典拆分方法，可以成功结晶（＋）-异构体，并且通过逆 Mannich 反应将母液消旋化[25]。

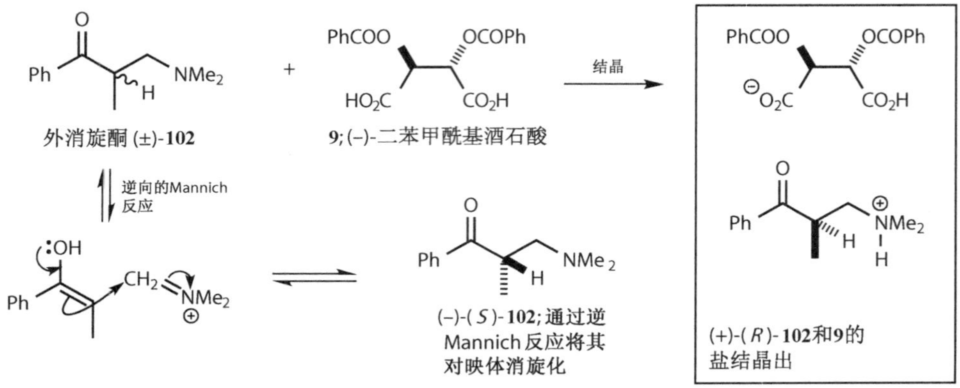

光学纯的酮（＋）-(*R*)-**102** 可以通过络合作用非对映选择性的加成苄基格氏试剂与酰基，生成 DARVON **104**。使用 **9** 的另一个异构体能够生成另一个光学异构体（－）-(S)-**104**，称为 NOVRAD。

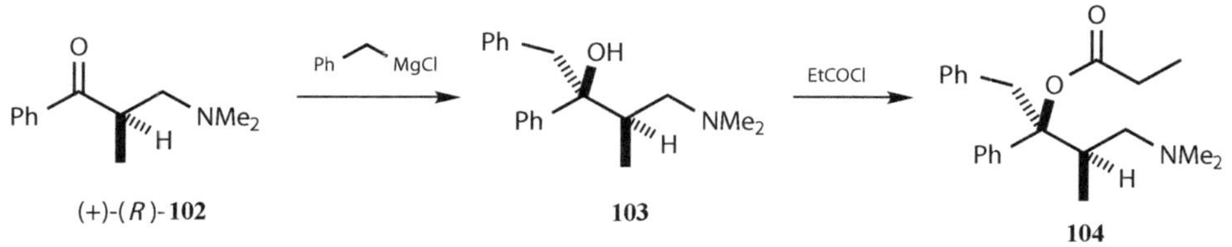

在 Oppolzer[26] 合成（＋）-vincamine（**105**，一个用于治疗人类的脑功能不全的天然生物碱）的过程中，两个手性中心在一步中存在平衡，第三个手性中心在另一步中存在平衡。这个化合物存在三个手性中心，由于 **105** 和 **106** 平衡的存在，其中的一个手性中心在室温下会发生差向异构化，在天然状态下也会平衡，所以不需要立体控制可以自然的生成所需要的构型。

105;
(+)-vincamine

106

杂环化合物 **107** 与 **108** 混合可以得到非对映异构体的混合物中间体 **109**。所有的原料都是非手性的，所以 **109** 是外消旋的。

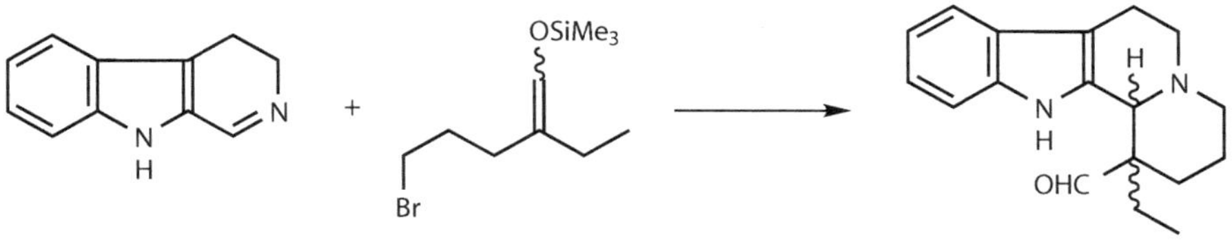

107 **108**

加热异构体混合物 **109** 与 TsOH 可以平衡非对映异构体 **109**，从而更加稳定的 *syn*-异构体（H 和 Et 处于 *syn* 位）结晶出来。与（＋）-苹果酸反应得到天然对映异构体晶体（＋）-*syn*-**109**。不需要的反式非对映异构体和另一个对映异构体都可以在 TsOH 条件下再次平衡。没有 α-氢所以不能发生烯醇化。**110** 没有手性中心，所以平衡和差向异构化应该是由可逆的 Mannich 反应引起。

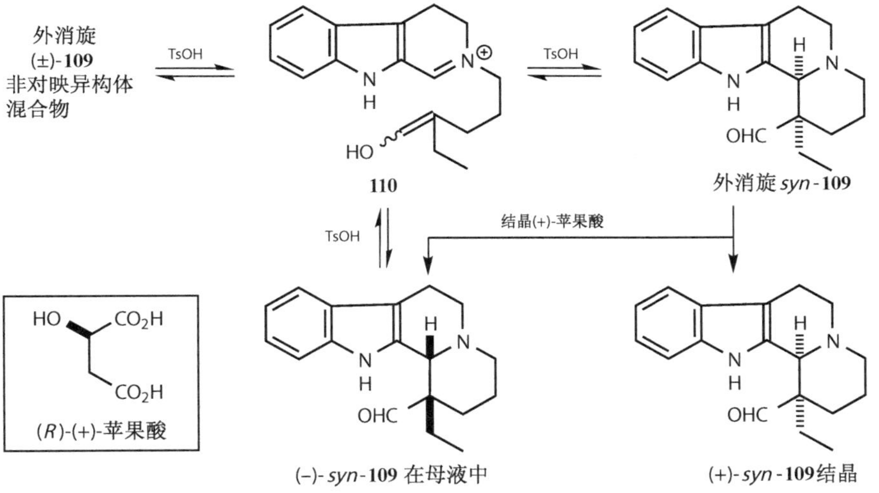

药物合成中的消旋化拆分

消旋化拆分被 Chugai 药物公司用于生产保护心脏的药物 CP-060S **111**[27]。药物本身的拆分有些困难，但是是从较简单的羧酸 **112** 制备的，所以看起来值得尝试。

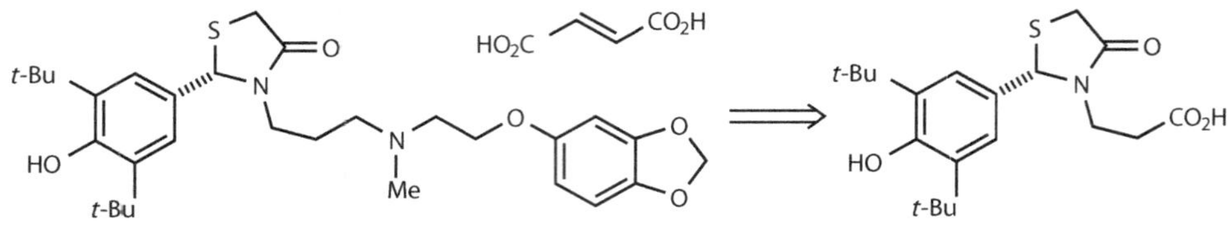

(*S*)-**111**; CP-060S　　**112**

酸 **112** 的拆分试剂是简单的胺 **6**，这种试剂在这章的前面已经讨论过。(S)-(−)-**6** 和需要的 (S)-**112** 的盐以 27%的产率，>99%的 ee 在 *i*-PrOH/*i*-Pr_2O 溶液中结晶出来。产率并不高，但是母液可以被 NaOH 在室温下水中消旋化，所以宁愿牺牲产率保证高 ee。剩下的溶液具有<1%的 ee（这次小的 ee 是好事情），并且可用于下一次拆分。

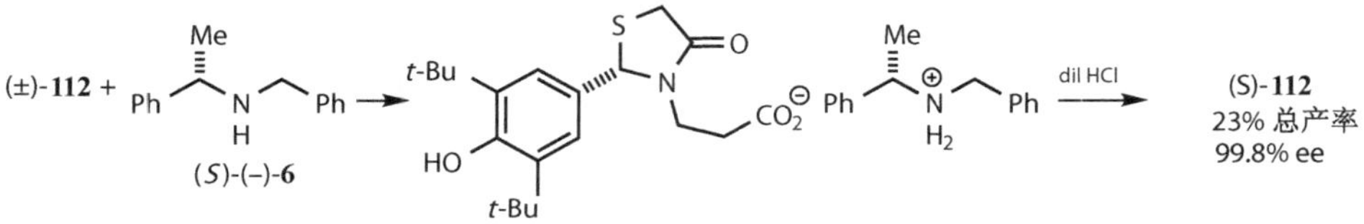

(*S*)-**112** 和(*S*)-(−)-**6**盐; 27% 产率, >99% ee

如果发现拆分和消旋化可以在同一个溶剂中进行是幸运的。理论上，一些重要的反应，如 Diels-Alder 反应或 aldol 反应都能够应用这种方法，所以这种方法的应用比起初看起来更加得广泛。

利用酶动力学拆分

酶作为拆分试剂

在接下来的一章（第 29 章）将讲述酶作为有机合成的试剂，但是它们在工业上也广泛应用为拆分试剂。这种应用的基础是酶的对映选择性。它们可以与外消旋体中特定的一个异构体反应，从而得到想要的构型异构体或者破坏不想要的那种异构体。一个异构体反应另一个不反应，拆分基于两个竞争反应的速率，所以这个过程称为动力学拆分（第 28 章）。结果不是分离了对映异构体和非对映异构体，而是分离了具有不同结构的两种化合物，它们有着相反的立体化学。

Zeneca 公司销售一种宽叶农作物的除草剂，稳杀得（fusilade，**113**）[28]。这是一种带有两个醚链接和两个芳基的羧酸酯。

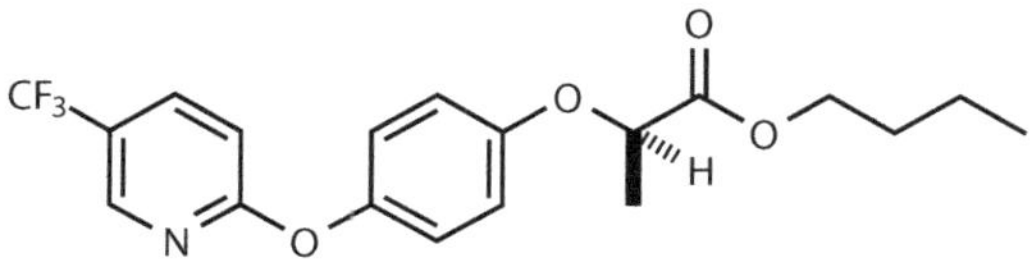

(*R*)-**113**
"稳杀得"

切断醚 **113a**，亲和取代有可能发生在烷基卤代物和 2-卤吡啶 **114** 上，卤代苯不容易发生。

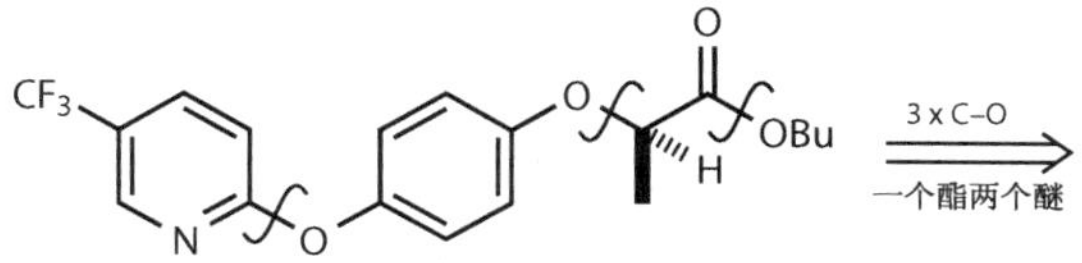

113a

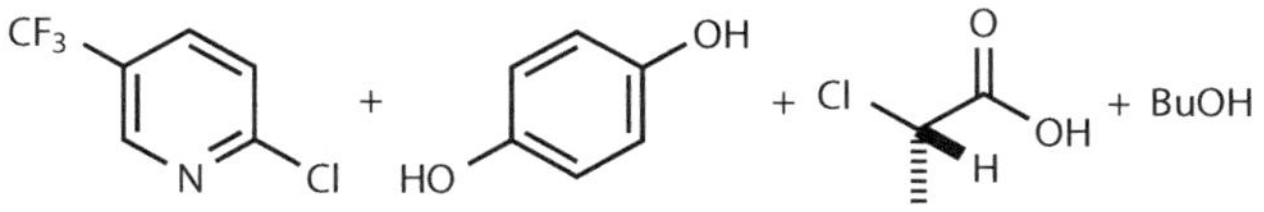
114　**115**　(*S*)-**116**

唯一带有手性中心的氯酸 **116**，Zeneca 公司是作为消旋体制备的。然后用丙氯酸脱卤酶破坏不需要的异构体，将其转化为乳酸。由于它们都不是异构体，所以很容易分离这两种化合物。

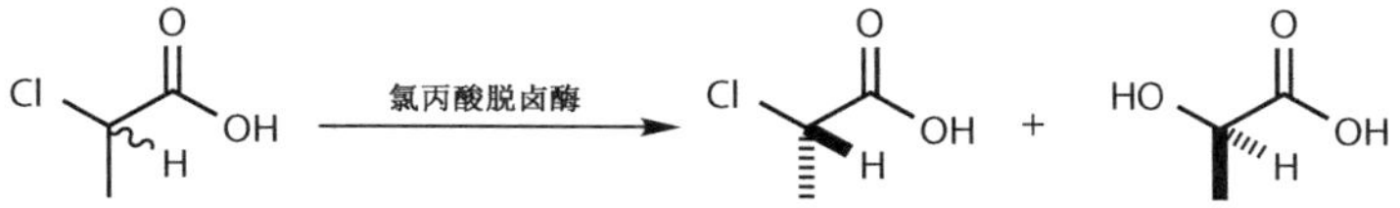

氯酸 (±)-**116**　(*S*)-**116**　(+)-(*R*)-乳酸 (天然)

注意合成的早期阶段形成的手性中心的构型变化是重要的。**115** 与 **116** 发生亲核取代反应生成 **117**，形成的手性中心是构型保持还是翻转？和第 23 章中氨基酸衍生物一样，构型保持了。因此活性的产物是 (*R*)-**113**。

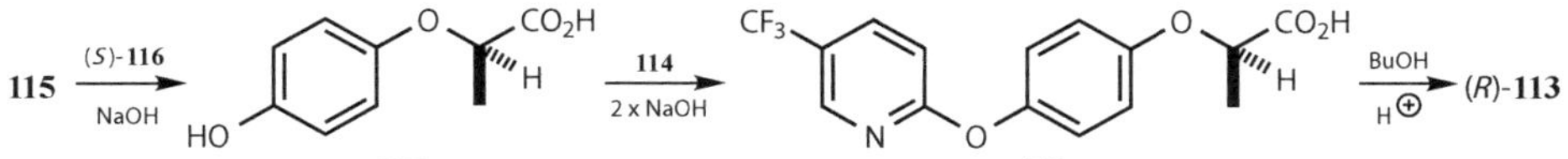

117　**118**

通过酶水解酯进行动力学拆分

但目前为止，酶参与的动力学拆分最常应用的反应是酯的形成和水解。通常一个光学活性的酯形成了或者水解了，剩下另一个没有改变的异构体，从而人们很容易从酸或者醇中分离酯。通常有两类酶可以做这类工作。脂肪酶水解手性醇和非手性酸形成的酯，如 **119**，酯酶水解手性酸和非手性醇形成的酯，如 **122**。注意：这个定义绝非严格、谨慎的！如果没有反应的部分是需要的（**120** 或 **123**），那么反应要在进行刚刚超过 50%时停止，这样保证不需要的异构体全部被破坏掉。如果反应的部分是需要的（**121** 或 **124**），那么反应要在进行少于 50%时停止，这样保证没有不需要的异构体反应。

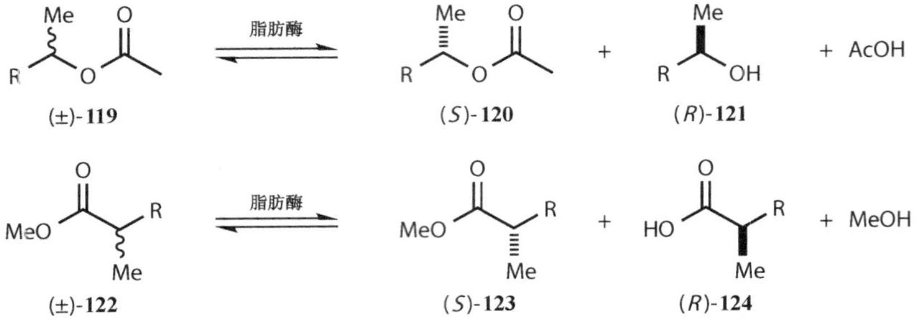

任何酶的反应的本质问题都是反应的可逆性。使反应向酯形成的方向进行的一个方法是使用无水溶剂（也许你会惊奇酶参与的反应可以在酶不溶的己烷中进行，但是脂肪酶做到了）。使反应向另一个方向进行是水解后将醇烯醇化，然后形成醛或酮这样就不会发生逆反应了。

通过脂肪酶拆分二级醇

简单的二级醇 **121**（R＝烷基或芳基）在无水醚溶液中用猪胰腺的脂肪酶对映选择性的被活泼的三氯乙基酯酯化。产物是其中没有反应的一个异构体 **121** 和另一个异构体的酯 **126**，它们的 ee 都大于 90%，并且容易从不溶的酶中相互分离[29]。

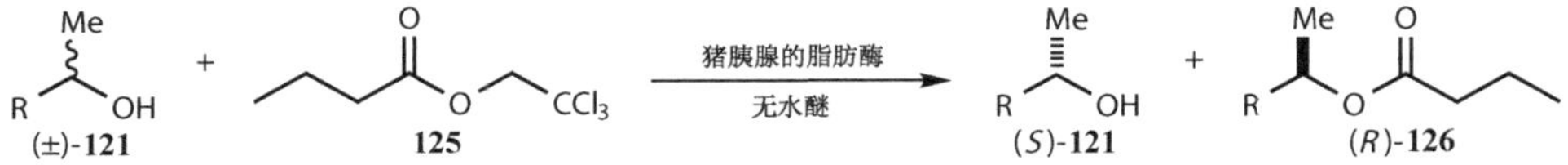

来自假单胞菌的脂肪酶在水的缓冲溶液中（pH 7，20℃）可以使反应反向进行。活泼的氯化乙酯，如 **127**，给出最好的结果，通过色谱柱分离 250g 的混合物，几乎定量地得到（*R*)-醇 **128** 和（*S*)-酯 **127**。（*S*)-酯 **127** 很容易水解为（*S*)-醇 **128**，而不发生消旋化[30]。

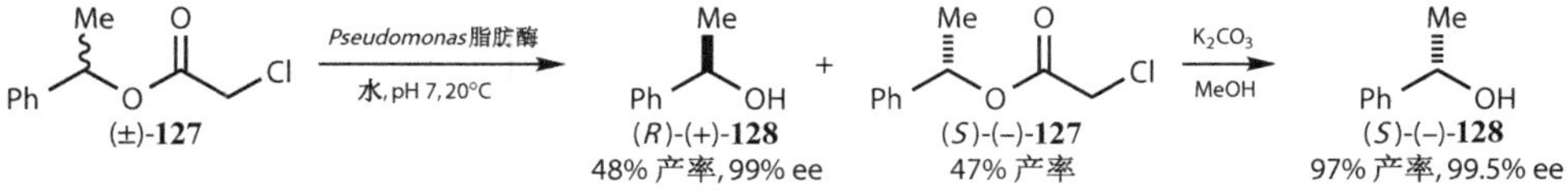

相同的酶在无水溶剂中催化外消旋的 **129** 和乙酸烯醇酯的酯化。释放的醇是 CH_2＝CHOH，烯醇化的乙醛，它可以形成乙醛发生自聚，从平衡中移走。酶被过滤，光学纯的（*S*)-**129** 和乙酸化的（*R*)-**130** 通过色谱柱分离，酯水解为醇，没有消旋化。两种方法（酯化或水解）都可以给出一系列二级醇的两种对映异构体[31]。

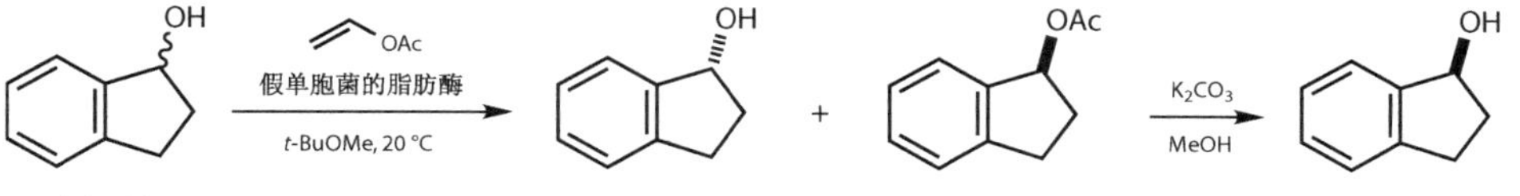

(±)-**129**　(+)-(*S*)-**129**; 48%产率, 95% ee　(+)-(*R*)-**130**; 46%产率, >99% ee　(−)-(*R*)-**129**; 48%产率, 95% ee

分解蛋白酶的动力学拆分

简单的呋喃醇 **131** 可以被来自柱状假丝酵母（*Candida cylindracea*）的脂肪酶成功拆分[32]。你可能注意到在不同的条件下，用于生成辛酸酯 **132** 同样的脂肪酶可以水解 **132** 为纯的醇（+）-（*R*)-**131**。

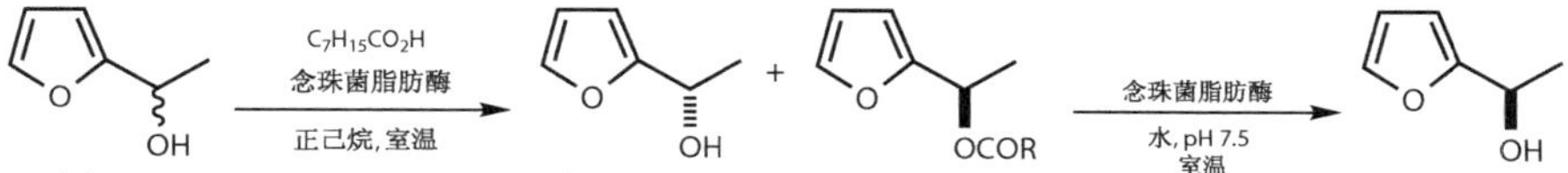

(±)-**131**　(−)-(*S*)-**131**　(+)-(*R*)-**132**　(+)-(*R*)-**131**

然而相似结构的氨基酸 **133** 并不能被脂肪酶水解（来自猪或者假丝酵母菌），但可以用木瓜蛋白酶进行拆分。这个酶与酯酶的作用一样，是水解甲酯而不是酰胺。注意到动力学拆分形成了一个羧酸对映异构体而不是醇。**133** 和 **134** 可以很简单的分离，由于自由的酸可以在碱性水溶液中形成阴离子，从而从有机相中分离出来。

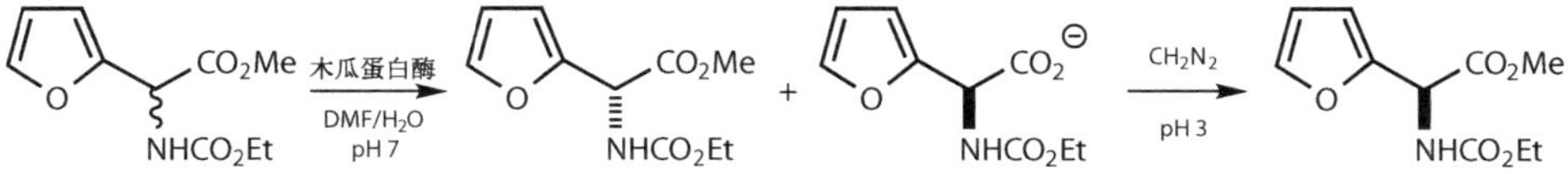

(±)-**133**　(+)-(*S*)-**133**　(−)-(*R*)-**134**　(−)-(*R*)-**133**; 42% 产率, 97% ee

也许理想的酶拆分的例子是：苯丙氨酸 **137** 被蛋白酶 subilopeptidase 拆分。市售的 Alcalase® 可以作为酯基酰胺 **135** 的脂肪酶。当一种异构体被消耗掉时，停止反应：两种产物的 ee 和产率都接近 100%。酰胺（*S*)-**136** 可以直接水解为天然苯丙氨酸（*S*)-**137**。非天然的（*R*)-**135** 可以水解为被证明更有价值的（*R*)-**137**，（*R*)-**137** 在下一轮反应中被 NaOMe 在 MeOH 溶液中消旋化[33]。

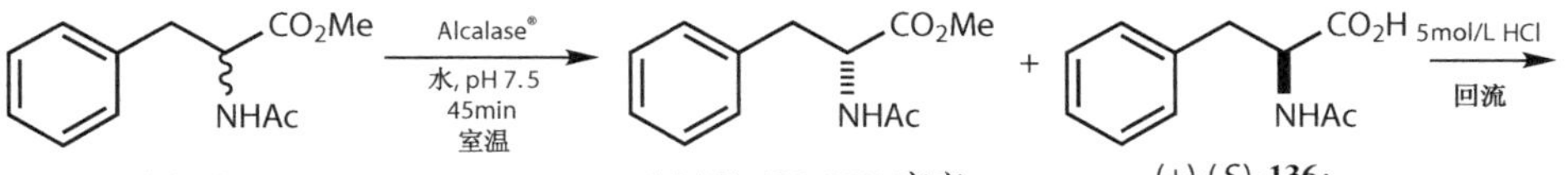

(±)-**135**　(−)-(*R*)-**135**; 98% 产率　(+)-(*S*)-**136**; 96% 产率, 98% ee

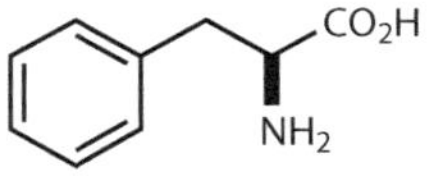

(+)-(*S*)-**137**; 78% 产率, 98% ee

最近，酸被克隆的酶（在它们的有机体内进行过量表达）进行了拆分。例如，来自枯草芽孢杆菌（*Bacillus subtilis*）的酯酶拆分异丁苯丙酸甲酯 **138** 生成异丁苯丙酸 **139**，具有 99％的 ee。一系列消炎芳基丙酸酯，包括 **138**，能够被来自 *Pseudomonas fluorescens* 的非细胞提取物拆分，证明纯的酶并不是必需的[34]。

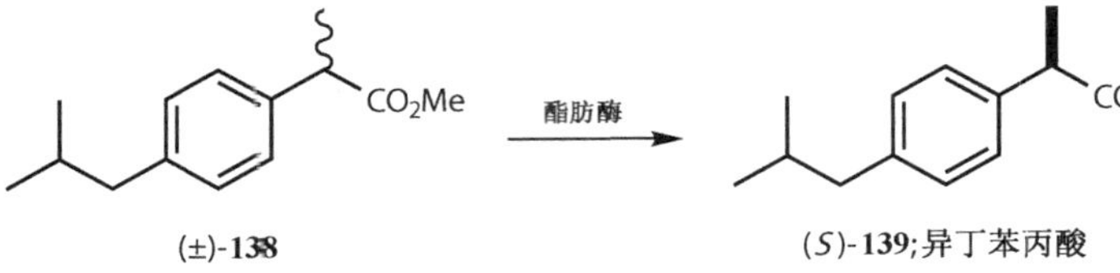

利用分解蛋白酶对外消旋化合物进行动力学拆分

到目前为止，这些酶拆分中得到对映异构体的最高产率当然是 50％。仅在最后一个例子中我们看到另一个异构体可以循环回收。然而，消炎药酮咯酸（ketorolac，**141**）的酯 **140** 很容易烯醇化，所以在中等碱性条件的拆分过程中可以消旋化。研究了 4 个脂肪酶，4 个蛋白酶，其中 1 个[35]可以在 pH 9.7 的条件下，对映选择性的水解酯 **140**。反应的产物是（－）-（*S*）-酮咯酸 **141**，产率为 92％，但 ee 只有 85％。一次重结晶后可以将 ee 提高到 94％。

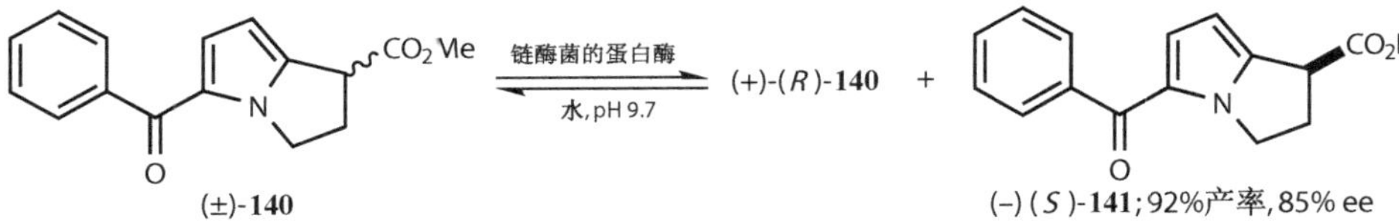

非对映异构体的动力学拆分

菊酸的衍生物，如（1*R*，3*R*）-二氯菊酸 **143**，因具有高度专一性的杀虫性而且不在环境中残留而被生产应用。酯 **142** 的混合物很容易制备，混合有不同比例的 *cis*-和 *trans*-非对映异构体。猪肝酯酶可以将 *trans*-酯完全水解，得到保留的 *cis*-酯和难溶的 *trans*-酸。在反应转化到 50％时，*trans*-酯进行了动力学拆分[36]。

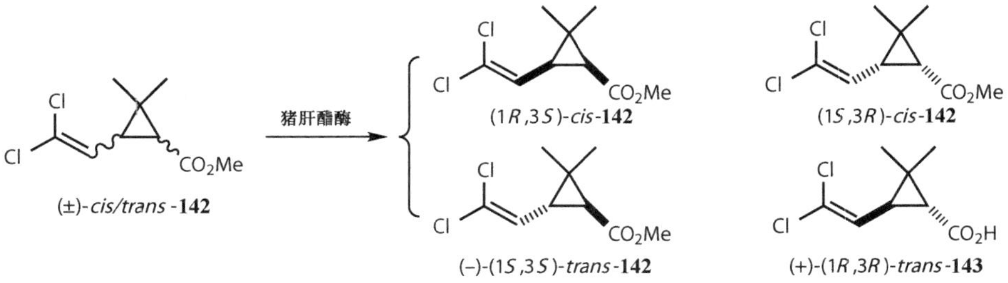

在反应转化到 50%时，产物包括三个酯，*cis*-**142** 和（1*S*，2*S*)- *trans*-酯，还有一点（1*S*，2*S*)- *trans*-酸和全部（1*R*，3*R*)-二氯菊酸 **143**。后两种产物的比例大约为 10∶90，在石油醚中重结晶后（1*R*，3*R*)-二氯菊酸 **143** 的 ee 达到 98%。几种不同的环丙烷羧酸可以用相似的方法分离。

酶方法和经典的拆分方法比较

在这章的前面我们讲述了用经典方法对哌啶 **8** 进行拆分。Bristol-Meyers Squibb 公司也研究了其酶拆分的方法[3]。多种酯酶和脂肪酶用于不同的 **8** 的衍生物都是无效的。后来两种方法成功了。Accurel PP，一种固定在聚丙烯上的脂肪酶，可以拆分 *N*-Cbz 的衍生物，以 46%的产率，99.4%的 ee 得到（*R*)-(－)-**10**。不幸的是这不是需要的异构体，酯（*S*)-(＋)-**144** 只能通过色谱柱分离。

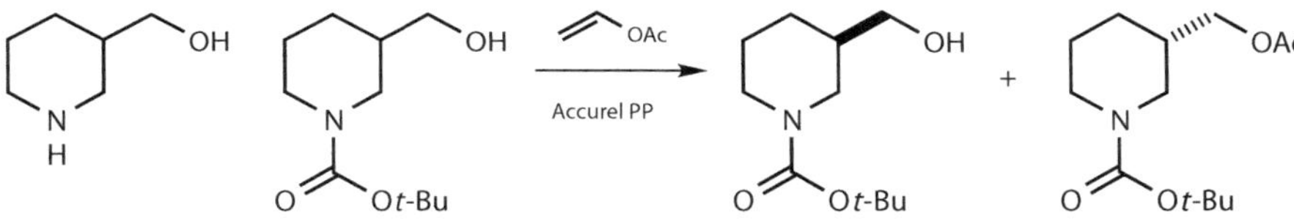

(±)-**8** **10** (*R*)-(–)-**10** (*S*)-(+)-**144**

分离的问题通过琥珀酸酐酯化外消旋体 **10** 解决了。酯（*R*)-**145** 有自由的羧基，所以可以简单的通过用弱碱（$NaHCO_3$）萃取分离而不需要色谱柱分离。酯很容易水解为（*S*)-(＋)-**10**，产率为 32%（最高 50%），ee 为 98.9%。他们没有说这种拆分比用酒石酸二苄酯拆分的经典方式更好，这两种方法都很好。

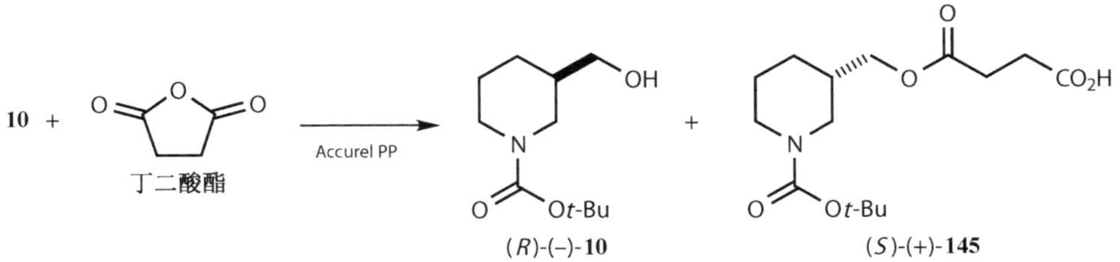

(*R*)-(–)-**10** (*S*)-(+)-**145**

不对称的合成带有许多手性中心的前列腺素

我们以合成前列腺素 **155** 结束立体化学的讲解。外消旋体的合成总结如下：每一个化合物都是一个单独的非对映异构体，并且从 **146** 到 **155** 每一个中间体都有手性中心，但是原料是非手性的，所以所有的化合物都是外消旋的。合成路线有 14 步，最终产物 **155** 具有 4 个手性中心[37]。如果我们需要一个光学活性的异构体，我们从什么时候开始拆分呢？

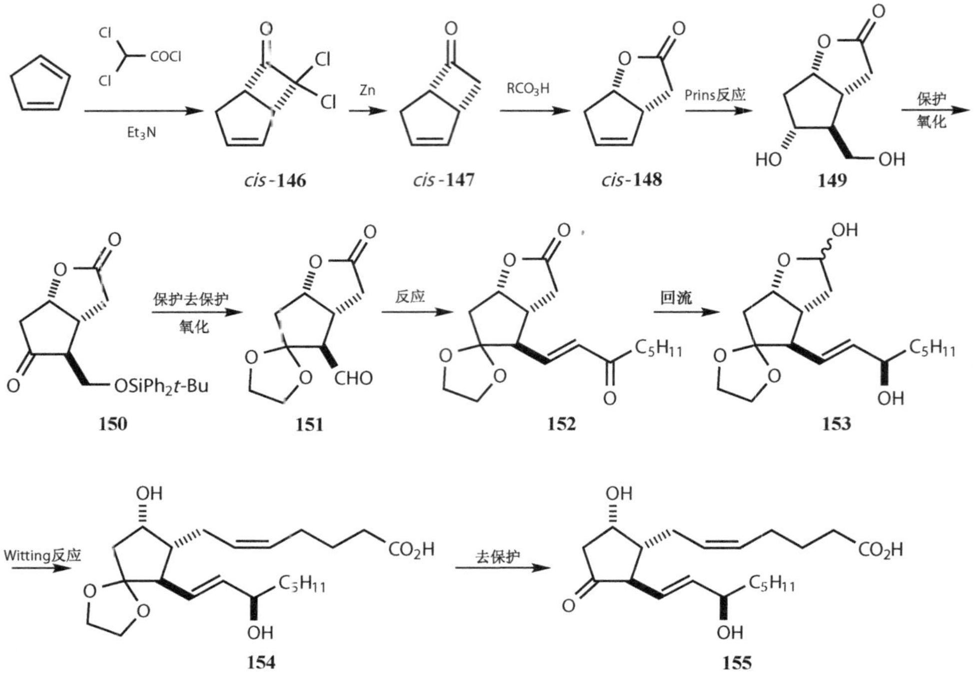

化合物的合成很早就已经实现了。第一个手性中间体是 **146**，而且已经具有两个手性中心。第一个带有有用官能团的中间体是 **149**，它具有两个羟基。化学家们用 Glaxo（现在称 GlaxoSmithKline）独创的方法巧妙的对稳定的酮 **147** 进行了拆分。因为这是一个有张力的酮，它可以与亚硫酸盐形成一个稳定的加合物，而这个加合物可以与我们前面提到的1-苯基乙胺 **2** 成盐而得到拆分。亚硫酸盐化合物在碱的作用下可以转变回酮 **147**，这个拆分就完成了。

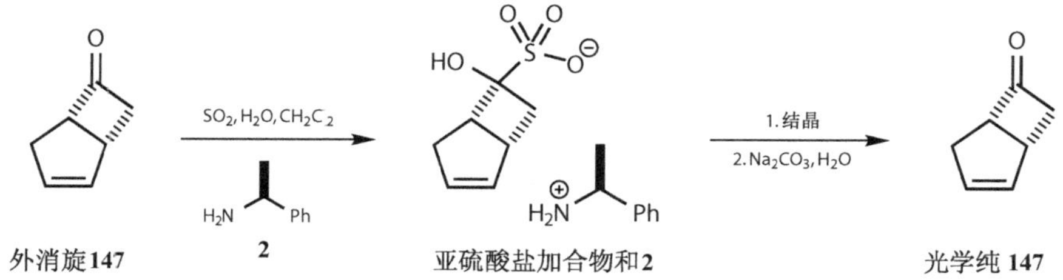

最近酶已经被用于拆分相关中间体，而且此方法已经用于前列腺素的合成[38]。通过十二个脂肪酶催化的乙酸乙烯酯的酰化反应已经被尝试过，而从假单胞菌中分离得到的“Amano PS”给出了最好的结果。在55%转化率时可以得到40%收率和91% ee 的醇（+）-**156**，同时得到78% ee 的乙酸酯（+）-**157**。这个低的光学纯度可以提高到95%，方法是通过水解到（—）-**156**，并且在酶的

作用下重新乙酰化。值得一提的是，同一系列的醇和乙酸酯具有相反的旋光符号。

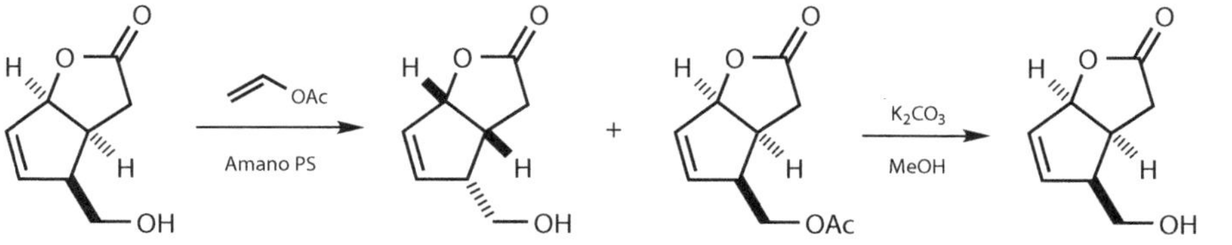

(±)-**156**　(+)-**156**　(+)-**157**　(−)-**156**

并不是所有的这些尝试都能获得成功。同样，研究者尝试通过在同样的脂肪酶作用下，由相应的醇 **160** 的酰化并拆分来得到在合成 **156** 时的第一个手性中间体 **159**，但是只取得了有限的成功。在各种酶的作用下 **160** 的 ee 只有 34%～66%[39]。而且 **160** 不能通过手性 HPLC 得到拆分。你可以看到远离醇的那个环是不对称的。

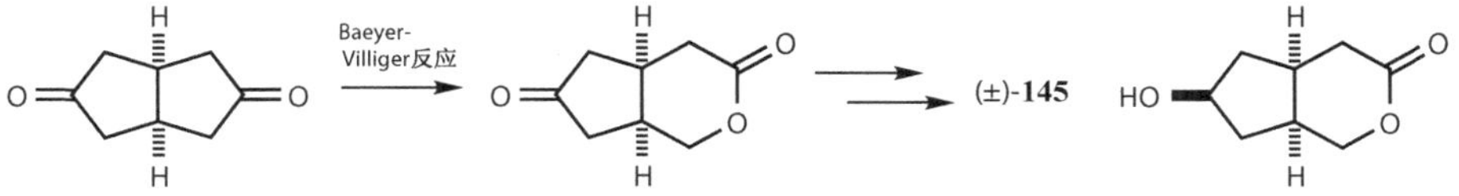

158　**159**　**160**

回到胺的拆分，最近报道了一个从粪产碱杆菌（*Alicaligenes faecalis*）中分离出来的青霉素酰基转移酶（一种用于工业中青霉素合成的酶）催化的水相中消旋胺的酶促酰化反应[40]。最好的酰基化试剂是苯乙酸的酰胺 **161**。使用这个试剂有一个很大的好处：不像我们之前讨论的酯的形成和水解，当使用像 **161** 一样简单的酰胺，并没有发生酰胺的交换。酰胺 (*R*)-**162** 以 45%的收率和 98.5% ee 形成。一旦它从游离的 (*S*)-**2** 中被分离出来，它就能被相同的酶水解成游离的 (*R*)-**2**！这个过程自动地提高了 ee。

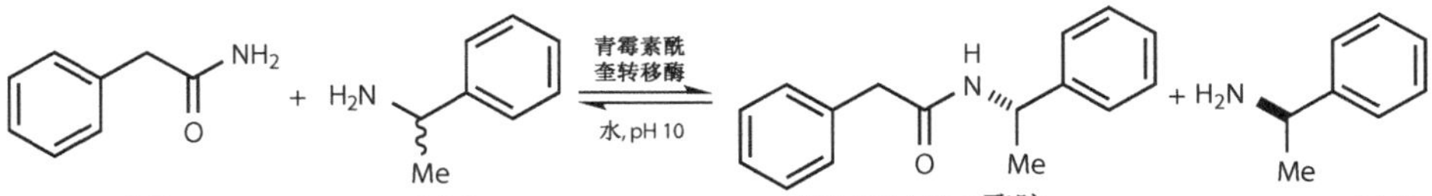

161　(±)-**2**　(*R*)-**162**; (*R*)-**2** 酯胺　(*S*)-**2**

参考文献

一般性参考文献列于 946 页。

1. A. Ault, *J. Chem. Ed.*, 1965, **42**, 269.
2. B. L. Huckabee, S. Lim, T. L. Smith and T. L. Stuk, *Org. Process Res. Dev.*, 2000, **4**, 594.
3. A. Goswami, J. M. Howell, E. Y. Hua, K. D. Mirfakhrae, M. C. Soumeillant, S. Swaminathan, X. Qian,

F. A. Quiroz, T. C. Vu, X. Wang, B. Zheng, D. R. Kronenthal and R. N. Patel, *Org. Process Res. Dev.*, 2001, **5**, 415.
4. H. Boesch, S. Cesco-Cancian, L. R. Hecker, W. J. Hoekstra, M. Justus, C. A. Maryanoff, L. Scott, R. D. Shah, G. Solms, K. L. Sorgi, S. M. Stefanick, U. Thurnheer, F. J. Villani and D. G. Walker, *Org. Process Res. Dev.*, 2001, **5**, 23.
5. J. E. Arrowsmith, S. F. Campbell, P. E. Cross, J. K. Stubbs, R. A. Burges, D. G. Gardiner and K. J. Blackburn, *J. Med. Chem.*, 1986, **29**, 1696; S. Goldmann, J. Stoltefuss, and L. Born, *J. Med. Chem.*, 1992, **35**, 3341.
6. P. E. Sonnet, P. L. Guss, J. H. Tumlinson, T. P. McGovern, and R. T. Cunningham, ACS Symposium 355 *Synthesis and Chemistry of Agrochemicals*, eds D. R. Baker, J. G. Fenyes, W. K. Moberg, and B. Cross, ACS, New York, 1987, 388.
7. R. M. Bannister, M. H. Brookes, G. R. Evans, R. B. Katz and N. D. Tyrrell, *Org. Process Res. Dev.*, 2000, **4**, 467.
8. M. Williams and G. Quallich, *Chem. Ind. (London)*, 1990, 315; M. Lautens and T. Rovis, *J. Org. Chem.*, 1997, **62**, 5246; E. J. Corey and T. G. Gant, *Tetrahedron Lett.*, 1994, **35**, 5373.
9. X. Lu, Z. Lu and G. Tang, *Org. Process Res. Dev.*, 2001, **5**, 184.
10. J. F. Larrow, E. N. Jacobsen, Y. Gao, Y. Hong, X. Nie and C. M. Zepp, *J. Org. Chem.*, 1994, **59**, 1939.
11. M. Prashad, B. Hu, O. Repic, T. J. Blacklock and P. Giannousis, *Org. Process Res. Dev.*, 2000, **4**, 55.
12. W. H. Pirkle and J. M. Finn, *J. Org. Chem.*, 1981, **46**, 2935; W. H. Pirkle and J. L. Schreiner, *J. Org. Chem.*, 1981, **46**, 4988.
13. G. Blaschke, *Angew. Chem., Int. Ed.*, 1980, **19**, 13.
14. P. A. Worthington, *Pestic. Sci.*, 1991, **31**, 457.
15. D. A. Pflum, H. S. Wilkinson, G. J. Tanoury, D. W. Kessler, H. B. Kraus, C. H. Senanayake and S. A. Wald, *Org. Process Res. Dev.*, 2001, **5**, 110.
16. A. Collet, M. Brienne and J. Jacques, *Chem. Rev.*, 1980, **80**, 215.
17. L. Pasteur, *Ann. Chim. Phys.*, 1850, **28**, 79; G. B. Kaufman and R. D. Myers, *J. Chem. Ed.*, 1975, **52**, 777.
18. G. A. Stein, H. A. Bronner, and K. Pfister, *J. Am. Chem. Soc.*, 1955, **77**, 700.
19. S. Terashima, K. Achiwa, and S. Yamada, *Chem. Pharm. Bull.*, 1965, **13**, 1399.
20. S. Yamada, M. Yamamoto, and I. Chibata, *J. Org. Chem.*, 1973, **38**, 4409.
21. G. Coquerel, R. Bouaziz and M. Brienne, *Chem. Lett.*, 1988, 1081.
22. S. Yamada, C. Hongo and I. Chibata, *Chem. Ind. (London)*, 1980, 539; C. Hongo, S. Yamada and I. Chibata, *Bull. Chem. Soc. Jpn.*, 1981, **54**, 3286, 3291.
23. D. F. Reinhold, R. A. Firestone, W. A. Gaines, J. M. Chemerda and M. Sletzinger, *J. Org. Chem.*, 1968, **33**, 1209.
24. P. J. Reider, P. Davis, D. L. Hughes and E. J. J. Grabowski, *J. Org. Chem.*, 1987, **52**, 955.
25. E. A. Pohland, L. R. Peters, and H. R. Sullivan, *J. Org. Chem.*, 1963, **28**, 2483.
26. W. Oppolzer, H. Hauth, P. Päffli, and R. Wenger, *Helv. Chim. Acta*, 1977, **60**, 1801.
27. T. Kato, T. Ozaki, K. Tsuzuki and N. Ohi, *Org. Process Res. Dev.*, 2001, **5**, 122.
28. "Fluazifop-butyl" Technical Data Sheet, Zeneca Plant Protection, Fernhurst, 1981; D. W. Bewick, *Eur. Pat.*, 133,033 (*Chem. Abstr.*, 1985, **102**, 165,249).
29. A. M. Klibanov, *Acc. Chem. Res.*, 1990, **23**, 114.
30. K. Laumen and M. P. Schneider, *J. Chem. Soc., Chem. Commun.*, 1988, 598.
31. K. Laumen and M. P. Schneider, *J. Chem. Soc., Chem. Commun.*, 1988, 1459.
32. D. G. Drueckhammer, C. F. Barbas, K. Nozaki, C.-H. Wong, C. Y. Wood and M. A. Ciufolini, *J. Org. Chem.*, 1988, **53**, 1607.
33. J. M. Roper and D. P. Bauer, *Synthesis*, 1983, 1041.
34. I. Kumar, K. Manju and R. S. Jolly, *Tetrahedron: Asymmetry*, 2001, **12**, 1431.
35. G. Fülling and C. J. Sih, *J. Am. Chem. Soc.*, 1987, **109**, 2845.
36. M. Schneider, N. Engel and H. Boensmann, *Angew. Chem., Int. Ed.*, 1984, **23**, 64.
37. E. W. Collington, C. J. Wallis, and I. Waterhouse, *Tetrahedron Lett.*, 1983, **24**, 3125.
38. G. Zanoni, F. Agnelli, A. Meriggi and G. Vidari, *Tetrahedron: Asymmetry*, 2001, **12**, 1779.
39. G. Zanoni and G. Vidari, *J. Org. Chem.*, 1995, **60**, 5319.
40. D. T. Guranda, L. M. van Langen, F. van Rantwijk, R. A. Sheldon and V. K. Svedas, *Tetrahedron: Asymmetry*, 2001, **12**, 1645.

23 手性源——以天然产物作为起始原料的不对称合成

引言：手性源

手性源是一类足够便宜的可用于作为有机合成的起始物质的易得的天然产物的集合。手性源的策略是把一个这类化合物的部分或全部结合到目标分子中[1]。手性源化合物可用作拆分试剂（第 22 章），并且它们的衍生物可用作反应试剂（第 24 章）、催化剂（第 25 和 26 章）和手性辅助基（第 27 章），在本章中我们将介绍许多这样的化合物的合成。这里当然不难迅速定义出哪些天然产物具有成为手性源的资格，我们在本章的最后给出了这些化合物的列表。大部分氨基酸对所有人来说都很便宜，无论何处蔗糖都是最便宜的纯的有机化合物之一，但是如果你打算合成一个高活性化合物，如前列腺素，每年只需要几百克，这样就可以使用一个比较贵重的化合物作为合适的起始原料。Syntex 公司总部在墨西哥市，因为 Marker 发现墨西哥洋芋 *Dioscorea* 能够取代动物成为类固醇的一个来源，因为这个蔬菜“类固醇”薯蓣皂苷元 **1** 能够转化为手性的节育活性成分[2]，如孕烯醇酮乙酸酯 **2**。

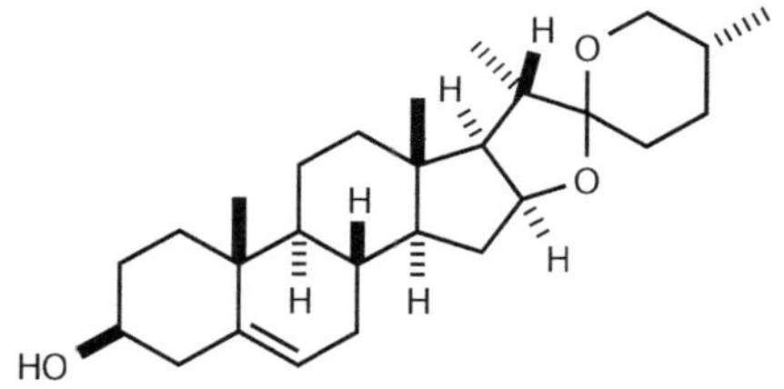

1; 薯蓣皂甘元

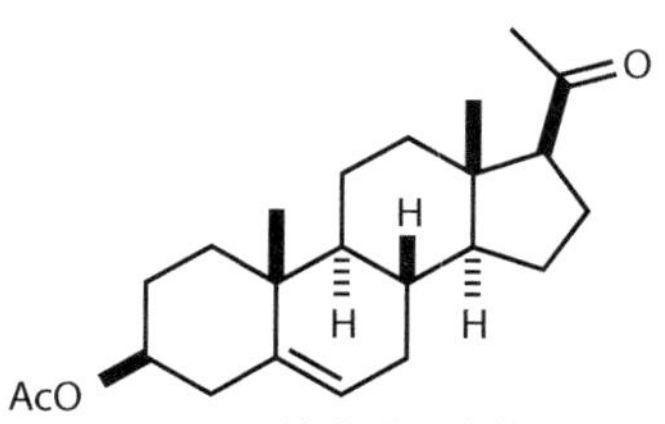

2; 孕烯醇酮乙酸酯

在本章的前半部分介绍了各种手性源，我们将依次介绍各种类型的天然产物，如氨基酸，并给出它们可用于合成中的关键反应。我们将在这一部分介绍拆分试剂、反应试剂、不对称合成中的催化剂和手性辅助剂的合成。我们还将讨论被大家称为“新手性源”的化合物——这些化合物可以很容易地从天然化合物制备（通常是商品化的）。接下来我们将关注更复杂目标的合成，并展示如何做出决定利用手性源的策略。

第一部分——手性源的种类

氨基酸

组成蛋白质的 α-氨基酸是广泛易得和具有合理的价格的——许多实际上是很便宜的[3]。它们的结构可以用通式 **3** 表示，其中 R 可以是烷基，如 **4**，**5**；环烷基，如 **6** 和官能团化的烷基，如 **7** 或者芳基。它们都是 L 构型的，大部分也是（S）构型的（除了半胱氨酸和胱氨酸），而正如你所预料的它们有些是（+），有些是（−）。有些也能得到 D 构型的对映体，通常要贵一些，但是 D 构型氨基酸的合成[4]（如通过酶的拆分，第 29 章）使得他们变得越来越便宜。**4** ～**7** 这些化合物是非常重要的。

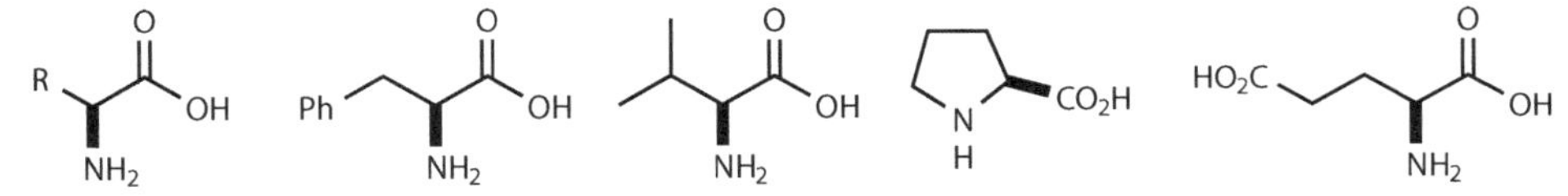

3; (L)-氨基酸　(*S*)-(−)-Phe **4**; (*S*)-(−)-苯基丙氨酸　(*S*)-(+)-Val **5**; (*S*)-(+)-缬氨酸　(*S*)-(−)-Pro **6**; (*S*)-(−)-脯氨酸　(*S*)-(+)-Glu **7**; (*S*)-(+)-谷氨酸

如果你想生产天冬氨酰苯丙氨酸甲酯 **8**，显然最好是使用天然的氨基酸 Asp **9** 和 Phe **4**，只需要把 Phe 转化成它的甲酯 **10**。标准的肽的偶联就能得到这个人造甜味剂。但是，为了得到更多有趣的化合物，天然的氨基酸一定要在它们发生偶联以前通过立体专一性的反应来转化它的构型。

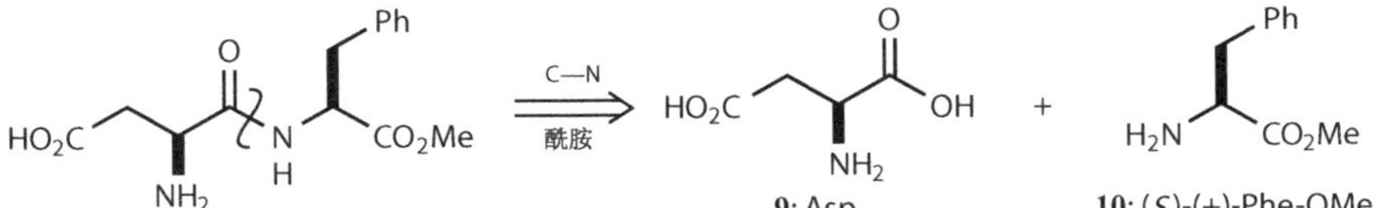

8; 天冬氨酰苯丙氨酸甲酯(纽特健康糖)　**9**; Asp (*S*)-(+)-天冬氨酸　**10**; (*S*)-(+)-Phe-OMe 苯基丙氨酸甲酯

氨基酸的重要反应

氨基酸的重氮化可以得到重氮盐，如从缬氨酸（**5**）可以得到 **11**。因为这个反应没有涉及手性中心，所以显然构型是保持的。分子内的 CO_2H 基团是最好的亲核试剂，可以取代 N_2^+ 发生构型翻转。现在任何的亲核试剂可以通过在烷基中心的 S_N2 取代打开 α-内酯 **12**，再一次发生构型翻转得到 **13**，整个过程相对于起始的氨基酸是构型保持的[5]。大部分内酯和亲核试剂反应时都发生在羰基部分，但是 α-内酯则发生在饱和碳上，因为这样可以释放三元环的张力。

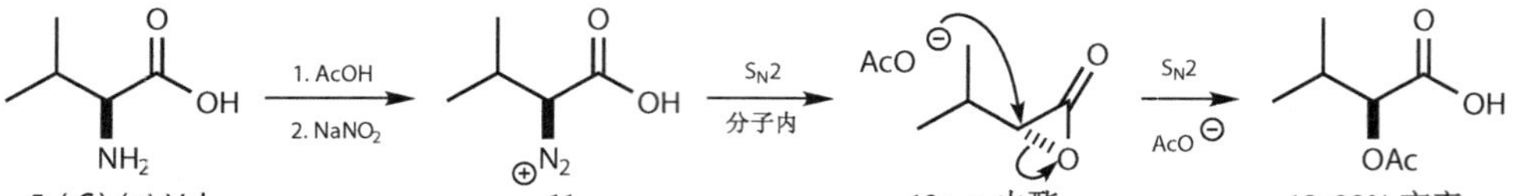

5; (*S*)-(+)-Val　**11**　**12**; α-内酯　**13**; 98% 产率

当以氯作为亲核试剂时也可以发生同样的反应得到 **14**，还原羧基得到醇 **15**，再发生环化就可以得到环氧化合物 **16**。这些从许多氨基酸得到的环氧化合物现在可以作为新的手性源。重氮盐 **11** 和氯代酸 **14** 易于通过烯醇化而发生消旋，仅仅经过了两次蒸馏环氧化合物 **16** 其 ee 就变成了 97%ee。在 *Organic Synthesis* 上对这些步骤都有很详细描述[6]。

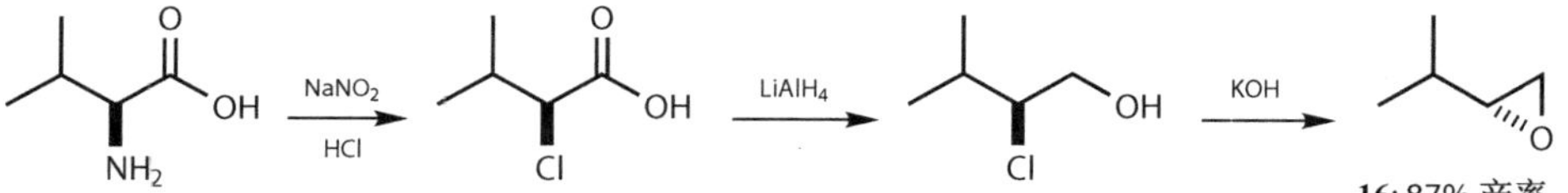

5; (*S*)-(+)-Val　**14**; 58%~65% 产率　**15**; 70% 产率　**16**; 87% 产率 97% ee

谷氨酸 **7** 具有它自己的分子内的亲核试剂：重氮盐首先环化得到 α-内酯 **17**，再被另一个 CO_2H 基团开环生成 γ-内酯 **18**。选择性的还原内酯或者酸可以得到两个有用的中间体[7] **19** 和 **21**。

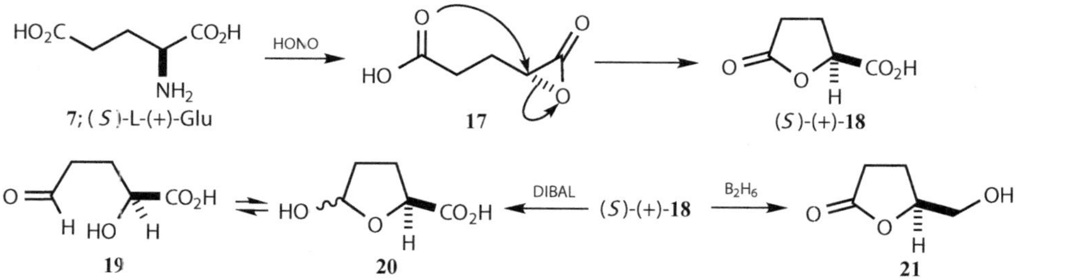

7; (*S*)-L-(+)-Glu　**17**　(*S*)-(+)-**18**

19　**20**　**21**

这种类型的反应可以用来把天然的氨基酸转化为稀有而昂贵的 (*R*)-氨基酸。苯丙氨酸 **4** 可以转化为构型保持的羟基酸 **22**。化合物 **24** 的三氟甲磺酸根可以被取代而得到构型翻转的产物，再去除苄酯就可以得到 Boc-保护的 (*R*)-Phe **26**。实际上，这个方法可以用来制备 ^{15}N-(*R*)-Phe，只需要使用标记的氮亲核试剂就可以了，但是对我们至关重要的是这样能够得到构型翻转的产物[8]。

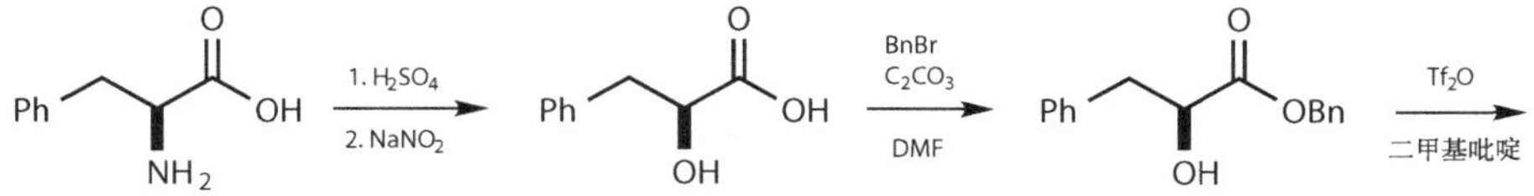

4; (*S*)-(–)-Phe　**22**; 70% 产率　**23**; 98% 产率

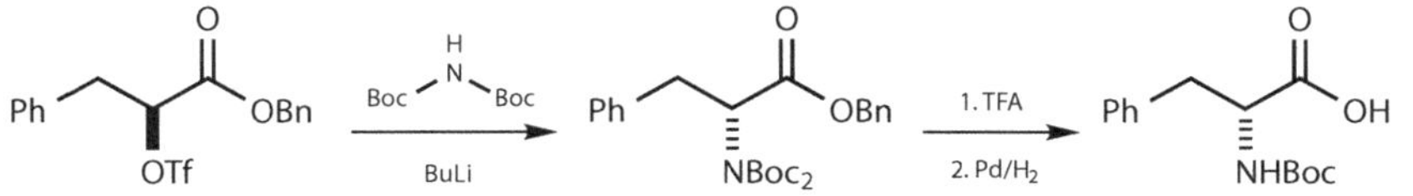

24; 98% 产率　**25**; 98% 产率　(*R*)-**26**; 88% 产率

氨基酸的还原

把氨基酸的羧基还原可以得到一系列的氨基醇，这些氨基醇通常以它的母体酸来命名，如缬氨醇 **27** 和脯氨醇 **28**。羧基的还原并不会产生消旋化，这一点是很重要的。很多方法被用于这个还原反应，如在酸溶液中使用 $NaBH_4$ 作为还原剂[9]（无疑起作用的是原位生成的硼烷）以及 $LiBH_4$ 和 Me_3SiCl[10]。

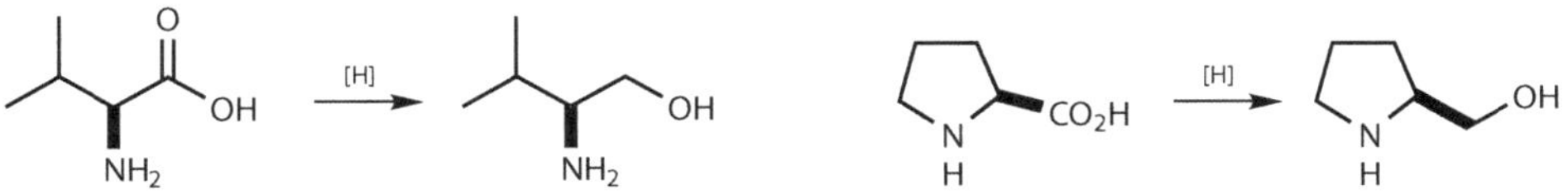

5; (*S*)-(+)-缬氨酸　**27**; (*S*)-缬氨醇　**6**; (*S*)-(–)-脯氨酸　**28**; (*S*)-脯氨醇

缬氨醇（**27**）和苯丙氨醇（**29**）被用于制备 Evans 手性辅助基，这些手性辅助基可以用于不对称 aldol 反应（第 27 章），而 Evans 更喜欢使用硼烷的 Me_2S 复合物作为还原剂。另一种更常用是来源于苯丙氨酸的辅助基 **30**，因为含有这个辅助基的化合物更容易结晶，而且很容易在 150g 的级别制备[11]。

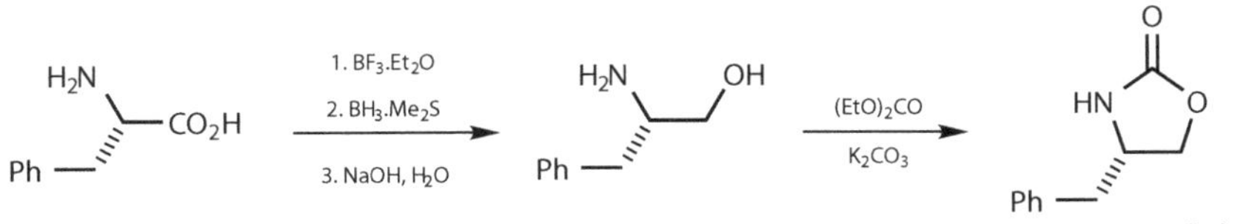

4; (*S*)-(–)-Phe　**29**; 73%~75% 产率　**30**; 78%~79% 产率

脯氨醇甲基醚 **31** 被用于制备 Enders 的 SAMP 和 RAMP 手性辅助基（第 27 章），从（S)-L-(—)-脯氨酸出发能以 50%～58%的总产率在 75g 级别，制备得到（S)-(—)-SAMP **32**[12]。

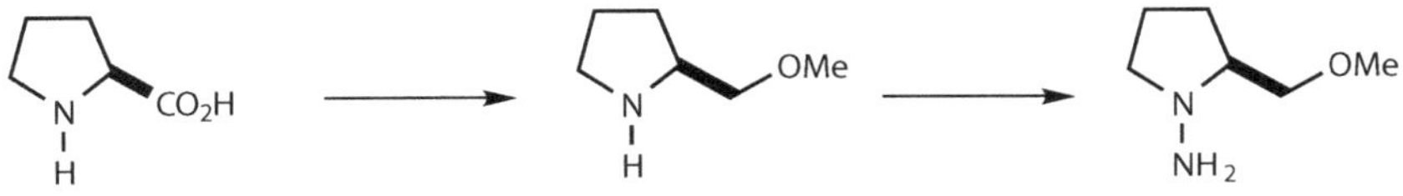

6; (*S*)-(–)-Pro　**31**　**32**; (*S*)-(–)-SAMP

羟基酸

有几个羟基酸是很便宜的。(*S*)-(＋)-乳酸存在于牛奶中，(*R*)-(－)-苹果酸存在于苹果中，而非常重要的酒石酸的两个对映体 **35** 和 **36** 也是比较便宜的。(＋)-酒石酸 **35** 通常被称作是“天然的”，因为它存在于葡萄中，但是 (－)-酒石酸 **36** 其实也是天然的，因为它存在于西非的树 *Bankinia reticulata* 中。苹果酸和扁桃酸的对映体也是商业化的，并不是太贵。

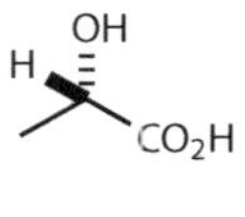

33; (+)-(*S*)-乳酸

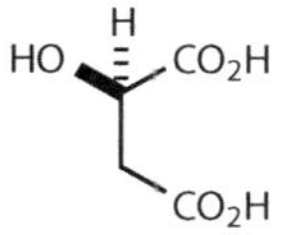

34; (–)-(*R*)-苹果酸

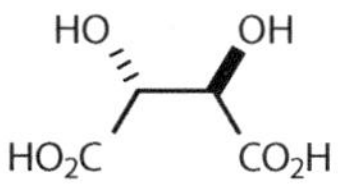

(*R*,*R*)-(+)-**35**
酒石酸
“天然”

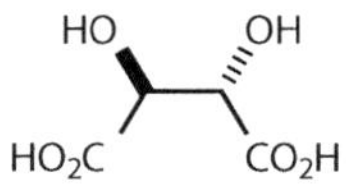

(*S*,*S*)-(–)-**36**
酒石酸
“非天然”

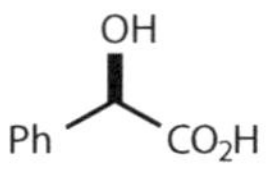

37; (*R*)-(–)-
苦杏仁酸

酒石酸的一个最重要的特殊应用是制备 Seebach 手性配体 TADDOL，如 **40**。二甲基酯 **38** 的双羟基保护起来得到缩酮 **39**，然后再与四分子的芳基格氏试剂反应就能得到 TADDOL[13] **40**。所有这些化合物都是 C_2 对称的，各种不同的 TADDOL 可以用作拆分试剂、NMR 添加剂、不对称催化剂等[14]。其中的一些化合物将在书的后面部分提到。

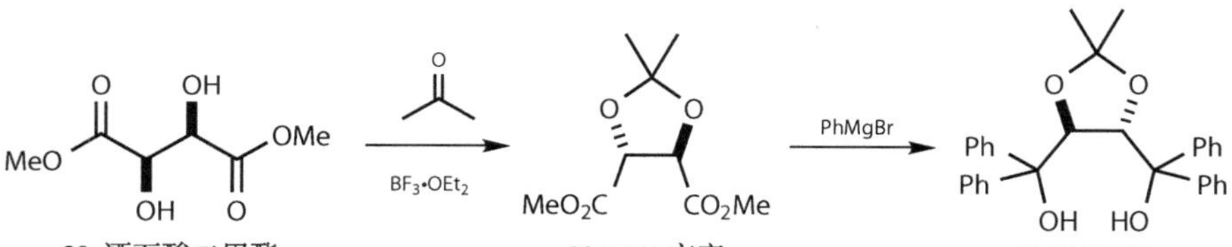

38; 酒石酸二甲酯　　**39**; 77% 产率　　**40**; TADDOL

环氧丙烷 **44** 的两个对映体都可以作为新的手性源，它们都可以从乳酸 **33** 制得。这个想法是通过两种不同的路径来还原酸和环化而得到的。一种路径比较简单：乳酸乙酯 **41** 甲磺酰化，把二级醇转化成一个离去基团得到 **42**，然后再把酯还原。使用伯醇 **43** 作为亲核试剂通过一个分子内的 S_N2 反应环化，这样就可以发生构型翻转得到 (*R*)-环氧丙烷[15] **44**。

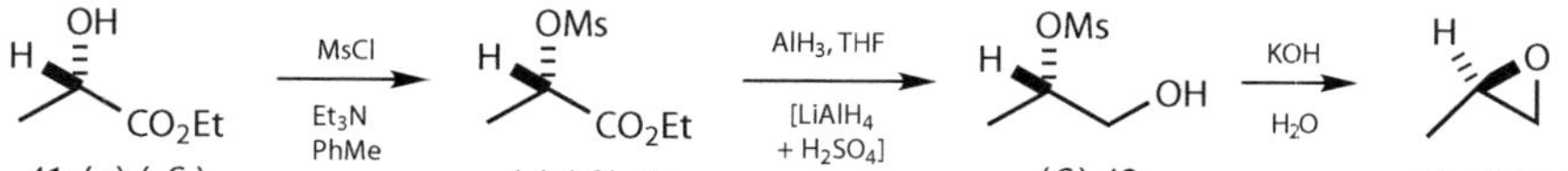

41; (+)-(*S*)-乳酸乙酯　　(–)-(*S*)-**42** 98% 产率　　(*S*)-**43** 未分离　　(+)-(*R*)-**44** 72% 从 42ß

第二个方法是先还原酯得到立体构型没有改变的二醇 **45**，再与 HBr 和 HOAc 反应，可以 89％的产率的得到 **46** 和 **47** (94 ∶ 6) 的混合物。这听起来似乎很糟糕，不过实际上并非如此；因为 **46** 和 **47** 是可以通过不同的反应路径，最终得到同一个产物。

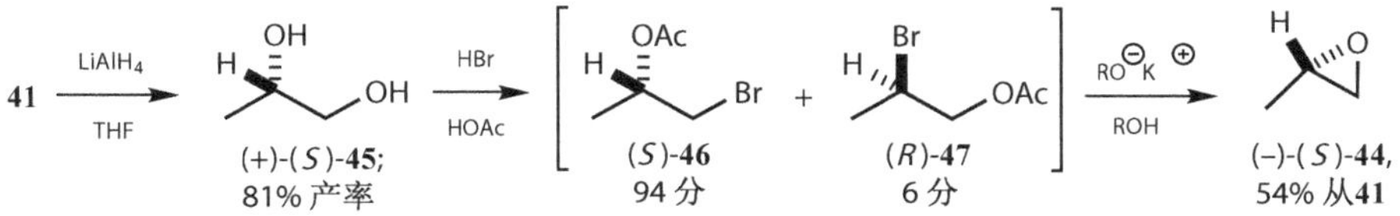

HBr/HOAc 的反应是经由正离子中间体 **48** 进行的，**48** 发生构型保持或者翻转的反应得到 **46** 或 **47**。这个混合物在 RO^- 的作用下先发生酯的断裂释放出氧负离子 **49** 和 **50**，然后环化得到 **44**，环化反应对于 **49** 是构型保持的，而对于 **50** 则是构型翻转的。这个分子无论是经过了没有构型翻转（经由 **46**）还是两次构型翻转（经由 **47**）的过程，最终的结果都是构型不变[16]。

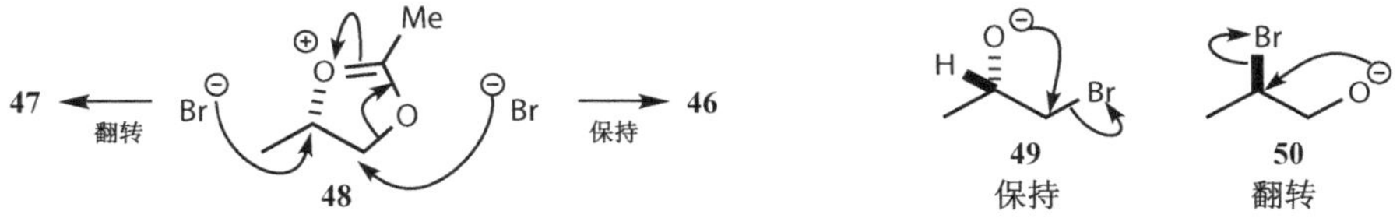

苹果酸 **34** 具有简单的官能团化骨架，因此它是很有用的一个手性源；很多时候它是作为手性骨架成为目标分子的一部分，而不是仅仅作为一个手性试剂。这将在本章的后半部分有更详细的描述。

氨基醇

从氨基酸衍生化得到的氨基醇 **51** 已经在前面提到过。能够直接从自然界中获取的氨基醇是麻黄素家族：麻黄素 **52**，它的 *anti*-非对映异构体假麻黄素 **53** 和没有 *N*-甲基的去甲麻黄素 **54**。这些化合物的对映体也是易于得到的：(−)-**52** 的价格大概是（+)-**52** 的两倍，(−)-**53** 比（+)-**53** 稍微贵一点（大概 25%），而（−)-**54** 跟（+)-**54** 的价钱差不多。

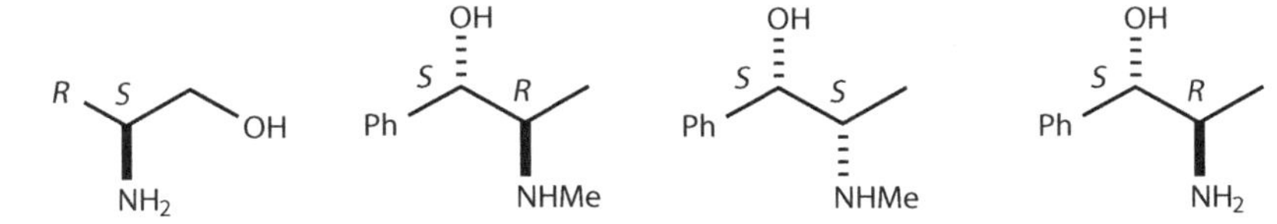

51; 氨基醇来自氨基酸　**52**; (1*S*, 2*R*)-(+)-麻黄素　**53**; (1*S*, 2*S*)-(+)-假麻黄素　**54**; (1*S*, 2*R*)-(+)-去甲麻黄

这些氨基醇的衍生物通常作为碱而用于不对称去质子化反应。下一章（不对称试剂）将有更详细的阐述，但是在这里值得一提的是像 **55** 和 **58** 这样的氨基醇或者像 **56** 和 **57** 这样的二胺已经被成功地用于这类反应中。有一些化合物，如 **55**，是从氨基酸衍生化得到的，其他的化合物，如 **58**，则是从麻黄素家族衍生

化得到的[17]。

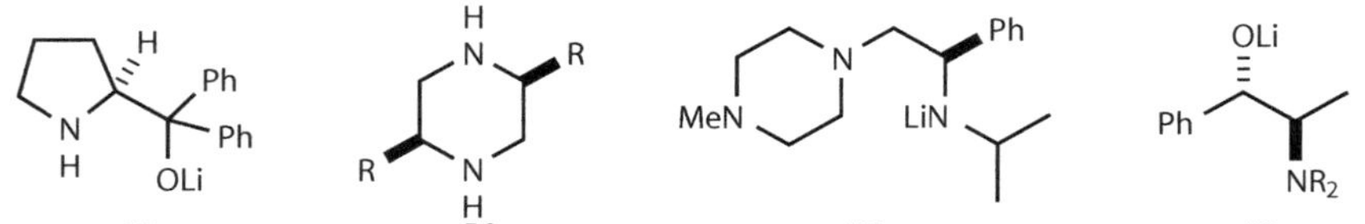

55　　56　　57　　58

一个有用的反应是在手性碱 **57** 的作用下 4-取代的环己酮 **59** 发生去对称化反应得到烯醇硅醚 **60**。可以通过烯烃的氧化断裂得到二羧酸 **61**，或者通过 Pd(II) 氧化（第 33 章）得到烯酮 **62** 来把这个手性变得更加稳定。

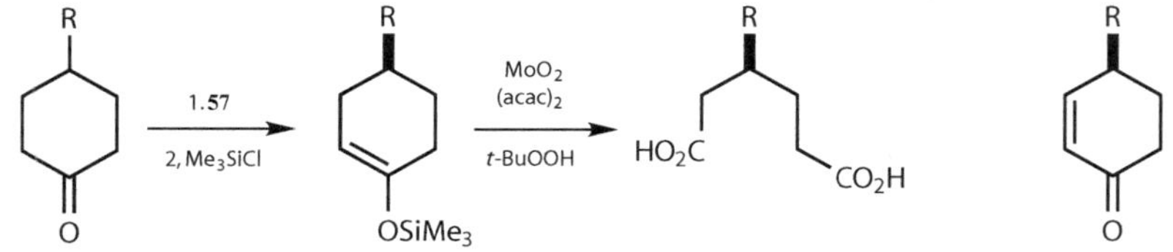

59　　60　　61　　62

Simpkins[18]报道的 epibatidine **70** 的不对称合成是一个有意思的例子。去活化的吡咯 **63** 和炔基砜 **64** 发生 Diels-Alder 反应得到 epibatidine 的双环母核 **65**。选择性还原得到合成 epibatidine 所需的化合物 **66**，但是只能得到消旋的化合物。一个直接的锂化（第 7 章）和磺化反应生成非手性的双砜 **67**。

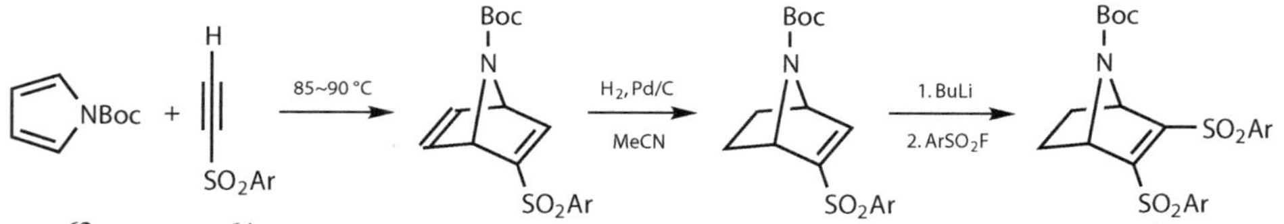

63　　64　　65　　(±)-66　　67

从 *exo*-面催化还原得到非手性的 **68**，**68** 接下来可以发生去对称化反应。在手性碱（假麻黄素 **53** 的一个简单的钠盐 **69**）的作用下发生消除给出 **66** 的一个单一的对映体，接下来可以与吡啶发生共轭加成，然后进一步转化为 epibatidine **70**。

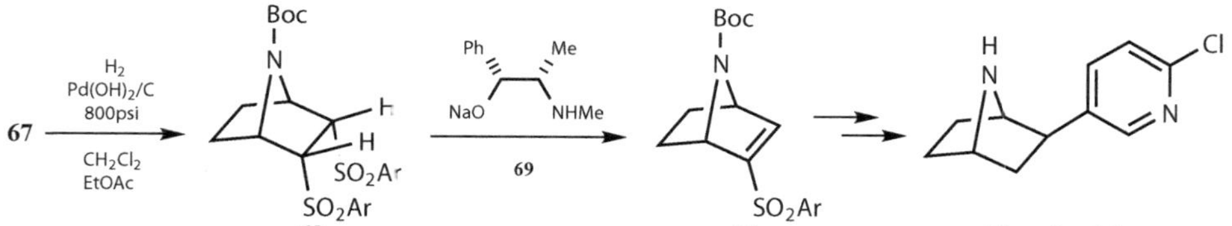

68　　66　　70; epibatidine

同一种类型的氨基醇可以作为配体用于各种有机锂的加成反应。从去甲麻黄素经过二烷基化[19]得到的 *N*-二烷基去甲麻黄素 **58** 能有效地催化炔基锂对羰基的加成[20]。这在 Merck 公司的抗 HIV 药依法韦仑（efavirenz）的制备中特别有用[21]。酮 **71** 与锂衍生物 **74** 和炔基锂 **72**（都是从丁基锂制备的）加成可以得到 96%～98% ee 的加成产物 **73**，经过重结晶后 ee 可提高到大于 99.5%。

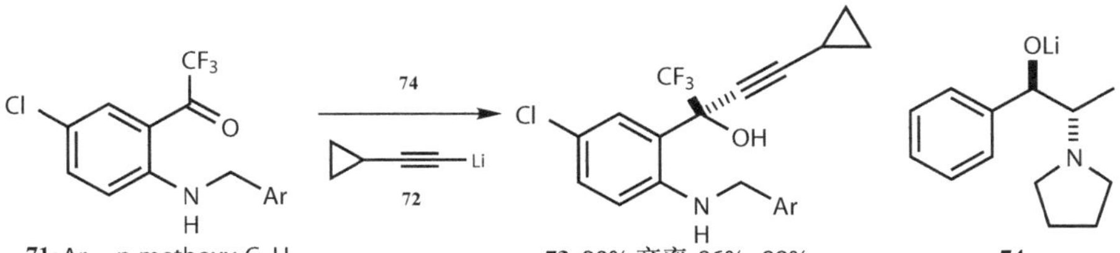

71; Ar = *p*-methoxy-C_6H_4 **73**: 80% 产率, 96%~98% ee **74**

萜烯

迄今为止我们所提到的分子通常被完全的纳入到目标分子中。此外还有两类非常重要的更大的分子——糖和萜烯，它们通常被切断成小片段后再结合到目标分子中。简单的单萜（十碳化合物）香茅醇 **75**、香茅醛 **76** 和香茅酸 **77** 是很好的例子。尽管它们的价格并不便宜，但是两种对映体都能得到，甚至不是总有很高的 ee。

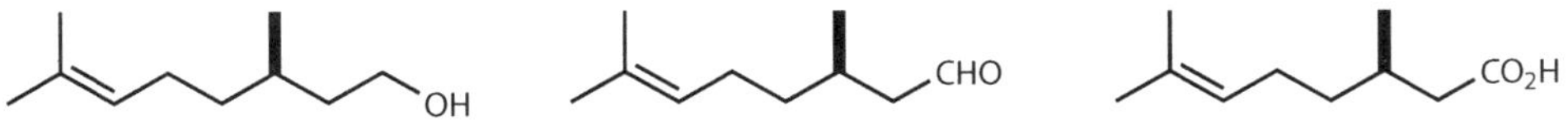

75; (*R*)-(+)-香茅醇 **76**; (*R*)-(+)-香茅醛 **77**; (*R*)-(+)-香茅酸

这些化合物经常可以通过烯烃的氧化断裂来得到两边都有官能团的 C_7 单元，如可以从香茅酸得到 **78**。如果我们小心地使两边的官能团不一样，这样就可以选择性地在一边发生反应，**78** 这个化合物被 Mori 用于天然产物的合成[22]。

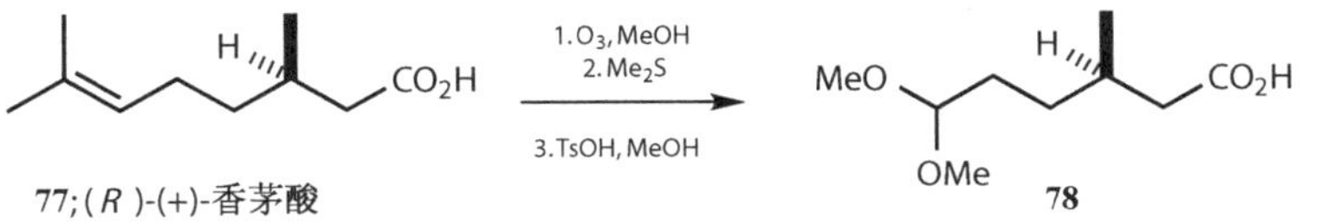

77; (*R*)-(+)-香茅酸 **78**

环单萜同样非常有用。薄荷醇 **79** 非常便宜，而酮薄荷酮 **81** 和香芹酮 **82** 也并不贵。所有这些化合物的另一个对映体也是易于得到的，如 **80**。这些化合物的一个重要的应用是作为一个手性辅助基，用得最多的是从薄荷酮制备得到的 8-苯基薄荷醇 **83**[23]，见第 30 章。

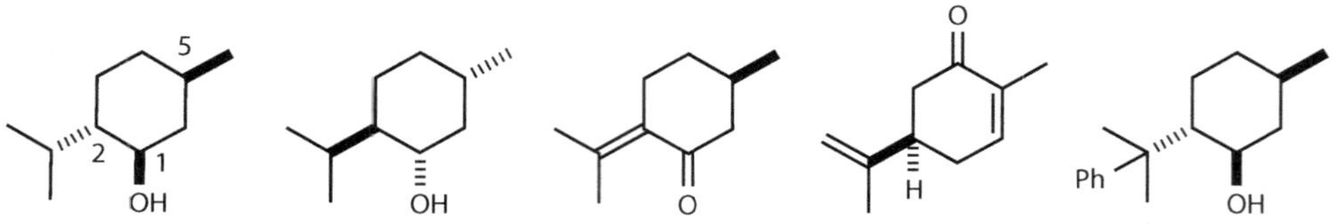

79;(1*R*,2*S*,5*R*)-(-)-薄荷醇　**80**;(1*S*,2*R*,5*S*)-(+)-薄荷醇　**81**;(*R*)-(+)-薄荷酮　**82**;(*R*)-(-)-香芹酮　**83**;(-)-8-苯基薄荷醇

薄荷酮也能用于制备可以作为一个不对称 d^1 试剂的手性辅助基 **86**。硫醇 $PhCH_2SH$ 对薄荷酮共轭加成可以得到酮 **84** 的一对非对映异构体的混合物，**84** 经过还原可以得到一个单一的化合物 **85**，它的所有取代基都在平伏键上。与甲醛反应引入一个碳，这是双环 **86** 的 d^1 中心。通过锂化，然后和醛反应，再接着发生 Swern 氧化可以引入一个羰基得到 **87**。亲核试剂从这个酮的前面进行加成，就是从硫而不是氧原子的对面进攻，在去除辅助基后可以得到醇 **88** 的一个单一的对映体[24]。

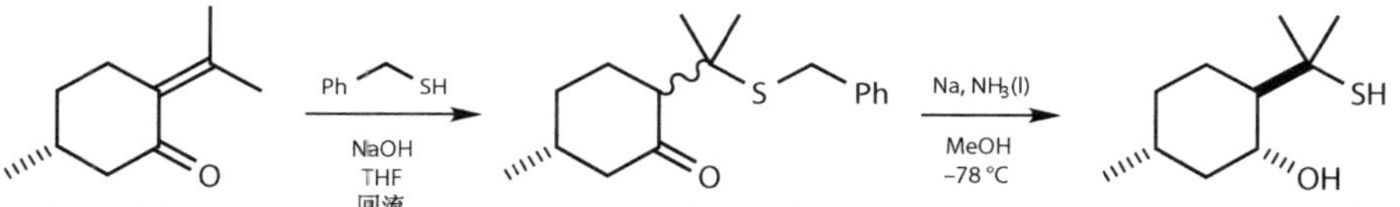

81;(*R*)-(+)-薄荷酮　**84**; 90% 产率,混合物　**85**; >80% 一个异构体

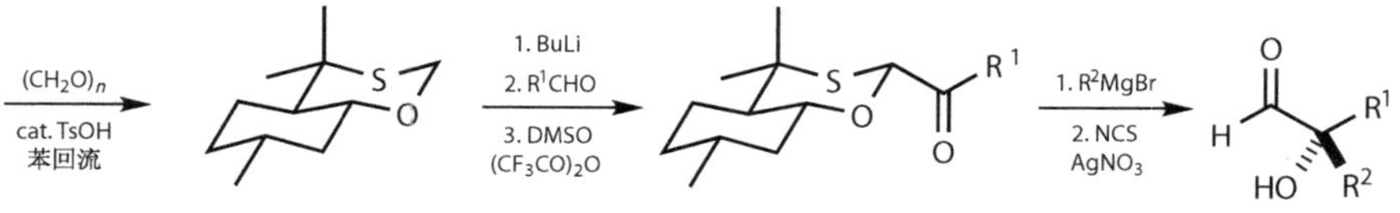

86; 86%~89% 产率　**87**　**88**

还有双环的单萜烯——α-蒎烯 **89** 和 β-蒎烯 **91** 具有一个四元环和六元环的相同骨架，但是双键在不同的位置。在第 24 章有关于 α-蒎烯 ee 可变的讨论，而从更可靠的 β-蒎烯 **91**（99% ee）来制备（－）-对映体是一个更好的选择，在强碱（"KAPA"）**92** 的作用下 β-蒎烯能以 93% 的产率异构化为（－）-**90**，ee 不会下降。很多用于还原的不对称试剂（第 24 章）和用于不对称羟醛缩合反应的手性辅助基（第 27 和 30 章）都是基于 α-蒎烯的[25]。

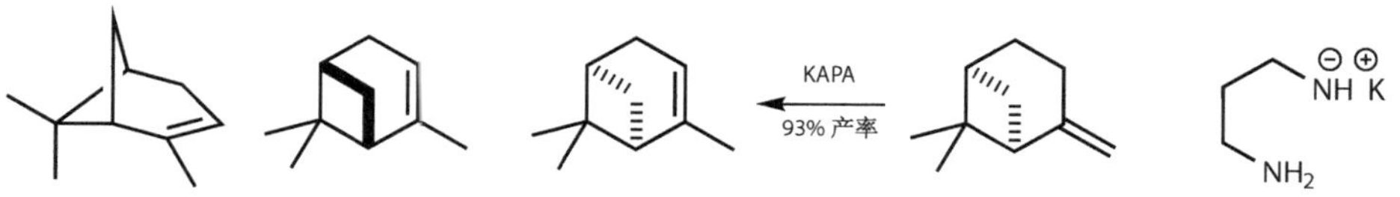

89; (1*R*)-(+)-α蒎烯　(-)-**90**　**91**; (-)-β-蒎烯　**92**; KAPA

樟脑 **93** 是具有一个六元环和两个五元环的桥环单萜烯，它的两种商品易得

的对映体形式都曾被 Woodward 用于维生素 B_{12} 的合成中。樟脑上的磺化发生在桥头的甲基上，反应是通过一系列的重排进行的。你将在第 27 章中看到 Oppolzer 樟脑内磺酰胺 **95** 是怎么被用作一个手性辅助基的，而在第 33 章则可以看到像 **96** 这样是怎么被用于不对称氧化反应的。这两个化合物都是从樟脑-10-磺酸 **94** 制备的。

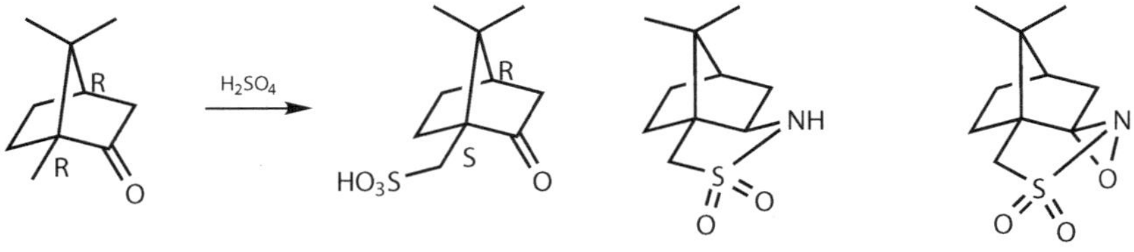

93; (+)-樟脑　**94**; (+)-樟脑10磺酸　**95**; Oppolzer's 手性磺内酰胺　**96**; Davis's 不对称氧化

碳水化合物——糖

糖通常是很便宜而且是光学纯的，以葡萄糖 **97** 为手性源制备得到的化合物比从其他的手性源出发得到的化合物都要多。很少会有目标分子看起来很像葡萄糖，但要谨记葡萄糖能够以三种形式存在——正常的吡喃糖 **97**、开链 **99** 和呋喃糖 **101**，这样就可以较容易发现它们的相似之处。每种形式都可以通过形成合适的缩醛来捕获到：苯甲醛更容易与吡喃糖形式发生反应，所得的产物 **98** 除了异头的甲氧基更倾向处于直立键外，所有取代基（包括苯基）都位于平伏键上。硫醇可以捕获游离的醛 **99** 得到双硫烷基缩醛 **100**。丙酮更容易与顺式的取代基形成五元环缩酮，因此可以捕获呋喃糖形成 **102**。

97; α-D-葡萄糖吡喃糖

99; α-D-葡萄糖开链形式

101; α-D-葡萄糖呋喃糖

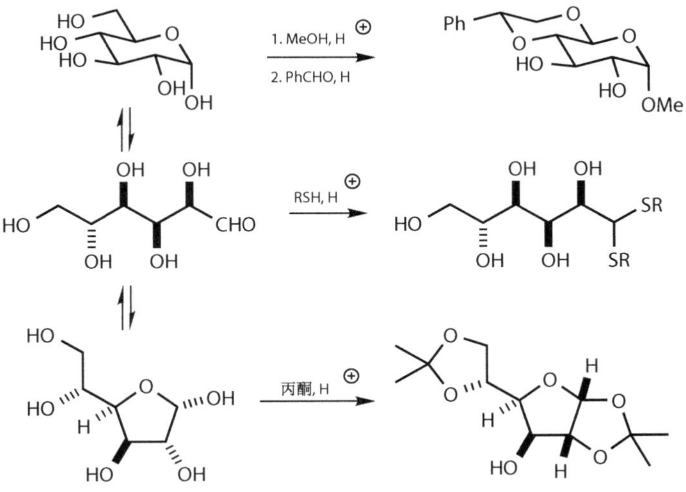

98

100

102

甘露糖 **103** 与葡萄糖非常相似，除了 C-2 的 OH 处于直立键。当写成开链形式 **104** 时就可以看到有一个明显的差异：它几乎是 C_2 对称的，而在还原之后就变成了 C_2 对称的甘露醇 **105**。

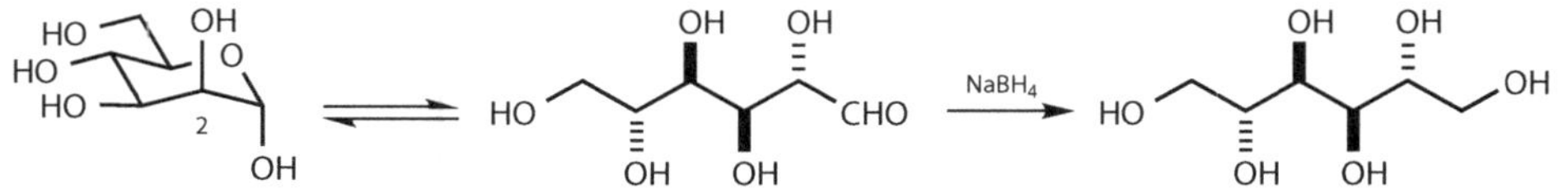

103; 甘露糖　**104**; 开链甘露糖　**105**;甘露醇

如果甘露醇以双缩酮 **106**（丙酮更倾向于形成没有立体化学的两个缩酮，而不是在中间形成一个单一的缩酮，这是热力学控制的）的形式保护起来，然后发生氧化断裂，断裂得到的两部分都给出同一个产物——带保护基的 D-甘油醛[26] **107**。

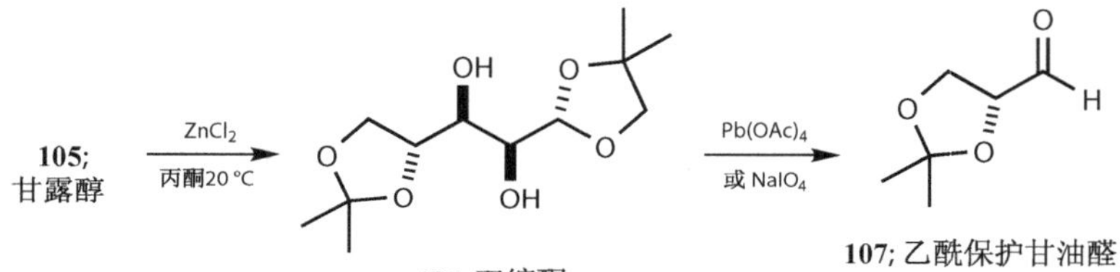

106; 双缩酮　**107**; 乙酰保护甘油醛

另一条途径是用硅基和苄基作保护基可以 100% 的产率得到 **109**。这个保护的甘油醛形式与烯丙基硅烷反应能以很好的立体选择性得到 **110**，使用不同的路易斯酸作为催化剂能得到不同的立体选择性[27]。这个产物可以用于免疫抑制剂 FK506 的合成中，FK506 在移植手术中有较大的用途[28]。

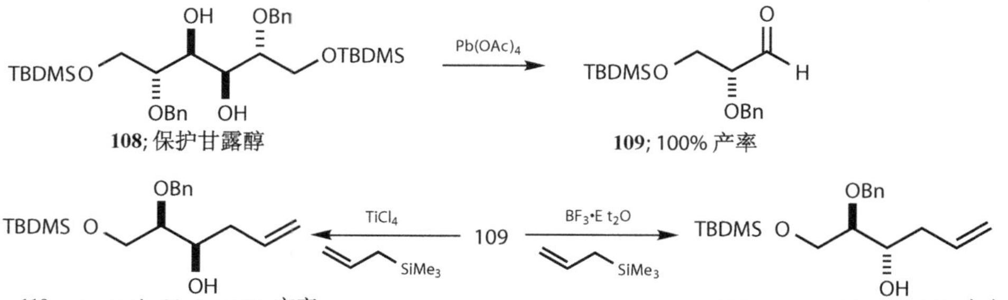

108; 保护甘露醇　**109**; 100% 产率

110; *syn*:*anti* >92:2 >98% 产率　**110**; *syn*:*anti* 19:81:90% 产率

甘油醛，包括 **107** 和 **109** 这种保护形式，是唯一的三碳糖。四碳糖一共有两个：赤藓糖 **111** 和苏丁糖 **113**。它们都存在半缩醛（呋喃糖）和开链形式，而且都是手性的，但是它们具有不同的对称属性。这些醛还原可以得到四醇，它们是内消旋的赤藓醇 **112** 和 C_2 对称的苏丁醇 **114**，**114** 具有跟酒石酸 **35** 一样的立体化学。苏丁糖或者苏丁醇可以被氧化成为酒石酸。这些糖是**“赤式”**和**“苏式”**

的起源，**“赤式”** 和 **“苏式”** 有时候被用于描述一些非对映异构体的关系。

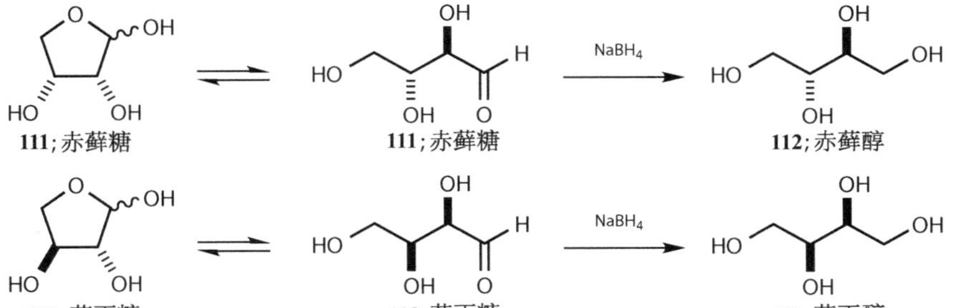

111;赤藓糖 **111**;赤藓糖 **112**;赤藓醇

113;苏丁糖 **113**;苏丁糖 **113**;苏丁醇

苏丁醇 **114** 被用于很多的不对称合成中。例如，通过保护二级醇和活化一级醇来制备 C_2 对称的双环氧化合物 **117**。**116** 环化理论上也可能给出两个并着的四元环，但是动力学上更倾向于形成三元环。双环氧化合物 **117** 和亲核试剂的反应发生在末端碳上[29]。

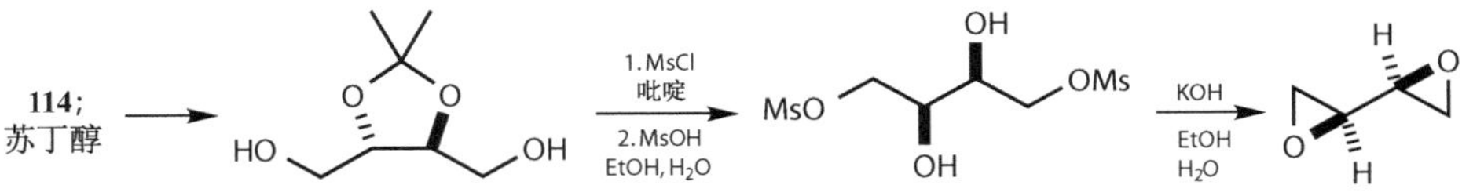

115 **116** **117**

生物碱

生物碱是一类含氮的天然产物，通常有很强的生物活性。它很少会作为骨架被纳入目标分子当中。但是，它们作为很多试剂和催化剂的基础在不对称合成中有重要的作用。奎宁 **119** 作为一个抗疟疾药和奎宁水的主要成分而为大家所熟悉。奎宁和与之相似的奎纳定 **118** 被看成是假对映体。它们都能从自然界中分离得到并且只有一个对映体，但是这两个结构本身几乎是一对对映体：只有那个乙烯基侧链影响了对称性，而它们充当对映体。乙烯基侧链被还原得到二氢奎宁(DHQ)，两分子的DHQ通过一个连接臂如二氮杂萘（PHAL）连接起来就得到催化剂（DHQ)$_2$-PHAL**120**，**120** 能促进 OsO_4 对烯烃的双羟基化反应。

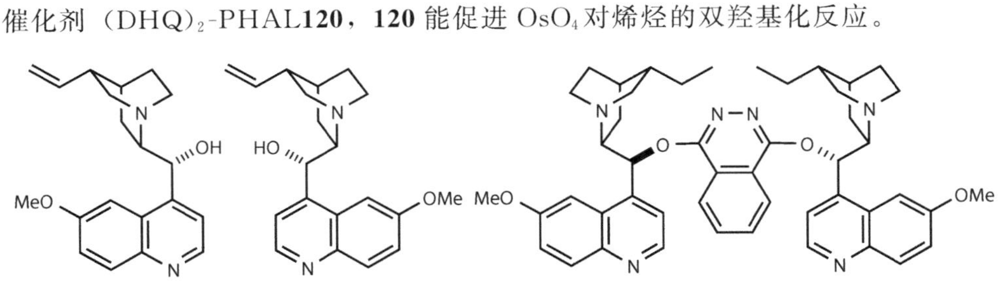

118;奎纳定 **119**;奎宁 **120**;(DHQ)$_2$-PHAL

其他的生物碱如番木鳖碱被用作拆分试剂，但是昂贵和剧毒使得它们并不受欢迎，而一些从手性源制备得到的手性胺（见第 22 章）的存在让它们变得不那么必要了。

第二部分——经由手性源的不对称合成

这里我们讨论基于手性源策略的目标分子的合成，还是使用与第一部分天然产物同样的顺序。这次我们讨论为什么选择手性源策略，还将尽量展示每种类型化合物的特别价值。

氨基酸

有一些目标很明显地能看出含有氨基酸的结构。存在于甲状腺中的甲状腺激素甲状胨素 **121** 含有一个氨基酸酪氨酸 **122** 的骨架，而且的确可以从酪氨酸制备得到。

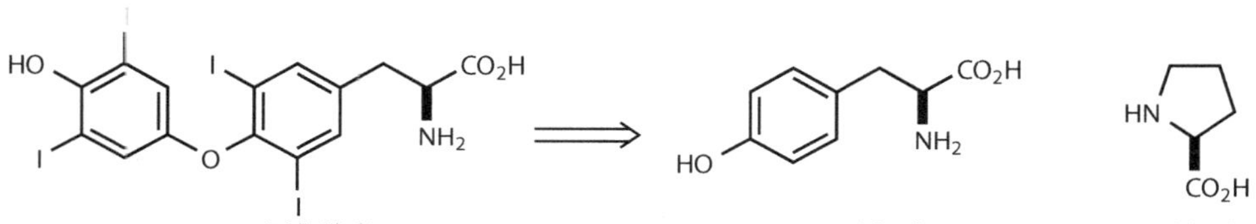

121; 甲状腺素　　**122**; 酪氨酸　　**6**; 脯氨酸

我们已经提到过脯氨酸 **6**，它的结构清楚地包含在 Bristol-Meyers Squibb 公司的 ACE 抑制剂卡托普利（captopril，**123**）中。在其他的一些情况下这种关系并不那么明显。其他的 ACE 抑制剂，也可以用于治疗高血压，如雷米普利（ramipril，**124**）和福辛普利（fosinopril，**125**），同样也含有脯氨酸的单元，但是如何在合成中应用这个骨架并不是那么得显而易见。

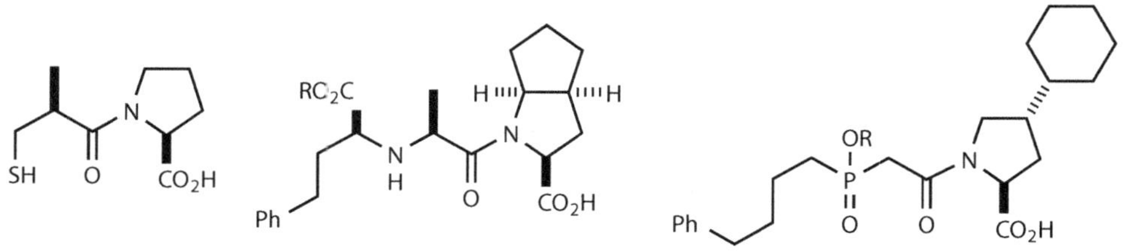

123; captopril　　**124**; ramipril　　**125**; fosinopril

卡托普利的合成

第一个切断是很容易想到的，如 **123a** 所示：从分子中间的酰胺键切断可以得到脯氨酸 **6**。硫醇酸 **126** 中处于 1,3-位 SH 和 C ═ O，可以通过共轭加成来制备。

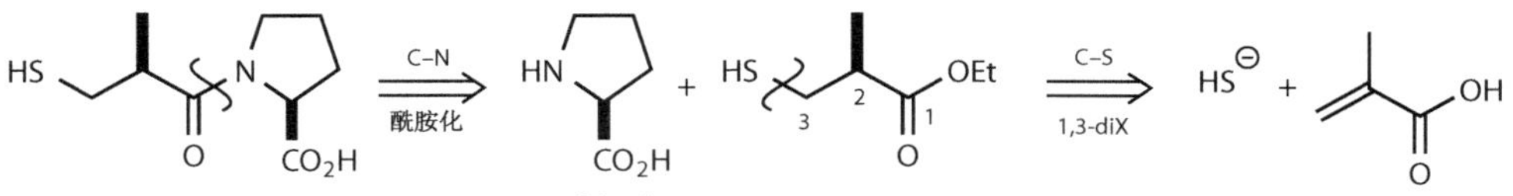

123a;captopril **6**;脯氨酸 **126** **127**

硫羟乙酸 **128** 被用作亲核的SH的试剂（它是一个羰基化合物，而S原子是亲核试剂），它能很好地实现共轭加成反应。消旋的产物 **129** 和保护的脯氨酸 **130** 偶联，然后水解特丁基酯得到 **131** 的非对映异构体的混合物。这些混合物的盐可以被分离，而在切断硫醇酯后，拆分出正确的异构体就能得到卡托普利。在这个合成中脯氨酸即是拆分试剂，又是目标分子的一部分。

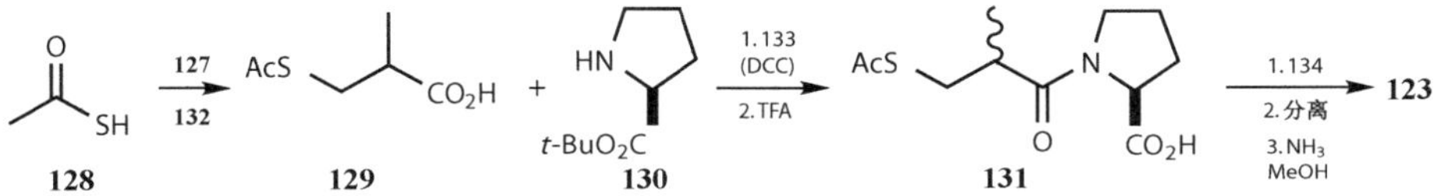

128 **129** **130** **131**

有三种试剂值得我们讨论一下。对苯二酚 **132** 很容易被氧化成醌从而保护硫羟乙酸 **128**，使之不会形成二硫化物。DCC**133** 是一个标准的肽偶联试剂，可以通过脱水使游离的 NH_2 和 CO_2H 基团连接起来，而它本身则变成了二环己基脲。简单的胺 **134** 在拆分中通过结晶能有效地实现分离，因为拆分试剂（脯氨酸）已经存在于分子中，因此只需要形成一个能结晶的盐。分离得到两个非对映异构体（当然每一个都是单一的对映体）可以确定 **123** 比另外一个异构体的活性高出好几个数量级[30]。

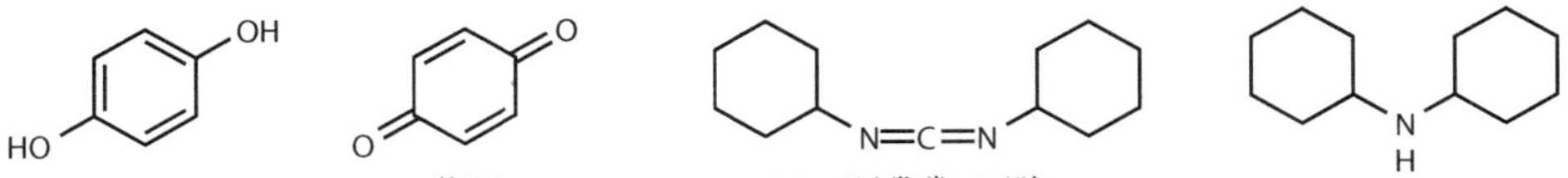

132 苯醌 **133**:二环醛碳二亚胺 **134**

雷米普利的合成

雷米普利（ramipril，**124**），Hoechst ACE 抑制剂，显然要更复杂一些。首先同样从酰胺处切断，我们可以看到在酸 **135** 中含有一个丙氨酸的结构。胺 **136** 看起来像脯氨酸，但是没有反应能实现相应的切断的键的形成。

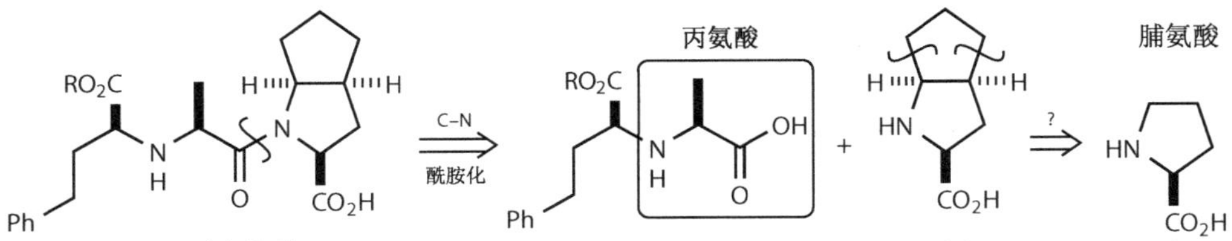

124a;雷米普利 **135** **136** **6**

实际上，**136** 并不是从脯氨酸制备的。而是如 **136a** 所示，打开另外一个更加官能团化的环，这一个想法可能通过烯烃 **137** 的自由基环化反应来实现。碘化物可以从羟基经过官能团转化（FGI）得到，而 **138** 则可以从另一个氨基酸——丝氨酸 **140** 和烯丙基溴 **139** 反应得到。

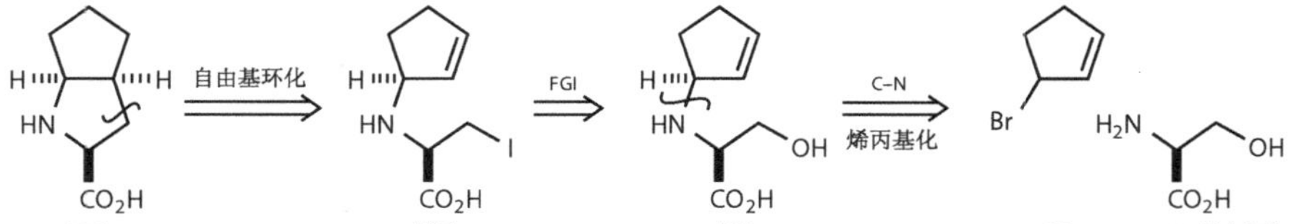

合成中的关键步骤是 **141** 的自由基环化反应，能够以很好的产率给出两个非对映异构体：两者都具有 *cis* 的环连接方式，而这两个化合物可以在转化为双苄基酯 **143** 和 **144** 后得到分离。**143** 氢化后可以给出 **136**。手性源原料（丝氨酸）也是即作为起始原料又是拆分试剂，虽然在这里对于正确的非对映异构体[31] **143** 有一些选择性（1.25∶1）。

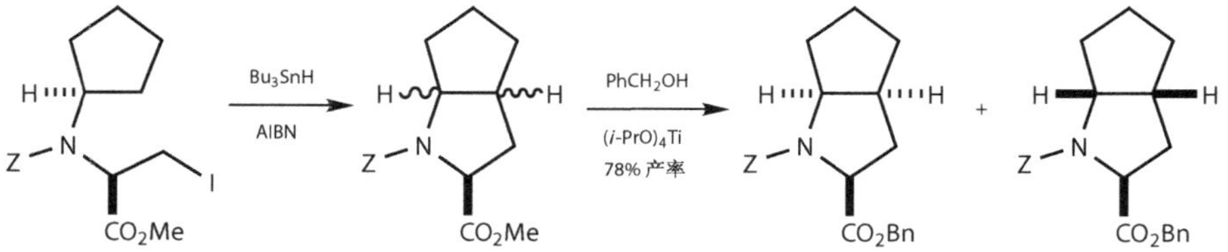

136 的酯现在被用作拆分试剂和雷米普利分子的剩余部分偶联。丙氨酸和酮酯 **145** 发生共轭加成以 2∶1 的比例得到 **146** 和其非对映异构体的混合物。与 **136** 偶联可以分离到正确的化合物，从而完成雷米普利的合成。

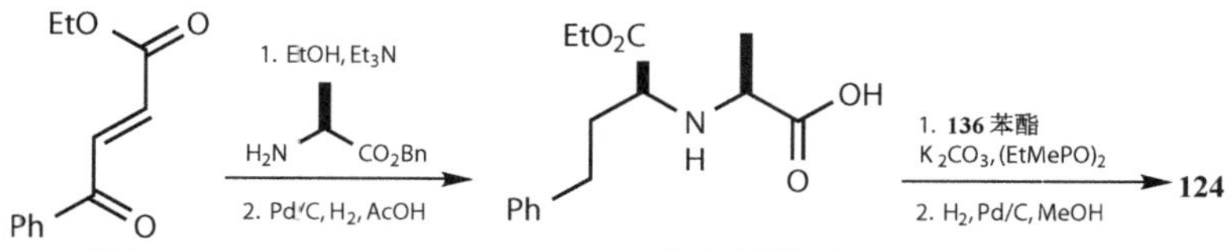

使用这些半拆分方法的低收率并不是一个理想的结果，因此有些 ACE 抑制剂使用了好得多的选择性制备方法。依拉普利（enalapril，**147**），也就是 Merck 公司的 Vasotec，可以很容易地切断成三个简单的片段——脯氨酸 **6**、丙氨酸 **149**（同样也是雷米普利的一部分，见 **135**）和酮酸 **148**，我们应该能够通过还原胺化来制备相应的胺。

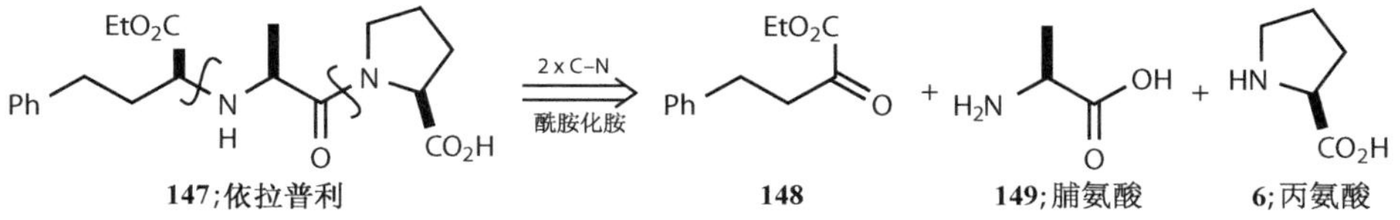

正常的肽偶联（*N*-Boc-Ala 和脯氨酸苄酯在 DCC 的作用下发生偶联，再去除保护剂）给出二肽 **150**。**150** 和 **148** 缩合得到亚胺 **151**，在氢气和 Pd/C 的作用下发生还原胺化给出比例为 62∶38 的一对非对映异构体，其中 **147** 是主要产物。而使用氰基硼氢化钠作为还原剂时几乎得到了 50∶50 的混合物。**147** 的马来酸盐可以通过重结晶来分离[32]。

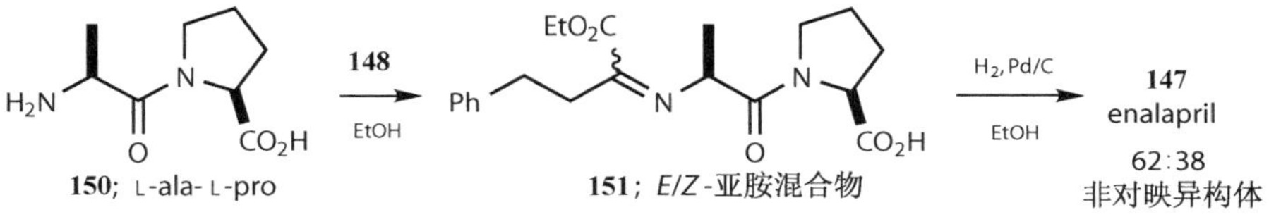

HIV-蛋白酶抑制剂

HIV-蛋白酶抑制剂可能是最成功的抗 HIV 导致 AIDS 的药了，它们都是模拟蛋白，蛋白的其中一个酰胺被惰性的 C—C 键所取代。Norvir **152** 是 Bristol-Meyers Squibb 公司在这个类型的一个药，图中粗箭头标志了 C—C 键。从酰胺键处断裂可以得到一个关键的中间部分的分子 **154**，除了具有那个 C—C 键外看起来像一个苯丙氨酸的二肽。那么我们是否可以从苯丙氨酸 **4** 来制备 **154** 呢？

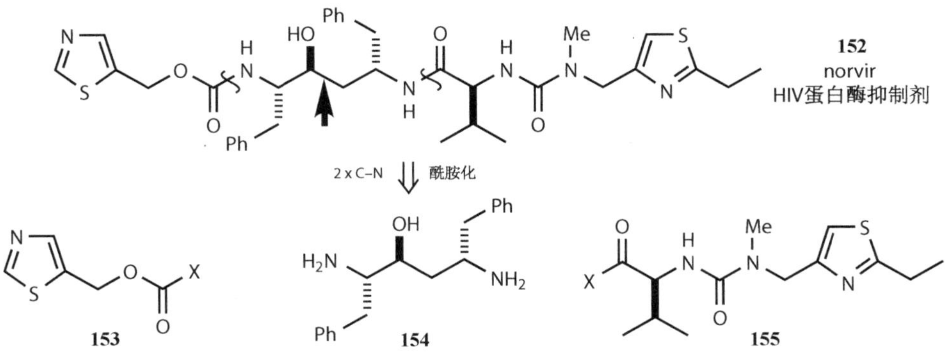

用苄基保护苯丙氨酸 **4** 得到 **156**，再和乙腈的负离子作用给出 **157**。苄基格式试剂进攻腈基得到烯胺酮 **158**，**158** 立刻被还原成硼的复合物 **159**，反应有很高的 1,4-立体选择性（95∶5）。仍然不需要分离，**159** 发生还原断裂得到 **160**——**154** 的一个保护形式，反应再一次有非常好的立体选择性[33]。在通过以

甲酸铵作为试剂的钯催化的转移氢化去除苄基后，从烯胺酮 **158** 开始算，以 3 步 60%的产率得到去保护的中间体 **154**。

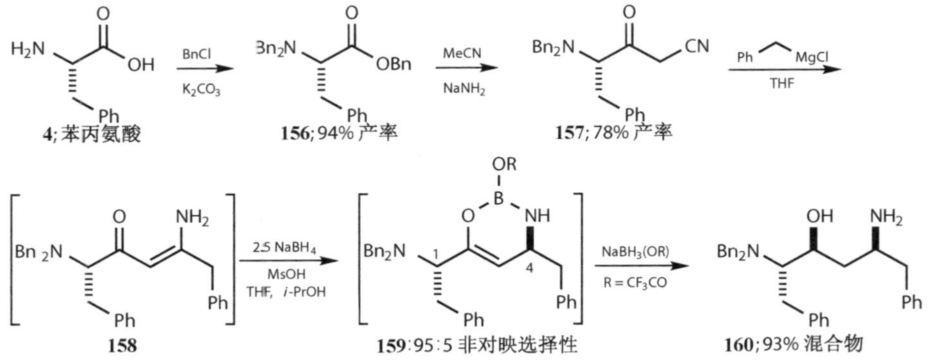

羟基酸

Bestatin 的合成

有效的酶（氨肽酶）抑制剂 bestatin **161** 为氨基酸和羟基酸之间提供了另一个完美的桥梁。初看 bestatin 像是个二肽，但是其中只有一个成分——亮氨酸 **163** 是一个正常的 α-氨基酸。另一半 **162** 是一个 β-氨基酸，同时也是一个 α-羟基酸，这可以让我们想到具有同样绝对构型的二级醇的苹果酸 **34** 能够作为一个手性源起始原料。

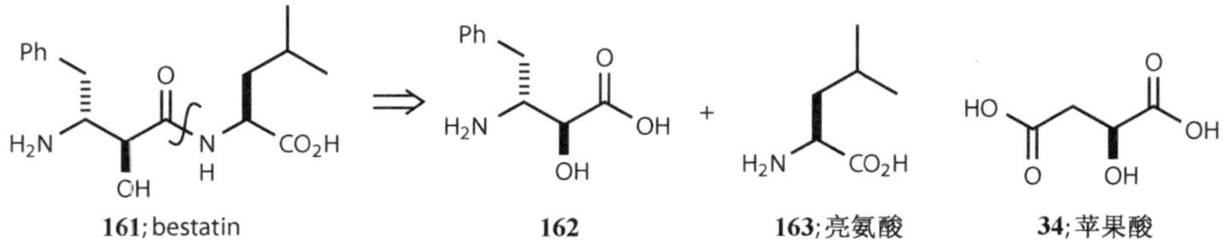

首先一定要把苄基加上。苹果酸二乙酯 **164** 的二锂衍生物在 OLi 基团的背面发生烷基化（第 30 章）。现在两个酯基必须被分辨开来。游离的二酸和三氟乙酸酐反应再和乙醇作用得到 **166**。反应的过程可能是二酸先形成环酸酐，而游离的 OH 形成三氟乙酰酯。然后酸酐再和乙醇反应，反应发生在更活泼（紧邻 $OCOCF_3$）和位阻较小（远离苄基）的羰基上。而三氟乙酰基在后处理被脱掉。

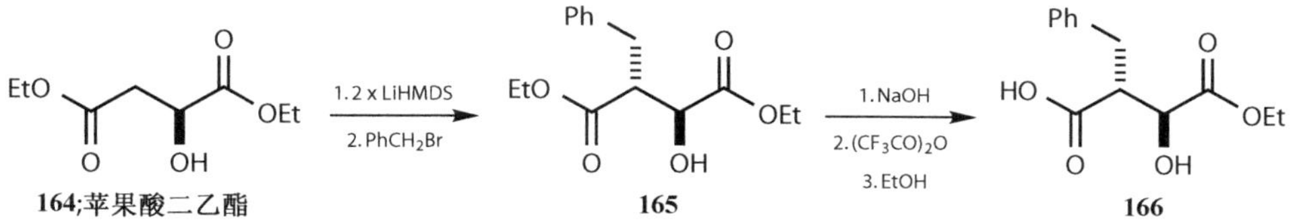

游离酸基团和叠氮基磷酸二苯酯 **167** 作用转化成胺。这个过程是先经过 Curtius 重排，迁移基团构型保持，得到异氰酸酯 **168**，异氰酸酯被羟基捕获得到环氨基甲酸酯 **169**。使用一个水溶性的碳二亚胺（EDC）作为试剂，*N*-甲基吗啉（NMM）作为碱和羟基苯并三唑（HOBt）作为催化剂与亮氨酸甲酯发生肽偶联得到 **170**，与 bestatin **161** 只有微小的差别，具有所有的正确的立体化学[34]。

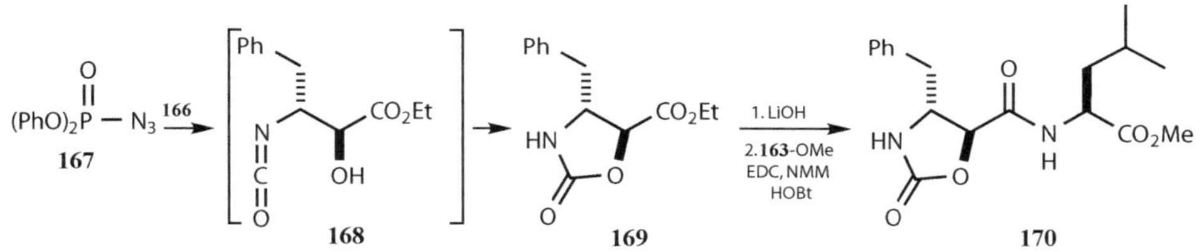

(+)-Laurencin 的合成

有些分子虽然可以从手性源制备，但有时候初看它们的结构却很难发现什么线索。只有在切断步骤开始之后所得到的更小的片段才能看得出来可能的天然起始原料。Laurencin **171** 通过溴原子和作为分子核心的八元环来展现出它海洋生物的起源。把侧链去掉可以得到一个内酯 **172**，它在合适的位置具有合适的官能团，这样就可以把问题变得简单得多。打开内酯环可以得到一个相对简单的开链中间体 **173**。

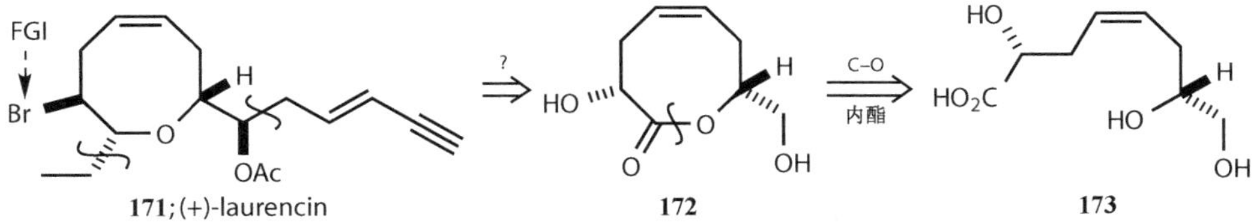

既然 **173** 中间有一个 *cis* 的双键，一个 Wittig 切断 **173a** 就变得很有意义了，这样切断以后得到的起始原料 **174** 和 **175** 都是在 C-1、C-2 和 C-4 具有官能团的四碳单元，大部分官能团都是以氧原子的形式存在的。这简直就是苹果酸的工作岗位，而的确这两个化合物可以从（*R*)-(+)-苹果酸[35] **34** 来制备。

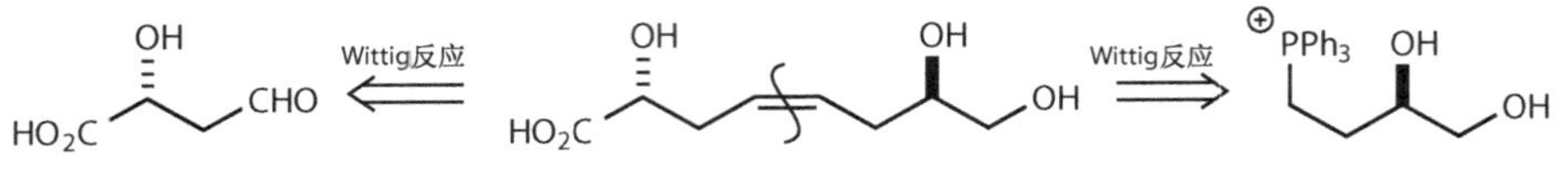

174 **173a** **175**

醛 **174** 的一个保护形式可以通过下面的步骤来制备。首先（*R*)-(＋)-苹果酸形成缩酮，再还原剩下的羧基。然后酸催化水解缩酮得到内酯 **177**，以苄氧甲基保护得到 **178**。水解和氧化之后给出 **179**，可用于下一步的 Wittig 反应。

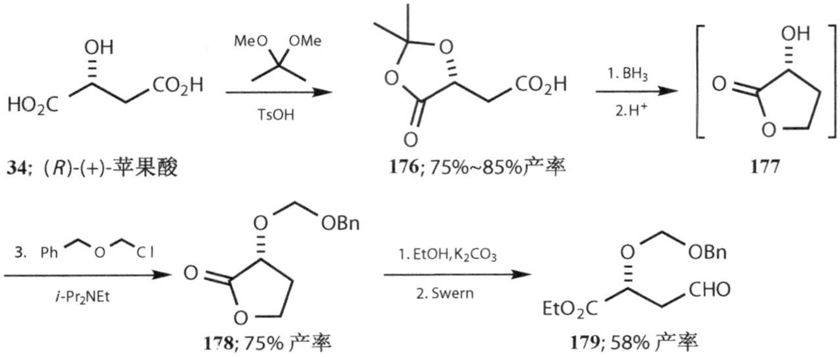

34; (*R*)-(+)-苹果酸　**176**; 75%~85%产率　**177**　**178**; 75% 产率　**179**; 58% 产率

膦盐 **175** 的制备需要类似的操作，不同的是这里需要先把苹果酸还原为三醇 **180**，再选择性保护得到 **181**，剩下的一个羟基先转化为对甲苯磺酸酯，再转化成溴，最后变成保护的膦盐 **182**。

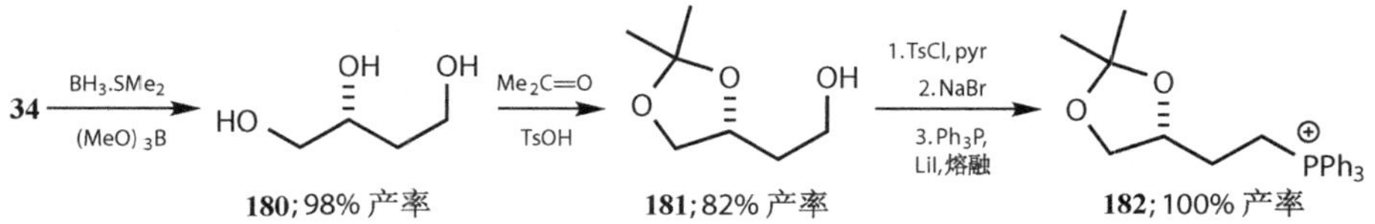

180; 98% 产率　**181**; 82% 产率　**182**; 100% 产率

182 在 BuLi 的作用下形成叶立德，再和保护的醛 **179** 发生 Wittig 反应可以得到 *Z*-烯烃 **183**——**173** 的一个保护形式，可以发生后续的关环反应并最终完成 laurencin 的合成。值得注意的是，**183** 的两个手性中心相隔很远（1，6-关系）。分别从苹果酸单独的制备两个手性中心可以保证得到正确的非对映异构体和对映异构体。

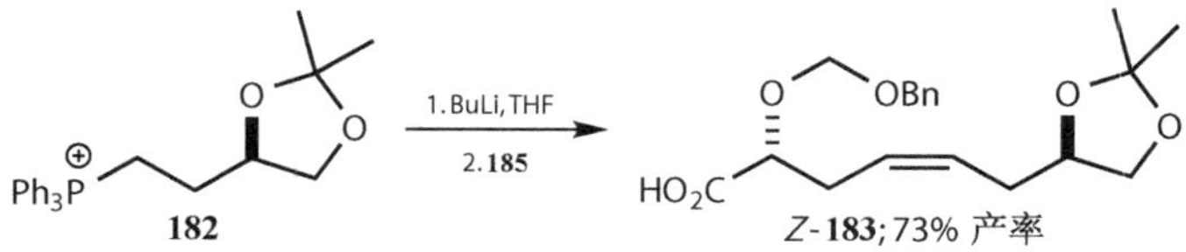

182　*Z*-**183**; 73% 产率

由酒石酸合成 streptazolin

Streptazolin **184** 是一种链霉菌中分离出来的抗生素，它有三个互相并着的环，一个棘手的带有几何构型的环外双键和三个相邻的手性中心，没有明显的手性源起始原料。把内酯切断是显而易见的，而我们也许可以通过在第 18 章中遇到的钯催化的偶联反应来控制双键的几何构型。这样切断之后可以得到 **185**，可以再去除氨基甲酸酯。醛可以重新连接到氮原子上给出 **186**——原子 1 和 5 连接起来形成一个酰胺。现在从酒石酸[36] **35** 制备 streptazolin 的可能性就看出来了。

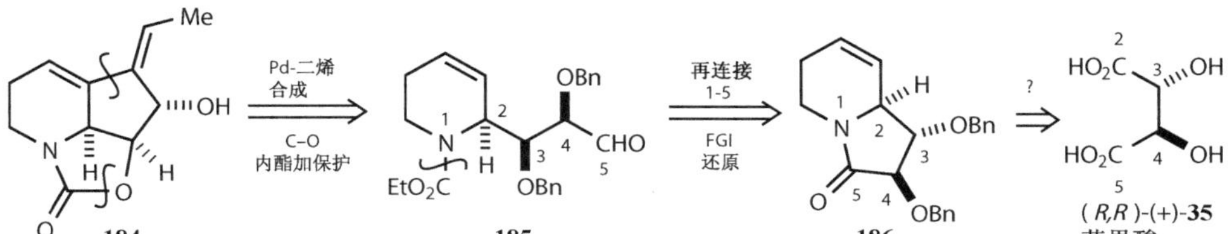

184 **185** **186** (*R,R*)-(+)-**35** 苹果酸

为了从 **186** 逆合成分析到酒石酸，我们必须像在 **186a** 中所示那样切断；这样很容易看到合成子 **187**，不过要注意亲核的末端必须能控制烯烃的几何构型。另外一端带有离去基团的烯基硅烷 **188** 是一个好的底物（第 18 章），而同时得到的酰亚胺 **189** 显然可以从酒石酸 **35** 衍生化得到。

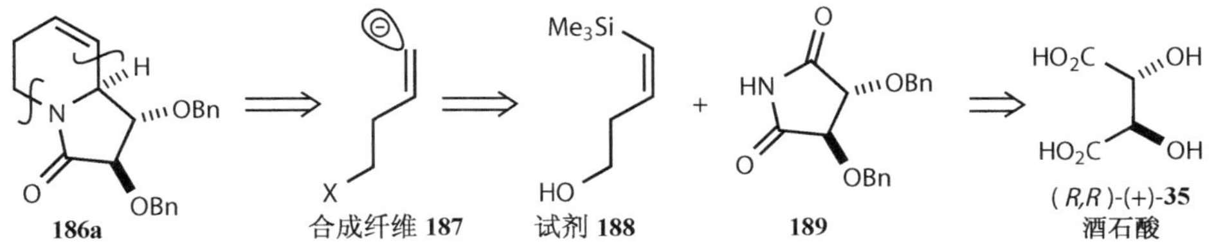

186a 合成纤维 **187** 试剂 **188** **189** (*R,R*)-(+)-**35** 酒石酸

酰亚胺 **189** 很容易从保护的酒石酸 **190** 制备得到，再经过 Mitsunobu 反应和烯基硅烷偶联得到 **191**。选择性还原酰亚胺 **191** 的一个羰基看起来是有难度的，不过因为这个分子是 C_2 对称的，所以两个羰基是一样的，而当一个羰基被还原后所得的分子是活性低得多的酰胺。**192** 中乙酰氧基的立体化学是无关紧要的，因为在环化成 **186** 是这个立体化学会消失。值得注意的是，烯烃的几何构型是保持的。

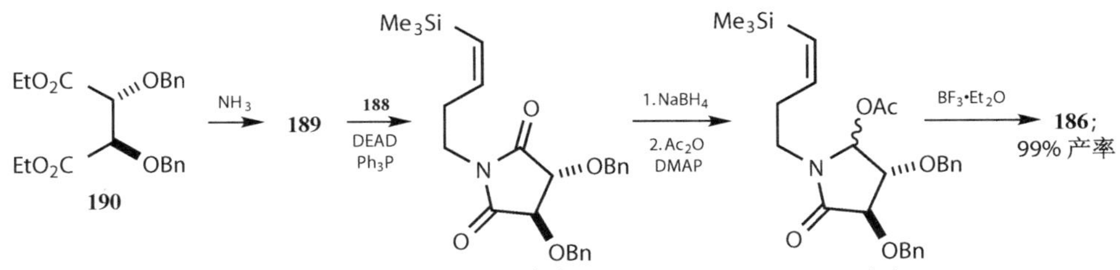

191; 77% 产率 **192**; 93% 产率

接下来的几步，包括很重要的钯催化的环化反应，暴露出这个合成路线的问题。Trost 提出了一个改进的合成方法，环化反应时使用两个炔作为底物就解决了这个问题。这个方法是从保护的甘露醇 **106** 出发，先发生氧化断裂再立刻和烯丙基胺反应形成亚胺 **193**。再接着和锂的衍生物 **194** 发生加成反应，反应有良好的选择性（13∶1，主要产物为 **195**）。调整保护基再水解缩酮就能得到关键的中间体[37] **197**。

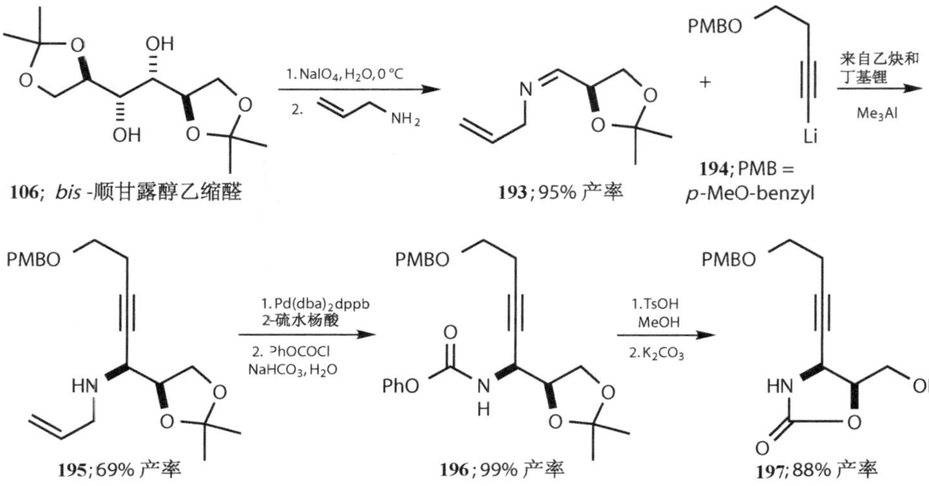

第二个炔是先把 **197** 氧化成醛然后通过加成来引入，这个加成反应也有较好的选择性（6∶1，主要产物为 **198**）。适当地增加或者调整保护基后，在 Pd（0）的催化下发生环化反应得到 **199**，两个双键都在正确的位置而且具有正确的几何构型。Trost[38] 已经提出了环化反应的机理。环化和去保护给出 streptazolin **184**，从手性源开始整个合成过程只需要 11 步。

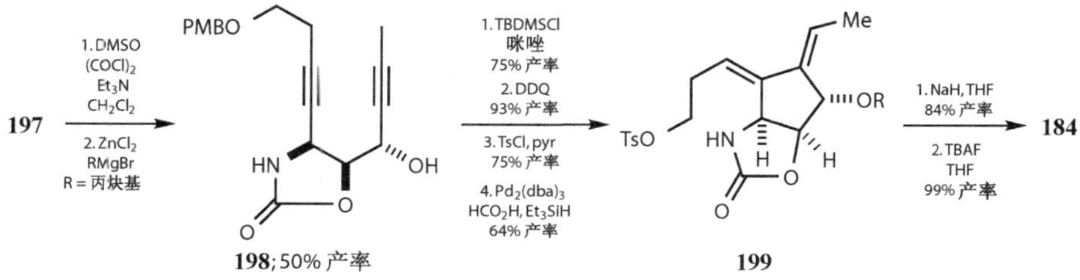

氨基醇

喹啉酮抗生素的合成

以 ofloxacin **200** 为代表的喹啉酮抗生素与 β-内酰胺、四环素等其他类抗生素完全不同，它们所起作用的途径是不一样的。这给延缓抗药性带来了希望。这类抗生素都有“喹啉酮”这个核心基团：一个苯环并着一个 γ-吡啶酮。大多数有各种胺取代基，而 ofloxacin 有一个氟原子。断开烯胺键就得到了一个多杂原子取代（N，N，O，F）的苯环，苯环上的氟原子让我们想到在这个合成中可以应用很多的亲核取代反应。

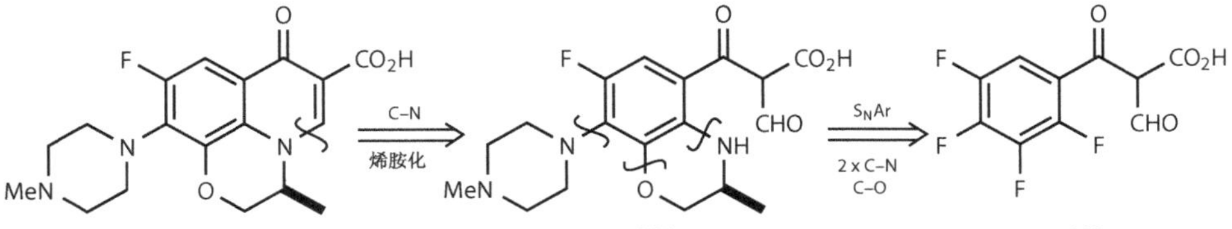

200; ofloxacin **201** **202**

四氟苯甲酰氯 **203** 可以与丙二酸二乙酯烯醇镁 **204** 发生酰化作用得到 **205**。这种螯合结构的烯醇镁的化合物避免了氧原子上的乙酰化。和原甲酸三乙酯发生缩合反应可以引入一个修饰的醛基团，而 **206** 接下来就可以继续发生芳香亲核取代[39]。

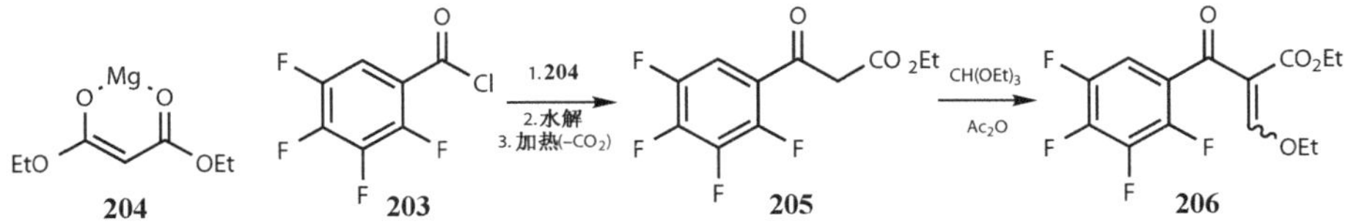

204 **203** **205** **206**

和手性源氨基醇化合物丙氨醇 **207** 反应形成烯胺 **208**，并引入了唯一的一个手性中心。前两个取代基通过桥连得到了控制。胺基只可以从邻位进攻得到喹啉酮 **209**，而接下来羟基只可以进攻间位关环得到 **210**。烯胺 **208** 的几何构型是无关紧要的，因为它是一个共轭的烯胺酮结构，而这样的双键很容易发生旋转。F 原子被 N 原子取代得到 **209** 是通过羰基的活化而实现的，但是 F 原子被 O 原子取代得到 **210** 并不是这样。环上的三个 F 原子促进了这个反应，并且这是一个分子内的反应。

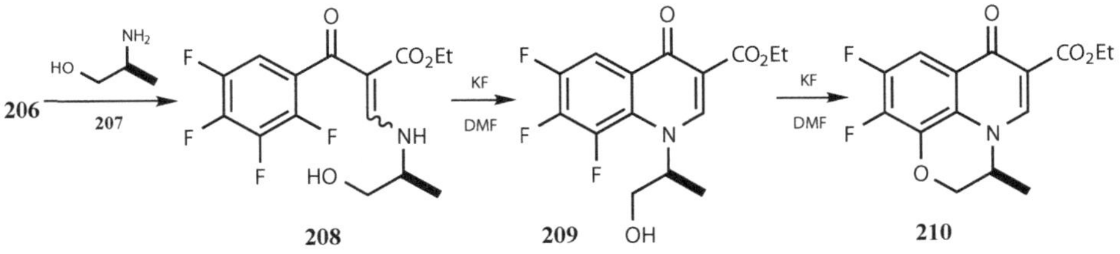

208 **209** **210**

下面只剩下一个亲核试剂——哌嗪环需要引入。酯水解后 *N*-甲基哌嗪 **212** 取代了酮对位的氟原子，从而形成了 ofloxacin。氨基醇和氨基酸很相似，所以这一个例子已经足够了。下面将要介绍的抗生素看起来也是可以从氨基醇制备的，但是事实怎么样呢？让我们来看看：

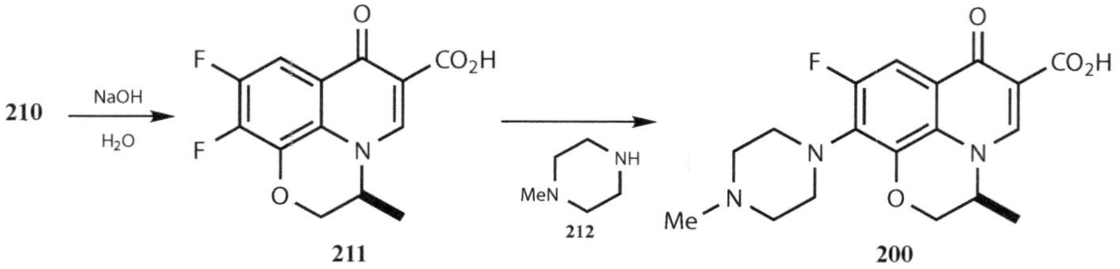

噁唑烷酮类抗生素

噁唑烷酮类的一般结构为 **213**，如 upjohn 化合物 U100766，**213**，其中的 R 是吗啉，这类抗生素与其他抗生素的作用机理不同。通过酰胺键的断裂得到胺 **214**，进而可以回推到叠氮化合物 **215**，再回推到醇 **216**。

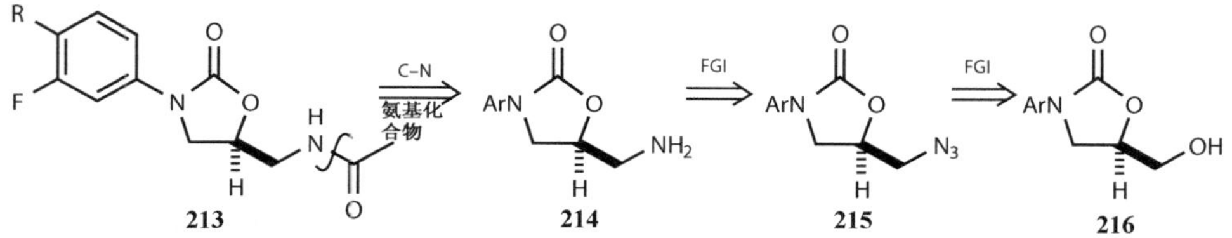

断开噁唑烷酮环得到了一个三碳的链状化合物 **217**，它的每个碳上都有个官能团。环氧丙醇是一个理想的起始原料，它的两个对映体都是易于得到的。

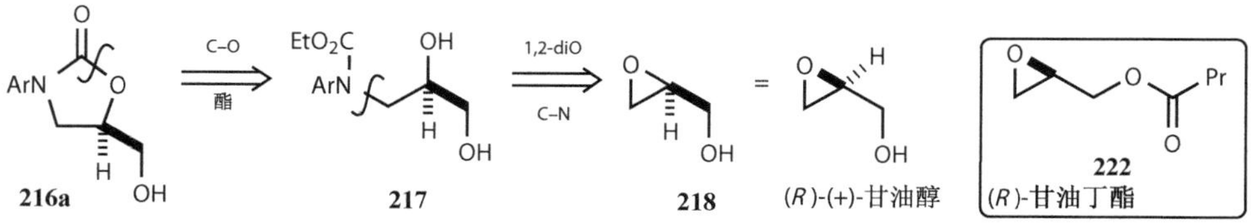

这类抗生素中的 **224** 已经被 upjohn 从 Cbz 保护的芳香胺 **219** 和代替环氧丙醇的酯 **222** 出发制得。**219** 的锂衍生物进攻环氧释放出一个氧负离子，进而进攻 Cbz 基团（**220**）释放出 $PhCH_2O^-$，$PhCH_2O^-$ 接下来断开丁酸酯，最终以“一锅煮”反应，85%的产率得到 **221**[40]。

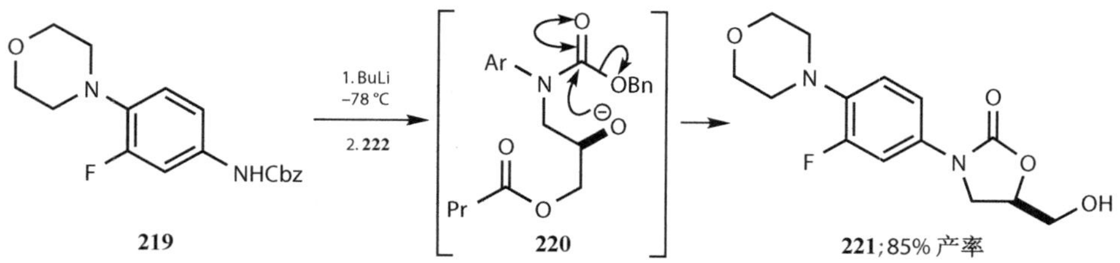

221 甲磺酰化再被叠氮取代得到 **223**，叠氮进一步被还原成胺，最后经乙酰化就完成了整个合成。化合物 **224** 就是 U100766，一种和万古霉素有类似效果的抗生素，但是不会像 *β*-内酰胺那样迅速激发产生抗性[41]。

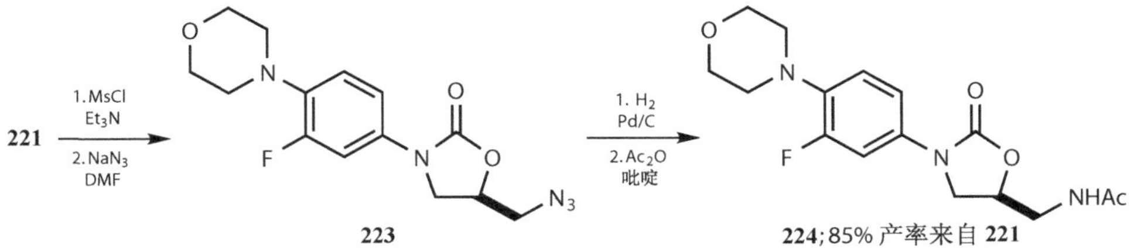

抗病毒核苷类似物的合成

许多抗病毒化合物是天然的核苷的类似物，如腺苷 **225**。(*S*，*S*)-异-双脱氧腺苷 **226**，含有一个修饰了的糖 **227** 和一个没有改变的腺嘌呤 **228**。嘌呤与 C-2′相连而不是与 C-1′相连，使得分子更加稳定，而其中的两个羟基被去除了。腺嘌呤偶联到修饰的糖 **227** 上需要一个 Mitsunobu 过程[42]。

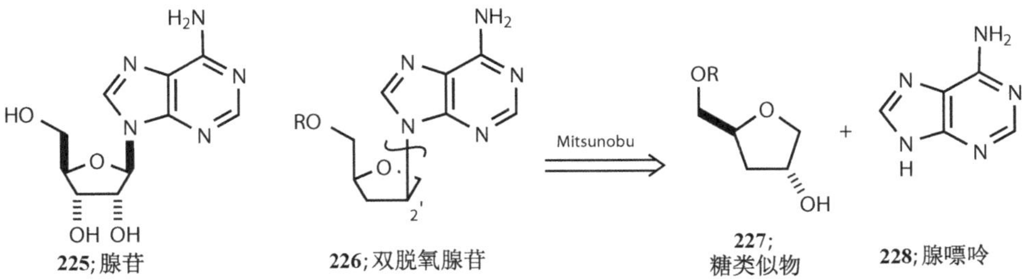

由于 **227** 具有一个 1,2-二取代的关系，一种合成它的方法是将端头的烷氧基换成碘，如 **229** 所示，而它可以通过烯 **230** 的碘环化反应合成。我们发现，断开乙烯基团就得到一个环氧丙醇单元 **231**。

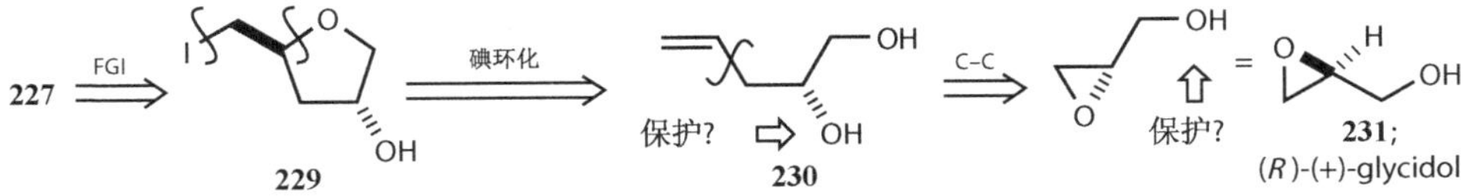

现在我们就只需要保护唯一的一个羟基，将环氧丙醇的伯羟基转化成特丁基二苯基硅醚 **232**。环氧化合物在乙烯基铜酸盐的作用下开环，并且接下来的碘醚化反应具有良好的区域和立体选择性（并没有四元环的形成，并且 **229** 的反式在立体选择性上更加适合）。碘被对硝基苄氧化物 **233** 取代，最终在我们期望的腺嘌呤氮原子上发生 Mitsunobu 反应得到 **234**。

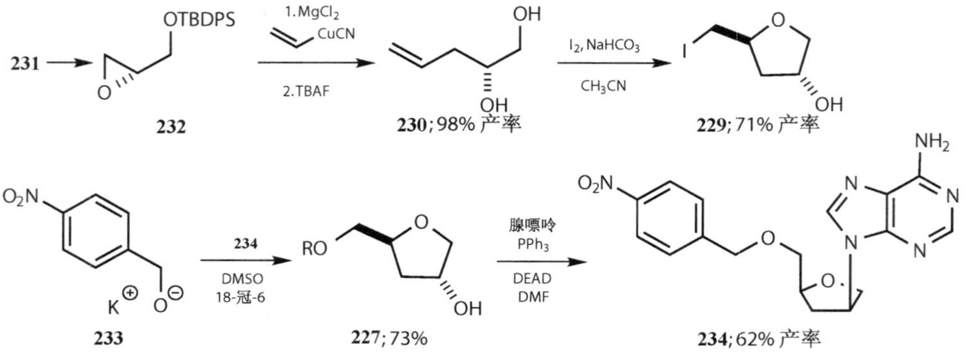

新的手性源

环氧丙醇作为手性源成员

环氧丙醇并不能从天然资源中得到，可能会有人觉得它作为手性源不太合适。但是它的两个对映体可以通过如 Sharpless 不对称环氧化（第 25 章）和环氧丙醇酯的酶水解反应（第 29 章）等过程很低价地得到。我们计划选择环氧丙醇和一些其他的小分子组成“新手性源”，因为它们现在扮演着与氨基酸同样的角色——这些分子是便宜的资源，具有光学纯的小片段，并且很容易加到别的片段上得到可预料的立体化学。

如果你需要一个亲电的三碳片段，并且三个碳原子上都带有官能团，那么环氧丙醇 **231** 和 **235** 是非常好的选择。另外还有可以起到同样效果甚至更加有用的试剂——环氧氯丙烷 **236** 和 **237**。

231; (*R*)-(+)-环氧丙醇　**235**; (*S*)-(−)-缩水甘油　**236**; (*R*)-(−)-环氧氯丙烷　**237**; (*S*)-(+)-环氧氯丙烷

这里有复杂一点的因素：很明显，环氧丙醇是环氧的端头原子被亲核试剂进攻，但是环氧氯丙烷环氧上的端头原子和 CH_2Cl 基团都可以被进攻。关键一点是：直接取代氯原子（**240b**）可以得到一个对映体 **241**，但是进攻环氧（**240a**）接着关环（**239**）则得到了另一个对映体 **238**。

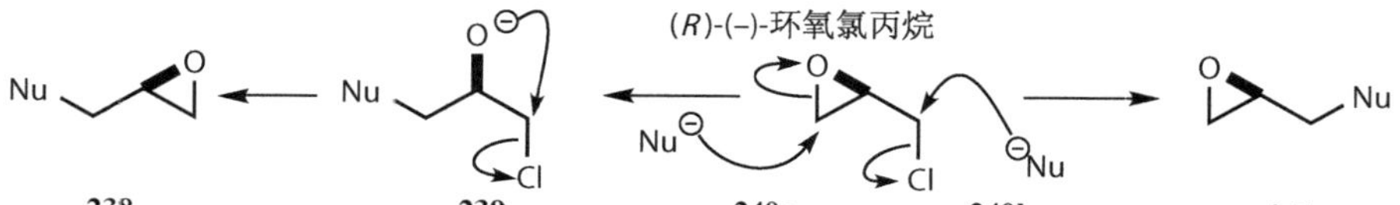

238　**239**　**240a**　**240b**　**241**

这个过程在合成如心得安（propranolol，**242**）这样的 β-受体阻滞剂上尤其重要。断开 α-萘酚 **243** 和 i-PrNH_2得到一个三碳-合成子 **244**，两端都是亲电的，而且必须是手性的。环氧氯丙烷是理想的原料。

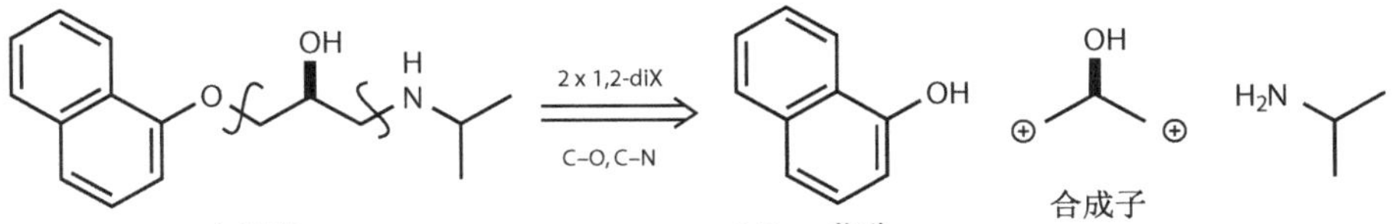

如果我们将环氧氯丙烷与 α-萘酚 **243** 和一个胺反应，胺（pK_{aH}大约为 11）就会夺取酚羟基的氢，所得的负离子进攻环氧氯丙烷 **245** 得到醇盐 **246**，**246** 再夺取胺盐上的质子而得到中间体 **247**。

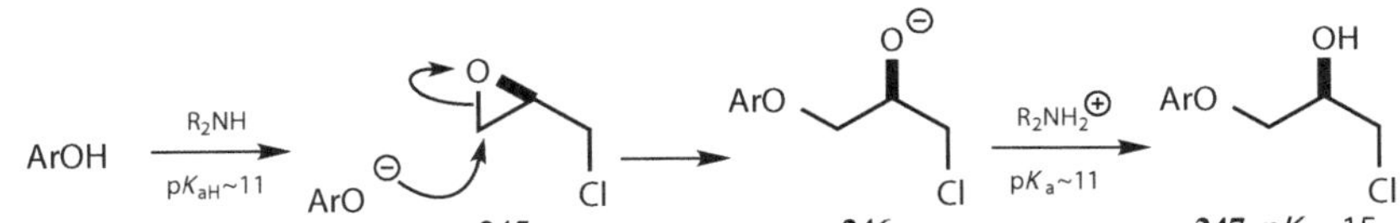

如果想一步完成反应，我们就必须使用一个更强的碱，如 NaOH，这样中间体 **246** 就可以存在更长的时间进而关环得到新的环氧化合物 **248**，再和 i-PrNH_2反应就能得到心得安[43]。

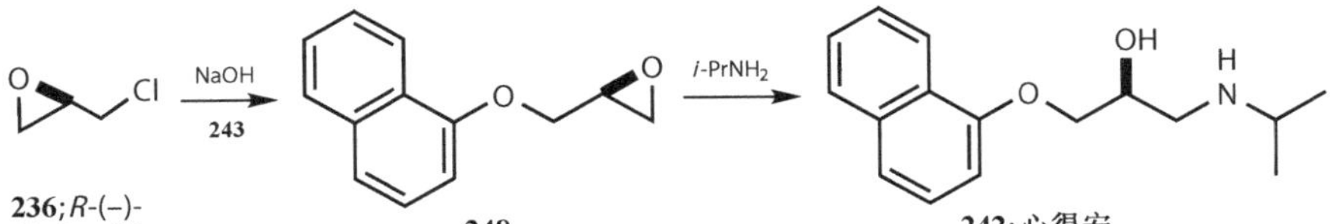

要得到一个光学纯的手性心得安，选择哪条途径并不重要，只要我们知道它是以哪条途径发生的。环氧丙醇 **235**，很容易从甘露醇制备，Sharpless 是通过不对称环氧化制备得到的（第 25 章），它可以转化为对甲苯磺酸酯 **249**。它和 α-萘酚 **243** 的阴离子反应是作用在 CH_2OTs 端头而不是环氧的端头得到 **250**，并因此合成得到心得安[44]。但是我们必须选用另一种对映体（S)-环氧丙醇 **235**，尽管我们用的是（R)-环氧氯丙烷 **236**。

苯基甘氨酸作为手性源成员

苯基甘氨酸并不在蛋白质中出现，但是它的两个对映体都是可以得到的。当 Schering-Plough 公司制备外消旋的药 **251** 作为 NK1 的拮抗剂时，这个任务是很容易的。因为一个可信赖的合成乙内酰脲的途径已经存在，将酮 **253** 和氰化钾、碳酸铵混合得到 **252**，进而用 $LiAlH_4$ 还原多余的酰胺羰基。

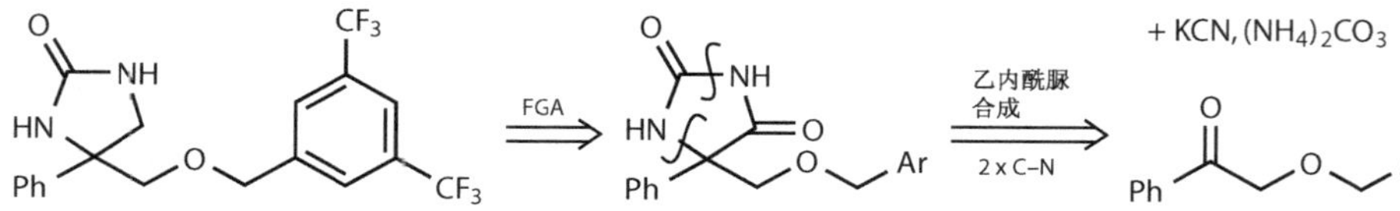

251　**252**　**253**

当他们想要一个单一的对映体时，这个合成路线就没用了。那么，手性可以从哪里引入呢？他们改为断开环上的另外两个 C—N 键（**252a**），再回推到苯基甘氨酸的烯醇盐 **255** 和一些烷基化试剂 **256**。

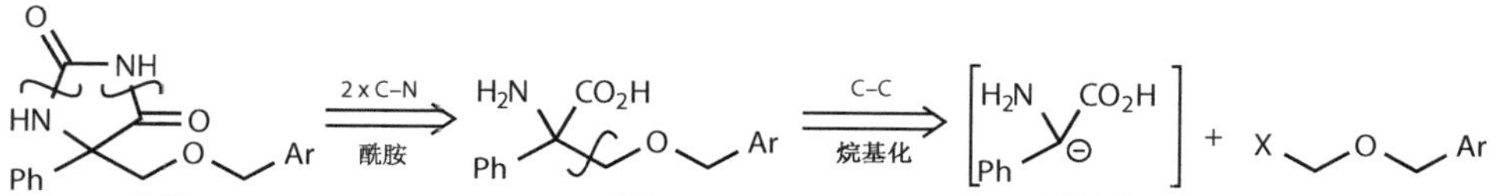

252a　**254**　**255;烯醇盐**　**256**

当然，他们并不知道哪个对映体的活性更高，而事实证明甲酯 **257** 是正确的选择。**257** 转化成酰胺 **258**，再和新戊醛形成缩醛胺 **259**，然后通过 Seebach 的接替方法（第 30 章）可以使烯醇盐的烷基化得到很好的控制。**260** 水解后再和 $ClSO_2NCO$ 反应就能得到 **251** 的单一对映体[45]。

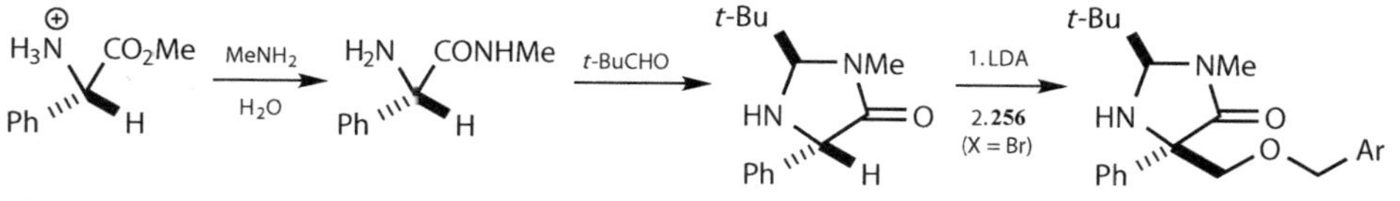

257;>99%ee　**258**;>97%ee　**259**;49% 产率　**260**;70%~75% 产率

C_2 对称的二胺作为手性源成员

在第 22 章中一个一元胺 **261** 和一个二胺 **262** 通过最简单的过程被拆分了。他们通过两个相关的 C_2 对称的二胺——**263** 和 **264** 加入到新的手性源中，这两个二胺是通过完全不同的步骤得到的。虽然我们只展示了这些胺的一个单一的对映体，但实际上它们的两个对映体都是可以以大概相同的价格得到的，因为它们都是通过拆分得到的。

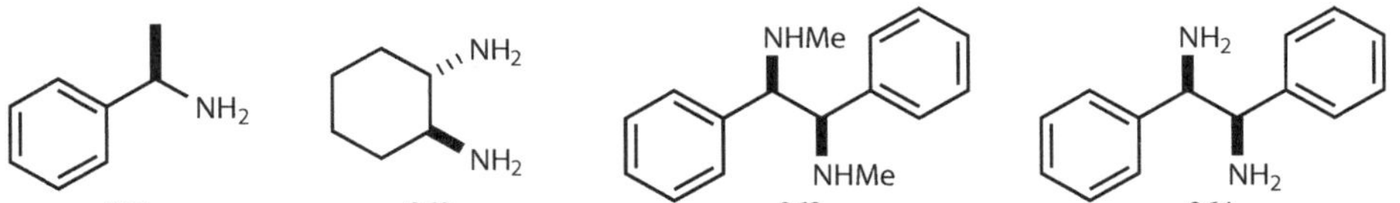

261　　262　　263　　264

二胺 **264** 是从 α-二酮苯偶酰制备的。首先通过一个简单但多样的环化反应得到杂环 **265**。立体选择性的溶解金属还原给出 *anti*-**266**，而在水解缩醛胺之后就能得到外消旋的 **264**。用酒石酸拆分可以得到一个对映体的酒石酸盐结晶。使用 L-(＋)-酒石酸时，与（*S*，*S*)-**264** 形成的盐溶解度较小，而（*R*，*R*)-**264** 则需要使用 D-(－)-酒石酸。这个二胺的一个重要应用是合成不对称的路易斯酸[46] **267**。

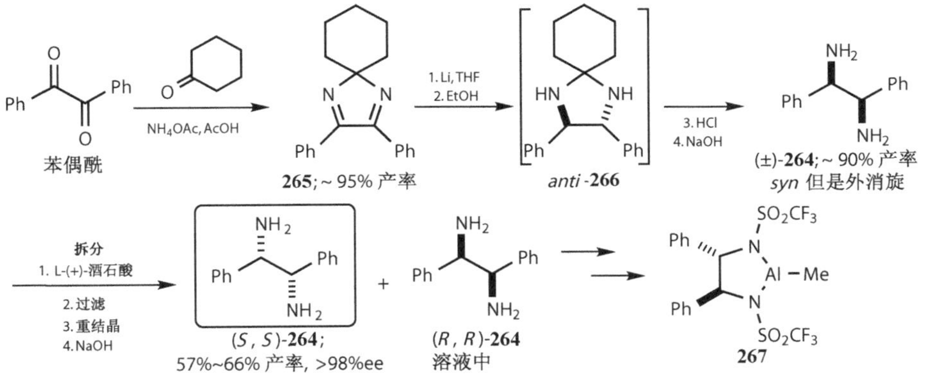

二胺 **263** 是通过苯甲醛亚胺 **268** 的自由基（频哪醇类型）二聚反应制得的。这个反应得到非对映异构体的混合物，在异戊二烯中锂的作用下，两种非对映异构体存在一个平衡，平衡更倾向于 *syn* 异构体。它可以通过和消旋的酒石酸形成结晶从内消旋的异构体中分离出来（51%的产率）[47]。最后，(±)-**263** 在酒石酸光学纯的单一对映体的作用下进行拆分以 90%产率和 99%ee 得到（*S*，*S*)-**263** 或者（*R*，*R*)-**263**，可以得到什么构型的对映体依赖于使用了酒石酸的哪个对映体。溶液中剩余的异构体也能以 96%ee 分离得到。

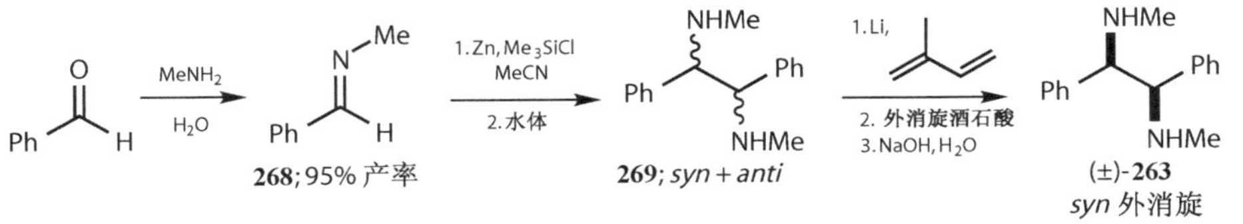

这个二胺已经有很多用途。从间三氟甲基苯甲醛通过相同的方法制备得到的双间三氟甲基化合物 **270** 是一个手性 NMR 位移试剂，可以给出比更传统的基于 Eu 的位移试剂更好的光谱，因此可以得到更可靠的 ee。萜烯的低 ee 是众所周知的，桃金娘烯醛（*myrtenal*，**271**）的 ee 通过形成缩醛胺 **272** 并测量它的 ^{19}F NMR谱确定为 96%[48]。两个非对映异构体的信号能够很容易的区分和积分，虽然这化合物很难通过手性 HPLC 得到分离。

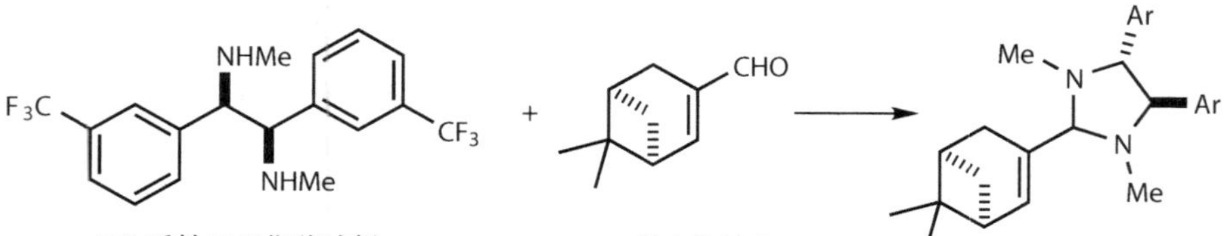

270; 手性NMR位移试剂　**271**; 桃金娘烯醛　**272**

化合物 **263** 本身可以和乙二醛 **273** 的其中一个醛基形成 C_2 对称的缩醛胺，这是很有价值的，可以控制亲核进攻发生在剩余的醛基上（**274**）或者发生在像通过 Horner-Wadsworth-Emmons 反应（第 15 章）形成的亲电烯烃 **275** 上。最后缩醛胺可以在酸性条件下水解而不会引起任何的消旋化，即使手性中心在醛的邻位[49]。

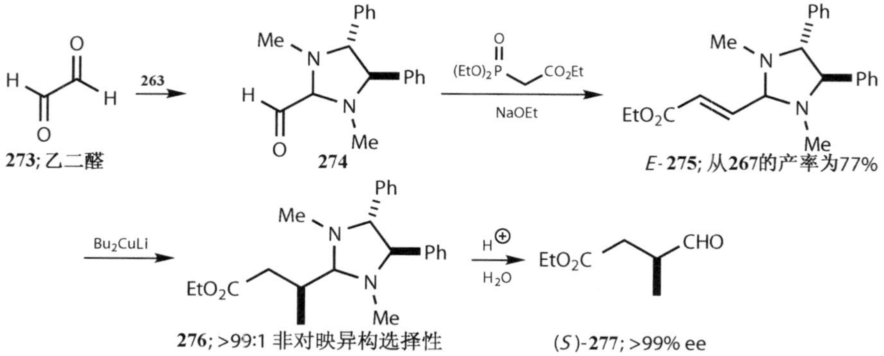

273; 乙二醛　**274**　*E*-**275**; 从**267**的产率为77%

276; >99:1 非对映异构选择性　(*S*)-**277**; >99% ee

由吡啶-3-甲醛 **278** 得到的缩醛胺 **279** 在亚铜盐的作用下可以在 4 位发生加成以很好的立体选择性得到部分还原的吡啶 **280**，进一步酰化得到 **281**。它可以被还原并环化得到生物碱 **282**，其中两个手性中心得到了很好的控制[50]。

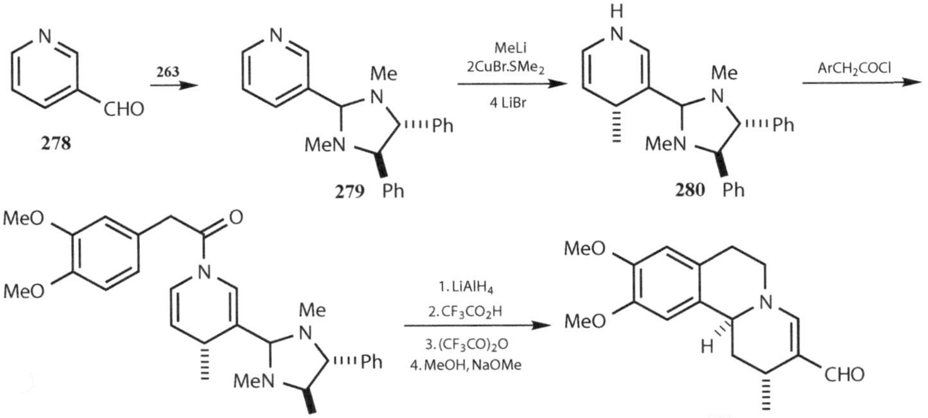

278 279 280 281 282

氨基茚满醇

这些看起来很奇怪的分子是新手性源的成员，它们在 Merck 公司对 HIV 蛋白酶抑制剂印地那韦（crixivan）合成时可以大规模的制备。这些分子都是通过茚 **283** 的 Jacobsen 环氧化作用得到（第 25 章）：反式化合物 **285** 是通过叠氮离子进攻 **284** 苄位的环氧而开环得到的[51]。

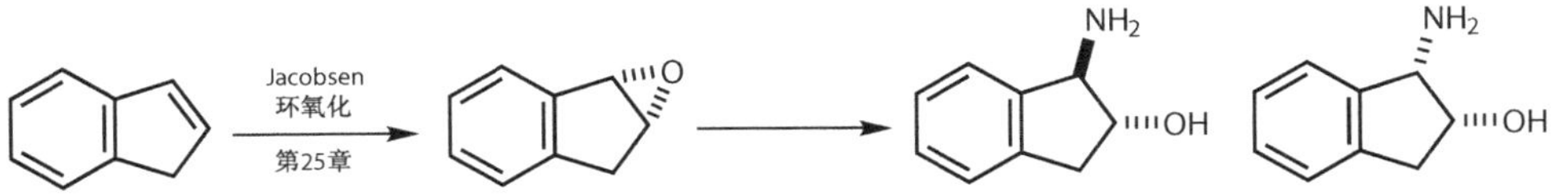

283; 茚 284 285 286

顺式化合物 **286** 非常有意思。它对 crixivan 的合成有着绝对重要的作用并且在 **287** 的右端可以明显地看到这个片段。它并不是一个天然产物。

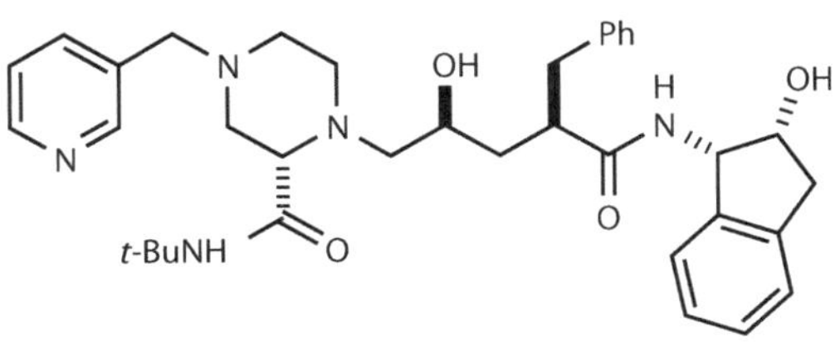

287;
Merck's HIV-蛋白酶抑制剂
crixivan

Merck 公司设计了一个很有效的合成路线使得现在 **286** 已经成为一个商业化的产品（据说 Merck 公司可以免费提供因为他们有太多了，不过这是个谣言），并且已经以多种方式被用于不对称合成中。这个合成已经被 Merck 公司的小组在 *Organic Synthesis* 中详细描述过[52]。环氧化合物 **284** 被酸质子化得到正离子 **288**，捕获乙腈发生一个 Ritter 反应得到杂环 **290**，该化合物很容易水解成 **286**。

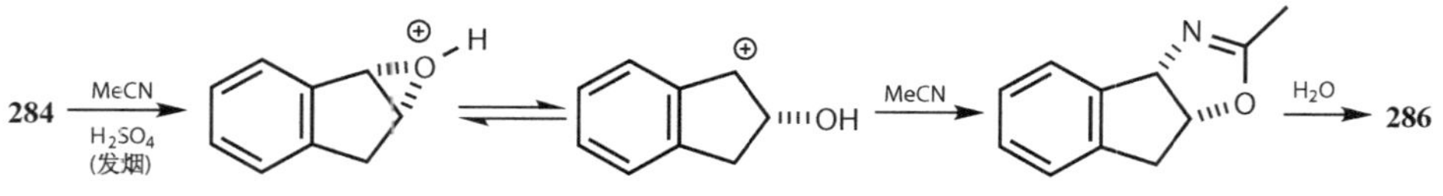

这个反应的立体化学看起来完全错了。实际上，正离子 **289** 更倾向于从上面捕获乙腈（**292**），从羟基的反方向接近得到 *anti*-**291**。但是这个中间体不能环化，而且跟 **292** 存在一个平衡。只有当 *syn*-**291** 形成的时候环化反应才能发生，而正离子就会在平衡中被消耗。虽然这个环化反应的发生看起来很不好，但是 5-*endo*-*dig* 的反应还可以。

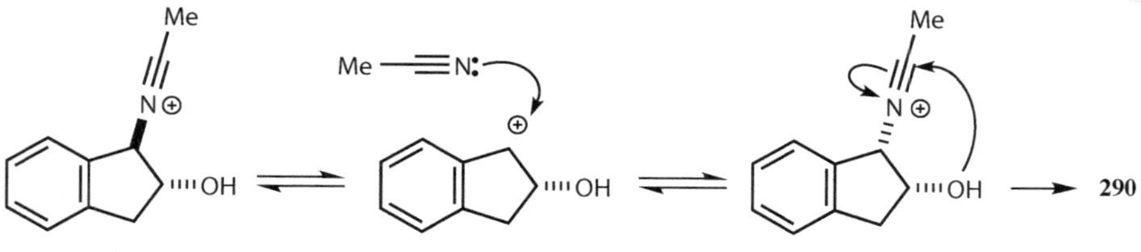

氨基茚满醇 **286** 是很多重要的不对称试剂的基础，如从 **293** 衍生化得到的烯醇化物和像从二聚体 **294** 衍生化得到的 **295** 这样的金属复合物。这些都是 Diels-Alder 反应的有效催化剂[53]。

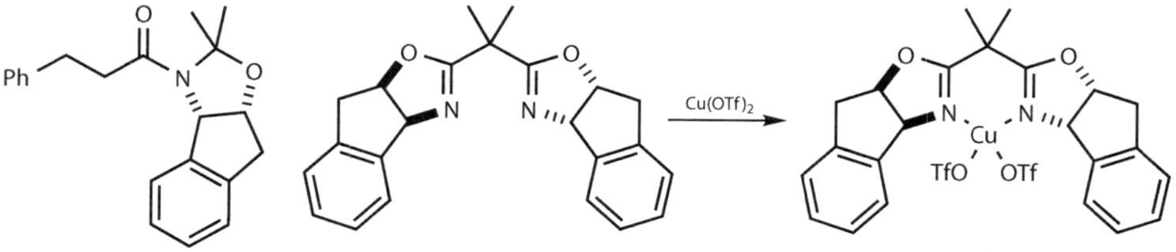

印地那韦（crixivan）的合成

这个合成的后续步骤是很有意思的。**293** 的烯醇盐和对甲苯磺酸环氧丙醇酯 **249** 发生烷基化反应插入另外两个手性中心。进攻发生在亲电试剂的环氧化物的一端（**296**），C-2 的立体化学通过氨基茚满醇得到了控制。C-4 的立体化学则是由亲电试剂本身控制的，而当环氧化物 **298** 被哌嗪亲核试剂进攻时 C-4 的立体化学也不会发生变化[54]。Crixivan 剩下的一个手性中心是在哌嗪环上的，这个手性中心可以通过不对称氢化反应（第 26 章）得到保证。我们现在已经探索了足够的新的和旧的手性源来实现一些化合物的合成，而并没有预先判断起始原料。

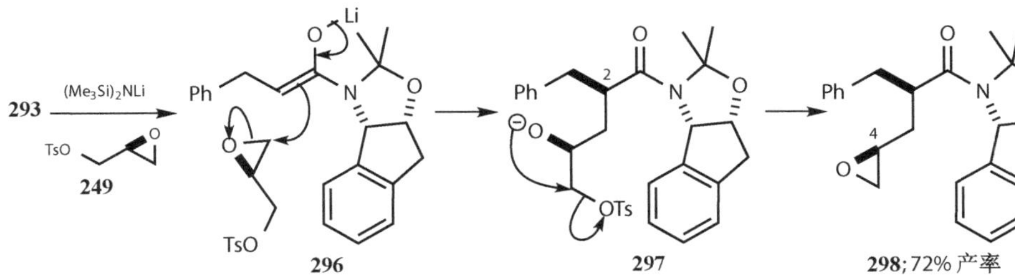

结论：经由手性源的合成

Agelastatin 的合成

Agelastatin **299** 是一个很有意思的分子，部分原因是它具有抗肿瘤的作用，另外是因为在一个这么小的片段里有那么多的官能团。它含有一组杂原子，每个杂原子都有 1,1-二取代关系，而把这些去除后得到一个羰基和吡咯的氮原子是 1,3-关系的基本的碳骨架。从可以共轭加成的地方切断 **300** 可以得到一个简单得多的只有两个相邻的手性中心的化合物 **301**。

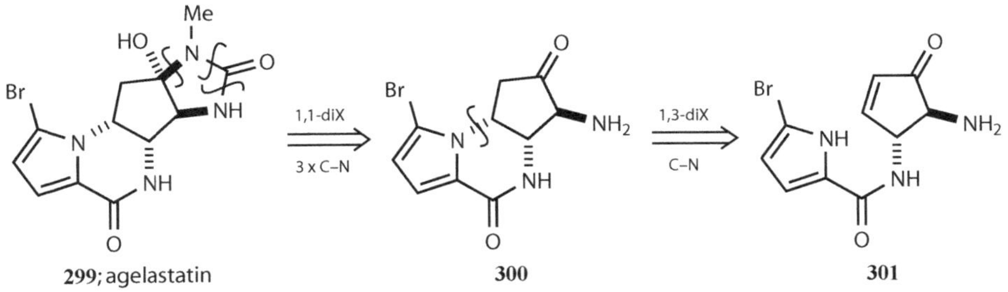

切断 **301a** 的酰胺键分离出一个具有两个手性中心的五元环化合物 **303**。这个化合物能否从手性源制备并不明确，但是通过文献的搜索发现一个葡萄糖胺的衍生物 **304** 看起来是很有希望的。没有一个作者详细地提到这个糖的文献的知识，也没有一个作者曾提到这个可能性。

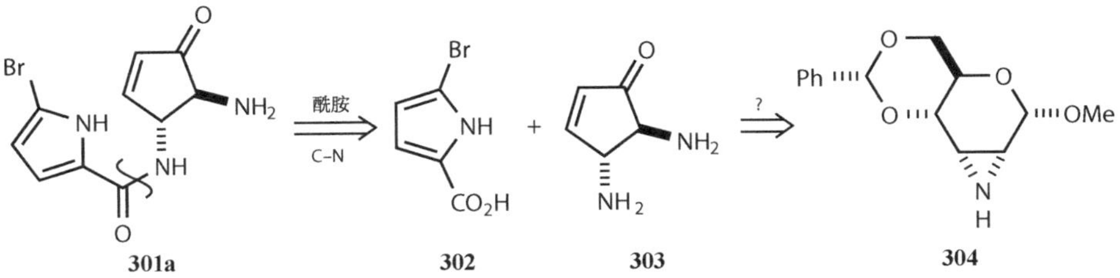

葡萄糖胺可以转化成 *N*-苯甲酰基的衍生物 **305**，再保护成一个甲基葡萄糖苷和一个苯亚甲基的缩醛得到只裸露一个 OH 的 **306**。这个 OH 转化成对甲苯磺

酸酯，再在碱的作用下形成含有三元环的化合物 **304**[55]。

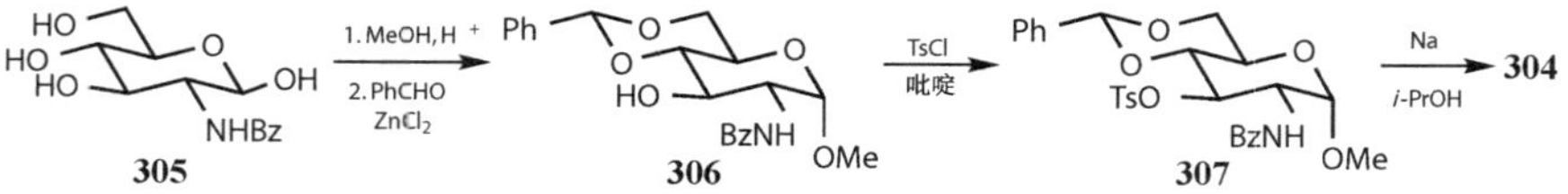

从 **304** 合成 agelastatin 的步骤太长，在这里就不再详细叙述了，我们只挑选最重要的步骤进行介绍。**303** 中两个氮原子之间的反式关系可以通过使用叠氮离子打开 *N*-酰基氮丙啶 **308** 来建立。反应可以得到反式的两个直立键取代的产物 **309**（第 21 章）。进一步的官能团和保护基转换（5 步）得到 **310**。保护基 SES 是 $Me_3SiCH_2CH_2SO_2^-$，可以通过氟离子除去。

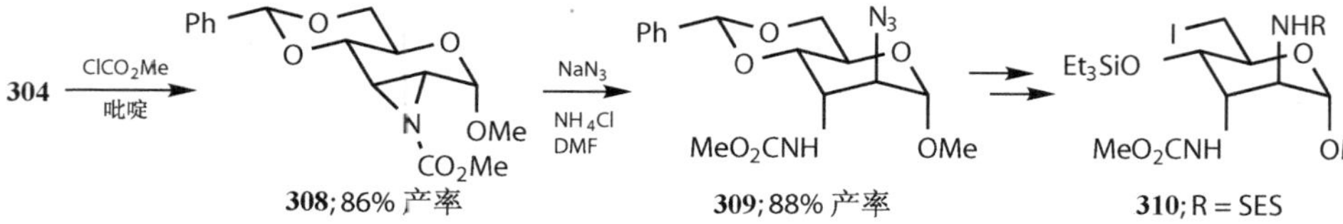

接下来是两个关键步骤。碘化物 **310** 在含水的 THF 中被锌切断（如 **311** 所示）以惊人的产率得到不饱和醛 **312**。机理 **311** 中为了看得更加清楚把 NHR 基省略了：MeO 的失去可能跟其他过程不是协同的。虽然尝试使用 Wittig 和 Peterson 反应失败了，但是 Kocienski-Julia 反应（第 15 章）能够给出双烯 **313**，**313** 可以立刻用于下一步反应。

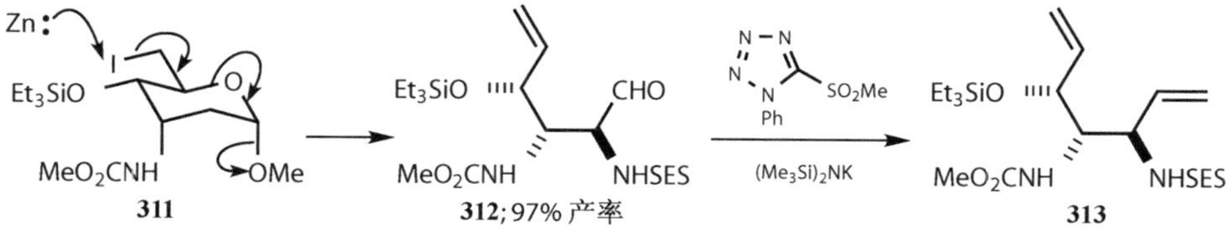

我们希望读者猜到了烯烃复分解反被用于五元环化合物的合成。使用修饰过的 Hoveyda-Grubbs 催化剂 **314** 可以得到最佳结果，并且去除 Et_3Si 和 CO_2Me 保护基后产物 **315** 可以环化成 **316**。这个化合物包括了 **303** 的全部官能团和立体化学。那么，仅仅使用葡萄糖胺作为手性源是否值得呢？至少，这是第一次不对称合成这个化合物[56]。

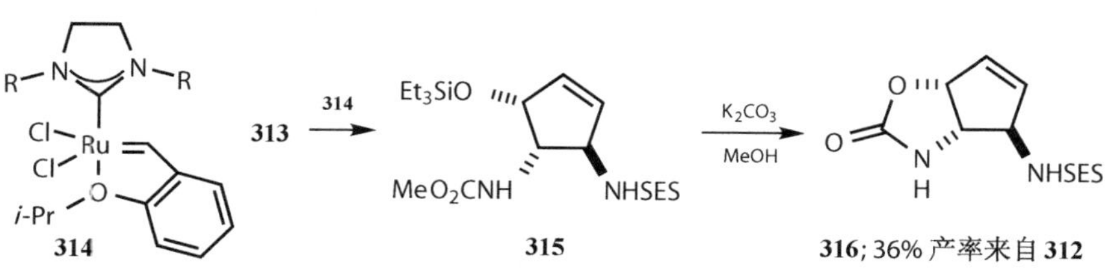

如果我们把 **316** 转过来使其看起来更像 **303**，那么最后的步骤[57]就更加能看出来了。环上的氮原子被保护起来形成 **317**，这样另一个氮原子就可以被 Me_3Si 代替 Br 的吡咯 **318** 酰化。

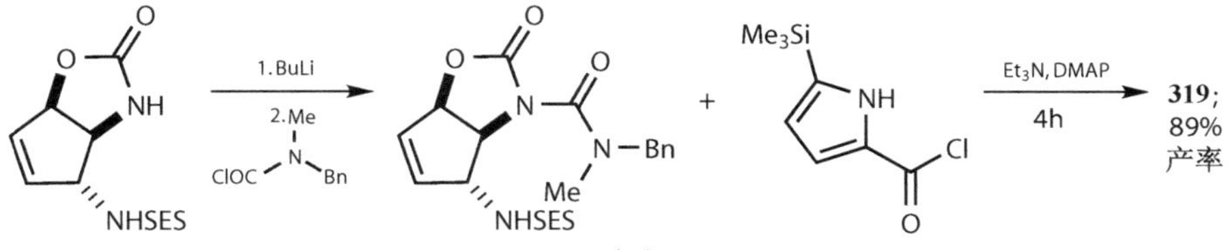

316 **317**; 88%~94% 产率 **318**

虽然化合物 **319** 可以转化为必需的烯酮 **320**，但是在尝试后面的反应时却怎么也不能取得成功。共轭加成可以发生，但是接下来会发生其他的一些反应。正确的解决方法是先溴化。溴化会给出一溴、二溴和三溴取代吡咯的混合物，但是它们都能在 Hünig 碱的作用下发生环化反应得到在不同位置溴化的保护的 **300** 的混合物，最终可以完成 agelastatin 的合成。

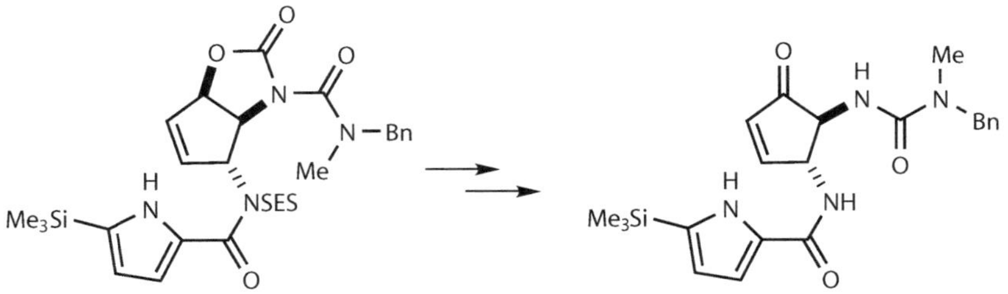

319 **320**

Novartis 公司的一种抗癌药物 LAF389 的合成

天然产物 bengamide B 显示出很有前途的抗癌活性，为此 Novartis 公司开发了一个项目，大量合成其类似物 LAF389 **321**[58]。它包含一个具有四个连续的手性中心的侧链，这个侧链通过一个酰胺键连接到一个具有两个手性中心的七元杂环上。

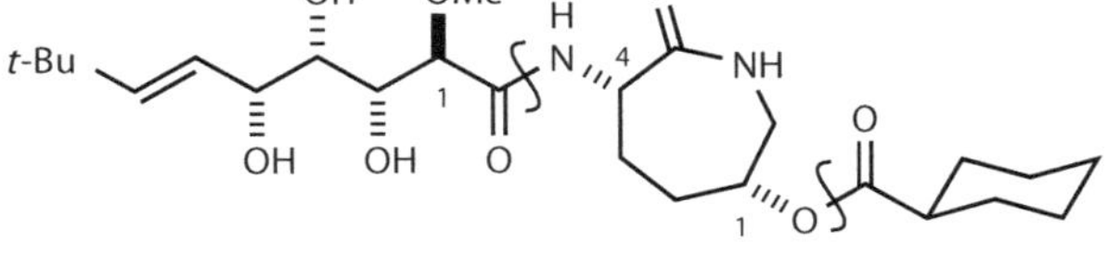

321;
Novartis 公司的
LAF389

在环上的两个手性中心之间和在侧链与环上的临近基团之间都是 1,4-关系。

这就导致如 **321** 中所示的酯键和酰胺键的高明切断得到三个起始原料。

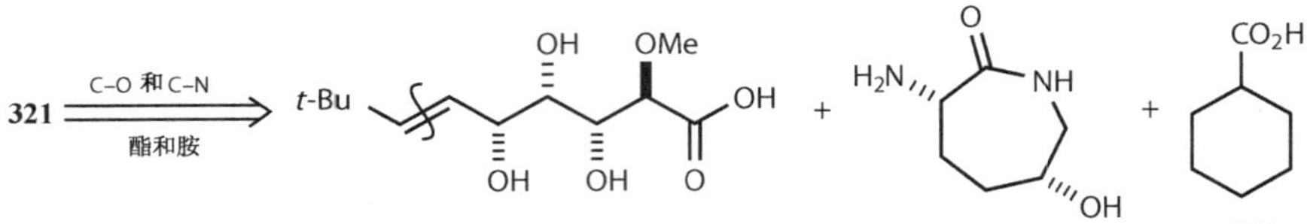

322　　**323**　　**324**

侧链片段 **322** 有类似糖的结构，并且如果其中的双键用 Julia 反应断开（因为这是 E 型双键，第 15 章），它就含有 6 个碳原子且每个都连有氧原子，如 **325** 所示。不幸的是，有两个手性中心的构型与葡萄糖 **99** 的不一样。但是一个七碳糖，古洛庚糖酸 **326** 却能用到这个合成里。它在 C-2 至 C-5 位都有正确的立体化学，只有 C-6 是不需要的，但是因为它还多出一个碳，这个手性中心可以在制备醛 **325** 的时候去掉。这个过程再次证明，关于糖的文献检索是非常有用的。

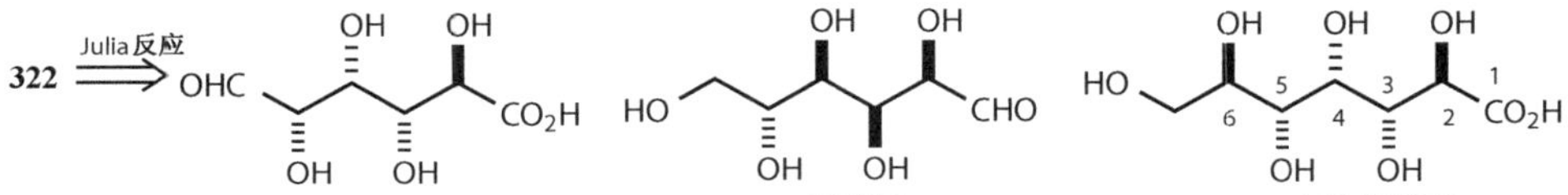

325　　**99**;葡萄糖　　**326**;古洛庚糖酸

酸 **326** 是以内酯 **327** 的形式存在的，并且可以被选择性地保护为 **328**，最终被高碘酸盐氧化断裂成 **329**。这个合成方法和实验室的合成方法很相近，但是在这一步中需要很多仔细的改进使其在大量反应的时候能够安全有效。

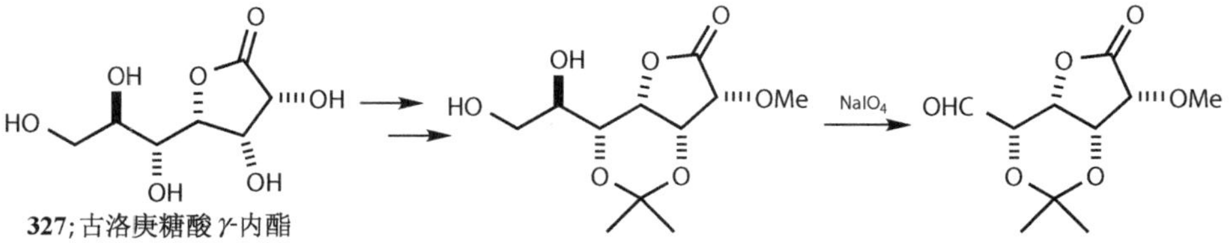

327;古洛庚糖酸 γ-内酯　　**328**　　**329**

另一个手性成分，内酰胺 **323**，它是 5-羟基-赖氨酸 **330** 的环化形式。它和羟基脯氨酸 **331** 都出现在连接的蛋白质胶原质上。羟基是在胶原质聚集后才引入，但是它们也可以由胶原质的水解得到，因此它们也可以作为手性源的成员。

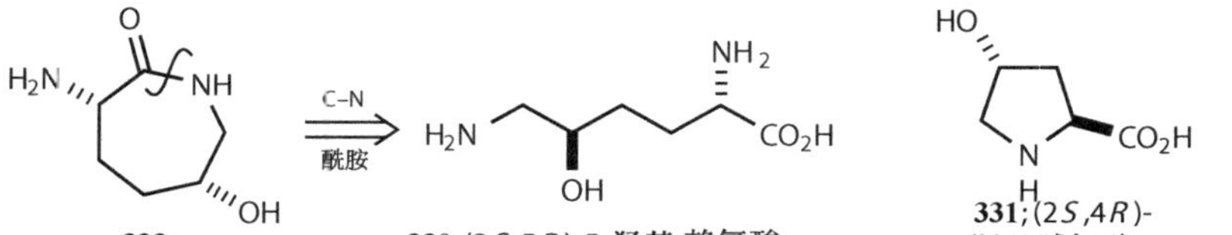

323a　　**330**;(2S,5R)-5-羟基-赖氨酸　　**331**;(2S,4R)-羟基脯氨酸

自然界羟基脯氨酸很丰富但是羟基赖氨酸却很少。幸运的是，它可以由一种丰富的手性源成员——苹果酸 **34** 来合成[59]。硼烷还原得到三元醇 **332**，再和茴香醛反应可以得到两个取代基都在平伏键的缩醛 **333**，这是热力学控制的结果。

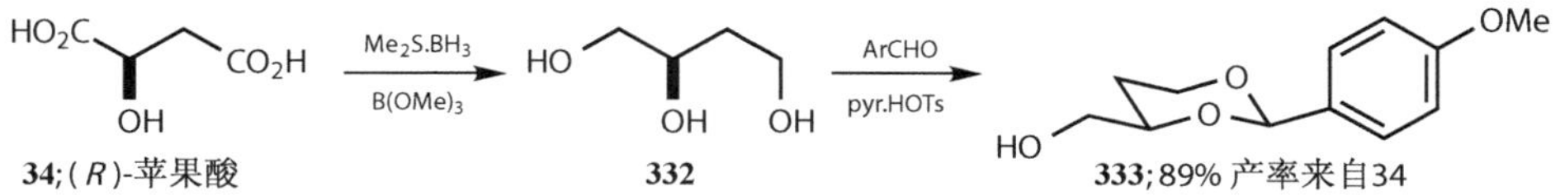

34;(*R*)-苹果酸　**332**　**333**;89% 产率来自34

按照通常的步骤裸露羟基可以转化为叠氮化物 **334**。下面是一个关键的步骤：缩醛被还原打开以很好（用他们的话说是“意料之外”）的选择性得到 **335**。关键是反应中存在一个路易斯酸（氯硅烷）。如果用质子酸，将会得到相反选择性的结果。

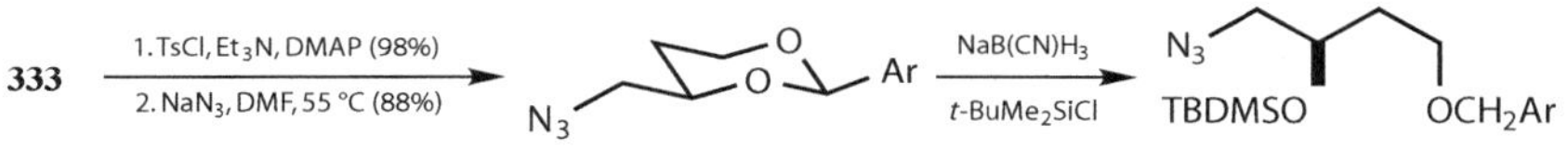

334　**335**;89% 产率

现在端头的羟基可以被去保护，并且转化成为一个离去基团 **336**，再烷基化得到一个不对称的氨基乙酸阴离子等价物——杂环 **337**。接下来叠氮化合物被还原并保护得到 **338**（**330** 的带保护基形式）。烷基化的产率是 94%，并且只有一个非对映异构体被检测出。

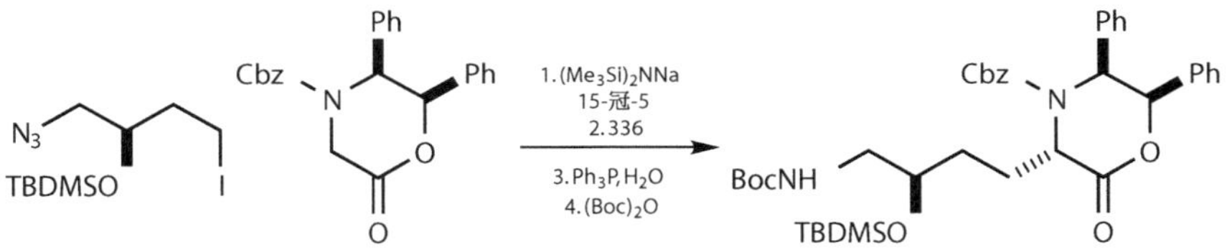

336　**337**　**338**

323 的合成需要以甲酯的形式活化，从而自发的形成七元环。其中的伯胺需要保护，进而可以选择性的酰基化醇最终得到 **340**。

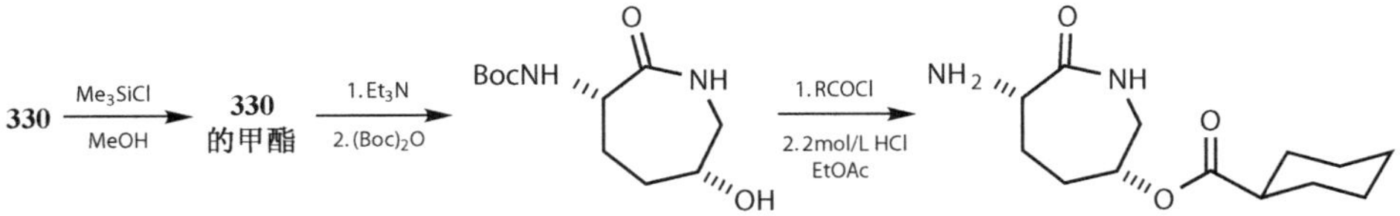

339　**340**

合成 LAF389 的最后一步只需要合并 **340** 和 Julia 试剂 **341**，并且去保护，这样从两种不同的手性源来合成药物分子 **321** 就完成了。

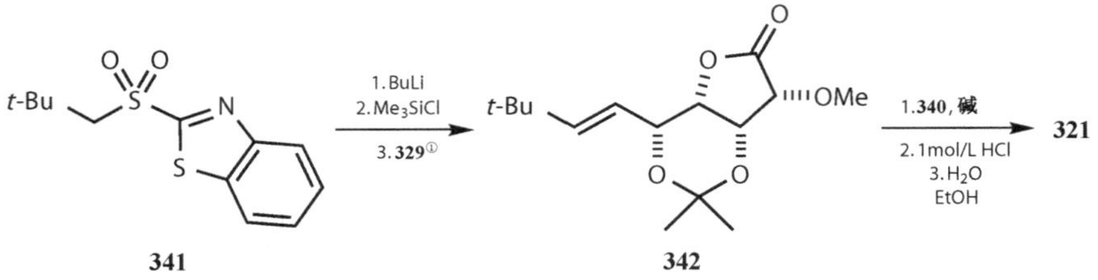

第三部分——手性源

我们将在下面列出传统的手性源主要成员和我们挑选的“新型手性源”，并给出它们在本章中的化合物编号。最易得到的清单在 Morrison[60]，最全面的在 Houben-Weyl[61]（这一卷是英文的）。有价值（并且免费）的资源是化学药品厂商的目录，这是找出每年价格变化的唯一途径。

氨基酸

蛋白质的 α-氨基酸都是易于得到的。它们的基本结构如 **3**，其中 R 基团可以是烷基或者多种可取代的基团[3,4]。许多教科书上都有全部天然氨基酸的列表[62]。有些主要成员已经在本章中介绍过，包括苯基丙氨酸 **4**、缬氨酸 **5**、脯氨酸 **6**、谷氨酸 **7**、天冬氨酸 **9**、丙氨酸 **149** 和亮氨酸 **163**。在此之上，我们再介绍两种官能团化的氨基酸，即半胱氨酸 **343** 和赖氨酸 **344**，还有两种杂环氨基酸，即咪唑组氨酸 **345** 和吲哚色氨酸 **346**。

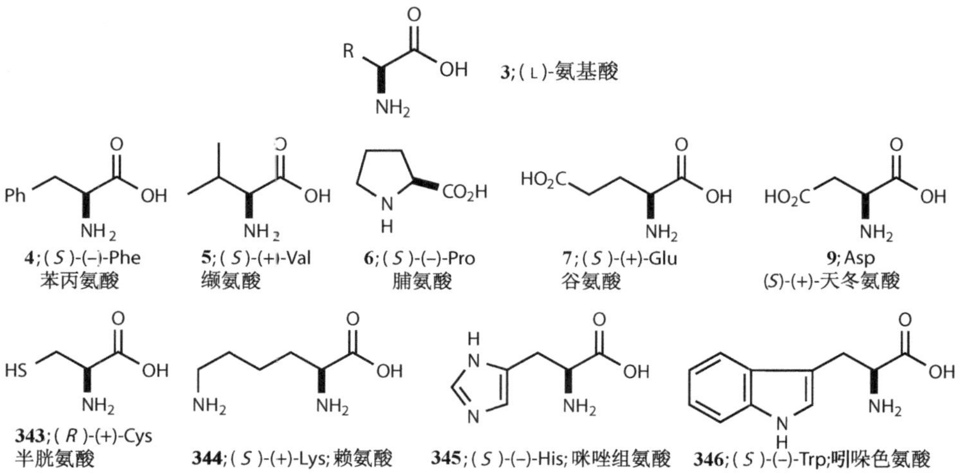

羟基氨基酸由于羟基可以转变成一个离去基团而很有用。在本章前面已经看

① 条件 **329** 应为 **340**。——译者注

到丝氨酸 **138**。还有三个氨基酸含有仲醇结构，这个仲醇是一个有潜在用途的手性中心。苏氨酸 **347** 在常规蛋白质中很常见。另外两个目前在胶原质中，并且额外的羟基是在蛋白质形成后通过氧化添加进去的（“后转化修饰”）。羟基脯氨酸 **331** 的含量是很丰富的，而羟基赖氨酸 **330** 却少得多。我们还可以增加一个新成员——合成的苯基甘氨酸。

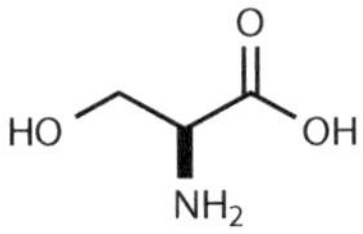
138;(*S*)-(+)-Ser
丝氨酸

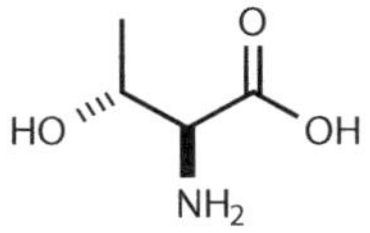
347;(2*S*,3*R*)-(−)-Thr
苏氨酸

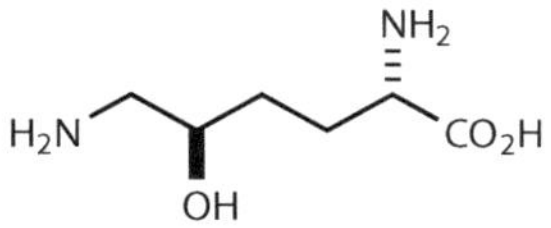
330;(2*S*,5*R*)-5-羟基赖氨酸

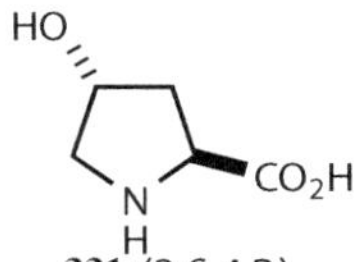
331;(2*S*,4*R*)-
羟基脯氨酸

羟基酸

一些羟基酸是比较容易得到的，如乳酸 **33**、苹果酸 **34**，两种结构的酒石酸 **35** 和 **36**，苦杏仁酸 **37** 等。

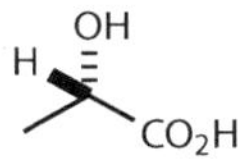
33;(+)-(*S*)-
乳酸

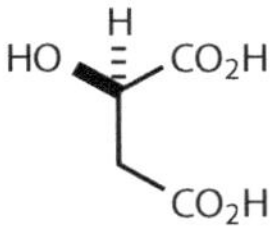
34;(−)-(*R*)-
苹果酸

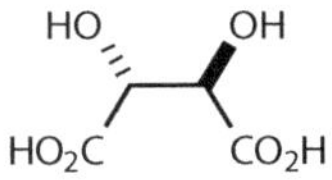
(*R*,*R*)-(+)-**35**
酒石酸
“天然”

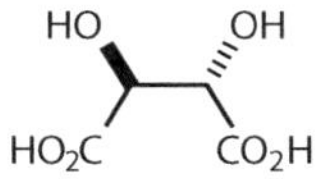
(*S*,*S*)-(−)-**36**
酒石酸
“非天然”

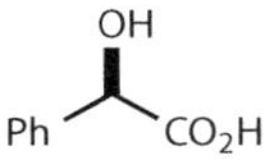
37;(*R*)-(−)-
苦杏仁酸

起源于它们和其他手性源成员的是一小类环氧化合物，它们可以作为新的手性源成员：丙烯氧化物的两种对映体 **44**，环氧丙醇 **231** 和 **235**，氯醇 **236** 和 **237**，二环氧化物 **117**。

(+)-(*R*)-**44**

(−)-(*S*)-**44**

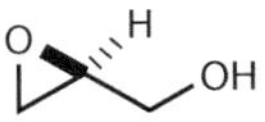
231
(*R*)-(+)-环氧丙醇

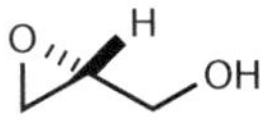
235;
(*S*)-(−)-环氧丙醇

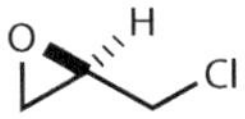
236;
(*R*)-(−)-epi
氯醇

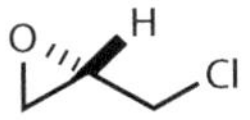
237;
(*S*)-(+)-epi
氯醇

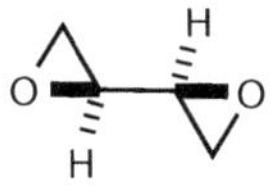
117

氨基醇

把氨基酸还原（通常用硼烷）可以得到氨基醇，如缬氨醇 **27**、脯氨醇 **28** 和苯丙氨醇 **30**：它们都有共同的通式 **51**。

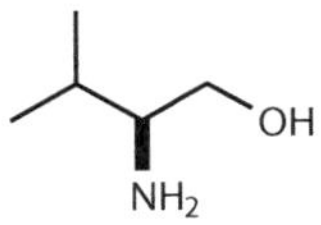
27;(*S*)-缬氨醇

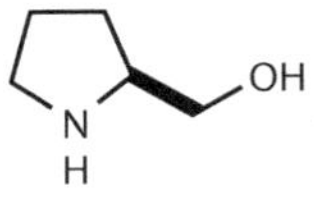
28;(*S*)-脯氨醇

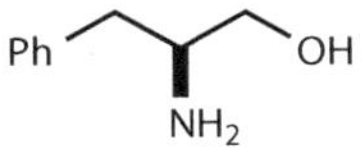
30;(*S*)-苯丙氨醇

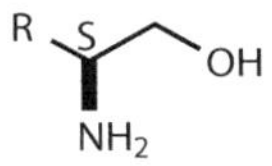
51;从氨基酸到氨基醇

其他氨基醇也普遍存在，包括麻黄素家族 **52** ～**54**。我们也可以把著名的氨基茚满醇 **286** 加入这个集合。

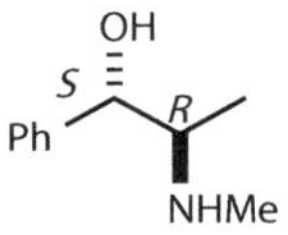

52;(1*S*,2*R*)-(+)-麻黄素

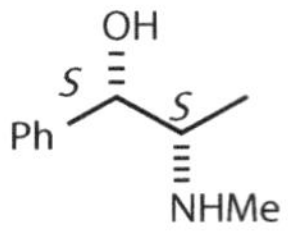

53;(1*S*,2*S*)-(+)-假麻黄素

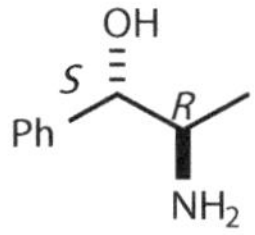

54;(1*S*,2*R*)-(+)-去甲麻黄素

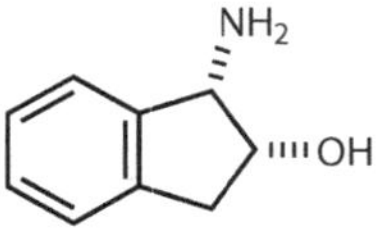

286;氨基茚满醇

二胺

这类重要的化合物都是新型手性源成员，并且都是 C_2 对称的。

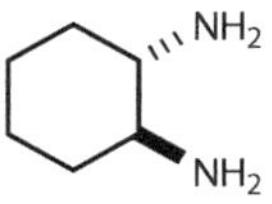

262

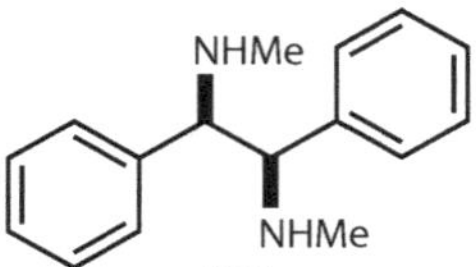

263

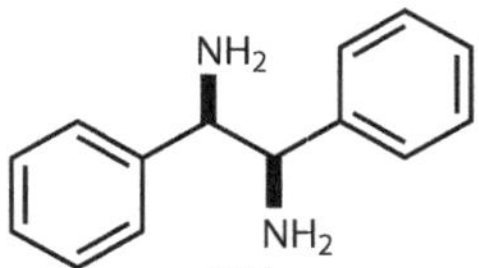

264

萜烯

萜烯的种类很多，但它们并不一定能以很高的 ee 得到。下面的萜烯是一个好的选择：这些都是单萜烯（C_{10}）并且可能是直线形，环形或双环结构。我们已经包括了新手性源成员 8-苯基-薄荷醇（**83**）和樟脑 10-磺酸（**94**）。

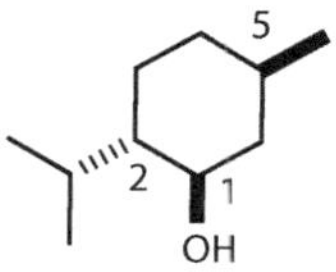

79;(1*R*,2*S*,5*R*)-(−)-薄荷醇

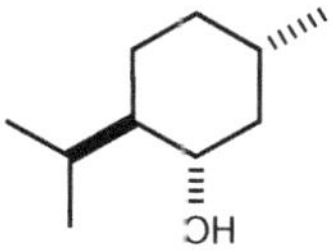

80;(1*S*,2*P*,5*S*)-(+)-薄荷醇

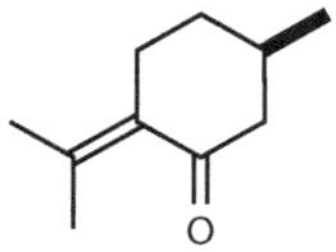

81;(*R*)-(+)-胡薄荷酮

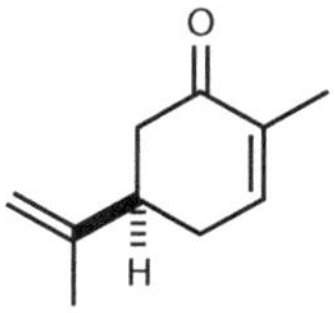

82;(*R*)-(−)-香芹酮

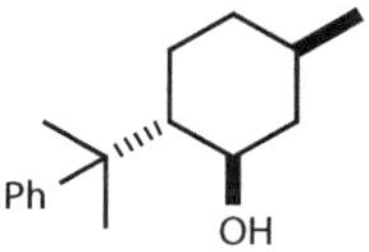

83;(−)-8-苯基-薄荷醇

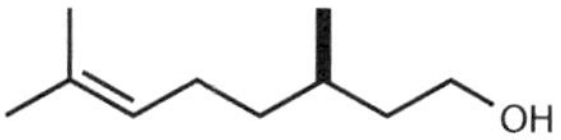

75;(*R*)-(+)-香茅醇

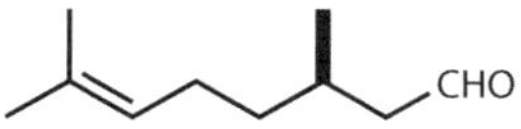

76;(*R*)-(+)-香茅醛

77;(*R*)-(+)-香茅酸

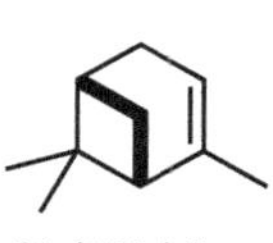

89;(1*R*)-(+)-α-蒎烯

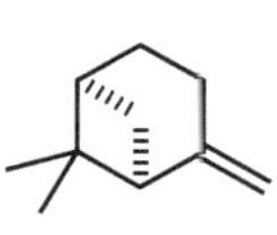

91;(−)-*β*-蒎烯

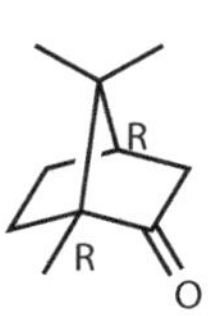

93;(+)-樟脑

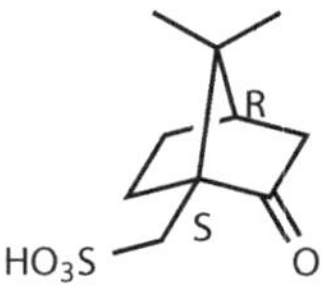

94;(+)-樟脑 10-磺酸

糖

最近的一些书中描述了许多糖，它们在自然界中丰富存在而且每个有用的中心都具有自己的立体化学，它们在不对称合成中应用广泛[63]。最重要的六碳糖化合物是葡萄糖（**99**）和开链甘露糖（**104**）以及它的还原产物甘露醇（**105**）。下面列出了这些糖的开链形式以使它们的立体化学非常明了。在本章前面的部分可以找到这些糖的吡喃和呋喃形式。

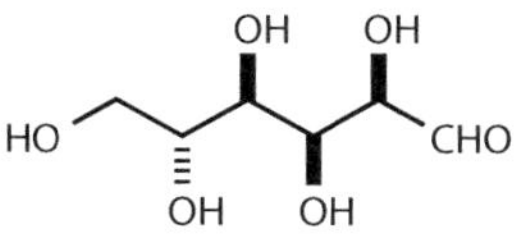

99; 开链α-D-葡萄糖

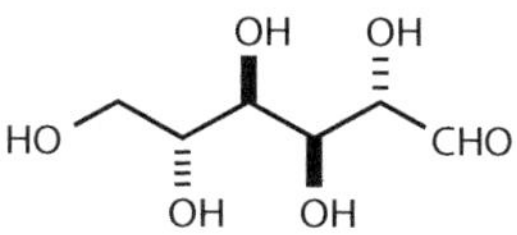

104; 开链甘露糖

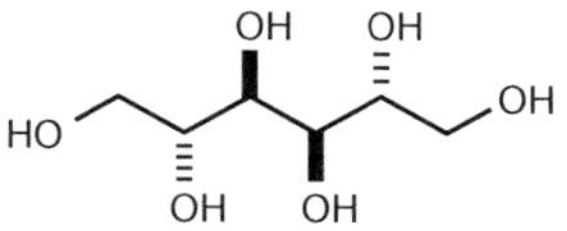

105; 甘露醇

在本章中并没有介绍五碳糖，但是却包括了树胶醛醣、核糖和木糖。它们都有相应的醇，但是其中值得注意的是木糖醇是非手性的，在不对称合成中没有太大的用处。

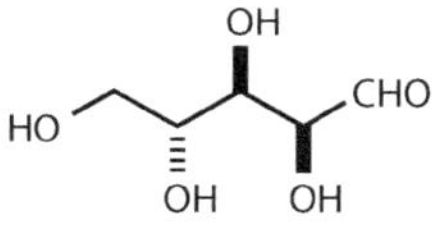

D-(−)-阿拉伯糖开链形式

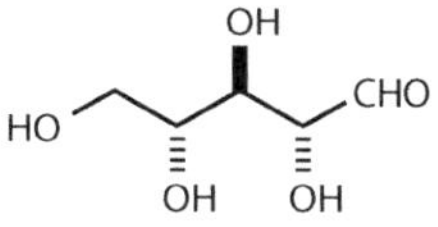

D-(−)-核糖开链形式

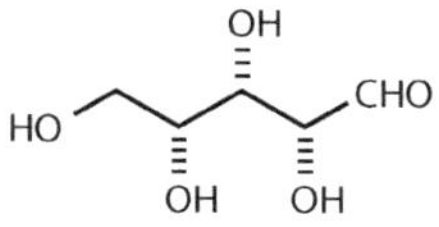

D-(+)-木糖开链形式

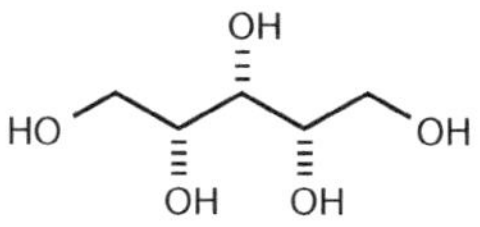

木糖醇注意！手性

四碳糖有两个，它们的醇属于“**赤式**”或“**苏式**”系列。其中一个醇 **114** 是 C_2 对称（双环氧化合物 **117** 是从它制备的），但是另一个醇 **112** 是非手性的，具有一个对称面（或对称中心）。

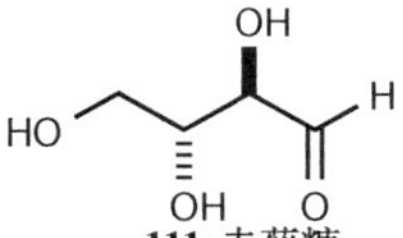

111; 赤藓糖

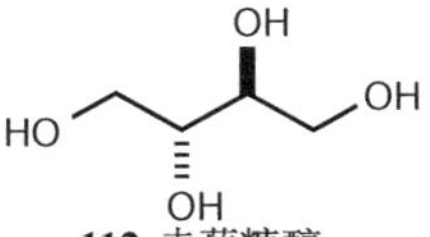

112; 赤藓糖醇

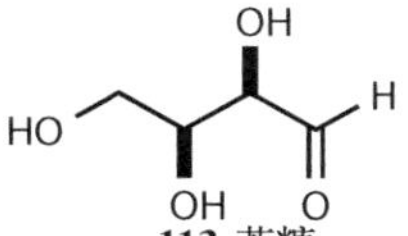

113; 苏糖

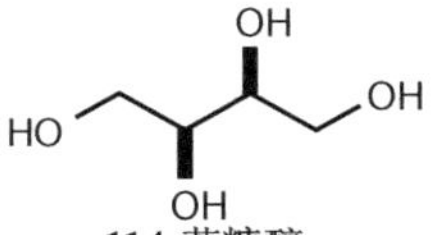

114; 苏糖醇

唯一的三碳糖是甘油醛，它非常不稳定，最好用它的保护形式 **107** 或 **109** 来使用，它们可以从甘露醇的衍生物 **106** 的氧化断裂得到。

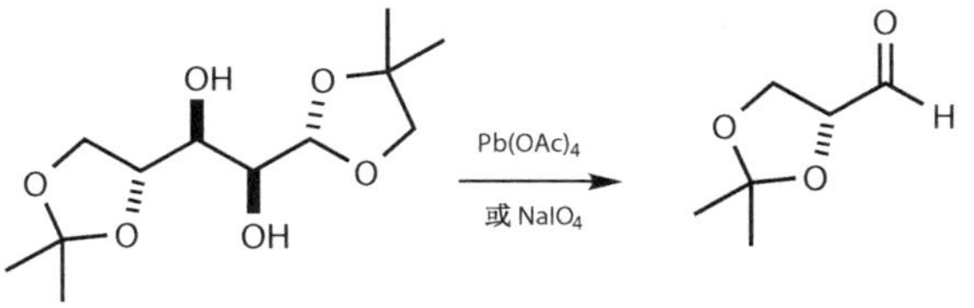

106; 双-乙酰化甘露醇　　**107**; 乙酰化甘油醛

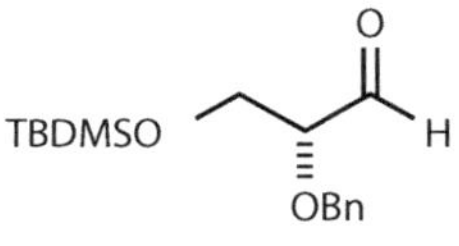

109; 选择性保护甘油醛

生物碱

很少被用作目标分子的合成砌块，但是在试剂和催化剂的设计中的作用是非常大的，详见结构 **118** 和 **119**。

参考文献

一般性参考文献列于 946 页。

1. J. W. Scott, *Morrison*, volume 4, pages 1–226.
2. L. F. and M. Fieser, Steroids, Reinhold, New York, 1959, p. 547 ff.
3. G. M. Coppola and H. F. Schuster, *Asymmetric Synthesis: Construction of Chiral Molecules from Amino Acids*, Wiley, New York, 1987.
4. R. M. Williams, *Synthesis of Optically Active Amino Acids*, Pergamon, Oxford, 1989.
5. T. Kolasa and M. J. Miller, *J. Org. Chem.*, 1987, **52**, 4978.
6. B. Koppenhoefer and V. Schurig, *Org. Synth.*, 1988, **66**, 151; 160.
7. L. R. Smith and H. J. Williams, *J. Chem. Ed.*, 1979, **56**, 696; J. P. Vigneron, R. Méric, M. Larchevêque, A. Debal, G. Kunesch, P. Zagatti and M. Gallois, *Tetrahedron Lett.*, 1982, **23**, 5051.
8. F. Degerbeck, B. Fransson, L. Grehn and U. Ragnarsson, *J. Chem. Soc., Perkin Trans. 1*, 1993, 11.
9. A. Abiko and S. Masamune, *Tetrahedron Lett.*, 1992, **33**, 5517.
10. D. A. Quagliato, P. M. Andrae and E. M. Matelan, *J. Org. Chem.*, 2000, **65**, 5037.
11. J. R. Gage and D. A. Evans, *Org. Synth.*, 1990, **68**, 77, 83.
12. D. Enders, P. Fey and H. Kipphardt, *Org. Synth.*, 1987, **65**, 173, 183.
13. A. K. Beck, P. Gysi, L. La Vecchia and D. Seebach, *Organic Syntheses*, 1999, **76**, 12.
14. E. Weber, N. Doerpinghaus, C. Wimmer, Z. Stein, H. Krupitsky and I. Goldberg, *J. Org. Chem.*, 1992, **57**, 6825; C. van dem Bussche-Hünnefeld, A. K. Beck, U. Lengweiler and D. Seebach, *Helv. Chim. Acta*, 1992, **75**, 438; D. Seebach, G. Jaenschke and Y. M. Wang, *Angew. Chem., Int. Ed. Engl.*, 1995, **34**, 2395; G. Jaeschke and D. Seebach, *J. Org. Chem.*, 1998, **63**, 1190; D. Seebach, A. K. Beck, B. Schmidt and Y. M. Wang, *Tetrahedron*, 1994, **50**, 4643; D. Seebach, R. Dahinden, R. E. Marti, A. K. Beck, D. A. Plattner and F. N. M. Kühnle, *J. Org. Chem.*, 1995, **60**, 1788.
15. B. T. Golding, D. R. Hall and S. Sakrikar *J. Chem. Soc., Perkin Trans. 1*, 1973, 1214.
16. L. R. Hills and R. C. Ronald, *J. Org. Chem.*, 1981, **46**, 3348.
17. R. Shirai, M. Tanaka and K. Koga, *J. Org. Chem.*, 1986, **108**, 543.
18. C. D. Jones, N. S. Simpkins and G. M. P. Giblin, *Synlett*, 1997, 589; *Tetrahedron Lett.*, 1998, **39**, 1021; 1023.
19. D. Zhao, C. Chen, F. Xu, L. Tan, R. Tillyer, M. E. Pierce and J. R. Moore, *Org. Synth.*, 2000, **77**, 12.
20. S. Niwa and K. Soai, *J. Chem. Soc., Perkin Trans. 1*, 1990, 937.
21. A. S. Thompson, E. G. Corley, M. F. Huntington and E. J. J. Grabowski, *Tetrahedron Lett.*, 1995, **36**, 8937.
22. K. Mori, S. Kuwahira, and H. Ueda, *Tetrahedron*, 1983, **39**, 2439.
23. O. Ort, *Org. Synth.*, 1987, **65**, 203.
24. E. L. Eliel and J. E. Lynch, *Tetrahedron Lett.*, 1981, **22**, 2855; E. L. Eliel, J. E. Lynch, F. Kume and S. V. Frye, *Org. Synth.*, 1987, **65**, 215.
25. See discussion in *Org. Synth.*, 1987, **65**, 224.
26. *Vogel*, pages 654, 592.
27. M. T. Reetz and K. Kesseler, *J. Org. Chem.*, 1985, **50**, 5434.
28. Y. Morimoto, A. Mikami, S. Kuwabe and H. Shirahama, *Tetrahedron:Asymmetry*, 1996, **7**, 3371.
29. M. A. Robbins, P. N. Devine and T. Oh, *Org. Synth.*, 1999, **76**, 101.
30. M. A. Ondetti, B. Rubin and D. W. Cushman, *Science*, 1977, **196**, 441; Saunders, *Top Drugs*, chapter 1.
31. H. Urbach and R. Henning, *Heterocycles*, 1989, **28**, 957.
32. M. J. Wyvratt, E. W. Tristram, T. J. Ikeler, N. S. Lohr, H. Joshua, J. P. Springer, B. H. Arison and A. A.

Patchett, *J. Org. Chem.*, 1984, **49**, 2816.
33. T. L. Stuk, A. R. Haight, D. Scarpetti, M. S. Allen, J. A. Menxia, T. A. Robbins, S. I. Parekh, D. C. Langridge, J. J. Tien, R. J. Pariza and F. A. J. Kerdesky, *J. Org. Chem.*, 1994, **59**, 4040.
34. B. H. Norman and M. L. Morris, *Tetrahedron Lett.*, 1992, **33**, 6803.
35. J. W. Burton, J. S. Clark, S. Derrer, T. C. Stork, J. G. Bendall and A. B. Holmes, *J. Am. Chem. Soc.*, 1997, **119**, 7483.
36. H. Yamada, S. Aoyagi and C. Kibayashi, *J. Am. Chem. Soc.*, 1996, **118**, 1054.
37. B. M. Trost, C. H. Chung and A. B. Pinkerton, *Angew. Chem. Int. Ed.*, 2004, **43**, 4327.
38. B. M. Trost and D. C. Lee, *J. Am. Chem. Soc.*, 1988, **110**, 7255; B. M. Trost, F. J. Fleitz and W. J. Watkins, *J. Am. Chem. Soc.*, 1996, **118**, 5146.
39. H. Egawa, T. Miyamoto and J. Matsumoto, *Chem. Pharm. Bull.*, 1986, **34**, 4098.
40. S. J. Brickner, D. K. Hutchinson, M. R. Barbachyn, P. R. Manninen, D. A. Ulanowicz, S. A. Garmon, K. C. Grega, S. K. Hendges, D. S. Toops, C. W. Ford and G. E. Zurenko, *J. Med. Chem.*, 1996, **39**, 673.
41. see *Chemistry in Britain*, March 2001, page 22.
42. Y. Díaz, F. Bravo and S. Castillón, *J. Org. Chem.*, 1999, **64**, 6508.
43. A. F. Crowther and L. H. Smith, *J. Med. Chem.*, 1968, **11**,1009.
44. J. M. Klunder, S. Y. Ko and K. B. Sharpless, *J. Org. Chem.*, 1986, **57**, 3710.
45. G. A. Reichard, C. Stengone, S. Paliwal, I. Mergelsberg, S. Majmundar, C. Wang, R. Tiberi, A. T. McPhail, J. J. Piwinski and N.-Y. Shih, *Org. Lett.*, 2003, **5**, 4249.
46. S. Pikul and E. J. Corey, *Org. Synth.*, 1993, **71**, 22, 30.
47. A. Alexakis, I. Aujard, T. Kanger and P. Manganey, *Organic Syntheses*, 1999, **76**, 23.
48. D. Cuvinot, P. Mangeney, A. Alexakis, J. F. Normant and J. P. Lellouche, *J. Org. Chem.*, 1989, **54**, 2420.
49. A. Alexakis, J.-P. Tranchier, N. Lensen and P. Mangeney, *J. Am. Chem. Soc.*, 1995, **117**, 10767.
50. P. Mangeney, R. Gosmini, S. Raussou, M. Commerçon and A. Alexakis, *J. Org. Chem.*, 1994, **59**, 1877.
51. M. Takahashi and K. Ogasawara, *Synthesis*, 1996, 954.
52. J. F. Larrow, E. Roberts, T. R. Verhoeven, K. M. Ryan, C. H. Senanayake, P. J. Reider and E. N. Jacobsen, *Org. Synth.*, 1999, **76**, 46.
53. I. W. Davies, C. H. Senanayake, L. Castonguay, R. D. Larsen, T. R. Verhoeven and P. J. Reider, *Tetrahedron Lett.*, 1995, **36**, 7619; I. W. Davies, L. Gerena, L. Castonguay, C. H. Senanayake, R. D. Larsen, T. R. Verhoeven and P. J. Reider, *Chem. Commun.*, 1996, 1753; I. W. Davies, C. H. Senanayake, R. D. Larsen, T. R. Verhoeven and P. J. Reider, *Tetrahedron Lett.*, 1996, **37**, 1725; A. K. Ghosh, P. Mathivanan and J. Capiello, *Tetrahedron Lett.*, 1996, **37**, 3815; A. K. Ghosh and P. Mathivanan, *Tetrahedron: Asymmetry*, 1996, **7**, 375.
54. D. Askin, K. K. Eng, K. Rossen, R. M. Purick, K. M. Wells, R. P. Volante and P. J. Reider, *Tetrahedron Lett.*, 1994, **35**, 673; P. E. Maligres, V. Upadhyay, K. Rossen, S. J. Cianciosi, R. M. Purick, K. K. Eng, R. A. Reamer, D. Askin, R. P. Volante and P. J. Reider, *Tetrahedron Lett.*, 1995, **36**, 2195; K. Rossen, R. A. Reamer, R. P. Volante and P. J. Reider, *Tetrahedron Lett.*, 1996, **37**, 6843; P. E. Maligres, V. Upadhyay, K. Rossen, S. J. Cianciosi, R. M. Purick, K. K. Eng, R. A. Reamer, D. Askin, R. P. Volante and P. J. Reider., *Tetrahedron*, 1996, **52**, 3327; W. J. Thompson, P. M. D. Fitzgerald, M. K. Holloway, E. A. Emini, P. L. Darke, B. M. McKeever, W. A. Schleif, J. C. Quintero, J. A. Zugay, T. J. Tucker, J. E. Schwering, C. F. Homnick, J. Nunberg, J. P. Springer and J. R. Huff, *J. Med. Chem.*, 1992, **35**, 1685.
55. Y. Ali, A. C. Richardson, C. F. Gibbs and L. Hough, *Carbohydrate Res.*, 1968, **7**, 255.
56. K. J. Hale, M. M. Domostoj, D. A. Tocher, E. Irving and F. Scheinmann, *Org. Lett.*, 2003, **5**, 2927.
57. M. M. Domostoj, E. Irving, F. Scheinmann, and K. J. Hale, *Org. Lett.*, 2004, **6**, 2613.
58. D. D. Xu, L. Waykole, J. V. Calienni, L. Ciszewski, G. T. Lee, W. Liu, J. Szewczyk, K. Vargas, K. Prasad, O. Repic and T. J. Blacklock, *Org. Process Res. Dev.*, 2003, **7**, 856.
59. T. Gustafsson, M. Schou, F. Almqvist and J. Kihlberg, *J. Org. Chem.*, 2004, **69**, 8694.
60. J. W. Scott, *Morrison*, volume 4, pages 1–226.
61. R. Herrmann in Houben-Weyl volume E21f, eds G. Helmchen, R. W. Hoffmann, J. Mulzer and E. Schaumann, Thieme, Stuttgart, 1996, pages 5760–6001.
62. Clayden, *Organic Chemistry*, pages 1353–1356.
63. G.-J. Booms and K. J. Hale, *Organic Synthesis with Carbohydrates*, Sheffield Academic Press, 2000; S. Hanessian, *Total Synthesis of Natural Products: The 'Chiron' Approach*, Wiley, 2004.

24 不对称诱导 I——基于试剂的策略

基于试剂的策略简介

到目前为止我们已经通过拆分消旋化合物（第 22 章）或者从光学纯的原料出发得到手性化合物（第 23 章）。接下来的四章我们将涉及更多产生手性化合物的方法，并且最终得到更加多样性和重要的新手性中心。实际上，手性中心并没有真正产生：手性已经存在并且从一个可以称作**手性辅助基**的部分**转移**到一个新形成的分子，这个过程称为**不对称**（有时称为**手性**）**诱导**。在本章（基于试剂的策略）手性辅助基或者作为试剂的一部分或者作为金属上的手性配体。在接下来的两章它将作为一个手性催化剂的一部分。在第 4 章，手性辅助基与新形成的分子是通过共价键连接的（基于底物策略），所以在反应结束时仍然附着。我们将在第 29 章中讨论另一种试剂——酶。

一个新的立体中心往往产生于三角形碳原子转变成四面体碳的反应过程中（第 21 章）。不对称的酮 **1** 可以被还原成手性醇 **2** 或者被烯醇化后结合亲电试剂生成 **3**。起始原料 **1** 是潜手性的，CH_2 和 C ═ O 基团为潜手性中心。如果一个氢原子，如 H^A 而不是 H^B 被亲电试剂 E 取代，单一对映体 **3** 就形成了。类似地，如果 C ═ O 基团的一面，如纸外朝向我们的这一面被亲核试剂进攻，单一对映体 **2** 就形成了。这两个氢原子和羰基所在平面的两边是对映异构的：需要确定左右方向以分辨它们。仅通过核磁共振仪或者非手性试剂如 $NaBH_4$，不能指明哪边为左，哪边为右，所以 H^A 和 H^B 化学位移相同，并且与 $NaBH_4$ 反应得到准确 50∶50 的对映体混合物 **2**。

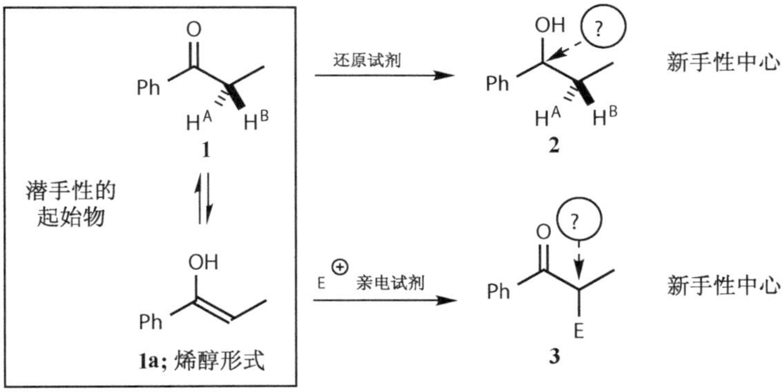

如果要得到高产率的对映异构体 **2** 或者 **3**，需要使用一种能分辨出左、右的试剂，如酶或者不对称试剂，能在机理中区别两个对映异构的特点。这是第 27 章的内容。第 27 章会描述如何通过不同的策略，使 H 或者 C ═ O 基团的两面为非对映异构的，从而非手性试剂也可分辨出它们。

其他能产生新的立构中心的三角形碳原子有能被亲电试剂进攻的简单的烯，如 **4** 的环氧化以及发生 Diels-Alder 反应的不饱和羰基化合物 **6**。一旦这些反应的相关立体化学被双键立体化学（*E* 或者 *Z*），或者 Diels-Alder 反应的 *endo*-选择性所控制，可以产生几个手性中心。

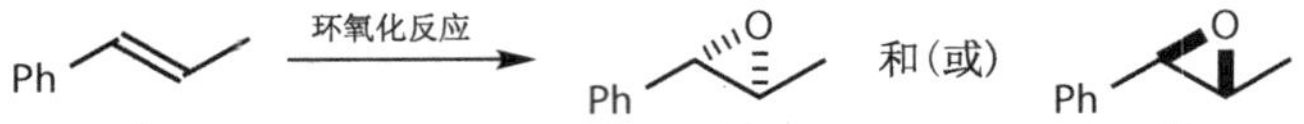

4　　5a　　5b

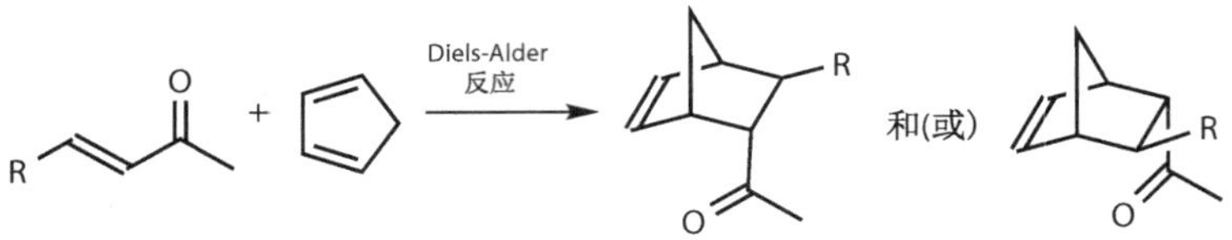

6　　7a　　7b

我们关心产物的绝对构型：环氧化生成 **5a** 还是 **5b**？Diels-Alder 反应生成 **7a** 还是 **7b**？还有一些具有潜手性四面体碳原子并且含对映异构官能团的小基团，如二酯 **8** 或者二烯 **9**。我们会在这章中遇到更多的这类例子。

8 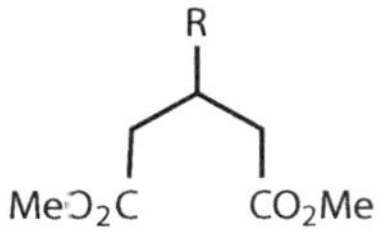

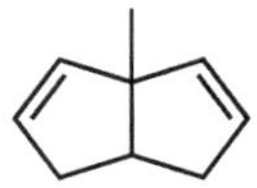 **9**

这章以及下两章讲述两种途径。不对称试剂是用于产生单一对映体产物的化学计量光学纯化合物。不对称催化剂是用于催化非手性试剂化学计量反应的亚化学计量光学纯化合物，可达到不对称试剂同样的效果。人们可能认为区别这两种途径往往是很容易的。但是这也会很难，进一步说，我们应该描述一下作为能将临时的原子转化到最终产物中的反应试剂的计量化合物，以及使用亚化学计量但并没有转化原子到最终产物中的催化化合物。概括地说，这章我们会涉及不对称还原试剂，不对称酸碱以及不对称亲核亲电试剂。不对称氧化将在第 25 章中谈到。

不对称酮的不对称还原

不对称酮的还原，如 **1** 在非手性反应试剂 $NaBH_4$ 和 $LiAlH_4$ 作用下得到外消旋的醇。很明显，不对称还原的途径是将 B 或 Al 周围的 H 原子取代后与配位的 B 或者 Al 成键。这一过程需要用手性二醇或氨基醇活化非手性试剂。

不对称硼或者铝的氢化物

最早的就是 DARVCN 与 $LiAlH_4$ 的配合物。第 22 章中我们了解了氨基醇 **11** 的两种对映异构体（DARVON 和 NOVRAD）都可由前体 **10** 拆分得到。DARVON（**11**）作为手性试剂也可得到。DARVON（**11**）与 $LiAlH_4$ 反应后得到两个氢分别被 OH 和 NMe_2 基团取代的 DARVON-H 试剂，并推测其结构为 **12**。

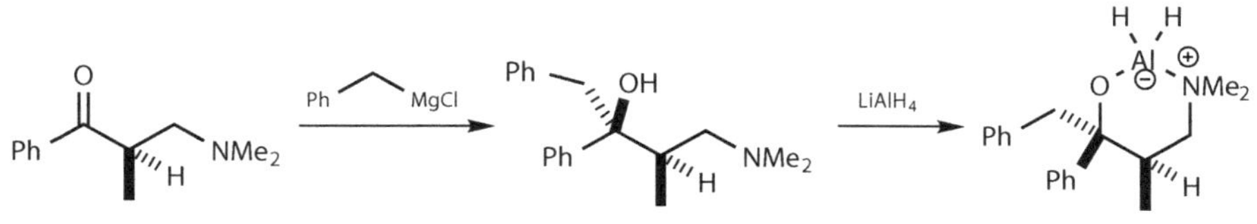

(+)-(*R*)-**10** (2*S*,3*R*)-(+)-**11**; DARVON **12**

这一复杂的手性氢化物 **12** 还原炔酮如 **13** 时有一定的选择性[1]。其他 **14** 的对映异构体是 **13** 经 NOVRAD 衍生的光学活性试剂还原而来的。注意，在 **13** 的还原中绝对构型诱导同 **12**，以及由（+）-*α*-蒎烯得到的蒎基硼烷的反应是一样的，如下。

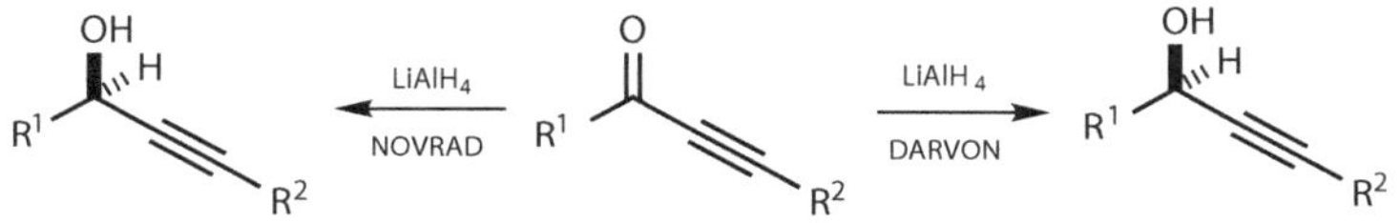

14a; 72%~82% ee **13** **14b**; 72%~82% ee

酮上的两个基团立体结构不同是必需的。当线形炔基在一边，而支链烷基在另一边，还原反应得到最佳的结果。虽然如此，这一例的 ee 也仅 82%，新的反应物可以改善这点。

13; $R^1 = i$-Bu, $R^2 =$ Me **14**; $R^1 = i$-Bu, $R^2 =$ Me

更成功的发展[2]是使用 $LiAlH_4$ 和 BINOL 的衍生反应物。具有光学活性的光学纯 BINOL（**15**），与 $LiAlH_4$ 反应可得 **16**，接下来与简单醇如乙醇反应。BINAL-H这种试剂的结构如 **17**。

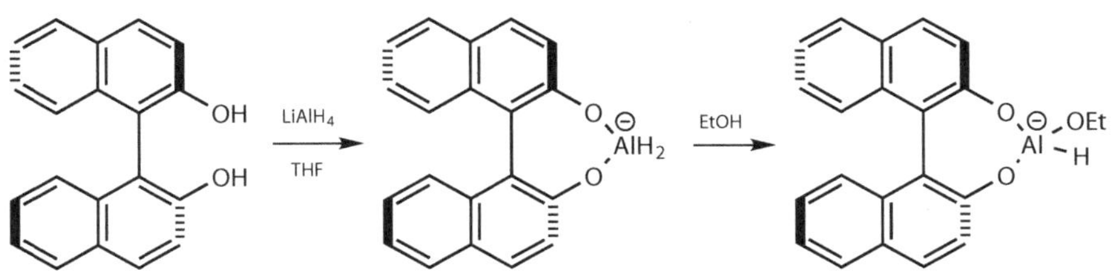

15 **16** **17**可能的结构; BINAL-H

这种试剂好在两点上。炔醇反应的产率和 ee 都较高。范围也更广：尽管酮的两面仍需有较明显的差异，简单的酮如 *α*，*β*-不饱和酮效果不错。*α*-四氢萘酮

18 和紫罗兰酮 **20** 还原阐明了反应的典型高产率和高 ee。

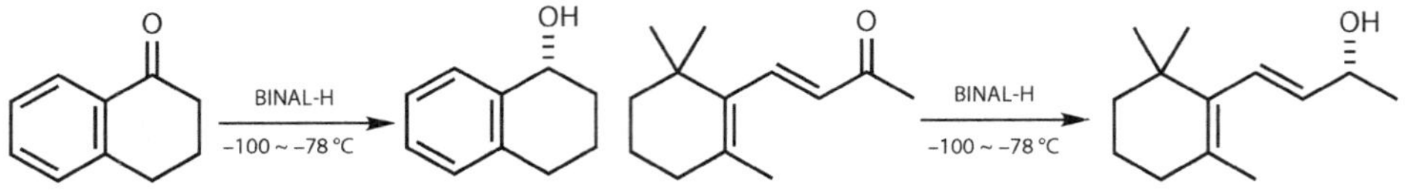

18　**19**; 91% 产率; 87% ee　**20**　**21**; 87% 产率; 100% ee

不对称硼烷还原

由 α-蒎烯衍生的三烷基硼烷用于一种不同类型的还原。α-蒎烯（**22**）的硼氢化反应发生在位阻小而远离偕二甲基的一面，得到常规区域选择性（第 17 章）的叔硼烷（**23**）。标出的氢原子从硼转移到碳上[3]。

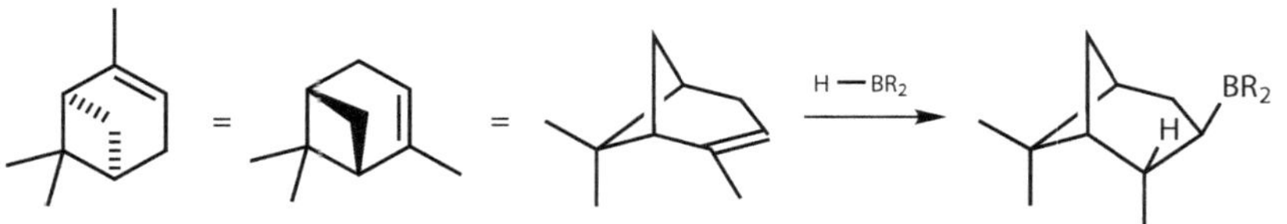

α-蒎烯　α-蒎烯　**22**　**23**

酮的反应中，氧和硼 **24** 先成键，同样标出的氢原子通过六元环状过渡态 **26** 迁移到 **25** 中酮上。还原剂从碳上而不是硼上传递氢原子。酮上大的基团（R_L）更倾向于占据过渡态 **26** 远离蒎烯衍生笼的外部，从而得到醇的一种对映异构体 **27**。

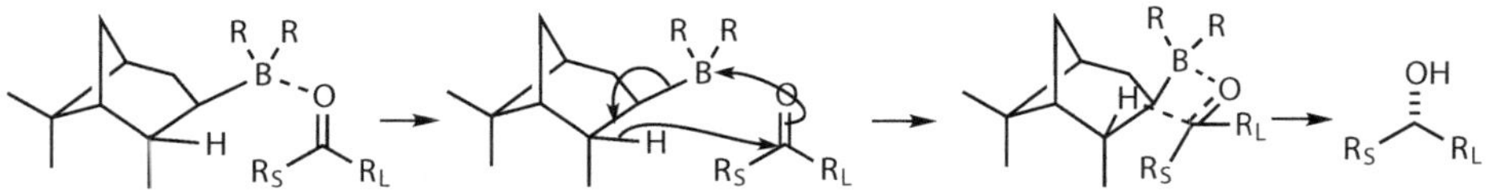

24　**25**　**26**　**27**

早期 Midland 由 9-BBN（**28**）和 α-蒎烯（**22**）成功合成 Alpine-Borane®（蒎基硼烷）[4]。硼氢化反应发生在双键位阻小远离偕二甲基的一边，得到蒎基硼烷 **29**。该反应物对于炔基醇效果不错，而且过渡态 **30** 中的炔基处于外部。

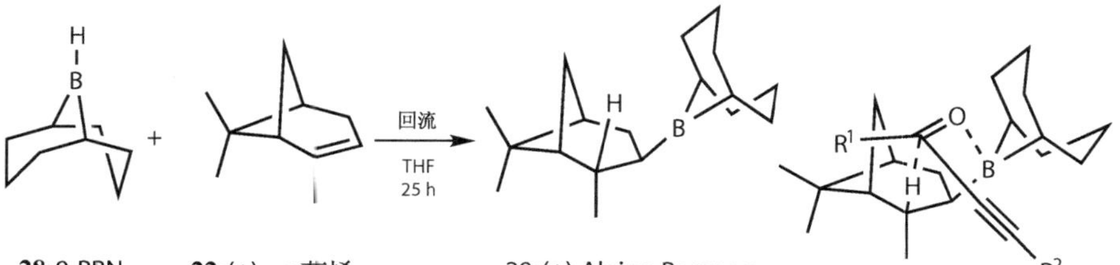

28; 9-BBN
0.5mol/L THF 溶液

22; (+)- α-蒎烯
11mmol

29; (+)-Alpine-Borane®
0.5mol/L THF 溶液

30

酮 **31** 的反应范围广，而且 ee 高，尤其是对于醇产物 **32**。简单的醇 **34** 是一个很好的例子。这一对映异构体与上述 DARVON-H 反应得到的产物一样。

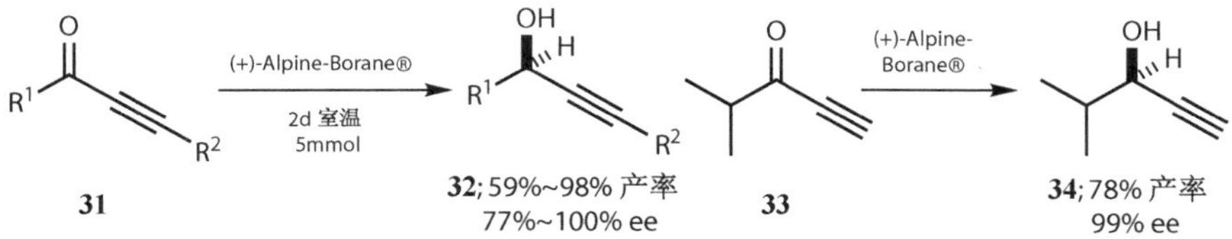

31　**32**; 59%~98% 产率 77%~100% ee　**33**　**34**; 78% 产率 99% ee

这种试剂的一个优点是作为手性助剂的 α-蒎烯 **22** 的两种对映异构体都可从自然界获得。Alpine-Borane® 的两种对映异构体可以以 THF 溶液形式得到。但是，天然 α-蒎烯的性质不稳定，下表显示了在各地你所能买得到东西的参数。价格与相应的苯甲酸差不多。

Commercially Available α-蒎烯

(1*R*)-(＋)-α 蒎烯**22** 旋光度 来自北美松油			(1*S*)-(－)-α-蒎烯 旋光度 来自欧洲松油		
$[\alpha]_D^{21}$	ee	价格单位/100g	$[\alpha]_D^{21}$	ee	价格单位/100g
＋50.7	97％	240	－50.7	97％	235
	91％	22		87％	36
	0％	10		81％	8.4

Ipc_2BCl（DIP-Chloride™）对的酮

很多其他还原剂都是从 α-蒎烯和许多硼烷衍生得来的。关于细节，很值得参考 Brown 的文献[3]。由于位阻和电子效应极为不同，我们将只讨论其中一种[5]目前较多选择使用的试剂。α-蒎烯的硼酸和 $ClBH_2$ 两次都得到 Ipc_2BCl **35**（确切的结构是 *B*-Chloroisopinocampheylborane，氯二异松蒎基硼，商品名是 DIP-Chloride™）。

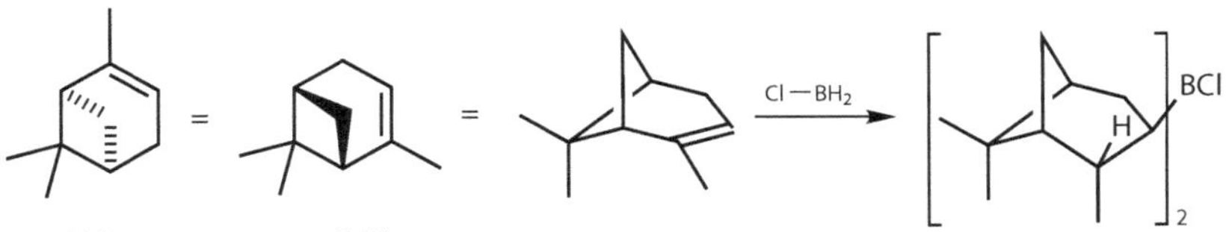

α-蒎烯　α-蒎烯　**22**　**35**

这种硼烷已经被用于制备光学纯百忧解[6]，氟西汀［(*S*)-fluoxetine，**38**］。

简单的酮 **36** 被还原成 **37**，然后很容易转变为氟西汀 **38**。

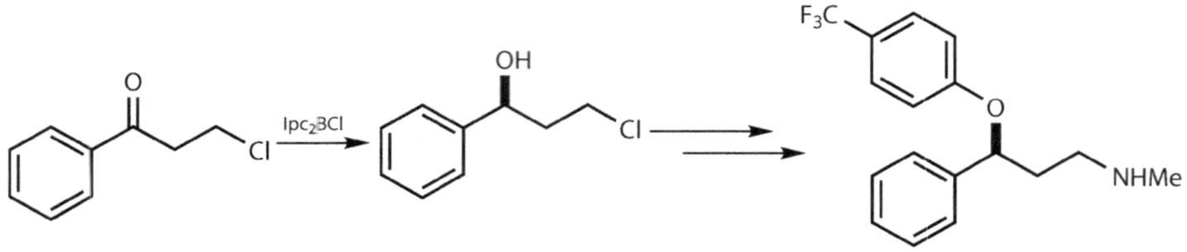

36 **37** **38**; (*S*)-fluoxetine (Prozac)

认为这些试剂是昂贵的学术玩具，而忽视它们在应用化学中的重要性是错误的。例如，Ipc_2BCl 曾被 Alcon Laboratories 公司[7]用于大量生产他们的青光眼治剂派立明 **39**。切断大多数 C—X 键后可看出简单的杂环结构 **40**（注意，**39** 中的 EtNH 取代 **40** 中的羟基时，会发生构型翻转）。饱和的环可由 **41** 环化而成，**40** 或 **41** 都可由相应的酮经过立体选择性还原得到。

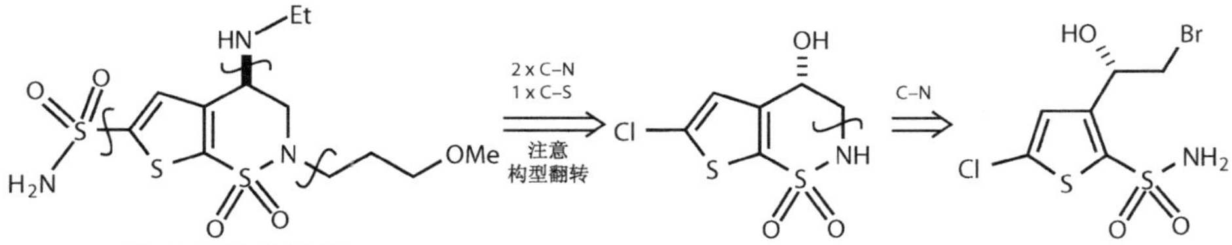

39; AL-4862 (派立明) **40** **41**

事实上，人们选用 Lancaster Synthesis 公司购得的噻吩来合成酮 **45**，再经过对称还原得到 **41**。

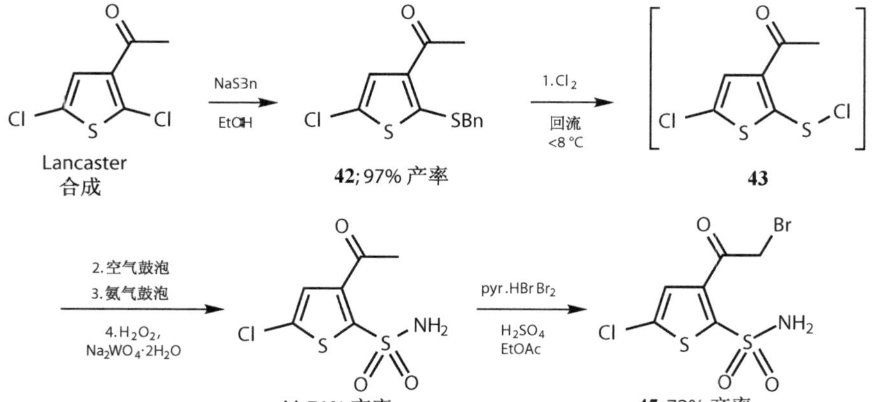

醇 **41** 不稳定，立即环化成 **40**。从 500g **45** 合成光学纯 **40**（>98% ee）的产

率是77%。新引入的手性中心仅在形成产物过程中发生了翻转。

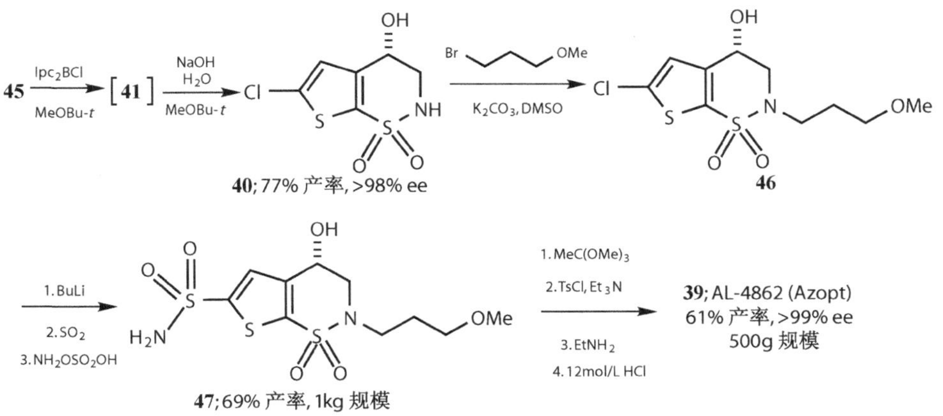

45 中的官能团显然并不对反应发生干扰，但是其中一些会有大的影响。β-酮酯 **48** 的还原产率低，ee也不高。相比而言，游离酸 **49** 生成醇 **50** 的产率高得多（87%～92%），ee也很高（91%～98%）。很明显 CO_2H 基团束缚了硼原子，并且与Ipc基团协同传递H原子到酮的一面[8]。在讨论烯烃的硼氢化反应时，我们应该重新这些反应物归为的“不对称亲电试剂”。

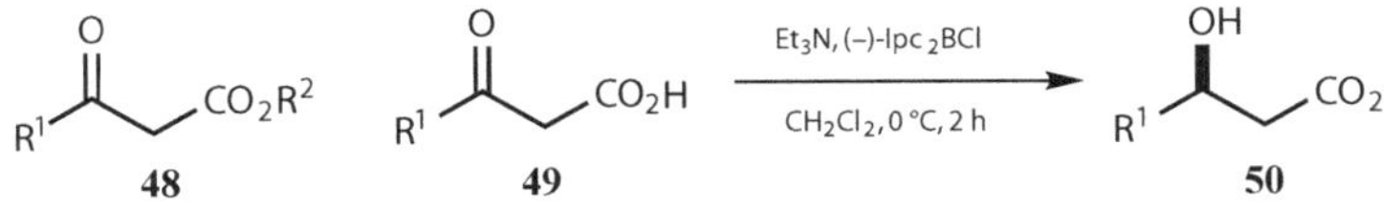

不对称亲电试剂

不对称烯烃的硼氢化反应

硼氢化反应的试剂必须含有自由B—H键，显而易见就是选择硼烷（BH_3或B_2H_6）和α-蒎烯的衍生物作为硼氢化反应试剂。Me_2S-BH_3复合物与α-蒎烯反应很快，第二次也能高产率得到Ipc_2BH（**51**），但是不能反应第三次。试剂 **51** 易于制备固然好，但是这也是在提示与位阻大的烯烃反应不是件容易的事[9]。

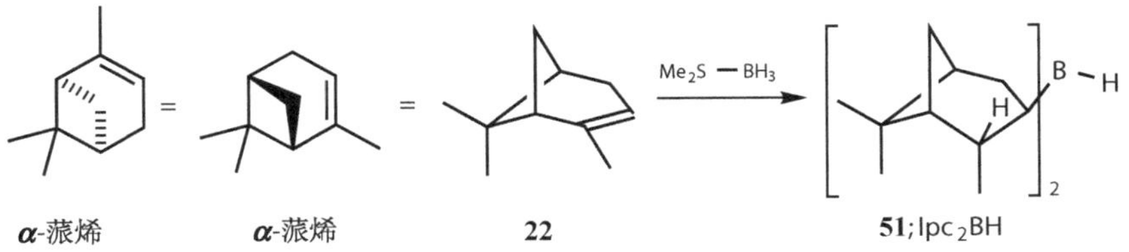

事实上，Ipc_2BH（**51**）和 *cis*-二取代烯烃反应良好。用 91% ee 的晶态 Ipc_2BH（**51**）与 *cis*-丁烯反应，可得 98.1% ee 和产率 73%的（*R*）-（－）-2-丁醇 **53**，降莰烷 **54** 得到 83% ee 和产率 63%的 *exo*-醇 **55**。这里的二次反应也没有立体选择性。Brown 的回顾中有些其他的例子[3]。

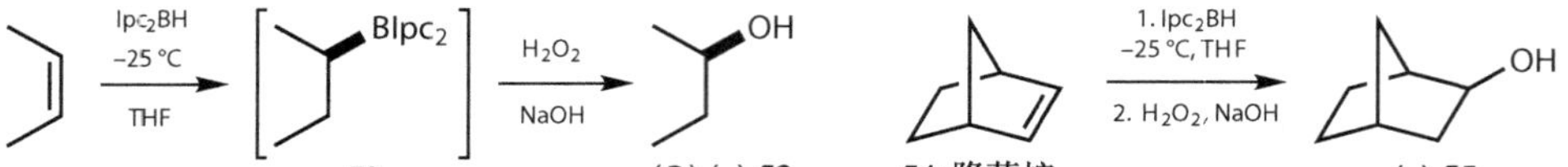

52　(*R*)-(–)-**53**　**54**; 降莰烷　(–)-**55**

对于更多存在位阻的烯烃，单取代的硼烷 $IpcBH_2$ 更有效[10]。α-蒎烯的直接硼氢化一次反应后不能停下来，得到 Ipc_2BH **51** 的产率不错，但是硼氢化可逆转。在 Ipc_2BH **51** 的乙醚溶液中加入 TMEDA，沉淀出两个 $IpcBH_2$ 和一个 TMEDA 的晶态复合物 **56**。产率仅达 80%，但是如果用 94% ee 的 α-蒎烯，晶体 **56** 可达 100% ee。

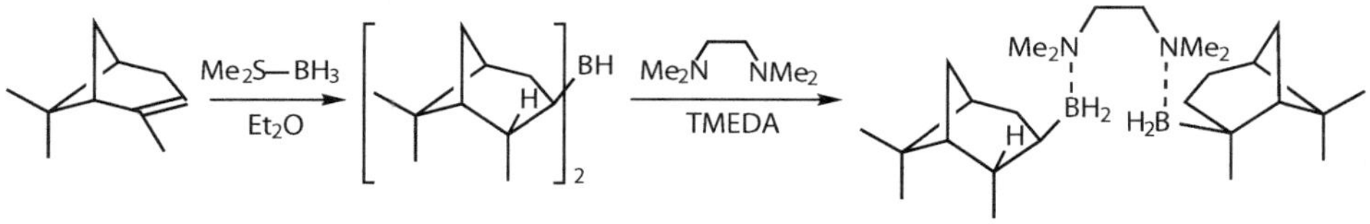

22　**51**; Ipc_2BH　**56**; $(IpcBH_2)_2$.TMEDA, m.p. 140~141 ℃

加入 BF_3 的 THF 溶液，试剂 $IpcBH_2$（**57**）自身可从晶态复合物 **56** 中游离出来。TMEDA 倾向于与更缺电子的 BF_3 形成复合物：这一晶体析出使纯 $IpcBH_2$（**57**）留在溶液中以进行接下来的烯烃硼氢化。与简单的 *trans*-二取代烯烃 **58** 反应是合理的：*trans*-丁烯反应得到 73% ee 和产率 73%的（+）-（*R*）-2-丁醇[11]。

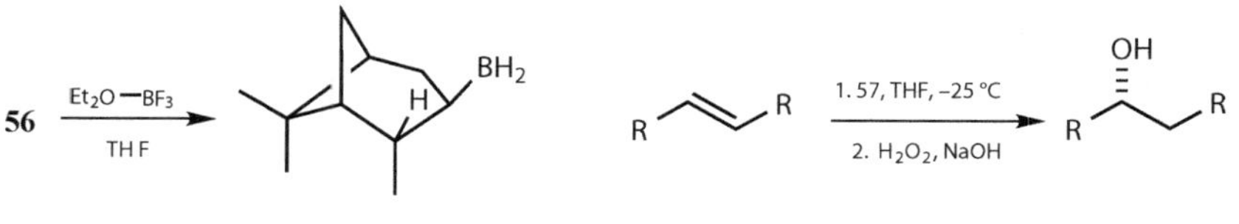

57; $IpcBH_2$　*trans*-(*E*-)-**58**　(*R*)-**59**

三取代的烯烃，这一与 $IpcBH_2$ 完全不反应的类型，在该反应中效果很好。区域选择性往往很好，而且大体来说，ee 比简单 *trans*-二取代的烯烃的反应要高。2-甲基-2-戊烯 **60** 反应得 58% ee，但是 ee 最高的是 1-苯基环戊烯 **62**，得到 *anti*-醇 **63** 产率为 92%且 ee 为 100%。Brown[12]用经过大的桥头取代基修饰后的“蒎烯”来提高产物 ee，但是这些“蒎烯”必须重新制备，Ipc 试剂仍是更普遍的试剂。

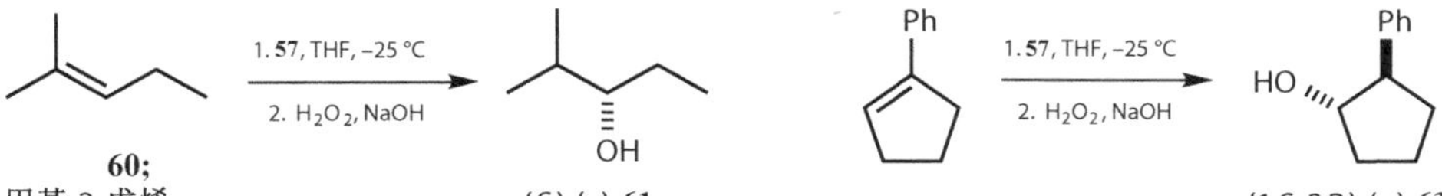

最近，烯烃的官能团影响得到了探索。烯醇醚比一般的烯烃亲核性更好。两种烯醇醚 *E*-和 *Z*-**64** 反应，得到不同的半保护二醇 **65** 的非立体异构体产率很好。尽管 **64** 是三取代烯烃，它与 Ipc_2BH 反应也能很快，光学选择性好[13]。

不对称亲核进攻

这一更为普遍的反应类型包括碳原子或杂原子亲核试剂进攻羰基化合物，如直接加成或共轭加成，以及进攻亚胺的反应。我们刚刚讨论了硼烷，那么现在就从烯丙基硼化合物这类亲电试剂谈起。严格来说并不能称之为亲核进攻。

从硼向碳的烯丙基迁移

手性烯丙基硼烷与羰基化合物的反应

简单烷基硼烷不与醛酮反应，但是烯丙基硼烷反应得很快，这是因为它们通过形成六元环状过渡态 **68** 而不是 Claisen 重排完成反应。烯丙基在产物中的重排就是证据。这里的例子是，由于 R 和 Me 倾向于在过渡态 **68** 中处于平伏键，巴豆硼烷（**66**）与醛加成得到 *anti*-7**0**。

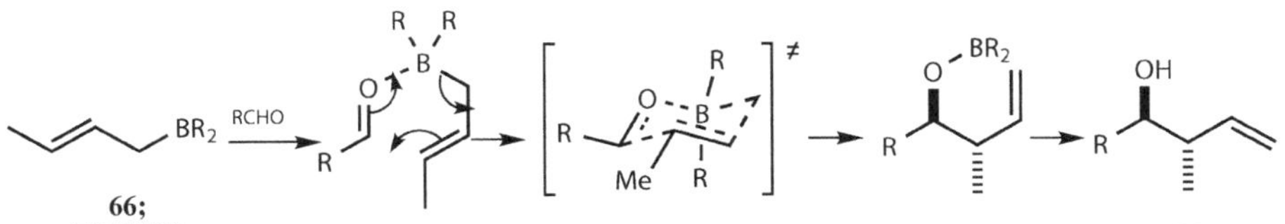

烯丙基二烷基硼烷发生这一反应，正如机理 **67** 需要的一样发生烯丙基迁移，所以手性可以由 Ipc_2B 取代 BR_2 引入，得到 **71**。在这一具体例子中，这一与乙醛的反应得到 *anti*-非对映异构体 **72** 的一种绝对优势对映体（2*R*，3*S*）和其他 *anti*-对映体，以及痕量的 *syn*-非对映异构体[3]。这里的非对映选择性是 99∶1，ee 为 90%。

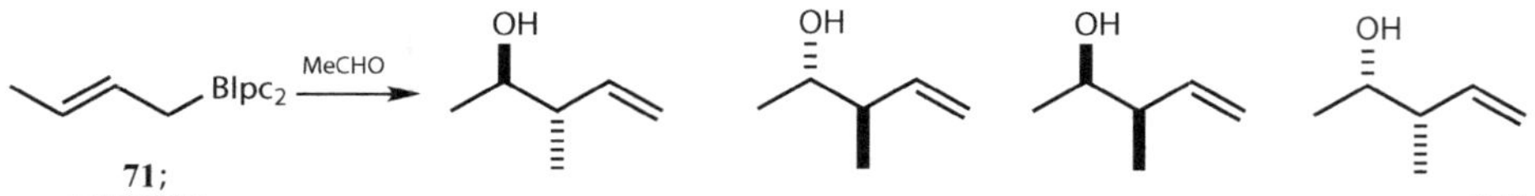

71; Ipc_2巴豆硼烷　(2*R*,3*S*)-**72**; 94.5%　(2*S*,3*R*)-**72**; 4.5%　(2*R*,3*R*)-**72**; 1%　(2*S*,3*S*)-**72**; 痕量

烯丙基硼烷可以由烯丙基的格氏试剂或者锂试剂与 Ipc_2BCl（**35**，前面用于还原）制得。一个有趣的例子是 C_2 对称化合物 **76** 的 Barrett 合成[14]。二锂衍生物 **74** 与两分子 Ipc_2BCl（**35**）反应得到 C_2 对称的烯丙基二硼烷（**75**），两个 Ipc 基团手性相同。与醛的反应得到 C_2 对称的二醇 **76**。

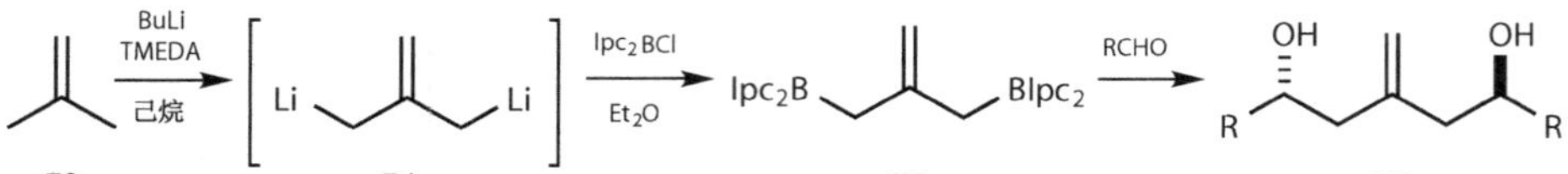

73　**74**　**75**　**76**

各种脂肪族和芳香族的醛可以用于该反应，而且 **76** 的两个对映异构体中任何一个都可以由相应的 Ipc_2BCl 对映异构体合成。两种烯丙基都根据同样的不对称诱导发生迁移，如果在反应前重新画 **75** 和中间体 **77**，这点很容易看出来。由 C_2 到内消旋非对映异构体的比例一般高于 90∶10，ee 均大于 95%。

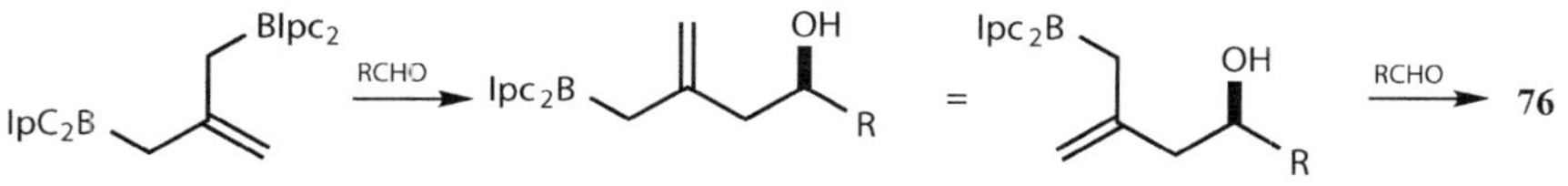

75　**77**　**77**

手性烯丙基硼烷和亚胺的反应

除了那些以 α-蒎烯为基础的硼烷外，那些能在与亚胺反应过程中发生烯丙基迁移的硼烷更适用于得到不饱和亚胺的单一对映体。一个好的组合是一个烯丙基化合物 **80** 与一个 *N*-磺酰氨基醇，它是由去甲麻黄碱 **78**（第 23 章）与 *N*-硅基亚胺如 **81** 反应衍生出的。不饱和胺 **82** 产率高[15]，ee 大约 90%。Brown[16] 指出反应中必须存在水——完全没有水的体系不发生该反应！

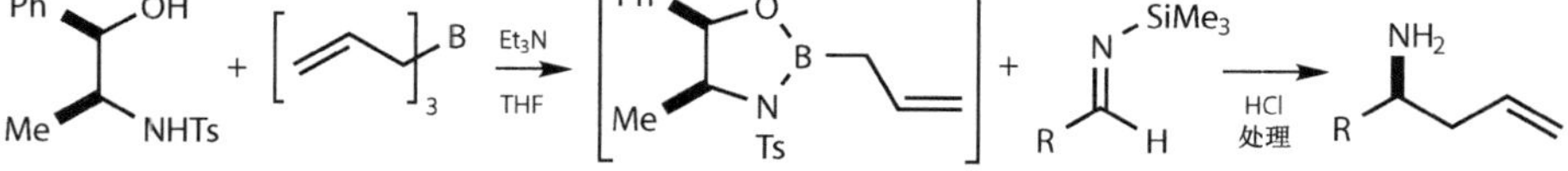

78　**79**　**80**　**81**　**82**

碳亲核试剂对酮的不对称加成

关于不对称催化，这章我们将要描述反应的催化翻转。催化是一种更为有效

的不对称诱导方式，此处我们将讨论的范围限制在那些已经证明催化无效的例子上。

烷基锂对酮的加成

默克的 HIV-1 逆转录酶抑制剂依法韦仑（efavirenz，**83**）是生产出来的最简单的抗 HIV 药中的一种。最直接的合成[17]是建立在氨基醇 **84** 和一些光气等价物的关环，以及用环丙基乙炔基锂（**86**）对酮 **85** 的不对称加成方法制备 **84** 基础上的。

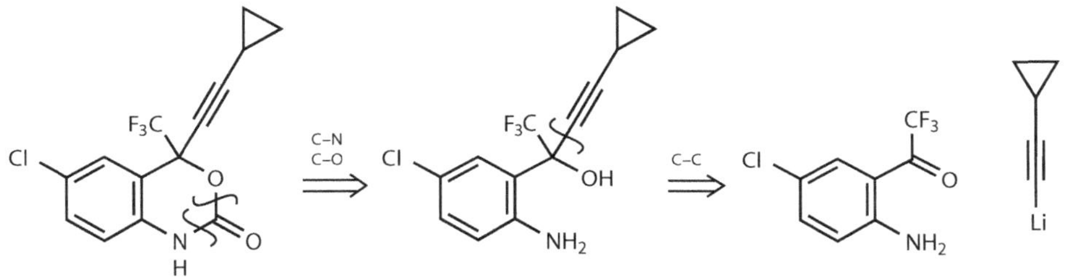

83　**84**　**85**　**86**

我们所用的 **78** 这类氨基醇已经被公认能很好进行这类不对称加成，但是这种乙炔基亲核试剂和一个芳基三氟甲基酮的特别组合仍属于未知领域。经过研究，发现通过手性源（第 23 章）烷基化去甲麻黄碱 **87**，得到的化学计量的四氢吡咯醇 **88** 最为有效，酮 **85** 必须以 *N*-4-甲氧苄基衍生物[18] **89** 形式使用。

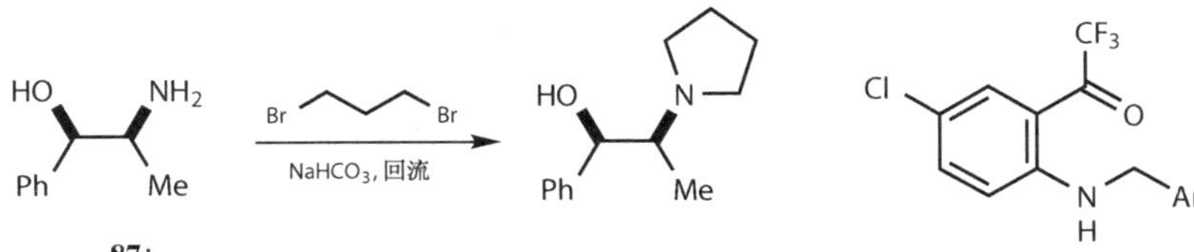

87;
(1*R*,2*S*)-去甲麻黄碱

88; 97% 产率

89; Ar = 4-$MeOC_6H_4$

配体 **88** 转化为 **91** 需要如下所示的特殊条件。将 BuLi 滴入 Ph_3CH 中产生锂醇盐 **90** 和足够过量的 BuLi 使得锂衍生物 **86** 和试剂 **91** 能生成四聚物[18]。

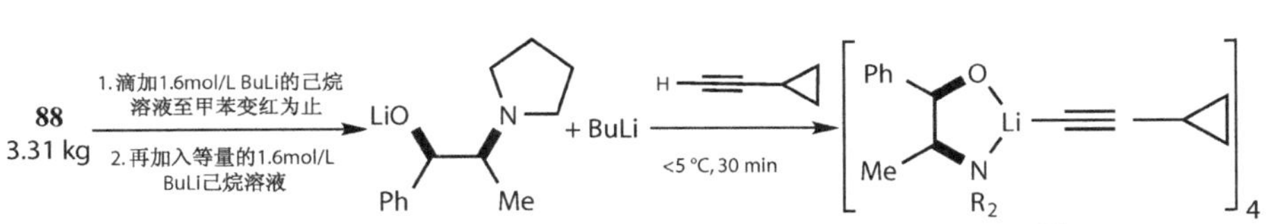

90　**91**

反应物 **91** 对改进酮 **89** 的加成也需要准确的条件，这样能得到高产率和非常好 ee。余下的合成涉及通过 **93** 氧化除保护基以及环状氨基甲酸盐关环生成 **83**。

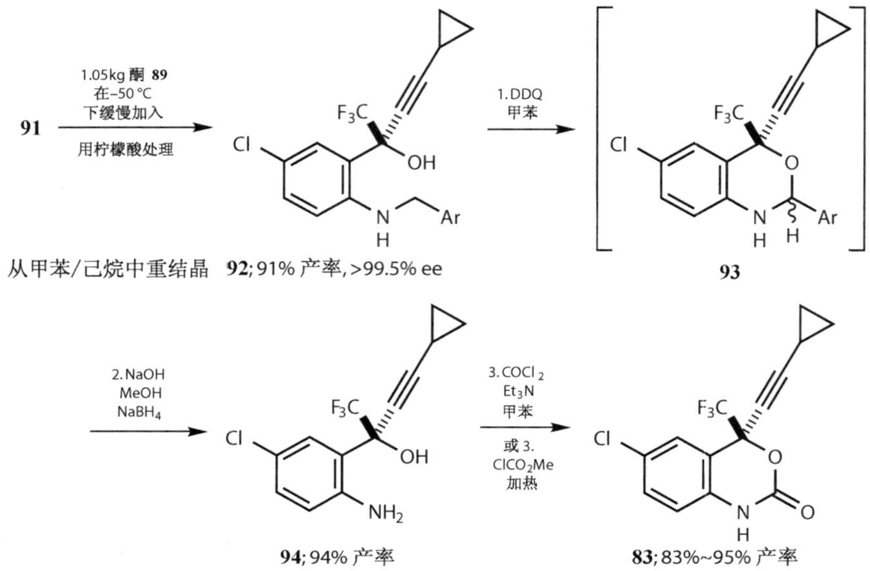

这个例子表明，一般需要找到合适的配体来进行 RLi 或者 RMgX 对羰基的直接加成。幸运的话，也许可以找到一种催化途径。如果没有，一种基于氨基醇的化学计量方法应该是可行的。

手性硫叶立德的不对称环氧化

硫叶立德加成到羰基化合物的化学很不寻常。这个过程会形成环氧化物，而且最近手性硫内鎓盐的研究进展使得环氧化反应实现良好的不对称诱导。易制得的 C_2 非对称硫化物 **96** 与卤代烷反应，接下来与芳基和烷基醛反应以较高的产率和中等 ee[19] 得到 *trans*-环氧化物 **97**。

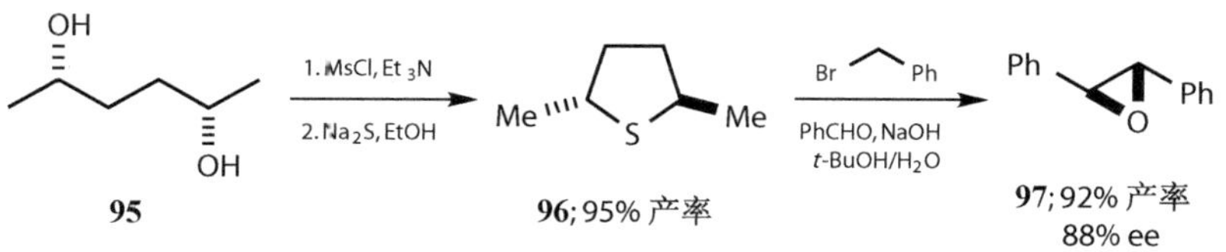

硫化物 **96** 的烷基化、叶立德 **99** 的形成以及与醛的反应可以通过一次操作完成。该硫化物对卤代烷来说是不错的亲核试剂，形成锍盐 **98**。与方便易得的碱 NaOH 在叔丁醇水溶液中反应生成叶立德 **99**。该叶立德选择性进攻醛得到近似环氧化物的 **100**，并游离出硫化物 **96** 进入下一轮循环。

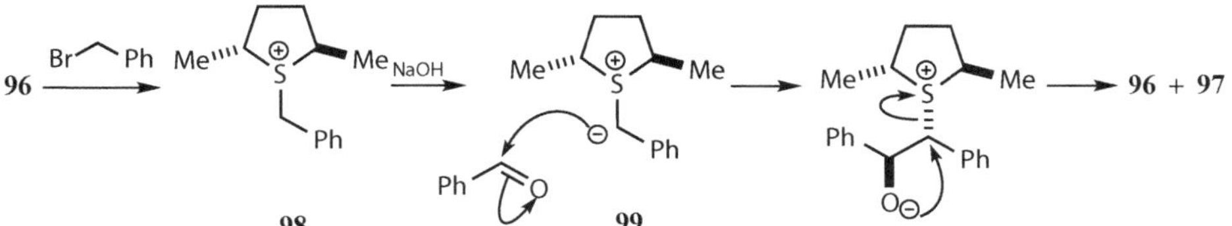

98 锍盐　　99 叶立德　　100

可烯醇化的醛如 **101** 或者 **103** 反应产率不高，但是 ee 还不错，非对映选择性更偏向于生成 *trans*-环氧化物 **102** 或者 **104**。这种方法的秘密之处在于试剂 **96** 的简单制备。下一章将会出现适用于烯丙基醇和 *cis*-烯烃非对称环氧化的高级催化方法，只是这种方法对于 *trans*-二取代烯烃生成 **97**，**102** 或者 **104** 的反应就没那么有效。你还将看到硫叶立德环氧化的催化转化。

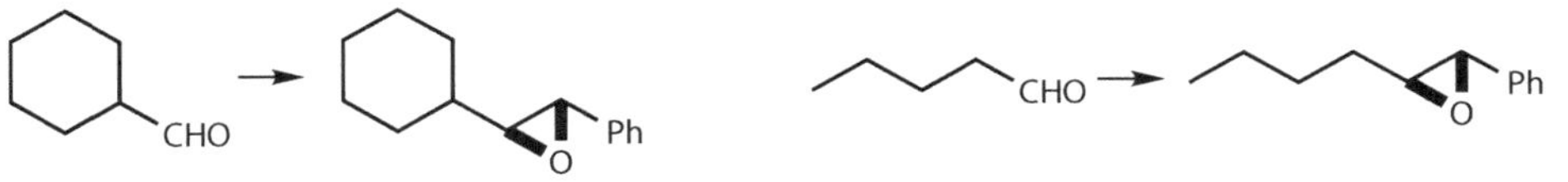

101　　**102**;75% *trans*-环氧化物 94% ee　　**103**　　**104**;70% *trans*-环氧化物 93% ee

手性醇的不对称亲核进攻

芳基丙酸的去外消旋

芳基丙酸如布洛芬 **105** 是重要的 NSAIs（非甾族消炎剂）。仅有一种对映体有活性，而且必须是光学纯化合物，尽管体内烯醇化后会外消旋，所以要优先考虑“去外消旋”。弱碱足以使酰氯 **106** 转化为能使 **107** 消除得到非手性烯酮 **108** 的烯醇化物。比方说，乙醇的加成就能得到外消旋的酯 **109**。当 R 是乙基时得到布洛芬的乙酯。

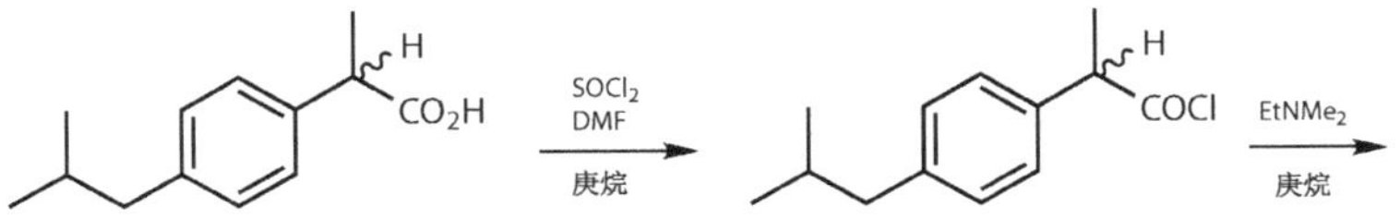

105;消旋的布洛芬　　**106**

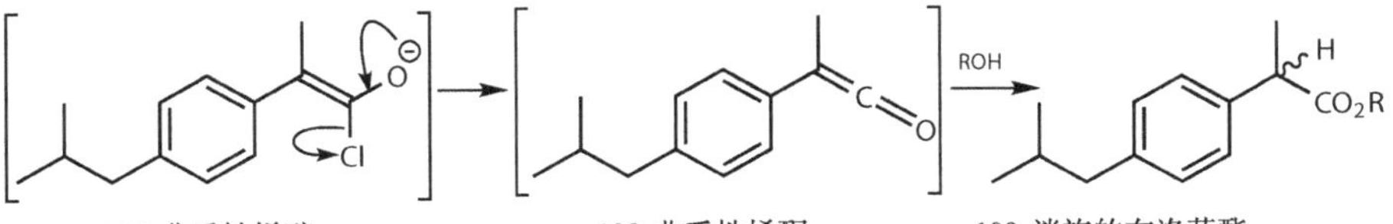

107;非手性烯醇　　**108**;非手性烯酮　　**109**;消旋的布洛芬酯

如果手性醇在最后一步[20]能释放出来[21]，而且同时使用 α-羟基酯或者内酯，不对称诱导在理论上是可能的。红外跟踪消除反应直到完全形成烯酮（2100 cm^{-1}），然后不对称氧亲核试剂溶解在戊烷中于 −78 ℃加入。最好的反应物为手性源法得到的（*S*)-(−)-乙基乳酸盐和（*R*)-(+)- 泛酰内酯 **112**——它们生成高 ee 的反向对映体。此时由于官能团的一致，*R*/*S* 手性比例合适。这一引入发生在烯醇的质子化而不是醇的加成一步。乙基乳酸盐以 97∶3 的比例得到非对映异构体的酯 **111**，其水解后得到 **105** ee 为 89%。即使水解条件很温和，水解同时也会发生一些外消旋。

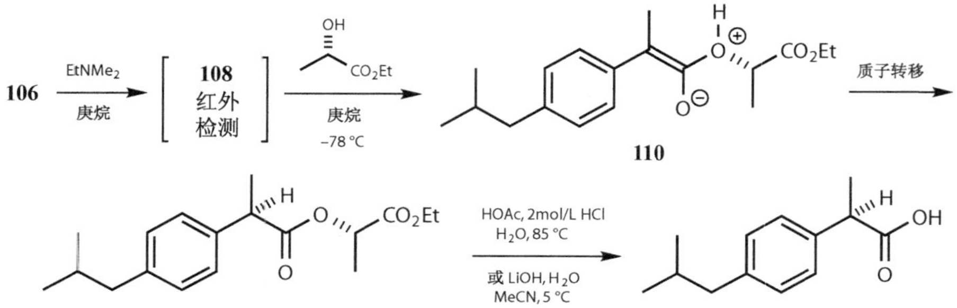

111; 92% 产率; 97∶3 非对映异构　　(*R*)-**105**; 89% 产率; 89% ee

另一种对映体（*S*)-**105** 是从（*R*)-(+)- 泛酰内酯 **112** 的反应得到的，ee 更高，说明酯 **113** 的水解更快，不发生外消旋。这两种情况都需要精确的条件。这既可以看成提醒，也可视为鼓励。

同手性醇对烯酮进攻的不对称诱导条件

相同的溶剂和催化剂用于烯酮的反应和合成。

溶剂：正戊烷最佳，甲苯也可以，极性溶剂不好。

催化剂：Me_3N 和 *N*-甲基四氢吡咯最佳，Et_3N 和 *i*-Pr_2NEt 都可以。

温度不重要：参考 −78℃的结果，室温下只损失 7%的 ee。

稀释很关键：1mol/L 时 99%ee，0.02mol/L 时 97.2%ee。

猝灭：AcOH 水溶液阻断酸酐的形成。

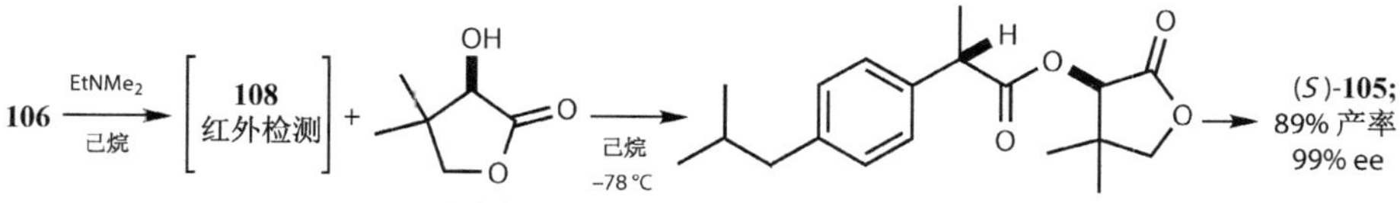

112; 泛酰内酯　　**113**

α-卤酸的去消旋化

（*R*)-(+)-泛酰内酯 **112** 与 α-卤酸的反应得到非常好的结果。α-卤酸是制备很多化合物的良好前体，如它可以发生亲核取代生成 *α*-氨基酸。*α*-卤酰氯 **115** 可以由简单的酸 **114** 直接制备，同样用三级胺 $EtNMe_2$ 处理可得不稳定的烯酮 **116**，继而与（*R*）-（+）-泛酰内酯[22] **112** 反应得到酯 **117**。

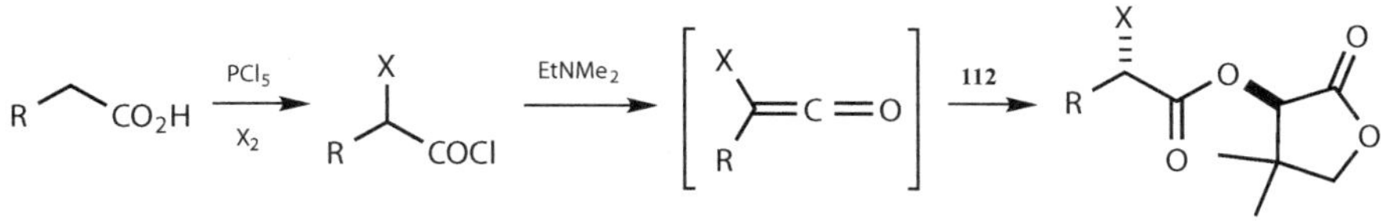

114 **115** **116** **117**

最好不要将烯酮分离，而是在 -78℃ 下将酰氯 **115** 的 THF 溶液加入（*R*）-（+）- 泛酰内酯 **112** 和 $EtNMe_2$ 的 THF 混合液。R 为烷基，X 可以是 Br 或 I。混合非对映异构体（8∶1 到 19∶1）的酯 **117** 可分离，如下有两个例子。

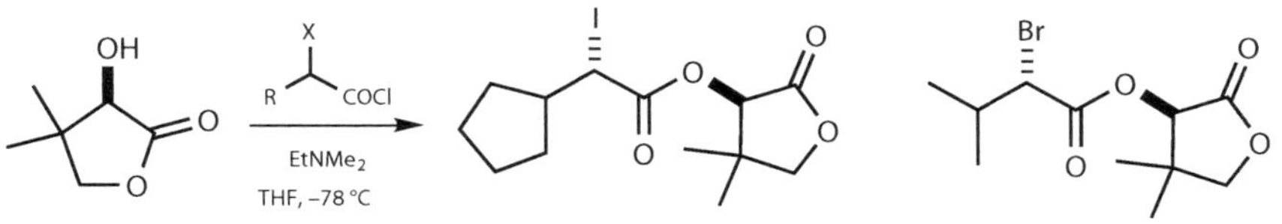

112 **117a**; 19∶1, 73% 产率 **117b**; 8∶1, 78% 产率

烯酮的形成是关键：酰氯 **115** 和（*R*）-（+）- 泛酰内酯 **112** 的反应也得到酯 **117**，但是为 1∶1 的混合非对映异构体。通过叠氮 S_N2 取代卤素继而还原叠氮来制备如 **120** 这样特殊的氨基酸是对上述反应的较好应用。最好是在叠氮物 **118** 这一步水解酯以减少外消旋化，但还是不能避免叠氮取代和水解时的部分消旋化。

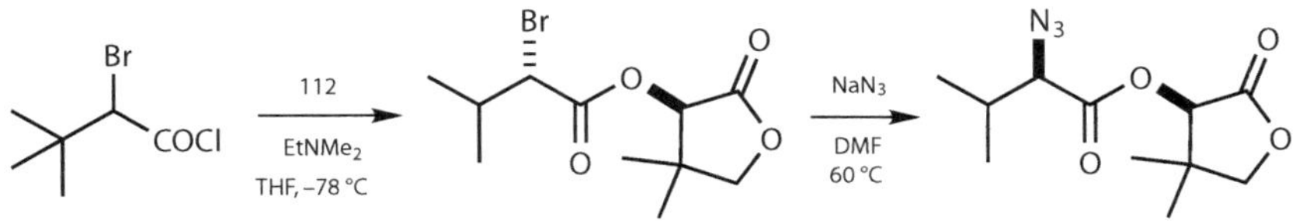

115c **117c**; 14∶1, 79% 产率 **118**; 7∶1, 70% 产率

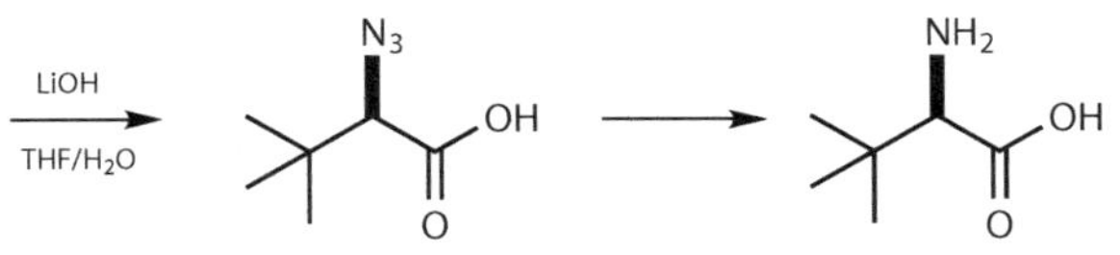

119; 70% 产率, 72% ee **120**

氮亲核试剂的不对称共轭加成

Stenven Davies[23] 在牛津的工作使得氮亲核试剂的共轭加成成为一个可靠、有用的反应。关键反应物是胺 **121**，它可通过拆分大量得到（第 22 章）。它不能与不

饱和酯 **123** 反应，但是它的锂衍生物 **122** 共轭加成经由烯醇化物 **124** 生成酯 **125**。

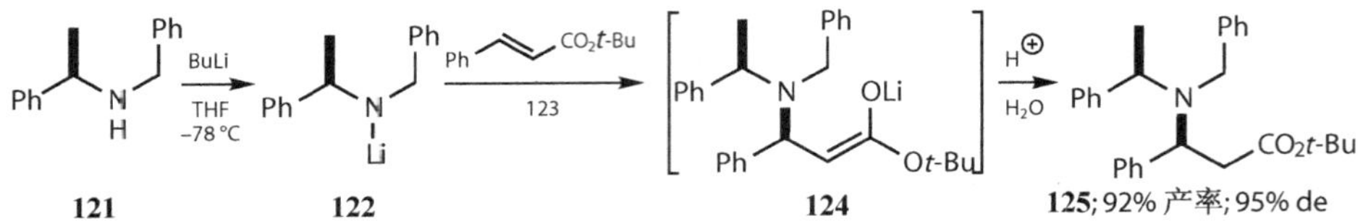

最终可以给出一些解释。锂衍生物 **122** 与酯 **123** 的羰基形成最佳“s-Z”构形的 Li—O 键，氮原子加成到共轭点像“停在树叶上的蝴蝶”的 **126** 得到和 **124a** 构象一致的烯醇盐。

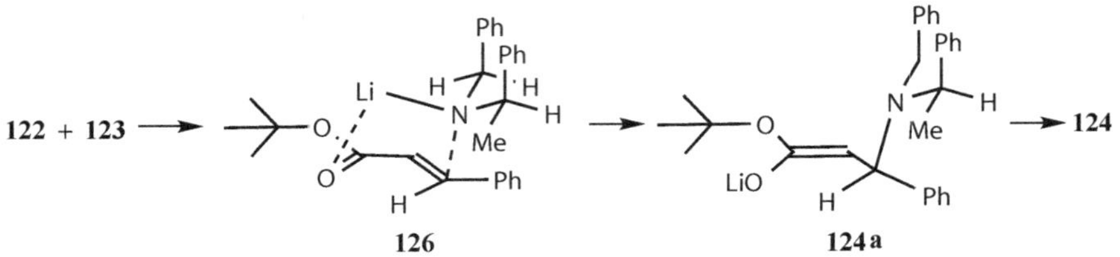

氮原子连接的两个苄基基团可以在氢化作用下脱去。很明显，氮上的第三个苄基不发生断键，而且叔丁基酯在酸溶液中水解得到高产率高 ee 的“β-苯基丙氨酸”**128**。试剂 **122** 仅提供了一个氮原子得到最终产物 **128**，不可能再进行 **121** 的回收。好在 **121** 并不难制备。

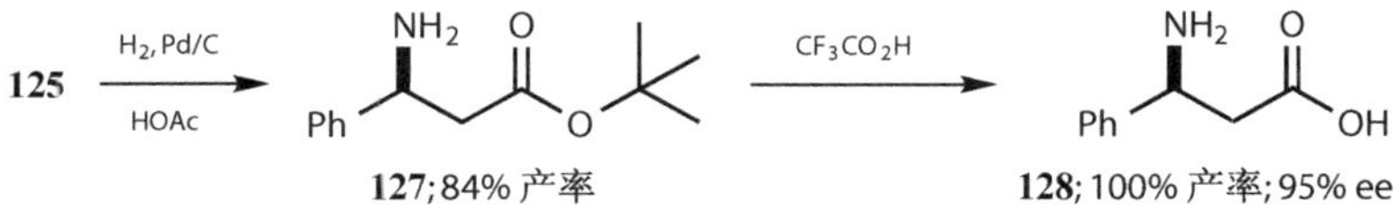

硫霉素的不对称合成

该序列中有价值的化学信息被丢弃了，这并不仅仅因为 **124** 是特殊的烯醇，而是它具有特定的几何构型（Z-型烯醇锂盐）。这一点可用于第 36 章中描述的串联反应。我们来看另一个例子：用烯丙基团取代 **121** 中的苄基得到 **129**，对于二烯酯（叔丁基山梨酸酯）进行加成得到 C-3 上区域选择性加成[24]的产物 **131**。

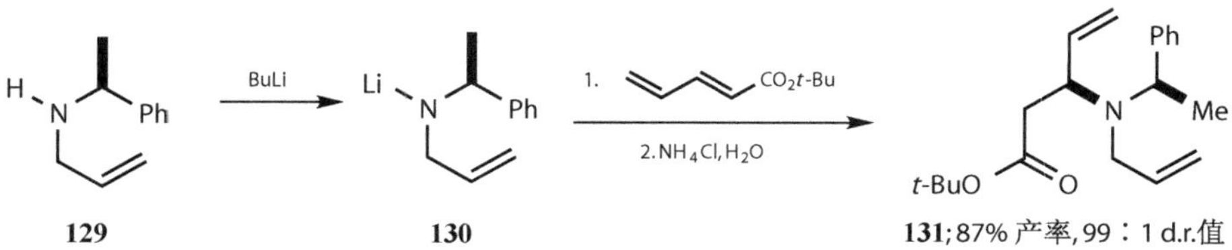

酯 **131** 与 LDA 形成普遍的、能被硼试剂捕捉为硼烯酯 **132** 的“*E*”式烯醇。与乙醛反应得到期望的 *anti*-醇醛（第 4 章）。主要产物 **133** 与其余 *anti*-醇醛的比例为 91∶9，能以 75%的产率分离出来这一非对映异构体。其绝对立体构型是由已在 **132** 中存在的手性中心决定的，保持在 **133** C-4 上。下一个手性中心（C-3）是由 C-4 和 C-3 相关的立体化学决定的，C-4 构型是由烯醇的构型决定的。

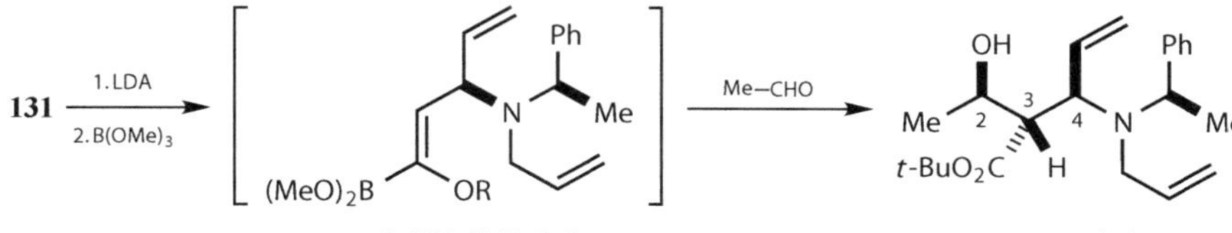

132; *E* 式硼烷的烯醇式　　**133**; 75% 产率

这一化合物用于抗生硫霉素 **138** 的不对称合成[25]。*N*-烯丙基在 Pd（0）催化下离去生成 **134**，叔丁基酯水解生成重排的酸 **135**，在二硫双吡啶作用下环化生成抗生素 **138** 的核心结构 *β*-内酰胺 **137**。

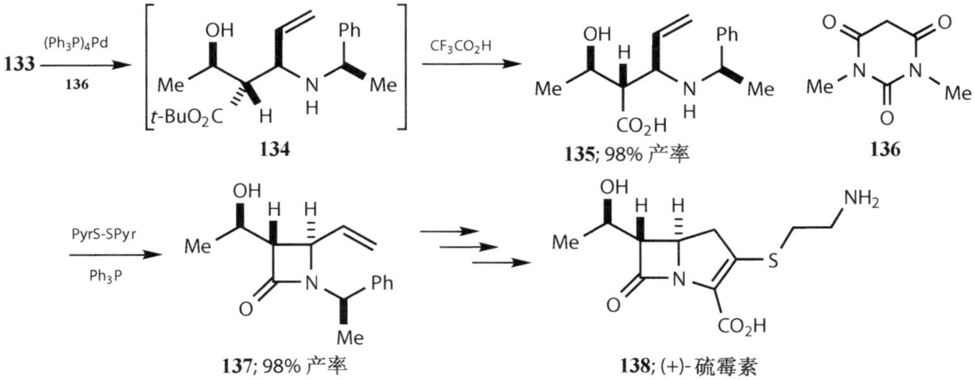

134　**135**; 98% 产率　**136**

137; 98% 产率　**138**; (+)-硫霉素

不对称质子化

非手性羟基二酸的对映选择性内酯化

非手性酮二酯 **139** 的还原得到消旋的内酯 **140**。两个酯基水解再次得到非手性羟基二羧酸盐 **141**。该化合物具有潜手性，而且两个 CO_2^- 基团是对映异构的。如果其中一个能被光学纯活性酸选择性质子化，就会形成单酸的一个对映异构体。这听起来似乎不可能。

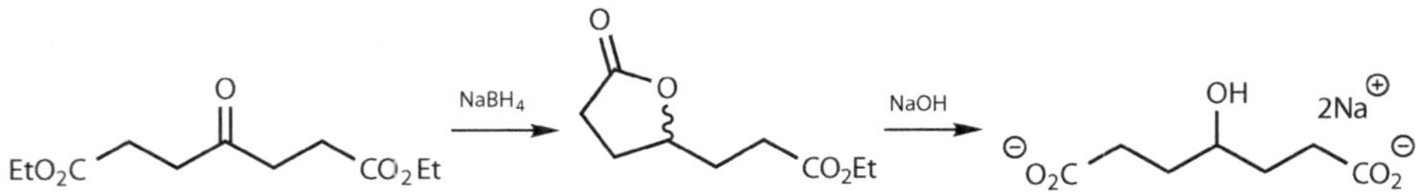

139　(±)-140　141

你也许猜到了，这确实可以实现。樟脑磺酸（**142**，第 22 章中用作拆分剂）质子化一个羧酸阴离子，环化得到高 ee（94%）的内酯[26]**144**。现在，两个羰基现在已经可以区别开了。

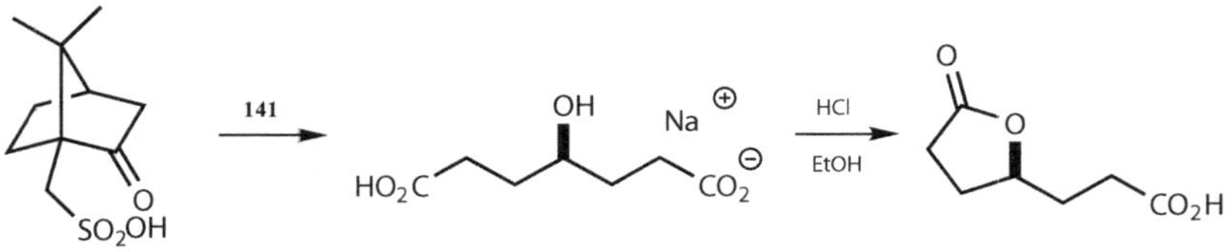

142; (+)-樟脑磺酸　**143**　**144**; 94% ee

手性碱不对称脱质子

现在人们开始更广泛地使用一种去质子方法，也就是烯醇与一个对映异构体碱一起作用。碱必须与底物紧密联系，往往是一种氨基锂。平面烯醇也许不是严格手性，但是它对一个对称的酮去对称化时效果是理想的。Simpkins 合成变性毒素 **145** 是一个很好的例子[27]。这一高毒性化合物（被称为“猝死因子”）是潜在有用的止疼药模板。Simpkins 希望从已知可得的托品酮衍生物 **147** 得到它。

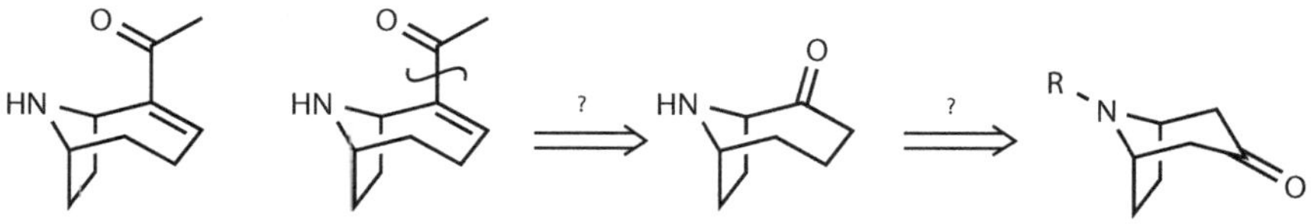

145; (+)-变性毒素-*a*　**145 a**　**146**　**147**

有很多工作要做。一个碳原子要加成，酮需要接受 d[1] 试剂的加成。这一策略非常吸引人，因为托品酮是非手性的，烯醇式使分子去对称化。找到合适的碱不容易。最终 C_2 对称二碱 **148** 使硅基烯醇醚 **149** 能高产率得到，后来知道其 ee 也很高。

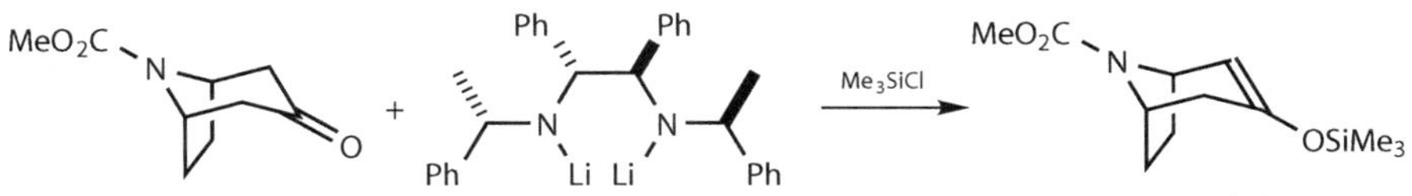

147; R = CO$_2$Me　　148　　149; 90% 产率

显然，烯醇锂 **150** 需要产生不对称性，被 Me_3SiCl 捕捉而生成硅基烯醇醚 **149**。Simmons-Smith 型环丙烷化增一个碳，产物 **151** 被 Fe（III）裂解得到不饱和酮 **153**。这与 **146** 不同，但是在合适位置含有亲电碳。不饱和酮 **153** 是晶体，可以得到光学纯的样品，经过翻转得到变性毒素 **145** 的单一对映异构体。

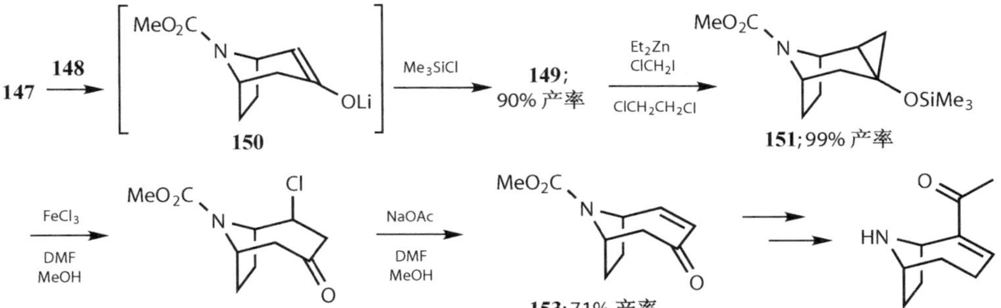

150　　151; 99% 产率　　152　　153; 71% 产率 99% ee 重结晶之后　　145

鹰爪豆碱的不对称脱质子

如今最普遍的不对称去质子是使用鹰爪豆碱作为锂的配体[28]。鹰爪豆碱 **154** 是羽扇豆和金雀花中提取的双环生物碱，有两个氮原子，易于形成 **154a** 构象，螯合一个锂原子。不论看起来怎样，它并不是（非常）C_2 对称的，只能得到一种对映异构体。

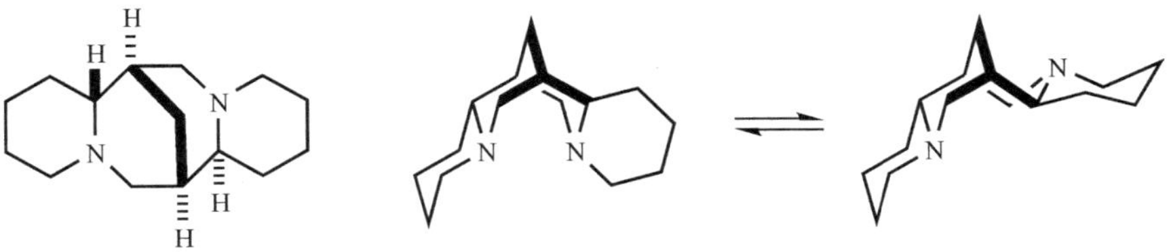

154; (–)-鹰爪豆碱　　154a; 螯合　　154b; 非螯合

一个简单的应用是环氨基甲酸酯（**155**）的不对称烷基化。去掉 **155** 一个非对映异构的质子得到一个更稳定的鹰爪豆碱螯合物 **156**。它不是烯醇，但是有一个 C—Li 键能被羰基配位所稳定。烷基化反应保持构象不变，水解后生成一个二级醇的对映异构体[28] **158**。

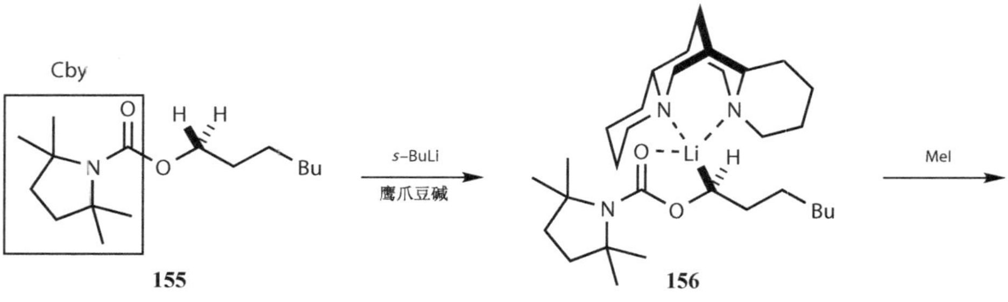

155　　156

157; 87% 产率　　158; 93% 产率, 98% ee

Hoppe通过双键加成将该工作延伸到 d^3 试剂 **159**（高烯醇化合物——见第13章手性相关部分）[29]。锂化发生在C-1上，去掉C-3上的一个对映异构的质子。丙酮的aldol反应发生在配合物 **160** 的C-3上，预计能发生高烯醇化合物（第13章）生成类aldol**161** 单一对映异构体的反应。所有这类反应中都使用过量的鹰爪豆碱。

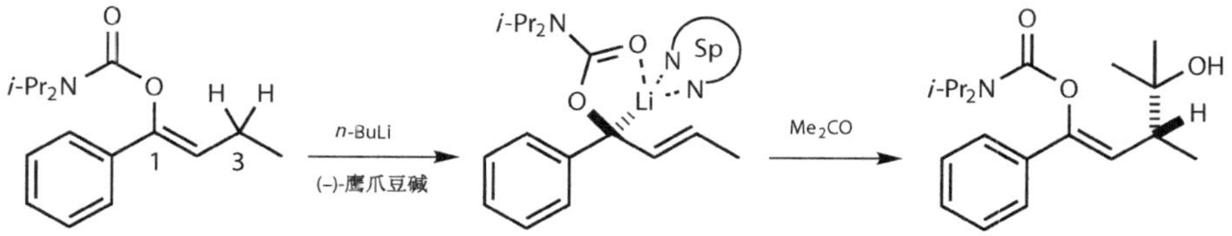

159; $Z:E$ 92∶8　　**160**: Sp = 鹰爪豆碱　　**161**; 69% 产率, 97% ee

不对称氧化

最重要的定量不对称氧化，也许是异丙苯基过氧化氢和定量二乙基酒石酸酯存在下，钛催化的硫化物转化为亚砜的例子。简单的例子有高效不对称甲基对甲苯基亚砜（**162**）合成，这是一种重要的亚砜控制不对称合成的原料[30]。

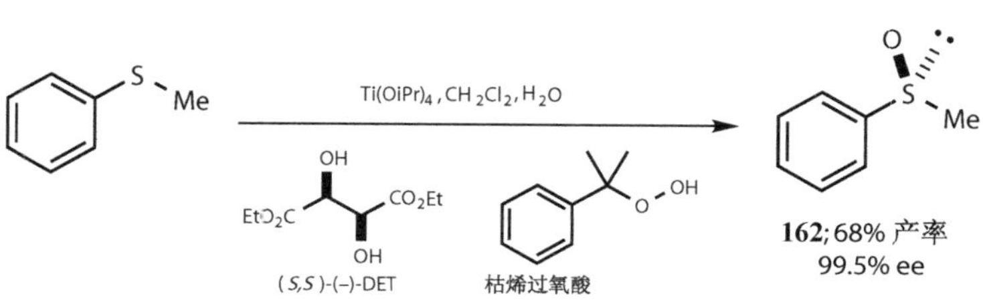

162; 68% 产率
99.5% ee

重要的奥美拉唑（omeprazole）抗腐剂总是用硫化物 **163** 氧化得到[31]。AstraZeneca 的研究人员[32]报道了以同样的混合物 **163** 生成光学纯药剂 **164**，同奥美拉唑一样销售，ee 不错。一个重要区别是，前者不对称是从 60 mol%的酒石酸酯得来的，后者用 4%的酒石酸酯就能得到 91%ee。人们在进入催化更有效的领域——下两章要讨论的内容。

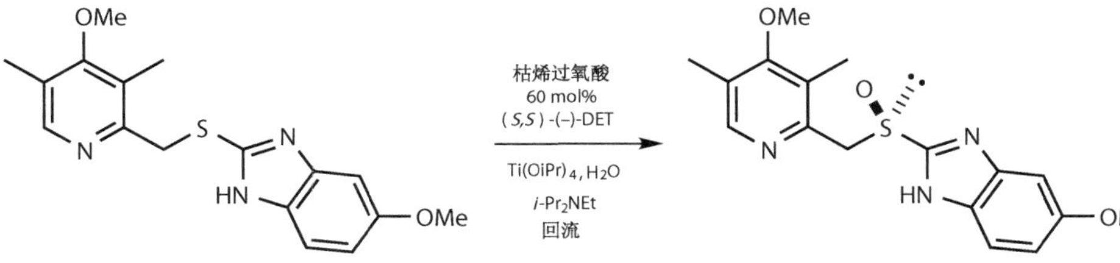

163 **164**; esomeprazole, >99.5% ee

参考文献

一般性参考文献列于 946 页。

1. R. S. Brinkmayer and V. M. Kapoor, *J. Am. Chem. Soc.*, 1977, **99**, 8339.
2. R. Noyori, I. Tomino, M. Yamad and M. Nishizawa, *J. Am. Chem. Soc.*, 1994, **106**, 6709; 6717.
3. H. C. Brown and P. V. Ramachandran, *Pure Appl. Chem.*, 1991, **63**, 307; Acc. Chem. Res., 1992, **25**, 16.
4. M. M. Midland, D. C. McDowell, R. L. Hatch and A. Tramontano, *J. Am. Chem. Soc.*, 1980, **102**, 867; M. M. Midland, *Chem. Revs.*, 1989, **89**, 1553.
5. H. C. Brown, J. Chandrasekharan and P. V. Ramachandran, *J. Am. Chem. Soc.*, 1988, **110**, 1539; P. V. Ramachandran, A. V. Teodorovic, M. V. Rangaishenvi and H. C. Brown, *J. Org. Chem.*, 1992, **57**, 2379.
6. D. W. Robertson, J. H. Krushinski, R. W. Fuller and J. D. Leander, *J. Med. Chem.*, 1988, **31**, 1241.
7. R. E. Conrow, W. D. Dean, P. W. Zinke, M. E. Deason, S. J. Sproull, A. P. Dantanarayana and M. T. DuPriest, *Org. Process Res. Dev.*, 1999, **3**, 114.
8. Z. Wang, C. Zhao, M. E. Pierce and J. M. Fortunak, *Tetrahedron: Asymmetry*, 1999, **10**, 225.
9. H. C. Brown, M. C. Desai and P. K. Jadhav, *J. Org. Chem.*, 1982, **47**, 5065.
10. H. C. Brown, A. K. Mandal, N. M. Yoon, B. Singaram, J. R. Schwier and P. K. Jadhav, *J. Org. Chem.*, 1982, **47**, 5069; H. C. Brown and B. Singaram, *J. Am. Chem. Soc.*, 1984, **106**, 1797.
11. H. C. Brown, P. K. Jadhav and A. K. Mandal, *J. Org. Chem.*, 1982, **47**, 5074.
12. H. C. Brown and U. P. Dhokte, *J. Org. Chem.*, 1994, **59**, 2365.
13. D. Murali, B. Singaram and H. C. Brown, *Tetrahedron: Asymmetry*, 2000, **11**, 4831.
14. A. G. M. Barrett, D. C. Braddock and P. D. de Koning, *Chem. Commun.*, 1999, 459.
15. S. Itsuno, K. Watanabe, T. Matsumoto, S. Kuroda, A. Yokoi and A. El-Shehawy, *J. Chem. Soc., Perkin Trans. 1*, 1999, 2011.
16. G. Chen, P. Ramachandran and H. C. Brown, *Angew. Chem., Int. Ed.*, 1999, **38**, 825.
17. M. E. Pierce, R. L. Parsons, L. A. Radesca, Y. S. Lo, S. Silverman, J. R. Moore, Q. Islam, A. Choudhury, J. M. D. Fortunak, D. Nguyen, C. Luo, S. J. Morgan, W. P. Davis, P. N. Confalone, C. Chen, R. D. Tillyer, L. Frey, L. Tan, F. Xu, D. Zhao, A. S. Thompson, E. G. Corley, E. J. J. Grabowski, R. Reamer and P. J. Reider, *J. Org. Chem.*, 1998, **63**, 8536.
18. A. Thompson, E. G. Corley, M. F. Huntington, E. J. J. Grabowski, J. F. Remenar and D. B. Collum, *J. Am. Chem. Soc.*, 1998, **120**, 2028.

19. K. Julienne, P. Metzner, V. Henryon and A. Greiner, *J. Org. Chem.*, 1998, **63**, 4532; K. Julienne, P. Metzner and V. Henryon, *J. Chem. Soc., Perkin Trans. 1*, 1999, 731. See also C. L. Winn, B. R. Bellenie and J. M. Goodman, *Tetrahedron Lett.*, 2002, **43**, 5427.
20. C. Fehr, *Angew. Chem., Int. Ed.*, 1996, **35**, 2566.
21. R. D. Larsen, E. G. Corley, P. Davis, P. J. Reider, and E. J. J. Grabowski, *J. Am. Chem. Soc.*, 1989, **111**, 7650.
22. T. Durst and K. Koh, *Tetrahedron Lett.*, 1992, **33**, 6799.
23. S. G. Davies, N. M. Garrido, O. Ichihara and I. A. S. Walters, *J. Chem. Soc., Chem. Commun.*, 1993, 1153; S. G. Davies and D. R. Fenwick, *J. Chem. Soc., Chem. Commun.*, 1995, 1109.
24. N. Asao, N. Tsukada and Y. Yamamoto, *J. Chem. Soc., Chem. Commun.*, 1993, 1660; N. Asao, T. Uyechara and Y. Yamamoto, *Tetrahedron*, 1990, **46**, 4563.
25. S. G. Davies, C. J. R. Hedgecock and J. M. McKenna, *Tetrahedron: Asymmetry*, 1995, **6**, 827; 2507; S. G. Davies and D. R. Fenwick, *Chem. Commun.*, 1997, 565.
26. K. Fuji, M. Node, S. Terada, M. Murata, H. Nagasawa, T. Taga and K. Machida, *J. Am. Chem. Soc.*, 1985, **107**, 6404.
27. N. J. Newcombe and N. S. Simpkins, *J. Chem. Soc., Chem. Commun.*, 1995, 831.
28. D. Hoppe, F. Hintze, P. Tebber, M. Paetow, H. Ahrens, J. Schwerdtfeger, P. Sommerfeld, J. Haller, W. Guarneri, S. Kolczewski, T. Hense and I. Hoppe, *Pure Appl. Chem.*, 1994, **66**, 1479; Clayden, *Lithium*, pages 226–235 and 258–269.
29. M. Seppi, R. Kalkofen, J. Reupohl, R. Fröhlich and D. Hoppe, *Angew. Chem., Int. Ed.*, 2004, **43**, 1423.
30. S. H. Zhao, O. Samuel and H. B Kagan, *Org. Synth.*, 1989, **68**, 49.
31. Saunders, *Top Drugs*, chapter 5, page 37.
32. H. Cotton, T. Elebring, M. Larsson, L. Li, H. Sörensen and S. von Unge, *Tetrahedron: Asymmetry*, 2000, **11**, 3819.

25 不对称诱导Ⅱ——不对称催化：C—O键和C—N键的形成

引言

不对称诱导的催化方法

在前章中我们讨论了基于不同反应物的策略来对映选择性的构建手性中心。接下来的两章也是关于反应物导向的策略，但是有很显著的不同。手性源使用很低的浓度：作为催化剂使用。可以用几毫克的光学活性化合物得到几克甚至几千克的光学纯产物。这章涉及 C—O 和 C—N 键的形成，下章将谈及 C—H 和 C—C 键的构建。

这章用大篇幅讨论两个特别重要和有用的对映选择方法——催化不对称环氧化（AE）和催化不对称双羟基化（AD）。令人难忘的是，这两种方法都是 Barry Sharpless 教授研究组发明的，所以经常称之为 Sharpless 环氧化和 Sharpless 双羟基化。这两种方法都是配体促进催化的例子。

第一部分——Sharpless 不对称环氧化

不对称环氧化反应有很多，但是都不能在可靠性与使用广泛性上与 Sharpless 不对称环氧化[1]（AE）相比，这一部分会讲述这一反应，这章后面部分[2]

会讲述Jacobsen环氧化。

AE法

Sharpless环氧化转化潜手性烯丙醇（**1**）为手性环氧醇（**2**），而且是高对映体过量（高ee）的转化。

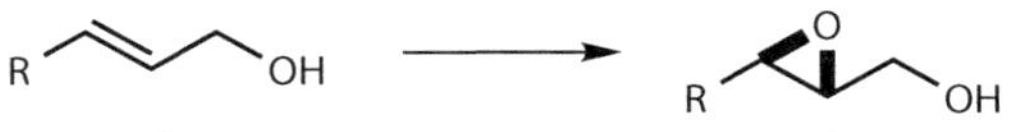

1　**2**

这一反应的框架给予很大范围的适应性——原料的取代基可以是各种各样，双键可以是*E*-或者*Z*-式。但有一个限制是底物必须是烯丙醇。如果不是烯丙醇底物，反应不能发生。而且我们将看到，羟基在反应中至关重要。反应物是氧化剂（通常是叔丁基过氧化氢*t*-BuOOH，但是别的氢过氧化物也可用）、催化剂以及用于不对称诱导的手性光学纯配体。在*Organic Synthesis*中有该反应典型例子的操作步骤[3]。

配体

使用的配体是二烷基酒石酸酯。最常见的是二乙基和二异丙基酒石酸酯。二乙基酒石酸酯缩写为DET；二异丙基酒石酸酯缩写为DIPT；二甲基酒石酸酯为DMT。

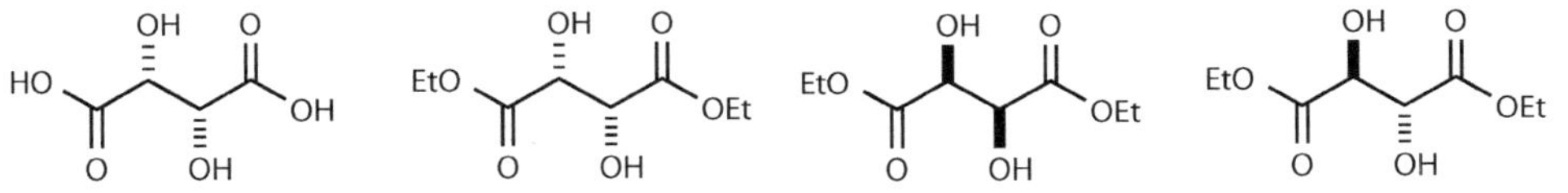

3; (*R*,*R*) L-(+)-酒石酸　**4**; (*R*,*R*) L-(+)-DET　**5**; (*S*,*S*) D-(−)-DET　**6**; *meso*-DET

重要的是，两种酒石酸对映异构体都可用。但是（也很重要的是）其中一种比另一种贵得多。便宜的是L-酒石酸（**3**），常被认为“天然”酒石酸。它比“非天然”酒石酸D-酒石酸便宜35倍，可事实上，并没有非天然之说——它也来自自然界。两种对映异构体的乙基酯**4**，**5**和异丙基的酯都适用于该反应。它们是互为对映体的C_2对称DET，另一种非对映异构的*meso*-DET（**6**）是非手性的。如果使用分子筛，配体使用催化量即可[4]。

催化剂

活化催化剂的中心金属为钛。它使所有物质集中一起——酒石酸、底物（烯丙基醇）以及氧化剂叔丁基过氧化氢*t*-BuOOH。在与底物和配体成键之前，催化剂的结构被认为如下图所示。有两个钛原子和两个不对称键合的酒石酸单元。

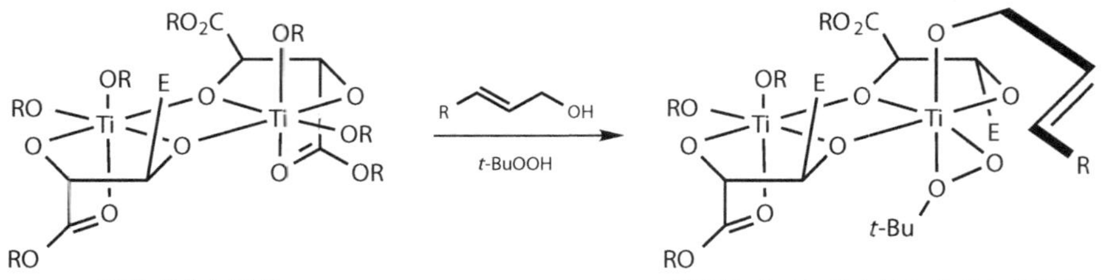

可能的催化剂结构
$E = CO_2R$

假想的"已加载底物"的催化剂结构
$E = CO_2R$

催化剂结构

最可能的催化剂结构是基于相关化合物的 X 射线结构以及计算进一步确定的[5]。它是一个含两个钛原子，两个酒石酸和四个醇盐的二聚体结构。我们给出两个降解后的结构之一。当催化剂被烯丙基醇和氢过氧化物束缚的时候，同样的钛原子能与烯烃的两面但仅与活性氧原子接近的非对称的那一面配位。

助记模型

环氧产物的绝对构型取决于酒石酸酯配体的对映异构体。经验观察是可靠的——当烯丙基醇和甲醇碳一起画在如下图的东南象限（SE），L-酒石酸酯导向氧化剂 *t*-BuOOH 从烯烃的底面进攻氧原子，而 D-酒石酸盐导向从顶面进攻。

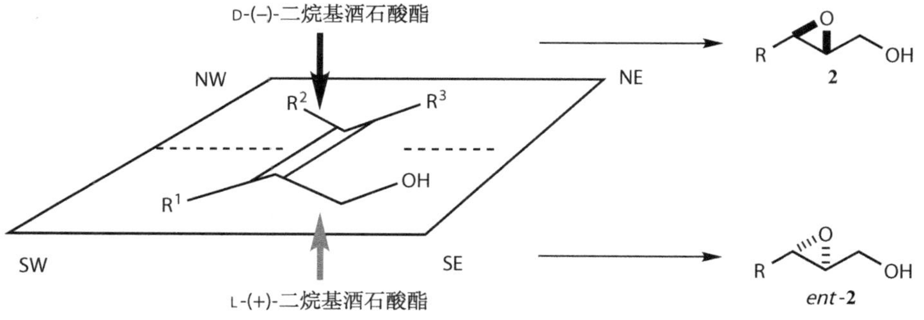

心得安的合成

心得安 **7** 是一个 *β*-受体阻断剂。我们看看它是如何分离的。先注意到它有两个 1,2-相关官能团。一个醚和醇在分子左边，一个 1,2-氨基醇在右边。

7; (–)-心得安

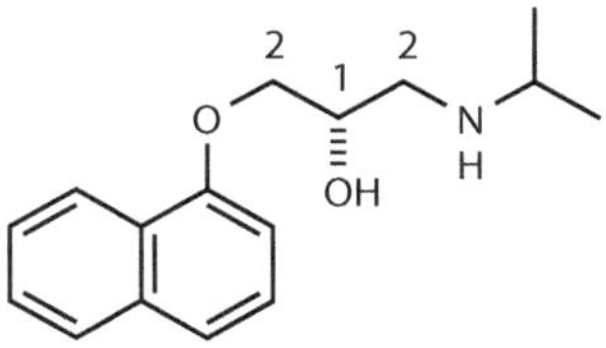

因为醇在分子的中间。我们可以猜想断开 **7a** 或者 **7b**，它们是通过亲核试剂进攻环氧化物末端实现的。注意，分子中仅有一个手性中心。

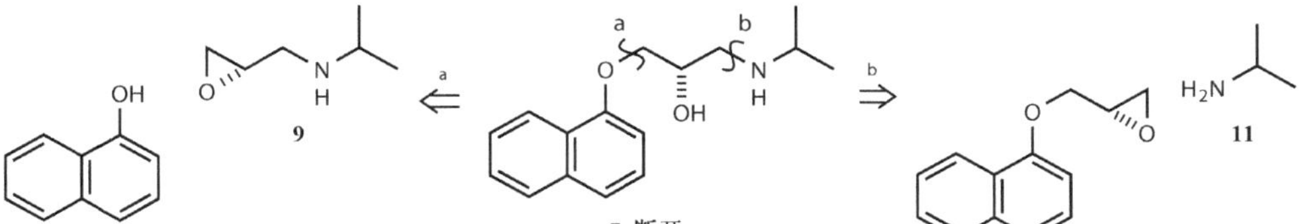

8　　9　　7; 断开 (–)-心得安　　10　　11

断开 **a** 或者 **b** 都可以。但是下面的方法是断开 **b** 完成的[6]。下一个断开类似于 **a** 并使用 α-萘酚（**8**）作为亲核试剂。

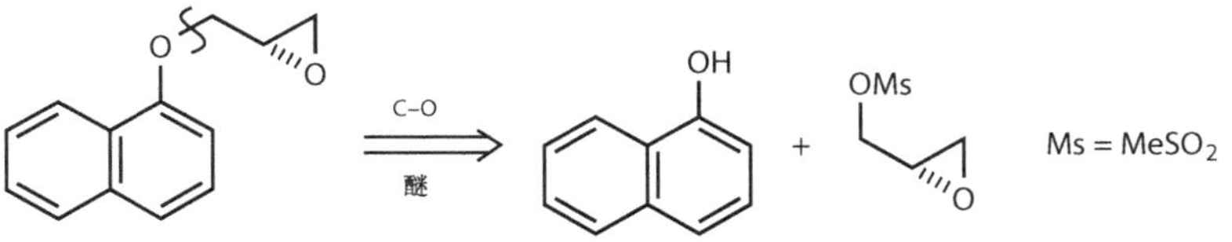

10a　　8　　9

甲磺酸基被选作离去基团，环氧甲磺酸（**9**）可以从相应的醇 **12** 制得，而 **12** 可从烯丙醇（**13**）通过 Sharpless 环氧化制得。

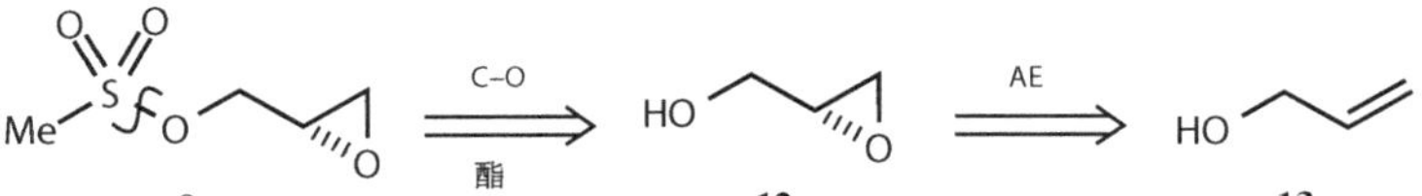

9a　　12　　13

事实上，烯丙醇（**13**）一开始并不在合成中使用，因为没有取代的烯烃转变为醇时得到 ee 低（助记模型中的 R^2 不能是 H）。加上一个可离去基团就好多了，所以硅基烯烃 **14** 代替 **13** 使用。硅基使环氧醇（**15**）的分离产率比使用烯丙醇更好，得到 **15** 的 ee＞95％。醇被转化为甲磺酸 **16**。

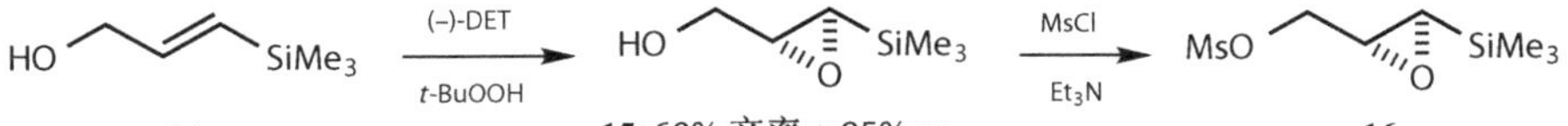

14　　15; 60% 产率, >95% ee　　16

接下来甲磺酸基被 **8** 和碱制得的萘酚钠所取代。最终产物不需要硅基，用

TBAF（四丁基氟化铵，$Bu_4N^+F^-$）除去。最终，环氧化物 **10** 被异丙基胺（**11**）开环。该合成关键是在取代基少的一端区域选择性打开环氧。

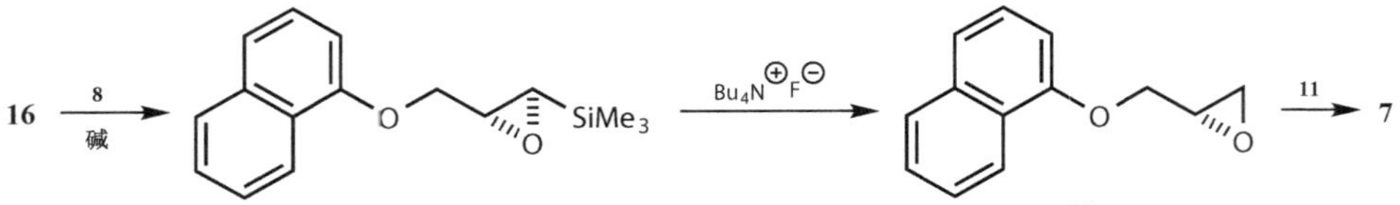

17　　**10**

Sharpless 环氧化改进

Sharpless 环氧化后的氧化

环氧十九烷 **18** 是雌舞毒蛾引诱剂，其唯一的官能团就是环氧。如果使用 AE 法，我们需要醇来进行立体选择引导得到该官能团。我们的断开策略[7]是这样的——一个羟基必须在 **19** 的烯丙碳原子附近引入。

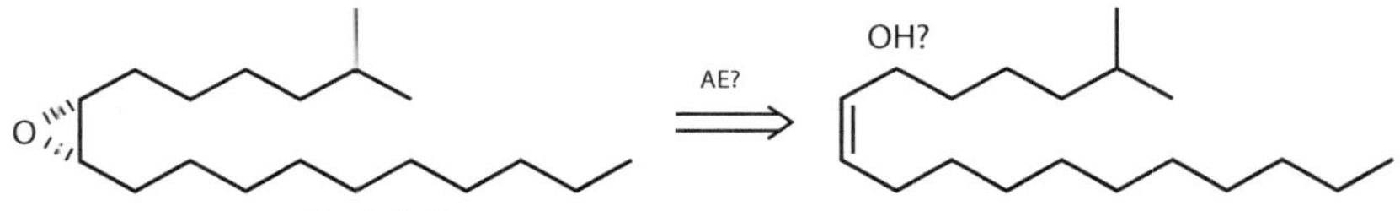

18; (+)-环氧十九烷　　**19**

最好在能有效使用断开引入烯烃的反应（官能团加成）中加入 OH 得到烯基环氧 **20**。双键可以用 Wittig 反应切断。虽然可能 Wittig 反应会得到不用构型混合的双键，但这里我们并不介意——因为双键将被去掉。醛 **21** 可以从醇 **22** 制得，**22** 是 *Z*-烯丙醇 **23** 进行 AE 反应的产物。该烯烃的构型必须被控制，幸运的是，*Z*-烯丙醇通过炔烃的部分还原容易制得（第 15 章）。

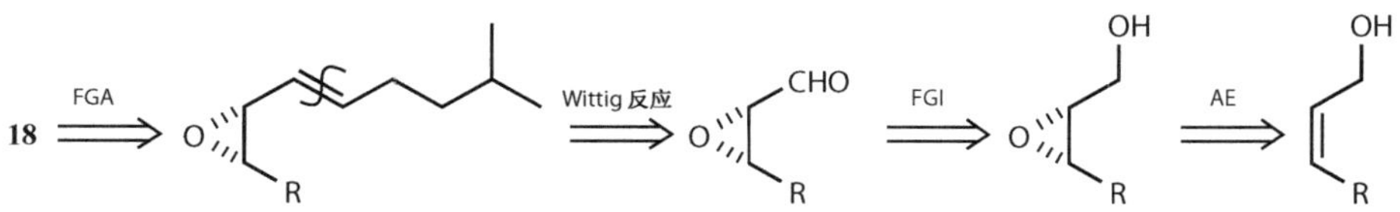

20; R = *n*-$C_{10}H_{19}$　　**21**　　**22**　　**23**

(*Z*)-烯丙基醇 **23** 在 −40℃ 下被环氧化以 91%ee 和 80% 的产率得到 **22**。Sharpless[7]说“环氧醇 **22** 的晶态大大简化了它的分离（无需色谱法）”。烯烃的氧化，Wittig 反应和羟基化使（+）-环氧十九烷（**18**）合成得以完成，它的确能引诱雌舞毒蛾。

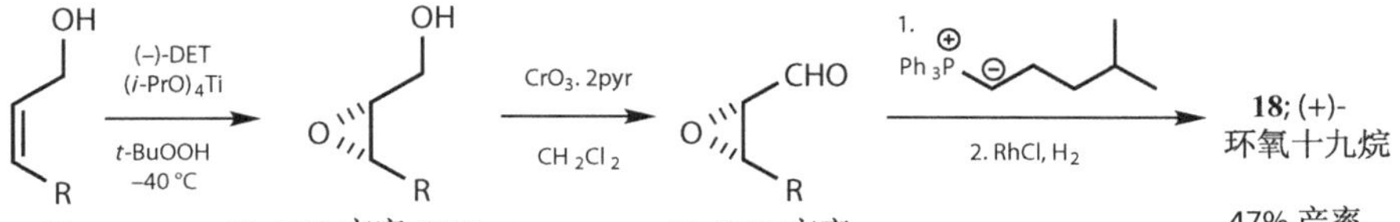

23　22; 80% 产率, 91% ee　21; 88% 产率

Payne 重排

Sharpless 环氧化的产物，如环氧化物 **12**，**16** 或者 **22**，在碱中都潜在不稳定，可以作为醇的离子，在 Payne 重排中进攻环氧化物 **24**。这点从最简单的化合物 **12** 中可以看出。我们通过给化合物标数字来描述这个步骤。右边的羟基和左边的化合物 **12** 是相同的。Sharpless 在他的丙醇合成中给出了明确的描述。

12　24　24　12

如果碳骨架 **2** 为不对称，则有不同的危险：Payne 重排得到的是 **2** 和 **25** 两种产物的混合物。现在有三个位点亲核试剂可以进攻：**2** 中的 C-3，**25** 中的 C-1 以及 **2** 和 **25** 的 C-2。但是最终得到的立体构型不一样。我们更倾向于用 **1** 进行 AE 反应而不是用 **26**，因为 **26** 已经是手性的，AE 反应可以仅依靠动力学拆分。

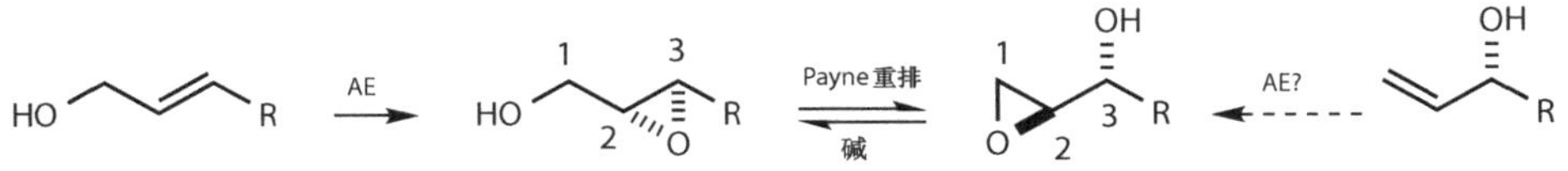

1　2　25　26

对于两种化合物 **2** 和 **25**，环氧化物 **2** 有较多的取代基，它更稳定，也因此生成量更多。但是该混合物与亲核试剂的反应却倾向于在最少取代的碳上发生，即 **25** 的 C-1。少量的混合物组分 **25** 得到主产物 **27**。所以 **1** 的 AE 反应被用来根据反应条件制备产物 **2** 或者 **25**。

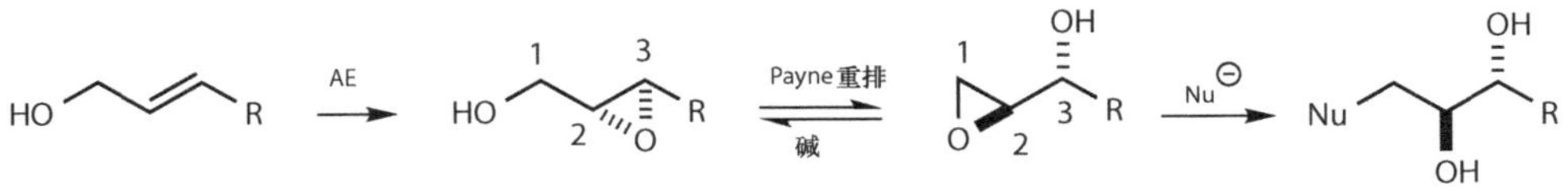

1　2　25　27

我们的描述来自于 Sharpless 的糖合成[8]。单苄基醚 **28** 的 AE 反应效果不错，环氧化物 **29** 与 PhSH 在碱溶液中的反应主要（4.5∶1）得到 Payne 重排产物 **30**。

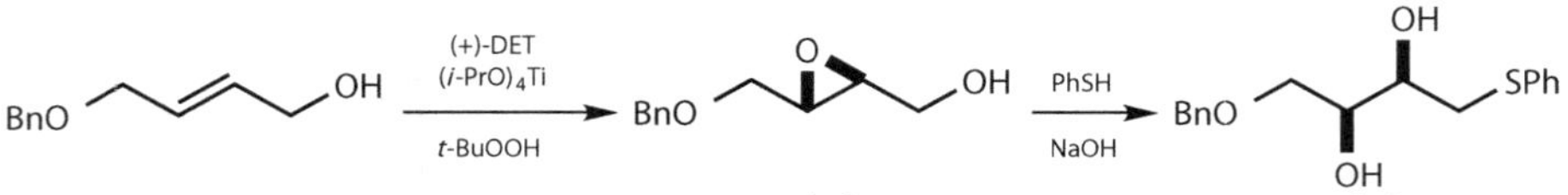

28　　**29**; 85% 产率, 99 : 1　　**30**; 88% 产率, 4.5 : 1

烯丙基醇中心的不对称诱导：AE 是反选择性的

通过 AE 反应使得烯丙基醇的 CH(OH) 中心变为不对称是可行的。这是一种对称阻断，Fürstner 在天然产物（—)-balanol **31** 唯一的有趣片段 **32** 的合成中已经有很好的阐述：一种蛋白酶抑制剂发展的潜在导向[9]。这两种切断都是无所谓的。

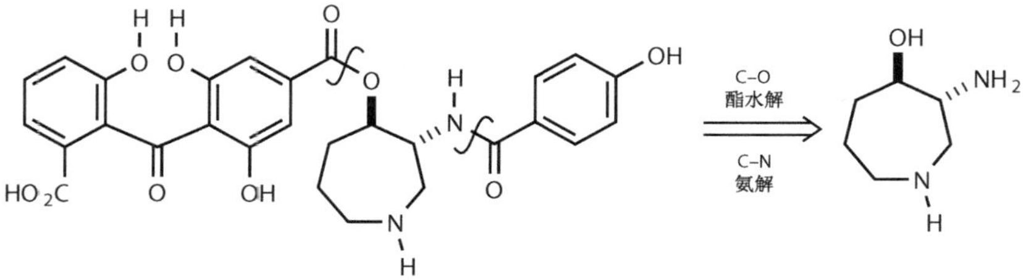

31; (–)-balanol　　**32**

起初看起来环状胺 **32** 不能简单地通过 AE 制得。但是，七元环上两个取代基是 *anti*-的，而且可以来自于环氧开环。关键是用烯烃复分解反应制备七元环（第 15 章)。所有的烯烃必须再次加成，Fürstner 用这种方法得到烯丙基醇 **33**。复分解的逆反应得到非环状起始原料 **34**。现在他去掉其中一个胺并用仲 OH 取代得到 **35**。

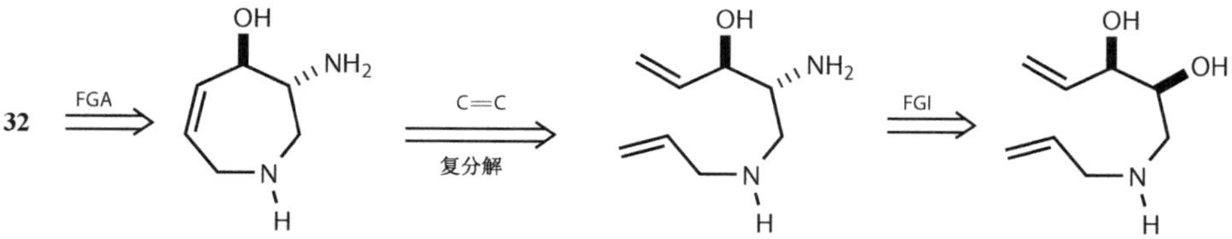

33　　**34**　　**35**

切断 1,2-diX 相关基团间的键得到烯丙基胺 **36**，可以通过 AE 反应得到环氧化物 **37**。起始原料其实是一个非手性烯丙醇 **38**，但是含两个烯烃。事实上，它们是光学活性的，AE 可以区分二者。更难的问题是 **37** 的醇在 AE 反应中成为手性中心时其立体化学是怎样的。结论是（通过实验）AE 有 *anti*-选择性：催化剂传递环氧中的氧到 OH 的反面。由于两个氧都被 Ti 所束缚，这看起来有些令人吃惊。但是监控负载上的催化剂结构显示烯丙醇上的取代基（此处为烯基）都被

Ti绑定时，更倾向于处在烯烃的反面而不是被 *t*-BuOOH 进攻的一面。该反应的对称性将在第 **28** 章中更细致讨论。

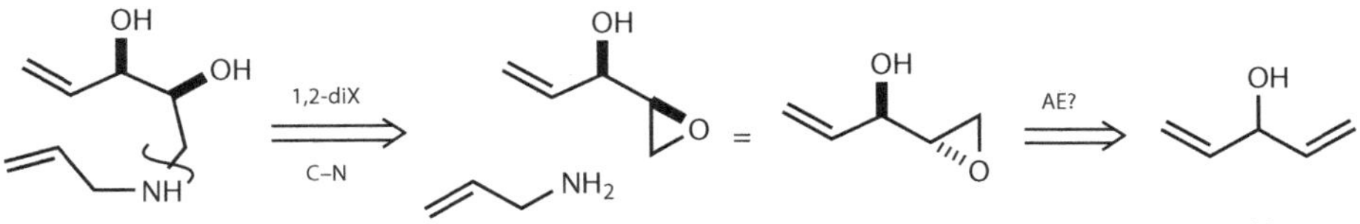

35　**36**　**37**　**38**

"非天然" D-DET 是得到正确的绝对立体化学所需的，**37** 不能分离出来，但可以在与烯丙基胺作用得到 **35** 碳链的反应前以苄基醚 **39** 的形式被保护起来。OH 转化为 NH_2 需要翻转。

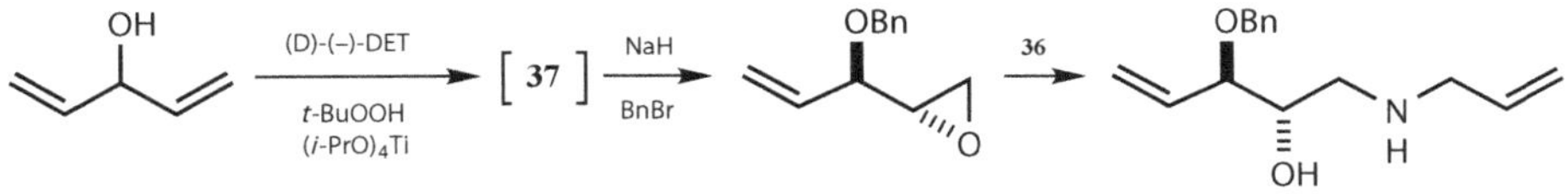

38　**39**; 95% 产率　**40**; 94% 产率

N-Boc 保护后，复分解适用于得到双保护 **42**，然后和二苯基磷酰基叠氮化物通过 Mitsunobu 反应翻转为叠氮化物 **43**。这一顺序使得三次还原——烯烃，叠氮以及脱苄基的还原——一步完成，Boc 保护的 **44** 可以接着用于 Balanol 自身的合成。

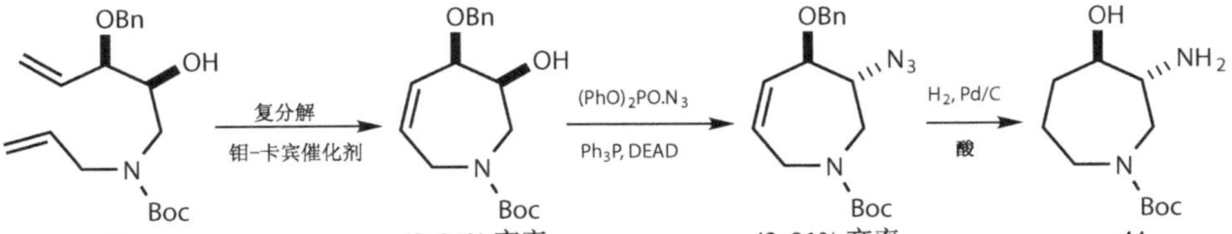

41　**42**; 94% 产率　**43**; 91% 产率　**44**

远程烯丙基醇中心的没有不对称诱导：反应物控制

分子中已经存在的一个手性中心已经被不对称合成所控制，如果它足够远，AE 反应将忽略它。生物活性二萜 **45** 的 Yamada 合成[10]可以说明这点，而且指出当亲核进攻一个不对称环氧时的控制。初步应用 Diels-Alder 反应切断使得化学家的思路回到二醇 **48**。

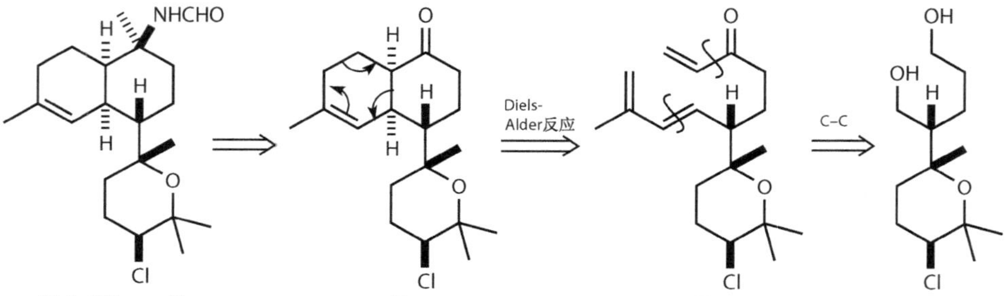

45; kalihinene X　46　47　48

四氢吡喃环（**48**）有一个叔碳与氧相连 **48a**，该 C—O 键可以从烯烃的羟基加成得到。阴离子稳定的砜 **50** 加成使得一个 C—C 切断得环氧化物 **51**，除了烯丙基氯外，**51** 看起来很像 AE 产物。

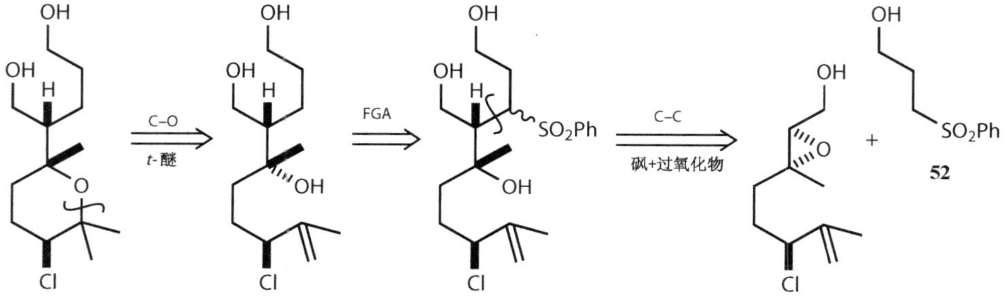

48a　49　50　51　52

选择二烯丙基醇（**53**）为底物进行 AE 反应，它与 **51** 的碳骨架相似，但是有一个翻转的醇取代了氯。这一选择很奇怪，因为烯丙醇之一必须被保护，而且 AE 的立体中心影响仍不明。保护很容易：*t*-$BuMe_2SiCl$（TBDMSCl）硅烷化仅发生于一级醇上，*t*-$BuPh_2SiCl$（TBDPSCl）硅烷化可以强制与一个剩余的 OH 反应，然后位阻小的硅基发生选择性甲醇分解作用得到 **54**。和预期一致，AE 反应对烯丙醇具有区域选择性，更重要的是具有高度反应物控制性（**55** 和另一非对映异构体反应比值为 10∶1）。与砜 **52** 的锂衍生物反应得到 **56**，它可通过两个羟基的酰基化，脱硅基化，醇与 Ph_3P 和 CCl_4 反应发生类似 Mitsunobu 型翻转转化为 **51**。这些反应在手册中有所讨论。

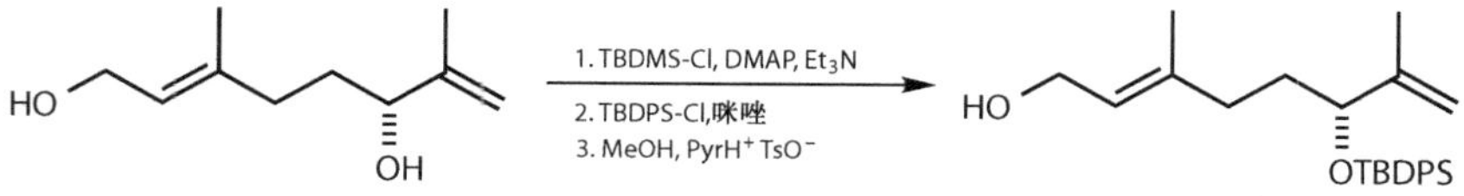

53　54; 83% 产率

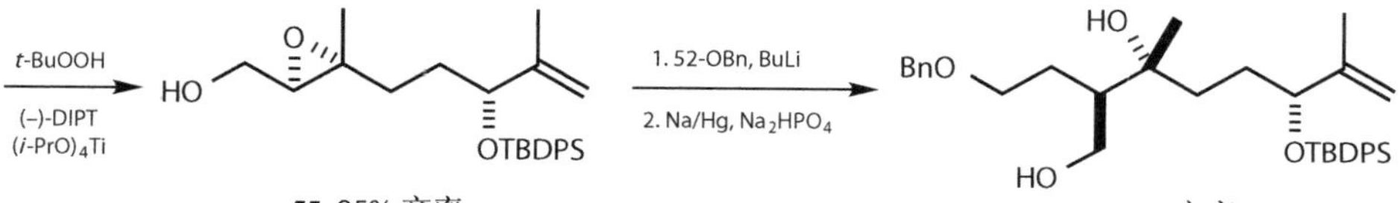

55; 95% 产率　56; 89% 产率

起始原料 **53** 是否需要光学纯？是的，因为这里没有实质上的动力学拆分。**53** 的不对称中心被证明为太远离烯烃，在 AE 反应中没有多少立体选择性。光学纯的醇 **53** 已经可以由相应的烯酮通过不对称还原（用 CBS，见第 26 章）得到。Sharpless 环氧化有其局限性但也相当实用。

地尔硫䓬的不对称合成

地尔硫䓬作为钙道阻滞剂用于心绞痛和高血压的治疗。活性化合物是 *cis*-非对映异构体 **57** 的（+）对映异构体。支链（R＝**57** 中的 $Me_2NCH_2CH_2$—）可通过 **58** 烷基化得到。氨基是明显的切断处。

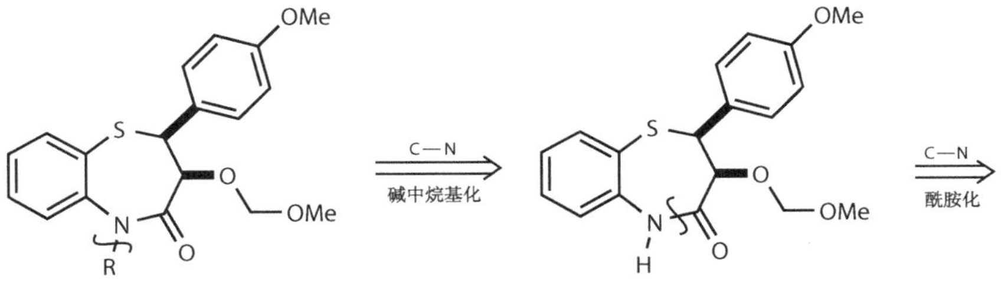

57; (+)-*cis*-地尔硫䓬　　**58**

中间体 **59** 有两个 1,2-二 X 相关，但是只有一个可以合理地由环氧化物得到。重画的 **59a** 显示出 S 和 O 反式的立体化学可以通过环氧开环得到，遗憾的是，结构显示环氧化合物 **60** 需要由 *cis*-不饱和酯制得。

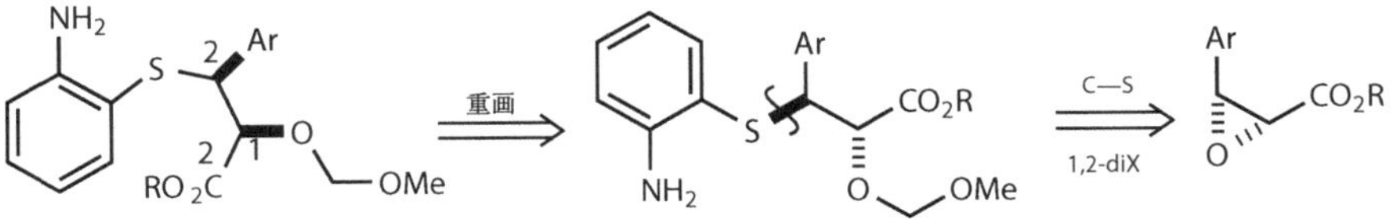

59　　**59a**　　**60**

如果需要用烯丙醇进行 AE 反应，我们希望是用反式烯丙醇，所以会进行两次翻转。用异丙苯基过氧化氢 **61** 作氧化剂，环氧化物 **63** 的产率和 ee 都很高。氧化得到所需的酯 **64**。

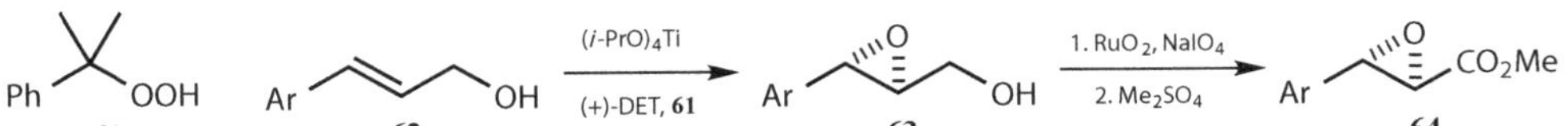

61　**62**　**63**　**64**

先来看第一次翻转。亲核试剂被氯离子进攻发生在富电子芳环附近而不是酯附近。硫醇（**66**）和弱碱反应得到制得硫醇盐阴离子，所需区域和立体化学选择发生在 **67** 处。接下来的合成[11]在手册中有介绍。我们将在稍后这章中看到用别的不对称方法进行的其他地尔硫䓬合成。

64 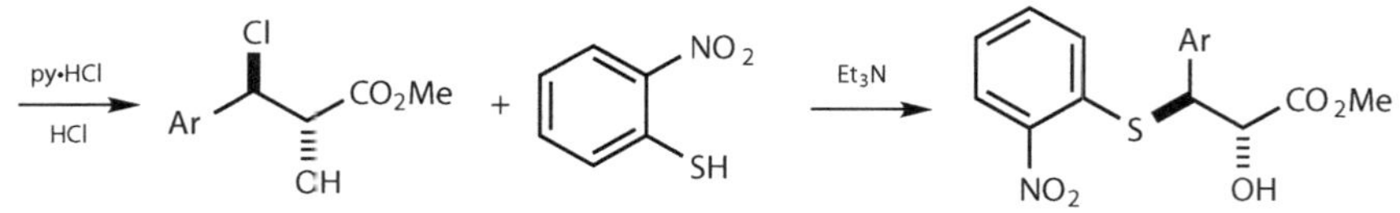
65　　66　　67

Sharpless 环氧化总结

这一适应性特别广泛的反应可以用于大多数烯丙醇，但是有一些普遍规则我们要在这里总结一下：

（1）底物必须是烯丙醇如 **1**。接下来最好的是类烯丙醇 **68**，但是这一反应较慢，ee 普遍比较低。

1　　68

（2）具有取代基的 *E*-式烯烃的末端烯丙醇效果最好，如 **1**，**69** 和 **70**。

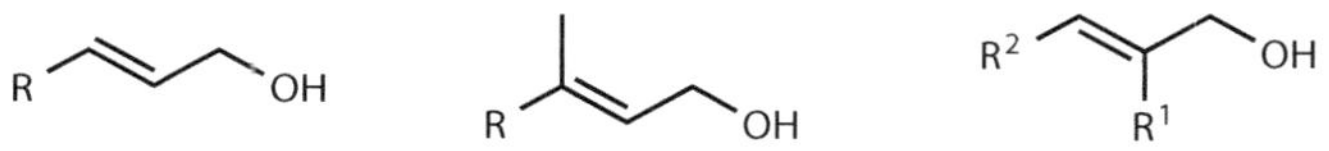
1　　69　　70

（3）含 *Z*-式烯烃（烷基在羟基的顺式，如 **71** ～**73**）烯丙醇普遍得到不好的结果。前面提到的助记模型显示匹配性差。

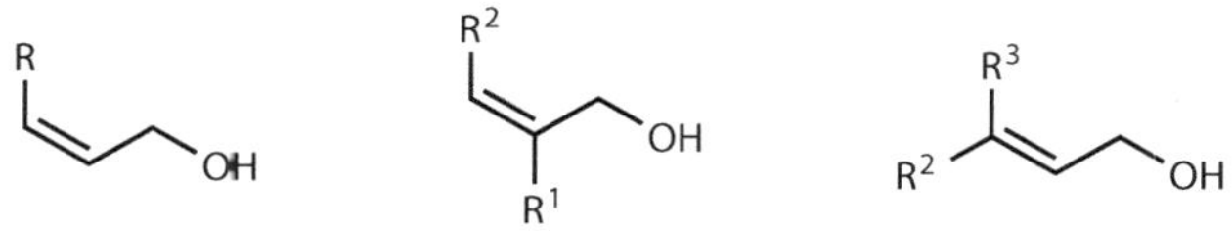
71　　72　　73

（4）末端烯烃而不是烯丙醇自身并不是太有用。由非手性类型 **75** 所得的环氧化物对于亲核进攻和 Payne 重排非常不可靠，其他非手性类 **76** 得到低 ee。手性化合物 **77** 和 **78** 属于动力学拆分领域（见第 28 章）。

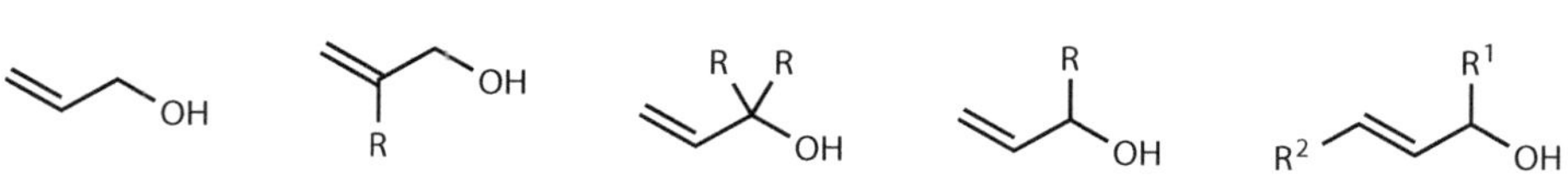
74　　75　　76　　77　　78

第二部分——Sharpless 不对称双羟基化

Sharpless 双羟基化反应（AD）是 20 世纪以来可论证的最重要的有机化学反应。毫无疑问不对称合成处于现代有机合成化学的前沿。最有影响的不对称方法是催化法。Sharpless环氧化反应成就远非如此。这类方法能同时达到高ee和高催化活性转化，适用于范围广大的底物，而且易于操作，不需要特殊的溶剂、温度或其他严格的控制条件。Sharpless不对称双羟基化（AD）反应，就是用四氧化锇进行烯烃二羟基化这一熟悉的不对称翻转方法[12]。因为其使用简单，Sharpless环氧化和Sharpless双羟基化已经能实用于本科生的实验。

AD法

Barry Sharpless教授[13]写道："它仅和烯烃并且能和所有烯烃反应（这里允许有点诗意）。"当然，这里的"它"就是四氧化锇，它和烯烃反应得到1,2-二醇[14]。它具有立体专一性，在双键**79**平面的同侧引入两个羟基，得到*syn*-非对映异构的**80**。除了立体专一性，在合适配体存在时，四氧化锇可以与烯烃发生对映选择性反应，即进攻两个对映面之一得到**80**或者*ent*-**80**。

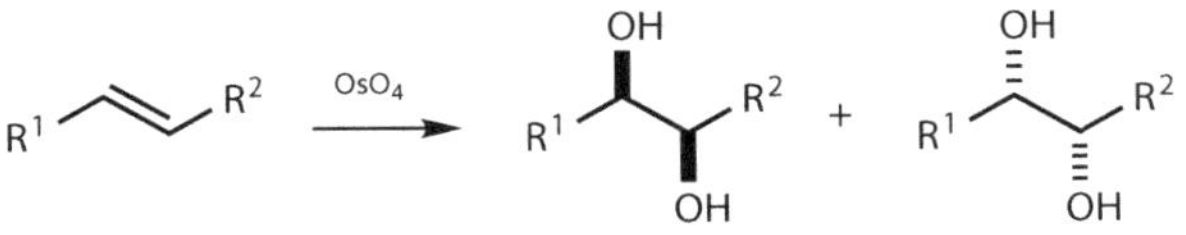

79 **80** *ent*-**80**

Sharpless[15~18]和其他人[19]发展了该反应，使得很贵的四氧化锇从使用化学计量到只需0.002mol%[13]。此外，此前的方法得到消旋转化，而后者得到光学纯二醇。

再看这些总结。底物具有广泛多样性，不对称反应中也不要求其他功能。下列五种化合物中，只有烯丙醇（**83**）形成Sharpless环氧化的合适底物，但是它们都适用于不对称双羟基化（AD）反应。

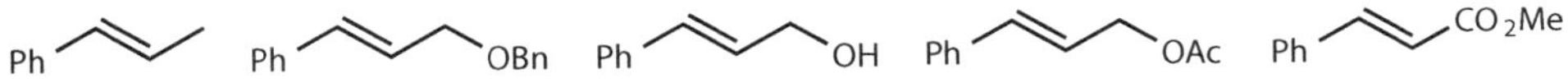

81 **82** **83** **84** **85**

显然，描述Sharpless双羟基化方法学的重要方面对我们来说是合适的。这一背景对曾经用过，或正在思考适用该反应的化学家来说很关键。但是，细节讨论，如反应机理或者光学选择性起源解释，远不是这本书和类似资料所能描述的，大多数来自于经验观点。

一些历史。艺术的发展现状是个有趣的事情①。四氧化锇与烯烃的反应发现于[14]20世纪30年代。该反应首次得到锇酸酯**86**。锇酸酯是稳定物种但可水解生成二醇**80**。

① 指AD双羟化反应的高度艺术性。——译者注

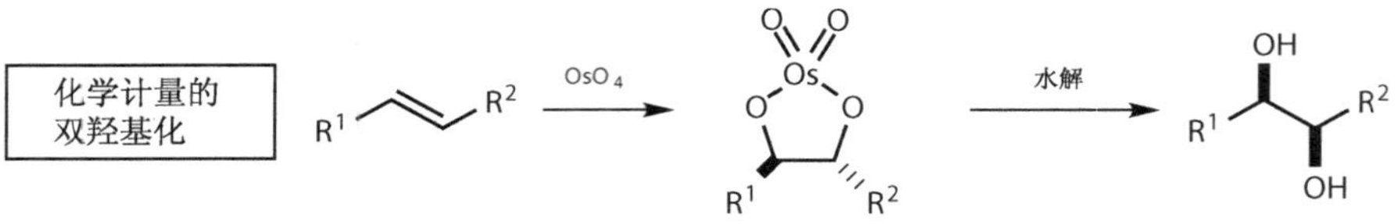

79　　86; 锇酸酯　　(±)-80

四氧化锇很贵重、毒性大，并不吸引人使用。在很长一段时间内，很多用四氧化锇转化烯烃为二醇的人——这远早于使用对映选择双羟基化——采用 Upjohn 步骤[20]。这一过程使用催化量四氧化锇，NMO（*N*-甲基吗啉-*N*-氧化物，**87**）作为定量氧化剂和一个溶剂相。溶剂为水，丙酮和叔丁基醇。锇酸酯（**86**）在这些条件下水解，Os(Ⅵ) 物种被 NMO 重新氧化为 OsO_4。

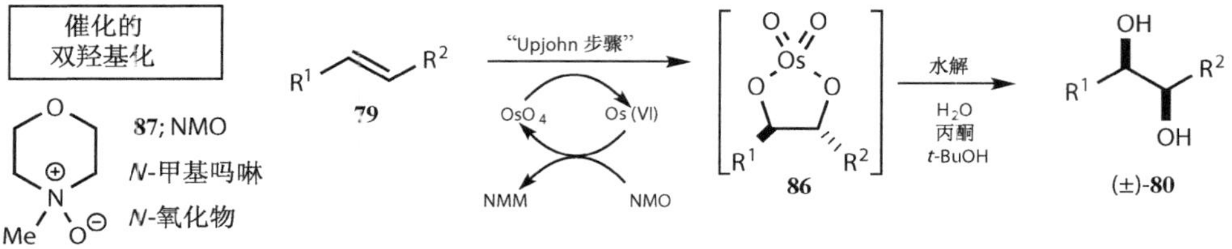

配体

二氢奎纳定 **88** 或二氢奎宁 **90** 的酯是用过的最简单的不对称配体，至今新发展的配体都来源于此。Sharpless 首先发展了使用化学计量的这些配体的过程，但是很多年后，该配体才被加入标准 Upjohn 步骤[15]中，并发现了**催化**不对称双羟基化。两种金鸡纳碱（以及它们的酯配体 **89** 和 **91**）事实上并不是对映体，而是非对映异构体。除了一个立体中心——乙基和奎纳定单元的结合处——每个组分的中心绝对构型都相同，所以它们在功能上类似于对映体。在简明牛津英语辞典中记载有金鸡纳碱被称为接收**业主**："Linnæus 以 Chinchon 女伯爵名字命名，她用一种秘鲁树皮治好了秘鲁总督夫人的发烧，后来对西班牙提供这种树皮。"

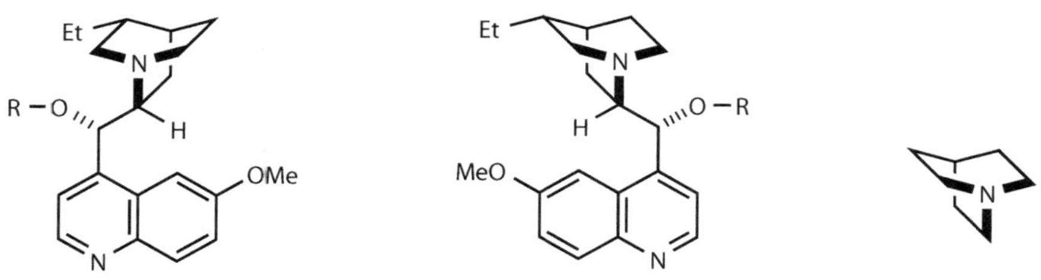

88; 双氢奎尼丁 (R = H) (DHQD)
89; (R = 对氯苯甲酰基)

90; 二氢奎宁 (R=H) (DHQ)
91; R = 对氯苯甲酰基

92; 奎宁环;
(非手性的)

这些配体在发展了邻苯二亚甲啶（PHAL）后被代替，也就是两种金鸡纳碱单元连接在一起。这两种使用最广的配体是2,3-二氮杂萘配体$(DHQD)_2$-PHAL（**93**）和$(DHQ)_2$-PHAL，它们用于两种商业的不对称双羟基化混合物——AD-mix-α和AD-mix-β。

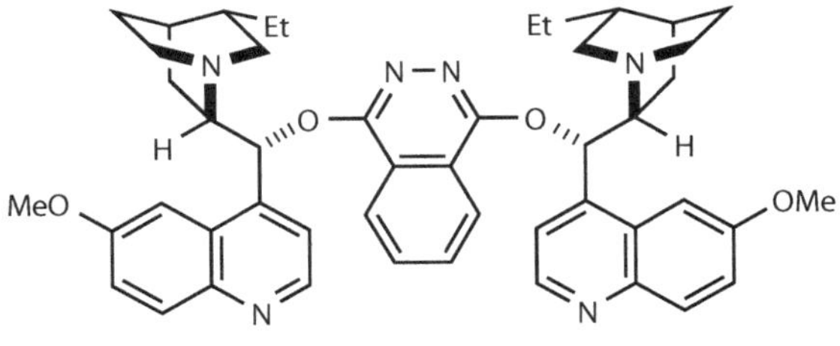

93; $(DHQD)_2$-PHAL

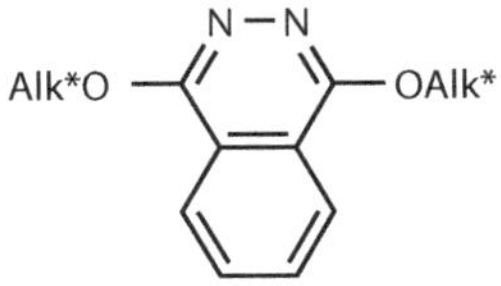

94; 二氮杂萘配体;
$(DHQ)_2$-PHAL或$(DHQD)_2$-PHAL
较简单的表示

二苯基嘧啶（PYR，**95**）和吲哚啉（IND）取代的配体**96**是另外的类型。吲哚啉配体只含有一个生物碱单元。这三种不同的配体类型（PHAL，PYR和IND）适用于不同类型的烯烃。

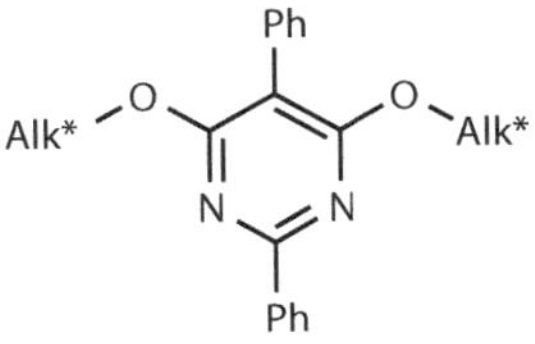

95; 二苯基嘧啶配体;
$(DHQ)_2$-PYR或$(DHQD)_2$-PYR
较简单的表示

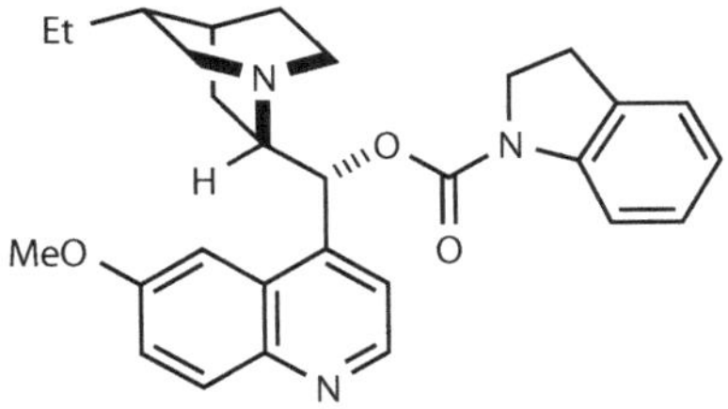

96; (DHQIND)

最近发现的配体[21]包括二苯基吡嗪并哒嗪（DPP，**98**）和蒽醌（AQN，**99**）配体，以及2,3-二氮杂萘配体的二苯基类似物（DP-PHAL，**97**）。

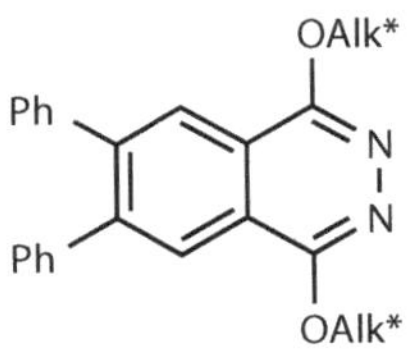

97; 二苯基二氮杂萘
(DP-PHAL) 配体

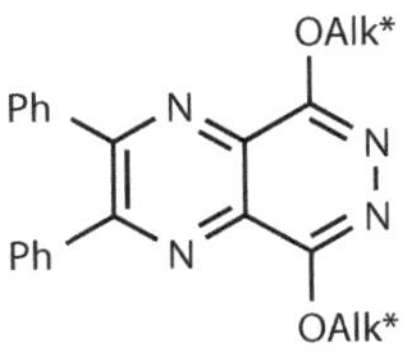

98; 二苯基吡嗪并哒嗪
(DPP) 配体

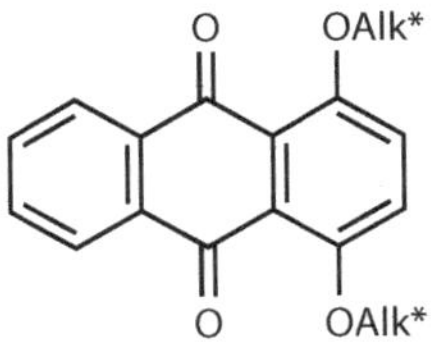

99; 蒽醌
(AQN) 配体

溶剂影响

二羟基化中有两种常用的溶剂体系：第一种包括一相，为水和丙酮[22]，或者水、丙酮和叔丁醇[14]；第二种广为现代使用，溶剂体系为两相混合，对映选择性更为明显。这是因为它阻止了可能发生的有害“二次循环”。事实上，单相方法仍有一些应用包括多次双羟基化。

催化循环

AD反应发展中遇到的一个问题就是二次循环[23]。第一次循环与我们在修正的Upjohn循环中所看到的过程一样。四价锇酸酯中的Os可以在水解形成八价锇酸酯前被氧化。如果该物种简单水解为二醇和OsO_4，那么就不存在麻烦，否则就是问题症结所在。在二次循环中，八价锇酸酯再次和一个烯烃反应而不是水解。这样对映选择性就会降低（而且有时会和第一次循环所得完全相反），产物的光学活性就会降低（如下步骤D而不是步骤C）。一个解决办法是缓慢加入烯烃使得烯烃浓度尽量保持低[22,23]。尽管慢加烯烃大大影响ee，但是由于不能有效地根据条件改变，很不方便。两相的使用使得二次循环不能发生[19,24]。

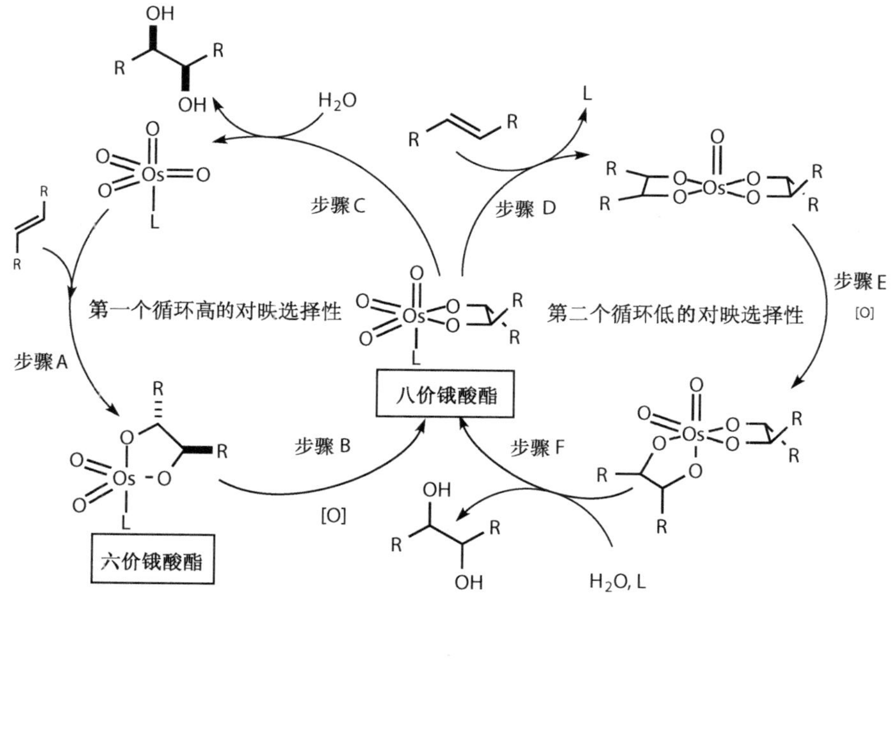

加入烯烃和四氧化锇反应生成六价锇酸酯前，在它与第二个烯烃反应之前需要经过重新氧化（步骤 B）。两相中，锇酸酯和烯烃在有机层，氧化剂［$Fe(CN)_6^{3-}$］在水层。此时 Os 以六价锇酸酯形式存在时不能被氧化为八价锇酸酯。只有当锇酸酯被水解后，锇进入水相才可能被重新氧化，进入新一轮循环（步骤 Y）[12]。两相混合是该反应的关键。仅用水/叔丁醇溶剂体系不够，因为这两种溶剂互溶。已被证明[24]，在 1∶1 叔丁醇/水的定量烯烃锇化中，一个均相反应得到 58%ee 的产物。在 $K_3Fe(CN)_6$ 或者碳酸钾存在时进行同样的定量反应得到 74%ee。这些盐阻止水和叔丁醇混合。加入 K_2CO_3 很重要。尽管它作为碱性敏感原料可能部分被 $NaHCO_3$ 取代，但完全没有它 AD 反应不发生[12,24]。

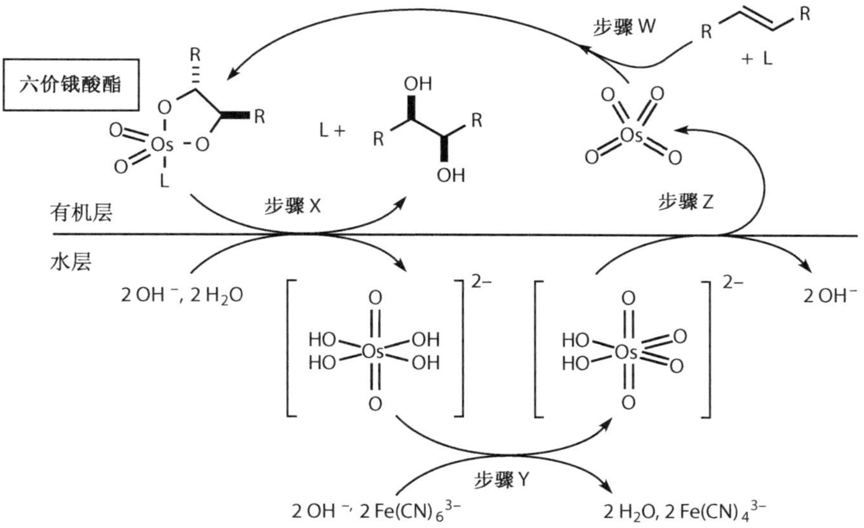

甲基磺酰胺

另一个关键发展是发现了甲基磺酰胺 $MeSO_2NH_2$ 加速锇酸酯中间体水解（不要与四氧化锇加成烯烃的速度混淆），反应时间可以减少 50%。缺少 $MeSO_2NH_2$ 在 0℃下反应 3d，反式-5-癸烯仅 70%转化为相应的二醇，但是当甲基磺酰胺存在时在 0℃下反应 10h 二醇却可以分离出 97%的产率。这一改进说明反应可以在 0℃下而不是室温下反应。但是甲基磺酰胺**减缓末端**烯烃的反应，所以从这类反应中排除[16]。

底物控制和助记模型

为了预测面选择性，Sharpless 和他的同事们引入一个助记模型[25]。对于一个反应中的烯烃，最大的立体位阻在 NW（西北），第二大的在 SE（东南）象限。SW（西南）和 NE（东北）象限比较空旷，而且，SW（西南）象限包含所谓的“吸引区域”。吸引区域与平面芳香基极其相配。烯烃根据位阻将自身摆在与配体相接触处，如果是二氢奎纳定衍生物，从上面（β-面）双羟基化，如果是二氢奎宁衍生物，从下面（α-面）双羟基化。根据助记模型选择了商业化的 AD-mix-α 和 AD-mix-β。

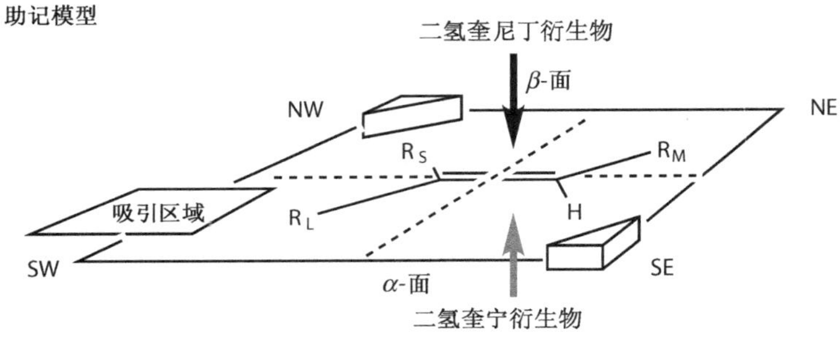

观察该助记模型可说明为什么 1,2-二苯乙烯对于这些配体是很好的底物：它的两个芳环部分可以二重简并排列进入配体罅隙，仅有氢原子在位阻区。经过对比我们可以看出为什么 *cis*-烯烃是不好的底物——其中一个取代基必须处在位阻区。所有的烯烃类中[25]，*cis*-二取代烯烃结果最差。它们需要特殊配体——吲哚啉取代的生物碱[18] **96** 而且即便如此，ee 都几乎不超过 80%。下图概括了 Sharpless 对所有六类烯烃推荐的配体。六个之中有五个和 PHAL 或者 PYR 有效反应。AQN 配体对于烯丙基取代的末端烯烃[21]尤其适用，PYR 配体适用于空间拥挤的烯烃。

不同类型的烯烃推荐配体

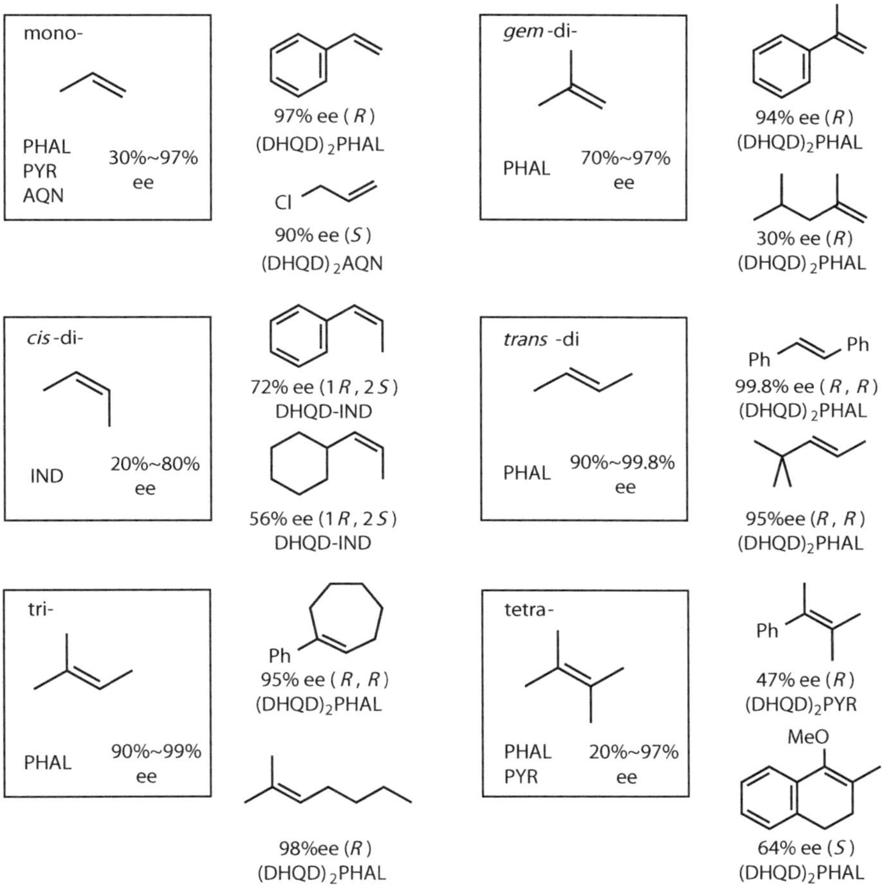

Sharpless AD 反应的应用

这就是 AD 反应的背景。现在我们来看看 AD 反应的应用。先在进入**多双键与双羟基化**部分前看看一些逆合成分析以考虑更复杂的问题。如果两个羟基在目标分子中为 1,2-相关，往往很容易发现可能用到 Sharpless AD 策略。

染色体的合成

染色体 **100** 是具有抗肿瘤活性但是又有肝毒性的生物碱[26]。分子明显包含了两个对映异构纯的结构，在逆合成中我们可以分开这两个部分。此外，用酯便捷连接的两个部分使得第一个切断变得简单。

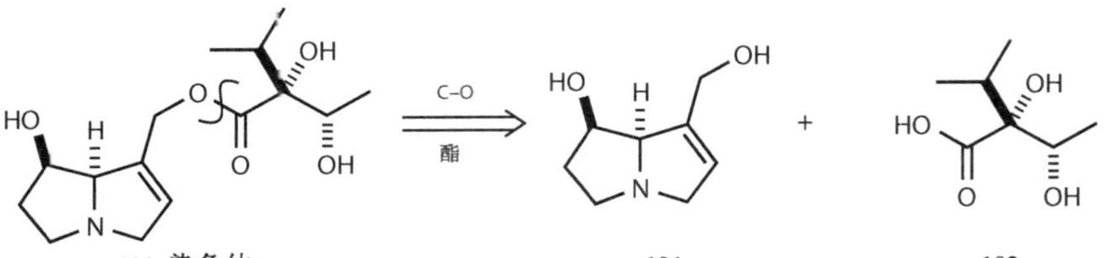

100; 染色体　　101　　102

我们在这一阶段不用让自己考虑（＋）-eetronecine**101** 的全合成，仅考虑二醇 **102**。二醇 **102** 经过 Sharpless AD 反应由相应烯烃得到。

102　　103

Sharpless AD 的底物实际上为 α，β-不饱和酸 **102** 的乙酯 **104**，这是用 AD-mix-α 进行的双羟基化，接下来酯 **105** 用氢氧化钡水解。在所得酸与醇 **101** 偶联前，二醇官能团被保护为乙缩醛（**106**）。偶联中使用 DCC 和 DMAP，保护基在酸性条件下脱去得到染色体 **100**。

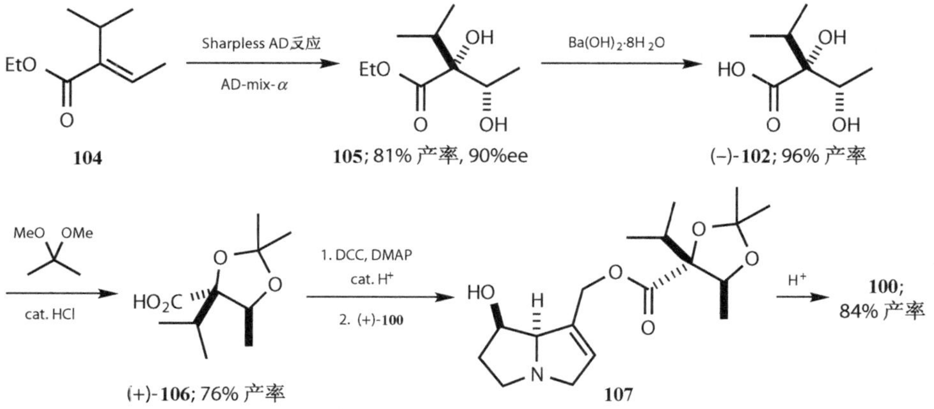

在将烯烃 **104** 与助记模型所提供的配体中的口袋匹配时，我们注意到烯烃中的异丙基和酯官能团大小相近。因此，我们预计 ee 可能会低，然而实际上得到了 90%的 ee。

C_2对称哌啶的合成

考虑逆合成的时候，两个 1,2-相关的氧原子，每一个都在手性碳原子上，如 **100** 中，可能归于“逆双羟基化”生成，但是对于仅有一个氧原子或者杂原子并不 1,2-相关的，却很难说该策略对于哪个位点有用，如考虑 C_2对称的 2,6-二取代哌啶[27] **108**。我们注意到两个氧原子一开始就不是 1,2-相关的，最多是 1，5-相关的。但是两个氧原子对于氮原子都是 1,2-相关的。两个碳氮键一旦被切断就能得到甲苯磺酰基化的四醇 **109**。我们接下来将考虑如何保护，因为二级醇是要被甲苯磺酰基化的——我们急于在早期合成中实现它。由于四醇 **110** 是 C_2对称的，它可以由双烯 **111** 用同一个不对称配体经过两次双羟基化得到。

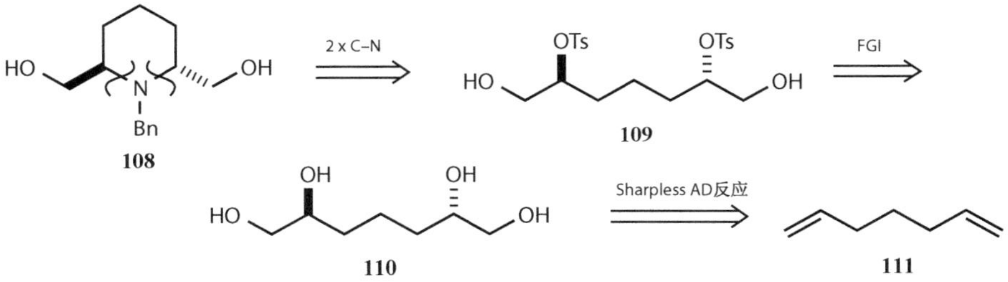

双烯 **111** 经过 AD-mix-β 双羟基化得到 C_2对称的四醇 **110** 和它的**内消旋**非对映异构体 **114** 共 87%的产率。一级羟基被 TBDMS 氯和咪唑选择性保护——否则它们会与对甲苯磺酰基氯反应。二级醇接着被对甲苯磺酰基氯活化，得到 **113** 和四醇 47%的内消旋异构体。与苄基胺反应生成 47%的目标原料 **108** 和 30%非目标物**内消旋**胺 **115**。

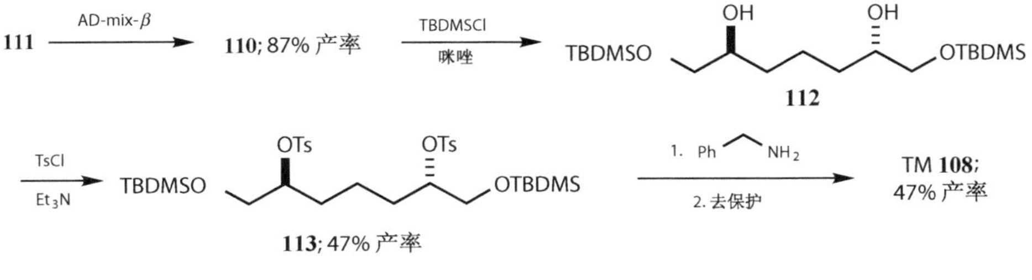

尤其关注一下两个羟基化是在同一底物 **111** 上同时进行的。我们不会在这里作过多讨论，但是从对映体过量的角度来看，这个不对称方法非常有用，见第 28 章双位法。

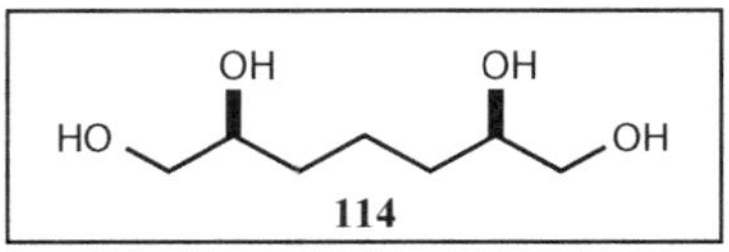

114

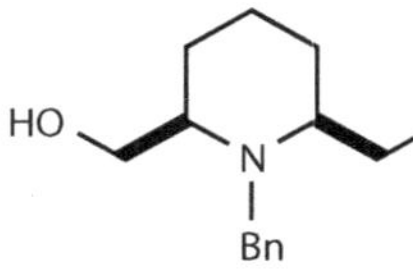

115

瑞枯灵生物碱的合成

仅有**一个**氧原子难以说出双羟基化是从何处进行的，没有氧原子就更难发现了。瑞枯灵 **117** 是一种能用于吗啡 **116** 合成的天然产物。

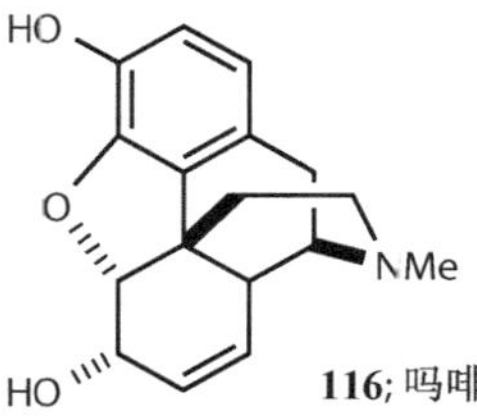

116; 吗啡

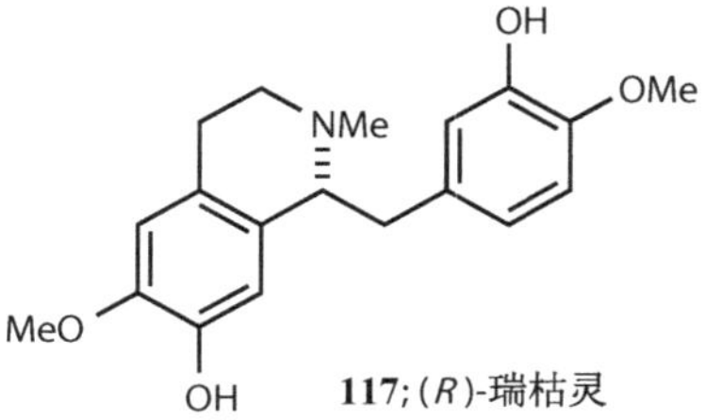

117; (*R*)-瑞枯灵

我们来看一下立体化学，但是先要切断六元环胺来简化结构。我们可以通过 Friedel-Crafts 反应构建 C—C 键。现在注意到在瑞枯灵的一个手性中心中没有氧官能团。如果我们能用 Sharpless AD 反应，那么首先应当引入某个氧官能团。

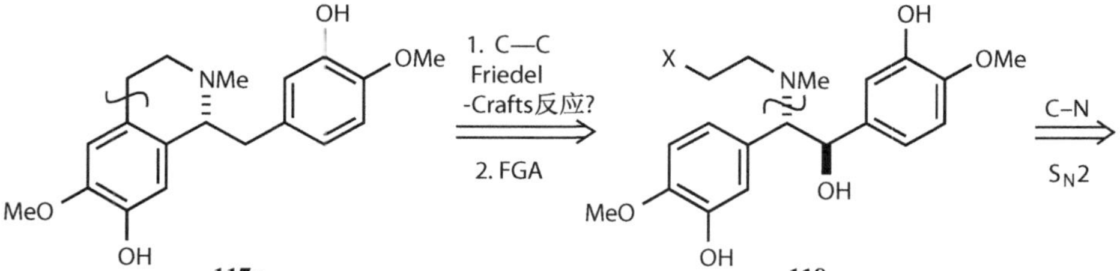

117a　　**118**

胺的 C—N 键现在可以如 **118** 切断。如果猜测它是由 S_N2 取代引入的，那么我们要翻转立体中心，引入基于氧的离去基团以得到二醇 **119**。我们找到了这类化合物！马上可以看出它来源于相应的 1,2-二苯乙烯 **120**。注意到 **120** 的羟基是等位的，二醇 **119** 是 C_2 对称的。

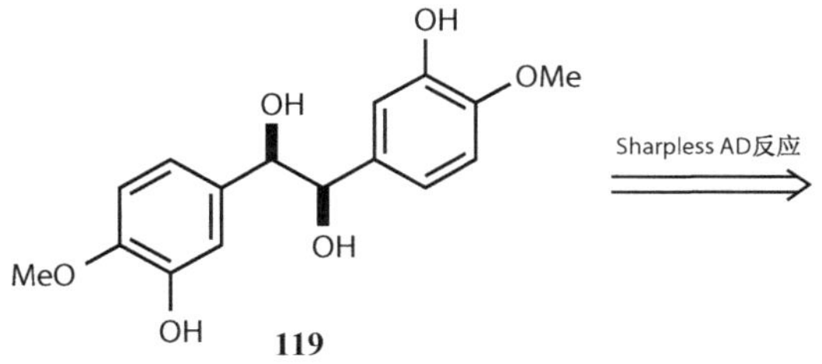

1,2-二苯乙烯 **121**（二苯基化的 **119**）双羟基化生成二醇 **122**，ee 为 82%，产率为 88%。该二醇需要活化。它与 $SOCl_2$ 反应得到环状亚硫酸酯，可以被氧化为硫酸酯 **123**。这可重画为 **123a**。环状亚硫酸酯和环状硫酸酯明显都是能与**两个**亲电碳原子反应的有用合成结构[28]。这里的两个苄基氧原子是同样的，所以进攻任一个苄基位置都能得到相同的对映体产物。实际上，被保护的氨基醛可以作为亲核试剂使环化更容易[29]。

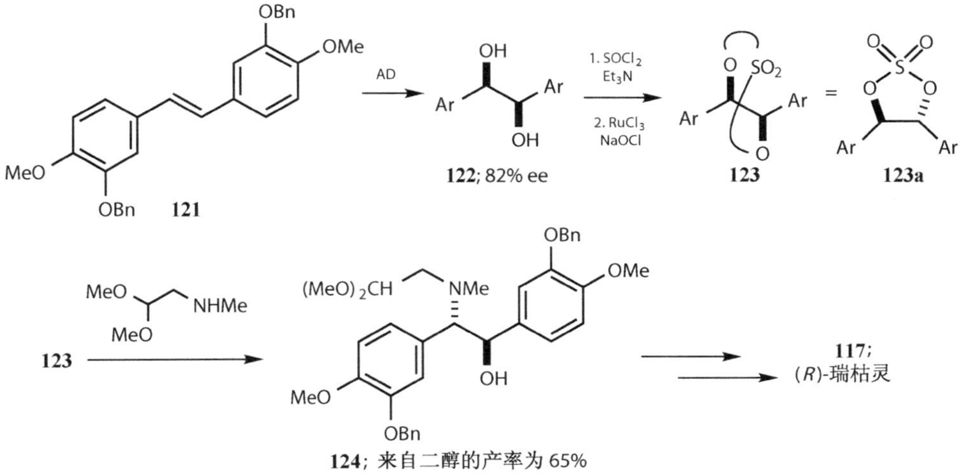

注意到在重画的环状硫酸酯 **123a** 中保持一个直碳链，我们需要将 **123** 画出曲线的两个 S—O 键。这一技巧常用于在二醇转化为环状硫酸酯或乙缩醛时，将重点保持在两个羟基的自然**顺式**构型。

合成瑞枯灵所设计用的切断很不常见。瑞枯灵经常画为 **117b** 的形式，即 **117a** 顺时针旋转 60°。切断更多在芳环和亚胺之间的 C—C 处，类似于醛 **126** 进攻胺 **125** 得到亚胺的 Mannich 反应。这个反应容易进行，但是一步会形成两个键和一个手性中心，难以形成不对称。因为我们希望能用 AD 法，所以需要不同的切断法。

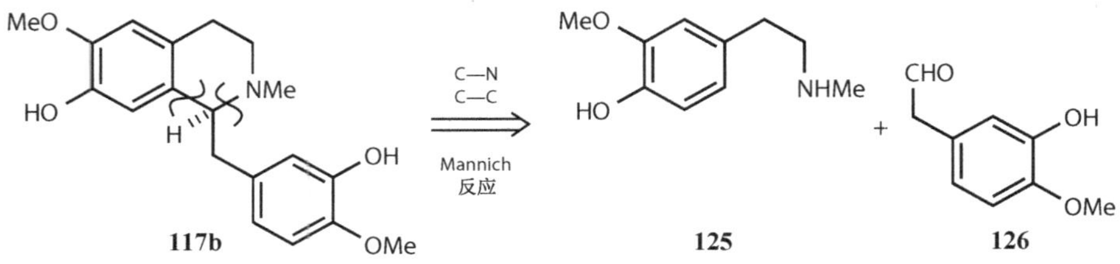

117b　　125　　126

具有多个双键化合物的双羟基化Ⅰ-区域选择性

这里我们想想如果分子中不止一个双键，**哪个**双键将被双羟基化？我们把一个已经双羟基化的双键如何影响下一个双键的双羟基化非对映选择性这个问题推迟到下一部分。

如果分子中不止一个双键，除非我们有某些对称双烯，就会存在区域选择性的问题。预计区域选择性有些隐伏危险，所以必须知道正在做些什么[12]。这部分我们将处理一些更为简单的指导方针。我们从双烯开始。

双烯

如果仅有两个双键，我们需要主要考虑两点：它们是否彼此共轭；是否彼此相当如在具有对称性的 **127** ～**130** 中。一个底物可能含有两个双键，由于它们具有一些对称因素并且彼此相关——是等价的。然后它们可能是共轭或者非共轭的。当然，这些双键可能具有不同的电子或者位阻效应。出于策略考虑，我们必须想到一个双键在另一个双键存在下如何反应。现在我们将仅考虑双烯的单次双羟基化，总结出一些指导方针。指导方针不是规则。对于一个给定的底物，**指导方针**可能相互支持或者矛盾。在以后的例子里，预计什么会发生需要些小技巧！

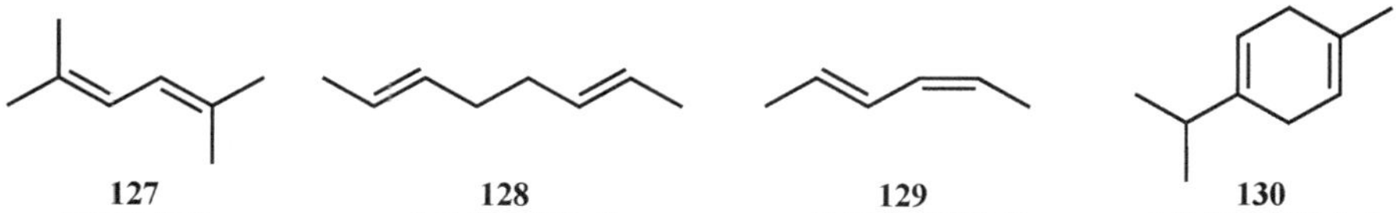

127 共轭并等价　　**128** 非共轭但等价的　　**129** 共轭但不等价的　　**130** 非共轭且不等价的

指导方针一——*trans*-二取代双键 **131** 或者 *trans*-三取代双键 **132** 作为底物的反应比 *cis*-二取代双键 **133** 或者单取代双键 **134** 作为底物的反应快。简单双烯 **135** 的双键用 $(DHQD)_2PHAL$ 作为配体双羟基化时，反应具有区域选择性。

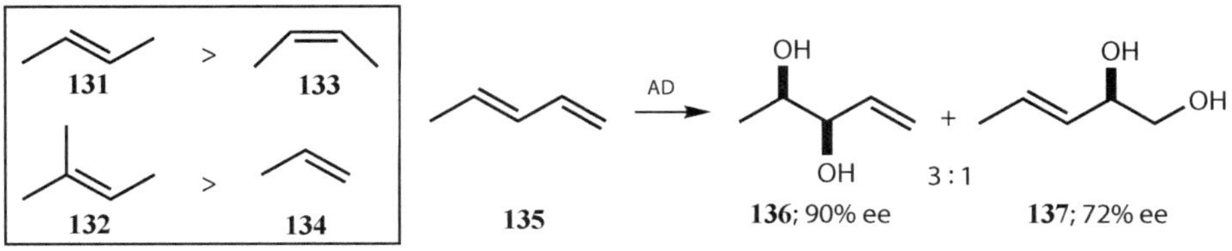

指导方针二——富电子双键比缺电子双键更容易反应。可以看出部分也是出自于**指导方针一**，但是在其基础上进一步发展了。安息香酸酯 **138** 包含两个 *trans* 双键，其中一个可证明比另一个活泼得多。左边的双键是丙烯酸酯的一部分，可以被吸电子的安息香酸基团钝化。

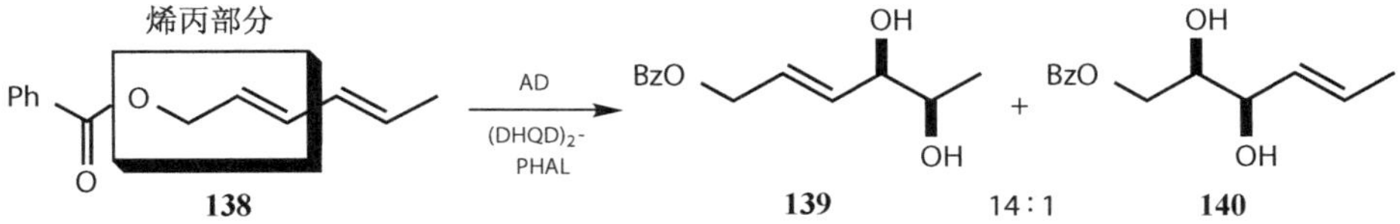

指导方针三——在共轭体系中，反应的双键是远离最共轭的部分，这说明共轭体系末端的双键是最活泼的。共轭双烯 **141** 只有一个“终端”，这是因为分子中的苯环也属于共轭体系但没有反应活性。也许在一个简单共轭体系中，如辛四烯，值得引起注意，最高 HOMO 系数和最高 LUMO 系数都在末端碳上。

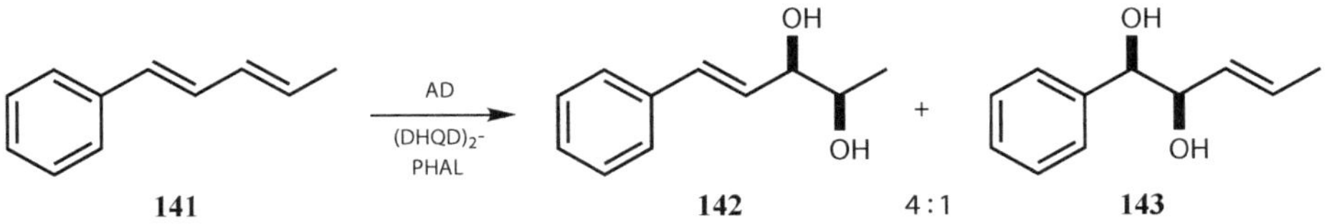

这一指导方针预计双烯 **141** 的双羟基化会得到二醇 **142** 为主要产物[30]。这是事实，但是我们也看到，这一选择容易被推翻。在此例中，如果芳环体积增加选择性将逆转。

指导方针四——当按其他的**指导方针**分析都相同时，位阻最小的双键会优先发生反应[30]，所以 **130** 反应生成 **144**。

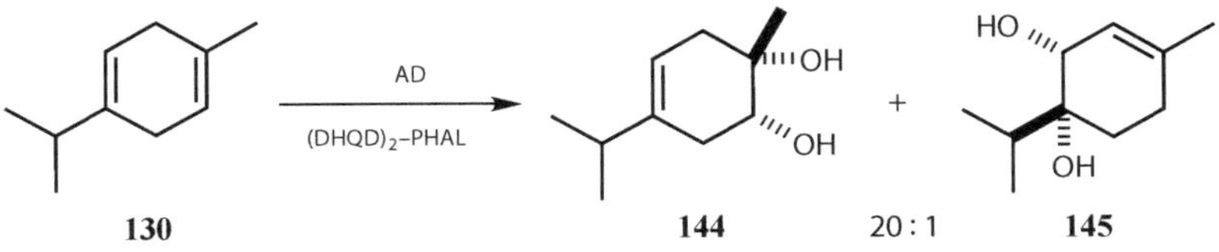

指导方针的组合或竞争

这些简单体系的组合显而易见。三烯 **146** 有三个不同类的双键——一个 *cis*，一个 *trans* 和一个终端双键。哪一个反应活性更高？两个指导方针可以给我们帮助。我们知道这样一个共轭体系，我们可以根据**指导方针三**预计一个处在末端的双键会反应。但是，**指导方针一**告诉我们 *trans* 二取代的双键反应活性比 *cis* 二取代或者单取代的双键更高。所以三烯的反应活性可能位于它们之间！答案是，事实上，它在右边末端反应。共轭比烷基影响更大[30]。

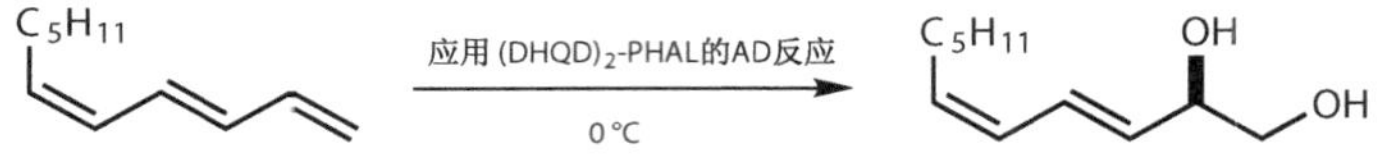

146　　**147**

Aspicilin 的合成

在（+)-aspicilin**148**（青苔大环内酯物）的合成中，Sinaha 和 Keinan[31] 用 AD 反应引入了所有手性中心。在这一化合物的合成中有中间体化合物 **149**。

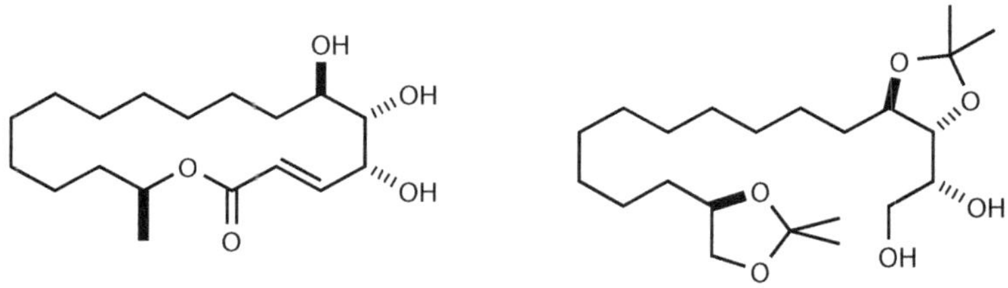

148; (+)–aspicilin　　**149**

如果我们将 **149** 的碳骨架画成直一些的样子 **149a**，很容易看出如下的逆合成步骤。这说明我们不得不用与画环状硫酸酯同样的扭曲方式画出乙缩醛 **150**。我们可以在最后用 AD-mix-*α* 组装分子中的二醇。

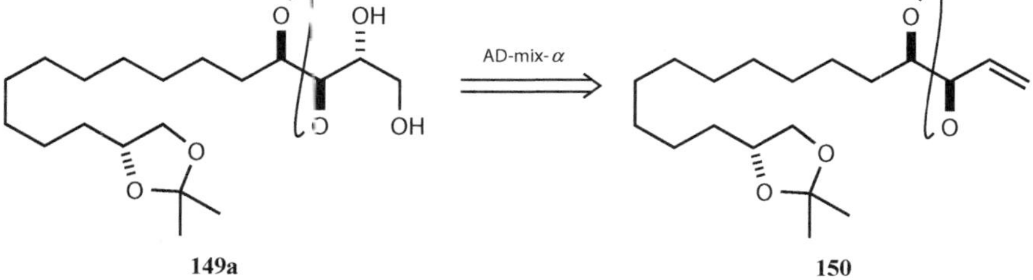

149a　　**150**

然后我们可以去掉两个乙缩醛保护基露出四醇 **151**。实现 **151** 中两个二醇的立体化学都需要用AD-mix-β与**152**反应。

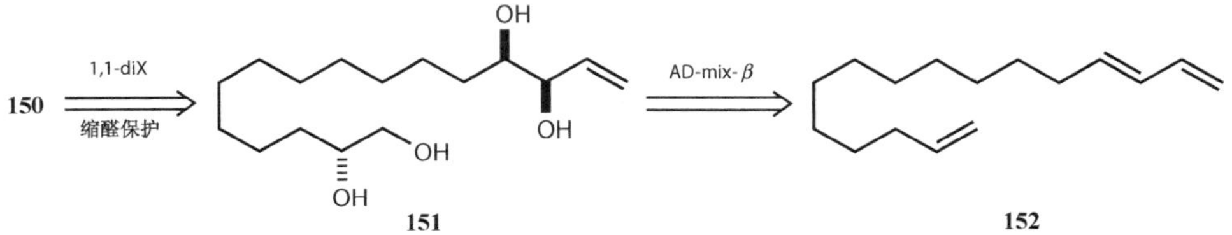

151　　**152**

当我们顺着引导看这个合成时会意识到它是多么明智的方法。三烯**152**与AD-混合-β反应时有三个**可以**反应的双键。两个是末端双键一个是*trans*双键。**指导方针一**说明第一个反应的应该是*trans*双键，生成产物**153**。Sinha和Keinan[31]透彻地研究了该三烯的双羟基化，发现的确如此。该二醇形成96%ee。现在剩下来两个末端双键，哪一个会反应呢？在共轭双烯中，一个双键的双羟基化会相当地减少第二个（双键）的反应活性。因此第二次双羟基化主要以86%的ee生成化合物**151**。该四醇在最后一个双键**这次**与AD-混合-α反应前保护起来。

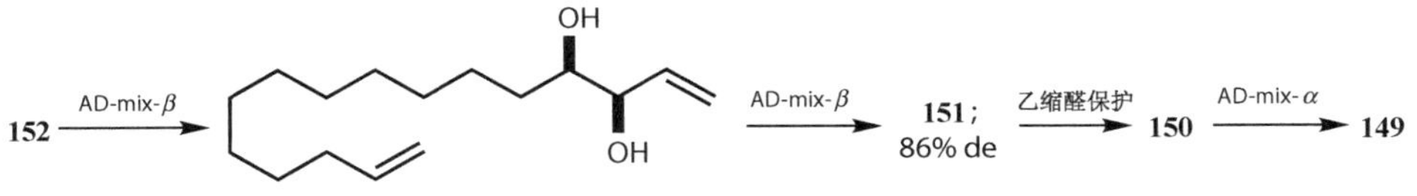

153; 96% ee

这一合成使用了两个对映不对称双羟基化反应。它们成功地用于探索固有的相关双键活性引导下的区域选择性。对于一些底物，这使得不对称双羟基化成为极其有利的反应。

设计配体以提高选择性

合成“设计”配体可能可以选择区域选择性。Corey[32]合成过一个对于某些底物能提供高级选择性的配体。区别是没有使用我们在奎宁中发现的含甲醚的喹啉环，而是含有4-庚醚。这一思路使得配体位阻更大。

也许会有人推测，乙酸香叶酯**154**（含四个双键）的区域选择性或者角鲨烯**155**（含六个双键——注意这里的对称性）的区域选择性是一个难以回答问题。

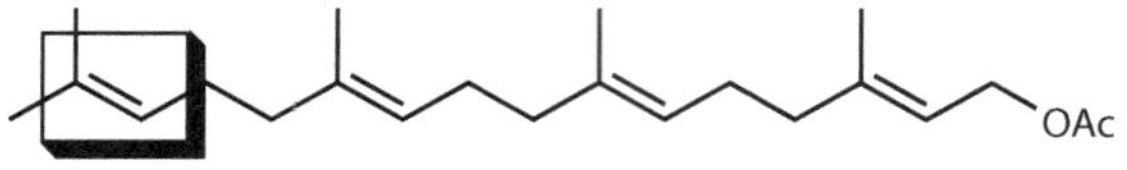

154；乙酸香叶酯

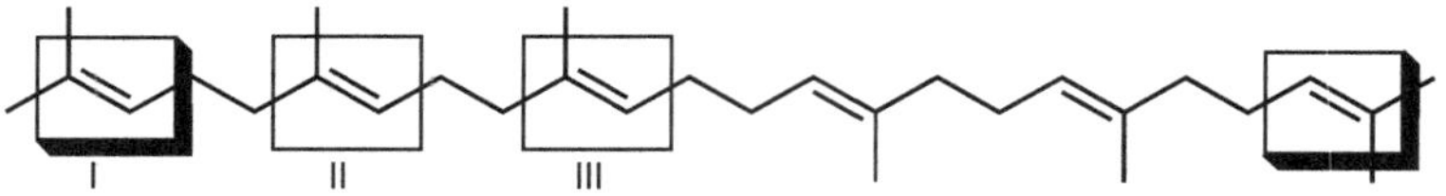

155；角鲨烯

是的。如果角鲨烯 **155** 是用 $(DHQD)_2PHAL$ 配位的 OsO_4 单双羟基化的，三个双键 I，II 和 III 反应比例为 2.4∶1.8∶1.0。如果**完全**没有配体，它们的反应比例为 1∶1∶1，但是用 Corey 配体，双键 I 相对于 II 与 III 反应总和的比例为 8∶1。

具有多个双键化合物的双羟基化Ⅱ-非对映选择性

这里主要有两个问题：第一，如果两个双键中的一个已经反应了，剩下的那一个比原来反应活性增加了还是降低了？第二，第一个双键的双羟基化是如何影响接下来的反应的立体化学的？

这一因素中影响最大的，至少对于最初的反应是这样的，是所用的溶剂体系。目前为止，我们在关注含有不止一个双键的底物的单双羟基化区域选择性。我们用的溶剂体系是两相叔丁醇和水体系。

高级双羟基化策略

看一下环十二三烯（**156**）。它有十二个碳原子，两个 *trans* 双键和一个 *cis* 双键。这一化合物含有三个双键，我们可以看到各种可能[33]。首先是 *trans* 双键比 *cis* 双键更快地与 OsO_4 反应。其实，两个 *trans* 双键都在 *cis* 双键之前进行反应。双羟基化 **156** 可以得到二醇 **157**。反应如果继续进行会得到更好的 ee (94%)，因为少量的对映体会在动力学拆分中除去。被动力学拆分的对映体加强现象以及二醇底物与 AD 反应的匹配/不匹配观点在第 28 章中有探索。

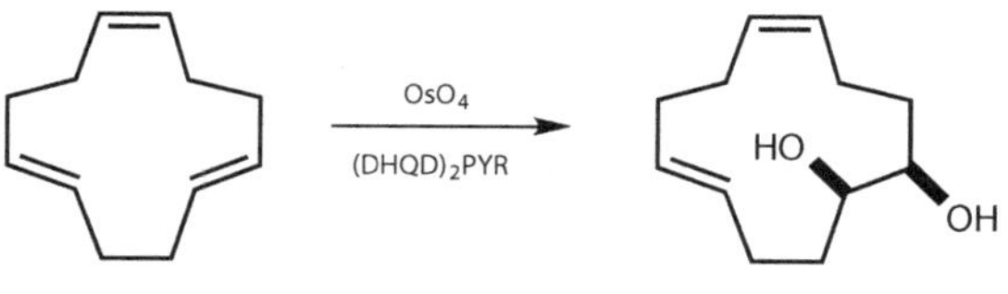

156　　**157**；84% 产率，94% ee

很明显，有一个进一步双羟基化选择的问题。二醇可以被保护，如何保护它取决于我们接下来想进行的二羟基化。结果二硅基醚 **158** 和 $(DHQ)_2PYR$ 匹配，二氧戊环 **159** 和 $(DHQD)_2PYR$ 匹配。然后，通过合适的保护，我们可以最大限度增加底物的立体选择性。**157** 的对映体二硅基酯显然能与 $(DHQD)_2PYR$ 匹配，二氧戊环 **159** 的对映体与 $(DHQ)_2PYR$ 匹配。

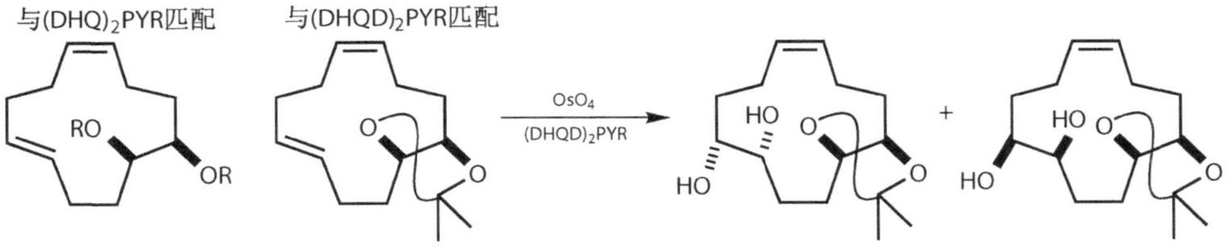

158; R = TBDMS　　**159**　　**160**　99∶1　**161**

159 的双羟基化主要产物是部分保护的四醇 **160**。如果脱保护它可以形成 C_2 对称四醇 **162**。注意，**162** 是环十二三烯 **156** 两次在 $(DHQD)_2PYR$ 存在下与 OsO_4 连续作用得到的。我们如果想得到四醇 **163**——它是非手性的，最好用二醚 **158**，在去保护之前，在 $(DHQ)_2PYR$ 存在下与 OsO_4 作用。

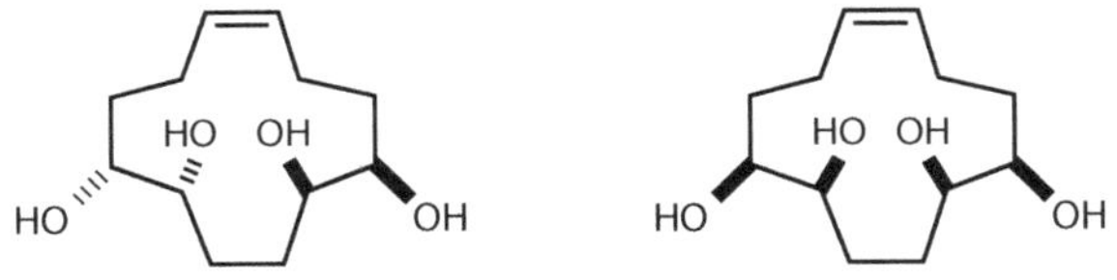

162　　**163**

提高不对称双羟基化反应的规模

这一重要反应已经在药学上大规模运用。用微量催化剂和少量锇盐就能扩大手性这点非常吸引人，但是 $K_3Fe(CN)_6$ 很贵，也很难大规模从反应中除去，所以用 NMO 代替。副产物是简单的胺 *N*-甲基吗啉，可以和配体一样容易提取。第一例是 2.5kg 的反应[34]，第二例从 *trans*-甲基肉桂酸酯得到 42kg 的晶体二醇 **166**，ee>98%[35]。

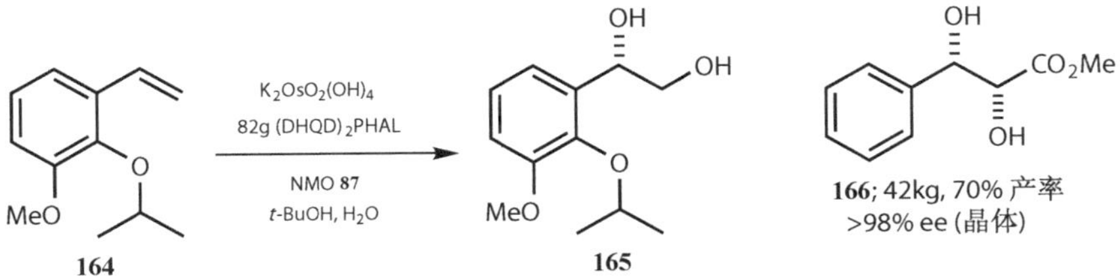

164　　**165**　　**166**; 42kg, 70% 产率 >98% ee (晶体)

第三部分——羟胺化反应

Sharpless 对于催化不对称环氧化反应和不对称双羟基化反应的不对称合成

拆分并不满足，他继续探索不对称羟氨化反应[36]（AA）。这和双羟基化很相似，只是产物 **169** 中的一个氧原子被氮原子取代。这使得问题变复杂，区域选择问题会更多。你现在会熟悉所有反应需要的所有试剂——$K_2OsO_2(OH)_4$是OsO_4的来源，尽管由于一个氧原子必须离去，反应物种不是OsO_4。配体是熟悉的双金鸡纳碱配体$(DHQD)_2$PHAL **93**，溶剂是醇和水（此例中用异丙醇）。一个新的组分是氮源，也就是氯胺-T（*N*-氯-对甲苯磺酰胺的钠盐，**167**）[37]。这里有一个典型的不对称羟氨化反应。

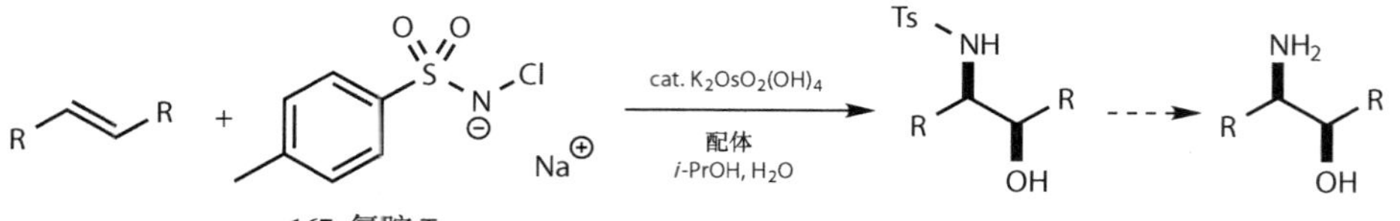

167; 氯胺-T　**168**　**169**

下面方框里的反应显示的是一个典型 AA 反应，用甲基肉桂酸酯为底物。甲基肉桂酸甲酯 **170** 反应产率中等，有较好但是不令人惊喜的 ee。这不用担心，这一转化是非常有利的且没被轻视过。从实用角度来看，所得氨基醇可以通过重结晶得到很高的 ee。注意反应中的区域选择性。用肉桂酸酯（或者其他的 *α*，*β*-不饱和羰基化合物）这样缺少对称性而含可区分双键的化合物，比用两端都有双键却差别**微小**的底物好得多。我们发现氮原子能束缚在 **171** 更为亲电的双键末端上。这种使用标准配体的选择性是方便记忆的——亲核性越强的氮原子结合双键亲电性越强的末端上（尽管这仅仅是记忆法而不是什么解释）。三个可选择的氮源是 **172** ～**174**（还有更多）。氯胺-T **167** 和 *N*-氯-对甲基磺酰胺 **172** 是作为盐加入到反应中的，氨基甲酸酯盐（BocNClNa，**173** 和CbzNClNa，**174**）在是用氨基甲酸酯**原位**制备的。

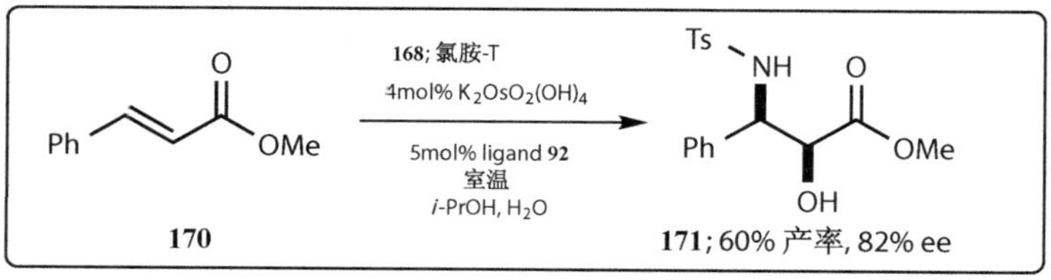

170　**171**; 60% 产率, 82% ee

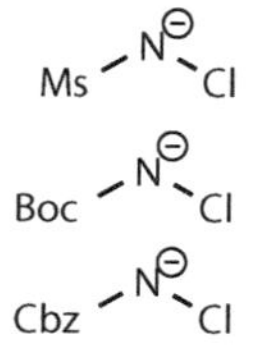

172　**173**　**174**

难以置信的是，改变配体为$(DHQD)_2$-AQN **94** 可得到相反的区域选择（区域异构体 **175**），但是 ee 与用$(DHQD)_2$-PHAL 为配体从同样的双键对映面进攻的近似。

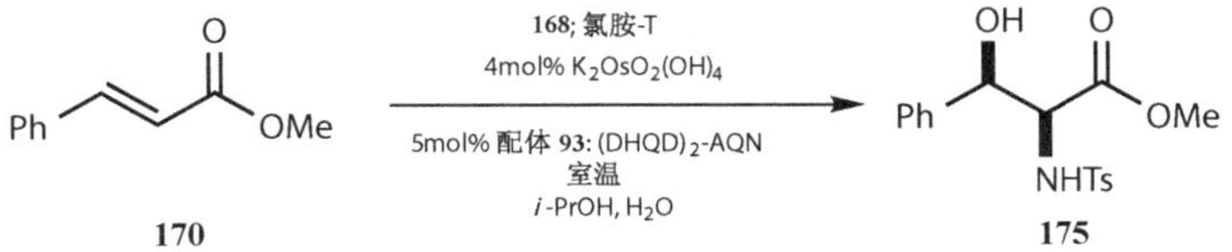

170　　175

该反应也能很好地提高规模[38]——这次用 *N*-溴乙酰胺——在一个能比 Sharpless 的标准 mmol 规模大 630 倍的反应中，120g 肉桂酸异丙酯反应生成乙酰胺 **177**。产率不错，ee 非常高。水解酯和酰胺都可得到（2*R*，3*S*）-3-苯基异丝氨酸 **178**，一个 Taxol® 副链的前体。*β*-氨基醇的功能可以在很多具有生物活性的化合物中找到，这类催化反应对研究组来说也更为有吸引力。

中等规模

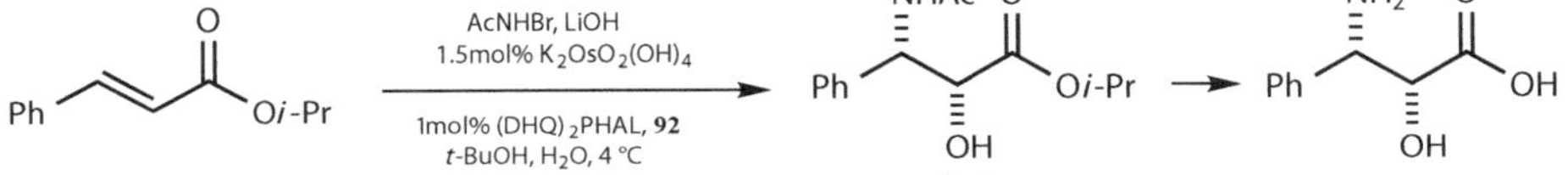

176; 120 g　　**177**; 71% 产率, 99% ee　　**178**

AA 的许多应用中都使用共轭烯烃，但是简单的即使是单取代烯烃的如 **179** 也可使用，只要两端的烯烃是有区别的——这里用介于芳环和无取代之间的萘化合物 **180**。用 AA 合成乳胞素（lactacystin）在第 31 章中有描述。

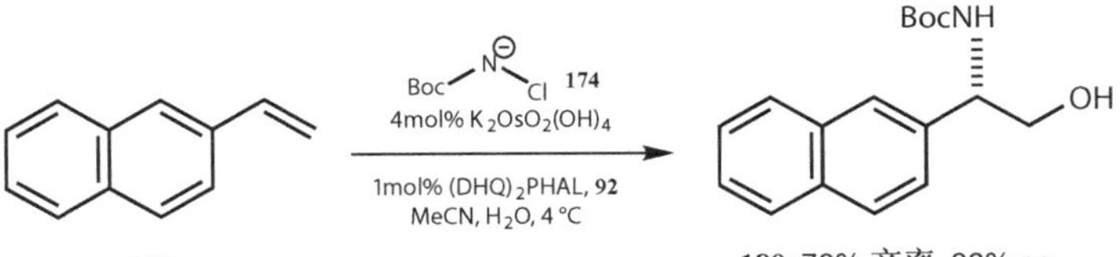

179　　**180**; 70% 产率, 98% ee

羟基化在这章的众多方法中发展最少，但是在很多方法中是最有前景的。研究仍在继续。我们现在回到环氧化，这是另外一个得到不对称取代衍生物的路径。

第四部分——1,2-二醇转化为环氧化物

我们已经看到环状硫酸酯如 **123** 可以通过氨基的羟基化被转化为氨基醇。AD 反应进行的将 1,2-二醇转化为环氧化物已被广泛使用。乙酰基溴和其他酯的组合得到环氧离子状的溴乙酸乙酯 **182**。该离子可短暂停留，溴翻转打开苄基环，碱性条件下再次翻转环氧化。净结果就是构型保持[39]。

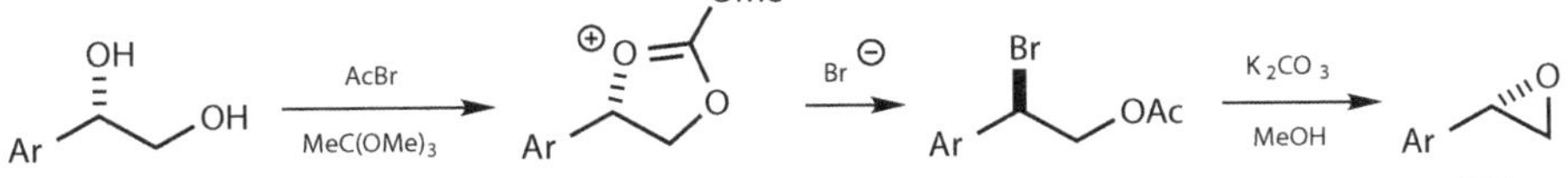

181　　**182**　　**183**　　**184**

起初看上去对于二醇如 **79** 的区域选择性会遇到问题，但是并非如此。反应形成溴代酯的混合物 **185** 和 **186**，但在碱中二者都能得到同样的环氧化物 **187**，因为每个中心都没有改变或者经过两次翻转。结果又是一次两个原子的构型保持，我们已经用烯烃 **79** 不对称反应得到环氧化物 **187**[40]。

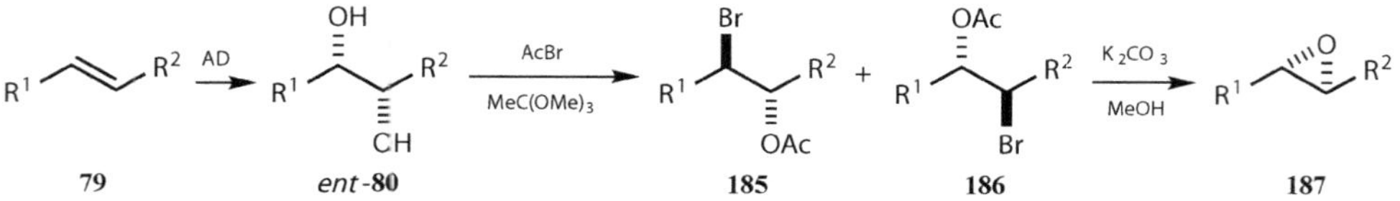

AD 法环氧转化的应用：心得安和地尔硫䓬

我们回到早期用 AE 反应得到的两个化合物：心得安 **7** 和地尔硫䓬**62**。两例中由于不需要从烯丙醇开始，合成较简单。心得安[41]用烯丙醚 **188** 经过 AD 反应得到二醇 **189** 以合成单取代烯烃，ee 良好。转化为环氧化物 **190** 不损失 ee。已知和 i-$PrNH_2$反应得到心得安 **7**。这是个用原料能简单完成的短合成。

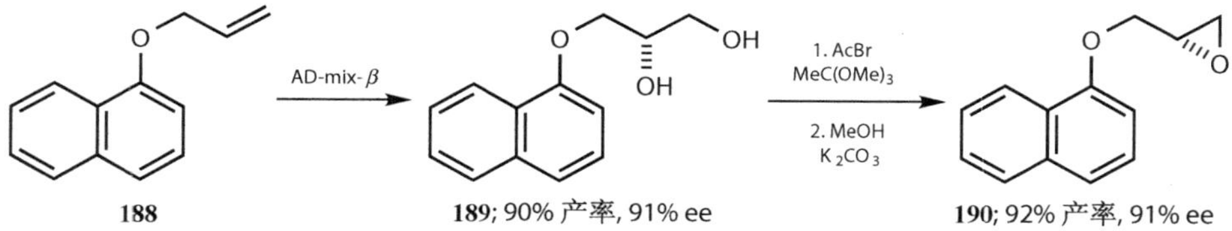

地尔硫䓬的合成[42]始于实际上用于合成烯丙醇 **62** 的肉桂酸酯，即上述 AE 途径中的底物。如果中间体 **193** 作为亲电试剂而不是它的环氧衍生物，这里就没有特别的额外翻转需要。同样，这是比上例更为简短的合成。

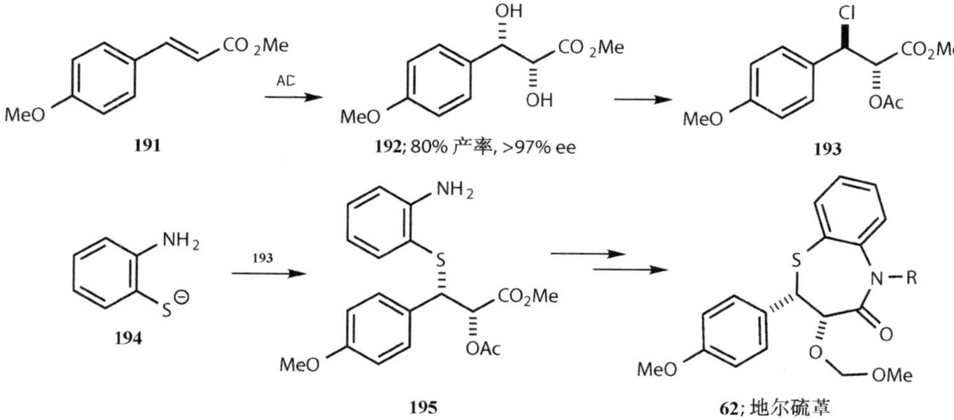

但是，如果我们的不对称环氧化不同于 AE，不需要特别的官能团，这样的

反应将更好。有这样的反应：这就是Jacobsen环氧化，这章中三个重大的催化反应之三。

第五部分——Jacobsen环氧化

这类环氧化中的催化剂是Salen，一种从水杨醛和二胺衍生得到的化合物[43]。其中最好的是**198**，从取代水杨醛**197**和C_2对称的二胺**196**酒石酸盐经过简单拆分（第22章）制得。也有其他的：C_2对称的Salen都是由C_2对称的二胺制得的，在苯环上都有大的基团。

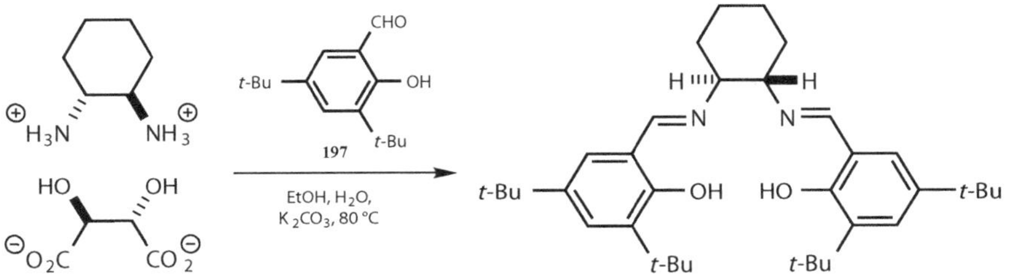

196　　**198**; 95%~99% 产率

活性催化剂是Salen的Mn（III）配合物**199**，仅用1%或更少量。定量氧化剂为漂白剂（NaOCl），溶剂还是两相的（CH_2Cl_2和水）最好。不同的添加剂如吡啶-*N*-氧化物增强反应性。

198 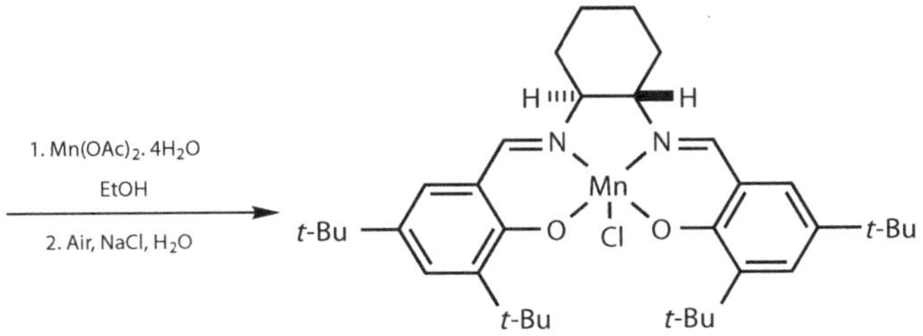

199; 95%~99% 产率

Jacobsen方法用于*cis*-烯烃效果很好，包括环状烯烃和三取代的烯烃。但是对于*trans*-烯烃就没那么好用了。这三类烯烃反应的典型ee如**200**～**202**所示。

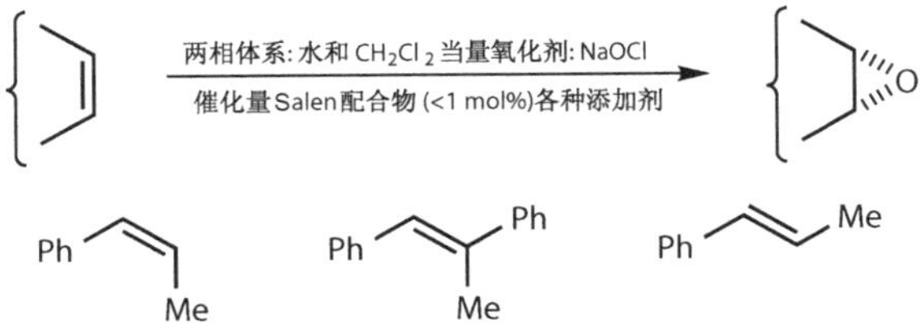

200; 92%ee　　**201**; 93%ee　　**202**; 28%ee

大家相信活性配合物是 Mn(V) 氧化物[44] **204**，与 Mn(III) 配合物 **199** 相当。用 NaOCl 可以将 **199** 氧化为 **204**，比用吡啶-N-氧化物如 **203** 将氧原子从 NaOCl 转移到 **199** 快得多。吡啶 **205** 又被 NaOCl 重新氧化为 **203**。活性配合物 **204** 中的氧原子保持在作为不对称源的二胺上方（或下方——配体是 C_2 对称的）。

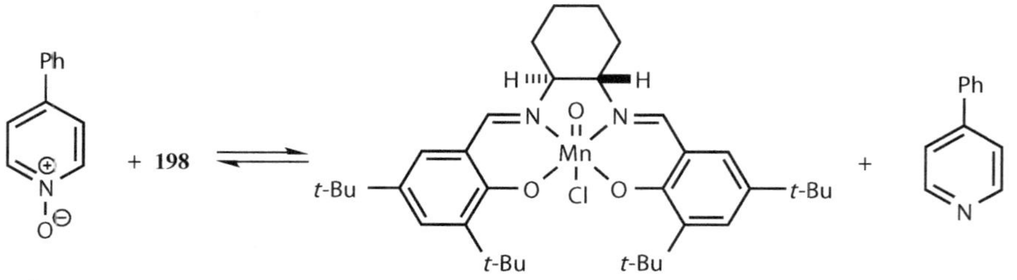

也许最有名的 Jacobsen 环氧化是茚 **206** 环氧化，用于合成氨基茚醇[45] **209** 的。抗 AIDS 药物佳息患（crixivan）含有 **209**，它同时也是一个便宜的手性助剂。

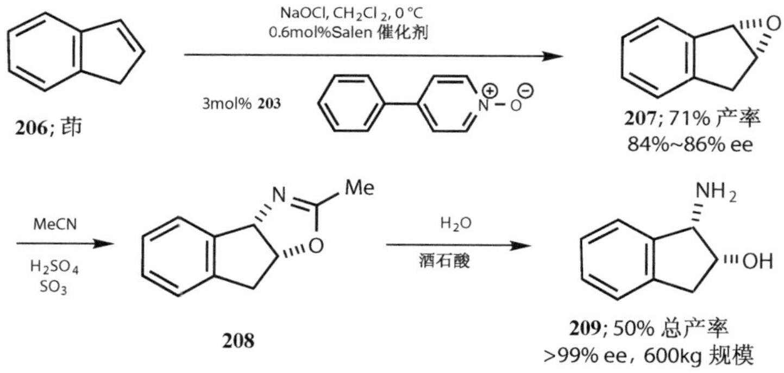

另一个重要的应用就是 *cis*-肉桂酸酯 **210** 的非对称环氧化。它们对于 AD 来说是不良底物，它们还原衍生的烯丙醇是 AE 的不良底物。Jacobsen 环氧化得到环氧化物的产率高（>90%），但是 *cis*-环氧化物 **211** 除外。对于 *trans*-环氧化物 **212** 来说有些缺漏，经典的 **211**：**212** 反应比例为 5：1。*cis*-环氧化物形成的 ee 高，但是 *trans*-环氧化物仅形成中等的 ee。

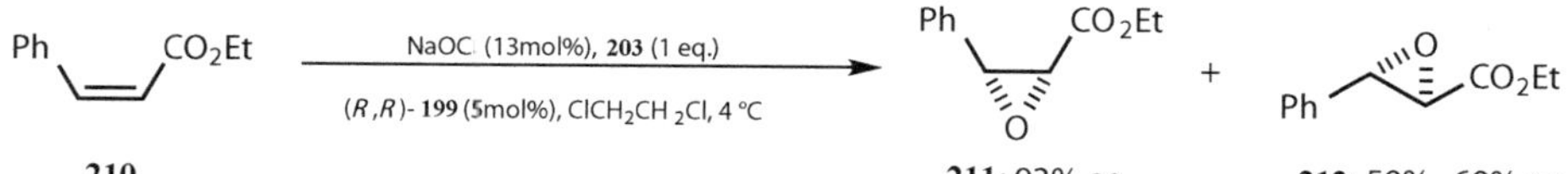

苯环上的供电子基团提高 *cis*：*trans* 的反应比例，异丙酯提高 ee。这使得地尔硫䓬（**62**）的合成变得简单：我们已经用 AD 和 AE 合成过这个化合物。**213**

的环氧化得到合理产率的几乎近于光学纯的 *cis*-环氧化物 **214**（仅形成 10% *trans*-环氧化物）。

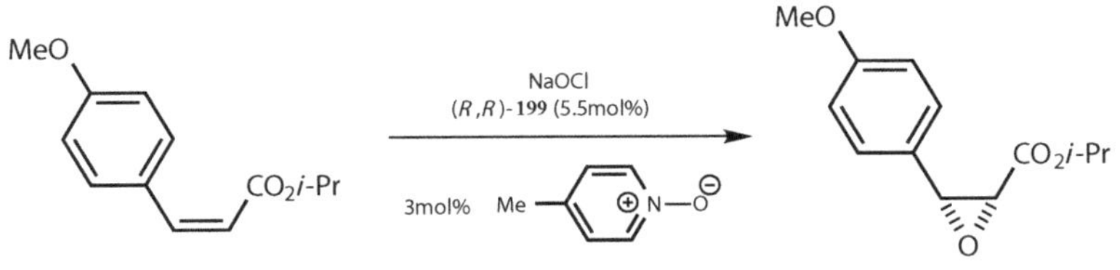

213　**214**; 62% 产率, 96% ee

环氧化物可用硝基苯硫酚（**66**）区域选择性开环，在早先的描述中余下的合成（还原，环化，加成取代 O 和 N）很关键。

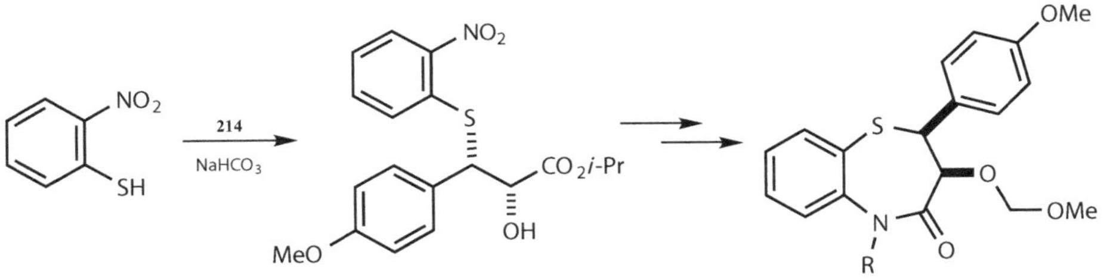

66　**215**　**62**; 地尔硫䓬

其他的进展包括大位阻配体[46]的发展及将氧化剂换成 *m*CPBA 和 NMO 后可高效进行不对称环氧化[47]。例如，一个曾经的难题：对二甲基苯并吡喃 **216** 的不对称环氧化，用 Jacobsen 环氧化就很容易解决，生成物 **217** 可被用于合成钙道阻滞剂 **218**。

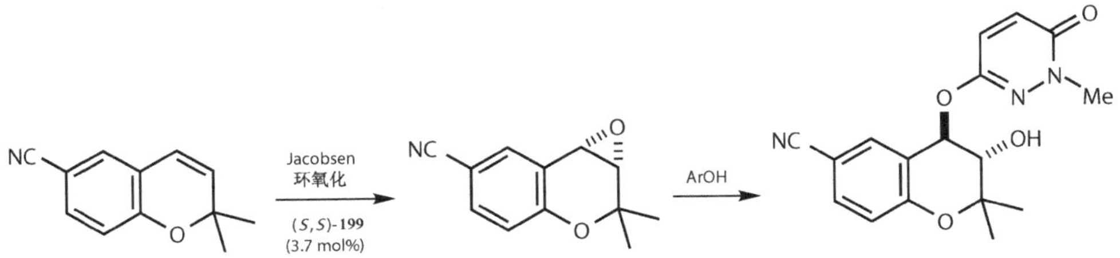

216　**217**; 96% 产率, 97% ee　**218**; 85% 产率, 97% ee

第六部分——去对称化反应

到此为止，我们已经讨论了大量的依靠原料产生手性中心的平面手性底物。去对称化有一点不同。被去对称化的分子有一点“内消旋化”，也就是说它们产生手性是因为在分子内存在一个镜面，镜面两边分别有左旋部分和右旋部分，如

化合物 **219**，这与很多有 C_2 对称轴的分子有很多不同，如 TADDOLate **218**。去对称化反应之所以强大是因为在一个非手性分子中可能存在几个手性中心，而这些手性中心在新形成的手性分子中可能突然变得非常有用。有许多对称底物可以被非选择性地去对称化[48]，我们来看几个重要的类型。

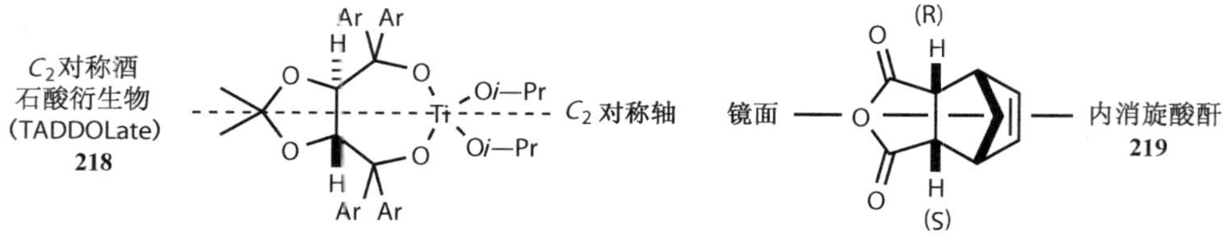

酐的开环

例如，酸酐 **219** 有手性并且分子内有一个对称面，在面的两边分别有 R 和 S 手性中心。在(i-PrO)$_3$Al 的存在下用 Ti 的 TADDOLate **218** 催化可以被醇解，并以 88%的产率和 88%的 ee 生成醇 **220**[49]。

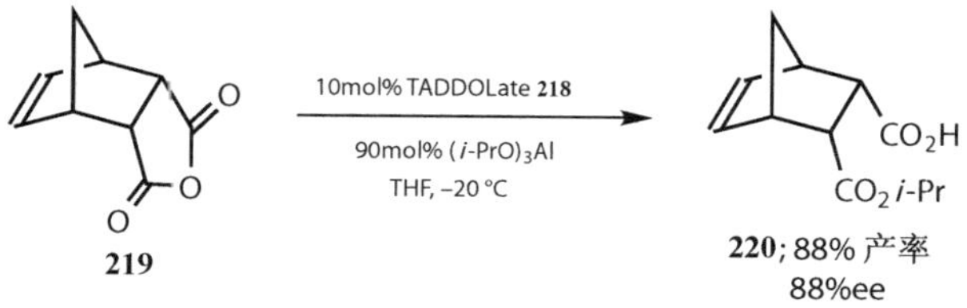

我们在本章里已经见过很多关于奎宁和奎尼丁的讨论，它们拥有一些特殊结构，在不对称反应中是很有用的试剂。Oda[50] 发现，在 10%奎尼丁的催化下，内酯 **221** 会发生开环，但是反应要进行 4d，并且 ee 只有 67%。

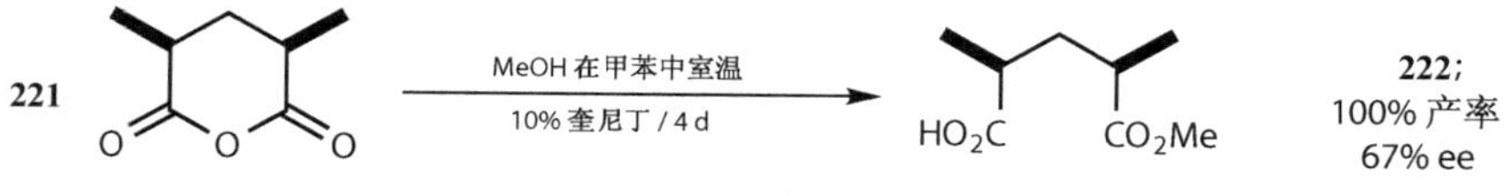

Bolm[51] 通过在反应中注入奎宁（加入超过 1.1eq.）对产率进行了提高，使得产物 **223** 可以在一个较低的温度下（得到更好的 ee）反应，1.5d 即可完成。如果使用奎宁的伪对映体可以得到产物 **224**，反应物 **225** 到 **229** 都可以进行类似的反应。

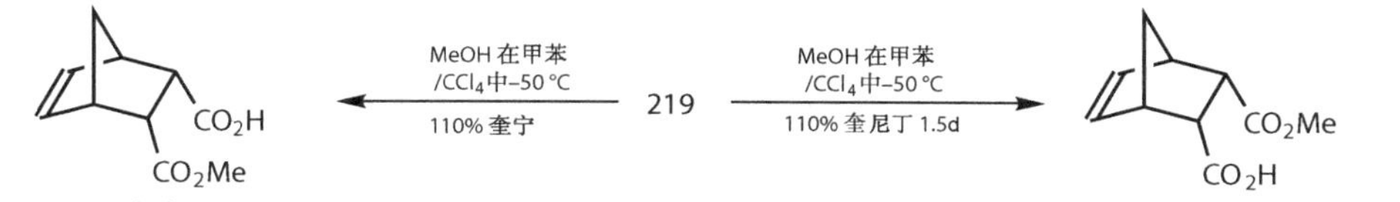

223; 85% 产率, 98%ee　　**224**; 83% 产率, 98%ee

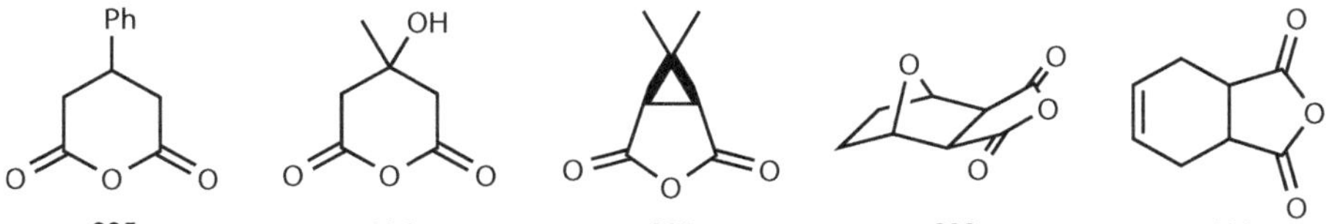

225　**226**　**227**　**228**　**229**

但是 Chen 等[52]对这个反应的产率进行了大幅度的提高。如果 1eq. 的金鸡纳碱配体可以反应，那么将金鸡纳碱的量加倍会怎么样？值得注意的是，在不对称酯开环的反应中这些配体反应得很好，如 **230**，仅 5%的用量、室温条件下就可以反应，在－20℃时反应可以得到更好的对映体过量。同样，底物 **232** ～**234** 都可以发生这个反应。

230

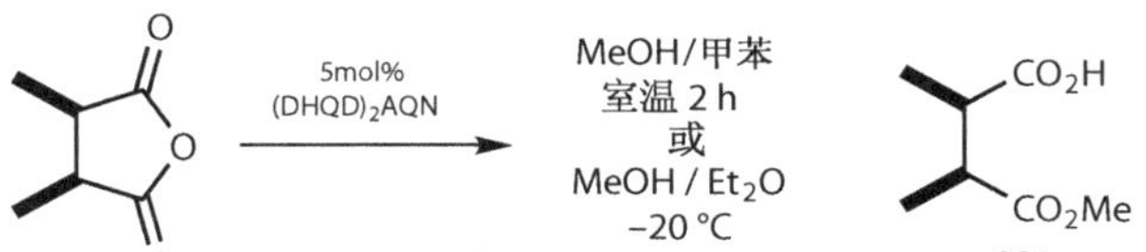

231

231; 85% ee
100% 产率 (以底物消耗计算得到)
或
93%产率,
98% ee

232　**233**　**234**

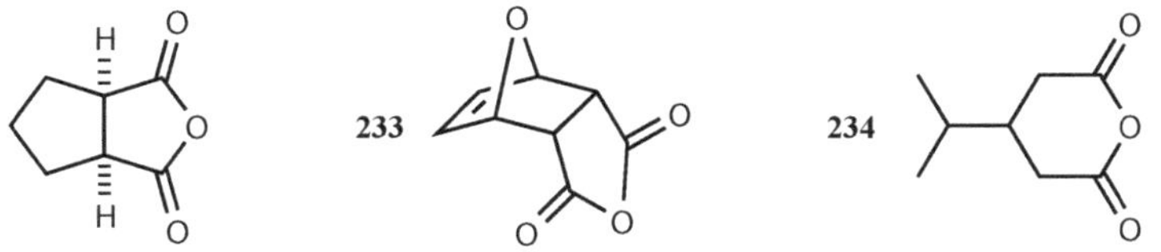

环氧的开环

另一个特殊的结构是 Salen 化合物，就是我们在 Jacobsen 环氧化反应中作为催化剂的 **199**。在这里，1eq. 的 Co 化合物 **235** 被用来作为非手性环氧开环催化剂[53]。

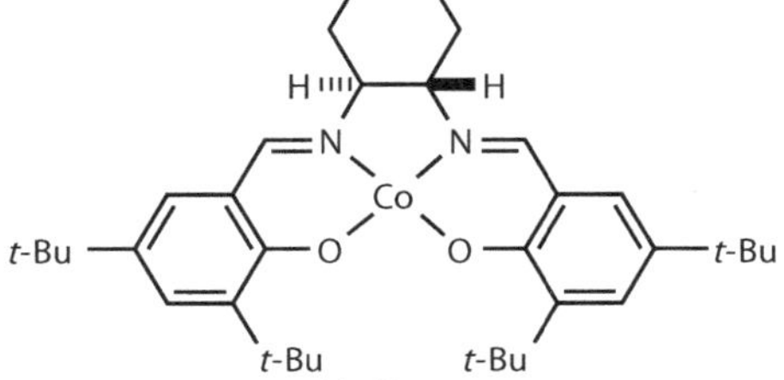

(*S*,*S*)-**235**

2,3-环氧己烷 **236** 在 2.5%化合物 **235** Co 的 Salen 的催化下与苯甲酸反应得到不对称的酯 **237**，ee 可以用重结晶的方法从 75%提高到 98%。其他含有环氧结构的环都可以被对映选择性地打开。

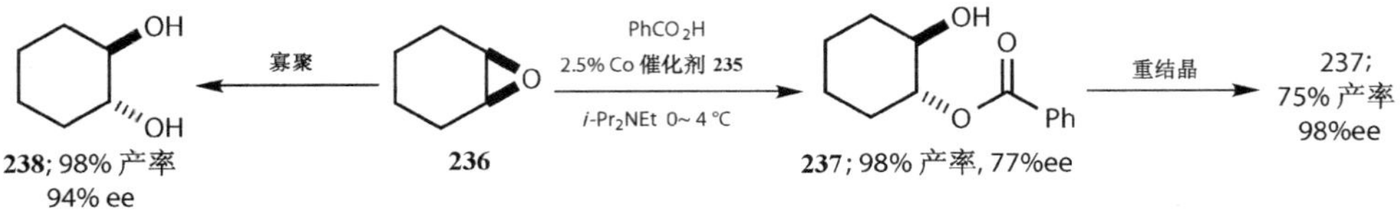

2,3-环氧己烷 **236**（非常有用的）水解得到含 C_2 轴的二醇 **238**，其中如果使用标准的 Co 的 Salen 化合物 **235** 则反应会很难进行。但是这个反应可以在特殊 Salen 低聚物存在下高产率和高对映体过量的得到产物[54]。这种低聚物由几个 Salen 化合物分子间连接而成，增加了对特定反应的反应活性。本反应中，催化剂的二聚体有意外高的催化活性，被认为是在一个分子中两个活性中心发生作用，这使得反应是一个熵有利的过程[55]。

去对称化反应与动力学拆分的比较

动力学拆分是利用底物中的某个对映异构体的反应速率比另一个快而进行的，关于这个问题将在第 28 章中会有进一步的讨论。如果不考虑其他因素（如热力学拆分）产率会被限制在 50%（以底物计算，也可以以起始原料计算），但去对称化反应的反应物是从手性分子开始而不是从一对光活异构体开始，使得对产率的限制转移到与动力学拆分相类似的，减少不需要的异构体的产生上面。无论如何，去对称化反应与动力学拆分在立体化学中是一对联系紧密的概念。

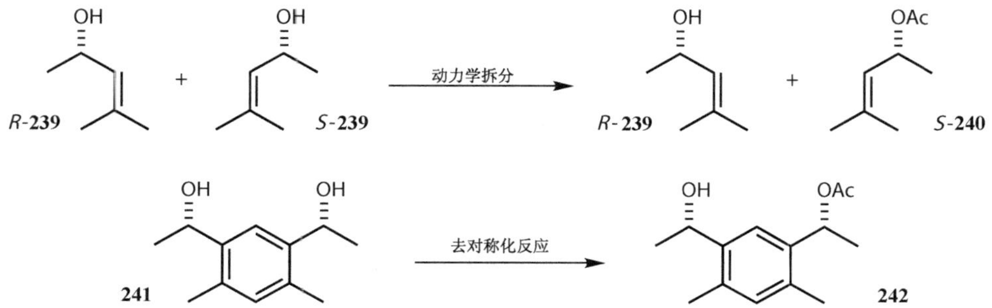

例如，比较一下假定的对映异构体（R）和（S）-**239** 通过酯化进行动力学拆分与对二醇 **241** 的去对称化反应，在很多情况下，去对称化反应是对于两个对映异构体相互连接成为一个分子的动力学拆分，所以可以促进去对称化反应的因素同样可以促进动力学拆分，我们在第 28 章中的“双重法”部分就可以看到，事实上也是这样的。

二醇的单酯化反应

二醇 **241** 在 1% Fu 手性配体 **243**[56] 的存在下很容易被选择性酰基化得到 97%的 ee。此外，在手性亲核催化剂[57]如吡咯烷衍生物 **247** 存在下可以发生不对称苯甲酰化反应。

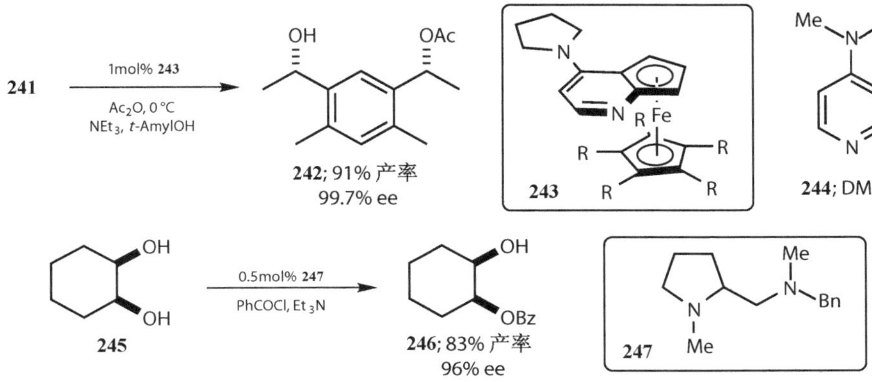

第七部分——杂 Diels-Alder 反应（HDA 反应）

杂 Diels-Alder 反应不像 Diels-Alder 反应那样直接。在普通的 Diels-Alder 反应（正常电子效应）中通常需要一个富电子的二烯和缺电子的二烯亲和物。在不对称催化中，早期的杂 Diels-Alder 反应都需要一个极富电子的二烯[58]，如 Danishefsky 二烯 **248**，或者一个极缺电子的二烯亲和物如乙醛酸衍生物 **249**。

通常的杂-Diels-Alder 反应

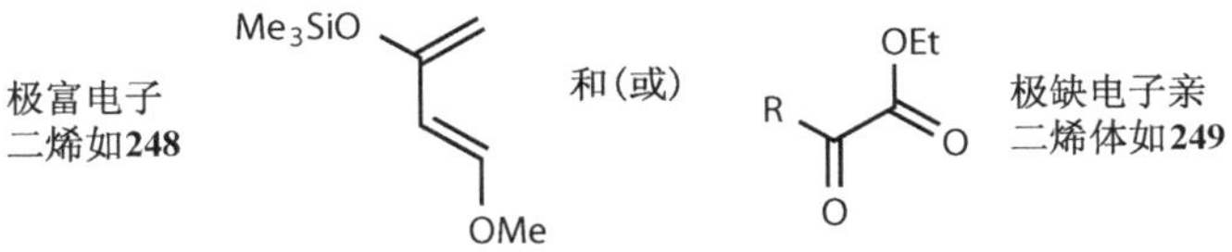

在下面的例子中经过修饰的 Danishefsky 二烯衍生物 **250**[59] 在铕化合物的催化下，利用薄荷基助剂在分子内引入手性，得到 27%的 ee（用产物碎片检测到），利用光学纯 Eu(hfc)$_3$ 作催化剂可以引人注目的提高 ee。利用双唑啉配位的 Cu 作为催化剂可以得到很高的产率及对映体过量[60]，但仍然需要极富电子的二烯 **248** 和极缺电子的二烯亲和物 **252**。

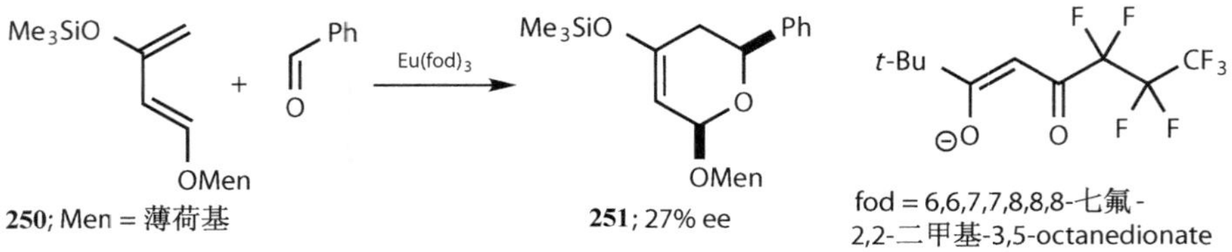

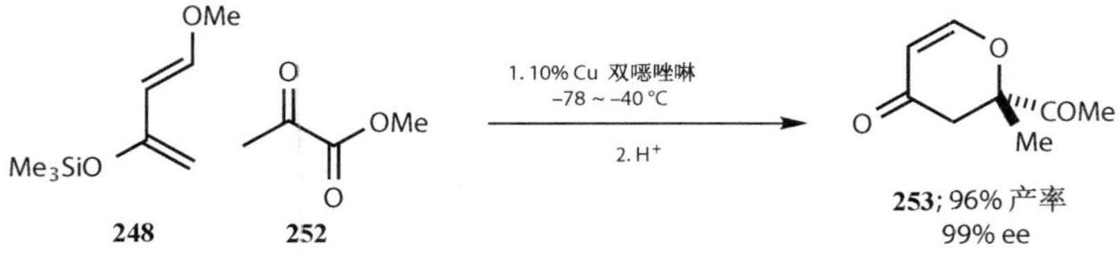

更复杂的是杂 Diels-Alder 反应（HDA）的机理究竟是周环反应还是分步反应（先缩合后环化），这两种机理都有可能[61]。通常使用的 Salen 化合物都类似含 Co 化合物 **235** 和含 Mn 化合物 **199**，但这次是用 Cr 为核心的 Salen 化合物催化 Danishefsky 二烯和苯甲醛反应[62]。反应可以与多种醛反应得到很好的产率和 ee，而且尽管有时 ee 不令人满意，可以通过重结晶的方法提高 ee。反应机理到底是［4＋2］周环反应还是先缩合后环化的分步反应的问题现在已经被解决了，研究发现缩合机理的反应中间体在上述反应条件下不能继续反应，所以［4＋2］周环反应的机理更为可信。

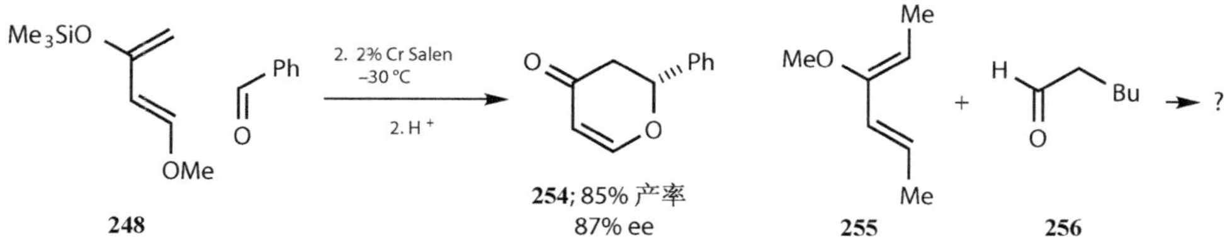

这都很好。但是如果将一个更富电子的二烯（仅有一个氧取代的二烯）**255** 与正常的脂肪醛 **256** 放在一起是不是会发生反应？一个能催化这个反应的催化剂将是十分有用的，一种方法是将 Cr 的 Salen 化合物进行修饰，用刚性基团取代一半的配体，另一半配体使用 *cis*-氨基醇 **209**。配合物 **258** 的合成是很容易的，因为利用商品易得的试剂 **257** 和 **209** 就可以高产率完成反应，并且得到的化合物 **258** 对映选择性非常高[58]。其中，六氟锑酸盐催化剂 **260** 比相应的氯化物 **259** 有更好的对映选择性。

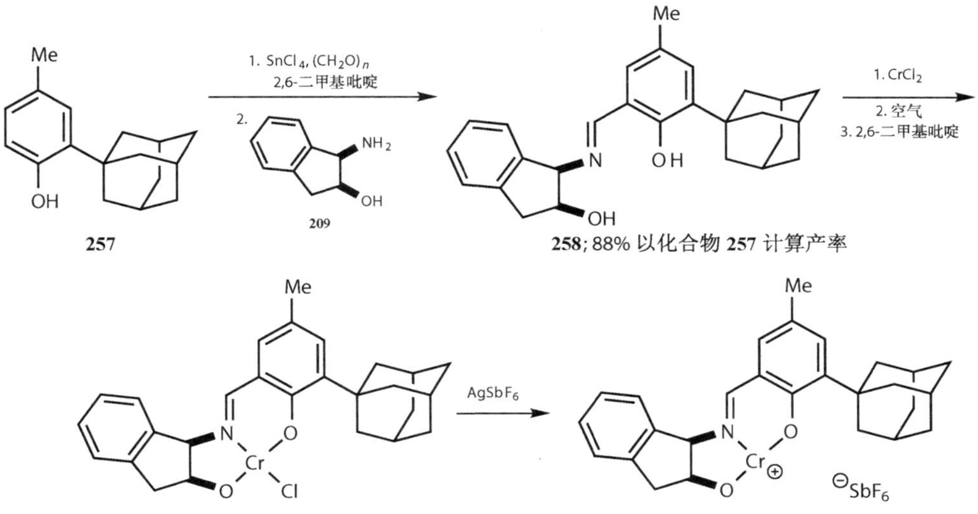

257

258; 88% 以化合物 257 计算产率

259; 99% 产率

260

这个催化剂在抗真菌类药物安布替星（ambruticin）的合成中发挥了重要作用[63]。分子中左边的四氢吡喃环和右边的二氢吡喃环上各有两个立构中心，它们可以通过化合物 **262** 和 **263** 的杂 Diels-Alder 反应控制产生。

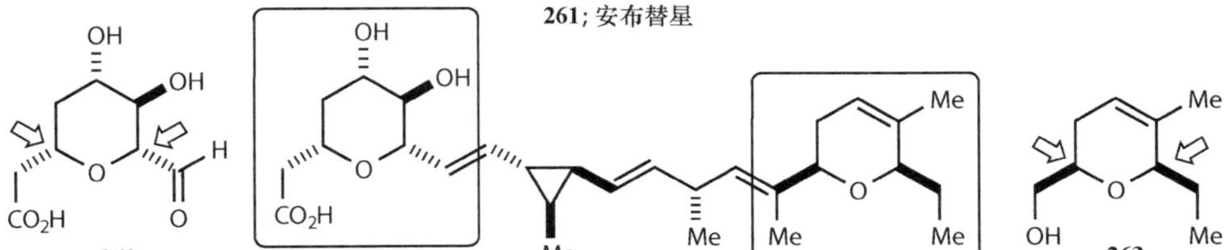

261; 安布替星

262 **263**

第一个 HDA 反应是室温下的醛 **264** 和二烯 **265** 的反应。反应中的二烯是相当富电子的烯烃，而醛则是普通的脂肪醛，注意到立体中心都不仅仅是通过底物的立体专一性反应得到的。反应以 97％的 ee 得到吡喃产物，通过进一步的硼氢化反应立体专一的得到非对映异构体醇 **267**。另一个吡喃环（安布替星分子中右边的二氢吡喃环）是利用催化剂 **259** 的另一个对映异构体通过一个与如上所述非常相似的方法得到的，产率 87％，ee 大于 99％。

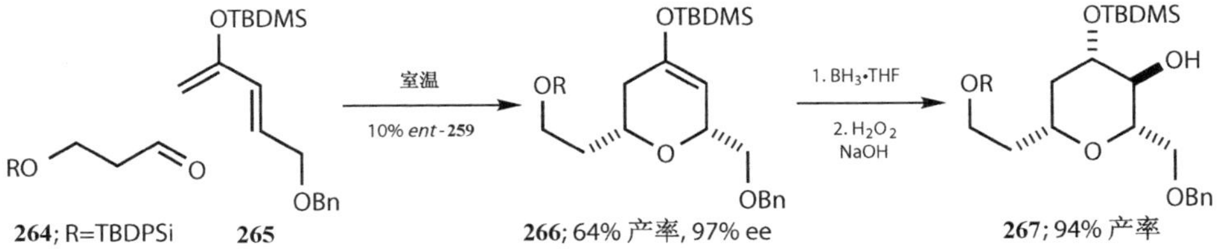

264; R=TBDPSi **265** **266**; 64% 产率, 97% ee **267**; 94% 产率

在这个合成中还有其他一些有意思的反应，包括不对称环戊烷化和不对称羰基化等反应的应用，但我们在这要以 Kocienski-Julia 成烯反应作为结束。不同于常见的利用砜的 Julia 反应[64]或“一锅煮”（Sylvestre）Julia 法中利用苯并噻唑硫砜[65]，Kocienski[66]利用一个四唑化合物代替硫砜 **269**（详见第 15 章）。这个方法相对于利用苯并噻唑硫砜的优点在于醛和硫砜在加入碱之前不需要事先混合。在 DMF/HMPA 中利用 LiHMDS 可以使 E/Z 选择性超过 30∶1，但在 THF 中用 NaHMDS 会使 E/Z 选择性降低到 1∶8。含有叔丁基的锂化四唑硫砜（取代这里苯基的位置）更稳定[67]。回到安布替星的合成，化合物 **270** 经过去保护基团和氧化可以得到最终的产物 **261**。

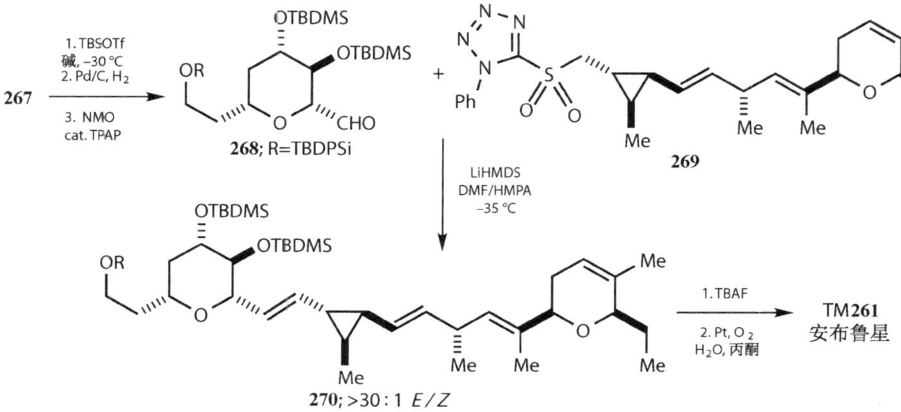

催化反应可以被认为是不对称合成中最有前途的方向。下一章你将看到在 C—H 键和 C—C 键的形成过程中同样可以通过催化得到不对称的产物。当前的限制就是相关的反应被研究得过少。在本章中你已经见到一些如 Sharpless 不对称环氧化、Sharpless 不对称双羟基化和 Jacobsen 环氧化——是其中最好的几例反应。

参 考 文 献

一般性参考文献列于 946 页。

1. R. A. Johnson and K. B. Sharpless, Ojima, *Asymmetric*, pages 231–285.
2. T. Katsuki, Ojima, *Asymmetric*, pages 287–325.
3. J. G. Hill and K. B. Sharpless, *Org. Synth.*, 1985, **63**, 66.
4. R. M. Hanson and K. B. Sharpless, *J. Org. Chem.*, 1986, **51**, 1922.
5. M. G. Finn and K. B. Sharpless, *J. Am. Chem. Soc.*, 1992, **113**, 113 and in *Morrison*, Vol. 5, pp. 247–308; R. A. Johnson and K. B. Sharpless in Ojima, *Asymmetric*, pp. 271–2.
6. J. M. Klunder, S. Y. Koo and K. B. Sharpless, *J. Org. Chem.*, 1986, **51**, 3710.
7. B. E. Rossiter, T. Katsuki and K. B. Sharpless, *J. Am. Chem. Soc.*, 1981, **103**, 464.
8. T. Katsuki, A. W. M. Lee, P. Ma, V. S. Martin, S. Masamune, K. B. Sharpless, D. Tuddenham and F. J. Walker, *J. Org. Chem.*, 1982, **47**, 1378.
9. A. Fürstner and O. R. Thiel, *J. Org. Chem.*, 2000, **65**, 1738.

10. H. Miyaoka, H. Shida, N. Yamada, H. Mitome and Y. Yamada, *Tetrahedron Lett.*, 2002, **43**, 2227.
11. Diltiazem by AE: J. Saunders, *Top Drugs*.
12. H. C. Kolb, M. S. VanNieuwenhze and K. B. Sharpless, *Chem. Rev.*, 1994, **94**, 2483.
13. K. B. Sharpless, *Tetrahedron*, 1994, **50**, 4235.
14. R. Criegee, *Liebig's Ann. Chem.*, 1936, **522**, 75; *Angew. Chem.*, 1937, **50**, 153; *Angew. Chem.*, 1938, **51**, 519; R. Criegee, B. Marchand and H. Wannowius, *Liebig's Ann. Chem.*, 1942, **550**, 99.
15. E. N. Jacobsen, I. Markó, W. S. Mungall, G. Schröder and K. B. Sharpless, *J. Am. Chem. Soc.*, 1988, **110**, 1968.
16. K. B. Sharpless, W. Amberg, Y. L. Bennani, G. A. Crispino, J. Hartung, K.-S. Jeong, H.-L. Kwong, K. Morikawa, Z.-M. Wang, D. Xu and X.-L. Zhang, *J. Org. Chem.*, 1992, **57**, 2768.
17. G. A. Crispino, K.-S. Jeong, H. C. Kolb, Z.-M. Wang, D. Xu and K. B. Sharpless, *J. Org. Chem.*, 1993, **58**, 3785.
18. L. Wang and K. B. Sharpless, *J. Am. Chem. Soc.*, 1992, **114**, 7568.
19. M. Minato, K. Yamamoto and J. Tsuji, *J. Org. Chem.*, 1990, **55**, 766.
20. V. VanRheenen, R. C. Kelly and D. Y. Cha, *Tetrahedron Lett.*, 1976, 1973.
21. H. Becker and K. B. Sharpless, *Angew. Chem., Int. Ed.*, 1996, **35**, 448.
22. B. B. Lohray, T. H. Kalantar, B. M. Kim, C. Y. Park, T. Shibata, J. S. M. Wai and K. B. Sharpless, *Tetrahedron Lett.*, 1989, **30**, 2041.
23. J. S. M. Wai, I. Markó, J. S. Svendsen, M. G. Finn, E. N. Jacobsen and K. B. Sharpless, *J. Am. Chem. Soc.*, 1989, **111**, 1123.
24. H.-L. Kwong, C. Sorato, Y. Ogino, H. Chen and K. B. Sharpless, *Tetrahedron Lett.*, 1990, **31**, 2999; K. P. M. Vanhessche, Z.-M. Wang and K. B. Sharpless, *Tetrahedron Lett.*, 1994, **35**, 3469; H. C. Kolb, Y. L. Bennani and K. B. Sharpless, *Tetrahedron: Asymmetry*, 1993, **4**, 133.
25. H. C. Kolb, P. G. Andersson and K. B. Sharpless, *J. Am. Chem. Soc.*, 1994, **116**, 1278; K. B. Sharpless, W. Amberg, M. Beller, H. Chen, J. Hartung, Y. Kawanami, D. Lübben, E. Manoury, Y. Ogino, T. Shibata and T. Ukita, *J. Org. Chem.*, 1991, **56**, 4585.
26. M. Nambu and J. D. White, *Chem. Comm.*, 1996, 1619.
27. H. Takahata, S. Kouno and T. Momose, *Tetrahedron: Asymmetry*, 1995, **6**, 1085.
28. Y. Gao and K. B. Sharpless, *J. Am. Chem. Soc.*, 1988, **110**, 7538; B. B. Lohray, *Synthesis*, 1992, 1035.
29. R. Hirsenkorn, *Tetrahedron Lett.*, 1990, **31**, 7591.
30. H. Becker, M. A. Soler and K. B. Sharpless, *Tetrahedron*, 1995, **51**, 1345.
31. S. C. Sinha and E. Keinan, *J. Org. Chem.*, 1994, **59**, 949.
32. E. J. Corey, M. C. Noe and S. Lin, *Tetrahedron Lett.*, 1995, **36**, 8741.
33. U. Hugger and K. B. Sharpless, *Tetrahedron Lett.*, 1995, **36**, 6603.
34. L. Ahgren and L. Sutin, *Org. Process Res. Dev.*, 1997, **1**, 425.
35. Z. Hu and P. W. Erhardt, *Org. Process Res. Dev.*, 1997, **1**, 387; X. Lu, Z. Xu and G. Yang, *Org. Process Res. Dev.*, 2000, **4**, 575.
36. V. V. Fokin and K. B. Sharpless, *Angew. Chem. Int. Ed.*, 2001, **40**, 3455; M. A. Andersson, R. Epple, V. V. Fokin and K. B. Sharpless, *Angew. Chem. Int. Ed.*, 2002, **41**, 472; C. Bolm, J. P. Hildebrand and K. Muñiz in Ojima, *Asymmetric*, page 399.
37. P. O'Brien, *Angew. Chem. Int. Ed.*, 1999, **38**, 326.
38. M. Bruncko, G. Schlingloff and K. B. Sharpless, *Angew. Chem. Int. Ed.*, 1997, **36**, 1483.
39. W. Harmann, H.-G. Heine and D. Wendisch, *Tetrahedron Lett.*, 1977, 2263.
40. H. Kolb and K. B. Sharpless, *Tetrahedron*, 1992, **48**, 10515.
41. Z.-M. Wang, X.-L. Zhang and K. B. Sharpless, *Tetrahedron Lett.*, 1993, **34**, 2267.
42. K. G. Watson, Y. M. Fung, M. Gredley, G. J. Bird, W. R. Jackson, H. Gountzos and B. R. Matthews, *J. Chem. Soc., Chem. Commun.*, 1990, 1018.
43. J. F. Larrow and E. N. Jacobsen., *Org. Synth.*, 1998, **75**, 1.
44. E. N. Jacobsen, L. Deng, Y. Furukawa and L. E. Martínez, *Tetrahedron*, 1994, **50**, 4323.
45. J. F. Larrow, E. Roberts, T. R. Verhoeven, K. M. Ryan, C. H. Senanayake, P. J. Reiderand E. N. Jacobsen, *Org. Synth.*, 1999, **76**, 46.
46. K.-H. Ahn, S. W. Park, S. Choi, H.-J. Kim and C. J. Moon, *Tetrahedron Lett.*, 2001, **42**, 2485.
47. M. Palucki, G. J. McCormick and E. N. Jacobsen, *Tetrahedron Lett.*, 1995, **36**, 5457; N. H. Lee, A. R.

Muci and E. N. Jacobsen, *Tetrahedron Lett.*, 1991, **32**, 5055.
48. M. C. Willis, *J. Chem. Soc., Perkin Trans. 1*, 1999, 1765.
49. G. Jaeschke and D. Seebach, *J. Org. Chem.*, 1998, **63**, 1190.
50. J. Hiritaki, M. Inagaki, Y. Yamamoto and J. Oda, *J. Chem. Soc., Perkin Trans. 1*, 1987, 1053.
51. C. Bolm, A. Gerlach and C. L. Dinter, *Synlett*, 1999, 195.
52. Y. Chen, S.-K. Tian and L. Deng, *J. Am. Chem. Soc.*, 2000, **122**, 9542.
53. E. N. Jacobsen, F. Kakiuchi, R. G. Konsler, J. F. Larrow and M. Tokunaga, *Tetrahedron Lett.*, 1997, **38**, 773.
54. J. M. Ready and E. N. Jacobsen, *J. Am. Chem. Soc.*, 2001, **123**, 2687.
55. R. G. Konsler, J. Karl and E. N. Jacobsen, *J. Am. Chem. Soc.*, 1998, **120**, 10780.
56. J. C. Ruble, J. Tweddell and G. C. Fu, *J. Org. Chem.*, 1998, **63**, 2794.
57. T. Oriyama, K. Imai, T. Sano and T. Hosoya, *Tetrahedron Lett.*, 1998, **39**, 3529.
58. A. G. Dossetter, T. F. Jamison and E. N. Jacobsen, *Angew. Chem. Int. Ed.*, 1999, **38**, 2398.
59. M. Bednarski and S. Danishefsky, *J. Am. Chem. Soc.*, 1983, **105**, 6968.
60. S. Yao, M. Johannsen, H. Audrain, R. G. Hazell and K. A. Jørgensen, *J. Am. Chem. Soc.*, 1998, **120**, 8599.
61. Fleming, *Orbitals* p. 142
62. S. E. Schaus, J. Brånalt and E. N. Jacobsen, *J. Org. Chem.*, 1998, **63**, 403.
63. P. Liu and E. N. Jacobsen, *J. Am. Chem. Soc.*, 2001, **123**, 10772.
64. M. Julia and J.-M. Paris, *Tetrahedron Lett.*, 1973, 4833.
65. J. B. Baudin, G. Hareau, S. A. Julia and O. Ruel, *Tetrahedron Lett.*, 1991, **32**, 1175.
66. P. R. Blakemore, W. J. Cole, P. J. Kocienski and A. Morely, *Synlett*, 1998, 26.
67. P. J. Kocienski, A. Bell and P. R. Blakemore, *Synlett*, 2000, 365.

26 不对称诱导Ⅲ——不对称催化：C—H键和C—C键的形成

绪论：C—H 键和 C—C 键的形成

上一章大多是关于使用催化剂的不对称功用的介绍，本章第一部分将关注利用催化不对称还原——通常需要 Rh，Ru 催化氢化——来对碳骨架或现有基团进行修饰。第二部分将是多方面内容：金属再次被用于反应中，还有一些关于令人兴奋的现代途径——有机催化的例子。新的 C—C 键通过多种反应形成，如通过 Robinson 增环反应完成的环丙烷化反应，烯烃复分解反应等，所有都是不对称的反应。本章最后引了一个很有价值的通用参考资料：Ojima 所著 *Catalytic Asymmetric Synthesis*，书中在索引之前（801～865 页）介绍了一系列常用配体及其缩写词[1]。

第一部分　不对称 C—H 键的形成

可溶性催化剂催化氢化反应

用 Pd 催化剂如 Pd/C 与氢气催化氢化的反应已经被我们所熟知，我们从 Wilkinson 催化剂的发现开始说起，Rh(I) 的磷配体 $(Ph_3P)_3RhCl$ 可以在有机溶剂如苯中催化氢化反应，像普通的烯烃 **1** 或共轭烯烃 **3** 可以分别被还原为具有手性中心的化合物 **2** 和 **4**[2]。

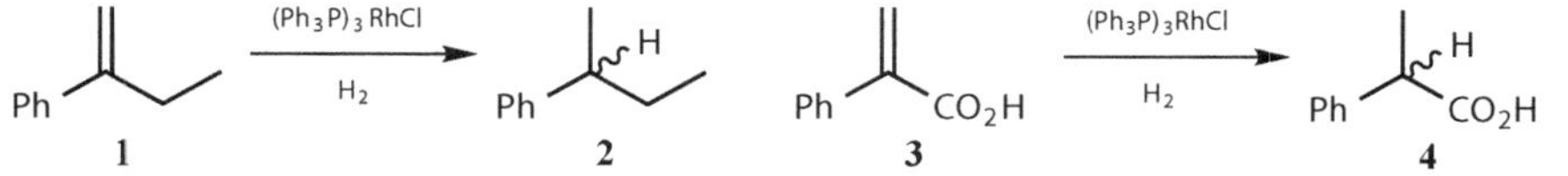

使用 Wilkinson 催化剂的氢化反应主要是用来生成完成非对映选择性还原。

例如，将功能性烯酮 **5** 高非对映选择性地转变成酮 **6**[3]，在此反应中，其他的（均相或者异相的）催化剂都无法达到 Wilkinson 催化剂的效果。

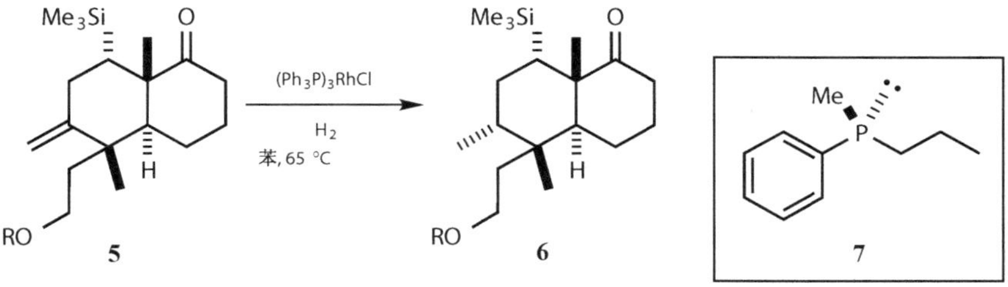

5 **6** **7**

德国 Mainz 的 Horner[4] 和美国 Monsanto 的 Knowles[5] 几乎在同时（1968 年）发现，如果 Ph_3P 被一个光学纯磷化氢如 **7** 所代替，在不对称还原时会出现手性诱导。与相应的氨配体不同，不对称磷配体是手性稳定的，因为磷配体的金字塔形结构的反转比氮要慢很多。磷配体不能产生高光学纯的产物，但是 Horner 得到的化合物 **2** 有 8% 的 ee，而 Konwler 得到的化合物 **4** 有 15% 的 ee。这样的结果在现在来看很糟糕，但他们当时做出的却是第一例。

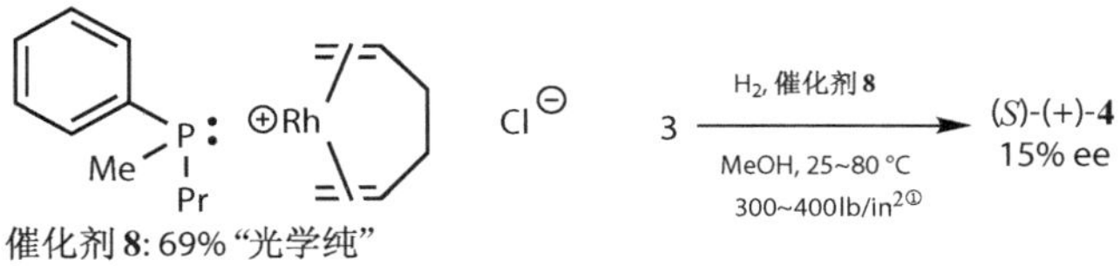

催化剂 **8**: 69% “光学纯”

C_2 对称双磷 Rh 配合物的催化氢化反应

C_2 对称配体（DIPAMP，DIOP，PNNP）

真正的突破是在 Kagan 做出的[6]，他发现如果用同样是双电子提供者的烯烃取代了 Wilkinson 催化剂中三个磷配体中的一个，同时剩下的两个磷配体又是互相连接的，构成了一个刚性的手性配体时，在这样的情况下反应会得到较好的结果。于是就有了现在一系列的 C_2 对称的催化剂，如手性中心在磷原子上的化合物 DIPAMP（**9**），手性中心在背面的化合物 DIOP（**10**），从酒石酸盐衍生出的 Kagan 做出第一个成功的催化剂化合物 PNNP（**11**），从 α-甲基苄胺衍生而来并且它的手性中心在侧链上[7]。

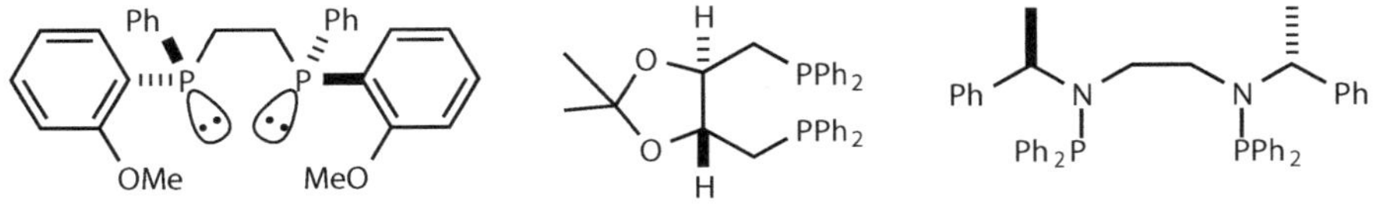

9; (*S*,*S*)-(+)-DIPAMP　　**10**; DIOP　　**11**; PNNP

---

① 1lb/in² = 6.894 76×10³ Pa，下同。

2-酰氨基丙烯酸盐还原生成氨基酸的反应

这类反应中最出名的例子之一就是芳基氨基酸 **14** 的通用合成，产物如天然的苯丙氨酸 **14**（Ar＝Ph）和非天然的产物。很容易制得的 *N*-乙酰基烯胺 **12** 以甲醇作溶剂在 Rh-DIPAMP 配合物的催化下氢化得到很高 ee 的饱和氨基化合物 **13**，水解后释放出氨基酸 **14**，这个过程是被 Knowles 在 Monsanto 发现的。

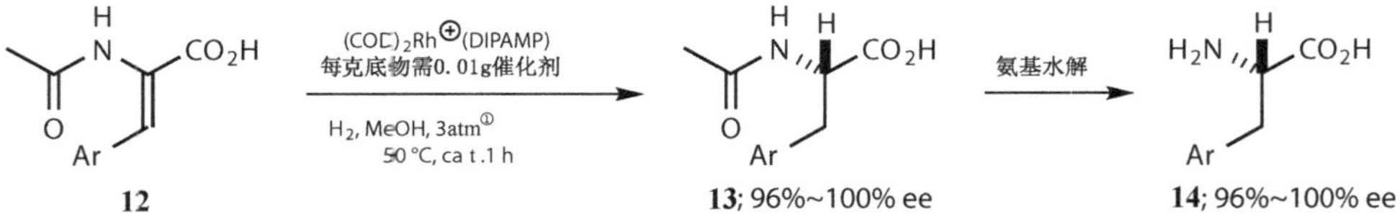

虽然手性产物是如何生成的很难被准确解释，配合物可能采用 C_2 对称的构造 **15**，这样烯胺与双键和 **16** 中的氨基与 Rh 配位，Rh 上的氢转移到双键上可以得到化合物 **13**，化合物 **12** 中对映异构的烯烃面在与手性催化剂进行配位之后变成非对映异构的。

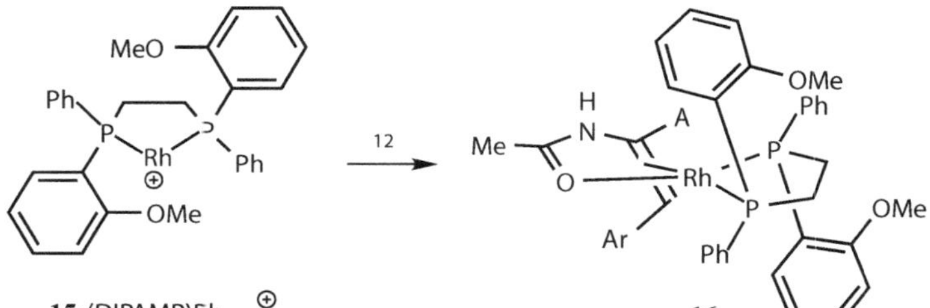

苯基丙氨酸被用来在化合物 PNNP(**11**)的催化下合成阿斯巴甜™**18**（纽特健康糖），这种方法的优点在于催化剂的用量少且不需要高压力。

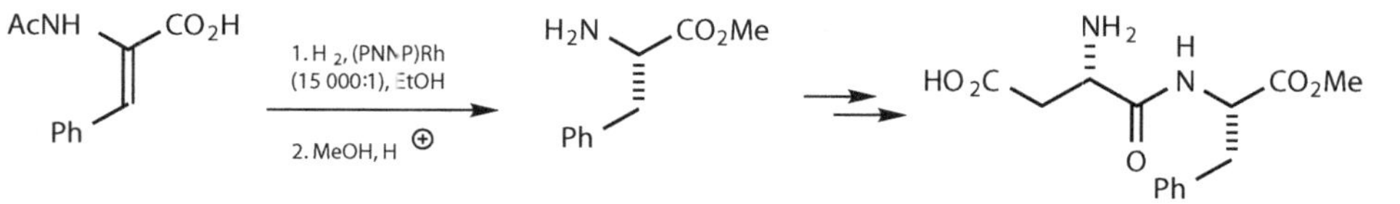

C_2 对称 BINAP 的 Rh 和 Ru 配合物的氢化反应

第一例催化加氢的反应是利用 Rh 或 Ru 的 BINAP 配合物得到的。萘环中间连接的键不能自由转动，使得配体有轴向的手性，Noyori 对这种化合物进行过

① 1atm＝1.013 25×10^5 Pa，下同。

研究，并同 Knowles 和 Sharpless 一起因为在不对称合成中做出的贡献获得了 2001 年的诺贝尔化学奖。BINAP **20** 通常是从 BINOL **19** 制得的，并且这两种化合物都是可溶的。Rh 化合物与我们在前面所见到的含有一分子环辛二烯的化合物相似，并且作为 Rh 的配合物，抗衡离子通常是三氟甲磺酸 **21**。BINAP 的两种对映异构体都可以买到[8]。

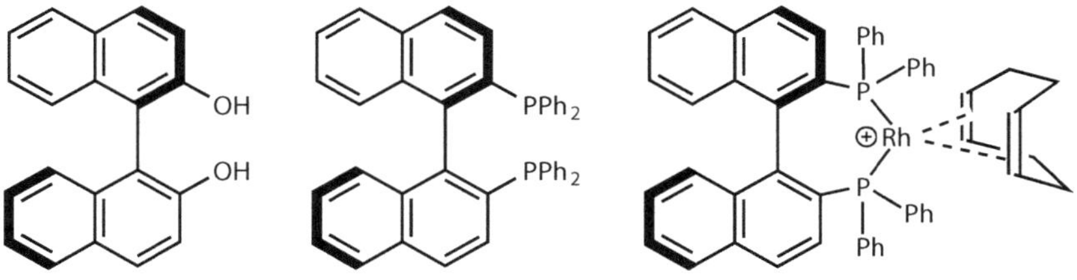

19; (*R*)-(+)-BINOL　**20**; (*R*)-(+)-BINAP　**21**; [(*R*)-(+)-BINAP(COD)Rh]OTf

虽然 BINAP 的通常表现形式如化合物 **20** 所示，但是化合物 **20a** 也是它的一种重要的存在形式。两个萘环不在同一平面上，并且只能围绕着连接的单键进行小于 90°的旋转，真实的结构更接近于 **20b**（由两环连接的单键轴向看去）。

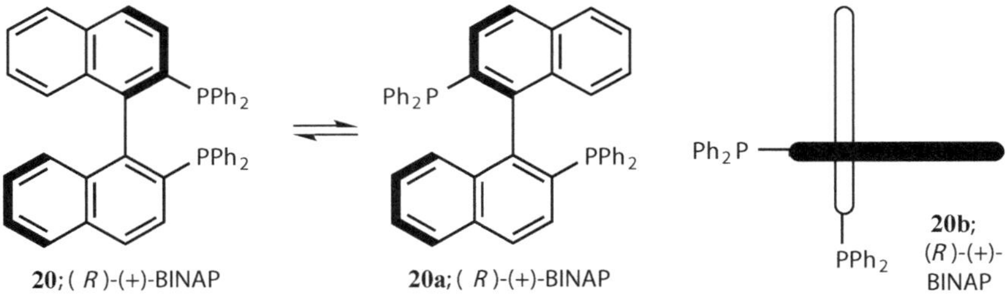

20; (*R*)-(+)-BINAP　**20a**; (*R*)-(+)-BINAP　**20b**; (*R*)-(+)-BINAP

Rh 的 BINAP 配合物可以用前面相同的方法使用。Merck 公司在抗 HIV 蛋白酶抑制剂佳息患（crixivan）的合成中，重要的活性中心哌嗪衍生物 **23** 的光学纯的对映异构体是通过化合物 **22** 在 2%催化剂 **21** 的作用下还原得到的。虽然催化剂的用量相对有些多，但高产率和光学纯产物完全值得这样的用量[9]。

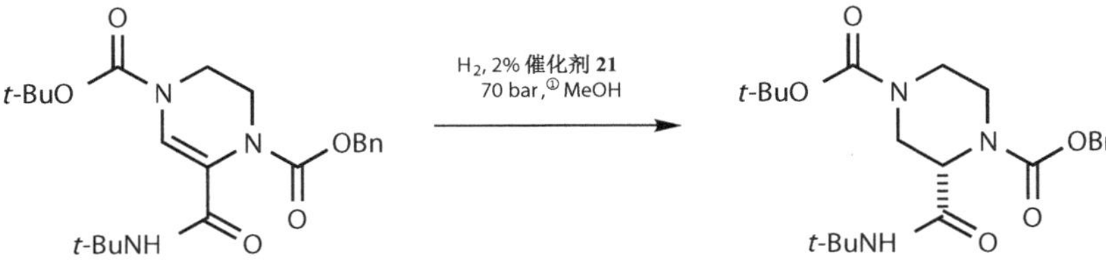

22　**23**; 96% 产率; 99% ee

① 1bar=10^5 Pa，下同。

Noyori 的小组使用 Ru 的 BINAP 配体做出了令人瞩目的工作。所用的烯烃无论是否共轭都可以被还原：一个很好的例子就是利用不饱和酸 **24** 代替化合物 **1** 合成可以作为止痛剂与消炎药的化合物萘普生（naproxen，**25**）。

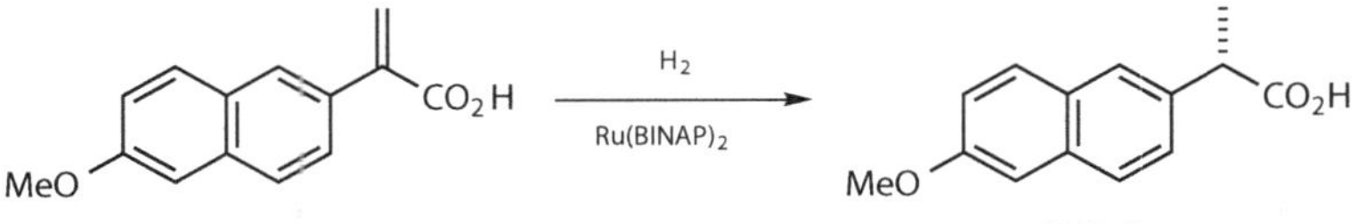

24　**25**;萘普生:97% ee

官能团的存在并不会影响这些很成功的例子，如环烯醇酯 **26** 就可以在这样的条件下被干净地还原而不会还原内酯。

26 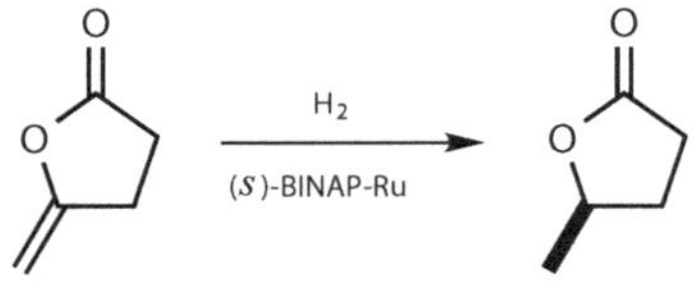

27; 94% ee

香叶醇 **28** 的还原反应表现出了很高的化学选择性：只有拥有烯丙基醇结构的才能以高于自然生成比率的选择性消除生成香茅醇 **29**。其中催化剂用了 7 mol%即 3mg/g 的用量，并且在催化剂中必须有乙酸配体的存在，否则化学选择性会降低[10]。很快你将看到香茅醛的另一个对映体的不同合成方法。

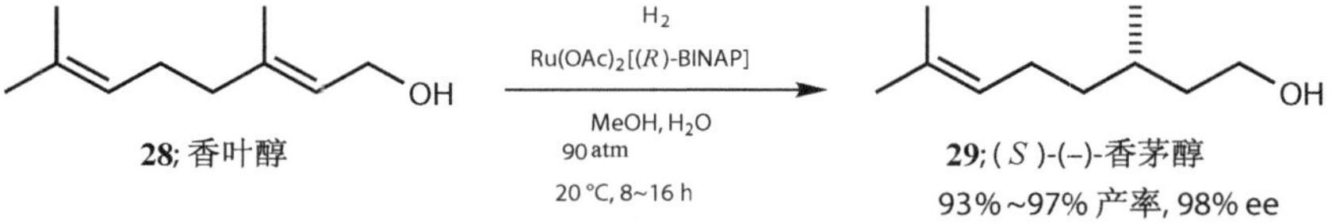

28; 香叶醇　**29**; (*S*)-(-)-香茅醇 93%~97% 产率, 98% ee

羰基基团的不对称氢化

与烯烃相对而言，羰基的氢化更为困难，因为 C＝O 双键比 C＝C 双键在热力学上更为稳定。酮在 Ru-BINAP 催化下可以进行不对称氢化，但通常需要高温并增加压力。β-酮酯 **30** 的氢化是一个普通反应，有很高的产率和好的化学选择型及对映选择性[11]。

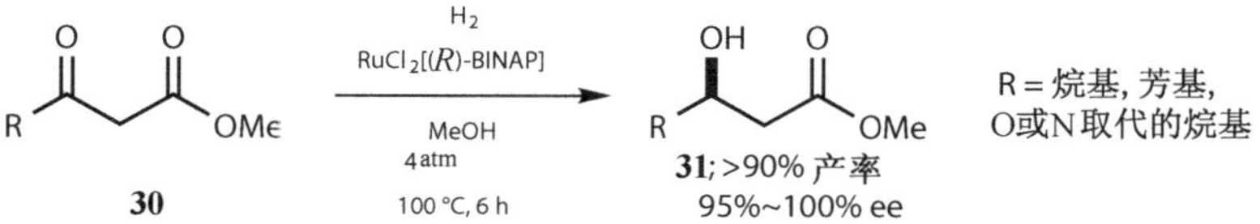

30　**31**; >90% 产率 95%~100% ee

在下面的反应中，1,3-二酮 **30** 被氢化还原，生成的两种产物被各自独立地选择性催化，其中手性产物（C_2 对称）**33**：化合物 **34** 为 99：1。这样使得如化合物 **33** 这样的手性 1,3-二醇很容易被得到[12]。此外，你会遇到在 1,3-相关官能团中利用一个中心的手性来诱导另一个的方法，非对映的还原可能会达到这样的效果，不过那完全是另一种策略。

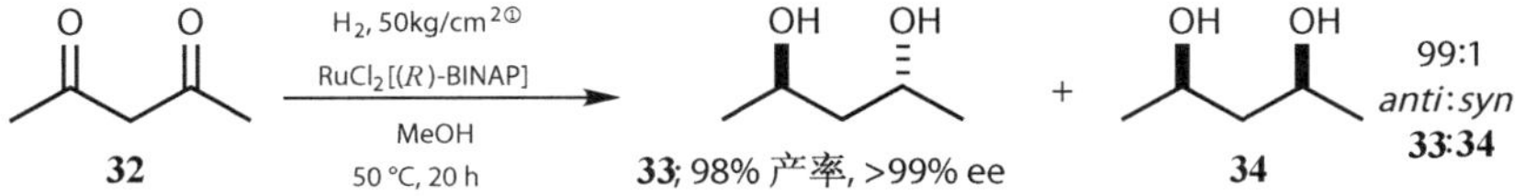

32 33; 98% 产率, >99% ee 34

烯酮的区域选择性不对称氢化反应

当一个分子中同时存在 C ═ C 双键和 C ═ O 双键时，情况又有所不同。我们在前面已经看到一个特殊的例子，烯醇酯 **26** 的还原，并且与羰基共轭的烯烃的还原更加偏向于烯烃被还原。不饱和的内酯 **35** 和酮 **37** 需要在高压条件下反应，得到的产物有很好的对映选择性。内酯需要 $RuCl_2$ 的催化，而同在有乙酸根作为配体存在的情况下会得到更好的结果[13]。并且我们注意到，在使用 BINAP 不同的对映异构体时会得到不同的对映异构体 **36** 和 **38**。

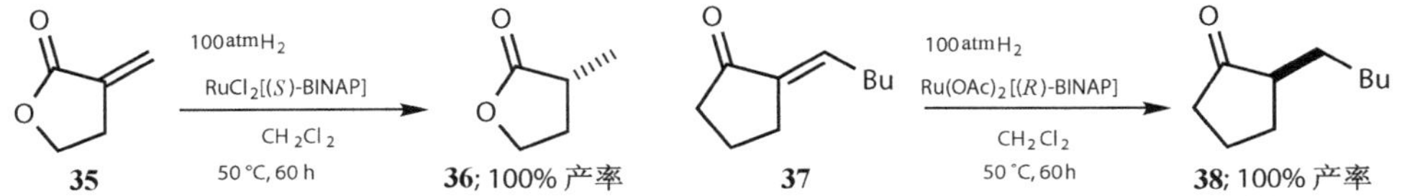

35 **36**; 100% 产率 95% ee **37** **38**; 100% 产率 98% ee

当需要还原烯酮如化合物 **39** 中的酮时，催化剂需要被进一步修饰[14]；利用非常拥挤 BINAP 衍生物 XYLBINAP**41** 或者二氨基附加的 DAIPEN**42**，此时会得到很好的结果。这也让我们注意到，当我们需要还原那些最简单烯烃时，应该从与它们最接近的相关反应入手。

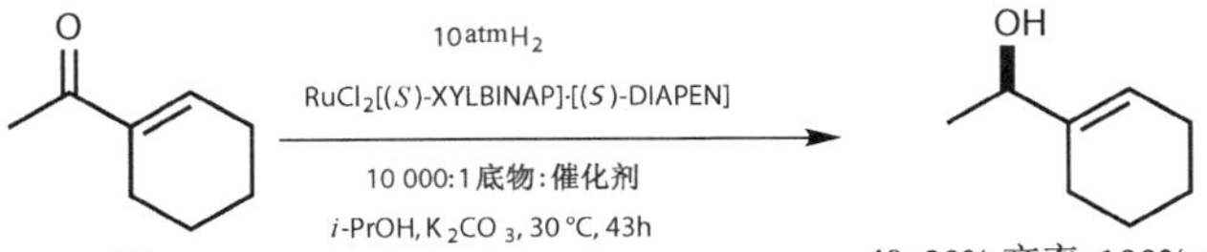

39 **40**; 99% 产率, 100% ee

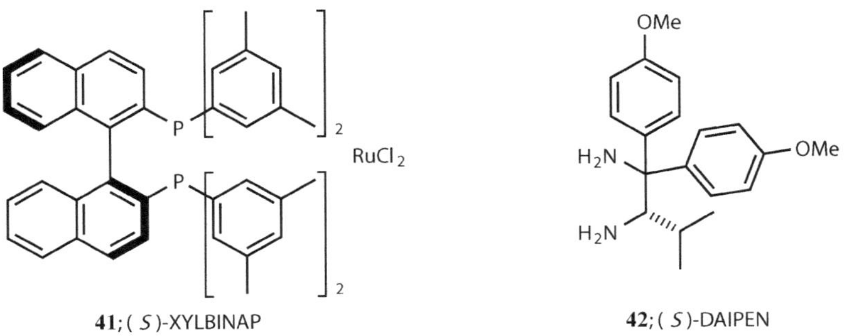

41; (*S*)-XYLBINAP **42**; (*S*)-DAIPEN

① $1kg/cm^2 = 9.80665 \times 10^4 Pa$，下同。

酮的不对称还原和动力学拆分

因为β-酮酯可以在烯酮式与酮式之间快速转变，而其中一个异构体的还原更加迅速，所以从动力学上的来说对其进行动力学拆分是可行的[11]。由此可见，两个手性中心可以同时被形成，尤其比如化合物**43**中，两个羰基中间的碳上有乙酰氨基存在时这更容易发生。这样，与苏氨酸相关的具有特殊功能的氨基酸合成就变得很一目了然了。更深入的关于动力学拆分的讨论将在第28章进行。

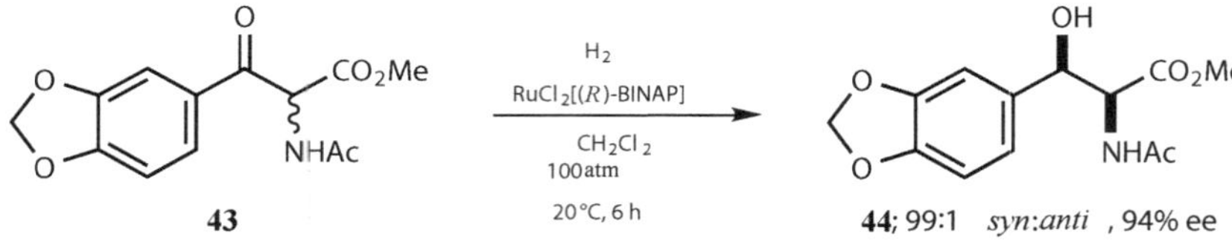

薄荷醇的商业合成

Noyori所做出的最值得注意的成就之一就是（−）-薄荷醇**51**的商业合成，这个方法被Takasago公司从1983年起用来年产几千吨的产量合成薄荷醇。在Ojima著*Catalytic Asymmetric Synthesis*的第3章中Akutagawa和Tani曾对这个方法及其相关的过程进行过详细的讨论，总结如下：

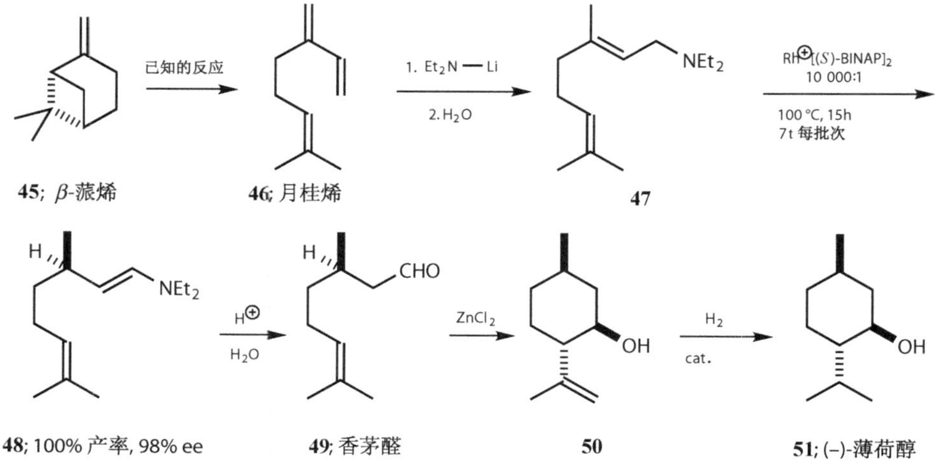

Nohyori 通过 Rh^- 催化 [1，3] 氢迁移合成薄荷醇

很多天然萜烯，包括β-蒎烯**45**可以用来制备月桂烯**47**。在二烯化合物**46**中加入二乙胺基锂盐可以得到非手性的烯丙基氨**47**。接着是不对称催化的过程：

经过［1，3］氢迁移而不是氢化反应得到烯胺 **48**，之后很容易发生水解并以高于自然发生的得到光学纯产物香茅醛。其中［1，3］氢迁移可能经历 Rh 与化合物 **52** 中氢原子的络合过程，氢迁移后得到亚胺 **53**，化合物 **53** 转变为烯丙基正离子与 Rh 的配合物 **54**，与第 19 章中遇到的 Pd 配合物类似，氢原子取代生成烯胺 **55**，因为共轭作用的存在使得化合物 **55** 比原始的烯丙基胺 **47** 更加稳定。决定最后产物手性的是 Rh 原子与两个对映异位氢原子的选择性配合的一步（标记于 **52** 中），Rh 原子从纸的背面接近，并在同一平面内返还氢原子，具体过程见 **53**～**55**。

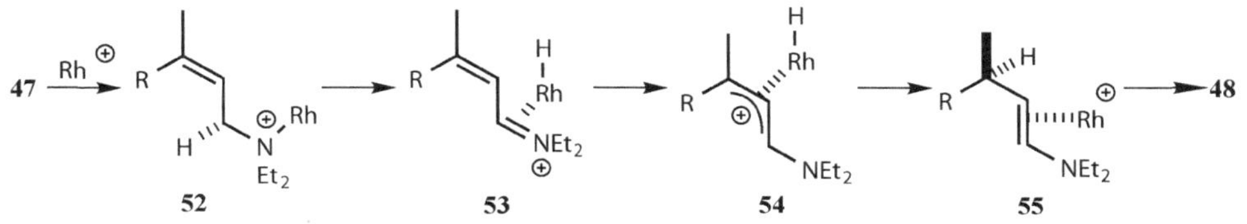

随后的合成步骤包括 Zn(II) 催化的 Oxo-Ene 反应，化合物 **56** 经过椅式过渡态 **57** 得到化合物 **50**，此时所有取代基处于平伏键，也生成了剩下的两个手性中心。常规氢化得到异丙基取代基。薄荷醇本身就有很大的市场需求量，但 Takasago 为萜烯中间体如香茅醛等也开发出了一定的市场需求。

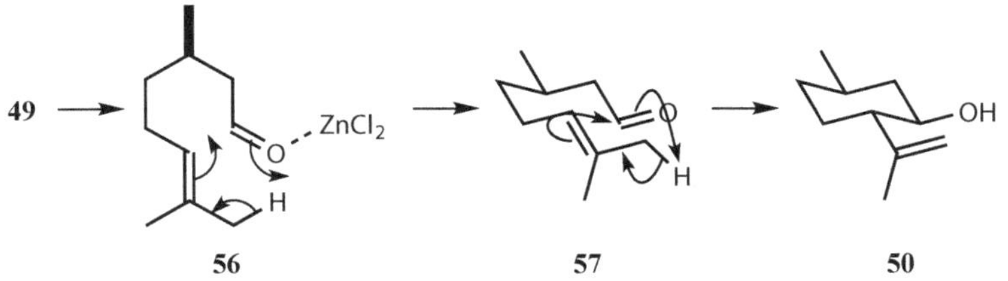

Corey CBS 方法还原酮

利用 Corey 的 CBS 试剂 **60** 还原的方法是为数不多的可以不依靠氢化催化还原的方法之一[15]，化合物 **60** 是由脯氨酸 **58** 经过保护后又被苯基格氏试剂加成，生成体积大的氨基醇 **59** 后得到的，化合物 **59** 可以随后转变为硼烷化合物 **60** 的稳定晶体。

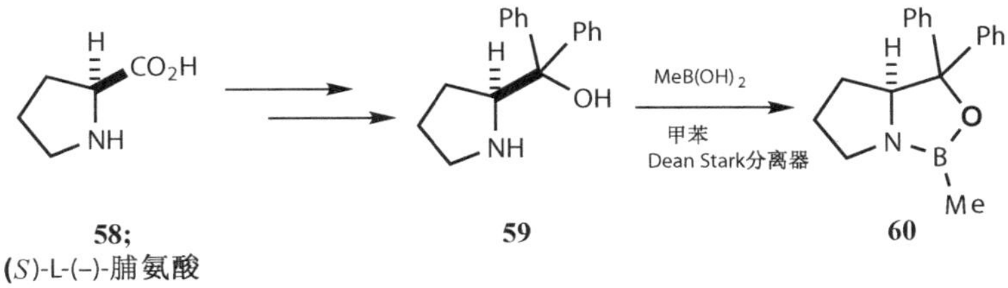

虽然这个方法只是半催化的反应，要加 10%～15%的化合物 **60** 并且要加当量的硼烷，得到的化合物 **61** 可以以高对映选择性还原简单酮得到化合物 **62**。这个方法的优点在于反应是顺利的且反应条件温和——这与氢化反应的条件不同。

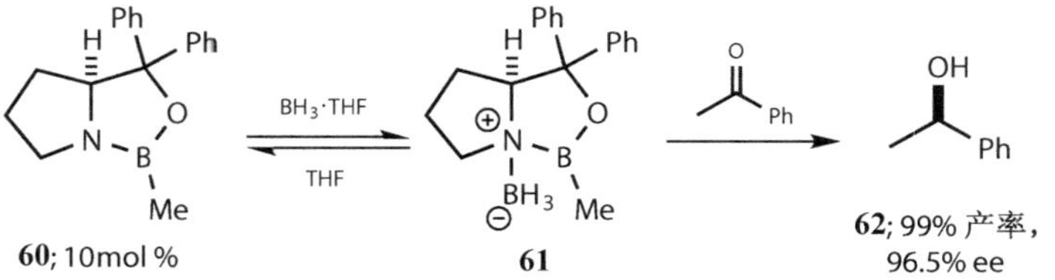

化合物 **61** 是真正的手性硼氢化物，但是其结构仍要受到酮中氧原子对另一个硼原子配位作用的影响，如化合物 **63** 所示。通常来讲，对脂肪酮还原的选择性需要一个如化合物 **63** 的刚性的结构来阻止取代基的旋转。如果分子总是在旋转的话，显然不能保证氢原子到底是从酮平面的哪个面加成上去。分子内的氢转移得到硼酸酯 **65** 进而可以得到产物 **62**，催化剂变回 **60** 进入下一个催化循环。

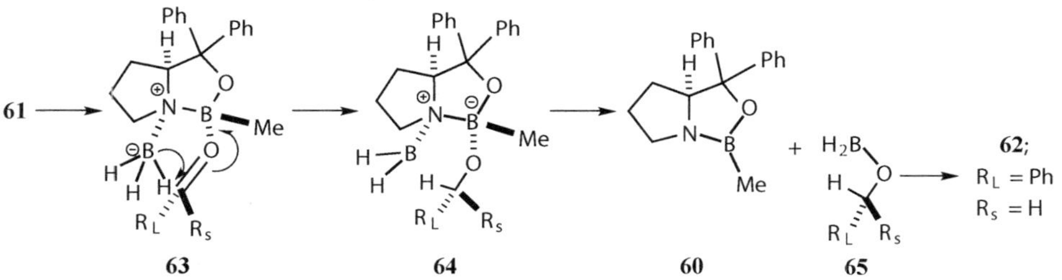

在酮的表示中通常是使用 R_L 和 R_S 来分别表示较大和较小的取代基。脯氨酸的一个对映体常用且廉价。值得注意的是，经过对酮的最普通的还原得到的是与最普通的酶（酵母）催化还原相反的对映体（详见第 29 章）。

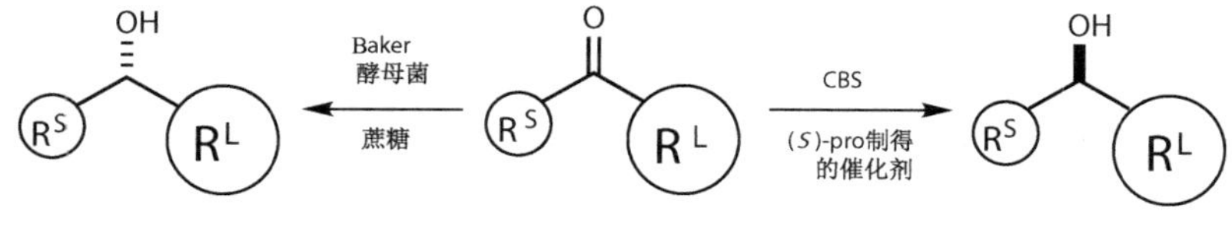

H_1 阻滞剂西替利嗪的合成

H_1 阻滞剂西替利嗪（cetirizine，**66**）的合成是上述试剂的一个有趣的应用。我们可以清楚地看出，西替利嗪经过一个手性醇 **68** 对哌嗪（**67**）的取代可以被制得。通过对酮 **69** 的不对称还原可以得到化合物 **68**，但是酮 **69** 两边的取代基相差不大不足以发生不对称还原。

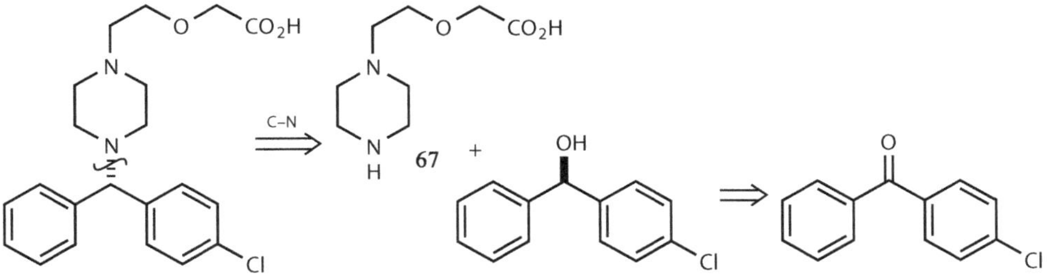

66; 西替利嗪　**68**　**69**

Corey 的解决方法是利用 $Cr(CO)_3$（**70**）使得其中一个芳香环明显大于另一个，三个 CO 分子从 Cr 分子周围伸展开成为一个位阻很大的取代基。为了达到对这个化合物的完全利用，Corey 直接锂化后酰化得到酮 **71**，其中的一个取代基明显大于另一个，此时使用 CBS 反应物 **60** 并用苯磷二酚硼酸酯作为还原剂就可以以高产率和高 ee 得到醇 **72**。

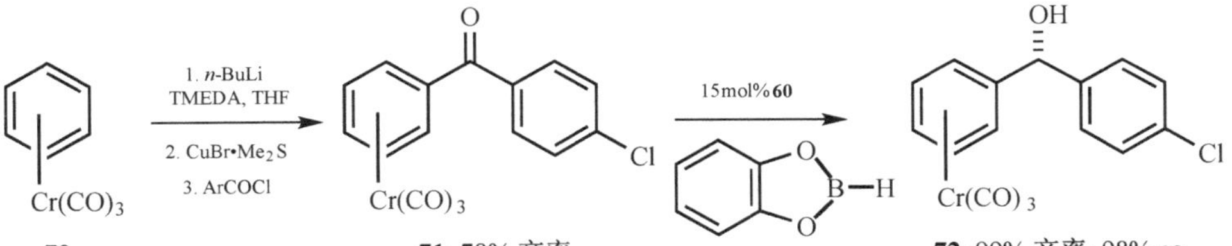

70　**71**; 78% 产率　**72**; 99% 产率; 98% ee

你或许已经注意到了，这个产物与我们需要的产物西替利嗪正好相反。其实 $Cr(CO)_3$ 并非只有上面的作用，它可以稳定阳离子，使得双苯基的阳离子稳定到可以经过 S_N1 机理发生反应。用强非亲核性酸 HBF_4 作为阴离子提供者处理化合物 **72** 得到阳离子，$Cr(CO)_3$ 的存在保证了分子的手性，亲核进攻发生在 $Cr(CO)_3$ 所处平面的背面，并且生成的产物具有一定的稳定性。

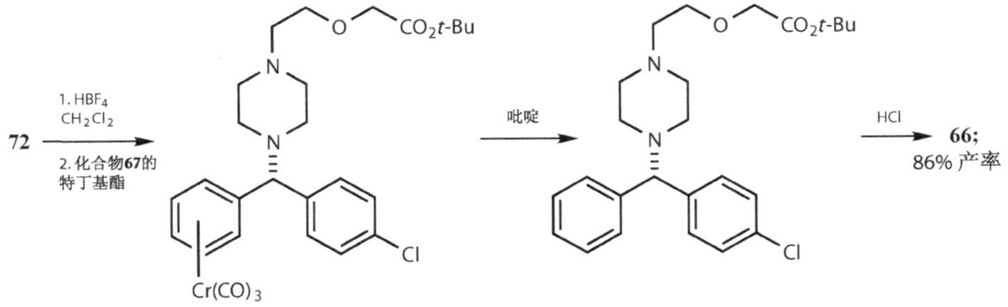

73; 86% 产率; 98% ee　**74**; 92% 产率; 98% ee

现在的反应对催化剂的用量更少，这一点在大批量合成时尤为重要。例如，

Merck 公司在合成药物中间体 **79** 时[16]，起始原料酮 **75** 利用 Friedel-Crafts 反应很容易得到，仅用 0.5%CBS 催化剂 **60** 就能以 98.9%的 ee 得到醇 **76**，甚至仅用 0.1%CBS 催化剂 **60** 也能以 94.2%的 ee 得到醇 **76**。

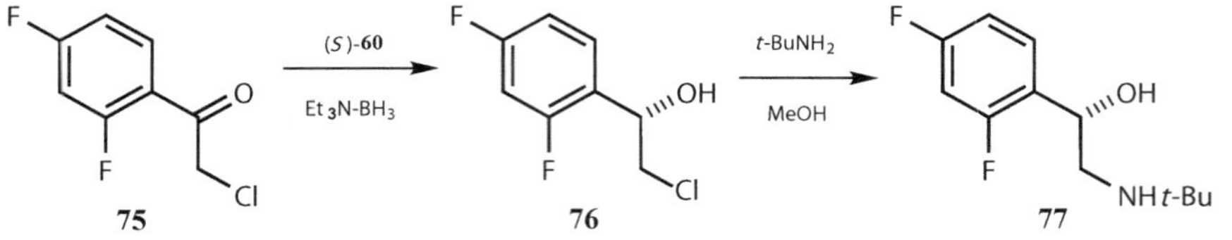

接下来的合成经过环氧中间体由氨基取代 Cl 得到产物 **77**，丙烯腈对其共轭加成生成产物 **78**，反向关环得到在腈基位置高立体选择性的产物。

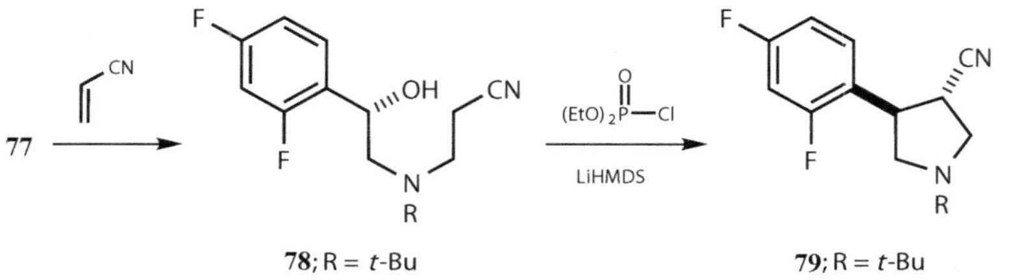

第二部分　C—C 键的形成

金属化合物在 C—C 键的形成中起到了重要的作用，事实上许多金属在各种反应中都常出现，如 Al，Co，Cu，Mo，Ru，Ti，Zn 等。但我们还要注意到一类新型的催化剂——简单有机化合物。让我们从有机催化剂开始讲起，它可以催化一些金属催化剂参与催化的反应。

有机催化

Robinson 增环反应

在这我们不得不为 Robinson 增环反应而骄傲，它早在 1974 年就被发现，虽然当时没有被重视，但却无疑是一个里程碑式的工作[17]。普通的 Robinson 增环反应（见第 36 章）一开始是一个 Michael 加成反应，产生一个非手性的三酮 **82**，产物在 aldol 反应的条件下变成烯醇式并环化，且无论双键由平面的哪一边进攻都会生成顺式的产物 **83**，随后消除得到产物 **84**，这是某种类固醇的部分结构。

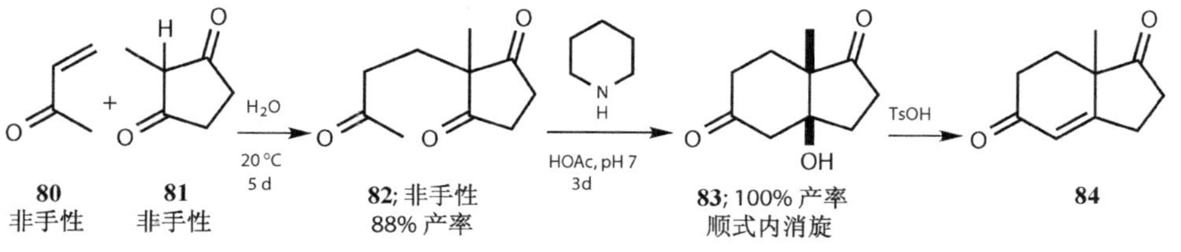

在化合物 **82** 中，五元环平面的两边是非对映异构的，分子内的反应一般发生在 *syn* 的一面。但是在化合物 **82** 中的两个酮羰基并不是对映的，如果烯醇进攻左边的羰基则会得到 **83** 中的一个对映异构体，如果进攻右边的则会得到另一个对映异构体。

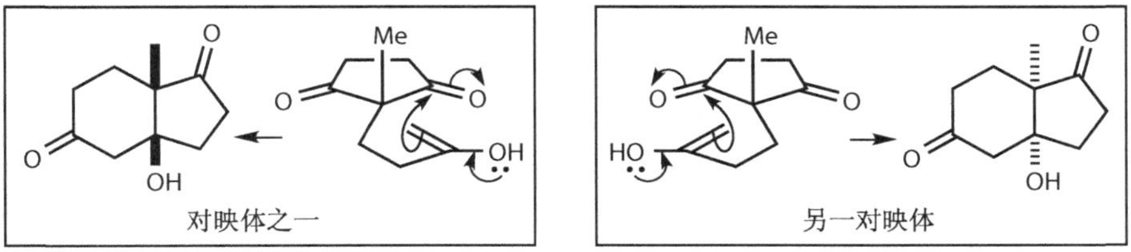

这个反应通常是利用弱酸或弱碱如乙酸和哌啶来催化。用催化量的（50∶1）脯氨酸催化很意外地得到了有光学活性的化合物 **83**，产率达 100%，ee 93.4%。脱水得到化合物 **84** 但 ee 有些降低（aldol 反应的逆反应造成的），利用醚进行重结晶可以得到 100% ee 的产物。

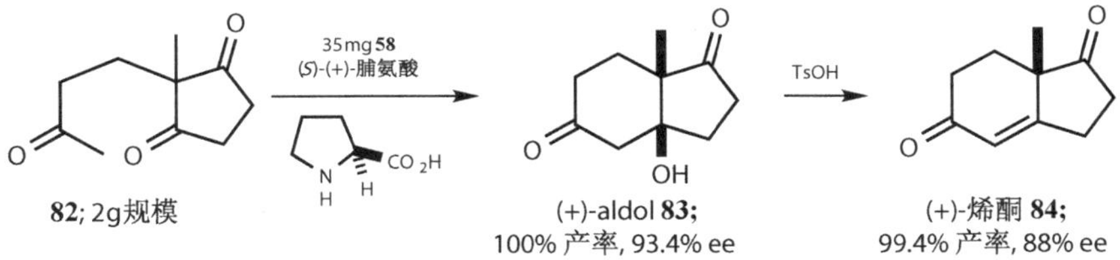

手性助剂与催化过程密切相关，或许在形成亚胺 **85** 或者烯胺 **86** 时发生作用，这样就保证了只有生成异构体 **83** 的机理发生。在这两个假设中，脯氨酸中自由的 CO_2H 基团都会受到氢与 OH 或酮之间氢键的影响。以前涉及两分脯氨酸的机理已经被证明不成立，最新的解释为，产生烯胺 **86** 的一步机理被认为是正确的且是决速步，随之向亚胺正离子 **87** 加入水得到产物 **83**。中间的过渡态被认为具有类椅式中心部分 **88**[18]。

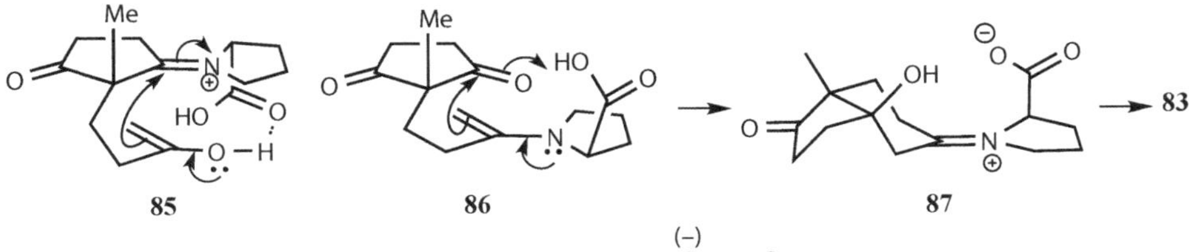

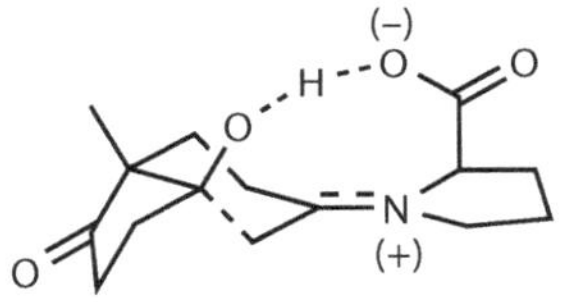

88

脯氨酸现在被认为是一等的手性助剂，它拥有一个刚性的结构和高等级的立构中心，并且可以加入相应的位阻取代基和电子效应取代基。这些在 1974 年发表的结论具有深远的影响与超越时代的意义。直至现在它还是使用催化量手性试剂的最好的不对称反应之一。

脯（氨酸）肽酶催化的 aldol 反应

不对称的 Robinson 增环反应是基于分子间的 aldol 反应产生新的手性中心的反应。最近 List[19] 和 MacMillan[20] 利用脯氨酸 **58** 催化分子间的 aldol 反应得到了较好的结果。丙酮和异丁醛 **89** 可以在 30%的脯氨酸催化下缩合，并以高产率得到单一的对映异构体醛醇 **90**。

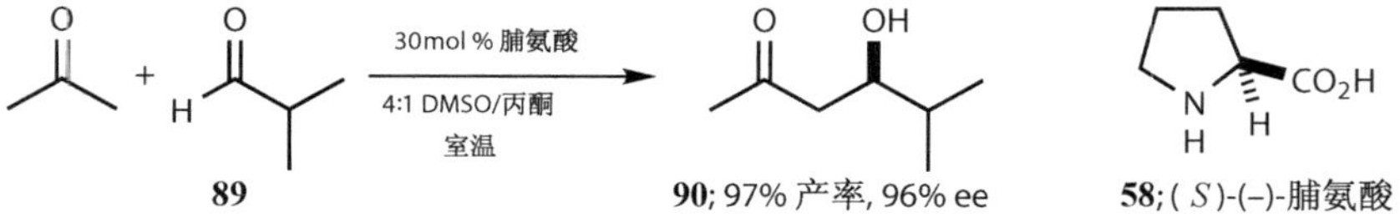

丙酮在反应中必须经过烯醇化的一步。在反应中它是大大过量的，这样可以得到很好的结果。反应包括脯氨酸与丙酮形成烯胺 **91** 的过程，此化合物立即对醛进行进攻，经过一个类椅式构象 **92** 与脯氨酸上羧酸的氢转移得到亚胺盐 **93**，水解得到产物 **84** 和催化剂脯氨酸。中间体与 Robinson 增环反应的类似：烯胺或者亚胺。有机催化中所用到的胺试剂都是基于这些中间体和羰基化合物之间达到平衡的物质。

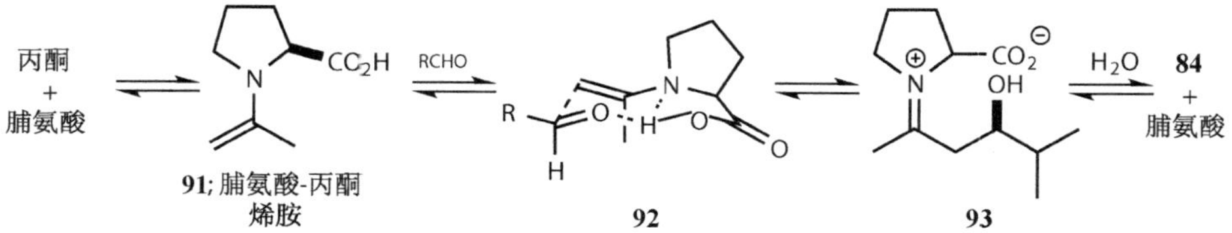

当所使用的两个醛都可以进行烯醇化的时候，aldol 反应就被限制住了。例如，如果希望一分子丙醛 **94**——一个很容易发生自缩合的醛，与另一分子异丁醛 **89** 发生反应，此时就需要用注射器泵将丙醛缓慢滴加入体系中。产物 **95** 会以一个很高的产率被得到，考虑到这两种醛的相似性，反应的产率还是相对比较高的，但更加值得注意的是反应可以得到高非对映选择性与对映选择性[20]。

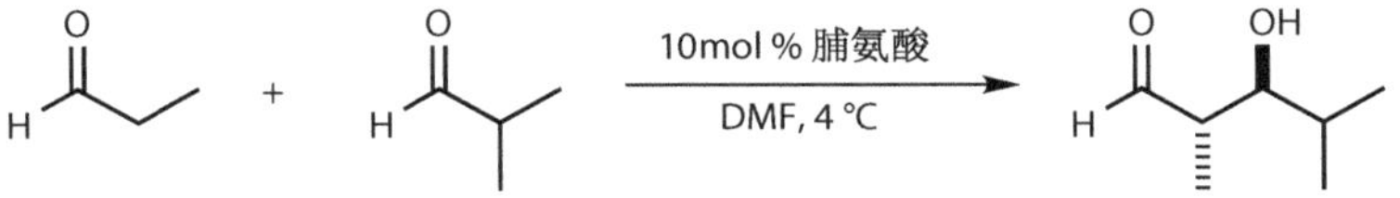

94 89 95; 82% 产率, >99% ee 24:1 *anti*:*syn*

羟基丙酮的反应

研究表明，在这些不对称交叉 aldol 反应中，羟基丙酮 **96** 是所能得到最好结果的几个酮之一。它与异丁醛反应以近乎完美的选择得到 aldol，它同时也是一个含 *anti* 二醇结构的醛 **97**[21]。脯氨酸与丙酮醇形成的烯胺很明显优先生成于羟基的一侧，在第 25 章中我们曾经提到过，*anti* 的二醇比 *syn* 的更加难以形成。

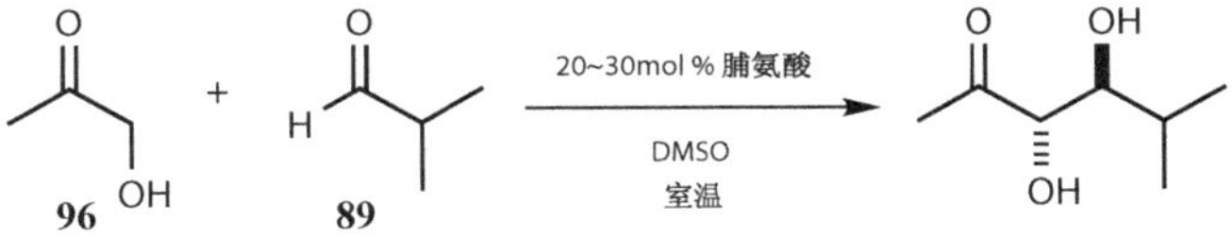

96 89 **97**; 82% 产率, >99% ee >20:1 *anti*:*syn*

羟基酮 **96** 也参与了另一个更有名的反应：不对称导向三组分 Mannich 反应。羟基酮 **96**、芳香胺 **98** 和反应中不可缺少的异丁醛 **89** 在脯氨酸的催化下，可以以高产率得到化合物 **99**，这个化合物也可以利用不对称氨基-羟基化反应得到。在本反应中，脯氨酸与丙酮醇形成的烯胺必须与由异丁醛和胺形成的亚胺盐反应，这是不对称合成中的一组重要的官能团。

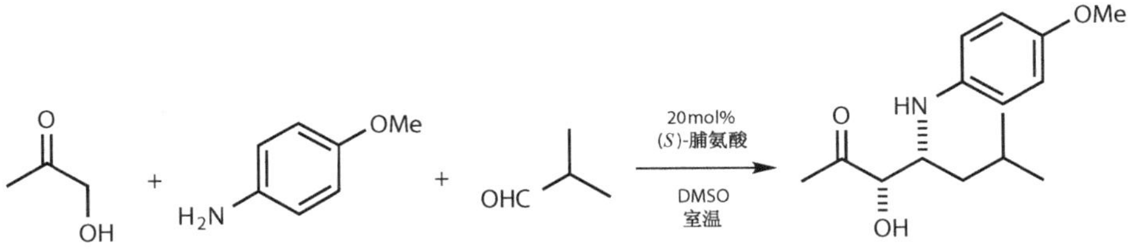

96 98 89 **99**; 92% 产率, >99% ee >97:3 *syn*:*anti*

现在的情况有点不同，由羟基丙酮生成的 OH 基团（来自于羟基丙酮）的绝对构型在化合物 **99** 和化合物 **97** 中相似，但是它们的相对立体化学是不同的：化合物 **99** 是 *anti*，而化合物 **97** 是 *syn*。因为亲电基团（**97** 中是酮，**99** 中是胺）与脯氨酸相接近的时候是从不同的方向进行的。List 的解释是，芳基胺的位阻大，使得在化合物 **100** 中两个大位阻基团错开，进而得到化合物 **99**。而在化合物 **101** 中，侧链的影响占了主要地位，由此得到化合物 **97**。下图中的虚箭头指的是可能产生碰撞的位置，而用黑点标出的原子则是将要产生新键的原子位置。

参考资料里有一篇综述讨论了关于催化不对称 aldol 反应的问题，其中也包括了本书其他章节的内容[22]。

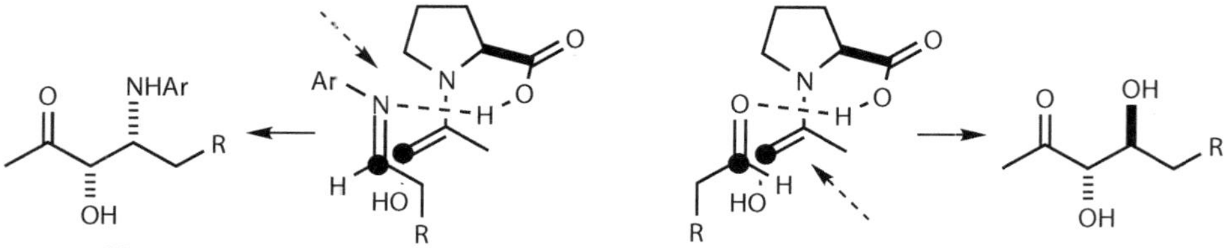

共轭加成反应

α,β-不饱和羰基化合物也可以与二级胺可逆的生成亚胺盐，这就为不对称共轭加成提供了机会。并且如我们即将看到的，它也可以发生不对称的 Diels-Alder 反应。Berkeley 的 Dave MacMillan[23] 是现代有机催化发展的先驱，他报道了一类不对称共轭加成反应。例如，在由苯丙氨酸制得的二级胺 **102** 催化吡咯对烯醛的共轭加成反应。其中胺可逆地形成了亚胺盐 **103**，并且这种盐比烯醛更加具有亲电性。

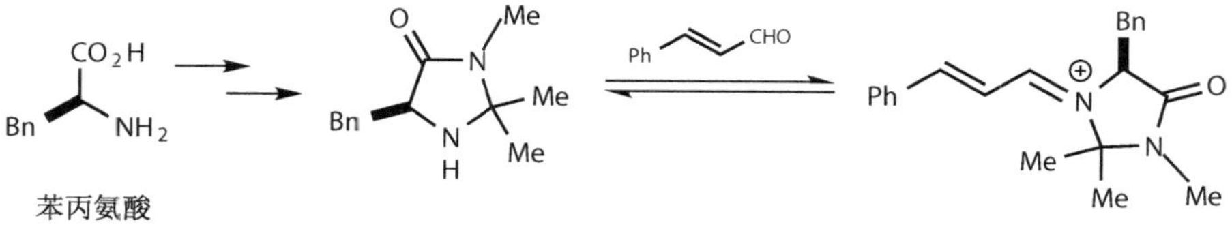

当用 *N*-甲基吡咯作为亲核试剂时，它用 α-位参与反应并可以高产率，高 ee 得到共轭加成的产物。对醛的共轭加成通常很困难（见第 9 章），所以它参与的反应的区域选择性和对映选择性都很值得注意。在反应中，催化剂的反应性很好，但是反应停在化合物 **103** 一步，使得反应物 **104** 与烯醛的进一步反应无法进行。

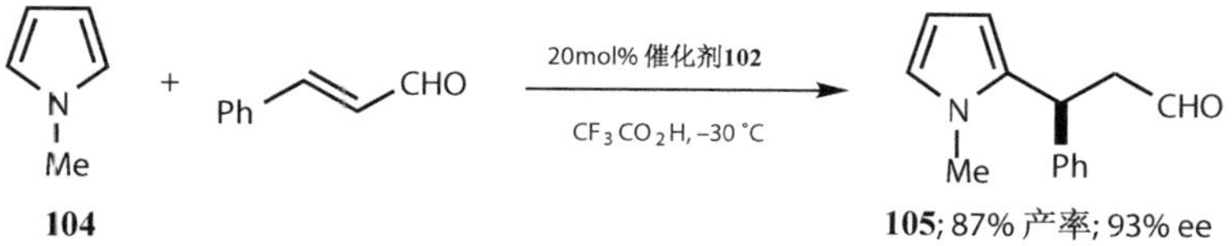

一个新的同样是由苯丙氨酸衍生而来的手性催化剂 **106** 可以被使用在巴豆醛的共轭加成反应中。在体系中加入另一个反应物，亲核的苯环衍生物如 **107**，可以得到与上一个反应相类似的高区域选择性和很好的立体选择性[24]。

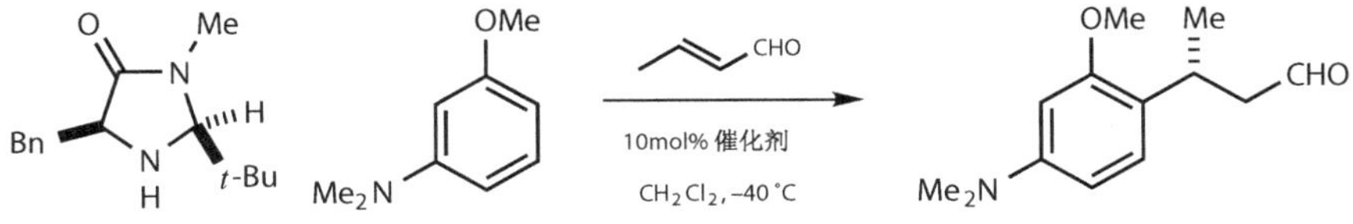

106 **107** **108**; 86% 产率, 89% ee

这个方法被应用于 Merck 公司开发出的一种新的止痛剂 COX-2 抑制剂 **110** 的合成中。在反应中，共轭加成发生在吲哚 **109** 的 3-位上，所用的催化剂与上述介绍的相同[25]。

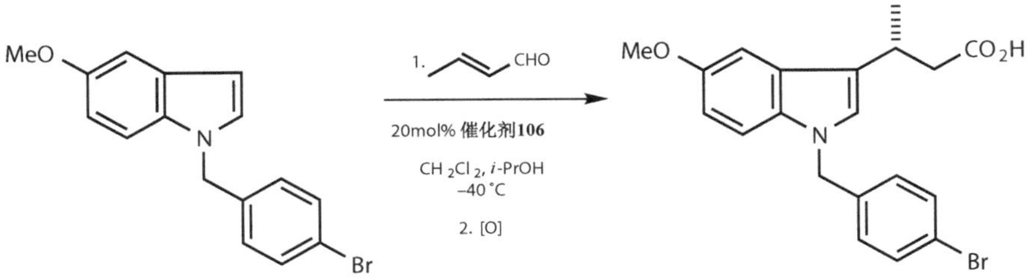

109 **110**; 82% 产率, 87% ee

催化不对称 Baylis-Hillman 反应

α,β-不饱和羰基化合物生成的亚胺盐也可以发生其他的反应。例如，我们很快就要讨论的 Baylis-Hillman 反应（第 18 章）的第一步也是共轭加成。在后面的内容中我们还将讨论关于 Diels-Alder 反应的很多研究。Baylis-Hillman 反应是利用四级胺催化一个亲电的 α,β-不饱和羰基化合物与一个亲电的醛反应，但通常反应的产率不高，因为在"一锅煮"反应中可以发生很多副反应。在这个反应中引入手性的一个很直接的方法就是使用手性的胺作为催化剂，但是直到最近才找到了合适的胺与合适的 α,β-不饱和羰基化合物[26]。

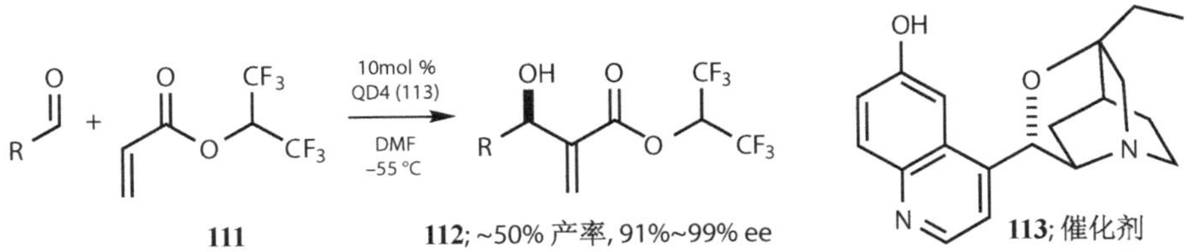

111 **112**; ~50% 产率, 91%~99% ee **113**; 催化剂 " QD4 "

催化剂 **113** 与酯 **111** 可逆共轭加成（见 **114**）生成的烯醇式与醛作用，并于 **116** 中进行不对称一步的反应。在反应中，双环的胺与醛很接近，根据 Hatakeyama 的观点，喹啉环中的羟基与催化剂之间有氢键作用，最后，催化剂消除并再次进入催化循环当中。今后的几年里我们或许会看到在这里的研究产生瞩目的发展。

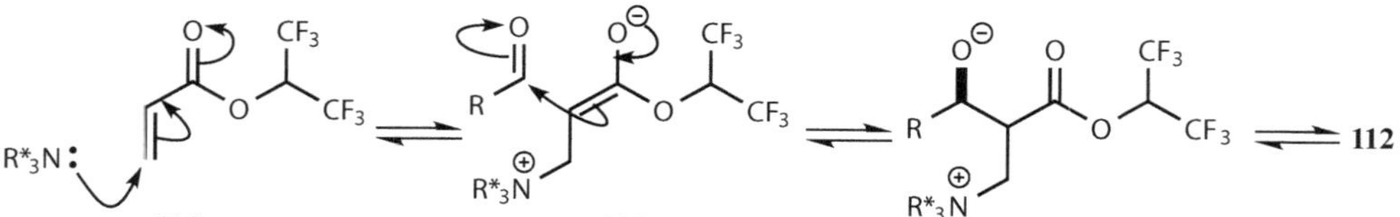

114　115　116

催化不对称 Diels-Alder 反应

有机催化

有机催化是一个有很多方法的很重要领域。我们首先从有机催化说起，之后转到金属催化。共轭加成反应中的中间体 **117** 同样适用于 Diels-Alder 反应，并且这两个反应是相互竞争的，在反应中，形成的化合物 **118** 要快速水解，释放出的催化剂 **102** 再次进入催化循环之中。

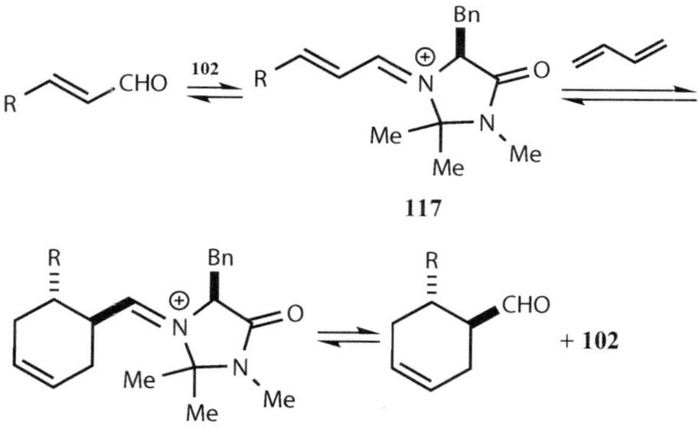

117

118

一个早期的例子是环己二烯与肉桂醛在苯丙氨酸的氨基衍生物 **102** 的催化下生成 *endo*-产物 **119** 的反应，反应得到的各种选择性都很好[23]。

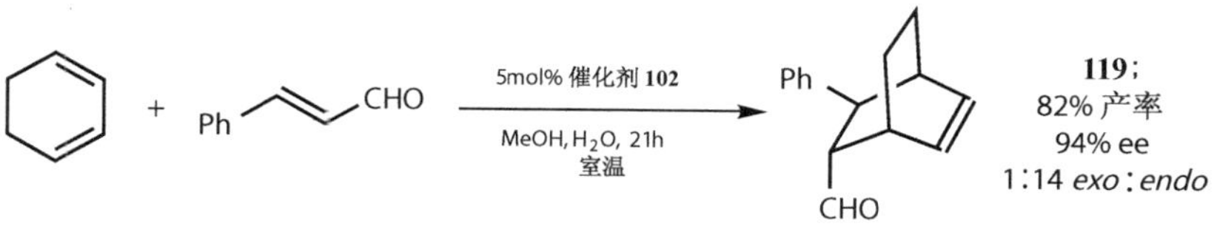

最近的工作进展包括了被进一步修饰的催化剂 **123**，在上面可加入更大位阻的基团，并有了新的手性中心。这个催化剂在与其他的功能性二烯如 **120** 与脂肪族 α,β-不饱和酮如 **121** 反应，得到的产物 **122** 有很好的产率与 ee 及 *endo*∶*exo* 选

择性，但是催化剂需要加入 20%的量。在 Diels-Alder 反应中，用脂肪酮作为反应物的时候通常都很难得到高的 ee，但是在后文中你将看到为什么使用这个催化剂会得到很好的结果[27]。

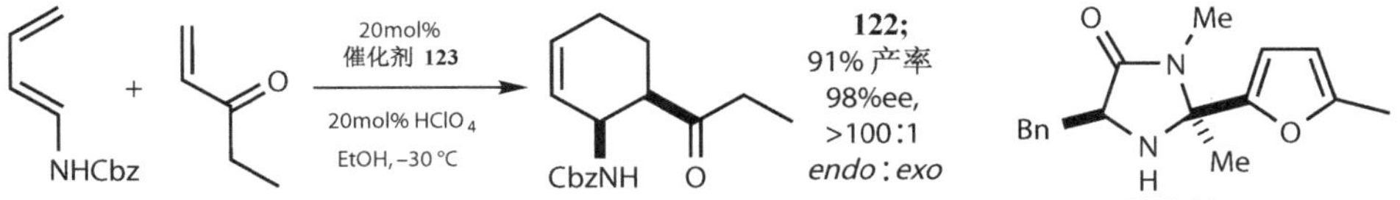

120 **121** **122** 催化剂 **123**

金属化合物催化的 Diels-Alder 反应

C_2对称的路易斯酸催化剂

在有机催化之前能得到最好的结果是使用氨基化合物 **125** 和基于 Al，Ti 和 Cu(II) 含有 C_2对称配体的路易斯酸进行的催化反应。在第 22 章中介绍了 Corey 的衍生自二胺的含 Al 化合物 **127**，它催化环戊二烯 **124** 的反应得到的产物 **126** 可以被用在前列腺素的合成中[28]。在这个反应中有三种可以预期的立体选择性：化合物 **124** 的哪个非对映面被进攻（与 CH_2OBn 基团 *anti* 的那个面）？产物是 *exo* 还是 *endo* 的？（*endo*）并且哪一个 *endo* 产物被生成？**126** 还是它的对映体？尽管路易斯酸催化可以增加各种 *endo*/*exo* 选择性，但只是对于最后一个问题才需要不对称催化。

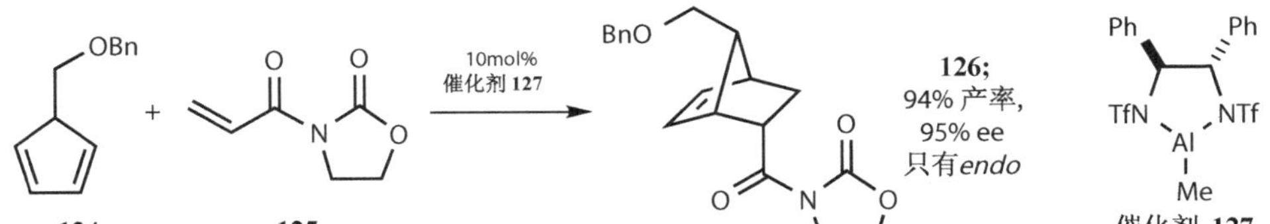

124 **125** 催化剂 **127**

在第 23 章中讨论过的，Seebach 由酒石酸盐衍生得到的 TADDOL 助剂可以和 Ti（IV）络合形成一个催化 Diels-Alder 反应很有效的催化剂 **130**。这个橡胶基质与有两个活性氨基二烯亲和物 **128** 的反应可以以高产率得到加合物 **129**[29]。其中催化剂可以被制成高分子形式。

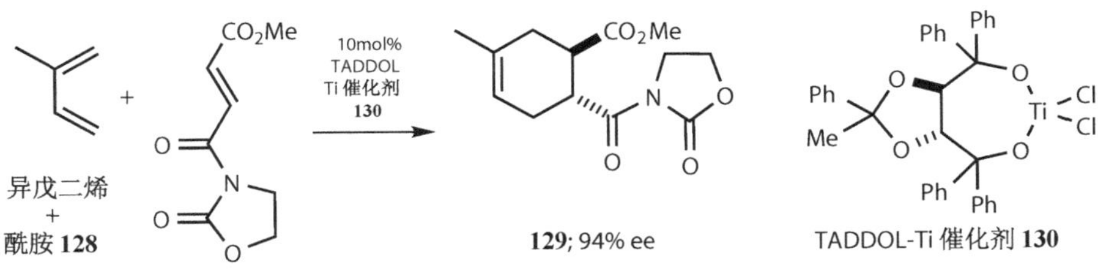

异戊二烯 + 酰胺 **128**　**129**; 94% ee　TADDOL-Ti 催化剂 **130**

Diels-Alder 反应中对映选择性的来源

你可能奇怪为什么亲双烯体 **125** 和 **128** 会在羰基处有一个杂环，在后面的第27章会看到，这些1,3-氧氮杂环戊烷酮在其他的 Diels-Alder 反应中是形成手性产物的关键。但是这些环并不是手性的，它们的作用就是螯合金属形成如化合物 **131** 的结构。这样一来，酮两边的基团就可以被区分，不对称催化就可以只在烯烃的一面发生。酮 **121** 就不能发生这样的反应，并且上面的理由也是为什么有机催化如催化剂 **123** 更加有效的原因。亚胺盐 **132** 与化合物 **131** 有相似的形状。但是在 **131** 和 **132** 中烯烃双键的定位都不明确。

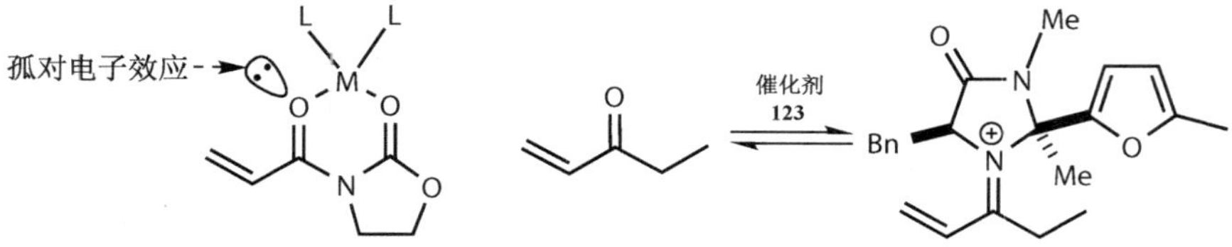

131　　**121**　　**132**

双噁唑啉催化和双噁唑啉型吡啶催化的不对称 Diels-Alder 反应

金属催化的另外一类重要的配体是基于噁唑啉的氨基酸衍生物。Evans[30] 在用 Cu(II)催化 Diels-Alder 反应中曾经用过双噁唑啉(*box*)。配体 **133** 是从非天然的氨基酸 *tert*-亮氨酸衍生而来的，该配体与 $Cu(OTf)_2$ 络合之后催化二烯亲和物 **125** 与不同的二烯进行 Diels-Alder 反应。反应中最好的抗衡离子为三氟甲磺酰基（OTf）和 SbF_6。

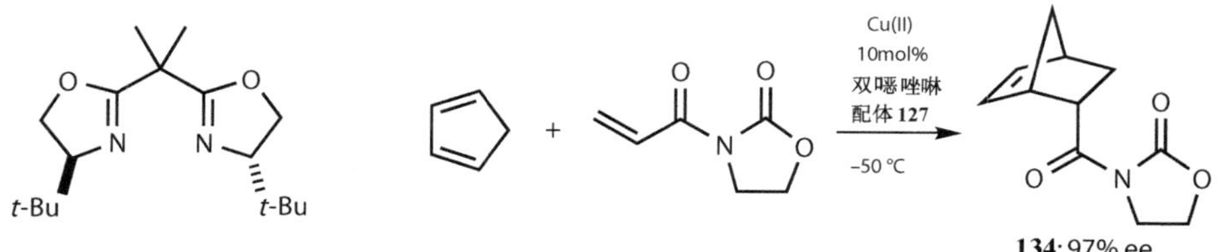

双噁唑啉配体**133**　　**125**　　**134**; 97% ee　98:2 *endo*:*exo*

同样由非天然的氨基酸 *tert*-亮氨酸衍生而来，但更具有螯合性的双噁唑啉型吡啶配体（**135**）甚至可以催化如 **136** 的醛发生 Diels-Alder 反应。在这个反应中，抗衡离子必须是非常不具有亲核性的 SbF_6，并且在这些反应中对映选择性（*endo*/*exo*）非常好[31]。

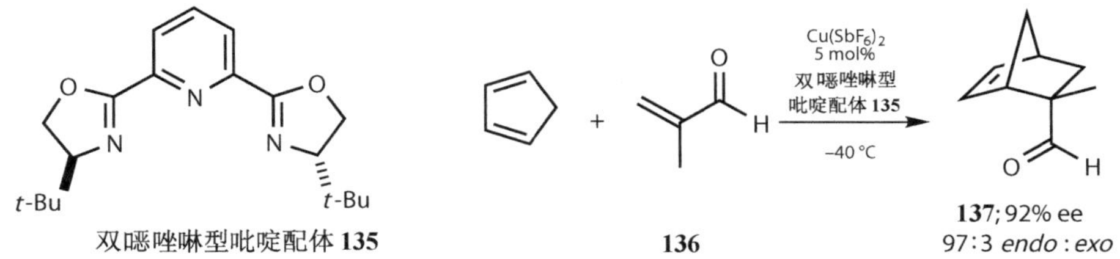

环丙烷化

环丙烷化是在历史上最早被发现可以做不对称反应的方法之一，它一直是由双噁唑啉（*box*）和 Cu(I) 的 salon 配位化合物催化的反应。重氮化合物，尤其是像 α-重氮酯基化合物 **138** 与 Cu(I) 反应得到的卡宾 **140** 可以与富电子的烯烃加成，得到环丙烷衍生物 **141**。由烯烃的角度看，反应是立体专一的，反式的烯烃给出反式的环丙烷，而且就算考虑到第三个手性中心，反应也能给出相当的立体选择性。反应中的对映选择性都来自手性配体 L*。在第 15 章中你已经看到过 Ru 卡宾作为烯烃复分解中间体的例子。

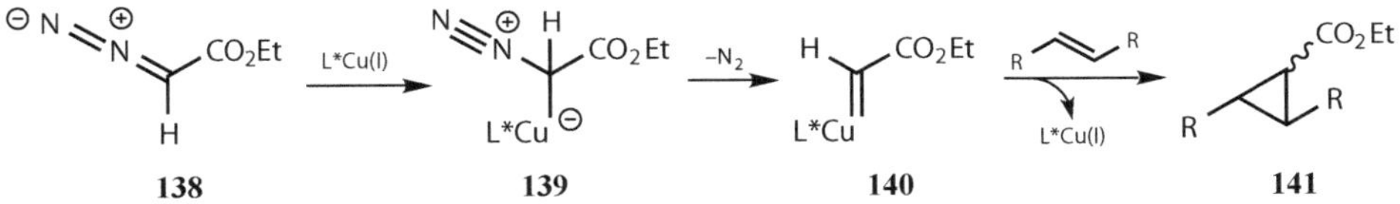

苯乙烯是一个好的测试底物，在双噁唑啉（*box*）**133** 的催化下，与 α-重氮酯基化合物“BHT”（2,6-二特丁基-4-甲基苯酚）反应，以高立体选择性与近乎完美的 ee 得到 *trans*-环丙烷 **142**[30]。

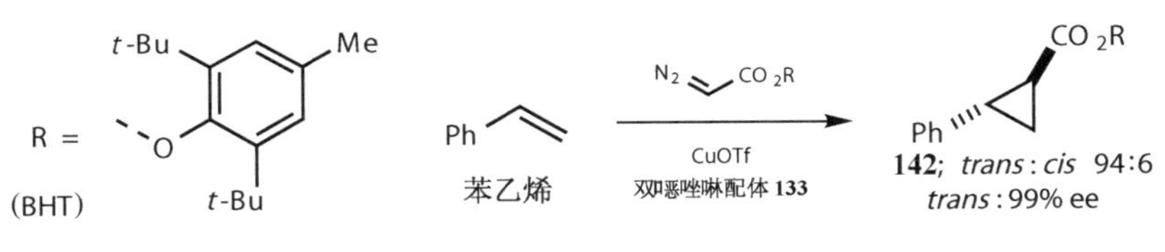

早期 Aratani 做出的 salen 型催化剂 **143** 当在体系中加入重氮乙酸薄荷酯时可以得到中等的产率[32]，但是之后更多的版本如 Katsuki[33] 做出的 Co-salon 催化剂 **145** 更加让人印象深刻。第 25 章你见到的 Jacobsen 环氧化中就有这些催化剂参与。

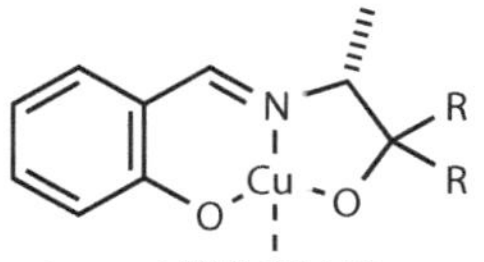

Aratani 催化剂 **143**

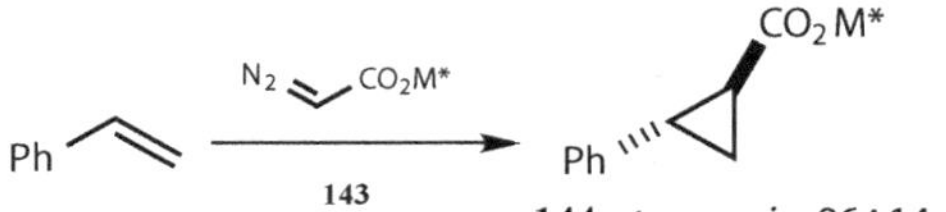

144; *trans*:*cis* 86:14
trans; 70%~80% ee

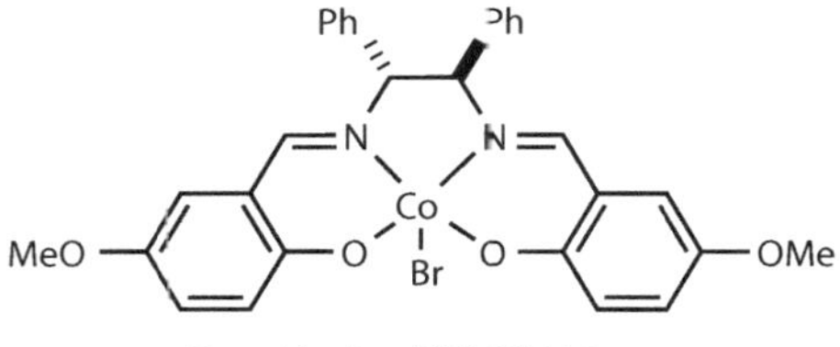

Katsuki salen 催化剂 **145**

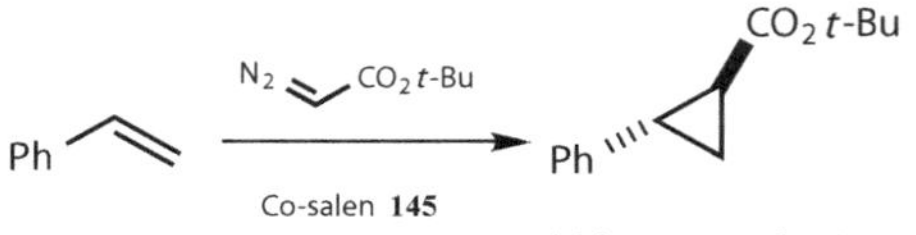

146; *trans*:*cis* 96:4
trans; 93% ee

环丙烷化在合成药物中的应用

西司他丁 **147** 被用于增强 β-内酰胺抗生素的药效，在商业上它的制法是利用 Aretani Cu(I) 化合物 **143** 催化的，重氮乙酸酯对异丁烯不对称环丙烷化，反应中的三取代的烯烃比用苯乙烯效果更好[34]。

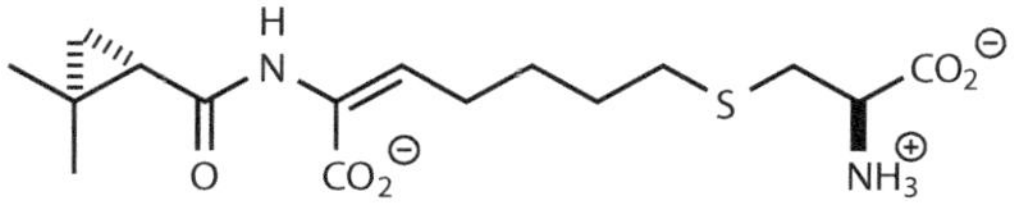

147

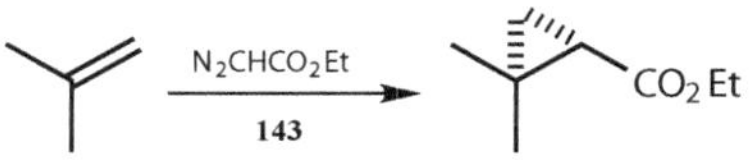

148; 92% ee

抗抑郁剂苯环丙胺 **151** 是利用 Evans box 配体 **133** 制得的。利用不同的大位阻酯 **149** 可以得到很好的 ee，但却只能得到中等的非对映选择性[35]。其中 *trans* 的非对映体水解速率比 *cis* 的快，所以产生的酸几乎是纯净的 *trans* 产物。随后几步经过 Curtius 重排得到 **151**。

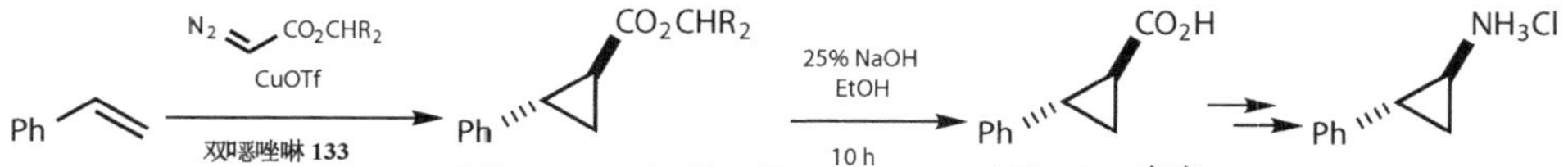

149; *trans*:*cis* 88:12　*trans*: 97% ee　　**150**; 79% 产率　*trans*:*cis* 130:1　　**151** 苯环丙胺

不对称的烯烃复分解反应

就像第 15 章所描述的一样，金属卡宾也参与到复分解的过程中。卡宾与烯烃经过金属杂的环戊烷结构进行交换释放出易挥发的烯烃，如乙烯，并形成新的烯烃。可以进行关环的复分解反应一般会受到特别的关注，但是这样的反应通常不会产生新的手性中心。在第 15 章中介绍的，简单的 Mo 和 Ru 卡宾催化显然不能用来引发不对称反应，但是新型的不对称催化剂如 Schrock **152** 和 Grubbs **153** 可以在烯烃的两种对映体中发生不对称反应[36]。

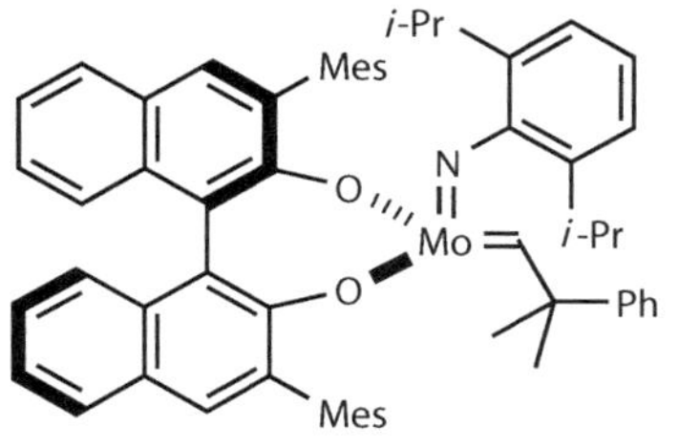

152;不对称 Schrock催化剂

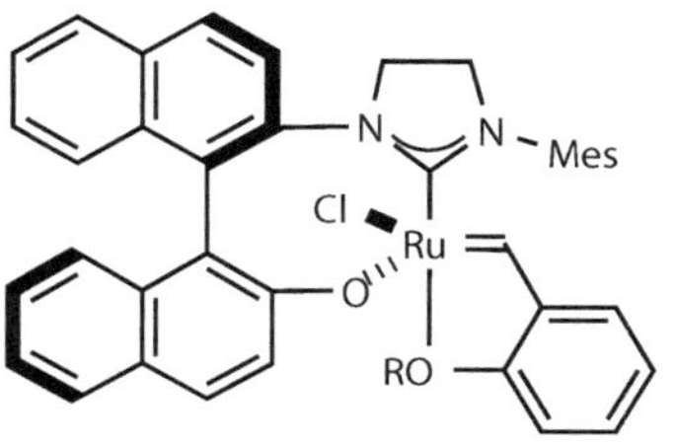

153;不对称 Grubbs 催化剂

我们在第 15 章中用很大篇幅讨论过 Grubbs Ru 催化剂，平衡起见，在这里我们将使用 Mo 催化剂 **152** 做例子加以讨论。反应由以下几个不可或缺的部分构成：①一个单取代烯烃，启动反应的发生；②存在至少两个双取代的烯烃对映异构体，这是为复分解反应第二步的选择做准备的。胺 **154** 首先形成金属杂四元环 **155**，随后形成的新金属卡宾 **156** 可以在那两个烯烃对映体中做选择。在此情况下，产生的含氮八元环 **158** 以很高的产率给出单一对映异构体。反应条件温和：以苯作溶剂的情况下加入 2mol%化合物 **152**，22℃反应 25min，其他的溶剂也可以使用在这个反应中。

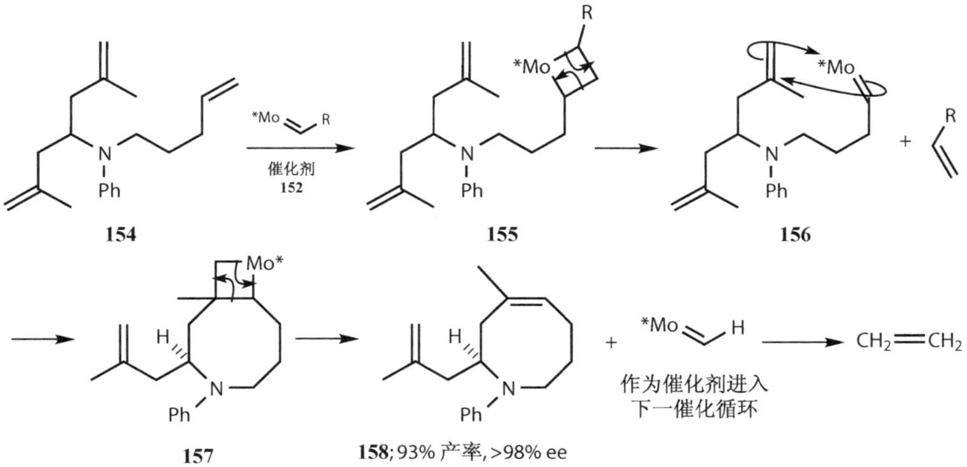

158;93% 产率,>98% ee

氧杂环的例子可见下图中的五元环化合物 **160** 和六元环化合物 **161**。看到这个反应，第一印象可能是其中的另一个烯烃是反应中的一个很明显的不利因素，但是这其实是一个很有用的官能团，不但可以被用于官能团变换也可以简单地氧化成羰基，而且它通常比环内的双键更加活泼。含硅化合物 **162** 可以选择在 Si—O键开环，或者如果需要可以在 Si—C 键之间开环。

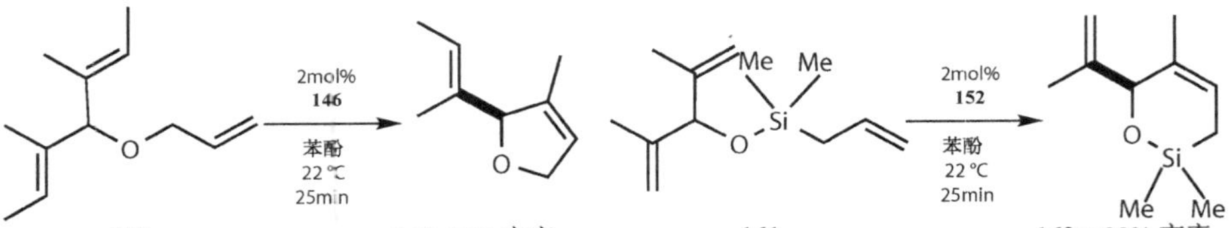

159　　160; 99% 产率 达到95% ee　　161　　162; >99% 产率 >95% ee

对羰基基团的不对称周环加成反应

烯酮的［2＋2］环加成反应

在第25章中，当奎宁和奎尼丁的双羟基衍生物被用于Sharpless不对称双羟基化反应中时，我们曾经遇见过“假对映体”这个概念。金鸡纳碱在工业上被用来催化烯酮与三氯乙醛发生［2＋2］环加成反应[37]，三氯乙醛与烯酮 **163** 在奎尼丁催化下得到 β-内酯 **164**，利用奎宁催化可以得到另一个对映体。水解开环，并将 CCl_3 基团转变成 CO_2H 基团后可以得到苹果酸 **165** 的任一对映体。

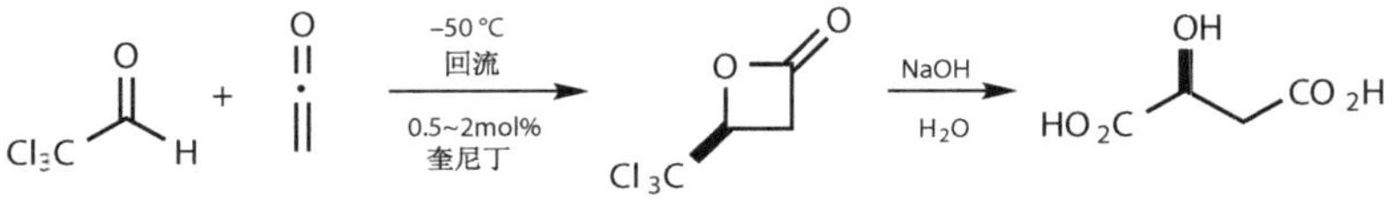

三氯乙醛　　**163**; 乙烯酮　　**164**; 95% 产率 >96% ee　　**165**; 95% 产率 >96% ee (*S*)-(−)-苹果酸

这可能并不是一个严格的［2＋2］环加成反应，而是一个手性胺 **169** 对烯酮 **166** 的加成得到的烯醇化合物对三氯乙醛加成产生手性 **167** 一步的反应。**168** 关环得到内酯 **164** 重新产生奎宁再次进入催化循环[38]。

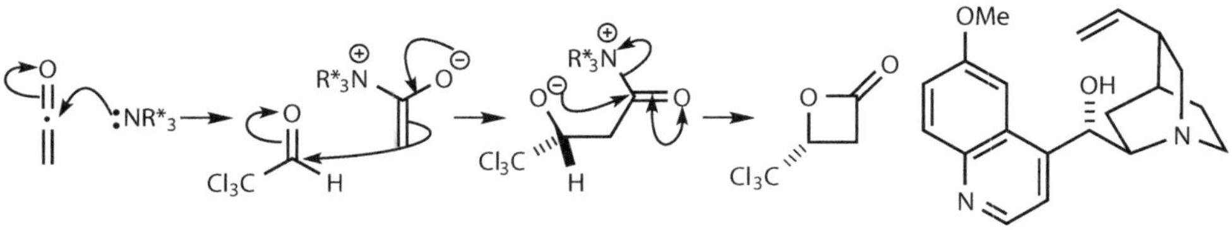

166　　**167**　　**168**　　**164**　　**169**; (+)-奎尼丁

为了解释反应的立体化学必须了解内酯和 CCl_3 的水解机理[39]，简单的 β-内酯通常会在 sp^3 碳上发生 S_N2 反应（$B_{Alk}2$），这样会将环张力降低，但是 CCl_3 的存在减慢了 S_N2 反应的速率，内酯 **164** 就像大多数内酯一样被氢氧根负离子在羰基处进攻 **170**。在这一步中手性中心被保持，而 CCl_3 基团水解成 CO_2H 基团的过程伴随着手性中心的翻转。苹果酸的另一个对映体（*R*)-(＋)-苹果酸成为新的手性源（详见第 23 章）。

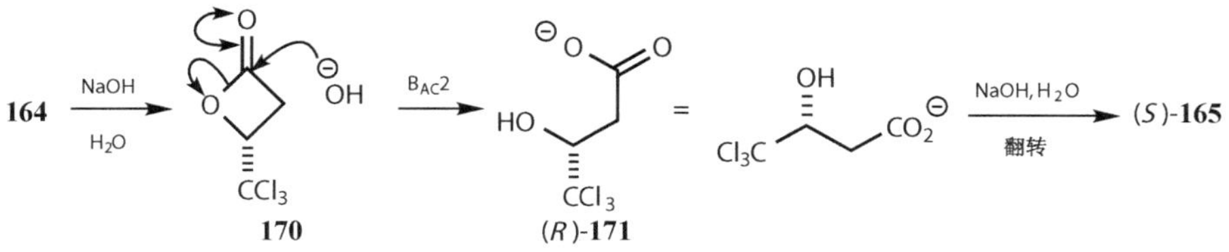

烯酮与三氯丙酮的反应会以相似的高产率和对映选择性得到β-内酯 **172**，水解后手性翻转得到（S）-顺式苹果酸 **173**，同样，在奎宁的催化下会得到另一个对映体。

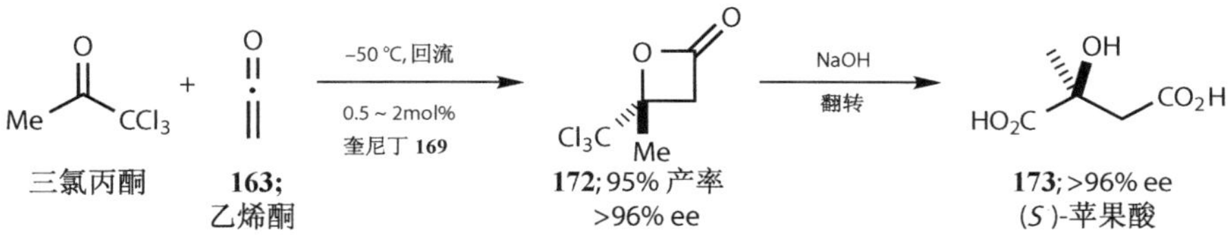

在利用氢氧根负离子对内酯 **163** 和 **172** 进行水解的同时，伴随着 CCl_3 转变成 CO_2H 带来的手性翻转。弱一些的亲核试剂会进攻羰基 **176** 得到一系列衍生物，如胺 **174** 和 **175**。

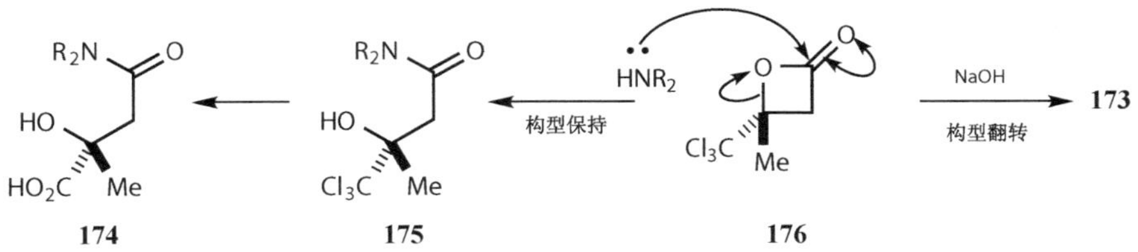

依拉普利的合成

血管紧缩素转化酶（angiotensin converting enzyme，ACE）阻聚剂是一类很重要的药物，可以被用来降血压及防止心脏病发作。依拉普利（enalapril，**182**）是其中之一，它可以由β-内酯 **164** 制得。**164** 经过 Friedel-Crafts 酰基化（注意到反应优先在羰基处发生）得到酮 **177**，还原得到二醇 **178**，随之生成的内酯 **179**，其中二醇 **178** 和内酯 **179** 都是非对映异构体的混合物构成的单一对映体[40]。

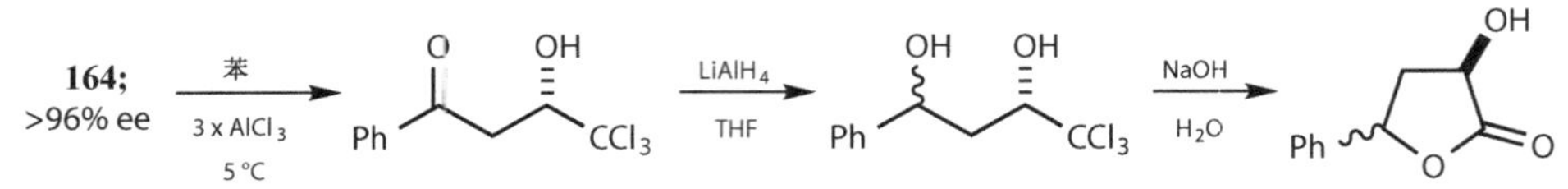

177; 90% 产率 >99% ee　**178**; 100% 产率　**179**; 75% 产率

对化合物 **179** 的催化氢化使得第二个手性中心被消去，α-羟基酯与三氟甲磺酸反应形成化合物 **181** 后可以与某胺的单一异构体偶联，经过手性翻转得到产物 **182** [41]。

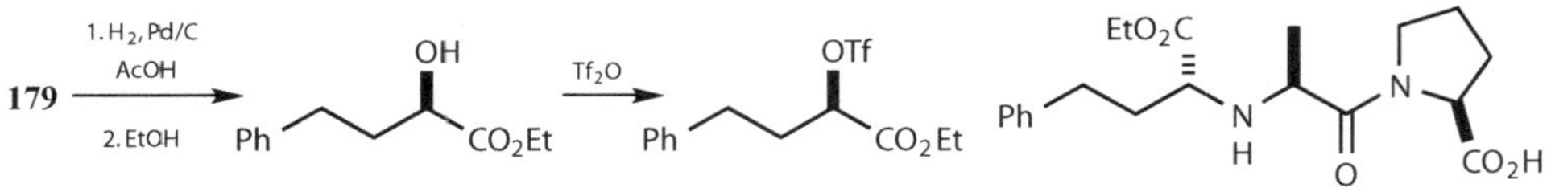

180; 67% 产率　**181**　**182**; 依拉普利

最近的研究将 β-内酯扩展到二氯取代的醛 **183** 与烯酮反应生成的产物，其中烯酮通过酰氯的消除得到，而不是通过烯酮发生器。体系中加入醛 **183**，Hünig 碱，2mol%奎尼丁（**169**）和乙酰氯反应，以较高的产率（40%～85%）和高 ee 得到 β-内酯 **184**。DIBAL 还原生成二醇 **185**，其中的两个 Cl 原子保持原状[42]。

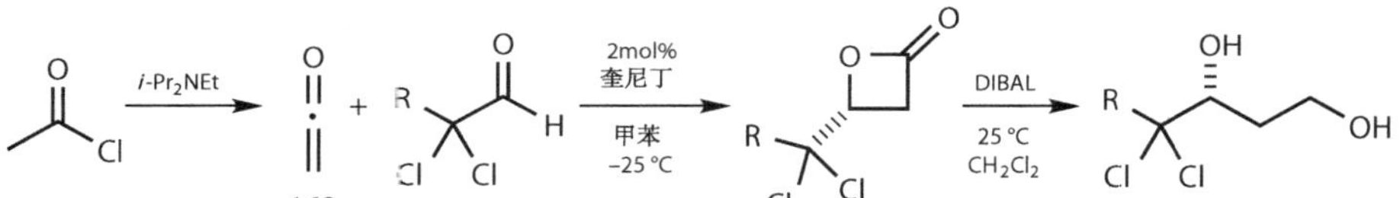

163; 乙烯酮　**183**　(*R*)-**184**; 93%~98%ee　(*R*)-**185**; 95% 产率

在随后的各种拓展中，叠氮酮 **188** 是一个值得注意的产物。它阐明了 **157** 和 **165** 水解的机理，环氧化合物 **187** 被叠氮化合物开环并翻转，同时失去所有的氯原子，这样的情况也发生在化合物 **157** 和 **165** 中 CCl_3 基团水解的反应里。

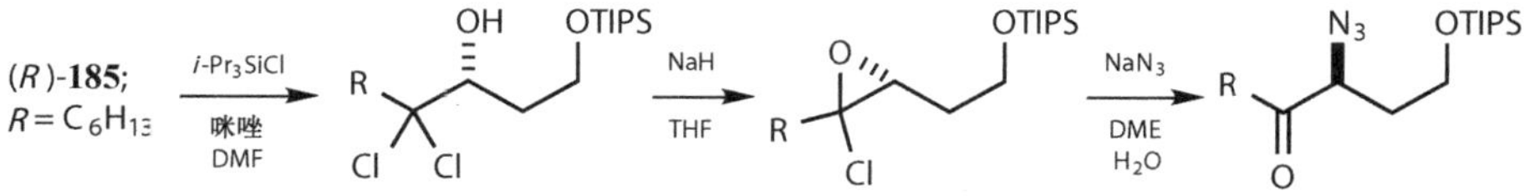

(*R*)-**186**; 97% 产率　(*R*)-**187**; 92% 产率　(*S*)-**188**; 83% 产率

Carbonyl ene 反应

Carbonyl ene 反应是一个同样活泼的醛与烯烃而不是烯酮的反应。α-羰基乙酸酯和三氯乙醛是这个反应中比较典型的羰基化合物。基于路易斯酸催化的不对称反转与在 Diels-Alder 反应中基于 Ti 和 Al 及其他金属的相类似[43]。一个简单

的例子如 α-羰基乙酸甲酯与烯烃 **189** 在 0.5mol% BINOL-Ti 络合物 **191** 的催化下形成化合物 **190** 的反应。烯烃 **192** ～**195** 都可以发生这个反应并得到较好的结果。

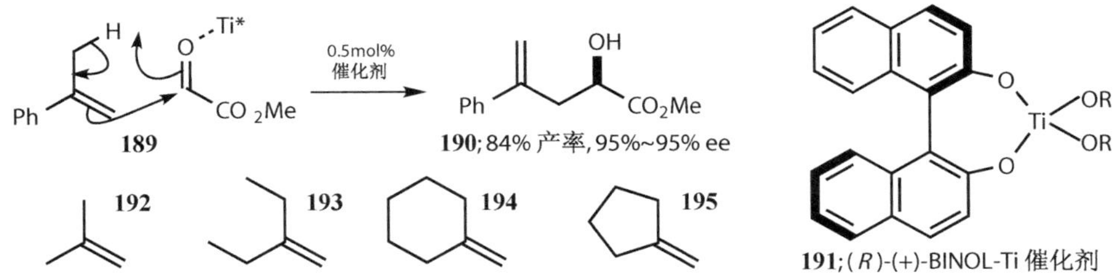

Alder 烯反应

最初的烯反应是由 Alder 发现的，反应发生在如 **192** 的烯烃与亲双烯体（共轭不饱和羰基化合物）之间。如果反应发生在分子内，则烯烃不需要被共轭活化但却需要能在反应中被区别出。Zhang 及其所带领的小组[44]最近报道了利用 BINAP Rh(I)催化剂 **21** 催化不对称四氢呋喃的合成，反应中的氢化相当成功。*Z*-烯丙基炔丙基醚 **196** 在这个 Rh 催化剂的催化下，经过机理 **197** 进行 Alder 烯反应。文献并没有绝对立体构型的报道，但使用 BINAP 的每一个对映体都会产生 **198** 的某一个不同的对映体。

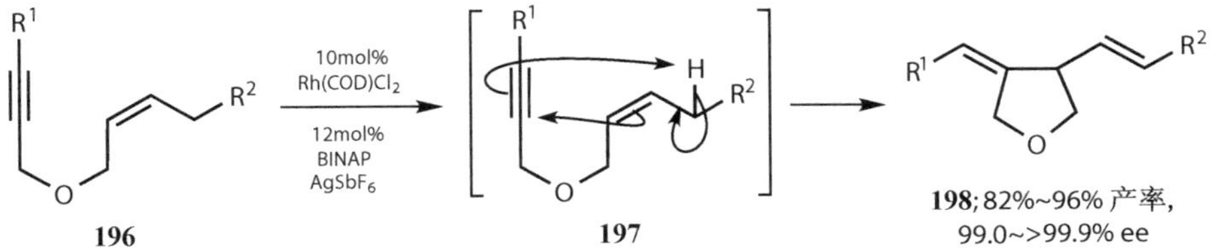

对羰基的亲核加成反应

烯丙基金属化合物

与上述密切相关的是烯丙基锡对醛的不对称加成反应。反应中使用的催化剂与前面相同，主要的不同在于离去的是 R_3Sn 基团而不是质子。这样的优点在于产物中的烯烃的位置很明确。下面是一个例子，对于功能性醛 **199** 的烯丙基加成。其中两个氧原子对于 Ti 的络合都已被标记出[45]。

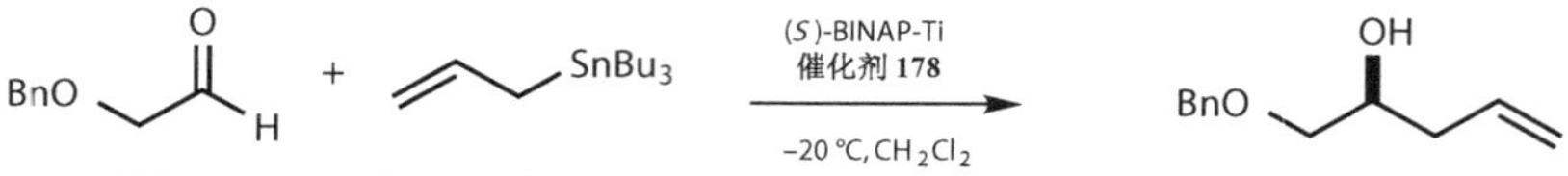

199　　200　　201

最近的进展包括利用烯丙基硅烷 **203** 取代了有毒的锡试剂 **200** [46]。对于烷氧基醛 **202** 的加成得到化合物 **204**，可以进一步被转化为半缩醛 **205**。

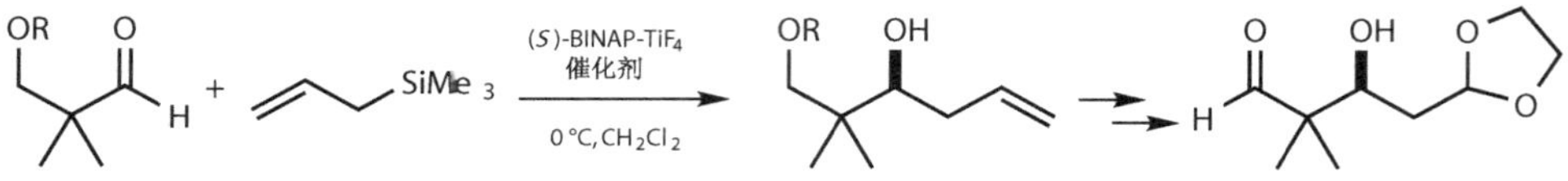

204; 97% 产率, 91% ee
(97% 重结晶后)

202　　**203**　　**205**

炔基金属化合物

理论上，可以在前手性醛和酮中加入有机锂试剂或者格氏试剂，使之在手性催化剂的催化下得到高对映选择性的醇。但是因为非催化的加成反应速率很高使得上述结果很难达到。但我们可以向酮中加入反应活性稍弱的炔基锂试剂，如化合物 **207**，并使反应在麻黄碱的类似物氨基醇锂 **209** 的存在下进行反应，产物 **208** 可以被用于不对称合成 Merck 公司的抗-HIV 药物 Efavirenz[47]。

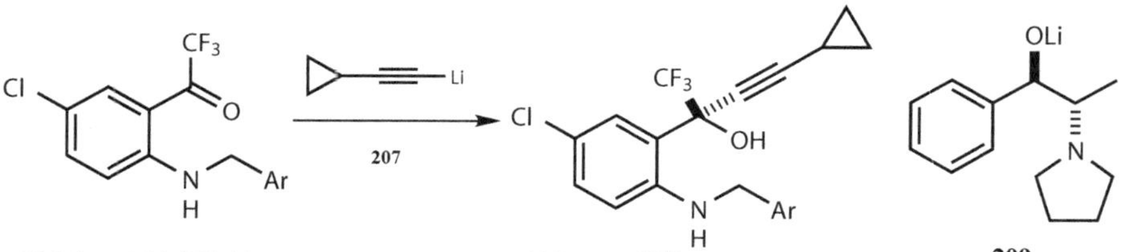

206; Ar = 4-MeOC$_6$H$_5$　　**208**; 80% 产率, 96%~98% ee　　**209**

在这类反应中，Carreira 做出的炔基锌试剂对羰基化合物的加成[47]是几个比较好的反应之一[48]。有机锌试剂比有机锂试剂和镁试剂的亲核性要弱很多，所以那些非催化的副反应要少很多。催化剂仍然是麻黄碱类似物氨基醇（如 *N*-甲基麻黄碱 **212**），这样的好处是不需要分步生成有机锌试剂，它将由反应中的炔、Zn(OTf)$_2$和胺形成。反应一般在 1eq. 催化剂 **212** 的催化下与炔丙醇类化合物 **210** 如化合物 **211** 反应，反应溶剂甲苯不需要完全干燥即可使用。

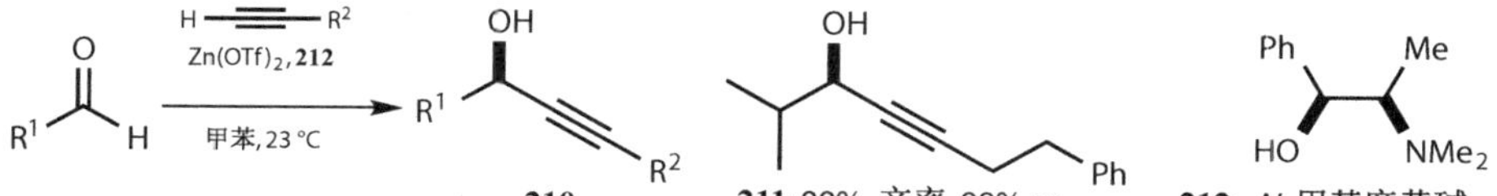

210　　**211**; 88% 产率, 99% ee　　**212**; *N*-甲基麻黄碱

催化反应使用公认的 20mol% $Zn(OTf)_2$、22mol%催化剂 **212** 和 50mol% Et_3N。反应可以在一系列的功能性醛和炔之间进行，如化合物 **213** 和 **214**。尽管已经使用了甲苯作为溶剂，但实际上溶剂并不是必需的[49]。

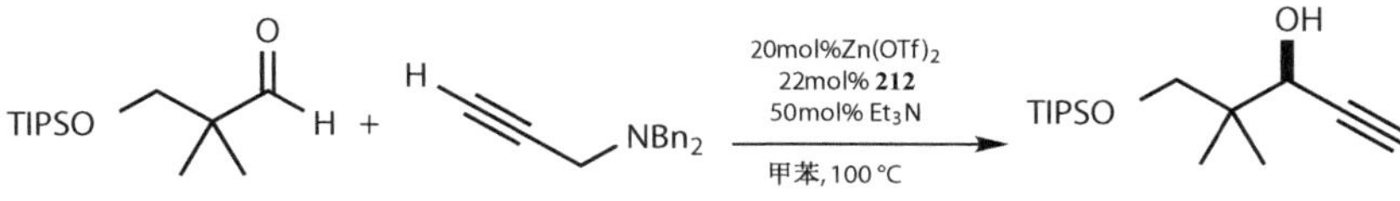

213 **214** **215**; 80% 产率, 95% ee

烷基金属锌试剂的加成反应

虽然这个反应并不是那么常见，但二烷基锌催化特定醛的反应还是产生了一个新的催化方式，在这里需要对其进行一些阐释。在氨基醇，氨基酸如亮氨酸 **219**，羟基酸或者简单的二级醇或胺如 **218** 的催化下，向嘧啶醛 **216** 中加入二烷基锌会发生具有对映选择性反应，得到醇 **217**。到此为止，除了催化剂的范围比较特别外，反应都顺利进行了。

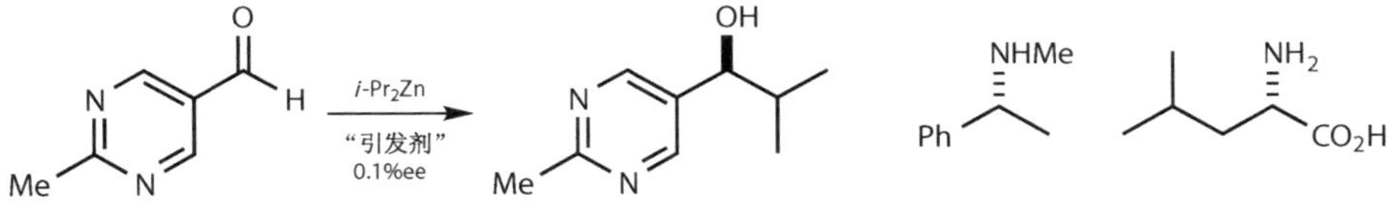

216 **217**; 88% 产率; 85% ee **218** **219**; (*S*)-亮氨酸

奇怪的是催化剂中单一对映体过量很少，ee 甚至在 0.1%以下，却引起了产物中极高的不对称性（高达 95%）。这种“不对称性放大”是极其吸引人的，因为 0.1%的 ee 可以利用向外消旋的亮氨酸中照射圆偏振光产生得到。在这些反应中真正的催化剂是生成的醇基锌 **220**。表面上加入的催化剂如亮氨酸仅仅是真正催化剂中的一少部分[50]。

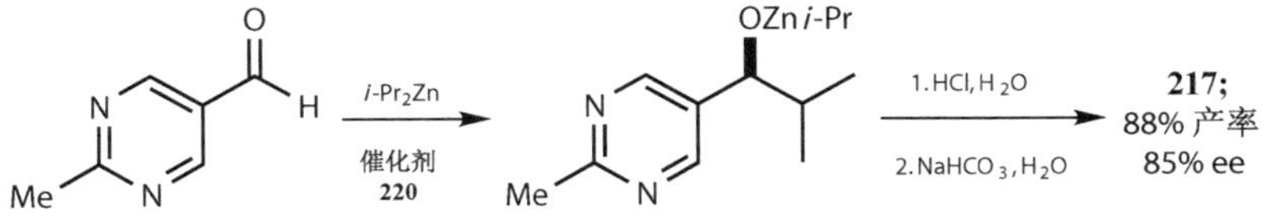

216 **220**

这种现象被 Soai 称为“近乎完美的不对称自催化”，在特定的醛 **221** 中加入 20mol%的预先准备好的产物 **222** 作为催化剂，并同时加入足够的 i-Pr_2Zn 以便于作为催化剂的 Zn 醇盐的生成。反应的增幅是很可观的：如果催化剂 **222** 有 5.5%的 ee，产物（同样也是 **222**）会得到 70%ee，如果用纯净的对映异构体作为催化剂，产物的产率和 ee 几乎是完美的。每一分子催化剂可以催化生成 5 个产物，即放大因子为 6，如果一批产物与 5 倍量的醛放在一起反应，得到的第二批产物 **222** 的 ee 会是一开始的 36 倍[51]。

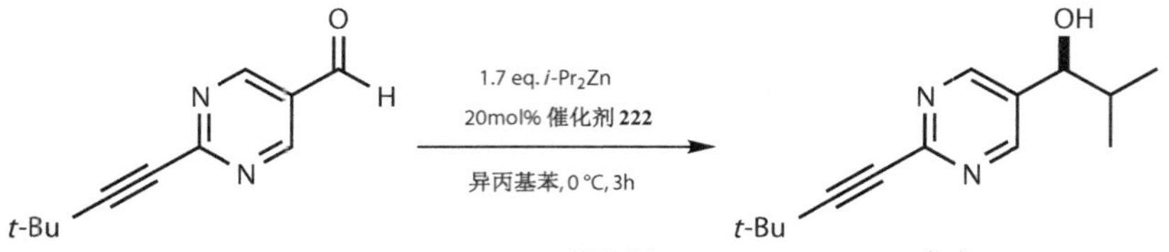

221

5.5% ee 催化剂 ⟶ **222**; >99% 产率; 70% ee

>99.5% ee 催化剂 ⟶ **222**; >99% 产率; >99.5% ee

我们应该怎样来解释这个值得关注的结果呢？关键在于所有的醛必须在羰基上连有一个嘧啶或者喹啉环如化合物 **216**，**221**，**223**，**225**，而且这些氮杂环必须在醛的**后面**。

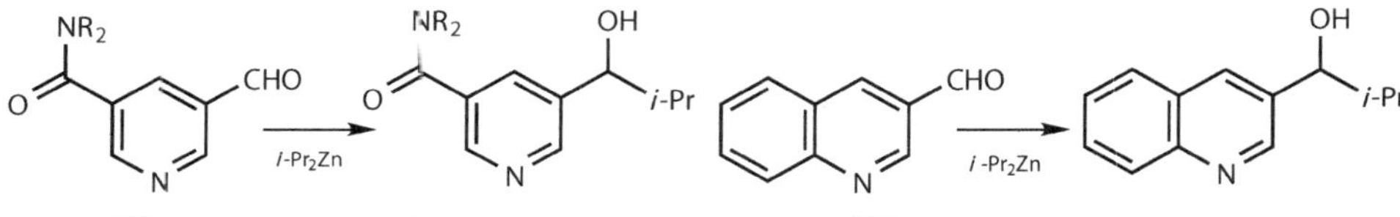

223　**224**; 56%~85% ee　**225**　**226**; 9%~59% ee

催化剂的 ee 与产物 ee 的非线性关系暗示着反应过程中有二聚体的形成。假设真正的催化剂，产物的锌衍生物会形成二聚体，则会出现两种二聚体，即一种是 *meso* 的二聚体 **229**，另一种是同手型二聚体 **230**。如果 *meso* 的二聚体比同手型二聚体 **230** 更为稳定，则所有的占较少部分的对映体 **227** 都会用来行成此类二聚体，只剩下占大部分的对映体 **228** 来催化反应。当然，也可能同手型二聚体 **230** 才是催化剂，因为二聚体中的锌有并列的空位可以用来催化。这种现象在一篇优秀的文章中有更详细的讨论[52]。

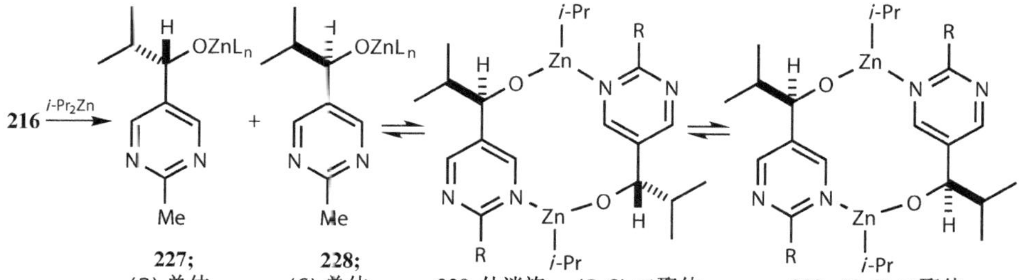

227; (*R*)-单体　**228**; (*S*)-单体　**229**; 外消旋 (*R*,*S*)-二聚体　**230**; (*S*,*S*)-二聚体

钯的烯丙基阳离子配合物与手性配体

在第 19 章中我们讨论过钯的烯丙基阳离子作为亲电试剂的反应。我们确定了以下的机理：Pd(0)从离去基团的背面进攻 **232** 形成 η^3 阳离子 **233**，之后亲核试剂从 Pd(0)的背面进攻得到两种稳定的翻转产物。我们还确定了区域选择性及对映选择性可以被很好控制。如果这些对你来说还不熟悉，我们建议你在阅读下文前首先阅读第 19 章中的相关部分。

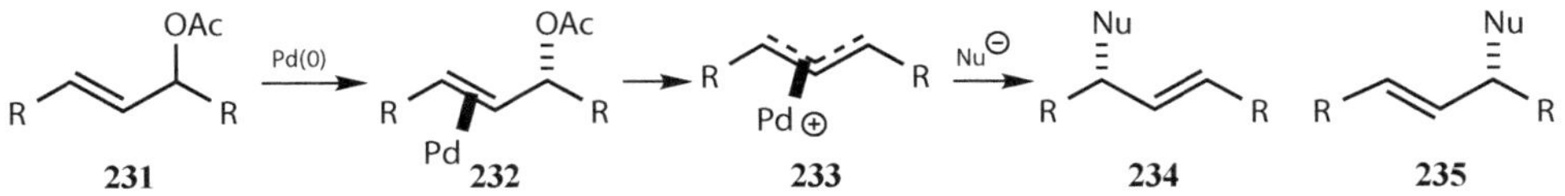

在这里要讲的新的部分是，亲核试剂对化合物 **233** 进攻时可以通过多种方式引发不对称反应。例如，对映体 **234** 或 **235** 可以由对称的化合物 **233** 形成。这是亲核试剂对烯丙基两端的进攻而不是对烯丙基面的进攻，这有些像前面不对称 Robinson 增环反应中关环的一步（**82**→**83**）。因为对于化合物 **233**（R＝Ph）的主要研究已经在早期的工作中被报道[53]，我们会将注意力集中于最近的工作。

Trost 发现化合物 **236** 是许多此类反应中最好的配体[54]。外消旋的烯丙基乙酸酯 **237** 可以反应得到类似 **233** 对称的烯丙基阳离子，配体的作用使得丙二酸亲核试剂进攻后仅能得到产物 **238**。当阳离子很大时才会给出高 ee，其中以 $(Hexyl)_4N^+$ 为最好。

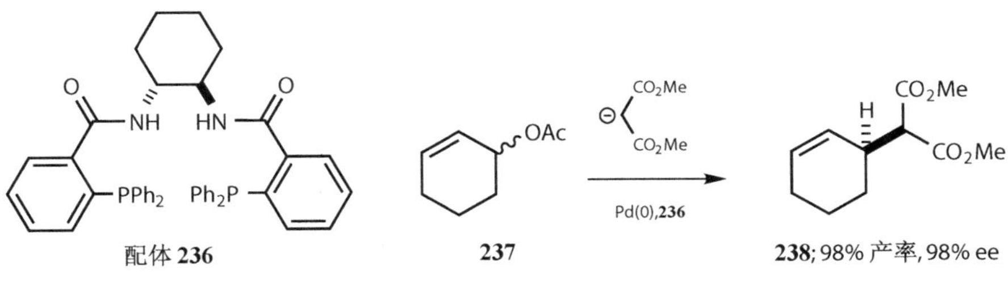

对双烯丙基酯如 **239** 的去对称化反应为这类反应加入了另一个元素。反应在使两个安息香酸选择性离去形成 η^3 阳离子 **240** 时已经在分子内引入了不对称性，由于需要在 Pd 的反面进攻，亲核试剂的接近方向与安息香酸处于同一面内，进而对亲核试剂的进攻位点产生了很强的区域选择性。而且由于首先形成的产物 **241** 还有形成烯丙基的结构，进一步的反应成为可能。

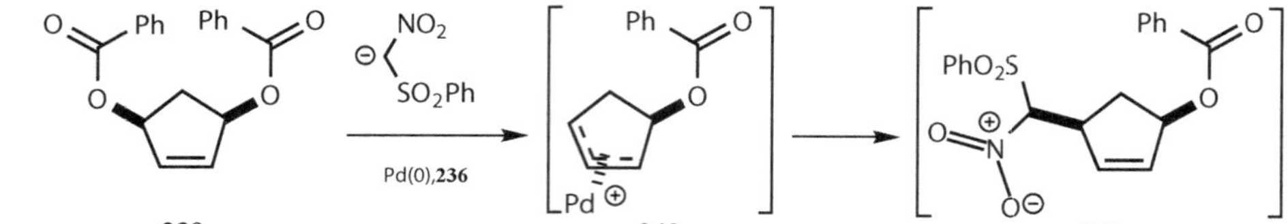

中间体 **241** 经过关环，“一锅煮”反应得到的五元环 **243** 进而转变为 **244**，这是合成抗病毒药 Carbovir 的一个中间体。立体选择性和区域选择性都因两官能团的过于接近而得到控制[55]。

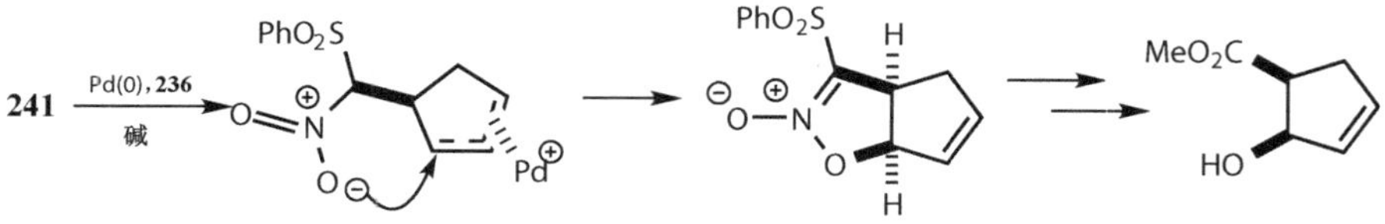

催化剂 **236** 并不是反应中能使用的唯一催化剂。Helmchen[56]在含锰的单磷配体 **245** 的存在下，利用丙二酸对外消旋的烯丙基氯（**246**）进行烷基化，得到的加合物 **247** 可以被用来合成内酯 **248**。

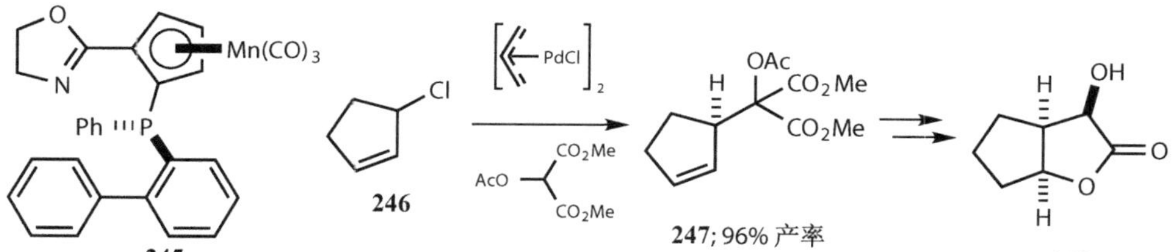

开链化合物的对映选择性比较难控制，Trost 利用配体 **236** 做出了最简单的反应：对称的烯丙基碳酸盐 **249** 在 $CsCO_3$ 存在的情况下与丙二酸阴离子反应（注意到反应中离去基团的不同：CO_2 离去，见第 19 章）。不过这已经是一系列不同开链烯丙基碳酸盐的最好结果[57]。

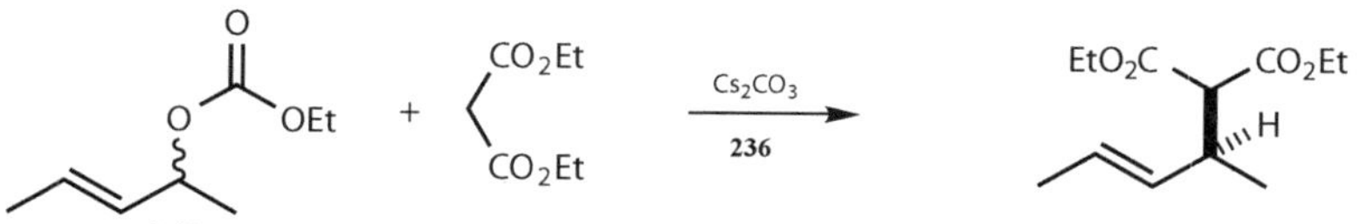

分子内反应通常会得到很好的结果。吲哚 **251** 的硝基烷烃部分关环得到生物碱麦角灵，如裸麦角碱 **253**。Genet 使用不同配体做反应发现 BINAP 给出最好的结果[58]。

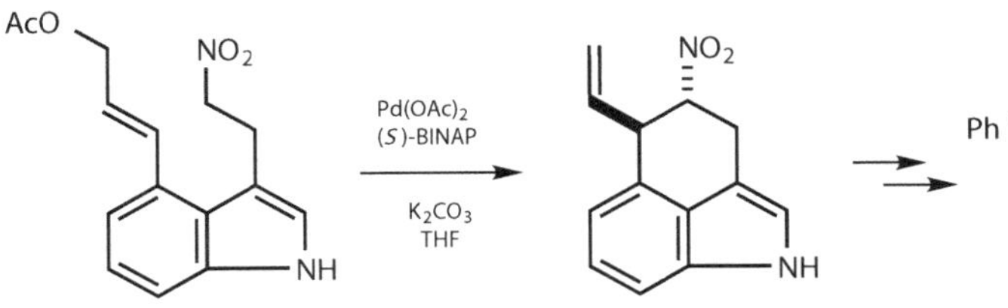

251 **252**; 60% 产率, 95% ee **253**; (–)-裸麦角碱

最近，Trost 利用他所偏好的配体 **236** 发展了一种干净的方法来形成使用金鸡纳碱难以形成的双环结构，反应给出很好的非对映选择性及对映选择性[59]。在新形成的键的两端都有手性结构：一处为烯丙基的碳（在图中由圆圈圈出），另一处为之前形成烯醇处的碳（在图中由黑点标出）。产物 **255** 和 **256** 这两个非对映异构体形成了喹啉生物碱的核心。它们在双环处有相同的绝对化学构型，而在乙烯基处的立体化学却不同。这就产生了很强的匹配/不匹配效应：(*R*，*R*)-**236** 与 **255** 更容易反应，并给出 4.6∶1 的非对映选择性与很高的 ee，而 (*S*，*S*)-**236** 与 **256** 更容易反应，并给出 8∶1 的非对映选择性却得到很低的 ee。

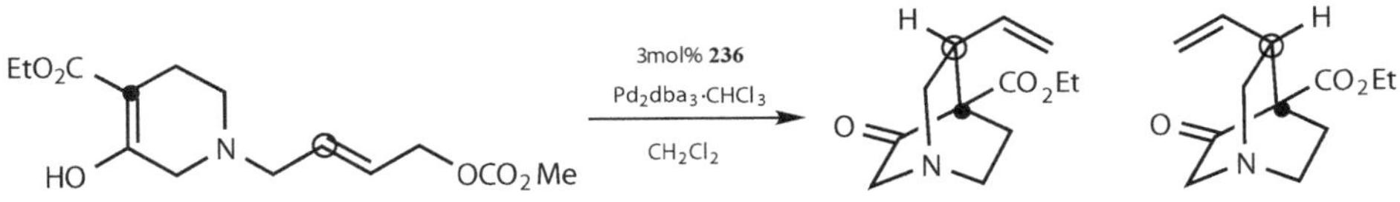

254 **255** **256**

(*R*,*R*)-**236** → 84% 产率, >99% ee

(*R*,*R*)-**236** + Eu(fod)$_3$ → 85% 产率, 68% ee

在烯醇中心处，可以仅通过加入特殊的试剂和复杂的催化剂来控制对映选择性。烯丙基氟化烷基碳酸酯，一个由氰基丙酸乙酯衍生出的前手性烯醇化物，在 Pd，Rh 和手性铁“TRAP”配体 **257** 的催化下反应可以得到很好的结果。对于这两个反应的解释比较复杂，如果希望进一步的了解可以参考后文中引的论文[60]。

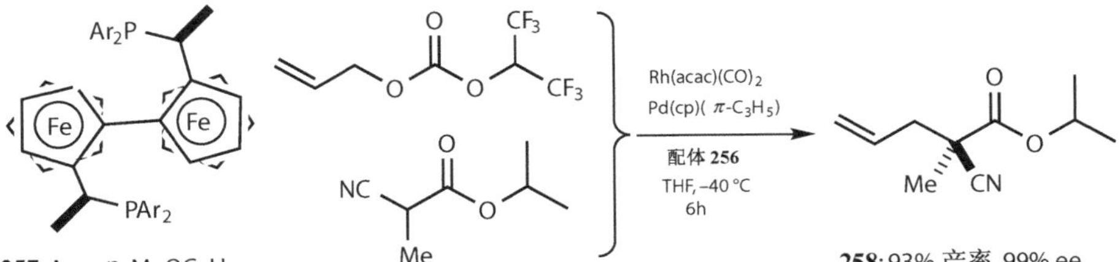

257; Ar = *p*-MeOC$_6$H$_4$ **258**; 93% 产率, 99% ee

小结

这是一个非常大且处于发展阶段的题目，有很多的催化反应，如相转移催化烯醇化物的烷基化反应，我们在这里没有足够的篇章对其进行介绍。

参 考 文 献

一般性参考文献列于 946 页。

1. I. Ojima (ed.) *Catalytic Asymmetric Synthesis*, Second Edition, Wiley, New York, 2000.
2. A. J. Birch and D. H. Williamson, *Org. React.*, 1976, **24**, 1.
3. E. J. Corey and B. E. Roberts, *J. Am. Chem. Soc.*, 1997, **119**, 12425.
4. L. Horner, H. Siegel and H. Büthe, *Angew Chem., Int. Ed.*, 1968, **7**, 942.
5. W. S. Knowles and M. J. Sabacky, *Chem. Commun.*, 1968, 1445.
6. T.-P. Dang and H. B. Kagan, *Chem. Commun.*, 1971, 481; H. B. Kagan and T.-P. Dang, *J. Am. Chem. Soc.*, 1972, **94**, 6429.
7. T. Ohkuma, M. Kitamura and R. Noyori, in I. Ojima, *Asymmetric*, pages 1-110 and 801–856.
8. R. Noyori, I. Tomino, Y. Tanimoto and M. Nishizawa, *J. Am. Chem. Soc.*, 1984, **106**, 6709; R. Noyori, I. Tomino, M. Yamada and M. Nishizawa, *J. Am. Chem. Soc.*, 1984, **106**, 6717.
9. K. Rossen, S. A. Weissman, J. Sager, R. A. Reamer, D. Askin, R. P. Volante and P. J. Reider, *Tetrahedron Lett.*, 1995, **36**, 6419.
10. H. Takaya, T. Ohta, S. Inoue, M. Tokunaga, M. Kitamura and R. Noyori, *Org. Synth.*, 1995, **72**, 74.
11. M. Kitamura, M. Tokunaga, T. Ohkuma and R. Noyori, *Org. Synth.*, 1993, **71**, 1.
12. H. Kawano, Y. Ishii, M. Saburi and Y. Uchida, *J. Chem. Soc., Chem. Commun.*, 1988, 87.
13. T. Ohta, T. Miyake, N. Seido, H. Kumobayashi, S. Akutagawa and H. Takaya, *Tetrahedron Lett.*, 1992, **33**, 635.
14. T. Ohkuma, M. Koizumi, H. Doucet, T. Pham, M. Kozawa, K. Murata, E. Katayama, T. Yokozawa, T. Ikariya and R. Noyori, *J. Am. Chem. Soc.*, 1998, **120**, 13529; H. Doucet, T. Ohkuma, K. Murata, T. Yokozawa, M. Kozawa, E. Katayama, A. F. England, T. Ikariya and R. Noyori, *Angew. Chem., Int. Ed.*, 1998, **37**, 1703.
15. E. J. Corey, R. K. Bakshi, and S. Shibata, *J. Am. Chem. Soc.*, 1987, **109**, 5551; E. J. Corey, R. K. Bakshi, S. Shibata, C.-P. Chen and V. K. Singh, *J. Am. Chem. Soc.*, 1987, **109**, 7925; E. J. Corey and C. J. Helal, *Tetrahedron Lett.*, 1996, **37**, 4837; *Review*: E. J. Corey and C. J. Helal, *Angew. Chem., Int. Ed.*, 1998, **37**, 1987.
16. J. Y. L. Cheung, R. Cvetovich, J. Amato, J. C. McWilliams, R. Reamer and L. DiMichaele, *J. Org. Chem.*, 2005, **70**, 3592.
17. Z. G. Hajos and D. R. Parrish, *J. Org. Chem.*, 1974, **39**, 1612, 1615.
18. F. R. Clemente and K. N. Houk, *Angew. Chem., Int. Ed.*, 2004, **43**, 5766; see also T. Bui and C. F. Barbas, *Tetrahedron Lett.*, 2000, **41**, 6951.
19. B. List, R. A. Lerner and C. F. Barbas, *J. Am. Chem. Soc.*, 2000, **122**, 2395.
20. A. B. Northrup and D. W. C. MacMillan, *J. Am. Chem. Soc.*, 2002, **124**, 6798.
21. W. Notz and B. List, *J. Am. Chem. Soc.*, 2000, **122**, 7386.
22. T. D. Machajewski and C.-H. Wong, *Angew. Chem., Int. Ed.*, 2000, **39**, 1352.
23. K. A. Ahrendt, C. J. Borths and D. W. C. MacMillan, *J. Am. Chem. Soc.*, 2000, **122**, 4243; N. A. Paras and D. W. C. MacMillan, *J. Am. Chem. Soc.*, 2001, **123**, 4370.
24. N. A. Paras and D. W. C. MacMillan, *J. Am. Chem. Soc.*, 2002, **124**, 7894.
25. J. F. Austin and D. W. C. MacMillan, *J. Am. Chem. Soc.*, 2001, **123**, 1172.
26. Y. Iwabuchi, M. Nakatani, N. Yokoyama and S. Hatakeyama, *J. Am. Chem. Soc.*, 1999, **121**, 10219.
27. A. B. Northrup and D. W. C. MacMillan, *J. Am. Chem. Soc.*, 2002, **124**, 2458.

28. E. J. Corey, R. Imwinkelried, S. Pikul and Y. B. Xiang, *J. Am. Chem. Soc.*, 1989, **111**, 5493; S. Pikul and E. J. Corey, *Org. Synth.*, 1993, **71**, 30.
29. D. Seebach, R. Dahinden, R. E. Marti, A. K. Beck, D. A. Plattner and F. N. M. Kühnle, *J. Org. Chem.*, 1995, **60**, 1788; D. Seebach, R. E. Marti and T. Hintermann, *Helv. Chim. Acta*, 1996, **79**, 1710.
30. D. A. Evans, K. A. Woerpel, M. R. Hinman and M. M. Faul, *J. Am. Chem. Soc.*, 1991, **113**, 726.
31. D. A. Evans, J. A. Murry, P. von Matt, R. D. Norcross and S. J. Miller, *Angew. Chem., Int. Ed.*, 1995, **34**, 798.
32. M. P. Doyle in Ojima, *Asymmetric*, chapter 5 pages 191–228.
33. T. Niimi, T. Uchida and T. Katsuki, *Tetrahedron Lett.*, 2000, **41**, 3647.
34. T. Aratani, *Pure Appl. Chem.*, 1985, **57**, 1839.
35. F.-C. Shu and Q. Zhou, *Synth. Commun.*, 1999, **29**, 567.
36. S. J. Dolman, E. S. Sattely, A. H. Hoveyda and R. R. Schrock, *J. Am. Chem. Soc.*, 2002, **124**, 6991; J. J. Van Veldhuizen, S. B. Garber, J. S. Kingsbury and A. H. Hoveyda, *J. Am. Chem. Soc.*, 2002, **124**, 4954.
37. P. Stutte in *Chirality in Industry*, Eds A. N. Collins, G. N. Sheldrake and J. Crosby, Wiley, Chichester, 1992, page 341.
38. H. Wynberg and E. G. J. Staring, *J. Am. Chem. Soc.*, 1982, **104**, 166; *J. Org. Chem.*, 1985, **50**, 1977.
39. H. Wynberg and E. G. J. Staring, *J. Chem. Soc., Chem. Commun.*, 1984, 1181.
40. T. Fujisawa, T. Ito, K. Fujimoto, M. Shimizu, H. Wynberg and E. J. G. Staring, *Tetrahedron Lett.*, 1997, **38**, 1593.
41. H. Yanagisawa, S. Ishihara, A. Ando, T. Kanazaki, S. Miyamoto, H. Koike, Y. Iijima, K. Oizumi, Y. Matsushita and T. Hata, *J. Med. Chem.*, 1987, **30**, 1984.
42. R. Tennyson and D. Romo, *J. Org. Chem.*, 2000, **65**, 7248.
43. K. Mikami, M. Terada, S. Narisawa and T. Nakai, *Org. Synth.*, 1993, **71**, 14; K. Mikami and T. Nakai in Ojima, *Asymmetric*, chapter 8C pages 543-568; K. Mikami, M. Terada and T. Nakai, *J. Am. Chem. Soc.*, 1989, **111**, 1940; *J. Am. Chem. Soc.*, 1990, **112**, 3949.
44. A. Lei, M. He, S. Wu and X. Zhang, *Angew. Chem., Int. Ed.*, 2002, **41**, 3457.
45. G. E. Keck and D. Krishnamurthy, *Org. Synth.*, 1998, **75**, 12.
46. J. W. Bode, D. R. Gauthier and E. M. Carreira, *Chem. Commun.*, 2001, 2560.
47. A. S. Thompson, E. G. Corley, M. F. Huntington and E. J. J. Grabowski, *Tetrahedron Lett.*, 1995, **36**, 8937.
48. D. Boyall, D. E. Franz and E. M. Carreira, *Org. Lett.*, 2002, **4**, 2605.
49. N. K. Anand and E. M. Carreira, *J. Am. Chem. Soc.*, 2001, **123**, 9687.
50. T. Shibata, J. Yamamoto, N. Matsumoto, S. Yonekubo, S. Osanai and K. Soai, *J. Am. Chem. Soc.*, 1998, **120**, 12157.
51. T. Shibata, S. Yonekubo and K. Soai, *Angew. Chem., Int. Ed.*, 1999, **38**, 659.
52. D. G. Blackmund, C. R. McMillan, S. Ramdeehul, A. Schorm and J. M. Brown, *J. Am. Chem. Soc.*, 2001, **123**, 10103.
53. see the review by B. M. Trost and C. Lee in Ojima, *Asymmetric*, pages 593–649.
54. B. M. Trost and R. C. Bunt, *J. Am. Chem. Soc.*, 1994, **116**, 4089.
55. B. M. Trost, L. Li and S. D. Guile, *J. Am. Chem. Soc.*, 1992, **114**, 8745.
56. S. Kudis and G. Helmchen, *Tetrahedron*, 1998, **54**, 10449.
57. B. M. Trost, M. G. Organ and G. A. O'Doherty, *J. Am. Chem. Soc.*, 1995, **117**, 9662.
58. J.-P. Genet and S. Grisoni, *Tetrahedron Lett.*, 1988, **29**, 4543; N. Kardos and J.-P. Genet, *Tetrahedron: Asymmetry*, 1994, **5**, 1525.
59. B. M. Trost, K. L. Sacchi, G. M. Schroeder and N. Asakawa, *Org. Lett.*, 2002, **4**, 3427.
60. M. Sawamura, M. Sudoh and Y. Ito, *J. Am. Chem. Soc.*, 1996, **118**, 3309.

27 不对称诱导Ⅳ——基于底物的诱导策略

基于底物诱导策略的引言

在上几章中，我们由前手性分子的对映异构的特点开始谈起。例如，烯烃所拥有的两个不同的面——当用纯净的光学纯试剂来反应时，这两个面所表现出的特性会不一样。在本章中，我们会从不同的角度来进行讨论。经过手性助剂与反应物的共价结合后，对映异构的面会变成非对映异构的面。这些助剂似乎不可避免地需要当量加入，但是你会发现催化底物方法的概念在渐渐消失，而且反应中似乎也不可避免地包括以下两步的发生：手性助剂的加成与消去。除了这些，不对称合成中最重要的方法之一，基于 Evans 氨基酸的手性助剂也适用于上面所提到的概念。

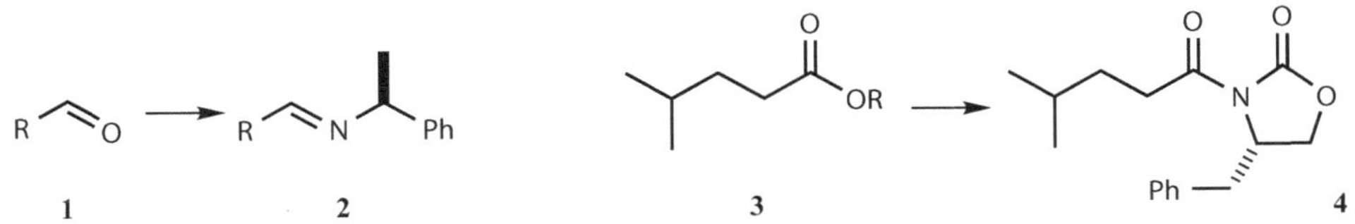

1　2　3　4

在醛 **1** 中，羰基基团的面是对映异构的，但是在手性胺取代氧得到亚胺 **2** 之后，它变成非对映异构的。酯 **3** 中烯醇的面是对映异构的，但在经过 Evans 苯丙氨酸衍生出的唑烷取代形成氨基化合物 **4** 之后，变成了非对映异构的。

你或许会注意到本章中另外有些与前面不一样的地方，因为我们对于在反应中形成的化合物的结构有了更好的理解——从产物的结构可以反推出很多东西，这使得我们对于基于底物进行的不对称诱导进行合理的解释变得更加容易。

手性羰基基团

不对称 Strecker 反应

Strecker 反应是一种由醛 **1** 在氰化物和氨水存在的情况下生成 α-氨基酸的方法。氰化物的加入可以与不稳定的亚胺 **5** 反应得到稳定的氨基氰 **6**，不可逆水解后得到外消旋 α-氨基酸 **7**。

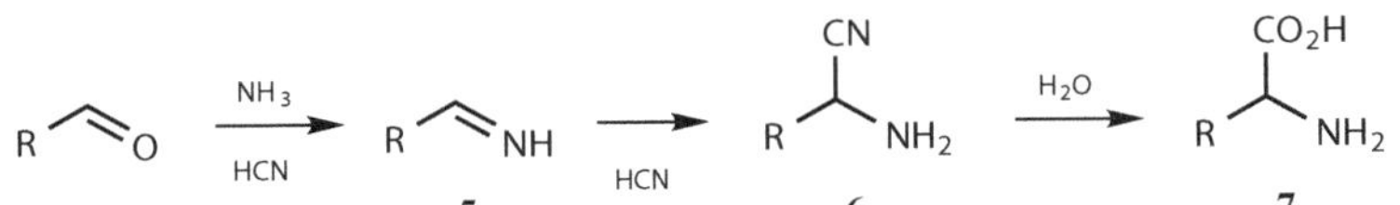

1　5　6　7

某个不对称 Strecker 反应使用光学纯胺 **8** 作为反应物可以得到有非对称面的亚胺 **2**[1]，其中胺类化合物 **8** 的两种对映体都可以很容易被分离制得（详见第 24 章）。加入的氰化物具有非对映选择性主要生成氨基腈 **9**。

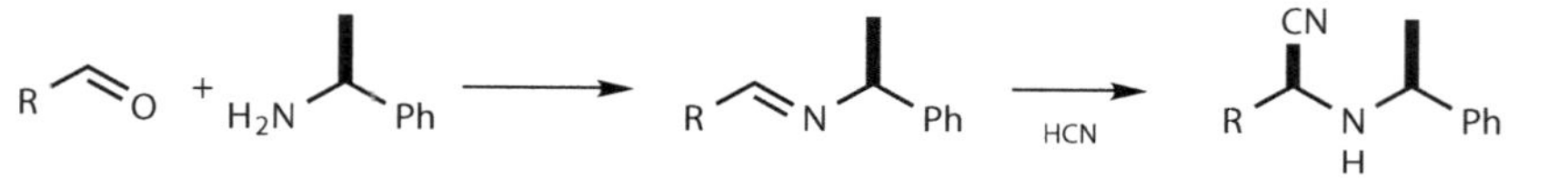

最可能的解释是亚胺更倾向于以 Houk 结构 **2a** 存在，此时标记的两个 H 原子处于同一平面，加入的氰化物 **10** 从大的苯基基团的反向接近 C ═ N 双键。

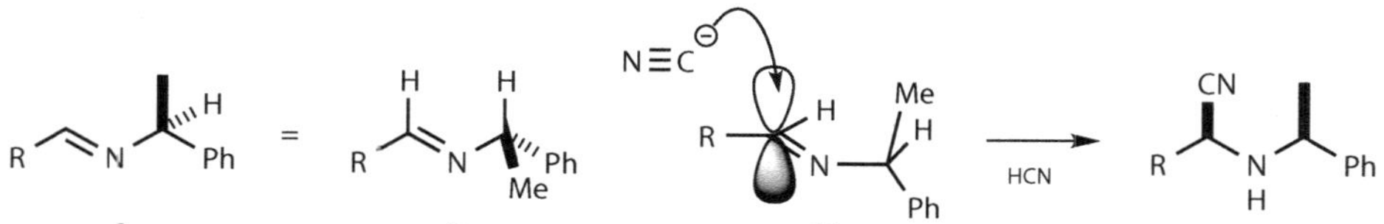

基于底物诱导策略的一个优点在于，手性助剂在诱导反应之后仍然与产物以共价键相连，在本例中为产物 **9**，所以在助剂被去除之前，可以作为一对非对映异构体进行纯化。在实际中利用不对称 Strecker 反应的一个例子是“脂肪”氨基酸 **16** 的合成，这种氨基酸有一个金刚烷的结构，可以增加其在脂肪中的溶解性，进而使得它可以穿越细胞膜[2]。在对氨基氰 **13** 纯化后水解得到酰胺 **14**，氢化除掉（也很不幸地破坏了）手性助剂，最终经过水解得到“脂肪”氨基酸 **16**。

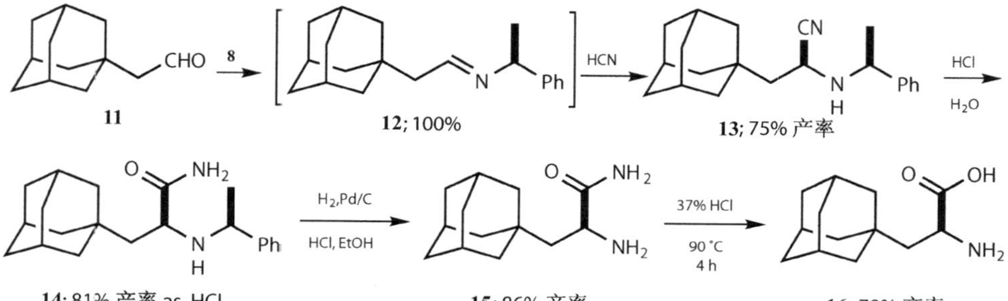

由醛生成亚胺得到的手性烯醇化物：SAMP 和 RAMP

由亚胺衍生出的氮杂烯醇在第 10 章中已经被介绍过。很容易发现，由手性胺衍生出的亚胺可以被用于制备氮杂烯醇来与亲电试剂进行不对称反应。其中最著名的几个例子是 Enders 由脯氨酸衍生出的腙 SAMP 和 RAMP[3]。由天然 (*S*)-(－)-脯氨酸 **17** 衍生而来的起始物叫做 SAMP **18**，由非天然（*R*)-(＋)-脯氨

酸 **17** 衍生而来的 RAMP。这两种物质的反应除了所得到的产物手性相反之外，发生的反应都相同。

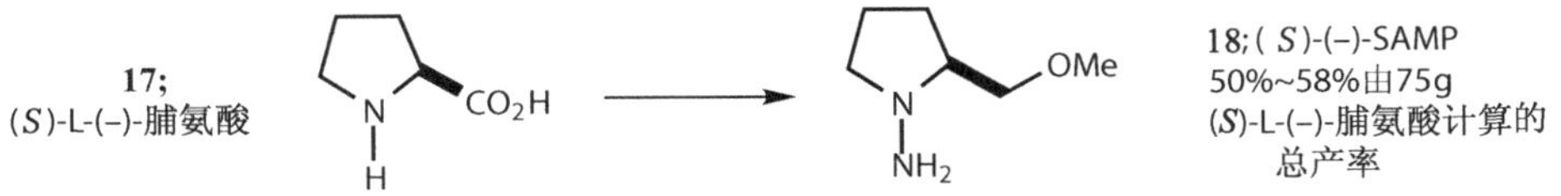

由 SAMP 和烯醇化的醛可以形成亚胺 **20**，其中的 C ═ N 键倾向于以反式构型存在。由化合物 **20** 与锂试剂反应得到的氮杂烯醇 **21** 也是以反式构型存在。之后与亲核试剂的反应得到的大部分是对映体 **22**。

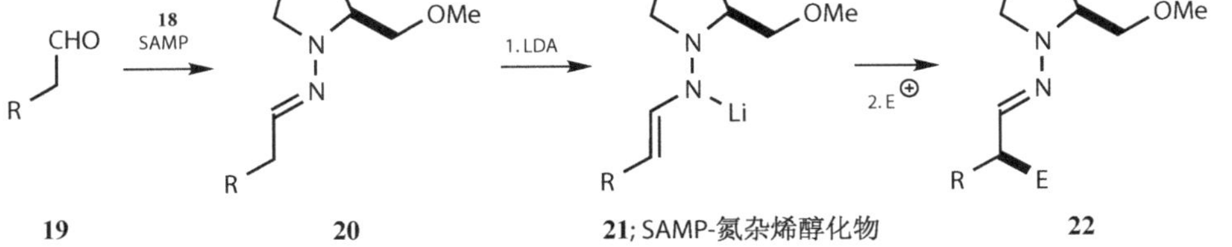

在这个反应里，OMe 侧链在不对称诱导中很关键，它可以与 LDA 中的锂络合，使得仅有一个非对映异构的质子被消除 **23**，同时在 **24** 的结构里保持氮杂烯醇式让 Li 与 N 和 O 配位。亲核试剂随之由 **24** 中双键的背面进攻，得到相同构型的产物 **22a**。

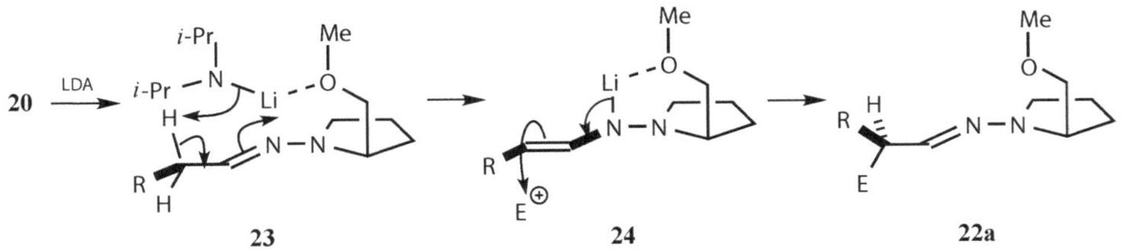

这是一个很好、很常用的方法，但是对于手性助剂的去除有些困难，必须在氧化的条件下才能得到醛的产物 **25A**。N-亚硝酸化合物 **23** 可以被循环使用再次制成手性助剂。有一点不同就是烷基化（MeI）和酸性水解。还原消除可以得到氨基化合物 **25B**，中间体 **26** 可以被用来合成 SAMP。

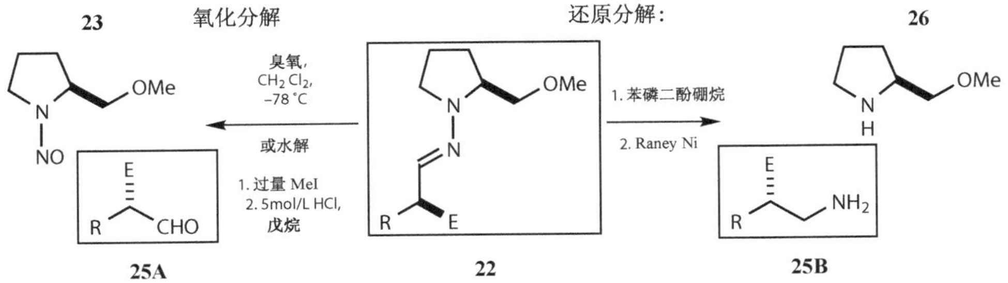

亲电试剂 E^+ 可以是烷基卤化物或者硫酸盐，当共轭加成更容易发生时，醛可以给出 aldol 产物或者 α,β-不饱和酯。由简单烷烃开始的烷烃化的例子显示所用的卤代烷可以是一级卤代烷，烯丙基卤代烷 **33**，甚至是 α-溴代酯或者 γ-溴代-α,β-不饱和酯 **31**。用来与 SAMP 或 RAMP 形成手性亚胺的羰基化合物可以是醛 **27** 或 **29**，酮（对称的 **32** 或一边大位阻的 **35**）或者 α,β-不饱和酮。在反应中，仅仅反应物和产物被标记上氧化的［O］或者水解的［H_2O］符号。注意到 SAMP 可以利用不同的起始原料来用于形成化合物 **28** 的两种对映体，但是 RAMP 被用来与 **32** 形成其他的对映体系列。

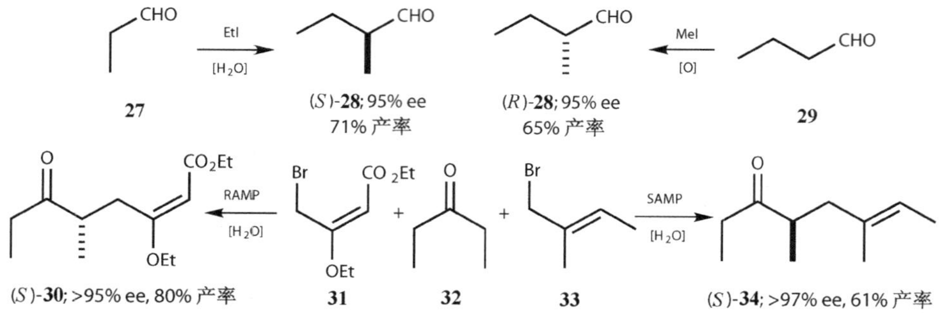

与醛的反应可以以中等 ee 得到顺式 aldol 产物 **36**，但由于腙是晶体结构，可以以牺牲产率的代价将 ee 提高到 100%。共轭加成可以得到很好的 ee，但是产率只是中等，首先生成的产物如 **37**，可以被转变为有用的内酯如 **38**。

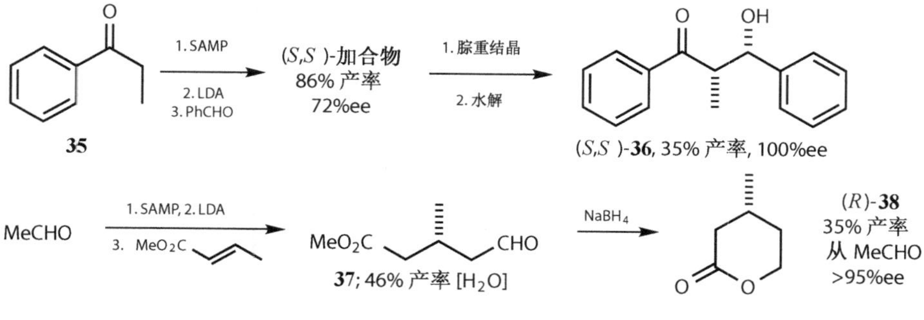

由氨基酸得到的手性烯醇化物

Schöllkopf 双内酰亚胺醚

一个稳定烯醇构型的很简单方法是将其禁锢在六元环中，一类重要的手性烯醇就是由不同氨基酸衍生而来。这一类化合物首次被 Schöllkopf 合成，“双内酰亚胺醚” **41** 是二酮哌嗪 **40** 衍生物，由丙氨酸 **39** 这样的氨基酸自缩合形成[4]。

将化合物 **41** 与丁基锂作用，在环上的某个位置产生烯醇的锂盐，而在环上另一边的甲基的手性并没有受到影响。烷基化发生在剩余的一个甲基上 **42**，水解得到新的三级氨基酸 **43** 与起始丙氨酸中的一个。

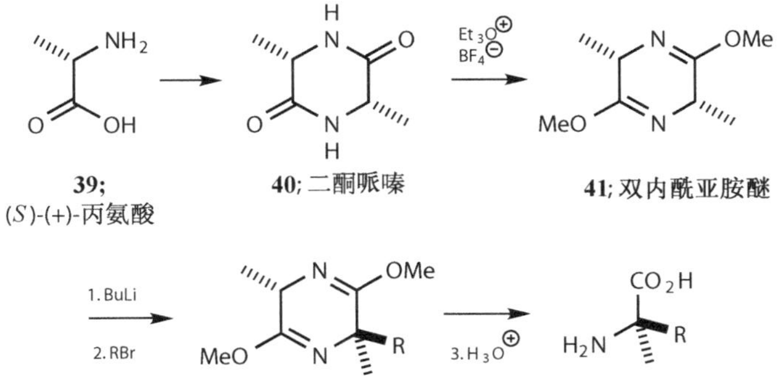

39; (*S*)-(+)-丙氨酸　**40**; 二酮哌嗪　**41**; 双内酰亚胺醚

42　**43**

衍生自缬氨酸（**44**）的化合物 **47** 有一个较大位阻的异丙基，该异丙基可以在烯醇平面上造成不同，进而使得烯醇处不发生取代反应。起始原料 **46** 可以由缬氨酸（**44**）和氨基乙酸制备，也可以买到，它的 *R*-异构体和双内酰亚胺醚衍生物 **47** 同样也可以买到。

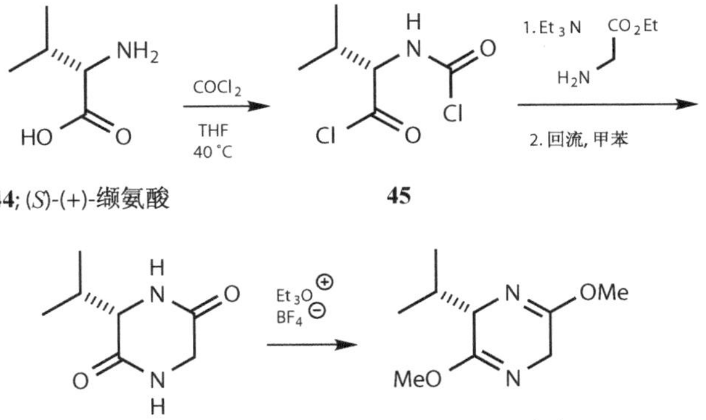

44; (*S*)-(+)-缬氨酸　**45**

46; 91% 由缬氨酸计算得到　**47**; 82% 产率

用 BuLi 处理在反应中产生了化学选择性，在内酰亚胺的较少取代基处产生了烯醇式锂盐，亲电试剂随即在异丙基的对面进攻，得到的选择性很好，纯净的非对映异构体经过分离可以得到超过 80% 的产率，而且因为这是易接受质子的亚胺，所以仅用稀释的酸就可以进行水解。这些例子表明苄基和烯丙基卤代物都可以发生反应，产物 **50a** 是非天然的（*R*）-苯丙氨酸，产物 **50b** 是非天然的氨基酸。

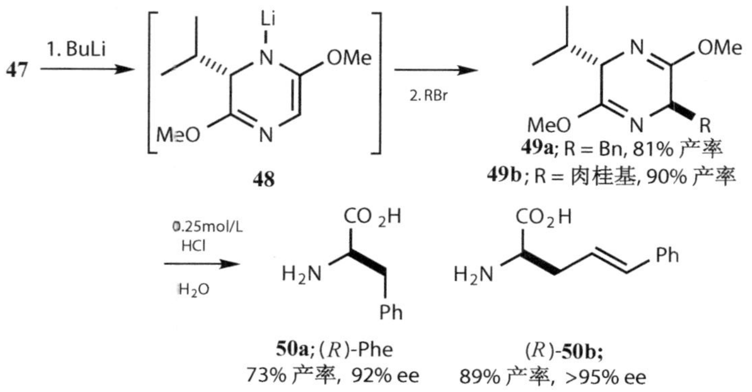

对 α,β-不饱和酯的共轭加成也是可能的，有趣的是嘧啶衍生物 (*E*)-**51** 经过共轭加成以 90％的产率得到产物 **52**，其中 95％是一个非对映异构体。经过纯化和水解经由氨基酸 **53** 得到取代脯氨酸的衍生物 **54**。

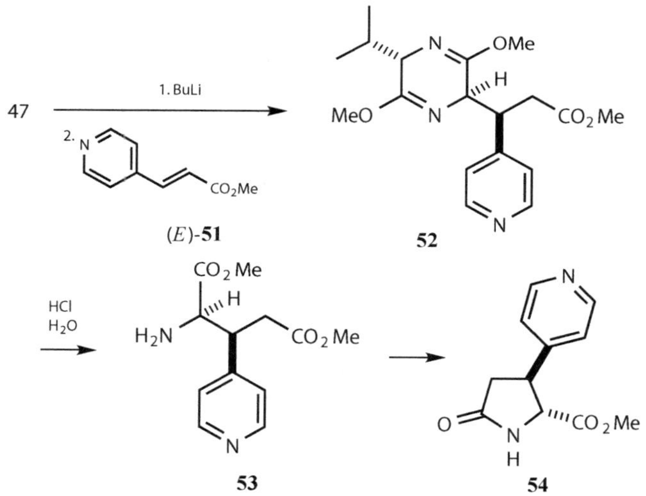

其他手性氨基乙酸烯醇：Williams 方法

我们继续讨论关于嘧啶的问题，这里我们选择 **56** 作为 Williams 手性氨基乙酸烯醇等价物的例子[5]。酪氨酸 **55** 与氮杂酪氨酸 **56** 唯一的区别就是苯环中的氮原子，它们一个是蛋白质中的氨基酸，另一个是抗生素。最有吸引力的氮杂酪氨酸的形成途径是通过不对称氨基乙酸负离子与化合物 **58** 的烷基化反应。

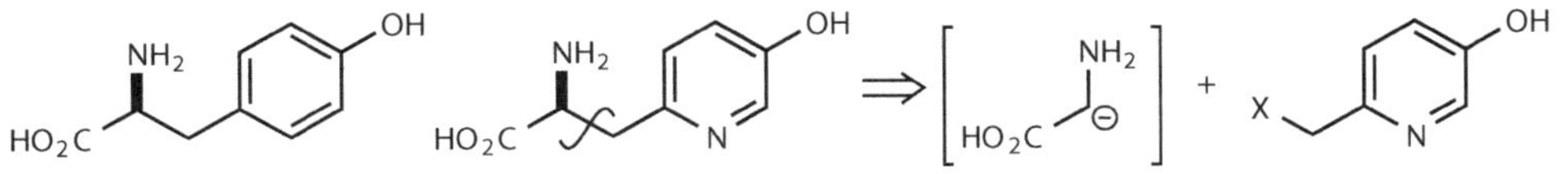

55;蛋白质中的 (*S*)-L-酪氨酸　　**56**;抗生素中的 (*S*)-L-氮杂酪氨酸　　**57**　　**58**

不常见的氨基酸 **56**[6] 可以通过溴代硅烷 **61** 的烷基化制得，其中化合物 **61** 是由商品化试剂 **59** 制备得到。你可能会注意到进行溴代的一步只能得到中等的产率。

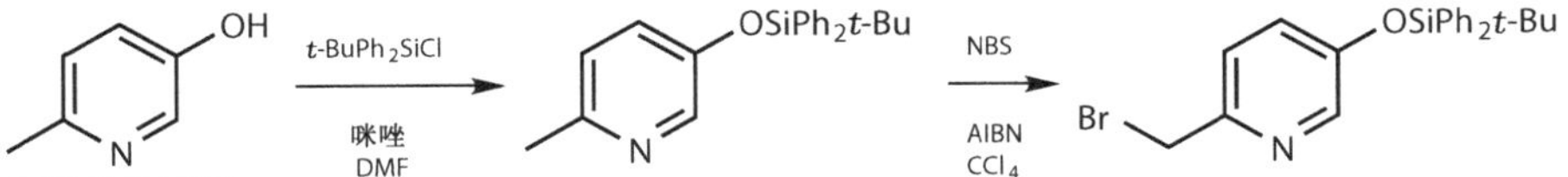

59; 商品化试剂　　**60**; 100% 产率　　**61**; 51% 产率

手性氨基乙酸等价物 **62** 可以从 Glytech Inc.，Fort Collins，Colorado 买到。它的烯醇式钠盐可以与化合物 **61** 反应并以中等产率得到化合物 **63** 的一个纯净的非对映异构体，随后可以很容易地去掉连接的硅烷得到化合物 **64**。

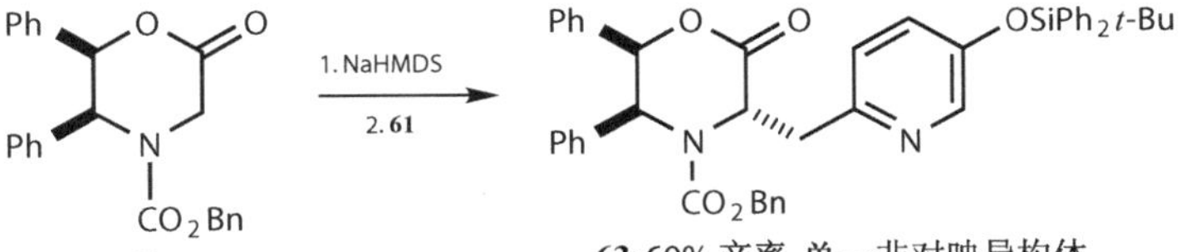

62　　**63**; 60% 产率, 单一非对映异构体

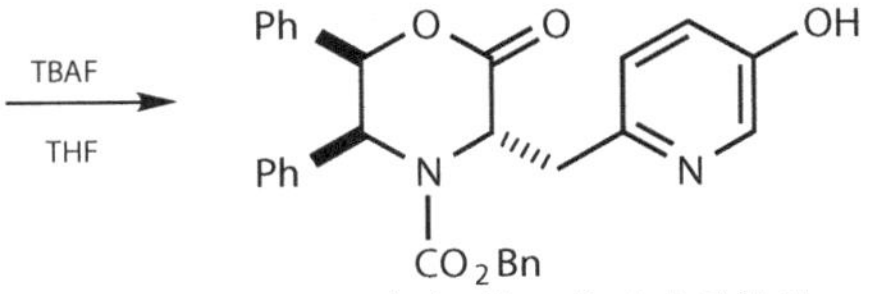

64; 79% 产率, 单一非对映异构体

手性助剂的移除更有技巧性，氢化打开苄基的 C—O 键同时释放出化合物 **65**。之后在更强催化剂作用的酸性条件下打开苄基的 C—N 键释放出氮杂酪氨酸 **56** 的二盐酸盐化物。手性助剂在这个过程中被破坏。

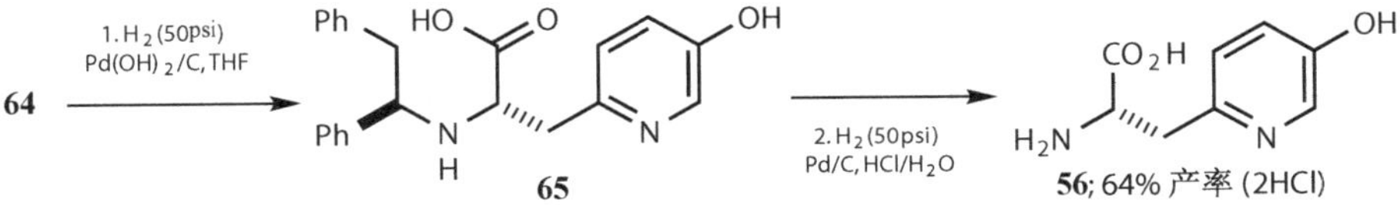

65　　**56**; 64% 产率 (2HCl)

Seebach 手性单元的传递

在这些基于氨基酸的手性烯醇中，最重要的应该是 Seebach 系列[7]。其中最简单的是由脯氨酸 **17** 与 *t*-BuCHO 反应得到的 *N*，*O*-乙缩醛 **66**。烯醇锂 **67** 可以与不同的亲电试剂 E^+ 进行非对映选择性的烷基化，形成化合物 **68** 的一个非对映异构体。

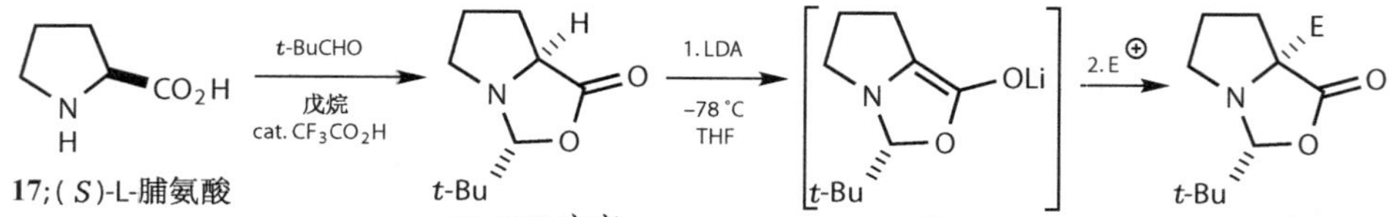

17;(*S*)-L-脯氨酸　**66**; 92% 产率　**67**　**68**

在这里有很多问题需要解释。*syn*-**66** 更容易被生成，以至于对烯醇式 **67** 的烷基化发生在与特丁基相同的面上，这些现象看起来很奇怪。在这两者中，一开始由脯氨酸引入的手性中心都已经在 **67** 中被破坏，只有在 **66** 中新形成的手性中心保留有原脯氨酸中的立体化学信息。这个中心的作用就像是对手性信息的传递，被称为“记忆”效应。酸催化形成 *N*,*O*-乙缩醛 **66** 的过程受到热力学控制（乙缩醛的形成是可逆的），而且 **66a** 的构造显示分子会折叠成顺式的结构，并且特丁基通常处于外侧（或 *exo*-面）[8]。烯醇式 **67** 具有平面结构 **67a**（实际结构可能更平面化），它的烷基化是出于动力学控制下的。进攻通常发生在外侧，*exo*-面上。注意到这样会保留原始的来自原脯氨酸手性中心的构型。

66　**66a**　**67a**　**68a**

下面的例子显示了反应物 **67** 与多种基团进行的烷基化都会以很好的产率得到纯净的非对映异构体（**67** ～**71**），最后一个例子 **71** 经过水解会得到烷基化的脯氨酸 **72**。因为这些是三级氨基酸，所以很少会得到外消旋的产物。

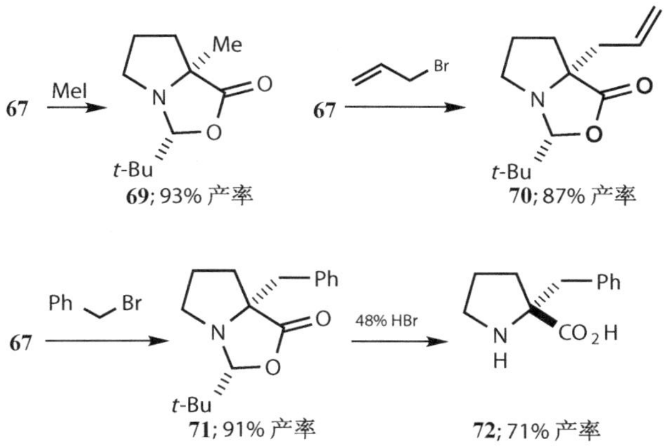

烷基化的脯氨酸可以被用来合成缩氨酸，作为蛋白质折叠中 β-转角的模仿物。这样的一个化合物可以连接酪氨酸和脯氨酸的螺环衍生物 **77** [9]。化合物 **74** 中的烯丙基基团被氧化得到化合物 **75**，最后在化合物 **76** 中经过 Mitsunobu 反应与 N 原子相连得到化合物 **77**。

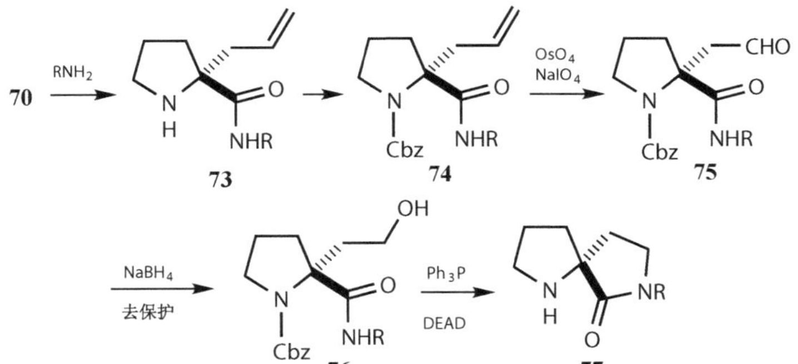

由羟基酸制得的手性烯醇

Seebach 手性单元的传递

Seebach 的与羟基酸相关的研究更加著名[10]，如手性源中的苯基乙醇酸和乳酸（详见第 23 章）。由苯乙醇酸 **78** 可以以 74％的产率得到反式新戊醛的半缩醛 **79**，反应需要利用重结晶除去生成的少量 *anti*-异构体。烯醇式锂盐 **80** 在叔丁基的反面发生反应得到产物 **81**。像前面的氨基酸一样，原始的手性信息被保留。水解得到新的羟基酸 **82**。

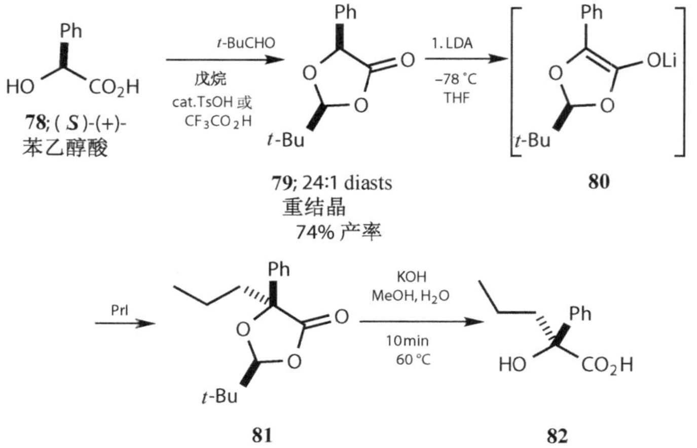

乳酸 **83** 在形成半缩醛 **84** 时发生的反应与上面的几乎相同，但是它的立体选择性却不好，这可能是由于甲基位阻太小的原因。

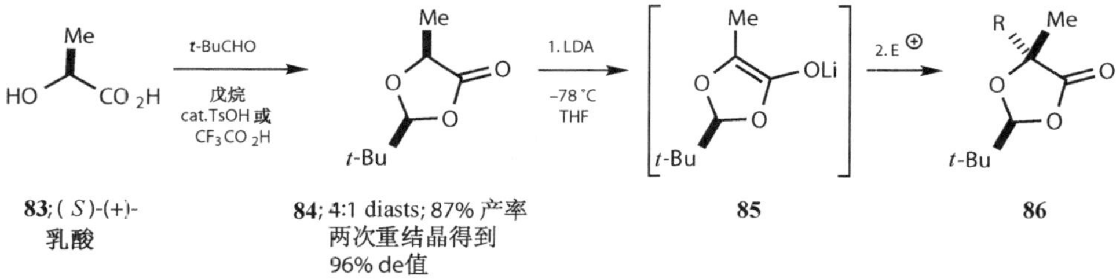

下面显示了不同亲电试剂的反应作用范围和非对映选择性。仅有的缺点是它们在醛的 aldol 反应中得到的非对映选择性很低。这些方法因为其强烈及可靠性而广被使用。然而到此为止我们已经讨论过的手性烯醇方法并没有下一部分里的 Evans 手性噁唑烷酮方法那样意义重大。

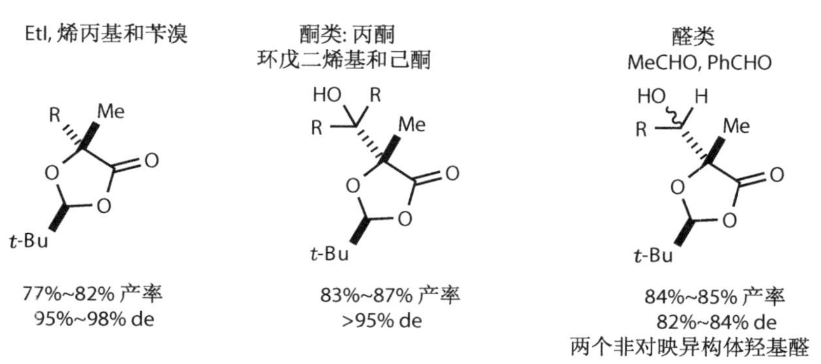

由 Evans 噁唑烷酮制得的手性烯醇

主要的 Evans 噁唑烷酮是衍生自苯丙氨酸的 **87** 和 **88**，还有衍生自缬氨酸的 **89** 和 **90**。以上都可以买到，只是价格会比非天然 *R*-异构体贵一些。通常 **87**/**88** 更为常用，因为它们的衍生物通常是晶体，提纯非对映异构体较为容易。

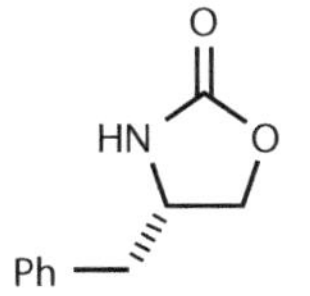

87;(*S*)-(−)-4-苯基-2-唑啉酮

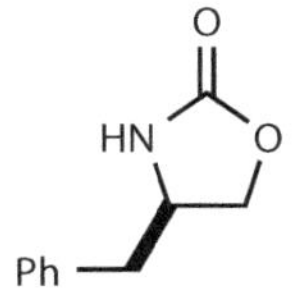

88;(*R*)-(+)-4-苯基-2-唑啉酮

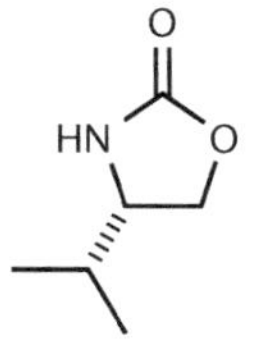

89;(*S*)-(−)-4-异丙基-2-唑啉酮

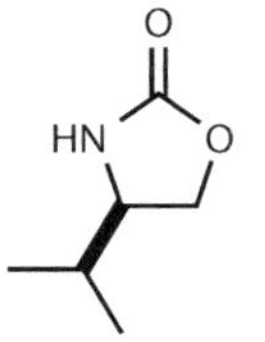

90;(*R*)-(+)-4-异丙基-2-唑啉酮

它们的制备很简单，下面就是 Evans 在 *Organic Syntheses* 一书中对 **87**/**88** 合成方法的描述[11]。利用二甲硫醚的硼烷化合物对有机酸 **91** 的还原很容易，缺点是稍微有些臭，之后的合成步骤就很简单了。助剂 **87** 可以同任何酸一起使用：与酰氯进行酰基化反应得到的手性衍生物 **93** 可以进行烯醇化转变。

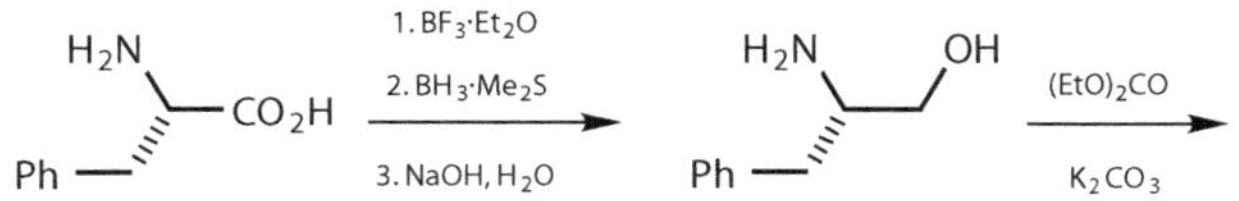

91; 165g(*S*)-(+)-苯丙氨酸

92; 重结晶后得到 73%~75%苯丙氨醇

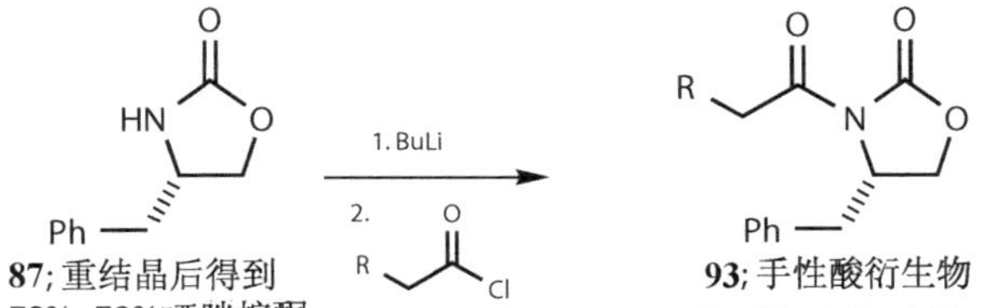

87; 重结晶后得到 78%~79%噁唑烷酮

93; 手性酸衍生物 R = Me; 91%~96%

苄基有三个作用：①在形成 **93a** 时使 R^1 与 N 原子处于反式；②在这个结构中选择性产生 “*cis*” 或者 “*Z*” 烯醇 **94**；③使亲电试剂由烯醇的上面进攻得到产物 **95**。第 4 章中我们已经解释过了为什么这种烯醇被叫做 “*Z*”。将产物 **95** 开环得到羧酸 **96**，此反应中使用由 LiOH 和 H_2O_2 制得的 LiOOH 效果最好。这是通过烯醇化一步进攻 *exo*-羰基而没有差向异构化最好的亲核试剂。

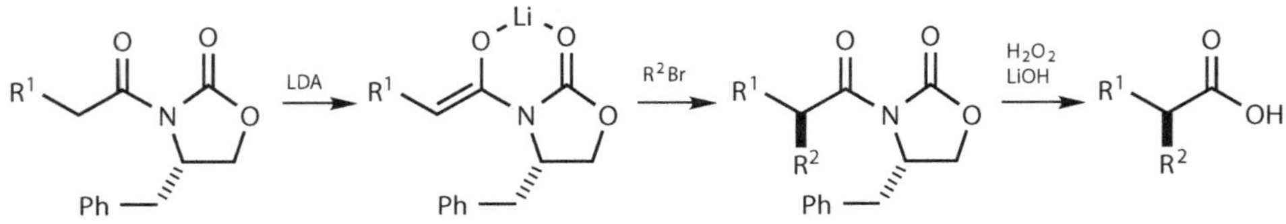

93a　**94**;"*Z*"-烯醇化物　**95**　**96**

如果需要得到另一个对映异构体有两种策略可以使用。如果机理可行的话，一种是将烷基化发生在相反的方向，另一种是噁唑烷酮 **93c** 被手性源中的去甲麻黄碱形成（见第 23 章）。因此化合物 **96** 中的两个对映体都可以以高产率和高 ee 被制得。

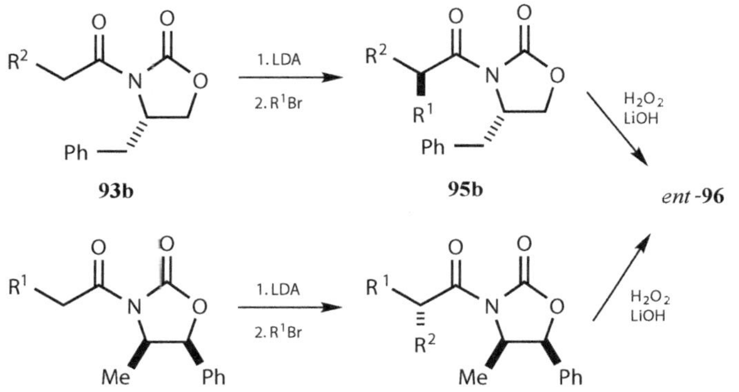

93b　**95b**　*ent*-**96**　**93c**　**95c**

Evans 助剂在不对称烷基化中的应用

现在治疗关节炎的方法有利用阻止攻击关节处连接组织的胶原蛋白酶形成的抑制剂的方法。其中的一种抑制剂就是由酪氨酸衍生出的缩氨酸类似物 **97**，图中特殊的羧酸 **98** 含有一个羟氨基酸。这种特殊的结构可以由羧酸制得，所以目标产物是化合物 **98** 的一个二酸失掉一分子羧酸衍生而成。

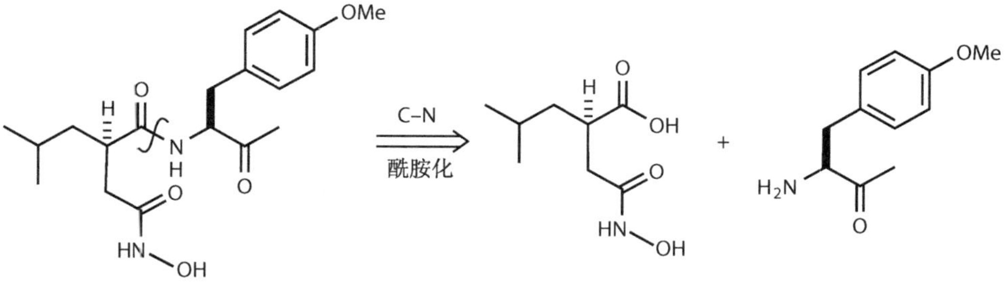

97; 胶原蛋白酶抑制剂　**98**　(*S*)-酪氨酸衍生物

利用 Evans 烷基化方法生成这类化合物效果十分理想[12]。苯丙氨酸衍生的助剂 **87** 经过酰化之后生成起始原料 **99**。烯醇的钠盐被溴代乙酸叔丁酯烷基化后以预期的立体选择性得到化合物 **100**。*Exo*-裂分得到化合物 **101**，其中含有一个自由羧酸根，另一个以叔丁基酯形式被保护。这个产物可以被用来合成化合物 **98**。

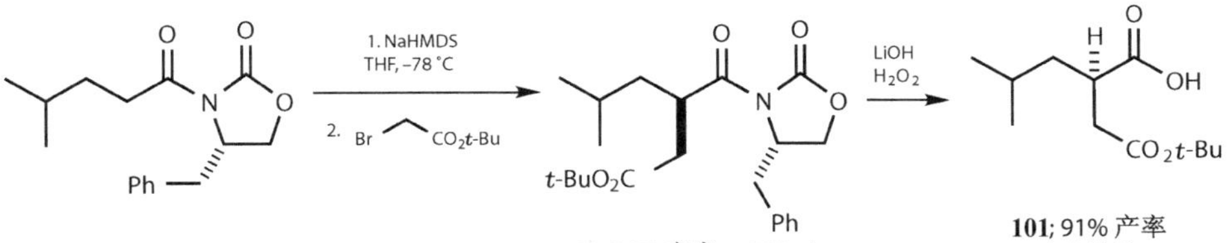

99 **100**; 74% 产率, >95% de **101**; 91% 产率 "对映体纯"

Evans 噁唑烷酮参与的 aldol 反应

含硼烯醇化合物参与的 *syn*-aldol 反应

起始原料 **102** 的含硼烯醇化合物与醛反应，如苯甲醛，可以以高选择性得到化合物 **103**：由噁唑烷酮诱导的甲基基团立体选择性相当好，反应生成的 aldol 产物的立体选择性为 500∶1[11]。水解后以接近 100 %的 ee 得到羟基羧酸 **104** 并且回收助剂 **87**。

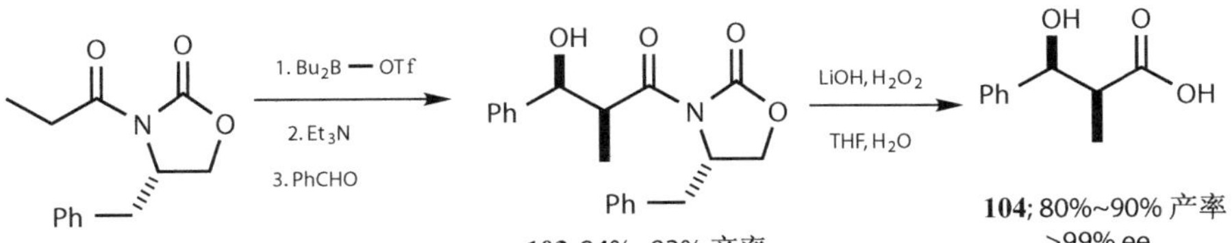

102

103; 84%~93% 产率
500:1 *syn* 羟醛选择性
>97% 单一非对映异构体

104; 80%~90% 产率
>99% ee
+ 89% 回收
助剂 **87**

对于立体化学的理解比烷基化需要多一些思考。烯醇锂盐如化合物 **94** 参与的 aldol 反应其立体选择性与烷基化或者有硼中间体的 aldol 反应很不一样。主要是因为锂盐可以同时连接四个不同的原子，而 Bu_2B 基团只有两个空位。*Z*-硼烯醇式化合物 **105** 上噁唑烷酮与硼配位的羰基被新加入的醛取代，分子左半边通过 C—N 键旋转 180°得到化合物 **106**。至于为什么会发生这样的反应一直以来众说纷纭。Evans 的解释是因为会出现更长的共轭结构。化合物 **106** 发生 aldol 反应，经过一个六元环的机理得到化合物 **107**，通常被表示成 **107a** 的形式。

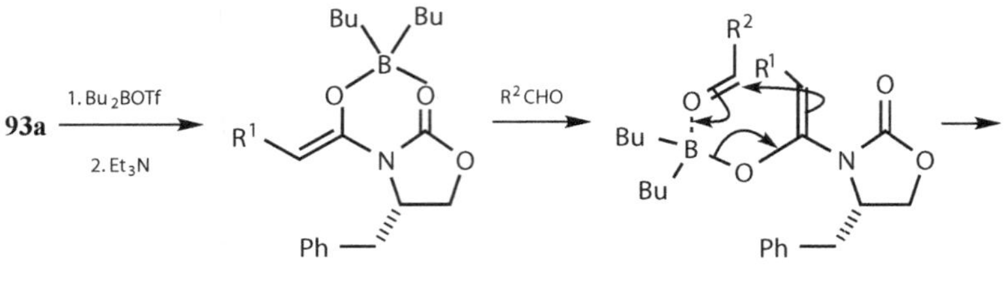

105　　　　**106**

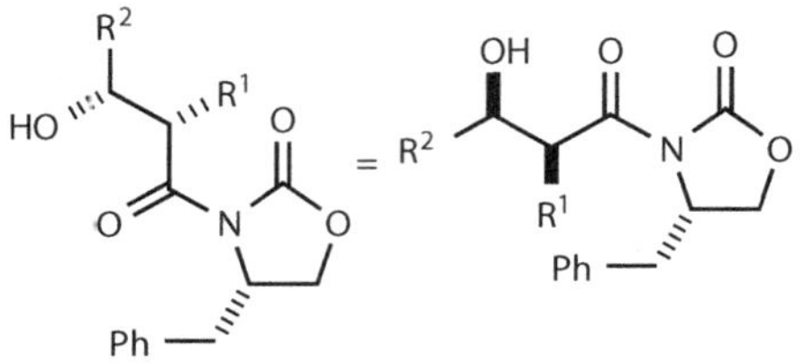

107　　　　**107a**

aldol 反应在 **106** 中的立体化学这一步是来自椅式构象的过渡态 **109a**，其中 R^1 处于轴向，这是因为它来自 *Z*-烯醇结构 **108**，而 R^2 处于平伏键位置（具体解释见第 21 章：简单 *syn/anti* aldol 反应）。绝对立体化学源自 **109b** 中手性助剂的苄基对烯醇下面的阻滞。

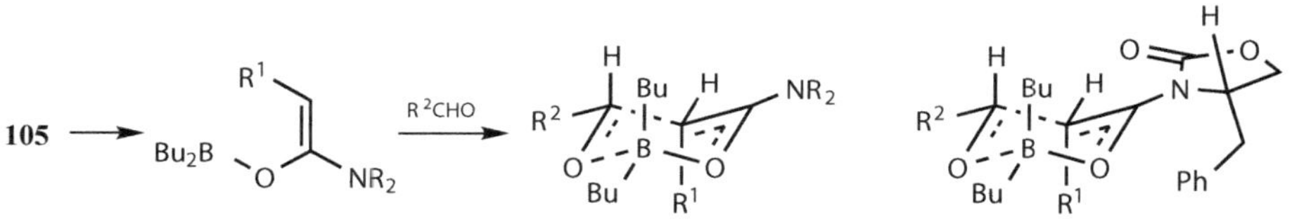

Z-烯醇化物 **108**　　　　**109a**　　　　**109b**

Evans 噁唑烷酮参与的路易斯酸催化的反式 aldol 反应

虽然利用不同的助剂可以通过 Evans aldol 反应得到 *syn*-aldol 产物的任一种对映体，但是这样的方法并不能生成 *anti* 的产物。路易斯酸催化剂的加入改变了这样的情况[13]。利用缬氨酸衍生的手性助剂 **89**，与相同的 *Z*-硼烯醇化合物 **111** 反应，但在体系中加入了 3 倍量的路易斯酸 Et_2AlCl 之后加入醛进行反应。主要得到了 *anti*-aldol **112** 的一种对映体。

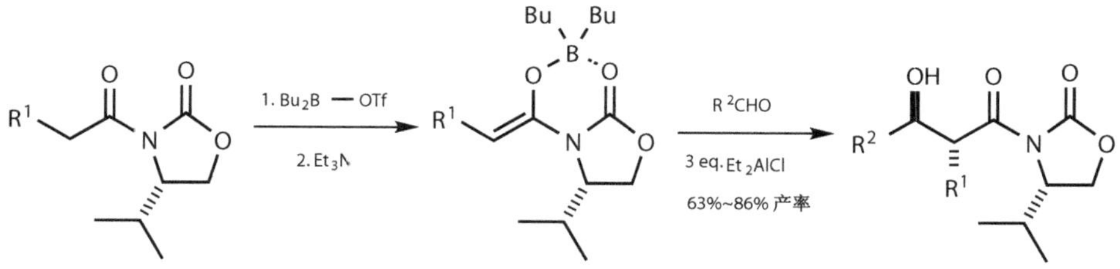

110　　　　**111**; *Z*-硼烯醇　　　　**112**; *anti*-反式羟醛缩合产物

反应中醛并没有去与硼配位而是选择了路易斯酸，如 **114** 中纽曼式所示，过渡态 **113** 的“开”、“伸展”结构决定了产物的立体选择性。反应在形成 *anti*-aldol **112** 的同时，也以少量形成了 *syn*-aldol 的两种对映体——5％左右的化合物 **116** 和痕量的化合物 **117**。

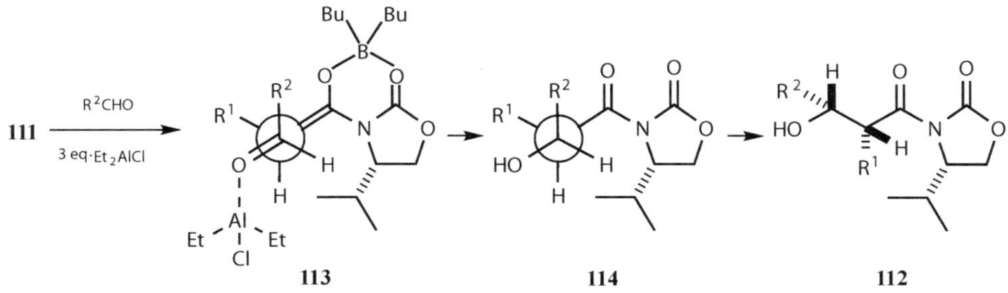

使用“较小的”路易斯酸（$TiCl_4$）可以微小的改变过渡态的“开”、“伸展”结构，形成的过渡态 **115** 主要转变为 *syn*-对映异构体 **116**。在 aldol 反应中 Evans 助剂的这些变化使得几乎所有异构体都可以高产率的被合成得到。

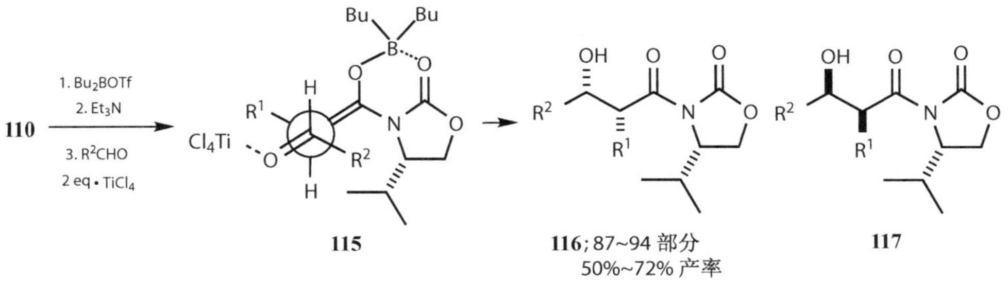

手性助剂

不对称 aldol 反应，共轭加成和 Diels-Alder 反应的比较

共轭（Michael）加成和 Diels-Alder 反应中使用 α,β-不饱和羰基化合物进行反应，在它们的不对称反应中可以使用助剂来进行调节，正如我们在 aldol 反应中见到的 **118** 和 **119** 的结构。Diels-Alder 反应中使用这些不饱和的胺基化合物或者衍生自 Oppolzer 手性磺内酰胺 **120**[14] 的胺 **121** 都可以得到很好的结果。

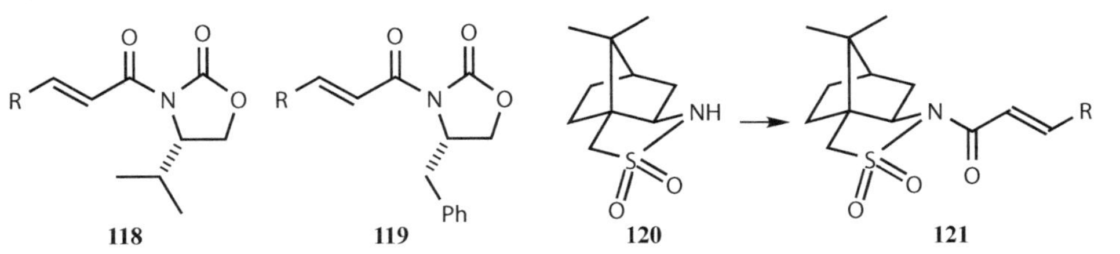

除了上面的简单类比还需要有以下更多的考虑。假设 R* 代表某个手性助剂，化合物 **124** 经过 Diels-Alder 反应可以得到产物 **125**，并同时产生两个新的手性中心，其中一个位于 C-2 处，与 aldol 反应所得到的位置完全相同，如化合物 **107**。化合物 **124** 经过 Michael（共轭）加成可以得到化合物 **122**，同时在距手性助剂较远的 C-3 处产生一个手性中心。另一个例子中的化合物 **128** 在 Diels-Alder 反应中同样于 C-2 处产生一个新的手性中心 **129**，Michael 加成反应与前面相同。然而，新的手性中心并不是产生于共轭加成一步，而是在质子化一步 **127** 中产生，这一步有可能是可逆的，所以选择性并不好。我们首先讨论 Diels-Alder 反应，后面一部分再讨论比较麻烦的 Michael 加成。

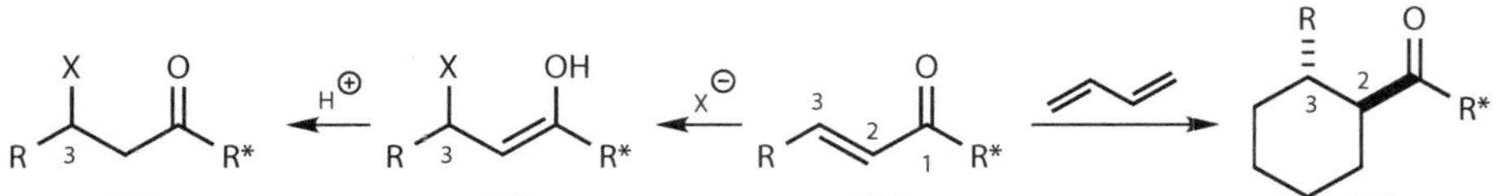

122　**123**　**124**　**125**

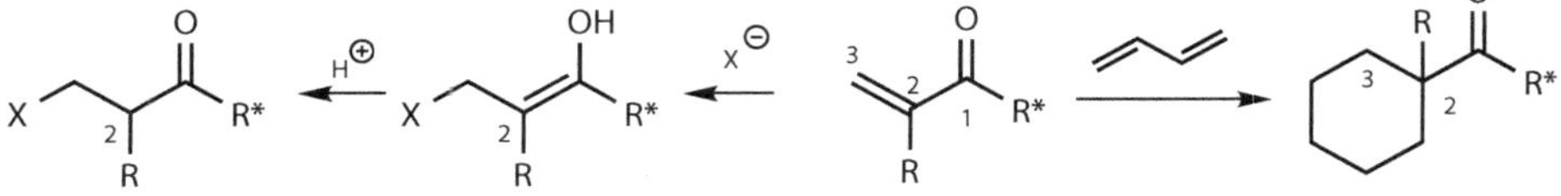

126　**127**　**128**　**129**

对于噁唑烷酮环上的取代研究表明，当 R 为叔丁基时，对烯醇锂盐 **122** 的甲基化会得到最好的选择性。常用的助剂，R 分别为异丙基和苄基时，所得到的结果并不好，但当 R 为苄基时最好的平衡了助剂的实用性和选择性[15]。

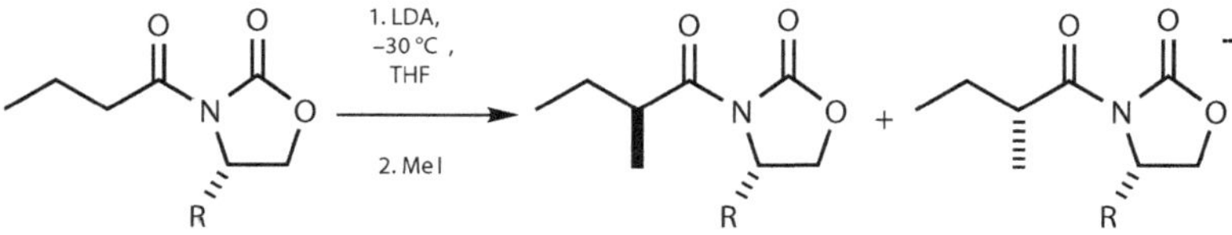

130　**131a**　**131b**

R	131a : 131b
Ph	2:1
i-Pr	6:1
benzyl	20:1
t-Bu	>100:1

用 **132** 的类似化合物进行 Diels-Alder 反应需要路易斯酸催化，并且表现出了预期的区域选择性——双烯体在 R 基团的反面进行 *endo* 加成，从而得到非对映异构体 **135a**。

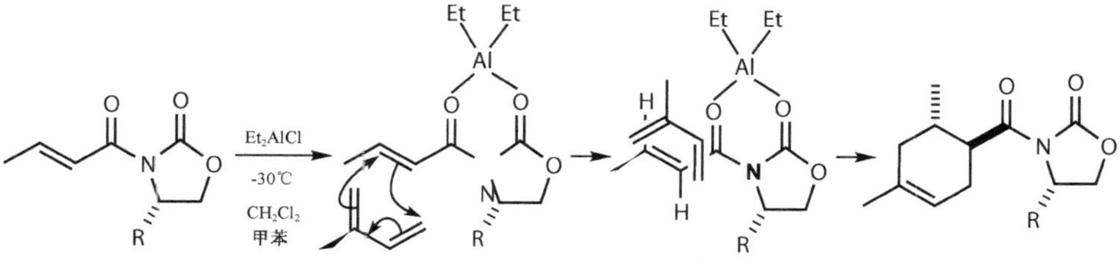

132　**133**　**134**　**135a**

反应中倾向于生成异构体 **135a**。反应的结果与烷基化反应相似。次要产物 **135b** 在新生成的六元环上是 *anti* 的立体化学。这两个手性中心与手性助剂有相反的立体相关性。在大多数情况下 R 是苯基时有较好的选择性。当 R 是苯基时选择性不好，R 是叔丁基会对选择性有很大的提高。

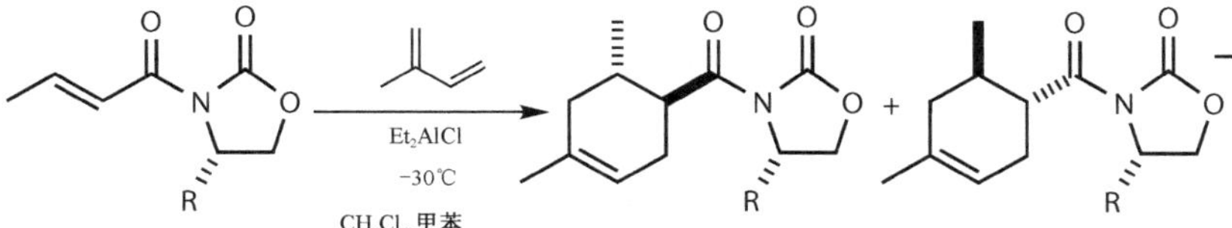

132 **135a** **135b**

R	135a : 135b
Ph	4:1
i-Pr	10:1
benzyl	17:1
t-Bu	68:1

不对称 Diels-Alder 反应

引言

大多数 Diels-Alder 反应需要手性助剂连接在亲双烯体上，就像上面提到的例子一样[14]。最早的例子是大空阻的 *α*-羟基烯酮[16] **136** 与富电子的双烯体反应得到如 **137** 的加合物。Overman[17] 通过这种中间体合成了 pumiliotoxin C **143**。这种方法的缺点是需要将助剂还原成二醇然后用高碘酸切断，不可避免地破坏了助剂。

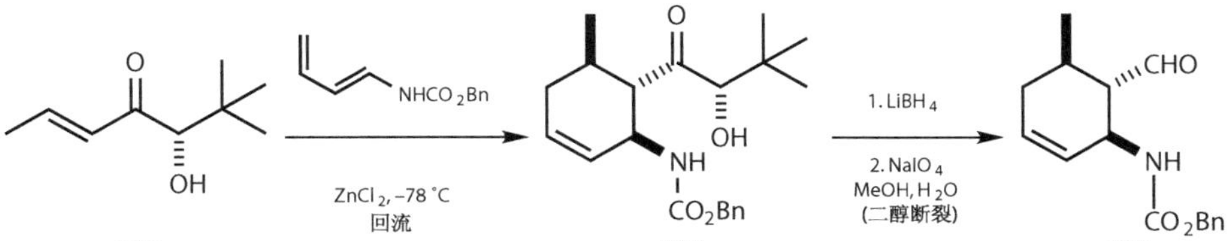

136 **137** **138**

使用路易斯酸 $ZnCl_2$ 与手性亲双烯体结合形成一个固定的构象 **139**。通过 *endo*重排方式以 67%的产率和大于 99%的 ee 得到单一的对映异构体 **137**。

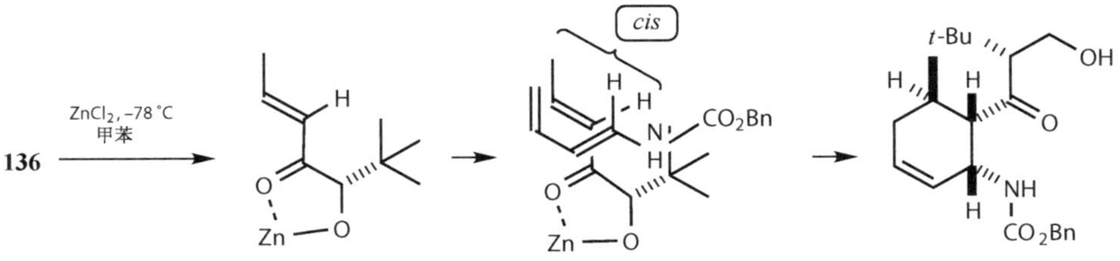

139 **140** **137**

Pumiliotoxin 剩下的合成步骤是一目了然的，这包括 Horner-Wadsworth-

Emmons 烯烃化（第 15 章）和氢化并伴随完成了还原氨化和对另一个手性中心的控制。这个合成在第 21 章中也讨论过。

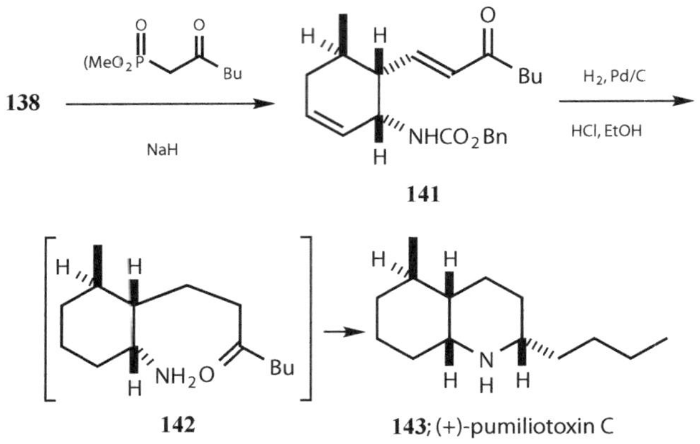

Oppolzer 的手性樟脑内磺酰胺参与的 Diels-Alder 反应

Oppolzer 手性樟脑内磺酰胺助剂（**120**）很容易与 α,β-不饱和酰氯反应生成胺 **144**，可以在路易斯酸 $EtAlCl_2$ 的催化下与双烯体反应。产物 **145** 是一个单一的化合物，再经过 LiOH 催化水解后以较高的产率得到单一的对映异构体 **146** [18]。

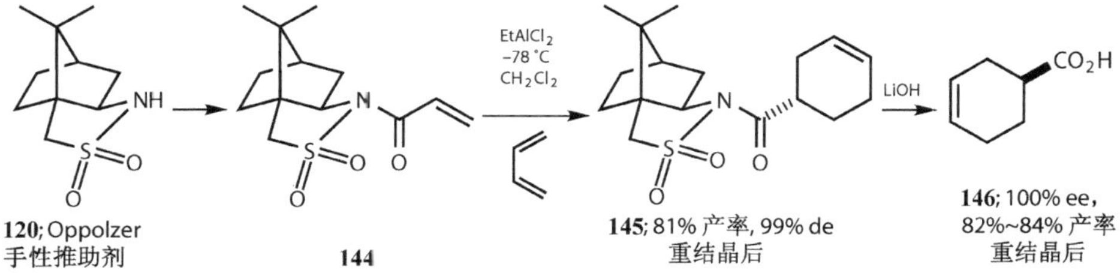

路易斯酸将酰化的樟脑内磺酰胺束缚为构象 **147**，双烯体从下方远离樟脑笼，空间位阻较小的下面反应。樟脑的两种对映异构体都是可得的，所以 Diels-Alder 反应的两种产物对映异构体都可以用这种方法制备。在芳香环生物前体——莽草酸 **148** 不对称合成中使用了产物 **146** [19]。

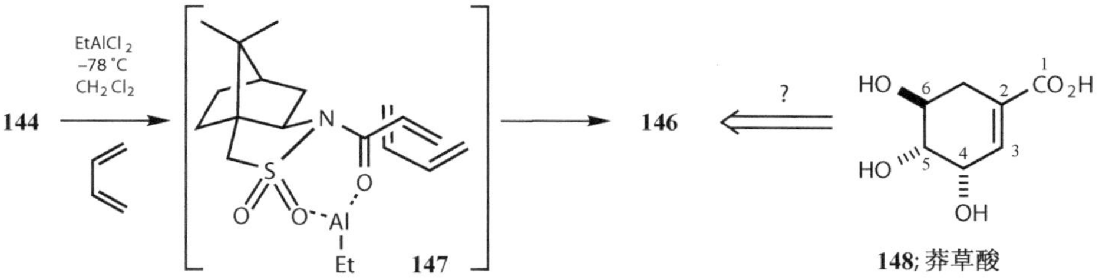

现在只需要控制相对立体构型。通过碘内酯化和消除反应得到 **149**，环氧化和消除反应得到 **151**，然后再次环氧化得到 **152**。对 **152** 用碱和甲醇简单的处理就得到了目标分子甲酯 **153**。

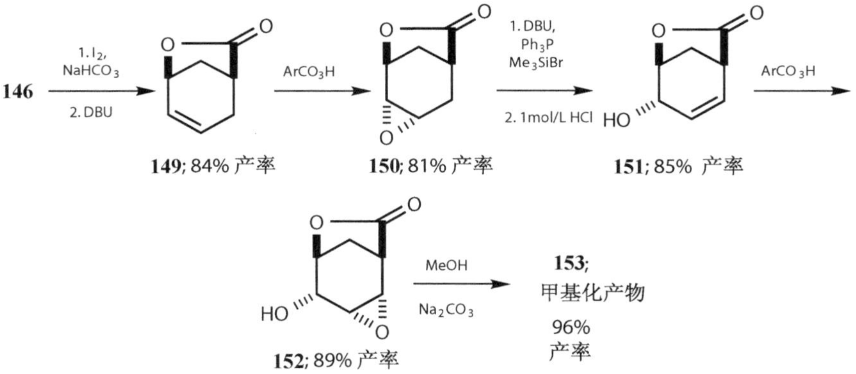

最后一步反应的机理是很有趣的。内酯 **152** 不能形成烯醇，因为其在桥头位置。但用甲醇打开内酯得到 **154** 后，可以形成烯醇 **155** 后迅速碎裂。值得注意的是，原来由不对称 Diels-Alder 反应引入的不对称中心再控制了三个羟基的生成后失去。这个合成也在第 21 章讨论过。

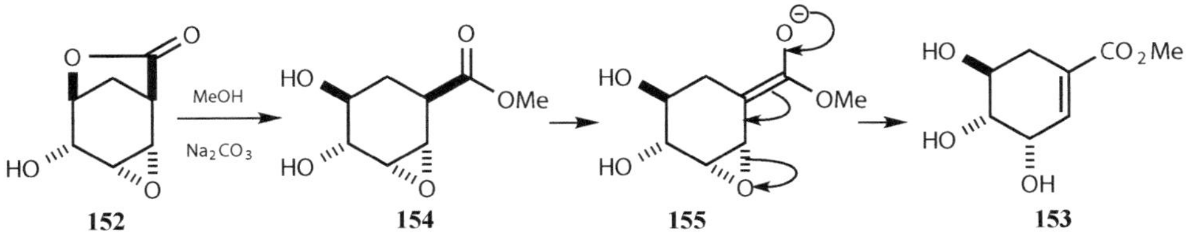

泛酯作为手性助剂参与的 Diels-Alder 反应

在第 26 章我们看到泛酯 **156** 作为反应物的反应。这里它与不饱和酸酯化之后来控制 Diels-Alder 反应。泛酯的两个好处是可以用在大规模的反应上且可以很方便地被脱除。丙烯酸衍生物 **157** 与环戊二烯反应得在两次重结晶后以 81%

的产率到纯的产物 **158**（HPLC 检测）[20]。

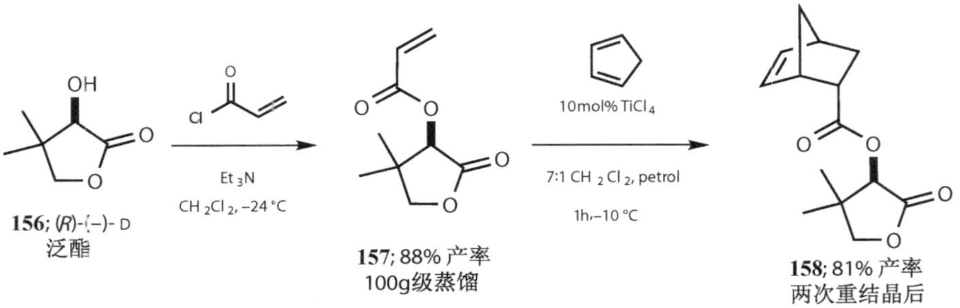

水解比前面的反应更简单，将可结晶的产物 **159** 与可溶的泛酸 **160** 分离本身就很简单。酸化让手性助剂 **156** 再生，可以在反应中再一次使用。

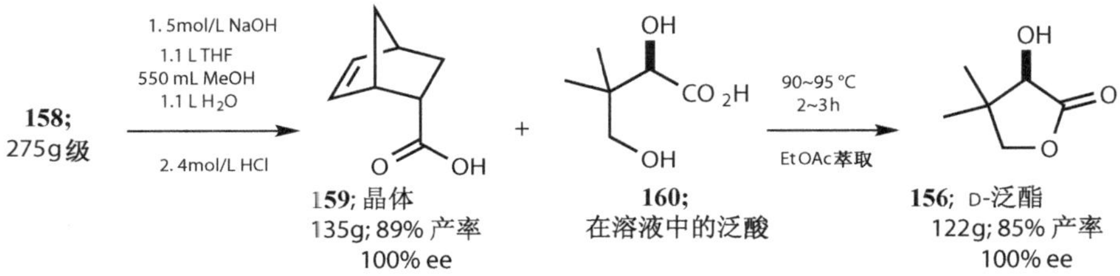

连接在双烯体上的手性助剂

大多数不对称的 Diels-Alder 反应是由手性助剂以酯或胺的形式连接在亲双烯体上的。在亲双烯体上没有明显的可以连接手性助剂的位点，但在 **161** 等类似物由 Danishefsky 双烯体与具有 C_2 对称性的胺以烯胺的方式结合。在没有路易斯酸存在下以好的选择性环加成形成产物 **162**[21]。随后的还原和水解以合理的 ee 得到了烯酮 **163**。

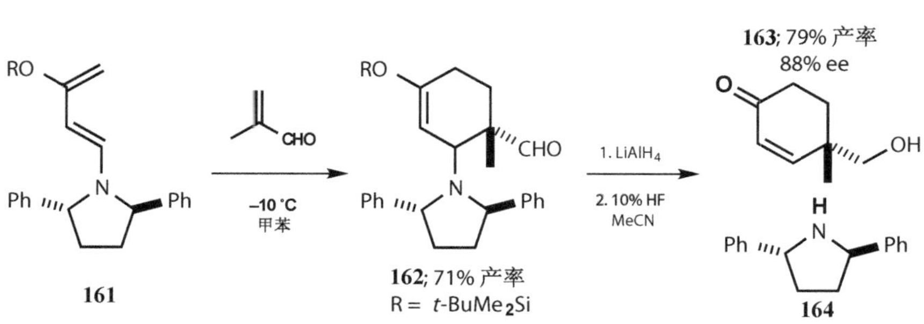

Danishefsky 双烯体与同样的亲双烯体反应得到外消旋的产物 **163**。水解在两个例子中是一样的，但 **166** 中氮原子的质子化更容易。

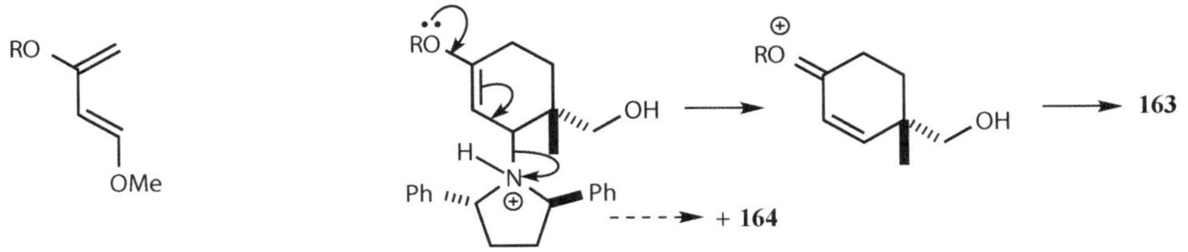

165 166

改良的噁唑烷酮：SuperQuats

尽管在不同的反应中有各种优秀的手性助剂，噁唑烷酮仍然被最广泛地使用。但是它们像其他的手性助剂一样，在关键的水解取出助剂时会出现问题。下面三个例子[22]在标准水解条件在反应：4～8eq. 的 H_2O_2（30%），2eq. 的 LiOH 在 3∶1 的 THF∶H_2O 中。前两个例子给出了不需要的 *endo* 水解的产物。最后一个例子会在 C-2 处部分差向异构化。

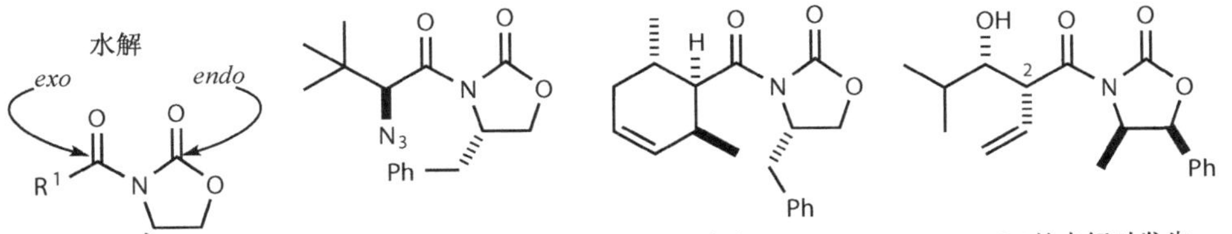

167; 91% 产率 >99% ee
6% *endo* 水解

168; 76% 产率 >99% ee
16% *endo* 水解

169;C-2处水解时发生差向异构化

一个解决方案是在噁唑烷酮上添加取代基使其更不宜被水解。最好的例子是牛津大学的 Steve Davies 发展的"SuperQuats"[23]。缬氨酸（这个例子中使用非自然界存在的异构体）被用来构建带有偕二甲基的噁唑烷酮。下面是烯醇锂化合物的烷基化反应。水解后 **174** 有很高的产率且水解掉的手性助剂 **171** 可以进行循环使用。反应中没有 *endo* 水解产物和差向异构化产物。

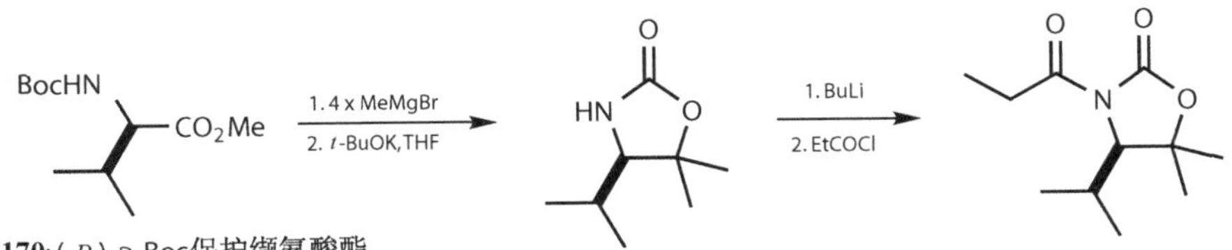

170; (*R*)-D-Boc保护缬氨酸酯

171; 63% 产率

172; 73% 产率

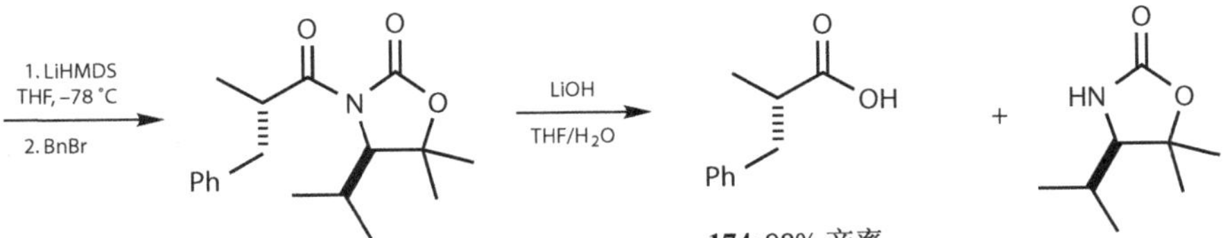

173; 71% 产率>95% de

174; 98% 产率
>95% ee

171; 98% 产率

不对称 Michael(共轭)加成

8-苯基薄荷醇不饱和酸酯的 Michael 加成

尽管我们已经讨论过的一些手性助剂会诱导不对称的 Michael 加成，但是我们将要着重讨论两种最为有效的。第一种是基于在平伏键上有羟基并且有芳香空阻基团的环己烷骨架的助剂。最著名的是由天然的萜化合物胡薄荷酮制备的 8-苯基薄荷醇 **175**（第 23 章）[24]，虽然之后发现更简单的助剂，甚至单独的骨架 **177** 也能起到很好的作用[25]。

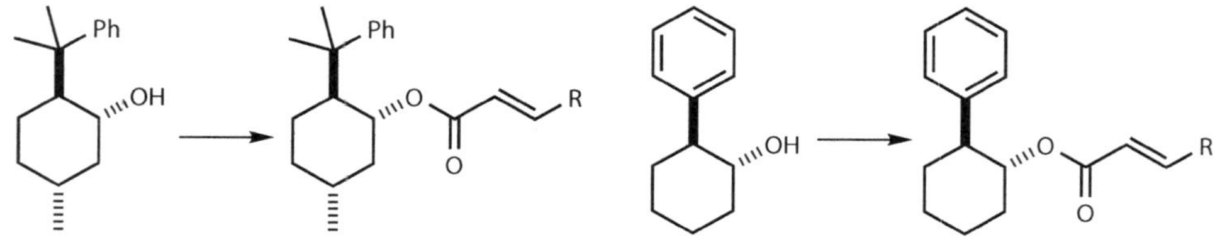

175; 8-苯基薄荷醇 **176** **177** **178**

有机铜化合物与 BF_3 配合物（$RCu \cdot BF_3$）对 **176** 的共轭加成有很好的立体选择性。R 是甲基时，尽管在 **176** 中的立体中心与反应中创建的立体中心有 1，5 位置关系，产物 **179** 仍然有很好的结果。**180** 和 **181** 展示了芳基和烷基亲核试剂都表现 ee 大于 99 %的立体选择性[26]。其他亲核试剂如胺和硫醇等也有很好的结果[27]。

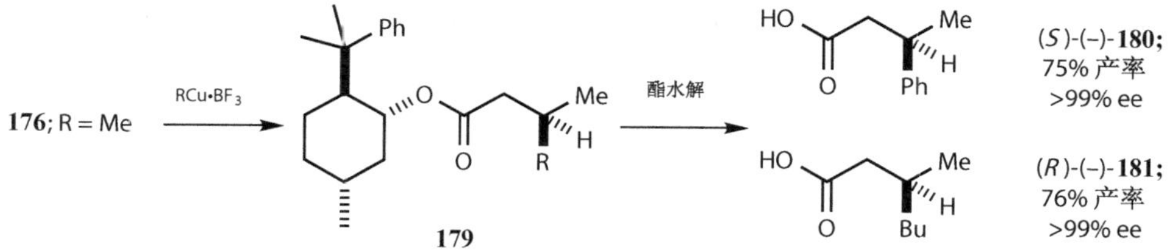

很多例子，包括使用 *cis*-烯烃发生的低立体选择性的反应，说明了烯烃和苯环之间的 π 聚集作用决定了 **176** 反应中的构象是 **176a** 而不是 **176b**。对 *cis*-烯烃 **182b** 将是不稳定的。

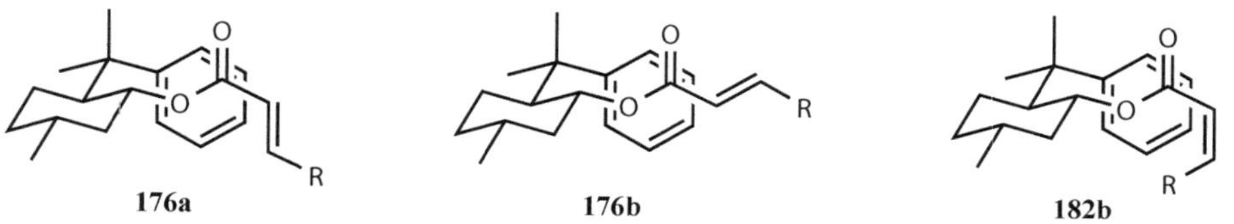

176a **176b** **182b**

这个助剂在环戊二烯或丁二烯的 Diels-Alder 反应[28]能够产生高的对映选择

性。在肉瘤毒素[29]的合成中，它参与 **146** 的合成并给出了高的产率。在本章的后一部分我们将讨论它在 Birch 还原中的应用。

连接在其他位置的手性助剂参与的不对称 Michael 加成

环状的 α,β-不饱和化合物不能与手性助剂以相同的方式连接。我们将举两个带有杂原子的例子来展示多种解决方法。这两个例子都是展示 8-苯基薄荷醇的修饰作用。第一个是吡啶盐 **184**，它是由手性助剂与吡啶 **183** 通过氮原子上酯基相连。R_3Si＝TIPS，i-Pr_3Si。格氏试剂的加成在空阻比较小 N^+ 旁边的碳原子得到烯醇的醚，然后得到烯酮 **186**[30]。通过尝试不同的 R^* 基团，当使用 8-苯基薄荷醇时效果最好（R^*OH＝**175**）。

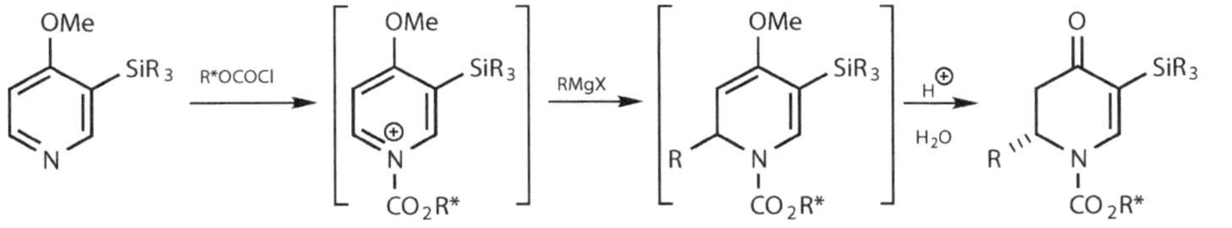

183 **184** **185** **186**

第二个例子是通过氮原子与手性助剂的二氢吡啶 **187**[31]。亲核试剂是烯丙基硅烷，反应需要在路易斯酸催化（第 12 章）。手性助剂在亲电的酮的另一侧，但是这与前手性的被进攻的碳原子位置靠近。R＝Ph 时得到了很好的结果（92∶8，**188** 为主要产物），当 R＝2-萘基时得到了更好的结果（97∶3）。这说明了反应通过了如 **189** 的构象，通过 π 聚集作用形成一个空阻很大的面是必要的。

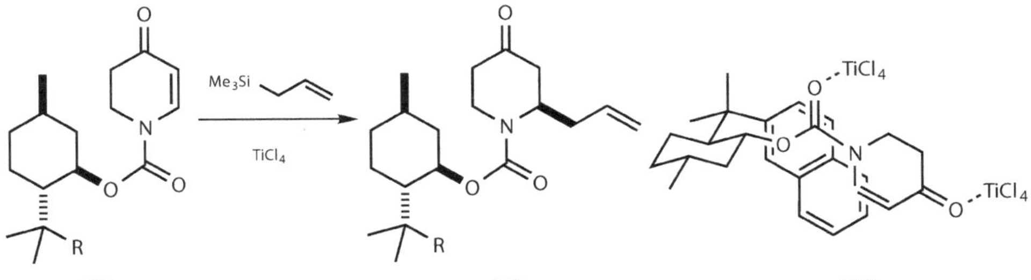

187 **188** **189**

我们在这部分开始提到的更简单的助剂在巴豆酸酯的胺加成反应中是有效的。在尝试过的很多助剂中，简单的 *trans* 带有 β-萘基取代季碳的环己醇是最有效的[25]。

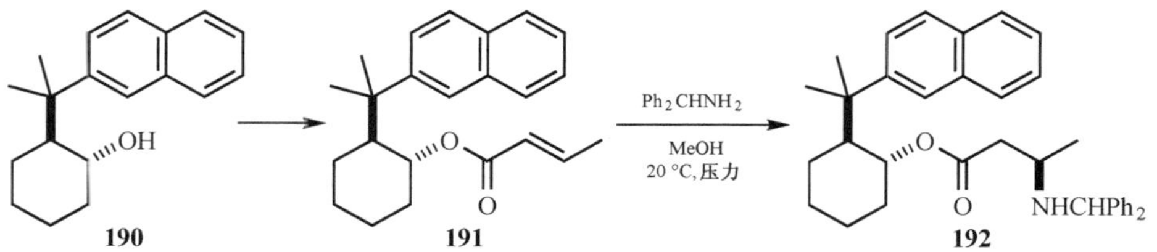

反应中优势构象是有极好的 π 聚集作用的 **193**，如图所示亲核试剂从前面进攻。这种手性助剂的两种对映异构体都很容易制备，所以两种产物都可以通过这种方法制得。手性助剂和保护基团可以通过还原方便地去除，得到简单的氨基醇 **195**。这个方法可以作为第 26 章中讨论的 Davies 手性胺对不饱和酯加成反应的补充。

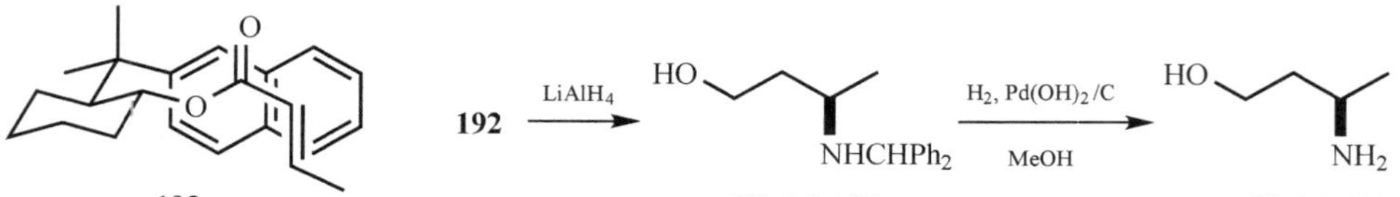

在共轭加成中的其他手性助剂

Evans　唑烷酮

最初的 Evans 助剂被用在药物（+）-地尔硫䓬**200** 合成中一步硫亲核试剂的不对称加成反应。烯酮 **197** 是由缬氨酸衍生物 **196** 和茴香醛通过 aldol 反应制备。这得到了 $Z:E$ 为 4∶1 的 **197** 的混合物，幸运的是两个异构体与过量的间氨基苯硫酚和碱反应得到相同比例的非对应异构体 **198**。用 Me_3Al 进行环化并且去掉手性助剂，随后只需除去保护基便可得到地尔硫䓬**200** [32]。这是少见的成功对三取代的烯烃进行不对称 Michael 加成的例子。

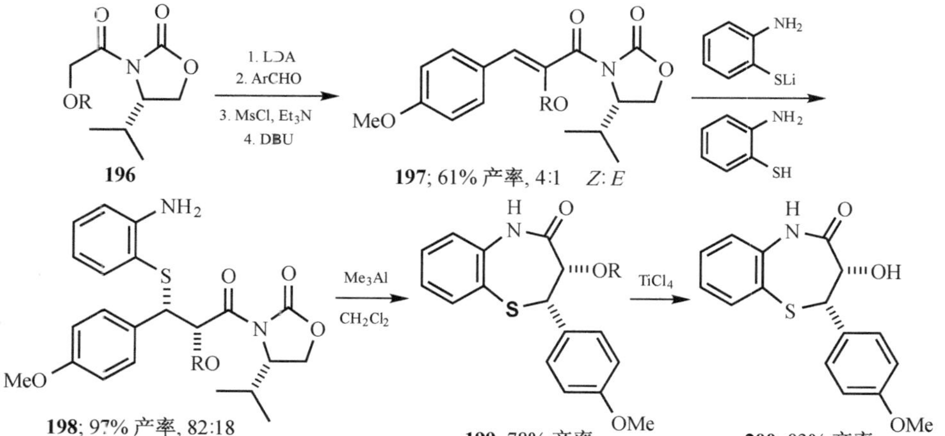

手性亚砜

环内的烯酮和不饱和内酯必然有固定的构型（s-*trans*），但手性助剂不能直接与酰基相连。手性亚砜可以直接和双键相连（第 5 章中的烯酮合成）。Posner[33]在 Solladié[34]的工作基础上简便地将手性亚砜用于不对称 Michael 加成中。任何硫官能团都可以用 Raney Ni 试剂进行还原除去。Posner[35]将这种策略用于抗肿瘤木脂素（－）-podorhizon **201** 的合成中。用 **202** 对内酯 **203** 进行酰基化就得到 podorhizon，并且 **203** 可以通过 **204** 对非手性的环丁烯内酯 **202** 不对称 Michael 加成得到。但是手性助剂连接在哪里呢？

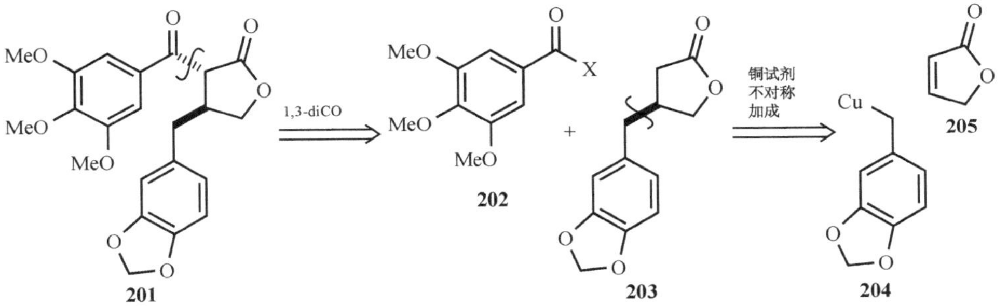

答案是在碳上连接亚砜如 **206** 是环丁烯内酯具有手性并且增强烯烃的缺电子性，这样格氏试剂可以代替铜试剂。当在酰基化之后去掉亚砜，podorhizon 以较好的产率和 95%的 ee 制得。

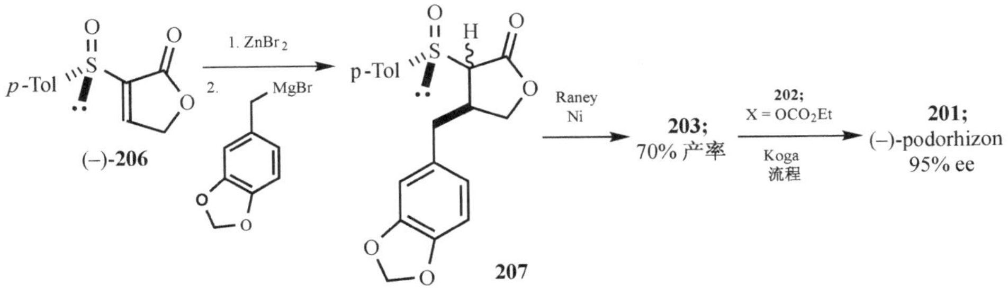

反应中需要路易斯酸在固定的构象 **208** 束缚亚砜，加成反应发生在孤对电子占据的面，即芳基占据的反面。

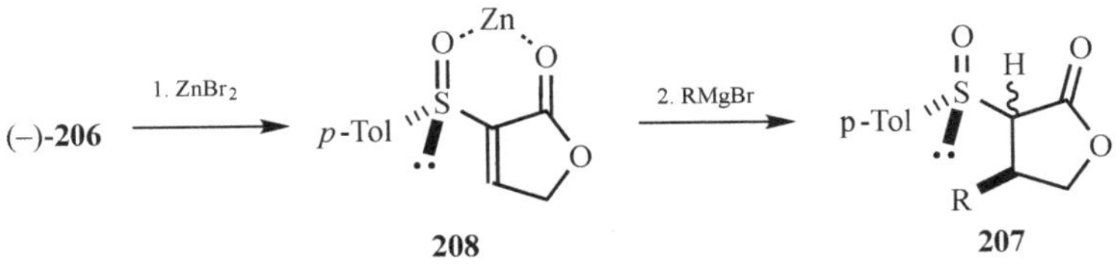

不对称 Birch 还原

苯的 Birch 还原

正常的 Birch 还原常见于芳香醚 **209** 或者酸 **213**。两个电子的加成可能产生一个双负离子。在 **210** 负离子远离醚基团但在 **214** 中与酸共轭。**210** 质子化会得到烯醇醚 **211** 最终得到不共轭的烯酮。双负离子 **214** 有质子可以转移到较不稳定的负离子上形成烯醇 **215**，可以被烷基化得到 **216**。这些化合物都没有手性，因此很难引入不对称因素。

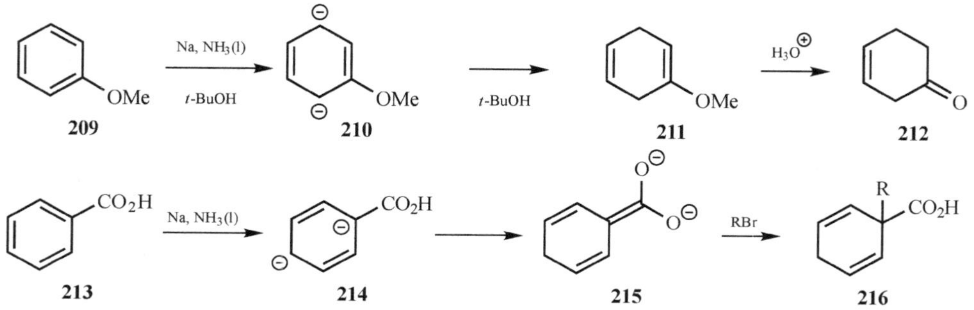

Schultz 杰出的工作是将手性助剂（在 SAMP 中使用的脯氨酸衍生物 26）与酸连接[36]。起始原料 **217** 的两种对映异构体可以从 Aldrich 以相同的价格购买到。用钾在液氨中进行 Birch 还原得到螯合的中间体 **218**，然后烷基化发生在 CH_2OMe 链的反面，得到 **219**。烯醇的醚水解得到 **220**。

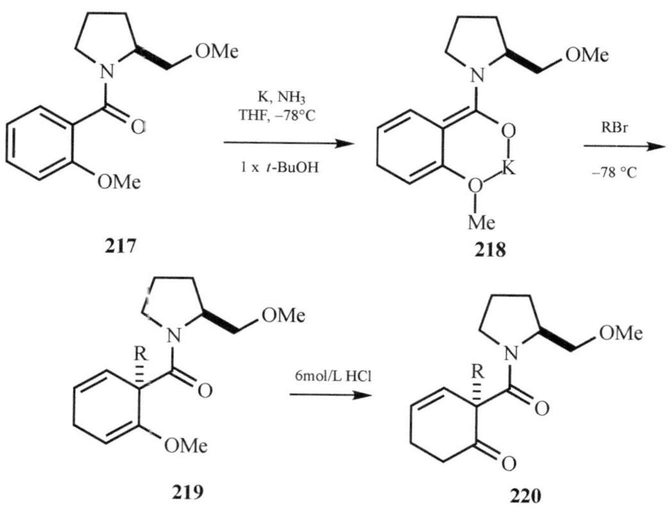

一个有趣的碘内酯化可以用来除去 **220** 中的手性助剂。碘进攻烯烃，酰胺中氧原子参与反应 **221** 得到盐 **222**。水解得到碘内酯，同时重新获得助剂 **26**。

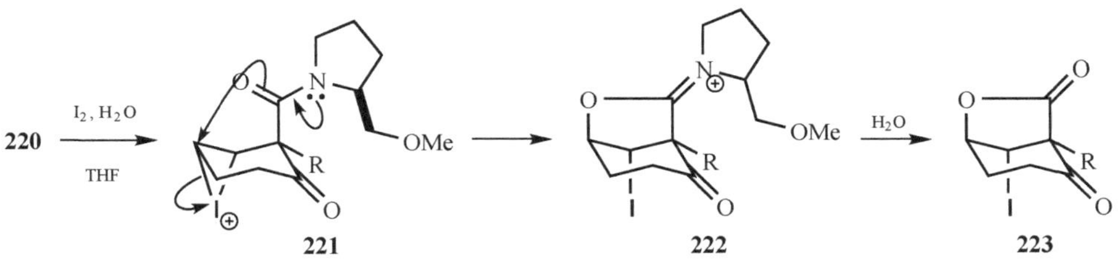

碘内酯 **223** 可以被两种试剂以不同的方式切断得到内酯 **224** 和 **225**。这与最初的苯环有很大的差别。

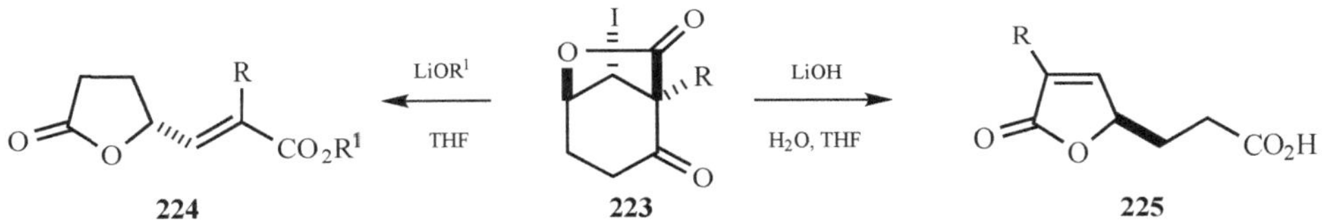

杂环的不对称 Birch 还原

8-苯基薄荷醇是 Donoboe[37] 对吡咯不对称 Birch 还原中使用的助剂。锂在液氨中进行还原，烯醇可以被多种卤代烃进攻。酯 **227** 水解以很好的产率得到对映体过量（78%～90% ee）的二氢吡咯 **228**。使用 C_2 对称的胺作为助剂，用呋喃反应可以类似的产物。这可以成为合成杂环的一种通用方法。

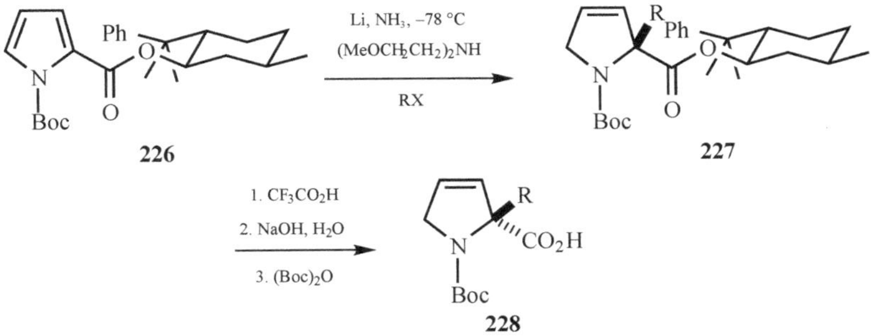

参考文献

一般性参考文献列于 946 页。

1. R. M. Williams, *Synthesis of Optically Active Amino Acids,* Pergamon, Oxford, 1989.
2. K. Q. Do, P. Thanei, M. Caviezel and R. Schwyzer, *Helv. Chim. Acta*, 1979, **62**, 956.
3. D. Enders, P. Fey and H. Kipphardt, *Org. Synth.*, 1987, **65**, 173, 183.
4. U. Groth and U. Schöllkopf, *Synthesis*, 1983, 37; D. Pettig and U. Schöllkopf, *Synthesis*, 1988, 173.
5. R. M. Williams and M. Im, *J. Am. Chem. Soc.,* 1991, **113**, 9276.
6. S. R. Schow, S. Q. DeJoy, M. M. Wick and S. S. Kerwar, *J. Org. Chem.,* 1994, **59**, 6850.
7. D. Seebach, M. Boes, R. Naef and W. B. Schweizer, *J. Am. Chem. Soc.,* 1983, **105**, 5390.
8. Clayden, *Organic Chemistry,* chapter 33.
9. M. G. Hinds, J. H. Welsh, D. M. Brennand, J. Fisher, M. J. Glennie, N. G. J. Richards, D. L. Turner and J. A. Robinson, *J. Med. Chem.,* 1991, **34**, 1777.
10. D. Seebach and R. Naef, *Helv. Chim. Acta,* 1981, **64**, 2705; G. Fráter, U. Müller, and W. Günther, *Tetrahedron Lett.,* 1981, **22**, 4221.
11. J. R. Gage and D. A. Evans, *Org. Synth.,* 1990, **68**, 77, 83.
12. R. P. Beckett, M. J. Crimmin, M. H. Davis, and Z. Spavold, *Synlett,* 1993, 137.
13. M. A. Walker and C. H. Heathcock, *J. Org. Chem.,* 1991, **56**, 5747.
14. W. Oppolzer, *Angew. Chem., Int. Ed.,* 1984, **23**, 876.
15. D. A. Evans, K. T. Chapman, and J. Bisaha, *J. Am. Chem. Soc.,* 1988, **110**, 1238.
16. S. Masamune, L. A. Reed, J. T. Davis, and W. Choy, *J. Org. Chem.,* 1983, **48**, 4441.
17. L. A. Overman, G. F. Taylor, C. B. Petty and P. J. Jessup, *J. Org. Chem.*, 1978, **43**, 2164.
18. W. Oppolzer, C. Chapuis and G. Bernardinelli, *Helv. Chim. Acta,* 1984, **67**, 1397.
19. P. A. Bartlett and L. A. McQuaid, *J. Am. Chem. Soc.,* 1984, **106**, 7854.
20. T. Poll, A. Sobczak, H. Hartmann, and G. Helmchen, *Tetrahedron Lett.,* 1985, **26**, 3095; H. Chang, L. Zhou, R. D. McCargar, T. Mahmud and I. Hirst, *Org. Process Res. Dev.,* 1999, **3**, 289.
21. S. A. Kozmin and V. H. Rawal, *J. Am. Chem. Soc.,* 1999, **121**, 9562.
22. D. A. Evans, T. C. Britton, and J. A. Ellman, *Tetrahedron Lett.,* 1987, **28**, 6141.
23. S. D. Bull, S. G. Davies, S. Jones and H. J. Sanganee, *J. Chem. Soc., Perkin Trans.* 1, 1999, 387.
24. O. Ort, *Org. Synth,* 1987, **65**, 203.
25. F. Dumas, B. Mezrhab, J. D'Angelo, C. Riche and A. Chiaroni, *J. Org. Chem.*, 1996, **61**, 2293.
26. W. Oppolzer and H. J. Löher, *Helv. Chim. Acta*, 1981, **64**, 2808.
27. J. d'Angelo and J. Maddaluno, *J. Am. Chem. Soc.*, 1986, **108**, 8112.
28. E. J. Corey and H. E. Ensley, *J. Am. Chem. Soc.*, 1975, **97**, 6908.
29. R. K. Boeckman, P. C. Naegely and S. D. Arthur, *J. Org. Chem.*, 1980, **45**, 752.
30. D. L. Comins and L. Guerra-Weltzien, *Tetrahedron Lett.*, 1996, **37**, 3807.
31. M. Sato, S. Aoyagi, S. Yago and C. Kibayashi, *Tetrahedron Lett.*, 1996, **37**, 9063.
32. O. Miyata, T. Shinada, I. Ninomiya and T. Naitu, *Tetrahedron Lett.*, 1991, **32**, 3519.
33. G. H. Posner, Morrison, **2**, 225.
34. M. Hulce, J. P. Mallamo, L. L. Frye, T. P. Kogan and G. H. Posner, *Org. Synth.*, 1986, **64**, 196.
35. G. H. Posner, T. P. Kogan, S. R. Haines and L. L. Frye, *Tetrahedron Lett.*, 1984, **25**, 2627.
36. A. G. Schultz, *Chem. Commun.*, 1999, 1263.
37. T. J. Donohoe, P. M. Guyo and M. Helliwell, *Tetrahedron Lett.*, 1999, **40**, 435.

28 动力学拆分

拆分是对映异构体的分离。我们之前在第 22 章中讲过拆分。动力学拆分的原理很简单，就是在合适的条件下对映异构体中的一个比另一个反应**快**[1]。

反应类型

在动力学拆分中，底物已经有手性中心。关键是反应条件下手性中心能起多大作用。例如，烯丙基醇 **1** 可以被乙酰化。当手性中心不影响反应时两个对映异构体以相同的速率反应。要进行动力学拆分，手性中心必须起到作用才能使一个异构体反应而另一个不反应。

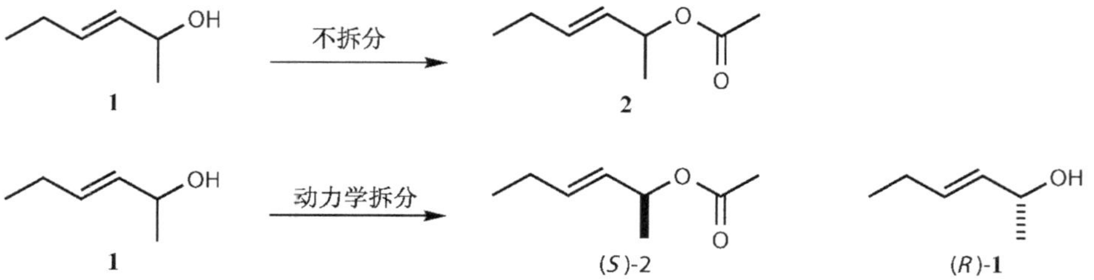

上面这个反应说明了另一个观点，将消旋的醇进行乙酰化反应原则上也可以是动力学拆分反应。我们将要看到在本书中见过的反应用在动力学拆分中。上面的反应并没有创造新的手性中心，但是这并不是不可能的，而在反应复杂时是很常见的。

水轮

动力学拆分一个形象的描述是水轮。假设上面盘子里的黑球和白球要通过水轮落入下面的盘子中。黑球和白球分别代表 R 和 S 的对映异构体，通过水轮代表了转化过程，而落入下面盘子球的数量代表了产率。这个形象的比喻可以让我们动力学拆分中重要的部分——完成度。

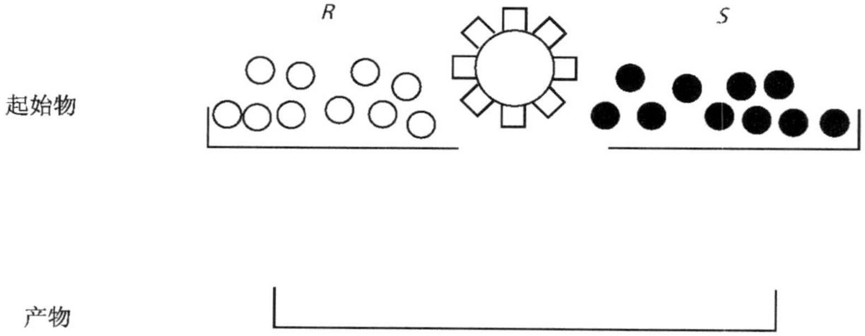

非选择性水轮

当使用没有选择性的水轮时，所有的球随机的通过水轮，下面的盘子中得到50∶50 比例的黑球和白球，所以反应物被没有选择性地消耗了。

选择性水轮

假设水轮有选择性，倾向于让黑球通过。结果就是产物是黑球为主，而反应物中白球的比例变得越来越大。但是这个水轮还不是完美的，它让一个白球通过了。

无选择性的催化剂

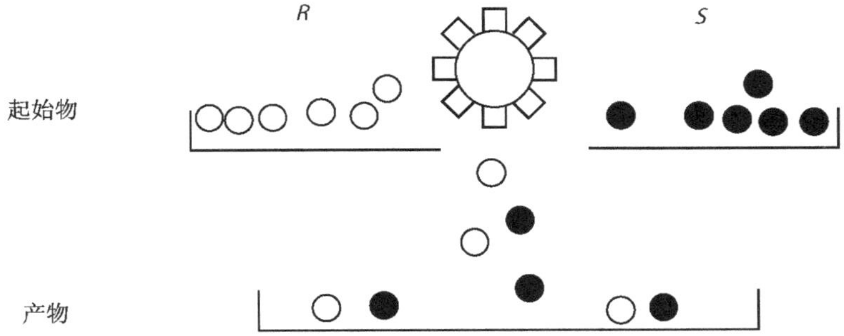

无选择性的催化剂

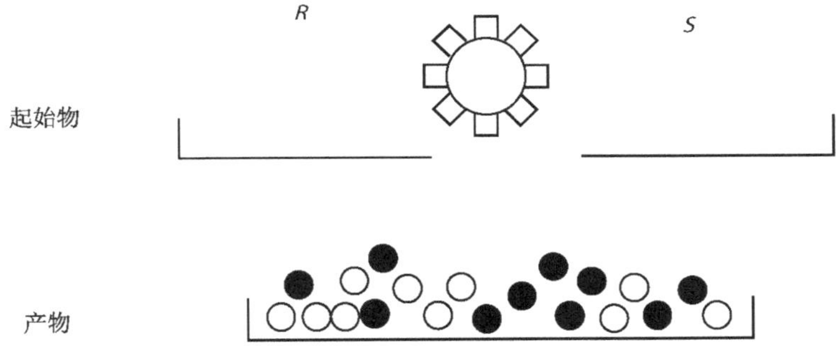

对映选择性的催化剂

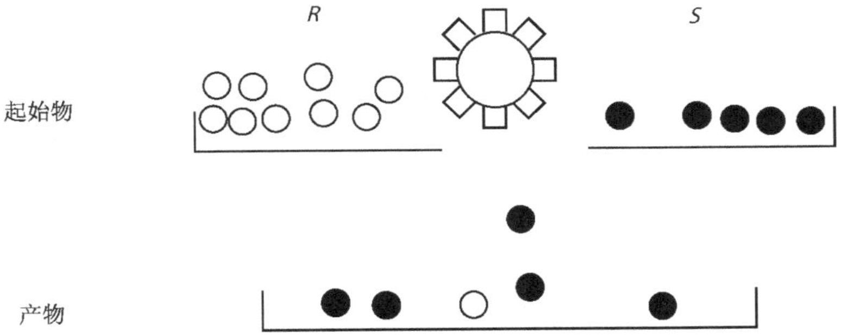

让我们看一下产物和反应物中黑球和白球的比例在反应中的变化。当反应完成 50％时产物达到 80％的 ee，而剩余的反应物也是 80％的 ee。有一个白球通过轮子完成了反应。

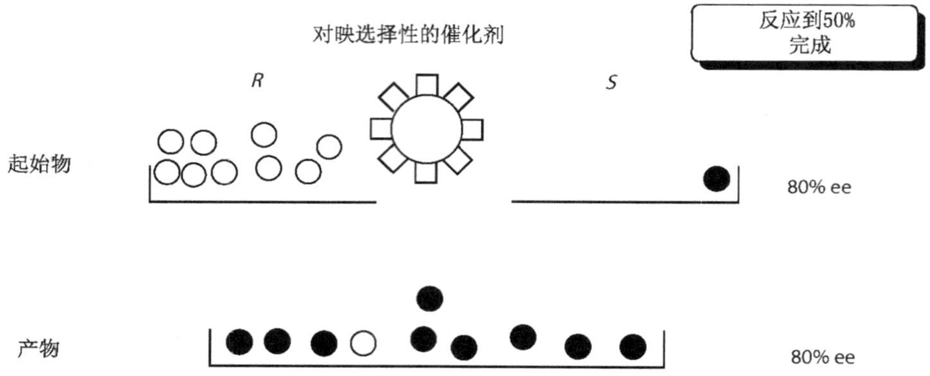

动力学拆分一个很重要的特点就是如果我们想得到高 ee 的起始原料，就必须使反应程度超过 50%。我们在动力学拆分中所得到质量最好的物质就是反应后剩下的原料。如果我们继续反应，使反应程度完成 75%，会发现所有的黑球都在反应中被消耗了，剩下的原料达到了 100%的 ee。但这样的代价就是使产物的 ee 降至 33%。

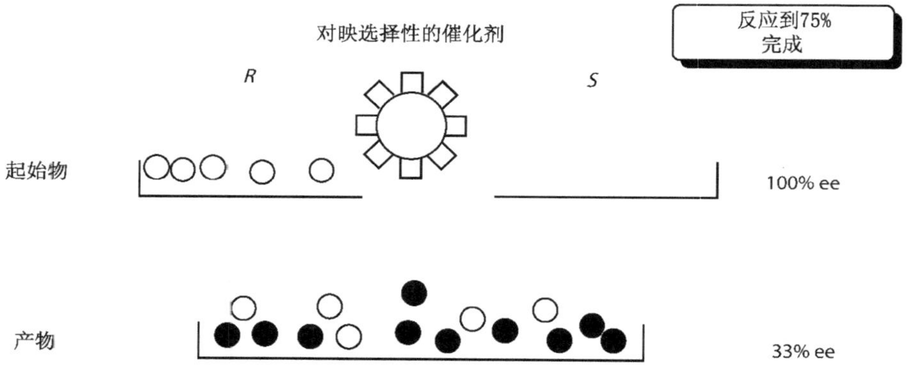

这个特点很重要。如果你在文章中看到可以通过动力学拆分得到 98%ee 的反应原料，记得看一下这需要反应完成多少。如果只需要完成 51%的转化率，那这个动力学拆分是很好的。如果需要完成 90%的反应，最多也只能得到 10%的反应原料，那这个拆分并不是很好。我们将会在下一部分关注这方面的细节。

s，公式和产率

水轮模型并不仅仅是一个对映异构体反应而另一个异构体不反应，是一个反应快（$k_{快}$）一个反应慢（$k_{慢}$）。我们之后见到比较多的是“*s*”值。这是表示选择性的数值，可以简单地标示为 $s=k_{快}/k_{慢}$，就是相对速度。想象一个醇的两种对映异构体可以通过一些方法被立体选择性地乙酰化，一个反应快，一个反应慢。

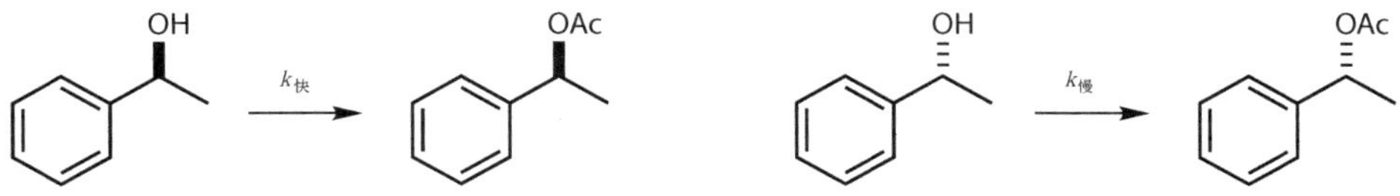

(S)-**3**　　(S)-**4**　　(R)-**3**　　(R)-**4**

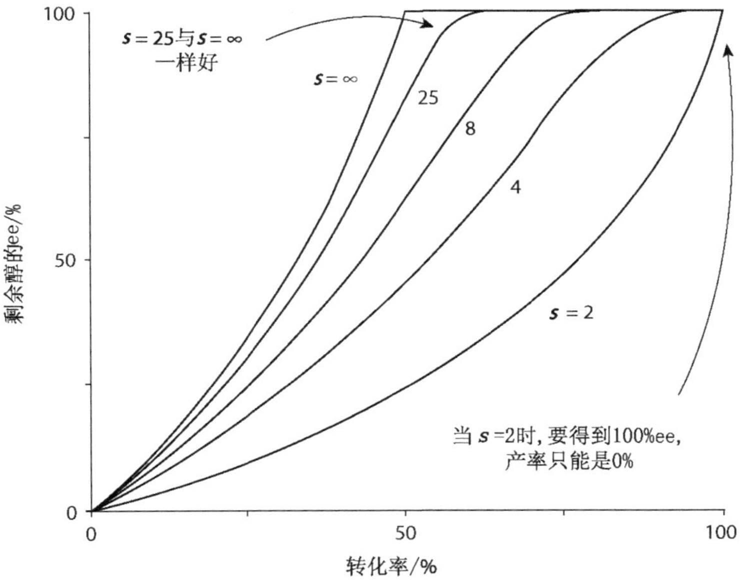

图上的曲线[2]表示了剩余醇 **3** 的 ee 与反应完成度的关系。这些曲线可以合理地展示标准的动力学拆分。最好的动力学拆分是 $k_{快}/k_{慢}=\infty$时，当反应完成50%时剩余的醇就达到了100%的 ee，但这只是理想情况。令我们惊喜的是，当 $k_{快}/k_{慢}=25$ 时曲线就接近于理想情况。当 $k_{快}/k_{慢}$小于或等于 2 时，要获得原料 100% ee，其产率就要接近于 0%，因为必须要反应到几乎没有原料剩余[3]。

在动力学拆分中使用的其他符号还有 C——转化率，所以 $0<C<1$。在经典的动力学拆分里一种对映异构体比另一种反应速率快，反应慢的对应异构体被剩余，所以存在下面等式[4]。这个等式很重要，因为它将转化率，ee 和选择性联系在了一起[5]。

$$S=\frac{\ln[(1-C)(1-\mathrm{ee})]}{\ln[(1-C)(1+\mathrm{ee})]}\quad\frac{\mathrm{ee}}{\mathrm{ee}'}=\frac{C}{1-C}$$

第二个等式告诉我们产率和 ee 不可兼得，这个我们已经从“水轮”模型中知道。好的 ee 意味着必须要以牺牲产率为代价，反之亦然。但 s 越大，你需要牺牲的就越小。ee′是产物的对映体过量值，ee 是剩余原料的对映体过量值。虽然反应进行时剩余原料的 ee 会增高，但当转化率超过 50%后，产物的 ee′一定会下降。

标准动力学拆分反应

手性 DMAP

在这章的最开始，我们提到了手性醇生成酯的反应。DMAP 是通过亲核反应来催化醇的酰化反应的一种试剂。

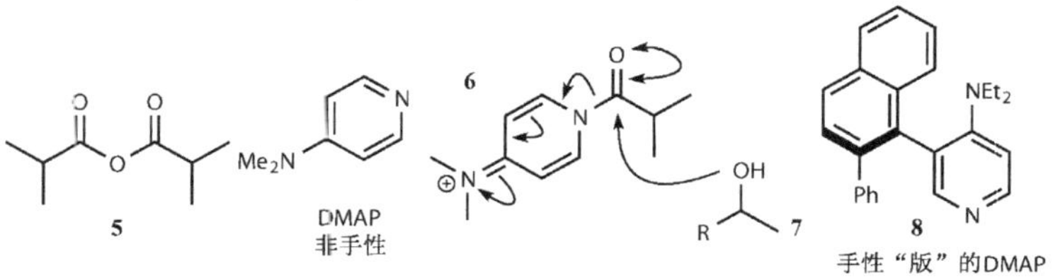

DMAP 本身是非手性的，但是手性的形式可以把非手性的反应中间体 **6** 变成手性的。因为醇 **7** 与中间体 **6** 反应，所以有可能一种对应异构体比另一种反应速率快，从而产生动力学拆分。这些都需要一个手性形式的 DMAP。因为 DMAP 有两个对称面，要创造一个手性的形式有些困难。一种方法是 Spivey 等通过创造轴手性发展的[6]。萘环接在一边而另一边没有，所以一个对称面被去除了。手性轴的出现使得可以区分吡啶环 **8** 的前面和后面。对醇 **9** 的酯化反应 s 是 27，这意味着同时得到产物和剩余原料比较高的 ee 成为可能。在转化率为 56%左右时可以获得 97%ee 的原料。

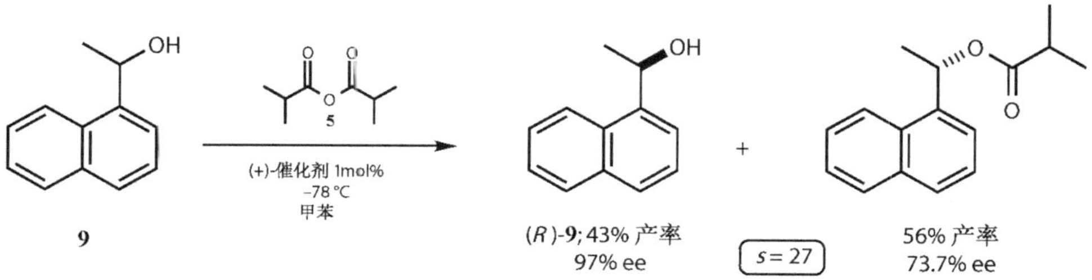

在催化的不对称反应中需要考虑的一个因素是本底反应的速率。换句话说，就是异丁酸酐 **5** 不与催化剂结合，直接和醇反应。这个反应会产生消旋的物质，所以如果要使不对称催化有效，要求本底反应的速率相对不对称反应的速率要慢。

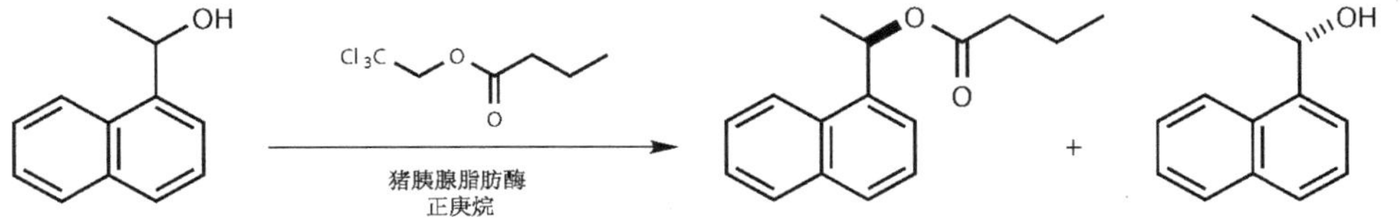

9　　10　　(S)-9; 90%~96% ee

这个醇 **9** 被 Heathcock 使用猪胰腺脂肪酶[7]进行动力学拆分。这两种方法的反应条件有很大的不同。酶催化的反应在 60℃下进行，并且反应需要几天时间。Heathcock 发现在反应结束时 *S* 构型的醇大量存在，同时含有 2%～5%的 *R* 型对映异构体。在两次重结晶后 ee 可以达到大于 99.5%。

另一个手性 DMAP **11** 是 Fu[8]发展的。这个既没有手性中心也没有手性轴，最好的描述应该是它含有面手性。仅通过改变反应溶剂和温度就可以将 *s* 从 14 提高到非常有用的 43[8,9]。很多醇包括 **12**～**15** 通过这个催化剂被拆分，但是在关注 ee 的同时，记得看一下需要的转化率。很显然炔基醇 **15** 更难被拆分。

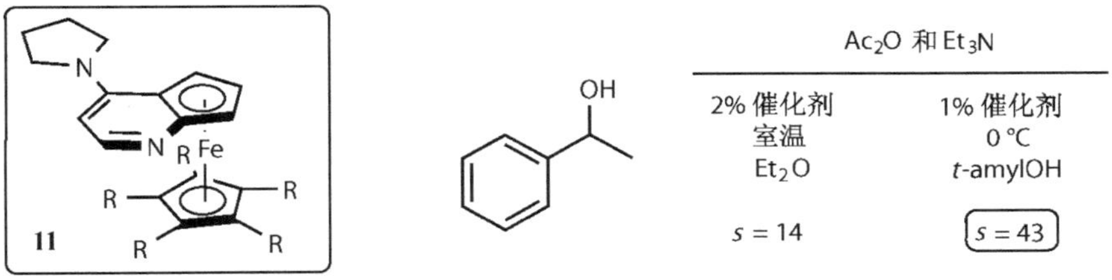

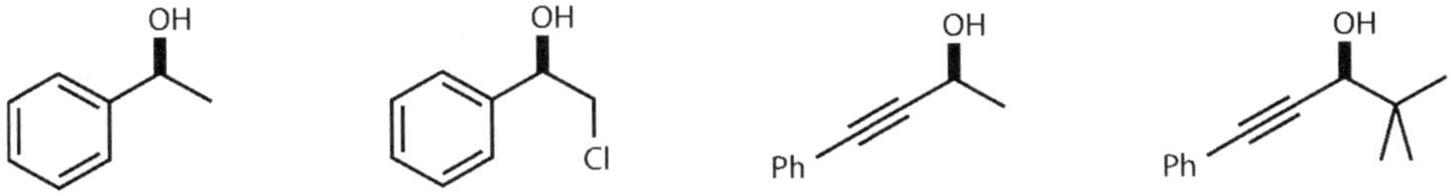

12; 99% ee 55% 转化率　　**13**; 98% ee 56% 转化率　　**14**; 96% ee 58% 转化率　　**15**; 95% ee 86% 转化率

当我们在关注手性 DMAP 的同时也要注意到膦[10]也可以被用来催化酰化反应，有些反应对应的 *s* 甚至很可观。这部分工作的研究重点并没有放在 ee 上，而是关注了更重要的 *s*。

16 的合成使用了乳酸的衍生物且利用金属 Li 的束缚作用选择性地得到了合成中间体 **17**[11]。效果更好的催化剂 **18** 也是通过相同的中间体 **17** 合成的。

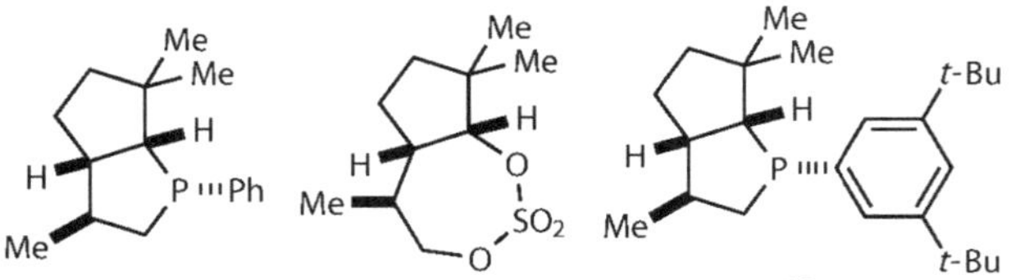

16　　　17　　　18

16 催化的反应是苯甲酸酐的酯化，最好的结果（$s=67$）是与苄醇 **19** 在 -40℃下反应得到。在动力学拆分中 s 达到 67 是非常好的。但是，更好的结果在使用膦 **18** 时得到。这个催化剂对很多醇和不同的条件都适用。最好的结果是在与 **20**，乙酸酐反应时得到，催化剂被重结晶达到了大于 99.9%的 ee。这时 s 达到了惊人的 390！

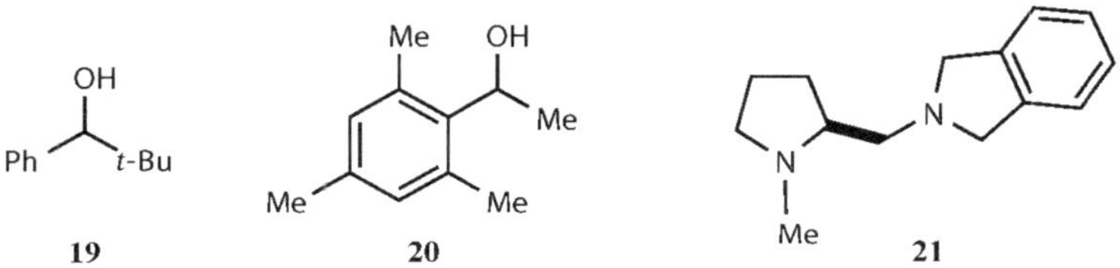

19　　　20　　　21

Vedejs 指出伴随着高的 s，催化剂的 ee 的重要性变大了[12]。举个例子，使用 ee 为 99.6%的催化剂可以得到 s 为 145，当催化剂纯度提高到 ee=100%时，s 可以提高到 204。

Fu 催化剂和 Vedejs 催化剂很出色，对很多底物有很好的动力学拆分效果，这些底物可以被很简单的手性胺进行拆分。由脯氨酸衍生的催化剂 **21** 可以有效地在低温，低用量的情况下拆分二级醇 **22**[13]。脯氨酸衍生催化剂的使用被扩展到很多一级醇上[14]。

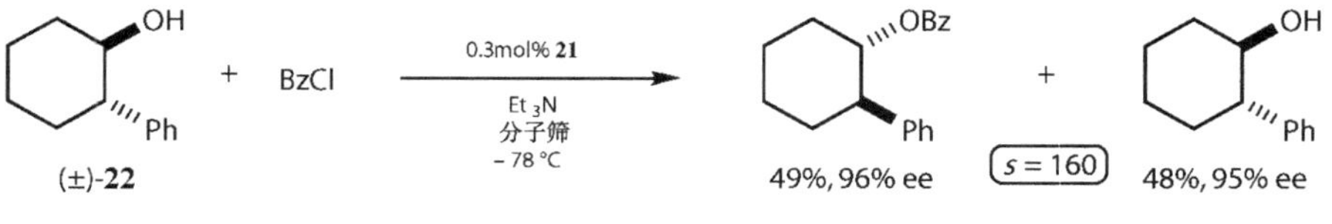

环氧化反应

可能最著名、最被广泛应用的动力学拆分反应是烯丙基醇的 Sharpless 环氧化[5,15]，一个我们曾在第 25 章见过的反应[16]。因为我们要向已经有手性中心的分子中加入更多的手性中心，这使这个反应比简单的动力学拆分要复杂。

酒石酸络合物与我们在第 25 章中见到的一样。两个对映异构的烯丙基醇与光学纯的酒石酸分子形成两个非对映异构体参与反应的络合物。如下图所示，烯丙基醇中与羟基相连的碳原子是手性中心。烯丙醇 **23** 中双键的位置与过氧相邻，容易反应。在一种对映异构体中，R 基团与 Ti 的络合物有很大的空间位阻，而在另一种对映异构体中，R 基团位于没有空间位阻的位置。可以推测，通过空阻较大的络合物的对映异构体一定是反应较慢的。

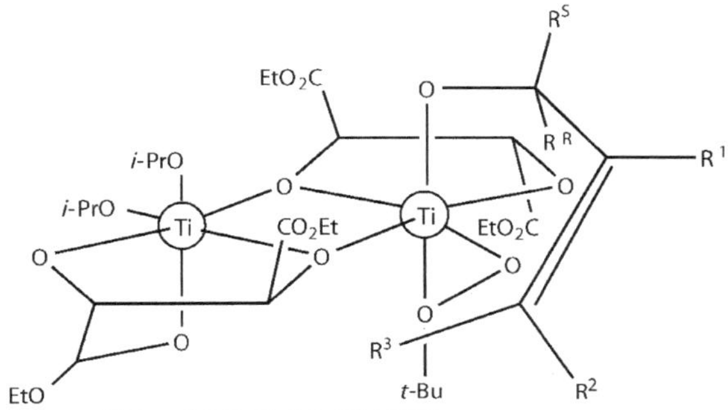

活性Ti配合物用于不对称环氧化

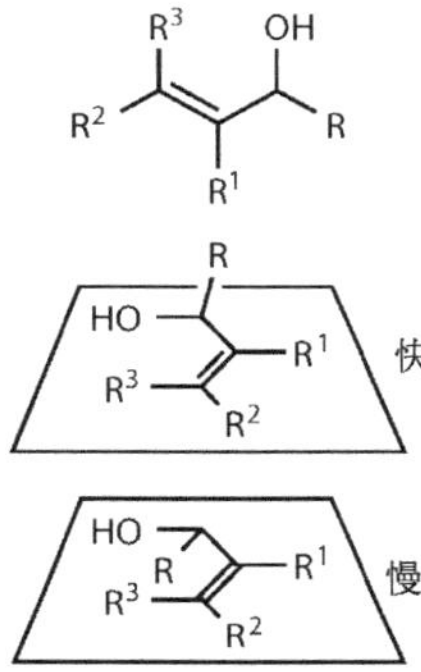

(±)-**23**

快反应的异构体 (*S*)-**23**

慢反应的异构体 (*R*)-**23**

烯丙基醇 **24** [17] 是这个反应一个很好的例子（经常被引用）。使用 L-(+)-二异丙基酒石酸，这个醇有一个对映体（*S*）反应快而另一个对映体（*R*）反应慢。但这并不是如上图所示，原则上两种对映异构体都能够产生非对映体异构体 **25** 和 **26**。

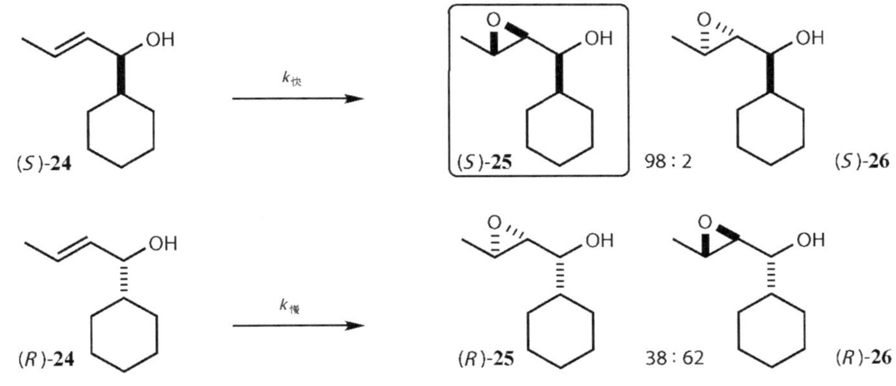

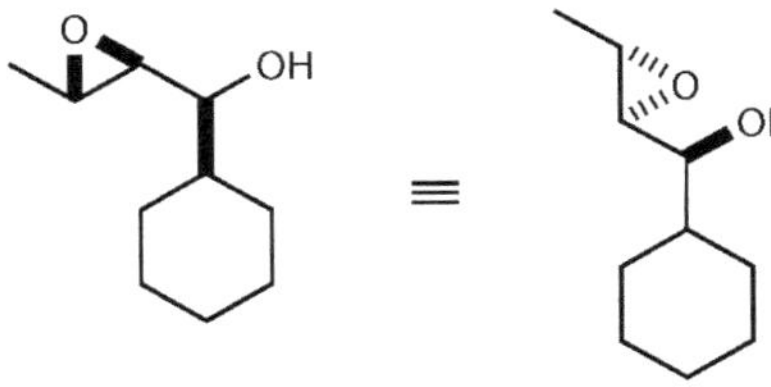

25a **25b**

反应快的对映异构体 **25** 有好的非对映选择性的反应，产物的比例为 98∶2。反应慢的对映异构体选择性比较差，只有 38∶62。上述中的烯丙基醇被画成这样是不正常的，**25b** 很少被画成 **25a**。快的反应与慢的反应相差多少取决于催化剂。使用二甲基、二乙基到二异丙基的酒石酸可以使选择性从 19 到 36 再到 104[18]。

在双羟基化反应登上不对称的舞台上之前，不对称环氧化及相关的动力学拆分就成为产生单一对映异构体最流行的方法，因为它们的反应效果很好。环氧化反应甚至可以被信赖地用于本科生的基础教学实验。

我们会在这章的最后**双重法**部分见到 Sharpless 环氧化反应。有趣的是，Sharpless 另一个著名的不对称反应——双羟基化反应，却没有在动力学拆分中被广泛发现。这可能是因为不对称双羟基化反应太有效，用个拟人的说法，是太固执了。换句话说，它对底物中的手性中心并不敏感，可以与两种对映异构体都反应。这并不是说没有双羟基化反应动力学拆分的例子[19]，只是比较少。双羟基化反应比烯丙基醇环氧化反应的动力学拆分更普遍和有效，我们在第 25 章讨论。在**双重法**这一节中，我们将会见到使用不对称双羟基化反应对醇的动力学拆分的例子。

环氧化是动力学拆分中很熟悉的领域之一。消旋的环氧化也可以在动力学拆分中作为底物。例如，Co-Salen 配合物可以用在促进形成旋光活性纯的噁唑烷酮[20]，我们将会在动态动力学拆分部分看到详细的介绍。酶也可以用来与环氧化合物中单一的旋光异构体反应[21]。酶是动力学拆分一种很好的化合物，并且可以在一些比较特别的条件下反应，如在超临界 CO_2[22]。

无用的动力学拆分

需要注意的是无用的动力学拆分反应。例如，在测定对映体过量（ee）时，使用光学纯试剂反应生成 Mosher 酯等衍生物。醇 27 是 60%ee——4 份的 *S*-醇和 1 份的 *R*-醇，但是这个 ee 还没有被测量出。假设生成 Mosher 酯的反应只完成了 80%，并且 *R*-醇比 *S* 构型的反应速率快很多。反应的结果将是现在有 3 份的 *S*-醇和 1 份的 *R*-醇，此时测得的 ee 为 50%。更差的可能是 *S*-醇比 *R* 构型的反应快很多，我们将会有 4 份的 *S*-醇但有 0 份的 *R*-醇，这时测出的 ee 将是 100%。

所以反应要完成 100%是很重要的，最后的一点原料醇都要转化为它们的衍生物。这时测出来的比例是 4∶1，与真实的 ee 相同。

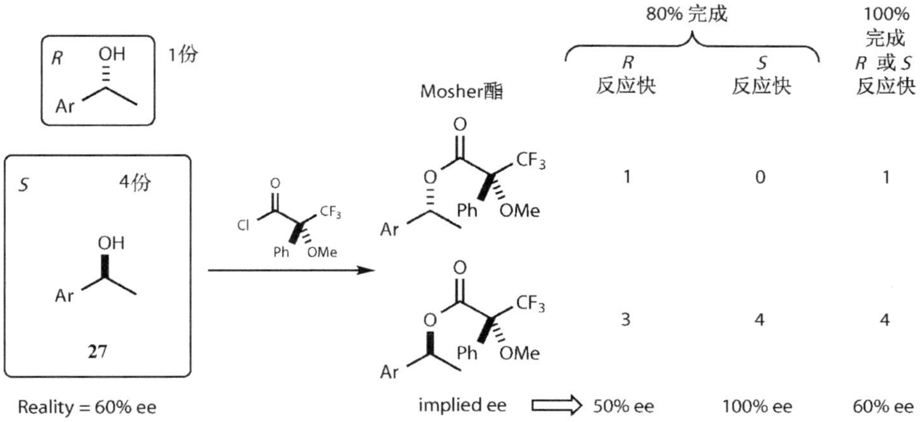

酶

整个下一章（第 29 章）都是关注酶和它们的应用的。毫无疑问，在动力学拆分的内容里应该有酶的部分。酶的选择性往往是非常好的，反应可以在完成 50％时得到 ee 很高的产物和未反应的原料。*Pseudomonas fluorescens* 中的脂肪酶可以在 pH 中性的水中有效的水解乙酸酯 **4** 的一个旋光异构体。以 48％的产率和大于 98％ ee 生成 *R* 构型的醇 **3**，并且剩余的原料也可以以 48％的产率和大于 99％的 ee 得到！

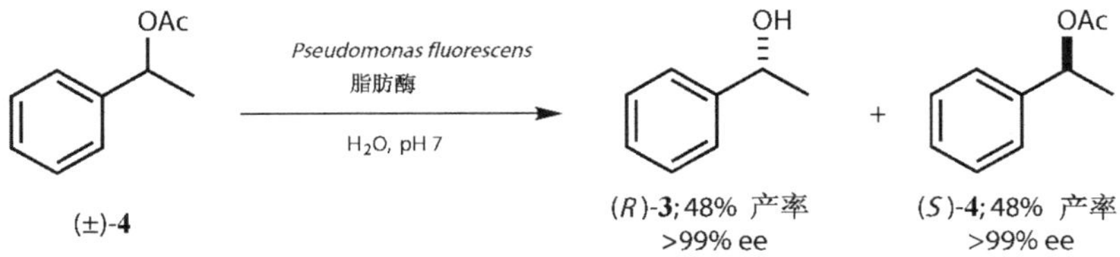

R 构型的乙酸酯发生反应。如果我们使用消旋的醇代替消旋的乙酸酯，使用相同的酶发生逆反应，*S* 构型的醇将被剩下。这种方法的确可行[23]。

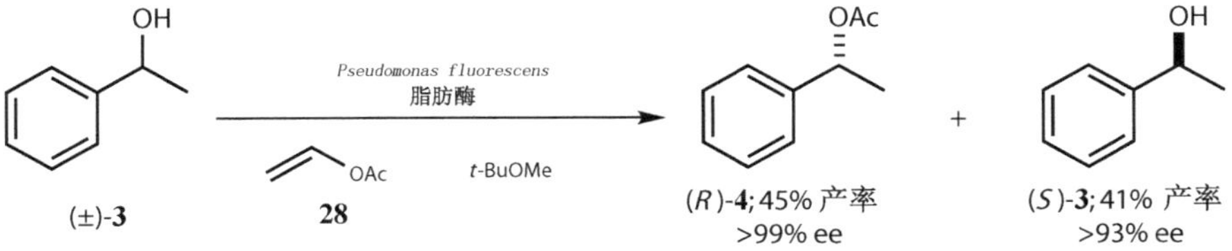

有趣的是，我们可以用同样的酶获得醇的任一旋光异构体。但是，由于逆反应的产率和 ee 并不是很好，使用乙酸烯基酯作为乙酰化试剂是常见的策略，因

为烯基醇 **29** 会异构化为乙醛 **30**，所以将它从平衡体系中除去就可以使反应继续。缺点之一是乙醛对反应有害（可能是降低了酶的活性）。

Pseudomonas 将会在动态动力学拆分中出现。在下一部分，我们将会在起始原料消旋化的动力学拆分中再次见到 *Pseudomonas fluorescens*（动态动力学拆分）。

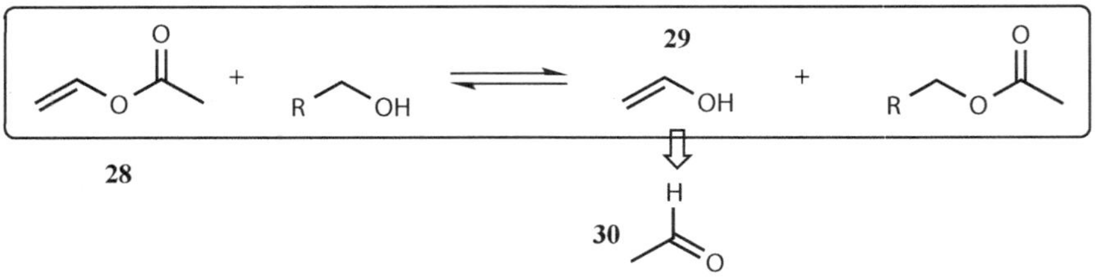

动态动力学拆分

动力学拆分最大的问题是即使有最好的选择性——可以 100%的 ee 得到产物，但产率最大也只能有 50%。无用的对映异构体就被浪费了。动态动力学拆分（DKR）给予了我们把此产率理论上提高到 100%的机会。在最简单的动态动力学拆分中，起始原料在反应条件下消旋化，但只有一种对映异构体参与继续的反应。原料不断的消旋化使不反应的消旋体不会积累起来。消旋化会给选择性额外的加分。在标准动力学拆分中，当反应完成 50%时剩余了大量的不易反应的对映异构体，所以要使反应试剂或催化剂选择性的反应变得更困难了。在动态动力学拆分中，因为没有不反应的对映异构体的积累，所以在反应结束时的选择性也不会变差。

在第 22 章中我们见过消旋化应用于 L-364,718 的合成中。这可以被描述为动态的拆分，甚至是动态的热力学拆分。它**不是动态**动力学拆分，因为它并不依靠于一种对映异构体反应比另一种快。相反，它是依靠一种晶形比另一种更稳定。

环氧氯丙烷的反应

消旋的环氧氯丙烷 **32** 可使用 Cr 与 salen 的络合物 **31** 进行动态的动力学拆分。产品的 ee 和已达到很好的 97%，并且产率有 76%[24]。

看完反应方程式的第一感觉好像环氧通过铬络合物的中间体被叠氮化合物直接开环，但这就是一个标准动力学拆分的过程，产率最高只能达到 50%，所以两种旋光异构体之间一定有转化。设想环氧氯丙烷被氯离子开环，可以得到具有对称面的化合物 **34**。这个化合物在两边都可以形成环氧化合物，因此可以使两种对映异构体相互转化。

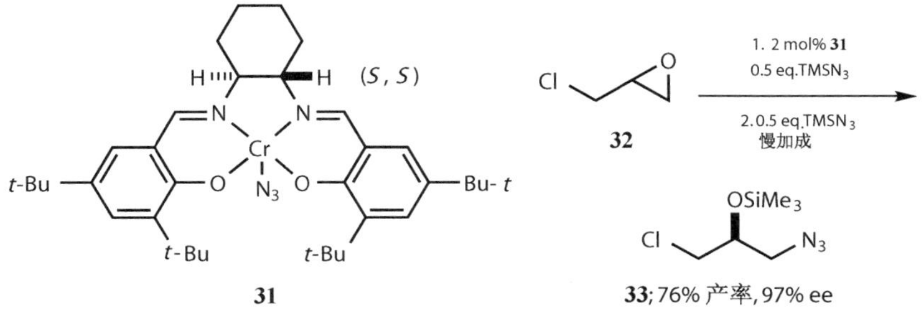

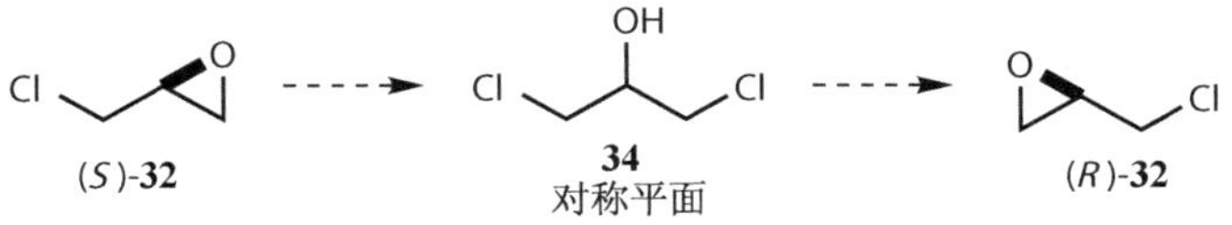

其他类似的反应也在上面的反应中发生。在常规的反应中叠氮化合物 **31** 与环氧氯丙烷得到中间体，中间体与 $TMSN_3$ 反应重新得到反应试剂并且形成硅醚。但是这里有一个副反应可以产生氯化的 salen 络合物 **35**。

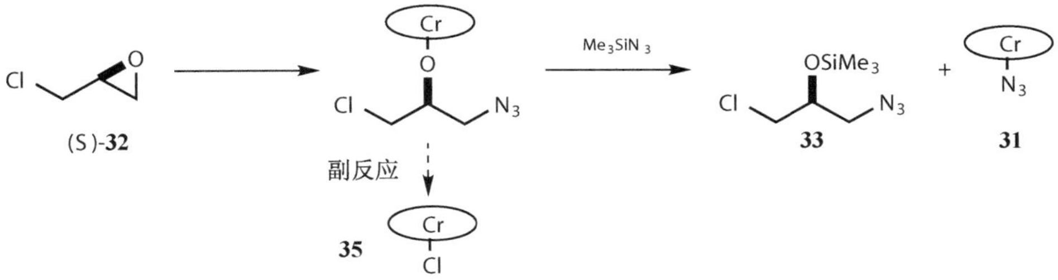

这个络合物可以与氯代环氧丙烷发生加成反应，在逆反应中可以使 **36** 消旋化反应。在这个反应条件下叠氮化合物的一半加成很快，但另一半 Me_3Si 反应较慢。具有反应活性的对映异构体在开始时反应并不好，但在下一步反应中还要持续地被消旋化，所以一个可能的副产物——双叠氮化产物 **37** 可能产生，作者怀疑此物质可能发生爆炸。

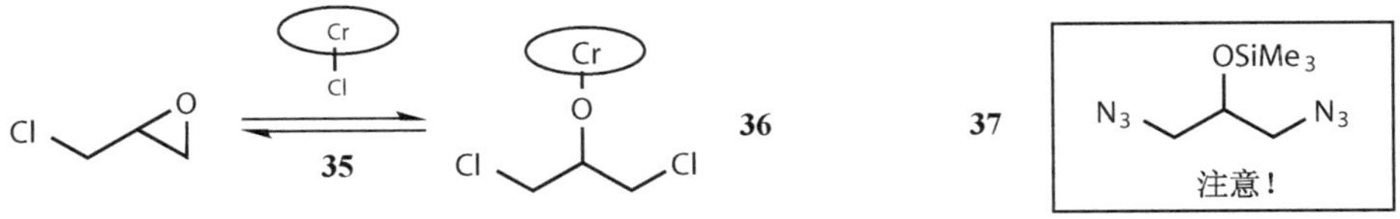

叠氮化合物 **33** 可以很容易被转化为试剂 **38**，这个试剂被作为合成嗯唑烷酮抗生素 **39** 的中间体[24]。

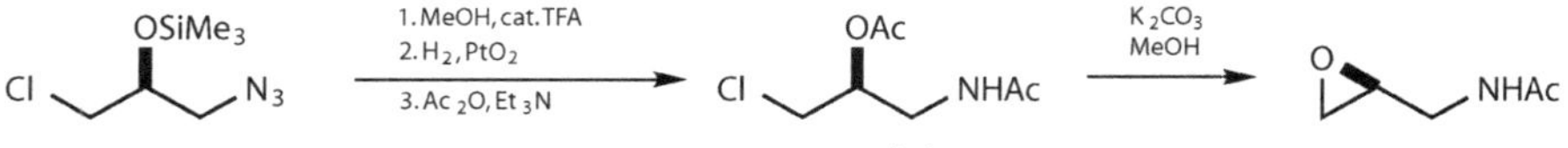

33　98% 产率　38

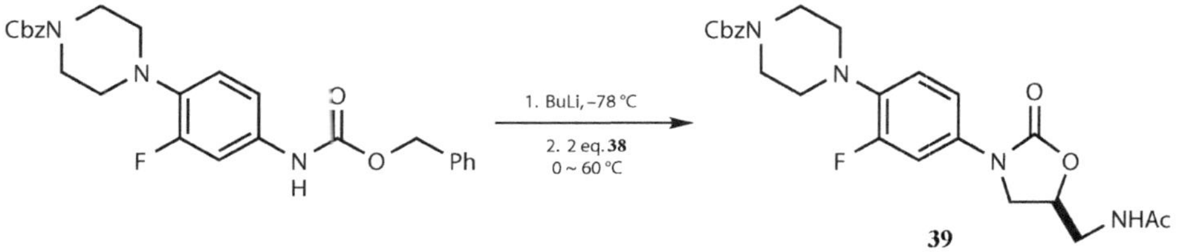

39

α-乙酰氧基硫醚

Lamivudine 光学纯化合物的合成需要使用α-乙酰氧基硫醚（R)-**40**[25]。通过使用 *Pseudomonas fluorescens* 脂肪酶进行动力学拆分产生光学纯的化合物，这个酶水解我们不想要的产物，使我们需要的产物剩余。作者研究了一系列硫醚，乙缩醛 **40** 的效果最好[26]。溶剂很重要，氯仿代替 t-BuOMe 反指向得到低的 ee。

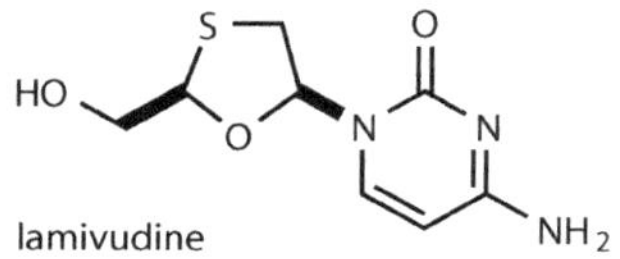

lamivudine

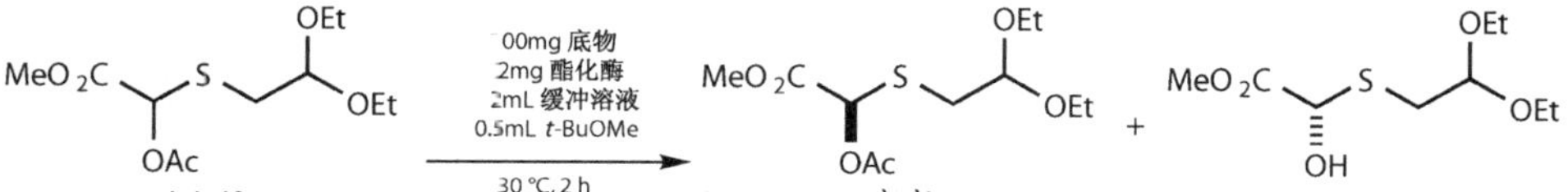

(±)-**40**　(R)-**40**; 45% 产率, >95% ee　(S)-**41**

这是我们预期动力学拆分的结果，尽管选择性很好（ee>95%），但产率不会高于 50%。为了获得高于 50%的产率，我们需要循环未反应的对映异构体。

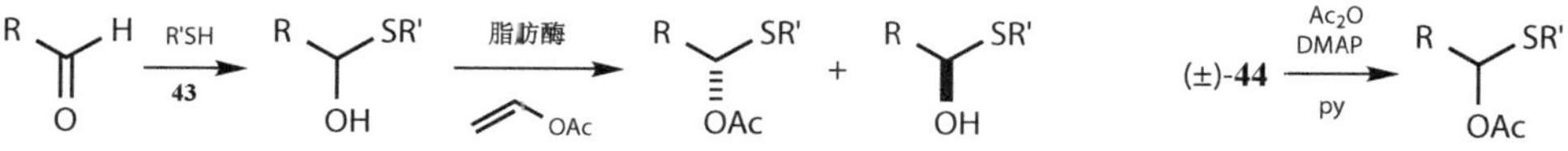

42　(±)-**44**　(S)-**45**　(R)-**44**　(±)-**45**

消旋的α-乙酰氧基硫醚 **45** 可以由硫醇 **43** 向醛 **42** 的加成，随后将羟基用 Ac_2O 乙酰化而得[27]。可以使用 *Pseudomonas fluorescens* 的脂肪酶调节乙酰化反应，使用当量的烯基乙酰化试剂是（S)-**45** 反应。但这还没有实现动态的动力学拆分。我们需要使没有被乙酰化的（R)-**44** 变为起始原料。但是，硫醇半缩醛被发现可以在硅胶柱上分解得到起始原料硫醇 **43** 和醛 **42**。这使得人们想到了加入硅胶促进醛和硫醇的生成，这的确起作用了[27]。硅胶可以使产率高于 50%，因为中间体硫代半缩醛不反应的对映异构体可以变为可反应的起始原料。

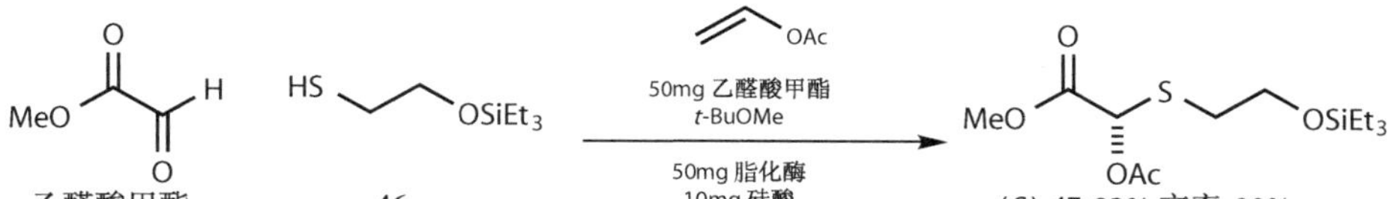

乙醛酸甲酯　　**46**　　(*S*)-**47**; 83% 产率, 90% ee

包括可以获得高 ee 的 **46** 在内的几种硫醇被尝试过。总的来说，乙酰化反应的立体选择性略高于水解反应，作者认为是由于酶在有机溶剂中比在水中构象有更大刚性所致。你可能注意到反应涉及的是(S)-异构体的酯化而不是(S)-异构体的水解，这个并不是在 Lamivudine 合成中需要的。作者再次使用 *Pseudomonas fluorescens* 对双乙酰化合物 **48** 进行水解，得到水解的一级醇，这样获得了正确的对映异构体 (*R*)-**48** 的关键中间体[28]。

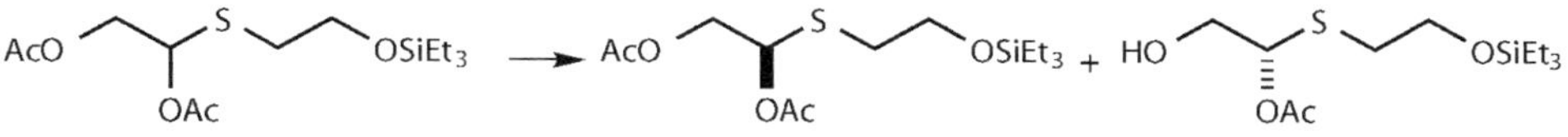

(±)-**48**　　(*R*)-**48**

酶与金属共同作用

在上面的例子里，促进动力学拆分的酶与提供动态动力学拆分中动态部分的硅胶结合在一起。硅胶的作用是使没有被乙酰化的乙酰半缩硫醇消旋。大多数醇并不能被这么直接消旋化。例如，异苯乙醇 **3**，它如何可以被消旋化？硅胶并不能起作用。

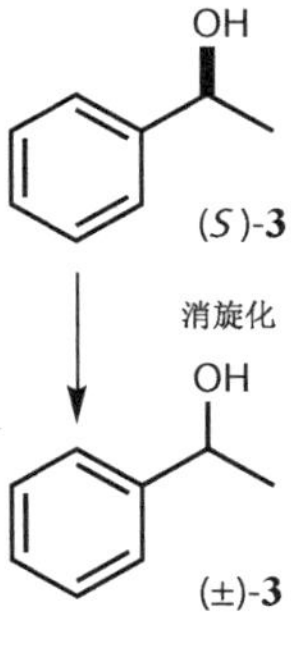

Williams 以一种不同的角度尝试寻找用于不对称合成中善于消旋化反应的催化剂[29]。一种有创意的方法是利用苯乙酮参与的氢转移反应。如果 (S)-醇可以被作为氢源还原酮，那么在没有立体选择性的情况下，产物将是苯乙酮和无手性的苯乙酮生成的消旋的醇。很多催化剂包括 Ir 和 Ru 的络合物被研究过，两种 Al 和 Ru 催化的效果列于下面：

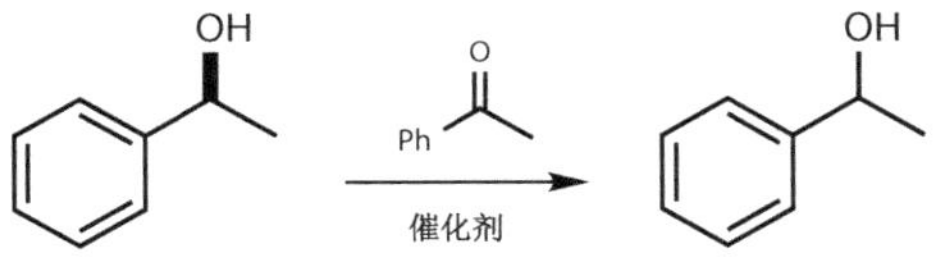

(*S*)-(−)-**3**　　(±)-**3**

催化剂	产率, ee
20mol% $Al(O\textit{i}\text{-}Pr)_3$	80%, 0%ee
3mol% $Rh_2(OAc)_4$ + KOH + phenanthroline	73%, 0%ee

消旋的过程与酶促动力学拆分结合在一起。整个反应如下图所示[29]。消旋化如方框中所示，*Pseudomonas fluorescens* 脂肪酶将（*R*)-异构体乙酰化。转化率为 60％时产物有 98％ee。60％好像并不吸引人，但是在标准动力学拆分里面，转化率为 60％时，最高的 ee 为 67％（产物包含 50％的一种异构体和 10％的另一种旋光异构体）。另一些方法在 80％转化率时得到 76％的 ee。在这个转化率时标准动力学拆分产物的 ee 仅有 32％！

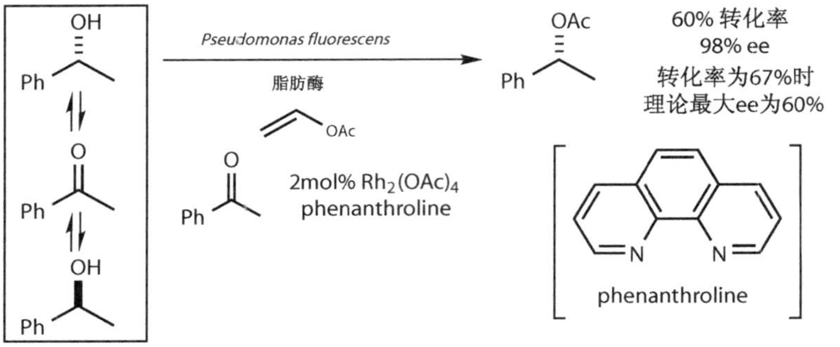

脂肪酶也与 Pd 催化剂结合提供动力学拆分的动态方面[30]。在下面的例子中不反应的烯丙基乙酸酯（*S*)-**49** 被消旋化。烯丙基 Pd 离子在第 18 章已经被讨论过。

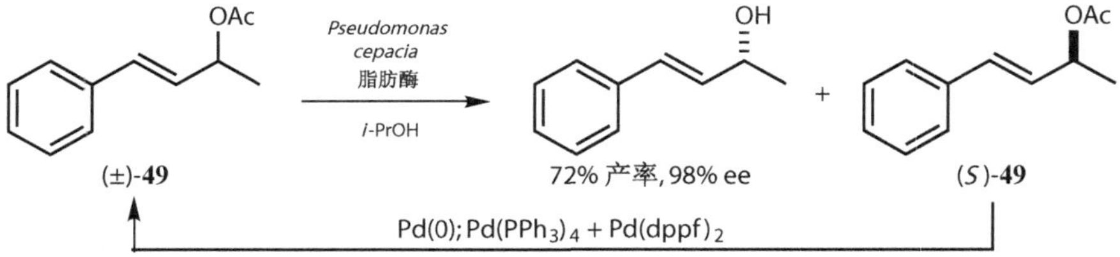

氢化

我们还没有涉及消旋化反应相对于动力学拆分反应的速率。很明显，如果消旋化反应的速率如果太慢，会产生不反应的对映异构体的累积。而最好的选择性是在起始原料是消旋的时候，所以消旋化反应的速率必须比快的动力学拆分反应的速率还要快。这个特点可以体现在 *β*-酮酯 **50** 的氢化反应上[31]。消旋化反应很快，通过烯醇 **51** 进行。产物的 ee 为 99％。含量最多的杂质是非对映异构体，不过 *syn* ∶ *anti* 的比例是比较好的 96.4 ∶ 3.6。Ru 的配体是经过简单修饰的 BINAP。常规 BINAP 中的苯环被二甲苯基代替。

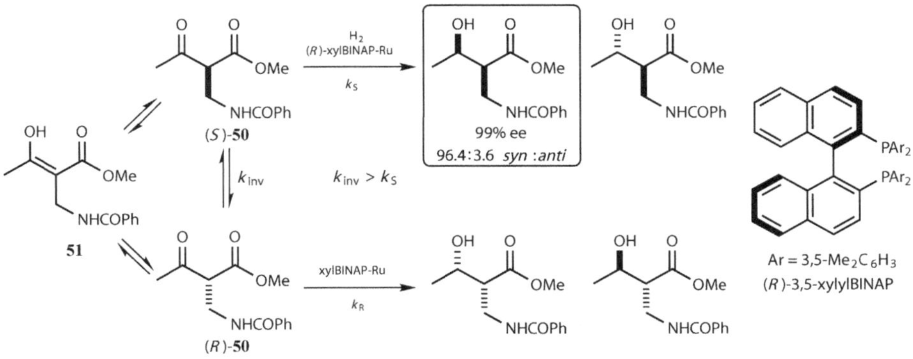

平行动力学拆分

动力学拆分就像是圣诞节时的一个爱吃蓝色糖的阿姨对着一罐糖果。在开始时，她很简单地就可以找到蓝色糖并吃掉这些美味，但是随着时间的继续，蓝色糖变得越来越少，在红色糖里面找到它们变得很困难。相似的，在反应继续过程中，立体选择性的试剂发现找到能反应的对映异构体越来越困难。我们真正需要的是一个吃红色糖块的大叔。

另外，回想一下在这章开始时白球和黑球的比喻。水轮可以选择性地通过白球。在反应结束时，几乎没有白球剩余，由于水轮并没有完美的选择性，再找到白球变得越来越困难。当所有白球通过后，会继续反应，强迫水轮让黑球通过。这对选择性来说是个坏消息。如果有另一个水轮对黑球有选择性（将它们运输到单独的容器），那么黑球的浓度就不会增加。

在平行动力学拆分中，一种对映异构体反应得到一种产物，而另一对映异构体得到另一种其他的产物。这种方法最主要的优点是没有逐渐增加的选择性障碍，因为需要的对映异构体的浓度相对于另一种异构体来说并没有增加。不需要的对映异构体也会发生反应，不过生成的产物不同。理想情况下这两个反应将以相同的速率进行。

一种确定两个对映异构体以相同速率反应的方法是使用消旋的试剂。但是这在总体上是毫无意义的，因为我们最终会得到消旋的产物。但是，如果使用**几乎**消旋的试剂，我们可以实现平行动力学拆分。这里“几乎消旋”的概念需要明确，它被 Vedejs[32]解释过。试剂是已经被乙酰化的手性 DMAP。注意，这里是两种不同的异构体，其中一种几乎是另一种的对映异构体。理想的情况是一种试剂与一种对映异构体反应的产物和另一种产物是可分离的。每个伪对映异构体（**53** 或 **56**）携带着不同的取代酰基，所以这些“对映异构体”是可区分的不同的化合物。另外，三氯丁基保护基可以用 Zn 和乙酸除去得到（S)-**9**，剩下完整的

莰基甲酸酯 **57**。

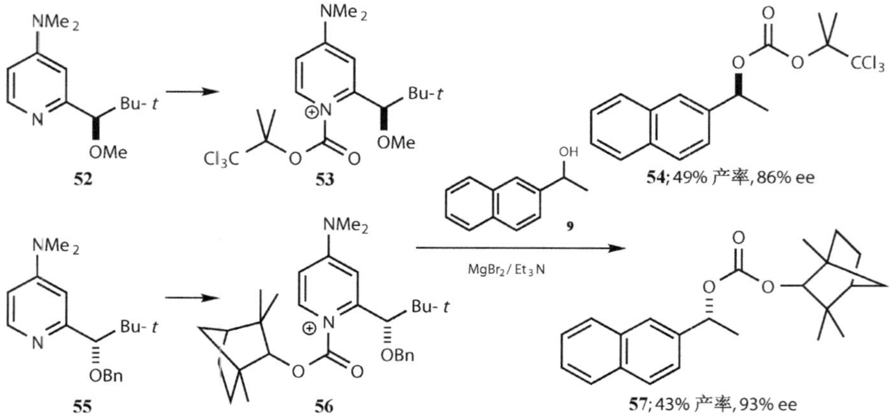

平行动力学拆分最主要的好处是选择性值 s 不需要很高。在标准动力学拆分中，需要 $s=200$ 可以实现 50％的产物和原料有 96％的 ee。平行动力学拆分需要 $s=49$ 可以达到相同的效果（在平行动力学拆分中有两个 s，每个反应一个，我们假设两个 s 相等）。但是如果 s 很高，使用平行动力学拆分的方法并不是一个经济实用的方法。

在平行动力学拆分中，两个反应应该不相互影响。在上面的例子中，两个反应都是酰基化，不过化学计量的试剂说明了酰基与正确的对映异构体相连。这里，Vedejs 并没有排除路线中的小缺陷（当手性 DMAP 被释放，可以在其他路径中起作用）。当两个催化的反应有关联时，平行动力学拆分变得困难了。

在下面的例子中，一个对映异构体被脂肪酶乙酰化，而另一个经过膦催化的过程[10,33]。我们希望脂肪酶催化三甲基乙酸烯基酯 **58** 与 R 构型醇的反应，而膦催化 S 构型醇使用聚合物连接的酸酐 **60** 酰化。但是，脂肪酶必须不使用聚合物连接的酸酐，同样膦必须不催化三甲基乙酸烯基酯的反应。幸运的是，膦不与三甲基乙酸烯基酯反应，而不溶的脂肪酶无法与聚合物连接的材料作用。同样，脂肪酶也避免了可能被酰基化膦中间体破坏。反应条件被描述为“三相反应”。三相分别是可溶相和两个不溶相：聚合物酸酐和交叉结合的脂肪酶。

脂肪酶催化路径和膦催化路径的 s-值并不相同，但相对于两种对映异构体消耗速度相等来说并不重要。所以，脂肪酶和膦的相对含量需要调整使两种对映异构体的消耗速度相同。在反应结束时，一种对映体的醇与聚合物相连，而另一种形成酯溶解在溶液中。过滤就可以将它们分离。两个反应产物的 ee 都比标准动力学拆分 50％转化率时 ee 要高。注意，这是不同的试剂与两种对应异构体反应。

如果你认为平行动力学拆分是个复杂的工程，那么下一个例子会展示给你它们可以有多么得简单。Eames 使用不同的（伪对映异构）Evans 助剂来拆分酯[34]。

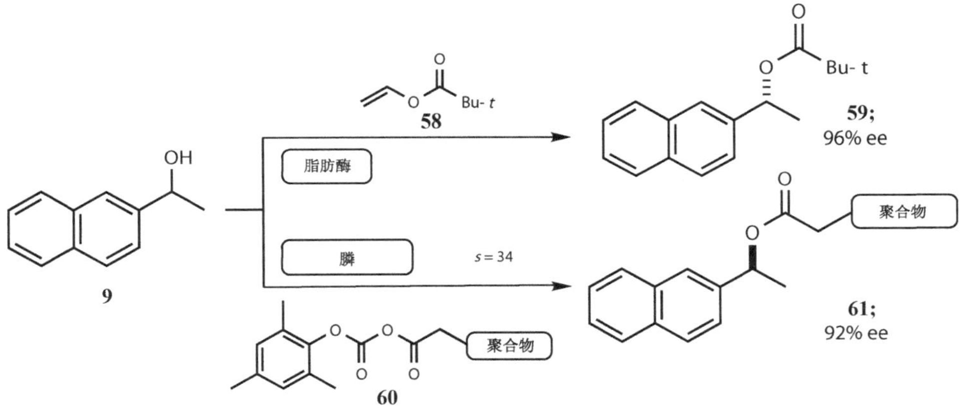

9　　60

但是这里并不是起助剂的作用。一个光学纯的噁唑烷酮与待拆分的酯 **63** 反应。最重要的基础是哪个手性的噁唑烷酮可以表现出好的选择性。这可以用消旋的噁唑烷酮和消旋的底物来检验。使用消旋的噁唑烷酮可以显示出非对映选择性，同时避免了底物对映异构体浓度相对变化的干扰。这模拟了平行动力学拆分的过程。

发现缬氨酸衍生的噁唑烷酮 **62** 和苯基甘氨酸衍生的噁唑烷酮 **67** 有好的选择性（对于 *syn*-非对映异构体），而 **66** 没有这个选择性。

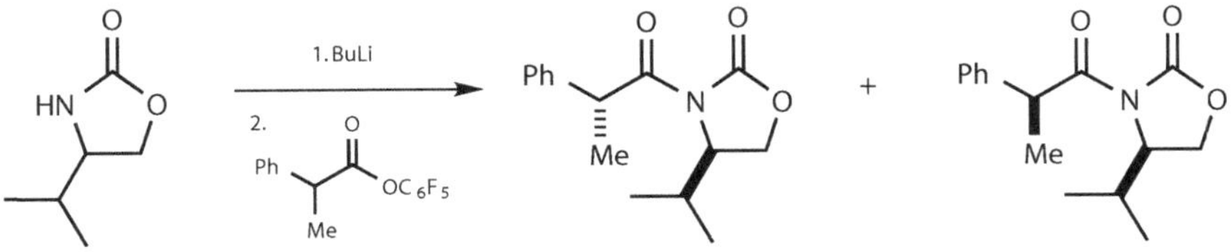

(±)-**62**　　**63**　　(±)-**64**-*anti*　　5:95　　(±)-**65**-*syn*

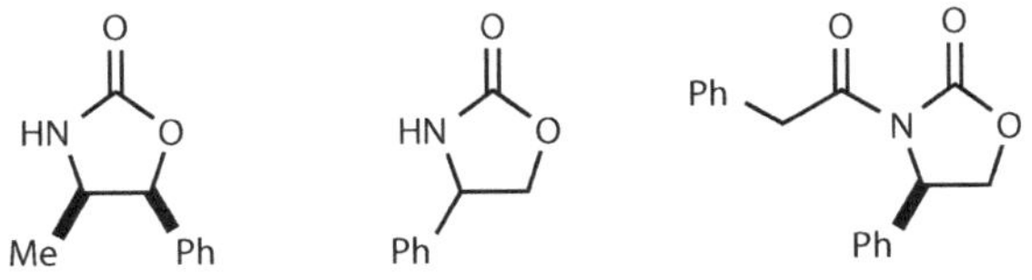

(±)-**66**　　(±)-**67**　　**69**

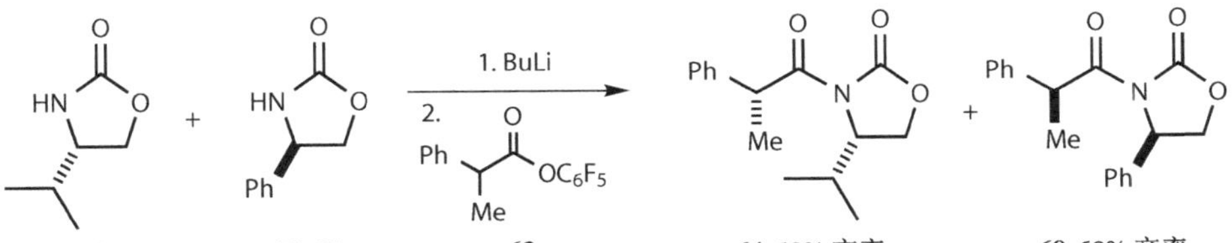

(*S*)-**62**　　(*R*)-**67**　　**63**　　**64**; 60% 产率 88:12 *syn*:*anti*　　**68**; 60% 产率 95:5 *syn*:*anti*

对平行动力学拆分本身，(*S*)-**62** 和(*R*)-**67** 可以一起使用有效的对消旋的酯 **63** 实现动力学拆分。尽管 **64** 和 **68** 可以被分离，值得一提的是，主要的 *syn* 产物可以通过标准烷基化通过噁唑烷酮如 **69** 制备。

区域分歧的拆分

这种东西看起来好像是学术界的幻想，不可能被药物化学工作者用在药物的合成和生产上。但是不要放弃，我们将要看到在类固醇化学中区域选择性的应用。在下面的例子里，一个底物的对映异构体以一种方式与光学纯的碱反应，而另一个对映异构体以另一种方式反应，这就是“分歧”。当我们开始讨论这些反应之前，让我们先仔细研究一下底物的立体化学分析。

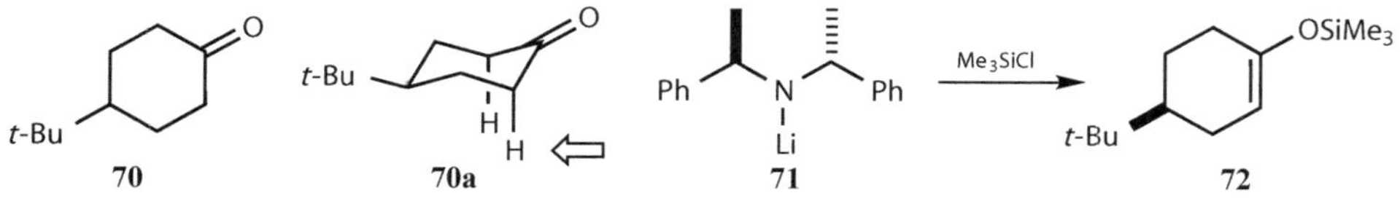

面对非手性的酮 **70**，光学醇的碱 **71** 会选择进攻可以互变的一个或另一个质子，有效地形成烯醇结构。选择在化合物内进行——起始原料并不是一对对映异构体，但是当我们关注与这个非手性的底物时由发现有些复杂。在酮 **73** 同一侧碳原子上的氢并不是对映异构关系，而是非对映异构关系。对映异构的质子可以在对映异构体中找到。我们可能会想，在直接取代的方式里，手性的碱会夺取一种对映异构体的质子而忽略其余的，所以我们可以得到立体选择性。但在酮 **73** 的反应中并不是这么简单。

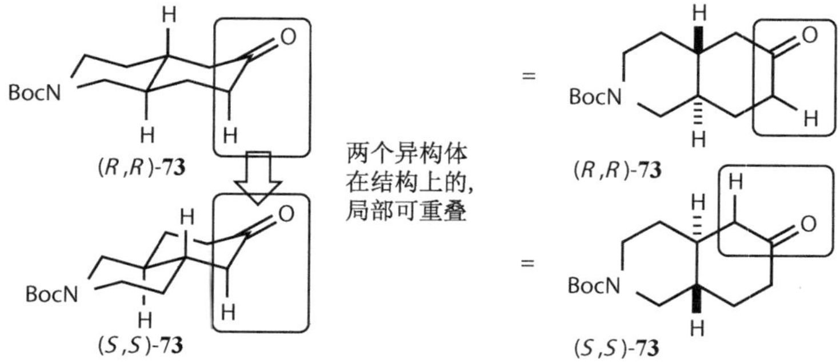

我们知道对映异构体不能重叠。但是如果我们比较 (*R*，*R*)-**73** 和它的对映异构体，我们可以看到分子中关键的**部分可以**重叠。分子中局部的一致性可以被利用。这个部位接受手性碱的进攻，但是却是对映异构体中不同的位置，所以可以预计两种对应异构体的区域选择性是不同的。

当单一的对映异构体 (*R*，*R*)- **73** 与碱 **71** 反应，生成区域立体异构比例为

94∶6的烯醇醚 **74**。当另一种对映异构体（*S*，*S*)-**73** 与相同的碱 **71** 反应，得到一另一位置区域选择性为主的产物，比例为 21∶79。这个比例不是 6∶94，这是因为对碱夺取哪个质子有固定的倾向。为了简化，我们忽略了匹配和不匹配的话题而继续往后讨论。所以，下面的问题是如果使用消旋的 **73** 进行反应会有什么结果。区域异构体 **74** 将会从一个对映异构体中得到 94 份，而从另一个对映异构体得到 21 份。我们可以预计 ee 为 63%。同时，另一个异构体 **75** 会从对映异构体 **75b** 得到 79 份，而只有 6 份从 **75a** 产生，所以预期的 ee 是 86%。使用消旋的 **73** 进行实验测定的得到 ee 为 60%和 83%。**74** 和 **75** 的相对含量预期为（94＋21)∶(6＋79）＝58∶42。实验 **35** 测得为 55∶45[35]。

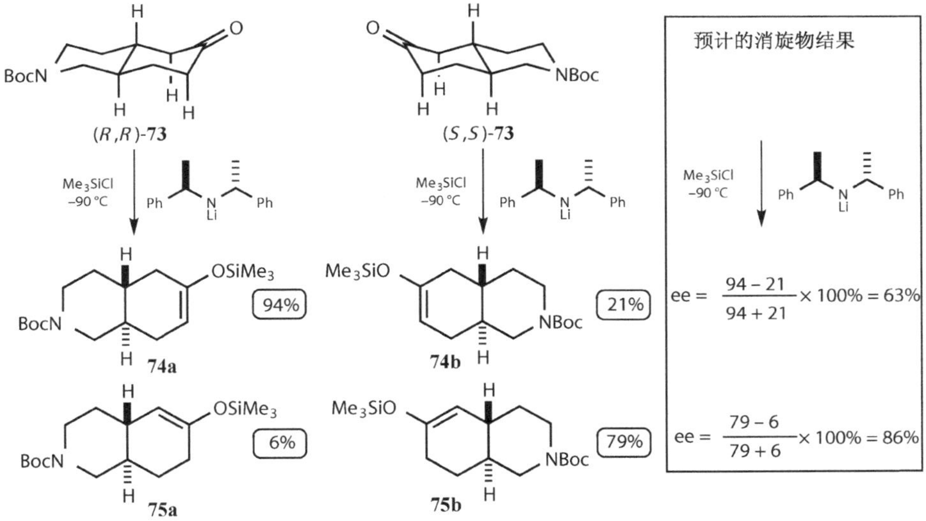

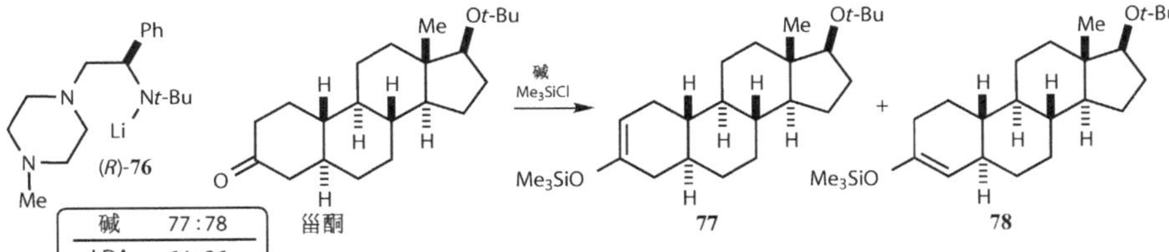

碱	77∶78
LDA	64∶36
(*R*)-76	95∶5
(*S*)-76	24∶76

广泛地说，这里实现了一种对映异构体反应得到一种产物而另一个对映异构体反应得到另一种区域异构化的产物，这就是区域分化的拆分。这其实是平行动力学拆分的另一种例子。不仅仅是给出的这个例子，这种方法还有更广阔的应用。例如，说光学纯的甾类化合物，用 LDA 夺取质子，用 TMSCl 猝灭以中等选择性得到两种烯醇 **77** 和 **78** 的混合物。当我们使用手性碱之前，使用非手性碱

LDA 揭示了分子内在的选择性（在平行动力学反应中），这是我们在 **73** 的反应中所忽略的，但在这里体现出来了[36]。当使用光学纯的碱可以既增加选择性又可以翻转分子的倾向。两种方法都是有用的。

双重法

如果选择的过程可以被应用两次，那么产生物质的品质一定非常高。在下面的例子里，选择过程先被应用于产生几乎单一的对映异构体。然后应用第二次，除去少量在第一次产生的错误的对映异构体！在第 25 章中我们提到过去对称化和动力学拆分是兄弟。这两者在下面的例子中都被用到。

去对称化然后动力学拆分

双烯丙基醇 **79** 在 Sharpless 环氧化条件下[37]，反应的选择性很好，因为 $k_{快}/k_{慢}$ 高达 104。第一个反应不是动力学拆分，因为我们没有拆分出任何东西，并且底物是非手性的（或者说前手性）。反应的产物大部分是 **80a**，有少量的对映异构体 **80b** 产生。有如此好的选择性，我们预期在第一轮反应完后有很高的 ee。的确在 50%转化率时我们得到了 48%的 **80a**，已经达到了 99.4%的 ee。

第二个反应是转化对映异构体 **80a** 和 **80b** 形成同样的环氧化物 **81**。这是一个关键的过程，起始原料 **79** 中更容易反应的双键是 **80b** 中剩余的双键（所以第一次环氧化时反应快）。因此我们可以预计不需要的产物 **80b** 反应比 **80a** 快。当达到 99%转化率时，**80a** 的产率为 93%并且 ee 为 99.96%。在文献中复杂的反应过程之后还包含了大量的数学讨论[37]。

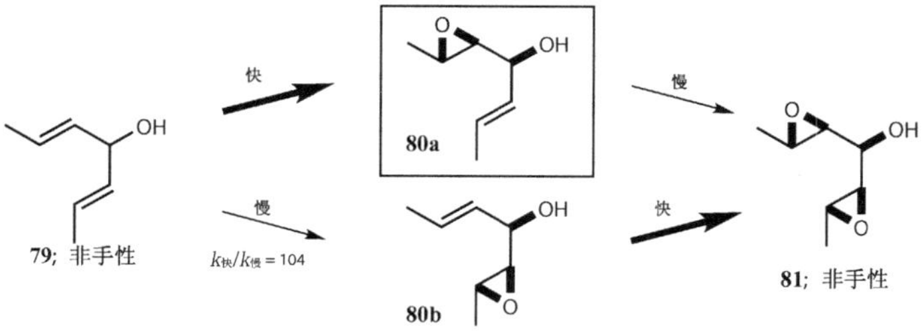

要是增加对映体过量不能给你留下很深的印象（尽管应该能，99.96%是很难在一次达到的！），那下一个第一轮的 ee 稍微低一点例子可能更能有效地体现这一点。双三氟甲磺酸酯化合物 **82** 包含一个旋转受阻的双芳基键，所以用其他基团取代其中一个三氟甲磺酸酯就可以得到一个手性分子（**83a** 和 **83b** 是对映异构体）。在上面的反应中，第一个反应是去不对称化，第二个反应是第一步反应的产物的动力学拆分。这两个反应都是钯介导的芳基三氟甲磺酸酯和苯的格氏试

剂的偶联反应。

光学纯的钯配合物 **85** 催化双芳基键的形成，同时和互为对映体三氟甲磺酸酯化合物选择的反应。选择性比上面的例子差了一点，第一步反应只比第一阶段的慢反应快了 12 倍。我们可以期望在反应速率比为 12∶1 的情况下对**产物**最好的 ee 结果是 85% [（12－1）/（12＋1）×100%]。使用略微过量的 PhMgBr 我们能以 39%的产率和 85%的 ee 得到产物 **83**。

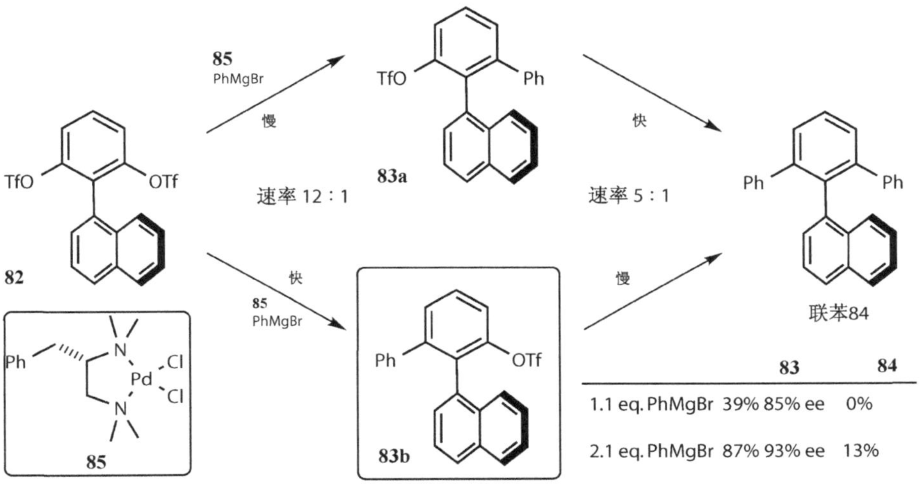

值得反复强调的是，在动力学拆分中，产物的 ee 是受反应的相对速度限制，但是剩余原料的 ee 并不受此限制。离反应完成越远，ee 越高，但这是以产率为代价的。你可能发现当你获得 98%ee 时只有 2%的产率。在第二个环氧化反应中（**83a** 和 **83b** 的反应），我们希望 **83b** 是反应原料。反应的相对速率并不高，只有 5∶1，但是我们已经有了选择性的开始。错误的对映异构体在第二步反应中被消耗掉。使用 2. 1eq. 试剂，在反应结束后可以 87%的产率得到 93%ee 得产物，还有 13%被双芳基化的产物 **84**[38]。如果我们想要增加 ee 值，则需要在远离反应终点时停止反应。

双重法看起来好像很深奥，但它们的应用比较广泛。做这些反应时需要特别小心，因为有些东西作者也没有注意到。我们在第 25 章见到过 Fürstner 对(－)-balanol 的合成[39]，七元环上的不对称中心来源于 Sharpless 环氧化。我们可以看到起始原料 **86** 是双烯丙基醇，与之前见到的 **79** 类似。两次反应一定能够得到高 ee 的产物。经过烯丙基胺打开环氧，复分解关环反应（RCM）后，带有所需要的手性中心的关键环 **88** 被构建出来。

上面的例子是化合物任一边的非对映异构的可反应位点在我们转向更复杂的物质前反应了。下面例子中的变化更加复杂，但是我们从双键的非对映异构面开始。当

三烯 **89** 与 OsO_4 和 $(DHQD)_2PYR$ 反应，在反应高度完成时，可以得到光学纯的产物。但是当同样的反应在低转化率就停止时，产物的 ee 只有 95%。

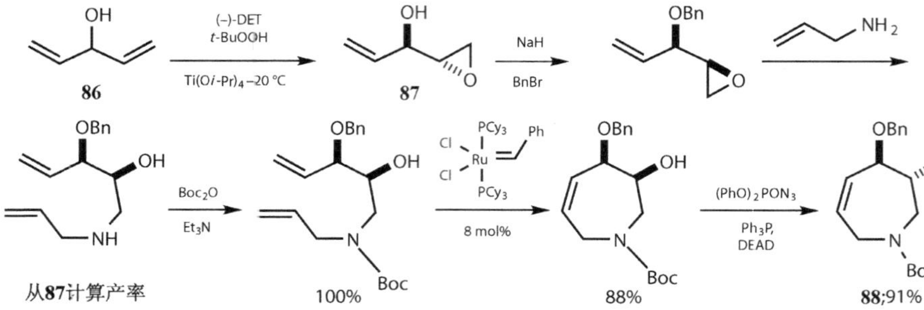

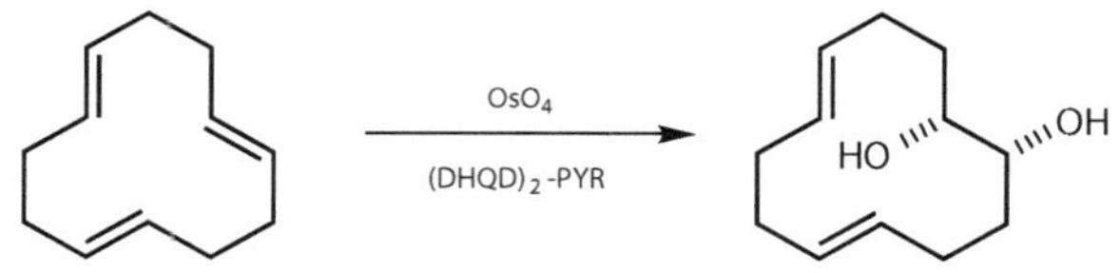

89　　**90**

上述现象的解释[40]是当动力学拆分继续时，次要的对映异构体随反应的进行而被除去，它在反应条件下反应更快。我们可以这样解释，但是我们不能用这个解释来掩盖一些更值得深入思考的问题。为了理解这个反应的真正过程，我们需要知道二醇 **90** 的反应活性。

二醇 **90** 中的两个手性中心都是 *R* 构型的。使用光学纯的二醇 **90** 与非手性的配体奎宁环和 OsO_4 反应可以告诉我们底物倾向于和 OsO_4 怎样反应。产物3∶97 的比例说明了反应倾向于生成内消旋产物 **92** 而不是具有 C_2 对称性的产物 **91**。换句话说，分子中的两个 *R* 构型的手性中心倾向于生成两个相反构型——*S* 构型手性中心的产物。

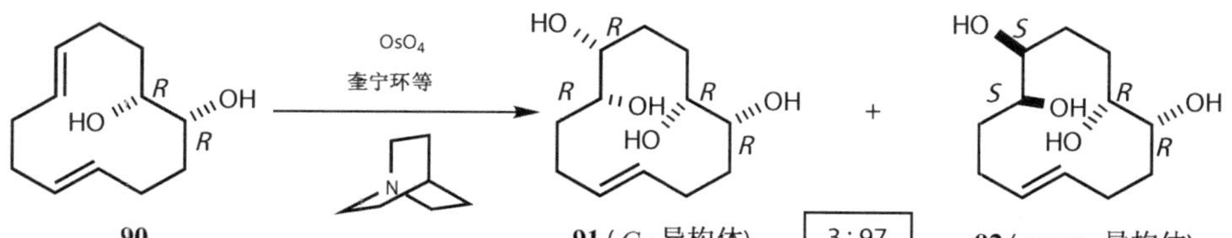

90　　**91**（C_2 异构体）　　**92**（*meso*-异构体）

这样我们知道底物倾向于怎样反应，但是试剂可能会倾向于别的产物。手性配体 $(DHQ)_2PYR$ 倾向于将一个 *trans* 双键变为两个 *S* 构型的手性中心。双烯 **90** 也倾向于这样，所以这个匹配很好，得到很高的选择性0.3∶99.7。

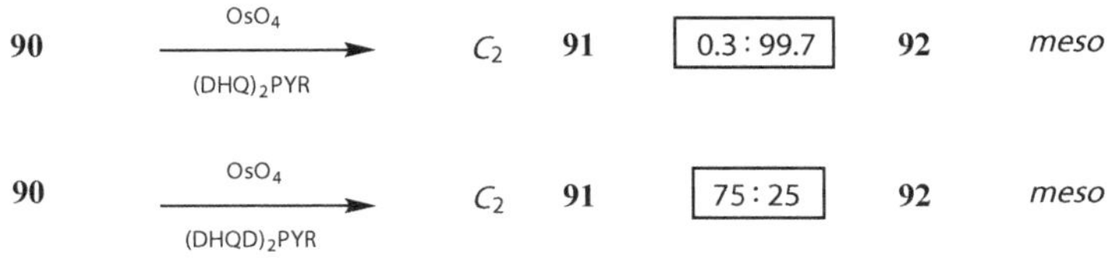

但是，$(DHQD)_2PYR$——$(DHQ)_2PYR$ 的伪对映异构体（第 25 章），倾向于生成两个 *R* 构型的手性中心。底物和反应试剂在这里有竞争，这就是不匹配。选择性变为了 75∶25，倾向于生成 C_2 对称的产物 **91**。所以是反应试剂获胜了，但是并不是完胜，它还生成了很多内消旋产物。现在我们回到最初的关于三烯 **89** 的问题。

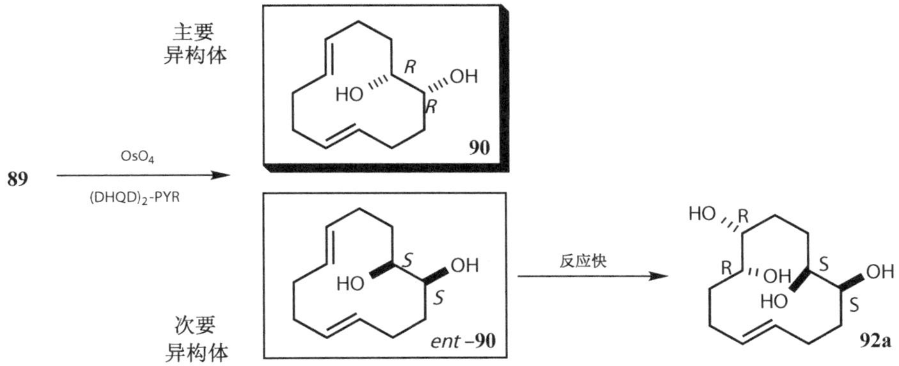

三烯 **89** 反应形成二醇 **90**，也形成了少量的二醇 *ent*－**90**。重要的一点是这个次要产物与反应试剂匹配，所以很快参与反应，生成四醇 **92a**（**92a**＝**92**，画的方式不同）。主要产物 **91** 与反应试剂不匹配，所以反应比较慢。第一次双羟化反应（**89** 的）是所有反应中最快的。

参 考 文 献

一般性参考文献列于 946 页。

1. J. M. Keith, J. F. Larrow and E. N. Jacobsen, *Adv. Synth. Catal.*, 2001, **343**, 5-26.
2. This graph was produced with the kind assistance of Prof. Guy Lloyd-Jones
3. G. Balavoine, A. Moradpour and H. B. Kagan, *J. Am. Chem. Soc.*, 1974, **96**, 5152.
4. H. B. Kagan and J. C. Fiaud, *Top. Stereochem.*, 1988, **18**, 249
5. V. S. Martin, S. S. Woodard, T. Katsuki, Y. Yamada, M. Ikeda and K. B. Sharpless, *J. Am. Chem. Soc.*, 1981, **103**, 6237.
6. A. C. Spivey, T. Fekner and S. E. Spey, *J. Org. Chem.*, 2000, **65**, 3154.
7. P. D. Theisen and C. H. Heathcock, *J. Org. Chem.*, 1988, **53**, 2374.
8. J. C. Ruble, J. Tweddell and G. C. Fu, *J. Org. Chem.*, 1998, **63**, 2794.
9. B. Tao, J. C. Ruble, D. A. Hoic and G. C. Fu, *J. Am. Chem. Soc.*, 1999, **121**, 5091.
10. E. Vedejs, O. Daugulis, J. A. MacKay and E. Rozners, *Synlett*, 2001, 1499.

11. E. Vedejs and O. Daugulis, *J. Am. Chem. Soc.*, 2003, **125**, 4166.
12. R. F. Ismagilov, *J. Org. Chem.*, 1998, **63**, 3772.
13. T. Sano, K. Imai, K. Ohashi and T. Oriyama, *Chem. Lett.*, 1999, **28**, 265.
14. D. Terakado, H. Koutaka and T. Oriyama, *Tetrahedron: Asymmetry*, 2005, **16**, 1157.
15. Y. Gao, R. M. Hanson, J. M. Klunder, S. Y. Ko and K. B. Sharpless, *J. Am. Chem. Soc.*, 1987, **109**, 5765.
16. T. Katsuki and K. B. Sharpless, *J. Am. Chem. Soc.*, 1980, **102**, 5974.
17. M. G. Finn and K. B. Sharpless, Eds., *On the Mechanism of Asymmetric Epoxidation with Titanium-Tartrate Catalysts*, vol. 5 (Academic Press, Orlando, 1985).
18. B. E. Rossiter, Ed., *Synthetic Aspects and Applications of Asymmetric Epoxidations*, vol. 5 (Academic Press, Orlando, 1985).
19. M. S. VanNieuwenhze and K. B. Sharpless, *J. Am. Chem. Soc.*, 1993, **115**, 7864.
20. G. Bartoli, M. Bosco, A. Carlone, M. Locatelli, P. Melchiorre and L. Sambri, *Org. Lett.*, 2005, **7**, 1983.
21. I. V. J. Archer, *Tetrahedron*, 1997, **53**, 15617.
22. T. Matsuda, T. Harada, K. Nakamura and T. Ikariya, *Tetrahedron: Asymmetry*, 2005, **16**, 909.
23. S. M. Roberts, Ed., *Biocatalysts for Fine Chemicals Synthesis* (John Wiley & Sons, Chichester, 1999).
24. S. E. Schaus and E. N. Jacobsen, *Tetrahedron Lett.*, 1996, **37**, 7937.
25. M. F. Jones and C. M. Rayner, *Tetrahedron Lett.*, 1995, **36**, 6961.
26. J. Milton, S. Brand, M. F. Jones and C. M. Rayner, *Tetrahedron: Asymmetry*, 1995, **6**, 1903.
27. S. Brand, M. F. Jones and C. M. Rayner, *Tetrahedron Lett.*, 1995, **36**, 8493.
28. S. Brand, M. F. Jones and C. M. Rayner, *Tetrahedron Lett.*, 1997, **38**, 3595.
29. P. M. Dinh, J. A. Howard, A. R. Hudnott and J. M. J. Williams, *Tetrahedron Lett.*, 1996, **37**, 7623.
30. Y. K. Choi, J. H. Suh, D. Lee, I. T. Lim, J. Y. Jung and M.-J. Kim, *J. Org. Chem.*, 1999, **64**, 8423–8.
31. M. Kitamura, M. Tokunaga and R. Noyori, *J. Am. Chem. Soc.*, 1993, **115**, 144.
32. E. Vedejs and X. Chen, *J. Am. Chem. Soc.*, 1997, **119**, 2584.
33. E. Vedejs and E. Rozners, *J. Am. Chem. Soc.*, 2001, **123**, 2428.
34. G. S. Coumbarides, M. Dingjan, J. Eames, A. Flinn, J. Northen and Y. Yohannes, *Tetrahedron Lett.*, 2005, **46**, 2897.
35. K. Bambridge, B. P. Clark and N. S. Simpkins, *J. Chem. Soc., Perkin Trans. 1*, 1995, 2535.
36. M. Sobukawa, M. Nakajima and K. Koga, *Tetrahedron: Asymmetry*, 1990, **1**, 295.
37. S. L. Schreiber, T. S. Schreiber and D. B. Smith, *J. Am. Chem. Soc*, 1987, **109**, 1525.
38. T. Hayashi, S. Niizuma, T. Kamikawa, N. Suzuki and Y. Uozumi, *J. Am. Chem. Soc.*, 1995, **117**, 9101.
39. A. Fürstner and O. R. Thiel, *J. Org. Chem.*, 2000, **65**, 1738.
40. H. Becker, M. A. Soler and K. B. Sharpless, *Tetrahedron*, 1995, **51**, 1345.

29 酶：不对称合成中的生物方法

生物方法初报

本章涉及的方法与之前我们在其他章节里见到的完全不同，主要涉及酶催化，也有少量的内容涉及完整的生物体。这些方法超出了大多数有机化学工作者的经验，我们希望你能够学习之前的文献。幸运的是，有些书讲解实验室和商业的方法，其中有几本书比较好[1]。

引言：酶和生物体

酶作为催化剂的优点和缺点

无论你使用单独的酶还是整个生物体，你都是在化学反应中利用一个或多个酶作为催化剂。酶是现在存在的最好的催化剂。它们有很好的特性：只催化一种化合物在特定位点的反应，固定的立体化学包括对映选择性。它们可以惊人地增加反应速率，经常是 $10^9\sim10^{12}$ 倍。它们在 37°C 低浓度的水溶液中反应。它们使用固有的低效率的催化机理，一般不涉及酸碱催化。这虽然简单，但是很成功，因为蛋白质与底物结合，试剂（如辅酶或者水）和催化基团可以恰好位于正确的位置最大地体现协同效应。有机化学工作者使用它们作为有机反应的催化剂并没有什么值得奇怪的。

为什么大部分的反应是使用化学试剂而不是酶作为催化剂呢？每个酶的优点也可能是有机合成中的缺点。高的选择性也是悲剧：尽管很高效，谁愿意使用只能还原一种酮的试剂呢？伴随着大的反应加速，有小的反应转换和长的反应时间。活体倾向于在几天甚至几年内产生少量的多种产物。化学工作者却想在几小时内获得数吨的产物。我们不想要低浓度的反应。我们不会被限定使用普通的酸碱催化。NaOH 在 100℃下水解酯，用特殊的碱催化得到的反应速率比用最快的酶快很多。另外，酶的相对分子质量达到数万或者数十万，所以 1%催化剂的质量也会比底物的质量大！

现在事实恰恰相反——为什么化学家要使用酶呢？本章中将会展示很多酶并不是具有非常严格的底物特异性，可以以很高的对选择性还原多种酮。有些酶不可以被有机催化剂代替。有些酶可以在有机溶剂中在较高的温度下反应。如果具有实验的细节，这些酶催化的反应将很容易操作。比如说，如果它们可以被固载到高分子上，它们可以被反复使用，因为反应物只产生产物而不产生其他物质。基因工程允许简单的生物体比如大肠杆菌（*E. coli*）用来催化立体选择性的 Baeyer-Villiger 氧化反应。在所有的合成方法中，酶在有些反应中获得了巨大的成功，它们在实验室和制造企业的用途将继续增长。

生物体：面包酵母还原酮

面包师在制作面包中使用的酵母是在酮的不对称还原中一种有价值的生物体[2]。它对 β-酮酯，如乙酰乙酸乙酯 **1** 的还原很有效。有机合成过程[3]揭示了真正的还原试剂是蔗糖。蔗糖提供一个氢原子，需要足够的酵母，在 3～4 天的时间内可以产生 20～30g 产物，但只有 85%的 ee。

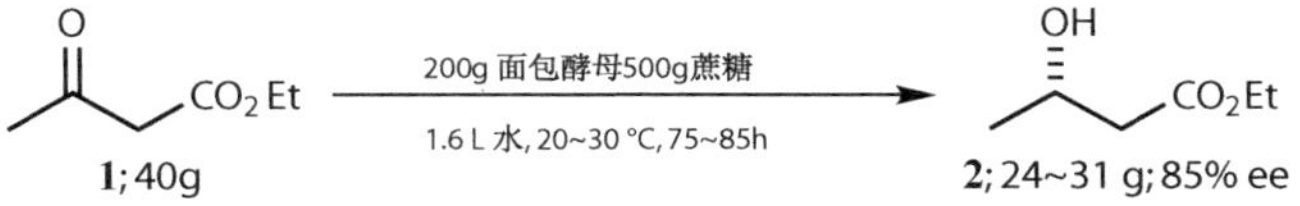

这些反应的识别是基于酮上两个基团体积的。在 **1** 的例子中，大基团是 CH_2CO_2Et，小的基团是 Me。与酮酯 **3** 进行反应时，尽管基团 Et 明显比 CH_2CO_2Et 小，但是对映异构体（*R*）-**4** 以低的 ee 得到。这种例子的解决方法是使酯基团非常大，辛基衍生物 **5** 是一个非常常见的选择。现在我们可以得到很好的 ee 的产物（S）-**6**。

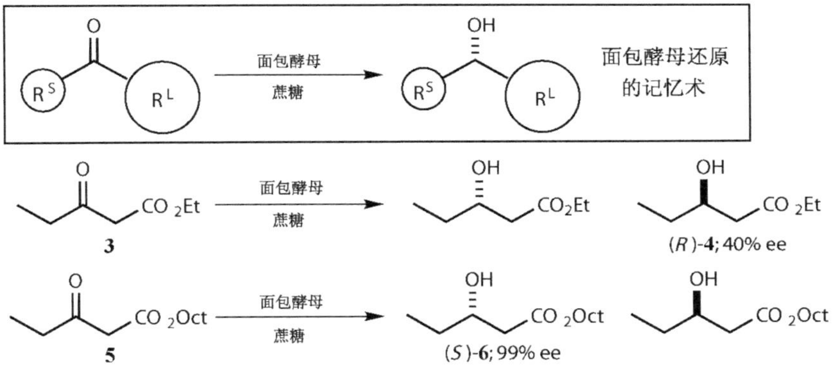

大量反应的时候，缓慢的加料和好的通风对缩短反应时间是必要的，这样数千克的 **1** 可以在 3～4 天内被还原并得到很好的 ee[4]。在这样的反应条件下，每千克的产品需要 1.8kg 的乙酰乙酸乙酯、3.9kg 酵母和 3.5kg 蔗糖。

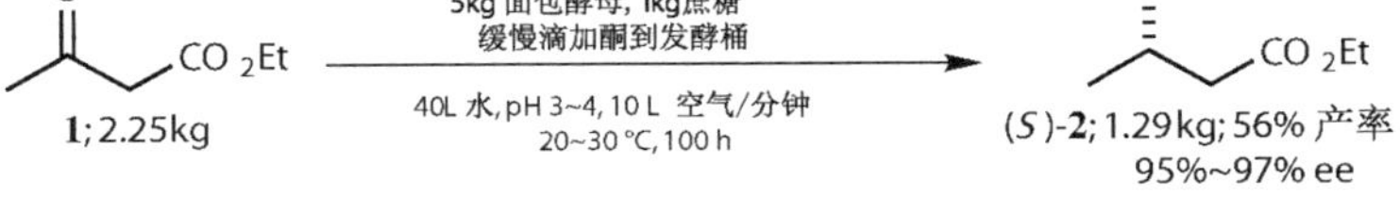

在大量反应时，当蔗糖被乙醇代替后，很多原料可以使用得更少。因为酵母是一个有很多酶的生物体，乙醇可以被酶转化为辅酶 NADPH——真正的还原试剂。蔗糖在上面的还原过程中也产生 NADPH。通风仍然是很关键的，气泡柱反

应器被使用。乙酰乙酸乙酯 **1** 被有效还原，同样羟基酮 **7** 也可以得到有用的二酮 **8**[5]。

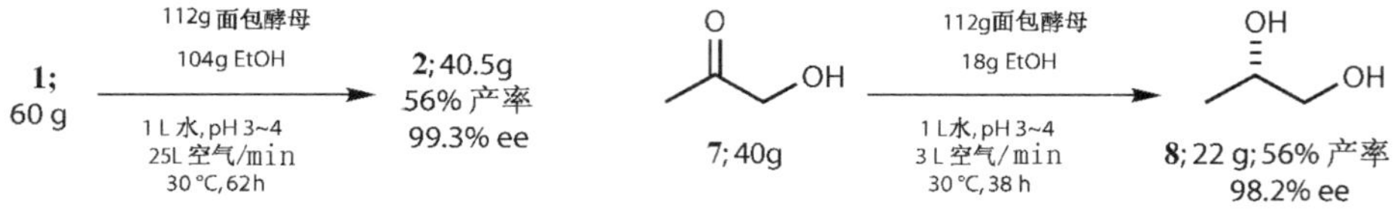

脂肪酶和酯酶催化的酯化和水解反应

脂肪酶和酯酶是酯水解酶或者催化相反方向反应的酶。很多这样的酶都是可以直接买到的，在使用前你可以在很多类似物中寻找这个或者那个[6]。如果醇 **9** 是可以引起酶注意的那部分，这些酶可以通过酯化或者水解反应得到富含对映异构体的醇或者酯。

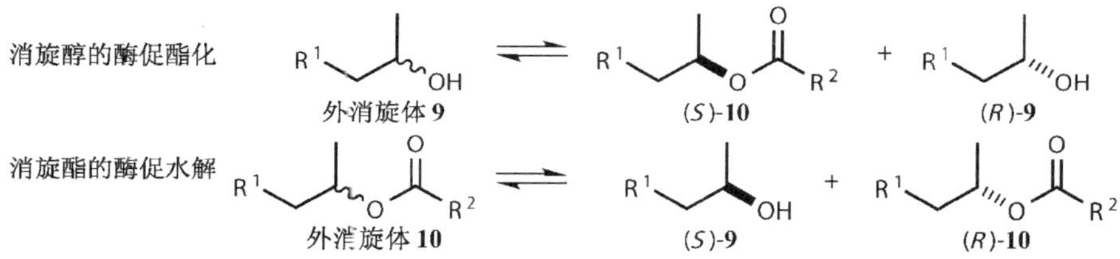

另外，如果酸是使酶感兴趣的那部分，那么两个方向的反应可以被利用而得到光学纯的酯或者酸。这两个反应是均衡的。两个反应都是动力学拆分（第28章），同时以高的 ee 得到两个产物是不太可能的。关键是两个对映异构体水解或者酯化的速率比（“***E***”）。因为我们使用的分子并不是脂肪酶的天然底物，所以 ***E*** 并不是非常大。这个“***E***”值是 k_S/k_R，在化学动力学拆分中被称为“*s*”值。

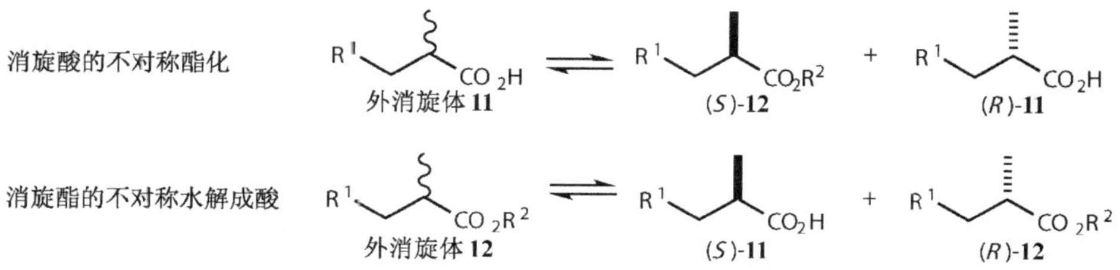

这种类型重要的例子是 2-芳基丙酸，它被广泛用作消炎药。布洛芬 **14** 的活性对映异构体可以通过酯 **13** 使用 *Candida cylindracea* 中的酯酶催化水解获得。天然的酶给出的 *E* 是 10，当时当它通过 1∶1 的乙醇/水溶液用氯化钠沉淀再折叠后可以得到大于 100 的 *E*。非天然底物 **13** 与再折叠的酶比天然的酶

要匹配[7]。

13　　14;(S)-布洛芬

布洛芬类衍生物的典型动力学拆分是使用 *Pseudomonas fluorescens* 的无细胞提取液对氟吡洛芬 **16** 和酮洛芬 **18** 进行反应。值得注意的是，特殊的酯（三氟乙醇酯）可以提高反应的效率：完全的 ee 水解而且转化率接近 50%[8]。不反应的酯 **15** 和 **17** 可以通过烯醇化消旋化进入下一个拆分过程。

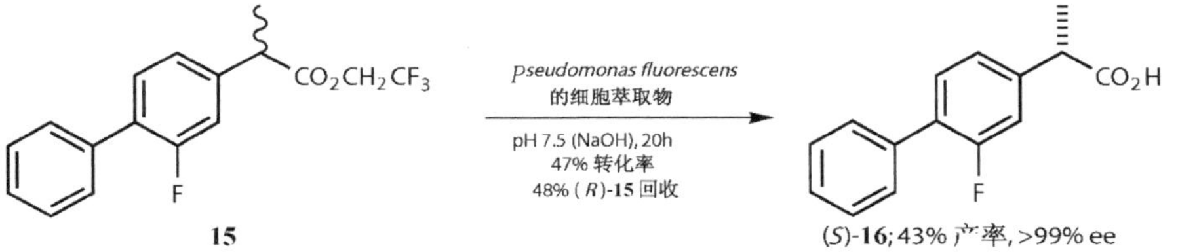

15　　(S)-16; 43% 产率, >99% ee

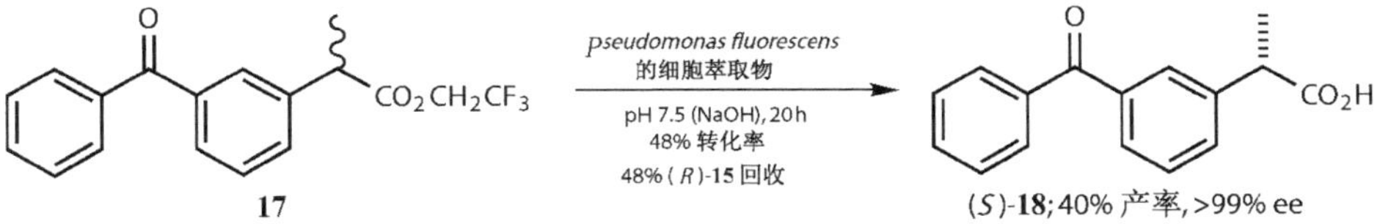

17　　(S)-18; 40% 产率, >99% ee

在有的例子中两种不同的酶会体现出不同的立体选择性，*Candida cylindracea*（CCL）中的脂肪酶和猪肝（PLE）中的酯酶对消旋的氰基酯[9]比如 **20** 的作用就是这样。乙酰基比乙醇酯更容易水解。任一个对映消旋体都可以高产率的被还原为氨 **21**。这个化合物文献的 $[\alpha]_D$ 是 20.8°，(*S*)-**21** 的测量值是 −20.9°，(*R*)-**21** 的是 +20.6°。尽管这不是常用的很可靠的测量对映体纯度的方法，但是在这里是比较可信的。在本章的后面你将会看到产生同类化合物所使用很多不同的酶。

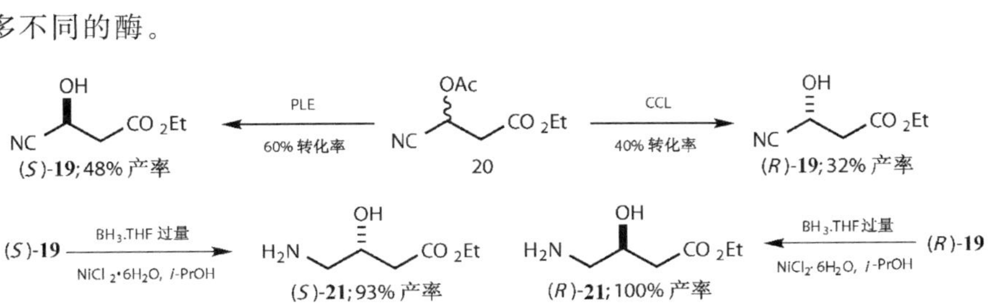

伴随消旋化的动力学拆分

很明显，如果起始原料在反应的条件下可以进行消旋化，反应的效率将会提高（见第 28 章动态动力学拆分）。Ketorolac **23** 是另一种芳基丙酸，有一个酸性的质子，它的酯在弱碱性 pH 9～10 下可以消旋化。是不是可以在这个 pH 范围内找到合适的酶体系来进行反应呢？先要找到一种脂肪酶来正确水解酯 **22**。除了猪胰脂肪酶之外其余的脂肪酶都得到了错误的对映异构体(*R*)-**23**，但通过猪的脂肪酶获得正确但低 ee 的产物。

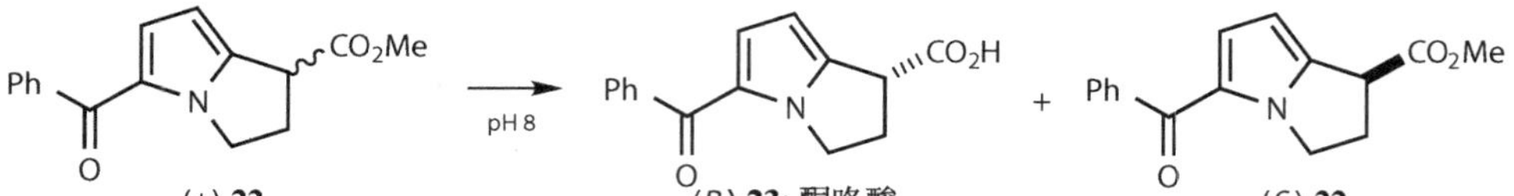

(±)-**22**	(*R*)-**23**; 酮咯酸	(*S*)-**22**
Mucor meihei 酯酶	94% ee	90% ee
*Pseudomonas spp.*酯酶	90% ee	93% ee
*Candida cylindracea*酯酶	74% ee	94% ee
Porcine pancreatic 酯酶	(*S*) 32% ee	(*R*) 4% ee

一系列的蛋白酶取得了更好的效果：获得了正确的对映异构体、好的产率和 ee。其中 *Streptomyces griseus* 蛋白酶取得了给非常好的效果。这是在常规的 pH 为 8 时得到的。

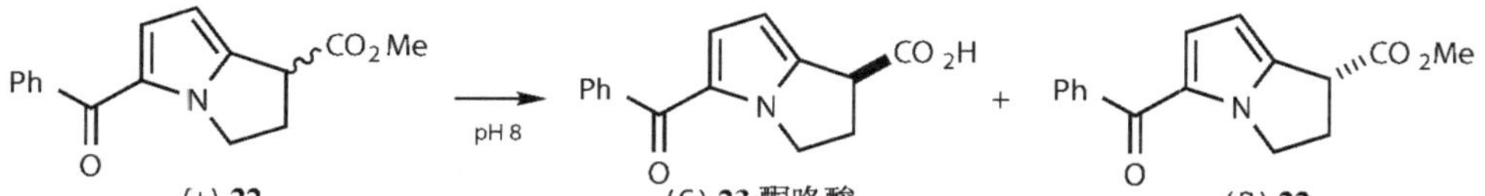

(±)-**22**	(*S*)-**23**;酮咯酸	(*R*)-**22**
Aspergillus saitoi 蛋白酶	96% ee	80% ee
*Bacillus subtilis*蛋白酶	96% ee	62% ee
*Aspergillus oryzae*蛋白酶	70% ee	>96% ee
	>96% ee	>96% ee

在 pH 9.7 时使用 *Streptomyces griseus* 蛋白酶以相当的速率发生消旋化，酶仍然有很好的效率，以好的产率和略有下降的 ee 得到了（*S*)-**23**。结晶后得到了 94%的 ee 产物，可以用作消炎药物[10]。

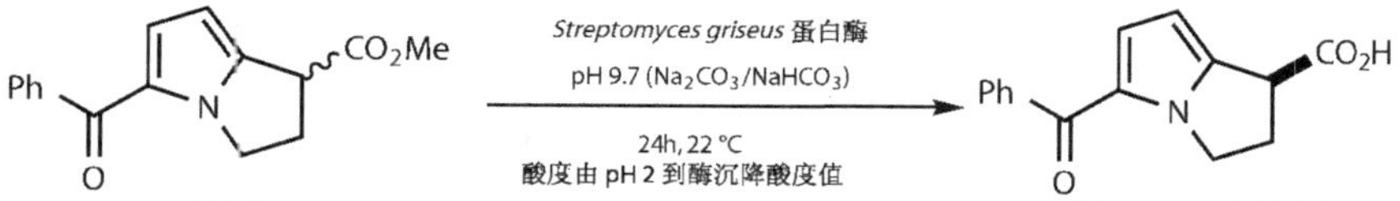

(±)-**22**

23; (−)-(*S*)-酮咯酸
92% 产率, 85% ee

酶与生物体的对比

我们已经讨论过纯的酶——脂肪酶和整个生物体——面包酵母。在我们继续之前需要停顿一下考虑两种方法的优点。很多特点将会在本章其余部分详细阐述。你将会看到其他的方法，它们可能并不符合两种描述中的任何一个。例如，含有特别过表达酶的改造微生物，后面会有举例。这里我们讲述其主要的特点。

价格：纯的酶很贵，整个的生物体比如酵母比较便宜。单独养殖的微生物可能也比较贵。

规模：纯的酶或者细菌只需要很少量，这与大量的酵母形成鲜明的对比。

专一性：纯的酶通常催化单一的反应。生物体含有多种酶，可以催化很多反应。

试剂：纯的酶通常只需要 pH 的调节，但有的酶催化氧化还原反应需要昂贵的辅助因素。通常可以使用第二个酶催化循环使用这些辅助因素。生物体需要喂养，这是比较便宜的，但是有的需要很多物质。

后处理：纯的酶反应很干净，容易后处理，分离出酶通常是更好的。固载的酶避免了这些麻烦。使用酵母的反应非常乱，不利于后处理。

废品：用酶没有废品，用酵母会有一些，但至少它们是环境友好的。

脂肪酶的去对称化

内消旋二酯的水解比动力学拆分更容易定量产率得到单一化合物。产物是半酸半酯，必须要小心处理保护这一区别。一个有用的基团如丁二烯与马来酸酯的 Diels-Alder 反应产物 **24**。使用不同的脂肪酶[11]可以得到单一对映异构体半酯 **25**。

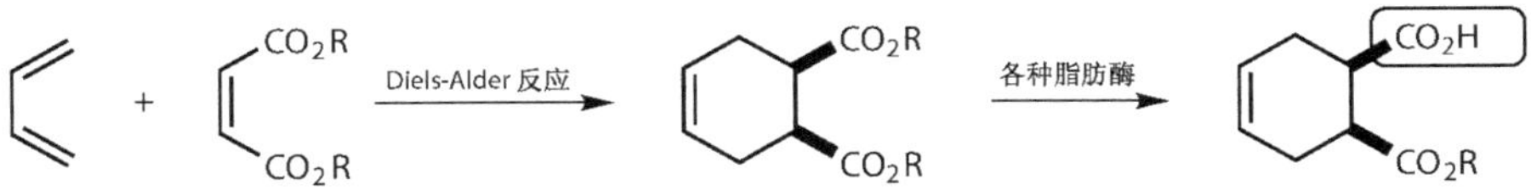

24 **25**

反应结果对酯上的醇 ROH 是敏感的。当 R＝Me 时，结果非常好（产率 99%，大于 98%ee），当 R 基团变大时结果变差。当 R＝Et 时结果明显变坏了（67%产率，27%ee），当 R＝*i*-Pr 时基本不反应（5%产率，2%ee）。反应底物不能与天然底物相差太大。三元环和五元环也得到很好的效果：每个例子中发生水解的酯被标出了。对比 **27** 和 **28** 可以发现，水解哪一个酯基并不总是可以预料的。

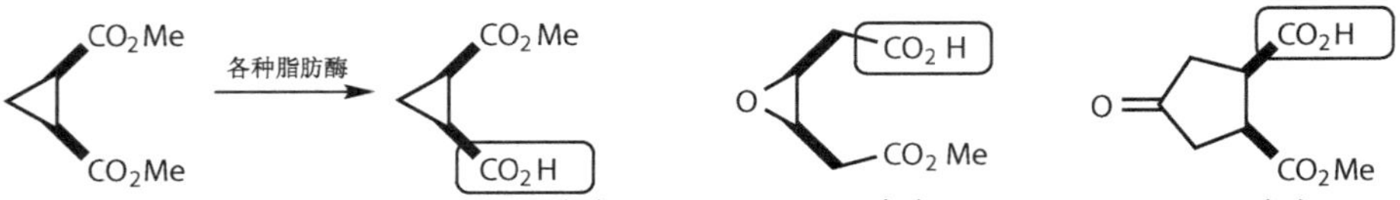

26　　27; 99% 产率 100% ee　　28; 90% 产率 99% ee　　29; 85% 产率 82% ee

对另一种烷基化合物内消旋二酯 **30** 和 **31**，使用猪肝酯酶是一个好的形成单酯 **33** 的方法，这个化合物可以选择性地还原形成 **32** 或者 **34**。这两种内酯是对映异构体，所以从同样的内消旋原料可以分别形成两种对映异构体[12]。另外，**33** 中不稳定的手性在内酯化合物中更稳定。

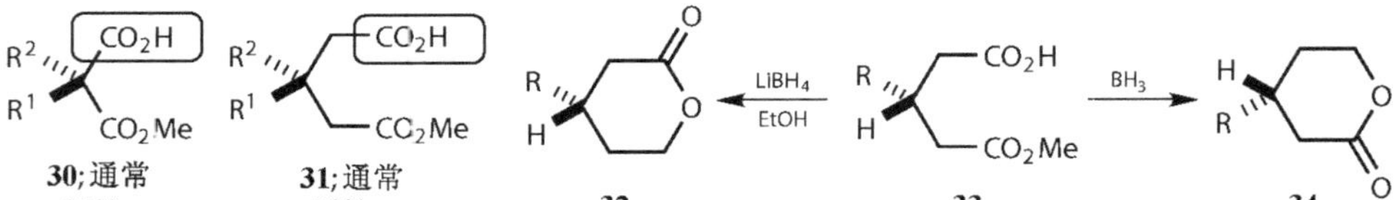

30; 通常 >85% ee　　31; 通常 >70% ee　　32　　33　　34

去对称化中固载的酶

下面去对称化反应得起始原料可以由第 19 章中首先介绍的一个有趣的反应制备。Pd 催化的 AcOH 进攻环氧（±）-**35** 得到消旋的单酯 **36**。为了将 **36** 转化为单一的对映异构体，首先将它转化为内消旋二酯[13] **37**。

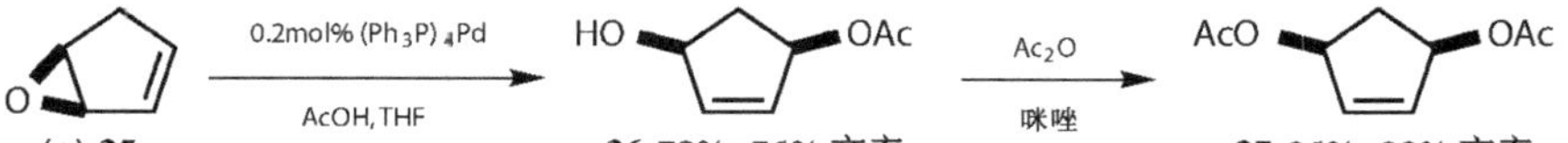

(±)-35　　36; 72%~76% 产率　　37; 96%~98% 产率

电鳗（EEAC）中的乙酰胆碱酯酶可以有效地将二乙酸酯去对称化，得到光学纯的单酯 **36**。酶是一种冻干的粉末，或者是固载在琼脂糖小珠上（可以从 Sigma 获得）。这种形式很方便使用和反应后的分离。其他环状化合物和令人印象深刻的含有 *E*-烯烃的开链化合物**38** 一样反应良好[14]。

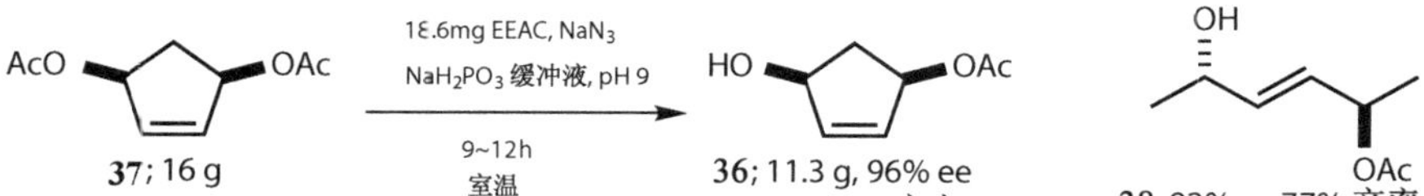

37; 16 g　　36; 11.3 g, 96% ee 86%~87% 产率　　38; 92%ee, 77% 产率

产物 **36** 可以经过简单的化学方法得到烯酮 **40** 的任意一种对映异构体。值得注意的是，另一种酶，一种植物脂肪酶，可以用来有效地水解乙酸酯 **41**。在这步中没有不对称性诱导，**41** 已经是单一的对映异构体[15]。

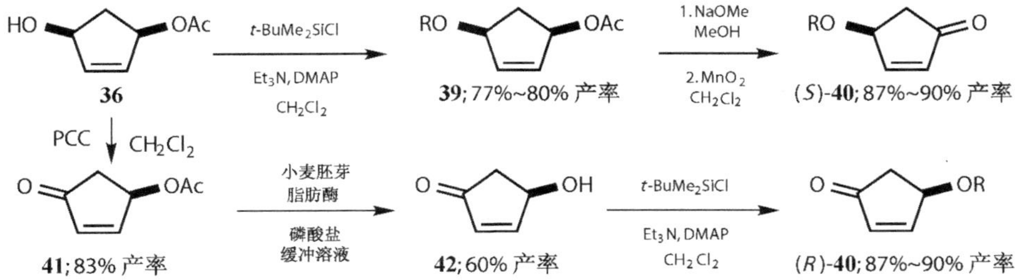

高分子负载的试剂和酶

高分子负载的酶已经被与高分子负载的试剂结合使用在 Bryostatin（苔藓抑素）的合成中。含氮化合物 **43** 负载在可溶的芳基聚醚高分子上，与丁烯酮发生有效的 1，3-偶极环加成得到异噁唑啉 **44**，因此还需要进行还原合成消旋的 *syn*-化合物 **45**[16]。

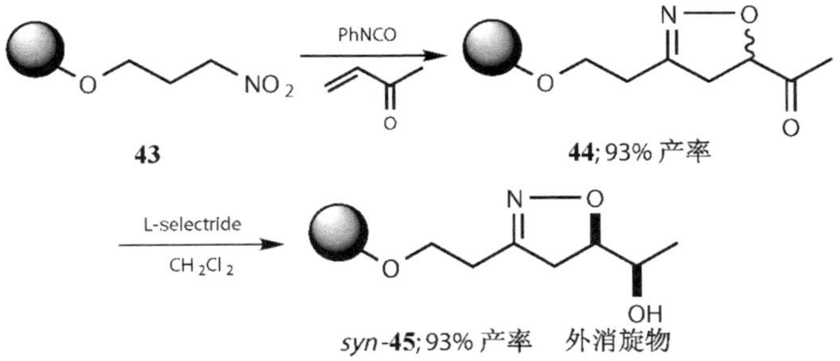

45 的单一对映异构体由 Novozym 435 催化与乙烯基乙酸酯不对称乙酰化反应产生。Novozym **435** 是从 *Candida antarctica* 中提取的脂肪酶，以 1%（质量分数）的含量固载在多孔的聚烯丙基残基上。反应的底物和催化剂都是在高分子上，至少有一种在反应体系中是可溶的。使用 HF 分开高分子与底物。

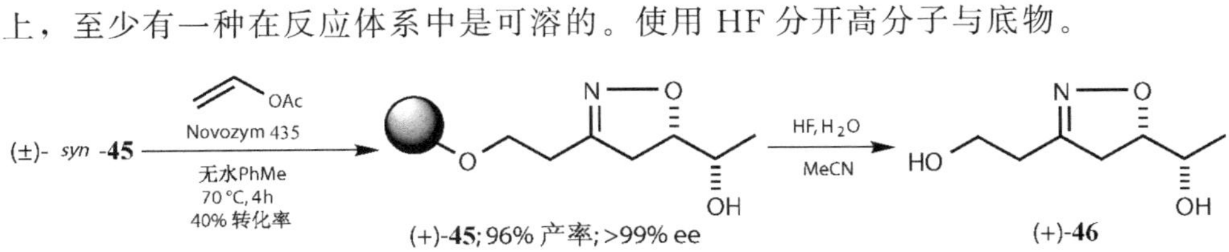

这是一个动力学拆分过程，不需要的对映异构体醇发生乙酰化反应。反应是酯交换反应，乙烯基乙酸酯是一种有效的乙酰化试剂，因为另一个产物乙烯基醇是乙醛的烯醇形式，所以反应是不可逆的。

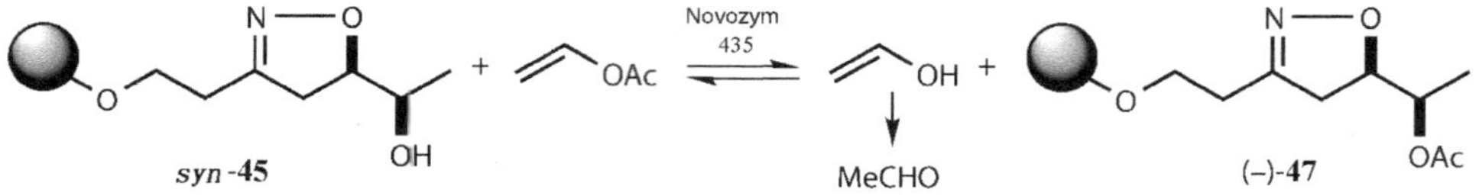

脂肪酶和酯酶的胺效应

我们将以两个胺效应影响酯酶作用的例子来结束这一部分。氮的亲和性可以明显地被酯的形成或水解所影响。基于这些酶设计合成路线时必须找到一个对称的中间体可以发生去对称化。在简单的 β-内酰胺 **48** 的合成中，可以很容易地倒推到对称的氮原子保护的氨基二酯 **50**。

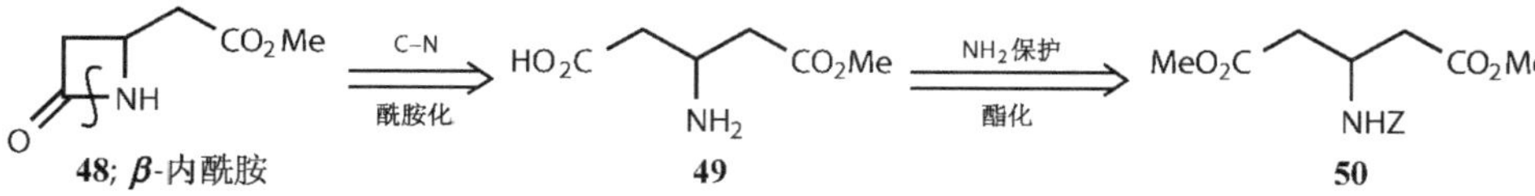

从柠檬酸 **51** 出发合成很直接[17]，Ohno [18]发现 Cbz 保护的二甲酯 **53** 可以被猪肝酯酶（PLE）有效去对称化，并且使用 *Flabobacterium lutescens* 中微生物酶可以获得更高的对映选择性（98% ee）。β-内酰胺 **48** 可以通过 4，4 -二硫二吡啶/Ph_3P 的方法制备。

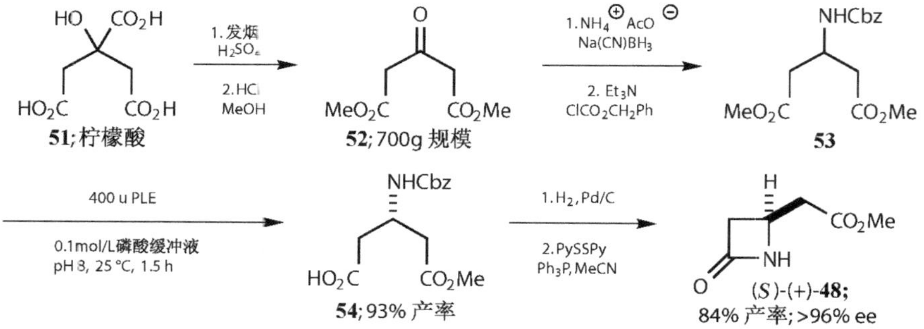

使用 PLE 水解这种二酯 **55**（见 **31**）的选择性取决于取代基。**56** 的两种对映异构体以不同的 ee 生成，你会注意到并没有被了解清楚的体系。当 R＝Pr 和R＝i-Pr 时得到相反的对映异构体，这和胺 **53** 与相应的无保护基的胺反应类似[19]。

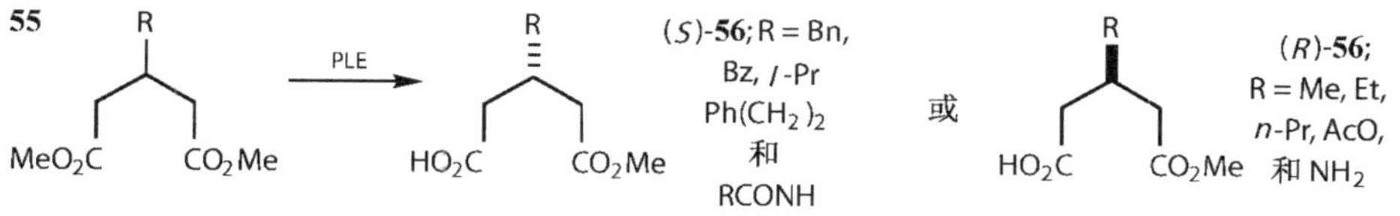

其他酰化酶

酰胺的形成和水解也可以被酶催化。最近报道了 *Alcaligenes faecalis*（粪产碱杆菌）青霉素酰化酶可以有效地催化消旋的一级胺进行动力学拆分。一个典型的例子是关于 α-甲基苯胺 **57**（第 22 章）。1eq. 的酰基提供者 **58** 是需要的，并且接近 50%的酰胺 **59** 可以以非常好的 ee 分离出来。对这个胺的 E 是 350 [20]。

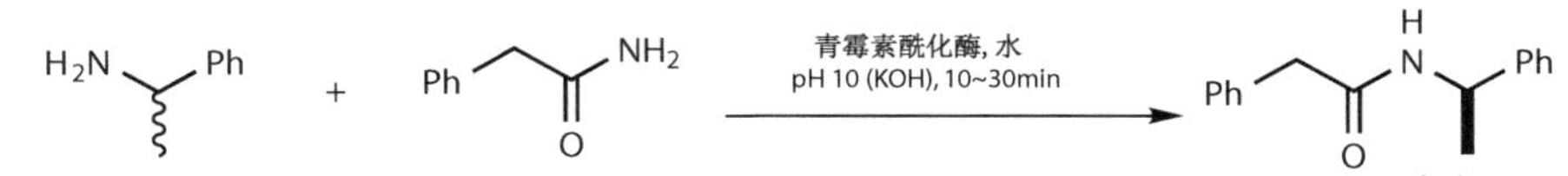

(±)-**57**; **α**-甲基苄胺　**58**;酰基提供者　**59**;47.3% 产率 98.5% ee

对四种胺的尝试展示了反应可能适用的范围。有些有芳基取代，有些是脂肪基团取代，其中 **66** 是个醇但是并没有发现生成酯。尽管 E 值的范围从 100 到大于 1000 变化，但是这些数字都足够大来确保高的 ee（第 28 章）。产率都接近最大的 50%。如果需要不保护的酰胺，同样的酶也可以用来水解这些酰胺。这个过程确保了进一步水解的动力学拆分有 100% ee。

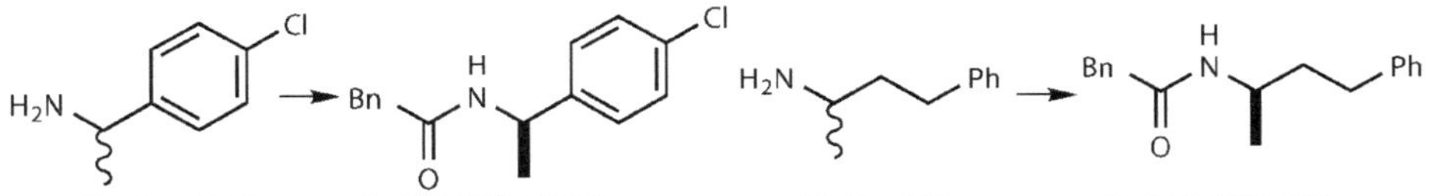

60; E = >1000　**61**;49% 产率;99.3% ee　**62**; E = 120　**63**;45% 产率;96% ee

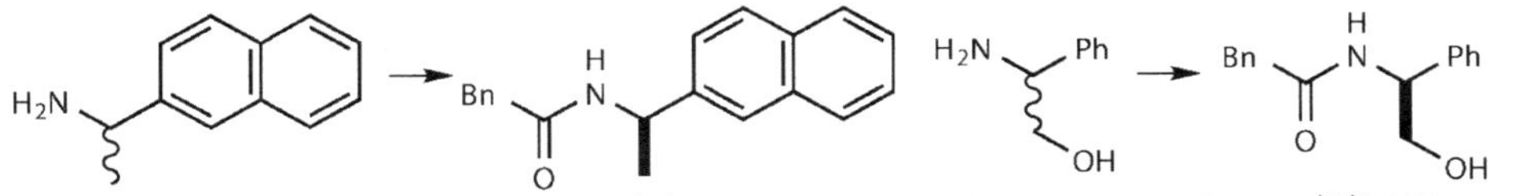

64; E = 250　**65**;46.8% 产率;98.1% ee　**66**; E = >100　**67**;43% 产率;98% ee

酶促氧化

苯的不对称双羟基化

当苯进入土壤，它被微生物如 *Pseudomonas putida* 氧化成二醇[21]随后到邻苯二酚最后到 CO_2。二醇 **68** 不能被分离出来，因为脱氢酶效率太高。但是在 1970 年 Gibson 发现了 *Pseudomonas putida* 的变异 F39D 品种缺乏脱氢酶，并且以好的产率获得了 *cis*-二醇 **68**[21]。

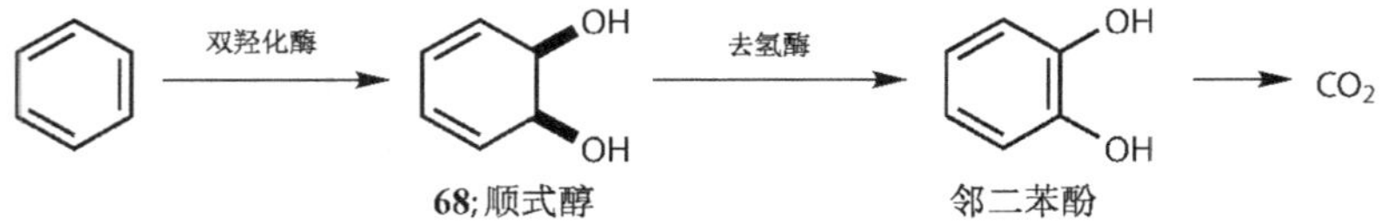

这个变异是由 Ley，Hudlicky 发展的，其他人发展了取代苯不对称氧化实用方法，用缩醛的形式保留下了不稳定的二醇。单取代就已经足够产生二醇的手性，双羟基化通常发生在环上的 2，3-键位置。溴苯得到了二醇 **69**，因此缩醛 **70** 以 100%的产率得到，并没有分离出二醇[22]。

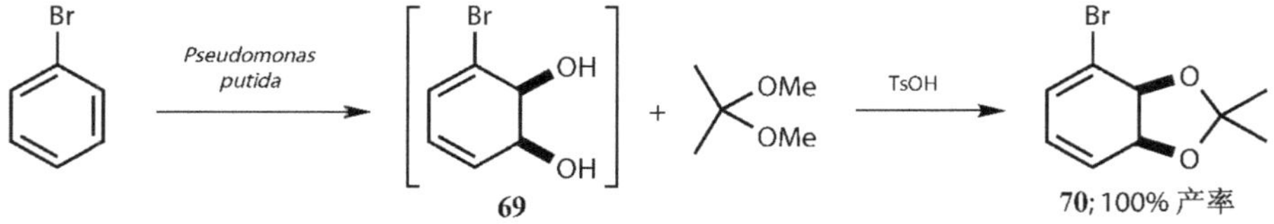

操作的具体细节[23]在 *Organic Syntheses* 给出。一个群落的 *Pseudomonas putida* F39D 是在有 50mL 肉汤的琼脂盘于 30℃培养 24h，同时加入精氨酸来引入底物需要的双氧化酶。加入 500 mL 肉汤要伴随着 10mL PhCl 和精氨酸。肉汤含有磷，K(I)、Mg(II)、Ca(II)、钼酸盐、Fe(II)、$N(CH_2CO_2H)_3$，同时还有少量的金属 Zn(II)，Fe(II)，Mn(II)，Cu(II)，Co(II)，$Na_2B_4O_7$ 和 EDTA。在 30℃下培养 48h 可以得到二醇。

丙酮衍生物 **70** 可以用来生成松醇 **73** 的两种对映异构体。刚性丙酮导向双羟基化或者环氧化都发生在环的底面得到 **71** 和 **74**。**72** 和 **74** 中的环氧三元环可以用甲醇区域选择性地打开，得到如 **75** 的产物。以两种不同的顺序来进行这些反应可以得到两种对映异构体[24] (+)-**73** 和 (−)-**73**。

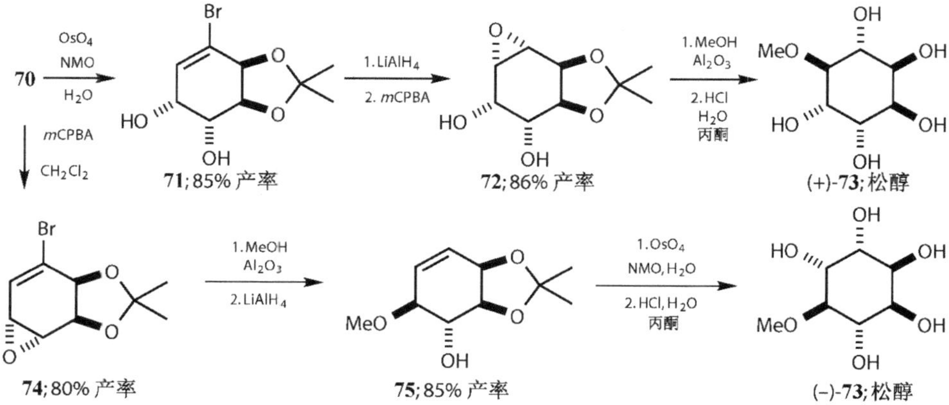

所有的单取代苯都以相同的区域选择性和对映选择性反应，无论取代基是卤

素，烷基，芳基，CO_2H，CN，COMe，OMe 还是 CF_3。所以，甲苯可以得到二醇 **76**，可以在上述的肉汤中得到 3g/L 的量。这也是个商品化的产物。

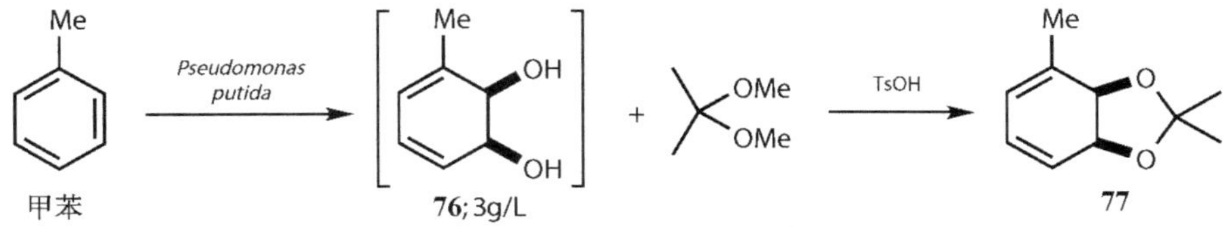

化合物 **77** 被用在前列腺素如 $PGF_{2\alpha}$ **80** 的合成中。苯环的芳香性一旦被破坏，进一步的氧化会很容易。双烯 **77** 可以被臭氧化至酮缩酮化合物 **79**，很容易再发生分子内 aldol 反应得到烯酮 **79**。当把 **79** 重新画成可以通过共轭加成和烯醇反应[22]（第 9，10 章）来添加侧链时，很明显可以看出 **79** 可以作为 **80** 的合成前体。

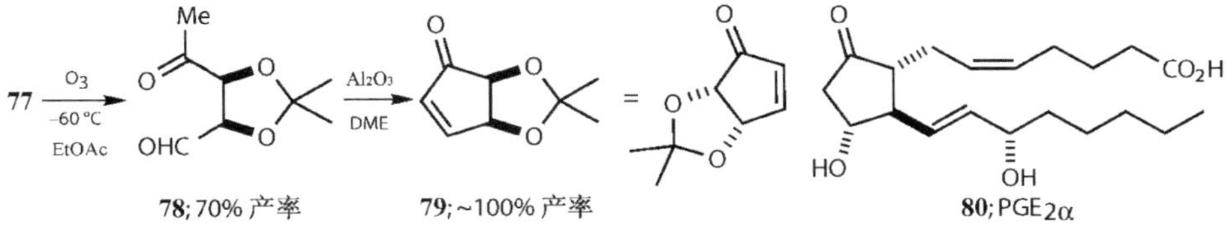

喹啉的双羟基化得到 **81**，异喹啉得到 **82**，二苯噻吩生成 **83** 是比较难预料的。但是每一个例子中都是苯环而不是含有杂原子的环被氧化，碳原子的 2，3 键位置而不是杂原子的对应位置发生反应[25]。产物被画出来展示反应的对映选择性。

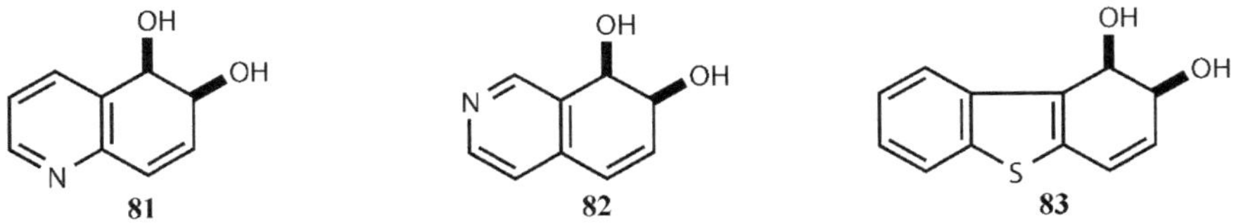

其余的生物体可能得到不同的结果：使用 *Pseudomonas putida* 与苯甲酸反应得到预期的二醇 **85**，而使用 *Alcaligenes eutrophus* 反应得到 **84**[26]。

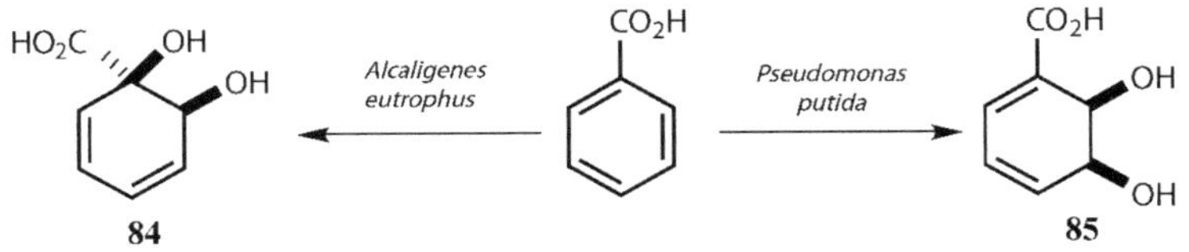

最近的发展包括双羟基化基因的过表达和将它转移[27]入更容易生长的 *E. coli* 中形成 JM 109（pDTG601A）。这种生物体可以将很多单取代苯更方便地

生成二醇 **87**。紧密相关的重组生物体进行重新芳香化得到 **88**。

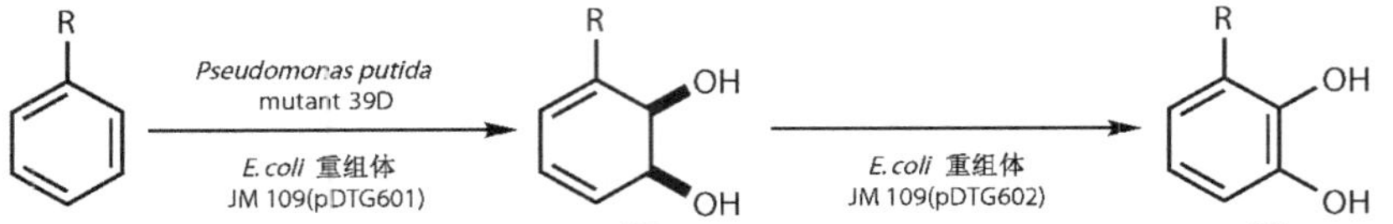

86　**87**　**88**

这种方法被 Hudlicky 用在生物碱 narciclasine **94** 的合成中。二醇 **90** 用常用的丙酮保护，作为烯体与亚硝基脂 MeO_2C—NO 发生杂原子的 Diels-Alder 反应得到 **91**。与烯基溴发生 Suzuki 偶联得到 **92**，N—O 键被 $Mo(CO)_6$ 还原得到合成 narciclasine **94**[28]后阶段的中间体 **93**。

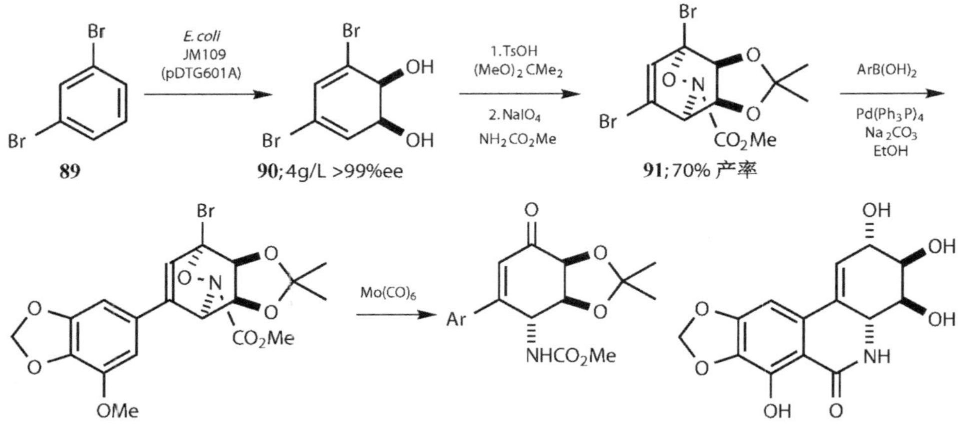

环氧化

在普通的实验室里使用微生物进行环氧化反应有很多的问题，所以化学工作者倾向于使用第 25 章中讲述的 Sharpless 环氧化或者 Jacobsen 环氧化反应。*Pseudomonas oleovorans* 中的 ω-羟化酶可以烯丙基醇的芳基醚进行环氧化，并且反应有很好的选择性。一个产物被用在 β-保护 metropolol 的合成中[29]。但是生物体需要以气态的碳氢化合物作为碳源，并且环氧化产物会毒化它。

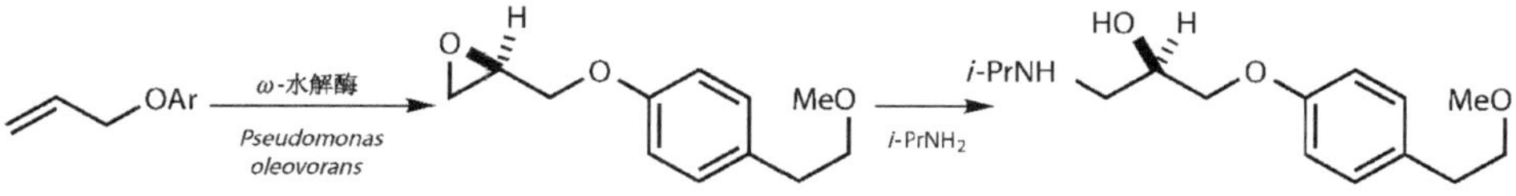

95　**96**; 约100% ee　**97**; metropolol; 98.4% ee

Nippon Mining 公司使用土壤微生物 *Nocardia corralina* B-276 来产生一系

列商品化的单一光学活性的环氧化合物。这种微生物使用葡萄糖作为碳源，并且它不会被产生的环氧化合物毒化。它的适用性很好，如 **98** ～**104** 所示。**103** 和 **104** 特别值得注意，因为它们都是由 1，5-辛二烯所制得[30]。

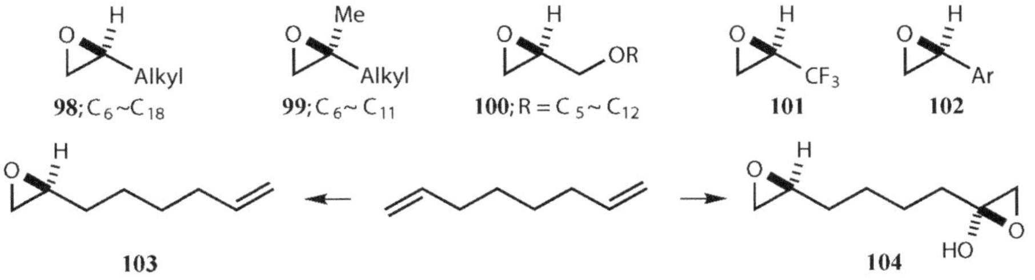

Baeyer-Villiger 反应

Baeyer-Villiger 反应是酮被过酸氧化的反应，插入的氧原子位于酮较多取代的一侧。生物体中的版本也能完成相同的事情，但是有趣的是它可以从对称的酮产生不对称的产物。这个酶只是氧化酶，要和还原性的酶葡萄糖脱氢酶结合使用[31]。

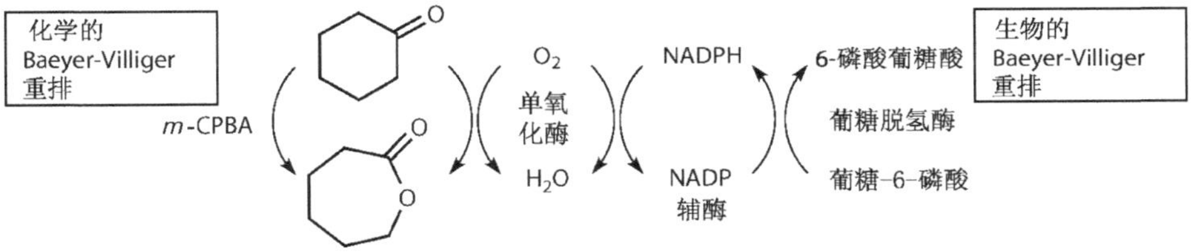

例子包括简单的非手性的酮如 **105** 和含有不对称中心[32]的内消旋化合物，如 **107**。最初生成的七元环内酯重排为五元环内酯 **109**。

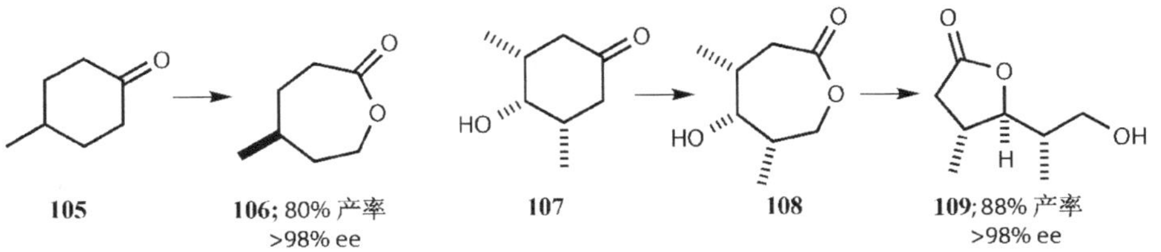

大自然在化学中总是给人很多惊喜。一种生物体在 Baeyer-Villiger 反应中得到了少见的结果。*Acinetobacter calcoaceticus* 催化重要的双环酮 **111** 的动力学拆分。化学反应得到预期的内酯 **110**，产物是由取代较多的碳原子迁移所得。生物方法不仅仅得到了这个产物的一种对映异构体，并且剩余的物质并不是未反应的 **111**，而是以好的产率和 ee 得到另一个区域异构体 **112**。大自然可以完成对我们

来说不可能的反应[33]。最近的新闻[34]说明重组的大肠杆菌全细胞可以更有效地表达环己酮单氧化酶。

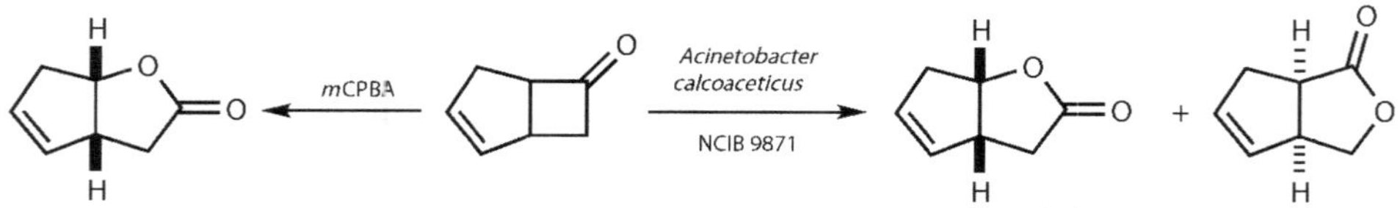

(±)-**110**　(±)-**111**　**110**; 44% 产率 >95% ee　**112**; 42% 产率 >95% ee

使用改造面包酵母菌的 Baeyer-Villiger 反应

Acinetobacter sp. NCIB 9871 中的单氧化酶可以被克隆，并且表达于我们在本章开始见到的面包酵母中。这种酵母可以实施 Baeyer-Villiger 反应并提供酵母中其他酶提供的 NADPH。环戊酮 **113** 的一种常规的动力学拆分可以得到内酯的单一的对映异构体和起始原料[35]。

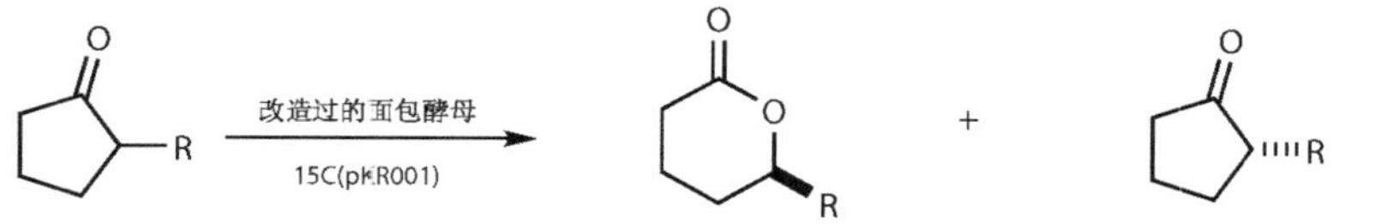

113　R = Me　**114**; 36% 产率; 32 ee　**115**; 34% 产率; 44% ee

R = *n*-Hex　**116**; 32% 产率; >98% ee　**117**; 42% 产率; >98% ee

改造的大肠杆菌全细胞 BL21 (DE3) (pMM4) 使 4-位取代的环己酮以不同的结果去对称化[36]。简单单取代的 **118** 和 **120** 得到好的结果，但是酶对羟基很敏感，对于三级醇 **122** 得到了比较低的产量，而二级醇 **124** 得到了很低的 ee。

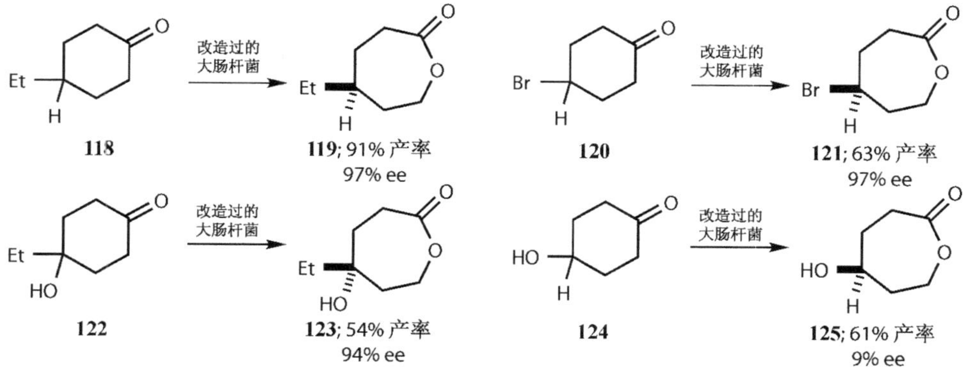

118　**119**; 91% 产率 97% ee　**120**　**121**; 63% 产率 97% ee

122　**123**; 54% 产率 94% ee　**124**　**125**; 61% 产率 9% ee

对羰基的亲核加成

氰化物对醛的不对称加成

不同植物中的氧氰酶催化氰离子对醛的加成反应，生成很多植物中存在的羟基氰化合物。Amygdalin——一种三糖的羟氰衍生物，可能是这些化合物中最不好的，因为它在苦杏仁油中释放 HCN，并导致人们喝陈年的 noyeau 利口酒时死亡[37]。

杏仁 *Prunus amygdalis* 中的（*R*)-醇腈酶有非常低的底物特异性，可以以很好的产率得到一系列羟氰化合物 **126**。反应体系有两相，抑制了 HCN 对醛加成的非催化反应[38]。

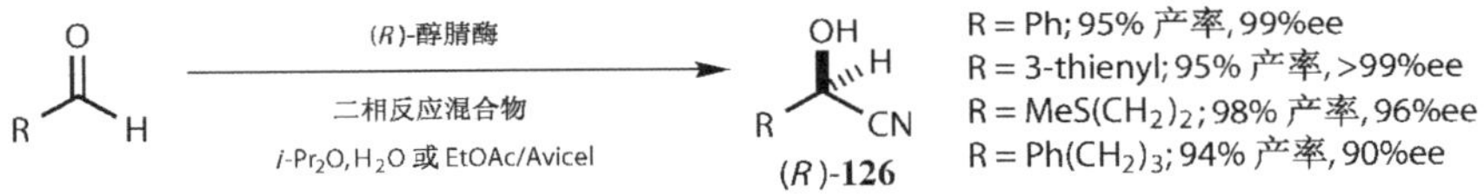

Sorghum bicolor 中的（*S*)-醇腈酶产生另一种对映异构体，但是原料只能是芳香醛[39]。产物可以在不损失 ee 的情况下直接转化为羟基酸 **127**。

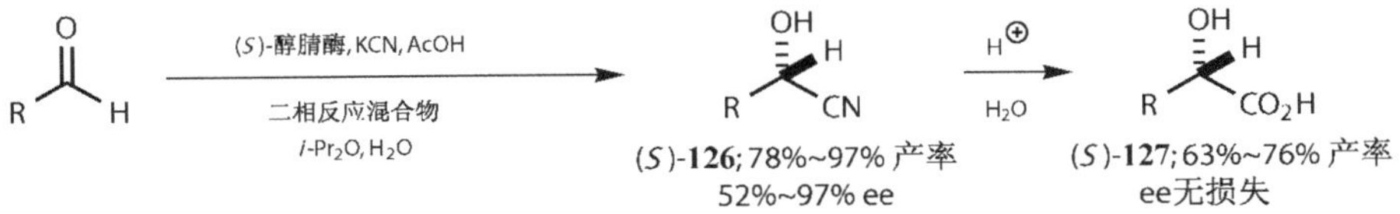

这两种方法在反应中可能释放有毒的 HCN，而一种更干净、安全的方法是使用羟氰丙酮 **128** 作为氰转移试剂。巴西橡胶树 *Hevea brasiliensis* 中的一种酶被称为羟氰裂解酶，可以催化烷基醛和芳香醛形成羟氰化合物[40]。

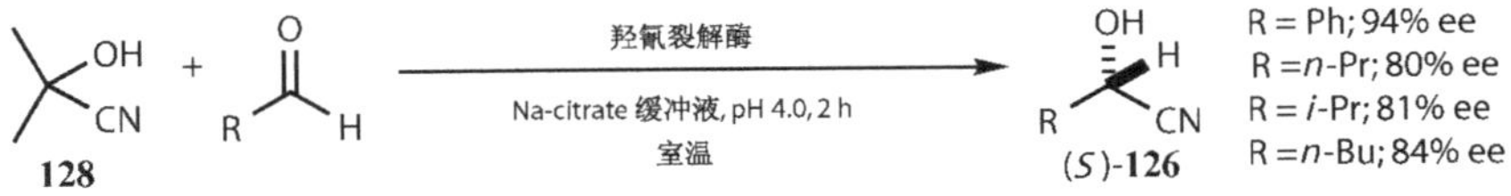

Solvay Duphar 运行的商业化过程基于 Van de Gen 的工作[41]，他们用杏仁的水溶液提取物制取（*R*)-**126**，用高粱酶制得（*S*)-**126**。双相体系（H_2O/Et_2O）又一次得到应用。由于不稳定的氰基醇会可逆的失去 HCN 而导致产物消旋，他们用形成硅醚 **129**～**131** 的方法来稳定氰基醇。上一个例子表明了共轭加成的倾向更大。

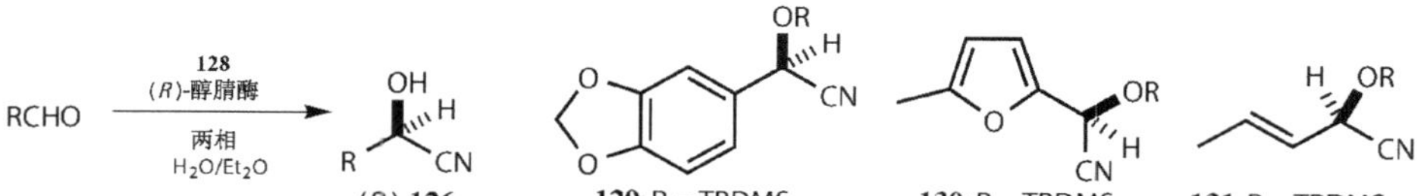

(R)-126　129; R = TBDMS　130; R = TBDMS　131; R = TBDMS

氰醇衍生出的产物

氰基水解必须避免消旋[39,42]。两个成功的例子是在酸性溶液中直接转化成酯 **134** 或是两步反应经过不容易消旋的酰胺 **133** 得到酸 **132**。

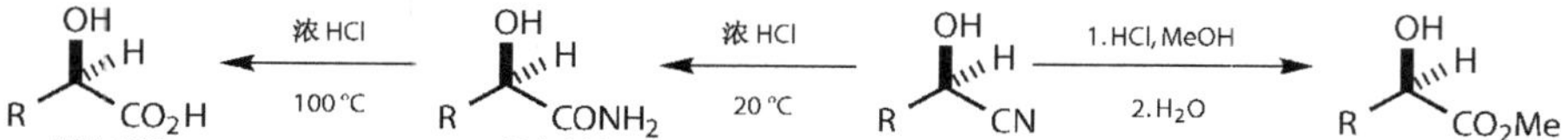

(R)-132　(R)-133　(R)-126　(R)-134

由于烯醇化倾向增大，要将其转化为其他羰基化合物更富于技巧。被保护的氰基醇 **136** 在 1.5eq. DIBAL 和小心酸化下可以还原得到醛 **135**。更稳定的酮 **138** 可以经过两步[41]得到：格氏试剂加成得到亚胺衍生物 **137**，用酸后处理得到酮 **138**。

135　136　137　138; R = Ph; 80% 产率, 92% ee

用同样的起始物 **136** 经格氏试剂加成和硼氢化还原可以得到二级胺[43]。还原表现出了很好的 Felkin-Anh 选择性（第 21 章）。硅基保护基可以从产物 **140** 中切断得到不易消旋的氨基醇 **141**。这类化合物也可以由不对称羟氨化得到（第 25 章）。

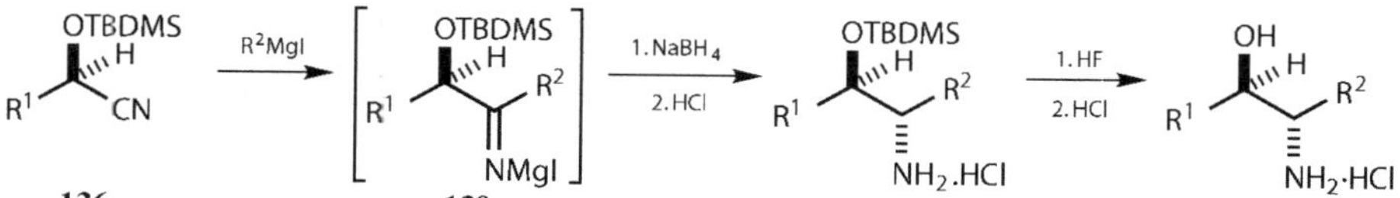

136　139　140　141

酶催化的 aldol 反应

Aldol 反应可以形成新的 C—C 键，在自然界和实验室中都有大量应用，一些羟醛缩合酶在不对称合成中也有应用。一个被广泛应用的是从兔子肌肉中得到的果糖-6-磷酸羟醛缩[44]RAMA。RAMA 催化二羟丙酮磷酸酯（DHAP）**142** 的烯醇盐与甘油醛-3-磷酸酯 **143** 进行非对映选择性和对映选择反应。下图中的 PO 表示磷酸基。

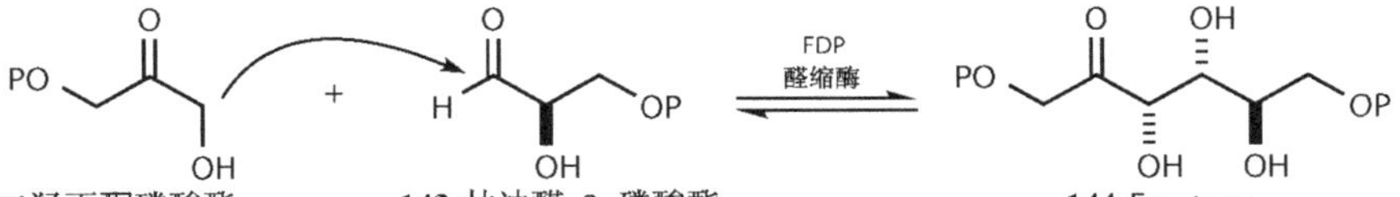

142; 二羟丙酮磷酸酯 (DHAP)　**143**; 甘油醛-3-磷酸酯　**144**; Fructose 1,6-磷酸酯

这种兔子酶需要 DHAP 作为烯醇部分，但是对醛的要求更宽松。与叠氮醛 **145** 反应形成两个新的手性中心 **146**，用一种磷酸酶可以脱去磷酸基团[45]。叠氮还原可以得到四氢化吡咯三醇 **147**，新生成的手性中心能很好地控制手性，得到了小于 10％的差向异构体。从已经发表的工作中不容易测得这些化合物的 ee

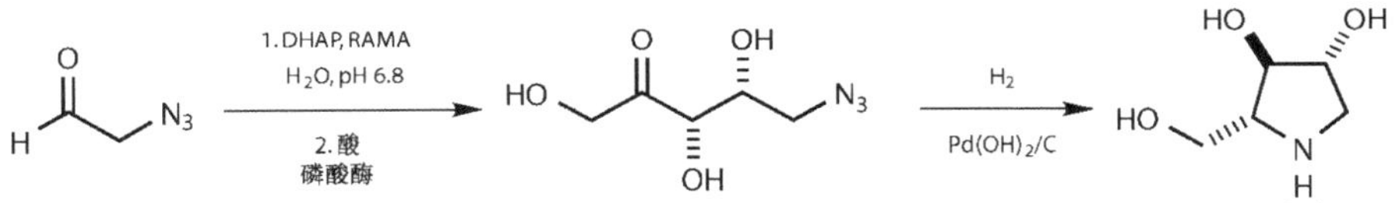

145　**146**; 78% 产率　**147**; 74% 产率

昆虫信息素 *exo*-brevicomin **151** 可以用羰基醛 **148** 作为亲电试剂与 DHAP 作为烯醇部分反应得到[46]。这个反应具有完全的立体选择性：**148** 中羰基既不作为烯醇也不作为亲电试剂。产物是一个许多人认为可以由 AD 反应（第 25 章）得到的二醇。在酸性溶液中形成环状的缩酮 **150**，形成了 brevicomin 的骨架结构。旋光度可以由文献得到，而 ee 却没有报道。

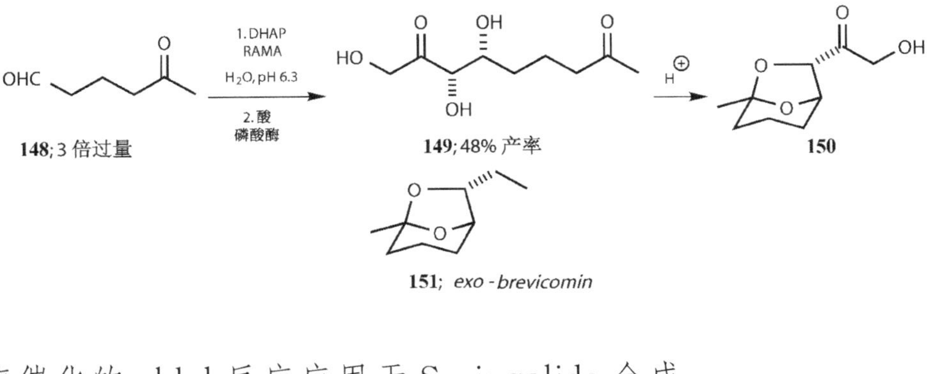

148; 3 倍过量　**149**; 48% 产率　**150**

151; *exo*-*brevicomin*

酶催化的 aldol 反应应用于 Syringolide 合成

Syringolide **152** 是大豆中引起免疫反应的天然产物。一系列的切断分解得到一个可以由 DHAP 和一个简单醛经 aldol 反应得到的四醇 **156**。如果不考虑烯烃 **155** 的立体构型和 OH 的化学选择性，这是个简单的合成方法[47]。

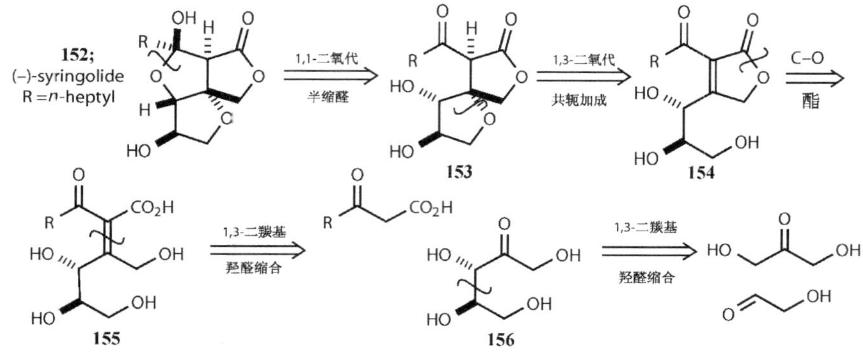

通过保护作用可以解决化学选择性问题：用对甲氧苄基保护羟基醛中的羟基，缩酮 **158** 保护酶催化的 aldol 反应产物 **157** 中的邻二醇羟基。烯烃几何构造问题的解决办法是利用了分子内一个剩余自由羟基的捕获作用。

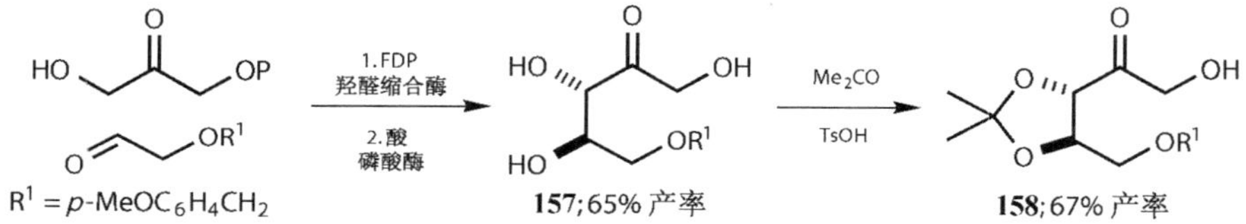

丙二酸亚异丙酯衍生物 **159** 被选来代替羰基酸亲电试剂与 **158** 中的羰基反应。这两个羰基中的一个可以被 **158** 中的自由 OH 捕获，因此 **160** 中烯烃双键的几何构造正好适合。氧化脱去对甲氧卞基保护基，酸性条件下发生共轭加成，形成半缩醛，从 **160** 一步得到（—)-syringolide **152**。

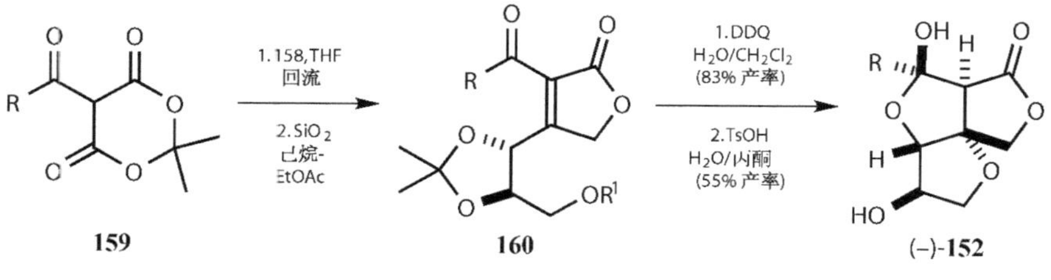

这步中形成了三个手性中心。从 **160** 中脱去对甲氧苄基保护基得到的自由 OH 发生共轭加成如 **161**。OH 从下面进攻内酯，因为五元环的缩醛是平面性的，而且 CH_2OH 已经处于下面了。烯醇产物质子化是热力学控制的，脱去丙酮保护得到两个自由的 OH，只有一个能与酮羰基加成 **163** 得到 **152** 中的半缩醛。这步的立体化学依然是受热力学控制的。每次加成都保证了产物 **152** 中每个五元环采取稳定的 *cis* 并环结构。

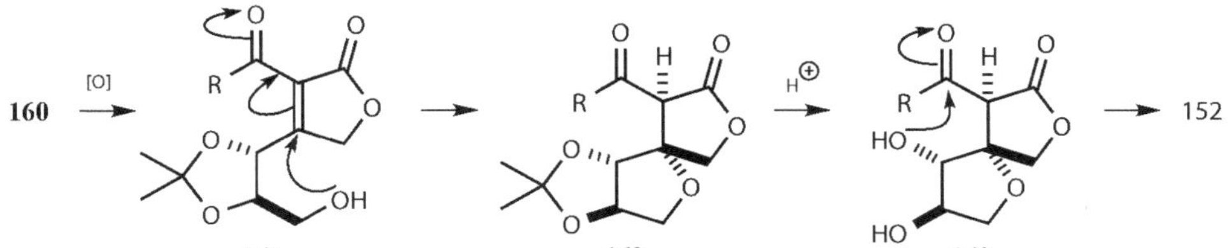

161 162 163

改造缩醛酶

E. coli 中的一种过表达酶已经被大量报道，Chi-Huey Wong 利用它合成埃博霉素（epothilone）。这就是 2-脱氧核糖-5-磷酸羟醛缩和酶（DERA），自然界中的反应以乙醛作为烯醇与甘油醛-3-磷酸（**164**）作为亲电成分发生 aldol 反应得到羟基醛 **165**，再自身环化形成半缩醛（**166**）。

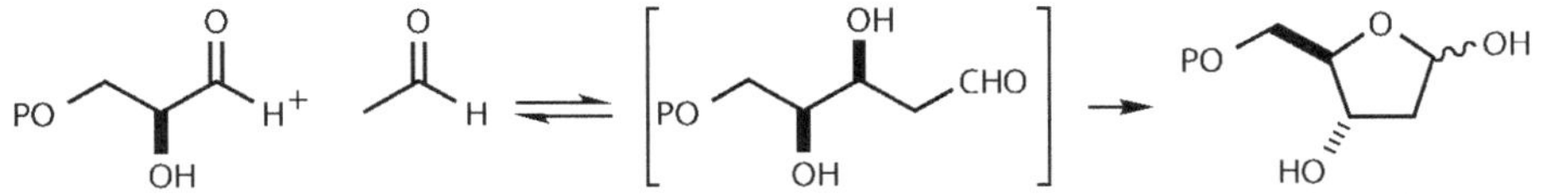

164; 甘油醛-3-磷酸　**165**　**166**; 2-去氧-D-核糖-5-磷酸酯

这种酶没有 RAMA 那样复杂，也适用于其他一些烯醇片段和亲电试剂。*β*-羟基醛 **167** 在同样条件下得到六元环状半缩醛 **169**，不稳定的 2-羟基丙醛形成的缩醛 **170** 在动力学方法下可以得到羟基醛的一个非对映异构体 **171**，然后以中等产率得到 **172**[48]。

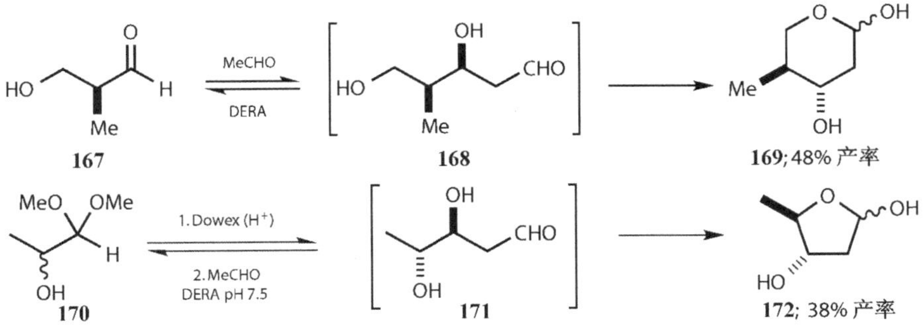

167　**168**　**169**; 48% 产率

170　**171**　**172**; 38% 产率

这些产物都用于 epothilone A **173** 的合成。内酯的分解很简单，但其他的就不那么明显了。环氧化合物可以由顺式烯烃得到，*cis*-烯烃可以由 **174** 的硼酸衍生物与 *Z*-烯基碘 **175** 经 Suzuki 偶联得到。你会发现虽然不那么明显，**174** 是从 **169** 得到的，而 **175** 从 **172** 得到。

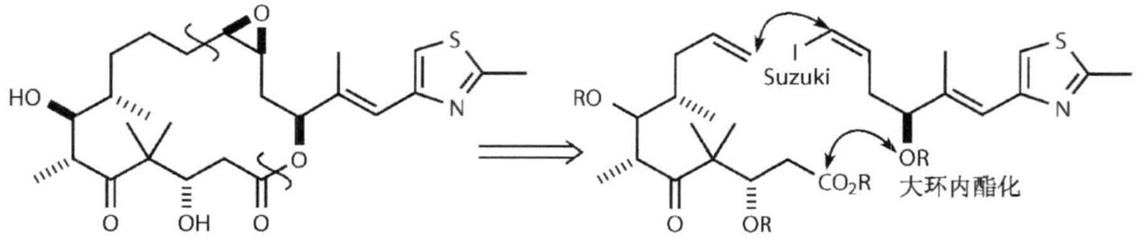

173; epothilone A　　**174**　　**175**

半缩醛 **169** 先氧化得到内酯 **176**，经烯醇锂盐烷基化得到预期的立体选择性产物 **177**，再经一系列手册中介绍的反应得到醛 **178**。

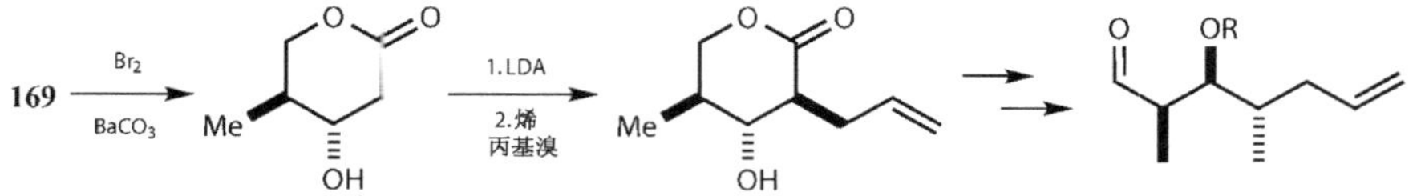

176; 62% 产率　　**177**; 85% 产率　　**178**; R = *p*-MeOC$_6$H$_4$CH$_2$

β-羟基酯 **179** 在烯醇化能力较弱的位置与 **178** 立体选择性地发生 aldol 反应得到 **174** 的全部骨架结构，**180** 中新生成的 OH 有很好的立体选择性。这个羟基能够控制 Evans 1，3 还原（第 21，30 章）的立体化学，然后再氧化成需要的酮 **181**，这与 **174** 相同，但它是保护基团专一的。

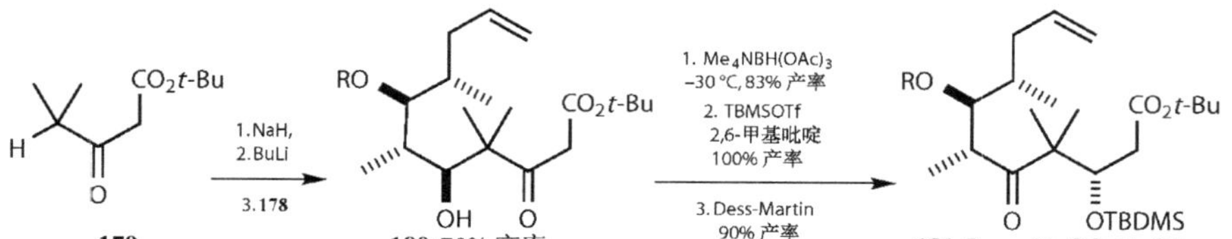

179　　**180**; 70% 产率　　**181**; R = *p*-MeOC$_6$H$_4$CH$_2$

另一部分是由 **172** 制得的，先形成被保护了的羰基醛 **183**，再经立体选择的 Wittig-Horner 反应和 Wittig 反应增加两个立体构型一定的烯烃双键。Wittig-Horner 反应受热力学控制得到三取代的 *E*-烯烃 **185**，而 Wittig 反应受动力学控制得到 *Z*-碘代烯烃 **175**，R＝Ac（第 15 章）。

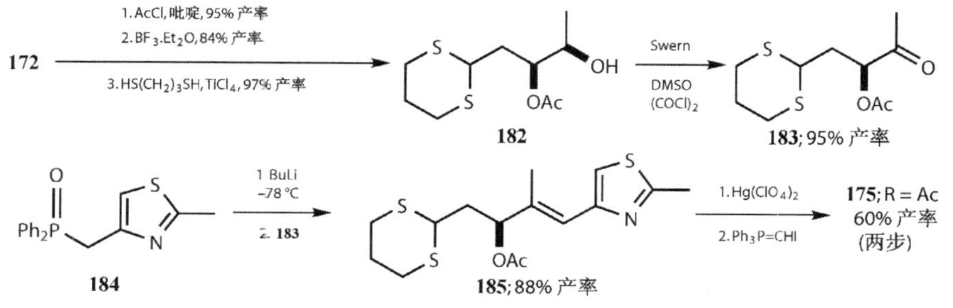

182　　**183**; 95% 产率

184　　**185**; 88% 产率

Suzuki 偶联反应进行得很好：中等产率被得到的收敛度抵消。脱去乙酸基团和叔丁基酯得到有效的 Yamaguchi 内酯化的底物。脱去所有的保护基得到 *cis* 烯烃 **188**，再在二甲基双环氧乙烷作用下，以 45%产率立体选择性地环氧化得到 epothilone A **173**。最终产物中所有的手性中心，以及一些在合成路线中去掉的手性中心都来源于最初的酶催化的 aldol 反应。

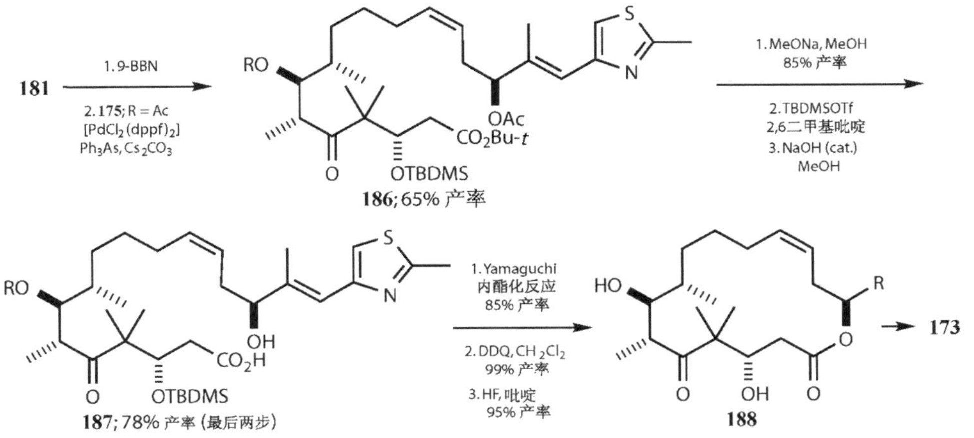

实用的酶催化的不对称合成

如果你读到本章这里，发现酶只对专家们很有用，而你自己从来不用的话，那么这部分是为你而写的。固定酶现在可以从许多公司里购得，许多制药公司在合成中大量应用。当然，还有许多问题没有解决，大部分的不对称合成并不涉及酶的运用。这部分，我们会让你认识到酶在有机溶剂和水溶液中都是很实用的试剂，许多化学家使用它们作为实用的试剂。一个优秀的回顾可以让你更信服[49]。最近，*Organic Proess Research and Development*（2002，6，issue，4，420 ff）一整期的篇幅来介绍生物催化[50]。

钙通道阻滞剂：地尔硫䓬

钙通道阻滞剂，如第 22 章介绍的 amlodipine，可以用来治疗绞痛和高血压。地尔硫䓬 **189** 是由 Tanabe 公司于 1984 年发现的，它是苯并硫氮杂䓬 **192** 的简单衍生物，在七元杂环上有两个相邻的手性中心。

切断酰胺环得到一个 1，2-二官能团化合物 **193**，它可以由环氧化合物 **195** 与硫醇 **194** 亲核开环得到。用相应的硝基硫醇可以避免立体化学问题。环氧化合物中的手性可以由不对称 Darzens 反应或是 Sharpless 环氧化得到。你可能会注意到，环氧化合物采用了独特的 *cis* 开环。最初采用了的一个中间体拆分[51]。

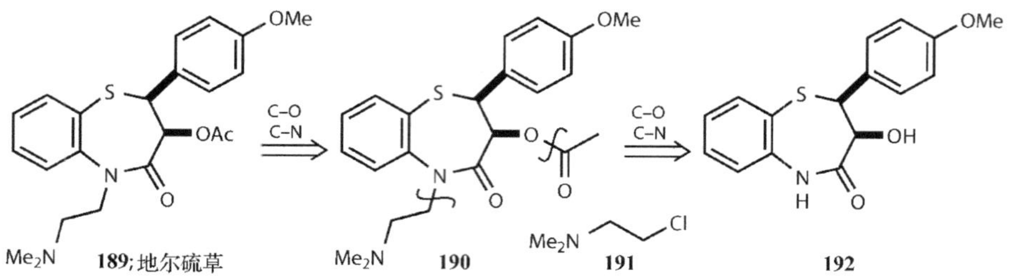

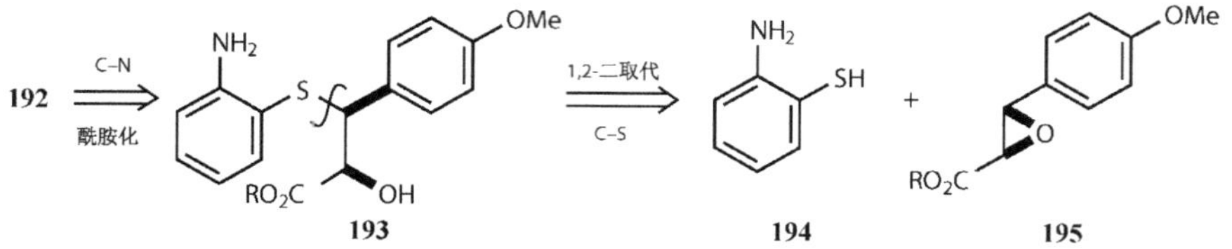

酶催化的方法是用脂肪酶作用在环氧化合物 **195** 或是加成产物 **193** 上。消旋的 *trans*-甲酯 **195**；R＝Me，在 *Candida cylindracea* 脂肪酶作用下，在混合溶剂，MeCN，CH_2Cl_2 或是环已烷/水中被水解，然而在纯水溶液中不发生水解。使用环已烷的结果最好："错误的"酯被水解而"正确的"酯不水解留在有机相中实现了简单的分离。10g 的底物可以在室温下在 1.5h 内完全分离[52]。与糜蛋白酶或是脂肪酶发生酯交换却没这么有效。

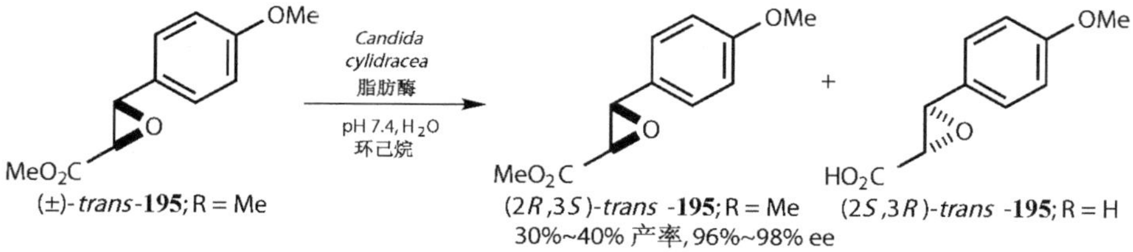

邻硝基苯硫醇与环氧化合物（±）-**195** 的加成产物 **196** 室温下在 THF 中，以从 *Pseudomonas capacia* 中得到的脂肪酶为催化剂，被乙酸酐或是乙酸乙烯酯酰基化的结果很好。与乙酸酐的反应显然不能在水溶液中进行。与 Ac_2O 反应需要 2 天，而与乙酸乙烯酯的反应需要 7 天，但是产率和 ee 都很好。转化率 50%，产率 100%的乙酰化产物 **197** 和醇 **196** 的另一种未反应的对映异构体可以被分离出来[53]。

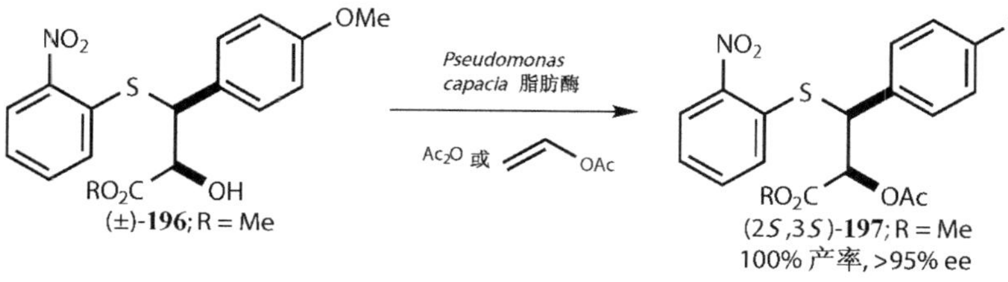

基于菊酸酯的杀虫剂

现今最重要的杀虫剂都基于菊酸：它们出乎意料地有效，只要少量就能杀死目标害虫。菊酸 **198** 来自于天然，但是天然的除虫菊酯对害虫没有太大影响，因此没有太大作用。人工合成的手性化合物，如氯氰菊酯（cypermerhrin，**200**）和溴氰菊酯（deltamethrin，**199**）是单一的对映异构体[54]，它们都是基于 *cis*-菊酸而天然菊酸是 *trans*-的。

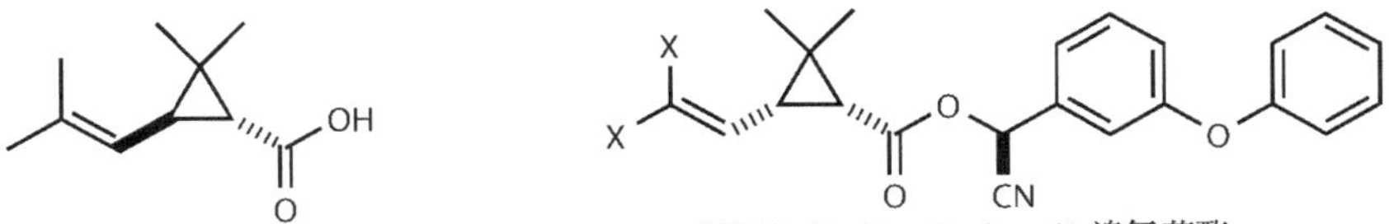

198; *trans*-菊酸

199; X = Br, (1*R*, *cis*, α*S*)-溴氰菊酯
200; X = Cl, (1*R*, *cis*, α*S*)-氯氰菊酯

合成产物是环丙烷基甲酸酯和氰基醇 **202** 形成的酯。丁醇和乙酸酯 **201** 在固定化脂肪酶作用下的酯交换得到需要的（*S*)-醇 **202**，没有反应的对映异构体（*R*)-**201** 在 Et_3N 作用下很容易消旋。关于不同的脂肪酶的报道几乎是同时的：CHIRAZYME L-6，从 Pseudomonas 得到的脂肪酶固定于分子筛 DEAE 上可以在 *i*-Pr_2O 溶剂中使用，在 Et_3N 作用下消旋可以在同样的溶剂中回流进行[55]。

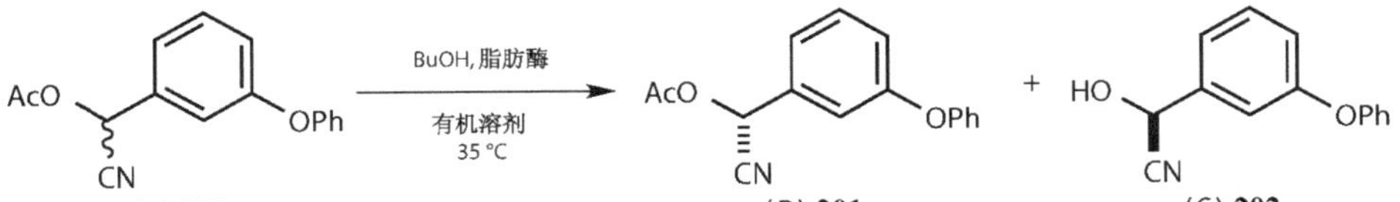

(±)-**201**　(*R*)-**201**　(*S*)-**202**

除此之外，由 Amano 固定的脂肪酶 P 以 49％产率和大于 99％ 的 ee 得到（*S*)-**202** 和（*R*)-**201**。混合产物与菊酸衍生物酯化而分离，得到想要的酯，分离出来的乙酸酯（*R*)-**201** 在甲苯溶液中在 80℃及 Et_3N 作用下消旋。由于制得的酸只有 86％的 ee，因此醇（*S*)-**202** 同时也作为解析试剂。Cypermethrin **200** 经重结晶得到了很好的产率、很好的对映和非对映纯的产物[56]。

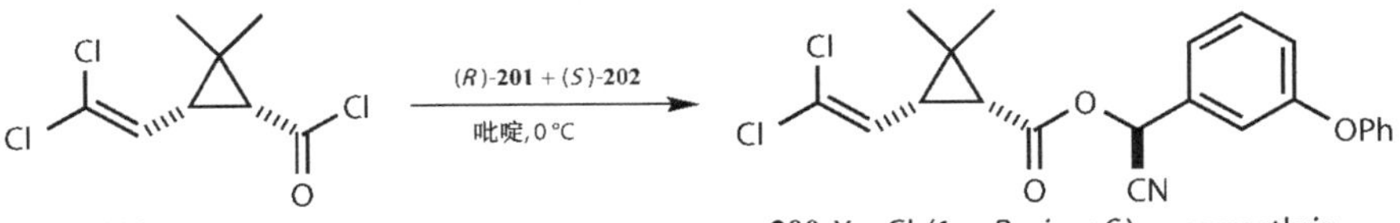

203; 86% ee

200; X = Cl, (1*R*, *cis*, α*S*)-cypermethrin
82% 产率, 99% de 重结晶后

含有四氢呋喃环的抗真菌三唑

现代医学的重大突破就在于发现了抗菌药物。某一类药物，如酮康唑（**204**），沙康唑（saperconazole，**205**）含有一个二氧戊环核，连接一个活性的咪唑或是三唑官能团。Schering Plough公司发展了一类新的药物，它们含有一个四氢呋喃（THF）环核，如**206**。这些化合物在不对称合成中遇到了特殊的困难。

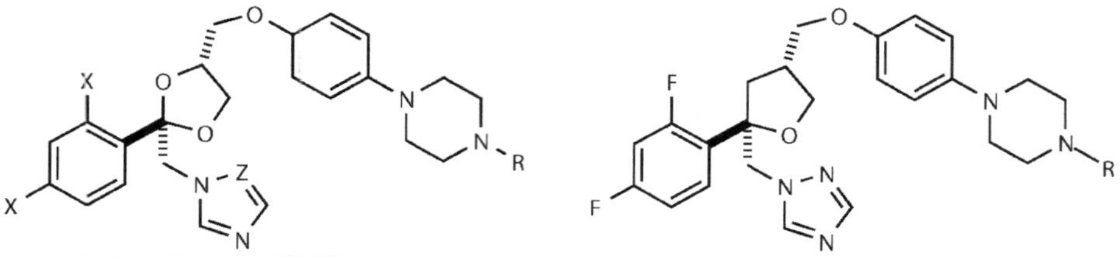

204; X = Cl, Z = CH, 酮康唑
205; X = F, Z = N, 沙康唑
206; SCH51048, 抗菌化合物

最初尝试将烯丙醇经Sharpless环氧化，再接上一个碳亲核试剂和一个三唑得到二甲苯磺酸盐（**208**）。这两个甲苯磺酸盐是非对映异构的，但是所有尝试在关环时主要产物都是*anti*的THF **209**。

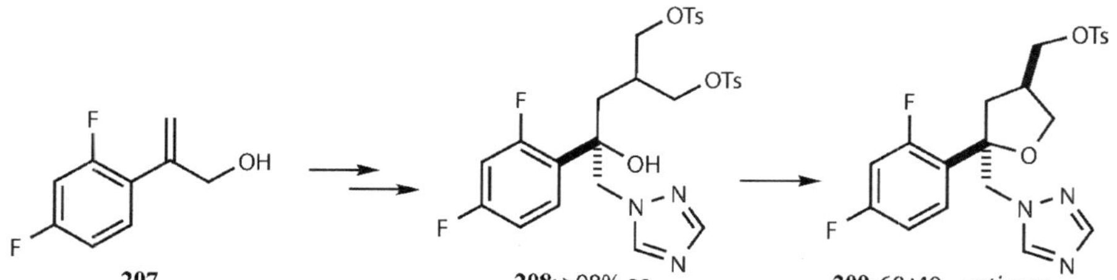

207　**208**; >98% ee　**209**; 60 : 40 *anti* : *syn*

如果用试剂主导的反应来区别原先的两个OH基团，那么酶是理想的解决办法。各种各样的脂肪酶能够用来或者是乙酰化三醇**210**或者是水解二酯**212**，任何一种情况下，都可以以很好的ee得到需要的单酯**211**。Novozyme（Novo Nordisk）SP 435在MeCN溶剂中催化**210**单乙酰化得到**211**；R＝Me反应只需要55min得到产率95％，ee为96.6％。

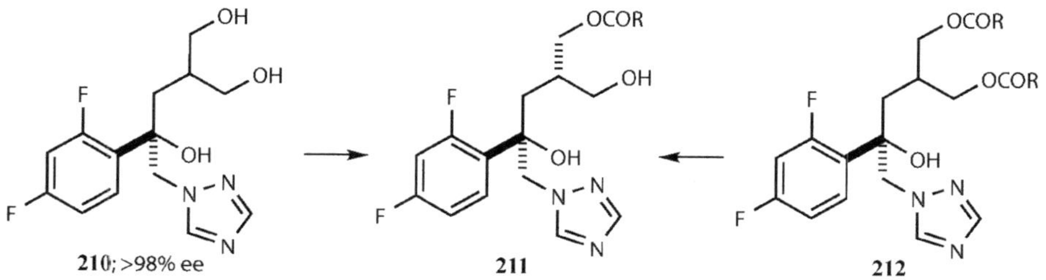

210; >98% ee　**211**　**212**

另一个更简单的例子可以得到更好的结果：潜手性的二醇**213**在相同酶作用下单乙酰化（产率98%，98% ee），再经碘成醚关环非对映选择性地得到需要的**215**。**215**中官能团适合三唑以及其他侧链基团的引入[57]。

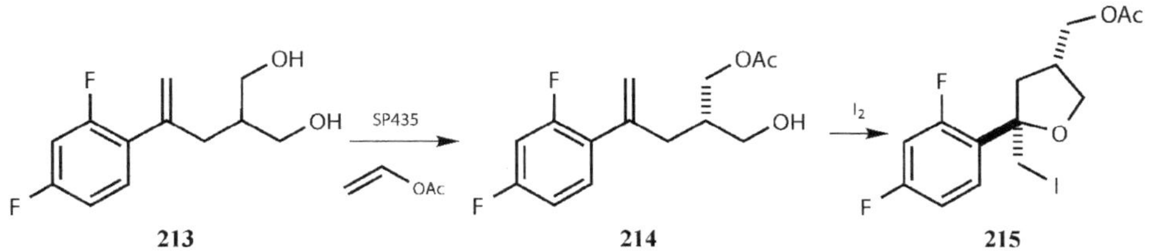

Bristol-Meyers Squibb公司的抗精神病药物BMS 181100

从Bristol-Meyers Squibb公司得到的一个简单化合物**216**是抗精神病药物BMS 181 100。它有两个对氟苯基连接在哌嗪C-4上，连接链上含有一个手性二级醇。这个化合物可以通过胺与一级氯化物**217**简单地烷基化[58]得到。用酶可以有两种拆分办法。

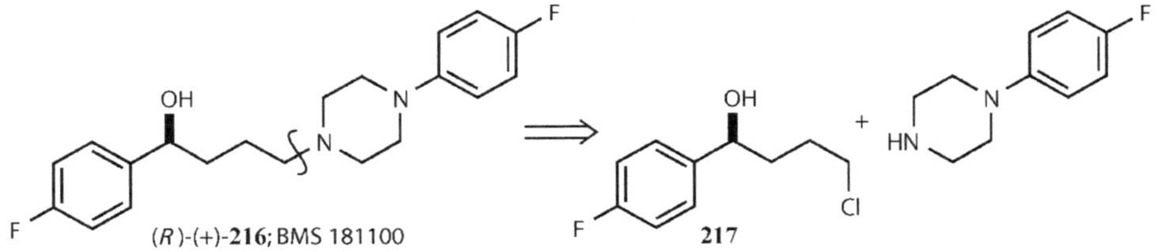

消旋的**217**在Amano脂肪酶PS 30催化下与乙酸异丙基酯反应而被酰基化，这种解决方案只有在有机溶剂中才能成功，戊烷是最好的选择。水会降低反应速率以及产物的ee。(*R*)对映异构体**218**被乙酰化，但是产物在相同的酶以及水存在下会水解得到（*R*）-**217**。这个反应可以在100g规模上进行，用200g固定的酶催化，酶可以过滤出来重复利用，但是产物的ee会渐渐降低。这看上去是酶的消耗减少，但是这是以聚合物作为载体的酶，因此占大多数的是聚合物。

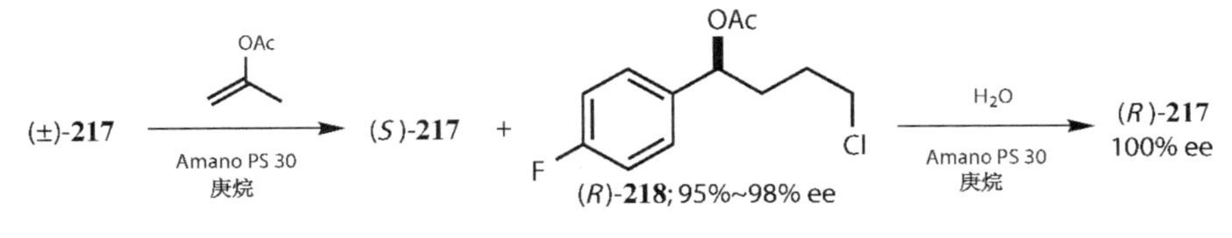

另外，在研究了14种酶之后，找到了另一种Amano脂肪酶GC-20可以催化最终产物（±）-**216**的乙酸酯**219**对映异构选择性地水解。由于药物的两个对映异构体都需要评价，未反应的（S）-乙酸酯可以水解得到（S）-**215**而不发生消

旋。有机溶剂仍是必需的：*E* 构型在水中占比例为 1，而在甲苯或是 CH_2Cl_2 中比例最大（>100）。

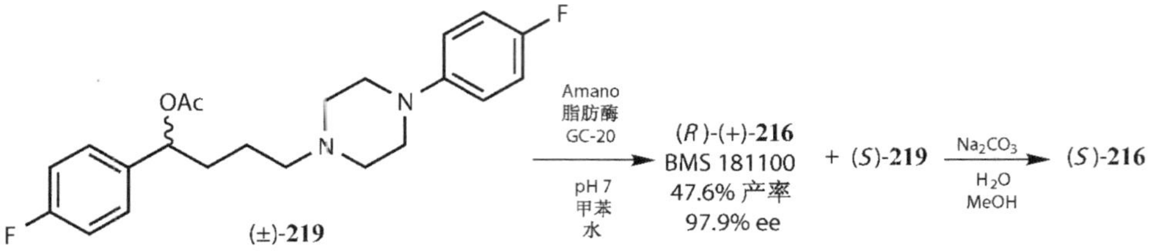

Eli Lilly 公司的蛋白激酶抑制剂

蛋白激酶抑制剂在新闻中是作为癌症药物的，但是 Eli Lilly 公司有一个 saturosporinone 类似物 **220** 能够帮助糖尿病患者克服一些问题，如视网膜病造成的视力降低。我们不关心双吲哚部分 **221** 但是手性片段 **222** 是我们研究的对象。

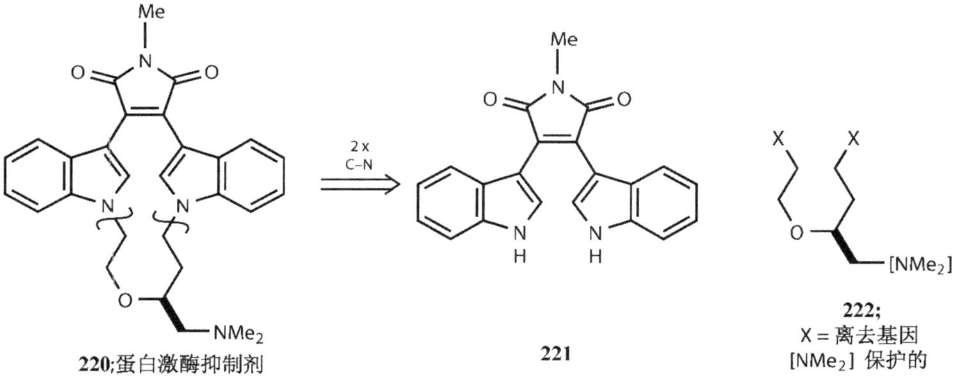

接近对称的 **222** 提示我们，官能团化的 **223** 中 OH 或是 OR 可能会有帮助。两个 OH 之间是 1，6 关系，因此可以由环己烯 **224** 氧化断裂得到。**225** 依次可以由 Diels-Alder 反应得到，而 CH_2OR 基团首先会被羰基代替 **225**。这个酯可以经酶促拆分。

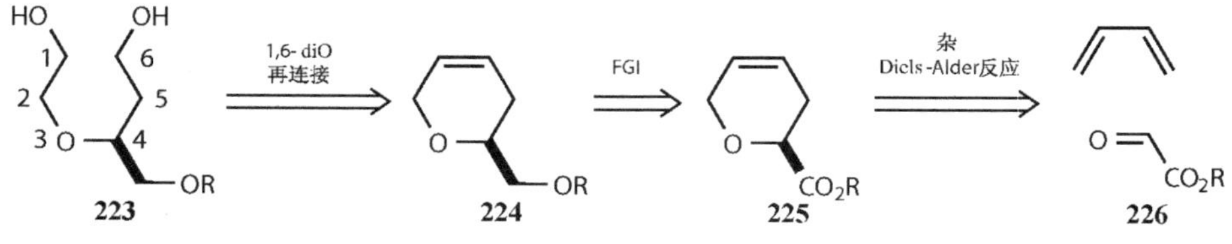

在商业路线中，乙醛酸乙酯 **226**；R＝Et，与丁二烯以及甲苯溶剂在高压锅中加热得到加成产物 **225**；R＝Et，产率为 50%～60%，聚合体副产物可以溶于甲苯而容易分离纯化。在研究过多种酶后，从化学式看出，便宜的水溶性蛋白酶 *B. lentus* 给出了最好的结果。水解 150g **225** 只需要 5%的 90mL 酶；R＝Et 反应 8h。在这些条件下，*E* 式占 33.6，（*S*)-225 产率为 35%～40%；R＝Et，ee＞99.5%。游离酸 **225**，R＝H，留在水相中，而 R＝Et 的酯 **225** 可以由甲苯提取出来。三苯甲基保护的双甲磺酸酯 **227** 在千克规模上以 96.7% ee 和很好的产率被制出来，用于合成药物 **220**[59]。

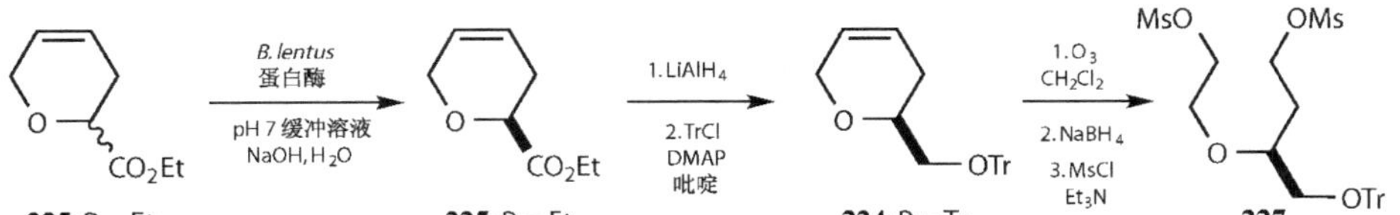

225; R = Et　**225**; R = Et　**224**; R = Tr　**227**

Lotrafiban：Glaxo Smith Kline 公司的抗凝血药物

不对称合成抗血栓药物 Lotrafiban **228** 的规模越来越大，但是消旋成了一大麻烦。合成运用了手性源策略（第 23 章），中间体 **229** 方框中的部分来自于天冬氨酸。

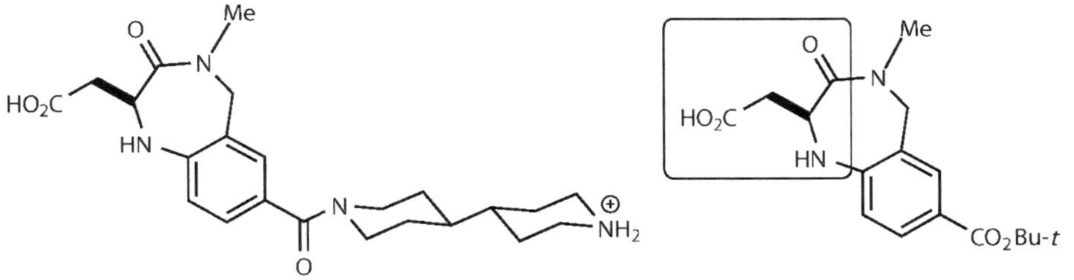

228; SB 214857 Lotrafiban　**229**

由于有许多方法可以合成消旋的酯，在这个合成策略中的后面步骤中，酶催化的水解是个好的选择。*Candida antarctica* 脂肪酶催化的水解：水解得到了需要的对映异构体，反应在 50%转化率时停止。试过许多载体后，最好的是 Boehringer L-2，它是将酶共价连接在交联树脂上，这样可以在水溶液中仍能稳定存在。在试验中，将 76kg 消旋的甲基酯 **230** 与 6kg 载体酶在 2.5h 内反应完。加入苄基氯甲酸酯的 CH_2Cl_2 溶液，未反应的酯（*R*)-**230**，现在已经被 Cbz 衍生化，留在 CH_2Cl_2 中（经过消旋作用可以循环利用），产物在水相中。这种酶至少可以利用 100 次而不减少活性[60]。

两个去对称反应

我们用两个简单的反应来结束这一章——几个去对称反应，每一个都有各自

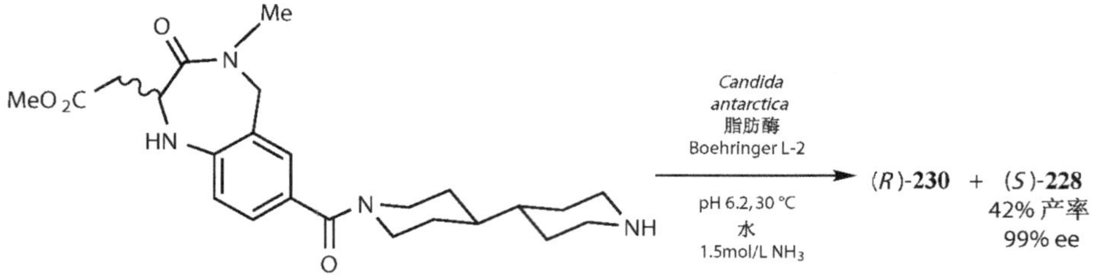

(±)-230

独特之处。Diversa 公司从嗜热生物中提取的脂肪酶/酯化酶作为再结合蛋白，对称的 Diels-Alder 加成产物 **231** 在 70℃被快速高效地去对称生成单酯 **232**[61]。

231 

232;
98% 产率
>99% ee

另一个更不寻常。Amlodipine 类型的二氢吡啶药物是手性的。某些情况下，唯一的区别只是一边是甲基酯另一边是乙基酯。用 Hantzsch 吡啶合成方法可以很容易得到对称的化合物 **234**，去对称的尝试也很简单。Amano 公司应用他们自己的脂肪酶 AH 不可思议地实现了在 i-Pr_2O 中合成一种对映异构体，而在环己烷中合成另一种对映异构体（两种溶剂都是用水饱和的）[62]。酶的一个问题在于它们只能形成一种对映异构体，用非天然的底物在非天然的介质中情况可能就不成了！

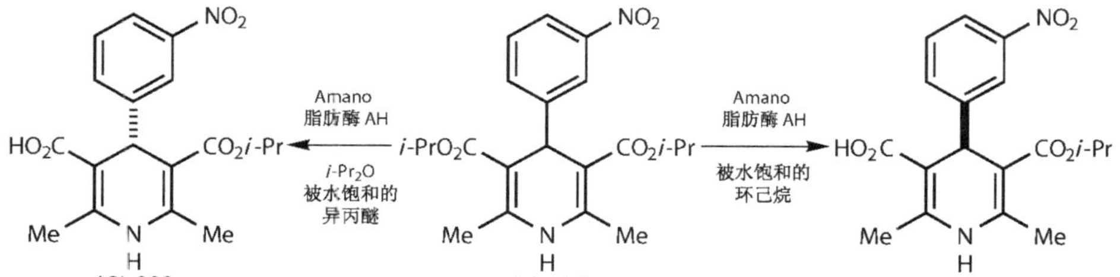

(S)-233　　(±)-234　　(R)-233

参考文献

一般性参考文献列于 946 页。

1. Collins, *Chirality in Industry*, K. Faber, *Biotransformations in Organic Synthesis*, Springer, 4th edition, 2000; Drauz and Waldmann, *Enzyme Catalysis in Organic Synthesis*.
2. *Review*: C. J. Sih, *Angew. Chem., Int. Ed.*, 1984, **23**, 570.
3. D. Seebach, M. A. Sutter, R. H. Weber, and M. F. Züger, *Org. Synth.*, 1985, **63**, 1.

4. B. Wipf, E. Kupfer, R. Bertazzi and H. G. W. Leuenberger, *Helv. Chim. Acta*, 1983, **66**, 485; see also V. Crocq, C. Masson, J. Winter, C. Richard, G. Lemaitre, J. Lenay, M. Vivat, J. Buendia and D. Prat, *Org. Process Res. Dev.*, 1997, **1**, 2.
5. T. Kometani, H. Yoshii, and R. Matsuno, *J. Mol. Cat., B: Enzymatic*, 1996, **1**, 45.
6. *Review*: C. Carrea and S. Riva, *Angew. Chem., Int. Ed.*, 2000, **39**, 2226.
7. S. H. Wu, Z.-W. Guo and C. J. Sih, *J. Am. Chem. Soc.*, 1990, **112**, 1990.
8. I. Kumar, K. Manju and R. S. Jolly, *Tetrahedron: Asymmetry*, 2001, **12**, 1431.
9. Y. Lu, C. Miet, N. Kunesch and J. Poisson, *Tetrahedron: Asymmetry*, 1990, **1**, 703.
10. G. Fülling and C. J. Sih, *J. Am. Chem. Soc.*, 1987, **109**, 2845.
11. *Review*: E. Santaniello, P. Ferraboschi, P. Grisenti and A. Manzocchi, *Chem. Rev.*, 1992, **92**, 1071.
12. work of M. Ohno, reviewed by J. B. Jones, *Tetrahedron*, 1986, **42**, 3351.
13. D. R. Deardorff and D. C. Myles, *Org. Synth.*, 1989, **67**, 114.
14. D. R. Deardorff, C. Q. Windham and C. L. Craney, *Org. Synth.*, 1996, **73**, 25.
15. L. A. Paquette, M. J. Earle and G. F. Smith, *Org. Synth.*, 1996, **73**, 36; L. A. Paquette and T. M. Heidelbaugh, *Org. Synth.*, 1996, **73**, 44.
16. J. A. López-Pelegrín, P. Wentworth, F. Sieber, W. A. Metz and K. M. Janda, *J. Org. Chem.*, 2000, **65**, 8527.
17. R. F. Borch, M. D. Berstein and H. D. Durst, *J. Am. Chem. Soc.*, 1971, **93**, 2897.
18. M. Ohno, S. Kobayashi, T. Iimori, Y.-F. Wang and T. Izawa, *J. Am. Chem. Soc.*, 1981, **103**, 2405; T. Iimori, Y. Takahashi, T. Izawa, S. Kobayashi and M. Ohno, *J. Am. Chem. Soc.*, 1983, **105**, 1659.
19. K. Drauz and H. Waldmann, *Enzyme Catalysis in Organic Synthesis*, Vol I, 1995, p 178-195.
20. D. T. Guranda, L. M. van Langen, F. van Rantwijk, R. A. Sheldon and V. K. Svedas, *Tetrahedron: Asymmetry*, 2001, **12**, 1645.
21. D. T. Gibson, M. Hemsley, H. Yoshioka and T. J. Mabry, *Biochemistry*, 1970, **9**, 1626; *Reviews*: G. N. Sheldrake in Collins, *Chirality in Industry*, Vol I, 1992, p127; T. Hudlicky, D. Gonzalez and D. T. Gibson, *Aldrichim. Acta*, 1999, **32**, 35.
22. S. V. Ley and F. Sternfeld, *Tetrahedron*, 1989, **45**, 3463; S. V. Ley, M. Parra, A. J. Redgrave and F. Sternfeld, *Tetrahedron*, 1990, **46**, 3463; T. Hudlicky, H. Luna, G. Barbieri and L. D. Kwart, *J. Am. Chem. Soc.*, 1988, **110**, 4995.
23. T. Hudlicky, M. R. Stabile, D. T. Gibson and G. M. Whited, *Org. Synth.*, 1999, **76**, 77.
24. T. Hudlicky, J. D. Price, F. Rulin and T. Tsunoda, *J. Am. Chem. Soc.*, 1990, **112**, 9439.
25. D. R. Boyd, R. A. S. McMordie, H. P. Porter, H. Dalton, R. O. Jenkins and O. W. Howarth, *J. Chem. Soc., Chem. Commun.*, 1987, 1722.
26. A. M. Reiner and G. D. Hegeman, *Biochemistry*, 1971, **10**, 2530.
27, D. T. Gibson, J. R. Koch and R. E. Kallio, *J. Biol. Chem.*, 1989, **264**, 14940; V. B. Bui, T. Hudlicky, T. V. Hansen and Y. Stenstrom, *Tetrahedron Lett.*, 2002, **43**, 2839.
28. D. Gonzalez, T. Martinot and T. Hudlicky, *Tetrahedron Lett.*, 1999, **40**, 3077.
29. S. W. May and R. D. Schwartz, *J. Am. Chem. Soc.*, 1974, **96**, 4031.
30. K. Furuhashi in Collins, *Chirality in Industry*, Vol I, 1992, p167, Drauz and Waldmann, Vol II, 1995, p 686.
31. Drauz and Waldmann, Vol II, 1992, p 755.
32. J. M. Schwab, W.-B. Li, and L. P. Thomas, *J. Am. Chem. Soc.*, 1983, **105**, 4800.
33. V. Alphand, A. Archelas, and R. Furstoss, *J. Org. Chem.*, 1990, **55**, 347; *Biocatalysis*, 1990, **3**, 73.
34. P. A. Bird, C. A. Sharp and J. M. Woodley, *Org. Process Res. Dev.*, 2002, **6**, 569.
35. M. M. Kayser, G. Chen and J. D. Stewart, *J. Org. Chem.*, 1998, **63**, 7103.
36. M. D. Mihovilovic, G. Chen, S. Wang, B. Kyte, F. Rochon, M. M. Kayser and J. D. Stewart, *J. Org. Chem.*, 2001, **66**, 733.
37. 'Bitter Almonds,' *In the Teeth of the Evidence*, Dorothy L. Sayers, Gollancz, 1939.
38. F. Effenberger, T. Ziegler and S. Förster, *Angew. Chem., Int. Ed.*, 1987, **26**, 458.
39. F. Effenberger, B. Hörsch, S. Förster and T. Ziegler, *Tetrahedron Lett.*, 1990, **31**, 1249; U. Niedermeyer and M.-R. Kula, *Angew. Chem., Int. Ed.*, 1990, **29**, 386.
40. N. Klempier, H. Griengl and M. Hayn, *Tetrahedron Lett.*, 1993, **34**, 4769.
41. J. Brussee, E. C. Roos and A. van der Gen, *Tetrahedron Lett.*, 1988, **29**, 4485; P. Zandberger, J. van der Linden, J. Brussee and A. van der Gen, *Synth. Commun.*, 1991, **21**, 1387.

42. B. B. Corson, R. A. Dodge, S. A. Harris and J. S. Yeaw, *Org. Synth. Coll.*, 1932, **1**, 336; C. R. Noe, *Chem. Ber.*, 1982, **115**, 1591.
43. J. Brussee, F. Dofferhoff, C. G. Kruse and A. van der Gen, *Tetrahedron*, 1990, **46**, 1653.
44. J. M. Schwab, W.-B. Li, and L. P. Thomas, *J. Am. Chem. Soc.*, 1983, **105**, 4800.
45. R. R. Hung, J. A. Straub and G. M. Whitesides, *J. Org. Chem.*, 1991, **56**, 3849; see also K. K.-C. Liu, T. Kajimoto, L. Chen, Z. Zhong, Y. Ichikawa and C.-H. Wong, *J. Org. Chem.*, 1991, **56**, 6280; T. Kajimoto, K. K.-C. Liu, R. L. Pedersen, Z. Zhong, Y. Ichikawa, J. A. Porco and C.-H. Wong, *J. Am. Chem. Soc.*, 1991, **113**, 6187.
46. M. Schultz, H. Waldmann, W. Vogt and H. Kunz, *Tetrahedron Lett.*, 1990, **31**, 867.
47. R. Chênevert and M. Dasser, *J. Org. Chem.*, 2000, **65**, 4529.
48. J. Liu and C.-H. Wong, *Angew. Chem., Int. Ed.*, 2002, **41**, 1404.
49. G. Carrea and S. Riva, *Angew. Chem. Int. Ed.,* 2000, **39**, 2226.
50. V. Gotor, *Org. Process Res. Dev.*, 2002, **6**, 420.
51. J. Saunders, *Top Drugs,* page 23.
52. A. Gentile, C. Giordano, C. Fuganti, L. Ghirotto and S. Servi, *J. Org. Chem.,* 1992, **57**, 6635.
53. L. T. Kanerva and O. Sundholm, *J. Chem. Soc., Perkin Trans. 1*, 1993, 1385.
54. J. Martel in Collins, *Chirality in Industry*, Vol 1, chapter 4, page 87.
55. A. Fishman and M. Zviely, *Tetrahedron: Asymmetry*, 1998, **9**, 107.
56. J. Roos, U. Stelzer and F. Effenberger, *Tetrahedron: Asymmetry*, 1998, **9**, 1043.
57. B. Morgan, D. R. Dodds, A. Zaks, D. R. Andrews and R. Klesse, *J. Org. Chem.,* 1997, **62**, 7736.
58. R. L. Hanson, A. Banerjee, F. T. Comezoglu, K. D. Mirfakhrae, R. N. Patel and L. J. Szarka, *Tetrahedron: Asymmetry*, 1994, **5**, 1925.
59. J.-C. Caille, C. K. Govindan, H. Junga, J. Lalonde and Y. Yao, *Org. Process Res. Dev.,* 2002, **6**, 471.
60. T. C. Walsgrove, L. Powell and A. Wells, *Org. Process Res. Dev.,* 2002, **6**, 488.
61. Y. Kashima, J. Lui, S. Takenami and S. Niwayama, *Tetrahedron: Asymmetry*, 2002, **13**, 953.
62. Y. Hirose, K. Kariya, I. Sasaki, Y. Kurono, H. Ebiike and K. Achiwa, *Tetrahedron Lett.*, 1992, **33**, 7157.

30　从旧手性中心到新手性中心——对映纯化合物和复杂合成

本章的目的

从前面的章节中，我们已经了解到一个手性中心怎样变成另一个手性中心。

我们可以从消旋化合物和光学纯化合物的章节中了解这点。例如，当不饱和酸（±）-**2** 形成碘代内酯 **1** 时，便形成新的手性中心。如果不饱和酸 **2** 是消旋的，则形成内酯 **1** 的两种非对映异构体。但是如果 **2** 是光学纯的，只形成一种异构体。**2** 中现有的手性中心控制了 **1** 中的两个新的手性中心的构型。用光学纯的原料得到单一异构体与用消旋原料得到（±）-**1** 的立体化学是一样的。

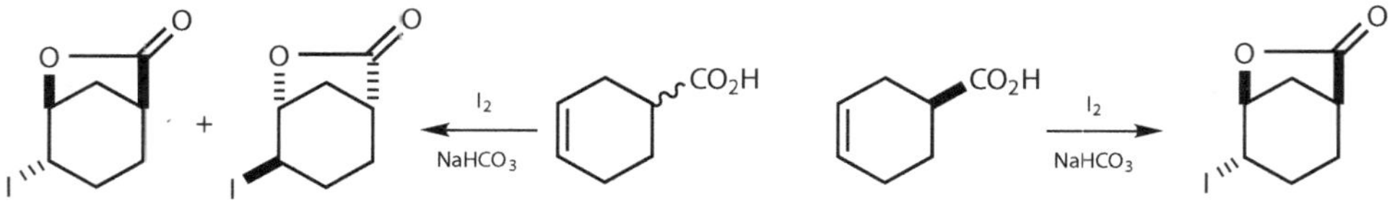

(±)-**1**　　(±)-**2**　　光学纯 **2**　　光学纯 **1**

本章和第 21 章在概念上有明显的重复，但本章的目的是探讨在复杂分子合成中如何从旧的手性中心合成新的手性中心，讨论我们以前没有见到的合成策略，了解当起始原料是单一对映异构纯的化合物时的不同。我们要利用到第 21 章的原理，如果有疑问可以参考第 21 章。我们要用到第 22～29 章中的不对称合成的方法，考察当底物和试剂是单一对映异构体时的优越性。首先，我们来看看碘内酯化反应在不对称合称中的应用。

在第 27 章中我们指出，Schultz 的不对称 Birch 还原，可以用作在碘内酯化反应中去除手性辅基，形成新的手性中心。现在我们来看看它是怎样运用这种方法合成生物碱的[1]。第一个反应和第 27 章中的一样，但是这种烷基卤化是专一的：以 96％的产率得到非对映异构纯的乙酸酯产物，然后氢化得到醇 **4**。通过 Mitsunobu 反应将羟基转化为叠氮，再经烯醇醚氢化得到碘内酯化反应的底物 **5**。正如第 27 章所述，碘内酯化不仅引入了两个手性中心，而且切断了手性辅基。叠氮化合物 **6** 在 PPh_3P 存在下被还原，同时自动关环生成亚胺 **7**。

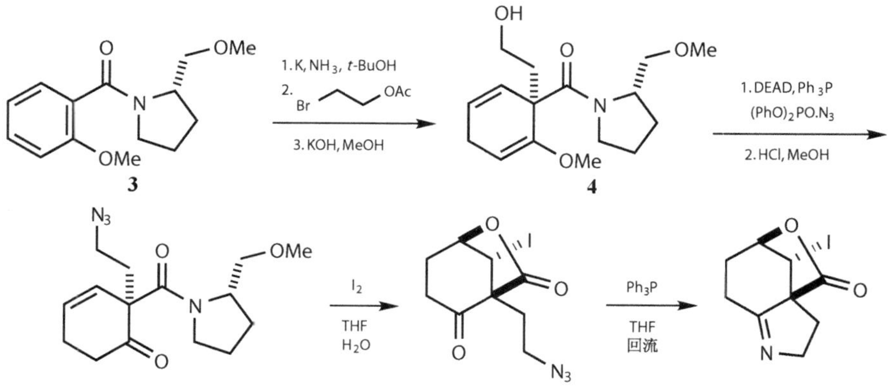

3　　**4**　　**5**　　**6**　　**7**

7 用 **8** 酰化将亚胺转变成了烯基胺 **9**，内酯在苄氧基锂作用下开环得到环氧化合物 **10**，进入下一步关键的环化。

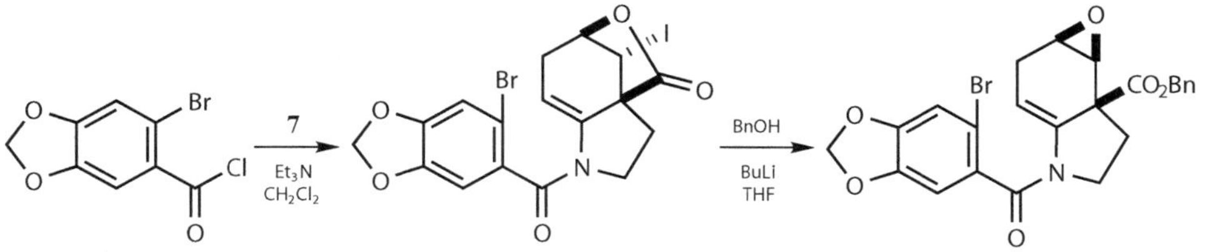

8 **9** **10**

这个合成设计围绕一个六元环自由基关环反应，同时形成另外两个手性中心。自由基可以通过 Bu_3SnH 或通过光化学方法引发。从烯基胺上方以 6-*endo-trig* 方式进攻得到 *cis* 5/6 和 *trans* 5/6 环。最初的六元环是 **3** 中的苯环，产物中含有 5 个手性中心。一个是由不对称 Birch 还原得到的，而另外四个是经碘代内酯化反应两两引入、再经非对映选择关环形成的。产物 **12** 有石蒜碱的骨架结构和大部分官能团。

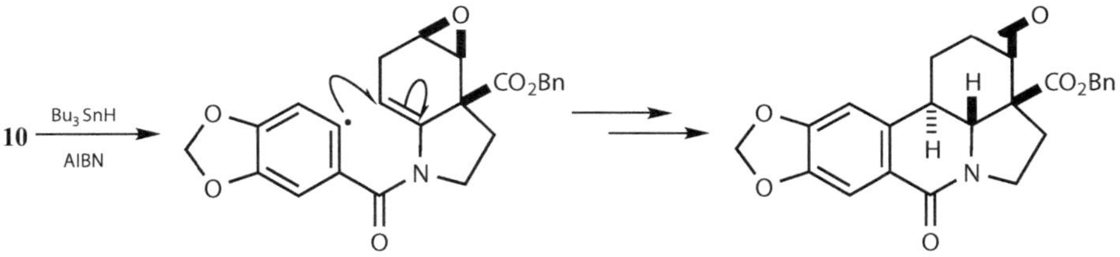

11 **12**

从旧手性中心到新手性中心

这章中的起始物都是单一对映异构体，运用前面八章的方法可以很容易得到这些单一的对映异构体：拆分（第 22 章），手性源（第 23 章），不对称试剂（第 24 章），不对称催化（第 25，26 章），底物控制策略（第 27 章），动力学拆分（第 28 章），酶（第 29 章）。这些策略都是各章节的标题，当你不明白时可以回去查阅，或是在参考文献中找到更多细节内容。

起始物中含有一个或两个手性中心，分子间传递立体化学信息建立新手性中心的方法都是基于第 21 章的内容，这包括：

- 使用环状化合物。预先形成环，构象控制，成环，折叠状分子。
- 环状过渡态。螯合控制，试剂传递，重排。
- 开链立体化学。Felkin-Anh 和 Houk 过渡态的 1，2-控制。
- 更远程控制。1，3-，1，4-和远程的控制。

将这些方法完全隔离开是不可能的，因为许多合成中涉及它们的协同工作，但我们会分别用一个简单的例子来介绍每一个部分。

用环状化合物构建新手性中心

环状化合物构象比开链化合物的少。这在不对称合成中很重要，正如第20～29章所述。一个简单的例子如 Bailey 从天然物质（*S*)-谷氨酸（**13**）运用手性源策略合成 *cis*-5-羟基哌啶酸（**15**）。Bailey 原先的想法是由 *α*-氯酮化合物（**14**）关环得到 **15**，但是即使保护氨基和羧基[2]，也没有成功。

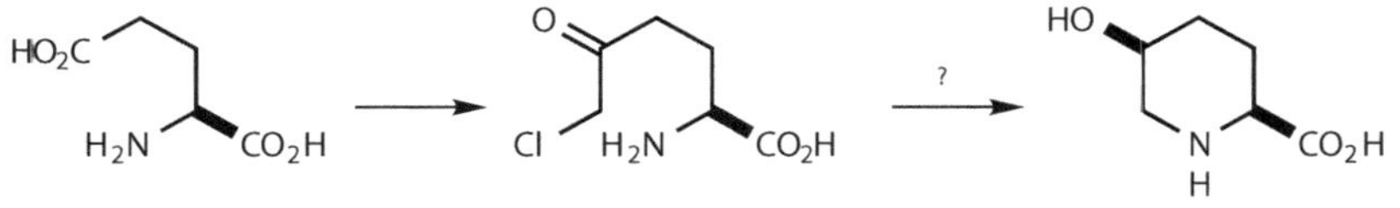

13;(*S*)-谷氨酸　　**14**　　**15**;*cis*-5-羟基哌啶酸

被保护的醇 **17** 能够关环，但是 **16** 的还原尽管产率很高但完全没有立体选择性，以 1∶1 得到 *cis*∶*trans* 产物。这并不奇怪：直链化合物 **16** 的手性中心与潜手性羰基基团是 1，4 关系，这通常因为太远不能有效诱导手性。

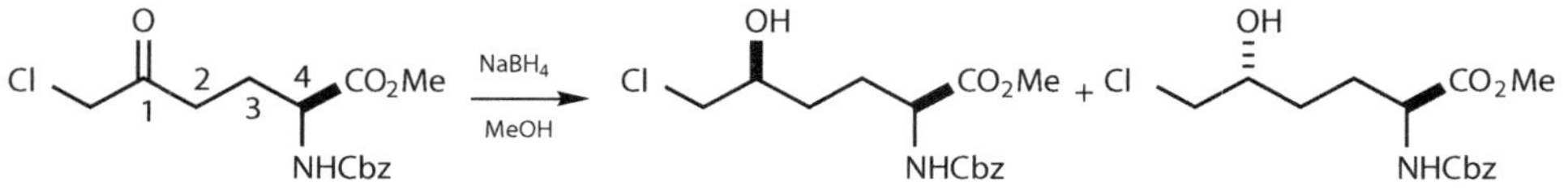

16　　*cis*-**17**　96%产率;1:1　*trans*-**17**

甲硅烷基化的混合物 **17** 环化再氧化到酮 **18**，提供了从直链化合物 **16** 到环酮 **18** 的合成方法。**18** 还原仅得到一种异构体 *cis*-**19**。去保护得到目标产物 **15**。进一步的改进经过铑催化的卡宾环化[3]以更短的路线得到 **18**。

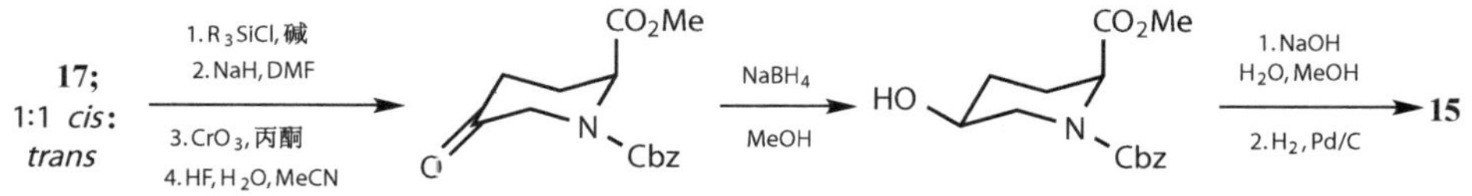

18　　*cis*-**19**;从**18**计产率93%

相比较于 **16** 的构象，**18** 的唯一构象保证了高选择性。CO_2Me 基团处于直立键以避免与同面氮原子共轭的 Cbz 基团。$NaBH_4$ 还原 **18** 得到羟基处于平伏键的醇 **19**。六元环的构象通常是确定的，而环状化合物的构象比开链化合物更明确。

构象控制

第 27 章中我们介绍了 8-苯基薄荷醇作为手性辅基。8-苯基薄荷醇的三个手性中心从只有一个手性中心的松烯胡薄荷酮 **22**（手性源）经转化得到。新的手性中心与胡薄荷酮的手性中心是 1，3 和 1，4 的关系，而构象是实现控制的关键。8-苯基薄荷醇三个取代基都处于平伏键。

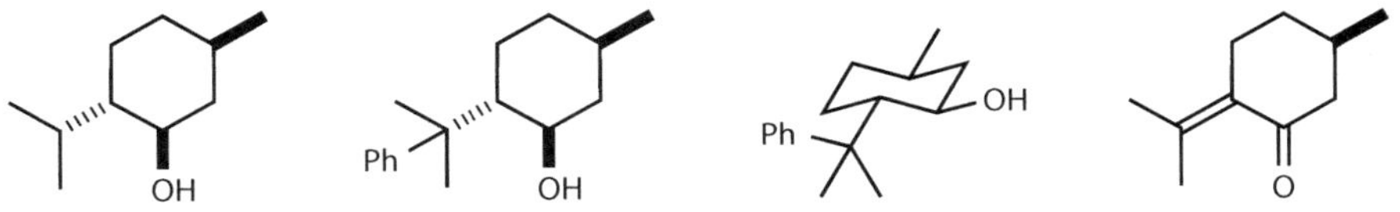

20;(−)-薄荷醇　**21**;(−)-8-苯基薄荷醇　**21**的构象　**22**;(+)-松烯胡薄荷酮

铜催化的 PhMgBr 与胡薄荷酮的共轭加成不形成新手性中心，得到烯醇 **23**，质子化后得到 55∶45 的 *cis*∶*trans* 酮混合物 **24**。这个结果令人失望，我们本来还期待以更好的选择性得到全部是与平伏键的 *trans*-**24**。事实上，在 KOH 的乙醇溶液中回流条件下，平衡被破坏，55∶45 的混合物转化为 87∶13[4]。

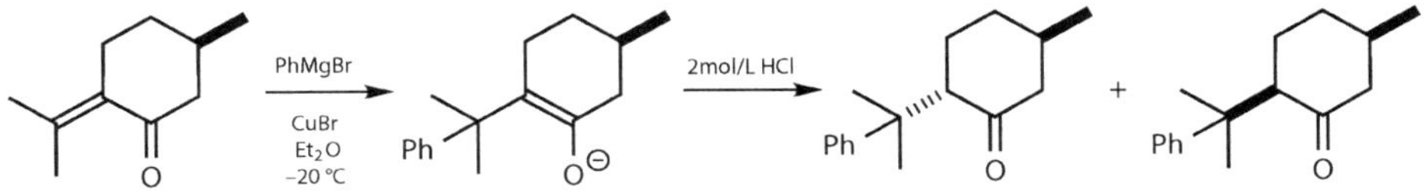

22;胡薄荷酮　**23**　*trans*-**24**　*cis*-**24**

用钠的异丙醇溶液还原混合物得到相同比例（87∶13）的醇 **21** 和 **25**。这种热力学控制的还原具有完全的立体专一性，得到羟基处于平伏键的醇。由于处于平伏键的 $PhCMe_2$—基团遮住了羰基，所以 **24** 不能建立平衡。这两种醇形成氯乙酸酯可以被方便地分离开。

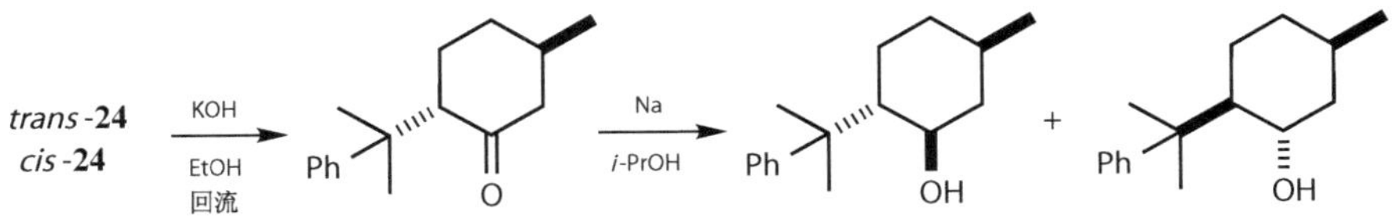

trans-**24**(87∶13 与 *cis*-**24**的混合物)　**21**　**25**

环化：关环反应

Schultz 先在一个环中构建出不对称性，再由环化反应构造出另外两个环，由此合成出石蒜碱 **12**。这种方法可以运用到更简单的分子的合成中，如 Merck 公司的抗精神分裂症药物 MGS002836。第一个手性中心由对消旋的乙酸酯化合物 **26** 与钯催化剂作用形成的正离子配合物 **28** 的不对称烯丙基化构建，钯催化剂用 Trost 配体 **29** 作为手性配体[5]。

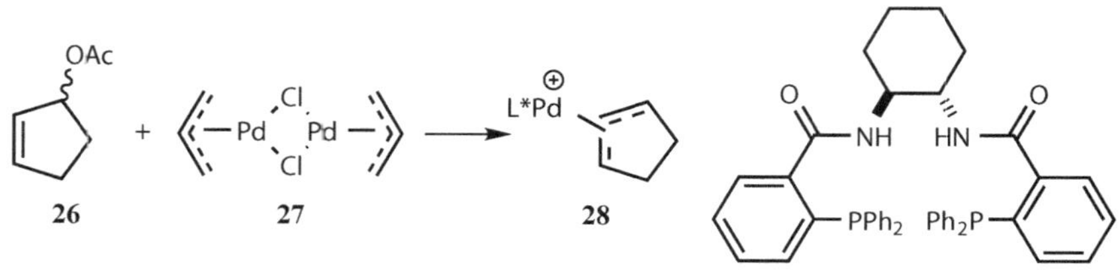

26　27　28　29; L* Trost 配体

亲核中心是由 2-氟乙酰乙酸乙酯 **30** 在 n-$Hex_4N^+Br^-$ 存在下于 NaH 作用形成的烯醇阴离子。只有配体控制亲核试剂从钯的方面进攻烷基正离子，才能得到手性化合物 **31**。只要 1mol %的催化剂就可以得到高达 96%的 ee，但是只能控制 **31** 的一个手性中心。

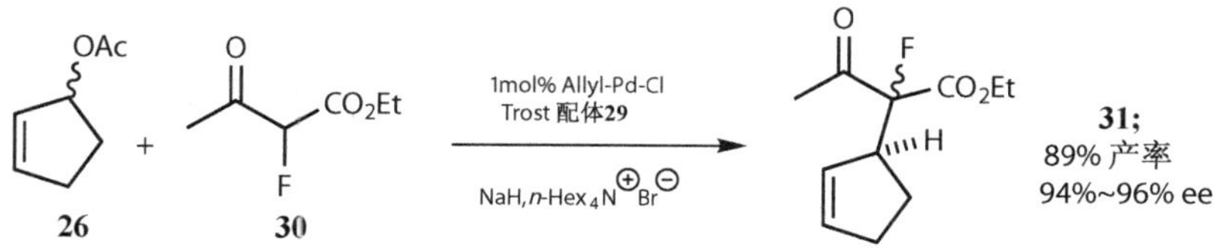

26　30　**31**; 89% 产率 94%~96% ee

这并无很大影响，因为脱乙酰保护基会破坏这个手性中心。接着环氧化：最好的合成路线是由 NBS 在水中形成溴代醇，再在 DBU 存在下消除 HBr，以8∶1 的选择性得到氧原子在取代基另一侧的化合物 **33**。

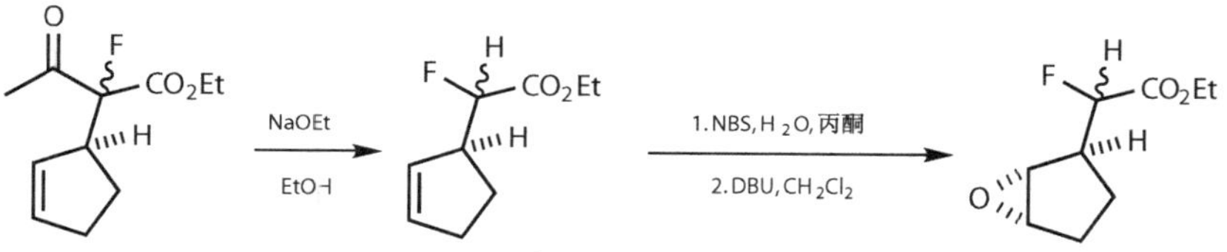

31　**32**; 100% 产率　**33**; 85% 产率 (8∶1)

接着是最关键的环化反应：在强碱（LiHMDS）作用下构建潜手性烯醇，再进攻环氧关环。环上的三个手性中心可以控制：两个手性中心没有涉及，第三个手性中心由立体专一性的分子内 S_N2 反应构建。**34** 中三元环中新生成的氟代手性中心的立体选择性控制在于大基团 CO_2Et 处于外侧（如下所示，折叠分子的 *exo* 面，或外凸）。醇 **34** 进一步发生反应氧化反应，在折叠分子的外侧溴化，再

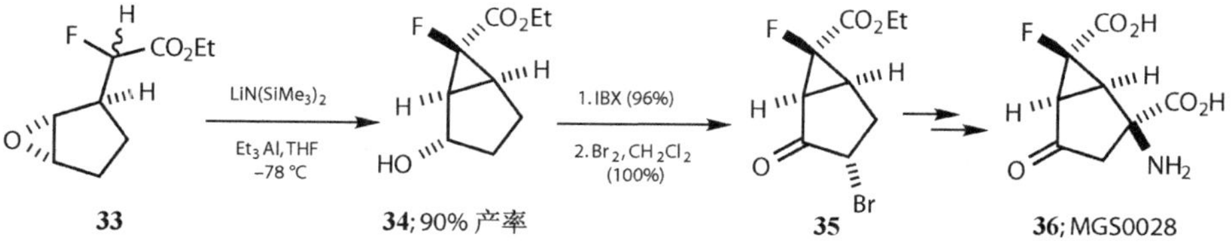

33　**34**; 90% 产率　35　**36**; MGS0028

引入氨基酸得到 Merck 公司的精神分裂药物 **36**。每一个手性中心都源于由最初的不对称环氧化的手性。

热力学控制环状化合物形成

复杂的抗菌药物 Ltraconazole（伊曲康唑 Sopranox，**37**）有两个手性取代的三唑环，它们间隔相当远，必须分别合成[6]。

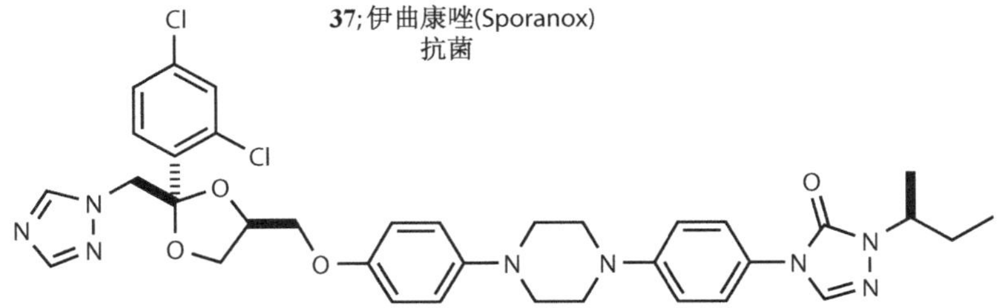

Sepracor 的化学家认为左边的缩酮片段 **38** 只能从酮 **39** 和二醇 **40** 反应得到。当 R＝H 时，化合物有一个对称面，是非手性的。

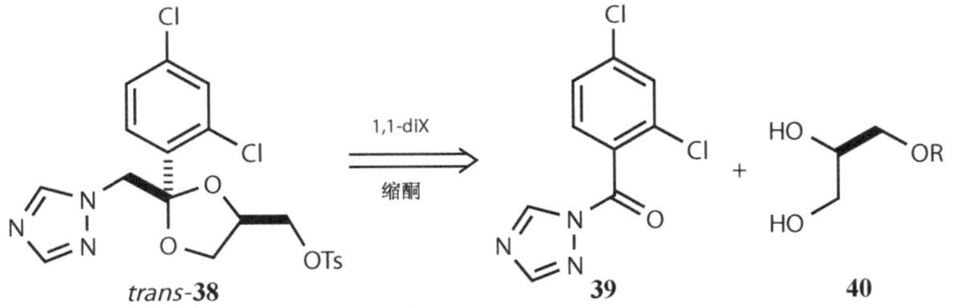

二醇衍生物 **40** 可以从被保护的甘油醛（手性池策略）得到，而 Ts 基团可以选作 R，这样，Ltraconazole 中的 C—O 键可以由苯酚的烷基化得到。二醇 **40**（R＝Ts）与酮 **39** 在酸性溶液中反应以 3∶1 的比例得到反式和顺式 **38** 的混合物。苯环与 CH_2OH 基团处于相反面位置的非对映异构体更易形成。三唑环远离，因而位阻较小。通过结晶方法，*trans*-**38** 可以很容易从 *cis*-**38** 分离出来，从 **41** 开始的总产率（51%）相当好。*cis*-**38** 可以循环利用，因为缩醛形成是可逆的：这是热力学控制的好处。

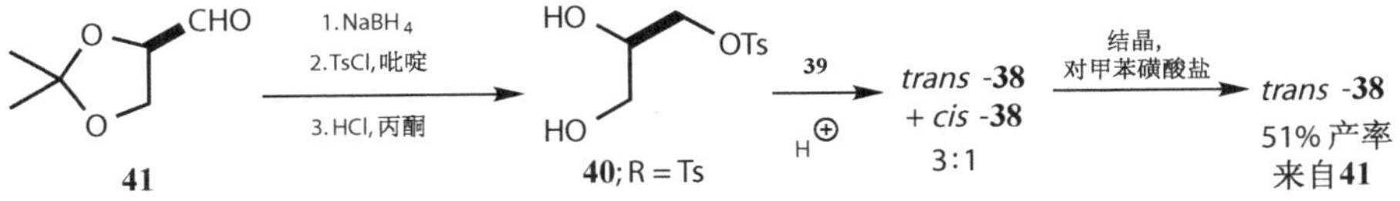

环状中间体

环状中间体的潜手性中心转化成完全的手性中心是一个立体化学信息表达的有用方法。当我们将蚂蚁信息素 monomorine **42** 的结构画成 **42a**，发现三个手性中心的氢原子处于分子同一面，这是理想的还原氨化合成。一个中心必须不对称合成，其余两个由 **43** 中胺和两个酮羰基还原氨化得到。

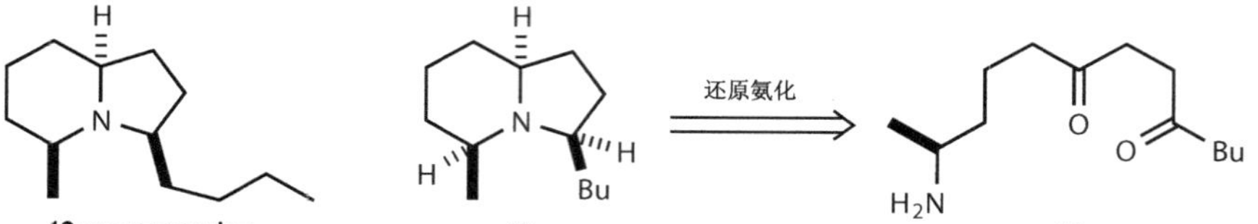

42; monomorine　　**42a**　　**43**

我们在这里介绍的合成非常巧妙。Diels-Alder 反应产物 **44**（产物消旋或是 *exo* | *endo* 的混合物都没有关系）与烯酮 **45** 发生 Stetter 反应（第 14 章）以 85%产率得到 1，4-二酮 **45**，再由逆-Diels-Alder 反应以 81%产率得到非手性的烯二酮 **47**[7]。

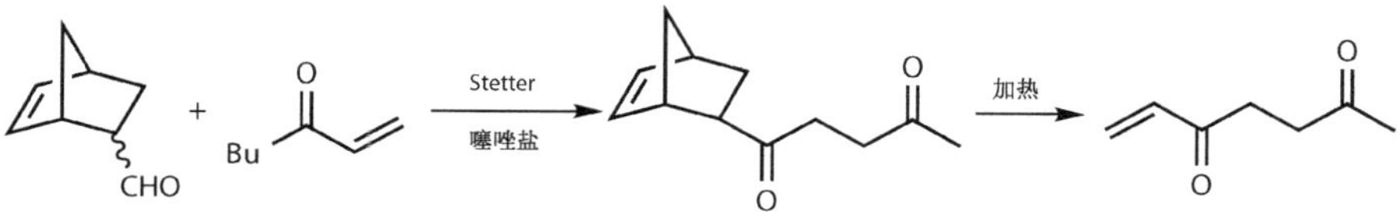

44　　**45**　　**46**　　**47**

由环氧丙烯的一个对映异构体经简单反应得到的胺 **49** 作为手性源，与 **47** 在 Grubbs 催化剂 **50** 下发生交叉复分解反应，以出奇好的产率（89%）得到 monomorine 的全部碳骨架 **49**。

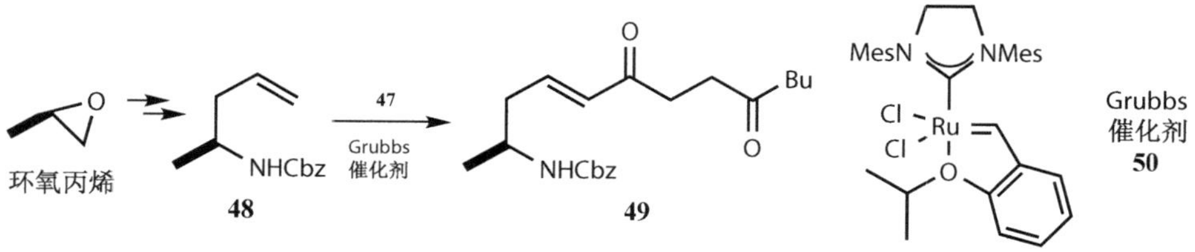

48　　**49**　　**50**

催化氢化 **49** 以 75%产率一步得到 monomorine。首先，烯烃被还原使得分子有韧性环化。氢化脱 Cbz 保护基，胺进攻较近的羰基环化形成亚胺 **51**，再从空阻较小的 Me 的对面还原得到 **52**。进攻第二个羰基环化得到亚胺盐 **53** ，从相同一侧第二次还原得到（+）-monomorine。第一次还原 **51** 是完全立体选择的，而第二次还原得到大约 15%的差向异构体。考虑到立体化学来源只是一个甲基基团，这已经相当不错了。

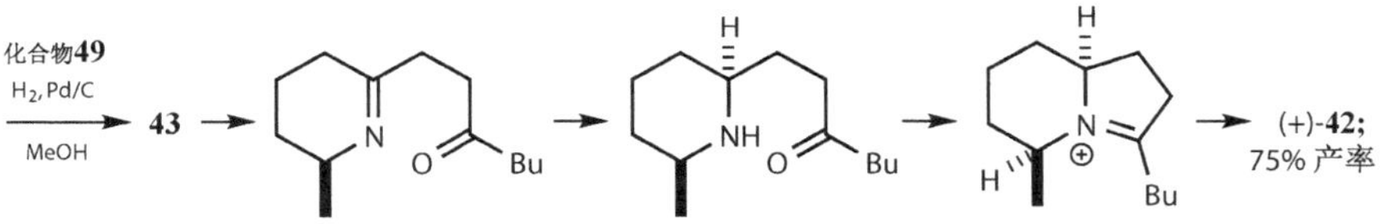

51 52 53

可以形成环状中间体的潜手性单元还有烯醇化合物。β-羟基酸衍生物的烷基化是一个重要应用。β-羟基酸衍生物可以从手性源（第 23 章），不对称羟醛缩合（第 27 章），催化氢化 β-酮酯不对称还原（第 26 章）或者酶（第 29 章）得到。Frater 发现在面包酵母作用下还原酮酯 **54** 得到醇 **55**，由于螯合作用形成环状烯醇 **56**，从环面上面进攻烷基化[8]。这并不多见，因为 **55** 中 OH 在环平面下面而 **56** 甲基在下面。

54 55 56 57

Seebach 用苹果酸做了相似的工作。烯醇 **59** 与烯丙基溴在未取代的碳上烯丙基化以 92∶8 的比例得到 **60** 的非对映异构体[9]，具体叙述见 *Organic Syntheses*。

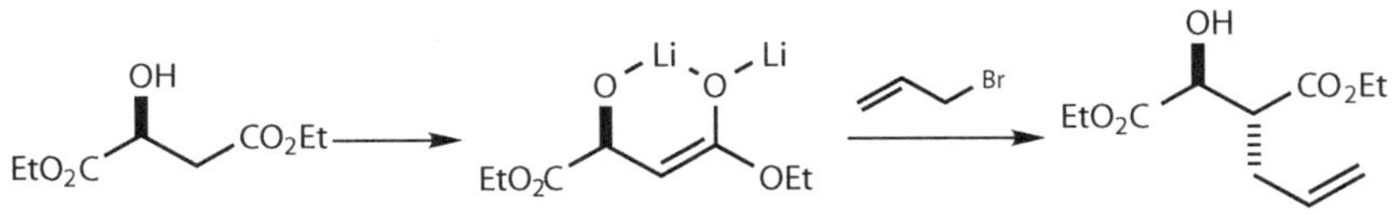

58; 苹果酸二乙酯 **59** **60**; 70% 产率

Frater 引用的一个有趣的例子中，$NaBH_4$ 还原 **62** 得到取代基都处于平伏键的 *trans*-**61**，而面包酵母还原得到 **61** 的单一 *cis* 对映异构体，这是由于试剂控制的动态动力学原因（第 28 章）。*cis*-**61** 烯丙基化得到预期的 *anti* 选择性产物[10]。

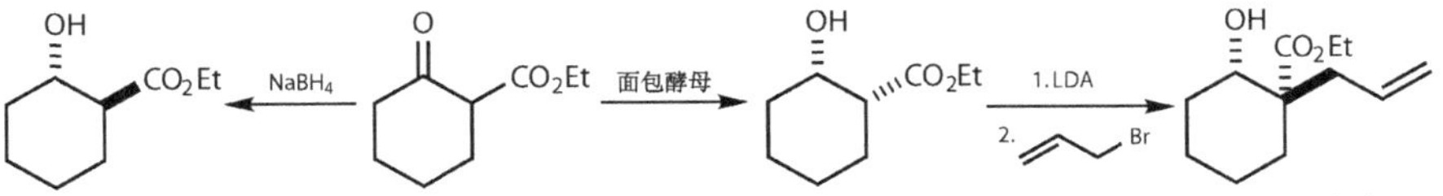

(±)-*trans*-**61** **62** (+)-*cis*-**61** **63**; 95% 产率

如果 β-羟基酸衍生物是内酯，链以另一种方式存在而不发生螯合。内酯 **65** 可以从苹果酸 **64**（任一个对映异构体）制得，二锂衍生物 **66** 不能螯合。溶剂化（THF 为溶剂）的 LiO 基团占据了近乎平面的烯醇的上侧面。与前述一样，*anti* 选择性烷基化，然后内酯水解开环得到 **68**。很明显，这和 **60** 是另一种非对映异构的关系[11]。

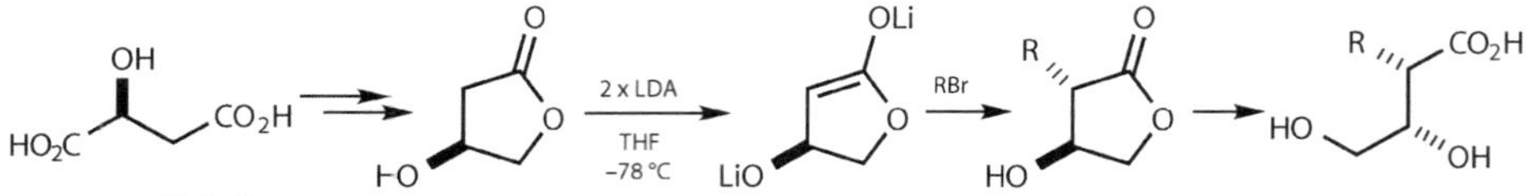

64;(S)-(–)-苹果酸　65　66　67　68

我们再介绍 Prestwich 合成天然抗癌化合物（—）-aplysistatin **69** 的方法。这个有趣的化合物有一个七元环醚和一个溴原子，表明它的海洋起源实际上由多烯环化得到，这种策略也可以应用到合成中。逆合成分析中，在关环前必须去掉双键形成 **70**，**70** 中额外的手性中心的立体化学并不重要，**70** 可以由 *anti*-羟基内酯 **71** 烷基化形成。

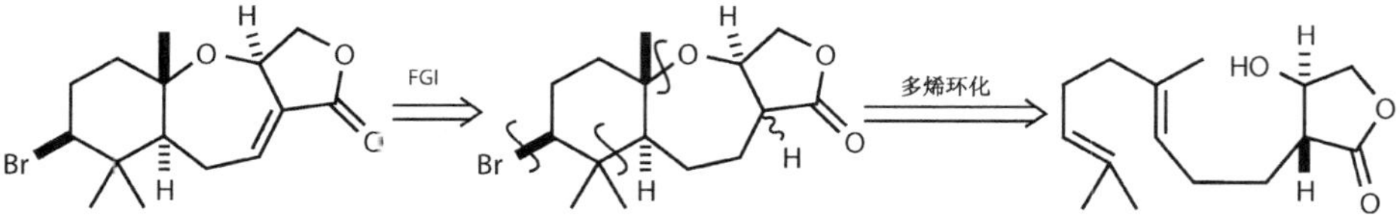

69;(–)-aplysistatin　70　71

必须用（*R*）-（＋）-苹果酸 **72** 用来制备 **73**，内酯 **73** 是 **65** 的对映异构体。烷基化试剂为萜烯碘化衍生物，得到预期的 *anti* 选择产物。这种合成方法产率不够好，但是合成路线短且是生物仿生的合成。

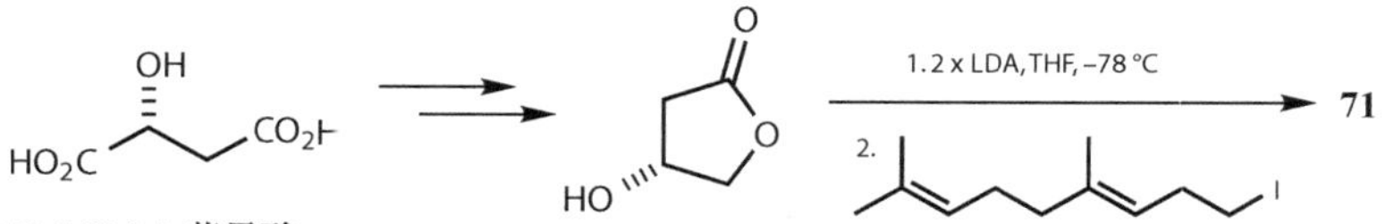

72;(R)-(+)-苹果酸　73

用方便易得的溴化试剂 **74** 关环，关环的优势构象是 **75** 侧链的全椅式过渡态。用这种方法，**71** 中的两个手性中心诱导出了 **70** 中的另外三个手性中心。双键由硒化学（第 33 章）引入。在这个过程中，**73** 烷基化诱导的手性中心被破坏，但是在 **75** 的构象控制中发挥了作用。

74
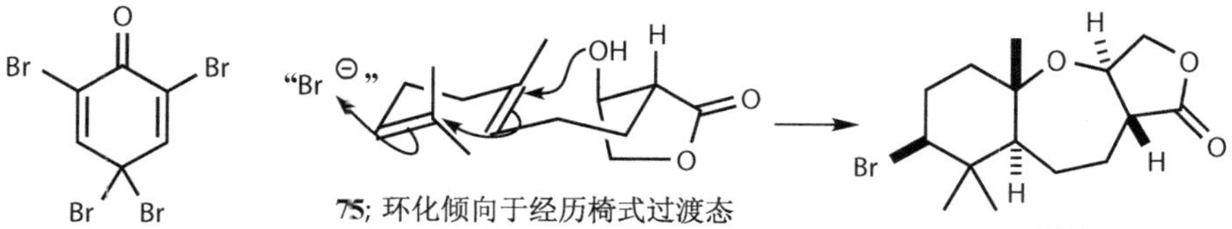

75; 环化倾向于经历椅式过渡态　*anti*-70

折叠分子中的立体化学控制

当两个小环并在一起，分子像半开的书呈折叠形；当有更多环时，分子呈碗形[12]。两种情况下，分子都有一个试剂容易达到的凸面，或者叫 *exo* 面，和里面一个试剂难以达到的凹面，或者叫 *endo* 面。Astericanolide **76** 有两个五元环和一个八元环，分子呈碗形且桥头的四个氢原子都处于同一侧。Paquette[13]决定用关环复分解（RCM，第 15 章）得八元环，因此先用除去酮羰基，有远程手性中心（C-7）和内酯羰基的化合物 **77** 作为前体。逆合成切断得出用 **78** 作为烯烃复分解底物，箭头标志的两个碳连接成环。

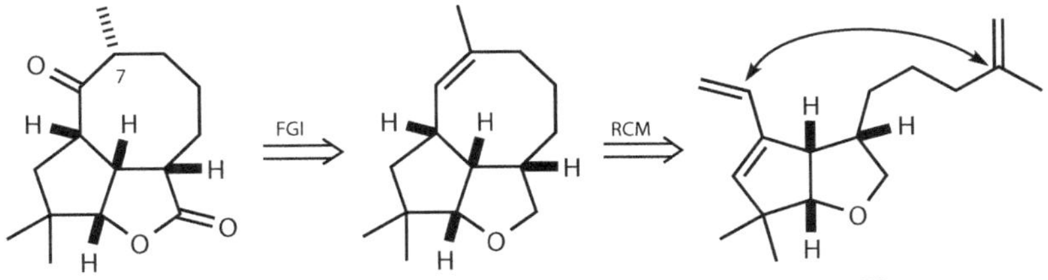

76; (+)-astericanolide　　**77**　　**78**

78 中的 5/5 并环体系是折叠的，但是有一个侧链在两面内：最后的加氢可以使侧链进入两面内。合成从 **79** 开始，经烯基锂反应（第 16 章），与对甲苯亚磺酰酯的单一对映异构体反应得到亚磺酸酯 **80**。与醇 **81** 发生 Michael 加成虽然产率不高，但是可以得到单一非对映异构加成产物 **82**，产率为 38%。在第 36 章中可以看到在串联反应中，产率的损失是值得的。这里，醇的 Michael 加成之后紧随着生成的阳离子与炔酯发生 Michael 加成。

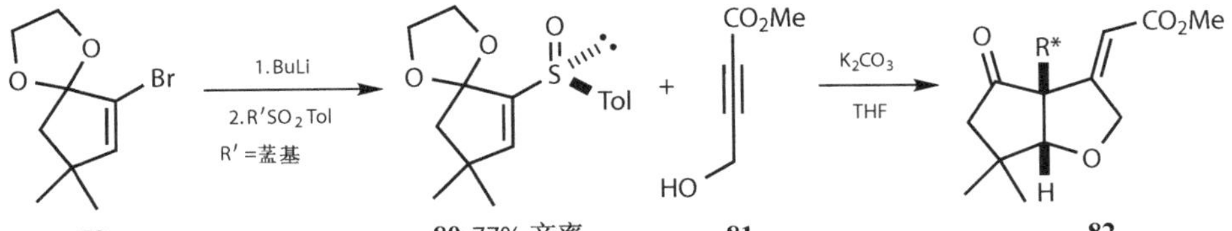

79　　**80**; 77% 产率　　**81**　　**82**

Raney Ni 氢化移除手性辅基，正如我们所希望的，双键的氢化从空阻较小的 *exo*-面进攻，将侧链推入折叠分子 **83** 两面内。酮转化成乙烯醇三氟甲基磺酸酯再与乙烯锡试剂经 Stille 偶联反应得到二烯 **84**。

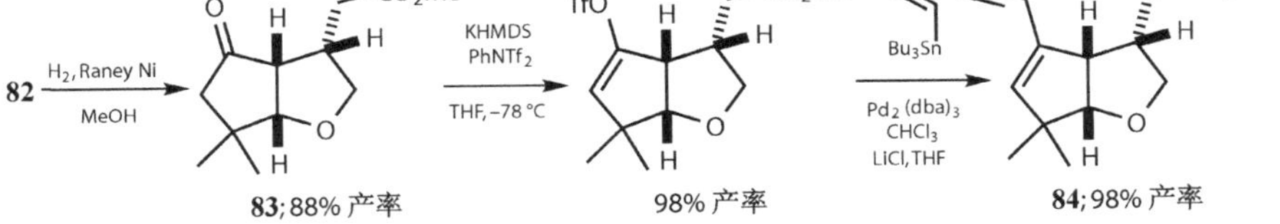

83; 88% 产率　　98% 产率　　**84**; 98% 产率

接下来的几步得到烯烃复分解底物 **78** 的反应没有新手性中心生成。复分解反应在 Grubbs 第一代催化剂 **85** 作用下很成功，得到环状二烯 **86**。下面来引入剩余的两个羰基和最后两个手性中心。卟啉敏感的单线态氧气通过 ene 反应 **87** 发生光化学加成，ene 反应同样在 *exo* 面发生，过氧化合物还原得到烯丙醇 **88**。

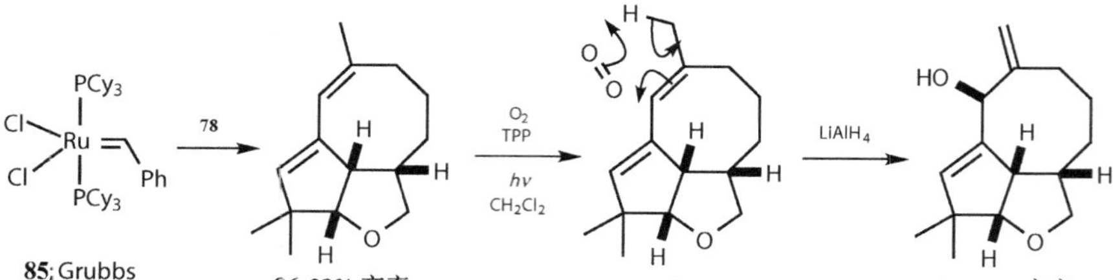

85; Grubbs 催化剂　**86**; 93% 产率　**87**　**88**; 67% 产率

天然产物 **76** 中没有这个新的手性中心。经氧化得到酮，两个双键催化还原。两个氢分子都从 *exo*-面加成，一步形成两个手性中心。THF 最后在 Ru(IV) 氧化下形成内酯。除了最初的 Michael 加成是由亚磺酰基控制手性外，其他的都是折叠或是碗式构象控制的。

88 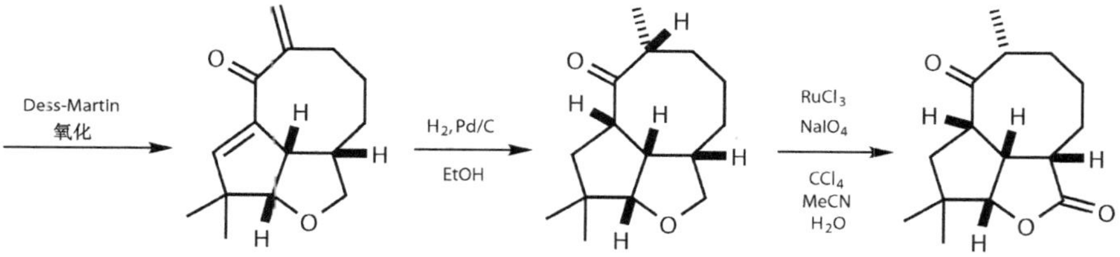

89　**90**; 从 **88** 计产率67%　**76**; 63% 产率

经由环状过渡态的立体化学传导：σ 迁移重排

重排越来越多地用于实现在分子中手性迁移而不形成新的手性中心。构建新手性中心的例子有 Mulzer 通过 Ireland-Claisen 方法由脯氨酸（手性源）合成生物碱[14]（—）-petasinecine。脯氨酸先转化成烯丙基醇 **91**，再酰化得到 Ireland-Claisen 重排的底物 **92**。

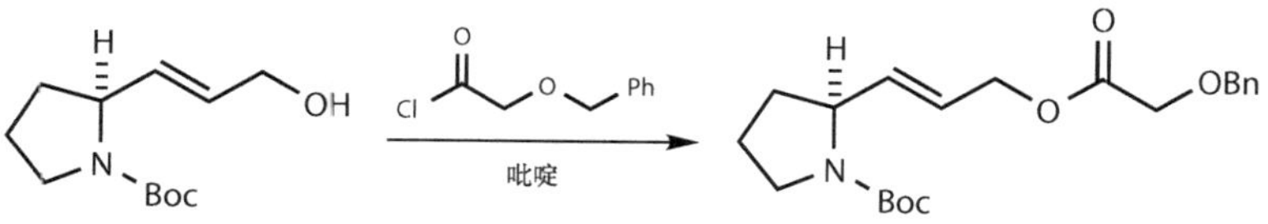

91　**92**; 98% 产率

在 LiHMDS [$LiN(SiMe_3)_2$] 作用下由于螯合作用得到 *Z*-烯醇 **93**，烯醇硅醚 **94** 发生 [3, 3]-σ 迁移重排得到一个非对映异构体 **95**，**95** 中的两个新手性中心都是由脯氨酸的手性控制的。

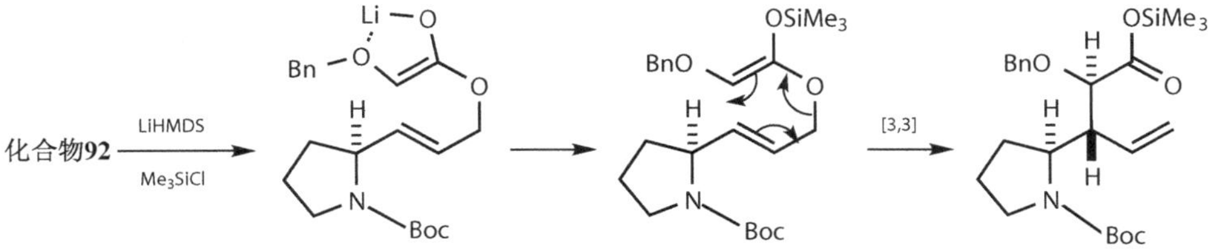

93 94 95

移去 Me_3Si 和 Boc，然后重新画出氨基酸 **96** 的结构，在酸性溶液中环化形成双环化合物 **97**，形成吲哚里西啶生物碱的骨架结构。继而反应得到（—)-petasinecine **98**。这个步骤事实上只有三个中间体能分离：**92**，**96** 和另一个在 **97** 到 **98** 的合成中。

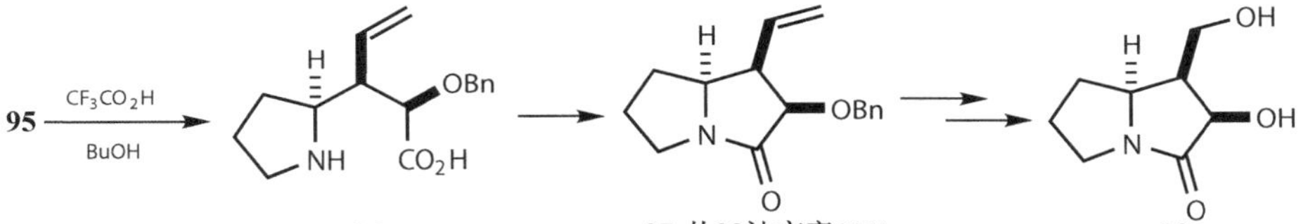

96 **97**; 从**92**计产率82% 98

一个更复杂的例子是 Hart 和 Yang 合成的（—)-hastanecine [15]。（*R*)-(+)-苹果酸 **99** 被用作手性源起始物，脱水生成 **100**。与胺 **101** 反应生成吡咯烷 **102**。

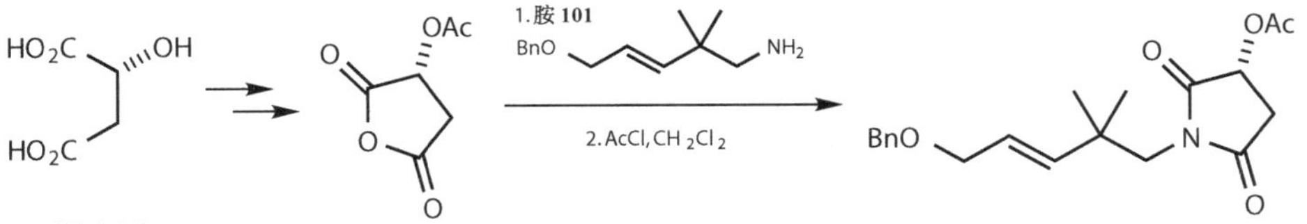

99; (*R*)-苹果酸 **100** **102**; 81% 产率

102 靠近酯基的羰基被选择性还原得到 **103**。还原无立体选择性，这没有关系，因为在酸处理下发生重排关环，水解甲酸酯得到醇 **104**。这次，完全立体选择性得到三个新的手性中心。

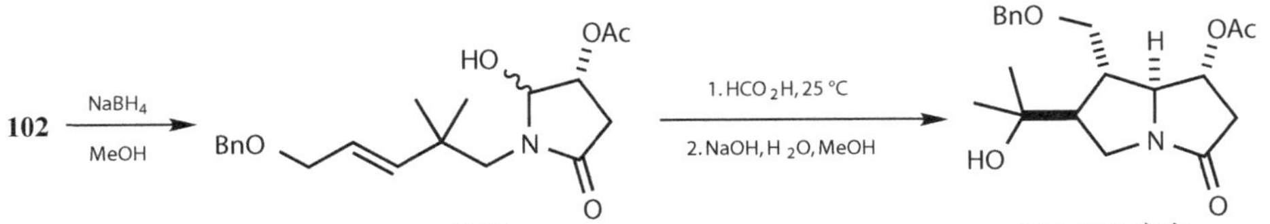

103; 83% 产率 **104**; 73% 产率

103 脱水生成的亚胺盐发生［3,3］- σ 迁移重排 **105** 得到两个手性中心已经确定的**106**。离子环化 **106** 固定了第三个手性中心，阳离子 **107** 与水反应得到 **104**，或与甲酸反应得到甲酸酯。

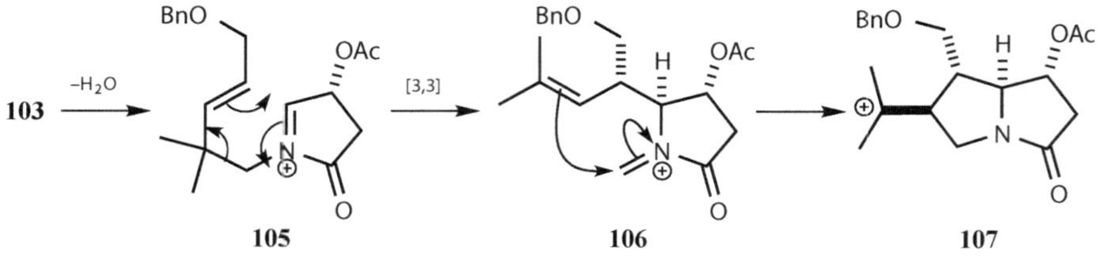

这些步骤中的立体化学控制是最初由苹果酸得到的手性中心控制的。在阳离子 **105** 中乙酸酯倾向于处于假平伏键。构象图 **105a** ～**107a** 表明［3，3］-σ 迁移重排的椅式构象的平伏键取代基给出前两个手性中心，离子环化中异丙基的假平伏键位置给出第三个手性中心。

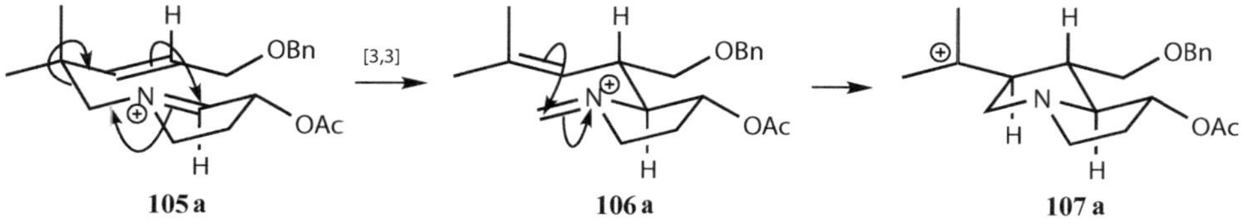

Mapp 和 Heathcock 对 myxalamide A 的合成

［3，3］和［2，3］- σ 迁移重排可以用来合成更复杂的抗菌抗病毒的 myxalamide A **108**。乍看起来，最困难的是 myxalamide A 中的 *trans*-和 *cis*-烯烃链控制结构，还涉及一些三维立体化学。右半部分是氨基取代的丙醛，这没有太大困难；但左半部分是一个有三个手性中心的片段。Myxalamide A 可分为两部分，即烯和醛，为了防止烯醇化消旋，醛基被醇 **109** 取代。左半部分两手性中心相邻，第三个与 OH 有 1，4 位置关系，糟糕的是第三个与 OH 被反式的双键隔开。乍看起来，控制手性是不可能的，但是结合［2，3］和［3，3］迁移能够实现[16]。

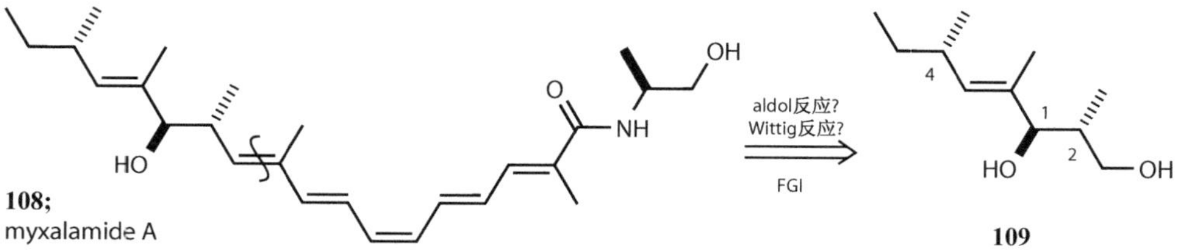

合成从由苯丙氨酸衍生的噁唑酮 **110** 和醛 **111** 生成的 Evans aldol 开始。还原 *syn*-aldol **112** 断裂以很好的产率得到二醇 **113**，这种 aldol 反应在第 27 章有详细讨论。你可能还对近乎完美的立体化学控制有印象，但是可能怀疑 **113** 是错误

的非对映异构体。观察并怀疑。

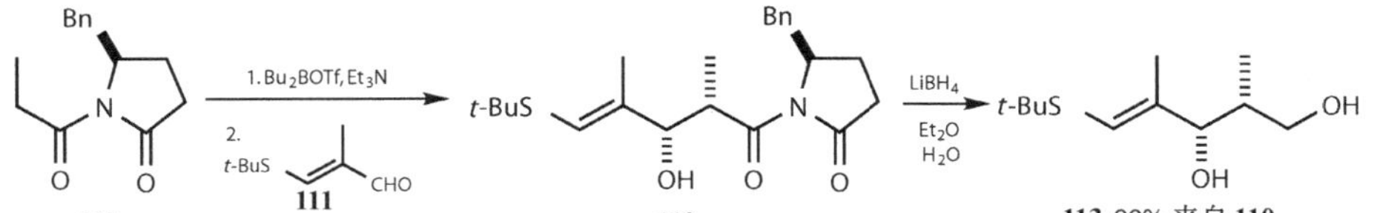

110　112　113; 90% 来自 110

保护一级醇乙酰化二级醇得到 Ireland-Claisen 重排的前体化合物。*Z*-烯醇经[3，3]-σ 迁移重排使得手性中心迁移得到两个新手性中心。Ireland-Claisen 重排的机理在上面 **94** 中有详细介绍，重排经由椅式过渡态。我们希望你们同意新手性中心相关立体化学和新双键的 *E* 构型。

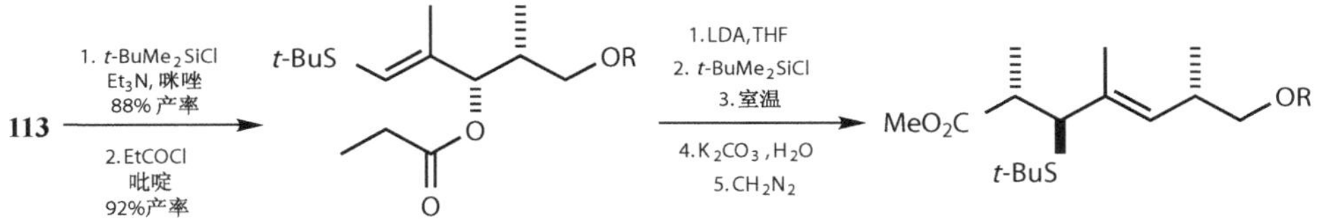

114; R = TBDMS　**115**; R = TBDMS, 86% 产率

酯基团可以很容易转化为 **116** 的乙基，手性中心的位置和立体化学由 Evans-Mislow 重排决定。氧化得到亚硫酸酯 **118** 实现 [2，3]-σ 迁移得到不稳定的硫醚 **119**，在亲硫的磷化合物作用下脱硫得到醇 **117**，得到正确的 *anti*-立体化学。烯双键回到原来的位置和构型。剩下的合成涉及多烯链的合成[16]。

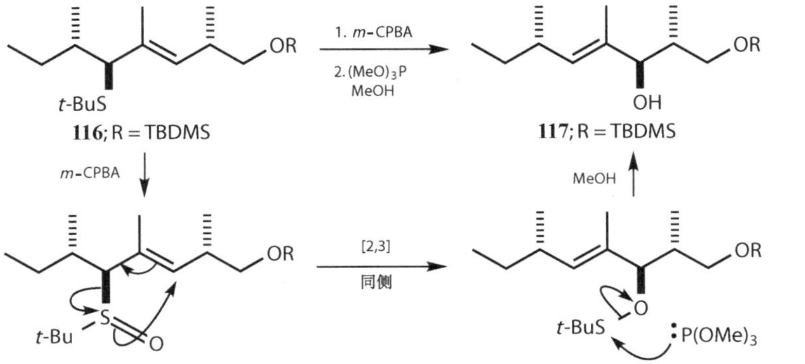

116; R = TBDMS　**117**; R = TBDMS　**118**; R = TBDMS　**119**; R = TBDMS

开链的立体化学控制

在第 21 章中，我们重点介绍了在开链化合物中由一个手性中心控制另一个手性中心构型的最可靠方法是 Felkin-Anh 轨道控制的亲核进攻另一个手性中心

旁的羰基的。我们在这部分的讨论以这种方法开始，继而讨论另一个最可靠的亲电进攻手性中心旁的烯烃双键的 Houk 方法。这些都是 1，2-控制，我们还会涉及以前讨论过的 1，3-以及 1，4-和远程控制。

Felkin-Anh 控制

我们从一个简单但重要的例子开始。在 Janssen 的抗癌药物 **120** 的合成方法中，从 **121** 经由 Friedel-Crafts 酰基化，以及二甲基胺的取代得到消旋的氨基酮 **123** [17]。从 **123** 的一个非对映异构体以高产率得到 **120** 的一个对映异构体。

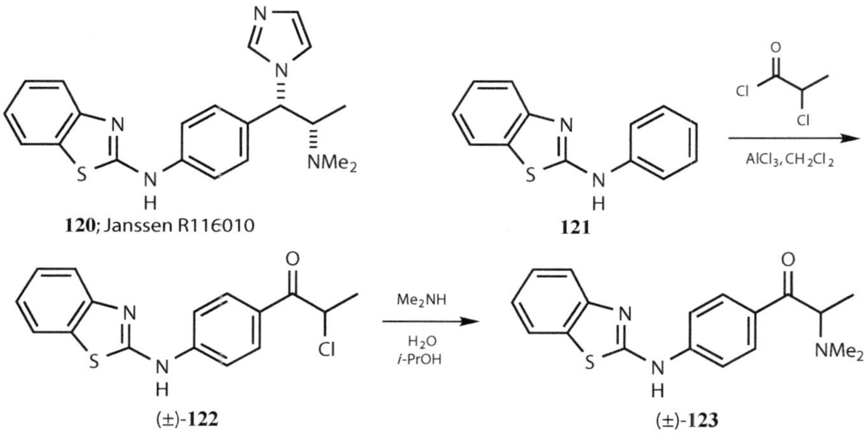

123 在（+）-二对甲基苯甲酰酒石酸存在下的动态动力学解析（第 28 章）中，由于手性中心易于烯醇化，以 90%的产率沉淀出（S)-胺的盐，ee 为 80%，在 *i*-PrOH 中用 $NaBH_4$ 还原，非对映选择性地以 99：1的比例得到 *syn*：*anti* 的 **124**。

这就是 Felkin-Anh 控制：NMe_2 基团与羰基基团平面成直角，亲核的氢化物靠近 H 旁边的 Burgi-Dunitz 角，如 **125** 所示。这个合成的竞争反应是过量的 CDI（羰基二咪唑）**126** 中咪唑取代 OH 而活化醇。NMe_2 的参与保证了构型保持。

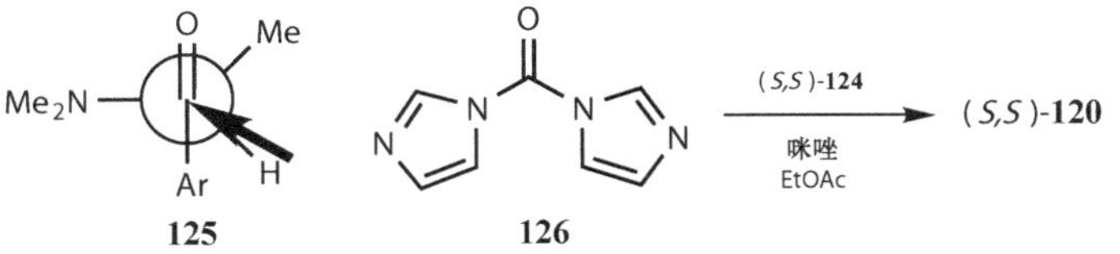

即使一个甲基也具有 Felkin 选择性。Chi-Huey Wong 合成埃博霉素（epothilone）[18]的一个关键步骤是烯醇 **128** 双键的加成以好的非对映选择性（8∶1）在新手性中心 C-5 得到 *syn*∶*anti* 醛 **129** 的单一对映异构体。虽然这是个 aldol 反应，但却不是普通意义（第 3 章）上具有立体选择性的 aldol 而是 Felkin 控制的在 α-手性醛 **129** 上的进攻。

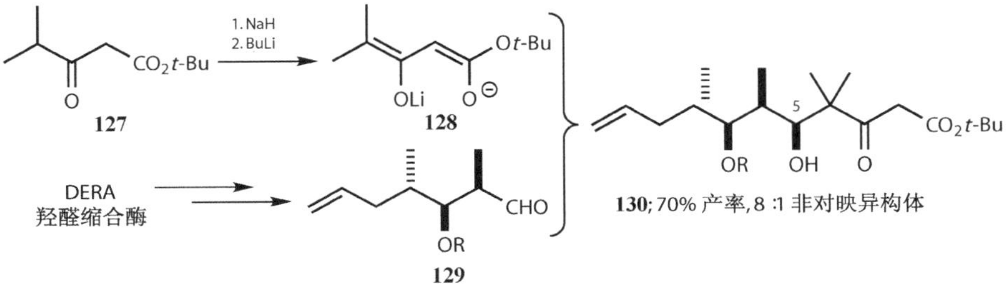

第 21 章中 Felkin 控制已经介绍得很好了。在介绍 Houk 控制前，我们要简单地介绍一些例子和两个警示。第一个警示是螯合控制，尤其是当涉及如镁等金属时，可能会与正常的诱导相反。第二个警示是 Felkin（或者螯合）控制无法保证，即使是羰基旁边有个大的拉电子基团。

在 Aguron 制药公司对 HIV 蛋白酶抑制剂最初的合成中[19]，从丝氨酸 **131**（手性源）出发，经由简单的酮 **132** 合成关键中间体 **133**。用 $NaBH_4$ 还原 **132**，得到立体化学需要的 **133**。Felkin 构象如 **134** 所示，大基团（电负性）NHCbz 与羰基垂直，亲核的氢化物从氢原子靠近羰基。但是立体选择性很差，不能作为药物生产的路线[20]。

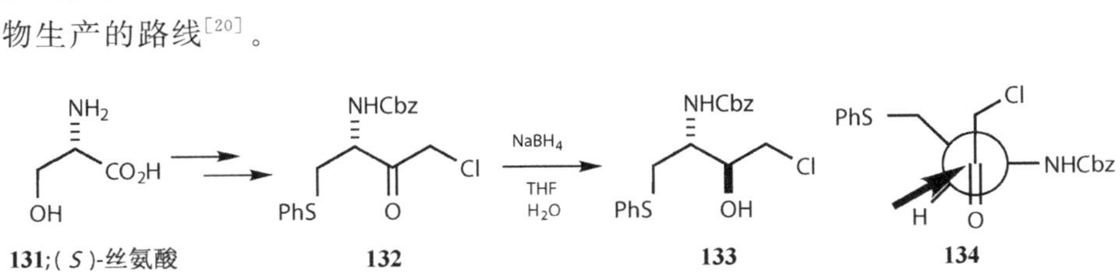

抗肿瘤的抗生素（+）-FR900482 **135** 尤其有趣，因为它包含了一个半缩醛羟基。切断法可以得到一个具有立体化学的八元环 **136**。Martin[21]决定用复分解反应来成环，这样被保护部分 **137** 成为反应中间体。

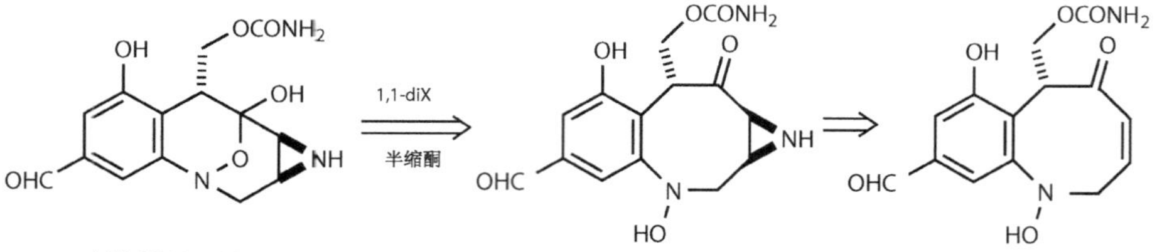

135; FR900482　　**136**　　**137**

现在，必须在开链化合物中控制立体化学。**138** 的单一对映异构体可以由脂肪酶（第 29 章）不对称化得到。与烯基格式试剂反应得到 **139a** 的一个非对映异构体，**139a** 的硅基醚在 Schrock Mo 催化剂作用下能以非常好的复分解反应得到 **140**，继而可得到 FR900482。有种说法是："（这个合成）立体化学结果……合理的来自于……螯合控制或者 Felkin-Anh 模型。"选择你认同的！新的手性中心看上去没用，但是却是吖丙啶形成的重要的立体化学控制。

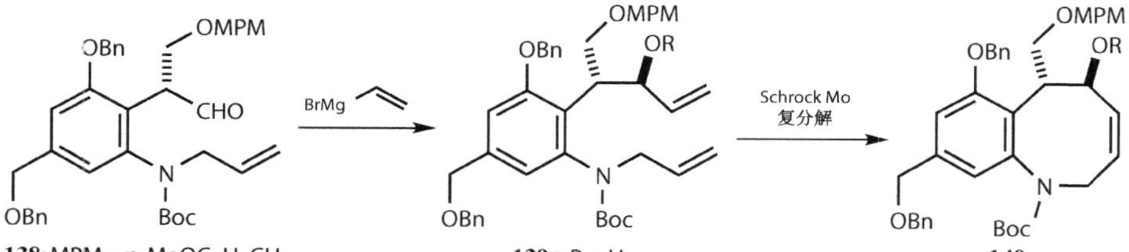

138; MPM - p-MeOC$_6$H$_4$CH$_2$　　**139a**; R = H　　**139b**; R = SiMe$_2$Bu-t　　**140**

Houk 控制

Houk 控制是关于烯烃、烯醇和类似化合物的亲电进攻。如果不是由于螯合成环的话，烯醇 **56** 的烷基化是个很好的例子。事实上，很难区分是否和烯醇经过螯合作用成为环状过渡态，而只有产物能告诉我们经过了哪种方式。Chamberlin 从天然的天冬氨酸通过不对称合成四氢吡咯 2，3-二羧酸 **141** 和 **142** 可以很好地说明这点。Rapoport 解释为立体化学控制的关键是大基团 9-苯基芴基的诱导[22]。

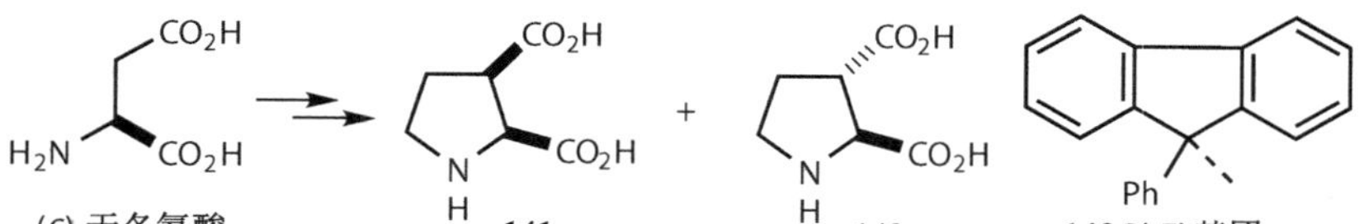

(*S*)-天冬氨酸　　**141**　　**142**　　**143**, PhFl 基团

天冬氨酸被保护为二甲基酯 **144**，而且氮原子由一个苯基和一个 PhFI-基取代。在 K/LiN（SiMe$_3$）$_2$ 的作用下得到钾或锂的烯醇盐，再由烷基碘化物烷基

化。烯醇锂盐以 96%产率得到 23∶1 的混合物，而倾向于生成 *syn*-**145**，但钾盐以 94%产率得到 10∶1 的混合物，倾向于生成 *anti*-**146**。再经臭氧化分解，去保护，还原氨化得到 **141** 和 **142**。

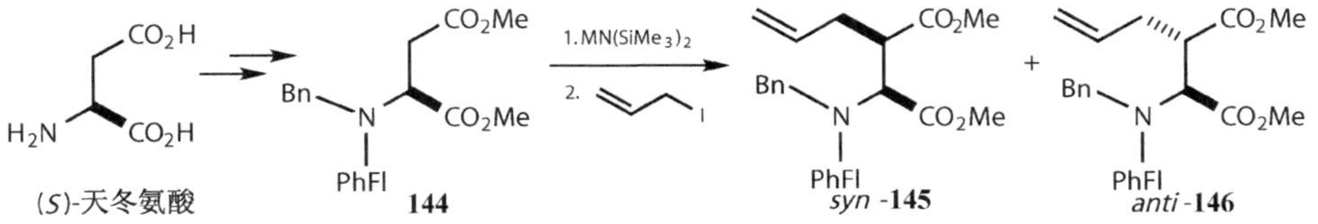

烯醇锂盐被认为是 *E* 构型的 **147**，螯合作用不可能实现，因此它采用 Houk 构型 **147a**，氢原子遮蔽了 π 键。空阻很大的被保护了的氨基迫使烷基溴从另一面进攻。烯醇钾盐倾向于形成螯合物结构 **148**，氨基迫使烷基碘从下面进攻。

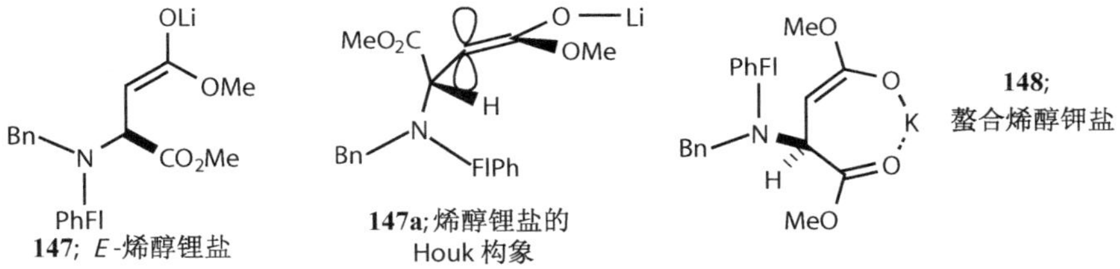

在这些例子中，一个基团的大小就控制了立体化学信息的传递。如果导向基团是硅基，电子效应也很重要[23]。从 **149** 得到的烯醇的烷基化可以用于四氢尼泊司他汀（tetrahydrolipstatin）的合成[24]。毫无疑问的是这里不存在螯合效应，因为没有螯合基团。烯醇锂盐的 Houk 构象 **151** 中，H 在内部，所以 Me_3Si 基团指导了从下面进攻的烷基化。

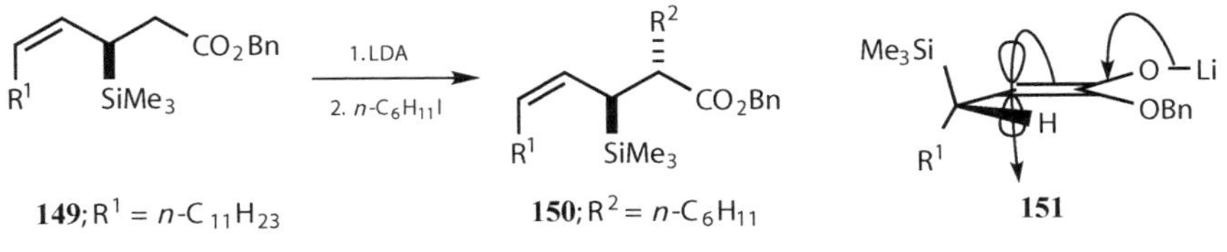

烷基硅烷和亲电试剂的反应

这部分我们会介绍烷基硅烷能够通过 Houk 构象导向手性迁移，而不需要形成烯醇。烷基硅烷与亲电试剂的典型的反应（第 12 章）是进攻烯烃中远离硅基的碳原子，再丢掉硅基。这种转移没有形成新的手性中心。烷基硅烷 **152** 与甲醛和路易斯酸反应得到高烯丙基醇，而没有减低 ee。硅基丢失，烯烃双键移位了，这是反式的 S_E2' 反应。这些都可以从 Houk 构象 **154** 解释：C—Si 键与烯烃双键相互作用，使得 p 轨道能量升高，引导区域和立体选择性[25]。

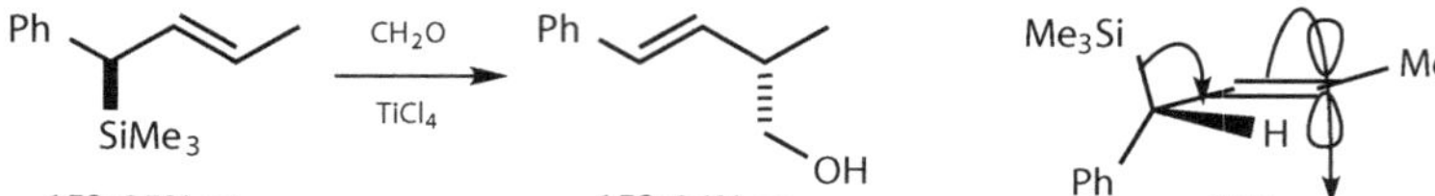

152;85% ee 153;86% ee 154

为了构造新的手性中心，需要一个潜手性的亲电试剂。官能团化的烷基硅烷的单一对映异构体 **155** 可以由脂肪酶存在下的动力学拆分制得[26]。**155** 与醛和路易斯酸反应得到 *syn* 和 *anti* 的高烯丙基醇 **156** 和 **157**。

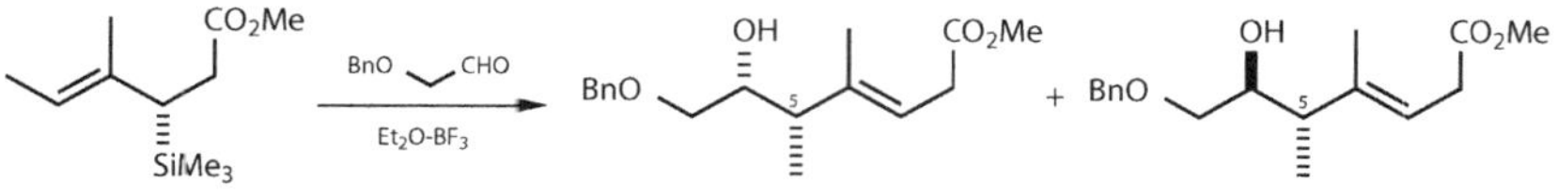

155 *syn*-**156** *anti*-**157**

在 BF_3 作用下，*syn* 产物 **156** 以 87∶13 为主要产物；而在 $MgBr_2$ 作用下，*anti*-**157** 以 92∶8 为主要产物。两种产物的 C-5 位有相同的立体化学，这是由 **155** 中 Me_3Si 基团决定的。机理 **158** 使得亲电基团从上面靠近烯烃，与 Me_3Si 处于相反位。过渡态 **159** 可以来解释新手性中心 C-6 的构型。Panek 认为 **159** 是 *anti*-peri-平面过渡态，$MgBr_2$ 采取了“倾斜的”过渡态。

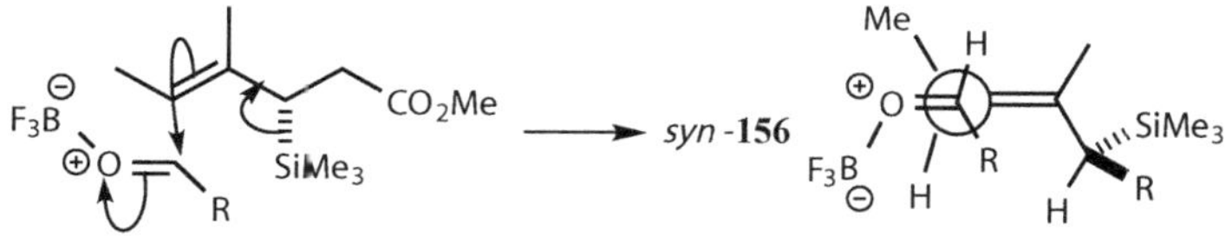

158 **159**

亲电试剂，取代模式和硅基可以变换：缩醛和胺在路易斯酸作用下形成亚胺 **162**，**162** 同样可以与烷基硅烷 **160** 反应以高产率和高立体选择性得到氨基甲酸酯 **161**[27]。

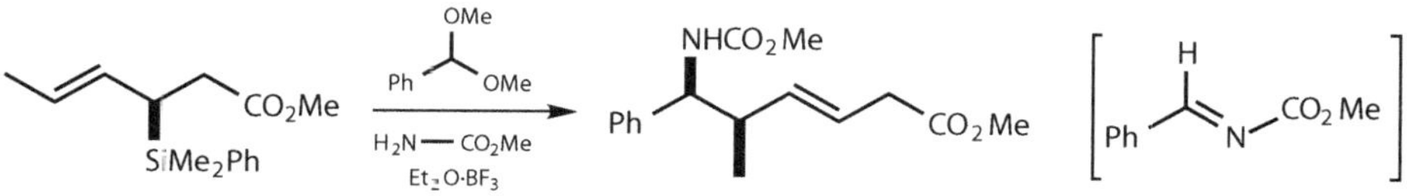

160 **161**;94% 产率>30:1 **162**

一个重要的应用是抗肿瘤抗生素（+）-macbecin I **163** 的全合成[28]。**163** 的切断方法很明显，氨基醌可以由芳香硝基化合物 **164** 合成，不太明显的 **165** 的 C-14 位阴离子可以转化为烯丙基硅烷，但是进一步切断 **165** 符合烯丙基硅烷化学。

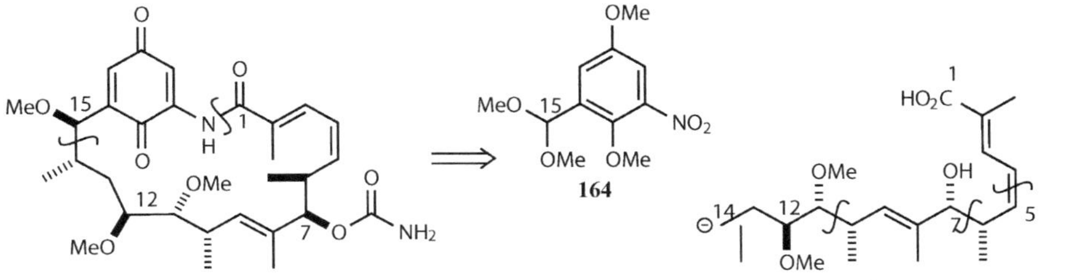

163; (+)-macbecin I　　　165

烯丙基硅烷的单一对映异构体的三步反应来连接 **165** 的三个片段。首先，烯丙基硅烷 **166** 与缩醛 **164** 在路易斯酸 Me_3SiOTf 作用下偶联。C-12 位的硅基控制了新手性中心和烯双键的立体化学构型。产物转化形成醛 **168** 进行下面反应。

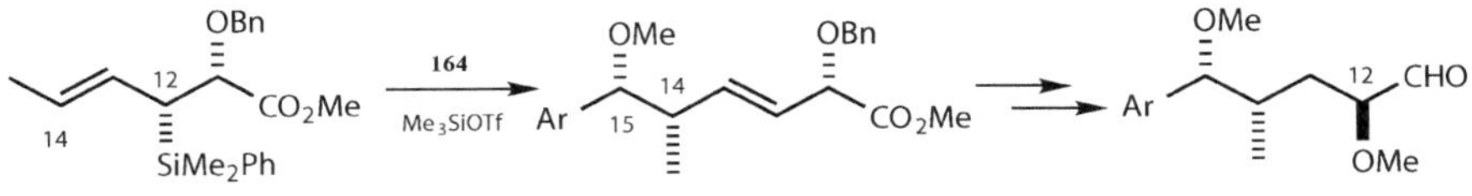

166　　**167**　　**168**

在相同路易斯酸以及 $MeOSiMe_3$ 作用下，与烯丙基硅烷 **169** 的偶联以甲基醚 **170** 形式得到新的醇。手性控制依旧来源于硅基，因为醛没有邻近的手性中心进行 Felkin 控制。在 C-10 以及 C-11 位形成了新的手性中心。

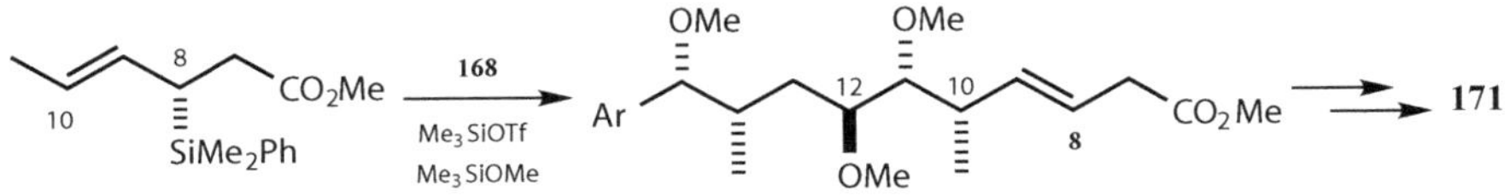

169　　**170**

170 再次被转化为醛 **171**，它将用于第三次与烯丙基硅烷 **172** 的反应。这次通过 Houk 控制 **173** 增加了两个手性中心，完成了片段 **165** 的 7 个手性中心的合成。然后再连上二烯侧链，但这不涉及新的手性中心。再经还原、脱保护和酰胺化形成（+）-macbecin I **163**[28]。

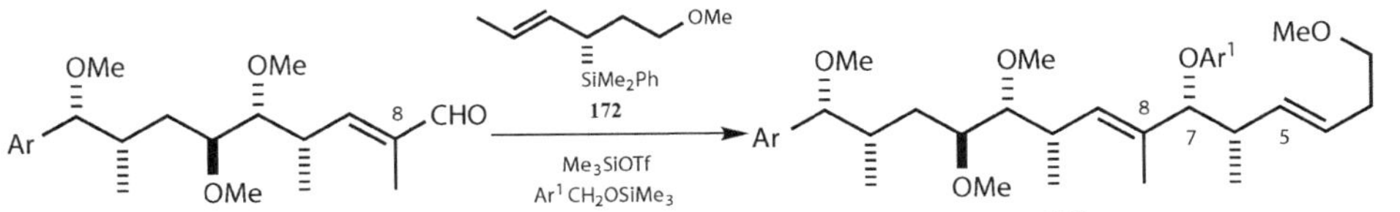

171　　**173**

通过 1，3-控制新手性中心

1，3-控制——立体化学信息传递到相邻一个碳原子——比 1，2-控制更困难，除非分子被控制在一个固定结构，通常为环结构（我们不讨论这方面，因为前面已经讨论过了）、螯合作用、环状中间体或者环状过渡态，否则 1，3-控制几乎不可能。Tetrahydrolipstatin 合成的下一步骤是 **150** 中烯烃的硼氢化就涉及开链化合物中的 1，3-控制。但是 9-BBN 对烯的进攻是从 **174** 中 $SiMe_3$ 基团的**反面**进攻，事实上，是这经过涉及 1，2-控制以及 1，3-控制的环状中间体机理 **176**。B 和 H 立体专一的 *cis* 加成，但与 $SiMe_3$ 基团成 *anti*-立体选择性[24]。硼烷 **174** 氧化时是立体专一性的，并且得到构型保持（第 17 章）的醇 **175**。

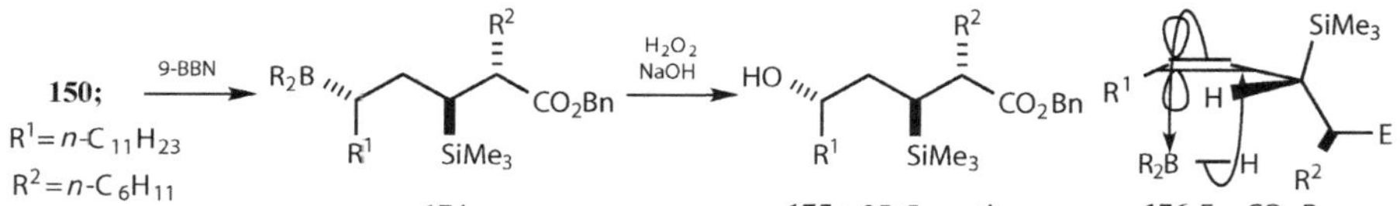

174　　**175**; >95 : 5 *anti* : *syn*　　**176**; E = CO_2Bn

脯氨酸催化的杂环酮 **177** 与苯甲醛的 aldol 反应（第 26 章）得到 *anti*-羟基酮 **178**。Prasad 方法还原（第 21 章），就是在 Raney Ni 作用下脱硫得到 *anti*，*anti*-二醇 **179**。还原可以由邻近手性中心控制，但是 Prasad 方法通过和 BEt_2 螯合作用，以及来自 $NaBH_4$ 的亲核氢化物外部轴向传递进行 1，3-控制 **181**。这是经过环状中间体的 1，3-控制[29]。

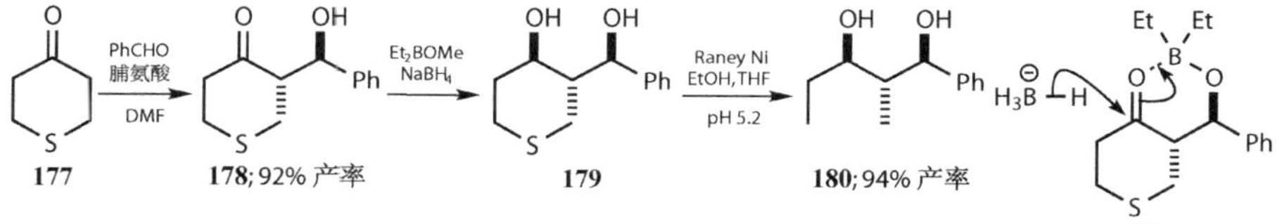

177　　**178**; 92% 产率　　**179**　　**180**; 94% 产率　　**181**

另一种还原这种羟基酮的方法，是通过环状过渡态进行 *anti*-选择 Evans 分子内亲核氢化物传递。Janda 合成草苔虫内酯（bryostatin）中，通过固定化脂肪酶（第 29 章）经动力学拆分得到二醇单酯化合物 **182**，通过乙酰氧基-硼氢化物还原得到 *anti* 二醇 **183**。这是分子内的通过椅式构象 **184** 传递氢化物，也是环状过渡态的 1，3-控制（第 21 章）[30]。

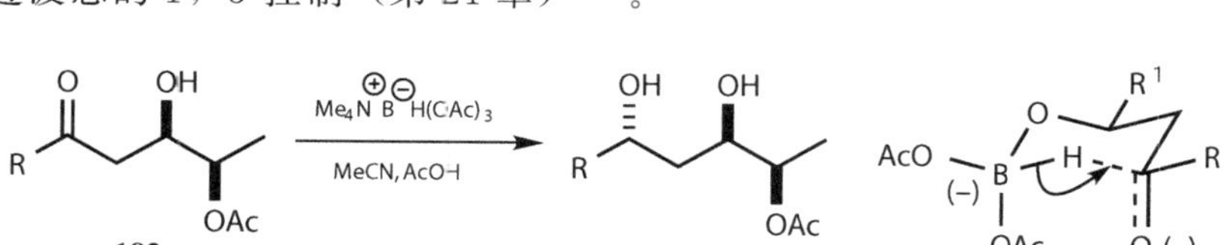

182　　**183**　　**184**; Evans 反式 1,3-选择性还原

除了这些例子我们再来介绍一些特殊的实现 1，3-控制的方法。从重要的胆固醇降低药物 Lipitor（又称 atorvastatin）**185** 结构可以看出 1，3-控制的重要性。*syn*-1，3-二醇合成富有挑战性，但可以从胺 **186** 或是氰化物 **187** 得到。

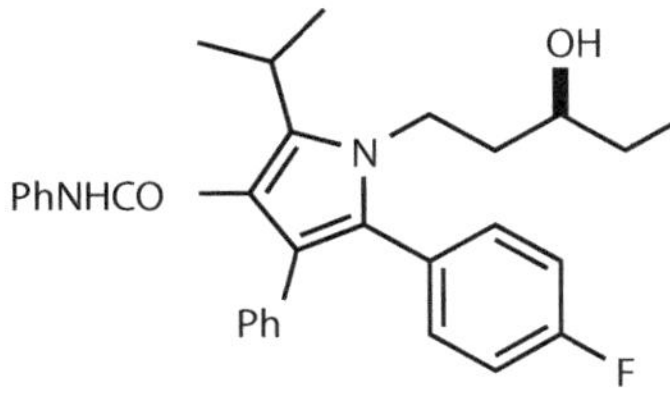

185; Lipitor (atorvastatin)

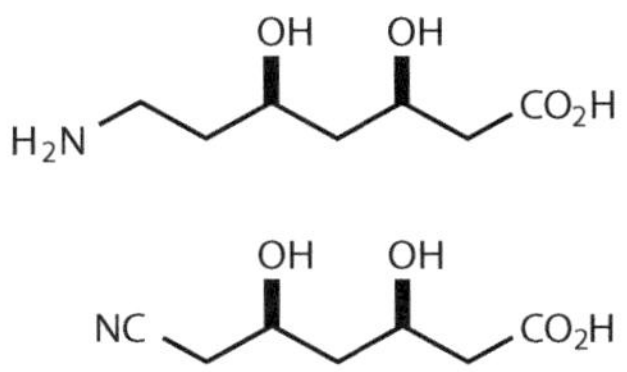

186

187

一个成功的方法是用酶 DERA（第 29 章）通过两次 aldol 反应连接 MeCHO 和 $ClCH_2CHO$ 两个分子。每次 aldol 反应形成一个手性中心：第一个手性构型完全由酶控制，但是第二个用手性醛 **189** 作为亲电试剂，受 1，3-控制影响[31]。正如所有酶催化的反应一样（催化剂控制），相同的立体化学选择性在 **190** 中体现出来了。产物以乳醇 **191** 的形式被分离出来。

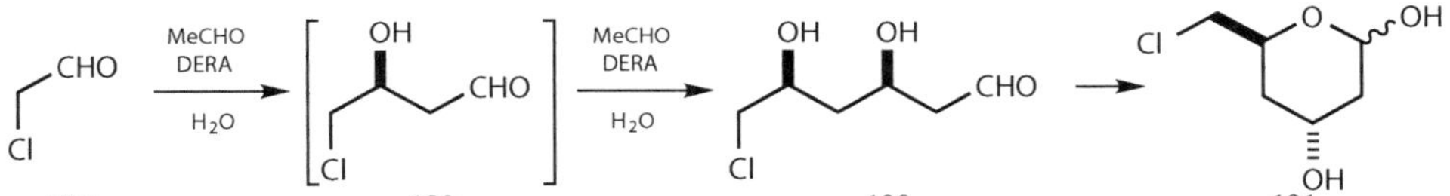

188 **189** **190** **191**

转化成 **187** 被保护的形式是简单的：用家庭常备的漂白粉氧化到内酯 **192**，以氰离子取代，缩醛化再在三甲基硅重氮甲烷作用下酯化得到 **193**。从 **193** 合成 atorvastatin 已经有过研究。下面部分介绍在没有酶存在下的 aldol 反应的 1，3-控制。

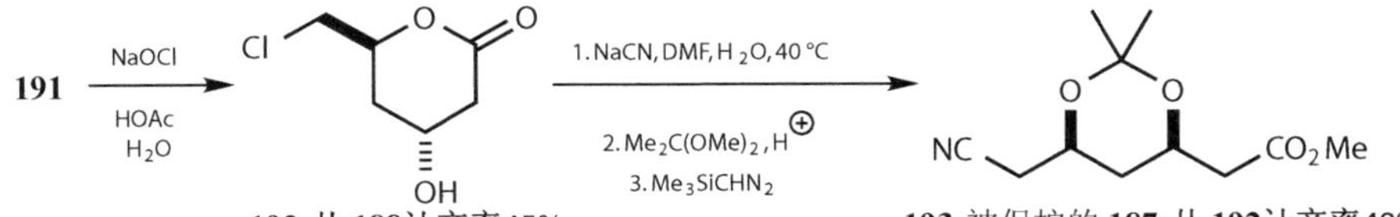

192; 从 **188** 计产率45%
>99.9% ee, >99.8% de

193; 被保护的 **187**; 从 **192** 计产率48%

Aldol 反应

我们已经知道了如何在 aldol 反应中实现 **194** 中标识 1，2 的位置的立体化学控制（第 4，27 章）。其中一个手性中心来源于醛亲电试剂，烯醇双键的几何构型（第 4，21 章）决定得到 *anti* 或是 *syn* 几何构型。这些中心的绝对构型可以由各种方法控制（第 23～29 章），包括使用手性辅基（第 27 章）。

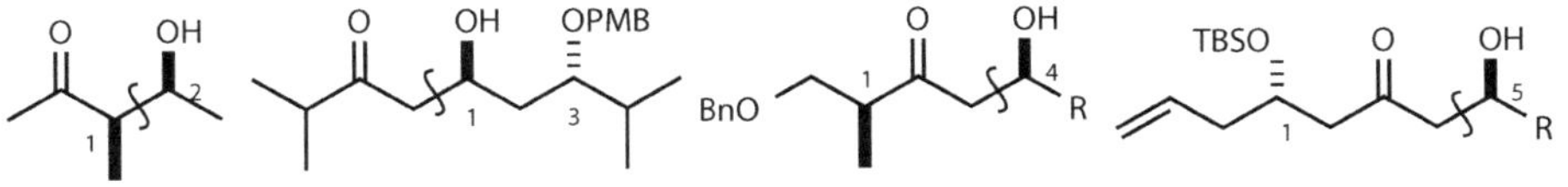

194 **195** **196** **197**

Aldol 反应在实现控制方面已经很成熟。这里我们要讨论的控制不依赖于双键的几何构型。从 **195** 的 1，3 到 **197** 中的 1，5 相关立体中心，每个例子中新形成的醇都是一个立体中心，另一个则可能来源于烯醇片段 **196**、**197** 或是已经存在于醛**195** 中的。所以，**196** 与 **197** 中手性中心在酮的任一边，而 **195** 中手性中心在同一边。

1，3-*anti* 诱导

高水平的 1，3-*anti* 诱导可以由烯醇硅醚 **198** 进攻醛 **199** 实现。醛中的羟基是手性中心，对甲氧苯基（PMB）是最好的保护基团。螯合性的路易斯酸（Ti，Li）不如硅基烯醇醚协同 BF_3 作为路易斯酸有效。烯醇衍生物的性质很重要，当使用烯醇硼盐时不能实现好的选择性[32]。下面我们会看到这种影响不足也是有用的。

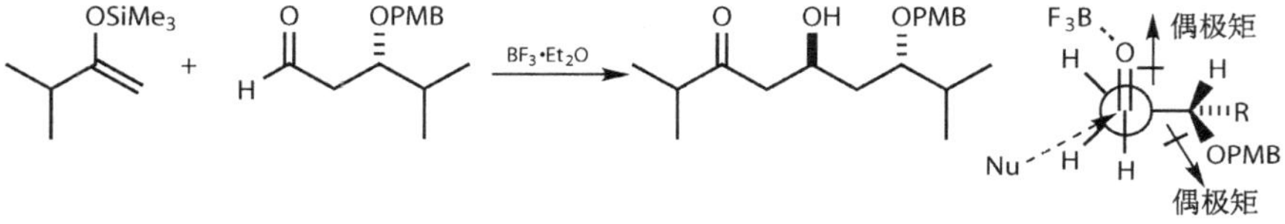

198　**199**; PMB = *p*-MeO-benzyl　**200**; 92 :8 *anti* : *syn*　**201**

Evans 提出，反应过渡态最好是类似于 Felkin 的手性取代基与羰基处于垂直位置。构象 **201** 展现了 C=O 与 OPMB 双极子尽可能远离，亲核试剂在 Burgi-Dunitz 角从 H 一侧靠近。另外也有其他的解释[33]。

我们参考上面合成 bryostatin，包括一个 1，3 相关控制的还原反应。Evans 的合成方法[34]包括 1，3 选择性 aldol 反应和 1，3-控制的还原。经不对称 aldol 反应得到醛 **202**，与乙酰乙酸甲酯的双烯醇硅醚的双键反应，得到预期的 *anti*-醇酮 **203**。然而，只有 $(i\text{-PrO})_2TiCl_2$ 而非 BF_3 作为路易斯酸才能得到好的结果，这更说明了这种控制的经验性。Evans 1，3-控制的还原得到 *anti*，*anti*-三醇 **204**，然后形成 bryostatin.

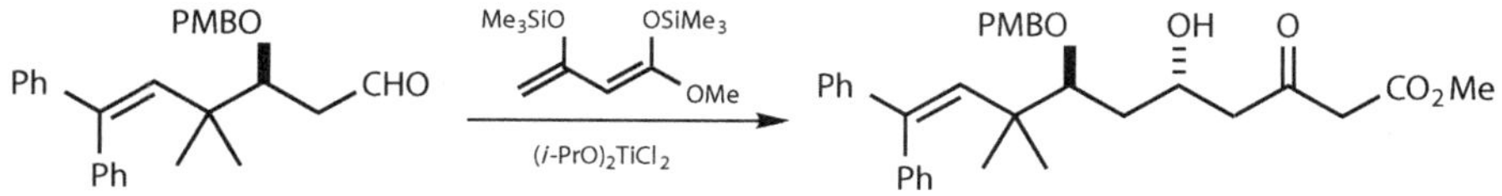

202; PMB = *p*-MeO-benzyl　*anti*-**203**; 83% 产率, 94 :6 *anti*:*syn*

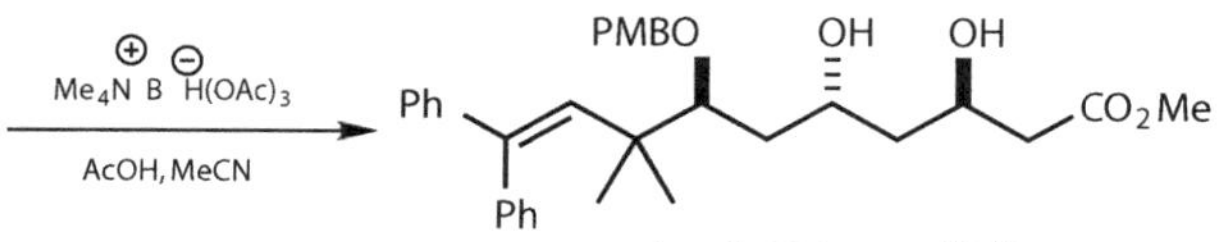

anti,*anti*-**204**; 92% 产率

这些 aldol 反应的原料中只有一个手性中心。如果原料中不止一个手性中心，双立体异构诱导可能形成底物与试剂的匹配以及不匹配对。Evans 不对称 aldol 反应在 *syn*-和 *anti*-羟醛产物 **205** 的合成中的应用是很好的例子。另一个手性中心虽然只是一个甲基却对结果有重大影响。OPMB 的绝对立体化学在 *anti*-**205** 和 *syn*-**205** 中是一样的，但是立体选择性却很不相同。匹配对倾向于 Felkin 选择性以及过渡态 **201**，但是不匹配对这两者却完全不同。有趣的是，在这个例子中 1，2-控制并不占主导[33]。

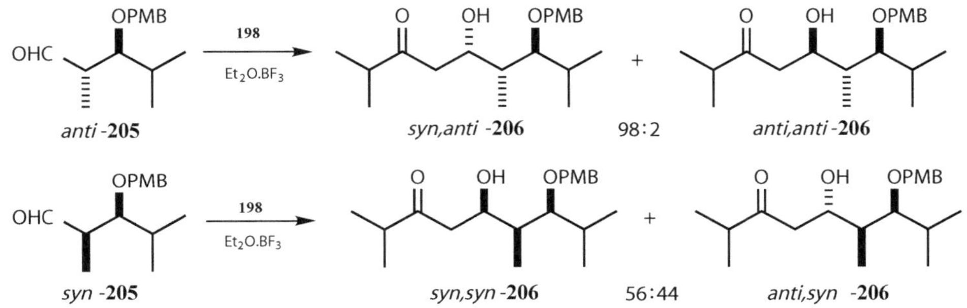

迄今为止，我们已经讨论了甲基酮的烯醇化物如 **198**。这是为了减弱双键几何构型对远程选择性问题的影响而考虑的。我们也会遇到其他情况，如用乙基酮 **207** 形成的烯醇。虽然我们已经看到了许多高选择性的情况，但是如果增加拥挤度，如用乙基酮更容易得到高选择性。例如，甲基酮 **198** 的反应以 94∶6 得到 *anti*-选择性产物，相比之下，乙基酮 **207** 得到 4 种产物，而不是 2 种，其选择性为 95∶5，其中 **95** 为主产物比例，“5”为所有其他产物的总比例。要注意这种选择性并没有用到手性配体[35]。

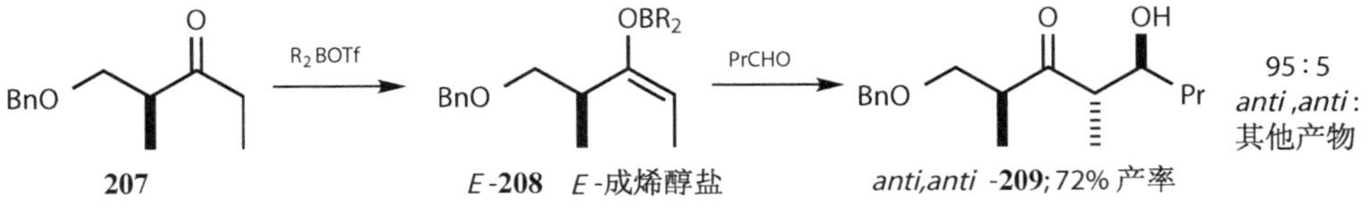

209 中羟基与相邻的甲基的 *anti* 关系直接来源于 **208** 中 *anti*-双键反式构型。改变醛的研究表明，三个异构体中最多的也是羟基与甲基呈反式关系。确实如此，如果用烯醇硼盐 *cis*-双键反应，我们可以得到预期的 *cis*-产物。这是 1，2-控制。

烯醇硼盐中的远程手性中心是 *anti* 还是 *syn* 关系（1，3-控制）可以通过使用单一对映异构体控制或是用其他的手性硼试剂。与**非手性**硼试剂反应得到的 *cis*-烯醇硼盐以 1∶1.2 得到 *syn*，*syn*∶*anti*，*syn* 的产物。

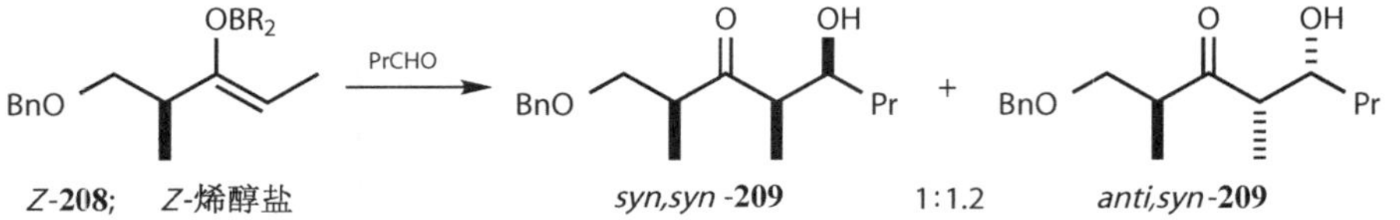

有个好处是 Ipc（第 24 章）的对映异构体都能表现出它们的影响。由于 Ipc 的两个异构体都能得到，我们可以用（+）-或者（−）-$(Ipc)_2$BOTf 形成烯醇硼盐得到羟基酮 **209** 的两个非对映异构体[36]。当然，（+）-$(Ipc)_2$BOTf 得到 *syn*，*syn*-**209**，而（−）-$(Ipc)_2$BOTf 得到 *anti*，*syn*-**209**。

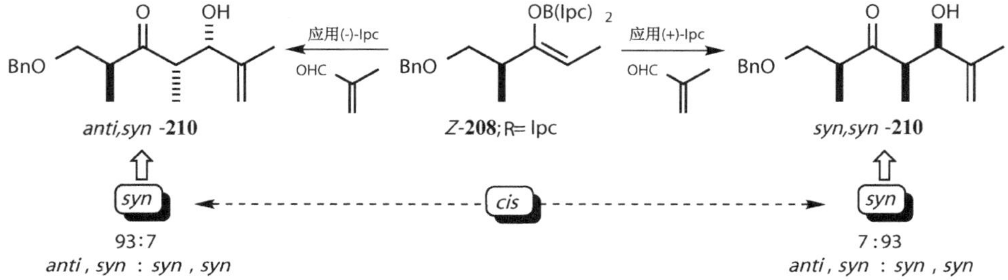

1，4-1，5-以及远程诱导

Hepatitis C 能引起肝癌，急需有效的治疗。一个方法是找到能阻止病毒复制的专一的蛋白酶。Boehringer 公司[37]用如下的策略合成出 BILN 2061 **211**。

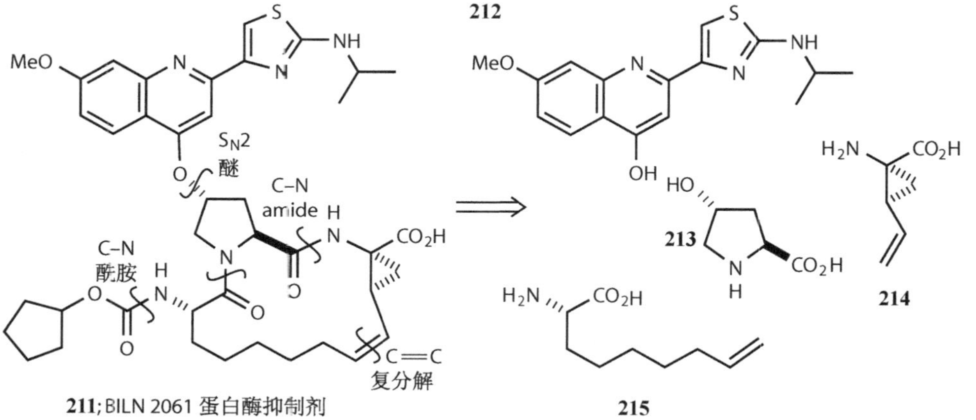

211; BILN 2061 蛋白酶抑制剂

非手性的芳香部分 **212** 可以很容易被剥离开，剩余的部分由 5 个手性中心和 3 个基团组成，最好的策略是分别合成出这三个部分。氨基酸片段 **215** 可以由不对称催化的还原得到（第 26 章）。羟基脯氨酸 **213** 从手性源得到，环丙烷 **214** 可以制成外消旋化合物并拆分。通过立体专一性的反应连接这三个片段（与 **212** 反应成醚时为了保持 *trans* 环取代，必须经过两次构型翻转）。或者通过不影响手性中心的反应，保证最终的产物有合适的绝对和相对立体化学。

另一种普遍的方法是应用试剂控制的反应，去增加更多的手性中心而不受已经存在的手性中心的影响，因为远程关系的诱导作用不强。一个简单的例子就是 Streptomyces 的抗菌试剂（—)-PF1163B **216**。复分解反应依旧被用作切断的考虑，得到一个氨基酸片段 **218**，一个非手性片段 **219** 和一个有趣的不饱和醇 **217**。**217** 的两个手性中心有 1，4-位置关系[38]。

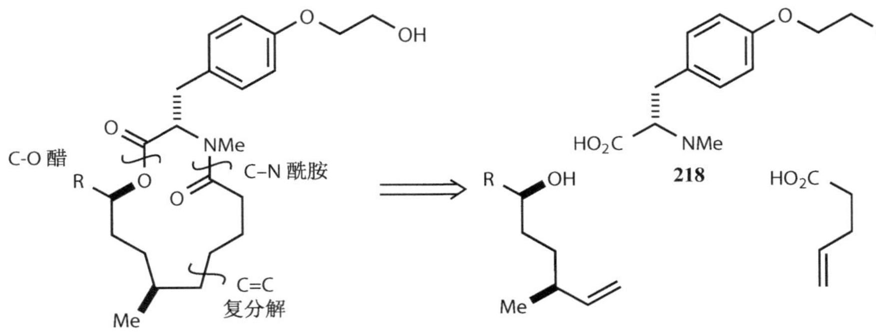

216; R = *n*-C_5H_{11}; (−)-PF1163B　　**217**; R = *n*-C_5H_{11}　　**219**

(*S*)-citronellene **220** 可以从手性源得到，氧化断裂得到醛 **221**，正戊基可以通过有机锌试剂和 C_2 对称的催化剂 **222**，用 Kobayashi 方法[39]加成上去。这个催化剂主导的反应不受试剂中已经存在的手性中心的影响，得到很高的 ee (98%)。

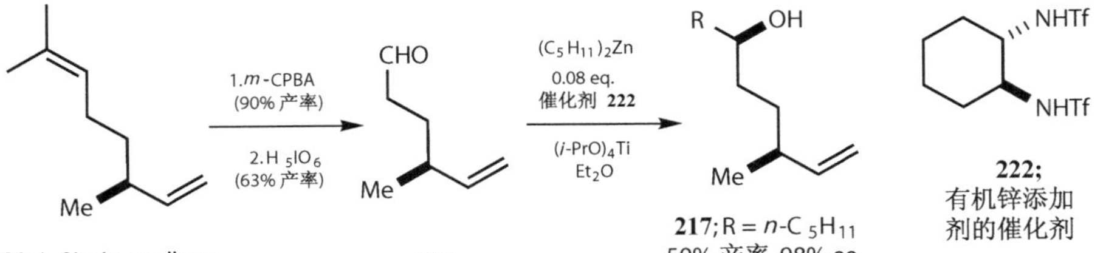

220; (*S*)-citronellene　　**221**　　**217**; R = *n*-C_5H_{11} 50% 产率, 98% ee

这些策略通常被应用于手性中心呈 1，4-位置关系或是更远时。在 **211** 和 **216** 中手性基团最好是处于 1，4-关系。1，4-关系是可以通过已经存在的手性中心实现诱导控制的，甚至有些更远的也可以控制（这些是立体选择性的反应）。我们先来看一些简单的例子再回到 aldol 反应。

底物控制诱导的远程控制

羰基还原比其他反应有更多不同的试剂，一些还能有效地控制立体选择性[40]。许多方法使用试剂控制，但我们只关心那些由存在的手性中心诱导立体化学的方法。最著名的例子是前列腺素侧链中的二级醇。这尤其困难，因为潜手性的酮与已经存在的手性中心被 *trans*-烯烃隔开[41]。非手性的还原试剂 **224**，类似 DIBAL 但是体积大一些，以 92∶8 的产率得到 **225** 的非对映异构体[42]。

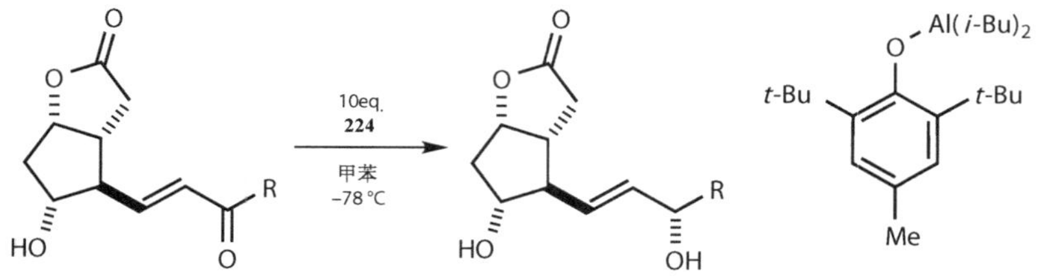

223; R = *n*-C_5H_{11}　**225**; R = *n*-C_5H_{11}　**224**

大大过量的 **224** 表明连接到 OH 的另一个分子使得酮的一个面被屏蔽，阻碍了 **226** 的还原。虽然这种方法实现了不对称还原，但是这么远的手性中心（OH 离羰基有 5 个原子远）竟然有这么强的手性控制作用是很不寻常的。

一个更早的典型例子是 Kishi 由控制氧化得到的一系列环氧丙烷合成聚醚抗生素。这个步骤开始于一些相似的还原：$LiAlH_4$ 和二胺 **229** 高立体选择性地还原酮 **227**，经 Felkin 控制 **230** 得到几乎专一的 *anti*-**221**。以氨基酯形式拆分得到图示的对映异构体[43]。

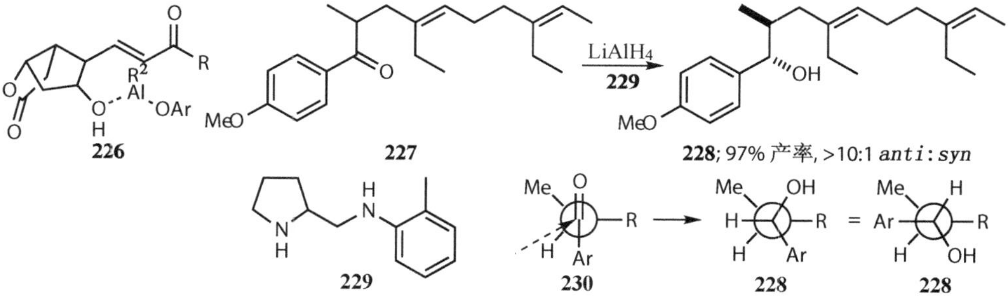

226　**227**　**228**; 97% 产率, >10:1 *anti*:*syn*

229　**230**　**228**　**228**

羟基定位更近的双键环氧化，通过钒定向传递 *t*-BuOOH 得到 8∶1 选择性。这与上面的例子相似都是 1，4-控制，虽然分子中也有更近（1，3）的手性中心。环氧化合物没有分离而是原位环化形成 THF **231**，这又形成一个新羟基，在相同试剂下诱发第二次环氧化成环形成 *bi*-THF **232**。这些 THF 环的立体化学清楚地显示出 OH 是环氧化的 1，4-*syn* 定位基团。

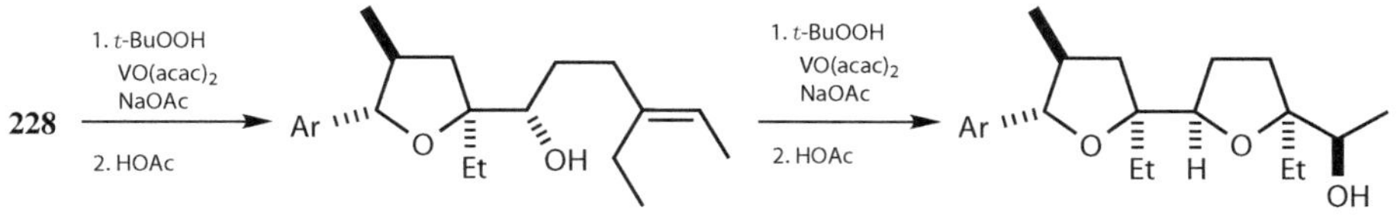

231; 75% 产率, 8:1 非对映体 **232**;5:1 非对映体

Aldol 反应中的 1，4-*syn* 诱导

当我们讨论乙基酮，如 **207** 的 *E*-烯醇如何得到 1，3 控制的 aldol 反应时，我们注意到 1，4-控制同样存在。Paterson 用甲基酮做了相同的实验，发现烯醇锂盐（**234** 中 M＝Li）没有选择性。烯醇硼盐与非手性的基团（M＝dicyclohexyl-B）以 84%产率和 88 ∶ 12 的选择性得到 *syn* ∶ *anti*-**235**，当使用手性基团［M＝(－)-(Ipc)$_2$B］时，选择性显著提高（92 ∶ 8）[35]。

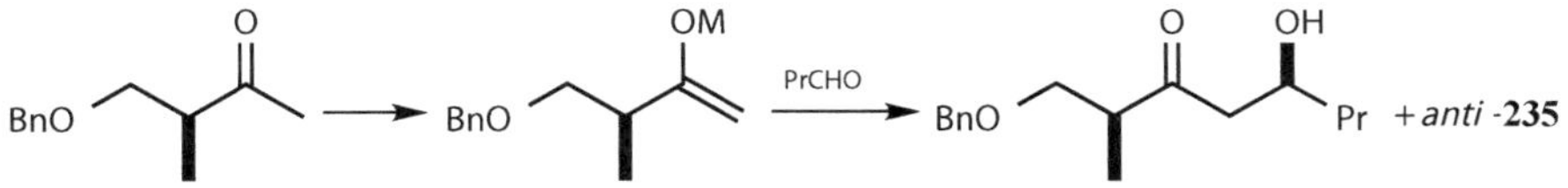

(+)-**233** **234** *syn*-**235**

这是完全的 1，4-控制。由于这些加成产物 **235** 只是由^{13}C NMR 鉴定出来，即使是 HPLC 也不能分离出来。高的非对映选择性是可能的。一种解释是类似于 Houk 的烯醇的位置，但是甲基处于内部（因为硼上的大基团只允许 H 靠近），醛上 Pr 与 BR_2 处于"*trans*" **236**。

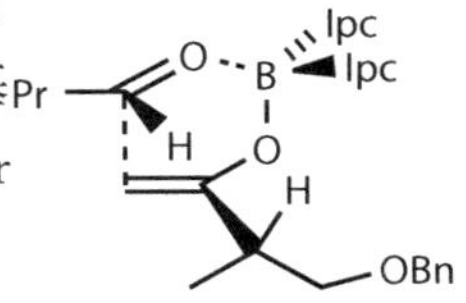

236

σ-迁移中的 1，4-控制

在上述中我们介绍了利用烯丙基硅烷化学合成 macbecin **163** 的方法。另外，可以通过 σ-迁移重排来转移和创造新的手性中心[44]。起始物在碱作用下发生［2，3］Wittig 重排 **238**。产物 **239** 中的手性中心 2 和 3 未受影响，4 位经重排生成手性中心 6，7 位手性中心是新生成的。新烯烃是 *E* 构型的，这些都是由椅式过渡态控制的。产物 **239** 在新 *E* 双键两边有 1，4-相关的两组相邻的手性中心。

进一步在 C-8 位经 Felkin 方法创造一个新的手性中心，将 Bu_3Sn 置换成 Li 后发生第二次［2，3］-重排，形成另一个 *trans*-烯烃，手性中心从 C-8 位迁移到 C-10 位。

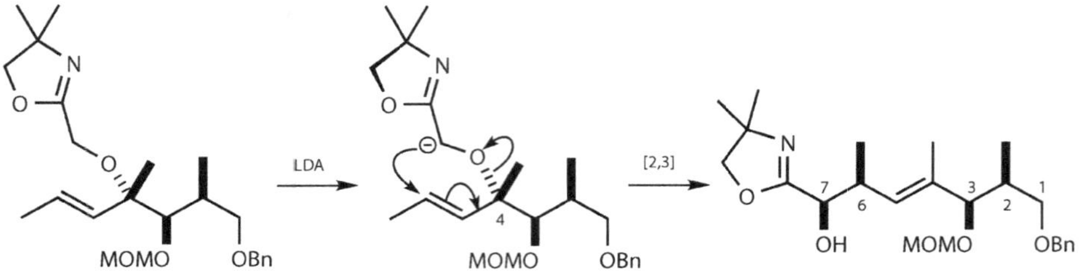

237　　238　　239

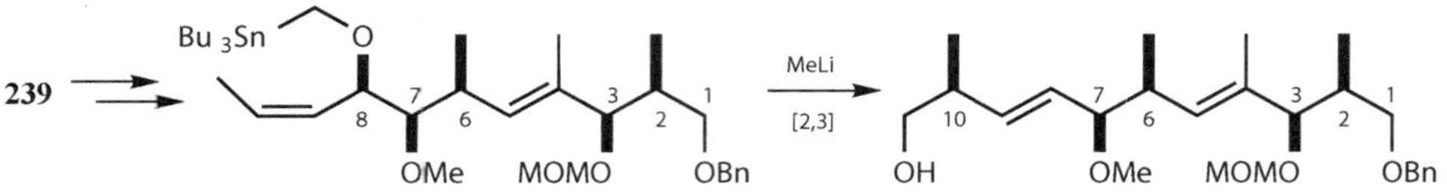

240　　241

这种策略通常比直接形成手性中心更有效。例如，有机金属化合物亲核加成到羰基基团上，羰基与强诱导基团比如氨基被双键隔开。*cis*-烯烃 *Z*-**242** 与有机锂试剂（R^2＝烷基或芳基）以大于 90：10 选择性得到 *syn*-**243**。Li 与氨基络合得到 Houk 构型 **244** 可以解释这一结果[45]。

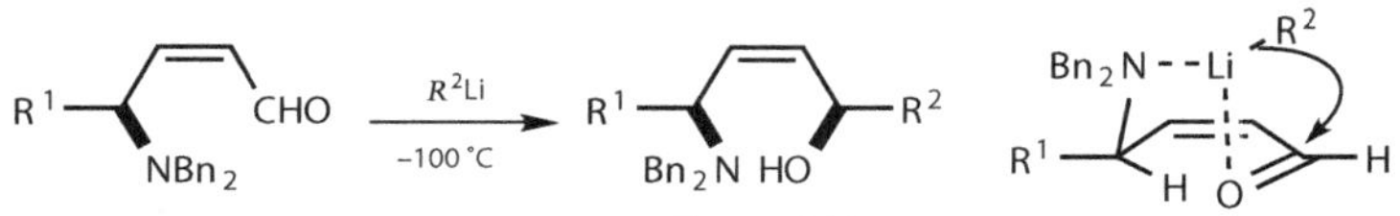

Z-**242**　　*Z*-*syn*-**243**　　**244**

trans-烯烃 *E*-**242** 同样得到了合理的立体选择性产物——*syn* 加成的 *E*-*syn*-**243**，但这需要有机铜试剂以及 HMPA 的参与，产物必须用 Me_3SiCl 捕获，得到介于 80：20 与 90：10 的选择性。一个可能的解释是烯烃-Cu 的 π-配合物 **245** 填补了氨基与醛之间的空隙。

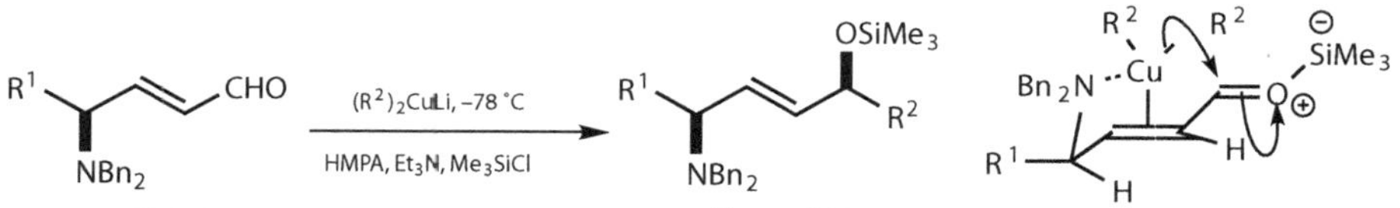

E-**242**　　*E*-*syn*-**243**　　**245**

Aldol 反应的 1，5-诱导

甲基酮 **246** 而不是醛的烯醇硼盐中含 β-OH 时，可以发生很好的 1，5-非对映选择性反应。注意到，这里又涉及了区域选择性问题——$Bu_2BOTf/i\text{-}Pr_2NEt$ 选择性地与甲基反应而不是亚甲基组合。与二氢肉桂醛反应，以 95：5 的选择性

得到 **247**。相比较于前面提到的 1，3-非对映选择性的 aldols **200**，烯醇硅醚完全没有 1，5-非对映选择性。若将对甲氧苄基保护基（PMB）换成硅基（TBDMS）保护，选择性会丢失。

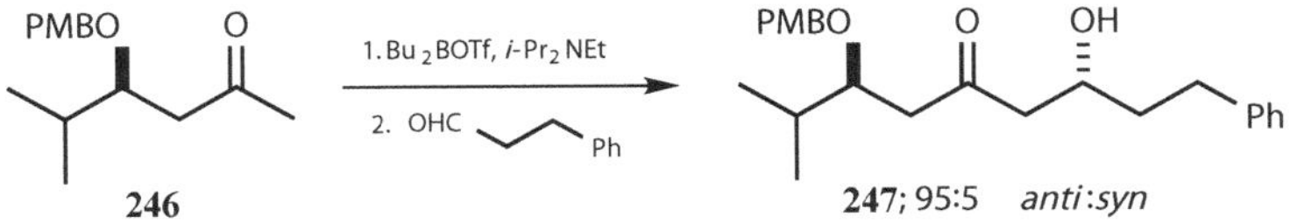

如果在 1，3 情况下使用烯醇硼盐或是在 1，5 条件下使用烯醇硅醚时会丧失选择性，我们可以在某些方面冲突（不匹配）的时候舍弃选择性。烯醇硼盐 **248** 与醛（*S*)-**249** 反应，在另一个反应中与对映异构体（*R*)-**249** 反应，由于我们不要求控制醛的手性，因此可以使用烯醇硼盐。但是两种情况下 1，5-*anti*-相关可以被控制，而 1，3-*anti* 或 *syn* 没有控制。

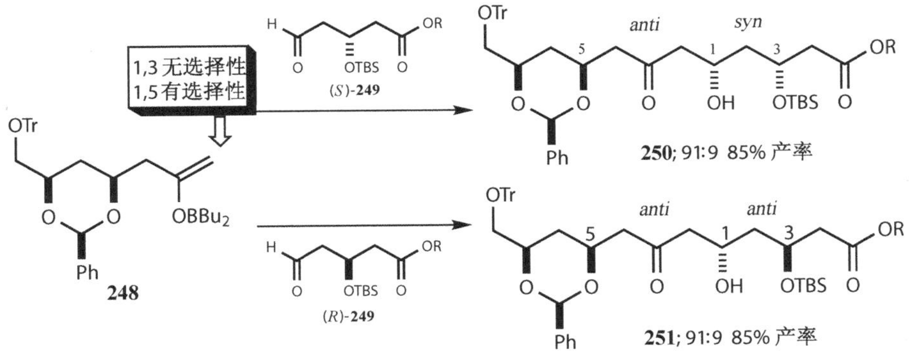

另外，我们用手性亲核试剂 **252** 和 **253** 与手性醛 **254** 反应，在反应中保持手性一致，而简单的改变烯醇的性质就可以满足我们的要求，用烯醇硼盐 **252** 可以实现 1，5-诱导，而用烯醇硅醚 **253** 可以实现 1，3-诱导。

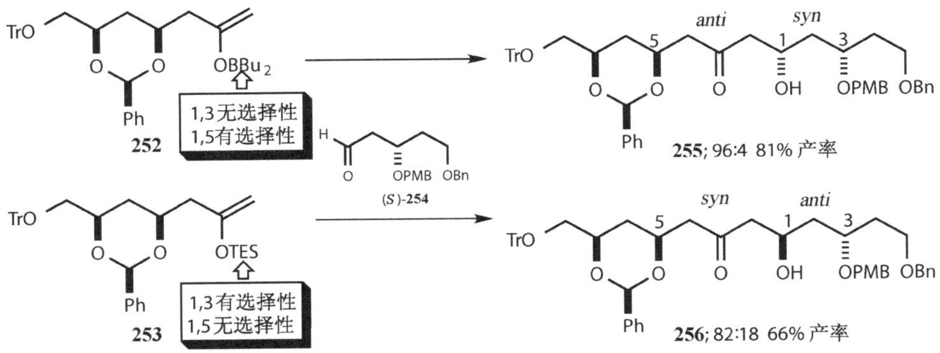

这两个图示采取的策略是：一个对映异构纯的片段连接到另一个对映异构纯的片段上，可以通过选择条件用不同部分来控制新生成的手性中心构型。这时就是基于底物的控制策略。我们还没有使用外部的手性因素，如使用手性硼试剂。下面我们就可以看到这方面的应用。

我们已经提到了硅基保护基对 1，5-*anti*-诱导没有效。所以，如果用烯醇硼盐 **258** 与异丁烯醛反应，选择性（79∶21）还不差，虽然没有苄基保护基 **257** 好。如果我们先保留硅基保护基，另一种实现立体控制的方法是试剂控制，用（－）-Ipc_2BCl 取代非手性的氯硼烷，这大大提高了选择性而没有降低产率（两种情况下产率都是 80%）。

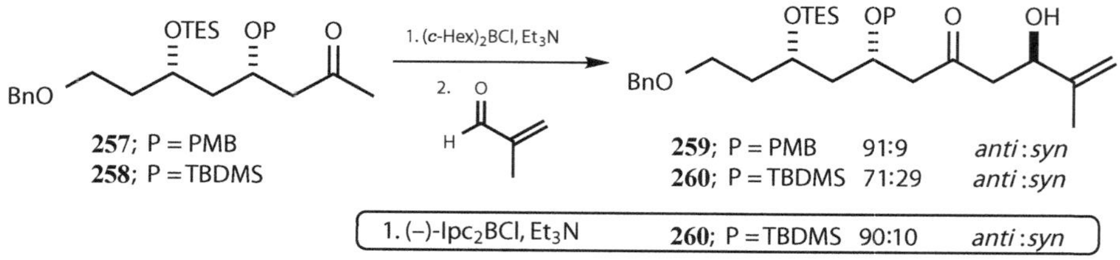

我们已经认识到了 aldol 反应中实现立体控制的一些有力工具，这还没结束。我们接下来介绍 Paterson 合成（＋）-discodermolide 的方法。我们会看到试剂控制没有加强底物固有的选择性，而是使选择性翻转。Aldol 反应是有力的形成 C—C 键的方法，而且自然界也是这样工作的。许多天然产物中有 1，3 相关的含氧官能团。许多都是乙酰化或是丙酸酯。上面介绍的具体方法都是在研究天然产物合成中建立起来的。尤其是涉及的多丙酸酯衍生的天然产物时，手性乙基酮的合成更为有趣。

（＋）-discodermolide 的不对称合成

我们会发现，Paterson 合成[46]（＋）-discodermolide **261** 的方法中应用了大量的 aldol 反应。合成步骤涉及 23 步反应（最长的线性步骤），总产率为 10.3%。如果我们认为这 23 步反应产率相等，那么每步产率大概是 90%。（＋）-discodermolide 合成中的一些基团也很有趣[47,48]。

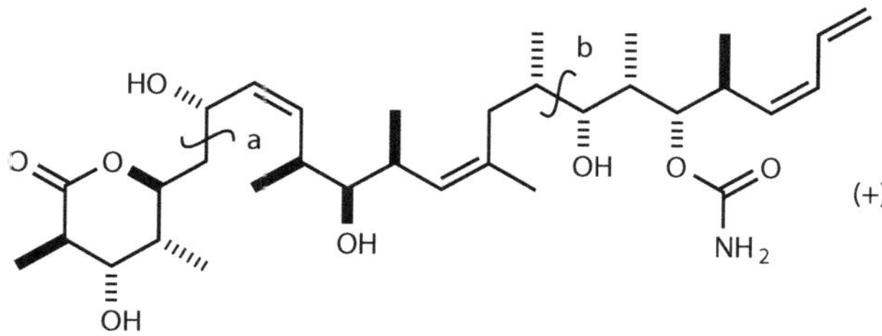

261;
(+)-discodermolide

尽管 **261** 分子中含有 13 个手性中心，但是合成开始时只有 3 个，它们是 3 个乙基酮 **262**，**263** 和 **264**。Discodermolide 的逆合成是将 **261** 分成 3 个部分，片段中所有的手性中心都来自这 3 个酮，其中 **262** 和 **263** 的区别仅仅在于苄基保护基的不同。

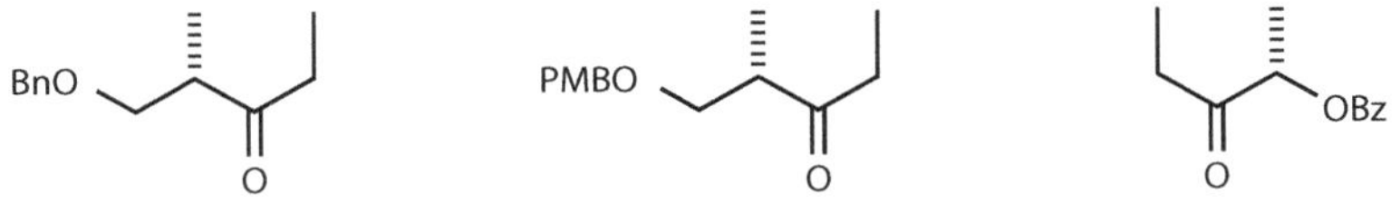

(*S*)-**262** (*S*)-**263** (*S*)-**264**

我们不再细究合成的每一个细节（如果读者感兴趣可以阅读参考文献），而是强调其中三个步骤。首先，**262**（“一锅煮”反应！）以 86%的产率和大于 97% de 转化成为 **265**。另外，后期两个片段的偶联同样值得注意（也就是形成 **261** 上“b”处断开的 C—C 键）。最后通过我们之前提到的试剂控制可以实现选择性反转。

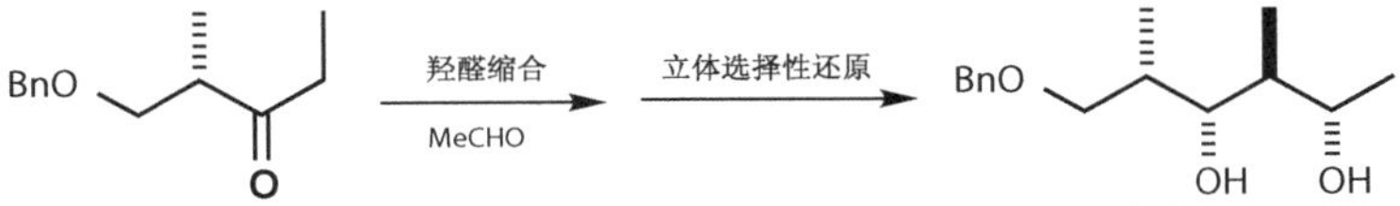

(*S*)-**262** **265**; 86% 产率, >97% ds

一开始，酮 **262** 反应生成 *trans*-烯醇硼化物 **266**，然后与乙醛结合得到中间产物 **267**。1，2-*anti* 立体控制来自烯醇的几何构型，最初酮的手性中心导致我们在这章已经看到的 1，3-反式控制。中间产物 **267** 不需处理还原并脱去硼得到 **268**。

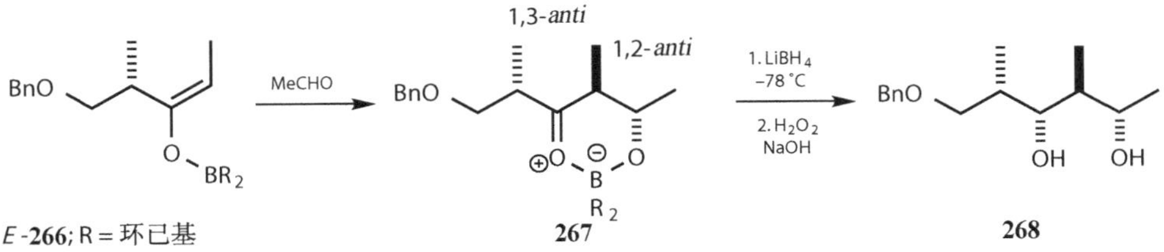

E-**266**; R = 环已基 **267** **268**

269 中新形成的手性中心与醇形成 1，3-反式关系，由此得到的羰基被 $LiBH_4$ 还原。氢化物轴向进攻 **269**（第 21 章）。这个从羟醛缩合反应得到的醇稍后被氧化（制备 **270**），于是这个手性中心在完成其功能后被破坏。

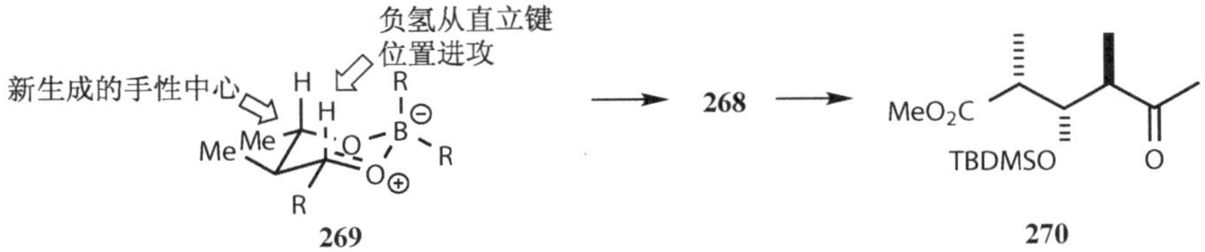

269 **270**

由于这些烯醇硼化学，很容易忘记那些传统烯醇的方法同样可供使用。含有位阻酚的酯的用途已经在第 21 章讲过了，它可以控制 *trans*-烯醇的形成，所以有望得到 *anti*-羟醛产物。在这里正是用这种方式来连接两个片段。酯 **271** 和带位阻的碱 LiTMP（与 LiBr 配合使用）反应得到 *trans*-烯醇 **272**，再与醛 **273** 反应得到羟醛加成产物 **274** [49]。

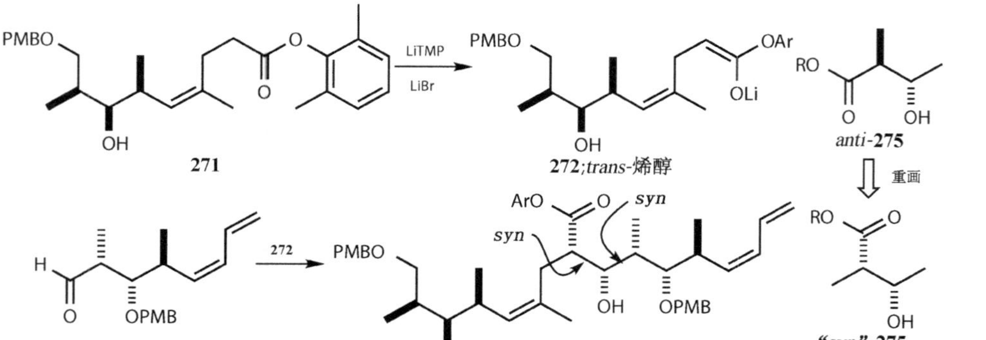

271　272;trans-烯醇　anti-275　273　274

syn 选择性是由 *trans*-烯醇 **272** 双键的几何构型来控制的，更远的立体化学则由分子本身来控制。要注意一点：我们一般把 *trans*-烯醇与 *anti*-羟醛产物联结起来——产物被称为"*syn*"仅仅是因为它画的方式，**275** 并无特殊之处。烯醇 **272** 上的手性中心离反应位点太远，无法发生作用，是醛 **273** 中的手性中心更多的参与控制其中的立体化学。如果要解释这里的选择性，我们需要知道为什么醛有一面被进攻而另一面没有。一种可能的原因是，醛在这里遵守 Flekin-Anh 规则。

我们最后的重点是，如何通过试剂的控制来得到我们想得到，而不是反应物想得到的产物。烯醇硼化物 **267** 和含有 *cis*-双键的醛 **277** 结合使用，得到羟醛缩合产物 *anti*-和 *syn*- **278**。模型研究显示这里内在的选择性可以通过使用（－）-Ipc 基团代替环己基连在硼上来提高其选择性，但这与我们想要的结果相反。使用（＋）-Ipc 基团就可以实现选择性的反转并提高反应的产率，得到我们

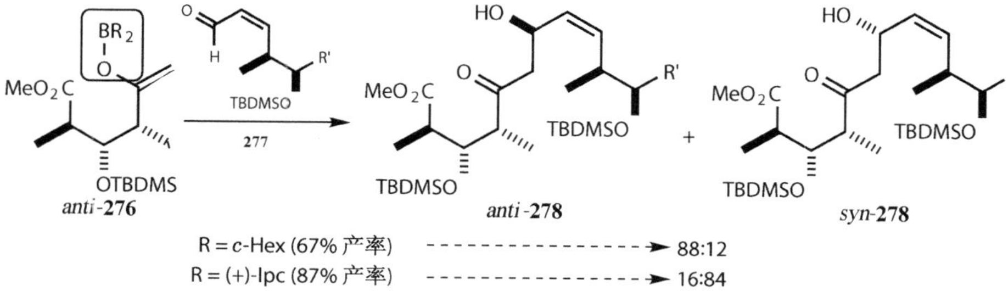

anti-276　anti-278　syn-278

想要的产物[50]。

有趣的是，在不匹配的情况下，你不知道是否会成功（通过试剂控制）或者分子是否会按照你的设想去反应（底物的控制），当任何一种途径得到的结果都是斗争的产物。所以，最令人印象深刻的还是在不匹配的情况下，通过试剂有效控制成功的例子。

大规模合成 discodermolide

Discodermolide 是一种有应用前景的抗癌药物，Novartis 公司决定结合已发表的合成方法中最好的部分和他们自己的想法来合成 60g 该药品以供临床实验。天然产物提取的困难与稀缺使得这个决定显得必要，但是没有大量合成的先例又使其显得太过大胆。Discodermolide 有三个 *Z*-双键和十三个手性中心，乍一看没有特别的模式。Smith 注意到[47]分子中含有三个重复的手性中心三元组合（在 **261a** 中画圈标记），而每一个单元都可以从“常见的前体”**279** 开始制备。

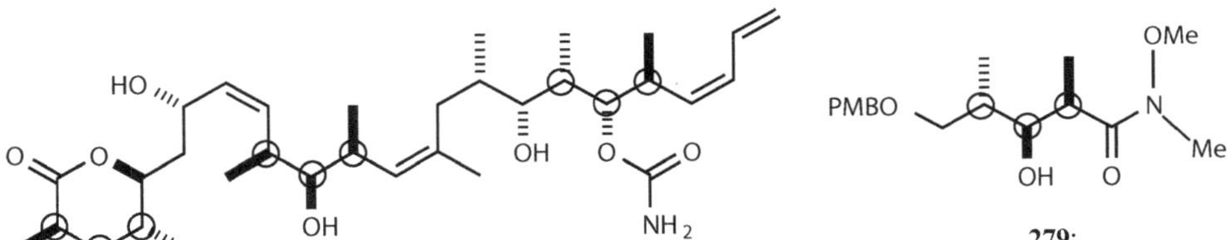

261a;
(+)-discodermolide

279;
Amos Smith's
“共同前体”

Novartis 公司决定用 **279** 作为起始原料来制备三个片段 **280**，**281** 和 **282**，使用 Paterson 的羟醛缩合方法（如上所述）来把它们连起来完成全合成[51]。过程中，他们数次修改原始方案使合成更加可行。重点是不用色谱得到 **279**，翻转 **279** 全部通过可结晶中间体、Suzuki 偶联和 Still-Gennari *Z*-双键合成法以及其他本书已讲过的许多方法向 **281** 的转化。

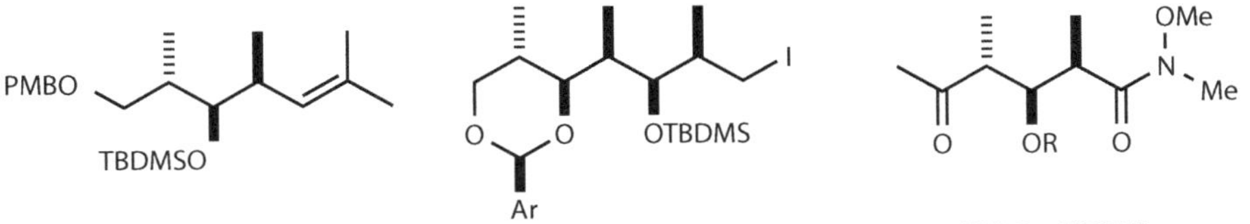

280　**281**; R = *p*-MeOC$_6$H$_4$　**282**; R = TBDMS

虽然一直还有进展，如更好的合成内酯的路线[52]，但毫无疑问的是，这是一项涉及 43 位化学家的巨大成就，尤其值得一读的是文献 [51]。他们评价这整个合成工作时说：“这个项目的成功为其他项目铺平了道路，甚至使研制天然产物进入早期临床评估，它给从事分离与全合成的科研组甚至是制药公司发出了积极的信号：‘你们的工作需要的不仅仅是学术兴趣，还需要敢于冒一定的风险’。”

结论

用光学纯的原料与消旋的原料来制造多个手性中心这两种方法在许多重要方式上都很不一样。

（1）当无法进行非对映选择性的反应时，远程非对映异构相关可以通过使用光学纯的原料来实现。

（2）如果是匹配的情况，双非对映区别（使用光学纯试剂和底物）可以加强非对映体选择性，但如果不匹配也可能适得其反。

（3）检测含有新生成的手性中心的第一个产物的 ee 非常重要，这是基于以下三种考虑：

① 反应物在反应条件下可能消旋化。

② 将一个消旋的或低 ee 起始原料与一个光学纯的原料偶联，可以让产物得到有效的拆分。

③一旦形成了两个或多个手性中心，分子的光学纯度就可以通过一般的 NMR 谱来检测。因为差向异构化会导致非对映异构体，而两个或多个手性中心同时差向异构化不可能不产生非对映异构体（虽然以前也发现过例外）。

参考文献

一般性参考文献列于 946 页。

1. A. G. Schultz, M. A. Holoboski and M. S. Smyth, *J. Am. Chem. Soc.*, 1996, **118**, 6210.
2. P. D. Bailey and J. S. Bryans, *Tetrahedron Lett.*, 1988, **29**, 2231.
3. D. R. Adams, P. D. Bailey, I. D. Collier, J. D. Heffermann and S. Stokes, *Chem. Commun.*, 1996, 349.
4. O. Ort, *Org. Synth.*, 1983, **63**, 203.
5. F. Zhang, Z. J. Song, D. Tschaen and R. P. Volante, *Org. Lett.*, 2004, **6**, 3775.
6. G. J. Tanoury, R. Hett, S. Wilkinson, S. A. Wald and C. H. Senanayake, *Tetrahedron: Asymmetry*, 2003, **14**, 3487.
7. S. Randl and S. Blechert, *J. Org. Chem.*, 2003, **68**, 8879.
8. G. Fráter, *Helv. Chim. Acta*, 1979, **62**, 2825, 2829.
9. D. Seebach, J. Aebi and D. Wasmuth, *Org. Synth.*, 1983, **63**, 109.
10. G. Fráter, *Helv. Chim. Acta*, 1980, **63**, 109.
11. H.-M. Shieh and G. D. Prestwich, *J. Org. Chem.*, 1981, **46**, 4319; A. R. Chamberlin and M. Dezube, *Tetrahedron Lett.*, 1982, **23**, 3055; H.-M. Shieh and G. D. Prestwich, *Tetrahedron Lett.*, 1982, **23**, 4643.
12. *Clayden*, chapter 33, especially pages 864–868.
13. L. A. Paquette, J. Tae, M. P. Arrington and A. H. Sadoun, *J. Am. Chem. Soc.*, 2000, **122**, 2742.
14. J. Mulzer and M. Shanyoor, *Tetrahedron Lett.*, 1993, **34**, 6545.

15. D. J. Hart and T.-K. Yang, *J. Chem. Soc., Chem. Commun.*, 1983, 135; *J. Org. Chem.*, 1985, **50** 235.
16. A. K. Mapp and C. H. Heathcock, *J. Org. Chem.*, 1999, **64**, 23; this synthesis is discussed at length in Bittner et al., *Organic Synthesis Workbook II*.
17. W. Aelterman, Y. Lang, B. Willemsens, I. Vervest, S. Leurs and F. De Knaep, *Org. Proc. Res. Dev.*, 2001, **5**, 467.
18. J. Liu and C.-H. Wong, *Angew. Chem. Int. Ed.*, 2002, **41**, 1404.
19. S. W. Kaldor, V. J. Kalish, J. F. Davies, B. V. Shetty, J. E. Fritz, K. Appelt, J. A. Burgess, K. M. Campanale, N. Y. Chirgadze, D. K. Clawson, B. A. Dressman, S. D. Hatch, D. A. Khalil, M. B. Kosa, P. P. Lubbehusen, M. A. Muesing, A. K. Patick, S. H. Reich, K. S. Su and J. H. Tatlock, *J. Med. Chem.*, 1997, **40**, 3979.
20. M. Ikunaka, *Chem. Eur. J.*, 2003, **9**, 379.
21. I. F. Fellows, D. E. Kaelin and S. F. Martin, *J. Am. Chem. Soc.*, 2000, **122**, 19781.
22. J. M. Humphrey, R. J. Bridges, J. A. Hart and A. R. Chamberlin, *J. Org. Chem.*, 1994, **59**, 2467. T. F. Jamison, W. D. Lubell, J. M. Dener, M. J. Krisché and H. Rapoport, *Org. Synth.*, 1993, **71**, 220.
23. I. Fleming, A. Barbero and D. Walter, *Chem. Rev.*, 1997, **97**, 2063.
24. I. Fleming and N. J. Lawrence, *Tetrahedron Lett.*, 1990, **31**, 3645.
25. T. Hayashi, M. Konishi, H. Ito and M. Kumada, *J. Am. Chem. Soc.*, 1982, **104**, 4962; T. Hayashi, M. Konishi and M. Kumada, *J. Am. Chem. Soc.*, 1982, **104**, 4963.
26. R. T. Beresis, J. S. Solomon, M. G. Yang, N. F. Jain and J. S. Panek, *Org. Synth.*, 1998, **75**, 78.
27. J. S. Panek and N. F. Jain, *J. Org. Chem.*, 1994, **59**, 2674.
28. J. S. Panek and F. Xu, *J. Am. Chem. Soc.*, 1995, **127**, 10587.
29. D. E. Ward and V. Jheengut, *Tetrahedron Lett.*, 2004, **45**, 8347.
30. J. A. Lopez-Pelegrin, P. Wentworth, F. Sieber, W. A. Metz and K. D. Janda, *J. Org. Chem.*, 2000, **65**, 8527.
31. W. A. Greenberg, A. Varvak, S. R. Hanson, K. Wong, H. Huang, P. Chen and M. J. Burk, *Proc. Nat. Acad. Sci.*, 2004, **101**, 5788.
32. D. A. Evans, P. J. Coleman and B. Côté, *J. Org. Chem.*, 1997, **62**, 788.
33. D. A. Evans, J. L. Duffy and M. J. Dart, *Tetrahedron Lett.*, 1994, **35**, 8537; D. A. Evans, M. J. Dart, J. L. Duffy and M. G. Yang, *J. Am. Chem. Soc.*, 1996, **118**, 4322.
34. D. A. Evans, P. H. Carter, E. M. Carreira, J. A. Prunet, A. B. Charette and M. Lautens, *Angew. Chem. Int. Ed.*, 1998, **37**, 2354.
35. I. Paterson, J. M. Goodman and M. Isaka, *Tetrahedron Lett.*, 1989, **30**, 7121.
36. I. Paterson and M. A. Lister, *Tetrahedron Lett.*, 1988, **29**, 585.
37. A.-M. Faucher, M. D. Bailey, P. L. Beaulieu, C. Brochu, J.-S. Duceppe, J.-M. Ferland. E. Ghiro, V. Gorys, T. Halmos, S. H. Kawai, M. Poirier, B. Simoneau, Y. S. Tsantrizos and M. Llinàs-Brunet, *Org. Lett.*, 2004, **6**, 2901.
38. F. Bouazza, B. Renoux, C. Bachmann and J.-P. Gesson, *Org. Lett.*, 2003, **5**, 4049.
39. H. Takahashi, T. Kawakita, M. Ohno, M. Yoshioka, and S. Kobayashi, *Tetrahedron*, 1992, **48**, 5691; P. Knochel, *Synlett.*, 1995, 393.
40. H. Sailes and A. Whiting, *J. Chem. Soc., Perkin Trans. 1*, 2000, 1785.
41. H. J. Mitchell, A. Nelson and S. Warren, *J. Chem. Soc., Perkin Trans. 1*, 1999, 1899.
42. Y. Tsuda, T. Sano, J. Taga, K. Isobe, J. Toda, S. Tagaki, M. Yamaki, M. Murata, H. Irie and H. Tanaka, *J. Org. Chem.*, 1979, **94**, 1358; S. Iguchi, H. Nakai, M. Hayashi, H. Yamamoto and K. Maruoka, *Bull. Chem. Soc. Jpn.*, 1981, **54**, 3033.
43. T. Fukuyama, B. Vranesic, D. P. Negri and Y. Kishi, *Tetrahedron Lett.*, 1978, 2741.
44. S. J. Coutts, M. D. Wittman and J. Kallmerten, *Tetrahedron Lett.*, 1990, **31**, 4301; S. J. Coutts and J. Kallmerten, *Tetrahedron Lett.*, 1990, **31**, 4305.
45. M. T. Reetz, F. Wang and K. Harms, *J. Chem. Soc., Chem. Commun.*, 1991, 1309.
46. I. Paterson, G. J. Florence, J. P. Scott and N. Sereinig, *J. Am. Chem. Soc.*, 2001, **123**, 9535.
47. A. B. Smith, T. J. Beauchamp, M. J. LaMarche, M. D. Kaufman, Y. P. Qiu, H. Arimoto, D. R. Jones and K. Kobayashi, *J. Am. Chem. Soc.*, 2001, **123**, 8654.
48. D. T. Hung, J. B. Nerenberg and S. L. Schreiber, *J. Am. Chem. Soc.*, 1996, **118**, 11054.
49. P. L. Hall, J. H. Gilchrist and D. B. Collum, *J. Am. Chem. Soc.*, 1991, **113**, 9571.
50. I. Paterson and G. J. Florence, *Tetrahedron Lett.*, 2000, **41**, 6935.

51. S. J. Mickel, D. Niederer, R. Daeffler, A. Osmani, E. Kuesters, E. Schmid, K. Schaer, R. Gamboni, W. Chen, E. Loeser, F. R. Kinder, K. Konigsberger, K. Prasad, T. M. Ramsey, O. Repic, R.-M. Wang, G. Florence, I. Lyothier and I. Paterson, *Org. Process Res. Dev.*, 2004, **8**, 122.

52. I. Paterson, O. Delgado, G J. Florence, I. Lyothier, M. O'Brien, J. P. Scott and N. Sereinig, *J. Org. Chem.*, 2005, **70**, 150; A. B. Smith, B. S. Freeze, M. J. LaMarche, T. Hirose, I. Brouard, P. V. Rucker, M. Xian, K. F. Sundermann, S. J. Shaw, M. A. Burlingame, S. B. Horwitz and D. C. Myles, *Org. Lett.*, 2005, **7**, 311; S. J. Mickel, R. Daeffler and W. Prikoszovich, *Org. Process Res. Dev.*, 2005, **9**, 113.

31 不对称合成策略

本章考察一些化合物进行不对称合成的几种不同方法，分析其中一种方法更受青睐的因素，同时修订这部分其他章节讲到的方法。

引言：不对称合成策略

在前七章我们介绍了合成单一对映异构体的主要方法。在本章我们把这些方法结合起来，考察为什么在特定的合成中应该选择某一种而不是另一种方法。我们将看到一些用不同方法合成的简单的和不怎么简单的化合物，考察为什么化学家舍弃了其中一些方法而偏爱其他途径。有一些化合物需要实验室的小量合成，其他一些商业化的产品则需要大量合成，这两种情况下各有不同的关键因素。这就是策略考虑，而其中最重要的一点就是如何以较少的步骤、最大的选择性得到高的产率。在这里，不同方法得到的 ee 同样很重要。我们都是从简单的化合物开始讲解，更复杂的分子在我们强烈推荐的 Nicolaou 和 Sorensen 的书里有更详细的介绍。

第一部分——（*R*）和（*S*）-2-氨基-1-苯乙醇

这个简单的化合物 **2** 是诺华制药公司制备一种新的抗糖尿病药物 **1** 所必需的。因为要研究立体化学与其生物活性的关系[1]，需要大量的两种对映体。

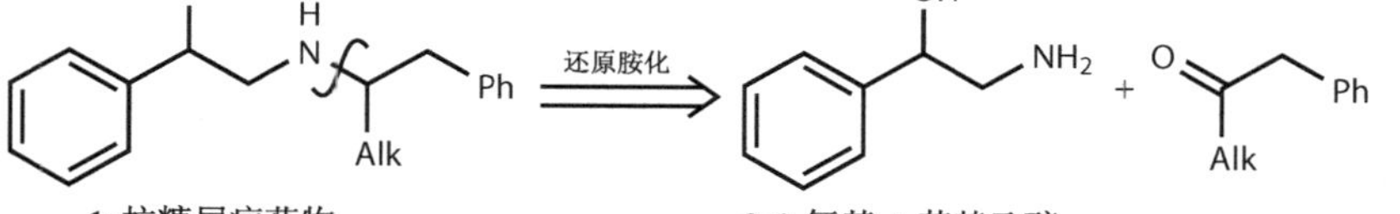

1; 抗糖尿病药物　　**2**; 2-氨基-1-苯基乙醇

不适于发展合成的方法

第一步是查文献。已经报道了多种方法，但其中四种是不适合放大量的。氨基酮 **3** 的不对称还原（第 26 章）需要不易得的配体，而且它们本身也需要不对称合成。然后需要大于 50atm 的压力来还原稳定的羰基，即便如此，ee 最好也只能达到 93％，往往更低。最后的转化很慢，所以需要大量的催化剂来实现有效的催化。一种替代的还原方法是用面包酵母（第 26 章），给出单一的对映异构体，但是需要高度稀释才能有效。但是即使如此生产能力依然很低。

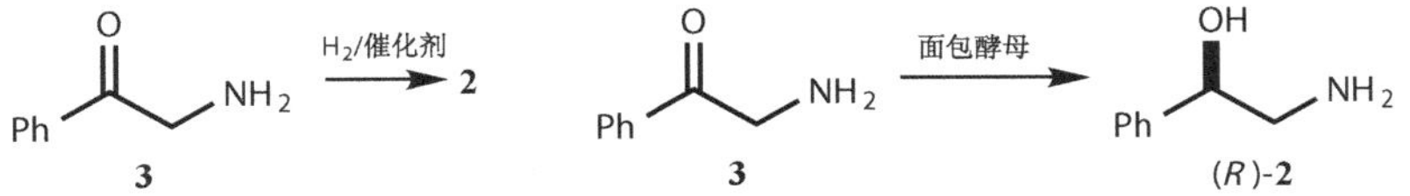

消旋的氨基醇 **2** 很容易制备，所以很显然会选择酶催化的酰基化或去酰基化（第 26 章）。这些方法效果不错。氨基酯 **6** 去酰基化得到的氨基化合物 **5** 难以水解。再酰基化得到单酯 **4** 但是迅速异构化为 **5**，两种方法都得到氨基醇的对映异构体，最高产率只有 50％。

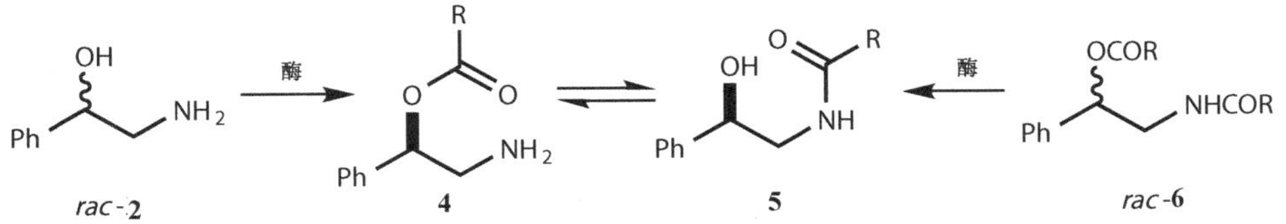

最后结晶方法不得被放弃。我们知道胺 **2** 与间氨基苯甲酸的盐可以任一种对映异构体为晶核结晶（第 22 章），但是只能用较贵的溶剂 THF。产率都中等，ee 太低，所以这种方法价值不大。

尝试进行改进但依然被淘汰的方法

有两种方法值得探索，但它们最终依然在实践中被淘汰。它们都属于低手性选择性策略，起始原料苯乙烯氧化物 **7** 不是天然产物，但是 **7** 的两种对映异构体都是可以买到的试剂。

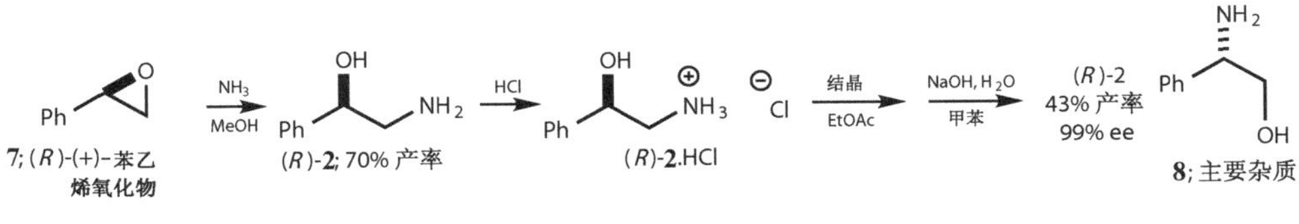

苯乙烯氧化物与氨在甲醇中反应通过在环氧位阻较小的一端发生亲核进攻得

到（*R*)-**2** 产物。但是也有少量通过进攻苯甲位的碳而得到的异构体 **8**，这种杂质很难分离。2HCl 盐结晶然后中和得到（*R*)-**2** 产物，最高有 99%的 ee 但只有 43%的收率，其中含有约 3.5%的杂质 **8**，所以这种方法不够好。

扁桃酸 **9** 的两种对映异构体都易得，它可以用来得到（*S*)-2 产物。乙缩醛酯 **10** 与氨反应以较好的产率得到氨基化合物 **11**，但是伴随一定的消旋化。更糟的是，与 $LiAlH_4$ 反应不能全部被还原，而有相当一部分未反应的 **11**（30%）与产物（*S*)-**2** 掺杂。当使用大大过量的硼烷时可以将其全部还原，得到 90%的没被消旋化的（*S*)-**2**，但不适合放大量。

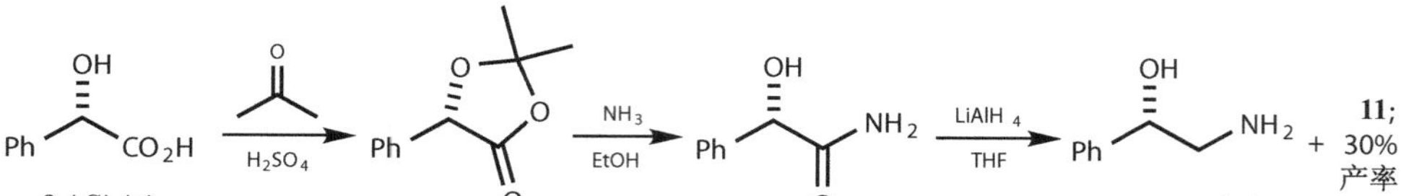

9; (*S*)-(+)-扁桃酸　**10**; 80% 产率　**11**; 87% 产率　(*S*)-**2**; 60% 产率 93% ee

成功的大规模不对称合称方法

拆分看起来是最没有前途的一种策略。酒石酸的拆分是已知的，但最好只能做到 3.7%产率和 63% ee。用其他十种酸的尝试得到更好的结果，如樟脑酸（38%），焦谷氨酸（67%），Boc-丙氨酸（69%）（括号中的数字为一次重结晶之后的 ee）。然而，最好的还是酒石酸的酰化衍生物，其中尤以双对甲苯酰酒石酸（DPTTA）为佳。100g 规模下，工业级消旋体 **2** 的盐和 DPTTA 从液态异丙醇中结晶，得到 80%的产率和 99.8%ee。这种方法现已应用到生产，放大到 9kg 规模。

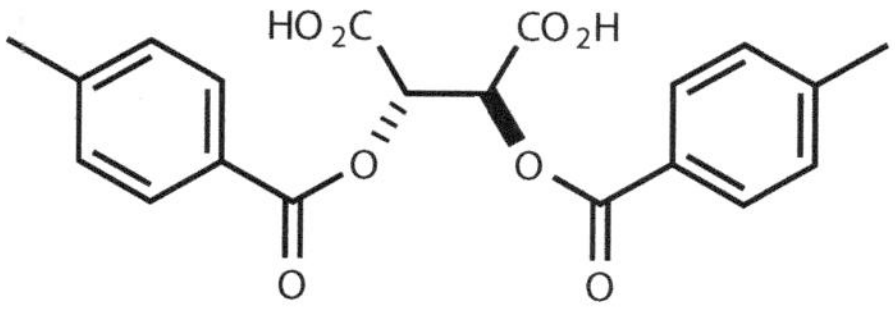

12; 二对甲苯酰酒石酸 (DPTTA)

第二部分——（2*R*，4*S*)-4-羟基哌啶甲酸

一种抗 HIV 药物必需的简单杂环酸

HIV 蛋白酶抑制剂贲尼那韦（palinavir，**13**）是一种可以拆分为五个组成部分的复杂分子。其中两部分（**14** 和 **18**）是简单的非手性芳香化合物，另外两部分可以由手性源反应得到（第 25 章）：分别是缬氨酸 **15** 和从苯丙氨酸得到的环氧化合物 **16**，第五部分是这一节的目标化合物。这个化合物有两个手性中心，所以我们必须先制备正确的（*syn*-）非对映异构体，然后得到正确的对映异构体。

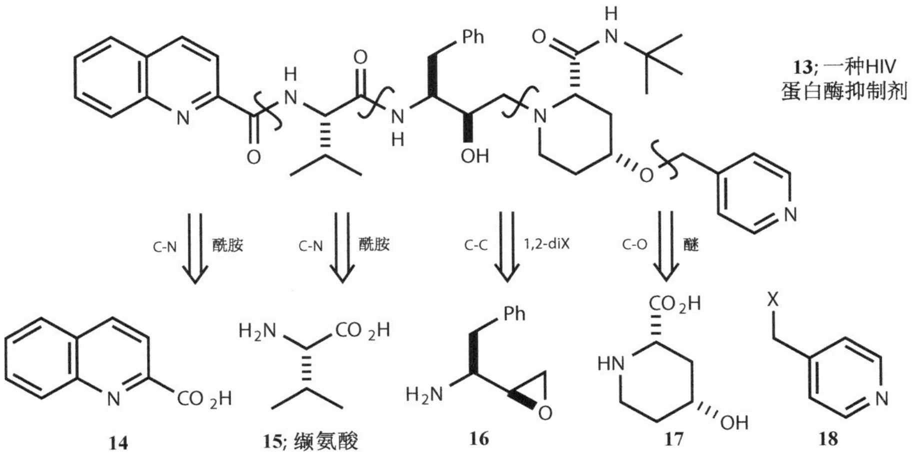

从天冬氨酸开始的手性源诱导的合成方法

(2*R*，4*S*)-4-羟基哌啶甲酸 **17** 是一种天然产物，但是靠天然产物提取得不到足够的数量。从天冬氨酸 **19** 开始的手性源合成涉及 Pd 催化的乙烯基锡烷与氯代酸的偶联[2]，结果不错，但是当量的有毒元素锡在生产中是不可接受的，所以必须寻找其他方法。

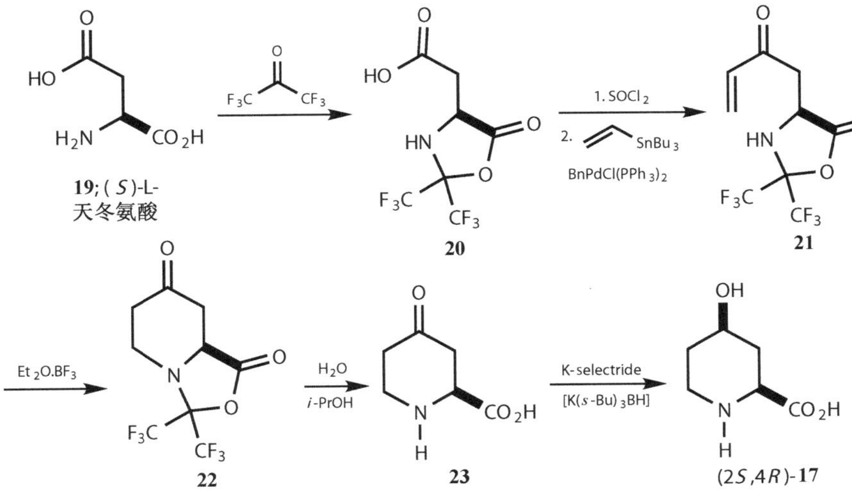

在合成中非常重要的一点是下面这个过程中手性信息的传递（第 30 章），即使用大位阻的试剂 K-selectride（三异丁基硼氰化钾）从 **23** 的羰基到 **17** 的羟基的还原。这种试剂的空间效应决定了 H 将从平伏键方向靠近，所以我们可以由此得知 **23** 中的羧基核 **17** 中的羧基与羟基都是直立键的构型。**23a** 中的羧基采取

直立键是因为平面上的共轭（与氮原子）的 Boc 基团将与平伏的羧基冲突。这一点对于其他的合成同样非常重要。

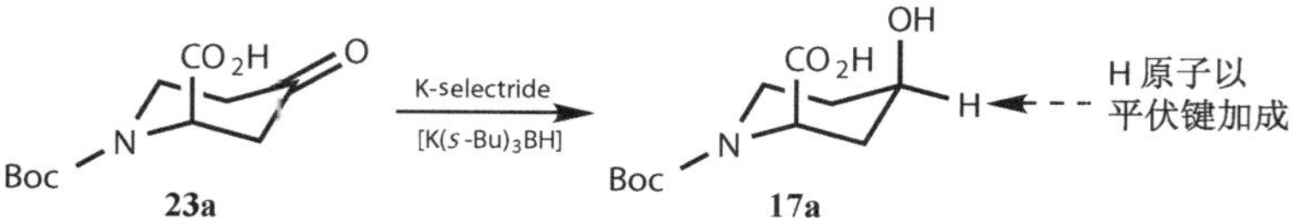

选择一种新的反应来解决立体化学的问题

已经有文献报道了一个简单的反应，可以一步同时产生两个手性中心[3]。这是一个 Mannich 与 Prins 反应的交叉，通过不饱和胺 **24** 与乙醛酸（**25**，只能得到它的水溶液，幸运的是这个反应在水中同样可以进行）的缩合得到杂桥环内酯 **26**，两个手性中心的相对构型是正确的（然而，当然是消旋的）。

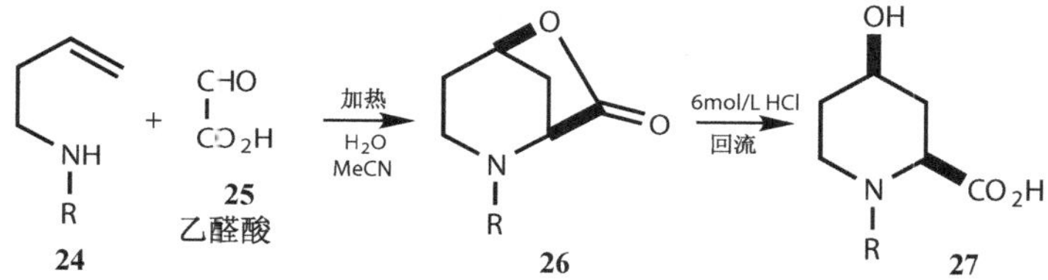

假设乙醛与胺形成的亚胺离子 **28** 被烯基进攻，可以按照下图中 **28** 转化到 **29** 所画，但是 **30** 中 CO_2H 基团协同进攻阳离子看上去更合理。无论如何，内酯 **26** 都必须含有 1，3-直立桥 **26a**。

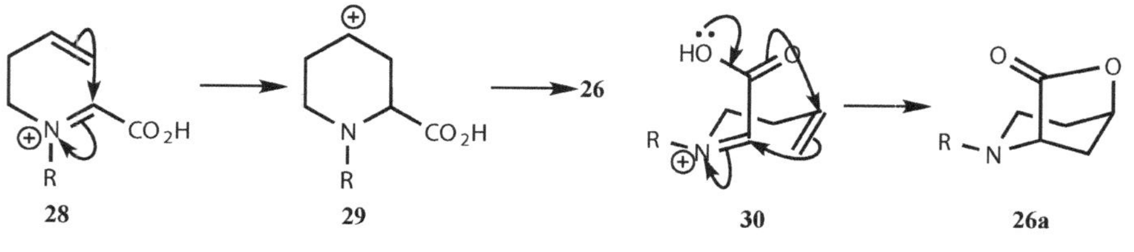

使新反应具有不对称性

Bio-mega/Boehringer 的工作者将这一有潜力的反应发展成为一种不对称合成方法[4]。他们首先拆分 **26**，R 为苯基，因为氮上的 R 基团必须是可以消除的。胺 **24**，R＝Bn 时只能达到 41％的产率，因为双烷基化是一个问题。与乙醛酸的反应很好，R＝Bn 的内酯 **26** 有 55％可以与溴代樟脑磺酸（第 22 章）反应，产率 30％，所以从 3-烯-1-丁醇开始算的总产率只有 12％，ee 也不算完美（95.4％）。然而他们确实发现了内酯可以水解为 **27**（R＝Bn）而不损失立体化学完整性。

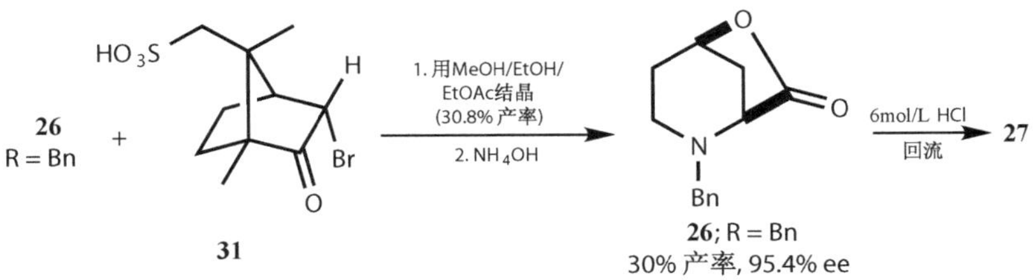

他们的方法是既有手性诱导又有拆分。分子中的苄基用手性的α-甲基苄基代替，这可以在形成烯丙基胺 **32** 的过程中减少双烷基化，同时对内酯的形成有一定的不对称诱导效应：**33** 的非对映异构体比例是 60∶40。**33** 与磺酸 **31** 成盐结晶完成了一个非对映异构体的拆分，以较高的产率与 ee 得到 **17**。注意到由于粗品只含有 60%我们想要的非对映异构体，纯品 **33** 的产率（41%）实际上还不错。α-甲基苄基通过氢化移除，但这个过程会产生乙基苯从而破坏产物的手性。最近的工作分别得到了两种非对映异构体的对映异构体[5]。

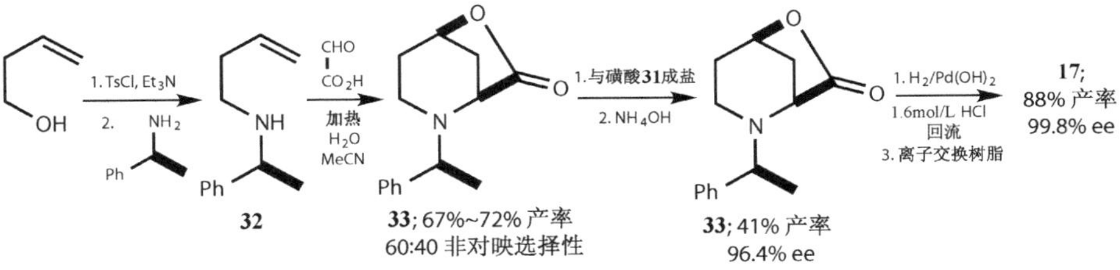

第三部分——诱杀烯醇和一些二环[3.2.0]庚烷-2-醇

一种应用于农业的二环昆虫引诱剂

处理危害农作物的害虫的一种现代化的途径就是使用特殊的引诱剂来诱使害虫走向灭亡，同时不对有益的生物造成威胁。像 grandisol **34** 这样的化合物本身没有毒性，但是它们对农业害虫具有不可抗拒的吸引力。Grandisol的市场宣传标语是“诱杀烯混剂”，它是一种雌性棉铃象鼻虫引诱剂，是一类不寻常的包含四元环的单烯化合物。这一类还包括 lineatin **35**，粉蠹虫引诱剂，这种昆虫往往蛀坏针叶树；filifolone **36** 以及 raikovenal **37**（一种倍半萜烯）。

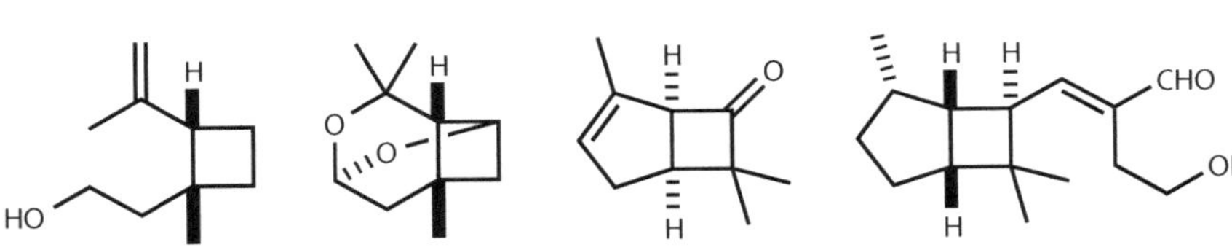

34; (+)-grandisol　**35**; (+)-lineatin　**36**; (−)-filifolone　**37**; raikovenal

从丁香油萜开始的手性源合成

从芳樟醇开始的尝试

最近有综述[6]介绍这个课题，我们主要关心综述里提到的制备 grandisol 的不同途径。许多途径显然都可以应用于其他化合物的合成。一种较早提出的途径是从相对简单且可购买的萜烯 (*R*)-(－)- 芳樟醇 **38** 开始的手性源诱导方法。尽管没有发展成一种有用的合成方法，但它依然指出了一条通往高效合成的道路，尤其是 Cu(I) 催化的光化学关环形成四元环。

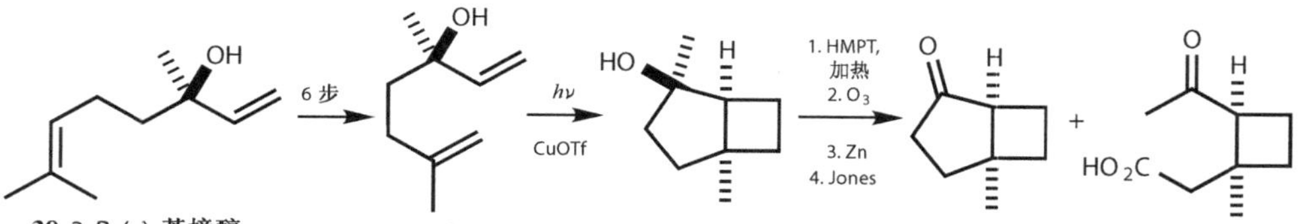

38; 3 *R*-(–)-芳樟醇　**39**　**40**　**41**　3:7　**42**

通过 **39** 中两个双键的 [2＋2] 环加成反应实现光化学关环得到 **40** 的一个非对映异构体。顺式不可避免，因为两环折叠，第三个手性中心的甲基只能以 *exo* 构型存在。Cu (I) 催化剂也可能起了重要作用。**40** 的二环体系使它成为化合物 **35** ～**37** 的非常有用的前体。下一步是一步不常见的 HMPT [$(Me_2N)_3P$] 催化的消除反应，主要产物为环烯烃 **44**，它经过臭氧分解反应得到我们想要的中间体 **42**，但也有相当数量的 *exo*-亚甲基产物 **43**。

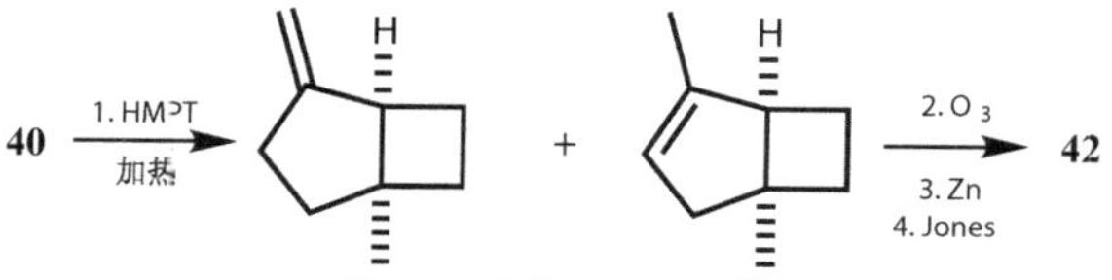

43　3:7　**44**

这种方法没有得到应用的原因是它只能得到另一个我们不想要的 grandisol 异构体。我们可以得到 ee 为 100％的 (*R*)-(－)-芳樟醇，但是 (*S*)-(＋)- 芳樟醇则更昂贵且只有 64％的 ee。

从香茅醇开始的用卡宾化学的尝试

香茅醇 **45** 是一个孤立非官能化手性中心的有用来源（第 23 章），它可以转化为酯 **46**，并进一步通过标准步骤转化为重氮砜 **47**[7]。下面就是除光化学外形成四元环的另一种方法。重氮化合物形成铑卡宾，插入 C—H 键（尤其是形成五元环的时候）。在这里，是插入 **47** 的手性中心并且构型保持，尽管手性中心看上去是反转的，因为在两个化合物中画法不同。**47** 中链是向下扭，而 **48** 中则向

上。MeO转化成一个离去基团然后环化，给出具有正确的绝对构型的[3.2.0]二环体系，但是依然与砜相连。化合物**50**可以转化成grandisol但是合成路线较长（从**46**开始需11步反应）而且同样包含像前面一样的消除反应（**40**），而区域选择性更差。下面继续新的尝试。

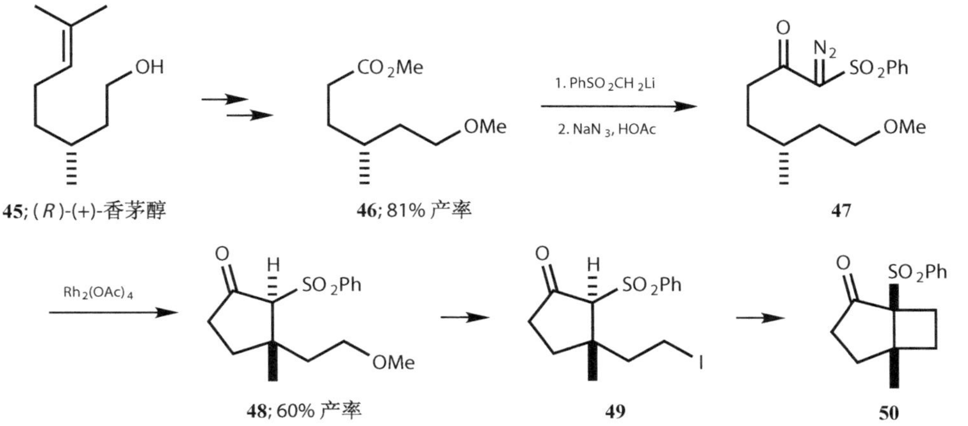

不对称合成

有机锌试剂对醛的不对称加成

有许多金属有机试剂对醛的不对称加成的例子（第27章），在这里有效的是一种使用Seebach的TADDOL **51**作为配体的锌试剂[8]。TADDOL **51**从酒石酸制备得到，与Ti形成配合物一起使用，催化有机锌试剂对丙烯醛的加成。经过Cu(I)催化的光化学环化后，以较高的产率和大于98%的ee分离得到双环醇**53**。

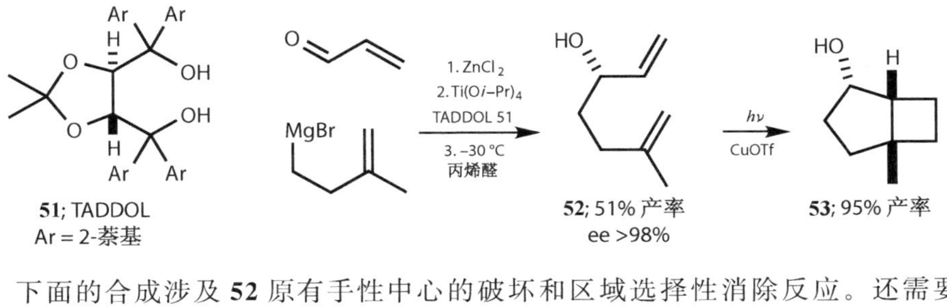

下面的合成涉及**52**原有手性中心的破坏和区域选择性消除反应。还需要几步才能得到光学纯的grandisol。最有趣的是，区域选择性的氧化烯醇硅醚**55**以及下面精心设计的消除，即通过一种不寻常的碱催化的三级醚消除，避免了生成*exo*-亚甲基产物。

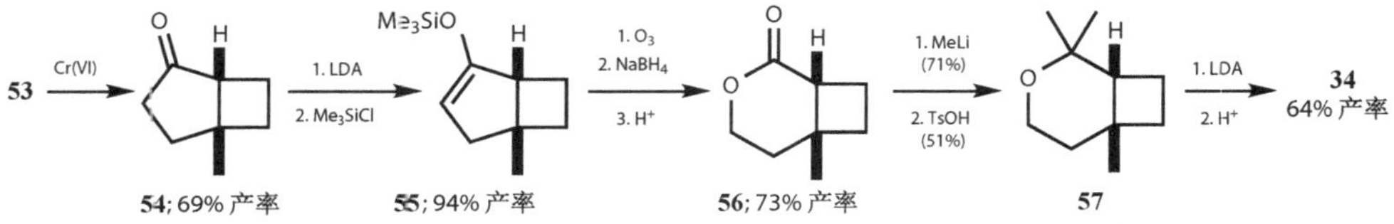

非共轭二烯的不对称双羟基化合成

已知醇 **39** 可以作为 grandisol 另一种异构体的前体，那么我们就可以据此合成正确构型的 grandisol。双烯 **58** 是 Sharpless 不对称环化的理想底物——反应只发生在烯丙基醇上（第 25 章）。两步反应把 OH 转化成为碘后用锌处理发生消除 **60**，得到三级醇 **39** 正确的非对映异构体，可转化为 grandisol[9]。

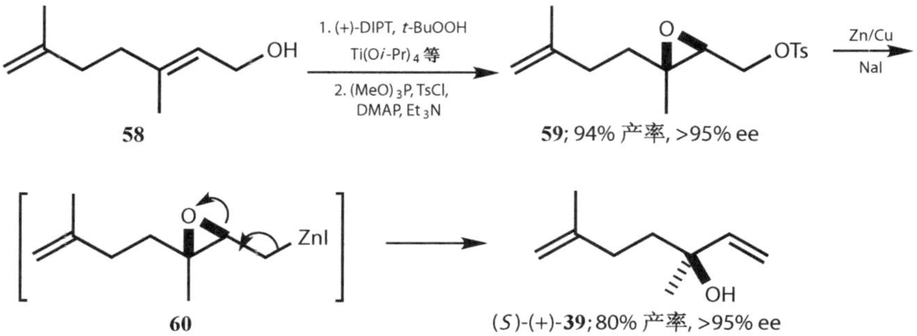

一个失败的方法和另一种解决办法

所有目前描述的方法用的无外乎光化学环化或过渡金属卡宾配合物，这两种方法都不太适用于规模生产。Bologna 的工作者[7]试图找到一种新的途径。他们发现加热条件下乙烯酮与烯烃发生环加成反应。混合酸酐 **62** 可以仅仅在加热回流下以 82%产率给出双环酮 **63** 的单一的非对映异构体，既不需紫外线照射，也不用金属。

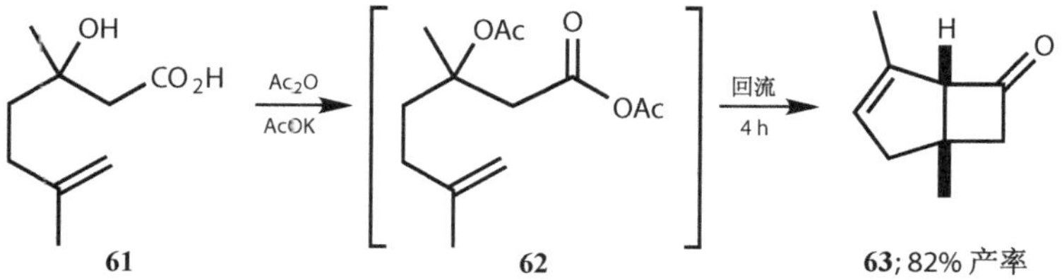

然后他们对醇 **61** 单一的对映异构体尝试同样的反应，但却失望地发现只得到了消旋的产物。所以，这似乎确实是乙烯酮 **64** 的［2+2］环加成，而 **64** 是一个非手性的分子。然而，将此酮用 $LiAlH_4$ 还原只得到 *endo*-醇 **65**（因为 $LiAlH_4$

只能从外侧靠近折叠的分子)，它可以用莰烷酰氯 **66** 高效拆分。

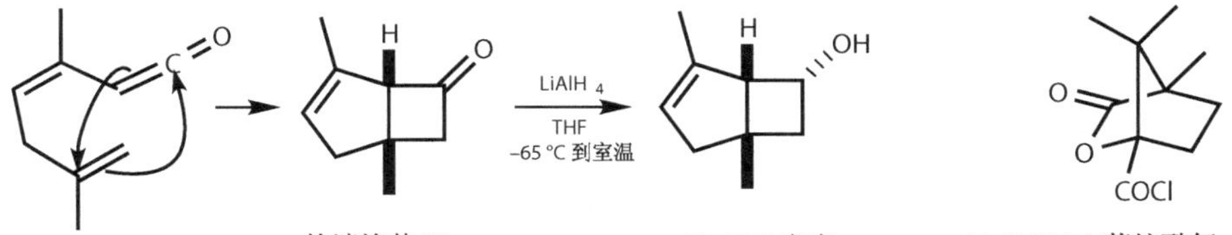

64 外消旋体 **63** **65**; 97% 产率 **66**; (1*S*)-(−)-莰烷酰氯

下面的合成就一目了然了，但是你依然应当注意到 **65** 与 **67** 都用到了 Ru(III) 催化氧化，为了代替臭氧分解反应而使用高碘酸盐裂解形成 **68**，用 Peterson 反应（第 15 章）制备 **69**。这种方法被用来定量合成 grandisol 的两种异构体 **34**。

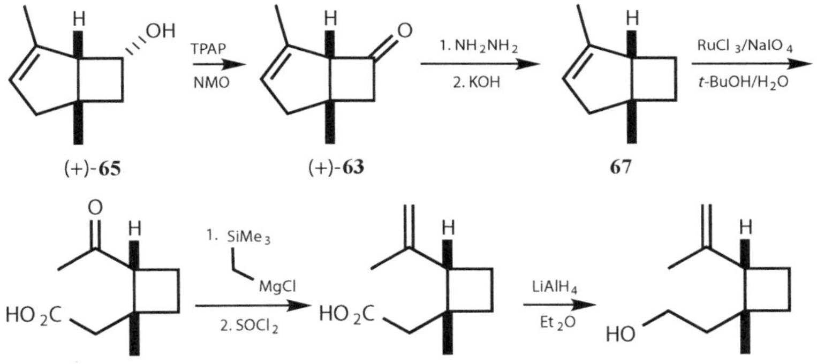

(+)-**65** (+)-**63** **67**

68; 71% 产率 **69**; 81% 产率 (+)-**34**; 82% 产率

第四部分——金属蛋白酶抑制剂

一类保护软骨不被酶解的化合物

只要我们活得足够久，关节炎将一直困扰着我们。我们的关节逐渐变得僵硬，因为起润滑作用的胶原质被过分活跃的金属蛋白酶消耗掉了，这种酶的活性有赖于金属锌。对付关节炎的一种可能的疗法是使用这些酶的抑制剂，如 “Trocade” **70** 和 “Marimastat” **71**。

这些药物显然都是模拟多肽化合物，右边含有氨基片段，左边含有异羟肟酸片段，中间的核连接锌原子，同时作为肽键断裂的模拟过渡态。这里的 C—C 键代替了天然物种中的酰胺键，所以这些药物不能被金属蛋白酶水解。如果我们把 **71a** 拆开写成叔亮氨酸 **73** 和丁二酸衍生物 **72** 就很容易看出这一点。Trocade **70** 中也有一个类似的核心。我们下面来讨论这两种丁二酸衍生物为中心的化合物的不对称合成。

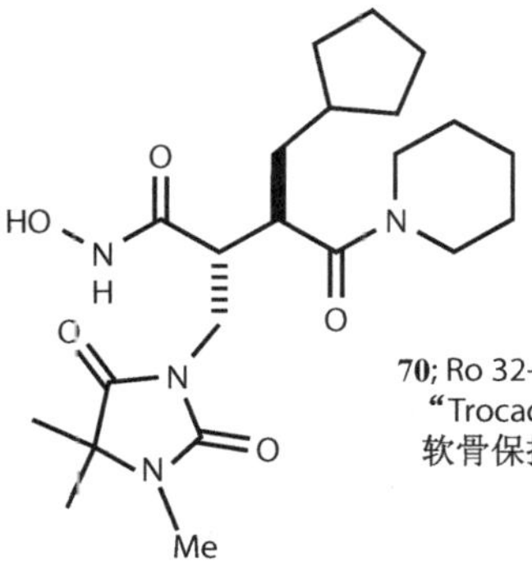

70; Ro 32-3555
"Trocade"
软骨保护剂

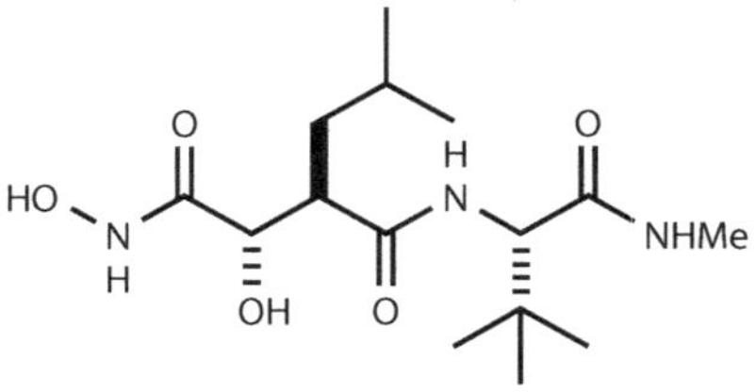

71; BB-2516"Marimastat"
软骨保护剂

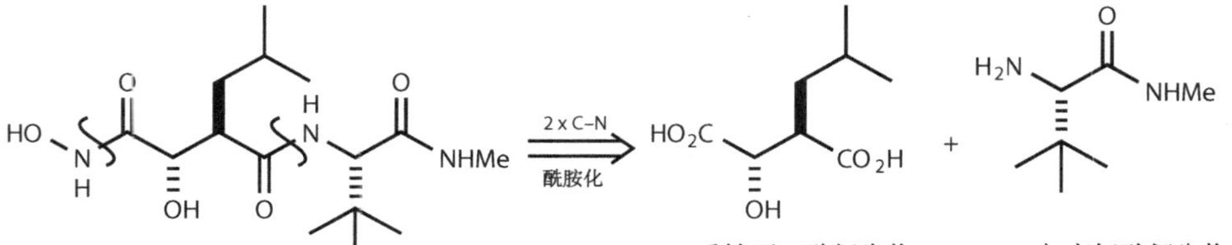

71a

72; 手性丁二酸衍生物　　**73**; 叔亮氨酸衍生物

Evans 手性烯醇化合物的不对称烷基化

丁二酸中心可以通过一种简单羧酸（**74a** 或 **b**）与溴代乙酸酯的烷基化来制备，使用的是从苯丙氨酸得到的 Evans 噁唑烷酮手性助剂（第 27 章）。底物必须含有支链烷基才能进行烷基化，然后在烷基化时加成第二个羧基，这样就保证两个羰基在烯醇化物形成过程中没有竞争。水解（产率 91%）之后这个烷基化的丁二酸的 ee 大于 95%。请注意，通过该过程两个羧基被区分开来了[10]。

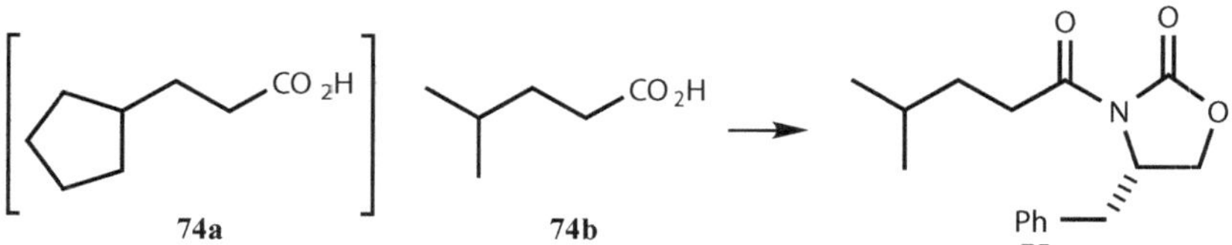

74a　**74b**　**75**

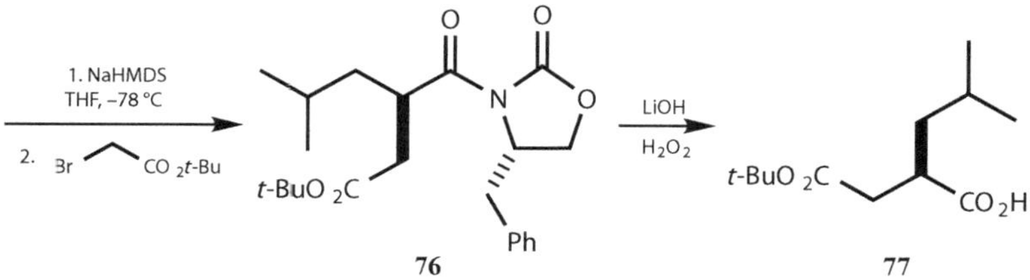

76　**77**

如果对 R 为环戊基的化合物 **77a** 用卤代烷 **78** 直接烷基化，非对映选择性不好，一种替代的方法是通过化学平衡得到更稳定的异构体 **11** [11]。烯醇的羰基化得到 **79a**，它的烷基化以较高产率得到 **80**。通过氢化反应裂解苄酯，然后丙二酸脱羧就得到需要的 **81** 的 *anti*-异构体，与 *syn*-非对映异构体的比例为 4∶1。接下来向 trocade 的转化就一目了然了。

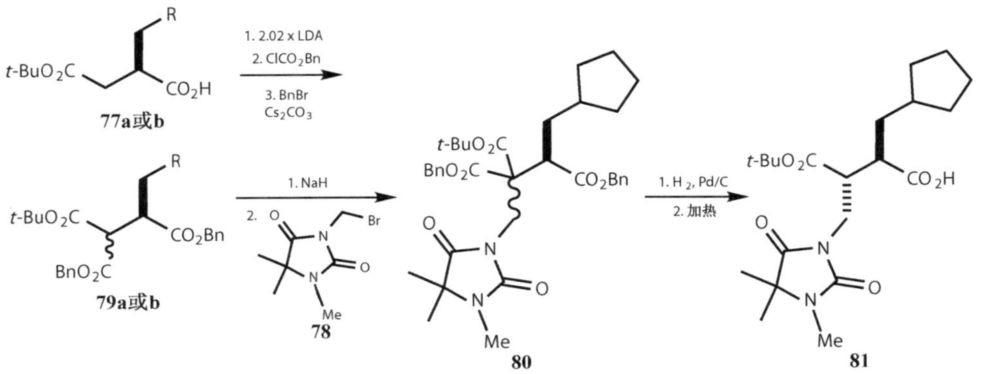

从一种对映异构过量的羟基酸开始的不对称合成

另一条得到 **79b** 的途径涉及用丙二酸烯酯对一种光学纯的羟基酸 **82** 进行亲核取代。OH 基被活化为一个三氟甲磺酸盐 **83**。这种方法取决于得到光学纯的羟基酸 [12]。请注意，我们必须使用相反构型的 **82** 异构体，才能通过下面发生的 S_N2 反应实现构型反转得到 **79b**。

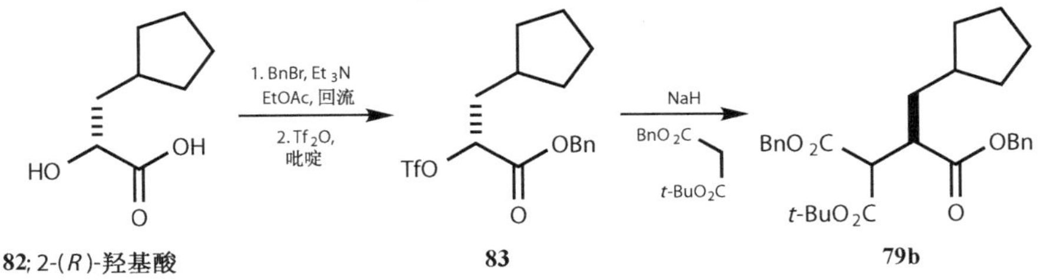

如果制备了中间体 **81**，下面的合成就只包括用碳二亚胺与自由的羧基的偶联得到 **84**，除去叔丁基来释放另一个羧基，使羧酸与保护的（苄氧）羟胺偶联并去掉保护基团。

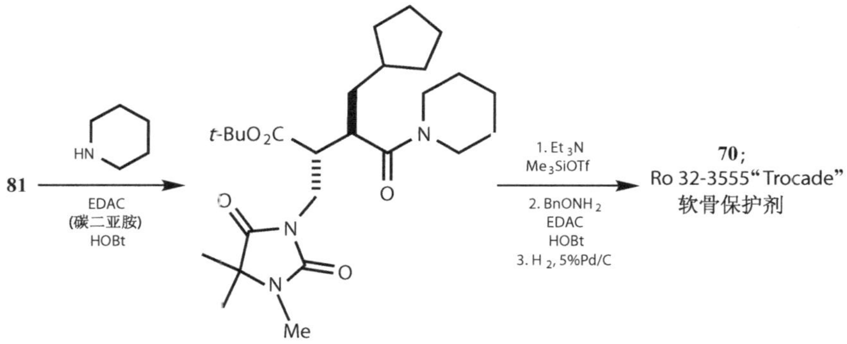

84

第五部分——构象控制和解决途径：是否该使用动力学方法？

一种抑制白三烯生物合成的四氢吡喃

白三烯被认为与多种炎症有关（如风湿性关节炎），而一种可能的疗法就是抑制它的生物合成。ICI公司（现在是AstraZeneca公司）发现有一些THP（四氢吡喃）能够抑制形成白三烯途径中的酶（5-脂氧酶），他们集中研究了非手性的化合物，如ICI D2138 **85**。然而不久就发现如含一个额外的甲基如**86**，其活性将增强。这个小小的变化通过引入两个手性中心使得该分子具有手性。有必要找出哪一个非对映异构体（*syn*与*anti*）更有活性，然后找到非对映异构体中那个更好的对映体[13]。

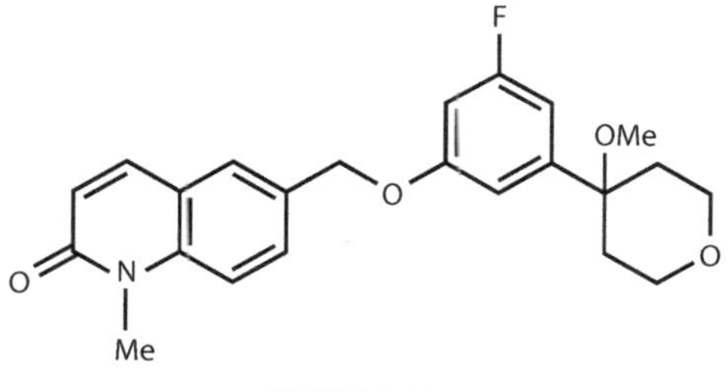

85; ICI D2138

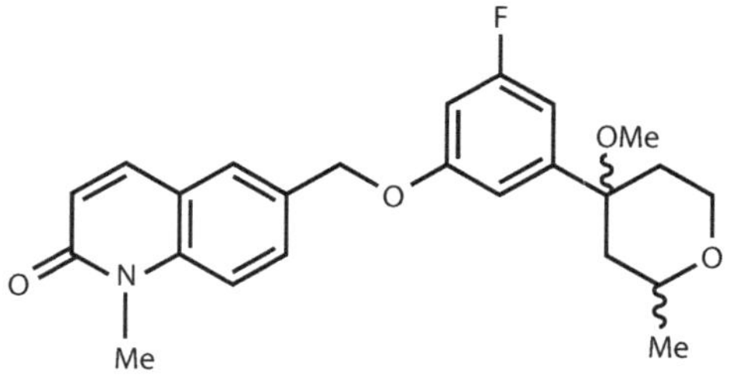

86

85的合成包括从**87**制备合适的有机锂试剂或格氏试剂，然后与酮**88**加成。同样的策略似乎也适用于**86**，这里我们要问两个问题：是否从**90**的一个单一对映异构体开始合成会更好？RLi或RMgBr与**90**加成的非对映选择性怎么样？

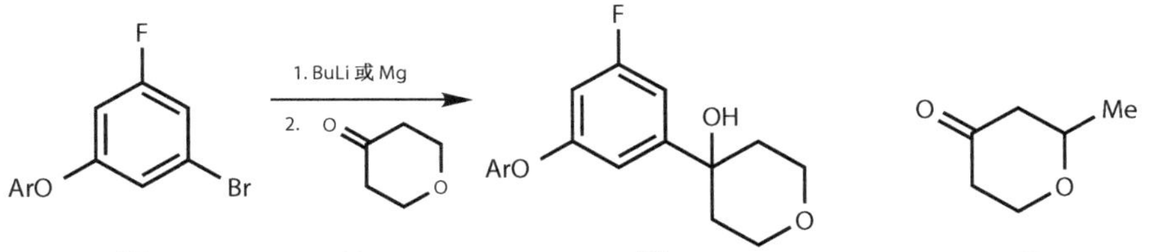

87 88 89 90

先回答第二个问题。他们发现相近的化合物 **91** 与消旋的 **90** 反应，用烷基锂试剂将主要得到 **92** 的 *anti*-非对映异构体（3∶1），而用格氏试剂则得到更多的 *syn*-异构体（2∶1）。也就是说，烷基锂试剂倾向于形成平伏键而格氏试剂倾向于加成为直立键。

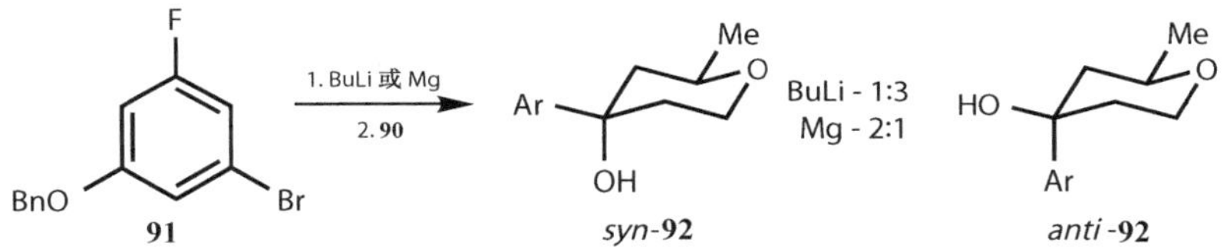

91 *syn*-**92** *anti*-**92**

通过动力学拆分不对称合成 2-甲基四氢呋喃-4-酮

现在值得制备对映异构过量的 **90** 了。已有文献报道一种方法[14]，用马肝醇脱氢酶还原 **90** 的外消旋体。这是一种酶动力学拆分方法（第 28，29 章），50%还原，产物是 31%的未反应的酮 **90**（ee 也不错），33%的 *anti*-醇 **93**（100 %ee）以及微量的 *syn*-醇 **93**。

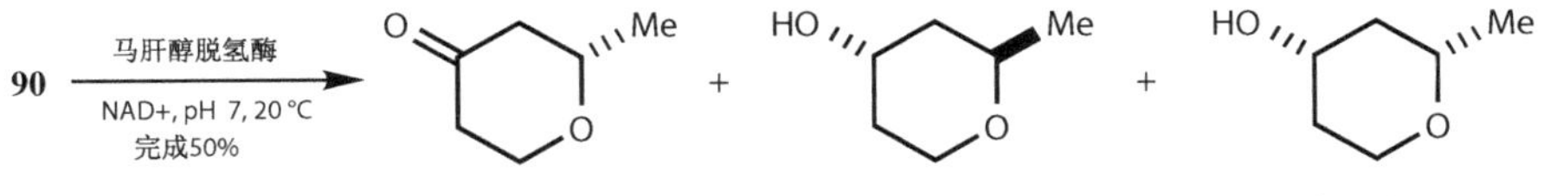

(*S*)-(+)-**90**; 31% 产率, 85% ee　(2*R*,4*S*)-(−)-*anti*-**93**; 33% 产率, 100% ee　(2*S*,4*S*)-(+)-*syn*-**93**; 2% 产率, 36% ee

用 PCC 氧化（－）-*anti*-**93** 得到光学纯的（－）-**90**，经过有机锂或镁化合物的加成得到这一系列的两种非对映异构体。由于光学纯的 **93** 的产率只有 33%，而动力学拆分方法往往得到未反应的酮的 ee 更低。

有一种替代的方法可以更方便地得到所有要求的立体化学信息：消旋的二烯醇 **94** 进行 Sharpless 不对称环氧化（第 25 章）[15]。这是另一种动力学拆分，进行到 50%。使用过量的二异丙基酒石酸（DIPT，1.5eq.）得到剩下的醇（*R*）-**94** 的一个异构体（72%ee）和环氧化产物 **95** 的一个非对映异构体（>95%ee）。产物中未反应的起始原料 **94** 的 ee 低于非对映选择性反应产物 **95** 的 ee。

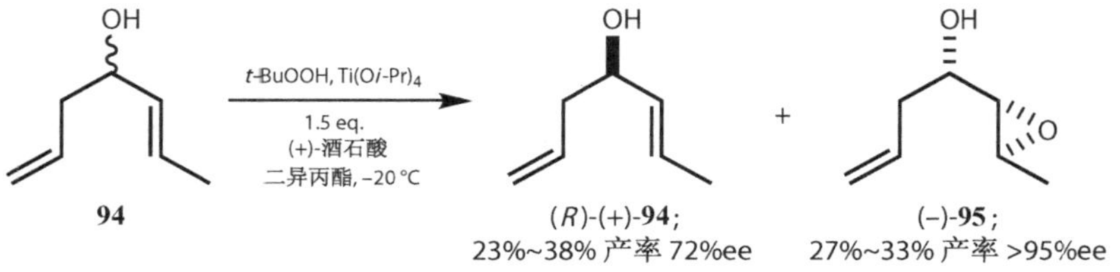

另外，相反构型的 DIPT 异构体被用来反应得到未反应烯丙基醇 (S)-(−)-**94** 的“正确的”对映体（当然 ee 也为 72%）。它用催化量的 DIPT（0.2eq.）进行环氧化，得到环氧化产物的“正确的”异构体。通过这些方法，**95** 的两种异构体都可以高收率形成，而且都可以转化成为 **86** 的多种立体异构体。

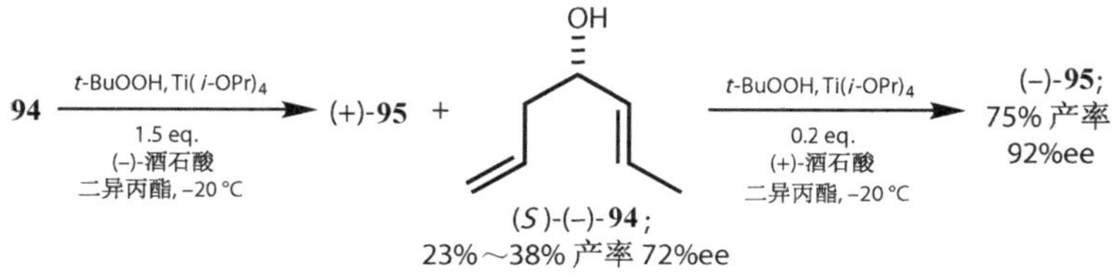

环氧化合物 **95** 用 REDAL［$NaAlH(OCH_2CH_2OMe)_2$］还原得到二醇 **96**，通过更简单的化学就可以得到同样的产物 (S)-(+)-**90**，它是酶动力学拆分中没反应的部分。这个对映体在下面一系列反应中转化成为两个三级醚 **86**。

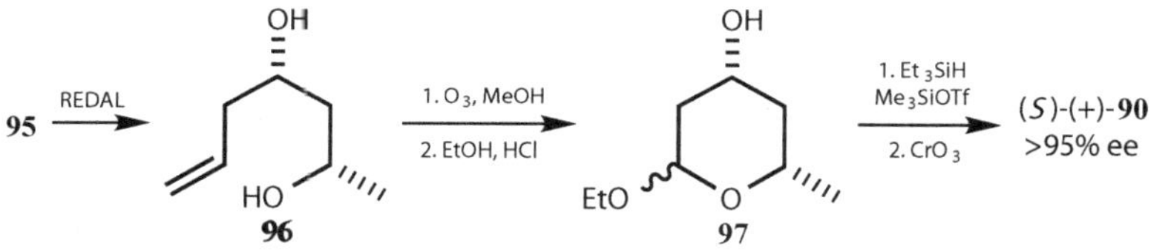

另一个异构体 (R)-(−)-**90** 通过用 α-甲基苄胺的邻苯二甲酸盐拆分消旋的 *syn*-**93** 制备。通过手性 HPLC（第 22 章）后酯被水解，氧化得到 (R)-(−)-**90**，从它就可以制备 **86** 剩下的两种立体异构体了。

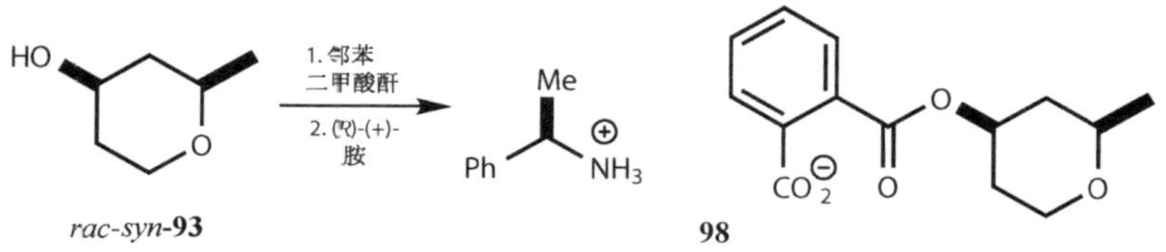

这些探讨的目的与其说是关于合成的，不如说是关于分析的。现在已经证明了 **86** 的含有平伏甲基与平伏芳基的 (2S, 4R) 构型的对映体是其中最有效的一个化合物[13]。

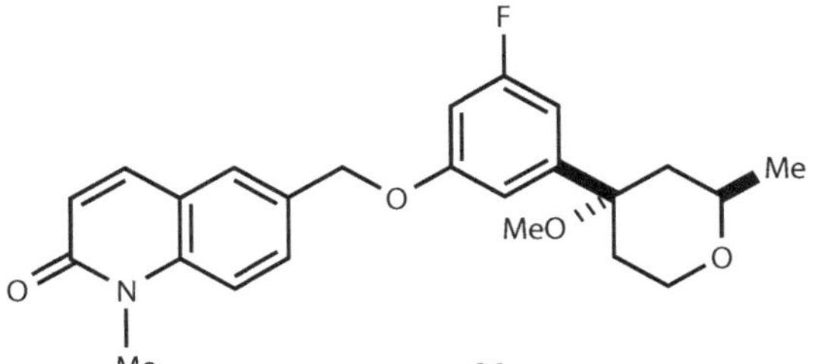

(2*S*,4*R*)-**86**

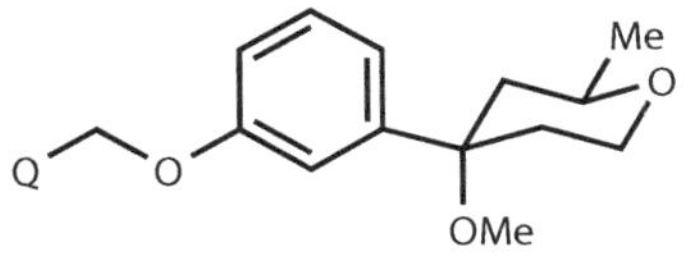

(2*S*,4*R*)-**86**; Q = 喹诺酮-5-yl

第六部分——一种 Diels-Alder 加和物的去对称化

伊非曲班钠（ifetroban sodium）：一种血栓素受体拮抗剂

凝血噁烷是一种人体代谢物，对血液凝固至关重要，但是过量也很危险，尤其对有心脏、肺或肾疾病的患者。它也很不稳定，BMS 公司努力寻求稳定的、可口服的血栓素受体拮抗剂，推出了一种有用的化合物伊非曲班钠（ifetroban sodium）**99**[16]。它含有三个环：一个邻二取代苯环、一个噁唑环和一个双环醚。

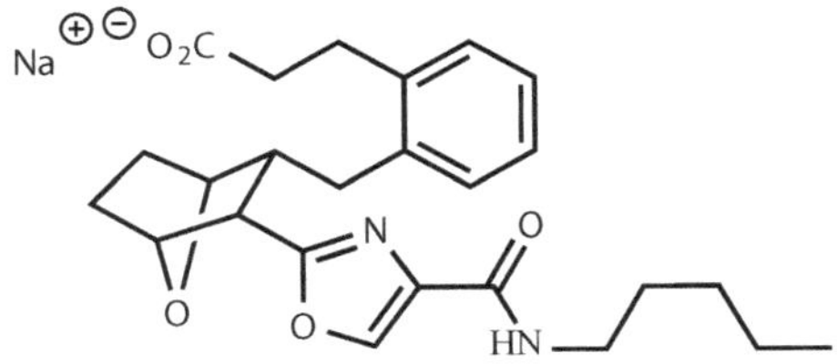

99;
伊非曲班钠

从生物可得的
口服凝血噁唍
受体拮抗药A_2

从 Diels-Alder 反应开始的实验室合成

呋喃与马来酸酐的 Diels-Alder 反应是可逆的，得到更稳定的 *exo*-产物 **100**（它也可以买到）。这个化合物包含了 ifetroban 的二环体系但它是非手性的，所以关键问题是通过可控的方式破坏 **100** 的对称性。最早的合成[17]通过 4 步把加成物 **100** 转化成薄荷缩醛 **101** 的单一对映体，进一步通过 6 步反应变成羧酸 **102**。通过这种策略再用结晶拆分得到一种薄荷醇的非对映异构体的混合物产率在 30%左右。

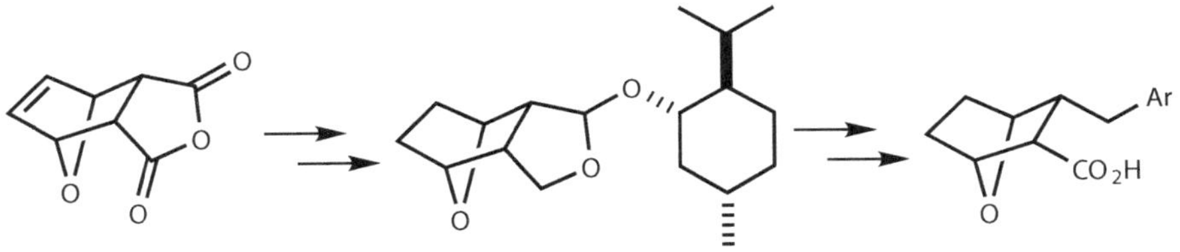

100　　　　**101**　　　　**102**

这种合成方法的问题在于路径太长（总共 23 步），很多都是官能团氧化水平的反复变化。总产率不到 3%，但即便如此这种方法还是制备了约 20kg 的伊非曲班钠（ifetroban sodium）。由于该化合物逐渐成为一种有前景的新药，我们急需一种更有效的合成方法。

对称酸酐与手性格氏试剂反应实现去对称化

由于合成 ifetroban 的初始原料锁定为 Diels-Alder 加成物 **100**，那么一种较好的策略就是用一种手性亲核试剂对该化合物或者它的饱和形式 **103** 进行去对称化。从麻黄碱得到的噁唑烷酮就可以适用[18]（第 27 章曾经把麻黄碱作为一种手性助剂）。反应主要发生在其中一种对映异位的羰基上，产生酮酸 **105**，它立刻被还原，手性助剂被消去得到内酯 **106**。虽然只标出一个手性中心，实际上有 5 个新的手性中心在 **106** 上形成，其中一个来自还原，其余都来自去对称化。顺序具有很强的选择性，重结晶以 99.2%ee 得到内酯 **106**。这个醛通过 Wittig 反应接上侧基得 **107**，羰基用来加成噁唑环。问题在于产率不够好，**104** 的锂化只得到 50%产率，即使使用格氏试剂也最好得到 65%的产率。

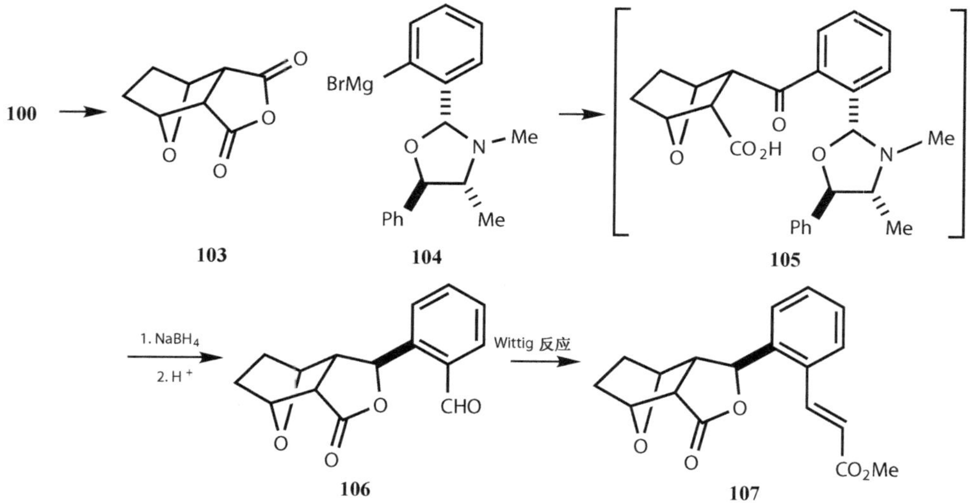

一种替代的方法是在酸酐 **100** 上附加一个手性助剂苯乙胺（可拆分得到，见第 22 章，在第 22～28 章里反复使用），形成手性胺 **108**。此手性助剂非常接近两个羰基，引导非手性的格氏试剂 **109** 向其中一个加成得到加合物 **110**，立即被还原、水解得到内酯 **106**。一次重结晶以大于 98%ee 得到 **106**。这一次通过一个 Horner-Wadsworth-Emmons 反应（第 15 章）连上侧基，共轭不饱和酸还原成 **111** 的饱和侧链，这是一个在大多数合成 ifetroban 方法中常见的中间体。Misra 公司和 Bristol-Meyers Squibb 公司描述了噁唑环的形成和接下来的合成步骤[16]。

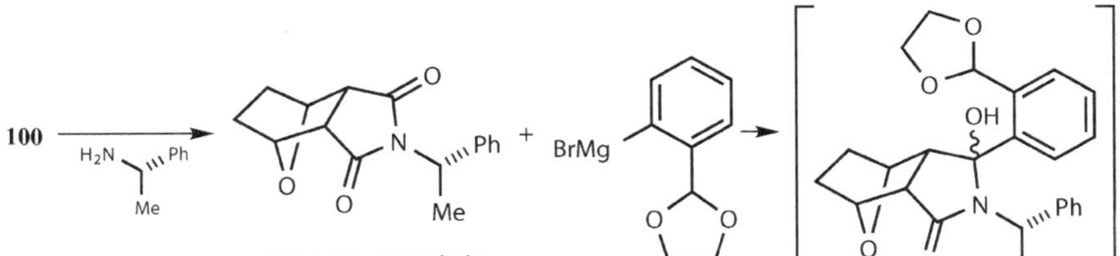

108; 80%~95% 产率
结晶后

109

110

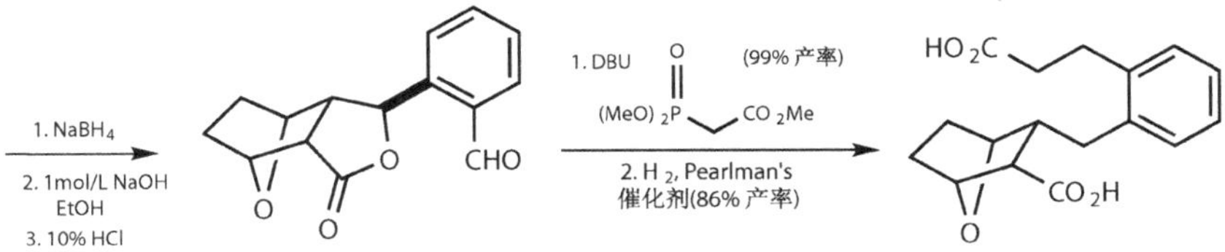

106; 89% 产率, 88% ee 粗产品
>98% ee 重结晶后

111

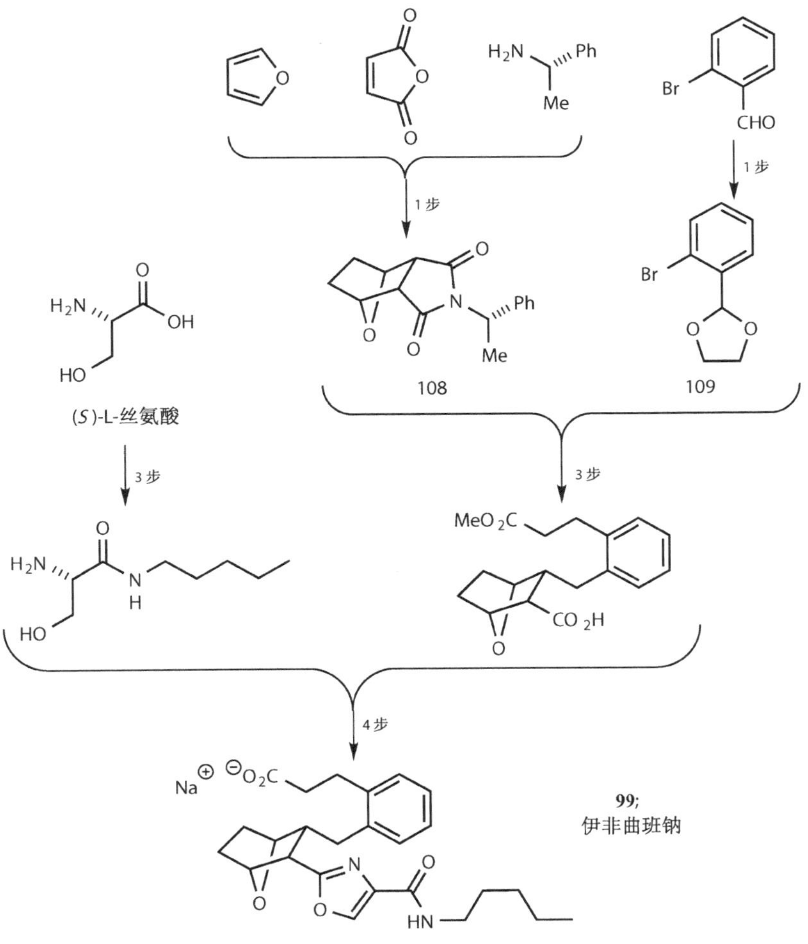

实验室方法与工艺路线比较

通过把药物化学家使用的实验室方法与在 Bristol-Meyers Squibb 公司工作的化学家开发的方法进行简单的对比，就能体会到进行高效的不对称合成是多么重要。实验室方法用了 23 步，总产率 3%，不对称性是拆分的结果。而工业程序处理法按照下面的归纳只有 12 步，总产率 28%，不对称性来自手性助剂。你可能已经注意到噁唑是通过手性源诱导得到（丝氨酸，见第 25 章），即使手性丢失了，丝氨酸也是一个方便的起始原料。

第七部分——二环 β-内酯的不对称合称

Lactacystin：一种天然的蛋白酶抑制剂

人体内的蛋白质都有一定的寿命，通过一种叫做“泛素”的标记，蛋白质最终都要被蛋白酶水解。这是一个自然而且必要的过程，但如果有必要，蛋白酶抑制剂可为心脏病、哮喘、关节炎提供治疗。Lactacystin **112** 是一种来自土壤微生物的蛋白酶抑制剂。它通过硫醇酯的自发水解得到 *N*-乙酰基半胱氨酸 **114** 以及真正的抑制剂 *β*-内酯 **113**。对于这个 *β*-内酯，人们使用了多种方法去合成它，这构成了本章最后一部分的内容。注意到 OH 和 CO 基团的立体化学与在 lactacystin 中是一样的，因为此 *β*-内酯就是来自于 **112**，**113** 也可通过与 **114** 在羰基位置发生亲核进攻得到 **112**。一篇杰出的综述[19]总结了这个化合物的生物与化学功能。有很多合成方法，有的很长，我们将着重探讨其中手性中心的来源。

112；
(+)-Lactacystin
蛋白酶体抑制剂
（抑制蛋白质分解）

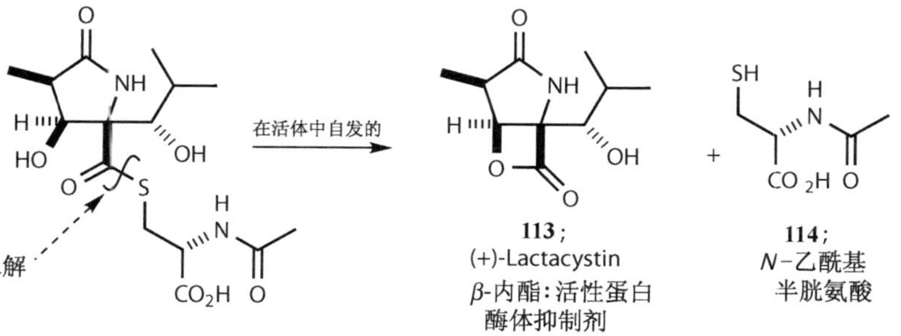

113；
(+)-Lactacystin
β-内酯：活性蛋白酶体抑制剂

114；
N-乙酰基
半胱氨酸

合成 lactacystin，β-内酯和结构类似物用到的策略

硫醇酯部分总是来源于天然的半胱氨酸，因此所有的合成都包含这个手性源的元素。由于在这个化合物的主体部分含有 4 个连续的手性中心，下面每种策略都有人使用：更多手性源、手性试剂和催化剂、在反应底物上连接手性助剂，有时候是这些方法的综合。

从葡萄糖开始的手性源合成 lactacystin 方法

一种早期的 lactacystin 合成方法，不通过 β-内酯，而是以葡萄糖作为起始原料[20]。该结构变成 **115**（乙烯基可以转变成 COOH，苄基醚可以转变成 CHO）后与 **116** 互变，加入一个额外的 C 原子（在二醇氧化过程中被消除）后得到 **117**。

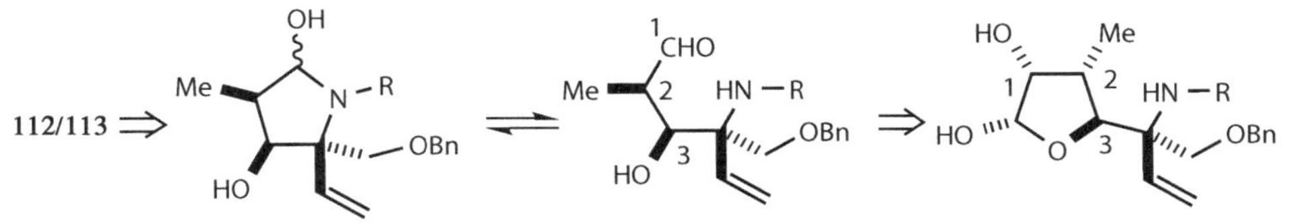

115 **116** **117**

已知葡萄糖可以转变成环醚 **118**，而后通过烯丙基亚胺酯 **119** 的 [3，3]-σ 迁移重排（Overman 方式，见第 19 章）应当得到 **120**，它是一种 **117** 的衍生物。之所以用“应当”，是因为我们不可能准确预测其中的立体化学。

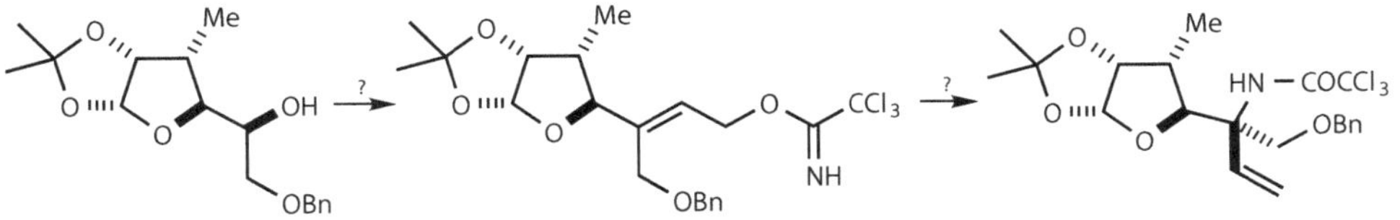

118 **119** **120**

在这里，**119** 异构体 $E:Z=1:1$ 能以 60% 的产率得到 **120** 与其非对映异构体在新的手性中心 4.8∶1 的混合物。这已经是一个值得称道的手性控制了，但后来的合成方法做得更好。经过去保护，氧化消除和环化就得到吡咯烷 **121**。

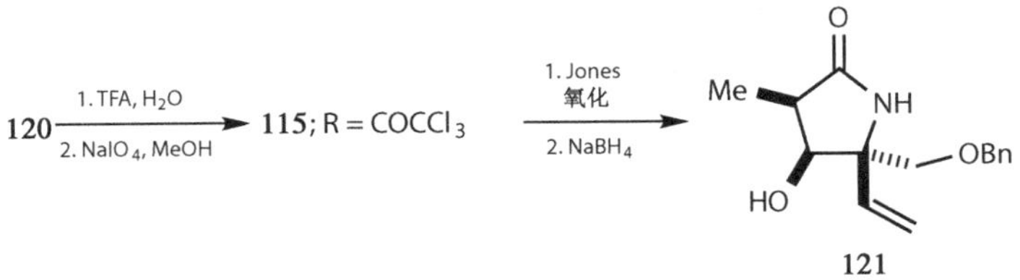

121

把 i-PrMgBr 加成到从 **121** 得来的醛（R = t-$BuMe_2Si$—）上还有一个问题：化学与立体选择性不好，产物包括 35% 的 **123a**，30% 的 **123b** 以及 21% 的 **122** 还原得到的醇。虽然不想要的产物可以循环使用，**123a** 可以氧化然后重新还原，醇可以氧化到 **122**，但显然这里可以做到更好。

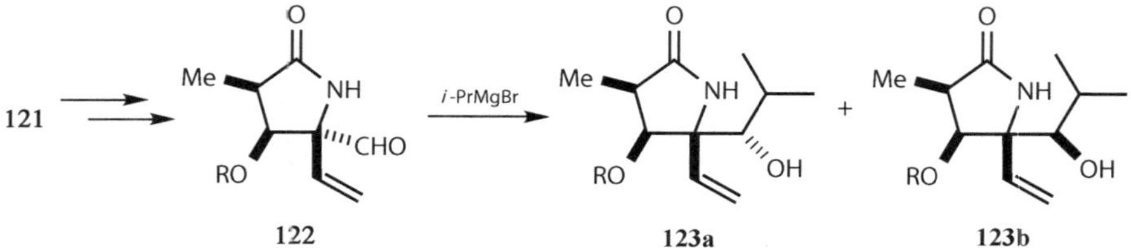

从氨基酸开始的手性源合成 lactacystin 方法

氨基酸是一种非常诱人的合成 lactacystin 的起始原料，已有数种使用这种手性源策略的合成方法发表。Baldwin[21] 使用谷氨酸 **124**，他想使用已知的 Seebach-style 中间体 **125**（第 24 章）通过传递手性中心、破坏原有的手性中心来得到 **126**——同样是一种烯醇衍生物。**126** 与 *i*-PrCHO 发生可控的 aldol 反应得到正确的羟醛加合物 **127**。

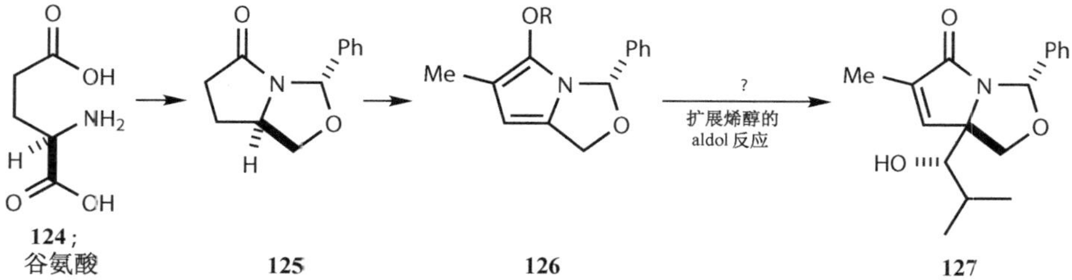

125 向吡咯 **126** 的转化用到前面的章节讲到的反应。甲基化不具有立体选择性，但这没有关系，因为硒化、氧化和消除可以得到一个内烯烃，这里的化学将会在第 33 章具体阐述。硅烷化破坏了谷氨酸原有的手性中心，但是保留了传递的手性中心。

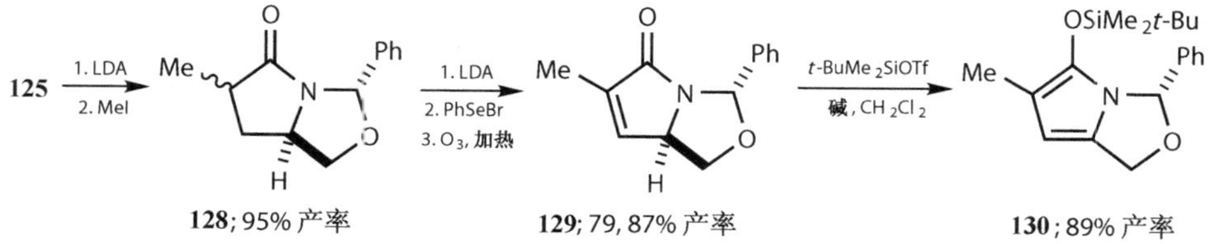

接下来的 aldol 反应很难，但是路易斯酸（$SnCl_4$）催化的低温反应可以 9：1 的比例得到更多的 **127**，通过色谱柱后有 55% 的产率。请注意，乙醛加成到了同一面，因为另一面被苯基挡住，正如我们在第 24 章讲到的那样。现在 **127** 里的烯基必须除去，引进 OH 基，以及控制吡咯烷上最后的两个手性中心。这些都是目前的问题，其中 OH 基的引进困难最大。Baldwin 发现了一个聪明的解决办法：通过乙酸酯 **131** 的消旋的双羟基化非对映选择性的引进两个 OH 基团，这

两个 OH 基都在苯基和羟醛基团的反面，二醇 **132** 环化得到硫代碳酸酯 **133**（Im ＝咪唑）。

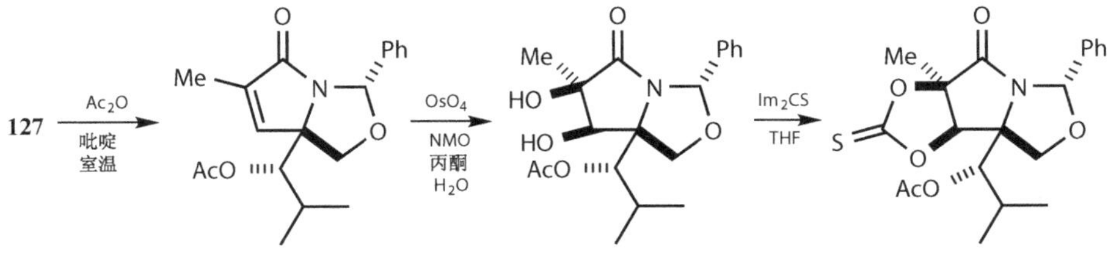

131; 99% 产率　　**132**; 87% 产率　　**133**; 91% 产率

通过使用 Bu_3SnH 形成自由基链，发生一个自由反应，硫代碳酸酯可以用来除去一个不需要的 OH 基。甲基中心在这个过程中实现差向异构化，但用碱处理可得到正确的非对映异构体 **135**，同时将乙酸酯水解。最初的手性助剂现在可以通过氢化来移除，而 **136** 已经非常接近 lactacystin 了，你可以看到合成能够完成。

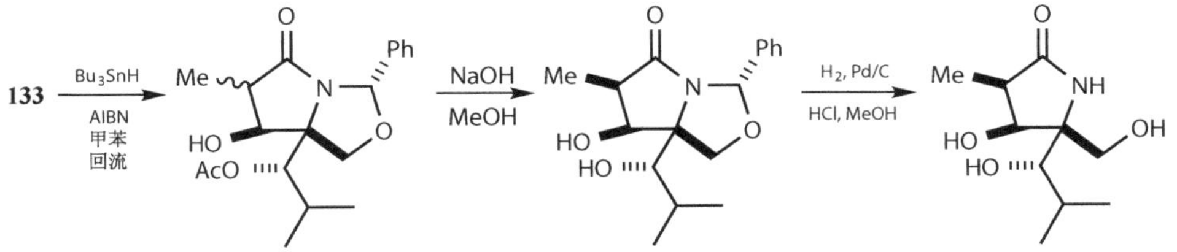

134; 94% 产率　　**135**; 94% 产率　　**136**; 87% 产率

Corey 较早地合成[22]使用了一种相近的策略，他用的是丝氨酸，涉及 Seebach-style 传递手性中心和两个对映选择性的 aldol 反应。先是丝氨酸 **137** 转化成环状 *t*-BuCHO 衍生物 **138**。**138** 的烯醇化物与 *i*-PrCHO 的 aldol 反应主要给出要求的 aldol **139**。醛加在叔丁基的反面。

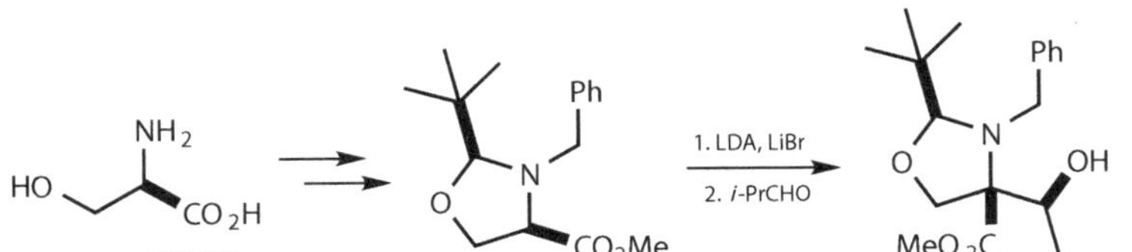

137; (*S*)-丝氨酸　　**138**; 9:1 *cis*:*trans*　　**139**; 77% 产率 >98% 此异构体

这个噁唑环水解得到开链式二醇，可用大基团 *t*-$BuMe_2Si$ 选择性地保护。用甲醛处理得到另一个噁唑啉 **141**，因此醛 **142** 可以进行下一个羟醛缩合反应。这个醛不能被烯醇化，所以是一个很好的亲电试剂。

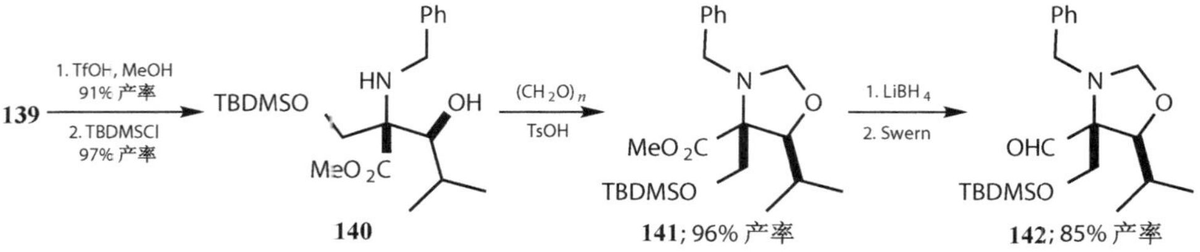

Heathcock 的非对映选择性 aldol 反应方法（第 4 章）可以得到要求的 *anti*-aldol **144**，但是产率较低。将 *N*-苄基消去可使胺与芳香酯成环，形成确定构象的二环化合物 **145**。请注意，所有的取代基都朝向折叠的分子之外（*exo* 面）（第 21 章）。在这篇文章[22]里有将 **145** 进一步转化成为 lactacystin 的步骤。

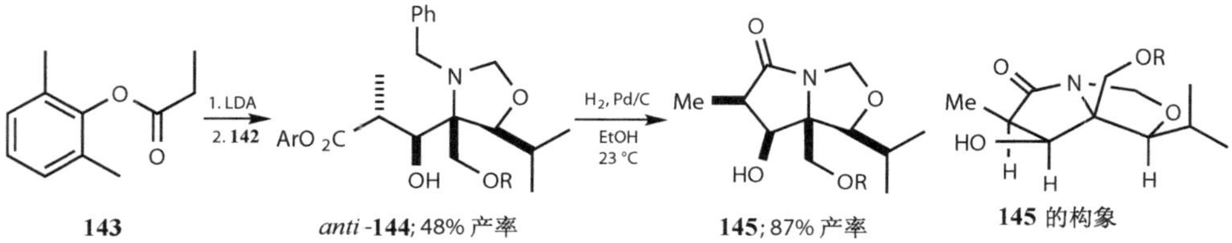

试剂策略：不对称环氧化和不对称烯丙基硼烷化

我们现在进入在多个方面都显得更加复杂的策略。Omura 与 Amos B. Smith[23]的合成受到 lactacystin 的生物合成与制备其他非对映异构体两方面的启发。他们的关键中间体是非蛋白原氨基酸 3-羟基亮氨酸 **147**，他们可以通过不对称合成分别制备这个化合物的两对非对映异构体分别的对映异构体。

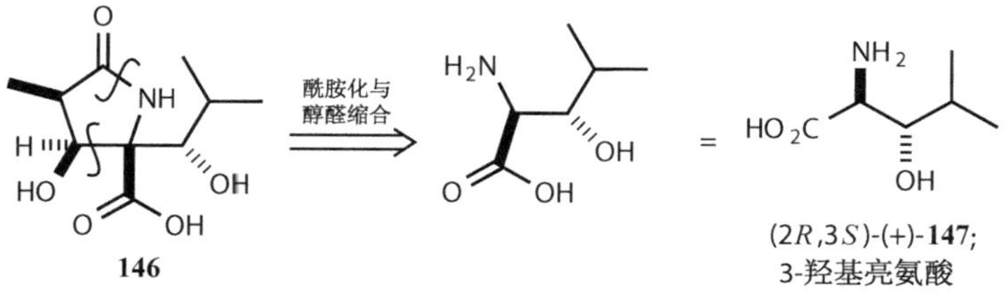

烯丙基醇 **148** 用过氧化氢异丙苯与（＋）-二异丙基酒石酸（DIPT）进行 Sharpless 不对称环氧化（第 27 章），以高产率得到光学纯的环氧化物 **149**。其余的异构体可以使用 DIPT 的其他异构体制备。现在的问题是：如何让氮亲核试剂与环氧区域选择地进行反应？

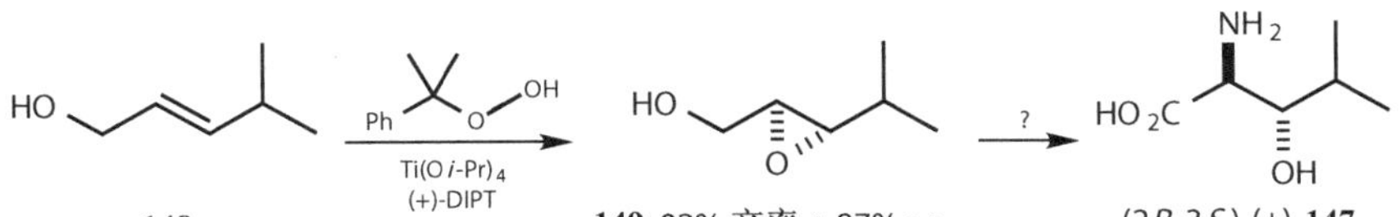

148 **149**; 82% 产率, >97% ee (2*R*,3*S*)-(+)-**147**

一种巧妙的解决办法是把亲核试剂连上 OH 基成氰酸酯，让碱 **150** 与环氧 **149** 进行分子内反应。一开始这个碱会与环氧距离较近的一端关环得到 **151**，但是在实验条件下 **151** 将会异构化到 **152**。**152** 这个异构体不是直接由 **150** 产生的，而是二级醇对 **151** 中 C ═O 基的进攻，然后用 NaH 处理完成向 **152** 的异构化。

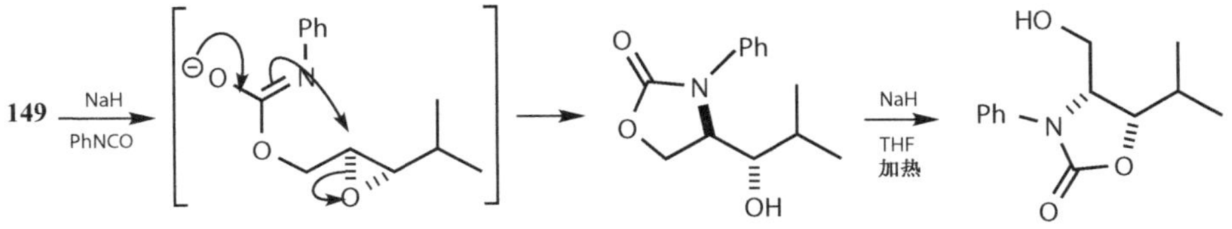

150 **151** (5:1 与 **152**) **152**; 从**149**开始的产率75%

氧化与酯化后得到一个保护的 3-羟基亮氨酸 **153** 的非对映异构体，在碱中差向异构化得到 **154**，后者用来合成 lactacystin，可以得到任一个非对映异构体的任一对映体。从烯丙基醇 **148** 得到天然的 3-羟基亮氨酸 **147** 的总产率约 50%。

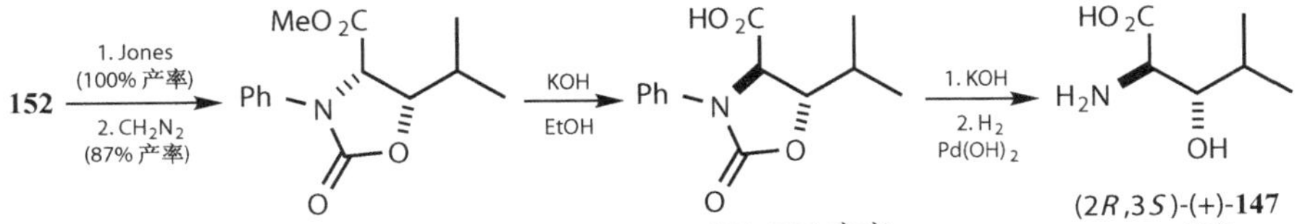

153 *anti*-**154**; 96% 产率 (2*R*,3*S*)-(+)-**147** 98% 产率

几个小小的变化就可以得到与甲醛的立体选择性 aldol 反应所需的噁唑啉。这里没有顺/反的问题，亲电试剂只进攻异丙基反面，也即相对较平的一面。但接下来在这个看似平常的反应上遇到了困难：将一级醇 **156** 氧化到醛 **157**。此醛不能烯醇化的优点在这里又是一个缺点，因为亲核试剂可以进攻并除去 CHO 基团。通过仔细的挑选试剂可以解决这个问题（用 DMSO，DCC 和 CF_3CO_2H 进行 Moffat 氧化）。醛 **157** 不分离而是立即用于下一步合成。

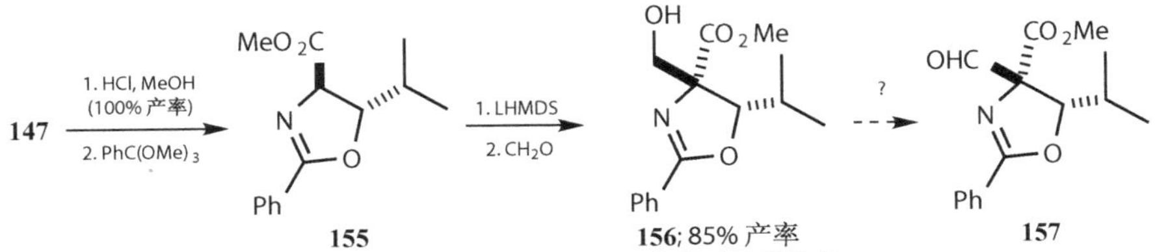

155 **156**; 85% 产率 >98% 此非对映异构体 **157**

Brown 的巴豆基硼烷 **158**（第 24 章）在形成 **159** 中通过椅式六元环构象实现试剂控制。烯基的氧化（臭氧氧化处理）得到自由羧基如 **160** 中的标记，移除苄基得到自由的胺（环状）。环化就得到要求的吡咯烷（**147** 的甲酯）。下面的合成就简单了。

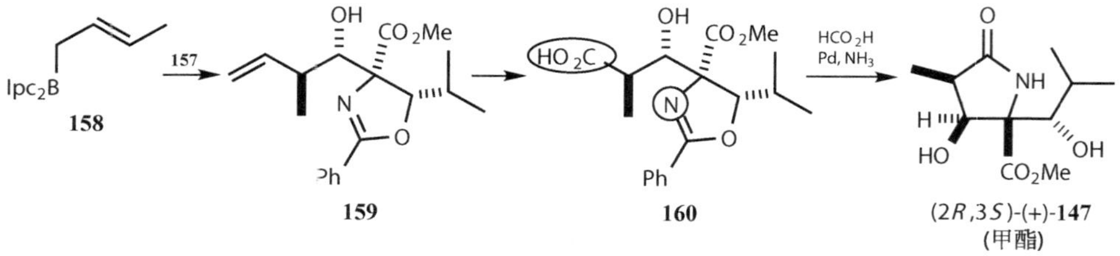

以酶作反应物合成 lactacystin 类似物

自从前面提到的合成之后[24]，Corey 实验室对 lactacystin 的合成方法多有发展。其中我们之前没有提到的一种方法是将猪肝酯酶（第 29 章）用于丙二酸酯 **161** 的其中一个对映异构酯基的选择性水解。用一个 MeS 基团来阻止烯醇化，以防止产物 **162** 的消旋化。单酯 **162** 最初形成是 67% ee，一次奎宁盐结晶后提高到 95% ee。吡咯烷 **164** 是通过一种不寻常的方法制备：先行成氨基化合物 **163** 然后脱羧环化。**164** 中新的手性中心是不受控制的，但在下一步会消失。

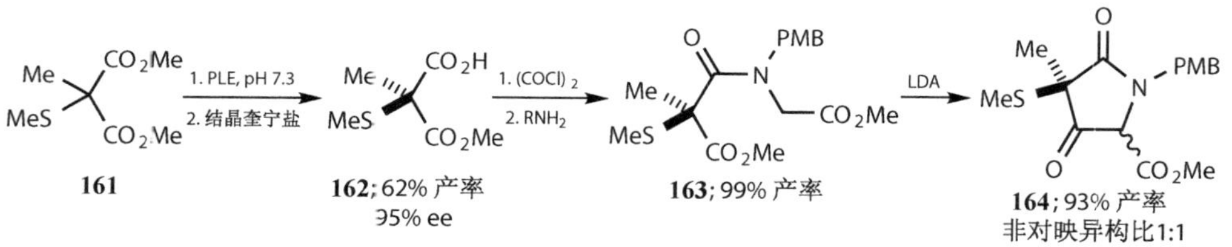

现在通过一个相当简单的与甲醛的 aldol 反应（对比 **156** 与 **165**），以 DBU 作碱，可以主要得到（9∶1）构型正确的非对映异构体 **165**。酮与乙酰氧基硼氢化钠的立体选择性还原得到 **166**：一级醇取代了其中一个乙酸基，将 H 原子导向酮的底面。添上保护基团得到 **167** 就可以引入剩余手性中心。

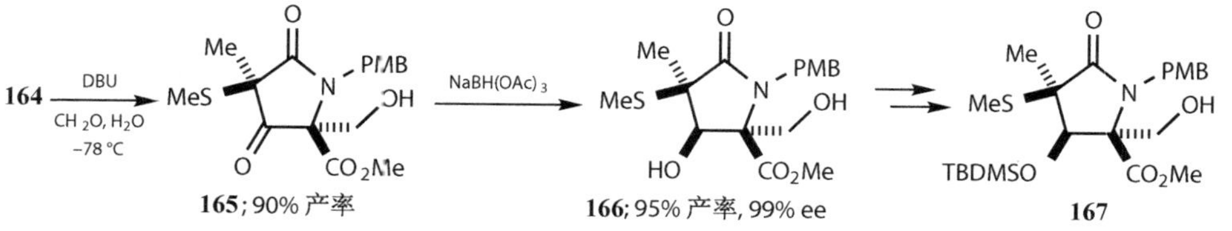

首先，用 Raney Ni 催化剂去掉 MeS 基团，得到 **168** 立体化学正确的新的手

性中心。这里的立体化学实际上是来自质子化的一步，大概是因为 EtOH 给出一个氢原子到脱硫的烯醇较少阻碍的一面，也即 OTBDMS 基团的反面。

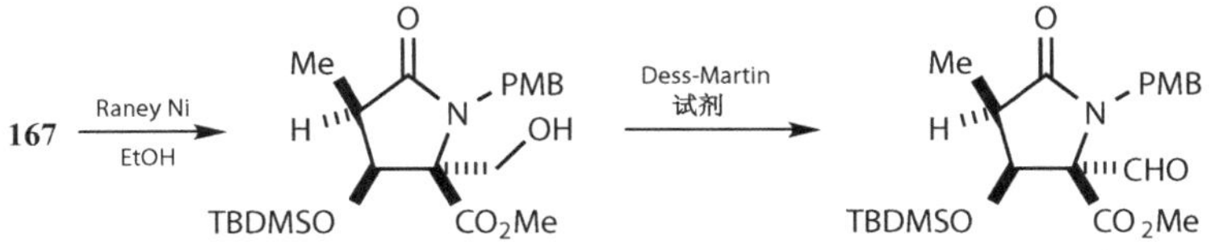

168 (10:1非对映选择性)　　**169**; 从**167**开始的产率78%

在之前的合成中，最后一个手性中心通常通过 aldol 反应得到，在这里同样产生一个 C—C 键来形成手性中心，但是用的是异丙烯基的格氏试剂，在必要的 Me_3SiCl 存在下可以得到 **171**。高立体选择性暗示该过程经历椅式中间体 **170**，两个羰基都与镁原子络合，异丙烯基就被转到 CHO 基团的上面。进一步的调整得到羟基酸 **172**，再转变成 *β*-内酯 **113** 进一步得到 lactacystin **112**。异丙烯基格氏试剂把醛还原而不是加成上去，就像 **112** 的反应一样。

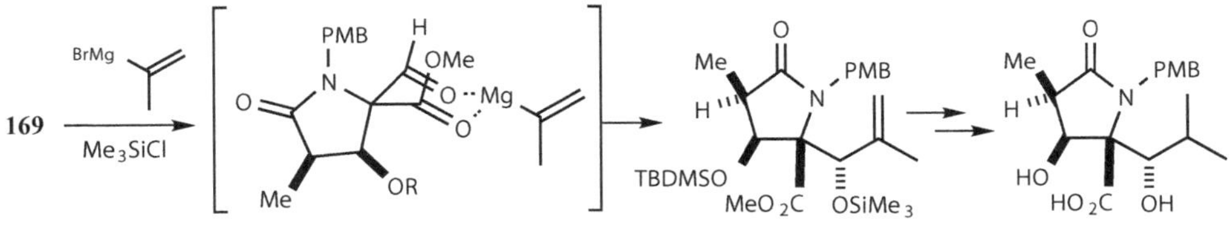

170　　**171**　　**172**

这个合成包括用一个磷偶联试剂“BOP-Cl” **173** 二（2-氧-3-噁唑烷基）次磷酸氯来形成 *β*-内酯的反应。注意，这里稠环比螺环 *β*-内酯是优势构象，关环后构象保持，所以磷试剂 **173** 会活化 CO_2H 基团。*p*-甲氧苄基 PMB 用 Ce(IV) 氧化移除后得到 **113**。这种从光学纯的 **165** 开始的途径对于 lactacystin 类似物的合成尤其适合，Corey 合成了多个类似物来探究它的生物活性的根源[24]。

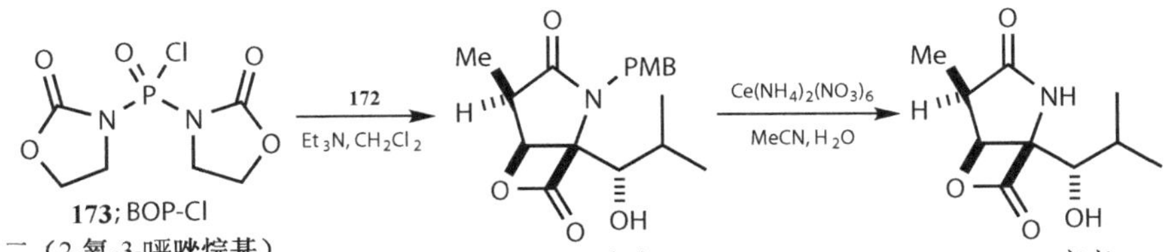

173; BOP-Cl
二（2-氧-3-噁唑烷基）
次磷酸氯

174; 90% 产率　　**113**; 62% 产率

其他策略合成 3-羟基亮氨酸

波士顿大学的 Panek 课题组是 lactacystin 研究的权威。他们有两种更进一步得到关键中间体 3-羟基亮氨酸 **147** 的方法。其中之一是使用手性助剂策略[25]。

苯甘氨醇 **175** 的两种对映异构体都易得，它可以在氮原子上化学选择性地烷基化得到氨基酸酯 **177**，它与 Ph_2CHCHO 混合以 100% 产率产生 Seebach 型噁唑啉 **177**，新旧两个手性中心为 *cis* 关系。关键步骤是烯醇锂 **177** 与 *i*-PrCHO 立体选择性的 aldol 反应，反应完全发生在烯醇面上两个大基团（如 **178** 所画）的反面，*anti*-羟醛缩和产物占很大优势。在这个反应里，原来的手性中心并没有移除，传递手性中心通过保持固定构象的立体选择性的反应也得到增强。余下的合成就剩下移除这些助剂和保护基团了。

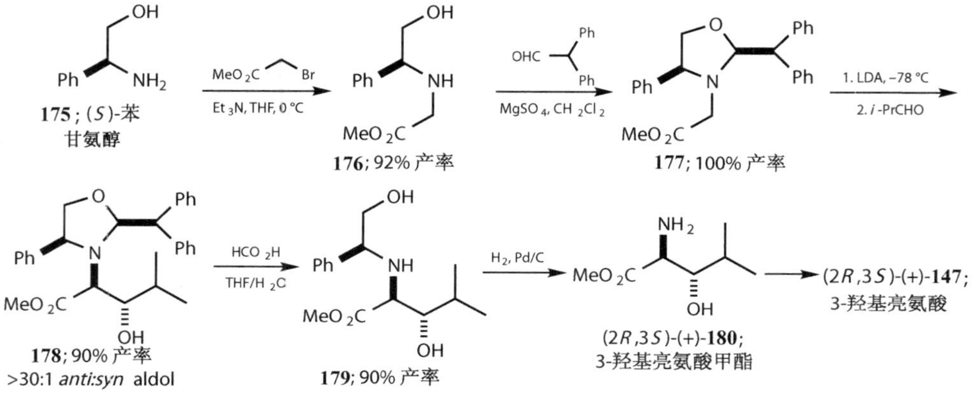

另一种途径用到了一个催化过程，即 Sharpless 羟胺化[26]（第 25 章）。通过仔细挑选酯化基团，不饱和酯 **181** 的羟胺化可以得到控制，两次用乙醇水溶液重结晶后以高 ee 得到要求的区域异构体 **182**（最初是 87%）。

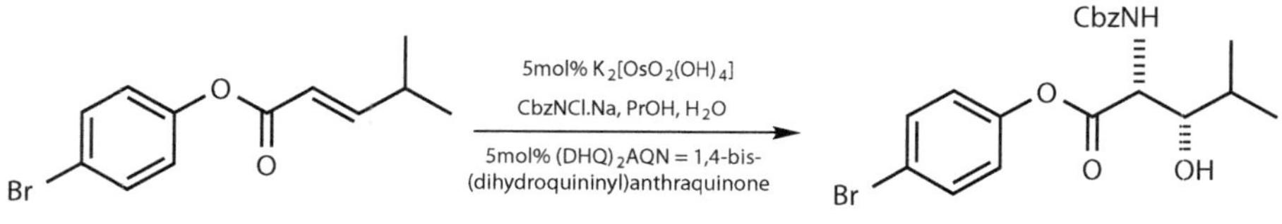

181

182; 60% 产率, >99% ee

3-羟基亮氨酸的“错的”非对映异构体的甲酯 **183**，只需要将 **182** 质子化并用 Ti 催化的酯交换即可得到。引入噁唑啉 **184**，进一步与甲醛发生 aldol 反应，酯中心的立体化学反转最后得到他们的 lactacystin[27]。

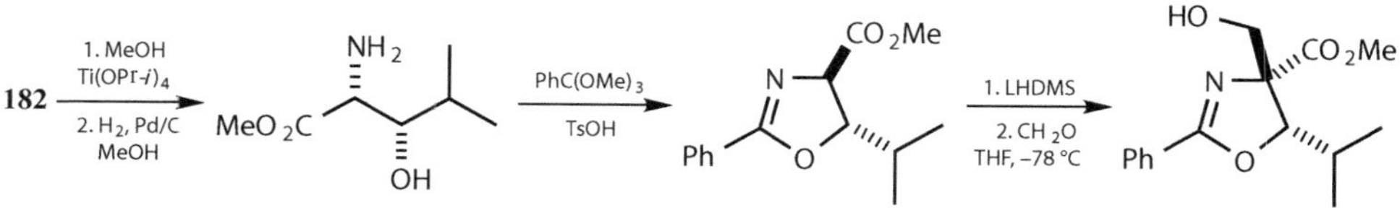

183; 100% 产率 **184**; 85% 产率 **185**; 85% 产率

利用 AD 和不对称 aldol 反应大量合成 lactacystin 类似物

我们将以 LeukoSite 公司开发的天然 lactacystin 类似物的大规模合成方法结束本章[28]。他们以不饱和酯 **186**（比较化合物 **148** 和 **181**）的不对称双羟基化（第 25 章）开始。与 AD-mix-*α* 的小量反应得到 94％的产率，但这并不能迅速应用到大规模生产，因为过量的盐的产生将占用大量溶剂的体积。他们更亲睐于来自 Uppsala 的 Pharmacia-Upjohn 制药公司的有机氧化 *N*-甲基吗啉-*N*-氧化物（NMO）代替铁氰化钾，不加碳酸钾以及更高浓度的溶液[29]。通过这个反应并经两次重结晶可以 60％产率，大于 99％ ee 得到 **187**。所有这些 Sharpless 方法都已应用到 lactacystin 的合成中。

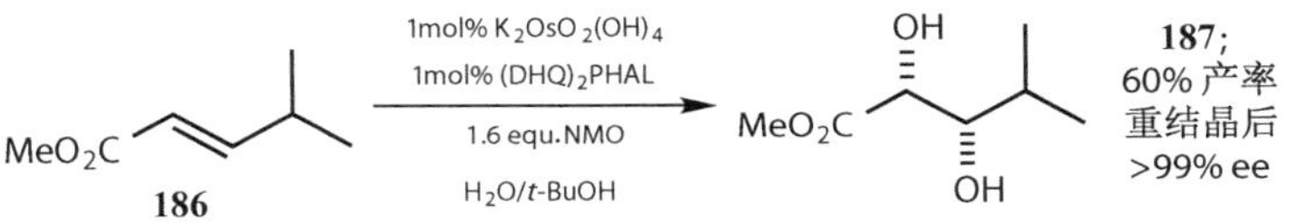

现在两个 OH 基中的一个必须用 NH_2 取代而同时保持构象。这个目标可以用邻酯的方法达到，正如第 23 章对丙烯氧化物的总结一样。中间体 **188** 和 **189** 可以分离得到，但如果把 **189** 通过三步以 89％产率氢化到噁唑啉 **184** 会更好。请注意，**189** 以及 **184** 的立体化学都来自酯基 *α*-位的两次反转。

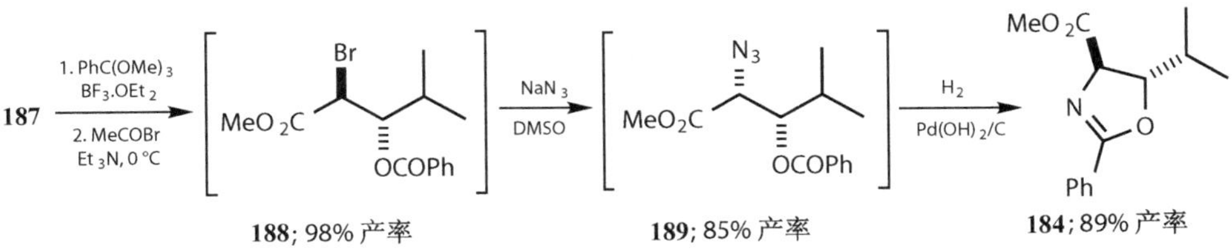

从 **189** 向 **184** 的转化需要一些解释。氢化后叠氮转化为氨基生成 **190**，通过四面体中间体苯甲酰基从 O 到 N 进行迁移，从而 **190** 与 **192** 达到平衡，**191** 脱水得到杂环化合物 **184**。

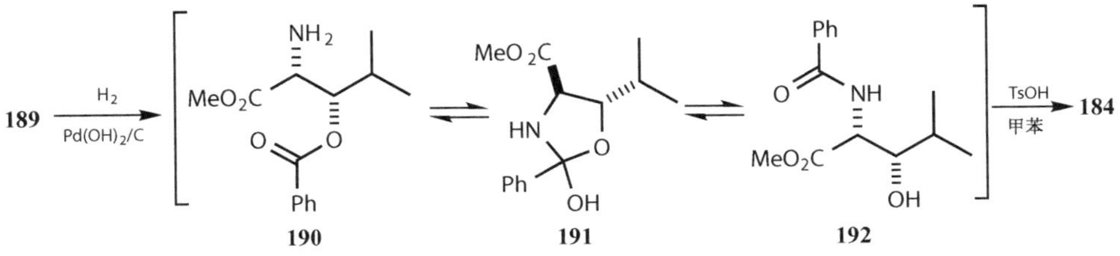

噁唑啉 **184** 提供了一个通向 lactacystin 的诱人方法，因为它是 3-羟基亮氨酸的被保护形态。另一半合成由 LeukoSite 公司通过非常不一样的方法实现：使用

Evans 手性助剂进行烷基化。选择这种方法一方面是因为他们希望在吡咯烷环上实现多种烷基化。我们以丙基为例，首先把从噁唑烷酮 **193**（第 27 章）衍生化得到的苯丙氨酸酰化，然后把 **194** 的烯醇钛烷基化就高选择性地得到 **195**，将手性助剂移除得到简单酸 **196**。

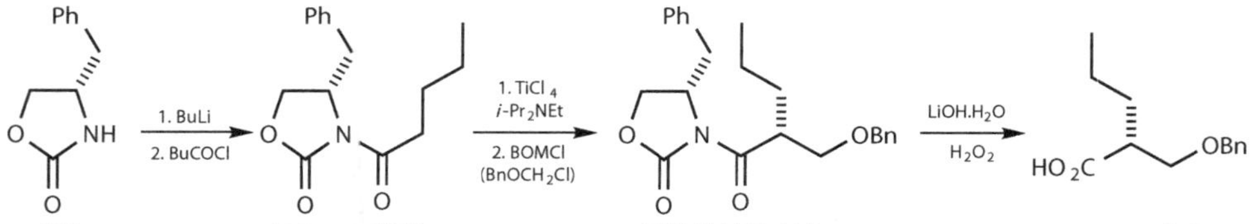

193　**194**; 97% 产率　**195**; 重结晶纯化产率85%　**196**; 90% 产率

将 TBTU［2-(1*H*-苯并三唑-1-基)-1，1，3，3-四甲基尿盐四氟硼烷］与 Et_2N 偶联，消除苄基，用 Dess-Martin 高价碘化合物氧化就以较高产率得到醛 **199**。从 **193** 开始的这一系列反应不需要色谱柱纯化就以 70%产率得到光学纯的醛 **199**。

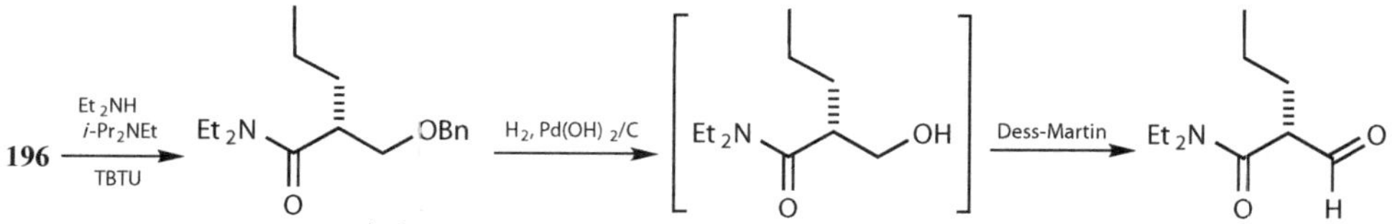

197; 98% 产率　**198**; 100% 产率　**199**; 96% 产率

现在 **184** 和 **199** 两部分要通过一个可控的 aldol 反应连接起来。烯醇锂 **200** 与醛 **199** 在过量路易斯酸 Me_2AlCl 存在下反应，得到唯一产物 **201** 的一个非对映异构体。据推测是由于铝和叔胺以及醛的氧原子配位，醛保持一种Felkin构象，于是烯醇锂只从 **202** 所示的一面进攻。

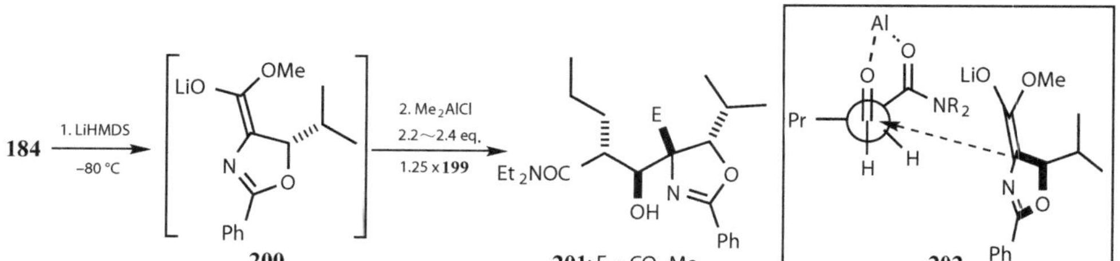

200　**201**; E = CO_2Me　**202**

通过色谱柱纯化 **201** 的尝试都导致了相反的 aldol 反应，所以最好不要分离 **201**，而仅仅用亚硫酸氢盐溶液洗，然后移除噁唑啉，让胺 **203** 环化形成噁唑烷 **204**。**204** 的 X 射线衍射图证实它的立体化学是对的。

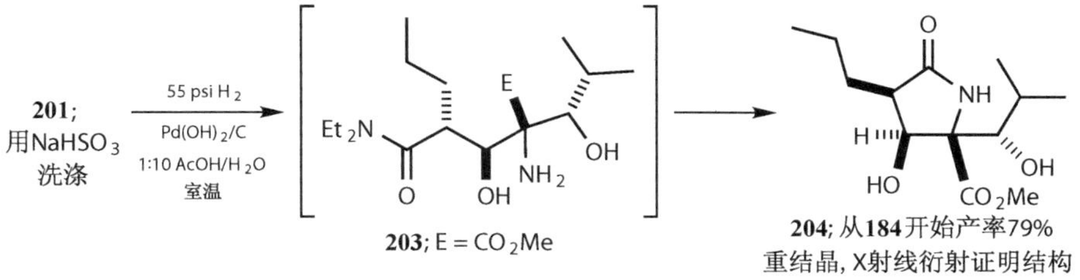

用 NaOH 水解酯，再形成 β-内酯，就从简单的起始原料通过 10 步反应以大于 20%产率得到 **113** 的丙基取代类似物 **206**。

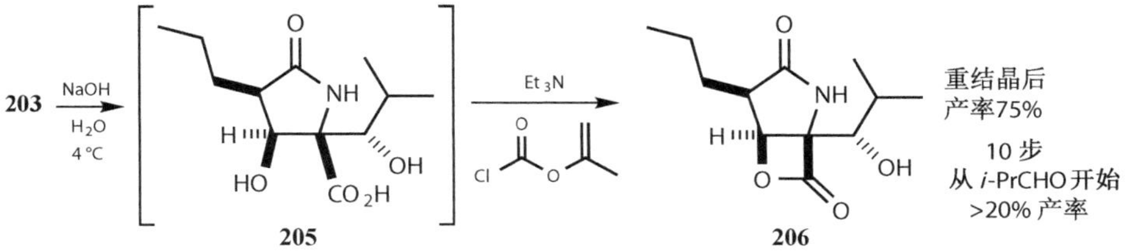

参 考 文 献

一般性参考文献列于 946 页。

1. O. Lohse and C. Spöndlin, *Org. Process Res. Dev.*, 1997, **1**, 247.
2. A. Golubev, N. Sewald and K. Berger, *Tetrahedron Lett.*, 1995, **36**, 2037.
3. S. J. Hays, T. C. Malone and G. Johnson, *J. Org. Chem.*, 1991, **56**, 4084.
4. J. Gillard, A. Abraham, P. C. Anderson, P. L. Beaulieu, T. Bogri, Y. Bousquet, L. Grenier, I. Guse and P. Lavalée, *J. Org. Chem.*, 1996, **61**, 2226.
5. R. C. Lloyd, M. E. B. Smith, D. Brick, S. J. C. Taylor, D. A. Chaplin and R. McCague, *Org. Process Res. Dev.*, 2002, **6**, 762.
6. E. Marotta, P. Righi, and G. Rosini, *Org. Process Res. Dev.*, 1999, **3**, 206.
7. H. J. Monteiro and J. Zukerman-Schpector, *Tetrahedron*, 1996, **52**, 3879.
8. K. Langer and J. Mattay, *J. Org. Chem.*, 1995, **60**, 7256.
9. E. Balmer, A. Germain, W. P. Jackson and B. Lygo, *J. Chem. Soc., Perkin Trans. 1*, 1993, 399.
10. R. P. Beckett, M. J. Crimmin, M. H. Davis and Z. Spavold, *Synlett*, 1993, 137.
11. K. F. McClure and M. Z. Axt, *Bioorg. Med. Chem. Lett.*, 1998, **8**, 143.
12. M. J. Broadhurst, P. A. Brown, G. Lawton, N. Ballantyne, N. Borkakoti, K. M. K. Bottomley, M. I. Cooper, A. J. Eatherton, I. R. Kilford, P. J. Malsher, J. S. Nixon, E. J. Lewis, B. M. Sutton and W. H. Johnson, *Bioorg. Med. Chem. Lett.*, 1997, **7**, 2299.
13. G. C. Crawley, M. T. Briggs, R. I. Dowell, P. N. Edwards, P. M. Hamilton, J. F. Kingston, K. Oldham, D. Waterson and D. P. Whalley, *J. Med. Chem.*, 1993, **36**, 295.
14. J. A. Haslegrave and J. B. Jones, *J. Am. Chem. Soc.*, 1982, **104**, 4666.
15. W. R. Roush and R. J. Brown, *J. Org. Chem.*, 1983, **48**, 5093.
16. R. N. Misra, B. R. Brown, P. M. Sher, M. M. Patel, S. E. Hall, W.-C. Han, J. C. Barrish, D. M. Floyd, P. W. Sprague, R. A. Morrison, R. E. Ridgewell, R. E. White, G. C. DiDonato, D. N. Harris, A. Hedberg, W. A. Schumacher, M. L. Webb and M. L. Ogletree, *Bioorg. Med. Chem. Lett.*, 1992, **2**, 73.
17. R. H. Mueller, S. Wang, P. D. Pansegrau, J. Q. Jannotti, M. A. Poss, J. K. Thottathil, J. Singh, M. J. Humora, T. P. Kissick and B. Boyhan, *Org. Process Res. Dev.*, 1997, **1**, 14; see also J. C. Barrish, J. Singh,

S. H. Spergel, W.-C. Han, T. P. Kissick, D. R. Kronenthal and R. H. Mueller, *J. Org. Chem.*, 1993, **58**, 4494.
18. S. D. Real, D. R. Kronenthal and H. Y. Wu, *Tetrahedron Lett.*, 1993, **34**, 8063.
19. C. E. Masse, A. J. Morgan, J. Adams and J. S. Panek, *Eur. J. Org. Chem.*, **2000**, 2513.
20. N. Chida, J. Takeoka, N. Tsutsumi and S. Ogawa, *J. Chem. Soc., Chem. Commun.*, 1995, 793.
21. H. Uno, J. E. Baldwin and A. T. Russell, *J. Am. Chem. Soc.*, 1994, **116**, 2139.
22. E. J. Corey and G. A. Reichard, *J. Am. Chem. Soc.*, 1992, **114**, 10677.
23. T. Nagamitsu, T. Sunazuka, S. Omura, P. A. Sprengeler and A. B. Smith, *J. Am. Chem. Soc.*, 1996, **118**, 3584.
24. E. J. Corey, W. Li, and T. Nagamitsu, *Angew. Chem., Int. Ed.*, 1998, **37**, 1676; E. J. Corey, W. Z. Li, T. Nagamitsu and G. Fenteany, *Tetrahedron*, 1999, **55**, 3305.
25. J. S. Panek and C. E. Masse, *J. Org. Chem.*, 1998, **63**, 2382.
26. A. J. Morgan, C. E. Masse and J. S. Panek, *Org. Lett.*, 1999, **1**, 1949.
27. J. S. Panek and C. E. Masse, *Angew. Chem., Int. Ed.*, 1999, **38**, 1093.
28. F. Soucy, L. Grenier, M. L. Behnke, A. T. Destree, T. A. McCormack, J. Adams and L. Plamondon, *J. Am. Chem. Soc.*, 1999, **121**, 9967.
29. L. Ahgren and L. Sutin, *Org. Process Res. Dev.*, 1997, **1**, 425.

E 部分：官能团策略

32 吡啶官能团化
33 芳香化合物、烯醇及烯醇化合物的氧化
34 功能性和外环反应：环加成和 σ 迁移重排反应制备氮杂环
35 唑类以及其他含有两个或更多杂原子的杂环化合物合成与化学
36 串联有机反应

32　吡啶官能团化

本章讨论官能团化策略——在预先形成的碳骨架上添加官能团。在一些很难的反应里将会对之前的内容进行修订。

引言

使反应变得有效是这一部分的主题，这通常意味着要使已经不错的反应变得更加完美。但是我们将从下面这个反应开始——吡啶及其相关杂环上的芳香亲电取代——通常这个反应都难以发生。我们将看到它为什么难以发生，又如何让它成功进行。这会涉及一些严肃的机理的思考，而区域选择性问题则显得至关重要。这将是有着辉煌未来的新的化学。

第一部分——问题所在

由于它是一个如此熟悉的反应，人们常常忘记由于亲电试剂向苯环 **1** 的进攻是困难的，因为它生成了一个失去起始原料芳香性的正离子中间体 **2**，这就是为什么路易斯酸对于许多这种反应是必要的。产物 **3** 重新获得了芳香性，但是这对于决速步——亲电试剂进攻形成 **2** 的步骤并无帮助。这个反应之所以能够发生是因为 **2** 是一个非定域戊二烯正离子，它作为一个正离子有其内在的稳定性。用 HNO_3/H_2SO_4，发烟硫酸，$RCOCl/AlCl_3$ 以及卤素，并以路易斯酸促进的成功的苯环亲电取代反应都是这些联合试剂有限反应性的证明。

1　　**2**　　**3**

吡啶拥有苯环所有的缺点，同时还有其独特的缺点。在 **4** 的 2-或 4-位置进攻得到如 **5** 这样的正离子中间体，部分正电性离域到氮上 **5c**。如果氮原子也像稳定的 NH_4^+ 一样是四价的，那么这也不坏，但实际上它是正二价的，就像未知的缺电子的而且可能不稳定的 NH_2^+ 一样。

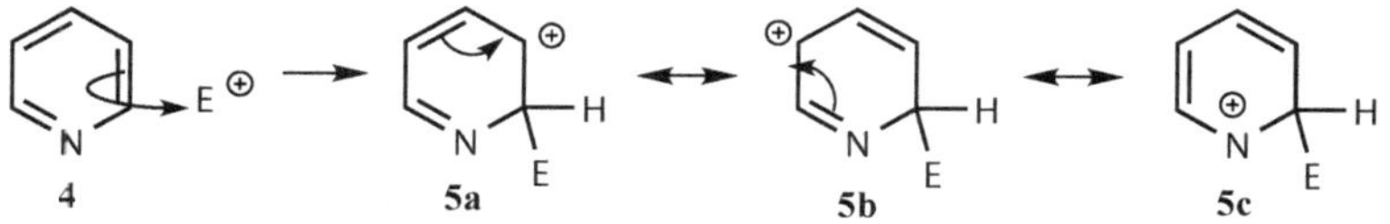

4　　**5a**　　**5b**　　**5c**

在 3-位置进攻 **6** 就不是太坏，因为正离子中间体 **7** 的正电不会离域到缺电子的氮原子上，但也不如苯环的中间体 **5** 稳定，决速步非常慢，因为吡啶的 HOMO能量远低于苯的 HOMO 能量。

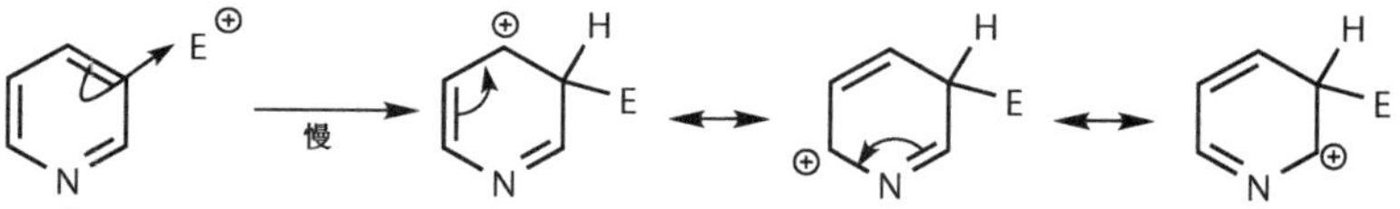

6　　**7a**　　**7b**　　**7c**

现在看上去吡啶上的亲电取代只是比苯环上的困难一点，但还有更糟糕的。

硝化、卤化等的试剂都要求强的给质子性或路易斯酸性，它们都首先在吡啶氮上反应。尝试让硝化发生在正离子 **8** 上会使中间体是非常不稳定的双阳离子 **9**。

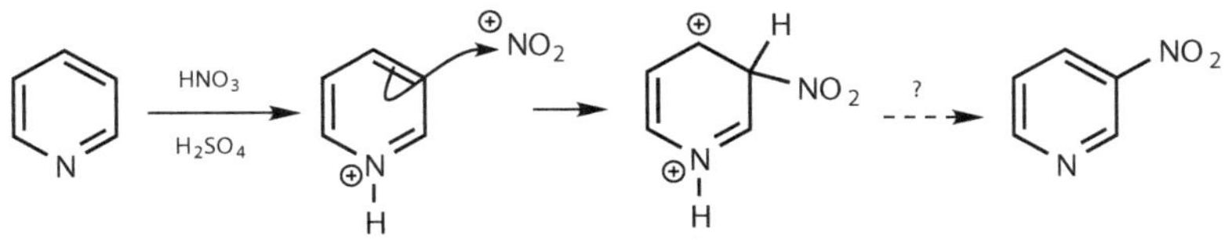

8 **9** **10**

以 *N*-硝基杂环作为硝化试剂

实际上，没有质子酸或路易斯酸催化下吡啶的硝基化发生在氮上[1]。硝化试剂必须是非常不稳定、怕水的盐 $NO_2^+BF_4^-$，它可以购得，但是价格不菲。产物同样不太稳定，但可以分离得到四氟化硼盐 **11**，因为 BF_4^- 不具有亲核性。化合物 **11** 本身也是一种硝化试剂，可用于苯的硝化（但显然不能用于吡啶），只需将其在乙腈中混合即可。产物 **12** 具有正常的亲电取代类型。Olah 把这个过程称为“转硝化”。

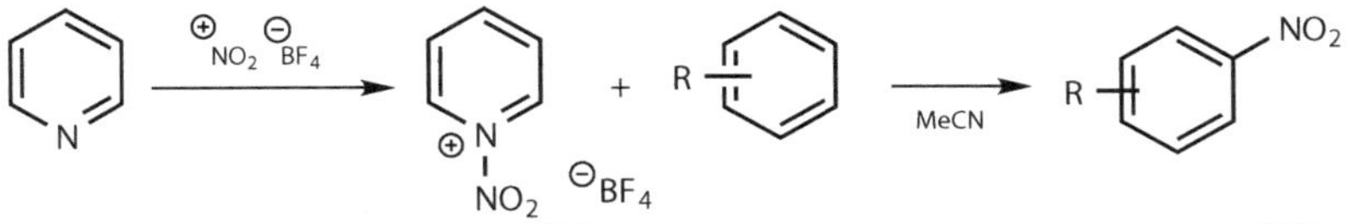

11; 91% 产率 **12**; >90% 产率

实现同一个反应（苯的硝化）的更好的办法是用吡唑硝化产物[2] **13**。当硝化在无强酸的条件下进行时，产物是 *N*-硝基化合物 **14**，它是一个稳定的中性分子，因为另一个 N 上可以失去一个质子。这个化合物是稳定的，但与路易斯酸 BF_3 反应得到中间体 **15**，它可以使苯高效硝化。很可能 *C*-硝基吡唑也会通过中间体 **15** 产生，如下图所示。

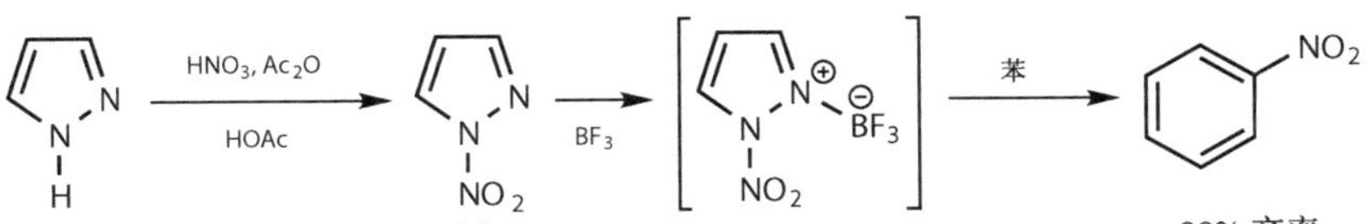

13 **14** **15** 89% 产率

吡啶同样可以作为一种高效的催化剂，通过 **16** 氮原子上的反应使苯环溴化（见 *Vogel*，860 页），而晶状的三溴化吡啶鎓试剂可以很容易溴化烯烃。这些似乎都说明吡啶不与溴在碳原子上反应。

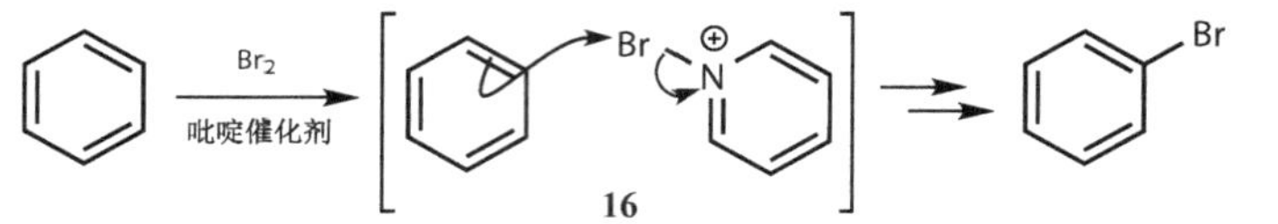

16

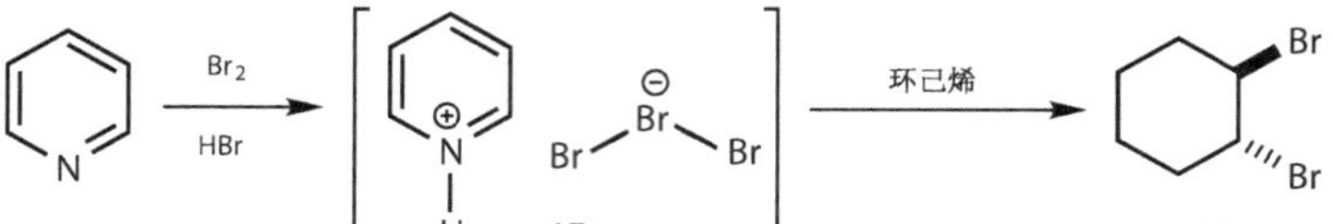

17　　18

通常在吡啶上的直接亲电取代都不是有用的反应。只有 3-取代有一定的可能性，因为中间体 **7** 至少不会将电荷离域到同一个原子上。直接进行硝化得到 3-硝基吡啶的最高产率是 5%，一般只有 3%。如果我们想在吡啶上进行硝化，必须找到比直接亲电取代更好的方法。我们现在就来探究实现这个简单的反应的多种方法，有的通过转化，有的通过巧妙的机理。这同样适用于其他缺电子六元芳香杂环，如嘧啶 **20** 和喹啉 **22**。因为许多天然产物都包含这些环，所以这个问题的解决非常重要。Pharmacia-Upjohn 公司的抗 AIDS 药 PNU-142721 **19** 就含有吡啶和嘧啶环，而辅酶吡咯喹啉醌 **21** 含有一个氧化的喹啉环，它的作用是使细菌能以甲烷作为它们的碳源而存活，其三个环都是多取代的。这些化合物的合成需要在环上有区域选择性的取代。

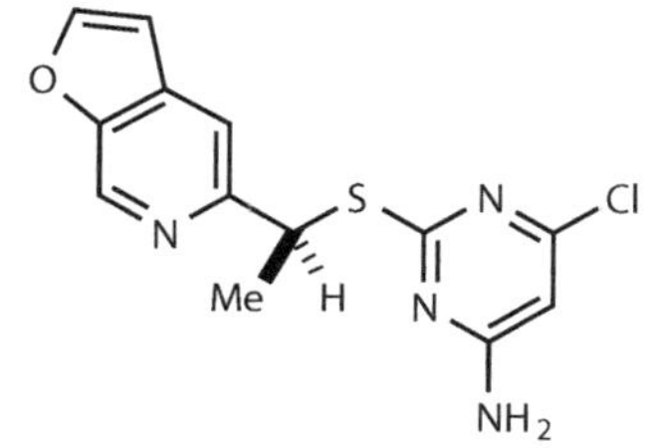

19; PNU-142721

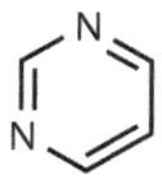

20; 嘧啶

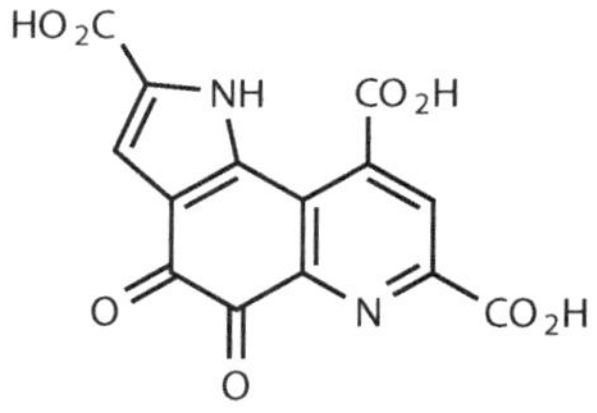

21; 吡咯喹啉醌

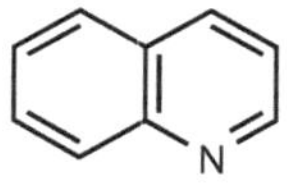

22; 喹啉

第二部分——传统的解决办法：添加供电子取代基

止痛剂氟吡汀（flupirtine）**23** 是一个在 2，3，6 位置三取代的简单吡啶。移除酰胺后可以看到主体 **24**。4-氟苄胺 **25** 可以通过亲核取代连接上去（在吡啶上比苯环上更容易），我们暂时不谈离去基团（**26** 中的 X）的选择。我们可能通过硝化连上去的唯一的氨基就在 3-位，然后我们可以通过 FGI（还原）和 C—N 断键 **27** 来继续合成。

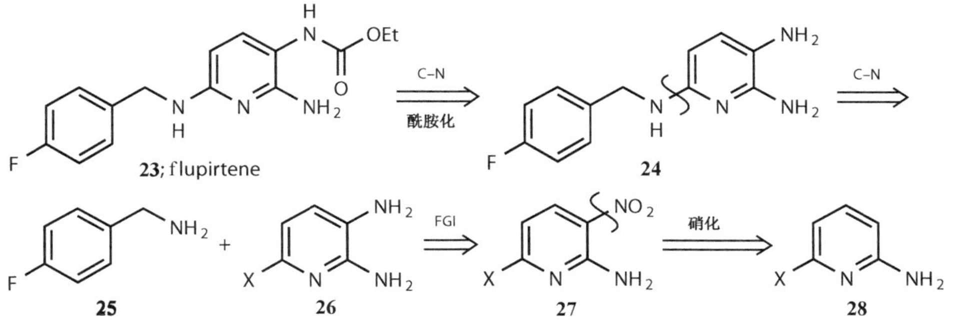

硝基有助于亲核芳香取代，所以我们现在必须为 **27** 选择一个合适的离去基团 X。它不必是一个好的离去基团——这个反应的决速步是亲核试剂的加成，所以 X 只要是一个可以的离去基团就行了。它应该能够促进 NO_2^+ 在 3-位的亲核进攻，而 **28**（X=OMe）是商业化的试剂。X = OMe 满足所有这些条件，下面是合成步骤[3]。

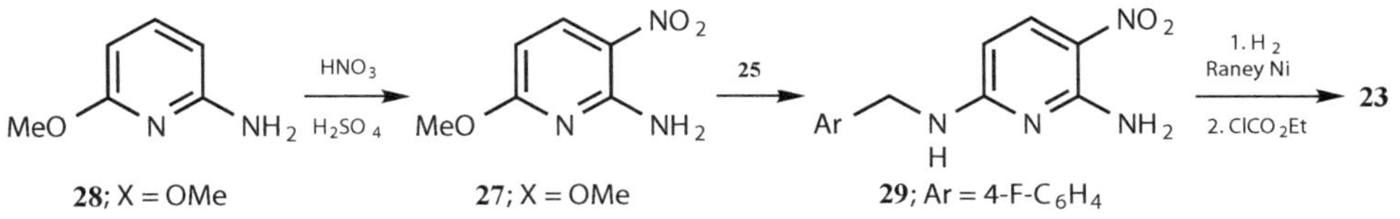

28 的硝化是成功的，因为两个供电子基团 OMe 和 NH_3 都活化了 3-位点，且阳离子中间体 **31** 离域在 N 和 O 原子上。我们可以用 OMe 或 NH_3 上的孤对电子来画出 **30** 这个机理。反应能够发生不是因为它是吡啶，而实际上与吡啶无关。至于进攻的位点是 C-3 还是 C-5 则不容易预测，查找文献或者试验与犯错都是允许的。

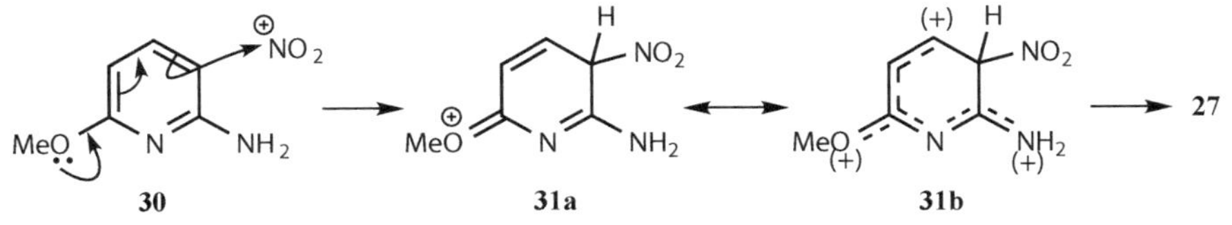

用供电子基团进行亲电取代的区域选择性

你可能认为现在硝化等反应的结果肯定是毫无疑问的，因为通过 NMR 可以迅速区分可能的产物，但是下面的例子却说明情况并不是这样的。尽管已知 **33** 与碘在碳酸钠水溶液中的反应以较高的产率得到 2-碘代化合物 **34**，但是 1990 年证实一个更加复杂的试剂可以得到 6-碘代物异构体 **32**。重新研究发现 **34** 是唯一的产物，虽然 **32** 可在更高的温度下以中等产率形成。氯化得到 2-氯取代化合物

35 也是已知的。对 N 的邻位（也即 OH 的对位）的偏好可能与水中溶剂化的含氧酸根的空间位阻有关[4]。

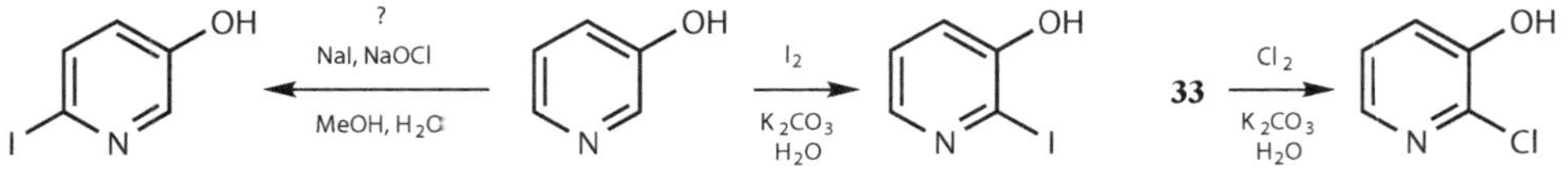

32 (6-碘代)　**33**　**34** (2-碘代)　**35**

合成 PNU-142721 **19** 需要在 3-羟基吡啶[5] **33** 上进行一系列的亲核取代。氯代物 **35** 进行碘化，将会在之前不可能的 6-位点进行，得到 **36**。然后碘-锂置换，与乙醛反应得到二级醇 **37**，最后再碘化得到四取代吡啶 **38**。除了乙醛别无选择外，每个取代基都作为亲核试剂加成到特定的位点。

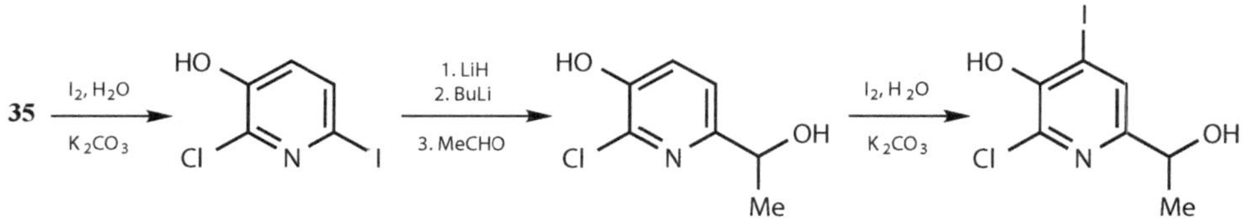

36; 71% 产率　**37**; 62% 产率　**38**; 62% 产率

呋喃环的安装需要由与三甲基甲硅烷基乙炔进行 Sonagashira 偶联提供的两个额外的碳，反应得到 **39**。接下来是 Cu(I) 催化的呋喃关环。这里我们就看出了吡啶环上氯取代原子的作用就是占据最具反应活性的位点，现在它的任务已经完成，可以用氢化将其移除了。

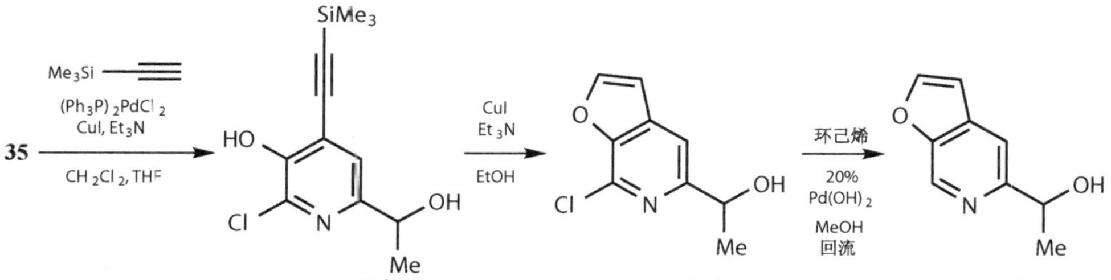

39; 81% 产率　**40**; 86% 产率　**41**; 77% 产率

要完成 PNU-142721 **19** 的合成需要引入不对称以及和一个嘧啶硫醇偶联。不对称性的引入通过两步完成。醇 **41** 通过猪胰脂酶催化的（第 29 章）用三氟乙基丁酸酯对映选择性的酰化，或者用 Swern 氧化得到酮然后用（—)-二异松蒎基氯硼烷（第 24 章）对映选择性的还原。从(*S*)-**41** 到氯代(*R*)-**42** 的翻转只能用类 Mitsunobu 试剂 Ph_3P/CCl_4。最后与嘧啶的硫醇离子 **43** 的偶联得到第二此次干净的翻转[5]，一次重结晶后将 **19** 的 ee 从 97.6%提高到高于 99%。

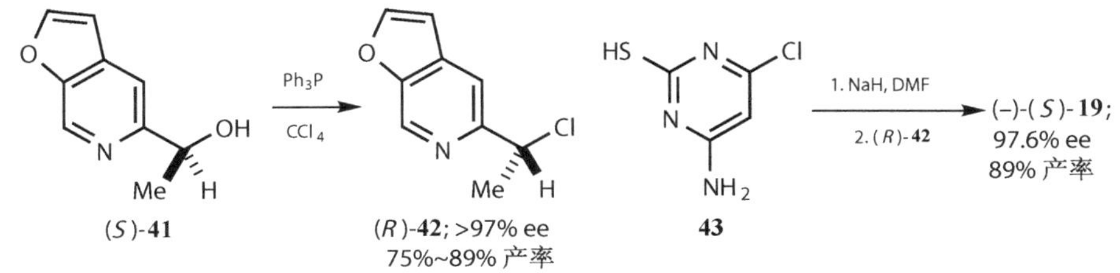

抗肿瘤抗菌素可达菌素

一项旨在合成 **44** 的工作却得到另一个错误的结构，据称是抗肿瘤抗菌素可达菌素（kedarcidin）的一部分（发色团）。合成很成功，但是最后发现结构不对，因为此化合物不是之前设想的 α-氨基酸，而是一个 β-氨基酸。

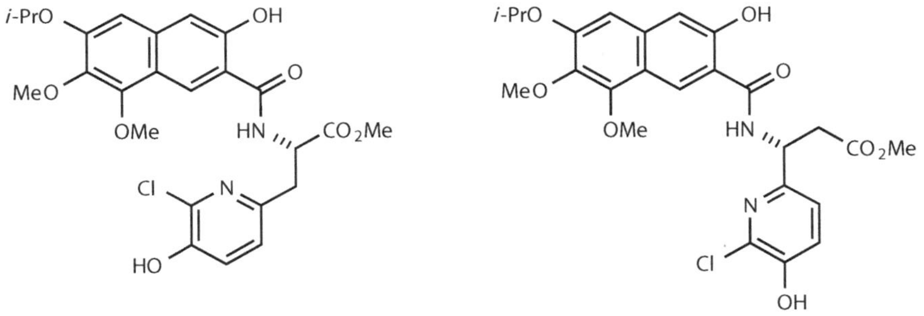

44; 所谓的可达菌素发色团 (1993)　　**45**; 可达菌素发色团 (1997)

要得到这个化合物，显然应该将吡啶胺与萘片段偶联。这两部分都从同一个吡啶 **35** 制得，这在前一部分已经讲过。碘化以及保护得到两个碘代吡啶 **46**（R＝TBDMS 和 R＝MOM）。前者通过 Negishi 偶联与 Jackson d^3 试剂结合得到 **48**，后者通过 Heck 反应得到不饱和酯 **49**，Davies 手性胺锂（第 24 章）可以加成上去以 97∶3 得到 **50** 和它的非对映异构体。

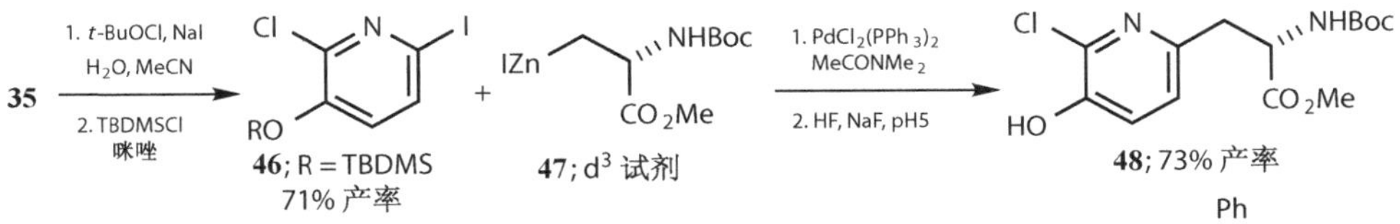

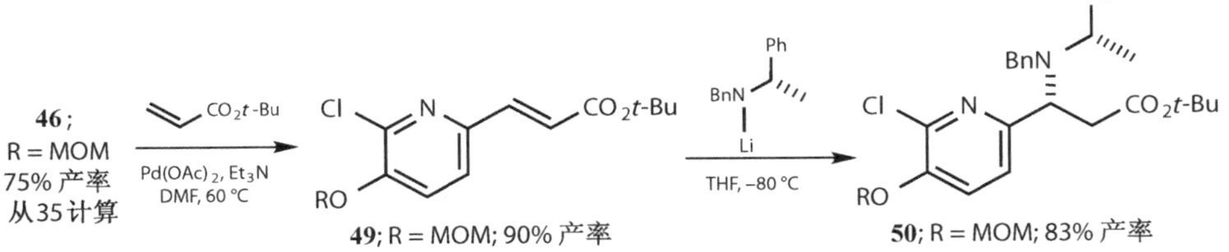

48 脱质子得到合成 **44** 所需的胺，而 **44** 被证明不是一个真正的天然产物。

正确结构[6] **45** 的合成有一个有意思的扭转：从 **50** 除去苄基导致 **51** 去氯化，而通过另一个与 **35** 具有相同区域选择性的亲电取代复原氯。

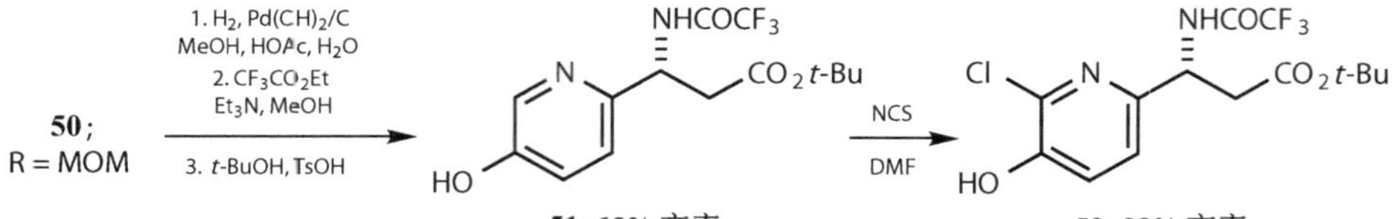

卤化和金属取代

总结一下前面的两个例子：吡啶环上至少有一个供电子基时，卤化就是一个有用的反应。进行金属化，如用锂试剂，钯催化偶联（Heck 烯烃化），有机锌化合物，还有含 β-氢（Negishi）或硼酸（Suzuki）的 C—C 偶联，用 Buchwald-Hartwig 方法与 O 或 N 原子偶联，等等，都可以多方面适应合成的需要。

亲电取代中的吡啶 *N*-氧化物

当目标分子刚好含有供电子取代基时，上面提到的这些都很好用，但如果没有呢？传统的解决办法是用一个吡啶 *N*-氧化物 **53**，既阻止了 N 上孤电子对的反应，本身又是一个强供电子取代基。吡啶很容易用 H_2O_2 氧化（这又是一个在 N 上的亲电进攻），而取代的 *N*-氧化物也很容易用三价磷化合物如 PCl_3 还原成吡啶 **55**。

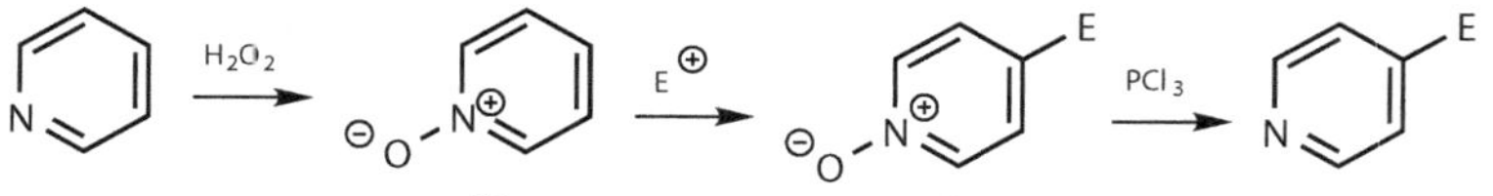

硝化可以用通常的试剂进行，发生在 4-位（2-和 6-位都有溶剂化的氧的空间位阻）。氧上的电子在反应 **56** 中发挥作用，整个过程中氮原子保持它的正电荷，但是中间体 **57** 不像 **9**，而是一个一价阳离子。这是合成 **59** 的不错的方法。

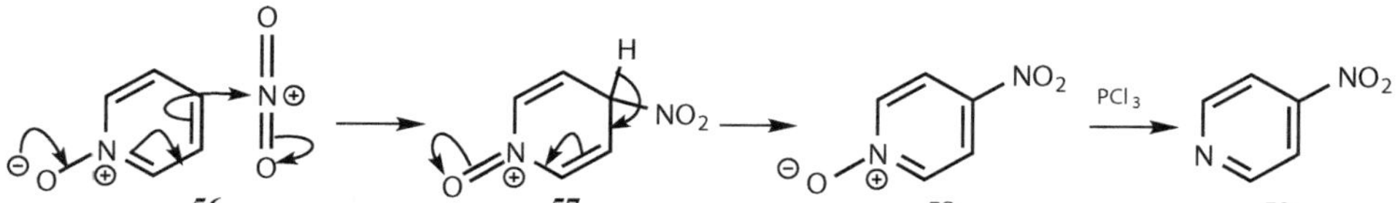

产物的去氧化可用合成上很有用的方法来进行。如果在 3-位点有一个拉电子基就用 PCl_3，去氧化将伴随 2-位的氯化 **62**。这个氯提高了芳香亲核取代的活性，不仅因为它在吡啶环上的位置，也因为 3-位的拉电子基，它容易被 O，N，

S 或 P 亲核试剂取代 **63**。如 **61** 这样的吡啶很容易从易得的烟酸，吡啶-3-羧酸制备。

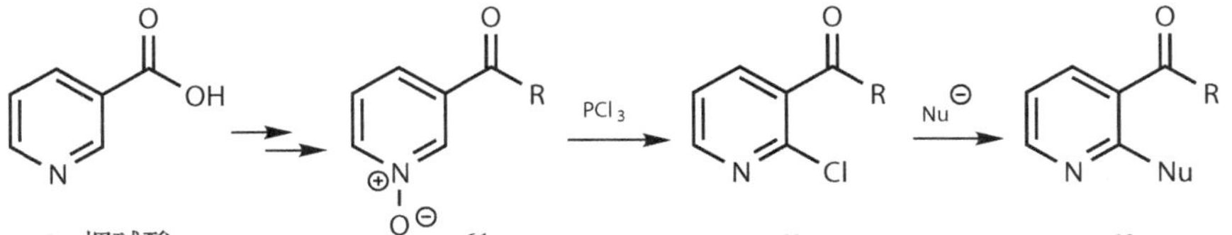

60; 烟碱酸　**61**　**62**　**63**

这个结果说明 *N*-氧化物与 PCl_3 的作用是通过 O^- **64** 的亲核进攻完成的。中间体既可以失去 $POCl_3$ **65**，也可以加 Cl。当被氯进攻时 **67**，应当是最亲电的原子被进攻，也即吡啶氮和拉电子基团之间的碳原子。通过从 2-位失去质子可以保持芳香性 **68**。这是一种发生在亲电取代之后的亲核取代。离去基团（Cl_2PO^-）不在亲核进攻的位点上。

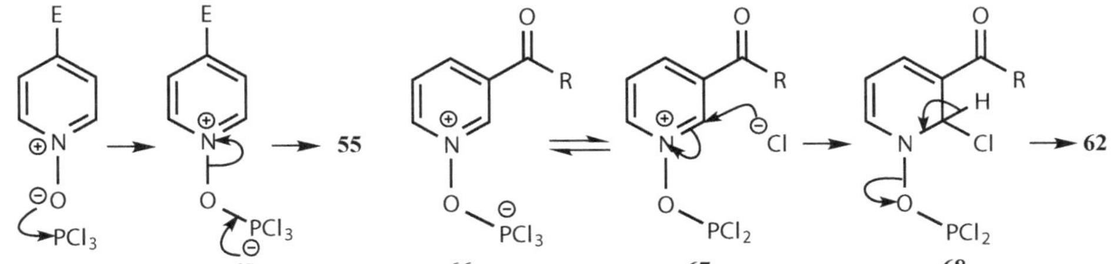

64　**65**　**66**　**67**　**68**

在合成 nifluminic acid **69** 中很好地利用了这一点，它是一种含吡啶的止痛剂。断开 C—N 键可以看到，应以容易从 **60** 制备的 2-氯吡啶 **70** 作为起始原料，另一端是从三氟甲苯 **74** 官能团化得到的简单芳香胺 **72**。**69** 实际上可从 Aldrich 以 nifluminic 酸买到。

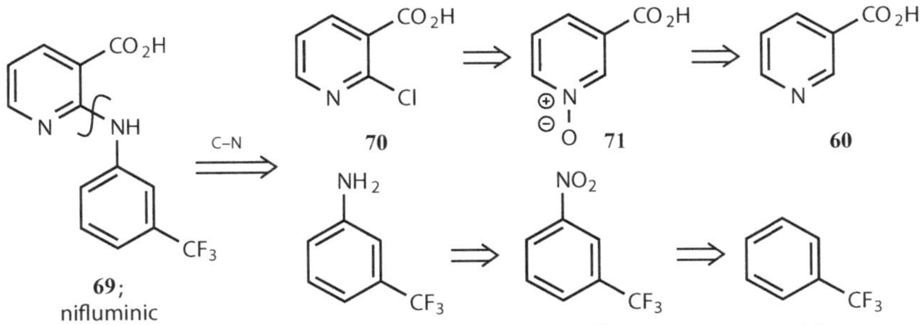

69; nifluminic 酸　**72**　**73**　**74**

这里唯一令人感到惊奇之处是与 PCl_3 的反应把酸变成酰氯 **75**，在加上氨基之前必须先水解，不然就会形成酰胺[7]。

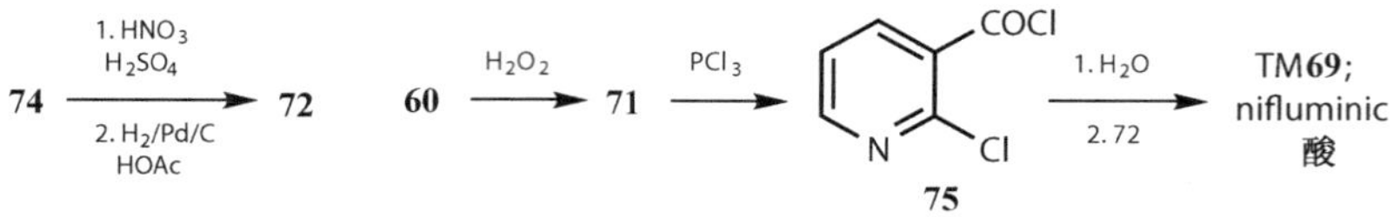

N-氧化物同样可以用于吡啶侧链 **76** 的官能团化。反应非常类似于与 PCl_3 的反应，乙酸酐进攻 *N*-氧化物上的氧原子，释放出乙酸离子可使 **77** 在 2-位的烷基脱质子，得到的烯胺 **78** 可以通过一个［3，3］-σ 迁移重排打开新的杂原子之间的弱 N—O 键，形成一个更强的 C—O 键，得到 **79**。

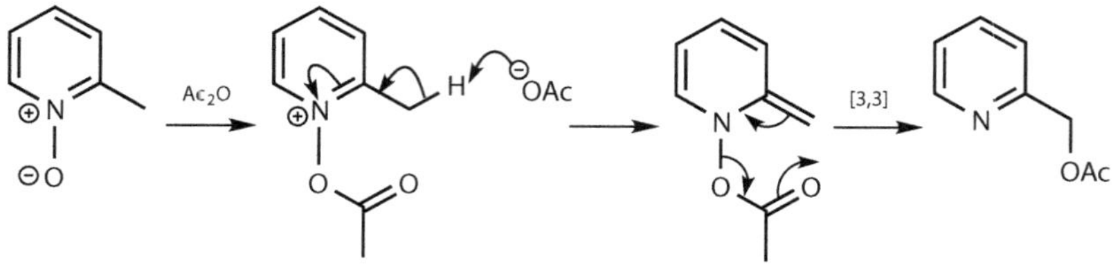

76　　**77**　　**78**　　**79**

这里的化学，在 *N*-氧化物上的亲电取代之前，在奥美拉唑（omeprazole），Astra（Zeneca）公司防腐剂和近年来最畅销的一重药物的合成中得到非常重要的应用。Omeprazole **80** 是一种亚砜，一个 2，3，4，5-四取代吡啶通过硫原子联结到苯并咪唑上[8]。

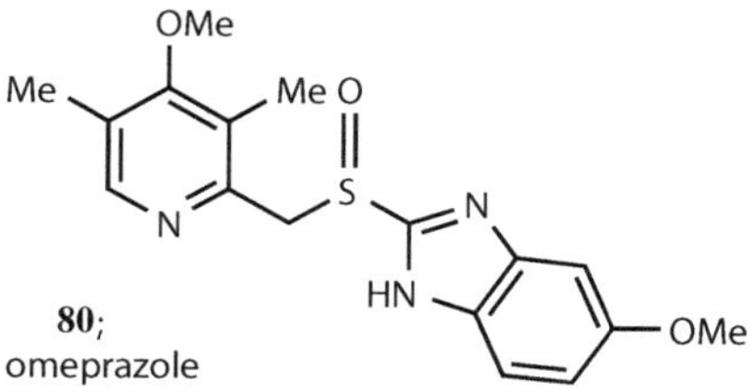

80;
omeprazole

亚砜 **80** 可从硫化物 **81** 制备，切开 C—S 键显然就是以两个杂环为起始原料，一个是吡啶 **82**，另一个是苯并咪唑 **83**。我们现在只关注吡啶 **82**。

Omeprazole 分析之一

使用我们刚刚提到化学，2-位的 CH_2Cl 基团可通过三甲基吡啶 *N*-氧化物 **86** 的官能团化引进，因为只有 2-位的甲基会反应。4-位的基团可以通过向 *N*-氧化物亲电进攻引进，但是正如我们将在下一章看到的那样，不存在合适的"MeO^+"试剂。然而 *N*-氧化物 **86** 的硝化反应很好。因为 *N*-氧化物上的亲核取代很不错，所以这是一种合理的策略。

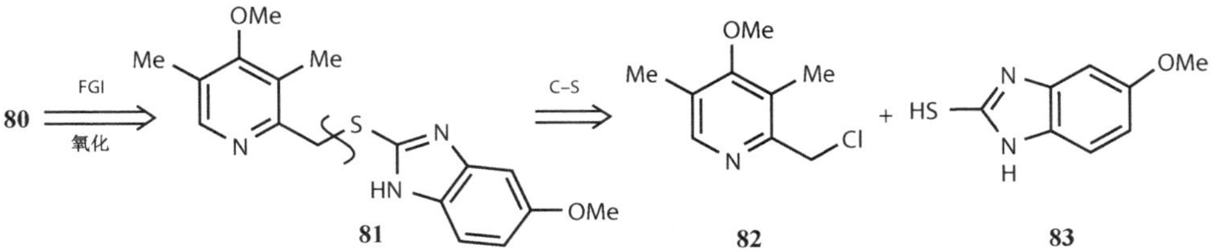

81 82 83

Omeprazole 分析之二

3,5-二甲基吡啶 **88** 是易得的，2-位的甲基可以通过下面这个令人印象深刻的反应加上，MeLi 似乎取代了一个氢离子。**86** 的硝化并不明显会发生在 4-位而不是 6-位，但由于溶剂化作用 O^- 实际上是一个很大的取代基。已发表的合成中只给出"NO_2^+"试剂，却没有说明它是如何得到的。

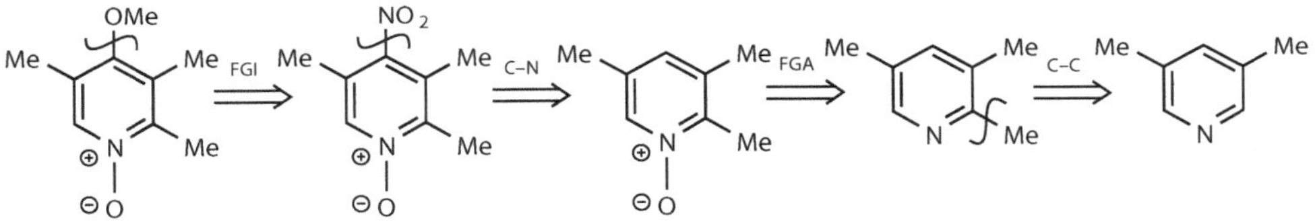

84 85 86 87 88

Omeprazole 合成之一

NO_2 被甲氧基亲核取代较困难，必须在 *N*-氧化物存在下才能进行。这个反应里的离去基团是 NO_2^-，有一定的稳定性，你可以回想起当加成步是决速步时只需要是可以的离去基团即可，当然它要能促进那一步的发生，而硝基当然可以做到。*N*-氧化物已经完成了它的使命，接下来用乙酸酐进行侧链（2-甲基）的官能团化就得到 **89**。

乙酰氧基对 S_N2 取代反应（请注意到 S_N2 与芳香亲核取代的区别）来说不是一个好的离去基团，所以它在与硫醇负离子 **58** 反应前必须先转化为氯代物 **82**。

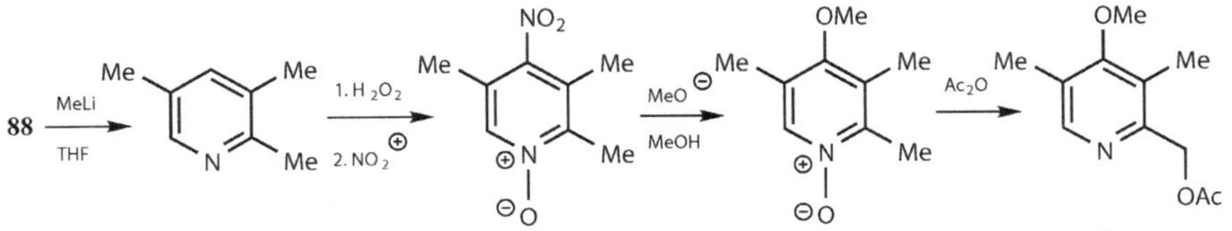

87 85 84 89

Omeprazole 合成之二

用非手性的 *m*CPBA 使非手性硫化物 **62** 最终氧化为硫砜 **80**，这当然是得到消旋的 omeprazole。Omeprazole 实际上是一种药物的前体——它能被酶转化为活性化合物，在此过程中硫上的手性会丢失，所以两种对映异构体拥有几乎相同的生物活性，而现在上市的是更容易被吸收的（S)-omeprazole，商品名埃索美拉唑（esomeprazole）。

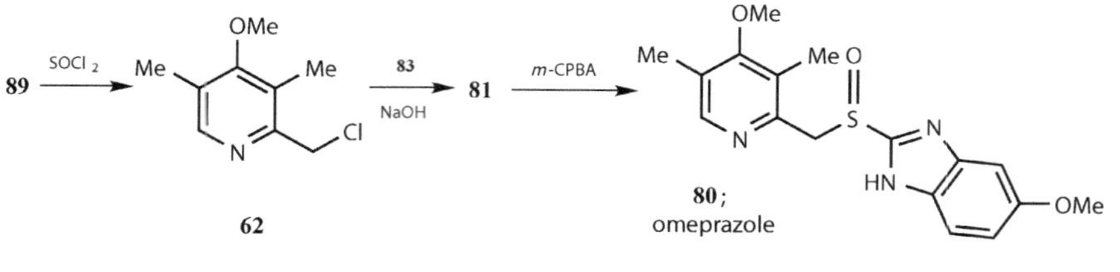

吡啶的邻位锂化

卤化以及用金属进行卤素（Br 或 I）取代是扩展已有一个供电取代基（通常是基于 O 或 N）的吡啶上的亲电取代范围的一种有效方法。另一种有价值的方法是邻位锂化（第 7 章），也即卤素邻位被锂取代。这两种方法的要求不尽相同。取代基必须是邻位定位的：它一定要酸化邻位质子，把碱（通常是 BuLi）引到邻位。最简单的邻位定位基是 F 和 OMe，但最好的是噁唑啉、氨基和氨基甲酸酯，在第 7 章有这些过程的更多介绍。如果这些基团是在 4-位（**90** 或 **93**）锂化 **91** 就非常明确了，任何可与烷基锂反应的亲电试剂（E^+）都在 **92** 或 **94** 的 3-位反应。

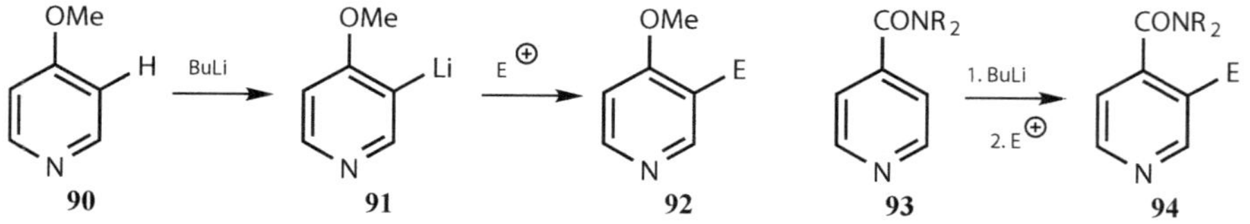

没有邻位定位基辅助时吡啶环上不同位点的相对酸性对位点 4：3：2 是 700：72：1[9]，N 的邻位酸性最弱，看似奇怪，这是因为氮上的 sp^2 孤电子与 C—Li键 **97** 有反键相互作用。虽然 BuLi 可能被氮 **96** 导向 C-2，但产物 **97** 不稳定，会立即与更稳定的 C-4 锂化物 **98** 达成平衡。

区域专一性要求邻位定位。有一个出奇有效的基团——以 CO_2Li 形式起作用的羧酸基 CO_2H。1eq. BuLi 被用来从甲酸吡啶 **99** 制备 **100**，用 3eq. LiTMP 来制备 C—Li 衍生物 **101**。与亲电试剂如 CO_2 和羰基化合物的反应发生在C-3 **102**。

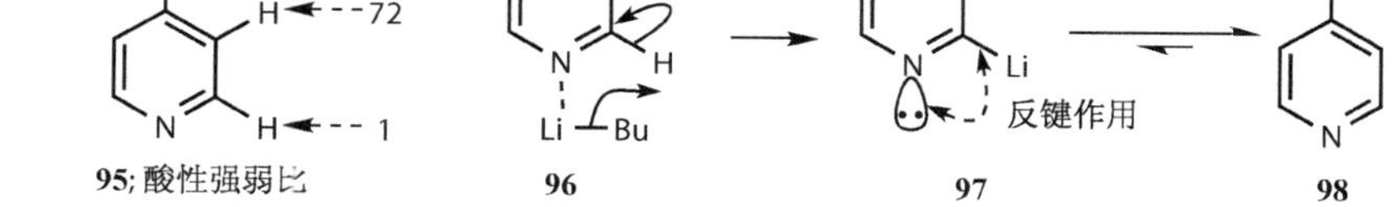

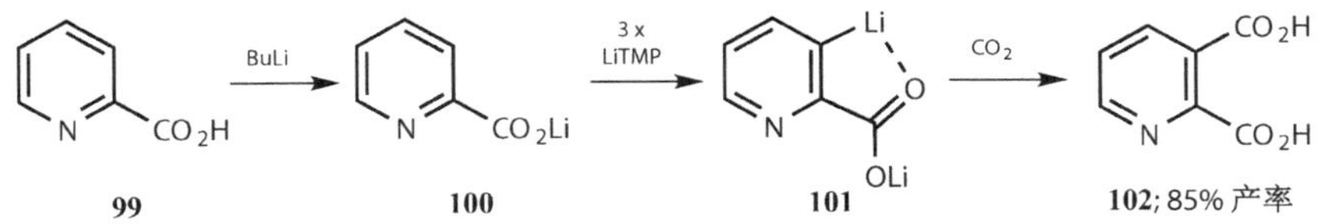

99　100　101　102; 85% 产率

异烟酸 **103** 也必须在 C-3 上反应，但是烟酸 **105**（R＝H）显示出由 C-1 与 C-4 的相对酸性预期的区域选择性，得到 C-4 取代产物，而不管 C-1 是取代的 **105**（R＝Cl）还是未取代的 **105**（R＝H）。以氨基或噁唑啉作为邻位定位基也得到相同的结果[10]。

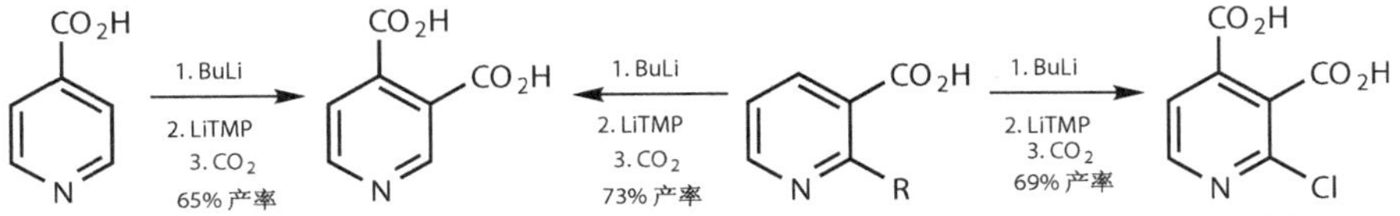

103　104　105　106

这种行为同样见于喹啉，如 **107** 和 **109**。不能用 BuLi，因为它会亲核进攻喹啉。对于其他杂环也有这个问题，尤其是含有一个以上杂原子[11]的杂环。

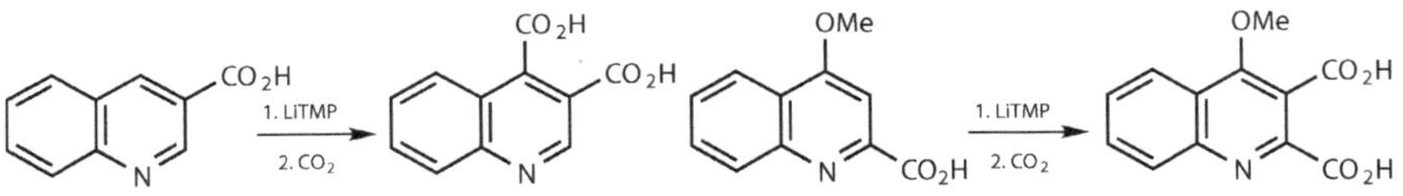

107　108; 80% 产率　109　110; 60% 产率

二嗪

哒嗪、嘧啶和吡嗪这三种二嗪都很容易金属化，只要有一个好的邻位定位基来组织亲核加成。哒嗪（OMe 邻位定位基）**111** 和吡嗪 **113** 衍生物可以金属化[12]，它们的锌化衍生物与芳环偶联（Negishi 偶联）得到 **112** 和 **114**。C-1 在 **113** 作为一种如此有效的邻位定位基是很不常见的。

N-甲酰胺如 DMF 是很好的亲电 CHO 给体，在与嘧啶的反应中提供一个亲电甲酰化的串联双偶联反应，接下来是释放胺阴离子的亲核取代[13]。OMe 是邻位定位的。

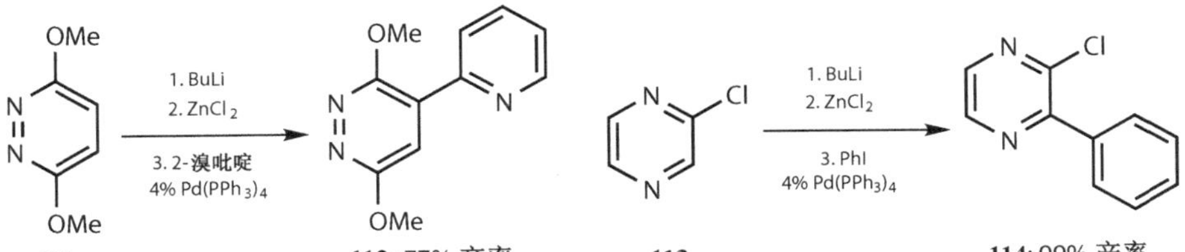

111　112; 77% 产率　113　114; 99% 产率

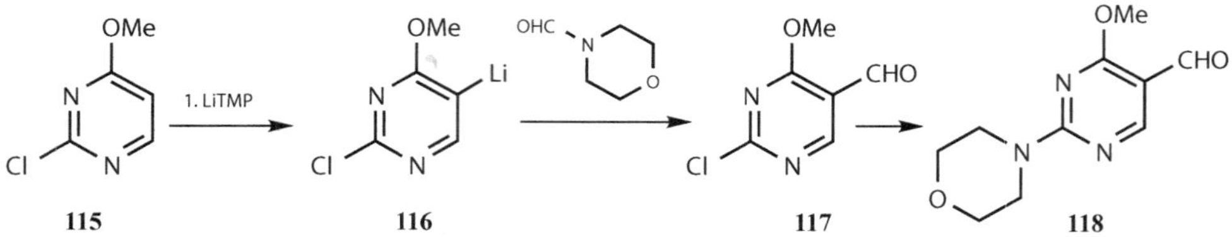

卤素摇摆

碘-氟-吡啶 **119** 被 LDA 锂化得到唯一的可能锂化产物 **120**。但是碘是一种很弱的邻位定位基，化合物通过卤素摇摆平衡，将锂原子置于最好的邻位定位基 F[14] 的旁边。可能是通过一分子 **120** 从 **119** 夺取一个碘原子得到 **123**，然后 3-碘原子再被另一分子 **120** 夺走，引发链式反应。

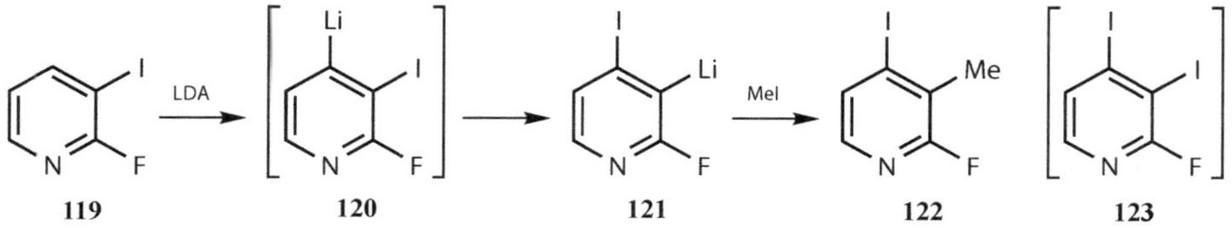

这个产物被 Comins 用在他的 mappicine（喜树碱）的合成方法中。这类抗病毒生物碱是通过喜树碱酮 **124** 硼氢化反应生产的醇。化合物 **124** 的断键策略是将分子断开为喹啉 **125** 和吡啶酮 **126**，这是一个 Heck 反应，也是简单的 S_N2 反应。如果 Heck 反应可以发生，它会具有分子内的区域选择性。

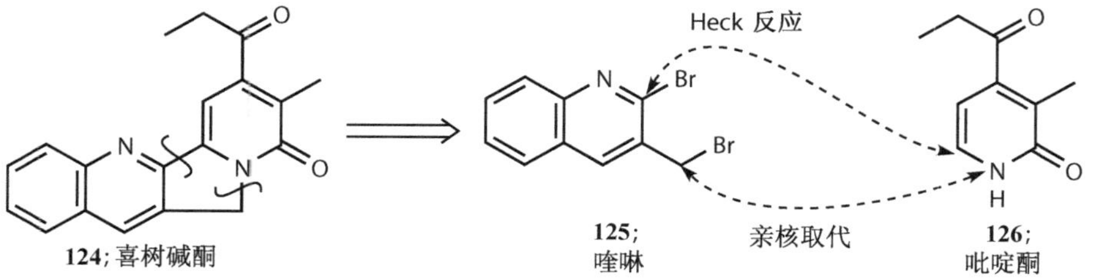

每一个元件都是由杂环锂化反应制得的。氯定位的可购买的喹啉 **127** 锂化反应发生在 C-3，与甲醛反应生成主要产物醇 **128**[15]。与 PBr_3 反应，Br 取代 OH 和 Cl 生成 **125**。

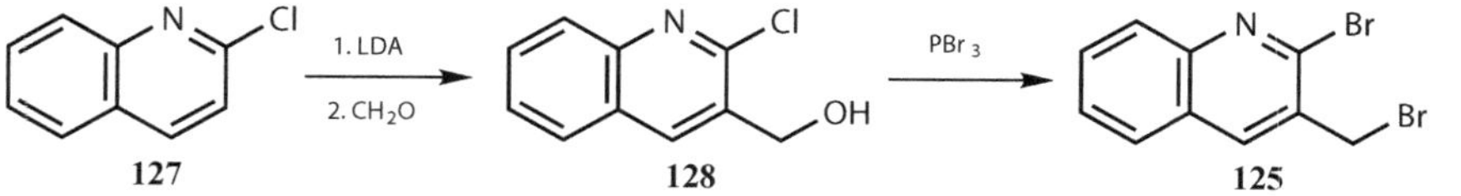

取代的吡啶 **122** 与 BuLi 发生 I/Li 的交换：生成的锂化物与丙醛衍生并氧化

生成酮 **130**，相当于杂环 Friedel-Cafts 反应。最初存在并引发卤素摇摆由化合物 **120** 生成化合物 **121** 的氟原子现在可以水解生成吡啶酮 **126**。

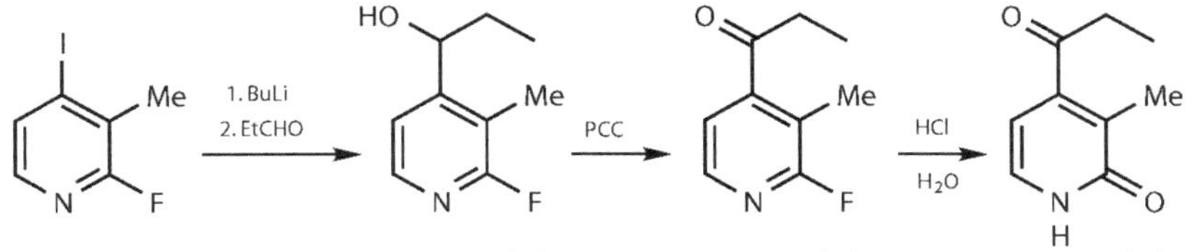

122 **129**; 84% 产率 **130**; 84% 产率 **126**; 92% 产率

喹啉衍生物 **125** 和吡啶酮 **126** 可以通过碱催化 S_N2 反应偶联。在结构上，吡啶酮阴离子确保进攻发生在氮原子上（第 35 章）。通过 Heck 反应关环[16]。

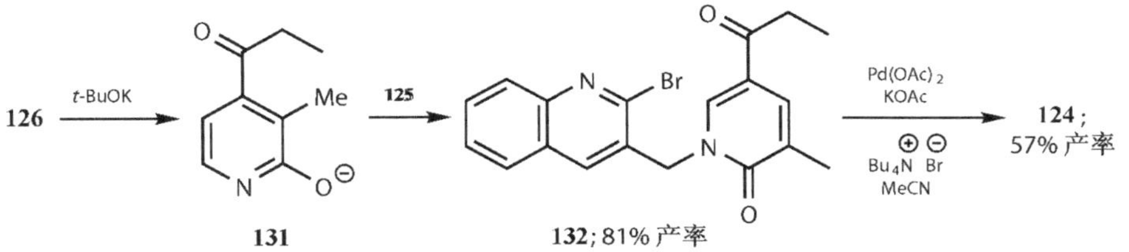

131 **132**; 81% 产率

（注：化合物 **132** 的丙酮基应该在吡啶环的 4-位而不是 5-位。）

串联双锂化反应

喜树碱的非对称合成

关联密切的喜树碱 **133** 更加复杂，因为它是手性的。它的相似物［抑拓扑酶素（topotecan）和依立替康（irinotecan）］被用作抗癌药物。因为这些物质仅仅是喹啉环上的取代基不同，所以合成光学纯的吡啶酮 **135** 是非常重要的。

Comins 对 **135** 的合成采用了独创的双锂化策略。2-甲氧基吡啶 **137** 用受阻的锂试剂 2，4，6-三甲基苯基锂 **136** 生成纯净的邻位锂化物 **138**。加入 Me_2NCHO 会生成 3-取代醛，但是 Comins 使用 *N*-甲酰二胺 **139**，生成醇锂盐 **140**。

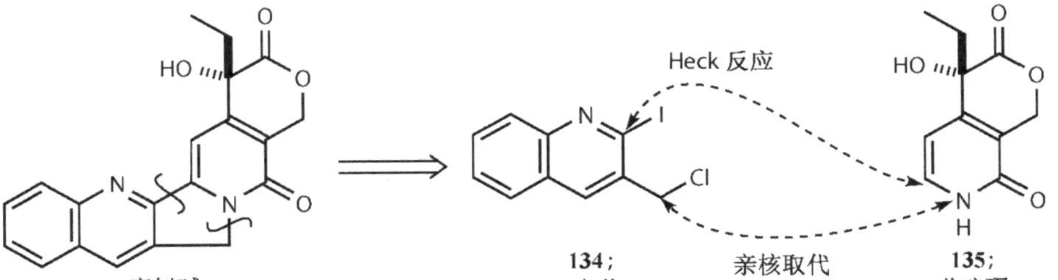

133; (*S*)-喜树碱 **134**; 喹啉 **135**; 吡啶酮

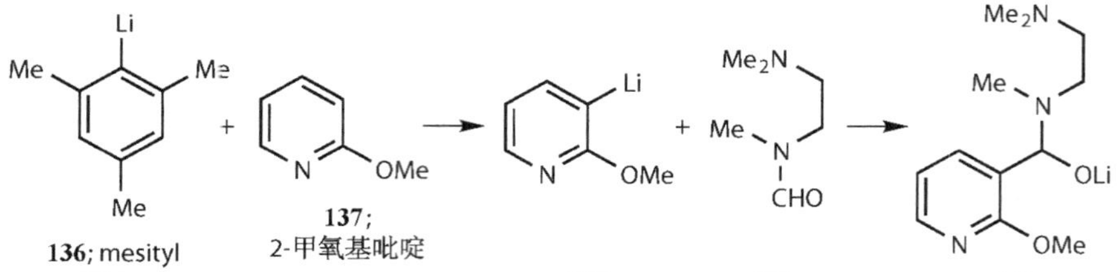

136; mesityl -lithium　**137**; 2-甲氧基吡啶　**138**　**139**　**140**

BuLi 与化合物 **140** 通过二胺的螯合作用导向在 C-4 反应，生成化合物 **141**。再通过与碘反应，消除，脱甲基和缩醛化生成化合物 **143**，自 **137** 起以合理的总产率得到 **143**。

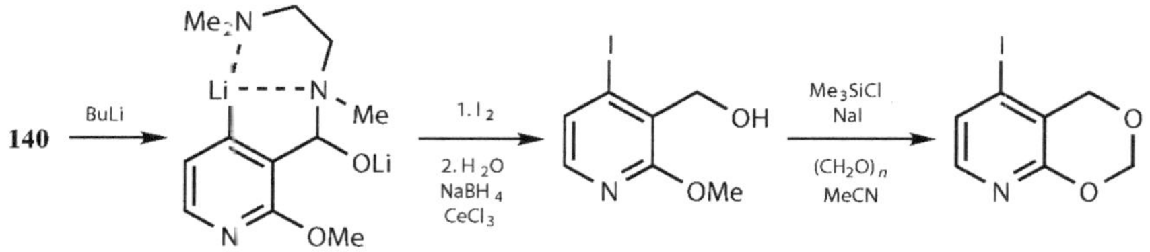

141　**142**; 46% 产率　**143**; 87% 产率

2-丁酮酸 TCC 酯 **145** 与（底物策略，见第 27 章）对 **143** 的锂化衍生物发生不对称加成，通过 I/Li 交换生成的生成醇盐 **144**，再酸解生产吡啶酮[17] **135**。与喹啉 **134** 的偶联与化合物 **124** 合成中应用的 S_N2-Heck 过程相同。

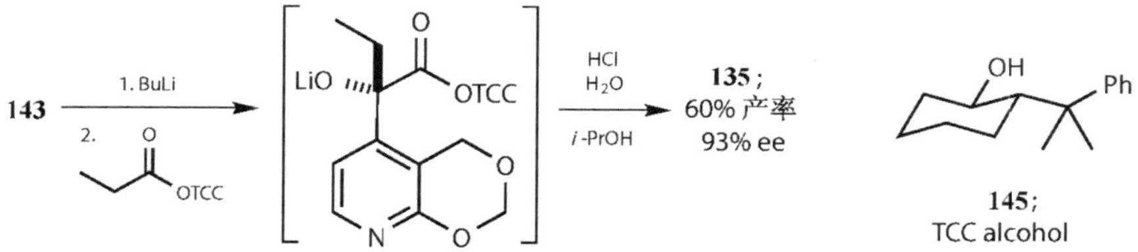

144　**145**; TCC alcohol

N-氧代吡啶的锂化串联与亲核取代

我们已经知道吡啶上 N-氧如何被用来促进 C-2，4，6 位的亲电氧化。它们也可以促进邻位锂化反应和亲核取代，使它们成为非常通用的中间体。举一个很好的例子——Quéguiner 的抗生素青蓝霉素的合成。2，2′-联吡啶，经常被用作配体和很多金属配位，非常容易氧化生成一氧化物 **146**。合成从两个亲电取代反应开始，锂化发生在 N-氧的邻位：BrCN 猝灭后高产率生成溴化物 **147**，而普通的亲电取代发生在 N-氧的间位或对位。

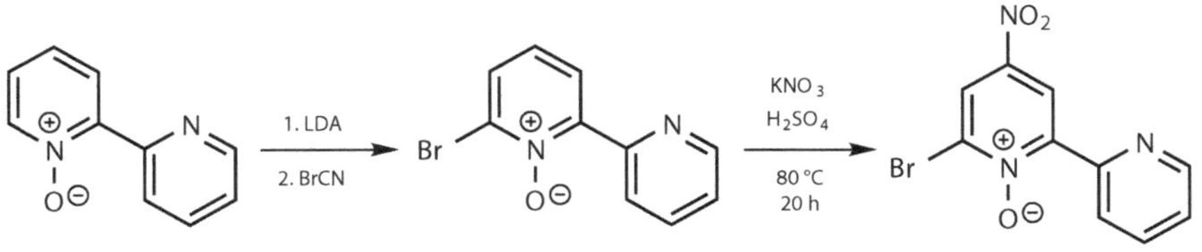

146 **147**; 70% 产率 **148**; 66% 产率

下一个亲核取代反应：甲氧基取代一个不太好的离去基团亚硝基生成 **149**。用 PBr_3 脱去 *N*-氧，与 MeZnCl 发生 Negishi 偶联构成青蓝霉素[18] **151** 的骨架。用 SeO_2 或者硒代亚磺酸酐将甲基氧化成醛基生成青蓝霉素 E：它的肟是青蓝霉素 A。

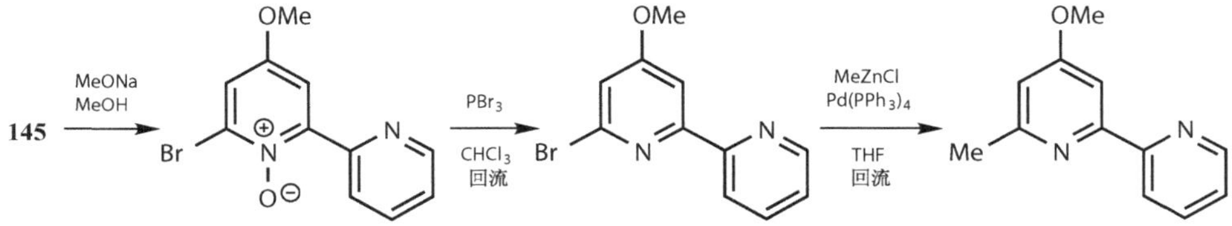

149; 84% 产率 **150**; 90% 产率 **151**; 90% 产率

有限的应用直接取代反应结合卤素/锂交换或者邻位锂化反应可以合成各种取代的吡啶和喹啉。如果氮上有氧取代，使用范围会更广。亲核取代反应把这类反应扩展得更广泛。下一章中，我们将会看到亲电性的氧也可以加到吡啶上。仔细观察会发现，我们还将讲如何合成 3-取代的吡啶，这个问题将在下一章中解决。

第三部分——令人惊奇的成功的直接的亲电取代反应

如同在奥美拉唑[19]和青蓝霉素[20]的合成中，氮氧化物有一系列的作用，可以用来构建其他的官能团。只有 4-取代的吡啶可以由 *N*-氧代物生成：3-位取代的异构体可以通过一些直接亲电取代生成，尽管不能很快清楚为什么反应可以发生。在硫酸环境中，直接的磺化和溴化反应效果很好，高产率的生成 3-位取代的磺酸 **152** 和 3-位取代的溴化物 **153**。

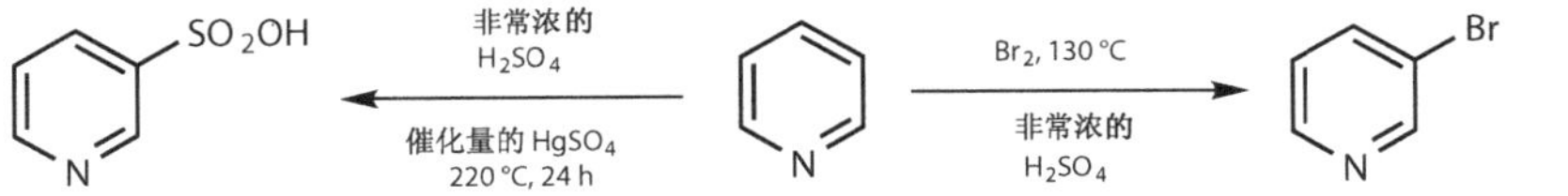

152; 70% 产率 **153**; 86% 产率

很奇怪，反应在非常强的酸性环境中发生，而此时吡啶是完全质子化的。可以提示的是，“强硫酸”是通过向浓硫酸加 SO_3 制备的。另外一个重要的反应，吡啶和 $SOCl_2$ 反应生成双吡啶盐[21] **158**。开始的亲电取代发生在氮上 **154**，接着第二个吡啶进攻 4-位发生亲核取代 **155**。失去质子 **158**，接着第一个吡啶再芳香化，剩余的 $SOCl_2$ 必须通过生成 SO（?）和氯离子消除。

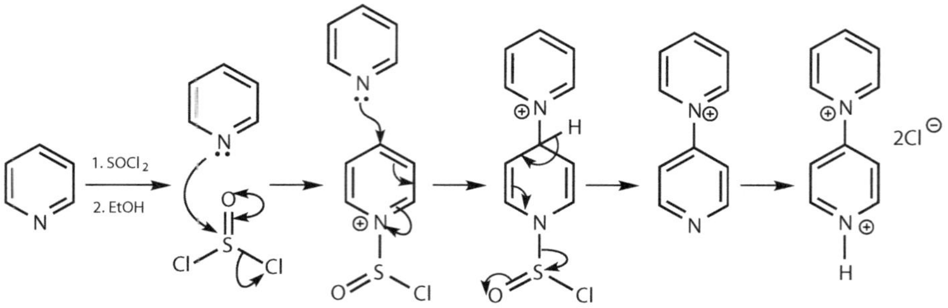

154 **155** **156** **157** **158**

最终产物 **158** 很有用，因为吡啶盐基团可以被亲核基团取代。一个重要的例子是与 DMF 的反应生成[22]酰化催化剂 DMAP（发音“D-map”，4-二甲氨基吡啶）**159**，推测可能是 CO 和 HCl。

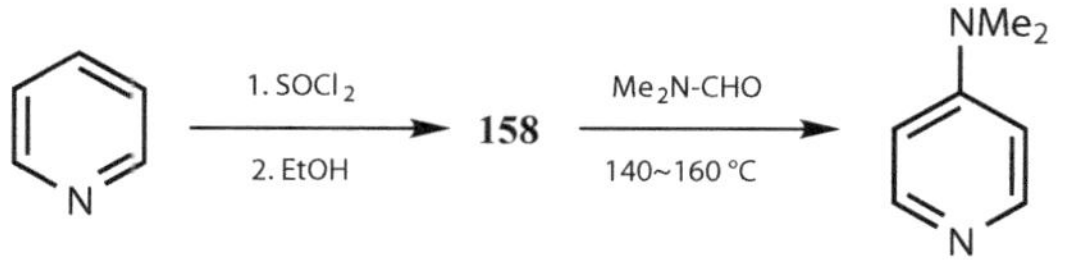

159；
4-二甲氨基吡啶

如果二盐 **158** 在水中可以与亚硫酸钠（Na_2SO_3）反应，芳香取代反应 **160** 生成吡啶-4-磺酸钠盐 **162** 或者酸化后生成磺酸 **163**。这些反应都是在氮上先发生亲核取代再发生亲电取代。

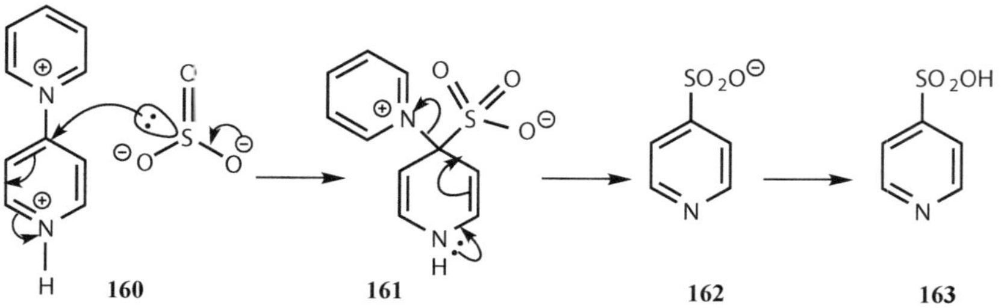

160 **161** **162** **163**

本章中许多反应的产物，如 **152**，**153** 和 **163**，看起来好像是通过吡啶环直接的亲电取代生成的，其实不然，下一章中我们将探究在反应中真正起作用的亲电取代反应。

第四部分——成功的吡啶硝基化反应

现在，我们要接触一类成功的，通过间接过程在吡啶 3-取代的硝基化反应[23]。使用试剂是 N_2O_5，一种“含氮的酸酐”，白色透明固体 **164**，在极性溶剂（如硝基甲烷）中电离产生 NO_2^+ 和 NO_3^-。极性溶剂中 N_2O_5 与吡啶混合，再与亚硫酸盐（SO_2，Na_2SO_3 或者 $NaHSO_3$）作用高产率的生成 3-硝基吡啶 **165**。与先前的方法相比差别不是很大，与直接硝基化的最高产率相差 5%——以上生成 3-硝基吡啶反应的产率是 77%。

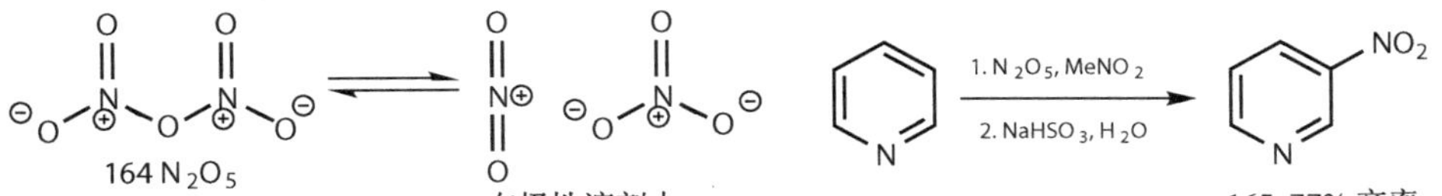

165; 77% 产率

苯环上发生反应要比吡啶容易，可以通过 4-苯基吡啶在以下两种情况的硝基化反应来说明。传统的硝基化反应仅仅发生在苯环上 **166**，环上的吡啶环相当于一个间位定位基。吡啶环与 N_2O_5 在 3-位发生硝化反应生成 **168**。

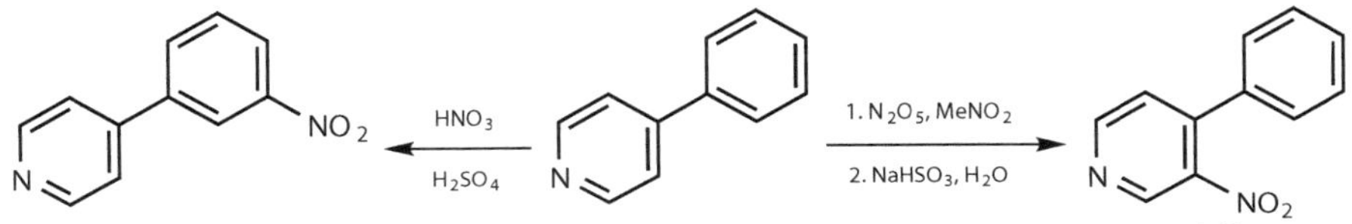

166 **167** **168**

你可能已经部分猜出在本章开始部分到底发生了什么。发生在氮和 *N*-氮吡啶盐 **169** 上的亲电反应是第一步反应的产物。如果反应在低温下进行，吡啶盐可以被分离出来[24]，与氟硼酸盐 **11** 类似。亚硫酸氢盐离子的作用是亲核试剂。2-与 4-位的反应是可逆的，但是前一个反应的中间体 **171** 会进一步反应生成最终产物 **165**。如果亚硫酸氢盐离子在重水中与盐 **169** 反应，在 NMR 中可以看到化合物 **171** 的质子峰。你肯定已经猜到亚硫酸氢盐的作用就是作为亲核试剂，但接下来会发生什么呢？

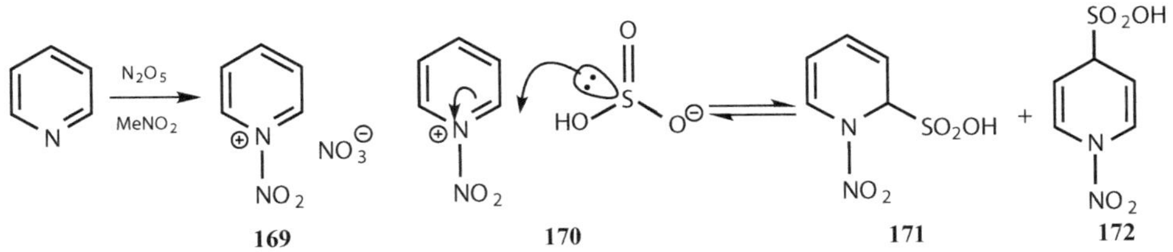

169 **170** **171** **172**

化合物 **171** 中硝基与吡啶氮之间的 N—N 键是弱的 σ 键，有利于转变为键能更强的 C—N 键。通过中间体 **172** 不能轻易地生成，但是中间体 **171** 可以通过 [1，5]-NO_2 迁移生成 **173**。化合物 **174** 消去亚硫酸氢根生成产物 **165**。

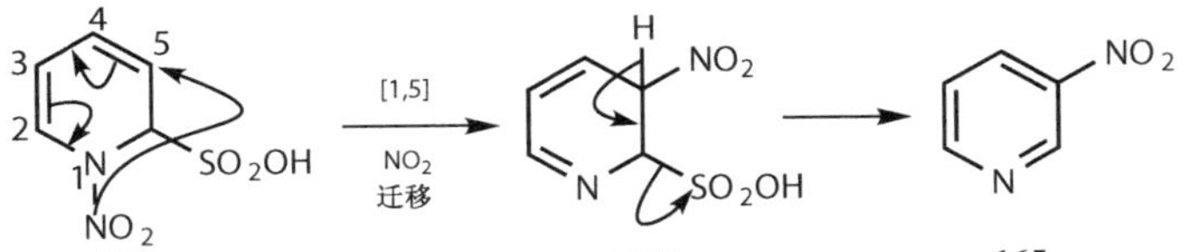

173 **174** **165**

[1，5]-σ 迁移看起来可能不那么熟悉，你应该将它和环戊二烯化学中熟悉的 [1，5]-迁移反应对比来分析。反应中硝基从环面的一侧穿过化合物 **173** 离域 π 键的间隙，与许多吡唑硝化经历类似的 σ 键迁移过程。如果硝化反应起初发生在化合物 **14** 的氮上，硝基可以迁移到 C 上生成 **175**（或者迁移到其他氮原子上），通过 [1，5]-NO_2 迁移生成 **176**，再通过 [1，5]-H 迁移生成 **177**。甚至吡唑的互变异构，如 **177** 与 **178** 的互变，也可以看做是 [1，5]-H 迁移[25]。

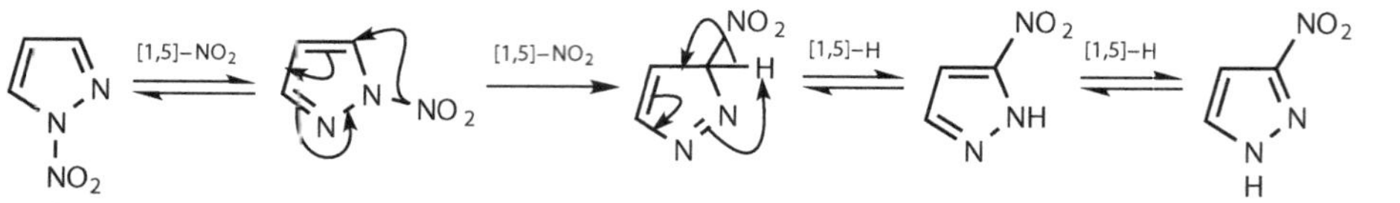

这个机理通过 **173** 与 **174** 解释了很多令我们困惑的问题。4-酰基吡啶的硝化反应通过亲电反应可以有高产率。4-位羰基的存在可以加速 $NaHSO_3$ 的亲核加成（**181** 到 **182**）与 [1，5]-迁移（**182** 到 **183**）。

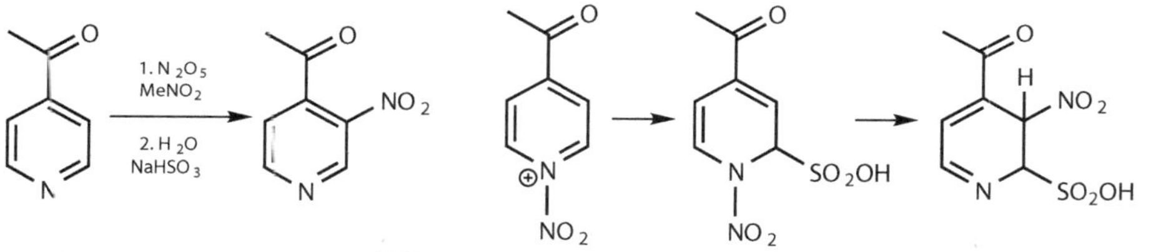

3-酰基吡啶 **86** 没有反应发生[26]。面对这种类型的化合物，我们已经知道羰基和氮原子之间发生亲核反应，通过 [1，5]-NO_2 迁移生成 **186** 和 **187**，但不能发生亚硫酸氢根的消除。

这项研究开创了一个非常重要的领域。

- 简单的 3-硝基吡啶以及通过还原得到的 3-氨基吡啶现在可以制备作为起始原料。
- 吡啶环和苯环上的硝基化反应可以化学选择性的控制在任意一个环上发生。

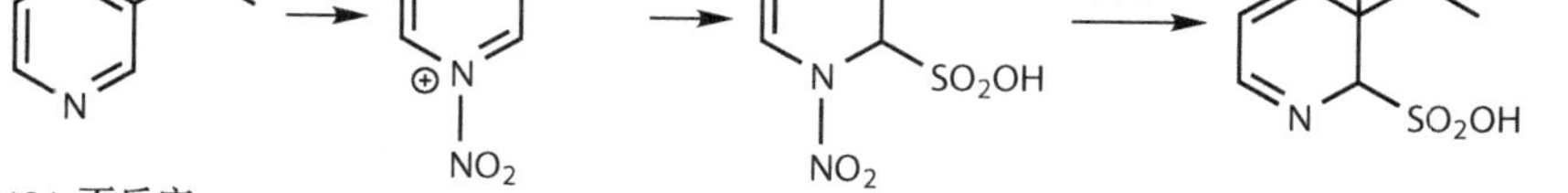

很明显，将来会有很多关键的试剂的应用，如 N_2O_5 可以由 N_2O_4 和硝酸

100t 规模工业生产。

吡啶的磺化

一些反应可能看起来像普通的亲电取代反应，可实际上是按其他机理进行的。辉瑞公司伟哥 **188** 中片段 **190**[27] 合成中 2-羟基烟碱酸的磺化就是一个很好的例子。

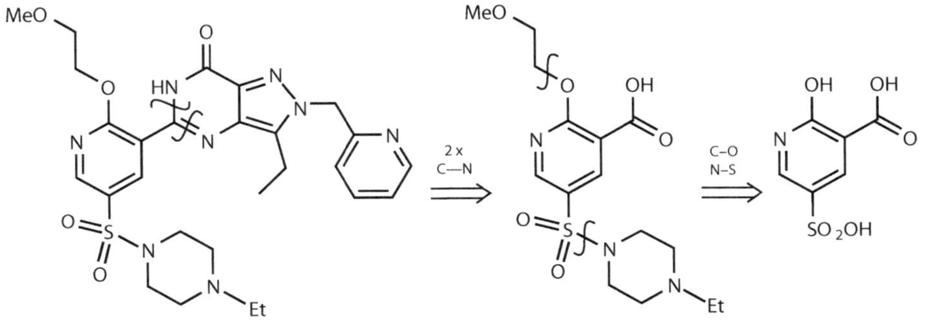

188; Pfizer 's UK-357,903　　**189**　　**190**

2-羟基烟碱酸与硫酸不发生磺化反应，但是与 30% 的发烟硫酸——硫酸中含有 30% 过量的 SO_3——可以 90% 产率生成 **190**。这个反应更容易发生在氮上得到 **192**，亲核加成生成 **193**，[1，5]-迁移生成 **194**，消除后生成 **190**。注意 **192** 在 CO_2H 和 N 之间的位置被 OH 占据，所以加成反应发生在另一侧，可以与 **184** 对照。这个化合物将在第 33 章中讨论。

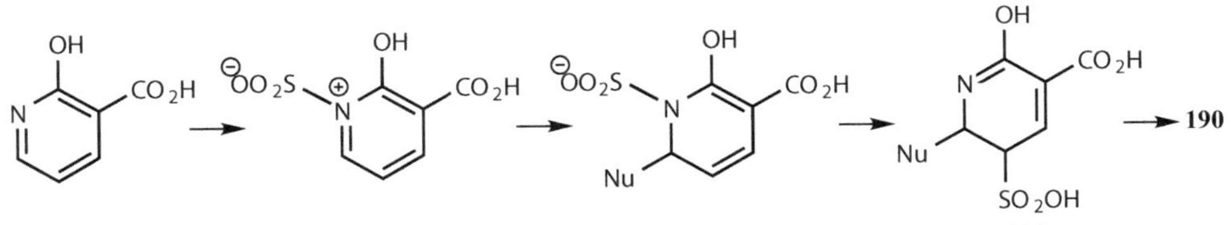

191　　**192**　　**193**　　**194**

通过替代亲核芳香取代扩展

替代性亲核取代反应是自身带有离去基团在芳香环未取代位置的亲核加成反应。自 Bakke 硝化制备 3-硝基吡啶的反应，胺 X—NH_2 的亲核反应——X 为离去基团——在未取代位的反应成为可能[28]。羟胺就是这一类亲核反应。进攻位点靠近氮原子，但是在硝基的对位 **195**。脱水生成 **196**，阴离子 **197** 的亚胺质子化生成胺 **198**。碱（最好是 KOH）是必需的，R 基团可以是 H，Alk 或者 Ar。

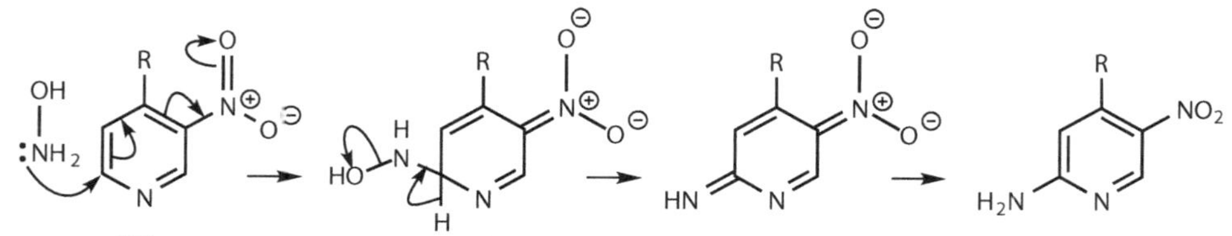

195　196　197　198

另一种亲核试剂是氨基三唑 **200**，在某些条件下效果更好，特别是与异喹啉 **199** 的反应。氨化仍然发生在 **201** 硝基的对位。

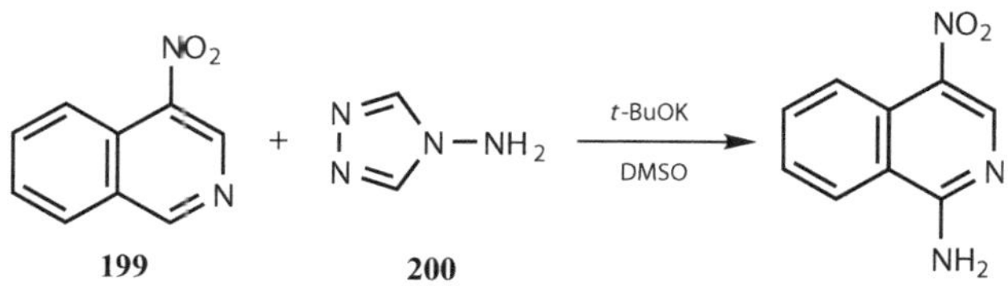

201; 65% 产率

199　200

咪唑[4，5-*c*]并吡啶的合成

另一方面，如果可以在硝基的邻位引入一个氨基，**202** 或者 **203** 可以发生还原反应，成为合成杂环的原料。像从二氨基吡啶 **204** 合成咪唑并[4，5-*c*]吡啶 **205** 就是很好的例子。

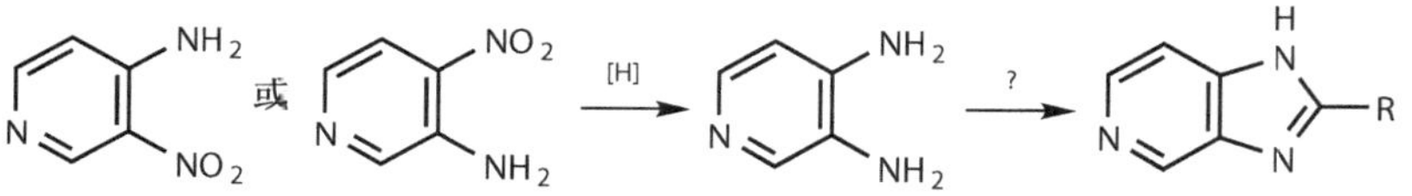

202　203　204　205

我们已知从 4-羟基吡啶 **207** 硝化开始合成 3，4-二氨基吡啶 **204** [29]。这个反应非常困难，因为给电子基团 OH 的存在使得主要以吡啶酮 **206** 的形式存在。不过在发烟硝酸和硫酸混合酸的作用下仍然以达到 74% 的产率生成 **208**。

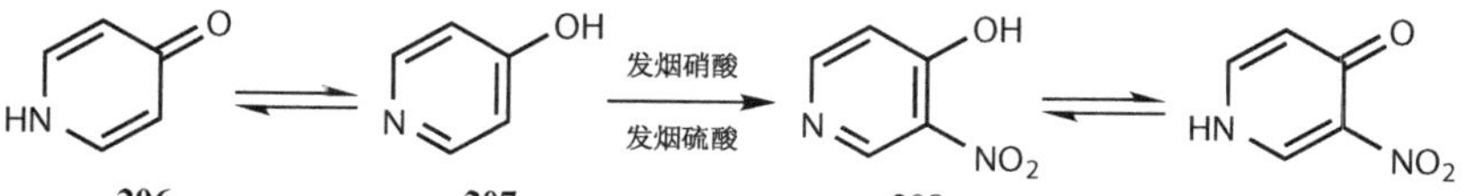

206　207　208　209

产物 **208** 可能只占一半，或者以吡啶酮 **209** 的形式为主，在一定条件下它们可以与 $POCl_3$ 反应生成氯取代的化合物 **210**，接着发生胺的亲核取代，如苯胺，还原生成二胺 **212**，消除苯胺生成 **204**。

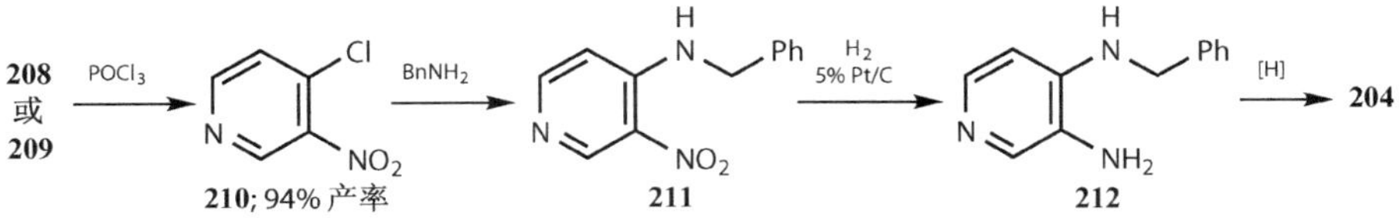

另一种方法[30]使用 4-氨基吡啶 **213** 硝化生成不稳定的 **214**，受热重排得硝基化合物 **202**，还原高产率生成 **204**。

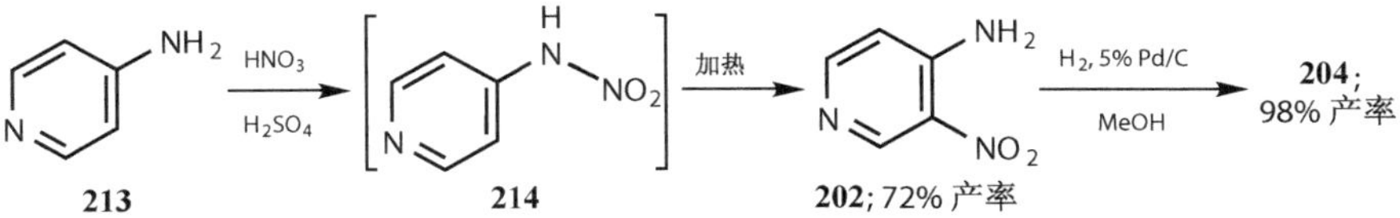

以上任何一种方法都不适合大量生成，但是经过重要修饰的 Bakke 方法[31]可以很好地完成。**213** 中的氨基可以被保护成 **215** 中的氨基化合物阻止生成 **214**，接着硝化、还原生成 **217**（半保护 **204**）。

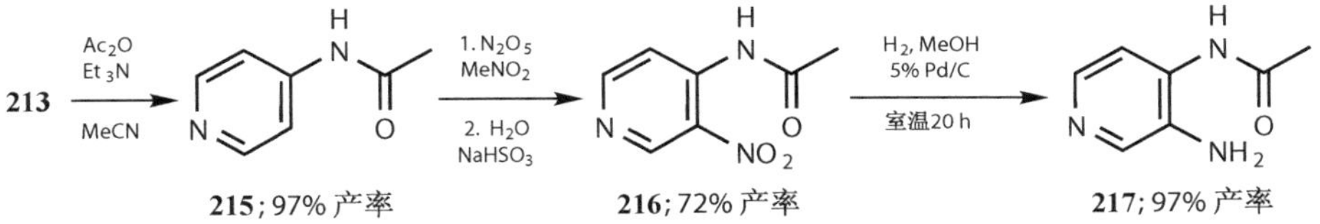

如果需要二氨基化合物 **204**，只要将氨化物 **217** 水解即可。如果需要更感兴趣的咪唑基吡啶 **205**，在酸性条件下催化氨基进攻羰基环合生成咪唑 **205**。如果想改变 R 基团，**213** 酰化时只要使用相应的酸酐即可。

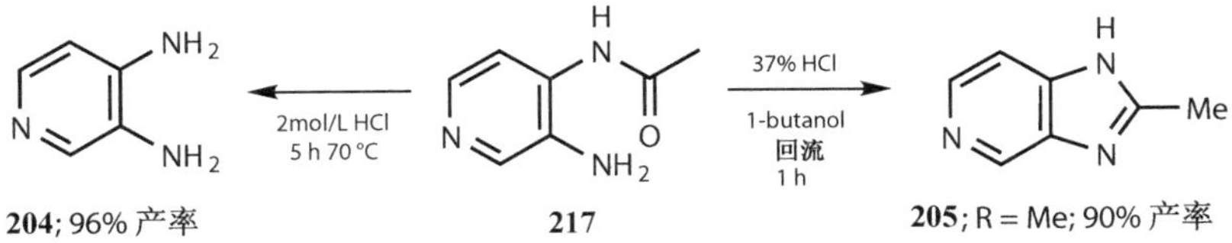

先前的合成[29]止于半保护的二胺 **212**。氮上的苄基可以氢化消去生成 **204**，**212** 在酸酐的催化成环生成 **218**，**205** 部分保护的产物。

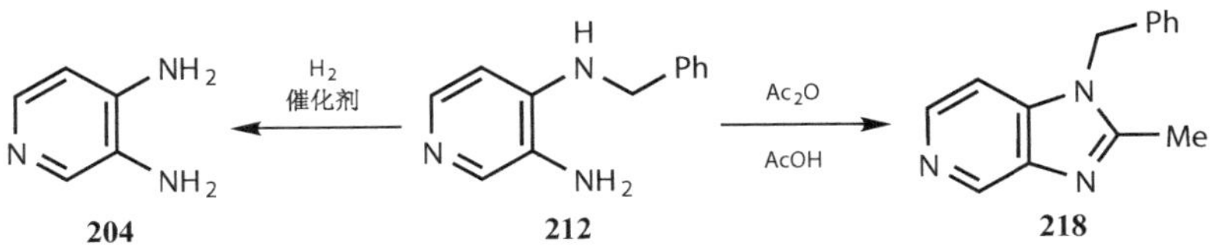

从这些化合物合成的典型分子，即艾伯特实验室的抗血小板凝结因子 **219**[32]。这个咪唑并吡唑就是我们讨论过的，只要将另外复杂的分子加到两个氮

原子中的一个就可以了，注意不能是另一个。

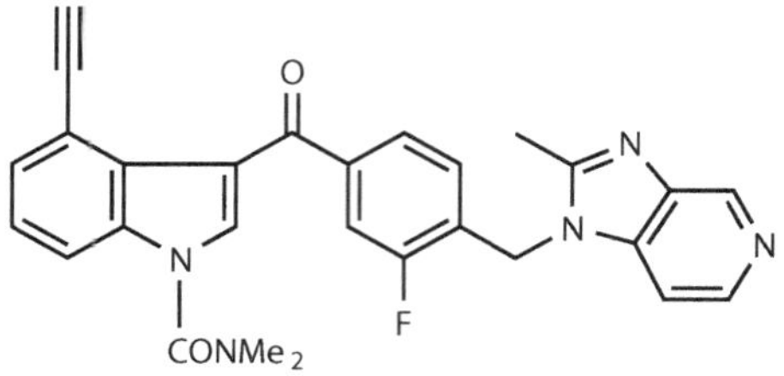

219；
ABT-**491**
（艾伯特实验室）

全合成始于苯甲酰氯 **220** 和吲哚 **221** 的 Friedel-Crafts 反应。通过与重氮化合物 S_N2 反应和 Ph_3P 的还原，**222** 中的氯原子被氨基取代。与氯取代吡啶 **224** 发生亲核取代生成中间体 **225**，解决了两部分的偶联问题。反应所需要的仅仅是合适的硝基吡啶，可以通过 4-氯吡啶 Bakke 硝化制取。通过还原、乙酰化关咪唑环，Sonigashira 偶联插入炔基。这是一个令人印象深刻的简短的、收敛的合成反应，只包括一个保护基——炔基上的 Me_3Si。

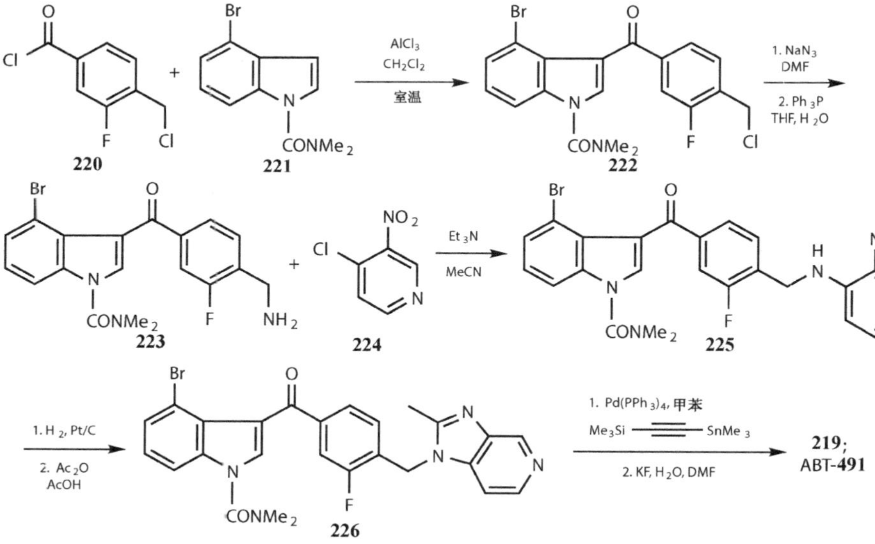

第五部分——应用

在本章中我们要讨论前面章节中提到的不同方法合成取代吡啶，以及这些方法在合成药物分子中的巨大应用。

贝尔抗癌药物 BAY43-9006

相对简单的化合物 **231** 需要用前面提到的反应与 $SOCl_2$ 高产率的生成 4-氯吡啶甲酰氯，这个反应的优势是同时将酸变为酰氯。构造氨化物 **228**，接着二芳基

醚与异氰酸盐 **230** 偶联生成不对称尿素 **231**。这个大量反应适合工业生产[33]。

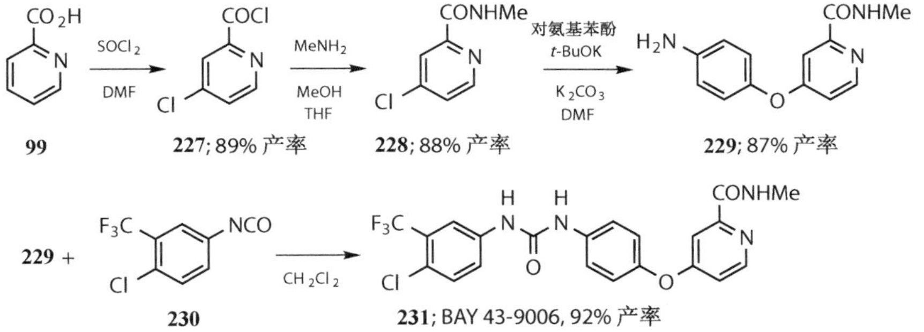

变性毒素类似物

这个杂环可能是吡啶、哒嗪、嘧啶（构型异构体），有机锌试剂 **233** 由溴化物制得，类似于 **234** 的六种化合物由 Negishi 偶联制备[34]。

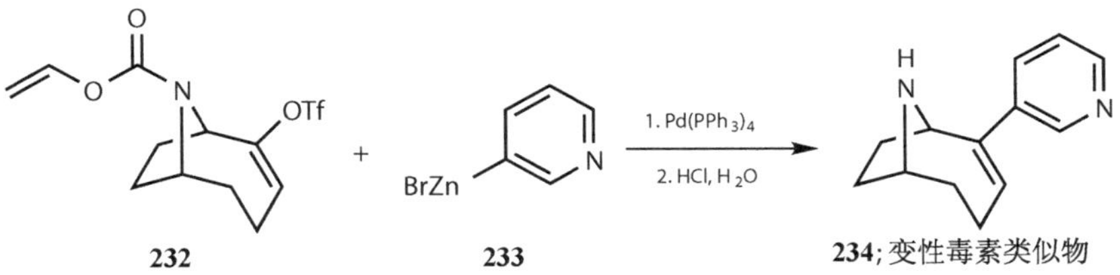

Epibatidine 类似物（戒烟药）

起始原料由活性吡啶 **235** 通过亲电、亲核加成制备，重要的硼酸 **238** 由锂化反应制备[35]。

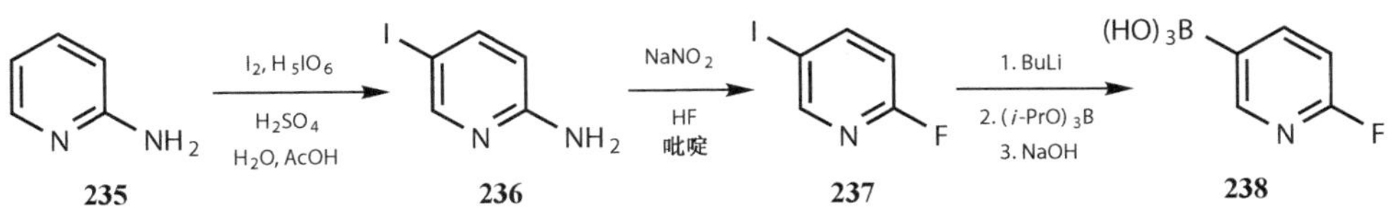

保护得酮 **239** 的三氟甲基磺酰物 **240**，与上述硼酸发生 Suzuki 偶联生成二环化合物 **241**，还原后生成 epibatidine 类似物 **242**。

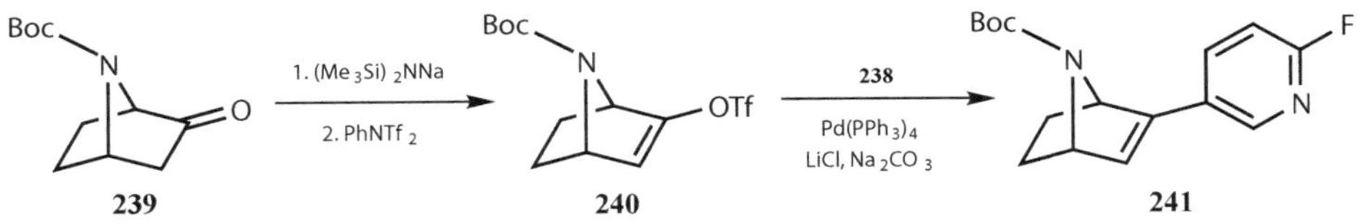

另外，**236** 与硼酸偶联生成 **242**，然后通过亲电取代和 Suzuki 偶联修饰制备这类类似物[36]。

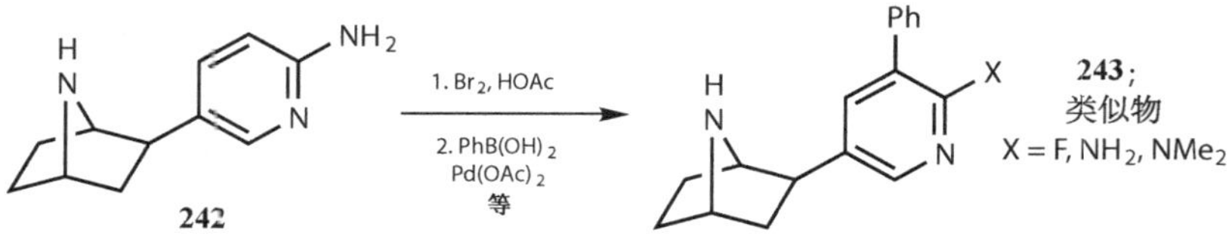

多环衍生物

化合物 **244** 经侧链锂化、取代、Mitsunobu 等反应，然后部分还原得到邻苯二甲酰亚胺 **247**，该化合物在酸性环境中与发生分子内亲电取代生成多环衍生物[37] **248**。4-Me 化合物区域选择性关环对位是 OMe 时有利。

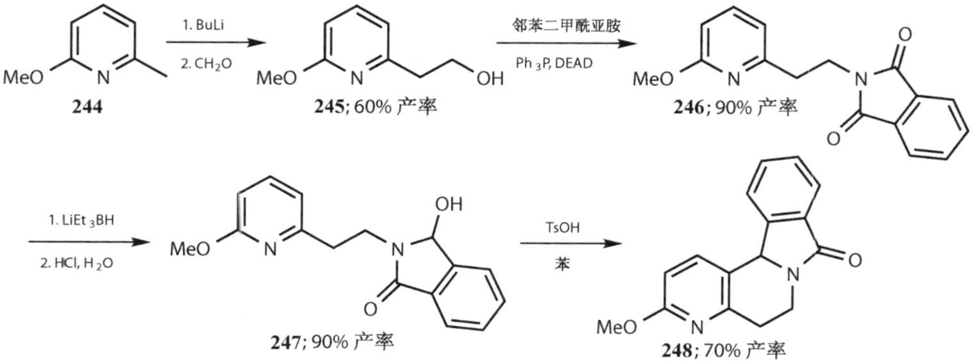

Katritzky 改进的 Bakke 硝基化反应

Bakke 程序的关键问题是 N_2O_5 的制备。Katritzky 小组通过在三氟乙酸酐和硝酸原位生成 N_2O_5 避免了这个问题。吡啶以 83%产率生成 **165**，比 Bakke 反应 77%的产率要好。取代的吡啶如 **249**（76%好于 15）和 251（80%好于 70）都有非常好的产率，要好于与 **249** 的反应。

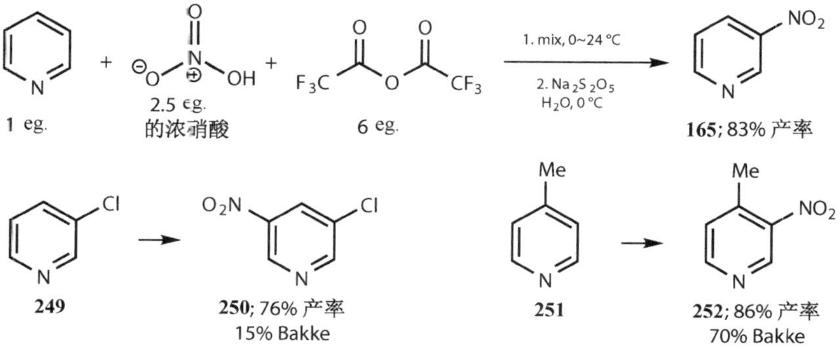

参考文献

一般性参考文献列于 946 页。

1. G. A. Olah, S. C. Narang, J. A. Olah, R. L. Pearson and C. A. Cupas, *J. Am. Chem. Soc.*, 1980, **102**, 3507.
2. G. A. Olah, S. C. Narang and A. P. Fung, *J. Org. Chem.*, 1981, **46**, 2706.
3. W. Orth, J. Engel, P. Ernig, G. Scheffer and H. Pohle, Ger. Pat., 3,608,762; *Chem. Abstr.*, 1987, **106**, 50057.
4. P. W. Sheldrake, L. C. Powling and P. K. Slaich, *J. Org. Chem.*, 1997, **62**, 3008.
5. D. G. Wishka, D. R. Graber, E. P. Seest, L. A. Dolak, F. Han, W. Watt and J. Morris, *J. Org. Chem.*, 1998, **63**, 7851.
6. S. Kawata, S. Ashizawa and M. Hirama, *J. Am. Chem. Soc.*, 1997, **119**, 12012.
7. E. C. Taylor and A. J. Crovetti, *J. Org. Chem.*, 1954, **19**, 1633; C. Hoffmann and A. Faure, *Bull. Soc. Chim. Fr.*, 1966, 2316.
8. Saunders, *Top Drugs*, chapter 5, page 37.
9. J. Clayden, *Lithium*, pages 61–70.
10. F. Mongin, F. Trécourt and G. Quéguiner, *Tetrahedron Lett.*, 1999, **40**, 5483.
11. A.-S. Rebstock, F. Mongin, F. Trécourt and G. Quéguiner, *Tetrahedron Lett.*, 2002, **43**, 767.
12. A. Turck, N. Plé, A. Leprêtre-Gaquère and G. Quéguiner, *Heterocycles*, 1998, **49**, 205.
13. N. Plé, A. Turck, F. Bardin and G. Quéguiner, *J. Heterocycl. Chem.*, 1992, **29**, 467.
14. P. Rocca, C. Cochennec, F. Marsais, L. Thomas-dit-Dumont, M. Mallet, A. Godard and G. Quéguiner, *J. Org. Chem.,* 1993, **58**, 7832.
15. D. L. Comins, M. F. Baevsky and H. Hong, *J. Am. Chem. Soc.,* 1992, **114**, 10971.
16. D. L. Comins and J. K. Saha, *J. Org. Chem.*, 1996, **61**, 9623.
17. D. L. Comins and J. M. Nolan, *Org. Lett.*, 2001, **3**, 4255; D. L. Comins and J. M. Salvador *J. Org. Chem.*, 1993, **58**, 4656.
18. F. Trécourt, B. Gervais, O. Mongin, C. Le Gal, F. Mongin and G. Quéguiner, *J. Org. Chem.*, 1998, **63**, 2892.
19. S. M. McElvain and M. A. Goese, *J. Am. Chem. Soc.*, 1943, **65**, 2233.
20. H. J. den Hertog, L. van der Does and C. A. Landheer, *Rec. Trav. Chim.*, 1962, **81**, 864.
21. R. F. Evans, H. C. Brown and H. C. van der Plas, *Org. Synth. Coll.*, 1973, **V**, 977.
22. G. Höfle, W. Steglich and H. Vorbrüggen, *Angew. Chem., Int. Ed.,* 1978, **17**, 569.
23. J. Bakke, I. Hegborn, E. Øvreeide and K. Aaby, *Acta Chem. Scand.*, 1994, **48**, 1001.
24. J. M. Bakke and E. Ranes, *J. Chem. Soc., Perkin Trans. 2*, 1997, 1919; J. M. Bakke, H. Svensen and E. Raines, *J. Chem. Soc., Perkin Trans. 2*, 1998, 2477.
25. J. W. A. M. Janssen, C. L. Habraken and R. Louw, *J. Org. Chem.*, 1976, **41**, 1758.
26. J. M. Bakke and E. Ranes, *Synthesis*, 1997, 281.
27. D. J. Dale, J. Draper, P. J. Dunn, M. L. Hughes, F. Hussain, P. C. Levett, G. B. Ward and A. S. Wood, *Org. Process Res. Dev.*, 2002, **6**, 767.
28. J. M. Bakke, H. Svensen and R. Trevisan, *J. Chem. Soc., Perkin Trans. 1*, 2001, 376.
29. G. C. Wright, *J. Heterocycl. Chem.*, 1976, **13**, 601 modified by D. M. Houston, E. K. Dolence, B. T. Keller, U. Patel-Thombre and R. T. Borchardt, *J. Med. Chem.*, 1985, **28**, 471; M. F. Reich, P. F. Fabio, V. J. Lee, N. A. Kuck and R. T. Testa, *J. Med. Chem.*, 1989, **32**, 2474.
30. H. Dvorakova, A. Holy, I. Votruba, and M. Masojidkova, *Coll. Czech. Chem. Commun.*, 1993, **58**, 629.
31. J. M. Bakke and J. Riha, *J. Heterocycl. Chem.*, 1999, **36**, 1143.
32. M. L. Curtin, S. K. Davidsen, H. R. Heyman, R. B. Garland, G. S. Sheppard, A. S. Florjancic, L. Xu, G. M. Carrera, D. H. Steinman, J. A. Trautmann, D. H. Albert, T. J. Magoc, P. Tapang, D. A. Rhein, R. G. Conway, G. Luo, J. F. Denissen, K. C. Marsh, D. W. Morgan and J. B. Summers, *J. Med. Chem.*, 1998, **41**, 74.
33. D. Bankston, J. Dumas, R. Natero, B. Reidl, M.-K. Monahan and R. Sibley, *Org. Process Res. Dev.*, 2002, **6**, 777.

34. C. G. V. Sharples, G. Karig, G. L. Simpson, J. A. Spencer, E. Wright, N. S. Millar, S. Wonnacott and T. Gallagher, *J. Med. Chem.*, 2002, **45**, 3235.
35. F. I. Carroll, F. Liang, H. A. Navarro, L. E. Brieaddy, P. Abraham, M. I. Damaj and B. R. Martin, *J. Med. Chem.*, 2001, **44**, 2229.
36. F. I. Carroll, J. R. Lee, H. A. Navarro, L. E. Brieaddy, P. Abraham, M. I. Damaj and B. R. Martin, *J. Med. Chem.*, 2001, **44**, 4039 and F. I. Carroll, J. R. Lee, H. A. Navarro, W. Ma, L. E. Brieaddy, P. Abraham, M. I. Damaj and B. R. Martin, *J. Med. Chem.*, 2002, **45**, 4755.
37. M. A. Brodney and A. Padwa, *Tetrahedron Lett.,* 1997, **38**, 6153.
38. A. R. Katritzky, E. F. V. Scriven, S. Majumder, R. G. Akhmedova, A. V. Vakulenko, N. G. Akhmedov, R. Murugan and K. A. Abboud, *Org. Biol. Chem.*, 2005, **3**, 538.

33 芳香化合物、烯醇及烯醇化合物的氧化

这一章讨论通过烯醇或烯醇化物将官能团加成到芳香环或羰基的反应，是对前面章节的修订和补充。

引言

本章内容是关于官能团功能的。它解决困难的亲电试剂（“RO^+”）与常见的亲核试剂的加成：芳香化合物，包括第 32 章中提到的吡啶以及烯醇和烯醇化合物。创造合适的试剂来控制化学、区域、立体选择性和不对称诱导中的困难也是重要的。

第一部分——苯环上氧的亲电取代

苯环 **1** 亲电取代反应的一个大的缺陷是没有简单的方法利用亲电试剂 **2** 引入氧。在 *Disconnection Textbook*（第 21 页）中建议起始原料 **3** 中要有氧原子存在，通过加成一个亲电试剂得到同样得到 **4**。

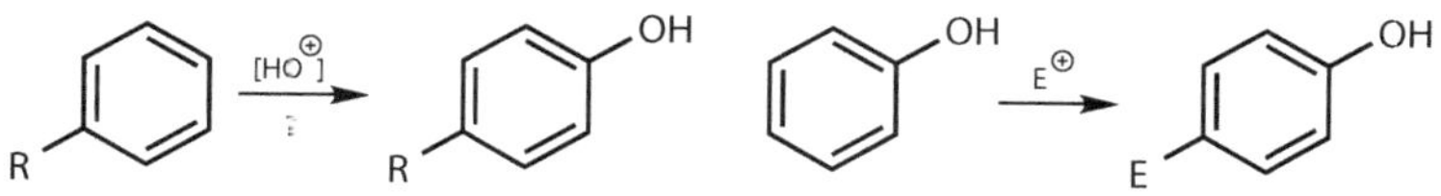

1 **2** **3** **4**

重氮化路径

传统的方法是经过硝基化、还原、重氮化、水解四步反应。尽管 OH 基团

是重氮盐 **7** 经过亲核取代生成的，但是氮原子最初是作为亲电的硝基（**5**）引入的。

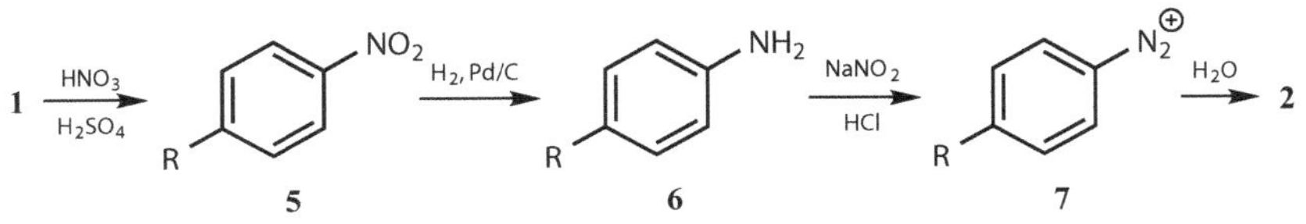

你可能以为一个表面看起来如此拖沓的反应也许没人使用，其实不然。在有关 epibatidine 生物活性物质的合成中，硝基吡啶 **9**（第 32 章中详细介绍过），可以转化为重要的中间体 **14**，通过消去已经存在的 OH 基团及重氮基团引入一个新的 OH 等一系列反应实现[1]。

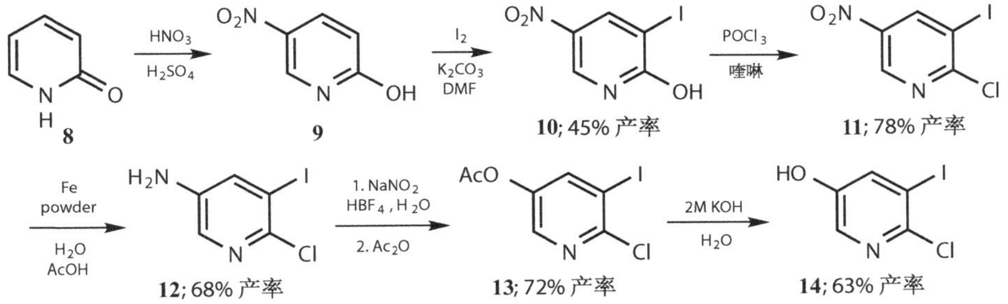

伟哥后续物的合成

上一章中伟哥后续物的大量合成是用吡啶 **23** 的短合成取代实验室中使用类似过程的多步合成。2-氨基吡啶 **15** 中氨基定位下直接磺化、溴化生成 **17**，然后氨基被 OH 取代生成 **18**。

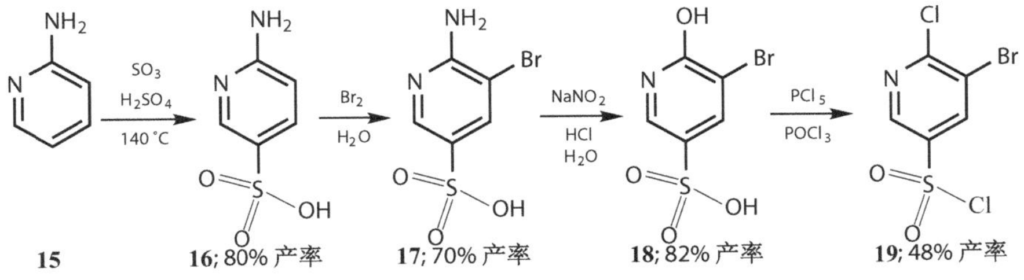

磺酸转化成磺酰氯 **19**，对于哌嗪氨化物 **20** 的形成是必要的，并将 OH 基团转化成 Cl，已经证明通过亲核取代引入 OEt 发生在 Pd(0)催化酰基合成羧酸 **23** 之前有利。这是一个总产率为 11%的八步反应[2]，包括一个与 CO 的危险高温反应。第 32 章中我们介绍了一个产率大于 50%的五步大量合成，可以将这两个反应对比来看。

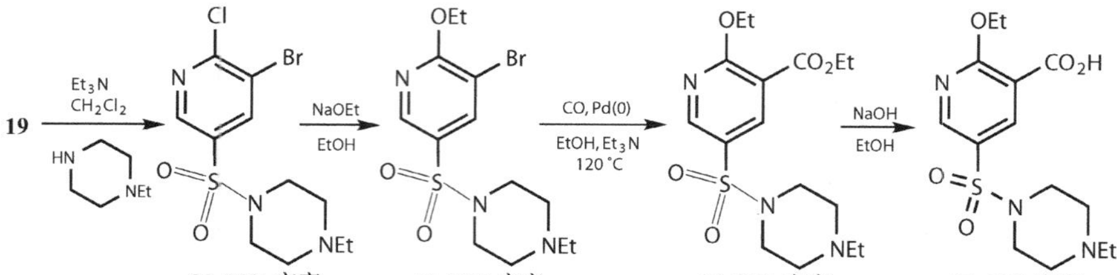

20; 90% 产率　**21**; 66% 产率　**22**; 95% 产率　**23**; 88% 产率

Friedel-Crafts 和 Baeyer-Villiger 路线

仅有的引入氧原子的简单方法是亲电取代反应，用 **1** 与乙酰氯发生 Friedel-Crafts 酰基化生成 **24**，然后与过氧酸进行 Baeyer-Villiger 氧化。芳香环比甲基优先迁移，产物 **25** 通过乙酰基的完全亲电取代区域选择性引入形成。

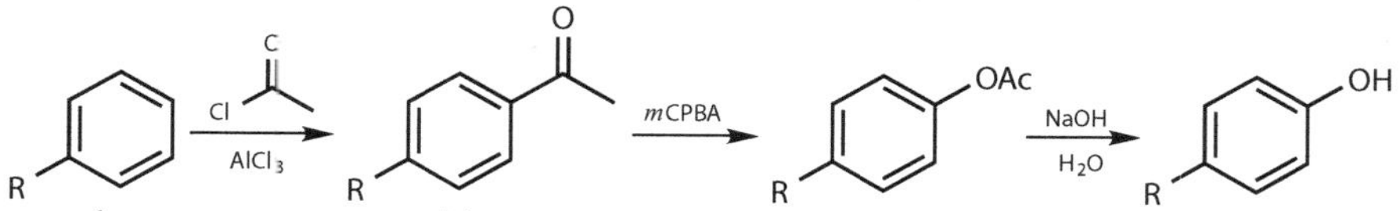

1　**24**　**25**　**26**

避免含氧的起始原料

当你准备制备复杂的芳香化合物时，通常你会被建议使用含有氧的起始原料（氧直接与苯环相连）。他们在合成地衣代谢物 dechlorolecideoidin **27** 时，McEwen 和 Sargent [3]选择了全取代苯 **29** 作为右侧环的前体。

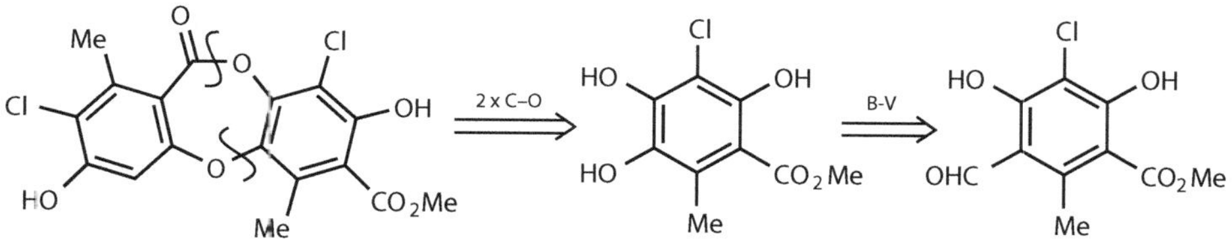

27; dechlorolecideoidin　**28**　**29**

接着切断氯得到 **30**，可以使用有两个氧原子的苔色酸甲酯 **31** 为易得的起始原料。区域选择性限制了 **31** 的甲酰化，这一步反应特别困难。

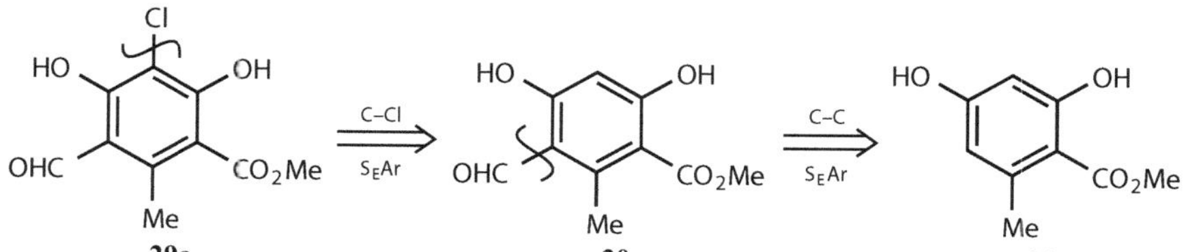

29a　**30**　**31**

苔色酸甲酯 **31** 的基团被不同的保护基保护然后甲酰化，用 $TiCl_4$ 脱去异丙基后生成 **33**。苄基化和氧化后生成安息香酸（**34**），不可思议地完成合成。

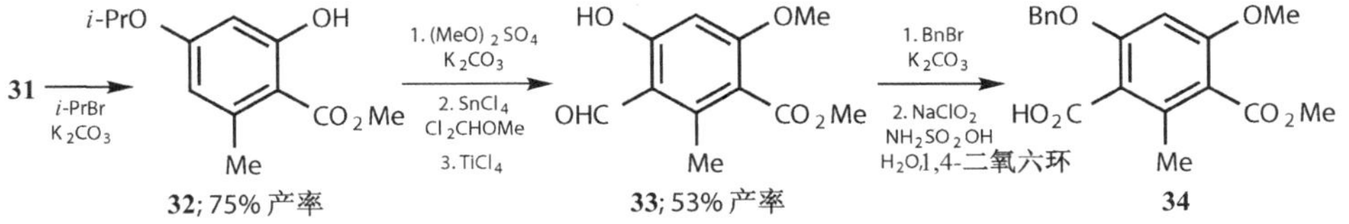

35 与 **34** 的 Friedel-Crafts 酰基化在三氟乙酸酐条件下进行，脱去苄基生成 **36**。最后的一个氧原子由一个 $K_3Fe(CN)_6$ 参与的有趣的氧化反应引入。螺旋内酯 **37** 在加热的条件下脱去 OMe 基团高产率生成 dechlorolecideoidin **27**。

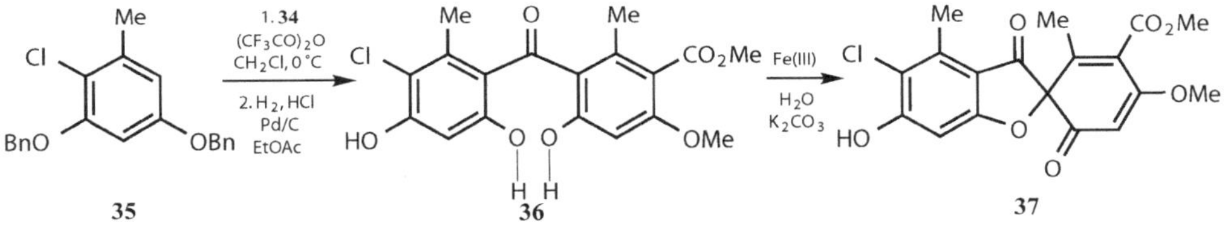

通过锂化及邻位锂化的氧化反应

也许现在通过芳环亲电取代的引入 OH 的最好方法是锂化、与溴酯反应再氧化[4]。这些溴化物与 Suzuki 偶联(第18章)中使用的是一样的，合成方法也类似。在这个例子中，锂化发生在三溴茴香醚(**39**)(容易通过茴香醚溴化或者苯酚制得)MeO 基团的邻位溴上，苯基锂(**39**)与三甲基硼酸盐反应生成硼酸酯(**40**)。最后用过氧酸比如过氧乙酸氧化。

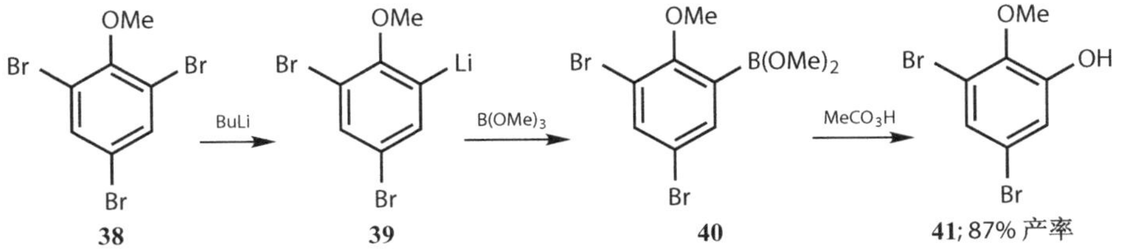

这步氧化反应与硼氢化后氧化制备醇(第17章)的反应相似，包括过氧基团中弱 O—O 断裂后芳基由 B 向 O 的迁移反应。这与 Baeyer-Villiger 氧化反应也很类似。硼酸的效果和酯一样好：PhMgBr 与 $B(OMe)_3$ 在 10%HCl 作用下以 78%的产率生成氧化的 $PhB(OH)_2$，而不是被 H_2O_2 氧化生成苯酚[5]。

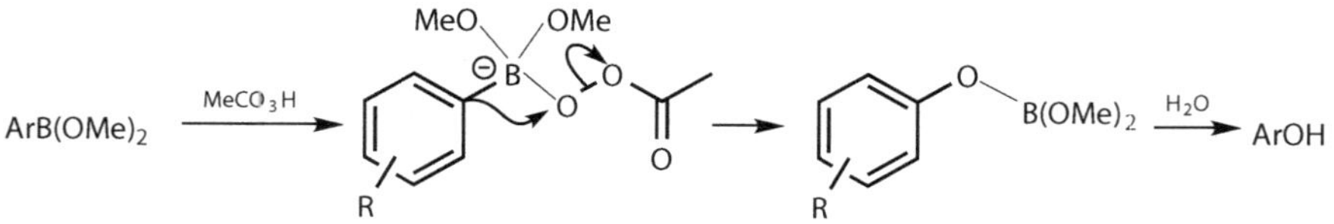

邻位锂化的吡啶羟基化

为进行吡啶亲电取代的邻位锂化反应的本质将在最后一章讨论。现在我们要介绍更多使用硼间接氧化的有效方法。青蓝霉素合成就是一个邻位锂化反应控制的有效例子。吡啶 **42** 在 2-位发生锂化，因为酰胺是比醚基更强的邻位定位基。Zn 衍生物与 2-溴吡啶发生 Negishi 偶联高产率生成二吡啶（**43**）。第二次邻位锂化一定发生在 5-位，然后发生溴化生成 **44**。

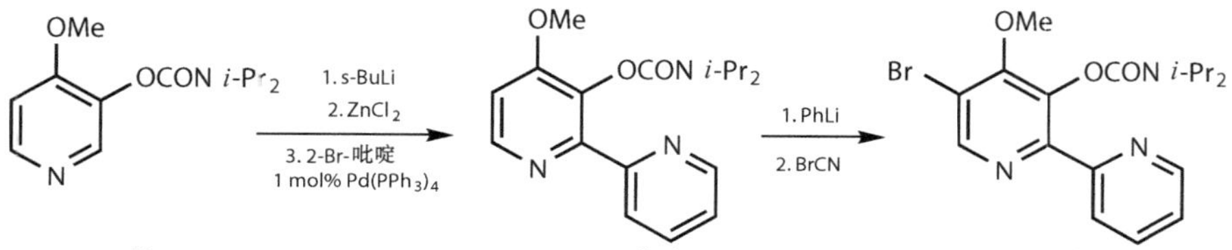

42　　**43**; 77% 产率　　**44**; 81% 产率

44 用 BuLi 处理会发生 Br/Li 的交换，但是与 LDA 反应，锂始终位于 **45** 环上的固定位置（C-6），接着卤素摇摆（第 32 章），锂迁移到 OMe 的邻位生成更稳定的衍生物 **46**。质子化生成 **47**，产率较高[6]。

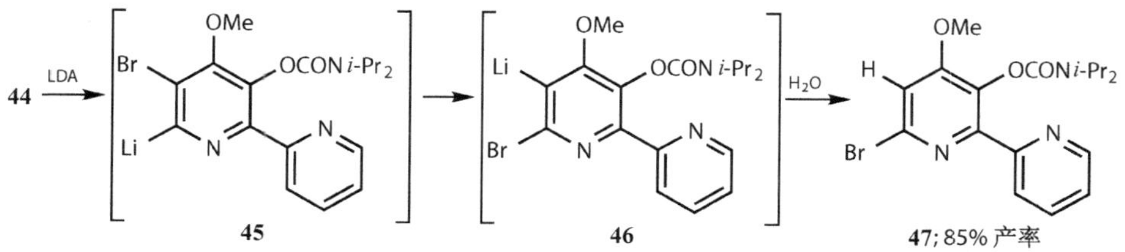

45　　**46**　　**47**; 85% 产率

为了完成青蓝霉素 C 的合成，高效的二次 Negishi 偶联生成 **48**，再氧化成醛，再生成肟，消去最先引入的邻位定位基酰胺。产物 **49** 的产率并不理想。

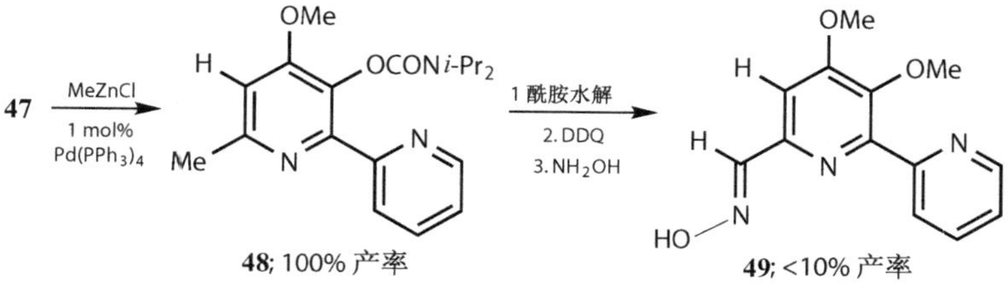

48; 100% 产率　　**49**; <10% 产率

成功的合成步骤用二碘吡啶（**50**）作起始原料，使用硼方法引入一个 OMe 基团。邻位锂化用大位阻试剂 LiTMP（四甲基胡椒酯锂）来防止 I/Li 交换，与硼酸盐反应、氧化生成吡啶酮（**51**）。羟基吡啶的互变异构体的甲基化生成 **52**，选择性的在一个 MeO 基团的邻位发生 I/Li 交换，Negishi 偶联生成双吡啶（**53**）。不同的地方在于第二次 I/Li 交换（BuLi-在这个条件下没有选择性），与 DMF 反应，构成肟，高产率生成青蓝霉素 C（**49**）[7]。

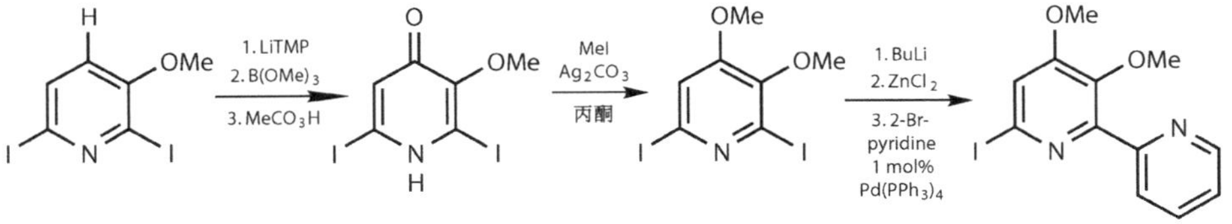

50　　**51**; 82% 产率　　**52**; 65% 产率　　**53**; 53% 产率

Atpenin B 的合成

这个策略最有戏剧性的例子是由 2-氯吡啶合成 atpenin（**54**），要在吡啶环上引入四个氧原子，其中三个是由亲电取代生成的。芳香亲电取代已经成为颇受偏爱的方法，已不是原来不可能实现的反应。第一步切断非常容易：烷基侧链（**56**）可以通过类似 Friedel-Crafts 酰基化或者两个邻位定位基之间的锂化加成到吡啶（**55**）上。这个合成发表在 *Clayden* 的封面上（*Organolithiums: Selectivity for Synthesis*，Pergamon，2002）。

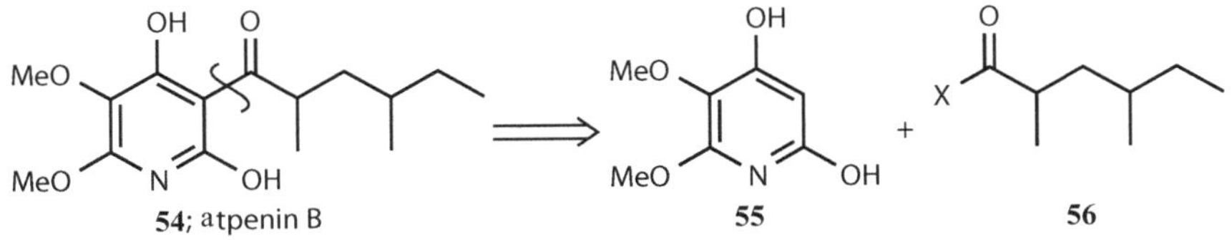

54; atpenin B　　**55**　　**56**

Quéguiner 和他的小组选择的“顺时针”合成策略是由 2-氯吡啶 **57** 开始顺次通过锂化、与硼酸酯反应依次引入 OH 基团。与 LDA 或者 PhLi 反应时，氯相当于一个邻位定位基（**58**），所以第一个 OH 很容易引入生成 **59**。甲基化、MeO^- 亲核取代生成二甲氧基化合物（**60**）。

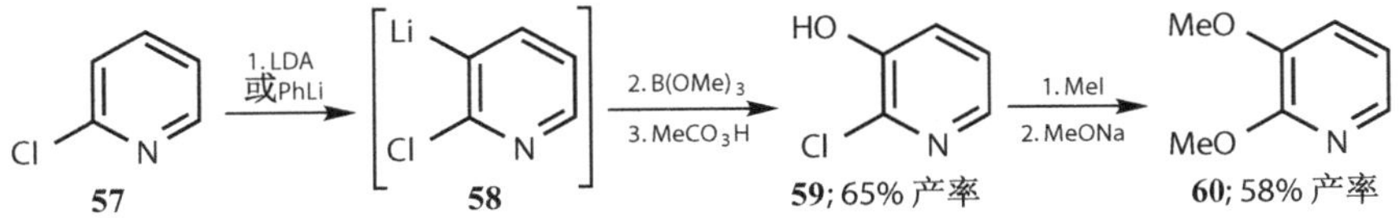

57　　**58**　　**59**; 65% 产率　　**60**; 58% 产率

第三个 OH 可以用同样的方法引入生成 **61**。下一步的反应很难，因为第四个 OH 基团不是环上相邻的原子。C-4 OH 基团必须转化成好的邻位定位基而不是通过 MeO——选择氨基甲酸酯化合物（**62**）——C-5 位必须被某个基团取代，在下一步反应中可以与 C-6 区别开来，选择得到溴代化合物（**63**）。

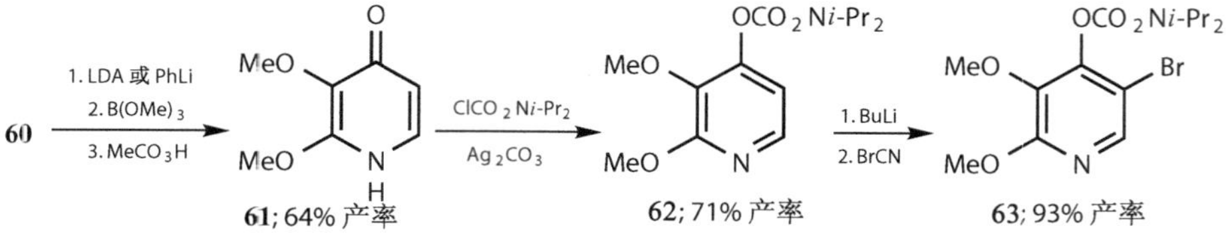

现在我们介绍最精彩的部分。**63** 与 LDA 的锂化发生在靠近 Br 的唯一的空位上，但是“卤素摇摆”（第 32 章）使 Br 与 Li 发生交换，所以 Li 迁移到靠近邻位定位基，生成氨基甲酸酯 **65**。与 EtOH 发生质子化生成 **66**，为引入第四个也就是最后一个 OH 做好了准备。

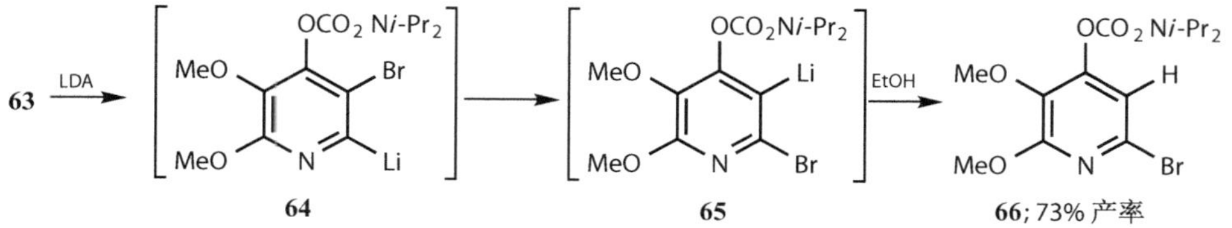

通过 Br/Li 交换与 BuLi 发生锂化反应，硼酸盐方法在 C-6 氧化引入 OH 基团生成 **67**。以不稳定的 2-甲硅烷醚的形式做快速保护，为最后的锂化和引入侧链做好准备。

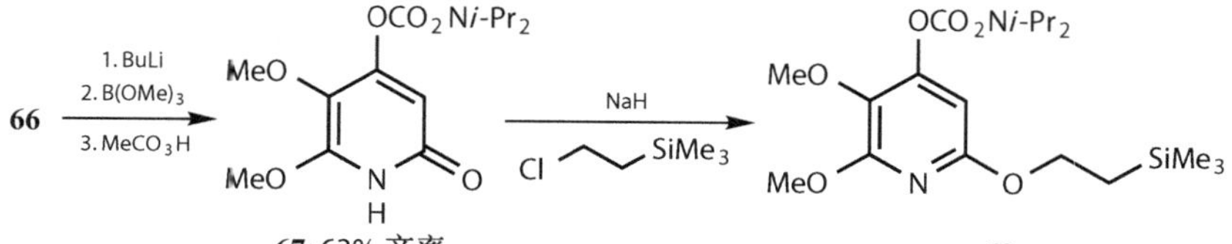

氨基甲酸酯促进了锂化反应的进行，接着与醛 **65** 反应，再氧化，这是引入酮的最好方法。最后消去两个保护基，高产率的生成 atpenin A **54**[8]。

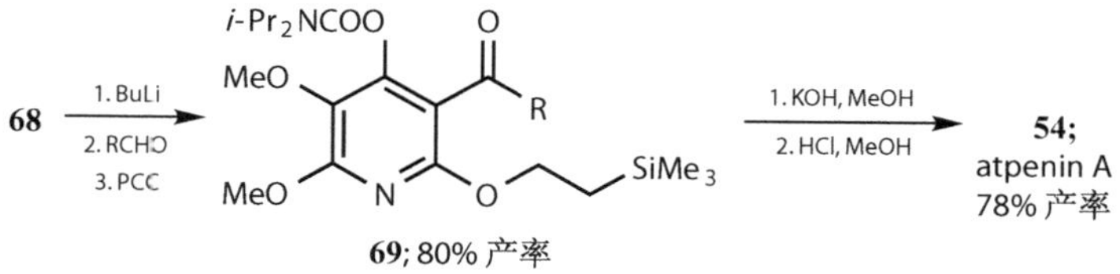

通过亲核取代引入 OH

最后一步反应建议通过活性卤素引入 OMe 或者 OH。吡啶上反应足够简单，在苯环上也能发生，因为卤素是邻、对位定位基，**1**～**72** 的过程也是类似的反应。

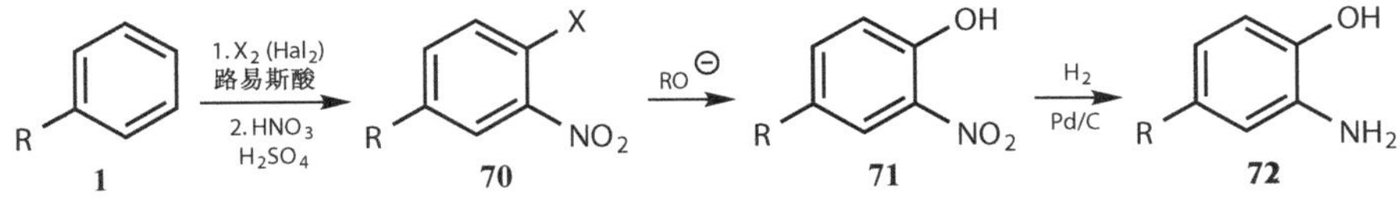

第二部分——烯醇及烯醇化合物的氧化反应

因为羰基是合成中非常重要的基团，烯醇化也可以很好地被控制（第 3～5 章，第 10、11 章），所以通过控制烯醇及烯醇化物的官能团转化反应来制备其他分子变得很有意义。这些反应包括氢原子被官能团取代，从某些意义上说就是一种氧化反应。我们应该从引入第二个羰基或者羟基开始，进一步引入烯烃，两者都靠近分子中已经存在的羰基。两者都有立体异构体：一个是不对称的；另一个有几何构型（*E* 或者 *Z*）。

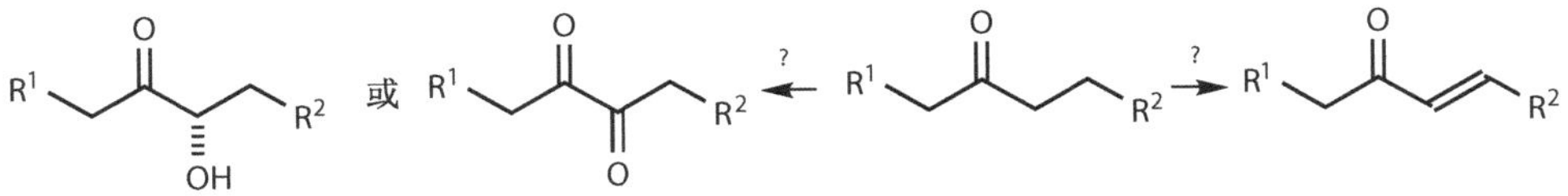

没有特定烯醇参与的直接氧化反应

二氧化硒

尽管存在选择性的问题，二氧化硒可以直接氧化羰基化合物生成 1，2-二羰基化合物。反应由 **73** 开始的一个烯烃反应生成烯醇衍生物 **74**。反应经过 **74** [2，3]-σ 迁移重排形成 C—O 键，**75** 消去硒和水后生成最终产物 **76**。

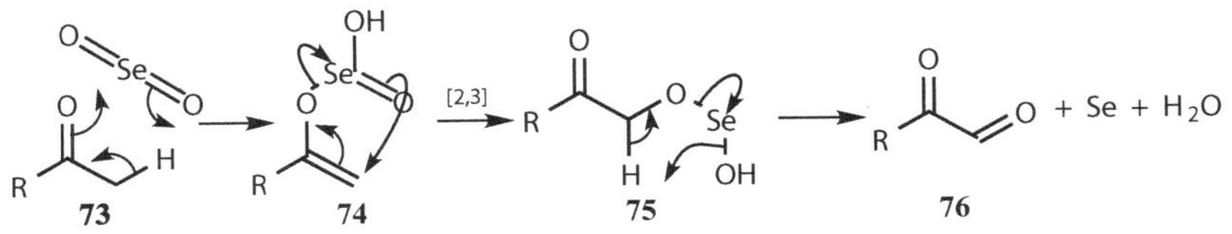

烯醇化反应具有一定的控制性，因为反应的第一步要形成烯醇的衍生物。列举 Vogel[9] 的两个反应：一个是制备茚三酮，产率较低；另一个是更有用的 α-酮醛的合成。这两个反应中，烯醇化都只发生在单一的可能位点。

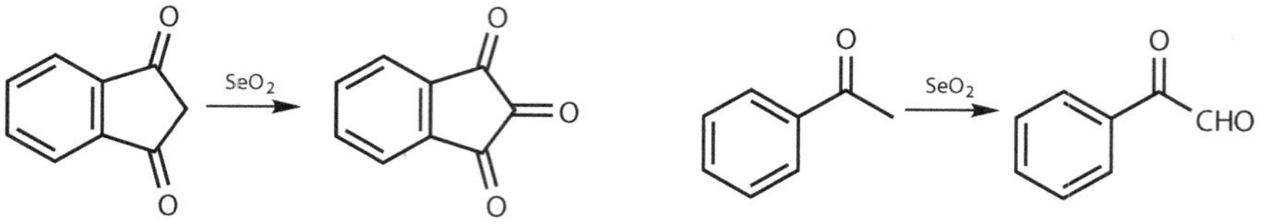

77　**78**; 34% 产率　**79**　**80**; 72% 产率

我们选择环 1，2-二酮 **82** 作为例子。在环的合成中缩环反应是一种非常普遍的应用，特别是从六元环构建五元环，四元环构建三元环，但是很少用来从五元环构建四元环，因为不断增大的张力使反应不能发生。然而 **82** 似乎可以缩环生成酸 **81**（在二苯乙醇酸试剂作用下），因为二酮 **82** 本身就有很大张力。为了验证这个想法，我们合成了 **82**。选择从单羰基 **83** 再构建一个官能团，因为它可以从二醇 **84** 制得。二醇 **84** 可以由一分子乙炔和两分子丙酮加成再水合制备。

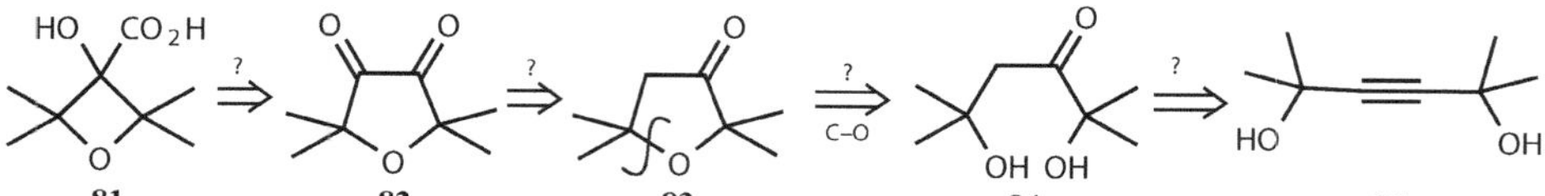

81　**82**　**83**　**84**　**85**

85 可以在酸和 Hg(Ⅱ)催化下直接水合生成[10]环醚 **83**，再经二氧化硒氧化生成环二酮 **82**，它是可以稳定存在的，因为可以拿到它的二水结晶 **86**。这是一个意义明确的烯醇化反应。

85
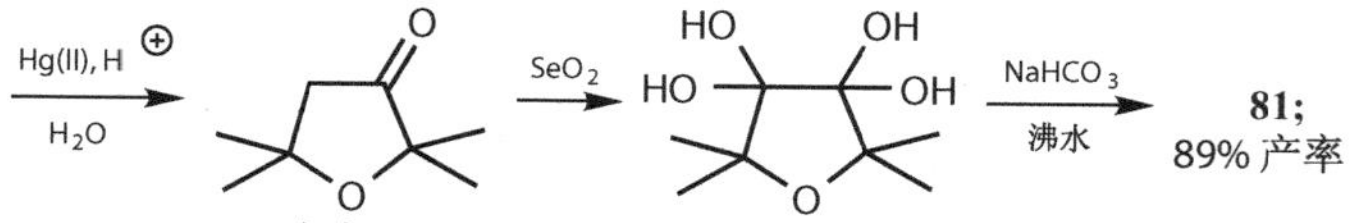

83; 产率 80%　**86**　**81**; 89% 产率

缩环反应出乎意料的成功[11]。产物 **81** 最好的产率是与碳酸氢钠反应生成的，也可以用 KOH。推测只有一种酮 **87** 是可能的，因为即使是特别弱的碱也可以促进单水合物 **88** 发生重排。在反应条件下，产物是稳定的羧酸盐阴离子 **90**。

86
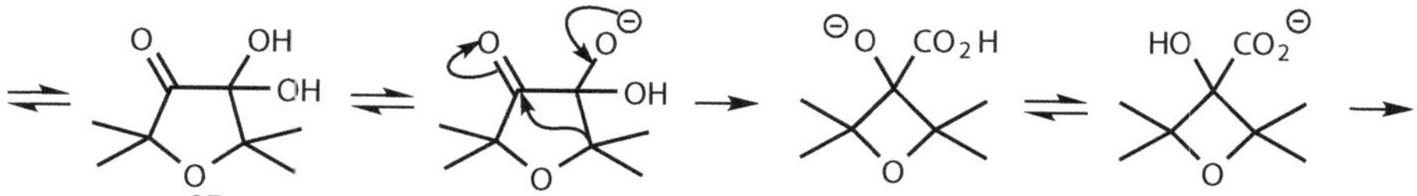

87　**88**　**89**　**90**　→ **81**

亚硝酸盐的亚硝基化

另一种方法是亚硝酸的亚硝基化，或者是在酸性条件下与烷基亚硝酸酯反应，后一种要更可取一些。羰基化合物 **91** 的烯醇形式 **92** 与 NO^+（RONO 在酸中生成）反应生成不稳定的亚硝基化合物 **93**，它可以异构化位稳定的肟 **94**。肟很容易水解生成二羰基化合物 **95**。

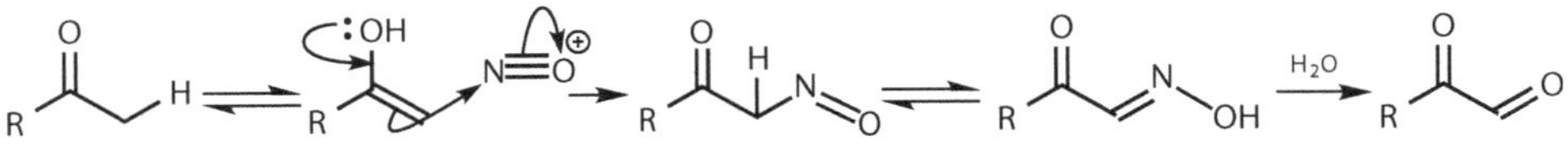

91 **92** **93**; 亚硝基化合物 **94**; 肟 **95**; α-二羰基

因为反应是在酸性环境中进行的，我们可以设想烯醇化反应区域选择性发生在羰基有更多取代基的一侧。一个来自 Vogel[12] 的例子：丁酮 **96** 经由亚硝基化合物 **97** 氧化生成肟 **98**。二肟（好的金属配体）**99**、二酮或者单肟 **98** 都可以用这种方法制备，肟经过还原还可以制备一些常用的胺。

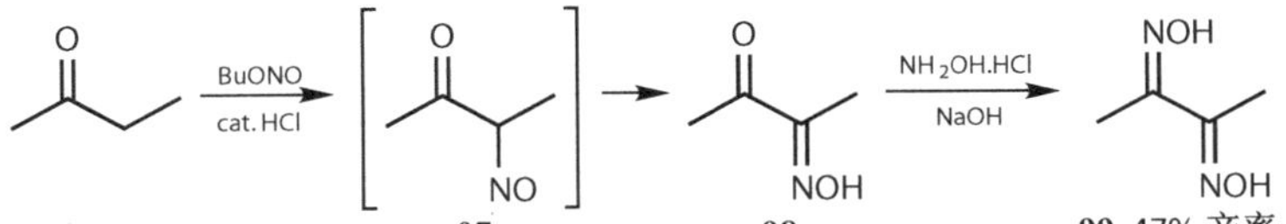

96 **97** **98** **99**; 47% 产率

稳定亚硝基化合物的亚硝基化

亚硝基化合物不能进行烯醇异构，被迫保留活性的 N＝O 键。环已酮的肟 **100** 发生氯化反应生成亮蓝色可以稳定分离的 α-氯亚硝基化合物（**101**）[13]。烯醇进攻化合物 **102** 亚硝基的氮原子，经过 **103** 的过程，消除氯原子生成硝酮 **104**，再水解生成羟胺 **105**，还原后生成 α-氨基化合物，它只能以盐的形式稳定存在。

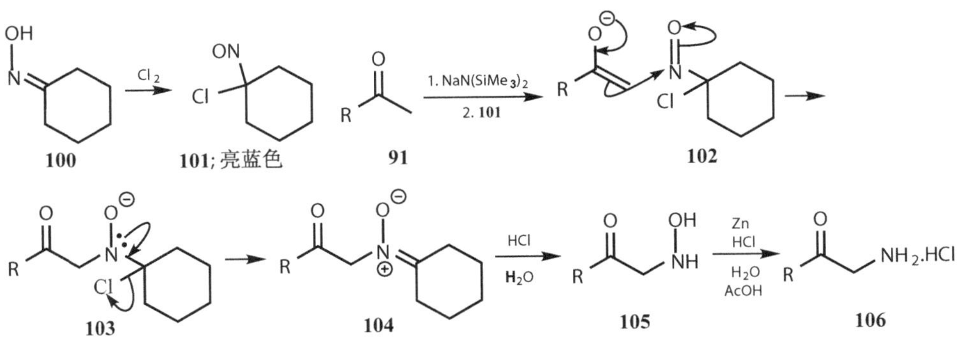

100 **101**; 亮蓝色 **91** **102** **103** **104** **105** **106**

Oppolzer 改进了这类反应，利用手性磺内酰胺 **109** 的酰胺衍生物 **107** 不对称合成 α-氨基酸 **110**。羟胺 **108** 可以分离得到非常好的非对映异构纯，并最终转化为高 ee 的产物 **110**[14]。

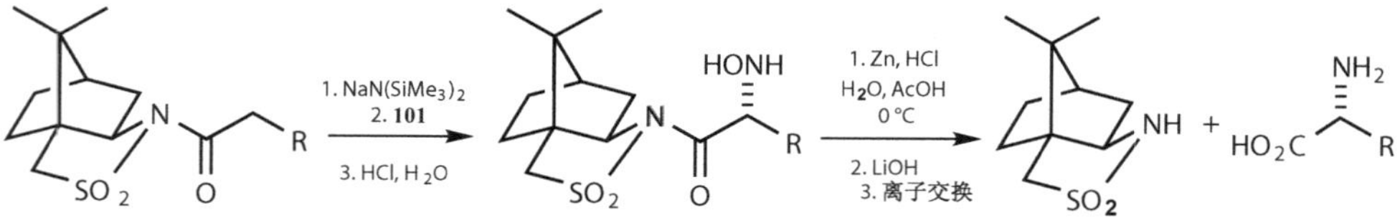

107　　108; >99% de　　109　　110

一个巧妙的应用是毒芹碱[15]（conline，**114**）的不对称合成，这是一种存在于毒芹中的一种生物碱，它导致了苏格拉底的死亡。磺内酰胺 **111** 包含了一个羰基保护基，所以在酸性条件下水解并与羰基生成环硝酮 **112**。还原、碱催化下断开酰胺键生成毒芹碱 **114**。

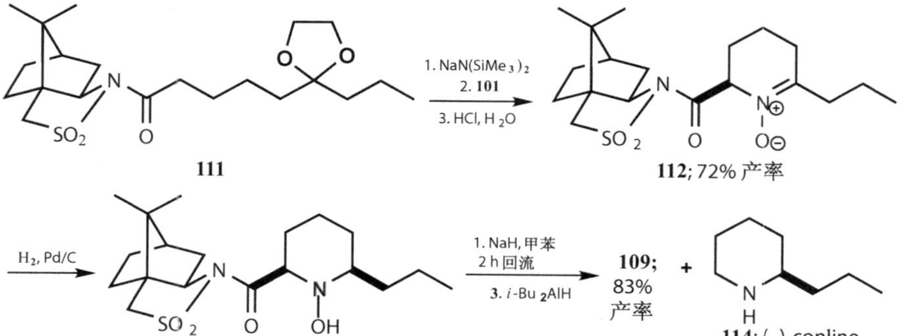

111　　112; 72% 产率

113; 92% 产率　　114; (–)-conline 56% 总产率

尽管没有对映选择性，最近 Hisashi Yamanoto 还是报道了更简单的例子[16]。锂或者锡的烯醇化物 **116** 与亚硝基苯反应高产率生成羟胺 **117**。

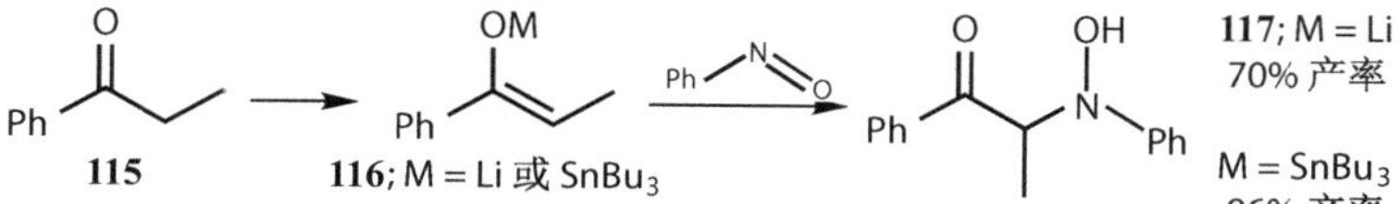

115　　116; M = Li 或 $SnBu_3$

这个反应一个有趣的方面是在酸催化下用烯醇硅醚异构，路易斯酸提供了氧化烯醇的条件，亚硝基最后转移到氧原子上。产物 **120** 是 *N*，*O*-双取代的羟胺。因为 N—O 单键容易被还原切断，因此可以用来制备 α-羟基酮[17]。

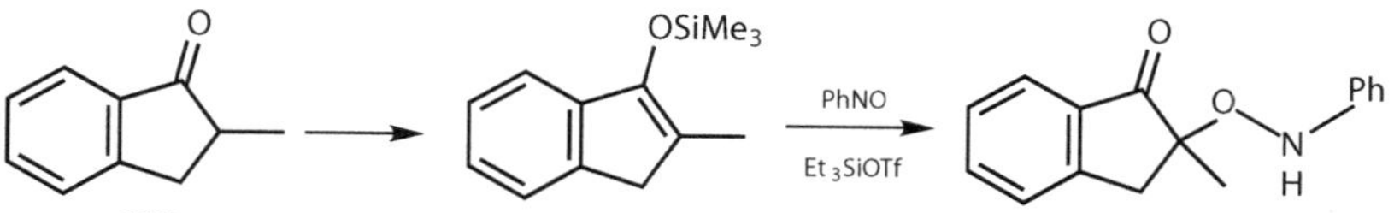

118　　119　　120; 94% 产率

特定烯醇参与的间接氧化反应：烯酮形成

烯醇硅醚的 Pd(Ⅱ)氧化反应

如果特定的烯醇（通常是烯醇硅醚 **122**）在氧化反应中都是等效的，那么更多的区域选择性的方法可以实现。这类方法通常用来在羰基的旁边引入一个共轭的烯基。Pd(Ⅱ)催化下的烯醇硅醚的氧化可以很好地实现上述反应[18]。

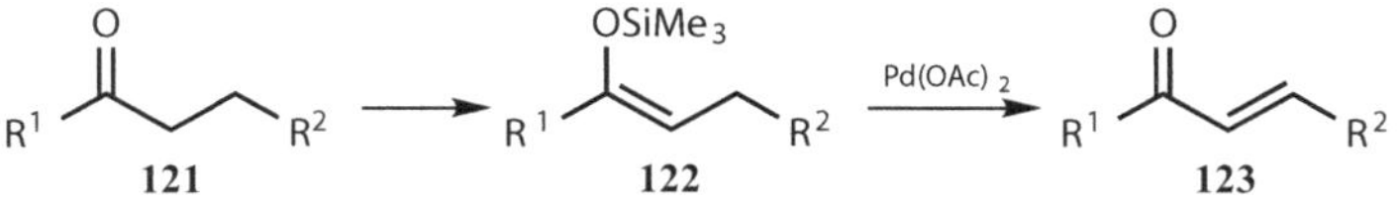

烯醇衍生物发生区域选择性的氧-钯反应生成 **124** 或 **125**，它们中的任何一个都只能通过一种方式进行 β-消除除去钯。问题是反应生成 Pd(0)，但反应需要 Pd(Ⅱ)，所以反应不是真正的催化反应。解决办法是加入当量的氧化剂，如苯醌，来完成循环。

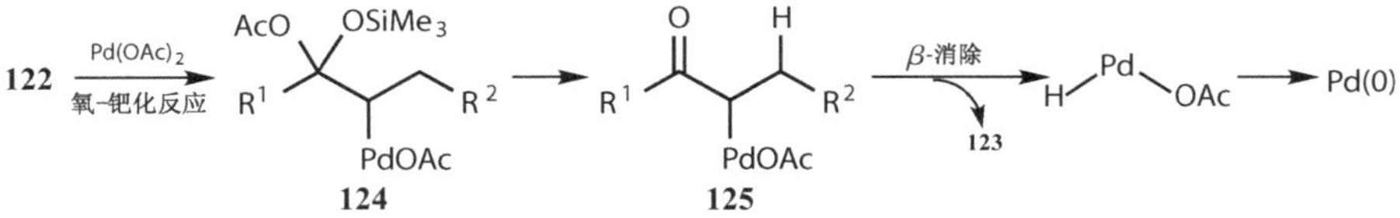

一个优异的应用是 Hirama 和 Iwashita 合成洛伐他汀 **126**，它是一种 HMG-CoA 还原酶抑制剂，可以降低胆固醇水平[19]。他们的思路是用 Diels-Alder 反应一步得到两个环，所以他们切断了很多周围的片段得到一个简单酮 **127**。逆

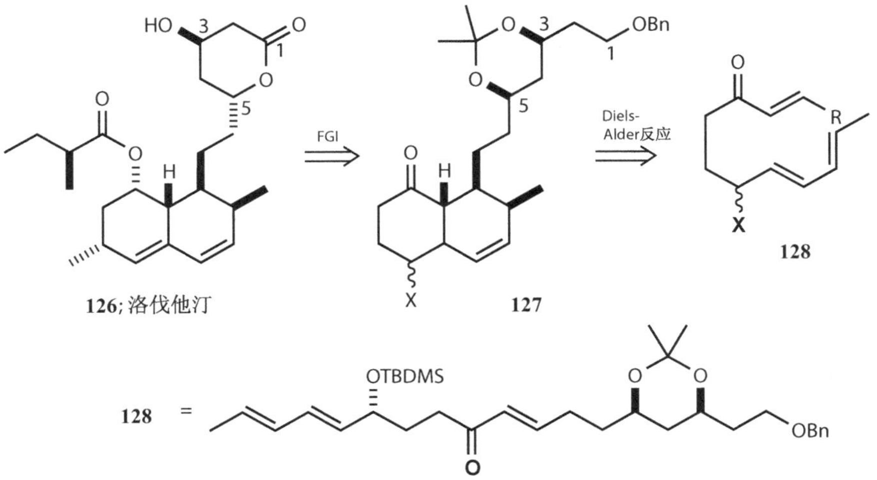

Diels-Alder 反应得到 **128**，起始原料是一个非对映异构体以确保在合环的时候得到立体化学控制的产物。

Diels-Alder 反应成功[20]地生成 **129**，左下角上的甲基需要通过共轭加成引入，这就需要一个烯酮化合物。与 LDA 反应生成动力学控制的烯醇化物烯醇硅醚 **130**，$Pd(OAc)_2$ 催化下经当量苯醌氧化生成需要的烯酮 **131**，产率 57%。与 Me_2CuLi 加成立体选择性地生成 **132**，至此完成洛伐他汀合成。

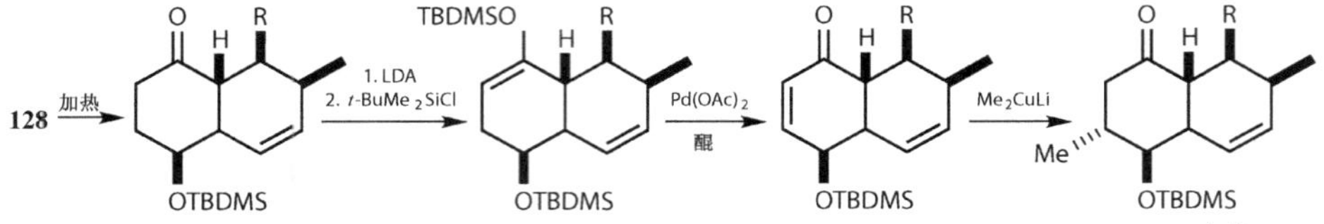

129 **130** **131** **132**; 91% 产率

烯酮形成中烯醇的溴化反应

一种古老但一直使用的烯酮的合成方法是饱和酮开始，涉及溴化和从溴代酮 **133** 消除 HBr 来制备。反应中存在的问题是要消除的质子（**133** 中 H^b）不是分子中酸性最强的质子：H^a 酸性更强。

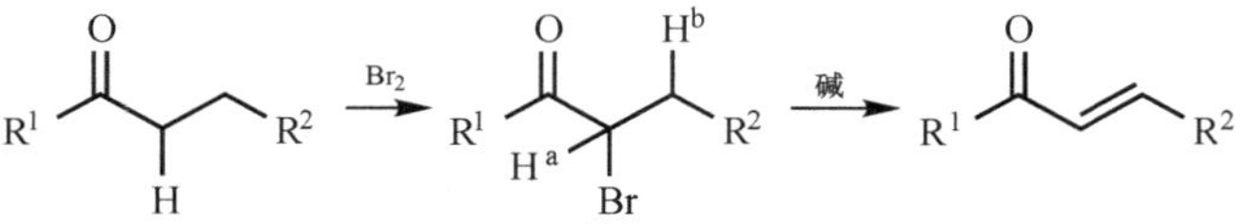

121 **133** **123**

但是这个方法仍可以使用，只要使用大位阻或者非亲核试剂的碱（如 DBN 和 DBU）。合成二烯酮 **134** 需要研究二烯酮苯酚重排反应中基团的迁移[21]。一个大胆的计划是由双溴化酮 **135** 进行双消除，这需要使用反应物酮 **136**，它可以从二烯酮 **137** 依次与铜试剂共轭加成两次制备。用苯醌或 SeO_2 直接氧化烯酮 **138** 可以制取 **137**，**138** 很容易通过 Robinson 增环反应得到。

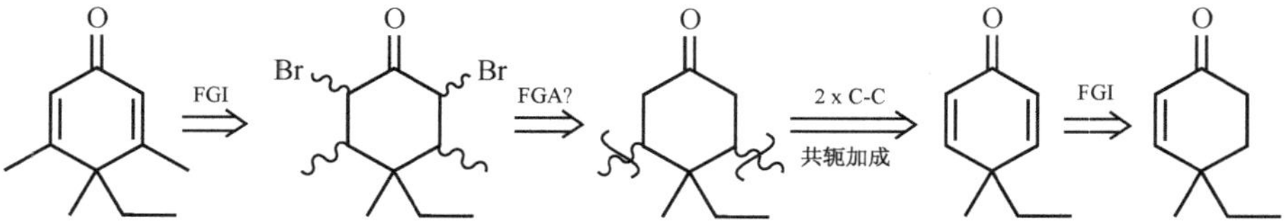

134 **135** **136** **137** **138**

烯酮 **138** 可以被苯醌 DDQ **139** 氧化成二烯酮 **137**。**136** 的溴化相当意外地以 90%产率得到单一的结晶状的同分异构体 **140**：NMR 可以显示这种化学选择性。DMF 中在碳酸钙作用下发生双溴化氢消去反应。

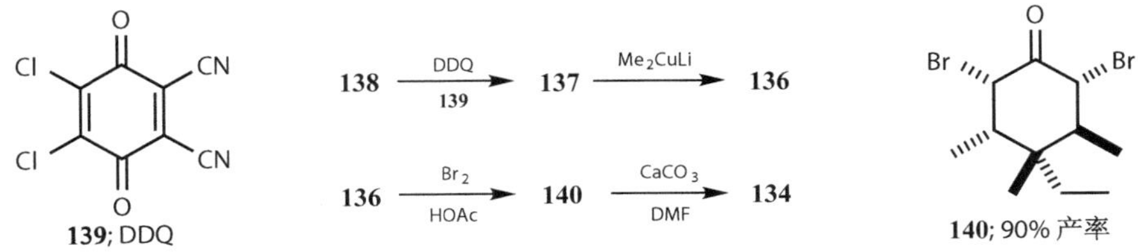

这个合成方法很有价值，因为 **134** 发生二烯酮苯酚重排转化成苯酚 **144**，展示了乙基比甲基更好的迁移性能。二烯酮重排生成 **142**，二次迁移反应生成阳离子 **143**，失去质子后形成芳香化合物。每一次重排都伴随甲基和乙基之间的选择性问题。

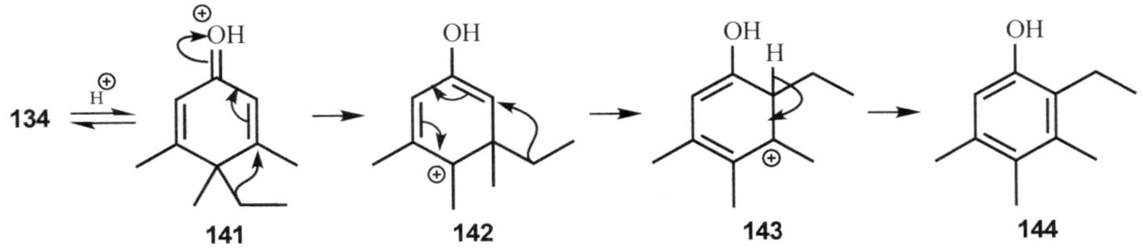

烯酮形成中的硫、硒化合物

也许引入烯基的最好方法是含硫或硒试剂参与的区域选择性官能化反应——氧化和消除反应。α-RS 或 α-RSe 化合物 **145** 可以从特殊烯醇化物经亚磺酰化或亚硒酰化反应制得。氧化只要温和的氧化剂即可，如 H_2O_2；**146** 是协同消除的机理，所以 H^b 有没有足够的酸性并不重要。消除反应（反转 ene 反应）是高度 *E*-选择的反应，因为 R^1CO 和 R^2 取代基在过渡状态时以 *anti* 构象存在。这个方法与第 15 章中讨论的高 *E* 式选择性的［3，3］-σ 迁移重排相似。S(e)指 Se 或者 S。

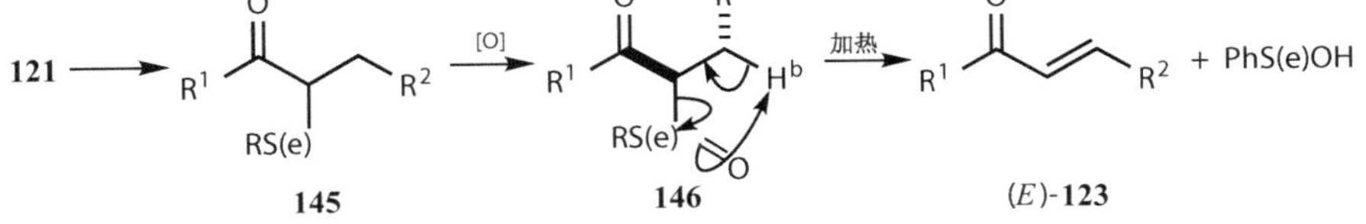

烯醇锂化物与 PhS—SPh 的亚磺酰化反应或者烯醇醚与 PhS—Cl 的亚磺酰化使很多 α-PhS 羰基化合物制备具有区域选择性，如由 **147** 制得的 **149**、**152**（第 5 章）。用高碘酸钠氧化生成亚砜而不是过氧化生成砜，但消除反应需要必要的高温（MeSO 要 120℃，PhSO 要 50℃）。PhSOH 不稳定会发生歧化生成讨厌的副产物，因此现在越来越多使用硒的反应，尽管我们必须承认这些副产物甚至更讨

厌了[22]。

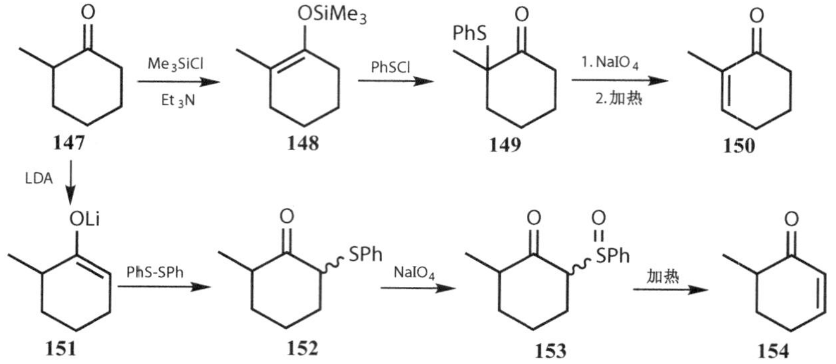

硒的反应有很多优势：没有过氧化的问题，烃基氧化硒的消除在室温甚至更低的温度就可发生。因此氧化和消除已经发展成为独立的一步反应[23]。举一个例子：制备二烯酮苯酚重排的反应物 **158**[24]。螺环酮 **155** 的烯醇锂化物与 PhSeCl 反应生成 **156**，H_2O_2 氧化经中间体 **157** 生成二烯酮 **158**。总产率 83％。

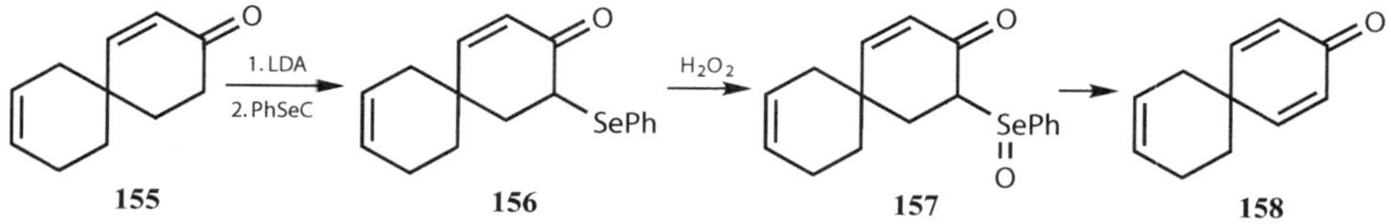

制备 *exo*-甲基烯烃内酯（如 **167**）过程中普遍存在的问题被这类方法解决了。这类化合物都是有细胞毒性的，也就是在这类化合物中我们同时发现了致癌和抗癌的物质。如果 *cis*-并环内酯 **159** 转化为它的烯醇锂化物 **160**，这个折叠的分子在 *exo* 面发生亲电反应，与环交点位置的氢原子处于同一个面。甲基化生成 **161**，再度烯醇锂化生成的 **162** 具有一个平面五元环，亲电试剂在 *exo* 面再度加成得到 **163**。化合物中 PhSe 基团与环连接处的 H 相互处于 *syn* 式，所以氧化硒的消除反应只能生成更稳定不饱和的内酯 **164**。

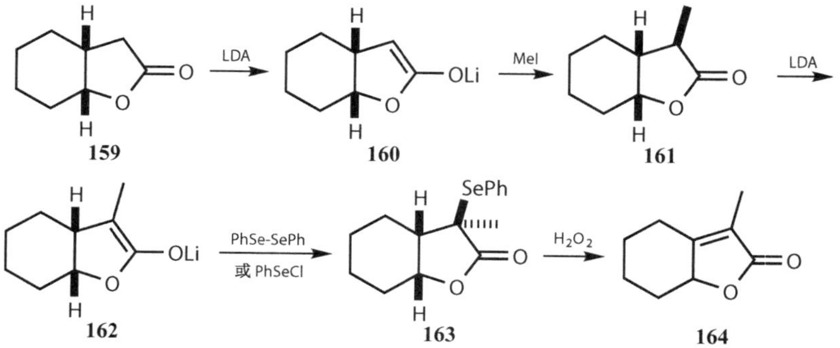

如果要制备 *exo*-亚甲基内酯 **167**，亲电试剂就要简单地从相反的秩序加成[25]。PhSe 基团与环交点氢相对在 *anti* 位 **166**，再消除烃基氧化硒得到 **167**。

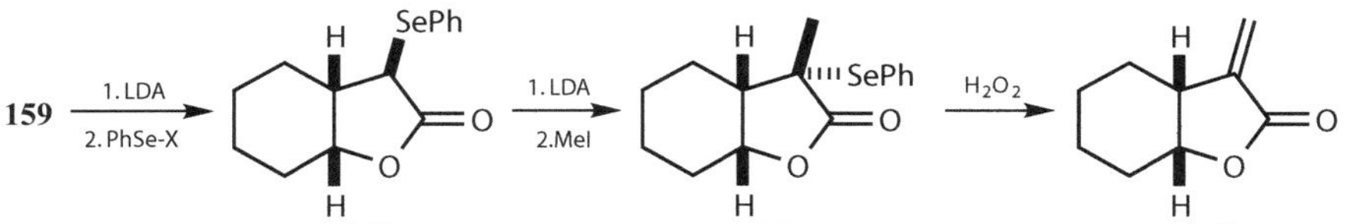

165 **166** **167**

大麻螺酮的不对称合成

硒的氧化反应能够成为不对称合成的来源。大麻螺酮 **170** 的两个对映异构体天然存在于不同的植物中，外消旋烯酮可以从非手性酮 **168** 经两步合成。由于环上烯基的原因，**170** 是有手性的。

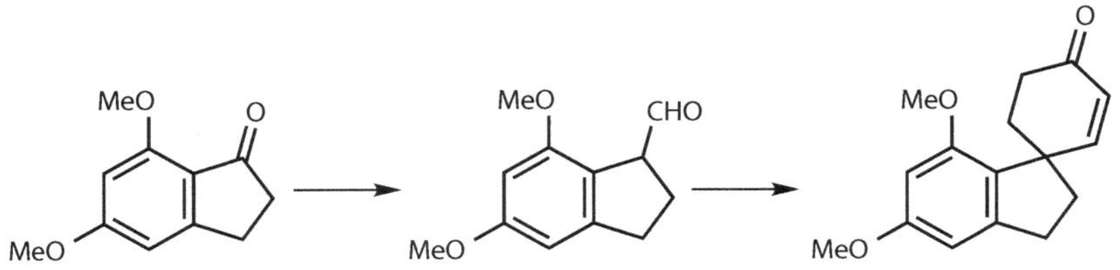

168 **169** **170**

170 氢化生成非手性饱和酮 **171**，它可以通过手性碱去对称化。与锂化二胺 **172** 作用主要生成锂化烯醇化物 **173**，接着硒加成、氧化消除生成烯酮 (*R*)-**170**。用不同的碱得到另一个对映异构体[26]。

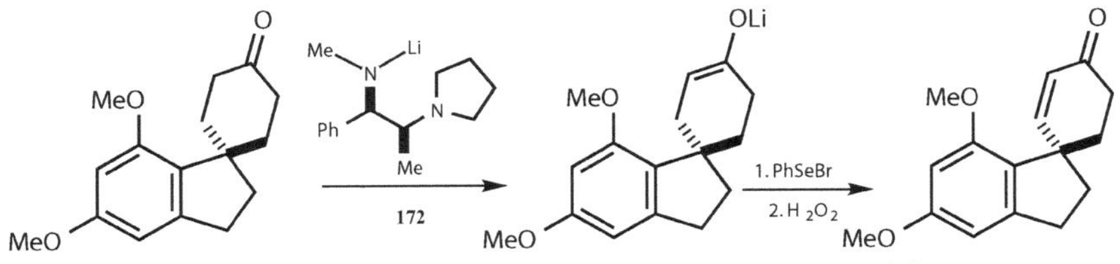

171 **173** (*R*)-**170**; 84% ee

烯酮的氧化：环氧化物和 Eschenmoser 断裂

一旦合成了烯酮，进一步的氧化反应就很容易进行了。环氧化物可以通过烯基在亲核氧化剂 H_2O_2/NaOH 作用下制备。反应机理中包括不连续的烯醇中间体 **176**，因此反应中烯烃没有立体选择性，*E*-和 *Z*-烯酮都可以生成 *anti*-环氧化物 **177**。

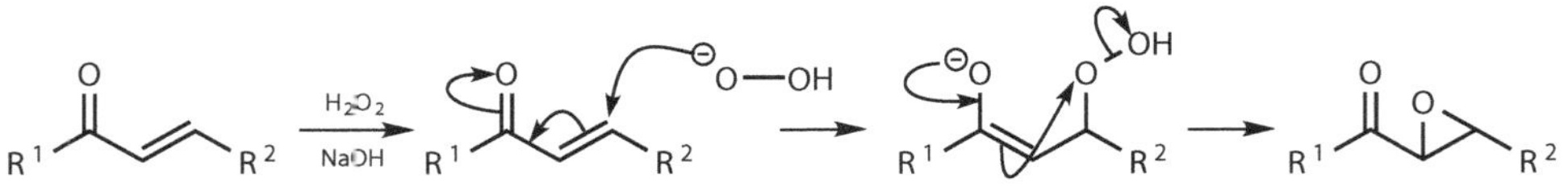

(*E*)-**174** **175** **176** **177**

蒲勒酮 **178** 发生上述反应有一定的立体选择性，它以近似 *anti* : *syn* = 2 : 1 的比例[27]生成环氧化物 **178**。香芹酮 **180** 的化学选择性只能生成一种环氧化物 **181**——非对映异构体混合物：富电子的烯烃是不能环氧化的[28]。

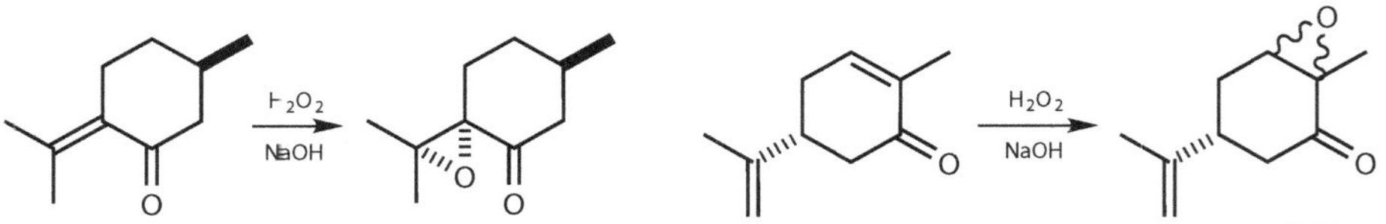

178; (*R*)-(+)-蒲勒酮 **179**; 2:1 *anti*:*syn* **180**; (*R*)-(+)-carvone **181**; 92% 产率

这些化合物更进一步反应可以生成其他的氧化产物，环氧反应没有立体化学控制并不重要。例如，异佛乐酮在不同的催化剂作用下氧化重排生成环戊酮 **182**（产率 80%），同时蒲勒酮氧化物 **179** 的两个异构体都可以生成环庚二酮[29] **183**（产率 78%）。**181** 还原生成的烯醇可以进行彻底的甲基化，以较好产率得到 **184**[28]。

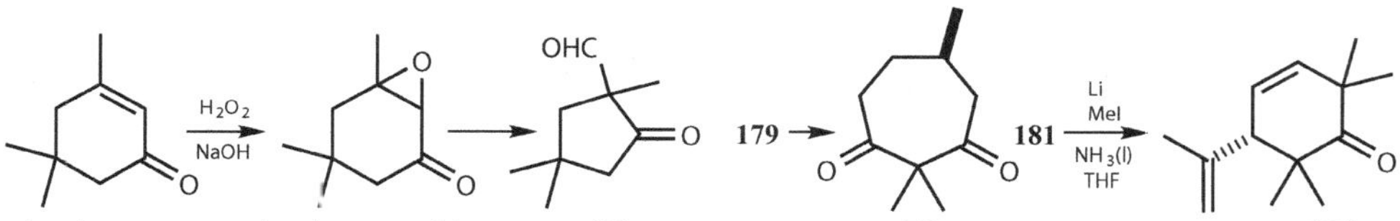

isophorone isophorone oxide **182** **183** **184**; 80% 产率

这些反应中最有戏剧性的是 Eschenmoser 断裂[30]——一种合成炔基醛 **189** 和酮的通用方法。环氧酮 **185** 的对甲苯磺酰腙 **186** 与碱作用生成阴离子 **187**，再分子内反应生成烯基 **188**，反式消除得到炔。

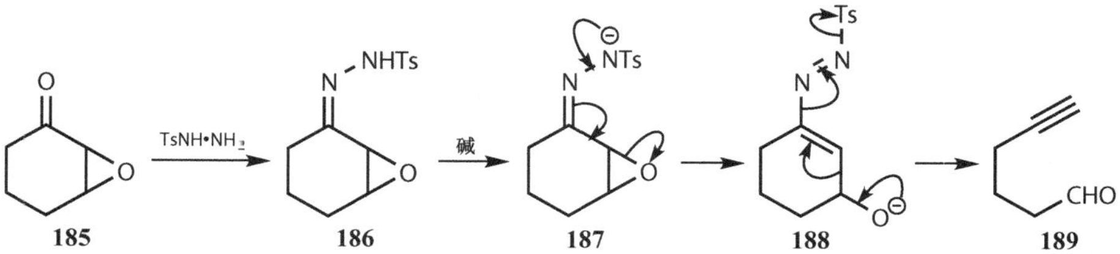

185 **186** **187** **188** **189**

断裂一个键后肯定要重新连接新键，**191** 的炔基重新接入生成醛 **190** 或者酮 **192**。无论你画不画出反应的中间体，你都会选择相同的两个二酮作为潜在的起始原料。这样，无论哪种方法都可行，你可以选择你喜欢的原料或者更顺手的方法来使用。

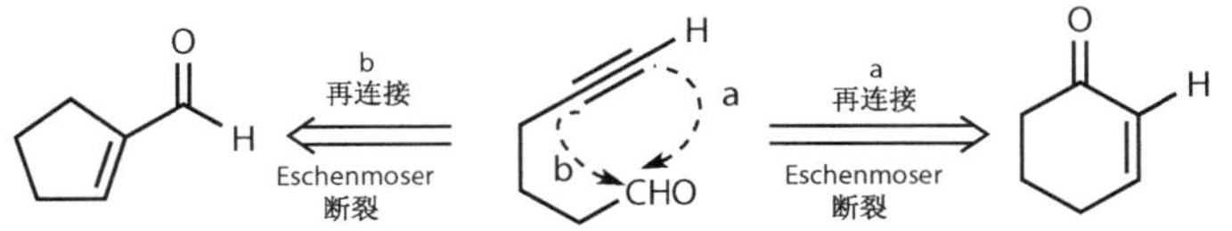

190 191 192

本章剩余的部分是关于在烯醇化物上尝试引入亲电性的氧。酰化以后将不能发生 Baeyer-Villiger 重排，就像含有羰基的起始原料，必须与过氧酸反应。替代的方案很有意思，我们将会删掉不可靠的部分，包括氧气、$Pb(OAc)_4$ 等。

第三部分——烯醇化合物的氧亲电进攻

存在的问题

Baeyer-Villiger 重排和氧化断裂竞争

我们的思路是让羰基化合物 **193**（或者是它衍生的特殊烯醇）可以与一些试剂反应构造合成子“HO^+”，这样就可以在 **192** 旁边的原子上构建新的 C—O 键。有时候是没有立体化学的，但我们总是想构造单独的对映异构体。

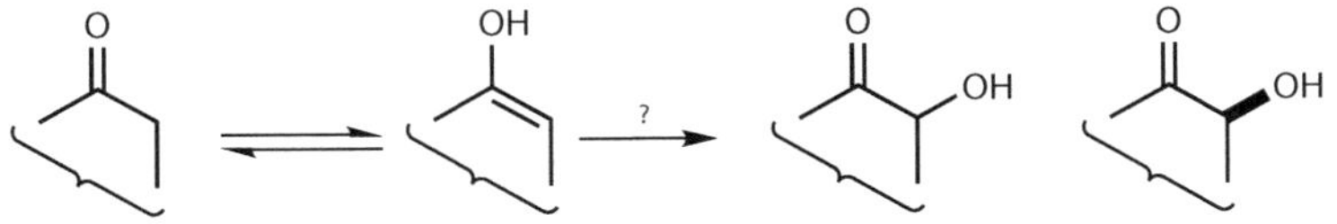

193

要做的最明显的事情是将羰基化合物与过氧酸反应。双键可以生成环氧化合物，但烯醇是比双键更好的亲核试剂。幸运的是，过氧酸既是好的亲核试剂也是好的亲电试剂，可以与羰基化合物生成半缩醛，通过由 C 到 O 的迁移分解 **195**，称之为 Baeyer-Villiger 重排。

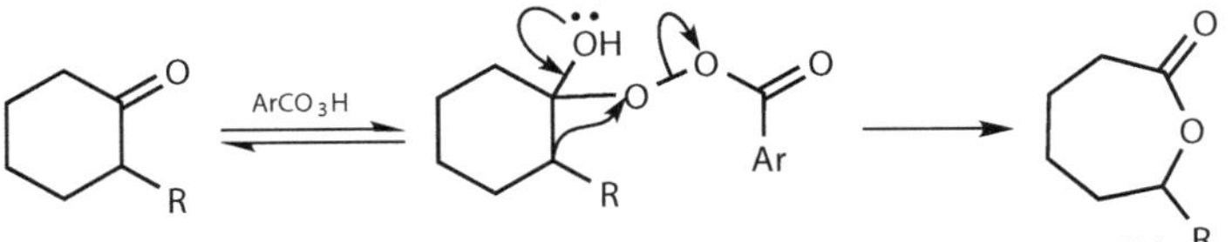

194 **195** **196**

亲电的氧被引入靠近原来羰基的碳原子上，但是连接这些原子的 C—C 发生断裂，所以不能得到 α-羟基化的产物。在这一部分中断裂烯醇的双键通常存在困难，最好的方法是臭氧氧化烯醇硅醚 **198**、**199**。区域专一性生成烯醇硅醚已经在第 3 章讨论过。

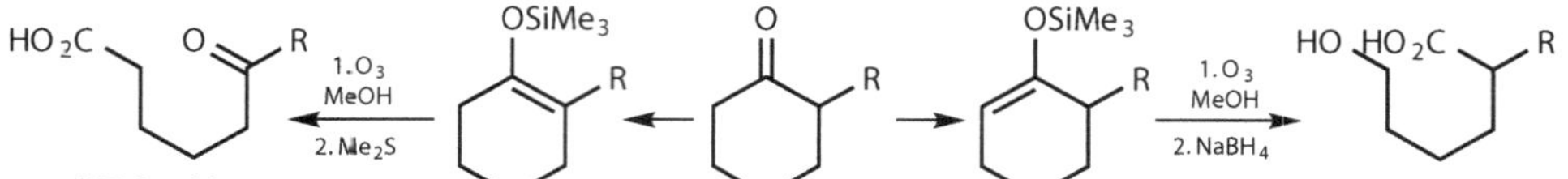

197; R = Me 90% 产率　**198**　**194**　**199**　**200**; R = Me 94% 产率

酮 **197** 的还原成环反应将得到内酯 **196**，而 **200** 的成环反应得到它的同分异构体。第二种方法是可控的，而在 Baeyer-Villiger 重排中仅最多取代的基团迁移。然而 Baeyer-Villiger 保持迁移基团的构型，尽管臭氧化反应没有立体化学控制。

意外成功的"显而易见的"试剂

奇特的臭氧和 *m*CPBA 羟基化

现在我们要讨论两个不寻常的现象，因为它们告诉我们：我们否定的两个方法有时候是可行的。樟脑 **201** 的烯醇硅醚 **202** 臭氧化定量生成羟基樟脑的硅醚[31] **203**。

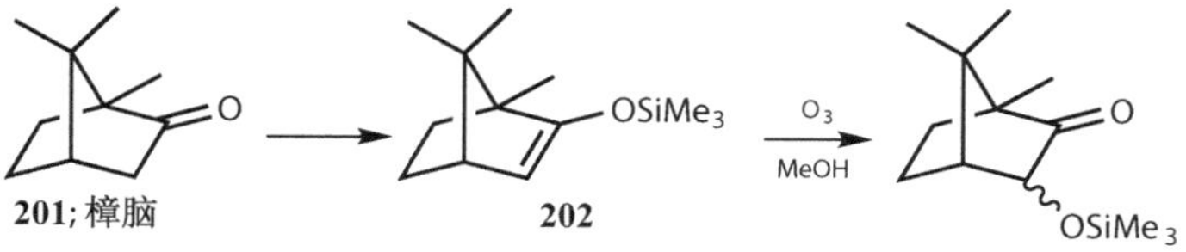

201; 樟脑　**202**　**203**; 100% 产率

尽管产物 **203** 是非对映异构体的混合物，但是它证明了臭氧有时是可以作为亲电的氧进攻烯醇的。第二个例子更不寻常。三环酮 **204** 环氧化得到 4 个产物的混合物：*m*CPBA 进攻炔基得到 7∶1 的两个环氧化合物，酮的 Baeyer-Villiger 重排得到两个区域异构的内酯 **206**。

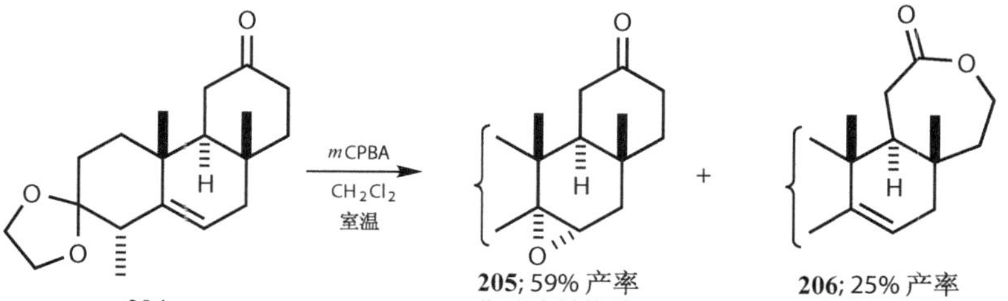

204　**205**; 59% 产率 7:1 非对映异构体　**206**; 25% 产率 内酯混合物

这个化合物逐渐成为用于合成苦木素天然产物的复杂酮 **207** 的模板化合物，它们中有些具有抗癌作用，但 Woodward 的声明说仅有的可靠的化合物是与 **207**

反应的对映异构体[32]。与一当量的 *m*CPBA 反应得到一个环氧化合物的非对映异构体。

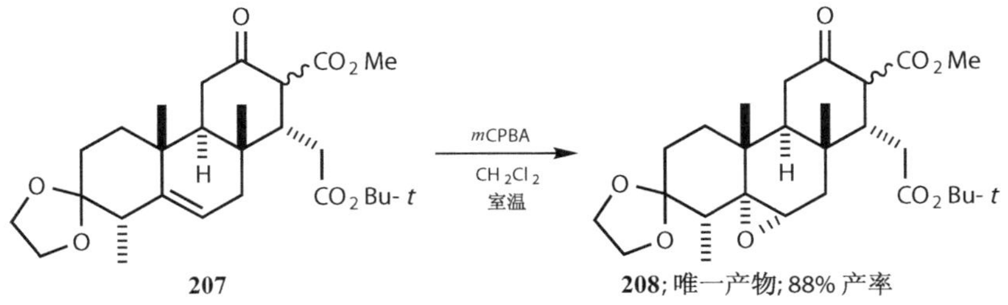

本章节的目的是为了得到令人满意的结果——与过量的 *m*CPBA 反应将 **207** 高产率转化为 **209**：环氧化合物是完全立体选择性的，羟基化发生在酮和酯之间容易烯醇化的位点，得到醇 **209** 的一个非对映异构体。反应的立体选择性不寻常，但羟基化反应非常的高效，因此可以考虑发展为一个通用的方法。观察鸦胆素 **210** 体系——最有希望的抗癌苦木素，表明这个反应特别的有价值。困难的叔醇立体化学正确的插入到合适的位置。

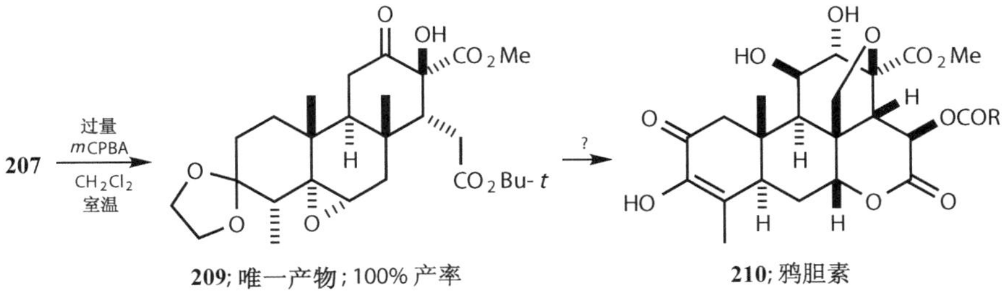

第一个成功的方法：烯醇硅醚的环氧化反应（Rubottom 氧化）

方法、机理和中间体的分离

这是从烯醇硅醚 **211** 制备环氧化合物的最后一步。结果多少有点令人震惊：羟基化反应很成功，产物是 α-羟基酮的硅醚[33,34] **212**。

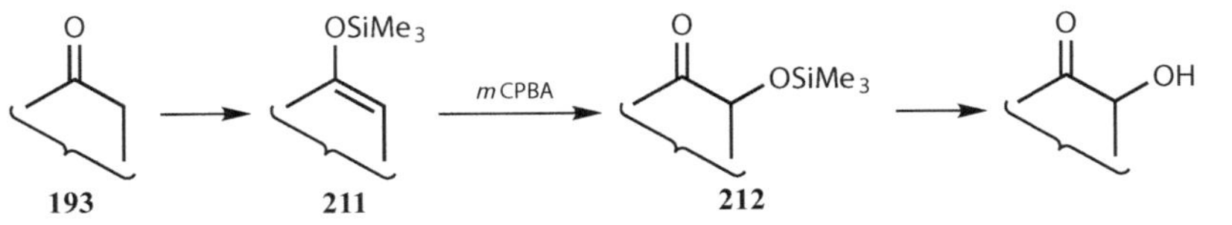

下一步的产物推测是环氧化物 **213**，以乙缩醛的形式生成 **214**，分子内硅转

移生成 **212**。反应 **214** 形式上是一个 5-*endo-tet* 反应，如果碳原子发生转移的话反应就不会发生。因为硅原子是被进攻的位点，会形成五聚共价的中间体，不再满足直线的 S_N2 交换反应。

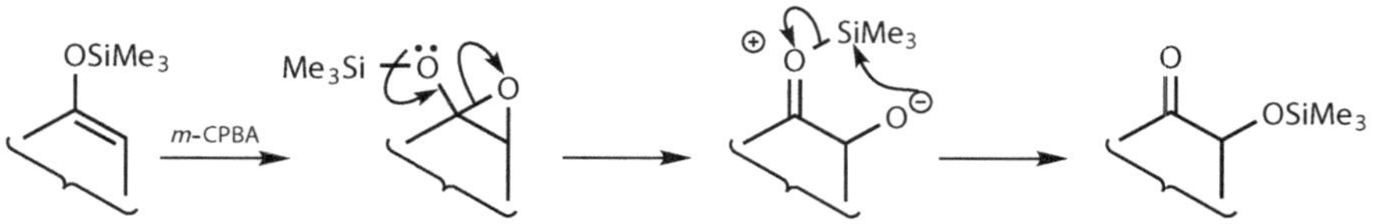

211 **213** **214** **212**

这个机理的证明来源于一个没有想到的部分。在 sterpuric acid **215** 的合成中，Paquette 计划在反应最后通过 Julia 成烯反应引入烯基[35]。酮 **216** 与 MeLi 加成和非立体专一性的消除（第 15 章）看起来是不错的合成策略。酮 **216** 中 1，2-相关的羟基和羰基在反应中难以使用，最后决定由原料酮 **217** 的烯醇硅醚进行羟基化。

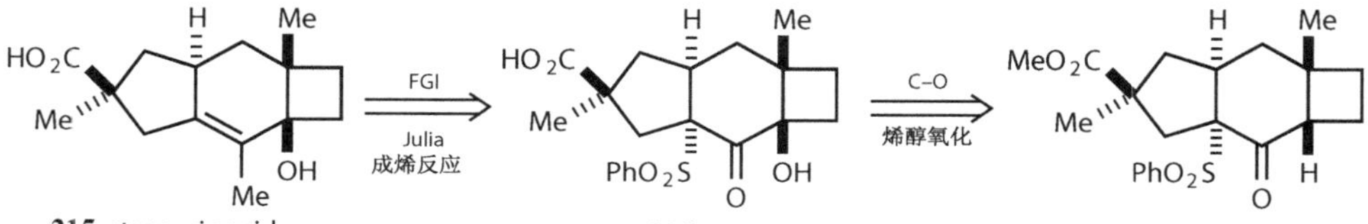

215; sterpuric acid **216** **217**

这个方法得到了很好的结果，烯醇硅醚 **218** 与 *m*CPBA 在缓冲体系（$NaHCO_3$）中 86%得到结晶化合物，它的结构由 X 射线衍射确定为 **219**，分离得到了第一个烯醇硅醚的稳定环氧化合物。

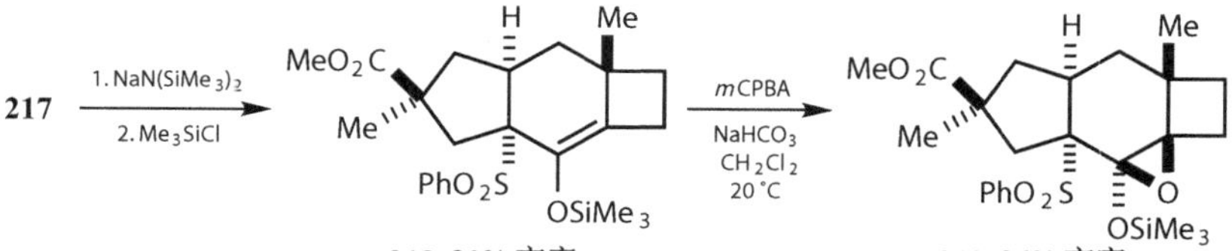

218; 91% 产率 **219**; 86% 产率

当环氧化合物 **219** 与弱酸作用，或者烯醇硅醚 **218** 与缓冲体系中的 *m*CPBA 环氧化，不能得到环氧化合物。相反，76%产率得到羟基酮 **216** 的硅醚 **220**。**220** 的立体化学由 **219** 决定，*cis*-四元环并五元环是决定因素。Sterpuric acid **215** 有相同的立体化学。

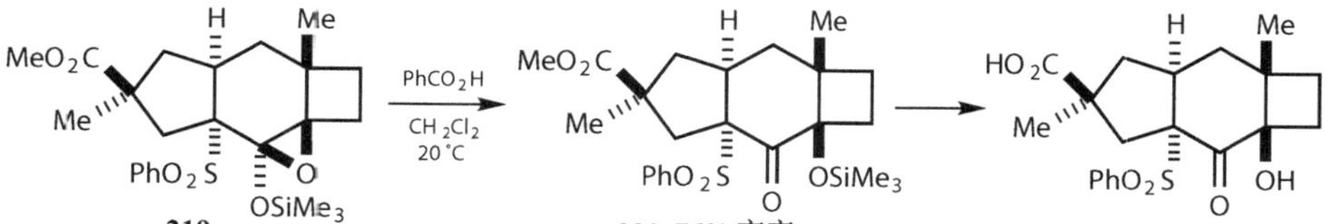

219 **220**; 76% 产率 **216**

这个方法可以利用通过动力学或热力学控制的烯醇化反应形成烯醇硅醚（第 3 章）固有的区域选择性。因此烯酮（第 11 章）的动力学烯醇化反应发生在 α' 侧得到如 **222** 的 2-Me_3SiO 丁二烯。这个烯醇硅醚的环氧化得到不稳定的硅氧基酮 **223**，该化合物能够用氟离子进行去硅基化转化成羟基酮 **225** 或乙酰氧酮 **224**。这些转化非常的有用，因为羟基酮可以是不稳定的。

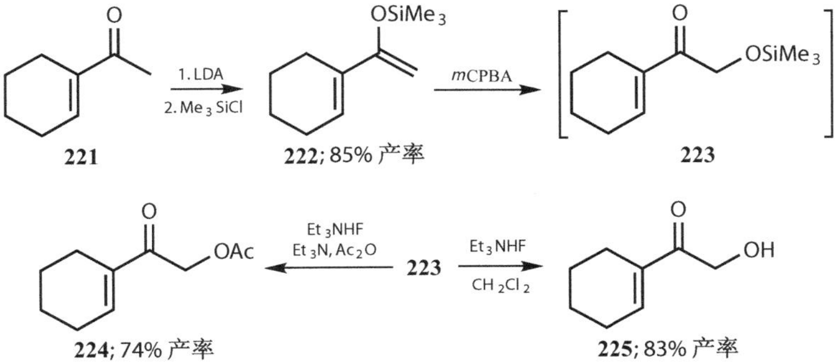

化学、区域和立体选择性：合成稠合 γ-内酯

一个激动人心的选择性的例子是 Lansbury 和 Vacca 合成 helenolides[36]。一些倍半萜类化合物如 **226** 含有五元内酯稠合在大环上，并与 *exo*-甲烯烃相连，具有抗癌特性。*exo*-甲烯基可以通过 Wittig 和其他反应（见本章前面的硒化学）引入。Lansbury 和 Vacca 决定探索内酯与保护的羟基酮加成策略，该羟基酮在恰当的位置具有其他所有的立体化学的策略以使得在恰当位置上留有好的选择性。他们希望断开 **227** 成 **228** 的方法。

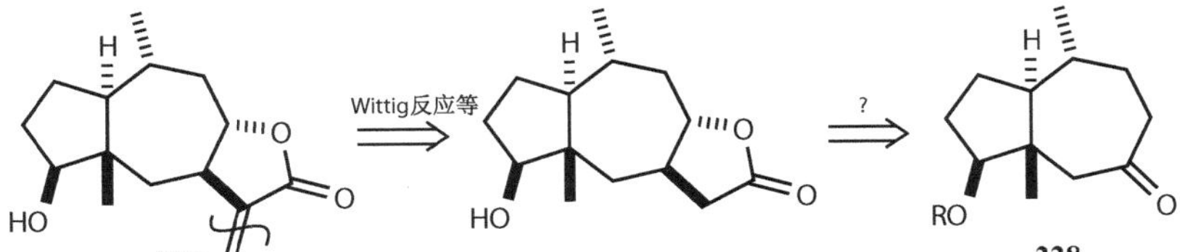

226 **227** **228**

内酯 **227** 可以由 **228** 通过以下顺序制备：（ⅰ）立体和区域选择性的 α-羟基化物 **229**；（ⅱ）Wittig 型反应在酮上引入额外的两个碳原子生成 **230**；（ⅲ）双键与 OH 区域选择性的偶联反应使试剂加成到烯烃的底面；（ⅳ）内酯化。

每一个反应的试剂选择的因素都有指导意义。选择烯醇硅醚环氧化物来进行羟基化有两个原因。酮 **228** 烯醇化潜在的困难的区域选择性的问题（两个面上的 α-原子都是第一次序的）可以用与 LDA、HMPA 反应来解决。烯醇化物的锂化远离在环的交叉点四个碳原子。相关烯烃的环氧化从底面进行，环氧化反应的立体化学决定了羟基化物 **232** 的立体选择性。

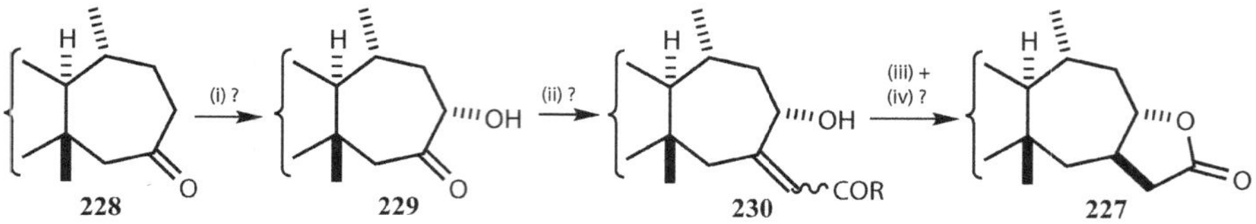

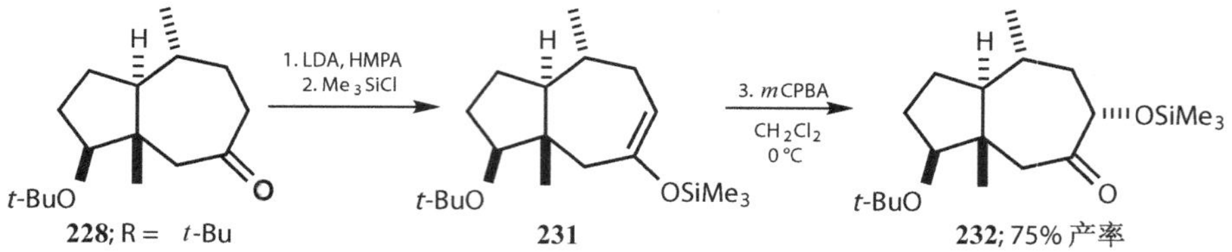

232 中不稳定的硅醚可以被更稳定的乙酰氧基酮 **233** 代替，但它不能被分离。Horner-Wadsworth-Emmons 反应用来进行 Wittig-style 成烯化（第 15 章）。用腈 **234** 来取代 **230** 的羰基，因为共轭形式的腈更容易被还原。

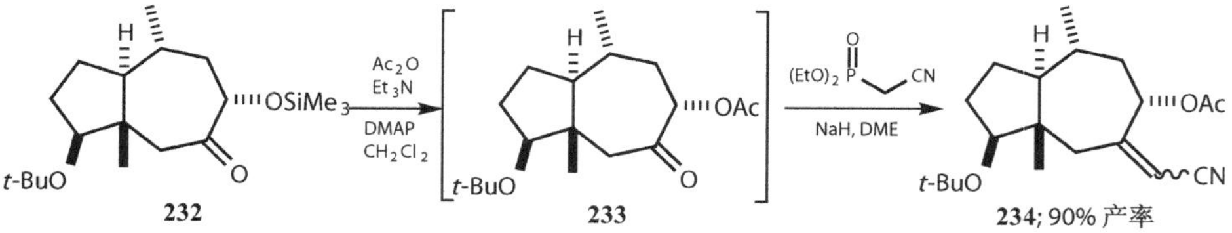

还原反应可以用 $LiAlH_4$ 或 $LiBH_4$ 立体选择性地发生。每一种情况下，氢化物还原剂都首先断裂乙酰酯键，接着中间体酸根配合物以 *cis* 形式 **235** 分子内转移氢阴离子到不饱和腈基得到立体化学正确的 **236**。最后羟基进攻腈基成环得到 *trans* 稠合的内酯 **227**，通常都是在酸性环境下腈与乙醇直接转化为乙基酯。生成 **227** 的总产率为令人佩服的 40%。

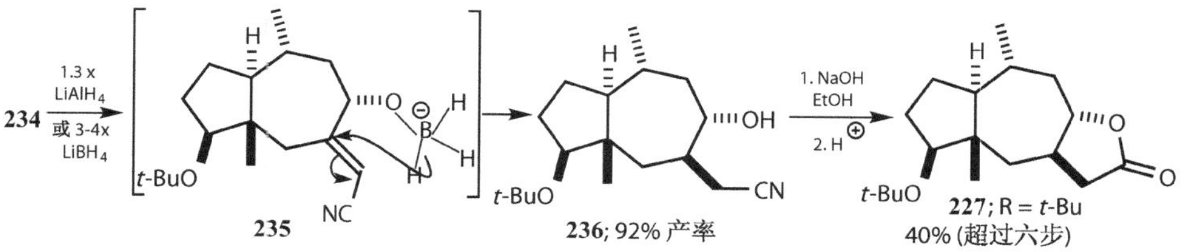

使用烯醇硅醚进行的氨基酮的羟基化

长春花生物碱及典型化合物的合成

任何方法如果不能与杂环氮化合物反应将是这一反应的缺陷。这里有一个严重的问题，因为在上一章中我们曾经介绍过胺容易被氧化成 *N*-氧化物。Langlois 合成生物碱长春花朵灵 **237** 解决了这个问题。长春多灵是一种长春花生物碱，一种重要的吲哚类生物碱，它的二聚物（如异形长春花碱）是抗癌物。这个化合物中最难构建的官能团是三级 α-羟基酯化，Langlois [37] 计划用相关羰-酯 **238** 的羟基化来实现。

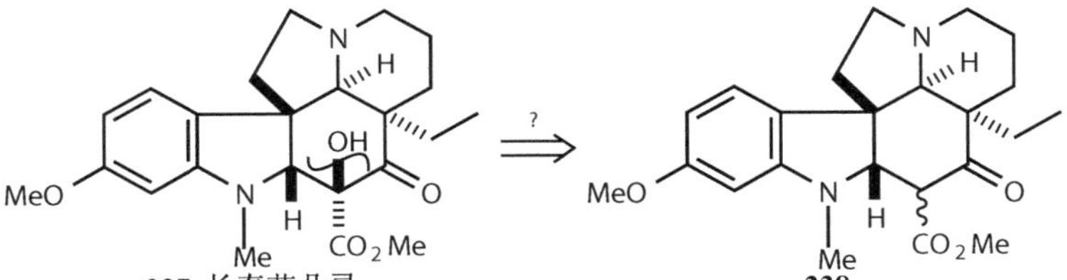

237; 长春花朵灵　　**238**

这里有两个相关的化学选择性的问题需要解决：**238** 中氨基太活泼是否能够在使用 *m*CPBA 的氧化反应中保存下来？β-酮酯稳定的烯醇硅醚能否足够活泼地发生环氧化？Langlois 决定用简单的氨基-β-酮酯 **239** 进行实验，因为它包括了以上所有的特点。如果实验成功了，就会有立体选择性的问题。烯醇硅醚 **240** 在两个羰基之间最稳定的恰当构建，与过量 *m*CPBA 发生环氧化，经过环氧化物 **241** 和硅醚 **242**，**242** 不需分离在碱溶液中脱硅基得到需要的 α-羟基酯 **243**。

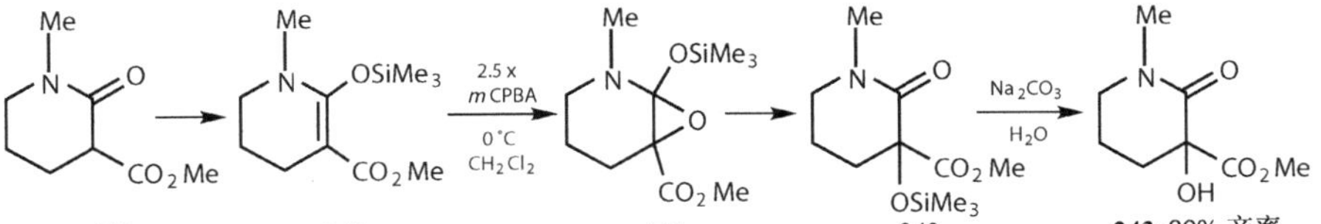

239　**240**　**241**　**242**　**243**; 80% 产率

以上的情况同样适用于长春花朵灵的前体 **238**，α-羟基酯 **237** 作为单一非对映异构体以甚至高到 89%的产率得到，羟基基团和近环交叉点氢原为 *syn* 式。这个反应发生在部分折叠的分子的 *exo* 面。长春花朵灵的合成由此完成 [38]。

烯醇硅醚的环氧化是本章中最古老的方法，但效果最好，至今应用最广泛。它的试剂简单，容易使用，与我们将要接触的反应差别很大。

第二个成功的方法：使用 MoOPH 的羟基化

试剂：烯醇锂的羟基化

MoOPH［发音为 "moof"，更确切是氧化过氧化钼（溶液）-（六甲基磷酰胺）］是钼的过氧化物 **245**，能羟基化烯醇锂[39]。

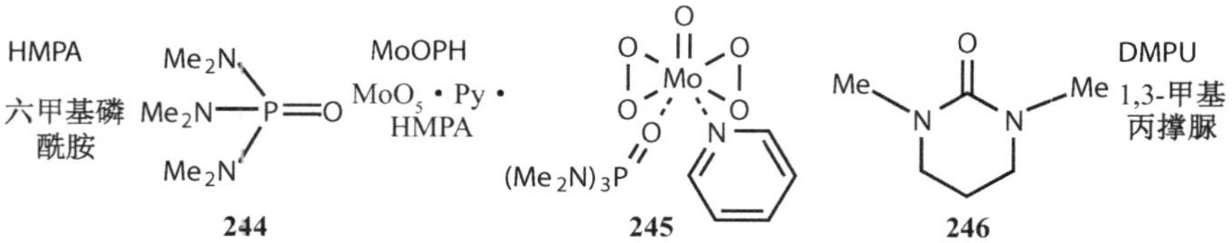

244　245　246

它制备过程很简单，但不幸的是必须包含致癌的 HMPA **244** 来保持稳定。改用安全的 DMFU 代替效果不好。晶体最好在使用之前制备，纯品为淡黄色[40]。

MoO_3 + 30% H_2O_2 —HMPA→ $MoO_5\cdot H_2O$,HMPA 黄色晶体, 67% —1.真空干燥; 2.吡啶→ MoO_5,吡啶,HMPA **245**; MoOPH, 黄色晶体

立体选择性（底物控制）

在典型的反应中，羰基化合物 **247** 的烯醇锂化物可以用通常的方法制备，并与黄色的 MoOPH 反应得到羟基化产物 **248** 和蓝色钼化物，反应是自指示的。方法最大的优势是使用烯醇锂化物，因为它的中间体的区域选择性要比其他金属烯醇更容易控制。2-苯基环己酮 **249** 发生动力学烯醇化高选择性得到羟基酮 **250** 的一个区域异构体。

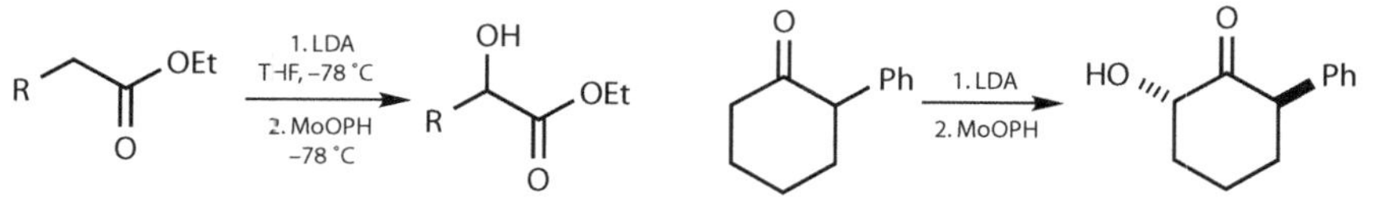

247　**248**; 58%~85% 产率　**249**　**250**; 100% 产率 7:1 *anti*:*syn*

在本章中我们已经提到一些 α-羟基羰基化合物不稳定，**249** 的羟基化反应展现了问题的细节。化合物 **250** 在 1960 年就被报道了，它来源于酯 **251** 的水解，但是用两种方法合成的产物具有不同的 NMR。酯 **251** 水解得到重排的羟基酮 **252**。同样的产物可以用 **250** 与 KOH 反应制得。如果与 OH 连接的碳原子含有氢原子，它的不稳定性将增加，可以得到烯醇化的 **255**。中间体烯基二醇（或者它的阴离子 **254** 或 **253**）可以在双键的任意一侧重新质子化得到不同的酮。

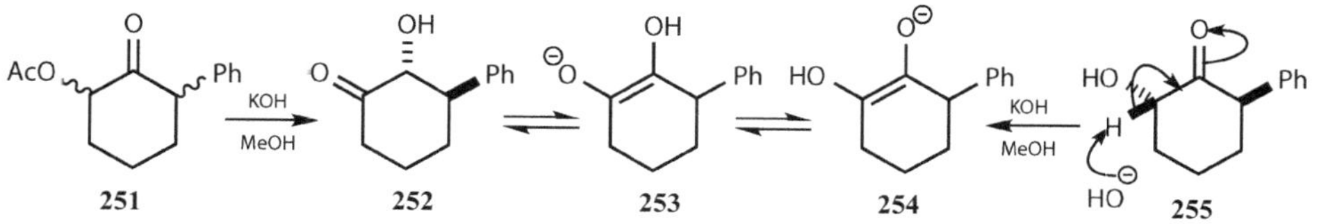

251　**252**　**253**　**254**　**255**

类固醇和氨基酸的羟基化

如果羟基一侧可以烯醇化，你不能把 α-羟基羰基化合物与碱反应。如果分子中含有烯基会有很好的化学选择性，因为 MoOPH 不是环氧化剂。类固醇 **256** 说明好的产率和高的立体选择性可以同时被实现。

256

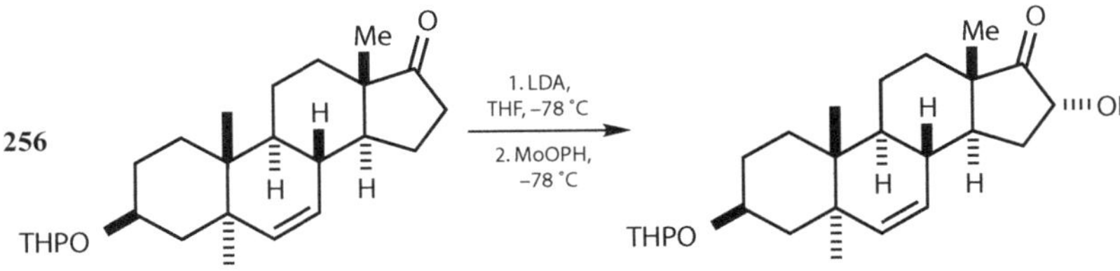

257; 75% 产率

上一个例子有很好的立体选择性，它们是由底物决定的，试剂 MoOPH 分子很大，它进攻取代位阻小的一侧，是动力学控制的。还有一些立体控制可以通过天冬氨酸烯醇化物的羟基化反应实现[41]。*N*-保护天冬氨酸（**259**）的烯醇锂化高 *syn* 选择性的在两个酯基的一侧生成羟基 **260**。

258; 天冬氨酸

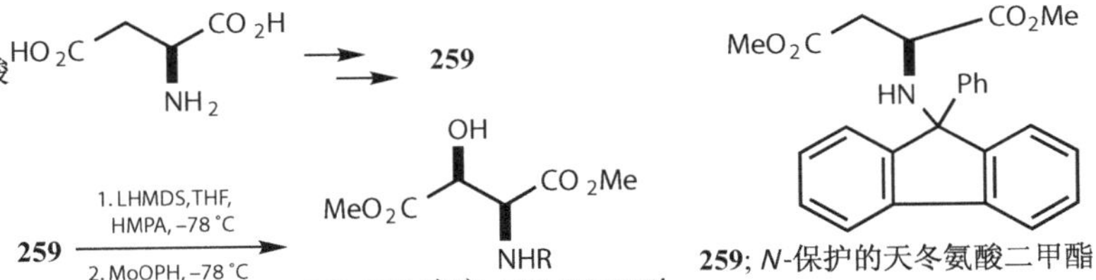

259

260; 95% 产率, 11:1 *syn*:*anti*

259; *N*-保护的天冬氨酸二甲酯

如果 **259** 先与 BuLi 反应，再烯醇锂化，与 MoOPH 反应，高产率得到另一个非对映异构体 *anti*-**261**。最初的结构可能是在 Houk 烯醇化物结构大 NHR 基团的对位羟基化，而螯合作用会的到 *anti*-选择性的羟基化产物。

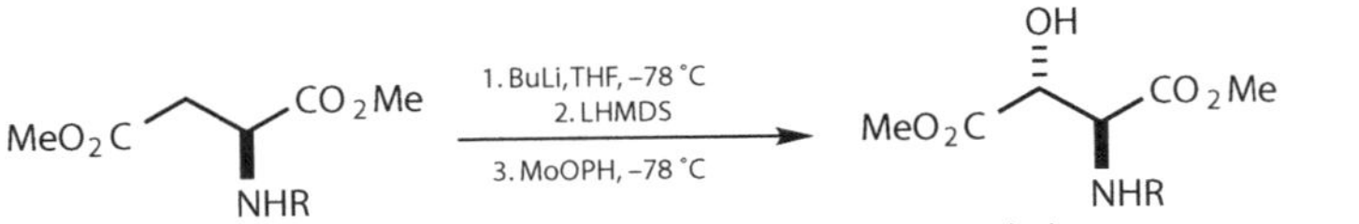

259

261; 70% 产率, 1:20 *syn*:*anti*

MoOPH 因相近的另一类型羟基化试剂的发现而显得黯然失色。*N*-磺酰基噁嗪应该是你的第一选择。*Organic Synthesis* 1986 年卷并列了三篇烯醇化物羟基化配方的文章。Rubottom[42] 描述了烯酮 **262** 动力学烯醇锂和烯醇硅醚 **263** 与 *m*CPBA 氧化生成 α'-产物 **264** 的信息（见第 11 章扩展烯醇化物的区域选择性）。

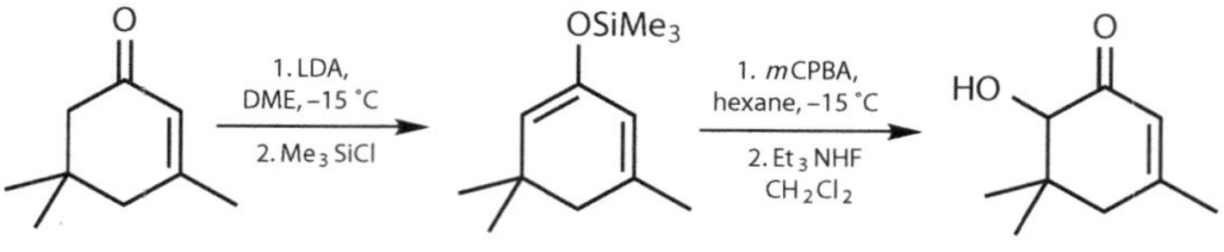

262　　**263**; 88%~91%　　**264**; 69%~74%

Vedejs 和 Larsen[43] 介绍了 MoOPH 和樟脑 **265** 烯醇锂化物羟基化高产率得到 *endo*∶*exo* 醇 **266** 的比例为 5∶1，而 Moriatry[44] 给出了一种我们没有讨论的方法——邻-氧碘基苯甲酸钾烯醇化物羟基化反应。

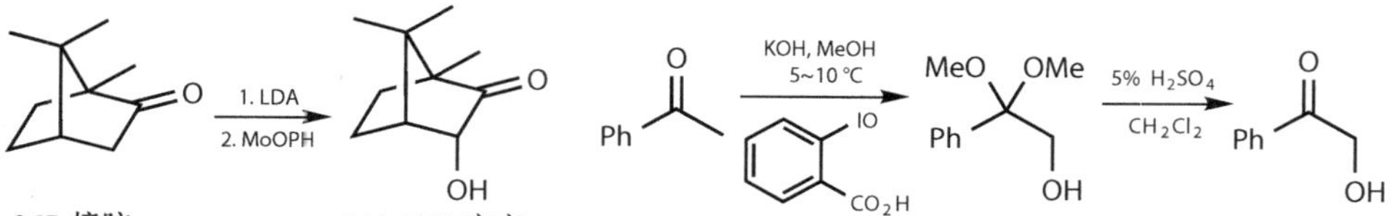

265; 樟脑　　**266**; 77% 产率 5:1 *endo:exo*　　**267**; 65% 产率　　**268**; 83% 产率

MoOPH 要比硼方法对芳香烯醇化物的氧化效果差。简单比较一下，吡啶 **269** 先锂化，再被氧气，MoOPh 或硼试剂氧化得到羟基吡啶 **271**，结果很清楚[45]。

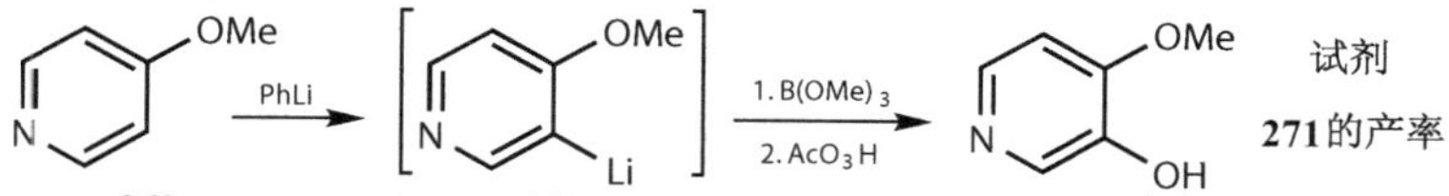

269　　**270**　　**271**; 65% 产率

试剂	O_2	MoOPH
271 的产率	29%	25%

第三个成功的方法：通过 *N*-磺酰吖嗪的羟基化

试剂和机理

这些试剂包括有 C，N，O 原子构成的三元环——哑嗪。氮原子是磺胺（通常为苯基磺胺）的一部分，碳原子上通常有取代基。最简单的试剂 **273** 是由 *N*-苯基磺酰苯甲醛亚胺 **272** 与 *m*-CPBA 或 Oxone® 一过硫酸氢钾复合盐 ($2KHSO_5 \cdot KHSO_4 \cdot K_2SO_4$) 环氧化制备。

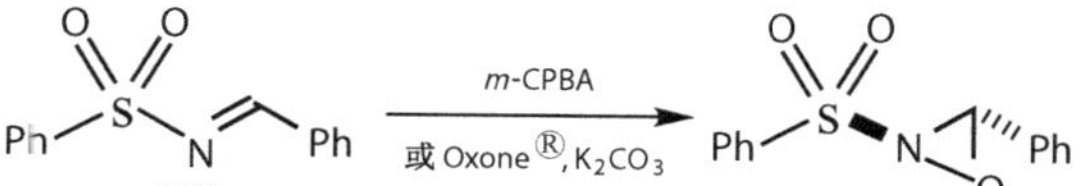

272　　**273**

化合物 **273** 是单一的非对映异构体，其中一个手性中心是氮原子。通常氮原子的翻转特别快而没有手性，但在三元环和有阴离子取代基时，三角形中氮原子翻转特别缓慢。它与烯醇化钠或钾反应得到 *α*-羟基化物[46]。

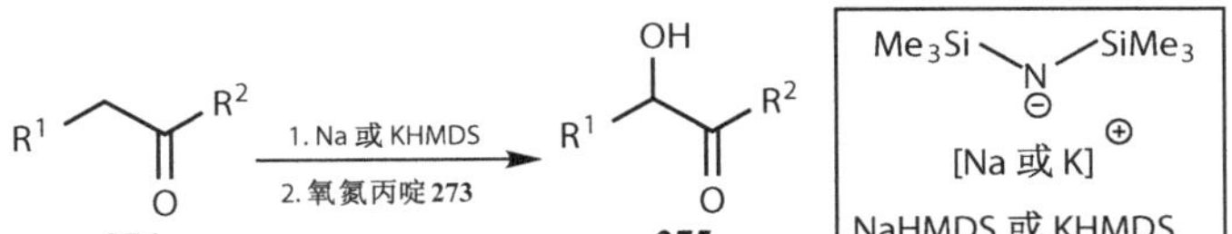

274 275

烯醇化物通过不寻常的 S_N2 反应进攻 **273** 的氧原子。离去基团是磺胺阴离子，这就是需要磺胺基团的原因。这个阴离子再转化 **277** 得到最初的亚胺 **272** 并得到 *α*-羟基羰基化合物 **275** 的阴离子。

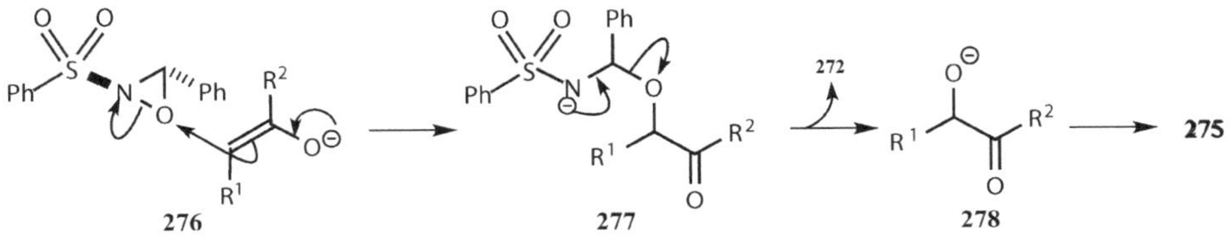

276 277 278

烯醇钠、烯醇钾的羟基化：和锂的副反应

烯醇锂 **279** 可以得到 *α*-羟基羰基化合物，中间要经过一个重要的副反应，有些像亚胺产物 **272** 经六元环状过渡态 **280** 的 aldol 反应，与第 4 章解释 aldol 反应立体选择性类似。因此经常使用钠和钾的二硅酸碱 NaHMDS 和 KHMDS。

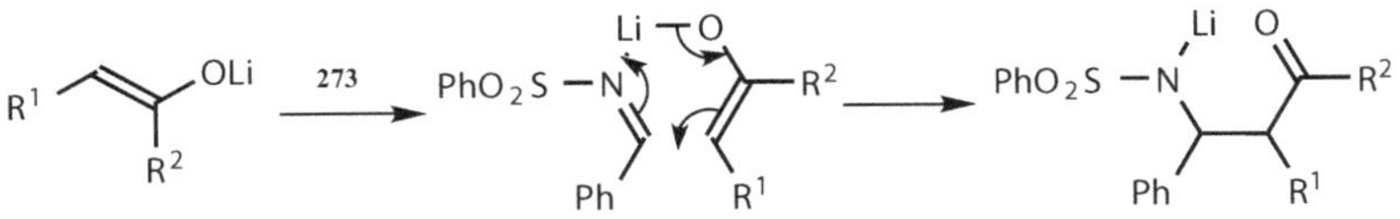

279 280 281

底物控制的立体选择性：不对称羟基化

尽管试剂 **273** 有立体化学，但它不能传递给产物，并且反应的立体选择性是底物控制的。像内酯 **282** 的折叠分子如预期在环外反应得到 *exo*-产物 **283**。

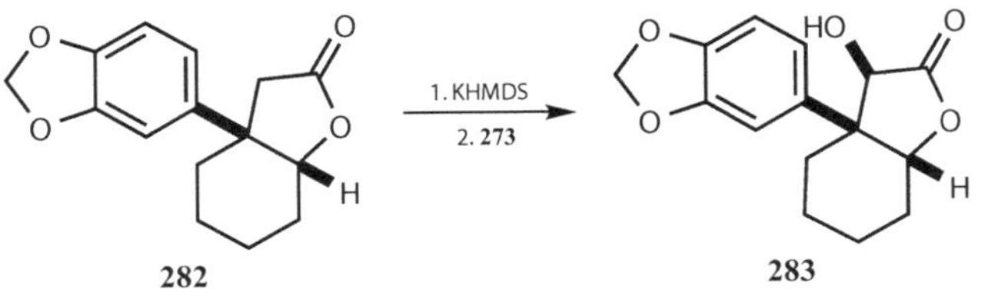

282 283

好的不对称诱导发生在 Evans 的缬氨酸衍生的手性助剂（第 27 章 **284**），它在烯醇面远离 *i*-Pr 基团的一侧发生烷基化类型反应。化合物 **285** 水解得到 *α*-羟

基酸 **286**。

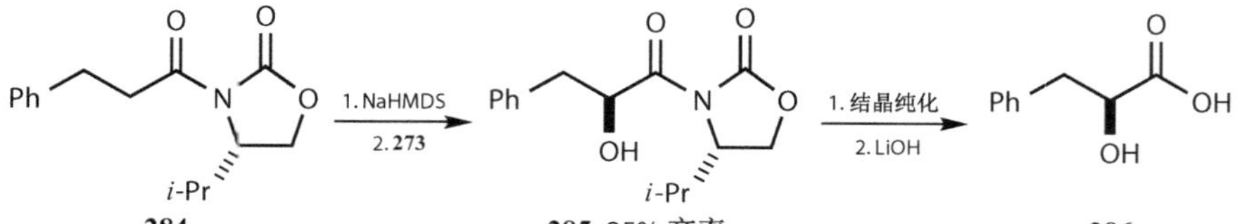

284　　**285**; 85% 产率 95:5 非对映异构体　　**286**

使用樟脑磺内酰胺衍生物的不对称羟基化

为了烯醇化物的不对称羟基化，我们需要比 **273** 中发现的更持久的不对称性。最成功的试剂一直是噁嗪如（+)-CSO **288**。樟脑的两个对映异构体都是可用的，Oppolzer 的手性磺内酰胺（第 27 章）的结构使得 **265** 到 **287** 的化学很相似，这都是一些让我们感兴趣的试剂。多氯取代 **289** 或甲氧基取代的衍生物也是可用的。亚胺 **287** 的环氧化仅仅发生在下层面生成 **288**，并得到了两个新的手性中心（噁嗪环上的 C 和 N)，二环樟脑体系的手性是由砜基团的不对称位置决定的，可以成功的引入很多基团。简单酮 **290** 与氯磺内酰胺 **289** 得到高 ee 的产物 **291**。

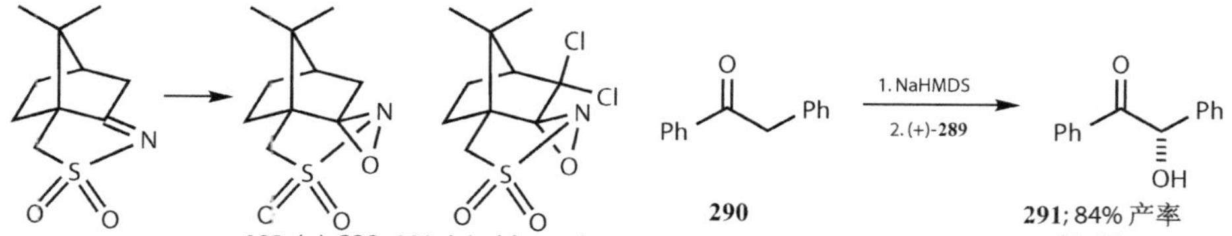

287　　**288**; (+)-CSO　**289**; (+)-chlorosultam　　**290**　　**291**; 84% 产率 95.4% ee

四环素前体的不对称合成

吖嗪羟基化反应制备光学活性的 α-羟基羰基化合物取决于对映或非对映选择性是否需要。抗生素四环素前体的合成是一个很好的例子。这些化合物如 **292** 有 A 到 D 四个环，所以称四环素。环 D 通常是芳香性的，但环 A 到 C 含有一些列的含氧基团和立体化学。这两个特点在 A/B 连接处同时具备，有一个三级的 α-羟基羰基结构。

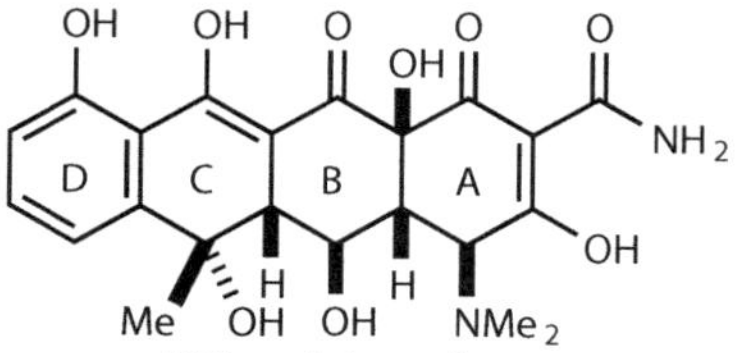

292; oxytetracycline

四环素的合成策略是在环 A 和已经存在的三级 α-羟基羰基的基础上引入合适的基团构建 B/C 前体。合成不同四环素两个潜在的起始原料是 **293** 和 **295**，两个都可以通过烯醇化物 α-羟基化制备。

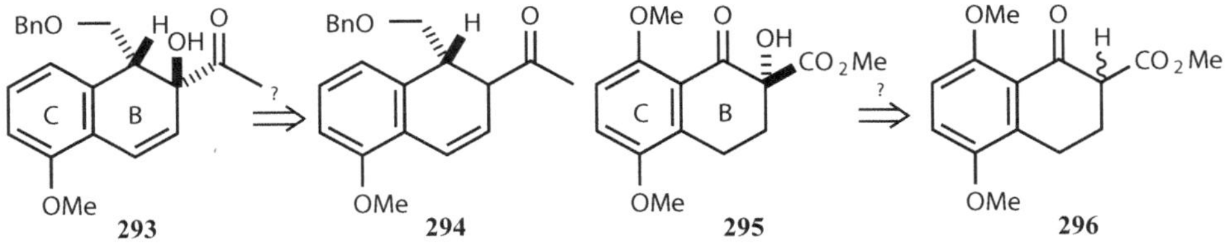

293 **294** **295** **296**

两个前体 **294** 和 **296** 都是手性的，**296** 的手性位于两个羰基之间的烯醇化中心，烯醇化物——羟基化反应的中间体只是潜手性的。用外消旋 **296** 与正确旋光磺内酰胺 **297** 通过不对称羟基化制备 **295**[47]，但非对映选择性羟基化可以使用旋光性前体 **294** 与外消旋磺内酰胺 **273**[48]（54%）。

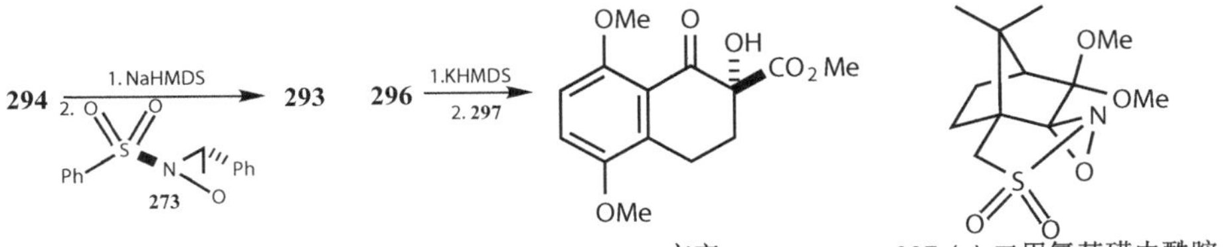

295; 70% 产率, >95% ee　　**297**; (+)-二甲氧基磺内酰胺

钙通道开放剂的合成

百时美施贵宝公司研制的钙通道开放剂 **298** 可以从保护的有机金属衍生物 **300** 与靛红 **299** 加成制得。实际上，用 **301** 与格氏试剂反应很容易实现。在下面的合成中，与格氏试剂加成以前，**299** 要先与 NaH 反应。

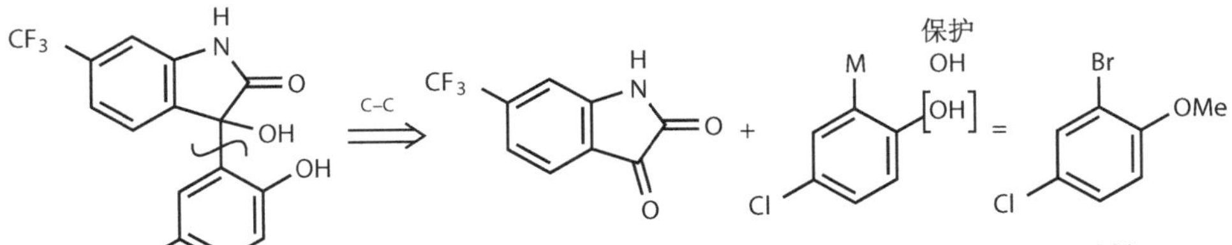

298 **299** **300** **301**

百时美施贵宝公司的化学家要面对确定药物两种非对映异构体生物活性的问题。Davies 吖嗪 **288** 的两种可能的对映异构体（来源于樟脑的两种对映异构体）使得可以从 **302** 上移去 OH 基团，并且能再加成回来[49]。被保护基保护的 **302** 可以被 Et_3SiH 和 TFA——一种可以还原醇易于形成阳离子的试剂——还原生成 **303**。用 BBr_3 去保护后，每一个 **288** 的对映异构体都可以对映选择性地羟基化得

到药物 **298** 的两个对映异构体。

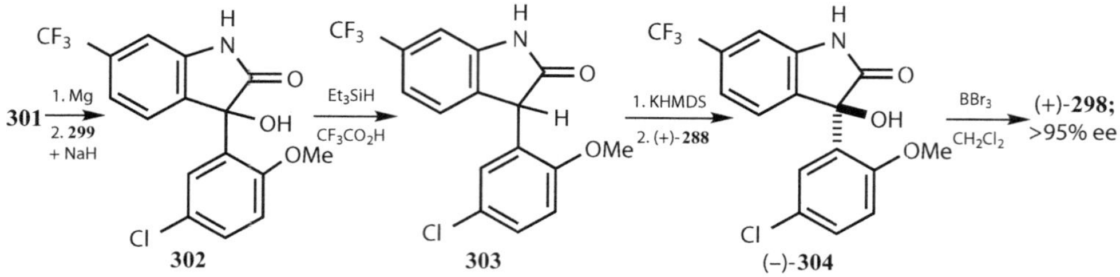

丁氨苯丙酮的不对称合成

当一个药物的价值被发现以后，就要开始准备合成它的两种对映异构体。当你知道哪一个异构体是你需要的以后，你就要研究一种不对称的合成方法。GlaxoSmithKline的抗抑郁药物安非它酮[50] **305** 的合成就是一个很好的例子。这个简单的化合物必须是 *R*-对映体，显然可以用（*S*)-醇 **306** 的衍生物 S_N2 取代（伴随翻转）得到。**306** 可以从简单芳基酮 **307** 的烯醇化物不对称羟基化制备。

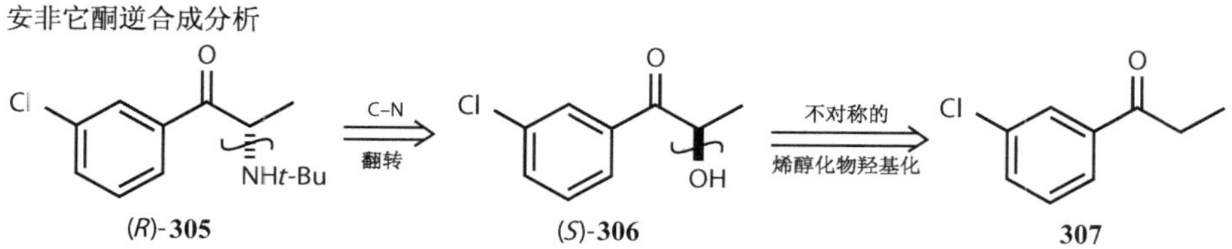

手性的吖嗪已经被使用，但是公司选择了一个催化的方法：烯醇硅醚 **308** 的不对称双羟基化反应（第 25 章）。推测中间体形成了二醇 **309**，但是半缩醛容易分解。(*R*)-**306** 的甲磺酸盐可以与 *t*-BuNH$_2$ 发生取代，合成 buprion **307**。

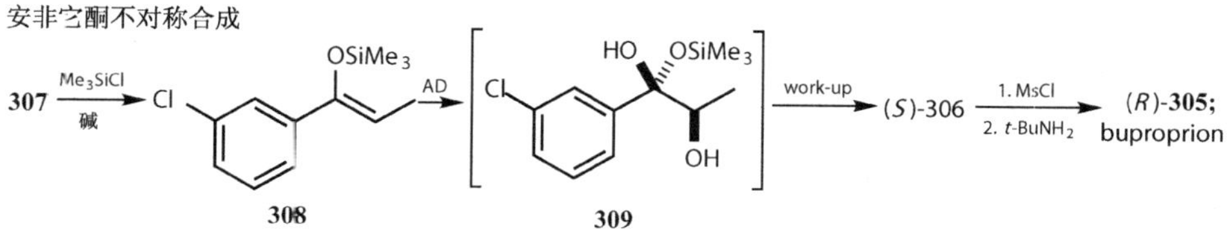

总结

吡啶的亲电取代（第 32 章）和芳香化合物、烯醇及烯醇（化物）的羟基化（第 33 章）都是现在应用广、灵活的反应，可以满足需要的选择性合成很多的化合物。构造官能团是一项战略——在分析产物的时候要切断官能团。切断过程特别难把握，很自然地就会转移到简单的快速的 C—C 切断。诀窍是在 FGA 过程中要时刻提醒自己：在目标分子中移去或加成一个官能团是否会让合成变得更容易？这个方法全面的综述出现在 2003 年[51]。

参考文献

一般性参考文献列于 946 页。

1. LaV. L. Brown, S. Kulkarni, O. A. Pavlova, A. O. Koren, A. G. Mukhin, A. H. Newman, and A. G. Hortl, *J. Med. Chem.*, 2002, **45**, 2841.
2. D. J. Dale, J. Draper, P. J. Dunn, M. L. Hughes, F. Hussain, P. C. Levett, G. B. Ward and A. S. Wood, *Org. Process Res. Dev.*, 2002, **6**, 767.
3. P. M. McEwen and M. V. Sargent, *J. Chem. Soc., Perkin Trans. 1*, 1981, 883.
4. K. Green, *J. Org. Chem.*, 1991, **56**, 4325.
5. M. F. Hawthorne, *J. Org. Chem.*, 1957, **22**, 1001.
6. See for example F. Mongin and G. Quéguiner, *Tetrahedron*, 2001, **57**, 4059.
7. F. Mongin, F. Trécourt, B. Gervais, O. Mongin and G. Quéguiner, *J. Org. Chem.*, 2002, **67**, 3272.
8. F. Trécourt, M. Mallet, O. Mongin and G. Quéguiner, *J. Org. Chem.*, 1994, **59**, 6173.
9. Vogel, p. 629.
10. M. S. Newman and W. R. Reichele, *Org. Syn. Coll.*, 1973, **V**, 1024.
11. B. L. Murr, G. B. Hoey and C. T. Lester, *J. Am. Chem. Soc.*, 1955, **77**, 4430; J. L. Harper and C. T. Lester, *J. Org. Chem.*, 1961, **26**, 1294.
12. Vogel, p. 630.
13. E. Müller, H. Metzger and D. Fries, *Chem. Ber.*, 1954, **87**, 1449.
14. W. Oppolzer, O. Tamura and J. Deerberg, *Helv. Chim. Acta*, 1992, **75**, 1965.
15. W. Oppolzer, C. G. Bochet and E. Merifield, *Tetrahedron Lett.*, 1994, **35**, 7015.
16. N. Momiyama and H.Yamamoto, *Org. Lett.*, 2002, **4**, 3579.
17. N. Momiyama and H. Yamamoto, *Angew. Chem. Int. Ed.*, 2002, **41**, 2986; there is a correction on page 3313.
18. Y. Ito, T. Hirao and T. Saegusa, *J. Org. Chem.*, 1978, **43**, 1011; B. M. Trost, Y. Nishimura, K. Yamamoto and S. S. McElvain, *J. Am. Chem. Soc.*, 1979, **101**, 1328; M. R. Roberts and R. H. Schlessinger, *J. Am. Chem. Soc.*, 1979, **101**, 7626; J. Tsuji, *Palladium Reagents and Catalysts*, Wiley, Chichester, 1995, page 104.
19. M. Hirama and M. Iwashita, *Tetrahedron Lett.*, 1983, **24**, 1811.
20. M. Hirama and M. Uei, *J. Am. Chem. Soc.*, 1982, **102**, 4251.
21. J. W. Pilkington and A. J. Waring, *J. Chem. Soc., Perkin Trans. 2*, 1976, 1349.
22. B. M. Trost, T. N. Salzmann and K. Hiroi, *J. Am. Chem. Soc.*, 1976, **98**, 4887.
23. H. J. Reich, J. M. Renga and I. L. Reich, *J. Am. Chem. Soc.*, 1975, **97**, 5434.
24. R. E. Zipkin, N. R. Natale, I. M. Taffer and R. O. Hutchins, *Synthesis*, 1980, 1035.
25. P. A. Grieco and M. Miyashita, *J. Org. Chem.*, 1974, **39**, 120.
26. M. Braun, B. Meyer and B. Féaux de Lacroix, *Eur. J. Org. Chem.*, 2002, 1424.
27. W. Reusch and C. K. Johnson, *J. Org. Chem.*, 1963, **28**, 2557.
28. J. D. McChesney and A. F. Wycpalek, *Chem. Commun.*, 1971, 542.
29. J. A. Elings, H. E. B. Lempers and R. A. Sheldon, *Eur J. Org. Chem.*, 2000, 1905.
30. D. Felix, J. Schreiber, G. Ohloff and A. Eschenmoser, *Helv. Chim. Acta*, 1971, **54**, 2896.
31. R. D. Clark and C. H. Heathcock, *Tetrahedron Lett.*, 1974, 2027; C. H. Heathcock, C. Mahaim, M. F. Schlecht and T. Utawanit, *J. Org. Chem.*, 1984, **49**, 3264.
32. R. B. Woodward, *Pure Appl. Chem.*, 1968, **17**, 629 (see page 529).
33. A. Hassner, R. H. Reuss and H. W. Pinnick, *J. Org. Chem.*, 1975, **40**, 3427.
34. G. M. Rubottom and J. M. Gruber, *J. Org. Chem.*, 1978, **43**, 1599.
35. L. A. Paquette, H. Lin and J. C. Gallucci, *Tetrahedron Lett.*, 1987, **28**, 1363.
36. P. T. Lansbury and J. P. Vacca, *Tetrahedron Lett.*, 1982, **23**, 2623.
37. R. Z. Andriamialisoa, N. Langlois and Y. Langlois, *Tetrahedron Lett.*, 1985, **26**, 3563.

38. R. Z. Andriamialisoa, N. Langlois and Y. Langlois, *J. Org. Chem.*, 1985, **50**, 961.
39. E. Vedejs, D. A. Engler and J. E. Telschow, *J. Org. Chem.*, 1978, **43**, 188.
40. E. Vedejs and S. Larsen, *Org. Synth.*, 1986, **64**, 127.
41. F. J. Sardina, M. M. Paz, E. Fernández-Megía, R. F. de Boer and M. P. Alvarez, *Tetrahedron Lett.*, 1992, **33**, 4637.
42. G. M. Rubottom, J. M. Gruber, H. D. Juve and D. A. Charleson, *Org. Synth.,* 1986, **64**, 118.
43. E. Vedejs and S. Larsen, *Org Synth.,* 1986, **64**, 127.
44. R. M. Moriarty, K. Hou, I. Prakash and S. K. Arora, *Org. Synth.,* 1986, **64**, 138.
45. F. Trécourt, M. Mallet, O. Mongin, B. Gervais and G. Quéguiner, *Tetrahedron*, 1993, **49**, 8373.
46. F. A. Davis and B.-C. Chen, *Chem. Rev.*, 1992, **92**, 919–934.
47. A. I. Meyers and K. Higashiyama, *J. Org. Chem.*, 1987, **52**, 4592.
48. F. A. Davis, A. Kumar and B.-C. Chen, *Tetrahedron Lett.*, 1991, **32**, 867.
49. P. Hewawasam, N. A. Meanwell, V. K. Gribkoff, S. I. Dworetzky and C. G. Biossard, *Bioorg. Med. Chem. Lett.*, 1997, **7**, 1255.
50. S. C. Stinson, *Chem. Eng. News*, Oct 23rd 2000, page 55.
51. B.-C. Chen, P. Zhou, F. A. Davis and E. Ciganek, *Org. React.*, 2003, **62**, 1.

34 功能性和外环反应：环加成和 σ 迁移重排反应制备氮杂环

本章将讨论 Diels-Alder 反应，[3，3]-σ 迁移重排反应中氮原子的作用，如 Aza-Cope 重排，基团转移反应如 Alder 烯烃反应及其他周环过程。

第一部分——引言

周环反应中官能团的作用

环加成反应：Diels-Alder 反应和 Alder 烯烃反应

我们理解的周环化反应根本上基于 Woodward 和 Hoffmann 分析的轨道对称性。本章将考虑周环反应中插入官能团的重要性，所以至少有一个部分的对称性是不安定因素。例如，氮原子可以是 Diels-Alder 反应中二烯的一部分，它可以有两种情况：1-或 2-氮杂二烯（**1** 或 **3**）。如果反应成功，这两种情况（**2** 或 **4**）的产物都是氮杂环。或者我们可以用亚胺 **5** 作亲双烯体。我们再次假设如果反应成功，产物是氮杂环。实际上，接下来我们将看到，插入氮原子的影响是致命的，这三个反应没有一个可以与这些简单化合物反应得很好。本章我们将讨论什么将影响外环反应时的这些功能，解决起来有多困难[1]。

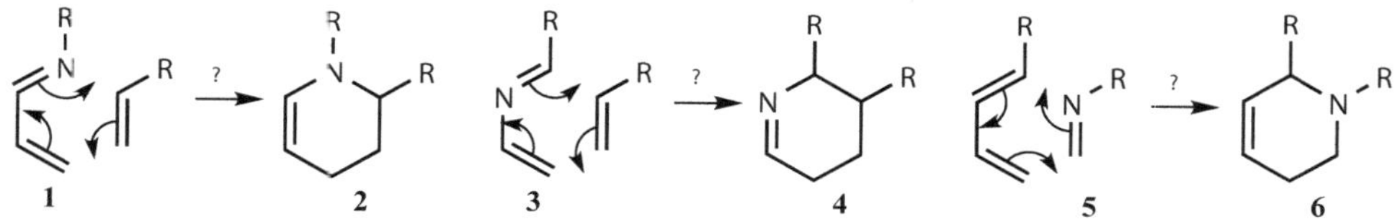

为了限制讨论的范围和给出有用的合成重心，我们将只考虑那些能生成氮杂环的反应。这些产物一般都是芳香性的，但更多的是饱和的，所以将会有大量的立体化学和不对称合成。我们还将讨论氮原子不是周环过程一部分的反应，但它们被拴系影响很大。Diels-Alder 反应中的区域和立体选择性，如 **7** 的环化就被拴系的长度和位置控制，所以功能性基团影响外环过程。Alder 烯烃反应 **9** 是一个“基团转移”反应，与 Diels-Alder 反应很类似，但是是在双烯中偶 C—H 键取代烷基烯烃。这个反应不是自己关环，如果要合成杂环 **10** 还需要氮拴系。

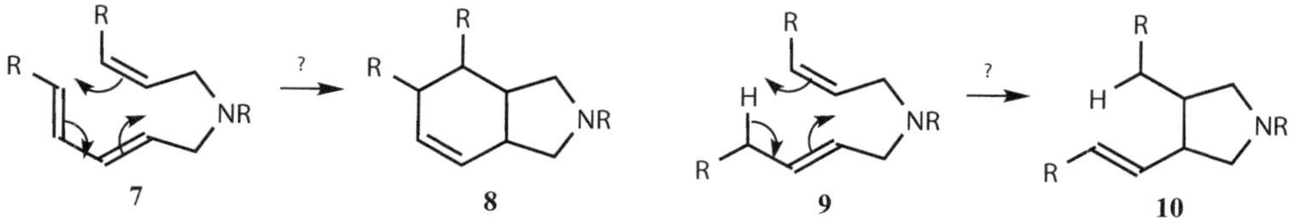

[3，3] 和 [2，3]-σ 迁移重排：aza-Cope 重排

典型的 [3，3]-σ 迁移重排包括 Claisen 和 Cope 重排。aza-Cope 重排是氮原子 [3，3]-σ 重排，有两个可能的位置 **11** 或 **13**。无论哪种情况反应都会生成环，

但两种情况得到的产物都是不稳定的亚胺，进一步的离子反应会得到杂环。

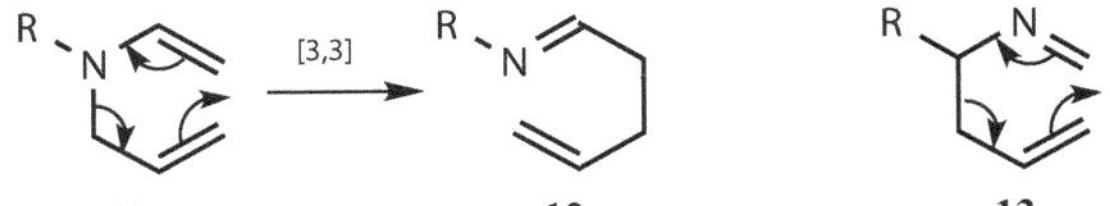

串联反应通常在阴离子或阳离子作用下进行，在反应中 aza-Cope 反应以后第二步构成离子 C—C 键。有一个阴离子的例子 **15** 到 **16**（本章稍后将会讨论）。一些激动人心的［2，3］-σ 迁移重排都是氮叶立德参与的构建中环的扩环反应。我们将讨论 **17** 经叶立德反应［2，3］-重排的扩环得到九元环亚胺 **18** 的反应。

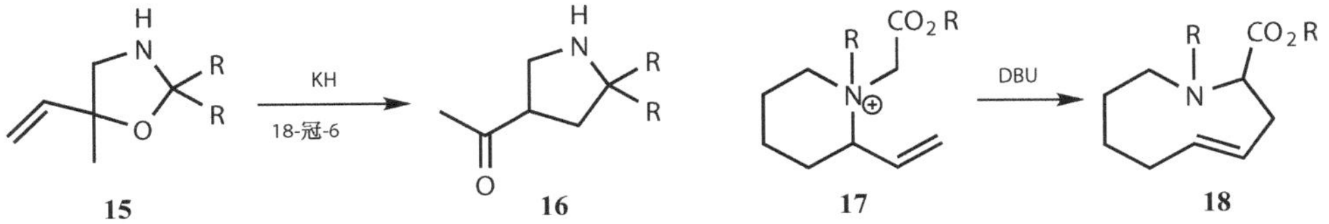

其他周环过程制备氮杂环

我们用一个新颖的反应来结束这一节——电环化 **19**。有很多烯烃复分解关环的例子，还有其他有机金属反应如 Pauson-Khand 反应和共三聚反应。

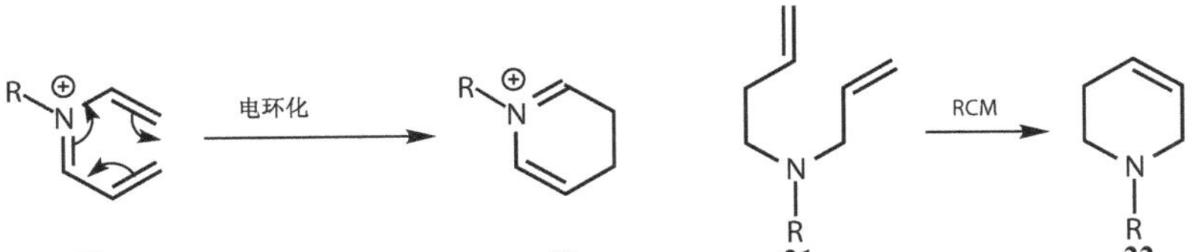

第二部分——环加成制备氮杂环

氮杂烯烃的 Diels-Alder 反应

氮杂二烯 Diels-Alder 反应的问题

1-氮杂二烯 **24** 很容易从胺和烯醛如 23 制得。**24** 与马来酸酐的 Diels-Alder 反应看起来很有吸引力，你可能会预期 **26** 是产物。

不幸的是，氮原子降低了二烯烃 **24** 的 HOMO 的能量，它与马来酸酐的 LUMO 不匹配。但是亚胺 **24** 与烯胺 **27** 处于平衡，**27b** 结构有高能量的 HOMO，所以反应的产物是 **28** [2]。**24** 与 **27** 之间的互变异构可能特别容易，因为它可以看成是［1，5］-H 迁移的反应。弱亲电亚胺和它的互变异构体，亲核性烯胺之间的冲突正是本章的主题之一[1]。

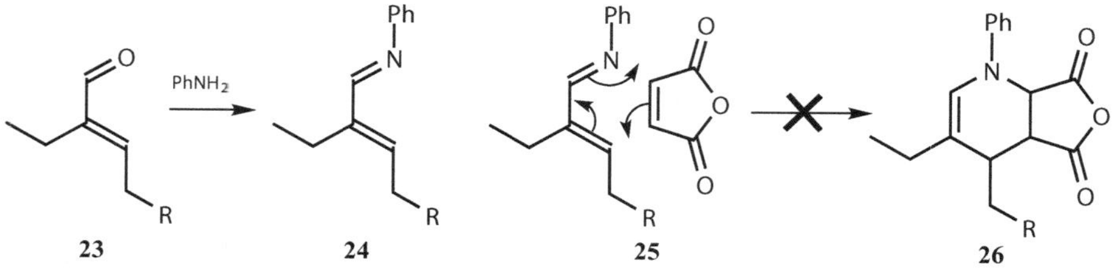

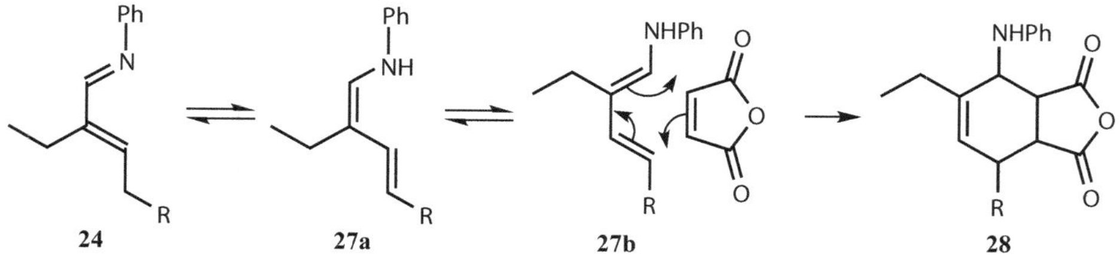

一个解决亚胺/烯胺互变平衡的方案是用易离去的酰基加载到氮原子。常用的选择是氨基甲酸酯和磺胺。如果氮原子上没有取代基的 **32**，由于共轭作用很容易得到亚胺 **33**，但是如果氮原子含有取代基 **31**，将被强制得到烯胺 **29**。

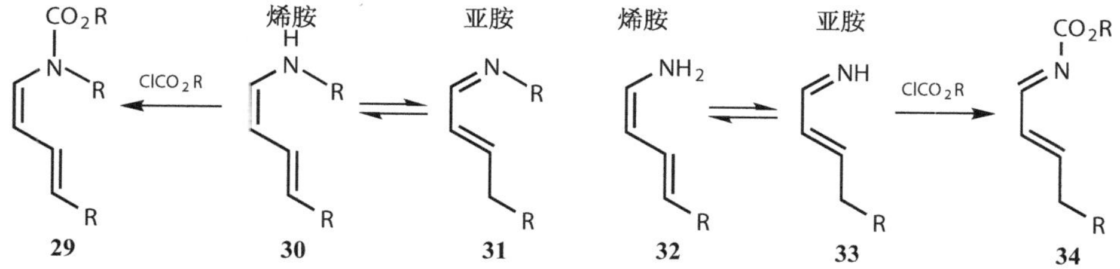

用氮杂二烯通过 Diels-Alder 反应制备氮杂环有很多的不利因素。产物，如 **2** 和 **4**，既不是亚胺也不是烯胺，而且自身特别不稳定，需要使之稳定以分离可能的杂环。

稳定的 1-氮杂烯烃

在简单的 1-氮杂二烯 Diels-Alder 反应的几个例子中，用稳定的氮杂二烯烃 **39**（肉桂醛和苯胺制备）与亲双烯体 **38**（异噁唑 **35** 消除制备）合成二氢吡啶是其中一例。这是一个反转亲电要求的环加成反应，亲双烯体 **38** 的 HOMO 与氮杂二烯烃 **39** 的 LUMO 连接生成环加成产物 **40**，因此高产率和完全区域选择性的得到二氢吡啶 **41**[3]。

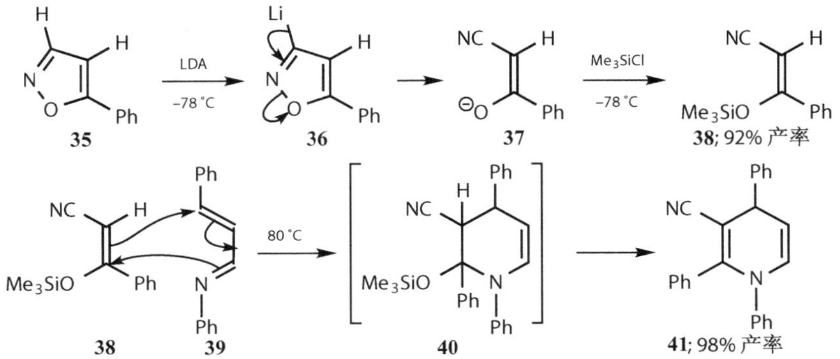

其他的二烯烃，甚至是环戊二烯，基本不与亲双烯体 **38** 反应，但是氮杂二烯烃 **39** 反应很好，这是个特例。分子的两端被苯基取代，不能互变异构为烯胺。更普遍应用的 1-氮杂二烯烃必须被共轭取代基稳定——确定的给电子或拉电子取代基——这样 HOMO 或 LUMO 被明确选择进行环加成。

稳定的亲核 1-氮杂烯烃（环加成中使用 HOMO）

Ghosez 用腙 **35** 来达到目的。反应的区域选择性说明 NMe_2 基团在双烯的 HOMO 与亲双烯体比如丙烯腈的 LUMO 之间的反应中起支配作用。机理中的箭头说明双烯 **43** 的亲核端与丙烯腈的亲电端互相影响。环加成反应可能发生也可能不发生[4]。

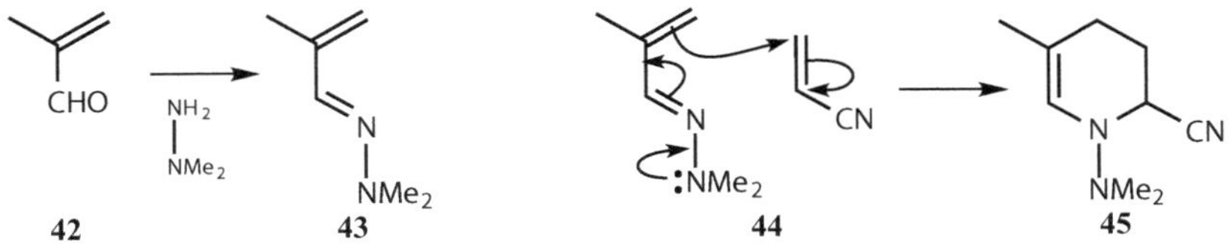

尽管 NMe_2 可以从 **45** 中还原消除，但是它通过消除和氧化反应转化为吡啶产物更有意义。相同二烯 **43** 与不对称萘醌 **46** 的反应生成不稳定加成产物 **47**，乙醇回流生成单一区域异构体 **48**[5]。

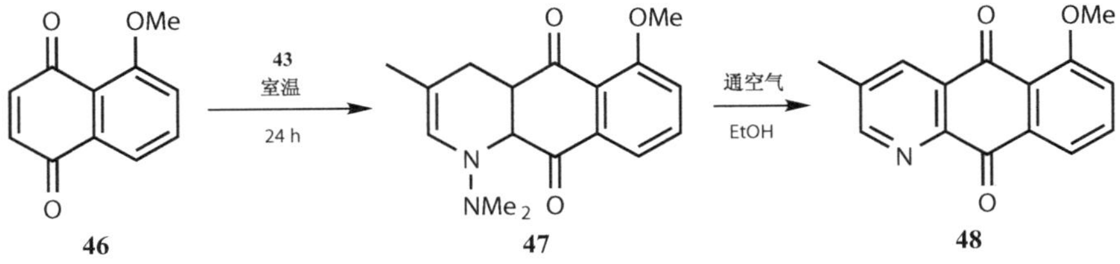

如果取代基用 OH 代替 OMe，（羟基）氢与萘醌 **49** 上的一个羰基上成键翻

转了 LUMO 的协同因素，在产物 **50** 中发现了相反的区域选择性。

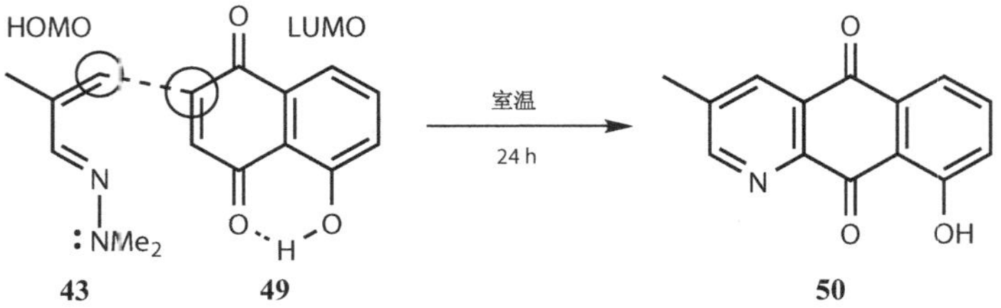

所有这些 1-氮杂二烯烃例子都被腙取代，但更多的例子不能互变异构为烯胺，因为它们没有能够含有质子的合适的取代基。

稳定的亲电 1-氮杂烯烃（环加成中使用 LUMO）

磺胺是应用最广泛的一类亲电 1-氮杂二烯烃，如 **51**，它们与富电子的亲双烯体（如烯醇醚）发生翻转电子需要的 Diels-Alder 反应[6]。二烯 **51** 的 LUMO 在亚胺的活化下，按 **52** 的方式与烯醇醚具有较高能量的 HOMO 相互作用，这种作用加快了反应速率并决定了环加成产物 **53** 的区域选择性。

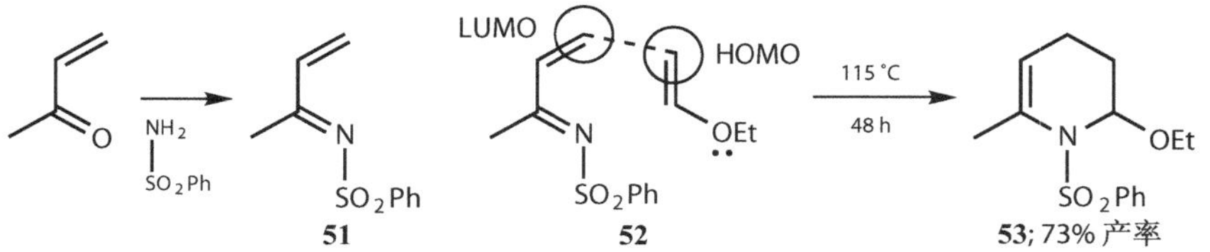

氮杂二烯上若增加了吸电子基团（如 **54** 中的酯基）可进一步降低 LUMO 能量，反应 **55** 可在室温下进行（尽管压力也有助于反应发生），并且由于 OEt 基团与二烯的后部的相互作用 **56**，反应有很好的区域选择性 **57** 及很好的 *endo*：*exo* 选择性。

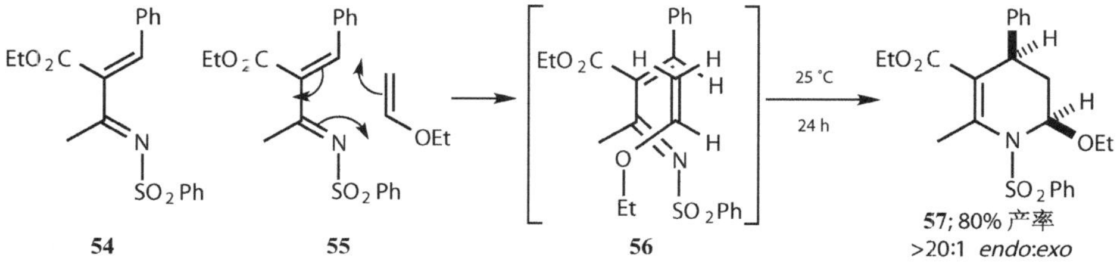

更令人印象深刻的是，氮杂二烯如 **59**，其互变异构体 **58** 也能以高产率，高区域选择性得到内型产物 **60**。尽管 1-氮杂二烯在使用上并不那么容易，但是目前已有足够多的方法使经由此种路径的杂环化合物合成具有实践意义。

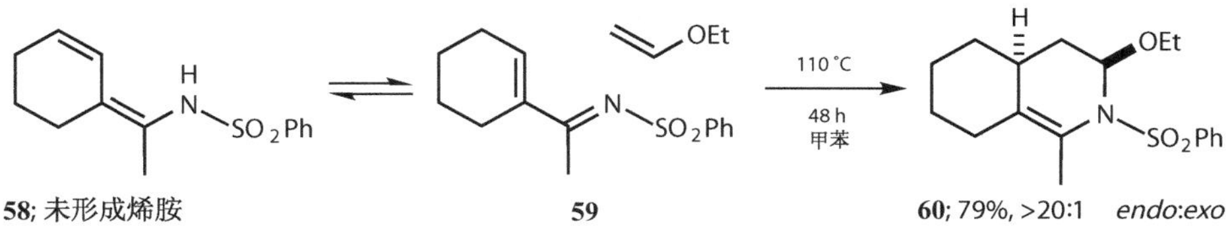

2-氮杂二烯的 Diels-Alder 反应

2-氮杂二烯具有同样的问题，而 Ghosez[7] 通过在二烯上增加强推电子或吸电子基团解决了这个问题。酰亚胺 **61** 进行两次硅烷化反应得到一个不能互变异构为烯胺的 2-氮杂二烯 **62**。它能与乙炔酯区域选择性地进行加成得到 **63**，经过酸水解水解去 **63** 中的硅基亚胺醚并催化去掉其他硅基保护基进行芳构化可得到吡咯酮 **64**。

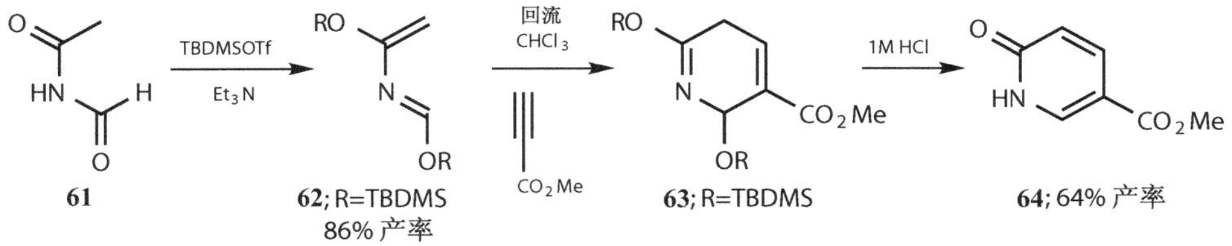

加成反应的区域选择性由氮杂二烯 **62** 的 HOMO 决定，原因是其上有两个给电子的硅氧基，而氮原子几乎没有什么作用。不饱和酸酯的 LUMO 则与其他典型的 Diels-Alder 反应中的无异。

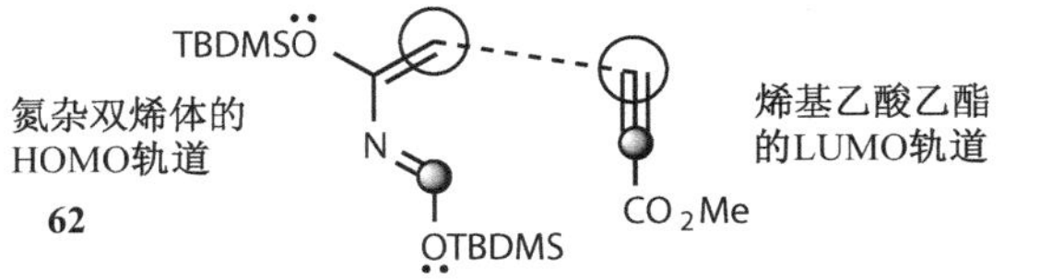

为了发生另一种电子情况与氮杂二烯的 Diels-Alder 反应，Barluenga 将以不可烯醇化醛（R＝Ar 或 PhCH＝CH）的稳定硅基亚胺 **65** 与乙炔二酸酯反应得到了 2-氮杂二烯 **67**[8]。

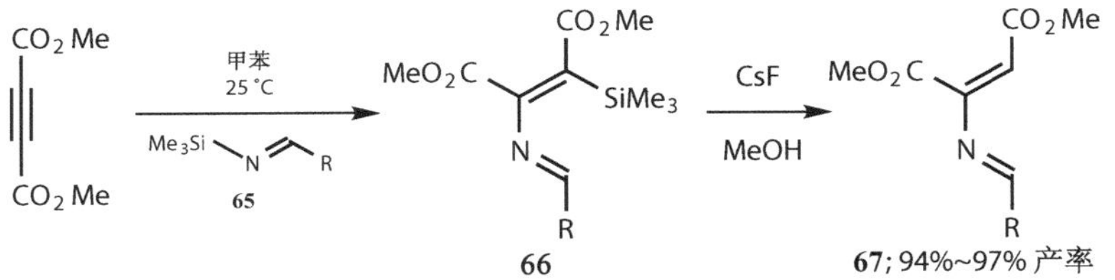

亚胺中的氮原子一定进攻丁炔二酯 **68** 中的炔基，形成的烯醇使亚胺正离子 **69** 去硅烷化得到二烯 **70**。此时无法形成互变异构体烯胺。此种中间体经氟化物去硅烷化以非常高的产率得到二烯 **67**。

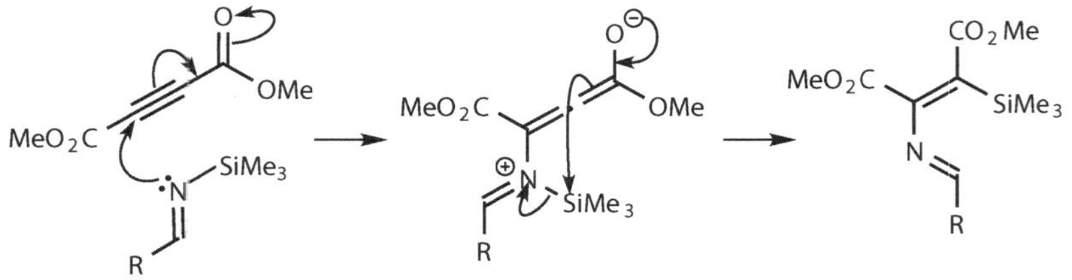

这些二烯 **70** 具有一个亚胺、两个酯基三个拉电子基团，可以与供电子的烯胺如 **71** 进行反应高产率地得到吡啶 **74**，其中中间经过了如下步骤：首先生成的亚胺 **72**，它在酸催化下互变异构化形成稳定的共轭烯胺 **73**，然后消去一个胺生成烯胺，并在空气中自发地氧化芳构化。

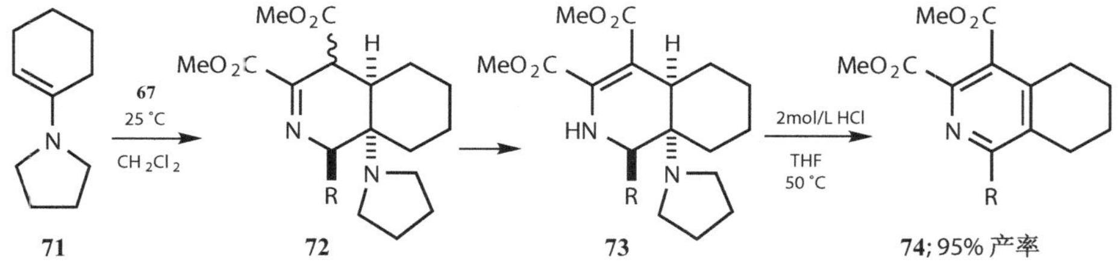

环加成的区域选择性是非常奇怪的。亚胺与末端的酯基导向一端，而中段的酯基导向烯胺到另一端。二烯 LUMO 如下图所示显然具有最大的冲突，看起来又要忽视烯胺，尽管现在无法确定机理到底是协调的环加成还是两步的离子反应。

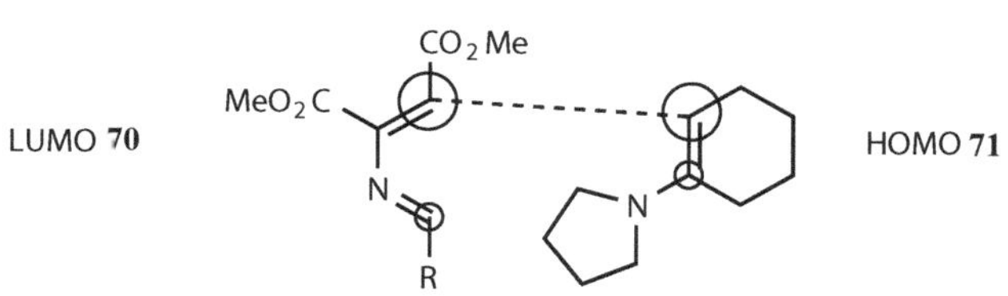

亚胺的 Diels-Alder 反应

另一大类的 Diels-Alder 反应是普通的二烯与亚胺进行反应[9]，这种类型最大的困难是亚胺的不稳定性。Krans[10] 提出了一种非常巧妙的解决方法：将三聚体 **75** 的 THF 溶液蒸馏至一个冷却到－78 ℃的烧瓶，在此温度下亚胺 **76** 是稳定的，并能转变成稳定的酰烯胺 **77**。

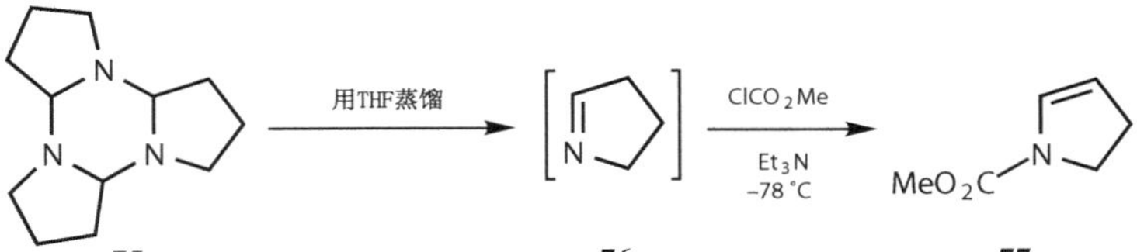

75　**76**　**77**

Danishefsky[11] 在合成 ipalbidine **83** 时用到这种亚胺 **77** 进行 Diels-Alder 反应。为了使反应更有效地进行，他使用了一个具有两个供电子性醚基活化的二烯 **79** 并加入路易斯酸以活化亚胺。产物 **81** 是由亚胺的 LUMO 和二烯的 HOMO 反应定位得到的。

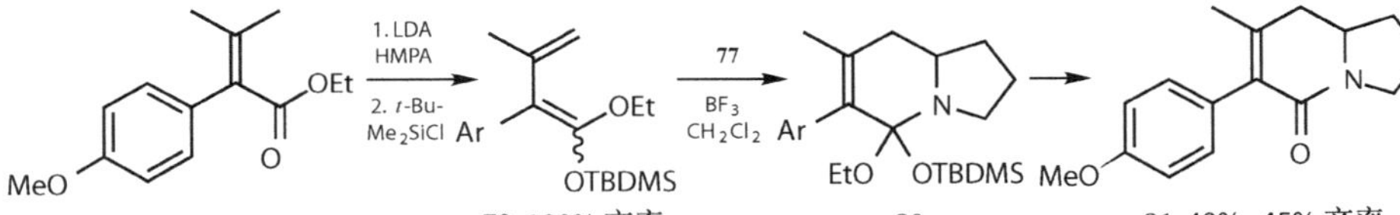

78　**79**; 100% 产率　**80**　**81**; 40%~45% 产率

为了得到 ipalbidine **83**，需要将内酰胺 **81** 还原为芳香甲酯 **82** 并去甲基化。虽然在环加成一步的收率比较低，这个合成的路线是比较短的。

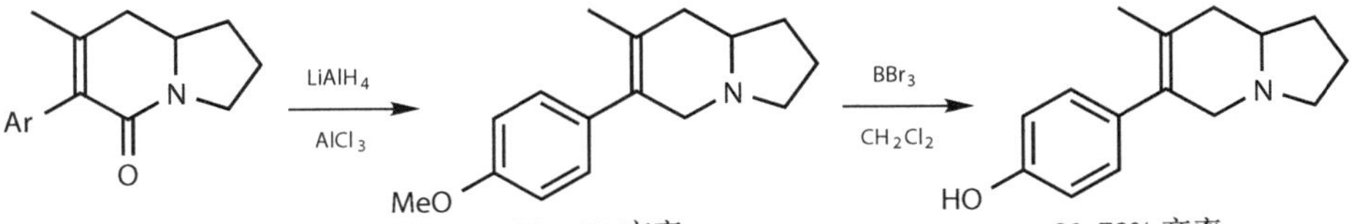

81　**82**; 73% 产率　**83**; 78% 产率

简单的亚胺在二烯的活性足够高时也被用于直接反应，Danishefsky 的二烯 **84** 具有足够的亲核性，在路易斯催化下可以直接和亚胺结合。这个例子 **85** 可以互变异构化为烯胺，但是亚胺，尤其是它的 $ZnCl_2$ 复合物能够更好地和这种亲核性二烯反应[12]。

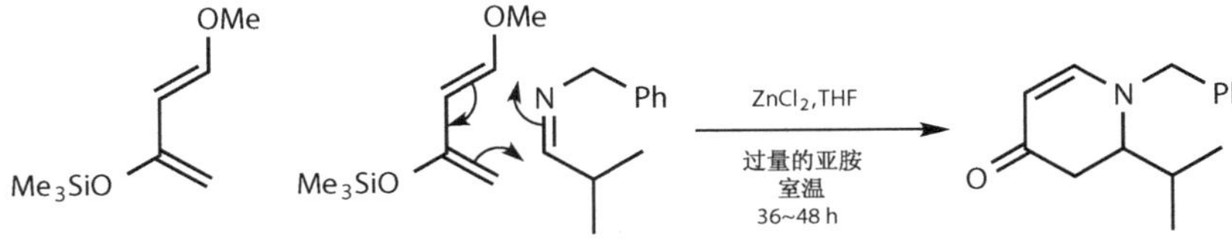

84　**85**　**86**; 69% 产率

从各种活化亚胺进行反应的例子中，我们选择具有两个手性辅基（氮原子上的 α-甲基苯胺基在以及作为酯化基团的 8-苯基薄荷醇基）的活化亚胺 **87**，进行

2-甲基哌啶酸的非对映异构诱导合成。这两个辅基在前面的章节中（第 22、27 章）已经被讨论过，酸催化下它们与普通二烯的环加成通常具有非常好的非对映选择性和合理的产率。我们展现了两者匹配的例子，不匹配时显然要差很多[13]。

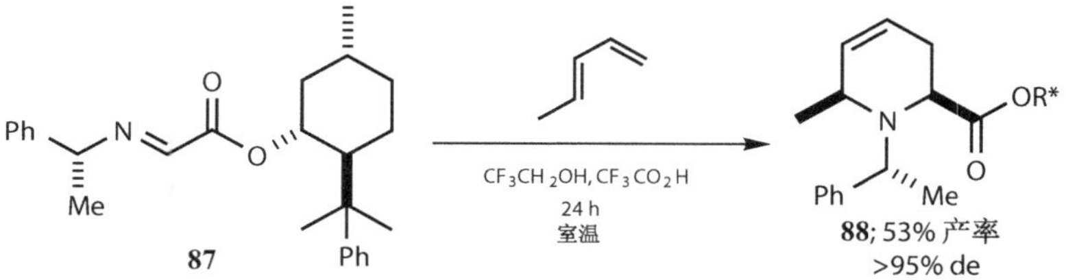

分子内氮杂二烯的 Diels-Alder 反应

为了得到高收率，高区域与立体选择性的含杂原子 Diels-Alder 反应，一种可行的做法是使反应在分子内进行[14]。在氟离子存在时，**89** 可消除并得到高活性的二烯 **90**，由于可以重新芳构化，环加成反应非常迅速。其区域选择性是由亲双烯体的 HOMO 以及二烯的 LUMO 叠加的，但也有可能是因为拴系[15]。其立体化学过程是：氮杂二烯被拴系在五元环的下表面，从而与亲双烯体键合生成全 *trans*-"氮杂雌甾酮" **91**。

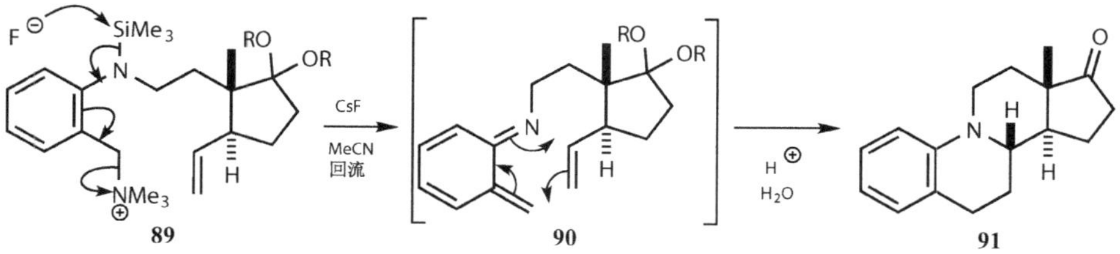

Heathcock 利用一个巧妙的串联反应，其中包括一步质子化的 2-氮杂二烯的分子内 Diels-Alder 反应，合成了生物碱 daphniphyllum。我们给出其中一个例子，二醇 **92** 经过 Swern 氧化得到不稳定的二醛 **93**，它与氨反应得到质子化的氮杂二烯 **94**。其中一个醛基与一个四级碳相连，故无法形成烯胺，但另一个可以。你现在可以看到侧链"R^1"，那么 **94** 发生了什么呢？它可能发生了几种周环反应。

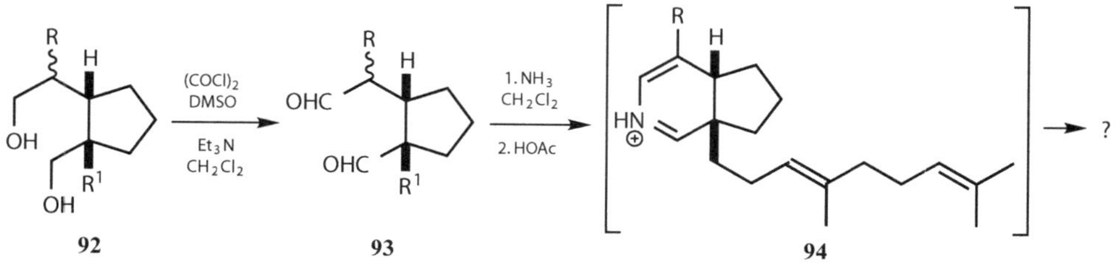

产物是笼状的胺 **97**。其中，氮杂二烯在构型 **95** 时必定与邻近的两个不活泼的双键进行环加成（机理并未表示清楚）。尽管区域选择性可以用亲双烯体的 HOMO 和质子化的 2-氮杂二烯的 LUMO 进行反应来解释，另一可能的原因是它们之间的距离较短（只隔了两个饱和碳原子）。可以肯定的一点是，由于键合距离亲双烯体位于二烯的上表面[16]。产物 **96** 中的亚胺正离子与剩下的双键加成得到 **97**。我们将在后续内容σ迁移重排反应中看到这种串联的应用。

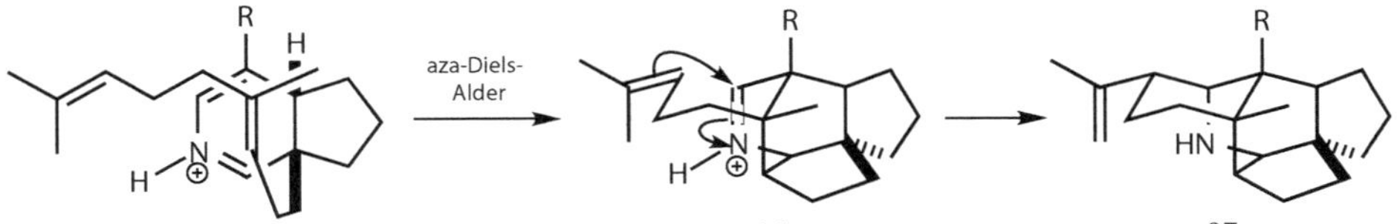

95 **96** **97**

亚胺的分子内 Diels-Alder 反应

简单的亚胺通常能以较高产率进行分子内 Diels-Alder 反应，得到的另一个环一般是一个稳定的五元或六元环。Grieco 发展了以含有醛基，远端具有二烯结构的化合物在酸性条件下与胺形成亚胺后进行反应的方法。亚胺正离子通常无法被分离且环加成 **99** 非常迅速。一个简单的例子 **98** 能得到三环胺类化合物[17] **101**。

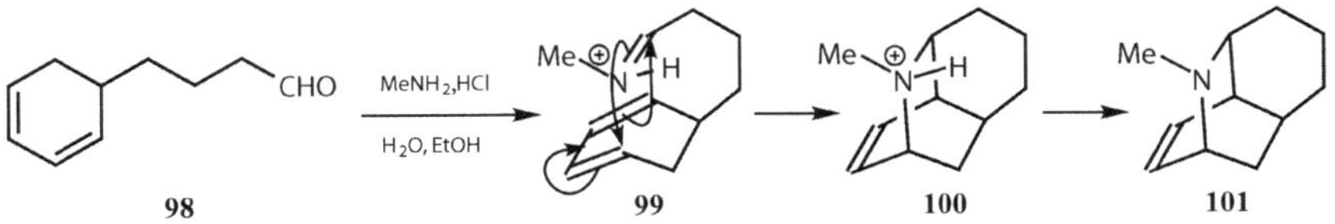

98 **99** **100** **101**

这个反应经常用于氢化喹啉及其衍生物的合成，如 pumiliotoxin C **102**，FGA 一步可至氮杂 Diels-Alder 反应产物 **103**，而所需要的醛 **105** 则从已知的光学纯的 **106** 合成。

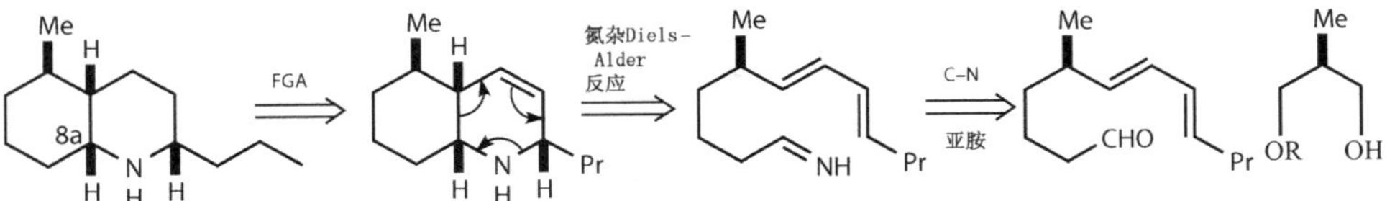

102; pumilotoxin C **103** **104** **105** **106**

当在醛（—)-**105** 中加入氯化铵，环加成可在较为温和的条件（75℃于含水的乙醇中）区域选择性地完成反应但以 70：30 的比例得到两个非对映异构 **108** 和 **109**，但是两者均不是我们所想要的 pumiliotoxin 的光学异构体[17]。尽管主产物 **108** 有三个手性中心是对的，但是它是 pumiliotoxin C **102** 在 C-8a 上的差向异构体。Grieco 也成功地将此方法应用在其他生物碱的合成中[18]。

这个结果展现了分子内氮杂 Diels-Alder 反应的优势和缺点。其立体化学的

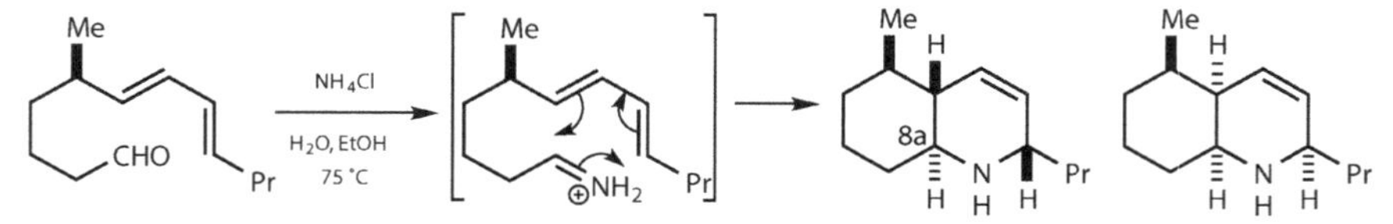

(−)-105　107　108　109

结果是由拴系决定的，而 *endo*/*exo* 的选择性通常不需要考虑。分子需要折叠如 **110**，由此生成的过渡态 **111** 形成一个环（并非环加成形成的环）可得到最佳的椅式构象 **112**。这类反应只有在你要的立体化学自然给出时才有用。

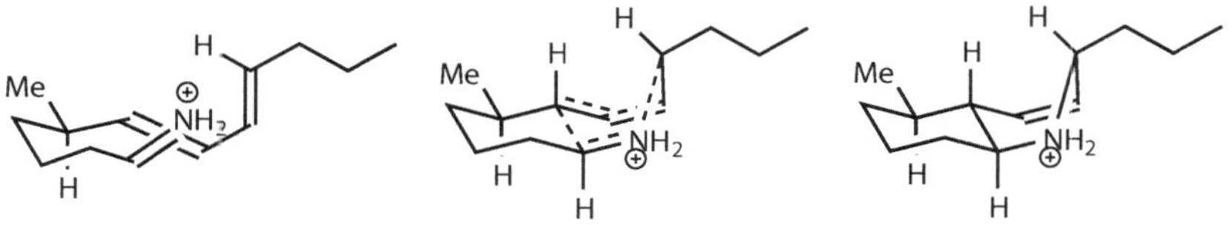

110　111　112

反应位点有一个拴系氮原子的分子内 Diels-Alder 反应

在上一个例子中我们说明了分子内 Diels-Alder 反应如何同时构造两个环。一个简单的在反应位点旁有一个连接氮原子的 Diels-Alder 反应（注意不是氮杂）也可构成两个环：两个新形成的化学键构建了一个碳环，而其中一根新形成的键还构成了一个杂环。在简单的例子中，其区域选择性和光学选择性相邻基团控制：氨基甲酸盐稳定的烯胺 **113** 只能通过内型过渡态 **115** 得到顺式连接 **116**。此时，这种立体化学的构型与 pumiliotoxin C **102** 一致，但是产率比较低[19]。

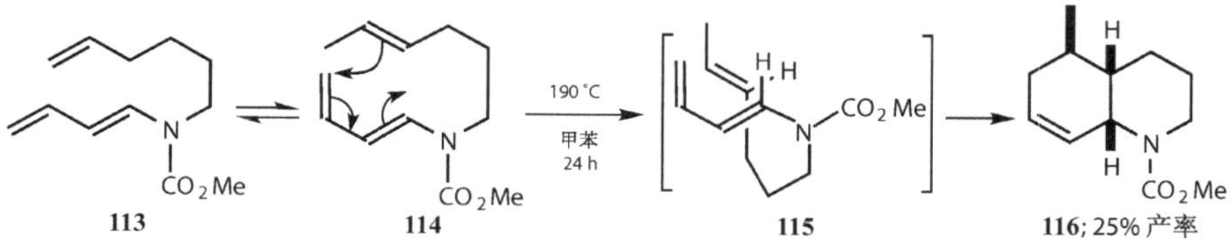

113　114　115　116; 25% 产率

在合成中还有许多这类反应的例子。在 Boeckmann 合成 lycorine 时，就同时用此种方法构建了许多手性中心[20]。起始原料 **118** 通过对螺环季铵盐 **117** 的经消除反应得到，此时不存在三维的立体化学问题。

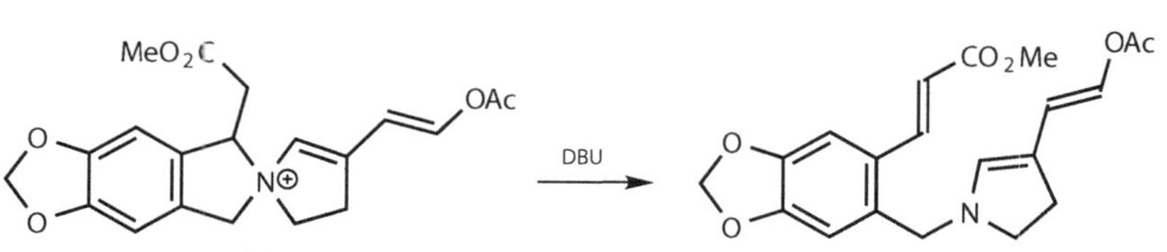

117　118

环加成得到一个具有四个手性中心的单独的非对映异构体 **120**。此中，**118** 必须折叠成 **119** 的构型从而使酯基位于二烯的内型的位置，而其区域选择性则由两者之间的短距离保证——两个刚性环之间仅有一个 CH_2 基团相连接。产物 **120** 是合成 lycorane 的中间体。

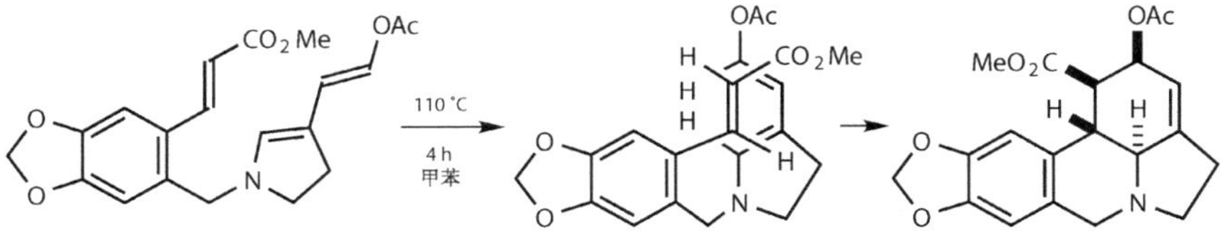

118 **119** **120**

第三部分——"ene"反应在氮杂环合成中的应用

反应位点连有拴系氮原子的分子内 Alder "ene" 反应

Alder "ene" 反应可以看成将 Diels-Alder 反应中二烯的一个 π 键换成碳氢键 **121**。因此，这个反应并不能形成新的环，也很难简单地归类到三类周环反应中（环加成，电环化，σ迁移）。因为反应中氢原子从一个组分转移到另一个组分，因此可以称之为基团转移反应[21]。其区域选择性是由烯烃的 π 键（HOMO）与亲双烯体的 LUMO 的作用决定的。

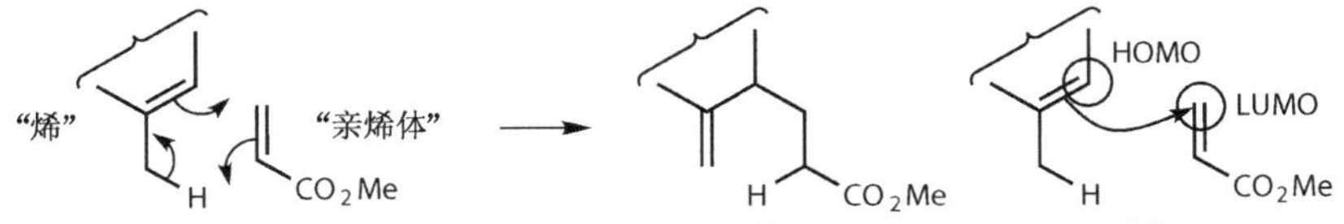

121 **122** **123**

当两个组分都连接着一个氮原子的时候，可以通过"ene"反应形成杂环。Oppolzer 和 Sniechus 的工作指出动力学控制通过此类反应将生成内型产物。150℃下加热 24h 后将通过分子内"ene"反应 **125** 得到单一产物 **126**[22]。

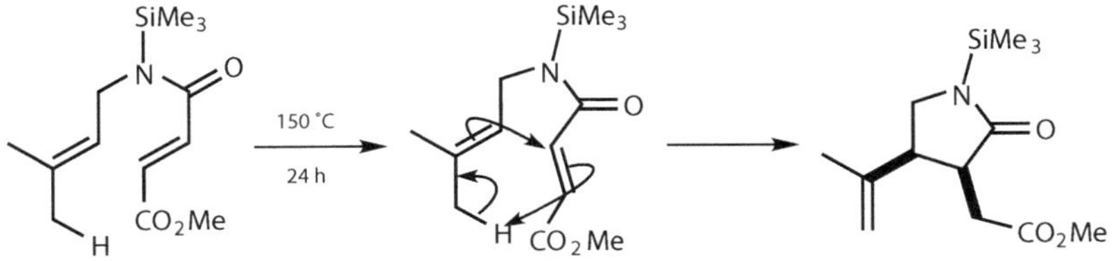

124 **125** **126**

如果将反应混合物，或化合物 **124** 单独加热超过 250℃，将得到最稳定的 *anti* 异构体。尽管两个羰基连接在亲双烯体上，但实际上仅有酰胺基能和烯烃的 π 键作用，因此经过 *endo* 过渡态 **127** 得到产物 **126**，*exo* 过渡态 **128** 得到 *anti* 产物 **129**，此时平衡不利于反应的发生。

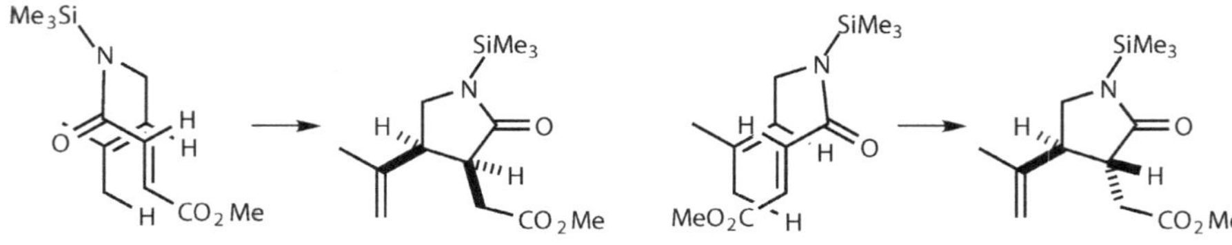

127 (*endo*)　126　128 (*exo*)　129

如果 **130** 中羰基与 *endo* 的次级轨道不能有效重叠的话，将在较低的温度下生成 *exo* 产物 **131**。这个反应也被应用在合成 allokainic acid **132**，该化合物具有 **131** 的立体化学。

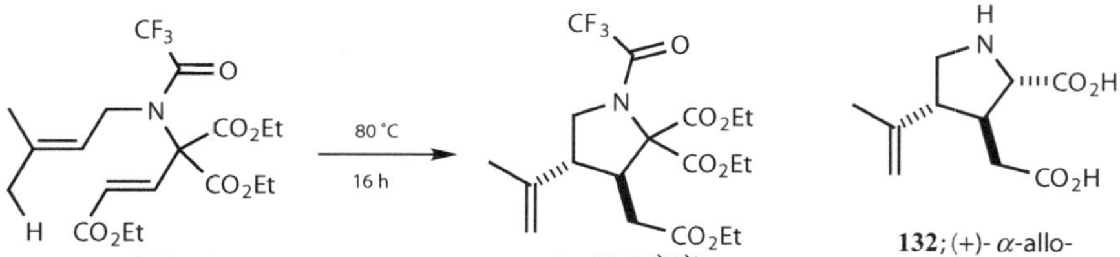

130　**131**; 97% 产率　**132**; (+)-α-allo-kainic acid

要发现这个反应的发生其实是比较难的，但是产物（**126**，**129** 和 **131**）中 π 键和羰基的关系可以帮助我们。当然，这个反应还可以通过后续的氢化步骤得到饱和化合物，但是此时上面仅有的线索也会消失。那为什么这个方法仍然非常有用呢？这个方法可以控制产物的手性，得到单一的对映异构体产物[23]。但是这个结果并不稳定：甲酯 **133** 以低于 18% ee 得到 *anti* 产物 **135**，然而 9-苯基甲基酯（第 27 章）的能得到好很多的结果。区域选择性和 *anti* 立体选择性并未降低但不对称诱导则取决于聚合构型和亲双烯体以及反应条件。加热环加成将以50∶50 的比例得到两个非对映体 *anti*-**136** 和 *anti*-**138**，而用路易斯酸在低温下催化反应时对亲双烯体的几何构型（*E*-或者 *Z*-**134**）非常敏感，能用于分别合成两种不同的非对映异构体，水解后可以得到两种不同立体构型的 allokainic acid **132**。

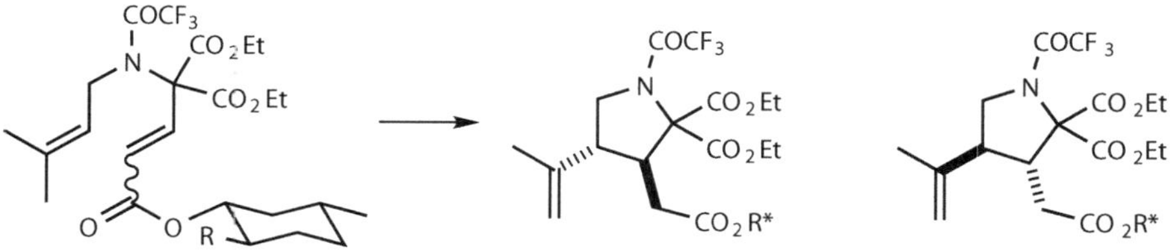

E- 或 *Z*-**133**; R = *i*-Pr
E- 或 *Z*-**134**; R = CMe_2Ph

anti-**135**; R = *i*-Pr
anti-**136**; R = CMe_2Ph

anti-**137**; R = *i*-Pr
anti-**138**; R = CMe_2Ph

Z-**134**	70 °C, 80 h	50	:	50
	Et_2AlCl, −35 °C	95	:	5
E-**134**	Et_2AlCl, −35 °C	15	:	85

天然的（+）-α-allokainic acid **132** 可从 *anti*-**136** 经过两步简单的反应以 73% 的产率得到。最终手性中心的立体化学是由热力学控制的。

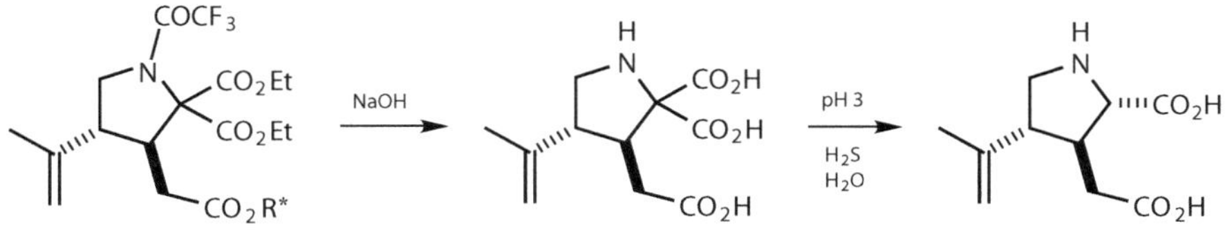

anti-**136**　　*anti*-**139**　　**132**

肟的分子内"ene"型反应

Grigg 和他研究组的成员发现并研究了氮原子以肟的形式参与的一种 ene 反应。这里的 ene 分子和双烯体完全没有相似之处：一对电子来自氮原子上的孤对电子，另一对来自肟 **140** 上的 OH 键。亲烯体是一个更为常见的类烯酮，初始产物是硝基酮 **141**。这一步不会生成含氮杂环，但是如果亲烯体含有第二个烯烃分子，可以发生 1，3-双偶极环加成反应而形成双环结构。要完成这一任务，所需最简单的试剂是较不稳定的二乙烯酮（1，4-二烯-3-戊酮，**143**）。幸运的是，二氯酮 **142** 和碱反应可以释放出二乙烯酮，并和四氢呋喃溶剂一起蒸出，导入反应体系中[24]。

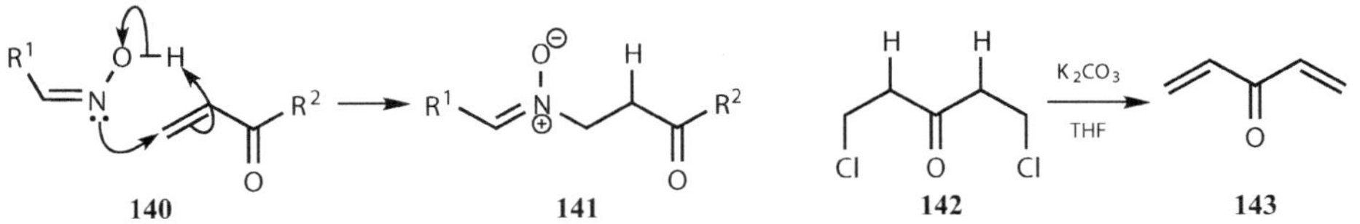

140　　**141**　　**142**　　**143**

作为前体的肟很容易制备，但只有 *Z* 构型的肟才能反应。而且温度必须足够高，以使异构体的量达到平衡。对于烷基肟 **141** 而言，这是很容易做到的：乙腈中反应体系在 81℃ 时达到平衡。Ene 反应在相同的条件下生成硝基酮 **146**。

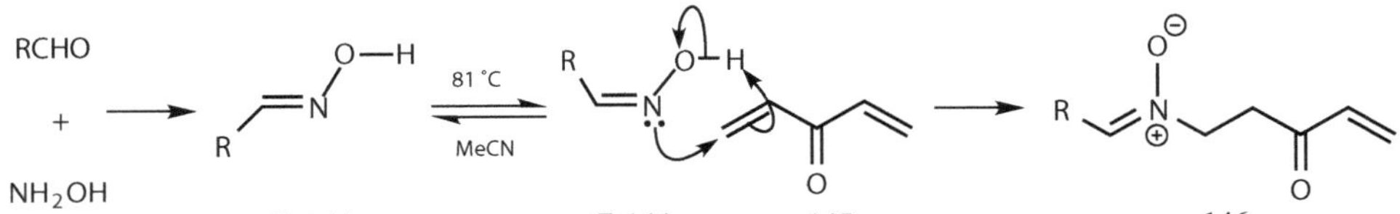

E-**144**　　*Z*-**144**　　**145**　　**146**

这里的 1，3-偶极环加成反应遵循 **146a** 所示的区域选择性，产物是一个双环化合物 **147**，其中有一个氮氧单键，它很容易还原，而生成七元环状氨基酮 **148**，并有立体选择性。

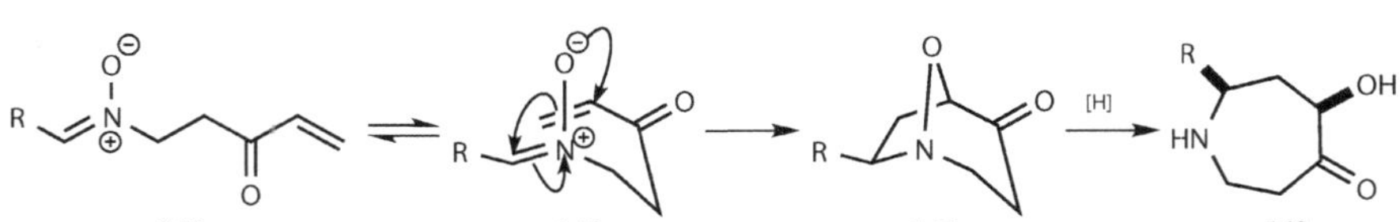

146　　146a　　147　　148

由芳香醛形成的肟 **149** 在类似的条件下不会构成平衡，但路易斯酸催化剂 $HfCl_4$ 会诱发此平衡反应，并使 1，3-偶极环加成反应的区域选择性发生逆转，得到最终产物为哌啶 **152**。这里区域选择性的转变可能的原因是：对于中间体 **146a**，硝基酮的 LUMO 和烯酮的 HOMO，但在中间体 **150** 中，$HfCl_4$ 通过降低烯酮 LUMO 能量，切换到硝基酮的 HOMO。

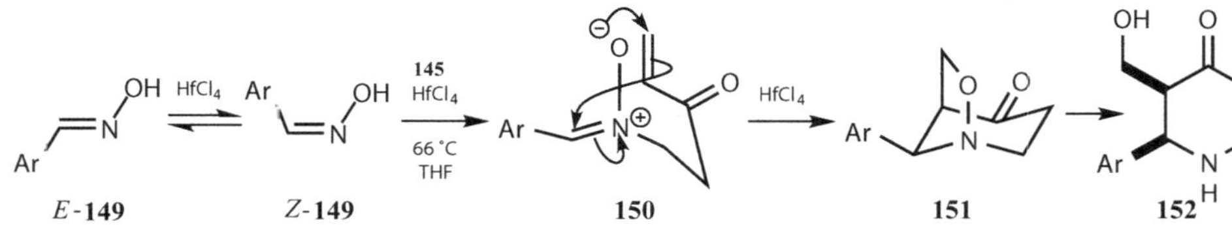

E-**149**　　*Z*-**149**　　**150**　　**151**　　**152**

第四部分——［3，3］-σ 迁移重排

Aza-Cope 重排

脂肪族化合物的 Claisen（或 oxy-Cope）重排反应是一种很常见的［3，3］-σ 迁移重排反应，如 **154** 所示，一般需要 200 ℃左右的高温。反应的驱动力是形成羰基 **155**。

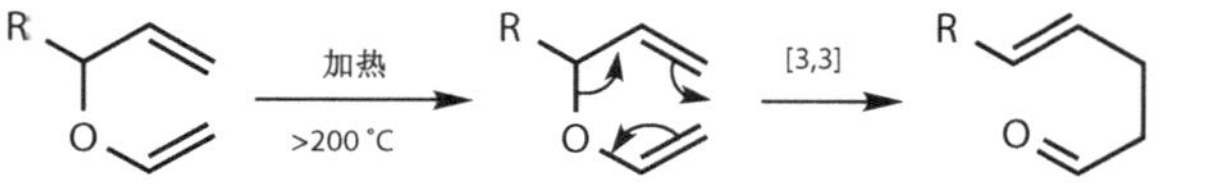

153　　**154**　　**155**

“Aza-Cope”重排反应 **157** 没有多少名气，而且乍一看也没有特别的用途，因为它需要同样的高温，产物是亚胺 **158**，很容易水解成 Claisen 重排的产物 **155**。

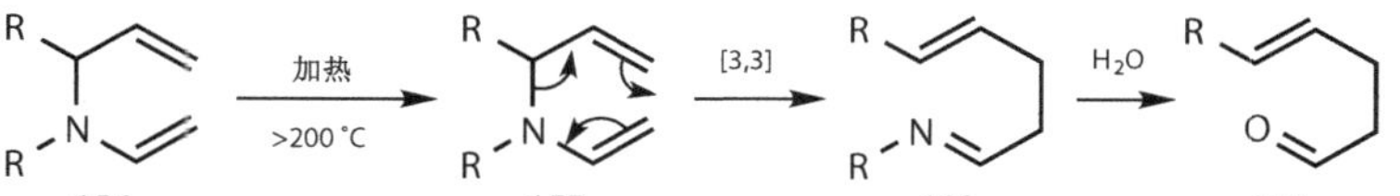

156　　**157**　　**158**　　**155**

只有当产物在氮气保护下可以被捕捉到时，此反应才有价值。Stille 做到了这一点，具体有三步：①为了合成起始原料，将亚胺 **160** 酰基化后再还原为 **162**，使亚胺强行转化为烯胺；②将胺 163 质子化；③通过二次还原 165，捕捉

亚胺产物 **164**。其中，烯胺 **162** 可以被分离出来，产率达 95%，而且可能同时将亚胺 **160** 分离出来[25]。还有另外一些催化剂，如 $TiCl_4$，Me_3Al 和 BF_3 等，在降低 σ 移位重排反应温度方面也很有效，可使温度由 200℃以上降至 100℃左右。

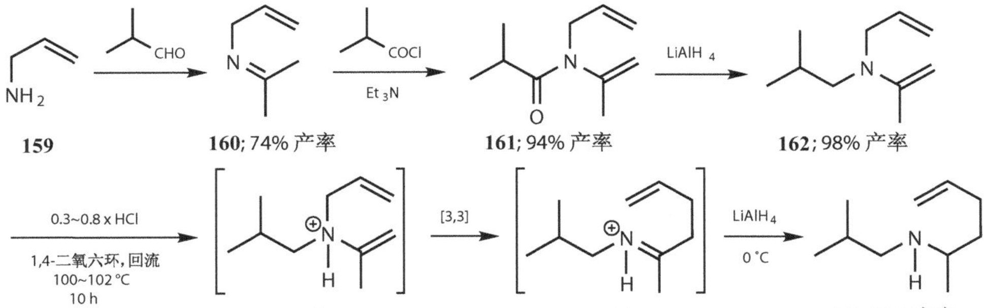

159 **160**; 74% 产率 **161**; 94% 产率 **162**; 98% 产率 **163** **164** **165**; 83% 产率

当然，这一系列反应并不生成一个含氮杂环。要想得到含氮杂环，我们需要更进一步的反应以形成第二个碳氮键，其中最早也是令人感兴趣的是一个合成吡啶的方法学[26]，它以炔丙基胺 **167** 和 1，3-二酮 **166** 为起始原料，经过多次周环反应步骤，合成吡啶衍生物。

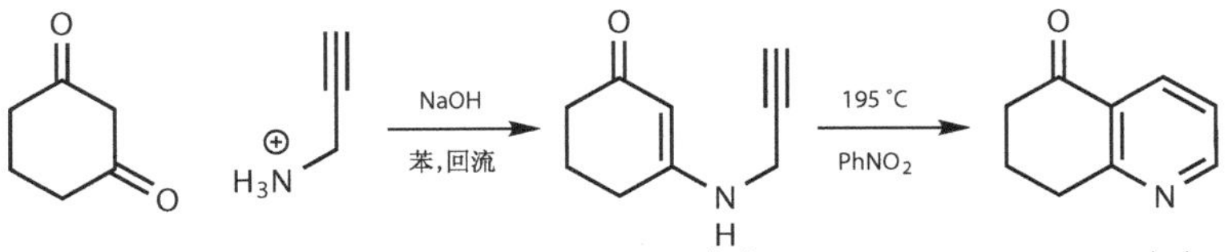

166 **167** **168**; 74% 产率 **169**; 50% 产率

稳定的烯胺酮 **168** 在接近 200 ℃的硝基苯中发生 aza-Cope 反应 **170**。也许线形炔烃发生这种反应看起来是一件很奇怪的事情，但事实上并非如此。该反应的产物是一个联烯 **171**，它经过互变异构转化为更稳定的烯胺酮 **172**，再发生 [1，5]-σ 氢移位，然后关环形成二氢吡啶 **174**。这一关环反应形式上是一个六电子对旋电环化反应 **173**。溶剂硝基苯将 **174** 氧化成吡啶衍生物 **179**。

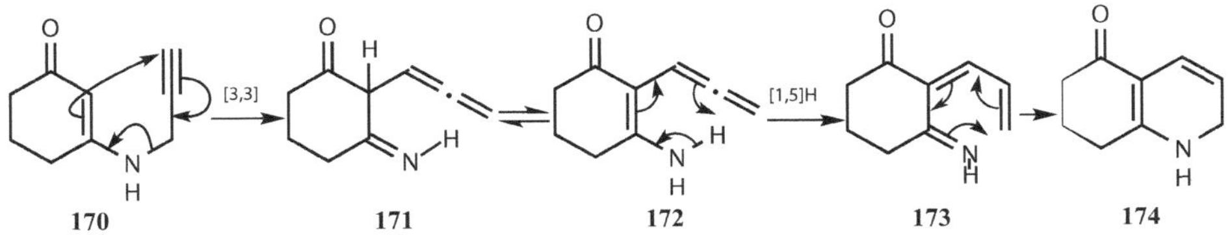

170 **171** **172** **173** **174**

这一过程虽然很具有戏剧性，但并不常见。更多的工作（特别是 Overman 小组）集中在串联的 aza-Cope 和 Mannich 反应上。一个典型的串联反应始于乙烯基锂（**176**）对有保护基的 α-氨基酮 **177** 的加成。本例中发生类似 Felkin（第

21 章）的进攻，其位点在酮分子中氨基的对侧，并得到产物 **178**[27]。

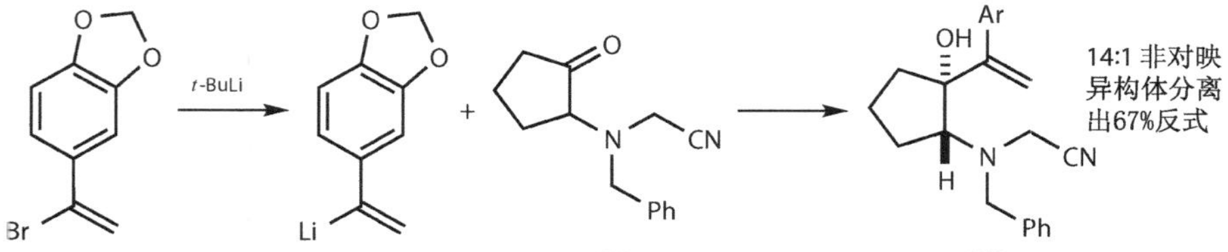

175　**176**　**177**　**178**

氰基可以利用一价银催化反应消去，以获得 aza-Cope 重排的起始原料 **179**。但产物 **182** 有一个新的杂环，并且也发生了重排。旧的五元碳环现在成了六元环。该反应的第一步的确是一个发生在亚胺离子 **179** 上的［3，3］-σ 迁移重排。产物 **180** 是另一个亚胺盐，同时也是烯醇。Mannich 环化反应 **181** 生成产物 **182**。这是一个 aza-Cope（或者 Azonia-Cope）重排和 Mannich 关环反应的串联。

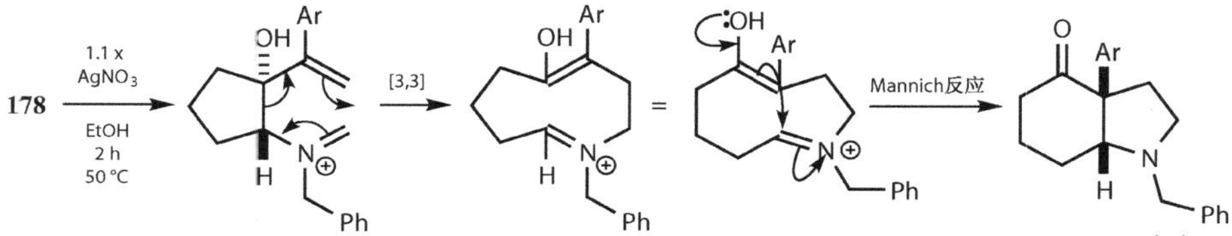

179　**180**　**181**　**182**; 94% 产率

由起始原料 **179** 分子折叠的方式，我们可以预测反应的立体化学。［3，3］-σ 迁移重排的过渡态优先形成椅式构象，如本例中 **184** 所示。从其中的虚线键可以看出，要形成新的 σ 键和断裂旧键，这种构象所需的改变是最小的。中间体 **179** 中氢和羟基处于反式位置，这一点可由 **184** 清楚地知道。**184** 中六元环的椅式构象导致 **185** 中芳基 Ar 和上面所说的氢处于 *syn* 相关。

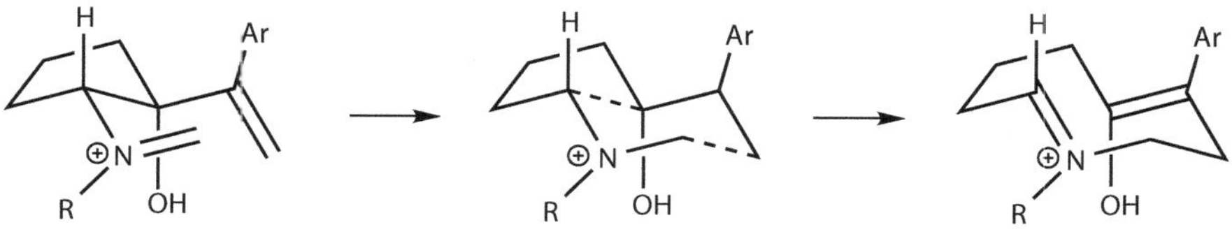

183　**184**　**185**

立体化学的信息得以如此有效的传递，这表明此反应有可能用于不对称合成。使用 1-苯基乙胺的单一对映体，我们可以制备氨基酮 **186** 的单一对映体，并将其转化为 aza-Cope 反应的起始原料 **187**[28]。这里的串联反应和上述从 **178** 到 **182** 的反应相同，但只得到产物 **188** 的单一对映体，产率达 94%，对映体过量值大于 99%。

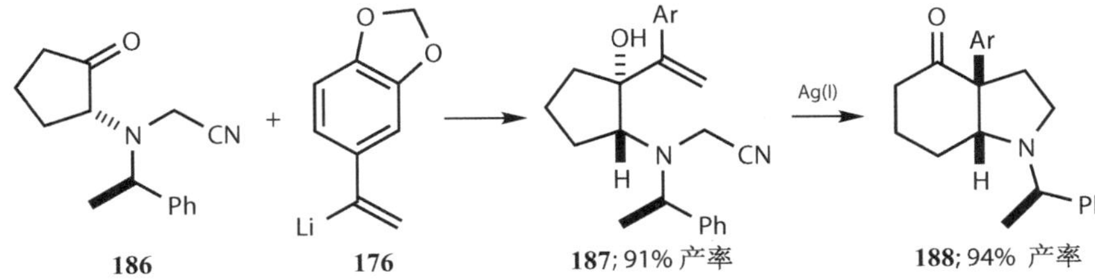

这一反应并不只在表面上诱人，它还有更深的内容值得探索。下图显示了制备［3，3］前体一条更简单的途径，可以避免使用当量的银催化剂。

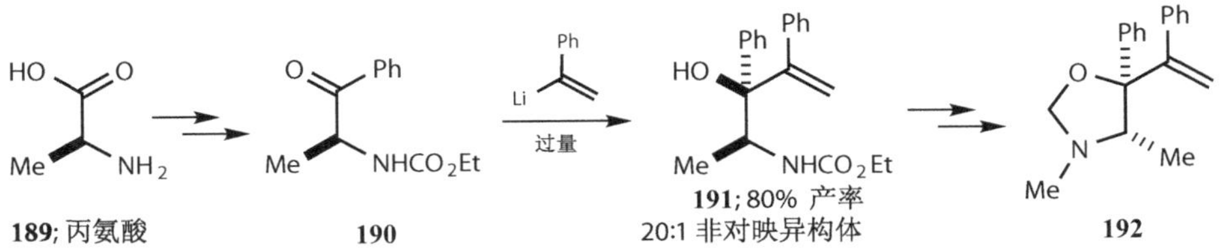

用酸处理 **192**，释放出亚胺盐 **193**，以进入 aza-Cope/Mannich 串联反应。最终产物是取代四氢吡咯 **195** 的一个单一非对映体。

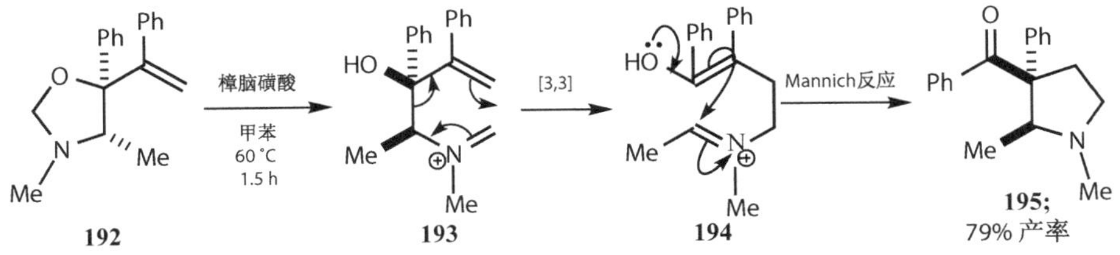

然而，尽管 **195** 是一个单一非对映体，但它却是完全消旋的[29]。虽然中间体 **194** 是非手性的，尽管它是由手性构象 **194a** 形成的，而且只能给出产物的单一对映体 **195a**。问题在于，如果中间体 **194a** 寿命足够长，使得单键旋转成为可能，它也许会翻转成与其对映异构 **194b** 构象，从而给出对映异构的产物 **195b**。

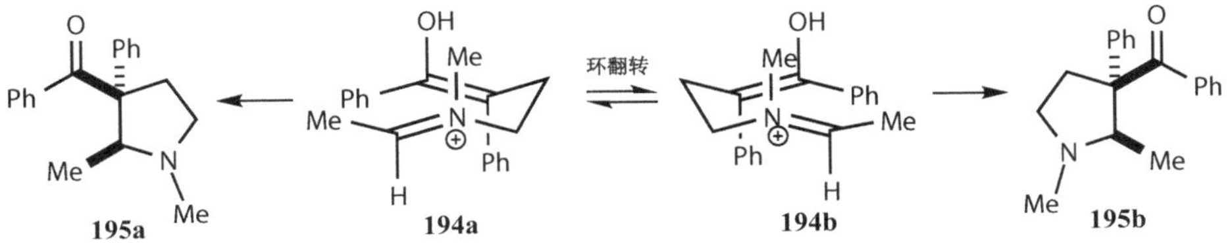

消旋化之所以发生，是因为中间体 **194** 无手性，且寿命足够长，允许化学键的旋转。但这一结论并不适用于前一例中类似的中间体 **185**。该化合物是含有两个 E 型烯烃的环壬二烯。这一类化合物有手性，而且由于环的大小中等，化学

键无法自由旋转。所以，即使没有手性助剂，单一对映体 **185** 应该且确实重排成单一对映体 **182**。

负离子型"aza-Cope"重排

另外，和传统 Cope 重排反应方式相比，氧负离子可以极大地加速 aza-Cope 重排反应。由环己酮和氨基醇很容易制备 N/O 缩醛 **196**，它在强碱作用下发生重排，生成螺环四氢吡咯 **198**[30]。

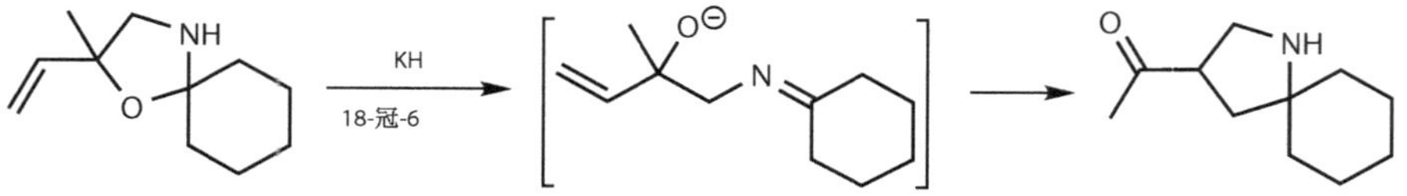

196 **197** **198**

强碱夺取连在氮原子上的质子，打开中间体 **199** 的环，得到氧负离子加速的 aza-Cope 重排反应所需的起始原料 **197**。该反应在 25℃下通过构象 **197a** 进行。产物是烯醇负离子，而不是我们迄今所看到的烯醇。此负离子通过类似 Mannich 样式的反应成环，生成亚胺，再得到产物 **198** 的负离子。

196 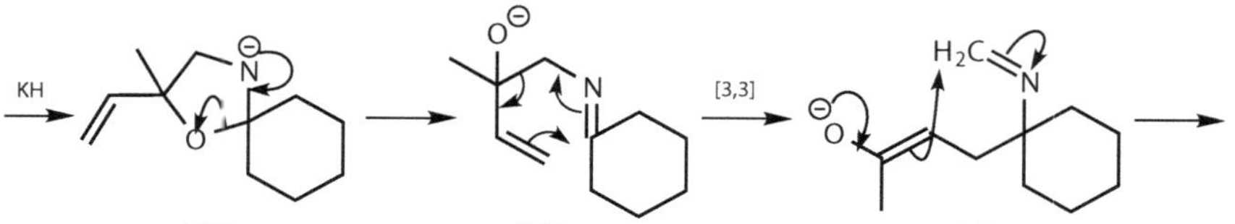

198

199 **197a** **200**

如果分子刚性过大，上述 Mannich 环化难以进行，可能通过独立的一步来完成关环反应。Overman 在合成 gelsemine 这一很难合成的目标分子时，就对底物 **201** 进行了负离子型 aza-Cope 重排反应，并设法捕获烯醇负离子[31]。所得的酮 **202** 在酸性溶液中进行环化。显然，烯醇对质子化亚胺的加成，要比烯醇负离子对中性亚胺的环化更容易进行，因为最终产物 **203** 张力很大。

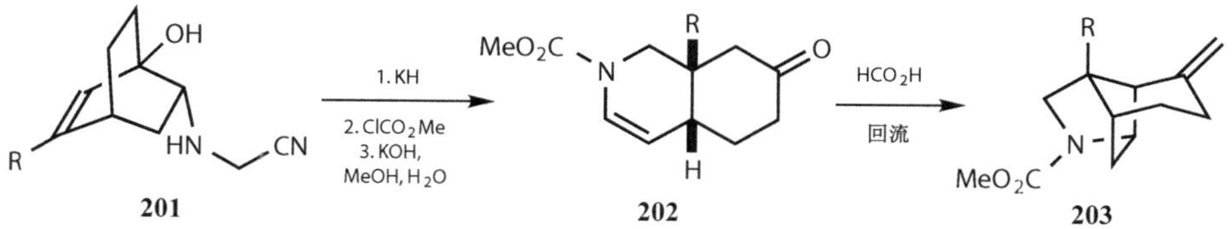

201 **202** **203**

反应的第一步是用过量的 KH 处理 **201**。羟基和氨基都失去质子，而氰基则通过 **204** 被消除，为后续的 aza-Cope 重排（**205**）提供起始原料。产物最初由扭曲的构象 **206** 形成，该构象打开成为简单的顺式双环亚胺烯醇负离子 **206a**。用

$ClCO_2Me$ 捕获烯醇负离子也将亚胺转化为酰基取代的烯胺 **207**，且此烯醇酯很容易水解，释放出酮 **202**。

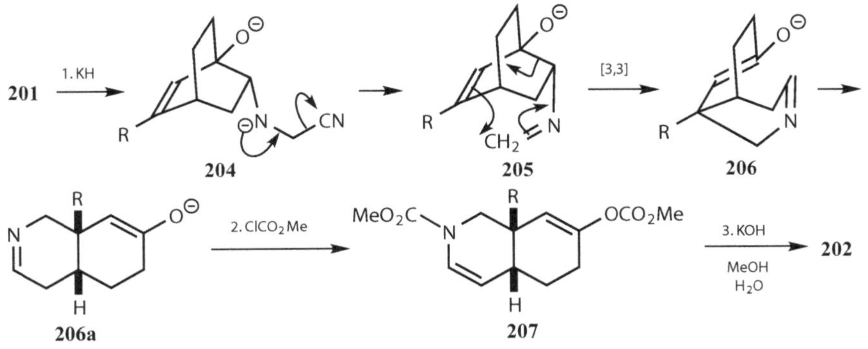

在甲酸中，烯胺的碳原子被质子化，产生非常亲电的亚胺 **208**，再以同一构象，通过分子内 Mannich 反应环化成烯醇 **208a**，得到 gelsemine 所需的双环骨架 **203**。

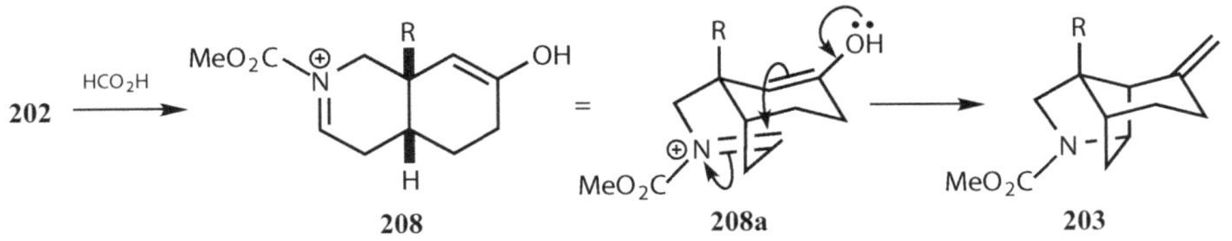

第五部分——其他反应

这一部分包括真实的周环反应和一系列近亲，它们都通过结合各种不饱和分子产生氮杂环化合物。

电环化反应

关于生成氮杂环的电环化反应，有几个实用的例子，我们在此仅举出一例：一个光化学六电子电环化反应，在麦角酸 **211** 的全合成中实现关环。其中，第一步是对亚胺 **209** 进行酰基化，再区域选择性地转化为共轭度更高的烯胺 **210**[32]。

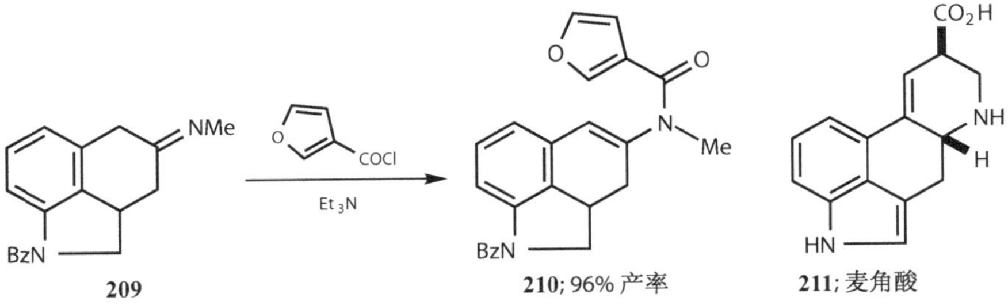

这一电环化反应是在还原性条件下对 **210** 进行光化学关环，产生 **212** 的非对映体混合物，比例约为 7∶1。这些非对映体被进一步还原，*N*-苯甲酸基团被置换，得到可分离的混合胺。合成所需的非对映体 **213** 以 61%的收率分离出来。

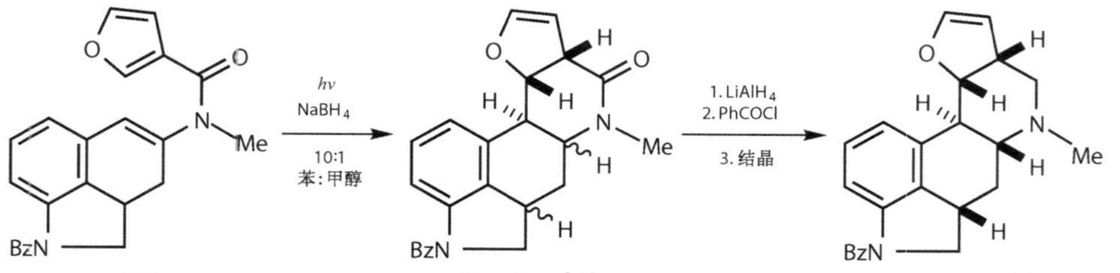

210

我们可以用酰胺 **210a** 来描述电环化步骤，但更有说服力的方法是用离域体系 **210b**。无论哪种情况，都是一个光化学六电子电环化反应，所以是顺旋关环。这一点决定了产物 **214** 中两个新形成的手性中心的反式立体化学，因为环上的氢原子必须沿同一方向旋转（无论是顺时针还是逆时针）。

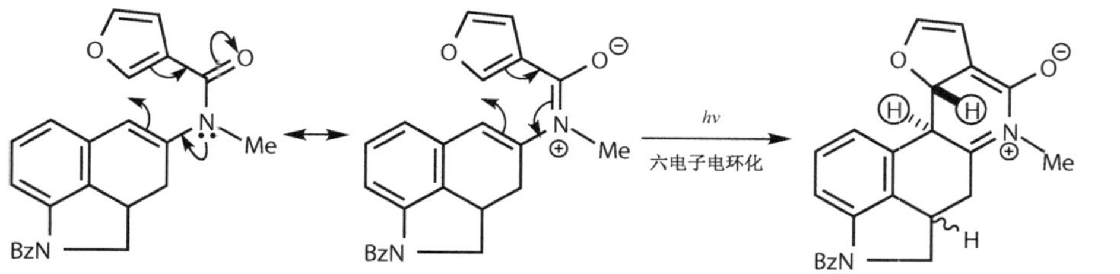

210a **210b** **214**

在此反应条件下，甲醇 **215** 将烯醇负离子质子化，得到的产物 **216** 在环的连接处具有更优势的顺式构象，再用硼烷立体选择性地将亚胺基团还原，生成最终产物的主要非对映体 **217**。

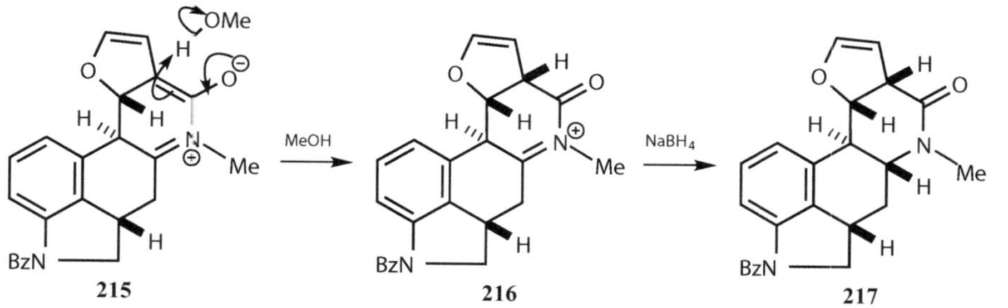

215 **216** **217**

烯烃关环复分解反应

理论上，关烯烃环复分解反应（RCM，见第 15 章）提供了合成不饱和含氮杂环化合物的一条简单途径。第一步的解离切断环内双键，一般在两头各加上一个 CH_2 基团，从而产生两个新烯烃。进一步的解离可能使氮原子发生简单的烷基化。用这种方法制造含氮杂环，一个主要问题是氮原子可能对金属原子进行配位，所以 R 基的结构和性质显得十分重要。

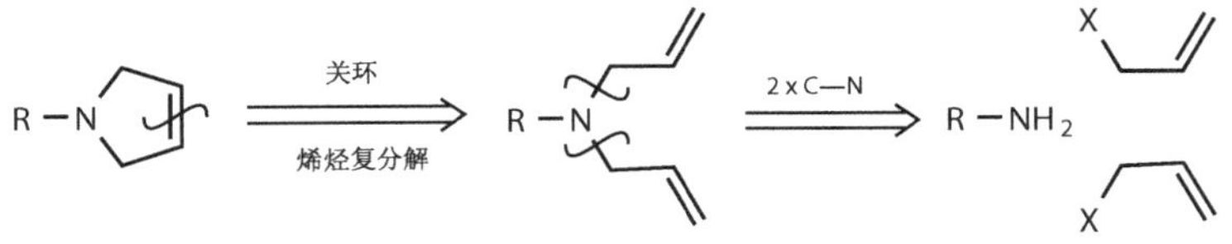

尽管理论上任何基团都可以对双键进行加成，但 CH_2 的加成确保了产物之一是气态的乙烯，所以热力学上占有优势。Grubbs 催化剂（Cy 为环已基）由于性质稳定，使用范围广，应当给予优先考虑。该反应并不是一个严格意义上的周环反应，但从概念上讲它很像一个环加成反应再开环。

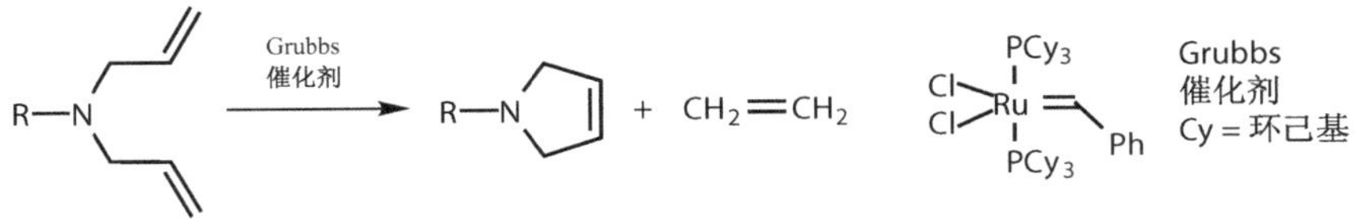

我们现在仅讨论 RCM 反应在四氢吡咯和哌啶衍生物不对称合成中的应用。不对称性来源于光学纯的亚磺酰亚胺 **218**，它可以接受锂化砜的亲核进攻，生成单一非对映体加成物 **219**；R 为苯磺酸基。在酸性的甲醇溶液中可以除去手性助剂，再将氮原子烯丙基化，就得到 RCM 反应的潜在底物 **221**。本反应中，该化合物在 Grubbs 催化剂作用下没有成环，使得氮原子被乙酰化，降低了其配位能力。于是 RCM 反应成功，以高产率形成环状酰胺 **223**。此酰胺很容易水解，游离出胺 **224** 的反式非对映体混合物中一个单一对映体[33]。

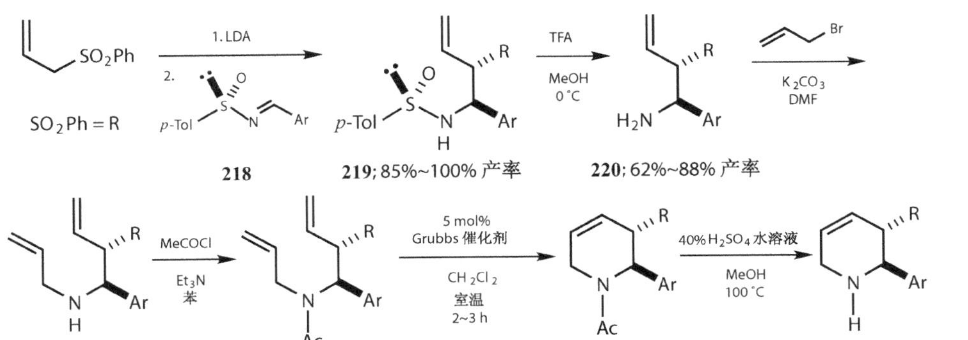

218　**219**; 85%~100% 产率　**220**; 62%~88% 产率

221; 72%~79% 产率　**222**; 73%~83% 产率　**223**; 80%~89% 产率　**224**; 60%~74% 产率

形成 **219** 反应的立体化学可以作如下解释：亚胺与锂化砜 **225** 以分子内机理 **225** 和椅式过渡态 **226** 进行结合。其中，乙烯基处于直立键，以避免和砜上大基团的冲突。

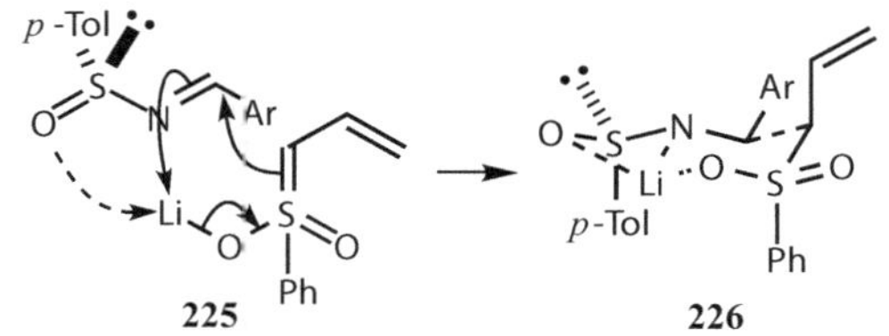

225　　**226**　　**219**

合成四氢吡咯衍生物要求一个烯烃分子更接近氮原子。可以加催化量的碱使烯丙基砜 **227** 转化为共轭度更高、更稳定的乙烯基砜 **228**。通过将氮原子的烯丙基化，得到可能用于烯烃复分解反应的底物 **229**。在这一系列反应中胺 **229** 和它对应的苯甲酰胺都不会发生复分解。

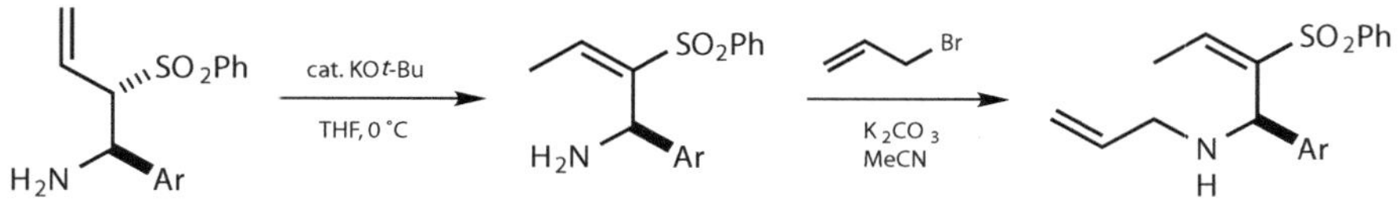

227　　**228**; 73%~85% 产率　　**229**; 72%~83% 产率

实际上，问题出在砜上。三取代烯烃 **229** 的位阻太大。对砜的还原消除和乙酰化可以为烯烃复分解反应制得很好的底物 **231**，因而有利于合成四氢吡咯 **232**。我们通过对 *N*-Boc 化合物的手性 HPLC 分离，并与已知四氢吡咯化合物 **233** 在旋转性方面进行比较，可以得知反应产物是纯净的单一对映体。

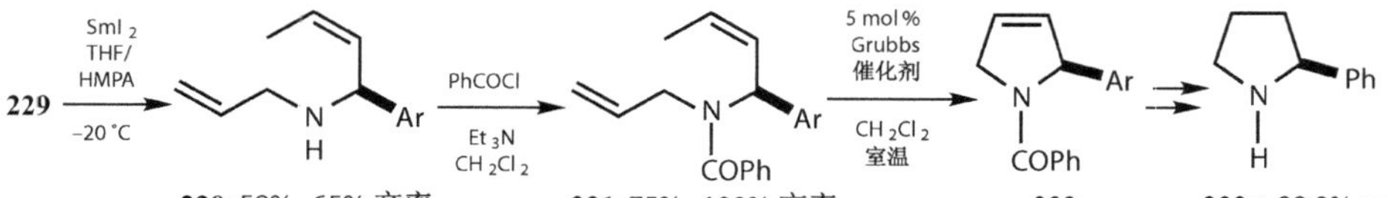

230; 59%~65% 产率　　**231**; 75%~100% 产率　　**232**; 85%~94% 产率　　**233**; >99.9% ee

Pauson-Khand 反应

在第 6 章，我们描述了 Pauson-Khand 反应在环戊酮合成中的妙用。如果 CO、烯烃和炔烃等反应物上连有氮原子，就可以形成杂环。该过程的第一步是将配有羰基和卤代炔烃的钴络合物与侧链上含有烯烃的胺进行偶联，其最优方法是将 **234** 与 $Co_2(CO)_9$ 进行反应，先生成 **235**，再生成 **236**，以利用上述的胺来捕获此络合物，而不必分离出中间体[34]。

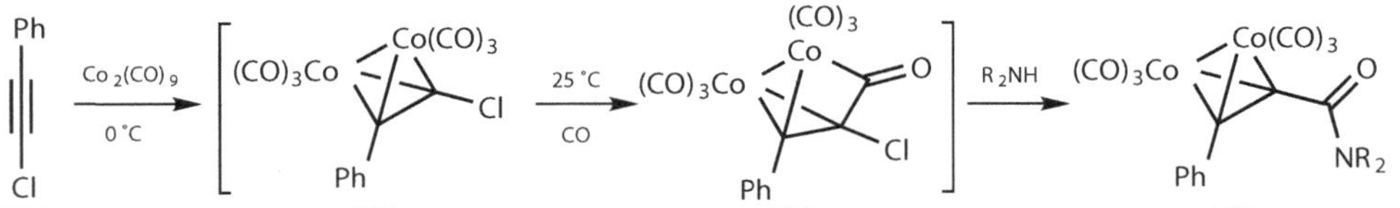

234 **235** **236** **237**

如果此二级胺是烯丙基胺，络合物 **239** 将结合一分子 CO（第 6 章）并发生重排，生成环戊烯酮 **240**，同时形成一个四氢吡咯。如果意识到 **239** 就是钴络合物 **238**，那么上述反应就不难理解了。可惜产率并不太高（48%～64%），但对于一步完成如此多任务的反应来说，也算很好了。

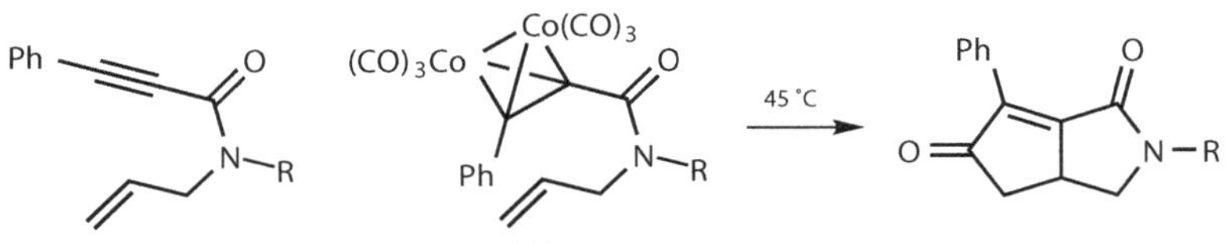

238 **239** **240**

《有机合成》(*Organic Synthesis*) 期刊[35]上最近报道了一种产率大为提高的方法。它用 Et_3SiH 和环己胺处理 **241**，形成钴络合物，用以催化该反应。而且只需要催化量（5 mol%）的钴络合物就可以将磺胺 **242** 关环形成四氢吡咯 **243**。

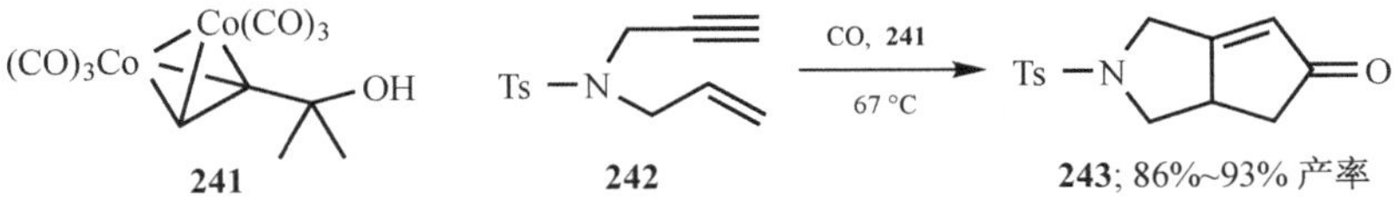

241 **242** **243**; 86%~93% 产率

金属催化的炔烃三聚

沿着同样的思路，但更类似于 Vollhardt 的共三聚策略，人们发展了一系列反应将三分子炔烃聚合。其中一分子是炔丙基醇，另外两分子与磺胺基团相连[36]。举一个简单的例子 **245**，利用 Grubbs 催化剂（见上）可得苯并吡咯啉的一个位置异构体 **244**，而使用 Wilkinson 催化剂 [$(Ph_3P)_3RhCl$] 则得到另一种可能的位置异构体 **246**。

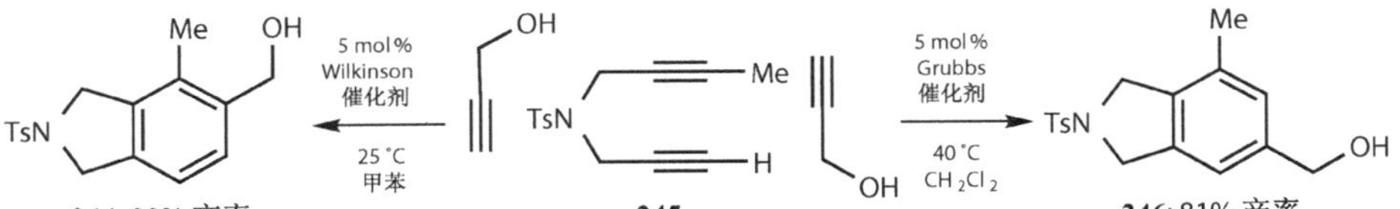

244; 90% 产率 **245** **246**; 81% 产率

更值得注意的是，如果移动氮原子在分子中的位置，使之与烯烃中的一个发

生 **248** 共轭，虽然有所降低产率，却丝毫不会改变反应的区域选择性。若用 Grubbs 催化剂 **249**，炔丙基醇的 CH_2OH 端会与胺上空阻较小的一端反应；而用 Wilkinson 催化剂 **247**，反应的区域选择性则相反。用 Grubbs 催化剂，该反应也许是从空阻较小的烯烃上开始的一系列复分解反应。至于 Wilkinson 催化剂为什么能够反转这一选择性，目前尚不清楚。

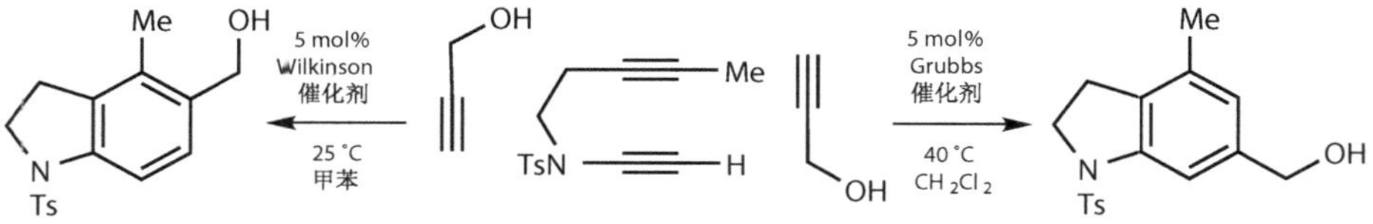

247; 67% 产率　　**248**　　**249**; 70% 产率

参考文献

一般性参考文献列于 946 页。

1. General Reference: D. L. Boger and S. M. Weinreb, *Hetero Diels-Alder Methodology in Organic Synthesis*, Academic Press, San Diego, 1987.
2. H. R. Snyder, R. B. Hasbrouck and J. F. Richardson, *J. Am. Chem. Soc.*, 1939, **61**, 3560; H. R. Snyder and J. C. Robinson, *J. Am. Chem. Soc.*, 1941, **63**, 3279.
3. A. Alberola, A. M. González, B. González, M. A. Laguna, and F. J. Pulido, *Tetrahedron Lett.*, 1986, **27**, 2927.
4. B. Serckx-Poncin, A -M. Hesbain-Frisque and L. Ghosez, *Tetrahedron Lett.*, 1982, **23**, 3261.
5. K. T. Potts, E. B. Walsh, and D. Bhattacharjee, *J. Org. Chem.*, 1987, **52**, 2285.
6. D. L. Boger, W. L. Corbett, T. T. Curran, and A. M. Kaspar, *J. Am. Chem. Soc.*, 1991, **113**, 1713.
7. F. Sainte, B. Serckx-Poncin, A.-M. Hesbain-Frisque and L. Ghosez, *J. Am. Chem. Soc.*, 1982, **104**, 1428.
8. J. Barluenga, M. Thomás, A. Ballasteros and V. Gotor, *J. Chem. Soc., Chem. Commun.*, 1987, 1195.
9. General Reviews: S. M. Weinreb and J. I. Levin, *Heterocycles*, 1979, **12**, 949; S. M. Weinreb and R. R. Staib, *Tetrahedron*, 1982, **38**, 3087; G. R. Heinzelman, I. R. Meigh, Y. R. Mahajan and S. M. Weinreb, *Org. React.*, 2005, **65**, 141.
10. G. A. Kraus and K. Neuenschwander, *J. Org. Chem.*, 1981, **46**, 4791.
11. S. J. Danishefsky and C. Vogel, *J. Org. Chem.*, 1986, **51**, 3915.
12. J. F. Kerwin and S. Danishefsky, *Tetrahedron Lett.*, 1982, **23**, 3739.
13. P. D. Bailey, D. J. Londesbrough, T. C. Hancox, J. D. Heffernan and A. B. Holmes, *J. Chem. Soc., Chem. Commun.*, 1994, 2543.
14. General Review: E. Ciganek, *Org. React.*, 1984, **32**, 1.
15. Y. Ito, S. Miyata, M. Nakatsuka, and T. Saegusa, *J. Am. Chem. Soc.*, 1981, **103**, 5250.
16. R. B. Ruggieri, M. M. Hansen, and C. H. Heathcock, *J. Am. Chem. Soc.*, 1988, **110**, 8734.
17. P. A. Grieco and D. T. Parker, *J. Org. Chem.*, 1988, **53**, 3658.
18. P. A. Grieco and D. T. Parker, *J. Org. Chem.*, 1988, **53**, 3325; P. A. Grieco and A. Bahsas, *Tetrahedron Lett.*, 1988, **29**, 5855
19. W. Oppolzer and W. Fröstl, *Helv. Chim. Acta*, 1975, **58**, 590; W. Oppolzer W. Fröstl and H. P. Weber, *Helv. Chim. Acta*, 1975, **58**, 593.
20. R. K. Boeckman, J. P. Sabatucci, S. W. Goldstein, D. M. Springer and P. F. Jackson, *J. Org. Chem.*, 1986, **51**, 3740.
21. I. Fleming, *Pericyclic Reactions*, Oxford University Press, 1999.

22. W. Oppolzer and V. Snieckus, *Angew. Chem., Int. Ed.*, 1978, **17**, 476.
23. W. Oppolzer, C. Robbiani, and K. Bättig, *Helv. Chim. Acta*, 1980, **63**, 2015.
24. I. S. Saba, M. Frederickson, R. Grigg, P. J. Dunn and P. C. Levett, *Tetrahedron Lett.*, 1997, **38**, 6099; P. J. Dunn, A. B. Graham, R. Grigg, P. Higginson and I. S. Saba, *Chem. Commun.*, 2000, 2033, P. J. Dunn, A. B. Graham, R. Grigg and P. Higginson, *Chem. Commun.*, 2000, 2035.
25. G. R. Cook and J. R. Stille, *J. Org. Chem.*, 1991, **56**, 5578; G. R. Cook, N. S. Barta and J. R. Stille, *J. Org. Chem.*, 1992, **57**, 461.
26. K. Berg-Nielsen and L. Skattebøl, *Acta Chem. Scand.*, 1978, **B32**, 553.
27. L. E. Overman, L. T. Mendelson and E. J. Jacobsen, *J. Am. Chem. Soc.*, 1983, **105**, 6629.
28. L. E. Overman and S. Sugai, *Helv. Chim. Acta*, 1985, **68**, 745.
29. E. J. Jacobsen, J. Levin, and L. E. Overman, *J. Am. Chem. Soc.*, 1988, **110**, 4329.
30. M. Kakimoto and M. Okanawa, *Chem. Lett.*, 1979, 1171.
31. W. G. Earley, E. J. Jacobsen, G. P. Meier, T. Oh and L. E. Overman, *Tetrahedron Lett.*, 1988, **29**, 3781; W. G. Earley, T. Oh and L. E. Overman, *Tetrahedron Lett.*, 1988, **29**, 3785.
32. T. Kiguchi, C. Hashimoto, T. Naito and I. Ninomiya, *Heterocycles*, 1982, **19**, 2279.
33. R. Kumareswaran, T. Balasubramanian and A. Hassner, *Tetrahedron Lett.*, 2000, **41**, 8157.
34. J. Balsells, A. Moyano, A. Riera and M. A. Pericàs, *Org. Lett.*, 1999, **1**, 1981.
35. M. C. Patel, T. Livinghouse and B. L. Pagenkopf, *Org. Synth.*, 2003, **80**, 93.
36. B. Witulski, T. Stengel and J. M. Fernández-Hernández, *Chem. Commun.*, 2000, 1965.

35　唑类以及其他含有两个或更多杂原子的杂环化合物合成与化学

本章讨论怎样合成含有两个或更多氮原子（或其他杂原子，主要是氧和硫原子）的芳香杂环化合物。尤其是在制得的杂环化合物上增加新的C—C，C—X键。

第一部分——引言

唑：多氮杂环化合物

大部分药物分子都是杂环化合物，而且这些杂环化合物都包含不止一个氮原子。但是这个体系被许多有机化学家忽略，甚至轻视了[1]。一些例子可以让你确信忽视这个领域是不公正的。第一个合成药物氨替比林 **1** 是五元环中含有两个邻近氮原子的芳香吡唑啉酮。最著名的药物，盘尼西林 **2** 的饱和五元环中含有一个氮和一个硫原子和用于阻碍细胞壁合成的 β-内酰胺。

1；
氨替比林
(1887)

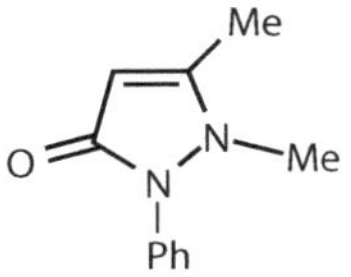

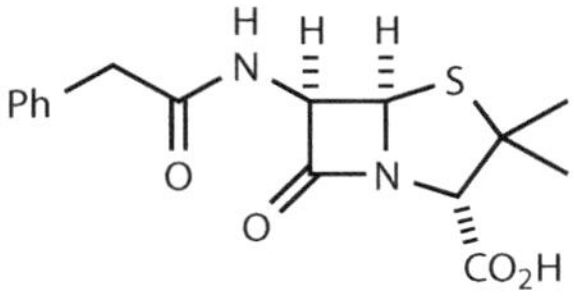

2；
盘尼西林 G
(1940)

近来，第一个成功合成的用于阻断胃中组胺合成的抗溃疡药物 cimetidine（**3**）是咪唑类药物。抗镇静药物安定 **4** 有一个没有芳香性的七元杂环。

3；
cimetidine
(Tagamet)
(1970s)

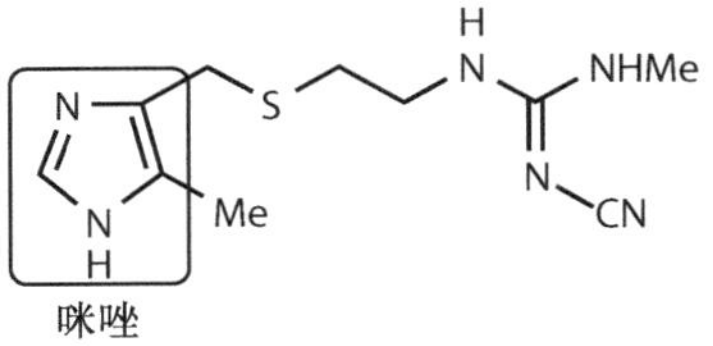

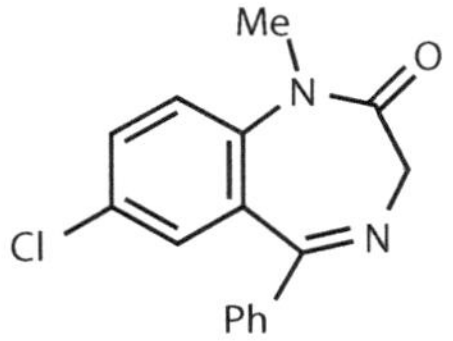

4；
安定
(Valium)

更近的例子，Pfizer 在 20 世纪末推出的抗无能药物 Viagra **5** 有三个杂环——一个哌嗪环和两个芳香环，各自为嘧啶酮和吡唑，一起构成嘌呤。至今最成功的药物奥美拉唑（omeprazole，**6**），是另一个抗溃疡药物，但是有抑制质子泵的独特功能，它有一个吡啶环和一个苯并咪唑环。

5；
Viagra™
(Sildenafil)

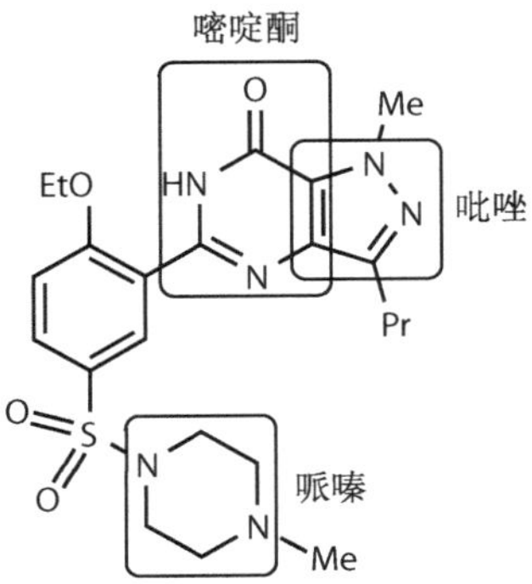

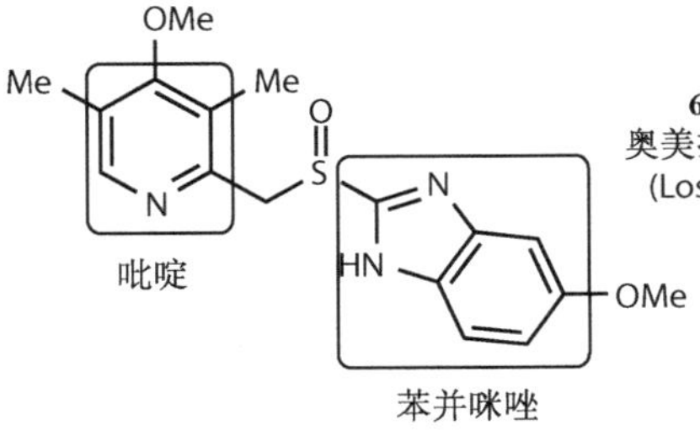

6；
奥美拉唑
(Losec)

这些都是四到七元环，但主要是五元和六元环。它们可以是饱和，部分饱和或完全芳香性，还可能包含一个或更多杂原子。杂原子可以是氮、氧或硫，但主要是氮。这章中我们会看到五元和六元环，尤其是芳香环的合成，大部分都含有两个或更多氮原子。这个化学体系很广泛。

简要介绍这些环系的主要特性是很值得的。这些环系主要基于吡咯 **7** 或是吡啶 **8**。这两种环中的氮原子的区别是理解芳香杂环化学的关键。

7; 吡咯

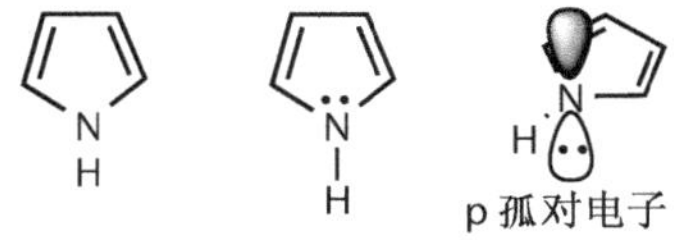

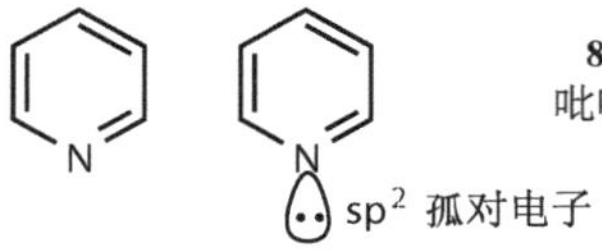

8; 吡啶

吡咯 **7** 只有两个 π 键，所以它需要氮上的孤对电子来形成六电子芳香体系。孤对电子处于 p 轨道，离域于整个环。吡啶 **8** 有三个 π 键，不需要氮上孤对电子。另外，孤对电子占据与环同面的 sp^2 轨道，与环上 p 轨道垂直而不能在环上离域。因此，吡咯是亲核性的，以氮原子或在碳原子上与亲电试剂反应；吡啶只在氮上与亲电试剂反应，而吡啶环是亲电的（第 32 章）。

在吡啶环上再增加一个氮原子（只是想象）可以形成三个新的杂环化合物，哒嗪 **9**，嘧啶二氮三烯六环 **10**，吡嗪 **11**，这三个化合物中另一个氮原子都是吡啶型的，孤对电子定域于氮上。这三个化合物比吡啶亲电性更强而亲核性更弱。

9; 哒嗪

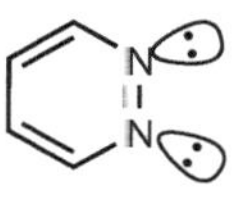

10; 嘧啶

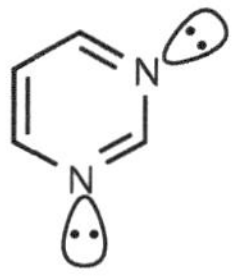

11; 吡嗪

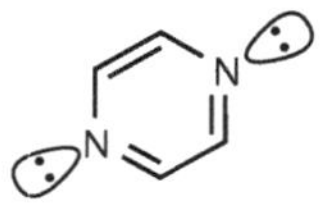

吡咯上增加氮原子得到一系列二唑 **12**、**13**，三唑 **14**、**15** 和四唑 **16**。但是每个分子都只有两个 π 键，因此需要一个氮上的孤对电子参与形成芳香性。增加的每个氮原子都是吡啶型的，含有一个 sp^2 孤对电子。氮原子越多，这些杂环化合物的亲核性越弱。下面的图中，吡咯型的孤对电子标志在环中，吡啶型的孤对电子标志在环外的 sp^2 轨道。

12; 吡唑

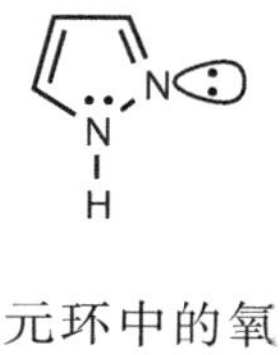

13; 咪唑

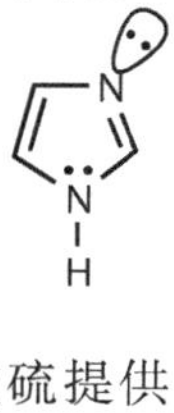

14; 三唑 **15**

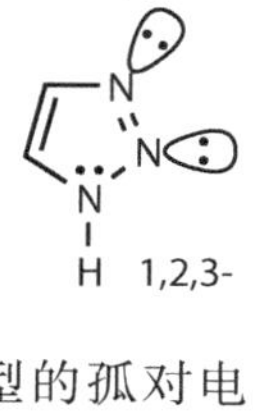

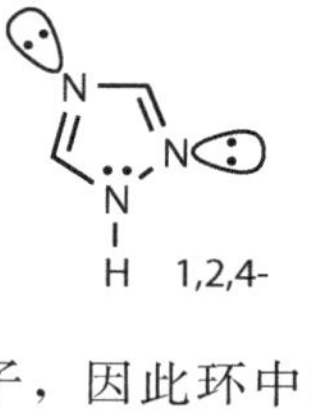

16; 四唑

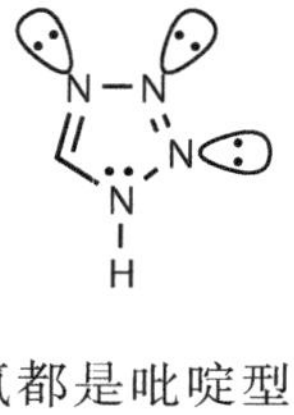

五元环中的氧或硫提供吡咯型的孤对电子，因此环中的氮都是吡啶型的。四个最重要的体系是含有 N—O 键或 N—S 键的 1，3-杂原子体系的噁唑 **17**，噻唑

18，和 1，4-杂原子体系的异噁唑 **19**，异噻唑 **20**。

17；噁唑 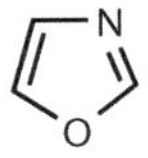 **18**；噻唑 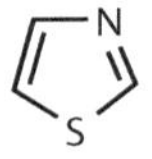 **19**；噁唑 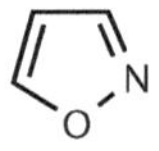 **20**；噻唑 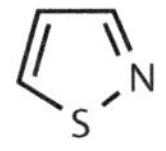

稠杂环体系相当复杂。但是确定每个氮原子是吡咯型还是吡啶型是很必要的。例如，氮杂吲哚 **21**，你可以单独计算每个环的电子，也可以计算两个环的电子，由环周的 10 个电子我们可以确认桥头氮是吡咯型的。嘌呤 **22** 中未标记的三个氮原子都是吡啶型的。

21；咪唑并[1,2-*a*]吡啶（氮杂中氮茚）

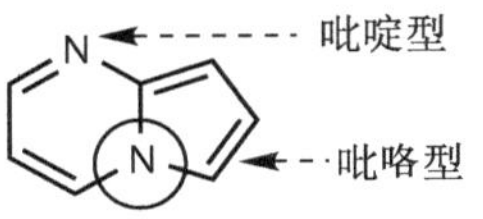

22；嘌呤

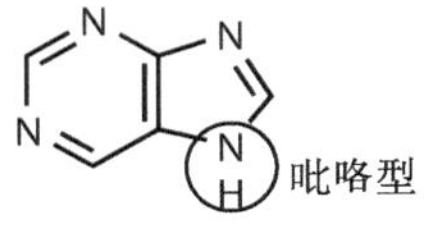

本章以下内容分成两部分，我们首先考虑怎样构建环，再讨论怎样在已经形成的环上构建新键（C—X 或 C—C)，两个方面都很重要。

第二部分——构建新环

最简单的切断

首先考虑的是切断环中的 C—X 键。对于吡唑 **23** 来说，这是很明显的策略。因为一个 C—N 键是烯胺结构另一个是亚胺。两个官能团都是从胺和羰基化合物得到。这里，易得到的 1，3-二羰基化合物 **24** 和肼作为二胺可以得到 **23**。

23；吡唑

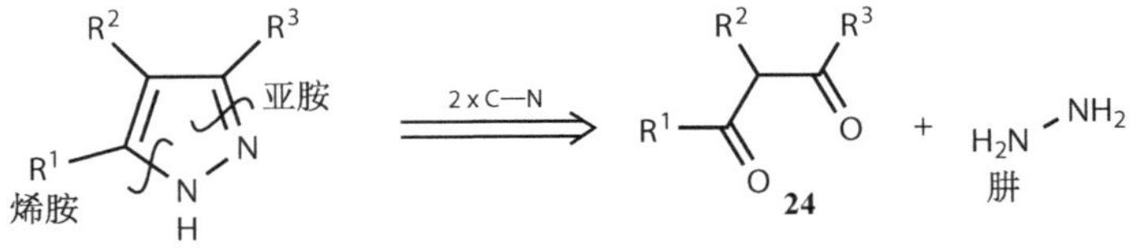

吡唑 **25** 是合成 Viagra 所必需的。两个 C—N 键切断得到二羰基酯 **26**，1，3-二羰基结构的 **27** 可以分解为酮 **27** 和不易烯醇化反应性高的对称的二乙基草酯。

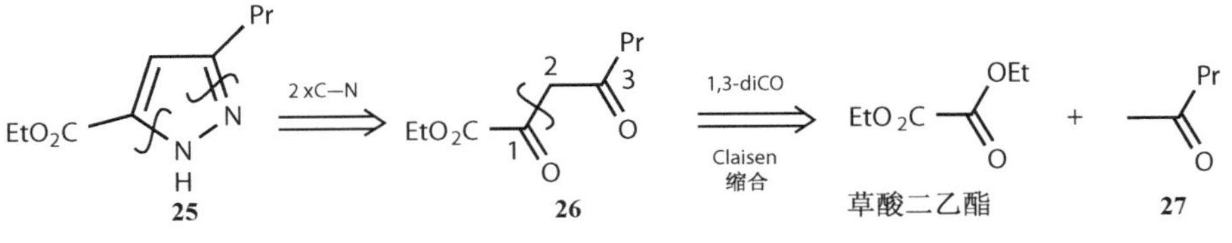

这步 Claisen 缩合具有区域选择性：在反应条件下，**28** 是 **26** 的最稳定的烯醇化产物，比另一种产物 **29** 更为稳定。与肼的反应发生在两个羰基上，而不是亲

电性小的酯基。

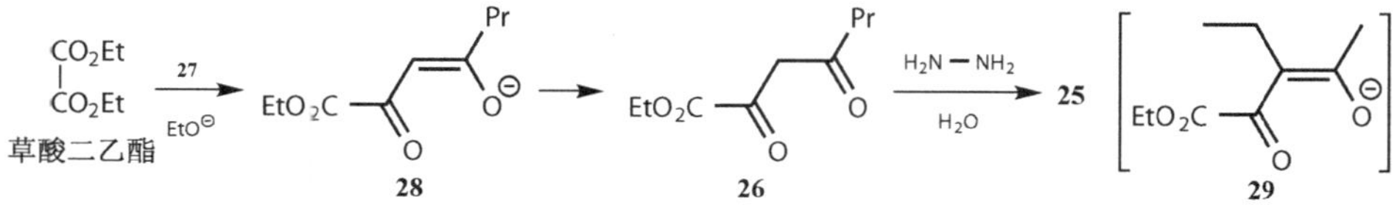

别嘌呤醇的合成

许多杂环化合物可以由这种简单的方法得到，合成设计是将分子切断为合理的片段。合成这些芳香化合物主要是依靠热力学而非动力学选择性。一个好的例子是治疗痛风的药物别嘌呤醇 **30**，它能抑制黄嘌呤 **31** 氧化而阻止尿酸 **32** 的晶体在关节沉积。别嘌呤醇与嘌呤 **22** 相似，主要区别在于五元环上一个氮移位，吡唑代替了嘌呤中的咪唑。

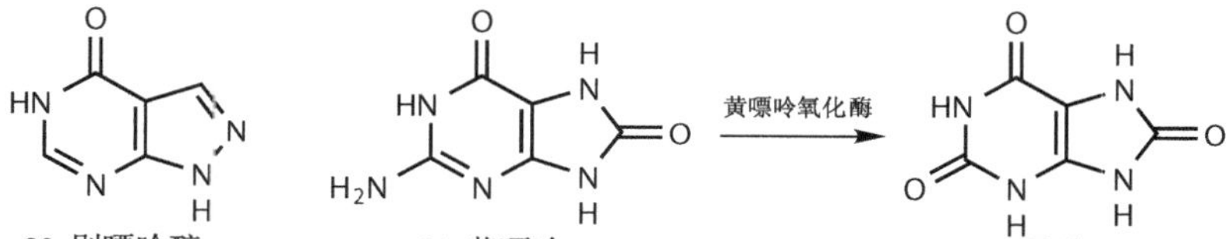

从别嘌呤醇 **30a** 中切除肼得到含有一个醛基的二酰胺 **33**，切断醛基得到一个以异构体 **34** 存在的简单易得的对称杂环化合物和一个相应于 **35** 的单碳亲电试剂。以后我们会遇到这个试剂。

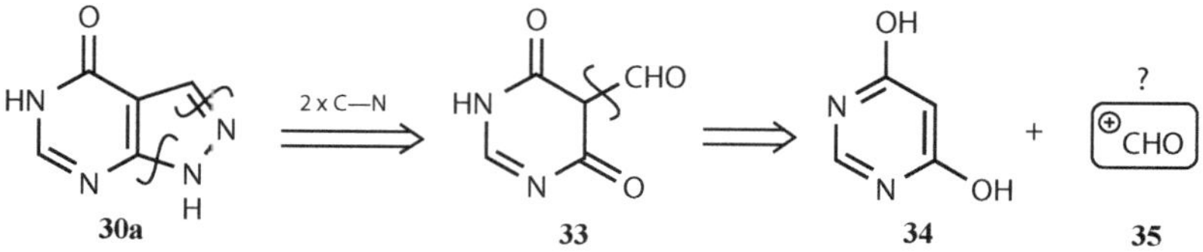

毫无疑问，这种合成可以实现。我们也可以考虑这个六元环的另一种切断方法，打开脒 **30b** 乍看起来没有前景，但是 **36** 的互变异构体 **37** 可以切断得到腈 **38**，从 **38** 中移去肼得到简单很多的 **39**。运用与 **33** 相同的切断方法得到相同的合成子 **35** 和更简单的 **40**。

这种合成方法是典型的旧的杂环合成方法，但是最后由一个令人欣喜的转折。与 CHO 相应的单碳亲电试剂是原甲酸三乙酯 $CH(OEt)_3$。其他起始原料都是简单化合物：甲酰胺、氰基乙酸和肼，合成路线很短。中间体 **40** 是晶体状的，但是无需分离，因为 34g 氰基乙酸可以直接转接转化为 15g **42**。转折在最后一步，加热黄色晶体 **38** 到 150℃，没有明显的变化，水分脱去，化合物全部转化为别嘌呤醇 30[2]。

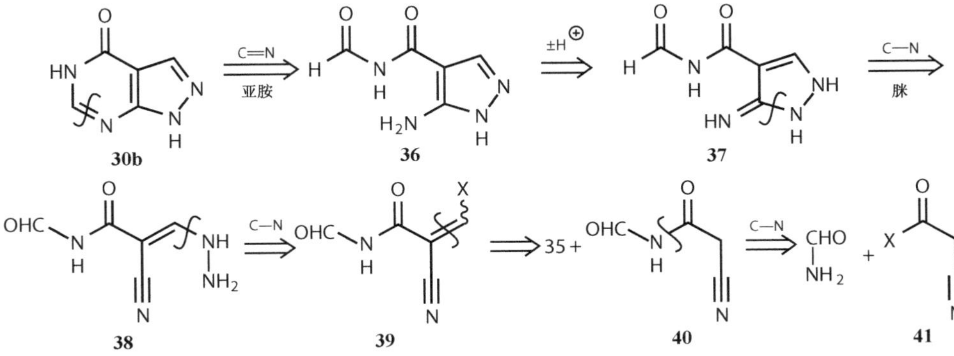

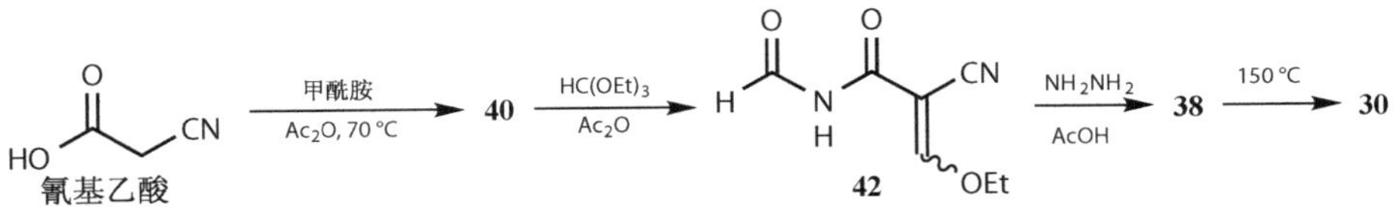

噻唑合成

显而易见，切断 **43**（1，1-diX）得到一个酸的衍生物，但另一个起始物 **44** 需要 NH_2 与 SH 基团处于烯烃的 *cis* 取代位置，这是不可能的。这两个基团（一级烯胺和烯硫醇）都是不稳定的，并且这种立体选择也是不可能的。硫醇 **44** 是 α-氨基硫酮的烯硫醇化产物：这些也都是未知的化合物。

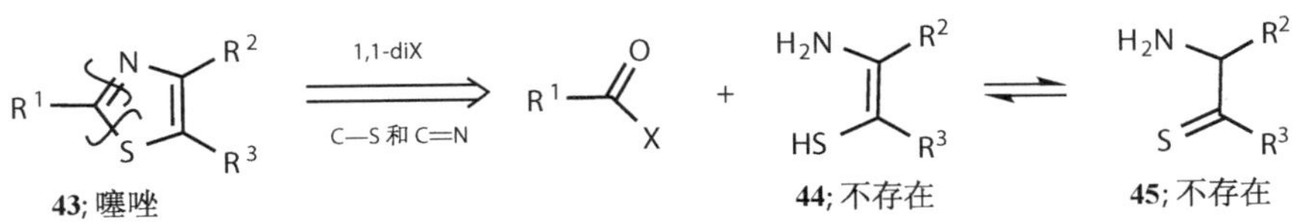

最有效的切断是保留这两个杂原子在同一个起始原料中，注意到这可以画为硫代酰胺。首先切断 **43a** 中的烯胺 C—N 键，然后是 **46** 中的 C—S 键得到简单的 α-卤代酮 **48** 和化合物 **47**，**47** 初看起来很奇怪，但可以画成硫代酰胺 **49**。

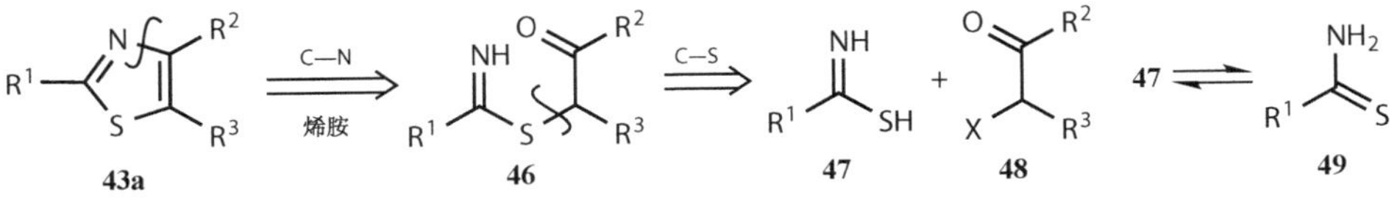

噻唑 **43** 合成需要考虑区域选择性，硫代酰胺有一个软的（S：轨道控制）和硬的（N：电荷控制）亲核位置，因此需要清楚的区分分子中羰基部分的两个亲

电中心。硫代酰胺与 α-卤代酮 **48**：X＝Cl，Br 反应，硬的氮进攻羰基而软的硫进攻饱和的碳原子。简单的非固醇类消炎药 Fentiazac **50** 可以由硫代苯甲酰胺 **51** 和溴代酮酸得到的溴代酮 **52** 反应得到，这个合成步骤和上面一样[3]。

芬替酸：分析

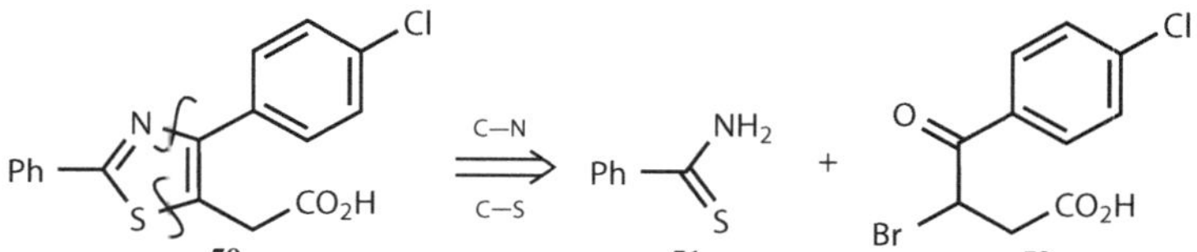

50　**51**　**52**

异噁唑的合成路线

从二羰基化合物合成异噁唑

异噁唑的切断要容易一些，因为一看就知道要先切断一分子的羟胺（NH_2OH），这样异噁唑 **53** 可以“显而易见的”由 1，3-二酮 **54** 和羟胺得到。但是，注意到异噁唑 **55** 可以由相同的起始原料得到，因此这种方法并不是好的合成策略。

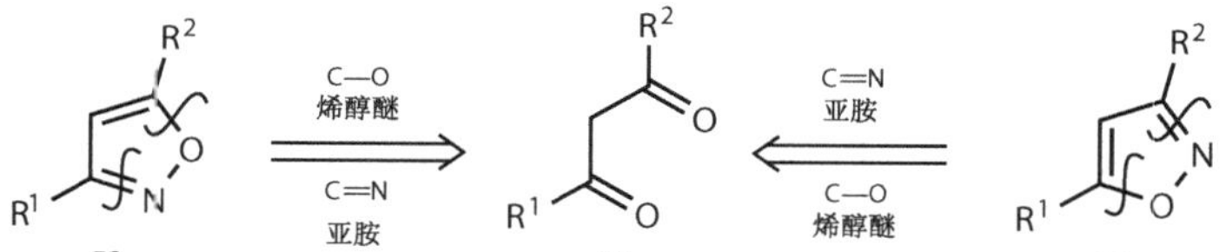

53　**54**　**55**

这里的区域选择性并不直接。N 和 O 都是好的羰基亲核试剂。一些例子能够成功地控制这个反应。惠氏（Wyeth）的化学家用羟胺与羰基酯 **57** 在室温过夜反应主要得到异构体 **58**，而在浓盐酸溶液更低温度下反应较短时间主要得到 **56**。这看上去 **56** 是动力学控制而 **58** 是热力学控制产物，但是这两个异构体的产率都很低（最高为 30%～40%）[4]。

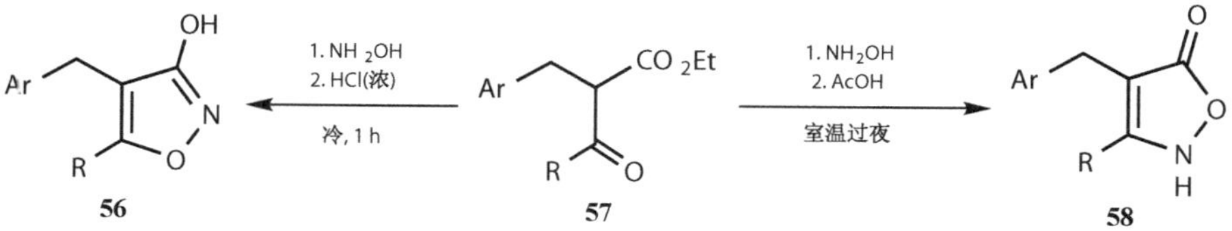

56　**57**　**58**

最好是能严格区别这两个亲电中心。溴代烯酮 **59** 在不同 pH 条件下得到不同区域选择性。羟氨通常以盐酸盐晶体形式加入，因此需要碱来得到游离胺，碳酸盐可以作为碱。在 K_2CO_3 的乙醇溶液中，得到异噁唑 **60**。首先发生的是氮原子的共轭加成[5]。

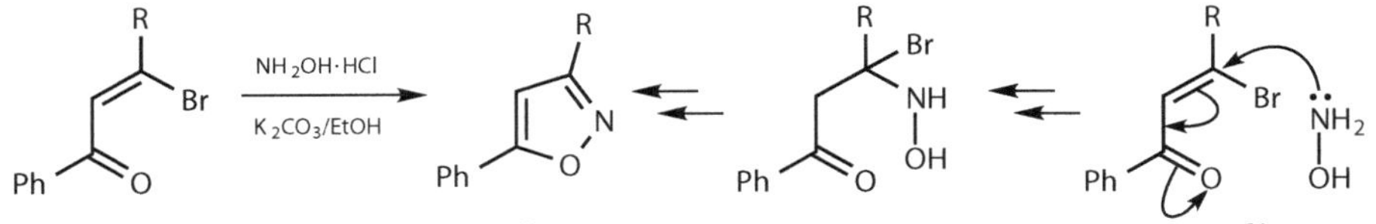

59　60　61

在强碱 NaOEt 的乙醇溶液中，主要得到异构体 **62**。可能是羟氨阴离子作为亲核试剂，氧负离子首先共轭加成 **64**。这种方法很新颖且合理，但是两种异构体的产率都很低，只有 25%～50%。这种方法太依赖于相似基团之间的细微选择性，因此需要寻找更好的方法。

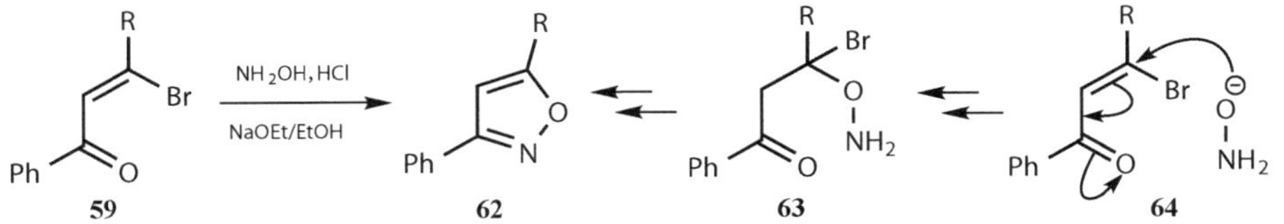

59　62　63　64

1，3-偶极环加成方法合成异噁唑

这是我们找到的好的方法！炔加成到氧化腈是 $\pi 4_s + \pi 2_s$ 环加成反应 **65**，一步[6]得到异噁唑 **66**。炔提供两个电子，氧化腈提供 4 个电子（氧负离子上一对孤对电子和炔中的一个 π 键）。氧化腈是一个“1，3-偶极子”，一端亲核而另一端亲电。它的三个原子提供四个 π 电子。炔是“亲偶极体”。你可能会认为氧化腈是不稳定的。事实上，它们自身发生 1，3-偶极环加成得到一类成为 Furoxan 的奇特杂环化合物 **67**。它们必须在亲偶极体存在下才能释放出单体，亲偶极体必须如它们名称一样，比氧化腈更容易接受 1，3-偶极子。

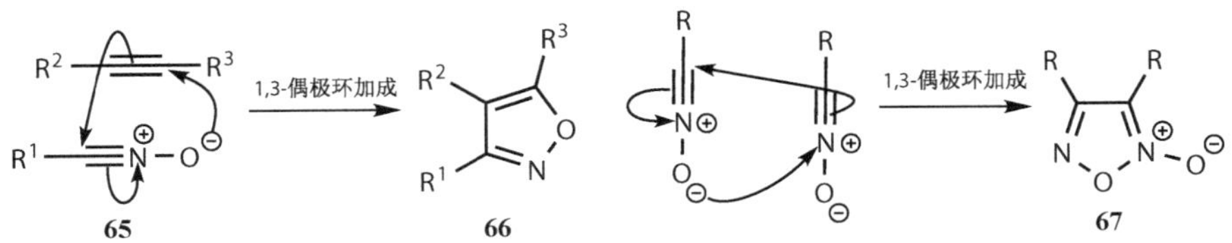

65　66　67

有两种比较好的方法可以实现这个过程。氧化腈 **69** 可以从硝基化合物 **68** 在 PhNCO 或是 PPh_3P 或 DEAD（$EtO_2C—N=N—CO_2Et$）存在下发生 Mitsunobu 消除脱水得到，也可以由氯代肟 **70** 发生 1，3-消除 HCl 得到。下面的部分我们只会提到氧化腈，但是你应该联想到它是从这些反应制得的。

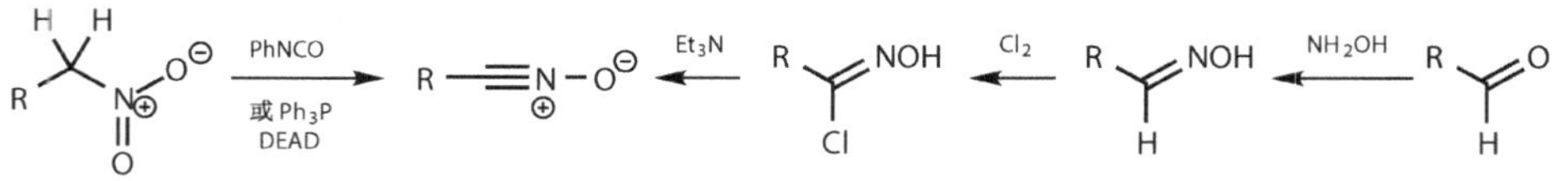

68　69　70　71

区域选择性的问题依然存在。单取代的炔通常以 HOMO 与氧化腈的LUMO反应。产物正好是想要的异噁唑（**72** 或 **73**），而这是难以由羟基化合物和羟氨反应得到的。区域选择性控制源于两个取代基（R^1 和 R^2）位于不同试剂上。反应条件很温和。

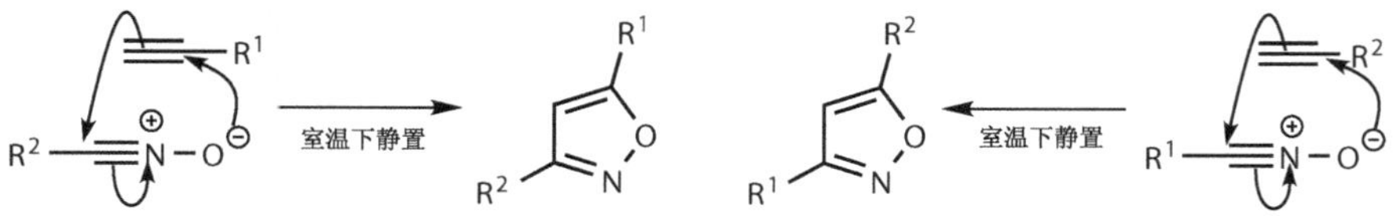

72　73

66a 的切断十分简单，只要移除氧化腈。但是如果涉及全取代的异噁唑，二取代的炔不是令人满意的亲偶极体，因为通常表现不出足够的区域选择性。

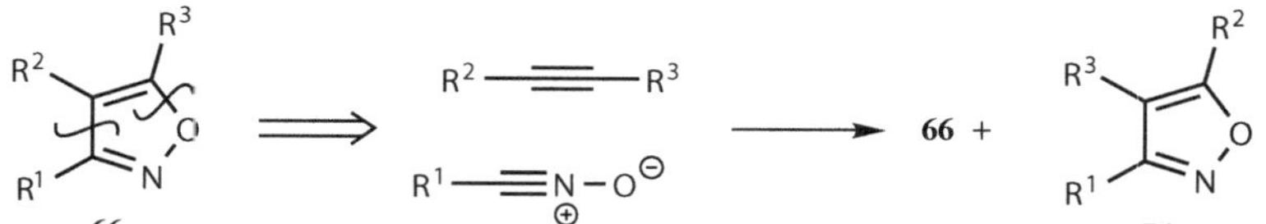

66a　74

经常用 X 取代的烯烃 **77** 作为潜在的炔来获得好结果。烯烃 **77** 含有的 X 取代基可以消除，而且 X 可以控制环加成的区域选择性。这表示，异噁唑 **75** 需要先进行 FGI（烯到卤代烷），然后再切断 1，3-偶极体 **76**。

分析:

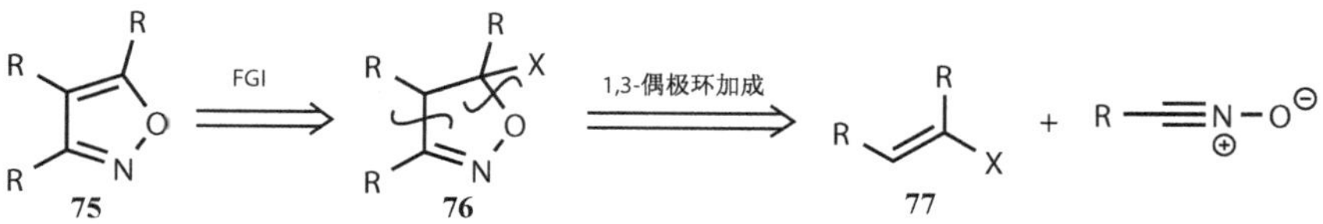

75　76　77

如果 X 是吸电子的，如 X＝Cl，亲偶极的 LUMO 与氧化腈的 HOMO 反应，O^- 进攻烯烃的亲电中心，中间体 **78** 消除 HCl（不一定是 E2 反应）得到芳香的异噁唑 **79**。

合成:

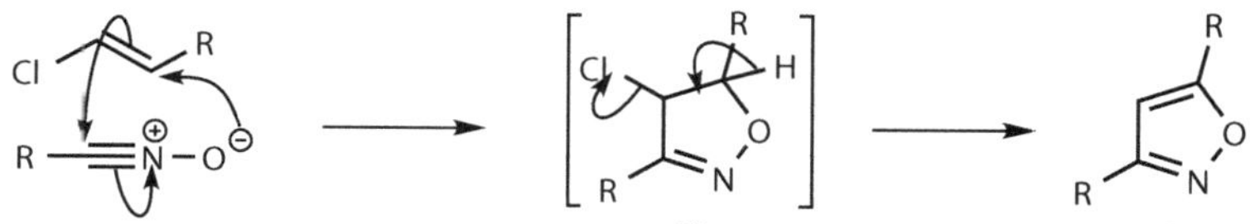

78　79

如果 X 是给电子的，如 OAc，NR_2，$OSiMe_3$ 或是 SR，区域选择性正好相反，亲偶极体的 HOMO 与氧化腈的 LUMO 反应，进攻偶极体的碳端，消除 **80** 得到异构体 **81**。

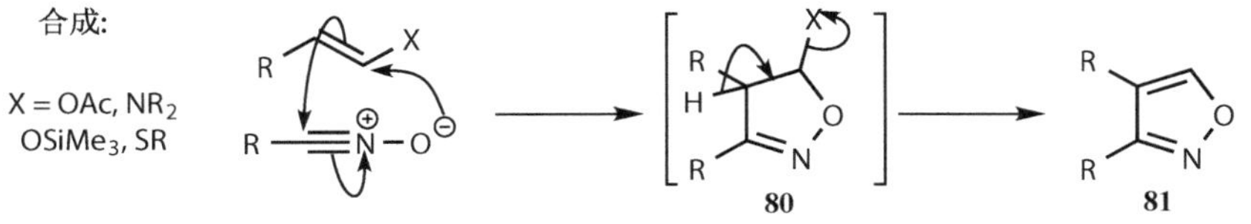

通过合成同一个异噁唑比较三个方法，炔 **82** 的 1，3-偶极环加成得到立体异构体 **83** 和 **84**。如果用氯代烯烃 **85** 只得到 **84** 而用烯胺 **86** 只得到 **83**[7]。

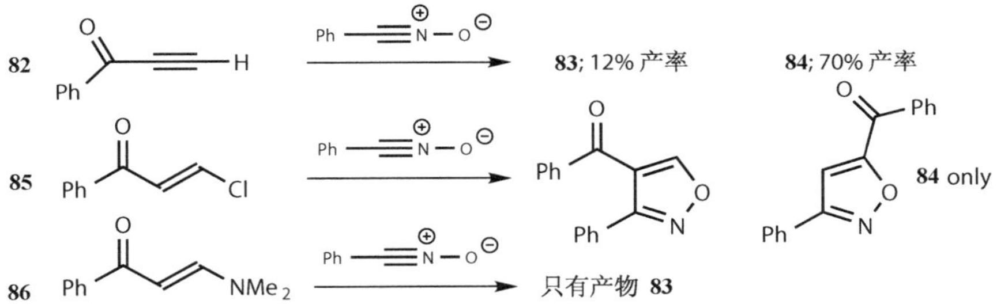

四唑

通过 1，3-偶极环加成合成四唑

四唑 **87** 是一类几乎只能由 1，3-偶极环加成制备的杂环，它们在五元环中含有四个氮原子，而只有一个碳原子，所以必然没有 C—C 键。四氮唑的酸性与羧酸类似（pK_a 约为 5)，将阴离子 **88** 切断成一个腈基化合物和一个叠氮根是最常见的合成途径。

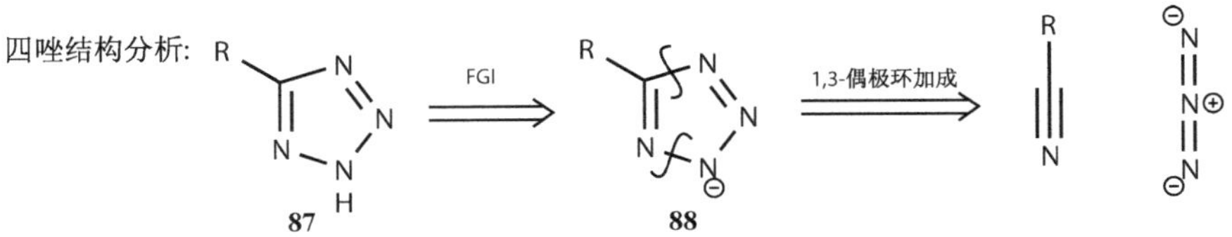

有许多方法可以让反应顺利进行，而最流行的一种就是使用由氯化铵缓冲的叠氮化钠，还须有 LiCl 加入到 DMF 溶剂中。产物是四唑阴离子 **88**，酸化就得到四唑 **87**。**91** 的例子展示了极高的产率，而且侧链上也可以进行官能团化[8]。

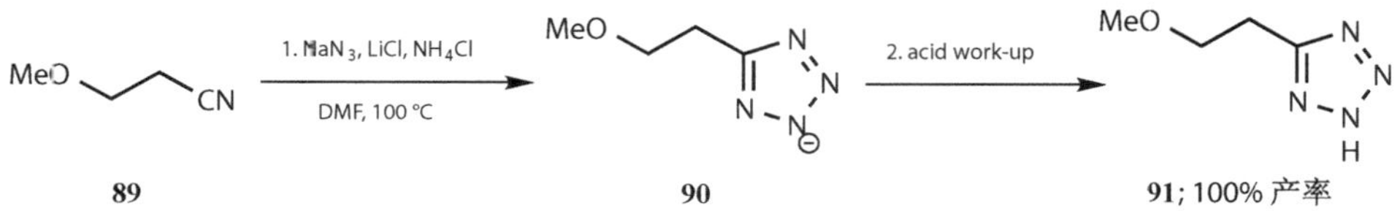

通过芳香腈 ArCN 与叠氮化钠的反应可以证实，该反应发生在叠氮根（毕竟它是一个阴离子）的 HOMO 和亲电体腈基化合物的 LUMO 之间。反应几乎都是定量的，而速率大于 R 为拉电子基团时的反应。并不是所有人都认为该反应是协同的，因为这两个线形分子的接近看上去是有很大阻碍的。然而，叠氮根 **92** 的逐步加成以及随后 **93** 的环化看上去更不可能，因为在 **93** 的环化中两个带负电的原子必须相互进攻。这同样是周环（电环化），而不是离子反应。

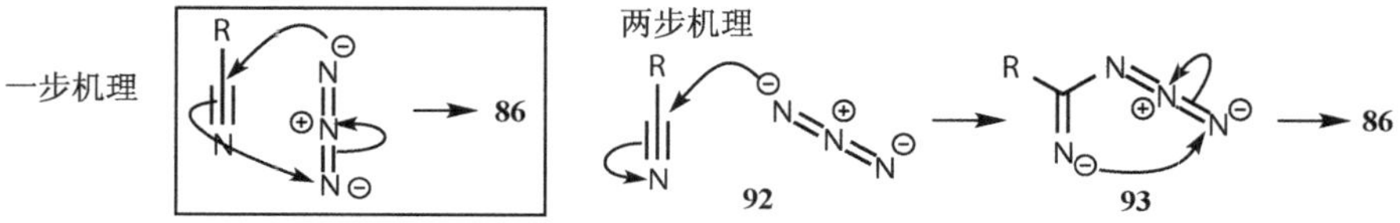

随着需求的增长，这种分割方法当然会被其他人追随。所以，含有第二个杂环哌嗪的抗高血压药物 Zolterine **94** 就可以通过腈基化合物 **95** 制备，涉及哌嗪向丙烯腈的共轭加成。

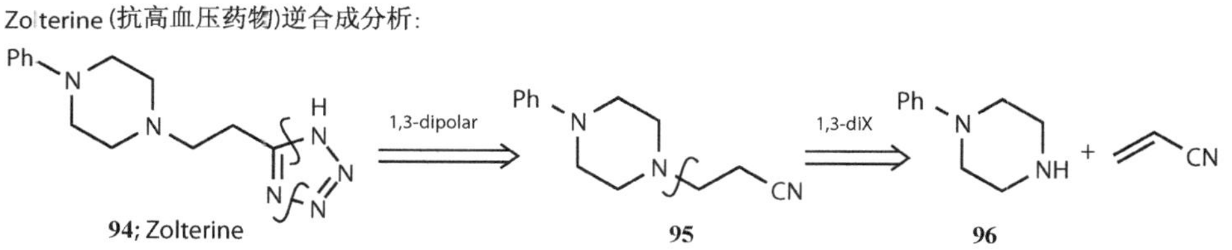

这个合成用到了我们刚描述过的方法，路线非常清晰[9]。

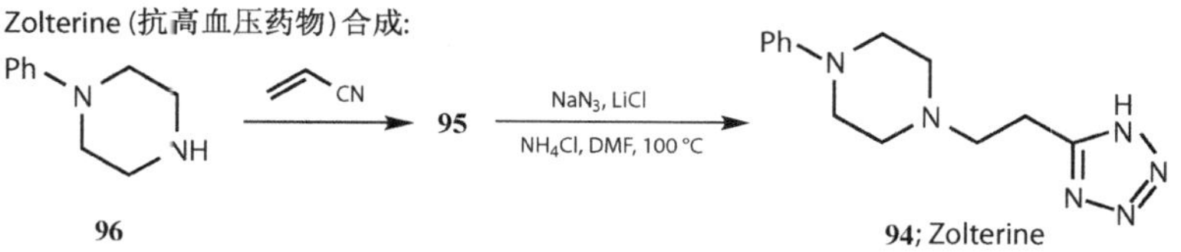

如果四唑的碳原子上直接连着官能团，就可能出现问题。许多药物都从 5-氨基四唑 **97** 制备，用我们的这种分割方法就会出现看似不可的分子 $H_2N—CN$。这实际上就是“氨基腈”，我们可以得到它与水以及稳定剂（防止二聚成为二氨基二腈 **98**）的混合物。二聚体价格只需单体的 1/50，也可以在一种略为不同的

条件下进行 1，3-偶极环加成反应[10]。

许多四唑类药物由5-氨基四唑制得

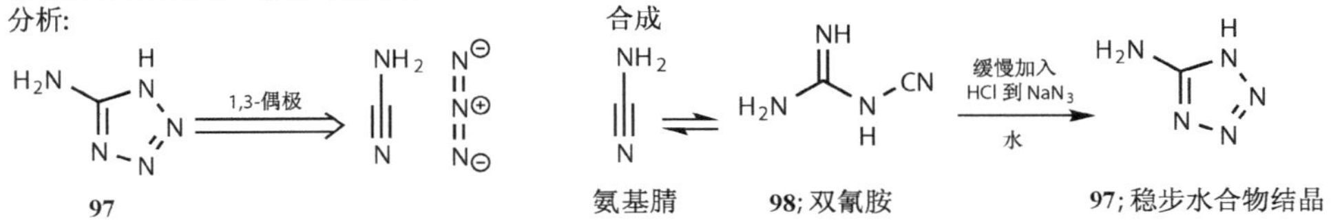

用氨基四唑制备药物的一个很好的例子是 Merrell Dow 的抗过敏试剂 MSD 427。你会注意到药物 **99** 其实是四氮唑的稳定阴离子。将其分割就是 *o*-氨基安息香酸（邻氨基苯甲酸）**101**[11] 的 *N*-醛基衍生物 **100**。

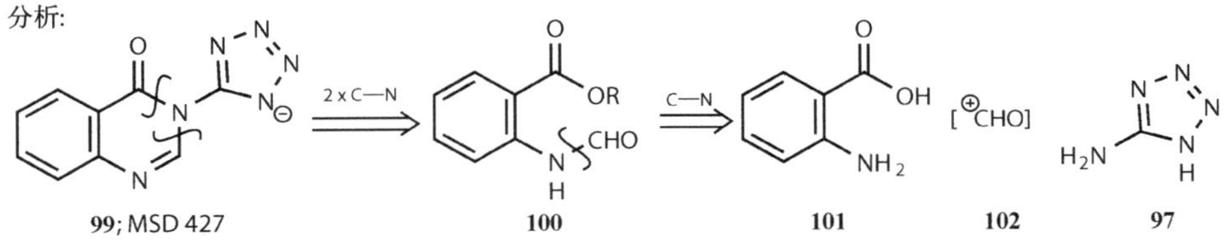

另一个片段是一个单碳亲电试剂，我们用“$^+$CHO”表示。你将看到，环中含有越多的杂原子，就越是需要使用小的含碳片段来制备杂环。剩下的工作就是找到一种可以产生 **102** 的试剂，接下来的合成就简单了。

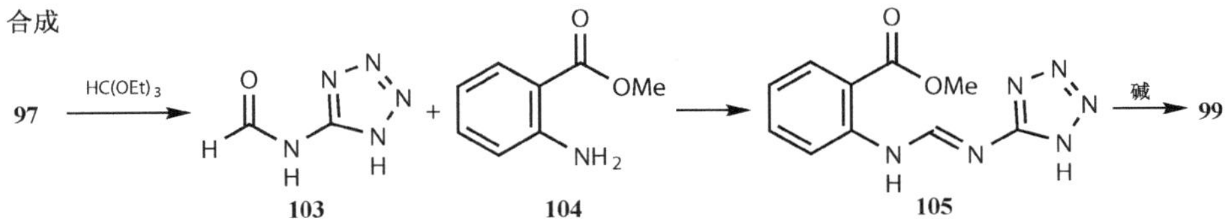

第三部分——环外的切割

N—C 键切断：噁唑阴离子

尽管四唑是来自噁唑的稳定阴离子中最富于戏剧性的例子，实际上所有噁唑与简单的环胺相比都显示出更强的酸性[12]。吡咯（pK_{aH}－3.4）碱性远远弱于吡啶（pK_{aH}＋11.3），它在碳上质子化 **107**（而不是氮上），得到去芳香化的离子 **106**，因为孤电子对离域在整个环上。作为一种酸 **108**，它的酸性远远强于简单的胺，因为阴离子 **109** 是芳香性的，就像环戊二烯阴离子，而且因电负性的氮原子存在而更加稳定。吡咯的酸性大致相当于三级醇，所以你用来得到 *t*-BuO$^-$ 的碱，如 NaH，也可以用来得到这种阴离子。

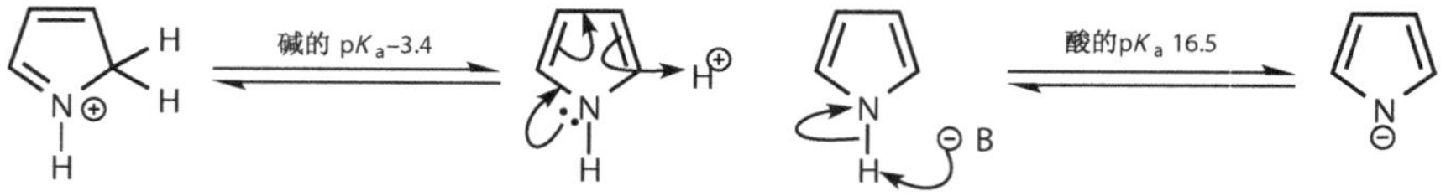

106 107 108 109

每一个额外的氮原子都是吡啶型的，这会造成一个奇怪的效应，同时提高酸性和碱性。另一个区别是，现在质子化发生在吡啶型氮原子上，但是吡唑 **111** 和咪唑 **112** 中两个氮原子配合着都传递电子。在这个过程中类吡啶氮原子变得类似吡咯了，反之亦然，但是下面的情况是不成立的：阳离子 **110** 和 **113** 是对称离域的，两个 N 原子等价。

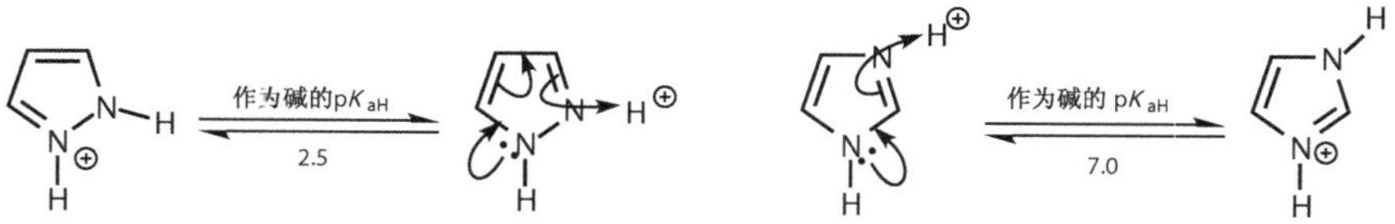

110 **111**；吡唑 **112**；咪唑 113

吡唑和咪唑作为酸的行为更加简单。在两种情况下，阴离子（**114** 或 **117**）同时具有芳香性和对称性，而且由于额外的氮原子而比吡咯阴离子更加稳定。这两种“二唑”吡唑和咪唑酸性几乎相同。

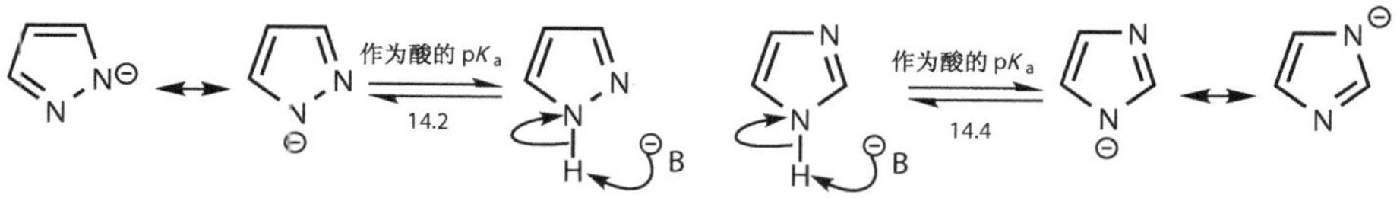

114a 114b 115 116 117a 117b

当我们增加更多氮原子时（这是一个想象中的过程，而不是化学反应），酸性增强的趋势将继续。三唑 **119** 和 **120** 是更强的酸。然后我们可以看到，四唑 **122** 的酸性与羧酸相当。所有这些知识看上去都非常枯燥，但是当我们计划在这些唑上氮原子上连接新键的时候，抓住这些趋势就是非常必需的了。

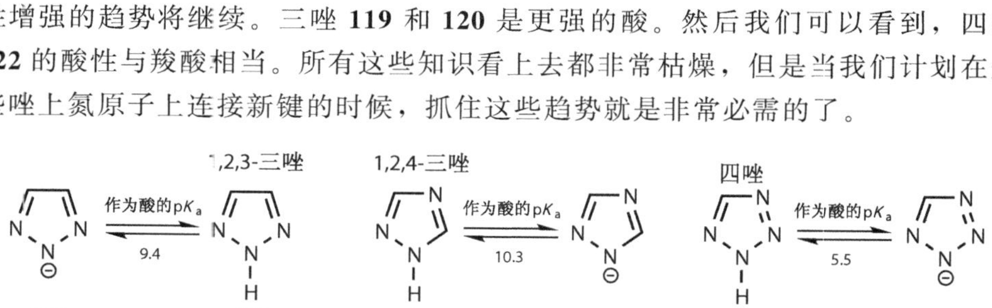

118 119 120 121 122 123

如何在唑阴离子的氮上发生反应

简单地说，如果你想要反应发生在氮原子上，那就使用阴离子。最简单的例子是四唑。消炎药 broperamole 是酸 **124** 的氨基哌啶，由于 1，3-关系可以先分割开羧基，得到一个简单的四唑 **125**，它可以通过 1，3-偶极环加成反应制备。

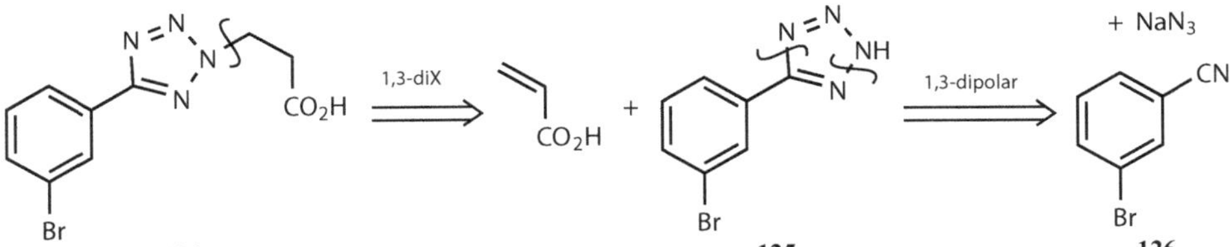

124 **125** **126**

四唑的合成包括叠氮的反应和乙酸反应以及在碱催化下的共轭加成，然后用 $SOCl_2$ 处理使其氯化，最后用哌啶完成整个合成[13]。

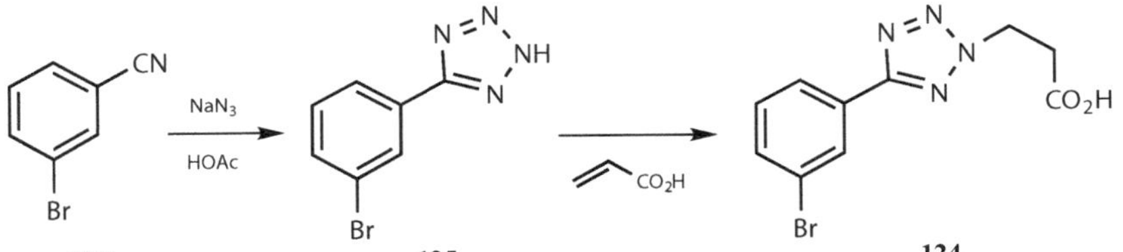

126 **125** **124**

显然，吲哚衍生物 **129** 来自吲哚 **127** 的酰化，这是合成的最后一步。这里的问题是化学选择性。答案在于“后进先出”原理。吲哚阴离子可用来保证反应在氮原子上进行，但是四氮唑会先于吲哚形成阴离子。两分子的 NaH 可以另双阴离子 **128** 中更不稳定的吲哚阴离子先反应[14]。

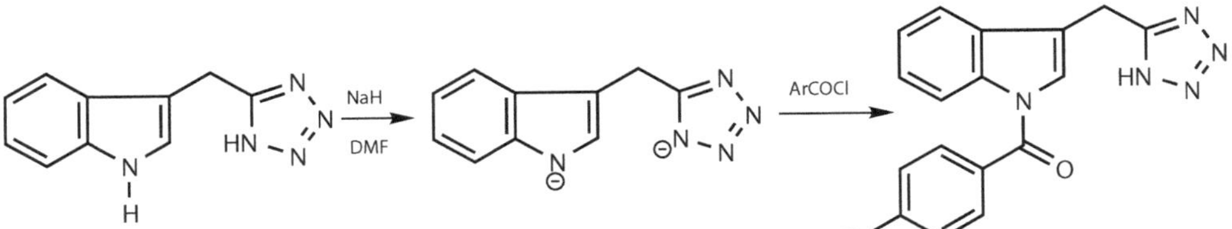

127 **128** **129**

在许多应用唑阴离子的情况下，同时会有区域选择性的问题。有许多基于三唑的杀霉菌药物，通常是 1，2，4-三唑，这类化合物的阴离子有两个不同的反应位点。酮 **131** 是通过三唑阴离子用一级氯代烷烷基化[15] **130**，可以衍生出许多抗霉菌缩醛 **132**。

1，2，4-三唑 **133** 的阴离子也可以在别处进行烷基化。N-1 和 N-2 烷基化得到同样的产物 **134**，但是 N-4 上的反应得到对称的 **135**。要预言哪个位点进行反应并不总是很容易，但通常 N-1 和 N-2 更易于反应，至少有 2∶1 的统计概率倾向于这种区域选择性。我们将在接下来的部分进一步探讨这个问题。

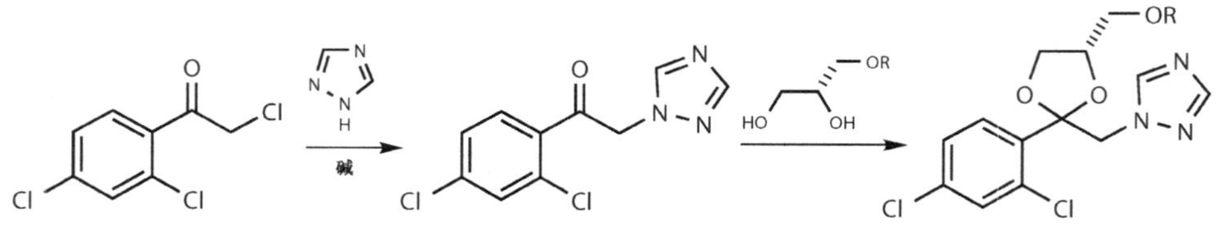

130　131　132；抗菌药物

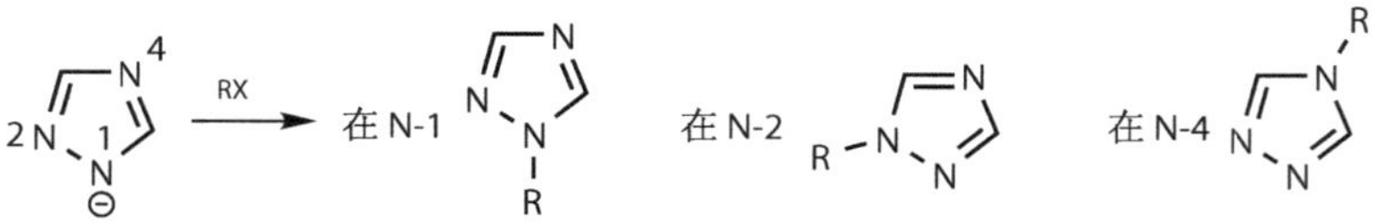

133　134　134　135

唑的互变异构问题

任何一种唑都是互变异构体的混合物，然而当两种互变异构体是一样的时候就不容易看出来了——它们就像羧酸一样交换质子，而这对反应或合成都没有影响。

咪唑的互变异构　羧酸的互变异构

但是如果有取代（除去 **136** 两个氮原子之间的碳原子上以外的任何地方），两种互变异构体就不一样了，样品就包含两者的平衡。这样 **136** 的硝化就得到互变异构体 **137** 和 **138** 的混合物。

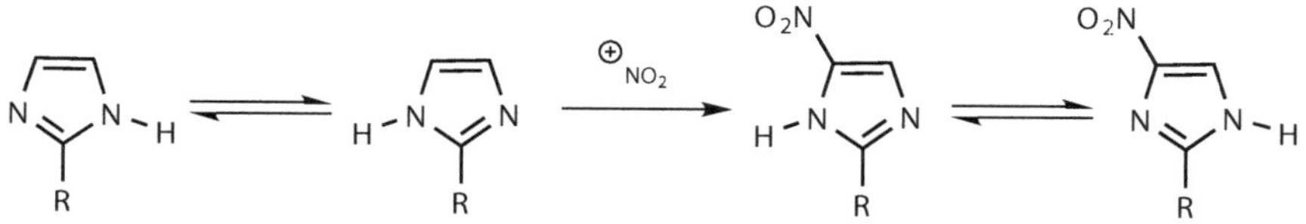

136a　136b　137　138

试图分离这些互变异构体没有意义，因为它们都迅速与彼此达成平衡。如果下一步反应是要发生在其中一个氮原子上而要使用阴离子，没有关系，因为 **137** 和 **138** 都得到相同的阴离子 **139**。准确地说，阴离子 **139** 是离域的（**139a** 和 **139b** 只是同一个阴离子的两种不同画法），在一个氮原子上的质子化得到 **137** 或 **138**。对于这样一个不对称的阴离子，我们可以期望得到合理的区域选择性，**139** 与一个亲电试剂反应的产物应当是异构体 **140** 而不是 **141**。

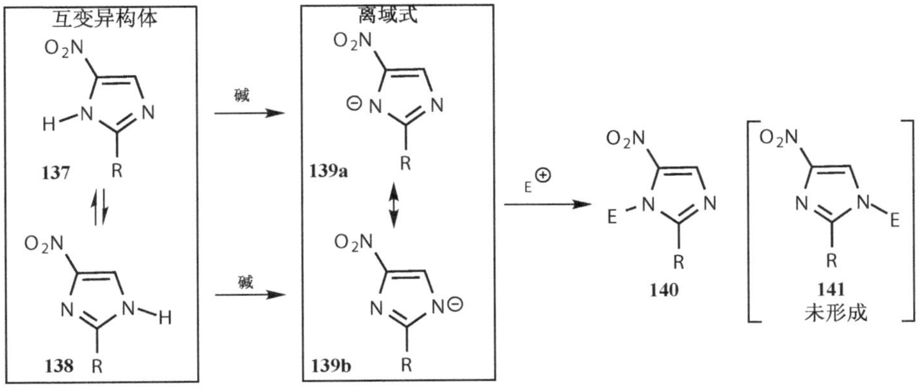

为什么应该形成异构体 **140** 呢？真正的原因是这个阴离子的 HOMO 轨道在那个氮原子上系数最大。这一点的帮助不大，因为要快速计算出这样一个分子上的系数分配并不容易。幸运的是，有一种简单的方法可以找到答案，那就是找产物的异构体中在吡咯氮和官能团之间共轭系统最长的分子。这个答案很清楚。如上例，形成的 **140** 异构体从 N 的孤对电子开始到硝基整个环上都有共轭，如 **140a** 或 **140b** 所示，而其余的异构体 **141** 只在环上部分共轭 **141a** 或 **140b**。

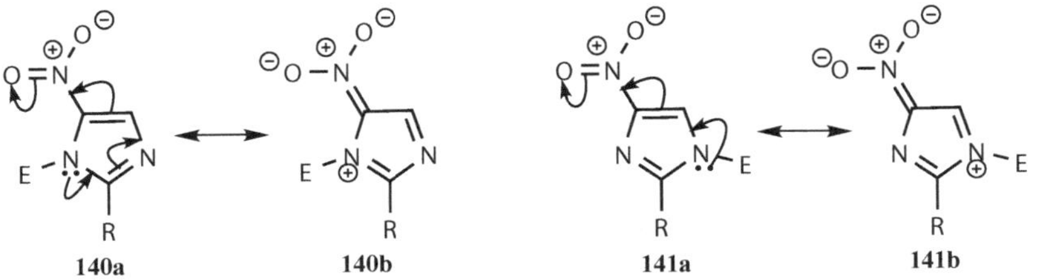

这被应用于 Flagyl[16]（甲硝哒唑，**143**）的合成，它是一种治疗泌尿管寄生虫感染的药物。R 是甲基，亲电试剂是环氧乙烷。硝基使 **137** 或 **138** 的咪唑 NH 酸性更强，从而 NaOH 是一种足够强的碱来发生 *N*-烷基化。**143** 的产率说明区域选择性很彻底。

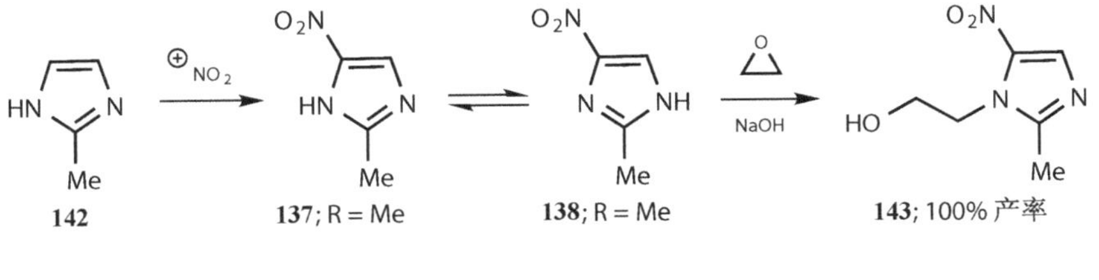

如何在酸性溶液中用硅烷衍生物使反应在氮上发生

不是所有的反应都可以在碱性溶液中进行的，所以我们需要一种在酸性溶液中把亲电试剂向杂环氮原子上加成的方法。这在核苷合成上是一个重要的问题，尤其在需要修饰的核苷作为抗病毒药物时。一个核苷包含有一个“碱基”，也即一个嘌呤或嘧啶，通过一个氮原子与糖相连。如果这个糖是核糖，我们就得到RNA型核苷 **145**，如果糖是脱氧核糖，就得到DNA型 **144**。

144；DNA中的一种核苷

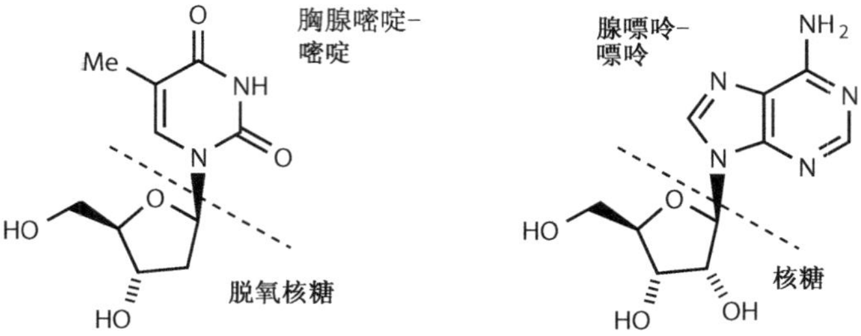

145；RNA中的一种核苷

任何核苷都有一种明显的分割方法，即把两个环之间的C—N键策略性的分割开。下面提出了一种胞苷 **146** 的合成方法。同样很明显的是，可以把氮作为亲核试剂 **147**，糖加上离去基团成为亲电试剂 **149**。环上有氧原子，使阳离子在那个位置 **149** 更占优势。

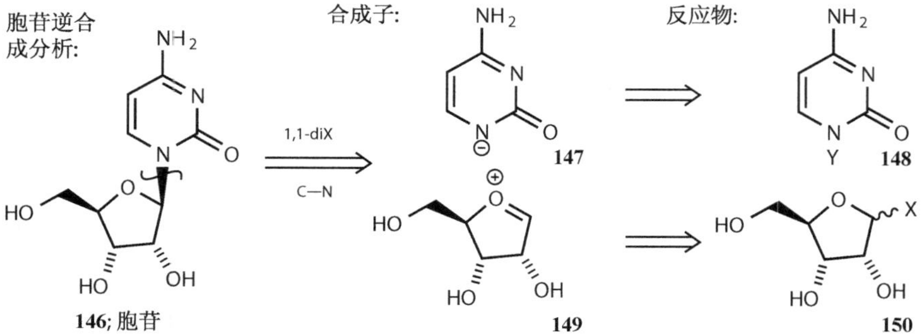

146；胞苷　　**149**　　**150**

糖 **150** 上的离去基团可以是一个卤素或者乙酸酯基，甚至是一个烷氧基因为我们随后将它变成缩醛。但是这些化合物都更愿意在酸性而不是碱性环境中反应，所以问题就在于 **148** 的结构，Y是什么呢？答案是一个 $SiMe_3$ 基团，与氧而不是氮相连，所以我们用到的就是一种著名的硅定位核苷合成方法，Vorbruggen偶联[17]。硅基团可以用许多方法连上去，所以必须保护好所有的OH基团。

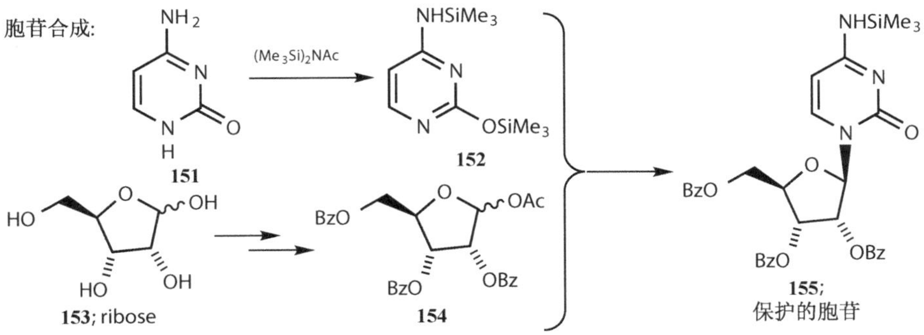

你也许会对这个偶联的立体选择性感到吃惊。2′-位的苯酸酯在 **156** 失去乙酸酯后进攻 **157**，所以甲硅烷基嘧啶只能从上面进攻 **159**。甲硅烷基化的胞嘧啶反应性类似甲硅烷基烯基醚。这种立体选择性控制只应用到核糖核苷上，如果没有 2′-OH 基将会困难得多。

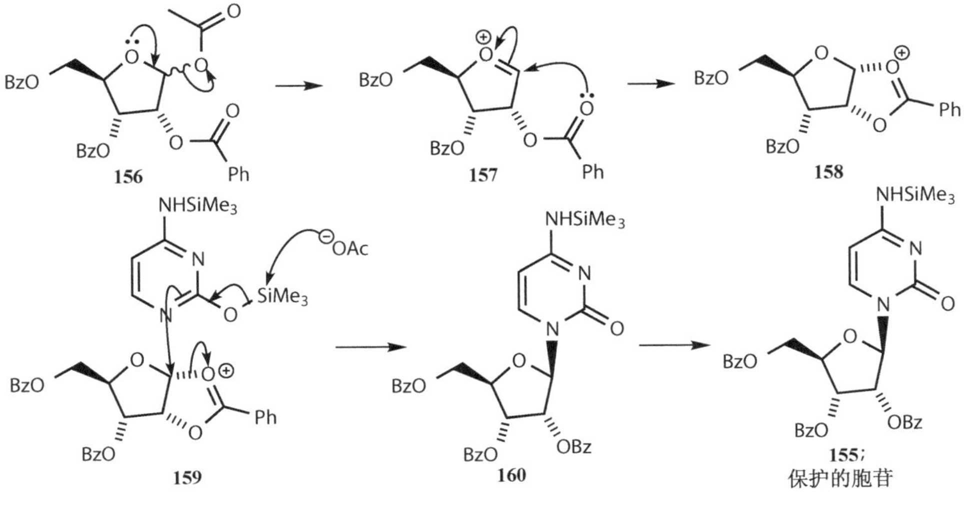

合成一种重要的抗病毒药 AZT **163**（azidothymidine，应用于对付 HIV）显示了这一点。双甲硅烷基化的胸腺嘧啶 **161** 与叠氮基糖 **162** 在路易斯酸催化下结合，并经过后续处理得到 AZT。只能分离得到 33%想要的非对映异构体，而几乎等量地形成了另一个异构体[18]。

其他的合成抗病毒药，如 carbovir**169**，由于环上缺少氧原子，基于 S_N1 型立体选择性取代反应的方法看上去是不可能的。然而，Carbovir 的环上有一个双键，所以一个 η^3-烯丙基钯络合物阳离子可以实现对一个醚离去基团的区域和立体选择性的取代（第 19 章）。钯从离去基团的反面进攻烯烃 **164** 得到 **165**。亲核试

161; 硅烷化的胸苷

162;

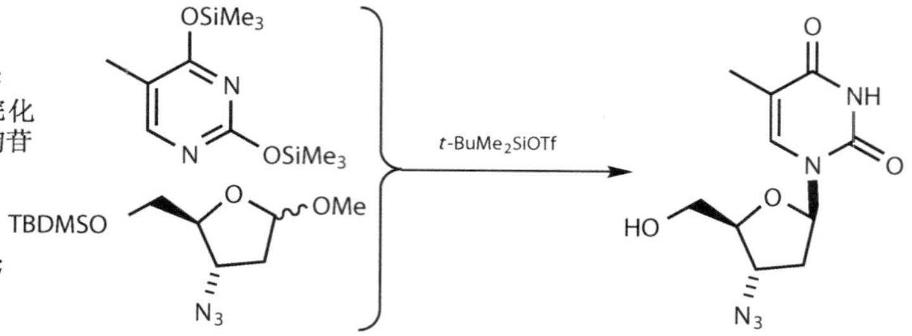

163; AZT AZido 胸苷

剂从阳离子的一端、钯的反面即离其他取代基最远的地方进入，得到构象反转的 **166**。

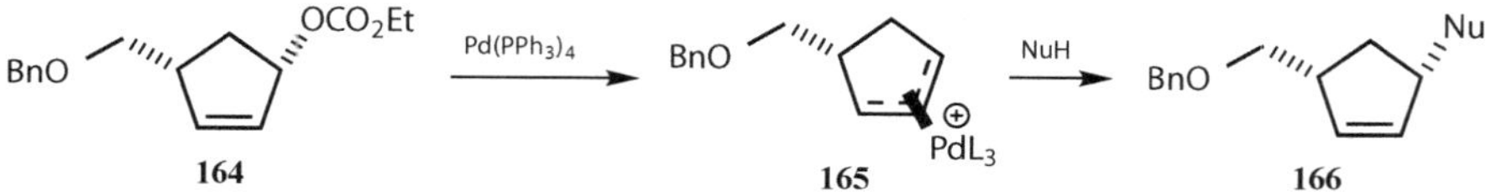

164 **165** **166**

起始原料 **164** 可以用噁唑烷酮手性助剂做成单一的对映异构体（第 27 章）。Pd(0) 催化的与氯嘌呤 **167** 的反应以 63％的收率得到唯一的立体异构体，收率不高但比 33％好。脱质子，水解就得到鸟嘌呤衍生物 carbovir[19]（**169**）。

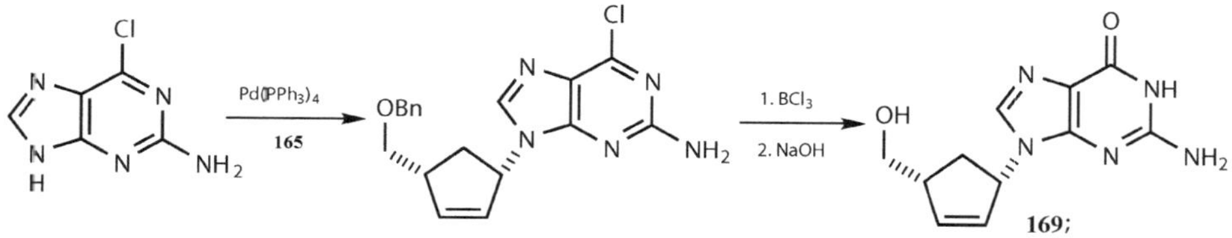

167 **168** **169;** carbovir

C—X 分割

在五元与六元杂环上使用亲核与亲电的芳香取代基及其化学与区域选择性

含有两个或以上杂原子的五元环通常可用于亲电取代，因为其中一个杂原子肯定是 O 或 S 或吡咯型 N 原子，它们都提供一对孤对电子。吡唑 **12**，咪唑 **13**，噁唑 **17**，噻唑 **18**，异噁唑 **19** 和异噻唑 **20** 都是例子。多取代是一个问题，但对吡咯来说还好，因为它能进行取代的碳原子更少，而且吡啶型氮原子降低环的活性。

12; 吡唑 **13;** 咪唑 **17;** 噁唑 **18;** 噻唑 **19;** 异噁唑 **20;** 异噻唑

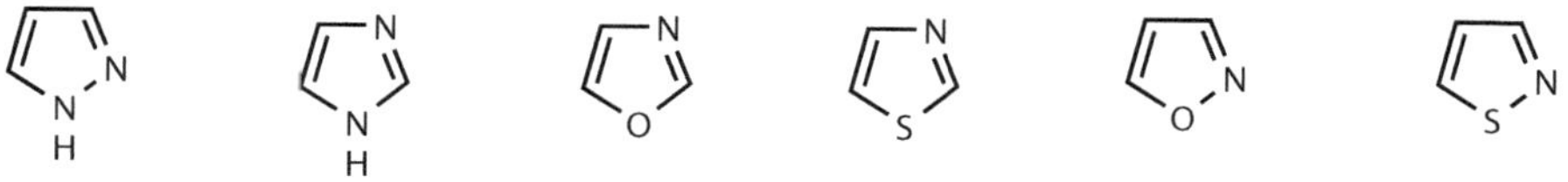

举一个抗病毒药 **171** 的例子[20]。**170** 呋喃环上的硝基是一开始通过硝化加上去，然后在乙酸中进行溴化。呋喃对溴的反应活性比噻唑高，但是呋喃被硝基钝化而噻唑被氨基活化。所以，溴化只发生在噻唑环余下的位点上。

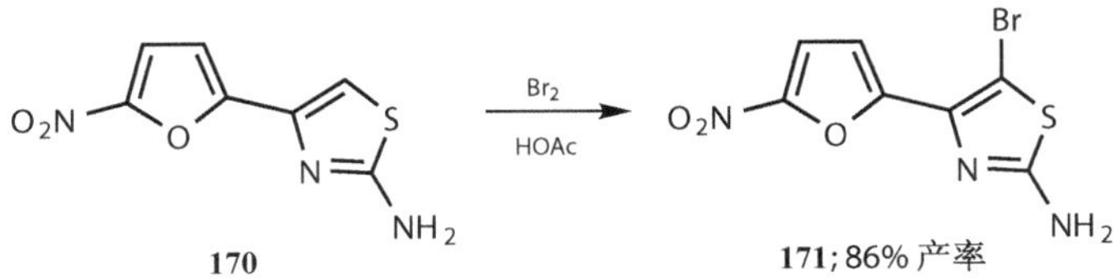

170 **171**; 86% 产率

含有两个或三个氮原子的六元环（都是吡啶型的）对于亲电进攻反应性很低，当如果较远处有合适的离去基团（甚至是 OR 或者 SR），很容易接受亲核进攻。主要有哒嗪、嘧啶、吡嗪和三嗪，亲和取代最容易发生的位置用“X”标记。我们将会在下一部分看到这些反应的例子。

哒嗪 (X = H)　嘧啶 (X = H)　吡嗪(X = H)　三嗪 (X = H)

当两个环公用一个氮原子，其中一个环容易发生亲电取代，另一个则容易发生亲核取代。例如，咪唑并［1，5-*b*］哒嗪 **172**，溴代发生在五元环生成 **173**，而当六元环上有活性基团 X 存在时亲核取代生成 **174**。这种结果是不可避免的，因为两个环公用氮原子是一种类似吡咯的结构，并且可以看成是 10 个电子的芳香化合物。

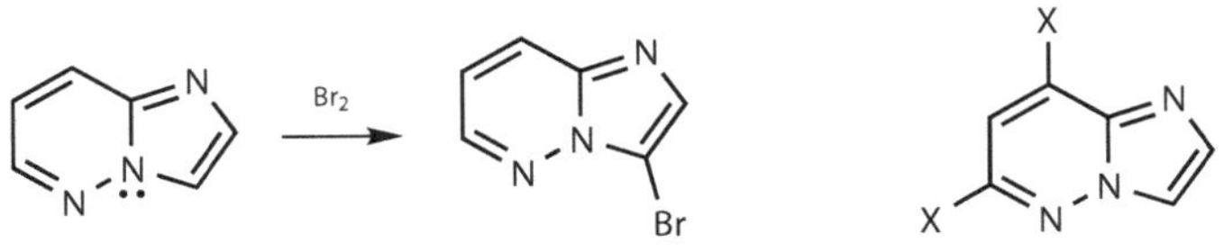

172　**173**　**174**; X = Cl, SMe, OMe

哒嗪合成

最可能的断裂方式取决于哒嗪的凯库勒结构。有两种 C—N 键的断裂，一种是 **175** 断键得到 1，4-二酮 **176** 和二酰亚胺 **177**，另一种是 **178** 断键得到肼和 *Z*-烯二酮 **179**。

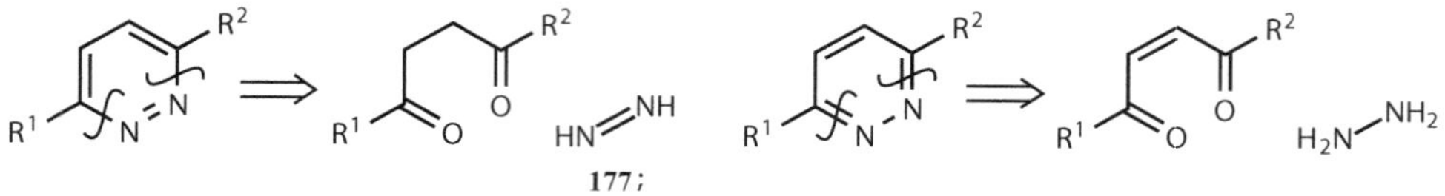

175　176　177；二酰亚胺　178　179　肼

这两种断裂情况在一种情形下非常有用。顺丁烯二酸酐 **180** 因为它的环状结构有一个 *Z*-烯烃的组成部分。与肼反应生成二酰胺 **181**，它通常以 **182** 的形式存在，就是人们熟知的“马来酰肼”。

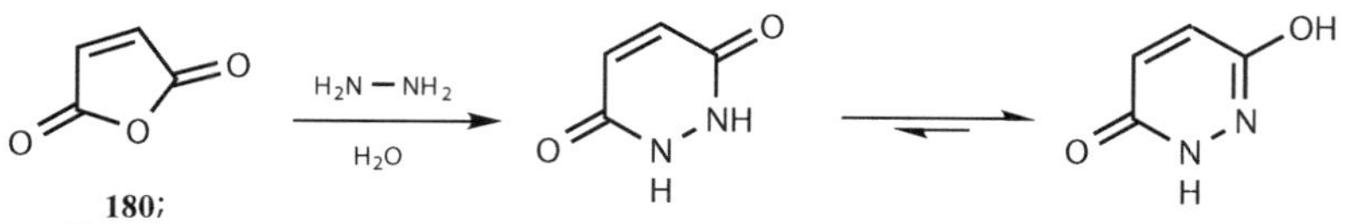

180；马来酸酐　181　182; 85% 产率

这个产物非常有用因为它与 $POCl_3$ 反应生成二氯化物 **182**。这个化合物与氨水反应得到 **184**，无副产物，再与强亲核试剂，包括胺类，生成 **185**；Nu＝NHR，OR，SR 等[21]。

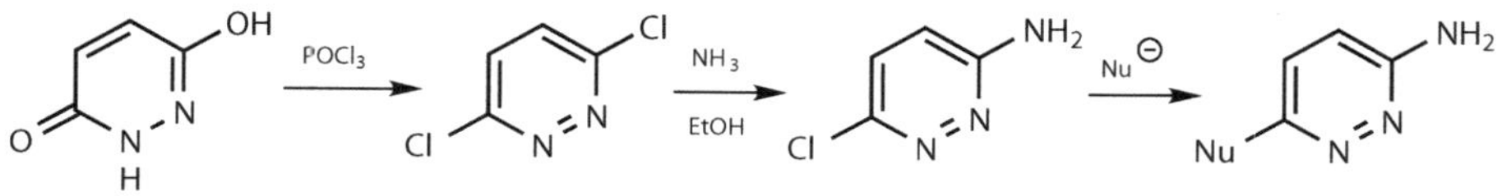

182　183　184; 70% 产率　185

合成哒嗪更常用的方法是 FGA 策略。没有烯烃参与反应却少了很多麻烦。**186** 得到肼的断裂会给出简单的 1，4-二酮 **177**。合成 **187** 的有效方法是 d^1+a^3 或者 d^2+a^2 测略，两种方法都需发生极性反转。

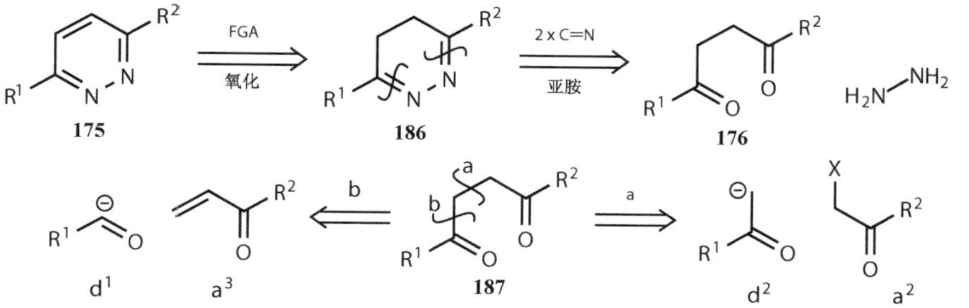

175　186　176　187

一个简单的例子是用 d^1+a^3 策略合成腈胺的广谱除草剂 **193**。间氟苯甲醛与吗啉、氰化物反应得到氨基腈 **188**。被标记的质子具有酸性，因为与它相连的是氰基。阴离子容易发生加成反应（d^1 试剂是 Stork 为加成发应设计的，见第 9 章），与丙烯酸酯加成生成 1，4-二羰基化合物 **189**。与肼环化、与溴芳构化得到

哒嗪酮 **191**，接着被 $POCl_3$ 亲核芳香取代，后续亲核（这里是甲氧基金属）反应高产率得到除草剂 **193**[22]。

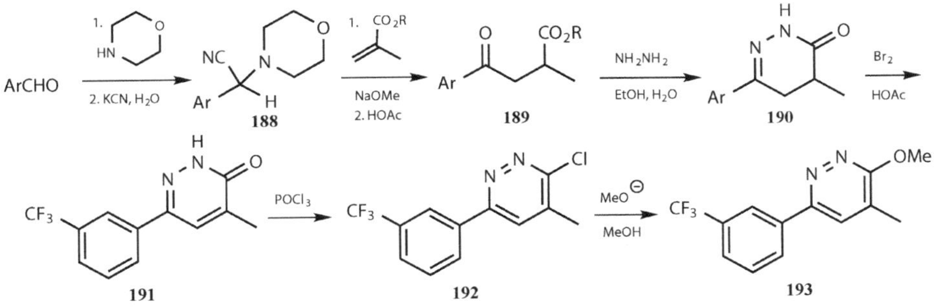

C—C 断裂

有一些反应与杂环反应很好，如 Heck 反应、傅氏酰基化、锂化反应

曾经通用的 Heck 反应（第 18 章）与大部分杂环反应良好，只要卤素与三氟甲基磺酰在杂环上的位置合适。下面的例子是脱氧尿苷碘化制得的未保护核苷 **194** 在没有任何 OH 与 NH 保护基存在的情况下与丙烯酸乙酯发生了典型的 Heck 反应，而几乎没有副产物[23]。通常我们使用的核苷的反应都必须包括所有必需的保护基。

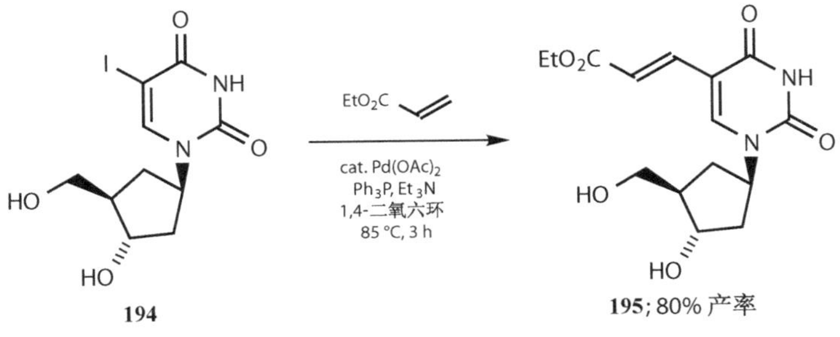

Heck 反应构建了 C—C 键，并引入了高度官能团化的碎片，方便后续反应加入其他的官能团。同样，傅氏反应能同唑或者其他的杂环发生亲电取代。与以前做过的反应一样，最好只有一个可以发生反应的位点，这样就没有空间选择性的问题。在 Heck 反应中，反应的位点被碘原子标记；但是，傅氏反应可以发生在任何空闲的位点上。举一个例子，吡唑在路易斯催化下无副产物酰基化最终得到除草剂 **196**。

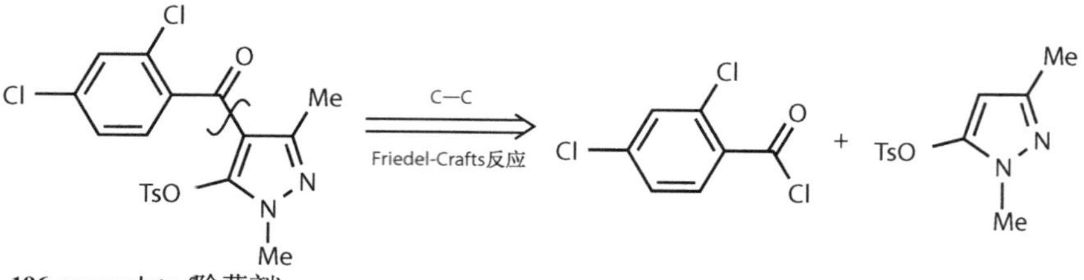

196; pyrazolate (除草剂)　　197　　198

实验显示，按傅氏反应的条件对吡唑酮进行酰基化制备 **201** 有更好的效果。不管是否将吡唑 **201** 看成吡唑酮 **199** 的形式，都有来自其中一个氮原子的足够的电子来活化环上的空闲位点。最后，甲苯磺酸盐将结构确定为吡唑醇的形式。

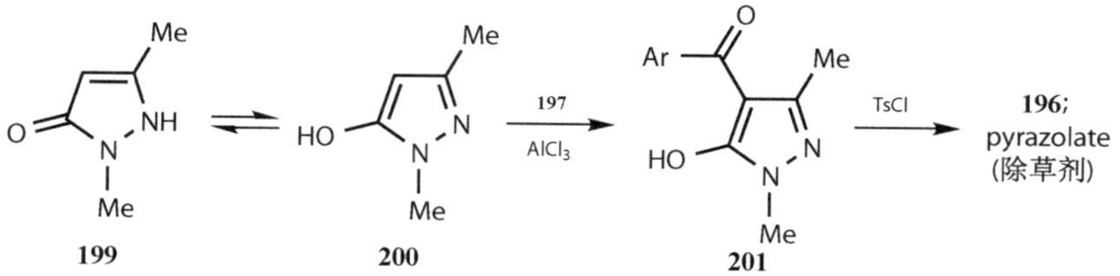

199　　200　　201

例子：抗溃疡药物和喷司他丁

我们将讨论两个例子：含三个杂环的抗溃疡药物和抗病毒抗肿瘤混合物喷司他丁。

含有三个杂环的异胞核嘧啶基础的药物

一系列的抗溃疡药物，如甲氰咪胍和甲胺呋硫，从它们被研制出来就一直是这方面最成功的药物。它们通过在胃中抑制组胺活性发挥药效。我们应该看一下最新的报道，一个来自史克必成（SmithKline Beecham）的药物，另一种 H_2 组胺受体拮抗剂[24] **202**。用它来作为这章的例子是最合适不过的了，因为它有三个杂环，并且每个环上有两个杂原子：一个咪唑环、一个吡啶酮环、一个噻唑环，每一个环都可以像其他章节里讨论的那样一样可以进行修饰。

202;
早先的 H_2 组胺
受体拮抗剂

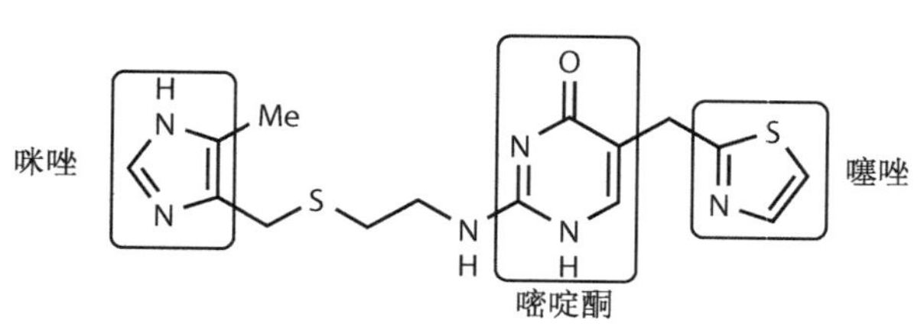

一般的合成策略是在分子的中间位置断裂，吡啶酮非常容易发生亲核取代得到环 **202a**。由此我们可以得到两个相关的碎片咪唑 **203** 和含另外两个环的 **204**。吡啶酮 **204** 上的离去基团 X 可以是 Cl，但我们需要的仅仅是能与 OMe 相媲美的。

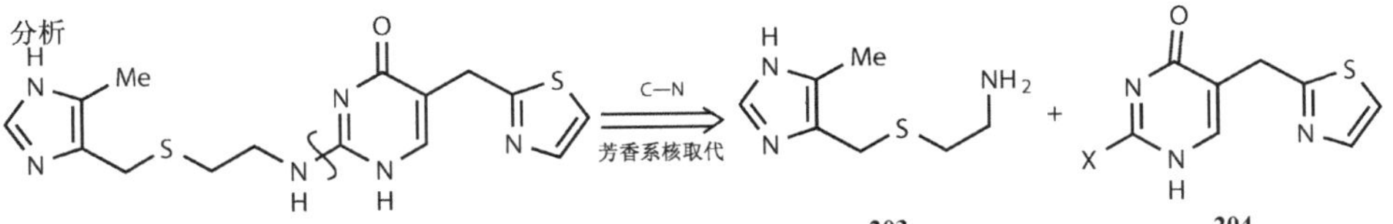

202a **203** **204**

咪唑 **203** 可以被很容易的切断从 **203a** 得到简单咪唑 **205** 和 $H_2NCH_2CH_2SH$。你可能已经猜测到再连接不活泼的 **205** 和未保护的氨基硫醇时的选择性问题，但不用担心。醇 **205** 可以从酯 **206** 制得，而酯可以从甲脒 **207** 和适当活性的羰基酯 **208**（X 为离去基团）制得。

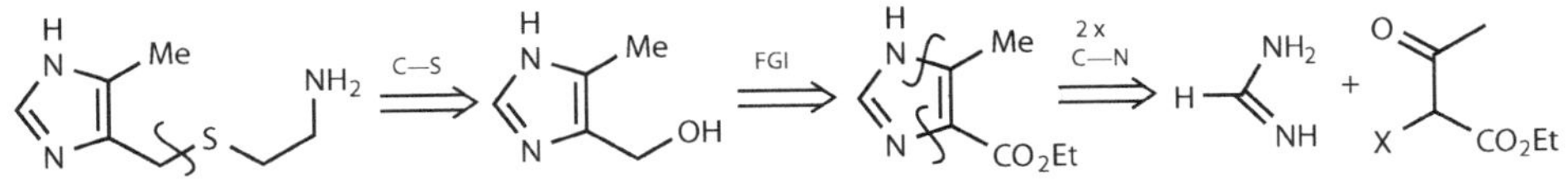

203a **205** **206** **207** **208**

另一个分子碎片可以在 **204a** 的六元环上通过移除简单脒的衍生物 **209** 断裂。**210** 含有 1，3-二羰基的结构，因此 Claisen 酯断裂得到一个碳的亲电子试剂和简单酯 **211**。**211** 可以由不饱和酯 **212** 得到，而 **212** 可以由 **213** 羟基丁醛的反应制备。

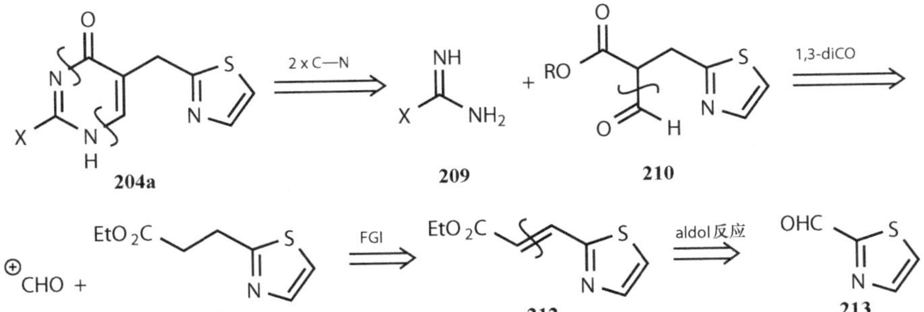

204a **209** **210** **211** **212** **213**

到了将两个片段拼合的时候了。2-溴噻唑的活性比较高，可以锂化，与 DMF 羰基化得到 **213**，羟基丁醛与丙二酸（Knoevenagel 反应）反应得到 **214**，不需要单独的脱羧步骤。最好的一碳亲电试剂是乙基蚁酸盐（HCO_2Et），而硫脲为置换制备了合适的衍生物 **209**。

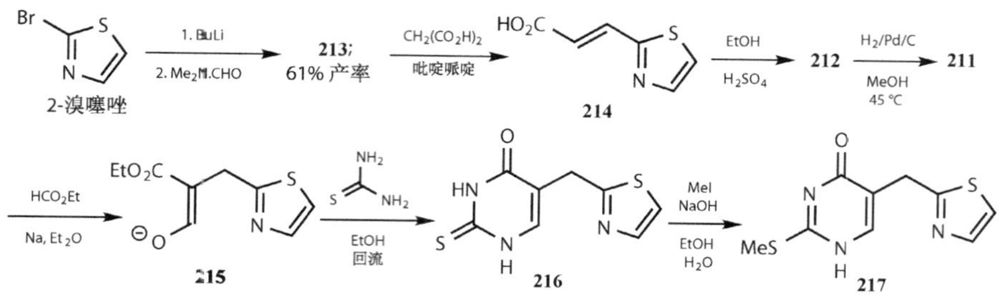

另一半的反应由 Bredereck 反应构造咪唑环开始。**208** 中的离去基团可以是乙酸根，更值得注意的是亲核试剂也可以是过量的甲酰胺 $HCONH_2$。醇 **205** 在强酸环境中与未保护的氨基硫醇选择性地生成 **218**。出去 HBr 后，**203** 被释放出来，并与 **217** 反应得到完整的分子。

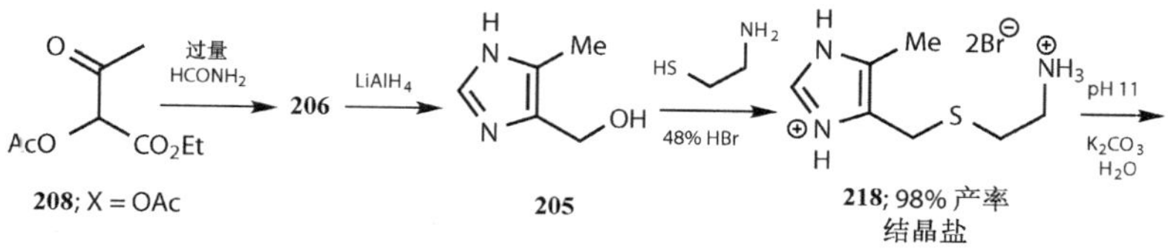

喷司他丁：一个含有五元环和七元环的例子

喷司他丁 **219** 是嘌呤的六元环被一个七元环取代的修饰过的嘌呤核苷[25]。在醇的作用下七元环发生 FGI 消除立体构型得到酮 **220**。断裂这个糖，我们可以得到一些我们前面章节提过的化合物，可以是甲硅烷基衍生的嘌呤类似物 **221** 和糖的衍生物 **222**，X 可以是 OAc。

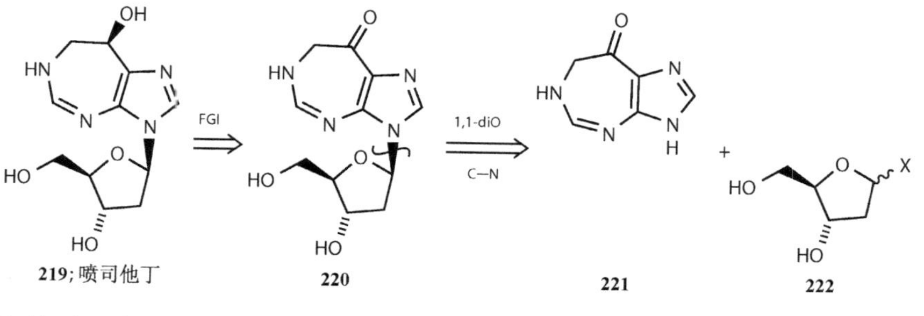

糖是可以直接获得的脱氧核糖，我们必须制备七元杂环 **221**。从两个氮原子之间断裂出一个一碳的亲电试剂得到二胺 **223**，它可以由二硝基化合物 **224** 还原得到。从 **224** 上分离一个硝基甲烷得到简单的硝基咪唑甲酸 **225**。硝基可以通过直接硝基化反应引入，但我们可以充分利用硝基的存在，让硝基活化 **227** 中的甲基，由 **227** 可以得到烯 **226**，进一步就可以得到羧酸 **226**。4-甲基咪唑的硝基化可以发生在我们期望的位点，因为只有两个氮原子之间的 C-3 位点是可以选择

的，并且对亲电试剂的活性低。

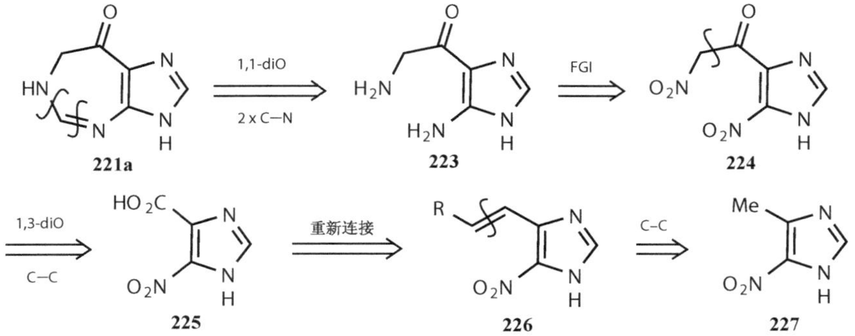

合成的路线由 **228** 的硝基化开始，**227** 在碱催化的条件下与苯甲醛反应得 **229**（**226**；R＝Ph）。这个反应需要保护，并且碱性条件下的苄基化给出了合成中优秀的异构体 **230**。臭氧化分解得到稳定透明的羧酸 **232**。去保护基，两个异构体都可以得到 **225**。

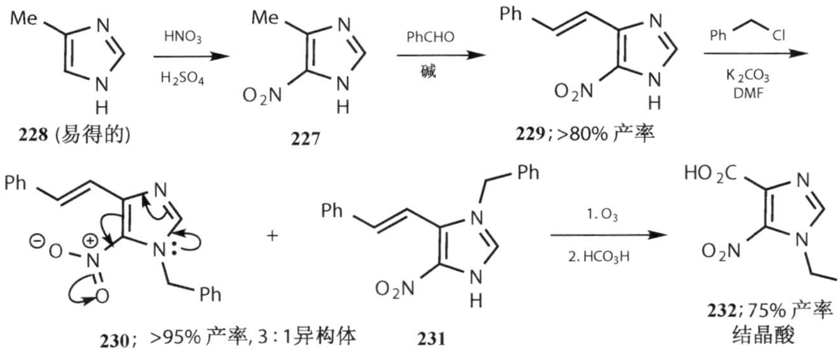

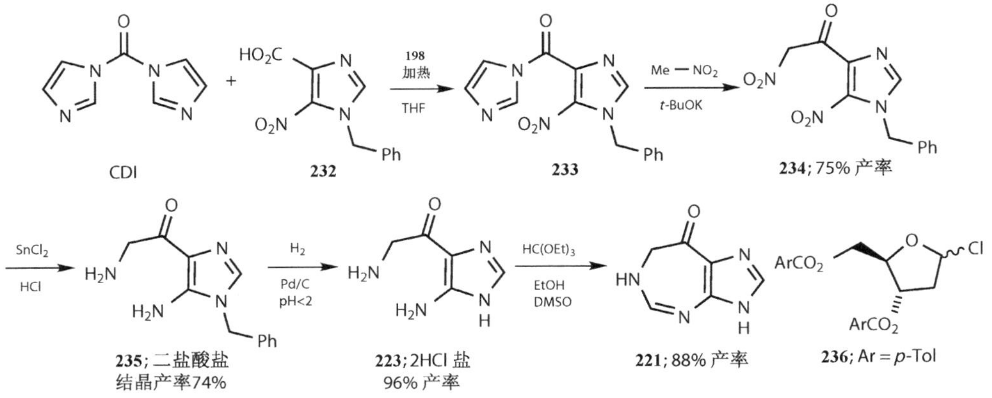

现在我们开始构建七元环。咪唑碱试剂 CDI——羰基二咪唑证明是有效的。与 **232** 反应得到酰基咪唑 **233**，这个酰化产物与硝基甲烷烯醇化钾盐高产率得到 **234**，还原后得到二胺 **235**。氮原子上的苄基现在可以移除，与一碳亲电试剂 HC（OEt)$_3$作用，七元环的合成全部完成。

合成剩余步骤使用的方前面已经讨论过了。嘌呤相似物 **221** 是甲硅烷基化的，与糖的衍生物 **236** 偶联，在异头物的位置得到立体异构的混合物。去保护，无立体选择性的还原的喷司他丁。

人工设计的酶抑制剂

被修饰的糖是新药物的来源。例如，咪唑 **238** 是葡萄糖苷酶抑制剂，Streith[26]和他的同事们通过在基础结构上引入不同的取代基 R 来获得更多有效的抑制剂。通过对核心机构的修饰可以迅速地从单一化合物得到多种衍生物。核心结构 **238** 来自糖，移除咪唑最快捷的方法就是得到 **239**，可以由阿拉伯糖 **240** 通过咪唑合成得到。如何区域选择性的在 **238** 上引入取代基 R 的方法并不明显。

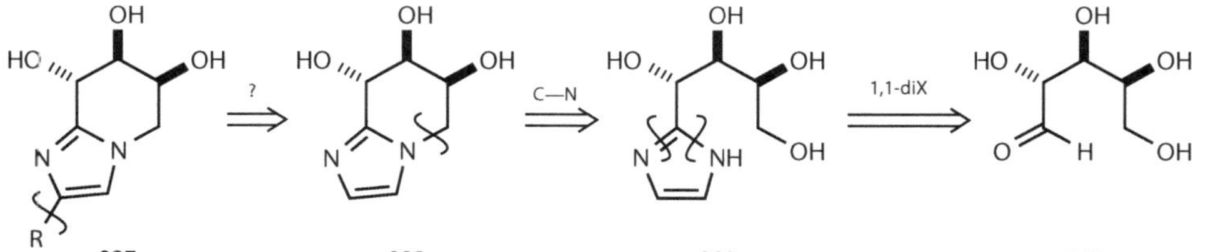

237　　**238**　　**239**　　**240**

醛 **240** 的保护产物 **241** 可以从阿拉伯糖快速制得，咪唑的引入可以由乙二醛和氨实现。用 HCl 脱去三苯甲基，通过甲磺酸盐关环，得到 **238** 被保护的产物。

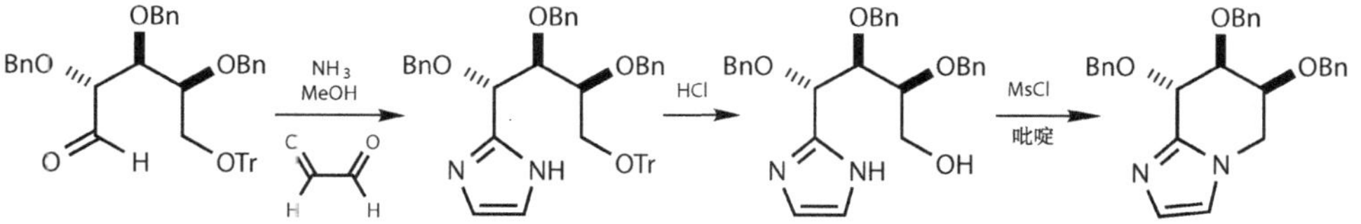

241　　**242**; 62% 产率　　**243**; 81% 产率　　**244**; 92% 产率

到了揭开谜底的时刻了。**244** 有没有功能的特殊区域选择性？尽管咪唑部分是非对称的，但它不是一个互变异构的混合物（对比 **136** 和 **137**）。用 NIS 碘化得到错误的异构体 **245**，一个具有更大共轭体系的产物。未关环的咪唑 **243** 两次碘化得到 **246**，接着关环、去碘化得到 **248**。

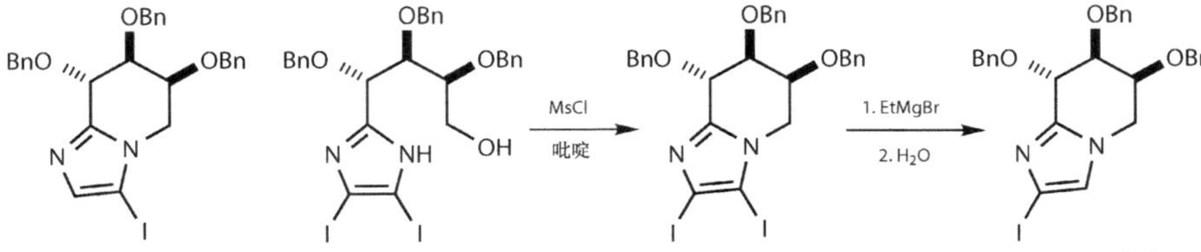

245; 57% 产率　**246**; 91% 产率　**247**; 57%产率　**248**; 87% 产率

每一个异构体都可以通过 Mg 或者 Pd 取代碘的氧化加成作用与大量亲电试剂连接，最好的抑制剂 **250** 通过 **248** 与苯乙炔的 Sonagashira 偶联并将得到的 **249** 还原制得。

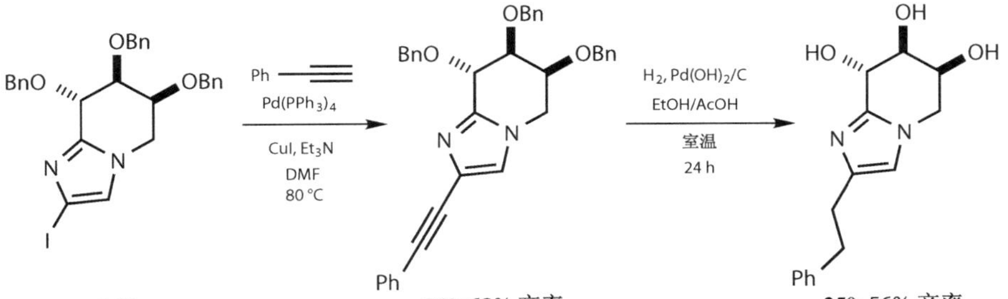

248　**249**; 62% 产率　**250**; 56% 产率

参考文献

一般性参考文献列于 946 页。

1. The best general aromatic heterocyclic book is probably J. A. Joule and K. Mills, *Heterocyclic Chemistry*, Blackwell Science, Oxford, Fourth Edition, 2000; but see Clayden *Organic Chemistry* chapters 43 and 44 for a mechanistic introduction.
2. B. G. Hildick and G. Shaw, *J. Chem. Soc. (C)*, 1971, 1610.
3. K. Brown, D. P. Cater, J. F. Cavalla, D. Green, R. A. Newberry and A. B. Wilson, *J. Med. Chem.*, 1974, **17**, 1177.
4. K. L. Kees, T. J. Caggiano, K. E. Steiner, J. J. Fitzgerald, M. J. Kates, T. E. Christos, J. M. Kulishoff, R. D. Moore and M. L. McCaleb, *J. Med. Chem.*, 1995, **38**, 617.
5. C. Kashima, S.-I. Shirai, N. Yoshiwara and Y. Omote, *J. Chem. Soc., Chem. Commun.*, 1980, 826.
6. P. N. Confalone and E. M. Huie, *Org. React.*, 1988, **36**, 1; R. D. Little in *Comp. Org. Synth.*, **5**, 239.
7. C. Kashima, S.-I. Shirai, N. Yoshiwara and Y. Omote, *J. Chem. Soc., Chem. Commun.*, 1980, 826.
8. R. N. Butler in *Comprehensive Heterocyclic Chemistry*, ed. A. R. Katritzky and C. W. Rees, Pergamon, Oxford, 1984, volume 5, pages 791–838; W. G. Finnigan, R. A. Henry and R. Lofquist, *J. Am. Chem. Soc.*, 1958, **80**, 3908.
9. W. G. Stryker and S. Hayao, Miles Laboratories, *Belgian Patent* 1965, 661,396; *Chem. Abstr.*, 1965, **63**, 18114e.
10. R. M. Herbst and J. A. Garrison, *J. Org. Chem.*, 1953, **18**, 941; W. L. Garbrecht and R. M. Herbst, *J. Org. Chem.*, 1953, **18**, 1003.
11. N. P. Peet, L. E. Baugh, S. Sunder, J. E. Lewis, E. H. Matthews, E. L. Olberding and D. N. Shah, *J. Med. Chem.*, 1986, **29**, 2403; A. P. Vinogradoff and N. P. Peet, *J. Heterocycl. Chem.*, 1989, **26**, 97.
12. J. Catalan, J. L. M. Abboud and J. Elguero, *Adv. Het. Chem.*, 1987, **41**, 187.
13. Miles Laboratories Inc., British Patent 1,319,357, *Chem. Abstr.*, 1973, **79**, 92231.

14. P. F. Juby and T. W. Hudyma, *J. Med. Chem.*, 1969, **12**, 396.
15. G. J. Tanoury, C. H. Senanayake, R. Hett, Y. Hong and S. A. Wald, *Tetrahedron Lett.*, 1997, **38**, 7839; J. Heeres, L. J. J. Backx and J. Van Cutsem, *J. Med. Chem.*, 1984, **27**, 894. .
16. D. Lednicer and L. A. Mischer, *Organic Chemistry of Drug Synthesis*, vol 1, page 241.
17. H. Vorbrüggen and C. Ruh-Polenz, *Org. React.*, 1999, **55**, 1; R. T. Walker in *Comprehensive Organic Chemistry*, **5**, 53 (see p. 64ff.).
18. G. W. J. Fleet, J. C. Son and A. E. Derome, *Tetrahedron*, 1988, **44**, 625.
19. B. Brown and L. S. Hegedus, *J. Org. Chem.*, 2000, **65**, 1865.
20. W. R. Sherman and D. E. Dickson, *J. Org. Chem.*, 1962, **27**, 1351.
21. B. Stanovik and M. Tisler, *Tetrahedron*, 1967, **23**, 387.
22. J. D. Albright, F. J. McEvoy and D. B. Moran, *J. Heterocycl. Chem.*, 1978, **15**, 881.
23. P. Herdewijn, E. De Clercq, J. Balzarini and H. Vanderhaeghe, *J. Med. Chem.*, 1985, **28**, 550.
24. T. H. Brown, R. C. Blakemore, P. Blurton, G. J. Durrant, C. R. Ganellin, M. E. Parsons, A. C. Rasmussen, D. A. Rawlings and T. F. Walker, *Eur. J. Med. Chem.*, 1989, **24**, 65.
25. D. C. Baker and S. R. Putt, *J. Am. Chem. Soc.*, 1979, **101**, 6127.
26. E. Dubost, T. Tschamber and J. Streith, *Tetrahedron Lett.*, 2003, **44**, 3667.

36 串联有机反应

最后一章是讨论一种新的策略——在一次操作中可以完成两步或两步以上的反应。第一步反应给出的中间体，一般是难以制备的，继续一个和第一步不同的反应而得到通常比任何一个原料都大的产物。串联反应可能用到任何类型的反应，因此这一章也可以复习本书前面提到的一些材料。

第一部分——简介

什么是串联反应?

本章所讨论串联反应的判断标准

尽管具有上述步骤，化学家通常认为 Robinson 骈环不是一个串联反应。一部分原因是因为它是一个比较老的反应，同时也因为每一个中间体如果分离出来，单独进行反应，可以发生和一釜过程一致的反应。我们将只把具有以下特征的反应称为串联反应：

- 至少有两步形成了重要的键（碳-碳键或碳-卤键）。
- 第一步产生一个中间体，该中间体用其他方法很难合成。
- 第二步在某种程度上依赖第一步反应。
- 将这些反应顺序进行有特定的优势，如好的区域或者立体选择性。
- 反应进行的方式令我们惊叹（这条不是很严格的要求）。

我们不会讨论的串联反应

自由基链式反应

我们将排除一些确实满足以上所有标准的反应以限制本章适度的篇幅。自由基链式反应是串联反应，如由 Curran 完成的 hirsutene **12** 的合成。起始自由基 **9** 首先经过一个 5-*exo-trig*① 过程形成一个新的三级碳自由基 **10** 进而再次经过一个 5-*exo-trig* 环化形成第二个环 **11**。中间体 **10** 和 **11** 很难用串联反应之外的方法得到，并且串联反应的区域和立体化学控制得很好[3]。

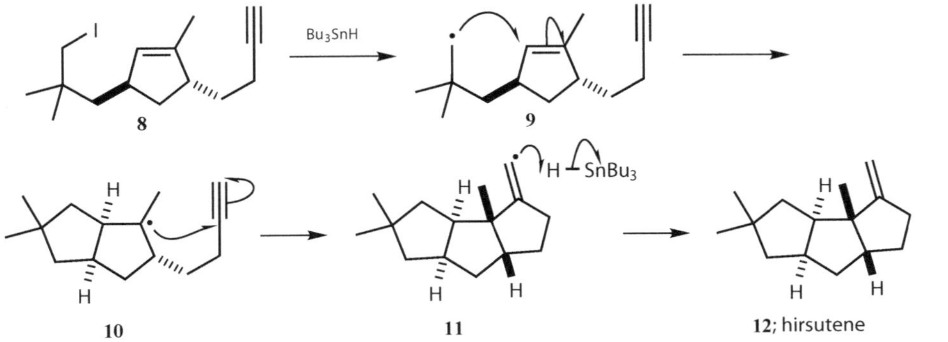

具有高度反应活性的中间体

我们也不会讨论高度活性的中间体参与的反应，如碳正离子、碳负离子、烯酮类（如 **14**）或者苯炔，这些中间体通常是在与它们进行反应的分子存在的条件下原位生成的。2＋2 烯酮环加成 **15** 事实上包含三步反应，但是该烯酮非常活泼，以至于形成它时必须存在环戊二烯才能以较高产率得到重要加成

① 见 Baldwin 规则——译者注

物 **16**。

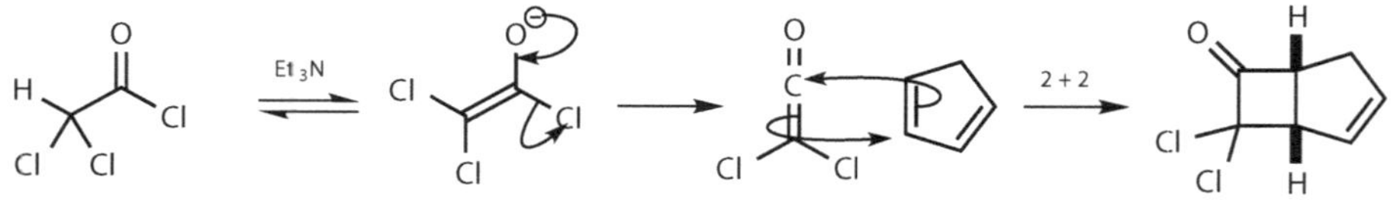

13　　**14**　　**15**　　**16**

聚合反应

我们不会讨论聚合反应也不会讨论那些虽然可以在同一反应器里发生但是本质上是独立过程的反应，除非以串联方式进行反应有优势。串联反应最重要的方面是第一步反应后生成的中间体的性质，第一部分将以共轭加成作为第一步进行讨论并分析第二步反应将如何使用前一步产生的烯醇化物。

第二部分——共轭加成作为第一步

亲电试剂对简单烯醇化物的进攻

六元环状化合物的反式立体化学

接续上述介绍，我们举一个简单的共轭加成的例子[4]：烷基铜锂与环己烯酮发生加成反应生成烯醇锂盐 **18**，进而甲基碘进攻 **18** 得到反式产物 **19**。

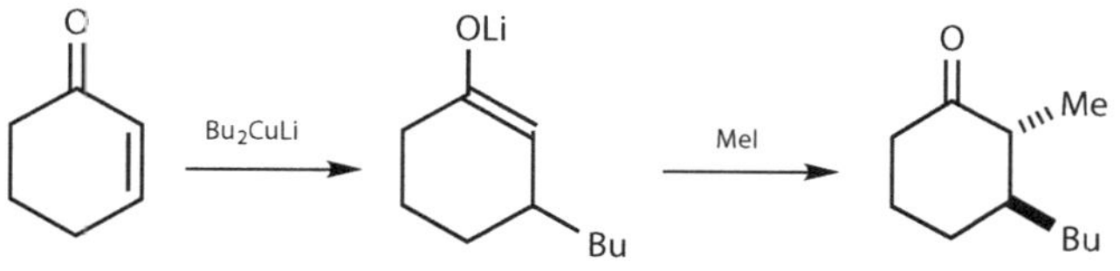

17　　**18**　　*anti*-**19**

由环己烯酮的一个手性中心诱导的构象控制

当环己烯酮的 C-5 位上有一个取代基 **20**，情况会变得更有趣。烷基铜锂加成到 **20** 上时取代基为 *anti*（这里中间体被捕获形成硅基醚 *anti*-**21**），进而亲核试剂进攻引入第二个 *anti* 相关 *anti*，*anti*-**22**。在共轭加成以及对烯醇加成过程均为轴向进攻导致立体选择性（第 21 章）。

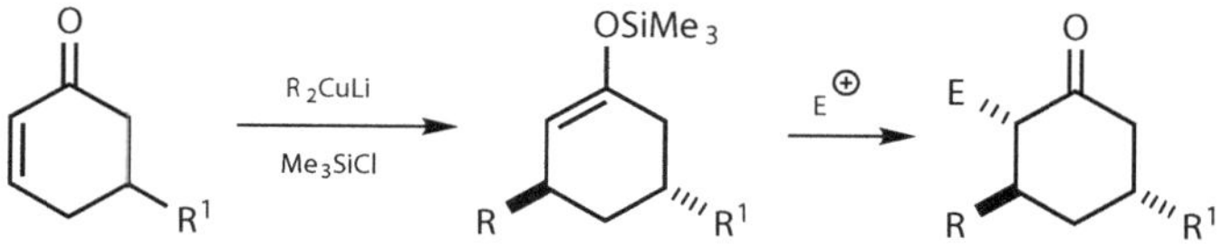

20　　*anti*-**21**　　*anti,anti*-**22**

五元环远程立体控制：前列腺素

如果不是六元环，共轭加成发生在空组较小的一侧，通常在取代基的对侧。前列腺素的合成例子 **26** 说明串联反应并不能自动解决所有问题[5,6]。

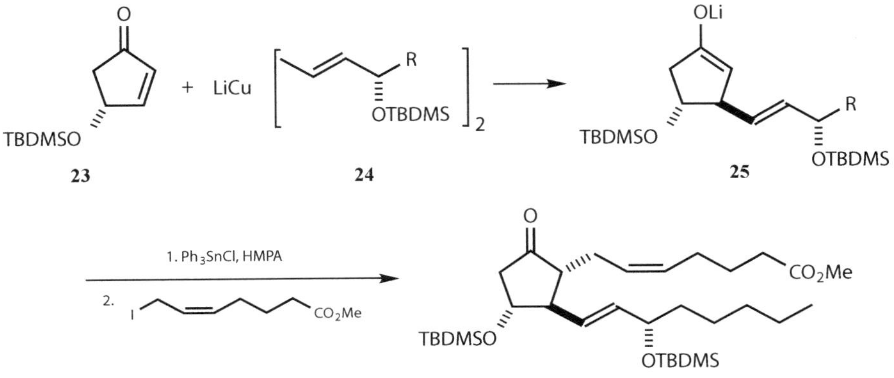

23 **24** **25** **26**

光学纯的铜酸盐 **24** 加成到光学纯的环戊烯酮 **23** 过程只发生在烯酮 **23** 的远离大空阻硅氧基的一侧，生成烯醇锂盐 **25**。与亲电试剂反应将会发生在底部，因为更近（并且更大）的取代基在顶部，而事实正是如此。然而不需要使用带有 Ph_3Sn 基团的锂盐来提高烷基化的活性，因为该烯醇周围已经相当拥挤。因此，该环化物的顺序为 ***anti***，***anti***。需要注意的是，在两个例子中烯丙基基团都是作为亲电试剂而乙烯基基团都是作为亲核试剂分别加入的，以得到 E/Z 构型可控的产物。就像 Noyori 在他的文章中指出的一样，这确实是“一个非常快速的合成前列腺素的方法。”

开链化合物的区域和立体化学控制

简单的立体选择性的羟醛反应（第 3 章）也可以通过串联共轭加成来控制。甲基酮锂对简单的不饱和酮 **27** 加成得到烯醇锂盐 **28**。由母体酮特丁基甲基酮生成该区域及立体选择性的烯醇化物是非常困难的。由锌取代锂的环状过渡态 **29** 证明生成反式醇酮 **30**[7] 的过程。

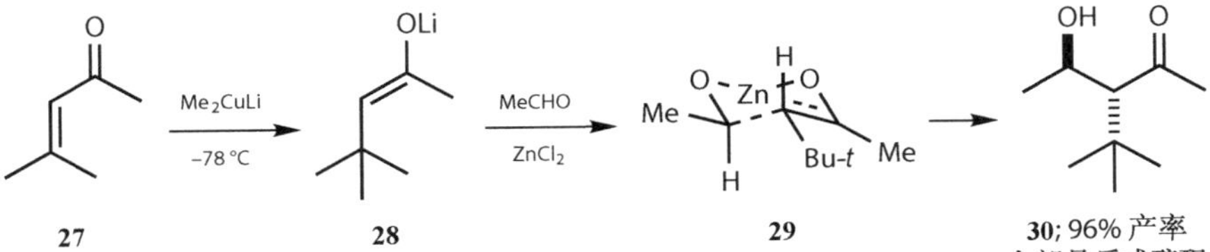

27 **28** **29** **30**; 96% 产率
全部是反式醇酮

烯醇化物的一个手性辅助中心产生的不对称诱导

如果底物中没有立体中心，不对称共轭加成可以通过一个连接在烯醇化物上的 C_2 对称手性辅助中心来完成。酰胺的烯醇化锂盐 **31** 与不饱和醚 **32** 的加成反应可以在两个新的手性中心都以较好的立体化学控制得到烯醇化锂盐 **33**[8]。

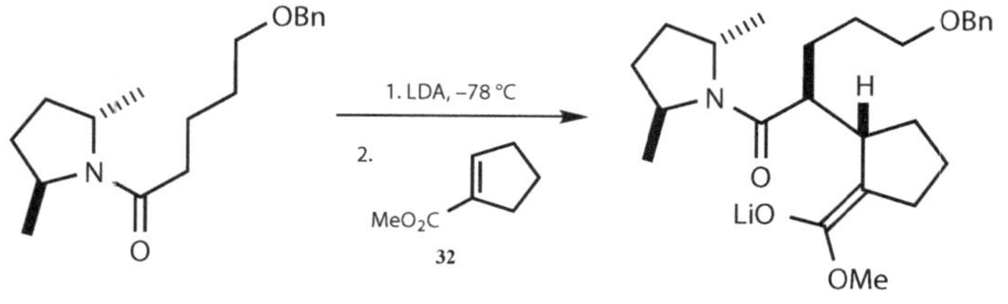

31　　**33**

33 与 **34** 的烷基化反应以近 11∶1 的比例生成产物 **35**，产物 **35** 为两条新链反式连接到五元环上。同常见的串联反应一样，该反应的产率中等。然而，该反应的优点相比低产率更为突出：把三个底物片段区域选择性的结合产生了三个新的绝对及相对立体化学控制的手性中心。毕竟，没有其他分步反应能够以更高的产率得到 **35**。副产物非对映异构体 **36** 有一定的相对立体构型但是在酰胺脱水之后会生成该产物的另一个对映异构体。该反应的另一个好处是共轭加成步骤的起始诱导并不能很好的控制但是第二步烷基化反应是完全立体选择性的。下一步见后面的解释。

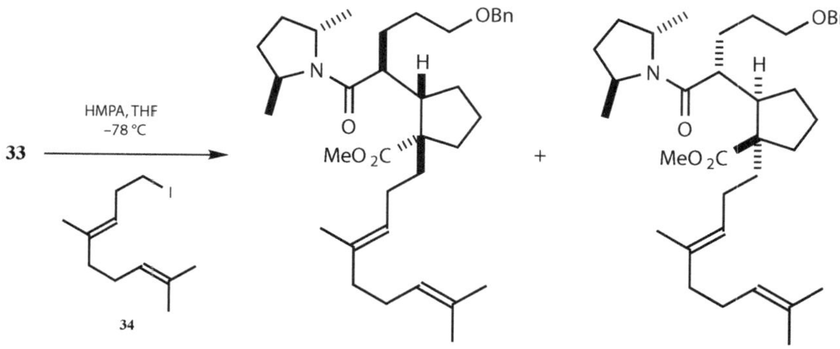

35; 64% 产率　　**36**; 副产物

串联 Michael-Michael 反应：一步共轭加成接续另一步

双 Michael 反应或 Diels-Alder 反应?

两步都是共轭加成（Michael 反应，见第 9 章）的反应是一类重要的串联反应。最常用的例子是对由烯酮 **37**（第 11 章）与另一分子烯酮反应得到的动力学中间体 α-烯醇 **38** 进行共轭加成。在第二次共轭加成中上述生成的烯醇化物进而对第一组分反馈加成 **39**。产物 **41** 包含一个在串联过程中形成的六元环。

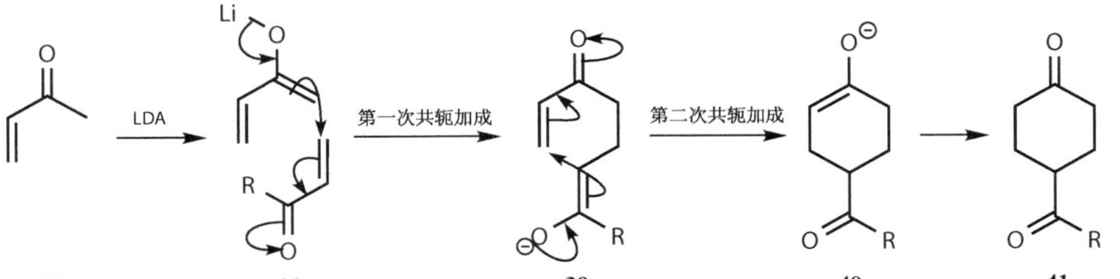

37　**38**　**39**　**40**　**41**

对此反应还有一个解释：动力学烯醇化物同第二分子烯酮发生一个 Diels-Alder 反应 **42**。区域化学表明是正确的：烯醇化物的更亲核性端基（高能量 HOMO）加成到第二分子烯酮的更亲电性端基（LUMO 轨道有更大的共轭系数）上。产物没有立体化学信息，因此不可能确认哪一种机理才是正确的，并且该反应是一个简化的例子。大多数报道的例子要复杂得多。

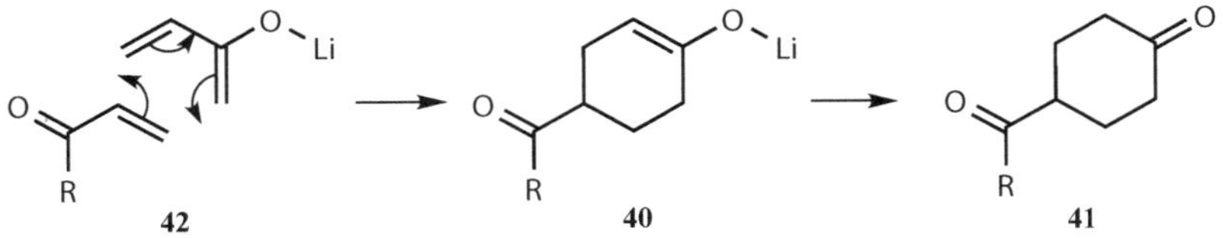

42　**40**　**41**

在下面的例子中 α-烯醇 **44** 和烯醇硅醚 **45** 被诱导发生 Diels-Alder 反应来试探会有什么样的结果[9]。**47** 和光学纯的烯缩醛酯 **46** 发生 Diels-Alder 反应需要在 160℃下进行，以 40%产率得到非对映异构体 1∶1 的混合物 **49**。

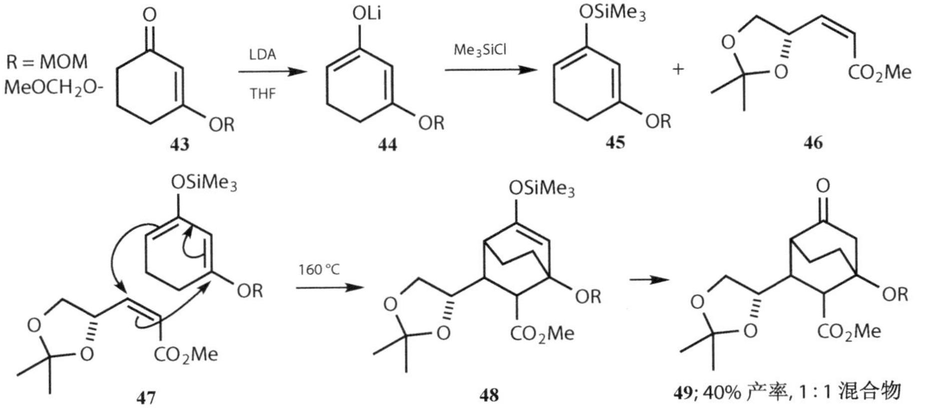

43　**44**　**45**　**46**

47　**48**　**49**; 40% 产率, 1 : 1 混合物

双共轭加成的立体化学控制

串联 Michael-Michael 加成得到一个非常不同的结果。这次烯醇化锂 **44** 与不饱和醚 **46** 在 −70～−40℃反应，以 86%的产率得到单一加合物内型 **49**。最显而易见的结论是该反应确实经过一个两步机理，特别是该反应的立体化学可以令人信服的用金属锂同两个反应物 **50** 的协同来解释。也有可能是较低的温度使得 Diels-Alder 反应显示更好的立体选择性。

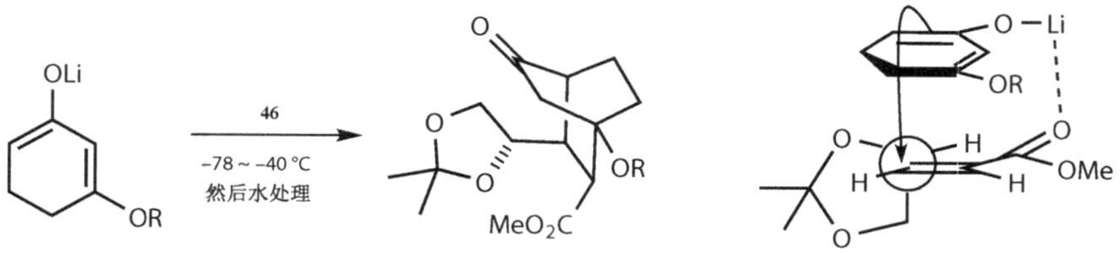

44　　*endo*-**49**; 86% 产率　　**50**

立体化学由第一步共轭加成控制，机理上 **50a** 生成符合第二次共轭加成 **51** 的正确构象的烯醇化锂，并发生第二步反应生成 *endo*-**49** 的烯醇化物 **52**。在本部分的其他章节我们都将认为这些反应是串联 Michael-Michael 加成反应。

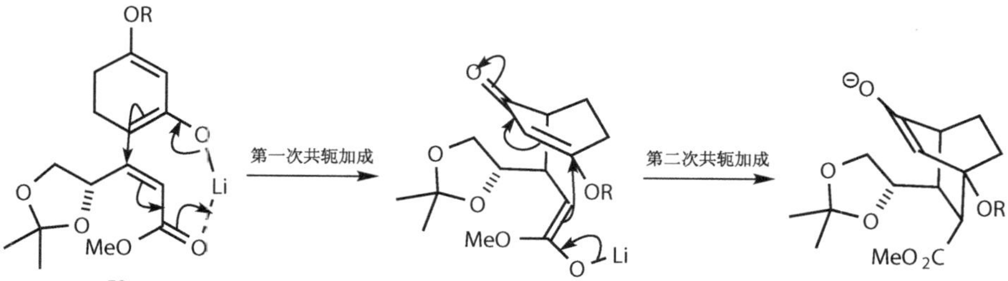

50a　　**51**　　**52**

环化终止的聚合反应作为串联反应

我们刚才看到了一个共轭加成接续另一个共轭加成形成一个六元环是如何进行的。如果第一步共轭加成的产物 **53** 与第二分子 Michael 受体反应，则将引发聚合反应。

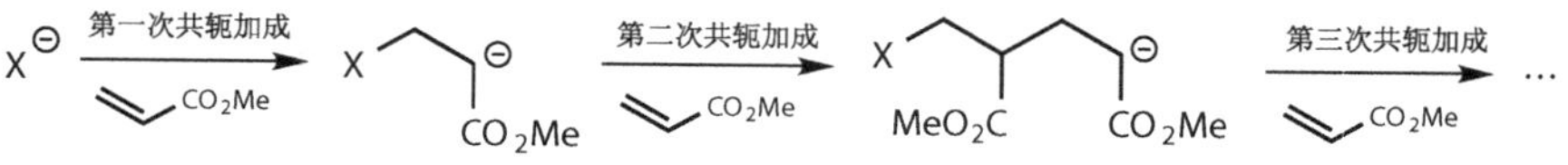

53　　**54**

我们对聚合反应不感兴趣，但是认为原始亲核试剂是羰基化合物的烯醇式。现在最开始的共轭加合物有了别的选择：它们也可以环化。**55** 似乎不太可能环化因为它需要经过一个四元环状过渡态**56**，但是**57**可以经过六元环状过渡态容易环化生成**58**。如果环化比另一分子Michael受体的双分子加成要快，则聚合反应会受阻，一个有效的串联过程开始了。

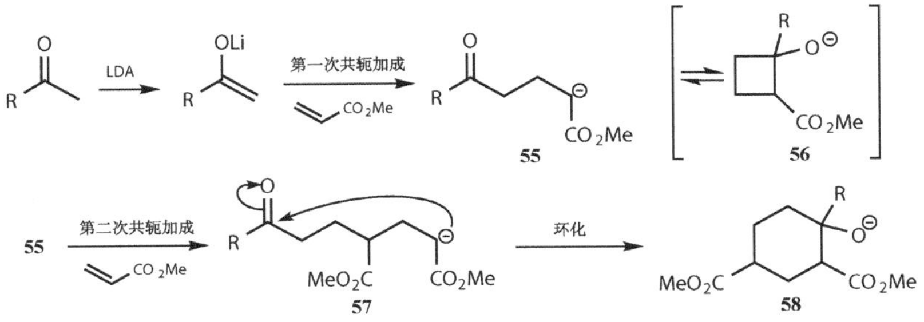

与乙烯基季鏻盐的“MIMIRC”串联反应

这是Posner的MIMIRC（Michael-Michael-Ring Clousre）串联反应[10]的基础。在第一个例子中，亲电试剂是乙烯基季鏻盐**59**。第一个加合物**60**可以通过Wittig反应环化生成环丁烯**62**，所以它更倾向于加成到第二分子**59**上，于是下一个中间体**61**可以环化形成一个六元环**63**。

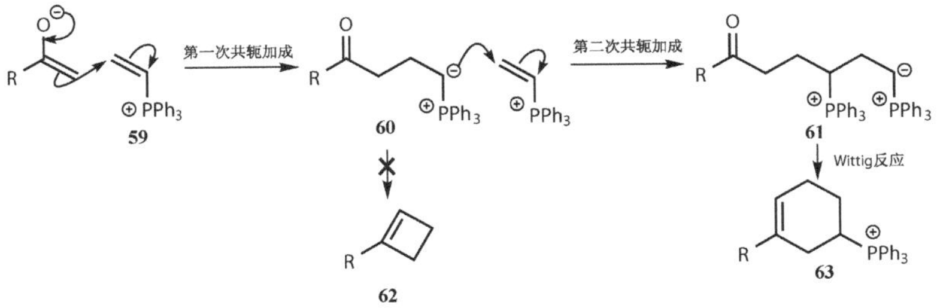

最终产物**63**保留最初乙烯基季鏻盐**59**中的三苯基磷正离子Ph_3P^+基团，并且在接下来的例子中，使用一个硼酸烯醇化物，它会水解生成稳定的磷氧化物[11] **66**。注意到在螺环中心形成了一个四级碳原子。

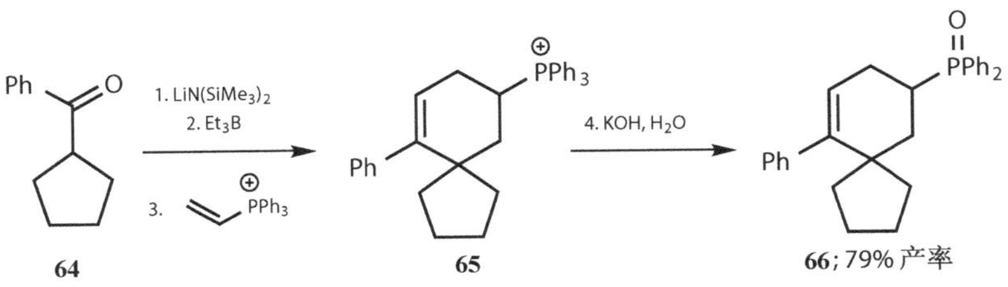

用不同的Michael受体来调节MIMIRC串联反应

良好的Michael受体的调节可以得到更好的MIMIRC反应。一个醚基团与一个在乙烯基端基的芳基硫 ArS 的结合是理想的[12]。串联产物 **70** 以 55%的产率、单一非对映异构体的形式被分离，形成每一个碳-碳键的平均产率为 82%。ArS 基团可以通过氧化生成亚砜以及热力学消除（第 33 章）除去，其自发的脱水生成苯环 **71**。

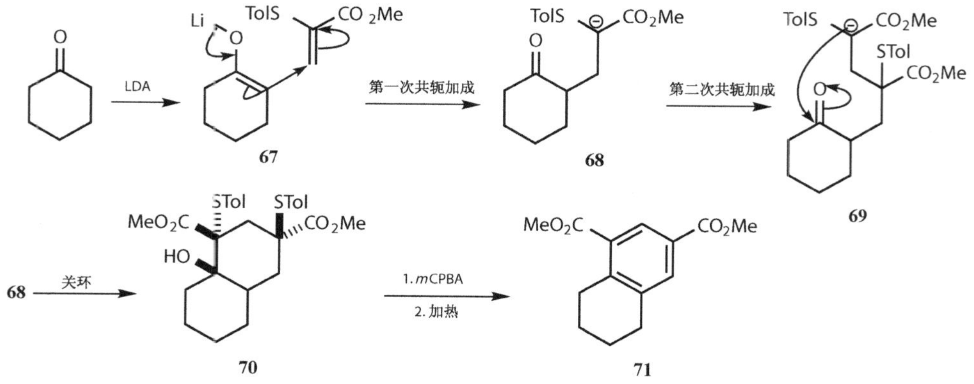

串联共轭加成形成杂环化合物

串联共轭加成和 Mannich 反应

此类串联反应同样也是构建杂环体系的良好途径。Sceletium 生物碱的结构是通过一个取代的苯环在环连接处把一个环戊烷和一个吡咯环连接起来。Sceletium A-4 **72** 同样含有一个连接在环戊烷上的吡啶结构。尽管看起来环状烯胺 **73** 与乙烯基吡啶 **74** 发生串联共轭加成反应可能是合成此类化合物的好方法，但是乙烯基吡啶的亲电性不够。

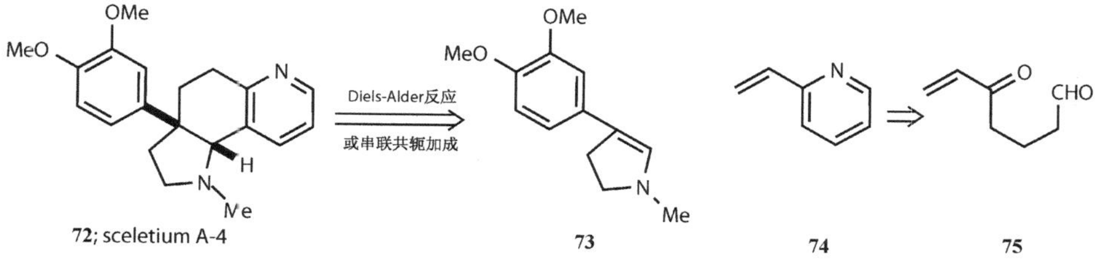

解决的办法是用一个被保护的不饱和酮缩醛 **75** 代替乙烯基吡啶构建后续的吡啶结构[13]。合成环状烯胺 **73** 在可查得手册中似乎是一个难题。对烯胺 **73** 进行共轭加成得到一个烯醇化物 **77**，**77** 和另一种形式 **78** 建立平衡，而 **78** 环化则会生成 **79**。去保护后醛 **80** 同它的烯醇缩醛形式 **81** 作为混合物存在。5/6 的环连接处是优先顺式形成，而第三个手性中心在与 **81** 建立的平衡过程中消失。

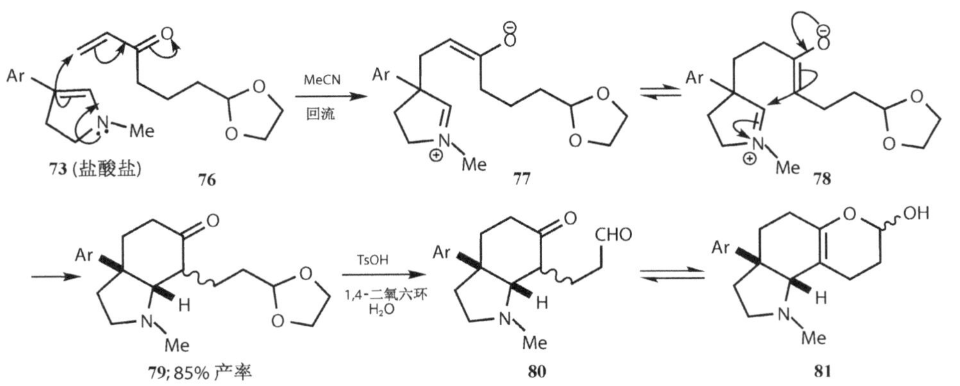

80 和 **81** 的混合物同羟胺发生另一个串联共轭加成得到一个杂环化合物 **82** 并经过脱水一步得到 sceletium-A4 **72**。

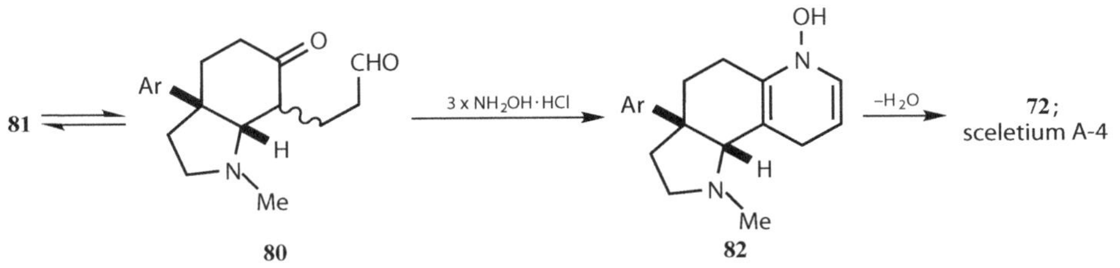

串联共轭加成与羟醛缩合

对烯醇化物的串联共轭加成与羟醛缩合反应

在起始共轭加成中形成的烯醇化物还可以通过其他途径进行反应，其中一种途径就是羟醛缩合。用一个不对称催化剂，三组分简单分子混合生成串联 Michael羟醛反应产物 **83**[14] 的一个非对映异构体的对映体。催化剂 **84** 是以 BINOL Al 化合物（第 25、26 章）为基础的。可以把它画成一个带有铝正离子的锂盐或者更好地，画成带有路易斯酸性铝原子的芳氧基锂化物。后者更好是因为芳氧基负离子 ArO^- 和路易斯酸性在催化过程中都是必需的。

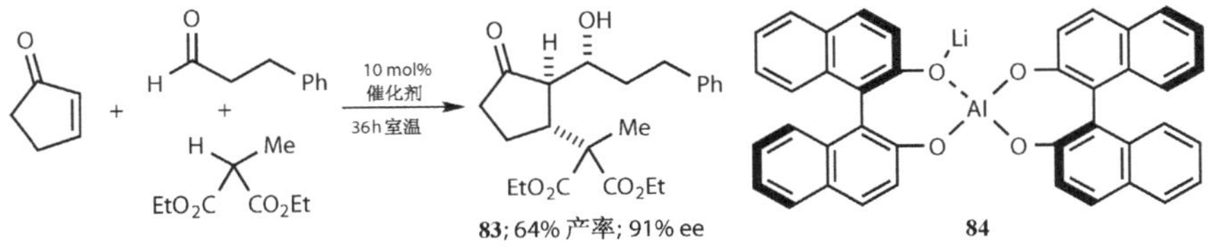

丙二酸对环戊烯酮的共轭加成 **85** 生成不对称烯醇化物（具体是怎样形成的

目前还是未知），该烯醇化物在远离丙二酸的一面接受醛的进攻 **86**。第三个中心的立体化学由必需的 *E* 型烯醇化物（第 4 章）决定。

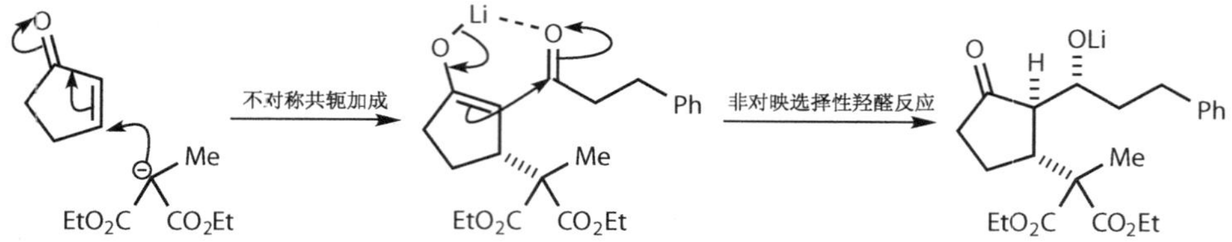

85 **86** **87**

手性胺和羟醛反应的串联共轭加成

这个更加剧烈的反应起始于 Davies 手性形式的 LDA **89** 的简单共轭加成生成曾经在第 24 章提到的不饱和酯。氨基锂给出 *Z*-烯醇中间体 **90**，然后转化为加合物 **92**。过渡态 **92** 给出正确的立体化学[15]。

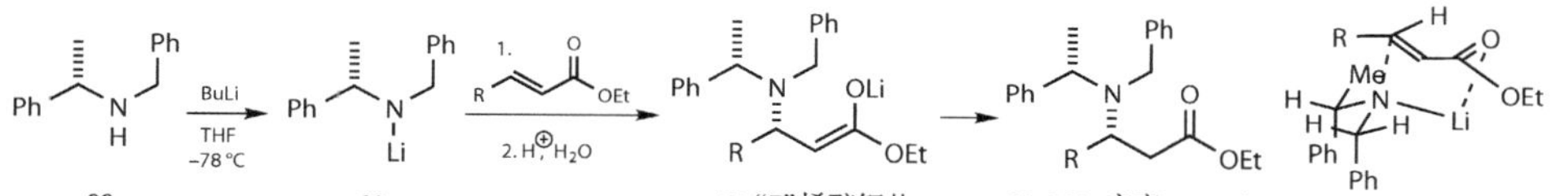

88 **89** **90**;“*Z*”-烯醇钾盐 **91**; 92% 产率; 95% de **92**

串联羟醛缩合反应涉及在反应后处理之前把醛加成到烯醇锂盐。因为它是一个 *Z*-烯醇我们可以得到一个顺式羟醛。*Z*-烯醇 **90** 确实形成了（我们用另一种方式来画这个分子是为了使羟醛产物的立体化学更加清楚）并且确实生成了一个顺式羟醛，还有额外的优势：两个可能的顺式羟醛中只以一个 **90** 为主。两个苯基被移去，第一个被“CAN”移去，即硝酸铈胺，$Ce(IV)(NH_4)_2(NO_3)_6$，而第二个由还原得到，生成了 **95** 的一个对映异构体。

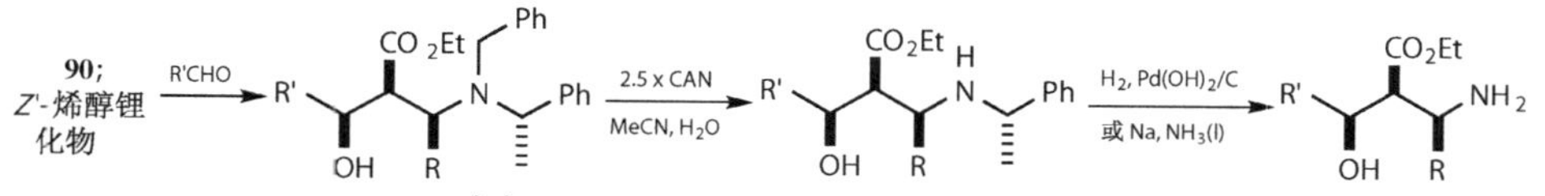

93; ~70% 产率 该非对映异构体 **94** **95**

第三部分——中间体是不稳定亚胺和烯胺

中间体由胺缩合形成

在这部分我们将（主要）关注杂环化合物的合成，其中关键中间体是无法化学计量合成的不稳定亚胺，亚胺盐或者烯胺。利用这样一个中间体的唯一方式是在第三种试剂的存在下作为串联反应的一部分在低浓度下合成。如果第二步骤足够快速，不稳定中间体可脱离平衡，然后反应继续。

用串联胺缩合和 Mannich 反应合成三元环胺

三元环酮酰胺 **96** 是 daphniphyllum 生物碱的核心，氮原子和酮的 1，3-位关系隐含一个 Mannich 解离，而中间体烯胺离子 **97** 可以简单地由二酮酰胺 **98** 合成。然而，烯胺离子必须由对其中一个酮上的酰胺氮原子进攻形成，而这不是一个有利的反应[16]。

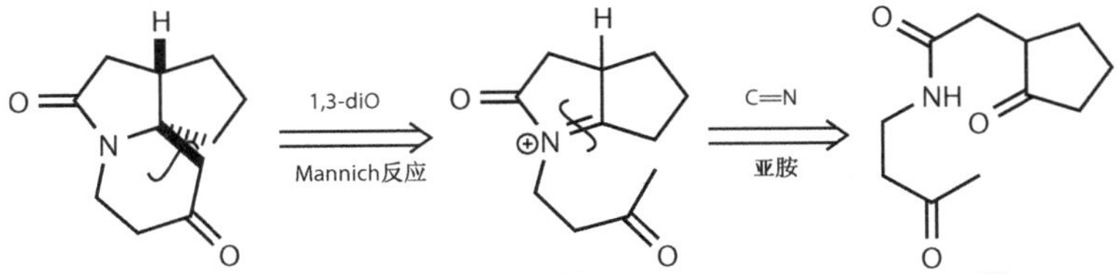

96　**97**　**98**

99 和 **98** 的保护体很容易制备且串联反应进行得很好，不稳定亚胺离子 **100** 是在低浓度下形成的，但是环化是在酸性条件下形成 **101**，亦即 **96** 的保护形式。

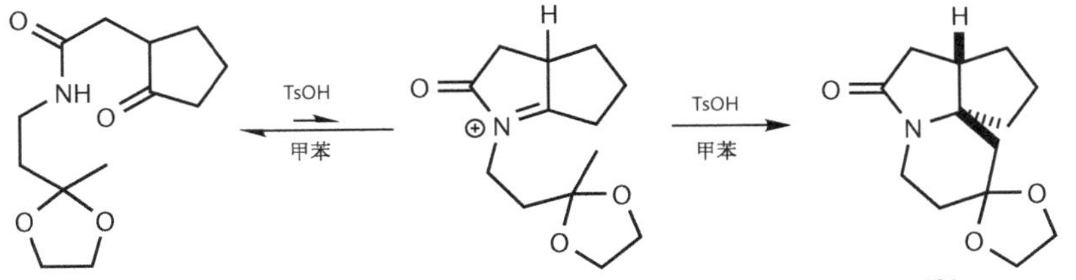

99　**100**　**101**

起初令人困惑的是：在 Mannich 反应之前不需要氢化乙缩醛。在酸性条件下，乙缩醛同烯醇醚建立平衡，它活性足够同亲电性很强的亚胺离子 **102** 结合。该产物的立体化学是由环化这一步决定的，并且保证两个五元环是顺式稠合上去的。

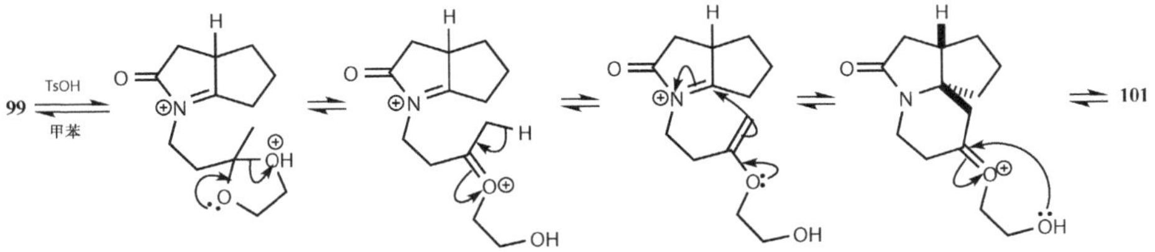

102

酰胺缩合的另一种选择：利用硫

当左边的烯胺取代了离去基团“X”时，不饱和酰胺 **103** 看起来应该环化得很干净彻底。但是我们怎样制备 **103** 呢？断键 a 是显然的，但是酰胺氮将不会和酮发生反应，断键 b 更加有希望。亚胺氮不是一个好的亲核试剂，但是比一个酰胺氮要好很多，而同时我们可以把酰基化试剂处理得与我们想要的一样活泼。

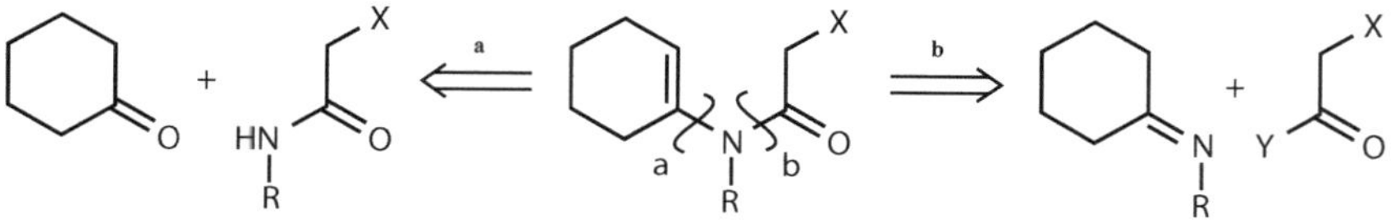

103

这里也有一个隐含的步骤。二次环化到一个富电子苯环上被设计用来构建 Erythrina 生物碱骨架，而 Tamura[17] 发现硫化物（以下文中 X＝SMe）可以控制两个环。因此，酸酐 **106** 同亚胺 **105** 结合即把芳环接到氮原子上了。

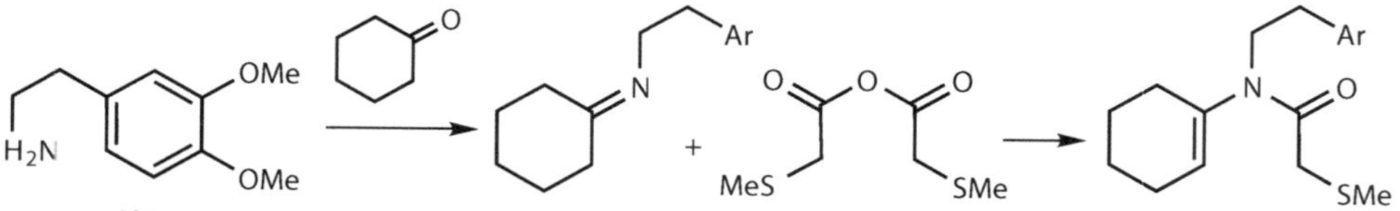

104　**105**　**106**　**107**

只把 SMe 取代是不行的，因为 SMe 基团为了第二步环化必须被保护。氧化到亚砜以及利用 Pummerer 重排环化就是答案。中间体正离子能很好地环化 **109**，生成一个新的形式同 **97** 很相似的正离子 **110**。芳环 **111** 环化形成这个正离子。立体化学也能很好控制。5/6 的环桥头碳是反式的，这是预期的，因为两个碳原子在氮上连接使得芳环移到五元环的一侧。SMe 基团的立体化学不重要，因为 SMe 基团将在完成控制环化任务后被还原消去。这步合成的串联性表现在包含两个相继的不稳定中间体 **109** 和 **111**。

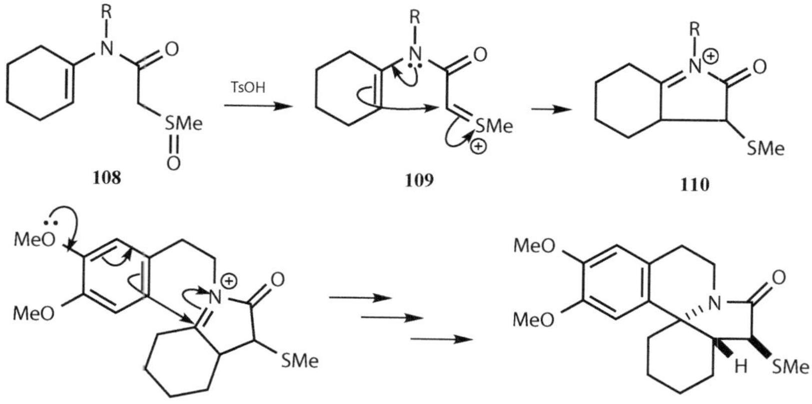

108　**109**　**110**

111　**112**; 60% 产率

不稳定亚胺等参与的不对称串联方法

哌啶甲酸的不对称合成

即使是未活化的双键也会环化形成活性亚胺盐，就像顺式-4-羟基哌啶甲酸 **116**（R＝H）的合成表现的，这像 Prins 反应但是用亚胺离子代替了醛[18]。

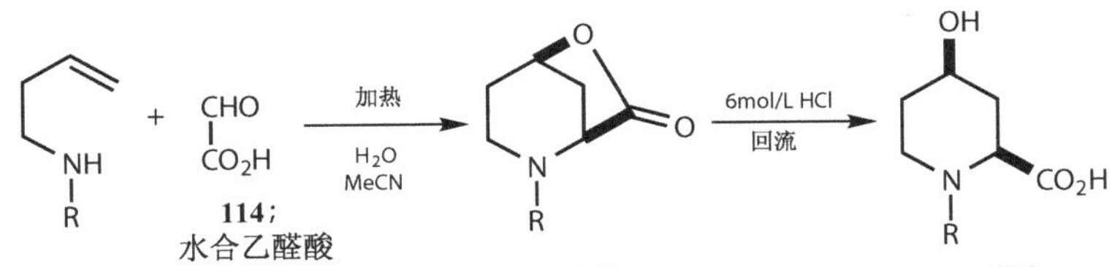

113　**115**　**116**

立体化学来自于羧酸对中间体正离子 **117** 的分子内进攻形成一个双轴向的桥。内酯的水解得到 CTS-**116**。

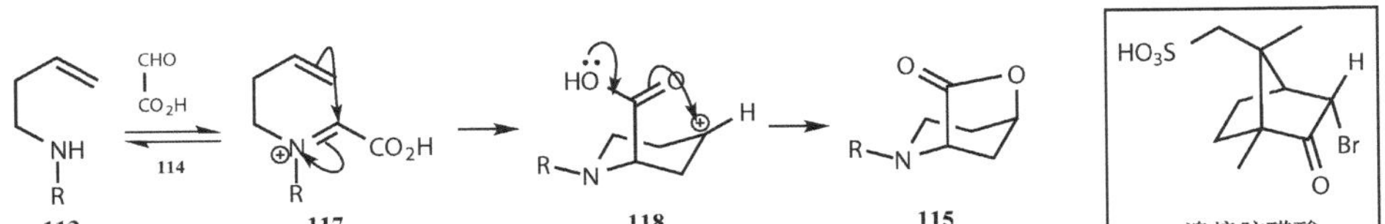

113　**117**　**118**　**115**

要做这个不对称合成，一个手性取代物被连接到 **113** 的氮原子上。串联反应给出不是很高的选择性（60∶40 非对映异构体混合物），但是对映异构体可以容易地用溴樟脑磺酸盐 **115** 结晶分离得到。α-甲基苯基基团的离去以及内酯水解得到单一对映异构体的哌啶甲酸 **117**，它在一种 HIV 蛋白酶抑制剂的合成中是必需的。

119　**120**

亚胺离子分子内进攻烯烃

有意思的是，在这种系列中也可以捕获一个外部亲核试剂。从苯甘氨酸（第 23 章）来的氨基醇 **122** 被烷基化并且不饱和亚胺 **123** 同乙二醛结合，于是得到不同种正离子的平衡混合物，如 **124** 和 **125**。如果亲核试剂如叠氮离子大大过量，双环产物如 **126** 可以以理想的产率制得[19]。

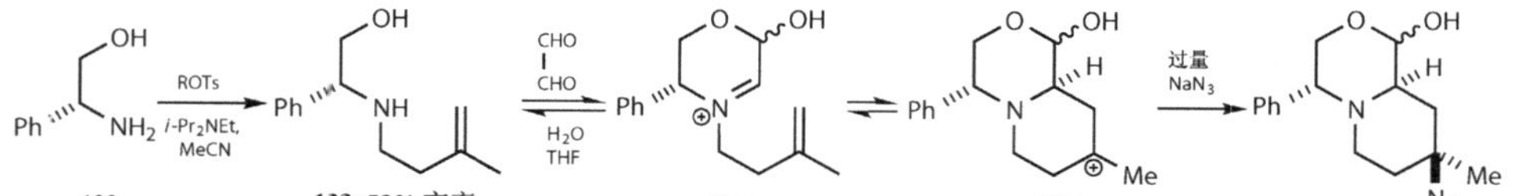

122　**123**; 53% 产率　**124**　**125**　**126**

把烯烃环化到亚胺盐上必须在一定程度上同叠氮离子的进攻相协调，以保证立体化学控制。猜想分子折叠成 **127** 的构型，叠氮离子从烯烃的反面进攻经过过渡态 **128**，在这些图中 OH 基团处于使异头碳处于更稳定的轴向构型的位置。

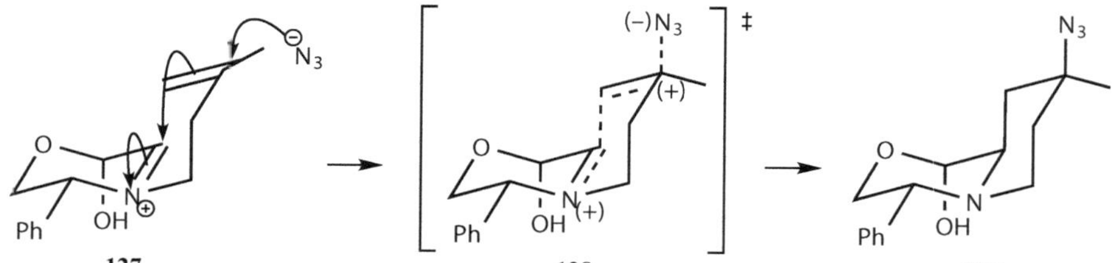

127　**128**　**126**

(＋)-pumilioloxin B（短小杆菌素 B）的不对称合成

在南美皮肤有毒的青蛙中发现的短小杆菌素家族包括短小杆菌素 B **129**。这个多环生物碱有两个双键：双键 a 应该容易通过 Wittig 或者 Peterson 方法控制，但是双键 b 是环外构型，所以环的一侧和另一侧区别非常小。我们需要一些仔细控制的方法。立体生成中心分为三处：1 和 2 在六元环上是相邻的所以应该很简单；中心 6 完全孤立并且没有官能团化；中心 10 和 11 形成 1，2-二醇所以也应该容易控制。每两处之间都有三个碳原子的间隔，并且如果那还不算糟，每个间隔还包含一个双键控制着邻近的手心中心严格互相远离。唯一合理的方法是制备三个独立的对映异构纯的部分然后再把它们连接起来。

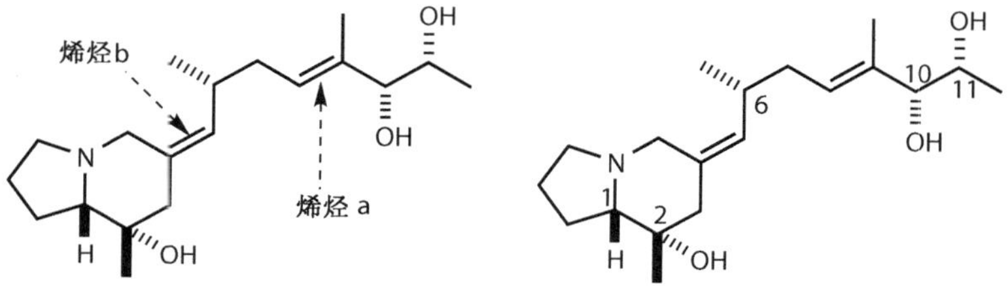

129; (+)-短小杆菌素B　　pumiliotoxin B: 手性中心

逆合成分析

双键 a 断开得到带有一些能进行 Wittig 或者 Peterson 反应的官能基团或片

段 **130**，在氮原子和双键 b 之间有一个碳原子，所以 Overman [20] 选择了将其断开为一个（不稳定的）亚胺离子和一个立体化学控制的乙烯基负离子 **131**（第 16 章），他专攻此类亚胺离子领域。

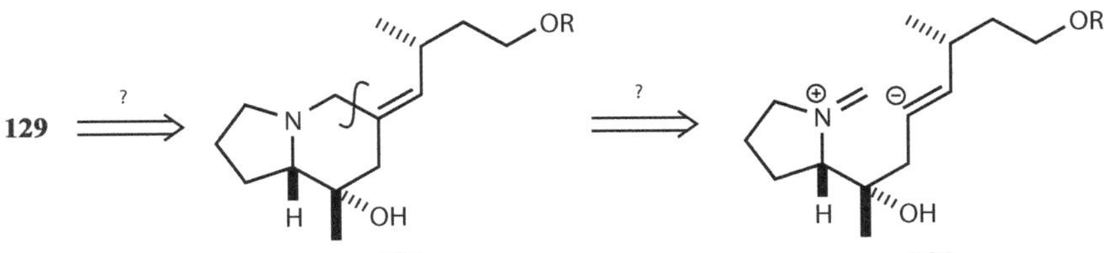

130　**131**

进攻乙烯基负离子的试剂需要同生成亚胺的条件相符，而这个选择就是乙烯基硅烷 **132**。环中的立体生成中心可以由一个环氧化物 **133** 同其他乙烯基硅烷试剂 **134** 结合来控制。

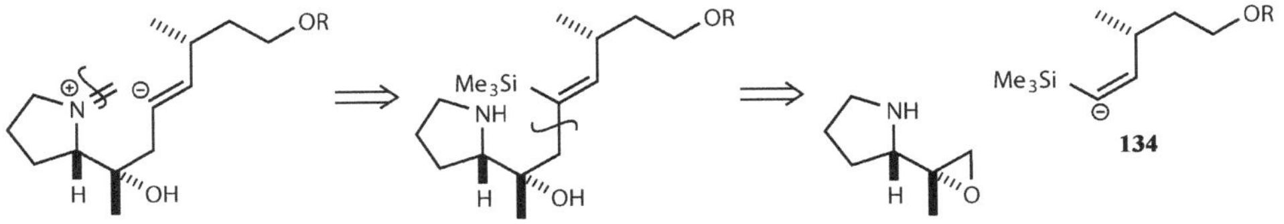

131a　**132**　**133**

三部分对映异构纯的原料保证远程立体化学控制

整个合成步骤很长，我们重点关注一下串联反应部分。三部分对映异构纯的原料分别是：炔基硅烷 **135**，构建碳 6，由拆分得到（第 22 章）；环氧化物 **136**，构建碳 1 和 2，由脯氨酸（手性池策略，见第 23 章）制备；Wittig 反应物 **137**，由乙基乳酸制备（仍是手性池），构建碳 11。

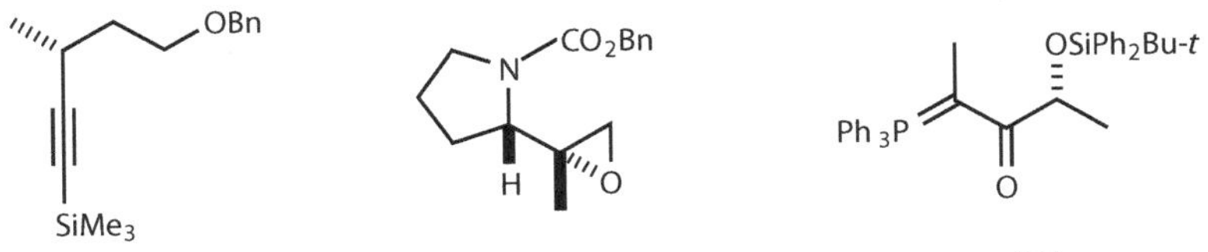

135　**136**　**137**

炔烃 **135** 的氢铝化得到 *Z*-乙烯基铝盐 **138**，用甲基锂处理得到可以和环氧化物 **136** 反应生成 **139** 的酯化合物。当环氧化物开环，产生的氧负离子环化到 Cbz 基团的氮原子上。这个产物是完全 *Z* 构型且另一个非对映异构体只有微量的产率（<7%）。

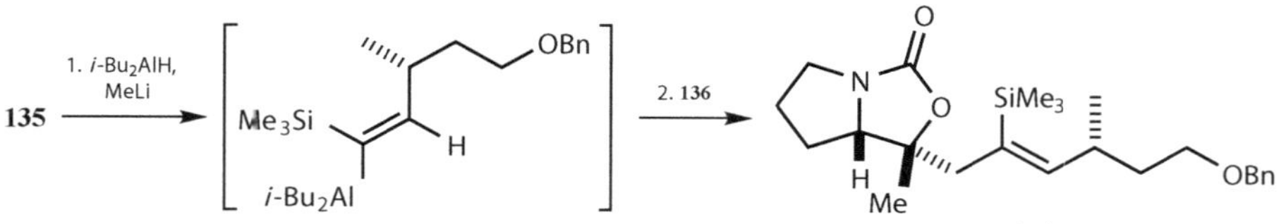

138　　139; 77% 产率, 完全 *Z* 构型

碱性环境下氨基甲酸盐的水解释放了不稳定的醇 **140**，它可以被甲醛捕获得到新的杂环化合物 **141**。这个化合物包含形成短小杆菌素 B 中的六元环所需的额外碳原子，但是它还需要环化到乙烯基硅烷上。

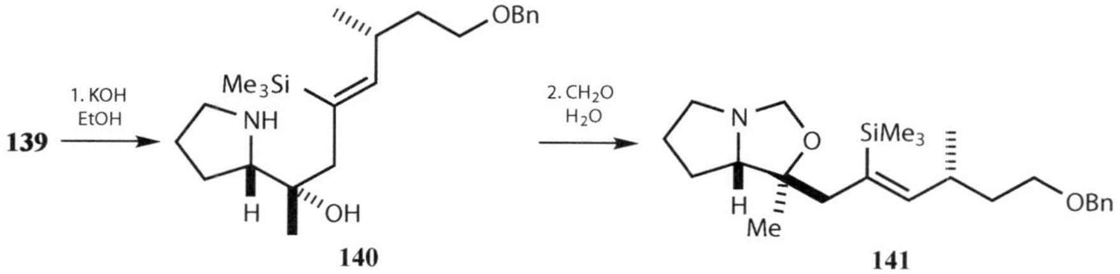

140　　141

串联亚胺离子合成以及乙烯基硅烷环化

现在到了整个合成的关键时刻。用酸处理 **141**（使用了樟脑磺酸，不是因为它是对映异构纯而是因为使用它很方便）将杂环开环得到不稳定亚胺离子，再环化到乙烯基硅烷 **142** 生成 β-硅基正离子 **143**，其中烯烃的构型保持。产物 **144** 只以中等产率得到（从 **141** 计算产率为 52%），但是不包含任何 *E* 构型的异构体。

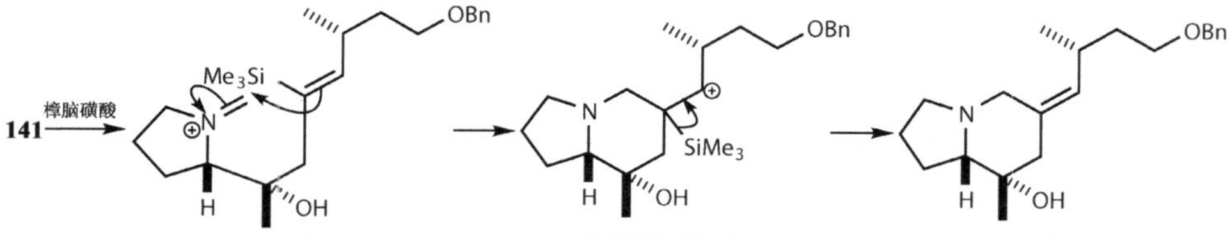

142　　β-硅基正离子 143　　144; 52% 产率, 完全 *Z* 构型

最后苯基基团被离去，一级醇氧化成醛，进而一个 *E* 型选择性的 Wittig 反应以立体异构纯的稳定叶立德 **137** 进行。两参与部分均没有发生消旋，并且产物在新形成的双键上几乎是纯 *E* 构型。立体选择性还原得到（+）-短小杆菌素 B **129** 在所有的方面都与天然产物一致，包括生物活性。

因为它是从立体异构纯的起始物开始，经由串联 Mannich/乙烯基硅烷环化为核心的共轭利用漂亮的一个例子，所以我们花费了不少时间在这个合成上。

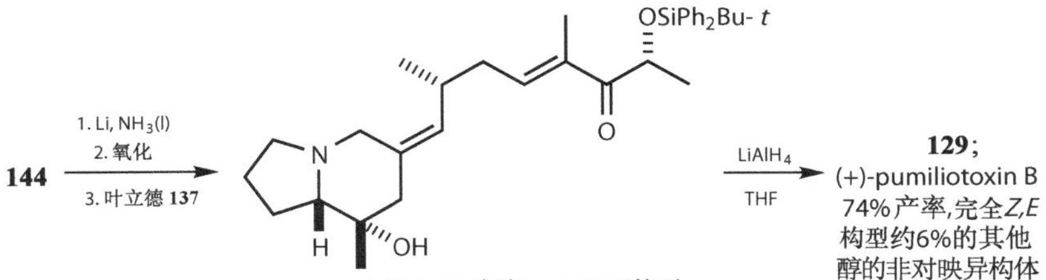

145; 71% 产率, <0.5% *Z* 构型

第四部分——串联周环反应

周环反应通常对条件不敏感：它们不需要酸或碱催化剂且是100%原子效率，没有副产物。进行一系列周环反应，无论是环加成，电环化还是 σ 环化都是没有问题的，并且几乎每一种组合都被尝试过。该部分探索一些更成功的方法。

电环化形成 Diels-Alder 反应的二烯

此类串联反应的一个早期但是重要的例子是基于苯基环丁烯 **148**，它可从腈 **146** 通过苯炔 **147**[19] 环化容易制得。

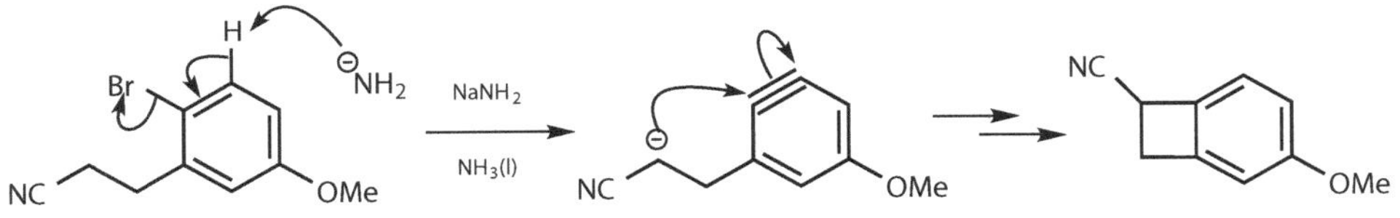

146 **147** **148**; 65% 产率

不饱和烷基卤 **149** 的烷基化得到可以作为串联序列的中间体 **150**。简单加热到大约 200℃得到 **151** 的单一非对映异构体，产生了两个新的手性中心，并且具有特征串联产率。

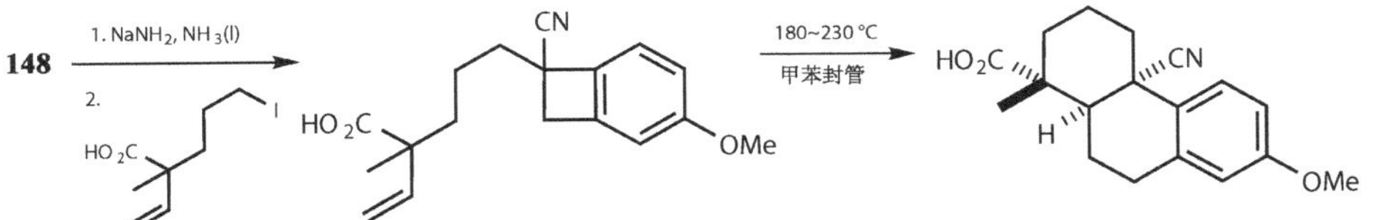

149 **150**; 76% 产率 **151**; 52% 产率

环丁烯首先在电环化反应 **152** 开环，这必须是对旋，因为这是四中心电子过程，但是该阶段却没有立体化学，然后发生一个分子内 Diels-Alder 环加成 **153** 关环形成新的六元环。这是非常倾向的反应，因为烯烃的形成完成了一个苯环。不可能通过其他方法制得这样一种不稳定的二烯，所以串联过程是必需的。

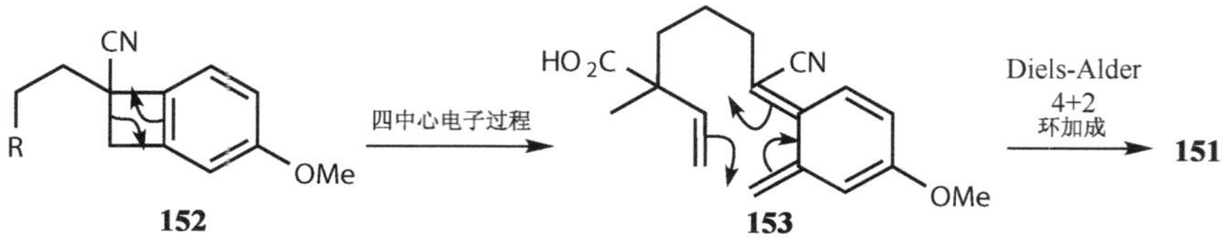

152　　　　153

立体化学表明，分子按 **154** 形式折叠，甲基在苯环面上，使得三个中心包括顺式桥头碳的构型全部正确[21]。反应计作为一种合成萝芙木碱 **155** 的路线，桥头的氨基从必要的顺式羧基和氰基形成。另一种折叠 **156** 会将氰基和 H 变成反式。这里没有内型重叠，因为没有什么可以和二烯醇共轭。分子内 Diels-Alder 反应不需要内型重叠，因为两个组分已经连接在一起了。

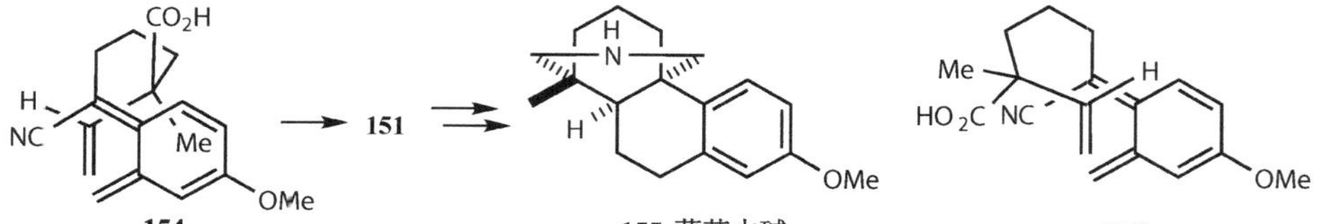

154　　　　**155**; 萝芙木碱　　　　**156**

串联的 ene 反应

找到两个同类型的周环反应偶联在一起不常见，但是 Alder 烯反应和氧代烯反应都可以在同样的条件下被路易斯酸催化。一个简单的例子是环外烯烃 **157** 和丙烯醛的结合。中间体不饱和醛 **158** 立体选择性的环化形成了一个新的碳环 **159**。中间体 **158** 非常稳定所以串联序列不是必需的却是方便的[22]。

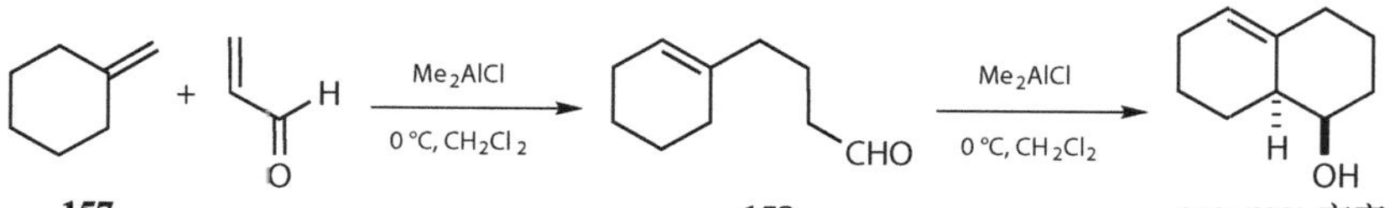

157　　　　**158**　　　　**159**; 63% 产率

第一步是直接的烯反应 **160**，丙烯醛的铝复合物的 LUMO 轨道吸引反应活性的烯烃的 HOMO 轨道。环显示每一个前线轨道都有最大的系数。第二步是一步氧代烯 **161** 中的醛的氧原子捕获丙烯基质子。产物 **159** 的立体化学表明 **161** 的活性构象。

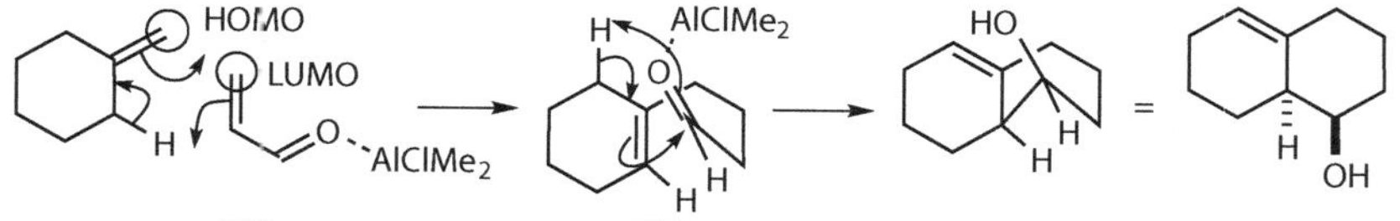

160　　　　**161**　　　　**159**

串联［3,3］-σ 重排反应

Cope 重排，也就是全碳［3，3］-σ 重排，经常会没有特殊的理由经某个途径重排或者另一个途径重排。在某些合成中甚至必须让它们朝它们不喜欢的方向反应。这样的一个例子是从一个六元环合成十元环的合成（一种倾向性不强的中等环）[23]。原料 **164** 从（S)-(＋)-香芹酮 **162** 以单一对映异构体制得。

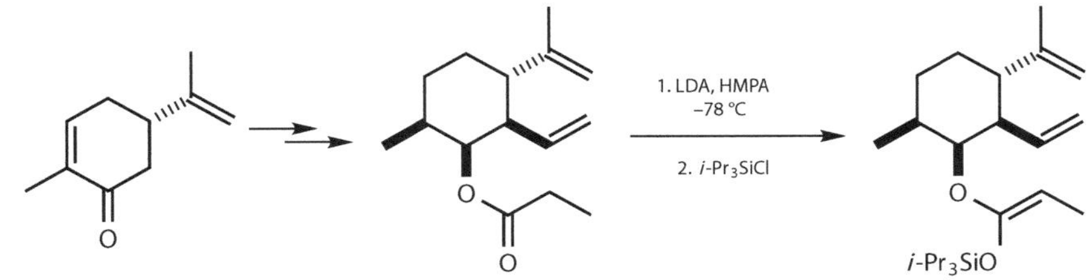

162; (*S*)-(+)-香芹酮　　**163**　　**164**

将硅烷基烯醇醚 **164** 加热到 200℃得到不稳定硅烷基醚 **165**，分离以 30%产率得到稳定的甲基醚 **166**。这显然不是一个好产率，但是足够使串联过程有价值。形成了含有两个 *E*-式双键的十元环。两个新的立体生成中心互相联系，也同一个远程中心——孤立的甲基基团相联系而被控制。尽管香芹酮的原始手性中心消失了，但形成了三个其他的手性中心。

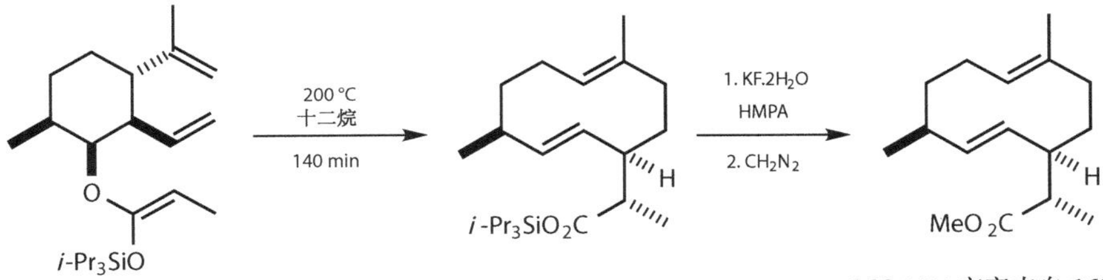

164　　**165**　　**166**; 30% 产率来自 **163**

具体来说，第一步是 Cope 重排——一个 **167** 分子中只包含碳原子的［3，3］-σ 重排。这步倾向性不强，因为它把一个稳定的环己烷变成一个不稳定的 *E*，*E*-壬二烯。产物 **168** 是平衡中次要组分。使得该反应向右进行的是一个倾向于的硅烷基烯醇醚 **168** 的 Claisen-Ireland 重排。这步是倾向性很强，因为它以烯烃为代价产生了一个烷基基团（**165** 中的酯）。

165 和 **168** 的活性构象导致了立体化学。最稳定的构象 **169** 已经包含两个相邻的乙烯基基团，而［3，3］-σ 重排可以经由倾向的椅式过渡态得到 **170** 中的两个 *E*-烯烃。每一个烯烃的取代物在 **169** 中已经相互是反式的。构象 **170** 不能继续下一个反应，但是这些十元环很灵活，而 **171** 则恰好是一个正确的构象。再次，165 中的 *E*-烯烃在 171 中已经是如此排列的，两个新的立体生成中心由 *Z*-烯醇醚，*E*-烯烃和 Claisen-Ireland 重排 171 的椅式过渡态不经改变而得到。该产物用来合成倍半萜。

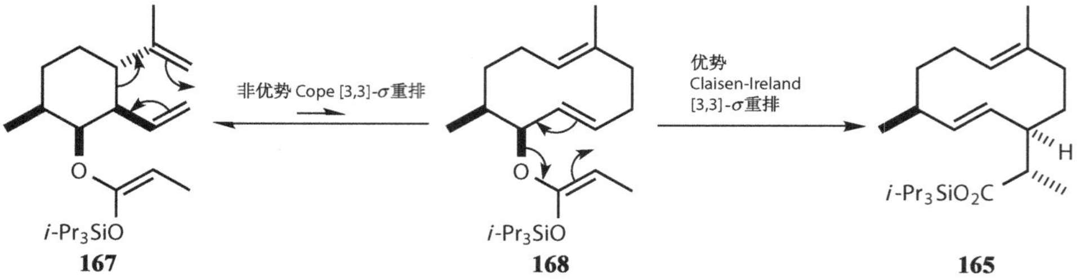

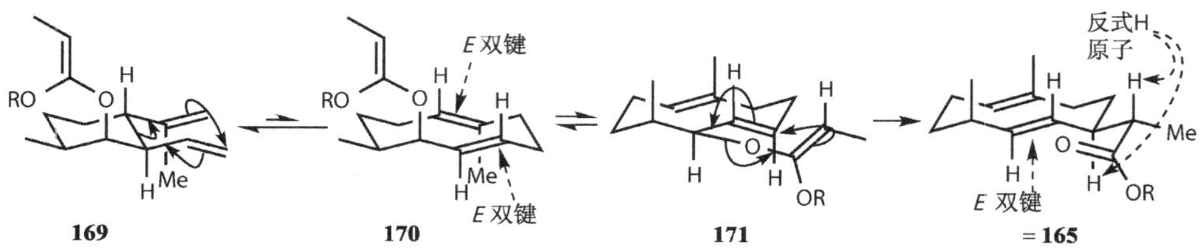

串联氮杂 Diels-Alder 反应和氮杂烯反应

完成 daphniphyllum 生物碱合成

我们把串联共轭加成/烷基化的产物 35 留到这章并会进行深入的化学分析。事实上，35 被用于另一个更著名的串联序列：包括两个周环反应和多环生物碱 daphniphyllum 的合成。开始几步是直接合成并以好的产率得到二醇 173。

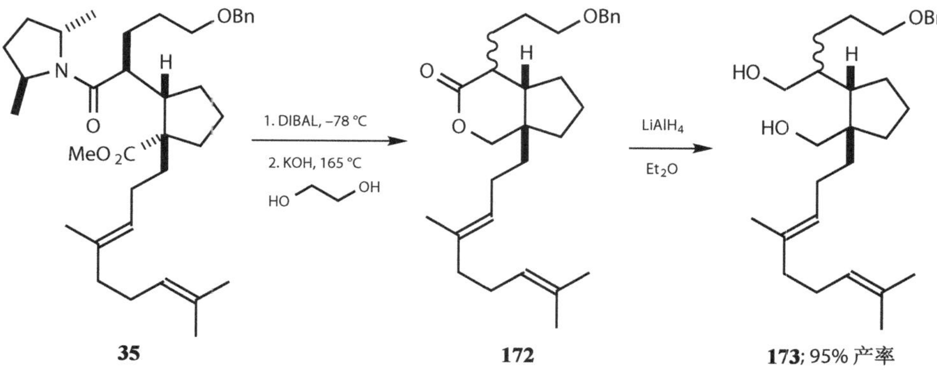

现在激动人心的时刻开始了。二醇 173 被氧化到一个非常不稳定的二醛174，立刻和氨结合生成二氢吡啶 175。在早先序列中没有控制的手性中心在这一步丢

失了。再次，它没有被分离而是用乙酸处理。进而发生了一系列反应——这是该合成中的第二次串联序列——而分子折叠构型如 **176**。

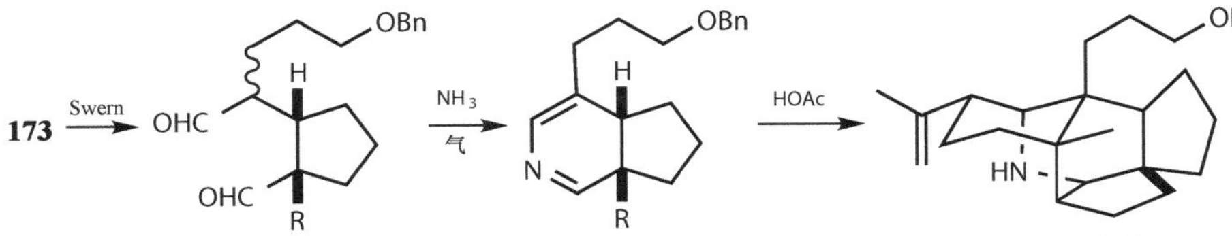

174 **175** **176**; 77% 产率

第一步是一个（可能质子化的）二氢吡啶 **175** 作为二烯的氮杂 Diels-Alder 反应（第 34 章）。两个双键中只有离侧链较近的那个可以接触到氮杂二烯，并且它在面上与二烯连接，所以只能从面上接近（像 **177** 中画出的一样）。这样的连接决定了该反应的区域和立体选择性。

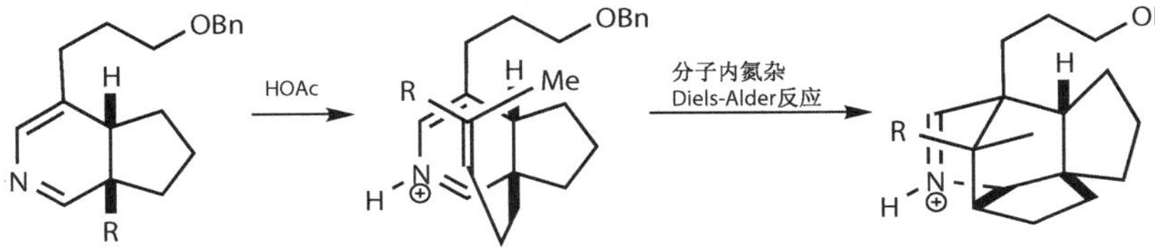

175 **177** **178**

第二个反应是一个最远的双键提供烯部分和亚胺的氮杂反应。分子折叠起来 **179** 在形成六元环一步为椅式构象，而产物 **176** 很容易转变为（—）-甲基 homosecodaphniphyllate **180**。

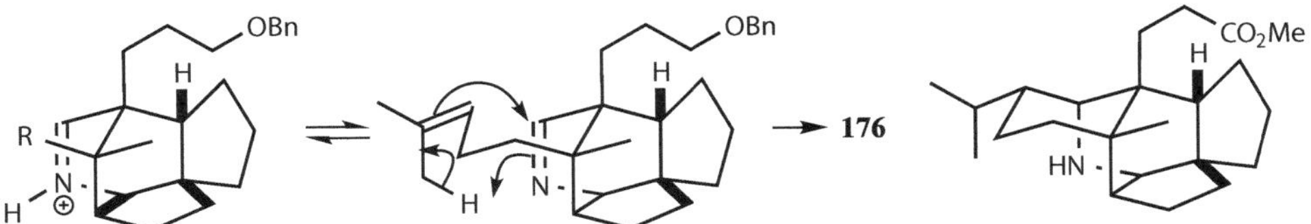

178 **179** **180**

1，3-偶极环加成的串联反应

Swainsonine（苦马豆素）的不对称合成

利用周环反应制备杂环更常见的途径是 1，3-偶极环加成。它们常常不需要催化剂就可以发生，所以和很多其他反应相适应。苦马豆素的不对称合成的原料 **182** 是从一种天然糖提取的（手性池策略，见第 23 章）。附加的一步立体选择性的 Wittig 反应得到 *Z*-烯烃 **183**（第 15 章），而醇用叠氮化磷酸二苯酯被转化为叠氮化物 **184**[24]。

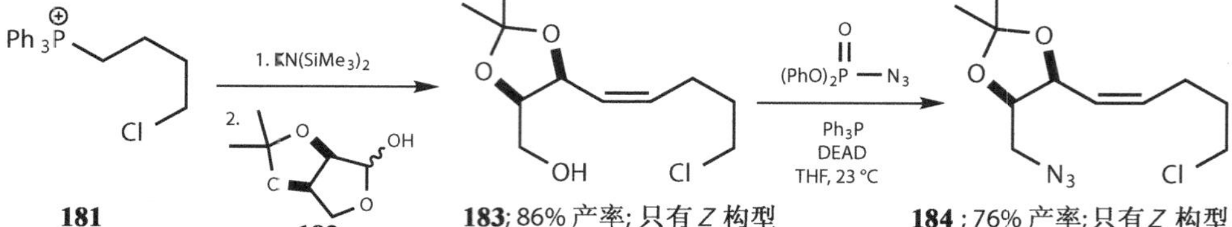

181　**182**　**183**; 86% 产率; 只有 *Z* 构型　**184**; 76% 产率; 只有 *Z* 构型

当叠氮在碳氢溶剂中被加热时就发生了串联序列反应。一个五/六元并环体系 **186** 被构建，最后一步是用亲核取代进攻中间体 **185**（只是经过这个结构，未分离得到）进行简单的环化。

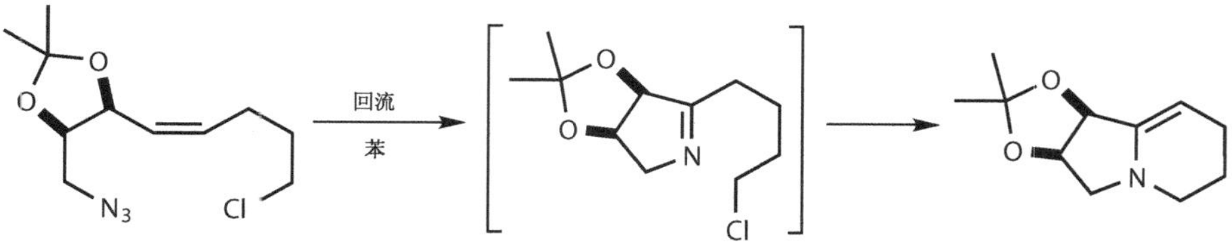

184　**185**　**186**

第一步是叠氮和不活泼的烯烃 **187** 发生 1，3-偶极环加成。环加成的区域选择性（当然也包括立体选择性，尽管在下一步反应中立体构型消失）被短程连接控制。产物 **188** 不稳定，可能经过协同的氢迁移和失去氮气，会重排为 **189**，而后者立刻环化、失去一个质子得到产物 **186**。

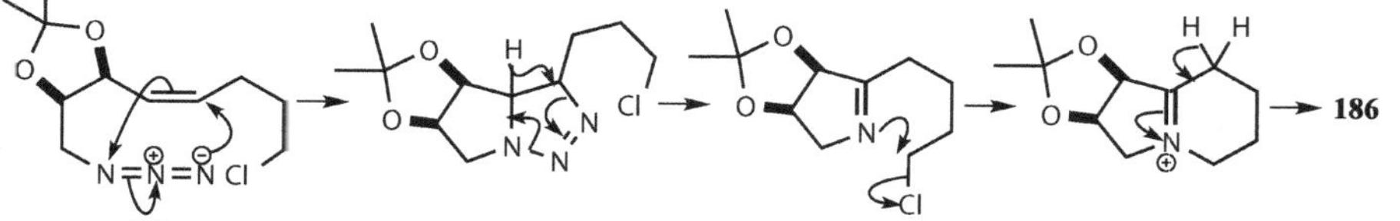

187　**188**　**189**　**190**

苦马豆素 **192** 所需的立体化学是由硼氢化引入的，硼烷加成到双键同乙缩醛相反的面上 **186**，而区域选择性因为烯烃 **186** 是一个烯胺由氮原子决定。

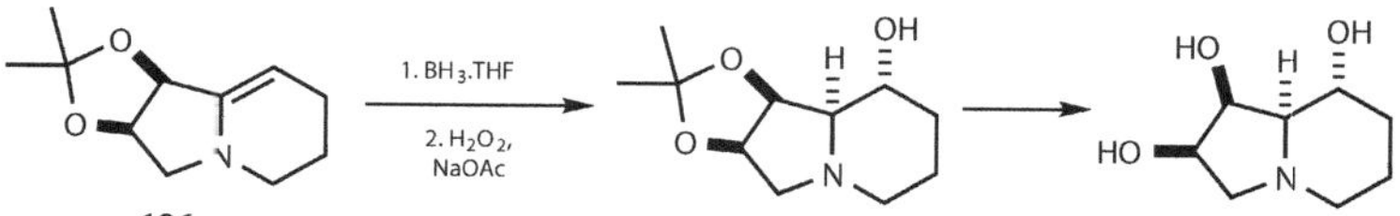

186　**191**　**192**; 85% 产率
苦马豆素

2-乙烯基吲哚的串联合成

现在从1，3-偶极环加成开始，包括至少七步顺序发生的反应。PhNH·OH同醛 R^1CHO 反应得到非常不稳定的硝酮**193**，此为串联序列的第一步。同氰基联烯**194**发生1，3-偶极环加成，区域选择性的得到不稳定的杂环**195**，进而立即发生［3，3］-σ 重排，打断弱的N—O单键。再次芳香化得到苯基-氮杂环戊烷**197**，进而经过E1cB机理消除芳香胺**198**得到开环链式氨基烯酮**199**。它最后环化形成吲哚**200**。令人惊奇的是，分子能够经历如此复杂的步骤，产率还非常好[25]。

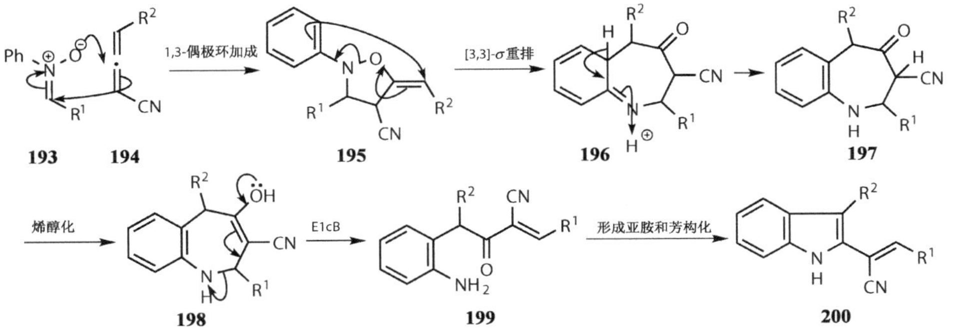

193 **194** **195** **196** **197**
198 **199** **200**

该序列可以被用于从简单的起始物开始快速的构建多环杂环。即使有额外官能团的可烯醇化的醛，如**201**，也可以用于该序列；较复杂的乙烯基吲哚**202**以中等产率[25]（66%）被合成。

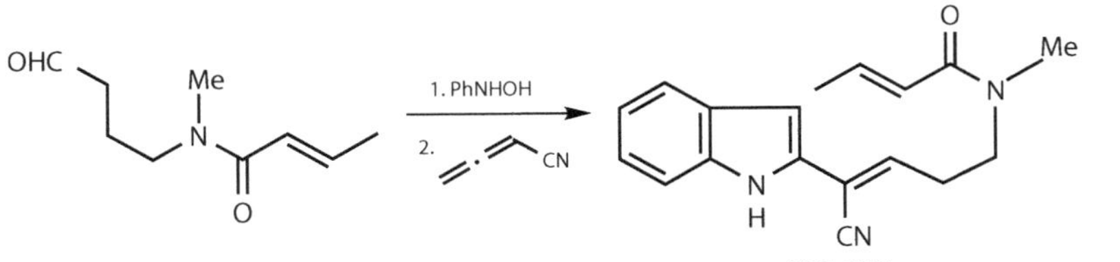

201 **202**; 60%

显然，吲哚**202**可以发生Diels-Alder反应，在甲苯中回流得到很高产率的产物**204**的其中一个非对映异构体（*endo*-，外型）。

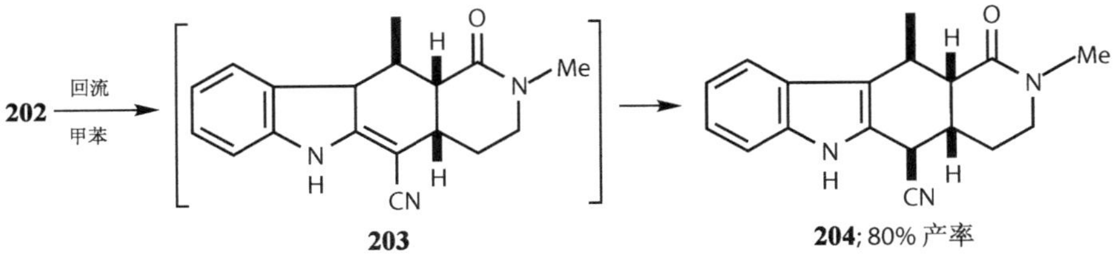

203 **204**; 80% 产率

第五部分——其他形成杂环的串联反应

串联金属路线合成玫瑰树碱骨架

当我们从周环反应转向其他过程时，我们可以考虑序列金属路线得到同样的基本骨架，玫瑰树碱 **205**，它是很多重要药物的基础。这里的选择性问题同两个氮原子的位置相关。

过程包括一步吡啶酰胺 **206** 的直接邻位的金属化（第 7 章），被吲哚醛 **208** 捕获。产物 **209** 被再次锂化，以较好产率得到“玫瑰树碱苯醌”**210**[26]。

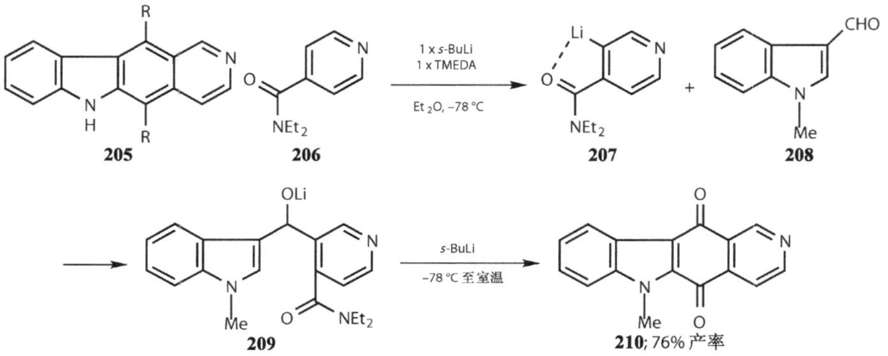

第二步锂化肯定选择性的发生在吲哚上得到 **211**（另一条途径是吡啶环的二次金属化）。酰化环化，产物 **212** 在空气中氧化得到“苯醌”**210**。

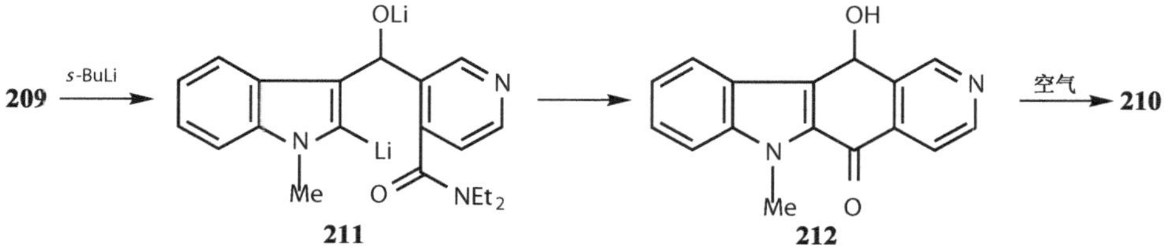

串联氮杂 Diels-Alder 反应和烯丙基硼酯反应

再举一个氮杂 Diels-Alder 反应的例子我们就结束这一部分。二烯 **215** 是二烯基硼酯的衍生物，就是我们在第 33 章遇到的氮杂-二烯，很容易由合适官能团化的乙炔 **213** 硼氢化制备。

马来亚胺 **216** 和醛反应生成二环产物 **217**，形成了一个新的哌啶环和四个新的立体生成中心。产率大约 50%——在这样一个生产能力强大的处理过程中完全可以接受[27]。

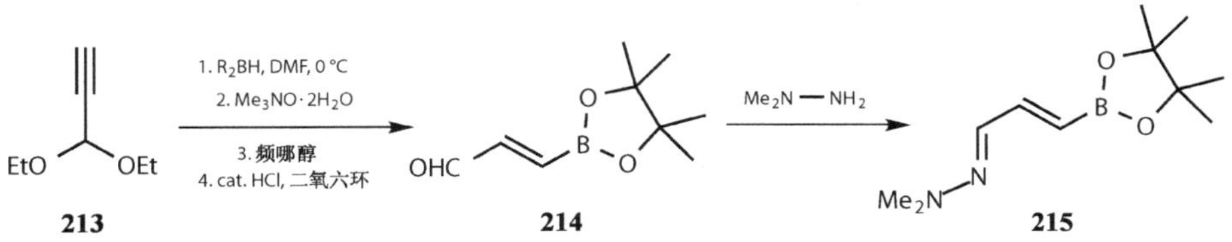

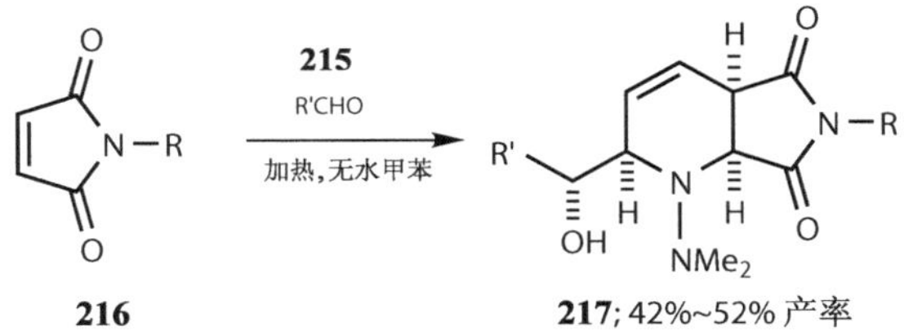

第一步当然是氮杂 Diels-Alder 反应 **218**，没有区域选择性但有很多立体化学。**217** 的顺式桥头碳来源于马来亚胺的顺式双键，外型过渡态促成了其他中心。下一步是烯丙基硼酯反应 **219**。醛的氧原子和硼原子配合保证了醛被移到面上，而羟醛的立体化学来自于六元环状过渡态。Snieckus 评论说该反应作为一个处理过程非常好，因为 4+2 环加成比烯丙基基硼酯反应要慢，所以不稳定中间体不会聚集。该评价有很多普适的应用。

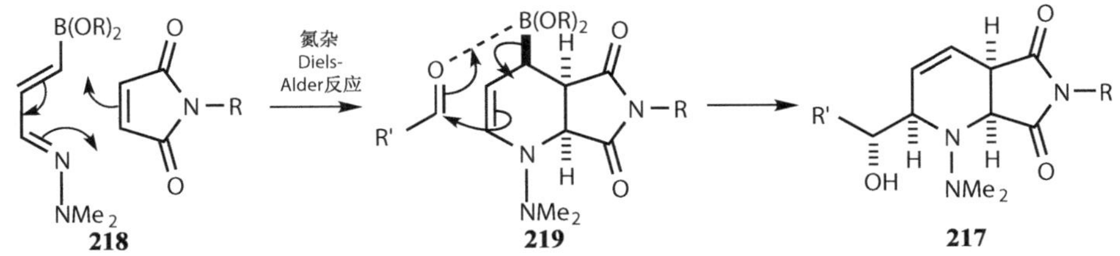

串联 Beckmann 重排和烯丙基硅烷环化

Beckmann 重排[28]是含 C 或 N 基团迁移到与肟中的 OH 基团反位。这样一个正离子可能会被活性碳亲核试剂如烯丙基硅烷捕获（第 12 章），但在 Beckmann 反应的条件下不会被破坏。这样的机理是一个立体选择性制备肟的步骤，只要直接金属化一个对称的肟[29]。锂化对称的环己酮肟 **220** 得到锂基氮杂烯醇化物（**221** 或 **222**），它可以被烷基卤 RX 捕获得到 **223** 的一种异构体（*Z* 型）。

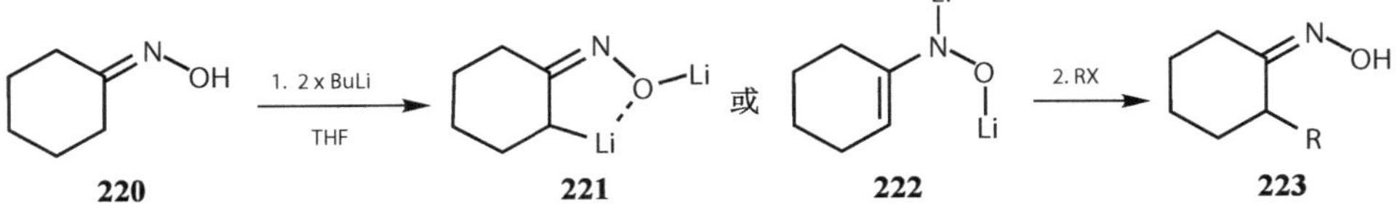

如果烷基卤是合适官能团化的烯丙基硅烷（*Z*-烯丙基硅烷更容易制备），产物 *Z*，*Z*-**224** 通过甲基磺酸化活化，为串联序列做准备[30]。

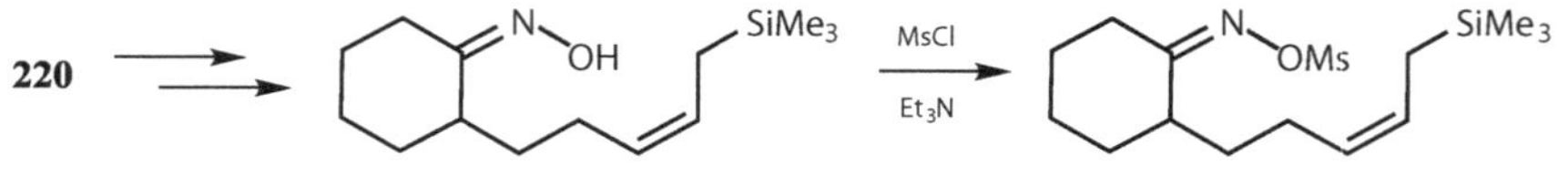

Z，*Z*-**226** 的重排得到正离子**227**，同烯丙基硅烷反应关闭了第二个环。在烯烃远离硅原子的末端进攻所以 β-硅基正离子可能是中间体。

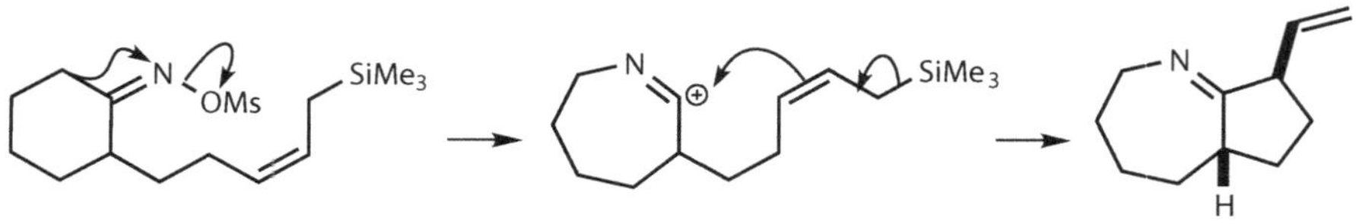

产物 **228** 不很稳定，该反应最好的条件是在二氯甲烷中用 DIBAL（i-Bu_2AlH）处理。DIBAL 首先作为路易斯酸引发重排，然后立体选择性的还原亚胺 **228** 到稳定的胺 **229**。

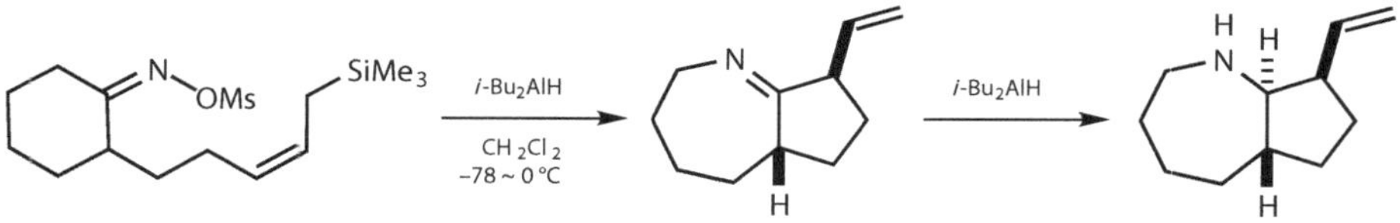

第六部分——序列有机金属反应

串联不对称 Heck 反应和 Pd-烯丙基正离子反应

两个重要的钯催化方法是 Heck 反应（第 18 章）和对钯烯丙基正离子复合物的亲核进攻（第 19 章）。这两者可以在同一串联过程中被结合，并且在合适的手性配体存在下，得到不对称性[31]。第一步是分子内零价钯催化下的烯丙基三氟甲基磺酸酯与环戊二烯的加成。零价钯对烯丙基三氟甲基磺酸酯氧化加成得到钯烯丙基 σ-复合物 **223**，接着二价钯物种形成 π-复合物。短程连接指导钯到平面环的顺式面。**224** 将乙烯基团和旧 π 键的较近末端偶联形成一个新的二价钯 σ-复合物 **225**，至此 Heck 阶段完成。注意，Heck 反应制得形成烯丙基正离子必需的二价钯复合物，同时第二步零价钯的失去 **226**，为下一步 Heck 反应提供了正确的氧化态，这是十分有利的。

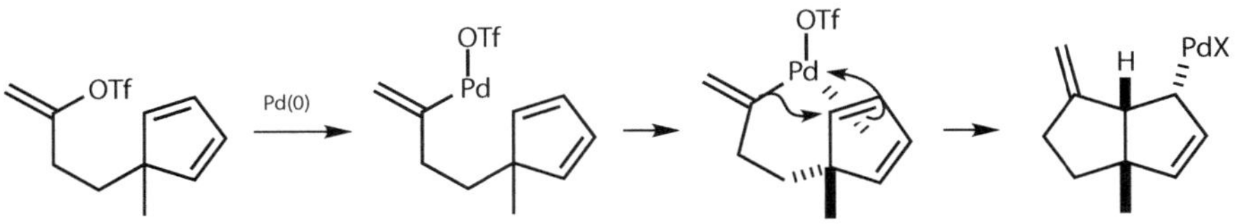

230 **231** **232** **233**

现在第二个双键发挥作用，因为 **234** 是一个烯丙基 σ-复合物，更愿意以烯丙基 η^3-正离子复合物 **235** 的形式存在。如果有一种适合的亲核试剂存在，如丙二酸烯醇酯，它会进攻烯丙基正离子复合物。必须从钯的反面进攻，并且会更倾向于进攻靠近氢原子而不是甲基的位点，像 **236** 中给出的一样。

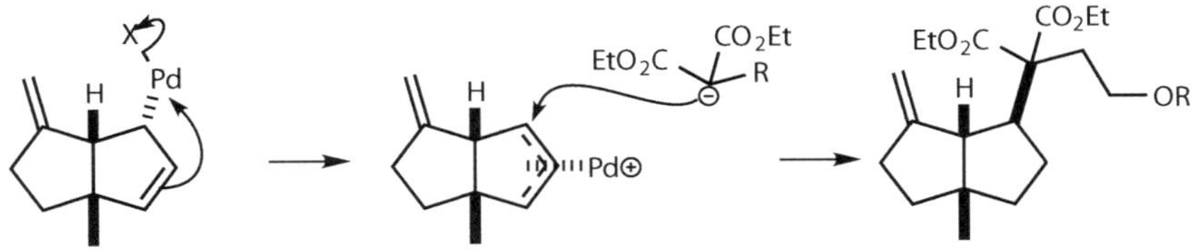

234 **235** **236**

起始原料不是手性的，在 Heck 反应中手性起始于乙烯基钯复合物进攻二烯中两个对映异位的双键中的一个。在催化剂 BINAP 存在下，好的非对称诱导 **237** 可以得到。

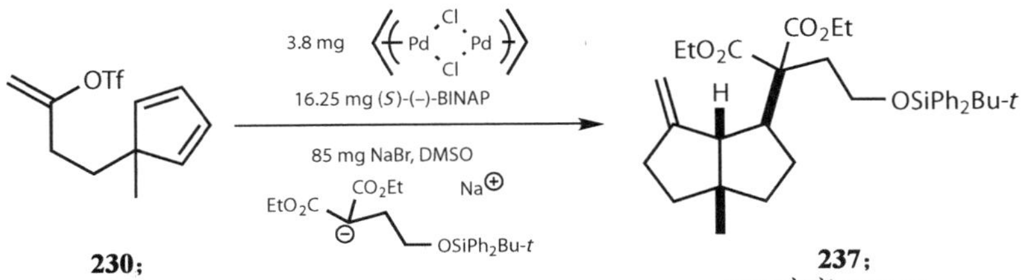

230；
116.8 mg

237；
74% 产率，87% ee

串联关环、开环复分解

由于有两个一样的基团，串联反应看起来没有什么价值。巧妙的双复分解会让你信服的。起始原料 **240** 是用 Luche 还原环戊烯二酮 **239** 制得的（Luche 方法防止了烯烃的还原）。对两个醇都用 Grubbs 催化剂 **238** 进行烯丙基化得到对称的起始原料 **241**（内消旋体）。对称产物 **242** 能以很高的产率被合成[32]。

复分解开始于空阻较小的一个烯丙基基团，跟你选择什么不重要，因为第一个中间体总会是 **243**。钌卡宾复合物只能到达中心双键，所以它发生复分解得到 **244** 然后是 **245**。现在剩余的烯丙基基团第二次复分解经由 **246** 得到产物 **242**。

尽管分子开环又再次关环，立体化学仍未改变。

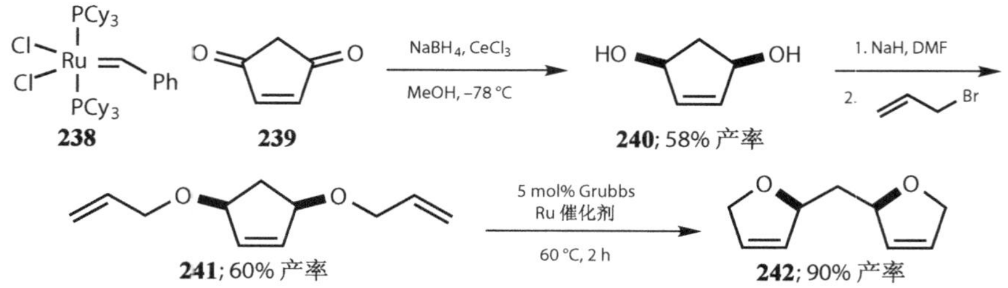

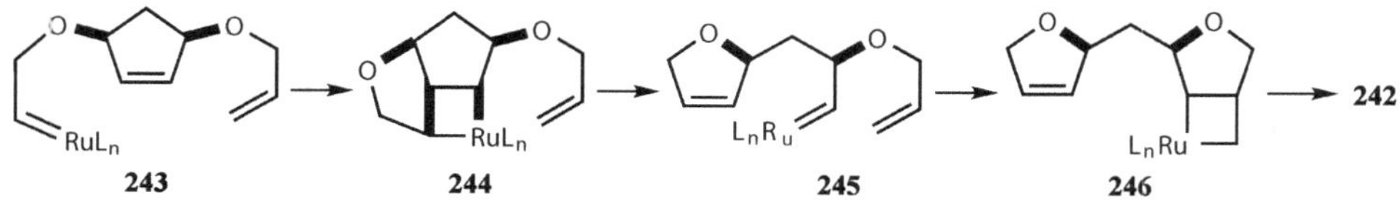

一个钌催化的四组分偶联

最近，化学家看起来能够按照意愿创造多组分反应。一个杰出的例子就是用钌催化的四组分偶联反应。你可能会怀疑：很显然这是三组分啊。我来告诉你：第四组分是溴离子[33]。

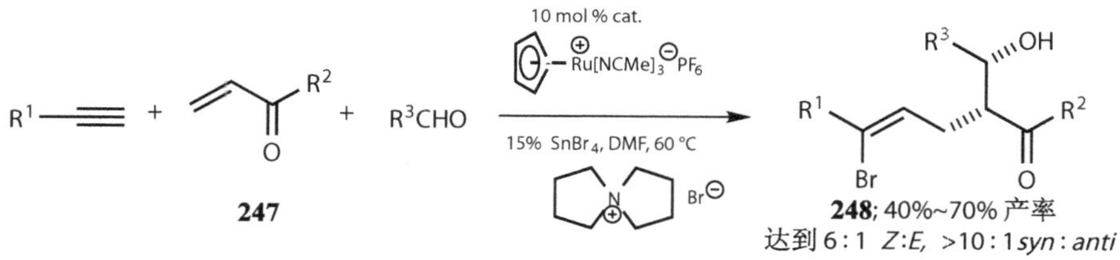

第一步是炔基钌 π-复合物 **249** 的形成，加成了溴离子，从 **250** 的立体化学来看猜测是从钌转移过来的。然后烯酮 **247** 和乙烯基钌复合物 **250** 立体构型保持偶联，钌转移到氧上，形成了钌烯醇化物。这已被证实，若缺少醛则会得到酮 **252**。

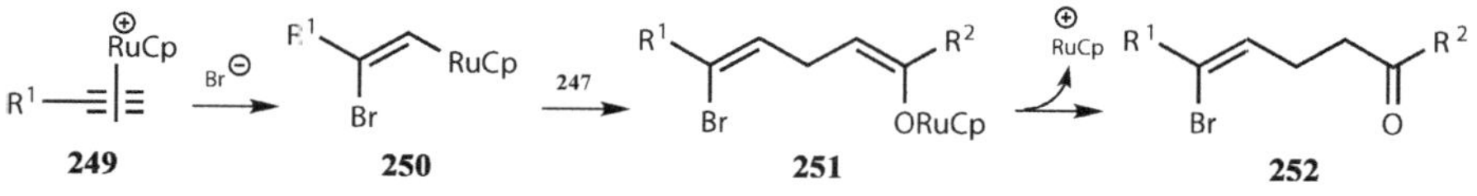

如果醛存在，钌羟醛反应得到单一区域构象和非对映异构的产物醇 **248**，钌以 $CpRu^+$ 的形式脱去所以可以在下一个循环中继续催化。需要其他一些试剂才能使该反应很好地发生：催化剂 Sn(Ⅱ)Br_2 和螺环铵盐。后者是主要的。

参考文献

一般性参考文献列于 946 页。

1. T.-L. Ho, *Tandem Organic Reactions*, Wiley, New York, 1992.
2. M. J. Chapdelaine and M. Hulce, *Org. Reacts.*, 1990, **38**, 225.
3. D. P. Curran, *Aldrichim. Acta*, 2001, **33**, 194; D. P. Curran and D. M. Rakiewicz, *J. Am. Chem. Soc.*, 1985, **107**, 1448.
4. G. H. Posner, J. J. Sterling, C. E. Whitten, C. M. Lenz and D. J. Brunelle, *J. Am. Chem. Soc.*, 1975, **97**, 107.
5. M. Suzuki, T. Kawagishi and R. Noyori, *Tetrahedron Lett.*, 1982, **23**, 5563; R. Noyori and M. Suzuki, *Angew. Chem., Int. Ed.*, 1984, **23**, 847.
6. M. Suzuki, A. Yanagisawa and R. Noyori, *J. Am. Chem. Soc.*, 1985, **107**, 3348.
7. K. K. Heng and R. A. J. Smith, *Tetrahedron*, 1979, **35**, 425.
8. C. H. Heathcock and J. A. Stafford, *J. Org. Chem.*, 1992, **57**, 2566.
9. H. Nagaoka, K. Kobayashi, T. Okamura, and Y. Tamada, *Tetrahedron Lett.*, 1987, **28**, 6641.
10. G. H. Posner and S.-B. Lu, *J. Am. Chem. Soc.*, 1985, **107**, 1424.
11. G. H. Posner, J. P. Mallamo and A. Y. Black, *Tetrahedron*, 1981, **37**, 3921.
12. G. H. Posner, S.-B. Lu, E. Asirvatham, E. F. Silversmith and E. M. Shulman, *J. Am. Chem. Soc.*, 1986, **108**, 511; G. H. Posner and E. M. Shulman-Roskes, *J. Org. Chem.*, 1989, **54**, 3514.
13. R. V. Stevens, P. M. Lesko, and R. Lapalme, *J. Org. Chem.*, 1975, **40**, 3495; C. P. Forbes, J. D. Michau, T. van Ree, A. Wiechers and N. Woudenberg, *Tetrahedron Lett.*, 1976, 935.
14. T. Arai, H. Sasai, K. Aoe, K. Okamura, T. Date, and M. Shibasaki, *Angew. Chem., Int. Ed.*, 1996, **35**, 104.
15. S. G. Davies, N. M. Garrido, O. Ichihara and I. A. S. Walters, *J. Chem. Soc., Chem. Commun.*, 1993, 1153; S. G. Davies and D. R. Fenwick, *J. Chem. Soc., Chem. Commun.*, 1995, 1109; N. Asao, N. Tsukada and Y. Yamamoto, *J. Chem. Soc., Chem. Commun.*, 1993, 1660; N. Asao, T. Uyehara and Y. Yamamoto, *Tetrahedron*, 1990, **46**, 4563.
16. C. H. Heathcock, S. K. Davidsen and S. Mills, *J. Am. Chem. Soc.*, 1986, **108**, 5650.
17. Y. Tamura, H. Maeda, S. Akai and H. Ishibashi, *Tetrahedron Lett.*, 1982, **23**, 2209.
18. S. J. Hays, T. C. Malone and G. Johnson, *J. Org. Chem.*, 1991, **56**, 4084.
19. C. Agami, F. Couty, M. Poursolis, and J. Vaissermann, *Tetrahedron*, 1992, **48**, 431.
20. L. E. Overman, K. L. Bell, and F. Ito, *J. Am. Chem. Soc.*, 1984, **106**, 4192.
21. T. Kametani, Y. Kato, T. Honda, and K. Fukumoto, *J. Am. Chem. Soc.*, 1976, **98**, 8185.
22. B. B. Snider and E. A. Deutsch, *J. Org. Chem.*, 1983, **48**, 1822.
23. S. Raucher, K.-W. Chi, K.-J. Hwang, and J. E. Burks, *J. Org. Chem.*, 1986, **51**, 5503.
24. W. H. Pearson and K.-C. Lin, *Tetrahedron Lett.*, 1990, **31**, 7571.
25. S. Blechert, R. Knier, H. Schroers and T. Wirth, *Synthesis*, 1995, 592.
26. M. Watanabe and V. Snieckus, *J. Am. Chem. Soc.*, 1980, **102**, 1457.
27. J. Tailor and D. G. Hall, *Org. Lett.*, 2000, **2**, 3715.
28. Clayden, *Organic Chemistry*, page 997.
29. M. E. Jung, P. A. Blair, and J. A. Lowe, *Tetrahedron Lett.*, 1976, 1439.
30. D. Schinzer and Y. Bo, *Angew. Chem., Int. Ed.*, 1991, **30**, 687.
31. T. Ohshima, K. Kagechika, M. Adachi, M. Sodeoka, and M. Shibasaki, *J. Am. Chem. Soc.*, 1996, **118**, 7108.
32. W. J. Zuercher, M. Hashimoto, and R. H. Grubbs, *J. Am. Chem. Soc.*, 1996, **118**, 6634.
33. B. M. Trost and A. B. Pinkerton, *J. Am. Chem. Soc.*, 2000, **122**, 8081.

一般性参考文献

Full details of important books referred to by abbreviated titles in the chapters to avoid repetition.

Clayden, *Lithium*: J. Clayden, *Organolithiums: Selectivity for Synthesis*, Pergamon, 2002.

Clayden, *Organic Chemistry*: J. Clayden, N. Greeves, S. Warren and P. Wothers, *Organic Chemistry*, Oxford University Press, Oxford, 2000.

Collins, *Chirality in Industry*: eds. A. N. Collins, G. N. Sheldrake and J. Crosby, *Chirality in Industry: The Commercial Manufacture and Applications of Optically Active Compounds*, Vol I, 1992, Vol II, 1997, Wiley, Chichester.

Comp. Org. Synth.: eds. Ian Fleming and B. M. Trost, *Comprehensive Organic Synthesis*, Pergamon, Oxford, 1991, six volumes.

Corey, *Logic*: E. J. Corey and X.-M. Cheng, *The Logic of Chemical Synthesis*, Wiley, New York, 1989.

Designing Syntheses: S. Warren, *Designing Organic Syntheses*, Wiley, Chichester, 1978.

Disconnection Textbook S. Warren, *Organic Synthesis, The Disconnection Approach*, Wiley, Chichester, 1982.

Disconnection Workbook: S. Warren, *Workbook for Organic Synthesis, The Disconnection Approach*, Wiley, Chichester, 1982.

Drauz and Waldmann: K. Drauz and H. Waldmann, *Enzyme Catalysis in Organic Synthesis*, VCH, Weinheim, Two Volumes, 1995, ISBN 3-527-28479-6.

Eliel: E. L. Eliel and S. H. Wilen, *Stereochemistry of Organic Compounds*, Wiley, New York, 1994.

Fieser, *Reagents*: L. Fieser and M. Fieser, *Reagents for Organic Synthesis*, Wiley, New York, 20 volumes, 1967–2000, later volumes by T.-L. Ho.

Fleming, *Orbitals*: Ian Fleming, *Frontier Orbitals and Organic Chemical Reactions*, Wiley, London, 1976.

Fleming, *Syntheses*: Ian Fleming, *Selected Organic Syntheses*, Wiley, London, 1973.

Houben-Weyl; *Methoden der Organischen Chemie*, ed. E. Müller, and *Methods of Organic Chemistry*, ed. H.-G. Padeken, Thieme, Stuttgart, many volumes 1909–2004.

House: H. O. House, *Modern Synthetic Reactions*, Benjamin, Menlo Park, Second Edition, 1972.

Morrison: *Asymmetric Synthesis*, ed. J. D. Morrison, Academic Press, Orlando, 5 Volumes, 1983–5.

Nicolaou and Sorensen: K. C. Nicolaou and E. Sorensen, *Classics in Total Synthesis: Targets, Strategies, Methods*. VCH, Weinheim, 1996. Second volume now published.

Ojima, *Asymmetric*: I. Ojima (ed.) *Catalytic Asymmetric Synthesis*, Second Edition, Wiley, New York, 2000.

Saunders, *Top Drugs*: J. Saunders, *Top Drugs: Top Synthetic Routes*, Oxford University Press, Oxford, 2000.

Vogel: B. S. Furniss, A. J. Hannaford, P. W. G. Smith, and A. R. Tatchell, *Vogel's Textbook of Practical Organic Chemistry*, Fifth Edition, Longman, Harlow, 1989.